VDI-Lexikon Maschinenbau

Herausgegeben von
Prof. Dr.-Ing. habil. Heinz M. Hiersig

SPRINGER-VERLAG BERLIN HEIDELBERG GMBH

Die Deutsche Bibliothek — CIP-Einheitsaufnahme

VDI-Lexikon Maschinenbau /
hrsg. von Heinz M. Hiersig. –
Düsseldorf: VDI-Verl., 1995
    ISBN 978-3-642-63378-2   ISBN 978-3-642-57850-2 (eBook)
    DOI 10.1007/978-3-642-57850-2
NE: Hiersig, Heinz, M. [Hrsg.]

Redaktion: Dr.-Ing. Gerhard Scheuch
unter Mitarbeit von Dipl.-Ing. Heinz Gerlach und Renate Raschke
Graphische Darstellungen: Peter Lübke, Wachenheim

ISBN 978-3-642-63378-2

Vorwort

Der Begriff „Maschinenbau" hat sich gewandelt: Die Vorstellung von schwierig zu beherrschenden Erzeugnissen der Technik schwindet nach und nach. An ihre Stelle tritt die Vorstellung von leichten, schnellen und präzisen Maschinen, die effiziente Arbeit leisten. Dabei nimmt die Automatik dem Menschen zwar die Arbeit des Steuerns ab, verlangt aber intensive Zuwendung für das Planen und Programmieren der Operationen. Mit ihren vielfältigen Randbedingungen erfordert dies eine gute Übersicht und ein großes Engagement, ganz abgesehen von der kreativen Arbeit, mit der eine Steuerung entwickelt wird.

So ist auch das, was ein Lexikon an Begriffen bieten muß, nicht einfach aus den Inhalten herkömmlicher Lehrbücher zu entnehmen. Dieses Buch baut auf dem „Lexikon Ingenieurwissen-Grundlagen" auf und umfaßt übergreifend und interdisziplinär das, was den Maschinenbau in seiner heutigen Ausprägung kennzeichnet. Speziell für die produzierende Industrie bietet sich zusätzlich das „Lexikon Produktionstechnik Verfahrenstechnik" an. Man benötigt detaillierte Fachkenntnisse beispielsweise vom allgemeinen Maschinenbau, von Bearbeitungsmaschinen für Papier, Gummi, Kunststoff und Holz, von der Konstruktionstechnik und den Maschinenelementen, von der Ölhydraulik und Pneumatik, von der Antriebs- und Getriebetechnik, vom Kolben- und Turbomaschinenbau, von der Fahrzeugtechnik, den elektrischen Maschinen, der Energietechnik, dem Anlagenbau usw.

Maschinenbau ist hochentwicklungsfähig. Deshalb mußte der Fundus unerläßlicher Stichworte durch in der Praxis gebräuchliche wie auch durch neue, zukunftsweisende Begriffe ergänzt werden. Der Maschinenbau ist meist in hochspezialisierten, mittelständischen Unternehmen zu Hause. Aus diesem Grunde finden sich im Lexikon Begriffe, die über Mechanik, Festigkeit und Thermodynamik weit hinausgehen und eine wissenschaftlich gründliche Bearbeitung verlangten. Über 80 Fachleute aus Wissenschaft und Praxis haben in diesem Sinne mit großem Einsatz und der gebotenen Sorgfalt an den rund 3 500 Stichworten mit zahlreichen Bildern und Tabellen des Lexikons gearbeitet.

Der Herausgeber dankt den Autoren für ihre Leistung. Dank gebührt auch Herrn Dr.-Ing. *Gerhard Scheuch*, Herrn Dipl.-Ing. *Heinz Gerlach* und Frau *Renate Raschke* für die sorgfältige Bearbeitung, Frau Dipl.-Ing. *Zitta Glaser* für die gute Organisation sowie schließlich dem VDI-Verlag für die Übernahme des Wagnisses und für die hervorragende Ausstattung des Lexikons Maschinenbau.

Düsseldorf, im Oktober 1994 *Heinz M. Hiersig*

Der Herausgeber

Prof. Dr.-Ing. habil. *Heinz M. Hiersig* studierte Maschinenbau an der Technischen Hochschule in Dresden. Er begann seine Industrietätigkeit 1939 bei der Rheinmetall-Borsig AG in Düsseldorf und wurde dort 1944 Werksleiter. 1943 promovierte er an der Technischen Hochschule Braunschweig zum Dr.-Ing. Im Jahr 1947 gründete er die Rhein-Getriebe GmbH. 1960 wurde er zum Vorstandsvorsitzenden der Firma Lohmann und Stolterfoht berufen, und er erwarb sich dort besondere Verdienste mit der Entwicklung eines neuen, marktfähigen Produktprofils. Noch vor Erreichen der Altersgrenze erhielt er von der Ruhr-Universität Bochum einen Lehrauftrag, habilitierte sich 1980 und wurde 1981 zum Professor ernannt. Zu dieser Zeit übernahm er erneut die technische Geschäftsführung der Rhein-Getriebe GmbH in Meerbusch.

Professor *Hiersig* schrieb über 40 Fachbeiträge, zumeist zu Fragen der Antriebstechnik. Er widmete sich über Jahrzehnte der technisch-wissenschaftlichen Gemeinschaftsarbeit in mehreren Gremien, unter anderem als Vorsitzender der VDI-Gesellschaft Entwicklung, Konstruktion, Vertrieb (EKV) und des Normenausschusses Antriebstechnik (NAN) im DIN.

Die Autoren

Prof. Dr.-Ing. Hans G. Baumann
Mannesmann Demag AG, Unternehmensbereich Hüttentechnik, Duisburg; Institut für Eisenhüttenkunde, Rheinisch-Westfälische Technische Hochschule Aachen

Prof. Dr.-Ing. Dieter Besdo
Institut für Mechanik, Universität Hannover

Dr.-Ing. Hans-Georg Bittner
Heimsoth GmbH, Hildesheim

Prof. Dr.-techn. Thomas J. Bohn
Fachbereich Energie- und Kraftwerkstechnik, Universität-Gesamthochschule Essen

Dipl.-Ing. Manfred Braitinger
Abt. für Raketen und Lenkflugkörper, Industrieanlagen-Betriebsgesellschaft mbH, Ottobrunn

Prof. Albert G. Burkhardt
Fachbereich Druck- und Verpackungstechnik, Fachhochschule für Druck, Stuttgart

Prof. em. Dr.-Ing. Günther Dibelius
Institut für Dampf- und Gasturbinen, Rheinisch-Westfälische Technische Hochschule Aachen

Dipl.-Ing. Ewald Diegelmann
LURGI Öl-Gas-Chemie GmbH, Frankfurt am Main

Dr.-Ing. Ralf Dohrn
Arbeitsbereich Thermische Verfahrenstechnik, Technische Universität Hamburg-Harburg

Prof. Dr.-Ing. Heinz-Ulrich Doliwa
Beratender Ingenieur für Gießerei und Hüttenwesen, Amberg

Prof. Dr.-Ing. Friedrich Dusil
Dekan Fachbereich Holztechnik, Fachhochschule Rosenheim

Prof. Dr. rer. nat. Helmut Eckelmann
Institut für Angewandte Mechanik und Strömungsphysik, Universität Göttingen; Max-Planck-Institut für Strömungsforschung, Göttingen

Prof. Dr.-Ing. Klaus Ehrlenspiel
Lehrstuhl für Konstruktion im Maschinenbau, Technische Universität München

Prof. Dr.-Ing. Peter Eyerer
Institut für Kunststoffprüfung und Kunststoffkunde, Universität Stuttgart

Prof. Dr.-Ing. Klaus Federn
Institut für Konstruktionslehre und Thermische Maschinen, Lehr- und Forschungsgebiet Maschinenelemente, Technische Universität Berlin

Prof. Dr. techn. Dr. med. h. c. Ernst Fiala
Honorarprofessor an der Technischen Universität Wien

Prof. Dr. rer. nat. Walther L. Fischer
Lehrstuhl für Didaktik der Mathematik, Erziehungswissenschaftliche Fakultät, Universität Erlangen-Nürnberg

Prof. Dr.-Ing. habil. Dr.-Ing. Lothar Gaul
Institut A für Mechanik, Universität Stuttgart

Dr.-Ing. Raimund Germershausen
Mitglied des Vorstandes der Rheinmetall Berlin
AG und Vorsitzender der Geschäftsführung der
Rheinmetall GmbH, Düsseldorf

Dr.-Ing. Andreas Hesse
Haldenwanger GmbH & Co. KG, Bereich Technische Keramik, Waldkraiburg

Prof. Dr.-Ing. Franz Josef Gierse
Institut für Konstruktion, Arbeitsgebiet: Konstruktions- und Getriebetechnik, Universität-Gesamthochschule Siegen

Dipl.-Ing. Volker Greif
Institut für Mechanische Verfahrenstechnik,
Universität Stuttgart

Dr. rer. nat. Franz Gross
Lehrbeauftragter über elektrochemische Systeme zur Energiespeicherung und Energieumwandlung, Universität Stuttgart

Prof. Dr.-Ing. Karl-Heinz Habig
Bundesanstalt für Materialforschung und -prüfung (BAM), Berlin

Prof. Dr. rer. nat. Reinhard Helbig
Institut für Angewandte Physik, Universität
Erlangen-Nürnberg

Dr.-Ing. Andreas Hesse
Haldenwanger GmbH & Co. KG, Bereich Technische Keramik, Waldkraiburg

Prof. em. Dr.-Ing. H. W. Hennicke
Institut für Nichtmetallische Werkstoffe, Professur für Keramik und Email, Technische Universität Clausthal

Prof. Dr.-Ing. habil. Heinz M. Hiersig
Technischer Geschäftsführer der Rhein-Getriebe GmbH, Meerbusch

Dr.-Ing. Franz Hoppe
MAAG Getriebe AG, Konstruktion Schiffsgetriebe, Zürich

Prof. Dr. rer. nat. Alex Hubert
Institut für Werkstoffwissenschaften, Universität Erlangen-Nürnberg

Prof. Dr.-Ing. Dr. h. c. Rudolf Jeschar
Institut für Energieverfahrenstechnik, Technische Universität Clausthal

Dr.-Ing. Friedrich Johannaber
Geschäftsbereich Kunststoffe, Bayer AG, Leverkusen

Prof. Dr.-Ing. Dr. h. c. Reinhardt Jünemann
Geschäftsführender Institutsleiter des Fraunhofer-Instituts für Materialfluß und Logistik, Dortmund

Dr.-Ing. Hermann Kaiser
Institut für Werkstoffwissenschaften, Korrosion
und Oberflächentechnik, Universität Erlangen-Nürnberg

Prof. Dr. Gunther Kamm
Technische Optik, Farbmeßtechnik, Fachhochschule für Druck, Stuttgart

Dr.-Ing. Manfred Kerner
Kraft Jacobs Suchard R & D Inc., München

Prof. Dr.-Ing. K. F. Knoche
Lehrstuhl für Technische Thermodynamik,
Rheinisch-Westfälische Technische Hochschule
Aachen

Priv.-Doz. Dr.-Ing. habil. Gunter Knoll
Institut für Maschinenelemente und Maschinengestaltung, Rheinisch-Westfälische Technische
Hochschule Aachen

Prof. Dr.-Ing. Oswin Kohlhaas
Fachbereich Textil- und Bekleidungstechnik,
Fachhochschule Niederrhein, Mönchengladbach

Prof. Dr.-Ing. Dr. h. c. mult. Wilfried König
Lehrstuhl für Technologie der Fertigungsverfahren, Laboratorium für Werkzeugmaschinen
und Betriebslehre (WZL), Rheinisch-Westfälische Technische Hochschule Aachen; Leiter des
Fraunhofer-Instituts für Produktionstechnologie, Aachen

Dipl.-Ing. Rüdiger E. Kosin
Flugbaumeister, Mitglied des Vorstandsrats der
Deutschen Gesellschaft für Luft- und Raumfahrt (DGLR), Bonn

Prof. Dr.-Ing. Rolf Kracke
Institut für Verkehrswesen, Eisenbahnbau und
-betrieb, Universität Hannover

Prof. Dr.-Ing. Peter Kuhlmann
Institut für Kraftfahrwesen und Kolbenmaschinen, Universität der Bundeswehr, Hamburg

Prof. Dr.-Ing. Günter Kühn
Institut für Maschinenwesen im Baubetrieb,
Universität Karlsruhe

Prof. em. Dr.-Ing. Dr. h. c. Kurt Lange
Institut für Umformtechnik, Universität Stuttgart

Dr.-Ing. Helmut Lauruschkat
Verein Deutscher Ingenieure, Düsseldorf

Prof. Dr.-Ing. Eike Lehmann
Schiffstechnische Konstruktionen und Berechnungen, Technische Universität Hamburg-Harburg

Prof. Dipl.-Ing. Rudolf Löcker
Fachbereich Textil- und Bekleidungstechnik, Fachhochschule Niederrhein, Mönchengladbach

Prof. em. Dr. Dr.-Ing. Marcel Loncin
Institut für Lebensmittelverfahrenstechnik, Universität Karlsruhe

Prof. Dr. rer. nat. Walter Masing
Erbach im Odenwald

Prof. Dr. rer. nat. habil. Gerd E. A. Meier
Direktor des Instituts für Strömungsmechanik, Deutsche Forschungsanstalt für Luft- und Raumfahrt e.V. (DLR), Göttingen

Prof. em. Dr.-Ing. H. W. Müller
Fachgebiet Maschinenelemente und Maschinenakustik, Technische Hochschule Darmstadt

Dipl.-Ing. Karl-Günter Müller
Verein Deutscher Ingenieure, Düsseldorf

Prof. Dipl.-Ing. Jochen Paris
Gerlingen

Prof. Dr. Rudolf Patt
Ordinariat für Holztechnologie und Holzchemie, Universität Hamburg

Prof. Dr.-Ing. Reinhold U. Pitt
Technische Thermodynamik — Wärmetechnik — Kraft- und Arbeitsmaschinen im Fachbereich Maschinenbau, Fachhochschule Schmalkalden/Thüringen

Dipl.-Ing. Peter Pöllet
Institut für Kunststoffprüfung und Kunststoffkunde, Universität Stuttgart

Eckard Rahnenführer
Rheinmetall GmbH, Düsseldorf

Prof. Dr.-Ing. Herbert Rauhut
Fachbereich Strömungsmaschinen, Fachhochschule Niederrhein, Krefeld

Dr.-Ing. Heinrich Rellermeyer
Thyssen Stahl AG, Duisburg

Prof. Dr.-Ing. Karl Theodor Renius
Lehrstuhl für Landmaschinen, Technische Universität München

Dr.-Ing. Herbert Rentzsch
Technische Direktion, Asea Brown Boveri AG, Baden/Schweiz

Prof. Dipl.-Phys. Axel Ritz
Steinbeis Transferzentrum Druck und Verpakkung, Fachhochschule für Druck, Stuttgart

Prof. Dr.-Ing. Rudolf Röper
Lehrstuhl für Maschinenelemente, Universität Dortmund

Prof. Dr. rer. nat. Hans-Karl Rouette
Textil- und Bekleidungstechnik, Fachhochschule Niederrhein, Mönchengladbach

Prof. Dr.-Ing. Harry O. Ruppe
Lehrstuhl für Raumfahrttechnik, Technische Universität München

Dr. rer. nat. Wilhelm Scheffels
(i. R.) vorm. Messer Griesheim GmbH, Steigerwald Strahltechnik, Puchheim

Werner Schmid
Redakteur, Der Druckspiegel, Heusenstamm

Prof. Dr.-Ing. Robert H. Schmucker
Lehrstuhl für Raumfahrttechnik, Technische Universität München

Prof. Dr. rer. nat. Elmar Schrüfer
Lehrstuhl für Elektrische Meßtechnik, Technische Universität München

Prof. Dr.-Ing. Herbert Schulz
Leiter des Instituts für Produktionstechnik und Spanende Werkzeugmaschinen, Technische Hochschule Darmstadt

Prof. Dr.-Ing. Andreas Seeliger
Institut für Bergwerks-und Hüttenmaschinenkunde, Rheinisch-Westfälische Technische Hochschule Aachen

Dr.-Ing. habil. Eckehard Specht
Institut für Energieverfahrenstechnik, Technische Universität Clausthal

Prof. Dr.-Ing. Klaus Strohmeier
Lehrstuhl für Apparatebau- und Anlagenbau, Experimentelle Spannungsanalyse, Technische Universität München

Dipl.-Ing. Heinz Stüben
Obering. i. R., vorm. Asea Brown Boveri-ABB, Fachbereich Antriebstechnik, Mannheim

Prof. Dr.-Ing. Dr. rer. nat. habil. Roger Thull
Lehrstuhl und Abteilung für Experimentelle Zahnmedizin, Universität Würzburg

Dipl.-Phys. Horst Vogel
vorm. Max-Planck-Institut für Strömungsforschung, Göttingen

Prof. Dr.-Ing. Dr. h. c. mult. Hans-Jürgen Warnecke
Lehrstuhl für Industrielle Fertigung und Fabrikbetrieb (IFF), Universität Stuttgart; Leiter des

Fraunhofer-Instituts für Produktionstechnik und Automatisierung (IPA), Stuttgart; Präsident der Fraunhofer-Gesellschaft (FhG), München

Prof. Dipl.-Ing. Klaus-Peter Weber
Fachbereich Textil- und Bekleidungstechnik, Fachhochschule Niederrhein, Mönchengladbach; Institut für Textiltechnik, Rheinisch-Westfälische Technische Hochschule Aachen

Prof. Dr.-Ing. Ingo Weise
Fachgebiet Waffentechnik, Fachbereich Maschinenbau der Universität der Bundeswehr Hamburg, und Rheinmetall GmbH, Düsseldorf

Dipl.-Ing. Jürgen Winkelmann
Firma K. H. Winkelmann, Typrografie und Reproduktion, Offenbach

Prof. Günter Winnicker
Fachbereich Seefahrt, Fachhochschule Hamburg

Prof. em. Dr.-Ing. Hans Winter
Lehrstuhl für Maschinenelemente, Technische Universität München

Prof. Dr.-Ing. Hartmut Witfeld
Institut für Mechanik, Universität der Bundeswehr Hamburg

Dr.-Ing. Franz Zahradnik
Lehrstuhl für Kunststoffe, Institut für Werkstoffwissenschaften, Universität Erlangen-Nürnberg

Dr.-Ing. Manfred Ziemann
Institut für Dampf- und Gasturbinen, Rheinisch-Westfälische Technische Hochschule Aachen

Erläuterungen zur Benutzung

Die zahlreichen Gebiete des Maschinenbaus sind in rund 3 500 Stichwörter gegliedert. Unter einem aufgesuchten Stichwort ist seine erläuternde Erklärung zu finden, die dem Benutzer das entsprechende Wissen vermitteln soll. Die zahlosen Verweise führen entweder zu einem synonymen oder zu einem übergeordneten Begriff, unter dem das entsprechende Stichwort abgehandelt ist. Die Querverweise im Text (→) sollen durch Aufsuchen anderer, verwandter oder ergänzender Stichwörter zu einer Vertiefung des Wissens beitragen. Der Verweispfeil → fordert dazu auf, das dahinterstehende Wort nachzuschlagen, um weitere Auskunft zu finden.

Die Stichworte folgen einander alphabetisch. Diese alphabetische Reihenfolge ist – auch bei zusammengesetzten Stichwörtern oder bei Abkürzungen – strikt eingehalten worden. Zusammengesetzte Begriffe sind vorwiegend unter dem Substantiv eingeordnet. Auch die Substantive werden im Singular aufgeführt, wobei Ausnahmen nur zur besseren Handhabung vorkommen und auf die übliche Ausdrucksweise geachtet wurde. Adjektive erscheinen also vor Substantiven, weil sie bei Aufsuchen ausschlaggebend sind.

Wie in lexikalischen Werken üblich, werden die Umlaute ä, ö, ü und die wie Umlaute gesprochenen Doppelbuchstaben ae, oe, ue wie die einfachen Buchstaben (Grundlaute a, o, u) behandelt.

Die zahlreichen Illustrationen zu den einzelnen Stichwörtern sind im Anschluß an den Absatz plaziert, im dem sie erwähnt oder erläutert wurden. Ausnahmsweise kann es auch vorkommen, daß diese — besonders im Falle von zweispaltigen Zeichnungen oder Tabellen — erst auf der nächsten Seite stehen. Die Zuordnung ist durch das Wiederholen des Stichwortes in der Bildunterschrift oder in der Tabellenüberschrift gewährleistet.

Im Text werden die Stichwörter mit dem ersten für die Alphabetisierung maßgeblichen Buchstaben abgekürzt. Dies gilt auch bei Wortzusammensetzungen mit dem Stichwort.

Literaturhinweise sind knapp gehalten und auf die wichtigsten Werke beschränkt. Deutschsprachige Werke wurden — soweit vorhanden — bevorzugt.

Düsseldorf, im Oktober 1994 *Die Redaktion*

M

Mähdrescher. →Landmaschine zum Mähen und gleichzeitigen Dreschen von Körnerfrüchten, heute überwiegend selbstfahrend (mit eigenem Motor) und großem rasch entleerbarem Korntank. Zeitweise arbeitete man mit angebauten Strohpressen. Bestand in der Bundesrepublik Deutschland etwa 80 000 (1988) mit weiter leicht abnehmender Tendenz.

Der M. löste die →Bindemäher und die Dreschmaschine ab, deren Funktionen er übernahm (Bild 1). Das vom Schneidwerk kommende Gut gelangt über Schrägförderer zum Dreschwerk, wobei der kontinuierliche Gutstrom und die abgestimmte Zuführung im Vergleich zur Dreschmaschine höhere Dreschleistungen erlaubt. Unterschiedliche Bestanddichten gleicht man über die stufenlos verstellbare Fahrgeschwindigkeit aus. Im Dreschwerk (aus Korb und Trommel) wird bereits der weitaus größte Teil der Körner nicht nur gedroschen, sondern auch abgeschieden (→Dreschmaschine). Trommeldrehzahl und Dreschspaltweite sind vom Fahrer sorgfältig auf die Guteigenschaften abzustimmen (stufenlose Verstellungen). Den Rest der Körner (z. B. 15 %) soll der Schüttler aus dem Stroh absieben. Die Reinigung trennt durch Sieben und Sichten die Körner von Spreu, Kurzstrohhal-

men und Ährenteilen (Trennen), wobei die Siebe und die Gebläsedrehzahlen auf die jeweiligen Guteigenschaften abzustimmen sind (Bild 2). Nicht ganz ausgedroschene Ährenteile führt man dem Dreschwerk als sog. Überkehr wieder zu. Das im Korntank gesammelte Gut (etwa 2–8 m³) wird durch einen Schneckenförderer in etwa 1–1,5 min auf Transportfahrzeuge überladen. Die Fahrantriebe der selbstfahrenden M. bestehen bei kleinen bis mittleren Maschinen aus einem Keilriemenvariator mit nachgeordnetem Gruppenwahlgetriebe (oft 3 Vorwärtsbereiche und 1 Rücklauf) und dem Endantrieb. Große M. arbeiten an Stelle des Variators mit einem stufenlosen hydrostatischen Wandler. Dabei entfallen dann die Rückwärtsgruppe und die Anfahrkupplung.

Leistungsanhebungen bei den M. über die Abmessungen stießen in neuerer Zeit vor allem bez. Baubreite an Grenzen (StVZO, Bundesbahnprofil). Einen relativ großen Anteil des Bauraums nimmt beim klassischen Konzept der Schüttler ein, von dem man zunächst wegen seines sehr geringen Energiebedarfs und wegen der schonenden Gutbehandlung nicht gern abgehen wollte (Alternativen waren seit langem bekannt). So hat man seine Leistungsfähigkeit zunächst noch durch Schüttler-

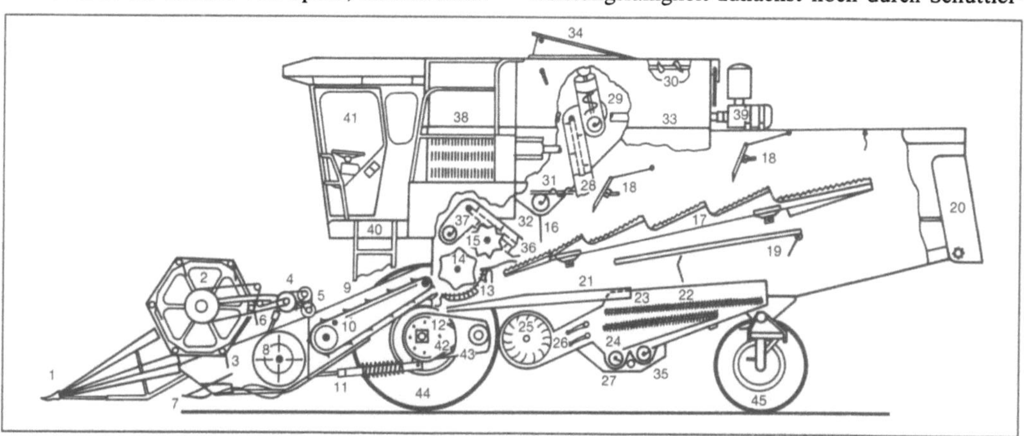

Mähdrescher 1: Bauelemente. (Quelle: Claas)

1 Halmteiler, 3-teilig, 2 Haspel, 3 Haspelzinken, 4 Haspelvorgelege, 5 Haspelgetriebe (stufenlos), 6 Haspelzylinder, 7 Ährenheber, 8 Einzugstrommel, 9 Einzugskanal, 10 Schrägförderer, 11 Schneidwerkzylinder, 12 Steinfangmulde, 13 Dreschkorb, 14 Dreschtrommel, 15 Wendetrommel, 16 Spritztuch, 17 Schüttlerhorden, 18 Rafferzinken, 19 Schüttlerrücklaufboden, 20 Strohausfallhaube, 21 Vorbereitungsboden, 22 Siebkasten, 23 Obersiebe, 24 Untersiebe, 25 Reinigungsgebläse, 26 Windleitbleche, 27 Kornschnecke, 28 Kornelevator, 29 Korntankbefüllschnecke, 30 Kornverteilerschnecke, 31 Zuführschnecken, 32 Korntankentleerungsschnecke, 33 Korntank, 34 Korntankdeckel, 35 Überkehrschnecke, 36 Überkehrelevator, 37 Überkehrverteilerschnecke, 38 Motor, 39 Luftfilter, 40 Fahrerstand, 41 Kabine, 42 Seitengetriebe, 43 Schaltgetriebe, 44 Treibräder, 45 Lenkachsräder

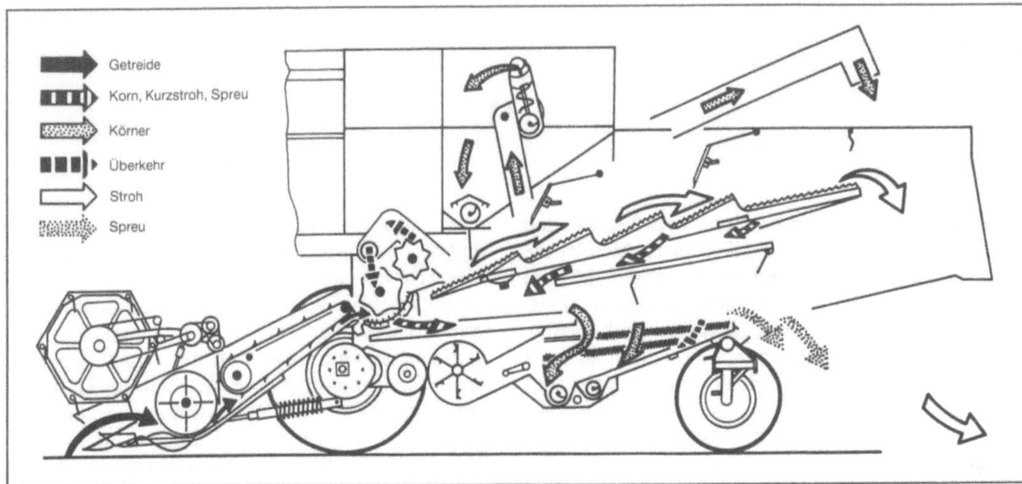

Mähdrescher 2: Stofffluß und Stoffetrennung im Mähdrescher. (Quelle: Claas)

hilfen (z. B. zusätzlich eingreifende Zinken) verbessern können. Erst 1975 kamen dann im obersten Leistungsbereich die ersten schüttlerlosen (in Serie gebauten) M. auf den Markt. Die in unseren Tagen erreichte Produktivität ist beeindruckend: Nach *Busse* kam im Jahre 1980 in Mitteleuropa eine einzige Arbeitskraft mit Hilfe eines großen M. auf eine Arbeitsleistung (t/h), die im Jahre 1800 bis zu 2 000 Kräfte erforderte. *Renius*

Literatur: *Brenner, W. G.:* Ernte- und Dreschtechnik der Halmfrüchte. In: Die Geschichte der Landtechnik im 20. Jahrhundert. Frankfurt a. M. 1969; S. 306/36. – *Busse, W.:* Mechanisierung der Getreideernte-Revolution für die Kornkammern der Welt. VDI-Ber. Nr. 407. Düsseldorf 1981; S. 19/26. – *Caspers, L.:* Die Abscheidefunktion als Beitrag zur Theorie des Schlagleistendreschwerks. Landbauforsch. Völkenrode, Sonderh. 19 (1973). – *Harmening, E.:* Als der deutsche Mähdrescher noch in den Kinderschuhen steckte. In: Miterlebte Landtechn. Bd. 1. Darmstadt 1981; S. 107/14. – *Herbsthofer, F. J.:* Wo stehen wir im Mähdrescherbau und wie geht es weiter? Grundl. Landtechn. 24 (1974) Nr. 3, S. 94/102. – *Kutzbach, H. D.:* Mähdrescher. In: Festschr. „25 Jahre VDI-Fachgruppe Landtechnik". Düsseldorf 1983; S. 173/83. – *Kutzbach, H. D.:* Dresch- und Trennsysteme neuer Mähdrescher. Landtechn. 38 (1983) Nr. 6, S. 226/30. – *Kutzbach, H. D., u. P. Wacker:* Mähdrescher gestern und heute. Landtechn. 41 (1986) Nr. 6, S. 264/67. – *Persson, S.:* Die Arbeitsweise der Mähdrescherreinigung. Landtechn. Forschg. 7 (1957) Nr. 5, S. 133/37. – *Quick, G., u. W. Buchele:* The Grain Harvesters. St. Joseph, Michigan (USA) 1978. – *Söhne, W.:* Entwicklung und Grenzen der Landtechnik am Beispiel der Ackerschlepper und Mähdrescher. VDI-Fachgruppe Landtechnik. Düsseldorf 1983. – *Vormfelde, K.:* Ein neues Weltbild durch den Mähdrescher. Z. VDI 75 (1931) Nr. 6, S. 153/59. – *Wacker, P.:* Mähdrescherbauarten. In: Mähdrescherernte von Sonderfrüchten. KTBL Arbeitspapier 139. Darmstadt 1990. – *Wieneke, F.:* Das Arbeitskennfeld des Schlagleistendreschers. Grundl. Landtechn. 14 (1964) Nr. 21, S. 33/34.

Mähmaschine. Sammelbegriff für Landmaschinen, die zum Mähen bzw. Abschneiden von Pflanzen auf dem Feld dienen. Hauptkomponente ist jeweils das Mähwerk. Das →Schneiden geschieht dabei entweder mit Gegenschneide (Scherschnitt, →Balkenmähwerk, Spindelmäher) oder im freien Schnitt (→Kreiselmäher, Schlegelmäher).

Schon der von *Plinius* beschriebene gallische Mähwagen zielte auf eine Mechanisierung des Getreidemähens (damals mehr ein Raufen). Die neue Entwicklung der M. setzte um 1800 ein. Ab 1840 produzierte McCormick seine berühmten M., später weiter entwickelt zu den Bindemähern. Nach dem Zweiten Weltkrieg ging die Funktion des Getreidemähens im Mähdrescher auf. Demgegenüber haben sich für die Futterernte die M. als Spezialmaschinen (Anbaugeräte) fortentwickelt (Balkenmähwerk, Kreiselmäher). *Renius*

Magermotor. →Ottomotor, der mit einem sehr mageren Kraftstoff-Luft-Gemisch arbeitet.

Während der Ottomotor üblicherweise mit einem →Verbrennungsluftverhältnis von etwa 1,0 läuft, wird der M. mit einem deutlich höheren Luftverhältnis betrieben, z. B. λ_v = 1,3–1,5.

Das hohe Luftverhältnis führt zu geringer NO_x-Emission bei gleichzeitig geringem spezifischen Kraftstoffverbrauch. Dies ist bemerkenswert, weil bei den meisten motorischen Maßnahmen eine gegenläufige Tendenz von NO_x-Emission und spezifischem Kraftstoffverbrauch festzustellen ist.

Selbstverständlich verringert die Abmagerung das Drehmoment und die Leistung. Deshalb kann sie ohne Leistungseinbuße für den Motor nur bei Teillast vorgenommen werden.

Das Problem beim M. ist, daß bei so hohem Verbrennungsluftverhältnis die Zündgrenze erreicht wird. Unruhiger Lauf und Zündaussetzer wären normalerweise die Folge. Unregelmäßigkeiten in der Entflammungsphase spielen dabei eine große Rolle. Man versucht, die Probleme mit besonderen leistungsfähigen Zündsystemen und mit Ladungsschichtung zu überwinden (→Schichtladungsmotor). *Kuhlmann*

Magnet-Zahnkupplung. Die M.-Z. ist eine formschlüssige Schaltkupplung. Sie wird mit und ohne Schleifring ausgeführt. Die M.-Z. ohne Schleifring (Bild 1) besteht aus einem Magnetkörper mit eingegossener Magnetspule, die mit einem stirnverzahnten Zahnkranz und einem Schleifring verbunden ist, und der Ankerscheibe mit dem Gegenzahnkranz, der über Mitnehmer das Drehmoment weiterleitet. Der Magnet zieht die Ankerscheibe gegen den Magnetkörper, und die Verzahnungen greifen ineinander. Beim Abschalten des Stroms löst die Kupplung. Zur zuverlässigen Trennung sorgen Federn. Bei der schleifringlosen M.-Z. (Bild 2) ist der Magnetkörper auf der →Welle gelagert und steht still. Sie baut etwas breiter als die M.-Z.

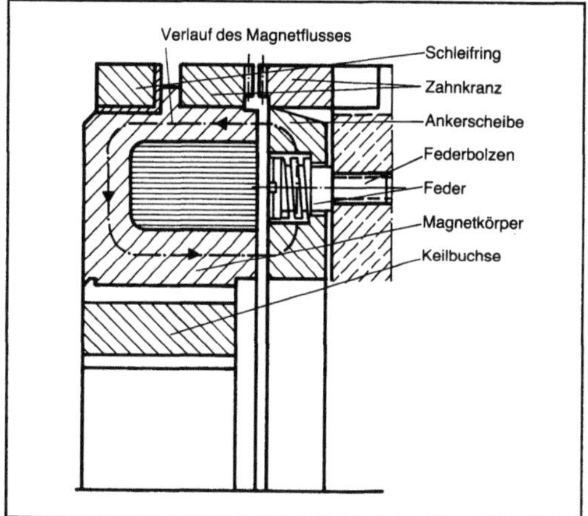

Magnet-Zahnkupplung 1: Mit Schleifring.

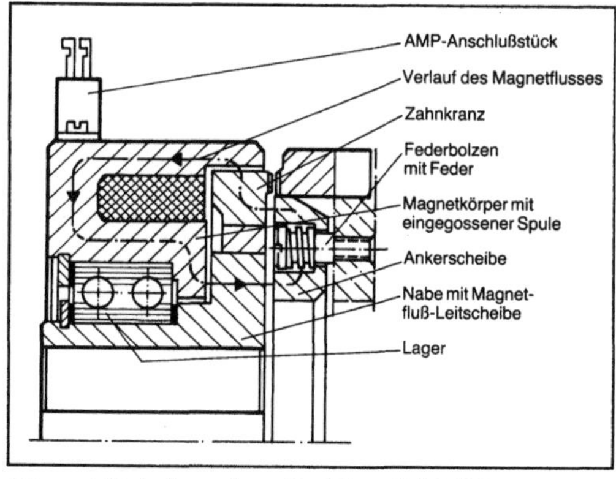

Magnet-Zahnkupplung 2: Ohne Schleifring.

mit Schleifring. M.-Z. werden in Werkzeugmaschinen, im allgemeinen Maschinenbau usw. angewendet. *Ehrlenspiel*

Magnetpulver-Kupplung. Die M.-K. ist eine elektromagnetisch betätigte Reibungskupplung (Bild). Sie besteht aus einer zylindrischen Scheibe, in die eine Magnetspule eingelassen ist. Die Scheibe mit der Spule wird von einem →Ring umschlossen, der beiderseits gelagert ist. Im Spalt zwischen der Scheibe und dem Ring befindet sich magnetisierbares Pulver. Beim Hochlaufen des Motors wird das Pulver gegen den Innendurchmesser des Rings geschleudert. Wenn der Magnet erregt wird, bildet das Pulver eine Brücke zwischen dem Ring und der Scheibe. Diese Brücke wird um so fester, je stärker der Magnet erregt wird. Die Drehmomentübertragung erfolgt durch Reibung zwischen dem Pulver und der Scheibe bzw. dem Ring. Die M-K. wird als Anlauf- und Überlastkupplung verwendet. In Amerika wird eine Abart der M-K. als Magnetölpulver-Kupplung mit einer Füllung aus Öl und Eisenpulver verwendet. *Ehrlenspiel*

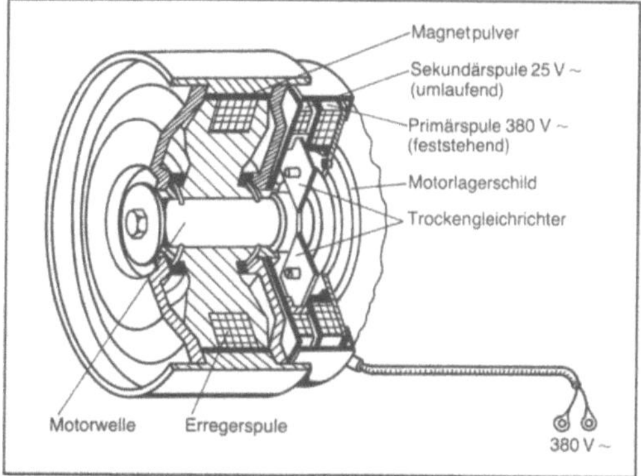

Magnetpulver-Kupplung. (Quelle: EMG-Elektromechanik GmbH)

Management-Informations-System →Logistik

Mangelschmierung →Gleitlagerwerkstoff

Mannesmann-Schrägwalzanlage. Eine M.-S. ist ein komplexes technisches System mit 2 besonders profilierten Arbeitswalzen, die im gleichen Drehsinn angetrieben werden und deren Achsen gegen die horizontale Walzgutachse zwischen 3 und 6° geneigt sind. Zum Schließen des Walzspalts dienen i. a. eine nicht angetriebene Stützwalze einerseits und ein Stützlineal andererseits. In der Mitte des Walzspalts befindet sich als Innenwerkzeug ein Lochdorn, der über eine Dornstange an einem außerhalb liegenden Widerlager abgestützt ist. Die M.-S., die nach dem M.-Schrägwalzverfahren arbeitet, besteht aus den einlaufseitigen Systemen mit

Transporteinheiten für das Einsatzmaterial, dem Walzgerüst und den auslaufseitigen Systemen mit den Dornstangen-Umlaufeinheiten. Dabei umfassen die einlaufseitigen Systeme u. a. den Einlaufrollgang, die Einlaufrinne und das pneumatisch arbeitende Block-Einstoßsystem. Auf der Auslaufseite sind u. a. ein Rollensystem, das Dornstangen-Widerlager, das Hohlblock-Transportsystem und das Dornstangen-Wechselsystem sowie die Kühlwanne für Dornstangen angeordnet. *Baumann*

Mannesmann-Schrägwalzverfahren. Die Idee der Brüder *Reinhard* und *Max Mannesmann,* daß es möglich sein müßte, massive Rundblöcke oder Rundstangen durch Schrägwalzen in zylindrische Hohlkörper umzuformen, hat sich als eine der größten und erfolgreichsten Erfindungen auf dem Gebiete der mechanischen Produktionstechnik erwiesen. Diese Erfindung war die Vorstufe der Herstellung des nahtlosen Stahlrohrs. Im Jahr 1884 verfaßten die beiden Ingenieure eine entsprechende Patentschrift, und am 27. Januar 1885 wurde ihnen das Patent auf ein S. mit einer M.-Schrägwalzanlage erteilt.

Unter dem M.-S. ist also das Umformen eines massiven Rundkörpers zwischen 2 Walzen, deren Achsen zueinander schräg stehen, über einen feststehend im Walzspalt angeordneten Lochdorn zu verstehen, wobei sich im Inneren des Walzguts ein Hohlraum bildet, der durch den Dorn seine endgültige Form erhält (Bild). Die Einsatzblöcke für das S. sind hinsichtlich Durchmesser, Länge und Gewicht auf die zu fertigenden Rohrabmessungen abgestimmt. In einem meist gas- oder auch ölbeheizten →Drehherdofen wird das Walzgut nach Durchlaufen unterschiedlicher Temperaturzonen auf Walztemperatur erwärmt, i. a. auf etwa 1 250 °C, je nach Werkstoffzusammensetzung auch niedriger. Nach Entnahme aus dem Drehherdofen und anschließender Entzunderung der Oberfläche mit Preßwasser werden die Blöcke der M.-Schrägwalzanlage zuge-

führt und dort zu dickwandigen Hohlkörpern umgeformt. Dazu wird der Einsatzblock in das Walzwerk eingestoßen, im konischen Einlaufteil von den Walzen erfaßt und in schraubenlinienförmiger Bewegung über den Lochdorn zum dickwandigen Hohlkörper umgeformt. Nach Eingriff des Lochdorns erfolgt die Umformung beim Durchgang durch den Walzspalt, der zwischen je einer Walze und dem Lochdorn gebildet wird. Die Streckung des Werkstoffs liegt dabei etwa zwischen 1,5fach und 2fach, die Querschnittsabnahme etwa zwischen 33 und 50 %.

Der nächste Schritt der Brüder *Mannesmann* war das Auswalzen der in der →Schrägwalzanlage erzeugten dickwandigen Hohlkörper zu nahtlosen Stahlrohren. Nach verschiedenen Versuchen, diesen Streckprozeß zu verwirklichen, entstand 1889 die Idee, den dickwandigen Hohlkörper mit dem →Pilgerwalzverfahren umzuformen. Am 6. März 1891 wurde das grundlegende Patent auf dieses Verfahren erteilt. *Baumann*

Manuskript. Das M. entsteht beim Autor durch schriftliches Festhalten von Gedanken, Vorstellungen, Ideen und Daten. Original-M. sind urheberrechtlich geschützt. Der Setzer wandelt durch seine Tätigkeit das M. in die · Druckvorlage um. Die Beschaffenheit des M. bildet die Grundlage für eine kostengünstige Satzherstellung.

Schreibmaschinen-M. gelangen heute nur noch in geringem Umfang in die Setzerei, da viele Autoren die Texterfassung auf Personalcomputern der Texterfassung auf Schreibmaschinen vorziehen. Die Daten werden auf Disketten an die Setzerei geliefert. Dies erspart der Setzerei die Neuerfassung der Daten. *W. Schmid*

Literatur: *Siemoneit, M.,* u. *W. Zeitvogel:* Satzherstellung. Textverarbeitung. Lehrb. Druckindustrie. Frankfurt a. M. 1986.

Masche →Bindungselement

Maschenbildungsvorgang. Allen Prozessen der Maschenbildung an Wirk- und Strickmaschinen (Nadeln) ist gemeinsam, daß die bereits in den Nadelköpfen gebildeten Maschenschleifen (→Bindungselement) nacheinander oder gleichzeitig aus den Nadelhaken auf die Nadelschäfte gleiten, der Einzelfaden oder die Fadenkette in die Nadelhaken gelegt wird und anschließend die Maschenschleifen nacheinander oder gleichzeitig über die geschlossenen Haken abgleiten, so daß daraus neue Maschen und aus den Fadenschleifen neue Maschenschleifen entstehen können (Bild 1–10).

Wesentliche Unterschiede bestehen insbes. wegen der in Wirk- und Strickprozessen unterschiedlichen Nadelbeweglichkeit (Wirkprozeß: gemeinsam bewegte Nadeln; Strickprozeß: einzeln bewegte

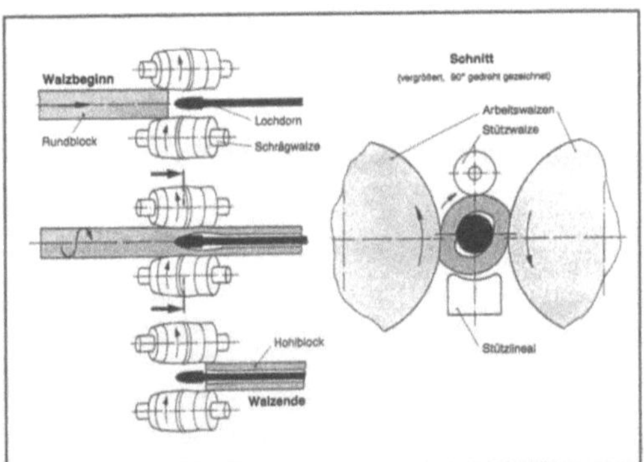

Mannesmann-Schrägwalzverfahren: Verfahrensablauf beim Mannesmann-Schrägwalzen (schematische Darstellung).

Nadeln), wegen der in der Einfaden- oder →Kettfaden-Technik typischen Fadenvorlage (Ein-Faden oder Kettfäden), in der Nadelanordnung (flach oder rund) und bezüglich der Bindungsgruppe (Rechts/Links RL, Rechts/Rechts RR, Links/Links LL); (→Maschenware). *K. P. Weber*

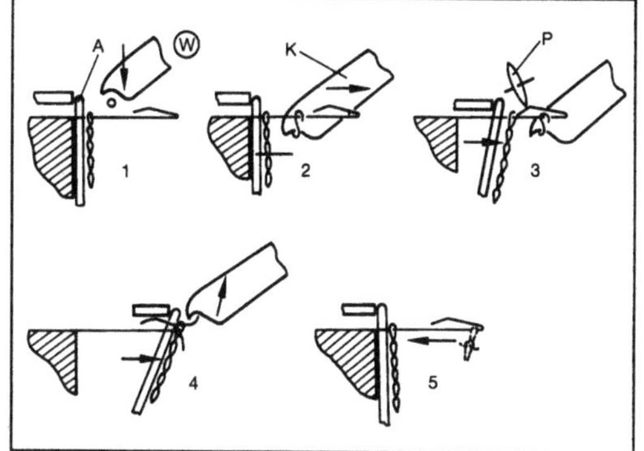

Maschenbildungsvorgang 1: Französische Rundwirkmaschine.

W Wirkerstand, A Abschlagplatine, K Kulierplatine, P Presse, 1 Faden legen, 2 Kulieren, 3 Vorbringen, Pressen, Auftragen, 4 Abschlagen, 5 Einschließen

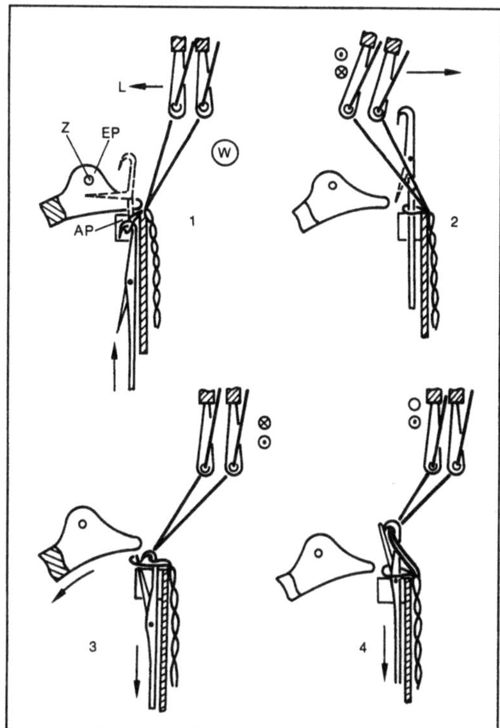

Maschenbildungsvorgang 2: Raschelmaschine.

W Wirkerstand, AP Abschlagplatine, EP Einschließplatine, Z Zungenanschlagdraht, L Legebarre, 1 Einschließen, 2 Überlegung, 3 Auftragen, 4 Abschlagen

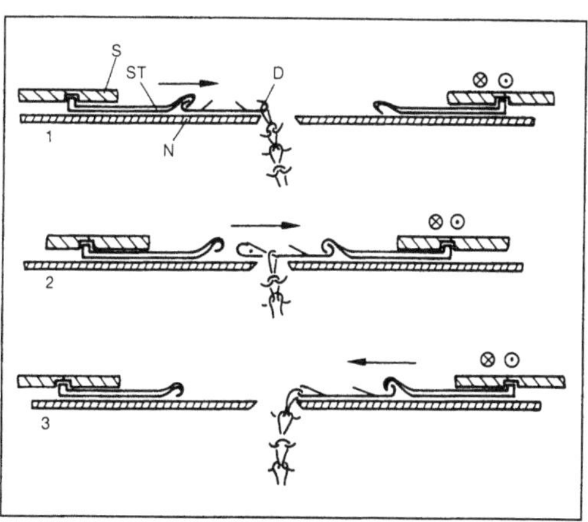

Maschenbildungsvorgang 3: LL-Flachstrickmaschine.

S Stößerschloß, D Doppelzungennadel, ST Stößer, N Nadelbett, 1 Maschenbildung links, 2, 3 Maschenbildung rechts

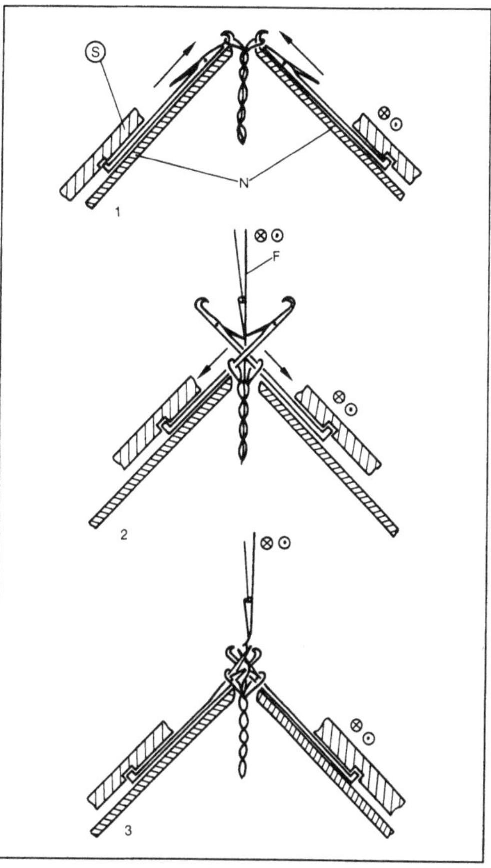

Maschenbildungsvorgang 4: RR-Flachstrickmaschine.

S Schloß, N Nadelbetten, F Fadenführer, 1 Ausgangsposition, 2 Fadenlegen, 3 Auftragen, Abschlagen

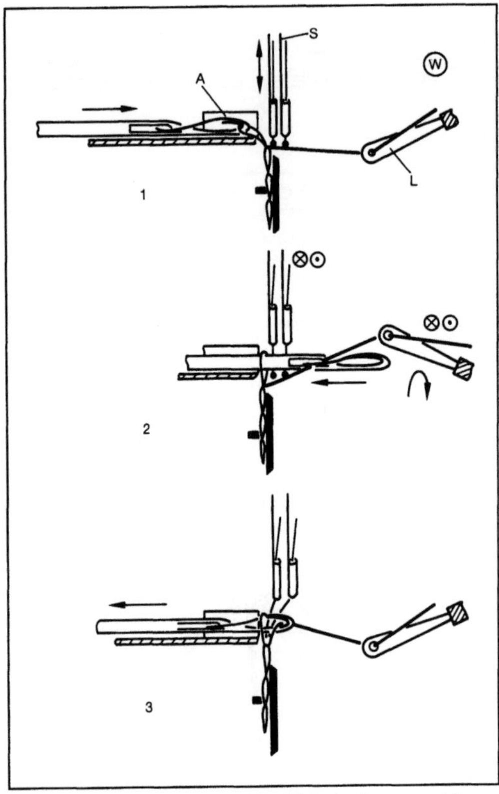

Maschenbildungsvorgang 5: Häkelgalonmaschine.

W Wirkerstand, S Schußfadenführer, A Abschlagplatine, L Legebarre, 1 Schußfaden einlegen, 2 Überlegung des maschenbildenden Fadens, 3 Auftragen, Abschlagen

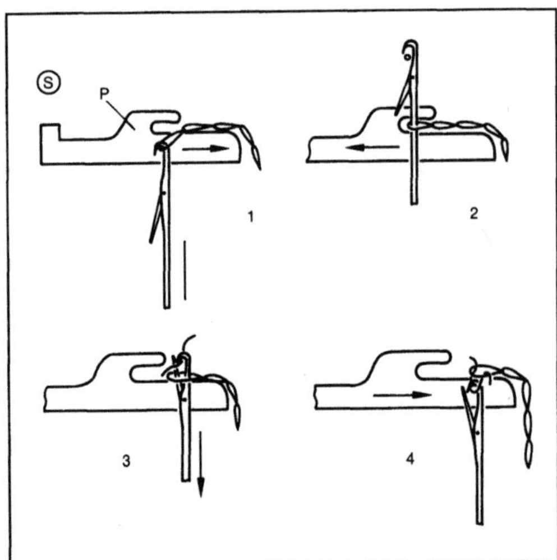

Maschenbildungsvorgang 6: RL-Rundstrickmaschine.

S Strickerstand, P Platine, 1 Einschließen, 2 Faden legen, 3 Auftragen, 4 Abschlagen

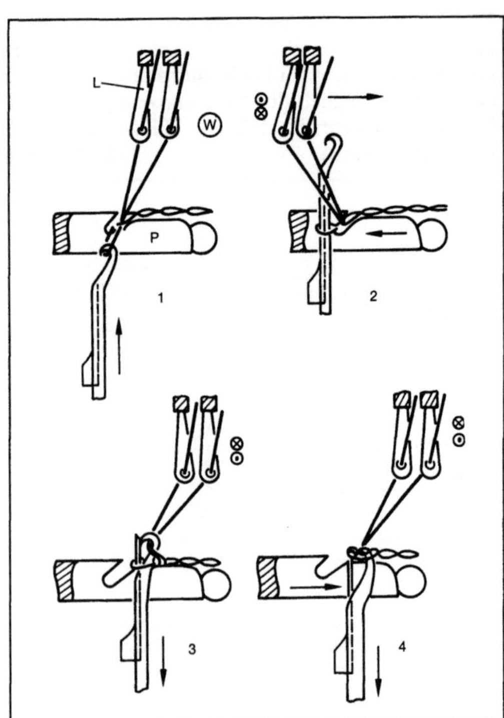

Maschenbildungsvorgang 7: Kettenwirkautomat.

W Wirkerstand, P Platine, L Legebarre, 1 Einschließen, 2 Überlegung, 3 Auftragen, Unterlegung, 4 Abschlagen

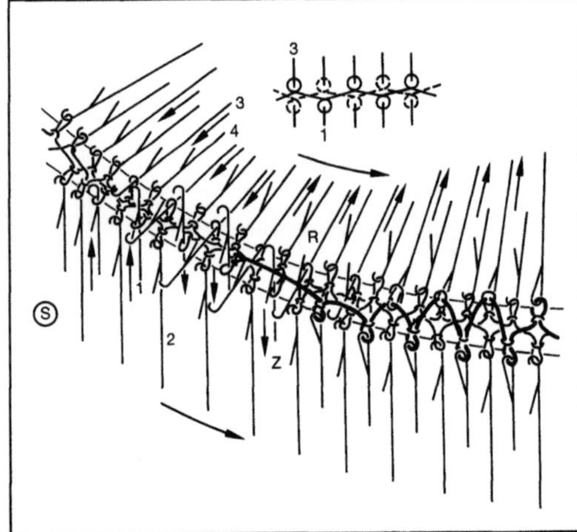

Maschenbildungsvorgang 8: RR-Rundstrickmaschine, Interlockmaschine.

S Strickerstand, Z Zylinder, R Rippscheibe, 1 strickende Zylindernadel, 2 nichtstrickende Zylindernadel, 3 strickende Rippnadel, 4 nichtstrickende Rippnadel

Maschendichte. Die M. einer →Maschenware bestimmt die Anzahl der Maschen (→Bindungselement) pro Fläche und damit das Quadratmeterge-

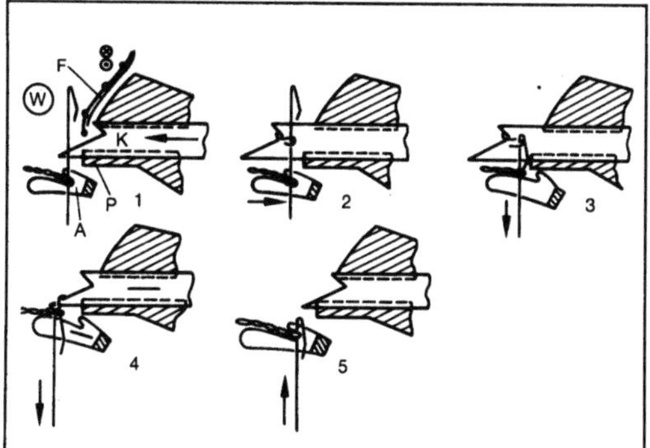

Maschenbildungsvorgang 9: Cottonmaschine.

W Wirkerstand, K Kulierplatine, A Abschlagplatine, F Fadenführer, P Preßkante, 1 Fadenlegen, 2 Kulieren, 3 Pressen und
Auftragen, 4 Abschlagen, 5 Einschließen

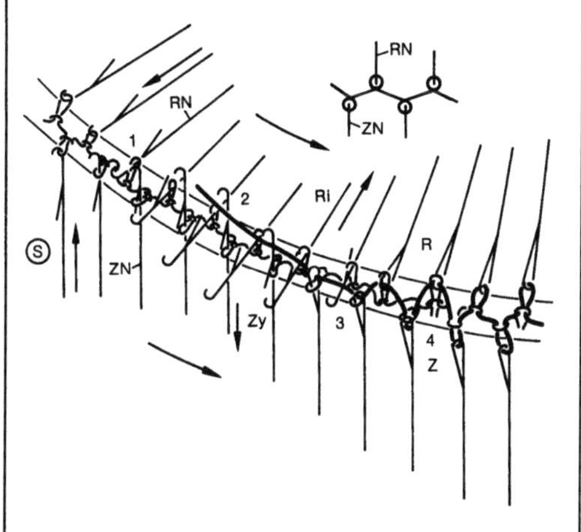

*Maschenbildungsvorgang 10: RR-Rundstrickma-
schine, Rippmaschine.*

S Strickerstand, Z Zylinder, R Rippscheibe, ZN Zylindernadel, RN Rippnadel, 1 Einschließen, 2 Fadenlegen, 3 Auftragen,
4 Abschlagen

wicht, die Eigenschaften der Ware und auch den
Preis. Man unterscheidet zwischen Maschenreihendichte und Maschenstäbchendichte (Bild):
□ Maschenreihendichte = Anzahl der Maschenrei-
hen/Bezugslänge,
□ Maschenstäbchendichte = Anzahl der Maschen-
stäbchen/Bezugslänge.
Die Bezugslänge kann 1 cm, 2 cm, 5 cm, 10 cm,
1 inch usw. betragen und hängt von der M. der Ware
ab. Während die Maschenreihendichte überwiegend von der gebildeten Maschengröße abhängig ist,
wird die Maschenstäbchendichte größtenteils von
der →Maschinenfeinheit bestimmt. Die M. in Roh-
und Fertigwaren schwankt in Abhängigkeit vom
Schrumpf während der Maschenherstellung sowie

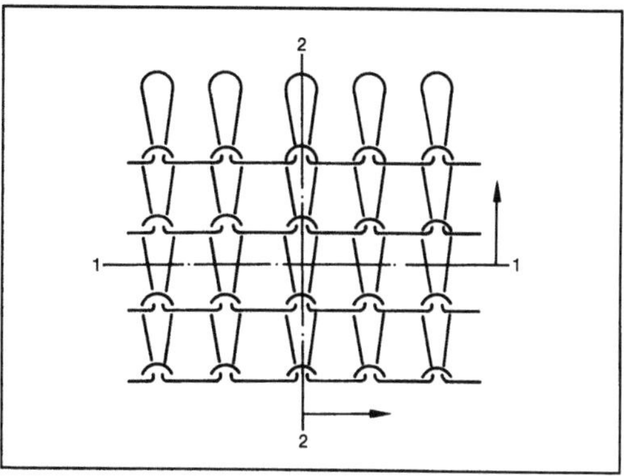

Maschendichte.

1–1 Maschenreihe, 2–2 Maschenstäbchen

von der Ausrüstung sehr stark, und eine Berechnung der Maschinenfeinheit aus den Daten der
Fertigware ist sehr problematisch.   *K. P. Weber*

Maschenreihe →Maschendichte

Maschenstäbchen →Maschendichte

Maschenware. M. sind Produkte von Wirk- und
Strickmaschinen, die in Abhängigkeit vom Faden-
lauf in Einfaden-M. (→Einfaden-Technik) und
Kettfaden-M. (→Kettfaden-Technik) eingeteilt
werden können (Bild 1).

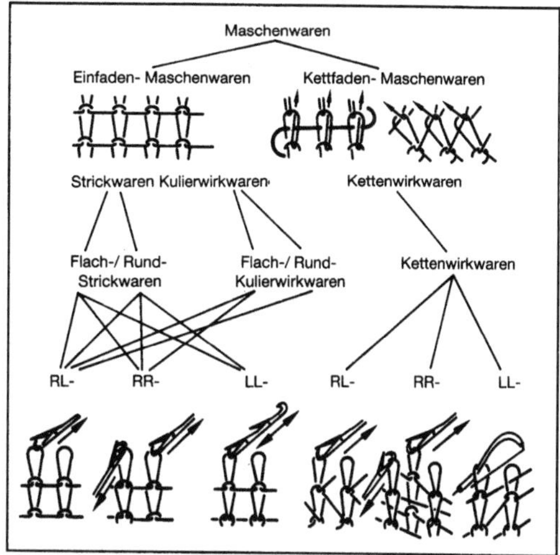

Maschenware 1: Einteilung.

Zu den Einfaden-M. (ein Faden quer) zählen alle
Strick- und Kulierwirkwaren, wobei in wenigen
Einzelfällen eine Unterscheidung der Gestricke von
den Gewirken erhebliche Schwierigkeiten bereitet.
Alle Kettfaden-M. (Kettfäden längs) sind z. Z. nur
Kettenwirkwaren.

Je nach eingesetzter Technologie kann weiter in Flachstrick- und Rundstrickwaren (→Strickmaschinen), Flachkulier- und Rundkulierwirkwaren (→Kulierwirkmaschinen) sowie Kettenwirkwaren (→Kettenwirkmaschinen) unterteilt werden (→Maschenbildungsvorgang).

Weiterhin unterscheidet man Rechts/Links (RL)-, Rechts/Rechts (RR)- und Links/Links (LL)-M.

RL-M. zeigen auf der einen Seite nur rechte (R), (→Bindungselement) und auf der anderen Seite nur linke (L) Maschenseiten. Die Herstellung erfolgt mit einem Nadelsystem (→Nadel) und einer Durchzugsrichtung, z. B. RL-Wirk-/Strickwaren, (Bild 1).

RR-M. zeigen auf beiden Seiten rechte Maschenseiten. Zur Herstellung werden zwei Nadelsysteme mit zwei Durchzugsrichtungen benötigt (RR-Wirk-/Strickwaren). Durch Ausschaltung eines Nadelsystems kann auf RR-Maschinen auch RL-M. und durch Einsatz von besonderen Zungennadeln mit Maschentransfertechnik auch LL-M. erzeugt werden.

In LL-M. wechseln rechte und linke Maschenreihen ab, die durch Transfertechnik von Doppelzungennadeln und der damit wechselnden Durchzugsrichtung während der Maschenbildung entstehen (Maschenbildungsvorgang). Auf LL-Strickmaschinen kann man je nach Nadelsortierung auch RL- und RR-Strickware produzieren.

RR-Rundstrickwaren können in Ripp- und Interlockgestricke unterteilt werden. Die Maschenbilder (Bild 2) zeigen dehnungsfähigere Rippware gegenüber der dichteren und in der Oberfläche glatteren Interlockware. Die Interlockware wird auf Rundstrickmaschinen hergestellt, deren Ripp- und Zylindernadeln (Strickmaschine) Kopf auf Kopf gegenüberstehen. Durch die über Kreuz wechselnde Arbeitsweise der Nadeln in zwei aufeinander folgenden Maschenbildungsvorgängen entsteht eine gekreuzte RR-Ware: Interlockware (Bild 2). *K. P. Weber*

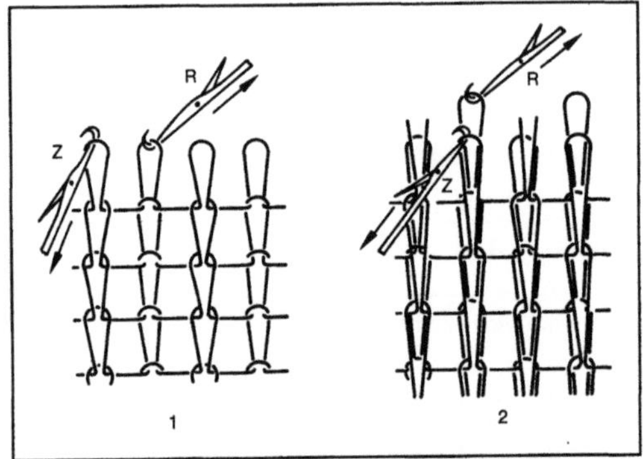

Maschenware 2: RR-Rundstrickwaren.

1 Rippware, 2 Interlockware, Z Zylindernadel, R Rippnadel

Maschine →System, technisches

Maschine, elektrische. Anordnung der Energietechnik, die unter Nutzung der elektromagnetischen Induktion elektrische Energie einer Frequenz oder Spannung in elektrische Energie anderer Frequenz oder Spannung, elektrische in mechanische Energie oder mechanische in elektrische Energie umwandelt. Hauptarten der e. M. sind
□ ruhende e. M.: Transformatoren, Drosselspulen, Wandler;
□ rotierende e. M.: Generatoren, Motoren, Umformer;
□ translatorische e. M.: Linearmotoren, MHD-Generatoren;
□ elektromagnetische Kupplungen.

Elektrostatische e. M. sind für die Energietechnik ohne praktische Bedeutung, da die Energiedichte des elektrischen Felds weit geringer ist als die des magnetischen Felds.

Der Ursprung e. M. liegt in der ersten Hälfte des 19. Jahrhunderts und ist mit Namen wie *Oersted, Faraday, Jacoby* und *Gamme* verbunden. Der Durchbruch gelang jedoch erst im Jahre 1867 mit der Entdeckung des dynamoelektrischen Prinzips durch *Werner von Siemens.* Im Jahre 1880 wurde der erste brauchbare Transformator entwickelt, 1888 beschrieb *Ferraris* das von mehrphasigen Strömen erzeugte Drehfeld, 1889 baute *Dolivo-Dobrowolski* den ersten →Drehstrommotor mit Käfigläufer, um 1890 lieferten die ersten Kraftwerke mit Synchrongeneratoren erzeugten Strom, und 1901 baute *C. E. L. Brown* den ersten schnellaufenden Turbogenerator mit zylindrischem Feldmagneten.

Die Wirkungsweise e. M. beruht auf der wechselseitigen Beeinflussung von Magnetfeldern und Strömen. Hierzu wird ein aus Primär- und Sekundärteil bestehender magnetischer Kreis gebildet, in dem ein aus ferritischem Werkstoff hoher Permeabilität bestehender Kern den magnetischen Fluß mit geringem magnetischen Widerstand und ohne große Streuung in den gewünschten Bahnen führt.

Bei ruhenden e. M., wie Transformatoren (Bild), wird der magnetische Fluß in einem in sich geschlossenen Eisenkern ohne nennenswerte Luftspalte in

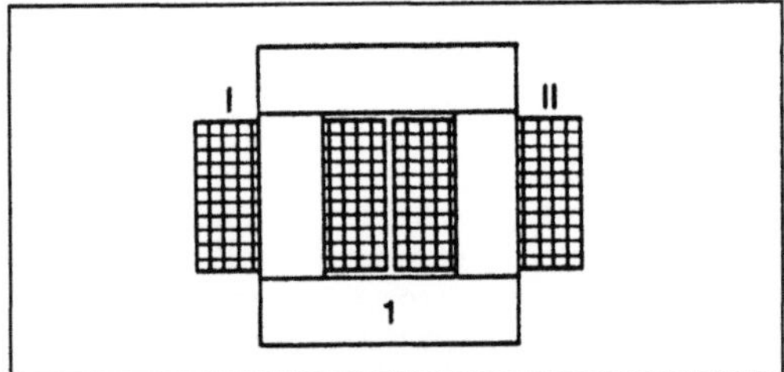

Maschine, elektrische: Transformator.

1 Eisenkern, I Oberspannungswicklung, II Unterspannungswicklung

Flußrichtung geführt. Der Eisenkern ist zugleich Träger für die in Zylinder- oder Scheibenform ausgeführten, aus Werkstoff hohen elektrischen Leitwerts bestehenden Wicklungen. In den Windungen der Ober- und Unterspannungswicklungen fließen elektrische Ströme, wobei mindestens in einer Wicklung nach dem Induktionsgesetz eine Wechselspannung induziert wird.

Bei rotierenden e. M. wird der magnetische Fluß in den aus mechanischen Gründen durch einen →Luftspalt getrennten Eisenteilen des feststehenden Teils (Ständer) und des rotierenden Teils (Läufer) geführt. Die Wicklungen sind in Nuten des Ständer- und Läuferblechpakets untergebracht. Das magnetische Feld übt an den Oberflächen der Eisenpakete Zugspannungen und auf die stromführenden Leiter Kräfte aus, die ein am Läufer verfügbares Drehmoment bewirken (Motorbetrieb). Umgekehrt werden durch das Magnetfeld in durch äußere mechanische Kräfte bewegten Leitern Spannungen induziert (Generatorprinzip).

Die Größe der verfügbaren mechanischen bzw. elektrischen Leistung wird von der zugeführten elektrischen bzw. mechanischen Leistung unter Berücksichtigung der Verluste bestimmt. Verluste entstehen als Ummagnetisierungs-, Stromwärme- und Zusatzverluste. *Rentzsch*

Maschine, elektrische, supraleitende. Seit es in den 60er Jahren gelang, Hochfeldsupraleiter in Form von Filamentleitern auf Niob-Titan-Basis industriell für Magnetspulen herzustellen, bemüht man sich, den Supraleitungseffekt auch für e. M. zu nutzen. Supraleitung ist durch das vollständige Verschwinden des elektrischen Widerstands in gewissen Werkstoffen unterhalb einer nahe am absoluten Nullpunkt gelegenen Sprungtemperatur gekennzeichnet. Um ein elektromagnetisches Feld aufzubauen, reicht es aus, einen supraleitenden Magneten kurzzeitig an eine Spannungsquelle zu legen. Danach wird das Feld ohne zusätzliche Leistungsaufnahme beliebig lange aufrechterhalten. Da Hochfeld- oder Hochstromsupraleiter, sog. Supraleiter zweiter Art, bei denen auch im Inneren mit dem Eindringen von magnetischem Fluß ein Strom fließen kann, einen Gleichstrom verlustfrei führen, jedoch relativ hohe Wechselstrom (Hysterese)-Verluste aufweisen, geht die Entwicklungstendenz dahin, die gleichstromführende Erregerwicklung aus supraleitendem Werkstoff herzustellen.

Für die Supraleiterherstellung werden Nb-Ti-Legierungen mit einem Ti-Anteil von 45–50 % Massengehalt verwendet. Bei einer Temperatur von 4,2 K, erreicht durch Kühlung mit flüssigem Helium, läßt sich damit im Leiterpaket ein Magnetfeld von bis zu 8 T aufbauen. Der magnetische Fluß läßt sich dank der großen Stromdichte, die über der von wassergekühlten Kupferleitern liegt, gegenüber

konventionellen M. um etwa 35 % steigern. Dies erlaubt eine Erhöhung des Ständerstrombelags, ohne daß die Reaktanzen zunehmen. Die Synchronreaktanz geht sogar auf ein Drittel bis ein Viertel des Werts bei konventionellen Generatoren zurück. Größere Fluß- und Stromdichten erlauben eine bessere Werkstoffausnutzung, d. h. eine Erhöhung der Leistung je Gewichtseinheit.

Die Entwicklung e. s. M. konzentriert sich auf Turbogeneratoren, denen man allein Einsatzchancen in absehbarer Zeit gibt. *Rentsch*

Maschine-Fundament-Baugrund-Wechselwirkung. Wechselwirkung der Teilstrukturen bei Bettung etwa eines Blockfundaments oder der Sohlplatte eines Tischfundaments auf dem Baugrund. Bei der Modellbildung des Systems Maschine-Fundament-Baugrund verhält sich der Baugrund wie ein Isolierelement, das die gebettete Struktur zur Aktiv- oder Passiventstörung mit der Umgebung verbindet. Ein relativ zur Struktur weicher Baugrund hat eine gute Isolierwirkung, während ein harter Untergrund (z. B. Fels) kaum Isolation bewirkt.

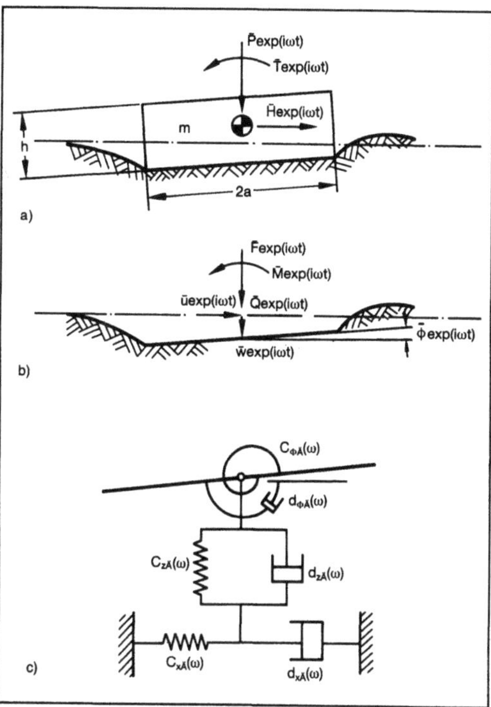

Maschine-Fundament-Baugrund-Wechselwirkung: Harmonisch vertikal, horizontal und mit einem Kippmoment erregtes System Maschine-Fundament; Baugrundreaktionen in der Sohlfläche; Baugrundersatzmodell. (Quelle: Gaul a. a. O.).
a) Erregtes System
b) Baugrundreaktionen
c) Baugrundersatzmodell.

Neben den verteilten Rückstell- und Trägheitskräften des Baugrunds ist bei der Modellbildung der Energieabstrahlung (→Dämpfung, geometrische) Rechnung zu tragen, die von den schwingenden Fundamentsohlplatten generierte, in den Baugrund laufende Wellen (Wellen in Festkörpern) verursachen. Exemplarisch ist dem starr idealisierten harmonisch erregten System Maschine-Blockfundament ein Modell des halbunendlichen Baugrunds (Halbraum) zugeordnet, dessen frequenzabhängige

☐ Federzahlen den Einfluß der Rückstell- und Trägheitskräfte beschreiben und dessen

☐ Dämpferzahlen die geometrische Dämpfung erfassen.

Beide Ersatzsystemparameter hängen zudem von der Energiedissipation des Baugrunds durch →Werkstoffdämpfung ab. Ersatzsystemparameter verschiedener Gründungen lassen sich mit gemessenen Materialkennwerten des Baugrunds berechnen (Kontinuumsmechanik, Finite-Elemente- und Randelement-Diskretisierungen des Halbraums) oder mit Rüttelplatten experimentell ermitteln.

Die mathematische Beschreibung führt etwa im Frequenzbereich auf dynamische komplexe Steifigkeitsmatrizen des Baugrunds, die zur Berechnung der Dynamik des Gesamtsystems mit denjenigen der Maschine und der Fundamentstruktur gekoppelt werden (→Rahmenfundamente) (Bild). *Gaul*

Literatur: *Gaul, L.*: Baugrund- und Fundamentdämpfung. In: VDI-Ber. Nr. 627: Dämpfung der Schwingungen von Maschinen und Bauwerken. Düsseldorf 1987. – *Moore, P. J.* (Hrsg.): Analysis and Design of Foundations for Vibrations. Rotterdam 1985.

Maschinendynamik. So wie die Mechanik nach *Kirchhoff* (1824–1887) die Lehre von den Bewegungen und den Kräften ist, so ist die M. die Lehre von den dynamischen Wechselwirkungen zwischen Bewegungen und Kräften, die beim Betrieb von Maschinen auftreten. Ihre Entwicklung als praxisbezogene ingenieurwissenschaftliche Disziplin ist eng mit der des Maschinenbaus verflochten: Sie erhält viele ihrer Fragestellungen unmittelbar aus den in der Praxis auftretenden dynamischen Problemen. Sie ermöglicht umgekehrt mit ihren Erkenntnissen eine Weiterentwicklung der Technik und wirkt mit ihren Untersuchungs- und Lösungsmethoden bis in die Arbeitsweise des Konstruktions-, Entwicklungs-, Versuchs- und Betriebsingenieurs hinein.

Aufgaben und Ziele der M. Aufgabe der M. ist es, aus den Gesetzmäßigkeiten der Dynamik Erkenntnisse zu gewinnen und unter Verwendung modernster Hilfsmittel Methoden zu entwickeln, mit denen Festigkeits- und Schwingungsprobleme in Maschinen erkannt und gelöst werden können. Dies geschieht mit dem Ziel, deren Betriebssicherheit, Funktionstüchtigkeit und Umweltverträglichkeit sicherzustellen.

Zum ersten Bereich gehören die klassischen Problemfelder der M. Sie umfassen zum einen alle Fragen im Zusammenhang mit der Dimensionierung und dem Festigkeitsnachweis dynamisch belasteter Maschinenteile, zum anderen schwingungstechnische Aspekte zum Vermeiden von →Resonanz, also die Ermittlung von Eigenfrequenzen und Erregerfrequenzen. Mit der Entwicklung schnellaufender Maschinen ist auch die Stabilität der Bewegung ins Blickfeld geraten.

Der zweite Problemkreis ist eng mit dem ersten verbunden; doch stehen qualitative Merkmale stärker im Vordergrund. Ging es bei den frühen Kraft- und Arbeitsmaschinen vornehmlich um die Einhaltung eines möglichst gleichmäßigen Laufs (→Schwungrad) und um die Verminderung der freien Trägheitskräfte (→Massenausgleich), so wird heute darüber hinaus eine schwingungsarme Konstruktion angestrebt, um die Präzision der Maschine zu erhöhen und ein besseres Arbeitsergebnis bei technologischen Prozessen zu erzielen.

Der dritte Bereich schließlich erwächst aus dem zweiten und wurde von Ingenieuren aufgegriffen, lange bevor das Wort Umweltschutz in aller Munde war. Hier sind alle Maßnahmen zur →Schwingungsminderung einzuordnen. Die Verbesserung der →Laufruhe einer Maschine ist immer auch mit einer Verminderung von Luft- und Körperschallabstrahlung verbunden. Sachgemäße Fundamentierung verringert stets die Weiterleitung periodischer oder stoßartiger Belastungen an die Umgebung. Umgekehrt können durch geeignete passive Maßnahmen Mensch und Maschine vor vermeidbaren Belastungen, vor Lärm und Erschütterungen geschützt werden.

Problemfelder der M. Dynamische Probleme traten zunächst in Kolbenmaschinen, später in Dampfturbinen auf. Heute durchziehen sie alle Bereiche des Maschinenbaus: Werkzeug- und Verpackungsmaschinen, Druck- und Textilmaschinen, Turbinen, Pumpen und Verdichter, Landmaschinen, Fördermaschinen und Fahrzeuge, Verarbeitungsmaschinen wie Mühlen, Zentrifugen, Rüttler und Siebe, Motoren, Getriebe und Bremsen, kurz sämtliche Kraft- und Arbeitsmaschinen im weitesten Sinne sind Objekte maschinendynamischer Untersuchungen. Deshalb ist es sinnvoll, maschinenunabhängig die gemeinsamen Probleme herauszuarbeiten und umfassend anwendbare Lösungsmethoden bereitzustellen.

Der Versuch einer lückenlosen Gliederung der M. wäre aussichtslos, würde man sich nicht auf grundsätzliche Gesichtspunkte beschränken. So unterscheidet *Holzweißig* die starre Maschine als ein zwangsläufiges System starrer Körper, deren Bewegung bei gegebener Antriebsbewegung eindeutig bestimmt ist von der elastischen Maschine, bei der zusätzlich Schwingungen jeglicher Art und Ursache auftreten können. In beiden Fällen sind die Teilaufgaben Modellfindung und Modelluntersuchung zu bewältigen sowie konkrete Folgerungen aus den Ergebnissen zu ziehen.

Bei der starren Maschine steht zunächst die Lösung dynamisch verursachter Festigkeitsprobleme im Mittelpunkt. Hierzu müssen die in der Maschine auftretenden Lagerreaktionen und Schnittgrößen bekannt sein, was zutreffende Lastannahmen hinsichtlich der Betriebskräfte und der Trägheitskräfte erfordert. Während letztere bei einfachen Drehbewegungen leicht zu ermitteln sind, kann ihre Berechnung bei komplizierten kinematischen Vorgängen, z. B. in ebenen oder räumlichen Gelenkgetrieben, mit erheblichem Aufwand verbunden sein (Getriebedynamik). Die Beanspruchung der Maschinenteile kann quasistatisch erfolgen (rotierende Scheibe, Zentrifugentrommel, Schaufel im Fliehkraftfeld) oder dynamisch, d. h. zeitlich wechselnd (Kurbelwelle, Pleuel, Koppelglieder). Eine weitere klassische Aufgabe stellt sich beim →Leistungsausgleich zur Verminderung des Ungleichförmigkeitsgrads periodisch arbeitender Maschinen. Auch der Ausgleich oszillierender und rotierender Trägheitswirkungen gehört zu den Standardaufgaben (Massenausgleich, Auswuchten). Schließlich bietet die Aufstellung von Maschinen eine Vielzahl dynamischer Probleme, da jeder Aufstellungsort nachgiebig ist und zusammen mit der starren Maschine ein schwingungsfähiges System bildet. Deshalb sind Fragen der →Schwingungsisolierung oder der Wechselwirkung zwischen Fundament und Baugrund zu bearbeiten.

Immer dann, wenn maßgebliche Erregerfrequenzen und die niedrigsten Eigenfrequenzen der Maschine oder ihrer Bauteile in gleicher Größenordnung liegen, muß die Maschine als elastisch behandelt werden. Zum Stand der Technik gehören deshalb die Untersuchung der Anregungsmechanismen, die sich häufig aus dem Arbeitsrhythmus der Maschine ergeben, und die Berechnung der Eigenschwingungen besonders schwingungsanfälliger Teile oder Baugruppen. Torsionsschwingungen in Antriebssystemen, Biegeschwingungen von Wellensträngen, Schaufelschwingungen in Turbinen und Verdichtern sind hierfür klassische Beispiele.

Die →Rotordynamik befaßt sich mit den vielfältigen Ursachen und Erscheinungen der kritischen Drehzahlen. Gleichzeitig zeigt sie Wege auf, wie durch Auswuchten starrer und elastischer Rotoren ein schwingungsarmer Lauf erreicht werden kann.

Die Schwingungsminderung ist ein weiteres umfangreiches Arbeitsfeld. Ihre Aufgaben beginnen bei der Beseitigung störender Erregerquellen und erstrecken sich bis zur Tilgung unerwünschter Schwingungen und Isolierung gegen stoßartige und regellose Beanspruchungen.

Methoden der M. Bei der Lösung ihrer vielfältigen Aufgaben bedient sich die M. rechnerischer und experimenteller Methoden. Dabei besteht zwischen den gebräuchlichen Lösungsverfahren, den behandelten Problemen und den verfügbaren Hilfsmitteln auf der numerischen bzw. versuchstechnischen Seite ein enger Zusammenhang. Stark vereinfacht stellt sich die grundsätzliche Vorgehensweise dar (Bild).

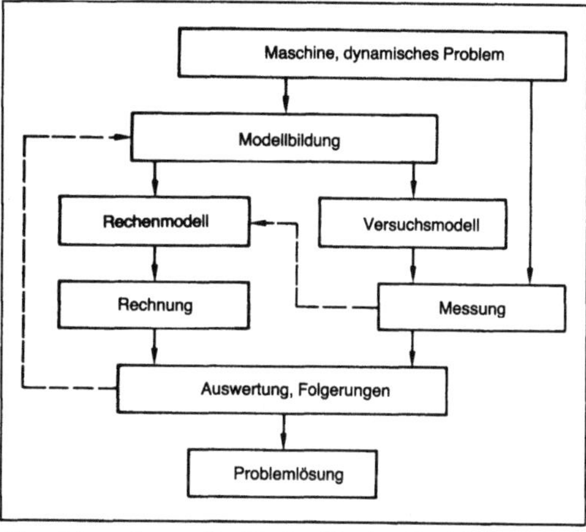

Maschinendynamik: Methodik der Problemlösung.

Bei der rechnerischen Methode benötigt man ein möglichst einfaches →Rechenmodell, das alle für die Fragestellung wichtigen Eigenschaften der Maschine besitzt. Es besteht aus einem mechanischen Ersatzmodell, mit dem Struktur und Parameter des Rechenmodells festgelegt werden, und einem mathematischen Ersatzmodell als einem System von Gleichungen, die auf den Grundgesetzen der technischen Mechanik aufbauend die Zusammenhänge zwischen den problemrelevanten Größen beschreiben. Das Ersatzmodell kann ein diskretes Modell, ein finites Modell oder ein kontinuierliches Modell sein. Bei der Ersatzmodellfindung ist nicht nur das konkrete Problem, sondern auch das in Aussicht genommene Berechnungsverfahren zu berücksichtigen. Während viele klassische Erkenntnisse der M. auf analytischem Wege gewonnen werden konnten oder auf anerkannten Näherungsansätzen beruhen, haben sich heute bei den gestiegenen Genauigkeitsanforderungen und der dazu erforderlichen Modellverfeinerung numerische Verfahren, z. B. die Matrizenmethoden oder die Finite-Elemente-Methoden, in den Vordergrund geschoben.

Bei der experimentellen Vorgehensweise werden an der Maschine, an einem Prototyp oder einem →Versuchsmodell Messungen vorgenommen, um Aufschluß über das dynamische Verhalten der Maschine zu erlangen. Diese Untersuchungen können recht unterschiedliche Ziele verfolgen: Überprüfung und Bestätigung von Rechenergebnissen, Identifikation und Korrektur von parametrischen Ersatzmodellen, Gewinnung von Eingangsdaten für die numerische Simulation, Aufspüren unerwarteter Phänomene, schließlich Betriebsüberwachung und Fehlerdiagnose. Nur selten fallen die Meßwerte in unmittelbar brauchbarer Form an. Meist werden sie mit Rechnerunterstützung weiterverarbeitet und ausgewertet. Heute gebräuchliche Methoden, vor allem bei Schwingungsmessungen, sind die Signalanalyse im Zeit- und Frequenzbereich, die Signaturanalyse und die →Modalanalyse.

Rechenergebnisse wie Versuchsergebnisse bedürfen einer sorgfältigen und kritschen Prüfung, eines Vergleichs mit bereits gesicherten Erkenntnissen. Oft ist es nötig, einzelne Lösungsschritte unter abgewandelten Voraussetzungen zu wiederholen; oft zeigt es sich, daß neue Lösungswege gefunden werden müssen. Die Lösung eines Problems der M. ist erst dann abgeschlossen, wenn die Ergebnisse in die Konstruktion eingeflossen sind, wenn sie die Klärung neuartiger Phänomene und ihrer Ursachen ermöglichen und so zu einer sicheren Auslegung und einem besseren Betriebsverhalten führen.

Die M. ist seit Mitte der 80er Jahre in das umfassende Gebiet der technischen Dynamik eingebettet. Viele ihrer Methoden bilden die Grundlage für erweiterte Anwendungen in der Strukturdynamik, Baudynamik, Fahrzeugdynamik, Roboterdynamik und Satellitendynamik. *Witfeld*

Literatur: *Biezeno, C. B.,* u. *R. Grammel:* Technische Dynamik. Bd. 1: Grundlagen und einzelne Maschinenteile. Bd. 2: Dampfturbinen und Brennkraftmaschinen. Berlin, Heidelberg, New York 1971. – *Holzweißig, F.,* u. *H. Dresig:* Lehrb. Maschinendynamik. 2. Aufl. Wien, New York 1982. – *Krämer, E.:* Maschinendynamik. Berlin, Heidelberg, New York 1984. – *Natke, H. G.:* Einführung in Theorie und Praxis der Zeitreihen- und Modalanalyse. Braunschweig, Wiesbaden 1983. – *Schiehlen, W.:* Technische Dynamik. Stuttgart 1986 – *Traupel, W.:* Thermische Turbomaschinen. Bd. 2: Regelverhalten, Festigkeit und dynamische Probleme. 3. Aufl. Berlin, Heidelberg, New York 1982. – VDI-Handb. Schwingungstechnik. Enthält die Richtlinien VDI 1000, VDI 2056, VDI 2057, VDI 2059, VDI 2060, VDI 2062, VDI 2063, VDI 3831. Hrs. Verein Dt. Ing. Ausg. Febr. 1986.

Maschinenfeinheit. Die M. bedingt die Feinheit der →Maschenware und gibt die Nadelzahl (→Nadeln), die in

□ Flach- und Rundstrickmaschinen auf 1 Zoll engl. (E); (Strickmaschine),
□ Flachkulierwirkmaschinen (System Cotton) auf 1,5 Zoll engl. (gg); (→Kulierwirkmaschine),
□ Rundkulierwirkmaschinen auf 1 Zoll bzw. 1,5 Zoll franz. (FF),
□ Kettenwirkautomaten auf 1 Zoll engl. (E),
□ Raschelmaschinen auf 2 Zoll engl (ER),
□ Häkelgalonmaschinen auf 1 Zoll engl.
angeordnet sind (→Kettenwirkmaschine).

Unter Teilung (Bild) versteht man den Abstand von →Nadel zu Nadel. Je nach Teilung bzw. M. der jeweiligen Wirk- und Strickmaschinen muß auch die

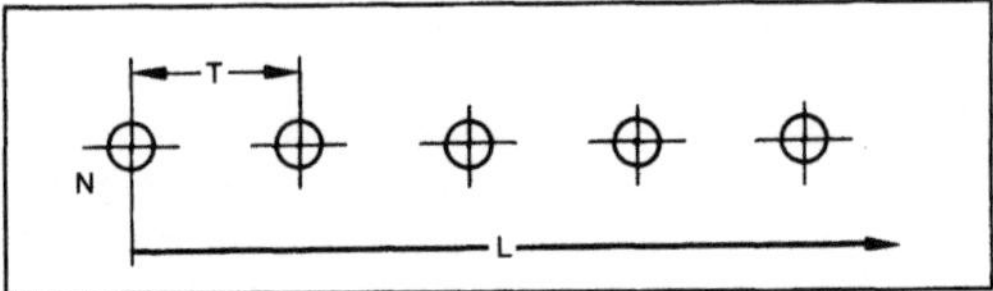

Maschinenfeinheit: Teilung.

N Nadel, T Teilung, L Bezugslänge

zu verarbeitende Garnstärke gewählt werden, um den Produktionsablauf und die Warenqualität zu gewährleisten. *K. P. Weber*

Maschinenfundament (Schwingungen). Stützkonstruktionen für Maschinen mit rotierenden Massen zur Aufnahme des Gewichts und dynamischer

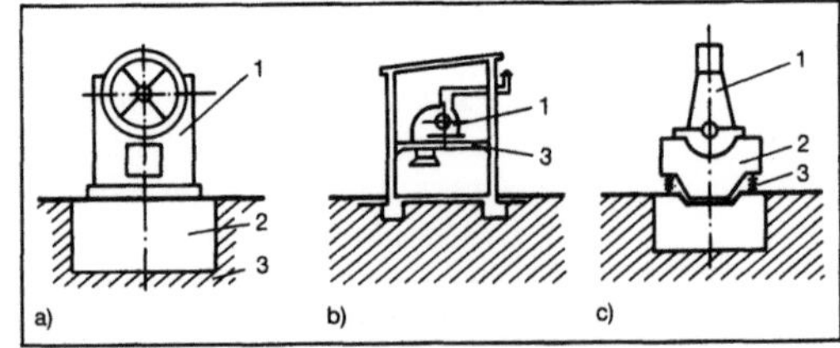

Maschinenfundament (Schwingungen) 1: Beispiele für Maschinenaufstellungen. (Quelle: Holzweißig a. a. O.)

1 Maschine, 2 Fundament, 3 Federung

a) Aufstellung direkt auf den Baugrund
b) Aufstellung auf eine Bauwerksdecke
c) Aufstellung auf Federelementen.

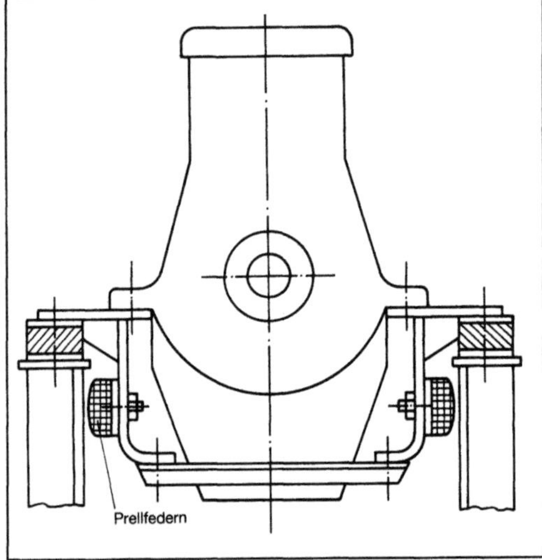

Maschinenfundament (Schwingungen) 2: Kolbenmotor auf Gummifedern. (Quelle: Continental Gummi Werke AG Hannover)

Die Prellfedern verhindern größere Ausschläge beim Durchfahren der Resonanz (Abstellen, Anlassen)

Maschinenfundament (Schwingungen). Tabelle: Überblick über die allgemein angewendeten Grundsätze zur aktiven Schwingungsisolierung bei verschiedenen Aufstellungsarten. (Quelle: Makhult a. a. O.)

Erreger-drehzahl in $\min^{-1}$	Aufstellung direkt auf dem Baugrund		Aufstellen auf Bauwerksdecke oder Tragkonstruktionen	
	kleine Erregerkräfte, (gut ausgewuchtet, Massenausgleich)	große Erregerkräfte, (nicht ausgewuchtet, kein Massenausgleich)	kleine Erregerkräfte, (gut ausgewuchtet, Massenausgleich)	große Erregerkräfte, (nicht ausgewuchtet, kein Massenausgleich)
0—500	Fundamentplatte; statische Berechnung bei Resonanzfreiheit	hohe Abstimmung; kleiner Fundamentblock; Baugrundfeder mit großer Sohlfläche	Verankerung; statische Berechnung bei Resonanzfreiheit	tiefe Abstimmung; großer Fundamentblock; Stahlfedern
300–1000	hohe, tiefe oder gemischte Abstimmung; kleiner Fundamentblock; Baugrundfeder; auf Resonanzfreiheit achten	hohe oder gemischte Abstimmung kleiner Fundamentblöcke; Baugrundfeder oder tiefe Abstimmung; großer Fundamentblock; Stahl- oder Gummifedern	tiefe Abstimmung; kleiner oder kein Fundamentblock; Stahl- oder Gummifedern oder hohe Abstimmung; Verankerung; Resonanzfreiheit	tiefe Abstimmung; große Fundamentmasse; Stahl- oder Gummifedern
über 1000	tiefe Abstimmung; kleiner oder kein Fundamentblock; Baugrundfederung bei kleiner Sohlfläche; federnde Zwischenschichten oder Einzelfedern	tiefe Abstimmung; großer Fundamentblock; Baugrundfederung; federnde Zwischenschicht oder Einzelfedern	tiefe Abstimmung; kleiner oder kein Fundamentblock; Stahl- oder Gummifedern; elast. Zwischenschichten; Tragkonstruktionen	tiefe Abstimmung; großer Fundamentblock; Stahl- oder Gummifedern

Kraftwirkungen. Jede Aufstellung von M. (Bild 1) bildet mit der Maschine ein schwingungsfähiges System, dessen dynamische Eigenschaften bekannt sein müssen. Mit der Fundamentierung sind die auf den Aufstellort übertragenen dynamischen Kräfte zu beschränken und dabei die Bewegung der Maschine in bestimmten Grenzen zu halten, um die Funktion sicherzustellen. Dies erfordert den Nachweis, ob eine Maschinenaufstellung ohne Isoliermaßnahmen durchgeführt werden kann oder ob aktive oder passive →Schwingungsisolierung erforderlich ist.

Nach dem konstruktiven Aufbau lassen sich folgende M. unterscheiden:
□ Blockfundamente,
□ Tischfundamente,
□ federnde Maschinenunterlagen (Bild 2).

Die aktive Isolierwirkung eines M. wird durch geeignete Abstimmung der Fundament-Eigenfrequenzen gegenüber den Erregerfrequenzen der Maschine erreicht. Für periodische Erregungen gibt die Tabelle einen Überblick über Grundsätze verschiedener Aufstellungsarten. *Gaul*

Literatur: DIN 4024. Tl. 1: Maschinenfundamente. Hrsg. Dt. Inst. f. Normung. Ausg. Entw. Mai 1983. – *Holzweißig, H.*, u. *H. Dresig:* Lehrb. Maschinendynamik. Berlin, Heidelberg, New York, Wien 1979. – *Makhult, M.:* Schwingungstechnische Bemessung von Maschinenlagerungen. Budapest 1970.

Maschinengruppe. Klassierung von Maschinen und Geräten mit unterschiedlicher Beurteilungsgrundlage für die Wirkung mechanischer Schwingungen (Beurteilungsmaßstäbe für mechanische Schwingungen) nach VDI 2056.

An Maschinen und Geräte verschiedener Art und Größe sind unterschiedliche Anforderungen hinsichtlich der Laufruhe und der Gefährlichkeit mechanischer Schwingungen zu stellen. VDI 2056 greift daher folgende Gruppen mit unterschiedlicher Beurteilungsgrundlage heraus:

Gruppe K: Einzelne Triebwerkteile von Kraft- und Arbeitsmaschinen, die im Betriebszustand mit der gesamten Maschine fest verbunden sind, insbes. serienmäßig hergestellte Elektromotoren bis etwa 15 kW.

Gruppe M: Mittlere Maschinen, insbes. Elektromotoren von 15–75 kW Leistung, ohne besondere Fundamente; außerdem fest aufgestellte Triebwerkteile und Maschinen (bis etwa 300 kW) mit nur umlaufenden Teilen auf besonderen Fundamenten.

Gruppe G: Auf hochabgestimmten, starren oder schweren Fundamenten aufgestellte größere Maschinen, größere Kraft- und Arbeitsmaschinen mit nur umlaufenden Massen.

Gruppe T: Auf tiefabgestimmten Fundamenten aufgestellte größere Kraft- und Arbeitsmaschinen mit nur umlaufenden Massen, z. B. Turbogruppen, besonders solche mit nach Leichtbau-Richtlinien gestalteten Fundamenten.

Gruppe D: Hochabgestimmt aufgestellte (starr gelagerte) Maschinen und Triebwerke mit nicht ausgleichbaren Massenwirkungen.

Gruppe S: Tiefabgestimmt aufgestellte (elastisch gelagerte) Maschinen und Triebwerke mit nicht ausgleichbaren Massenwirkungen; auch Maschinen mit umlaufenden, lose befestigten Massen wie Schlägerwellen von Mühlen, und schließlich Maschinen mit nicht ausgleichbaren, veränderlichen Unwuchten, die ohne Anschlußteile freistehend arbeiten können, wie Zentrifugen; weitere Beispiele: Schwingsiebe, dynamische Materialprüfmaschinen, Schwingmaschinen der Verfahrenstechnik. *Gaul*

Literatur: VDI 2056: Beurteilungsmaßstäbe für mechanische Schwingungen von Maschinen. Hrsg. Verein Dt. Ing. Ausg. 1964.

Maschinenwaffe. M. sind Rohrwaffen (auch automatische Schußwaffen), bei denen Laden, Spannen, Verriegeln des Verschlusses, Zünden und Öffnen des Verschlusses sowie das Auswerfen der leeren Hülsen automatisch erfolgen, solange der Abzug betätigt wird. Die hierzu notwendige Energie wird der beim Schuß erzeugten Energie entnommen oder durch Fremdenergie zugeführt (Eigenantrieb – Fremdantrieb).

Waffen mit Eigenantrieb: Nach dem Funktionsprinzip werden folgende M.-Arten unterschieden: massenverriegelte Waffen, halbstarrverriegelnde Waffen, Rückstoßlader, Gasdrucklader, Trommelwaffe, Mehrrohrwaffe.

Massenverriegelte Waffe. M., bei der allein die Trägheitswirkung des schweren Verschlusses eine Quasiverriegelung erzeugt (Bild 1), d. h. die Verschlußmasse ist so groß, daß der während der Schußentwicklung auf den Verschluß wirkende Gasdruck diesen zunächst nur um einen so kleinen Weg nach hinten bewegt, daß das Rohr durch den zylindrischen Verschlußkopf noch verriegelt bleibt.

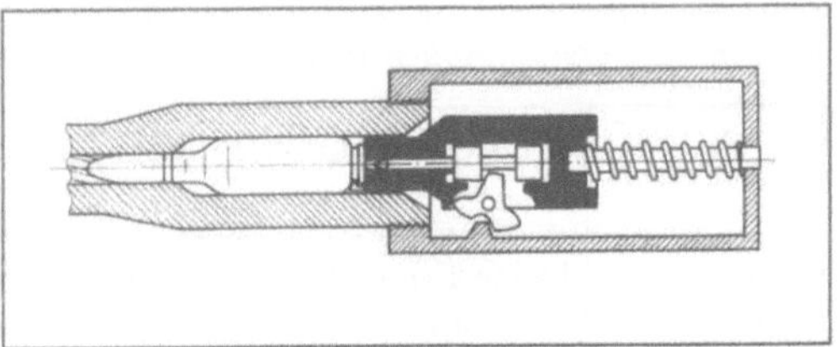

Maschinenwaffe 1: Prinzip eines massenverriegelten Verschlußsystems.

Die Bewegungsenergie des abgestimmten Masse-Feder-Systems sorgt für die übrigen Teilfunktionen. Anwendungen: Maschinenpistolen und Maschinenkanonen bis 30 mm Kaliber (Bild 2).

Waffe mit übersetztem Masseverschluß. M. (auch halbstarr verriegelnde Waffe genannt) mit einer Quasiverriegelung, die sich beim Gasdruckanstieg zu lösen beginnt, aber durch Übersetzung einer Teilmasse des Verschlusses so verzögert, daß eine genügende Quasiverriegelungszeit gewährleistet ist. Anwendung: Automatische Gewehre und Maschinengewehre (Bild 3 und 4).

Rückstoßlader. M., bei der Rohr und Verschluß, durch den Gasdruck angetrieben, zunächst gemeinsam starrverriegelt zurücklaufen. Danach wird die Verriegelung geöffnet, und der Verschluß bewegt sich nachbeschleunigt weiter (Bild 5). Die Energie

Maschinenwaffe 2: 30 mm – Maschinenkanone MK 108, Flugzeugbordkanone, massenverriegeltes Verschlußsystem.

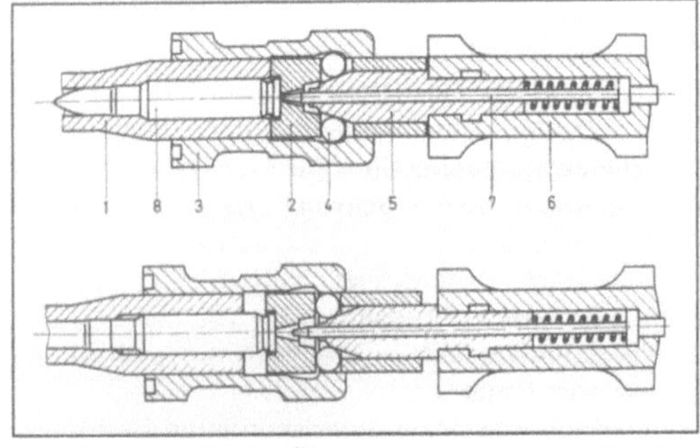

Maschinenwaffe 3: Übersetzter massenverriegelter Verschluß (Gewehr G3).

1 Rohr, 2 Verschlußkopf, 3 Verriegelungsstück, 4 Rolle, 5 Steuerstück, 6 Verschlußträger, 7 Schlagbolzen, 8 Patrone

Maschinenwaffe 4: Gewehr G3.

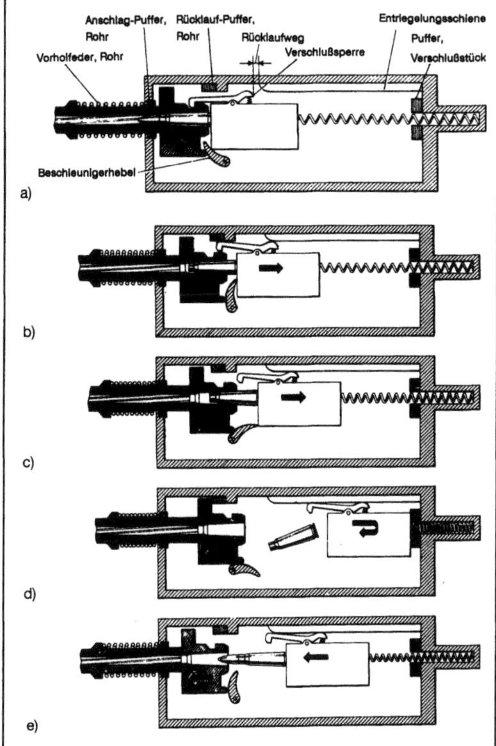

Maschinenwaffe 5: Prinzip eines Rückstoßladers mit kurzem Rohrrücklauf.
a) Zyklusbeginn
b) Verschluß entriegelt; Beschleunigung beginnt
c) Beschleunigung beendet
d) Beginn Rohrverlauf nach Pufferanschlag; Beginn Verschlußstückverlauf nach Pufferanschlag
e) Zuführung neuer Patrone durch Verschlußstück.

des zurücklaufenden Rohrs wird oft durch einen Rohrrückstoßverstärker (trichterförmige Erweiterung an der Rohrmündung) erhöht (MG3).

Gasdrucklader. M., bei denen Pulvergas aus dem Rohr entnommen wird, das den Verschluß entriegelt und diesen für den Rücklauf beschleunigt. Anwendungen: Automatische Gewehre, Maschinenkanonen u. a. (Bild 6 bis 8).

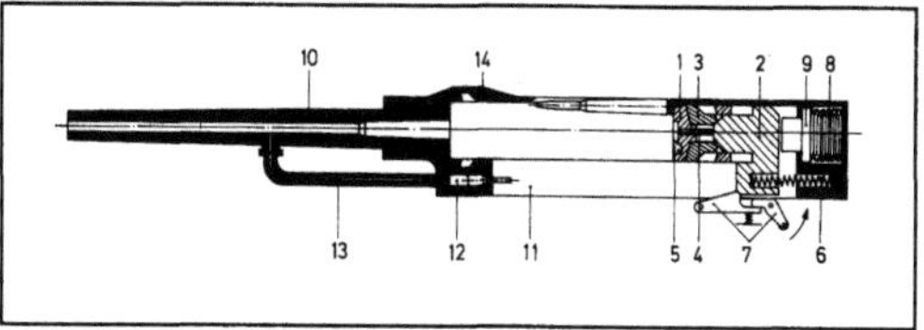

Maschinenwaffe 6: Baugruppenübersicht eines Gasdruckladers.

1 Verschluß, Verschlußkopf, 2 Verriegelungsschieber, Verschlußträger, Verschlußgehäuse, 3 Stützriegel, Stützklappe oder je nach Form des Verriegelungselementes Verriegelungsrolle, -walze, -keil, -kämme, 4 Schlagbolzen, Schlagstift, Zündstift, 5 Auszieher, 6 Schließfeder, 7 Abzug, 8 Verschlußpuffer, 9 Pufferkopf, -teller, -stößel, 10 Rohr, 11 Waffengehäuse, 12 Gaskolben, Entriegelungskolben, 13 Gaskanal, 14 Verriegelungsstück. Die Teile 1 bis 5 bilden den Verschluß. Nicht ausgezeichnet sind: Munitionszuführeinrichtung und Ausstoßer bzw. Auswerfer.

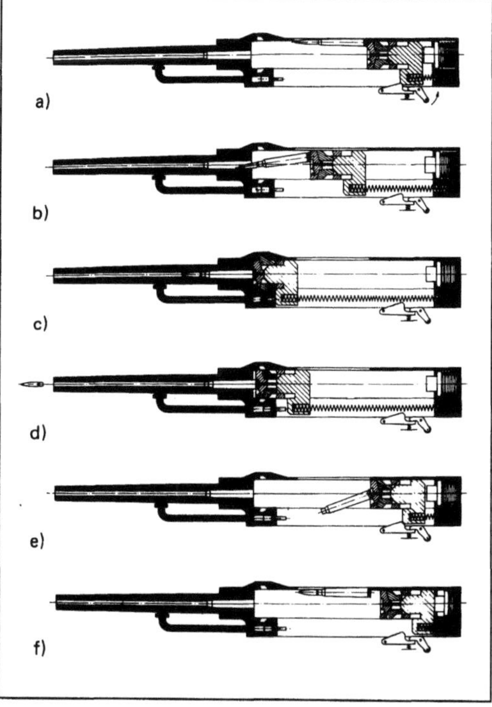

Maschinenwaffe 7: Funktionsablauf eines Gasdruckladers.
a) Kanone schußbereit
b) Abzug betätigt; Verschluß führt Patrone zu
c) Verschluß verriegelt; Zündung der Patrone
d) Verschlußentriegelung beendet
e) Patronenhülse wird ausgeworfen
f) Verschluß puffert; neue Patrone in Zuführstellung.

Trommelwaffen. M., die das Revolver-Prinzip – vom Rohr unabhängige, durch Gasantrieb sich

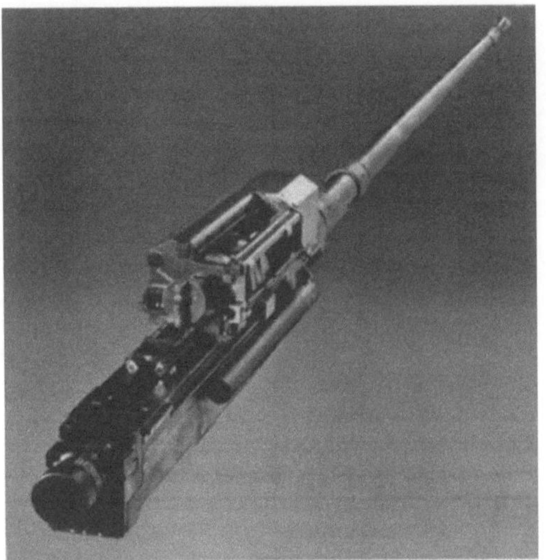

Maschinenwaffe 8: 20 mm-Maschinenkanone Rheinmetall Rh 202.

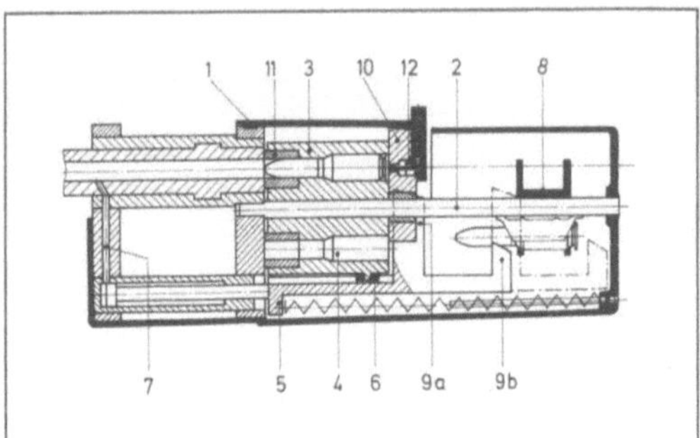

Maschinenwaffe 9: Prinzip einer Trommelkanone.

1 Trommelgehäuse, 2 Achse, 3 Trommel, 4 Patronenlager, 5 längsverschieblicher Steuerschieber, 6 Rollenbolzen, 7 Gaskanal, 8 Sternräder, 9a, 9b Zuführstößel, 10 feste Wand des Trommelgehäuses, 11 Dichtbuchse, 12 elektrische Zündvorrichtung

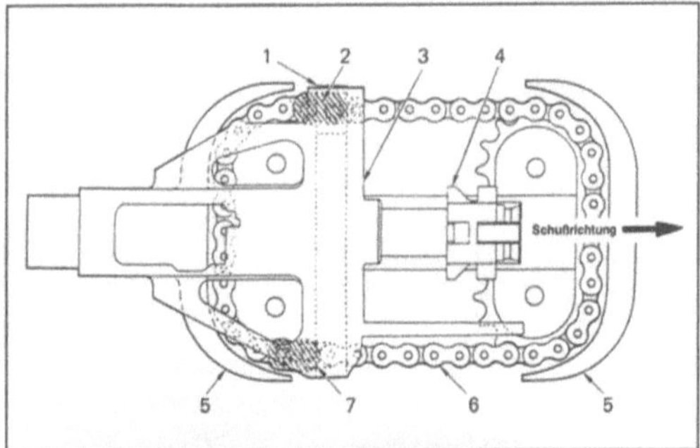

Maschinenwaffe 11: Chaingun, Verschlußantrieb.

1 Schieber, Steuerglied, 2 Steuerglied, 3 Verschlußträger, 4 Verschluß, 5 Kettenführung, 6 Kette, 7 Sicherungsglied

drehende Trommel mit mehreren Patronenlagern – benutzen. Die Patrone wird von einem Schieber in das Patronenlager gebracht. Anwendung: Flugzeugbordkanonen (Bild 9 und 10).

Waffen mit Fremdantrieb. Zur Bewegung des Verschlusses wird eine separate Energiequelle benutzt, vorzugsweise elektrische Energie. Ein Motor führt den Verschluß über den gesamten Bewegungszyklus, wobei als typische Übertragungselemente Ketten (Bild 11) oder Steuerwalzen (Bild 12) verwendet werden. Häufig wird in Verbindung mit dem Fremdantrieb das nach dem Erfinder

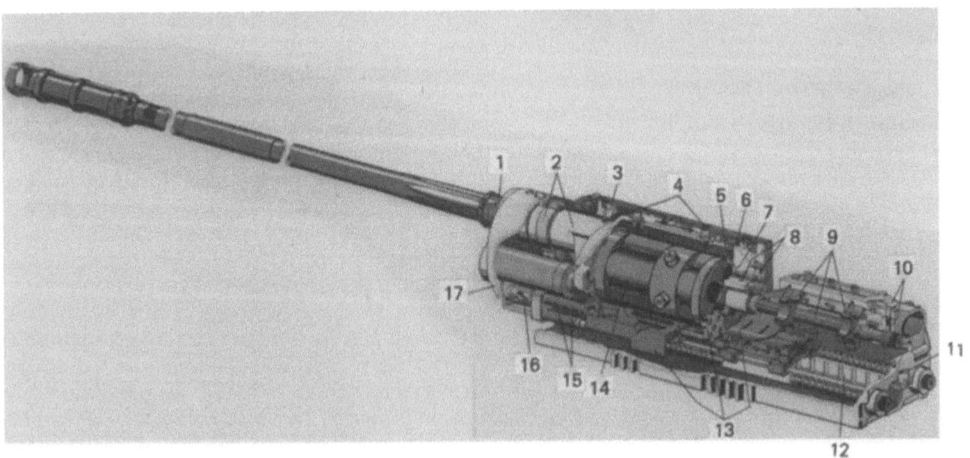

Maschinenwaffe 10: 27 mm-Trommelkanone (Mauser).

1 Zapfenführung, 2 Trommelgehäuse, vollst. mit Gasentnahmering, 3 Rohrkontakt, 4 Arretierschraube, 5 Zählkontaktstift, 6 Zählkontakt mit Federführungsniet (Ladeanzeiger), 7 Prallscheibe, 8 Zündstift, vollst. mit Zündstiftkappe, 9 Zuführachse mit Schaltsternen, 10 Achsenrastbolzen mit Federblechsicherung, 11 Sperrhebel, 12 Führungsschiene, 13 Komb. Schalt- und Zuführschieber-Gruppe, 14 Trommel, 15 Puffer oben und Puffer unten, 16 Durchladeeinrichtung, 17 Waffengehäusekörper

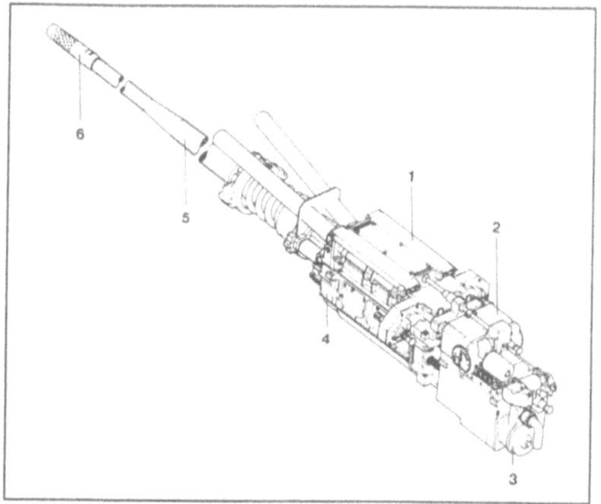

Maschinenwaffe 12: 35/50 mm fremdangetriebene Maschinenkanone Rheinmetall Rh 305, Baugruppenübersicht.

1 Zuführer, 2 Antriebseinheit, 3 Motor, 4 Gehäuse, 5 Rohr, 6 Mündungsbremse

benannte Gatlingprinzip angewendet. Hierbei werden 3 bis zu 7 Einzelwaffen auf einem angetriebenen rotierenden Träger zusammengefaßt. Im gemeinsamen Gehäuse befindet sich eine Steuerkurve für die Bewegung der einzelnen Verschlüsse (Bild 13). *Gerndt/Weise*

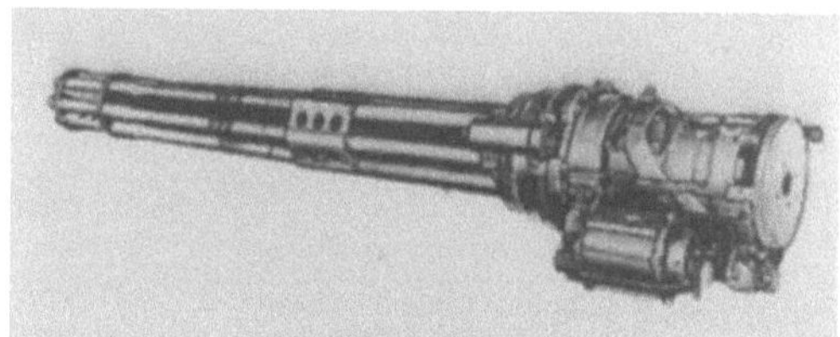

Maschinenwaffe 13: 20 mm-Gatling-Kanone mit 6 Rohren (Vulcan).

Maschine zum Auftragen von Lacken.

Lackgießmaschine. Eine Standardmaschine zur rationellen Oberflächenlackierung von flachen oder leicht geformten Möbelteilen. Aufgetragen werden alle handelsüblichen Nitro-, SH-, Polyurethan- und Polyesterlacke sowie alle dünnflüssigen Materialien. Die L. besteht aus der Transportanlage und dem Gießkopf mit dem Materialumlaufsystem. Die Werkstücke durchlaufen den von dem Gießkopf gebildeten Flüssigkeitsfilm und werden dabei gleichmäßig beschichtet. Für den Materialumlauf sorgen Tauchpumpen, Zu- und Rücklaufleitungen über den Gießkopf, Rücklaufrinne und Materialbehälter. Der Gießkopf in geschlossener, korrosionsbeständiger Ausführung arbeitet drucklos oder mit geringem Über- oder Unterdruck. Die Lackauftragsmenge in g/m² kann durch Öffnen der Gießlippen und durch die Veränderung der Fördermenge

beeinflußt werden. Mit ausfahrbaren Gießaggregaten läßt sich ein Materialwechsel in kurzer Zeit durchführen. Der auf einem Fahrwerk montierte Gießkopf wird zusammen mit dem Materialumlaufsystem aus der Transportstrecke ausgefahren und gegen ein außerhalb der Maschine vorbereitetes und gereinigtes Aggregat ersetzt. Üblich sind Lackiermaschinen mit zwei hintereinander angeordneten Gießköpfen. Der ruhige und erschütterungsfreie Transportbandlauf der Ein- und Auslaufbänder ermöglicht einen sicheren Werkstücktransport, stufenlos regelbar 30–150 m/min.

Die Speziallackmaschine ist für die Lackierung von Leisten und Skiern geeignet. Die Transportbänder sind ca. 30° schrägstellbar, so daß der Gießfilm eine Breit- und Schmalfläche beschichtet.

Zusätzliche Spritzeinrichtungen dienen weiteren Flächenbeschichtungen (Bild 1).

Maschine zum Auftragen von Lacken 1: Lackgießmaschine mit Materialumlaufsystemen, Gießköpfen und Transportbändern. (Quelle: Bürkle)

Walzenlackauftragmaschine. Vorwiegend eingesetzt für die Farb- und Grundlackierung von flachen Möbelteilen. Die Werkstücke werden auf einem durchgehenden, lösemittelbeständigen Transportband durch die Anlage befördert. Über das Aufwalzaggregat bestehend aus Auftragswalze mit Dosierwalze wird die Lackschicht auf die Werkstückoberfläche aufgebracht. Nach dem Prinzip der Leimauftragswalze kann über die Drehrichtung der Dosierwalze (Gleichlauf oder Reservelauf) und über die unterschiedlichen Umfanggeschwindigkeiten von Vorschub- und Auftragswalze die Lackauftragsmenge genau dosiert werden. Bei Maschinen mit zwei Walzensystemen (Naß-in-Naß-Verfahren) arbeitet z. B. das erste Aggregat im Gleichlauf und das zweite im Reservelauf. Im Gleichlaufbereich werden die Holzporen gefüllt, und im nachfolgenden Reservebereich wird die aufgetragene Lackschicht geglättet. Der Materialumlauf erfolgt über ein Pumpsystem ähnlich der Lackgießmaschine. Der Zulauf befindet sich in der Mitte der Walzen, und der Ablauf erfolgt beidseitig über die Maschinenrücklaufrinne. Die Walzenbeizmaschinen haben zusätzliche Bearbeitungsaggregate wie Reinigungseinrichtung zum Entstauben der Werkstückoberflächen, Stahlbürsten zum Reinigen und Vertiefen der Poren, Beize-Auftragsaggregat, Vertreiberbürsten zum Egalisieren und Bandwischeinrichtung mit gegenläufigem Wischflies zur Aufnahme der überschüssigen Beizmenge. Die Materialauftragsmenge von 10–200 g/m² kann bei Vorschubgeschwindigkeiten von 6–30 m/min erzielt werden (Bild 2).

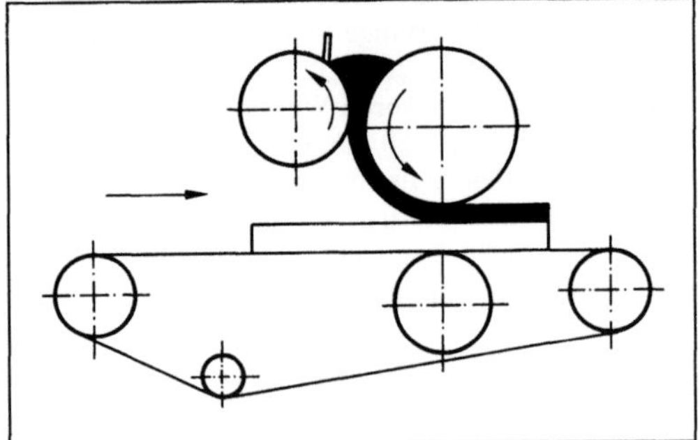

Maschine zum Auftragen von Lacken 2: Querschnitt durch eine Walzenlackauftragsmaschine. (Quelle: Dusil)

Einzelantriebe für Dosier- und Auftragswalzen

Lackspritzmaschine. Sie wird zum Auftragen von spritzfähigen Materialien wie Beizen, Lacken, Klebern u. ä. auf geformte oder profilierte Möbelteile eingesetzt. Der Materialauftrag erfolgt in Spritzkabinen, die mit zwei verschiedenen Arbeitssystemen ausgerüstet sind. Die Spritzpistolen werden bei einer Normalarbeitsbreite von 1 350 mm im Oval-Umlauf oder geradlinig quer zur Förderrichtung der Werkstücke bewegt. Bei beiden Systemen können an den Spritzpistolen die Auftragsmenge, der Spritzabstand, die Spritzbreite und die Pistolenneigung eingestellt werden. Die Maschinen sind mit Luft-, Airless- oder Airmix-Spritzpistolen und entsprechenden Lackfördersystemen ausgerüstet. Jede Pistole wird zur besseren Energie- und Materialeinsparung über eine Photozellenbrücke je nach Werkstückform- und -lage gesteuert. Die Werkstücke werden entweder auf einem Querstab- oder Stahlband-Förderer mit einer Durchlaufgeschwindigkeit von 1,0–8,5 m/min transportiert. Das Stahlbandtransportsystem ist sehr wartungsfreundlich, da mittels mechanischer Schabvorrichtungen Spritzmaterial abgeschabt wird und die Bänder somit eine saubere Auflage der Werkstücke ermöglichen. Die Absaugung der Spritznebel erfolgt über die gesamte Arbeitsbreite direkt nach unten und wird durch verschiedene Filtersysteme gereinigt.   *Dusil*

Maske (Reproduktionstechnik). In der →Reproduktionstechnik, speziell in der →Reproduktionsphotographie, korrigiert man die Ton- und Farbwerte bei Kopierfilmen mittels M. Das sind photomechanisch erzeugte transparente Hilfsbilder, d. h.

Positive, Negative oder Kombinationen aus beiden, die i. a. mit der Vorlage, aber auch mit dem Negativ zur Deckung gebracht werden und die optischen Dichten der Filme in gewünschter Weise verändern. Es ist einleuchtend, daß nur Halbtonfilme maskiert werden können, d. h. daß die Maskierung vor einer eventuellen Rasterung zu erfolgen hat. Bestehen die M. aus photographischem Silberhalogenfilm, so werden sie auch als Silber-M. bezeichnet. M. können aus speziellem Filmmaterial hergestellt werden.

Eine Maskierung ist erforderlich, wenn Korrekturen entweder zur Vorlage vorgenommen oder/und zur Kompensation von Übertragungsfehlern des Reproduktionsprozesses einschl. des Druckvorgangs vorwegnehmend durchgeführt werden müssen.

Korrekturen (teilweise motivabhängig) auf Grund von Vorlagengegebenheiten (Aufzählung unvollständig):

□ Tonwertkompression infolge zu großen, nicht reproduzierbaren Dichteumfangs der Vorlage (z. B. bei Farbdias) mittels Kontrastdämpfungs-M. von geringem Dichteumfang,

□ Kontrastverbesserungen von Tonwerten „verflachter" Lichter und Schatten bei photographischen Aufsichtsvorlagen mit Lichter- bzw. Schattenzeichnungsmaske,

□ Verbesserung der Detailschärfe mittels Unscharfmaskierung,

□ Berücksichtigung von Änderungswünschen des Auftraggebers zu Vorlagen (z. B. bei Versandhauskatalogen und Reiseprospekten) und Beseitigung von Farbstichen durch Maskierung der Filme oder der Vorlage.

Korrekturen auf Grund von Übertragungsfehlern (Aufzählung unvollständig):

□ Tonwertanhebung in den Bildlichtern infolge von Übertragungsverlusten mittels Lichter-M.,

□ Korrektur der Farbauszüge wegen spektraler Mängel der Druckfarben infolge von Nebendichten und Nebenremissionen,

□ Korrekturen auf Grund der Tonwertzunahme des Offsetdruckverfahrens.

Die Richtigkeit der ausgeführten Ton- und Farbkorrekturen kann man durch eine mitreproduzierte Grauskala und Farbkontrolltafel visuell oder densitometrisch kontrollieren. Je nach Vorlage und Reproduktionsauftrag können umfangreiche material- und zeitaufwendige Maskierarbeiten erforderlich sein. Deshalb wendet man M. heute i. a. nur noch in der Schwarzweiß-Reproduktionstechnik an. In der Farbreproduktionstechnik spielt die photomechanische Maskierung keine Rolle mehr, da man diese Aufträge fast ausschließlich über Farbauszugsscanner abwickelt. Hier werden die Farb- und Tonwertkorrekturen gleichzeitig mit der Herstellung der Farbauszüge erledigt und können vor der Belichtung auf Farbmonitoren überprüft werden, die den Druckvorgang simulieren. Zum Ausführen der Korrekturen werden vom Farbrechner des Scanners Berechnungen durchgeführt, die man als elektronische Maskierung bezeichnet. *Kamm*

Literatur: *Born, E.:* Lexikon für die graphische Industrie. Frankfurt a. M. 1972. – *Mikolasch, W.:* Schwarzweißreproduktion. Frankfurt a. M. 1983. – *Yule, J. A. C.:* Principles of Color Reproduction. New York 1967.

Maskentechnik. Ausgehend von einem transparenten Substrat mit einer Absorptionsschicht und einem strahlungsempfindlichen Lack werden Masken mittels lithographischer Verfahren hergestellt (Bild).

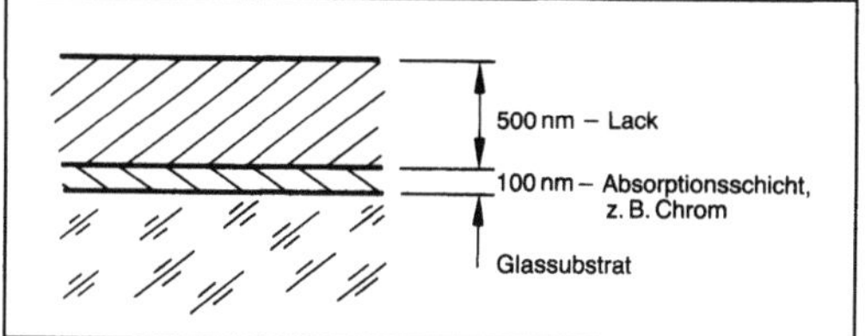

Maskentechnik: Halbzeug zur Herstellung von Hartschichtmasken.

Die Maske besteht aus einem Substrat mit strukturierter Hartschicht (z. B. Cr od. Fe_2O_3) oder Photoemulsions-Schicht und dadurch lateral stark unterschiedlichen Transmissionsgraden. Sie wird wiederum zur Strukturerzeugung in strahlungsempfindlichen Schichten verwendet, z. B. bei der lithographischen Herstellung von integrierten Schaltkreisen.

Eine Maske ist das wesentliche Grundwerkzeug der Lithographie zur Herstellung elektronischer oder mikromechanischer Halbleiter-Bauelemente. Sie enthält die durch den Entwurf festgelegten geometrischen Muster der Bauelemente. In lithographischen Feinbearbeitungstechniken werden diese Strukturen im Maßstab 1:1 auf das Bauelement-Material (z. B. Silicium-Wafer) übertragen und vervielfältigt. Die Herstellung z. B. mikroelektronischer Halbleiter-Bauelemente stellt an die Hartschichtmaske extrem hohe Anforderungen in bezug auf Stabilität, Genauigkeit, Fehlerfreiheit, Strukturfreiheit und Komplexität. Bis in den Mikrometerstrukturbereich wird die lichtoptische Lithographie (UV-Licht und kurzwelliges UV-Licht) angewendet. Für die präzise Herstellung von Submikrometerstrukturen ($\leq 1\,\mu m$) findet die Elektronenstrahllithographie Anwendung, und bei der mit Synchrotronstrahlung arbeitenden Röntgenstrahllithographie lassen sich Strukturen bis herab zu $0{,}2\,\mu m$ erzeugen.

Für den Strukturbereich unter $0{,}2\,\mu m$ gewinnt die Ionen-Projektionslithographie immer mehr an Bedeutung. Neben der immer kurzwelligeren Strahlung spielen in der Mikrolithographie und damit bei

den Masken die Bestrahlungsmethoden, z. B. Projektion, Step and Repeat, Scanning, Direktschreiben eine entscheidende Rolle. *Lauruschkat*

Literatur: VDI/VDE 3717. Bl. 1–5: Maskentechnik. VDI/VDE-Handb. Feinwerktechnik. Berlin 1985.

Maskierung →Maske

Massenausgleich. Alle bewegten Teile einer laufenden Maschine bewirken auf Grund der Trägheit der beschleunigten Massen Reaktionskräfte und -momente in den Lagern bzw. Fundamenten, die quadratisch mit der Drehzahl ansteigen und Laufunruhe, Schwingungen oder Schäden hervorrufen können. Aufgabe des M. ist es einerseits, diese Kräfte und Momente rechnerisch oder experimentell zu ermitteln, andererseits sie durch geeignet gewählte Ausgleichsmassen ganz oder teilweise zu beseitigen.

Bei →Kolbenmaschinen wird bereits im Entwurfsstadium ein rechnerischer M. vorgenommen, um die freien Massenkräfte und -momente der rotierenden und der hin- und hergehenden Triebwerkteile so weit wie möglich zu kompensieren.

Beim Auswuchten von Rotoren geschieht der M. experimentell, wobei die gemessenen Unwuchten im Rahmen vorgeschriebener Auswuchtgüte weitgehend beseitigt werden. *Witfeld*

Massenkraft. Gebräuchlicher Ausdruck für die Trägheitskräfte in Kolbenmaschinen. Die M. der rotierenden und oszillierenden Massen belasten wie die Gaskräfte die einzelnen Triebwerkteile. Während sich aber die Gaskräfte innerhalb der Maschine aufheben, wirken die M. auch auf das Fundament als periodische Erregung ein (→Kippmoment). Sie müssen deshalb durch sachgerechten →Massenausgleich verringert oder in ihrer Wirkung kompensiert werden. *Witfeld*

Massenmatrix Matrizenmethode, →Mehrkörpersystem

Massenstrom. Quotient aus der Masse dm eines strömenden Fluids und dem Zeitintervall dt, in dem die Masse dm durch einen Querschnitt A des Kontrollraums, z. B. durch eine Rohrleitung, strömt.

Man bezeichnet $\dot{m} = dm/dt$ als den M. des strömenden Fluids. Der M. kennzeichnet eindeutig die durch einen Strömungsquerschnitt fließende Menge eines Fluids.

Bei einem nicht stationären Strömungsvorgang ist der M. mit der Zeit veränderlich, da zu jedem Zeitintervall dt eine andere Masse dm durch den Querschnitt strömt.

Bei einem stationären Strömungsvorgang strömt während eines beliebig großen Zeitintervalls in gleichen Zeitintervallen die gleiche Masse durch den Querschnitt. Dann ist der M. zeitlich konstant. Folgende Zusammenhänge sind von Bedeutung:

$$\dot{m} = \dot{V} \cdot \varrho = A\, c\, \varrho;$$

darin ist $\dot{V} \rightarrow$ Volumenstrom, ϱ Dichte des Fluids, A Strömungsquerschnitt, c mittlere Strömungsgeschwindigkeit im Querschnitt A. Diesen Mittelwert der Strömungsgeschwindigkeit erhält man aus der Gleichung:

$$c = \frac{\dot{m}}{\varrho\, A} = \frac{\dot{m}\, v}{A} = \frac{\dot{V}}{A};$$

darin ist $v = 1/\varrho$ das spezifische Volumen des Fluids. *Rauhut*

Maßwalzanlage. Eine M. ist meist mit Zweiwalzen-Umformeinheiten, von denen auch mehrere, wie in einer →Konti-Walzanlage nacheinander, jeweils 90° versetzt zueinander angeordnet sein können, ausgerüstet. Mehrgerüstige M. mit Dreiwalzen-Umformeinheiten werden vorzugsweise für Rohre eingesetzt, deren Querschnittsabmessungen im unteren Bereich liegen. Wenn größere Rohrdurchmesser-Abnahmen hergestellt werden, dann wird mit M. gearbeitet, die beispielsweise mehr als 10 einzeln angetriebene Umformeinheiten haben. Diese Umformeinheiten sind meist mit je 3 Walzen ausgerüstet. *Baumann*

Maßwalzverfahren. Das M. dient dem möglichst genauen Einstellen der Querschnitts-Endabmessung des nahtlosen Rohrs bei meist nur geringer Durchmesserreduzierung durch Umformen ohne Innenwerkzeug. Damit wird also eine hohe Maßgenauigkeit und Rundheit der Rohre erzielt. Für das Maßwalzen werden Maßwalzanlagen mit Zweiwalzen-Umformeinheiten oder mit Dreiwalzen-Umformeinheiten eingesetzt. *Baumann*

Material. Die →Lagerplanung beschäftigt sich mit der Konzipierung des Gesamtbereichs Lager, der Festlegung der Gebäudearten, der Projektierung und Auswahl der Lagersysteme, der Planung von Ein- und Auslagerungssystemen, der Bildung von Lagereinheiten und der Erarbeitung von Kommissioniersystemen.

Die Lagerplanung spielt bei der Integration des Zusammenwirkens des Wareneingangs, der Wareneingangskontrolle, der Material- und Teilelagerung, der M.-Bereitstellung, der Arbeitsmittellagerung, der Arbeitsmittelbereitstellung, der während des Arbeitsablaufs erforderlichen Zwischenlagerungen, der Teile- und Aggregatbereitstellung bei der Montage, der Ersatzteilelagerung und -lieferung, vor allen Dingen in den Bereichen der M.-Wirtschaft, der Arbeitsplanung, der M.-Flußplanung und der

Transportplanung eine sehr fristenbeeinflussende, bedeutsame Rolle. Sie muß daher den jeweiligen Bedingungen entsprechende Lager- und Lagermittelgestaltung gewährleisten.

→Lagerlayout: Ziel des Lagerlayouts ist es, durch Vorgabe eines klaren M.-Flusses im Lager einen schnellen und rationellen M.-Transport zu ermöglichen. Die Forderung, einen hohen Anteil der Lagerflächen als Stellflächen auszunutzen (Flächennutzungsgrad) und den umbauten Lagerraum weitgehend für das eigentliche Lagern der Güter zu verwenden (Raumnutzungsgrad), beeinträchtigt mitunter den M.-Fluß. *Jünemann*

Materialaufbereitung (Bautechnik) →Geräte zur →Materialaufbereitung (Bautechnik)

Materialeinbau (Bautechnik) →Geräte für den →Materialeinbau (Bautechnik)

Materialfluß. Darunter versteht man die →Verkettung aller Vorgänge beim Gewinnen, Be- und Verarbeiten sowie bei der Verteilung von stofflichen Gütern innerhalb festgelegter Bereiche. Dazu gehören Bearbeiten, Handhaben, Transportieren, Prüfen, Aufenthalte, Lagerung.

Die rationelle Gestaltung des M. besitzt nicht nur für einzelne Betriebe in Industrie und Handel, sondern auch für die gesamte Volkswirtschaft bezüglich der durch ihn entstehenden Kosten eine erhebliche Bedeutung. Die Senkung der M.-Kosten erfordert die Berücksichtigung arbeitswissenschaftlicher, organisatorischer, technischer und wirtschaftlicher Einflußfaktoren.

Der M.- und Produktfluß im logistischen System setzt sich aus einer Menge von Teilprozessen zusammen, auf die die Art der Systemelemente bereits hinweist. Zwischen und teilweise in den Gewinnungszentren, Lägern, Verarbeitungszentren, Distributionszentren und Verbrauchszentren vollzieht sich der Fluß an Material und Produkten in Form von Transportprozessen.

Zwischen den Transportprozessen erfolgen in Lägern und Distributionszentren Prozesse der Lagerung. Die Lagerung schließt dabei mehrere Subprozesse wie Wareneingang, die eigentliche Lagerung und den Warenausgang ein. Transport- und Lagerprozesse werden durch die Prozesse der Materialhandhabung und der Verpackung ergänzt. *Jünemann*

Materialflußmatrix. Die vielfältigsten Beziehungen (Strukturen, Entfernungen, Häufigkeiten, Belastungen) innerhalb logistischer Prozesse können mathematisch und übersichtlich in Matrizen dargestellt werden. Diese Matrizen lassen sich nach den

Methoden des operativen Research lösen: Es sind M., wenn sie zur Lösung logistischer Probleme erstellt wurden. *Jünemann*

Materialflußplanung. Sicherung optimaler Durchlaufgeschwindigkeit der Arbeit (Durchlaufzeit). Arbeitsorganisatorische Maßnahme zur Beeinflussung von Arbeitsablauf, Arbeitskosten und damit Arbeitswirtschaftlichkeit.

Aufgaben der M. (Bild) sind zu sehen in der Optimierung der Anordnungen von Abteilungen, Einrichtungen und Arbeitsplätzen, in der Auswahl von Transportsystemen, im Bestimmen der Förder- und Handhabungstechniken.

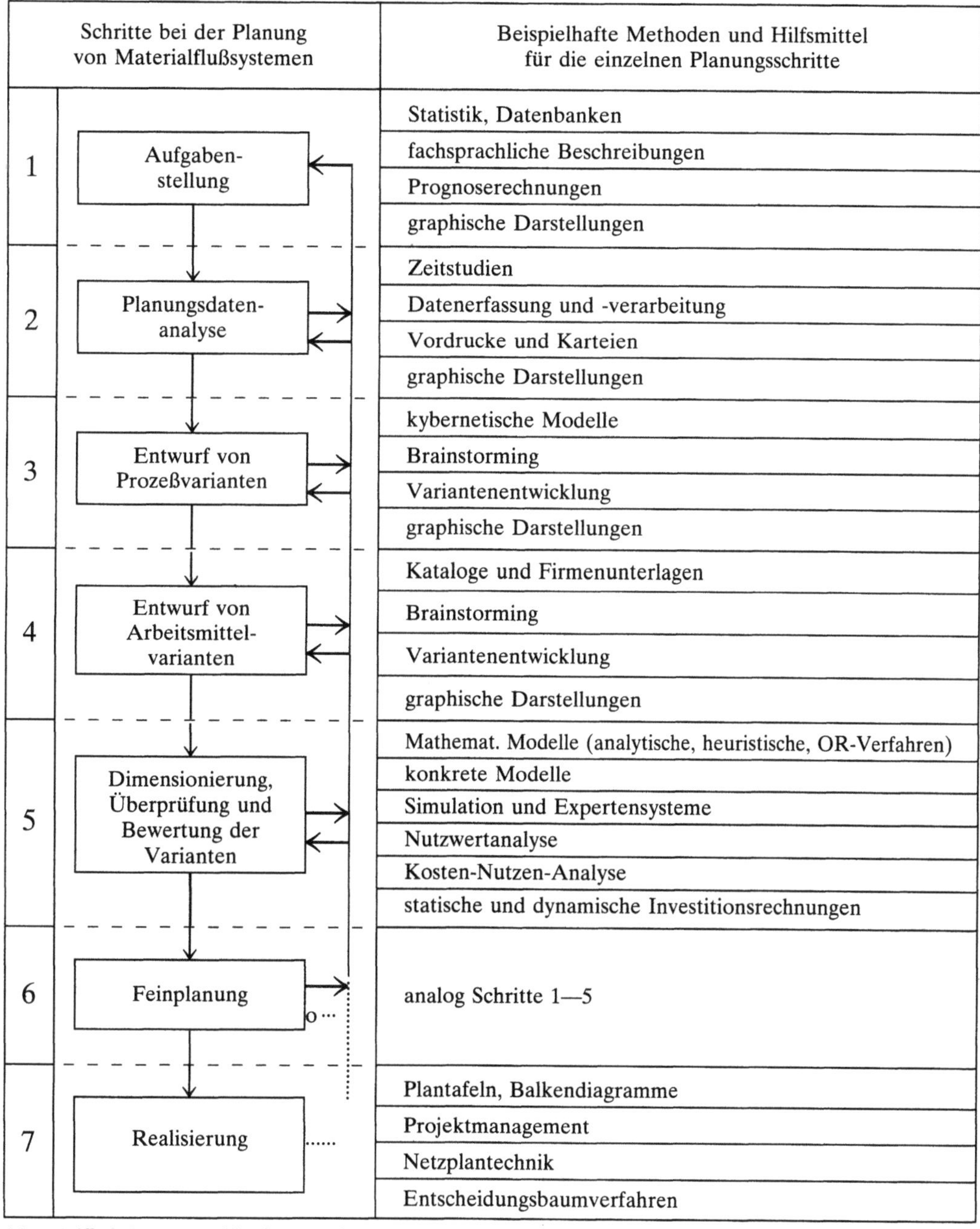

Schritte bei der Planung von Materialflußsystemen	Beispielhafte Methoden und Hilfsmittel für die einzelnen Planungsschritte
1 — Aufgabenstellung	Statistik, Datenbanken
	fachsprachliche Beschreibungen
	Prognoserechnungen
	graphische Darstellungen
2 — Planungsdatenanalyse	Zeitstudien
	Datenerfassung und -verarbeitung
	Vordrucke und Karteien
	graphische Darstellungen
3 — Entwurf von Prozeßvarianten	kybernetische Modelle
	Brainstorming
	Variantenentwicklung
	graphische Darstellungen
4 — Entwurf von Arbeitsmittelvarianten	Kataloge und Firmenunterlagen
	Brainstorming
	Variantenentwicklung
	graphische Darstellungen
5 — Dimensionierung, Überprüfung und Bewertung der Varianten	Mathemat. Modelle (analytische, heuristische, OR-Verfahren)
	konkrete Modelle
	Simulation und Expertensysteme
	Nutzwertanalyse
	Kosten-Nutzen-Analyse
	statische und dynamische Investitionsrechnungen
6 — Feinplanung	analog Schritte 1—5
7 — Realisierung	Plantafeln, Balkendiagramme
	Projektmanagement
	Netzplantechnik
	Entscheidungsbaumverfahren

Materialflußplanung: Ablauf einer Planung von Materialflußsystemen.

Man unterscheidet folgende Schwerpunkte:
□ Verbesserung eines vorhandenen Materialflusses, um die Durchlaufzeiten der einzelnen Materialien oder Güter zu reduzieren, zu hohe Kapitalbindungskosten bei Beständen oder entstandene räumliche Enge bei Produktionssteigerungen zu verringern oder um Auswirkungen von Produktionsumstellungen auf den Materialfluß auszugleichen. Ein weiteres Aufgabengebiet wäre die Verbesserung unzureichender technischer und/oder organisatorischer Gestaltung des Materialflusses.

□ M. für eine Erweiterung. Hierbei ist bei der Umsetzung der Planungsdaten in das Mengengerüst der Materialfluß den erweiterten Teilkapazitäten anzupassen.

□ M. für einen Neubau. Sie umfaßt die Planung von Materialflußschema (folgerichtiger Ablauf der verschiedenen Materialien bzw. Güter durch die einzelnen Stationen), Materialflußzeichnung, fördertechnische Gestaltung des Materialflusses, Einarbeiten des M. in das Layout des Gebäudes.

·Die Durchführung der M. erfolgt in vier Stufen:
□ Grobplanung: Ausgehend von den ermittelten Daten aus der Materialflußuntersuchung werden Lösungsmöglichkeiten für übergeordnete Zusammenhänge gesucht.

□ Idealplanung: Technisch und organisatorisch beste Lösung ohne Berücksichtigung wirtschaftlicher, räumlicher o. ä. Restriktionen.

□ Realplanung: Wirtschaftlich günstigste Lösung der Idealvariante mit bereits feiner Ausprägung, z. T. bis ins Detail, die alle Randbedingungen erfüllt.

□ Detailplanung: Hier ist es erforderlich, die einzelnen Funktionsbereiche detailliert zu planen.

Jünemann

Materialhandling →Materialfluß

Materialherstellung (Bautechnik) →Geräte zur →Materialherstellung (Bautechnik)

Materialtransport (Bautechnik) →Geräte für den →Materialtransport (Bautechnik)

Materialwirtschaft. Regelung der Materialversorgung in wirtschaftlicher Weise. Man gliedert in Beschaffung und Lagerwesen. Die M. in einem Materialflußsystem hat die Aufgabe, das Material in Form von Baugruppen, Einzelteilen sowie Hilfs- und Betriebsstoffen zu disponieren, d. h. zu planen, zu steuern und zu überwachen. Ziele der M. sind:
□ hoher Lieferbereitschaftsgrad,
□ niedrige Lager- und Umlaufbestände (geringe Kapitalbindung),
□ geringe Dispositions- und Beschaffungskosten,
□ hohe Kapazitätsauslastung durch abgestimmte Materialbereitstellung.

Die teilweise gegenläufigen Zielsetzungen müssen im Rahmen der Lagerhaltungspolitik festgelegt werden.

Wirtschaftliche Materialversorgung eines Unternehmens in der Weise, daß den Bedarfsstellen das gewünschte Material zum richtigen Zeitpunkt und am richtigen Ort verfügbar ist. *Jünemann*

Matrizenschalung. M. ermöglichen eine Strukturierung der Betonoberfläche mit Hilfe einer flexiblen Kunststoffmatte, die auf die hölzerne Schalhaut aufgelegt wird. Die Matten bestehen aus Polyurethan (PUR), Polysulfid oder Naturkautschuk und sind auf der Rückseite mit einem Nylongewebe verstärkt. Nach dem Ausschalen werden sie vom Beton abgezogen und können nach einer Reinigung wiederverwendet werden. Im weiteren Sinne versteht man darunter auch Großflächenschalelemente für Decken, in die die Schalungen für die Haupt- und Querunterzüge eingelassen sind und damit ein zusätzlicher Schal- und Arbeitstakt eingespart wird (räumliche Schalung). *Kühn*

McPherson-Achse →Radführung

Mechanisierung. M. beginnt dort, wo bei der Durchführung der Arbeits- und Korrekturoperation die menschliche Muskelkraft durch mechanische Kraft ersetzt wird. Automatische Elemente finden sich in einem Materialflußprozeß, sobald Bereiche der Prozeßkontrolle und -korrektur zumindest partiell mechanisiert werden. *Jünemann*

Mehrfach-Schraubenverbindung. S. werden überwiegend als M.-S. ausgeführt. Die Tabelle gibt einen Überblick über typische Formen und ihre Belastung durch äußere Kräfte und Momente. Einzelschrauben können nur dort angeordnet werden, wo Momente um die Schraubenachse, insbes. wechselnde Momente, sicher vermieden werden, wie bei zentralen Zugankerverschraubungen in Rotoren, oder wo diese Momente bei einer Einzelschraube beherrschbar bleiben, wie z. B. bei Schraubenbolzen von drehstarren, biegeweichen Metallkupplungen. Auch bei M.-S. beginnt die Arbeit des Konstrukteurs bei der Detailgestaltung und der Schraubenberechnung mit dem Zerlegen des erarbeiteten konstruktiven Entwurfs in Geometrien mit Einzelschrauben, die der Berechnung zugänglich sind. Dabei ist von unterschiedlichen Wirkmechanismen, wie dem Mechanismus der Kreisplatte und den Mechanismen des Stülpens von Flanschverbindungen mit Ringauflage oder Flächenauflage auszugehen. Ziel bleibt zunächst die Ermittlung der Betriebskräfte, die an den zu verbindenden Teilen angreifen.

Mehrfach-Schraubenverbindung. Tabelle: Übersicht über Mehrfach-Schraubenverbindungen. (Quelle: VDI 2230, Bl. 1)

	Kreisplatte	Flansch mit Dichtring	Flansch mit Flächenauflage	rechteckige Mehrschraubenverbindung	Mehrschraubenverbindung
Geometrie in Ebene					
Belastung, relevante Lasten					
Kräfte und Momente	Innendruck p	Axialkraft F_A (Rohrkraft) Moment M_B Innendruck p	Axialkraft F_A Torsionsmoment M_T Moment M_B	Axialkraft F_A Querkraft F_Q Torsionsmoment M_T Moment M_B	Axialkraft F_A Querkraft F_Q Torsionsmoment M_T Moment M_B

Eine einfache Berechnung der Kreisplatte und deren S. setzt voraus, daß die durch den Druck auf die Platte wirkende Betriebskraft konzentrisch zum Rand der Kreisplatte geleitet wird und die Schrauben am Umfang gleichmäßig beansprucht werden. Die auf die Einzel-S. zusätzlich wirkenden, auf die Schraubenachse zu beziehenden Momente lassen sich mit Hilfe der Plattentheorie ermitteln. Bei nicht rotationssymmetrischen M.-S. muß man Finite-Elemente-Methoden zum Ermitteln der die Einzelschraube beanspruchten Kräfte und Momente zu Hilfe nehmen.

Rotationssymmetrisch ringförmig aufliegende Flansche zum Verbinden von Rohrleitungen werden durch Stülpen beansprucht. Die auf eine einzeln herausgeschnittene S. wirkenden Betriebskräfte sind hierbei nach den Gesetzen der Festigkeitslehre aus Schnittkraftgrößen zu berechnen. Bei Flanschverbindungen mit Flächenauflage, wie sie z. B. bei starren Kupplungen vorliegen, folgen die Betriebsbeanspruchungen aus dem zu übertragenden Drehmoment und möglicherweise zusätzlich vorhandenen Biegemomenten. Auch die hierbei notwendige Vorgehensweise an Hand aufwendig formulierter Berechnungsgrundlagen erfordert meist die Hilfe von passenden Datenverarbeitungseinrichtungen. Als allgemein gültige Richtlinien für M.-S. läßt sich folgendes anführen:

□ Hohe Vorspannkräfte in der Verbindung sind günstiger als niedrige Vorspannkräfte. Meist erfordern sie ein Schraubenanziehverfahren mit niedrigem →Anziehfaktor α_A.

□ Eine große Schraubenanzahl ist meist günstiger als eine niedrige, insbes. bei rotationssymmetrischen Verbindungen und auch im Hinblick auf das Gewicht der Verbindung.

□ Axiale Flanschhöhe möglichst dick wählen, nicht kleiner als das 1- bis 1,5fache der Flanscherstreckung in radialer Richtung.

□ Schraubenabstand von Flanschinnenrand so gering, wie es die Bearbeitung der Schraubenkopf- und Mutterauflage und die Rücksicht auf die Montage ermöglichen.

□ Trennfuge in radialer Richtung auf das Maß begrenzen (evtl. durch Einstich), so daß mit dem (in der Steilheit etwa verdoppelten) Rötscherkegel gerade noch ein als sicher von der Schraubenvorspannkraft überdeckter Flächenbereich gewährleistet ist.

□ Bevorzugung von Innensechskantschrauben, die ein Versenken des Kopfes und damit eine Verstärkung des Flansches ohne zusätzliche Raumanforderungen ermöglichen.

□ Erhöhung der Schraubensicherheit durch möglichst große Länge der Schraube und günstige Bemessung des Schraubenschafts. *Federn*

Literatur: *Agatonovic, P.*: Verhalten von Schraubenverbindungen bei zusammengesetzter Betriebsbeanspruchung. Diss. TU Berlin 1973. – *Beitz, W.*: Generelle Gestaltungsempfehlungen für Schraubenverbindungen. VDI-Z. 125 (1983), S. 179/85. – DIN 15451. Tl. 2: Gelenkwellen, Flanschverbindungen. Hrsg. Dt. Inst. f. Normung Ausg. 1978. – *Dreger, H.*: Statik der Vielschraubenverbindungen. VDI-Ber. Nr. 220, Düsseldorf 1974; S. 55/67. – *Flierl, R.*: Vergleichende Untersuchungen an Ringscheiben- und Laschenkupplungen. Fortschr.-Ber. VDI R. 1 Nr. 151. Düsseldorf 1987. – *Galwelat, M.*: Rechnerunterstützte Gestaltung von Schraubenverbindungen. Diss. TU Berlin 1979. – *Galwelat, M.*, u. *W. Beitz*: Das Verhalten rotationssymmetrischer Mehrschraubenverbindungen unter Biegemomentbelastung. Konstruktion 32 (1980), S. 257/63. – *Grote, K. H.*: Untersuchungen zum Tragverhalten von Mehr-Schraubenverbindungen. Diss. TU Berlin 1984. – *Grotewohl, A.*: Auslegung von Schraubenverbindungen im Automobilbau und deren Einfluß auf den Montagevorgang. Tl. 3. Automobil-Ind. (1985), S. 569/79. – *Huppmann, H.*: Schäden an Kupplungen–Empfehlungen zur Schadensverhütung. VDI-Ber. Nr. 229. Düsseldorf 1977. – *Kowalske, D.*: Die Schraubenverbindung als ein Problem elastisch gebetteter Platten. Konstruktion 30 (1978), S. 11/20. – *Michligk, Th.*: Statisch überbestimmte Flanschverbindungen mit gleichzeitigem Reib- und Formschluß. Diss. TU Berlin 1988. – *Plock, R.*: Untersuchung und Berechnung des elastomerischen Verhaltens von ebenen Mehrschraubenverbindungen. Diss. RWTH Aachen 1971. – *Schwaigerer, S.*: Festigkeitsberechnung in Dampfkessel-Behälter- und Rohrleitungsbau. Berlin, Heidelberg, New York 1978. – *Steimel, J.*: Anwendung der Finite-Elemente-Methode zur optimalen Gestaltung häufig verwendeter Maschinenteile hinsichtlich Festigkeit und Gewicht; Schraubenverbindungen. Forschungsh. FKM 63. Hrsg. VDMA. Frankfurt am Main 1977.

Mehrfachschraubmaschine. Für die wirkungsvolle Durcharbeitung des Gleisoberbaus sind festgezogene Befestigungsmittel eine wichtige Voraussetzung. M. haben hierfür mehrere Vielfachschraubköpfe, die gegenüber dem Maschinenrahmen längsverschieblich angeordnet sind. Die Maschine kann kontinuierlich weiterfahren, während die Schraubköpfe an die Schrauben bzw. Muttern herangeführt werden. Sie läßt sich sowohl zum Festschrauben als auch zum Lösen von Muttern einsetzen. Durch hydraulische Steuerung des Schraubaggregates ist ein gleichmäßiges Drehmoment gewährleistet.

Kühn

Mehrflächengleitlager →Gleitlager, hydrodynamisches

Mehrkörpersystem. Ein diskretes Modell eines mechanischen Systems, dessen Bewegung durch endlich viele Freiheitsgrade hinreichend beschrieben werden kann. Es besteht aus einzelnen starren Körpern oder Punktmassen, die untereinander und mit ihrer Umgebung durch elastische oder dämpfende Elemente, durch Gelenke oder andere Zwangsführungen, durch aktive oder passive Stellglieder verbunden sind und außerdem eingeprägten Kräften unterliegen (Bild).

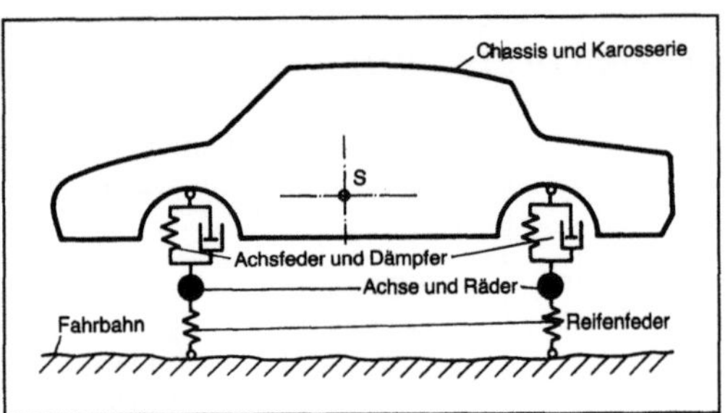

Mehrkörpersystem: Diskretes Modell eines Kraftfahrzeugs.

Man unterscheidet ebene und räumliche, freie und gebundene, ideale und nichtideale, gewöhnliche und allgemeine M. Ebene Systeme setzen eine ebene Kinematik, ebene Massengeometrie und ein ebenes Kräftesystem voraus. Freie Systeme sind frei von Zwangsbedingungen und Reaktionskräften. In idealen Systemen sind die eingeprägten Kräfte unabhängig von den Reaktionskräften (dies setzt Reibungsfreiheit voraus). Sind zudem alle Bindungen holonom, liegt ein gewöhnliches System vor.

In vielen Fällen kann mit guter Näherung physikalische wie geometrische Linearität vorausgesetzt werden. Die Modellbildung gewöhnlicher Systeme führt dann auf ein lineares →Rechenmodell mit der Bewegungsgleichung

$$\mathbf{M}\,\ddot{\mathbf{q}} + (\mathbf{G} + \mathbf{D})\,\dot{\mathbf{q}} + (\mathbf{K} + \mathbf{N})\,\mathbf{q} = \mathbf{f}(t),$$

wobei die Systemmatrizen in der Regel zeitinvariant sind ($\mathbf{M}$ Massenmatrix, $\mathbf{G}$ gyroskopische Matrix, $\mathbf{D}$ Dämpfungsmatrix, $\mathbf{K}$ Steifigkeitsmatrix, $\mathbf{N}$ Matrix der nichtkonservativen Lagekräfte). Die Vektoren $\mathbf{q}$, $\dot{\mathbf{q}}$, $\ddot{\mathbf{q}}$ fassen die Lagekoordinaten und deren Zeitableitungen zusammen, $\mathbf{f}(t)$ ist der Vektor der eingeprägten Erregerkräfte. Für $\mathbf{D} = \mathbf{N} = 0$ und $\mathbf{f} = 0$ ist das System konservativ.

Das Zeitverhalten eines M., insbes. die Stabilität seiner Bewegungen, hängt entscheidend von den speziellen Eigenschaften der Systemmatrizen ab.

Witfeld

Literatur: *Gasch, R.*, u. *K. Knothe:* Strukturdynamik. Bd. 1. Berlin, Heidelberg, London, New York, Paris, Tokio 1987. – *Müller, P. C.:* Stabilität und Matrizen. Berlin, Heidelberg, New York 1977. – *Schiehlen, W.:* Technische Dynamik. Stuttgart 1986. –

Mehrlagen-Schraubenfeder-Kupplung. Die M.-S.-K. (Bild) ist eine quer-, winkel- und drehnachgiebige →Ausgleichskupplung. Die elastischen Elemente sind in drei Lagen gewickelte Schraubenfedern mit rechteckigem Querschnitt. Durch den gegenläufigen Windungssinn stützen sich immer zwei Federn durch Auf- bzw. Zusammendrehen aufeinander ab. Die M.-S.-K. hat einen geringen Außendurchmesser mit glatter Oberfläche.

Ehrlenspiel

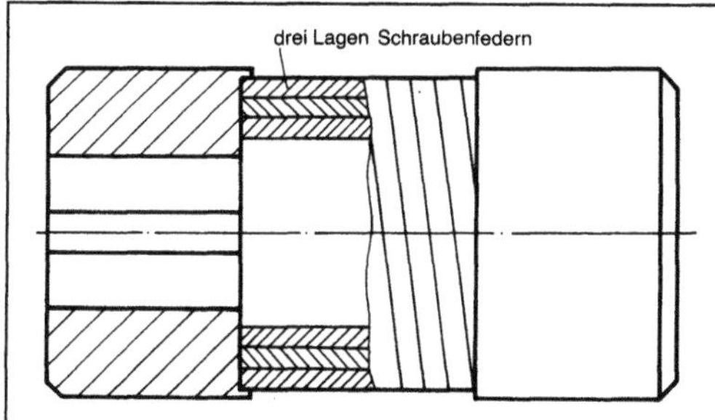

Mehrlagen-Schraubenfeder-Kupplung. (Quelle: Lenze)

Mehrseitenhobelmaschine. Maschine zur Herstellung von Massivholzteilen, die zwei-, drei- oder vierseitig mit rotierenden Hobel- bzw. Fräsmesserwellen spanabhebend bearbeitet werden.

□ *Zweiseitige Hobelmaschine:* Sie wurde als Kombination aus Abrichthobel- und →Dickenhobelmaschine entwickelt. Die erste horizontal gelagerte Welle, die hinter einem kurzen Maschinentisch positioniert ist, führt den Abrichtvorgang aus. Die Oberseite des Werkstücks wird von der zweiten, oben liegenden Horizontalwelle bearbeitet und kalibriert. Eingesetzt bei der Herstellung von Brettern, Tafeln und im Leimbinderbau mit drehbar gelagerter Maschine. Große Arbeitsbreiten bis 2500 mm sind möglich, da die Messerwellenlagerung zweiseitig erfolgt.

□ *Vierseitige Hobelmaschine (Vierseiter):* Sie wurde aus der zweiseitigen Hobelmaschine entwickelt, die zusätzlich hinter den Horizontalmesserwellen zwei seitlich versetzte vertikale Hobel- bzw. Fräsaggregate besitzt. Diese Hobelmaschine ist mit einem langen Abrichttisch versehen, der bei geringen vertikalen Andruckkräften gerade Bezugsflächen ermöglicht. Durch den möglichen Anbau von zusätzlichen Aggregaten, die in Modulbauweise angebaut werden, sind weitere Profilier-, Kehl- bzw. Sägearbeitsgänge möglich. Der wesentliche Unterschied zur Profilfräsmaschine (Kehlautomat) ist nur noch die Arbeitsbreite, die bei der Profil-

fräsmaschine maximal 300 mm beträgt (Bild 1 und 2). *Dusil*

Mehrseitenhobelmaschine 2: Vierseiten-Hobelmaschine mit Abricht- und Fügeaggregat. (Quelle: Weinig)

Mehrwalzen-Kaltwalzgerüst. Das M.-K. ist ein Walzgerüst mit seitlichen Abstützungen der aus Gerüstmitte versetzten Arbeitswalzen zum Herstellen von Kaltband (Bild 1). Dieses M.-K. wird auch MKW-Gerüst genannt. Dabei wird das Antriebsdrehmoment dieses Umkehr-Walzgerüsts stets über die beiden Stützwalzen eingeleitet. Somit wird jede →Arbeitswalze im wesentlichen nur durch Flächenpressung und →Reibung beansprucht. Die Walzbedingungen sind auf Grund der Arbeitswalzen mit verhältnismäßig kleinen Durchmessern manchmal günstiger als in Vierwalzen-Walzgerüsten. Wegen des geringen Durchmessers der Arbeitswalzen des MKW-Gerüsts können auch hochwertige Walzen-Werkstoffe wirtschaftlich eingesetzt werden, wenn besondere Oberflächenansprüche des Walzguts zu erfüllen sind. MKW-Gerüste werden beispielsweise zum Walzen von nichtrostendem oder kohlenstoffreichem Stahlband und von →Elektroband eingesetzt. Das steife Stütz- und Arbeitswalzensystem des MKW-Gerüsts führt zu verhältnismäßig kleinen Auffederungen und damit zu einem guten Bandpro-

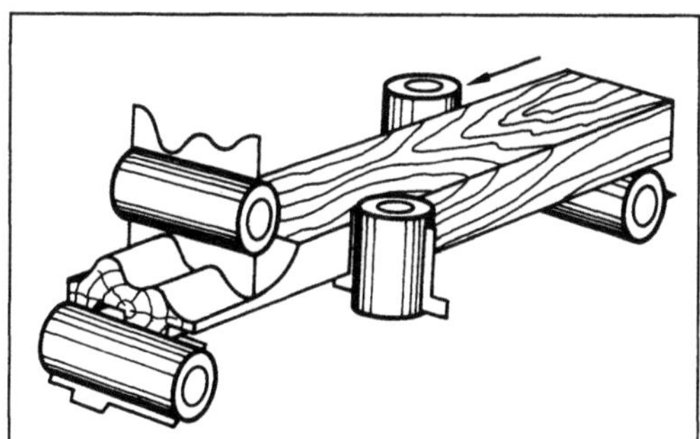

Mehrseitenhobelmaschine 1: Spindelanordnung an einer Vierseitenhobelanlage. (Quelle: Weinig)

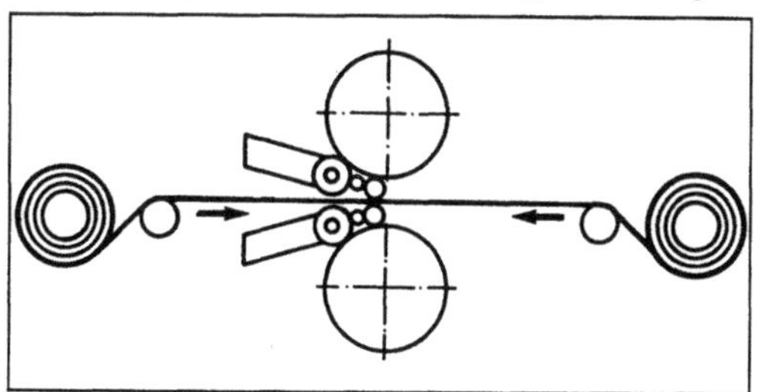

Mehrwalzen-Kaltwalzgerüst 1: Walzenanordnung in einem Mehrwalzen-Kaltwalzgerüst (schematische Darstellung).

fil. Über die Einzelanstellung der Stützrollen ist eine Balligkeitskorrektur des Walzguts möglich (Bild 2). *Baumann*

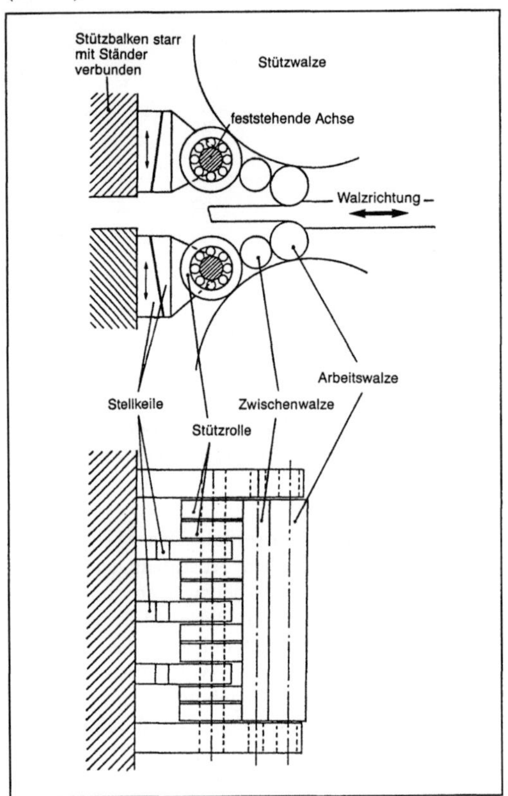

Mehrwalzen-Kaltwalzgerüst 2: Arbeitswalzen-Stützsystem in einem Mehrwalzen-Kaltwalzgerüst (schematische Darstellung).

Literatur: *Müller, H. G.,* u. *H. Gattinger:* Maschinentechnik der Kaltwalzstraßen, in Herstellung von kaltgewalztem Band. Tl. 1. Düsseldorf 1970.

Mehrwegverpackung
→Einwegverpackung/ Mehrwegverpackung

Melkmaschine.
Melkmaschine. Apparat für das maschinelle Melken vor allem von Milchkühen. Durch pulsierenden Unterdruck (Nennwert 0,5 bar) an der Zitze des Euters ahmt man das Saugen des Kalbes nach. Die M. besteht aus Saugpumpe (z. B. Flügelzellenmaschine), Unterdruck-Kessel, Leitungssystem (für Unterdruck und Milch), Pulsator und Melkgeschirr mit den Melkbechern. Das Bild zeigt die Grundfunktion der M. am Melkgeschirr. Im Milchschlauch ist ständig Unterdruck, der zum Sammelbehälter hin infolge der Strömungsverluste der Milch zunimmt. Der Druck im Pulsschlauch wechselt demgegenüber von Unterdruck (Saugphase) auf Umgebungsdruck

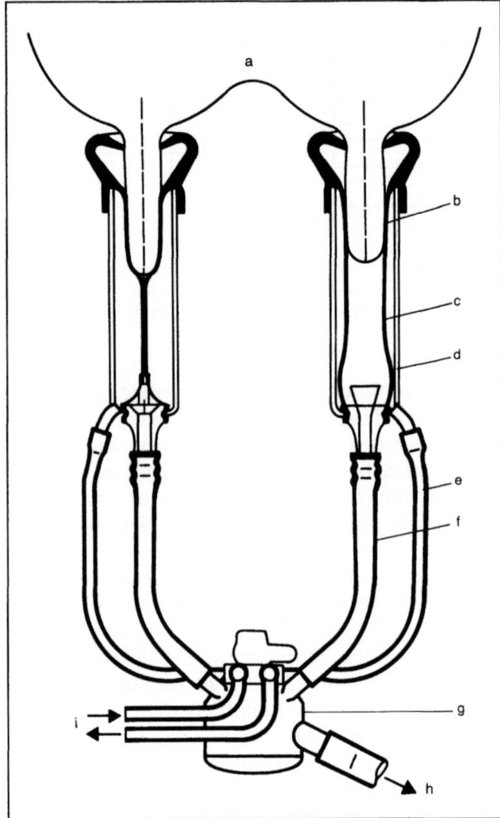

Melkmaschine: Grundfunktion.

Links Zitzenbecher in Entlastungsphase (Pulsschlauch auf Umgebungsdruck) – rechts in Saugphase (Pulsschlauch auf Unterdruck), a Euter, b Zitze, c Zitzengummi, d Hülse, e Pulsschlauch, f Milchschlauch, g Sammelstück, h Milch, i Pulsschläuche zum Pulsator

(Entlastungsphase). Dies geschieht 40–60mal/min (DIN 11845).

Der Milchfluß wird bei Kühen durch das Hormon Ocytocin gesteuert. Nach dem „Anrüsten" (Stimulieren des Euters, meist von Hand) steigt der Milchstrom rasch an auf etwa 3–4 l/min, um nach etwa 5–7 min zu versiegen (Blindmelken). Der letzte Rest der Milch kann meist erst durch das Nachmelken (maschinell mit zusätzlicher Stimulation) erreicht werden. Es ist notwendig, um Euterentzündungen zu vermeiden.

Die M. hat eine bewegte Geschichte hinter sich, in der immer wieder die Anpassung an den lebenden Organismus der Kuh Probleme bereitete. Nach ersten handbetätigten Vorläufern im Jahr 1860 von *L. O. Colvin* (USA) erfand der Engländer *Shields* im Jahre 1895 den Pulsator, mit dem die Firma Thiestle 1897 die erste M. auf der DLG-Ausstellung in Hamburg präsentierte. Im Jahre 1903 kam der von *A. Gilles* erdachte Zweiraum-Zitzenbecher hinzu, und 1910 stand die erste Alfa-M. auf einer DLG-Ausstellung. Im Jahre 1930 gab es im Deutschen Reich etwa 12 000 Anlagen, als sich große Rückschläge einstellten: Erheblicher Anstieg der Euterkrankheit Mastitis und zunehmende Opposition der Berufsmelker auf den Höfen.

So gelang der endgültige Durchbruch erst nach dem Zweiten Weltkrieg in den 50er Jahren mit einem Sättigungsbestand von etwa 500 000 M. in der Bundesrepublik Deutschland Ende der 60er Jahre. Wesentliche Bausteine dieses Erfolgs waren die einwandfreie Beherrschung des Nachmelkens, eine peinliche Sauberkeit (Reinigung und Desinfektion nach jedem Melken) sowie eine Zuchtauswahl im Hinblick auf die Form des Euters und der Zitzen.

Zukünftige Weiterentwicklungen der M. beziehen sich z. B. auf die Qualität des zeitlichen Verlaufs des Unterdrucks an den Zitzen oder eine verbesserte Kontrolle bzw. Steuerung der M. durch Messung des Milchstroms. Auch die Entwicklung von Melkrobotern ist relativ weit fortgeschritten.   *Renius*

Literatur: *Artmann, R., u. D. Schillingmann:* Entwicklungsstand von Melkrobotern. Landtechn. 45 (1990) Nr. 12, S. 437/40. – *Clarke, R. M.:* Pressure Drop in Milking Machine Air Pipes. J. agric. Engng. Res. 28 (1983) Nr. 6, S. 513/20. – *Hupfauer, M.:* Milchgeräte. In: *Franz, G.:* Die Geschichte der Landtechnik im 20. Jahrhundert. Frankfurt a. M. 1969; S. 423/39. – *Reuschenbach, H.:* Pneumatische Verfahren der Durchflußmessung, Unterdruckregelung und Pulsmodulation an milchflußgesteuerten Melkanlagen. Diss. TU München 1977; auch Forsch.-Ber. Agrartechnik MEG 18. München 1977. – *Scholtysik, B. J., u. H. Worstorff:* ... Verbesserung der Vakuumbedingungen. Grundl. Landtechn. 29 (1979) Nr. 5, S. 153/58 u. Grundl. Landtechn. 32 (1982) Nr. 4, S. 105/10. – *Vogt, C.:* Technik im Milchviehstall. Frankfurt a. M. 1982. – *Walser, K.:* Melkmaschine und Mastitis. Berlin, Hamburg 1966. – *Weber, W.:* Steuerung von teilautomatisierten Melkeinheiten. Landtechn. 37 (1982) Nr. 4, S. 185/87. – *Wenner, H.-L., et al.:* Landtechnik-Bauwesen. (Die Landwirtschaft. Bd. 3). München 1986. – *Wenner, H.-L., et al.:* Technik in der Rindviehhaltung. Jahrb. Agrartechn. 1. Frankfurt a. M. 1988; S. 113/18 u. 161/64.

Membrandrossel →Gleitlager, hydrostatisches

Membrankupplung. M. sind längs- und winkelnachgiebige drehstarre Ausgleichskupplungen (Bild). Sie bestehen aus blechförmigen, innen und außen befestigten Ringen, die sich bei Wellenfluchtungsfehlern winklig oder längs verformen können. Die Ausführungen als Doppelkupplungen sind auch quernachgiebig. Die M. ist schmierstoff- und wartungsfrei. Sie wird vor allem im Turbo- und Großmaschinenbau verwendet.   *Ehrlenspiel*

Membranschild (Bautechnik) →Sonderbauweise (Bautechnik)

Mengenregelung. Veränderung der Fördermenge eines Kolbenverdichters im Betrieb in Abhängigkeit von den betrieblichen Erfordernissen.

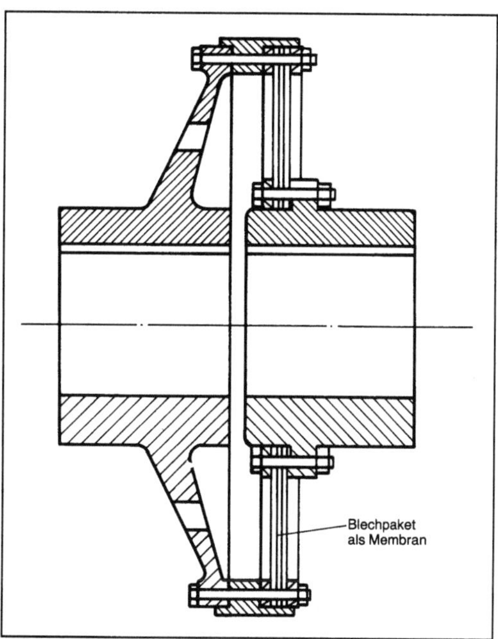

Membrankupplung.

Bei der Auslegung einer Verdichteranlage wird natürlich die maximal benötigte Fördermenge zugrunde gelegt. Bei wichtigen Anlagen wird außerdem ein Reserve-Verdichter vorgesehen. Dann ist es günstig, die Gesamtfördermenge auf 2 oder 3 Maschinen aufzuteilen und 3 bzw. 4 Maschinen aufzustellen.

Im Betrieb wird aber oftmals eine nur geringere als die maximale Fördermenge benötigt. Da bei Kolbenmaschinen im Gegensatz zu Strömungsmaschinen der Volumenstrom nur wenig von den Druckverhältnissen abhängt, ist die Verringerung der Fördermenge nicht ganz einfach. Grundsätzlich ist zwischen einer kontinuierlichen und einer sprunghaften Regelung zu unterscheiden.

Kontinuierliche Regelung. Günstig wegen des etwa gleichbleibenden Wirkungsgrads ist die Regelung über Drehzahländerung (z. B. bei Antrieb durch →Verbrennungsmotor).

□ Bei der Bypass-Regelung, bei der Gas vom Verdichteraustritt zur Saugseite zurückgeführt wird, geht dagegen die Verdichtungsarbeit für das zurückgeführte Gas verloren.

□ Die Regelung über Drosselung in der Saugleitung ist zwar vom Wirkungsgrad her besser als die Bypass-Regelung. Sie führt aber leicht zur Überhitzung infolge des bei Drosselung größeren Druckverhältnisses.

Sprunghafte Regelung. Wenn hinter dem Verdichter ein genügend großer Druckbehälter angeordnet ist, kann man mit einer sprunghaften Regelung der Fördermenge arbeiten. Dabei wird z. B. bei Errei-

chen des oberen Grenzdrucks im Druckbehälter die Förderung solange unterbrochen, bis der Druck auf den unteren Grenzwert abgesunken ist. Zur Unterbrechung der Förderung kommen in Betracht:
□ Stillsetzen des vom Elektromotor angetriebenen Verdichters,
□ Offenhalten des Saugventils über einen Greifer (nach dem Ansaugen schiebt der →Kolben das Gas zurück in die Saugleitung, ohne es in die Druckleitung zu fördern),
□ völliges Verschließen der Saugleitung (dabei treten im Zylinder Unterdrücke auf, durch die u. U. vermehrt →Schmieröl aus dem Triebwerksraum hochgesaugt wird).

Die Verfahren der sprunghaften Regelung lassen sich abgestuft anwenden, z. B. durch Verwenden von polumschaltbaren Elektromotoren mit mehreren Betriebsdrehzahlen oder durch Abschaltung nur einzelner Arbeitsräume, wenn mehrere Arbeitsräume parallel arbeiten. Auch können die Verfahren mit sprunghafter und kontinuierlicher Regelung miteinander kombiniert werden. *Kuhlmann*

Literatur: *Bouché/Wintterlin*: Kolbenverdichter. Berlin, Heidelberg, New York 1968. – *Frenkel, M. I.*: Kolbenverdichter. Berlin 1969. – *Heinz, A.*, u. a.: Verdrängermaschinen. Tl. I: Hubkolbenpumpen und -verdichter, Dreh-Kreiskolbenmaschinen, Schraubenmaschinen. Köln 1985.

Mercerisieranlage. Beim Mercerisieren von Flächengebilden kommt es darauf an, eine exotherme Quellung der Baumwollfasern in 30%iger Natronlauge, die in der Imprägnierstufe der Anlage erfolgt, im folgenden Stabilisierteil so zu fixieren, daß die Spiralform der Faser unter starkem Schrumpfen zu kreisrundem Querschnitt führt. Ein wesentlicher, verfahrenstechnischer Parameter, dessen theoretische Hintergründe noch unklar sind, ist die Spannung jeder einzelnen Faser im Flächengebilde, die erst aufgehoben wird, wenn der größte Teil der Lauge ausgewaschen ist. Je nach betrieblicher Gegebenheit und Warenqualität wird trockene Rohware (Rohmercerisieren) oder bereits abgekochte und gebleichte Ware mercerisiert. Gewebe werden auf Walzenmercerisiermaschinen oder auf älteren Kettenmercerisiermaschinen behandelt. Maschenware wird in Schlauchform mercerisiert, wobei der Stabilisierteil aus komplizierten Schlauchaufbläheinheiten besteht (Bild S. 810). Aus dieser Behandlung resultiert ein Flächengebilde mit erhöhtem Glanz, weicherem Griff und verbesserter Anfärbbarkeit. *Rouette*

Messerschild (Baugerät). M. (Bild) bestehen aus Messern, die man einzeln vorpressen kann, ohne die auftretenden Reaktionskräfte, die über Reibung vom ruhenden Teil des Schildmantels abgetragen werden, auf die nachfolgende Tunnelauskleidung zu übertragen, die beliebig ausführbar ist. So kann z. B. der einschalige Ausbau (extrudierter Stahlfaserbe-

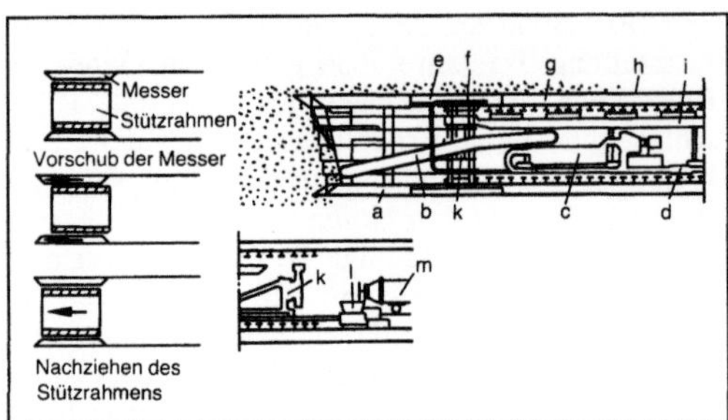

Messerschild: Messerschildvortrieb mit extrudierter Tunnelschale.

a Messerschild, b Kettenförderer, c Förderpumpe, d Spülförderleitung, e Stirnschalung, f Betonförderleitung, g Stahlfaserbeton, h Umsetzschalung, i Segmentförderer, k Erektor, l Betonförderpumpe, m Betontransportwagen

ton) zum Einsatz kommen, bei dem direkt hinter dem Schildmantel der Ringraum zwischen Schalung und Gebirge mit Stahlfaserbeton verfüllt wird. Ansonsten ist aber jede Art von Tunnelauskleidung wie auch Abbaueinrichtung anwendbar. *Kühn*

Messerschildvortrieb. Der M. (Bild) ist eine Variante des Schildvortriebs. Der Vortrieb (z. B. mit Teilschnittmaschinen) erfolgt im Schutze eines geschlossenen, meist kreisrunden Schilds (Mantel). Parallel zum fortschreitenden Vortrieb (während des Lösens des anstehenden Gesteins) wird der Schild durch hydraulische Pressen in gleichem Maße vorgeschoben. Die Ausbauarbeit erfolgt im Schutz des hinteren Schildteils. Der Ausbau wird direkt hinter dem Schild vorgenommen und der freigelegte Raum so vor nachfallendem Gestein geschützt.

Der geschlossene Schild ist beim Messerschild in mehrere, einzeln steuerbare Messer geteilt worden, die an einem Grundrahmen befestigt sind. Die Vortriebsmesser werden entsprechend dem Abbaufortschritt in Gruppen oder einzeln vorgeschoben.

Messerschildvortrieb: Messerschild mit integrierter Teilschnittmaschine. (Quelle: Westfalia Lünen)

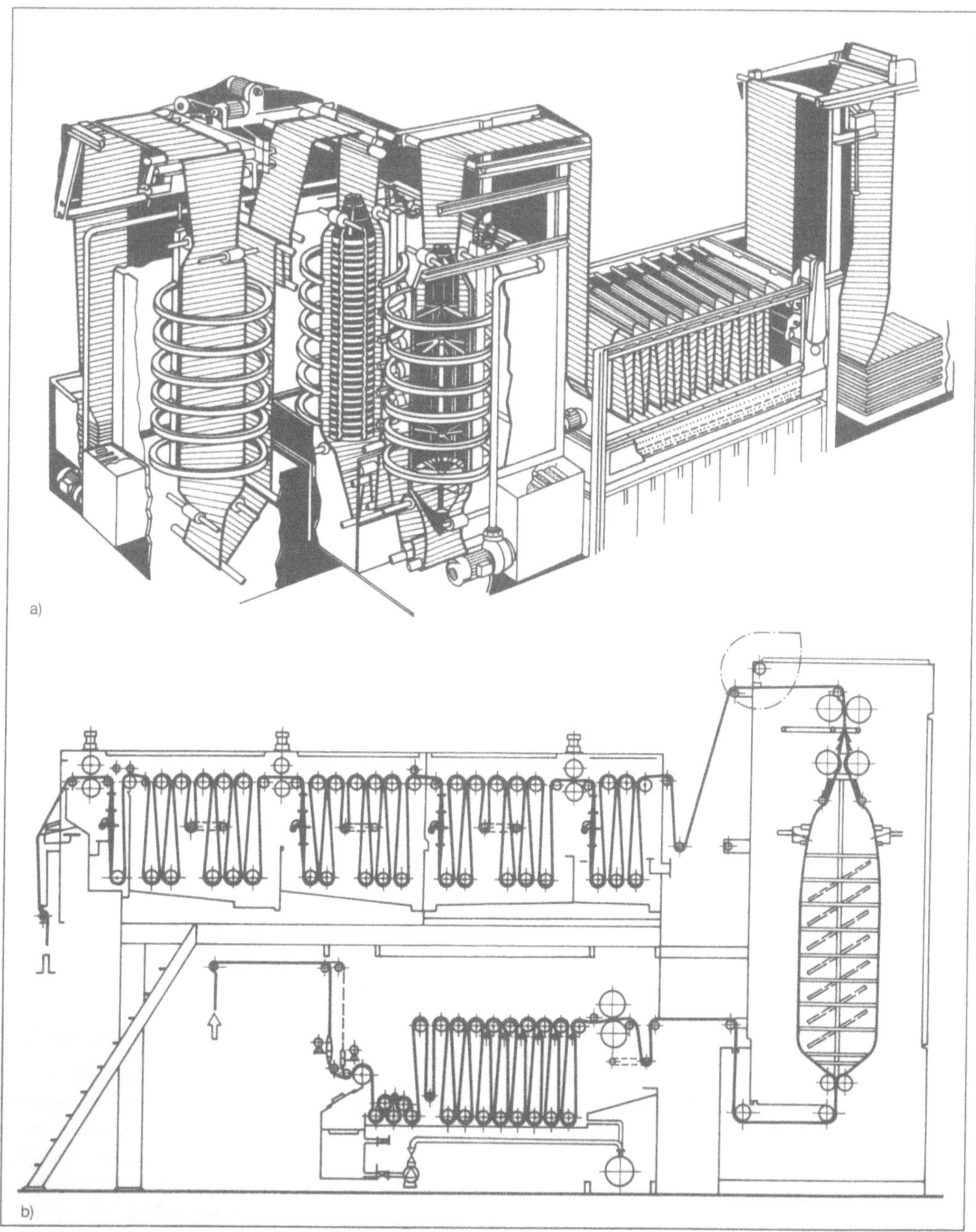

Mercerisieranlage: Schlauchmercerisiereinheit.

a Perspektive, b Vorderansicht

Der ruhende Teil der Messer wirkt dabei durch die Reibung zwischen Gebirge und Mantel als Widerlager. Sind alle Messer vorgefahren, so wird der Grundrahmen durch gleichzeitiges Einfahren aller Zylinder am Widerlager des gesamten Mantels vorgezogen.

Durch einseitig ausgefahrene Messer kann der Schild mit Hilfe der entstehenden Reaktionskräfte gesteuert werden.

M. werden vor allem im Tunnel- und Stollenbau eingesetzt. Die Herstellung von Verkehrs- und Versorgungstunneln ist auch unter bebautem

Gelände ohne Gefahr und Verkehrswege möglich. Der Vortrieb im Schutz des Messerschilds erfolgte früher von Hand. Heute sind in den Schild zumeist die verschiedensten Teilschnittmaschinen integriert. Auch die Vortriebsarbeit mit Schneid- oder Schürfrad wird angewendet.

Im Steinkohlenbergbau wird in den Messerschild eine Schneidkopf-Teilschnittmaschine integriert. Vortrieb und Ausbauarbeit sind bei diesem System entkoppelt; beide Arbeitsvorgänge finden unabhängig voneinander statt. Die Maschinenlaufzeit kann somit erhöht werden, da der Vortrieb beim Einbringen des Ausbaus nicht mehr ruhen muß.

Betriebserfahrungen mit dem System Messerschild haben gezeigt, daß es wirtschaftlicher als der konventionelle Sprengvortrieb arbeitet. Auch die Unfallhäufigkeit konnte durch den Einsatz des Messerschildsystems sehr reduziert werden. *Seeliger*

Literatur: *Rauß, B.:* Weitere Erfahrungen mit dem System Messerschild auf der Schachtanlage Heinrich Robert. Westfalia-Ber. Westfalia Lünen. – *Wild:* Schildvortrieb – Grundlagen und Einsatzmöglichkeiten. Bergbau (1984) Nr. 12, S. 551/58.

Metallpulver. M. sind pulverförmige, metallische Werkstoffe, die insbes. mit Reduktions- oder Verdüsungsverfahren hergestellt werden. Jedes dieser M.-Herstellverfahren hat einen Anteil von etwa 50 % an der M.-Herstellung.

Der Bedarf der Bundesrepublik Deutschland an M. ist in den Jahren nach 1970 deutlich gestiegen. Für die 90er Jahre wird ein durchschnittliches Wachstum des Bedarfs ·an M. von etwa 2,5 %/a erwartet. *Baumann*

Metallpulver-Bauteilherstellung. Die Pulvermetallurgie ermöglicht die Herstellung einbaufertiger Maschinenbauteile mit verhältnismäßig geringem Energieaufwand bei nahezu vollständiger Nutzung der eingesetzten Rohstoffe durch

☐ Pressen der M. zu Formteilen,
☐ →Sintern der Preßlinge, um eine metallische →Bindung zu erzielen sowie zum Verfestigen und
☐ Kalibrieren der Sinterteile, um möglichst kleine Maßtoleranzen zu erreichen.

Manchmal erhält die Metallschmelze vor der Verdüsung noch nicht die chemische Zusammensetzung der daraus herzustellenden Bauteile. Die Schmelze wird also absichtlich noch nicht fertiglegiert. In diesem Falle wird die endgültige Pulverlegierung nach dem Verdüsen der Schmelze und vor dem Pulverpressen hergestellt. Dabei sind im wesentlichen 2 pulvermetallurgische Legierungstechniken zu unterscheiden.

Die meist angewandte Legierungstechnik ist das Gemischtlegieren. Dabei werden als Eingangsstoffe für das Pulverpressen Mischungen aus den durch Verdüsung hergestellten reinen M. und aus hoch-konzentrierten pulverförmigen Legierungskomponenten hergestellt und dann zu Formteilen gepreßt. Die eigentliche Legierungsbildung erfolgt in diesem Falle während des Sinterns durch Diffusionsvorgänge. Bei dieser Technik wird die Kompressibilität der Pulvermischung durch die Legierungsbestandteile nur wenig oder gar nicht beeinträchtigt. Jedoch erfordert die völlige Homogenisierung verhältnismäßig lange Sinterzeiten und hohe Sintertemperaturen.

Bei einer zweiten Legierungstechnik, Anlegierungstechnik genannt, wird das durch Verdüsung hergestellte M. mit den Legierungskomponenten gemischt und dann geglüht, bei dem es nur zu einem oberflächlichen Anlegieren („Ankleben") der Pulverteilchen kommt. Die Preßeigenschaften des Eisenpulvers werden bei dieser Legierungstechnik nur wenig beeinträchtigt, und es wird eine gute Homogenisierung sowie Nutzung der Legierungsbestandteile erzielt.

Nach der Pulverherstellung erfolgt die Urformgebung durch Pressen. Dabei bestimmt die letztlich erreichte Raumfüllung die Gebrauchseigenschaften. Mit den heute eingesetzten Hochdruckpressen kann eine Raumfüllung von 95 % erreicht werden. Derzeitige Entwicklungen zielen auf die Herstellung von Sinterteilen mit einer theoretischen Dichte von 100 %, weil bereits bei einer Restporosität von 5 % Zugfestigkeit, Bruchdehnung und Kerbschlagzähigkeit sinken.

Neue Möglichkeiten, hohe Festigkeiten bei der Herstellung von Sinterformteilen zu erzielen, bietet das heißisostatische Preßverfahren. Durch die allseitige Druckeinwirkung werden Anisotropien, wie sie beim Zweistempelpressen auftreten, vermieden. Der Prozeß des heißisostatischen Pressens ist verhältnismäßig aufwendig.

Das dem Pressen der M. folgende Sintern der Preßlinge dient der metallischen Bindung und der Werkstoffverfestigung. Damit können beispielsweise Werkstoffe mit besonderen Eigenschaften, die von gleichmäßigen Gefügen und Phasenkombinationen herrühren, hergestellt werden. Besonders nach 1990 wurden erhebliche Fortschritte bei der Durchführung des Festphasensinterns, schrumpfungskontrollierten Sinterns und des reaktiven Flüssigphasensinterns erzielt. Die Sinterprozesse von Pulvermetallteilen bestehen grundsätzlich aus 3 Phasen, die meist nacheinander in einer Ofenanlage ablaufen, das sind

☐ Erwärmen auf verhältnismäßig niedrige Temperaturen, zwischen etwa 400 °C und 600 °C,
☐ Sintern bei hohen Temperaturen bis etwa 1 200 °C und
☐ Abkühlen auf Normaltemperaturen.

Nach dem Sintern werden die Sinterteile mit hydraulisch arbeitenden Pulverpressen kalibriert, um möglichst kleine Maßtoleranzen zu erreichen.

Das Pulverschmiedeverfahren schließt die Lücke zwischen der Pulvermetallurgie und der Gesenkschmiedetechnik. Dabei erhält das Bauteil durch Schmieden nach dem Sintern eine Dichte von nahezu 100 %. Ein typisches Pulverschmiedeteil ist beispielsweise das Pleuel eines Kraftfahrzeug-Motors. *Baumann*

Metallpulver-Herstellverfahren. Bei der Herstellung von M. wird im wesentlichen zwischen Reduktionsverfahren und Verdüsungsverfahren unterschieden.

Einsatzstoffe beim Reduktionsverfahren sind im wesentlichen Eisenerze, die zunächst mit Hilfe eines Reduktionsmittels vorreduziert werden. Nach den Verfahrensschritten Mahlen und Magnetscheidung zur Trennung des Vorreduktionsprodukts von nichtmetallischen Verunreinigungen erfolgt eine Nachreduktion des Rohpulvers unter Schutzgas. Das fertige Eisenpulver weist dann eine schwammartige Struktur auf und wird deshalb auch Schwammeisenpulver genannt.

Neben den Reduktionsverfahren haben die Verdüsungsverfahren die größte technische Bedeutung erlangt. Bei diesen Verfahren wird eine Metallschmelze entweder mit Wasser, Inertgas oder Luft verdüst. Bei der Herstellung von Eisenpulvern wird der aus der Gießpfanne tretende Strahl der Schmelze beim senkrechten Passieren einer Ringdüse beispielsweise mit Wasser in feine Tröpfchen zerlegt. Nach der Trocknung wird das mit Wasser verdüste Pulver einer Glühbehandlung mit dem Ziel unterzogen, einen Abbau des bei der Verdüsung angelagerten Sauerstoffs zu erreichen und das Pulver gleichzeitig weichzuglühen. Das fertige M. hat eine spratzige Struktur und wird allgemein als wasserverdüstes Eisenpulver bezeichnet. Legierungselemente für das Eisenpulver sind im wesentlichen Cu, Ni, Mo, C, P und S, die dem Eisenpulver überwiegend pulverförmig zugemischt werden. Neben unlegierten Eisenschmelzen können mit dem Wasserverdüsungsverfahren auch legierte Stahlschmelzen verdüst werden. Durch Änderung der Verdüsungsparameter, beispielsweise Düsengeometrie, Wasserdruck und Wassermenge, werden die Teilchenform sowie Teilchengröße beeinflußt und damit dem jeweiligen Verwendungszweck des M. angepaßt.

Für die Herstellung hochlegierter sintermetallischer Verbundwerkstoffe, beispielsweise Schnellarbeitsstähle oder Superlegierungen, wird meist die Inertgasverdüsung der Metallschmelzen angewendet. Die Schmelze wird mit Stickstoff oder Argon verdüst. Um eine Reoxidation zu verhindern, werden die Feinstpulver in einer Stickstoffatmosphäre abgekühlt. Die inertgasverdüsten fertiglegierten M. haben eine kugelige Form und können deshalb nicht in der Weise wie Schwammeisenpulver oder wasserverdüste Pulver gepreßt werden. *Baumann*

Metallpulverpresse. Eine M. ist ein hydraulisch arbeitendes technisches System zum Herstellen von Bauteilen durch Pressen aus Metallpulvern, die auf pulvermetallurgischem Wege gewonnen wurden. Neuzeitliche M. arbeiten schnell, betriebssicher und genau. Die Arbeitsräume dieser Pressen sind für die Aufnahme universeller Werkzeuge ausgelegt. *Baumann*

Metallpulverschmieden. Das M. ist ein Verfahren, bei dem vorgepreßte und gesinterte Bauteile in einem geschlossenen →Gesenk mit einer klassischen →Schmiedepresse bei möglichst hohen Temperaturen zu Fertigteilen geschmiedet werden. *Baumann*

Metallwerkstoff (Verpackung). Eine Reihe von Metallen ist zur Anwendung als Verpackungsrohstoff prädestiniert. Durch den metallischen Silberglanz bieten sie eine hervorragend dekorierbare Oberfläche. Es lassen sich die wichtigsten Druckverfahren zum Aufbringen von entsprechenden Motiven verwenden. Die aus Metall gefertigten Verpackungsmittel bieten im Verhältnis zu ihrem Gewicht eine sehr hohe Festigkeit und Stabilität. Das Leergewicht der Verpackungen ist bei gleichem Füllvolumen niedriger als das eines Verpackungsmittels aus Glas. M. bietet aber keine Durchsichtigkeit. Gegen die meisten chemischen Angriffe sind M. in sich oder in Kombination mit anderen Werkstoffen indifferent. Zum Herstellen von Verpackungsmitteln sind genügend Verarbeitungsverfahren bekannt.

Die weitestverbreiteten M. im Verpackungssektor sind Aluminium und →Weißblech. Aluminium bietet durch seinen sofortigen Überzug einer neu entstehenden Oberfläche mit Aluminiumoxid einen hervorragenden Schutz gegen äußere Einflüsse. Gleichzeitig wird durch diesen Stoff die Oberfläche sehr hart ohne Beeinträchtigung der Dekorations- oder Verarbeitungsmöglichkeit. Aluminium läßt sich im →Verpackungswesen durch das Fließpressen leicht zu Hohlkörpern umformen. Beim Fließpressen wirkt ein sehr hoher Kraftgradient auf das Aluminium, das durch diese Einwirkung momentan flüssig wird. Durch den Spalt zwischen Stempel und →Gesenk kann sich das Verpackungsmittel formen. Es können Verpackungsmittel mit gleichförmigem Querschnitt über die gesamte Höhe hergestellt werden. Gleichzeitig lassen sich Verschlußteile am Ende des Verpackungsmittels anformen. Aluminium ist sehr leicht, aber durch seine komplizierte Herstellung teuer.

Der zweite meist verbreitete Werkstoff für Verpackungsmittel ist das Weißblech. Dieser Werkstoff ist eine Kombination aus einem gewalzten Stahlblech und einem ein- oder beidseitigen Überzug aus Zinn. Das Stahlblech bringt die Stabilität, Festigkeit und Elastizität in die Werkstoffkombination ein. Stahl allein bietet besonders für den Lebensmittelbereich keinen genügenden Schutz gegen Korrosion. Diese Schutzfunktion übernimmt der Zinnüberzug. Das Zinn haftet auf Stahl sehr gut. Es wird entweder elektrolytisch oder durch einen Durchgang des Stahlbands durch eine Zinnschmelze aufgebracht. Die Haftung auf dem Stahlblech ist so gut, daß der kraftintensive Arbeitsvorgang des Abstreckziehens angesetzt werden kann, ohne den Zinnüberzug auf der sich vergrößernden Stahlfläche abreißen zu lassen.

Aus beiden Werkstoffen werden direkt Verpakkungsmittel hergestellt. Das Aluminium kann noch zu Kombinationen mit anderen Werkstoffen wie →Papier oder Kunststoff herangezogen werden. Dazu werden aus dem Aluminium sehr dünne Folien bis zu 5 μm herunter ausgewalzt. Diese Folien allein sind nicht genügend stabil, um direkt zu Verpackungsmitteln verarbeitet zu werden. Sie brauchen einen anderen stabilitätsgebenden Werkstoff. Sie dienen in den Kombinationen als Sperrschicht, aber auch als besonders glänzende Oberfläche, die sich sehr gut dekorieren läßt.

Aus metallischen Werkstoffen lassen sich auf den meisten Wegen nur formfeste →Verpackung mit deren Nachteilen herstellen. Nur im Bereich der Aluminiumfolien ist die Verwendung in flexiblen Verpackungen möglich. *Paris*

Methode 635. Die M. 635 ist ein Verfahren zur Problemlösung und Ideenfindung (→Kreativitätstechnik) durch gegenseitige Anregung des intuitiven, kreativen Denkens in einer Gruppe von 6 Personen, die je 3 Lösungsvorschläge 5mal ergänzen (schriftliche Form des Brainstorming).

Nach Diskussion und Analyse des Problems werden die Teilnehmer aufgefordert, jeweils 3 Lösungsansätze in ein Formular einzutragen und stichpunktartig zu erläutern. Nach einiger Zeit (ca. 5 min) werden die Unterlagen an den Nachbarn weitergegeben. Dieser ergänzt, angeregt von den Vorschlägen des Vorgängers, das Formular um 3 weitere Lösungen. Das Verfahren wird fortgesetzt, bis jeder alle Formulare bearbeitet hat.

Die Methode läßt sich auch räumlich oder zeitlich getrennt anwenden. Der Teilnehmerkreis sollte möglichst interdisziplinär zusammengesetzt sein. Das Ergebnis der Sitzung wird von Fachleuten ausgewertet. *Ehrlenspiel*

Methodik. Die M. zum Entwickeln und Konstruieren von Mechanismen und Getrieben (MG) ist gleich derjenigen für sonstige technische Objekte, hier jedoch mit dem konkreten Ziel, Bewegungsaufgaben mittels technisch-wirtschaftlich optimierter Lösungen zu realisieren (→Bewegungsgüte).

Eine grobe Orientierung gestattet das Bild: Für Übertragungs- oder Führungsaufgaben sucht man prinzipiell geeignete Ausgangsbewegungen (→Bewegungsablauf, →Zweischlag) und ordnet gem. Struktur der gefundenen MG die erforderliche Eingangsbewegung (Antrieb) zu. Das Ergebnis sind kinematische Schemata (Übertrager/Führung), die als Konstruktionsentwürfe zu realen MG ausgearbeitet werden. Aus diesen können dann auf der Basis

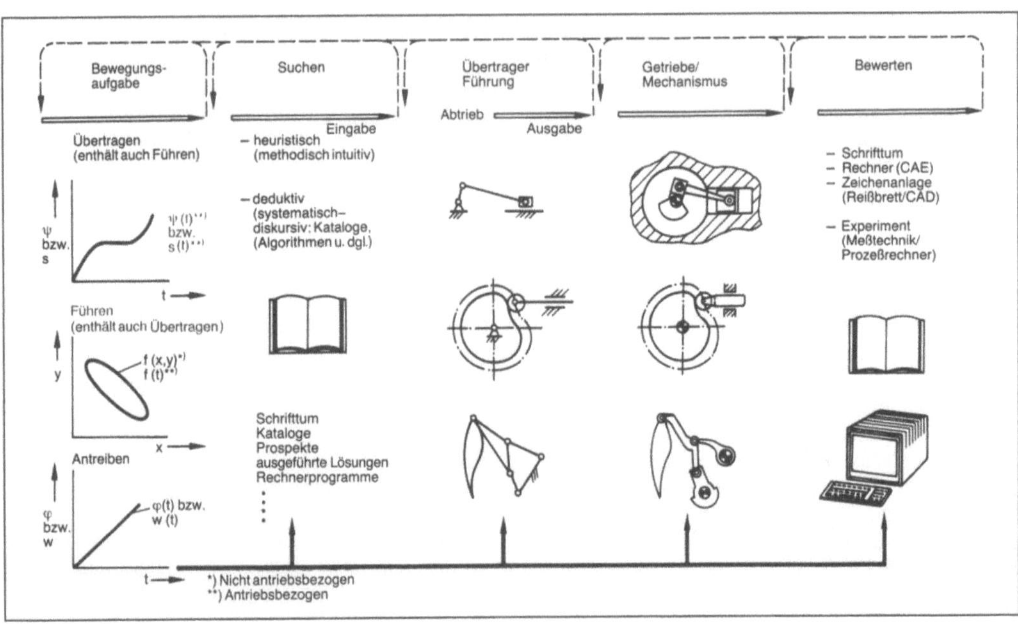

Methodik: Realisieren von Bewegungsaufgaben.

von Bewertungskriterien mit Hilfe von Berechnungen (z. B. Finite-Elemente-Methode), Versuchen und Praxiserprobung wiederum die besten Lösungen ausgewählt werden. Typischerweise müssen die einzelnen Phasen mehrfach durchlaufen werden (Iterationspfeile am oberen Bildrand), ggf. bis zur Korrektur der →Bewegungsaufgabe aus physikalischen oder wirtschaftlichen Gründen.

Die Anforderungen an die Vielfalt zu lösender Bewegungsaufgaben sind Auswahl- und →Bewertungskriterium unterschiedlicher Lösungsprinzipien. Rein mechanische MG mit geringen Laufgradwerten sind bei geringen Anforderungen an eine Verstellbarkeit im Lauf (Variabilität) bzw. im Stand (Stufigkeit) und periodisch gleichen Bewegungsabläufen in technischer und wirtschaftlicher Hinsicht meist besonders günstig. Höhere Anforderungen, z. B. an Flexibilität bzw. zu handhabende unterschiedliche Objekte, an Variabilität der Bewegungsabläufe, leichte Umrüstbarkeit bei laufender Änderung der Bewegungsaufgaben, können je nach Zusatzbedingungen durch Laufgrade F>1 mit Anzahl der gesteuerten Antriebe A=F, Umschaltgetriebe (z. B. vielstufige Fahrzeuggetriebe), Auswechseln mechanischer Speicher (→Kurvenkörper) oder durch völlig frei programmierbare Antriebe an jedem Gelenk (Industrieroboter aus offenen kinematischen Ketten) erfüllt werden (→Konstruktionsverfahren). *Gierse*

Literatur: DIN 69 910: Wertanalyse. Hrsg. Dt. Inst. f. Normung. Ausg. 1987. – *Gierse, F. J., U. Marx* u. *W. Zientz*: Bewegungsgüte von Mechanismen und Getrieben. VDI-Ber. Nr. 596. Düsseldorf 1986; S. 1/62. – VDI 2221: Methodik zum Entwickeln und Konstruieren technischer Systeme und Produkte. Hrsg. Verein Dt. Ing. Ausg. 1986. – VDI 2225. Bl. 1 u. 2: Technisch-wirtschaftliches Konstruieren. Hrsg. Verein Dt. Ing. Ausg. 1977. – VDI 2740. Bl. 1: Greifer in der Handhabungstechnik – Lösungskataloge der Greifermechanismen. Hrsg. Verein Dt. Ing.

Meßebene. Eine Ebene senkrecht zur Drehachse des Wuchtkörpers, in der die Wirkungen einer dynamischen →Unwucht gemessen werden. Die M. sind meist identisch mit den Lagerebenen in der →Auswuchtmaschine. *Witfeld*

Micro-Pitting →Graufleckigkeit

Midland-Ross-Verfahren. Das M.-R.-V. ist ein →Direktreduktionsverfahren zum Herstellen von →Eisenschwamm, ähnlich dem Purofer-V., das ebenfalls auf der direkten Reduktion von Eisenerzpellets oder Stückerzen mit gasförmigen Reduktionsmitteln im Schachtofen beruht. Es wurde von der Midland-Ross Corp., Cleveland (Ohio), entwickelt. Im Gegensatz zum Purofer-V. wird das Erdgas in einem Stahlrekuperator kontinuierlich umgesetzt. Dadurch ist die Temperatur des erzeugten

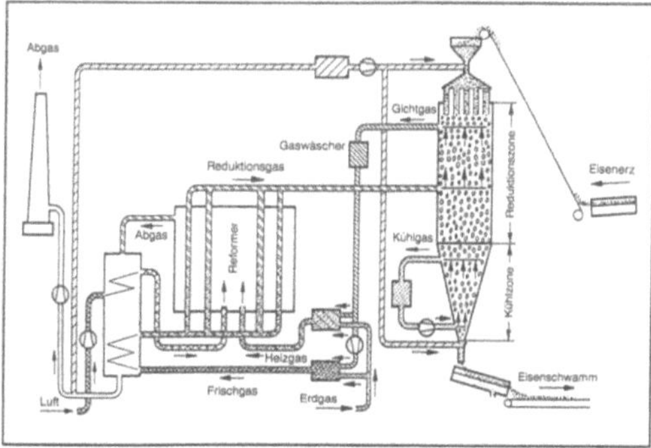

Midland-Ross-Verfahren: Aufbau der nach dem Midland-Ross-Verfahren arbeitenden Direktreduktionsanlage.

Reduktionsgases niedriger. Dieses V. wird auch MIDREX-V. genannt (Bild). *Baumann*

Mikrographie →Reprographie

Mikroprozessor-Antriebssteuerung. Mikroprozessoren werden in der elektrischen Antriebstechnik zur Steuerung und Regelung stromrichtergespeister Antriebe eingesetzt. Sie werden sowohl für Umkehrstromrichter, Gleichstromsteller, Wechselrichterschaltungen in →Zwischenkreis-Umrichtern und insbes. für Servo-Antriebssysteme verwendet. Dies bedeutet, daß drehzahlverstellbare Gleich- und Drehstrom-Antriebe in dieser Technik ausgeführt werden können. Die Mikroprozessoren übernehmen in den Geräten mit wenigen Ausnahmen alle Funktionen, die bisher in analoger Technik ausgeführt wurden.

So besorgt bei der Antriebsausrüstung von elektrischen Straßenfahrzeugen (z. B. BBC City Stromer) ein einziger Ein-Chip-Rechner die gesamte Steuerung und Regelung (Zünden und Löschen des Thyristor-Ankerstellers, Pulsen des transistorisierten Feldstellers, Batterie-Ladesteuerung und zugehörige Anzeigen). Die Ausführung orientiert sich an der Erfüllung der Antriebsforderungen bei Minimierung der Hardware und der Peripherieschaltungen.

Für die Steuerung und Regelung eines Umkehr-Stromrichters werden mit einem Single-Chip-Mikrorechner und einem 8bit-Analog-Datenerfassungschip folgende Funktionen ausgeführt:
□ Stromregelung mit Meßwertabtastung und Mittelwertbildung, Lückerfassung und Lückadaption (Lückstrom), Soll-Wert-Modulation bei sehr kleinen Strömen;
□ Umkehrlogik für schnelle, kreisstromfreie Stromumkehr mit Strom-Null-Erfassung sowie EMK-Vorsteuerung;
□ Zündsteuerung mit Netzspannungssynchronisation (sog. Synchronisierroutine) über digitalen Pha-

senregelkreis, Zündwinkel-Endlagen-Ermittlung und arccos-Linearisierung (→Steuerverfahren für Stromrichter).

Die Mikroprozessorsteuerung für einen →Umrichter mit Stromzwischenkreis zur Drehzahlverstellung eines Drehstrom-Asynchronmotors zeigt Bild 1. In ähnlicher Weise wie für einen Umkehrstromrichter werden die Zündimpulse für den gesteuerten Eingangsgleichrichter und für den →Wechselrichter im Ausgang in einem Mikrocomputer (Intel 80186) erzeugt. In Bild 2 ist das Rechenschema deutlich gemacht. Die Maschinensteuerung ist durch die Berechnung der moment- und flußbildenden Stromvektoren charakterisiert. Dazu werden die Daten der Drehstrommaschine per Software einem Rechenmodell der Drehstrom-Asynchronmaschine vorgegeben. Es werden daraus die pulsbreitenmodulierten (Wechselrichter) Stromwerte mit der zugehörigen Phasenlage und der der geforderten Drehzahl entsprechenden Frequenz berechnet und ausgegeben. Vorteilhaft ist, daß keine Drehzahl-Ist-Wert-Erfassung notwendig ist.

Als Programmsprache werden problemorientierte Sprachen, wie z. B. MICAS®, verwendet. Die verwendeten Rechner sind meist so leistungsfähig, daß zusätzliche Aufgaben übernommen werden können, z. B. die der Anlagensteuerung und der Prozeßregelung. Häufig auftretende Anwenderfunktionen werden meist in die Grundsoftware implementiert und sind auf Abruf aktivierbar. Von

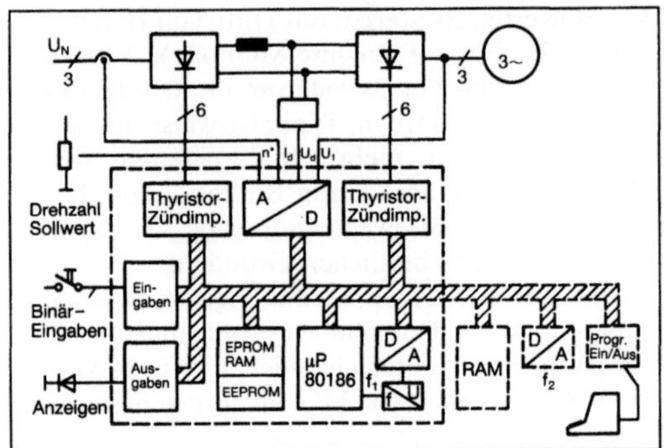

Mikroprozessor-Antriebssteuerung 1: Prinzip-Darstellung eines Zwischenkreis-Umrichters mit Mikroprozessorsteuerung. (Quelle: Kampschulte *a. a. O.)*

besonderer Bedeutung ist die absolute Reproduzierbarkeit und Dokumentierbarkeit der Einstellwerte, wodurch sich die Gleichmäßigkeit der Prozesse steigern läßt.

Die Rechnertechnik eröffnet neue Möglichkeiten für Betrieb und Wartung, welche die Betriebstüchtigkeit, die Zuverlässigkeit und Verfügbarkeit elektrischer Antriebe erhöhen. Durch Selbsttestroutinen kann das System automatisch auf seine Funktionsfähigkeit geprüft werden. Mit Hilfe von Hintergrundprogrammen läßt sich zusätzlich ein Überwachen bestimmter Komponenten erreichen. Bei auftretenden Fehlern kann man dann schnell Gegenmaßnahmen ergreifen.

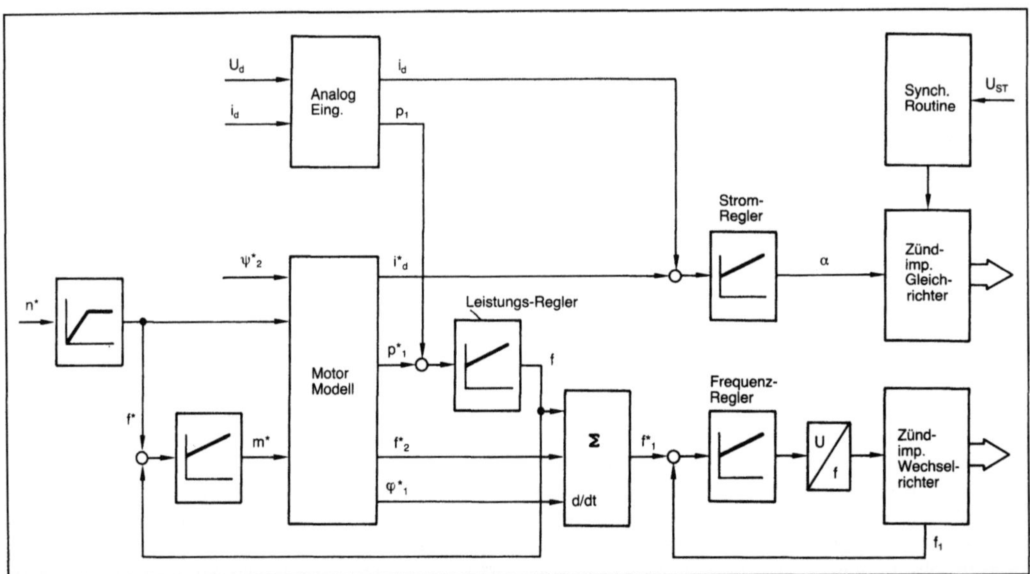

Mikroprozessor-Antriebssteuerung 2: Blockschema für Rechen- und Regelkreise der Mikroprozessorsteuerung für Zwischenkreis-Umrichter. (Quelle: Kampschulte *a. a. O.)*

U_d Zwischenkreisspannung, I_d Zwischenkreisstrom, n^* Drehzahl-Soll-Wert, f_1 Frequenz-Soll-Wert, f_2 Schlupffrequenz, P_1 Statorleistung, Ψ_2 Fluß-Soll-Wert, m Drehmoment-Soll-Wert, φ_1 Phasenwinkel des Stroms

Die Mikroprozessortechnik hat wesentlichen Anteil an der kostengünstigeren Herstellung von Umrichtern für Drehstromantriebe. Sie schafft die Kommunikationsfähigkeit der Antriebssysteme mit der Leitebene z. B. industrieller Prozesse. Sie verstärkt damit die Tendenzen zur Favorisierung der Drehstrom-Antriebstechnik.	*Stüben*

Literatur: *Abraham, L.:* Der Mikroprozessor in der Antriebstechnik. Elektronik v. 29. 11. 1985, S. 91 ff. – *Kampschulte, B.:* A Microprocessor Control for CSI-Converters with Induction Motors. Vortragsmanuskript. 3. IFAC-Symposium, Lausanne 1983.

Mikrotechnik. Die zweite Hälfte des 20. Jahrhunderts kann als Entstehungszeitraum der M. angesehen werden. Unter M. versteht man:

□ die Entwicklung, Herstellung und Anwendung kleinster Bauelemente, Schaltungen und Funktionsgruppen mit elektronischen, optischen oder mechanischen Wirkprinzipien im Mikrometerbereich bzw. als Oberbegriff

□ die Gesamtheit oder Zusammenfassung der Entwicklungs-, Werkstoff- und Produktionstechnik von Mikroelektronik, Mikrooptik und von Mikromechanik sowie der Grenzgebiete Optoelektronik, Mechatronik und Optomechanik.

Die M. steht eng mit der →Feinwerktechnik zusammen, erweitert, ergänzt und vervollkommnet diese. Sie ist durch folgende Eigenschaften gekennzeichnet:

□ eine Abmessung der Struktur liegt im Mikrometerbereich und darunter; dadurch entstehen Volumen- und Masseverkleinerungen der Bauelemente und höhere Gebrauchswerte,

□ Nutzung bekannter und neuer physikalischer, chemischer und biologischer Effekte,

□ Einsatz neuer Technologien, die i. a. nur ökonomisch rentabel sind, wenn massenhafte Anwendung gesichert wird,

□ Eignung zur Informationsaufnahme, -übertragung, -verarbeitung oder zur Informationsausgabe,

□ Anwendung als eigenständige Bauelemente oder Baugruppen,

□ intelligenz- und arbeitsintensiv und ökonomisch nur in einer hochentwickelten Volkswirtschaft realisierbar.

Nachstehende Voraussetzungen müssen erfüllt sein, damit M. entwickelt und umfassend genutzt werden kann:

□ die Herstellung verschiedener Werkstoffe wie Silicium, Germanium usw.; ferner Sinterkeramik, Kunststoff und Glas in höchster Reinheit,

□ ein hohes Niveau der Präzisionstechnik und der Automatisierung muß gegeben sein,

□ Erfahrungen in den Technologien von Teilgebieten der M., z. B. in der Mikroelektronik, müssen vorhanden sein.

Die in der M. angewandten Technologien richten sich nach den zu verarbeitenden Werkstoffen, nach der Art der Bauelemente (mikroelektronisch, mikrooptisch, mikromechanisch), nach den Produktionsstückzahlen (Kosten) und nach der Qualität (Reproduzierbarkeit der Eigenschaften). Es existieren bereits industriell ausgereifte technologische Verfahren, z. B. die

□ Silicium-Technologie (Photolithographie, Ätztechnik, Schichtabscheidung),

□ Dünnschicht-Technologie,

□ Dickschicht-Technologie,

□ Folien-Technologie,

□ Sinter-Technologie.

Es gibt heute sehr viele Beispiele, die zur M. gerechnet werden können:

□ Aus der Mikroelektronik: Chips mit 10^6 und mehr Bauelementen, 1Mbit- und 4Mbit-Speicherschaltkreise, 8bit-, 16bit- und 32bit-Mikroprozessoren, Mikrorechner mit der Leistungsfähigkeit früherer Großrechner, Halbleiterspeicher, Digitalschaltkreise, Analogschaltkreise, Leistungstransistoren, Schalttransistoren, Sensoren für physikalische Größen ohne und mit eingebautem Verstärker.

□ Zur Mikrooptik gehören: optoelektronische Sensoren (Photodioden), CCD-Zeilen, CCD-Matrizen, Lichtleiter (Faseroptik), Optokoppler, Licht-Emitter-Dioden (LED-Anzeige-Elemente), Bildplatten (LCD-Bildschirme), Laser-Drucker, Laser-Mikrobearbeitung (gravieren, bohren, schweißen).

□ Zur Mikromechanik zählen: Sensoren für Kraft, Druck, Beschleunigung, Temperatur, Gaskonzentration, Feuchte (auf der Basis von Si-Elementen, Folien, akustischen Oberflächenwellen oder der →Sintertechnik); mikromechanische Relais; Mikromotoren.

Die M. steht am Anfang einer stürmischen Entwicklung. Leistungen der Natur oder Biologie werden technisch nachgebildet werden können. Es wird für möglich gehalten, in den nächsten Jahren u. a. dreidimensionale mikroelektronische Schaltkreise zu erzeugen, mikrooptische Computer zu entwickeln, mikromechanische Baugruppen und mikrotechnische Geräte herzustellen.

Damit werden für die Meß- und Rechentechnik, für Steuerungen und Automatisierung neue leistungsfähige Lösungen entstehen.	*Lauruschkat*

Mindestrauheit →Gleitlagerwerkstoff

Mine. Es sind Sprengkörper, die so verlegt werden, daß sie möglichst nicht wahrgenommen werden, und die dann detonieren, wenn das spezifische Ziel (Fahrzeug, Schiff usw.) sich in den Wirkungsbereich der M. begibt (daher auch Lauermunition genannt).

Aufgabe der M. ist es, den Angreifer zu schädigen, zu zerstören oder davon abzuhalten, in ein bestimmtes (Sperr-)Gebiet einzudringen. Typische M. sind Land- und Seeminen, während die Luftminen nur eine besondere Art von Bomben darstellen.

Bei den Land-M. unterscheidet man Schützen- und Panzer-M. Die Schützen-M. wirkt als Spreng-M. örtlich begrenzt, die Splitter-M. durch breit streuende Splitter und die Spring-M. wie ein Schrappnell, d. h. sie „springt" bei Zündung hoch und birst in der Luft. Panzer-M. sind demgegenüber mit einer größeren Menge Sprengstoff gefüllt; z. T. wird der Hohlladungseffekt genutzt. Sie wirken gegen Ketten/Fahrwerk, Bodenwanne oder seitliche Panzerwand. Beinhaltet eine M. einen Magneten, um sie an ein Fahrzeug anzusetzen, wird sie als Haft-M. bezeichnet. Wirkt eine M. innerhalb einer bestimmten Reichweite in eine vorgegebene oder vom Ziel verursachte Richtung, so spricht man von Richtmine (auch gegen Luftziele). M. mit nuklearem Gefechtskopf, die meist fernausgelöst werden, um ein Gebiet zu sperren, werden als Atom- oder Kern-M. bezeichnet.

Entsprechend dem Ziel haben See-M. sehr viel größere Dimensionen als Landminen. Unterschieden werden vor allem zwei Arten: Ankertau-M. und Grund-M.

Ankertau-M. haben i. a. ein kugelförmiges Minengefäß, das die Sprengladung (bis zu ca. 200 kg) enthält und zugleich für Auftrieb sorgt. Das Minengefäß wird durch ein Ankertau (-seil oder -kette), das an einem auf dem Meeresgrund liegenden Ankerstuhl befestigt ist, gehalten. Die Länge unter der Wasseroberfläche kann vor dem Wurf bestimmt werden. Ankertau-M. beschädigen meistens nur die unmittelbare Umgebung der Kontaktstelle (Bordwand, Ruder).

Grund-M. liegen durch ihr Eigengewicht (bis ca. 1000 kg) fest auf dem Meeresgrund. Sie haben häufig eine zylindrische Form und werden bis zu ca. 100 m Wassertiefe eingesetzt. Bei Grund-M. geht die Hauptwirkung der Sprengladung von der Gasblase aus, die bei der Detonation schlagartig entsteht und die sich wegen der guten Dämmwirkung des Wassers in schnell wechselnde Schockwellen großer, nach oben gerichteter Energie, verwandelt (Blast-Wirkung).

Die Zündung von M. erfolgt durch Druck (mechanisch, hydraulisch), Fernauslösung, induktive, akustische, seismische, kapazitive, infrarote und mikrowellenartige Detektoren. Zum Teil werden mehrere Detektorarten oder Kombinationen von Sensoren benützt.

Zur Auswertung von Zielsignaturen, zur Bestimmung des optimalen Zündzeitpunkts usw. können Mikroprozessoren eingesetzt werden. Um die M. gezielt schärfen, entschärfen und ggf. zerstören zu können, sind geeignete Sender und Empfänger nötig. Entsprechend dem vorherrschenden Zündsystem wird von Kontakt-, Magnet-, Akustik-, Druck-M. usw. gesprochen.

M. wurden früher weitgehend aus Metall gefertigt. Heute werden möglichst nichtmetallische Werkstoffe verwandt, um die Ortung zu erschweren.

Das Verlegen der M. kann bei Land-M. von Hand, von speziellen Fahrzeugen (Minenleger), von Flugzeugen oder Hubschraubern, mit Raketen und Geschossen geschehen. Bei See-M. kommen Überwasserschiffe, U-Boote und Flugzeuge zum Einsatz.

Zum Räumen der M. werden im Heer spezielle Spür- und Räumgeräte bzw. Fahrzeuge verwendet. Die Marine setzt Minentaucher im Küstenbereich, im übrigen Minensuch- und -jagdboote ein. Minensucher schleppen Räumgeschirre (Schneidgreifer an gespreizten Leinen, Magnetschleifen, Geräuschbojen u. a.) hinter sich her, während Minenjäger die M. im Vorfeld orten und mit Hilfe von Unterwasserdrohnen beseitigen. *Brosowsky*

Mineralöl. M. werden meistens aus Erdöl, teilweise auch aus Kohle gewonnen. Erdöl ist aus Ablagerungen von Lebewesen und organischen Stoffen entstanden. Da das Alter der Ablagerungen und die Entstehungsbedingungen wie einwirkende Temperaturen und Drucke sehr unterschiedlich sind, unterscheiden sich Erdöle aus verschiedenen Lagerstätten in ihrer Zusammensetzung. Die durchschnittliche Zusammensetzung der entwässerten und entsalzten Rohöle ist: 83–87% C, 11–14% H, bis zu 5% O + N + S. Die Erdöle bestehen also im wesentlichen aus Kohlenwasserstoffen. Diese Kohlenwasserstoffe unterscheiden sich nach dem chemischen Aufbau und nach der Molekülgröße. Man kann vier Hauptgruppen unterscheiden:
□ Paraffine: gesättigte, nichtzyklische Kohlenwasserstoffe der Summenformel C_nH_{2n+2},
□ Naphthene: ringförmige gesättigte Kohlenwasserstoffe der Summenformel C_nH_{2n},
□ Aromate: ringförmige Kohlenwasserstoffe mit sechs C-Atomen je →Ring und alternierenden Einfach- und Doppelbindungen,
□ Olefine: ungesättigte Paraffine oder Naphthene. *Habig*

Mischanlage.
1. Materialherstellung. M. dienen der Herstellung eines Baustoffs. Sie werden hinsichtlich der entstehenden Produkte in Betonbereitungsanlagen, Bitumen-M. und Gußasphalt-M. unterteilt. In diesen Anlagen sind sämtliche Arbeitsgänge wie Lagern, Zuteilen, Dosieren, Beschicken, Mischen und Entleeren in einer Gesamtanlage zusammengefaßt. Man unterscheidet M. mit horizontalem und vertikalem Arbeitsablauf, Anlagen mit chargenweise oder kontinuierlich arbeitendem →Mischer und mobile oder stationäre Anlagen. *Kühn*

2. Straßenbaugerät. Die Betonherstellung auf der Deckenbaustelle ist auf eine oder zwei Betonzusammensetzungen in großer Menge und kurzer Bauzeit eingestellt. Es bestehen besondere Forderungen an Güte und Verarbeitbarkeit, insbes. an Gleichmäßigkeit. Man bereitet den Beton, getrennt nach Sorte in zwei M. oder wechselweise in einer M. Die Leistung geht bis zu 250 m/h (verd. Beton). Wichtig ist eine zügige Übergabe des Betons in die Transportfahrzeuge (Kippsattelanhänger). Dem kurzzeitigen Baustelleneinsatz entsprechend sind die Anlagen aus meist fahrbaren bzw. verladbaren Teilkomponenten zusammengestellt. Diese M. dienen ebenfalls zur Herstellung von zementgebundenem Material für Tragschichten (HGT). M. für bituminöse Massen sind auf die besondere Aufbereitung des Heißeinbauverfahrens ausgerichtet. Die Körnungen werden insgesamt in Trockentrommeln getrocknet und erwärmt. Das Körnungsgemenge wird i. a. wieder abgesiebt und in der M. gespeichert. Auf Baustellen, wo man größere Mengen einer Mischgutsorte verarbeitet, kann diese Zwischenversiebung entfallen. Die (erneut zusammengesetzte) Körnung und das ebenfalls erwärmte Bindemittel (Mischguttemperatur 180 °C) werden in beheizten Mischern, absatzweise in Trogmischern (Bild), die mit besonderen Werkzeugen ausgerüstet sind, und in kontinuierlich arbeitenden Trommelmischern, die auch mit der Trockentrommel kombiniert sein können, vermischt. Anlagen, die auf Vorrat produzieren, haben isolierte Übergabesilos. In auf Baustellen liegenden, in stationären Anlagen stehenden beheizten Behältern ist das Bindemittel gelagert. Filtereinrichtungen dienen der Entstaubung und auch der Rückgewinnung des notwendigen Füllers. Dosiervorrichtungen, Zwischenlager und Brennstofftanklager vervollständigen eine Anlage. Im Inland bestehen hauptsächlich ortsgebundene Mischwerke, die im Durchschnitt 40 000 bis 60 000 t/a produzieren und den größten Teil der Straßenbaustellen versorgen. *Kühn*

Mischanlage (Straßenbaugerät): Trogmischer für bituminöses Mischgut.

Mischer. M. in der Baustoffherstellung sind Maschinen, die die Aufgabe haben, die Einzelkomponenten wie Zuschlagstoffe, Bindemittel, Wasser und Zusatzstoffe so lange zu vermischen, bis eine homogene Vermengung erzielt ist. Für die Betonherstellung unterscheidet man absatzweise und stetig arbeitende Betonmischer. Diese M. sind bis auf wenige Ausnahmen als ortsfeste Geräte in Betonbereitungsanlagen fest installiert. Absatzweise arbeitende Maschinen (Chargen-M.), bei denen sich die Betonrezeptur nach jedem Spiel verändern läßt, werden in Trommel-M. (Freifall-M.) sowie in Trog-M. und Teller-M., die beide zu den Zwangs-M. gehören, unterteilt. Außerdem sind selbstfahrende Mischmaschinen im Einsatz, die als Transportbeton-M. das Bindeglied zwischen Betonwerk und Baustelle bilden. In Mischanlagen, in denen große Mengen des gleichen Mischguts herzustellen sind, wie z. B. in Bitumenmischanlagen oder Betonmischanlagen für den Straßen- und Staudammbau, werden Stetig-M. eingesetzt. In DIN 459 sind die normalen Baugrößen mit den Nenninhalten angegeben. Der Nenninhalt ist mit der verdichteten Frischbetonmenge (Verdichtungsmaß 1,45) festgelegt. *Kühn*

Mischreibung (Gleitlagerungen). An geschmierten Gleitflächen, die unter Last relativ zueinander bewegt werden, bilden sich in Abhängigkeit von den stoff- und formspezifischen Parametern (Schmierstoff und Oberflächengeometrie) sowie den Beanspruchungsgrößen (Gleitgeschwindigkeit, Bewegungsart, Temperatur und Belastung) unterschiedliche Reibungszustände aus. Nach dem Verlauf der Stribeck-Kurve wird unterschieden zwischen:
□ der Festkörperreibung, bei der sich die Oberflächen im direkten metallischen Kontakt befinden,
□ dem M.-Gebiet, in dem der metallische Kontakt in Abhängigkeit von der Einflußfunktion ψ (Gleitgeschwindigkeit, Schmierstoffviskosität und Belastung) zunehmend durch lokal begrenzte hydrodynamische Druckbereiche aufgehoben wird, und
□ der hydrodynamischen →Flüssigkeitsreibung.

Mit abnehmenden Festkörperanteilen sinkt im M.-Gebiet der Gleitwiderstand und erreicht sein Minimum beim Übergang in den hydrodynamischen Schmierungszustand (Flüssigkeitsreibung). Da das verschleißbehaftete M.-Gebiet bei Anfahr- und Auslaufvorgängen von Gleitlagern stets durchlaufen wird, strebt man eine möglichst niedrige Übergangsdrehzahl $n_{\ddot{u}}$ an. *Knoll*

Mischreibung (Tribologie). →Reibung, bei der Festkörperreibung bzw. →Grenzreibung und Flüssigkeits- bzw. Gasreibung sich überlagern, so daß die Belastung partiell von Festkörperkontakten und partiell von einem tragenden Film aufgenommen wird. *Habig*

Mittelblech. M. ist die Bezeichnung für Stahlblech mit Dicken zwischen 3 und 4,75 mm. M. wird heute meist zum warmgewalzten Stahlblech mit Dicken $\geqq$ 3 mm gezählt. *Baumann*

Mitteldruck, effektiver →Nutzmitteldruck

Mitteldruck, indizierter →Innenmitteldruck

Mitteldruckturbine. Entsprechend der Einteilung der →Turbine nach dem Eintrittsdruck liegt die M. zwischen der →Hochdruckturbine und der →Niederdruckturbine. Mitteldruckdampfturbinen in fossil befeuerten Kraftwerken werden bei Leistungen ab etwa 400 MW zweiflutig ausgeführt (→Flut). *Ziemann*

Modalanalyse. Die Analyse des Eigenschwingungsverhaltens eines schwingungsfähigen Mehrkörpersystems oder kontinuierlichen Systems, also die Ermittlung der Eigenwerte und Eigenvektoren. Diese in der →Maschinendynamik und Strukturdynamik häufige Aufgabe kann theoretisch oder experimentell gelöst werden.

Die rechnerische M. geht von einem linearen Ersatzmodell aus, dessen Struktur und Modellparameter bekannt sein müssen. Bei einem Mehrkörpersystem ergeben sich daraus die Massen-, Steifigkeits- und Dämpfungsmatrizen. Die modalen Größen, also die Eigenkreisfrequenzen, modalen Dämpfungen und Eigenvektoren, werden als analytische oder numerische Lösung des Eigenwertproblems bestimmt (Matritzenmethode).

Die experimentelle M. ermittelt die modalen Größen aus gemessenen Schwingungsantworten. Sie beruht auf dem Grundgedanken, daß alle Eigenschaften eines linearen Systems in seinen Übertragungsfunktionen enthalten sind. Somit gliedert sich die Vorgehensweise in zwei Schritte (Bild 1):
□ Messung der Übertragungsfunktionen,
□ Auswertung der Übertragungsfunktionen.

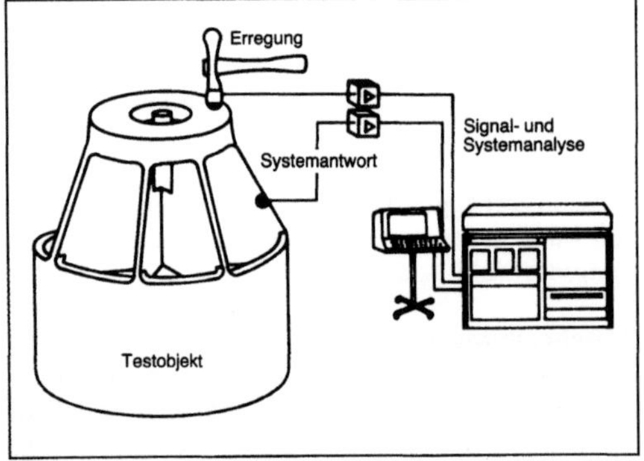

Modalanalyse 1: Versuchsaufbau zur Modalanalyse.

Zur Messung einer Übertragungsfunktion $H_{kl}(i\Omega)$ wird die Struktur an einer festen Stelle l erregt und die Antwort an einer beliebigen Stelle k gemessen. Zur Erregung können alle breitbandigen Signale verwendet werden: Impuls, Rauschen, Gleitsinus. Eingangssignal $y_l(t)$ und Ausgangssignal $x_k(t)$ werden in den Frequenzbereich transformiert. Der Quotient ihrer Fouriertransformierten ist die Übertragungsfunktion $H_{kl}(i\Omega) = X_k(i\Omega)/Y_l(i\Omega)$. Zufällige Fehler wurden durch Mitteilung der Leistungsspektren eliminiert. Indem man die Antworten an allen interessanten Strukturpunkten mißt, erhält man die benötigten Informationen für die anschließende Auswertung (Bild 2).

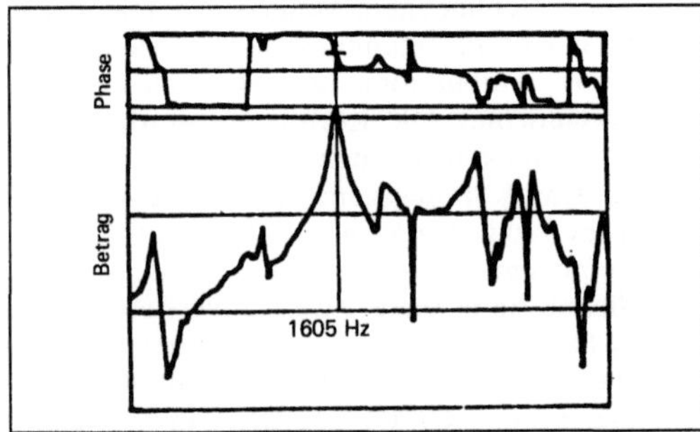

Modalanalyse 2: Gemessene Übertragungsfunktion.

Die dargestellte Übertragungsfunktion läßt die Resonanzstellen (Eigenfrequenzen) und Resonanzschärfen (Dämpfungen) erkennen. Prinzipiell sind diese beiden Modalparameter für alle Eigenschwingungen des Systems bereits in einer einzigen Übertragungsfunktion enthalten. Lediglich in dem Sonderfall, daß die Struktur zufällig im Knoten einer Eigenschwingungsform erregt wird, kann diese Eigenschwingung nicht identifiziert werden, da →Scheinresonanz vorliegt.

Interpretiert man das Übertragungsverhalten in der Nachbarschaft jeder Resonanzstelle als Verhalten eines einfachen Schwingers, so erhält man Näherungswerte für die modalen Größen. Genauere Werte ergeben sich durch Anwendung aufwendigerer Mehrfreiheitsgrad-Auswerteverfahren.

Die zugehörigen Eigenvektoren bestimmt man aus dem Verhältnis der Schwingungsantworten an

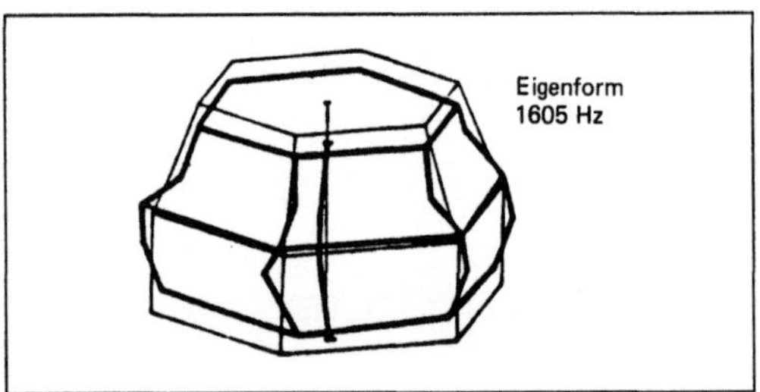

Modalanalyse 3: Identifizierte Eigenschwingungsform.

charakteristischen Strukturpunkten. In Verbindung mit der Strukturgeometrie findet man schließlich die Eigenschwingungsformen, die der besseren Anschauung wegen als bewegte Bilder dargestellt werden (Bild 3). Sie können wertvolle Hinweise auf konstruktive Verbesserungsmöglichkeiten geben. *Witfeld*

Literatur: *Natke, H. G.:* Einführung in Theorie und Praxis der Zeitreihen- und Modalanalyse. Braunschweig, Wiesbaden 1983.

Modalmatrix. Eine Matrix, in der die Eigenvektoren eines linearen Systems bei der →Modalanalyse zusammengefaßt werden. *Witfeld*

Modell, diskretes. Abbildung eines Systems auf ein →Rechenmodell mit einer endlichen Anzahl von Freiheitsgraden. Ein kontinuierliches mechanisches System läßt sich in verschiedener Weise diskretisieren:

□ Zerlegen in ein System starrer Körper, die durch Elemente unterschiedlicher Art miteinander verbunden sind (→Mehrkörpersystem),

□ Entwickeln der Zustandsgrößen nach linear unabhängigen Ansatzfunktionen, wobei die kontinuierlichen Eigenschaften global auf diskrete Elemente abgebildet werden (Ritz-Ansatz, Entwicklung nach Eigenformen),

□ Verwenden gleichartiger Ansatzfunktionen in endlichen Bereichen des Kontinuums, um dessen Eigenschaften lokal zu erfassen (Finite-Elemente-Methode),

□ Anwendung numerischer Methoden zur Ortsdiskretisierung (numerische Integration, Differenzenverfahren).

Jede numerische Lösung des mathematischen Modells eines Kontinuums beschreibt letztlich ein diskretes Modell.

Eigenschaften und Struktur des Systems spiegeln sich im Aufbau und in den Parametern der Bewegungsgleichungen wider. Bei ihrer Lösung werden Matrizenmethoden verwendet. *Witfeld*

Modell, produktdarstellendes →CAD

Modul (Fördertechnik) →Baukastenprinzip

Modul, komplexer. Verknüpft Spannung σ und Verzerrung ε bei viskoelastischem Materialverhalten im linearen Bereich, wenn entweder harmonische Zeitabhängigkeit

$$\sigma(t) = \mathrm{Re}[\underline{\sigma} \exp (i\omega t)], \ \varepsilon(t) = \mathrm{Re}[\underline{\varepsilon} \exp (i\omega t)]$$

mit der Kreisfrequenz ω vorliegt oder das Materialgesetz im Bildbereich der Fourier-Transformation mit etwa

$$\underline{\sigma}(i\omega) = \int_{-\infty}^{\infty} \sigma(t) \exp (-i\omega t) \, dt$$

formuliert wird. Für den komplexen Elastizitäts-M. $\underline{E}$ ($i\omega$) bei einachsiger Zug-Druck-Beanspruchung gilt

$$\underline{\sigma} = \underline{E} \ (i\omega) \ \overline{\varepsilon}.$$

Der k. M. $\underline{E}$ ($i\omega$) = $E'(\omega)$ + $iE'(\omega)$ enthält als Realteil den Speicher-M. $E'(\omega)$ und als Imaginärteil den Verlust-M. $E''(\omega)$. Er beschreibt dem Betrage nach als absoluter Elastizitäts-M. das Amplitudenverhältnis von Spannung und Dehnung

$$\hat{\sigma}/\hat{\varepsilon} = | \ \underline{E} \ (i\omega)|,$$

und der →Verlustwinkel δ gem. tan δ = $E''(\omega)/E'(\omega)$ kennzeichnet die →Phasenverschiebung zwischen Spannung und Dehnung und ist zugleich ein Maß für die Dämpfungsverluste (→Verlustfaktor η). Analoge Beziehungen gelten für den komplexen Schub-Modul. *Gaul*

Literatur: *Christensen, R. M.:* Theory of Viscoelasticity. New York 1971. – DIN 53440. Tl. 2: Biegeschwingungsversuch, Bestimmung des komplexen Elastizitätsmoduls. Hrsg. Dt. Inst. f. Normung. Ausg. 1984. – DIN 53535: Grundlagen für dynamische Prüfverfahren, Prüfung von Kautschuk und Elastomeren. Hrsg. Dt. Inst. f. Normung. Ausg. 1982.

Modul (Zahnräder). M. m = d/z in mm, mit Teilkreisdurchmesser d in mm und Zähnezahl z. Als wichtiges Verzahnungsmaß ist er die Bezugsgröße für genormte Werkzeugdaten. Bei Zahnstangenwerkzeugen mit einem Bezugsprofil nach DIN 867 ist die Höhe des geradflankigen Bereichs 2 m (→Zahnradherstellung).

Der M. ist für beide Räder eines Zahnradpaars gleich groß. Er ist in Normzahlreihen (DIN 780) festgelegt, um die Anzahl der Werkzeuge zu beschränken. In England und den USA benutzt man den diametral pitch P_d = z/d mit d in Zoll. Damit ist m = 25,4 P_d.

Der Wert des M. vermittelt eine Vorstellung über die Größe der Zähne (und damit annähernd auch der Größe des Getriebes). Hierbei lassen sich etwa folgende Bereiche einander zuordnen: Kraftfahrzeuggetriebe m = 1–5 mm, Industriegetriebe mittlerer Leistung m = 3–8 mm, Großgetriebe (Schwermaschinenbau) m >10 mm. *Winter*

Literatur: DIN 780 Tl. 1: Modulreihe für Zahnräder, Moduln für Stirnräder. Hrsg. Dt. Inst. für Normung. Ausg. Mai 1977. – DIN 867: Bezugsprofil für Stirnräder (Zylinderräder) mit Evolventenverzahnung für den allgemeinen Maschinenbau und den Schwermaschinenbau. Hrsg. Dt. Normeninstitut Ausg. Sept. 1974.

Moiré. In der Drucktechnik ist M. eine auffallende, regelmäßige Musterbildung, die durch Überlagerung mehrerer →Raster und/oder rasterähnlicher Strukturen in engen Winkeln (Interferenz-Effekt) entsteht (DIN 16500, Tl. 2). In der Druckereitechnik wird alles als M. bezeichnet, was beim Aufrastern durch vorlagenbedingte Struktur und beim Zusammendruck von mehrfarbigen Rasterbildern an bildfremden quadratischen, streifigen, rosetten- und rautenförmigen Mustern auftritt. Das quadratische M. ist davon die im Druck am häufigsten auftretende Variante.

Bei den meisten Druckverfahren müssen Halbtonvorlagen für die Druckwiedergabe aufgerastert werden. Diese Rasterung, dieses regelmäßige Muster, ist die häufigste Ursache zur M.-Bildung. Bei Mustern, Streifen u. ä. in Vorlagen kann sich bei der reproduktionstechnischen Verarbeitung (Aufrasterung) bereits bei einfarbigen Rasterarbeiten eine unerwünschte Strukturbildung störend bemerkbar machen, bei mehrfarbigen noch viel eher. Diese Disharmonie oder störende Erscheinung durch reproduktionstechnische Raster und bildmotivabhängige Struktur kann durch Drehen des Rasters oder der Vorlage, durch Veränderung der Rasterweite und/oder durch Unscharfeinstellung beim Reproduktionsvorgang gemildert oder eliminiert werden. In der Druckereitechnik müssen Reproduktionen eine bestimmte Rasterwinkelung haben. In DIN 16547 ist diese Rasterwinkelung festgelegt, um das Druck-M. zu vermeiden.

Die Rasterwinkelbezeichnung geht von einer Senkrecht-Waagerecht-Stellung aus und hat die Senkrechte mit 0° bezeichnet. Im Uhrzeigersinn sind die Winkelstellungen für die einzelnen Teilfarben angelegt. Einfarbig aufgerasterte Reproduktionen zeigen die optisch günstigste Rasterwinkellage von 45° oder 135°. Beim Mehrfarbendruck muß, um der M.-Erscheinung auszuweichen, jede Farbe eine andere Rasterwinkelung aufweisen, weil es technisch nicht möglich ist, die einzelnen Teilfarben so genau aufeinanderzudrucken, daß die Rasterpunkte bei jedem Druck auf dem Bedruckstoff absolut gleich auf- oder zueinander zu stehen kommen.

Bei zwei und drei Farben muß aus diesem Grund zwischen den Farben ein Winkelabstand von 60° (15°, 75°, 135°) vorliegen, und beim Vierfarbensatz wird die optisch helle Farbe Gelb auf 0°, die optisch dunklen Farben (Schwarz, Cyan, Magenta) werden auf 15°, 75° und 135° gelegt. Welche dieser drei Farben auf die günstigste Winkellage 135° zu legen ist, hängt von der Vorlage ab. Die dominierende Farbe hat hier den Vorzug. In der Praxis hat sich meist die Farbe Magenta diese Position erobert. Im allgemeinen wird Kreuzraster eingesetzt. So kommt zu jeder angeführten Winkellage noch der Winkel von 90° hinzu, der aber nicht aufgeführt wird (15°/105°, 75°/165°, 135°/45°). Winkelabweichungen, die größer als ± 3′ sind, führen schon zur M.-Bildung. *Burkhardt*

Molybdänschicht. Oberflächenschutzschicht, die durch thermisches Spritzen, gelegentlich auch durch chemische Abscheidung aus der Gasphase (CVD), aufgebracht wird. Sie besitzt einen hohen Widerstand gegenüber der Adhäsion bei Paarung mit Stahl oder Gußeisen und wird z. B. als Schutzschicht für Kolbenringe von hochbeanspruchten Verbrennungsmotoren eingesetzt. *Habig*

Momentenausgleich →Leistungsausgleich

Momentenunwucht →Unwucht

Monostruktur. Ist eine Struktur (Sortiments-, Artikel-, Auftragsstruktur) auf bestimmte eingeschränkte Gruppen fixiert, spricht man von M. (im Gegensatz zur →Polystruktur). *Jünemann*

Montageautomatisierung, feinwerktechnische. Bei der Herstellung feinwerktechnischer Produkte entfallen bis zu 70 % der Kosten auf die Montage. Es läßt sich absehen, daß die geplanten Investitionen für die M. in den Branchen Elektrotechnik und Feinmechanik bis zu 30 % der Gesamtinvestitionen sein können.

Die großen Rationalisierungsreserven stecken in der Montage. Wenn es gelingt, neben der Massenmontage auch die Montage von kleineren Stückzahlen rationell und flexibel zu automatisieren, dürften wesentliche Engpässe im Produktionsprozeß überwunden und damit die Rentabilität des Unternehmens entscheidend verbessert werden.

Der wirtschaftliche Einsatz von flexiblen Montagesystemen für die Kleinserienfertigung setzt eine effektive CAD/CAM-Integration voraus. Von den Aufgaben der Montageplanung in konventionellen und flexiblen Montagesystemen werden die Arten rechnerinterner 3D-Produktmodelle von CAD/CAM-Systemen für die Montage bedeutender.

Generell besteht die Aufgabe der Montageplanung darin, für eine bestimmte Montageaufgabe das geeignete Montagesystem zu planen, den Montageablauf, die Montagemittel und -hilfsmittel festzulegen, Kapazitäten, Kosten, Vorgabezeiten und Montageplandaten bzw. Steuerinformationen zu ermitteln und in geeigneter Form bereitzustellen (Bild 1).

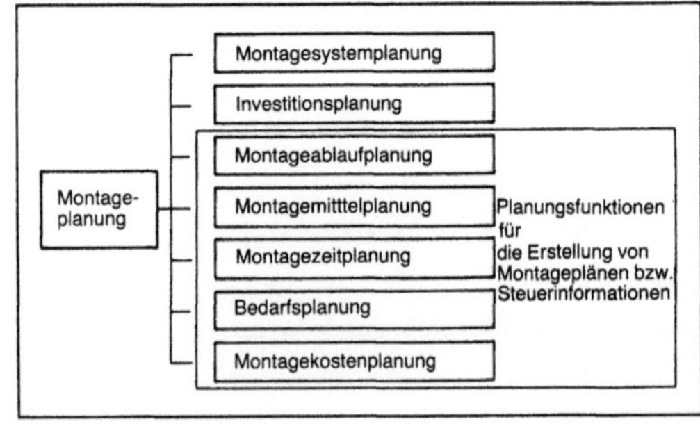

Montageautomatisierung, feinwerktechnische 1: Planungsaufgaben für die Montage.

Die erforderliche Planungstiefe und damit der Planungsaufwand hängen wesentlich davon ab, ob es sich um konventionelle (manuelle) oder flexibel automatisierte Montagesysteme handelt.

Kennzeichnend für die konventionelle Montage ist die manuelle Ausführung von Montagefunktionen, wobei lediglich produktneutrale Universalwerkzeuge wie elektrische und pneumatische Handschrauber, Pressen usw. zur Anwendung kommen. In bezug auf die Anforderungen an rechnergestützte Planungssysteme können hier jedoch auch vollautomatische Montagestationen (produktgebundene Sondermaschinen) berücksichtigt werden.

Flexible Montagesysteme bestehen aus programmierbaren NC-Achsen, Industrierobotern, Werkzeugen, Sensoren, Hilfseinrichtungen und flexiblen Transporteinrichtungen und werden über einen Leitrechner gesteuert.

Die Vorteile der Anwendung eines CAD-Systems bei der Erstellung von Steuerinformationen für NC-Montageeinrichtungen sind:
□ graphische Simulation von Montagesequenzen,
□ Möglichkeit zur Kollisionsprüfung (visuell bzw. automatisch),
□ einfache und sichere Ermittlung von Positions- und Orientierungsdaten für Montageroboter usw.,
□ graphisch interaktive Programmierung von Montagerobotern und sonstigen NC-Einrichtungen,
□ Optimierung von Bewegungsbahnen,
□ genaue Ermittlung von Zeit- und Kostendaten,
□ Reduktion des Eingabeaufwandes,
□ Verbesserung der Benutzereingabe.

Die Montage von Kleinteilen mittels →Roboter mit einem Arbeitsvolumen von 0,01 m³ fordert weder den Massentransport noch die Geschicklichkeit, sondern ermöglicht erst mikrotechnisch automatisierte Fertigungen. Lupen- und Mikroskoparbeiten werden dadurch abgelöst.

Der Industrierobotereinsatz ist bei mittleren Losgrößen interessant und dort, wo Flexibilität gefordert wird, denn bei Produktwechsel ist die Umrüstzeit eines Industrieroboters viel kürzer als die Installations- und Entwicklungszeit von speziellen Montageautomaten.

Die →Leiterplattenbestückung mit immer gleichartigen Komponenten, aber verschiedener Bestükkung ist ein prägnantes Anwendungsgebiet.

Mit den heutigen Kleinrobotern wird eine Wiederholgenauigkeit von etwa 1/100 mm erreicht. Präzisionsmechanische Objekte können ohne Suchbewegung, d. h. ohne Zerkratzen angefahren werden.

Typische Beispiele gibt es in der Uhrenindustrie, z. B. Glas aufkleben, in der optischen Industrie, z. B. für die Montage von Linsen durch Aufkleben, und in der mikroelektronischen und optoelektronischen Fertigung, wo heute ein präzises Kleben zu einem wichtigen Faktor der Montage geworden ist.

Angesichts der komplexen Zusammenhänge zwischen den Konstruktionsmerkmalen und dem Montageaufwand und den immer kürzer werdenden Entwicklungszeiten für das Produkt muß der Konstrukteur die Lösung einer einfachen Produktmontage in die Konstruktion einbeziehen (Bild 2).

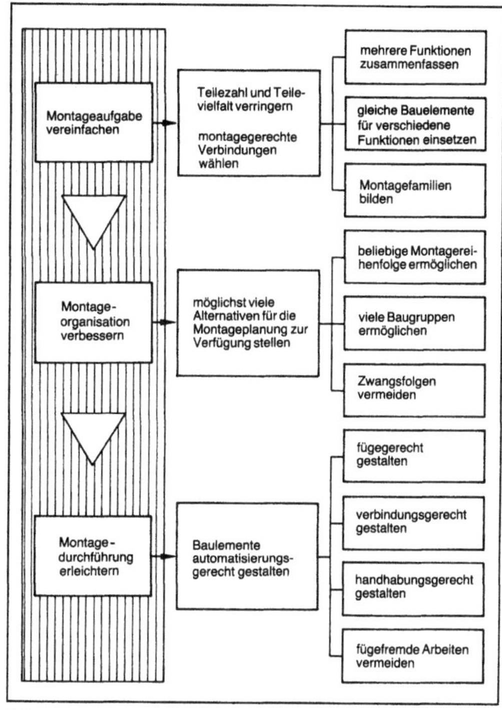

Montageautomatisierung, feinwerktechnische 2: Forderungen des montagegerechten Konstruierens.

Es muß von Anfang an bei einer Geräteentwicklung auf eine Automatisierbarkeit der Montage geachtet werden. Neben der Robotermontage werden auch modulare Grundelemente (elektronische, mechanische usw.) auf modularen Rundtischsystemen mit Zubringeinrichtungen und Magazinen vormontiert. Die Endmontage wird auch auf modularen Linearsystemen mit Zwischenspeichern realisiert. Moderne Verbindungstechniken wie Kleben, Ultraschallvernieten, Mikroverschweißungen, Laserstrahlen usw. finden dabei Anwendung. *Lauruschkat*

Literatur: *Lotter, B.*: Wirtschaftliche Montage – Handb. Elektrogerätebau und Feinwerktechnik. Düsseldorf 1986. – VDI-Ber. Nr. 556: Automatisierung der Montage in der Feinwerktechnik. Düsseldorf 1985.

Montagebühne →Hebebühne

Montagegerät für Fertigteilbrücken. Bei der Fertigteilbauweise von Brücken werden die Brückenelemente entweder in Feldfabriken oder auf dem schon fertiggestellten Brückenabschnitt hergestellt und dann von einem Pfeilertisch aus (Verbindungselement Pfeiler/Brückenbalken) symmetrisch nach beiden Seiten vorgebaut. Die einzelnen Segmente werden aneinanderbetoniert (Plombenbeton) oder aneinandergeklebt und über Spannkabel zusammengehalten. Für die Transport- und Hubarbeiten während des Fertigteileinbaus benötigt man ein Verlegegerät (Bild). Wegen der Ausmaße von Fertigteilen im Brückenbau müssen Verlegegeräte für die Bewegung hoher Lasten ausgelegt sein. Gleichzeitig ist millimetergenaues Arbeiten für die Verlegung der Fertigteile notwendig. Die Einsatzgrenzen des Verlegegeräts werden im wesentlichen durch die Größe der Fertigteile und die Feldlängen der Brücken festgelegt. Das Verlegegerät besteht hauptsächlich aus einem Gitterausleger, an dessen Unterseite ein Katzfahrwerk angebracht ist. Der Gitterausleger steht während des Arbeitseinsatzes auf Stützen, die für den Umsetzvorgang des Geräts auf Schienen verfahrbar sind. Die Stützen einer Seite stehen dabei auf dem Kragarm des bisher ausgeführten Brückenteils, die anderen auf dem nächsten Brückenpfeiler. Nach Vollendung des Felds und der nächsten Feldhälfte wird die Maschine umgesetzt. Umsetzvorgang: Das Gerät fährt bis zum Ende des neuen Kragarms, so daß der Gitterausleger bis zur nächsten Stütze reicht, stützt sich dort auf einer verfahrbaren Hilfsstütze ab und fährt anschließend so weit vor, bis die Mittelstützen den nächsten Brückenpfeiler erreichen. Der Umsetzvorgang ist damit vollzogen. Das Gerät kann weiterarbeiten. *Kühn*

Motoraufhängung. Aufgabe: Sichere Abstützung des Gewichtes des Motorgetriebeblocks und des Antriebsmomentes, das bei im →Getriebe integriertem Achsantrieb um dessen Übersetzung größer ist als bei getrenntem Achsantrieb. Akustische Isolierung des Fahrzeugbaukörpers gegenüber dem Motorgetriebeblock. Dämpfung der von der Straße erregten Schwingungen der Masse des Motorgetriebeblocks gegenüber dem Wagenbaukörper, die sich als „Motorstuckern" bemerkbar machen. Bild 1 zeigt das Ersatzsystem und Bild 2 die Übertragungsfunktion Straße-Aufbaubeschleunigung. Die Eigenfrequenz des Motorgetriebeblocks gegenüber dem Aufbau bestimmt die Frequenzlage. Das Verhältnis Motormasse zu Aufbaumasse bestimmt die Amplitude des Motorstuckerns. Höhere Materialdämpfung vermindert die Motorschwingungen, führt aber zu unerwünscht hoher Körperschallübertragung. Zusätzliche Teleskopstoßdämpfer führen bei hohen Frequenzen und kleinen Amplituden durch die Coulomb-Reibung ebenfalls zur Körperschallübertragung. Durch eine Koppelfeder zwischen Dämpfer und Motor parallel zur Tragfeder entsteht ein System, bei dem →Federsteifigkeit und Dämpfung frequenzabhängig sind. Der maximale Verlustwinkel wird durch das Verhältnis der Federsteifigkeiten

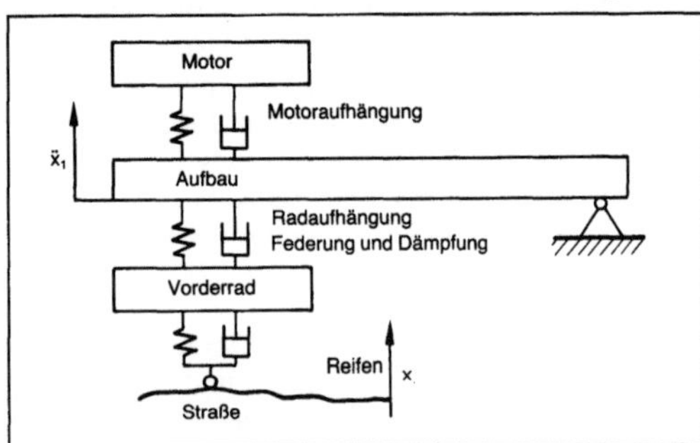

Motoraufhängung 1: Fahrzeug-Ersatzsystem. (Quelle: Bösenberg, van den Boom *a. a. O.)*

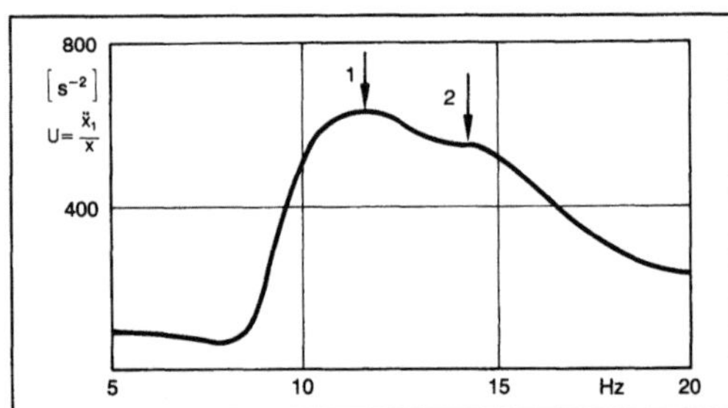

Motoraufhängung 2: Übertragungsfunktion Straße-Aufbaubeschleunigung. (Quelle: Bösenberg, van den Boom *a. a. O.)*

$\ddot{x}_1$ Beschleunigung des Aufbaus, x Erregeramplitude am Rad, 1 Motorstuckern (Schwingung des Motors gegenüber Aufbau), 2 Wirkung des Teilsystems Achse

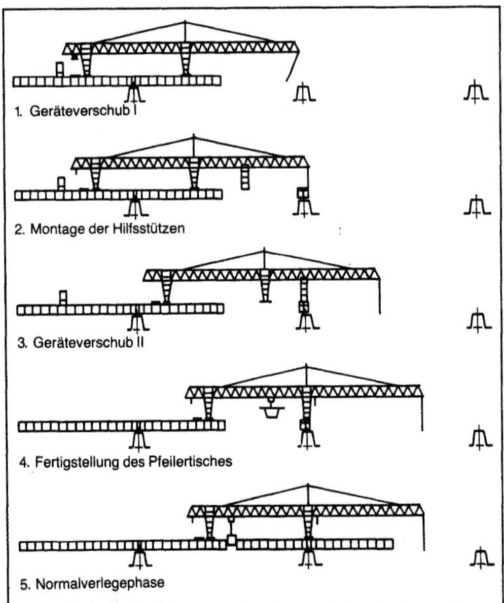

Montagegerät für Fertigteilbrücken: Umsetzvorgang und Arbeitsweise eines Verlegegerätes.

der Tragfeder und der Koppelfeder bestimmt. Maßgebend sind die minimal erforderliche Steifigkeit der Tragfeder und die maximal im Hinblick auf die Körperschallübertragung akzeptable Gesamtsteifigkeit sowie die entsprechend zu wählende Dämpfung (Bild 3). Durch Entkoppeln des Dämpfers im Bereich kleiner Amplituden kann die akustische Isolierung weiter verbessert werden. Bild 4 zeigt ein

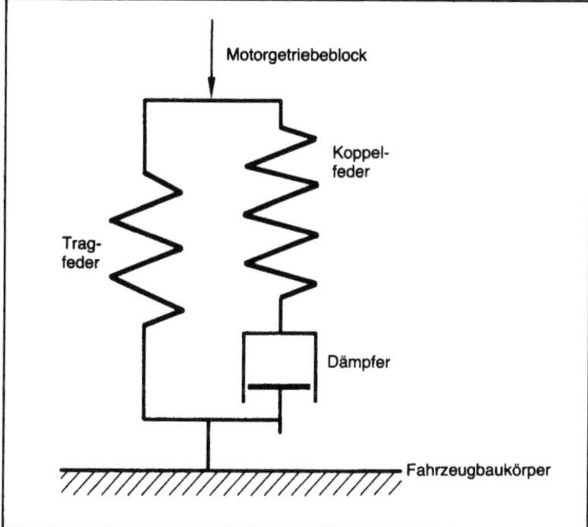

Motoraufhängung 3: Motoraufhängung mit Tragfeder, Koppelfeder und Dämpfer.

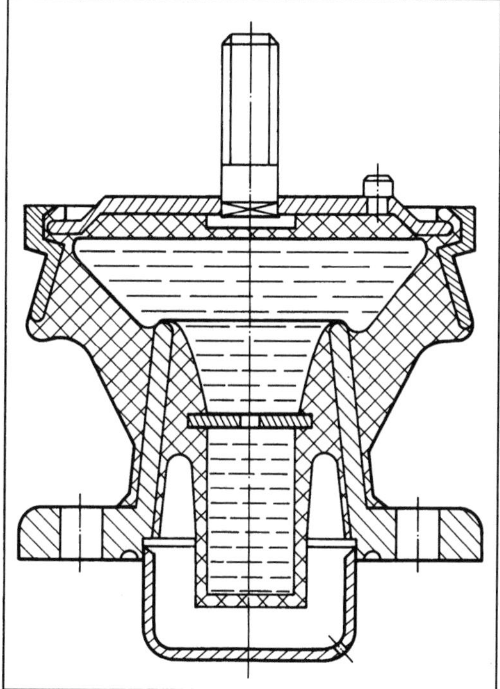

Motoraufhängung 4: Lineares Zweikammer-Hydrolager mit hydraulischer Verbindung der Kammern. (Quelle: Hamaekers a. a. O.)

lineares Zweikammer-Hydrolager mit hydraulischer Kammerverbindung, bei welcher im hochfrequenten Bereich keine Flüssigkeit durch die Drossel strömt, so daß die zweite Kammer dynamisch nicht verhärtet. Von Nachteil ist, daß bei Flüssigkeitsverlust der Tragfederanteil der Nebenkammer verlorengeht. Zum Vermeiden von →Kavitation muß die Flüssigkeitsfüllung (Wasser-Glykol oder Glycerin, aber auch Siliconöl) unter Druck stehen. Bild 5 zeigt ein entkoppeltes Hydrolager und das zugehörige Wirkschema. Da die dynamisch wünschenswerte Abkopplung der gesamten Trennfläche zu sehr engen Toleranzen führt, ist nur der Zentralbereich als dünne Gummischeibe zwischen Anschlägen axial beweglich. Der lange, dem Übertrömen dienende Düsenkanal gestattet eine gute Abstimmung der Drosselwirkung. Eine weitere Senkung der dynamischen Federrate bringt die Integration eines Tilgers, bestehend aus der Masse der Flüssigkeit und der anteiligen Masse der Gummiwand, welche mit der Blähfeder der Gummiwand schwingt. VW verwendet ein hydraulisch gedämpftes Lager, bei dem ein Verdrängerkörper, der mit der Oberseite des Lagers verbunden ist, in einen Topf mit viskosem Siliconöl eintaucht und dieses durch den Ringspalt verdrängt.

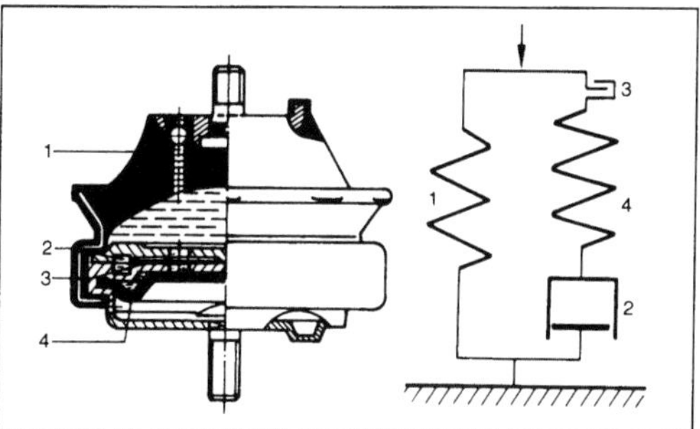

Motoraufhängung 5: Entkoppeltes Hydrolager und Ersatzschaltbild. (Quelle Hamaekers a. a. O.)

1 Tragfeder, 2 hydraulische Dämpfung (langer Düsenkanal), 3 Lose (bewegliche Gummimembran), 4 Blähfeder (Gummibalg als Koppelfeder)

Aktive Lager werden durch drehzahlabhängige Steuerung z. B. der Dämpfung oder Verändern der Frequenz eines Tilgers (Nachfahren der zweiten Motorordnung durch Veränderung der Federsteifigkeit) weitere Fortschritte bringen. Durch das Vordringen der →Elektronik werden geregelte Systeme möglich, die die Übertragung von mechanischen Schwingungen minimieren.

Aber auch auf dem Gebiet der Festkörper-Elastomerlager gibt es durch Integrieren akustischer Absorber erhebliche Dämmungsgewinne gegenüber konventionellen Lagern.

Zwischenmassen (Fahrschemel) verbessern die akustische Isolation ebenfalls (→Federung, Geräusch). *Fiala*

Literatur: *Bösenberg, D.,* u. *J. van den Boom:* Motorlagerungen im Fahrzeug mit integrierter hydraulischer Dämpfung: ein Weg zur Verbesserung d. Fahrkomforts. ATZ Automobiltechn. Z. 81 (1979) 10, S. 533/39. – *Härtel, V.,* u. *M. Hofmann:* Moderne Konzepte für Motorlagerungen. In: Fahrzeug-Akustik '83. (VDI-Ber. Nr. 499); S. 67/75. Düsseldorf 1983. – *Hamaekers, A.:* Entkoppelte Hydrolager als Lösung des Zielkonflikts bei der Auslegung von Motorlagern. Automobil-Industrie 30 (1985) Nr. 5, S. 541/47. – *Holzemer, K.:* Theorie der Gummilager mit hydraulischer Dämpfung. ATZ Automobiltechn. Z. 87 (1985) Nr. 10, S. 545/51.

Motorblock →Kurbelgehäuse

Motorbremse. Verstellbare Klappe in der Abgasleitung, die das Bremsmoment eines geschleppten Verbrennungsmotors erhöht.

Bei Bergabfahrt eines Fahrzeugs werden gern die Reibungsverluste eines Motors zum Bremsen herangezogen. Die Reibungsverluste liegen aber bei einem →Verbrennungsmotor nur in der Größenordnung von 20–25 % der →Nutzleistung des Motors. Sie reichen damit bei schweren Fahrzeugen nicht aus, die Geschwindigkeit bei Bergabfahrt zu halten, so daß das Fahrzeug ohne zusätzliches Bremsen immer schneller werden würde.

Bei Viertakt-Dieselmotoren von Nutzfahrzeugen wird deshalb in der Abgasleitung eine Klappe angeordnet, die zum Erhöhen der Bremswirkung des Motors geschlossen werden kann. Der Motor muß dann gegen einen erhöhten Druck in der Abgasleitung ausschieben, während er aus der Atmosphäre frei ansaugt. Die zusätzliche Bremswirkung kommt also über eine Vergrößerung der Gaswechselschleife zustande. Insgesamt erhöht sich damit die Bremsleistung auf 60–70 % der Motornutzleistung bei der gleichen Drehzahl. *Kuhlmann*

Motor, elektrischer. Rotierende oder linear bewegte (Linear-M.) elektrische Maschine, die elektrische in mechanische Energie umwandelt. Elektro-M. haben in Industrie, Gewerbe und Haushalt andere Antriebssysteme weitgehend verdrängt. Sie sind nicht nur in der Lage, unterschiedliche Betriebsanforderungen wie Beschleunigen, Bremsen und Halten einer Last zu erfüllen, sondern können auch geforderte Bewegungsabläufe dezentral und ohne Zwischenschaltung von Getrieben oder anderen Mechanismen weitgehend darstellen. Sie können überall, wo elektrische Energie zur Verfügung steht, ortsfest oder ortsbeweglich betrieben werden und stehen für Leistungen von wenigen Milliwatt bis zu einigen Megawatt bei gutem Wirkungsgrad zur Verfügung. Ihr Drehzahlbereich reicht von weniger als 1 min^{-1} bis zu 50 000 min^{-1} und mehr.

E. M. bestehen aus zwei aus mechanischen Gründen durch einen →Luftspalt getrennten elektrisch aktiven Teilen: dem feststehenden Ständer und dem beweglichen Läufer sowie aus zum Aufbau notwendigen Anteilen wie Gehäuse, Lüfter, Lagerung usw. Die Energiezuführung geschieht über Anschlußteile (Klemmen, Anschlußbolzen), die in Anschlußkästen untergebracht sind, oder über herausgeführte Anschlußkabel.

Die Wirkungsweise des e. M. bestimmen zwei physikalische Gesetze:
□ Auf einen stromdurchflossenen Leiter wird eine Kraft ausgeübt, wenn eine Komponente des Stroms senkrecht zu einem Magnetfeld fließt.
□ Zwischen den Enden eines elektrischen Leiters entsteht eine Potentialdifferenz, wenn der Leiter sich bewegt und eine Bewegungskomponente senkrecht zu einem Magnetfeld besitzt. Werden die Enden des Leiters leitend verbunden, so fließt, solange die Bewegung andauert, ein Strom.

Der Läufer, der bewegliche Teil des M., besitzt in den Nuten des Blechpakets angeordnete Wicklungen zum Erzeugen eines magnetischen Felds, das mit den im Ständer vorhandenen, erzeugten magnetischen Feldern zusammenwirkt. Damit auf den Läufer durch das Magnetfeld des Ständers ein Drehmoment ausgeübt werden kann, muß in der Läuferwicklung ein Strom fließen. Der Strom wird über Schleifringe oder einen Stromwender (Kommutator) der Wicklung von außen zugeführt oder durch ein wechselndes Ständermagnetfeld in den Windungen der Wicklung induziert.

Nach der verwendeten Stromart werden Elektro-M. in zwei Hauptgruppen unterteilt: Gleichstrom- und Wechselstrom-M. Bei den Wechselstrom-M. werden nach der Art der Nutzung der magnetischen Felder Induktions-, Synchron- und Kommutator-M. unterschieden.

Gleichstrom-M. sind historisch als Vorläufer der Induktions- und Synchron-M. zu betrachten. Sie besitzen ein stationäres Erregerfeld und ein vom induzierten Strom durchflossenes Anker- (Läufer-) feld (Bild 1). Die um die Hauptpole im Ständer angeordneten Erregerwicklungen werden entweder vom Ankerstrom (Reihenschluß-M.) oder von einem unabhängig vom Ankerstrom einstellbaren Erregerstrom (Nebenschluß-M.) durchflossen. Wird in die Ankerwicklung von außen her ein elektrischer Gleichstrom geschickt, so greifen am Anker mechanische Kräfte an, da die stromdurchflossenen Leiter quer zum magnetischen Hauptfeld liegen. Diese Kräfte wirken unter den Polen tangential zum Ankerumfang. Wegen der verschiedenen Stromrichtung der unter Polen verschiedener Polarität des Erregerfelds liegenden Spulenseiten entsteht am Ankerumfang ein Kräftepaar, d. h. ein Drehmoment, das den Anker in die neutrale Zone zwischen den Hauptpolen des Ständers dreht. Damit der Anker sich weiterdrehen kann, muß sich in jedem Leiter der Ankerwicklung die Stromrichtung ändern, wenn der Leiter aus dem Wirkungsbereich

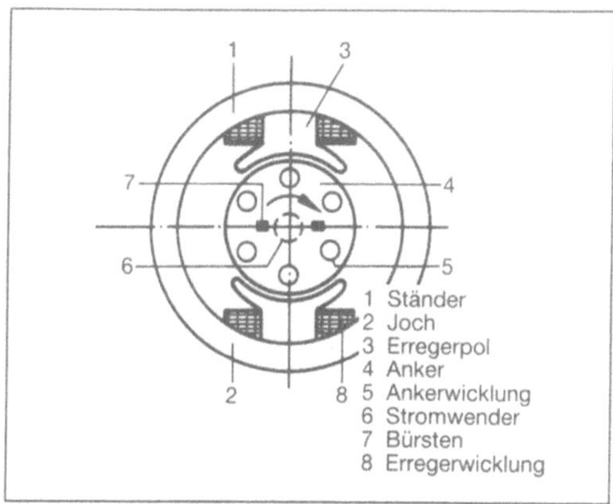

Motor, elektrischer 1: Prinzip des Gleichstrommotors.

eines Pols aus- und in den des nächsten Pols eintritt. Der notwendige Stromrichtungswechsel (→Kommutierung) wird vom Stromwender (Kommutator) innerhalb der Stromwende- (Kommutierungs-)zone bewirkt.

Ein Induktions-M. (Bild 2) hat im Gegensatz zum Gleichstrom-M. auch im Ständer ein rotierendes Magnetfeld. Es wird von der an eine äußere Energiequelle angeschlossenen Ständerwicklung erzeugt. Das rotierende Magnetfeld induziert in den Leitern der Läuferwicklung Ströme und übt zusammen mit dem entstehenden Magnetfeld Kräfte auf die Leiter aus, die den Läufer in Drehung versetzen. Voraussetzung für die Induktion von Strömen in der Läuferwicklung ist eine von der synchronen Drehzahl abweichende Läuferdrehzahl. Die Abweichung wird als Schlupfdrehzahl bezeichnet und meist als Schlupf in Prozent, bezogen auf die Synchrondrehzahl, angegeben. Der im Läufer induzierte Strom hat eine Frequenz, die dem Produkt aus Schlupfdrehzahl und Polpaarzahl entspricht. Sie wirkt der Abweichung von der Synchrondrehzahl entgegen.

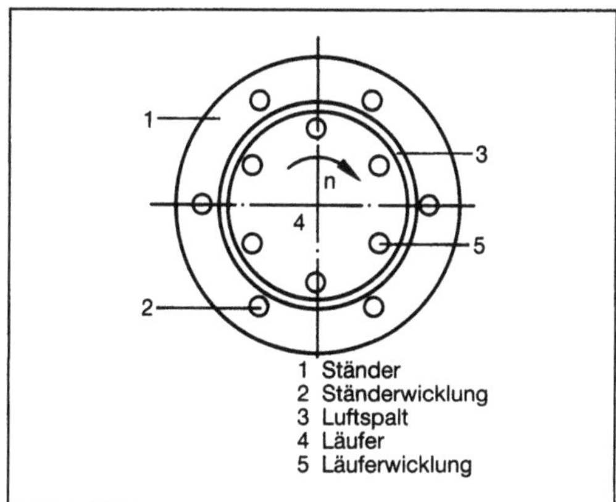

Motor, elektrischer 2: Prinzip des Induktionsmotors.

Auch Synchron-M. (Bild 3) arbeiten nach dem Prinzip des rotierenden magnetischen Felds. In den meisten Fällen wird das Magnetfeld wie beim Induktionsmotor von der an eine äußere Energiequelle angeschlossenen Ständerwicklung erzeugt. Das Erregerfeld wird im Läufer (Polrad) als konstantes, gleichgerichtetes Feld durch eine aus einer Gleichstromquelle gespeiste Wicklung erzeugt. Der Polradwicklung wird der Strom über Schleifringe oder mittels mitrotierender Dioden zugeführt. Ein stabiles Drehmoment besteht, solange das Polrad mit Synchrondrehzahl umläuft, wobei die Polschuhmitten in einem bestimmten, belastungsabhängigen Winkel, dem Polradwinkel, zur Achse des Drehfelds des Ständers stehen. Wird der Polradwinkel zu groß, fällt der M. außer Tritt. Die völlig starre Drehzahl und die Notwendigkeit einer zusätzlichen Gleichstromversorgung beschränken die Verwendung von Synchron-M.

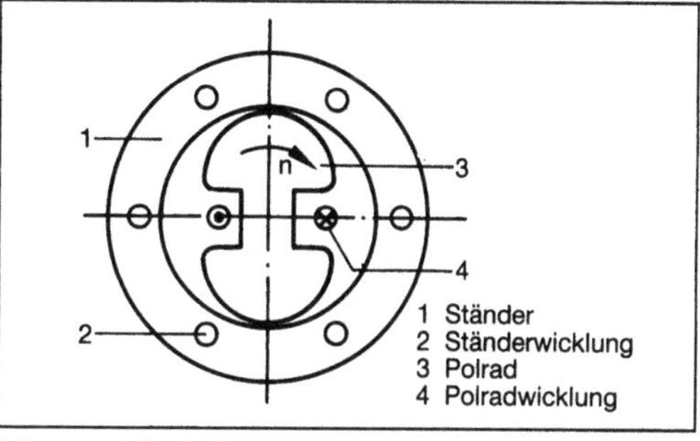

Motor, elektrischer 3: Prinzip des Synchronmotors.

Bei kleinerer Leistung können für die Erregung von Synchron-M. zur Vermeidung einer Gleichstromquelle Permanentmagnete verwendet werden. *Rentzsch*

Motor, elektrischer, explosionsgeschützter. Elektrischer M., der auf Grund einer Baumusterprüfbescheinigung, die von einer Prüfstelle ausgestellt wurde, für den Betrieb in explosionsgefährdeten Betriebsstätten zugelassen ist. Das geschieht gem. Artikel 14 der Richtlinie der Europäischen Gemeinschaften zur Angleichung der Rechtsvorschriften der Mitgliedstaaten betreffend elektrische Betriebsmittel in explosibler Atmosphäre bzw. des § 8 der Verordnung über elektrische Anlagen in explosionsgefährdeten Räumen (Elex-V).

Elektrische M. und die zugehörigen Schaltgeräte dürfen in den Zonen 0 und 10 (das ist gefährliche explosionsfähige Atmosphäre, z. B. brennbare Gase, Dämpfe, Nebel oder Stäube, die ständig oder langzeitig vorhanden ist) für Antriebe nicht verwendet werden. Im Bereich der Zone 1 (gefährliche explosionsfähige Atmosphäre kann gelegentlich auftreten) dürfen elektrische M. betrieben werden, wenn sie eine Baumusterprüfbescheinigung besitzen oder von einem Sachverständigen geprüft und bescheinigt sind oder die zuständige Behörde eine Ausnahme zugelassen hat. Im Bereich der Zonen 2 und 11 (gefährliche explosionsfähige Atmosphäre tritt nur selten und dann nur kurzzeitig auf) dürfen nichtbaumustergeprüfte M. verwendet werden. Sie müssen jedoch mindestens den Anforderungen nach DIN VDE 0165 für elektrische Betriebsmittel zur Verwendung in Zone 2 genügen.

Zur Verwendung in Zone 1 stehen elektrische M. folgender Zündschutzarten zur Verfügung: druckfeste Kapselung d nach DIN VDE 0170/0171, Tl. 5, erhöhte Sicherheit e nach DIN VDE 0170/0171, Tl. 6, Überdruckkapselung p nach DIN VDE 0170/0171, Tl. 3, und Vergußkapselung m nach DIN VDE 0170/0171, Tl. 9. Für Meßstromkreise in M. kommt die Zündschutzart Eigensicherheit i nach DIN VDE 0170/0171, Tl. 7, in Betracht.

Die Tabelle gibt eine Übersicht über die in den einzelnen Zündschutzarten ausführbaren M.

Motor, elektrischer, explosionsgeschützter: Drehstrommotor, Zündschutzart „druckfeste Kapselung" für eine Leistung von 37 kW bei 1 475 min⁻¹. (Quelle: ABB)

Motor, elektrischer, explosionsgeschützter. Tabelle: Anwendung der Zündschutzarten bei den industriell am häufigsten verwendeten Motorenbauarten.

Motorbauart	Zündschutzart			
	d	e	p	s
Drehstrommotoren				
Käfigläufermotoren	x	x	x	—
Reluktanzmotoren	x	x	—	—
Schleifringläufermotoren	x	—	x	—
Nebenschluß-Kommutator-Motoren	x	—	x	—
Synchronmotoren	x	—	x	x
Gleichstrommotoren	x	—	x	—
Einphasenmotoren	x	x	—	—

Der Schutzgedanke bei der Zündschutzart „druckfeste Kapselung" bezieht sich darauf, daß das Gehäuse des elektrischen Betriebsmittels einer Explosion in seinem Inneren, die durch funkengebende Teile oder durch Erwärmung hervorgerufen wird, standhält. Durch entsprechende konstruktive Gestaltung wird verhindert, daß Funken oder heiße Gase austreten und eine im umgebenden Raum vorhandene explosionsfähige Atmosphäre zünden. Die Zündschutzart kann deshalb bei allen elektrischen M. angewendet werden, auch wenn sie betriebsmäßig wie Kommutator- und Schleifringläufer-M. Funken bilden. Sie hat ihre Grenze im erforderlichen Werkstoffaufwand (Bild).

Der Schutzgedanke bei der Zündschutzart „erhöhte Sicherheit" ist, daß an dem elektrischen Betriebsmittel Maßnahmen getroffen werden, die das Entstehen zündfähiger Funken, Lichtbögen oder gefährlicher Temperaturen an solchen Teilen mit einem erhöhten Grad von Sicherheit verhindern sollen, an denen sie bei ordnungsgemäßem Betrieb nicht auftreten. Die Zündschutzart kann nur bei M. angewendet werden, bei denen betriebsmäßig keine Zündquelle vorhanden ist. Ihre Anwendung ist auf Käfigläufer-M. und die Wicklungsräume, die keine betriebsmäßig funkengebenden Teile umschließen, von Schleifringläufer- und Synchron-M. beschränkt. Die erhöhte Sicherheit wird u. a. erreicht durch Begrenzung der Wicklungserwärmung, Festlegung einer Mindestauslösezeit (Zeit t_E) für die Schutzgeräte, Vergrößerung der Kriech- und Luftstrecken und durch besondere Anforderungen an die konstruktive Ausführung.

Dem Schutzgedanken der Zündschutzart „Überdruckkapselung" entsprechend wird eine Explosion ausgeschlossen, wenn zündfähige Funken, Lichtbögen oder Temperaturen entstehen. Der Schutz wird erreicht, indem die gefährdeten Teile in ein Gehäuse eingeschlossen werden, in dem durch ein unter leichtem Überdruck stehendes Zündschutzgas die Bildung von explosionsfähigen Gemischen verhindert wird. Die Zündschutzart kann für alle elektrischen M., auch solche mit Kommutatoren oder Schleifringen, verwendet werden. Sie wird, auch wegen des notwendigen Aufwands an Steuer- und Überwachungsgeräten, vornehmlich für M. größerer Leistung angewandt.

Der Schutzgedanke der Zündschutzart „Vergußkapselung" entspricht dem der Zündschutzart „Überdruckkapselung". Jedoch wird der Schutz dadurch erreicht, daß die Hohlräume des Gehäuses, in denen sich eine explosionsfähige Atmosphäre ansammeln könnte, mit einem Duroplast, Thermoplast oder Elastomer vergossen werden. Die Zündschutzart wird vor allem für M. sehr kleiner Leistung verwendet.

Explosionsgeschützte elektrische Motoren in den Zündschutzarten „druckfeste Kapselung" und „erhöhte Sicherheit" sind wegen ihrer Bedeutung für Antriebe in verfahrenstechnischen Anlagen und im Bergbau unter Tage in ihrer Leistung und ihren Anbaumaßen in DIN 42 671 genormt.

Für die zu den M. gehörenden Leistungstransformatoren ist eine explosionsgeschützte Ausführung erforderlich, wenn sie im Freien in einem explosionsgefährdeten Bereich aufgestellt werden müssen. In Gebäuden werden sie i. a. nicht in Produktions-, sondern in Schalträumen aufgestellt, in denen keine Explosionsgefahr besteht oder die etwa bestehende Explosionsgefahr durch Überdruckkapselung des Raums verhindert wird. Da Leistungstransformatoren meist mineralölgekühlt sind, kann die Flüssigkeitskapselung auch zum Explosionsschutz verwendet werden. Solche Transformatoren entsprechen der sonst weniger gebräuchlichen Zündschutzart „Ölkapselung o" nach DIN VDE 0170/0171, Tl. 2. *Rentzsch*

Literatur: *Olenik, H., H. Rentzsch* u. *W. Wettstein:* Handb. für Explosionsschutz. Essen 1983.

Motorenöl. Schmieröl zur Schmierung von Verbrennungsmotoren. M. bestehen aus gut ausraffinierten, paraffinbasischen Mineralölen, denen 5 bis 25 % Schmierstoffaddititive zugesetzt sind. Für spezielle Anforderungen kann das Mineralöl auch ganz oder teilweise durch ein synthetisches Öl ersetzt werden.

M. haben eine Reihe von Aufgaben zu erfüllen. Bei hohen Temperaturen soll eine ausreichende →Viskosität für eine einwandfreie Schmierung und eine gute Abdichtung zwischen Kolbenring und Zylinderlaufbahn sorgen. Bei niedrigen Temperaturen darf die Viskosität nicht zu hoch sein, damit ein einwandfreies Starten möglich ist. Wegen der großen thermischen Beanspruchungen im Verbrennungsmotor – die Temperaturen liegen in der oberen Kolbenringzone zwischen 250 und 350 °C

und in der Kurbelwanne bei 100–150 °C – werden an die Oxidationsbeständigkeit der M. große Anforderungen gestellt, die durch Oxidationsinhibitoren erfüllt werden. Zur Vermeidung von Koks- und Schlammablagerungen dienen Detergentien und Dispersants. Für den Betrieb unter Misch- bzw. Grenzreibung, wie z. B. im Tribosystem Nocken/Nockenfolger, sind in den M. Verschleißschutzaddititive enthalten.

Die gebräuchlichen M. werden nach ihrer Viskosität in unterschiedliche Viskositätsklassen eingeteilt (Tabelle). Für die SAE-Klassen 5 W–20 W werden die Viskositäten bei –18 °C und +100 °C angegeben, für die SAE-Klassen 20–50 nur die zulässige Viskositätsspanne bei 100 °C. Bei –18 °C wird die dynamische Viskosität und bei 100 °C die kinematische Viskosität spezifiziert. An Stelle von Einbereichsmotorenölen werden meistens Mehrbereichsmotorenöle verwendet, die mehrere Viskositätsklassen überdecken. So hat ein SAE-10 W 30-Öl bei –18 °C die Viskosität eines SAE-10 W-Öls und bei 100 °C die Viskosität eines SAE-30-Öls. *Habig*

Literatur: *Klamann, D.:* Schmierstoffe und verwandte Produkte. Weinheim 1982.

Motor-Getriebe-Management. Die Wahl des Motorbetriebspunktes durch Wahl einer den Fahrwiderständen und der Fahrgeschwindigkeit bzw. gewünschten Beschleunigung angemessenen Übersetzung hat entscheidenden Einfluß auf den Kraftstoffverbrauch, die Abgasemission und die Außen- und Innengeräusche. Das ideale M.-G.-M. müßte für jeden Fahrzustand automatisch und stufenlos den von allen Gesichtspunkten aus günstigsten Betriebspunkt des Motors wählen. Beim Abstimmen von Motor, →Getriebe und Fahrzeug sind die Wirkungsgrade und Spreizungen der Getriebe sowie der Betriebsbereich des Fahrzeugs, Zuladung/Leergewicht und der Luftwiderstandsbeiwert von Bedeu-

Motorenöl. Tabelle: SAE-Viskositätsklassen nach DIN 51511 und SAE J300d.

SAE-Viskositätsklasse	dynamische Viskosität bei –18 °C*), max mPa s	kinematische Viskosität bei 100 °C**) mm²/s	
		min	max
5 W	bis 1 250	3,8	—
10 W	über 1 250 bis 2 500	4,1	—
15 W	über 2 500 bis 5 000	5,6	—
20 W	über 5 000 bis 10 000	5,6	—
20	—	5,6	unter 9,3
30	—	9,3	unter 12,5
40	—	12,5	unter 16,3
50	—	16,3	unter 21,9

*) nach DIN 51377 **) nach DIN 51550

tung. Je kleiner der Luftwiderstand ist, um so größer sind die Fahrspreizung und – bei Schaltgetrieben – die Zahl der Gänge zu wählen.

Die Regelung eines stufenlosen Getriebes erfolgt so, daß im stationären Betrieb möglichst mit der steifsten Übersetzung i_{min} gefahren wird. Wird die →Drosselklappe zum Beschleunigen geöffnet, steigt die Motorlast schnell auf die entsprechende Drehmomentkennlinie, worauf das Getriebe in ca. 0,6 s auf die stationäre CVT-Regelkurve zurückschaltet.

Verfahren zum Optimieren der Gangwahl bei Zahnrad-Standgetrieben:

□ *Schalt- und Verbrauchsanzeige*, meist Lichtsignal für den Fahrer, daß im höheren Gang verbrauchsgünstiger gefahren werden kann. Die Anzeige leuchtet dann auf, wenn der Saugrohrunterdruck unter eine bestimmte Grenze gefallen ist unter der Voraussetzung, daß die Drehzahl groß genug, die Drosselklappe nicht geschlossen und nicht ohnehin schon der höchste Gang eingelegt ist. Der Saugrohrunterdruck wird im höchsten Gang für eine Verbrauchsanzeige in l/100 km benutzt.

□ *Stop-Start-* bzw. *Schwungnutz-Automatik* zum Vermeiden von Kraftstoffverbrauch und Abgasemissionen bei Halt bzw. auch im Schub (Freilauf). Abhängig von Fahrgeschwindigkeit, Kühlwassertemperatur und Schalthebelstellung erfolgt Abschalten des Motors und wieder Anlassen (Bild). Trennt man das →Schwungrad durch eine zweite Kupplung vom Motor, kann seine Trägheit zum Wiederanlassen ausgenützt werden.

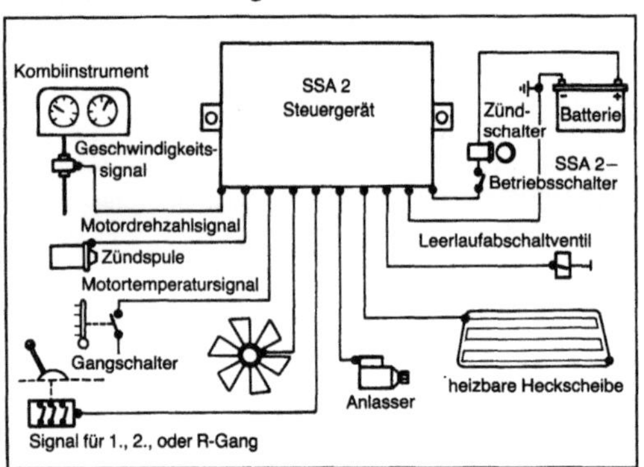

Motor-Getriebe-Management: Funktionsbild Start-Stop-Automatik von VW. (Quelle: VDI-Ber. Nr. 466, S. 126, Bild 4)

□ *Elektronisch gesteuerte Kupplungsbetätigung* und Schaltung soll den guten Wirkungsgrad von Zahnrad-Standgetrieben mit dem Komfort von Wandlergetrieben mit hydraulisch oder elektronisch-hydraulisch geschalteten Planetengetrieben verbinden. Durch Abfühlen der Gaspedalstellung mittels Potentiometer wird der Leistungswunsch des Fahrers erfaßt. Der Gangwahlhebel gestattet das Fest-

halten unterer Gänge für Talfahrten. Besondere Bedeutung kommt bei einer solchen Anlage der ruckfreien Betätigung der Kupplung zu. Das Einrücken der Kupplung wird über die Drehzahldifferenz zwischen Motordrehzahl und Getriebeeingangsdrehzahl geregelt, wobei das Gasgeben auch automatisch erfolgen kann. Außerdem ist ein Zugriff auf das →Bremssystem zum Anfahren am Berg erforderlich. Ein Notbetrieb bei Ausfall der elektrischen Betätigungen muß außerdem gewährleistet sein (→Energie für Kraftfahrzeuge, →Leistungsbedarf (Kraftfahrzeug), →Hybridantrieb). *Fiala*

Literatur: Konzepte und Strategien für ein optimales Zusammenwirken von Motor, Getriebe und Fahrzeug. VDI-Ber. Nr. 466. Düsseldorf 1982. – Getriebe im Fahrzeugbau. VDI-Ber. Nr. 579. Düsseldorf 1986.

Motorkennfeld. Diagramm mit dem Drehmoment oder →Nutzmitteldruck als Ordinate und der Drehzahl als Abszisse, in dem die Vollastlinie und andere Eigenschaften eines Verbrennungsmotors eingetragen werden.

In Bild 1 ist beispielsweise das Kennfeld eines Fahrzeugs-Ottomotors dargestellt. Auf der Ordinate ist das Drehmoment aufgetragen. Bei bekanntem →Hubvolumen kann man das Drehmoment jedoch mit einem festen Faktor in den Nutzmitteldruck umrechnen, so daß sich für den Nutzmitteldruck auf der Ordinate das gleiche Bild nur mit einer anderen Skale ergibt.

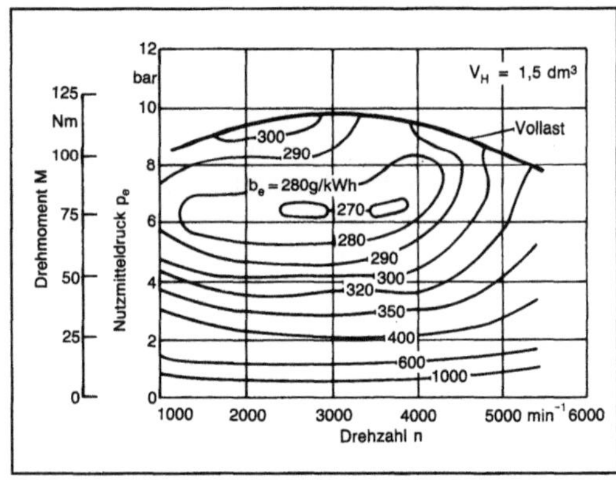

Motorkennfeld 1: Darstellung des Verbrauchs-Kennfelds eines Viertakt-Ottomotors.

Als Wichtigstes ist in das Kennfeld die Vollastlinie eingetragen. Sie zeigt das maximale Drehmoment, das der Motor abgeben kann. Beim →Ottomotor ergibt sich das Vollastdrehmoment, wenn die →Drosselklappe voll geöffnet ist, beim →Dieselmotor, wenn von der →Einspritzpumpe über die →Einspritzdüse die Vollastmenge an →Kraftstoff in den →Brennraum gespritzt wird. Das Vollastdrehmoment nimmt zu hohen Drehzahlen hin ab, weil infolge von Druckverlusten im Ansaugweg der →Liefergrad kleiner wird.

Verbrennungsmotoren zeichnen sich dadurch aus, daß sie in einem weiten Drehzahlbereich mit unterschiedlicher Last gefahren werden können (Teillastverhalten). Der Betrieb des Motors mit einem bestimmten Drehmoment bei einer bestimmten Drehzahl kann als →Betriebspunkt in das Kennfeld eingetragen werden. Der Fachmann verbindet mit den im Kennfeld darstellbaren Betriebspunkten eines Verbrennungsmotors bestimmte Vorstellungen. Bei weit rechts liegenden Betriebspunkten denkt er z. B. an die mit den hohen Drehzahlen verbundenen hohen Massenkräfte im Triebwerk. Bei Betriebspunkten mit hoher Last stellt er sich die hohen Spitzendrücke im Zylinder vor. Ebenso ist er sich über die in einem Betriebspunkt vom Motor abgegebene →Nutzleistung im klaren. Sie errechnet sich aus $P_e = M \cdot 2\pi \cdot n$. Die höchsten Leistungen ergeben sich also für Betriebspunkte, die rechts oben im Kennfeld liegen. Aus der genannten Beziehung lassen sich in das Kennfeld auch Linien konstanter Leistung einzeichnen (Leistungshyperbeln). Darauf wird aber vielfach verzichtet.

Normalerweise wird unter dem Kennfeld bei Verbrennungsmotoren jenes verstanden, in dem die Linien für konstanten spezifischen Kraftstoffverbrauch b_e eingetragen sind. Der spezifische Kraftstoffverbrauch ist dem →Nutzwirkungsgrad umgekehrt proportional, so daß man aus dem Kennfeld ersieht, in welchen Betriebspunkten der Motor mit hohem Wirkungsgrad arbeitet. Der spezifische Kraftstoffverbrauch b_e darf nicht mit dem absoluten Kraftstoffverbrauch $\dot{m}_K$ (in kg/h) verwechselt werden. Der Zusammenhang ergibt sich mit der Nutzleistung P_e aus $\dot{m}_K = b_e P_e$. Bei niedriger Last z. B. ist der spezifische Kraftstoffverbrauch hoch. Nach Multiplikation mit der (niedrigen) Nutzleistung ergibt sich aber ein absoluter Kraftstoffverbrauch, der natürlich kleiner ist als bei einem Betriebspunkt mit hoher Last.

Neben dem üblichen Kennfeld mit den b_e-Linien werden solche verwendet, aus denen andere Eigenschaften des Motors in Abhängigkeit vom Betriebspunkt ersichtlich sind. So werden z. B. Kennfelder verwendet, in die das →Luftverhältnis oder die Abgasemissionen eingetragen sind.

Im →Schleppbetrieb gibt ein Motor keine Leistung ab, sondern wird von außen angetrieben. Das Drehmoment wird also negativ. Damit reicht das Kennfeld eigentlich unter die Drehzahlachse herunter bis zu einer Linie, die das Schleppmoment in Abhängigkeit von der Drehzahl angibt. Meistens wird aber dieser Bereich des Kennfelds nicht dargestellt, weil hier der spezifische Kraftstoffverbrauch nicht definiert ist.

Für manche Einsatzfälle muß ein →Verbrennungsmotor nur in bestimmten Betriebspunkten

laufen. Bei einem Drehstrom-Aggregat z. B. liegt die Drehzahl fest, womit alle Betriebspunkte des Motors auf einer Senkrechten im Kennfeld liegen. Beim Schiffsantrieb mit Festpropeller besteht eine vom Propeller vorgegebene angenähert quadratische Abhängigkeit des Drehmoments von der Drehzahl. Damit liegen alle Betriebspunkte des Motors auf der „Propellerlinie", die in das M. eingetragen werden kann (Bild 2). *Kuhlmann*

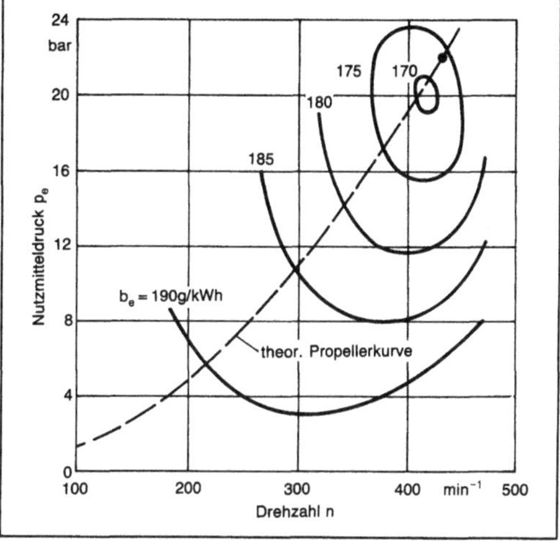

Motorkennfeld 2: Darstellung des Verbrauchs-Kennfelds eines mittelschnellaufenden Schiffsmotors.

Literatur: *Küttner, K.-H.*: Kolbenmaschinen. 5. Aufl. Stuttgart 1984.

Motor (Kraftfahrzeug). Die zur Überwindung der Fahrwiderstände erforderliche Leistung kann als Verhältnis zur Fahrzeugmasse (kW/kg oder kW/t) oder dessen Kehrwert, dem Leistungsgewicht in kg/kW, ausgedrückt werden. Für Pkw wird das Leistungsgewicht meist für halbe Zuladung, für Kraftrad mit 1 Person, für Lkw für volle Zuladung angegeben. Das Leistungsgewicht beträgt für Kraftrad 4–30 kg/kW, für Pkw 10–30 kg/kW (Sportwagen > 3 kg/kW), für Lkw maximal 230 kg/kW (> 4,4 kW/t StVZO § 35) und für Zugmaschinenzüge maximal 450 kg/kW (> 2,2 kW/t).

Die M. müssen daher ein wesentlich kleineres Leistungsgewicht (→Leichtbau), kleinen Einbauraum, günstigen Wirkungsgrad, niedrige Herstellkosten haben, mit billigen Betriebsstoffen auskommen, ihre Leistung über einen breiten Drehzahlbereich abgeben, leise sein, günstige Emissionen aufweisen usw. (Tabelle).

Für unterschiedliche Anwendungsfälle haben dabei die Eigenschaften unterschiedliches Gewicht. So sind z. B. Leistungsgewicht und Einbauraum für Sportwagen, der gute Wirkungsgrad für Lkw oder geringe Emissionen am Einsatzort für Stadtfahr-

Motor (Kraftfahrzeug). Tabelle: Richtwerte für Großserien-Pkw-Motoren.

		Otto-motor	Diesel-motor	Turbine	Stirling-motor	Dampf-motor	Elektro-motor
Leistungsgewicht	kg/kW	2 ± 1	3 ± 1	2 ± 1	5 ± 2	4 ± 1	5 ± 2
Wirkungsgrad	%	< 35	< 40	< 40	< 40	< 25	< 70
Leerlaufverbrauch	l/h	1,5	1,0	1,5	1,0	1,0	0
Starter erforderlich		+	+	+	+	+	−
Preis	DM/kW	50	80	150	150	150	100
Kraftstoffpreis DM/kWh (unversteuert)		0,1	0,1	0,1	0,1	0,1	0,2
Getriebe erforderlich		+	+	+	+	+/−	+/−
Anfahrkupplung nötig		+	+	−	−	−	−

zeuge von erstrangiger Bedeutung. Insgesamt scheint die Bevorzugung des Otto-M. für Pkw und Krad und des Diesel-M. für Lkw und Busse auf absehbare Zeit berechtigt. Fortschritte im Wirkungsgrad könnte die →Gasturbine für Langstreckenfahrzeuge (Pkw und Lkw) günstig werden lassen. Emissionsfreier Antrieb im Innenstadtbereich scheint dann möglich, wenn dafür kleine Leistungen in Kauf genommen werden können (5–10 kW für Pkw); (→Hybridantrieb). *Fiala*

Literatur: Zukunft des Dieselmotors. VDI-Ber. Nr. 714. Düsseldorf 1988.

Motorprüfstand. Prüfstand zum Vermessen und Erproben von Verbrennungsmotoren.

Räumlich ist ein M. aufgeteilt in einen Beobachtungsraum, von dem aus der Prüfstand bedient wird, und eine daneben angeordnete Motorbox. Die Trennung wird wegen der Lärmentwicklung des Motors und aus Sicherheitsgründen vorgenommen.

Zur Motorbox gehört eine entsprechende Infrastruktur. Im wesentlichen sind das:
□ Kraftstoffzufuhr (Leitungen für verschiedene Kraftstoffe),
□ Raumluftzufuhr und -abfuhr (evtl. klimatisierte Luftzufuhr, um konstante Bedingungen für die vom Motor angesaugte Verbrennungsluft zu erhalten),
□ Abgasabsaugung,
□ Kühlwasserzufuhr und -abfuhr (für Motoren und Bremse),
□ Sicherheitseinrichtungen (Feuerlöscheinrichtungen für Prüfstände, die auch unbewacht laufen sollen).

In der Motorbox wird der eigentliche M. aufgebaut, der aus dem Verbrennungsmotor und der mit ihm direkt gekoppelten Belastungseinrichtung besteht. Die Belastungsmaschine belastet den Verbrennungsmotor mit einem Drehmoment, sie simuliert also die im wirklichen Einsatz vom Motor angetriebene Maschine bzw. das vom Motor ange-

triebene Fahrzeug. Als Belastungsmaschinen werden verwendet:
□ *Wasserwirbelbremse:* Ein mit Schaufeln oder Stiften besetzter Rotor läuft in einem wassergefüllten Gehäuse. Die Bremswirkung entsteht durch Planschverluste im Wasser. Die Regelung des Drehmoments (durch unterschiedliche Wasserfüllung) kann nicht sehr schnell erfolgen.
□ *Wirbelstrombremse:* Im Gehäuse (Stator) untergebrachte Elektromagnete erzeugen ein Magnetfeld, das auch durch den verzahnten Rotor läuft. Bei Drehung des Rotors schwankt die Stärke des magnetischen Flusses. Dadurch entstehen Wirbelströme im Stator und damit die gewünschte Bremswirkung. Zur Abfuhr der Verlustwärme wird der Stator mit Wasser gekühlt.
□ *Elektrische Pendelmaschine:* Es werden sowohl Gleichstrommaschinen als auch neuerdings Asynchronmaschinen eingesetzt. In beiden Fällen werden umfangreiche Thyristorsteuerungen benötigt. Die Elektromaschine läuft normalerweise als Generator, wobei Strom ins Netz geleitet wird (Energiegewinn). Sie kann aber auch als Elektromotor arbeiten, womit ein →Schleppbetrieb des Verbrennungsmotors simuliert werden kann.

Bei allen genannten Belastungsmaschinen ist das Gehäuse drehbar gelagert. Die Drehung wird durch einen am Gehäuse angebrachten Hebel verhindert, der sich auf einer Kraftmeßdose abstützt. Das gemessene Abstützmoment ist gleich dem Bremsmoment der Belastungsmaschine und gleich dem Drehmoment des Motors. Drehmoment und Drehzahl kennzeichnen den →Betriebspunkt des Motors (→Motorkennfeld). Mit Hilfe elektronischer Regeleinrichtungen für die Belastungsmaschine können beliebige Betriebspunkte für den Verbrennungsmotor eingestellt werden.

Die Ausrüstung des Verbrennungsmotors auf dem Motorprüfstand richtet sich nach dem Ziel des Prüfstandlaufs:

□ Auf Serienprüfständen absolvieren zu verkaufende Motoren einen Probelauf, bei dem sie auf Funktion und Leistung geprüft werden. Diese Prüfstände sind so eingerichtet, daß man die Motoren sehr schnell wechseln kann. An Instrumentierung ist nur das Notwendigste vorhanden.

□ Auf Dauerlaufprüfständen werden die Motoren auf Standfestigkeit untersucht. Sie laufen meistens unbewacht und sind so instrumentiert, daß der Prüfstand bei Über- oder Unterschreiten bestimmter Grenzwerte von Drehmoment, Drehzahl, Temperaturen usw. automatisch abgeschaltet wird. Auf Dauerlaufprüfständen laufen die Motoren so lange (z. B. 1 000 h), daß Verschleißerscheinungen oder Schäden an Bauteilen erkennbar werden. Dementsprechend wird dann die Konstruktion und Fertigung der Motoren verbessert.

□ Auf Forschungsprüfständen richtet sich die Ausrüstung des Motors ganz nach dem Ziel der Forschungsaufgabe. Maßnahmen am Motor könnten z. B. sein: Änderungen am →Brennraum, Änderungen an der →Gemischbildung, Änderungen am Kühlwasser- oder Schmierölkreislauf, Änderungen an sonstigen Baugruppen oder Bauteilen. Sehr umfangreich ist i. a. die meßtechnische Ausrüstung am Motor: Temperaturmeßstellen, Druckmeßstellen, Entnahmebohrungen zur Abgasanalyse, Bohrungen im →Zylinderkopf für Druckaufnehmer zum Indizieren (→Indikatordiagramm) usw. Zwischen Meßleitungen, Schläuchen und Geräten erkennt man nur schwer den Motor (Bild 1).

Motorprüfstand 1: Vierzylinder-Ottomotor, belastet durch elektrische Pendelmaschine. (Quelle: Verfasser)

Die Bedienung des Motors erfolgt vom Beobachtungsraum aus. Von dort ist der Motor in der Motorbox durch ein Fenster zu sehen (Bild 2). Im Beobachtungsraum laufen auch die Meßsignale zusammen. Die wichtigsten Meßgrößen, die bei allen Prüfständen erfaßt werden, sind: Drehzahl, Drehmoment, Kraftstoffverbrauch, für den Betrieb wichtige Temperaturen und Drücke. Die darüber

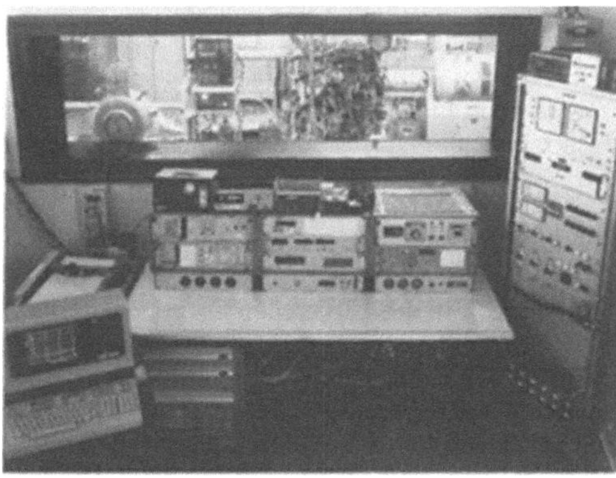

Motorprüfstand 2: Meßkabine mit Blick zum Motor. (Quelle: Verfasser)

hinaus erfaßten Meßgrößen richten sich nach dem Zweck der Untersuchung. Viele Meßsignale müssen in Meßverstärkern oder speziellen elektronischen Meßeinrichtungen weiterverarbeitet werden. Einen relativ großen apparativen Aufwand erfordert die Messung der →Abgaszusammensetzung.

Früher wurde das Meßprotokoll von Hand am Bedienpult geführt. Heute sind die Prüfstände mehr und mehr an Rechner angebunden, die einen Teil oder sogar alle Meßdaten automatisch übernehmen und auswerten. Über den Rechner kann auch eine Steuerung des Prüfstands erfolgen, so daß gewünschte Betriebspunkte des Motors automatisch angefahren werden oder ein ganzer Fahrzyklus durchgeführt wird. *Kuhlmann*

Literatur: *Grohe, H.*: Messen an Verbrennungsmotoren. Würzburg 1977.

Motorrad →Kraftrad

Motorschürfwagen. M. (Motorscraper) sind eine Kombination aus Lade- und Transportfahrzeug und bestehen aus einem ein- oder zweiachsigen Triebkopf und dem kardanisch aufgesattelten Einachsschürfwagen. Sie vereinen praktisch Anhängescraper und Zugmaschine, die hier aber mit Reifenfahrwerk ausgestattet ist, in einem Gerät. Motorscraper haben in der klassischen Form mit Einachsantrieb (Frontantrieb und frei mitlaufenden Hinterrädern) eine Leistung von 130–410 kW, einen Kübelinhalt von 6,3–24,5 m³, ein Betriebsgewicht von 15–58 t und Schneidbreiten zwischen 2,3 und 3,7 m. Zum Beladen wird der Schürfbehälter während der Vorwärtsfahrt über die rd. 30 m langen und 3 m breiten Schürfbahn so weit abgesenkt, daß die Vorderkante den Boden schneidet und der geschnittene, bis maximal 50 cm dicke Span in den Kübel geschoben wird. Die Entleerung geschieht ebenfalls während der Fahrt mit einem Schieber in eine rd. 30 cm hohe, für die Verdichtung ideale Schüttlage. Durch entsprechende Anordnung der Fahrspur erreicht man eine gute Vorverdichtung.

Wegen des niedrigen Kraftschlusses der Reifen – sie werden während der Transportphase für Geschwindigkeiten bis 60 km/h benötigt – können M. den Schürfwiderstand beim Ladevorgang nur z. T. überwinden und sich nur zu 40–50 % selbst füllen. Da die hier benötigte Motorleistung zum Transport nicht erforderlich ist, wird sie „extern" aufgebracht. In der klassischen Form bedeutet dies: Zuhilfenahme einer Schubraupe, die sich hinter den Scraper setzt und ihn durch die Schürfstrecke schiebt. Da die Fahrgeschwindigkeit des Reifenfahrwerks stark von der Beschaffenheit des Weges abhängt, wird zu dessen Pflege ein Erdhobel (→Grader) eingesetzt. Schubraupe und Grader kommen zu ihrer besseren Auslastung üblicherweise zusammen mit drei Motorscrapern zum Einsatz. Twin-Power-Scraper (Tandemscraper) versuchen, die Schubraupe durch einen zusätzlichen Heckmotor und den dadurch erzeugten Kraftschluß der belasteten Hinterachse zu ersetzen. Bei Elevatorscrapern ist vor der Kübelschneide ein Stegförderer angeordnet, der den angestauten Boden in den Kübel transportiert und so den Schürfwiderstand reduziert.

Eine wichtige Arbeitstechnik ist der Push-Pull-Betrieb, bei dem sich zwei Motorscraper jeweils selbst beim Laden helfen: Während der eine schürft, schiebt der andere, und wenn der erste Scraper voll ist, zieht er den zweiten, der dann schürft. Das hohe Leistungsvermögen macht den Motorscraper zur dominierenden Maschine auf der Erdbaustelle. Er arbeitet in erster Linie auf Mittel- und Langstrekken, d. h. bei Förderweiten von 300 bis über 1000 m. Nutzlast und Umlauf des im Kreisverkehr arbeitenden Geräts sind bei der Leistungsermittlung die wichtigsten Parameter. Viele arbeitsdynamische Einflüsse und starke Witterungsempfindlichkeit machen ihn aber zu einem empfindlichen Gerät bei Erdbewegungen. *Kühn*

Motorschutzschalter. Schalt- und Schutzgerät für elektrische Motoren und andere Gleich- und Wechselstromverbraucher, insbes. für industrielle Anwendungen im Niederspannungsbereich (auch →Motorstarter genannt).

M. übernehmen das Ein- und Ausschalten des Motors und lösen zugleich Überwachungsaufgaben. Sie bestehen aus einem Schaltwerk, einem Bimetallauslöser als thermischem Überstromauslöser, einem elektromagnetischen Schnellauslöser für den Kurzschlußschutz und einem Phasenausfallschutz. Sie sind meist temperaturkompensiert zum Ausgleich veränderlicher Umgebungstemperaturen. Sie können von Hand, elektromagnetisch, pneumatisch und elektropneumatisch betätigt werden.

M., die nur einen thermischen Überstromschalter haben, erhalten als Kurzschlußschutz Schmelzsicherungen vorgeschaltet.

Größere M. können zusätzlich mit Unterspannungsauslösern oder Arbeitsstromauslösern bestückt werden. Unterspannungsauslöser werden zum Verriegeln in Ruhestromschaltung benutzt und können zum selbsttätigen Abschalten des M. verwendet werden, damit nach Ausfall der Netzspannung bei Wiederkehr der Spannung der Antrieb nicht unbeabsichtigt von neuem anläuft. Arbeitsstromauslöser werden zur Fernbetätigung durch Schalter oder durch außerhalb des Schutzschalters angeordnete Relais oder Schutzeinrichtungen sowie für Verriegelungen in Arbeitsstromschaltung verwendet.

Da beim Einschalten des Motors im ungünstigsten Schaltaugenblick ein sehr kurz (1–3 Halbwellen) andauernder Einschaltstrom bis zur Höhe des 3fachen Nenn-Einschaltstroms, der sog. Rush, auftreten kann, werden in M. rush-unempfindliche Auslöser verwendet.

Die Grenzwerte für die Auslösezeiten bei bestimmten Überströmen sind in den Sicherheitsbestimmungen (DIN VDE 660) festgelegt und werden von den Herstellern in einer Strom-Zeit-Charakteristik, der Auslösekennlinie (Bild 1), angegeben.

Bei 6fachem Einstellstrom (Motornennstrom) wird eine Mindest-Auslösezeit verlangt. Sie darf aus dem kalten Zustand bei Trägheitsgrad T I nicht kürzer als 2 s, bei T II nicht kürzer als 5 s sein. Aus

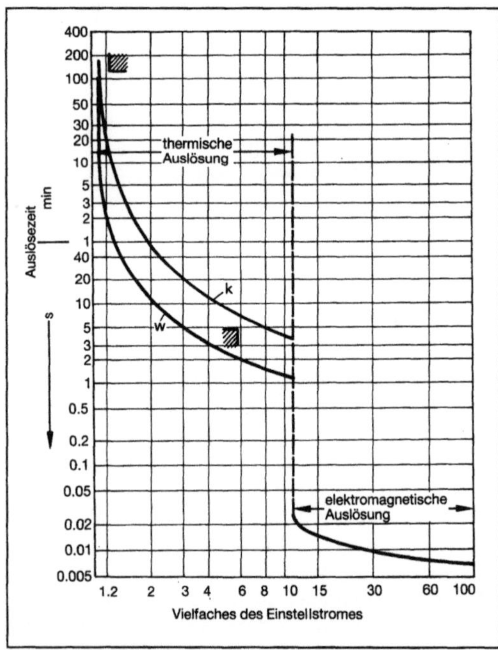

Motorschutzschalter 1: Auslösekennlinien eines Motorschutzschalters.

k vom kalten Zustand aus, w vom warmen Zustand aus

dem betriebswarmen Zustand muß der Schalter bei 1,5fachem Einstellstrom innerhalb von 2 min, bei 1,2fachem Einstellstrom innerhalb von 2 h ansprechen.

Der Trägheitsgrad T I ist nur für den Schutz von Motoren mit leichtem Anlauf verwendbar. Auslöser und Relais nach Trägheitsgrad T II genügen den Anforderungen des Betriebs bei normalen Anlaufbedingungen und sind üblicherweise so ausgelegt, daß sie bei 6fachem Einstellstrom vom kalten Zustand aus in einer Zeit zwischen 5 und 10 s auslösen. Wenn der Motor bei Anlauf große Schwungmassen beschleunigen muß, würde ein solches Gerät zu früh auslösen. In diesem Fall muß ein Sättigungswandler verwendet werden, dessen Kennlinie im Gebiet höherer Überströme entsprechend längere Auslösezeiten aufweist.

Zum Schutz gegen Außenleiterausfall, z. B. Leiterbruch oder Abschmelzen nur einer Sicherung, wird eine Phasenausfallschutz-Einrichtung benutzt, die die Schutzwirkung durch Verkürzung der Auslösezeit im kritischen Teillast- bzw. Nennstromlastbereich verbessert.

Einwandfreien Schutz gewähren die stromabhängigen Schutzgeräte nur bis etwa 15 Schaltungen/h und bei Aussetzbetrieb bis 60 Schaltungen/h bei 40 % ED, wenn der Anlaufstrom bis zum 6fachen Nennstrom beträgt und die Anlaufzeit 1 s nicht überschreitet. Für Schaltbetrieb mit höherer Schalthäufigkeit können →Bimetallauslöser i. a. nicht eingesetzt werden. Da die thermischen Zeitkonstanten von Motor und Auslöser nicht übereinstimmen, kommt es bei Einstellung auf Motornennstrom zu Frühauslösungen. An Stelle von stromabhängigen Schutzgeräten werden in diesem Falle temperaturabhängige Schutzgeräte (thermischer Maschinenschutz) mit Kaltleiter-Temperaturfühlern als Sensoren verwendet (Bild 2).

Als Schutzgeräte für Hochspannungsmotoren werden grundsätzlich ähnliche Geräte wie bei Niederspannungsmotoren verwendet. Sie werden nur noch beschränkt elektromechanisch, bevorzugt jedoch statisch, auch mikroprozessorgesteuert, ausgeführt und über Wandler an das zu schützende Betriebsmittel angeschlossen. Sie bieten eine große Anzahl von Schutzfunktionen, mit welchen sowohl elektrische Fehler (Kurz-, Erdschlüsse) als auch unzulässige Betriebszustände (thermische Überlast, überhöhte Schalthäufigkeit) erkannt werden können. Das Erfassen von Fehlern bzw. das Erkennen kritischer Betriebszustände geschieht durch die Auswertung der Phasenströme im geschützten Objekt.

Das in Bild 3 gezeigte statische, mikroprozessorgesteuerte Motorschutzrelais schützt Hochspannungsmotoren gegen Kurzschluß, Überstrom, Erdschluß, Phasenunsymmetrie, Unterlast, zu langem oder zu häufigem Anlauf, blockierten Läufer, zählt Betriebsstunden und überwacht sich selbst, z. B. gegen Komponentenausfälle.   *Rentzsch*

Motorschutzschalter 2: Schalter mit Phasenausfallschutzeinrichtung und Temperaturkompensation.

Motorschutzschalter 3: Mikroprozessorgesteuertes Motorschutzrelais. (Quelle: ABB)

Motorstarter →Motorschutzschalter

Motortragpflug. Selbstfahrender →Pflug mit zwei großen, eisernen Treibrädern und drittem heckseitigen Führungsrad. Vorläufer des Traktors in Deutschland; erste Maschinen von *R. Stock* und *K. Gleiche* 1907–1908 geschaffen (ein früher Prototyp mit stufenlosem →Reibradgetriebe im Deutschen Museum München). Wirtschaftliche Bedeutung nur in Mitteleuropa, etwa 1910–1930 (zahlreiche Firmen, Motornennleistungen bis um 80 PS).

Der M. ließ sich gegenüber dem Dampfpflug schon bei wesentlich kleineren Flächen wirtschaftlich einsetzen (geringer Anschaffungspreis, nur eine Arbeitskraft). Aber er war eine Einzweckmaschine und wurde daher durch den Traktor, vor allem wegen dessen Vielseitigkeit (bei nicht viel höherem Preis), verdrängt.   *Renius*

MPE-Verfahren. Mit dem Mannesmann-Pfannen-Entschwefelungs-V. (MPE-V.) können durch Zugabe von Erdalkalien sehr niedrige Schwefelgehalte der Schmelze in der →Pfanne erzielt werden.   *Baumann*

MRK-AR-Verfahren. Das Mannesmann-Rohrkonti-Walzverfahren mit Luppen-Ausziehanlage und Dornstangen-Rückführsystem (MRK-AR-V.) in einem →Konti-Rohrwalzwerk ist ein Rohrwalz-V., bei dem die →Rohrluppe nach der →Konti-Rohrwalzanlage mit Hilfe einer Luppen-Ausziehanlage von der Dornstange abgezogen wird. Danach wird die Dornstange zum Eingang der Konti-Rohrwalzanlage zurückgeführt.   *Baumann*

MRK-S-Verfahren. Das Mannesmann-Rohrkonti-Walz-V. mit Dornstangen-Stripper (MRK-S.-V.) in einem →Konti-Rohrwalzwerk ist ein Rohrwalz-V., bei dem die Dornstange kurz vor Walzende gelöst wird, so daß Dornstange und →Rohrluppe die →Konti-Rohrwalzanlage verlassen können. Danach wird die Dornstange mit einem Stripper aus der Rohrluppe entfernt. *Baumann*

Muffenrohr. Unter einem M. ist ein nahtloses oder geschweißtes Rohr mit einseitig oder beidseitig zu einer Muffe aufgeweiteten Enden zu verstehen. Auch Rohre mit glatten Enden zum Schweißen oder zum Anbringen einer →Rohrkupplung werden manchmal zu den M. gezählt.   *Baumann*

Muffenverbindung. Eine Verbindung einzelner Rohrleitungselemente durch Einstecken mit verschiedenartiger Ausbildung der Anschlußenden. Die lösbare M. (Bild 1) wird immer dann gewählt, wenn Schweißen nicht möglich ist oder durch Schweißen der →Korrosionsschutz zerstört würde

(Grauguß, →Keramik). Die Dichtheit wird im wesentlichen durch radial auf den Dichtstoff wirkende Kräfte erreicht. Diese Kräfte werden erzeugt durch das Zusammenpressen der →Dichtung in axialer Richtung. Die Dichtung wird zusammengepreßt durch Einstemmen, durch einen Schraubring oder durch elastisches Verformen der Dichtung. Der während des Betriebs auftretende Innendruck verstärkt die Anpreßkraft.

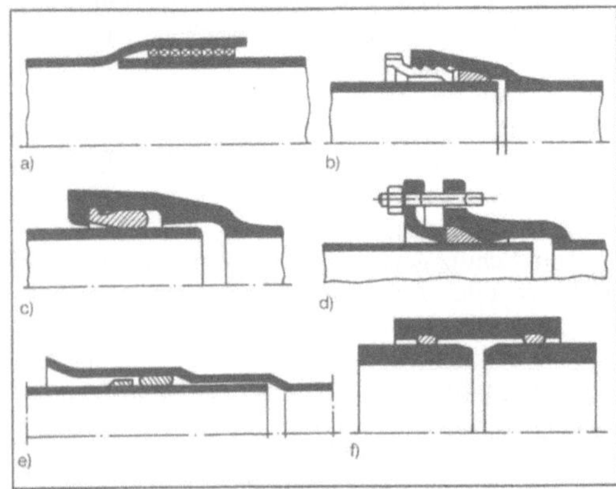

Muffenverbindung 1: Lösbare.
a) Stemmuffe
b) Schraubmuffe
c) Steckmuffe
d) Stopfbuchsmuffe
e) Sigurmuffe
f) Schiebemuffe.

Eine nicht lösbare M. (Bild 2) wird gewählt für Löt-, Schweiß- und Klebeverbindungen bzw., wenn die Muffenverstärkung aus Festigkeitsgründen erforderlich ist.   *Diegelmann*

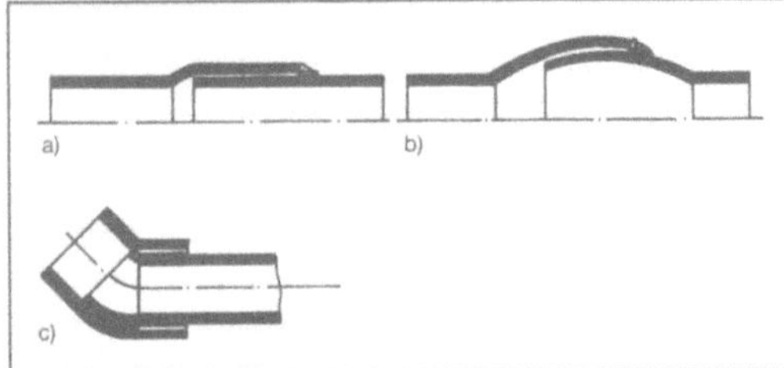

Muffenverbindung 2: Nicht lösbare.
a) Schweißmuffe
b) Kugelschweißmuffe
c) Löt- und Klebemuffe.

Literatur: *Thier, B.*: Lösbare Rohrverbindungen. 3R international (1983) Nr. 11. – DIN 2460: Stahlrohre für Wasserleitungen. Hrsg. Dt. Institut f. Normung. – DIN 8063: Rohrverbindungen und Rohrleitungsteile für Druckleitungen aus PVC. Hrsg. Dt. Institut f. Normung. – DIN 28501: Schraubmuffen-Verbindung. Hrsg. Dt. Institut f. Normung. – DIN 28502: Stopfbuchsmuffen-Verbindung. Hrsg. Dt. Institut f. Normung.

Muldenkipper. Bei größeren Transportlängen werden M. (Dumper) eingesetzt. Es gibt sie als Hinter- oder Seitenkipper. Der Muldeninhalt beträgt zwischen 0,5 und 15 m³. Zur Minimierung der Bewetterungskosten geschieht der Antrieb durch schadstoffarme Dieselmotoren.   *Kühn*

Multibartechnik →Kettenwirkmaschine

Multipass-Effekt. Begriff aus der Mechanik des Systems Reifen-Boden (abseits der Straße) für die Verbesserung der Traktion beim mehrmaligen Befahren einer Radspur. Vor allem bei der zweiten Passage vermindert sich der Rollwiderstand, während die Radzugkraft ansteigt. Nach *Holm* kann man in vielen Fällen abschätzend die Summe aus Rollwiderstand und Radzugkraft als konstant behandeln (gleichbleibendes Antriebsmoment), während sich der Treibradwirkungsgrad verbessert. Der M. tritt bei jedem Traktor an den hinteren Treibrädern auf. Während er bei Hinterradantrieb (infolge kleiner Frontreifen) vernachlässigt werden kann, wirkt er sich bei Allradantrieb im Gelände vorteilhaft aus, soweit die hinteren Reifen in der Frontspur laufen. Besonders günstige Bedingungen stellen sich bei gleichen oder wenigstens etwa gleichbreiten Reifen ein, wobei auch etwa gleichgroße Auslastungsgrade (auf Nenntragfähigkeit bezogen) anzustreben sind. Einziger Nachteil des M. ist erhöhte Bodenverdichtung (→Bodenschutz).   *Renius*

Munition. M. ist ein Sammelbegriff für alle →Wirkkörper, die mit Hilfe von in irgendeiner Form gespeicherter und durch einen Auslösevorgang freigesetzter Energie geworfen, geschleudert oder geschossen werden. Zur M. gehören sowohl die aus Rohrwaffen im weitesten Sinne verschossenen Geschosse als auch die mit mechanischer oder Muskelkraft geschleuderten Handgranaten sowie die von Flugzeugen abgeworfenen Bomben.

Die aus Rohrwaffen verschossene M. besteht aus →Geschoß und Treibladung. Man unterscheidet zwischen patronierter und getrennter M.

Bei Patronen-M. (Bild 1) bilden Geschoß und Treibladung eine Einheit. Die Treibladung befindet sich in einer Treibladungshülse, die aus Metall (Messing, Stahl) oder aus verbrennbarem →Material (nitrierte Pappe) bestehen kann. Neuerdings wird auch an hülsenloser M. gearbeitet. Die Einheit von Geschoß und →Ladung vereinfacht die M.-

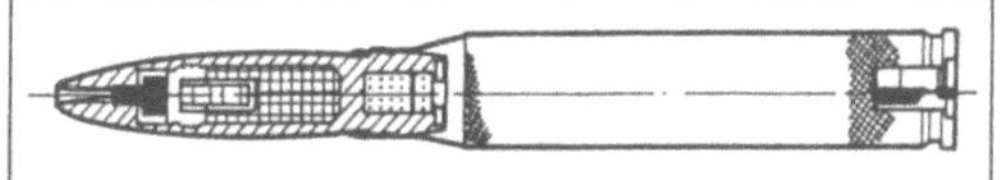

Munition 1: Patronentypen. Patrone 20 mm x 139 Sprengbrand-L-Spur-Zerleger.

Handhabung und ermöglicht dadurch eine weitgehende Automatisierung des Ladevorganges.

Bei getrennter M. (Bild 2) werden die einzelnen M.-Komponenten getrennt geladen. Die getrennte M. wird vornehmlich in der Artillerie verwendet, weil die Treibladungen dann je nach geforderter Reichweite zusammengestellt werden können.

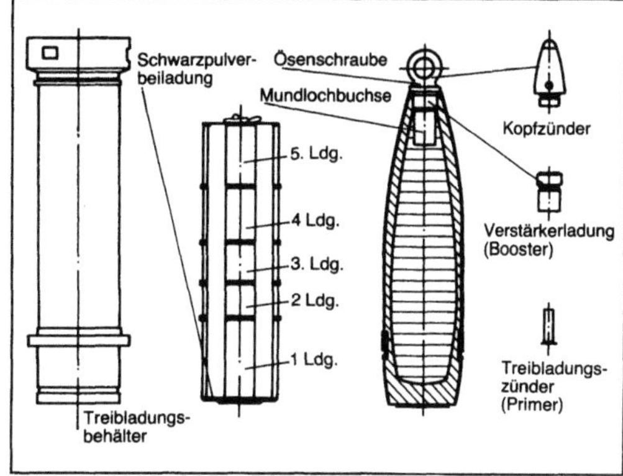

Munition 2: Vollständige Schußeinheit für getrennte Munition.

Für Handfeuerwaffen, Maschinenkanonen und Panzerkanonen wird Patronen-M. verwendet. Bei den großen Panzerkalibern kann die Patronen-M. auf Grund hohen Gewichts und großer Abmessungen zu Handhabungsproblemen führen. Dann muß auch bei Panzer-M. zu getrennter M. übergegangen werden, wie z.B. bei der sowjetischen 125 mm-Panzerkanone.

Der zur Initiierung der Treibladung notwendige Treibladungsanzünder befindet sich bei Patronen-M. bzw. Panzer-M. im Hülsenboden, während er bei der Artillerie in den Verschluß eingesetzt wird.

Neben der Gefechts-M. für die verschiedenartigen Waffentypen gibt es noch die Übungs-M. Die Übungs-M. stellt eine Nachbildung der Gefechts-M. dar, die in ihrer Handhabung (Gewicht, Schwerpunkt, Kontur) ähnlich sein soll und zudem die ballistischen Charakteristika der Gefechts-M. erfüllen soll.

Durch spezielle konstruktive Maßnahmen kann die Reichweite gegenüber der Gefechts-M. verringert werden, so daß auch auf kleineren Übungsplätzen ausgebildet werden kann.   *Meyer-Bäse*

Munitionszuführung. Unter Zuführen von →Munition versteht man das Transportieren der Patrone in die Ladestellung der Waffe. In der einfachsten Form kann das mit der Hand geschehen (handbetätigter Einzellader). Als maschinelle Einrichtungen kommen in Betracht:

☐ Magazine (Maschinenwaffen),
☐ Gurtzuführer (Maschinenwaffen),
☐ Ladeautomaten (Panzerkanonen),
☐ Munitionsaufzüge (Schiffsgeschütze).

In einer Waffe mit Magazinzuführung sorgt der unter Federdruck stehende Zubringer für das Zuführen der Patrone in die Ladestellung. In Stangenmagazinen wird die Munition oft doppelseitig hintereinander angeordnet. Bei Trommelmagazinen sind die Patronen spiralförmig in einem trommelförmigen Gehäuse angeordnet. Trommelmagazine haben gegenüber Stangenmagazinen ein größeres Fassungsvermögen.

Bei Maschinenwaffen, die wie Maschinengewehre und -kanonen auf Dauerfeuer ausgelegt sind, würden Magazine nicht ausreichen. Es werden Patronengurte und besondere mechanische Zuführer eingesetzt. Dabei werden die Patronen durch Gurtglieder (Blechformteile) miteinander gekoppelt. Durch die Transporträder der Zuführung (Klinken- oder Steuerräder) wird der Gurt bei jedem Schuß um eine Teilung (Patronenabstand im Gurt) gefördert, so daß jeweils immer eine Patrone in Ladestellung kommt. Der Antrieb des Gurtzuführers kann durch Rückstoß, Gasdruck oder zugeführte Energie (Fremdantrieb) geschehen. Leicht zerlegbare Gurte (Zerfallgurte) befördern die Entledigung von Leergut. Zweiweggurtzuführer (Bild 1) gestatten bei zwei Gurten einen schnellen Munitionswechsel an der Waffe.

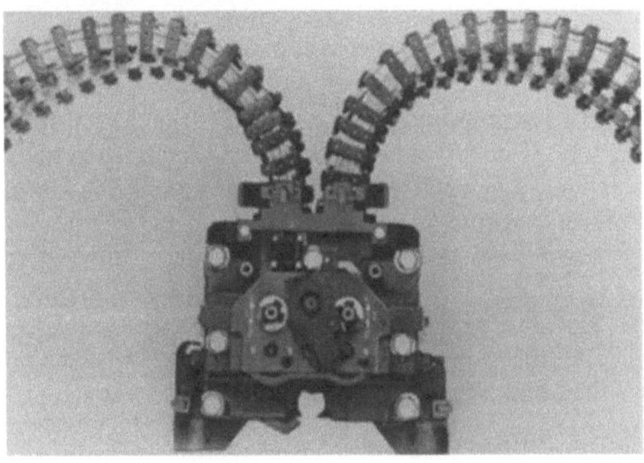

Munitionszuführung 1: Zweiweggurtzuführer für MK 20 mm.

Ladeautomaten (Bild 2) von Panzerkanonen bestehen gewöhnlich aus Magazin, Zuführung mit Ansetzer, Antrieb und Steuerung. Magazinformen sind Trommel-, Schacht- bzw. Klinken- und Bandmagazine. Der Antrieb kann z. B. hydraulisch oder elektrisch, die Steuerung gewöhnlich elektrisch erfolgen. Ansetzer wie Teleskopzylinder oder -schlitten, Ketten- bzw. Kurbelansetzer schieben die Patrone in den Ladungsraum.

Munitionsaufzüge (Bild 3) finden hauptsächlich bei vollautomatischen Schiffsgeschützen mit hoher Kadenz Verwendung. Die unter Deck in Munitionsmagazinen untergebrachte Patronenmunition wird mit Paternosteraufzügen, die mit Fremdenergie (Elektromotoren) betrieben werden, in den Turm

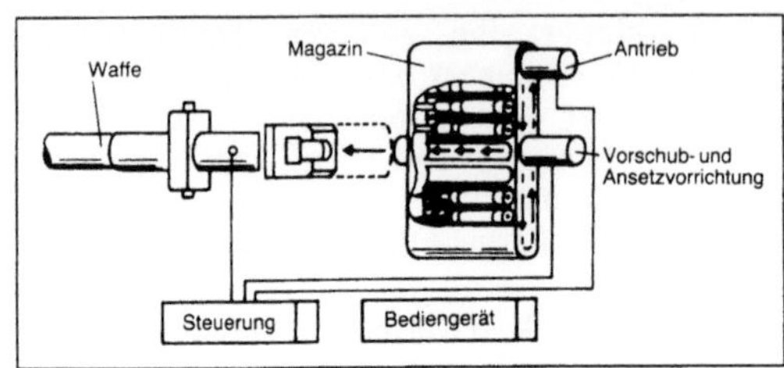

Munitionszuführung 2: Schematische Darstellung des Gesamtsystems Ladeautomat/Waffe.

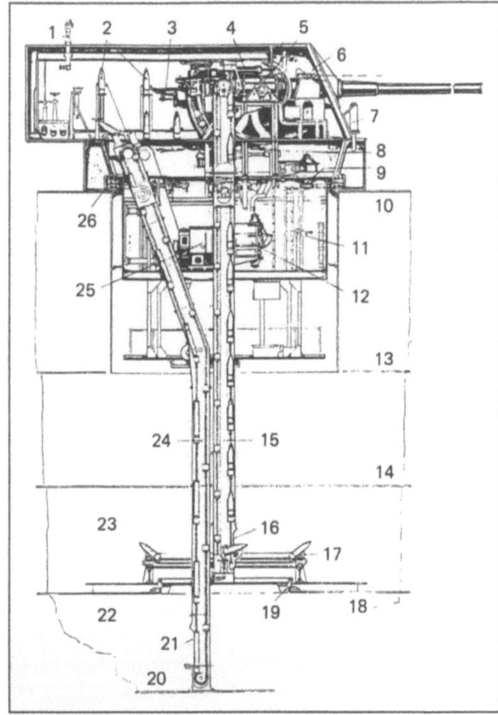

Munitionszuführung 3: Schiffsgeschütz; Schnittbild der Munitionszuführung.

transportiert und mit Hilfe eines Ladearmes in Ladestellung geschwenkt. *Meyer-Bäse*

1 Periskop, 2 fertige Granaten, 3 Ladetisch, 4 Vorholzylinder, 5 Schildzapfenträger, 6 Richtvisiere, 7 Senkungssperre, 8 Antrieb für Elevation, 9 Antrieb für Seitenrichtung, 10 Hauptdeck, 11 Handantrieb für Seitenrichtung, 12 Pumpe, 13 Oberdeck, 14 Unterdeck, 15 Granataufzug, 16 Ladeöffnung des Granataufzugs, 17 rotierender Granatring, 18 Raumdeck, 19 Führungsrollen, 20 Laderaum, 21 Ladeöffnung des Korditaufzugs, 22 Magazin, 23 Granatkammer, 24 Korditaufzug, 25 Pumpenmotor, 26 Rollenlager

Musterblech. M. ist in den Eisen-, Stahl- und Metall-Industrien ein Blech, dem durch ein spezielles Verfahren ein bestimmtes Muster aufgewalzt wurde. Dazu zählen beispielsweise Belagbleche, also Stahlbleche, die auf der einen Seite glatt sind und auf der anderen Seite ein regelmäßiges Muster haben, das aus kleinen Erhebungen besteht. Auf Grund dieser Erhebungen ist die Oberfläche der Belagbleche rutschsicher und als Abdeckung für Vertiefungen oder als Bodenbelag besonders gut geeignet. Je nach Form der Erhebungen werden beispielsweise Riffelbleche, Raupenbleche, Tränenbleche und Warzenbleche unterschieden. *Baumann*

Mutter →Schraubenform

Mutter-Reibungszahl →Schraubenkopf-Reibungszahl

Mutterwerkstoff →Schraubenwerkstoff

M-Verfahren →Brennraum

N

Nachlauf → Radführung

Nachläufer. N. sind die Träger der elektrischen und hydraulischen Hilfsaggregate einer Vortriebsmaschine sowie der Geräte für Klimatisierung und Entstaubung. Weiterhin sind auf den N. Einrichtungen zur Speicherung von Wetterlutten und Elektrokabeln und Tragkonstruktionen für das Bergeförderband untergebracht. Die Nachläufer sind an die Vortriebsmaschine angekoppelt und werden von dieser mitgezogen.

Sie laufen zumeist mit Rädern auf Schienen, können aber auch an einer Doppelschienenhängebahn beweglich aufgehängt sein.

Ausgeführt werden die N. als offene Portalkonstruktion, damit Bergeabfuhr- oder Materialversorgungswagen aufgenommen werden können.

Das gesamte Vortriebssystem, d. h. Vortriebsmaschine und N., kann eine Gesamtlänge von 100 bis 150 m erreichen. *Seeliger*

Literatur: Das kleine Bergbaulexikon. Essen 1981. S. 153; – *Henneke, J.,* u. *W. Setzepfandt:* Weiterentwicklung der Vortriebsmaschinen für Gesteinsstrecken; Forschungsvorhaben Steinkohlenbergwerk der Zukunft. Bergbauforschung. Essen 1978.

Nachschmierung → Ölalterung → Gleitlagerschmierung

Nachtsichtgerät. N. sind in der Nacht einsetzbare, fernrohrähnliche Beobachtungs- und Vergrößerungsgeräte, die an Stelle von Linsen- und Prismenumkehrsystemen Bildwandler und/oder Bildverstärker enthalten. Früher kamen pyrotechnische Mittel zur Beleuchtung des Kampffelds bei Nacht zum Einsatz, um eine Beobachtung mit Tagessichtgeräten zu ermöglichen.

N. arbeiten prinzipiell mit
□ aktiver Infrarottechnik und/oder
□ passiver Bildverstärkung unter Ausnutzung von Restlicht oder mit Wärmebildtechnik.

Aktive Infrarottechnik (IR). Die IR-Strahlung wird durch einen Scheinwerfer erzeugt, bei dem durch ein geeignetes Filter die sichtbare Strahlung ausgeblendet wird und nur die IR-Strahlen austreten. Das Vorfeld wird also mit einer für das Auge nicht wahrnehmbaren IR-Strahlung beleuchtet und das Bild über ein mit einer Bildwandlerröhre ausgestattetes Sichtgerät dem Auge des Beobachters sichtbar gemacht. Die aktive IR-Technik ist von den natürlichen Lichtverhältnissen unabhängig und liefert durch Schattenbildung ein kontrastreiches Bild.

Nachteile: Der Standort des eigenen Scheinwerfers ist vom Gegner mittels seiner Bildwandler auszumachen; starke Streuung des ausgesandten Lichtes beim Durchgang durch die Atmosphäre, insbes. bei Dunst und Nebel.

Eine Verbesserung erfolgte hier durch die Anwendung des Gated-Viewing-Verfahrens. Hierbei strahlt ein Impulsscheinwerfer (z. B. ein gepulster Gas-Laser) als Illuminator mit einer Pulsfolgefrequenz von einigen kHz extrem kurze IR-Lichtimpulse von etwa 100–200 ns Dauer aus. Das Empfangsgerät wird elektronisch so gesteuert, daß es nur für die Lichtimpulse, die aus der interessierenden Entfernung zurückkommen, geöffnet, dagegen für alle anderen Entfernungen geschlossen ist. Streulicht und unerwünschte Vorfeld- und Hintergrundbeleuchtung werden damit eliminiert.

Passive Bildverstärkung und Schwachlicht-Fernsehanlagen (LLLTV). Nachtsehgeräte enthalten einen oder mehrere durch Kopplungsoptiken verbundene Bildverstärker. Beide Systeme nutzen die auch in dunklen Nächten immer noch vorhandene Reststrahlung des Nachthimmels aus, indem diese auf den Photokathoden der Bildverstärkerröhren ein Bild entwerfen und soweit verstärken, daß dem Beobachter im Okular des Bildverstärkergerätes bzw. auf dem Monitor einer LLLTV-Anlage ein hinreichend helles Bild wiedergegeben werden kann. Diese Geräte arbeiten passiv. Der Benutzer kann vom Gegner nicht ausgemacht werden. Da die Nachtbeleuchtung diffus strahlt, fehlt die Schlagschattenwirkung, worunter in der Praxis der Zielkontrast leidet.

Wärmebildgerät (WBG). Die von den Objekten des Kampffelds ausgehende Wärmestrahlung wird

Nachtsichtgerät: Wärmebild eines Kampfpanzers bei Nacht.

in der Bildebene von Sensoren aufgefangen, Punkt für Punkt abgetastet, nach Umwandlung in elektrische Signale verstärkt und in einem Okular oder auf einem Monitor als Wärmebild wiedergegeben. Moderne Wärmebildgeräte besitzen eine so hohe geometrische Auflösung, daß außer der für die Zielobjekte charakteristischen Temperaturverteilung auch deren Konturen noch darstellbar sind. WBG arbeiten ebenfalls passiv. Sie sind unabhängig von der Beleuchtung und somit bei Tag und Nacht einsetzbar. Im Gegensatz zu den Geräten mit Restlichtverstärkung sind die Konturen des Zielobjekts beim WBG (Bild) klarer. *Meyer-Bäse*

Nachverbrennung →Abgas

Nachwalzanlage. Eine N. ist ein komplexes technisches System, das eingesetzt wird, anforderungsgerechte Oberflächenbeschaffenheiten, Werkstoffeigenschaften oder Maßgenauigkeiten zu erzielen. Dabei sind die Stichabnahmen verhältnismäßig klein. Zu den N. zählen beispielsweise die Kaltband-N. und die Maßwalzanlagen. *Baumann*

Nadel. N. sind Elemente in Wirk- und Strickmaschinen, mit denen insbes. Maschen, aber auch andere Bindungselemente (z. B. Henkel) gebildet werden. Wichtige Grundnadeltypen sind Spitzen-, Zungen-, Schieber- und Karabiner- oder Häkel-N., von denen manche konstruktiv modifiziert sind, z. B. Doppelzungen-N. (→Maschenbildungsvorgang).

Die Spitzen-N. (Bild 1) besitzt einen Kopf mit verlängertem Haken und Spitze, einen Schaft mit Zasche und einen Fuß. Zum Bilden einer →Masche wird die Maschenschleife aus dem Kopf auf den Schaft bewegt, ein Faden gelegt, die Spitze mit einer Presse in die Zasche gedrückt, die Maschenschleife auf die N.-Spitze geschoben (aufgetragen) und anschließend über den Haken abgeworfen (abgeschlagen), so daß der neu gelegte Faden zur Maschenschleife durchgezogen und aus der Maschenschleife eine Masche gebildet werden kann. Die von *W. Lee* 1589 erfundene Spitzen-N. wird z. Z. überwiegend in Kulierwirkmaschinen und gelegentlich in Kettenwirkautomaten (→Kettenwirkmaschine) verwendet.

Die Zungen-N. (Bild 2) besteht aus einem Haken, einer drehbaren Zunge, einem Schaft und einem Fuß. Zu Beginn der Maschenbildung befindet sich die zuletzt gebildete Maschenschleife im Haken. Bevor der Faden in den geöffneten Haken gelegt wird, bewegt sich die Maschenschleife über die Zunge auf den N.-Schaft. Anschließend schließt die Maschenschleife den Haken, indem sie die Zunge dreht (→Auftragen) und gleitet dann über den Haken ab (→Abschlagen). Eine neue Maschenschleife und eine neue Masche sind entstanden. Der Einsatz der von *Townsend* 1847 erfundenen Zungen-N. erfolgt in Strickmaschinen und in Raschelmaschinen (→Kettenwirkmaschine).

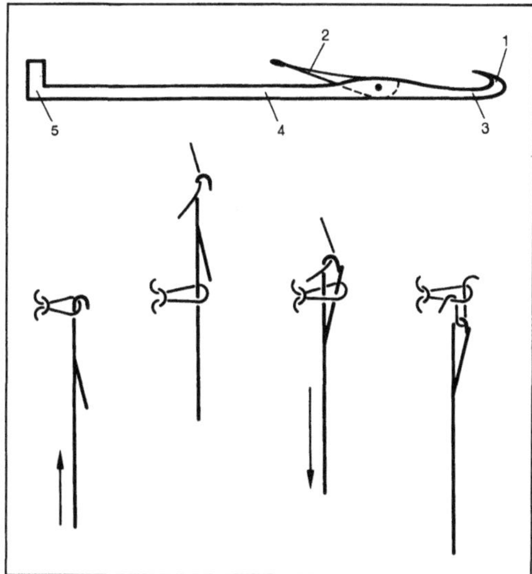

Nadel 2: Zungennadel – Aufbau und Maschenbildung.

1 Haken, 2 Zunge, 3 Kopf, 4 Schaft, 5 Fuß

Die Schieber-N. (Bild 3) setzt sich aus dem Schaft mit Rille, dem Haken und zusätzlich einem Schieber zusammen. Beide Elemente werden getrennt angetrieben, jedoch im Bewegungsablauf so aufeinander abgestimmt, daß zum Legen des Fadens der Haken geöffnet (Schieber im Schaft) und zum Auftragen

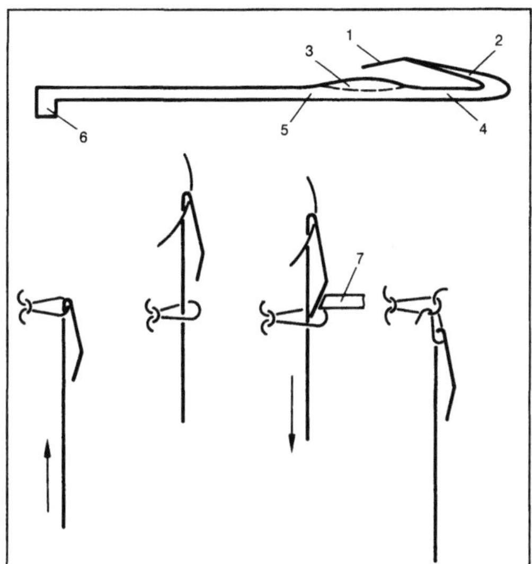

Nadel 1: Spitzennadel – Aufbau und Maschenbildung.

1 Spitze, 2 Haken, 3 Zasche, 4 Kopf, 5 Schaft, 6 Fuß, 7 Presse

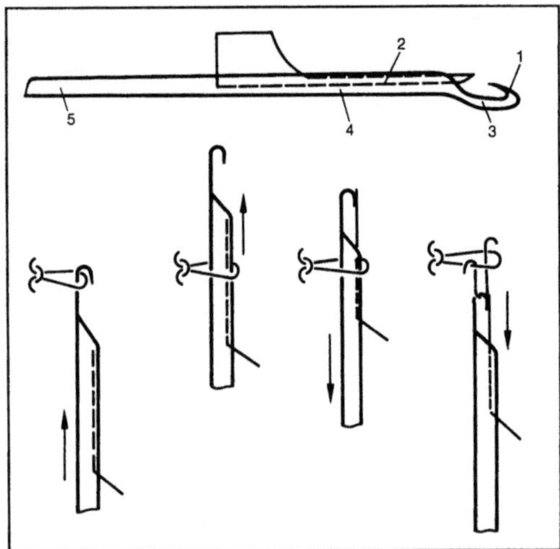

Nadel 3: Schiebernadel – Aufbau und Maschenbildung.

1 Haken, 2 Schieber, 3 Kopf, 4 Schaft, 5 Fuß

und Abschlagen der Maschenschleife der Kopf geschlossen ist. Die N. hat gute Bewegungsabläufe und eignet sich insbes. zum Verarbeiten von Fasergarn. Ihr Einsatz erfolgt z. Z. in Kettenwirkautomaten (Kettenwirkmaschine) und versuchsweise in Rundstrickmaschinen (→Strickmaschine).

Die Karabiner-N. oder Häkel-N. (Bild 4) ist vergleichbar mit einer Spitzen-N., die ständig in Preßstellung ist und der eine Zaschenwand herausgenommen wurde. Eine Fadenlegung kann nur von der fehlenden Zaschenwand her in den Haken erfolgen. Eine Presse ist für den weiteren Maschen-

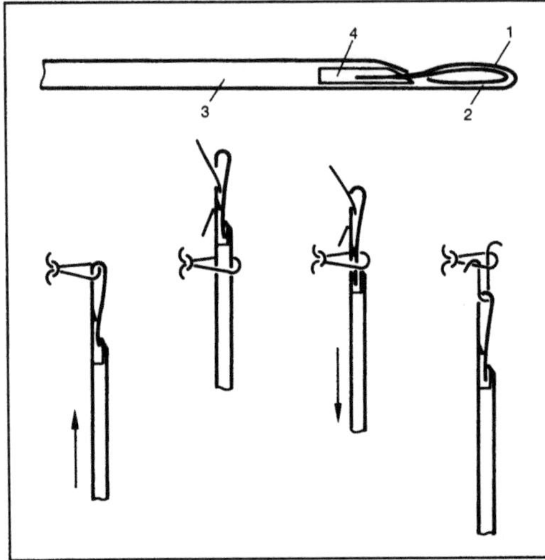

Nadel 4: Häkelnadel – Aufbau und Maschenbildung.

1 Haken, 2 Kopf, 3 Schaft, 4 Zasche

bildungsvorgang nicht notwendig. Karabiner-N. werden in Häkelgalonmaschinen und vereinzelt in Raschelmaschinen (Kettenwirkmaschinen) eingesetzt. *K. P. Weber*

Nadellager →Wälzlager-Bauform

Nageln. Extrem schnelle →Verbrennung beim →Dieselmotor, die zu Druckschwingungen im →Brennraum führt und ein hämmerndes Geräusch erzeugt.

Die physikalische Ursache für das N. ist ein zu großer Zündverzug. Er bewirkt, daß sich bei Verbrennungsbeginn schon eine zu große Menge →Kraftstoff im Brennraum befindet, die dann schlagartig verbrennt. Die schnelle Verbrennung ist im Druck-Zeit-Diagramm an dem sehr steilen Anstieg $dp/d\alpha$ zu erkennen. Sie führt zu sehr heftigen Druckschwingungen im Brennraum und ist als hämmerndes Geräusch feststellbar (hierin ist der Vorgang beim →Klopfen ähnlich). Neben dem sehr unangenehmen Geräusch ist auch die beim N. auftretende höhere Triebwerksbelastung nachteilig.

Ein großer Zündverzug und damit das N. tritt stärker auf, wenn ein Kraftstoff mit geringer Zündwilligkeit, also mit niedriger Cetanzahl verwendet wird. Verständlicherweise wird das N. durch niedrige Betriebstemperaturen verstärkt. Viele Dieselmotoren nageln deshalb nach dem Start, ehe sie warmgelaufen sind. *Kuhlmann*

Naßbagger. Grundsätzlich kann man zwei verschiedene Baggergruppen unterscheiden:
□ Geräte, die das Material mechanisch lösen und fördern (→Schwimmgreifer, →Eimerkettenbagger),
□ Geräte, die das Material mechanisch-hydraulisch lösen und hydraulisch fördern (Grund/Schutensauger, →Schneidkopfsaugbagger, Unterwasserschaufelradbagger, →Laderaumsaugbagger). *Kühn*

Naßdampf. Fluid, in dem eine flüssige und eine gasförmige Phase koexistieren, insbes. für Wasser oder Wasserdampf gebräuchlich.

Bei geringem Dampfgehalt, d. h. kleinem Anteil der Gasphase am gesamten Volumen, an der gesamten Stoffmenge oder an der gesamten Masse, wird üblicherweise die Flüssigkeit als kontinuierliche Phase und der Dampf als disperse Phase angesehen. Diese kann dann in Form unterschiedlich großer und strukturierter Blasen oder Pfropfen vorliegen. Bei großen Dampfgehalten wird die dann zu einem kleinen Anteil vorliegende Flüssigkeit als disperse Phase betrachtet, die in der Form von Wandrinnsalen, geschlossenen Wandfilmen mit glatter oder gewellter Oberfläche oder als verteilter Tropfen- und Spritzerschwarm vorliegt. Bild 1 und 2 zeigen

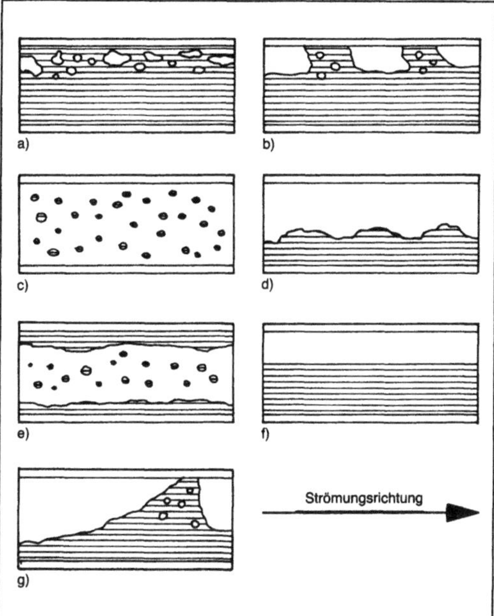

Naßdampf 1: Strömungsbilder im waagerechten Rohr (Schemaskizze).
a) Blasenströmung
b) Pfropfenströmung
c) Spritzerströmung
d) Wellenströmung
e) Ringströmung
f) Schichtströmung
g) Schwallströmung.

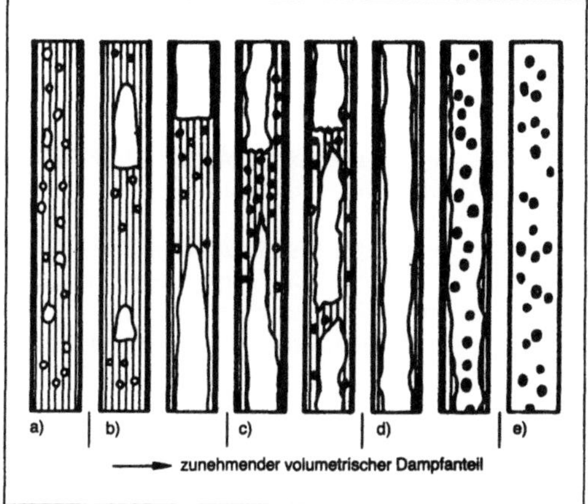

Naßdampf 2: Strömungsbilder im senkrechten Rohr (Schemaskizze).
a) Blasenströmung
b) Pfropfenströmung
c) Schaumströmung
d) Ringströmung
e) Tropfenströmung.

schematisch die Strömungsbilder im waagerechten und im senkrechten Rohr. Die Form und Größe der Grenzfläche bestimmt wesentlich den Impuls- und Stoffaustausch sowie die Wärmeübertragung zwischen beiden Phasen.

In Dampfkraftanlagen bestimmt das strömungs- und wärmetechnische Verhalten des N. ganz wesentlich die Gestaltung und den Betrieb der Komponenten Dampferzeuger, Kondensations-Dampfturbine und →Kondensator. In den Verdampferrohren des Dampferzeugers müssen die mit dem Fortschritt der Verdampfung durchlaufenen Strömungsformen und die davon abhängenden Wärmeübertragungsbedingungen zwischen den Rohrwänden und dem N. bei allen Betriebszuständen beherrscht werden. Die Temperatur der von außen vom Verbrennungsgas aus der Feuerung beheizten Rohrwände und damit die thermische Beanspruchung der Rohre folgt nämlich der N.-Temperatur zuzüglich der zur Wärmeübertragung an den N. nötigen Temperaturdifferenz. Um einen möglichst gleichmäßigen und stets stabilen Durchfluß durch die Vielzahl parallel durchströmter Verdampferrohre aufrecht zu halten, müssen die mit den unterschiedlichen Strömungsformen verbundenen Druckverluste berücksichtigt werden.

In den Endstufen der Kondensations-Dampfturbinen beeinflussen die Entstehung des N. während der Expansion, bei der im wesentlichen ein dichter Nebel aus sehr vielen kleinen Tröpfchen gebildet wird, und das anschließende Anwachsen der Tröpfchen und ihre Umwandlung in Sekundärtropfen die zusätzlichen Verluste und die Beanspruchung der Beschaufelung durch →Erosion. Zusätzliche Verluste entstehen dadurch, daß die Dampftemperatur gegenüber der zum jeweiligen Druck gehörenden Gleichgewichtstemperatur unterkühlt wird, daß die Tropfen- und die Dampfgeschwindigkeiten voneinander abweichen (Schleppverluste) und daß die

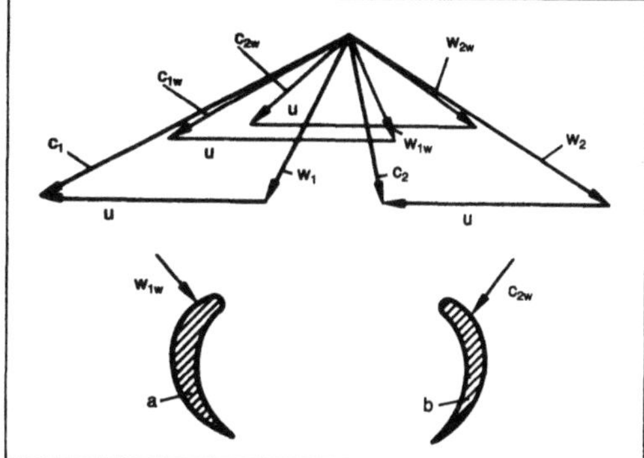

Naßdampf 3: Geschwindigkeitsdreiecke für Dampf und Wassertropfen in Naßdampfstufe.

a Laufschaufeln, b Leitschaufeln, $c_{1.w}$ Dampfgeschwindigkeiten relativ zum Leitrad, $w_{1.w}$ Dampfgeschwindigkeiten relativ zum Laufrad, $c_{1w.2w}$: $w_{1w.2w}$ Tropfengeschwindigkeiten

Tropfen unter anderen Winkeln auf die Beschaufelung auftreffen als der Dampf (Bremsverluste), Bild 3. Die Erosionsbeanspruchung der Turbinenbauteile geht von den Sekundärtropfen aus, die dadurch gebildet werden, daß sich die feinen primären Nebeltröpfchen an Schaufeln und Wänden absetzen, dort zu Rinnsalen und Filmen zusammenwachsen, die dann von der Strömung und von Zentrifugalkräften getrieben von Kanten abreißen und in Spritzer und große Tropfen zerstäubt werden. *Pitt*

Literatur: *Grassmann, P.:* Physikalische Grundlagen der Verfahrenstechnik. Frankfurt am Main 1970. – *Traupel, W.:* Thermische Turbomaschinen. Bd. 1: Thermodynamisch-strömungstechnische Berechnung. 3. Aufl. Berlin, Heidelberg 1977.

Naßveredelung →Trockenmaschine

Nebelscheinwerfer →Kraftfahrzeug-Konstruktionsvorschrift

Nebenschlußmotor →Drehzahlkennlinie, →Gleichstrommotor

Nebenschlußverhalten. Bezeichnung für das Betriebsverhalten eines elektrischen Motors, dessen Drehzahl nicht vom Drehmoment abhängt und unter normalen Lastbedingungen konstant oder nahezu konstant ist (→Drehzahlkennlinie). *Rentzsch*

Nenndrehzahl. Drehzahl, auf die sich die Leistungsangabe einer Maschine bezieht.

N. und Nennleistung gehören zusammen. Sie werden auf dem Typenschild angegeben und in Katalogen und Prospekten ausgewiesen. *Kuhlmann*

Neukonstruktion. Eine N. ist die Konstruktionsart, bei der eine neue konstruktive Lösung erarbeitet wird. Dabei werden alle Konstruktionsphasen des Ablaufplans (Planungs-, Konzept-, Entwurfs-, Ausarbeitungsphase) durchlaufen.

Anlaß für eine N. können grundsätzlich veränderte Anforderungen oder neue technische Möglichkeiten sein. Die Häufigkeit dieser Konstruktionsart in der Industrie beträgt im Mittel ca. ein Viertel der gesamten Konstruktionskapazität. *Ehrlenspiel*

Newton-Schmierstoff →Viskosität

Nicht-Newton-Schmierstoff →Viskosität

Nickelschicht. Oberflächenschutzschicht, die durch elektrolytisches oder fremdstromloses Abscheiden, gelegentlich auch durch chemische Abscheidung aus der Gasphase (CVD), gebildet wird. Das elektrolytische Abscheiden von Nickel-

schichten erfolgt meistens aus Sulfamatelektrolyten. Die Schichtdicken liegen zwischen 5 μm zum Löten und 2 mm für Reparaturzwecke. Eine gute Korrosionsbeständigkeit bieten Schichtdicken, die größer als 80 μm sind. Das fremdstromlose Abscheiden erfolgt in der Regel aus Hypophosphit-, seltener aus Borhydridbädern. Dabei wird Phosphor bzw. Bor in die N. eingebaut. Durch eine anschließende Wärmebehandlung kann die Härte beträchtlich gesteigert werden (Bild). Wegen der niedrigen Abscheidungsgeschwindigkeit ist die Schichtdicke gewöhnlich nicht größer als 50 μm. Fremdstromlos abgeschiedene Nickel-Phosphor-Schichten haben eine gute Korrosionsbeständigkeit und einen hohen Widerstand gegen Adhäsion bei Paarung mit Stahl.

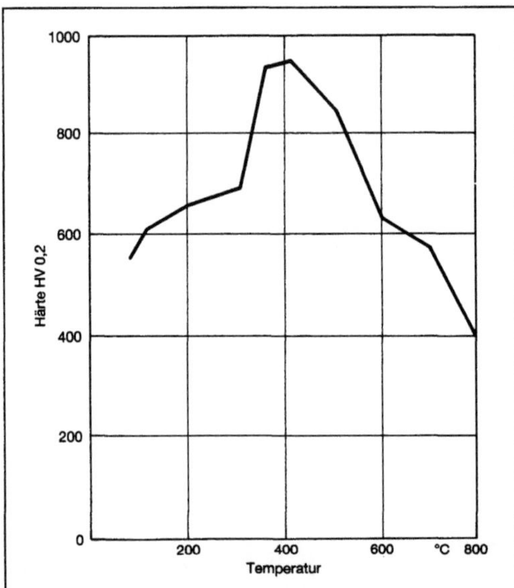

Nickelschicht: Härte von fremdstromlos abgeschiedenen Nickel-Phosphor-Schichten in Abhängigkeit von der Auslagerungstemperatur.

Zur Steigerung des Widerstands gegen →Abrasion können sowohl beim galvanischen als auch beim fremdstromlosen Abscheiden Hartstoffpartikel eingebaut werden, wodurch Dispersionsschichten entstehen. *Habig*

Literatur: *Simon, H.,* u. *M. Thoma:* Angewandte Oberflächentechnik für metallische Werkstoffe. München 1985.

Niederdruckleitung →Kreislauf, fluidischer

Niederdruckturbine. Nach der Einteilung der Turbinen entsprechend dem Eintrittsdruck ist dieser bei der N. im Vergleich zur →Hochdruckturbine und zur →Mitteldruckturbine am niedrigsten.

Niederdruckdampfturbinen sind Kondensationsmaschinen. Sie expandieren bis in den Naßdampfbereich hinein, haben zahlreiche Anzapfungen und Entwässerungen und werden bei größeren Leistungen bzw. Volumenströmen mehrflutig ausgeführt (→Flut). Im Gegensatz zu den Mitteldruck- und Hochdruckturbinen mit gegossenem Gehäuse ist das der Niederdruckdampfturbinen meistens aus Blechen zusammengeschweißt. *Ziemann*

Niederfrequenz-Rohrschweißanlage. Die N.-R. arbeitet nach dem N.-Rohrschweißverfahren, das zu den →Preßschweißverfahren gehört. Einsatzmaterial für die kontinuierlich arbeitende Anlage ist meist kalt gewalztes Stahlband, das von einem →Coil abgezogen und in Schlingen gespeichert wird, bevor es mit einem Rollenkäfig zu einem Schlitzrohr geformt und anschließend geschweißt wird. Nach dem Schweißen wird das Rohr in Kalibriergerüsten durch Umfangsreduktion gerundet und maßkalibriert. Nach der Prüfung der geschabten Schweißnaht wird der endlos gefertigte Rohrstrang mit einem Trennsystem zerteilt. *Baumann*

Niederfrequenz-Rohrschweißverfahren. Das N.-R. ist ein Widerstands-Preßschweißverfahren, bei dem Wechselstrom mit Frequenzen zwischen 50 und 400 Hz eingesetzt wird. Dabei dient eine Rollenelektrode gleichzeitig zur Stromführung, Formung und Erzeugung des notwendigen Schweißdrucks (Bild). Diese Rollenelektrode besteht aus 2 gegeneinander isolierten Scheiben einer Kupferlegierung und bildet den kritischen Teil der Anlage, weil für jeden Rohrdurchmesser der zugehörige Radius eingestellt und dieser auf Grund des Verschleißes stets kontrolliert werden muß. Mit diesem Verfahren werden längsnahtgeschweißte Stahlrohre zwischen 10 und 114 mm Dmr. bei wanddickenabhängigen Schweißgeschwindigkeiten bis etwa 90 m/min hergestellt. *Baumann*

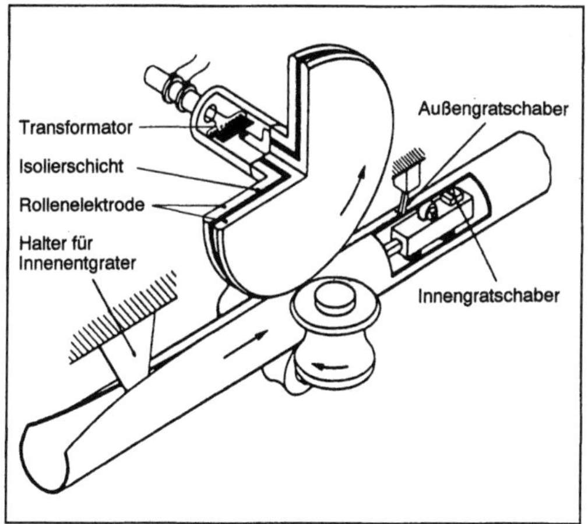

Niederfrequenz-Rohrschweißverfahren: Schematische Darstellung.

Niederschachtofen. Der N. ist ein elektrisch betriebener Ofen zur Roheisenerzeugung, der deshalb auch Elektro-N. oder Elektro-Roheisenofen genannt wird. Dieser Ofen hat einen wesentlich niedrigeren Schacht als ein →Hochofen, und seine Form ist ähnlich der eines Lichtbogen-Schmelzofens. Wegen seiner geringeren Füllhöhe können in ihm auch feinkörnige Erze und Koks mit geringerer Festigkeit eingesetzt werden. Die Wirtschaftlichkeit dieses N. ist u. a. von den Kosten für elektrische Energie wesentlich abhängig. *Baumann*

Niedrigwalzenlader. Der N. ist ein Walzenlader (→Schrämmaschine) für Flöze geringer und mittlerer Mächtigkeit. Er besteht weitgehend aus den gleichen Bauteilen, aus denen auch der Walzenlader aufgebaut ist. Merkmal der N. ist jedoch, daß diese Baueinheiten nicht — wie bisher üblich — über dem →Förderer angeordnet sind, sondern in der Schrämgasse seitlich neben dem Förderer, d. h. kohlenstoßseitig, eingebaut werden.

Die Walzen befinden sich vor dem Maschinenkörper und müssen diesen im laufenden Betrieb freischneiden. Der Förderer wird durch eine sog. Brücke überspannt. Diese umklammert die versatzseitig angeordnete Rohrführung oder den Triebstock, führt dadurch die Maschine und verhindert gleichzeitig ein Entgleisen. Der für den Vorschub des N. notwendige Windenantrieb ist durch die Brücke hindurchgeführt und greift mit seinem Antriebsrad in den Triebstock ein. Alle Bedienungselemente und Funktionsanzeigen des N. sind an der Versatzseite der Brücke angebracht, so daß der N. leicht überwacht und gesteuert werden kann.

Die Zuführung der zur Lösearbeit notwendigen Energie erfolgt wie beim Walzenlader durch die Schrämtrosse. *Seeliger*

Literatur: *Schüpphaus, H.:* Walzenlader für die Kohlengewinnung. Bergbau (1980) Nr. 11, S. 619/26.

Nietung.
1. im Flugzeugbau. N. i. F. und allgemein für hochbeanspruchte Leichtmetallkonstruktionen wird noch bevorzugt, wenn die Werkstoffestigkeit nicht durch Wärmeeinwirkung beim Schweißen beeinträchtigt werden darf, wenn sich die Leichtbau-Werkstoffe weniger zum Schweißen eignen, wenn bei Dünnblechkonstruktionen Verzug zu befürchten ist, wenn bei Verbundkonstruktionen unterschiedliche Werkstoffe gefügt werden müssen oder wenn Klebeverbindungen zusätzliche Nieten zur Sicherheit gegen Schäden ratsam erscheinen lassen.

Vollniete für den Leichtmetallbau haben kleinere, leichter verformbare Köpfe als die Stahlbaunieten mit Halbrundkopf. Meist werden Vollniete, bei Leichtmetallkonstruktionen ohnehin ausschließlich kaltgeschlagene Aluminium-Niete (nach DIN 660, DIN 661, DIN 662), durch Hohlniete, Blindniete und Schließring-Bolzen-Verbindungen oder auch durch Spezialschrauben ersetzt.

Blindniete sind erforderlich, wo die Verbindung beim Fügen nur von einer Seite aus zugänglich ist und wo auf die Abstützung des vorgebildeten Setzkopfes verzichtet werden muß (→Nietverbindung, Bild). Das vorliegende Bild zeigt gebräuchliche Blindnietformen. Bei kaltgeschlagenen Leichtmetallnieten kann kein Zusammenpressen der Fügeteile und damit kein Reibschluß in Rechnung gesetzt werden.

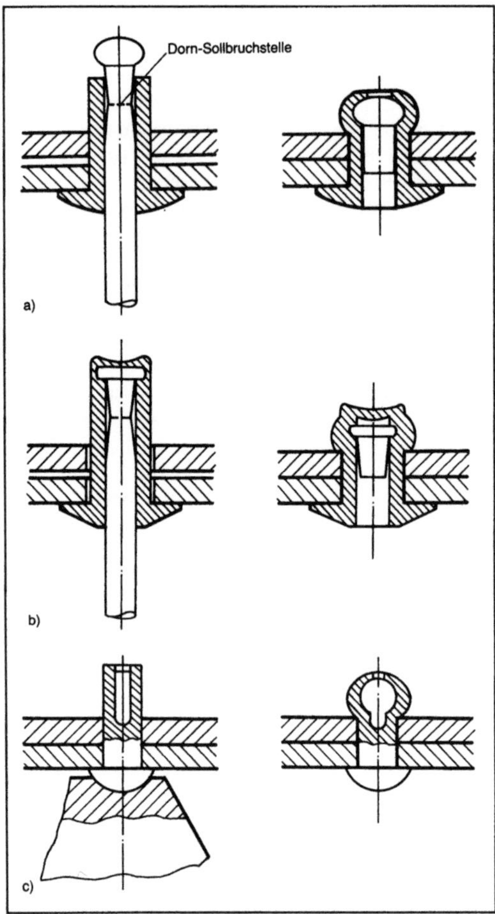

Nietung im Flugzeugbau: Von einer Seite aus verfügbare Blindnietformen. (Quelle: Dubbel a. a. O.)
a) Dornniet
b) Becher-Blindniet
c) Sprengniet.

Nietwerkstoff und Fügeteil müssen mit Rücksicht auf Korrosionsbeständigkeit (gegenüber Kontaktkorrosion) aufeinander abgestimmt werden (Ta-

belle), d. h. Niete sind grundsätzlich aus dem gleichen Werkstoff oder der gleichen Legierungsgattung zu wählen. Oft ist zusätzlicher Korrosionsschutz durch einen (abdichtenden) Farbanstrich erforderlich. Besondere Vorschriften für die Luftfahrt sind zu beachten. *Federn*

Nietung im Flugzeugbau. Tabelle: Empfohlene Zuordnung von Nietwerkstoffen zu Fügeteilwerkstoffen. (Quelle: Dubbel a.a.O.)

Nietwerkstoff	Werkstoff der Fügeteile
Al 99,5	Al 99,5 und höhere Reinheitsgrade
Al 99	Al 99, AlMn
AlMg 3	AlMg 3, AlMg 5, AlMgMn, AlMg 4,5 Mn, Al MgSi 0,5, AlMgSi 0,8
AlMg 5	AlMg 5, AlMg 4,5 Mn, AlMgSi 1, AlZnMg 1
AlMgSi 1	AlMgSi 1, AlMg 5, AlZnMg 1
AlCuMg 0,5	AlCuMg 1 und AlCuMg 2
AlCuMg 1	AlCuMg 1, AlCuMg 2, AlZnMgCu 0,5, AlZnMgCu 1,5

Literatur: Aluminium-Taschenbuch. 14. Aufl. Hrsg. Aluminium-Zentrale. Düsseldorf 1983. – DIN 124: Halbrundniete, Nenndmr. 10–36 mm. Hrsg. Dt. Inst. für Normung. Ausg. Juli 1977, Entw. Nov. 1991. – DIN 660: Halbrundniete, Nenndmr. 1–8 mm. Hrsg. Dt. Inst. für Normung. Ausg. Juli 1977, Entw. Nov. 1991. – DIN 661: Senkniete, Nenndmr. 1–8 mm. Hrsg. Dt. Inst. für Normung. Juli 1977, Entw. Nov. 1991. – DIN 662: Linsenniete, Nenndmr. 1,6–8 mm. Hrsg. Dt. Inst. für Normung. Juli 1977, Entw. 1991. – DIN 4113. Tl. 1: Aluminiumkonstruktionen unter vorwiegend ruhender Belastung; Berechnung und bauliche Durchbildung. Hrsg. Dt. Inst. für Normung. Ausg. Mai 1980. – *Dubbel*: Taschenb. Maschinenbau. 17. Aufl. Berlin, Heidelberg, New York Tokio 1990. – Gesipa-Blindniettechnik, Mörfelden-Walldorf: Druckschriften über Blindniete aus Stahl, Kupfer und Aluminiumlegierungen. *Hofferer, K.*: Konstruktionskataloge für Blindnietverbindungen im Leichtbau. VDI-Ber. 493. Düsseldorf 1983. – Titgemeier, Osnabrück: Gesellschaft für Befestigungstechnik. Druckschriften über HUCK-Bolzen mit Schließring. HUCK-Blindniete, POP- und POP-Becher-Blindniete. Blind-Einnietmuttern, Blind-Einnietschrauben. GETO-Spreizniete aus Kunststoff.

2. im Kesselbau. Einwandfreie N. i. K. setzt große Erfahrung und umfassende Kenntnis der bestehenden Vorschriften voraus. Andererseits bringt Nieten prinzipiell den Vorteil relativ großer Sicherheit mit sich: Es ist leicht, seine Güte zu kontrollieren, und es vermeidet Gefügeänderungen, nennenswerte Eigenspannungen und Verzug. Einreihige Überlappungs-N. werden im Behälterbau und bei Rohren ohne inneren Überdruck für Quernähte angewandt (Bild). Im K. werden sie nur in den Quernähten zugelassen, nicht aber für die doppelt so hoch beanspruchten Längsnähte. Einreihige Vernietungen sind nicht gut durch nachträgliches Verstemmen

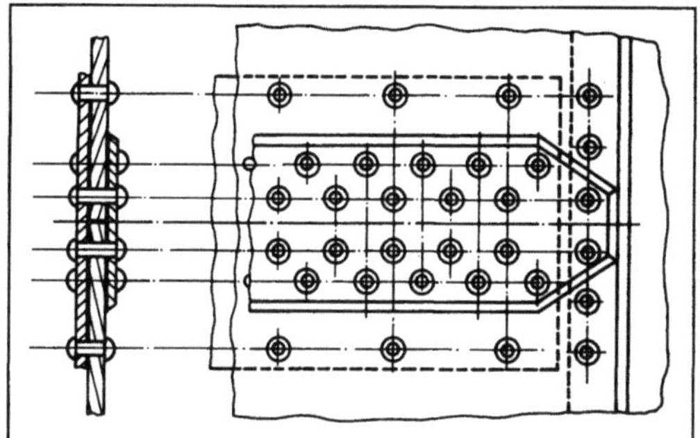

Nietung im Kesselbau: Vollnietverbindung für Längsnaht (mit Doppellaschen) und Quernaht eines Behälters.

der meist mit einer Neigung 1:3 abgeschrägten Blechkanten dicht zu halten. Deshalb sind sie im Dampfkesselbau nicht zugelassen.

Im übrigen ist die →Nietverbindung als dichte und kraftübertragende Verbindung bei Kesseln, Behältern und Rohren mit hohem Innendruck weitgehend durch Schweißverbindungen ersetzt worden. *Federn*

Literatur: *Bosch, M. ten:* Berechnung der Maschinenelemente. 3. Aufl. Berlin, Heidelberg 1963. – Dampfkesselbestimmungen. Techn. Vorschr. Tl. 3. Hrsg. TÜV Essen. – VDI 2232: Methodische Auswahl fester Verbindungen. Hrsg. Verein Dt. Ingenieure. Ausg. Juli 1990.

3. im Stahlbau. Gebräuchlicher Nietwerkstoff für Bauteile aus St 37-1 und St 37-3 ist USt 36-1; für Bauteile aus St 52-3 ist er RSt 44-2. Üblicherweise bevorzugte Vollnietformen des Stahlbaus sind Halbrundniete nach DIN 124 (Bild 1), die für $d_1 > 10$ mm im hellroten Zustand warm geschlagen werden.

Die zulässige mittlere Lochleibungsspannung $\overline{\sigma}_{l\,zul}$ ist im Stahlhochbau und im Brückenbau gleich dem Doppelten von $\sigma_{d\,zul}$ für Druck und Biegedruck zu wählen (→Nietverbindung). Die Spannung $\sigma_{d\,zul}$ ist dabei für den Stahlbau in DIN 18800, Tl. 1, und DIN 1073 (Brückenbau) für die Werkstoffe St 37-1, St 37-3 ($R_e = 240\,\text{N/mm}^2$) und St 52-3 ($R_e = 360\,\text{N/mm}^2$) in Abhängigkeit der dort definierten Lastfälle festgelegt. Im Kranbau gilt $\overline{\sigma}_{zul} = 1{,}5\,\sigma_{d\,zul}$ für einschnittige und $\overline{\sigma}_{zul} = 2\,\sigma_{d\,zul}$ für mehrschnittige Verbindungen (DIN 15018, Kranbau). Die zulässige mittlere Scherspannung $\overline{\tau}_{a\,zul}$ im Querschnitt des geschlagenen Niets wird nach den Vorschriften im Stahlhochbau und im Brückenbau gleich 1,0 x σ_{zul}

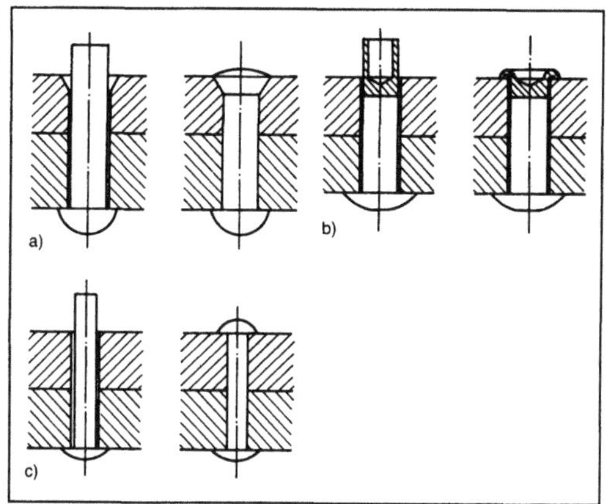

Nietung im Stahlbau 1: Genormte Vollnietverbindungen (Auswahl). (Quelle: Dubbel a. a. O.)
a) Ausführung B nach DIN 124, DIN 660
b) Ausführung nach DIN 6791
c) Ausführung A nach DIN 674.

gesetzt. Im Kranbau gilt $\overline{\tau}_{a\,zul} = 0{,}6$ x $\sigma_{d\,zul}$ für einschnittige und $\overline{\tau}_{a\,zul} = 0{,}8$ x $\sigma_{d\,zul}$ für mehrschnittige Verbindungen.

In den Normen werden auch Richtwerte für die Randabstände e, e' in Lastrichtung bzw. seitlich und den Lochabstand a einer Nietverbindung angegeben, für die sich eine Nachrechnung erübrigt: $a \geqq 3d$, $e \geqq 2d$, $e' \geqq 1{,}5d$, $e \leqq 6t$ (mit t als Dicke des dünnsten außenliegenden Profils). Anhaltswerte für die Schaftdurchmesser d_1 für Vollniete in Abhängigkeit der kleinsten Blechdicke t gibt die Tabelle in mm.

Löcher werden mit $d_7 = d_1 + 1$ mm gebohrt. Gestanzte Löcher sind im Stahlbau nicht zulässig. →Doppellaschennietung wird einer Überlappungsnietung (mit zusätzlicher Biegebeanspruchung in Blech oder Stab) vorgezogen. Bei Knotenpunkten treten zusätzliche Biegemomente auf, falls die Nietrißlinien nicht mit den Schwerlinien der Stabprofile zusammenfallen (Bild 2). Sie müssen nach den Vorschriften in den Stahlbau-Normen vermieden werden, zumindest für volltragend angeschlossene Winkelstäbe.

Nietverbindungen im Stahlbau werden zunehmend durch Schweißverbindungen, HV-Schraubenverbindungen oder Schließring-Bolzen-Verbindungen ersetzt. Verbindungen mit Schließringbolzen (Bild 3) setzen voraus, daß die zu verbindenden Teile von beiden Seiten aus zugänglich sind.

Das Bearbeitungswerkzeug greift nur von einer Seite aus an. Es packt den in die vorbereitete

Nietung im Stahlbau. Tabelle: Genormte Vollnietverbindungen (Auswahl).

t	4—6	5—7	6—8	7—9	9—11	10—14	13—17	16—21
d_1	12	14	16	18	20	22	24	27

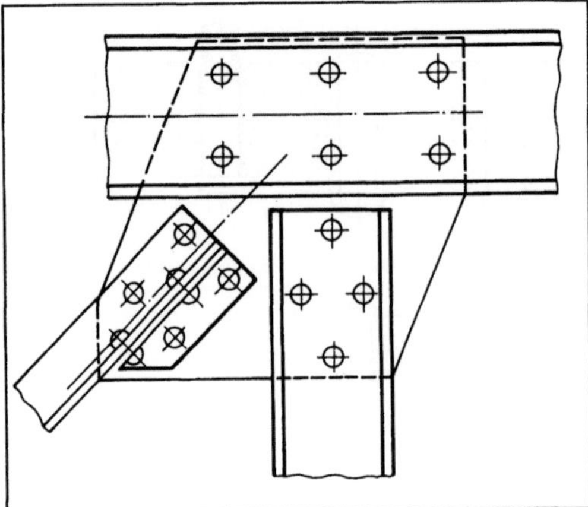

Nietung im Stahlbau 2: Knotenpunkt mit Knotenblech und Anschlüssen für U-Stäbe und für Winkelstäbe mit Beiwinkel. (Quelle: Niemann a. a. O.)

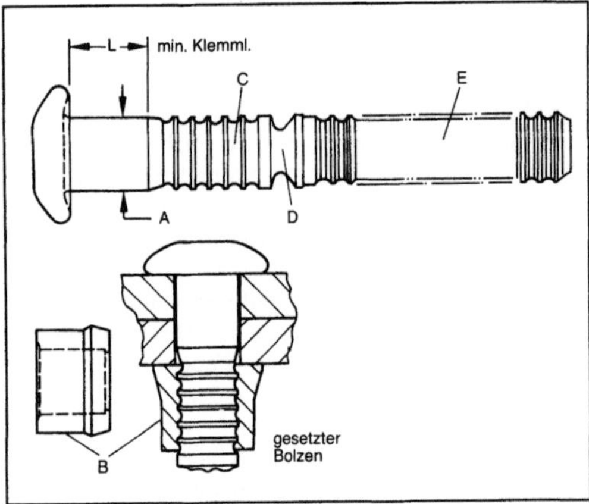

Nietung im Stahlbau 3: Schließringbolzen, Schließring und Schließring-Bolzen-Verbindung.

Bohrung eingeführten Bolzen außerhalb des Schließrings (mit dem 0-gängigen →Gewinde) im geriffelten Bolzen-Zugteil E (Bild 3) an, übt neben der Zugkraft auf den Bolzen eine Druckkraft auf den konischen Ansatz des Schließrings aus. Dadurch werden die zu verbindenden Teile mit der im Bolzen zulässigen Zugkraft zusammengedrückt, bevor der Schließring in die Schließrillen im Bolzenteil C eingestaucht wird. Danach reißt der Bolzen an seiner Soll-Bruchstelle D ab. Mit HV-Schließringbolzen von 12, 16, 19, 22,2 und 25,4 mm Dmr. können Vorspannkräfte von 55 kN, 87 kN, 129 kN, 178 kN und 234 kN erreicht werden.

Die im Versuch erreichten Scherbruchkräfte liegen bei dem 1,1–1,2fachen dieser Vorspannkräfte, die erreichten Zugbruchkräfte bei dem etwa 1,4-fachen. Serienmäßig lieferbare Kopfformen sind Flachrundköpfe, 90°-Senkköpfe und 60°-Linsen-senkköpfe. Um den Schließring muß ein ebener Blech- oder Stabbereich mit dem 3,3fachen des Bolzendurchmessers für das Nietwerkzeug zur Verfügung stehen. *Federn*

Literatur: DASt-Bau-Richtlinien für Verbindungen mit Schließringbolzen im Anwendungsbereich des Stahlhochbaus mit vorwiegend ruhender Belastung. Hrsg. Dt. Ausschuß für Stahlbau. Köln 1970. – DIN 18800. Tl. 1: Stahlbauten, Bemessung und Konstruktion. Hrsg. Dt. Inst. für Normung. – DIN-Taschenb. 69: Stahlhochbau-Normen, Richtlinien. Berlin 1986. – *Dubbel:* Taschenb. Maschinenbau. 17. Aufl. Berlin, Heidelberg, New York, Tokio 1990. – *Niemann:* Maschinenelemente. Bd. 1. 2. Aufl. Berlin, Heidelberg, New York. 1975. – Stahl im Hochbau. Hrsg. Verein Dt. Eisenhüttenleute. Düsseldorf.

Nietverbindung. Nieten ist ein Fügen zweier oder mehrerer glatt aufeinanderliegender Teile durch Umformen eines Verbindungselements mit einem vorgeformten Kopf, des Niets. Dieser wird in konzentrische Löcher gesteckt und sein einseitig herausragender Schaftteil durch Hämmern (Schlagenergie), Pressen, Rollen oder Explosion eines Füllstoffs zu einem Schließkopf geformt. Dadurch entsteht eine ohne Nietzerstörung unlösbare, formschlüssig (und teilweise auch kraftschlüssig) übertragende Verbindung der zu fügenden Teile. Nietwerkstoffe sind C-Stahl, Messing und Leichtmetalle. Die Nietbenennung richtet sich weitgehend nach der Kopfform.

Man unterscheidet Kalt- und Warmnietung. Bei letzterer bleiben nach dem Erkalten (aus hellroter Glut) und Schrumpfen Längszugspannungen σ_1 im Schaft zurück, die einen Reibschluß mit $\mu = 0,3$ bis 0,5 zwischen den Teilen (Blechen) erzeugen und u. U. Dichtheit ohne zusätzliche Mittel (Nietlochdurchmesser etwa 1,1 mal Rohniet-Schaftdurchmesser nach DIN 123 und DIN 124) erreichen.

Für das Verbinden dickerer Bleche werden vorrangig Vollniete (mit Warmnietung ab 8–10 mm Nietdurchmesser) verwendet. Die Bildung ihres Schließkopfes bei einer einschnittig überlappenden N. zeigt Bild 1.

Bei den Nietverfahren unterscheidet man Handnietung (mit Hammerschlag unmittelbar auf den Nietschaft), Druckluftnietung (mit Niethammerschlagzahlen von 600–3000/min), pneumatisch-hydraulisch betätigte Preßnietung und Nietprägeverfahren der Stanzereitechnik. Nietautomaten führen nacheinander Bohren (oder Vorstanzen und Aufbohren), Reiben, Entgraten (Ansenken) und Schlagen des Niets im Transfer aus.

Niete werden auf Abscheren mit Annahme gleichmäßiger Schubspannungsverteilung über den Querschnitt und auf Lochleibung, d. h. Flächenpressung am Nietschaft, berechnet.

Nach optimaler Bemessung mit Blechdicke $t = 0,3 d_7$ nach Bild 2 und etwa gleichem R_m für Niet und Blech sind die mittlere Lochleibungsspannung $\bar{\sigma}_l$ aus der äußeren Last F/z je Niet, und die mittlere Scherspannung $\bar{\tau}_a$ im Schaftquerschnitt des geschla-

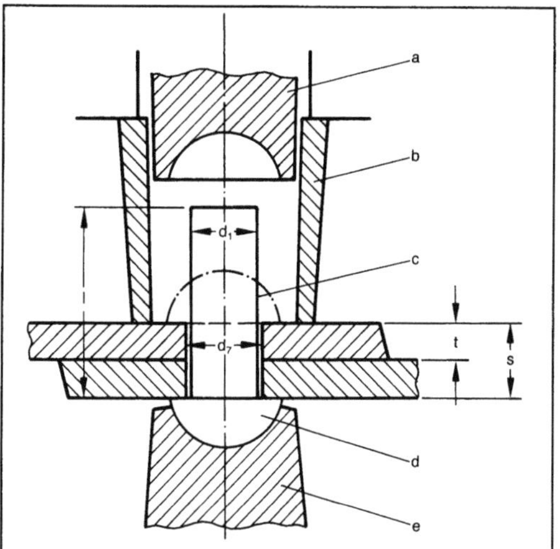

Nietverbindung 1: Schlagen einer Vollnietverbindung. (Quelle: DIN 124 und Dubbel a. a. O.)

a Döpper, b Niederhalter zum Blechschließen bei Maschinennietung, c Schließkopf (als Halbrundkopf), d Setzkopf, e Gegenhalter

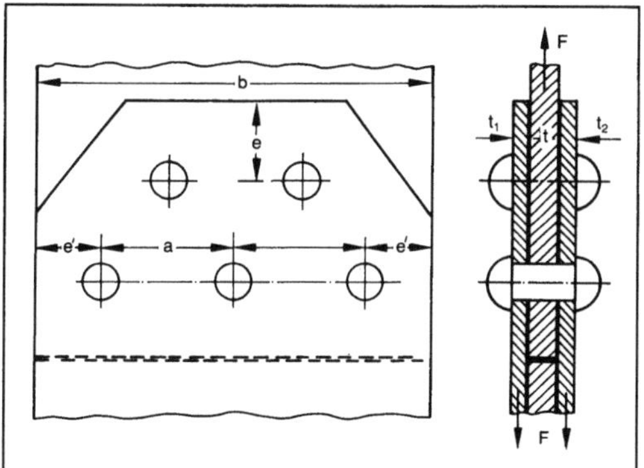

Nietverbindung 2: Beispiel einer Doppellaschen-Nietverbindung mit z = 5 und n = 2. (Quelle: Dubbel a. a. O.)

genen Niets im Verhältnis zu den jeweils zulässigen Grenzlasten etwa gleich.

Für eine Doppellaschennietung nach Bild 2 ergeben sich die folgenden Nachrechnungsgleichungen nach ersten Bemessungsannahmen:

$$\bar{\sigma}_l = \frac{F/z}{d_7 t} \leqq \bar{\sigma}_{l\,zul}, \quad \bar{\sigma}_{l\,zul} = R_{e(Blech)}/S_{F\,(Blech)} \qquad (1);$$

als Sicherheitsfaktor $S_{F(Blech)}$ kann 1,2 gewählt werden, sofern nicht Vorschriften für Nietungen im Stahlbau oder Kranbau anderes fordern;

$$\bar{\tau}_a = \frac{F/z}{\pi n \; d_7^2/4} \leqq \bar{\tau}_{a\,zul}, \quad \bar{\tau}_{a\,zul} =$$

$$0{,}58 \; R_{e(Niet)}/S_{F\,(Niet)} \qquad (2);$$

als Sicherheitsfaktor $S_{F(Niet)}$ kann 1,5 gewählt werden, sofern kein anderer Wert vorgeschrieben.

Je nachdem, ob $t \cdot R_{e(Blech)} \leqq 0{,}3\,d_7\,n\,R_{e(Niet)}$ (mit n als Schnittzahl je Niet), ist die mittlere Lochleibungsspannung $\bar{\sigma}_l$ oder die Scherspannung $\bar{\tau}_a$ maßgebend für die endgültige Bemessung.

Auch die Zugspannung σ im verbleibenden Nutzquerschnitt A_n, $A_n = v\,A = [(a-d_7)/a] \cdot A$ nach Bild 3, wird als mittlere Zugspannung

$$\bar{\sigma} = F/(v\,A) \leqq \sigma_{zul} \qquad (3)$$

der Rechnung zugrunde gelegt, obwohl Zugspannungsspitzen mit etwa einem Formfaktor $\alpha_k \approx 2$ am Lochrand nach Bild 3 zurückbleiben, mit v als Schwächungsverhältnis und der Voraussetzung $e' - d_7/2 \geqq (a - d_7)/2$.

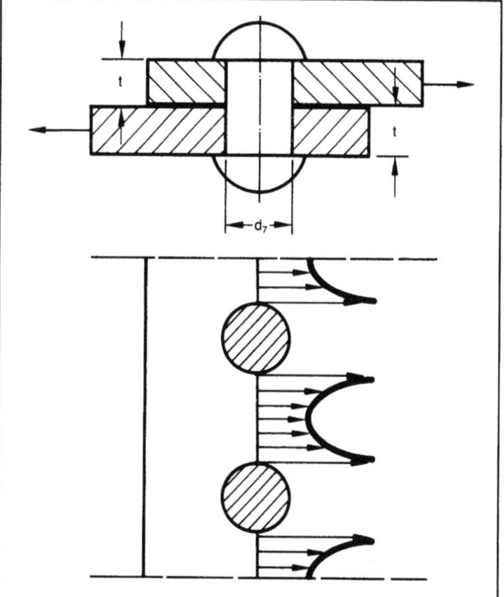

Nietverbindung 3: Zugspannungsspitzen im Blech-Restquerschnitt einer einschnittigen Nietverbindung. (Quelle: Lueger a. a. O.)

Für eine erste Dimensionierung kann v im Bereich 0,7–0,85 gewählt werden. Der Blechüberstand mit dem Maß e muß die mittlere Scherspannung $\bar{\tau}$ ertragen, auf der sicheren Seite berechnet nach

$$\bar{\tau} = F/[2z(e - d_7/2)t] \qquad (4).$$

Federn

Literatur: *Dieckhörner, G. W.,* u. *E. Kopowski:* Konstruktionskataloge über Nietverbindungen, ein weiterer Schritt zur Systematisierung in der Verbindungstechnik. VDI-Z. 123 (1981), S. 70/78. – *Dubbel:* Taschenb. Maschinenbau. 17. Aufl. Berlin, Heidelberg, New York, Tokio 1990. – DIN-Taschenb. 43: Mechanische Verbindungselemente 2, Bolzen, Stifte, Niete, Keile, Stellringe, Sicherungsringe. 6. Aufl. Berlin 1988. – DIN

15018. Tl. 1: Krane; Grundsätze für Stahltragwerke; Berechnung. Hrsg. Dt. Inst. für Normung. Ausg. Nov. 1984. – DIN 15018. Tl. 2: Krane, Stahltragwerke; Grundsätze für bauliche Durchbildung und Ausführung. Hrsg. Dt. Inst. für Normung. Ausg. Nov. 1984. – DIN 101: Niete, Technische Lieferbedingungen. Hrsg. Dt. Inst. für Normung. Ausg. Juli 1977, Entw. Nov. 1991. – DIN 124: Halbrundniete, Nenndurchmesser 10 bis 36 mm. Hrsg. Dt. Inst. für Normung. Ausg. Juli 1977, Entw. Nov. 1991. – DIN 302: Senkniete, Nenndurchmesser 10 bis 36 mm. Hrsg. Dt. Inst. für Normung. Ausg. Juli 1977, Entw. Nov. 1991. – *Lueger*: Lexikon der Technik. 4. Aufl. Bd. 1: Grundlagen des Maschinenbaus. Stuttgart 1960. – Gebr. Titgemeyer, Ges. f. Befestigungstechnik, Osnabrück: Druckschriften über HUCK-Bolzen mit Schließring und über Blindniete. – VDI 2232 E: Methodische Auswahl fester Verbindungen – Systematik, Konstruktionskataloge, Arbeitshilfen. Hrsg. Verein Dt. Ing. Ausg. Okt. 1987.

Nitrieren. Anreichern der Randschicht eines Werkstücks – meistens aus Stahl oder Gußeisen – mit Stickstoff durch thermochemische Behandlung. Diffundiert zusätzlich Kohlenstoff in die Randschicht ein, so spricht man von Nitrocarburieren. Davon zu unterscheiden ist das →Carbonitrieren, bei dem in erster Linie Kohlenstoff eindiffundiert und durch den Stickstoff die Kohlenstoffdiffusion beschleunigt wird.

Zum N. und Nitrocarburieren werden unterschiedliche Medien verwendet (Bild 1). Das klassische Gas-N. in Ammoniak erfordert eine Temperatur von 500 °C und eine Behandlungsdauer von bis zu 100 h. Das Plasma-N. kann bei einer niedrigeren Temperatur bis hinab zu 350 °C vorgenommen werden. Das Nitrocarburieren wird i. a. bei einer Temperatur zwischen 570 und 580 °C mit einer Behandlungsdauer unter 10 h, häufig 2–3 h, durchgeführt.

Die Behandlungstemperatur liegt also unter der Austenitisierungstemperatur von Stahl, so daß eine Vergütung vor dem N. bzw. Nitrocarburieren vorgenommen werden kann.

Für das N. stehen spezielle Nitrierstähle zur Verfügung, welche Nitridbildner wie Chrom, Aluminium oder Molybdän enthalten. Zum Nitrocarbu-

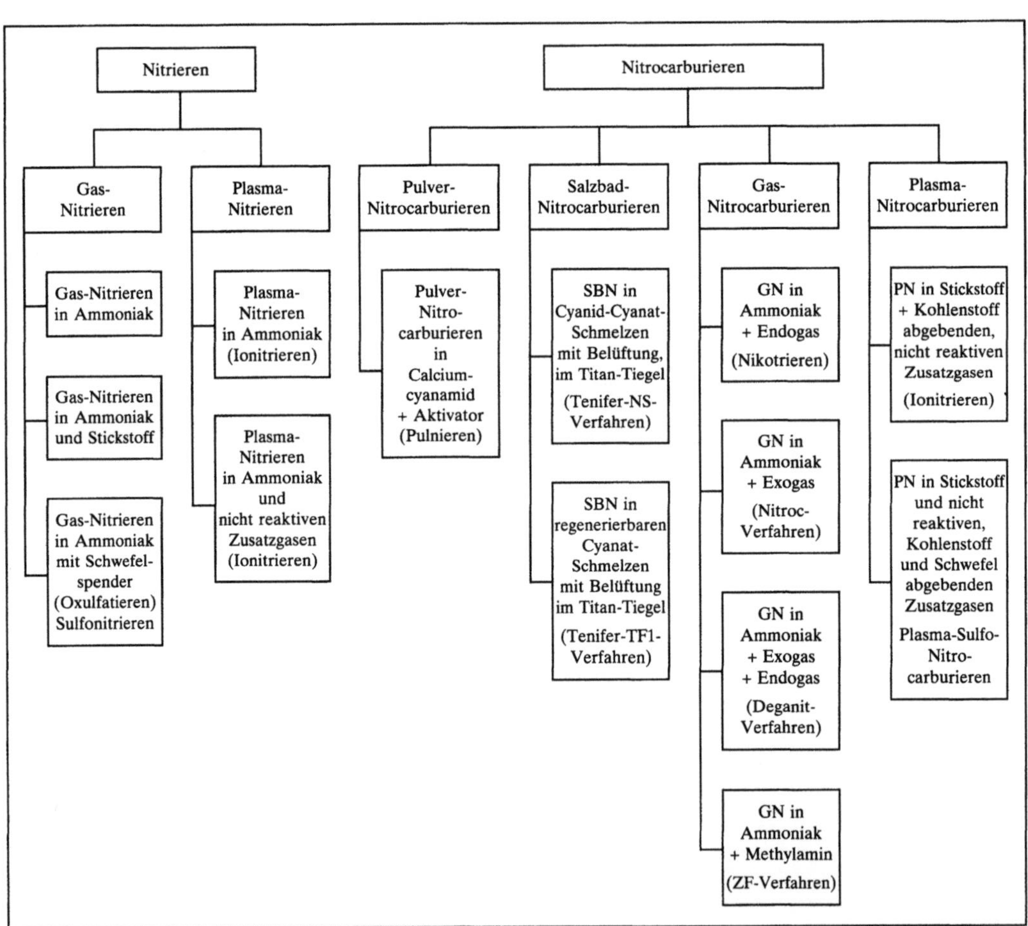

Nitrieren 1: Nitrier- und Nitrocarburierverfahren.

rieren werden Einsatzstähle, Vergütungsstähle, Werkzeugstähle und korrosionsbeständige Stähle benutzt.

Beim Gas-N. entsteht eine spröde, zweiphasige Verbindungsschicht aus ε-Fe_xN und γ'-Fe_4N mit einer Dicke von bis zu 50 μm. Diese Schicht wird wegen ihrer Sprödigkeit meistens abgeschliffen. An die Verbindungsschicht schließt sich eine stickstoffhaltige Diffusionsschicht mit Nitridausscheidungen an, deren Dicke i. a. unter 1 mm liegt.

Beim Plasma-N. bildet sich eine Verbindungsschicht aus γ'-Fe_4N mit einer Dicke unter 10 μm, an die sich ebenfalls eine Stickstoff-Diffusionsschicht anschließt. Die Verbindungsschicht wird i. a. nicht abgeschliffen.

Das Nitrocarburieren führt zu einer Verbindungsschicht, die bei einer maximalen Dicke von ca. 30 μm überwiegend aus ε-Fe_xN besteht. Zum Inneren hin schließt sich eine Schicht aus γ'-Fe_4N an, ehe die Stickstoff-Diffusionsschicht erreicht wird. Da die ε-Fe_xN-Schicht den Widerstand gegenüber adhäsivem Verschleiß erhöht, wird sie nicht abgeschliffen.

Auf den Stählen 42CrMo4, 31CrMoV9 und S 6-5-2 (Bild 2) ist eine hell erscheinende Verbindungsschicht zu erkennen, die aus ε-Fe_xN besteht. In der äußeren Randschicht der Verbindungsschicht befindet sich ein Porensaum. Die Carbide des Stahles S 6-5-2 bleiben in der Verbindungsschicht erhalten. Auf dem Stahl X10CrNiTi189 bildet sich nur eine Stickstoff-Diffusionsschicht.

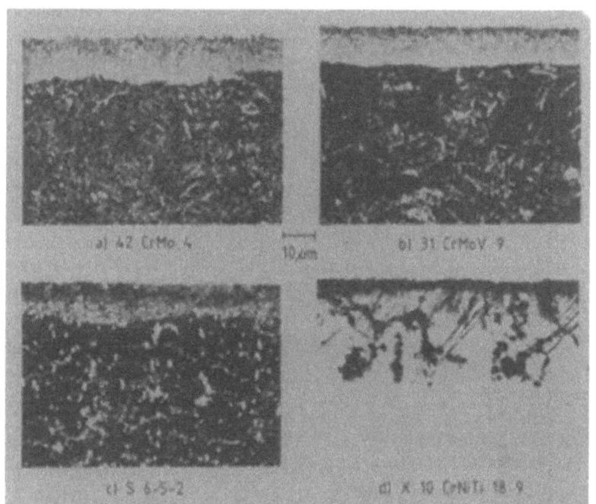

Nitrieren 2: Gefüge von nitrocarburierten Stählen.

Die Härte der Nitridschicht hängt von der Art und Konzentration der Legierungselemente des Grundwerkstoffs ab. Sie reicht von ca. 750 HV 0,01 auf unlegierten Stählen bis zu ca. 1 500 HV 0,01 auf legierten Stählen.

Durch N. und Nitrocarburieren werden die Dauerschwingfestigkeit und der Widerstand gegenüber Oberflächenzerrüttung bzw. Grübchenbildung erhöht. Hierfür ist vor allem die Diffusionsschicht

verantwortlich, die Druckeigenspannungen aufweist. Die Verbindungsschicht bewirkt einen besonders hohen Widerstand gegenüber adhäsivem Verschleiß und adhäsiv bedingtem Fressen, wenn der Gegenkörper aus Stahl, insbes. aus nitrocarburiertem Stahl besteht. Ferner wird die Korrosionsbeständigkeit von niedrig legierten Stählen erhöht. Dagegen nimmt die Korrosionsbeständigkeit von Stählen mit hohem Chrom- und Nickelgehalt ab. Durch ein sich an das Nitrocarburieren anschließendes Oxidieren kann die Korrosionsbeständigkeit erhöht werden. Nitrierte oder nitrocarburierte Stähle haben im Vergleich zu vergüteten Stählen einen erhöhten Widerstand gegenüber abrasivem Verschleiß. Beide Verfahren werden daher mit Erfolg zur Erhöhung der Gebrauchsdauer von verschiedenartigen hochbeanspruchten Bauteilen und Werkzeugen eingesetzt. *Habig*

Literatur: *Liedtke, D.:* Nitrieren. Merkbl. 447. Düsseldorf 1974 – *Wahl, G.:* Einsatzhärten und Nitrieren von Eisenwerkstoffen. In: *Kunst, H.* (Hrsg.): Verschleiß metallischer Werkstoffe und seine Verminderung durch Oberflächenschichten. Grafenau 1982 – *Kunst, H.,* u. *D. Liedtke:* Badnitrieren von Eisenwerkstoffen-Untersuchungen an Nitridschichten. Tribologie, Reibung-Verschleiß-Schmierung 7 (1983), S. 39. – *Chatterjee-Fischer, R.:* Härterei-Techn. Mitt. 38 (1983), S. 39. – *Habig, K.-H.:* In: VDI-Ber. Nr. 333 Düsseldorf 1979; S. 43.

Nitschel-Spinnverfahren. Das bekannteste Verfahren ist das Selftwist-Verfahren nach Repco. Vorgarnfäden werden in einem Streckwerk auf die gewünschte Garnfeinheit verzogen und erhalten beim Austritt aus dem Streckwerk durch ein Falschdrahtaggregat eine entsprechende Verfestigung. Das Falschdrahtaggregat besteht aus zwei mit einem Spezialbezug versehenen Zylindern, die eine Rotations- und eine Traversierbewegung machen (Bild 1). Durch die gegenläufige Oszillierbewegung erhält der Faserverband über eine Länge von 90 mm abwechselnd einen Z-Draht und einen S-Draht. Bei der Umkehrung der Traversierbewegung erhalten 20 mm keine Drehung (Bild 2).

Führt man zwei Fäden mit einem solchen Drehungsaufbau zusammen, so stabilisiert sich der Falschdraht dadurch, daß die freiwirksame Rückdrehung einen Zwirndrehungseffekt (Selftwist-Effekt) auslöst, wobei die Summe der eingebrachten

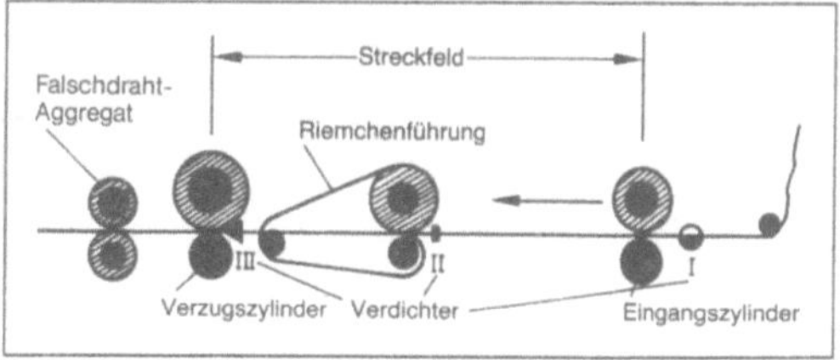

Nitschel-Spinnverfahren 1: Funktionsbild des Repco-Verfahrens (Querschnittskizze). (Quelle: Platt Saco Lovell, Accrington (GB))

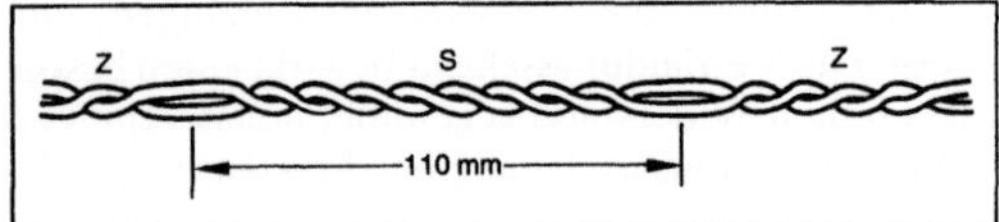

Nitschel-Spinnverfahren 2: Prinzipskizze des Repco-Garns.

Drehungen erhalten bleibt. Es entsteht somit aus jeweils zwei Fäden ein Zwirn mit abwechselnden Drehrichtungen.

Wird das Falschdrahtgarn in gleichem Winkel (also gleichem Weg) zum Doublierpunkt geführt, so würden sich die drehungsfreien Zonen gegenüberliegen. Aus Bild 3 ist zu ersehen, daß sich durch den etwas weiteren Weg des zweiten Garns die drehungsfreien Zonen versetzen, so daß keine Stelle des Garns ganz ohne Drehung ist.

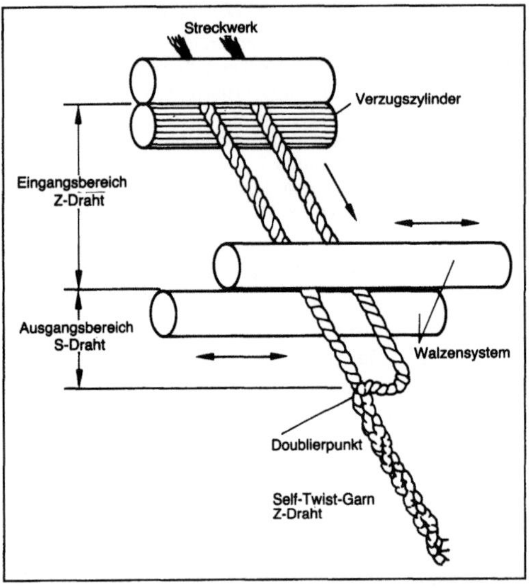

Nitschel-Spinnverfahren 3: Der Selftwist-Effekt. (Quelle: Platt Saco Lovell, Accrington (GB))

Das Verfahren wurde als Alternative zur Ringspinnmaschine in der Kammgarnspinnerei zum Verspinnen von Wolle und Chemiefasern entwickelt. Besonders interessant ist die hohe Produktivität von 300 m/min Liefergeschwindigkeit. Problematisch ist nicht die erforderliche Nachzwirnung dieser Garne, da Kammgarne für Oberbekleidungszwecke im Regelfall gezwirnt werden, sondern die ungleiche Drehungsverteilung dieser Garne beim Nachzwirnen, die selbst bei großen Zwirnstrecken auf Doppeldrahtzwirnmaschinen nicht vermeidbar ist.

Löcker

Nivellierstopf- und Richtmaschine. N. u. R. sind kombinierte Geräte zum Unterstopfen der Schwellen und Ausrichten der Gleisgeometrie. Hydraulische Hebe- und Richtaggregate greifen das Gleis mit Hebehaken entweder an den Schienenköpfen oder unter dem Schienenfuß und heben es an, so daß die dahinter angeordneten Stopfaggregate die Schwellen unterstopfen können. Die Gleisgeometrie kann berichtigt werden, da durch das Anheben der Gleise auch eine Verschiebung möglich ist; hierbei wird die Maschine mittels Laserrichttechnik geführt. Für Weichen und Kreuzungen benötigt man spezielle Ausführungen dieses Maschinentyps, deren Stopfaggregate seitenverschiebbar sind, so daß der gesamte Weichenbereich bearbeitet werden kann.

Kühn

Nockenwelle. Mit halber Kurbelwellendrehzahl laufende Welle, mit der die Ventile eines Viertaktmotors gesteuert werden.

Da ein Viertaktmotor nur alle zwei Kurbelwellenumdrehungen ein →Arbeitsspiel ausführt, muß die N. mit der halben Motordrehzahl umlaufen. Der Antrieb erfolgt von der Kurbelwelle über Zahnräder oder Zahnriemen (→Ventiltrieb).

Die N. erstreckt sich über die ganze Länge des Motors. Sie hat einen Einlaß- und einen Auslaßnokken je →Zylinder, die mit der Welle aus einem Stück gefertigt sind.

Bei großen Motoren sind die Nocken als Einzelteile auf die N. aufgesetzt. Zu den Nocken für Einlaß- und Auslaßventil kommt noch ein Brennstoffnocken, der die →Einspritzpumpe für jeden Zylinder betätigt.

Wenn der Motor in beiden Drehrichtungen laufen soll (umsteuerbarer Motor), werden die Nocken für die beiden Drehrichtungen nebeneinander angeordnet. Durch axiales Verschieben der N. gelangt dann der jeweils benötigte Nocken zum Einsatz.

Kuhlmann

Normalschnitt →Schrägverzahnung

Normzahlreihe. Eine N. (Bild) ist eine dezimalgeometrisch gestufte Zahlenreihe, bei der sich innerhalb einer Dekade jedes neue Glied durch Multiplikation mit einem konstanten Faktor aus dem vorherigen ergibt.

N. sind ein wichtiges Hilfsmittel zur Stufung beim Entwurf von Baureihen. Sie sollen die Verwendung willkürlicher Zahlen einschränken und zweckmäßige und logische Stufungen ermöglichen.

Ehrlenspiel

Normzustand. Genormte Werte von Temperatur und Druck, auf die die Dichte von Gasen sowie Kennwerte des Gaswechsels von Verbrennungsmotoren bezogen werden.

Der N. ist auf 273,15 K und 1,01325 bar festgelegt (entspricht 0°C und $1,013232 \cdot 10^5$ Pa). Im N. ist die Dichte eines Gases ein fester stoffspezifischer Wert, z. B. bei Luft 1,293 kg/m³. Ist von einer Gasmenge

Hauptwerte Grundreihen			
R 5	R 10	R 20	R 40
1,00	1,00	1,00	1,00
			1,06
		1,12	1,12
			1,18
	1,25	1,25	1,25
			1,32
		1,40	1,40
			1,50
1,60	1,60	1,60	1,60
			1,70
		1,80	1,80
			1,90
	2,00	2,00	2,00
			2,12
		2,24	2,24
			2,36
2,50	2,50	2,50	2,50
			2,65
		2,80	2,80
			3,00
	3,15	3,15	3,15
			3,35
		3,55	3,55
			3,75
4,00	4,00	4,00	4,00
			4,25
		4,50	4,50
			4,75
	5,00	5,00	5,00
			5,30
		5,60	5,60
			6,00
6,30	6,30	6,30	6,30
			6,70
		7,10	7,10
			7,50
	8,00	8,00	8,00
			8,50
		9,00	9,00
			9,50
10,00	10,00	10,00	10,00

Normzahlreihe. (Quelle: DIN 323)

das Volumen im N. bekannt, läßt sich ohne weitere Angaben ihre Masse errechnen.

Bei Verbrennungsmotoren werden der →Liefergrad, der Luftaufwand und die relative Gesamtladung oft auf den N. bezogen. Dann kann man direkt die Gasmasse im →Zylinder berechnen, die für die →Verbrennung und für die Leistung des Motors von Bedeutung ist. *Kuhlmann*

Notlaufeigenschaft. Gleitlagerwerkstoffe müssen gute N. aufweisen, wenn bei Versagen der Schmierung das Lager noch kurzzeitig ohne nennenswerte Schädigung funktionsfähig bleiben soll. Die N. werden hauptsächlich durch die Stoffeigenschaften der Lagermetalle bestimmt, wobei sich Restölmengen und Festschmierstoffanteile positiv auswirken. *Knoll*

Notlaufverhalten. Fähigkeit einer Gleitpaarung, beim Auftreten unvorhergesehener ungünstiger Schmierungsbedingungen noch eine Gleitbewegung während einer begrenzten Zeitspanne aufrechtzuerhalten. Bei Paarung mit Stahl besitzen Gleitlagerwerkstoffe auf Blei- oder Zinnbasis und Kupfer-Blei-Legierungen ein relativ gutes N. *Habig*

NO$_x$-Emission →Schadstoff

Nullphasenwinkel. Der →Phasenwinkel eines harmonischen Signals zur Zeit $t = 0$. *Witfeld*

Nullverzahnung →Evolventenverzahnung

Nummernsystem. Ein N. ist ein System von Zahlen (und ggf. Buchstaben), das verschlüsselte Informationen über ein Produkt enthält.

Im Maschinenbau werden Sach-N. eingesetzt, die die Aufgabe haben, Bauteile, Zeichnungen oder EDV-Programme

□ zu identifizieren (eindeutig bezeichnen und unverwechselbar erkennen),

□ zu klassifizieren (nach definierten Merkmalen ordnen),

□ zu kontrollieren (vor Verwechslung schützen),

□ und zu informieren (Eigenschaften nennen).

Sach-N. können als Parallel- oder Verbund-N. aufgebaut sein. Beim Parallel-N. ist die →Klassifizierung durch Schlüsselnummern für verschiedene Merkmale unabhängig von einer laufenden Ident-Nummer (Bild). Der Vorteil liegt dabei in der einfachen Erweiterungsmöglichkeit der klassifizierenden Nummer.

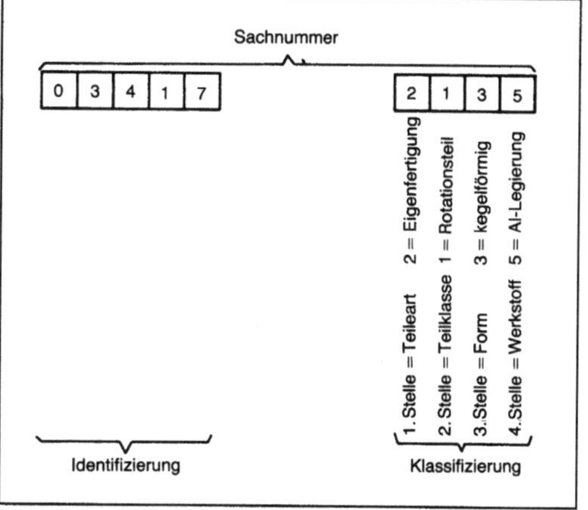

Nummernsystem: Beispiel für eine Sachnummer.

Beim Verbund-N. wird eine sehr feine Klassifizierung mit kurzen Zählnummern kombiniert. *Ehrlenspiel*

Nutzlast. Die N. ist die maximale Objektlast, die ein Arbeitsmittel bei gleichmäßiger oder durch den Aufbau des Arbeitsmittels vorgegebener Lastverteilung tragen kann, ohne daß das zulässige Gesamtgewicht und zulässige Achslasten, Seillasten usw. überschritten werden. *Jünemann*

Nutzleistung. Nutzbare Leistung, die ein →Verbrennungsmotor abgibt.

Von der →Innenleistung eines Verbrennungsmotors geht ein Teil durch Reibung (z. B. zwischen

→Kolben und →Zylinder oder in den Lagern) verloren. Ein weiterer Teil wird für den Antrieb von Hilfsgeräten benötigt. Die verbleibende, am Abtriebsflansch zur Verfügung stehende Leistung heißt N.

Die in Katalogen oder Prospekten genannte Leistung eines Motors ist die größte N., die der Motor bei einem →Bezugszustand abgeben kann. Weichen die atmosphärischen Bedingungen (Luftdruck, -temperatur, -feuchte) vom genormten Bezugszustand ab, ist die Leistung entsprechend zu reduzieren. Die Leistung reduziert sich auch, wenn der Motor mit einer niedrigeren als der angegebenen Drehzahl betrieben werden soll. Außerdem ist die Leistung vom Verwendungszweck des Motors abhängig (→Dauerleistung). *Kuhlmann*

Literatur: Fachgemeinschaft Kraftmaschinen im VDMA (Hrsg.): Deutsche Verbrennungsmotoren. Frankfurt a. M. (erscheint jährlich).

Nutzleistungsturbine. Aus der mehrwelligen →Gasturbine die Turbine, die aus den heißen, unter Überdruck stehenden Abgasen des Turbogasgenerators nutzbare mechanische Leistung an der Rotorwelle gewinnt und zum Antrieb von Arbeitsmaschinen dient. *Ziemann*

Nutzmitteldruck. Der →Betriebspunkt eines Verbrennungsmotors wird durch Last und Drehzahl charakterisiert. Als Maß für die Last verwendet man sehr oft den N. Der N. bei der größten →Nutzleistung eines Motors ist gleichzeitig ein Maß für den Entwicklungsstand eines Motors.

Wegen der mechanischen Verluste (Reibung, Antrieb der Hilfsgeräte) ist die Nutzleistung P_e eines Verbrennungsmotors kleiner als seine →Innenleistung P_i. Das Verhältnis beider Leistungen ist der mechanische Wirkungsgrad η_m, somit ist $P_e = \eta_m \cdot P_i$.

Analog zu dieser Beziehung für die Leistungen gilt für die Mitteldrücke $p_e = \eta_m \cdot p_i$. Die physikalische Bedeutung des Innenmitteldrucks p_i ergibt sich aus dem →Indikatordiagramm, das als bekannt vorausgesetzt sei. Der N. p_e ist dann einfach der mit dem mechanischen Wirkungsgrad verkleinerte Wert von p_i.

So wie der Innenmitteldruck die auf das →Hubvolumen bezogene Innenarbeit ist, ist der N. p_e die auf das Hubvolumen bezogene Nutzarbeit. Damit ist p_e ein von der Motorgröße unabhängiger Wert.

Man kann zeigen, daß bei gegebenem Hubvolumen V_H das Drehmoment und der N. einander proportional sind ($M = \dfrac{V_H}{4\pi} \cdot p_e$ beim →Viertaktmotor). Als Maß für die Last des Motors eignet sich daher gleichermaßen das Drehmoment wie der N.

Dabei gibt man dem N. wegen der Unabhängigkeit von der Motorgröße oft den Vorzug. So wie man aus Drehmoment und Drehzahl die Motorleistung in einem Betriebspunkt errechnen kann ($P_e = M\,2\pi n$), so läßt sie sich ebenso gut aus N. und Drehzahl bestimmen ($P_e = p_e \cdot \dfrac{n}{2} \cdot V_H$ beim Viertaktmotor).

Für unaufgeladene Verbrennungsmotoren gilt, daß mit einem vorgegebenen Hubvolumen nur eine bestimmte (durch den →Liefergrad begrenzte) mechanische Energie je →Arbeitsspiel gewonnen werden kann. Dadurch sind auch der Innenmitteldruck und der N. begrenzt.

Charakteristische Werte für den N. sind:

□ unaufgeladene
    Viertakt-Ottomotoren: p_e = 10 bar,

□ unaufgeladene
    Viertakt-Dieselmotoren: p_e = 7 bar,

□ große aufgeladene
    Viertakt-Dieselmotoren: p_e = 20 bar.
Kuhlmann

Nutzraum. Der N. ist der Raum, der für die Zuladung eines Fördermittels oder Transportmittels im innerbetrieblichen oder außerbetrieblichen →Verkehr vorgesehen ist. Er nimmt die →Nutzlast auf. *Jünemann*

Nutzspannung. N. ist bei Flachriemengetrieben diejenige Beanspruchung σ_n, die sich bei homogenen →Riemen aus der Nutzkraft F_n (auf den Riemenscheiben übertragene Umfangkraft) bezogen auf den Riemenquerschnitt A ergibt: $\sigma_n = F_n/A$. *H. W. Müller*

Nutzungsgrad →Arbeitsaufnahmefähigkeit

Nutzwirkungsgrad. Verhältnis der →Nutzleistung eines Verbrennungsmotors zum mit dem →Kraftstoff zugeführten Energiestrom.

Aus der Energie des Kraftstoffstroms entsteht im →Verbrennungsmotor entsprechend dem →Innenwirkungsgrad die →Innenleistung, und hiervon verbleibt nach Abzug aller mechanischen Verluste die Nutzleistung (→Energiebilanz). Damit ist der N. der Gesamtwirkungsgrad eines Verbrennungsmotors. Er beträgt für einen →Ottomotor etwa 30 %, für einen →Dieselmotor ca. 40 % und für einen großen aufgeladenen →Schiffsdieselmotor ca. 50 %. Dieser Wirkungsgrad von 50 % ist ein Rekordwert, da Wärmekraftmaschinen wegen grundlegender Naturgesetze immer nur einen begrenzten Teil der zugeführten Wärmeenergie in mechanische Energie umwandeln können (Carnot-Wirkungsgrad).

Statt des N. wird für Verbrennungsmotoren sehr oft der spezifische Kraftstoffverbrauch angegeben, der dem N. umgekehrt proportional ist. *Kuhlmann*

O

Obenfräse →Silofräsen

Oberflächentechnik. Moderne Verfahren der O. umschließen ein großes Potential aktueller und zukünftiger Anwendungsfelder. Neben den dekorativen Anforderungen übernehmen Oberflächen eine Vielzahl technisch funktioneller Aufgaben wie Verschleiß- und Korrosionsschutz, Benetzbarkeit, elektrische Leitfähigkeit, Verspiegelung, Reflexionsminderung, katalytische Wirksamkeit und magnetische sowie photoleitende und photovoltaische Eigenschaften usw.

Als Beispiel sei die Dünnschichttechnik genannt, die als magnetische, optische und magnetooptische Datenträger Anwendung findet und die heutige Informationstechnik erst ermöglicht.

Die Oberflächentechnologien bauen z. B. auf die Festkörperphysik, physikalische Chemie, Grenzflächenphysik und -chemie, Vakuumphysik, Plasmaphysik, Verfahrenstechnik, Tribologie, Werkstoffwissenschaften usw. auf und beziehen von dort laufend neue Impulse.

Die Verfahren zur Oberflächenbehandlung und zum Aufbringen von Überzügen erhalten neue Bedeutungen (Tabelle).

Die Anwendung des Elektronenstrahls und des Lasers drängt (z. B. zur Randschichthärtung) in den Vordergrund. Thermochemische Diffusionsverfahren wie Aufkohlen und Nitrieren, bei denen über die Gasphase gezielt andere Elemente bei erhöhter Temperatur in die Randschicht eingebracht werden, haben große wirtschaftliche Bedeutung. Diese Beschichtungsverfahren belassen dem Kern des Werkstücks z. B. die Festigkeits- und Zähigkeitsanforderungen, während die aufgebrachten Überzüge Korrosions- und Verschleißeigenschaften übernehmen.

In den letzten Jahren gewannen die plasma-, laser- und ionenstrahlgestützten Prozesse sowie die stromlose chemische Metallabscheidung an Bedeutung. Unter einem Plasma wird ein Gas unter vermindertem Druck verstanden, das durch elektrische Anregung freie Elektronen und Ionen enthält und somit in der Lage ist, den elektrischen Strom zu leiten, wie es bei jeder Glimmlampe oder Leuchtstoffröhre bekannt ist. Für die Plasmawärmebehandlung sind die Wechselwirkungen eines Plasmas mit einer Festkörperoberfläche von Bedeutung:
□ Aufheizen eines Festkörpers,
□ Festkörperzerstäubung,

Oberflächentechnik. Tabelle: Oberflächentechnologien.

Oberflächenbehandlung	Oberflächenbeschichtung

Plasmabehandlung
  Plasmaaktivieren
  Plasmaätzen
  Plasmanitrieren
 	
Ionenstrahltechniken
  Ionenimplantation
  Ionenätzen
 	
Laserverfahren
  Laserhärten
  Laserumschmelzen
  Laserglasing
 	
thermochemische
Verfahren
  Borieren
  Nitrieren
  Carborieren
  . . .
 	
mechanische
Behandlung
  Polieren
  Rollen
  Strahlen
  . . .
 	
elektrochemische
Behandlung
  Elektropolieren
	PVD (Physical Vapour Deposition)
	  Sputtern
	  Aufdampfen
	  Ionenplattieren
	  Molekularstrahl-
	  epitaxie
	
	CVD (Chemical
	Vapour Deposition)
	Plasmabeschichtungs-
	verfahren
	  Plasma-CVD
	  Plasma-
	  polymerisation
	  Plasmaspritzen
	
	Ionenstrahlverfahren
	  ionenstrahl-
	  gestütztes
	  Beschichten
	  Ionenstrahlmischen
	  (mixing)
	
	Laserbeschichtungs-
	verfahren
	  Laser-CVD
	  Laserspritzen
	  Laserlegieren
	  Lasergalvanik
	
	elektrochemische
	Beschichtung
	  Galvanik
	  stromlose Metall-
	  abscheidung

□ Ionenimplantation,
□ Adsorption von Gasen.

Beim CVD-Verfahren wird das Schichtmaterial durch eine chemische Reaktion direkt an der Oberfläche der zu beschichtenden Teile aus gasförmigen Stoffen gebildet. Es werden damit CVD-hartstoffbeschichtete Werkzeuge und Verschleißteile mit Titannitrid hergestellt, die eine Standzeitverbesserung von ca. 400 % aufweisen.

Beim Ionenstrahlverfahren, z. B. dem Ionenstrahlätzen, treffen Ionen mit Energien auf eine Festkörperoberfläche (Verdampfer bzw. Target), die einen Materialabtrag durch Herausschlagen von vorwiegend neutralen Atomen bzw. Atomgruppen aus dem Festkörper bewirken. Die Ionenerzeugung, -beschleunigung und Fokussierung erfolgt in einer Ionenquelle getrennt vom Zerstäubungsraum. Beim Sputtern fungiert das Target als Kathode einer Gasentladung.

Das am weitesten verbreitete Ionenverfahren ist die Ionenimplantation, die heute zur Herstellung integrierter Schaltkreise verwendet wird. Von einem Beschleuniger werden elektrisch geladene Atome, d. h. Ionen, mit einer Spannung von 100 000 V beschleunigt. Dabei erreichen die Ionen Geschwindigkeiten von etwa 1000 km/s, mit denen sie auf einen Festkörper treffen und zur Ruhe kommen. *Lauruschkat*

Literatur: *Amende, W.,* u. *V. Bödecker*: VDI-Technologiezentrum Physikalische Technologien Härten von Werkstoffen und Bauteilen des Maschinenbaus mit dem Hochleistungslaser. In: Technologie Aktuell 3 – Reports, Analysen, Prognosen. Düsseldorf 1985. – *Hartmann, R.*: Plasmapolymerisation – ein modernes Verfahren zur Veredlung von Oberflächen. Metalloberfläche 39 (1985) Nr. 11. – *Lampe, T.,* u. *S. Eisenberg*: Thermochemische Plasmawärmebehandlung von metallischen Werkstoffen. Werkstofftechnik 17 (1986). – *Schintlmeister, W.*: Industrielle Herstellung von CVD-Hartstoffschichten. Metalloberfläche 40 (1986) Nr. 3. – *Stritzker, B.*: Herstellung und Analyse neuer Materialien durch Ionenstrahlen. Jahresber. 1984/85 der Kernforschungsanlage Jülich. – VDI/VDE 2420. Bl. 1–8: Metalloberflächenbehandlung in der Feinwerktechnik. VDI/VDE-Handb. Feinwerktechn. Berlin 1981. – VDI/VDE 2421. Bl. 1–4: Kunststoffoberflächenbehandlung in der Feinwerktechnik. VDI/VDE-Handb. Feinwerktechn. Berlin 1980.

Oberflächenveredelung →Textilausrüstung

Oberfräsmaschine. Formgebende Maschine, die Werkstücke aus Holz, Kunststoff und Metall kopierend bearbeitet. Das Konzept der O. wird zu einem wesentlichen Teil durch den horizontalen Werkstückauflagetisch und das oberhalb des Werkstücks angeordnete Werkzeugaggregat bestimmt. Die Werkzeugspindel, meist mit Schaftfräswerkzeugen bestückt, taucht von oben in das Werkstück und ermöglicht die Herstellung von beliebig profilierten Außenkonturen, Ausschnittfräsungen, Versenkungen, Nuten, Schlitzen, Bohrungen usw.

Die sehr große Produktvielfalt wie Profile für den Gestellbau, Möbelornamente, Rahmen und Füllungen, Möbelgriffe, Spielwaren, Bürsten, Modelle, Meßgeräte, Rolladennuten in Korpusseiten usw. kann auf dieser Maschine gefertigt werden. Nahezu die gesamte Möbel-, Gehäuse-, Gestell-, Spielwaren-, Türen-, Küchen- und Zulieferindustrie hat diese Maschine im Einsatz.

Die übliche O. die zur Grundausstattung eines holzverarbeitenden Betriebs gehört, läßt vielfältige Bearbeitungsmöglichkeiten zu. Das Werkstück wird zweidimensional in der Tischebene bewegt und das Fräsaggregat achsparallel in das Werkstück eingetaucht und von Hand um einen Kopierstift geführt, der aus dem Maschinentisch herausragt. Die Qualität der Fräsarbeit kann ständig kontrolliert werden, da das Werkzeug oberhalb des Werkstücks eingreift. Die Standard-O. besteht aus einem Maschinentisch und aus dem massiven Ständer, auf dem das Fräsaggregat über einem Ausleger befestigt ist.

Zum Fräsaggregat gehört die Werkzeugaufnahme (Spannfutter), die Spindel und der Antrieb, der in den meisten Fällen aus einem hochtourigen Elektromotor (Hochfrequenzmotor, 12 000–24 000 min^{-1}) besteht. Beim Herunterdrücken eines Fußpedals wird die gesamte Fräseinheit axial in Richtung Werkstück bewegt. Druckluftzylinder unterstützen oft diese mechanische Bewegung. Auf einem Revolverkopf angeordnete Tiefenanschläge fixieren die Frästiefe des Werkzeugs. Schwenkbewegungen der Fräseinheit nach links und rechts bis 90° erweitern die Anzahl der Einsatzmöglichkeiten. Für schablonengesteuerte Kopierarbeiten werden Frässchablonen, die mit Anlaufkanten oder Führungsnuten versehen sind, benötigt. Der Kopierstift greift paßgenau in die Führungsnut und ermöglicht die gewünschte Fräskontur bei zweidimensionaler Bewegung des Werkstücks. Diese sehr aufwendige Schablonenerstellung für jedes Werkstück kann bei einer optisch gesteuerten O. entfallen. Bei diesem optisch-elektronischen Nachlaufverfahren ist die Kopiervorlage eine Zeichnung, die von einem elektronisch gesteuerten Lesekopf abgetastet wird. Je nach Maschinenkonstruktion wird entweder das Fräsaggregat oder der Maschinentisch automatisch zweidimensional bewegt. Vorteile dieser Maschinensteuerung sind:
□ mit einer Kopiervorlage können mehrere Maschinen gleichzeitig gesteuert werden;
□ die Herstellung von aufwendigen Frässchablonen entfällt;
□ die Zeichnung als Kopiervorlage kann schnell erstellt und ausgewechselt werden.

CNC gesteuerte O. CNC (Computerized Numerical Control) bedeutet so viel wie rechnergestützte Steuerung durch Zahlenwerte. Bei sehr vielen O. werden mit dieser NC-Technik Arbeits- und Prozeßabläufe beeinflußt bzw. automatisiert. Die Maschine erhält die benötigte Information über Datenträger wie Lochstreifen, Magnetbänder, Disketten oder direkt über eine Tastatur. Das hat den großen Vorteil, daß sehr viele unterschiedliche Informationen eingegeben werden können wie
□ Werkstückkonturen mit Bahnkurven,
□ Vorschubbewegungen,
□ Fräsen in drei Dimensionen,

□ optimale Schrittgeschwindigkeit,
□ automatischer Werkzeugwechsel,
□ Werkstückspannung.

Die CNC-gesteuerten O. haben vielfältige Einsatzmöglichkeiten. So können komplizierte Werkstückformen durch die Mehrachsensteuerung ohne Umspannen bearbeitet werden. Die erstellten Programme ermöglichen die Wiederholbarkeit kompletter Prozeßabläufe. Aus spannungstechnischer Sicht ist die Anpassung der Schnitt- und Vorschubgeschwindigkeit verantwortlich für die hohe Arbeitsqualität.

Bei CNC-O. werden die Bewegungsrichtungen der Werkstück- und Werkzeugträger als Achsen bezeichnet. Diese Achsen bilden ein rechtwinkliges Koordinatensystem mit der üblichen Lage des Nullpunkts an der linken vorderen Werkstückecke. Die Bearbeitungsrichtung entlang der Werkstückvorderkante wird als x-Richtung bezeichnet, während die y-Achse nach hinten und die z-Achse nach oben weist.

Folgende Aufbauarten von CNC-O. sind bekannt:

□ Maschinen mit feststehendem Tisch: Die Fräsaggregate sind an einem verfahrbarem Portal bzw. an einem Ausleger befestigt, der Bewegungen in x und z-Richtung ausführt. Die Werkzeugspindeln können in vertikaler Richtung (z-Achse) bewegt werden.

□ Maschinen mit in y-Richtung verfahrbarem Tisch: Die Werkzeugaggregate werden in x- und z-Richtung bewegt.

□ Maschinen mit Kreuztisch: Diese sind in x- und y-Richtung beweglich. Das Fräsaggregat führt die Eintauchbewegungen in z-Richtung aus.

CNC-O. sind meist mit mehreren Werkzeugaggregaten bestückt, die auch schwenkbar (4. gesteuerte Achse) ausgeführt sein können. Der Einsatz von Werkzeug-Wechselsystemen wie Revolver-

Oberfräsmaschine: CNC-gesteuerter Oberfräsauto-mat mit automatischer Werkzeug-Wechseleinrich-tung. (Quelle: Maka)

köpfe oder automatische Magazinbeschickung ermöglicht kürzeste Rüstzeiten. Die Werkstückfixierung auf dem Maschinentisch erfolgt über Fräsvorrichtungen, die mechanische (Kniehebel, Exzenter) oder pneumatische (Druckluftzylinder) Spannelemente besitzen. Vakuum-Spanneinrichtungen erlauben eine Rundumbearbeitung der Schmalflächen eines Werkstücks. Der Trend zu universell einsetzbaren Bearbeitungszentren ist durch den Einsatz weiterer Bearbeitungsaggregate gegeben. So werden Säge-, Schleif-, Bohr- und Meßarbeiten automatisch ausgeführt (Bild). *Dusil*

Oberschwingung. Bei der Fourier-Analyse einer periodischen →Schwingung (→Periodendauer T) eine harmonische Teilschwingung mit einer Frequenz, die ein ganzzahliges Vielfaches der Grundfrequenz f=1/T ist. Die n-te Teilschwingung wird auch als (n−1)te O. bezeichnet. *Witfeld*

Oberwasser. Wasserstand oberhalb eines Wasserkraftwerks, dessen höhere potentielle Energie im Vergleich zum →Unterwasser in einem Wasserkraftwerk in mechanische Leistung meist zum Antrieb elektrischer Generatoren umgewandelt wird (Bild).

Bei umgekehrtem Leistungsfluß in Speicherkraftwerken fördern Pumpen Wasser vom Unterwasser zum O. O. ist Wasser in Talsperren, Gebirgsseen, Speicherbecken und Wasser in Flüssen und Kanälen oberhalb eines Laufwasserkraftwerks. Die Energie des O. ergibt sich aus der geodätischen Energie an der Wasseroberfläche und der kinetischen Energie des Wassers. Letztere ist nur bei Laufwasserkraftwerken in Flüssen und Kanälen ohne Stauwehr und bei Gezeitenkraftwerken von Bedeutung. *Rauhut*

Öl →Schmieröl

Öl, synthetisches. Schmier-Öle. sind legierte bzw. unlegierte Mineral-Öle. oder synthetische Schmierflüssigkeiten. Reine Mineral-Ö. sind Gemische aus Kohlenwasserstoffen, die vorwiegend durch Destillation aus Erd-Ö. gewonnen werden. Die nachgeschaltete Raffination verbessert spezifische Gebrauchseigenschaften wie Flammpunkt, VT-Verhalten und Alterungsbeständigkeit. Zu einer weiteren Verbesserung der Gebrauchseigenschaften führt die Legierung der mineralischen Grund-Ö., meistens der Destillate, mit Wirkstoffen (Additive). Durch Kombination mit pflanzlichen oder tierischen Fett-Ö. erhält man Compound-Ö., die sich durch tribologische Eigenschaften wie Benetzungsfähigkeit, Bildung von grenzflächenaktiven Metallseifen mit Notlaufeigenschaften auszeichnen. Hierbei ist zu beachten, daß gleichzeitig die Alterungsbeständigkeit verschlechtert wird. Synthetische Schmierflüssigkeiten zeigen in vielen Fällen bessere

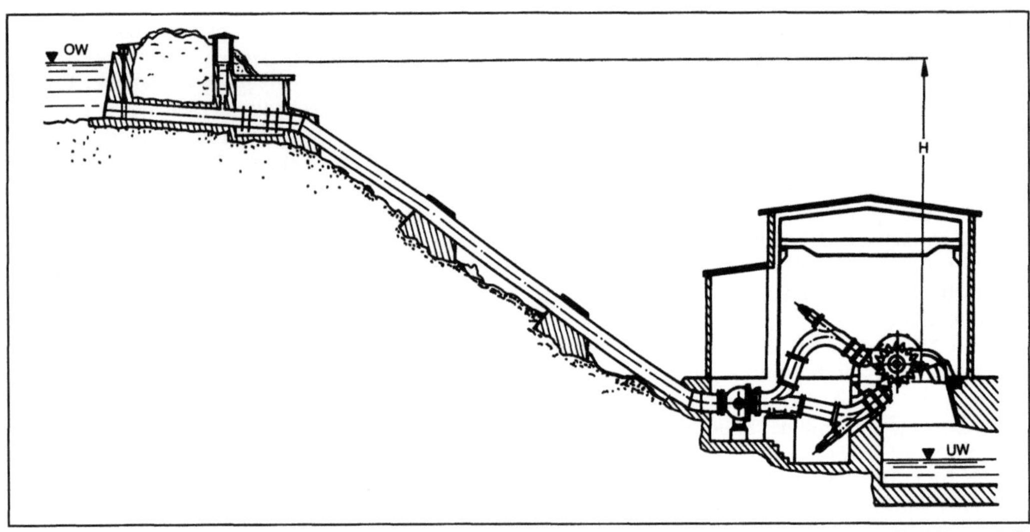

Oberwasser: Wasserkraftwerk mit Oberwasser OW, Unterwasser UW und nutzbarer geodätischer Fallhöhe H.

Hochdruckanlage im Gebirge

Gebrauchseigenschaften als mineralische Ö. Hierzu zählen insbes. die Oxidationsbeständigkeit sowie der breite Temperatureinsatzbereich auf Grund der geringen Temperatur-Viskositäts-Abhängigkeit (VT-Verhalten, →Viskositätsindex). Nachteilig ist die schlechte Benetzungsfähigkeit, die geringere Schmierwirkung und das verminderte Druckaufnahmevermögen. Die bekanntesten synthetischen Schmierstoffe sind nichtkohlenwasserstoffhaltige Silicone und Ester. *Knoll*

Ölalterung. Ö. ist die Änderung der Schmierstoffzusammensetzung infolge Verschmutzung oder chemischer Reaktionen, die während der Gebrauchszeit eintreten. Vermischungen mit anderen flüssigen Substanzen, z. B. mit Kraftstoff in Verbrennungsmotoren, wird nicht als Alterung bezeichnet, auch wenn hierdurch der Gebrauchswert beeinflußt wird. Zur Alterung führen Oxidationsprozesse, die bei erhöhten Temperaturen zur Bildung von organischen Säuren und polymedrisierten Substanzen führen, die in Form von Schlamm und Lack anfallen. Unter der katalytischen Wirkung von Metallen wie Kupfer und Blei werden diese Vorgänge begünstigt. Kondensationsprozesse, die ebenfalls unter Sauerstoff- und Wärmeeinwirkung ablaufen, führen zu einer Wasserstoffverarmung, in deren Folge bei zunehmender →Viskosität harzartige zähe Stoffe entstehen. Durch Aufspaltungs- bzw. Krackprozesse entstehen leichtflüssige Anteile, die den Flammpunkt und die Viskosität erniedrigen, wie auch ölverdickende Rückstände. Bei Schmierfetten bilden sich hierbei gummiartig klebende bis koksartig harte Substanzen, die zur Lagerzer-

störung infolge →Mangelschmierung führen können.

Die Alterungsbeständigkeit ist die Widerstandsfähigkeit eines Mineralöls gegen die obigen Erscheinungen. Sie kann durch Antioxidantien (Additive) wesentlich gesteigert werden. Für die Alterungsbeständigkeit von Motoren- und Turbinenölen wurden zahlreiche Testverfahren entwickelt, bei denen Faktoren wie hohe Temperatur, Vermischung mit Sauerstoff und katalytische Wirkung von Metallen wesentlich schärfer einwirken als in der Praxis. Bei unlegierten Ölen ist als Kriterium für die Ö. die Bestimmung des Säuregehalts durch Messen der Neutralisationszahl nach DIN 51558 festgelegt. *Knoll*

Literatur: DIN 51558: Prüfung von Mineralölen; Bestimmung der Neutralisationszahl; Farbindikator-Titration. Hrsg. Dt. Inst. für Normung. Ausg. Okt. 1983.

Ölfilm-Turbulenz →Gleitlager, hydrostatisches

Ölkühler →Schmierölsystem (Verbrennungsmotor)

Ölmenge. Für die betriebssichere Funktion eines Gleitlagers ist auch eine ausreichende Ölversorgung des Lagers erforderlich. Die Ö. richtet sich nach Lagergröße, →Lagerspiel, Gleitgeschwindigkeit, Schmierstoffviskosität, →Exzentrizität bzw. minimaler Spaltweite, Art der Schmierstoff-Zuführungselemente (Bohrung, Nut, Tasche) und dem Zuführdruck. Überschlägig wird die erforderliche Ö. durch die Trag-Ö. $Q_T = (1/2$ bis $1/3) Q_V$ angegeben, wobei die Vergleichs-Ö. $Q_V = B\,U\,S/4$ die Ö. ist, die sich bei zentrischem Lauf der Welle im vollgefüllten →Schmierspalt befindet (Lagerbreite B, Umfanggeschwindigkeit U, Lagerspiel S = D–d). Genauere Berechnungsvorschriften unter Einbeziehung der Wellenlage, des Zuführdrucks sowie der Ölzuführelemente enthält DIN 31652. *Knoll*

Literatur: DIN 31652: Gleitlager, Hydrodynamische Radialgleitlager im stationären Betrieb. Hrsg. Dt. Inst. f. Normung. Ausg. Apr. 1983.

Ölnebelschmierung →Gleitlagerschmierung, →Zahnradschmierung

Ölpumpe →Schmierölsystem

Ölschmierung →Gleitlagerschmierung

Ölsumpfschmierung →Gleitlagerschmierung

Ölumlaufschmierung →Gleitlagerschmierung

Ölwechselfrist →Ölalterung

Offenend-Spinnverfahren. Dies sind S. für die Endstufe der Garnerzeugung als Substitution der Ringspinnmaschine, die die Endstufe in allen konventionellen S. ist.

Grundlage aller Offenend-Verfahren ist die Auflösung einer Faserbandvorlage in Einzelfasern, die durch verschiedene Medien in Drehung versetzt werden und permanent in das ebenfalls rotierende „offene Ende (OE)" eines abziehenden Fadens eingesponnen werden. Die Drehungserteilung für die Fasern kann mechanisch, durch Fluide oder durch elektrostatische Aufladung der Fasern erfolgen. Industriereif, jedoch mit unterschiedlichen Kapazitäten, sind bis heute zwei mechanische Verfahren, das OE-Rotorspinnen und das OE-Friktionsspinnen.

OE-Rotorspinnen: Die erste industriereife Maschine war die tschechische BD 200, die auf der ITMA 1967 (Basel) vorgestellt wurde. Heute sind die OE-Spinnmaschinen zu fast automatischen Spinnmaschinen entwickelt, die in den Textilländern in unterschiedlichen Kapazitäten, vornehmlich zur Ablösung der Ringspinnmaschine in der konventionellen Dreizylinderspinnerei geführt hat.

Ausspinngrenzen liegen jedoch durch die erforderliche höhere Faserzahl im Garnquerschnitt bei ca. 14 tex (Nm 70). Im Grobgarnbereich (als Substition der Streichgarn-Ringspinnmaschine) ist dies Verfahren bis heute unbedeutend (Bild 1).

Die Vorlagebänder aus Stapelfasern, im Regelfall Streckenbänder, werden über einen Muldeneinzug b von einer Auflösewalze c, die mit Sägezahndraht oder mit feinen Stiften garniert ist, in Einzelfasern aufgelöst. Das anschließende Speiserohr d und der

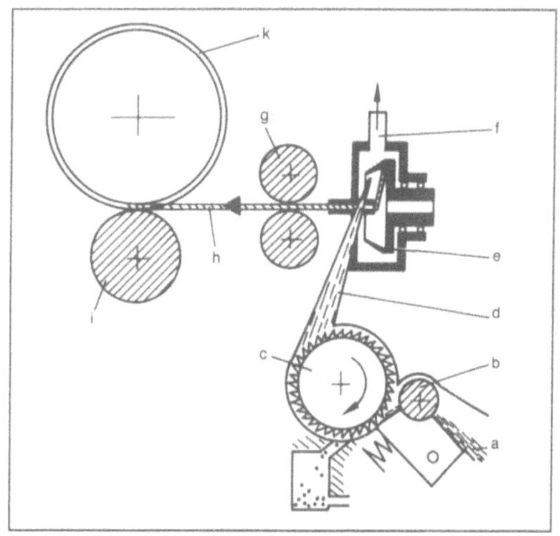

Offenend-Spinnverfahren 1: OE-Rotorspinnverfahren (Prinzipskizze).

a Faserkabel, b Muldeneinzug, c Auflösewalze, d Speiserohr, e Rotor, f zum Kompressor, g Abzugwalzen, h Rotorgarn, i Aufrollzylinder, k Kreuzspule

Rotor e (Drehzahlen heute bis ca. 100 000 min⁻¹) stehen unter Vakuum. Dieser Unterdruck bewirkt, daß die Fasern bei entsprechender Beschleunigung in den Rotor gezogen werden. Die Fasern doublieren sich hier in einer Sammelrille zu einem Faserbändchen, das durch die hohe Fliehkraft im Rotor gehalten wird. Führt man von den Abzugwalzen g her ein Fadenende durch die Abzugdüse in den Rotor ein, so legt sich dieses an das Faserbändchen an. Bewegt man die Abzugwalzen in Pfeilrichtung, so bindet sich das Fadenende an den Faserring an und zieht diesen entsprechend der Abzugsgeschwindigkeit aus dem Rotor heraus. Bei gegebener Rotordrehzahl kann durch die Abzugsgeschwindigkeit die erforderliche Garndrehung eingestellt werden. Der abziehende fertige Faden läßt sich direkt zu einer Kreuzspule mit einer großen, knotenfreien Garnlänge aufwickeln.

Der große Vorteil des Verfahrens liegt in der hohen Produktivität, die bei ca. 100 000 Rotordrehzahlen (min⁻¹) mindestens 5–6fach höher anzusetzen ist als bei einer Ringspinnmaschine. Die technischen Grenzen sind besonders durch die hohen Fliehkräfte der Fasern im Rotor gegeben, die beim Spinnprozeß die Zugfestigkeit des Garns nicht überschreiten dürfen. Durch die Wirrfaserlage ist das Rotorgarn nicht direkt mit dem Ringgarn (parallele Faserlage) vergleichbar. Durch die Beachtung der positiveren Eigenschaften gegenüber auch vorhandenen negativeren wurden rotorgarnspezifische Flächengebilde konstruiert, die zu einer beachtlichen Ablösung von Ringspinngarnen besonders für den gröberen und mittleren Garnfeinheitsbereich in vielen Einsatzgebieten geführt haben.

OE-Friktionsspinnen. Realität auf diesem Gebiet der OE-S. ist bis heute nur das Dref-II-Verfahren. Es eignet sich für Grobgarne bis etwa 100 tex (Nm 10). Durch ein Einzugsystem aus 6 Zylinderpaaren (Bild 2) wird ein Faserkabel von ca. 15 bis 50 ktex Feinheit einer Öffnerwalze zugeführt. Die Öffnerwalze ist der Rotor eines Außenläufermotors mit verkettetem Sägezahndraht und löst das vorgelegte Faserkabel in Einzelfasern auf. Durch die Fliehkraft der Fasern und unterstützt durch den Luftstrom einer Blasdüse lösen sich die Fasern nach ca. 180° Trommeldrehung vom Sägezahnbelag und gelangen in den Zwickelbereich der in gleicher Richtung umlaufenden perforierten Spinntrommeln. Diese stehen unter Unterdruck, so daß durch einen mechanischen Abwälzvorgang die Fasern an ein abziehendes Fadenende angesponnen werden. Axial zu den Spinntrommeln erfolgt der Abzug des Garns durch ein Walzenpaar und anschließend die Aufwicklung zu einer Kreuzspule.

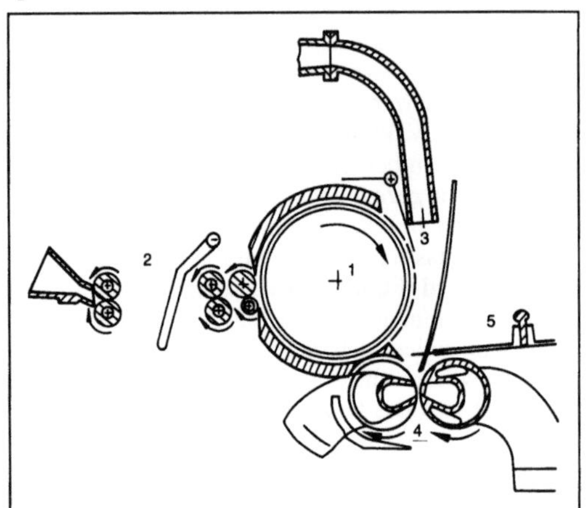

Offenend-Spinnverfahren 2: Dref-II-Spinnprinzip. (Quelle: E. Fehrer, Linz)

1 Auflösewalze, 2 Einzugssystem, 3 Blasdüse, 4 Spinntrommeln, 5 Panellelisierungsscheibe

Durch Variieren der Abzugsgeschwindigkeit, des Spinntrommelunterdrucks und der Spinntrommeldrehzahl kann man stufenlos Einfluß auf die Garnfeinheit, Garndrehung und den Garncharakter nehmen. Bei Liefergeschwindigkeit bis ca. 200 m·min[-1] ist die Produktivität besonders beachtenswert. Das Verfahren ermöglicht auch die direkte Herstellung von Effektgarnen und Spezialgarnen durch entsprechende Vorlagen oder Vorlagechangierungen, durch Einspeisung von Effektmaterial in den Zwickelbereich durch programmgesteuerte Effekteinrichtungen (z.B. Peomatic-Verfahren) bzw. das Ummanteln von Garnseelen verschiedener Art, die axial in den Zwickelbereich eingeführt werden. Das Garn hat einen „drefspezifischen Charakter" bei

einem Drehungsaufbau von innen nach außen und eignet sich besonders für Teppichartikel, Heimtextilien, Dekostoffe, Decken und Strickgarne. Es ist eine Alternative zu Grobgarnen aus dem Bereich der Streichgarne, Halbkammgarne und Grob-Rotorgarne.

Für Friktionsgarne des feineren Garnnummernbereiches kann man bis heute nur von einer Entwicklungsphase sprechen. Auf der ITMA 1983 wurde von Platt Saco Lowell (England) mit dem sog. Masterspinner ein erster Prototyp vorgestellt. Bei Produktionsgeschwindigkeiten von über 200 m·min[-1] erlaubt die Maschine die Verspinnung von Baumwolle und Synthetikfasern bis 40 mm und Feinheiten bis 3,3 dtex in Feinheitsbereichen des Ring- und Rotorspinnens. Die großen Vorteile dieses Verfahrens liegen besonders darin, daß kein Element zur Drehungserteilung hochtourig rotieren muß und daß die Garnbildung zwischen den Friktionswalzen ohne Einfluß von Fliehkräften erfolgt. Es ist zu erwarten, daß in absehbarer Zeit dieses OE-S. an Bedeutung gewinnen wird. *Löcker*

Oldham-Kupplung. Die O.-K. (Bild) ist eine radial-, winkel- und längsnachgiebige, drehstarre, homokinetische →Ausgleichskupplung. Sie besteht aus je einer Scheibe auf den Naben der An- und Abriebwelle und einer Zwischenscheibe. Diese trägt auf ihren Planseiten zwei unter 90° zueinander liegende Stege, die in entsprechende Nuten der An- und Abtriebscheibe eingreifen. Die Stege bewegen sich während des Betriebs in den Nuten hin und her. Deshalb muß die O.-K. geschmiert werden. Die Zwischenscheibe beschreibt bei jeder Wellendrehung zweimal einen Kreis mit dem Durchmesser des Parallelversatzes der Wellen. *Ehrlenspiel*

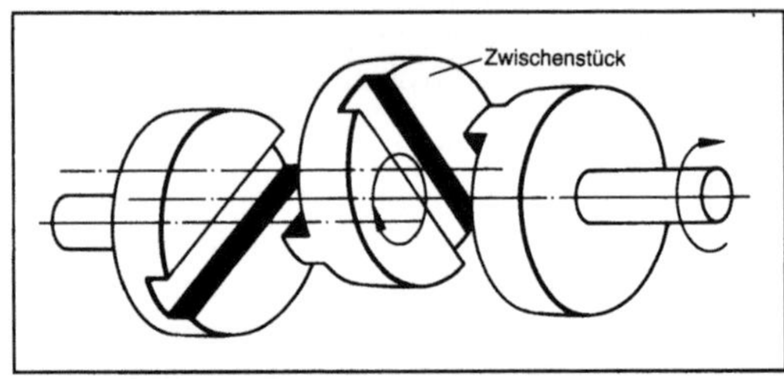

Oldham-Kupplung.

Optimierung (Konstruktionstechnik). Unter O. versteht man ein Verfahren zum Finden des besten Ergebnisses durch gezielte Veränderung von Einflußgrößen.

Beim Konstruieren stellt sich oft die Aufgabe, ein Produkt hinsichtlich gewisser Kriterien (z.B. Kosten, Gewicht, Größe) zu optimieren. Die Einflußgrößen können dabei sehr vielfältig sein (z.B. Abmessungen, Form, Werkstoffe, Fertigungsverfahren).

Man spricht von einer linearen O., wenn alle Einflußgrößen miteinander über lineare Beziehungen verbunden sind. Liegt die Zielgröße (Zielfunktion) ebenfalls als lineare Funktion vor und werden für eine Anzahl von Variablen bestimmte Größt- und Kleinstwerte vorgegeben, so führt die lineare O.-Methode zu exakten Problemlösungen.

In der Konstruktion weitaus häufiger anzutreffen ist die nichtlineare Verknüpfung der Einflußgrößen. Man spricht in diesem Fall von nichtlinearer O. Für die Lösung stehen Methoden wie die Gradienten-Methode oder das Monte-Carlo-Verfahren zur Verfügung. *Ehrlenspiel*

O-Ring →Dichtung

Orthogonalität. Eine Eigenschaft zweier Vektoren oder Funktionen, deren inneres Produkt verschwindet. Beispielsweise sind die Einheitsvektoren in kartesischen Koordinaten oder die Glieder der harmonischen Reihe jeweils untereinander orthogonal; sie bilden ein Orthogonalsystem. Der Begriff der O. spielt eine wichtige Rolle bei Eigenwertproblemen im Hinblick auf die Eigenvektoren bzw. Eigenfunktionen. *Witfeld*

Ortskurve. Graph einer komplexwertigen, von einem reellen Parameter abhängenden Funktion in der komplexen Zahlenebene. Derartige O. sind in der Wechselstromtechnik, der Regelungstechnik und der Schwingungstechnik gern verwendete Darstellungsmittel, um formelmäßig komplizierte Zusammenhänge zwischen verschiedenen Systemgrößen zu veranschaulichen. Beispiel: O. für den Scheinwiderstand eines Zweipols, Wurzel-O., O. für den Frequenzgang $F(i\omega)$ eines Übertragungsgliedes (→Schwingung erzwungene). *Witfeld*

Ottomotor. Der O. (auch Benzinmotor) ist nach *Nikolaus August Otto* (1832–1891) benannt. Er gehört (zusammen mit dem →Dieselmotor) zu den Verbrennungsmotoren, die die wichtigsten ortsbeweglichen Kraftquellen sind. Das Kennzeichen des O. ist die Fremdzündung, d. h. daß das vom Motor angesaugte Benzin-Luft-Gemisch am Ende der Verdichtung zu einem definierten Zeitpunkt von einer Zündkerze entflammt wird.

Die Wirkungsweise des O. sei an einem 4-Zylinder-Viertaktmotor für einen Pkw erläutert (Bild 1).

Die Vorgänge in einem →Zylinder sind folgende: Beim Abwärtsgang saugt der →Kolben durch das geöffnete Einlaßventil ein Benzin-Luft-Gemisch an. Die in den Zylinder gelangende Gemischmenge bestimmt das Drehmoment und damit auch die Leistung des Motors (→Leistungsregelung, Last). Für Teillastbetrieb wird die in der Saugleitung angeordnete →Drosselklappe teilweise geschlossen

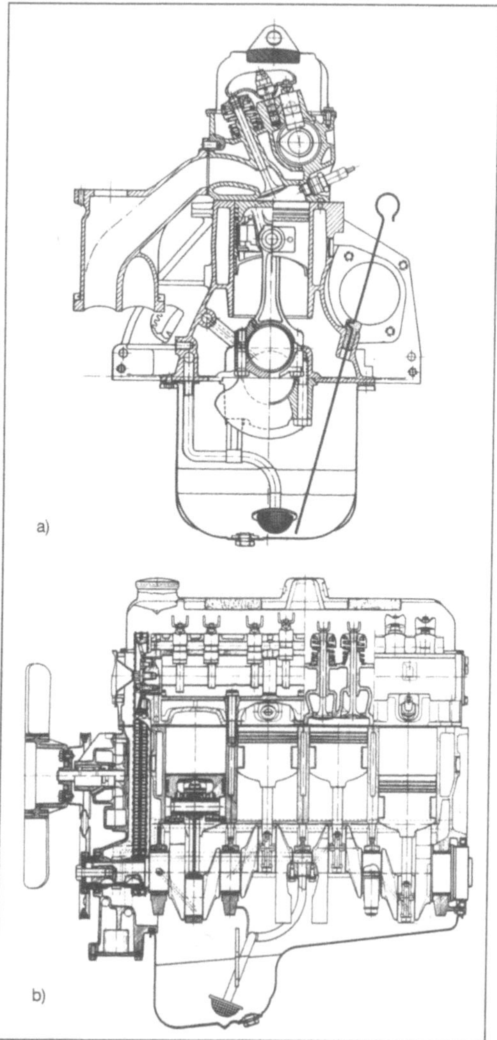

Ottomotor 1: Viertakt-Ottomotor für Pkw, Vierzylinder-Reihenmotor. (Quelle: Opel)
a) Querschnitt
b) Längsschnitt.

und damit die angesaugte Luftmenge gesteuert. Entsprechend der angesaugten Luftmenge wird die Kraftstoffmenge so zugemessen, daß etwa ein stöchiometrisches Kraftstoff-Luft-Gemisch entsteht (→Verbrennungsluftverhältnis). Die exakte Zumessung des Kraftstoffs nimmt der →Vergaser oder eine Anlage zur →Benzineinspritzung in die Ansaugkanäle vor. Nach Schließen des Einlaßventils wird das angesaugte Gemisch vom aufwärtsgehenden Kolben verdichtet. Dabei muß ein so niedriges →Verdichtungsverhältnis gewählt werden, daß man ein →Klopfen in allen Betriebszuständen vermeidet. Kurz vor dem oberen Totpunkt schlägt an der Zündkerze ein Funke über und entflammt damit das verdichtete Benzin-Luft-Gemisch. Von der Zündkerze ausgehend läuft eine Flammenfront durch den →Brennraum. Dadurch entsteht eine sehr schnelle kontrollierte →Verbrennung des Gemisches. Infolge der Verbrennung steigen Temperatur und Druck im Zylinder stark an. Beim folgenden Abwärtsgang des Kolbens expandieren die Verbrennungsgase. Da die Drücke bei der Expansion sehr viel höher sind als bei der vorhergegangenen Kompression, wird von den Gasen eine Arbeit an den Kolben gegeben, die für die Leistung des Motors verantwortlich ist (→p,V-Diagramm). Gegen Ende der Expansion öffnet das Auslaßventil, so daß ein Teil der Verbrennungsgase in die Abgasleitung entweichen kann. Die restlichen Abgase werden beim sich anschließenden Aufwärtsgang des Kolbens aus dem Zylinder ausgeschoben. Dann beginnt ein neues →Arbeitsspiel.

Entsprechend der Zündfolge laufen in den anderen Zylindern die gleichen Vorgänge zeitlich versetzt ab. Zur zeitrichtigen Steuerung der Ventile und des Funkenüberschlags an den Zündkerzen werden der Zündverteiler und die →Nockenwelle des Ventiltriebs mit halber Kurbelwellendrehzahl angetrieben. Weiterhin müssen die Schmierölpumpe und die Kühlwasserpumpe angetrieben werden (→Schmierölsystem, Kühlung). Am Motor angebaut sind außerdem noch der Anlasser und die Lichtmaschine, die zur Bordstromversorgung dient.

O. werden als Viertakt- und Zweitaktmotoren mit Wasser- und →Luftkühlung hergestellt. Luftgekühlte Zweitaktmotoren mit einem, zwei oder mehr Zylindern findet man vorwiegend bei Zweirädern. Für Pkw werden fast ausschließlich wassergekühlte Viertaktmotoren eingesetzt, meistens mit 4 Zylindern (Bild 2). Die 6-Zylinder-Reihenmotoren zeichnen sich durch einen vollständigen Massenausgleich aus. Daneben findet man Motoren mit 3 und 5

Ottomotor 2: Viertakt-Ottomotor für Pkw, Vierzylinder-Reihenmotor. (Quelle: Ford)

Zylindern in Reihe sowie 8 und 12 Zylindern in V-Anordnung. In geringem Umfang wird →Aufladung auch bei O. eingesetzt, entweder als →Abgasturboaufladung oder als mechanische Aufladung.

Für Sportflugzeuge werden luftgekühlte Viertakt-O. eingesetzt, weil O. bei gleicher Leistung leichter sind als Dieselmotoren. Wegen des im Vergleich zu Dieselmotoren höheren Kraftstoffverbrauchs ist der Einsatz von O. auf den Leistungsbereich bis etwa 220 kW begrenzt (Bild 3). Lediglich bei Sport- und Rennwagen findet man sehr viel höhere Leistungen. Die leistungsstärksten O. waren Flugmotoren mit mehreren tausend PS Leistung. Sie mußten jedoch den Gasturbinen weichen. Zu den O. gehört auch der Wankelmotor, der aber nur sehr begrenzte Bedeutung erlangt hat.

Ottomotor 3: Leistungsstarker Viertakt-Ottomotor. 12 Zylinder in V-Anordnung. (Quelle: BMW)

Die Entwicklungsprobleme beim O. werden sehr von der Forderung nach sauberen Abgasen geprägt (→Schadstoff). Dieser Punkt muß auch im Zusammenhang mit dem →Nutzwirkungsgrad bzw. Kraftstoffverbrauch gesehen werden, weil die NO_x-Emission oft eine gegenläufige Tendenz zeigt wie der spezifische Kraftstoffverbrauch. Letztlich muß für jeden →Betriebspunkt im Kennfeld eine Optimierung von Zündzeitpunkt und Verbrennungsluftverhältnis im Hinblick auf Schadstoffemission, spezifischen Kraftstoffverbrauch und Abstand von der Klopfgrenze erfolgen (Klopfen). Wird ein geregelter →Katalysator zum Beseitigen der Schadstoffe im Abgas eingesetzt, ändert sich das Konzept insofern, als nun bei allen Teillast-Betriebspunkten das Verbrennungsluftverhältnis $\lambda_v = 1{,}0$ einzuhalten ist. Ein wieder ganz anderes Konzept wird beim Magermotor verfolgt, an dessen Entwicklung man z. Z. noch arbeitet. *Kuhlmann*

Literatur: *Bussien*: Automobiltechnisches Handb. 1. Bd. Berlin 1965. – *Dubbel*: Taschenb. Maschinenbau. 16. Aufl. Berlin, Heidelberg, New York 1987. – *Kraemer, O.*, u. *G. Jungblut*: Bau und Berechnung von Verbrennungsmotoren. 5. Aufl. Berlin,

Heidelberg, New York 1983. – *Küttner, K.-H.:* Kolbenmaschinen. 5. Aufl. Stuttgart 1984. – *Löhner, Müller:* Gemischbildung und Verbrennung im Ottomotor. R.: Die Verbrennungskraftmaschine (Hrsg. *H. List).* Bd. VI. Wien 1957. – *Urlaub, A.:* Verbrennungsmotoren. 1.–3. Bd. Berlin 1987.

Oxidschicht. Oberflächenschutzschicht, die als natürliche Reaktionsschicht auf metallischen Werkstoffen vorhanden ist oder durch unterschiedliche Verfahren wie Anodisieren, thermochemische Behandlung (Oxidieren), thermisches Spritzen, chemische Abscheidung aus der Gasphase (CVD) u. a. aufgebracht wird. Sie erhöht die Korrosions- bzw. Oxidationsbeständigkeit in oxidierenden Medien und den Widerstand gegen Adhäsion. *Habig*

P

Pack-Behälter →Container

Packhilfsmittel. P. sind die Hilfsmittel, die zusammen mit den Packmitteln zum Verpacken dienen (Bild). *Jünemann*

Packmittel. P. sind dazu bestimmt, das Packgut zu umhüllen oder zusammenzuhalten, damit es versand-, lager- und verkaufsfähig ist (siehe Bild Seite. 864). *Jünemann*

Packung →Verpackung

Packung, begaste. Viele Produkte, die verpackt werden müssen, unterliegen während längerer Dauer einer unerwünschten Veränderung durch den Einfluß der Umgebungsluft, insbes. durch den Sauerstoff, ganz speziell bei Fetten. Um den Sauerstoff zu beseitigen, wird das Verpackungsmittel beim Füllvorgang gleichzeitig mit einem Schutzgas beaufschlagt. Man verwendet hierzu Stickstoff oder gasförmige Kohlensäure. Durch Einsatz eines entsprechend gasdichten Werkstoffs muß gleichzeitig dafür gesorgt werden, daß während der üblichen Lagerdauer der fertigen P. der Gasaustausch mit der

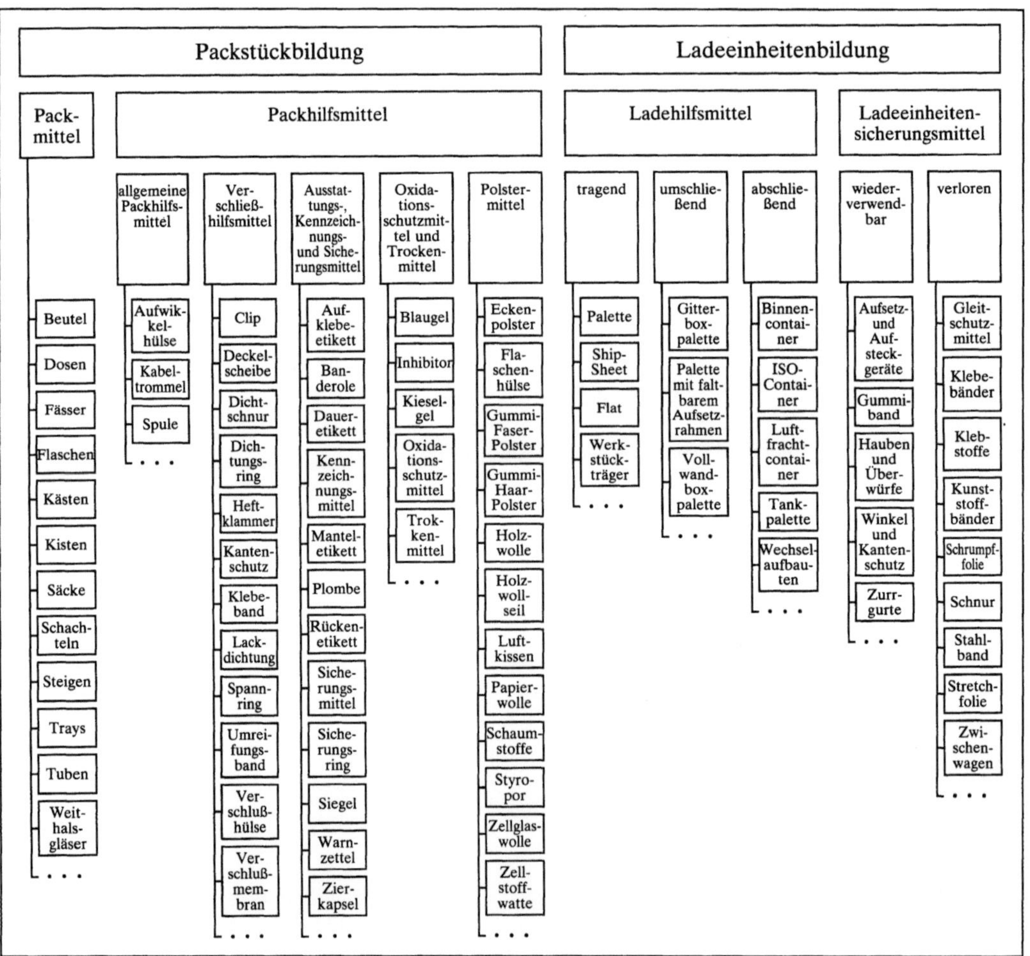

| Packstückbildung | | | | | | Ladeeinheitenbildung | | | | |
| Packmittel | Packhilfsmittel | | | | | Ladehilfsmittel | | | Ladeeinheitensicherungsmittel | |
	allgemeine Packhilfsmittel	Verschließhilfsmittel	Ausstattungs-, Kennzeichnungs- und Sicherungsmittel	Oxidationsschutzmittel und Trockenmittel	Polstermittel	tragend	umschließend	abschließend	wiederverwendbar	verloren
Beutel	Aufwikkelhülse	Clip	Aufklebeetikett	Blaugel	Eckenpolster	Palette	Gitterboxpalette	Binnencontainer	Aufsetz- und Aufsteckgeräte	Gleitschutzmittel
Dosen	Kabeltrommel	Deckelscheibe	Banderole	Inhibitor	Flaschenhülse	Ship-Sheet	Palette mit faltbarem Aufsetzrahmen	ISO-Container	Gummiband	Klebebänder
Fässer	Spule	Dichtschnur	Daueretikett	Kieselgel	Gummi-Faser-Polster	Flat	Vollwandboxpalette	Luftfrachtcontainer	Hauben und Überwürfe	Klebstoffe
Flaschen	. . .	Dichtungsring	Kennzeichnungsmittel	Oxidationsschutzmittel	Gummi-Haar-Polster	Werkstückträger	. . .	Tankpalette	Winkel und Kantenschutz	Kunststoffbänder
Kästen		Heftklammer	Manteletikett	Trokkenmittel	Holzwolle	. . .		Wechselaufbauten	Zurrgurte	Schrumpffolie
Kisten		Kantenschutz	Plombe	. . .	Holzwollseil			. . .	. . .	Schnur
Säcke		Klebeband	Rückenetikett		Luftkissen					Stahlband
Schachteln		Lackdichtung	Sicherungsmittel		Papierwolle					Stretchfolie
Steigen		Spannring	Sicherungsring		Schaumstoffe					Zwischenwagen
Trays		Umreifungsband	Siegel		Styropor					. . .
Tuben		Verschlußhülse	Warnzettel		Zellglaswolle					
Weithalsgläser		Verschlußmembran	Zierkapsel		Zellstoffwatte					
. . .		. . .	. . .		. . .					

Packhilfsmittel: Klassifizierung der Mittel und Hilfsmittel zur Packstück- und Ladeeinheitenbildung.

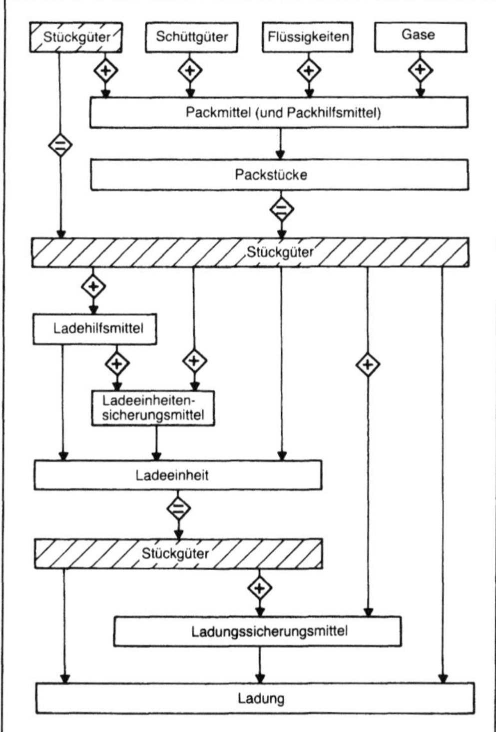

Packmittel: Bilden von Packstücken, Ladeeinheiten und Ladung.

→ ergibt —◇+◇→ und —◇=◇→ ist gleich

Umgebung und damit das Eindringen von Sauerstoff gering gehalten wird. Die mögliche Lagerdauer wird durch dieses Verfahren wesentlich erhöht.

Bei Flüssigkeiten wird eine spezielle Möglichkeit der Schutzbegasung durchgeführt. Es wird das Schutzgas aus dem eingefüllten Produkt heraus, wo es gelöst ist, verwendet. Ein minimaler Wasserstrahl bringt die Oberfläche des eingefüllten Produkts zum Schäumen. Dieser Schaum füllt das restliche Volumen bis zur Mündung aus. Während des Schäumens wird der Verschluß angebracht. Nach dem Zusammenfallen des Schaums ist das Restvolumen mit dem ehemals gelösten Gas, meist Kohlensäure, gefüllt. *Paris*

Paddel →Warenführung

Palette. P. sind Transporthilfsmittel zum Bilden von Ladeeinheiten. Es werden vorwiegend Flach-P. aus Holz eingesetzt (ca. 88 % aller P.). Als genormte P. sind die Europool-P. 800 × 1 200 erwähnenswert. P. können u. a. nach ihrer Zugänglichkeit in
□ Zweiweg-P. und
□ Vierweg-P.

klassifiziert werden. Display-P. sind Einweg-P., die nach einmaligem Gebrauch vernichtet werden. Durch Aufsätze und Rahmen kann die Flach-P. als ausschließlich tragendes Hilfsmittel zu einem tragenden und umschließenden Hilfsmittel umfunktioniert werden. *Jünemann*

Palettenpackung. Die P. ist eine Kombination aus einem Verpackungs- und Transporthilfsmittel, der Palette, und der auf ihr aufgestapelten zu transportierenden Ware. Paletten dienen also dazu, Güter zusammenzufassen, um Ladeeinheiten zum Umschlag, Transport und Lager zu bilden. Sie sind dafür vorgesehen, durch Gabelstapler oder andere geeignete Fördereinrichtungen aufgenommen und transportiert zu werden. Es gibt flache Paletten oder Paletten mit spezialisierten Aufbauten.

Die Paletten mit Aufbauten sind dafür vorgesehen, daß sie mehrfach verwendet werden. Sie lassen sich im Pendelverkehr oder im Rundlauf immer wieder neu verwenden. Die Flachpaletten kann man ebenfalls mehrfach oder im Einwegsystem einsetzen. Die Mehrwegpaletten sind meist eine Holzkonstruktion. Die Deckfläche, die später die zu transportierenden Güter aufnimmt, ist z. T. als Vollfläche ausgeführt. Mit Abstand darunter ist eine Konstruktion aus wenigen Brettern vorgesehen, die es ermöglicht, die Fördergeräte angreifen zu lassen. Diese Mehrwegpaletten sind heute in wenigen Größen normiert. Der →Palettenpool der Beförderer erlaubt es, daß ein Versender, nachdem er eine Anzahl von Paletten in diesen Pool eingebracht hat, zu ihm ankommende Paletten in beliebiger Weise für seine Versandaufgaben nutzen kann.

Neben diesen Mehrwegpaletten werden vielfältig konstruierte Einwegpaletten verwendet. Diese Einwegpaletten werden meist aus nicht hochwertigen Hölzern oder Holzwerkstoffen hergestellt. Sie bieten eine Stapelfläche für die zu transportierende Ware und durch wenige Abstandshalter die Möglichkeit, daß →Fördermittel angreifen können. Sie werden bei Rohstofftransporten eingesetzt. *Paris*

Palettenpool. Der Europäische P. ist vom Internationalen Eisenbahnverband UCI gegründet worden. Getauscht werden Flachpaletten UCI-Merkblatt 435–3, Gitterboxpaletten UCI-Merkblatt 435–3.

Die Tauschpaletten (Poolpaletten) müssen von der Gütergemeinschaft Paletten zugelassen und von der Controll Co GmbH abgenommen sein.

Sie werden nur mit Paletten-Tauschkunden getauscht. Paletten-Tauschkunden müssen selbst Poolpaletten besitzen und den Palettentausch bei einer bestimmten Güterabfertigung mit der DB vereinbaren. Diese Güterabfertigung ist die Tauschgüterabfertigung. Beim Tausch von Poolpaletten werden Palettengebühren erhoben.

Getauscht werden beladene gegen leere Poolpaletten oder umgekehrt. Die getauschten Poolpaletten gehen in das Eigentum des übernehmenden über. Es werden nur einwandfreie Poolpaletten der gleichen Bauart getauscht. Beschädigte Paletten muß der Partner instand setzen oder ersetzen. *Jünemann*

Palettierung. P. ist das Stapeln nach einem vorgegebenen Schema sowohl gleichartiger als auch unterschiedlicher Güter auf ein bereitstehendes Hilfsmittel. Wird maschinell palettiert, so kann nach folgenden Prinzipien gearbeitet werden:
□ Palettierer, die große Güter zu einer Lage auf der →Palette anordnen, ohne zu stapeln,
□ Palettierer, die die Güter erst zu einer Säule übereinander stapeln und dann diese Säulen auf die Palette bringen,
□ Palettierer, die die Güter lagenweise, aber ohne →Verbund auf die Palette stapeln,
□ Palettierer, die die Güter lagenweise nach verschiedenen Stapelbildern im Verbund stapeln.

Es gibt einfache automatische Palettieranlagen (Einsortenpalettierer) und Mehrsortenpalettierer. *Jünemann*

Panzer. P. sind gepanzerte Ketten- oder Radfahrzeuge, die der kämpfenden Truppe Schutz und Beweglichkeit verleihen. Der Kampfwert eines P. ist vor allem durch seine Bewaffnung bestimmt.

Nach dem Gewicht werden leichtere, mittlere und schwere P. (Grenzen bei 20 und 50 t) unterschieden. Die Auslegung eines P. ist vor allem durch seine Funktion bestimmt. Es gibt: Kampf-, Jagd-, Späh-, Fla-, Schützen-, Luftlande-, Artillerie- und Sonder-P.

Kampf-P. (Bild 1) gelten als die bedeutendsten Waffensysteme des Heeres. Sie sind stark gepanzert, mit einer großkalibrigen Waffe (90–125 mm und mehr) hoher Rasanz und mit starken Lauf- und Triebwerken ausgestattet. Die Panzerung besteht gewöhnlich aus hochfesten Stahlplatten. Die Kanone verleiht Spezialgeschossen zur P.-Bekämpfung eine sehr hohe Mündungsgeschwindigkeit. Mit

Rücksicht auf die Geländegängigkeit (Bodenpressung) sind Kettenlaufwerke notwendig. Starke Triebwerke (kompakte Dieselmotoren bzw. Turbinen) ermöglichen eine hohe Beschleunigung. Die Kanone kann in einem Drehturm (Turm-P.), in der Frontpanzerung der Wanne (Kasematt-P.) oder in einer Scheitellafette gelagert sein.

Jagd-P. (Bild 2) sind zum Einsatz gegen P. bestimmt und mit Kanonen- und/oder Raketenbewaffnung ausgerüstet. Früher handelte es sich um typische Duell-P., die als Kasematt-P. mit starker Frontpanzerung und weitreichenden großkalibrigen Kanonen ausgestattet waren (Sturmgeschütze). Heute handelt es sich verbreitet um leicht gepanzerte, bewegliche Pakgeschütze oder Raketenstarter.

Panzer 2: Kanonenjagdpanzer.

Späh-P. (Bild 3) sind sehr bewegliche, leicht gepanzerte Fahrzeuge für Aufklärungsaufgaben (Aufklärungs-P.) in der Ausführung als Voll- oder Halbkettenfahrzeuge, in neuerer Zeit vor allem als Radfahrzeuge mit 2 bis 4 Achsen, →Allradantrieb sowie Vor- und Rückwärts-Fahreigenschaften (je ein Fahrer vorn und hinten). Späh-P. sind meist schwimmfähig und mit leichten Maschinenwaffen ausgerüstet.

Panzer 1: Kampfpanzer „Leopard".

Panzer 3: Spähpanzer „Luchs".

Fla-P. (Bild 4) sind leicht gepanzerte Fahrzeuge mit hochleistungsfähigen, radargesteuerten Maschinenwaffen und/oder Raketenbewaffnungen. Sie begleiten die P.-Verbände und schützen sie gegen feindliche Flugzeuge.

Panzer 4: Fla-Panzer „Gepard" mit zwei MK 35 mm.

Schützen-P. (Bild 5) sind ebenfalls leicht gepanzerte Fahrzeuge zum Transport und zur Durchführung von Kampfaufgaben der P.-Grenadiere, ausgestattet mit leichten Maschinenwaffen, ausgeführt als Voll- oder Halbkettenfahrzeuge oder als Radfahrzeuge mit Allradantrieb.

Panzer 5: Schützenpanzer „Marder".

Luftlande-P. sind lufttransportfähige, leichte P. zur Unterstützung der Luftlandetruppen.

Artillerie-P. sind gepanzerte Vollkettenfahrzeuge, die als Träger von Kanonen, Haubitzen oder Mörsern bzw. von Raketenwerfern oder Flugkörpern dienen oder als Beobachtungs-P. und Feuerleit.-P. mit geeigneten Geräten ausgestattet sind.

Sonder-P. gehören zur Ausstattung von Spezialeinheiten, wie z. B. die Berge-, Brückenlege- und Minenräumpanzer der Panzerpioniere.

P. sind heute entsprechend ihrem Verwendungszweck hervorragend ausgestattet: Schwimmfähigkeit bei leichten P., Tauchfähigkeit bei schweren P. (Schnorchel!); automatische Fahr- und Lenkgetriebe; auswechselbare Gummipolster oder Schneegreifer für die Gleisketten; Fernmeldeeinrichtungen zur Verständigung an Bord und mit anderen Fahrzeugen und Gefechtsständen; Optiken von Winkelspiegeln bis zu stabilisierten Periskopen mit Nachtsicht-

fähigkeit; Laser-Entfernungsmesser, Sensoren und Feuerleitrechner zur Erhöhung der Treffwahrscheinlichkeit. *Meyer-Bäse*

Papier.

1. Allgemeines. P., Karton und Pappen werden aus Holz- und Einjahrespflanzenfasern unter Verwendung verschiedener Zuschlagstoffe hergestellt. Ob ein solches flächiges Fasergebilde als P., Karton oder Pappe zu bezeichnen ist, hängt von dem Herstellungsverfahren, vom Quadratmetergewicht und der Dichte ab.

Als P. bezeichnet man einlagig hergestellte Produkte, mit einem Quadratmetergewicht zwischen 8 und 150 g. Die Dichte liegt bei etwa $0{,}7{-}1{,}5$ g/cm^3.

Kartons und Pappen sind mehrlagig hergestellte Produkte, deren Einzellage nach der Blattbildung im feuchten Zustand zu einer Karton- und Pappenbahn zusammengepreßt (gegautscht) werden. Karton unterscheidet sich wiederum von der Pappe durch das niedrigere Quadratmetergewicht im Bereich von 250–450 g sowie einer Dichte. die zwischen den sehr niedrigen von Pappen ($\leq 0{,}3$ g/cm^3) und dem von P. liegt. Pappen haben ein Quadratmetergewicht von über 600 g.

Die Eigenschaften von P., Karton und Pappen hängen ganz wesentlich von den zur Herstellung verwendeten Faserstoffen ab. Die Gewinnung dieser Fasern aus Holz oder Einjahrespflanzen kann durch eine mechanische Zerfaserung dieser Rohmaterialien auf Steinschleifern oder in Refinern erfolgen, zum anderen auf chemischem Wege durch Herauslösen des Lignins und auch teilweise der Hemicellulosen aus dem Faserrohstoff, wobei das Gewebe seinen Zusammenhalt verliert. Die mechanisch gewonnenen, ligninreichen Faserstoffe bezeichnet man als Holzstoffe, die ligninfreien als Zellstoffe. Der Zusammenhalt der Fasern im P. beruht in erster Linie auf Wasserstoffbrücken, die sich zwischen den OH-Gruppen und Carboxylgruppen von Kohlenhydraten ausbilden können. Die Anwesenheit von hydrophobem Lignin in der Faser mindert ihre Bindungsfähigkeit und führt daher zu geringeren Festigkeiten. Außerdem ist der Weißgrad und die Weißgradstabilität von ligninhaltigen Faserprodukten gering. Man bezeichnet sie auch als holzhaltig im Gegensatz zu holzfreien, die aus delignifiziertem Fasermaterial bestehen.

Zur Herstellung von P., Karton und Pappen müssen die Fasern mehr oder weniger intensiv mechanisch umgeformt werden, um in erster Linie ihre Bindungskapazität zu verbessern. Anschließend werden die Fasern mit Zuschlagstoffen versehen. Dies können anorganische Füllstoffe, wie z. B. Kaolin, Kreide oder Titandioxid sein. Sie verbessern die Weichheit der P.-Oberfläche, ihre Geschlossenheit und Bedruckbarkeit und erhöhen die Opazität

(Lichtundurchlässigkeit). Zur Verbesserung der Faserbindung und der Tintenfestigkeit von P. können Leime zugesetzt werden. Als weitere Komponenten können Farbstoffe beigemischt werden.

Fasersuspensionen mit Zuschlagstoffen werden bei einer Konzentration von unterhalb 1 % gleichmäßig auf ein laufendes Sieb aufgetragen. Dabei findet die Blattbildung durch Entwässerung der Fasersuspension durch das Sieb statt. Bei einer Feststoffkonzentration von 20–25 % wird das Fasergefüge vom Sieb abgenommen und auf einer Filzauflage durch Pressen geführt. Die letzte Stufe der Trocknung findet durch Kontakttrocknung auf dampfbeheizten Stahlzylindern statt.

Die Herstellung von Pappen und Karton unterscheidet sich von der P.-Herstellung in erster Linie dadurch, daß mehrere Blattbildungssysteme in einer Maschine angeordnet sind und die einzelnen P.-Bahnen im nassen Zustand zu einer Bahn zusammengegautscht werden. Auf diese Weise entsteht ein mehrlagiges Produkt. *Patt*

Literatur: *Casey, J. P.:* Pulp and Paper. Chemistry and Chemical Technology. Bd. II. New York, Chichester 1980. – *Hoyer, D.:* Handb. Karton- und Pappenherstellung. Leipzig 1973.

2. Drucktechnik. P. ist ein blattförmiges Erzeugnis aus pflanzlichen Fasern. Früher wurden hierzu auch seltene pflanzliche Fasern wie Baumwolle, Flachs, verwendet. Heute dient als Fasermaterialbasis das Holz. Die blattförmige Struktur und die notwendige Festigkeit innerhalb des Blatts erfolgt durch Verfilzung der Fasern.

Die Fasergewinnung aus Holz erfolgt auf zwei Wegen. Der erste Weg ist das mechanische Zerreißen und Auflösen des gewachsenen Holzes unter laufender Zufuhr von großen Mengen Wassers auf einem Schleifstein. Die dabei entstehenden Fasern oder Faserbündel sind kurz und spröde. Da sie noch alle natürlichen Bestandteile des Holzes enthalten, verfärben sich diese Fasern bei längerem Lichteinfluß. Das daraus hergestellte P. vergilbt sehr leicht. Deshalb wird Holzschliff meist nicht allein, sondern in Verbindung mit anderem Fasermaterial zu P. verarbeitet.

Der zweite Weg der Fasergewinnung ist der über den Zellstoff. Er wird fälschlicherweise meist auch Cellulose genannt. Es ist ein chemischer Aufschluß des natürlich gewachsenen Holzes. Das Holz wird in kleine Schnitzel zerhackt. Durch Einwirken von Kochlauge und Wärme werden die verhärtenden Bestandteile des Holzes gelöst. Es bleiben die aus Cellulose bestehenden Fasern zurück. Die Kochlauge bestimmt die Eigenschaften des später entstehenden Zellstoffs. Falls ein sehr hoher Weißgrad verlangt wird, kann der Zellstoff gebleicht werden.

Halbzellstoff entsteht, wenn der Kochprozeß nicht bis zu seinem vollständigen Ende durchgeführt wird. Er wird besonders bei der Herstellung von Rohstoffen für Verpackungsmaterialien eingesetzt.

Zellstoffasern allein oder in Mischung mit Holzschliff oder Halbzellstoff bilden die Grundlage für die Herstellung von P. Daneben wird noch Füllstoff verwendet. Er dient dazu, die Poren zwischen den einzelnen Fasern zu schließen. Es entsteht dann eine höhere Oberflächenglätte. Die Füllstoffe können auch eine Färbung in die P.-Masse hineintragen.

Um die Saugfähigkeit des P. zu vermindern, wird dem P.-Stoff Leim zugesetzt. Farbstoffe sorgen dafür, daß das spätere fertige P. den vom Kunden gewünschten Oberflächeneindruck erhält. Der gemischte P.-Stoff wird noch weiteren Behandlungen unterzogen, um eine Gleichmäßigkeit des später zu fertigenden P. zu erreichen.

Unter sehr hoher Verdünnung wird der P.-Stoff auf ein Sieb gegossen. Schüttelbewegungen dieses Siebes sorgen dafür, daß die Verfilzung der einzelnen Fasern in allen drei Dimensionen erfolgt. Nachfolgende Pressen sorgen mechanisch dafür, daß ein wesentlicher Teil des Wassers entfernt wird. Die restliche Wasserentfernung erfolgt in der mit Dampf geheizten Trockenpartie. Vor dem Aufrollen kann das P. durch mechanische Reibeinwirkung in der Oberfläche geglättet werden. Die Aufrollung schließt den P.-Herstellungsprozeß ab. In der nachfolgenden Ausrüstung werden dem P. noch weitere gewünschte Eigenschaften mitgegeben. Bei maschinenglattem P. wird nur die gewünschte Rollenbreite und -länge hergestellt. Wird eine höhere Glätte auf beiden Oberflächen des P. gewünscht, wird auf Kalandern diese Glätte mechanisch in die Oberfläche eingearbeitet. Die Glätte entsteht durch das wechselweise Arbeiten von weicheren, aus P. bestehenden und harten Stahlwalzen.

Werden besondere Oberflächeneigenschaften, wie z. B. höherer Glanz, gute Bedruckbarkeit, gewünscht, wird die P.-Bahn einseitig oder beidseitig gestrichen. Dies erfolgt auf besonderen Streichmaschinen. Als Streichmasse kommt eine Mischung aus Bindemitteln und anorganischen Erden zur Anwendung. Es sind dies die gleichen Materialien, wie sie auch als Füllstoffe verwendet werden.

Format-P. werden auf Querschneidern hergestellt. Sie schneiden viele Bahnen gleichzeitig, wobei evtl. einzelne Fehler der Bahn dann nicht erkannt werden können. Zum anderen kommen Sortier-Querschneider zum Einsatz. In diesen Maschinen wird nur eine einzelne Bahn jeweils geschnitten. Sie kann auf optischem Wege auf Fehler kontrolliert werden. Fehlerhafte Bogen werden aussortiert.

Die Format-P. werden bei ganz hochwertigen Sorten noch einer manuellen Nachkontrolle unterzogen. Ansonsten werden sie entweder rieseweise verpackt und so zum Versand gebracht. Die zweite Möglichkeit besteht in der Herstellung ganzer Stapel auf Paletten. Zum Schutz während des Transports werden diese Stapel entweder in P. eingeschlagen oder durch Schrumpffolien verpackt.

Während des gesamten Herstellungsprozesses vom gewachsenen Holz über die Fasern bis zum verpackten P. werden fortlaufend Qualitätskontrollen durch entsprechende P.-Prüfungen durchgeführt.

Das wichtigste Kennzeichen von P. ist einmal die Stoffzusammensetzung des P. Zum anderen wird das P. durch seine flächenbezogene Masse in g/m^2 charakterisiert. Nachfolgende Merkmale sind die Oberflächenausführung und der Oberflächeneindruck des P. Als letztes Merkmal wird der Verwendungszweck des P. bei besonderen Einsatzgebieten angegeben. *Paris*

Parallelkurbel →Gelenkgetriebe

Parallelkurbelkupplung. Die P. (Schmidt-Kupplung) ist eine quernachgiebige, drehstarre, homokinetische →Ausgleichskupplung (Bild). Sie besteht im wesentlichen aus drei Kreisscheiben, die miteinander durch je drei oder mehr gleich lange, auf Bolzen drehbare Lenker verbunden sind. Die beiden äußeren Scheiben sind fest mit der An- bzw. der Abtriebwelle verbunden. Die Mittelscheibe ist nur durch die Lenker festgelegt. Je nach Größe des Achsversatzes befindet sich die Mittelscheibe in einer bestimmten Lage. Der mögliche Achsversatz ist durch die Lenkerlänge begrenzt. Bei fluchtenden Wellen oder sehr kleinem Achsversatz sollte die Kupplung nicht eingesetzt werden, da dann die Mittelscheibe eine nicht definierte Eigenbewegung ausführen kann. *Ehrlenspiel*

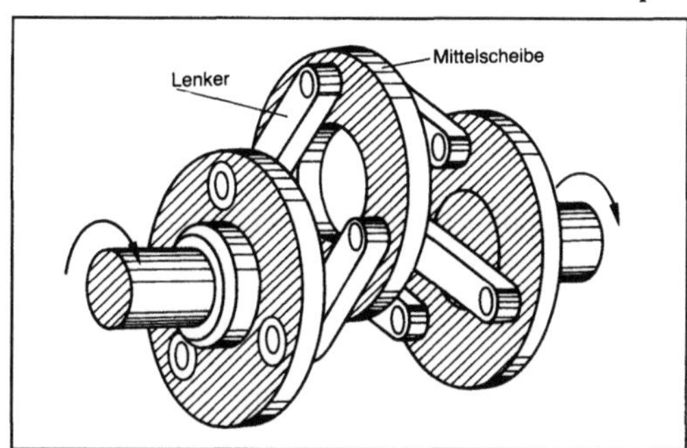

Parallelkurbelkupplung (Schmidt-Kupplung).

Parallelschaltung (Verfahrenstechnik). Wird ein Zulaufstrom aufgeteilt, so daß er gleichzeitig in mehrere verfahrenstechnische Apparate bzw. Maschinen gleicher Funktion fließt, so sind die Apparate bzw. Maschinen parallel geschaltet. Mehrstufige Verdampferanlagen können parallel geschaltet werden. Die Brüden der Stufe 1 dienen zum Beheizen der Stufe 2 usf., aber allen Verdampfern wird der

gleiche Zulauf zugeführt. Durch eine P. läßt sich die Durchsatzmenge erhöhen. Dafür kann aber bei einer Reihenschaltung eine größere Produktreinheit erzielt werden. *Dohrn*

Parametererregung. Eine besondere Art der →Fremderregung, bei der den Parametern eines schwingungsfähigen Systems (→Schwinger) zeitliche Veränderungen von außen aufgeprägt werden, die den Schwingungsvorgang bestimmen. Der Zeitverlauf parametererregter Schwingungen hat in der Regel keine Ähnlichkeit mit dem Zeitverlauf der Erregung. Selbst bei periodischen oder harmonischen Parameteränderungen in linearen Systemen sind die Schwingungsantworten nur für bestimmte Frequenzverhältnisse periodisch und nur selten periodisch mit der Erregerfrequenz. Dadurch kann es meßtechnisch äußerst schwierig sein, die Ursache derartiger Schwingungsvorgänge zu ergründen. Bei periodischer P. sind nicht mehr einzelne Resonanzstellen zu vermerken wie bei periodischer →Quellenerregung, sondern es treten ganze Instabilitätsbereiche auf, in denen die Zustandsgrößen über alle Grenzen anwachsen. Der gefährlichste Instabilitätsbereich nimmt dort seinen Ausgang, wo die Erregerfrequenz gerade doppelt so groß ist wie die Eigenfrequenz (Bild 1 und 2). *Witfeld*

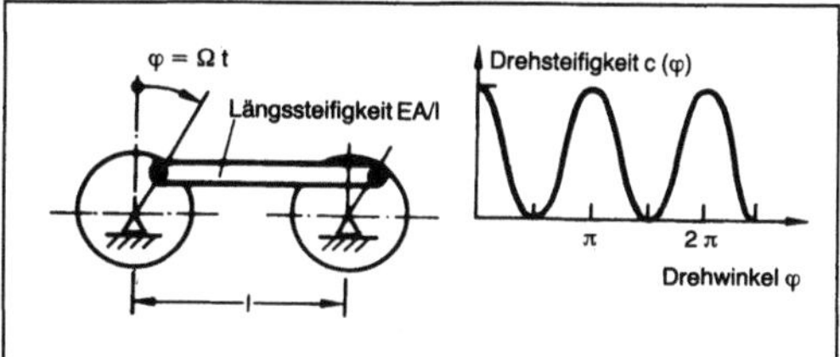

Parametererregung 1: Parametererregung in einem Parallelkurbelgetriebe.

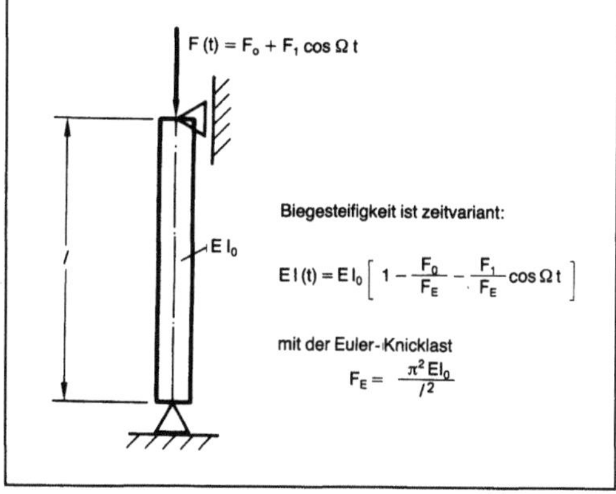

$$E\,I(t) = E\,I_0 \left[\, 1 - \frac{F_0}{F_E} - \frac{F_1}{F_E} \cos \Omega\, t \,\right]$$

$$F_E = \frac{\pi^2 E I_0}{l^2}$$

Parametererregung 2: Parametererregung eines biegesteifen Stabes.

l Länge, I Trägheitsmoment, El Biegesteifigkeit

Partikelemission. Ausstoß an Feststoffen im Abgas eines Dieselmotors.

Während der Anteil an Feststoffen im Abgas von Ottomotoren zu vernachlässigen ist, wird mit dem Abgas von Dieselmotoren, besonders bei Vollast, ein geringer Anteil unverbrannten Kohlenstoffs in Form von →Ruß ausgestoßen (→Abgasschwärzung). Für diese P. wurden gesetzlich Grenzwerte festgelegt, die sich in Zukunft noch senken sollen. Der Grund ist, daß man an den Ruß angelagerte Kohlenwasserstoffe für krebserregend hält.

Da die für die Zukunft angestrebten Grenzwerte der P. durch motorische Maßnahmen allein wahrscheinlich nicht mehr eingehalten werden können, wird an der Entwicklung von Abgasfiltern für Dieselmotoren gearbeitet. Die Schwierigkeit hierbei ist, daß der herausgefilterte Ruß das Filter in kurzer Zeit verstopfen würde, wenn er nicht, z. B. durch Abbrennen, wieder entfernt wird. *Kuhlmann*

Paßfeder. P. sind Stahlleisten, die in einer Nut in der →Welle liegen und in eine Nut in der Nabe eingreifen. P. übertragen die Bewegung und das Drehmoment formschlüssig über die Seitenflächen. P. übertragen keine Axialkräfte und sind gegen axiales Verschieben zu sichern. P. werden als Einlegefedern gem. DIN 6885 (Bild 1) oder als Scheibenfedern gem. DIN 6888 (Bild 2) ausgeführt. P.-Nuten haben einen festigkeitsmindernden Einfluß (Kerbwirkungszahl). *Ehrlenspiel*

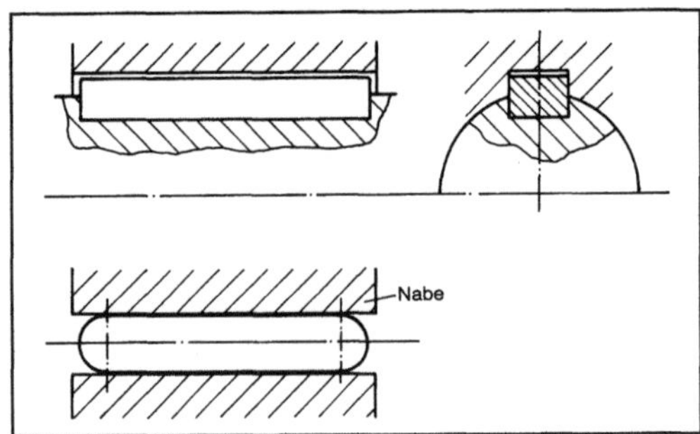

Paßfeder 1: Einlegefeder.

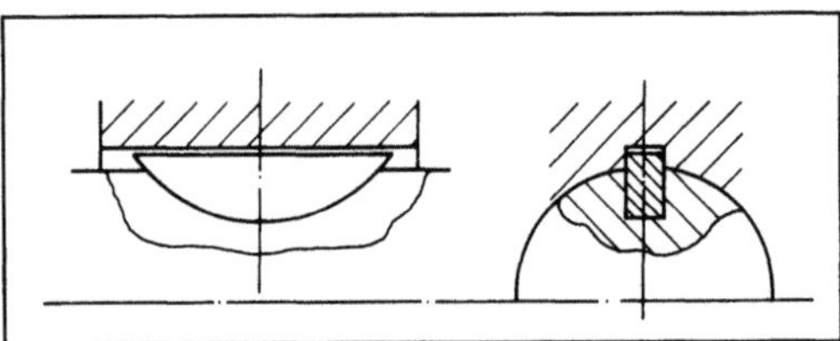

Paßfeder 2: Scheibenfeder.

Paßfederverbindung. P. sind formschlüssige, lösbare Welle-Nabe-Verbindungen, die das Drehmoment über die Seitenflächen einer in einer Nut liegenden Paßfeder übertragen. *Ehrlenspiel*

Passivisolierung →Schwingungsisolierung

Patronierung. Darunter versteht man die vereinfachte Darstellung der →Bindung mit Symbolen ihrer Bindungselemente. Um die Bindung von Maschenwaren einfach und verständlich darstellen zu können, verwendet man in der →Einfaden-Technik statt Maschenbildern Fadenlaufdarstellungen und technische Patronen und in der →Kettfaden-Technik Legungsbilder.

Der Höhen- und Breiten-Rapport eines Gestricks, also die kleinste Wiederholung der Bindung in Stäbchen- und Reihenrichtung (→Maschendichte), wird in der Fadenlaufdarstellung auf den durch Striche gekennzeichneten Nadeln des vorderen (Zylinder) und hinteren (Rippscheibe) Nadelbetts (Strickmaschine, →Maschenbildungsvorgang) dargestellt (Bild 1). Jede Strickreihe muß neu gezeichnet werden.

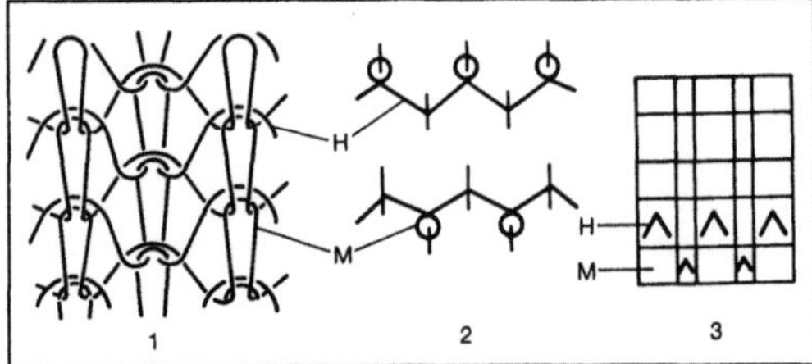

Patronierung 1: Bindung „Fang" (Strickware).

M Masche, H Henkel, 1 Maschenbild, 2 Fadenlaufdarstellung, 3 technische Patrone für RR-Bindungen

In der technischen Patrone (Bild 1 und 2) stellen die Kästchen jeweils Nadeln dar, so daß die Bindungselemente als Symbole eingetragen werden können. Das Legungsbild der Kettenwirkerei (Bild 3) zeigt die Nadeln als Punkte aus der Position des Wirkers (Maschenbildungsvorgang). Je nach Rapportgröße müssen mehrere Maschenbildungsvorgänge als Punktreihen dargestellt werden. Der Weg einer Lochnadel oder eines Fadens (Kettfaden-Technik) wird dann für jede →Legebarre in einem neuen Legungsbild dargestellt. *K. P. Weber*

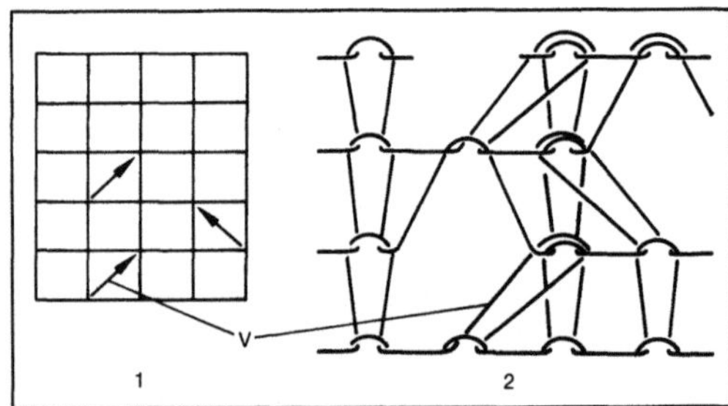

Patronierung 2: RL-Bindung (Einfaden-Maschenware).

V verhängte Masche, 1 technische Patrone für RL-Bindungen, 2 Maschenbild

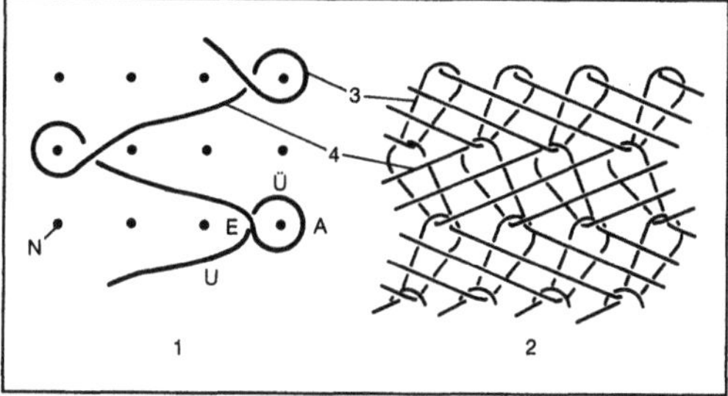

Patronierung 3: Kettenwirkware.

N Nadel, U Unterlegung, E Einschwingen, Ü Überlegung, A Ausschwingen, 1 Legungsbild, 2 Maschenbild, 3 Nadelmasche, 4 Platinenmasche

Pellet. P. ist die Bezeichnung für ein Erzeugnis, das mit dem →Pelletierverfahren in einer →Pelletieranlage hergestellt wird. Dieses Erzeugnis wird aus feinkörnigen Rohstoffen hergestellt. Dabei werden beispielsweise feinkörnige Erze befeuchtet, pelletiert sowie hartgebrannt und danach als P. in den →Hochofen eingesetzt. *Baumann*

Pelletieranlage. Eine P. ist ein komplexes technisches System zum Herstellen von Pellets nach dem →Pelletierverfahren. Dieses Gesamtsystem besteht neben den erforderlichen, unterschiedlichen Transportsystemen i. a. aus einer Kugelmühle, Flotationssystemen, Filtern, Bunkern, →Mischer, Pelletiertrommel oder Pelletierteller, Trockensystem, Drehrohrofen oder Wanderrostofen, Kühler, Siebsystem und Verladeeinrichtungen (Bild). *Baumann*

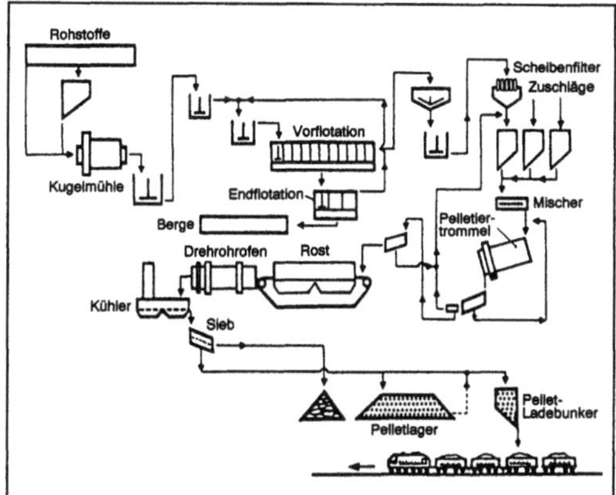

Pelletieranlage: Schematische Darstellung.

Pelletierverfahren. Bei der Herstellung von Pellets für die Roheisenherstellung werden Feinerze, Feinsterze und Erzkonzentrate mit Korngrößen < 1 mm zu Kugeln, sog. Grünpellets, zwischen 10 und 15 mm Dmr. geformt. Zu diesem Zweck wird die Erzmischung angefeuchtet und ein Bindemittel zugegeben. Diese Mischung wird anschließend in

Drehtrommeln oder auf Drehtellern zu Grünpellets geformt, die danach bei etwa 250 °C getrocknet werden. Nach dem Trocknen werden die Grünpellets bei Temperaturen von mehr als 1 000 °C in einem Drehrohrofen oder auf Wanderrosten zu Pellets gebrannt. Pellets haben eine verhältnismäßig gleichmäßige Korngröße, gleichbleibende Qualität und eine gute Gasdurchlässigkeit bei der Reduktion. Daneben sind Pellets gut transportierbar und lagerfähig. *Baumann*

Peltonturbine. Freistrahl-Wasserturbine (→Strömungsmaschine, hydraulische), bei der ein oder mehrere Wasserstrahlen tangential die Laufradschaufeln des Turbinenlaufrads beaufschlagen, so daß die kinetische Energie des Wasserstrahls weitgehend in mechanische Wellenarbeit umgewandelt wird.

P. (Bild 1) sind für kleine Volumenströme und große Fallhöhen geeignet. Sie haben kleine Drehzahlkenngrößen (→Cordier-Diagramm). Ihr Einsatzgebiet sind nutzbare Fallhöhen von 100–2000 m und Volumenströme bis 50 m³/s. Sie erreichen Leistungen bis 300 MW mit maximal 6 Düsen.

Die vom Oberwasser kommende Druckleitung endet in einer oder mehreren Düsen. Der aus den Düsen austretende Wasserstrahl trifft tangential eine Laufradschaufel (Becher) des Peltonrads. Die Becher sind durch eine Mittelschneide in 2 symmetrische Hälften getrennt. Dadurch wird der Wasserstrahl je zur Hälfte nach beiden Seiten um etwa 170° umgelenkt, ohne daß nennenswerte Axialkräfte auf das Rad wirken. Die nahezu maximal mögliche spezifische Impulsstromänderung bewirkt eine große spezifische Umfangskraft auf die beweglichen Becher und damit eine große spezifische Arbeitsübertragung. Der Schnitt durch Düse, Wasserstrahl und Laufradbecher (Bild 2) zeigt die Geschwindigkeitsverhältnisse für maximale spezifische Arbeit a mit einem angenommenen Becheraustrittswinkel $\beta_2 = 170°$ und einem verlustbedingten Verzögerungsverhältnis $w_2/w_1 < 1$.

Nach der Euler-Gleichung (Arbeitsprinzip) ist die spezifische Arbeit a allgemein:

$$a = P/\dot{m} = u_2\,c_{u2} - u_1\,c_{u1};$$

darin ist P übertragene Leistung, $\dot{m}$ Wassermassenstrom, u Umfanggeschwindigkeit des Laufradbechers, c_u Umfangkomponente der absoluten Strömungsgeschwindigkeit, Index 1 vor, Index 2 nach dem Becher. Bei der P. ist infolge der tangentialen Zuströmung $c_{u1} = c_1$ die Strahlgeschwindigkeit. Mit $u_1 = u_2 = u$ und $c_{u2} \ll c_1$ verwirklicht die P. den maximal möglichen Eintrittsdrall der Strömung bei vernachlässigbar geringem Austrittsdrall und kann daher größte nutzbare Fallhöhen verarbeiten.

Bedingung für maximale spezifische Arbeit ist: $c_1 = 2 u$. Der innere Wirkungsgrad ist dann ebenfalls

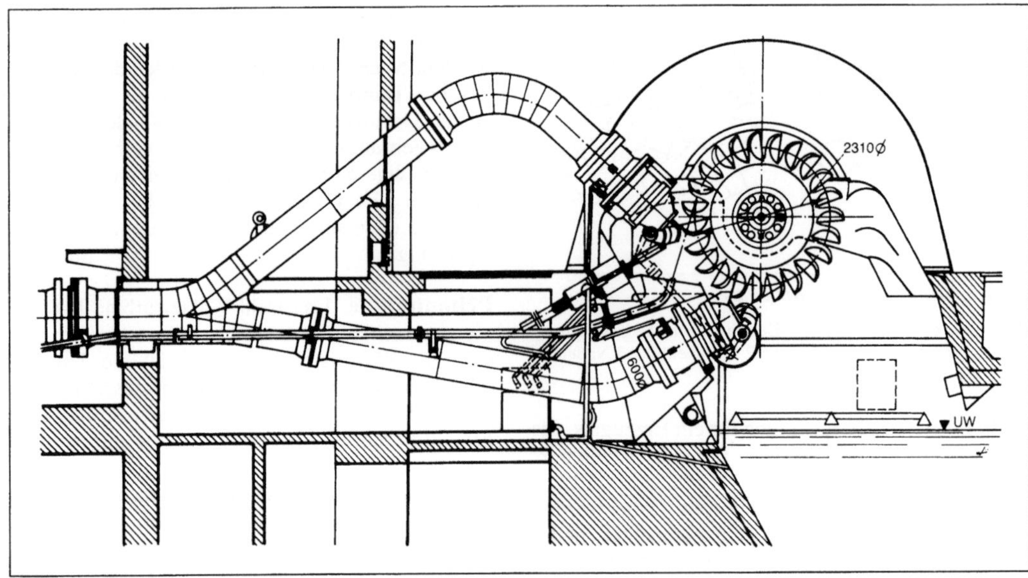

Peltonturbine 1: Mit horizontaler Welle und 2 Düsen mit Strahlablenkern, dazwischen eine Bremsdüse.

H = 890 m, V = 10,1 m³/s, n = 500 min⁻¹, P = 78,8 MW

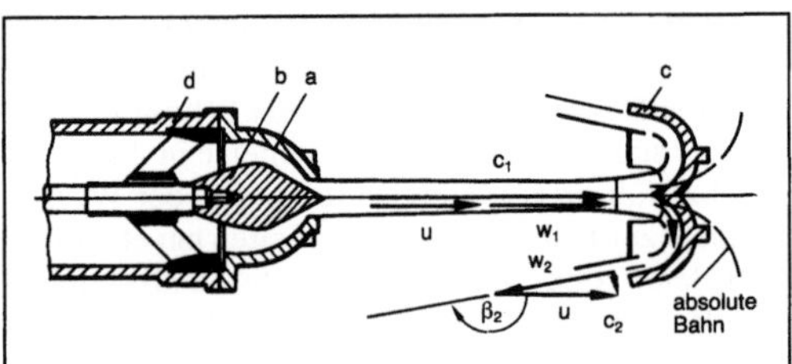

Peltonturbine 2: Schnitt durch Druckleitung d, Düse a, Düsennadel b, Wasserstrahl und Laufradbecher c mit Geschwindigkeiten.

maximal für vorgegebene Becheraustrittswinkel β_2 und Verzögerungsverhältnisse $w_2/w_1 < 1$.

Die Strahlgeschwindigkeit c_1 folgt aus:

$$c_1 = \sqrt{2(g\ H_{geo} - j_D)};$$

darin ist H_{geo} geodätische Fallhöhe von Oberwasser bis Düsenaustritt, und j_D sind die spezifischen Strömungsenergieverluste in diesem Bereich. Die geodätische Fallhöhe von Düse bis →Unterwasser, der sog. Freihang, kann nicht genutzt werden.

P. werden mit horizontaler und vertikaler Welle gebaut. Zur Leistungsanpassung bei konstanter Drehzahl (Generatorantrieb) wird der Durchfluß mit Hilfe verstellbarer Düsennadeln verändert. Die Durchgangsdrehzahl beträgt etwa das 1,8fache der Drehzahl für maximale spezifische Arbeit und liegt der mechanischen Auslegung zugrunde. Strahlablenker vor den Düsen verhindern trotzdem im Notfall ein Hochlaufen,

greifen aber auch bei schnellen Laständerungen ein, um Druckwellen in der Druckleitung zu vermeiden, sowie dann, wenn bei unvermindertem Wasserstrom die Leistung verringert werden soll.

Peltonräder werden meist aus Chrom-Nickel-Stählen gegossen. Je nach Sandgehalt im Wasser werden Düsen und Becher durch →Erosion oft sehr abgenutzt und sind dann durch Auftragsschweißung regelmäßig zu reparieren. *Rauhut*

Literatur: DIN 4320/4323/4324: Wasserturbinen: Benennungen, Begriffe und Rechnungsgrößen. Hrsg. Dt. Normenausschuß. Ausg. 1957. – *Quantz/Meerwarth:* Wasserkraftmaschinen. 11. Aufl. Berlin, Heidelberg 1963. – *Raabe, J.:* Hydraulische Maschinen und Anlagen. Tl. 2: Wasserturbinen. Düsseldorf 1970.

Pendel. Jeder Starrkörper, der im Schwerefeld der Erde Schwingungen um eine Gleichgewichtslage ausführt, ist ein P. (Bild). Hat das P. nur einen Freiheitsgrad der Bewegung, so läßt sich seine Lage eindeutig durch eine geeignet gewählte Koordinate, am zweckmäßigsten durch die Angabe eines Winkels, kennzeichnen. Die ebenen P.-Schwingungen werden durch eine nichtlineare Differentialgleichung 2. Ordnung beschrieben, welche die Rückstellkräfte mit den Trägheitskräften und ggf. den Dämpfungskräften verknüpft. Diese Bewegungsgleichung läßt sich in vielen Fällen unter der Voraussetzung kleiner Schwingungsausschläge (kleine Winkel φ) linearisieren. Unter Vernachlässigung von Bewegungswiderständen, d. h. für ein konservatives System, nimmt die Gleichung für kleine

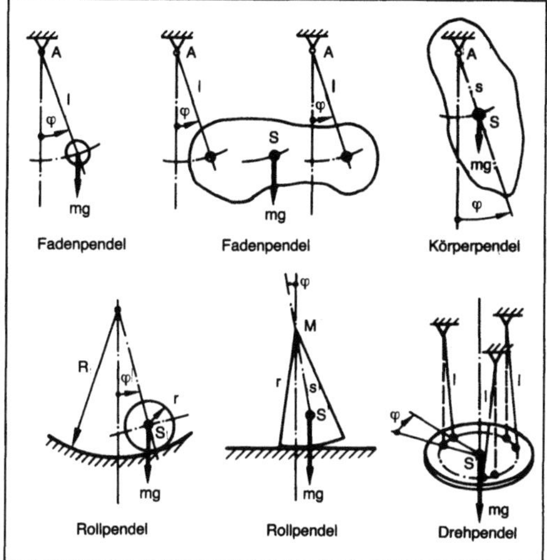

Pendel.

Schwingungen um eine stabile Gleichgewichtslage die Form

$$J^* \, \ddot{\varphi} + mgl^* \, \varphi = 0 \qquad (1)$$

an; hierin bedeuten:
φ Winkel, Lagekoordinate,
$\ddot{\varphi}$ Winkelbeschleunigung,
m Masse des P.,
$g = 9{,}81$ N/kg Kraftdichte im Schwerefeld der Erde,
J^* geeignet definiertes Ersatz-Trägheitsmoment,
l^* geeignet definierte Ersatz-P.-Länge.

Für die skizzierten P. sind Ersatz-Trägheitsmomente und Ersatz-P.-Längen in der Tabelle zusammengestellt.

Pendel. Tabelle: Ersatzgrößen für verschiedene Pendel.

Lfd. Nr.	Art des P.	P.-Länge	Trägheitsmoment
1	Faden-P.	$l^* = l$	$J^* = ml^2$
2	Faden-P.	$l^* = l$	$J^* = ml^2$
3	Körper-P.	$l^* = s$	$J^* = J_S + m\,s^2$
4	Roll-P.	$l^* = r^2/(R-r)$	$J^* = J_S + m\,r^2$
5	Roll-P.	$l^* = s$	$J^* = J_S + m(r-s)^2$
6	Dreh-P.	$l^* = r^2/l$	$J^* = J_S$

Das Zeitverhalten aller P., die der Bewegungsgleichung, Gl. (1), genügen, wird durch die →Kennkreisfrequenz ω_0 gem.

$$v_0^2 = mgl^*/J^* \qquad (2)$$

beschrieben. Hieraus erhält man die →Periodendauer für kleine Schwingungen

$$T_0 = 2\pi/\omega_0 = 2\pi \, \sqrt{J^*/(mgl^*)} \qquad (3).$$

Das Zeitverhalten ist von der P.-Masse unabhängig, denn für das axiale Massenträgheitsmoment um die zur Bewegungsebene senkrechte Schwerachse gilt $J_S = m\,k_S^2$, mit dem zugehörigen Trägheitsradius k_S. Physikalisch zeigt sich darin die Gleichheit von schwerer und träger Masse.

Wichtige P. mit mehr als einem Freiheitsgrad sind das Doppel-P. und das Kreisel-P. Die Rotation der Erde läßt sich mit dem Foucault-P. nachweisen. *Witfeld*

Pendelachse →Radführung

Pendelbecherwerk →Becherwerk

Pendelkugellager →Wälzlager-Bauform

Pendelrollenlager →Wälzlager-Bauform

Pendelversuch. Die Untersuchung der Schwingungen eines Pendels kann dazu dienen, die unbekannten Parameter der Massengeometrie eines Starrkörpers (Lage des Schwerpunkts, Koordinaten des Trägheitstensors) experimentell zu ermitteln. Da die →Kennkreisfrequenz eines Körperpendels von dem Massenträgheitsmoment um die Drehachse und der Pendellänge abhängt, lassen sich aus der Messung der →Periodendauer bei kleinen Schwingungen und aus Längenmessungen die gesuchten Parameter bestimmen. *Witfeld*

Pendelwalzanlage. Eine P. ist ein hüttentechnisches System, mit dem Walzerzeugnisse hergestellt werden, deren Formgebung im Walzwerk beendet ist. Die Walzerzeugnisse sind Blech oder Band. Die Produktionsmenge einer P. ist bei einem Vergleich mit einer Blechwalzstraße oder mit einer Bandwalzstraße sehr klein. Solche technischen Systeme werden also meist zum Herstellen kleiner Produktionsmengen eingesetzt. Wesentliche P. sind die →Saxl-Walzanlage, →Krause-Walzanlage und die →Schwingwalzanlage. Das Einsatzgebiet der P. erstreckt sich neben dem Walzen von Nichteisenmetallen, beispielsweise Kupfer und Messing, auch auf das Walzen von hochfesten, mit anderen Verfahren nicht warmwalzbaren Werkstoffen, die eine flache Querschnittsform haben. *Baumann*

Pendelwalzverfahren. Das P. ist ein →Hochumformverfahren, bei dem zylindrische Arbeitswalzen mit verhältnismäßig kleinen Durchmessern in schneller Folge das Walzgut intermittierend bearbeiten, so daß eine möglichst große Dickenabnahme des Walzguts erzielt wird. Dabei ändert sich die Lage der Arbeitswalzen zum Walzgut ständig, d. h., die Umformung erfolgt schrittweise, wobei die Walzen pendelnd bewegt werden. Somit rollen die nicht angetriebenen Walzen auf der Walzgutoberfläche ab. Deshalb wird dieses Verfahren auch →Abrollwalzverfahren genannt. Wesentliche Merkmale des P. sind:

□ Transport und Umformung des Walzguts erfolgen durch getrennte, unterschiedliche technische Systeme,

□ die verhältnismäßig kleinen Arbeitswalzen beschreiben eine keilförmige Bahn und bewegen dabei eine Werkstoffwelle vorwärts und

□ der Kontakt zwischen →Arbeitswalze und Walzgut ist periodisch.

Für das Hochumformen durch pendelnde Walzen sind im wesentlichen 3 unterschiedliche Verfahren eingesetzt worden, das →Krause-Walzverfahren, das Saxl-Walzverfahren und das →Schwingwalzverfahren.

Beim P. in Krause-Walzanlagen werden die Arbeitswalzen mit Hilfe keilförmiger Stützplatten, die waagerecht, schlittenartig geführt sind, bewegt. Beim P. in Saxl-Walzanlagen und in Schwingwalzanlagen werden die Arbeitswalzen von Kurbeltrieben oder Exzentern auf Kurvenbahnen bewegt. *Baumann*

Literatur: *Fröhling, J.,* u. *K. Wiedemer:* Betriebstechnik und Erfahrungen beim Pendelwalzen. Metall 28 (1974) Nr. 4, S. 331/35. – *Wiedemer, K.:* Das Pendelwalzwerk, seine Arbeitsmethode, Geschwindigkeiten und Kräfte. Metall 27 (1973) Nr. 4, S. 331/35.

Periodendauer. Das kleinste Zeitintervall eines periodischen Vorgangs, nach dessen Ablauf alle Zustandsgrößen wieder ihre ursprünglichen Werte angenommen haben (→Funkenerosion, →Schwingung). *Witfeld*

Personalcomputer im Photosatz. Der PC ist dabei, Aufgaben im Bereich des Photosatzes zu übernehmen, die bislang den teuren Photosatzsystemen vorbehalten blieben. So kann man beispielsweise im Satzbereich Texte erfassen, ausschließen und trennen lassen, den Seitenspiegel planen und die Texte einfließen lassen, fremde Disketten lesen und die Daten-Konvertierung durchführen, Fremddaten über die Netze der Bundespost empfangen, gescannte Logos bearbeiten, Geschäftsgraphiken erstellen sowie Bilder und Texte zusammenführen.

Zu unterscheiden ist zwischen redaktions-, autoren-, produktions- und gestaltungsorientierten PC-Satzprogrammen. Nur ein geringer Teil der angebotenen PC-Satzsoftware stammt von den traditionellen Herstellern von Satzsystemen. Sie ist zudem auf deren Systeme zugeschnitten. Bei der Mehrzahl der PC-Satzsoftware handelt es sich um Produkte, die von freien Softwarehäusern entwickelt wurden. Ihr Vorteil ist, daß sie nicht auf ein einziges Photosatzsystem zugeschnitten sind. Die PC-Satzsoftware wird häufig bei den Kunden der Druckindustrie

selbst eingesetzt. Das Ergebnis ist leider selten befriedigend, da das fachfremde Personal normalerweise keine Kenntnisse über die →Typographie besitzt. Außerdem fehlen der PC-Satzsoftware derzeit noch satztechnische Funktionen, wie z. B. typographische Befehle, die zum Erreichen höchster Qualitätsansprüche unerläßlich sind. Es gibt bereits Satzsystemhersteller, die graphikfähige PC und →Laserstrahl-Photosatzbelichter innerhalb eines Bürokommunikationssystems miteinander verbinden. *W. Schmid*

Personenaufzug →Aufzug

Pfahlziehgerät. In den Boden gerammte, vibrierte oder gepreßte Stahlträger, Holzpfähle, Stahlbetonpfähle oder Spundbohlen („Rammgüter") sind oft nur Bauhilfsmittel und nicht Bauwerksbestandteile. Sie müssen meist wieder beseitigt werden (Materialrückgewinnung und Hindernisfreiheit des Baugrunds). Bei Abbruch- oder Reparaturarbeiten von Gründungsbauwerken muß man Träger, Pfähle oder Bohlen ziehen. Dazu sind z. T. außerordentlich große Zugkräfte erforderlich. Ihre Größe hängt von der Profiloberfläche, der Verformung des Rammguts beim Einrammen, der Eindringtiefe im Boden und bei Spundbohlen von der Schloßreibung (wächst im Laufe der Zeit erheblich an) ab. Zum Ziehen verwendet man statisch wirkende, sehr leise Geräte wie Kleinhebezeug mit Dreibock und Flaschenzug, Hebe- und Wuchtbäume und hydraulische Hebeböcke. →Bagger und Krane können Rammgüter nur mit statischem Zug ziehen. Dynamisch wirkende P. sind ähnlich wie Rammhämmer aufgebaut. Ihre Schlagwirkung ist aber nach oben gerichtet. Sie werden beim Schlagen nach oben gezogen von Kranen bzw. Baggern, von Winden an Böcken, Rammgerüsten, Mäklern und klemmen sich entweder hydraulisch am Rammgut fest oder werden damit verbolzt. Pfähle werden mit Ketten- oder Seilschlingen umfaßt. Als P. verwendet man überwiegend Vibrationsbäre, indem sie zusammen mit dem angeklemmten Rammgut während des Vibrierens vom Trägergerät nach oben gezogen werden. *Kühn*

Pfanne. Eine P. ist ein Gefäß aus Stahl, das für flüssige Metalle meist mit feuerfesten Stoffen ausgekleidet ist und der Aufnahme, dem Transport und der Behandlung entweder des flüssigen Roheisens, des flüssigen Stahls, des Gußeisens, der flüssigen Nichteisenmetalle oder der bei metallurgischen Verfahren anfallenden Schlacken dient (Bild). Diese Gefäße werden meist ihrem Verwendungszweck entsprechend bezeichnet, also Schlacken-P., Gußeisen-P., Stahlgieß-P. oder Roheisen-P. Schlacken-P. sind oft gegossene Gefäße. Flüssige Metalle, insbes. Stähle, werden in der P. oft mit metallurgi-

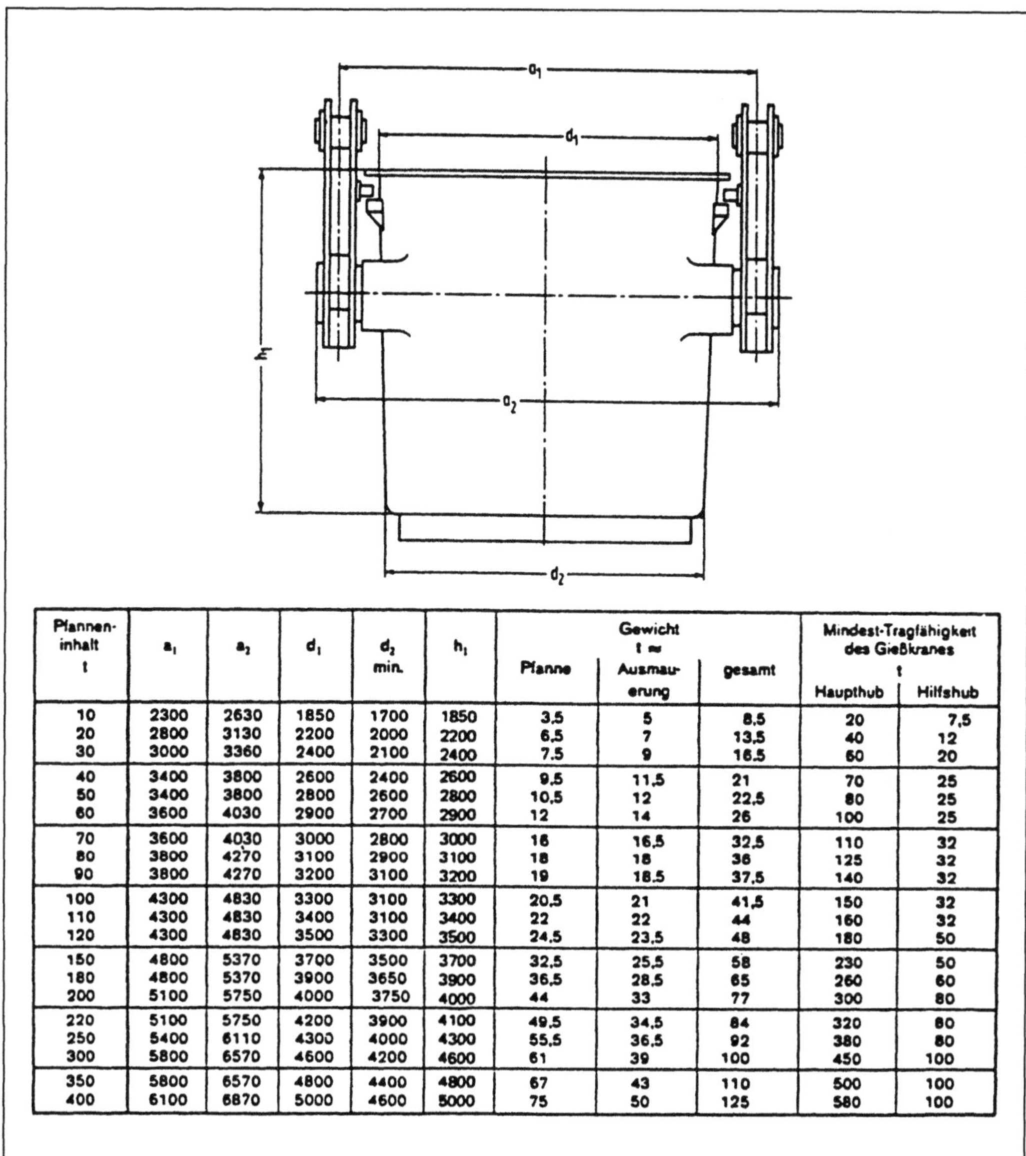

Pfannen-inhalt t	a_1	a_2	d_1	d_2 min.	h_1	Gewicht t ≈			Mindest-Tragfähigkeit des Gießkranes t	
						Pfanne	Ausmau-erung	gesamt	Haupthub	Hilfshub
10	2300	2630	1850	1700	1850	3,5	5	8,5	20	7,5
20	2800	3130	2200	2000	2200	6,5	7	13,5	40	12
30	3000	3360	2400	2100	2400	7,5	9	16,5	60	20
40	3400	3800	2600	2400	2600	9,5	11,5	21	70	25
50	3400	3800	2800	2600	2800	10,5	12	22,5	80	25
60	3600	4030	2900	2700	2900	12	14	26	100	25
70	3600	4030	3000	2800	3000	16	16,5	32,5	110	32
80	3800	4270	3100	2900	3100	18	18	36	125	32
90	3800	4270	3200	3100	3200	19	18,5	37,5	140	32
100	4300	4830	3300	3100	3300	20,5	21	41,5	150	32
110	4300	4830	3400	3100	3400	22	22	44	160	32
120	4300	4830	3500	3300	3500	24,5	23,5	48	180	50
150	4800	5370	3700	3500	3700	32,5	25,5	58	230	50
180	4800	5370	3900	3650	3900	36,5	28,5	65	260	60
200	5100	5750	4000	3750	4000	44	33	77	300	80
220	5100	5750	4200	3900	4100	49,5	34,5	84	320	80
250	5400	6110	4300	4000	4300	55,5	36,5	92	380	80
300	5800	6570	4600	4200	4600	61	39	100	450	100
350	5800	6570	4800	4400	4800	67	43	110	500	100
400	6100	6870	5000	4600	5000	75	50	125	580	100

Pfanne: Abmessungen und Gewichte von Stahlgießpfannen sowie Mindest-Tragfähigkeiten von Gießkranen bei unterschiedlichen Schmelzengewichten.

schen Verfahren behandelt. Eine solche Behandlung ist unter dem Sammelbegriff →Pfannenmetallurgie bekannt geworden. *Baumann*

Pfannenmetallurgie. Unter P. ist die Kenntnis sowie Lehre aller Grundlagen und Verfahren zur metallurgischen Behandlung von Metallen in Pfannen zu verstehen. Die Bedeutung der pfannenmetallurgischen →Behandlungsverfahren ist in den 80er Jahren ständig gestiegen, weil damit die jeweils geforderte Güte des Metalls außerhalb der Schmelz-

anlagen eingestellt, eine Leistungssteigerung der Schmelzanlagen erzielt und eine zeitgerechte Versorgung der Gießanlagen sichergestellt werden kann. *Baumann*

Pfannenofen. Die bei den pfannenmetallurgischen →Behandlungsverfahren auftretenden Temperaturverluste können durch
- □ Überhitzen der Schmelze im Schmelzaggregat,
- □ Verbrennen der Stahlbegleitelemente in der Schmelze mit Sauerstoff oder

☐ Wärmezufuhr mit einer Zusatzbeheizung ausgeglichen werden.

Für die Wärmezufuhr von außen wird betrieblicherseits nur die Lichtbogenheizung angewendet. Für die Beheizung einer Schmelze unter atmosphärischem Druck wird auf die →Pfanne ein Deckel ähnlich dem eines Lichtbogen-Schmelzofens aufgelegt, durch den die Elektroden in die Pfanne geführt werden. Ein solcher P. wird auch Ladle Furnace (LF) genannt, der dementsprechend als →LF-Verfahren arbeitet. *Baumann*

Pfeilverzahnung. Im Großgetriebebau findet man oft Zahnradstufen, die mit Zahnradhälften mit entgegengesetzt gleichen Schrägungswinkeln ausgeführt sind (→Doppelschrägverzahnung). Bei der („echten") P. gehen die Zähne in der Mitte der Zahnbreite pfeilartig ineinander über. Gegenüber Doppelschrägverzahnung spart man an axialer Baulänge.

Heute finden Stirnräder mit P. kaum noch Verwendung, da die herstellbedingten Verzahnungstoleranzen und die veränderte Steifigkeit im Bereich der Pfeilspitze den Anforderungen an moderne →Zahnradgetriebe nicht entsprechen. Der Vorteil, Axialkräfte aus der Verzahnung auszugleichen, wird daher meist mit Doppelschrägverzahnung verwirklicht.

Pfeilverzahnte Zahnräder (Bild) können nur auf Spezialmaschinen oder im Einzelteilverfahren mit

Pfeilverzahnung: Pfeilverzahntes Radpaar.

Fingerfräser hergestellt werden. Verzahnungsschleifen ist nicht möglich. Um Ungenauigkeiten und veränderte Steifigkeit zu beseitigen, wird im Bereich der Pfeilspitze mitunter ein schmaler Spalt eingestochen. *Winter*

Pflanzenschutzgerät. Gerät zum Ausbringen chemischer Wirkstoffe (Fungizide, Herbizide, Insektizide) meist mit Wasser als Trägerstoff (echte Lösung, Emulsion oder Suspension), im Gartenbau auch mit Stäuben. Feldspritzgeräte für die Flächenbehandlung arbeiten als Anbaugeräte mit häufig 10 oder 12 m Arbeitsbreite (Bild). Spritzflüssigkeit wird durch die →Pumpe gefördert und in parallel geschalteten Düsen ausgebracht. Anlagerungsfläche ist meist die Pflanze, beim Bestellen auch die Bodenoberfläche (Bodenherbizide, Bandspritzung). Die Grundverfahren unterteilt man nach dem Tropfendurchmesser: Er beträgt beim Spritzen über 150 μm, beim Sprühen 50–150 μm und beim Nebeln unter 50 μm. Sehr kleine Tropfen ergeben an sich eine gute Schutzwirkung bei wassersparendem Betrieb. Sie sinken jedoch in der Luft sehr langsam ab (proportional zum Quadrat des Durchmessers) und driften daher sehr ab. Deswegen herrscht beim Feldeinsatz das Spritzen vor, wobei man Rundstrahl- oder Flachstrahldüsen benutzt, letztere besonders häufig (Druck etwa 1–5 bar, Strom entsprechend den Strömungsgesetzen der scharfkantigen Drosselblende, je Hektar etwa 100 bis 600 l). Zur Förderung dienen vorwiegend Verdrängerpumpen (Plunger, Kolben oder Membran), selten Kreiselpumpen (ungünstige Kennlinie). Auslegungsdruck oft 20 bar.

Pflanzenschutzgerät: Traktor mit moderner Anbauspritze im Einsatz. (Quelle: Holder)

Antrieb der Pumpe über die Zapfwelle, Arbeitsbreite 10 m

Man bemüht sich, die Wirkmengen durch gezieltere Wirkstoffanlagerung zu vermindern. Das wirkt umweltschonend und kostensparend. Unterblatt-Spritzverfahren, Kombination von Düsen mit Gebläsen, Luftleiteinrichtungen (Fahrtwind), elektronisch-hydraulische Spritzbalkenregelung auf konstanten Bodenabstand, verbesserte Dosiergenauigkeit (z. B. elektronisch geregelt nach echter Fahrgeschwindigkeit). Verfahren mit sog. Direkteinspeisung des Wirkstoffs in das Wasser (an Stelle angerührter Spritzflüssigkeit) könnten zukünftig Bedeutung gewinnen. Ebenso versucht man seit längerem eine verbesserte Wirkstoffanlagerung durch elektrostatische Tröpfchenaufladung.

Im Gegensatz zu den Feldspritzen setzt man für den Wein-, Obst- und Hopfenanbau Gebläse-Sprühgeräte ein, bei denen ein Trägerluftstrom die Tröpfchen in die laubreichen und z. T. hochwachsenden Kulturen hineinträgt. *Renius*

Literatur: *Bäcker, G.:* Erfahrungen mit der elektrostatischen Tropfenaufladung beim Pflanzenschutz im Weinbau. Landtechn. 42 (1987) Nr. 3, S. 110/12 u. 117. – *Gallwitz, K.:* Spritzen–Sprühen–Nebeln–Stäuben. Landtechn. 7 (1952) Nr. 5, S. 150/55. – *Ganzelmeier, H.,* u. *E. Moser:* Elektrostatische Aufladung von Spritzflüssigkeiten zur Verbesserung der Applikationstechnik. Grundl. Landtechn. 30 (1980) Nr. 4, S. 122/25. – *Göhlich, H.:* Untersuchungen zur Verbesserung der Niederschläge von Pflanzenschutzmitteln durch elektrostatische Aufladung. VDI-Forsch.-H. 467. Düsseldorf 1958. – *Göhlich, H.:* Entwicklung der Pflanzenschutztechnik. In: Festschr. „25 Jahre VDI-Fachgruppe Landtechnik". Düsseldorf 1983; S. 131/36. – *Moser, E.,* u. *V. Roßwag:* Strömungsverhältnisse und Strömungsformen bei Gebläsen für Sprühgeräte in Raumkulturen. Grundl. Landtechn. 33 (1983) Nr. 2, S. 40/44. – *Moser, E.:* Verfahrenstechnik Intensivkulturen. Lehrb. Agrartechn. Bd. 4. Berlin, Hamburg 1984. – *Ostarhild, H.:* Pflanzenschutz-Anwendungstechnik: Fortschreitende Verfeinerung. Landtechn. 37 (1982) Nr. 3, S. 129/30. – *Selcan, Z.,* u. *H. Göhlich:* Einfluß der Betriebs- und Stoffparameter auf das Tröpfchengrößenspektrum von Pflanzenschutzdüsen. Grundl. Landtechn. 32 (1982) Nr. 6, S. 189/95. – *Wenner, H.-L.,* et. al.: Landtechnik-Bauwesen. (Die Landwirtschaft. Bd. 3). München 1986. – *Zaske, J.:* Tröpfchengrößenanalyse unter besonderer Berücksichtigung der Zerstäubung im chemischen Pflanzenschutz. Diss. TU Berlin 1973.

Pflanzmaschine. Oberbegriff für zwei unterschiedliche Gerätearten: Pflanzensetzmaschinen für Reis, Kohl, Salat, usw. und Legemaschinen für Kartoffeln, Zwiebeln, Zierpflanzenknollen usw.

Pflanzensetzmaschinen arbeiten häufig mit einem Pflanzrad, dessen gesteuerte Greifelemente die von Hand eingelegten Pflänzchen erfassen und in die Pflanzrille einsetzen, die man dann z. B. mit Druckrollen schließt. Eine maschinelle Bestückung mit Einzelpflanzen erscheint bisher nur für getopfte Pflanzen als aussichtsreich. Bei Reis (Pflanzenbüschel) gibt es inzwischen elegante vollautomatische P., insbes. aus Japan.

Legemaschinen wurden vor allem für Kartoffeln entwickelt. Sie arbeiten meist mit einer Art Becherwerk (Becher mit Schöpflöffeln an vertikalen Schöpfriemen). Jeder Becher entnimmt aus dem Vorratsbehälter eine Saatkartoffel, die wegen der Beschädigungsgefahr mit geringer Fallhöhe und möglichst ohne Verrollen in die Legerinne gelangen soll, die danach zugehäufelt wird. Neuere Maschinen eignen sich auch für das Legen vorgekeimter Kartoffeln.

Die Reihenweite beträgt meist 75 cm (früher 62,5 cm), die Flächenleistung einer vierreihigen Bunkerlegemaschine erreicht etwa 1 ha/h. *Renius*

Pflatschen →Trockenmaschine

Pflichtenheft →Anforderungsliste, →Materialflußplanung

Pflug. Klassisches →Bodenbearbeitungsgerät für die wendende Grundbodenbearbeitung, Arbeitstiefe in Mitteleuropa ca. 20–35 cm (Primärbodenbearbeitung). Mehrere Hauptwerkzeuge (Schar mit Streichblech) und Vorwerkzeuge (Vorschäler, Dungeinleger, Scheibenseche, Messerseche) sind an einem starren Rahmen befestigt, bei Bedarf auch über Steinsicherungen. Als Zusatzwerkzeuge sind z. B. Tiefenlockerer anzusehen. Der P. wird vom Traktor meist als →Anbaugerät betrieben, bei 5 Hauptwerkzeugen Übergang zum →Aufsattelgerät. Beide Bauarten gibt es entweder als Dreh-P. zum Pflügen an einer einzigen Furche (Bild 1) oder als Beet-P. zum Pflügen an zwei Furchen. Bezeichnungen der Bauteile des P. nach DIN 11118. Beim Pflügen wird ein Bodenteilchen zunächst mit dem Erdbalken abgeschnitten, erfährt auf dem Werkzeug eine dreidimensionale Verformung bis zum inneren Scheren (primäre und sekundäre Scherebenen), wird gehoben und umgelenkt und schließlich mit einer Absolutgeschwindigkeit >0 abgelegt, die den Erdbalken in Fahrtrichtung auseinanderzerrt.

Pflug 1: Anbau-Drehpflug mit vier Hauptwerkzeugen (Streifenkörper), Vorschälern und gezahnten Scheibensechen. (Quelle: Rabe)

Pflugaushub, Drehung, Tiefenregelung und Schnittbreitenverstellung ölhydraulisch. Traktornennleistung um 75 kW

Die Reibung an den Führungselementen des P. (Führungsreibung) versucht man durch richtige Einstellung (Seitenkräfte) und Kraftübernahme auf den Traktor (Vertikalkräfte) mit Hilfe der →Regelhydraulik (→Dreipunktanbau) klein zu halten. Die Reibung an den Arbeitsflächen (Arbeitsreibung) läßt sich bei adhäsiven Böden durch Streifenpflugkörper (reduzierte Fläche) vermindern. Andere Maßnahmen: Beschichten mit Kunststoffen, schwingende Bewegung, Rollen oder Kreisel statt Streichblech, aerostatische Stützquellen, Wasser mit kolloidalen Kunststoffkügelchen (50 l/ha). Zeitweise Bedeutung hatte nur der zapfwellengetriebene Kreisel-P.

Der spezifische P.-Widerstand (je Querschnittseinheit) beträgt nach *Gorjatschkin* (um 1900): $z = z_0 + \varepsilon\, v^2$, mit z_0 als Grundwert (Geschwindigkeit $v = 0$) und ε als dimensionsbehaftetem Werkzeugbeiwert (Bild 2). Die Größe ε hängt vor allem vom Seitenrichtungswinkel am Streichblechende φ ab, nach *Söhne* $\varepsilon \sim (1 - \cos\varphi)$. Praxiswerte für z (ohne Vor- und Zusatzwerkzeuge) um 20–100 kN/m² (je nach Bodenschwere, Lagerungsdichte, Werkzeugform und Arbeitsgeschwindigkeit).

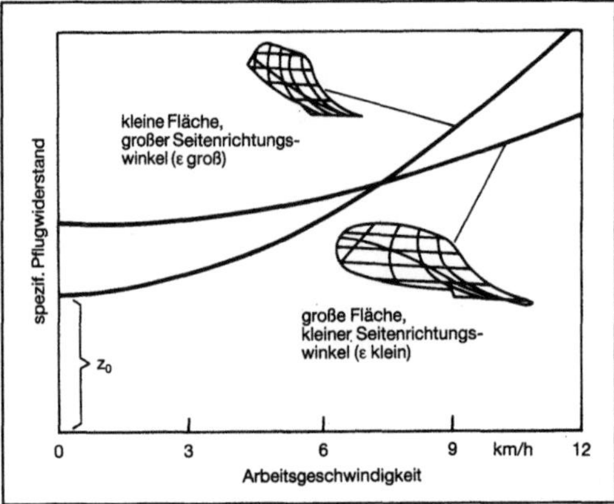

Pflug 2: Spezifischer Pflugwiderstand über der Arbeitsgeschwindigkeit für zwei Formen des Hauptwerkzeugs.

Die Historie des P. reicht einige tausend Jahre zurück. Pflugschare wurden schon im Alten Testament erwähnt. Wesentliche Meilensteine: einfache Holzhaken, Holzhaken mit Metallspitze, Metallschare mit ebenen Holzstreichblechen (auch beidseitig), gewundene Streichbleche, gleichzeitig ganzes Werkzeug aus Eisen (*J. Deere* 1837), Hochleistungsstähle, Mehrscharpflüge, Ersatz der Zugtiere durch Traktoren. *Renius*

Literatur: *Bernacki, A., u. J. Haman:* Grundlagen der Bodenbearbeitung und Pflugbau. Ost-Berlin 1972. – DIN 11118: Pflugkörper: Begriffe. Hrsg. Dt. Inst. für Normung. Ausg. Dez. 1976. – *Föppl, A.:* Über die Mechanik des Pflügens. Landwirtsch. Jahrb. 22 (1893), S. 719/39. – *Franz, G.:* Die historische Entwicklung des Pfluges. Landtechn. 14 (1959) Nr. 1/2, S. 6/10. – *Fröba, N.:* Service loads on ploughs. Proceedings AGENG Intern. Conference. Berlin 24.–26. 10. 1990. – *Glausing, F., u. a.:* Firmenschr. Rabewerk. – *Gorjatschkin, W. P.:* Theorie des Pfluges. Moskau 1927. – *Hamm, W.:* Die landwirtschaftlichen Geräte und Maschinen Englands. Braunschweig 1858. – *Oskoni, K. E., u. B. D. Witney:* The determination of plough draft. Tl. I. J. Terramech. 19 (1982) Nr. 2, S. 97/106. – *Rau, K. H.:* Geschichte des Pfluges. Heidelberg 1845. – *Reich, R., u. A. Stroppel:* Untersuchungen an Pflügen mit Streifenstreichblechen. Landtechn. 38 (1983) Nr. 2, S. 49/52. – *Söhne W.:* Über den Entwurf von Streichblechformen unter besonderer Berücksichtigung von Streichblechen für höhere Geschwindigkeit. Grundl. Landtechn. 12 (1962) Nr. 15, S. 15/27. – *Söhne, W., u. H. Stubenböck:* Theoretische Grundlagen der Mechanik der Bodenbearbeitung. Ber. Landwirtschaft 56 (1978) Nr. 2/3, S. 390/414.

Pflugbagger. Beim P. wird der Boden – ähnlich wie beim Scraper – durch eine waagerechte Schneide gelöst. Hinter dieser Schneide ist ein →Förderband angebracht, das die seitlich nebenherfahrenden Transportgeräte belädt. Hierbei ist darauf zu achten, daß immer genügend Transportgeräte zur Verfügung stehen, damit Stillstandzeiten des P. vermieden werden (→Spezialgerät (Bautechnik)). *Kühn*

Phasengang. Der Frequenzgang der →Phasenverschiebung zwischen Ausgangs- und Eingangssignal eines linearen Systems (Bild). *Witfeld*

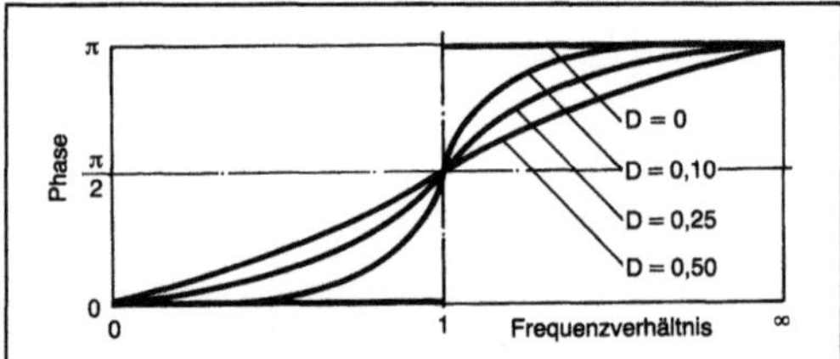

Phasengang eines Systems 2. Ordnung (einfacher Schwinger, D Dämpfungsgrad).

Phasengeschwindigkeit. Ausbreitungsgeschwindigkeit harmonischer Teilwellen eines Wellenpakets. Sei die harmonische Teilwelle einer Zustandsgröße u:

$$u(x,t) = \hat{u} \sin\left[2\pi\left(\frac{x}{\lambda} - \frac{t}{T}\right)\right],$$

die sich mit der Zeit t in positiver x-Richtung ausbreitet, so folgt die Phasengeschwindigkeit c als Quotient der Wellenlänge λ und der →Periodendauer T zu $c = \dfrac{dx}{dt} = \dfrac{\lambda}{T}$ (Bild). *Gaul*

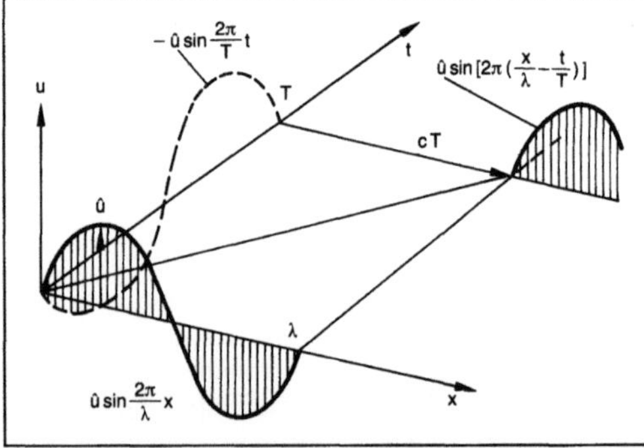

Phasengeschwindigkeit: Ausbreitung einer harmonischen Teilwelle mit der Phasengeschwindigkeit c.

Phasenverschiebung. Differenz der →Phasenwinkel zweier harmonischer Signale gleicher Frequenz. Bei der P. $\Delta\varphi=0$ liegen die Signale in Phase, bei $\Delta\varphi=\pi$ in Gegenphase (Bild).

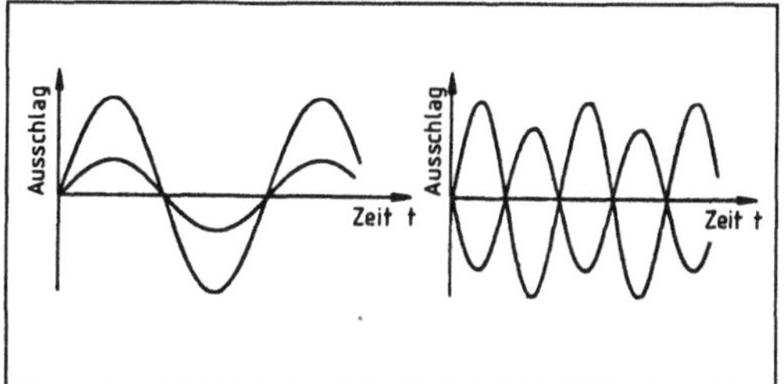

Phasenverschiebung: Zwei Signale in Phase bzw. in Gegenphase.

P. zwischen den Ausgangs- und Eingangssignalen in linearen Systemen sind in charakteristischer Weise von der Signalfrequenz und den Systemeigenschaften abhängig (→System, schwingungsfähiges). *Witfeld*

Phasenwinkel. Als P. oder Phase bezeichnet man bei einer harmonischen →Schwingung
$$q(t)=\hat{q}\cos(\omega t+\varphi)$$
das Argument $(\omega t+\varphi)$ der Kreisfunktion. Der konstante Winkel φ heißt Null-P. *Witfeld*

Photosatz. Früher als Lichtsatz bezeichnet. Verfahrenstechnisch unterscheidet sich der Ph. nach der Art der Lichtquelle und dem Schriftbildträger. Optomechanische Ph.-Belichter verwenden

eine Xenonblitzlampe. Sie arbeiten auf der Basis der Projektionsbelichtung. Der Schriftbildträger ist materiell. Bei den Verfahren mit Lichtstrahlaufzeichnung unterscheidet man zwischen CRT-Ph.-Belichtern und Laserstrahl-Ph.-Belichtern. Beim CRT-Verfahren wird eine Kathodenstrahlröhre als Lichtquelle herangezogen, beim Laser-Verfahren der Laserstrahl. Beide Verfahren verwenden immaterielle, elektronisch gespeicherte Schriften.

Gerätetechnisch geschieht die Einteilung der Vorrichtungen zur Herstellung von Ph. nach Systemen bzw. Serien. Je nach Auftragssituation und Betriebsgröße entscheidet sich der Anwender für ein Ph.-Kompaktsystem, ein →Ph.-Bausatz-Verbundsystem oder ein Ph.-on-Line-Verbundsystem. *W. Schmid*

Literatur: *Siemoneit, M.,* u. *W. Zeitvogel:* Satzherstellung. Textverarbeitung. Lehrb. Druckindustrie. Frankfurt a. M. 1986.

Photosatz-Bausatz-Verbundsystem. Modular aufgebautes Photosatzsystem, das sich entsprechend den Anforderungen besonders bei mittleren Unternehmen individuell zusammenstellen läßt. Seine Leistungsfähigkeit liegt zwischen der von Photosatz-Kompaktsystemen und · Photosatz-on-Line-Verbundsystemen.

Durch die Einbeziehung zusätzlicher Eingabefunktionen, vermehrte Speicherkapazitäten und größere Ausgabemöglichkeiten bietet ein Bausatz-Verbundsystem die Flexibilität, sich dem Wachstum eines Betriebes anzupassen. Häufig wird an Stelle

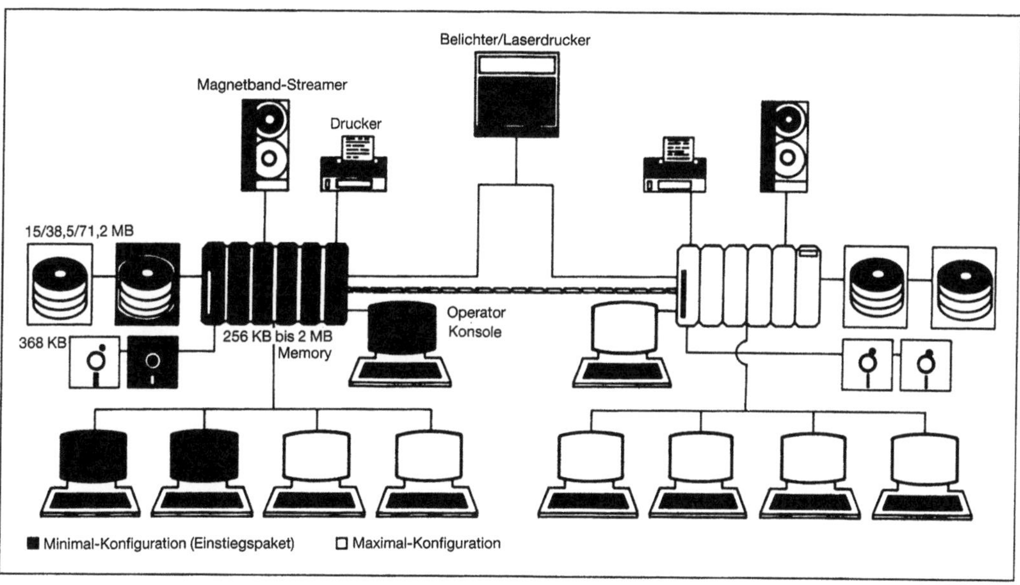

Photosatz-Bausatz-Verbundsystem: System, das den gleichzeitigen Betrieb von bis zu acht Hauptprogrammen im selben Rechner zuläßt.

der Bezeichnung Bausatz-Verbundsystem auch der Ausdruck Serie verwendet.

Auf der Eingabeseite gibt es zahlreiche Möglichkeiten: Erfassung über →Personalcomputer, Einsatz von Photosatz-Terminals zum professionellen Erfassen, Redigieren und Korrigieren, Anschluß eines Logoscanners zur Herstellung von Sonderzeichen, Datenfernübertragung, Übernahme von Fremddaten und Datenkonvertierung.

Zur Datenspeicherung dienen Disketten und/oder Magnetplatten. Als Optionen sind auch Datenstreamer und Magnetbänder anschließbar. Für die Verwaltung der Texte auf den Magnetplatten stehen komfortable File-Management-Systeme zur Verfügung.

Für die Ausgabe gibt es ebenfalls mehrere Möglichkeiten: CRT- bzw. →Laserstrahl-Photosatzbelichter oder digitale Drucker. Zusätzlich kann auch ein Darstellungs- und Gestaltungsbildschirm angeschlossen werden.

In den meisten Fällen werden die Hardware-Bausteine eines Bausatz-Verbundsystems über ein Netzwerk miteinander verbunden. Die Ausbaufähigkeit liegt zwischen 8–12 Eingabe- und etwa vier Ausgabeeinheiten. Entscheidend ist die angebotene Software. Neben dem Einstiegspaket gibt es noch Softwarebausteine, wie z. B. Programm für Daten-Konvertierung, Mehrsprachen-Silbentrennprogramm, Typographieprogramm, Umbruchprogramm.

Ein Teil der Bausatz-Verbundsysteme arbeitet dezentral nach dem Prinzip der verteilten Intelligenz. Jedes Terminal verfügt über ein eigenes Satzprogramm und eigene Dickteninformationen. Die Satzherstellung kann deshalb mit großer Unabhängigkeit vorgenommen werden. Der Plattenspeicher übernimmt die Speicherung der Mengentexte, der Schriftinformation, Schriftdickten sowie der Programme für die Ausgabeeinheiten. Andere Systeme arbeiten zentral. Dort sind die Satzprogramme in der Zentraleinheit untergebracht, die ihre Rechnerleistung auf die einzelnen Terminals verteilt (Bild). *W. Schmid*

Photosatz-Kompaktsystem. Bei diesem Photosatzsystem sind die Bauteile für Erfassung, Verarbeitung und Ausgabe in einem kompakten Gehäuse untergebracht. Bestandteile sind: Tastatur, Bildschirm, lokaler Datenspeicher (Floppy Disk, Hard Disk), Mikrocomputer und Belichter. Aus ergonomischen Gründen sind bei den modernen Kompaktsystemen Tastatur und Bildschirm frei beweglich. Im Gegensatz zum →Photosatz-Bausatz-Verbundsystem ist ein Kompaktsystem nicht ausbaubar.

Mit einem Kompaktsystem (Bild) fertigt man keine Werke, Zeitschriften und Zeitungen. Die Software eines Kompaktsystems ist auf Photosetzereien zugeschnitten, die über eine gemischte Auftragsstruktur verfügen. Ihre typographische Be-

Photosatz-Kompaktsystem: Es gestattet Satz und Belichtung auf dem Tisch. (Quelle: Linotype)

fehlssprache erlaubt die Abdeckung eines Aufgabenspektrums, das bei einfachem Text beginnt und bei Formularen allerschwierigsten Charakters endet. *W. Schmid*

Photosatz-on-Line-Verbundsystem. Kernstück dieser Systeme sind Programmpakete für die Redaktion und Anzeigenverwaltung sowie für die Herstellung von Zeitungen, Zeitschriften und Werken. Seit etwa 1985 ermöglichen neue Bausteine die Zusammenführung von bisher separat durchgeführten Verarbeitungsstufen, wie Integration von Bild und Text. On-Line-Verbundsysteme sind ebenfalls Photosatz-Bausatz-Verbundsysteme, da sie nach dem Bausatz-Prinzip ausgebaut werden können.

Ein On-Line-Verbundsystem vernetzt mehrere Systemrechner mit einer gemeinsamen Datenbasis. Es verfügt über eine Verarbeitungsebene und eine Speicherebene (Bild). Zur Verarbeitungsebene gehören die Systemrechner mit angeschlossener Peripherie. An einen Systemrechner können durchschnittlich 40 Terminals angeschlossen werden. Hinzu kommen noch andere Peripheriebausteine, wie z. B. Agenturprozessoren, elektronische Bildverarbeitungssysteme, Ganzseiten-Umbruchsysteme, digitale Drucker, Laserstrahl-Belichtungseinheiten, CRT-Belichtungseinheiten, →Personalcomputer, Darstellungs- und Gestaltungsbildschirme.

Außenredaktionen werden per Datenfernübertragung eingebunden. Auch die Daten-Konvertierung ist eine Selbstverständlichkeit. Die Speicherebene besteht aus zwei Mehrfach-Platten-Bedieneinheiten (MPB) und mindestens zwei Plattenspeichern. Die Anzahl bzw. die Kapazität der Plattenspeicher ist von der zu verwaltenden Datenmenge abhängig. Jeder Systemrechner und jeder zentrale Plattenspeicher ist mit beiden MPB verbunden.

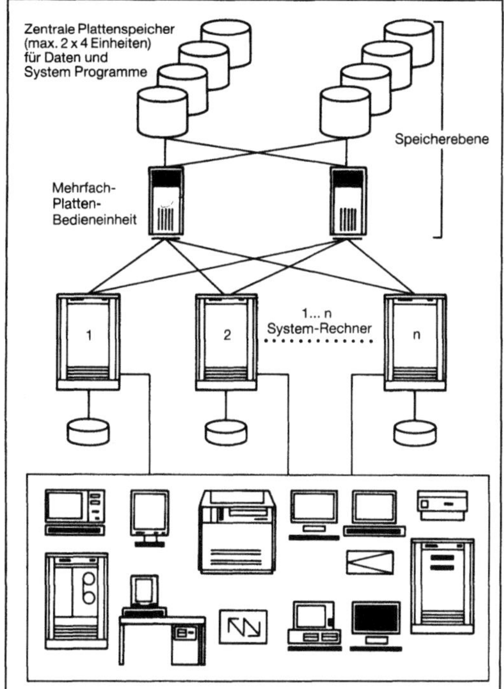

Photosatz-on-Line-Verbundsystem: Beispiel.

Sollte eine MPB ausfallen, dann ist gewährleistet, daß die Partner-MPB die Datenübertragung auf alle Plattenspeicher durchführt. Sollte eine Plattenspeicherserie ausfallen, greifen alle Systemrechner auf die Partner-Einheiten zu.

Ein On-Line-Verbundsystem wird innerhalb des Betriebs von verschiedenen Abteilungen und unterschiedlichen Redaktionen benutzt. Satzprogramme sorgen dafür, daß mit Hilfe der typographischen Befehle auch schwierige Satzstrukturen erfaßt und gestaltet werden können. Beispiele: Umrahmungen, Konturensatz, Negativbelichtung, vertikaler Ausschluß usw. Im →Redaktionssystem sind Programme vorhanden, mit denen Form und Umfang eines Artikels bestimmt werden. Im →Anzeigensystem werden die Umbrucharbeiten durch Programm-Modul für den artikelweisen Umbruch, für die Erstellung gestalteter Anzeigen und den Seitenumbruch unterstützt. *W. Schmid*

Photosatzbelichter, optomechanischer. Erzeugt für den →Photosatz eine Vorlage, also ein materielles Bild, das mittels Licht durchleuchtet und mit Hilfe der Optik in einer bestimmten Größe auf das lichtempfindliche Photomaterial übertragen wird. Jedes Zeichen muß dafür in den Strahlengang des Lichts gebracht werden. Diese Belichter sind auf Grund ihrer Technologie (zu viele mechanisch und optisch arbeitende Bauteile) überholt und werden

nicht mehr gebaut. Sie werden durch CRT- und Laserstrahl-Ph. ersetzt.

O. Ph. weisen folgende Nachteile auf: Der Schriftauswahlmechanismus wird elektromechanisch bewegt. Die Schriftzeichenauswahl ist beschränkt. Bei Schriftmischungen ist wegen der geringen Schriftträgeranzahl ein häufiges manuelles Austauschen der Schriftträger erforderlich. Die Größenoptik wird elektromechanisch verstellt. Der Schriftgradumfang ist beschränkt. Häufiger Schriftgrößenwechsel erniedrigt die Belichtungsleistung. Der Spiegelwagen bzw. der Drehspiegel, der der Positionierung jedes geblitzten Zeichens dient, wird elektromechanisch verschoben. Je umfangreicher die Anzahl der verwendeten optischen Bauteile und je größer die Entfernung ist, die das Licht zwischen diesen Bauteilen zurücklegen muß, desto mehr Licht geht verloren. *W. Schmid*

Photosatzfilm →graphischer Film

Photosetzgerät. Darunter versteht man sämtliche Geräte, die keinen automatischen Zeilenausschluß durchführen können. Satzarten wie Blocksatz, auf Mitte ausgeschlossener Satz und rechtsbündiger Satz, können nur durch zweimaliges Setzen erreicht werden. Ph. untergliedern sich in Liniergeräte, Akzidenzgeräte und Titelsetzgeräte.

Liniergeräte können nur Linien belichten. Seit der Einführung der Photosatz-Kompaktsysteme haben sie an Bedeutung verloren. Mit den Akzidenzgeräten ist standrichtiges Setzen auf Blattfilm einschl. Linienbelichtung möglich. Sie fertigen vorwiegend Akzidenz-, Tabellen- und Formularsatz und sind für Mengensatz ungeeignet. Die Buchstaben werden sofort auf Film oder Photopapier belichtet. Die Geräte besitzen keine Korrekturmöglichkeit über Datenträger. Die Photosatz-Kompaktsysteme haben die Akzidenzgeräte abgelöst.

Titelsetzgeräte sind zum Setzen großer Schriftgrade und für gestalterische Modifikationen nach wie vor im →Photosatz nötig. Mit Hilfe von Rundsatzeinrichtungen und Spezialoptiken können die ausgefallensten Effekte hervorgerufen werden. Beim Trockenverfahren wird das Zeichen zur Kontrolle zusätzlich auf eine Leuchtfolie projiziert. Beim Naßverfahren muß das Photomaterial vor der Belichtung mit einem Aktivator behandelt werden. Dafür erscheint der Buchstabe nach der Belichtung sofort schwarz. *W. Schmid*

Pickeinheit →Kommissionierung

Pick-up-Vorrichtung. Standardkomponente zum Aufsammeln von Halmgut bei entsprechenden Landmaschinen, insbes. bei Aufsammelpressen, Feldhäckslern, →Ladewagen und (bei Schwaddrusch) Mähdreschern. Die P. oder Aufsammelvorrichtung arbeitet mit reihenweise angeordneten, gefederten Zinken aus hochwertigem Stahl, deren Stellung beim Umlauf des Zinkenträgers in seitlichen Kurvenbahnen gesteuert wird. Dieser Aufwand ist notwendig, um vor allem ein störungsfreies Herauslösen aus der geförderten Gutmatte zu erreichen (Vermeidung von eingequetschtem Material und von Stoßverlusten bzw. Zerkleinerungseffekten). *Renius*

Pilgerschritt →Bewegungsaufgabe

Pilgerwalzanlage. Unter einer P. ist ein komplexes technisches System zu verstehen, das entweder eine Kalt-P. oder eine Warm-P. ist. Diese beiden Walzanlagen unterscheiden sich hinsichtlich Aufbau und Walzenantriebsweise grundlegend voneinander. Beispielsweise hat die Warm-P. ein ortsfestes Walzgerüst mit in einer Richtung drehenden Arbeitswalzen, während die Kalt-P. mit einem nicht ortsfesten hin- und herbewegten Walzgerüst arbeitet, dessen Arbeitswalzen mit wechselnder Drehrichtung durch die wechselnden Bewegungen des Walzgerüsts angetrieben werden. *Baumann*

Pilgerwalze. Unter einer P. ist ein Werkzeug zur Durchführung des Pilgerwalzverfahrens in Pilgerwalzanlagen zu verstehen. Die P. hat eine besondere Kaliberform, die sich ständig verkleinert, bis im letzten Querschnitt des Kalibers der Durchmesser des Fertigrohrs erreicht ist (Bild). Dabei wird etwa 200 bis 220° des Umfangs einer Warm-P. als Arbeitskaliber – bestehend aus dem konischen Pilgermaul, dem gleichbleibenden zylindrischen Glätteil und dem anschließenden, leicht größer werdenden Auslauf – und der Rest mit einer größeren Öffnung als Leerlaufkaliber bezeichnet. *Baumann*

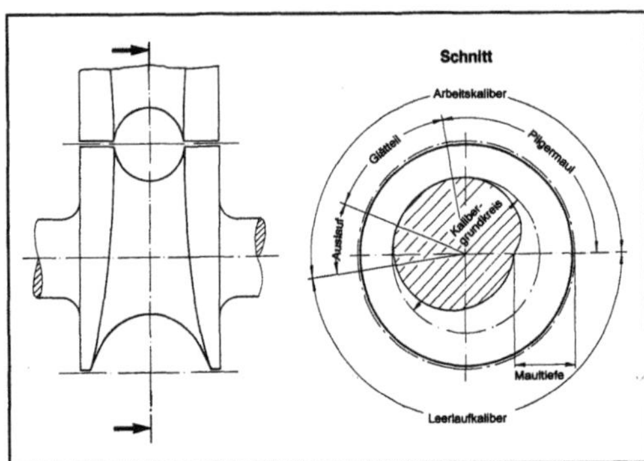

Pilgerwalze: Ansicht und Schnitt einer Warmpilgerwalze.

Pilgerwalzen-Bearbeitungsmaschine. Eine P.-B. dient der Übertragung der theoretischen Kaliberform auf die P. durch spanabhebende Bearbeitung. Bei der Bearbeitung einer P. mit einer solchen Maschine können die Abweichungen vom Kreiskaliber jede beliebige Form haben. Auch können an verschiedenen Stellen des Walzenumfangs unterschiedliche Formen eingearbeitet werden. Die gewünschte Kaliberform wird mit einer Tastatur am Steuerpult eingegeben. Das jeweilige Bearbeitungsprogramm ist gespeichert, so daß jederzeit reproduzierbare Kaliberformen hergestellt werden können. *Baumann*

Pilgerwalzverfahren. Bei dem P. wird zwischen dem Kalt-P. und dem Warm-P. unterschieden. Das Warm-Pilgerwalzverfahren ist ein Umformverfahren zum Herstellen nahtloser Stahlrohre in Warm-Pilgerwalzanlagen, bei dem die Walzrichtung und der Vorschub einander entgegengesetzt sind. Die vor- und zurückgehende Arbeitsweise erinnert an den sog. Pilgerschritt. Durch das Vor- und Zurückgehen wird stets nur ein Teil des eingesetzten dickwandigen Hohlkörpers unter gleichzeitiger Drehung um die Achse zum nahtlosen Stahlrohr über einen Pilgerdorn gewalzt. Dabei liegt die Streckung zwischen 5fach und 10fach. Der periodisch schrittweise ablaufende Walzvorgang bei hin- und hergehender Bewegung erhielt seinen Namen Pilgern wegen der Ähnlichkeit mit der Echternacher Springprozession, bei der jeweils 3 Schritte vorwärts und 2 Schritte rückwärts gegangen werden. Nach beendetem Walzvorgang wird das fertige Stahlrohr vom Pilgerdorn abgezogen. Der verbleibende, nicht umgeformte Rest des gepilgerten Rohrs, der Pilgerkopf, wird durch eine Warmsäge vom Rohr getrennt, ggf. auch das ungleichmäßig geformte vordere Ende des Rohrs.

Das Kalt-P. ist ein schrittweises Formwalzen mit hin- und herdrehenden Walzen bei sich verengendem Walzenkaliber, das vorwiegend zum Herstellen von Präzisions-Stahlrohren und Nichteisen-Metallrohren eingesetzt wird. Kalt gepilgerte Rohre sind Produkte mit sehr kleinen Maßabweichungen und hoher Oberflächengüte. *Baumann*

Pitting →Grübchen

Pkw →Fahrzeugkonzept

Planeten-Bandwalzverfahren. Das P.-B. zum Herstellen von Band aus metallischen Werkstoffen ist ein →Hochumformverfahren, bei dem sich die Arbeitswalzen um rotierende Hauptwellen oder Stützwalzen bewegen. Dabei können in einem Walzgut-Durchgang Stichabnahmen von mehr als 90 % erreicht werden. Für das P.-Bandwalzen lassen sich 3 Verfahren mit entsprechenden Anlagen, der Lauener-P.-Walzanlage, der Sendzimir-P.-Walzanlage und der Platzer-P.-Walzanlage unterscheiden. Bei den 3 P.-B. wird das Walzgut den P.-Walzanlagen mit Vorschubwalzen zugeführt.

Beim Lauener-P.-Walzverfahren wird das Walzgut mit 4, 6 oder 8 Arbeitswalzen, die in Aufnahmesystemen zweier rotierender Hauptwellen gelagert sind, umgeformt. Beim Sendzimir-P.-Walzverfahren rollen zylindrische Arbeitswalzen, die von einer oberen und einer unteren Stützwalze getragen werden, auf dem Walzgut ab (Bild 1). Die beiden Stützwalzen sind angetrieben. Nach dem P.-Walzen ist die Oberfläche des Walzguts uneben. Deshalb wird die Bandoberfläche in einem nachgeordneten Walzgerüst geglättet. Beim Platzer-P.-Walzverfahren rollen nicht angetriebene Arbeitswalzen, die sich auf Zwischenwalzen mit etwa gleichem Durchmesser stützen, auf dem Walzgut ab (Bild 2). Die in angetriebenen Käfigen gefaßten Zwischenwalzen und Arbeitswalzen bewegen sich um feststehende Stützkörper. Im Ausgangsbereich des Walzspalts werden die Walzen von der an dieser Stelle parallelflächigen Form der Stützkörper, auf einer sog. Glättbahn, kurzzeitig waagerecht geführt. Dort wird das Walzgut also geglättet, und somit ist kein weiteres Umformen der Oberfläche erforderlich. *Baumann*

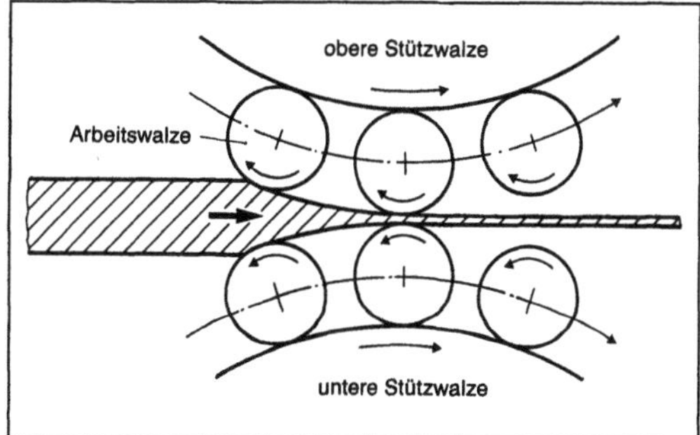

Planeten-Bandwalzverfahren 1: Sendzimir-Planetenwalzverfahren (schematische Darstellung).

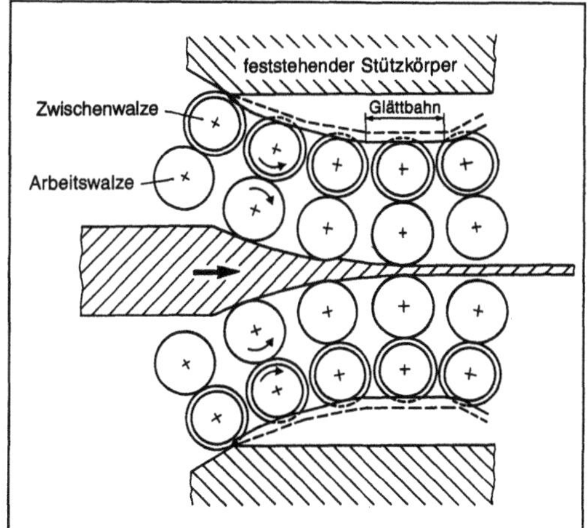

Planeten-Bandwalzverfahren 2: Platzer-Planetenwalzverfahren (schematische Darstellung).

Literatur: *Müller, H. G., u. W. Aggermann v. Bellenberg:* Gegenüberstellung der Planeten-Walzverfahren nach Sendzimir und Platzer. Stahl u. Eisen 85 (1965) Nr. 22, S. 1423/31. – *Müller, H. G., u. W. Aggermann v. Bellenberg:* Beurteilung von Planetenwalzwerken. Stahl u. Eisen 86 (1966) Nr. 21, S. 1366/75. – *Müller, H. G., u. W. Aggermann v. Bellenberg:* Berechnung der Kräfte und Momente im Walzspalt des Planetenwalzwerkes. Arch. Eisenhüttenw. 38 (1967) Nr. 4, S. 267/74. – *Müller, H. G., u. W. Aggermann v. Bellenberg:* Die Dynamik des Planetenwalzwerkes. Arch. Eisenhüttenw. 38 (1967) Nr. 7, S. 519/25. – *Münker, C., F. Fischer u. P. Fink:* Konstruktion und erste Betriebserfahrungen mit einem Planetenwalzwerk. Stahl u. Eisen 87 (1967) Nr. 22, S. 1331/40. – *Platzer, F.:* Neue Wege der Verformung. Berg- u. Hüttenmänn. Monatsh. 102 (1957) Nr. 4, S. 115/25. – *Tovini, R.:* The Sendzimir Planetary Rolling Mill. Sheet Metal Ind. 37 (1960) Nr. 6, S. 488/511.

Planetengetriebe. An- und Abtrieb sind koaxial angeordnet. P. arbeiten nach dem Prinzip der →Leistungsverzweigung. Sie bauen dadurch gegenüber normalen Stirnradgetrieben kompakter, aber komplizierter.

Nach Bild 1 wird das Drehmoment zwischen Sonnenrad und Hohlrad (→Innenverzahnung) durch mehrere im Steg gelagerte Planetenräder übertragen. Hierbei liegt der An- bzw. Abtrieb wahlweise zwischen zwei der drei koaxialen Drehachsen (Sonnenrad-, Hohlrad-, Planetenträgerachse). Die dritte Achse ist fest mit dem →Getriebegehäuse verbunden, c in Bild 2.

Die Planetenräder sind am Umfang gleichmäßig verteilt, so daß sich Radialkräfte in den Verzahnungen gegenseitig weitgehend aufheben. Um die Planetenräder montieren zu können, muß der Quotient aus der Summe der Zähnezahlen von Sonnen- und Hohlrad und der Anzahl der Planeten ganzzahlig sein.

Die Tragfähigkeit wird nach den für Stirnradgetriebe gültigen Regeln ermittelt. Die durch Fertigungsabweichungen bedingte ungleichmäßige Kraftaufteilung zwischen den Planetenrädern wird zusätzlich durch den Planetenkraftverteilungsfaktor K_γ erfaßt. Durch konstruktive Maßnahmen kann man jedoch annähernd gleichmäßige Lastaufteilung erreichen, wenn man z. B. Hohlrad und Sonnenrad über Zahnkupplungen radial frei einstellbar an Antrieb bzw. Gehäuse anlenkt (Bild 2). Die Räder

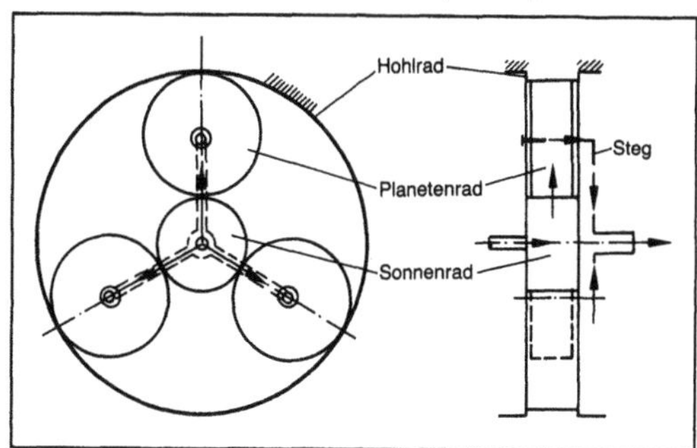

Planetengetriebe 1: Prinzip.

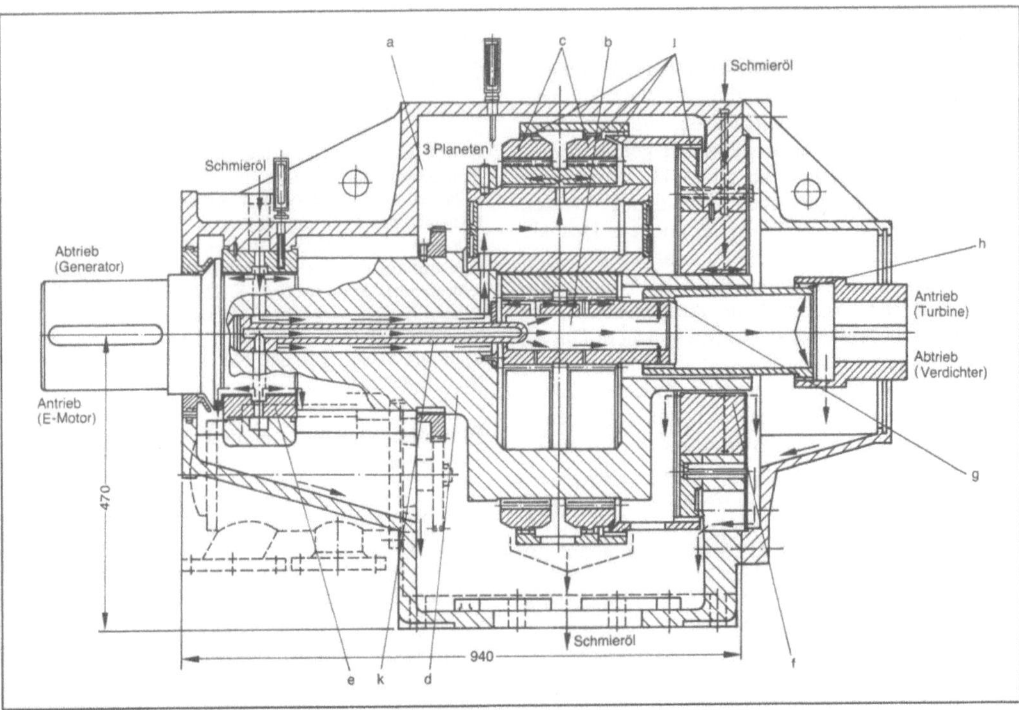

Planetengetriebe 2: Stoeckicht-Planetengetriebe mit Ölkreislauf (BHS).

a 3 Planeten, b Sonnenritzel, c Hohlräder (Doppelschrägverzahnung), d Planetenträger in e und f gleitgelagert, g, h, j Zahnkupplungen, Schmierung der Verzahnungen über m Düsenrohr

sind hierbei nur durch die Verzahnungen radial geführt.   *Winter*

Literatur: *Ehrlenspiel, K.*: Planetengetriebe – Lastausgleich und konstruktive Entwicklung. VDI-Ber. Nr. 105. Düsseldorf 1967; S. 57/67. – *Jarchow, F., u. R. Vonderschmidt*: Zahnkräfte in Planetengetrieben. VDI-Ber. Nr. 434. Düsseldorf 1982; S. 89/105. – *Loomann, J.*: Grundlagen und Konstruktion von Vorgelege- und Planetengetrieben. Berlin, Heidelberg, New York 1970. – *Müller, H. W.*: Zum Problem des Lastausgleichs bei Planetengetrieben. Konstr. 27 (1975), S. 106/09. – *Pikkert, J.*: Berechnungsgrundlagen einfacher und zusammengesetzer Planetengetriebe. Antriebstechn. 14 (1975), S. 28/34.

Planeten-Rohrwalzanlage. Die P.-R. ist ähnlich der P.-Schrägwalzanlage aufgebaut und wird als Streckwalzanlage beispielsweise nach einer →Lochwalzanlage eingesetzt. In dieser Anlage bearbeiten 3 kegelförmige Walzen, die im Winkel von 120 ° zueinander angeordnet sind, den zylindrischen Hohlkörper oder die →Rohrluppe umlaufend in der Weise, daß zwischen ihren Oberflächen eine kegelförmige Umformzone entsteht (Bild). Infolge der Schrägstellung der Walzenachsen wird von der Umlaufbewegung ein Vorschub bewirkt, der den Hohlkörper durch die Umformzone bewegt. Der Walzvorgang verläuft über einen mitlaufenden Streckdorn, der nach dem Streckvorgang aus der fertig gestreckten Rohrluppe gezogen wird.   *Baumann*

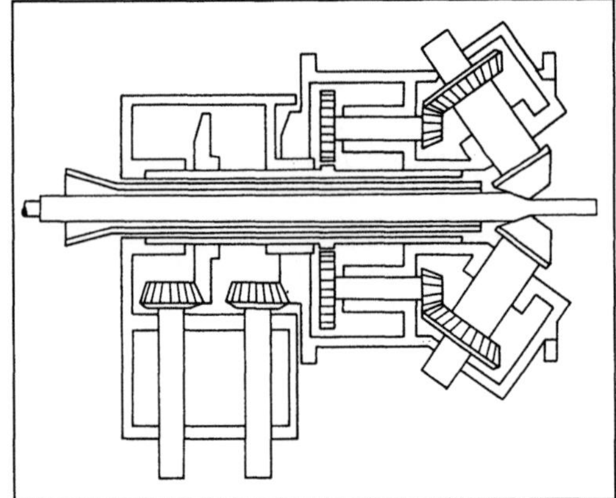

Planeten-Rohrwalzanlage: Umformaggregat einer Planeten-Rohrwalzanlage (schematische Darstellung).

Planeten-Schrägwalzanlage. Die P.-S. ist ein technisches System für das Umformen metallischer Werkstoffe nach dem P.-Schrägwalzverfahren. Dabei bearbeiten 3 planetenförmig umlaufende Kegelwalzen das Walzgut (Bild). Zur Anpassung der Walzgut-Vorschubbewegung an den jeweiligen Walzgut-Werkstoff sowie an den gewünschten

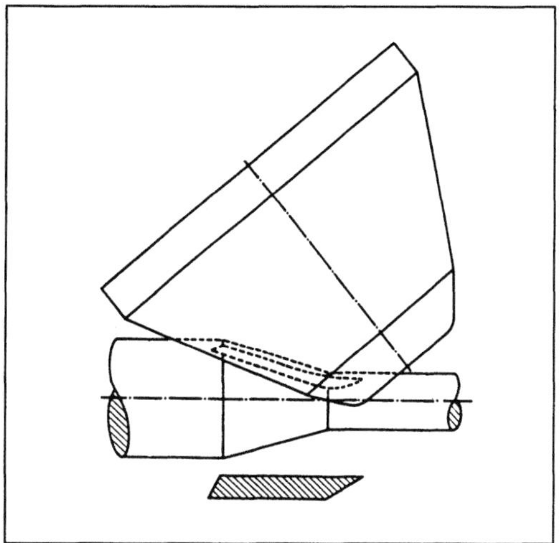

Planeten-Schrägwalzanlage: Umformaggregat (schematische Darstellung).

Umformgrad ist die Schrägstellung der Kegelwalzen durch Schwenken der Walzenachsen um die P.-Räderachsen veränderbar. Dabei werden die Kegelwalzen motorisch angestellt. Mit der Walzenanstellung kann das durch →Verschleiß bedingte Walzenabdrehen teilweise ausgeglichen und der Endquerschnitt des Walzguts stufenlos geändert werden.

Mit einer weitgehend automatisierten Walzenwechselvorrichtung lassen sich die 3 Kegelwalzen in etwa 10 min wechseln. Die Arbeitswalzen werden von außen intensiv gekühlt.

In P.-S. kann Walzgut, beispielsweise mit Eingangs-Querschnittabmessungen zwischen 100 und 450 mm Dmr., zu End-Querschnittabmessungen zwischen 45 und 180 mm Dmr. umgeformt werden. Solche Walzanlagen lassen sich nach Stranggießanlagen oder vor Stabstahl-Walzstraßen und Drahtwalzstraßen einsetzen. *Baumann*

Literatur: *Breitschneider, E., H. Müller u. J. Fricke:* Das Planetenschrägwalzwerk, eine neue Hochverformungseinrichtung. Stahl u. Eisen 93 (1973) Nr. 22, S. 1024/29.

Planeten-Schrägwalzverfahren. Das P.-S. ist ein →Hochumformverfahren, bei dem 3 kegelförmige Walzen das Walzgut planetenartig umlaufen. Diese Kegelwalzen sind in Winkeln von je 120° zueinander angeordnet und haben eine solche Form, daß sich an die Umformzone des Walzguts eine Glättzone anschließt (Bild). Aus der Schrägstellung der Walzen in Verbindung mit deren Umlaufbewegung ergibt sich eine das Walzgut in die Umformzone selbsttätig einziehende Vorschubbewegung. Der Umformvorgang führt einerseits zu einer gleichförmigen Einlaufgeschwindigkeit und andererseits zu einer von der Größe des Streckgrads abhängigen gleichförmigen Auslaufgeschwindigkeit. *Baumann*

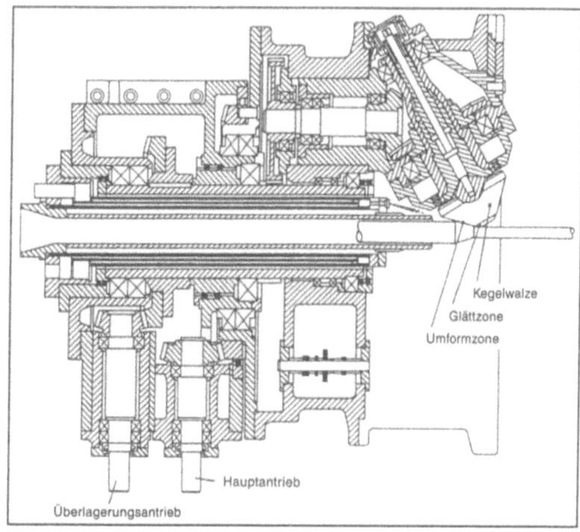

Planeten-Schrägwalzverfahren: Umformvorgang (schematische Darstellung).

Planetenwalzverfahren. Ein P. ist ein →Hochumformverfahren mit dem Flachprodukte aus Stahl oder Nichteisenmetallen umgeformt werden. Dabei werden Querschnittsabnahmen bis etwa 90% erzielt. *Baumann*

Planfehler →Kupplungsfehler

Planiergerät. P. im Beton- und Straßenbau dienen zum Verteilen und Abziehen von eingebautem Material und zur Herstellung einer ebenen, maßhaltigen Oberfläche. Sie sind entweder als nachlaufender Teil eines Fertigers oder als handgeführte Einzelgeräte, Abziehbohlen oder →Rotationsglätter im Betonbau eingesetzt. Zusammen mit fest montierten Außenrüttlern eignen sich Abziehbohlen gleichzeitig zum Verdichten und Glätten der Oberfläche. *Kühn*

Planierraupe. P. (Kettendozer) sind Kettengeräte mit frontseitig angebrachtem Planierschild, das hydraulisch oder nur noch selten mechanisch heb- und senkbar und kipp- und neigbar ist (Bild). Als

Planierraupe: Kettendozer D 10.

Leistung: 552 kW, Betriebsgewicht: 79 t, Schildbreite: 6 m

Kenngrößen gelten die Motorleistung des installierten Dieselmotors und das Betriebsgewicht. Je nach Ausführung erreichen die Geräte eine Leistung von 29–552 kW, Betriebsgewichte von 3,56–81,64 t und Schildbreiten von 2,17–6,0 m. Geräte mit unveränderlich in rechtem Winkel zur Fahrtrichtung stehendem Quer- oder Brustschild bezeichnet man als Bulldozer. Hat die P. ein Schwenkschild, das innerhalb eines bestimmten Winkels zur Fahrtrichtung verstellbar ist, so spricht man von einem Angledozer. Weitere Schildformen sind das U-Schild, das Semi-U-Schild, eine Kombination aus Brust- und U-Schild, und die Tilteinrichtung zur Schildverstellung um die Mittelachse.

P. sind Universalgeräte und werden oft zur Bodenverfüllung, zum Mutterbodenabtrag und zu Verteilarbeiten auf der Kippe eingesetzt. Dabei lösen sie das Material auf einer Schürfstrecke von rd. 10 m, schieben es vor sich her und erstellen Grobplanum oder – bedingt – auch Feinplanum. Ihr Einsatzgebiet liegt in der Kurzstrecke (bis rd. 75 m), wo das Aufladen des Materials nicht wirtschaftlich wäre. Mit angebauter Aufreißeinrichtung können Kettendozer sogar weichen Fels lösen. Seitlicher Abfluß des Bodens vor dem Schild, was durch Seitenbleche verhindert werden kann, die Schürftiefe, die Arbeitsgeschwindigkeit sowie das Profil des Schilds sind einige Faktoren, die die Leistung der P. beeinflussen. Während nur noch kleinere Geräte über Direktantrieb verfügen, zeichnen sich fast alle leistungsfähigeren Dozer durch vollhydraulische Antriebe, Planetenschaltgetriebe, Drehmomentwandler, Kastenprofilträger, pendelnde Kettenaufhängung, gehärtete und dauergeschmierte Laufketten und Schildstabilisatoren aus. Durch nach oben versetzte Antriebsräder wird versucht, die Teile der Kraftübertragung vor vertikalen Fahrstößen, abrasivem Material, Schlamm und Wasser zu schützen und so eine längere Lebensdauer der Teile zu erreichen. Außer den üblichen Geräten werden Moorraupen gebaut, die niedrige statische Bodenbelastungen verursachen. Moorraupen weisen bei den meisten Typen bei gleicher Leistung, etwas höherem Betriebsgewicht und breiterem Schild ungefähr die doppelte Aufstandsfläche der (speziellen) Bodenplatten auf. Als weitere Sonderform werden Planierraupen mit hydrostatischem Antrieb hergestellt, bei denen das mechanische Getriebe entfällt. *Kühn*

Plankerbverzahnung. P. (Stirnverzahnung) werden als formschlüssige →Welle-Nabe-Verbindungen und auch als formschlüssige schaltbare Kupplungen verwendet. Bei der P. als Welle-Naben-Verbindung werden die Stirnseiten der zu verbindenden Wellen bzw. Naben plan verzahnt und durch eine Schraube axial verspannt. P. übertragen hohe Drehmomente und sind selbstzentrierend. Die Anwendung erfolgt z. B. bei gebauten Kurbelwel-

len. Als Bauformen der P. gibt es die Hirth-Verzahnung (Bild) mit geraden, dreieckförmigen Zähnen und die Gleason-Curvic-Verzahnung mit Evolventenzähnen. Als Schaltkupplung wird die P. in Werkzeugmaschinen z. B. in Rundschalttischen als Teilelement verwendet. *Ehrlenspiel*

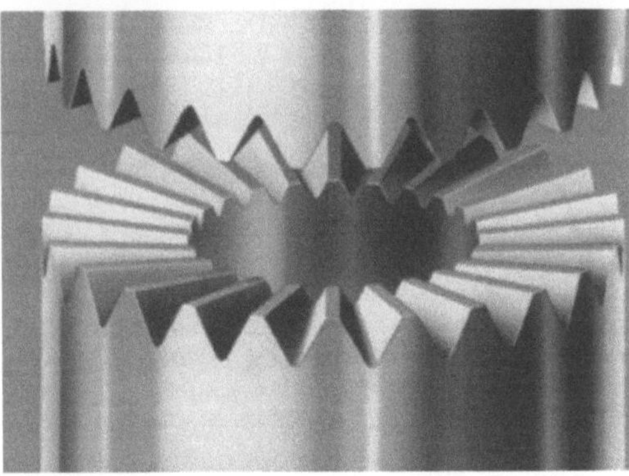

Plankerbverzahnung. (Quelle: Voith)

Planschverlust →Zahnradschmierung

Planumverbesserungsmaschine. P. haben im Gleisbau die Aufgabe, das vorhandene Planum durch Austausch des Schotterbetts zu verbessern. Die Maschine besteht im wesentlichen aus drei Hauptteilen: Antriebseinheit, Hauptgerät für Aushub des Altmaterials und Neumaterialeinbau, Hebe- und Richteinrichtung mit Stopfaggregat. Der mittlere Teil der Maschine hebt das Gleis an, und der Schotter wird durch eine Aushubkette entfernt. Im gleichen Arbeitstakt wird anschließend das Neumaterial eingebracht, einplaniert und verdichtet, um eine plane Kies-Sand-Schicht zu erhalten. Darauf bringt man den neuen Schotter und läßt das Gleis wieder ab. Der nachfolgende Geräteteil sorgt für das Ausrichten der Schienen und das Stopfen der Schwellen. Hauptteil und Stopfeinrichtung der Maschine verfügen über Schotterspeicher, so daß bei zyklischer Anlieferung des Materials eine kontinuierliche Arbeitsweise der Maschine gewährleistet ist. *Kühn*

Plasma-Schmelzofen. Ein P.-S. dient u. a. dem Schmelzen von Schrott zu Stahl und ist hinsichtlich seines Schmelzgefäßes sowie mechanischen Aufbaus einem Lichtbogen-S. ähnlich. Jedoch wird dieser Ofen mit P.-Brennern beheizt. Gleichstrom-P.-Brenner sind meist seitlich in der Ofenwand angeordnet, während die Drehstrom-P.-Brenner oft wie die Graphitelektroden der Lichtbogen-Schmelzöfen senkrecht durch den Ofendeckel eingeführt werden. *Baumann*

Plasmaspritzen. Thermisches Spritzverfahren, bei dem in einer Plasmaspritzpistole zwischen einer stabförmigen Wolframkathode und einer koaxialen ringförmigen Kupferanode ein eingeschnürter Lichtbogen hoher Energiedichte erzeugt wird (Bild). Wolframkathode und Kupferanode sind wassergekühlt. Der Lichtbogen gibt Wärme an das Plasmagas ab, das ionisiert wird. Bei der Rekombination der Ionen wird Wärme freigesetzt. Der elektrisch neutrale Plasmastrahl verläßt die als Anode geschaltete Brennerdüse mit hoher Temperatur und hoher Geschwindigkeit. Pulverisierter Spritzwerkstoff wird mit Hilfe eines Trägergases innerhalb oder außerhalb des Brenners in die Plasmaflamme eingeblasen, aufgeschmolzen und auf die Oberfläche des zu beschichtenden Werkstückes gespritzt. Die Verweilzeit des Pulvers im Plasma liegt im Bereich von Mikrosekunden. Ein vollständiges Aufschmelzen der Spritzwerkstoffpartikel kann nur bei Einhalten bestimmter Partikelgrößen erfolgen. Die ursprünglichen Partikelgrößen von 50–90 µm werden von Partikeln im Bereich von 20–45 µm abgelöst. Bei oxidkeramischen Spritzpulvern geht die Tendenz zu Partikeln unter 20 µm. Feinere Partikel führen zu glatteren Oberflächen.

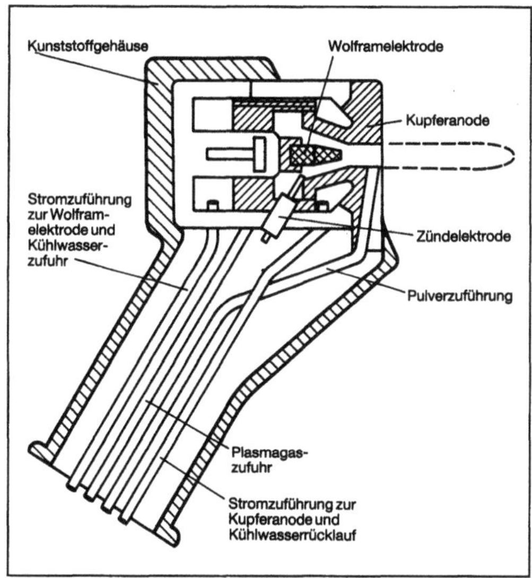

Plasmaspritzen: Plasmaspritzpistole.

Beim P. wird zwischen Normalgeschwindigkeitsplasmaspritzen (40 kW) mit Partikelgeschwindigkeiten von 200–300 m/s und Hochgeschwindigkeitsplasmaspritzen (80 kW) mit Partikelgeschwindigkeiten von 400–500 m/s unterschieden. Bei Plasmatemperaturen von 3 000–30 000 °C betragen die Temperaturen am Spritzdüsenaustritt beim 40 kW-Verfahren (50 V, 800 A) etwa 2700 °C; beim 80 kW-Verfahren (50 V, 1 600 A) etwa 10 000 °C.

Weil der Lichtbogen des Plasmabrenners nicht auf das Werkstück übertragen wird, bleibt dieses, obwohl nur 80–150 mm von der Spritzpistole entfernt, mit ca. 200 °C relativ kalt.

Spritzleistungen von Plasmaspritzanlagen liegen im Bereich von 2–20 kg/h für Wolframcarbid-Cobalt und 5–50 kg/h für Al_2O_3. Spritzwerkstoffe sind hochschmelzende Carbide, Nitride, Oxide und Silicide.

Eine besondere Variante des P. ist das Niederdruckplasmaspritzen in Schutzgas unter vermindertem Druck, wodurch Oxidationsprozesse vermieden werden, so daß die Reinheit, Dichte und Haftung verbessert werden. *Habig*

Literatur: *Simon, H.,* u. *M. Thoma:* Angewandte Oberflächentechnik für metallische Werkstoffe. München 1985.

Plasma-Umschmelzanlage. Eine P.-U. dient dem Umschmelzen von Elektroden zu Blöcken mit Hilfe von P.-Brennern, die gleichzeitig das Schmelzbad in der wassergekühlten Kokille beheizen (Bild). Der hergestellte Block wird kontinuierlich aus der Kokille gefördert. Elektrode, P.-Brenner und Kokille sind in einer Schmelzkammer angeordnet. Das P.-Gas wird in einem geschlossenen Kreislauf geführt. Es kann sowohl bei Unterdruck als auch bei Überdruck umgeschmolzen werden. Als P.-Gas dient in der Regel Argon. Bei Zugabe von Stickstoff und Anwendung höherer Drücke lassen sich auch stickstofflegierte Stähle herstellen. Der P.-Umschmelzprozeß ist metallurgisch sehr anpassungsfähig. Außer dem Schmelzen unter verschiedenen Gasatmosphären unterschiedlichen Drucks können wie im Elektroschlacke-Umschmelzofen auch Metall-Schlackenreaktionen ablaufen. Die Argonatmosphäre bewirkt einerseits eine verhältnismäßig gute Entgasung und verhindert andererseits ein Verdampfen von Legierungselementen. *Baumann*

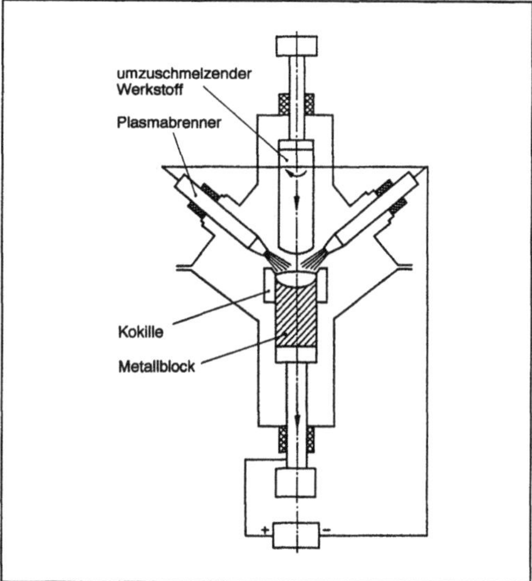

Plasma-Umschmelzanlage: Schematische Darstellung.

Platine.

1. Halbzeug. Unter P. ist rechteckiges Halbzeug zu verstehen, welches nur auf zwei Flächen gewalzt wird und abgerundete Kanten hat. *Baumann*

2. Maschenbildungsvorgang. P. sind Wirk- bzw. Strickelemente aus dünnem profilierten Stahlblech, die die Nadelfunktionen während der Maschenbildungsvorgänge, wie z. B. Einschließen, Kulieren, →Auftragen und →Abschlagen, sichern bzw. unterstützen. Demgegenüber sind Stößer Elemente, die selbst einen Fuß aufweisen und von Stößerschlössern gesteuert auf die Nadelbewegung Einfluß nehmen. *K. P. Weber*

Plattenaufteilsägemaschine. P. werden im Möbel- und Innenausbau zum Aufteilen großformatiger Plattenmaterialien eingesetzt. Das Angebot reicht von der Formatkreissäge, Doppelabkürzsäge bis zur vollautomatischen Plattenaufteilanlage. Die Maschinenauswahl erfolgt nach folgenden Kriterien:

□ Schnittbild: Es wird über den Schnittplan festgelegt, wobei man nach Längs-, Quer- und Schrägschnitten und nach Sonderschnittformen unterscheidet.

□ Schnittqualität: Der Wunsch, Fertigschnitte ausführen zu können, ist bis heute nicht realisiert. In den meisten Fällen wird auf Rohmaß oder Fertigmaß plus Materialzugabe zugeschnitten. Die Schnittqualität ist abhängig von der Schnitthöhe, bedingt durch die Lagenhöhe, die 20–200 mm betragen kann. Die Schnittoleranz wird weiter vom Ausrichten und Klammern des Schnittpakets beeinflußt. Vorritzaggregate bringen bei kunststoffbeschichteten Platten deutliche Verbesserungen in der Kantenqualität.

□ Leistung: Diese wird wesentlich durch die Anzahl der Lagen bestimmt, die pro Sägeschnitt zugeschnitten werden können. Die Vorschubgeschwindigkeit des Sägeaggregats von 0–40 m/min oder auch die manuell geschobenen Platten beeinflussen ebenfalls die Schnittkapazität.

□ Beschickung: Die Beschickung und die Entnahme der Platten kann vertikal (nur Einzelplatten), horizontal mit Stapelgerät, manuell über Kranausleger oder automatisch nach vorgewählten Programmen erfolgen.

Man unterscheidet zwei Gruppen:

□ *Vertikale P. (Gestellkreissäge):* Diese Aufteilsägen sind für das Zuschneiden von einzelnen Platten und geringen Mengen gut geeignet, wie sie heute noch in Tischlereien und Innenausbaubetrieben benötigt werden. Die Platten werden fast vertikal auf einem Gestell bzw. Lattenrost stehend zugeschnitten, wobei ein schwenkbares Sägeaggregat auf einem Laufwagen die vertikalen und horizontalen Sägeschnitte ausführt. Durch mehrfaches Entfernen der Abschnitte und Wiederaufteilen sind alle gewünschten rechtwinkligen Plattenformate (Bundaufteilungen) möglich. Die Laufwagenbewegungen sind manuell oder vollautomatisch möglich. Beim Sägen beschichteter Materialien läßt sich die Kantenqualität verbessern, indem man eine rotierende Vorritzsäge oder 2 feststehende Hartmetall-Ritzmesser (super-cut) einbaut. Der Platzbedarf für diese Maschine ist im Vergleich zur horizontal ausgerichteten Anlage gering.

□ *Horizontale P. (Untertisch-Hubkreissäge):* Diese P. besteht aus einem Maschinentisch mit einem Sägeaggregat, das von unten arbeitet. Während des Schneidevorgangs wird das Sägeblatt in die vorbestimmte Schnitthöhe hochgefahren und linear durch das Werkstück bewegt. Nach dem Schnitt wird es wieder für den Eilrücklauf unter das Tischniveau abgesenkt. Bei notwendigen Mehrfachschnitten kann sofort das Werkstück zum Längs- oder Querschneiden entsprechend schnell neu positioniert werden. Richtlichtlaser markieren den Schnittverlauf z. B. bei Besäumschnitten. Die Maschine arbeitet taktweise, d. h. nach der Fixierung des Plattenstapels durch einen Druckbalken erfolgt der einzige Schnitt. Die Stapel können mit Druckluftzylindern oder auf Rollen- bzw. Luftkissentischen auch von einer Person neu ausgerichtet werden.

Portalsäge. Diese P. besitzt für die geforderten Längs- und Querschnitte einen fahrbaren Überbau (Portal), auf dem Sägeaggregate befestigt sind, die dreiachsig verstellt werden können. Die Plattenschnitte erfolgen von oben bei ruhendem Werkstück. Die Vorschubbewegungen des Werkzeugs erfolgen über das verfahrbare Portal, wobei die Platten durch →Rollen am Sägeaggregat oder durch Spannzylinder auf den Maschinentisch gepreßt werden. Die verschiedenen Maschinentypen bilden sich durch die Anzahl der Portale jeweils für Längs- und Querschnitte und durch die Anzahl der Sägeaggregate. Das Abräumen der Zuschnitte geschieht durch Mitnehmerketten im Maschinentisch oder durch die

Plattenaufteilsägemaschine: Zum Zuschneiden von plattenförmigen Werkstücken bis 85 mm Dicke. (Quelle: Homag)

Portale. Im Einsatz sind viele Anlagenvarianten, z. B. Winkel- und Geradeausaufstellungen u. ä. (Bild). *Dusil*

Plattenband. Diese Gliederförderer sind in schwerer Ausführung hauptsächlich für stärkste Beaufschlagung durch grobstückiges Brechgut (bis über 1 m Kantenlänge) als Austragseinrichtung am Schüttbunker oder als gesonderte Aufgabeeinrichtung, dabei auch mit angebautem Schütttrichter, eingesetzt. Der Förderstrang besteht aus einzelnen Stahlplattenprofilen in Überlappung, zwischen feststehenden Seitenwangen laufend oder mit seitlichen Aufkantungen beim Trog-P. und mit zusätzlichen Stegen beim Zellen-P. Je nach Profilierung läßt sich eine Steigung bis zu 30 ° überwinden. Mit Querschoten, die erforderlich sind, wenn der Steigungswinkel größer als der Böschungswinkel des Fördergurts ist, erreicht man eine Steigung bis über 45 °. Der Antrieb geschieht zwangsgeführt durch eine Gliederkette oder zwei gesonderte Gliederketten über den Turas. Die Platten lagern auf Laufrollen auf der Tragkonstruktion. P. sind deswegen durch direkten Aufprall von Schüttgut belastbar. Bei langsamer Fördergeschwindigkeit, die meist regelbar ist, ergibt sich mit der Baubreite und der möglichen Füllhöhe eine große Förderleistung. *Kühn*

Plattenbandförderer →Kettenförderer

Plattenfundament. Plattenartiger Maschinenträger aus Stahlbeton, der unmittelbar auf dem Baugrund oder Pfählen gegründet ist (→Maschinenfundamente) und in einer Ebene Biegeschwingungen ausführen kann. *Gaul*

Plattenrüttler. P. sind Verdichtungsgeräte, die in erster Linie aus einer Platte oder mehreren Platten bestehen, die mit Schwingungserregern verbunden sind. Kleinere Geräte werden handgeführt, größere auch an Trägerfahrzeuge, z. B. Raupenwagen, Unimog, angebaut. P. eignen sich in erster Linie zum Verdichten von nichtbindigen Böden, schwachbindigen Sanden, Kiesen, Schotter und Schlacken, aber auch für Magerbeton und bituminöse Decken.

Für P. gelten die Zentrifugalkraft des Erregers und die Arbeitsbreite als kennzeichnende Größen. Als Erreger- und Fahrantrieb dient je nach Ausführung ein Benzin- oder Dieselmotor. Kleinstgeräte werden auch noch mit Elektroantrieb gebaut. Die Kraft überträgt man normalerweise durch Fliehkraftkupplung und Keilriemenantrieb, teilweise über eine stoßabsorbierende Zwischenscheibe, auf das Vibrationselement. Über eine oder zwei Gelenkwellen werden Kreisschwingungen oder gerichtete Schwingungen erzeugt. Die auf die Grundplatte übertragenen Zentrifugalkräfte rufen abwärts gerichtete Verdichtungsschläge und durch

ihre Horizontalkomponenten Fahrbewegungen hervor. Sind mehrere Unwuchten gegenläufig angeordnet, kann durch Neigung ihrer Richtungen vorwärts oder rückwärts gefahren werden. Bei seitlich exzentrisch verstellbar gelagerten Unwuchten sind auch Drehbewegungen möglich. Manche Firmen statten ihre Geräte auch mit hydraulischem Vor- und Rücklauf aus.

Klein- und Mittelgeräte eignen sich wegen ihrer guten Wendigkeit und ihrer geringen Arbeitsbreite gut für enge Baustellen, z. B. Kabel- und Leitungsgraben. Schwere Rüttelplatten werden z. B. zum Einrütteln von Pflaster benutzt. Je schwerer die Maschinen sind, desto niedriger ist üblicherweise ihre Schwingungsfrequenz. Mehr-P. sind schwere Großflächenrüttler, die z. B. beim Straßen- und Flugplatzbau eingesetzt werden. Es handelt sich hier um mehrere miteinander gelenkig verbundene Rüttelplatten, von denen jede einen eigenen Unwuchtregler hat. Die Beweglichkeit der Platten gestattet ein Anpassen an Unebenheiten des Bodens und somit ein gleichmäßiges Verdichten auf ganzer Arbeitsbreite. Großflächenrüttler haben bei vier bis sechs nebeneinander angeordneten Platten ein Gewicht bis 8 t bei rd. 70 kW Gesamtleistung der Dieselmotoren. *Kühn*

Plattensteifigkeit-Ersatzmodell. Bei einer Durchsteckschraube zum Verspannen zweier Platten (Flansche) unter Anziehen der →Mutter wird der Bereich in der Trennfuge, in dem eine Druckspannung unter der Schraubenvorspannkraft F_V übertragen wird, durch den Rötscher-Kegel begrenzt (Bild 1). Ersetzt man die tatsächlich nach außen

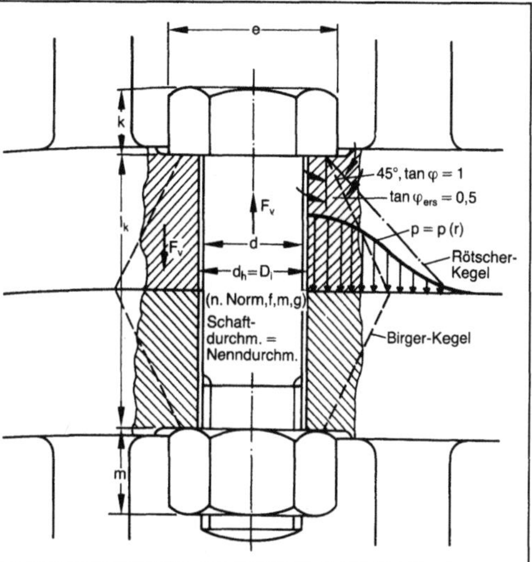

Plattensteifigkeit-Ersatzmodell 1: Durchsteckschraube zum Verspannen zweier Platten (Flansche) unter Anziehen der Mutter mit Vorspannkraft F_V. (Quelle: Dubbel a. a. O.)

abnehmende Druckverteilung in der Trennfuge durch einen die Bohrung umschließenden Kreisringbereich A mit gleichbleibender Druckspannung $p = F_V/A$, dann wird dieser ungefähr durch den doppelt so steilen Birger-Kegel begrenzt, wie ihn Bild 1 zeigt.

Das Volumen zwischen Bohrung und diesem Birger-Kegel mit dem größten Durchmesser D_A in der Trennfuge kann mit guter Annäherung als Ersatzvolumen für die Berechnung einer Plattensteifigkeit herangezogen werden. VDI 2230 empfiehlt noch ein einfacheres Ersatzmodell: Ein Hohlzylinder mit dem Außendurchmesser D_{ers}, dem Innendurchmesser d_h, dem Bohrungsdurchmesser und dem Ersatzquerschnitt $A_{ers} \cdot A_{ers}$ wird nach der folgenden Gleichung bestimmt:

$$A_{ers} = \frac{\pi}{4}\,(d_w{}^2 - d_h{}^2) + \frac{\pi}{8} \cdot d_w(D_A - d_w) \cdot$$

$$[(x+1)^2 - 1],\ \text{mit}$$

$$x = \sqrt[3]{\frac{l_k \cdot d_w}{D_A{}^2}},$$

l_k Klemmlänge (Bild 1), d_w Schraubenkopf-Auflagendurchmesser.

D_A ist dabei der größte Durchmesser des Birger-Kegels ($D_A = d_w + l_k$) oder der Plattenausdehnung in Querrichtung, falls diese kleiner ist. Die Gültigkeit der Gleichung für A_{ers} soll für $d_w < D_A \leqq 1{,}5\,d_w$ dann

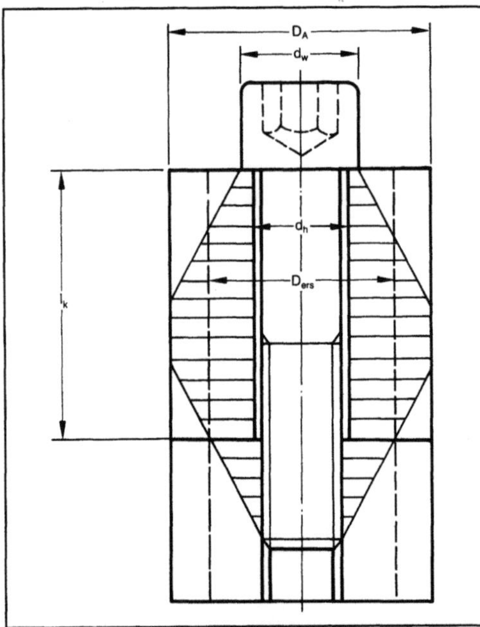

Plattensteifigkeit-Ersatzmodell 2: Gedrückte Plattenbereiche in einer zylindrischen Sacklochverschraubung (schematisch). (Quelle: VDI 2230 a. a. O.)

auf $l_k/d = 10$ begrenzt sein. Die Gleichung ist auch auf eine zylindrische Sacklochverschraubung anwendbar (Bild 2).

Bei der zylindrischen Schraubenanordnung folgt aus der Gleichung für A_{ers} eine Plattennachgiebigkeit $\delta_P = \dfrac{l_k}{A_{ers}\,E_P}$ als Kehrwert der Plattensteifigkeit, mit E_P als E-Modul der Plattenwerkstoffe (VDI 2230). *Federn*

Literatur: *Baczyńska, M.,* u. *W. Krzyś:* Theoretische Betrachtungen über die Wirkfläche zwischen Mutter und Schraube. VDI-Ber. Nr. 220. Düsseldorf 1974; S. 99/105. – *Dubbel:* Taschenb. Maschinenbau. 16. Aufl. Berlin, Heidelberg, New York, Tokio 1987. – *Thomala, W.:* Elastische Nachgiebigkeit verspannter Teile einer Schraubenverbindung. VDI-Z 124 (1982), S. 205/14. – VDI 2230: Systematische Berechnung hochbeanspruchter Schraubenverbindungen. Bl. 1: Zylindrische Einschraubenverbindungen. Hrsg. Verein Dt. Ing. Ausg. Juli 1986.

Plattenventil →Ventil (Kolbenverdichter)

Plattieren. Aufbringen einer oder mehrerer Metallschichten auf einen i. a. metallischen Grundwerkstoff durch Auftragschweißen (Schweiß-P.), Walz-P. oder Spreng-P. Beim Walz-P. werden Grund- und Plattierungswerkstoff gemeinsam warm umgeformt, wobei die Haftung durch Diffusionsprozesse gefördert wird. Beim Spreng-P. werden die beiden Werkstoffe durch den hohen Druck und die hohe Geschwindigkeit einer Explosion miteinander verbunden. Im Gegensatz zu der ebenen Bindungszone beim Walz-P. ist die Grenzfläche beim Spreng-P. meistens wellenförmig ausgebildet. Als Plattierungswerkstoffe dienen vor allem nichtrostende Stähle, Nickel, Nickel-Knetlegierungen, Kupfer und Kupfer-Knetlegierungen. Zum Verschleißschutz werden teilweise auch Plattierungen aus Werkzeugstählen aufgebracht. *Habig*

Literatur: *Neuhaus, W.:* VDI-Ber. Nr. 333. Düsseldorf 1979; S. 137.

Platzer-Planetenwalzanlage. Eine P.-P. (Bild) besteht im wesentlichen aus 2 waagerecht angeordneten, feststehenden Stützkörpern, die von kinematisch entkoppelten Stützwalzen und von nicht angetriebenen Arbeitswalzen planetenartig umgeben sind. Die Stütz- und Arbeitswalzen sind in Käfigen gelagert. Diese Käfige werden angetrieben. Im Bereich des Walzspaltausgangs werden die Arbeitswalzen kurzzeitig geradlinig geführt und das hergestellte Band somit geglättet. Das Walzgut wird der P.-P. mit Vorschubwalzen zugeführt. P.-P. können in Gießwalzanlagen, nach Stranggießanlagen oder in Walzstraßen für das Hochumformen metallischer Werkstoffe zu Band, aber auch in neuzeitlichen, kontinuierlich arbeitenden Strang-Gießhochumformlinien eingesetzt werden. *Baumann*

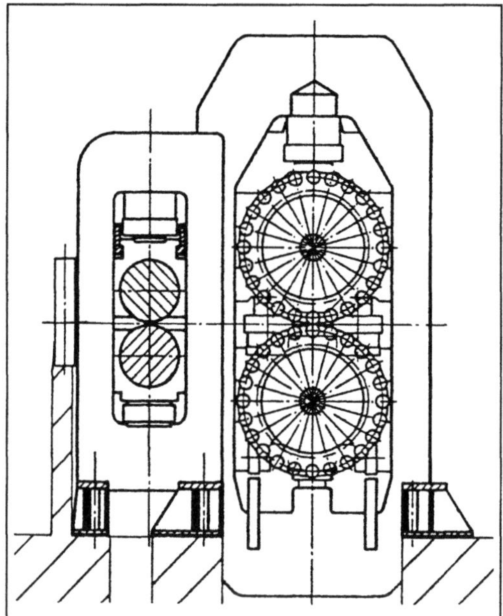

Platzer-Planetenwalzanlage: Planetenwalzgerüst.

Literatur: *Baumann, H. G.:* Beitrag zur kontinuierlichen Verarbeitung gegossener Stahlstränge. Bänder Bleche Rohre 13 (1972) Nr. 8, S. 409/17. – *Müller, H. G.,* u. *W. Aggermann v. Bellenberg:* Gegenüberstellung der Planeten-Walzverfahren nach Sendzimir und Platzer. Stahl u. Eisen 85 (1965) Nr. 22, S. 1423/31. – *Müller, H. G.,* u. *W. Aggermann v. Bellenberg:* Beurteilung von Planetenwalzwerken. Stahl u. Eisen 86 (1966) Nr. 21, S. 1366/75.

Platzer-Planetenwalzverfahren. Das P.-P. dient dem Umformen von metallischen Flachprodukten, beispielsweise Dünnbrammen aus Stahl oder Nicht-

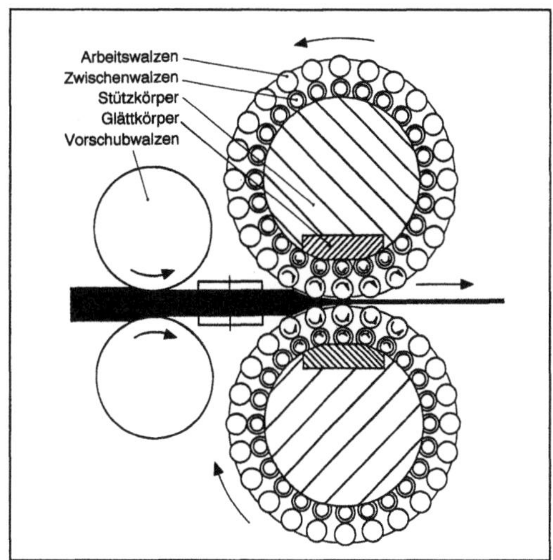

Platzer-Planetenwalzverfahren: Schematische Darstellung.

eisenmetallen, zu Band (Bild). Dabei wird das Walzgut von Vorschubwalzen dem Planetenwalzgerüst zugeführt und dort zwischen 2 übereinander angeordneten Planetensätzen umgeformt. Jeder Planetensatz besteht aus einem in seitlichen Käfigen gehaltenen Kranz von Arbeitswalzen mit dazugehörigen Zwischenwalzen, die um einen feststehenden Stützkörper kreisen. Weil die Stützkörper der Planetensätze im Bereich des Walzspalts eine waagerechte Abflachung haben, ist das aus einer →Platzer-Planetenwalzanlage erhaltene Band eben. Die durch die Arbeitswalzen mit kleinem Durchmesser entstehende, verhältnismäßig geringe Walzkraft wird über die Zwischenwalzen unmittelbar auf die feststehenden, biegungssteifen Stützkörper übertragen. *Baumann*

Pleuellager →Gleitlager

Pleuelschraubenverbindung. Die richtige Gestaltung und Berechnung einer Pleuellagerdeckel-Verschraubung sind nicht nur von ausschlaggebender Bedeutung für die Betriebssicherheit einer Verbrennungskraftmaschine, sondern auch ein äußerst lehrreiches Beispiel für die Berechnung einer Schraubenverbindung mit einer im Querschnitt um das Maß s exzentrisch versetzten Schraube, einer um das Maß a exzentrisch angreifenden äußeren Axialkraft F_A und einer als Schnittgröße zu ermittelnden Querkraft F_Q. Bei der dargestellten Pleuellagerdeckel-Verschraubung (Bild) können die Größen a, F_A und F_Q aus der Betriebskraft F_B experimentell durch Dehnungsmeßstreifenmessungen oder durch eine rechnergestützte Berechnung nach der Finite-Elemente-Methode bestimmt werden. In einer Pleuellagerdeckel-Verschraubungsberechnung nach VDI 2230, Bl. 1, hat die M9x1-Schraube einen Dünnschaftdurchmesser von 8,35 mm und einen Paßdurchmesser in der Trennfuge von 9,2 mm. Die Axialkraft F_A wurde zu 3,7 kN, das Biegemoment

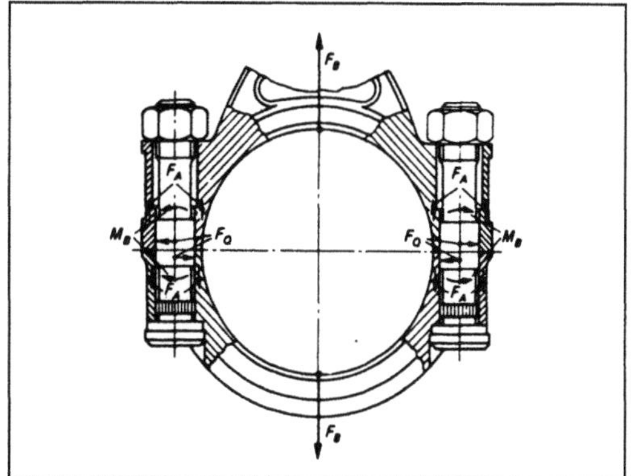

Pleuelschraubenverbindung: Schnittkräfte in der Trennfuge einer Pleuellagerdeckel-Verschraubung. (Quelle: VDI 2230 a. a. O.)

M_B in der (an keiner Stelle klaffenden) Trennfuge zu 30 Nm und die in der Trennfuge zu übertragende Querkraft F_Q zu 420 N ermittelt. Wie gut Rechenergebnisse nach VDI 2230, Bl. 1, mit Versuchsergebnissen mittels Dehnungsmeßstreifen am Schraubenschaft übereinstimmen können, zeigt die Tabelle.

Pleuelschraubenverbindung. Tabelle: Vergleich von Rechenergebnissen und Versuchsergebnissen an einer Pleuellagerdeckel-Verschraubung. (Quelle: Fischer a. a. O.)

	Berechnungsergebnis		Versuchs-ergebnis
	VDI 2230 (1977)	VDI 2230, Bl.1 (1983)	(1977)
Elastizität der Schraube δ_S mm/N	3,7 10⁻⁶	4,85 10⁻⁶	—
Elastizität der Versp.-Teile δ_P mm/N	2,6 10⁻⁶	1,69 10⁻⁶	—
Kraftverhältnis $\Phi_{en} = F_{SA}/F_A$	0,15	0,096	—
max. Zugspannung $\sigma_{Zug,max}$ N/mm²	60	54	52
Wechselspannung auf der Zugseite σ_a N/mm²	±30	±27	±26
max. Druckspannung $\sigma_{Druck,max}$ N/mm²	35,8	38	32
Vorspannung $\sigma_{Zug,vor}$ N/mm²	12,1	8	10
Biegespannung σ_b N/mm²	47,9	46	42

Bei einer überschlägigen Berechnung wird man aus den äußeren Lasten F_A und M_B die Spannungsverteilung ($\sigma_b + \sigma_z$) in der zunächst noch als stoffschlüssig verbunden gedachten Trennfuge und dann die Mindestklemmkraft F_{Kerf} ermitteln, mit der unter Berücksichtigung der um das Maß s exzentrischen Schraubenverbindung eine derart große Flächenpressung in der tatsächlichen Trennfuge erzeugt werden kann, daß an keiner Stelle ein Klaffen unter den schwellenden Betriebskräften F_B auftritt. Eine Nachrechnung muß gewährleisten, daß die Mindestklemmkraft F_{Kerf} auch ausreicht, um die Querkraft F_Q in der Trennfuge reibschlüssig aufzunehmen. Bei Pleueldeckelverschraubungen mit schräger Trennfuge reicht oft ein Reibschluß in der Trennfuge nicht aus, und es muß eine Kerbverzahnung in einer Trennfuge angeordnet werden (Bild).   *Federn*

Literatur: *Dreger, H.*: Die Richtlinie VDI 2230, ein praxisorientiertes Hilfsmittel für den Konstrukteur und Berechnungsingenieur. VDI-Ber. Nr. 478. Düsseldorf 1983; S. 1/13. – *Fischer, S.*: Berechnungsbeispiel einer Pleuellagerdeckelverschraubung. VDI-Ber. Nr. 478. Düsseldorf 1983; S. 27/31. – *Grotewohl, A.*: Auslegung der Schraubenverbindungen im Automobilbau und deren Einfluß auf den Montagevorgang. Tl. 2: Exzentrische Montage und exzentrische Betriebskrafteinleitung in eine Schraubenverbindung. Automobil-Ind. (1985), S. 411/21. – VDI 2230. Bl. 1: Systematische Berechnung hochbeanspruchter Schraubenverbindungen. Zylindrische Einschraubenverbindungen. Hrsg. Verein Dt. Ing. Ausg. Juli 1986.

Pleuelstange. Die P. (auch das Pleuel, bei großen Motoren Schubstange bzw. Treibstange) stellt die Verbindung zwischen dem oszillierenden →Kolben und der rotierenden Kurbelwelle einer →Kolbenmaschine her. Auf Grund der Geometrie des Kurbeltriebs ergibt sich bei konstanter Winkelgeschwindigkeit der Kurbelwelle ein etwa sinusförmiger Verlauf der Kolbenbewegung. Je kürzer die P. bei vorgegebenem Kurbelradius bzw. Hub ist, desto mehr weicht die Kolbenbewegung von der Sinusform ab (Schubkurbelgetriebe).

Bild 1 zeigt die P. für einen Lkw-Dieselmotor. In das Pleuelauge am oberen Ende ist eine Lagerbuchse eingepreßt, in der der Kolbenbolzen läuft. Das →Pleuellager am unteren Ende (Pleuelkopf) ist geteilt, damit man es auf der Kurbelwellenkröpfung montieren kann. Aus demselben Grund werden die Lagerschalen für das Pleuellager geteilt.

Pleuelstange 1: Schräggeteilte Pleuelstange für einen Lkw-Dieselmotor. (Quelle: Daimler-Benz)

P. werden aus Stahl im →Gesenk geschmiedet oder aus Sphäroguß gegossen. Der Pleuelschaft wird meistens nur oberflächenbehandelt. Die Gestalt des Pleuels richtet sich nach den Beanspruchungsverhältnissen. Diese sind am Pleuelkopf wegen der Teilung und Verschraubung mit Vorspannung der Lagerschalen besonders kompliziert. Wie bei allen Triebwerksteilen für schnellaufende Maschinen besteht eine Schwierigkeit darin, daß bei Verstärkung der beanspruchten Querschnitte die Masse des Bauteils steigt, womit die Massenkräfte und damit wieder die Beanspruchung größer werden.

Bei V-Motoren laufen 2 P. nebeneinander auf einem Hubzapfen der Kurbelwelle. Es gibt aber auch besondere Pleuelkonstruktionen, z. B. Anlenkpleuel oder Gabelpleuel (Bild 2). *Kuhlmann*

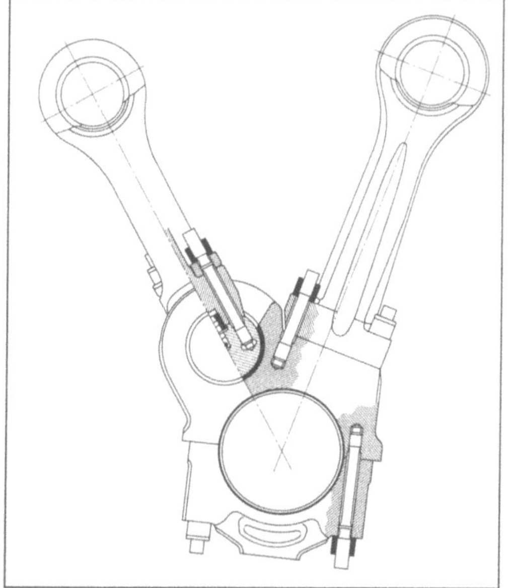

Pleuelstange 2: Anlenkpleuel für einen mittelschnell-laufenden Schiffsdieselmotor. (Quelle: MAN-B&W)

Literatur: *Lang, O. R.*: Triebwerke schnellaufender Verbrennungsmotoren. Berlin 1966. – *Mettig, H.*: Die Konstruktion schnellaufender Verbrennungsmotoren. Berlin, New York 1973.

Plungerzylinder →Hydrozylinder

Polierwalzanlage →Maßwalzanlage

Polierwalzverfahren →Maßwalzverfahren

Polkurve. P. stellen die Folge aller Momentanpole für die Relativbewegung zweier nichtbenachbarter Glieder eines →Mechanismus oder Getriebes (MG) zueinander dar.

Jede ebene drehende oder schiebende Bewegung eines Getriebeglieds gegenüber einem anderen Glied erfolgt um einen zu diesen Gliedern festliegenden Drehpunkt (Dauerpol) oder – wenn die Relativbewegung eine allgemeine ebene Bewegung ist – um einen Momentanpol.

Wird somit jede Relativbewegung eines Glieds k gegenüber einem Glied m als Drehung um einen →Relativpol P_{km} aufgefaßt, gleichgültig ob P_{km} ein

Dauerpol oder ein Momentanpol ist, so läßt sich das Theorem von *Aronhold* herleiten: Je drei Relativpole liegen auf einer Geraden. Dieser Satz, der auch als Satz von *Kennedy* bekannt ist, ermöglicht das Auffinden von allen Relativpolen (Kollineationsachse, →Getriebe-Synthese) einer kinematischen Kette und damit eines jeden aus dieser herleitbaren Mechanismus oder Getriebes (Bild 1). Die Folge aller Momentanpole der Bewegung einer Gliedebene gegenüber der gestellfesten Ebene ist die Rast-P. k_r. Die Darstellung der Momentanpole auf der bewegten Ebene ergibt die Gang-P. k_g. Die Gang-P. ist die Rast-P. der kinematischen Umkehrung.

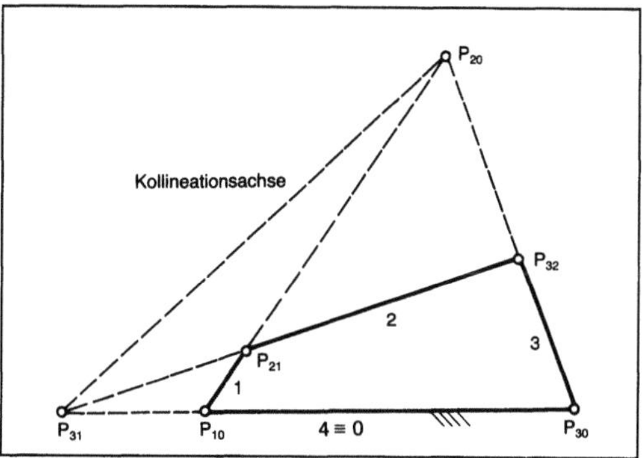

Polkurve 1: Relativpole einer Viergelenkkette.

Kurbelschwinge
Momentanpole P_{20}, P_{31}, Dauerpole P_{10}, P_{21}, P_{30}, P_{32}

Die allgemeine ebene Bewegung eines Körpers 1 (Bild 2) läßt sich als ein Abrollen der mit diesem verbundenen Gang-P. k_g auf der mit der ruhenden Ebene 0 verbundenen Rast-P. k_r beschreiben. Zu einem bestimmten Zeitpunkt t_o kommt der auf k_g liegende Körperpunkt Q der allgemein bewegten Ebene, der beim Abrollen von k_g auf k_r die Bahn k_Q durchläuft, in der ruhenden Ebene auf k_r zur Ruhe. Exakt zu diesem Zeitpunkt fällt der Punkt Q mit dem Momentanpol P auf k_r zusammen. Demnach hat P zum Zeitpunkt t_0 die Polwechselgeschwindigkeit $\vec{v_P} = \vec{u}$ auf der Rast-P. k_r in Richtung der

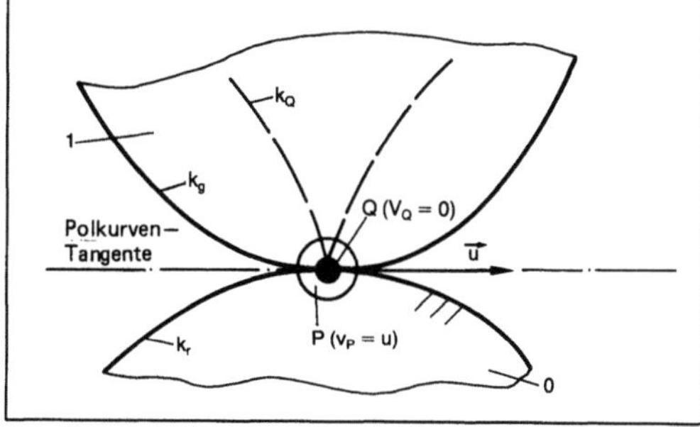

Polkurve 2: Gangpolkurve k_g und Rastpolkurve k_r mit Polwechselgeschwindigkeit $\vec{u}$.

Polbahntangente, während der Körperpunkt Q zum gleichen Zeitpunkt t_0 die Geschwindigkeit $\vec{v_Q} = 0$ hat. Dieses scheinbare Paradoxon wird aus einem anschaulichen Beispiel verständlich: Der Berührpunkt eines rollenden Rads mit der Schiene ist momentan in Ruhe (falls das Rad nicht gleitet), während sich die aufeinanderfolgende Berührung weiterer Punkte von Rad und Schiene (Momentanpole) mit Fahrzeuggeschwindigkeit (Polwechselgeschwindigkeit) fortbewegt.

Besondere Bedeutung wegen der vielfachen Anwendung zur Konstruktion von exakten und von genäherten Geradführungen ($\rightarrow$Lenkergeradführung) haben die P. des Doppelschiebers erlangt. Diese werden als Kardankreise (nach dem Mathematiker *Cardano*) bezeichnet (Bild 3). Rollt hier k_g auf k_r ab, so bewegen sich alle Punkte der mit k_g verbundenen allgemein bewegten Ebene E (z. B. K) auf Ellipsen (Ellipsenzirkel). Als Sonderfälle von Ellipsen (kleine Halbachse gleich null) beschreiben Punkte auf k_g (z. B. A, B, C) exakte Geraden, der Mittelpunkt M von k_g (Halbachsen gleich lang) einen Kreis. Die P. können auch zur Getriebe-Synthese verwendet werden ($\rightarrow$Kreisel, momentfreier).   *Gierse*

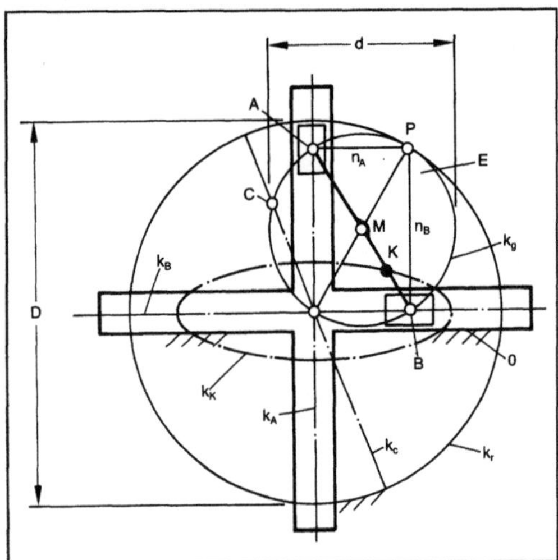

Polkurve 3: Polkurven des Doppelschiebers (D = 2d).

Literatur: *Lohse, P.*: Getriebesynthese. Berlin, Heidelberg, New York, Tokio 1983. – *Volmer, J.*: Getriebetechnik Lehrb. Ost-Berlin 1980.

Polster, formloses $\rightarrow$Formpolster

Polstermaterial. Polsterung ist notwendig, wenn sichergestellt werden muß, daß von außen angreifende Kräfte nicht in voller Größe auf das Füllgut wirken dürfen. P. müssen also in der Lage sein, u. U. starke Kräfte dynamisch in sich aufzunehmen. Eine solche dynamische Dämpfung bestimmt den Polsterungsgrad.

P. sind durch eine große Elastizität gekennzeichnet. Faserförmige P., wie z. B. Gummihaar, können durch ihre eigene Elastizität wie auch durch die Kompressibilität des in dem wirren Faservlies eingeschlossenen Luftvolumens dämpfende Wirkungen ausüben. Polsterstücke aus diesem Material werden üblicherweise als Längswinkel und Eckstücke vorgefertigt. Ist eine größere Anzahl gleicher Produkte polsternd zu umhüllen, werden vorgefertigte Schaumstücke verwendet. Wird hohe Elastizität bei größeren Verformungswegen gewünscht, schneidet man die Polster aus Schaumgummiwaren. Dieser Schaumgummi wird offenzellig oder geschlossenzellig gefertigt. Die geringen Verformungswege bei guter Elastizität und sehr hoher Polsterwirkung bieten Formteile aus expandierbarem Polystyrol (EPS). Die Formstücke werden aus vorgefertigten Kügelchen, die in sich abgeschlossen ein Treibmittel enthalten, in metallischen Formwerkzeugen aufgeschäumt. Durch Anwendung von Temperatur, eingebracht durch Dampf, werden die einzelnen Kügelchen miteinander zu stabilen Formteilen verschweißt. Diese Formteile bieten beste Polsterwirkung bei geringstem Gewicht.

Sind nur geringe Stückzahlen gleicher Teile mit guter Polsterwirkung zu verpacken, läßt man die Formteile um das Verpackungsmittel herum entstehen. Es werden hierzu aufschäumende Ein- oder Zweikomponenten-Materialien in flüssiger Form verwendet. Eine geringe Lage solcher Materialien wird in die Umverpackung eingebracht. Noch während des Aufschäumens wird das Füllgut, umhüllt mit einer Trennfolie, die die direkte Einwirkung des Schaummaterials auf das Füllgut verhindert, eingebracht. Das restliche Verpackungsvolumen wird fast vollständig mit Schaummaterial aufgefüllt. Nach dem Verschließen der Umverpackung bildet sich ein leichter Innendruck, der dafür sorgt, daß das Füllgut vollständig vom Polstermaterial umschlossen ist. Eine weitere Möglichkeit nicht vorgefertigter Polsterstücke ist die Anwendung von kleinen geschäumten Kunststoffteilchen. Es wird hier EPS entweder in Scheibenform oder als s-förmig vorgefertigte kleine Hakenteilchen verwendet. In die Umverpackung wird eine Bodenlage solcher Teile eingebracht. Mit den Füllgütern zusammen werden weitere Polsterteilchen eingeschüttet. Die Decklage sorgt dafür, daß die Füllgüter nicht mit der Umverpackung in Berührung kommen. Es muß so gut gefüllt werden, daß beim Verschließen der Umverpackung ein leichter Innendruck entsteht. Diese losen Verpackungsteilchen lassen sich mehrfach wiederverwenden.   *Paris*

Polygoneffekt. Eine bei Kettengetrieben auf einem Kettenrad aufliegende Kette bildet ein Polygon (Vieleck), dessen Ecken mit den Gelenkmittelpunkten zusammenfallen. Bei konstanter Winkelgeschwindigkeit eines antreibenden Kettenrades beträgt die Trumgeschwindigkeit v in der Stellung 1 (Bild) $v_1 = \omega\, r_1$, in Stellung 2 $v_2 = \omega r_2$, wobei $v_2/v_1 = r_2/r_1 = \cos\alpha/2 = \cos(180/z)$ ist.

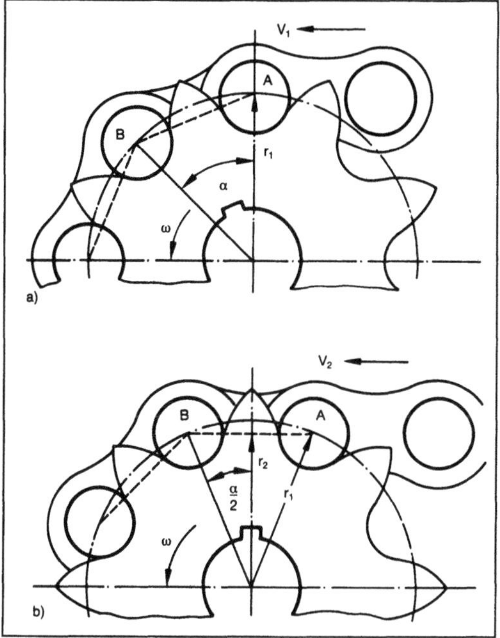

Polygoneffekt: Entstehung.
a) Stellung 1.
b) Stellung 2.

Der daraus folgende Ungleichmäßigkeitsgrad δ der Kettengeschwindigkeit, mit $\delta = (v_1-v_2)/v_1 = 1-\cos(180/z)$, nimmt mit steigender Zähnezahl z des antreibenden Kettenrades ab (Tabelle). *H. W. Müller*

Polygoneffekt. Tabelle: Ungleichförmigkeitsgrad δ in Abhängigkeit von der Zähnezahl z.

z	10	20	30	50
δ %	4,9	1,2	0,5	0,2

Polygonprofil. Das P. (auch K-Profil) ist eine formschlüssige →Welle-Nabe-Verbindung (Bild). Sie besteht aus einem selbstzentrierenden drei- oder

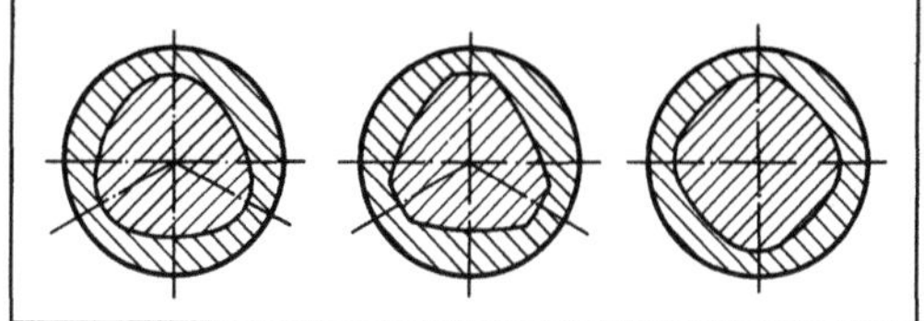

Polygonprofile.

viereckförmigen Profil für die Nabenbohrung und die →Welle. Dadurch erzielt man eine vorteilhafte Beanspruchung gegenüber der Paßfederverbindung und →Keilwelle, benötigt allerdings besondere Fertigungsverfahren. P. werden sowohl zylindrisch als auch kegelig ausgeführt (DIN 73711, 73712). *Ehrlenspiel*

Polystruktur. Vielfältige Sortimentsstrukturen, Artikelstrukturen, Auftragsstrukturen kennzeichnen i. a. logistische Prozesse. Man spricht von polystrukturierten Prozessen im Gegensatz zu den Monostrukturen. *Jünemann*

Ponton. Unter einem P. versteht man einen allseitig geschlossenen, quaderförmigen Schwimmkörper, der zum Transport von Baugeräten oder als Arbeitsplattform benutzt wird. Mehrere P. verbindet man oft miteinander, um die Tragfähigkeit oder die Grundfläche zu vergrößern. *Kühn*

Poolpalette →Palettenpool

Portalkran. Krane mit portalartigem Traggerüst werden als P. bezeichnet (Bild). Die Brücke dieser Krane stützt sich über Stützen auf der in der allgemeinen Verkehrsebene liegenden Fahrbahn ab, so daß eine portalartige Konstruktion entsteht. Dieser Kran (auch Bockkran genannt) kann ortsfest oder auf Schienen verfahrbar ausgeführt sein. *Jünemann*

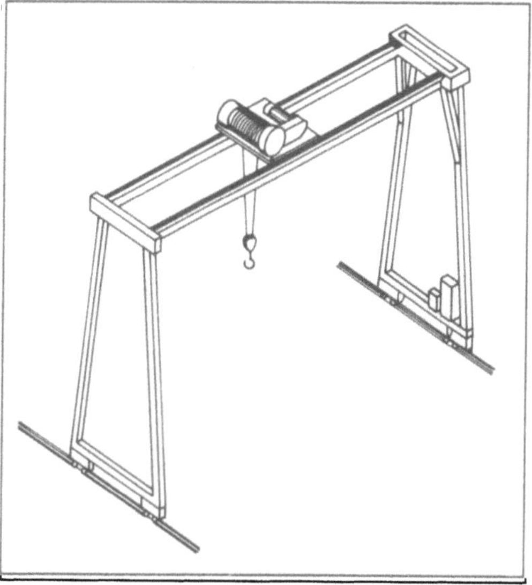

Portalkran.

flurfrei, manuell bedient, geführt verfahrbar, Einzelantriebe

Portionsverpackung. In vielen Wirtschaftsbereichen ist es notwendig, daß Produkte in sehr kleinen Mengen für die Verwendung zur Verfügung gestellt

894

werden, z. B. in der Gastronomie. Die hierzu notwendigen Verpackungsmittel werden meist aus metallischen Werkstoffen oder Kombinationsmaterialien hergestellt. In seltenen Fällen werden auch Glasverpackungen verwendet. Die benutzten Werkstoffe müssen allen Anforderungen genügen, wie sie auch an große Mengen-Verpackungen herangetragen werden.

Ein besonderes Augenmerk ist bei den P. auf den Verschlußbereich zu legen. Man kann meist auf eine Wiederverschließbarkeit verzichten. Bei metallischen oder Kombinationswerkstoffen ist besonders darauf zu achten, daß das Öffnen der P. problemlos vonstatten geht. Im Bereich der Glas-P. ist die Wiederverschließbarkeit nach denselben Systemen gegeben, wie sie bei den Normalmengen-Verpackungen angewandt werden. *Paris*

Prägekalander →Thermofixiermaschine

Präzisions-Stahlrohr. Ein P.-S. ist ein nahtloses S. oder ein geschweißtes S. mit besonders hoher Maßgenauigkeit und glatter Oberfläche, besonderen Querschnittsformen sowie besonders kleinen Maßtoleranzen. *Baumann*

Prallbrecher. Der im Gehäuse laufende Rotor ist mit festen Schlagleisten symmetrisch besetzt. Das eingegebene Gut wird von diesen erfaßt, in sich gebrochen und in Prallräume, die durch verschiedene, in größerem Abstand angebrachte Pralleisten abgeteilt sind, geschleudert und wieder zurückgeworfen. Dieser Vorgang wiederholt sich in einer Staffelung in einem Viertel des Brechergehäuses.

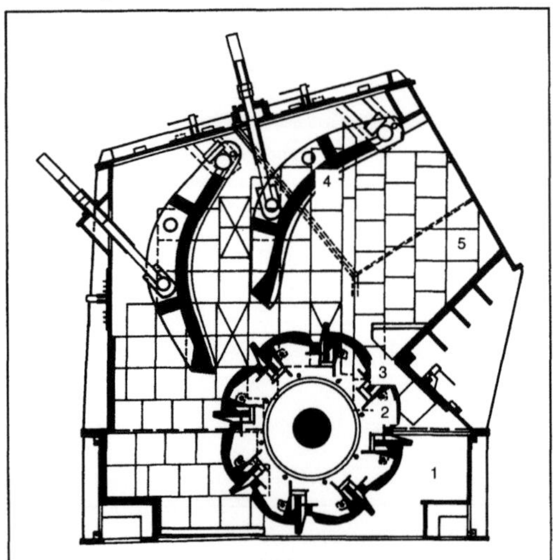

Prallbrecher: Konstruktionsschema eines Grobprallbrechers.

1 Prallbrechergehäuse, 2 Rotor, 3 Einschiebeschlagleisten, 4 Prallschwinge, 5 Gehäusepanzerplatte

Die maximale Korngröße wird durch den maßgebenden Spalt zwischen Schlagleistenkante und letzter Pralleiste eingestellt. Bei manchen Bauarten kann man die gewünschte Körnung durch eingesetzte Roste entnehmen. Andere Konstruktionen haben mehrere gestuft hintereinander gesetzte Rotoren. Kleinere Geräte werden außerdem in horizontaler Ausrichtung mit einer Rundummahlbahn gebaut. Die Prallzerkleinerung ist für mittelhartes Gestein, für Beton und festen Bauschutt besonders vorteilhaft. Durch Werkstoffauswahl und Gestaltung dehnt man den wirtschaftlichen Einsatz bis in die Hartzerkleinerung aus. Mit einem Zerkleinerungsgrad von 10:1 bis 50:1 bei über 200–1400 min^{-1} (untere Werte für P., obere für Prallmühlen) wird die Grob- bis Feinzerkleinerung umfaßt (Bild). *Kühn*

Prallmühle →Prallbrecher

Presse. Die in der Urformtechnik verwendeten P. dienen vorzugsweise zur Herstellung von Formteilen aus NE-Metallen und Kunststoffpreßmassen. Zum Einsatz kommen Hand-P. (Stangen- und Radhebel-P. von 50–800 kN Gesamtkraft), motorisch angetriebene Kurbel-P. (Kraftbereich 400–1000 kN), Kniehebel-P. mit Öldruckantrieb (bis 1500 kN), vor allem aber hydraulische P. (150–100000 kN) und Spritz-P. mit besonderer Ausbildung des Auswerferkolbens. Bei weitergehender Mechanisierung kommt man zu Mehrfach-P., Drehtisch-P. und Preßautomaten für kleine Teile ohne Metalleinlagen.

Zur Herstellung von Profilen aus Kunststoffpreßmassen nutzt man das Strangpressen mit Schnecken-P. (Extruder). Einfachste Bauart ist der Einschneckenextruder, bei dem infolge der Rückhaltung an der Zylinderwand das Füllgut von der sich drehenden Schnecke mitgenommen und dabei aufgeheizt wird. Beim Plastifizieren nimmt die Dichte des Schüttguts um das 2–4fache zu. Dies wird durch eine Änderung des Volumenaufnahmevermögens der Schneckengänge berücksichtigt und durch das Kompressionsverhältnis (Volumen des ersten zu dem des letzten Schneckengangs) ausgedrückt. Doppelschnecken-P. werden mit gleich- und gegenläufigen Schnecken hergestellt, die die Masse zwangsläufig unabhängig von ihrer Zähigkeit bei homogener Durchmischung und Plastifizierung fördern. Konstruktiv schwierig ist die Ausbildung von widerstandsfähigen Drucklagern für die beiden Schnecken auf engstem Raum. *Doliwa*

Pressen. Gemäß Einteilung der Fertigungsverfahren nach DIN 8580ff. ist die Verfahrenstechnik Pressen sowohl in die Hauptgruppe 2 Umformen (DIN 8582) und hier in die Gruppe 2.1 Druckumformen (DIN 8583) wie auch in die Hauptgruppe 4

Fügen (DIN 8593) innerhalb der Gruppe 4.2 Füllen einzuordnen. Als Druckumformen zählen Verfahren, bei denen das Fließen in der Umformzone überwiegend durch einen von außen aufgebrachten Druck bewirkt wird, wie z. B. durch Fließ-P., Form-P. oder Stauchen. Nach der Definition der Norm ist Fügen das Zusammenbringen von zwei oder mehr Werkstücken oder von Werkstücken mit formlosem Stoff. Dabei wird der Zusammenhalt örtlich geschaffen und im ganzen vermehrt. Demnach werden auch das lose Zusammenlegen und das Füllen in diese Hauptgruppe eingeordnet. Somit gehört dazu auch das Fügen durch Umformen, z. B. Um-P., wobei das Um um einen Körper herum bedeutet. Dieser Vorgang findet u. a. beim Verdichten von Formstoff um ein Modell herum statt.

P. als Verfahren der Umformtechnik bei Metallen wird weniger im Bereich der Warmformgebung als überwiegend bei der Kaltumformung angewendet. Beim Kaltpressen vollzieht sich die Umformung unter Einwirkung statischer Kräfte bei länger anhaltendem Druck oberhalb der Streckgrenze des Werkstoffs. Alle Werkstoffe, die im Bereich zwischen Streckgrenze und Zugfestigkeit eine genügende Zähigkeit und ein gutes Formänderungsvermögen aufweisen wie weichgeglühte, kohlenstoffarme Stähle, ferner Kupfer, Aluminium und deren Legierungen können auf diese Weise umgeformt werden. Das Umformen ohne Anwärmen liefert Werkstücke mit höherer Maßgenauigkeit und besserer Oberflächengüte als beim →Warmumformen erreichbar. Beim Kalt-P. und Kalibrieren vorgepreßter Teile in Werkzeugen mit Distanzplatten kann man z. B. bei NE-Metallen Toleranzen von 0,02 mm (IT 8) erreichen. Durch das P. wird bei zweckmäßigem Faserverlauf der Werkstoff erheblich verfestigt.

Mit Fließ-P. (auch Spritz-P. oder Kaltspritzen genannt) lassen sich Werkstücke verschiedener Form herstellen. Allerdings sind Stahl (mit wenigen Ausnahmen), Aluminium, Blei, Zink, Magnesium und seine Legierungen wegen des hexagonalen Gefügeaufbaus nicht fließpreßfähig. Die Durchführung des Fließ-P. und danach hergestellte Teile zeigt das Bild. Die fertigen Werkstücke haben eine saubere Oberfläche, und die Festigkeitswerte der fließgepreßten Teile liegen infolge Verfestigung über denen des Ausgangswerkstoffs.

Beim Spritz-P. von Kunststoff-Preßmassen wird die Preßmasse in einer besonderen Druckkammer stark komprimiert und durch einen Kanal (Düse) in den Formenraum der geschlossenen Form gespritzt. Das Spritz-P. bietet wirtschaftliche Vorteile und wird bei der Herstellung komplizierter, kleinerer Teile (auch mit Metalleinpressungen) angewendet.

Strang-P. ist ein Warmfließ-P., bei dem ein auf die dem Werkstoff entsprechende Preßtemperatur erwärmter Metallblock vom Druckstempel einer

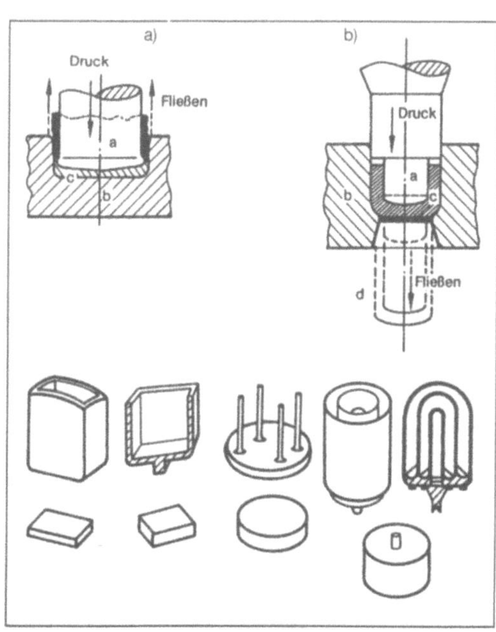

Pressen: Fließpreßverfahren (oben) und durch Fließpressen hergestellte Formen von Geräteteilen aus NE-Metallen mit Rohlingen (unten).
a) Druck- und Fließrichtung entgegengesetzt
b) Fließpressen nach Neumeyer-Verfahren. Gleiche Druck- und Fließrichtung.

a Stempel
b Matrize
c Werkstoff
d Werkstück im Endzustand (gestrichelt)

Strangpresse durch die Öffnung einer Matrize zu Voll- oder Hohlprofilen gepreßt wird. Als Kaltumformverfahren wird das Strang-P. nur für Werkstoffe mit niedriger Fließtemperatur angewendet, wobei man die Reibungswärme beim Durch-P. durch die Matrize ausnutzt.

In die Hauptgruppe 4 Fügen fällt das Warm-P. von duro- und thermoplastischen Massen. Der Arbeitsablauf beginnt mit dem Einfüllen der Preßmasse in die gefettete und ggf. vorgeheizte Form, nach deren Schließen der Druck langsam mit der einsetzenden Plastifizierung der Preßmasse gesteigert wird. Das Härten der Preßmasse erfolgt, soweit es sich um eine warmhärtbare Preßmasse handelt, unter Druck- und Wärmeeinwirkung. Nach Herausnahme des Preßteils aus der Form wird, sofern nötig, das noch heiße Preßteil durch Beschweren oder Spannen gerichtet.

Spritzpreßverfahren sind für härtbare und thermoplastische Preßmassen anwendbar. Die außerhalb der Form vorgewärmte, für einen Spritzvorgang bemessene Massemenge wird aus einer Spritzkammer durch einen Kanal in die geschlossene Form gespritzt. Bei härtbaren Massen werden

Spritzkammer, Kanal und Form beheizt, bei thermoplastischen Massen die Form gekühlt.

Beim Schlagpreßverfahren (geeignet für thermoplastische Preßmassen) wird die außerhalb auf Fließtemperatur vorgewärmte Masse (Tablette oder Zuschnitt) in einer kühl gehaltenen normalen Preßform, z. B. mittels einer schnell zufahrenden hydraulischen Presse, schlagartig ausgeformt. Dieses sehr wirtschaftliche Verfahren eignet sich jedoch nur zur Produktion von einfachen Teilen.

Im Kaltpreßverfahren (eingesetzt für feuchte, härtbare und teerpechhaltige Preßmassen) wird die rieselfähige feuchte Masse (volumetrisch oder gewichtsmäßig dosiert) in die kalte Matrize gegeben und nach dem Aus-P. sofort ausgestoßen. Aushärtung bzw. Ausdampfen geschieht außerhalb der Form in Heizschränken mit langsamer Temperatursteigerung auf etwa 185 °C bei kunstharzhaltigen und auf 210 °C bei teerpechhaltigen Preßmassen.

Durch P. werden auch duroplastische Schichtstoffe für Formstücke und Halbzeug hergestellt. Beim Schichten unter Hochdruckanwendung werden die auf Streichmassen bzw. Lackierwalzen mit einer härtbaren Harzlösung getränkten endlosen Bahnen in einem Tunnelofen getrocknet und aufgerollt. Für die Verarbeitung zu Formstücken, Platten, Rohren und Profilen werden entsprechende Zuschnitte geschichtet oder gewickelt, dann nach dem Warmpreßverfahren geformt und gehärtet, und zwar Platten fast ausschließlich in offenen Formen unter Etagenpressen, Profile meist, Formstücke nur in geschlossenen Formen. Rohre und Stäbe werden auch nach dem Wickelverfahren geformt und nachfolgend drucklos ofengehärtet, wobei allerdings Produkte niedrigerer Dichte und Festigkeit entstehen.

Für das Schichten mit Niederdruck (Niederdruckpreßverfahren) eignen sich vorzugsweise härtbare Massen aus schichtfähigen Füllstoffen, wie z. B. Glasfasern, zusammen mit niedrigviskosen Bindern, etwa Polyester- oder Epoxidharz, die beim Härten keine blasenbildenden Dämpfe oder Gase abspalten.

Als Verfahrenstechniken für die Schichtstoffherstellung sind neben dem Laminieren (lagenweises Einstreichen von Zuschnitten aus Glasfasergeweben mit Harzen von Hand) das Vakuum- bzw. Druck-Sackverfahren, bei dem mittels Druck oder Vakuum ein sich der Form anpassender Sack das auf die Oberfläche des Harzträgers gegossene Bindemittel in diesen hineindrückt, sowie das Vakuum-Saug- oder Marco-Verfahren zu nennen, bei dem das flüssige Bindemittel durch Vakuum in den Harzträger hineingesaugt wird. Ein Vorgang, der bei größeren Teilen mehrere Stunden dauern kann. Die Oberfläche solcher Teile ist aber besonders glatt, und es gibt nur geringe Schwankungen in der Wanddicke.

P. zum Stoffverdichten nutzt man auch seit langem zur Herstellung von Sandformen für Naßguß. P. ist eine schnelle Verdichtungsmethode. Bei Naßgußsanden kommt es allerdings häufig zu einer Brückenbildung unter dem Preßstempel, d. h. einer stabilen Verfestigung dieser Schicht, was zur Folge hat, daß die darunter liegenden Formpartien nur unzureichend verdichtet werden. Deshalb wird das P. im Gießereibetrieb seit Bekanntwerden anderer Verdichtungsmethoden nur noch zur Herstellung flacher Formen angewendet, obwohl der Einsatzbereich durch kombiniertes P. und Rütteln erweitert werden konnte. *Doliwa*

Preß-Lochwalzanlage. Die P.-L. ist ein komplexes technisches System, das Rohblöcke durch gleichzeitiges Pressen und Walzen zu Hohlkörpern umformt. Ein solches System besteht neben den Rohblock- und Hohlkörpertransportsystemen aus der hydraulischen Presse, dem Walzgerüst und dem Dornstangenaggregat. Die für den Querschnitts-Abmessungsbereich der Hohlkörper zwischen 250 und 400 mm konzipierten P.-L. sind mit etwa 300 t Walzdruck im Walzgerüst und 350 t Druck für das Pressen des Rohblocks ausgelegt. *Baumann*

Preß-Lochwalzverfahren. Bei der Entwicklung des P.-L. wurde versucht, das Lochpressen und das Lochwalzen zu einem Verfahren miteinander zu verbinden. Vor dem P.-Lochwalzen wird der in einem →Drehherdofen auf etwa 1 300 °C erwärmte Rohblock mit vierkantiger oder polygonaler Querschnittsform kalibriert. Im gleichen Arbeitsgang erhält der Rohblock eine verhältnismäßig große Zentrierbohrung. Danach wird der Rohblock in die Eingangsführung der P.-Lochwalzanlage gebracht (Bild). Dann preßt ein Druckstempel den Block durch die Eingangsführung. Nach der Eingangsführung bringt der Stempel den Block in Berührung mit dem Lochdorn sowie den Arbeitswalzen und hält seine Druckkraft während des gesamten Lochvorgangs aufrecht. Dabei formen die kreisrund kali-

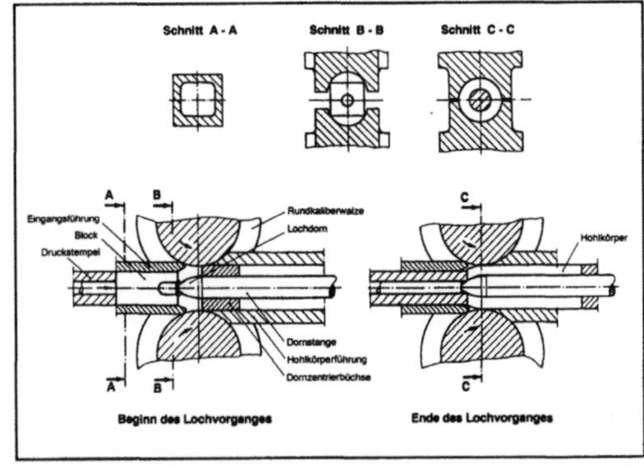

Preß-Lochwalzverfahren: Schematische Darstellung.

brierten Walzen den Block über den Dorn zu einem runden Hohlkörper um. Nach Beendigung des Umformvorgangs wird der Lochdorn mit der Dornstange aus dem Hohlkörper gezogen. *Baumann*

Preßschweißverfahren. Mit P. werden aus Band oder Blech längsnahtgeschweißte Rohre hergestellt. Das Einsatzmaterial kann entweder warm oder kalt zum Rohr geformt werden. Dabei wird zwischen der kontinuierlichen Rohrformung und der Einzelrohrformung unterschieden. Bei der kontinuierlichen Rohrformung entnimmt ein →Coil laufend Band und formt es nach einem Bandspeicher zum Rohrstrang. Bei der Einzelrohrfertigung wird jeweils Band oder Blech für die Herstellung nur eines Rohrs geformt und geschweißt. Zu den P. gehören das →Fretz-Moon-Rohrschweißverfahren, das →Niederfrequenz-Rohrschweißverfahren und die →Hochfrequenz-Rohrschweißverfahren. *Baumann*

Preßverbindung. Eine P. (auch Preßverband) ist eine reibschlüssige, i. a. nicht demontierbare →Welle-Nabe-Verbindung. Der Fügevorgang erfolgt (Bild) durch: a) Längseinpressen des Innenteils, b) Schrumpfen des Außenteils (Erwärmen, Aufziehen, Erkaltenlassen) bzw. c) Aufweiten durch Öldruck, d) Unterkühlen des Innenteils vor der Montage und Kombinationen aus a), b) und c). Preßverbände eignen sich besonders zum Übertragen großer Kräfte und Momente. Sie zentrieren genau

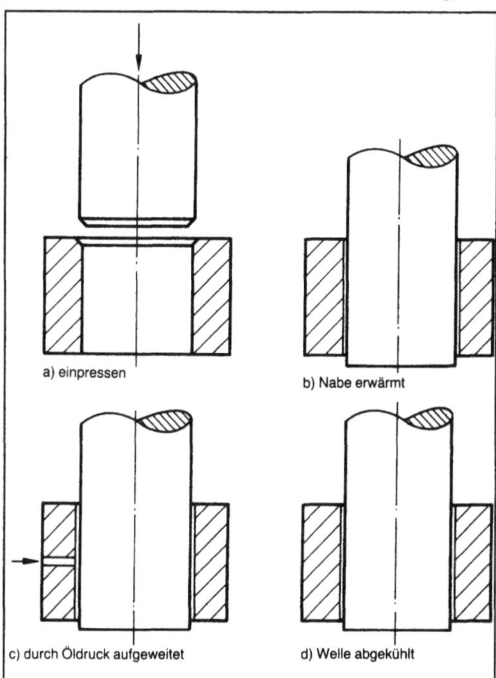

Preßverbindung: Möglichkeiten des Fügens von Preßverbänden.

und sind kostengünstig. Preßverbände werden häufig im Getriebebau, Kranbau und Großmaschinenbau angewendet. Berechnung in DIN 7190. Preßverbände werden mit zylindrischen oder kegeligen Fügeflächen ausgeführt. Kegelige P. haben so schlanke Kegel, daß sie selbsthemmend haften. Sie lassen sich durch Abpressen demontieren. *Ehrlenspiel*

Probennahme aus sehr großen Schüttgutströmen. Bei P. aus extrem großen Gutmengen, wie z. B. Schiffsladungen oder Güterzügen, müssen besondere Verfahren angewandt werden. Durch Erschütterungen während des Transports ist mit starken Entmischungen zu rechnen. Insbesondere die Korngrößenverteilung ist inhomogen, da kleinere Partikel nach unten gerutscht sind, während die groben sich im oberen Teil der Schüttung befinden.

Da Fehler in der P. auch durch eine äußerst sorgfältige Analyse nicht wieder kompensiert werden können, ist hier auf die richtige P. besonders zu achten.

Die P. wird günstigenfalls bei der stetigen Entleerung des Gutbehälters vorgenommen. Häufig wird dazu von einem →Förderband mittels eines Greifers automatisch eine Probe genommen. Beim pneumatischen Transport kann man in regelmäßigen Abständen durch eine Öffnung in der Förderleitung eine Probe entnehmen. Durch regelmäßige P. bei kontinuierlicher Entladung eines Gutbehälters wird zudem erreicht, daß die Orte der P. homogen über den gesamten Gutraum verteilt sind. Jede örtliche Zusammensetzung wird so entsprechend ihrem Volumenanteil berücksichtigt.

Man erhält so große Probenmengen, die zur anschließenden Laboranalyse mittels eines Probenteilers weiter verringert werden müssen. *H. Müller*

Problemlösungsmethode, allgemeine. Die a. P. (Problemlösungszyklus) ist ein organisatorischer Vorgehensplan aus der Systemtechnik zum Lösen von Analyseproblemen (z. B. Suche nach einer mathematischen Formulierung für einen physikalischen Vorgang) und Syntheseproblemen (z. B. Konstruieren).

Die Methode besteht aus den folgenden sechs Schritten, die i. a. nacheinander abgearbeitet werden, wobei aber oft auch Rücksprünge nötig sind:
1. Problemanalyse: Durch die Problemanalyse erfolgt eine systematische Klärung der Aufgabenstellung für Gesamt- sowie Teilprobleme. Unterschiedliche Methoden dienen dazu, die gesamte Problemsituation erkennbar zu machen und zu strukturieren.
2. Problemformulierung (Zielformulierung): Die Problemformulierung beinhaltet die Festlegung der Ziele, die in Anforderungslisten und Zielsystemen dokumentiert werden. Diese bilden die Grundlage für die folgenden Arbeitsschritte. Deshalb sind die

richtigen Zielvorgaben Voraussetzung für erfolgreiche Problemlösungen.

3. Systemsynthese: Die Systemsynthese beinhaltet die Arbeitsschritte zur eigentlichen Problemlösung; es werden mögliche Lösungen erstellt. Dabei können sowohl intuitive, als auch diskursive Methoden unterstützend wirken. Teillösungen für Teilprobleme dürfen dabei nicht isoliert, sondern nur im Zusammenhang betrachtet werden.

4. Systemanalyse: Mit der Systemanalyse wird festgestellt, welche Eigenschaften die Lösungen aufweisen. Die Analyse soll die erforderlichen Daten für die sich anschließende Bewertung liefern.

5. Bewertung: Die Bewertung gewichtet die Ergebnisse der Analyse entsprechend den Vorgaben des Zielsystems und zeigt Vor- und Nachteile der einzelnen Lösungen auf. Die Darstellung der Nutzen- und der Aufwandsseite der Lösungen sowie ihrer Schwachstellen liefert die Basis für die nachfolgende Auswahlentscheidung.

6. Entscheidung: Auf der Basis der Bewertung muß eine Entscheidung getroffen werden, welche Lösung ausgewählt werden soll und ob diese Lösung in hinreichendem Maß den gestellten Forderungen entspricht. Diese wird dann weiter bearbeitet. Genügt keine der zur Auswahl stehenden Lösungen den Forderungen, erfolgt ein iterativer Rücksprung und, je nach den Gründen hierfür, ein erneutes Durchlaufen der entsprechenden Schritte der allgemeinen P. *Ehrlenspiel*

Literatur: *Daenzer, W. F.:* Systems Engineering. Köln 1979.

Produktgesamtkosten →Kostenbegriff

Produktionslogistik →Logistik

Produktplanung. Die P. ist eine Lebensphase eines Produkts. Sie umfaßt auf der Grundlage der Unternehmensziele die systematische Suche und Auswahl zukunftsträchtiger Produktideen und deren Verfolgung.

Nach dem Festlegen eines Suchfelds ist die Hauptaufgabe der P. die Produktfindung. Hierbei können verschiedene Methoden der Ideenfindung (→Kreativitätstechnik) sowie →Bewertungsverfahren zur Selektion von Lösungen zur Anwendung kommen. Ergebnis der P. ist die Produktdefinition z. B. in Form einer →Anforderungsliste. *Ehrlenspiel*

Literatur: VDI 2220: Produktplanung – Ablauf, Begriffe und Organisation. Hrsg. Verein Dt. Ingenieure. Ausg. Mai 1980.

Profilkorrektur →Verzahnungskorrektur

Profilrohr. Ein P. ist ein Stahlrohr in nahtloser oder geschweißter Ausführung mit quadratischem, vierkantigem, rechteckigem, ovalem, sechseckigem, dreikantigem, halbrundem, flachhalbrundem und ellipsenförmigem Querschnittsprofil oder mit einem

Sonderprofil. Für P. wird manchmal auch die Bezeichnung Hohlprofile verwendet. *Baumann*

Profilstahl. Als P. (manchmal kurz auch Profile genannt) werden im weiteren Sinne alle durch Walzen, Ziehen oder Pressen hergestellten Fertigerzeugnisse außer der Gruppe der Flacherzeugnisse, beispielsweise Stahlband, Stahlblech oder →Breitflachstahl, bezeichnet. P. kann beispielsweise runde, quadratische, rechteckig flache oder sechs- und achteckige Querschnittsformen haben. Zur Gruppe der P. gehören im engeren Sinne Fertigerzeugnisse mit H-, I-, L-, T-, U-, Z- oder Ω-förmigen Querschnitten. Auch die durch das Falten von Stahlblech oder Stahlband gefertigten Profile gehören zu dieser Gruppe. *Baumann*

Profilstahl-Adjustage. Die P.-A. ist derjenige Betriebsbereich, in dem die Profilwalzerzeugnisse geprüft und zur Weiterverarbeitung oder für den →Versand fertiggemacht werden. Nach dem Walzen des P. wird das Walzgut mit Heißtrennsystemen auf anforderungsgerechte Längen gebracht. Nach dem folgenden Abkühlen des Walzguts lassen sich in der A. die Arbeitsgänge

☐ Probenehmen, Prüfen und Sortieren,
☐ →Richten,
☐ Kalttrennen mit Scheren oder Sägen,
☐ Stapeln und Binden sowie
☐ Wiegen und Verladen
  durchführen. *Baumann*

Profilverschiebung →Evolventenverzahnung

Profilwelle. P. sind formschlüssige, lösbare →Welle-Nabe-Verbindungen. Der Formschluß

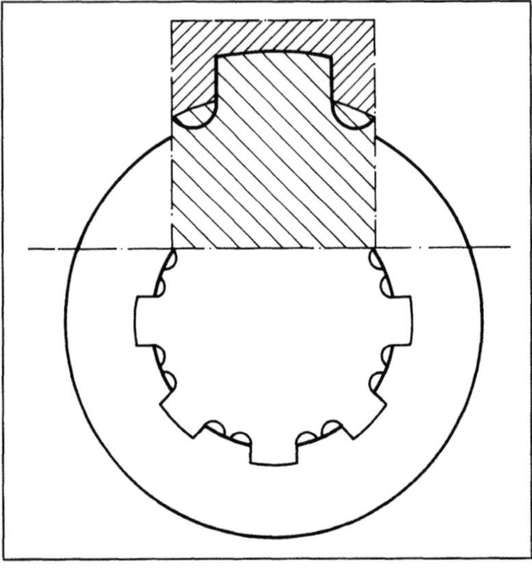

Profilwelle 1: Keilprofil mit graden Flanken (Keilwelle).

wird durch ein Profil auf der →Welle und ein entsprechendes Profil in der Nabe hergestellt. Die wichtigsten Profilformen sind: Keile mit graden Flanken (Bild 1) gem. DIN 5472, Zähne mit schrägen Flanken (Bild 2), Zähne mit Evolventenflanken (Bild 3) gem. DIN 5480 und Polygone (Bild 4) gem. DIN 73711, DIN 73712. P. übertragen höhere Drehmomente als Paßfederverbindungen, weil die Umfangkraft auf mehrere Mitnehmer verteilt wird. Sie sind aber bei geringen Stückzahlen teurer, weil zur Herstellung spezielle Werkzeuge benötigt werden. *Ehrlenspiel*

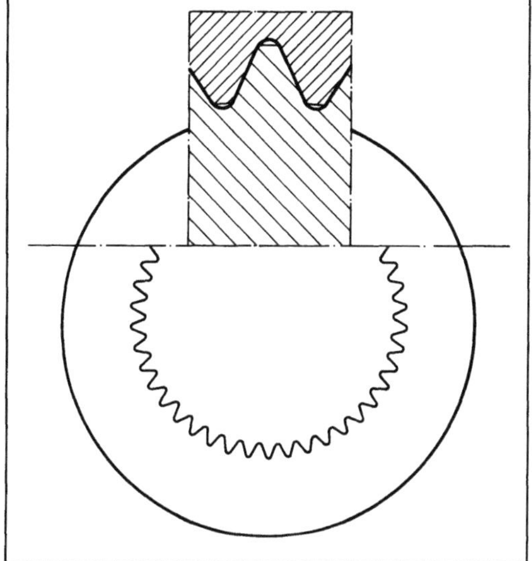

Profilwelle 2: Zahnprofil mit schrägen Flanken (Kerbzahnprofil).

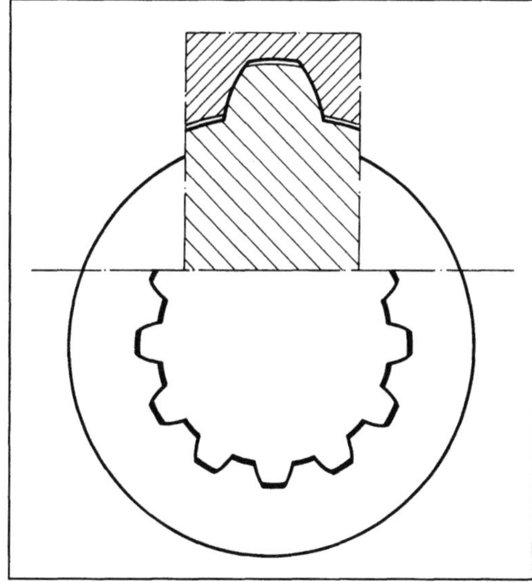

Profilwelle 3: Zahnprofil mit Evolventenflanken.

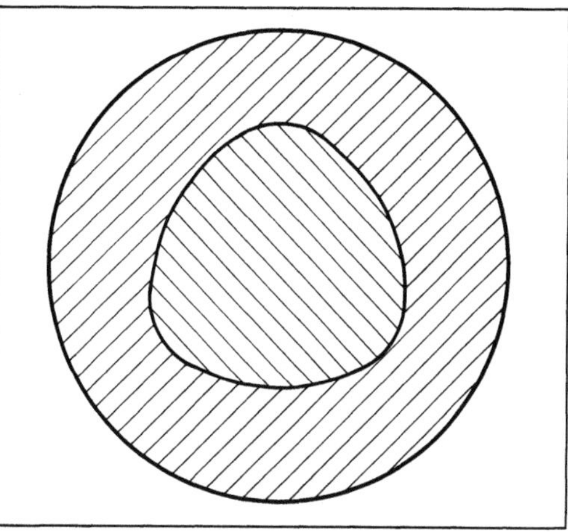

Profilwelle 4: Polygon- oder K-Profil.

Projektierung. Unter P. versteht man das Auslegen und Gestalten komplexer technischer Systeme bis zum Erhalt eines Auftrags. Dabei umfaßt die technische P.-Tätigkeit i. a. das

□ →Konzipieren sowie Entwerfen des technischen Systems,

□ technische sowie wirtschaftliche Bewertung des Systems,

□ Erstellen der Grundlagen für die Vorkalkulation,

□ Festlegen der Gewährleistungen und

□ Ausarbeiten des Angebots. *Ehrlenspiel*

Propeller-Turbinentriebwerk. Gas-Turbinenflugtriebwerk (Turbo-Prop), im Aufbau ähnlich dem Zweistrom-Turbinenstrahltriebwerk, nur daß die Leistung der Niederdruckturbine nicht mit deren Drehzahl direkt dem Niederdruckverdichter zugeführt, sondern über ein Getriebe auf die →Luftschraube übertragen wird. Gegenwärtig werden P.-T. mit Wellenleistungen zwischen etwa 500 und 5000 kW hergestellt. Dem Bau kleiner wirtschaftlich arbeitender Einheiten steht genau wie beim →Turbostrahltriebwerk die Schwierigkeit der Fertigung kleiner Schaufeln mit genügender Genauigkeit und der mit deren niedrigen Reynolds-Zahlen verbundene Wirkungsgradverlust des Verdichters im Wege.

Die neuerlichen Anstrengungen, dem Abfall des Luftschraubenwirkungsgrades bei Mach-Zahlen über 0,65 durch Pfeilung der Luftschraubenblätter zu begegnen, hat in den Vereinigten Staaten zu mindestens zwei Entwicklungen mit am hinteren Ende des Triebwerks angeordneten gegenläufigen Luftschrauben geführt. Bei dem General-Motors-Allison-Triebwerk wird wie bisher ein Untersetzungsgetriebe verwendet, während bei dem General-Electric-Triebwerk die gegenläufigen Luftschraubenblätter mit den gegenläufigen Turbinenrädern eine Einheit bilden und direkt mit deren wegen der Gegenläufigkeit sehr niedrigen Drehzahlen umlaufen. *Kosin*

Propellerkurve. Linie im →Motorkennfeld, auf der die Betriebspunkte eines Schiffsmotors liegen.

Das Drehmoment, mit dem ein Schiffspropeller (Festpropeller) angetrieben werden muß, ist etwa dem Quadrat der Propellerdrehzahl proportional. Ein etwa quadratischer Zusammenhang zwischen Drehmoment und Drehzahl tritt aber auch bei Kreiselpumpen, Gebläsen und anderen Maschinen auf, bei denen Strömungsvorgänge die Hauptrolle spielen.

Für den Antriebsmotor bedeutet das, daß die Betriebszustände, die er fahren muß, auf einer vorgegebenen Parabel im Motorkennfeld liegen. Hierauf kann bereits bei der Auslegung des Motors Rücksicht genommen werden. *Kuhlmann*

Protuberanz →Zahnradherstellung

Prüfstand →Motorprüfstand

Prüftechnik. Aufgabe der P. für elektrische/elektronische Produkte ist es, sicherzustellen, daß die spezifizierten elektrischen Eigenschaften des Produkts mit geeigneten Prüfmitteln zuverlässig nachgewiesen werden. Zusätzlich muß sie im Fehlerfall eine Analyse ermöglichen, worauf die erkannten Abweichungen von der Spezifikation zurückzuführen sind (Fehlerverfolgung, Fehlerlokalisierung) und wie die Fehlerursachen ggf. beseitigt werden können (Erstellen einer ausführlichen Reparaturanleitung im Idealfall). Die P. muß das Umfeld für die Prüfung vorbereiten (Prüfvorbereitung) und darüber hinaus dazu beitragen, die bei der Prüfung gewonnenen Erkenntnisse in die Verbesserung von Entwicklung (design for testability), Bauteilbeschaffung (Wareneingangsprüfung) und Produktionsverfahren (Produktionstest) eines Produkts einfließen zu lassen, um auf diesem Wege zu insgesamt fehlerfreien und ausfallsicheren Produkten zu kommen (Qualitätsdatenmanagement). Die Aufgaben der Prüftechnik sind dabei auch unter dem Aspekt der wirtschaftlich akzeptablen Gesamtaufwände für Entwicklung, Fertigung und →Qualitätssicherung eines Produkts zu sehen.

Die Objekte, bei denen die P. Anwendung findet, sind: passive Bauelemente (Widerstände, Kondensatoren, Spulen), aktive Bauelemente (Transistoren, Thyristoren, Operationsverstärker usw.), Wafer, hochintegrierte elektronische Bauelemente einschl. Mikroprozessorkomponenten, unbestückte Leiterplatten bzw. deren Einzellagen, bestückte Leiterplattenbaugruppen, Kabel, komplette Geräte und Systeme, z. T. in Verbindung mit den passenden Sensoren und Aktoren.

Entsprechend vielfältig ist die →Palette unterschiedlicher teils speziell angepaßter Prüfgeräte oder auch universell einsetzbarer Prüfautomaten wie manuell bedienter Meßplätze, Bausteintester für Wafer und Bausteine, Leiterplattentester, Baugruppentester für analoge, digitale oder gemischt bestückte Leiterplattenbaugruppen, Kabeltester (Kabelprüfung), Dauertesteinrichtungen (Dauertest) oder spezieller Geräte für den Systemtest.

Der hohe Automatisierungsgrad, den die P. bereits erreicht hat, zeigt sich in den komplexen Softwareprogrammen, die die Prüfautomaten steuern (Prüfautomatenbetriebssystem, Diagnoseverfahren), die Erstellung von Prüfprogrammen erleichtern oder sogar automatisieren (Prüfprogrammgenerator, Datenkomprimierung, Lernverfahren), Prüfprogramme kompilieren (Prüfsprachencompiler) und letztlich auch die Kommunikation zur Fertigungsteuerung in einer Fabrik oder zu Hilfsmitteln für die Qualitätsüberwachung (Prüfstatistik, Qualitätsdatenmanagementsystem) herstellen.

Die Art des Prüfobjekts bestimmt das Prüfverfahren, nämlich zunächst die Messung elementarer elektrischer Grundgrößen wie Spannung, Strom, Widerstand, Kapazität, Zeit, Frequenz und die Interpretation dieser Größen bez. Vorgaben in einem Prüfprogramm. Auf diesen elementaren Prüfungen basieren komplexere Prüfungen unter Verwendung zusätzlicher Hardwarefunktionen oder unter Zuhilfenahme entsprechender Softwarefunktionen als Teil des Prüfautomatenbetriebssystems wie Isolationsprüfung, Durchgangsprüfung, Analogprüfung und Digitalprüfung in Form von Prescreening, In-Circuit-Test oder Funktionsprüfung bis hin zu hochkomplexen parametrierbaren Prüfungen, wie z. B. Kurzschlußprüfung, Bustest, Prozessortest, Speicherprüfung, Systemtest.

Die P. wird in den verschiedensten Stufen des Entwicklungs- und Fertigungsprozesses eingesetzt, nämlich zur Verifikation (Verifier) und Spezifikation bei der Entwicklung, beim Wareneingang (Wareneingangskontrolle), in den verschiedenen Fertigungsstufen, beim Dauertest, bei der Endkontrolle und bei der Reparatur. Die P. gilt somit nicht als letzte Kontrollinstanz nach Abschluß der Fertigung, sondern sie ist in alle Stufen des Entwicklungs- und Fertigungsprozesses eines elektronischen Produkts voll integriert.

Bereits in der Entwicklungsphase müssen Prüfbelange berücksichtigt werden, indem durch Modifikationen in den Schaltungen (design for testablity) oder durch Zusatzschaltungen (boundary scan, built-in-selftest) die Voraussetzungen für eine exakte und wirtschaftliche Prüfung geschaffen werden. Dies gilt z. B. auch im Hinblick auf die zur Verfügung stehenden Prüfautomaten (Prüfautomaten-Regelprüfer).

Ein erheblicher Rationalisierungseffekt besteht darin, daß aus den beim Design entstehenden Daten Prüfprogramme (Prüfprogrammgenerator) und z. B. Adapterkonstruktionsdaten (Adapterdatengenerierung) automatisch abgeleitet werden können. Durch den Produktionstest werden Fertigungsparameter automatisch beeinflußt. Die Auswertung der Prüfstatistik bestimmt das Investment in Fertigungs- und Prüfmittel und die ausgewählte Prüfstrategie für ein bestimmtes Produkt.

Die Aufwände für die Prüfung eines elektronischen Produkts beanspruchen heute einen immer größer werdenden Anteil an den Gesamtentwicklungs- und →Herstellkosten. Viele Produkte könnten heute ohne eine aufwendige P. überhaupt nicht mehr wirtschaftlich hergestellt werden. Dies führt zwangsläufig zu immer größeren Aufwänden hinsichtlich der Automatisierung des Prüfprozesses, und zwar von der Automatisierung beim Design bis hin zur robotergesteuerten Prüfung, zur Fehlersuche und Fehlerlokalisierung bei Leiterplattenbaugruppen und z. B. zur automatisierten Reparatur bei hochkomplexen Bausteinen. Die P. ist von einem offensichtlich notwendigen teuren Übel zu einem bestimmenden Faktor im modernen Produktionsprozeß geworden. *Winter*

Literatur: *Köcher, D.:* Einführung in das automatische Testen bestückter Leiterplatten. München 1979. – Prüfung von Leiterplattenbaugruppen LPBG. Empfehlungen der VDI-Gesellschaft Feinwerktechnik. München, Wien 1990. – *Stover, A. C.:* ATE-Automatic Test Equipment. New York 1984. – Tester-Kompendium. Firmeninformation Rhode & Schwarz München.

Puffer. Durch die stufenweise Herstellung eines Teils wird der Herstellungsprozeß aufgegliedert. Gleiches gilt für die stufenweise Montage eines Erzeugnisses aus verschiedenen Teilen. An solchen Schnittstellen im Herstellungsprozeß muß das Material warten. Diese Unterbrechung im →Materialfluß erfordert einen P., um beide Abschnitte in gewissem Umfang zeitlich unabhängig voneinander zu machen.

Aufgaben der P. sind primär:
□ Transport vom Platz A über den P. zu Platz B,
□ Ausgleich von Mengen und Zeiten;
Aufgaben der P. sind sekundär:
□ Nutzung der vorhandenen Fertigungskapazität,
□ Auslastung der Maschinen und Fertigungsmittel,
□ Realisierung optimaler Losgrößen,
□ Flexibilität in der Fertigung bei sich verändernden Auftragsarten oder bei Störungen,
□ Elastizität bei nachfolgenden Arbeitsplätzen,
□ Schaffen von Reserven bei Störungen, Ausfällen usw.,
□ zwischengeschaltete Qualitätssicherung,
□ wirtschaftlicher Einsatz von Fachkräften usw.;

Unterteilung in Ausgleich-P., Störungs-P., Sortier-P., Leerzieh-P., Pausen-P., Umlauf-P., Sicherheits-P. *Jünemann*

Pulsation (Kolbenverdichter). Druckschwankungen in den Rohrleitungen von Kolbenverdichtern, die durch das stoßweise Ansaugen und Ausschieben hervorgerufen werden.

Das stoßweise Ausschieben des verdichteten Gases in die Druckleitung eines Kolbenverdichters ist eine Schwingungserregung für die Gassäule in dieser Rohrleitung (Gasschwingungen). Entsprechendes gilt für das Ansaugen aus der Saugleitung. In ungünstigen, aber nicht seltenen Fällen stimmt eine Erregerfrequenz mit einer Eigenfrequenz der Gassäule in der Rohrleitung überein. Durch Resonanz tritt dann eine starke Überhöhung der Druckschwankungen (Pulsation) in der Rohrleitung auf. Diese Druckschwankungen, die örtlich sehr unterschiedlich sind, führen zu resultierenden Wechselkräften, die die Rohrleitung in mechanische Schwingungen versetzen und unterschiedliche Schäden hervorrufen können (→Rohrleitungsschwingung).

Da die Rohrleitungssysteme bei Kolbenverdichtern von Anlage zu Anlage verschieden sind, wird die P. im Planungsstadium vorausberechnet. Hierbei wird oft mit Analogrechnern gearbeitet (Analogstudie).

Um eine vertraglich garantierte geringe Druckschwankung nicht zu überschreiten, werden zwischen Verdichter und Rohrleitung P.-Dämpfer geschaltet (Bild), deren Wirkung die eines akustischen Tiefpaßfilters ist. *Kuhlmann*

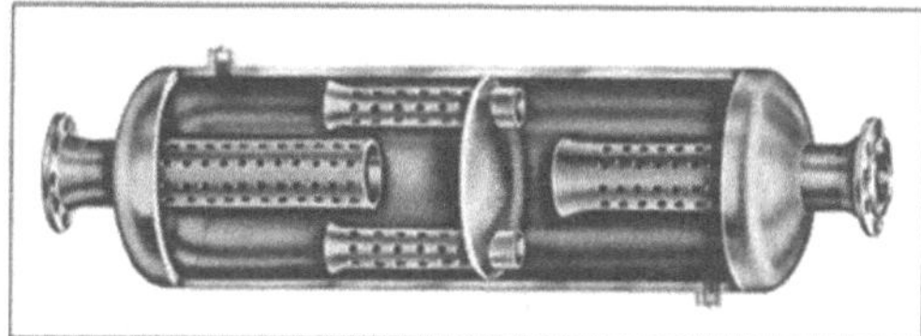

Pulsation (Kolbenverdichter): Pulsationsdämpfer für eine Kolbenverdichter-Anlage. (Quelle: Burgess-Manning)

Pumpe.
1. Baugerät. Die gebräuchlichsten P. des Baubetriebs sind die nach dem Verdrängungsprinzip arbeitenden Kolben-P., die zu den Strömungsmaschinen zählenden Rotations-P. und die mit dem Lufthebeverfahren arbeitende Mammut-P. In der Kolben-P. wird die Förderarbeit mittels Volumenänderung in einem Zylinderraum geleistet. Die Volumenänderung erbringt ein oszillierender Kolben. Bei gleichzeitigem Öffnen und Schließen des der Kolbenbewegungsrichtung entsprechenden Saug- oder Druckventils entsteht der periodisch unterbrochene Volumenstrom. Die Vorteile der Kolben-P. sind

hohe Drücke, selbstansaugend und guter Wirkungsgrad. Demgegenüber sind als Nachteile vor allem die kleine Fördermenge sowie die aus der diskontinuierlichen Förderweise resultierenden hohen Massenkräfte zu erwähnen. Bei der Rotations-P. (Kreisel-P.) rotiert ein Lauf-, Schaufel- oder Kanalrad im kreisförmigen P.-Gehäuse, das unter Ausnutzung der Zentrifugalkraft die in der P. befindliche Flüssigkeit nach außen schleudert und durch den radial abgehenden Druckstutzen abfördert. Dabei entsteht gleichzeitig im P.-Innern am axial zuführenden Saugstutzen Unterdruck und somit eine kontinuierliche Strömung. Bei der Mammut-P. (Bild), die nach dem Lufthebeverfahren arbeitet, wird Luft in das untere Ende eines Rohres eingeblasen, was dort zu einer Änderung der Dichte führt; die Druckdifferenz zur Umgebung reißt das zu fördernde Fluid nach oben. *Kühn*

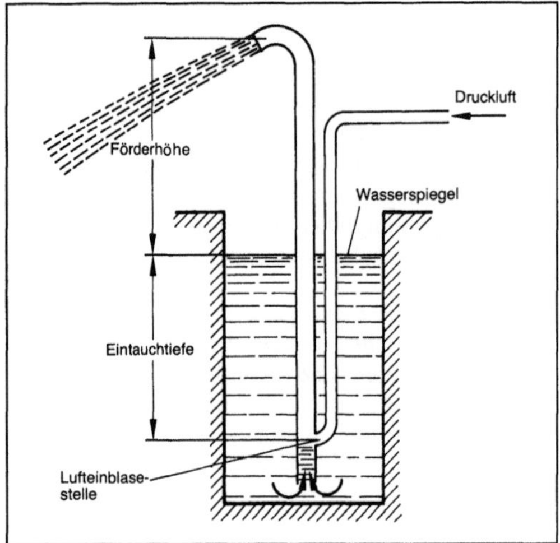

Pumpe (Baugerät): Prinzipzeichnung einer Mammutpumpe.

2. Strömungsmaschine.

2. Strömungsmaschine. Strömungsmaschine (hydraulische) zum Fördern von Flüssigkeiten von einem Zustand niederen Drucks auf einen solchen höheren Drucks. Die Druckerhöhung erfolgt nach dem Arbeitsprinzip Strömungsmaschine, indem mechanische Energie der Antriebswelle bei der Durchströmung eines mit Schaufeln bestückten Laufrads in Strömungsenergie umgewandelt wird. Dazu erfährt die Strömung im →Laufrad eine Dralländerung, die dem Drehmoment des Laufrads entspricht. Wegen der Inkompressibilität der Flüssigkeit nimmt dabei im wesentlichen nur der Druck zu, während die Temperatur nur sehr wenig und nur infolge von reibungsbehafteten Strömungsvorgängen ansteigt.

Einteilung und Bezeichnungen von Kreiselpumpen erfolgen nach Laufradform, Gehäuseaufbau, Förderfluid und Anwendung. Nach der Laufrad-

form unterscheidet man Radial-, Diagonal- und Axial-P. je nach Durchströmungsrichtung des Laufrads. Die Laufradform wird durch die Drehzahlkenngröße σ_{yM} und die Laufradgröße durch die Durchmesserkenngröße δ_{yM} bestimmt. Beide Kenngrößen sind voneinander abhängig (→Cordier-Diagramm). Die Kenngrößen werden gebildet aus dem →Volumenstrom $\dot{V}$ und der spezifischen totalen Strömungsarbeit y_{tP} (bei mehrstufigen P. ist y_{tP} einer Stufe einzusetzen) sowie der Drehzahl bzw. dem Raddurchmesser.

Bild 1 zeigt schematisch eine P.-Anlage, in der das Fluid vom Energiezustand I nach II gefördert wird. Dazu ist folgende spezifische totale Strömungsarbeit erforderlich:

$$y_{tP} = (p_A - p_E)/\varrho + g(z_A - z_E) + (c_A{}^2 - c_E{}^2)/2,$$
$$y_{tA} = (p_{II} - p_I)/\varrho + g(z_{II} - z_I) + (c_{II}{}^2 - c_I{}^2)/2 + j_{VS} + j_{VD};$$

darin ist y_{tP} spezifische totale Strömungsarbeit, die das Fluid in der P. zwischen Eintritt E und Austritt A aufnimmt, y_{tA} spezifische Strömungsarbeit, die erforderlich ist, um das Fluid vom saugseitigen Zustand I auf den druckseitigen Zustand II zu fördern; dabei sind j_{VS} und j_{VD} die saug- und druckseitigen spezifischen Strömungsverluste. Bei stationärem Betrieb ist $y_{tP} = y_{tA}$. Die vom Rad übertragene Leistung ist dann

$$P = \dot{m} \cdot a = \varrho \cdot \dot{V} \cdot y_{tP}/\eta_{tP}.$$

Noch ist es bei hydraulischen Maschinen gebräuchlich, spezifische Energien durch die Erdbeschleunigung g zu dividieren und statt dessen von „Höhen" zu sprechen. So ist beispielsweise $y_{tP}/g = H$ die „Förderhöhe" der P. Bild 2 zeigt typische Laufradformen mit Radial-, Diagonal- und Axialrad. Sonderbauarten von Radialrädern dienen der Förderung von Feststoffen in Trägerflüssigkeiten (Bild 3).

Mehrstufige Bauarten haben zur Steigerung der Förderhöhe hintereinander durchströmte Stufen. Zur Steigerung des Volumenstroms werden Stufen, dann meist Radialstufen, parallel durchströmt

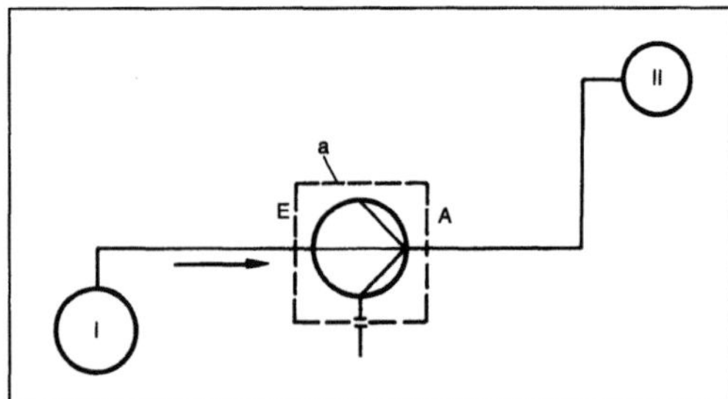

Pumpe (Strömungsmaschine) 1: Systematische Pumpenanlage zwischen den Energiezuständen I und II der Arbeitsflüssigkeit.

a Systempumpe

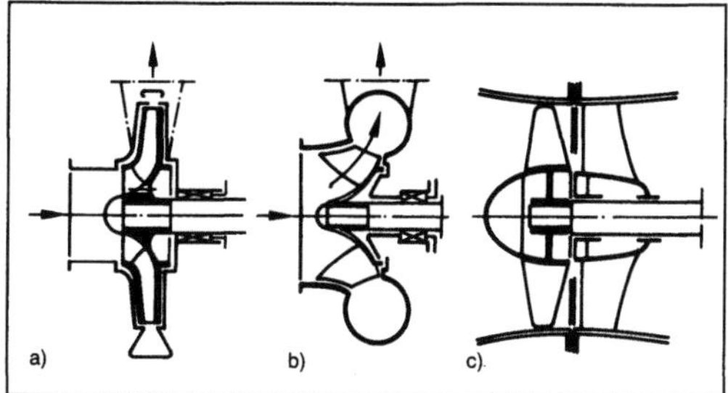

Pumpe (Strömungsmaschine) 2.
a) Radialrad
b) Diagonalrad (Halbaxialrad)
c) Axialrad.

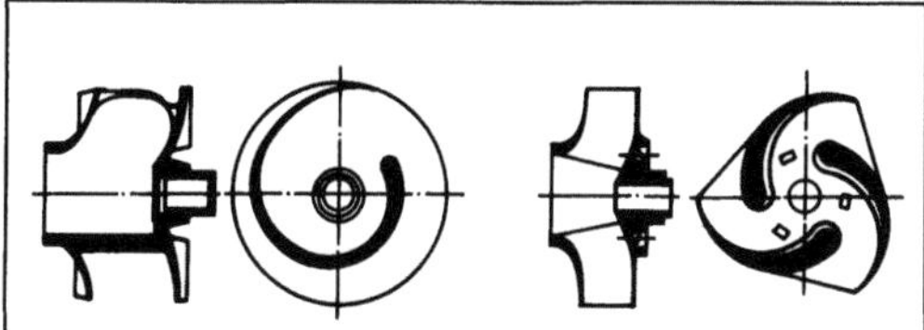

Pumpe (Strömungsmaschine) 3: Geschlossenes Einkanal- und Dreikanalrad.

(mehrflutige Bauarten). Radialräder werden auch spiegelbildlich (back to back) angeordnet, um den →Axialschub der Radialräder auszugleichen.

P. werden nach ihrer Anwendung als Reinwasser-, Abwasser-, Säure-, Öl-, Dickstoff-P. oder nach ihrem Hauptwerkstoff Kunststoff-, Grauguß-, Steinzeug-, Betongehäuse-P. bezeichnet.

Kriterien für die Werkstoffwahl: Festigkeit (Kesselspeise-P.), Korrosionsbeständigkeit (Chemie-P.), Erosionsbeständigkeit (Bagger-P.), Kavitationsempfindlichkeit (Kondensations-P.).

Betriebsverhalten: P., die nach dem Arbeitsprinzip der Strömungsmaschinen funktionieren, sind nicht selbstansaugend. Daher müssen beim Anfahren Saugleitung und P. mit der Förderflüssigkeit gefüllt sein. Einschränkungen sind bei Kavitationsgefährdung gegeben. →Kavitation tritt auf, wenn der Druck lokal den Dampfdruck unterschreitet und dort entstehende Dampfblasen in Bereichen höheren Drucks implosionsartig verschwinden. Dies führt bei längerem Betrieb zu Oberflächenschäden im Ansaugbereich und im ersten Laufrad der P. Kavitation ist durch geeignete Aufstellung der P. in der Anlage zu vermeiden.

Der gebräuchlichste Antrieb ist der Elektromotor (bis 10 MW), auch als Tauchmotor oder Spaltrohrmotor ausgeführt, in Ausnahmefällen auch der Verbrennungsmotor. Große Kesselspeisepumpen in Kraftwerken werden auch mit Dampfturbinen angetrieben.

Bild 4 zeigt eine kleine Radial-P. aus einer Normreihe.

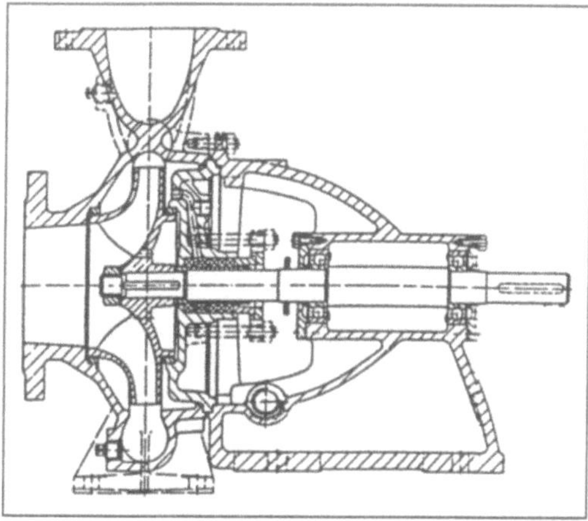

Pumpe (Strömungsmaschine) 4: 1-stufige Spiralgehäuse-Blockpumpe.

Bild 5 zeigt eine 4-stufige radiale Glieder-P. im Baukastenprinzip erweiterbar. *Rauhut*

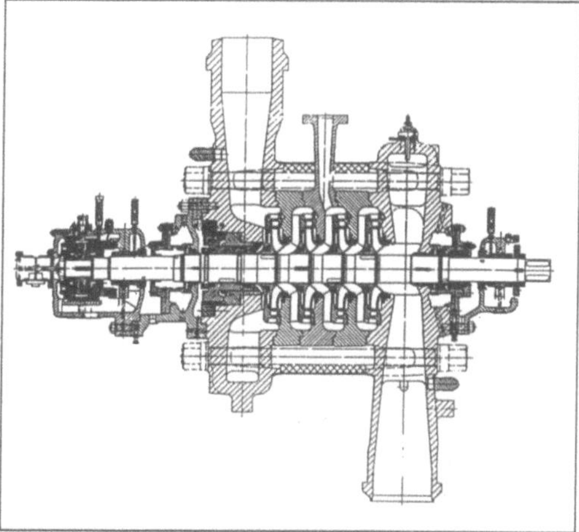

Pumpe (Strömungsmaschine) 5: 4-stufige Hochdruckpumpe.

Literatur: *Pfleiderer, C.:* Die Kreiselpumpen für Flüssigkeiten und Gase. 5. Aufl. Berlin, Heidelberg 1961. – *Raabe, J.:* Hydraulische Maschinen und Anlagen. Tl. 3: Pumpen. Düsseldorf 1970. – *Schulz, H.:* Die Pumpen. 13. Aufl. Berlin, Heidelberg 1977.

Pumpen. Betriebszustand einer Verdichteranlage, bei dem Förderstrom und Druckerzeugung periodisch pulsieren.

P. tritt ein, wenn der →Volumenstrom im →Verdichter einen bestimmten Wert unterschreitet und druckseitig ein ausreichend großes speicherndes Volumen vorhanden ist.

Ursache ist die vollständige Ablösung der Strömung an der Beschaufelung eines Laufrads bei Überlastung, d. h. zu hohem Druckanstieg, so daß

Rückströmung einsetzt. Verdichter-P. ist mit heftigen Druck- und Massenstromschwingungen verbunden, die Verdichter und Anlage gefährden. Außerdem fördert der Verdichter kein Fluid mehr, da dieses nur noch zwischen Druck- und Saugseite hin und her strömt. Dieser instabile Betriebsbereich des Verdichters wird im →Kennfeld vom übrigen Betriebsbereich durch die →Pumpgrenze getrennt und ist durch geeignete Pumpverhütungsmaßnahmen sicher zu vermeiden. Zwischen dem stabilen Betriebsbereich und dem P. kann Betrieb mit umlaufenden Ablösungen auftreten (→Abreißzone, umlaufende), der wegen der Gefahr der Anregung von Schaufelschwingungen ebenfalls zu vermeiden ist.

Zur Erklärung des P. ist im Bild ein Pumpzyklus im Kennfeld und das Modell einer Verdichteranlage dargestellt. Die Verdichterdrehzahlkennlinie zeigt zwischen den Punkten 1 und 4 den stabilen Betriebsbereich bei Vorwärtsströmung, zwischen 1 und 3 den instabilen Betriebsbereich und zwischen 2 und 3 den stabilen Rückströmbereich. Der Betriebspunkt B ergibt sich stets als Schnittpunkt von Verdichter- und Anlagenkennlinie. Je mehr gedrosselt wird, um so höher verläuft die Anlagenkennlinie, um so geringer ist der Förderstrom.

Die dargestellte Verdichteranlage hat die für das P. charakteristischen Größen: ein ausreichend großes speicherndes druckseitiges Volumen V und eine schwingungsfähige Gassäule mit der Länge 1 und dem Querschnitt A. Gassäule und Volumen bilden ein schwingungsfähiges akustisches Feder-Masse-System, den Helmholtz-Resonator. Jede Verdichteranlage bildet ein solches Resonatormodell.

P. tritt auf, wenn durch Schließen der Drossel der Betriebspunkt B die Pumpgrenze im Punkt 1 überschreitet. Eine weitere Förderung in das Volumen V hätte eine Drucksteigerung zur Folge, die der Verdichter nicht aufbringen kann. Infolge dieser Überlastung löst die Strömung an den Laufradschaufeln ab, und es kommt zur Rückströmung durch den Verdichter entsprechend Betriebspunkt 2. Das Volumen entleert sich, das Druckverhältnis nimmt ab, bis Punkt 3 erreicht ist. Eine weitere Druckabnahme ist nicht möglich, so daß wieder Vorwärtsströmung im Punkt 4 einsetzt. Das Volumen wird wieder gefüllt, der Druck steigt bis zum Punkt 1, und der Pumpzyklus wiederholt sich. Dieser Pumpvorgang ist gekennzeichnet durch plötzliche Strömungsumkehr und quasistationäres Betriebsverhalten beim Füllen und Entleeren des Volumens. Der maximal auftretende Druck entspricht dem Druck im Scheitelpunkt der Verdichterkennlinie, wo auch die Pumpgrenze liegt. Bei diesem Vorgang sind Massenträgheitswirkungen des Fluids gering. Der Vorgang verläuft mit einer im Vergleich zur Eigenschwingungsfrequenz des Helmholtz-Resonators geringen Frequenz. Liegt die Pumpfrequenz in der Nähe der Eigenschwingung, mit der die Gassäule im Gleichgewicht mit der Druckspeicherenergie des Volumens schwingt, so kommt es zur Anregung dieser Schwingung mit wesentlich größeren Druckamplituden. Dabei liegt die Pumpgrenze links vom Scheitelpunkt der Verdichterkennlinie.

Zur Abschätzung des Pumpverhaltens einer Verdichteranlage ist diese durch ein Resonatormodell abzubilden (Bild). Die Eigenschwingungsfrequenz ist

$$f_0 = \frac{1}{2\,\pi} \sqrt{\left(\frac{a^2}{V} \cdot \frac{A}{1}\right)} \qquad (1);$$

darin ist a Schallgeschwindigkeit des druckseitigen Fluids. Der Pumpvorgang wird nach *Horvath* durch den Faktor

$$\varepsilon = \frac{3}{2} \frac{(2 \cdot \Delta p)}{(2 \cdot \Delta \dot{m})} \sqrt{\left(\frac{V}{a^2} \frac{A}{1}\right)} \qquad (2)$$

bestimmt. Darin wird der Einfluß der Verdichterkennlinie durch die Einsattelung $(2 \cdot \Delta p)$ und durch $(2 \cdot \Delta \dot{m})$ berücksichtigt (Bild).

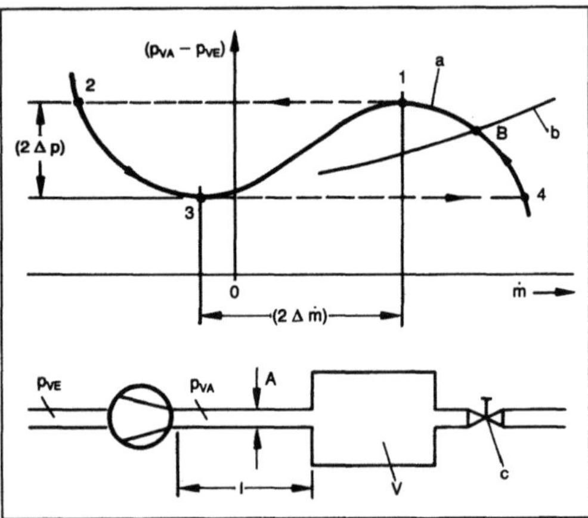

Pumpen: Trägheitsloser Pumpzyklus und das Resonatormodell einer Verdichteranlage.

a Verdichterkennlinie n = konst, b Anlagenkennlinie, c Drossel

Für $\varepsilon > 10$, also bei großem Volumen und großer Einsattelung, tritt der beschriebene trägheitslose Pumpzyklus auf. Die Pumpfrequenz f kann dann grob abgeschätzt werden mit $f/f_0 = 4/\varepsilon$.

Für $\varepsilon < 1$ liegt die Pumpfrequenz nur wenig unterhalb der Eigenschwingungsfrequenz f_0. Die Pumpgrenze liegt links vom Scheitelpunkt der Verdichterkennlinie, und die Druckschwingungsamplitude ist erheblich größer, als sie der quasistationären Verdichterkennlinie entspricht.

Ist das Volumen sehr klein, tritt P. nicht auf. Dann sind auch links vom Scheitelpunkt der Verdichterkennlinie stabile Betriebspunkte möglich, sofern die

Anlagenkennlinie im Betriebspunkt steiler verläuft als die Verdichterkennlinie.

Weder das Pumpverhalten noch die Pumpgrenze sind allein verdichterspezifische Eigenschaften, sondern eine Folge des instabilen Verhaltens von Verdichter und Anlage.

Verdichter-P. kann man vermeiden, bzw. die Auswirkungen während des P. lassen sich verringern, wenn

□ die Verdichterkennlinie kein Maximum aufweist,

□ druckseitig kein großes speicherndes Volumen vorliegt,

□ man lange Rohrleitungen zwischen Verdichter und speicherndem Volumen vermeidet,

□ Drosselorgane, Ventile, Meßblenden u. a. druckseitig und möglichst nahe am Verdichter angeordnet werden,

□ Anlagenkomponenten durch die Pumpfrequenz nicht zu Resonanzschwingungen angeregt werden,

□ Betriebspunkte links vom Kennlinienmaximum durch geeignete →Regelung (Abblasen, Umblasen, Dralldrossel- und Drehzahlregelung) vermieden werden. *Rauhut*

Literatur: *Greitzer, E. M.:* Surge and Rotating Stall in Axial Flow Compressors. Tl. 1 u. 2. ASME-Paper No. 75-GT-9, 75-GT-10. – *Horvath, A. J. T.:* Der Pumpvorgang von Verdichtern und Kreiselpumpen als nichtlineare Schwingung. Diss. Ecole Polyt. Féd. de Lausanne 1976.

Pumpenleistung →Gleitlager, hydrostatisches

Pumpgrenze. Begrenzt den Betriebsbereich eines Verdichters im →Kennfeld, in dem der →Verdichter pumpt. In Verdichteranlagen setzt bei gegenüber Auslegung verminderten Volumenströmen und hinreichend großem druckseitigem Anlagenvolumen Pumpen ein. Die P. kennzeichnet den Pumpbeginn. Erreicht ein Verdichter z. B. durch druckseitiges Drosseln bei konstanter Drehzahl die P., so wird die stetige Förderung unterbrochen, und es kommt bei hinreichend großem druckseitigem Anlagenvolumen zu einer pulsierenden Strömung in Verdichter und Anlage, die mit Pumpen bezeichnet wird und Verdichter und Anlage gefährdet. Im allgemeinen liegt die P. im oder nahe dem Maximum der Verdichter-Drehzahlkennlinie im Druck-Durchfluß-Kennfeld. Je flacher der Kennlinienverlauf, um so weiter kann die P. links vom Maximum liegen. Ist das druckseitige Anlagenvolumen klein, so kann die Strömung nach Ablösung nicht pulsieren, da kein Volumen vorhanden ist, das sich bei Rückströmung entleert und bei Vorwärtsströmung füllt. Der Verdichter arbeitet dann wie immer kurz vor Beginn des Pumpens mit rotierender Abreißströmung (rotating stall). Eine stetige Förderung ist dann noch möglich. Der Beginn dieses Verhaltens ist die Stabilitätsgrenze. In der Praxis liegt die Stabilitätsgrenze oft

ein wenig rechts von der P., d. h. bei Durchflußminderung beginnt zunächst die rotierende Abreißströmung, bevor bei weiterer Durchflußminderung das Pumpen beginnt. Genaue Kriterien zur Vorausberechnung dieser Grenzen gibt es nicht. *Rauhut*

Punktbewertung →Bewertungsverfahren

Punktlast. Mit den Begriffen P. und Umfangslast wird in der Wälzlagertechnik unterschieden, ob der Innen- bzw. der Außenring relativ zur Belastungsrichtung umläuft. Als P. bezeichnet man den Fall, daß die Belastung ständig auf denselben Punkt des Rings gerichtet ist. Eine Umfangslast liegt dann vor, wenn der →Ring unter der Last durchläuft. Bei einer Umdrehung wird dann jeder Punkt des Rings einmal beansprucht. Bei Loslagern sollte stets der Ring mit der P. den losen Sitz erhalten. *Knoll*

Purofer-Anlage. Wesentliche Teilsysteme einer P.-A. zum Herstellen von →Eisenschwamm sind ein Schachtofen und 2 Gasumsetzer (Bild). In einem Gasumsetzer wird mit Hilfe eines auf 1000 °C erhitzten Katalysators Erdgas oder auch Koksofengas unter Zusatz von Wind oder anderen sauerstoffhaltigen Gasen umgesetzt, wobei ein Gas aus →Wasserstoff, Kohlenmonoxid und Stickstoff mit einer Temperatur von etwa 1000 °C entsteht. Dieses Gas wird in den Schachtofen geführt, reduziert hier die eingebrachten Stückerze, auch Pellets oder →Sinter, und heizt sich zugleich auf Reduktionstemperatur auf. Die Verwendung eines Gegenstromreaktors in Form eines Schachtofens sichert die höchstmögliche chemische oder physikalische Gasnutzung. Das im Reduktionsschacht aufsteigende Gas wird an der →Gicht des Ofens abgeführt und nach der Reinigung im wesentlichen zur Beheizung des anderen Gasumsetzers verwendet. Weil für die Bildung des erforderlichen Reduktionsgases Wärme verbraucht wird, werden die beiden Gasumsetzer nach dem Regeneratorprinzip abwechselnd aufgeheizt und auf Gaserzeugung geschaltet. Der bei der Reduktion anfallende Eisenschwamm wird im unteren Teil des Schachtofens mit einem Gehalt von mehr als 90 % Eisen bei einem Reduktionsgrad bis 95 % abgezogen. Der Eisenschwamm hat etwa

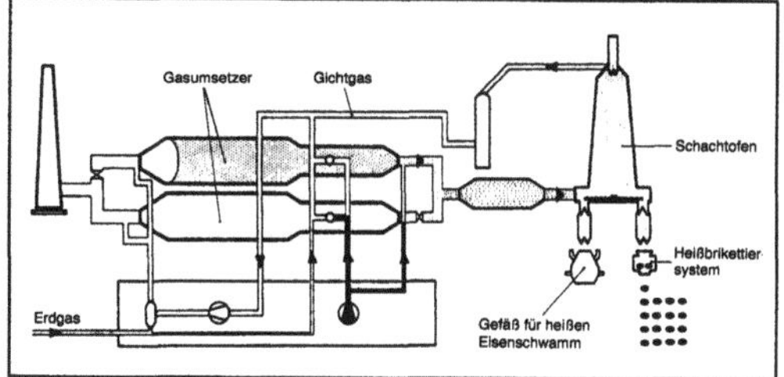

Purofer-Anlage: Aufbau einer nach dem Purofer-Verfahren arbeitenden Direktreduktionsanlage.

die gleiche Stückgrößenverteilung wie das eingesetzte Erz. *Baumann*

Purofer-Verfahren. In Oberhausen wurde ein →Direktreduktionsverfahren entwickelt, das sich durch einfachen Aufbau und optimale Gasausnutzung bei der Herstellung von →Eisenschwamm auszeichnet. Entscheidend hierfür sind die Verwendung eines Schachtofens für die Reduktion nach dem Gegenstromprinzip für Erze und Gase sowie die Umsetzung von den im Erdgas oder Koksofengas enthaltenen Kohlenwasserstoffen zu →Wasserstoff und Kohlenmonoxid sowie die Überführung des gebildeten heißen Reduktionsgases von einem Gasumsetzer in den Schachtofen. *Baumann*

Putzmühle →Windfege

p,V-Diagramm (Kolbenverdichter). Druck-Volumen-D., aus dem die aufgewendete Arbeit, der Füllungsgrad und verschiedene Einzelheiten zur Arbeitsweise eines Kolbenverdichters ersichtlich sind (Bild).

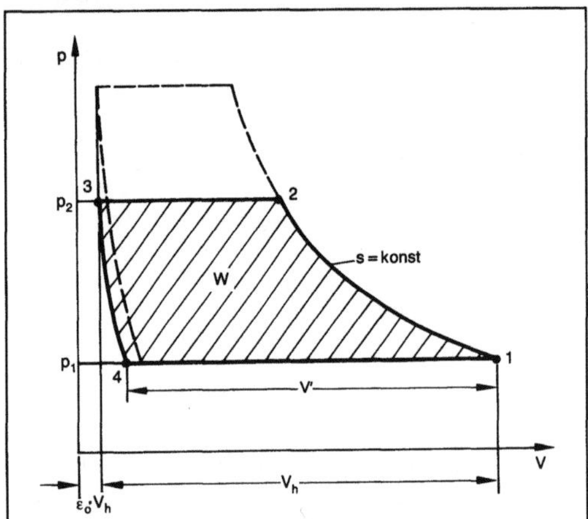

p,V-Diagramm (Kolbenverdichter): Idealisiertes p,V-Diagramm eines einstufigen Kolbenverdichters.

Im unteren Totpunkt (Punkt 1), d. h. bei größtem Zylindervolumen, ist der Zylinder mit dem zu verdichtenden Gas mit dem Saugdruck p_1 gefüllt. Beim Aufwärtsgang des Kolbens, also bei Verringerung des Zylindervolumens, wird das Gas isentrop verdichtet; dadurch wächst der Druck. Übersteigt der Zylinderdruck den →Enddruck p_2, der als Gegendruck in der Druckleitung herrscht, öffnet sich im Punkt 2 das selbsttätig arbeitende Druckventil (→Ventil). Von nun an bis zum Punkt 3 schiebt der →Kolben das verdichtete Gas in die Druckleitung. Im oberen Totpunkt (Punkt 3) ist aus konstruktiven Gründen noch ein zwar kleines, aber

endliches Zylindervolumen $\varepsilon_0 \cdot V_h$ vorhanden, das Schadraum genannt wird. Das im Schadraum befindliche verdichtete Gas muß sich erst entlang einer Isentropen 3–4 entspannen, bis im Zylinder der Saugdruck p_1 erreicht wird. Deshalb öffnet sich erst im Punkt 4 das selbsttätig arbeitende Saugventil, worauf längs des Weges 4–1 Gas in den Zylinder gesaugt wird.

Aus dem geschilderten Ablauf ergibt sich, daß bei einem Ansaugvorgang nur ein Gasvolumen V' in den Zylinder gesaugt wird, das kleiner ist als das →Hubvolumen V_h. Der Quotient V'/V_h wird Füllungsgrad genannt. Der Füllungsgrad (und damit die geförderte Gasmenge) ist um so kleiner, je größer der Schadraum ist. Außerdem ist der Füllungsgrad bei größerem Druckverhältnis p_2/p_1 kleiner (s. gestrichelte Linien im Bild). Wird das Druckverhältnis p_2/p_1 zu groß, muß man auf mehrstufige Verdichtung in hintereinandergeschalteten Zylindern übergehen.

Die Fördermenge reduziert sich nicht nur auf Grund der Rückexpansion 3–4 aus dem Schadraum. Sie verringert sich auch durch Aufheizen des Gases während des Ansaugvorgangs, weil bei höherer Temperatur im Punkt 1 die Dichte des Gases und damit die Gasmasse im Zylinder kleiner ist. Der Quotient aus der Gastemperatur im Punkt 1 und der Gastemperatur in der Saugleitung wird Aufheizgrad genannt. Das Produkt aus Füllungsgrad und Aufheizgrad ist der →Liefergrad, der ein Maß für die vom →Verdichter geförderte Gasmenge ist (Leckagen vernachlässigt).

Die bei einem Arbeitsvorgang (einer Kurbelwellenumdrehung) für die Verdichtung des Gases aufzuwendende Arbeit W entspricht der schraffierten Fläche im p,V-D. Sie läßt sich für das idealisierte D. sehr einfach berechnen. Da durch das Aufheizen die Fördermenge sinkt, die Arbeitsfläche des D. aber gleich bleibt, sinkt entsprechend dem Aufheizgrad auch der Wirkungsgrad des Verdichters.

Die beiden wichtigsten Unterschiede eines wirklichen p,V-D. zum idealisierten sind, daß die Ventile verspätet öffnen und daß durch Strömungsverluste in den Ventilen und durch Gasschwingungen in den Rohrleitungen Abweichungen gegenüber der idealisierten Ansaug- bzw. Ausschublinie auftreten. Durch diese Unterschiede wird die für die Verdichtung aufzubringende Arbeit größer und somit wieder der Wirkungsgrad des Verdichters kleiner. *Kuhlmann*

Literatur: *Bouché/Wintterlin*: Kolbenverdichter. Berlin, Heidelberg, New York 1968. – *Frenkel, M. I.*: Kolbenverdichter. Berlin 1969. – *Heinz, A.*, u. a.: Verdrängermaschinen. Tl. I: Hubkolbenpumpen und -verdichter, Dreh-Kreiskolbenmaschinen, Schraubenmaschinen. Köln 1985.

p,V-Diagramm (Verbrennungsmotor). Die thermodynamischen Vorgänge, die im Zylinder eines Verbrennungsmotors ablaufen, lassen sich am besten im p,V-D. (Druck-Volumen-D.) darstellen. Aus dem p,V-D. ergibt sich auch die bei einem →Arbeitsspiel geleistete Arbeit.

Im p,V-D. kann sowohl der wirkliche, im Zylinder des Motors ablaufende Prozeß dargestellt werden als auch ein →Vergleichsprozeß, bei dem der wirkliche Prozeß durch eine Aneinanderreihung einfacher thermodynamischer Zustandsänderungen angenähert wird.

Das wirkliche, aus einer Messung gewonnene p,V-D. eines Motors wird auch Indikator-D. genannt. Ein dem gemessenen Indikator-D. sehr nahe kommendes p,V-D. läßt sich mit Hilfe einer →Kreisprozeßberechnung errechnen.

Im folgenden sei das wirkliche p,V-D. eines Viertakt-Ottomotors bei Teillast näher erläutert (Bild).

Beim Punkt a befindet sich der →Kolben im unteren Totpunkt, nachdem er ein Benzin-Luft-Gemisch angesaugt hat. Das Einlaßventil ist schon dabei, sich zu schließen. Im Punkt b ist es dann ganz geschlossen (→Viertakt-Gaswechsel). Bei höheren Drehzahlen ist die Wirkung so, daß man sich die Verdichtung im unteren Totpunkt beginnend vorstellen kann. Die Verdichtung läuft angenähert isentrop ab. Nach dem Funkenüberschlag an der Zündkerze und nach dem Verstreichen der Zündverzugszeit beginnt im Punkt c die →Verbrennung. Entsprechend dem →Brennverlauf schreitet die Verbrennung fort, so daß der Zylinderdruck im oberen Totpunkt d schon höher liegt, als er sich bei reiner Verdichtung ergäbe. Nach dem oberen Totpunkt läuft die Verbrennung vermehrt ab, so daß der Zylinderdruck trotz der beginnenden Abwärtsbewegung des Kolbens zunächst weiter steigt. Im Punkt e ist die Verbrennung ganz beendet, und es erfolgt nur noch eine reine Expansion der Verbrennungsgase. Schon vor dem unteren Totpunkt beginnt bei f die Öffnung des Auslaßventils, so daß die Verbrennungsgase unter ihrem Überdruck in die Abgasleitung entweichen können. Anschließend werden sie vom wieder aufwärtsgehenden Kolben aus dem Zylinder geschoben. Etwa im oberen Totpunkt öffnet das Einlaßventil und schließt das Auslaßventil (Viertakt-Gaswechsel). Beim folgenden Abwärtsgang saugt der Kolben das z. B. im →Vergaser erzeugte Benzin-Luft-Gemisch in den

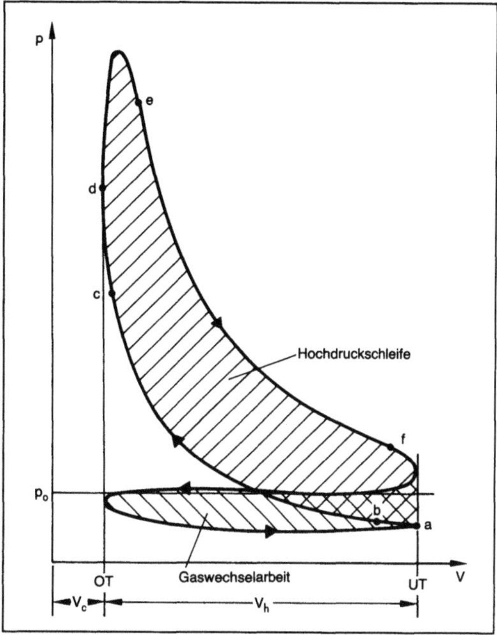

p,V-Diagramm (Verbrennungsmotor): p,V-Diagramm (Indikatordiagramm) von einem Zylinder eines Viertakt-Ottomotors bei Teillast.

p_0 Atmosphärendruck, V_h Hubvolumen, V_c Kompressionsvolumen, Arbeit der Hochdruckschleife des p,V-Diagramms, Gaswechselarbeit

Zylinder. Da (beim →Ottomotor) bei Teillast die →Drosselklappe teilweise geschlossen ist, liegt die Ansauglinie deutlich unter der Atmosphärenlinie, und auch am Ende des Ansaughubs bei a ist der Druck im Zylinder deutlich niedriger als der Atmosphärendruck (→Leistungsregelung).

Aus der Thermodynamik ist bekannt, daß die Fläche des p,V-D. der vom Gas an den Kolben gegebenen Arbeit entspricht (→Innenleistung). Diese Innenarbeit ergibt sich beim →Viertaktmotor aus der Differenz zwischen der Arbeit der Hochdruckschleife und der Gaswechselarbeit, wie die im Bild schraffierten Flächen zeigen. *Kuhlmann*

Literatur: *Baehr, H. D.*: Thermodynamik. 5. Aufl. Berlin 1981. – *Kraemer, O.*, u. *G. Jungbluth*: Bau und Berechnung von Verbrennungsmotoren. 5. Aufl. Berlin, Heidelberg 1983.

Q

Qualitätsregelung →Leistungsregelung (Verbrennungsmotor)

Qualitätssicherung (Feinwerktechnik). Die unternehmerische Aufgabe besteht darin, richtige Produkte in ausreichender Menge mit notwendiger Qualität zu minimalen Kosten herzustellen. Daher sind alle Ressourcen, die für die Sicherstellung der Produktqualität notwendig sind, wahrzunehmen. Sie umfassen nicht ausschließlich die Entwicklung, Produktion und den Vertrieb, sondern auch das gesamte Umfeld von Zulieferanten und Kunden.

Die Q. während der Evolution eines Produktes muß die marktgerechte Zuverlässigkeitszielsetzung beurteilen und die Realisierung durch geeignete Test- und Prognoseverfahren wirtschaftlich ermöglichen. Die Funktion, die Zuverlässigkeit und der notwendige Wartungsaufwand werden bestätigt, ebenso die Effektivität der Fehlerdiagnose (Bild).

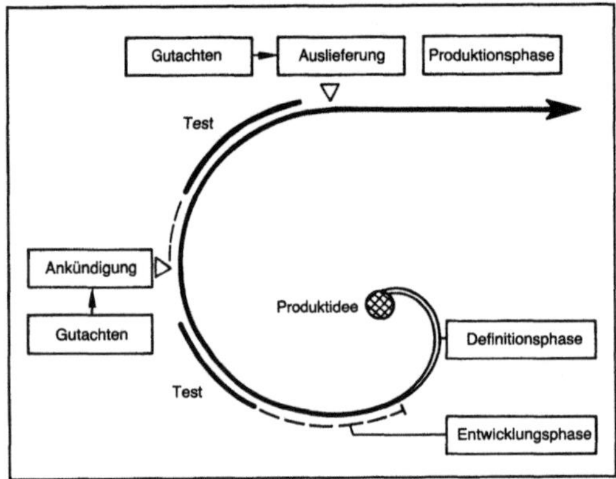

Qualitätssicherung (Feinwerktechnik): Evolutionsspirale eines Produkts.

Der Qualitätsprozeß als funktionaler Kreislauf setzt sich aus den Bestandteilen der Qualität zusammen:

□ Entwurfsqualität: Forschung, Entwicklung, Konstruktion, Spezifikation,

□ Fertigungsqualität: Planung, Einkauf, Betriebsmittel, Prozeßüberwachung, Fertigungsinspektion, Abnahme,

□ Zuverlässigkeit bzw. Verfügbarkeit: Qualität auf Zeit, Verkauf, Service.

Die qualitätssichernden Maßnahmen müssen in alle Bereiche des Qualitätsprozesses eingreifen. Zu ihrer effektiven Durchführung ist eine von Produktion, Entwicklung, Vertrieb und sonstigen Bereichen unabhängige Organisation Voraussetzung. Die vier Einflußebenen für die Q.-Maßnahmen sind:

□ Q. während der Produkt-Entstehungsphase,

□ Sicherung der Qualität von Teilen und halbfertigen Fabrikaten,

□ Q. bei fertigen Produkten und Systemen,

□ übergreifende Q.-Maßnahmen.

Die Qualitätsziele und ihre Einhaltung hinsichtlich:

□ Qualitäts-Image (internes und externes Aktionsverhalten der Unternehmen im derzeitigen und künftigen Marktsegment),

□ Qualitätslage (führende Position der Marktbedürfnisse),

□ Qualitätskosten (Optimierung der internen und externen Fehlerkosten, vorgeschriebene und nicht vorgeschriebene Prüfkosten und Vorbeugungskosten)

können in qualitäts-operative und qualitäts-strategische Bereiche gegliedert werden. Bei den operativen Aktivitäten ist die Aufgabe, die Ursachen für Qualitätsabweichungen möglichst frühzeitig zu erkennen und Abstellmaßnahmen einzuleiten.

Im strategischen Aufgabenbereich des Qualitätswesens werden unter Mitwirkung der Geschäftsleitung die Qualitätsziele abgeleitet. *Lauruschkat*

Literatur: VDI-Ber. Nr. 460: Feinwerktechnik in der elektronischen Gerätetechnik. Düsseldorf 1982.

Quantitätsregelung →Leistungsregelung (Verbrennungsmotor)

Quelle. Die Q. ist die Stelle in einem System, in der die Objekte einen Fertigungsprozeß verlassen und in ein logistisches System eintreten (→Senke).
Jünemann

Quellenerregung. Jede →Fremderregung, die einem →Schwinger Energie zuführen kann, ohne dessen Parameter zu beeinflussen. Die Q. (bis zur Neufassung der DIN 1311 im Jahre 1974 Störerregung) wirkt in mechanischen Systemen über zeitveränderliche eingeprägte Kräfte oder Verschiebungen auf den Schwinger ein. In den Bewegungsgleichungen treten zusätzliche, von den Zustandsgrößen unabhängige Glieder auf.

Die Schwingungsantwort ist vom Zeitverlauf der Erregung und den Systemeigenschaften abhängig. Die erzwungenen Schwingungen werden in linearen

Systemen durch das Übertragungsverhalten bestimmt. *Witfeld*

Quergabelstapler →Gabelstapler

Querkreissägemaschine. Diese Maschine (auch Abkürz-Kreissäge, Abläng-Kreissäge oder Kappsäge genannt) ist ausschließlich für das Ablängen von Schnittholz quer zur Faserrichtung konzipiert. Das zu schneidende Massivholz wird über den vorderen Maschinentisch (meist Rollenbahnen) der Säge zugeführt und durch senkrecht zur Brettachse geführten Querschnitt in Längenabschnitte zerlegt. Nach dem Trennvorgang werden die Abschnitte über angetriebene Rollenbahnen oder Transportbänder absortiert. In der Holzindustrie werden folgende Arten von Q. unterschieden:

□ *Parallel-Pendelsäge:* Diese Sägemaschine ist ein von oben wirkendes Kreissägeaggregat, das an zwei Gelenkhebeln befestigt ist, die auf Grund ihrer Kinematik geradlinige, horizontale Vorschubbewegungen ermöglichen. Das Sägeblatt wird während des Schnitts manuell oder hydropneumatisch nach vorn bewegt und aus sicherheitstechnischen Gründen nach beendetem Arbeitsgang selbsttätig in Ruhestellung gebracht. Übliche Schnittbreiten liegen zwischen 400–600 mm und können als Schräg- bzw. Gehrungsschnitt ausgeführt werden.

□ *Auslegersäge (auch Radialsäge):* Das Sägeaggregat wird an einem Ausleger, der höhenverstellbar ist, oberhalb des Werkstücks geradlinig geführt. Der Ausleger kann um seine vertikale Achse nach rechts und links geschwenkt werden. Das Sägeaggregat kann zusätzlich 360° um die vertikale Achse gedreht und seitlich bis 90° geneigt werden. Dieses Prinzip ermöglicht sehr variabel ausgeführte Quer-, Gehrungs- und Längsschnitte, die vor allem von Zimmereien und Fertighausherstellern beim Einsatz einer Abbundanlage benötigt werden.

□ *Untertisch-Kappsäge:* Das Sägeaggregat ist unterhalb des Auflagetisches angeordnet und taucht während des Sägens auf einer bogenförmigen oder geradlinigen Bahn aus dem Tischschlitz auf. Die Werkstücke werden durch die Schutzhaube festgehalten und erst nach beendetem Sägevorgang wieder freigegeben. Diese leistungsfähige Maschine ist vorrangig für Kappschnitte ausgelegt, die in Sägewerken und im Zuschnitt in Möbelwerken benötigt werden. Gehrungs- bzw. Schrägschnitte sind nur mit Sondermaschinen möglich. Alle beweglichen Maschinenelemente sind aus schall- und sicherheitstechnischen Gründen mit einem Gehäuse geschützt. Der Einsatz dieser Kappsägen in kompletten Zuschnittanlagen wird durch den Einsatz von elektronischen Steuerungen ermöglicht. Das Bild zeigt eine Anlage mit elektronisch gesteuertem Materialvorschub für Einzelkappschnitte. Rechnergestützte

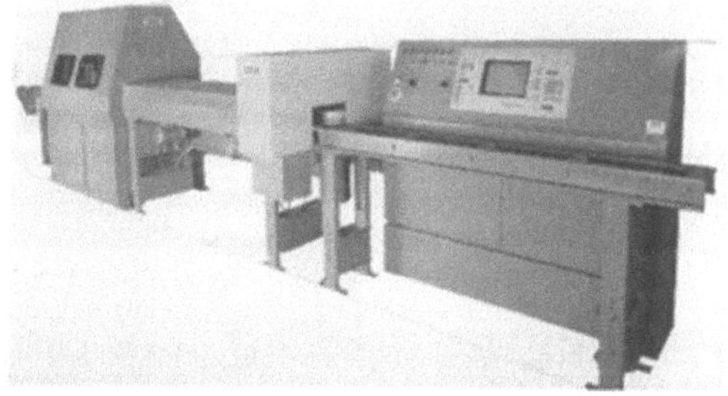

Querkreissägemaschine: Untertisch-Kappsäge mit Bildschirm-Terminal und Fehlermeßstation. (Quelle: Oesterle, Glatten)

Verschnittoptimierung ermöglicht Serienschnitte und den gezielten Einsatz von fehlerhaften Brettern und Bohlen. *Dusil*

Querlenker →Radführung

Querlenkerachse →Radführung

Quetschkopfgeschoß. Die Wirkung eines Q. (Bild) beruht darauf, daß bei der Detonation der Sprengstoff-Füllung auf der Panzerung eine inten-

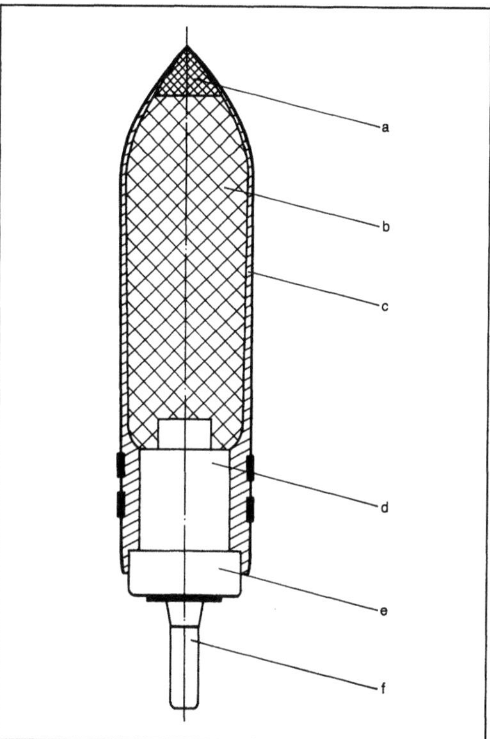

Quetschkopfgeschoß: Quetschkopfgeschoß (HESH-T.).

a Blindspitze, b Sprengstoff, c Hülle, d Bodenzünder, e Bodenschraube, f Leuchtspur

sive Stoßwelle in die Panzerung eingeleitet wird, bei deren Reflektion an der inneren Oberfläche sich Teile des Panzermaterials (Fladen) ablösen (Hopkinsoneffekt) und in das Innere des Kampfraumes mit geschoßartiger Wirkung fliegen.

Das Q. besteht aus einer dünnwandigen Geschoßhülle mit stark abgerundeter Spitze und einer →Ladung aus plastisch verformbarem, hochbrisantem Sprengstoff, z. B. Nitropenta mit großem Wachsanteil. Die Zündung erfolgt verzögert vom Bodenzünder aus. Beim Auftreffen auf ein gepanzertes Ziel bietet die Hülle des Q. nur geringen Verformungswiderstand. Der plastische Sprengstoff wird durch die Auftreffwucht fest an die Panzerung gedrückt und legt sich bis zur verzögerten Zündung fladenartig an.

Q. hat heute nur noch eine geringe Bedeutung, da die Wirkung durch Schottpanzerung (Panzerwände mit Zwischenraum) stark eingeschränkt ist.

Meyer-Bäse

R

Rad (Kraftfahrzeug). Bauarten: Scheibenräder aus Stahlblech, Felge und Radschüssel verschweißt. Verbindung mit Nabe (mit Bremstrommel oder -scheibe häufig ein Bauteil) durch 3–5 Schrauben. Zentrierung durch Kugelköpfe oder Kegel an den Schraubenköpfen oder Muttern bzw. Mittenzentrierung.

Drahtspeichenräder hauptsächlich für Zweiräder.

Gegossene oder geschmiedete Räder aus Aluminium- und Magnesiumlegierungen für sportliche Fahrzeuge zur Verringerung der ungefederten Massen. Bei Pkw trotz etwa doppelter Wanddicke (wegen geringeren E-Moduls) ca. 30 % bzw. 50 % geringeres Gewicht.

Stern- oder Speichenräder aus Stahl-, Temper- oder Leichtmetallguß mit abnehmbarer radial geteilter Felge für Schwerfahrzeuge.

Sonderbauarten u. a. axial verschraubte zweiteilige Räder aus Stahlblech für Vollreifen von Flurförderzeugen- und Kettenfahrzeugen, aber auch für Luftreifen von landwirtschaftlichen Geräten (Unfallgefahr, vor Lösen der Verschraubung Luft ganz ablassen!).

Einteilige Tiefbettfelgen (Bild 1) mit 5° Schräge der Felgenschulter (bei Zweirädern auch mit gerader Schulter), symmetrisch und unsymmetrisch zur besseren Unterbringung der Bremse, für schlauchlose →Reifen normalerweise mit Hump oder bei TD-Rad-Reifen-Konzept mit Rille vor dem Hump zum Fixieren der Reifenwulst bei Minderdruck.

Einteilige Steilschulterfelgen mit 15° Schräge der Schulter für schlauchlose Radialreifen für Nutzfahrzeuge, Tiefbett.

Kennzeichnung nach ISO, z. B. für

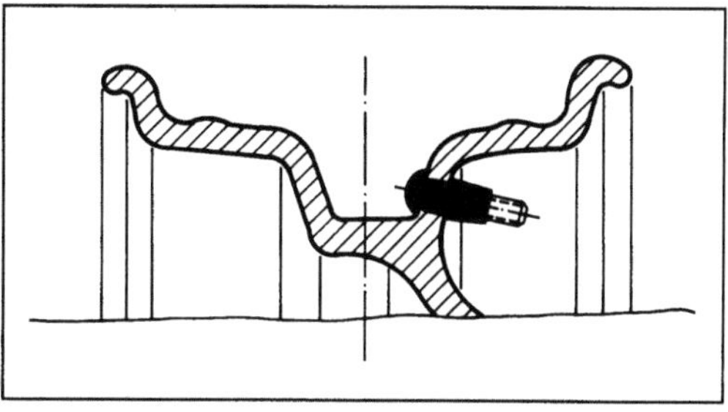

Rad (Kraftfahrzeug) 1: Einteilige Tiefbettfelge mit beidseitigem Hump. (Quelle: Continental)

MT vor Maulweite zur Kennzeichnung von Motorradfelgen für schlauchlose Reifen, Schrägschulter, beidseitigem Hump und Tiefbett.

Bild 2 zeigt eine Felge mit nach innen gerichtetem Felgenhorn für die noch nicht im Serieneinsatz befindlichen CTS-Reifen. *Fiala*

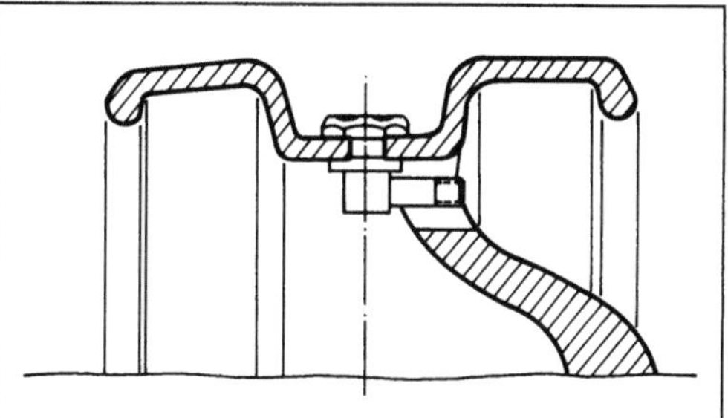

Rad (Kraftfahrzeug) 2: Schulterhochbettfelge für Conti-Reifen-System CTS. (Quelle: Continental)

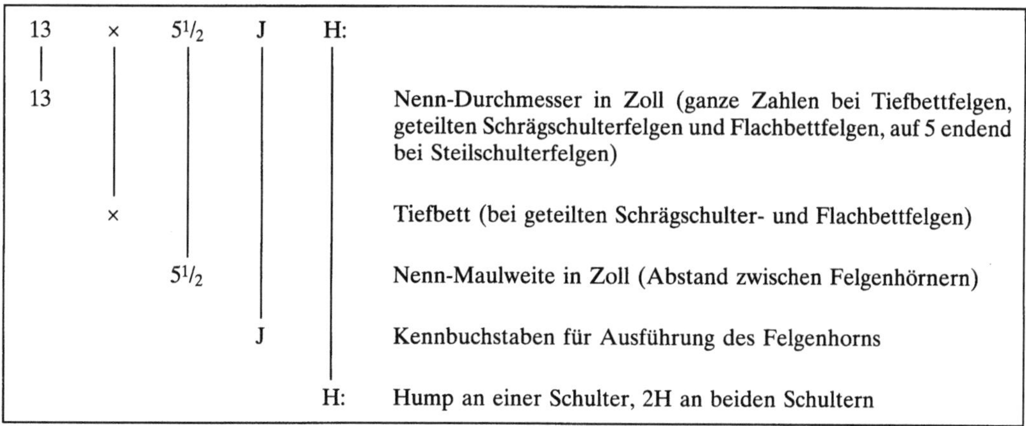

13	×	5¹/₂	J	H:	
13					Nenn-Durchmesser in Zoll (ganze Zahlen bei Tiefbettfelgen, geteilten Schrägschulterfelgen und Flachbettfelgen, auf 5 endend bei Steilschulterfelgen)
	×				Tiefbett (bei geteilten Schrägschulter- und Flachbettfelgen)
		5¹/₂			Nenn-Maulweite in Zoll (Abstand zwischen Felgenhörnern)
			J		Kennbuchstaben für Ausführung des Felgenhorns
				H:	Hump an einer Schulter, 2H an beiden Schultern

Literatur: Tyre and Rim Data Book. Brüssel: European Tyre & Rim Technical Organisation. – ISO 3006. Straßenfahrzeuge: Räder für Personenkraftwagen – Prüfverfahren. – ISO 3894. Straßenfahrzeuge: Lastkraftwagen Räder/Felgen-Prüfverfahren. – *Reimpell, J.*, u. *P. Sponagel:* Fahrwerktechnik. Reifen und Räder. 2. Aufl. Würzburg 1988.

Radargerät. R. sind Funkgeräte, bestehend aus Sender, Senderantenne, Empfangsantenne und Empfänger, die im Zweiten Weltkrieg für militärische Zwecke entwickelt wurden, seither aber auch im zivilen Bereich verbreitete Anwendung finden.

Der Radarfrequenzbereich erstreckt sich von 30 MHz–300 GHz. Von besonderem Interesse sind die Frequenzbereiche, in denen die atmosphärische Dämpfung klein (unter 20 um 35,94 und 140 GHz) und eine gute Wellenausbreitung gegeben ist.

Um hohe Sendeleistungen zu erzeugen (100 W bis 100 kW), sind Klystron- und Wanderfeldröhren am verbreitetsten. Bei kleinen Sendeleistungen (unter 100 W) haben sich Halbleiterbauelemente (z. B. Impatt-Dioden) durchgesetzt (Radar Radio Detecting and Ranging).

R. (Bild 1) dienen zur Orts- und Geschwindigkeitsbestimmung von Objekten aller Art, z. B. in der Luftraumüberwachung. Im militärischen Bereich werden R. zur Zielsuche und Zielverfolgung, zur Steuerung von Flugzeugen und Lenkwaffen, zur →Endphasenlenkung von Geschossen und in Zündern verwandt. Im Rahmen der Außenballistik können Flugbahn und Geschwindigkeit von Geschossen vermessen werden. Umgekehrt lassen sich Artilleriestellungen aus vermessenen Flugbahnen ermitteln.

Die meist sehr schwachen Echosignale, die von der →Antenne aufgenommen werden, werden verstärkt und entweder auf einem geeigneten Display dargestellt oder in einer nachgeschalteten Signalverarbeitung weiter analysiert.

Die bekanntesten Verfahren sind Impuls-, Dauerstrich-, FM-CW- und Pulsdopplerradar.

Bei Impulsradar werden kurzzeitig Hochfrequenz-Signale mittels einer speziellen Antenne abgestrahlt. Aus der Laufzeit der reflektierten

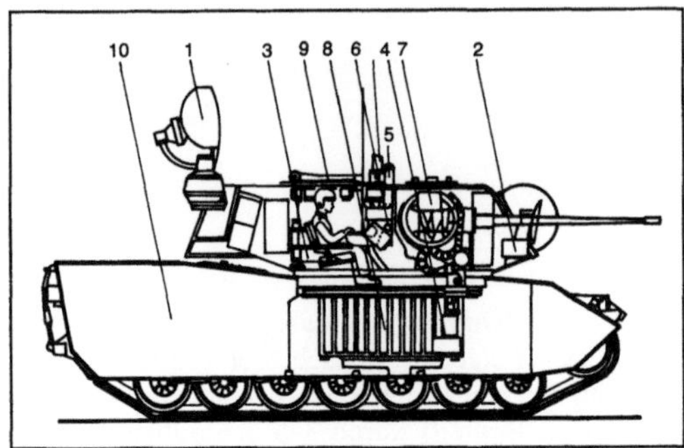

Radargerät 1: Fla-Panzer.

1 Rundsuchradar, 2 Feuerleitradar, 3 Hauptrechner, 4 Zweitrechner, 5 Rundsuchoptik, 6 Bedienfeld, 7 Waffenanlage, 8 Munitionskästen, 9 Turm mit Luke, 10 Fahrgestell

Impulse wird die Entfernung des Ziels ermittelt. Die Strahlen lassen sich scharf bündeln, so daß zugleich eine genaue Richtungsbestimmung möglich ist. Bei Dauerstrahlradar wird der Dopplereffekt genutzt. Sie sind besonders zur Geschwindigkeitsmessung geeignet.

Bei FM-CW-R. gewinnt man Zielentfernung und Geschwindigkeit unter Ausnutzen der Signallaufzeit zwischen Sende- und Empfangsfrequenz.

Puls-Dopplerradare verbinden die Vorzüge der genannten Radare. Sie werden vor allem zum Vermessen bewegter Ziele eingesetzt. Die Festzeichen-Unterdrückung erlaubt eine gute Zielselektion und -darstellung.

Bei Überwachungsradar und Suchradar ist die Informationserneuerungsrate von besonderer Bedeutung. Sie entspricht dem zeitlichen Abstand, in dem ein Ziel von der Radarkeule überstrichen wird. Sie wird von der Geschwindigkeit bestimmt, mit der die Radarkeule durch alle Raumwinkel des Erfassungsbereiches bewegt wird: Bei mechanisch gesteuerter Abtastung wird die Antenne einer periodisch variierenden Auslenkung unterworfen, z. B. bei Flugraumüberwachungs-R. (Bild 2) oder bei endphasengelenkter →Munition.

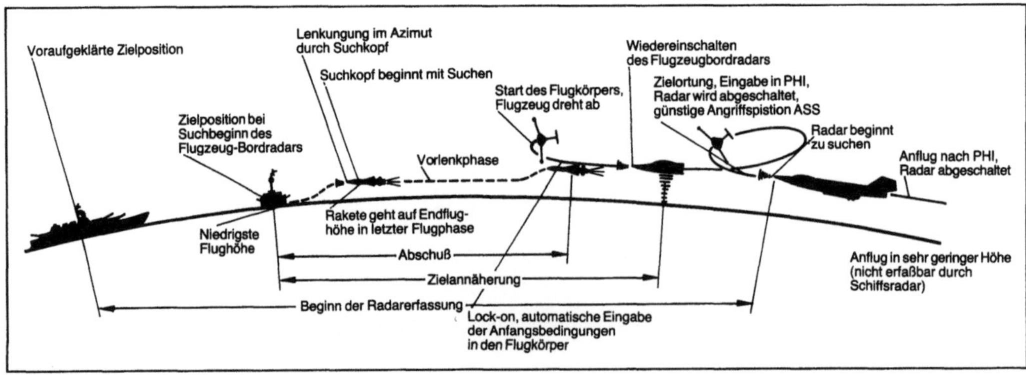

Radargerät 2: Einsatzprofil des Lenkflugkörpers „Kormoran" (Luft-Schiff-Flugkörper) im Radar-Mode.

Eine elektronisch gesteuerte Abtastung hingegen bewirkt eine direkte Auslenkung der Radarkeule. Die Abtastung erfolgt trägheitslos. Sie kommt ohne bewegte Teile aus. *Paech*

Radführung. Radstellungen (DIN 70020), Fahrzeug bis zul. Gesamtgewicht belastet (Bild 1).

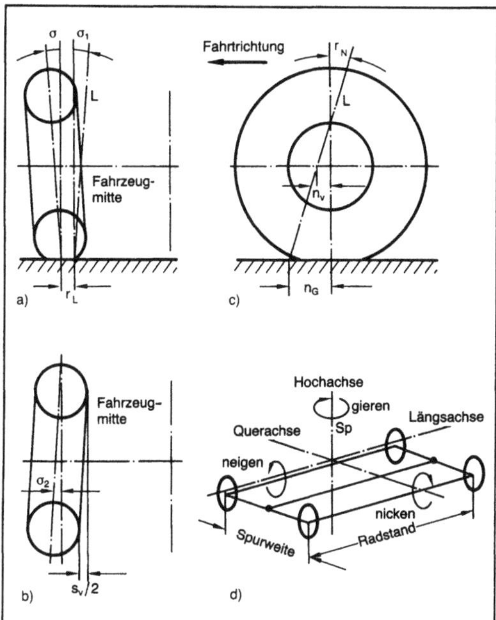

Radführung 1: Radstellungen und Winkelbewegungen des Wagens. (Quelle: Dubbel, 1981, S. 839)
a) Ansicht in Fahrtrichtung
b) Grundriß
c) Seitenansicht
d) Winkelbewegungen des Wagens.

L Lenkachse, σ Radsturz, σ₁ Spreizung, σ₂ Vorspurwinkel, v_N Nachlaufwinkel, n_G geometrischer Nachlauf, n_v Nachlaufversatz, r_L Lenkrollhalbmesser, s_v Vorspur (alle Größen positiv dargestellt), Sp Schwerpunkt

Kinematisch bedingte Einflüsse der R. auf das Fahrverhalten: Einfluß von Sturz- und Spuränderungen beim Ein- und Ausfedern auf die Seitenkräfte in den Reifenaufstandsflächen (→Reifen); Lenkeffekte durch Änderung des Spurwinkels; Anheben des Wagenbugs beim Bremsen durch geschobene Längslenker oder äquivalente Anordnungen als Maßnahme gegen Bremsnicken; Beeinflussung des Kurvenverhaltens (stationäre Kreisfahrt und Ausweichmanöver) durch Änderungen der Radlasten und Seitenführungskräfte infolge von Rollbewegungen (Neigen um die Rollachse) und durch ihre Phasenbeziehungen.

Bauarten von Radaufhängungen:
□ *Starrachsen* werden besonders bei Nutzfahrzeugen als Antriebsachsen verwendet.

Banjo-Achse meist mit Schubrohr mit Schubkugel oder -gabel zum Übertragen der Längskräfte, Achskörper aus einem Stück mit stirnseitiger Öffnung, mit Flansch zum Einsetzen des Schubrohrs mit Ausgleichgetriebelagerung, starres T. Flanschbauart: Achsrohrhälften und →Ausgleichsgetriebe verschraubt.

De Dion-Achse: Ausgleichsgetriebe, elastisch im Fahrzeug gelagert, Antriebswellen mit je zwei Kardangelenken zu den auf leichter, durch Lenker geführten Starrachse gelagerten Rädern.

Führung der Starrachse in Längs- und Querrichtung durch Blattfedern; oder durch Schubrohr in Längsrichtung und Panhardstab oder Wattgestänge in Querrichtung, vertikal durch Blattfedern abgestützt; oder Schubübertragung durch Längslenker oder Doppellängslenker. Vorteil: keine Spuränderung, Nachteile: relativ große ungefederte Masse, Kopplung der Radbewegung (Trampeln), bei Blattfedern als Führung Ratterschwingungen, vor allem beim Bremsen an der Haftgrenze durch S-förmiges Aufziehen der Federn.

□ *Einzelradaufhängung* mit Lenkern, an deren freien Enden die Räder winkelsteif gelagert sind.

Pendelachsen, vor allem für angetriebene Hinterachsen verwendet; wenn Drehpunkt des Lenkers mit Kardangelenk-Mitte übereinstimmt, nur ein Gelenk erforderlich; statt Gelenk auch Winkelbewegung von Antriebs-Tellerrad gegenüber Antriebs-Ritzel; Vergrößerung der Seitenführungskräfte durch Vergrößerung des meist negativen Sturzes mit der Beladung; Nachteil: große Spuränderung.

Schräglenkerhinterachse für angetriebene Hinterachsen von Pkw und leichten Lkw beinahe Standardausführung zwei Kardangelenke, davon eines längsbeweglich je Rad; →Federung meist Schraubenfedern; gewünschte Kinematik durch Wahl der Anlenkpunkte des Schräglenkers realisierbar.

Längslenkerradaufhängungen, geschoben oder gezogen; Rollmittelpunkt auf Fahrbahn.

Sonderform für nicht angetriebene Hinterachsen ist die →*Verbundlenkerachse,* bei der die beiden gezogenen Längslenker durch torsionsweiches Verbindungsglied verbunden sind; kinematisches und elastisches Verhalten durch Lage des Verbindungsgliedes und seine Torsionssteifigkeit in weitem Rahmen beeinflußbar; Federung meist durch Schraubenfedern; Teleskopstoßdämpfer.

□ *Radführungen* durch zwei möglicherweise auch aufgelöste Lenker, Rad winkelsteif mit Koppelglied zwischen den Lenkern verbunden:

Doppelquerlenker-Radaufhängung Vorderachse; bei gelenkten Rädern ist Koppelglied gleichzeitig selbst Achsschenkel oder Achsschenkelbolzen; durch Verschränken der Drehachsen der beiden Lenker so, daß ihre Verlängerungen sich hinter den Vorderrädern kreuzen, Anti-Nick-Effekt; unterer

914

Lenker oft in Drehstabstabilisator und schmalen →Querlenker aufgelöst; Freiheit in der Festlegung der Kinematik.

Doppel-Kurbelachse mit zwei Längslenkern übereinander, Rad auf Koppelglied gelagert; sehr selten Querlenker unten und Längslenker oben.

McPherson-Achse (Bild 2), unten meist aufgelöster Querlenker und oben drehbare Lagerung des Federbeins, das winkelsteif mit dem Achszapfen verbunden ist. Die Anordnung entspricht kinematisch einer Doppelquerlenker-Radführung mit unendlich langem oberen Lenker. Vorteile: Hohe Einleitung der Radlast in steife Konstruktion vor Windlauf; weit auseinanderliegende Krafteinleitungspunkte. Nachteile: Den →Federungskomfort störende, durch schräge Anordnung der Schraubenfeder minimierbare Reibkraft im →Federbein; Neigung zu Lenkunruhe bei zyklischen Schwankungen der Federkennung des Reifens.

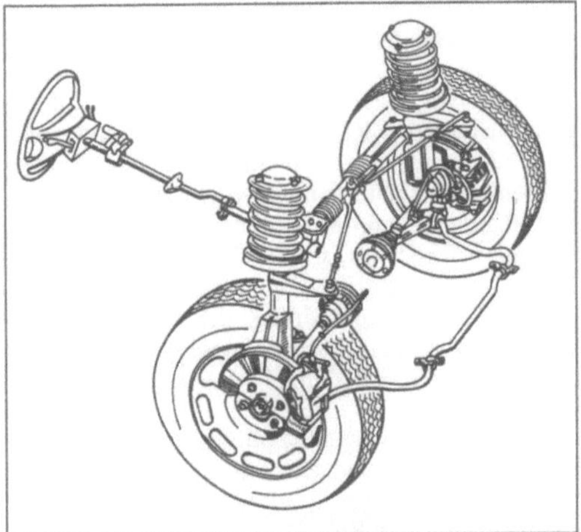

Radführung 2: McPherson Vorderachse (Audi 100).

Die *Raumlenkerachse* dient zur Führung angetriebener Räder durch 5 Lenker und bietet größte Freiheit für das Herbeiführen gewünschter Änderungen der Radstellung unter Antriebs-, Brems- und Seitenkräften, wie größere Sturzänderung beim Einfedern, geringere beim Ausfedern, oder positive Schrägfederung in Richtung der Fahrbahnstöße. Vier Lenker bilden eine Doppelquerlenker-Radführung mit aufgelösten Querlenkern. Sie sind so angeordnet, daß die konstruktive Lenkachse, der Schnittpunkt der Achsen der beiden Lenkerpaare in der Radmittenebene liegt, wodurch Antriebs- und Bremskräfte kein Moment um diese Lenkachse erzeugen; der fünfte Lenker wirkt als Spurstange.

Die *Integralachse* besitzt ebenfalls je Rad 5 einfache Stäbe als Lenker; unten einen Längslenker und 2 Querstäbe, oben einen Querstab, der durch ein als Integrallenker bezeichnetes Koppelglied mit dem unteren Längslenker verbunden ist.

Um Körperschallübertragung zu vermeiden und um gezielt elastische Nachgiebigkeit zu verwirklichen (z. B. positive Schrägfederung), werden an den Anschlußstellen der Radführungsteile Gummimetallelemente verwendet. Als Zwischenmasse dienende, in Gummimetallelementen gelagerte Hilfsrahmen, die außerdem das Antriebsaggregat oder das Ausgleichsgetriebe tragen, wirken sich akustisch günstig aus. *Fiala*

Radialgleitlager, teilumschlossenes →Gleitlager-Bauform

Radialgleitlager, zylindrisches →Gleitlager-Bauform

Radiallager. Lager, das die senkrecht zu einer Drehachse wirkenden Kräfte aufnimmt. Abhängig von Lagerkraft, Lagerzapfendurchmesser und Wellendrehzahl werden Wälzlager, hydrostatische und hydrodynamische Gleitlager oder auch Magnetlager in den Turbomaschinen verwendet.

Wälzlager werden für die Lagerung von Rotoren mit verhältnismäßig kleinen Gewichten verwendet. Der Einsatz von Magnetlagern ist auf Spezialfälle mit sehr kleinen Lagerkräften beschränkt.

In den Turbomaschinen sind fast alle im Maschinenbau vertretenen Gleitlagertypen zu finden. Bei den hydrodynamischen Gleitlagern wird das Schmiermittel mit dem umlaufenden Lagerzapfen in einen keilförmigen Spalt hineingezogen. Quer zum Keil baut sich dabei eine Druckverteilung auf, aus der die Tragfähigkeit des Lagerzapfens resultiert. Das Schmiermittel dient dem Aufbau des Schmierkeils und der Abfuhr der aus der Lagerreibung entstehenden Wärme. Als Schmiermittel werden Öle oder Fette verwendet und in Sonderfällen auch Wasser oder Luft.

Für große Lagerzapfendurchmesser werden Kippsegment-Lager eingesetzt, die kleinere Reibungsverluste als die Zitronenspiel- oder Mehrkeillager haben und weniger zu Instabilitäten neigen.

R. werden als Loslager ausgeführt und lassen damit eine Wellenverschiebung in Richtung der Drehachse zu. Über das R. werden die Schwingungen des Rotors gedämpft auf den Lagerbock übertragen. In ihm werden die Lagerkörper oder Lagerschalen aufgenommen. Bei größeren Wellenverschiebungen wird auch dieser Lagerbock verschieblich auf dem Maschinenfundament angebracht. Häufig werden R. mit Axiallagern kombiniert. Zur Überwachung der Gleitflächen im Lager wird eine Temperaturmeßstelle eingebaut. Der Überwachung des metallischen Abriebs von Wälzlagern dient ein Spänewächter im Schmierölkreislauf. Der Schmierkeil baut sich nur bei Mindestumfanggeschwindigkeiten auf. Für das Drehen des Rotors großer Dampfturbosätze bei sehr kleinen Drehzahlen ist in das R. auch ein hydrostatisches Lager integriert, bei dem der Lagerzapfen mit Hochdrucköl angehoben wird. *Ziemann*

Radialmaschine. Strömungsmaschine mit einer Laufradströmung, die außer der Umfangskomponente eine radiale Geschwindigkeitskomponente hat. Das Bild zeigt im Meridianschnitt die radial gerichtete Geschwindigkeitskomponente.

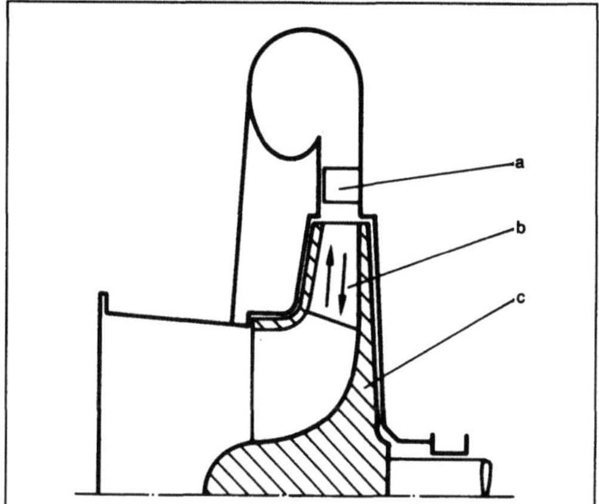

Radialmaschine: Radial durchströmte Stufe einer R.

a Leitrad, b Laufradschaufeln, c Laufrad

Radial durchströmte Laufräder in Pumpen und Verdichtern werden zentrifugal, also von innen nach außen, in Turbinen möglichst zentripetal, also von außen nach innen durchströmt. Nach dem Arbeitsprinzip Strömungsmaschinen wird dabei Arbeit zwischen →Laufrad und Fluid übertragen, indem die Strömung eine Dralländerung in Umfangsrichtung erfährt, die einem Drehmoment des drehenden Rades entspricht.

In einem Radialrad baut sich auf Grund der Drehbewegung ein Druckfeld auf, in dem der Druck außen größer ist als innen. Bei Pumpen und Verdichtern gelangt das Strömungsteilchen bereits dadurch auf höheren Druck, daß es das Laufrad von innen nach außen durchströmt. Zusätzlich erfolgt ein Druckaufbau durch Verzögerung der Strömung. In zentripetal durchströmten Radialturbinenrädern erfolgt eine Druckabnahme des Fluids mit Beschleunigung der Strömung.

In R. wird zur Übertragung der Arbeit also eine Änderung der Umfanggeschwindigkeit des Laufrads zwischen Ein- und Austritt der Strömung genutzt. Im Vergleich zu Axialmaschinen ist die übertragene Arbeit eines Laufrads daher größer, der Strömungsquerschnitt und damit der →Volumenstrom ist jedoch geringer.

Einstufig: Radialgebläse, Radialpumpe, →Radialturbine, →Francisturbine mit relativ kleiner Drehzahlkenngröße; mehrstufig: Speisewasser-

pumpe im Dampfturbinenprozeß, →Radialverdichter, Ljungströmturbine. *Rauhut*

Radialspalt. Abstand zwischen zwei Bauteilen senkrecht zu einer Achse (radial) gemessen. Bei Turbomaschinen der ringförmige Spalt zwischen stillstehenden und drehenden Teilen senkrecht zur Rotorachse. R. und →Axialspalt kennzeichnen das →Spiel zwischen Leitschaufeln und Rotor bzw. zwischen Laufschaufeln und Gehäuse. Über Bypassströmungen durch diese Spalte entstehen die zugehörigen Verluste als Teil der Gesamtverluste einer Stufe.

Die Größe des R. ändert sich abhängig vom Betriebszustand. Unter dem Einfluß der Fliehkraftbelastung „wächst" der Rotor: Der R. wird kleiner. Unterschiedliche thermische Dehnungen von Gehäuse, Schaufelblättern und Rotor in radialer und auch in axialer Richtung beeinflussen die Größe des Spalts. Sie kann durch gezielte Regelung der thermischen Gehäusedehnung über weite Bereiche hinweg klein gehalten werden (ACC Active Clearance Control).

Bei Niederdruckdampfturbinen mit ihren großen konischen Erweiterungen des Strömungskanals wirken axiale Verschiebungen zwischen Rotor und Gehäuse sehr spaltvergrößernd (Bild). Durch zylindrische Gestaltung des Außenbereiches lassen sich größere Spalte und die zugehörigen zusätzlichen Verluste vermeiden. Wegen der Unstetigkeit in der Kontur des Strömungskanals entstehen daraus aber wiederum zusätzliche Verluste. *Ziemann*

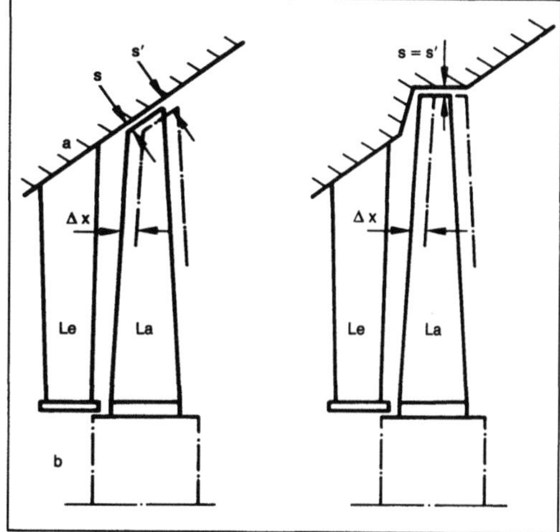

Radialspalt: Auswirkungen axialer Verschiebungen auf das Spiel an der Laufschaufel einer Niederdruckdampfturbine.

Le Leitschaufel, La Laufschaufel, s Spiel, s' Spiel nach axialer Verschiebung um Δx, Δx axiale Verschiebung, a Gehäuse, b Rotor

Radialspannung. Die Normalspannung in radialer Richtung, d. h. auf einer Zylinderfläche r = konst. In rotationssymmetrischen mechanischen Systemen (rotierende Scheibe, rotierende Trommel) sind R., Tangentialspannung und →Axialspannung häufig die Hauptnormalspannungen.   *Witfeld*

Radialturbine.
  1. Allgemeines. →Turbine mit einer Laufradströmung, die zur Arbeitsübertragung außer der Umfangkomponente eine radiale Geschwindigkeitskomponente hat (→Radialmaschine).

Die Turbine ist eine Strömungsmaschine, in der nach dem Arbeitsprinzip der Strömungsmaschinen Strömungsenergie eines Fluids in mechanische Energie an der Abtriebswelle umgewandelt wird. Wenn eine möglichst große spezifische Arbeitsübertragung, d. h. großer Druck- bzw. Enthalpieabbau des Fluids angestrebt wird, muß das →Laufrad zentripetal, also von außen nach innen durchströmt werden. Bei einstufigen R. erfolgt bereits im Laufrad eine Umlenkung der Strömung von radialer in axiale Richtung, um innen den erforderlichen Strömungsquerschnitt verwirklichen zu können und um eine günstige Abströmung zu erreichen.

Bild 1 zeigt eine zentripetal durchströmte Turbinenstufe und Geschwindigkeitsdreiecke bei drallfreier Zu- und Abströmung. Der Vorteil im Vergleich zur →Axialturbine liegt in der größeren spezifischen Arbeit, die bei gleichem Raddurchmesser infolge der zentripetalen Durchströmung erzielt wird.

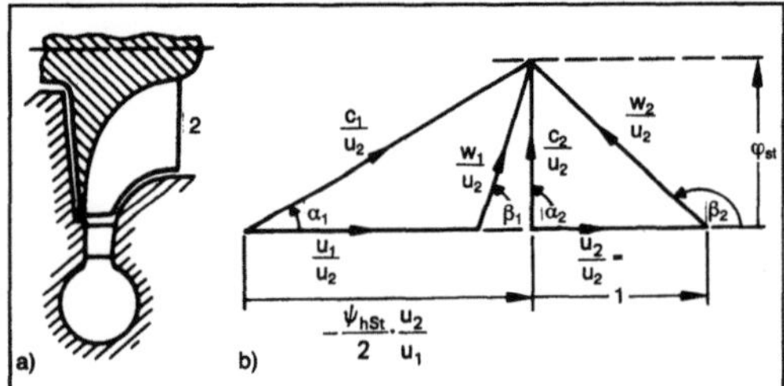

Radialturbine 1: Zentripetal durchströmte Radialstufe einer Turbine.
a) Meridianschnitt
b) Dimensionslose Geschwindigkeitsdreiecke.

Im Wasserturbinenbau ist die einstufige R. als →Francisturbine weit verbreitet. Im thermischen Turbinenbau wird sie in Kleingasturbinen und Turboladern mit Erfolg verwendet.

Mehrstufige R. werden im thermischen Turbinenbau nur noch selten angewendet. Wegen der Volumenzunahme des Fluids bei Expansion werden sie zentrifugal durchströmt. Bild 2 a) zeigt eine 4stufige einfachläufige mehrstufige R. Die Turbine, Bild 2 b), hat 2 gegensinnig umlaufende Rotoren und arbeitet damit ohne Leiträder (*Ljungströmturbine*).   *Rauhut*

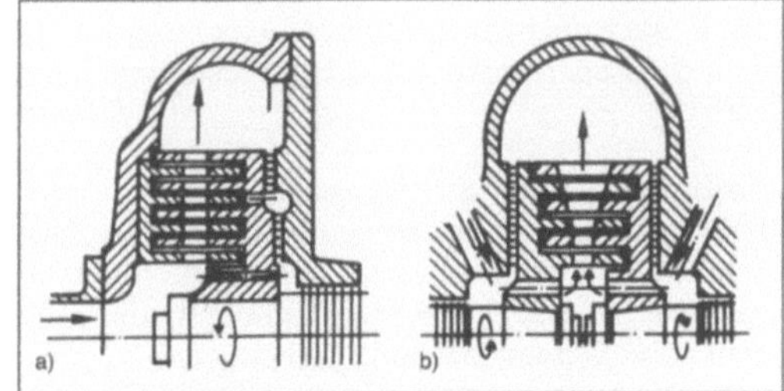

Radialturbine 2: Mehrstufige Radialturbinen.
a) Einfache Radialturbine
b) Gegenläufige Radialturbine (Ljungströmturbine).

  2. gegenläufige. Ist im Prinzip eine geniale Erfindung des Dampfturbinen-Konstrukteurs *Ljungström*: An Stelle der sonst üblichen Leitkränze wird in jeder Stufe ein in entgegengesetzter Richtung umlaufender Laufkranz eingebaut. Alle in einer Richtung umlaufenden Kränze sind an einer radialen Scheibe befestigt, alle in der anderen Richtung umlaufenden an einer gegenüberliegenden Scheibe. Da sich die entgegengesetzten Führungsgeschwindigkeiten beim Übergang von einem zum nächsten Laufkranz dem Betrag nach addieren, ist die Basis der Geschwindigkeitsdreiecke im Vergleich zu den üblichen Stufen doppelt so groß, so daß große Gefälle je Stufe bestehend aus den beiden gegenläufigen Laufkränzen abgebaut werden können. Deshalb ergeben sich sehr kompakte Turbinen, bei deren konstruktiver Gestaltung *Ljungström* noch viele gute Ideen verwirklichte.

Jedoch werden solche Maschinen nur noch vereinzelt und dann meistens als Gegendruck-Industrieturbinen eingesetzt (Bild):

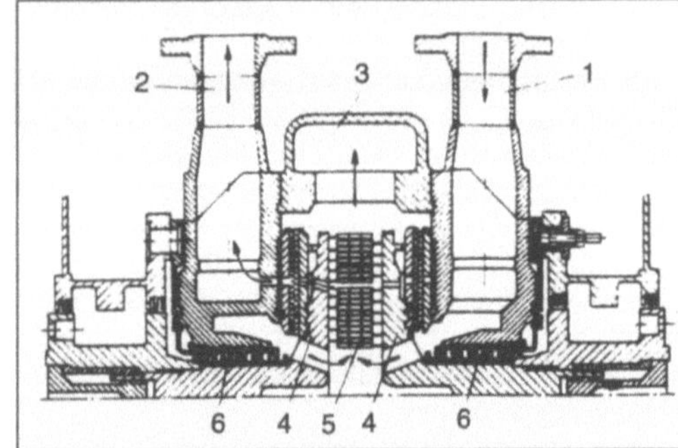

Radialturbine, gegenläufige: (Ljungström)-Radial-Gegendruck-Turbine. (Quelle: Dubbel a. a. O.)

1 Einströmstutzen, 2 Anzapfstutzen, 3 Gehäuse-Abdampfteil, 4 Turbinenscheiben, 5 Beschaufelung, 6 Wellendichtungen

☐ Die von 2 Rotoren abzunehmende Leistung muß auf 2 Generatoren übertragen werden.

☐ In einer R. können dem Dampf nur begrenzte Strömungsquerschnitte zur Verfügung gestellt werden, was für größere Kondensationsturbinen einen nachgeschalteten axial durchströmten Teil notwendig macht. *Dibelius*

Literatur: *Dubbel:* Taschenb. für den Maschinenbau. 17. Aufl. Berlin, Heidelberg, New York 1990.

Radialverdichter. →Verdichter mit einer Laufradströmung, die zur Arbeitsübertragung außer der Umfangkomponente eine radiale Geschwindigkeitskomponente hat. Der R. ist damit eine →Radialmaschine und gehört zu den Strömungsmaschinen (thermischen), in denen mechanische Energie der Antriebswelle in Strömungsenergie zur Druckerhöhung eines gasförmigen Fluids umgewandelt wird.

R. werden wegen des großen Druckverhältnisses mehrstufig ausgeführt, wobei die Stufen weitgehend baugleich, jedoch mit abnehmender Schaufelbreite infolge abnehmenden Volumens des Gases ausgeführt werden. Bild 1 zeigt eine Stufe bestehend aus →Laufrad (La) und Leitvorrichtung (Le) im Meridianschnitt. Die Auslegung erfolgt mit axialer (drallfreier) Zu- und Abströmung jeder Stufe. Die dimensionslosen Geschwindigkeitsdreiecke zeigen auch die Stufenkenngrößen:

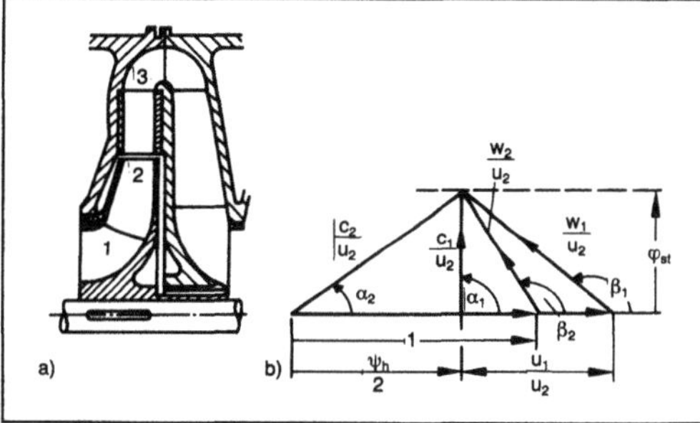

Radialverdichter 1.
a) Meridianschnitt
b) Dimensionslose Geschwindigkeitsdreiecke.

□ Durchflußkenngröße $\varphi = c_m/u = \dot{V}/(A\,u)$,
□ Totalenthalpiekenngröße $\psi_{ht} = \Delta h_t/(u^2/2) = P/(\dot{m}\,u^2/2)$;

darin sind $c_m = w_m$ Meridiankomponente (hier Radialkomponente) der Geschwindigkeit, c absolute und w relative Geschwindigkeit, $u = \pi\,n\,D_m$ Umfanggeschwindigkeit im mittleren Durchmesser D_m, $\dot{V}$ →Volumenstrom, A Strömungsquerschnitt, Δh_t spezifische totale →Enthalpiedifferenz der Stufe, $P = M \cdot \omega = \dot{m} \cdot \Delta h_t$ übertragene Leistung. Mit $c_1 = c_3$ und gleicher geodätischer Höhe $z_1 = z_3$ ist die Totalenthalpiekenngröße ψ_{ht} gleich der Enthalpiekenngröße $\psi_h = \Delta h/(u_2^2/2)$.

Optimale Stufenkenngrößen sind

$\varphi = 0{,}25{-}0{,}50$, $\psi_{ht} = \psi_h = 0{,}8{-}2{,}0$.

Im Vergleich zu axial durchströmten Stufen von Axialverdichtern ist φ kleiner, ψ_h größer, so daß ein

R. weniger Stufen benötigt als ein →Axialverdichter. Die Umfanggeschwindigkeit wird durch Fliehkraftwirkung begrenzt und erreicht 300 m/s bei rückwärts gerichteten Laufschaufeln ($\beta_2 > 90°$) mit Deckscheiben. Höhere Werte sind mit radial gerichteten Laufschaufeln ohne Deckscheibe und mit hochwertigen Legierungen möglich. Bild 2 zeigt einen 6-stufigen R.

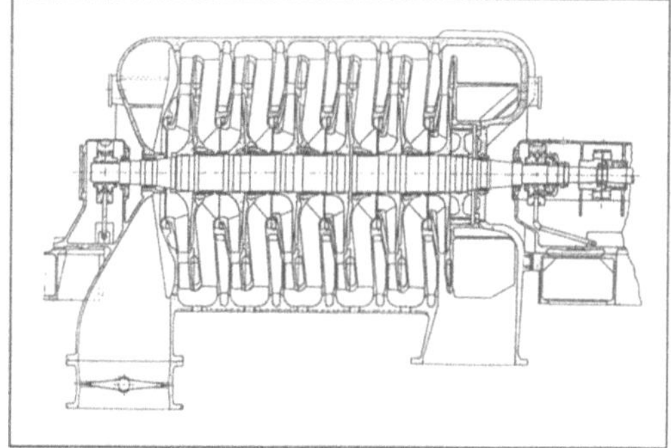

Radialverdichter 2: Längsschnitt.

Der R. wird im Vergleich zum Axialverdichter eingesetzt für kleinere Volumenströme, größere Druckverhältnisse und geringere Drehzahlen. Dies entspricht kleineren Drehzahlkenngrößen im →Cordier-Diagramm.

Mehrstufige R. werden auch mit Zwischenkühlungen ausgeführt, um die →Antriebsleistung und die Fluidtemperaturen zu verringern. Insbesondere dann ist es von Vorteil, die Durchflußkenngröße jeder Stufe dadurch gleich zu halten, daß die Stufen in Strömungsrichtung mit steigenden Drehzahlen arbeiten. Dies führt zur Bauart der Getriebeverdichter.

R. werden für höchste Druckverhältnisse und Volumenströme bis etwa $\dot{V} = 100$ m³/s eingesetzt. Die inneren Wirkungsgrade erreichen mehr als $\eta_i = 80\%$.

Anwendung: Druckluftversorgung, z. B. in Industrie und Bergwerken; in chemischen Prozessen und Kälteanlagen, als Umwälzgebläse für gasgekühlte Kernreaktoren, in Kohlevergasungsanlagen u. a.

R. sind robuster als Axialverdichter. Ihre Kennlinie im Druck-Volumenstrom-Diagramm verläuft flacher. Gefährdet ist der Verdichter, wenn es zum →Pumpen kommt. Dies ist durch die Regelung zu vermeiden. Verdichterregelung durch Drehzahlverstellung oder Drallregler im Stufeneintritt. *Rauhut*

Literatur: *Eckert, B.,* u. *E. Schnell:* Axial- und Radialkompressoren. 2. Aufl. Berlin, Heidelberg 1961. – *Traupel, W.:* Die Theorie der Strömung durch Radialmaschinen. Karlsruhe 1962. – *Traupel, W.:* Thermische Turbomaschinen. Bd. 1 u. 2. 3. Aufl. Berlin, Heidelberg, New York 1982.

Radlader. R. sind Ladegeräte mit Reifenfahrwerk, die mit der vorn sitzenden Schaufel laden, aber auch

Transportaufgaben im Nahbereich ausführen können. Sie werden normalerweise gebaut mit:

☐ 20–590 kW Leistung,

☐ 0,5–10,5 m³ Schaufelinhalt,

☐ 3–100 t Betriebsgewicht.

Geräte mit Motorleistung unter 60 kW baut man mit verschiedenen Lenk- und Antriebssystemen, Direktantrieb, Knicklenkung, Allradlenkung bzw. Vorder- oder Hinterachslenkung. Stärkere Geräte werden fast ausschließlich mit Knicklenkung, Drehmomentwandler oder hydrostatischem Antrieb ausgerüstet. Eine Grenzlastregelung (power-balance-system) erlaubt eine stufenlose Leistungsverzweigung zwischen Lenkung, Arbeitshydraulik und Fahrantrieb. Der Kraftfluß geschieht üblicherweise durch ein Lastschaltgetriebe (Full-Powershift-Getriebe) und über Planetengetriebe in den Radnaben. Die Ladeschaufel ist über ein Gestänge mit dem Rahmen verbunden. Die Geometrie dieses Gestänges ermöglicht ein schnelles Füllen und Auskippen der Schaufel (Z-Gestänge, fluchtende Gestänge). Hohe Wendigkeit und Fahrgeschwindigkeiten bis 40 km/h und die daraus resultierende Mobilität machen den R. zum Universalgerät für viele kleine, schnelle Einsätze. Als Nachteil muß seine geringe Grabkraft gesehen werden. Mit großen Schaufelinhalten haben sich die R. weite Einsatzgebiete erschlossen und stehen in direkter Konkurrenz zu den Hydraulikbaggern. *Kühn*

Radlastschwankung →Federung

Radstellung →Radführung

Radsturz →Radführung

Rahmen, elektrischer →Auswuchtmaschine

Rahmen, mechanischer →Auswuchtmaschine

Rahmenfundament →Tischfundament

Rakete. Flugkörper mit einem Strahlantrieb, dem R.-Antrieb oder R.-Triebwerk, bei dem die Versorgung mit Masse und meist auch Energie mit bordeigenen Mitteln erfolgt. Der durch das Abstoßen von Masse erzeugte Schub des Triebwerks ermöglicht auch im Vakuum eine Bewegungsänderung, so daß R. für Raumfahrtmissionen besonders gut geeignet sind. Bis heute werden ausschließlich R. für die Weltraumfahrt verwendet.

Eine R. besteht aus einem Antriebssystem, das neben dem Motor auch die Versorgungseinrichtungen für den Treibstoff umfaßt, der Struktur oder Zelle mit den Treibstofftanks, einer Lenk- und Steuereinrichtung und der →Nutzlast, beispielsweise wissenschaftliche Geräte, bemanntes Raumschiff, chemischer oder nuklearer Sprengsatz (Atom-R.).

Zum Steigern der Leistung werden Mehrstufen-R. verwendet. Dabei wird die Nutzlast der R. (1. Stufe) durch eine kleinere R. (2. Stufe) ersetzt, die je nach der Stufenzahl entweder wiederum eine R. oder die Nutzlast trägt. Die einzelnen R.-Stufen werden nacheinander gezündet und nach dem Verbrauch des Treibstoffs abgeworfen.

Der Antrieb einer R. einschl. der Treibstofftanks umfaßt den weitaus größten Teil der gesamten R. Deshalb wird oft nicht zwischen R.-Antrieb und R. unterschieden. R., die ein Feststoffraketentriebwerk verwenden, werden deshalb als Feststoff-R., die mit einem →Flüssigkeitsraketentriebwerk als Flüssigkeits-R. bezeichnet. *Braitinger, Ruppe, Schmucker*

Literatur: *Baker, D.:* The Rocket. 1979. – *v. Braun, W,* u. *F. J. Ordway III:* Raketen. 1979. – *Büdeler, W.:* Geschichte der Raumfahrt. 1979. – *Koelle, H. H.* (Hrsg.): Handb. of Astronautical Engineering. 1961. – *Ruppe, H. O.:* Introduction to Astronautics. 1966.

Rammbär. R. sind das schlagende Element des Rammgeräts. Man unterscheidet die folgenden Bauarten: Freifallbär, Dampfbär, Dieselbär, Schnellschlagbär, Hydraulikbär, Vibrationsbär.

☐ *Freifallbär:* Ein Fallgewicht wird über mechanische Winden gehoben und fällt durch seine Schwerkraft auf das Rammgut. Die Schlagzahl beträgt 10–20 Schläge/min.

☐ *Dampfbär:* Der Dampfbär wird meistens für schwierige Rammarbeiten und schweres Rammgut verwendet. Er besteht aus Zylinder und Kolben. Der schwere Gußzylinder wird mit Dampf gehoben und leistet als Fallgewicht die Schlagarbeit. Am höchsten Punkt der Zylinderaufwärtsbewegung wird die Dampfzufuhr unterbrochen und der im Innern befindliche Dampf durch Auspufföffnungen ins Freie geleitet. Die Steuerung ist von Hand, halbautomatisch oder vollautomatisch möglich. Die Handsteuerung bzw. die halbautomatische Steuerung hat den Vorteil der individuell regelbaren Fallhöhe (maximal rd. 1,5 m).

☐ *Dieselbär:* Beim Dieselbär (Bild 1) kommt zum rein mechanischen Schlag des fallenden Schlagkolbens noch eine zusätzliche Schlagwirkung durch die Explosion hinzu. Wie die Erfahrungen gezeigt haben, ist die Schlagwirkung von Dieselbären etwa 50 % größer als die der gleich großen (Fallgewicht) Dampf- oder Freifallbäre.

☐ *Schnellschlagbär:* Er wird auch als Rammhammer oder Schnellschlaghammer bezeichnet und mit Druckluft oder Dampf betrieben. Den Gasdruck nutzt man nicht nur zum Heben, sondern auch zum Beschleunigen des Kolbens bei der Abwärtsbewegung (wechselseitige Beaufschlagung des Kolbens). Dadurch lassen sich eine doppelte Wirkung beim Schlagaustausch und höhere Schlagzahlen je Minute

Rammbär 1: Schwerer Dieselbär schlägt Beton-pfahl.

Rammbär 2: Impulsrammbär wird auf I-Träger aufgesetzt.

(rd. 120–250) erzielen. Wegen des kleineren Gewichts und der hohen Schlagzahl bei kleinerem Fallgewicht benötigen die Schnellschlagbäre kein →Rammgerüst und werden frei reitend eingesetzt. Ihnen verwandt sind bestimmte Hydraulikhämmer. Sie schlagen besonders schnell (300–600 Schläge/min), sind etwas leiser als die anderen Hämmer und lassen sich verhältnismäßig einfach schalldämpfen.

□ *Hydraulikbär:* Der Hydrobär arbeitet nach dem Prinzip des Schnellschlagbärs, wird jedoch ölhydraulisch betrieben, was eine hydraulische Kraftstation erforderlich macht. Der Hydraulikbär wird meist an Hydraulikbaggern angebracht. Neuartige Impulsrammen (Bild 2) basieren auf folgendem Funktionsprinzip: Ein mit dem Rammgut verbundener Kolben steht zwischen zwei hoch vorgespannten Ölsäulen und ist von einer Masse umgeben. Bei der schlagartigen Entspannung einer der vorgespannten Ölsäulen wird die Masse beschleunigt und dadurch eine Impulskraft erzeugt. Die Masse schlägt beim Rammen nicht auf das Rammgut, sondern dieses wird ausschließlich durch die Impulskraft eingetrieben. Die Impulsramme eignet sich sowohl zum Einrammen als auch zum Ziehen aller Rammgutarten. Über die einstellbare Impulskraft und Impulsfolge (stufenlos regelbar) kann das Gerät den

Bodenverhältnissen angepaßt werden. Starke Neigungen für Rammen und Ziehen sind gut möglich. Die Geräuschentwicklung ist mäßig, ohne daß ein besonderer Schallschutz erforderlich ist.

□ *Vibrationsbär:* Der Vibrationsbär wird an das Rammgut angeklemmt (hydraulische Klemmzange). Der Antrieb geschieht elektrisch, in neuerer Zeit immer mehr hydraulisch. Ein Motor treibt zwei gegenläufige Unwuchten an, die gerichtete Schwingungen erzeugen. Dadurch wird das Kerngerüst im Boden zum Mitschwingen angeregt und die Mantelreibung herabgesetzt. Druckunterstützung ist nicht angebracht. Das Rammgut muß frei schwingen können und dringt auf Grund seines Eigengewichts und des Bärgewichts in den Boden ein. Spülhilfen können u. U. von großem Nutzen sein. Der Erfolg hängt von der Erregerkraft (Kenngröße), der Frequenz, der Beschleunigung und der Amplitude ab.   *Kühn*

Rammgerät. Zum lotrechten oder geneigten Eintreiben von Rammelementen bzw. Rammgütern (Stahlträger, Spundbohlen, Spunddielen, Holz- und Stahlbetonpfähle, Rohre) in den Untergrund werden Rammen verwendet. Vorteile der Rammen sind: Rasches, wirtschaftliches Arbeiten, eingerammte Elemente sind sofort belastbar. Nachteile sind: Bei vielen Rammen hohe bis extreme →Geräuschemission (Minderung mittels Lärmschutzkamin möglich), Erschütterungen des Untergrunds und damit der Nachbarbebauung. Ein eintreibendes Element (→Rammbär, Rammhammer) ist an einem Trägergerät (→Rammgerüst auf →Rammwagen, →Bagger, →Kran) eingesetzt und wird von einem am Trägergerät befestigten Mäkler geführt, wenn es nicht freireitend arbeitet. Es schlägt/vibriert/preßt das Rammgut z. T. über eine Rammhaube (Futter zur besseren Kraftübertragung und Schonung des Rammguts) in den Untergrund. Universalrammen bilden eine komplette, verfahrbare Geräteeinheit und bestehen aus Rammgerüst, Rammwagen, Mäkler, Winden und Vorrichtungen für die Aufnahme des Rammguts. Der Antrieb geschieht mit Dampf, dieselmechanisch oder vornehmlich dieselhydraulisch. Rammeinrichtungen sind Zusatzgeräte (zum Anbau an einen Raupenbagger) und bestehen aus drehbarem, absenkbarem Mäkler mit hydraulischer, beweglicher Führung am Bagger und einem zusätzlichen Hydraulikaggregat. *Kühn*

Rammgerüst. Das R. ist am Rammenoberwagen befestigt und trägt den Mäkler, der den →Rammbär und den Pfahl führt. Ältere Bockgerüste, handliche Leichtgerüste oder universelle R. werden unterschieden. Daneben gibt es Hilfsgerüste für Rammungen im Wasser und in unebenem Gelände. Sie ermöglichen leichte Ortsveränderung der Ramme und exaktes Arbeiten. Hilfsgerüste werden, wenn möglich, für weitere Bauarbeiten am selben Bauwerk mitbenutzt. Die Ramme steht dann auf einem →Rammwagen, der auf dem Hilfsgerüst quer- und längsverfahrbar angeordnet ist. Zum Herstellen der Baugrubenwände bei Leitungsgrabenarbeiten setzt man fahrbare Portalrammgerüste mit einem Mäkler oder zwei Mäklern ein. Sie erlauben es, beide Wände gleichzeitig abzuspunden. *Kühn*

Rammsondiergerät. R. bestehen aus einer Eintreibvorrichtung meist mit fahrbarem Untergestell sowie aus der Sonde im engeren Sinn, einem schlanken Stahlstab (DIN 4094 empfiehlt Stahlrohrgestänge), der mit einem Fallgewicht bei konstanter Fallhöhe in den Boden gerammt wird. Die Auftragung der festgestellten Schlagzahlen für jeweils 10 cm Eindringung in Abhängigkeit von der Tiefe läßt Änderungen der Bodenbeschaffenheit gut erkennen (Bild). Um die Mantelreibung am Sondengestänge möglichst auszuschalten, ist die Sondenspitze gegenüber dem Gestänge leicht verdickt. Dadurch wird auch das Ziehen der Sonde erleichtert, besonders wenn man mit verlorener Spitze arbeitet. Rammsonden mit Fallgewichten zwischen 10 und 50 kg Masse sind nach DIN 4094, Tl. 1 (1974),

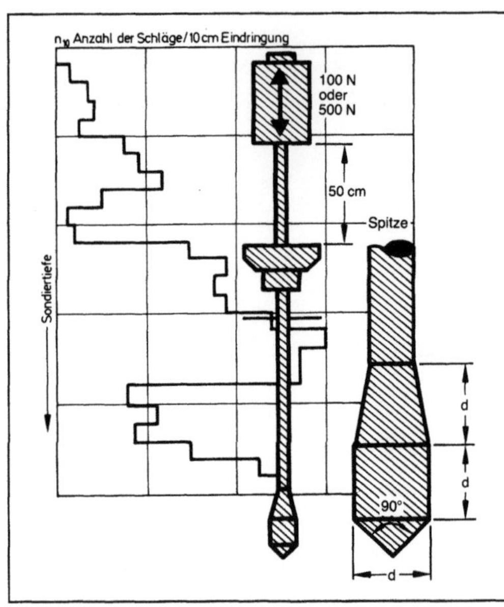

Rammsondiergerät und typisches Rammprotokoll.

LRS 5: d = 2,52 cm, SRS 10: d = 3,56 cm, SRS 15: d = 4,37 cm

genormt. Darüber hinaus gibt es ein Großgerät mit Fallgewichten bis 200 kg Masse, das für größere Tiefen und härtere Böden als übliche Geräte eingesetzt werden kann. *Kühn*

Rammwagen. Obwohl eine Ramme über den Unterwagen verfahrbar ist, bereitet das Umsetzen des Geräts größere Schwierigkeiten. Um dies zu erleichtern, insbes. bei Reihenrammungen zur Herstellung von Pfahlrosten, wird die Ramme mit ihrem Unterwagen auf einen R. gesetzt. Dieser ist längsverfahrbar, der Unterwagen mit Ramme dazu querverfahrbar. Auch bei Rammungen im Wasser stellt man die Ramme vor allem zur Gewährleistung der nötigen Präzision der Rammarbeit (Wellen, Tidehub usw.) oft auf einen R., der seinerseits wieder auf einem vorher eingerammten Hilfsgerüst (Holzpfähle, schwimmende Bockramme) untergebracht ist. *Kühn*

Rampe. Der Niveauunterschied zwischen Ladefläche und Gebäude wird durch
☐ statische Betriebseinrichtungen (z. B. R., Absenkbühnen, Überfahrhilfen) und
☐ dynamische Betriebseinrichtungen (z. B. Hebetische, Ladebordwand)
ausgeglichen (Bild).
Man unterscheidet Seiten-R., Kopf-R., Sägezahn-R. und Dock-R.
R. werden teilweise ins Halleninnere verlegt, von dem aus über Ladeluken Ladevorgänge wettergeschützt abgewickelt werden. *Jünemann*

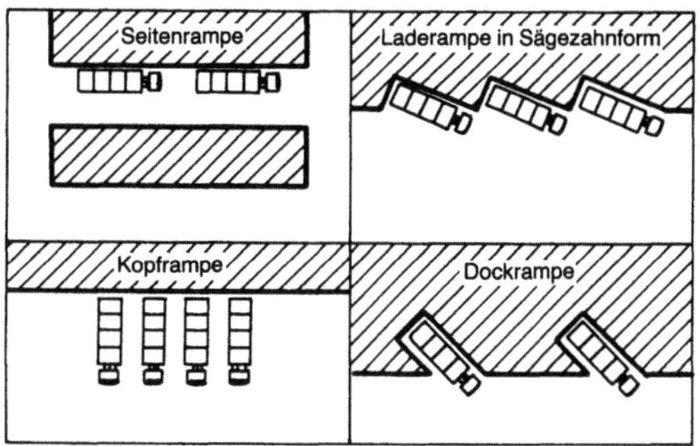

Rampe: Eingesetzte Rampenformen für die Lkw-Be- und Entladung.

Randbedingung. Zwangsbedingung an der Grenze eines Systems zu seiner Umgebung; definiert die Eigenschaften der Schnittstelle mit benachbarten Systemen und schreibt den Zustandsgrößen bestimmte Randwerte vor (z. B. Luftdruck an der Oberfläche eines Gewässers, Netzspannung am Eingang eines elektrischen Geräts).

In der Mechanik unterscheidet man kinematische und dynamische Randbedingungen (RB) je nachdem, ob Verschiebungsgrößen oder Kraftgrößen vorgeschrieben sind. Bei elastischen Bindungen treten auch gemischte RB. auf. Ferner gibt es homogene und inhomogene RB. Am Beispiel eines Balkens auf zwei Stützen (Bild) werden diese Begriffe verdeutlicht (u, w sind Verschiebungen, N, Q, M sind Normalkraft, Querkraft, Biegemoment).

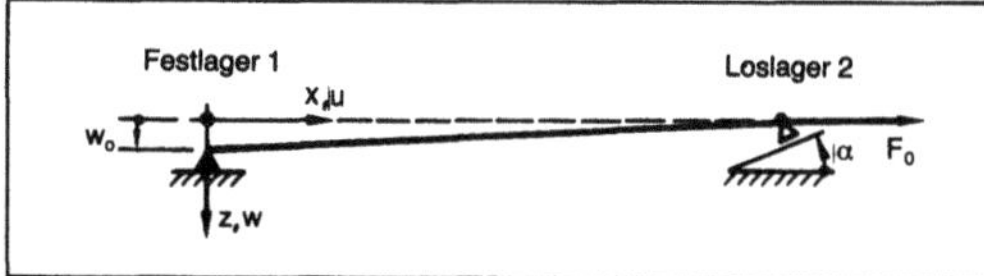

Randbedingung: Balken mit Randbedingungen.

Zu Festlager 1:
$u_1 = 0$ homogene kinematische RB
$w_1 = w_0$ inhomogene kinematische RB
$M_1 = 0$ homogene dynamische RB

Zu Loslager 2:
$w_2 + u_2 \tan\alpha = 0$ homogene kinematische RB
$M_2 = 0$ homogene dynamische RB
$N_2 - Q_2 \tan\alpha = F_0$ inhomogiene dynamische RB

Derartige RB. sind praktisch bei allen Problemen der Mechanik zu berücksichtigen, z. B. in der Elastostatik bei der Berechnung von Spannungen und Formänderungen. Bei Eigenwertproblemen (Stabilität elastischer Systeme, Eigenschwingungen) bestimmen sie die Eigenwerte (Verzweigungslasten, Eigenfrequenzen) und Eigenformen. Bei den Finite-Elemente-Methoden müssen die Ansatzfunktionen gewissen Stetigkeitsforderungen an den Elementrändern genügen.   *Witfeld*

Randelement-Methode. Numerische Lösung eines dem zu lösenden Randwertproblem äquivalenten Integralgleichungsproblems durch Approximation der unbekannten Zustandsgrößen auf finiten Elementen der diskretisierten Randfläche, den Randelementen (Bild). Die Berechnung der Spannungs- und Verschiebungsfelder statischer und dynamischer Probleme der Kontinua erfordert die Lösung von Gebietsdifferentialgleichungen. Der Übergang von der Gebiets- zur Randformulierung, als Randintegralgleichung, gelingt etwa mit der Methode der gewichteten Residuen oder dem Bettischen Reziprozitätssatz und setzt die explizite Kenntnis einer Referenzlösung der Gebietsdifferentialgleichungen für das Problem einer Einzellast im Vollraum (die Fundamentallösung) voraus.

Die Problembeschreibung ist so um eine Dimensionsstufe verringert und bietet eine vorteilhafte Ausgangsbasis für die in der Festkörpermechanik überwiegende direkte Methode als numerisches Lösungsverfahren. Die Integralgleichung wird algebraisiert, indem die unbekannten Zustandsgrößen, Verschiebungen, Spannungen, innerhalb finiter Elemente der diskretisierten Randfläche (Randelemente) approximiert werden. Numerische Integration der Einflußfunktionen innerhalb der Randelemente ergibt ein lineares Gleichungssystem der unbekannten Zustandsgrößen für die Statik oder der fouriertransformierten Zustandsgrößen in der Dynamik in den Lade- oder Quellpunkten der Elemente. Nach Einbeziehung der Randbedingungen des Problems erhält man mit der Lösung des Gleichungssystems die Spannungen und Verschiebungen auf dem Rande, von denen ausgehend jeder Zustand im Gebiet (Innenpunkt) berechnet werden kann. Die Vorteile der REM (BEM) gegenüber der Finite-Elemente-Methode (FEM) sind z. B.:
□ nur der Rand muß diskretisiert werden,
□ weniger Freiheitsgrade,
□ einfachere Datenaufbereitung (z. B. Kopplung mit CAD-Programmen),
□ hohe Genauigkeit bei Spannungskonzentrationsproblemen,
□ Möglichkeit der Modellierung von infiniten und semiinfiniten Elementen,
□ vorteilhafte Behandlung von symmetrischen Problemen, d. h. keine Knotenpunkte in den Symmetrieebenen,
□ gezielte Innenpunktauswertung.
Nachteile sind:
□ vollbesetztes Gleichungssystem (kann durch Einsatz der Substrukturtechnik verbessert werden),
□ nicht symmetrisches und nicht positiv definites Gleichungssystem beim Kollokationsverfahren,
□ inhomogene, anisotrope sowie nichtlineare Probleme erfordern z. T. erhebliche Zusatzmaßnahmen.

Man koppelt auch mit BEM und FEM diskretisierte Gebiete (Bild), wobei die Verfahren entsprechend ihrer jeweiligen Eignung in Teilgebieten verwendet werden. *Gaul*

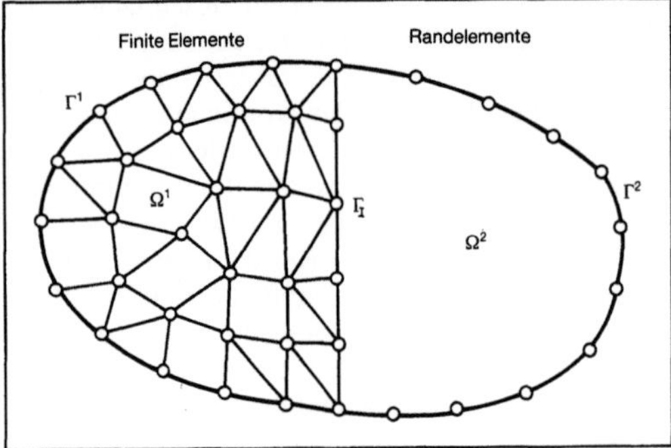

Randelement-Methode: Aufteilung eines Gebietes in Finite – Elemente- und Randelement – Regionen.

Literatur: *Brebbia, C. A., J. C. F. Telles* u. *L. C. Wrobel:* Boundary Element Techniques. Berlin, Heidelberg, New York 1984.

Randschicht. Äußerer Bereich eines Werkstoffes, dessen Eigenschaften von denen des Werkstoffinneren abweichen. In Anlehnung an *Schmaltz* kann man bei metallischen Werkstoffen zwischen einer äußeren und einer inneren Grenzschicht unterscheiden (Bild). Die äußere Grenzschicht besteht aus einer Adsorptionsschicht, an die sich zum Inneren hin eine →Oxidschicht anschließt. Es folgt die innere Grenzschicht, die durch Umformung oder spanende Bearbeitung plastisch verformt ist. Bei beschichteten Werkstoffen ist der Aufbau der R. noch komplexer. Neben der Oberflächenschicht kommt eine durch die Beschichtung beeinflußte Zone hinzu. *Habig*

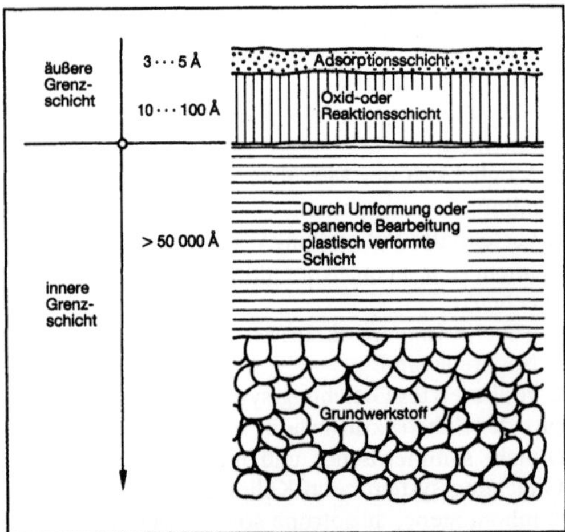

Randschicht: Aufbau der Randschicht eines metallischen Werkstoffs (schematisch).

Literatur: *Schmaltz, G.:* Technische Oberflächenkunde. Berlin 1936.

Randschichthärten. Auf die →Randschicht eines Werkstoffs (Stahl, Gußeisen) beschränktes Härten. Neben dem klassischen Verfahren des Flammhärtens und Induktionshärtens gewinnen weitere Verfahren wie Impulshärten, →Laserstrahlhärten oder Elektronenstrahlhärten für spezielle Anwendungen an Bedeutung. *Habig*

Randwert. Bei räumlichen Zustandsänderungen der Wert einer Zustandsgröße an einem bestimmten Punkt am Rande des Lösungsgebiets, der durch die Randbedingungen vorgeschrieben wird (z. B. Randspannungen oder Randverschiebungen bei Problemen der Elastomechanik). Im Gegensatz zu den Anfangswerten kennzeichnen die R. ganz bestimmte Systemeigenschaften. *Witfeld*

Rapport →Patronierung

Raschelmaschine →Kettenwirkmaschine

Rast. R. ist die Bezeichnung für den Teil des Hochofens, der sich als abgestumpfter Kegel dem →Gestell anschließt und sich nach oben hin erweitert. *Baumann*

Raster (Drucktechnik). Der R. ist eine Vorrichtung zum Zerlegen echter Halbtöne aus Bildvorlagen zu unechten Halbtönen in Kopiervorlagen. Das Produkt, die R.-Kopiervorlage, beinhaltet nach der Rasterung die Bildinformation der Vorlage in Form von Bildelementen (meist R.-Punkten), welche in ihrem Mittelpunkt voneinander gleich weit entfernt sind (Bild 1) und in ihrer variablen Größe unterschiedliche Tonwerte wiedergeben (R.-Tonwert).

In der →Reproduktionstechnik kennt man Distanz-R., Kontakt-R. und die Möglichkeit der elektronischen Rasterung.

Beim Aufrastern mit *Distanz-R.* (Bild 2), der aus zwei Glasplatten mit jeweils eingeätzten und mit Farbe (Schwarz oder Magenta) ausgefüllten parallelen Linien mit 50 % Flächendeckung besteht und die im Winkel von 90° zueinander zu einer Einheit verkittet sind, werden die einzelnen Bildelemente (R.-Punkte) durch die Intensität des von der Vorlage remittierten oder transmittierten Lichts auf dem lichtempfindlichen Material, das sich in einem genau definierten Abstand zum R. bei der Belichtung befindet, erzeugt. Wenig Licht führt zu kleinen R.-Punkten, viel Licht zu großen, die sich dann, bei noch mehr Licht, mehr und mehr überlappen und nur noch Zwischenräume unterschiedlicher Größe übrig lassen.

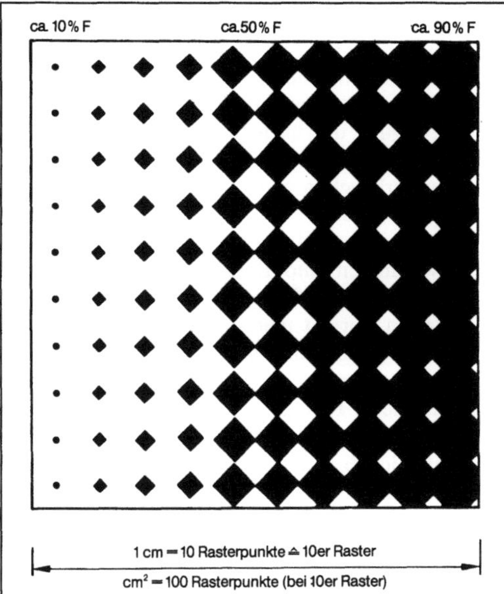

Raster (Drucktechnik) 1: Raster-Kopiervorlage. Die kürzeste Entfernung zwischen zwei Rasterpunktmittelpunkten ist die Rasterwinkellage (hier 0° oder 90°).

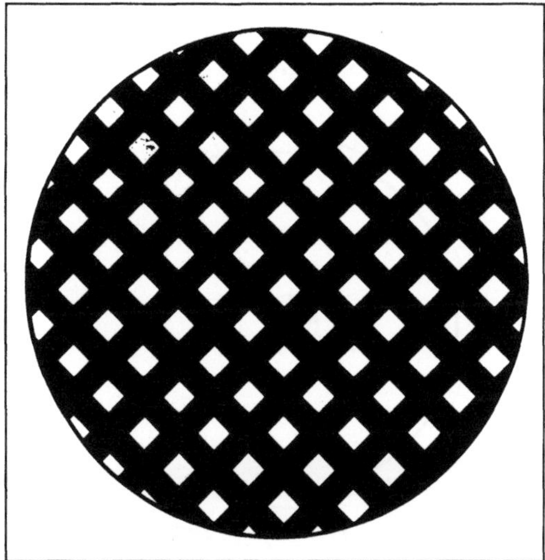

Raster (Drucktechnik) 2: Distanz- oder Glasgravurraster.

Der *Kontakt-R.* (Bild 3) ist ein Film-R. Aufbelichtete R.-Punkte haben verlaufende Schwärzung. Im Kern der R.-Punkte liegt eine hohe Dichte vor, die zum Rand hin abnimmt bis zu der geringsten Dichte in den Zwischenräumen. Je nach Lichtmenge, die von der Vorlage auf den Kontakt-R. und von dort auf das zu belichtende Material (das in engem Kontakt zum Kontakt-R. liegt) gelangt, entstehen in Abhängigkeit der Helligkeit der Vorlage unterschiedlich große R.-Punkte.

924

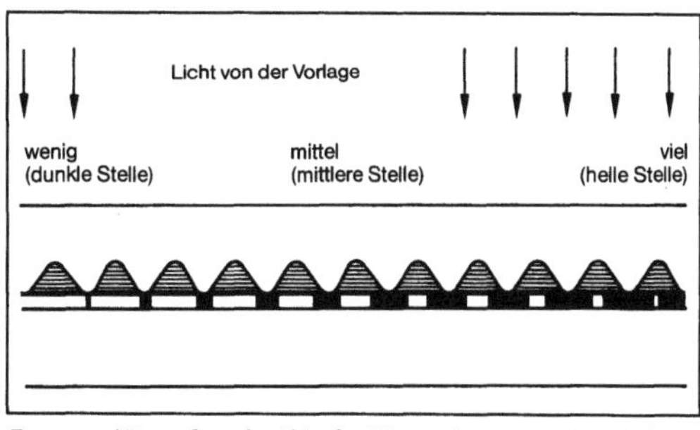

Raster (Drucktechnik) 3: Kontaktraster im Schnitt mit Rasterpunkten verlaufender Dichte, lichtempfindliche Schicht auf einem Bildträger mit unterschiedlich großen Rasterpunkten.

Bei der *elektronischen Rasterung* wird das Bildsignal der Vorlage bei der Scannerabtastung zur Modulation von Teilstrahlen eines Lasers eingesetzt. Das Laserlicht, in z. B. sechs Teilstrahlen aufgeteilt, wird über die Modulationseinheit mit den digitalen Steuersignalen des R.-Rechners im Scanner zusammengeführt. Die einzelnen Teilstrahlen können dadurch in Abhängigkeit der Bildinformation ein- und ausgeschaltet werden. Ein Lichtkabel führt diese Teilstrahlen zum Schreibkopf eines Recorders, von wo aus sie über ein Zoom-Objektiv auf den zu belichtenden, auf einer Schreibwalze aufgespannten Film projiziert werden. Die elektronische Rasterung erfolgt zeilenweise. Ein R.-Punkt wird in zwei Schreibwalzenumdrehungen aufgezeichnet. Bei der elektronisch gesteuerten →Druckformherstellung wird ein Laserstrahl oder ein Gravierstichel direkt von der Rechnereinheit einer digitalen Bildverarbeitung rasterpunktbildend oder bildelementsteuernd eingesetzt (Druckformherstellung Flachdruck, Druckformherstellung Tiefdruck). *Burkhardt*

Raster Image Processor (RIP). Gerät, das die Aufgabe hat, die im vorgeschalteten Eingabesystem komplett umbrochenen Ganzseiten mit sämtlichen Text- und Bilddaten so aufzubereiten, daß dem angeschlossenen Ausgabesystem ebenfalls komplette, jedoch in Scanlinien zerlegte Ganzseiten übergeben werden können. Innerhalb der Scanlinien sind die Einzelinformationen bildpunkt- bzw. pixelorientiert.

Eine vom RIP komplett aufbereitete Seite besteht aus einem Raster mit einer Vielzahl von Schwarzweißinformationen mit mikroskopischer Feinheit (z. B. 1 Mill. Elemente/cm²). Für die Gestaltung einer kompletten Seite am Bildschirm eines Ganzseiten-Umbruchsystems werden die einzelnen Komponenten der Seite wie Texte, Graphiken, Logos, Rasterbilder usw. nacheinander aufgerufen, positioniert, geändert und miteinander kombiniert. Diese Funktionen müssen aber bei der Ausgabe nicht hintereinander, sondern gleichzeitig ablaufen. Das hängt mit den modernen Ausgabeeinheiten, wie beispielsweise digitalen Druckern oder Laserstrahl-Photosatzbelichtern, zusammen, da derartige Geräte auf Grund ihrer Konstruktion lediglich einen Bildpunkt nach dem anderen bzw. eine Scanlinie nach der anderen auf das verwendete Ausgabemedium ausgeben können. Der Einsatz der RIP-Technik ist deshalb eine Grundvoraussetzung für die Vernetzung von Bausteinen für die Verarbeitung von Text, Graphik und Bildern.   *W. Schmid*

Rasterdichte →Farbdichte

Rastertonwert. Der R. ist das Maß für eine in Bild- und Nichtbild-Elemente zerlegte Fläche in Kopiervorlagen und in Drucken (Bild). Er wird durch den Flächendeckungsgrad ausgedrückt und über Dichte- bzw. Farbdichtemessung durch Densitometer erfaßt. Bei autotypischen Druckverfahren ist es erforderlich, daß die Vorlage zur Herstellung einer Reproduktion und einer →Druckform in einzelne Elemente (Rasterpunkte) zerlegt werden muß. Dies geschieht photomechanisch und/oder über elektronische Abtastung und Aufzeichnung.

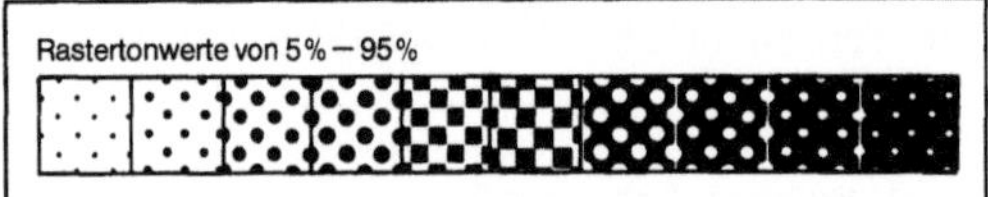

Rastertonwert: Darstellung der Rastertonwerte von 5–95%.

Bei Kopiervorlagen (Rasterfilmen) gilt:

$\%F_{RP} = (1\text{–}10^{-D})\,100$ bzw.
$\%F_{RN} = 100 - (1\text{–}10^{-D})\,100;$
bei Drucken gilt die Murray-Davies-Gleichung:

$$\%F_{Druck} = \frac{1\text{–}10^{-D_R}}{1\text{–}10^{-D_V}}\,100,$$

wobei %F Prozent Flächendeckungsgrad, D Dichte, RP Rasterpositiv, RN Rasternegativ, D_R Dichte →Raster und D_V Dichte Vollton bedeuten.

Der R. ist im Rasterfilm mit dem aus der Geometrie ableitbaren Flächendeckungsgrad identisch. Der R. im Druck bzw. dessen Flächendeckungsgrad ist ein auf den zugehörigen Vollton bezogenes photometrisches Maß. Er ist als ein optisch wirksamer, scheinbarer Flächendeckungsgrad zu bezeichnen, weil neben der rein geometrischen Bewertung alle optischen Einflüsse wie Lichtfang (innere Streuung des einfallenden Lichtes im Bedruckstoff und teilweise Absorption) und Streuung erfaßt werden. So liegt der R. im Druck in der Regel über dem aus dem geometrischen Flächendeckungsgrad ableitbaren Wert (DIN 16527, Tl. 1)   *Burkhardt*

Rastgetriebe. Rastmechanismen und R. (Rast-MG) sind gekennzeichnet durch mindestens einen zeitweiligen Stillstand mindestens eines MG-Glieds während einer →Bewegungsperiode bei fortlaufender Bewegung der übrigen Glieder, ohne daß der Eingriff zwischen zwei Gliedern an irgendeiner Stelle unterbrochen wird. Im Unterschied zu einer Umkehrbewegung, während der nur die Geschwindigkeit zu null wird, haben in einem Rastbereich Geschwindigkeit und Beschleunigung gleichzeitig den Wert null. Wird dieser Wert theoretisch exakt eingehalten, spricht man von einer genauen Rast. Bewegen sich von null verschiedene Abweichungen innerhalb zulässiger Toleranzen, handelt es sich um eine genäherte Rast.

Rasten können mit geringstmöglicher Gliederanzahl (nämlich drei) durch Kurven-MG erzeugt werden. Diese haben den Vorteil, daß Anzahl, Beginn und Ende der Rasten nach optimalen Bewegungsgesetzen und über nahezu beliebige Bereiche der Bewegungsperiode ausgeführt werden können. Ebene, sphärische und räumliche kurvengesteuerte Schrittgetriebe (Bild 1) werden von Herstellern als fertige Baueinheiten angeboten. Ebene viergliedrige MG können Bewegungen mit Rasten nicht erzeugen. Erst durch Hinzufügen eines Zweischlags sind koppelkurvengesteuerte bzw. trochoidengesteuerte Rast-MG mit größerer Rastdauer möglich.

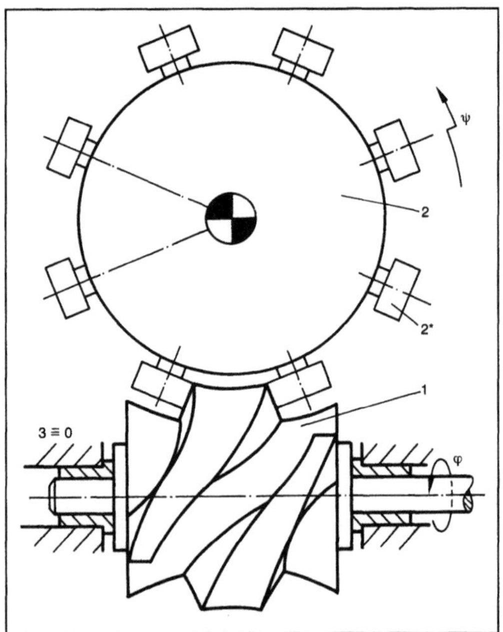

Rastgetriebe 1: Globoidkurven-Schrittgetriebe mit sphärischem Kurvenkörper 1 (Antriebs-Drehwinkel φ) und Abtriebsrad 2 (mit Eingriffsrollen 2), das Schrittbewegung ausführt. (Quelle: Volmer a. a. O.)*

Kürzere Rasten von hoher Güte lassen sich mit geringem Aufwand z. B. durch Koppeln zweier Viergelenk-MG in den Umkehrlagen erzeugen (Bild 2). Durch diese Reihenschaltung zweier Mechanismen werden deren Übertragungsfunktionen miteinander multipliziert. Eine →Parallelschaltung von MG mit Addition der Übertragungsfunktionen bedeutet höheren Aufwand, da ein Summiermechanismus (z. B. Planetenrädergetriebe) zwischengeschaltet werden muß. Im Prinzip ist aber jede Art ungleichmäßig übersetzender MG mittels Reihen- oder Parallelschaltung (zusammengesetzte →Getriebe) zum Erzeugen von Bewegungen mit Rasten geeignet.

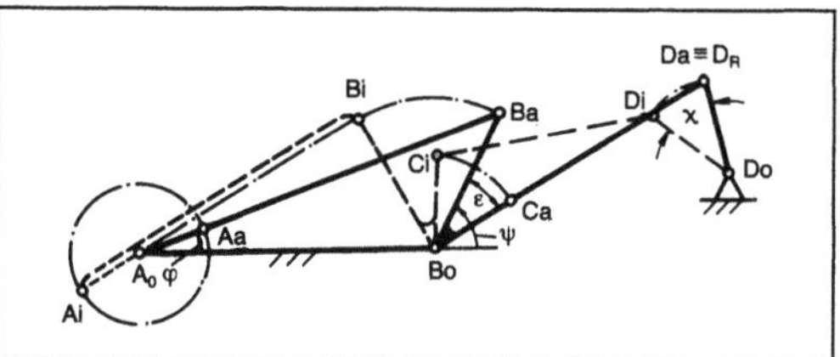

Rastgetriebe 2: Rastgetriebe.

Getriebe besteht aus 2 in den äußeren Umkehrlagen (Totlagen) gekoppelten Gelenkgetrieben; Grundgetriebe in den Totlagen (Index a): Kurbelschwinge $A_0\,A_a\,B_a\,B_0$, Totalschwinge $B_0\,C_a\,D_a\,D_0$ mit Phasenwinkel ε des ternären Glieds $B_a\,B_0\,C_a$. Skizzierte Stellung $D_a\,D_R$ als Rastlage von Abtriebsglied $\overline{D_a\,D_0}$ mit Abtriebswinkel κ

Bewegungen mit Stillständen vom Charakter einer genauen Rast können von Schaltgetrieben erzeugt werden. Bei derartigen MG (Bild 3) wird der Kontakt zwischen zwei Eingriffselementen (Treiber T und Schlitz S) periodisch unterbrochen und der Stillstand durch besondere konstruktive Maßnahmen (Gleitflächen g_1 und g_2) gesichert. *Gierse*

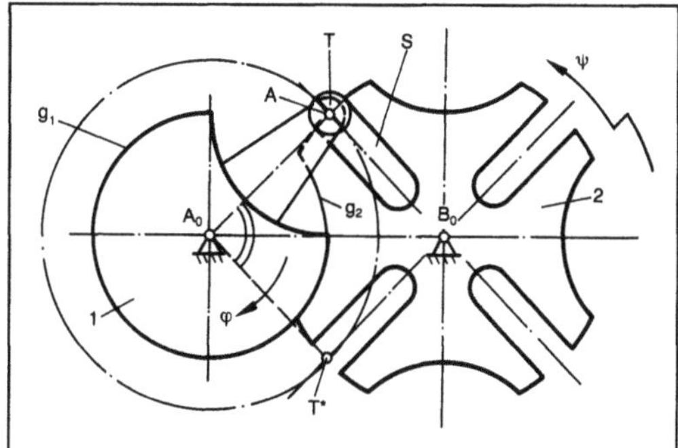

Rastgetriebe 3: Malteserkreuzgetriebe als Schaltgetriebe. (Quelle: Volmer, a. a. O.)

Treiber T von Antriebsglied 1 tritt in gezeichneter Stellung in Schlitz S von Abtriebsrad 2 und verläßt diesen nach Drehung um 90° in Stellung T*. Stillstand für 270° bis zum erneuten Eintritt von T in den nächsten Schlitz. Konturen der zylindrischen Gleitflächen g_1 und g_2 halten Rad 2 während Stillstand in Position

Literatur: *Volmer, J.* (Hrsg.): Getriebetechnik Lehrb. Ost-Berlin 1980.

Rationalisierung (Konstruktion). Unter R. wird die Anwendung des Prinzips der Wirtschaftlichkeit verstanden: mit gegebenem Aufwand eine maximale Leistung erbringen bzw. umgekehrt eine verlangte Leistung bei minimalem Aufwand erbringen.

Die Bedeutung der R. ist im Bereich Konstruktion und Entwicklung zunehmend: Mit stärkerem Einsatz des Rechners (CAD/CAM; CIM) nimmt die Tendenz zu, alle Phasen der Produktentstehung und alle Produkteigenschaften möglichst früh zu planen bzw. zu erkennen, solange das Produkt nur als Information und nicht stofflich existiert. Insofern muß die R. gesamthaft gesehen werden und muß Teile der Fertigung, der Montage, der Qualitätssicherung, der Beschaffung, des Verkaufs umfassen, die zukünftig in eine Abteilung „Technische Planung" integriert werden.

Weitere Gründe für die R.: Die Entwicklung und Konstruktion verursachen 3 % (Serie) bis 25 % (Einzelfertigung) der Selbstkosten eines Unternehmens und beanspruchen bis zu 50 % der Produkt-Lieferzeit. Der konstruktive Aufwand nimmt zu wegen steigender Produktvielfalt, komplizierterer Produkte und geforderter kürzerer Entwicklungszeit.

Die Maßnahmen zur R. können bei zwei Schwerpunkten ansetzen: bei der Produktstruktur und beim →Konstruktionsprozeß. Beide Bereiche werden durch die →Konstruktionsmethodik (→Konstruktionsverfahren) erfaßt.

Eine geeignete Produktstruktur (Produktnorm) rationalisiert nicht nur die Vorgänge in der Konstruktion, sondern im ganzen Unternehmen. Produkte, die als Baukasten, Baureihen oder in Teilefamilien mit einer geeigneten Werknorm konstruiert, produziert und verkauft werden, ergeben Kostenvorteile (größere Stückzahl, Trainiereffekt, Sonderbetriebsmittel) sowie Lieferzeit- und Qualitätsvorteile, sofern man sich nicht ohnehin im Bereich der Großserien-Produktion befindet.

Der Konstruktionsprozeß wird bei erwähnter Produktstruktur sehr rationell. Im Grenzfall kann die Auftragsabwicklung fast ganz rechnergestützt (CAD-CAM-CAQ) durchgeführt werden. Die Bearbeitungszeit kann auf 1/10–1/100 der konventionellen absinken. Allerdings ist zur Erstellung derartiger Produktstrukturen und Programme ein erheblicher Einmalaufwand nötig, der sich erst nach größeren Auftrags-Stückzahlen lohnt.

Die erwähnten Maßnahmen sind vorteilhaft bei bestimmten, in Einzel- und Kleinserienfertigung hergestellten Produkten, nicht so sehr bei Großserien.

Darüber hinaus wird der Bereich des Konstruierens durch Maßnahmen für einen geordneten Konstruktionsablauf rationalisiert. Insbesondere ist eine gute Aufgabenklärung (→Anforderungsliste) von Bedeutung und die Kontrolle des erreichten Konstruktionsfortschritts am Ende der Konstruktionsphasen. Hierzu gehört eine wirkungsvolle Planung der Bearbeitung von Projekten bzw. Aufträgen nach Terminen bzw. Konstruktionskapazität. Im Gegensatz zur detaillierten Fertigungsplanung ist eine Konstruktions-Vorbereitung und -Planung selten!

Da die Informationsbeschaffung bis zu 20 % der Konstruktionskapazität beanspruchen kann, muß die Informationsbereitstellung und die Dokumentation rationalisiert werden (z. B. durch Mikroverfilmung, Bildschirm-Einsatz, EDV-Suchsysteme). Dies betrifft z. B. Normen, Wiederholteile, Zeichnungen, Lieferanten-Nachweise, Vorschriften, Berichte, Literatur und Patente.

Die zukünftige Informationsverarbeitung wird vor allem durch den Rechnereinsatz rationalisiert. Hierzu gehört aber die Erfassung der Konstruktions- und Fertigungslogik, um Produkte mit Hilfe von Variantenprogrammen und durch Zusammensetzen von Gestaltzonen (Makros) teilweise automatisiert zu konstruieren. Dies wiederum bedingt geeignetes, genügend hoch qualifiziertes Personal. Es wird deutlich: R. im Konstruktionsbereich ist langfristig nicht mit kurzfristig wirkender Personalreduzierung zu erreichen, sondern mit der Einführung von qualitativ hochstehendem Personal, Methoden und Geräten. Der rationelle Konstruktionsprozeß ist nicht der billigste, sondern derjenige, der zur richtigen Zeit ausreichend Produkte mit hohen Gewinnchancen erbringt. *Ehrlenspiel*

Literatur: *Bernhaldt, R.:* Die Konstruktion rationalisieren– Konventionell und EDV-gestützt. VDI-Z. 129 (1987) Nr. 3, S. 21/25. – *Ehrlenspiel, K.:* Kostengünstig Konstruieren. Berlin, Heidelberg, New York 1985. – *Ehrlenspiel, K.:* Leistungssteigerung in der Konstruktion. Konstruktion 27 (1975) Nr. 10, S. 365/73.

Ratsche. R. werden als moment- oder richtungsgeschaltete Kupplungen verwendet. Als momentgeschaltete Kupplung wird die R. als kraftschlüssige →Sicherheitskupplung eingesetzt. Bei ihr werden in einer Kupplungshälfte angeordnete Sperrkörper (Kugeln oder mit Anschrägungen versehene Bolzen) in Ausnehmungen der anderen Kupplungshälfte gedrückt. Bei Überschreiten eines bestimmten Drehmoments ratscht die Kupplung durch, wodurch der Drehmomentfluß unterbrochen wird. Bild 1 zeigt als Beispiel eine Stern-R. Als richtungsgeschaltete Kupplung ist die R. ein formschlüssiger Freilauf. Bild 2 zeigt einen Klinkenfreilauf. Als Freilauf wird die R. häufig in Werkzeugen, z. B. bei

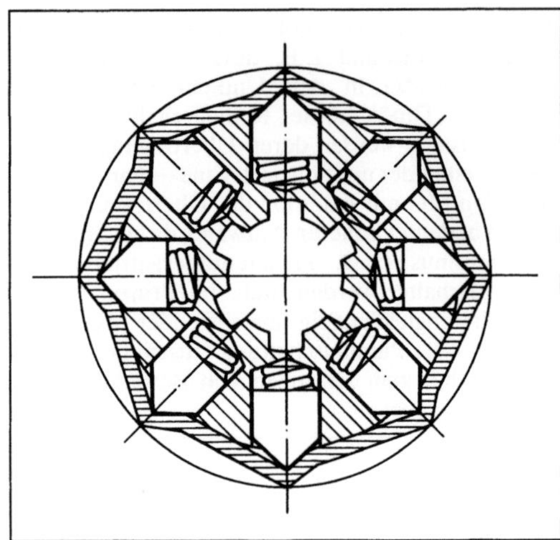

Ratsche 1: Sternratsche.

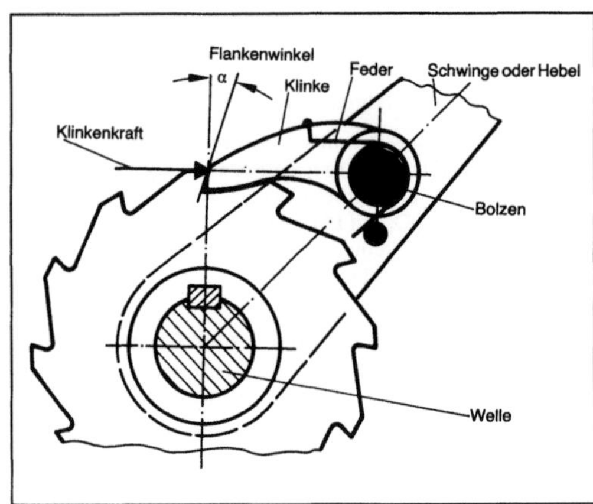

Ratsche 2: Klinkenfreilauf.

Drehmomentschlüsseln verwendet, damit Schrauben an unzugänglichen Stellen nicht nur durch Drehen in einer Richtung, sondern durch hin- und hergehende Bewegungen angezogen werden können. *Ehrlenspiel*

Rauheit. Regelmäßig oder unregelmäßig wiederkehrende Gestaltabweichungen der Oberfläche von Festkörpern, wobei das Verhältnis der Abstände der Gestaltabweichungen zu ihrer Tiefe zwischen 100:1 und 5:1 liegt. Sie werden durch unterschiedliche R.-Meßgrößen gekennzeichnet (DIN 4768, Bl. 1):

□ Mittenrauhwert R_a: Arithmetischer Mittelwert der absoluten Beträge der Abweichung y des R.-Profiles von der mittleren Linie innerhalb der Meßstrecke l_m (Bild 1). Dies ist gleichbedeutend mit der Höhe eines Rechtecks, dessen Länge gleich der Gesamtmeßstrecke l_m und das flächengleich mit der

Summe der zwischen R.-Profil und mittlerer Linie eingeschlossenen Flächen ist:

$$R_a = \frac{1}{l_m} \int_{x=0}^{x=l_m} |y|\, dx;$$

☐ Einzelrauhtiefe Z_i: Abstand zweier Parallelen zur mittleren Linie, die innerhalb der Einzelmeßstrecke das R.-Profil am höchsten bzw. tiefsten Punkt berühren (Bild 2);

☐ gemittelte Rauhtiefe R_z: arithmetisches Mittel aus den Einzelrauhtiefen fünf aneinandergrenzender Einzelmeßstrecken (Bild 2);

☐ maximale Rauhtiefe R_{max}: Größte der auf der Gesamtmeßstrecke l_m vorkommenden Einzelrauhtiefen (Bild 2).

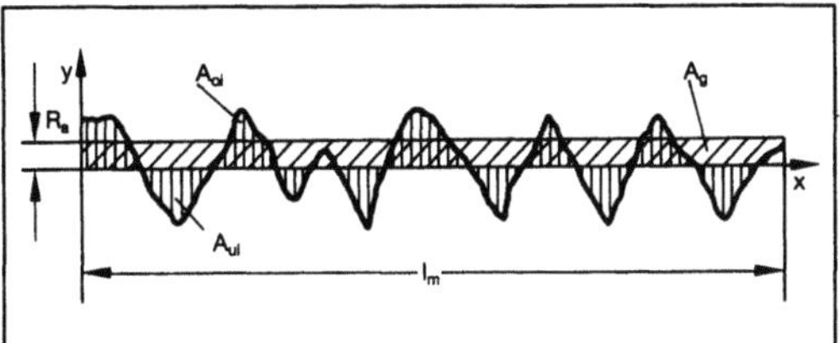

Rauheit 1: Mittenrauhwert R_a.

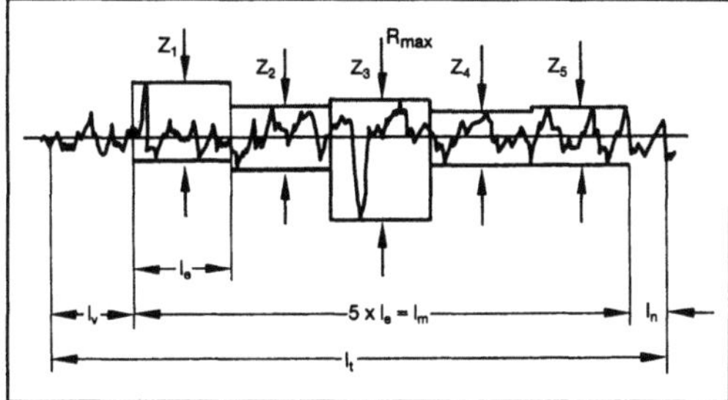

Rauheit 2: Gemittelte Rauhtiefe R_z.

Die R.-Meßgrößen werden mit elektrischen Tastschnittgeräten gemessen, die das Oberflächenprofil mit einer Tastspitze abtasten und die Gestaltabweichungen in analoge elektrische Signale umwandeln (DIN 4772). Dabei werden i. a. Wellenfilter benutzt, die bewirken, daß langwellige Anteile des Profils r nicht in das R.-Profil bzw. in die R.-Meßgrößen übernommen werden. Die Filtercharakteristiken der Wellenfilter sind den gewählten Meßlängen und dem Betrag der R.-Meßgrößen zugeordnet (DIN 4768, Bl. 1). *Habig*

Literatur: DIN 4768. Bl. 1: Ermittlung der Rauheitsmeßgrößen R_a, R_z, R_{max} mit elektrischen Tastschnittgeräten. Hrsg. Dt. Normenausschuß. Ausg. Aug. 1974. – DIN 4772: Elektrische Tastschnittgeräte zur Messung der Oberflächenrauheit nach dem Tastschnittverfahren. Hrsg. Dt. Inst. für Normung. Ausg. Nov. 1979. – DIN 4766. Tl. 1: Herstellverfahren der Rauheit von Oberflächen, erreichbare gemittelte Rauhtiefe R_z nach DIN 4768. Tl. 1. Hrsg. Dt. Inst. für Normung. Ausg. März 1981.

Rauhmaschine → Textilausrüstung

Raumluftbefeuchter. R. haben die Aufgabe, der Raumluft Feuchtigkeit zuzuführen und dadurch deren absolute Feuchtigkeit zu erhöhen. In Aufenthaltsräumen wird die Raumluftbefeuchtung zur Steigerung der Hygiene und des Wohlbefindens durchgeführt. Durch Austrocknen der Schleimhäute in den oberen Atemwegen wird die Widerstandskraft gegen Infektionskrankheiten geschwächt. Auch die Haut wird durch Austrocknung gegenüber Hautreizungen empfindlicher. In Aufenthaltsräumen sollte deshalb die relative Raumluftfeuchte zwischen 40–60 % liegen; 30 % r. F. sollte als untere Grenze möglichst nicht unterschritten werden. In Fabrikations- und Lagerräumen kann die Raumluftbefeuchtung auch aus technischen Gründen, wie beispielsweise zur Einhaltung einer bestimmten mit der Raumluftfeuchte im Gleichgewicht stehenden Stoffeuchte (bei hygroskopischen Stoffen wie Textilien, Holz, Papier, Tabak u. ä.), erforderlich sein. Zu unterscheiden sind hierbei folgende grundsätzliche Verfahren der Feuchteübertragung:

☐ *Verdunstung:* Luftbefeuchtung durch Wasserdampfdiffusion an Wasseroberflächen oder benetzten Flächen bei Temperaturen unter 100 °C (Verdampfungstemperatur). Der Verdunstungsstrom wird durch Erhöhung der Übertragungsfläche, →Luftgeschwindigkeit und Wassertemperatur (Grenzflächentemperatur) gesteigert. Die Verdunstungswärme ist meist durch die Raumluft zu decken (Raumluftabkühlung). Ausnahme bei Wassererwärmung oberhalb der →Lufttemperatur (volle Deckung der Verdampfungswärme) bzw. oberhalb der Kühlgrenztemperatur der Luft (teilweise Deckung der Verdampfungswärme).

☐ *Zerstäubung:* Luftbefeuchtung durch Wasserzerstäubung in kleinste Wassertröpfchen (ca. 5 μm Dmr.), die in die Raumluft verdunsten (Aerosolbefeuchtung). Die für die Verdunstung notwendige Wärme wird der Raumluft entzogen (adiabatische Luftbefeuchtung, spezifische Wärmeleistung ca. 0,67 kW/kg Wasser).

☐ *Verdampfung:* Luftbefeuchtung durch direktes Einführen von Trockendampf (keine Tropfenbildung) in die Raumluft. Der Dampf ist in separaten, in den Raumluftbefeuchtungseinheiten integrierten Verdampfungseinrichtungen mit Elektrobeheizung (Flächen- oder Gitterelektroden) drucklos (1 bar) zu erzeugen oder bei hohem Dampfbedarf (ab ca. 50–100 kg/h) in einem separaten Dampfkessel verunreinigungsfrei (z. B. frei von Hydrazin) bereitzustellen. Durch die apparative Bereitstellung der Verdampfungswärme (spezifischer Energieaufwand ca. 0,758 kWh/h je 1 kg/h Dampf) wird hierdurch die Raumtemperatur nicht beeinflußt (keine Temperaturabsenkung).

Für die im h, x-Diagramm (nach *Mollier*) übersichtlich zu verfolgende Zustandsänderung der Raumluft ist der Randmaßstab Enthalpie- oder Feuchtegehaltsänderung $\Delta h/\Delta x$ bestimmend (Bild 1). Bei der Verdunstungs- und Aerosolbefeuchtung (Zerstäubung) entspricht derselbe dem Wärmeinhalt des Sprühwassers $c_W \cdot \vartheta_W$. Die Zustandsänderungen $\Delta h/\Delta x = c_W \cdot \vartheta_W$ verlaufen ziemlich parallel zu den Enthalpiegeraden h = konst (Bild 1). Bei der Dampfbefeuchtung ist der versprühte Dampfstrom $\dot{m}_D$ (kg/h) mit der Feuchteaufnahme der Raumluft Δx und dessen Wärmeinhalt $\dot{m}_D \cdot h_D$ (h_D spezifischer Wärmeinhalt des Dampfes in kJ/kg) mit der Enthalpieänderung der Raumluft Δh identisch. Für die nur unwesentlich von der Raumlufttemperaturisotherme (ϑ = konst) abweichenden Zustandsänderung ist dann der Randmaßstab $\Delta h/\Delta x = h_D$ maßgebend (Bild 2 und 3).

Die verschiedenen Ausführungsformen der R. und deren Betriebsbedingungen sind in der Tabelle zusammengestellt. *K. G. Müller*

Raumluftbefeuchter. Tabelle: Übersicht.

Verdunstung	Zerstäubung (Aerosolbefeuchtung)			Verdampfung
Verdunstungs-befeuchter	Rotationszerstäuber	Ultraschallbefeuchter	Befeuchtungsdüsen	Elektrodampf-befeuchter
Wirkungsweise: Durch einen Ventilator wird ein Raumluftstrom über wasser- bzw. wasserbenetzte Oberflächen geführt. Erhöhung der Wasserdampfaufnahme*) durch Vergrößerung der Verdungstungsflächen (eingetauchte poröse Platten; eintauchendes endlos umlaufendes Schaumstoffband, Wasserbewegung durch langsam umlaufendes Schaufelrad) sowie durch Wassererwärmung**)	*Wirkungsweise:* Durch Zentrifugalschleuderung wird zugeleitetes Wasser (Behälter mit Schwimmerschalter) in Aerosole (Tröpfchendurchmesser ca. 10–20 µm) diminuiert und dem von einem Ventilator geförderten Raumluftstrom beigemischt. Aerosolerzeugung durch elektromotorisch angetriebene Zentrifuge (Raumluftbefeuchter Bild 2) oder durch eine Rotationsscheibe, die das Wasser gegen einen Lamellenkranz schleudert	*Wirkungsweise:* Aerosolbildung durch einen ultraschallwellenerzeugenden (>20 kHz) Schwingungsumwandler (Umwandlung elektrischer Hochfrequenzenergie, 1,7 MHz) in einem Wassertank oder durch Aufbringen von Wasser auf eine in Schwingungen versetzte Membran (Biegeresonator), Arbeitsfrequenz ca. 20 kHz	*Wirkungsweise:* Wasserzerstäubung in Düsen (Wurfweite 6–7 m), jedoch tropfenfrei nur mit Druckluft (ölfreie Erzeugung durch Membrankompressor) erreichbar. Anordnung der Düsen in einem im Raum verlegten Wasser- und Druckluftleitungsnetz (Höhe 3–4 m, Abstand 2–3 m); zu unterscheiden sind: ▫ Zweistoffdüsen mit Druckluft- und Druckwasseranschluß ▫ Injektordüsen, Wassermitführung und -vernebelung durch den über Injektorkammern austretenden Luftstrahl, indirekte Wassereinspeisung über Zwischenbehälter mit Schwimmerschalter	*Wirkungsweise:* Einblasen von trockenem Dampf, der in einem Dampfzylinder mit 2 oder mehreren Gitterelektroden aus zugespeistem Leitungswasser drucklos erzeugt wird (Elektroden-Dampfbefeuchter); weitere Heizungsausführungen: ▫ elektrische Widerstands-Rohrheizelemente (Bild 3), ▫ Infrarotheizung (Quarzglasrohr) mit Halogengasfüllung und innenliegendem Wolframfaden, Fadentemperatur 2000–2200 °C
Leistungsbereich: Verdunstungsstrom 1–3 l/h	*Leistungsbereich:* Verdunstungsstrom ▫ Raumbefeuchtung 2–3 l/h (Stromaufnahme ca. 0,2 kWh je m³ Raumvolumen) ▫ Industrieanwendung bis 60 l/h	*Leistungsbereich:* Verdunstungsstrom ▫ Raumbefeuchtung 0,4–5 l/h ▫ Industriebefeuchtung bis 150 l/h Energieverbrauch 100 Wh/l (bei 0,4 l/h) bzw. 1 Wh/l (bei 150 l/h)	*Leistungsbereich* (je Düse): Verdunstungsstrom 0,6–30 l/h bei 0,5–1,5 bar Überdruck Luftverbrauch 2–6 m³/h	*Leistungsbereich:* Verdunstungsstrom 0,5–40 l/h bei Heizleistungen 3–30 kW Energieverbrauch je kg Dampferzeugung: 0,76 kWh bei Elektroden- und Widerstandsheizung; 1,0 kWh bei Infrarotstrahlung

*) Der flächenbezogene Verdunstungsstrom ist bei Wasseroberflächen mit Raumtemperatur relativ niedrig; Verdunstungsstrom in g/dm², d bei Wasser-/Raumlufttemperatur 20 °C, rel. Luftfeuchte 50 %: 6 (ruhende Luft), 48 (Luftgeschwindigkeit 0,5 m/s), 106 (1 m/s), 170 (1,5 m/s)

**) Durch Wassererwärmung kann der Verdunstungsstrom beachtlich gesteigert werden; Verdunstungsstrom in g/dm², d bei Wassertemperatur 80 °C, Raumluftzustand 20 °C, 50 % r.F.: 1339 (ruhende Luft), 3010 (Luftgeschwindigkeit 0,5 m/s), 5080 1,5 m/s)

Raumluftbefeuchter. noch Tabelle: Übersicht.

Verdunstung	Zerstäubung (Aerosolbefeuchtung)			Verdampfung
Verdunstungs-befeuchter	Rotationszerstäuber	Ultraschallbefeuchter	Befeuchtungsdüsen	Elektrodampf-befeuchter
Betriebsbedingungen: geringe Befeuchtungsleistung bei niedrigem Leistungsbedarf; deshalb erstrangig für die Wohnraumbefeuchtung geeignet (notwendiger Befeuchtungsstrom je m^3 Raumvolumen ca. 2,5 g/h). Gefahr der Wassersteinbildung (Abhilfe: Phosphatimpfung oder Enthärtung des Zusatzwassers)	*Betriebsbedingungen:* Abkühlung der Raumluft durch Wärmeentzug für die Wasserverdunstung (ca. 0,67 kWh/kg); keine völlig tropfenfreie Zerstäubung möglich, Rückführung des Überschußwassers zum Wasserbehälter. Absetzung von im Befeuchtungswasser gelösten Mineralien (Abhilfe: Wasserentsalzung, insbes. bei empfindlichen Anwendungen wie EDV-Anlagen, Laboratorien u. a.); Vergrößerung der Kühlleistung durch Übersättigungsbefeuchtung (bis 1,5 g/kg) erreichbar	*Betriebsbedingungen:* Abkühlung der Raumluft durch Wärmeentzug für die Wasserverdunstung (ca. 0,67 kWh/kg); tropfenfreie, sehr feine Vernebelung (Tropfengröße variiert mit der Schwingungsfrequenz, häufigster Durchmesser 40 μm). Absetzung von im Befeuchtungswasser gelösten Mineralien (Abhilfe: Wasserentsalzung, insbes. bei empfindlichen Anwendungen wie EDV-Anlagen, Laboratorien u. a. sowie Befeuchterreinigung)	*Betriebsbedingungen:* Abkühlung der Raumluft durch Wärmeentzug für die Wasserverdunstung (ca. 0,67 kWh/kg); tropfenfreie Vernebelung, Gefahr der Tropfenbildung nur durch Verstauben oder Verkalken der Düse; Absetzen von im Befeuchtungswasser gelösten Mineralien (Abhilfe: Wasserentsalzung, insbes. bei empfindlichen Anwendungen wie EDV-Anlagen, Laboratorien u. a.); Vergrößerung der Kühlleistung durch Übersättigungsbefeuchtung (bis 1,5 g/kg) erreichbar	*Betriebsbedingungen:* mineralienfreie Raumluftbefeuchtung, Abschlemmung des Systems zum Verringern der Mineralsalzkonzentration im Dampfzylinder (etwa einmal monatlich); Austausch (Elektrodenbefeuchter) oder Reinigung (Widerstandsheizung) der mit Kalk aufgefüllten Dampfzylinder. Empfehlenswert ist eine Vollentsalzung bzw. Enthärtung des Wassers

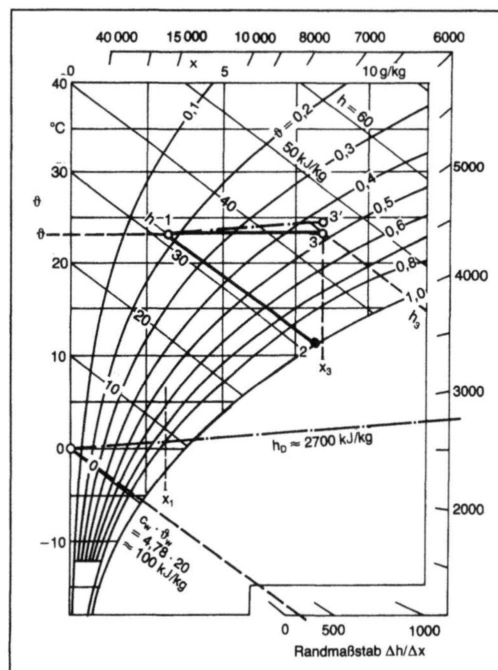

Raumluftbefeuchter 1: Befeuchtungs-Zustandsänderungen im h, x-Diagramm.

1–2 Dampfbefeuchtung, 1–3 Verdunstung, Zerstäubung

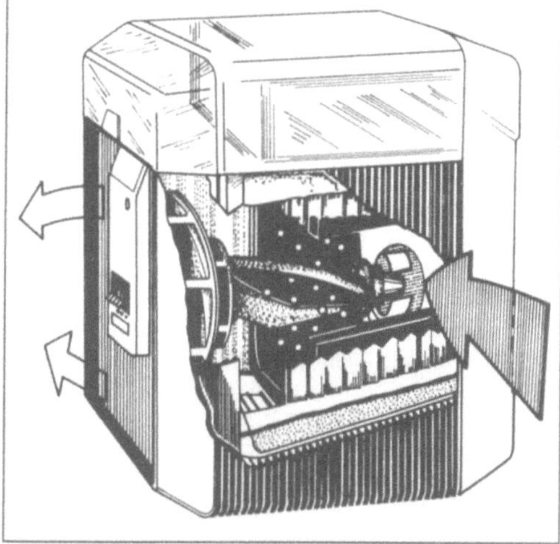

Raumluftbefeuchter 2: Mit elektronisch angetriebener Zentrifuge zur Aerosolerzeugung. (Quelle: Defensor)

Literatur: *Hofmann, W. M.:* Untersuchungen an einem Schleuderscheibenbefeuchter. Heiz.-Lüft.-Haustechn. 25 (1974) Nr. 1, S. 6/8. – *Hottinger, M.:* Wasserverdunstung und Luftbefeuchtung. Gesundh.-Ing. 61 (1938) Nr. 19, S. 250/57. – *Kundt, J. J.:* Luftbefeuchtung mit Hilfe von Ultraschall. Kälte- u. Klimatechn. 1988 Nr. 7, S. 300/04. – *Schartmann, H.:* Luftbefeuchtungstechnik. TAB 14 (1983) Nr. 10, S. 825/30. – *Socher,*

H. J.: Luftbefeuchtung. TAB 13 (1982) Nr. 12, S. 939/43. – *Socher, H. J.:* Düsenbefeuchtung in der Industrie. TAB 18 (1987) Nr. 6, S. 495/98.

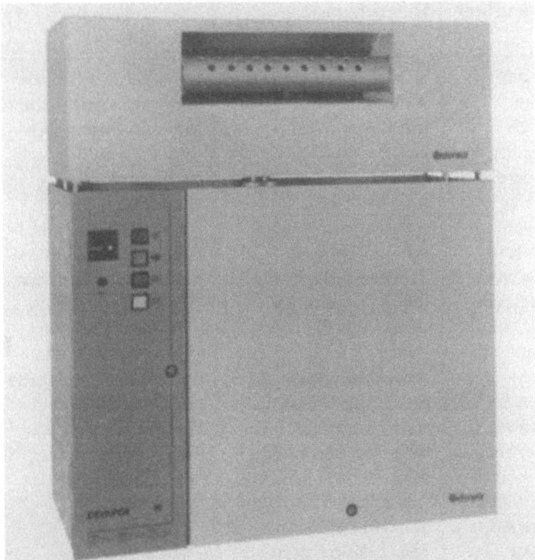

Raumluftbefeuchter 3: Dampfluftbefeuchter mit elektrischen Widerstands-Heizelementen zur direkten Raumbefeuchtung. (Quelle: Defensor)

Raumluftströmung. Für die im Raum sich ausbildende Luftströmung sind insbes. die Anordnung und Art der verwendeten Luftdurchlässe, die Parameter der eingeleiteten Zuluftströme sowie die Verteilung und Intensität der Wärmequellen im Raum bestimmend. Die durch die Luftdurchlässe austretenden Zuluftstrahlen vermischen sich mehr oder weniger mit der Raumluft (Induktion) und bewirken je nach Form, Richtung und Impulsaustausch unterschiedliche Strömungscharakteristiken. Für die Raumluftinduktion ist erstrangig die Turbulenz der Luftströmung, d. h. die Häufigkeit und Größe der Geschwindigkeitsschwankungen (Bild 1), erfaßt durch den Turbulenzgrad, maßgebend. Der Turbulenzgrad ist ein Maß für die Schwankungen, bezogen auf den Mittelwert der Luftgeschwindigkeit. Turbulente Luftstrahlen (hoher Turbulenzgrad) haben eine hohe Induktionswirkung und erzeugen somit eine intensive Mischlüftung mit gleichmäßiger Schadstoffverdrängung. Durch turbulenzarme Strahlen (niedriger Turbulenzgrad) dagegen wird auf die Raumluft ein Verdünnungseffekt mit geringer Raumluftvermischung ausgeübt. Grundsätzlich ist zwischen den Formen der

□ turbulenzarmen Verdrängungsströmung,
□ Schichtenströmung,
□ turbulenten Mischströmung

zu unterscheiden (Bild 2).

Die *turbulenzarme Verdrängungsströmung* wird dort eingesetzt, wo aus produktionstechnischen oder hygienischen Gründen hohe Luftreinheiten im

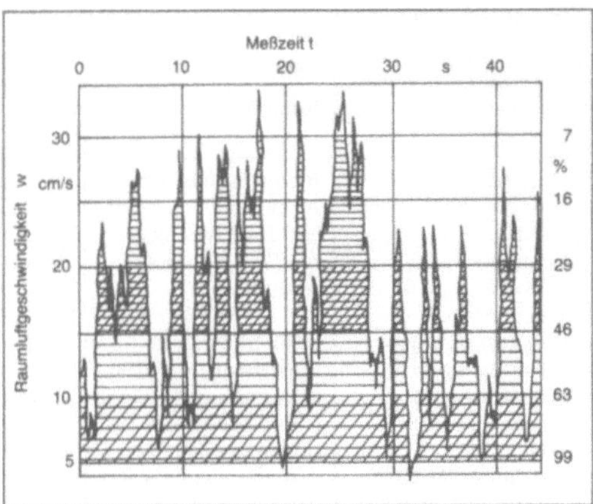

Raumluftströmung 1. Typisches Zeitverhalten einer turbulenten Raumluftströmung an einem Meßpunkt mit Häufigkeitsverteilung der Geschwindigkeitsschwankungen. (Linienschrieb einer Meßsonde)

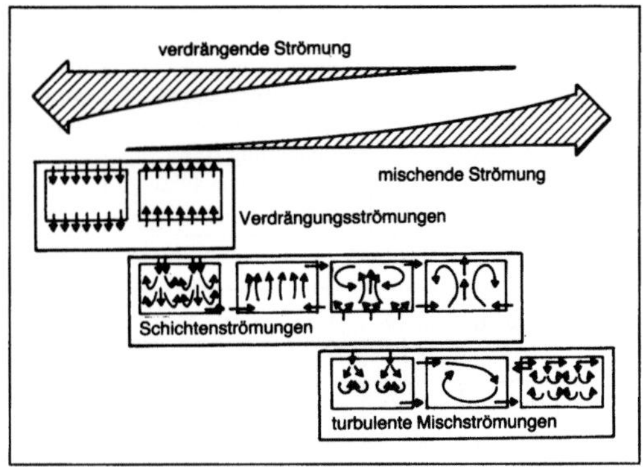

Raumluftströmung 2. Formen der Raumluftströmung.

Arbeitsbereich eingehalten werden müssen (Reinraumtechnik, aseptische Operationsräume). Zu der hierzu notwendigen gleichmäßigen Verdrängung der Raumluft (keine Vermischung und Querbewegungen) sind spezifisch hohe Volumenströme gleichmäßig (geringer Turbulenzgrad) und großflächig (Filterflächen, Lochbleche) von der Decke zum Fußboden oder umgekehrt bzw. zwischen den Seitenwänden zu bewegen. Die angestrebte Gleichmäßigkeit der R. wird hierbei durch die Lage und Ausführung der Ablufterfassung (z. B. gleichmäßiger Strömungsverlauf über Doppelboden) mit beeinflußt.

Bei der *Schichtenströmung* werden durch eine örtlich begrenzte induktionsarme Zulufteinführung in Form von Strahlbündeln (Lochblech-, Siebdurchlaß) die im Arbeits- bzw. Aufenthaltsbereich wirksam werdenden Wärmelasten bzw. Schadstoffe überwiegend durch Verdrängung abgeführt. Je nach Anordnung der Zuluft- und Abluftdurchlässe (bei hohen Wärmelasten >150 W/m² und Schadstoffen leichter als Luft: Zulufteinführung in Bodennähe, Abluftansaugung oberhalb des Aufenthaltsbereiches, bei niedrigen Wärmelasten und schweren Schadstoffen, wie z. B. Stäube: umgekehrte Anordnung) werden hierdurch unterschiedlich belastete Luftschichten im Raum (ungleiche Temperatur- und Schadstoffverteilung) aufgebaut. Bei turbulenter Zulufteinführung (örtliche Mischlüftung) läßt sich die Schichtdicke durch die Ausbildung der Zuluftstrahlen (Eintrittsimpuls) beeinflussen. Bei turbulenzarmer Zulufteinführung in Bodennähe, der sog. Quellüftung (großflächige perforierte Luftdurchlässe, <0,4 m/s), und Luftabführung im Deckenbereich stellen sich die Schichtdicken nur unter dem Einfluß der Wärmela-

sten und des Zuluftstroms ein (Auftriebsvolumenstrom > eingebrachter Zuluftstrom).

Bei *turbulenter Mischströmung* vermischen sich durch Impulsaustausch am Strahlrand die Luftstrahlen sehr rasch mit der Raumluft, so daß für die sich hierbei ausbildende R.-Form ein relativ gleichmäßiger Temperatur- und Schadstoffkonzentrations-Verlauf kennzeichnend ist (→Luftrate, Raumbelastungsgrad =1). Zu unterscheiden ist hierbei zwischen der diffusen und tangentialen Luftführung. Im ersten Fall wird die Zuluft in hochinduktiver Strahlform mit angemessenem Impuls an Luftdurchlässen oberhalb der Aufenthaltszone (Decken-, Wandauslaß) eingeführt. Durch den Impulsabbau erhält man

Raumluftströmung. Tabelle: Formen der Raumluftströmung und ihre Rahmenbedingungen (Anhaltswerte).

Raumluftströmung	turbulenzarme Verdrängungsströmung	Schichtenströmung		turbulente Mischströmung
		turbulenzarme Zulufteinführung	turbulente Zulufteinführung	
Zulufteinführung	großflächig (Filterdecke, Lochbleche)	Quellüftung, Teppichbodenlüftung	Verdrängungsluftdurchlässe (Bodenbereich, über Aufenthaltszone) Mikroklimaluftführung (mit und ohne Induktion)	diffuse Luftführung (Strahl, Drall) tangentiale Luftführung (anliegender Strahl; Coanda-Effekt)
Turbulenzgrad	< 5–10 % (Aufenthaltsbereich)	< 20 % (Aufenthaltsbereich)	20–60 %	20–80 %
Eintrittsgeschwindigkeit m/s	gering (0,2–0,4)	gering (< 0,4)	groß (1–3)	groß (1,5–6)
stündlicher Luftwechsel h^{-1}	groß (200–600)	gering (< 4)	klein (< 4)	mäßig (2–6)
Luftgeschwindigkeit in der Aufenthaltszone m/s	< 0,5	< 0,2	0,12–0,23	0,12–0,23
Querkontamination	sehr gering	gering	gering	groß
Temperaturverteilung im Raum	ungleichmäßig	ungleichmäßig	ungleichmäßig	gleichmäßig
Konzentrationsverteilung im Raum (Raumbelastungsgrad)	ungleichmäßig (< 0,6)	ungleichmäßig (< 0,3–0,6)	ungleichmäßig (< 0,6–0,8)	gleichmäßig
zulässige spezifische Kühllasten W/m^2		30–40	100–150	40–60 Drallauslässe: 80–100

dann eine diffuse, d. h. relativ gleichmäßige turbulente Raumluftbewegung im Aufenthaltsbereich. Bei tangentialer Luftführung, d. h. der Zulufteinführung in Decken- und Wandhöhe (Wandauslaß, Deckenschlitzauslässe, Induktionsgeräte), wird durch die einseitige Strahlanlegung (Coanda-Effekt) die Raumluftinduktion verringert (fast halbiert). Hierdurch entstehen Luftwalzen mit einer beschränkten Eindringtiefe (Primärluftwalze) und mittlerer Tranquillitaszone (Stagnationszone), durch die bei größeren Raumtiefen Sekundärluftwalzen mit herabgesetzter →Lufterneuerung gebildet werden.

Durch Anwendung der Strahlgesetze können für Teilbereiche einer R. Abschätzungen über das Geschwindigkeits- und Temperaturverhalten vorgenommen werden. Klarheit über das gesamte, mathematisch nicht faßbare Gesamt-R.-Verhalten kann bei exponierten Lüftungsaufgaben nur durch Modellversuche gewonnen werden. Die Rahmenbedingungen der verschiedenen R.-Formen sind in der Tabelle zusammengestellt.   *K. G. Müller*

Literatur: *Dittes, W., u. R. Mangelsdorf:* Der Wärmetransport im Raum bei der Luftführung von unten nach oben. Heiz.-Lüft.-Haustechn. 32 (1981) Nr. 7, S. 265/71. – *Fitzner, K.:* Impulsarme Luftzufuhr durch Quellüftung. Heiz.-Lüft.-Haustechn. 39 (1988) Nr. 4, S. 173/81. – *Katz, P.:* Der Coanda-Effekt. Gesundh.-Ing. 93 (1973) Nr. 6, S. 169/74. – *Linke, W.:* Eigenschaften der Strahllüftung Kältetechn.-Klimatisierung 18 (1966) Nr. 3, S. 122/26. – *Loew, W.:* Der Luftentnahmeraum beeinflußt das Strömungsbild. Reinraumtechn. 2 (1988) Nr. 5, S. 24/30. – *Moog, W.:* Dimensionierung von Luftführungssystemen. Fortschritt-Ber. der VDI-Z. R. 6 Nr. 49. Düsseldorf 1978. – *Regenscheit, B.:* Modellversuche zur Erfassung der Raumströmung in belüfteten Räumen. Staub 24 (1964) Nr. 1, S. 14/20. – *Sodec, F.:* Verdrängungsströmung. TAB 21 (1990) Nr. 7, S. 579/84. – VDI 2083: Reinraumtechnik; Bau, Betrieb und Wartung. Hrsg. Verein Dt. Ing. Entw. Ausg. Nov. 1991.

Raumlufttechnisches Gerät. RLT-G. sind vorgefertigte abgeschlossene Baueinheiten mit Einrichtungen zum Fördern und Behandeln der Zuluft. Je nach dem Grad der eingebauten thermodynamischen Behandlungsstufen (gem. DIN 1946, Tl. 1) ist zwischen Luftheiz-, Lüftungs-, Teilklima- und Klima-G. zu unterscheiden (Tabelle 1). Weiterhin ist für die Ausführung bestimmend, ob das G. in dem lufttechnisch zu behandelnden Raum (oder nahegelegenen Nebenräumen) selbst aufgestellt (Raum-G.) oder zur zentralen Luftförderung und -behandlung (Zentral-G.) eingesetzt wird.

Die kleinste Einheit unter den *Raum-G.* ist das kastenförmige Fenster-G. (Bild 1), das auf dem Fensterbrett aufgestellt oder in der Fensterbrüstung eingebaut wird (Wandeinbau). Einbauteile: →Luftfilter, Zu- und Kühlluftventilator, vollhermetische Kompressionskälteanlage mit Verdampfer (Luftkühler) und luftgekühltem Kondensator sowie Elektro-Lufterwärmer (Bereich: Zuluftstrom 200 bis 800 m³/h, Elektroanschlußwert 1,5–3 kW).

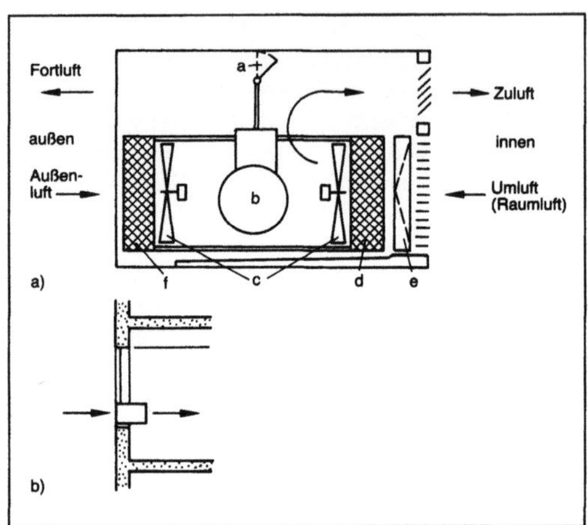

Raumlufttechnisches Gerät 1: Fenstergerät.
a) Aufbauschema.

a Stellklappe, b Kompressor, c Ventilator, d Verdampfer, e Luftfilter, f Kondensator

b) Einbausituation.

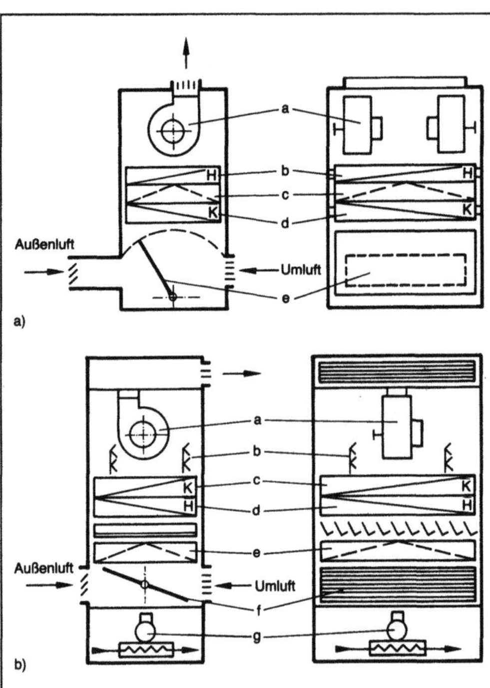

Raumlufttechnisches Gerät 2: Raumklimageräte (Ausführungsform).

a) Teilklimagerät in Truhenform.

a Ventilator, b Erwärmer, c Filter, d Kühler, e Stellklappe

b) Klimagerät in Schrankform.

a Ventilator, b Befeuchter, c Kühler, d Erhitzer, e Filter, f Wechselklappe, g Kältemaschine

Raumlufttechnisches Gerät. Tabelle 1: Einteilung der raumlufttechnischen Geräte nach dem Grad der Luftbehandlung.

Bezeichnung	Grad der Luftbehandlung	Funktionsbestandteile des Geräts							Anwendung
		Luftfilter	Lufterwärmer	Luftkühler	Befeuchtungs-einrichtung	Raum-temperatur	Raum-luftfeuchte	Außenluft-Umluftstrom	
						Regelung der			
Luftheizgerät (Umluftgerät)	Erwärmung kontinu- ierlich umgewälzter Raumluft (Umluft- betrieb)	×	×			×			Raumheizung ohne Lufterneuerung
Lüftungsgerät	Erwärmung der ange- saugten Außenluft bei wahlweiser Umluftbei- mischung (Mischluft- betrieb)	×	×			×		(×)	Belüftung und ggf. Beheizung eines Raums
Teilklimagerät	Erwärmung bzw. Kühlung der ange- saugten Außenluft bei wahlweiser Umluftbei- mischung	×	×	×		×		(×)	Lüftung eines Raums bei Einhaltung einer bestimmten Raum- temperatur während der Sommer- und Wintermonate
Sommer- Teilklimagerät	Kühlung (Entfeuch- tung) sowie Befeuch- tung der angesaugten Außenluft bei wahl- weiser Umluft- beimischung	×		×	×	×	×	(×)	Lüftung eines Raums bei Einhaltung einer bestimmten Raum- temperatur sowie Raumluftfeuchte während der warmen Jahreszeit
Winter- Teilklimagerät	Erwärmung sowie Be- feuchtung der ange- saugten Außenluft bei wahlweiser Umluft- beimischung	×	×		×	×	×	(×)	dsgl. wie vor während der Heizperiode
Klimagerät	Erwärmung bzw. Kühlung sowie Be- bzw. Entfeuchtung der angesaugten Außenluft bei wahlweiser Umluftbeimischung	×	×	×	×	×	×	(×)	Lüftung eines Raums bei Einhaltung einer bestimmten Raum- temperatur sowie Raumluftfeuchte wäh- rend der Sommer- und Wintermonate

Die nächste Baustufe sind Truhengeräte, die vor Wänden, vornehmlich Außenwänden, aufgestellt werden (Bild 2a). Teilklimatruhen enthalten neben dem →Lufterwärmer (Warmwasser- oder Elektro- anschluß) eine komplette Kompressionskälteanlage oder einen Oberflächenkühler (→Kühler), der an eine zentrale Kaltwasserversorgung angeschlossen ist (Bereich: Zuluftstrom 1000–3000 m³/h, Kühllei- stung 2–10 kW, Heizleistung 2–20 kW).

Für größere Leistungen werden Schrankgeräte mit freiem Luftausblas- oder mit Leitungsanschluß (Versorgung mehrerer Räume) eingesetzt. Außer den Einbauteilen wie beim Truhen-G. ist ggf. im Schrankklima-G. (Bild 2b) zusätzlich noch eine Luftbefeuchtungseinrichtung enthalten, z. B. Sprüh-, Riesel- oder Dampfbefeuchter (Bereich je Einheit: Zuluftstrom bis ca. 25 000 m³/h, Kühllei- stung bis ca. 80 kW, Heizleistung bis ca. 100 kW).

Raumlufttechnisches Gerät. Tabelle 1 (Fortsetzung): Einteilung der raumlufttechnischen Geräte nach dem Grad der Luftbehandlung.

Bezeichnung	Grad der Luftbehandlung	Funktionsbestandteile des Geräts	Anwendung
Zusatzgeräte für Raumgeräte (Splitsystem)	Vornahme eines zur Luftaufbereitung im Klimagerät notwendigen Arbeitsprozesses in einem gesonderten Gerät	luftgekühlter Kondensator Kühlluftventilator	luftgekühlte Kondensatoreinheit; in einem Schrankgehäuse eingebauter Kondensator mit Kühlluftventilator
		Kältekompressor Kondensator	Kältemaschineneinheit; in einem Schrankgehäuse eingebauter Hochdruckteil einer Kälteanlage, von dem aus der Kältemittelkreislauf durch den im Klimagerät eingebauten Luftkühler (Verdampfer) geführt wird.
		Kältekompressor Kondensator Verdampfer Wasserkühler	Kältemaschineneinheit zur Wasserrückkühlung; in einem Gehäuse eingebaute Kälteanlage zur Wasserrückkühlung, von der aus die Luftkühler der angeschlossenen Klimageräte mit Kühlwasser versorgt werden
Nachbehandlungsgeräte für zentrale Klimaanlagen	Nachbehandlung (Erwärmung bzw. Kühlung) zentral aufbereiteter Außenluft (Primärluft) bei wahlweiser Umluftbeimischung	wechselseitig zu beaufschlagendes Kühl- und Heizregister bzw. getrennt eingebauter Luftkühler und Lufterwärmer	zusätzliche Erwärmung bzw. Kühlung (Nacherwärmung bzw. Nachkühlung) zentral aufbereiteter Außenluft und damit Aufrechterhaltung einer bestimmten Temperatur und Luftfeuchte in einem Raum bzw. Raumabschnitt das gesamte Jahr über; eventuelle Umluftbeimischung durch eingebauten Ventilator: □ Ventilatorkonvektor*) Injektorwirkung: □ Induktionsgerät**)
Nachbehandlungsgeräte für die Raumluft (sensible cooler)	zusätzliche Kühlung der Raumluft	Luftkühler (Anschluß an zentrale Kaltwasseranlage)	zusätzliche Raumluftkühlung in Räumen mit hohen thermischen Lasten (z. B. EDV-Räume)
Abluftgerät	Abführung der eingeführten Zuluft (Außenluft) als Abluft ins Freie	Abluftventilator	Entlüftung eines Raums

*) Fan-Coil-Anlage
**) Induktions-Klimaanlage

Vorwiegend im gewerblichen Bereich (Verkaufs-, Lagerräume, Werkstätten) werden Schrankklima-G. (Bild 3) mit außenliegendem Zusatz-G. angewendet, in dem der luftgekühlte Kondensator oder derselbe einschl. des Kältekompressors eingebaut ist (Splitsystem). Auch die komplette Kälteanlage zur Kaltwassererzeugung für mehrere Klima-G. kann in einem Zusatz-G. angeordnet sein. Vorteilhaft sind bei der Anwendung des Splitsystems die einfache Kühlluftführung, die gute Zugänglichkeit für die Wartung und die Verlegung der Kälteanlagengeräusche außerhalb des zu klimatisierenden Raums (Anwendungsbereich: Zuluftstrom bis 10000 m³/h, Kälteleistung bis ca. 60 kW).

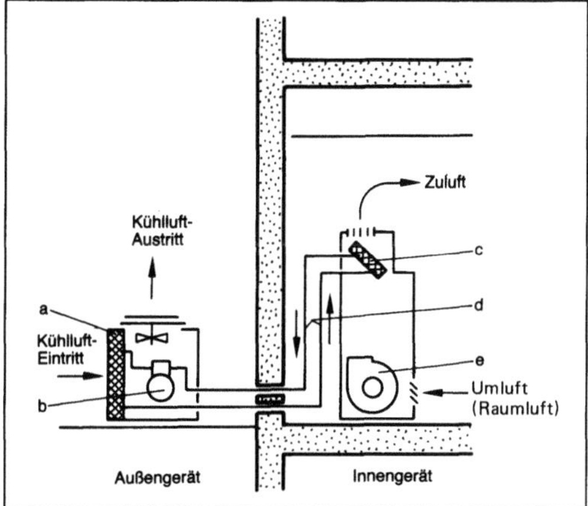

Raumlufttechnisches Gerät 3: Einbau eines Schrankgeräts. (Teilklimaanlage) mit außenliegender Kältemaschineneinheit (Zusatzgerät), sog. Splitsystem.

a Kondensator, b Kompressor, c Verdampfer, d Kältemittelleitungen, e Zuluftventilator

In Verbindung mit zentralen Klimaanlagen (Wasser-Luft-Systemen) werden Nachbehandlungs-G.:
□ Ventilator-Konvektoren mit eingebautem Filter, Ventilator, Wärmeübertrager für Erwärmung oder Kühlung (Fan-Coil-Anlage),
□ Induktions-G. mit eingebautem Wärmeübertrager für Erwärmung oder Kühlung, bei denen durch die Injektorwirkung der aus Düsen austretenden Zuluft (Primärluft) Umluft aus dem Raum angesaugt wird (→ Induktions-Klimaanlage), zum Nacherwärmen bzw. Nachkühlen der zentral aufbereiteten Zuluft (Primärluft) abgestimmt auf die auftretenden Raumlasten angewendet.

Auch die Umluft-G. (sensible cooler), die zur zusätzlichen Raumluftkühlung in Räumen mit hohen thermischen Lasten aufgestellt werden (z. B. EDV-Räume), lassen sich der Raumgerätekategorie Nachbehandlungs-G. zuordnen.

Bei den *Zentral-G.* (Bild 4) sind die Ausführungsformen des Kasten-G. und der Kammerzentrale zu unterscheiden. Kasten-G. werden nach dem Baukastenprinzip aus vorgefertigten, meist alle Einbaurichtungen enthaltenden Funktionsteilen, wie z. B. die Mischluft-, Filter-, Wärmeübertragungs-, Ventilator-, Luftverteilkammer, zusammengesetzt. Jede Kammer besteht aus Profilrahmen mit eingesetzten, teils abnehmbaren Deckblechen, mit innenseitiger schall- und wärmedämmender Auskleidung (Anwendungsbereich bis zu einem Zuluftstrom von ca. 100 000 m³/h). Kasten-G. wendet man auch in entsprechend wetterfester Ausführung als Dachzentralen an.

Raumlufttechnisches Gerät 4: Klimazentrale mit Kastengeräten für Zuluftaufbereitung (links) und Abluftabführung (rechts).

Geöffnet sind an beiden Geräten die Funktionseinheiten mit den Gegenstrom-Schichtwärmeübertragern für die Fortluft-Außenluft-Wärmerückgewinnung (Werkbild SEW, Kempen)

Zu- und Abluftstrom: 21 500 m³/h

Für noch größere Zuluftströme sind Kammerzentralen, die aus vorgefertigten Wandteilen zusammengesetzt sind, einsetzbar.

Für den Leistungsnachweis werden separat für Raum- und Zentral-G. besondere Anforderungen gestellt, da sich auf Grund der meist begrenzten Einbausituation die Prüfstands-Versuchsergebnisse für die Luftförderung (Volumenstrom, Druckerhöhung, Antriebsleistung) hierauf nicht übertragen lassen. Auch bezüglich der Luftdichtheit der Gehäuse sind bei Zentralgeräten hohe Anforderungen, gekennzeichnet durch die Dichtheitsklassen, zu erfüllen (Tabelle 2). *K. G. Müller*

Literatur: DIN 4796. Tl. 2: Leistungsmessungen an raumlufttechnischen Geräten; Messung von Luftstrom, Druckerhöhung und Antriebsleistung. Hrsg. Dt. Inst. für Normung. Ausg. Sept. 1991. – DIN 8957: Raumklimageräte. Tl. 2: Prüfbedingungen, Prüfumfang, Kennzeichnung. Ausg. Okt. 1973. Tl. 3: Prüfung im Kühlbetrieb. Ausg. Dez. 1973. Tl. 4: Prüfung im Heizbetrieb der Kältemaschine/Wärmepumpe. Ausg. Febr. 1974. Tl. 5: Geräuschmessung. Ausg. Okt. 1975. Hrsg. Dt. Normenausschuß. – *Müller, K. G.:* Ausführungsformen von Lüftungs- und Klimageräten. Maschine-Werkzeug. 62 (1961) Nr. 8, S. 76/82. – *Rakoczy, T.:* Einsatz von Sensible Cooler in Verwaltungsgebäuden. Ki Klima-Kälte-Heizung. 13 (1985)

Raumlufttechnisches Gerät. Tabelle 2: Zulässiger Leckluftstrom für raumlufttechnische Geräte. (Quelle: VDI 3803 a. a. O.)

Dichtheitsklasse	Bewertungsziffer nach	Geräte	zulässiger Leckluftstrom, bezogen auf Gehäuseoberfläche in m^3/s m^2 bei einem Gesamtdruck des Ventilators von			
			400 Pa	800 Pa	1 600 Pa	3 200 Pa
G I	1–2	ohne besondere Anforderungen	$3{,}16 \cdot 10^{-3}$	$5{,}61 \cdot 10^{-3}$	$10{,}0 \cdot 10^{-3}$	$18{,}0 \cdot 10^{-3}$
G II	2–3	mit normalen Anforderungen	$1{,}6 \cdot 10^{-3}$	$2{,}8 \cdot 10^{-3}$	$5{,}0 \cdot 10^{-3}$	$8{,}0 \cdot 10^{-3}$
G III	3–4	mit hohen Anforderungen	$0{,}8 \cdot 10^{-3}$	$1{,}4 \cdot 10^{-3}$	$2{,}5 \cdot 10^{-3}$	$4{,}5 \cdot 10^{-3}$
			Bewertungsziffer für die Wahl der Dichtheitsklasse			
Kriterien			1	2	3	4
Volumenstrom in m^3/h			< 10 000	10 000–50 000	> 50 000	unbegrenzt *)
Gesamtdruck in Pa			< 1 000	1 000– 2 000	> 2 000	
thermodynamische Behandlungsstufe **)			H	H + K	H + K + B	H + K + B + E
Betriebszeit in h/a			< 1 500	1 500– 3 000	3 000–6 000	6 000–8 760

*) besonders hohe Anforderung ohne Begrenzung von Volumenstrom und Druck, z. B. Krankenhaus, Reinraum
**) Bezeichnung nach DIN 1946, Tl. 1. Ausg. Oktober 1988. Raumlufttechnik, Terminologie und Symbole (VDI-Lüftungsregeln): H Heizen, K Kühlen, B Befeuchten, E Entfeuchten

Nr. 3, S. 105/09. – *Rüb, F.:* Fenster-Klimageräte. Klimatechn. 8 (1966) Nr. 4, S. 30/34. – *Schuster, G. D.:* Hinweise für die Anwendung und Auswahl von Klimaschränken. Die Kälte 18 (1965) Nr. 3, S. 121/28. – *Uhlmann, O. M.:* Schrankgeräte in Klimaanlagen. Wärme-, Lüftungs- Isoliertechn. (1969) Nr. 5. – VDI 3803: Raumlufttechnische Anlagen; Bauliche und technische Anforderungen. Hrsg. Verein Dt. Ing. Ausg. Nov. 1986. – VDMA 24 175: Lufttechnische Geräte und Anlagen; Dachzentraleinheiten für die Raumlufttechnik; Anforderungen an das Gehäuse. Ausg. Febr. 1980.

Raumnutzung. Das Verhältnis zwischen genutztem und vorhandenem Raum wird als R. bezeichnet. So sind beispielsweise von einem Lagergebäude Stützen, Wände, Verkehrsflächen, Sozialflächen, Räume für die sog. Nebenfunktionen (Warenausgang, Wareneingang) wie auch das Volumen für die Konstruktion von Lagermitteln und für Ein- bzw. Auslagerung von Lagerhilfsmitteln nicht für die Lagerung nutzbar. Je nach der Relation der einbezogenen Kennzahlen spricht man z. B. vom umbauten Raum bis zum Netto-Lagergutvolumen. *Jünemann*

Raumschalung. R. sind dreidimensionale Schalungen, die im Hochbau, vor allen Dingen aber im Kanal- und Tunnelbau eingesetzt werden. Im Hochbau dienen sie dazu, Wände und Decken eines Raumes mit einer Schalungseinheit gleichzeitig ein- und wieder auszuschalen. Sie sind deshalb nur bei Querwandbauweise verwendbar. Die mit ihr herge- stellten Betonoberflächen brauchen nicht mehr verputzt zu werden. *Kühn*

Raupenlader. R. zeichnen sich durch hohe Wendigkeit (Drehen im Stand) und kleine Bodendrücke aus. Sie werden in Normalausführung mit einer Leistung von 30–260 kW gebaut. Dabei faßt die Schaufel 0,5–4 m^3 Material bei einem Konstruktionsgewicht des Laders von 4–42 t. Das Raupenfahrzeug erzeugt hohe Vortriebs- und Reißkräfte und hat ein großes Steigvermögen. Dem steht im Vergleich zum →Radlader eine begrenzte Mobilität durch Fahrgeschwindigkeiten bis nur rd. 10 km/h gegenüber. Hydrostatische Getriebe ermöglichen ein Wenden mit kraftschlüssigen Ketten. Durch den unabhängigen, auch gegenläufigen Antrieb jeder Fahrwerkseite können Fahr- und Lenkbewegungen bis zum Drehen auf der Stelle ausgeführt werden. Automatische Grenzlastregelung ermöglicht eine stufenlose Anpassung der Fahrgeschwindigkeit an den Zugkraftbedarf. Durch verschiedene Bodenplattenbreiten (Zweisteg-Dreisteg) läßt sich die spezifische Bodenbelastung dem Gelände anpassen. Pendelnde Laufrollenrahmen mit Quertraversen sorgen für mehr tragende Kettenfläche auf unebenem Boden und damit für eine bessere Ausnutzung der Zugkraft. Stützenzapfen übertragen das Maschinengewicht auf den Laufrollenwagen. Dadurch werden Fahrbahnstöße reduziert und nicht auf die Antriebsräder oder die Seitenantriebe übertragen. *Kühn*

Rayleigh-Dämpfung. Von Lord *Rayleigh* angegebene Struktur viskoser Dämpfungsbeschreibung als gewichtete Summe der Massen- und Rückstellkräfte eines schwingungsfähigen Systems.

Nach der Modaltransformation mit den Eigenschwingungsformen des zugeordneten ungedämpften Systems entkoppelt die R.-D. gekoppelte Bewegungsgleichungen kontinuierlicher oder diskreter Modelle mechanischer Systeme. *Gaul*

Literatur: *Bathe, K.-J.:* Finite-Elemente-Methoden. Berlin, Heidelberg, New York 1986. – *Clough, R. W.,* u. *J. Penzien:* Dynamics of Structures. Kogakusha 1975.

Rayleigh-Welle. Freie, ebene Oberflächenwelle, deren Spannungs- und Verschiebungsfeld exponentiell mit der Tiefe abnimmt (Bild). Superposition der Longitudinal- und Transversalwellen des elastischen Kontinuums (Raum) führt zur Beschreibung einer nach Lord *Rayleigh* benannten Welle, die sich in der Oberflächenschicht eines Halbraums bei kräftefreier Oberfläche ausbreitet. Da der Energiefluß in einer oberflächennahen Schicht lokalisiert ist, handelt es sich um eine im Vergleich zu den Raumwellen energiereiche Welle, deren Ausbreitungsgeschwindigkeit geringfügig unter derjenigen der Transversalwelle liegt (→Wellenausbreitung, mechanische). *Gaul*

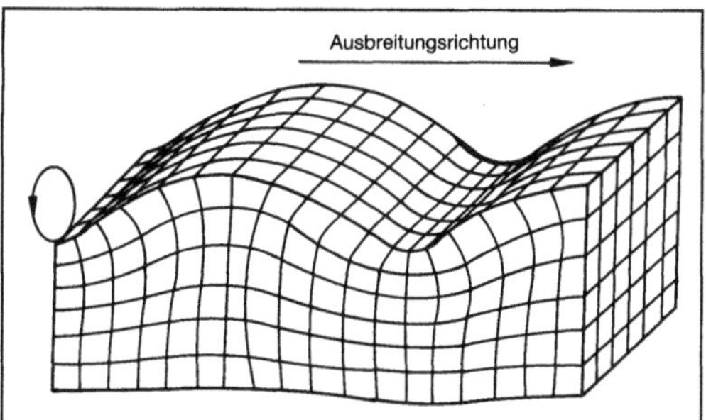

Rayleigh-Welle: Verschiebungsfeld in einem elastischen Halbraum.

Ellipsenbahnen der Teilchen sind vertikal polarisiert

Literatur: *Cremer, L.,* u. *M. Heckl:* Körperschall. Berlin, Heidelberg, New York 1982. – Lord *Rayleigh:* Proc. Math. Society. London 1887.

Reaktion, tribochemische. Verschleißmechanismus, bei dem auf den beanspruchten Werkstoffoberflächen R.-Produkte gebildet werden, indem Bestandteile des Zwischenstoffs oder Umgebungsmediums mit den Grund- oder Gegenkörperwerkstoffen chemisch reagieren. Dabei können R. ablaufen, die thermodynamisch nicht zu erwarten sind. So wird über die Oxidation von Spänen aus Elektrolytkupfer berichtet, die in einer Porzellan-Schwingmühle tribologisch beansprucht wurden. Die R. läuft nach folgender Gleichung ab:

$$4\,Cu + CO_2 \rightleftharpoons 2\,Cu_2O + C.$$

Die Gleichgewichtskonstante k beträgt bei Raumtemperatur 2×10^{-18}, so daß nicht mit einem meßbaren Umsatz zu rechnen ist. Nimmt man an, daß die Temperatur sich auf 1000 K erhöht, so ist die Gleichgewichtskonstante $k = 10^{-11}$ immer noch sehr klein. Es dürfte kaum Kupferoxid gebildet werden. Trotzdem wurde eine meßbare Oxidation beobachtet.

T. R. laufen meistens wesentlich schneller als durch das thermodynamische Gleichgewicht gesteuerte R. ab (Bild 1). Meistens findet eine Tribooxidation statt. Gelegentlich kann aber auch eine Triboreduktion in Erscheinung treten.

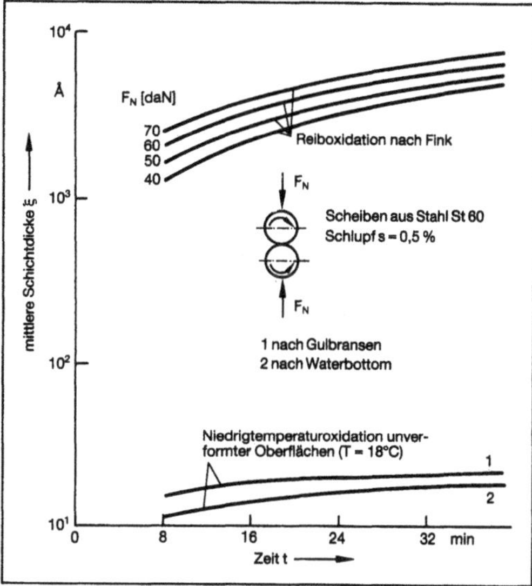

Reaktion, tribochemische 1: Beschleunigung der Oxidation von Eisen durch Wälzbeanspruchungen.

Reaktion, tribochemische 2: Tribochemisch gebildete Oxidpartikel auf einer Kupferoberfläche.

T. R. sind teilweise erwünscht, weil sie die Adhäsion einschränken. Für den Verschleiß ist das Verhältnis der Härte der R.-Produkte zur Härte der darunter liegenden Werkstoffbereiche von großer Bedeutung. Ist dieses Verhältnis kleiner als eins, so haben R.-Produkte häufig eine verschleißmindernde Wirkung. Sind die Reaktionsprodukte wesentlich härter als der Grundwerkstoff, so können sie als Verschleißpartikel →Abrasion hervorrufen. Typische Erscheinungsformen von t. R. sind in Bild 2 und 3 dargestellt. *Habig*

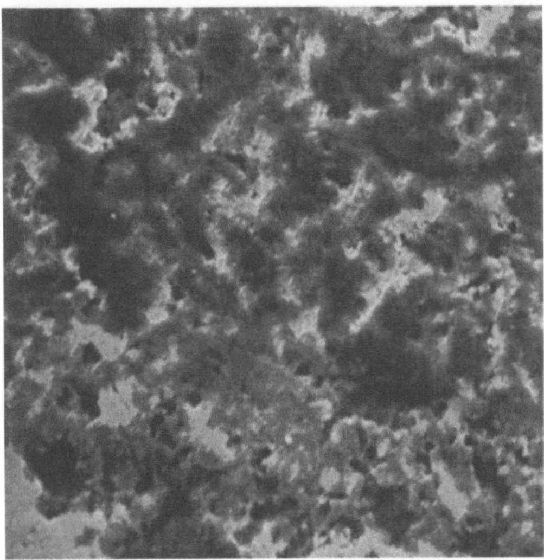

Reaktion, tribochemische 3: Tribochemisch gebildete Oxidschicht auf einem borierten Stahl.

Literatur: *Heinicke, G.*: Physikalisch-chemische Untersuchungen tribochemischer Vorgänge. Abhandlungen der Deutschen Akademie der Wissenschaften zu Berlin, Hrsg. *P. A. Thiessen, K. Meyer* u. *G. Heinicke*. Berlin 1966. – *Krause, H.*: Der Einfluß mechanisch-chemischer Reaktionen auf das Reibungs- und Abnutzungsverhalten von kubisch-flächenzentrierten Stählen. Wiss. Z. der Hochschule für Verkehrswesen „Friedrich List" in Dresden 15 (1968), S. 679/89.

Reaktionsbeschaufelung. R. (üblicherweise einer →Axialturbine) bestehend aus Reaktionsstufen, die einen →Reaktionsgrad von ungefähr 50 % haben. Der Enthalpiereaktionsgrad gibt das Verhältnis der im →Laufrad abgebauten →Enthalpiedifferenz $\Delta h''$ zu der entsprechenden in der ganzen Stufe Δh (Stufengefälle) an. Das Stufengefälle ist also gleichmäßig auf Leit- ($\Delta h'$) und Laufrad ($\Delta h''$) verteilt. Bei gleicher Umfanggeschwindigkeit vor und nach dem Laufrad entsprechen sich im Prinzip Relativströmung im Laufrad und Absolutströmung im →Leitrad (→Arbeitsprinzip, →Strömungsmaschine).

Die Umlenkungen und die Geschwindigkeiten sind i. a. in den beiden Schaufelreihen und damit auch das Stufengefälle kleiner als in einer →Aktionsbeschaufelung (Bild). Infolgedessen lassen sich

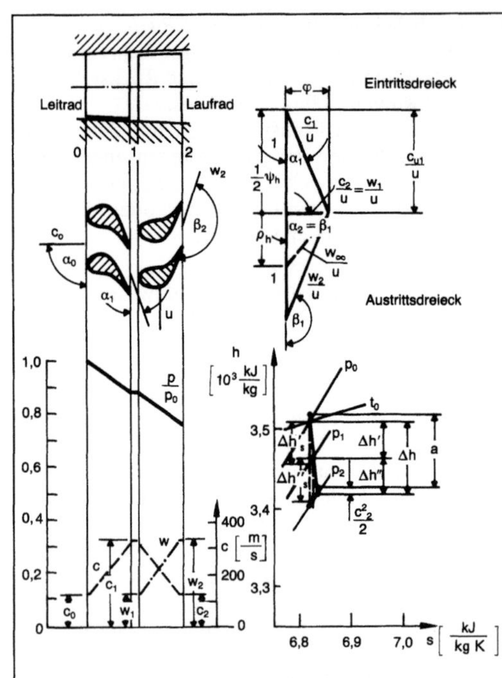

Reaktionsbeschaufelung: Abgewickelter Schaufelschnitt, Geschwindigkeitsdreiecke, Druck- und Geschwindigkeitsverlauf und Zustandsänderung.

etwas höhere Wirkungsgrade bei einem etwas größeren Bauaufwand erreichen, denn die Anzahl der Stufen und damit auch die Baulänge der Maschine ist dementsprechend größer.

Den ungefähr gleichen Enthalpiedifferenzen in Leit- und Laufrad entsprechen auch ungefähr gleiche Druckdifferenzen. Demzufolge kommt der Abdichtung von Leit- und Laufrad auch ungefähr gleiche Bedeutung zu. Deswegen werden solche Maschinen meistens in Trommelbauart ausgeführt. Dabei können die Schaufeln mit oder ohne Anschliff (zum Reduzieren des Schaufelquerschnitts bei einem Anstreifen) stumpf endigen oder mit Deckplatten zu einem →Ring zusammengefügt werden, der sich mit entsprechenden Dichtsystemen ausstatten läßt. *Dibelius*

Reaktionsgrad. Stufenkenngröße für den Anteil der Zustandsänderung im →Laufrad an der gesamten Zustandsänderung in der Stufe. Diesen Anteil kann man als Enthalpie-R. ϱ_h ausdrücken durch die Enthalpiedifferenzen im Laufrad $\Delta h''$ zu der Stufenenthalpiedifferenz Δh:

$$\varrho_h = \Delta h''/\Delta h$$

oder als Druck-R. ϱ_p durch die entsprechenden Druckdifferenzen:

$$\varrho_p = \Delta p''/\Delta p.$$

In einem bestimmten Fall ergeben sich für beide R. unterschiedliche Werte. Insbesondere wird der Wert 0 in unterschiedlichen Fällen erreicht. Bei gleicher Enthalpie vor und hinter dem Laufrad hat die Relativgeschwindigkeit an diesen Stellen den gleichen Betrag (Bild 1). Im Fall gleichen Drucks an diesen Stellen ist die Relativgeschwindigkeit am Austritt kleiner als am Eintritt. Sie wird also verzögert, was allgemein zu höheren Verlusten führt (Bild 2). Allerdings entsteht in diesem Fall kein Achsschub. *Dibelius*

Realplan →Materialflußplanung

Rechenmodell. Ein Ersatzmodell zur analytischen oder numerischen Untersuchung technischer Systeme. Es besteht aus einem physikalischen Modell, das Struktur und Parameter des Systems wiedergibt, und dem zugehörigen mathematischen Modell, das auf der Grundlage physikalischer Gesetze das Systemverhalten in Form von Gleichungen beschreibt. Ob die Idealisierungen und Vereinfachungen des Ersatzmodells zulässig sind, kann letzten Endes nur durch Vergleich der rechnerischen Lösung mit experimentellen Ergebnissen (→Versuchsmodell) festgestellt werden (→Maschinendynamik, →Modell, diskretes). *Witfeld*

Rechnerhierarchie. Moderne Prozeßautomatisierungssysteme zeigen eine typische hierarchische Struktur (Bild).

Ein Betriebsrechner übernimmt die Aufgaben der Planung (Administration), ggf. noch der Dispo-

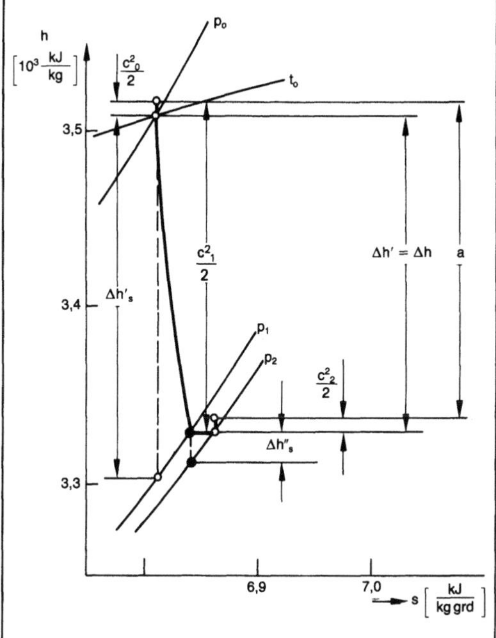

Reaktionsgrad 1: Aktionsstufe $\varrho_h = 0$, $\varrho_y > 0$.

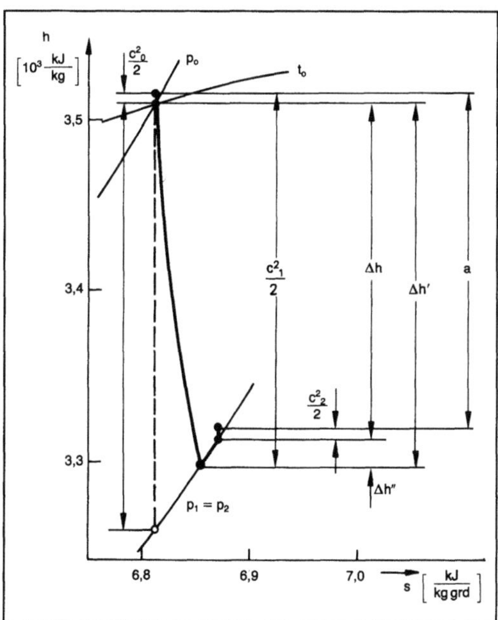

Reaktionsgrad 2: Gleichdruckstufe $\varrho_h < 0$, $\varrho_y = 0$.

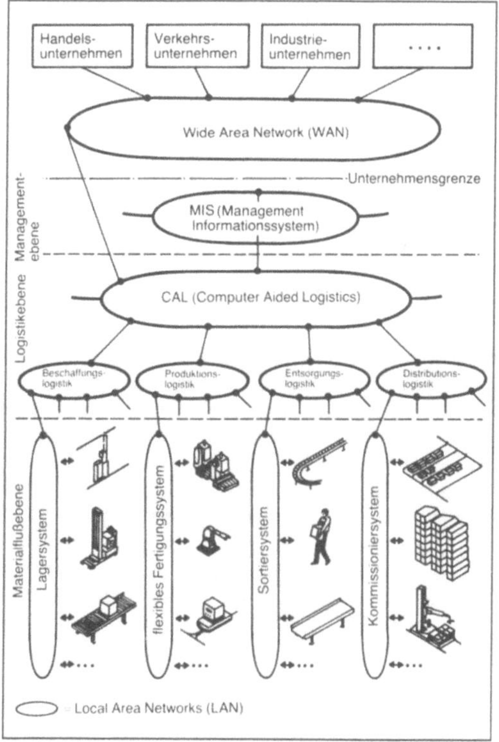

Rechnerhierarchie: Idealisierter Aufbau von Logistikinformationssystemen.

sition, erstellt Fertigungsaufträge und überwacht die Durchführung. In der zweiten Hierarchiestufe übernehmen ein oder mehrere Prozeßrechner die Prozeßsteuerung für bestimmte Subsysteme (z. B. →Hochregallager, FTS).

Die Gruppensteuerungen dienen als Datenkonzentratoren der dritten Stufe, d. h. sie fassen mehrere Einzelsteuerungen daten- und kontrollmäßig zusammen und stellen die Verbindung zum Prozeßrechner her.

Die Steuerung beispielsweise einzelner Antriebe wird durch Einzelsteuerungen in der vierten Stufe realisiert. Die benötigte Sensorik (Entgegennahme der Prozeßrituale) und Aktorik (Übergabe der Signale an den Prozeß) wird direkt an die Einzelsteuerung angeschlossen. *Jünemann*

Rechtsflanke →Verzahnungsgeometrie (allgemein)

Rechtsgewinde →Gewinde

Recorder. R. sind in der →Reproduktionstechnik innerhalb von Systemen zur digitalen Bildverarbeitung entwickelte Aufzeichnungsmaschinen. Die Ausgabe der Ganzseiten auf photographischem Film (→Bildverarbeitung, digitale) kann in Halbton- und auch in Rastermanier erfolgen.

Der prinzipielle Aufbau der R. ist dem der Aufzeichnungseinheit an Farbauszugsscannern ähnlich. Im Fall der Rasteraufzeichnung werden immer die Prinzipien der elektronischen Rasterung eingesetzt. Dabei ist die Qualität des Rasterpunkts entscheidend davon abhängig, wieviele Teilstrahlen den Rasterpunkt aufzeichnen. Die Aufzeichnung erfolgt bei R. immer rotativ. Bei einer Flachbettaufzeichnung spricht man von einem Plotter.

Zu unterscheiden sind manuelle und automatische R. Bei automatischen R. erfolgt die Beschikkung und Entleerung der Aufzeichnungswalze mit →Reprofilm oder Buntphotomaterial automatisch. Auch die Zuführung des belichteten Films zu der On-Line-Entwicklungsmaschine wird durch den R. gesteuert. Dadurch erhält man einen hohen Automatisierungsgrad bei Systemendgeräten. Sonderentwicklungen der R.-Technologie sind Farbbild-R. zur Herstellung von farbigen Bildvorlagen (→Vorlage) oder farbigen Proofs zur Reproduktionskontrolle. Die Bildvorlagen eignen sich sehr gut zur erneuten →Reproduktion. Dies kann sinnvoll sein, wenn mit den Möglichkeiten der digitalen Bildverarbeitung neue, bislang nicht existierende Bildmotive (Computergraphik) geschaffen wurden. Zur Belichtung von Farbaufsichts- oder Farbdurchsichtsmaterialien werden mehrere spektral unterschiedlich emittierende Laser eingesetzt. *Winkelmann*

Redaktionssystem. Ein R. gibt dem Redakteur die Möglichkeit, Artikel on line zu schreiben, zu redigieren und zu korrigieren. Mit Hilfe der redaktionsspezifischen Maske werden Texte erfaßt, gekennzeichnet, im Mengensatzlager abgelegt und bei Bedarf wieder aufgerufen. Das in die Maske eingetragene Erscheinungsdatum sorgt dafür, daß das System den Artikel zum richtigen Zeitpunkt automatisch bereitstellt.

R. verkürzen die Arbeitsabläufe und verlängern den Redaktionsschluß. Sie ermöglichen eine Anpassung an individuelle Arbeitsabläufe und Organisationsstrukturen. Spezielle Bildschirmmasken, z. B. für die Texterfassung, verschiedene Ressorts, Chef vom Dienst und Chefredakteur, sorgen für schnellen Zugriff. Makrotasten ermöglichen den Aufruf kompletter Befehlsfolgen mit einem Anschlag. Der Redakteur erkennt, ob beispielsweise die Überschrift noch in die Zeile paßt und wie lang ein Artikel ist. Auch Neufassungen unter Rückgriff auf vorhandene Texte werden am Terminal durchgeführt. Die Funktion „geteilter Schirm" (engl. split screen) erlaubt die Darstellung der Text-Urversion in der einen Bildschirmhälfte und die aktuelle Neuversion in der anderen Hälfte.

Ferner können telephonisch aufgenommene Artikel und Texte direkt in das System übernommen werden. Mit Hilfe der Datenfernübertragung und einer Standleitung können auch Außenredaktionen den Rechner der Zentralredaktion benutzen. Ebenso gelangen Agenturmeldungen über einen Agenturprozessor in die Redaktion. Aus Sicherheitsgründen befinden sich mindestens drei Versionen eines Artikels im Rechner: der Originaltext sowie die vorletzte und die letzte Korrektur. Jede Version wird zweifach auf Magnetplatten gespeichert, eine zusätzliche Magnetbandspeicherung sorgt für eine weitere Datensicherung. Bei den täglich durchzuführenden Reorganisationläufen werden Texte mit dem alten Erscheinungsdatum automatisch gelöscht. Unter Berücksichtigung der individuellen Redaktions-Hierarchie bietet das R. auch Möglichkeiten zur Produktionsüberwachung und -steuerung. In der Redaktion können jederzeit Informationen über den Bildschirm oder den Schnelldrucker abgerufen werden. Zugriffssperren verhindern den unberechtigten Einblick in fremde Ressorts. *W. Schmid*

Redundanz. R. ist in der Informationstheorie die Bezeichnung für das Vorhandensein von an sich überflüssigen Elementen in einer Nachricht, die keine zusätzlichen Informationen liefern, sondern lediglich die beabsichtigte Grundinformation stützen.

R. ist das Vorhandensein von mehr funktionsbereiten technischen Mitteln, als zur Erfüllung der vorgesehenen Funktion notwendig ist (Definition des Kerntechnischen Ausschusses KTA 3501).

In einem System läßt sich der Zufallsausfall eines Geräts beherrschen, wenn Reservegeräte die Funktion des ausgefallenen übernehmen. Die Reservegeräte, die im Überfluß vorhanden sind, werden als redundant bezeichnet. Bei der aktiven R. sind die Ersatzeinheiten dauernd eingeschaltet und in Betrieb, bei der passiven R. wird die Reserveeinheit erst nach Ausfall der Originaleinheit aktiviert.

Die aktive R. wird gewöhnlich durch parallel geschaltete Kanäle realisiert. Gebräuchlich sind Auswahlschaltungen (Bild). Ein Kontakt genügt zum Schalten der Spannung; der andere parallel liegende ist redundant. Die notwendige Funktion wird auch dann noch erbracht, wenn einer der als unabhängig angenommenen Kontakte versagen würde.

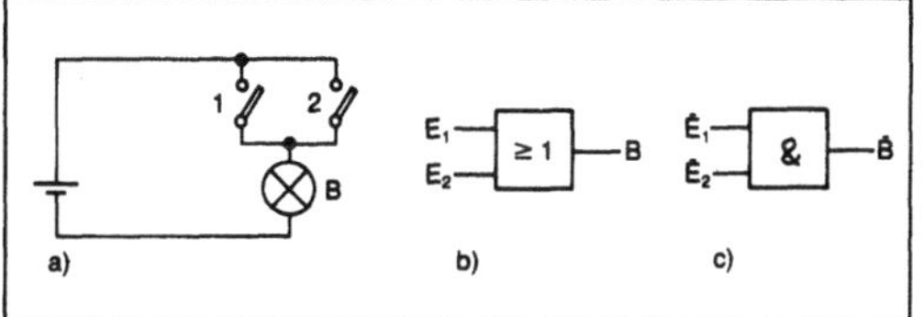

Redundanz: Beispiel eines (1 von 2)-Systems. Parallelschaltung a) mit Erfolgsbaum b) und Fehlerbaum c).

Bei der im Bild gezeigten Schaltung fließt ein Strom über die Lampe (Ereignis B), wenn entweder der Schalter 1 oder der Schalter 2 oder beide geschlossen sind. Diese Ereignisse E_i haben die Wahrscheinlichkeit $w(E_i)$.

E_i: Der Kontakt i schaltet.
$\bar{E}_i$: Der Kontakt i schaltet nicht.
$B = E_1 \vee E_2$: Die Lampe brennt.
$\bar{B} = \bar{E}_1 \wedge \bar{E}_2$: Die Lampe brennt nicht.
$w(E_i) = 1-p$: Wahrscheinlichkeit, daß der Kontakt i schaltet.
$w(\bar{E}_i) = p$: Wahrscheinlichkeit, daß der Kontakt i nicht schaltet.

In einer Schaltung mit 2 Komponenten ist die Wahrscheinlichkeit für den Erfolg

$$w(B) = 1-p^2$$

und die für den Ausfall

$$w(\bar{B}) = w(\bar{E}_1) \cdot w(\bar{E}_2) = p \cdot p = p^2.$$

Die Wahrscheinlichkeit für den Erfolg nimmt, da p eine Zahl < 1 ist, mit der Zahl der Komponenten zu.

In der obigen Gleichung wurden die Wahrscheinlichkeiten $w(\bar{E}_i)$ für den Ausfall der Komponenten multipliziert. Dies ist nur bei unabhängigen Ereig-

nissen richtig. Sind die Ereignisse E_i nicht unabhängig, so ist mit bedingten Wahrscheinlichkeiten zu rechnen. In diesem Fall wird bei einer völligen Abhängigkeit der beiden Kontakte mit $w(\bar{E}_2|\bar{E}_1) = 1$ die letzte Gleichung lauten:

$$w(\bar{B}) = w(\bar{E}_1) \cdot w(\bar{E}_2|\bar{E}_1) = p \cdot 1 = p.$$

Die R. schützt also nicht gegen die abhängigen Ausfälle. Zur Beherrschung dieser Common Mode Failures, dieser Ausfälle, die auf Grund einer einzigen gemeinsamen Ursache entstehen, sind andere Maßnahmen, wie z. B.
□ Diversität,
□ räumliche Trennung,
□ elektrische Entkopplung,
notwendig.

Redundante Schaltungen ermöglichen eine Ausfallerkennung durch den Vergleich der Ergebnisse (Ausfallerkennung durch Redundanz). *Schrüfer*

Reduzierventil →Druckventil

Reeler. Ein R. ist eine →Glättwalzanlage, die manchmal einer Stopfenwalzanlage nachgeordnet ist. In dem als →Schrägwalzanlage arbeitenden R. wird das Rohr mit nahezu fertiger Wanddicke zwischen 2 tonnenförmigen, schräggestellten Arbeitswalzen sowie mit einem Stopfen als Innenwerkzeug unter geringfügiger Aufweitung gerundet und geglättet. *Baumann*

Reflexion von Wellen. Änderung der Richtung und häufig auch der Amplitude, der Phase und sogar der Art einer fortschreitenden Welle in einem Wellenleiter zufolge einer unstetigen Änderung des Mediums und/oder der Geometrie (Sprung der →Impedanz) an der Begrenzung des Wellenleiters an seinem Rand. Zum Beispiel führt die unstetige Änderung der Materialeigenschaften Elastizitätsmodul E_1, Dichte ρ_1 und des Querschnitts A_1 eines eindimensionalen Wellenleiters auf E_2, ρ_2, A_2 zu einer R. der einlaufenden →Longitudinalwelle mit der Schnelle v_1^+ und der Längskraft N_1^+ (Bild).

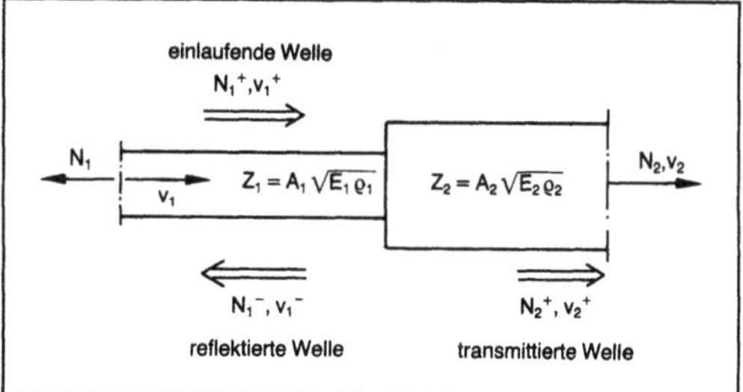

Reflexion von Wellen: Reflexion und Transmission einer einlaufenden Welle infolge Impedanzsprungs.

Schnelle v_1^- und Längskraft N_1^- der reflektierten Welle genügen dem R.-Faktor r

$$r = \frac{v_1^-}{v_1^+} = -\frac{N_1^-}{N_1^+} = \frac{Z_1 - Z_2}{Z_1 + Z_2},$$

mit den Impedanzen $Z_1 = A_1 \sqrt{E_{1\rho 1}}$, $Z_2 = A_2 \sqrt{E_{2\rho 2}}$ halbunendlicher Stäbe. An Stelle des zweiten Wellenleiters führen die Sonderfälle

□ einer starren Wand zu $v_1^- = -v_1^+$, $N_1^- = N_1^+$,
□ eines freien Endes zu $v_1^- = v_1^+$, $N_1^- = -N_1^+$. *Gaul*

Literatur: *Cremer, L.,* u. *M. Heckl:* Körperschall. Berlin, Heidelberg, New York 1982.

Regal →Lagersystem

Regalbediengerät →Regalförderzeug

Regalförderzeug. R. (Rfz) oder auch Regalbediengeräte (Rbg) sind Förder- und Hebezeuge zur manuellen oder mechanischen Bedienung der Regalfächer einer Lageranlage (Bild 1 und 2). Die Hauptgruppen eines Rfz bzw. Rbg sind:

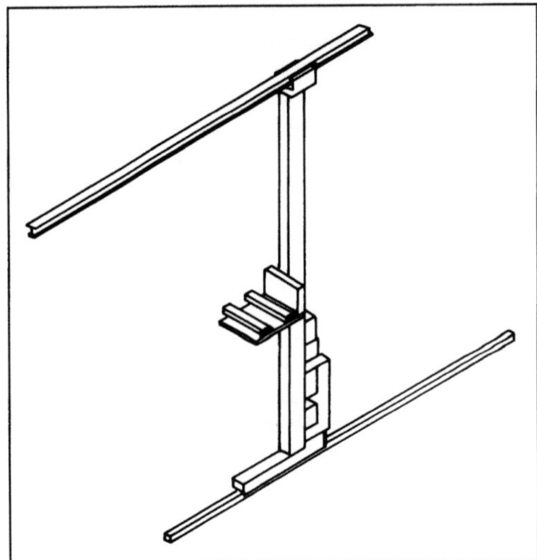

Regalförderzeug 1: Regalbediengerät.

flurgebunden, automatisiert, geführt verfahrbar, Einzelantriebe

□ Der Mast (oder Säule) übernimmt das Biegemoment des exentrisch angreifenden Lastgewichts und gewährleistet die Führung des Hubwagens bei den Hub- und Senkbewegungen.
□ Das Fahrwerk ist ein Rahmen, in dem der Mast, der mit Laufrollen ausgerüstet ist, befestigt ist.
□ Der Hubwagen fährt entlang dem Mast und ist mit →Lastaufnahmemittel ausgerüstet.
□ Der Fahrantrieb ist eine Einrichtung zum Beschleunigen, Verzögern und Fahren des Rfz

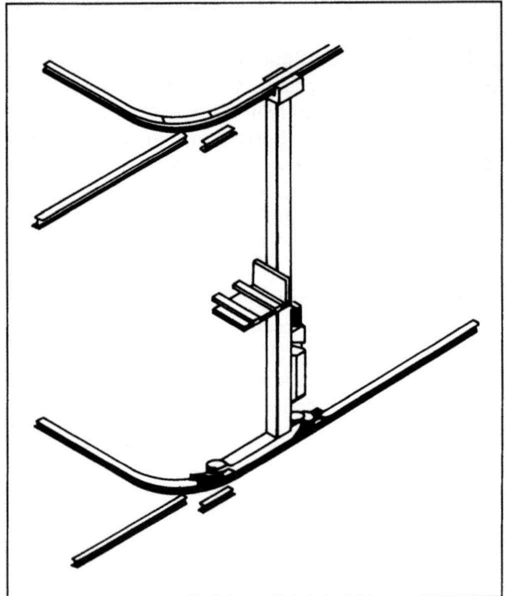

Regalförderzeug 2: Kurvengängiges Regalbediengerät.

flurgebunden, automatisiert, geführt verfahrbar, Einzelantriebe

innerhalb der Regalgassen. Die exakte Positionierung erfolgt durch Steuerungen, Regelungen und sonstige Einrichtungen.
□ Das Hubwerk hebt und senkt den Hubwagen mit und ohne Last.
□ Die Lastaufnahmeeinrichtungen sind: starre Lastgabeln (seitlich verschiebbar), Teleskopgabeln, Drehschubgabeln, →Greifer, Rollentisch, →Kettenförderer, Elektromagnet, Zangen.
□ Die Steuerung.
Die Steuerung von Rfz kann ausgeführt werden
□ manuell oder handbetätigt: Es befindet sich eine Bedienperson auf dem Rfz, die aktiv in die Abläufe bei der Platzanfahrt eingreift;
□ mit Lochkartenleser im Zentralsteuerstand (halbautomatisch): Die Tätigkeit des Menschen beschränkt sich auf die Eingabe einer Steuerlochkarte mit Soll-Werten in einen LK-Leser. Der Steuerstand kann auch mit einer Tastatur ausgestattet sein, oder es ist ein LK-Leser auf oder bei einem jedem Rfz installiert;
□ mit Prozeßrechner (automatisch): Die direkte Steuerung der Rfz erfolgt durch einen Prozeßrechner, wobei die Rfz i. a. eine hierarchisch untergeordnete eigene Steuerlogik in Form eines Fahrrechners besitzen. Der Fahrrechner erhält vom Prozeßrechner den anzufahrenden Positions-Soll-Wert und errechnet aus den Positions-Ist-Werten die Soll-Wert-Vorgaben für die Antriebe (Tabelle 1).

Regalförderzeug. Tabelle 1: Anteile der Steuerungsanlagen in % an ausgeführten Hochregallagern.

	1976	1982
manuell	53	50
Lochkarten (LK)	39	31
Prozeßrechner (PR)	8	19
	100	100

Prozeßrechnergesteuerte Anlagen arbeiten nur zu 50 %, lochkartengesteuerte Lager mit 68 % durchschnittlicher Auslastung.

Die Energieversorgung eines Rfz erfolgt über
□ Schleifkontakte an einer Stromschiene,
□ Schleppkabel,
□ mitgeführte Akkumulatoren.

Die Datenübertragung vollzieht sich über
□ Schleppkabel,
□ Schleifleitung,
□ induktiv.

Der Trend bei prozeßrechnergesteuerten HRl (>16 m) von Schleppkabeln zu Schleifleitungen zeigt sich in der Häufigkeit der entsprechenden Kombination Datenübertragung/Energieversorgung (Tabelle 2).

Regalförderzeug. Tabelle 2: Trend von Schleppkabeln zu Schleifleitungen.

Datenübertragung	Energieversorgung	
	Schlepp-kabel	Schleif-leitung
Schleppkabel	(143) 78	(7) 4
induktiv	(6) 1	(20) 9
Schleifleitung	(-) –	(—) 43

Werte in Klammern:
realisierte Anlagen bis 1976 (insgesamt 176)
Werte ohne Klammern:
realisierte Anlagen 1977/1982 (insgesamt 135)

Ein Rfz führt drei Hauptbewegungen durch:
□ Fahren des gesamten Geräts in x-Richtung,
□ Heben als Bewegung des Hubwagens in y-Richtung,
□ Ein- und Ausfahren in z-Richtung als Bewegung des Lastaufnahmemittels.

Rfz können nach VDI 3665 (Juli 1973) bzw. FEM 9.101 (Juli 1979) klassifiziert werden
□ nach der Hauptreaktionskraft, in hängender Ausführung, regalfahrend, bodenverfahrbar, in gemischter Ausführung;
□ nach der Anzahl der Säulen,
□ nach der Arbeitsweise (Steuerung),
□ nach der verwendeten Energie,
□ nach der Art der Antriebe.

Allgemeine Kenndaten von Rfz:
□ →Arbeitsgangbreite: 1400 mm; bei kleineren Paletten sind Gangbreiten bis 1050 mm möglich.
□ →Kraftübertragung: Stahlrad auf Schiene, wegen des schlechteren Reibwerts; bei Stahl auf Stahl sind nur Beschleunigungen bis 0,45 m/s^2 erzielbar;
□ Bodenbeschaffenheit: keine besonderen Anforderungen an die Tragfähigkeit; Ebenheit nach DIN 18202;
□ Anforderungen an →Regal: Die obere Schiene muß am Regal befestigt werden; deshalb muß das Regal festigkeitsmäßig dafür ausgelegt sein;
□ oberes Freimaß: min. 1200 mm;
□ Wartungskosten: ca. 3–4 % der Geräteinvestitionskosten;
□ Hubgeschwindigkeit: bis maximal 40 m/min;
□ Diagonalfahrt: uneingeschränkte Diagonalfahrt möglich. *Jünemann*

Regelhydraulik →Dreipunktgestänge

Regelklappe. R. werden bei raumlufttechnischen Anlagen für folgende grundsätzliche Regelungsaufgaben eingesetzt:
□ Drosselregelung: Änderung des Volumenstroms bzw. Anpassung desselben an eine veränderliche Netz-Widerstandsgröße (z. B. →Luftfilter) durch Erhöhen, Vermindern oder Konstanthalten des Gesamtleitungswiderstands.
□ Bypass-Regelung: Änderung der Volumen-Teilströme, die durch und um Luftbehandlungseinheiten (z. B. →Lufterwärmer) geführt werden.
□ Mischluftregelung: Änderung der Anteile verschiedener Luftarten, z. B. der Außenluft-Umluft-Zusammensetzung des Zuluft-Volumenstroms.

Ausführung als Einzel- oder Jalousieklappen (mehrteilig), bei mehrteiliger Ausführung mit gleichlaufenden oder gegenläufigen Lamellen (Gleichstrom- oder Gegenstromklappen). Für die Durchflußcharakteristik $\dot{V}/\dot{V}_{max}$ (Volumenstrom bei voll geöffneter Klappe, Stellwinkel $\alpha_o = 0°$) erhält man normalerweise S-förmig durchkrümmte Durchflußkennlinien.

Um eine günstige Regelfunktion zu erzielen, ist eine möglichst lineare Durchflußkennlinie anzustreben, um die Gesamtverstärkung des Regelkreises, soweit dieselbe vom Stellglied beeinflußt wird, über den gesamten Stellbereich konstant zu halten ($\dot{V}/\dot{V}_{max} = 1 - (\alpha/\alpha_o)$). Abgestimmt auf den Gesamtdruck Δp_g am Klappeneintritt kann für die betreffende Drosselklappenausführung die Durchkrümmung der Durchflußkennlinie durch Wahl der Strömungsgeschwindigkeit w_o (bei $\alpha = 0°$) und damit durch Bemessung des Zuströmquerschnitts F_o abgeflacht werden (Bild).

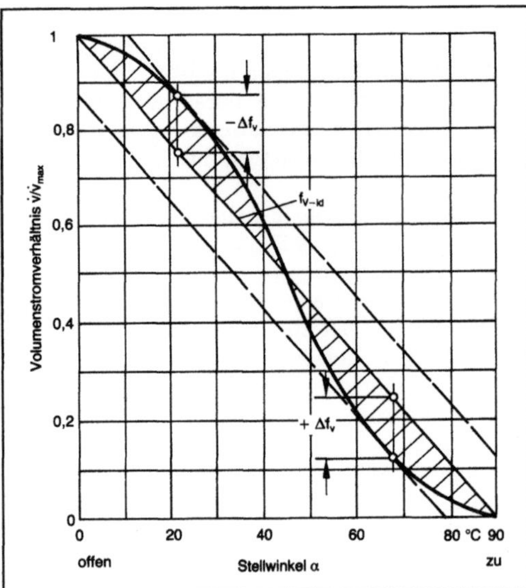

Regelklappe: Linearisierungsfunktion der rechtecki-gen Einzelklappe.

$f_{V\text{-}id}$ ideale lineare Durchflußkennlinie, Δf_V maximale Abweichung von der idealen Durchflußkennlinie

Für diese Linearisierung der Durchflußcharakteristik ist somit für jede Klappenausführung ein bestimmter Wert für $\Delta p_g/w_o^2$ maßgebend, der als K_D-Wert bezeichnet wird (Tabelle). *K. G. Müller*

Regelklappe. Tabelle: Anhaltswerte für die Linearisierung von Regelklappen.

Drosselklappen-ausführung		K_D-Wert Pa·s²/m²	ζ_o	$\Delta p_{Ko}/\Delta p_g$ %	$\pm \Delta f$ %
Einzelklappen					
rechteckig α_o =	45°	0,78	0,16	12,2	5,5
	50°	0,83	0,16	11,5	6,0
	60°	1,03	0,16	9,3	7,0
	74°	1,52	0,16	6,3	8,5
	90°	2,84	0,16	3,4	10,2
rund	90°	3,92	0,30	4,6	12,0
zweigliedrige Klappen					
gegenläufig		2,75	0,52	11,4	9,0
gleichlaufend		1,18	0,52	26,5	7,0

ζ_o Widerstandszahl, Klappe geöffnet
Δp_{Ko} Widerstand der geöffneten Klappe
Δp_g Gesamtdruck am Klappeneintritt
Δf maximale Abweichung vom linearen Durchfluß

Literatur: *Jung, R.:* Strömungstechnische Eigenschaften ebener Drehklappen in Rechteckkanälen und Kreisrohren. Brennstoff-Wärme-Kraft 20 (1988) Nr. 10, S. 478/84. – *Jung, R.:* Die Widerstandskennlinie der ebenen Drosselklappe im Rechteckkanal. Brennstoff-Wärme-Kraft 15 (1963) Nr. 7, S. 341/42. – *Koch-Emmery, W.:* Die Wirkungsweise von Regelklappen in lüftungstechnischen Anlagen. Heizung-Lüf-

tung-Haustechn. 16 (1966) Nr. 5, S. 193/95. – *Müller, K. G.:* Bemessungsgrundlagen für Drossel- und Regelklappen. Ki Klima+Kälte-Ing. 6 (1978) Nr. 9, S. 319/28.

Regelstange →Einspritzpumpe

Regelung.
1. digitale (DDC-Regelung). Seit Beginn der 80er Jahre wendet man zunehmend mikroprozessorgesteuerte R.-Systeme in der Raumlufttechnik an. Hierbei findet an Stelle des bisherigen Reglers (elektromechanische, elektronische R.) ein programmgesteuerter Mikrocomputer Einsatz, von dem sich jedoch die Eingangs- und Ausgangswerte (Regel- und Führungsgröße sowie Stellgröße) nur in digitaler →Codierung verarbeiten lassen. Für die d. R. ist somit eine Signalabtastung, d. h. ein kontinuierliches Erfassen der Meßwerte (Ist-Werte der Regelgröße x) in äquidistanter Zeitfolge ($k \cdot T_o$) gem. Bild 1 und die Umwandlung der aufgenommenen Spannungswerte (bei elektrischer, elektronischer R., Bereich 0–10 V) in duale Zahlenwerte (typische Wortlängen 8–14 bit) in einem nachfolgenden Analog/Digital-Wandler (A/D) kennzeichnend. Vom Mikroprozessor wird dann nach einem vorgegebenen bzw. wählbaren Rechenprogramm (Regelalgorithmus) der zugehörige Stellwert y berechnet, z. B. Zusammenhang zwischen analoger Stellgröße y(t), Regelgröße x(t) und Führungsgröße (Soll-Wert) W(t) für einen PID-Regler zum Zeitpunkt $\tau = t$:

$$y\,(t) = K_R \cdot \left[x_d(t) + \frac{1}{T_N} \int_0^t x_d\,(\tau)\,d\tau + T_V \cdot \frac{dx_d}{d\tau}\bigg|_{\tau=t} \right],$$

mit K_R Übertragungsbeiwert, T_N Nachstellzeit, T_V Vorhaltezeit. Der Stellwert Y wird als Zahlenwert (dual) an die Prozeßschnittstelle weitergeleitet. Zur Ansteuerung des konventionellen Stellglieds (z. B. Regelventil) muß dann die ankommende Signalfolge, Zahlenwerte y (k), in einem Digital/Analog-Wandler (D/A) in analoge Stellwerte y (t) in Form einer Treppenkurve (Spannungsbereich 0–10 V) umgesetzt werden (Bild 2). Durch ein integriertes Schaltglied H_o wird hierbei die ankommende Stellgröße so lange festgehalten, bis das nächste Signal eintrifft. Die berechnete Stellgröße y ($k \cdot T_o$) ist gegenüber der zugehörigen Regelgröße x ($k \cdot T_o$) um die Algorithmus-Rechenzeit verschoben, was sich entsprechend auf die Verzugszeit T_u der Regelstrecke (Temperaturregelung) auswirkt.

Mit der DDC-R. (DDC Direct Digital Control) kann im Vergleich zu den seitherigen analogen R.-Techniken die Regelstrecke genauer und variationsreicher erfaßt sowie überwacht werden (Kombination der R. mit der zentralen Gebäudeleittechnik). Gleichfalls können durch den Mikroprozessor mehrere Regelkreise durch zyklische Abfrage mit einem Multiplexer abgefragt und sukzessive bedient

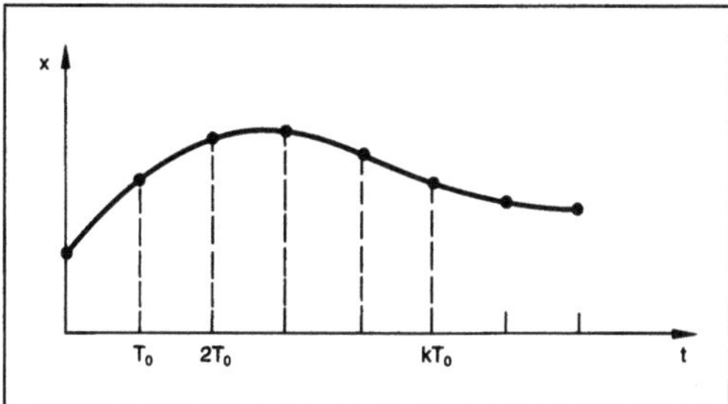

Regelung, digitale 1: Signalabtastung in den Zeitpunkten $k \cdot T_0$.

x Ist-Werte der Regelgröße, T_0 zeitlicher Abstand der Zahlenfolge

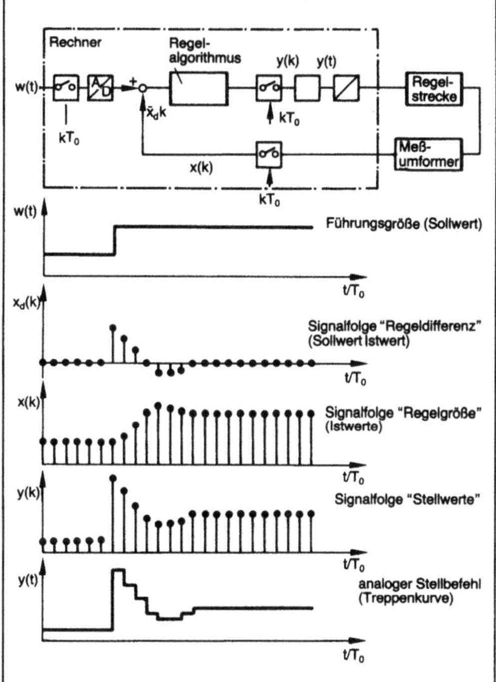

Regelung digitale 2: Der digitale Regelkreis.

werden. Grundlage für diese universelle Regleranwendung ist jedoch eine genauere parametrische Erfassung der Regelstreckenabläufe durch den Anlagenplaner bzw. -betreiber. Verwendet werden meist vom Hersteller nach festen Rechenprogrammen eingestellte Mikroprozessor-R.-Systeme, durch die die Kennlinien des Regelablaufs an den Anlagenknotenpunkten funktional erfaßt werden. Die vorgegebene R.-Software ist dann durch numerische bzw. alphanumerische Tastatureingabe der Regelstrecken spezifischer Parameter (z. B. Soll-Wert, Proportionalbereich, Nachstell- und Vorhaltezeit, Fühlerkennlinie) auf die jeweilige Betriebsanforderungen abzustimmen.

Grundlage für die Entwicklung und Anwendung der DDC-R.-Technik war der Anfang der 70er Jahre beginnende Miniaturisierungsfortschritt in der Halbleitertechnik, der mit Entwicklungssprüngen von 3–4 Jahren zum Mikroprozessor mit ca. 4 Mill. Transistoren auf einem Chip, dem 4-Megabyte-Chip (Größe 86,5 mm²), geführt hat. Um die Jahrtausendwende soll der Giga-Megabyte-Chip mit einer Integrationsdichte von 1 Mrd. Schaltelementen je Chip vorliegen.

Mit fortentwickelten Mikroprozessoren in der DDC-Regelungstechnik können durch Abtasten der Stell- und Regelgrößen während des Regelvorgangs die Parameter der Regelstrecke bestimmt und hierauf basierend die Parameter des Reglers berechnet (Identifikation der Regelstrecke) bzw. verbessert werden (Adaption der Regelstrecke), Bild 3.

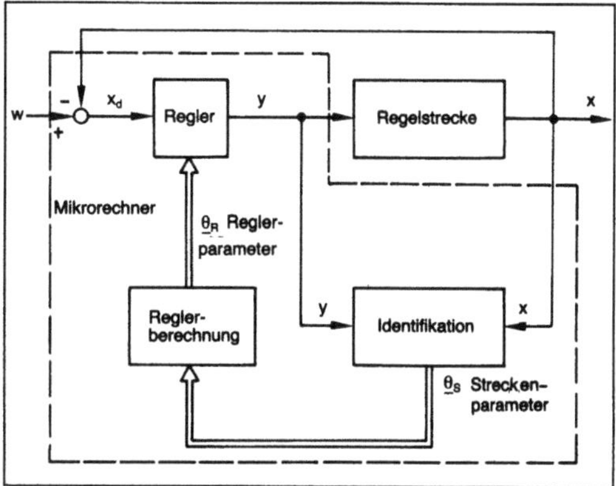

Regelung digitale 3: Adaptive Regelung.

Für die mit diesem R.-System erreichbare hohe Regelgüte ist jedoch auch die Genauigkeit der Meßwerterfassung in hohem Maße mit entscheidend. *K. G. Müller*

Literatur: DIN 19243: Grundfunktionen der Prozeßrechnergestützten Automatisierung. Hrsg. Dt. Inst. für Normung. Tl. 1: Analoge und binäre Größen, Erfassung, Verarbeitung, Ausgabe. Ausg. Jan. 1987; Tl. 2: Digitale Regelung und Steuerung. Ausg. Jan. 1987; Tl. 3: Interkommunikation. Ausg. Okt. 1986. – *Färber, G.:* Wechselwirkung zwischen Mikroelektronik und Informationstechnik. Blickpunkt Magazin, Spezialausg. 1991, S. 17/21. – *Kopp, H.:* Technik der Anlagenfunktion anpassen. Heiz.-Lüft. Haustechn. 37 (1986) Nr. 8, S. 401/10. – VDI 3814. Bl. 1: Gebäudeleittechnik, Strukturen, Begriffe, Funktionen. Hrsg. Verein Dt. Ing. Ausg. Juni 1990. – VDI/VDE 3685. Bl. 1: Eigenschaften adaptiver Regelgeräte. Hrsg. Verein Dt. Ing. Ausg. Entw. Juli 1990. – VDI/VDE 3685. Bl. 2: Adaptive Regler, Erläuterungen und Beispiele. Hrsg. Verein Dt. Ing., Ausg. Entw. Juli 1990.

2. elektrische (Klimaanlage). Grundsätzlich gibt es Regler ohne und mit Hilfsenergie. Ohne Hilfsenergie arbeiten mechanische Regler, wie z. B. die Wasserstandsregelung im →Luftwäscher (Schwimmerventil) oder thermostatische Expansionsventile (Heizkörperventile) sowie Kapillarrohrventile, bei denen durch Flüssigkeitsausdehnung der Ventilkolben bewegt wird. Da i. a. die mechanischen Kräfte für die Ventil- bzw. Klappenverstellung zu gering sind, müssen die Impulse durch eine Hilfskraft verstärkt werden.

Bei der konventionellen e. R. mit analoger Meßwertverarbeitung im gesamten Regelkreis unter Anwendung von elektrischem Strom als Hilfskraft sind elektromechanisch und elektronisch arbeitende Reglerausführungen zu unterscheiden. Bei beiden Reglerausführungen werden durch Gleich- oder Wechselstrom erregte Meßbrückenschaltungen (Wheatston-Brücken) angewendet, durch die zum Erreichen des angestrebten Gleichgewichtszustands zwischen den Ist-, Soll- und Führungswert-Widerständen die entsprechenden Stellgrößenänderungen in der Regelstrecke ausgelöst werden (Bild 1).

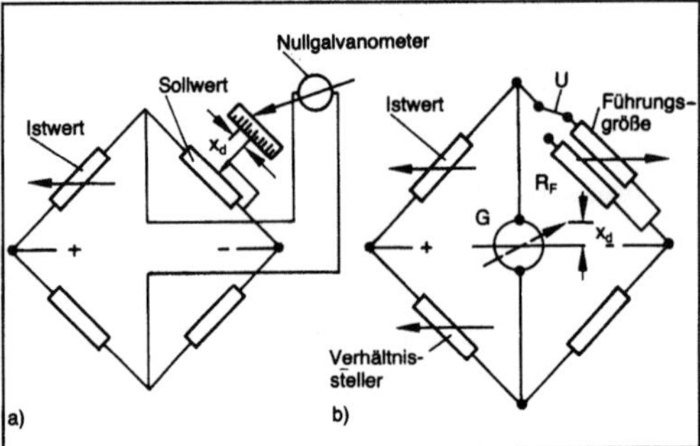

Regelung, elektrische (Klimaanlage) 1: Wheatston-Meßbrücken-Schaltungen für elektrische Regler.
a) Als Meßeinrichtung für Reglerabweichung (Ist-minus-Soll-Wert = Regeldifferenz x_d).
b) Als Regelabweichungs-Meßeinrichtung mit Aufschaltung von Führungsgrößen.

U Umschalter, R_F Widerstand für Festwertregelung, G Nullgalvanometer

Bei der elektromechanischen R. werden als elektrische Fühler Halbleiterelemente oder Kapillarrohrfühler (Temperatur-R.) angewendet. Die Antriebsmotore für die Stellglieder (Ventile, Klappen) werden über Tauchspulen oder Dreipunkt-Waagebalken betrieben. Die R. erfolgt i. a. mit Stromstärken von 0–20 mA bzw. Spannungen von 0–10 V.

Bei der elektronischen R. werden als Fühler hochempfindliche schnellreagierende Widerstandselemente (Platin-Nickel Thermistor) mit geringer Zeitkonstante und Totzeit verwendet. In Verbindung mit der bei elektronischen Brückenschaltungen gegebenen hohen Variationsbreite für die Anwendung zusätzlicher Stabilisierungs- und Führungsmaßnahmen sind hiermit hohe Regelgenauigkeiten und Betriebssicherheiten erreichbar. Die hierbei niedrig zu haltenden Brückenströme sind zur Auslösung der Stellvorgänge durch Röhren-

oder Transistorverstärker auf ein höheres Energieniveau anzuheben.

Bezüglich der Arbeitsweise sind allgemein bei R.-Anlagen zu unterscheiden:

□ Zwei- oder Mehrpunktregler (unstetige oder schaltende Regler),
□ Schrittregler (quasistetige Regler),
□ stetige Regler.

Beim einfachsten Zweipunkt-Regler (Auf-Zu- oder Ein-Aus-Regler) mit nur 2 Schaltkontakten schwankt die Regelgröße x mit sägezahnförmigem Kurvenverlauf (Regeldifferenz Δx) mit einer durch die Totzeit T_t der Regelstrecke bewirkten Überschwingweite (Regeldifferenz Δx > Schaltdifferenz x_d) zwischen den Schaltpunkten x_u, x_o (Bild 2). Der Zweipunkt-Regler tendiert bei größeren Speichermassen (z. B. Warmwasserkessel) zu unerwünscht hohen Regeldifferenzen oder bei kleinen Speichermassen (z. B. direkt befeuerter →Lufterwärmer) zu großen Schalthäufigkeiten (kleine Schaltperioden T_o). Durch Dreipunkt- oder Mehrpunktregler mit Zwischenschaltungen des Stellglieds (z. B. Drei- oder Mehrstufenbrenner) wird der Regelkurvenverlauf verbessert.

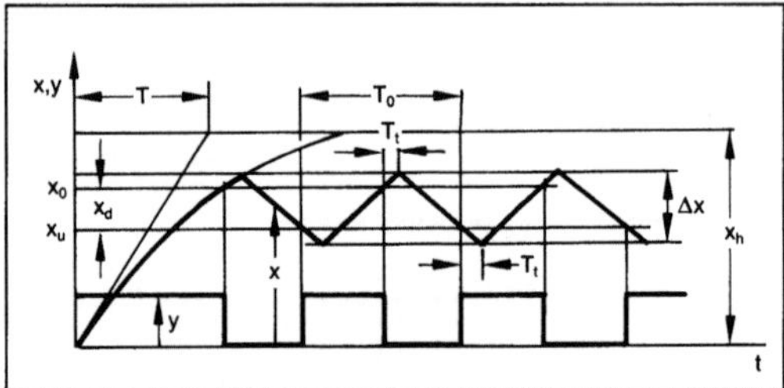

Regelung, elektrische (Klimaanlage) 2: Zeitverhalten einer Zweipunkt-Regelungseinrichtung.

Δx Schwingungsbreite der Regelgröße, x_d Schaltdifferenz des Reglers (x_o-x_μ), x_h Stellwirkung (maximale Regeldifferenz), y Stellgröße, T Zeitkonstante der Regelstrecke, T_t Totzeit der Regelstrecke, T_o Schaltperiode (Dauer einer Schwingung)

Eine weitere Verbesserung des Regelablaufs wird durch die Anwendung von Schrittreglern erzielt. Dies sind im Prinzip gleichfalls Zwei- oder Dreipunktregler, bei denen jedoch durch eingebaute Unterbrecher (Impulsgeber, Schaltuhr) der Strom zyklisch unterbrochen und dadurch das Stellglied schrittweise geöffnet oder geschlossen wird. Ein derartiges Impulszeitverhalten kann auch beim Zwei- oder Dreipunktregler durch eine stetige zeitabhängige Rückführung der Regelgröße zum Regel-Führungsgrößenvergleicher am Reglereintritt (Meßbrücke) erfolgen.

Bei den elektromechanischen und elektronischen stetigen Reglern wird schaltungstechnisch ein fester Zusammenhang zwischen der Regelgrößenänderung und dem sich hierzu einstellenden kontinuierlichen Stellgrößenverlauf hergestellt. Nach den unter-

Regelung, elektrische (Klimaanlage). Tabelle: Hauptgruppen der stetigen Regler.

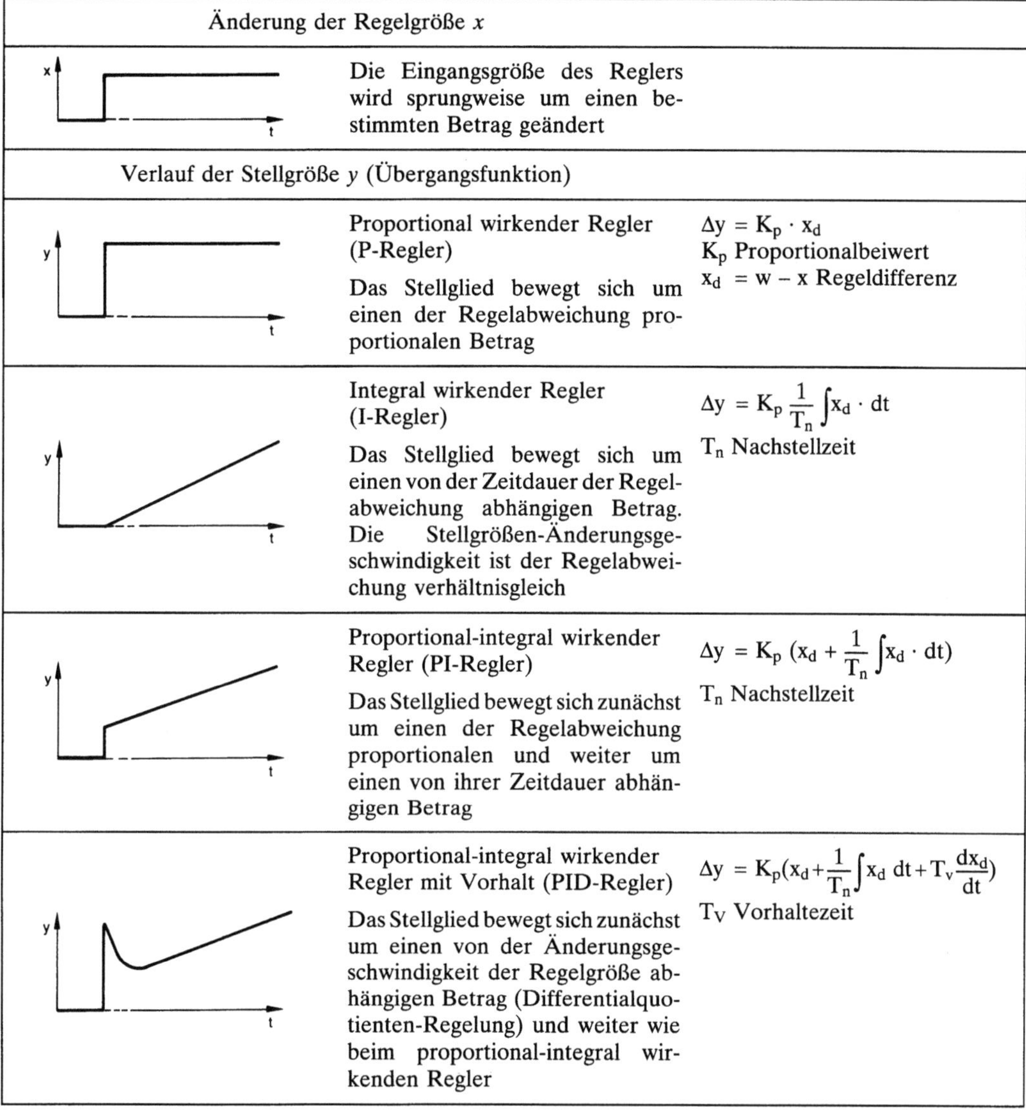

Änderung der Regelgröße x		
	Die Eingangsgröße des Reglers wird sprungweise um einen bestimmten Betrag geändert	
Verlauf der Stellgröße y (Übergangsfunktion)		
	Proportional wirkender Regler (P-Regler) Das Stellglied bewegt sich um einen der Regelabweichung proportionalen Betrag	$\Delta y = K_p \cdot x_d$ K_p Proportionalbeiwert $x_d = w - x$ Regeldifferenz
	Integral wirkender Regler (I-Regler) Das Stellglied bewegt sich um einen von der Zeitdauer der Regelabweichung abhängigen Betrag. Die Stellgrößen-Änderungsgeschwindigkeit ist der Regelabweichung verhältnisgleich	$\Delta y = K_p \dfrac{1}{T_n} \int x_d \cdot dt$ T_n Nachstellzeit
	Proportional-integral wirkender Regler (PI-Regler) Das Stellglied bewegt sich zunächst um einen der Regelabweichung proportionalen und weiter um einen von ihrer Zeitdauer abhängigen Betrag	$\Delta y = K_p \left(x_d + \dfrac{1}{T_n} \int x_d \cdot dt\right)$ T_n Nachstellzeit
	Proportional-integral wirkender Regler mit Vorhalt (PID-Regler) Das Stellglied bewegt sich zunächst um einen von der Änderungsgeschwindigkeit der Regelgröße abhängigen Betrag (Differentialquotienten-Regelung) und weiter wie beim proportional-integral wirkenden Regler	$\Delta y = K_p\left(x_d + \dfrac{1}{T_n} \int x_d\, dt + T_v \dfrac{dx_d}{dt}\right)$ T_V Vorhaltezeit

schiedlichen Ausführungen bez. des Zeitverhaltens der Stellgröße y (Sprungantwort der Ausgangsgröße) auf einen plötzlichen Anstieg der Regelgröße x (Sprung der Eingangsgröße) werden stetige Regler in die Hauptgruppen nach der Tabelle eingeteilt.

Der P-Regler arbeitet wegen der bleibenden Regelabweichung ungenau. Diese vom Proportionalitätsbeiwert des Reglers abhängige Proportional-Abweichung läßt sich aus dynamischen Gründen (Entfachung anschwellender Schwingungen nach Überschreitung der Stabilitätsgrenze) nicht beliebig verringern. Da jedoch die P-Abweichung innerhalb zulässigen Regeltoleranz vieler raumlufttechnischer Anwendungsfälle liegt, ist diese einfache und kostengünstige R.-Ausführung bisher oft angewendet worden. I-Regler werden in der Raumlufttechnik wegen des Auftretens möglicher Instabilitäten nicht angewendet. Statt dessen setzt man mit ähnlicher Wirkung (Zeitverhalten) Mehrpunktregler mit Rückführung (P-Regler mit Verzögerung) ein. Bei schwierigeren Regelstrecken (mit Totzeitgliedern bzw. höherer Ordnung) sowie bei hohen Anforderungen an die Regelgenauigkeit sind PI- oder PID-Regler erforderlich, durch die die erforderliche Führungsgröße (Soll-Wert) bis auf den Meßfehler genau eingeregelt wird.

Zukünftig findet jedoch zunehmend die digitale R. in der Raumlufttechnik Anwendung, da man mit ihr die meisten Aufgabenstellungen mit dem angestrebten optimalen Energieverbrauch, z. B. auch in bezug auf die Ausnutzung zulässiger unterer Regeltoleranzgrenzen im Jahresgang, lösen kann. *K. G. Müller*

Literatur: *Junker, B.:* Die Bedeutung der Hilfsenergie bei der Heizungs- und Klimaregelung. Heiz.-Lüft.-Haustechn. 17 (1967) Nr. 5, S. 161/64. – *Junker, B.:* Die regeltechnischen Grundlagen der Anwendung selbsttätiger Regler in der Heizungs- und Klimatechnik. Heiz.-Lüft.-Haustechn. 7 (1956) Nr. 11, S. 177/86. – *Junker, B.:* Das Verhalten idealisierter Regler an Regelstrecken mit Ausgleich. Regelungstechn. 3 (1955) Nr. 3/4, S. 54/80. – *Junker, B.:* Die Regelgenauigkeit bei Klimaanlagen. Techn. Rundsch. 51 (1959) Nr. 24. – *Schmidt, M.,* u. *P. Häusler:* Energetische Aspekte der Regelung von RLT-Anlagen auf Sollwertfelder. XXII. Internationaler Kongreß für Technische Gebäudeausrüstung, Berlin, 24. u. 25. Okt. 1988. Kongreßband, S. 243/46. – VDI/VDE 2189. Bl. 1: Beschreibung und Untersuchung von Zwei- und Mehrpunktreglern ohne Rückführung. Hrsg. Verein Dt. Ing. Ausg. Jan. 1970. – VDI/VDE 2189. Bl. 2: Beschreibung und Untersuchung von Zwei- und Dreipunktreglern mit Rückführung. Hrsg. Verein Dt. Ing. Ausg. Febr. 1986. – VDI/VDE 2190. Bl. 1: Beschreibung und Untersuchung stetiger Regelgeräte; Grundlagen. Hrsg. Verein Dt. Ing. Ausg. Dez. 1976. – VDI/VDE 2190. Bl. 3: Beschreibung und Untersuchung stetiger Regelgeräte; Elektrische Regler. Hrsg. Verein Dt. Ing. Ausg. Dez. 1976. – *Weber, F.:* Messen, Regeln und Steuern in der Lüftungs- und Klimatechnik. Düsseldorf 1965.

3. pneumatische (Klimaanlage). Bei der p. R. wird Druckluft als Hilfsenergie zur Kraftverstärkung eingesetzt (Druckluft-R.). Die in einer zentralen Kompressoranlage erzeugte Druckluft muß hierzu sauber, ölfrei und trocken (Öl-Wasserabscheider mit Filter) über ein Leitungsnetz (Kupfer-, verzinktes Stahl- oder Kunststoffrohr) zu den Fühlern bzw. Reglern und Stellgliedern der Regelkreise geführt werden. Die Fühler, Regler und Stellglieder sind mit einem international anerkannten Luftdruck von 0,2–1,2 bar betreibbar. Bei dieser R. sind die einfache, robuste Bauweise der Regelanlageteile, die sichere Betriebsweise sowie der stufenlose, weiche R.-Vorgang vorteilhaft. Nachteilig sind die höheren Anlagenkosten für die Druckluftversorgung und -verteilung. In der Raumlufttechnik ist deshalb die p. R. erstrangig bei verzweigten Anlagen mit Zuluftnachbehandlung für Vielraumgebäude (Induktions-, →Zweikanal-Klimaanlage) eingesetzt worden. Auf Grund der zunehmenden Ablösung dieser Anlagensysteme durch variable Volumenstrom-Systeme (→Klimatechnik) und die Vorteile der DDC-R.-Technik (digitale R.) wird die p. R. in der Raumlufttechnik zukünftig seltener angewendet werden.

Grundsätzlich sind bei der p. R. 2 Bauformen zu unterscheiden, und zwar die

□ p. Durchfluß-R. (abblasendes System)

□ p. R. mit Steuerrelais (nicht abblasendes System).

Da elektrische Stellmotore im Vergleich zu pneumatischen empfindlicher sind, elektrische Meßfühler jedoch die Regelgröße (z. B. Temperatur) meist genauer erfassen können, wird auch eine Kombination beider R.-Arten unter Einsatz elektropneumatischer Meßumformer angewendet (elektropneumatische R.).

Bei allen Systemen wird zunächst die vom Kompressor erzeugte Druckluft in einer Reduzierstation auf den Betriebsdruck von maximal 1,2 bar Überdruck vermindert. Bei dem nach dem Prinzip des Wegvergleichs arbeitenden, abblasenden System wird durch Verschieben einer mit dem Temperaturfühler (z. B. Stabthermostat) verbundenen Prallplatte der aus einer Düse austretende Luftstrom verändert (Bild). Durch die damit in der Betriebsleitung ausgelösten Druckänderungen, die sich auf die Membran des Regelventils übertragen, bewirkt man eine entsprechende Verstellung derselben.

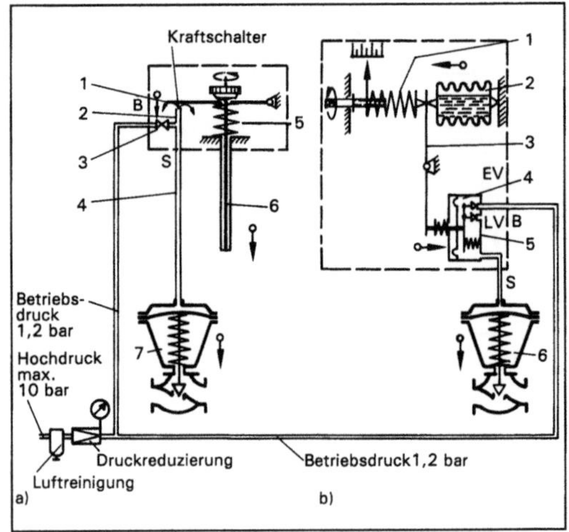

Regelung, pneumatische (Klimaanlage): Wirkungsweise der pneumatischen Temperaturregelung nach dem abblasenden und nicht abblasenden System.

B Betriebsluft, S Steuerluft

a) Abblasend.

1 Prallplatte, 2 Düse, 3 Drossel, 4 Steuerleitung, 5 Soll-Wert-Feder (Einstellung), 6 Stabthermostat (Invarstab in Messinghülse), 7 Membran-Regelventil

b) Nicht abblasend.

1 Soll-Wert-Feder (Einstellung), 2 Membranthermostat (Metall-Falgenbalg mit leicht siedender Flüssigkeit), 3 Hebelübersetzung auf Stößel, 4 Steuerdruckkammer, 5 Steuerrelais (Kraftschalter), 6 Membran-Regelventil, EV Einlaßventil, LV Entlüftungsventil

Bei dem nach dem Prinzip des Kraftvergleichs arbeitenden, nicht abblasenden System setzt man ein Steuerrelais (Kraftschalter) im Regler ein, in dem ein Einlaß- und Entlüftungsventil angeordnet ist. Bei Verwendung eines Membranthermostaten mit leicht siedender Flüssigkeitsfüllung (z. B. Frigen) wird bei Temperaturanstieg durch den Druck der Flüssigkeitsausdehnung auf die Hebelübertragung das Einlaßventil (EV) im Steuerrelais so lange geöffnet, bis ein gleich hoher Steuerdruck aufgebaut ist. Bei Druckausgleich wird das Einlaßventil wieder geschlossen und das Regelventil durch die Steuerdruckwirkung auf die Membran entsprechend verstellt. Bei Druckabfall wird mit entgegengesetzter Stellwirkung der Steuerdruck im Steuerrelais (Steuerdruckkammer) durch Öffnen des Entlüftungsventils (LV) bis zum Erreichen des Druckausgleiches abgebaut.

In der Raumlufttechnik wird meist das nicht abblasende R.-System wegen des geringen, nur auf den Regelvorgang beschränkten Luftverbrauches sowie die Betriebssicherheit des Steuerrelaiseinsatzes angewendet. Das nicht abblasende R.-System (Nachteile: hoher Luftverbrauch, ca. 40 l/h je Regler, zischende Ausströmungsgeräusche) ist dort einzusetzen wo man, wie beispielsweise in der Verfahrenstechnik, eine höhere Meßempfindlichkeit verlangt. *K. G. Müller*

Literatur: *Schrowang, H.:* Grundlagen der pneumatischen Regelung von Heizungs-, Lüftungs- und Klimaanlagen. Düsseldorf 1978.

4. Strömungsmaschine. Betrieb einer Strömungsmaschine in einer Anlage, so daß eine bestimmte Betriebsgröße (z. B. Drehzahl oder Druck) trotz Änderung anderer Betriebsgrößen konstant gehalten oder einer gewünschten Funktion entsprechend verändert wird.

Nach DIN 19226 ist Regeln ein Vorgang, bei dem die Regelgröße X fortlaufend erfaßt, mit der Führungsgröße W verglichen und abhängig von diesem Vergleich im Sinne einer Angleichung an die Führungsgröße angepaßt wird. Der Wirkungsablauf findet in einem geschlossenen Regelkreis statt. Das Bild zeigt einen Regelkreis bestehend aus Regler R und Regelstrecke S. Die Regelstrecke S wird durch die Strömungsmaschine und die Anlage, in der sie arbeitet, gebildet und durch Störgrößen Z beeinflußt.

Der Wirkungsablauf des Regelkreises enthält stets eine Vorzeichenumkehr: Eine Zunahme der Regelgröße X infolge einer Störung Z wirkt über den Regler R und die Stellgröße Y so auf die Regelstrecke, daß die Regelgröße X abnimmt. Es sind zu unterscheiden: R.-Vorgänge, die auf die Anlage einwirken, von solchen, die mittels Geometrieänderungen der Maschine erfolgen.

R. von Turbinen. Regelgröße ist meist die Drehzahl, bei Gasturbinen auch die →Turbineneintrittstemperatur. Stellgrößen können sein: der Zustand vor der →Turbine, der Gegendruck, Regelventil-, Leit- und Laufschaufelstellungen. Störgrößen sind meist die abgenommene Wellenleistung, bei Wasserturbinen auch die Fallhöhe des Wassers oder der Wassermengendurchsatz.

R.-Methoden von Dampfturbinen. Gleitdruck-R.: Der Dampfkesseldruck verändert sich, so daß das Druck- und Enthalpiegefälle der Dampfturbine und ihr Mengendurchsatz beeinflußt und der abgegebenen Wellenleistung angepaßt werden.

□ Düsengruppen-R.: Es wird der dem Dampfstrom im ersten →Leitrad zur Verfügung stehende Strömungsquerschnitt dadurch geändert, daß ein Teil der parallelen Dampfzuflüsse zum ersten Leitrad abgesperrt oder geöffnet wird (Teilbeaufschlagung). Dadurch wird bei etwa gleichbleibendem Enthalpiegefälle der gesamten Turbine der Dampfmassenstrom und damit die Leistung geändert. Jedoch ändert sich dabei auch die Aufteilung des Enthalpiegefälles auf die teilbeaufschlagte Regelstufe und die nachfolgend durchströmte vollbeaufschlagte Stufengruppe, so daß Wirkungsgradeinbußen nicht zu vermeiden sind.

□ Drossel-R.: Ein →Regelventil in der Dampfzuführungsleitung drosselt die Dampfströmung, so daß das Druck- und Enthalpiegefälle sowie der Dampfmassenstrom der Dampfturbine insbes. schnellen Laständerungen angepaßt werden können.

R. von Gasturbinenanlagen. Meist ist die Brennstoffzufuhr die Stellgröße und die Turbineneintrittstemperatur und damit die Leistung die Regelgröße. Die Leistung kann in begrenztem Bereich auch durch Drehen der Leitschaufeln der ersten Verdichterstufen beeinflußt werden. Bei zweiwelligen Gasturbinen und niedrigen Umgebungstemperaturen ist die Drehzahl der Gaserzeugerwelle die Regelgröße. Bei zweiwelligen stationären Gasturbinen erfolgt die R. auch durch →Leitschaufelverstellung zwischen der HD-Turbine des Gaserzeugers und der →Nutzleistungsturbine.

R. von Wasserturbinen. R. von Peltonturbinen: Wassermassenstromverstellung durch axial verstellbare Nadeln im Düsenaustritt zur Leistungsanpassung. Strahlablenker bei plötzlicher großer Lastverringerung, oder wenn trotz Leistungsverringerung konstanter Wasserstrom gefordert ist.

□ R. von Francisturbinen: Verstellbare Leitschaufelkränze bewirken eine Veränderung von →Volumenstrom und Dralländerung im →Laufrad zur Leistungsanpassung.

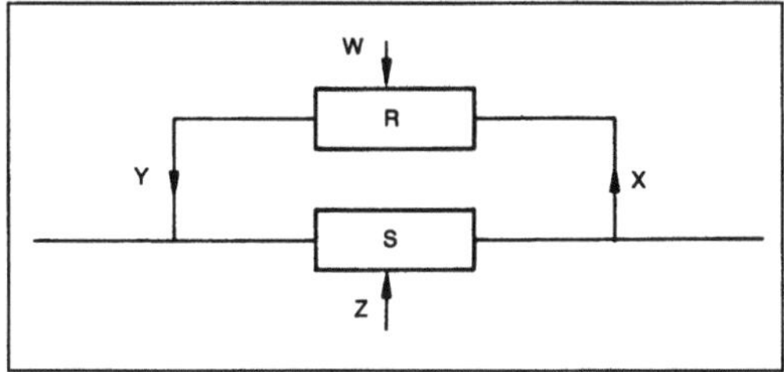

Regelung (Strömungsmaschine): Regelkreis.

□ R. von Kaplanturbinen: Lauf- und Leitradverstellung zur Einwirkung auf →Massenstrom und Dralländerung. Damit ist ein besonders günstiger Wirkungsgradverlauf im →Kennfeld möglich.

R.-Methoden von Verdichtern und →Pumpen. R.-Größen sind meist der Gegendruck oder der Förderstrom. Stellgrößen sind die Drehzahl, Stellungen von Leit- und Laufschaufeln, Regelorgane in Saug- und Druckleitung sowie in Bypassleitungen. Störgrößen sind die Antriebsleistung und andere anlagebedingte Störungen. Den Stellgrößen entsprechend unterscheidet man Drehzahl-R. (drehzahlvariabler Antrieb erforderlich), Drall-R. (Leit- und Laufschaufelverstellung) durch Drallregler im Eintritt der Maschinen oder durch verstellbare Schaufelkränze der Stufen, Bypass-R. bei Verdichtern zur Pumpverhütung, Drossel-R. durch Drosselorgane meist in der Druckleitung. *Rauhut*

Literatur: *Raabe, J.:* Hydraulische Maschinen und Anlagen. Tl. 2: Wasserturbinen. Düsseldorf 1970. – *Schulz, H.:* Die Pumpen. 13. Aufl. Berlin, Heidelberg 1977. – *Traupel, W.:* Thermische Turbomaschinen. Bd. 2. 3. Aufl. Berlin, Heidelberg 1982.

Regelventil. Als Stellglied ist das R. (auch Stellventil genannt) Teil des Regelkreises mit der Drehzahl als Regelgröße. Stellgrößen sind der →Massenstrom des Arbeitsfluids bei Dampfturbinen oder des Brennstoffs bei Gasturbinen. Störgrößen sind die Belastung der →Turbine ebenso Entnahmemengen oder Druck und Temperatur der Umgebungsluft.

Durch Verschiebung des Ventilkörpers gegenüber dem Ventilsitz wird der Durchströmquerschnitt und damit der Durchsatz durch das R. verändert. Die Stellkräfte werden bei größeren Ventilen mit Hilfsenergie durch hydraulische Antriebe (Servomotoren genannt) aufgebracht. Sie werden so ausgebildet, daß ihr Kolben unmittelbar vor dem Aufsetzen des Ventilkörpers auf seinem Sitz auf einem Flüssigkeitspolster aufläuft und damit den Schlag dämpft. Zum Öffnen des R. sind bei großen Druckunterschieden vor und hinter dem Ventilkörper auch große Stellkräfte erforderlich. Sie können mit druckentlasteten Ventilen vermindert werden, indem die Bewegung der Ventilspindel zuerst auf das Vorhubventil im Ventilteller übertragen wird, das nur einen kleinen Strömungsquerschnitt zum Abbau der Druckdifferenz freigibt.

Die Durchführung der Ventilspindel durch das Ventilgehäuse zum Servomotor erfordert besondere Abdichtungen. Die im Bild dargestellte Kombination von →Schnellschlußventil und R. hat einen besonders kleinen Druckverlust.

Bei Dampfturbinen mit Düsengruppen für die Industrie und für Kraftwerke mittlerer Leistung sind die Einlaßorgane, ein Schnellschlußventil und entweder öldruckgesteuerte R. oder 3–5 nockengesteuerte, über einen einzigen Servomotor angetrie-

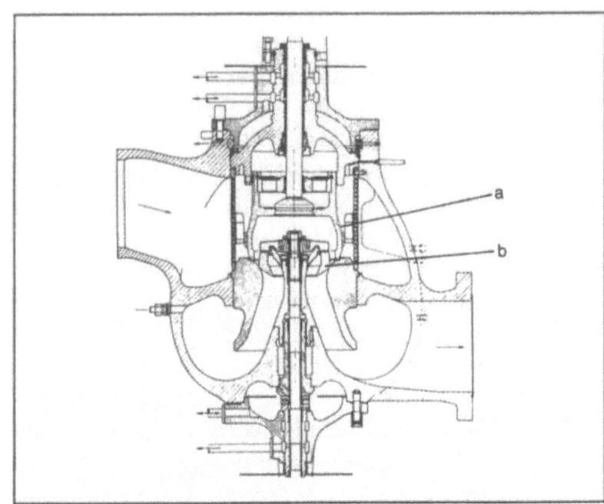

Regelventil: Längsschnitt durch ein kombiniertes Schnellschluß- und Regelventil. (Quelle: W. Hossli)

a Ventilkörper für Regelventil, b Ventilkörper für Schnellschlußventil

bene R. zusammen in einem Ventilgehäuse untergebracht. Durch Drehen der Nockenwelle öffnet sich ein Ventil nach dem anderen mit leichter Überdeckung. *Ziemann*

Regler →Drehzahlregler (Dieselmotor)

Reibbelag. Er dient bei reibschlüssigen Maschinenelementen (Bremsen, reibschlüssige Schaltkupplungen), bei denen Kräfte kurzzeitig unter hoher →Gleitreibung und damit verbundener Erwärmung übertragen werden müssen, als Reibpartner gegen Metall, meist Stahl oder Grauguß, mit hoher →Reibungszahl μ und Temperaturbeständigkeit. Es läuft eine geschliffene Stahlfläche gegen einen Reibbelag c, der auf der Gegenfläche d aufgeklebt, -genietet oder -gesintert ist. Verwendet werden:

□ *Kunststoff-R.* aus durch Kunststoff gebundenen Schichten aus Baumwoll- oder Asbestgewebe mit hitzebeständigen anorganischen und metallischen Füllstoffen; Zusammensetzung je nach Betriebsbedingungen, Einsatz meist unter trockener →Reibung. Bei Naßlauf (mit Ölbenetzung) sind Ölabführnuten zum Abbau des Schmierfilms erforderlich (Bild);

□ *R. aus Sinterbronze,* auf Stahllamelle aufgesintert, ist widerstandsfähig gegen Verschleiß und höhere Temperatur und wird meist für Naßlauf mit Ölabführnuten versehen;

□ *R. aus Metallkeramik* für Trockenlauf ist besonders temperaturfest;

□ *Papierbelag:* Spezialpapier aus Baumwollfasern, Asbest und Füllstoffen, mit Kunstharz getränkt, porös, elastisch, 0,4–0,8 mm dick, ist nur unter Ölschmierung verwendbar. Besonderheit: Ruhereibungszahl μ_0 niedriger als der Gleitreibungswert μ,

Reibbelag. Tabelle: Reibungszahlen für Reibbeläge gegen Stahl.

Belag	Ruhereibungszahl μ_o		Gleitreibungszahl μ	
	trocken	ölbenetzt	trocken	ölbenetzt
Kunststoff	0,3 –0,5	0,06–0,25	0,20–0,5	0,05–0,2
Sinterbronze	0,17–0,25	0,08–0,1	0,15–0,25	0,05–0,07
Papier	—	0,1	—	0,13
Gummi	0,8 –1,0	—	0,8 –1,0	—
Metallkeramik	0,45	—	0,4	—

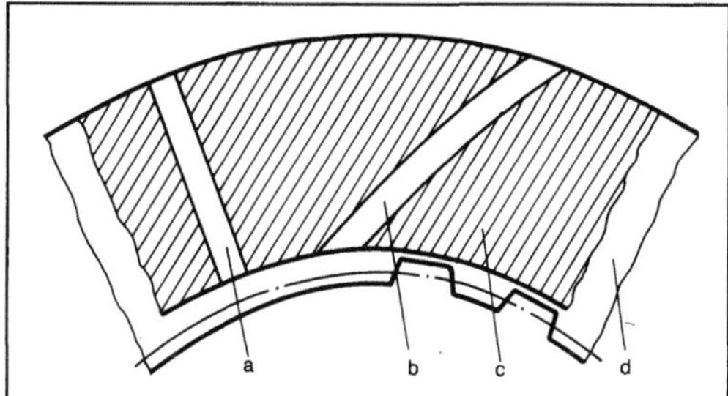

Reibbelag: Ölabführnuten in naßlaufenden Kupplungsbelägen.

a Radialnut, b Spiralnut, c Reibbelag, d Stahllamelle

daher kein →Stick slip-Effekt. Anwendung besonders für Kupplungen in automatischen Getrieben für Kfz mit gesteuert begrenzten Schlupf- und Erwärmungszeiten.

Bei Reibradgetrieben mit geringen Umfangkräften werden kunststoff- oder gummiartige R. verwendet. Bei den meisten stufenlos verstellbaren Wälzgetrieben werden die Reibkräfte jedoch unmittelbar zwischen feingeschliffenen Stahlflächen mit reichlicher Schmierung übertragen. Für die Reibungszahlen μ zwischen den genannten R. und Stahl werden weite Bereiche angegeben (Tabelle). *H. W. Müller*

Reibkettengetriebe. Reibschlüssiges (→Schlußart) Zugmittelgetriebe mit einer über Keilrillenscheiben geführten Kette als Zugmittel und mit stufenlos verstellbarer Übersetzung (Bild). Wirkungsweise ähnlich wie bei stufenlos verstellbaren Keilriemengetrieben, jedoch robuster, ölgeschmiert und zum Übertragen höherer Leistungen geeignet (→Kennlinie (→Verstellgetriebe)). Die Wirkradien der Kette in den beiden Keilscheibenrillen und damit die Übersetzung des R. sind durch axiales Verschieben der Keilscheiben K durch eine Stellspindel S und Hebel H_1, H_2, H_3 stufenlos einstellbar. Die erforderliche Vorspannung der Kette wird durch drehmomentabhängige Anpressung der Keilscheiben von Axialnocken N erzeugt und über die Ausgleichshebel H_2, H_3 der eingestellten Übersetzung angepaßt. *H. W. Müller*

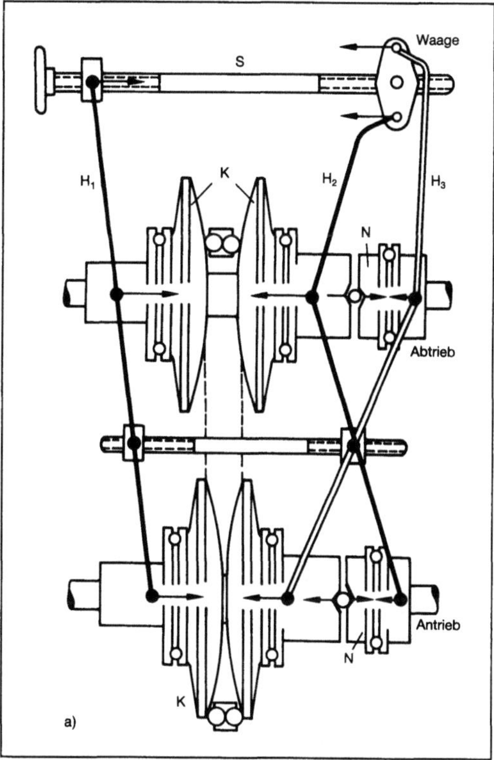

Reibkettengetriebe. (Quelle: PIV, Bad Homburg) a) Prinzipskizze.

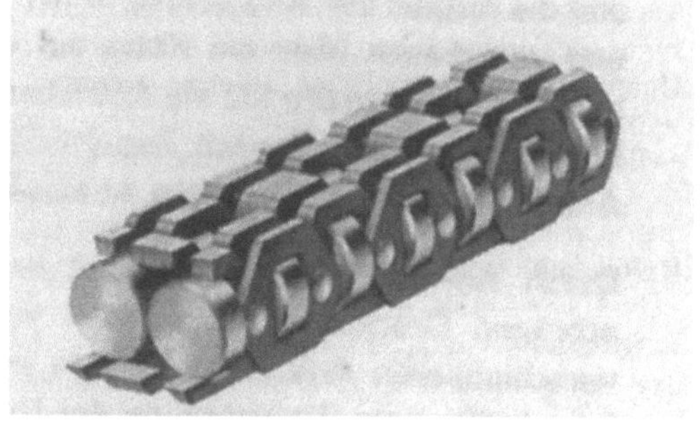

b) Zylinderrollenkette.

c) Ringrollenkette.

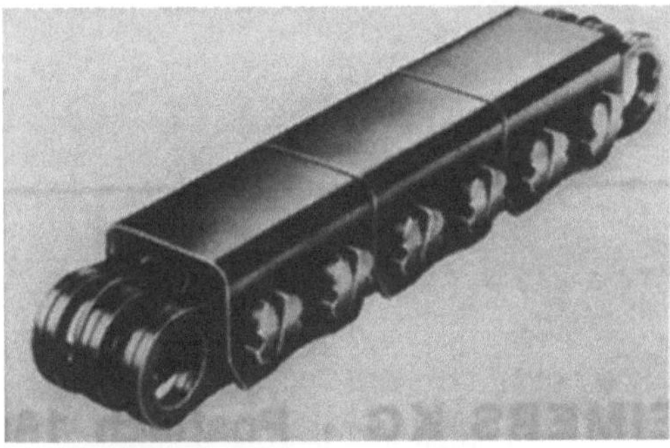

d) Wiegedruckstückkette (Wiegegelenk).

Reibleistung →Lagertemperatur; →Gleitlager, hydrostatisches

Reibmoment →Lagertemperatur

Reibradgetriebe. Ein mechanisches →Getriebe, bei dem Bewegungen und Umfangkräfte zwischen aufeinander abrollenden zylindrischen oder kegeligen Rädern durch Haftreibung reibschlüssig (→Schlußart) übertragen werden. Eines der beiden Reibräder hat eine feinbearbeitete Metalloberfläche, während das andere zum Erhöhen der übertragbaren Umfangkräfte mit einem meist gummiartigen →Reibbelag versehen ist. R. mit konstanter Anpreßkraft zwischen den Reibrädern rutschen bei Überlastung unter Gleitschlupf (Schlupf) durch und schützen so das angetriebene Gerät vor einer über das Rutschdrehmoment hinausgehenden Überlastung. Bei drehmomentabhängiger Anpressung ist Durchrutschen nicht möglich. Häufig werden auch Wälzgetriebe, die neben dem →Rollen auch →Bohrreibung aufweisen, als R. bezeichnet.

H. W. Müller

Reibschluß →Schlußart, →Verbindungsart

Reibschlußgetriebe. Es ist ein →Getriebe, bei dem Bewegungen und Kräfte und somit Leistungen durch Reibschluß (→Schlußart) übertragen werden, z. B. bei Flach- und Keilriemengetrieben, Reib-

rad-, Reibketten- und reibschlüssigen Wälzgetrieben.

H. W. Müller

Reibung.

1. Getriebe. In Mechanismen und Getrieben (MG) ist die R. in Form von Gleit- bzw. Wälz-R., jeweils unterschieden nach Trocken-, Flüssig- oder Misch-R., eine gewünschte (selbsthemmende MG), zumeist aber unerwünschte Wirkung zwischen relativ zueinander bewegten Paarungspartnern: Durch R. wird Bewegungsenergie in Wärme umgewandelt und somit i. a. dem technischen Prozeß entzogen. Bei Umkehrbewegungen ist bei momentanem Stillstand der Paarungselemente zueinander die Ruhe-R. mit ihren hohen Werten im Vergleich zur Bewegungs-R. zu berücksichtigen. Die Tribologie behandelt u. a. den Zusammenhang zwischen R., Verschleiß, Lebensdauer u. dgl.

Erst bei genauer Kenntnis der in ungleichmäßig übersetzenden MG komplexen Verläufe der Lagerkräfte sind genaue Aussagen über Wirkungen von R.-Kräften und R.-Momenten möglich, zumal diese als Energieverbraucher auf die Bewegungs- und Kräfteverläufe zurückwirken. Erst moderne Rechenanlagen lassen eine Vorausbestimmung aller dieser Einflüsse zu, da eine geschlossene Lösung der komplex vernetzten Probleme mit vielen Nichtlinearitäten nicht möglich ist.

Bei normalen Drehgelenken ist der R.-Einfluß i. a. gering. Aber schon bei Zapfenerweiterung (z. B. Kreisexzenter) muß bei Energieübertragung in Richtung von Schale 2 auf Zapfen 1 (Bild 1) der R.-Einfluß auf den →Kraftangriffswinkel sorgfältig untersucht werden (Bild 2), um ein Selbsthemmen des Getriebes im Bereich ungünstiger Kraftangriffswinkel zu verhindern.

Schubgelenke, Gleitwälzpaarungen (z. B. Zahnflankenpaare, Flachstößel auf Nocken, Schiffchen in Nut-Kurvenführung), Prismenführungen und Plattenpaare muß man jedoch sorgfältig auf R.-Einflüsse untersuchen und ggf. aufwendig konstru-

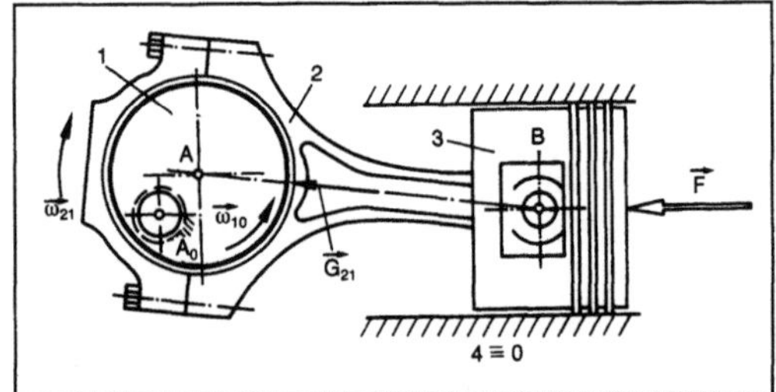

Reibung (Getriebe) 1: Schubkurbel mit Zapfenerweiterung des Lagerzapfens von Gelenk A (Glied 1) über Kurbel-Drehachse A_0 hinaus.

Kraft $\vec{F}$ auf Kolben 3 erzeugt Gelenkkraft G_{21} von Lagerschale des Glieds 2 auf Lagerzapfen von Glied 1, das mit der Winkelgeschwindigkeit $\vec{\omega}_{10}$ um A_0 von Gestell $4 \equiv 0$ dreht. Lagerschale 2 dreht relativ zu Zapfen 1 mit $\vec{\omega}_{21}$.

953

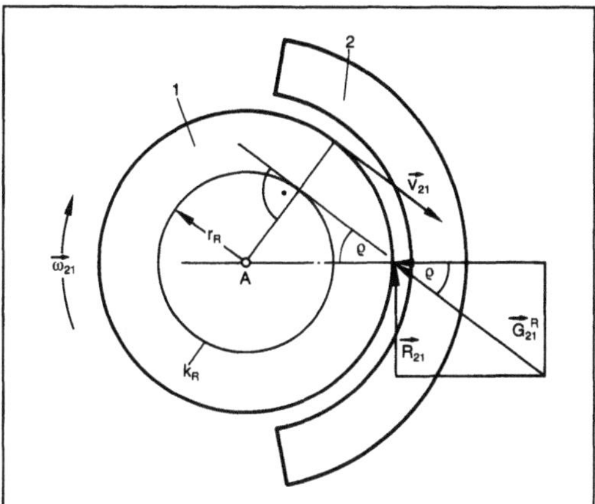

Reibung (Getriebe) 2: Gelenkkraft $\vec{G}_{21}^{R}$ im Drehgelenk 12 bei Einbeziehen der Reibkraft $\vec{R}_{21} = \mu\,\vec{G}_{21}$.

Reibradius r_R für Reibungszahl μ aus $\rho = \arctan\mu$

ieren und fertigen (Roll-R. anstatt Gleit-R., hydrodynamische oder hydrostatische Schmierung, Luftlager, Paarung geeigneter Werkstoffe mit richtig gewählten Oberflächenstruktur- und -härte-Kombinationen u. dgl.). *Gierse*

2. innere. Diese entsteht vor allem in strömenden Gasen und Flüssigkeiten (newtonsches Fluid) durch lokale Geschwindigkeitsunterschiede, wie z. B. in der Couette-Strömung. Durch i. R. entsteht Reibungswärme, Dissipation. *Vogel*

3. Mechanik. Das Phänomen der R. ist wichtig, aber bei weitem noch nicht völlig erforscht. Mit Modifikationen werden die Amonton-Coulomb-R. zwischen trockenen festen Körpern und die Flüssigkeits-R. innerhalb von Flüssigkeiten, vor allem in Schmiermitteln eines Lagers, als Grenzfälle einer Misch-R. noch wie eh und je behandelt. Allerdings befaßt sich heute die Tribologie sehr intensiv mit dem Mischgebiet (Bild 1).

Bei der Coulomb-R. ist zwischen dem Haften (keine Relativbewegung der sich berührenden Körper) und dem Gleiten ($v\neq 0$) zu unterscheiden. Im Fall des Haftens liegt $v=0$ fest. Die tangentiale Reibungskraft F_R ist lediglich in ihrem Betrag durch

$$|F_R| \leq \mu_0\,F_N$$

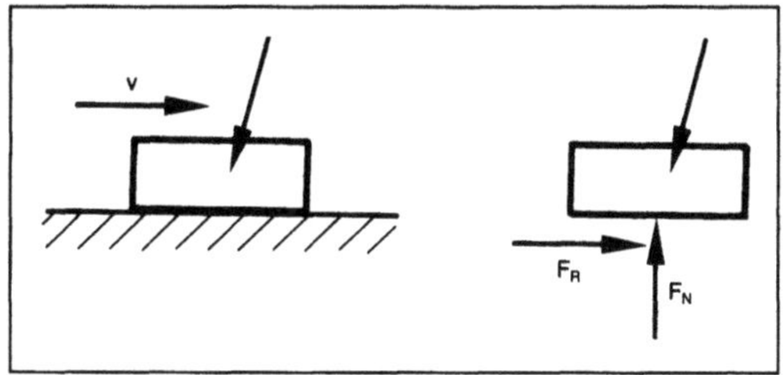

Reibung (Mechanik) 1: Grundversuch.

begrenzt und an die Normalkraft F_N gebunden. Beim Gleiten hingegen ist F_R als

$$F_R = -\mu\,F_N\,\mathrm{sign}\,v$$

eindeutig festgelegt, v jedoch unbestimmt. Die Kenngrößen μ und $\mu_0 \geq \mu$ werden (ggf. modifiziert) als von der Materialpaarung und der Oberflächenbeschaffenheit abhängig angesehen, nicht jedoch von der Form der sich berührenden Körper. Sie werden Gleitreibungszahl (μ) und Haftreibungszahl (μ_0) genannt.

Für die Coulomb-R. gibt es die geometrische Beschreibung durch Reibkegel mit halben Öffnungswinkeln ρ_0 und ρ gem. $\tan\rho_0 = \mu_0$ sowie $\tan\rho = \mu$, die selbst Haft- und Gleitreibwinkel heißen. Achse des Reibkegels ist die Normale der Berührungsfläche (Bild 2).

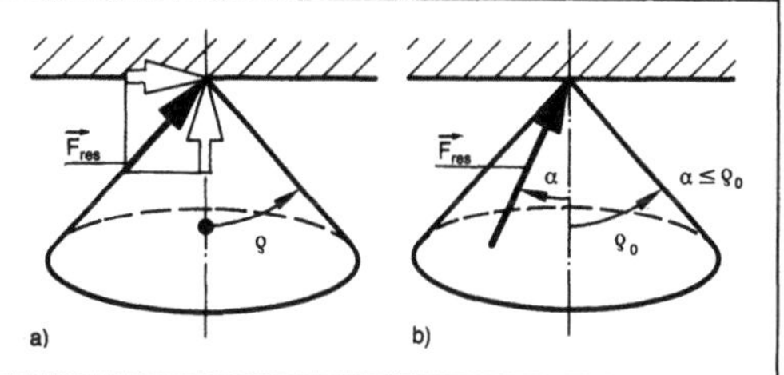

Reibung (Mechanik) 2: Geometrische Interpretation der Reibgesetze.
a) Gleit-Reibkegel
b) Haft-Reibkegel.

Die Resultierende aus F_R und F_N liegt beim Haften innerhalb des Haftreibkegels (ρ_0) und beim Gleiten auf dem Mantel des Gleitreibkegels.

An einem von einem Seil oder Riemen umschlungenen Körper tritt Seil-R. auf (Bild 3); manchmal durch den geometrischen Trick der Keilform (Keilriemen) verstärkt. Die Seil- oder Trumkräfte T_1 und T_2 erfüllen dann die Gleichgewichtsbedingungen, z. B.

$$M = (T_2 - T_1)\,R,$$

und begrenzen sich im Fall des Haftens gegenseitig durch die →Eytelwein-Ungleichungen

$$T_1 \leq T_2\,e^{\mu_0\alpha} \quad \text{und} \quad T_2 \leq T_1\,e^{\mu_0\alpha},$$

wobei der Umschlingungswinkel α entscheidend ist. Im Fall des Gleitens (Schlupf) wird eine der Ungleichungen zur Gleichung:

$$T_1 = T_2\,e^{\mu\alpha} \quad \text{oder} \quad T_2 = T_1\,e^{\mu\alpha}$$

je nach Drehsinn des Schlupfes. Praktisch kann man μ und μ_0 bei Seil-R. kaum unterscheiden, weil stets ein wenig Schlupf auftritt.

Das Reibverhalten wird durch anwesende Flüssigkeit, die bei Bewegung die Körper aufschwimmen läßt und trennt, völlig verändert. *Besdo*

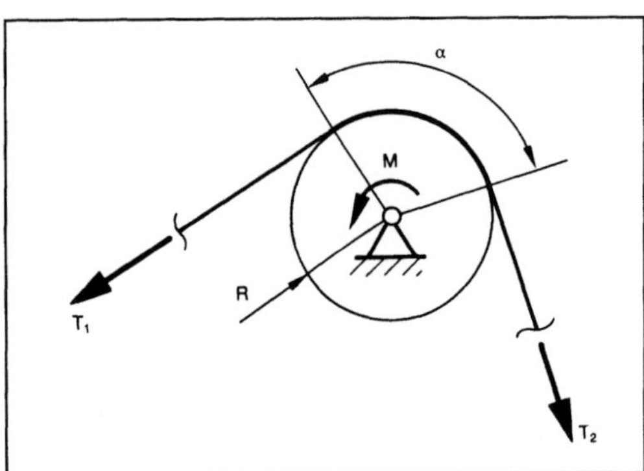

Reibung (Mechanik) 3: Zur Seilreibung.

4. Strömungsmaschine →Verlust (Strömungsmaschine)

5. Tribologie. Die R. wirkt der Relativbewegung sich berührender Körper entgegen. Sie wird gelegentlich als äußere R. bezeichnet, um sie von der inneren R. zu unterscheiden, die bei der Relativbewegung von Volumenelementen innerhalb von festen, flüssigen oder gasförmigen Körpern auftritt.

Die R. äußert sich als R.-Kraft, die der angreifenden Kraft entgegengerichtet ist, oder als R.-Energie.

In Abhängigkeit vom Bewegungszustand unterscheidet man zwischen Ruhe-R. (Haft-R., statische R.) und Bewegungs-R. (dynamische R.). Die →Reibungszahl der Ruhe-Reibung ist i. a. größer als die der Bewegungs-Reibung.

Nach der Bewegungsart der Reibungspartner unterscheidet man zwischen verschiedenen R.-Arten: Gleit-R., Roll-R., Wälz-R., Bohr-R.

Nach dem Kontaktzustand der Reibpartner unterscheidet man verschiedene R.-Zustände: Festkörper-R., Grenz-R., Flüssigkeits-R., Gas-R., Misch-R.

Für die Festkörpergleit-R. gilt in vielen Fällen die von *Amonton* und *Coulomb* beobachtete Regel, daß die R.-Kraft proportional mit der Normalkraft zunimmt und unabhängig von der Größe der geometrischen Kontaktfläche ist. Der Proportionalitätsfaktor wird als Reibungszahl bezeichnet.

Die Amonton-Coulomb-R.-Regeln sind darin begründet, daß sich zwei Körper nur in Mikrokontaktbereichen berühren. Die Summe der Mikrokontaktbereiche macht die wahre Kontaktfläche aus, deren Größe i. a. nur einen Bruchteil der geometrischen Kontaktfläche beträgt. In den Mikrokontaktbereichen können atomare Bindungen zur Adhäsion bzw. zur Bildung von Mikroverschweißungen führen, die während einer Tangentialbewegung plastisch verformt und abgeschert werden.

Eine Verminderung der Festkörper-R. ist daher durch folgende Maßnahmen möglich:

□ Einschränkung der Bildung atomarer Bindungen zwischen den Reibpartnern,
□ Beschränkung der plastischen Verformung auf die äußersten Oberflächenbereiche.

Bei metallischen Werkstoffen kann die Bildung von atomaren Bindungen zwischen den Reibpartnern durch oberflächliche Adsorptions- und Reaktionsschichten eingeschränkt werden. Beim Fehlen dieser Schichten oder ihrem Durchbrechen können metallische Reibpartner verschweißen, so daß die Reibungszahl extrem hohe Werte annimmt. Die Beschränkung der plastischen Verformung kann durch hexagonale Metalle mit idealem Achsenverhältnis (c/a=1,633) erreicht werden, weil diese Metalle für eine plastische Verformung nur die drei Basisgleitsysteme zur Verfügung haben.

So bleibt die Reibungszahl der Paarung Cobalt/Cobalt selbst im Ultrahochvakuum nach Entfernung von Reaktions- und Adsorptionsschichten unter 0,5, sofern nicht die Temperatur der Umwandlung in die kubisch-flächenzentrierte Struktur (T=425 °C) erreicht wird. *Habig*

Literatur: *Bouden, F. P.,* u. *D. Tabor:* The friction and lubrication of solids. Part II. Oxford 1964. – *Buckley, D. H.:* Surface effects in adhesion, friction, wear, and lubrication. Amsterdam, Oxford, New York 1981.

Reibungsmitteldruck. Die auf das →Hubvolumen bezogene Reibungsarbeit eines Verbrennungsmotors.

Wegen der Reibungsverluste ist die →Nutzleistung P_e eines Verbrennungsmotors kleiner als die →Innenleistung P_i. Mit der Reibungsleistung P_r gilt: $P_e = P_i - P_r$.

Analog zu dieser Beziehung gilt für die Mitteldrücke $p_e = p_i - p_r$. Im Gegensatz zum →Innenmitteldruck p_i ist es schwer, sich vom R. eine anschauliche Vorstellung zu machen. Man sollte ihn einfach als Verlustanteil vom Innenmitteldruck sehen. Beispielsweise machen bei $p_i = 10$ bar und $p_r = 2$ bar die Reibungsverluste 20% der Innenleistung aus, so daß 80% für die Nutzleistung übrig bleiben.

Als Maß für die Reibungsverluste wird oft der Reibungsmitteldruck angegeben, weil sein Wert mit der Motorgröße und dem →Betriebspunkt des Motors nur wenig schwankt. Für Überschlagsrechnungen ist es deshalb viel leichter, den R. zu schätzen als etwa die Reibungsleistung. *Kuhlmann*

Reibungsverlust →Lagertemperatur, →Trockenlauflager, →Verlust, (Strömungsmaschine) →Wälzlager-Erwärmung

Reibungsverlust (Verbrennungsmotor). Zu den mechanischen Verlusten eines Verbrennungsmotors zählt man alle Verluste durch Reibung (z. B. Kolbenringreibung, Lagerreibung) sowie die →Antriebsleistung für die betriebsnotwendigen Hilfsgeräte (z. B. Ölpumpe, Wasserpumpe).

Bei der Reibungsleistung, beim →Reibungsmitteldruck und beim mechanischen Wirkungsgrad ist definitionsgemäß die Antriebsleistung für die Hilfsgeräte mit berücksichtigt. Wenn man von den R. spricht, ist hingegen darauf zu achten, ob die reinen Verluste durch Reibung gemeint sind oder ob die Verluste durch die Hilfsgeräte oder sogar die Gaswechselverluste mit eingeschlossen sind.

Die Höhe und Aufteilung der R. hängen von der Motorkonstruktion und vom gefahrenen →Betriebspunkt ab. Die Verlustaufteilung (Bild) zeigt, daß →Kolben und Kolbenringe zusammen einen sehr großen Anteil der Verluste bilden.

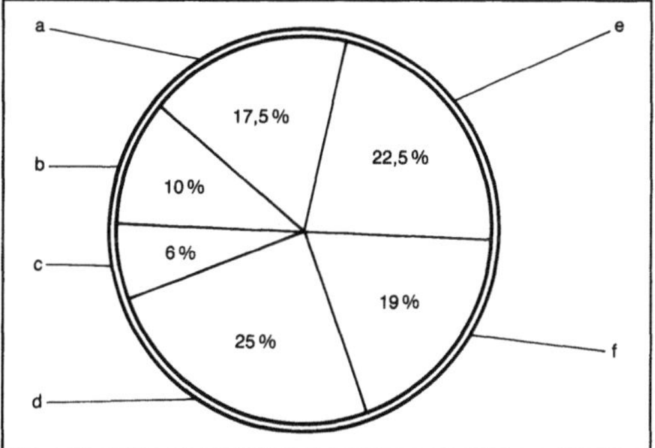

Reibungsverlust (Verbrennungsmotor): Aufteilung der mechanischen Verluste bei einem Verbrennungsmotor. (Quelle: O. Lang)

Hinsichtlich des Betriebspunkts gilt: Mit der Drehzahl steigt der Reibungsmitteldruck etwas an. Das bedeutet, daß die Reibungsleistung überproportional mit der Drehzahl wächst.

Von der Last ist der Reibungsmitteldruck annähernd unabhängig. Das bewirkt einen bei fallender Last immer niedrigeren mechanischen Wirkungsgrad (und auch →Nutzwirkungsgrad). *Kuhlmann*

Reibungszahl. Verhältnis der Reibungskraft F_R zur Normalkraft F_N:

$$f = \frac{F_R}{F_N} \, .$$

Die Reibungskraft F_R ist der von außen wirkenden Tangentialkraft F_T entgegengerichtet (Bild 1).

Die R. der Ruhe ist nur für den Grenzfall des Übergangs in die Bewegung definiert, da sonst die im Zustand der Ruhe wirkende Reibungskraft als Reaktionskraft unabhängig von der Größe der Normalkraft gleich der angreifenden Tangentialkraft ist. Die R. der Ruhe kann mit Hilfe einer schiefen Ebene bestimmt werden (Bild 2). Die R. ist keine Werkstoffeigenschaft, sondern die Kenngröße eines tribologischen Systems (Tabelle). *Habig*

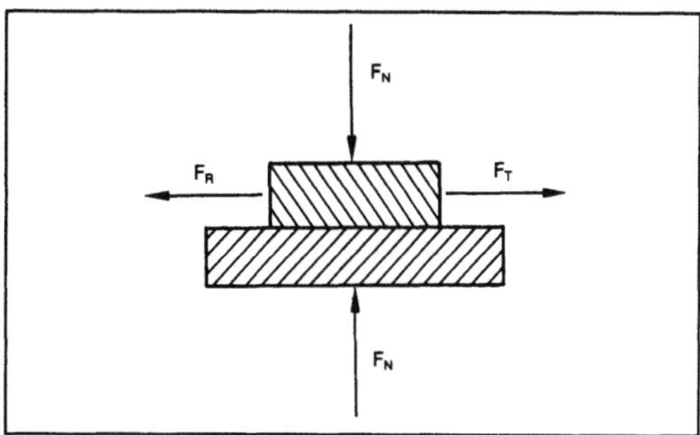

Reibungszahl 1: Bei der Reibung wirkende Kräfte.

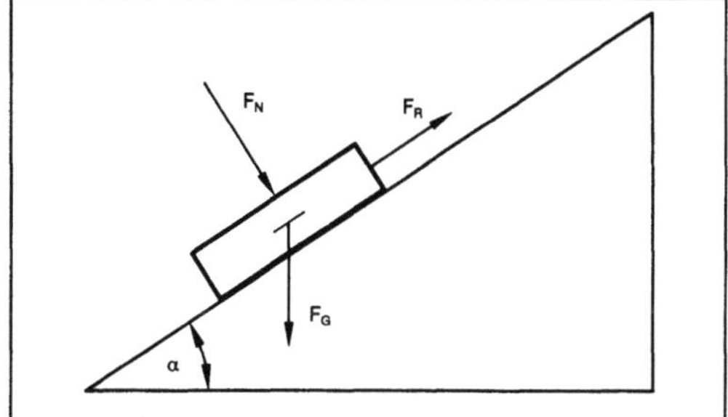

Reibungszahl 2: Bestimmung der Reibungszahl der Ruhe.

F_N Normalkraft, F_R Reibungskraft, F_G Schwerkraft, α Reibungswinkel

$$F_R = F_G \cdot \sin \alpha, \quad F_N = F_G \cdot \cos \alpha, \quad f = \frac{F_R}{F_N} = \frac{\sin \alpha}{\cos \alpha} = \tan \alpha$$

Reibungszahl. Tabelle: Anhaltswerte für Reibungszahlen bei unterschiedlichen Reibungszuständen bzw. -arten.

Gleitreibung	Reibungszahl f
Festkörperreibung	
Metall/Metall	0,3 – 1,5
Keramik/Keramik	0,2 – 1,5
Kunststoff/Metall	0,2 – 1,5
Grenzreibung	0,1 – 0,2
Mischreibung	0,01 – 0,1
Flüssigkeitsreibung	≈0,01
Gasreibung	≈0,0001
Rollreibung	≈0,001

Reibungszustand →Lagertemperatur

Reifen. Die R. federn die Räder und sonstige ungefederten Massen (→Federung) ab (Tabelle) und übertragen durch →Kraftschluß und infolge der

Reifen. Tabelle: Federkennung von Reifen für verschiedene Drücke und Einfederungsbereiche. (Quelle: Continental)

Einfederungsbereich	Motorradreifen 120/90 V 18		Pkw-Reifen 155 R 13		Hochgeschwindigkeitsreifen 215/65 VR 15		Nutzfahrzeugreifen 315/80 R 22,5	
mm	Druck bar	Kennung N/mm	Druck bar	Kennung N/mm	Druck bar	Kennung N/mm	Druck bar	Kennung N/mm
0–10	2,9	193	1,8	118	2,0	140	5,0	590
	,2	140	2,8	200	10,0	825		
10–20 (15)	2,9	(230)	1,8	148	2,0	200	5,0	600
			2,2	170	2,8	240	10,0	1 000
20–30			1,8	160	2,0	220	5,0	635
			2,2	190	2,8	280	10,0	1 175
30–40			1,8	170	2,0	250	5,0	675
			2,2	200			10,0	1 200
40–50			1,8	170			5,0	750
			2,2	210				

Verformung der Lauffläche auch durch Formschluß die Antriebs-, Brems- und Seitenführungskräfte zwischen Fahrzeug und Fahrbahn. Abhängig von der Tiefe des R.-Profils und seiner Dränagefähigkeit, dem R.-Luftdruck sowie der Stärke des Wasserfilms auf der Straße und seiner evtl. durch Schnee oder Schlamm veränderten Masse und Viskosität kann es zum →Aufschwimmen (→Aquaplaning) des R. kommen, wodurch der Kraftschlußbeiwert sehr klein wird. Die Übertragung der Seitenführungskräfte (→Lenkung, Fahrdynamik) führt zum Schräglauf des R.

R.-Mechanik. Modellvorstellungen gehen von einem um den Radius biegesteifen, sonst biegeweichen Gürtel aus (Bild 1), der sich elastisch gegen die starr gedachte Felge stützt. Auf seiner Außenseite trägt er die schubweiche Lauffläche. Beim Übertragen von Fahrbahnkräften treten entsprechende Verformungen auf:

□ Radiale Kräfte: Abplattung der Lauffläche bei einer Druckverteilung, bei der im Inneren der Berührungsfläche (dem Latsch) der Druck etwa dem Fülldruck entspricht und zu den Rändern abnimmt. Infolge der Abplattung treten Schubspannungen auf, die zur Mitte der Aufstandsfläche gerichtet sind.

Beim rollenden R. werden die massebehafteten Teile des Gürtels und der Lauffläche bei der Abplattung radial nach innen gedrückt. Nach dem Abheben schwingen sie daher über ihre Ruhelage hinaus nach außen und führen weiter eine gedämpfte Schwingung aus (Rollwulstbildung). Bei hohen Geschwindigkeiten kann es dadurch zur Zerstörung des R. kommen.

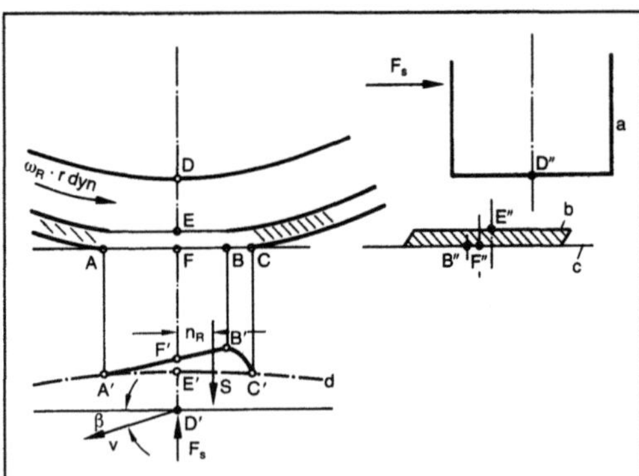

Reifen 1: Reifenschräglauf, schematisch.

a Felge, b Gürtel, c Fahrbahn, d Mittellinie der verformten Karkasse im Grundriß, v Bewegungsrichtung des Rades, β Schräglaufwinkel

□ Seitenkraft (Bild 1): Infolge seiner Biegesteifigkeit verschiebt sich der Gürtel b gegen die Felge über einen größeren Bereich. Die im vorderen Berührungspunkt A/ des rollenden R. aufsetzenden Laufflächenelemente sind zunächst gegen den Gürtel nicht verformt. Infolge ihres Haftens an der Fahrbahn tritt jedoch eine zunehmende Schubverformung gegen den Gürtel ein, bis die örtliche Haftkraft in B/ erreicht wird. Mit dem fallenden Druck in der Aufstandsfläche nimmt die Schubverformung der Lauffläche bis zum Abhebepunkt C/ dann ab. Der Schubverformung entspricht eine Seitenkraft S, die um n_R hinter der Mitte der Aufstandsfläche angreift. (n_R Hebelarm der Seitenkraft bzw. $S \cdot n_R$ Schräglaufmoment).

Umfangkraft: Auch dabei setzen die Umfangselemente spannungsfrei auf die Fahrbahn auf und erfahren dann eine zunehmende Schubverformung gegen den Gürtel, die sich der Schubverformung aus der Abplattung überlagert. Bewegt sich der Gürtel rascher als die Rollgeschwindigkeit ($r \cdot \omega > v$), so tritt eine treibende Schubverformung der Lauffläche ein; $(r \cdot \omega - v)/r \cdot \omega \cdot 100\%$ wird als Antriebsschlupf bezeichnet (100 % für im Stand durchdrehendes Rad). Ist $r \cdot \omega < v$, so tritt eine bremsende Schubverformung der Lauffläche ein. Der Bremsschlupf ist $(v - r \cdot \omega)/v \cdot 100\%$ (100 % für blockiertes Rad).

Aus der Überlagerung der Schubverformung aus der Abplattung mit der Schubverformung aus der Umfangkraft folgt die Unsymmetrie des Zusammenhangs von Umfangkraft und Schlupf. Durch die Addition der Schubspannungen im hinteren Teil der Aufstandsfläche beim Bremsen wird die örtliche Kraftgrenze $\mu \cdot p$ in Punkt B' früher erreicht als beim Treiben.

Für das Übertragen der Resultierenden

$$R = \sqrt{F_s^2 + U^2}$$

aus Seitenführungskräften F_s und Antriebs- oder Bremskräften U in der Lauffläche steht nur das Produkt aus Radlast L mal →Reibungszahl μ zur Verfügung, $R \leq L \cdot \mu$.

Der →Radsturz, die Neigung der Radebene zur Vertikalen um einen Winkel σ, führt zu einer in der Mitte der Aufstandsfläche angreifenden Sturzseitenkraft $S_R \sim k_R \cdot \sigma \sim (0,1 \ldots 0,2) \cdot k \cdot \sigma$, die für kleine →Schräglaufwinkel der Schräglaufseitenkraft überlagert werden kann. Beim →Kraftrad ist die Sturzseitenkraft für die Seitenführung von ausschlaggebender Bedeutung.

Der richtige R.-Luftdruck ist von besonderer Bedeutung. Zu niedriger Luftdruck erhöht Walkarbeit, →Rollwiderstand, Kraftstoffverbrauch und R.-Temperatur. Damit verkürzt er die →Lebensdauer der R. erheblich. Bei schlauchlosen R. gefährdet er den R.-Sitz auf der Felge. An der Hinterachse führt er durch einen für die erforderliche Seitenführungskraft größeren Schräglaufwinkel zu Übersteuerungstendenz. In gleicher Weise wirkt Überlastung. Beim Fahren über Bordsteine können die Cordfäden überbeansprucht werden und brechen.

R.-Bauarten. Bereits 1845 erhielt der Engländer *R. W. Thompson* ein Patent für Luft-R. Eingeführt wurde er jedoch erst 1888 für Fahrräder und später für Kfz durch den irischen Arzt *Dunlop,* der von *Thompsons* Patent nichts wußte.

Die Kennzeichnung von R. und Felgen (Räder) ist in der ECE Richtlinie 30 international festgelegt. Beispiel siehe unten.

Ein Prüfkennzeichen (z. B. E 4 im Kreis) und die Freigabenummer (in Wulstnähe) ergänzen die Kennzeichnung. Beim Diagonal-R. verlaufen die Cordflächen des Karkasse genannten Gewebeunterbaus diagonal und überkreuzen sich. Beim Radial-R. oder Gürtel-R. verlaufen die Cordfäden radial von Wulst zu Wulst. Ein stabilisierender Gürtel umschließt die relativ dünne elastische Karkasse. Bei der in USA verwendeten Bias-Belted-Bauweise ist um eine Diagonal-Karkasse (Bias) ein Gürtel (Belt) gelegt. Neben den heute auf Zweiradfahrzeuge und Nutzfahrzeuge mit nicht abdichtbaren mehrteiligen Felgen beschränkten Reifen mit Schlauch, sind schlauchlose R. die Regel. Bild 2 zeigt einen schlauchlosen Gürtel-R. für Pkw. Zugehörige Felge mit beidseitigem Hump zum Schutz gegen

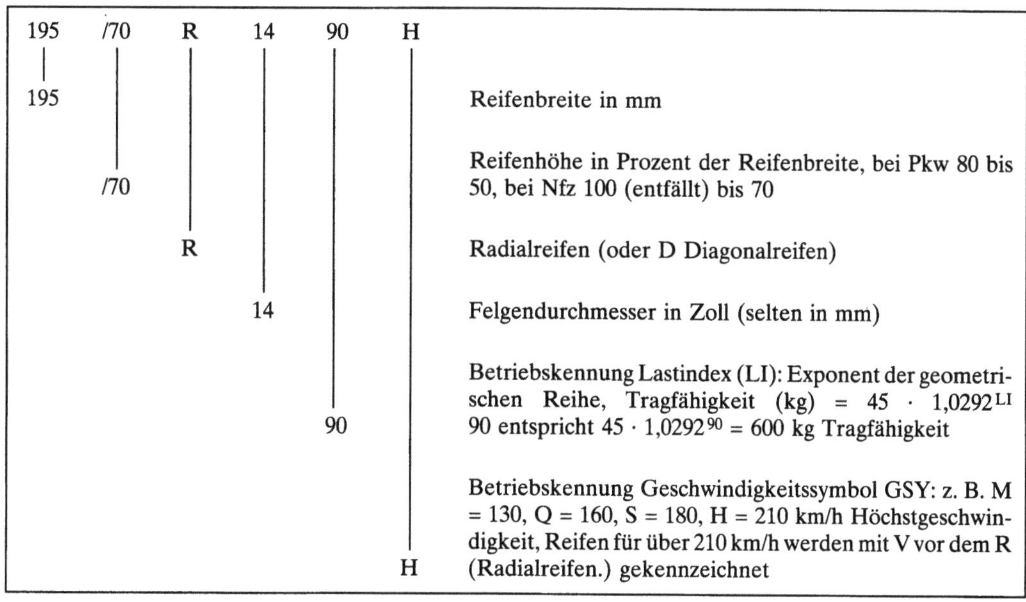

195	Reifenbreite in mm
/70	Reifenhöhe in Prozent der Reifenbreite, bei Pkw 80 bis 50, bei Nfz 100 (entfällt) bis 70
R	Radialreifen (oder D Diagonalreifen)
14	Felgendurchmesser in Zoll (selten in mm)
90	Betriebskennung Lastindex (LI): Exponent der geometrischen Reihe, Tragfähigkeit (kg) = 45 · 1,0292^{LI} 90 entspricht 45 · 1,0292^{90} = 600 kg Tragfähigkeit
H	Betriebskennung Geschwindigkeitssymbol GSY: z. B. M = 130, Q = 160, S = 180, H = 210 km/h Höchstgeschwindigkeit, Reifen für über 210 km/h werden mit V vor dem R (Radialreifen.) gekennzeichnet

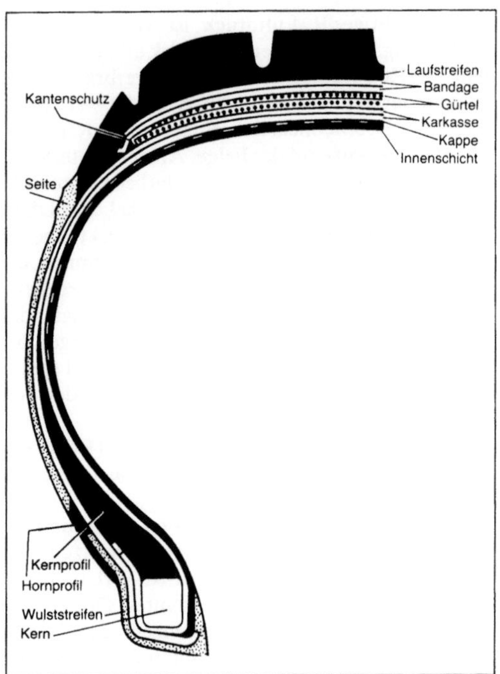

Reifen 2: Schlauchloser Pkw-Radialreifen (Continental).

Wegdrücken des R.-Wulstes vom Felgenhorn. Der Kegel des Ventils darf bei hohen Geschwindigkeiten und radial nach innen angeordnetem → Ventil (Motorräder) nicht durch die → Fliehkraft vom Sitz abgehoben werden. Ausreichende Federkraft ist erforderlich.

Durch statisches und dynamisches Auswuchten wird ein ruhiger Lauf der Räder erzielt. Auswuchtgewichte werden am Felgenhorn befestigt.

Ein wesentliches Entwicklungsziel ist der problemlose Pannenlauf (mehrere 100 km mit 80 km/h), wodurch ein Ersatzrad überflüssig werden soll. Das TD-Rad-R.-Konzept erlaubt 30 km mit maximal 60 km/h, bei dem die Denloc-R.-Wulst in eine Denloc-Rille vor dem Hump eingreift.

Beim Continental-R.-System (CTS) sitzt die Wulst an den nach innen gerichteten Felgenhörnern, und die R.-Seitenwand umschließt die Felge als gelenkartige Membran. Bei einem R.-Schaden liegt der Gürtel auf der flachen Felge auf.

Der R.-Querschnitt ist beim Kraftrad rund, bei den R. für Mehrspurfahrzeuge im Laufflächenbereich abgeflacht. Das R.-Profil stellt einen Kompromiß bez. → Kraftübertragung, Vermeiden von Aufschwimmen und Geräusch dar. Gegen Aufschwimmen ist ausreichende Dränage nach der Seite erforderlich. Querrillen im Mittelbereich sind jedoch wegen der Geräuschbildung durch Lufteinschluß zu vermeiden. Schrägrillen, insbes. regellos verteilte, sind bez. Geräusch günstig, weil die dann schräg begrenzten Stollen langsam einlaufen und ein Lufteinschluß in den Rillen weitgehend vermieden wird. Grobstollige Winter-R., mit M+S nach der R.-Größe gekennzeichnet, und Gelände-R. sind notwendigerweise lauter. Eine wesentliche Rolle spielt der Straßenbelag beim R.-Geräusch. In Deutschland wird gesetzlich eine Mindestprofiltiefe von 1 mm gefordert. Bei nasser Fahrbahn wächst der Bremsweg mit abnehmender Profiltiefe überproportional. Er beträgt z. B. aus 100 km/h bei 8 mm Profiltiefe 70 m, bei 1 mm Profiltiefe 118 m.

Vor allem bei Flurförderzeugen kommen auch Vollgummi-R. und aus mehreren Schichten aufgebaute Voll-R. zur Anwendung.   *Fiala*

Literatur: ETRTO Data Book. 3 Bde. Brüssel, Eur.Tyre an Rim Tech. Organiz., Jahrb. – ECE-Reglement 30. – *Braess, H.-H.,* u. a.: Reifeneigenschaften und Fahrsicherheit. Forschungsbericht TV 7672, Weissach: Porsche 1982. – *Laermann, F.-J.:* Seitenführungsverhalten von Kraftfahrzeugreifen bei schnellen Radlaständerungen. Fortschr.-Ber. VDI R. 12 Nr. 73. Düsseldorf 1986. – *Reimpell, J.:* Fahrwerktechnik, Reifen u. Räder. 1986. – *Schramm, W.:* Körperschall-Analyse an Stahlgürtelreifen zur Synthese des emittierten Luftschalls. Fortschr.-Ber. VDI R. 11 Nr. 58. Düsseldorf 1984. – *Krapf, K.-G.:* Der elastisch gebettete Kreisring als Modell für Gürtelreifen. Fortschr.-Ber. VDI R. 11 Nr. 38. Düsseldorf 1981. – Dokumentation: Einfluß der Restprofiltiefe von Pkw-Reifen auf die Fahrsicherheit. Continental-Werke, Hannover. PR- u. Presseabt., Juli 1978. – Reifen, Fahrwerk, Fahrbahn. VDI-Ber. Nr. 778 u. 650. Düsseldorf 1989 u. 1987.

Reifen (Landmaschine) → Bereifung

Reifenbaumaschine. Maschine, die es gestattet, aus Halbfertigfabrikaten wie beschichteten Geweben, Gummikernen, Wulstdrahtringen, Kautschukprofilen für die Lauffläche und Seitenflanken einen Reifenrohling aufzubauen und fertigzustellen. Dieser Aufbau geschieht auf einer zylindrischen Bautrommel, die sich auf einer zentralen Welle axial verschieben und zusammenklappen läßt. Während und nach dem Aufbau der Kerne und Einlagen erfolgt das Andrücken und Ausrollen. Der fertige Reifenrohling eines Diagonalreifens hat eine zylindrische Form. In dieser Form wird er in die Reifenheizpresse gegeben.

Die R. für den Radialreifen hat sehr große Ähnlichkeit mit der Kunststoffpresse. Es werden Gewebekarkasse, Reifenwulst und Reifenflanken auf einer zylindrischen Flachtrommel entsprechend der Vorgehensweise auf der R. für Diagonalreifen hergestellt, Stufe 1 (Bild). Die Fertigung einer Spezialfelge zeigt das Bild, Stufe 2. Die Felgenteller fahren axial zusammen, während der Reifen aufgepumpt wird. In dieser Position werden Kautschukstreifen für Gürtel und Lauffläche des Reifens zentriert aufgebracht. Moderne Radialreifenfertigungsmaschinen bewerkstelligen alle Arbeitsgänge auf einer Maschine. Dabei ersetzt ein zylindrischer

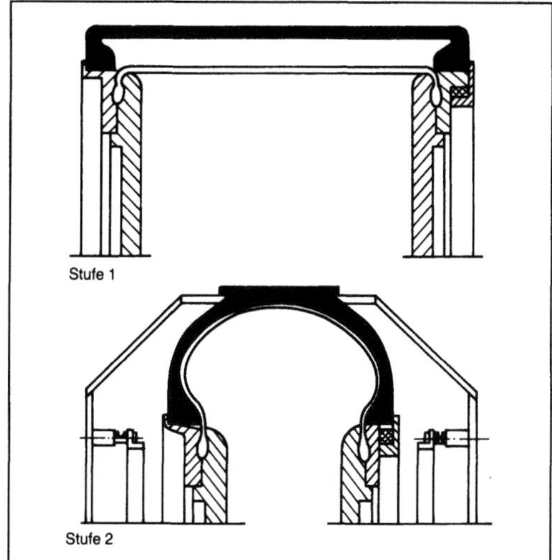

Reifenbaumaschine: Schematische Darstellung der Reifenbaumaschine und der Reifenfertigung (Radialreifen).

Gummibalg, der sich aufpumpen und der Reifenkontur anpassen läßt, die übliche Stahltrommel.

Zur endgültigen Konturgebung und Vulkanisation dient die Reifenpresse (→Gummiverarbeitungsmaschine). *Johannaber*

Literatur: *Lehnen, J. P.:* Kautschukverarbeitung. Würzburg 1983. – *Schnetger, J.:* Lexikon der Kautschuktechnik. Heidelberg 1981.

Reifendozer. R. sind Radschlepper mit vorgebautem Planierschild (meist Brustschild). Sie sind die einfachste Form reifenfahrbarer Planiergeräte und werden mit Leistungen zwischen rd. 130 und 550 kW hergestellt. Üblicherweise verfügen R. über Allradantrieb und Knicklenkung. In seiner Arbeitsweise ähnelt der R. dem Kettendozer und wird vorwiegend zum Abschieben von Boden oder zum groben Planieren eingesetzt. Die grundlegenden Unterschiede zum Kettengerät sind durch die Fahrwerkeigenschaften bedingt. So erlaubt das Reifenfahrwerk mittlere Fahrgeschwindigkeiten von 30 km/h und damit Einsatzweiten bis 100 m und mehr. Hierdurch können Raddozer neben Gradern auch zur Wegepflege im gleislosen Erdbau eingesetzt werden. Dagegen beschränkt die durch die geringe Aufstandsfläche bedingte hohe Bodenpressung und der relativ geringe Kraftschluß der Reifen besonders in nassen und tonigen Böden das Einsatzgebiet des R. auf überwiegend leichtere Bodenarten. Seinen erhöhten Bodendruck nutzt der R., indem er – ähnlich wie die Gummiradwalze – mit den Reifen eine Verdichtungswirkung auf den Boden ausübt. R. werden auch als Schubhilfe für Schürfwagen eingesetzt. *Kühn*

Reifennachlauf →Radführung

Reihenmotor. →Verbrennungsmotor, bei dem die →Zylinder hintereinander in einer Reihe angeordnet sind.

Die meisten Verbrennungsmotoren sind als R. ausgeführt. Andere bekannte Motorbauformen sind der →V-Motor und der →Boxermotor.

Vorteile der Reihenbauart sind: einfacher →Motorblock, einfache Fertigung (Zylinderachsen parallel), nur ein →Zylinderkopf, einfaches →Saugrohr (wichtig für Vergasermotoren).

Nachteilig ist die Reihenbauweise bei großen Zylinderzahlen, weil der Motor sehr lang und die Kurbelwelle sehr weich werden. Bei kleinen Motoren wird oft ab 8 Zylindern die V-Bauweise gewählt, bei großen Motoren ab 12 Zylindern. *Kuhlmann*

Reihenschlußmotor →Drehzahlkennlinie, →Gleichstrommotor, →Reihenschlußverhalten

Reihenschlußverhalten. Bezeichnung für das Betriebsverhalten eines elektrischen Motors, dessen Drehzahl sich erheblich mit der Belastung ändert, bei Entlastung ansteigt und bei zunehmender Belastung abnimmt (→Drehzahlkennlinie). *Rentzsch*

Reinigen (Textilien) →Textilausrüstung

Reinigungsmaschine, chemische →Textilausrüstung, →Trockenmaschine

Relativbeschleunigung. R. ist der auf die Zeit bezogene Betrag und die zugehörige Richtung der (momentanen) Relativgeschwindigkeitsänderung eines Punkts.

Die zeitliche Änderung der →Absolutgeschwindigkeit

$$\vec{v}_a = \vec{v}_f + \vec{v}_r \tag{1},$$

mit der →Führungsgeschwindigkeit $\vec{v}_f$ und der →Relativgeschwindigkeit $\vec{v}_r$, ist die Absolutbeschleunigung

$$\vec{a}_a = \vec{a}_f + \vec{a}_r + \vec{a}_c \tag{2},$$

deren Komponenten sich durch Differentiation von Gl. (1) der entsprechenden Geschwindigkeitskomponenten nach der Zeit ergeben. Absolut- und Führungsbeschleunigung sowie R. haben je eine Normal- und Tangentialkomponente, so daß Gl. (2) vollständig lautet:

$$\vec{a}_{na} + \vec{a}_{ta} = \vec{a}_{nf} + \vec{a}_{tf} + \vec{a}_{nr} + \vec{a}_{tr} + \vec{a}_c \tag{3}.$$

In Gl. (2) und Gl. (3) tritt als neue Größe die Coriolis-Beschleunigung $\vec{a}_c$ auf, die nach ihrem Wiederentdecker *Gustave Gaspard Coriolis* (1792 bis 1843) benannt ist.

Besonders beim Ermitteln der Bahnen von Punkten eines Körpers (Glied von Mechanismen und Getrieben) mit Relativbewegung ist eine zeichnerische Lösung zu aufwendig. In Bild 1 ist daher die rechnerische Bestimmung der Bewegung von A auf Glied 2 dargestellt, das um M auf Glied 1 dreht (Drehwinkel $\beta(t)$), während dieses das →Drehgelenk A_o (Drehwinkel $\varphi(t)$) mit der ruhenden Ebene $3 = 0$ hat. Die x- und y-Komponenten von A ergeben sich somit zu:

$$x_A = b \cos \varphi + c \cos (\varphi + \beta),$$
$$y_a = b \sin \varphi + c \sin (\varphi + \beta),$$

womit für jedes Verhältnis von β zu φ die Bahn von A rechnerisch bestimmt werden kann, z. B. Trochoiden in Umlaufrädergetrieben.

Betrachtet man φ und β als Größen, die sich in der Zeit t ändern, so liefern die ersten Ableitungen nach der Zeit die Geschwindigkeitskomponenten

$$\dot{x}_A = -b \, \dot{\varphi} \sin \varphi - c \, (\dot{\varphi} + \dot{\beta}) \sin (\varphi + \beta),$$
$$\dot{y}_A = b \, \dot{\varphi} \cos \varphi + c \, (\dot{\varphi} + \dot{\beta}) \cos (\varphi + \beta).$$

Die Gl. (3) ist hieraus durch nochmaliges Ableiten nach der Zeit und Zusammenfassen der x- und y-Komponenten entstanden.

Für das bewegte System nach Bild 1 ist das Vektor-Polygon nach Gl. (3) unter Annahme bestimmter Werte für die Winkelgeschwindigkeiten $\dot{\varphi}(t) = \vec{\omega}_{10}$ und $\dot{\beta}(t) = \vec{\omega}_{21}$ dargestellt (Bild 2). Die Tabelle zeigt die Komponenten nach Gl. (3), mit deren Hilfe eine zeichnerische Konstruktion – am besten und genauesten auf einem CAD-Arbeitsplatz – oder auch eine Berechnung jeder Größe möglich ist, z. B. der R. $\vec{a}_r$.

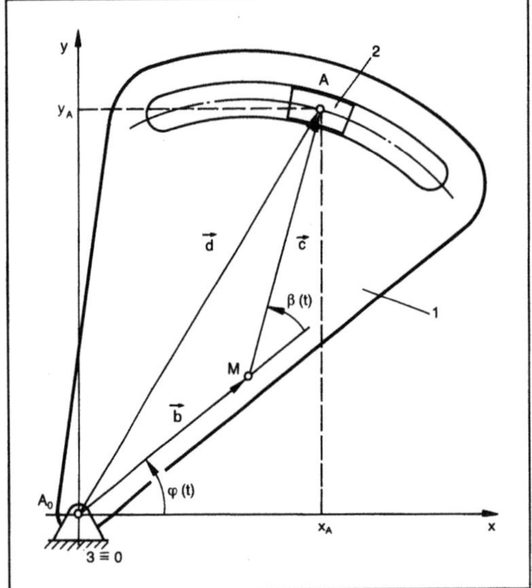

Relativbeschleunigung 1: Ebene Relativbewegung.

Glied 2 dreht um M gegen Glied 1, das um A_o gegen Gestell 3 T 0 dreht, Drehwinkel $\beta(t)$ und $\varphi(t)$.

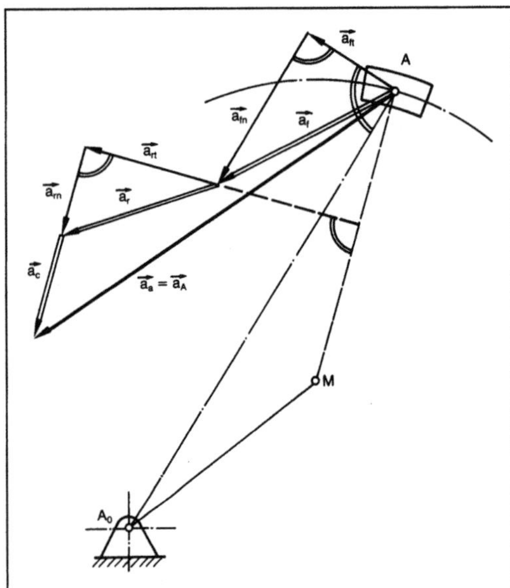

Relativbeschleunigung 2: Beschleunigungskomponenten oder Relativbewegung.

Relativbeschleunigung. Tabelle: Komponenten der Absolutbeschleunigung nach Gl. (3).

Benennung	Größe	Betrag	Richtung	Orientierung
Führungsbeschleunigung:				
Tangentialkomponente	$\vec{a}_{ft}$	$a_{ft} = \overline{A_oA} \cdot \alpha_{10}$	$\perp \overline{A_oA}$	$\vec{\alpha}_{10}$
Normalkomponente	$\vec{a}_{fn}$	$a_{fn} = \overline{A_oA} \cdot \omega^2_{10}$	$\parallel \overline{A_oA}$	$-\overrightarrow{A_oA}$
Relativbeschleunigung:				
Tangentialkomponente	$\vec{a}_{rt}$	$a_{rt} = \overline{MA} \cdot \alpha_{21}$	$\perp \overline{MA}$	$\vec{\alpha}_{21}$
Normalkomponente	$\vec{a}_{rn}$	$a_{rn} = \overline{MA} \cdot \omega^2_{21}$	$\parallel \overline{MA}$	$-\overrightarrow{MA}$
Coriolisbeschleunigung	$\vec{a}_c$	$a_c = 2 \, v_r \cdot \omega_{10}$	$\perp \vec{v}_r$	$-\overrightarrow{MA}$

In Erweiterung des einfachen ebenen Falls, der hier als Beispiel diente, tritt die Coriolis-Beschleunigung bei jeder Relativbewegung zu einem bewegten System auf, z. B. auf der Oberfläche von rotierenden Himmelskörpern.   *Gierse*

Relativgeschwindigkeit. R. ist die zeitliche Änderung eines Wegs als Relativbewegung.

Relativbewegungen treten zwischen Punkten eines führenden und eines von diesem geführten Glieds eines Mechanismus und Getriebes (MG) auf. Das führende Glied ist dabei in einem Bezugsglied (z. B. Gestell) gelagert. Punkte des geführten Glieds vollführen gegenüber dem Bezugsglied sog. Absolutbewegungen. Es werden also Bewegungen dreier Ebenen zueinander untersucht.

Als Beispiel diene die Bewegung einer Person P entlang einer Linie k_P auf einem mit der Geschwindigkeit $\vec{v_B}$ gegenüber der ruhenden Bezugsebene F (Fußboden) laufenden Personenförderband (Bild 1). Als momentaner Standort der Person auf dem Band B bewegt sich P zusammen mit B entlang k_B. Nimmt man die Person P als Punkt einer Ebene 2 an, der sich relativ zur Ebene 1 von Band B mit der R. $\vec{v_r} = \vec{v_{21}}$ entlang k_P bewegt, so bewegt sich P gleichzeitig mit der Ebene 1 des führenden Bands entlang k_B mit der →Führungsgeschwindigkeit $\vec{v_f} = \vec{v_{10}}$. Gegenüber der ruhenden Ebene 0 des Fußbodens F hat P damit die →Absolutgeschwindigkeit

$$\vec{v_a} = \vec{v_f} + \vec{v_r} \tag{1}$$

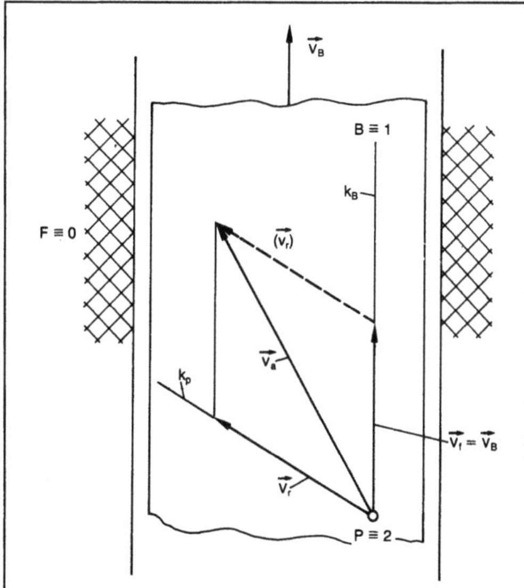

Relativgeschwindigkeit 1: Führungsgeschwindigkeit $\vec{v_f}$, Relativgeschwindigkeit $\vec{v_r}$ und Absolutgeschwindigkeit $\vec{v_a}$ einer Person P auf einem Personentransportband B.

als geometrische Summe von Führungsgeschwindigkeit und R.

Bei Drehbewegungen gilt analog für die Winkelgeschwindigkeiten:

$$\vec{\omega_a} = \vec{\omega_f} + \vec{\omega_r} \tag{2}$$

Hierbei finden die Drehbewegungen um die zugehörigen Pole (Polkurven) statt, die sowohl Dreh- als auch Geschwindigkeitspole sind und Momentanpole oder Dauerpole sein können. Ist das Gestell Bezugsglied, so sind die Geschwindigkeitspole für $\vec{\omega_a}$ und $\vec{\omega_f}$ Absolutpole, für $\vec{\omega_r}$ ein →Relativpol.

Die zeichnerische Bestimmung der drei Geschwindigkeitskomponenten ist mit Hilfe des Vektorpolygons für Gl. (1) möglich (Bild 1). Bei Ausführung auf einem CAD-Arbeitsplatz wird die Genauigkeit einer rein rechnerischen Lösung erreicht, wie sie z. B. unter →Relativbeschleunigung angesprochen ist. Bild 2 zeigt ein technisches Anwendungsbeispiel.   *Gierse*

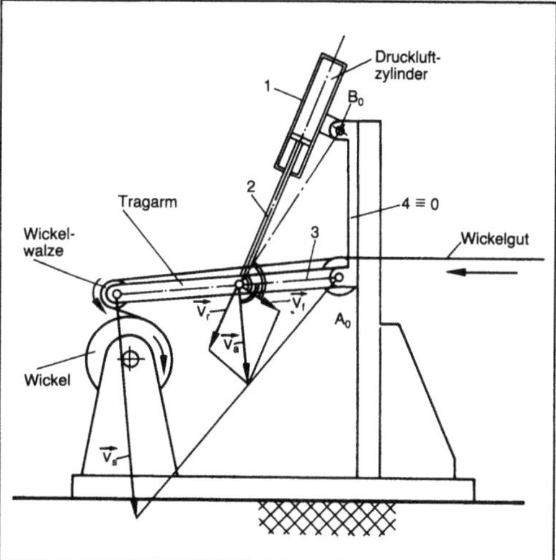

Relativgeschwindigkeit 2: Verstell- und Andruckmechanismus eines Walzenwicklers.

Tragarm 3 wird mit Druckluftzylinder gesenkt (angedrückt, angehoben). Bestimmen der Senkgeschwindigkeit $\vec{v_s}$ aus der Relativgeschwindigkeit $\vec{v_r}$ zwischen Kolben 2 und Zylinder 1. Gestell: 4 T 0.

Relativpol →Analyse, kinematische und kinetische

Relaxationsfunktion. R. beschreibt das zeitabhängige Relaxieren der Spannung (Normalspannung, Schubspannung) eines Werkstoffs nach dem Aufbringen einer Verzerrung (Dehnung, Gleitung), die anschließend konstant gehalten wird (Bild) im →Relaxationsversuch.   *Gaul*

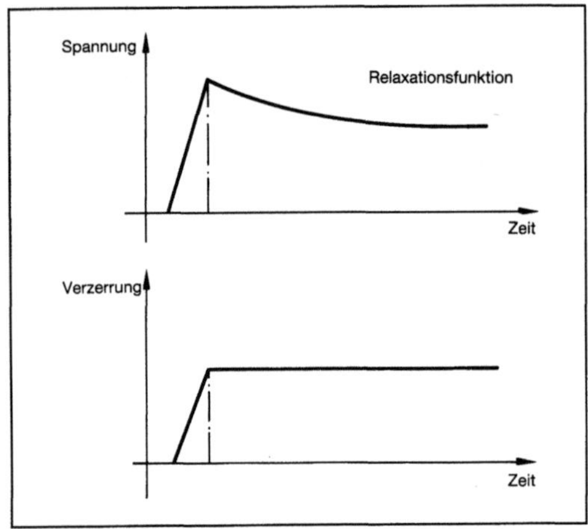

Relaxationsfunktion.

Literatur: DIN 53441: Spannungsrelaxationsversuch. Hrsg. Dt. Inst. f. Normung. Ausg. 1984.

Relaxationsversuch. Ein Probekörper wird einer Dehnung unterworfen, die anschließend konstant gehalten wird. Temperatur und Umweltbedingungen sind während des Versuchs konstant. Ermittelt wird das zeitliche Abklingen der Spannung (→Relaxationsfunktion). *Gaul*

Literatur: DIN 53441: Spannungsrelaxationsversuch. Hrsg. Dt. Inst. f. Normung. Ausg. 1984.

Repetierstufe. Ist der Spezialfall einer Stufe aus einer vielstufigen Beschaufelung mit gleichartigen Stufen, d. h. gleichen Geschwindigkeitsdreiecken und dementsprechend gleicher Profilierung und Stellung der Schaufeln. Bei kompressiblen Arbeitsfluiden sind allerdings die Strömungsquerschnitte entsprechend zu verkleinern oder zu vergrößern. Bei R. muß immer die Eintrittsgeschwindigkeit zu der folgenden gleich der Austrittsgeschwindigkeit aus der vorhergehenden Stufe sein. *Dibelius*

Reproduktion. Mit R. bezeichnet man in der Druck- und →Reproduktionstechnik das Ergebnis des Reproduzierens, d. h. das erneute Herstellen von etwas Vorhandenem in originalähnlichen Eigenschaften oder als Abbild. Eine R. ist ein zweidimensionales Abbild einer flächigen Bildvorlage mit drucktechnischen Mitteln, z. B. eine Farb- oder Schwarzweißreproduktion eines Gemäldes. Da eine →Vorlage auf Grund technischer und ästhetischer Gegebenheiten i. a. bearbeitet werden muß, ehe sie reproduziert werden kann, ist das Druckbild weniger eine R. als eine Wiedergabe.

Wörter mit dem Bestandteil „Reproduktion" werden meistens zu „Repro" verkürzt, z. B. R.-Kamera zu Reprokamera. „Reproduktion" steht häufig für R.-Technik.

Die informationstheoretische Wiedergabequalität (auch Druckgüte genannt) einer R. läßt sich im Prinzip mit Hilfe einer Gütezahl q im Wertebereich $0 \leq q \leq 1$ angeben. Sie ist dann eins, wenn bei der Übertragung von der Vorlage bis zum Druckbild weder Information verlorengeht noch durch Störungen neu hinzukommt (vorlagenidentische R.). In der Praxis begnügt man sich i. a. mit einer qualitativ-visuellen Bewertung der Druckgüte durch das geschulte Auge des Druckers, wobei jedoch standardisierte Beleuchtungs- und Betrachtungsbedingungen einzuhalten sind.

Ein Faksimiledruck ist eine R. höchster Farbwiedergabe- und Druckqualität. *Kamm*

Literatur: *Agte, R.:* Der richtige Fachbegriff in der Druckindustrie. Frankfurt a. M. 1981. – *Hradezky, R.:* Objektive Qualitätsbeurteilung von Druckprodukten und Möglichkeiten zur analytischen Behandlung von Reproduktionsprozessen mit Hilfe der Informationstheorie. Diss. Darmstadt 1977.

Reproduktionsgerät. Sammelbegriff für konventionelle reproduktionsphotographische und elektronische Geräte der →Reproduktionstechnik. Zu dem R. der ersten Art (auch konventionelles R. genannt) gehören: Reproduktionskameras (Bild), meistens als Reprokamera bezeichnet, Reproduktionsvergrößerer und Kontaktkopiergeräte. Die Reprokamera ist für Aufnahmen von klein- bis großformatigen Aufsichtsvorlagen konzipiert. Je nach →Vorlage und Auftrag werden mit ihr Strich-, Halbton- und Rasteraufnahmen hergestellt. Bei Rasteraufnahmen wird durch ein Glasgravurraster oder eine mittels Vakuum an den Film angesaugte Kontaktrasterfolie belichtet.

Reproduktionsgerät: Kompaktkamera für Auf- und Durchsichtvorlagen. (Quelle: Klimsch, Frankfurt am Main)

Es gibt Horizontal- und Vertikalkameras, Ein- und Zweiraumkameras, Format- und Rollfilmkameras. Die Kompaktkamera, eine Vertikalkamera für Vorlagenformate bis ca. DIN A0, überstreicht infolge der Verwendung von speziellen Weitwinkelobjektiven einen Maßstabsbereich von etwa 1:10 bis

10:1. In Deutschland ist sie heute die am meisten verbreitete Reprokamera und dank Mikroprozessorunterstützung bedienerfreundlich. Bei Verwendung einer Filmkassette kann sie auch im Hellraum benützt werden. Sie wird für sämtliche Schwarzweißarbeiten eingesetzt.

Der Reprovergrößerer (auch Farbauszugsgerät genannt) ist ein stabil gebautes Vergrößerungsgerät zur Projektion klein- bis mittelformatiger Positive oder Negative. Wegen der offenen Bauweise steht es im Dunkelraum. Aufrasterung ist mit einem in die Vorlagenbühne eingelegten Kontaktraster möglich.

Das Kontaktkopiergerät mit Spiegelglasplatte und starker Punktlichtquelle steht im Hellraum und dient der Kontaktrasterung, der Maskenherstellung und der Umkehrkopie im Maßstab 1:1. Über die Hälfte aller Filmarbeiten wird heute über das Kontaktgerät abgewickelt, was durch Verwenden von Hellraumfilm erleichtert wird. *Kamm*

Literatur: *Baufeldt, U.,* u. a.: Informationen übertragen und drucken. Itzehoe 1985. – *Mikolasch, W.:* Lehrb. der Druckindustrie, Schwarzweißreproduktion. Frankfurt a. M. 1985.

Reproduktionskamera →Reproduktionsgerät

Reproduktionskontrolle. Die R. versteht sich als zusammengefaßter Oberbegriff für sämtliche Verfahren, die der Überprüfung der Vorstufe zur Fertigung von Druckerzeugnissen dienen. Sie sind unter Andruck bzw. Proof in der Druckindustrie bekannt. Nutzer der R. ist der Reproduktionshersteller selber, der damit seine geleistete Arbeit der Informationsübertragung von der Vorlage zur →Kopiervorlage überprüfen kann, der Auftraggeber, der ein vorgezogenes Endprodukt sieht und danach entweder Korrekturen anmeldet oder sein Frei zum Auflagendruck erteilt, und der Drucker, der die R. (Andruck und/oder Proof) als Basis und als für den Auflagendruck verbindliche Druckvorlage sieht.

Bei den bekannten Druckverfahren wie Hoch-, Tief-, Flach- und Durchdruck wird zur Herstellung von Drucken eine →Druckform benötigt. Die Druckformen werden überwiegend nach Kopiervorlagen, seltener direkt nach der Vorlage hergestellt. Die Kopiervorlage wiederum wird innerhalb der →Reproduktionstechnik von der Vorlage gefertigt:

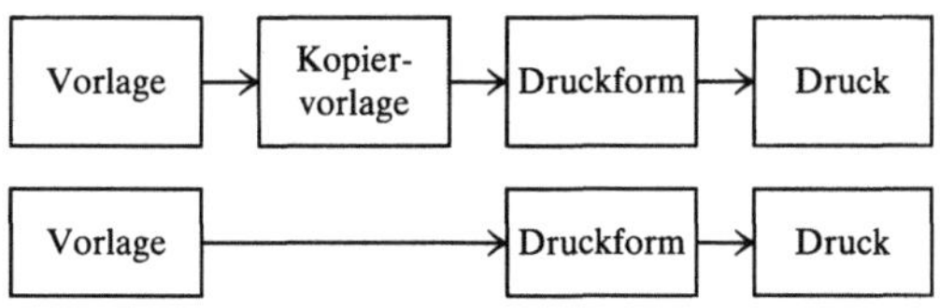

Der erste Verfahrensabschnitt dieser Produktionskette von der Vorlage bis zum Druck ist die Informationsabnahme aus der Vorlage entweder zur Kopiervorlage bei der materiellen oder aus der Vorlage zum Datenträger bei der immateriellen Informationsverarbeitung. Dabei werden die jeweils druck- und druckformherstellungsspezifischen Bedingungen berücksichtigt, um ein Optimum beim Informationstransfer des jeweiligen Verfahrens zu erreichen.

Ferner müssen Wiedergabegrenzen sowohl in bezug auf die Vorlage (meist ist im Druck weder der Dichteumfang noch der Kontrast und die Farbbrillanz der Vorlage zu erzielen) als auch druckverfahrensabhängige Einengungen, wie z. B. durch den →Bedruckstoff und die →Druckfarbe, erkannt und hingenommen werden. Ebenso sind kundenspezifische Wünsche in Abweichung zur Vorlage so zu berücksichtigen, daß im Druck das Gewünschte erreicht wird.

Die materielle und die immaterielle Bildverarbeitung wird üblicherweise, ehe man die Druckform zur Herstellung des Auflagendrucks fertigt, einer Kontrolle unterzogen. Diese Kontrolle heißt R. Sie bietet eine Vielzahl von Möglichkeiten, wobei der Andruck, möglichst im selben Druckverfahren hergestellt, wie der Auflagendruck, derzeit noch überwiegt oder dominiert. Proofverfahren, die eine Abstimmung bzw. ein Zuschneiden auf das jeweilige Druckverfahren zulassen, haben große Zukunftschancen.

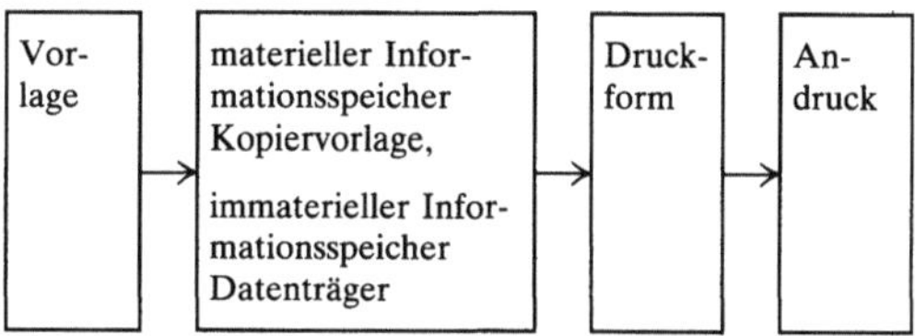

Bei dieser am weitesten verbreiteten Methode der Kontrolle der Vorstufe zum Druck wird angestrebt, den Andruck auf speziellen Andruckmaschinen oder in der Auflagenmaschine des gewählten Druckverfahrens so fortdruckgerecht wie möglich zu erstellen. Parameter wie gleiches Druckverfahren, gleiche Druckform, gleicher Auflagenbedruckstoff, gleiche Druckfarbe, gleiche Farbreihenfolge wie im Auflagendruck, gleiche Farbdichte und übereinstimmende Tonwertzunahme sind äußerst wichtige Größen beim Andruck. Ein Andruck ist somit ein vorgezogenes Endprodukt zur Kontrolle der Vorstufen. Die Zahl der Andrucke ist meist klein. Bei mehrfarbigen Reproduktionen wird zum Andruck eine Farbskala gefertigt.

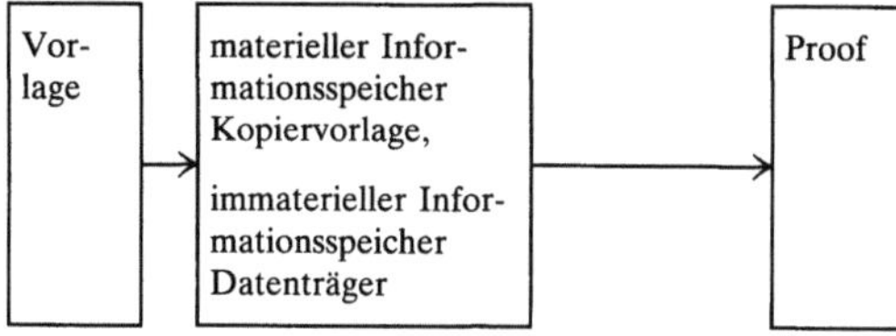

Die Proofherstellung (Proof = Farbkontrollbild = das von Farbauszügen mit druckfarbsimulierenden Grundfarben zusammengestellte Gesamtfarbbild, das zur Beurteilung der Bildqualität nach DIN 16544 dient) nach materiellen und immateriellen Informationsspeichern ist schon seit Mitte der 60er Jahre bekannt. Jedoch ließ die Entwicklung zu einer fortdruckrelevanten Aussage lange auf sich warten.

Am Markt sind heute Folienübertragungs-, Overlay-, Toner-, Silbersalzdiffusions-, Farbkopier-, Laserbelichtungs-, Ink-Jet- und elektrophotographische Systeme bekannt und teilweise schon eingeführt. Verfahren wie Cromalin (Du Pont) und Matchprint (3M) haben schon einen hohen Stellenwert. Es wird intensiv daran gearbeitet, über Proofsysteme schneller und wirtschaftlicher, aussagestark und vor allem fortdruckgerecht zu einer R. zu kommen.

Proofs sind Unikate. Braucht man mehrere Proofs, ist der Aufwand entsprechend groß. Farbskalen werden üblicherweise nicht gefertigt, weil diese gegenüber der Fertigung im Andruckverfahren sehr kostenintensiv sind. Der Nutzer des Proofs hat sich damit abgefunden, keine Farbskalen zu bekommen.

Der immaterielle Proof wird derzeit überwiegend intern, also innerhalb der Reproduktionsherstellung, eingesetzt. An Farbmonitoren besteht die Möglichkeit, Kopiervorlagen und/oder digitalisierte Daten von Vorlagen einer visuellen Kontrolle zu unterziehen.

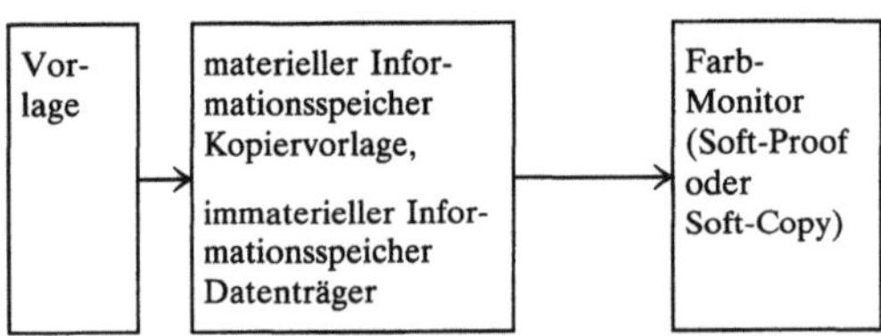

Danach können Korrekturen (Retuschen) vorgenommen oder die Kopiervorlagen bzw. die immateriellen Daten zur Druckform und dann zum Druck geführt werden.

Dem externen Einsatz, also der R. für den Auftraggeber und den Drucker auf Farbmonitoren abrufbar, sieht man mit Skepsis entgegen. Man ist sich aber im klaren, daß diese Art der R. in der Zukunft weiter wachsen wird. *Burkhardt*

Reproduktionsphotographie →Reproduktionstechnik

Reproduktionstechnik. R. umfaßt alle Verfahrensstufen vor dem eigentlichen Druck, soweit sie der Umwandlung von Vorlagen in Kopierfilme dienen. Die Qualität dieser Filme wird durch einen Prüfdruck, der bereits in der Reproduktionsanstalt bzw. Reproduktionsabteilung der Druckerei herge-

stellt wird, nachgewiesen. Für den anschließenden Auflagendruck dient er als Farbvorlage. Die Verfahren der Druckformherstellung werden i. a. nicht mehr zur R. gezählt. Sie sind eine Technik eigener Art und werden als Anhang der Drucktechnik betrachtet. Waren noch bis in die 70er Jahre Druckformen für den Buch- und Flexodruck die Endprodukte der einstigen graphischen Kunst- und Klischeeanstalten, so sind es heute i. a. Kopierfilme für Sieb-, Offset- und Flexodruckereien, die ihre Druckformen selbst fertigen.

Es gibt zwei verschiedene Wege, um Kopierfilme herzustellen:

□ Verfahren der konventionellen Reproduktionsphotographie (auch photomechanische Verfahren genannt) mit Aufzeichnung auf graphischem Film. Der Terminus „photomechanisch" ist eigentlich überholt, wird aber noch häufig verwendet. Man wollte seinerzeit damit ausdrücken, daß die Herstellung der Druckstöcke photochemisch durch Ätzen und nicht mehr manuell-mechanisch erfolgte, d. h. man arbeitete nun photo-„mechanisch". Die reprophotographischen Verfahren werden auch noch heute bei der Schwarzweißreproduktion von Strich- und Halbtonvorlagen wegen ihrer Wirtschaftlichkeit eingesetzt.

□ Verfahren der „elektronischen" R. über den mit einem Analog- oder Digitalrechner ausgestatteten Farbauszugsscanner. Auf diesem Wege werden heute allgemein die Farbauszüge von Farbreproduktionen hergestellt, weil Farb- und Tonwertkorrekturen mittels photomechanischer Masken sehr zeit- und materialaufwendig sind. Vorteile der elektronischen R. sind zu sehen in der Einsparung an Maskenfilmen und Arbeitszeit, der enormen Anpassungsfähigkeit an spezielle Problemstellungen und der Vernetzbarkeit mit Systemen der digitalen Bild- und Textverarbeitung bis hin zur filmlosen Druckformherstellung. Die Vorteile der konventionellen R. sind, daß der graphische Film ein preiswertes und handliches Aufzeichnungsmedium mit hoher Speicherdichte ist, das bei nicht zu komplexen Aufgaben häufig schneller zum Ziel führt, und daß die Geräteinvestitionen erheblich niedriger liegen.

Unabhängig vom Verfahrensweg müssen nach der →Vorlage Kopierfilme im gewünschten Abbildungsmaßstab unter Berücksichtigung der Wiedergabeeigenschaften des gesamten Reproduktions- und Druckprozesses hergestellt werden. Bei Anwendung autotypischer Druckverfahren sind die Filme aufzurastern. Bei Farbreproduktionen sind vier Auszugsfilme für die Druckfarben Cyan, Magenta, Gelb und Schwarz zu fertigen. Im einzelnen sind zu berücksichtigen:

□ die Übertragungseigenschaften des gewählten Druckverfahrens,

□ die optischen und rheologischen Eigenschaften der Druckfarben,

□ die optischen Eigenschaften des Papiers und seine Be- und Verdruckbarkeit,

□ die Art des Farbsatzaufbaus,

□ die Graubalance, d. h. die farbneutrale Farbwiedergabe unbunter Vorlagenstellen,

□ die Qualität und inhaltliche Aussage der Vorlage.

Der letzte Punkt bedingt eine visuelle Analyse der Vorlage durch eine betriebliche Instanz. Die meisten Vorlagen haben nämlich i. a. einen größeren Kontrast zwischen Licht und Tiefe, d. h. zwischen hellster und dunkelster Bildstelle, als sich drucktechnisch wiedergeben läßt. Speziell Farbdias, die das Gros der Vorlagen ausmachen, können einen über hundertmal größeren Helligkeitskontrast haben. Daher muß man entscheiden, welche Tonwertabstufung der Vorlage wesentlich und daher unverändert zu reproduzieren ist und welche verflacht wiedergegeben werden kann.

Da bei Anwendung der elektronischen R. ein digitales Bild der Vorlage erzeugt wird, liegt es nahe, die Druckformen filmlos aus dem Datenbestand herzustellen, z. B. Offsetdruckplatten mittels eines Lasers, oder Tiefdruckformzylinder durch elektromechanische Gravur. Verfahren dieser Art werden als Computer-to-Plate-Systeme bezeichnet. Wegen der hohen Investitionskosten werden sie erst zögernd installiert. Ihr Vorteil liegt weniger in der Einsparung von Filmmaterial als in der leichten Manipulierbarkeit der Datenströme und ihrer schnellen Übertragbarkeit auch über große Entfernungen. Man findet Computer-to-Plate-Systeme bei einigen großen Zeitungsdruckereien mit Rollenoffsetdruck (USA) und bei großen Druck- und Verlagshäusern mit Rotationstiefdruck (Deutschland). Computer-to-Plate-Systeme setzen sinnvollerweise eine Bild-Textintegration voraus: Alle Texte und Bilder müssen in digitaler Gestalt im Rechner vorliegen, am Gestaltungsbildschirm zusammengeführt und zu kompletten Seiten umbrochen werden (elektronischer Umbruch). *Kamm*

Literatur: *Golpon, R.,* u. a.: Lehrb. der Druckindustrie. Bd. 2: Reproduktionsfotografie. Frankfurt a. M. 1979. – *Ihme, R.:* Lehrb. der Reproduktionstechnik. Leipzig 1981. – *Teichmann,* u. a.: Neue technische Kommunikation in der Druckindustrie. Hrsg. Bundesverband Druck. Wiesbaden 1982.

Reproduktionsverfahren, photomechanisches →Reproduktionstechnik

Reprofilm →graphischer Film

Reprographie. Es ist ein eingeführter Gewerbezweig und Sammelbegriff für verschiedenartige Techniken zum Vervielfältigen von Textdokumenten und graphischen Vorlagen, z. B. technischen Zeichnungen, aus dem Bereich Organisation und Verwaltung. R. ist ein Teil der sich stürmisch entwickelnden Kommunikationstechnik. Es gibt das offizielle Berufsbild Reprograph/Reprographin. R. bedient sich u. a. der Lichtpaus-, der Kopier-, der Kleinoffsettechnik sowie der →Reproduktionsphotographie. Von Mikrofilmen (Roll- und Planfilm) werden Rückvergrößerungen hergestellt, was als Mikrographie bezeichnet wird. Der Begriff R. ist eine selbständige Wortschöpfung und läßt sich mit →Reproduktionstechnik nicht ohne weiteres gleichsetzen. *Kamm*

Resonanz. Bei schwach gedämpften linearen Schwingern mit harmonischer →Quellenerregung die angenäherte Übereinstimmung von Erreger- und Eigenfrequenz. R. führt in einem schmalen Frequenzintervall zu einer deutlichen Amplitudenüberhöhung der erzwungenen →Schwingung. Die Darstellung des zugehörigen Amplitudengangs im →Frequenzbereich wird auch R.-Kurve oder →Vergrößerungsfunktion genannt. Aus ihrer Halbwertbreite läßt sich das Dämpfungsmaß berechnen (→System, schwingungsfähiges). *Witfeld*

Resonanzverhalten →Gleitlager, schnellaufendes

Restgas. Abgas, das vom vorherigen →Arbeitsspiel im Zylinder eines Verbrennungsmotors verbleibt.

Die Aufgabe des Gaswechsels ist es, nach einem Arbeitsspiel die Verbrennungsgase aus dem Zylinder zu entfernen und ihn mit Frischladung (Luft oder Luft-Benzin-Gemisch) für den nächsten Verbrennungsvorgang zu füllen.

Es liegt in der Natur des Zweitakt-Gaswechsels, daß die Verbrennungsgase nicht vollständig aus dem Zylinder entfernt werden können, so daß ein beträchtlicher Anteil R. im Zylinder verbleibt.

Aber auch beim Viertakt-Ottomotor findet man bei Teillast und besonders bei →Leerlauf eine nicht unbeträchtliche R.-Menge im Zylinder. Der Grund ist, daß bei geschlossener →Drosselklappe durch den Unterdruck im →Saugrohr Abgas aus dem Zylinder in das Saugrohr zurückströmt und beim anschließenden Ansaugvorgang wieder in den Zylinder gelangt.

Durch den R.-Anteil im Zylinder wird bei Ottomotoren die Zündung erschwert, beim Zweitakt-Ottomotor im Leerlauf sogar zeitweise unterbunden. Um dieser Erscheinung entgegenzuwirken wird das Gemisch im Leerlauf angefettet (kleineres →Verbrennungsluftverhältnis). Dadurch erhöht sich aber die Emission an Kohlenmonoxid und unverbrannten Kohlenwasserstoffen (→Abgaszusammensetzung). *Kuhlmann*

Restklemmkraft →Schraube

Restmomentenverfahren →Holzer-Tolle-Verfahren

Restunwucht. →Unwucht jeglicher Art, die nach dem Auswuchten zurückbleibt. *Witfeld*

Retarder →Strömungsbremse

Retusche. Unter R. wird das Überarbeiten und/oder Nachbessern an Vorlagen und an bzw. in den Zwischenstufen der Informationsverarbeitung (Kopiervorlagen, Daten bei der immateriellen Verarbeitung und an Druckformen) bis zum Druck zum Zwecke der Verbesserung der Reproduktionseigenschaften bei Ton- und Farbwertwiedergaben, der Mängelbeseitigung, der Beseitigung und/oder der Betonung von Bilddetails verstanden.

Die manuelle R. an Vorlagen in Aufsicht und Durchsicht ist eine Technik mittels R.-Farben und entsprechendem Handwerkszeug wie Pinsel, Spritzpistole, Feder, Kreide, Bleistift u. a. Sie dient innerhalb der →Reproduktionstechnik dem Ziel der Reproduktionsreifmachung der Vorlage. Bei der immateriellen Bildverarbeitung können auch die abgescannten und digitalisierten Bilddaten am Monitor sichtbar gemacht, elektronisch retuschiert und dann zur Vorlage über einen Recorder der Reproduktionstechnik ausgegeben werden.

An Kopiervorlagen kann durch generelles und/oder partielles Eingreifen in Plus- und Minusrichtung verändert werden. Auf Reproduktionen in Schwarzweiß bezogen bedeutet dies Dunkler- und Hellermachen, auf Farbreproduktionen Dunkler-, Heller- und Andersfarbigmachen. Man bedient sich einer manuellen Technik (z. B. Lithographieren bei der Kopiervorlagenbearbeitung für den Flachdruck, Hochdruck, Durchdruck und Tiefdruck und der Lasurtechnik für den Tiefdruck) und/oder der rechnergesteuerten Umkopiertechnik bei der Kopiervorlagenretusche. (Das Retuschieren an Reproduktionen, die als digitale Bilddaten in elektronischen Bildverarbeitungssystemen vorliegen, ist unter digitaler Bildverarbeitung dargelegt.)

R. an Druckformen im Sinne von Ton- und Farbwertveränderungen – man nennt sie Druckformkorrektur – ist nicht bei allen Druckformen und allen Druckverfahren möglich. Bei der Hochdruck-Druckform kann bei in Metall geätzten und gravierten Klischees in Minus- und in Plusrichtung korrigiert werden. Man bedient sich des generellen und/oder partiellen Ätzens mit verdünnter HNO_3 oder des Reißens mit einem Raster- oder Fadenstichel, was ein Kleinerwerden der druckenden Teile bewirkt und dem Hellerwerden entspricht, und des Polierstahls (Breiterdrücken der druckenden Teile) für das Dunklermachen.

Bei in Kunststoff ausgewaschenen Klischees gibt es keine Korrekturmöglichkeit in Richtung Plus-

und Minusveränderung von Ton- und Farbwerten.

An Flachdruck-Druckformen kann nicht im Sinne einer Ton- und Farbwertveränderung korrigiert werden.

Die R. an Tiefdruck-Druckformen ist dagegen gegeben. Durch den Einsatz eines Polierstahls werden die Stege zwischen den Näpfchen breiter und etwas tiefer gedrückt, was eine direkte Volumenminderung der Näpfchen, also eine geringere Farbübertragung, d. h. Hellerwerden bedeutet. Durch Vergrößern und Vertiefen der Näpfchen durch Ätzen mit $FeCl_3$ wird die Farbübertragung gesteigert, was einer Plusveränderung entspricht. An in Kunststoff gravierten oder ausgewaschenen Tiefdruck-Druckformen besteht keine Korrekturmöglichkeit.

An den Durchdruck-Druckformen kann ebenfalls keine Ton- und Farbwertkorrektur vorgenommen werden.

R. bezieht sich überwiegend auf den Bereich der Reproduktionsherstellung. An der Vorlage wird meist wenig korrigiert, und an der →Druckform, der letzten Retusche- oder Korrekturmöglichkeit vor dem Auflagendruck, wird nur die allerletzte Korrektur ausgeführt. *Burkhardt*

Reversier-Walzgerüst. Ein R.-W. ist ein Umkehr-W., bei dem das Walzgut nach dem ersten Durchgang und Nachstellen der Walzen wieder zurückkehrt und beim Rückgang weiter umgeformt wird. Dieser Ablauf wird meist mehrfach wiederholt. *Baumann*

Reynolds-Zahl. Bei der Auslegung hydrodynamisch geschmierter Gleitlager werden i. a. laminare Strömungsverhältnisse im →Schmierspalt vorausgesetzt. Nach DIN 31652 wird die Gültigkeit der Berechnungsverfahren durch die Reynolds-Zahl Re überprüft:

$$Re = \frac{U\psi R}{\nu};$$

darin bedeuten ν kinematische →Viskosität, U Umfanggeschwindigkeit, ψ relatives →Lagerspiel, R Lagerradius. *Knoll*

Rheocasting-Verfahren. Unter R.V. ist eine Gießtechnik zu verstehen, bei der eine Metallschmelze unter intensiver Rührbewegung, besonders im teilerstarrten Zustand, zum Erstarren gebracht wird. Damit wird eine sehr feinkristalline ungerichtete Struktur des Metallgefüges ohne Makroseigerungen erzielt. *Baumann*

Rheologie. Wissenschaft, die sich mit den Vorgängen befaßt, die bei der Verformung von Körpern im Stoffinneren wirksam sind. Hierbei ist das Fließen im Begriff Verformung enthalten. Die R. beschäftigt sich mit dem Fließverhalten von festen, flüssigen und gasförmigen Stoffen aller Art. Dabei wird das Fließverhalten durch Gleichungen beschrieben, in denen die wirkenden Spannungen mit den Verformungen, Verformungsgeschwindigkeiten und der Zeit verknüpft werden.

Wegen der Komplexität des Fließverhaltens realer Stoffe benutzt man zu seiner quantitativen Beschreibung häufig idealisierte Modelle mit genau definierten Eigenschaften. So ist durch die Kombination von Federn, Dämpfungsgliedern und weiteren Elementen eine Reihe von Standardmodellen entwickelt worden, die ein qualitativ ähnliches Verhalten wie eine große Anzahl realer Stoffe aufweisen (Mechanik-Einteilung). *Habig*

Literatur: *Kirschke, K.:* Rheologie und Tribologie. In: Werkstoffschau, Deutsche Industrieausstellung Berlin 1971. Berlin: Bundesanstalt für Materialprüfung (BAM) im Auftrage der Ausstellungs-Messe-Kongreß-GmbH.

RH-OB-Verfahren. Das Ruhrstahl-Heraeus-Oxygen-Blowing (RH-OB)-V. ist ein Vakuum-Umlauffrisch-V., bei dem eine Stahlschmelze in einem Vakuumgefäß auf niedrige Kohlenstoffgehalte heruntergefrischt und dann fertiggemacht wird. *Baumann*

RH-Verfahren. Das Ruhrstahl-Heraeus (RH)-Verfahren ist ein →Vakuum-Umlaufverfahren, bei dem die umlaufenden Teilmengen einer Stahlschmelze entgast werden. *Baumann*

Richten. Allen Ziel- und Richteinrichtungen liegt die Forderung zugrunde, der Waffe diejenige Seiten- und Höhenrichtung zu erteilen, daß die Flugbahn des aus ihr verfeuerten Geschosses die Zielebene im Zielmittelpunkt schneidet (→Zielen). Ist ein Ziel von der Feuerstellung aus einzusehen, d. h. können die Zielkoordinaten direkt gemessen und die Waffe direkt auf das Ziel gerichtet werden, so nennt man dies direktes R. Ist das Ziel verdeckt, so daß seine Lage nur von einer anderen, seitwärts oder auf einer Geländeerhöhung liegenden Beobachtungsstellung aus oder mit Hilfe von Karten oder aus der Luft aufgefaßt werden kann, so spricht man vom indirekten R. Beim direkten R. der Höhe nach wird auf der Ziellinie aufgebaut. Bei flachen Flugbahnen und geringen Höhenunterschieden zwischen Geschütz und Ziel werden diese Höhenunterschiede als positive oder negative „Geländewinkel" durch das Einschwenken der Visierlinie auf das Ziel genügend genau berücksichtigt (Schwenken der Flugbahn). Beim indirekten R. der Höhe nach dient der Libellenquadrant, ein mit einer Wasserwaage (Libelle) arbeitender Winkelmesser, als Bezugsebene. Der Geländewinkel muß mit Hilfe der Zieleinrichtung ausgeschaltet werden. Zum Einnehmen der Seitenrichtung werden die Rohre oder Abschußgestelle entweder in ihren Lafetten (Oberlafetten, Spreizlafetten) auf das Ziel gerichtet, oder sie werden mitsamt ihren Lafetten (Drehring-, Drehscheiben- und Pivotlafetten) gerichtet (geschwenkt). Beim direkten Seitenrichten kann das Ziel unmittelbar angerichtet werden. Beim indirekten R. sind trigonometrische Umrechnungen unter Zuhilfenahme einer sowohl zum Geschütz als auch zum Ziel günstiger gelegenen Meßstelle (Richtpunkt) erforderlich.

Um Geschützrohre nach der Höhe und Seite richten und in der gerichteten Stellung halten zu können, sind Richteinrichtungen erforderlich. Die →Kraftübertragung von den Richteinrichtungen auf den Geschützhöhen- oder Seitenrichtteil erfolgt bei größeren Richtbereichen durch Zahnbögen oder Zahnkränze, in die Zahnritzel der Richtmaschinen eingreifen. Bei kleinen Richtbereichen werden meist Gewindespindeln oder Hydraulikzylinder verwendet. Da der Handbetrieb nur für einfache Richt- und Schußbedingungen ausreicht, werden heute meist maschinelle Richteinrichtungen mit einem Antrieb durch regelbare Elektromotoren oder elektrohydraulische Regelgetriebe verwendet. Bei beweglichen Zielen oder bei bewegten Waffenträgern steuern Richteinrichtungen auch die Lageveränderung zwischen Waffenträger und Ziel aus. Richtantriebe werden bei modernen Waffensystemen von zentralen Waffenleitanlagen rechnerelektronisch gesteuert. *Meyer-Bäse*

Richtmaschine →Nivellierstopf- und Richtmaschine

Richtungsanzeiger →Kraftfahrzeug-Konstruktionsvorschrift

Riemen. Flach-, Keil- oder Zahn-R. (Synchron-R.), biegeschlaffes Maschinenelement zum Übertragen von Zugkräften und Umfanggeschwindigkeiten bei einem Zugmittelgetriebe. *H. W. Müller*

Riemenbeanspruchung. Diese setzt sich bei Flachriemengetrieben zusammen aus der lastabhängigen Zugspannung $\sigma_1 = F_1/A$ (A Querschnitt des Riemens bzw. seines Zugstrangs) und der dort nicht eingetragenen, vom Scheibenradius r abhängigen Biegespannung σ_b in der äußeren Fläche des auf der Riemenscheibe (momentan) aufliegenden Flachriemens: $\sigma_{ges} = \sigma_1 + \sigma_b = \sigma_1 + s\,E_b/2r$, mit s Dicke der Zugschicht, E_b deren Elastizitätsmodul bei Biegung. Die höhere Biegebeanspruchung tritt auf der kleineren Riemenscheibe auf. Die zulässige Gesamtbeanspruchung und damit auch die zulässige Trumkraft F_1 wird daher wie auch bei Keilriemen um so niedriger, je kleiner deren Durchmesser ist. *H. W. Müller*

Riemenscheibe →Zugmittelgetriebe

Riemenschwingung. Sie können bei Flach- oder Keilriemengetrieben mit großen Achsabständen durch pulsierende Drehmomente oder durch Schwankungen der Längssteifigkeit oder der Riemendicke innerhalb der Riemenlänge angeregt werden, wenn diese Ungleichmäßigkeiten periodisch mit einer Eigenfrequenz des Riemengetriebes zusammenfallen (→Kettenschwingung).   *H. W. Müller*

Riemenspannung →Spannverfahren

Riementrieb →Zugmittelgetriebe

Riemenwerkstoff. Die ursprünglich für →Flachriemengetriebe verwendeten Lederriemen mit ihren Stoßstellen an den Nähten und häufig erforderlichem Nachspannen infolge bleibender Nachdehnung werden heute durch mehrschichtige →Riemen aus Kunststoffen ersetzt. Diese haben eine besonders zugfeste und dehnungsarme Zugschicht, eine Laufschicht mit hoher →Reibungszahl μ und eine äußere Deckschicht als Schutz für die Zugschicht. Bei teils gegenläufigen Mehrwellengetrieben haben sie zwei Laufschichten.

Bei *Flachriemen* (Bild 1) besteht die Zugschicht Z aus einer oder mehreren Lagen von Nylon- oder gestreckten Polyamidbändern a oder endlos gewikkelten Nylon- oder Polyestercordfäden b. Für die Laufschicht L werden Polyurethan, Elastomere oder – wegen geringen Einflusses von Fett, Öl oder anderen Flüssigkeiten auf die Reibungszahl μ – Chromleder eingesetzt. Die Deckschicht D besteht meist aus Polyamidgewebe. Riemen mit Polyamidzugschicht können am Einsatzort durch Heiß- oder Kaltkleben endlos gemacht werden. Sehr biegsame Flachriemen für kleine Scheibendurchmesser bestehen nur aus einem beidseitig gummierten Gewebe aus Polyestergarn, Bild 1 c).

Keilriemen (→Keilriemengetriebe) haben je nach Einsatzzweck unterschiedlichen Aufbau mit speziellen organischen Werkstoffen. Typische Beispiele nach Bild 2: Herkömmliche ummantelte Keilriemen haben endlos schraubenförmig gewickelte Polyesterzugstränge (1), die zwischen Gummikern (2) und Gummiauflage (3) einvulkanisiert und durch ein gummiertes und mit einer abriebfesten Chloroprenemischung nachbehandeltes Baumwollgewebe (4) umhüllt sind. Bei „flankenoffenen" Keilriemen ohne Umhüllung sind die Polyestercord-Zugstränge (1) in einer besonderen Einbettmischung (2) gelagert. Der Riemenunterbau (3) besteht aus einer Polychloroprene-Gummi-Mischung mit quer zur Laufrichtung ausgerichteten Stützfasern aus Baumwolle oder Polyester. Der schützende Oberbau (4) enthält Gewebeeinlagen. Keilriemen für erhöhte

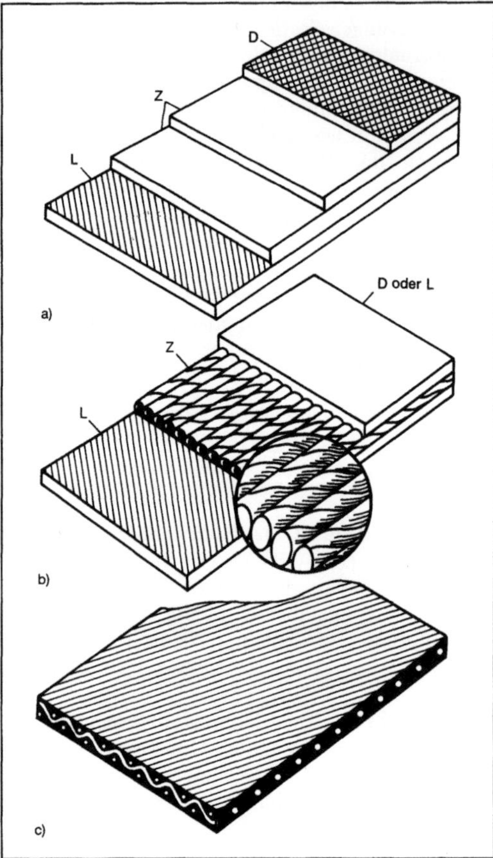

Riemenwerkstoff 1: Aufbau von Hochleistungs-Flachriemen.

Zugschicht besteht aus a) Zugband (zweilagig), b) Cordfäden (einlagig), c) Gummiertem Gewebe.

D Deckschicht, L Laufschicht, Z Zugschicht

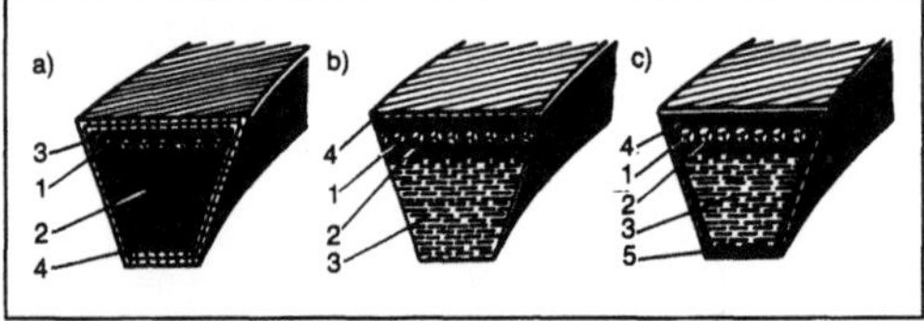

Riemenwerkstoff 2: Aufbau von Keilriemen.
a) Herkömmlich ummantelter Keilriemen.

1 Polyesterzugstränge, 2 Gummikern, 3 Gummiauflage, 4 Baumwollgewebe

b) Flankenoffener Keilriemen.

1 Polyestercord-Zugstränge, 2 Einbettmischung, 3 Riemenunterbau, 4 Oberbau

c) Keilriemen für erhöhte Übertragungsleistung.

1 Zugstrang, 2 Gummimischung, 3 Unterbau, 4 Oberbau, 5 gummiertes Gewebe

Übertragungsleistung verwenden Kevlar, eine hochfeste Polyamidfaser (Aramid) als Zugstrang (1), der in eine Gummimischung (2) eingebettet ist. Unterbau (3) und Oberbau (4) bestehen aus Polychloroprene-Gummi-Mischung mit quer zur Laufrichtung ausgerichteten Textilfasern und sind durch ein gummiertes Gewebe (5) umhüllt.

Zahnriemen (→Zahnriemengetriebe) mit Glasfaserlitze als Zugstrang bestehen aus einer widerstandsfähigen Gummi-Chloroprene-Mischung (Bild 3), und die Zähne sind durch ein verschleißfestes Nylongewebe besonders geschützt. Riemen mit Stahllitze als Zugstrang bestehen aus einem abriebfesten Polyurethan. *H. W. Müller*

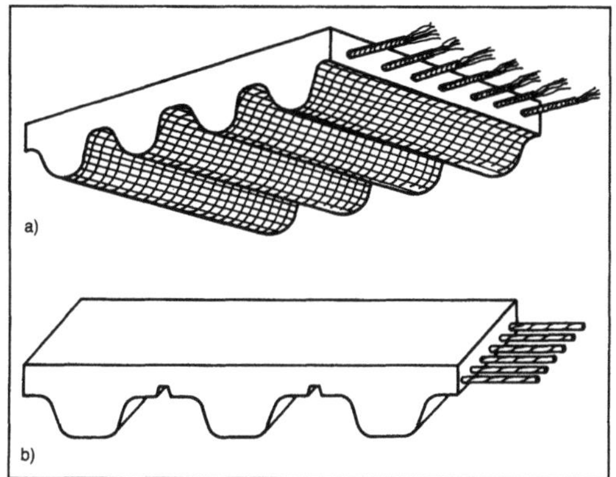

Riemenwerkstoff 3: Aufbau von Zahnriemen.
a) Zähne durch verschleißfestes Nylongewebe geschützt.
b) Zugstrang aus Stahllitze und abriebfestem Polyurethan.

Rillenkugellager →Wälzlager-Bauform

Ring. Als R. wird die Lieferform von lose, in ungeordneten Lagen aufgehaspeltem Draht bezeichnet. Ein solcher R. wird oft Draht-R. genannt.

Als R. wird aber auch die Erzeugnisform eines homogenen Schmiede- oder Walzprodukts mit bestimmten Außen- und Innendurchmessern sowie einer bestimmten Höhe (Dicke) bezeichnet. Ein solcher R. kann beispielsweise mit einer →Schmiedepresse oder einer R.-Walzanlage hergestellt werden. *Baumann*

Ringfeder. Die R. besteht aus abwechselnd ineinandergreifenden zug- und druckbeanspruchten Stahlringen mit konischen Wirkflächen (Bild 1). Als Neigungswinkel der Wirkflächen-Mantellinien wird $\alpha = 14°$, bei feinbearbeiteten Ringen 12° gewählt. Für den Reibungswinkel ρ wird bei bearbeiteten Ringen 7° angenommen, bei unbearbeiteten größeren Ringen 9°.

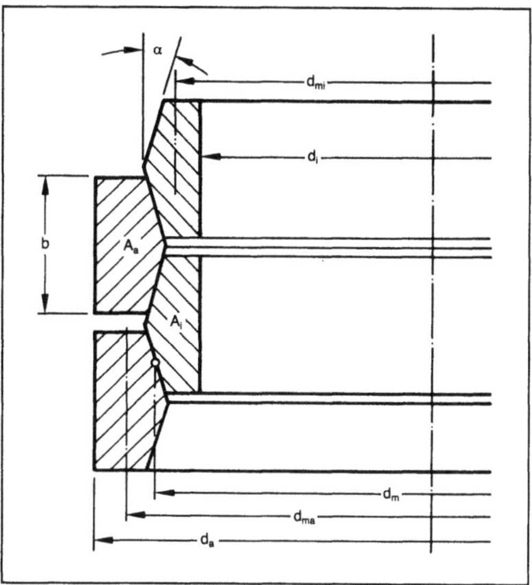

Ringfeder 1: Querschnitte der ineinandergreifenden Einzelringe einer Ringfeder.

Für Belastungen ↑ und Entlastungen ↓ folgt aus den Gleichgewichtsbedingungen und wegen der Druckproportionalität der Reibungskraft (Bild 2):

$$F_\uparrow = A_a \cdot \pi \cdot \sigma_z \tan \cdot (\alpha + \rho) = A_i \cdot \pi \cdot \sigma_d \tan (\alpha + \rho),$$

$$F_\downarrow = A_a \cdot \pi \cdot \sigma_z \tan \cdot (\alpha - \rho).$$

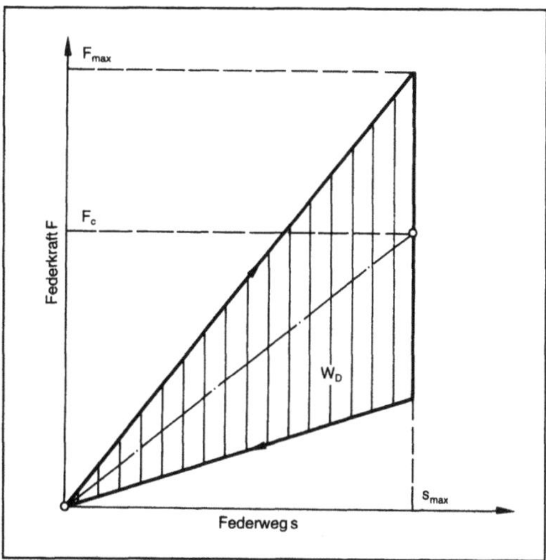

Ringfeder 2: Kennlinie (schematisch) bei Be- und Entlastung.

Zulässige Beanspruchungen für vergütete Ringe aus Edelstahl sind $\sigma_{zzul} = 800\,N/mm^2$, $\sigma_{dzul} = 1000$ N/mm^2. Die Zusammendrückung der R.-Säule, mit je zwei halben Endringen, insgesamt i Ringen und l_0 als ursprünglicher Länge der Feder, ist:

$s = l_0 \, (d_a + d_i \cdot A_a/A_i) \cdot \sigma_z/(b \cdot E \cdot \tan \alpha)$, $E = 210$ kN/mm².

Die Arbeitsaufnahme $W_\uparrow$ bei Belastung ist etwa das Vierfache der Arbeitsabgabe $W_\downarrow$ bei Entlastung:

$W_\uparrow \approx 1{,}6 \, W_{Elast}$, $W_\downarrow \approx 0{,}4 \, W_{Elast}$; der →Nutzungsgrad des federnden Volumens ist größer als 1, $\eta_A \approx 1{,}6$.

Die Feder eignet sich hervorragend als Pufferfeder, denn die in einem Zyklus dissipierte Energie ($W_\uparrow - W_\downarrow$) ist etwa gleich $0{,}75 \, W_\uparrow$. *Federn*

Ringwalzanlage. Eine R. ist ein technisches System zum Herstellen nahtloser Ringe nach dem →Ringwalzverfahren. Solche technischen Systeme müssen hinsichtlich Ringabmessungsänderungen, Losgrößen und Ringwerkstoffwechsel außerordentlich flexibel sein. Das bedingt u. a. möglichst genaue Produktionsplanungen bei wechselnden Produktions- oder Verfahrensabläufen der R. Solche Anlagen werden zum Herstellen von Ringen zwischen etwa 300 und 3000 mm Dmr. eingesetzt. Das sowohl maschinentechnisch als auch steuerungstechnisch am weitesten entwickelte System ist die Radial-Axial-R. Solche Anlagen sind mit automatisch arbeitenden Beschickungssystemen und Walzgut-Wechselsystemen ausgerüstet. *Baumann*

Ringwalzverfahren. Das R. dient zum Herstellen von nahtlosen Ringen vorzugsweise aus Stahl oder Nichteisenmetallen. Der mit diesem Walzverfahren hergestellte →Ring ist meist ein endabmessungsnahes Erzeugnis. Damit wird eine anschließende spanende Bearbeitung auf ein Mindestmaß begrenzt. Bei diesem Walzverfahren werden die Ringwanddicke im Radialwalzspalt zwischen Hauptwalze und Dornwalze sowie die Ringhöhe im Axialwalzspalt zwischen 2 Kegelwalzen gleichzeitig umgeformt (Bild). Deshalb wird dieses Verfahren auch Radial-Axial-Walzverfahren genannt. Während des Verfahrensablaufes wird der Ringdurchmesser größer.

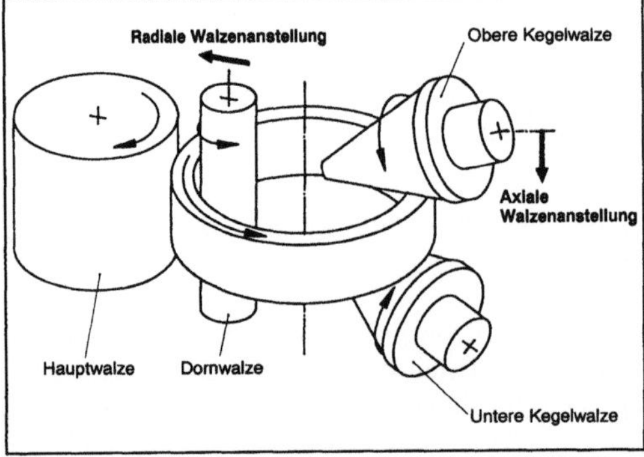

Ringwalzverfahren: Schematische Darstellung.

Die jeweiligen Stichabnahmen liegen beim Ringwalzen zwischen 1 und 5%. *Baumann*

Rißmodell. Um das dynamische Verhalten einer →Welle mit Riß theoretisch zu berechnen und kennzeichnende Schwingungserscheinungen aufzuspüren, benötigt man ein mathematisches Modell des angerissenen Wellenquerschnitts. Man unterscheidet den atmenden und den klaffenden Riß (Bild).

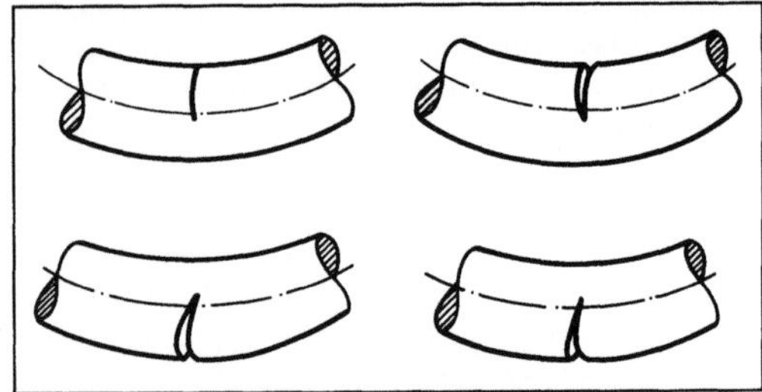

Rißmodell: Atmender und klaffender Riß.

Der klaffende Riß bleibt unabhängig von der Winkellage des Rotors stets geöffnet, so daß sich sein Einfluß durch das Verhalten der unrunden Welle beschreiben läßt. Dagegen öffnet und schließt sich der atmende Riß während der Drehung, z. B. infolge Eigengewicht oder Unwuchten des Rotors. Die Biegesteifigkeiten sind deshalb von den Durchbiegungen selbst abhängig, was grundsätzlich nichtlineares Verhalten bedeutet. *Witfeld*

Literatur: *Schmalhorst, B.:* Experimentelle und theoretische Untersuchungen zum Schwingungsverhalten angerissener Rotoren. Fortschr. Ber. VDI R. 11 Nr. 117. Düsseldorf 1989.

Ritzel →Verzahnungsgeometrie (allgemein)

Ritzelwelle →Zahnradgetriebe

Roboter. Der Begriff R. stammt von dem slawischen Wort robota ab und heißt soviel wie schwere Arbeit. Er wird im allgemeinen Sprachgebrauch für eine menschenähnliche Maschine benutzt, die dem Aussehen des Menschen nachgebildet ist oder Funktionen übernimmt, die der Mensch ausführen kann. Es ist daher notwendig, den Begriff Industrie-R. für den technischen Gebrauch angepaßt zu definieren. Spricht man von Industrie-R., so ist zu beachten, daß diese gegen andere Handhabungsgeräte für den industriellen Einsatz, nämlich Einlegegeräte, Manipulatoren und Teleoperatoren, abgegrenzt werden. Dies kann entsprechend der Richtlinie VDI 2860, Bl. 1, folgendermaßen geschehen:

Einlegegeräte sind Bewegungsautomaten, deren Bewegungen hinsichtlich Bewegungsfolge und/oder Wegen bzw. Winkeln nach einem fest vorgegebenen Programm ablaufen, das ohne mechanischen Eingriff nicht verändert werden kann. Sie sind i. a. mit Greifern ausgerüstet und werden für Handhabungsaufgaben eingesetzt. Sie sind in der Massenfertigung zu finden.

Manipulatoren sind manuell gesteuerte Bewegungseinrichtungen, die für Handhabungsaufgaben eingesetzt werden.

Teleoperatoren sind ferngesteuerte Manipulatoren, mit Hilfe derer die Leistung und die Reichweite des Menschen weit übertroffen werden kann.

Industrie-R. sind universell einsetzbare Bewegungsautomaten mit mehreren Achsen, deren Bewegungen hinsichtlich Bewegungsfolge und Wegen bzw. Winkeln frei, d. h. ohne mechanischen Eingriff, programmierbar und ggf. sensorgeführt sind. Sie sind mit Greifern, Werkzeugen oder anderen Fertigungsmitteln ausrüstbar und können Handhabungs- und/oder Fertigungsaufgaben ausführen.

Industrie-R. setzen sich aus mehreren Teilsystemen zusammen, die unterschiedliche Funktionen ausführen. Die einzelnen Teilsysteme sind:
- Kinematik, Arm, →Greifer,
- Steuerung,
- Antrieb,
- Meßsystem,
- Sensoren.

Die einzelnen Teilsysteme sind ineinander integriert und beeinflussen sich gegenseitig.

Beim Einsatz von Industrie-R. ist zu unterscheiden zwischen der Werkzeughandhabung (z. B. Beschichten, Schweißen, Entgraten) und der Werkstückhandhabung (z. B. an Pressen). Im Bereich des Beschichtens werden R. beispielsweise für das Aufbringen von Lacken, Unterbodenschutz oder von Glasuren eingesetzt.

Zu einer der ersten Anwendungen des Industrie-R. in der industriellen Fertigung zählt das Schweißen. Sie kommen sowohl beim Punktschweißen (Widerstandspunktschweißen) als auch beim Bahnschweißen zum Einsatz. Industrie-R. zum Punktschweißen zeichnen sich aus durch große Steifigkeit, starke Antriebe, große Arbeitsräume und hohe Tragkräfte, während Industrie-R. zum Bahnschweißen eine hohe Bahngenauigkeit und eine aufwendige Kinematik (5–6 Achsen) aufweisen.

Das Entgraten von Werkstücken zählt zu den Tätigkeiten, die am meisten Belastungsmerkmale für den Menschen aufweisen. Daher werden in diesem Bereich verstärkt Anstrengungen unternommen, Industrie-R. einzusetzen. Dies gilt für die Handhabung konventioneller Werkzeuge, wie z. B. beim Fräsen, Schleifen, Polieren, und für technologieintensive Verfahren, wie beispielsweise das Strahlschneiden.

Im Bereich der Werkstückhandhabung besteht die Aufgabe des Industrieroboters meist darin, Teile, die in definierter Position vorliegen, in ein Werkzeug einzulegen und/oder aus einem Werkzeug zu entnehmen. Hierfür wird der Industrie-R. mit Greifwerkzeugen (Saug-, Magnet- oder mechanisch betätigte Greifer) ausgerüstet. Einsatzbeispiele für die Werkstückhandhabung sind die Handhabung an Schmiedemaschinen, Pressen, Druck- und Spritzgießmaschinen und an Werkzeugmaschinen.

Ein weiteres, ständig wachsendes Anwendungsgebiet für Industrie-R., wo Werkzeug- und Werkstückhandhabungsaufgaben zu verrichten sind, ist die Montage. Industrie-R. werden zur Montage u. a. in folgenden Bereichen erfolgreich eingesetzt:
- Montage von Büromaschinen und Druckern,
- →Leiterplattenbestückung,
- Kabelbaummontage,
- Motorenmontage in der Automobilindustrie,
- Montage von Automobilaggregaten,
- Zusammenbau von Steckern, Tastern, Tastaturen und kleinen Elektrobaugruppen.

In den letzten Jahren nimmt die Verwendung der Industrie-R. immer mehr zu. So wurden allein in der Bundesrepublik Deutschland Ende 1989 allein 22 400 Industrie-R. eingesetzt, die sich zahlenmäßig auf folgende Bereiche verteilen.

Werkzeughandhabung:
- 4 055 beim Punktschweißen,
- 3 790 beim Bahnschweißen,
- 1 542 beim Beschichten,
- 115 beim Entgraten,
- 671 sonstige.

Werkstückhandhabung:
- 2 300 bei Werkzeugmaschinen,
- 770 bei Druck- und Spritzgießmaschinen,
- 250 an Pressen,
- 300 beim Schmieden,
- 3 817 bei sonstiger Werkstückhandhabung.

In der Montage kommen 4 200 Industrie-R. zur Anwendung, während die restlichen 575 R. zu Forschungs-, Test- und Schulungszwecken eingesetzt werden.

International gesehen liegt Japan mit ca. 180 000 eingesetzten Industrie-R. (Stand 1989) an der Spitze, gefolgt von Europa mit insgesamt ca. 67 000 und USA mit 42 000 Industrie-R.

Die neuesten Trendmeldungen aus Japan lassen weiterhin Steigerungsraten, vor allem im Bereich der Montage, erwarten. *Warnecke*

Röhrenblech. Ein R. ist ein Blech, das zum Herstellen geschweißter Rohre verwendet wird und den Lieferbedingungen für geschweißte Rohre entspricht. *Baumann*

Röhrenrundstahl. R. ist ein Walzstahlerzeugnis, das weder zum Formstahl noch zum Stabstahl gezählt wird, sondern zum Herstellen warmgewalzter, nahtloser Rohre bestimmt ist. *Baumann*

Röhrenstreifen. Unter R. ist ein Vorprodukt, Stahlblech oder Stahlband, zum Herstellen geschweißter Stahlrohre nach verschiedenen Verfahren zu verstehen. Dabei muß das Vorprodukt den Lieferbedingungen für geschweißte Stahlrohre entsprechen. *Baumann*

Röllchenbahn. R. sind eine Sonderbauart der Rollenförderer bzw. Rollenbahnen. Auch hier ist zu unterscheiden in nicht angetriebene und angetriebene Bahnen.

Nicht angetriebene R. (Scheibenrollenbahnen) fördern leichte Stückgüter mit ebener Aufstandsfläche durch Ausnutzung der Schwerkraft. Das →Fördergut rollt dabei, durch das Eigengewicht auf der geneigt installierten Bahn getrieben, auf den Röllchen ab. Kurvenförderung ist möglich.

Eigenschaften der R.:
- ungünstig bei unterschiedlichen Stückgewichten,
- für konstante Förderrelationen,
- verzweigte Förderkurse möglich,
- geringer Wartungsaufwand,
- Sonderbauform: Röllchenleisten,
- Geschwindigkeiten bis 120 m/min,
- für verschiedene Einsatzfälle sind unterschiedliche Röllchenwerkstoffe verfügbar.

Angetriebene R. fördern leichte Stückgüter mit ebener Aufstandsfläche auf ebener bzw. leicht geneigter Bahn. Der Antrieb erfolgt
- durch formschlüssige Kraftübertragung; Ketten treiben über Zahnräder die Rollen an,
- durch reibschlüssige Kraftübertragung.

Unterhalb der Röllchen sind Bandantriebe angeordnet, die die Röllchen durch Reibungskräfte in Drehung versetzen (Andruckrollen),
- besonders leichte Ausführungen (geringes Röllchengewicht),
- begrenzte Traglasten,
- staudruckloses Puffern innerhalb eines Antriebsabschnitts nur durch Schaltrollensysteme möglich,
- definiertes Geschwindigkeitsverhalten,
- problemloser Wiederanlauf.

Rollen oder Röllchen können entweder miteinander oder mit anderen Maschinenelementen kombiniert werden und so miteinander verkettet komplizierte Transportvorgänge ermöglichen. Rollenförderer werden i. a. nach dem Baukastensystem gefertigt und in kompletten Baugruppen geliefert. Baugruppen eines Palettenförderbaukasten, wie sie von vielen Herstellern angeboten werden, sind
- Drehtisch,
- Etagenförderer,
- angetriebene Rollbahn,
- Rollenhubtisch,
- Schwenktisch,
- Tragkettenförderer,
- Verschiebewagen,
- Verschiebehubwagen.

Sie werden als Übergabeeinrichtungen für Stückgüter in der Richtlinie VDI 3618 (Juli 1982) im Detail erläutert. *Jünemann*

Rötscher-Kegel →Plattensteifigkeit

Rötscher-Schaubild →Schraube

Rohblock. Ein R. ist ein Roherzeugnis mit quadratischem, rundem, ovalem, rechteckigem oder vieleckigem Querschnitt, das durch →Urformen, beispielsweise Gießen in eine Form, Kokille, oder mit Sprühkompaktierverfahren erhalten wird. Die Seitenflächen des R. können gewellt sein, und die Breite des Blocks ist kleiner als zweimal so groß wie die Dicke. Die Kanten sind mehr oder weniger gerundet. *Baumann*

Rohbramme. Eine R. ist ein Roherzeugnis mit rechteckigem Querschnitt, das durch →Urformen, beispielsweise Gießen in eine Form, Kokille, oder mit Sprühkompaktierverfahren erhalten wird. Die Breite der R. ist mindestens doppelt so groß wie die Dicke. Die Kanten der R. können mehr oder weniger gerundet sein. *Baumann*

Roheisen.

1. Allgemeines. R. ist eine Eisenlegierung, die i. a. mehr als 2 % Kohlenstoff enthält und in der das Eisen das gewichtsmäßig vorherrschende Element ist. Als Eisenlegierung wird eine Metallegierung bezeichnet, in der der Gewichtsanteil Eisen deutlich höher als derjenige jedes anderen Elements dieser Legierung ist. R. ist ein Zwischenprodukt auf dem Wege der Herstellung von Stahl und von Gußeisen. R. wird überwiegend im →Hochofen hergestellt. *Baumann*

2. Behandlungsanlage. Eine R.-B. dient meist der Entschwefelung von R. in offenen Transportpfannen oder in Torpedopfannen. Das Entschwefelungsmittel, meist ein Gemisch aus Calciumcarbid und Kalk, wird in geschlossenen Behältern auf dem Schienen- oder Straßenweg angeliefert und pneumatisch in ein Silo oder in den Staubgutverteiler gefördert. Der Staubgutverteiler ist ein Einblasaggregat, das mit einem automatisch arbeitenden Regelungssystem für den Feststoff- und Fördergasstrom ausgerüstet ist. Mit dem Regelungssystem kann man die gewünschte Einblasmenge zwischen 20 und 200 kg/min einstellen. Von einem Steuerstand, der eine gute Sicht auf den Behandlungsstand ermöglicht, können sämtliche Behandlungsvorgänge überwacht werden. Der Behandlungsstand besteht i. a. aus einer →Arbeitsbühne, die das Transportgleis für die Pfannen und den Pfannenbehandlungsstand überspannt. Auf der Bühne ist ein fahrbarer Lanzenwagen angeordnet, mit dem die

Tauchlanze in der gewünschten Position und Neigung zum Blasen in die R.-Schmelze gefahren wird. Die Lanzen haben eine Standzeit von mehreren Chargen und lassen sich in etwa 1 min auswechseln. Zu ihrer Bevorratung dient ein Lanzenköcher. Während des Einblasens entsteht eine starke Umwälzbewegung des R. vor allem infolge der Gasabspaltung, die durch den Kalk hervorgerufen wird. Grundsätzlich ist mit einer solchen B. das Einblasen der verschiedensten Entschwefelungsmittel möglich. Die entstehenden Rauchgase werden abgesaugt und einer →Entstaubungsanlage zugeführt. Nach Beendigung der Behandlung wird abgeschlackt. Danach kann man das entschwefelte R. an das Stahlwerk abgeben. Als Transportgas zur pneumatischen Förderung und zum Einblasen des Entschwefelungsmittels dient ausschließlich trockene Druckluft, die mit etwa 7 bar verfügbar sein muß. Die Behandlungszeit der Schmelze schwankt je nach Schwefelanfangsgehalt und gewünschtem Entschwefelungsgrad zwischen 5 und 15 min. *Baumann*

3. Behandlungsverfahren. Die pfannenmetallurgische Behandlung des R. beginnt vor der Blasstahlherstellung. Bei den R.-B. werden die R.-Schmelzen entweder durch Einblasen, Einrühren oder Tauchen von Feststoffen behandelt. Diese B. dienen im wesentlichen der Entschwefelung und in einzelnen Fällen auch der Entphosphorung des R. und damit der Entlastung des Stahlerzeugungsprozesses.

Infolge dieser →Behandlungsverfahren ist beim →Hochofenverfahren die Möglichkeit des Einsatzes von Brennstoffen mit höheren Schwefelgehalten gegeben. Zum Herstellen von Stählen mit besonderen Forderungen an die Werkstoffeigenschaften können durch Einsatz solcher B. Schwefelgehalte, die <0,01 % sind, im R. erzielt werden. Um ein →Blasstahlwerk mit schwefelarmem R. zu versorgen, setzt man im wesentlichen Einblasanlagen ein. *Baumann*

Mischer. Ein R M. ist ein beheizter Vorratsbehälter zum Aufnehmen sowie Speichern von flüssigem Roheisen. Der R M. ist zwischen dem →Hochofenwerk und dem Schmelzbetrieb eines Stahlwerks angeordnet. Neben der Roheisen-Bevorratung dient dieser →Mischer dem Ausgleich von Unterschieden der Roheisenzusammensetzungen sowie Roheisentemperaturen einzelner Hochofenabstiche. *Baumann*

Roherzeugnis. Ein R. ist ein Erzeugnis, das nach der Urformgebung mit einem Urformverfahren noch keine Formgebung durch äußere mechanische Einwirkung erhalten hat. *Baumann*

Rohmaterialgewinnung (Bautechnik) →Geräte zur Rohmaterialgewinnung (Bautechnik)

Rohr. Ein Hohlkörper aus Stahl oder anderen Werkstoffen als Bauelement einer →Rohrleitung zum Transport von Stoffen oder als tragendes Bauelement einer Konstruktion. Während die R. einer Rohrleitung i. a. einen runden Querschnitt haben, werden als tragende Bauelemente R. verschiedener Querschnitte verwendet. Stahl-R. werden nahtlos aus einem Block oder aus einem Hohlkörper gewalzt bzw. aus Blechen oder Bändern geformt und verschweißt. Gußeiserne R., überwiegend im Schleuderverfahren hergestellt, finden wegen ihrer hohen Beständigkeit gegen Korrosion ihre wichtigsten Abnehmer in der Wasserversorgung. Weiterhin werden in der Wasserversorgung und in der Abwassertechnik R. aus Beton, Asbestzement und PVC verwendet. Stahl-R. lassen sich mit einer →Beschichtung oder →Auskleidung aus Kunststoff, Gummi oder Zement versehen. Glasfaserverstärkte Kunststoff-R. eignen sich besonders zum Reinhalten der Durchflußstoffe, wie z. B. in der Futtermittelindustrie. In der Heizungs- und Sanitärtechnik verwendet man auch Kunststoff- und Kupfer-R. Die Verbindungen zwischen R. untereinander und mit anderen Rohrleitungselementen werden als Flansch-, Schweiß-, Löt-, Klebe-, Rohrgewinde- oder Muffenverbindungen ausgeführt. *Diegelmann*

Literatur: DIN 1786: Rohre aus Kupfer. Hrsg. Dt. Institut f. Normung. Berlin. – DIN 2410/1: Übersicht über Normen für Stahlrohre. Hrsg. Dt. Institut f. Normung. Berlin. – DIN 2410/2: Übersicht über Normen für Rohre aus duktilem Gußeisen. Hrsg. Dt. Institut f. Normung. Berlin. – DIN 2410/3: Übersicht über Normen für Rohre aus Beton Stahlbeton und Spannbeton. Hrsg. Dt. Institut f. Normung. Berlin. – DIN 2410/4: Übersicht über Normen für Rohre aus Asbestzement. Hrsg. Dt. Institut f. Normung. Berlin. – DIN 2448: Nahtlose Stahlrohre. Hrsg. Dt. Institut f. Normung. Berlin. – DIN 2458: Geschweißte Stahlrohre. Hrsg. Dt. Institut f. Normung. Berlin. – DIN 2462: Nahtlose Rohre aus nichtrostenden Stählen. Hrsg. Dt. Institut f. Normung. Berlin. – DIN 2463: Geschweißte Rohre aus nichtrostenden Stählen. Hrsg. Dt. Institut f. Normung. Berlin. – DIN 8061: Rohre aus Polyvinylchlorid (PVC) hart. Hrsg. Dt. Institut f. Normung. Berlin. – DIN 8072: Rohre aus Polyethylen (PE) weich. Hrsg. Dt. Institut f. Normung. Berlin. – DIN 16964: Rohre aus glasfaserverstärkten Kunststoffen (GFK) gewickelt. Hrsg. Dt. Institut f. Normung. Berlin. – Stahlrohr Handbuch. Essen.

Rohr-Adjustage. Nach dem Abkühlen der nahtlosen Stahl-R. oder nachdem die geschweißten Stahl-R. die Schweißlinien verlassen haben, werden sie dem Betriebsbereich A. zugeführt. In der R.-A. können u. a. die Arbeitsgänge

□ →Richten und Trennen,
□ Anphasen der R.-Enden,
□ Schälen oder Schleifen dickwandiger R.,
□ Innenschleifen und elektrolytisch Innenpolieren,
□ Gewindeschneiden,
□ Innendruckprüfen,

□ Wärmebehandeln,
□ Ultraschall-, Wirbelstrom- und Röntgenprüfen,
□ Innenbeschichten und Außenbeschichten,
□ Endreinigen sowie
□ Binden oder Verpacken
durchgeführt werden. *Baumann*

Rohraufgeber. Der R. (Bild) ist Aufgabevorrichtung für Wasser-Feststoff-Gemische für die seigere (vertikale) hydraulische Förderung in Bergwerksbetrieben. Der R. besteht aus zwei oder drei Kammern, Rohren bzw. Rohrschleifen und Schieberelementen zur Steuerung des Wasser- und des Trübeflusses. *Seeliger*

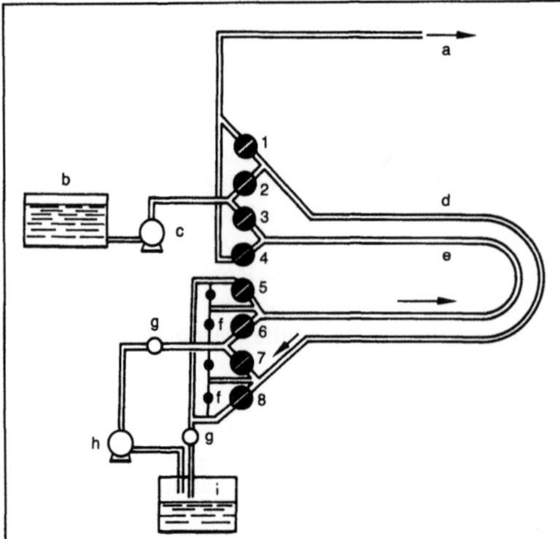

Rohraufgeber: Zweikammerrohraufgeber.

a Förderleitung, b Trübebecken, c Füllpumpe, d, e Rohrschleifen, f Druckausgleichsschieber, g Geschwindigkeitsregelung, h Hochdruckpumpe, i Klarwasserbecken, 1 bis 8 Schieber

Literatur: Das kleine Bergbaulexikon. Essen 1981. S. 169.

Rohrbiegung (Rohrleitungsbau). Die Anpassung an räumliche oder geländemäßige Verhältnisse erfordert Richtungsänderungen im Rohrleitungsverlauf. Je nach Anforderung und Durchführbarkeit werden die Rohre mit den notwendigen Radien kalt oder warm gebogen. Genormte Bogen mit verschiedenen Biegeradien und -winkeln stehen als Rohrformstücke oder Rohrfittings zur Verfügung. *Diegelmann*

Literatur: Handb. für den Rohrleitungsbau. Ost-Berlin.

Rohr-Coil. R.-C. ist das englische Wort für das auf einer Trommel aufgewickelte Stahl-R. oder Präzisions-Stahl-R. *Baumann*

Rohrdurchführung. Werden Rohre durch Wände oder durch ein Schott geführt und die Kammern bzw. Räume müssen gas- oder wasserdicht gegen-

einander sein, so können je nach Anforderung an die Dichtheit verschiedene Arten der Abdichtung verwendet werden (Bild). *Diegelmann*

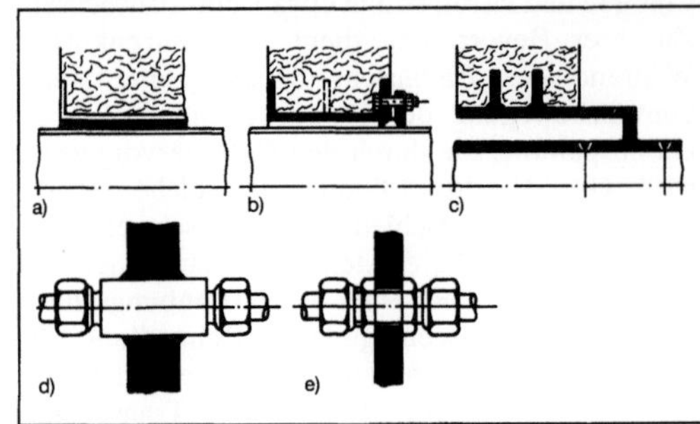

Rohrdurchführung: Unterschiedliche Arten.
a) Gestopft
b) Geklemmt
c) Geschweißt
d) Schottverschweißt
e) Schottverschraubt.

Rohrfitting. Unter R. versteht man Rohrformstücke, insbes. Gewinde- und Lötteile (Bild 1 bis 3) zur Installation von Rohrleitungen in der Heizungs- und Sanitärtechnik. *Diegelmann*

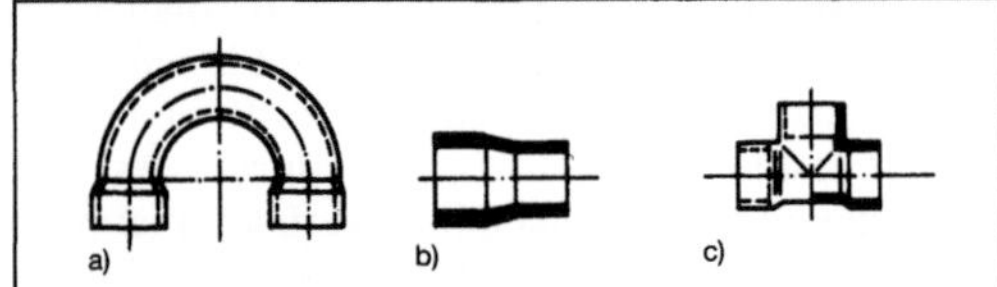

Rohrfitting 1: Lötfittings.
a) 180°-Bogen nach DIN 2860
b) Reduzierstück nach DIN 2863
c) T-Stück nach DIN 2861.

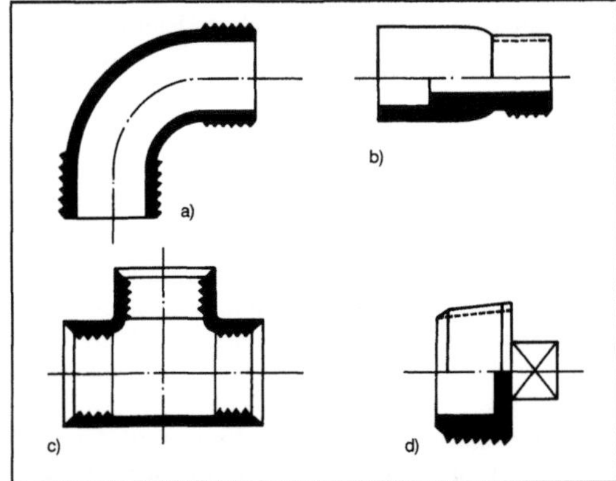

Rohrfitting 2: Gewindefittings.
a) 90°-Bogen nach DIN 2983
b) Absatzmuffe nach DIN 2988
c) T-Stück nach DIN 2987
d) Stopfen nach DIN 2991.

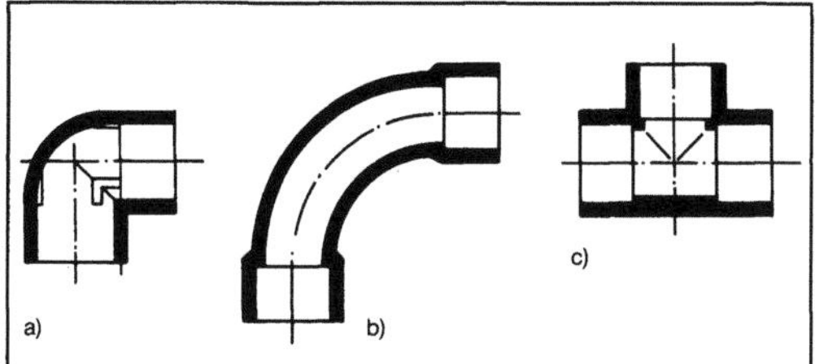

Rohrfitting 3: Klebefittings.
a) 90°-Winkel nach DIN 8063 Tl. 6
b) 90°-Bogen nach DIN 8063 Tl. 2
c) T-Stück nach DIN 8063 Tl. 7.

Literatur: Handb. für den Rohrleitungsbau. Ost-Berlin.

Rohrförderung. Unter R. ist zu verstehen, daß in einem geschlossenen Rohrleitungssystem mit Hilfe eines Trägermediums (Luft, Wasser o. ä.) feinst- bis feinkörniges Transportgut z. T. auch mit grobkörnigen Beimischungen transportiert wird. Die anschließende Separierung von Trägermedium und Transportgut ist hierbei nicht immer einfach zu bewerkstelligen. Im Baubetrieb ist vor allem die hydraulische Förderung von Bedeutung, bei der das Fördergut an der Löse- bzw. Abbaustelle zusammen mit Wasser angesaugt (→Wasserbaugerät, →Naßbagger) oder unter Zusatz von Wasser direkt in Rohrleitungen zur Kippe (Spülfeld, Absetzbecken) mittels Baggerpumpen oder Schlammpumpen gefördert wird. Die pneumatische Förderung (→Luftförderanlage) wendet man vor allem zum Transport feinster Materialien (Zement, Kalk usw.) in fest installierten Materialaufbereitungs- und Materialherstellanlagen an. Dabei läßt sich zusätzlich noch ein Trocknungs- oder Kühlungseffekt bei Benutzung von erwärmter bzw. abgekühlter Luft erzielen. Weiter findet die pneumatische Förderung zum Einbringen von Spritzbeton im Trockenspritzverfahren (→Betonspritzmaschinen) Verwendung. Auch kann fließfähiges Material (z. B. Beton mit der Konsistenz K3) mittels Feststoffpumpen (Betonpumpen) durch Rohrleitungen zur Abladestelle gepumpt werden. Die erzielbare Förderweite liegt für hydraulische Förderung in der Ebene bei 2500 m, läßt sich jedoch durch Zwischenschalten weiterer Pumpstationen steigern. Für Betonpumpen beträgt die maximale Förderhöhe 400 m.   *Kühn*

Rohrformstück. Alle rohrförmigen Bauelemente von Rohrleitungen, die nicht als gerades, zylindrisches Rohr anzusehen sind. Kleinere Gewinde- und Lötformstücke bezeichnet man als →Rohrfitting. Im wesentlichen handelt es sich um Rohrbogen, Reduzierungen, Abzweige und Kappen. Nach der zur Anwendung kommenden→Verbindungsart der →Rohrleitung werden die Enden der R. entsprechend ausgeformt (Bild 1 bis 3).   *Diegelmann*

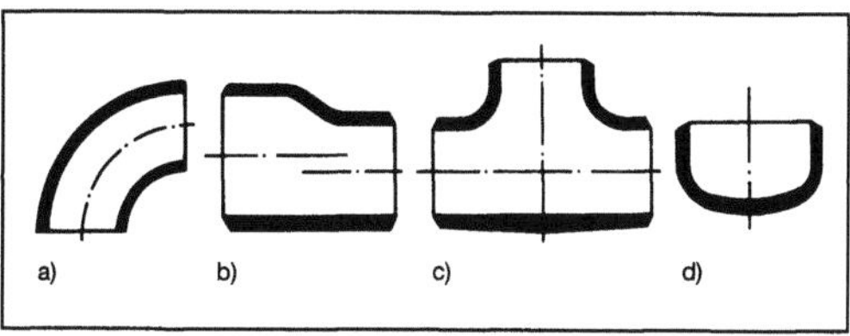

Rohrformstück 1: Schweißformstücke.
a) 90°-Bogen nach DIN 2605
b) Reduzierstück nach DIN 2616
c) T-Stück nach DIN 2615
d) Kappe nach DIN 2617.

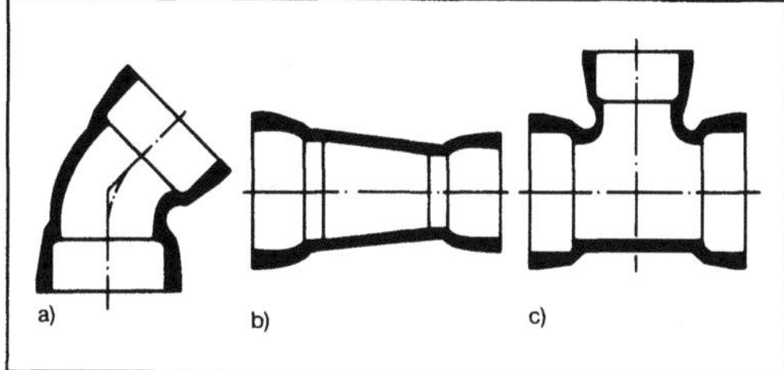

Rohrformstück 2: Muffenformstücke.
a) MMK-Stück nach DIN 28626
b) MMR-Stück nach DIN 28634
c) MMB-Stück nach DIN 28632.

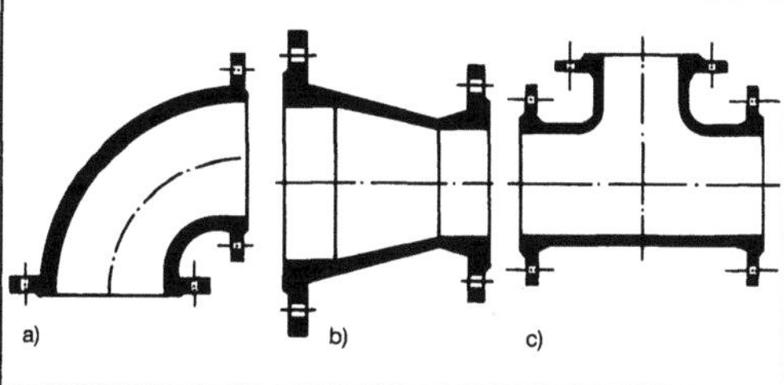

Rohrformstück 3: Flanschformstücke.
a) Flanschbogen 90° nach DIN 28637
b) Übergangsstück nach DIN 28645
c) T-Stück nach DIN 28643.

Literatur: Stahlrohr Handb. Essen.

Rohrgewinde. Die Rohre können mittels R. durch Verwenden von Rohrfittings und Armaturen miteinander verbunden werden. Das Hauptanwendungsgebiet für verzinkte Rohre ist die Heizungs- und Sanitärtechnik. Man verwendet das Whitworth-R. nach DIN 2999 für Verbindungen mit zylindrischem →Innengewinde und kegeligem Außengewinde. Beim Zusammenbau von Rohr und →Rohrfittings wird nach festem Anziehen bereits eine metallische Abdichtung erreicht. Zusätzlich lassen sich Dichtungsmittel in Form von Hanf, Dichtungskitt oder Dichtbändern aus Kunststoff verwenden (→Gewinde).   *Diegelmann*

Literatur: DIN 2999: Whitworth – Rohrgewinde für Gewinderohre und Fittings. Hrsg. Dt. Institut f. Normung. Berlin. – DIN 2440: Stahlrohre; Mittelschwere Gewinderohre. Hrsg. Dt. Institut f. Normung. Berlin.

Rohrhalterung. Die Rohrleitungen werden durch Eigengewicht, Wärmedehnung, Geschwindigkeitsänderung des durchfließenden Stoffs und äußere Einflüsse (z. B. Wind, Schnee, →Schwingung der Unterkonstruktion) beansprucht. Nur bei sehr kurzen Rohrleitungen kann diese Beanspruchung direkt von den Endpunkten übernommen werden. Die Mehrzahl der Rohrleitungen muß durch geeignete Konstruktionen unterstützt bzw. so gehalten werden, daß die Belastung des gesamten Systems auf Endpunkte und Haltekonstruktionen in zulässigen Grenzen bleibt. Der größte Teil der R. dient zum Abfangen des Eigengewichts. Dabei werden die Rohrleitungen in Gebäuden überwiegend durch Hängelager und im Freien durch Auflager gehalten. Auflager können zwecks Verringerung der Reibungskräfte mit Gleitplatten versehen oder als Rollen- bzw. Walzenlager ausgeführt werden. Um

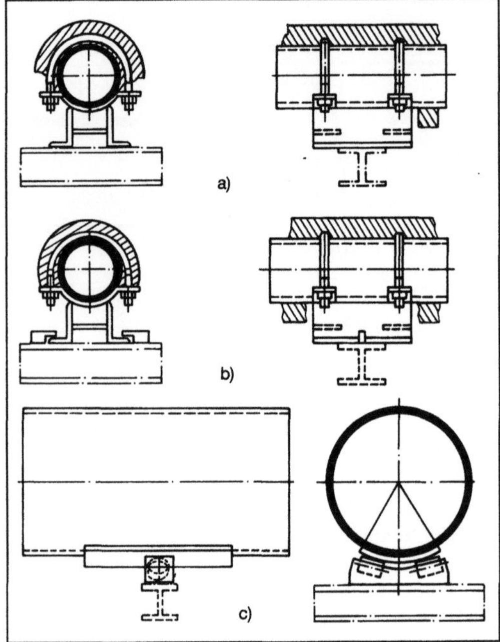

Rohrhalterung 2: Halterungsarten.
a) Gleitlager
b) Gleitlager mit Führung
c) Rollenlager.

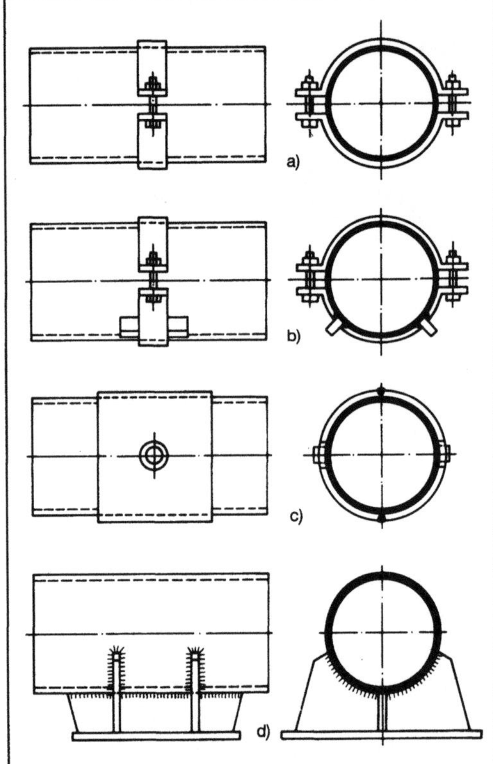

Rohrhalterung 1: Befestigungsarten.
a) Reibschlüssig
b) Formschlüssig axial
c) Formschlüssig axial und tangential
d) Kraftschlüssig.

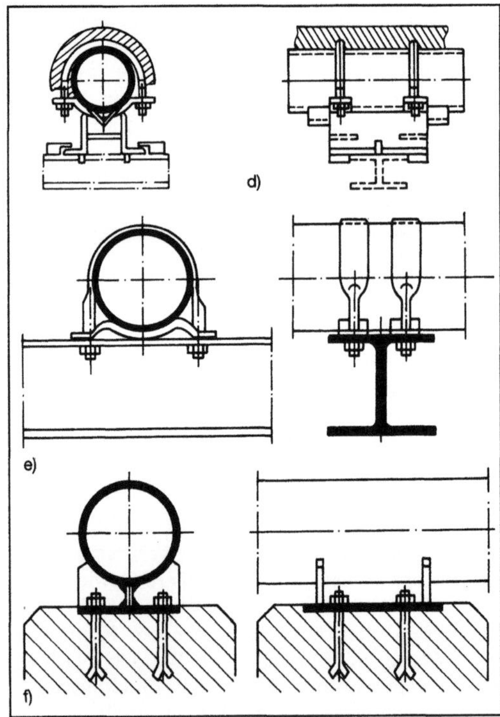

d–f) Festpunkte

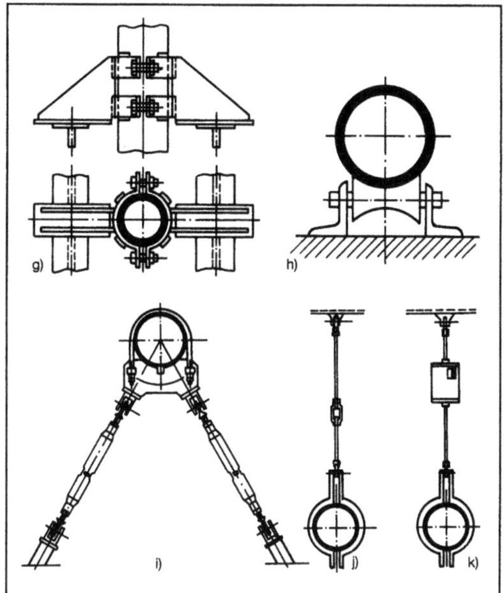

g) Auflager
h) Rollenlager für Rohrleitungen aus Kunststoff
i) Pendelstützen
j) Hänger mit Spannschloß
k) Hänger mit Feder.

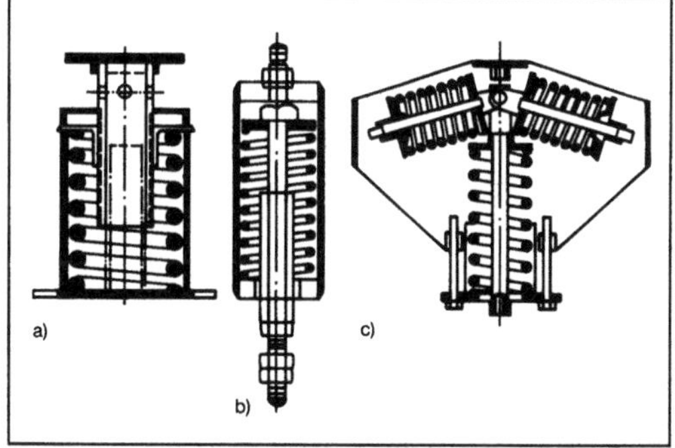

Rohrhalterung 3: Federhalterungsarten.
a) Stütze
b) Hänger
c) Konstantfeder.

die Beanspruchung durch Wärmedehnung, Geschwindigkeitsänderung des Durchflußstoffs oder durch äußere Einflüsse in zulässigen Grenzen zu halten, werden darüber hinaus Halterungen benötigt, die selektiv oder kombiniert in bis zu drei Koordinatenachsen und Momentenebenen Kräfte bzw. Momente abfangen oder Verschiebungen bzw. Verdrehungen in bis zu drei Richtungen gestatten. Federhalterungen mit progressivem oder konstantem Kraft-Weg-Verhalten fangen Gewichtskräfte ab, lassen aber gleichzeitig eine Bewegung der →Rohrleitung in der Wirkungsrichtung der Rohrhalterung zu.

Zum Abfangen von Schwingungen der Rohrleitung lassen sich auch →Schwingungsdämpfer einsetzen. Nach der Art der Verbindung zwischen Rohr und Halterung wird zwischen reibschlüssigen, formschlüssigen und kraftschlüssigen Halterungen unterschieden (Bild 1 bis 3). *Diegelmann*

Literatur: *Berger, P. W.,* u. *L. Eckert:* Rollenlager als optimale Unterstützungselemente im Rohrleitungs- und Apparatebau. 3R international (1978) H. 11. – *Kempkes, B.:* Konstant- und Federhänger; Betriebserfahrungen Meßergebnisse Qualitätsanforderungen. VGB Kraftwerkstechnik 58 (1978) H. 10. – *Kistenmacher, G:* Auswahlkriterien für den Einsatz von Federhängern und Konstanthängern. 3R international (1984) H. 11. – *Pletschen, W., H. J. Kondziella* u. *J. Schubert:* EDV gestützte Konstruktion von Halterungen für Kraftwerksanlagen. 3R international (1983) H. 11. – *Schubert, J:* Aufhängungen und Unterstützungen für Rohrleitungen; Standsicherheitsnachweis der Halterungen; Einfluß der Kennwerte auf die Beanspruchung von Rohrleitungen. VGB Kraftwerkstechnik 58 (1978) H. 10.

Rohr-Hohlziehverfahren. Das R.-H. ist ein R.-Kaltziehverfahren, das ohne Innenwerkzeug durchgeführt wird. Deshalb kann dabei nur der Außendurchmesser des Stahl-R. im Ziehring reduziert und im wesentlichen die Außenoberfläche geglättet werden. Somit wird bei diesem Verfahren die Wanddicke nicht wesentlich geändert. *Baumann*

Rohr-Kaltumformverfahren. Ein Teil der mit Warmumformverfahren hergestellten nahtlosen Stahl-R., aber auch längsnahtgeschweißte Stahl-R. sowie R. aus Nichteisenmetallen können kalt umgeformt werden. Die R.-K. dienen insbes. dazu, kleinere Wanddicken- und Durchmessertoleranzen zu erreichen und bessere Oberflächenbeschaffenheiten sowie besondere mechanisch-technologische Eigenschaften der Stahl-R. zu erzielen. Außerdem wird durch Kaltumformen das Erzeugungsprogramm in den Bereich kleinerer Außendurchmesser und Wanddicken erweitert. Wesentliche K. für Stahl-R. und R. aus Nichteisenmetallen sind das →Kaltpilger-Walzverfahren oder das R.-Kaltziehverfahren. *Baumann*

Rohr-Kaltziehverfahren. Zum Kaltziehen von Stahl-R. oder von R. aus Nichteisenmetallen werden 3 Verfahren eingesetzt, das R.-Hohlziehverfahren, das R.-Stangenziehverfahren und das R.-Stopfenziehverfahren mit festem oder fliegendem Stopfen (Bild).

Durch den Kaltziehvorgang tritt eine Verfestigung des Werkstoffs ein, d. h. seine Streckgrenze und Festigkeit werden erhöht, während gleichzeitig seine Dehnungs- und Zähigkeitswerte kleiner werden. Das ist für manche Verwendungszwecke ein erwünschter Effekt. Wegen des damit verminderten

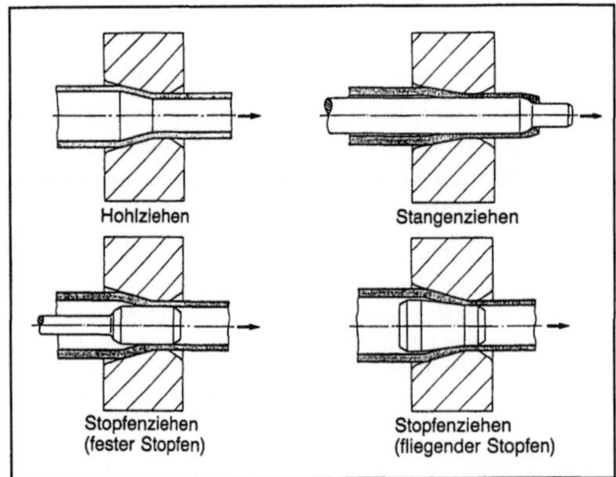

Rohr-Kaltziehverfahren: Schematische Darstellung.

Formänderungsvermögens ist vor weiteren Umformvorgängen eine Wärmebehandlung erforderlich.

Vor dem Kaltziehen wird der dem Stahl-R. von der Warmherstellung oder dem →Zwischenglühen anhaftende Zunder entfernt und die R.-Oberfläche mit einem Schmiermittel beschichtet. Auch während des Ziehvorgangs werden Schmiermittel zugegeben.

Das Kaltziehen erfordert Anlagen mit einem geradlinigen →Bewegungsablauf. Das sind vorzugsweise Ketten-Ziehbankanlagen mit einer endlosen, kontinuierlich umlaufenden Kette, in die der Ziehwagen zum →Kraftschluß mit dem Ziehgut eingeklinkt wird, oder auch Ziehbankanlagen mit reversierbaren, am Ziehwagen befestigten endlichen Zug- und Gegenketten. Weitere Bauarten sind Seilziehbänke, Zahnstangen-Ziehbänke oder auch Ziehbänke mit hydraulischem Antrieb. Die R. mit großen Längen werden i. a. mit fliegendem Stopfen auf kontinuierlich arbeitenden Geradeaus-Kaltziehanlagen bearbeitet, wobei 2 Ziehschlitten in hinundhergehender Bewegung abwechselnd die →Kraftübertragung übernehmen. Zum Kaltziehen von Rohren mit kleinen Durchmessern wird meist die Trommelziehtechnik angewendet. Dabei wird das Ziehgut einem R.-Coil entnommen und die notwendige Ziehkraft von einer Trommel aufgebracht. *Baumann*

Rohrkonti-Walzanlage. Die R.-W. ist ein komplexes technisches System, das aus bis zu 9 dicht nacheinander angeordneten Walzgerüsten besteht, die jeweils 90° zueinander versetzt angeordnet sind. Jedes Walzgerüst hat einen eigenen regelbaren Antrieb. Der Aufbau dieser W. ist somit gleich demjenigen der →Konti-Rohrwalzanlage. *Baumann*

Rohrkonti-Walzverfahren. Auf Grund der Durchführung mehrerer Walzstiche in nacheinanderfolgenden Walzgerüsten, die in einer Walzlinie angeordnet waren, entstand das kontinuierliche Rohr-W. Dabei wurde der in einer →Schrägwalzanlage erzeugte Hohlkörper ursprünglich über eine frei mitlaufende Dornstange als Innenwerkzeug zum Stahlrohr ausgestreckt. In damaliger Zeit (etwa 1910) bereitete die Abstimmung des Werkstoffflusses durch die gegenseitige Beeinflussung der Gerüste, insbes. infolge des unterschiedlichen Verschleißes der Walzen, erhebliche Schwierigkeiten. Erst eine neuzeitliche Antriebs- und Regeltechnik in modernen Konti-Rohrwalzanlagen ermöglichte die Entwicklung des Konti-W. zum leistungsfähigsten Herstellungsverfahren für nahtlose Stahlrohre im Abmessungsbereich zwischen 60 und 178 mm Außendmr. Bei neueren Konti-Rohrwalzwerken wurde dazu übergegangen, in der Kontistaffel nur noch Rohrluppen mit einer großen Querschnittsabmessung oder 2 großen Abmessungen herzustellen, die in einer nachgeordneten Streckreduzier-Walzanlage bis auf etwa 21 mm Außendmr. fertiggewalzt werden konnten. Durch dieses Verfahren können Stahlrohre mit Wanddicken zwischen 2 und 25 mm, abhängig vom Außendurchmesser, hergestellt werden. *Baumann*

Rohrkupplung. Eine schnell lösbare Verbindung von Rohren, Schläuchen und Armaturen (Bild). Sie werden hauptsächlich verwendet für Feuerlösch-

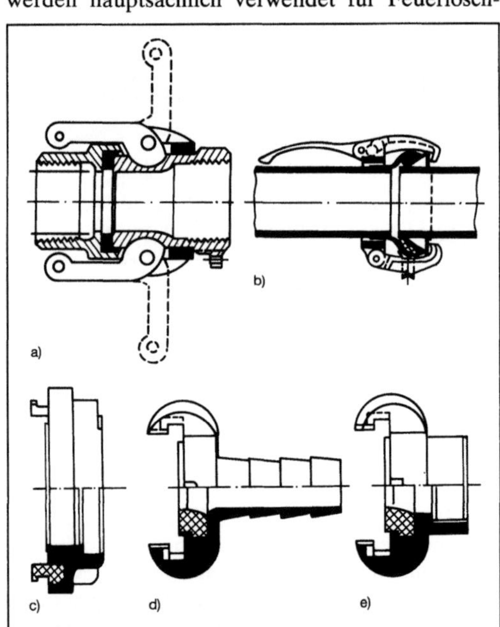

Rohrkupplung: Kupplungssysteme.
a) Schnellhebelkupplung
b) Kniehebelkupplung
c) Feuerwehrkupplung
d) Schlauchkupplung
e) Rohrgewindekupplung.

zwecke, Betriebsmittelversorgung, Hydraulik- und Beregnungsanlagen. Der zur Dichtheit erforderliche Anpreßdruck wird durch Klammern- oder Bajonettsysteme erreicht. *Diegelmann*

Literatur: DIN 3482: Druckluftarmaturen Innengewindekupplung. Hrsg. Dt. Institut f. Normung. Berlin. – DIN 3483: Druckluftarmaturen Schlauchkupplung. Hrsg. Dt. Institut f. Normung. Berlin. – DIN 14300: A-Druckkupplung. Hrsg. Dt. Institut f. Normung. Berlin. – *Ortmann, G.:* Rohr- und Schlauchschnellkupplung. Der Betriebsleiter 21 (1980) Nr. 6. – *Thier, B.:* Lösbare Rohrverbindungen, 3R international (1983) Nr. 11.

Rohrleitung (Anlagenbau). Im Apparate- und Anlagenbau sind R. als Verbindungs-Elemente zwischen den einzelnen Behältern häufige konstruktive Baugruppen. Die R. sind i. a. räumlich verlegt, d. h. durch Druck-, Temperatur- und Impulsbeanspruchung der Medien in solchen R. entstehen räumlich wirkende Kraft- und Momentenbelastungen. Um diese in zulässigen Grenzen zu halten, ist es erforderlich, innerhalb der R.-Verlegung bestimmte Stützpunkte in Gestalt von Gleitfixierungen oder Festpunkten vorzusehen. Außerdem hilft in solchen R.-Verzweigungen natürlich die Anordnung von Ausgleichselementen wie Kompensatoren. Ziel auf jeden Fall muß es sein, die Beanspruchung infolge Kräften und Momenten auf die Stutzen von Apparaten minimal zu halten. Als Hilfsmittel hat sich hierbei eine elastizitätstheoretische Berechnung des gesamten R.-Systems bewährt, wobei dies zweckmäßigerweise unter Einsatz von EDV-Anlagen erfolgt. *Strohmeier*

Rohrleitung (Maschinenelement). R. haben in der gesamten Industrie sowie in der Heizungs- und Sanitärtechnik eine große Bedeutung. Kraftwerke, Raffinerie-, Chemie- und Versorgungsanlagen benötigen R. zum Fortleiten und Verteilen der verschiedenartigen Stoffe. Dabei werden hauptsächlich gasförmige oder flüssige Durchflußstoffe transportiert. Aber selbst Feststoffe wie Zement, Getreide, Kohle, Sand, Asche und Müll lassen sich in R. befördern. Bei Produktionsanlagen werden die R. innerhalb der Produktionsstätte benötigt, während die R.-Verteilungssysteme ein →Rohrnetz bilden. R. setzen sich zusammen aus den einzelnen R.-Elementen wie Rohre, Formstücke, Flanschverbindungen, Rohrverschraubungen und Armaturen. Entsprechend den Anforderungen des Durchflußstoffs bez. Druck, Temperatur, Reinheit und chemische Beständigkeit werden die R.-Elemente aus Stahl, Guß, Nichteisenmetall oder Kunststoff mit den erforderlichen Abmessungen gefertigt. *Diegelmann*

Literatur: DIN 2401: Rohrleitungen; Druckstufen; Zulässige Betriebsdrücke. Hrsg. Dt. Institut f. Normung. Berlin. – DIN 2402: Rohrleitungen; Nennweiten; Begriffe. Hrsg. Dt. Institut f. Normung. Berlin. – DVGW-W403: Planungsregeln für Wasserleitungen. Frankfurt/Main. – TRGL-101: Allgemeine Anforderungen an Gashochdruckleitungen. Köln. – TRbF-301: Richtlinien für Fernleitungen zum Befördern gefährdender Flüssigkeiten. Köln. – *Domininghaus, H.:* Kunststoffe als Werkstoff für Rohrleitungen. Gummi Asbest Kunststoffe (1971) Nr. 6. – *Spähn, H., L. Kopp* u. *W. Lörtsch:* Werkstoffe für Rohrleitungen im Chemiebetrieb. 3R international (1976) Nr. 6. – Handb. für den Rohrleitungsbau. Ost-Berlin.

Rohrleitungsschwingung. Schwingungen der Rohrleitungen von Kolbenverdichtern.

Bei Verdichteranlagen kommt es nicht selten vor, daß die Rohrleitungen heftige Schwingungen ausführen. Dadurch können die Rohrleitungsbefestigungen losgerissen werden. Es können Schäden an angebauten Teilen auftreten, die Rohrleitung selbst kann Risse bekommen, wobei im Fall giftiger oder explosiver Gase noch zusätzliche Gefahren auftreten.

Zu den R. führt eine zweigliedrige Kette von Schwingungserscheinungen: Zunächst regen die stoßweise auftretenden Ausschub- oder Ansaugvorgänge des Zylinders Gassäulenschwingungen in der Rohrleitung an (→Pulsation). Die Gasschwingungen haben Wechselkräfte zur Folge, die dann die mechanischen Schwingungen der Rohrleitung anregen.

In beiden Fällen können Resonanzerscheinungen auftreten. Falls hohe R. beobachtet werden, ist zunächst festzustellen, ob eine Resonanz bei den Gasschwingungen oder bei den mechanischen R. vorliegt. Im ersten Fall müssen die Gasschwingungen durch Blenden weggedämpft oder durch andere Abstimmung beseitigt werden. Eine bessere Befestigung der Rohrleitung würde hier nichts helfen. Im zweiten Fall dagegen ist eine stabilere Befestigung der Rohrleitung sinnvoll, weil dadurch deren Eigenfrequenz erhöht und so die Resonanz beseitigt wird. *Kuhlmann*

Rohrluppe. R. ist die Bezeichnung für ein Zwischenerzeugnis beim Herstellen nahtloser Rohre, das die Form eines dickwandigen, mehr oder weniger langen Hohlkörpers ohne Boden mit rundem Querschnitt hat. *Baumann*

Rohrmaßwalzanlage →Maßwalzanlage

Rohrmaßwalzverfahren →Maßwalzverfahren

Rohrmelkanlage →Melkmaschine

Rohrnetz. Mehrere Rohrleitungen bilden ein Netz. Sie werden benötigt zum Transport von Stoffen aller Art und zur Versorgung von Verbrauchern innerhalb von Wohn- und Industriegebieten. Die einfachste Netzform ist das Strahlennetz. Wegen der höheren Betriebssicherheit durch mehrfache Einspeisung und Umschaltmöglichkeit werden R. zum

Versorgen mehrerer Verbraucher als Ringnetzwerke oder vermaschte Netze ausgeführt. Dampf-R. dienen zum Fortleiten von Dampf von Kraftwerken zum Verbraucher in Industrieanlagen. Die Länge der Dampfleitungen ist begrenzt durch die auftretenden Druck- und Wärmeverluste.

Heißwasser- und Warmwasser-R. kommen überwiegend bei Fernheizungen in Städten zur Anwendung. Innerhalb von Ortschaften ist i. a. eine unterirdische Verlegung notwendig. Im Erdreich verlegte Rohrleitungen mit höheren Wandtemperaturen (>100 °C) erfordern besondere Ausführungen (z. B. als Doppelrohre). Das innere wasserführende Rohr wird mit einer Dämmung und das äußere Schutzrohr mit einer →Beschichtung versehen. Kaltwasser-R. dienen dem Transport von Trink- und Brauchwasser zum Versorgen von Wohngebieten und Industriebetrieben. Wegen der Reinheitsanforderung an das Trinkwasser werden für diese Netze Rohre aus Guß oder Kunststoff verwendet.

Gasversorgungsnetze haben die Aufgabe, die Verbraucher mit Stadtgas zu versorgen. R., in denen Stoffe mit Umgebungstemperaturen ohne besondere Anforderung an die Reinheit transportiert werden, können als Stahlrohre verschweißt ausgeführt werden.

Fernrohrleitungen dienen zum Transport von Stoffen über teilweise sehr lange Strecken außerhalb von Ortschaften und Betrieben. Die Verbindung von Rohrleitungsanlagen mit Fernrohrleitungen mit der Möglichkeit der Umschaltung bezeichnet man als Verbundnetz. Ölfernrohrleitungen dienen zum Transport von Erdöl vom Hafen zur Raffinerie.

Unterirdisch verlegte Rohrleitungen werden gegen Korrosion passiv durch entsprechende Beschichtung oder aktiv durch eingespeisten Gleichstrom geschützt. Dieser kathodische Schutz verhindert die Ionisierung (Freiwerden von Elektronen) durch den Ausgleich der Potentialunterschiede. Der passive Schutz verhindert den Zutritt von Feuchtigkeit und dadurch eine Reduzierung des Elektronentransports. *Diegelmann*

Literatur: Handb. für den Rohrleitungsbau. Ost-Berlin. – *v. Baeckmann, W.,* u. *D. Funk:* Kathodischer Korrosionsschutz von polyethylen-umhüllten Rohrleitungen. 3R international (1978) Nr. 7. – *Geburek, R., Hessel* u. *H. Hüsken:* Planung, Bau und Betrieb molchbarer Gasfernleitungen. 3R international (1978) Nr. 10. – *Heim, G:* Korrosionsschäden an erdverlegten Stahl- und Gußrohrleitungen. 3R international (1979) Nr. 8/9. – *Isting, Chr.,* u. *B. Thier:* Verfahrens- und sicherheitstechnische Auslegung von Rohrleitungssystemen in Chemieanlagen. 3R international (1978) Nr. 3/4. – *Meldt, R.:* Hydraulischer Feststofftransport in Rohrleitungen aus HDPE. 3R international (1979) Nr. 12. – *Popp, M:* Kathodischer Korrosionsschutz von Rohrfernleitungen. Techn. Überwachung (1979) Nr. 11. – *Riess, N.,* u. *H. Schittko:* Ausrüstung zur Prüfung, Inspektion und Betriebsüberwachung von Pipelines. 3R international (1978) Nr. 10. – *Thastrup, O.:* Neue Verlegetechnik für Fernheizrohrleitungen. Fernwärme (1979) Nr. 3. – *Thier, B.:* Rohrleitungssysteme in Chemieanlagen; Betrieb–Sicherheit–Instandhaltung. 3R international (1978) Nr. 12. – *Vogelsang, H.:* Rohrleitungssystem für Wärmetransport, Sicherheitsrohr für den Transport gefährlicher und umweltgefährdender Flüssigkeiten und Gase. Gesundh.-Ing. (1979) Nr. 10. – *Weber, M.:* Feststofftransport in der Pipeline. VDI-Nachr. (1974) Nr. 52.

Rohrpost. R., Art der pneumatischen Förderung für zylindrische Behälter, in denen Kleinteile (Schriftstücke, Akten, Medikamente u. ä.) in einem R.-Netz zwischen Sender- und Empfangsstationen transportiert werden. Die R.-Büchsen werden an den Sendestellen mit einer Zieladresse versehen und an der Empfangsstation automatisch ausgeschleust. Besonders in Dienstleistungs- oder Verwaltungsbetrieben zum Versorgen von gekoppelten Dienststellen eingesetzt. *Jünemann*

Rohrschleuderverfahren. Das R. ist ein Urformverfahren, bei dem der flüssige →Werkstoff, beispielsweise Stahl, Gußeisen oder Nichteisenmetalle, in rotierenden Formen unter dem Einfluß der →Fliehkraft zu Rohren erstarrt. Das R. führt neben einer guten Formfüllung zu einer Werkstoffverdichtung. Mit dem Schleuderverfahren hergestellte Rohre aus Gußeisen werden beispielsweise zur Gas- oder Wasserversorgung eingesetzt. *Baumann*

Rohrschweißverfahren. Seit der Herstellung von Metallbandstreifen wurde versucht, durch Biegen dieser Streifen und Verbinden ihrer Kanten Rohre herzustellen.

Im Jahre 1825 erhielt der Eisenwarenhändler *James Whitehouse* in England ein Patent zum Herstellen geschweißter Rohre. Das Verfahren bestand darin, einzelne Blechstreifen über einen Dorn zu einem Schlitzrohr zu hämmern und nach Erwärmen des Schlitzrohrs die Kanten in einer Ziehbank durch mechanisches Pressen zu verschweißen. Später gelang es, in einem Durchgang den in einem Ofen erwärmten Streifen zu formen und zu verschweißen. Die Entwicklung der Herstellung dieser stumpfgeschweißten Rohre wurde erst 1931 durch den Amerikaner *J. Moon* und den Deutschen *Fretz* zur industriellen Anwendung gebracht. Anlagen mit diesem Verfahren arbeiten seit dieser Zeit erfolgreich bei der Produktion von Rohren bis etwa 114 mm Außendmr.

Neben diesem Verfahren des Feuerschweißens, bei dem das Band im Feuer auf Schweißtemperatur erwärmt wird, entwickelte der Amerikaner *E. Thomson* in den Jahren zwischen 1886 und 1890 mehrere Verfahren zum elektrischen Schweißen von Metallen. Grundlage dazu war die von *James P. Joule* entdeckte Erwärmung eines Leiters infolge seines elektrischen Widerstands. Im Jahre 1898 erhielt die Standard Tool Company (USA) ein Patent, nach dem sich die Widerstandsschweißung zum Herstellen von Rohren einsetzen ließ. Die

Fertigung elektrisch widerstandsgeschweißter Rohre erhielt erst in den USA und viel später in Deutschland einen starken Auftrieb. Während des Zweiten Weltkriegs wurde in den USA ein Argon-Arc-Schutzgas-Lichtbogenschweißen für den Flugzeugbau entwickelt. Als Folgeentwicklung sind dann die Schutzgasschweißverfahren vorrangig für Edelstahlrohre entstanden.

Geschweißte Stahlrohre werden in Längsnahtausführung oder mit schraubenlinienförmigem Nahtverlauf hergestellt. Der Durchmesser dieser Rohre reicht von etwa 6–2 500 mm bei Wanddicken zwischen 0,5 mm und etwa 40 mm. Als Eingangsmaterial werden stets gewalzte Flachprodukte eingesetzt, die je nach Herstellungsverfahren, Rohrabmessung und Verwendungszweck warm oder kalt gewalzt sein können. Die industriell eingesetzten Schweißverfahren sind →Preßschweißverfahren und →Schmelzschweißverfahren. Zu den Preßschweißverfahren gehören beispielsweise das Fretz-Moon-R., das Niederfrequenz-R. und die Hochfrequenz-R. Schmelzschweißverfahren sind das Unterpulver-Schweißverfahren und das Schutzgas-Schweißverfahren, die zur Gruppe des Lichtbogenschweißens gehören. *Baumann*

Rohr-Stangenziehverfahren. Das R.-S. ist ein R.-Kaltziehverfahren. Beim Stangenziehen wird das R. mit Hilfe einer eingeschobenen Stange durch den Ziehring gezogen. Dabei verringern sich die Außen- und Innendurchmesser sowie die Wanddicke des R. Die möglichen Querschnittsabnahmen je Zug sind hierbei größer als beim R.-Stopfenziehverfahren. Die R.-Länge ist durch die Stangenlänge begrenzt. Das R. muß nach dem Ziehen in einem Lösewalzaggregat zum Ausziehen der Stange etwas aufgeweitet werden. Das R.-S. wird vorwiegend für Standardabmessungen und als sog. Vorzug angewendet, wenn die Endabmessung nur mit mehreren Ziehfolgen sowie zwischengeschalteten Wärmebehandlungen erreicht werden kann. *Baumann*

Rohr-Stopfenziehverfahren. Das R.-S. ist ein R.-Kaltziehverfahren. Dabei bildet ein mit Hilfe einer Dornstange fixierter oder durch seine besondere Kalibrierung in der Umformzone sich selbst einstellender, sog. fliegender Stopfen mit dem Ziehring einen Ringspalt, durch den das R. gezogen wird. Auf diese Weise werden Außen- und Innendurchmesser sowie die Wanddicke reduziert und in einen engen Toleranzbereich gebracht. Außerdem werden die Außen- und Innenoberflächen geglättet. Im allgemeinen wird über einen festen Stopfen gezogen und damit eine Querschnittsabnahme bis zu 45 % je Zug erreicht. Das Ziehen über einen fliegenden Stopfen wird vorzugsweise bei kleinen R. mit großen Längen angewendet, insbes. wenn das Ziehgut von einem R.-Coil entnommen und nach dem Ziehen wieder

mit einer Trommel aufgerollt wird. R.-S. werden beispielsweise für die Herstellung von Präzisions-Stahl-R. eingesetzt. *Baumann*

Rohr-Strangpreßanlage. Mit mechanisch angetriebenen R.-S. stehender Bauart werden Stahl-R. aus hochlegierten Werkstoffen in Abmessungen zwischen 60 und 120 mm Dmr. bei Wanddicken zwischen etwa 3 und 15 mm durch das R.-Strangpreßverfahren hergestellt. Mit einer oft nachgeordneten Streckreduzier-Walzanlage läßt sich der Herstellungsbereich nahtloser Stahl-R. in einer Hitze bis auf etwa 20 mm Außendmr. erweitern. Mechanische R.-S. stehender Bauart für Blockabmessungen bis etwa 200 mm Dmr. haben meist Preßkräfte von etwa 15 MN.

Mit hydraulisch angetriebenen R.-S. in meist liegender Bauart werden bevorzugt R. aus hochlegierten Stählen bis etwa 230 mm Dmr. hergestellt. Dementsprechend betragen die maximalen Preßkräfte bis zu 30 MN. Für die Herstellung hochlegierter R. wird das Vormaterial üblicherweise gebohrt, erwärmt und die Bohrung mit einer Presse auf den gewünschten Innendurchmesser aufgeweitet. Nach einem Temperaturausgleich erfolgt dann das Umformen in der R.-S. zum Fertigrohr. *Baumann*

Rohr-Strangpreßverfahren. Das R.-S. dient der Herstellung von nahtlosen Stahl-R. bis etwa 230 mm Außendmr.

Nach dem Erwärmen auf Umformtemperatur wird das Vormaterial in den zylindrischen Aufnehmer, Rezipienten der R.-Strangpreßanlage eingesetzt, an dessen Boden sich die Matrize mit runder Bohrung befindet. Der Block wird zunächst durch einen im Zentrum des Preßstempels geführten Dorn gelocht. Nach Eintritt des Lochdornes in die Matrize wird ein Ringspalt gebildet, durch den der →Werkstoff unter dem Druck des Preßstempels zum Stahl-R. gepreßt wird (Bild). Der im Aufnehmer verbliebene Preßrest wird anschließend vom R. getrennt. *Baumann*

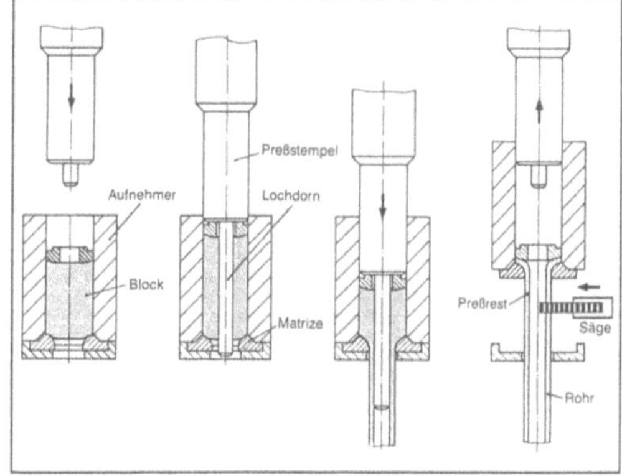

Rohr-Strangpreßverfahren: Schematische Darstellung.

Rohrtechnik. Unter R. sind die Entwicklungen sowie die Verfahrenstechnik, Anlagentechnik und Produktionstechnik zum Herstellen von Stahlrohren zu verstehen. Dabei wird zwischen der Herstellung nahtloser und geschweißter Stahlrohre unterschieden. Zur Rohrtechnik zählt auch die Entwicklung, Verfahrens-, Anlagen- und Produktionstechnik zur Herstellung von Rohren aus nichtmetallischen Werkstoffen. *Baumann*

Rohrverschraubung. Eine lösbare Verbindung zwischen einzelnen Rohrleitungselementen bzw. die Verbindung von Rohrleitungen mit Apparaten und Maschinen. Je nach Art der zu verbindenden Rohre unterscheidet man zwischen Gewinderohr-, Schneidring-, Klemm- und Quetschverschraubungen. Bei der Gewinde-R. (Bild 1) werden die Teile auf ein Rohr mit →Rohrgewinde aufgeschraubt und eingedichtet. Die Dichtungsform kann konisch oder flach, die Dichtungsart metallisch oder weichdichtend sein.

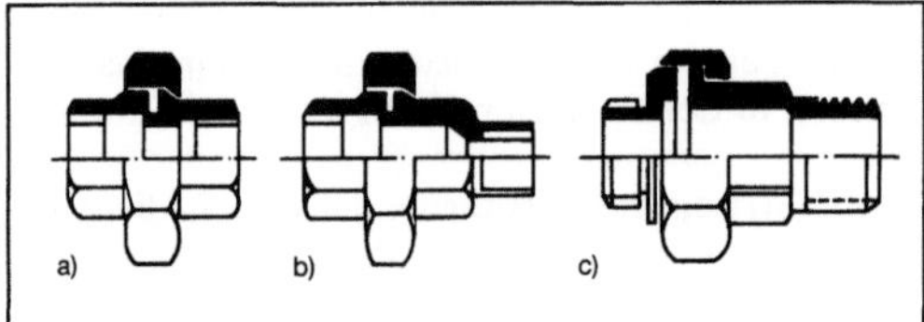

Rohrverschraubung 1: Für Gewinde.
a) Innengewinde
b) Innen- und Außengewinde
c) Außengewinde.

Die Schneidring-, Klemm- und Quetschverschraubungen sind geeignet, glatte Rohrenden miteinander zu verbinden. In der Praxis kommt eine Vielzahl von Verschraubungssystemen (Bild 2) zur Anwendung.

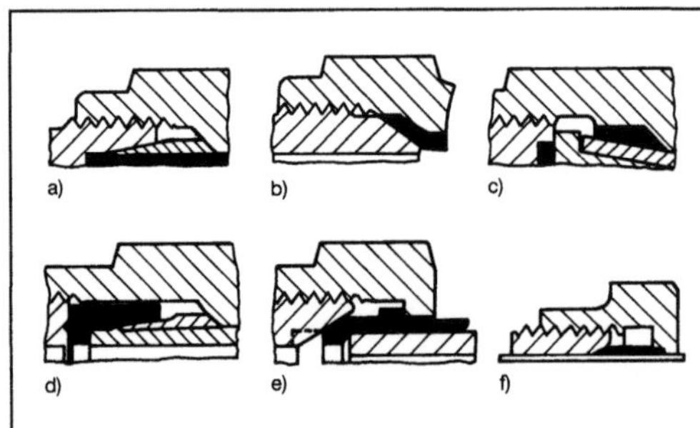

Rohrverschraubung 2: Verschraubungssysteme.
a) Schneidring nach DIN 2353
b) Bördel
c) Bördel mit O-Ring
d) Druckring nach DIN 3930
e) Kugelbuchse nach DIN 7601
f) Doppelkegelring nach DIN 2367.

Die einzelnen Arten der Verschraubung (Bild 3) werden mit den genannten Verschraubungssystemen ausgeführt bzw. in Sonderfällen kombiniert. *Diegelmann*

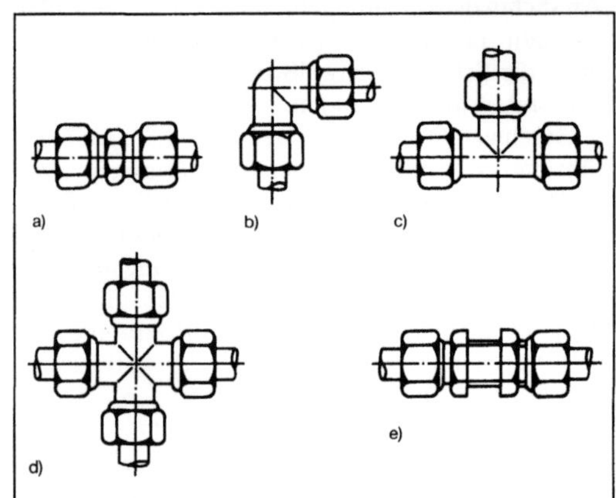

Rohrverschraubung 3: Verschraubungsarten.
a) Gerade
b) Winkel
c) Abzweig
d) Kreuz
e) Schott.

Literatur: DIN 2353: Lötlose Rohrverschraubungen mit Schneidring. Hrsg. Dt. Institut f. Normung. Berlin. – *Thier, B.:* Lösbare Rohrverbindungen. 3R international (1983) Nr. 11.

Rohrvortriebsanlage. R. dienen dem hydraulischen Vorpressen von Rohrleitungen bis über 5 m Dmr. Für begehbare Rohre (Innendurchmesser mindestens 800 mm nach Definition der Tiefbauberufsgenossenschaft) bestehen die R. im wesentlichen aus:

□ dem Schneidschuh bzw. dem Arbeitsrohr mit Schneidschuh oder vollflächig abbauenden Maschinen (→Hydroschild) sowie

□ der Förderanlage,

□ der Hauptpreßstation und evtl. Zwischenpreßstationen, die bei langen Vortriebstrecken oder gekrümmten Trassen erforderlich sind.

Der dem ersten Rohr vorgestellte, über hydraulische Pressen verstellbare, ein- oder zweiteilige Schneidschuh (Bild 1) dient dem Vorschneiden des Bodens und der Steuerung der gesamten Rohrtour. Das Arbeitsrohr ist ein zwischen Schneidschuh und erstem Vortriebsrohr angeordnetes Stahlsegment, in dem Einrichtungen zur Steuerung des Schneidschuhs sowie zum Abbau und Transport des Bodens (Zughacke, Fräslader, Baggerarm, Schnecke) fest integriert sind. Das Abfördern des Bodens kann man chargenweise in Wagen gleislos oder gleisgebunden, z. B. mittels Seilwinden oder Akkutransportern, bzw. stetig mittels Bandanlage oder hydraulischem Rohrtransport, vornehmen. Die Hauptpreßstation besteht meist aus Stahlbauteilen wie Druckring, Widerlager und Rohrgleitbahn sowie der Hydraulikanlage. Diese umfaßt Hydropumpenaggregat, Steuerpult, Versorgungsleitungen sowie eine der erforderlichen Vortriebskraft entsprechende Anzahl (mindestens zwei) symmetrisch angeordneter Hydraulikzylinder, die meist teleskopartig ausfahrbar sind.

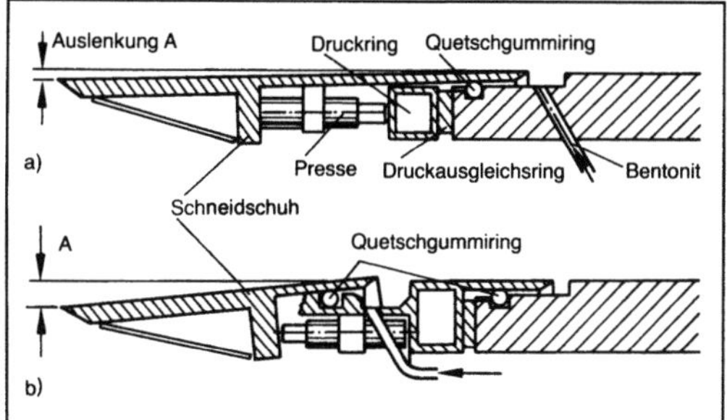

Rohrvortriebsanlage 1: Schneidschuh.
a) Einteiliger Schneidschuh
b) Zweiteiliger Schneidschuh.

Zum Vortrieb nichtbegehbarer Rohrleitungen sind unterschiedliche Anlagen auf dem Markt (Bild 2). Der Erdverdrängungshammer (Bodendurchschlagrakete) besteht aus einem länglichen zylindrischen Gehäuse, in dessen Innerem ein mit Druckluft (6–7 bar) angetriebener Schlagkolben auf einen längsbeweglichen Kopf schlägt, der seinerseits den erforderlichen Hohlraum im Boden zum Nachziehen des zylindrischen Gehäuses herstellt. Der Erdverdrängungshammer kann auch als Horizontalramme am hinteren Ende eines einzutreibenden

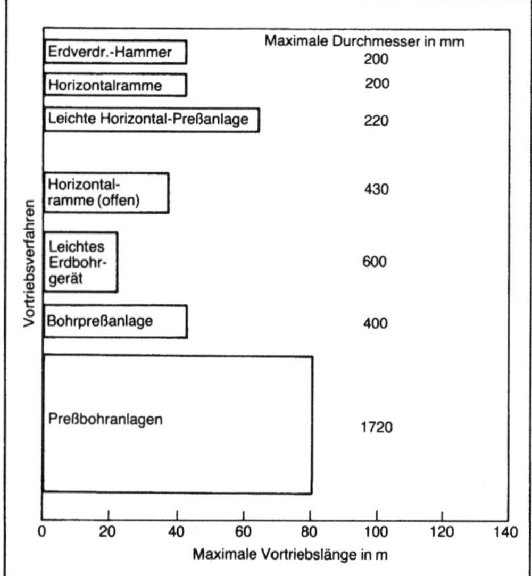

Rohrvortriebsanlage 2: Vortriebsverfahren für nichtbegehbare Rohrleitungen.

Rohrs befestigt werden. Bei der leichten Preßanlage geschieht der Vortrieb durch Verdrängen des Bodens durch statisches Einpressen (hydraulischer oder pneumatischer Antrieb) eines mit einem Rammschuh ausgerüsteten Druckgestänges. Das leichte Erdbohrgerät arbeitet mit einer Bohrschnecke, die mit einem am Grundrahmen der Maschine montierten Hebelgestänge vorgetrieben wird. Bohrpreßgeräte sind im Prinzip größere Erdbohrgeräte, die man in Stahlröhren (Vortrieb u. a. mit Seilwinde oder Greifzug) einsetzt. Preßbohrgeräte bilden gegenüber den Bohrpreßgeräten eine maschinentechnische Einheit, die aus dem Preßbohraggregat, dem Bohrkopf und den Förderschnecken besteht. In den letzten Jahren wurden weiterhin zahlreiche steuerbare Vortriebsysteme für nichtbegehbare Rohrleitungen entwickelt, die nach unterschiedlichen Grundprinzipien, u. a. ähnlich den Preßbohrgeräten oder Hydroschilden, arbeiten. *Kühn*

Rohrwalzwerk. Ein R. ist ein Walzwerk zum Herstellen nahtloser Rohre mit speziellen Walzanlagen, beispielsweise R. mit →Asselwalzanlage, R. mit Kontiwalzanlage, R. mit Stopfenwalzanlage, R. mit Stoßbankanlage und R. mit →Warmpilger-Walzanlage. Solche Walzwerke sind sehr komplexe technische Systeme, die aus einem Walzbetrieb, einem Adjustagebetrieb und umfangreichen Transportsowie Ver- und Entsorgungssystemen bestehen. Daneben gehören zu diesen Werken spezielle Instandhaltungs- und Reparaturbereiche. *Baumann*

Rohrwalzwerk mit Asselwalzanlage. In einem R. m. A. werden nahtlose Stahlrohre mit Außendurchmessern hergestellt, die zwischen 60 und 250 mm liegen. Diese Rohre haben eine besonders gute Zentrizität und werden beispielsweise zum Herstellen von Wellen und Achsen sowie für die Kugellagerfertigung verwendet. Dieses →Rohrwalzwerk besteht neben den Transport- sowie Ver- und Entsorgungssystemen i. a. aus einem →Drehherdofen, einer →Lochwalzanlage, der Asselwalzanlage mit Dornstangen-Ausziehaggregat, dem Nachwärmofen, einer Reduzierwalzanlage, der →Maßwalzanlage und dem Adjustagebereich (Bild, nächste Seite). Darüber hinaus gehören zu einem solchen Werk spezielle Instandhaltungs- und Reparaturbereiche. *Baumann*

Literatur: *Brensing, K.-H., u. B. Sommer:* Stahlrohr-Handb. 10. Aufl. Essen, 1986.

Rohrwalzwerk mit Konti-Rohrwalzanlage →Konti-Rohrwalzwerk

Rohrwalzwerk mit Stopfenwalzanlage. In einem R. m. S. werden nahtlose Stahlrohre, meistens mit Außendurchmessern zwischen 60 und 406 mm bei

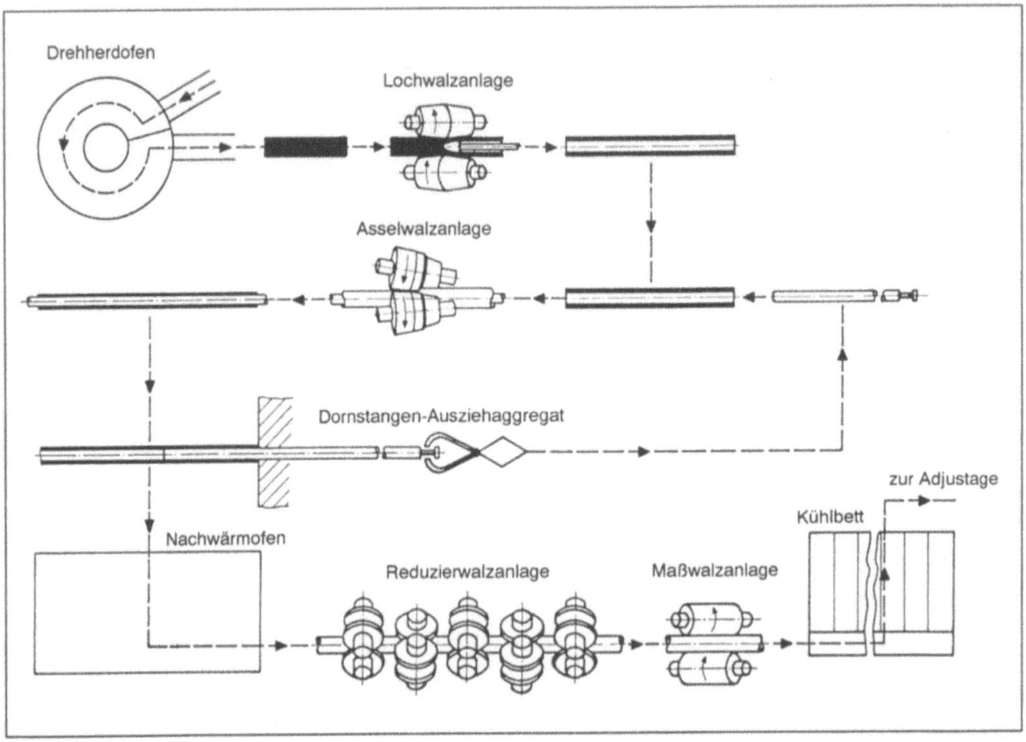

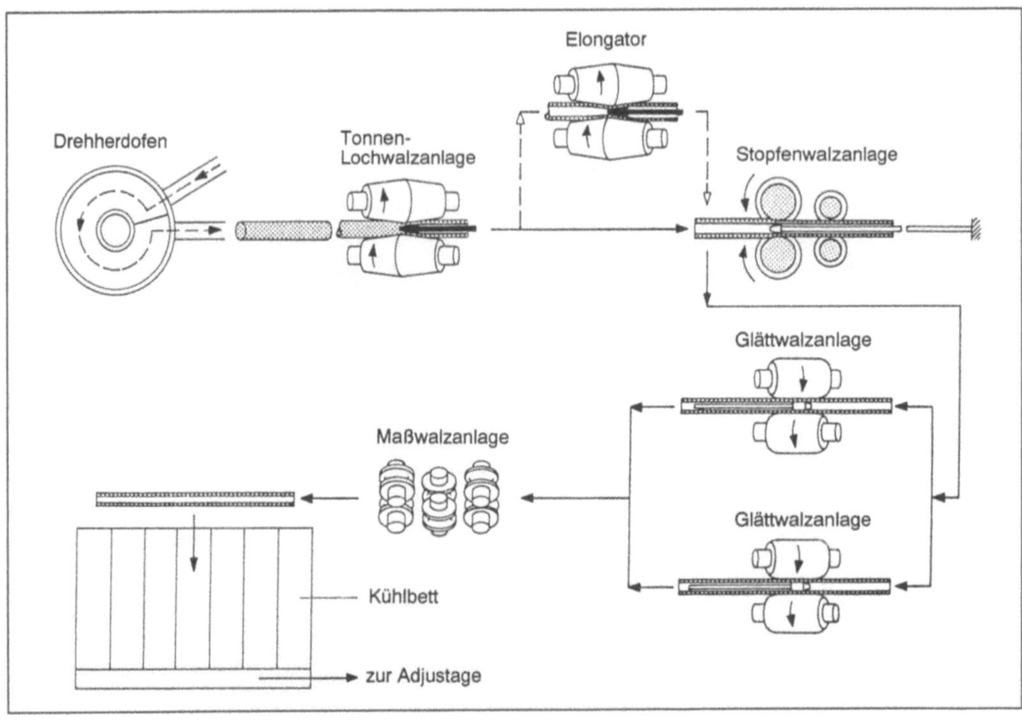

Rohrwalzwerk mit Asselwalzanlage: Schematische Darstellung.

Rohrwalzwerk mit Stopfenwalzanlage: Schematische Darstellung.

Wanddicken zwischen 3 und 40 mm, hergestellt. Dabei sind die größten Herstellungslängen der Rohre etwa 14 m. Manchmal erfolgt die Herstellung des Hohlkörpers aus dem Rohblock in 2 Umformanlagen, der Tonnen-Lochwalzanlage und einem Elongator, in dem der durch Lochen hergestellte Hohlkörper weiter gestreckt wird, so daß ein längerer Hohlkörper in die Stopfenwalzanlage eingesetzt werden kann (Bild). Neben den Transport- sowie Ver- und Entsorgungssystemen besteht dieses →Rohrwalzwerk i. a. aus einem →Drehherdofen, der Tonnen-Lochwalzanlage, dem Elongator, der Stopfenwalzanlage, 2 Glättwalzanlagen, einer →Maßwalzanlage und dem Adjustagebereich sowie Instandhaltungs- und Reparaturbereichen. *Baumann*

Rohrwalzwerk mit Stoßbankanlage. Ein R. m. S. dient dem Herstellen nahtloser Stahlrohre, insbes. mit Durchmessern zwischen 40 und 170 mm bei Wanddicken zwischen 3 und 18 mm sowie Rohrlängen bis etwa 18 m. In neuzeitlichen R. werden mit S. meist Rohrluppen mit nur einer Durchmesser-, Wanddicken- und Längenabmessung hergestellt, die anschließend in Streckreduzier-Walzanlagen zu Rohren mit unterschiedlichen Abmessungen umge-

formt werden. Das R. besteht neben den Transport- sowie Ver- und Entsorgungsanlagen i. a. aus einer →Lochpresse, einer Streck-Schrägwalzanlage, der Stoßbankanlage, einer Lösewalzanlage, einem Dornstangen-Ausziehaggregat, dem Nachwärmofen, einer Streckreduzier-Walzanlage und dem Adjustagebereich (Bild). Wenn an Stelle der Lochpresse eine →Lochwalzanlage eingesetzt wird, dann muß der damit hergestellte Hohlkörper ohne Boden vor seinem Einsatz in die Stoßbankanlage einseitig mit einem Kümpelaggregat in der Weise umgeformt werden, daß die Dornstange den Hohlkörper durch die Stoßbankanlage bringen kann. *Baumann*

Literatur: *Brensing, K.-H.,* u. *B. Sommer:* Stahlrohr-Handb. 10. Aufl. Essen 1986.

Rohrwalzwerk mit Warmpilger-Walzanlage. In einem R. m. W.-W. können nahtlose Stahlrohre mit Durchmessern zwischen 60 und 660 mm bei Wanddicken zwischen 3 und 125 mm hergestellt werden. Mit den Walzanlagen eines solchen R. sind, abhängig von Wanddicke, Durchmesser und Blockgewicht, Rohrlängen bis etwa 28 m herstellbar. Die einzusetzenden Rohblöcke sind hinsichtlich ihrer Durchmesser, Längen und Gewichte auf die zu fertigenden

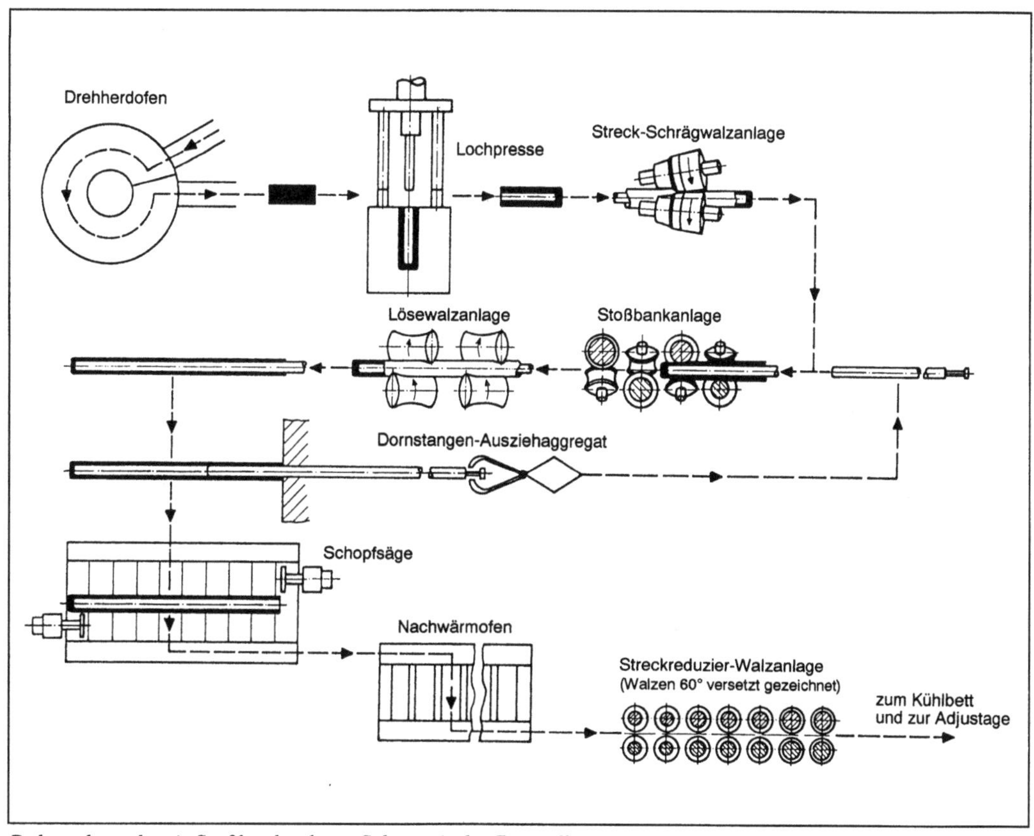

Rohrwalzwerk mit Stoßbankanlage: Schematische Darstellung.

Rohrabmessungen abgestimmt. Die R. m. W.-W. bestehen neben den Transport- sowie Ver- und Entsorgungssystemen i. a. aus einem →Drehherdofen, einer →Lochpresse und/oder einer →Schrägwalzanlage, 2 W.-W., einer →Maßwalzanlage und einem Adjustagebereich (Bild). Darüber hinaus gehören zu einem solchen Werk spezielle Instandhaltungs- und Reparaturbetriebe. *Baumann*

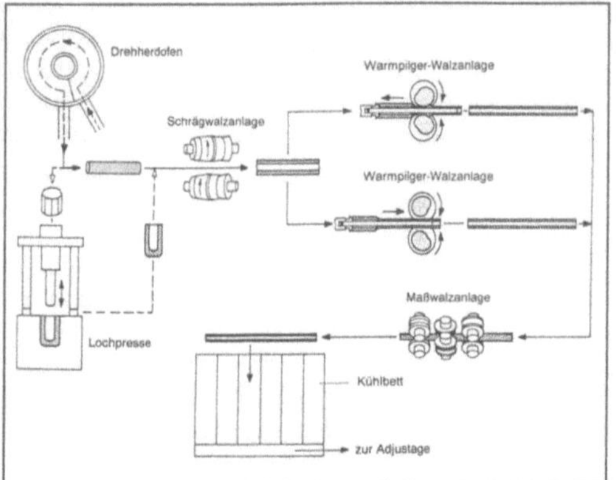

Rohrwalzwerk mit Warmpilger-Walzanlage: Rohrwalzwerk mit 2 Warmpilger-Walzanlagen (schematische Darstellung).

Literatur: *Brensing, K.-H., u. B. Sommer:* Stahlrohr-Handb. 10. Aufl. Essen 1986.

Rohrwerk. Ein R. ist ein sehr komplexes technisches System zum Herstellen nahtloser oder geschweißter Rohre. R. zum Herstellen nahtloser Rohre werden Rohrwalzwerke genannt. Das sind beispielsweise →Konti-Rohrwalzwerke und →Rohrwalzwerke mit Asselwalzanlagen oder →Rohrwalzwerke mit Warmpilger-Walzanlagen. In R. zum Herstellen geschweißter Rohre mit einer Längsnaht oder mit einer Wendelnaht sind Längsnaht-Rohrschweißanlagen oder Wendelnaht-Rohrschweißanlagen eingesetzt. Solche R. sind weniger komplex als diejenigen zur Längsnaht-Großrohrherstellung. *Baumann*

Rohrziehanlage. Eine R. ist ein technisches System zum Herstellen kalt gezogener Rohre nach dem Rohr-Hohlziehverfahren, →Rohr-Stangenziehverfahren oder →Rohr-Stopfenziehverfahren. Das Ziehen von Rohren über eine Stange oder einen feststehenden Stopfen als Innenwerkzeug erfordert technische Systeme mit einem geradlinigen →Bewegungsablauf. Das sind meist Ketten-Ziehbankanlagen mit einer umlaufenden Kette, in die ein Ziehwagen, der →Kraftschluß mit dem Ziehgut hat, eingeklinkt wird. Darüber hinaus werden Seil-Ziehbankanlagen, Zahnstangen-Ziehbankanlagen und R. mit hydraulischen Antrieben eingesetzt. Rohre mit großen Längen werden i. a. mit fliegen-

dem Stopfen auf kontinuierlich arbeitenden Geradeaus-R. umgeformt. Dabei übernehmen 2 Ziehschlitten, die hin- und herbewegt werden, abwechselnd die →Kraftübertragung. Zum Kaltziehen von Rohren mit großen Längen und kleinen Durchmessern werden meist Trommelziehanlagen eingesetzt. In solchen Anlagen wird das Ziehgut einem →Rohr-Coil entnommen, und die notwendige Ziehkraft wird von einer Trommel aufgebracht (→Rohr-Kaltziehverfahren). *Baumann*

Rohr-Ziehpreßverfahren. Das von *H. Erhardt* entwickelte R.-Z. ist dem Stoßbankverfahren zum Herstellen nahtloser Stahl-R. ähnlich, jedoch nicht für die Massenfertigung geeignet. Es gibt auch nur wenige Ziehpreßanlagen, die speziell dem Herstellen nahtloser Stahl-R. oder Hohlkörper mit großen Durchmessern und Wanddicken dienen.

Der Abmessungsbereich der R. oder Hohlkörper, die nach diesem Verfahren hergestellt werden, liegt etwa zwischen 200 und 1 450 mm Außendmr. mit Wanddicken zwischen etwa 20 und 250 mm. Damit wird das Herstellungsprogramm großer →Pilgerwalzanlagen ergänzt.

Mit einer Maximallänge von etwa 9 m werden Hohlkörper für die verschiedensten Anwendungsgebiete, beispielsweise Kraftwerkszubehör, →Zylinder, Hochdruckflaschen und Druckbehälter, in allen Stahlgüten hergestellt.

Als Vormaterial werden meist in Kokillen gegossene Mehrkantblöcke mit 500–1 400 mm Dmr. und Gewichten bis zu 26 t eingesetzt, in einem Tiefofen auf Umformtemperatur erwärmt und in einer senkrechten, hydraulischen →Lochpresse zum Hohlkörper mit Boden gepreßt. Das Strecken des Hohlkörpers auf Endabmessungen erfolgt danach in einer horizontalen, hydraulischen R.-Ziehpresse über einen Dorn, der den Innendurchmesser des R. bestimmt (Bild). Zusammen mit dem Dorn wird der Hohlkörper nacheinander durch mehrere Ziehringe mit kleiner werdendem Durchmesser gestoßen, bis der gewünschte Außendurchmesser erreicht ist.

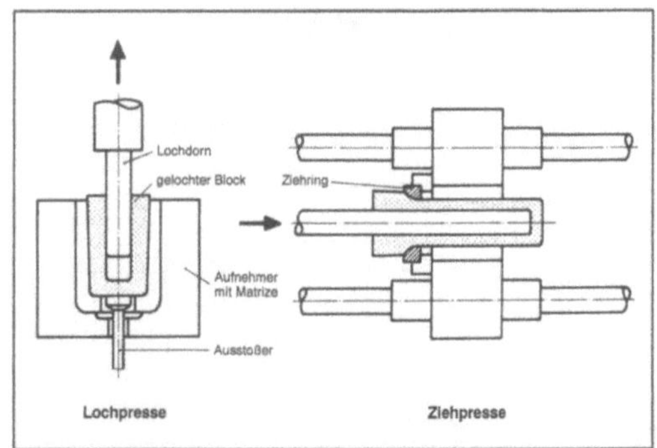

Rohr-Ziehpreßverfahren: Zum Herstellen von Hohlkörpern oder Rohren (schematische Darstellung).

Dabei können bis zu 5 Durchgänge in einer Hitze je nach Abkühlung des Werkstücks und vorgegebenem Temperaturbereich für die Umformung erforderlich werden. Notwendigerweise erfolgt dann eine Nacherwärmung. Nach beendeter Umformung wird das Fertigteil mit Hilfe einer Abstreifvorrichtung von dem Dorn gezogen. Je nach Verwendungszweck verbleibt das Bodenstück am Hohlkörper, beispielsweise für Behälter, oder es wird nach dem Abkühlen auf Umgebungstemperatur mit dem Rohrende abgetrennt.   *Baumann*

Literatur: *Brensing, K.-H.,* u. *B. Sommer:* Stahlrohr-Handb. 10. Aufl. Essen 1986.

Rohstahl. R. ist die Bezeichnung für den im Stahlwerk fertig hergestellten Flüssigstahl, der anschließend entweder in Stahlstrang-Gießanlagen oder in Kokillen-Gießanlagen urgeformt und dann weiter verarbeitet wird.   *Baumann*

Rohstahlproduktion. Die durchschnittliche Welt-R. lag zwischen 1973 und 1987 bei 700 Mill. t/a. Im Jahr 1990 wurden etwa 800 Mill. t →Rohstahl hergestellt (Bild). Besonders nach 1980 war eine weniger große Zunahme der Welt-R. zu verzeichnen als bis 1980. Gründe dafür waren einerseits der rückläufige Stahlverbrauch in den klassischen Industrieländern und andererseits der technische Fortschritt.

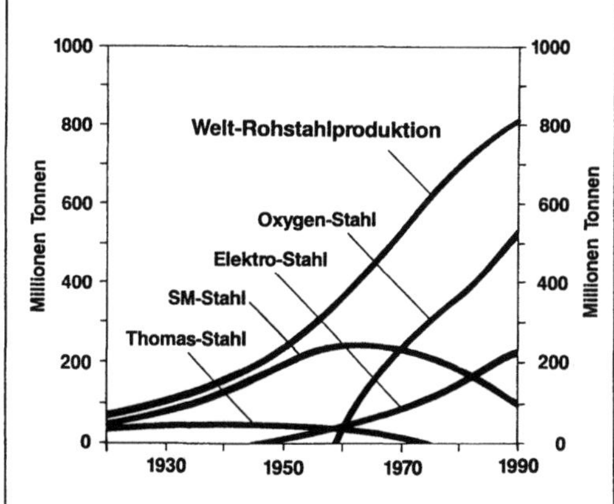

Rohstahlproduktion: Welt-Rohstahlproduktion sowie Änderungen der Stahlerzeugungsarten zwischen 1920 und 1990.

Beispiele für die weniger große Zunahme oder Minderung des Stahlverbrauchs infolge des technischen Fortschritts sind:
☐ Einsatz von Kunststoffen, Aluminium und beschichteten dünnen Blechen beim Automobilbau,
☐ Einsatz der EDV-Technik mit FEM-Programmen für den Brücken- und Stahlhochbau,

☐ Erhöhung der →Lebensdauer der Anlagen- und Maschinenbauteile durch den Einsatz von Verbundwerkstoffen sowie beschichteten Werkstoffen und
☐ Gewichtsminderung im Maschinenbau durch Einsatz von anforderungsgerechten hohen Stahlgüten, Nichteisenmetallen, Kunststoffen sowie pulvermetallischen Werkstoffen.

Mit dem Fortschritt der Hüttentechnik war für die Herstellung einer bestimmten Menge Fertigprodukte also ein immer kleiner werdender Rohstahleinsatz erforderlich. Beispielsweise wurde infolge des Einsatzes der Stahlstrang-Gießtechnik ein Mehrausbringen von Fertigprodukten bis zu 12 % erzielt, und für den 320 m hohen, 1887 mit 5 000 t Stahl erbauten Eiffelturm würden 1990 nur noch 2 000 t Stahl benötigt.

In der Bundesrepublik Deutschland hat der Anteil Stahlstränge bei der Stahlproduktion inzwischen mehr als 90 % erreicht. Ohne Einführung dieser Verfahrenstechnik hätten 1988 in der Bundesrepublik Deutschland für die gleiche Walzstahlmenge statt der tatsächlich erzeugten 41 Mill. t Rohstahl mindestens 46 Mill. t Rohstahl hergestellt werden müssen. Weltweit lag der Stahlstranganteil 1990 erst zwischen 55 und 60 % der R.

Infolge zunehmender Automatisierung sowie neuer Techniken ist eine Abnahme der Wertanteile mechanischer Teilsysteme im Anlagen- und Maschinenbau zu verzeichnen. Diese Entwicklungsrichtung wird sich bei Anlagen und Maschinen für künftige neue Techniken weiter fortsetzen.

Im Jahr 1990 waren die marktseitigen Rahmenbedingungen auf dem Gebiete der Hüttentechnik u. a. durch
☐ einen Anstieg der Welt-R. nach mehrjähriger Stagnation auf etwa 800 Mill. t,
☐ weiter sich ändernde geographische Verteilungen der Stahlerzeugung,
☐ die Verschuldung zahlreicher Länder sowie
☐ eine zunehmende Bedeutung des Umweltschutzes und der Energieeinsparung
gekennzeichnet.

Die Anteile der Industrieländer an der Welt-R. sind nach 1920 deutlich bis auf 48 % im Jahre 1986 gesunken, während diejenigen der Staatshandels- und Entwicklungsländer ständig gestiegen sind. Auch 1987 und danach haben die Entwicklungsländer ihren Anteil an der weltweiten R. erhöhen können.

Die regionalen Strukturverschiebungen auf den Weltstahlmärkten werden sich weiter fortsetzen. Sinkenden Produktionskapazitäten in den klassischen Industrieländern wird ein weiterer Ausbau der Kapazitäten in den Staatshandels- und Entwicklungsländern sowie in den neuen Industrieländern gegenüberstehen.

Neben der Änderung der geographischen Verteilung der Stahlproduktion muß auch auf die Änderung der Stahlerzeugungsarten bis 1990 hingewiesen werden. Infolge der Ablösung des Thomas-Verfahrens und des Siemens-Martin-Verfahrens durch die →Blasstahlverfahren sowie des Einsatzes neuzeitlicher Elektro-Stahlverfahren wurden hervorragende Leistungs- und Kapazitätssteigerungen verbunden mit bedeutsamen Qualitätsverbesserungen erzielt. Das beweisen eindrucksvoll die 1990 hergestellten etwa 2 500 Stahlsorten, die für den jeweiligen Verwendungszweck zu einem maßgeschneiderten Produkt verarbeitet wurden. Durch den verfahrenstechnischen Wandel der Stahlherstellung, insbes. nach 1960, war es möglich, die ständig steigenden Forderungen an die Verarbeitungs- und Gebrauchseigenschaften der Stähle zu erfüllen. Herausragend sind die noch immer großen Anteile des Siemens-Martin-Verfahrens in den Ostländern und Indien. Der Ersatz dieses Verfahrens aus Gründen der Produktivitäts- und Qualitätssteigerung erfordert noch erhebliche Investitionen. *Baumann*

Rolle. R. ist die Bezeichnung für aufgewickeltes Band. Die Kanten des Bands liegen regelmäßig aufeinander, so daß die Seitenflächen der R. ungefähr eine Ebene bilden. Eine solche R. wird oft auch →Coil genannt. Das ist die englische Bezeichnung für R. *Baumann*

Rollen. Zwei Körper rollen aufeinander ab, solange sie sich in mindestens einem Punkt berühren: Streng genommen müssen die Geschwindigkeiten beider Körper dort gleich sein. Bei verformbaren Körpern tritt stets eine flächige Berührung auf. Dann gibt es in der Berührungsfläche Schlupf.

Beim R. (ohne Rutschen) eines starren Körpers auf einer starren und im Inertialsystem ruhenden Unterlage ist der Berührungspunkt zugleich der Momentanpol oder ein Punkt der Momentanschraube mit $\vec{v}_A = 0$ für den rollenden Körper. Das Bild zeigt die Bahnen dreier Punkte einer rollenden Walze mit Spurkranz für eine Umdrehung. Der Mittelpunkt eines rollenden Rades erfüllt die Rollbedingung $v = R\omega$. *Besdo*

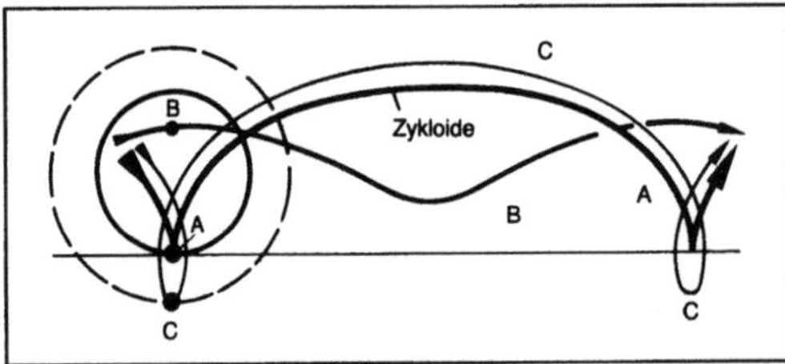

Rollen: Bahnen von Körperpunkten bei einem rollenden Zylinder.

Rollen (Getriebe). Ist eine Relativdrehung zwischen zwei sich in einem Punkt oder einer Geraden berührenden starren Körpern, wobei der Berühr-

punkt oder die Berührlinie mit der gemeinsamen momentanen Drehachse zusammenfällt. Dabei tritt kein Gleiten auf, und die aufeinanderfolgenden Berührpunkte oder -linien erzeugen auf beiden Körpern gleichlange Berührbahnen. Beispiele: Zylinder rollt auf Ebene, Rad auf Schiene, Kegelrolle im Hohlkegel des Außenrings eines Kegelrollenlagers. *H. W. Müller*

Rollenbahn. R. sind →Fördermittel mit stationär angeordneten Rollen, durch deren Drehbewegung Kisten, Paletten u. a. transportiert werden (Bild 1). Arten:
☐ R. mit zylindrischen Rollen, die über die ganze Breite des Förderers reichen;
☐ Röllchenbahn aus scheibenförmigen Rollen, die in Achsen nebeneinander und versetzt angeordnet sind (Bild 2);
☐ Rollgang mit zylindrischen Rollen für schwere Güter.

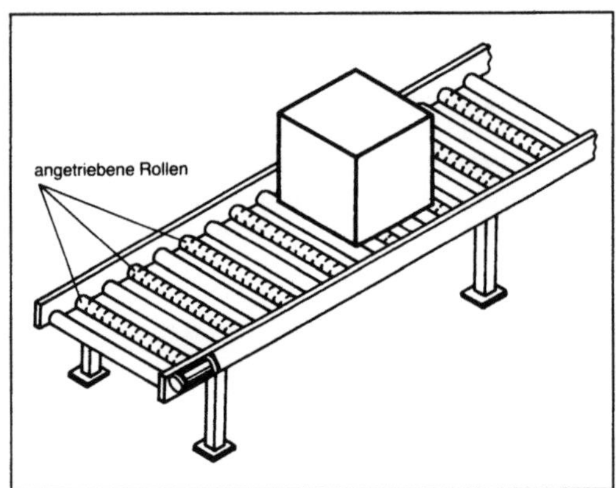

Rollenbahn 1: Mit Antrieb.

aufgeständert, mechanisiert oder automatisiert, ortsfest, ohne Zugmittel

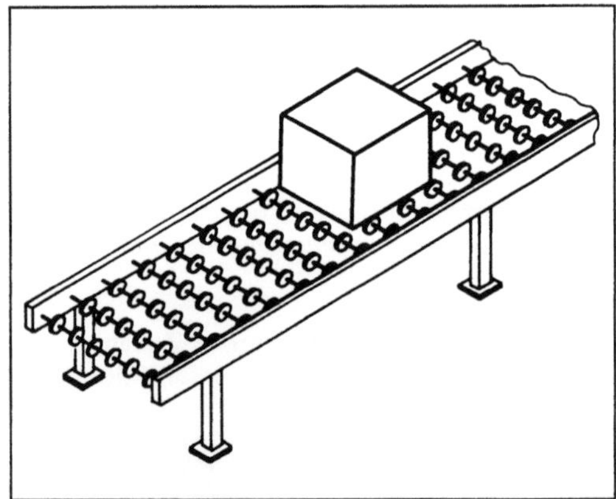

Rollenbahn 2: Röllchenbahn.

aufgeständert, mechanisiert, ortsfest, Schwerkraft

Sie werden ausgeführt als
- R., nicht angetrieben,
- R., angetrieben (VDI 2319. Ausg. Juli 1971),
- Staurollenförderer (VDI 3611. Ausg. Juli 1981).

R., nicht angetrieben, fördern Stückgüter mit ebener Aufstandsfläche oder Längsleisten durch Ausnutzung der Schwerkraft und werden deshalb geneigt installiert. Bei waagerechter Aufstellung können Fördergüter durch Schieben von Hand leicht bewegt werden.

Die Neigung der Bahnen ist im wesentlichen in Abhängigkeit vom Stückgewicht zu wählen:
- ungünstig bei unterschiedlichen Stückgewichten (unterschiedliche Abrollgeschwindigkeiten),
- für konstante Förderrelationen,
- verzweigte Förderkurse möglich,
- geringer Wartungsaufwand.

R., angetrieben, fördern Stückgüter mit ebener Aufstandsfläche durch Reibschluß der angetriebenen Rollen mit dem →Fördergut (Bild 3). Kurvenförderung ist durch kegelige oder geteilte Rollen möglich. Der Antrieb der Rollen kann durch Gurte, Keilriemen oder Ketten erfolgen.

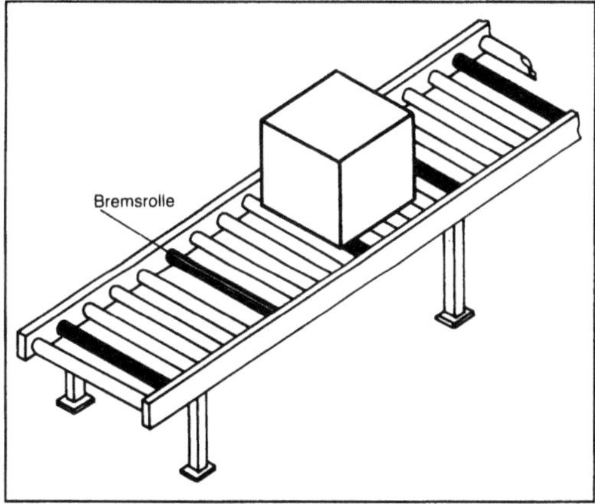

Rollenbahn 3: Mit Schwerkraft.

aufgeständert, mechanisiert, ortsfest, Schwerkraft

Die maximale Fördergeschwindigkeit beträgt bei Gurtantrieb 90 m/min, Kettenantrieb 30 m/min.
Jünemann

Rollenführung →Linearführung

Rollenkette →Kettengetriebe

Rollenumlaufschuh →Linearführung

Rollkurve. Die R. ist eine 90°-Kurve bei Mittelkettenförderern, die am Streb-Streckenübergang verwendet wird. Mit ihrer Hilfe ist eine Verlagerung der Antriebsstationen des Strebförderers und des Strebgewinnungsmittels in die Abbaustrecke möglich.

Innerhalb der R. wird der →Förderer durch Rollenbatterien geführt.

Die R. ermöglicht bei schneidender Gewinnung (Walzenschrämlader) das Mitschneiden des vollen Querschnitts der Abbaustrecken sowie bei schneidender und schälender Gewinnung die Vermeidung von Maschinenställen. Der Schichtenaufwand im Streb kann somit gesenkt werden. Bei der schälenden Gewinnung (Hobel) kann im Streckenquerschnitt nur die Flözmächtigkeit hereingewonnen werden. Die Herstellung des vollen Streckenquerschnittes muß durch Sprengarbeit oder mit Hilfe einer Vortriebsmaschine erfolgen.

R. werden hauptsächlich bei mit- und nachgefahrenen Abbaustrecken verwendet. Bei vorgesetzten Strecken hat sich die R. noch nicht durchsetzen können.

Das Bild zeigt eine Kombination von R., Schlagkopfmaschine und Gleithobel für eine mitgefahrene Strecke. *Seeliger*

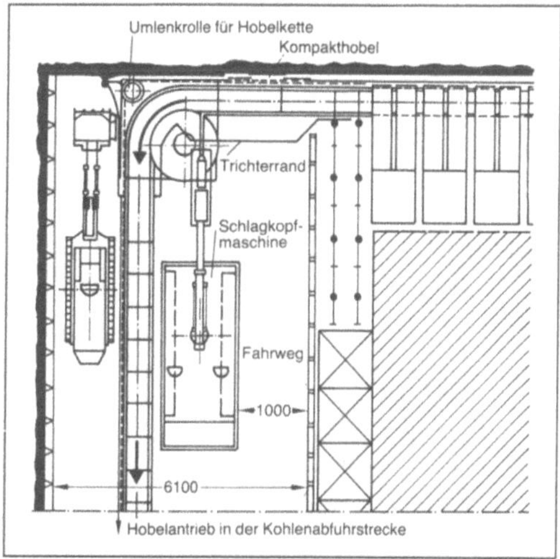

Rollkurve: Kombination von Rollkurve und Schlagkopfmaschine.

Rollreibung. R. ist der Widerstand F_t gegen →Rollen, z. B. einer zylindrischen →Rolle unter Normalkraft F_n auf einer Ebene (Bild, nächste Seite). Infolge von elastischer und/oder plastischer Eindrückung der Ebene im Berührbereich entsteht eine waagerechte Widerstandskraft $F_t = F_n \tan\alpha = F_n\mu_r$, mit $\mu_r = 0{,}0005{-}0{,}001$ bei Stahl auf Stahl aus Versuchen. Die R. ist bei Maschinen klein gegen die übrigen Reibungskräfte und deshalb vernachlässigbar. *H. W. Müller*

Rollwiderstand →Fahrwiderstand

Rost (Bauteil). Dieses Vorklassiergerät wird in vielfältiger Ausführung eingesetzt. Der Förderstrom bewegt sich bei den Stangenrosten längs, bei

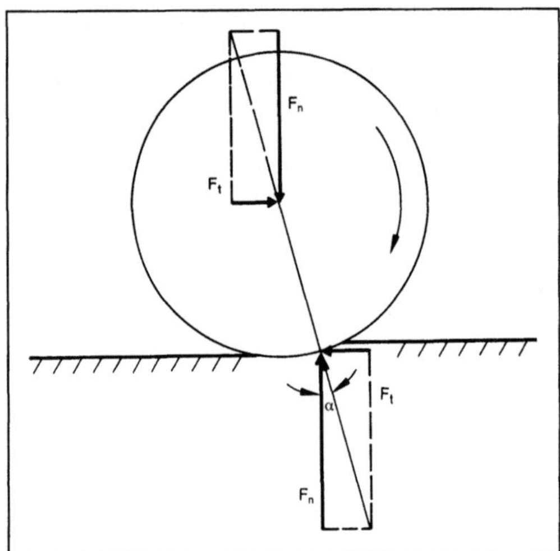

Rollreibung: Entstehung.

den Stab-R. und Rollen-R. quer zur Trennöffnung. Der starre Stangen-R. besteht im einfachsten Aufbau aus normalen Profilträgern, sonst aus speziellen R.stäben, die 35°–50° geneigt im Abstand der gewünschten Trenngröße fest verlegt sind. Ähnlich ist der starre Stab-R. mit Querstäben. Bewegliche R. haben einen motorischen Antrieb. So werden die längsgerichteten R.-Stäbe beim Pendel-R. abwechselnd einzeln, beim Schock-R. zusammen an der Austragsseite angehoben und fallen gelassen. Der Schubscheider bewegt sich in der Neigung hin und her. Der Wanderstab-R. hat ein umlaufendes Band mit Querstäben. Eine Sonderform ist der Stangensizer, der aus verschränkt angeordneten Kragstangen besteht, die unter der wechselnden Belastung des Schüttgutes schwingen. Im Vergleich zum Kragträger-R. ist seine Spaltweite bedeutend größer als die Trenngröße.

Rollen-R. (Bild) weisen mehrere gleichlaufend angetriebene Achsen auf, die mit gegeneinander versetzten Mitnehmerscheiben bestückt sind. Die Anzahl der Wellen und ihren Abstand untereinander paßt man den Einsatzbedingungen an. Das direkt aufgegebene oder über Schubwagen beschickte grobstückige Haufwerk wird wackelnd weitertranspor-

Rost (Bauteil): Rollenrost.

tiert. Dadurch löst sich anhaftender Lehm ab und scheidet nebst beigemengter Erde aus. Die ineinandergreifenden Scheiben reinigen sich von selbst; Verstopfungen werden vermieden. Rollen-R. haben trotz starker Belastung eine lange Betriebsdauer. Der Wobbler hat Walzenglieder mit ellipsenförmigem Querschnitt, die um 90° versetzt sind. Das aufgegebene Gestein führt dadurch noch stärkere Taumelbewegungen aus. Durch die größeren Öffnungen wird gröberes Korn abgetrennt. *Kühn*

Rotarybohrgerät. R. sind Bohrgeräte für Tiefbohrungen, bei denen zum kontinuierlichen Transport des Bohrguts von der Bohrlochsohle nach oben eine thixotrope Stützflüssigkeit, z. B. Wasser mit Ton oder Bentonit versetzt (Dickspülung), verwendet wird. Der Rollenbohrkopf ist mit Zahnrollen-, Disken- oder Warzenmeißeln besetzt, die das zu erbohrende Material (harter Boden, weicher Fels) keilförmig zerspanen (Quetschbruch). Die Stützflüssigkeit erhöht die Festigkeit der Bohrlochwand. Beim R. gelangt der Spülstrom im Rechtsspülverfahren (direktes Spülverfahren) durch das Bohrgestänge zur Bohrlochsohle und steigt von dort zusammen mit dem Bohrgut zwischen Bohrgestänge und Bohrlochwand nach oben, wo das Bohrgut im Klärteich oder mittels Sieben und Abscheidevorrichtungen eliminiert wird. *Kühn*

Rotationsfilmdruckmaschine →Beschichtungsstraße, →Textildruckmaschine

Rotationsformmaschine. Maschine zum Herstellen von Hohlkörpern aus Thermoplasten wie PVC, PE, PP, PS, PA, PC. Kennzeichen der Maschine ist, daß sie durch eine biaxiale Drehung um zwei meist senkrecht zueinanderstehende Achsen den in eine Hohlform einplazierten Kunststoff durch Zentrifugalkräfte verteilt, die weit kleiner als die Fallbeschleunigung sind (Bild 1). Die Hohlkörperherstellung erfolgt drucklos.

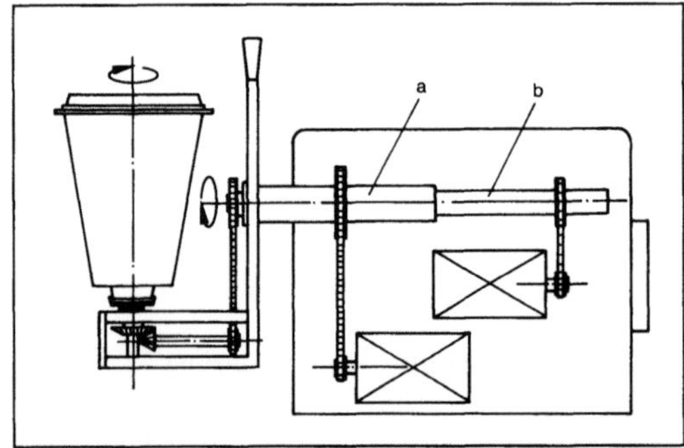

Rotationsformmaschine 1: Rotationsformmaschinen, schematischer Antrieb.

a Antriebswelle für Primärdrehung, b Antriebswelle für Sekundärdrehung

991

Das Verfahren konkurriert häufig mit dem Hohlkörperblasen und ist meist bei kleinen bis mittleren Serien eine wirtschaftliche Methode der Hohlkörperherstellung.

Die Bauart und die Temperiermethode korrespondieren. Meist temperiert man mit Heißluft oder elektrisch. Dabei kann man mit relativ einfachen einwandigen Rotationswerkzeugen arbeiten. Ist die zu fertigende Stückzahl klein, so reicht eine Einstationen-Temperierkammer. Rundläufer ermöglichen eine optimale Anpassung an größere Stückzahlen (Bild 2). Die Methode hat jedoch Nachteile bei der Güte der Temperaturführung und der Möglichkeit der Automatisierung.

Deswegen verwendet man für die Herstellung hochwertiger, meist großer Behälter Einfachwerkzeuge in Doppelwandbauweise (Bild 3). Sie werden mit flüssigen Medien vorwiegend mit Öl bis zu Temperaturen von 300 °C temperiert. Es können Schichtdicken bis über 10 mm aufgebaut werden. Dieses führt zu sehr stabilen Behältern bis zu 20 000 l Inhalt.

Selten angewendet werden Temperiermethoden mit Besprühen der Werkzeuge durch Salzschmelzen oder Beheizen mit offener Gasflamme.

Neben Stahlblech verwendet man auch Al-Guß- oder Galvano-(Cu/Ni)-Werkzeug. *Johannaber*

Literatur: *Johannaber, F., u. K. Stoeckhert:* Kunststoffmaschinenführer. 2. Aufl. München 1984. – *Schwarz, O., F.-W. Ebeling, G. Lüpke u. W. Schelter:* Kunststoffverarbeitung. Würzburg 1985. – VDI 2018: Rotationsformen. Hrsg. Verein Dt. Ing. Ausg. 1971.

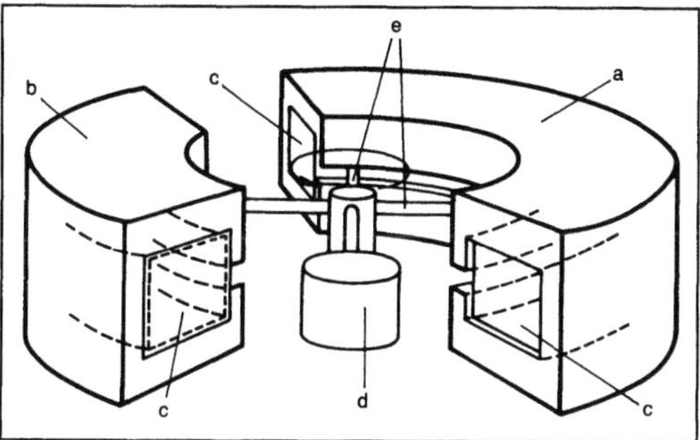

Rotationsformmaschine 2: In Rundläuferbauart.

a Temperierkammer, b Kühlkammer, c Kammerverschluß, d Werkzeug, e Antriebseinheit für Rundlauf und Drehbewegung der Werkzeugträger

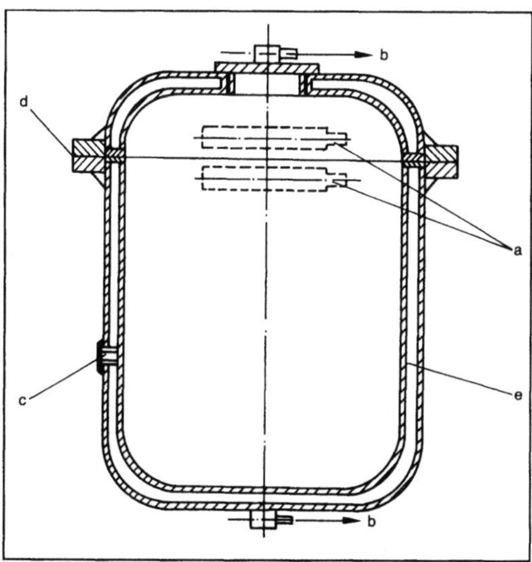

Rotationsformmaschine 3: Rotationsformwerkzeug in Doppelwandbauweise.

a Ölzulauf, b Ölrücklauf, c Distanzstücke in Doppelmantel, d Werkzeugtrennebene, e Hohlraum für Wärmeträgermedium

Rotationsglätter. R. sind runde handgeführte Glättmaschinen mit Benzin- oder Elektromotor und einem Arbeitsdurchmesser bis maximal 1,2 m. Sie dienen zum Abscheiben von Betonoberflächen, die man vorzugsweise nach dem Vakuumverfahren mit Vakuumanlagen erstellt. Wird eine griffige Oberflächenstruktur der Betonoberfläche wie beispielsweise für Parkdecks und Industriefußböden gewünscht, genügt im ersten Arbeitsgang ein Abscheiben mit dem Glätteller. Für Betonoberflächen mit dem Charakter von Sichtbeton, d. h. besonders glatte Oberflächen, ist ein zweiter maschineller Übergang mit Glättungsblättern vorzunehmen. Die Glättmaschinen lassen sich auch dann einsetzen, wenn der Beton nicht „vakuumiert", sondern nur mit statischen oder dynamischen Abziehbohlen abgezogen und verdichtet wurde. *Kühn*

Rotationskolbenmaschine. Unter dem Begriff R. werden alle Maschinen zusammengefaßt, bei denen Kolben (oder Kolben und Gehäuse) eine Drehbewegung ausführen, wodurch Arbeitsräume periodisch ihr Volumen ändern.

Die wichtigsten R. sind die Kreiskolbenmaschinen und die Drehkolbenmaschinen. Bei den Kreiskolbenmaschinen bewegt sich der Kolbenmittelpunkt auf einem Kreis und der Kolben selbst um seinen Mittelpunkt. Das Gehäuse bewegt sich nicht. Bei den Drehkolbenmaschinen drehen sich der Kolben und das Gehäuse, und zwar beide um feste Drehachsen. Kinematisch besteht zwischen den beiden Maschinenarten kein Unterschied. Praktisch eignet sich aber nur die Kreiskolbenmaschine als →Verbrennungsmotor (Wankelmotor). *Kuhlmann*

Literatur: *Wankel, F.:* Einstellung der Rotationskolbenmaschinen. Stuttgart 1963.

Rotationsverdichter. Volumetrisch arbeitender Verdichter mit rotierenden Bauteilen. Die verbreitetsten R. sind der Vielzellenverdichter und der Schraubenverdichter.

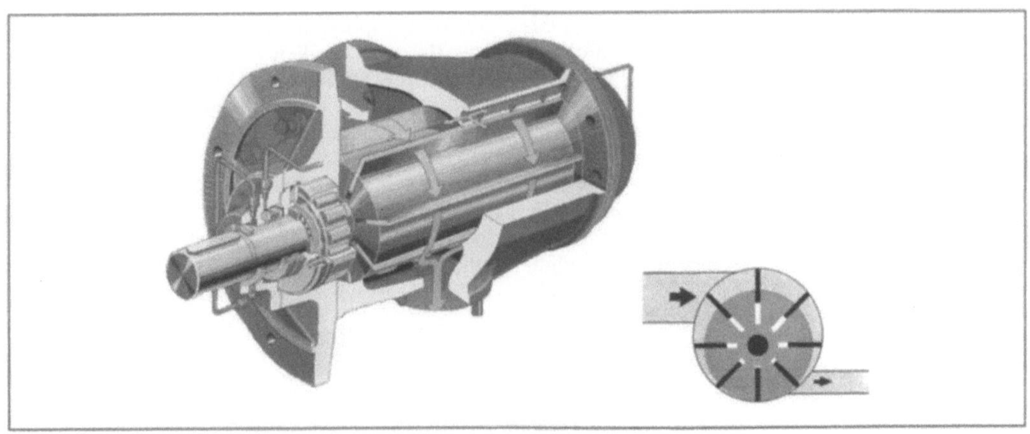

Rotationsverdichter 1: Vielzellenverdichter. (Quelle: Mannesmann-Demag)

Beim Vielzellenverdichter oder Flügelzellenverdichter (Bild 1) dreht sich ein exzentrisch (im Gehäuse) gelagerter Rotor. Die im Rotor angeordneten Schieber werden durch die Fliehkraft nach außen gedrückt. Sie stützen sich dabei an zwei Laufringen ab, so daß sie die Gehäusewand nicht berühren. Zwischen den Schiebern bilden sich Zellen, deren Volumen sich bei der Drehung des Rotors verkleinert. Der Verdichter arbeitet also mit innerer Verdichtung.

Der Schraubenverdichter ist eine Maschine mit 2 (oder 3) Wellen (Bild 2). Haupt- und Nebenläufer haben ein unterschiedliches schraubenförmiges Profil. Sie sind entweder über ihr Profil oder über ein Zahnradpaar im festen Übersetzungsverhältnis (z. B. 4:6) miteinander synchronisiert. Bei Drehung der Läufer bilden sich stirnseitig Zahnlücken, in die das Gas angesaugt wird. Bei weiterer Drehung wandern die Zahnlücken axial durch die Maschine. Dabei verringert sich ihr Volumen, und das Gas verdichtet sich. Am anderen Ende der Läufer schließen sich dann die Zahnlücken wieder, wodurch das Gas ausgeschoben wird. *Kuhlmann*

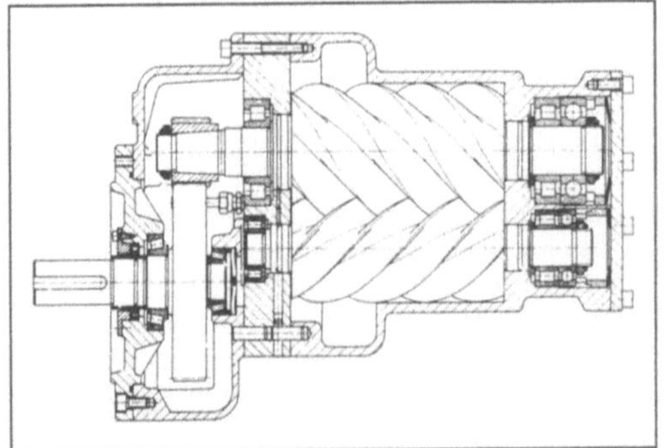

Rotationsverdichter 2: Schraubenverdichter. (Quelle: MAN-GHH)

Literatur: *Dubbel*: Taschenb. Maschinenbau. 16. Aufl. Berlin, Heidelberg, New York 1987.

Rotor. Als R. oder Läufer bezeichnet man einen Körper (Bauteil einer Maschine), der gewöhnlich mit Lagerzapfen versehen ist und sich in seinen Lagern drehen kann, z. B. Turbinenläufer, Kurbelwellen, Elektromotorenanker, Getriebewellen, Radachsen bei Schienenfahrzeugen, Propellerwellen, Zentrifugentrommeln usw. (Bild).

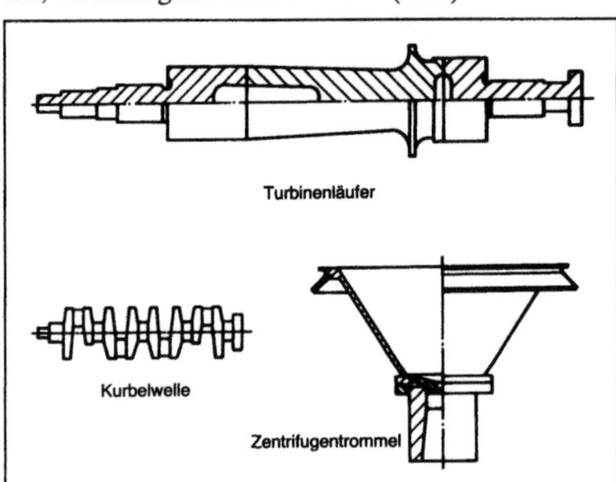

Rotor: Beispiele für Rotoren.

Die Verbindungslinie der Lagerzapfen-Mittelpunkte eines R. heißt Schaftachse. Die Achse im Raum, um die sich ein R. dreht, heißt Drehachse. Ist diese Achse nicht raumfest, ist sie Momentanachse im Sinne der Kinematik. Bei idealen, d. h. starren Lagern fallen Schaftachse und Drehachse zusammen.

Ein R. kann, braucht aber nicht rotationssymmetrisch zu sein. Er ist unwuchtfrei, wenn eine seiner drei zentralen Hauptträgheitsachsen mit der Drehachse übereinstimmt. Abweichungen von dieser idealen Massenverteilung, die z. B. durch Fertigungsungenauigkeiten oder Inhomogenitäten des Werkstoffs bedingt sein können, führen zu einer →Unwucht des R., die durch Auswuchten beseitigt werden muß.

993

Jeder R. besitzt eine werkstoff- und bauartbedingte Elastizität. Sie findet ihren Ausdruck in der Torsionssteifigkeit und der Biegesteifigkeit, welche die Verformungen, die kritischen Drehzahlen und die Wellenschwingungen maßgeblich beeinflussen. Andererseits darf ein R. bei bestimmten Fragestellungen durchaus als starr angesehen werden. So spricht man in der Auswuchttechnik von einem biegestarren R. (Starrkörper), wenn die Betriebsdrehzahl weit genug unterhalb der ersten biegekritischen Drehzahl liegt, so daß ein Auswuchten in zwei Ebenen genügt. Andernfalls heißt der R. biegeelastisch.

Bei einem wellenelastischen R. ändert sich der Unwuchtzustand mit der Drehzahl. Ursache hierfür sind die beim Auswuchten in zwei Ebenen nicht vermeidbaren inneren Biegemomente, die bei höheren Drehzahlen zu erheblichen Verformungen führen und damit neue Fliehkräfte erzeugen, die sich der ursprünglichen Unwuchtwirkung überlagern. Bei Annäherung an eine biegekritische Drehzahl steigen die Durchbiegungen des R. resonanzartig an, so daß ein in zwei Ebenen ausgewuchteter R. erneut unwuchtig wird. Die inneren Biegemomente würden verschwinden, wenn man jede Unwucht an der Stelle ausgleichen könnte, an der sie auftritt. Dies ist jedoch deshalb nicht möglich, weil einerseits ein Massenausgleich nicht an jeder beliebigen Stelle eines R. vorgenommen werden kann, andererseits die Unwuchtverteilung über die Rotorlänge nicht bekannt ist und auch nicht gemessen werden kann. Ein systematisches Auswuchten wellenelastischer R. ist nur in mehr als zwei Ausgleichsebenen durchführbar.

Eine Sonderstellung nimmt der körperelastische R. ein. Zwar kann dessen Welle oft noch als starr angesehen werden. Jedoch wachsen die Unwuchten infolge der Elastizität anderer R.-Teile (z. B. Lüfterschaufeln, exzentrische Zuganker) mit der Drehzahl an. Kennzeichnend ist, daß bei Drehzahlsteigerung keine Umkehr dieser Tendenz auftritt. Das Auswuchten körperelastischer R. muß bei Betriebsdrehzahl erfolgen. *Witfeld*

Rotordynamik. Die R. als wichtiges Teilgebiet der →Maschinendynamik befaßt sich mit den vielfältigen dynamischen Problemen, die mit Blick auf einen sicheren und schwingungsarmen Lauf eines Rotors gelöst werden müssen. Hierzu gehören alle Fragen der →Laufruhe, aber auch die Untersuchung der Kraftwirkungen und Schwingungsanregungen infolge der Drehung des Rotors.

Die Beurteilung der Laufruhe setzt voraus, daß die kritischen Drehzahlen sowie die Anregungsmechanismen dieser resonanzartigen Erscheinungen bekannt sind. Vor allem biegeelastische Rotoren zeigen ein so komplexes dynamisches Verhalten, daß hier das eigentliche Betätigungsfeld der R. liegt.

An Hand einfacher Ersatzmodelle (→Lavalwelle) ist es gelungen, die Ursachen vieler z. T. überraschender Phänomene aufzudecken und die Erkenntnisse in umfangreichere Rechenmodelle einzubringen. So können bereits im Entwurfsstadium spätere Störungen der Laufruhe vermieden werden.

Beim Betrieb von Rotoren mit unsymmetrischer Massenverteilung entstehen in den Lagern und Fundamenten Reaktionskräfte, die Schwingungen verursachen und deshalb meist unerwünscht sind. Ein einwandfreier →Massenausgleich reduziert diese Erregerquellen auf ein zulässiges Maß, Auswuchten des elastischen Rotors ermöglicht das Durchfahren der biegekritischen Drehzahlen.

Auch durch geeigneten →Leistungsausgleich wird die Laufruhe eines Rotors verbessert.

Auch der Festigkeitsnachweis der Rotoren gehört zur R. Bedenkt man, daß die Beanspruchung allein infolge der Fliehkräfte mit dem Quadrat der Umfanggeschwindigkeit wächst (rotierende Scheibe), so wird die Wichtigkeit einer sorgfältigen Spannungsberechnung für die Betriebssicherheit deutlich (Mechanik-Einteilung). *Witfeld*

Literatur: *Biezeno, C. B.,* u. *R. Grammel:* Technische Dynamik. Bd. 1: Grundlagen und einzelne Maschinenteile. Bd. 2: Dampfturbinen und Brennkraftmaschinen. Berlin, Heidelberg, New York 1971. – *Gasch, R.,* u. *H. Pfützner:* Rotordynamik. Eine Einführung. Berlin, Heidelberg, New York 1975. – *Löffler, K.:* Die Berechnung von rotierenden Scheiben und Schalen. Berlin, Göttingen, Heidelberg 1961. – *Tondl, A.:* Some Problems of Rotor Dynamics. London 1965.

Ruckfunktion →Bewegungsablauf

Rübenerntemaschine. Verschiedene Landmaschinen zum Ernten von Zuckerrüben und Futterrüben; wirtschaftliche Bedeutung aber nur für Zuckerrüben. Diese werden heute zuerst geköpft, dann gerodet. Förder- und Ladevorgänge mit Reinigungswirkung schließen sich an. Viele Maschinenarten haben eigene Bunker zum Sammeln der Rüben, seltener Bunker für Blätter.

Die große Vielfalt der R. läßt sich nach *Brinkmann* am besten nach der Art der vorkommenden Grundfunktionen gliedern (Tabelle). Mit steigender Buchstabenzahl nimmt auch der Integrationsgrad zu bis zur Köpfbunkerrodebunkermaschine (KBRB), die in einem Arbeitsgang köpft, Blatt bunkert, Rüben rodet und Rüben bunkert. Besonders verbreitet ist nach wie vor die gezogene, meist einreihige (zunehmend auch zweireihige) Köpfrodebunkermaschine (KRB), auch Bunkerköpfroder oder Sammelköpfroder (Bild). Nach dem Köpfen (mit sehr genau kontrollierter Höhenführung der Messer) streut man das Blatt häufig als Gründüngung wieder auf das Feld. Die Rüben werden direkt danach (in der „Schattengare") oder seitlich versetzt (Reihe der vorigen Fahrt)

Rübenerntemaschine. Tabelle: Kennbuchstaben für Rübenerntemaschinen. (Quelle: Brinkmann a. a. O.)

K	Köpfmaschine		KRL	Köpfrodelademaschine
KL	Köpflademaschine		KRB	Köpfrodebunkermaschine
KB	Köpfbunkermaschine		KLRB	Köpfladerodebunkermaschine
R	Rodemaschine		KBRB	Köpfbunkerrodebunkermaschine
RL	Rodelademaschine		L	Lademaschine
RB	Rodebunkermaschine		LB	Ladebunkermaschine
KR	Köpfrodemaschine			

Rübenerntemaschine: Einseitige Köpfrodebunkermaschine. (Quelle: Stoll)

a Rübenbunker mit Entlade-Kratzboden, b Rübenelevator, c Deichsel mit Bremse und Steuerleitungen, d Zapfwellenantrieb, e Köpfsystem: Rotor und höhengesteuerter Nachköpfer, Putzer, f Rodeaggregat: Rodeschar und angetriebene Gummisterne (Heben, Reinigen), g Absieben der Erde

gerodet (Rodeschar), so gut wie möglich von Erde befreit (Siebsterne und -ketten) und im Bunker gesammelt (2–5 t). Dessen Entleerung am Feldende erfolgt heute durch Kratzböden (früher durch Kippen). Für sehr große Flächenleistungen setzt man verschiedene mehrphasige Verfahren ein, z. B. KR+LB für 6 Rübenreihen (oft überbetrieblich). Wichtigstes Kriterium bei der Konstruktion von R. sind die Ernteverluste. Kleinhaltung insbes. durch genaues Köpfen und vollständiges Roden.

Im vorigen Jahrhundert erntete man Zuckerrüben noch weitgehend von Hand: Roden, Ablegen, Köpfen, Sammeln von Rüben und Blatt. Mit dem Pommritzer Verfahren legte man das Köpfen vor das Roden und ermöglichte die Mechanisierung des Rodens durch →Pflug und →Egge (Säubern), etwa 1920/1940. Danach ersetzten pferdegezogene Köpfschlitten die Handarbeit, bis schließlich in den 50er Jahren von Traktoren gezogene und angetriebene einreihige Vollernter (zuerst mit Steuermann) große Bedeutung erlangten: Köpfen, Blattablage meist im Querschwad, Roden, Rüben sammeln im Bunker, Entladen am Feldende. *Renius*

Literatur: *Brinkmann, W.:* Maschinen zur Zuckerrübenernte. Grundl. Landtechn. 28 (1978) Nr. 4, S. 141/44. – *Brinkmann, W.:* Entwicklung der Erntemaschinen für Zuckerrüben. In: Festschr. „25 Jahre VDI-Fachgruppe Landtechnik". Düsseldorf 1983; S. 191/200. – *Brinkmann, W.:* Geräte und Verfahren für die Produktion von Rüben und Mais. In: *H. Eichhorn* (Hrsg.): Landtechnik. Landw. Lehrb. Bd. 4. Stuttgart 1985. – *Dencker, C. H.:* Die Mechanisierung der Zuckerrübenernte. Landtechn. 11 (1956) Nr. 15, S. 428/32. – *Heller, C.:* Verminderung der Zuckerverluste. Landtechn. 11 (1956) Nr. 15, S. 433/35. – *Karwowski, T.:* Hackfruchterntemaschinen. Ost-Berlin 1974. – *Riedel, K.:* Zuckerrübenernte. In: *G. Franz* (Hrsg.): Die Geschichte der Landtechnik im 20. Jahrhundert. Frankfurt a. M. 1969.

Rückführkanal. Strömungskanal zwischen den Stufen mehrstufiger Radialmaschinen.

In mehrstufigen →Pumpen und Verdichtern strömt das →Arbeitsfluid von innen nach außen

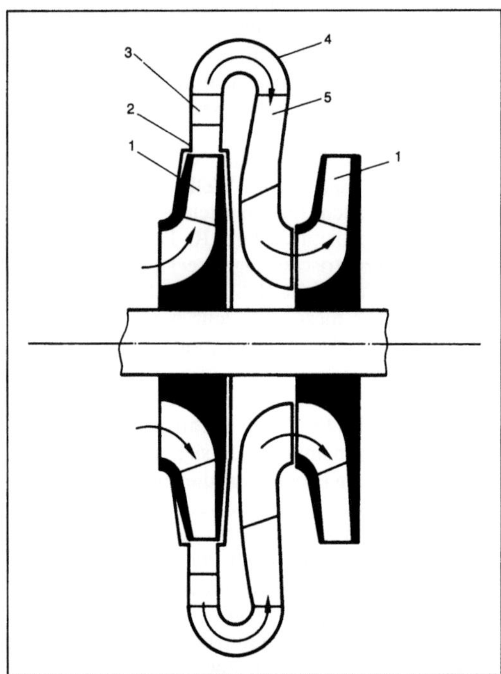

Rückführkanal: Radialstufen mit Rückführkanal.

1 Radialräder, 2 unbeschaufelte Leitvorrichtung, 3 beschaufelte Leitvorrichtung, 4 unbeschaufelter Teil des Rückführkanals, 5 beschaufelter Teil des Rückführkanals

durch das →Laufrad und die Leitvorrichtung. Danach muß das Fluid wieder nach innen zum folgenden Laufradeintritt geführt werden. Dies geschieht in einem teilweise beschaufelten, im Meridianschnitt S-förmigen R. Das Bild zeigt 2 Radialräder (1) mit unbeschaufelter (2) und beschaufelter (3) Leitvorrichtung und dem unbeschaufelten (4) und beschaufelten (5) Teil des R.

In der Regel wird nur der zentripetal durchströmte R. beschaufelt, um die Strömungsverluste gering zu halten. Es gibt auch Konstruktionen, bei denen die Leitschaufeln der Leitvorrichtung kontinuierlich in die Rückführschaufeln übergehen. Damit ergeben sich relativ lange günstige Strombahnen für die Verzögerung der Strömung, und der Gehäusedurchmesser kann klein gehalten werden. Jedoch ist dann ein größerer fertigungstechnischer Aufwand erforderlich. *Rauhut*

Rückholfeder →Federeigenschaft

Rücklaufsperre. R. sind richtungsbetätigte Schaltkupplungen (→Kupplung, richtungsgeschaltete). Als R. werden Freiläufe eingesetzt, wenn bei Ausfall der Antriebsmaschine ein Rücklauf des angetriebenen Teils verhindert werden soll (Beispiel: Seilwinde mit hochgezogener Last). *Ehrlenspiel*

Rückstoßantrieb. Antrieb, bei dem der Apparat (die →Rakete) durch den Rückstoß ausströmender Gase nach vorwärts getrieben wird. Das dem R. zugrundeliegende physikalische Gesetz wurde von *Newton* 1687 in seinem Buch „Mathematische Grundlagen der Naturphilosophie" als drittes Axiom definiert: Jeder Wirkung steht eine gleich große Gegenwirkung gegenüber (actio = reactio). Ein geschlossener Behälter, der unter Druck steht, bewegt sich nicht fort (Bild 1 a)). Wird an einer Seite jedoch eine Öffnung angebracht, so bewegt er sich vorwärts (Bild 1 b)). Das Gas, das in der Rakete entsteht (Bild 2), entweicht mit hoher

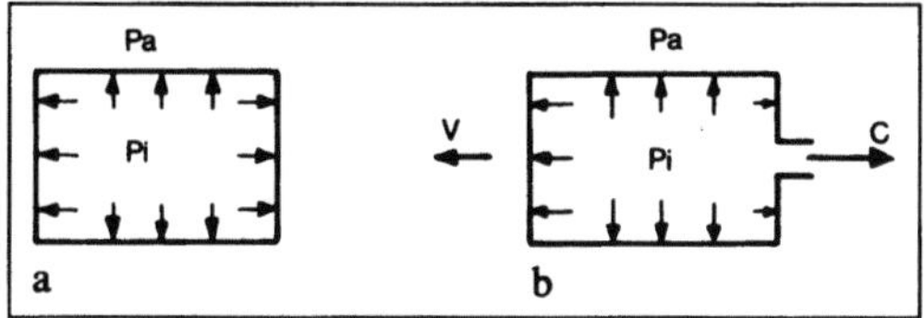

Rückstoßantrieb 1: Grundprinzip.
a) Geschlossener Behälter
b) Behälter mit Ausströmöffnung.

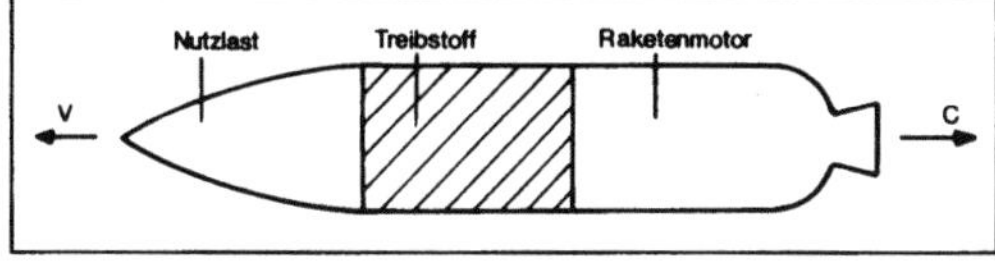

Rückstoßantrieb 2: Raketenmotor.

Geschwindigkeit, da ebensoviel Gas, wie entsteht, auch ausströmen muß. Als Reactio wirkt auf die Rakete eine Schubkraft, die sie vorwärts beschleunigt. *Braitinger, Ruppe, Schmucker*

Rückströmung. In begrenzten Bereichen oder insgesamt auftretende Strömung entgegen der Hauptdurchflußrichtung der Strömungsmaschine oder ihrer Teile. Sie setzt in Verdichtern und →Pumpen beim Drosseln des Durchflusses zuerst an Stellen mit hohen örtlichen Druckgradienten ein (z. B. als rotating stall) und kann bis zur periodisch abwechselnden Vorströmung und R. durch den ganzen →Verdichter anwachsen. Wegen der mit diesem Pumpen verbundenen hohen mechanischen und thermischen Beanspruchung der Verdichterbauelemente sind bei der Auslegung und beim Betrieb von Verdichtern Vorkehrungen gegen das Auftreten dieses Betriebszustands zu treffen (automatische Abblaseventile zum An- und Abfahren von Verdichtern; leittechnische Pumpschutzeinrichtungen). In Radialverdichtern und -pumpen werden auch im normalen Betrieb örtliche R. von der Leiteinrichtung nach dem →Laufrad in dieses zurück beobachtet.

Auch bei Turbinen kommt es bei weit vom Nenndurchfluß abweichendem Durchfluß zur R. Sie kann in den Endstufen von Kondensations-Dampfturbinen zu Erosionsschäden an den Schaufelrückseiten, insbes. in der Nähe der Nabe führen. *Pitt*

Rüstgerät. R. dienen dazu, die Schalung (→Schalungsgerät) für frisch gemauerte oder betonierte Tragwerke zu unterstützen und bis zur Erhärtung von Mörtel und Beton das Gewicht von Tragwerk und Schalung in die tragfähige Bodenschicht abzutragen. Ausgehend von zimmermannsmäßig erstellten Tragkonstruktionen, zunächst aus Holz, entwickelte man die R. später in verfahrensabhängigen Ausführungsvarianten weiter. Holz wurde durch Stahl und Leichtmetall ersetzt. Die Einzelrüststützen (Rüststütze) des voll unterstützten Lehrgerüstes entwickelten sich zu Lasttürmen, und um größere Spannweiten zu überbrücken, entstanden Rüstträger sowie andere Rüstgerätbauformen (→Verschubgerüst und →Vorschubgerüst). *Kühn*

Literatur: *Kühn, G.:* Die Bauausführung. In: Beton-Kalender 1986. Tl. II. Berlin 1986.

Rüststütze. R. oder Rüstungsstützen (Rüstgerät) dienen als abstützendes Element zwischen der Schalung und dem tragfähigen Untergrund. Die einfachste Form der R. ist der Holzpfahl. Die nächste Ausführungsform ist die teleskopierbare Stahlrohrstütze (Einrohrstütze) mit über Schraubspindel verlängerbarem oder verkürzbarem Kopf- und Fußstück. Die dritte Variante ist die teleskopierbare bzw. verlängerbare R. als fester →Verbund aus drei oder mehr Stahlrohrprofilen oder anderen Profilen. Auch diese R. haben Kopf- und Fußstücke, die den exakten erforderlichen Längen angepaßt werden können. Der Verbund von mehreren Profilen resultiert daraus, daß ein Einzelprofil bei größeren Lasten und der damit erforderlichen größeren Knicksteifigkeit wesentlich unhandlicher ausfallen würde als ein Verbundprofil. *Kühn*

Rütteltisch. R. sind ortsfeste oder fahrbare Stahlkonstruktionen mit einer über Federn oder Gummipuffer abgefederten Tischplatte, die durch Außenrüttler in Schwingung versetzt wird. Man setzt sie bei der Herstellung von Betonwaren und Fertigteilen vorzugsweise bei flächenhaften Bauteilen wie Wandplatten oder Decken ein, wo auch Sonderbauformen wie Rüttelkipptische Anwendung finden. *Kühn*

Ruhereibung. →Reibung zwischen relativ zueinander nicht bewegten Körpern, bei denen die angreifende Kraft nicht ausreicht, eine Relativbewegung hervorzurufen. *Habig*

Ruhewinkel →Flachriemengetriebe

Rundbrecher. Rundbrecher haben einen ringförmigen Brechraum. Ein kegelförmiger, unten exzentrisch geführter Brechkörper bewegt sich pendelndkreisend (ohne Eigendrehung) gegen den Brechmantel. Damit ist der zweiaxiale Brechablauf vom →Backenbrecher auf die dritte Richtung über den Umfang des Brechraumes, jedoch unter zusätzlicher Scherwirkung, ausgedehnt. Der kreisende Brechkörper bildet zugleich den notwendigen →Energiespeicher. Erforderlich sind Sicherheitsvorkehrungen gegen Überlastung. Verschiedentlich sind solche Einrichtungen mit einer hydraulischen Spaltverstellung kombiniert. Rundbrecher haben spezifisch eine höhere Mengenleistung und einen geringeren Energiebedarf im Vergleich zu Backenbrechern. Große als Vorbrecher eingesetzte Einheiten erfordern wegen ihrer Bauhöhe einen größeren baulichen Aufwand an der Einsatzstelle. Kleinere, kompakt gebaute Rundbrecher bieten auch für eine vorübergehende Verwendung Vorteile. *Kühn*

Rundstrickmaschine →Strickmaschine

Rundwirkmaschine, französische →Kulierwirkmaschine

Rutsche. Nach DIN 15201 sind R. und Fallrohr Stetigförderer, bei denen das →Fördergut durch Schwerkraft bewegt wird. Das Gut wird nicht getragen, sondern es gleitet auf einer Förderbahn. Dabei werden Massenströme bis 500 t/h bei Fördergeschwindigkeiten von 0,5–1,5 m/s erreicht. Es wird

zwischen R. und Fallrohren unterschieden, wobei R. als offene oder geschlossene Rinne, Fallrohre als geschlossene Rohre ausgebildet sind.

Weiter unterscheidet man
☐ Einweg-R. bzw. -rohre (gerade oder gekrümmt),
☐ Mehrweg-R. bzw. -rohre (gerade oder gekrümmt),
☐ Teleskop-R. bzw. -Fallrohre,
☐ Wendel-R.

Infolge des Wegfalls von Antrieb und bewegten Teilen sind R. die einfachsten überhaupt existierenden →Fördermittel. Bei den R. bewegt sich das Fördermittel auf einer Gleitbahn von rechteckigem oder abgerundetem Querschnitt.

Die Gleitbahnen werden aus Stahlblech, Holz oder Kunststoff hergestellt. Um den Verschleiß bei schleißendem oder aggressivem Fördergut zu verringern, werden sie mit Spezialbelägen (z. B. Schmelzbasalt, Schleißblechen, Gummi oder Kunststoff) ausgekleidet. Für staubige Güter sind geschlossene Rohre oder abgedeckte R. vorteilhaft. R. können an jeder beliebigen Stelle zusätzlich beschickt werden. Auch eine Entnahme ist überall möglich. Bei längeren, geraden R. ist es besonders schwierig, die Geschwindigkeit der Stückgüter zu beherrschen. Es empfiehlt sich, angetriebene →Förderer oder Bremsen dazwischen zu schalten.

Wendel-R. haben eine schraubenförmige Gleitbahn. Sie können ein- oder mehrgängig ausgeführt werden. Die Wendel-R. gestattet eine senkrechte Förderung auch über große Höhen mit nahezu konstanter Geschwindigkeit. Unter der Wechselwirkung von Schwer-, Flieh- und Reibungskraft regelt sich die Bewegung des Förderguts in gewissen Grenzen selbst.

Zur Förderung von Sand und Kies werden Wendel-R. mit Neigungswinkeln von 70° an der Innen-

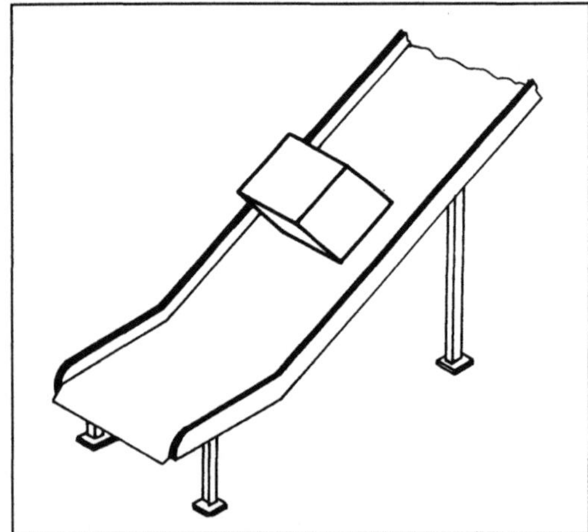

Rutsche 1: Einfache Rutsche.

aufgeständert, ortsfest, Schwerkraft

kante und 20° an der Außenkante eingesetzt, die Massenströme bis 500 t/h durchsetzen. Wendel-R. sind auch in den Paket- und Sortieranlagen der Deutschen Bundespost sehr verbreitet (Bild 1).

Fallrohre werden senkrecht oder schräg angeordnet. Teleskopartige Verlängerungen sind möglich (Bild 2). Für empfindliche Fördergüter sind Fallrohre wegen der hohen Fallgeschwindigkeit ungeeignet. Durch Anordnung von Ablenkblechen in gewissen Abständen entsteht ein treppenartiger Förderweg. Dadurch werden Fallgeschwindigkeit und Verschleiß vermindert. Mit derartigen Falltreppen werden im Bergbau Förderhöhen von mehr als 600 m überbrückt. *Jünemann*

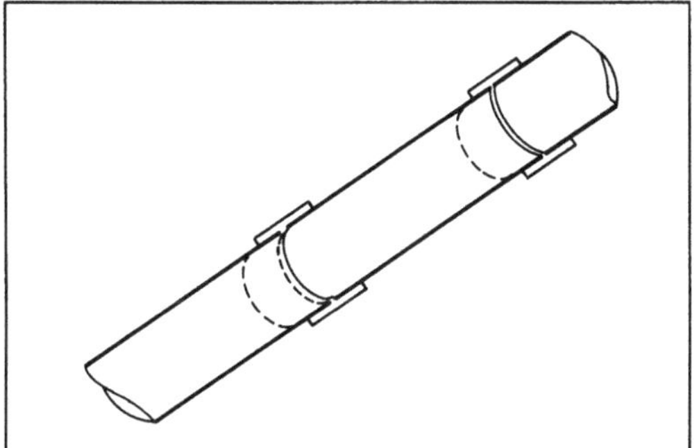

Rutsche 2: Fallrohr.

aufgeständert, ortsfest, Schwerkraft

Rutschkupplung. R. sind momentgeschaltete, reibschlüssige Kupplungen. Die Reibflächen werden mit einer einstellbaren Kraft, meist durch Federn,

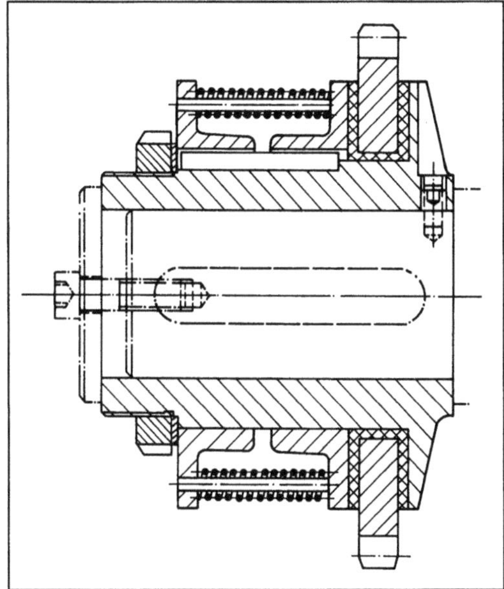

Rutschkupplung: Rutschnabe mit Kettenrad (Ring-spann).

zusammengedrückt. Wird das Drehmoment größer als das Produkt aus Normalkraft mal Haftreibungswert mal Reibradius mal Zahl der Reibflächen, rutscht die Kupplung durch und überträgt nur noch ein Moment proportional zum Gleitreibungswert. Die anfallende Reibungswärme muß von der R. aufgenommen werden. R. werden als Sicherheitskupplungen verwendet. Das Bild zeigt als Beispiel für eine R. eine Rutschnabe, bei der ein Kettenrad über zwei federbelastete Reibscheiben mit der Nabe verbunden wird. *Ehrlenspiel*

Ruß →Schadstoff

Rußzahl →Abgasschwärzung

Rzeppa-Gelenk. Das R.-G. oder Gleichlaufkugelfestgelenk ist eine winkelnachgiebige drehstarre homokinetische →Ausgleichskupplung. Der innere und äußere Gelenkkörper sind mit Laufrillen für

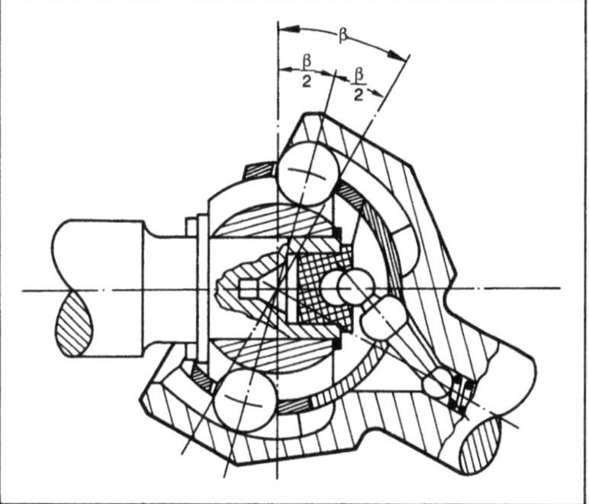

Rzeppa-Gelenk 1.

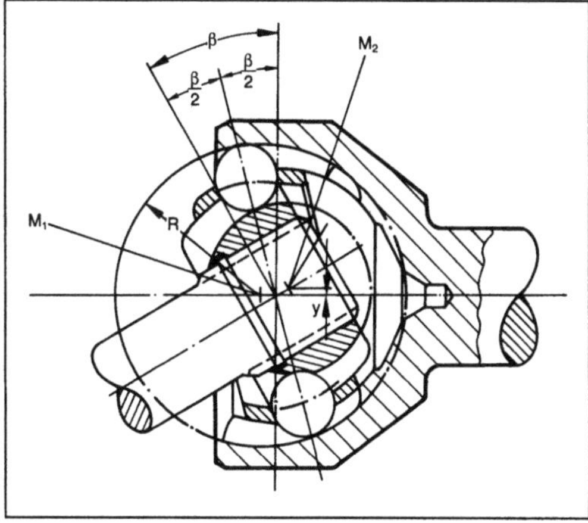

Rzeppa-Gelenk 2: Weiterentwicklung ohne Steuerungshebel.

Kugeln versehen. Die Kugeln werden in einem Käfig geführt. Der Käfig wird durch einen Steuerungshebel so geführt, daß die Kugeln immer auf dem halben Beugungswinkel des Gelenks geführt werden (Bild 1). Damit wird Gleichlauf erzeugt. Das R.-G. geht auf das US-Patent Nr. 2.046.584 vom 7. 7. 1936 von *A. H. Rzeppa* zurück. Bild 2 zeigt eine Weiterentwicklung des R.-G., bei dem der Steuerungshebel durch einen Versatz der Mittelpunkte M1 und M2 für die Kugellaufbahnen aus dem Gelenkmittelpunkt ersetzt wurde. R.-G. werden in Pkw-Antrieben eingebaut. *Ehrlenspiel*

S

Sachmerkmal. S. sind Eigenschaften, die Objekte unabhängig von ihrem Umfeld (Herkunft, Verwendungsfall usw.) kennzeichnen. Sie dienen als Grundlage für die →Klassifizierung von Produkten. Sie sind ein Hilfsmittel zur Speicherung und zum Wiederauffinden von Gegenständen, Teilen und Verfahren.

S. finden Verwendung in Sachmerkmallisten. Dies sind tabellarische Verzeichnisse von Teilen (z. B. Normteilen wie Schrauben oder Produkte eines Unternehmens), die nach S. (z. B. Schraubenlänge, Gewindedurchmesser, Werkstoff) gegliedert sind. Sie dienen dazu, sämtliche vorhandenen Teile und Stoffe in einem Verzeichnis zusammenzuführen. Dies ermöglicht die gezielte Suche und Auswahl von Teilen und ist Voraussetzung für den Einsatz von Wiederholteilen (→Suchsystem). *Ehrlenspiel*

Literatur: DIN 4000: Sachmerkmal-Leisten; Begriffe und Grundsätze. Berlin.

Sachmerkmalliste →Sachmerkmal

Sachnummer →Nummernsystem

Sägengewinde →Gewinde

Sämaschine. Landmaschinen zum Ausbringen von Samen in den vorbereiteten Ackerboden. Früher gezogen mit eigenem Fahrgestell (und Steuereinrichtung), heute meist vom Traktor getragen. Hauptziele guter S.: Ablage der Saat in möglichst konstanter, kontrollierter Tiefe bei optimalem Abstand der Einzelkörner untereinander. Zur Kontrolle der Arbeitstiefe wendet man neuerdings Ultraschallsensoren (am Schar) an. Die bestmögliche Standraumverteilung entsteht, wenn man sich den Boden in Sechsecke eingeteilt vorstellt (Bienenwabenmuster) mit je einem Saatkorn in der Mitte.

Alle technisch ausgeführten Verfahren nähern sich dem Ideal an (Bild 1 und 2). Die klassische →Drillmaschine streut Drillsaat oder →Bandsaat. Kleinste Reihenweiten (Getreide) betragen 12 (8) m. Die vereinzelt angewendete Breitsaat schließt leider die mechanische Unkrautbekämpfung durch Hacken aus.

Große Fortschritte erreichte man in der Sätechnik durch den Übergang zur Einzelkorn-S., die z. B. bei Zuckerrüben und Mais eingeführt ist, während man bei Getreide wegen des großen Aufwands noch

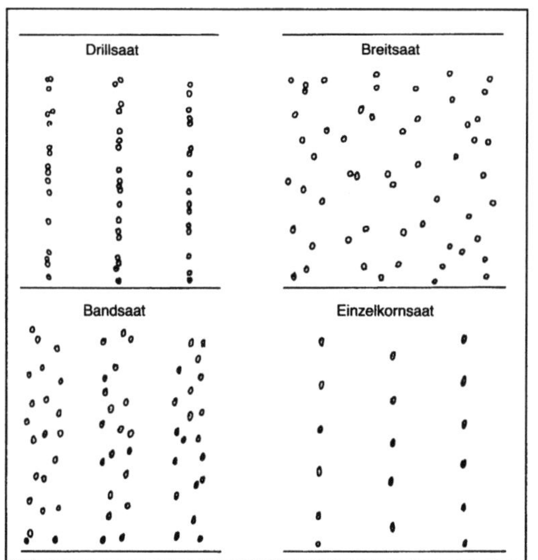

Sämaschine 1: Verteilung der Samen im Boden in der Draufsicht bei unterschiedlichen Säverfahren.

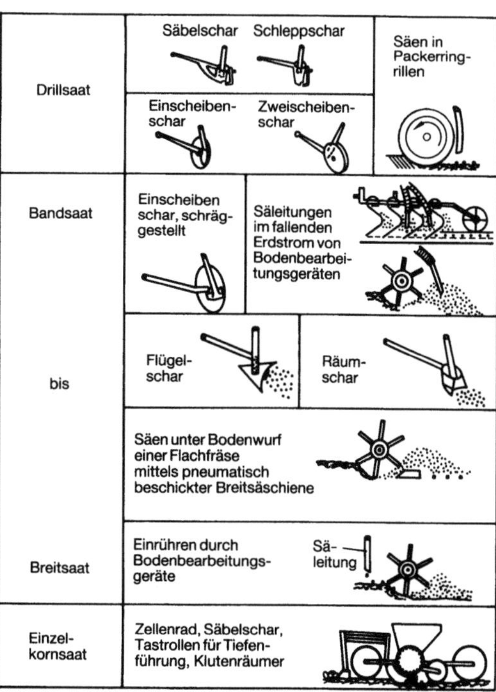

Sämaschine 2: Grundverfahren des Säens. (Quelle: H. J. Heege)

experimentiert (geringe Reihenweite bedeutet große Anzahl von Einzelkornsägeräten).

Um die Anzahl der Überfahrten zu reduzieren und möglichst auch die Produktivität zu verbessern, kombiniert man die S. zunehmend mit Geräten zur Saatbettbereitung, insbes. der →Kreiselegge, dem →Grubber und der →Bodenfräse. Diese Kombinationen können auch Vorteile hinsichtlich der Einzelfunktionen haben, wenn z. B. die Saatkörner elegant in den abfließenden Erdstrom eingeschleust werden (Bandsaat bis Breitsaat). *Renius*

Sammelköpfroder →Rübenerntemaschine

Sankey-Diagramm. Im S.-D. wird der Energiefluß in einer Maschine anschaulich dargestellt.

Das Bild zeigt als Beispiel das S.-D. eines Ottomotors. Dem Motor wird mit dem →Kraftstoff der Energiestrom $\dot{m}_K \cdot h_u$ zugeführt ($\dot{m}_K$ Kraftstoffmassenstrom; h_u Heizwert des Kraftstoffs). Bei der →Verbrennung des Kraftstoffs im Zylinder wird dessen Energie zu fast 100 % in Wärme umgesetzt. Dieser Verbrennungswärme entspricht, über der Zeit gemittelt, der Wärmestrom Φ_{zu}. Da sich aus thermodynamischen Gründen (Carnot-Prozeß) nur ein kleiner Anteil des Wärmestroms Φ_{zu} in mechanische Leistung (→Innenleistung P_i) umwandeln läßt, muß der Rest als Abwärme vorwiegend mit dem Abgas abgeführt werden. Von der Innenleistung geht noch ein Teil durch mechanische Reibung und dadurch verloren, daß Hilfsgeräte des

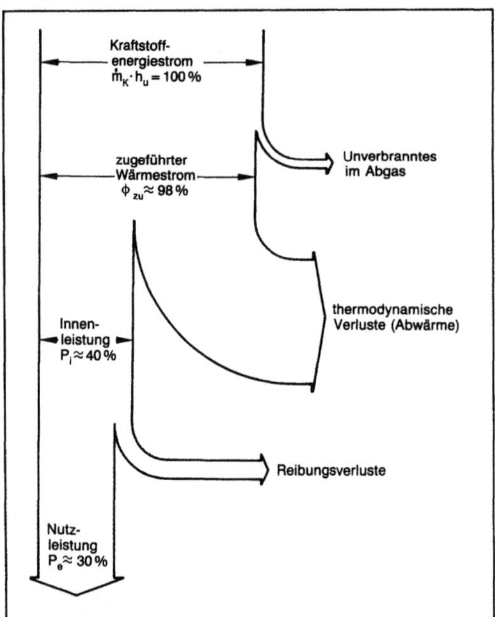

Sankey-Diagramm: Energiefluß bei einem Ottomotor.

Motors anzutreiben sind. Der Rest steht schließlich als →Nutzleistung P_e zur Verfügung (→Energiebilanz; →Innenwirkungsgrad; →Wirkungsgrad, mechanischer). *Kuhlmann*

Satellitenfahrzeug. S. (Sfz) ist ein →Lastaufnahmemittel, das den Hubschlitten eines Regalförderzeugs verlassen kann, um Lagereinheiten in passiv ausgerüstete Lagerkanäle hinein zu transportieren. Die flachen Trägerfahrzeuge sind energie- und datentechnisch meist über Kabel mit dem Rfz und seiner Steuerung verbunden. Um in derartigen, meist monostrukturierten, dynamischen Blocklagern zu höheren Umschlagsleistungen zu kommen, gibt es einen Entwicklungstrend in Richtung batteriegespeister Sfz mit mitfahrendem Mikroprozessor. Dadurch können auf ein Rfz mehrere parallel operierende Sfz verfahren. *Jünemann*

Satz, pyrotechnischer. P.S. gehören zu den Explosivstoffen. Zu den p.S. zählen Leucht- und Signalsätze, Rauch- und Nebelsätze, Knallsätze, Brandsätze. Bei den Leuchtsätzen ist zu unterscheiden zwischen Sätzen für Leuchtspuren und solchen für Leuchtgeschosse zur Gefechtsfeldbeleuchtung (Sterne). Leuchtspursätze haben je nach Farbe der Flammen folgende Zusammensetzung: weiß (Bariumnitrat, Al-Pulver, Schwefel), rot (Kaliumchlorat, Strontiumoxalat), gelb (Kaliumnitrat, Natriumoxalat, Magnesium-Pulver), grün (Bariumchlorat). Sternsätze basieren auf der Oxidation von Aluminium- oder Magnesiumpulver. Als Oxidatoren werden Peroxide, Nitrate, Chlorate oder Perchlorate der Alkali- oder Erdalkalimetalle verwendet. Rauch- und Nebelsätze erzeugen feinverteilte Aerosole aus Oxiden oder Chloriden. Rauchsätze werden zur Markierung und Nebelsätze zur Sichtbehinderung vor eigenen oder in feindlichen Stellungen verwendet. Man unterscheidet zwischen Rauchsätzen (Kaliumchlorat, Tylose, Sudanorange, Sudanblau, Milchzucker, Kieselgur oder Kaliumnitrat, Schwefel, Holzkohle, Zinkschliff), Nebelsätzen (Hexachlorethan, Zinkstaub, Zinkoxid) und Kaltnebelsätzen (roter Phosphor, Kaliumnitrat, Ammoniumchlorid). →Munition mit Knallsätzen finden zur akustischen Darstellung von Abschüssen oder Einschlägen (z. B. in Manövern) Verwendung, bei denen es auf eine schnelle exotherme Umsetzung zur Erzeugung einer Stoßwelle in der Luft ankommt. Meistens wird eine Mischung verwandt aus Kaliumperchlorat und Aluminiumpulver.

Brandsätze sind nach zweierlei Wirkungen zu unterscheiden: Sie können brennbares →Material im Ziel entzünden oder selbst den →Brennstoff darstellen. Für die Zündung von Bränden kommt es auf eine räumlich begrenzte Erzeugung hoher Temperaturen an. Hierzu eignen sich Sätze aus Aluminium oder Magnesium, Thermitsätze (Eisenoxid und Aluminiumpulver) und Phosphor mit geeigneten Oxidatoren. Größere Mengen von weißem Phosphor sind auch als Brennstoff im Sinne der getroffenen Unterscheidung anzusprechen. Neben den genannten Sätzen gibt es Stoffmischungen (Magnesium/Telur, Titan/Antimon/Blei, Silicium/Bleimennige (Pb_3O_4)), die sich gasfrei umsetzen und sehr hohe Temperaturen entwickeln. Diese Stoffe eignen sich u. a. als Infrarotleuchtsätze und zur Anfeuerung von Treibladungen, wenn gaserzeugende Anfeuerungsätze unerwünscht sind. *Meyer-Bäse*

Satzart. Bei den unterschiedlichen Formen des Schriftsatzes wird hauptsächlich zwischen Blocksatz, Blocksatz mit Randausgleich, Rauhsatz, Flattersatz sowie Formen- und Figurensatz unterschieden.

Bei *Blocksatz* wird jede Zeile auf die gleiche Breite gebracht. Im →Photosatz geschieht dies durch das Ausschließ- und Silbentrennprogramm. Möglich ist aber auch die manuelle und halbautomatische Arbeitsweise. Blocksatz mit Randausgleich bedeutet, daß z. B. Buchstaben wie V, W, T, Y links und rechts etwas über den Satzrand hinausragen. Die Interpunktionen ragen über den rechten Satzrand hinaus. Für dieses Höchstmaß an Satzqualität sorgen Ästhetikprogramme.

Beim *Rauhsatz* enden die Zeilen willkürlich an der rechten Satzkante. Demgegenüber wird beim Flattersatz auf eine sinngemäße Gliederung und einen optisch schönen Zeilenfall geachtet.

Der *Formen-* und *Figurensatz* ist eine Spielart in der →Typographie. Mit entsprechenden Programmen läßt sich diese Satzart im Photosatz relativ einfach herstellen. Akzidenzsatz ist der Satz von Klein- und Gelegenheitsdrucksachen. Beispiele: Privatdrucksachen aller Art, Preislisten, Werbezettel, Anzeigen, Plakate, aber auch Kataloge und Prospekte.

Beim *Reihensatz* gliedert sich der sonst fortlaufende Text in kleinere Gruppen oder Kolonnen auf. Dadurch wird eine schnellere Übersicht und Klarheit geschaffen. Reihensatz wird auch als tabellarischer Satz oder als Tabellensatz ohne Linien bezeichnet. Tabellensatz hat die Aufgabe, Worte und Zahlen untereinander und nebeneinander so zu ordnen, daß sie leicht erfaßbar sind. Tabellenvordrucke für die EDV unterliegen speziellen Vorgaben.

Unter *Werksatz* versteht man den Satz von Büchern jeder Art. Die Abmessungen einer Werkseite werden durch den Satzspiegel bestimmt. Darunter versteht man die Satzfläche, welche sich optisch als Buchseite vom →Papier abhebt. Der Satzspiegel ergibt sich aus der Satzbreite und der Satzhöhe. Die Satzhöhe muß auf Grundschriftlinie ausgehen, damit die Zeilen Register halten. Die Zeilen der Vorder- und Rückseite einer Seite stehen deckungsgleich übereinander. Die Festlegung des Satzspiegels ist entscheidend für das Aussehen eines Werkes. Werksatz-Umbruch kann auch automatisch durchgeführt werden.

Beim *Zeitschriftensatz* wird ein Gestaltungsschema festgelegt, um von Folge zu Folge ein gleichartiges Aussehen zu gewährleisten. Ein Gestaltungsraster hilft bei der Raumaufteilung und Anordnung von typographischen Elementen. Lesbarkeit und Gliederung stehen im Vordergrund. Zeitschriften-Umbruch wird heute programmgesteuert durchgeführt, vielfach unter Einsatz von elektronischen Bildverarbeitungssystemen. Beim *Zeitungssatz* wird die Satzart durch verkaufstechnische Gesichtspunkte bestimmt. Lesbarkeit und Aufmerksamkeitsanreiz wirken stark auf den Kaufentschluß des Lesers. Sie entscheiden somit wesentlich über die typographische Gestaltung einer Zeitung. *W. Schmid*

Literatur: Lehrb. Druckindustrie. Hrsg. Bundesverband Druck e. V. Wiesbaden. – *Siemoneit, M.,* u. *W. Zeitvogel:* Satzherstellung. Textverarbeitung. Lehrb. Druckindustrie. Frankfurt a. M. 1986.

Satzherstellungsverfahren. Verfahren zum Herstellen des Schriftsatzes: Bleisetzverfahren sind gegenwärtig fast gänzlich durch Photosetzverfahren ersetzt worden.

Die gegossenen Lettern von *Gutenberg* um 1440 waren sicher eine der bewegendsten Erfindungen der Menschheit. Damit konnten große Mengen an beweglichen Lettern gegossen, zu Wörtern, Zeilen, Seiten zusammengesetzt und gedruckt werden. Während in den folgenden fünf Jahrhunderten auf allen Gebieten der Druckindustrie tiefgreifende Umwälzungen vor sich gingen, blieb das Setzverfahren eine handwerkliche Insel. Die Suche nach einer Setzmaschine wurde schließlich von *Ottmar Mergenthaler,* einem Emigranten aus Württemberg, in den USA beendet. Die von ihm entwickelte Linotype, eine Zeilengießmaschine, nahm im Jahre 1886 bei der New York Tribune ihre Arbeit auf. Von den rd. 200 Erfindern von Setzmaschinen waren neben *Mergenthaler* nur noch zwei andere erfolgreich: *John R. Rogers* erfand eine ebenfalls Komplettzeilen produzierende Zeilengießmaschine, den Typograph, und *Tolbert Lanston,* dessen Erfindung eine aus zwei Aggregaten bestehende Einzelbuchstabensetz- und -gießmaschine, die Monotype, war.

Anfang der 50er Jahre kamen die ersten TTS-Schnellsetzmaschinen (TTS Tele-Type-Setting) auf den Markt. Die Steuerung übernahmen nun Lochstreifen, die zuvor an Perforatoren (Texterfassungsgeräte mit Schreibmaschinentastatur) getestet wurden. Einige Jahre später brachte das Aufkommen von Computern und Endlosperforatoren in der Satzherstellung einen weiteren Rationalisierungseffekt mit sich. Dann aber verhinderten physikalische Gesetze eine weitere Leistungssteigerung der maschinellen Satzherstellung. Im Jahr 1976 stellte der Marktführer Linotype den Bau von Bleisetzmaschinen ein.

Die Entwicklung der Photosetzmaschine verlief nicht weniger stürmisch als die der Bleisetzmaschinen. Zwar schon gegen Ende des 19. Jahrhunderts erfunden, konnte sich das Photosatzverfahren auf Grund mangelnder technischer Voraussetzungen jahrzehntelang nicht durchsetzen. Erst die Einführung und Verbreitung neuer Drucktechnologien (Offset, Tiefdruck), die Filme als Vorlage benötigen, sowie wesentliche Entwicklungen in Optik, →Elektronik und Photochemie ermöglichten es, das Prinzip des Photosatzes auf industrieller Basis zu entwickeln und leistungsfähige Satzanlagen zu produzieren. Die Technik des Photosatzes brachte ganze Bleisetzereien zum Verschwinden und veränderte den traditionsreichen Beruf des Schriftsetzers.

Die Entwicklung der Computer- und Lasertechnologie beeinflußt auch die Druckindustrie. War es noch vor einem Jahrhundert die maschinell erzeugte ganze Zeile, so ist es heute durch den Einsatz elektronischer Bildverarbeitungssysteme und von Laserstrahl-Photosatzbelichtern die elektronisch hergestellte ganze Seite. Daten-Konvertierung, →Personalcomputer im Satzbereich, die Einbindung von Büro-Kommunikationssystemen und elektronischen Medien sind heute mitbestimmende Faktoren der Satzherstellung. *W. Schmid*

Satzrad. Zahnräder unterschiedlicher Größe, die infolge ihrer Herstellung mit einem gemeinsamen Werkzeug beliebig miteinander gepaart werden können, bezeichnet man als S.

Nach *Reuleaux* sind S. solche Zahnräder, die man beliebig aus einem Satz gleichgeteilter Räder herausheben und zu einem Paar vereinigen kann.

Die Voraussetzungen für S.-Eigenschaften zeigt das Bild. Die Flanken der →Zahnstange müssen zentralsymmetrisch zur Wälzgeraden sein (als Beispiel Gerade bzw. S-Kurve dargestellt). Ferner müssen Modul-Kopf- und Fußhöhen der Räder gleich groß sein.

Die im Maschinenbau vorwiegend verwendete →Evolventenverzahnung erfüllt die angegebenen Eigenschaften (Bild: Flanke der Zahnstange ist eine Gerade). *Winter*

Literatur: *Seherr-Thoss, H. Chr.:* Die Entwicklung der Zahnradtechnik. Berlin, Heidelberg, New York 1965.

Sauerstoffblasverfahren. Wichtige S. sind das Sauerstoff-Aufblasverfahren, Sauerstoff-Bodenblasverfahren und das kombinierte Blasverfahren.

Die →Blasstahlverfahren unterscheiden sich hinsichtlich der Anlagentechnik nur geringfügig voneinander. Bei den reinen Bodenblasverfahren kann die Konverterhalle wegen des Fehlens der Aufblaslanze niedriger sein. Die nennenswerten Unterschiede bestehen in der Durchführung des Verfahrensablaufs.

Der Verfahrensablauf beginnt mit der Zugabe von Schrott in den schräggestellten leeren →Konverter. Danach wird das flüssige Roheisen zugegeben. Dann wird der Konverter senkrecht gestellt und je nach Verfahren der Sauerstoff von oben durch eine eingefahrene Lanze auf das Bad und/oder durch den Düsenboden in das Bad ge-

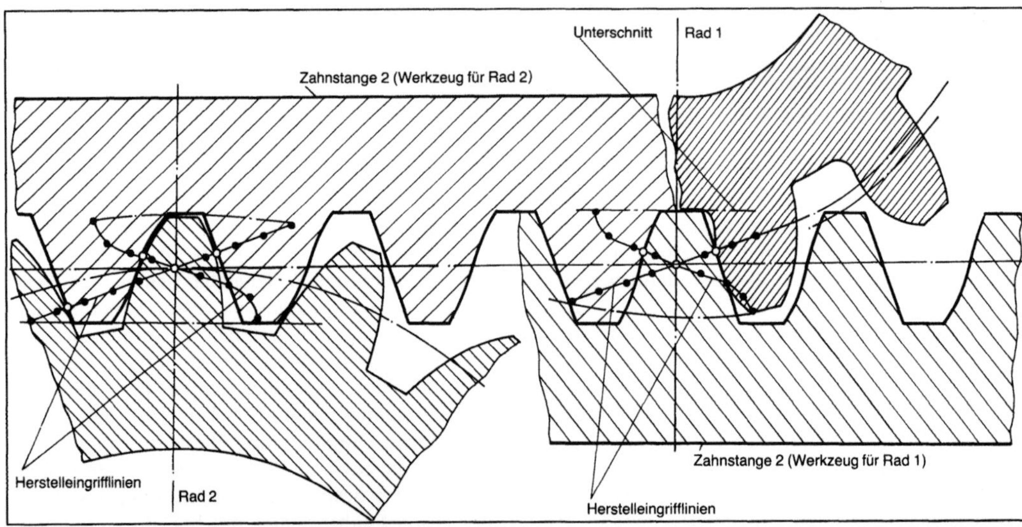

Satzrad: Herstellung einer Satzräderverzahnung.

Zahnstange 1 = Zahnstange 2

blasen. Das Einblasen von Rührgasen erfolgt gleichzeitig.

Die Blaslanzen haben in der Regel Mehrlochdüsen und sind als Ein- oder Mehrkreislanzen ausgeführt, so daß der Sauerstoffstrom variabel sein kann und feinkörnige Zusätze eingeblasen werden können. Die notwendigen Zuschläge werden zu Beginn und während des Blasprozesses aus oberhalb des Konverters angeordneten Bunkern automatisch und dosiert zugegeben. Die Blaszeiten liegen zwischen etwa 10 und 20 min. Nach Beendigung des Blasens wird eine Probe zur Analyse der Schmelze genommen, und gleichzeitig wird die Temperatur des Stahlbads gemessen.

Beim Abstich soll das Stahlbad eine Temperatur von 1 600 bis 1 650 °C haben. Die Kontrolle der Temperatur gibt bereits vor Kenntnis der mehr als 1 min dauernden Analyse der Stahlprobe Hinweise auf die Qualitätskategorie des gefrischten Stahls und für mögliche Korrekturen, die in einem Nachblasen und/oder der Zugabe weiterer Zusätze bestehen können. Durch die automatisierte und dynamische Prozeßführung wird eine hohe Treffsicherheit der Schmelze erreicht, so daß sich das Nachblasen meist erübrigt. Durch Zugabe von Rührgasen über den Konverterboden und Spülen wird nach Blasende die endgültige Zusammensetzung der Schmelze eingestellt. Danach wird der Konverter durch Kippen entleert. Dabei fließt der Stahl durch das Abstichloch in die Gießpfanne. Die auf dem Stahl schwimmende Schlacke bleibt während und nach dem Abstich im Konverter. Zum Abziehen der Schlacke wird zur anderen Seite gekippt, so daß die Schlacke über den Konverterrand abfließen kann. In einzelnen Fällen sind zur sicheren Zurückhaltung von Schlacke spezielle Abgußvorrichtungen am Konverter angeordnet.

Während des Abstichs des Rohstahls können über Rutschen Ferromangan oder andere Legierungselemente sowie Desoxidationsmittel zugegeben werden. Mit den Blaszeiten zwischen etwa 10 und 20 min, den notwendigen Einfüll- und Ausleerungsvorgängen sowie der Temperatur- und Probenahme ergeben sich Schmelzenfolgezeiten zwischen 30 und 50 min.

Bei den zu Beginn der Entwicklung der →Sauerstoffmetallurgie entstandenen LD- und LD/AC-Verfahren wird der Sauerstoff nur von oben auf das Bad geblasen. Das LD-Verfahren wurde von *Durrer* angeregt und nach den österreichischen Städten Linz sowie Donawitz, wo es bis zur Betriebsreife fortentwickelt worden ist, benannt. Beim LD/AC-Verfahren steht A für ARBED und C für Centre National de Recherches Métallurgiques Lüttich. Beide Verfahren unterscheiden sich auf Grund der Zusammensetzung des Roheisens in der Prozeßführung. Das LD-Verfahren verarbeitet phosphorarmes Roheisen und kommt demgemäß mit einem Blasabschnitt aus.

Wenn phosphorreiches Roheisen nach dem LD/AC-Verfahren zu Stahl gefrischt wird, dann verläuft der erste Blasabschnitt wie beim LD-Verfahren. Allerdings wird an Stelle von Stückkalk vielfach Kalkstaub mit der Blaslanze zugeführt. In diesem ersten Blasabschnitt erfolgt die Entphosphorung vor dem Kohlenstoffabbau. Die phosphorreiche Schlacke wird abgezogen. Der zweite Blasabschnitt beginnt mit der Zugabe von Kühlschrott. Innerhalb des zweiten Blasabschnitts wird weiterer Kalk zusammen mit Flußmitteln zugegeben. In diesem Abschnitt erfolgt die Entkohlung. Auf Grund des zweiten Blasabschnitts dauert das LD/AC-Verfahren etwa 20 min länger als das LD-Verfahren.

Ende der 60er Jahre wurde in der Bundesrepublik Deutschland unter der Bezeichnung Oxygen Boden Maxhütte-Verfahren (OBM-Verfahren) ein neues S. entwickelt. Wie beim ursprünglichen Thomas-Verfahren wird reiner Sauerstoff von unten durch einen Düsenboden in die Schmelze geblasen. Die notwendige Haltbarkeit des hochbeanspruchten Düsenbodens wird durch Kühlung der einzelnen Düsen erreicht.

Die zunächst vorherrschenden Aufblasverfahren sind mit einigen Nachteilen behaftet. Wegen der nicht vollständig befriedigenden Durchmischung des Bads mußte mit einem erhöhten Sauerstoffangebot gearbeitet werden, um die geforderte Schmelzenzusammensetzung zu erreichen. Dabei hatte der Stahl häufig zu hohe Sauerstoffgehalte. Mit der Entwicklung des Durchblasens von Sauerstoff wurden diese Nachteile zwar vermieden; der mögliche Schrottsatz wurde jedoch geringer. Deshalb wurden beim Aufblasen bessere metallurgische Resultate und beim Durchblasen eine Erhöhung des Schrottsatzes angestrebt. Damit entstanden die allgemein eingesetzten Verfahren des kombinierten Blasens (Bild). Die beiden wesentlichen Varianten des kombinierten Blasens sind das

☐ Sauerstoffaufblasen mit Inertgasspülen durch den Boden sowie

☐ Sauerstoffaufblasen und Sauerstoffbodenblasen.

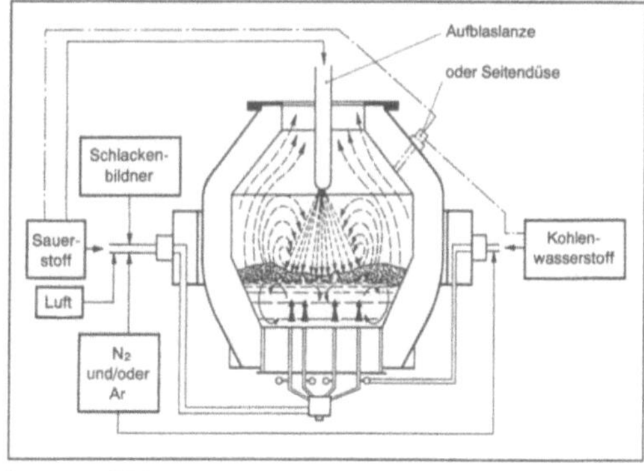

Sauerstoffblasverfahren: Arbeitsprinzip des kombinierten Sauerstoffblasverfahrens.

Die spezifischen Varianten des kombinierten Blasens unterscheiden sich hinsichtlich der Lanzen, des Einbaus von zusätzlichen Düsen am Hut des Konverters, der Bodendüsen oder -steine, der Zusatzbrennstoffe, der Inertgase und der Schrottsätze. Vorzüge des kombinierten Blasens sind u. a.

□ hohes Ausbringen,

□ große Treffsicherheit beim Einstellen der chemischen Zusammensetzung der Schmelze,

□ guter Reinheitsgrad,

□ geringe Schlackenmenge und Auswurfneigung,

□ hohe Konverterhaltbarkeit,

□ Kostenvorteile gegenüber dem reinen Aufblasen und Durchblasen,

□ günstige Bedingungen für den Einsatz eines Prozeßmeßsystems mit Meßlanze.

Mit Hilfe des kombinierten Blasens und in Verbindung mit der Sekundärmetallurgie können unterschiedliche Stahlgüten optimal und wirtschaftlich hergestellt werden. *Baumann*

Literatur: *Bolbrinker, A.-K.:* Stahlfibel. Düsseldorf 1989.

Sauerstoffmetallurgie. Die wichtigste Verfahrensgruppe zum Stahlerzeugen sind die →Sauerstoffblasverfahren. Allen Verfahren ist die Verwendung von technisch reinem Sauerstoff gemeinsam. Deshalb wurde für diese Verfahren der übergeordnete, allgemein bekannte Begriff S. gewählt. Alle Sauerstoffblasverfahren werden in Konvertern durchgeführt. Bereits der Erfinder der Windfrischverfahren, *Henry Bessemer,* erkannte, daß sich reiner Sauerstoff zum Frischen am besten eignet. Jedoch konnte damals kein reiner Sauerstoff hergestellt werden. Deshalb wurden das Bessemer- und das Thomas-Verfahren als Durchblasverfahren, bei denen Luft von unten durch einen Düsenboden in die Schmelze geblasen wird und der Luft-Sauerstoff die Begleitelemente und den Kohlenstoff herausbrennt, entwickelt. Das Bessemer-Verfahren frischte in einem sauer ausgekleideten →Konverter Roheisen mit viel Silicium und wenig Phosphor zu Stahl, während das Thomas-Verfahren in einem basisch ausgekleideten Konverter Roheisen mit hohen Anteilen an Phosphor und Schwefel zu Stahl umwandelte. Beide Verfahren geben während des Frischprozesses Wärme ab. Wegen mangelnder Stahlqualität und der im Vergleich zur S. geringeren Wirtschaftlichkeit konnten sich beide Verfahren nicht behaupten.

Wegen der Verwendung von reinem Sauerstoff werden die Frischreaktionen außerordentlich beschleunigt, weil der Stickstoffballast der Luft fehlt. Das führt zu einer deutlich besseren Wirtschaftlichkeit. Bei der Frischreaktion, die zwischen 10 und 20 min dauert, verbrennen die Roheisenbegleiter so schnell, daß erhebliche Wärmemengen freigesetzt werden und die Schmelze mit Hilfe von Schrott oder Erz gekühlt werden muß.

Die Konverter, in denen der Frischprozeß abläuft, sind kippbare, mit feuerfesten Stoffen ausgekleidete Stahlgefäße. Das Fassungsvermögen der Konverter liegt zwischen etwa 50 und 400 t. *Baumann*

Literatur: *Bolbrinker, A.-K.:* Stahlfibel. Düsseldorf 1989.

Saugbagger. Die einfachste Form der hydraulisch lösenden und fördernden Geräte sind die S. Sie bestehen aus einem Schwimmkörper, von dem aus man ein Saugrohr auf den Gewässerboden abläßt. Mit einer Kreiselpumpe wird das Boden-Wasser-Gemisch angesaugt und über eine Rohrleitung zum Bestimmungsort (→Schute, Spülfeld) gepumpt. Man unterscheidet Grundsauger (Bild) und Schutensauger. Das Einsatzgebiet der Grundsauger beschränkt sich auf frei zufließende, gut saugbare Böden wie Fein-, Mittel- und Grobsand. Beim Saugen entstehen Krater und Furchen, so daß mit S. kein Planum hergestellt werden kann. Eine Variante des Grundsaugers ist der Schutensauger, der zusätzlich zur Saugeinrichtung Hochdruckspülrohre zur Fluidisierung des in den Schuten abgelagerten Materials hat. Das Versetzen der S. geschieht über Winden, deren Seilenden entweder an Pollern oder an Ankern befestigt werden. *Kühn*

Saugbagger: Grundsauger.

Saugbohranlage. Beim Saugbohren wird das Spülmittel (Wasser) aus dem Spülteich in das Bohrloch geleitet, mittels einer Saugpumpe auf dem Bohrgerät durch das Bohrgestänge abgesaugt und wieder dem Spülteich zugeführt, in dem sich dann das transportierte Material absetzt (indirektes Verfahren oder Linksspülverfahren). Durch die immer gleichbleibenden Förderbedingungen ist das Saugbohrverfahren verhältnismäßig unabhängig vom Bohrdurchmesser. Anwendung des Verfahrens: große Bohrtiefe (bis 500 m), bei großen und sehr großen Bohrlochdurchmessern (bis 3000 mm) immer gleichbleibende Spülungsmenge. *Kühn*

Saugmotor. Unter S. versteht man einen nicht aufgeladenen →Verbrennungsmotor. Er saugt unverdichtete Luft aus der Atmosphäre an. Hierdurch ist die auf das →Hubvolumen bezogene Luftmenge für die →Verbrennung und damit der →Liefergrad begrenzt (→Aufladung). *Kuhlmann*

Saugrohr. Verzweigte Rohrleitung, mit der Verbrennungsluft (beim →Dieselmotor) oder Gemisch (beim →Ottomotor) zu den Einlaßkanälen der verschiedenen Zylinder eines Verbrennungsmotors geführt wird.

Beim Vergaser-Ottomotor reicht das S. vom →Vergaser bis zu den verschiedenen Einlaßkanälen im →Zylinderkopf. Das den Vergaser verlassende Gemisch besteht aus Luft, Kraftstoffdampf und (noch nicht verdampften) Kraftstofftröpfchen. Da die Kraftstofftröpfchen der Strömung in einer Rohrkrümmung nicht vollständig folgen, hängt die Kraftstoffaufteilung auf die verschiedenen Zylinder sehr von der Gestalt des S. ab. Dabei sind kurze Wege mit geringer Krümmung vorteilhaft. Oft wird das S. beheizt, um an die S.-Wand geschleuderte Kraftstofftropfen zu verdampfen und damit auch die Gemischverteilung auf die verschiedenen Zylinder zu verbessern.

Beim Dieselmotor und beim Ottomotor mit →Benzineinspritzung vor die Einlaßventile treten die geschilderten Probleme nicht auf. Hier hat man die Freiheit, Schwingrohre vorzusehen. Das sind längere Rohrstücke an jedem einzelnen Einlaßkanal, mit denen über Schwingungen der Luftsäule ein schwacher Aufladeeffekt, d. h. eine Erhöhung des Liefergrads, und damit eine erhöhte Motorleistung erreicht wird. *Kuhlmann*

Saugrohreinspritzung →Benzineinspritzung

Saxl-Walzanlage. Die S.-W. ist eine →Hochumformanlage zum Herstellen von Blech oder Band nach einem →Pendelwalzverfahren. In solchen Pendelwalzanlagen werden die Arbeitswalzen von Kurbeltrieben auf Kurvenbahnen bewegt. Das Bild zeigt eine S.-W. zum Herstellen von Stahlband mit 350 mm Breite. Hierbei wird das einlaufende Walzgut von einem Zweiwalzen-Vorgerüst erfaßt und mit gleichförmiger Geschwindigkeit dem Pendel-Walzaggregat zugeführt. Durch die Art des Umformvorgangs tritt das Walzgut aus dem Walzaggregat mit ungleichförmiger Geschwindigkeit aus. Deshalb ist zwischen dem Walzaggregat und dem Haspelaggregat ein Geschwindigkeits-Ausgleichsystem angeordnet. *Baumann*

Literatur: *Fröhling, J.,* u. *K. Wiedemer:* Betriebstechnik und Erfahrungen beim Pendelwalzen. Metall 28 (1974) Nr. 4, S. 331/35.

Schachtabteufen. Verfahrensweise, die man für die Seilfahrt, Förderung und Wetterführung in Bergwerken, für die Belüftung von Tunnelbauwerken, für die Druckerzeugung, den Druckausgleich und die Belüftung von Wasserkraftwerken, für die Beschickung und den Betrieb unterirdischer Speicher und Deponien sowie für Spezialaufgaben der Bauindustrie benötigt.

Das Abteufverfahren hängt von der Gebirgsbeschaffenheit, von der Teufe, vom Schachtdurchmesser und vom Wasserzufluß ab. Bei standfestem Gebirge mit geringem Wasserzufluß wird gewöhnlich das S. in Bohr- und Sprengarbeit durchgeführt. Das gelöste Haufwerk wird von der Schachtsohle

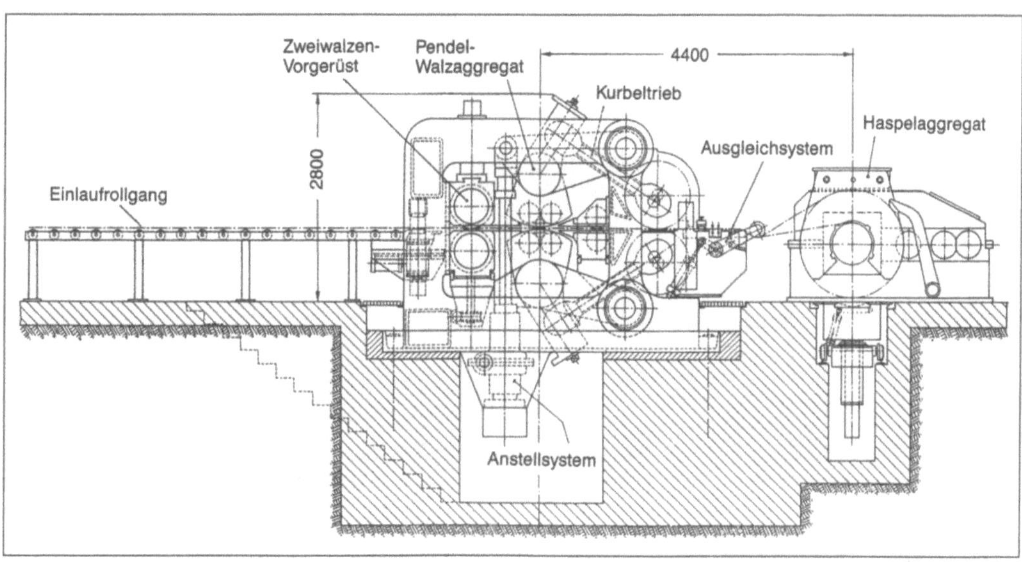

Saxl-Walzanlage: Seitenansicht (Bauart Fröhling*).*

mit Hilfe von Mehrschalengreifern und eines Bergekübels nach über Tag geschafft. Ist der Schacht in der Tiefe durch eine Fördersohle unterfahren, ist es oft zweckmäßig, innerhalb des Schachtquerschnitts ein Großbohrloch herzustellen, durch das das Haufwerk nach unten abgeworfen wird. Das Vorbohrloch von rd. 1 m Dmr. wird anschließend z. B. durch eine Gesenkbohrmaschine auf den Enddurchmesser von 5–6 m aufgeweitet. Deren Bohrkopf ist mit Schneidrollen besetzt und arbeitet mit niedrigen Drehzahlen bei hohem Andruck an die Bohrlochsohle. Während des Bohrens wird die Maschine an der Schachtwand verspannt. Sie folgt dann mit dem Abteuffortschritt in die Tiefe.

Der Ausbau des Schachts wird mit möglichst geringer zeitlicher und räumlicher Verzögerung nach dem Ausbrechen der Sohle durchgeführt. Er besteht aus einer Mauerung oder aus Stahlbeton oder aus geschlossenen Stahlringen oder aus gußeisernen Segmenten (Tübbings). Zur Erreichung eines möglichst kraftschlüssigen Verbunds zwischen Schachtausbau und Gebirge ist oft ein Verzug und eine Hinterfüllung erforderlich. *Seeliger*

Literatur: *Mohr, F.:* Schachtbautechnik. Goslar 1964. – Richtlinien zur Berechnung von Schachtauskleidungen in nicht standfestem Gebirge. Essen 1976.

Schadensanalyse (Konstruktionstechnik).

Die S. von Produkten dient zum Ermitteln von Fehlerarten, Schadensursachen und zur Einleitung sachgerechter Instandsetzungs- und Schadensabhilfe-Maßnahmen.

Trotz Qualitätssicherung, praxisnaher Berechnung und Erprobung der Produkte kann keine absolute Sicherheit erreicht werden, so daß Beanstandungen und Schäden vorkommen.

Bei der S. ist wichtig, ausgehend von den Schadensteilen die Schadensarten (z. B. Brucharten, Risse, Verformungen, Verschleißarten, Korrosionsarten) festzustellen. Dies kann durch Prüfverfahren der Werkstoffwissenschaften (z. B. optische, chemisch-physikalische), durch Vermessung der Geometrie und Vergleich mit Referenz-Bildern geschehen. Ausgehend davon müssen mehrere hypothetische Wirkung-Ursachen-Ketten aufgestellt werden, die über die sekundären zu primären Schadensarten und weiter zu den schließlich meist menschlich bedingten Schadensursachen zurückführen. Nicht menschlich bedingte Schadensursachen sind durch nicht vorhersehbare Ereignisse (z. B. seltene Überschwemmungen, Erdbeben) oder Unvollkommenheit des Standes der Technik (z. B. die früher unbekannte Spannungsrißkorrosion in vorgespanntem Stahlbeton) charakterisiert.

Man kann sodann 2 Gruppen von Schadensursachen unterscheiden: Produktfehler („Geburtsfehler" des Produkts, bedingt durch den Hersteller) und Betriebsfehler (oft genug Bedienungsfehler, bedingt durch den Betreiber). Die hypothetischen Wirkung-Ursachen-Ketten sind durch Berechnungen, logische Schlüsse, experimentelle Untersuchung auf ihre Haltbarkeit zu prüfen und soweit auszuschließen, bis die wahrscheinlichste Kette übrigbleibt und damit die schadenauslösende Ursache. Meist kommen mehrere Ursachen und schadenbegünstigende Umstände zusammen.

Die S. ist in Klein- und Mittelunternehmen die Aufgabe der →Konstruktionsabteilung. In größeren Unternehmen gibt es eigene Abteilungen im Rahmen der Qualitäts- oder Funktionssicherung bzw. des Kundenservice. *Ehrlenspiel*

Schadstoff.

Als S. im Abgas von Verbrennungsmotoren werden angesehen: Kohlenmonoxid (CO), unverbrannte Kohlenwasserstoffe (HC), Stickoxide (NO_x) und Feststoffe (hauptsächlich Ruß).

Hier sei nicht auf die S.-Immission, sondern auf die S.-Emission eingegangen, und zwar auf die von Verbrennungsmotoren. Die Gründe für das Auftreten der S. sind je nach Komponente unterschiedlich:

Kohlenmonoxid (CO). Es tritt beim Luftmangel auf, weil der nötige Sauerstoff zur vollständigen →Verbrennung zu Kohlendioxid fehlt (→Abgaszusammensetzung). CO erscheint, wenn das →Verbrennungsluftverhältnis λ_v unter den Wert 1 sinkt. Mit kleiner werdendem λ_v steigt die CO-Emission etwa linear an.

Unverbrannte Kohlenwasserstoffe (HC). Unter HC (Hydrocarbons) ist die Summe vieler verschiedener Kohlenwasserstoffe zu verstehen. Unverbrannte Kohlenwasserstoffe treten ebenfalls bei $\lambda_v < 1$ wegen unvollständiger Verbrennung auf (Luftmangel). Bei Ottomotoren kann aber auch ein zu großes Luftverhältnis (z. B. $\lambda_v = 1,4$) zu vermehrter HC-Emission führen, weil die Verbrennung nicht schnell genug abläuft und während der Expansion zum Erliegen kommt. Bei noch größerem Luftverhältnis kommt es bei einzelnen Arbeitsspielen einzelner Zylinder zu Zündaussetzern, so daß die volle Kraftstoffmenge unverbrannt in die Abgasleitung gerät. Bei günstigem Luftverhältnis ($\lambda_v \approx 1,1$) ist die HC-Emission sehr gering, aber nicht null, weil die Flamme im →Brennraum an der Brennraumwand und besonders in engen Spalten wegen der niedrigen Wandtemperatur verlischt (Quench-Effekt).

Stickoxide (NO_x). In der Reaktionsgleichung

$$N_2 + O_2 \rightleftharpoons 2\,NO$$

verschiebt sich das Gleichgewicht bei sehr hohen Temperaturen, wie sie im Brennraum von Verbrennungsmotoren auftreten, etwas in Richtung zur Bildung von Stickstoffoxid NO. Bei der schnellen Expansion der Verbrennungsgase reicht die Zeit nicht aus für den Zerfall des NO in die ursprünglichen Bestandteile Luft N_2 und Sauerstoff O_2. Es wird das zu höherer Temperatur (ca. 1500 °C) gehörende Gleichgewicht eingefroren und bewirkt das Auftreten von NO im Abgas. Die größten NO-Konzentrationen treten dann auf, wenn die höchsten Verbrennungstemperaturen erreicht werden (und wenn genügend Sauerstoff vorhanden ist). Dies ist bei einem Luftverhältnis von $\lambda_v \approx 1,1$ und bei relativ früh liegendem Zündzeitpunkt der Fall. Das gebildete NO oxidiert bei Anwesenheit von Sauerstoff langsam zu NO_2. Unter NO_x wird die Summe aller Stickoxide verstanden.

Wie die bisherigen Erläuterungen zeigen, ist die S.-Emission sehr abhängig vom Verbrennungsluftverhältnis λ_v (Bild). Dabei ist zu beachten, daß die Volumenanteile von CO in %, die der Schadstoffe HC und NO_x dagegen in ppm angegeben sind (1000 ppm sind 0,1 %).

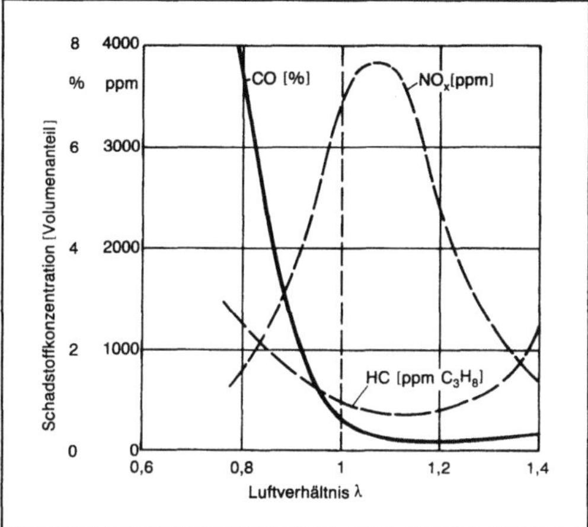

Schadstoff: Prinzipieller Verlauf der Schadstoffemission in Abhängigkeit vom Luftverhältnis beim Ottomotor.

Dieselmotoren fahren auch bei Vollast mit einem Verbrennungsluftverhältnis, das deutlich über 1 liegt (z. B. $\lambda_v = 1,4$). Bei Teillast ist λ_v noch viel größer ($\rightarrow$ Leistungsregelung). Weiterhin unterscheiden sich Diesel- von Ottomotoren durch andere $\rightarrow$ Gemischbildung, andere Verbrennung und anderen $\rightarrow$ Kraftstoff. Diese Punkte zusammen führen z. T. zu einem anderen Emissionsverhalten:

□ CO tritt im Abgas von Dieselmotoren kaum auf.

□ Die HC-Konzentration bleibt bei steigendem Luftverhältnis niedrig.

□ Die NO_x-Emission sinkt zur Teillast hin wegen des großen Luftverhältnisses sehr ab. Dabei haben Vorkammermaschinen generell eine niedrigere NO_x-Emission als Motoren mit $\rightarrow$ Direkteinspritzung.

□ Bei kleinem Luftverhältnis, also bei Vollast und erst recht bei Überlast, tritt eine Rußemission auf, die auf örtlichen Luftmangel im Brennraum, also auf unvollständige Verbrennung des Dieselkraftstoffs zurückzuführen ist ($\rightarrow$ Abgasschwärzung). Da die Rußemission mit innermotorischen Maßnahmen nicht ganz beseitigt werden kann, versucht man, das Problem mit Rußfiltern in der Abgasleitung zu lösen.

Beim Vergleich verschiedener Motoren oder erst recht beim Vergleich von Verbrennungsmotoren mit anderen Kraftmaschinen darf man allerdings nicht allein die Konzentration der S. betrachten. Da sich die absolute S.-Emission aus dem Produkt der S.-Konzentration mit der Abgasmenge ergibt, ist sinnvollerweise die je Kilowatt $\rightarrow$ Nutzleistung ausgestoßene Abgasmenge mit einzurechnen. Dabei schneiden Maschinen mit hohem Wirkungsgrad, die je Kilowattstunde weniger Kraftstoff und Verbrennungsluft benötigen, besser ab.

Auf die S.-Emission wird bei der Konzeption eines Verbrennungsmotors sehr geachtet. Dabei ist zunächst festzulegen, ob eine $\rightarrow$ Abgasentgiftung mit Hilfe eines Katalysators vorgenommen werden soll oder nicht. In allen Fällen ist eine sehr sorgfältige Abstimmung von Luftverhältnis und Zündzeitpunkt im gesamten $\rightarrow$ Motorkennfeld vorzunehmen, wobei auch auf die Abhängigkeit des Vollastdrehmoments und des spezifischen Kraftstoffverbrauchs vom Verbrennungsluftverhältnis Rücksicht zu nehmen ist.   *Kuhlmann*

Literatur: *Bohn, T.* (Hrsg.): Verdrängermaschinen. Tl. II: Hubkolbenmotoren. Handb. R. Energie. Bd. 2. Köln 1983.

Schälgrubber $\rightarrow$ Grubber

Schälpflug. Sonderbauart des Pflugs für besonders geringe Arbeitstiefen bei großer Arbeitsbreite.   *Renius*

Schäummaschine. S. stellen je nach Bauart kontinuierlich oder diskontinuierlich harte oder weiche Schäume aus verschiedenen Rohstoffen her. Es sind darunter insbes. solche Maschinen zu verstehen, die schäumfähige Kunststoffe in Werkzeuge gießen oder auf Transportbänder schäumen oder Schäume frei am Ort verspritzen. Nicht zu den S. zählt man die $\rightarrow$ Extruder und die Spritzgießmaschinen, die lediglich durch leichte Verfahrensänderung auch in der Lage sind, Halbzeuge oder Formteile mit poriger Struktur herzustellen.

Man versteht jedoch darunter nur die Reaktionsschaumgießmaschine (RSG)-Verfahren. Häufiger verwendet wird jedoch der aus dem angelsächsischen stammende Begriff Reaction-Injection-Moulding (RIM)-Verfahren.

Die S. (RSG-Maschine) stellt i. a. aus Isocyanaten und Polyolen Struktur- oder Integralschäume her. Sie führt die ohne Treibmittel schäumfähigen Komponenten zusammen und trägt sie in einen Werkzeughohlraum aus. Dort beginnt der Schaumprozeß.

Man unterscheidet Niederdruck- und Hochdruckmaschinen. In der Niederdruck-S. erfolgt die Durchmischung durch ein Rührwerk. Erst nach einer ausreichenden Mischzeit im Mischkopf mit Rührwerk kann die Mischung in ein Werkzeug ausgetragen werden. Diese Maschinen haben je nach Baugröße eine Austragleistung zwischen 3 und 30 l/min. Entsprechend können Formteile zwischen 50 und 5000 g hergestellt werden.

In der Hochdruck-S. werden die Komponenten unter hohem Druck meist direkt gegeneinander gespritzt und in einer Kammer auf engstem Raum miteinander vermischt (Bild 1). Dabei wird die Mischung kontinuierlich in das Werkzeug ausgestoßen. Da die Verweilzeit vom Eintritt in die Mischkammer bis zum Einfüllen in die formgebende Werkzeughöhlung nur Bruchteile von Sekunden beträgt, können bei der Injektionsvermischung hoch beschleunigte Komponenten verwendet werden. Die Austragleistungen betragen kontinuierlich 3 bis 400 kg/min.

Die Komponenten werden bei modernen Maschinen bis zum Mischkopf hin ständig in einem temperierten Kreislauf verarbeitungsgerecht umgepumpt.

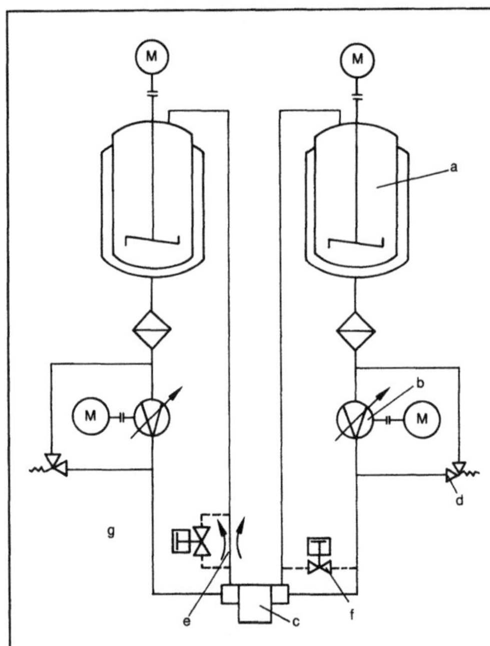

Schäummaschine 1: Prinzipdarstellung einer Hochdruckschäummaschine für das RSG-Verfahren (RIM-Verfahren).

a Arbeitsbehälter, je einer für Isocyanat und Polyol, b Dosiergerät, c Mischkopf, d Sicherheitsventile, e Kreislaufdrossel, f Niederdruck-Kreislaufventil, g Mischkammer, M Antriebsmotor

Dadurch werden Mischungsinhomogenitäten oder Verluste durch Anlauf und Nachlauf vermieden.

Besonders wichtiger Bestandteil ist der Mischkopf. Er soll einen verlustfreien Kreislauf, gleichzeitiges Öffnen der Injektionsöffnungen und Selbstreinigung ermöglichen. Eine solche Lösung zeigt Bild 2.   *Johannaber*

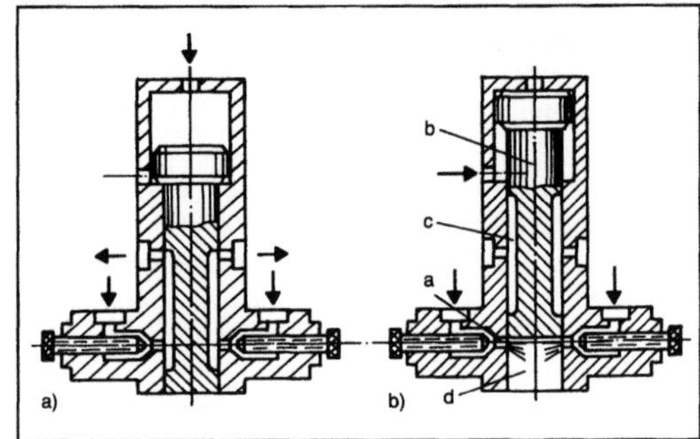

Schäummaschine 2: Kolbengesteuerter Mischkopf mit Kreislaufnuten (Schemaskizze).
a) Kreislauf, Reinigen
b) Mischen.

a Injektionsdüsen, b Steuer- und Reinigungskolben, c Kreislaufnuten, d Mischkammer

Literatur: *Johannaber, F., u. K. Stoeckhert:* Kunststoffmaschinenführer. 2. Aufl. München 1984. – *Schwarz, O., F.-W. Ebeling, G. Lüpke u. W. Schelter:* Kunststoffverarbeitung. Würzburg 1985.

Schaffußwalze. S. sind Verdichtungsgeräte, deren Walzen mit kräftigen, schaffußartigen Dornen bestückt sind. Die 14–18 Schaffüße je m² Walzenfläche sind bis rd. 20 cm lang und kneten den Boden kräftig durch. Der durch sie aufgebrachte Walzdruck ist größer als der einer geschlossenen Walzfläche. Die Form der Dorne ist für die Verdichtungswirkung von großer Bedeutung, da der verdichtete Boden durch das Herausreißen der Dorne z. T. wieder aufgelockert werden kann. Bei S. beträgt der Walzdruck rd. 300 N/cm² Aufstandsfläche (ohne Ballast). S. werden meist als einachsige Anhängewalzen oder als Wechselbandagen für Walzenzüge gebaut. Man stellt sie fast nur noch mit zuschaltbaren Vibrationseinrichtungen (→Vibrationswalze) her. Sonderbauweisen sind Keilfuß- und Stampfwalzen. Keilfußwalzen haben eine etwas gedrungenere Gestalt der Füße und erreichen mit Ballast rd. 500 N/cm². Stampfwalzen haben statt der Schaffüße kurze, breite Stampffüße und sind besonders für bindige, aber auch für rollige Böden geeignet. Eine weitere Sonderform sind die Müllverdichter (→Kompaktor).   *Kühn*

Schaftachse. Die Verbindungslinie der Lagerzapfen-Mittelpunkte eines Rotors. Die S. ist eine rotorfeste Achse und dient als Bezugsachse zur Ermittlung der →Unwucht.   *Witfeld*

Schaftmaschine. S. sind Fachbildeeinrichtungen an Webmaschinen. Während bei den Exzentermaschinen die Steuerung der Schäfte über die fest eingebauten Kurvenscheiben erfolgt, wird die Steuerung der Schäfte bei der S. durch einen Datenträger vorgegeben. Der Datenträger – bei den mechanischen S. ist dies heute eine Papier- oder Kunststoffkarte – beinhaltet die Informationen aller Schäfte für die Fachbildung über den gesamten Schußrapport. Entsprechend groß kann der Schußrapport gewählt werden. Theoretisch ist er unbegrenzt. Eine praktische Grenze wird durch die Handhabung der Karte und durch die notwendige Begrenzung des zu webenden Musters gegeben. Der maximale Kettrapport (Bindungen) wird durch die Anzahl der Schäfte bestimmt. Die S. werden für die Steuerung von bis zu 28 Schäften gebaut.

Ebenso wie die Exzentermaschinen wandeln S. eine stetige rotatorische Antriebsbewegung in die translatorische Auf- und Abwärtsbewegung der Schäfte um. Dabei werden die vom Datenträger stammenden Informationen (Schaft geht in das Unterfach bzw. Schaft geht in das Oberfach, →Fachform) verarbeitet und umgesetzt. Die Bewegungsübertragung der Rotation in Translation geschieht über Exzenter, Hubmesser, schaltbare Hebelsysteme, Gestänge und/oder Seilgetriebe entweder rein formschlüssig oder kombiniert form- und kraftschlüssig. Eine rein formschlüssige Schaftbewegung durch steuerbare Kurbeltriebe (Gelenkgetriebe) ist mit einer nach dem Rotationsprinzip arbeitenden S. gelungen, mit der besonders hohe Arbeitsfrequenzen bis 600 min^{-1} erreicht werden können.

Die allgemeine Verbreitung der →Elektronik führte zur Entwicklung der elektronisch gesteuerten S. Hiermit wurde es möglich, neben den Bindungsinformationen des gesamten Schußrapports für alle Schäfte noch weitere Funktionen und Bewegungsabläufe der Schäfte zu speichern, die die Bedienung und den Service sehr vereinfachen und erleichtern. Beispiele hierfür sind die beliebig zu realisierenden Schaftstellungen einzelner Schäfte oder Schaftgruppen für das Einrichten der Webmaschine (→Webereivorbereitung) oder bei Kett- und Schußbruch (→Webereimaschinen-Überwachung) oder die Kontrolle der Schußeintragsfrequenz, der Gewebeeinstellung, der Schuß- und Meterleistung usw. Die Steuerdaten lassen sich der S. über ein Eingabegerät direkt in den Festspeicher übergeben oder in einer separaten Programmierstation eingeben, wobei als Datenträger Speichermoduln oder Steckkarten Verwendung finden. *Kohlhaas*

Schalenkupplung. S. sind nicht schaltbare starre Kupplungen (DIN 115). Die S. besteht aus einer längs geteilten Hülse, die über die Wellen gelegt und verspannt wird. Die S. kann radial ein- und ausgebaut werden, ohne die Wellen zu verschieben. Die Wellen müssen genau fluchten (Bild). *Ehrlenspiel*

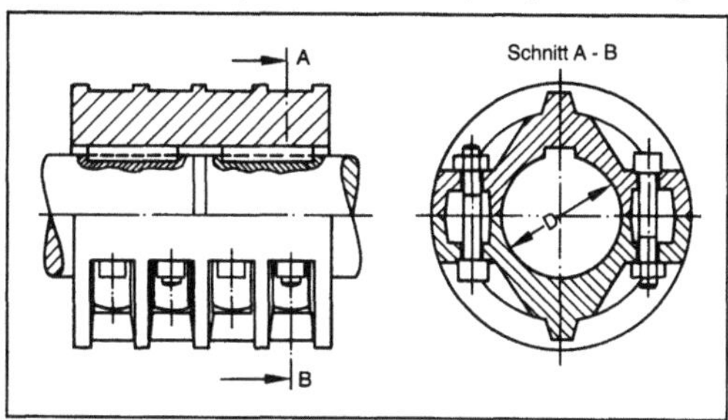

Schalenkupplung.

Schalldämpfer. Mit Einbauten versehener Behälter in der Abgasleitung eines Verbrennungsmotors.

Beim Öffnen des Auslaßventils oder Auslaßschlitzes eines Verbrennungsmotors strömt Abgas unter dem Überdruck im →Zylinder zunächst mit sehr hoher Geschwindigkeit in die Abgasleitung. Die dadurch hervorgerufenen Druckwellen müssen im S. auf ein vom Geräusch her erträgliches Maß verkleinert werden.

Die Wirkungsweise des S. beruht darauf, daß plötzliche Geschwindigkeitsänderungen in den Zwischenrohren wegen der Trägheit der Gassäule nicht möglich sind. Dadurch wird das Abgas in den davorliegenden Kammern zwischengespeichert und fließt gleichmäßiger ab. Weniger anschaulich, aber genauer läßt sich der S. als ein akustisches Tiefpaßfilter auffassen und berechnen. *Kuhlmann*

Schaltanzeige →Motor-Getriebe-Management

Schaltgetriebe. Die Drehmoment- oder/und Drehzahlübersetzung bei Getrieben kann man durch Schaltvorrichtungen verändern. Bei Reibradgetrieben verwendet man Schaltvorrichtungen mit stufenloser Übersetzung. Bei Zahnradgetrieben hängt die Übersetzung von den Zähnezahlverhältnissen der drehmomentübertragenden Zahnradpaare ab.

Das Bild zeigt an einem Beispiel ein 5-Gang-Lkw-Getriebe. Das Drehmoment des Motors wirkt an der Antriebswelle. Das →Ritzel befindet sich mit dem Treibrad der Vorgelegewelle ständig im Eingriff. Die Gänge 1–4 werden dadurch geschaltet, daß die Schalteinheit jeweils ein Losrad mit der Abtriebswelle fest verbindet. Im 5. Gang werden An- und Abtriebswelle direkt verbunden. Für den Rückwärtsgang wird die Drehzahl über ein →Zwischenrad umgekehrt.

Mit der Schalteinheit, die über Schalthebel und Schaltgabel axial verschoben wird, muß eine synchrone Drehzahl zwischen Schaltmuffe und

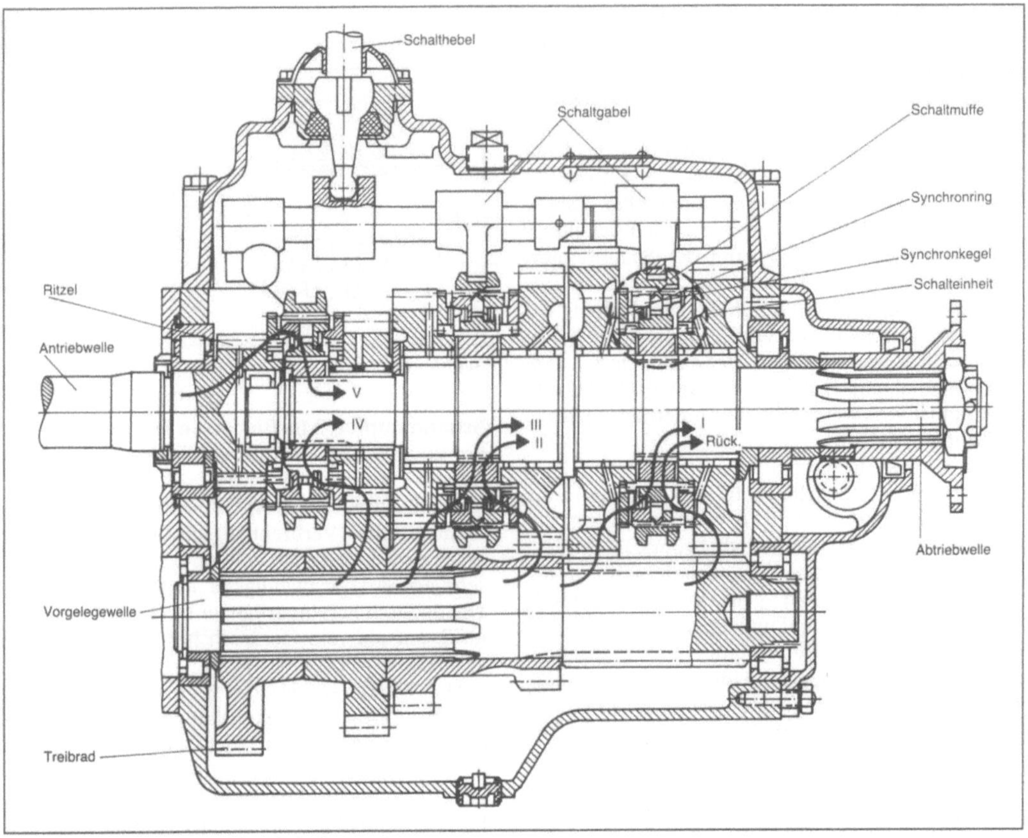

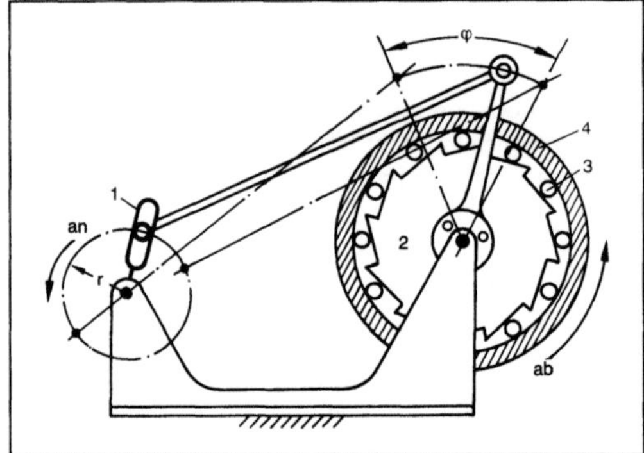

Schaltgetriebe: 5-Gang-Lkw-Schaltgetriebe.

Pfeile deuten auf Kraftfluß in den einzelnen Gängen

→Zahnrad erreicht werden. Hierzu beschleunigt während der Axialbewegung der Synchronkegel den mit dem Zahnrad festverbundenen Synchronring. Nach dem Schaltvorgang wird das Drehmoment zwischen Zahnrad und Abtriebswelle über die Außenverzahnung des Synchronrings übertragen.

Bei Automatik-S. entfällt die Handbetätigung. Dies übernehmen von der Drehzahl abhängig gesteuerte, hydraulisch betätigte Lamellenkupplungen, die ein- oder mehrstufige →Planetengetriebe mit dem Abtrieb verbinden (→Kraftübertragung). *Winter*

Schaltwerksgetriebe. Es ist ein →Getriebe mit stufenlos einstellbarer Übersetzung (Bild), in dem mit einer kontinuierlichen Antriebsbewegung der Kurbel 1 zunächst eine Schwingbewegung des Innenteils 2 eines Freilaufs mit Schwingwinkel φ erzeugt wird. Die Klemmrollen 3 des Freilaufs übertragen nur die nach links gerichtete Hälfte der Schwingung auf den Abtriebsring 4, schalten diese Verbindung aber während des Rückschwingens ab.

Schaltwerksgetriebe: Schematisches Beispiel.

1 Kurbel, 2 Innenteil, 3 Klemmrollen, 4 Abtriebsring

Durch Anordnung von wenigstens $z = 3$ solcher Schwinggetriebe mit um $360/z°$ gegeneinander versetzten Kurbeln 1 und gemeinsamem Abtriebsglied 4 entsteht eine kontinuierliche Abtriebsdrehbewegung, die um so gleichmäßiger wird, je mehr solcher Teilgetriebe mitwirken. Durch stufenlose Veränderung des Kurbelradius r werden Schwenkwinkel, mittlere Schwenkgeschwindigkeit und mittlere Abtriebsdrehzahl, somit auch die mittlere Übersetzung $i = n_{ab}/n_{an}$ stufenlos einstellbar. *H. W. Müller*

Schaltzeug. S. ist ein Oberbegriff für alle Bauteile, die zur Betätigung von Schaltkupplungen (Schaltgetrieben) benötigt werden. Die Ausführung wird bestimmt durch die Bedienungsart (Federdruck, Fuß- oder Handkraft, Magnet, Druckluft oder Drucköl) und die Betriebsweise, d. h. ob die Kupplung sich selbst überlassen ein- oder ausgeschaltet oder in beiden Lagen Ruhestellung haben soll. In der Regel wird für den Schaltvorgang ein Kupplungsteil axial gegen das andere verschoben und bewirkt so die reib- oder formschlüssige Verbindung. Die mechanischen Schaltvorrichtungen sind in der Mehrzahl so aufgebaut, daß in einer Ringnut im zu verschiebenden Teil Gleitsteine laufen, die von einer Schaltgabel in Schaltrichtung betätigt werden (Bild 1). Bei pneumatischen oder hydraulischen Schaltvorrichtungen wird die Betätigungskraft von Zylindern aufgebracht und wie bei mechanischen über eine Schaltgabel und Gleitsteine übertragen, oder der Zylinder wird direkt in die Kupplung integriert (Bild 2). Das vermindert den Bauaufwand, aber die Ausführung der dichten, verlustarmen Zuführung des Druckmediums kann Schwierigkeiten bereiten. Bei elektromagnetisch geschalteten Kupplungen wird die Schaltkraft durch einen

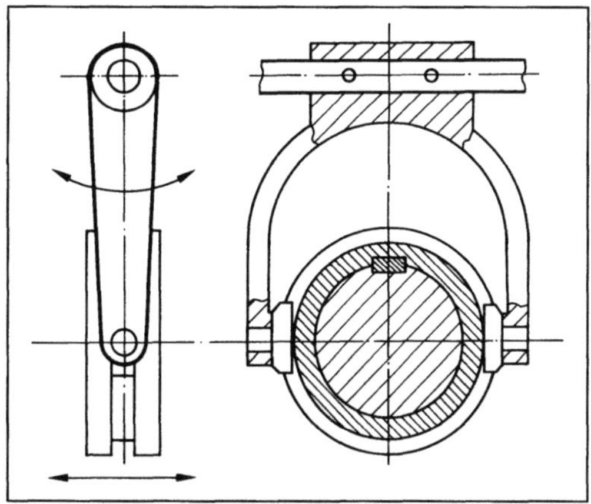

Schaltzeug 1: Schaltgabel.

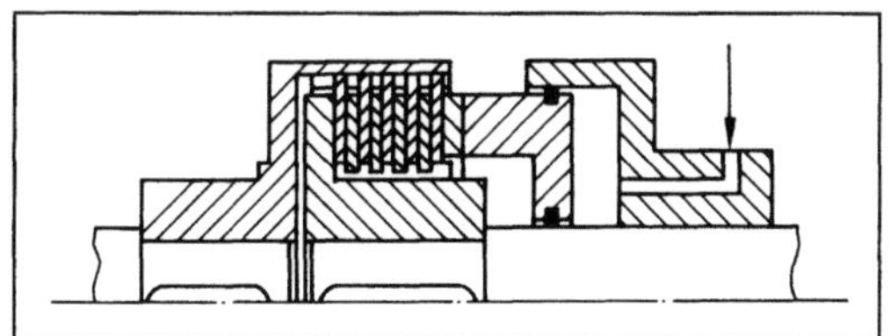

Schaltzeug 2: Pneumatisch bzw. hydraulisch geschaltete Lamellenkupplung.

1012

Elektromagneten bewirkt. Die Stromzuführung erfolgt über Schleifringe oder schleifringlos bei Kupplungen, in denen der Elektromagnet in nicht umlaufende Bauteile integriert ist. *Ehrlenspiel*

Schalung.

1. aufblasbare. A. S. werden für den Bau von Leitungen und Kanälen in Ortbeton verwendet. Die S. besteht aus einer mit Nylongewebe armierten Schalhaut aus Neoprene. Die komprimierte Luft übernimmt die Funktion einer Tragkonstruktion. Die Innendrücke variieren zwischen 4 und 5 bar bei 15 cm bzw. 5 cm Innendurchmesser und 0,3–0,5 bar bei 200–100 cm Dmr., je nach Betoniervorgang und zu erwartendem Betondruck. Gummi-S. werden bis zu 300 cm Dmr. und 30 m Länge hergestellt. Die Länge ist nach der täglichen Betonierleistung zu bemessen. Beim Einbringen des Betons ist die S. gegen Auftrieb zu sichern. Dies kann durch aufgelegte Bohlen geschehen, die an der Außen-S. verankert werden. Ihre Einsatzhäufigkeit liegt bei 250 bis 300 Einsätzen. Inzwischen setzt man a. S. auch beim Abteufen von Schächten für Pfahlgründungen ein. Bei Durchmessern von 2,40 –3,00 m werden sie in Längen von 1,50 m hergestellt, was dem Maß für die zulässige Aushubhöhe in standfestem Boden entspricht. *Kühn*

2. systemlose. Mit s. S. bezeichnet man eine S.-Art, die i. a. aus Holz besteht und auf der Baustelle zusammengesetzt und zerlegt wird. Die Einzelteile lassen sich meist in gleicher Form nicht wiederverwenden. Die s. S. ist sehr lohnintensiv und hat hohe Schnittverluste. Obwohl sie extrem unwirtschaftlich ist, läßt sich ihr Einsatz manchmal nicht vermeiden. Die Einsatzzahlen sind daher klein. Man verwendet deswegen relativ billiges Holz. Sonderfälle der s. S. sind die gemauerte S. sowie die Erdfläche als S. bzw. Unterstützung. Gemauerte S. dienen als verlorene S. oder im Erdreich als S. für Fundamente. Erdflächen können für Böden und Wände als S. und Abstützung verwendet werden, wenn sie eine genügend hohe Standfestigkeit haben. In Sonderfällen hat man auch im Brückenbau die Möglichkeit, die Schalhaut direkt auf Erdflächen abzustützen. *Kühn*

Schalungsgerät. Die Schalung hat die Aufgabe, den frischen, noch weichen Beton zu formen und zu stützen. Die Ausführung der Schalung richtet sich nach den Anforderungen des Bauteils. Maßhaltigkeit, Ebenflächigkeit und die Struktur der Betonoberfläche sind die hierfür maßgebenden Faktoren. Bestimmte DIN-Normen (18201, 18202, 18203) geben genaue Richtwerte für diese Faktoren. DIN 1054 beschreibt zusammenfassend die Vorschriften über die Bemessung der Schalung, ihre bauliche Durchbildung und die Ausschalfristen. Danach sind die Schalhaut und die sie schützende Konstruktion so zu bemessen, daß alle lotrechten und waagerechten Kräfte sicher aufgenommen werden können. Für die Bemessung sind besonders die Schüttgeschwindigkeit und die Verdichtung zu berücksichtigen. Die Standsicherheit der Rüstkonstruktion muß auf der Grundlage von DIN 4421 „Traggerüste" nachgewiesen werden.

Man unterscheidet systemlose Schalung und Systemschalung. Ein System-S. soll mit möglichst vielseitigen Kombinationen und Ergänzungen ohne die Substanzverluste, wie sie bei konventioneller Brett- und Kantholzschalung üblich sind, einsetzbar sein. Fertigt man aus Systemteilen Großflächenschalungen an, so wird die Montage weitgehend von der Baustelle in die zentrale Schalungswerkstatt verlegt und somit eine bessere Auslastung der Kapazitäten gewährleistet. Systemschalungen können als werkseitig komplett montierte Schalelemente einschl. aller notwendigen Zubehörteile in Lkw-gerechten Transportmaßen von den Herstellerfirmen geliefert werden. Nach dem Baukastenprinzip lassen sich diese Standardelemente auf der Baustelle entsprechend den Bauwerksgegebenheiten mit wenigen systemgebundenen Handgriffen zu großflächigen Schalungseinheiten kombinieren. Für die Bemessung der Schalhaut und der Unterstützung ist meist die zulässige Verformung maßgebend. Diese ist vom Schalungsdruck und von der Konstruktion der Schalung abhängig. Der Frischbetondruck (Bild) und somit der Schalungsdruck ist von verschiedenen Einflüssen abhängig:

□ Rütteln (Rütteltiefe, Rütteldauer),

□ Temperatur (Frischbetontemperatur, Außentemperatur, Beheizen der Schalung, Kühlen des Betons),

□ Betonzusatzmittel (Betonverflüssiger, Luftporenbildner, Erstarrungsverzögerer),

□ Erschütterungen,

□ Leicht- und Schwerbeton.

Bei der Schalung kann man i. a. vier Grundelemente unterscheiden:

□ Die Schalhaut hat direkten Kontakt mit dem Beton, gibt ihm die Form und bestimmt seine Oberflächenbeschaffenheit nach dem Ausschalen.

□ Die Aussteifung bewirkt, daß die Schalhaut ebenflächig bleibt und die Lasten gleichmäßig auf die Unterstützung verteilt werden.

□ Die Unterstützung hält die Schalung in der gewünschten Lage und leitet die Lasten auf den Untergrund oder seitlich ab.

□ Die Verspannung nimmt den horizontalen Betondruck auf die vertikale Schalung auf. Im unbelasteten Zustand wirken ihr Abstandhalter oder Spreizen entgegen.

Holz war der erste Baustoff, den man als Schalhaut benutzte. Es wird als Brett oder Bohle dann verwendet, wenn großflächige Elemente nicht einsetzbar sind. Das Brett als Schalungsplatte hat bei der Holzschalung seine bisher größte Verbreitung gefunden. Sie ist besonders dann geeignet, wenn an die Betonoberfläche keine besonderen Ansprüche gestellt werden und der Arbeitsraum beengt ist. Durch den Einsatz mehrschichtig verleimter Holzplatten, die ebenfalls in handlichen Standardgrößen erhältlich sind, kann die Qualität der Betonoberflä-

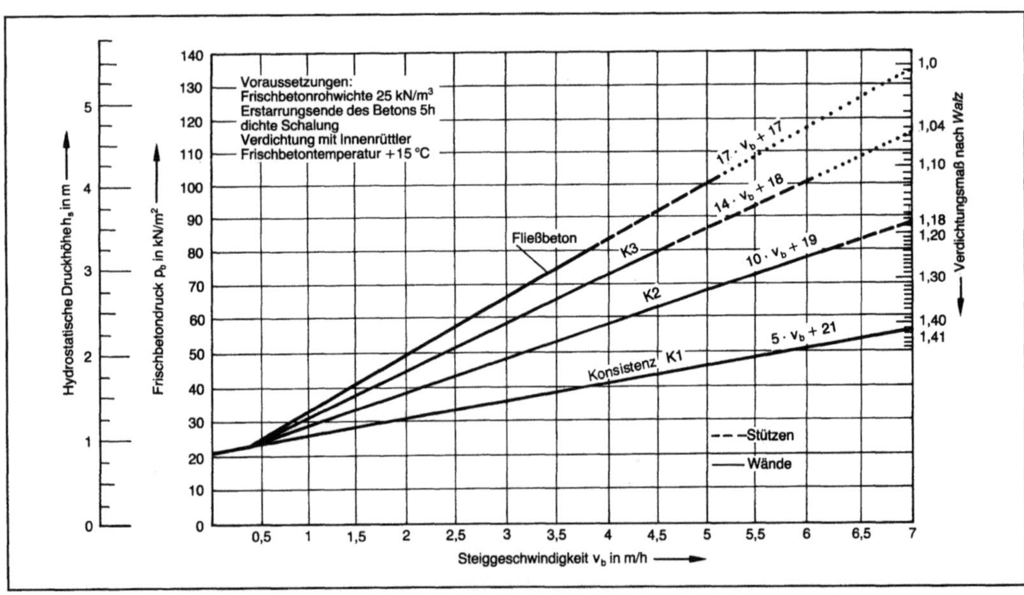

Schalungsgerät: Diagramm für die Bestimmung des Frischbetondrucks p_b in Abhängigkeit von der Steiggeschwindigkeit v_b und der Konsistenz. (Quelle: DIN 18218)

che verbessert werden. Hartfaser sowie Sperrholzplatten als Furnier- und Tischlerplatten sind weitere Einsatzmöglichkeiten von Holz in der Schalungstechnik.

Außer Holz kommen noch andere Materialien als Schalhaut zum Einsatz: Stahlblech wird als Schalhaut in Dicken von 2–4 mm, z. B. für Großflächenschalungen im Industriebau, für Tunnelschalungen im Tunnelbau und Raumschalungen im Wohnungsbau, verwendet. Im Tiefbau setzt man außerdem Aluminium für Spezialschalungen ein. Die Vorteile einer Stahlschalung gegenüber der Holzschalung liegen in erster Linie in der erhöhten Einsatzhäufigkeit. Ihre Bedeutung hat diese Schalhaut vor allem im Fertigteilwerk und in der Feldfabrik erlangt. Erst die Raumschalungen für die Schottenbauweise machten hohe Einsatzzahlen auch im Ortbeton möglich. Außer der Qualität der erzielbaren Betonoberfläche sind Volumenbeständigkeit und Maßhaltigkeit weitere Vorteile. Nachteile der Stahlschalung sind die unflexible Handhabung bei Aussparungen, Installationen usw. sowie das Risiko einer vorzeitigen Beschädigung und damit der Verringerung einer hoch kalkulierten Einsatzzahl. Der Gebrauch von Kunststoffschalungen hat sich bisher noch nicht durchsetzen können. Im Formenbau bei der Herstellung von Fertigteilen werden glasfaserverstärkte Kunststoffe mit Erfolg eingesetzt. Ein wirtschaftlicher Einsatz ist bei Leichtschalkörpern sowie bei Vorsatzschalungen möglich, bei denen die Vorteile dieses Schalmaterials besonders zur Geltung kommen. Dagegen wird Kunststoff sehr häufig als Beschichtung der Schalhaut verwendet (kunststoffbeschichtete Holzschalplatten).

Die Aussteifung der Schalung stellt man aus Holz, Stahl oder Aluminium her. Neben der herkömmlichen Konstruktion aus Kanthölzern, die kreuzweise in zwei Lagen angeordnet sind, setzte sich die Verwendung von verleimten Holzträgern als Gitterträger oder in Vollwandausführung durch. Sie haben ein größeres Tragvermögen, sind formstabiler und haben demzufolge eine längere Lebensdauer. Stahlschalungsträger sind als Vollwand- oder Fachwerkträger auf dem Markt erhältlich. Als Vollwandträger können sie mit der Schalhaut verschweißt als Schalungseinheit verwendet werden, als Fachwerkträger sind sie aus U-, I-, oder T-Profilen hergestellt oder auch als Rohrgitterträger erhältlich. Schalungsträger aus Aluminium zeichnen sich wie die Stahlträger durch hohe Tragfähigkeit aus. Dabei muß dieser Vorteil wie auch das kleinere Eigengewicht der Aluminiumträger durch deutlich höhere Anschaffungskosten gegenüber Holzträgerschalungen erkauft werden.

Zur Unterstützung von Decken dienten früher Rundhölzer. Man ersetzte sie durch bis auf etwa 5 m ausziehbare Stahlrohrstützen. Sie sind durch ein Lochraster verstellbar und mit Boden- und Fuß-platte versehen, so daß sie in der verstellbaren Ausführung auch als Schrägstützen, z. B. für die Abstützung einer Wandschalung, dienen können. Moderne Schalungsträger für Wandschalungen haben Stützspindeln oder spindelbare Konsolen, die im Montagezustand dazu dienen, die Schalung zu halten und auszurichten. Schwere Lasten im Industriebau, Brückenbau und Hallenbau werden über Stütztürme oder Einzelstützen abgeleitet. Die Verspannung hat eine ähnliche Entwicklung wie die Aussteifung genommen. Um die größere Tragkraft der Schalungsträger ausnutzen zu können, verwendet man Anker aus Spannstahl mit aufgewalztem Gewinde. Die Spannfläche beträgt 2,5–3 m^2; dabei werden Lasten von 90–160 kN/Anker aufgenommen. Als Auflager für die Spannanker dienen waagerechte Gurtungen aus Stahlprofilen. Meistens bestehen sie aus U-Profilen, die durch Laschen miteinander verbunden sind. *Kühn*

Literatur: *Kühn, G.:* Die Bauausführung. Abschn. Schaltechnik. In: Beton-Kalender 1986. Tl. II. Berlin 1986; s. bes. S. 430/41.

Schaufel. Sie dient zum Führen des Fluids in einer Strömungsmaschine. Jeweils 2 S. bilden die seitlichen Begrenzungswände eines Strömungskanals, durch die sich die Strömungsrichtung und damit auch der Impuls zwischen Ein- und Austritt ändert. Dadurch übt die Strömung eine Kraft auf die S. aus.

Mehrere S., nebeneinander angeordnet, bilden ein S.-Gitter. In Ringform auf dem Rotor einer →Turbomaschine angebracht und mit ihm umlaufend, übernehmen die S. die Leistungsübertragung vom Rotor auf das Fluid bei der →Arbeitsmaschine oder vom Fluid auf den Rotor bei der →Kraftmaschine. Im Gegensatz zu diesen Lauf-S. sind die

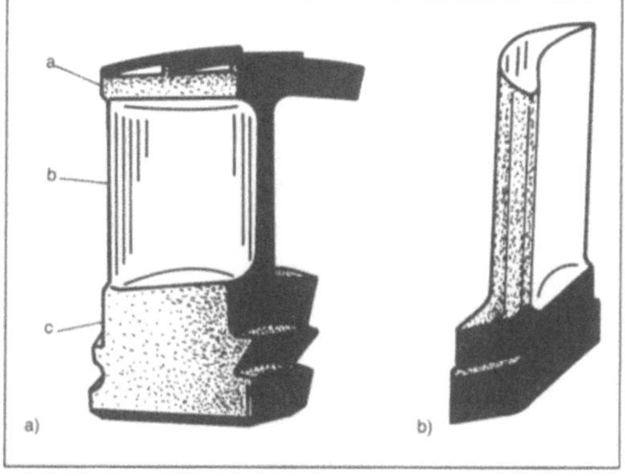

Schaufel: Aus dem Vollen gefräste Schaufel mit Fuß und Schaufelblatt. (Quelle: BBC)
a) Mit Deckplatte.

a Deckplatte, b Schaufelblatt, c Schaufelfuß

b) Ohne Deckplatte.

Leit-S. fest mit dem Gehäuse verbunden, das deren Reaktionsmoment aufnehmen muß.

Die S. besteht aus dem S.-Fuß zum Befestigen der S. im S.-Träger und aus dem mehr oder weniger stark profilierten S.-Blatt, an das sich am anderen Ende in bestimmten Fällen eine Deckplatte anschließt (Bild). *Ziemann*

Schaufel im Fliehkraftfeld. Die Lauf-S. in Turbinen und Verdichtern axialer Bauart werden durch die Strömungskräfte auf Biegung, durch die Fliehkräfte auf Zug beansprucht. Da Normalkraft wie Biegemoment in einem beliebigen S.-Querschnitt zum S.-Fuß hin stark anwachsen, treten die größten Spannungen grundsätzlich im S.-Fuß auf. Sie sind um so höher, je größer die Umfanggeschwindigkeit und je länger die S. ist.

Der Fliehkraftanteil vermindert sich erheblich, wenn die S. nach außen verjüngt wird, wie dies auch aus strömungstechnischen Gesichtspunkten bei längeren S. erforderlich ist. Auf die maximale Biegenormalspannung hat diese Verjüngung jedoch kaum einen Einfluß. Um sie herabzusetzen, kann man den Effekt der →Fliehkraftrückbiegung ausnutzen (Bild 1).

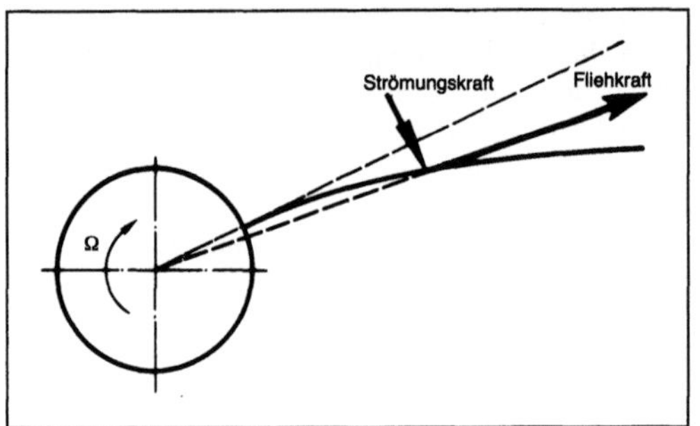

Schaufel im Fliehkraftfeld 1: Fliehkraftrückbiegung bei tangentialer Durchbiegung.

Die S. biegt sich infolge der Strömungskräfte durch. Folglich laufen die Wirkungslinien der Fliehkräfte nicht mehr durch den S.-Fuß. Die entstehenden Rückstellmomente vermindern die Durchbie-

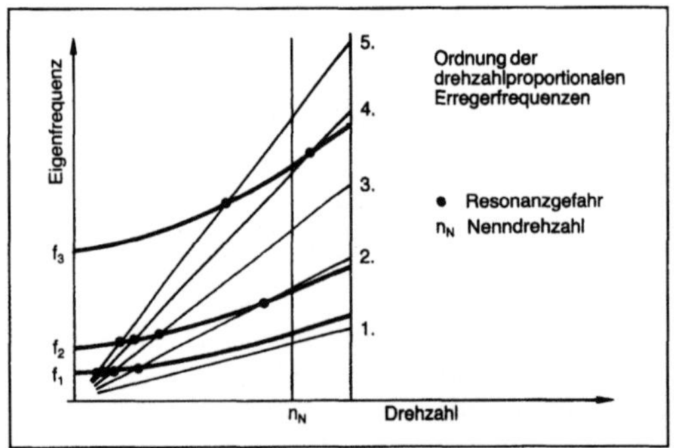

Schaufel im Fliehkraftfeld 2: Schaufelkritische Drehzahlen im Campbell-Diagramm.

gung und damit die Biegebeanspruchung. Ist die S. besonders biegeweich ausgelegt, kann die Entlastung durchaus 90 % erreichen.

Da die Fliehkraftrückbiegung in ihrer Wirkung einer höheren Biegesteifigkeit der S. vergleichbar ist, bewirkt sie auch ein Ansteigen der Biegeeigenfrequenz mit wachsender Drehzahl. Die damit verbundene Verschiebung der Resonanzstellen wird im Campbell-Diagramm ersichtlich (Bild 2).

Bei stark drallverwundenen S. ergeben sich durch die Fliehkraft auch Torsionsbeanspruchungen, die mit einer Verdrehung des Kopfprofils gegenüber dem S.-Fuß einhergehen. *Witfeld*

Schaufelblatt. Teil der Schaufel aus einem Schaufelgitter einer Strömungsmaschine. Im Verlaufe der Strömung durch das Schaufelgitter bewirkt das S. eine kontinuierliche Änderung der Fluidgeschwindigkeit nach Betrag und Richtung und übt dadurch eine Kraft auf das Fluid aus.

Das S. kann man sich aus übereinander aufgeschichteten Schaufelprofilen zusammengesetzt denken. Aus strömungstechnischen Gründen sind längere S. axialer Turbomaschinen verwunden. Bei den Laufschaufeln wird zur Reduktion der Fliehkraftbeanspruchung der Querschnitt des S. zu größeren Radien hin reduziert (verjüngt). Bei Schrägstellung des Lauf-S. wird durch die Fliehkraft darüber hinaus eine teilweise Kompensation der Biegebeanspruchung aus den Fliehkräften erreicht.

Einfache Ausführungen von S. insbes. bei Leitschaufeln sind aus Kostengründen häufig prismatisch und können dann vom Stangenmaterial abgelängt werden.

Neben den strömungsmechanischen Kräften wird das S. durch →Erosion u. a. bei Niederdruckdampfturbinen und durch Korrosion u. a. bei Gasturbinen beansprucht. Bei Fluiden mit hoher Temperatur wird die Materialtemperatur im S. durch die Schaufelkühlung abgesenkt, um eine ausreichende Festigkeit zu erzielen. *Ziemann*

Schaufelfuß. Teil der Schaufel aus einem Schaufelgitter einer Strömungsmaschine. Mit dem S. ist die Schaufel in der Schaufelhalterung eindeutig fixiert. Über den S. werden die auf die Schaufel wirkenden Strömungskräfte und bei der Laufschaufel zusätzlich auch die Fliehkräfte übertragen.

Sind Leitschaufel und Schaufelträger bzw. Laufschaufel und Rotor 2 getrennte Bauteile, stellt der S. die mechanische Verbindung zwischen beiden her. Insbesondere bei den Laufschaufeln ist sie wegen der Fliehkräfte hoch beansprucht und wird z. T. auch durch Verschweißen hergestellt. Im Bild sind verschiedene Ausführungsformen von S. dargestellt. Der für die Montage der Schaufeln in den Umfangsnuten des Rotors notwendige Raum wird später durch das Schaufelschloß ausgefüllt. Es läßt

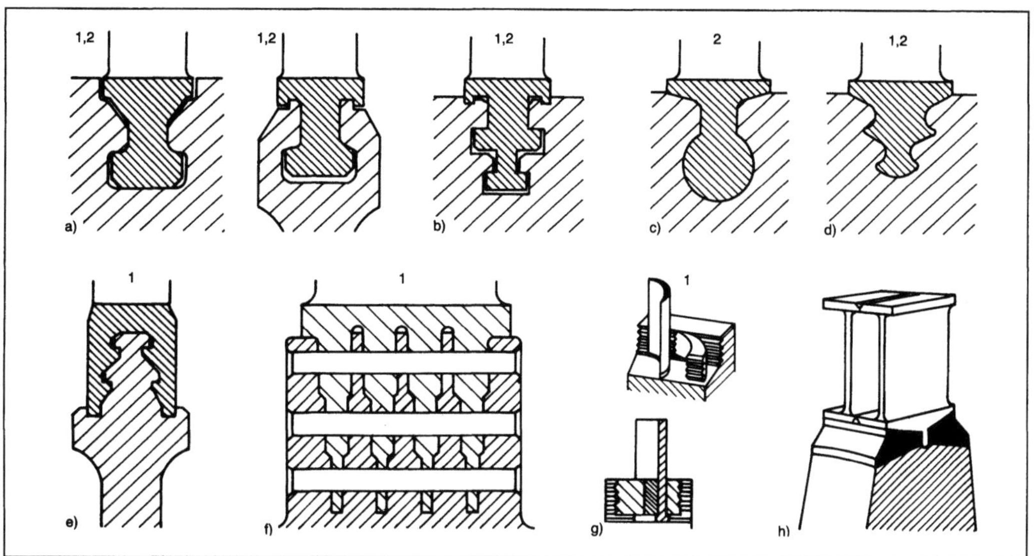

Schaufelfuß: Konstruktive Ausführung der Laufschaufelfüße und der Verbindung mit dem Rotor.
a) Hammerkopffuß.

Einschaufelung: 1 in Umfangsnuten, 2 in Axialnuten

b) Doppelter Hammerkopffuß.
c) Lavalfuß
d) Tannenbaumfuß
e) Hammerkopf-Reiterfuß
f) Steckfuß
g) Gestauchter Schaufelfuß mit Zwischenstücken
h) Auf den Rotor aufgeschweißte Schaufeln.

sich auch zum Vermeiden von Umfangsungleichförmigkeiten durch viele nachträglich zwischen die S. geschobene und anschließend verschweißte Bleche ersetzen. *Ziemann*

Schaufelgitter. Regelmäßige Anordnung von Schaufeln gleicher geometrischer Maße mit gleichem Schaufelwinkel, in gleichem Abstand (Teilung).

Nach der geometrischen Anordnung der Schaufeln unterscheiden sich

☐ *Axialgitter:* Im Kreisring zwischen 2 Zylindern oder Kegeln mit kleiner Steigung speichenförmig angeordnet und in axialer Richtung durchflossen.

☐ *Radialgitter:* Zwischen 2 senkrecht zur Drehachse stehenden Stromführungen angeordnet und in radialer Richtung durchflossen.

☐ *Diagonalgitter:* Zwischen 2 zur Achse geneigten Stromführungen angeordnet und in diagonaler Richtung durchflossen.

☐ *Ebenes, gerades Gitter:* Zwischen 2 ebenen Flächen mit einer geraden Gitterfront angeordnet. Es läßt sich in einer Strömungsmaschine nicht unmittelbar anwenden, wird aber als Abwicklung eines Zylinderschnitts durch ein Axialgitter oft Experi-

menten und vergleichenden Modellrechnungen zugrunde gelegt.

Der Richtung der →Energiewandlung entsprechend muß in Arbeitsmaschinen die Strömung verzögert werden:

☐ In *Verzögerungsgittern* ist die Geschwindigkeit nach dem Gitter kleiner als davor (Arbeitsprinzip).

☐ Umgekehrt verlangen Kraftmaschinen *Beschleunigungsgitter:* Die Geschwindigkeit ist nach dem Gitter größer als davor.

☐ Sonderfall ist das *Umlenkgitter* mit dem Betrag nach gleichgroßen, zur Gitterachse aber symmetrisch geneigten Geschwindigkeiten.

Die Zustandsänderung im Gitter ist eng mit der Geschwindigkeitsänderung verknüpft.

☐ Im allgemeinen steigt in Verzögerungsgittern mit steigender Enthalpie auch der Druck: *Kompressionsgitter.*

☐ Der Druck fällt in Beschleunigungsgittern bei sinkender Enthalpie: *Entspannungsgitter.*

☐ Gitter können auch so ausgelegt sein, daß die bei der Verzögerung frei werdende Energie gerade durch die Verluste aufgezehrt wird. Dann bleibt der Druck trotz der Verzögerung gleich: *Gleichdruckgitter.*

Die Aufgaben der S. innerhalb einer Stufe sind unterschiedlich:

□ Die *Leitgitter* sind fest mit dem Gehäuse verbunden. Bei ihrer Durchströmung kann entweder kinetische Energie in potentielle verwandelt werden oder umgekehrt. Da sie sich nicht bewegen, ist keine Arbeitsübertragung möglich (Arbeitsprinzip).

□ Die *Laufgitter* sind am Rotor befestigt, drehen sich daher. Zusätzlich zur Umwandlung zwischen kinetischer und potentieller Energie kommt bei ihnen noch die Zufuhr oder der Entzug von mechanischer Arbeit hinzu.

Eine Stufe baut sich i. a. aus einem Lauf- und einem Leitgitter auf. Ausnahmen sind: →Radialturbine, gegenläufige mit 2 Laufgittern, →Curtisstufe mit 2 Leitgittern und 2 Laufgittern. Das Leitgitter kann bei einstufigen Maschinen auch durch eine Aus- oder Eintrittsspirale ersetzt werden.

Das Verhalten sowohl einstufiger wie auch mehrstufiger Strömungsmaschinen hängt von den Eigenschaften der einzelnen Gitter ab. Sowohl für die der Auslegung entsprechende Zuströmung (Größe und Winkel der Geschwindigkeit) wie auch für alle sich mit dem Betriebspunkt ändernden Bedingungen müssen der →Abströmwinkel und der →Verlust als Gittercharakteristiken erfaßt werden. Sie wurden früher meist experimentell bestimmt, können aber auch zumindest vergleichsweise berechnet werden (→Strömungsberechnung, numerische). *Dibelius*

Schaufelkühlung. Absenkung der Materialtemperaturen in Schaufeln der Gasturbinen deutlich unter die Temperatur des heißen Arbeitsfluids, um eine höhere Festigkeit durch Kühlung im Schaufelinneren und z. T. zusätzlich durch einen Kühlfilm auf der Oberfläche des Schaufelblattes zu erzielen.

Die Kühlung im Innern der Schaufel bewirkt auf Grund des Temperaturgefälles einen Wärmestrom vom Heißgas hin zum Kühlfluid. Die Temperatur des Schaufelwerkstoffs liegt zwischen der des Heißgases und der des Kühlfluids. Sie hängt ab von den Wärmeübergängen zwischen Heißgas und Schaufeloberfläche einerseits und zwischen Kühlkanaloberfläche und Kühlfluid andererseits. Die Materialtemperatur wird zusätzlich beeinflußt von der Wärmeleitfähigkeit des Werkstoffs, der Form des Schaufelprofils und der Anordnung der Kühlkanäle. Durch einen Kühlfilm außen auf der Schaufel läßt sich der Wärmeübergang zwischen Heißgas und Schaufeloberfläche und damit auch die Materialtemperatur in der Schaufel weiter absenken.

Das Kühlfluid wird durch den Schaufelfuß in die Schaufel geleitet. Spezielle Kühlkanäle an der Verbindungsstelle zwischen Laufschaufel und Rotor besorgen eine ausreichende Kühlung des Fußes und reduzieren gleichzeitig den Wärmestrom zum Rotor und damit dessen Aufheizung (Bild). *Ziemann*

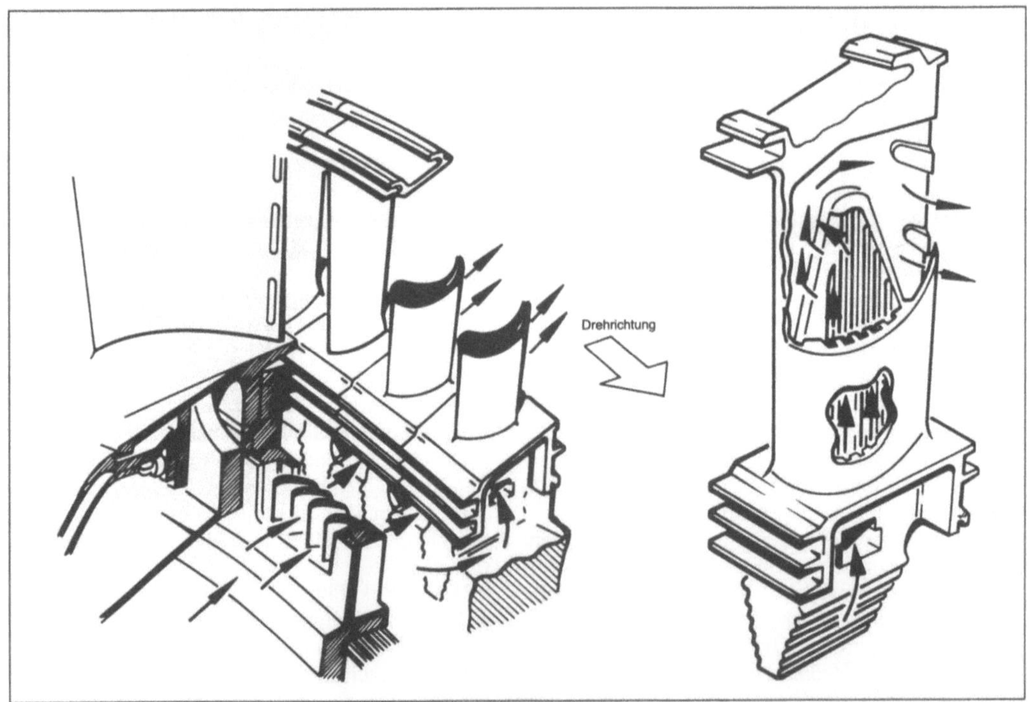

Schaufelkühlung: Kühlung der Laufschaufel in einer Hochdruckturbinenstufe aus einer Gasturbine.

Schaufelprofil. Geometrische Form von Saug- und Druckseite der Schaufel einer Strömungsmaschine.

Das S. bestimmt den Verlauf des Strömungskanals zwischen 2 Schaufeln und damit die Ablenkungseigenschaften eines Schaufelgitters von →Laufrad oder →Leitrad. Entweder werden für vorgegebene Gitter mit vorzugebenden S. in bestimmten Stellungen und Abständen die Umlenkungseigenschaften und Verluste nachgerechnet, oder die S. werden mit sog. inversen Strömungs-Rechenprogrammen entworfen. Dabei werden Profil und Stellung der Schaufel im Gitter so bestimmt, daß die vorgegebene Zuströmung in eine bestimmte Abströmung übergeführt wird, die Strömungsverluste möglichst gering sind und die Schaufeln den Beanspruchungen standhalten (→Strömungsberechnung, numerische). Die Rechenprogramme zum Berechnen der reibungsbehafteten kompressiblen dreidimensionalen Strömung sind sehr aufwendig, so daß man eine Vielzahl mehr oder weniger vereinfachender Rechenverfahren anwendet, die z. T. durch Meßwerte abgesichert sind (Bild).

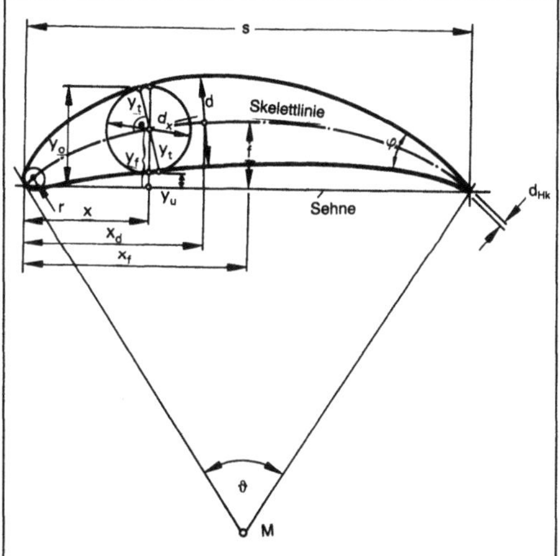

Schaufelprofil: Bezeichnungen am Schaufelprofil.

Skelettlinie: Kurve in der Mitte zwischen Saug- und Druckseite

s Profilsehne, d größte Profildicke, r Nasenradius, f Wölbungshöhe $\triangleq$ größte Skelettlinienordinate, x_f Wölbungsrücklage $\triangleq$ Lage von f, x_d Dickenrücklage $\triangleq$ Lage von d, d_x Profildicke (2 y_t) im Abstand x von der Vorderkante, d_{HK} Dicke der Hinterkante, y_o, y_u Profilordinaten in x, y_f Ordinate der Skelettlinie in x, φ Hinterkantenwinkel

Zur Kennzeichnung relativer geometrischer Größen ähnlicher Profile wird die Profilsehnenlänge s als Bezugsgröße benutzt.

Die Angabe des Profils erfolgt meist in Form der Profilordinaten y_o und y_u in Abhängigkeit von x.

Zylindrische Schaufeln haben senkrecht zur Strömungsrichtung in jedem Schaufelschnitt das gleiche Profil. Bei verwundenen Schaufeln ändert sich das Profil vom Schaufelfuß zur Schaufelspitze stetig. *Rauhut*

Schaufelradbagger (trocken). Der S. ist ein kontinuierlich förderndes Massengewinnungsgerät. Prinzipiell sind alle S. aus den Hauptkomponenten (Bild) aufgebaut. Dabei kann ihre Gestaltung für das jeweilige Gerät und den jeweiligen Einsatz sehr unterschiedlich sein. Das Graborgan ist ein Rad, an dessen Umfang mit Schneiden ausgerüstete Schaufeln angeordnet sind. Dieses Schaufelrad bewegt sich um die eigene Achse und in Richtung seiner Achse im Abbaumaterial und gewährleistet somit einen kontinuierlichen Förderstrom. Um das Schaufelrad in seinem Arbeitsbereich unabhängig zu machen, muß es vor allem ortsveränderlich sein. Es wird daher auf einem Fahrwerk, meist Raupenfahrwerk angeordnet. Um die seitliche Bewegung des Rades gegen das zu grabende Material über eine genügend lange Strecke, wie es für den Abbau von großen Massen erforderlich ist, zu erreichen, bringt man das Schaufelrad auf einem langen schwenkbaren Ausleger an. Hierzu liegt über dem Fahrwerk ein mit dem Fahrwerk verbundener Unterbau und auf diesem drehbar gelagert der schwenkbare Oberbau, der den Schaufelradausleger aufnimmt. Die für das Heben und Senken des Schaufelrads erforderliche Einrichtung befindet sich ebenfalls im drehbaren Oberbau. Damit das Schaufelrad in einer Höhenlage mehrere Schnitte ausführen kann, muß ein Vorschieben des Rades nach Beendigung eines Schnitts möglich sein. Je nachdem wie dieser Vor-

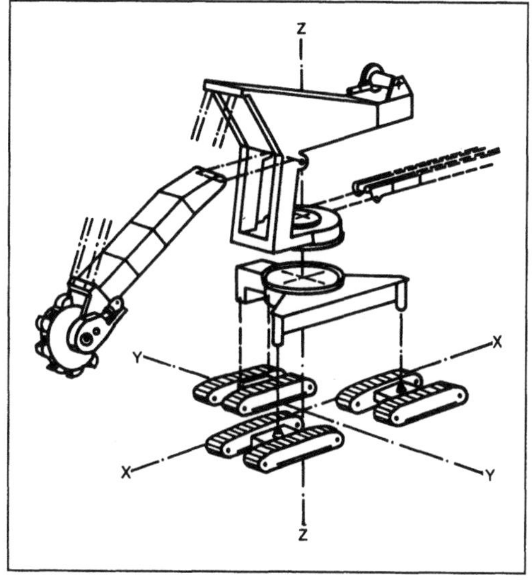

Schaufelradbagger: Hauptkomponenten eines Schaufelradbaggers.

schub erreicht wird, unterscheidet man zwei Gruppen von S. Beim S. mit Vorschub kann bei feststehendem Gerät der Abstand des Schaufelrades von der Schwenkachse des drehbaren Oberbaues in einem bestimmten Bereich verändert (vorgeschoben) werden. Beim vorschublosen S. läßt sich eine waagrechte Verschiebung des Schaufelrads nur mit dem Fahrwerk vollziehen. Dies ist die heute gebräuchliche Bauweise. Der S. kann überall dort wirtschaftlich eingesetzt werden, wo über einen längeren Zeitraum große Fördermengen zu bewegen sind. Er eignet sich daher besonders für den Einsatz im Tagebau, bei großen Bauvorhaben und im Haldenbetrieb. Sein Haupteinsatzgebiet aber ist der Tagebau, wo er oft in Kombination mit anderen Abbaugeräten für den Abbau des leicht lösbaren Materials eingesetzt wird. Durch Erhöhung der Antriebsleistung ist auch ein Einsatz in härterem Material (bis hin zum vorgesprengten Fels!) möglich. Wichtig für den erfolgreichen Einsatz von S. ist, daß alle nachgeordneten Fördermittel dessen Förderleistung weitertransportieren können. Für kleine bis mittlere Förderleistungen wählt man oft die Gerätekombination S.–Bandwagen, für hohe Förderleistungen die Kombination S.–Bandbrücke–Verladestation. Auch im Erdbau kann man, z. B. beim Bau von Autobahnen, Kanälen oder Staudämmen, mit S. arbeiten. Dabei werden die gelösten Massen entweder mit Skw oder Bandanlagen abtransportiert oder im Kanalbau seitlich verstürzt. Für die im Erdbau oft verwendeten kleineren Geräte entwickelten die Hersteller Standardgeräte. Die Bauweise der Standardgeräte ist gedrungen. Ihre Abmessungen und damit auch ihre Dienstmasse sind verhältnismäßig klein. Sie werden als Kompaktgeräte bezeichnet. *Kühn*

Schaufelträger. Dient als Teil des inneren Turbinengehäuses der Aufnahme und Halterung der Leitschaufeln (siehe Bild oben rechts).

Im S. sind die Leitschaufeln fixiert. Er überträgt die auf diese Schaufeln wirkenden Strömungskräfte auf das Außengehäuse und bildet zusammen mit dem Rotor die Kontur des Strömungskanals in axialen Turbinen. Insbesondere bei Niederdruckdampfturbinen mit ihrer großen Volumenzunahme bei der Expansion und mit ihren zahlreichen Anzapfungen wird das Innengehäuse aus mehreren ringförmigen S. gebildet. *Ziemann*

Schaukelförderer →Kreisförderer

Schaumauftrag →Trockenmaschine

Schaumverhütungsmittel. Schmierstoffadditive, um die Schaumbildung in Schmierölen zu vermindern. Besonders wirksame S. sind Siliconöle (insbes. Polydimethylsiloxane), die in Konzentrationen von 0,0001–0,001 % vorwiegend Hydraulikölen, Strö-

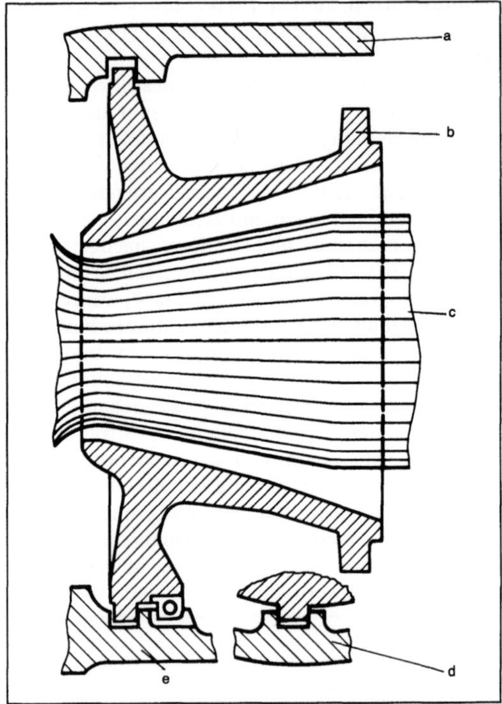

Schaufelträger einer axialen Dampfturbine (Schemaskizze). (Quelle: BBC)

a Gehäuse, b Leitschaufelträger, c Rotor, d radiale Fixierung des Leitschaufelträgers auf mindestens 3 Umfangspositionen, e axiale Fixierung des Leitschaufelträgers

mungsgetriebeölen, Turbinenölen und Motorenölen zugesetzt werden. *Habig*

Scheibe gleicher Beanspruchung. Eine rotierende S. im Fliehkraftfeld, bei der die für die Werkstoffbeanspruchung maßgebliche Vergleichsspannung in der gesamten Scheibe denselben Wert aufweist, heißt S. g. B. oder auch S. gleicher Festigkeit (Bild). Dies setzt voraus, daß Radial- und Tangentialspannung überall gleich sind:

$$\sigma_r(r,\varphi) = \sigma_t(r,\varphi) = \sigma_r(R) = \text{konst},$$

und führt auf eine S. ohne Bohrung mit veränderlicher Dicke b(r). *Witfeld*

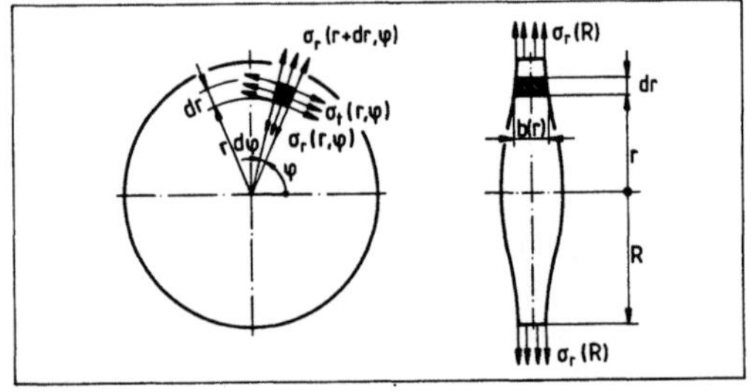

Scheibe gleicher Beanspruchung.

Scheibe, rotierende. Ein scheibenförmiger Rotor mit einer Symmetrieebene senkrecht zur Figurenachse. Die r. S. ist ein typisches Untersuchungsobjekt der →Maschinendynamik und bietet eine Fülle dynamischer Probleme: Die Kenntnis der Spannungen und Verformungen ist entscheidend für den Festigkeitsnachweis oder die Auslegung von Schrumpfverbindungen. Schwingungsberechnungen sind im Hinblick auf die Anregung durch Strömungskräfte in Turbinen oder Pumpen erforderlich. Unsymmetrien der Massenverteilung oder der Montage können zu Resonanzerscheinungen in den biegekritischen Drehzahlen führen, die ihrerseits durch die Kreiselwirkung der S. beeinflußt werden. In jüngster Zeit wird besonders die Kopplung zwischen S.-, Schaufel- und Wellenschwingungen erforscht.

Bei dem klassischen Problem der Spannungsberechnung wird ein ebener Spannungszustand vorausgesetzt (Radial- und Tangentialspannung). Die Axialspannung ist vernachlässigbar klein. Für die häufigsten rotationssymmetrischen Lastfälle Fliehkraft, Randlasten (am Innen- und Außenradius) und Temperaturfeld existieren für die S. konstanter Dicke aus linear-elastischem Werkstoff analytische Lösungen (Bild).

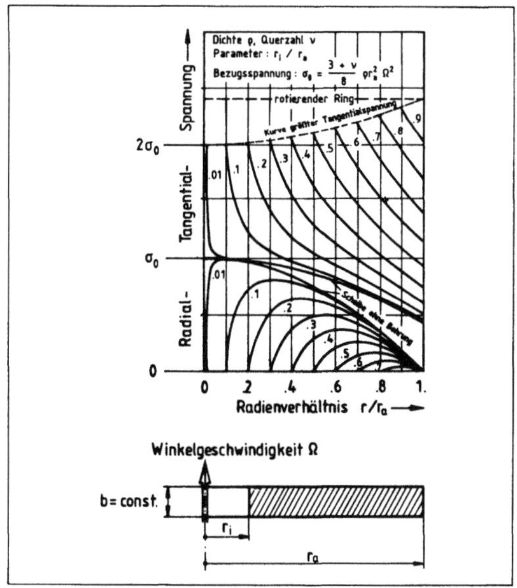

Scheibe, rotierende: Fliehkraftbeanspruchung von Scheiben gleicher Dicke.

Bestimmte numerische Berechnungsverfahren (Übertragungsmatrizen) für beliebige S.-Profile basieren auf diesen Lösungen. Sie werden jedoch mehr und mehr durch Finite-Elemente-Methoden abgelöst, die auch Unsymmetrien in der Geometrie oder der Belastung erfassen können.   *Witfeld*

Scheibenbremse (Konstruktionselement). Die S. ist eine Reibbremse mit einer scheibenförmigen Reibfläche (Bild). Meist werden die Bremsbacken beidseitig in einem Sattel an der Scheibe angeordnet. In dem Sattel liegen die Bremszylinder, die die Bremsbacken an die Scheibe pressen. Je nach Ausführung unterscheidet man Fest- oder Schwimmsattel-S. Die Vorteile der S. liegen trotz örtlich höherer Temperaturen und größerer Anpreßkräfte (durch die kleinere Fläche der Bremsbeläge) als bei der Trommelbremse darin, daß sie ein geringeres Fading (Verringerung des Bremsmoments mit steigender Temperatur) hat, weil sie besser von innen und außen gekühlt werden kann. Ferner sind Wartung und Belagwechsel einfacher. Nachteile sind, daß sie keine selbstverstärkende Bremskraft hat und deshalb meist ein Bremskraftverstärker notwendig ist (z. B. durch Unterdruck bei Pkws). Ferner ist die Ausführung als Feststellbremse bei hydraulischer Bremskrafterzeugung schwieriger. Deshalb wird sie häufig nur an den Vorderrädern von Kraftfahrzeugen vorgesehen, an den Hinterrädern dagegen Trommelbremsen. Auch in Schienenfahrzeugen und im Maschinenbau wird die S. immer häufiger angewendet.   *Ehrlenspiel*
→Bremse

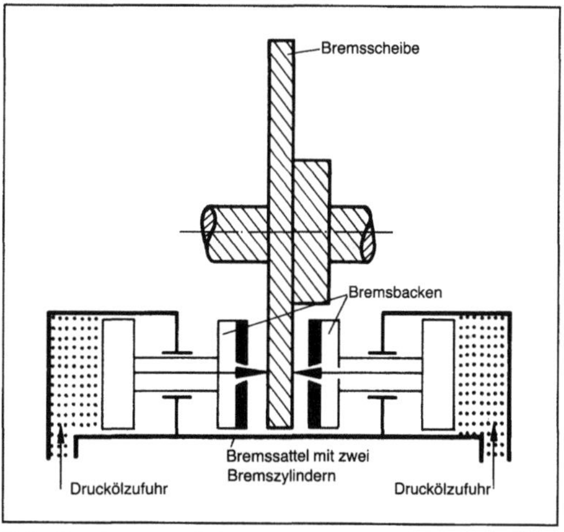

Scheibenbremse: Schema.

Scheibenheber →Karosserie

Scheibenkupplung.

1. elastische. E. S. sind vorwiegend drehnachgiebige, aber auch längs-, quer- und winkelnachgiebige Ausgleichskupplungen (Bild). Die elastischen Elemente haben Scheibenform und sind aus Gummi oder Elastomeren. Der zulässige Verdrehwinkel beträgt bis zu 20°. Die Verdrehkennlinie der S. ist linear, so daß sie Schwingungen auffängt, ohne steifer zu werden. S. werden in Werkzeugmaschinen, bei Antrieben mit Verbren-

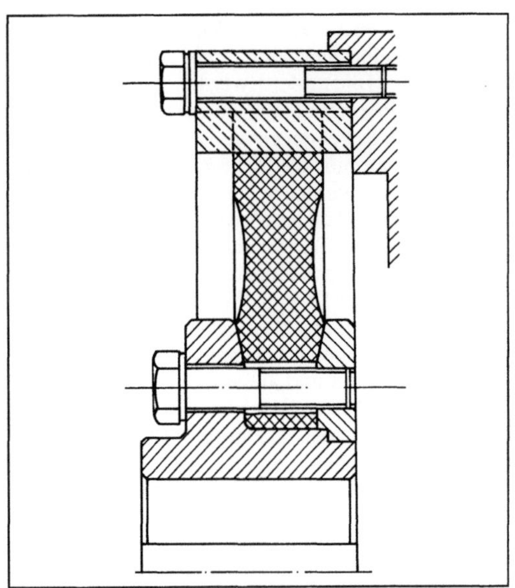

Scheibenkupplung, elastische(Quelle: Stromag)

nungskraftmaschinen und in Kolbenkompressoren eingesetzt. *Ehrlenspiel*

2. starre. Diese S. ist eine nichtschaltbare, drehstarre Kupplung (DIN 116). Sie besteht aus zwei Kupplungsscheiben, die mit Paßschrauben verbunden sind (Bild). Die Drehmomentübertragung erfolgt reibschlüssig über die verspannten Scheiben. Scheibenkupplungen werden mit Zentrierrand, mit zweigeteilter Zwischenscheibe und mit an die →Welle angeschmiedeten Flanschen (Flanschkupplung) ausgeführt. *Ehrlenspiel*

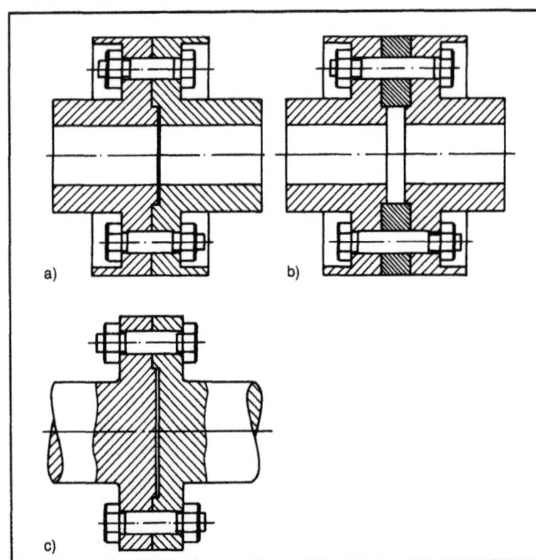

Scheibenkupplung, starre.

a mit Zentrierrand, b mit zweigeteilter Zwischenscheibe, c Flanschkupplung

Scheibenläufer. Ein →Rotor, der aus einer schlanken Welle und davon deutlich abgesetzten einzelnen Scheiben besteht (Bild). Klassische Verwendung z. B. in Gleichdruckturbinen mit geringer Stufenzahl oder bei Radialverdichtern.

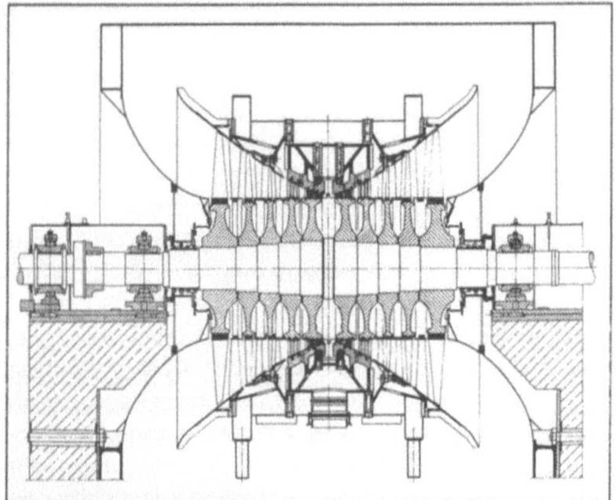

Scheibenläufer. (Quelle: Traupel *a. a. O.)*

Bei kleinerem Durchmesser können Scheiben und Welle aus einem Stück gefertigt werden. Bei größeren Abmessungen werden die Scheiben getrennt bearbeitet und häufig durch Aufschrumpfen mit der Welle verbunden. Aus Festigkeitsgründen (rotierende Scheibe) ist die erste Bauart vorzuziehen (→Trommelläufer). *Witfeld*

Literatur: *Traupel, W.:* Thermische Turbomaschinen. Berlin, Heidelberg, New York 1982.

Scheibenläufermotor. Elektrische Maschine mit axialem statt zylindrischem →Luftspalt. S. eignen sich für alle Vorschub- und Stellaufgaben. Als Servomotoren bilden sie zusammen mit pulsdauermodulierten Transistorregelgeräten hochdynamische Antriebssysteme mit großem Drehzahlstellbereich bei kleinem Anker-Massenträgheitsmoment. Verwendung für Werkzeugmaschinen, Handhabungsmaschinen, Papier-, Druck- und Textilmaschinen, Transferstraßen, Verpackungsmaschinen, Transportanlagen sowie bei Antrieben von Schnelldruckern, Kopierern, Magnetplattenspeichern, Bandgeräten und Scheibenwischern. Bei der Ausführung als Drehstrom- oder →Wechselstrommotor wird der Ständer lamellenartig gewickelt und auf dem Poljoch befestigt. Die Läuferscheibe wird mit einer Käfigwicklung bedruckt. Bei konventionellen Gleichstrommotoren bilden Permanentmagnete oder bewickelte Pole wechselnder axialer Magnetisierung den Ständer. Den Anker bildet eine flache Isolierstoffscheibe entweder mit aufgedruckten oder aus dünnen Drähten aufgewickelten, im wesentlichen radial gerichteten Leiterbahnen. Der Anker kann auch durch eine oder mehrere voneinander isolierte Kupferfolien mit ausgestanzten Leiterbahnen, die durch entsprechende Verschweißung der Enden eine durchgehende Wicklung bilden, aufgebaut sein. Axial angeordnete Bürsten schleifen auf den Leiterbahnen, die somit gleichzeitig Wicklung und Kommutator sind.

Bei bürstenlosen Gleichstrom-S. hat der Anker ebenfalls die Form einer flachen, eisenlosen Scheibe, auf der Permanentmagnete (z. B. aus Samarium-Cobalt) zum Erzeugen des Magnetfelds angebracht sind. Im Ständer des S. ist eine dreiphasige Wicklung eingelegt. Da dem Anker keine elektrische Energie zugeführt werden muß, entfällt der Einbau von Kohlebürsten, Bürstenhalter und Kommutator. Für die elektronische →Kommutierung in Abhängigkeit von der Stellung der Permanentmagnete und der Drehzahl ist ein Lagegeber, der auf dem magnetischen oder dem optischen Prinzip beruht, auf der Motorwelle angeordnet. Seine Signale werden in der zugeordneten Auswerteelektronik verarbeitet (Bild). *Rentzsch*

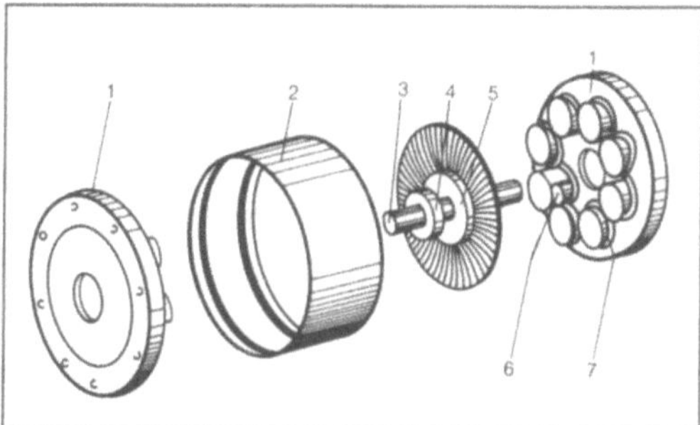

Scheibenläufermotor: Aufbau.

1 Lagerschild mit Permanentmagneten, 2 Gehäuse, 3 Welle, 4 Wälzlager, 5 Läuferscheibe, 6 Bürstenhalter, 7 Magnetisierungswicklung

Scheibenpflug. Bauart des Pfluges mit scheibenartigen leicht gewölbten Werkzeugen, die drehbar gelagert werden. Gestaltung meist als Beetpflug in der Form eines Anbaugeräts. Ein Antrieb der Scheiben über die →Zapfwelle bewährte sich nicht; sie rotieren durch Bodenantrieb. In Europa wendet man den S. im Gegensatz zu Nordamerika nur in sehr kleinen Stückzahlen an: vereinzelt zum Schälen, eher jedoch im Forst sowie zur Kultivierung verwilderter Ackerflächen. Hier sind seine Vorzüge spürbar: Übersteigen von Hindernissen, starke Schneidwirkung im Oberflächenbereich und gute Mischeffekte. Für den normalen europäischen Ackerbau wirken sich hingegen folgende Eigenschaften weniger gut aus: mäßige Wende- und Scherwirkungen (Krümelung), keine Einzugskräfte, Stützräder notwendig für vertikale und horizontale Führung (→Regelhydraulik kaum nützlich), wenig Werkzeugauswahl, sich an Boden und Arbeitsgeschwindigkeit anzupassen, Leichtbau durch Funktion begrenzt, muldenförmige Pflugsohlen. *Renius*

Scheibenradhäcksler →Feldhäcksler

Scheinresonanz. Wenn im →Amplitudengang eines schwach gedämpften linearen Schwingers bei einer Eigenfrequenz keine Resonanzüberhöhung festgestellt werden kann, spricht man von Scheinresonanz. Sie tritt auf, sobald Erregungsform und Eigenschwingungsform orthogonal zueinander sind. Eine Anregung der Eigenform ist dann ausgeschlossen. Diese Tatsache macht man sich beim Auswuchten elastischer Rotoren zunutze. *Witfeld*

Schenkelfeder. Es ist eine schraubenförmig gewundene Biegefeder, Scharnierfeder, nach DIN 2088 aus rundem Draht. Sie ist im Maschinenbau und in der Gerätetechnik, auch im Haus- und Transportwesen vielfach einsetzbar zum Rückholen oder Andrücken von Hebeln, Tasten und Klappen (Bild). Es ist anzustreben, daß beide Federdrahtenden fest eingespannt werden. Dann werden sie über die Drahtlänge $l = \pi \cdot i_f \cdot D_m$ durch das äußere Moment M_t gleichmäßig auf Biegung belastet. Das äußere Moment soll möglichst in dem Sinne wirken, daß der Draht innen eine Druckrandspannung erfährt. Es gelten dann die Berechnungsgleichungen der Spiralfedern, wenn in ihnen das Widerstandsmoment W des Rechteckquerschnitts $b \cdot t^2/6$ durch das Widerstandsmoment des runden Querschnitts $\pi d^3/32$ ersetzt wird. Die Drehsteifigkeit wird somit $c_t = \pi d^4 \cdot E/(64 l)$ und der →Nutzungsgrad $\eta_A \approx \frac{1}{4} \cdot$ zulässige Biegebeanspruchungen (→Federwerkstoff).

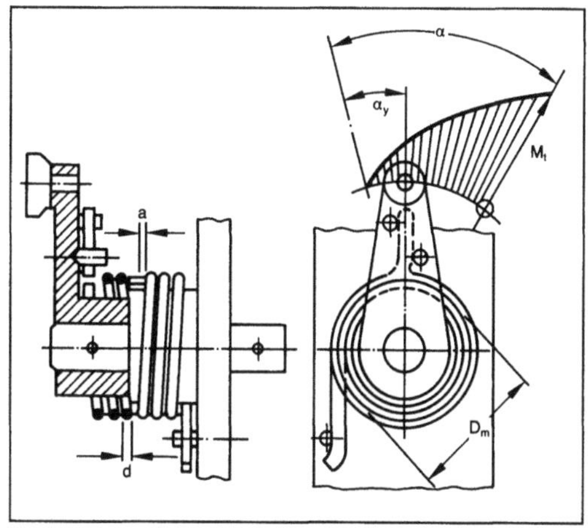

Schenkelfeder: Gewundene Schenkelfeder mit rundem Drahtquerschnitt.

Bei ausnahmsweise nicht im Vorzugssinne wirkender schwellender Belastung ist die Spannungsvergrößerung zufolge der Krümmung mit dem Faktor k_b bei der Ermittlung des zulässigen Moments zu berücksichtigen. Der Faktor k_b ist für Runddrahtfedern durch die Formel $k_b = 1 + 0{,}87/w + 0{,}642/w^2$ gegeben ($w = D_m/d$).

Weitere Formeln und Berechnungsbeispiele gibt DIN 2088. *Federn*

Literatur: DIN 2088: Zylindrische Schraubenfedern aus runden Drähten und Stäben, Berechnung und Konstruktion von Drehfedern (Schenkelfedern). Hrsg. Dt. Inst. für Normung. Ausg. Juli 1969. Entw. Dez. 1988.

Scherenschnitt →Balkenmähwerk, →Schneiden

Schermaschine →Textilausrüstung

Schichtladungsmotor. →Ottomotor, bei dem durch konstruktive Maßnahmen ein inhomogenes Gemisch im →Brennraum erzeugt wird.

Damit das Gemisch im Brennraum eines Ottomotors von der Zündkerze entflammt werden kann, ist ein →Luftverhältnis nahe dem Wert 1 notwendig. Auf der anderen Seite wäre bei Teillast wegen der günstigeren →Abgaszusammensetzung, der geringeren Gaswechselverluste und des höheren Innenwirkungsgrads ein außerhalb der Zündgrenze liegendes hohes Luftverhältnis günstig.

Bei den in der Entwicklung befindlichen S. werden beide genannten Bedingungen dadurch erfüllt, daß an der Zündkerze ein zündfähiges fettes Gemisch und im Rest des Brennraums ein sehr mageres Gemisch erzeugt wird. Ein typisches Kennzeichen des Ottomotors, das homogene Gemisch im Brennraum wird also zugunsten einer Ladungsschichtung verlassen.

Da es schwierig ist, die gewünschte Ladungsschichtung bei einem Motor mit nicht unterteiltem Brennraum für alle Betriebszustände zu verwirklichen, nimmt man bei vielen Schichtladungskonzepten eine Aufteilung in einen Neben- und einen Hauptbrennraum vor. In den Nebenbrennraum wird ein fettes Gemisch gebracht und dort gezündet. Anschließend strömt das schon brennende Gemisch in den Hauptbrennraum, wo es zusammen mit dem dort befindlichen mageren Gemisch zu Ende verbrennt. *Kuhlmann*

Literatur: *Müller, H.,* u. *U. Thoms:* Motoren mit geschichteter Ladung. Motortechn. Z. 36 (1975) Nr. 9, S. 233/34.

Schiebebetrieb →Schleppbetrieb

Schiebersteuerung. Steuerung des Gaswechsels eines Verbrennungsmotors durch gleitende Bauteile, die Öffnungen zum Zylinderraum periodisch freigeben.

Der →Gaswechsel von Viertaktmotoren wird heute ausschließlich über die bekannten pilzförmigen Ventile gesteuert, die von einer →Nockenwelle betätigt werden. Es wurden aber Viertaktmotoren entwickelt, bei denen statt der Ventile ein oberhalb des Zylinders rotierender Flachschieber mit Langlö-

chern die Verbindungen zum →Zylinder herstellte. Vorteilhaft ist, daß sich der Schieber mit konstanter Winkelgeschwindigkeit dreht (keine Massenkräfte) und daß er sehr schnell große Strömungsquerschnitte freigibt. Nachteilig sind die großen Schwierigkeiten mit der Abdichtung, u. a. wegen thermischen Verzugs.

Bei anderen S. befanden sich zwischen dem →Kolben und dem Motorgehäuse (Zylinder) 1 oder 2 Hülsen mit Steueröffnungen. Durch vertikale Bewegung oder auch zusätzliches Verdrehen dieser Hülsen wurden die Steueröffnungen freigegeben. Nachteilig war besonders die durch die Hülsen verschlechterte Wärmeableitung.

Im Grunde arbeitet jeder →Zweitaktmotor mit S. Dabei fungiert der Kolben als Schieber. Der Begriff S. wird aber für den Zweitaktmotor nicht angewendet. *Kuhlmann*

Literatur: *Bensinger, W.-D.:* Die Steuerung des Gaswechsels im schnellaufenden Verbrennungsmotor. Berlin, Heidelberg, New York 1968.

Schiene. Die Stahl-S. als kennzeichnendes Merkmal gaben der Eisenbahn ihren Namen. Zusammen mit den S.-Befestigungen, Schwellen, der Bettung und Planumsschutzschicht bilden sie den Oberbau. Die S. hat zwei wesentliche Funktionen zu erfüllen, die Radlasten aufzunehmen und auf die Schwellen zu übertragen und den rollenden Radsatz zu führen.

Für die Aufgabe als Träger ist das S.-Profil maßgebend. Das daraus resultierende Widerstandsmoment hat Auswirkungen auf die auftretenden Biegezugspannungen sowie auf die Dauerfestigkeit und den Unterhaltungsaufwand. Mit zunehmender Geschwindigkeit der Fahrzeuge wächst die Streuung der dynamischen Kräfte. Dies bedeutet bei gleichem S.-Profil eine Zunahme der Spannungen. Sie können nur bis zur Grenze der zulässigen Werte

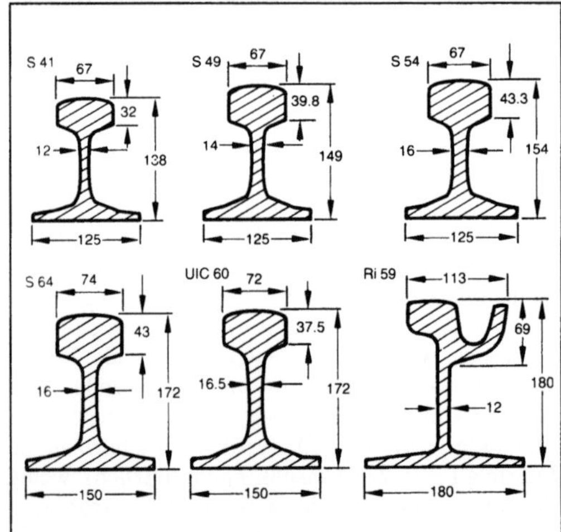

Schiene: Profile

Schiene. Tabelle: Profile.

	G kg/m	A cm^2	$W_x,9TK_{opf}$ cm^3	$W_x,9TF_{uß}$ cm^3	W_y cm^3	I_x cm^4	I_y cm^4
S 41	40,95	52,2	196,0	200,5	41,7	1 368	260
S 49	49,43	63,0	240,2	248,2	51,0	1 819	320
S 54	54,54	69,4	262,4	276,4	57,0	2 073	359
S 64	64,92	82,4	355,9	403,5	80,5	3 253	604
UIC 60	60,34	76,9	335,5	377,4	68,4	3 055	513
Ri 59	58,96	75,1	372,6	351,8	81,0*)	3 257	781

*) W_{yl} = 118 cm^3, da Asymmetrie

hingenommen werden. Eine Anhebung der Mindestzugfestigkeit hat nur eine geringfügige Erhöhung der Dauerfestigkeit zur Folge. Erreicht die Spannung das zulässige Höchstmaß, so muß ein größeres Profil gewählt werden. Fragen des Verschleißes spielen dabei eine untergeordnete Rolle.

Für das Verhalten der S. als Spurführungselement ist jedoch wegen des mechanischen Verschleißes insbes. in engen Bögen die Festigkeit des S.-Werkstoffs von besonderer Bedeutung. Sie bestimmt das Verhalten der S. im unmittelbaren Bereich der Räder mit Auswirkungen auf Verschleiß, Verquetschungen und Fahrkantenausbrüche. In engen Bögen, in denen diese Gebrauchseigenschaften für die Lebensdauer der S. wichtig sind, empfiehlt sich der Einsatz von S. der Sondergüte.

Der Anteil extrem enger Halbmesser und starker Neigungen ist auf den Hauptabfuhrstrecken der Deutschen Bundesbahn (DB) gering. Deshalb stehen nicht der S.-Verschleiß, sondern die Tragfähigkeit der S. bei hohen Geschwindigkeiten und ihre Dauerfestigkeit im Vordergrund.

Es entstanden eine Vielzahl von S.-Formen, von denen heute die Breitfuß-S. bei allen Bahnen eingesetzt wird. Sie ist im Querschnitt symmetrisch und besteht aus Kopf, Fuß und Steg. Im Jahr 1830 wurde die Breitfuß-S. zum ersten Mal gewalzt. Die verschiedenen Profile werden nach ihrem Metergewicht unterschieden (Tabelle).

Eine besondere, noch weitgehend unerforschte Erscheinung bei der Abnutzung der S. sind die Riffeln. Hierunter versteht man Wellen auf der S.-Lauffläche mit einem Abstand von 3–6 mm und einem Höhenunterschied von 0,1–0,3 mm. Die Riffeln erzeugen besonders bei schnellfahrenden Zügen stark heulende Geräusche und lockern durch ihre Schwingungserregung die Befestigungsmittel. Riffeln müssen durch Schleifen beseitigt werden, wenn noch kein Auswechseln der S. ansteht. *Kracke*

Schienenbearbeitungsmaschine. S. sind Geräte zur Verbesserung der Schienenoberfläche. Unebenheiten der Schiene mit geringer Tiefe können abge-

schliffen werden. Hierzu verwendet man Schleifsteine, die hydraulisch auf die Schiene gepreßt und in längsoszillierende Bewegung versetzt werden. Das Schleifen geschieht somit durch die oszillierende Bewegung wie auch durch die kontinuierliche Vorwärtsfahrt des Gerätes. Die Berührungslänge der Schleifsteine, verbunden mit der Oszillation bewirkt, daß sie der Wellenbewegung der Schienenoberfläche nicht folgt. Tiefergehende Unebenheiten der Schiene bzw. Verformungen des Schienenkopfes oder Materialausbrüche verlangen eine größere Materialabtragung, als dies durch Schleifen möglich wäre. In mehreren Arbeitsschritten wird das Profil der Schiene durch Abhobeln wiederhergestellt. Die Hobelaggregate stützen sich über mehrere Rollen auf die Schiene ab. Horizontale Rollen sorgen für die seitliche Führung. Der Andruck des Aggregats wird hydraulisch vorgenommen. Die Werkzeuge der Hobelaggregate sind austauschbar, um unterschiedliche Hobelmesser einsetzen zu können. Durch den Einsatz von mehreren Stützrollen in Gleislängsrichtung folgt der Hobel nicht den Unebenheiten des Gleises. Zur Entfernung der beim Hobeln angefallenen Metallspäne wird an die S. ein Spänesammler angehängt, der mittels Magneten die Späne aufsammelt und über Förderbänder auf die Ladefläche befördert. *Kühn*

Schienenflurbahn. Die Schienenflurbahn (SFB) ist ein durch Spezialgleise auf der Streckensohle zwangsgeführtes, diskontinuierliches Fördermittel für →Materialtransport und Personenbeförderung in untertägigen Nebenstrecken. Eine SFB besteht aus mehreren Wageneinheiten, die durch Zug- und Bremswagen gezogen bzw. abgebremst werden. Angetrieben wird die SFB entweder stationär durch Häspel und Seil oder durch einen Eigenantrieb mit Diesel- oder Elektromotor.

Je nach Bauart und Herstellerfirma werden der Streckenkuli, die Beco-Bahn und der Bulli-Truck unterschieden. Diese drei Systeme unterscheiden sich durch die Formgebung der jeweiligen Sonderschienen und der dadurch bedingten Zwangsführung. Als Schienen werden I- oder U-Profile (Strekkenkuli und Beco-Bahn) und Rohre (Bulli-Truck) verwendet. Die Schienen sind auf Recks vormontiert und können so leicht und einfach in der Strecke verlegt werden. Die Recks können zusätzlich geankert werden, so daß eine ungewollte Unterbrechung des Schienenstrangs nicht auftreten kann. Für den Einsatz und die Wirtschaftlichkeit der SFB sind ein quellfreies Liegendes, ein ausreichendes Lichtraumprofil und ausreichend große, zur Beförderung anstehende Materialmengen erforderlich. Mit Hilfe der SFB können auch Schwerlasttransporte bis zu 20 t in Abbaustrecken bewältigt werden (z. B. Komplettransport von Schreitausbauschilden).

Die bei SFB-Anlagen zu veranschlagende Leistung ist u. a. abhängig von den Streckenverhältnissen und den zu überwindenden Steigungen. Bei den seilbetriebenen SFB-Anlagen sind z. Z. Leistungen von 2 · 30 kW bis maximal 3 · 100 kW installiert. Mit diesen Leistungen werden Geschwindigkeiten von 2,0–4,0 m/s erreicht. Während bei seilbetriebenen SFB-Anlagen 1983 durchschnittlich 75 kW pro Anlage installiert waren, betrug die bei dieselbetriebenen SFB-Anlagen eingesetzte Leistung im gleichen Zeitraum durchschnittlich 67 kW.

SFB-Anlagen können bis zu einer Streckenneigung von 54° eingesetzt werden. *Seeliger*

Schießpulver. S. ist die historische Bezeichnung für Treibladungspulver. Der Name ist insbes. mit dem um 1300 erfundenen Schwarzpulver verbunden, einem Gemisch aus Kalisalpeter (75 %), Holzkohle (15 %) und Schwefel (10 %). *Meyer-Bäse*

Schiffsdieselmotor. An Bord von Schiffen unterscheidet man die Hauptmaschine(n) für den Propellerantrieb und die Hilfsmaschinen für die Stromerzeugung. Als Hauptmaschinen werden zwei ganz unterschiedliche Motorenarten eingesetzt, die Mittelschnelläufer und die Zweitakt-Großmotoren (auch →Kreuzkopfmaschine genannt). Trotz jahrzehntelanger Konkurrenz ist eine Entscheidung zugunsten einer dieser beiden Motorenarten noch nicht abzusehen.

Die Entwicklung der S. ist gekennzeichnet durch das Bestreben, die Kraftstoffkosten (Brennstoffkosten) zu senken. Als →Kraftstoff dient Schweröl, und die Tendenz geht zu immer minderwertigeren und damit noch billigeren Brennstoffen. Dies erfordert eine aufwendige Brennstoffaufbereitung an Bord und erhöhten Aufwand gegen Korrosion und →Verschleiß im Motor. Auf der anderen Seite sind die Nutzwirkungsgrade der S. ständig gestiegen und haben jetzt mit etwa 50 % einen Bestwert aller Wärmekraftmaschinen erreicht. Dieser Erfolg gründet sich auf einen gestiegenen Wirkungsgrad der Turboladergruppen (→Aufladung) sowie auf Triebwerke für gestiegene Spritzdrücke, die auch bei reduzierter Leistung voll ausgenutzt werden.

Abgesehen von der Fähigkeit, Schweröl verbrennen zu können, weisen Schiffsmotoren im Verhältnis zu kleinen Verbrennungsmotoren folgende Besonderheiten auf:
□ Sie sind umsteuerbar, d. h. sie können in beiden Drehrichtungen laufen. Dazu müssen die Steuerwellen Nocken für Vorwärts- und für Rückwärtslauf tragen.
□ Man verwendet Einzeleinspritzpumpen, die von Brennstoffnocken auf der Steuerwelle betätigt werden (ebenfalls für Vorwärts- und Rückwärtslauf).
□ Das Anlassen erfolgt, indem aus Anlaßflanschen Druckluft, im richtigen Takt gesteuert, in die Zylinder geleitet wird.

Mittelschnelläufer. Dies sind hochaufgeladene Viertakt-Dieselmotoren in Tauchkolbenbauart mit Drehzahlen um 450 min^{-1} und Zylinderleistungen bis ca. 1300 kW/Zylinder. Reihenmotoren werden bevorzugt, u. a. weil der Kolbenausbau an Bord einfacher ist. Die Konstruktion dieser Motoren (Bild 1) ist prinzipiell ähnlich wie die kleinerer Dieselmotoren. Konstruktive Abweichungen ergeben sich aus der Größe der Bauteile (Einbau, Ausbau) und aus der Forderung nach besonders hoher Zuverlässigkeit.

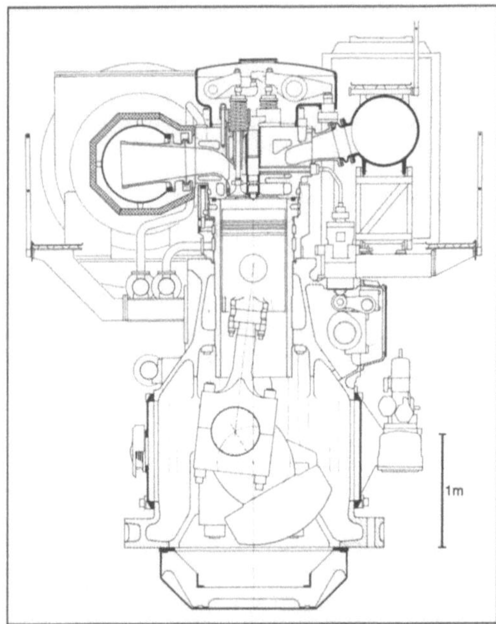

Schiffsdieselmotor 1: Mittelschnellaufender Schiffsdieselmotor. (Quelle: MAN-B&W)

Bohrung 580 mm, Hub 640 mm, ca. 1300 kW/Zylinder bei 428 min^{-1}

Zweitakt-Großmotor. Zweitakt-Großmotoren mit Kreuzkopftriebwerk werden als Reihenmaschinen mit 4–10 (12) Zylindern gebaut und weisen

Zylinderleistungen bis 4000 kW/Zylinder bei Drehzahlen um 90 min^{-1} auf (Bild 2). Diese über viele Jahrzehnte weiterentwickelten Maschinen für den Schiffsantrieb haben den Ruf einer sehr hohen Zuverlässigkeit. Besonderheiten sind:

□ Diese Großmotoren werden direkt mit dem Schiffspropeller gekuppelt, benötigen also kein Getriebe.

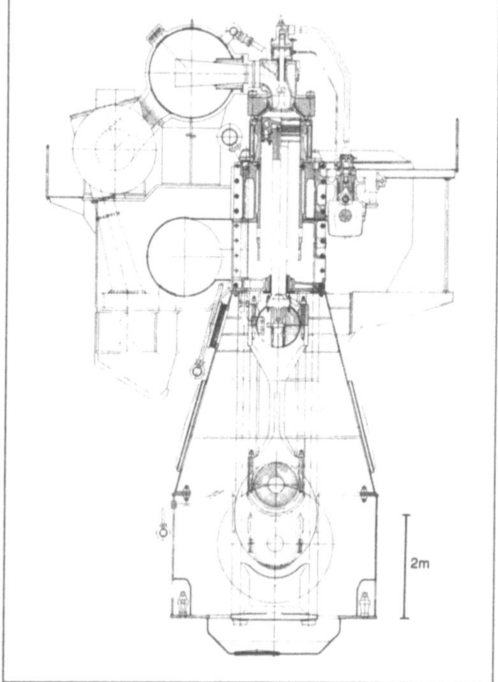

Schiffsdieselmotor 2: Zweitakt-Großmotor. (Quelle: MAN-B&W)

Bohrung 800 mm, Hub 2300 mm, ca. 3200 kW/Zylinder bei 104 min^{-1}

□ Der optimale Propellerwirkungsgrad liegt abhängig von der Propellergröße bei sehr niedriger Drehzahl. Für den Motor ergeben sich dieselbe (niedrige) Drehzahl, daher genügend Zeit für den →Zweitakt-Gaswechsel, aber auch außerordentlich große Zylinder- und Motorabmessungen.

□ Um die günstigen niedrigen Motordrehzahlen ohne Leistungseinbuße fahren zu können, hat man bei gleicher Zylinderbohrung den Kolbenhub vergrößert und ist damit zu Hub-Bohrungs-Verhältnissen von ca. s/D = 3 gekommen.

□ Bei Zylindern, die im Verhältnis zum Durchmesser so lang sind, ist ein Zweitakt-Gaswechsel nur mit dem Spülverfahren der →Gleichstromspülung möglich. Man arbeitet also mit Einlaßschlitzen und einem Auslaßventil.

□ Das schon immer verwendete Kreuzkopftriebwerk ist bei den genannten großen Hub-Bohrungs-

Verhältnissen nicht voluminöser als ein Tauchkolbentriebwerk.

□ Beim Kreuzkopfmotor ist eine vollkommene Trennung zwischen Zylinderraum und Triebwerkraum gegeben. An den Kolbenringen vorbeiblasende (korrosive) Verbrennungsprodukte verunreinigen also nicht den Triebwerkraum und das →Schmieröl.

□ Wegen der beim Kreuzkopftriebwerk geradgeführten Kolbenstange kann die Kolbenunterseite zur Spülluftförderung eingesetzt werden. Bei den heutigen hohen Turbolader-Wirkungsgraden kommen die Motoren jedoch in den üblichen Betriebspunkten ohne zusätzliches Spülluftgebläse aus (Aufladung). *Kuhlmann*

Literatur: *Bock, S.,* u. *G. Mau*: Die Dieselmaschine im Land- u. Schiffsbetrieb. 7. Aufl. Braunschweig 1968. – *Lustgarten, G.-A.*: Der Dieselmotor als Schiffsantriebsmaschine – Heutiger Stand und Entwicklungspotential. Motortechn. Z. 46 (1985) Nr. 6, S. 199/203.

Schiffspropeller. Schiffe werden, von wenigen Ausnahmen abgesehen, von einem herkömmlichen Schraubenpropeller (Einschrauber) oder auch mehreren Schraubenpropellern (Zwei- bzw. Dreischrauber) angetrieben. Die Aufgabe des Schraubenpropellers ist es, Antriebsmaschinenleistung in Schubleistung umzusetzen. Dies gelingt nicht immer gleich gut. Insbesondere wird bei stark belasteten Propellern ein nur vergleichsweise geringer →Wirkungsgrad erzielt.

Schraubenpropeller unterscheiden sich voneinander durch eine Reihe von wichtigen Kenngrößen wie Propellerdurchmesser, Steigungsverhältnis (Propellersteigung zu Propellerdurchmesser), Flächenverhältnis (abgewickelte Gesamtflügelfläche zu Propellerkreisfläche), Flügelzahl, Querschnittsprofil des Flügelblatts usw.

Bei der Propellerwahl spielen neben dem Propellerwirkungsgrad auch andere Gesichtspunkte eine entscheidende Rolle (Vermeidung von Kavitation und von stärkeren propellererregten Vibrationen, Anpassungsfähigkeit an die Antriebsmaschi-

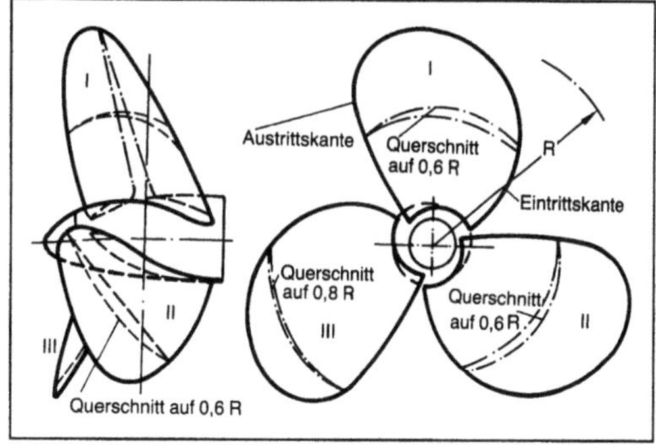

Schiffspropeller: Dreiflügeliger Wageninger B-Propeller.

nencharakteristik bei schwankenden Betriebszuständen, ggf. Rückwärtsfahreigenschaften oder Schleppeigenschaften usw.).

Es besteht die Möglichkeit, den für den jeweiligen Verwendungszweck günstigsten Propeller mit Hilfe der Wirbeltheorie zu berechnen oder aber an Hand von Propellerdiagrammen zu bestimmen. Propellerdiagramme liegen für einige Propellerserien vor, mit denen systematische Modellversuche durchgeführt worden sind.

Am bekanntesten ist die Wageninger B-Serie. Weitere Serien sind z. B. die von *Taylor,* von *Schaffran* und von *Gawn.* Das Bild zeigt als Beispiel einen Wageninger B-Propeller mit drei Flügeln, einem Flächenverhältnis von 0,65 und einem Steigungsverhältnis von 1,2. *A. Abicht*

Schlagbohrgerät.

1. Allgemeines. S. sind Geräte, die vorwiegend in sehr hartem Gestein eingesetzt werden, in dem das Drehbohrverfahren versagt. Beim Schlagbohren schlägt ein mit Druckluft beaufschlagter Freiflugkolben periodisch auf das einsteckende Ende des Bohrschafts. Nach jedem Schlag wird der Bohrmeißel während des Kolbenrückhubes um einen bestimmten Winkel, der von der Gesteinshärte abhängig ist, weitergedreht. Durch die Trennung von Kolben und Bohrer bleibt der Schaft mit der Bohrspitze immer auf der Bohrlochsohle sitzen. Das Bohrgestänge läßt sich verlängern. Schlagbohrmaschinen werden in mittelhartem bis härtesten Gestein mit Bohrlochdurchmessern bis 120 mm eingesetzt. In schwer zu durchbohrendem Gestein bildet das Schlagbohren die wirtschaftlichste Methode. Schlagbohrmaschinen können als Bohrhämmer (Bild) oder →Bohrwagen ausgeführt sein. Die Bohrhämmer werden mit Druckluft angetrieben. Ihr Gewicht liegt zwischen 10 und 30 kg, der Lochdurchmesser geht bis 80 mm, die Bohrtiefe bis 5 m. Die Bohrhämmer zeichnen sich durch leichte Handhabung, universelle Einsatzmöglichkeiten in allen Gesteinen und niedrige Betriebskosten aus.

Im Steinbruch finden sie bei Sohllochbohrungen und Knäpperbohrungen ihre Anwendung. Zum Austrag des Bohrkleins dient eine Luft- oder Wasserspülung, die durch den zentralen Spülkanal im

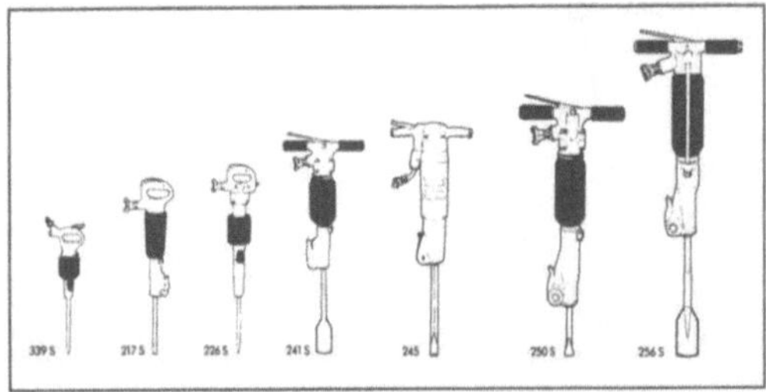

Schlagbohrgerät: Pneumatisch angetriebene Bohrhämmer.

Bohrstahl dem Bohrlochtiefsten zugeführt wird. Das Abstützen und Andrücken des Bohrers ist durch eine Vorschubstütze, eine Spannsäule oder ein Dreifußgestell möglich, so daß der Bedienungsmann weitgehend entlastet wird. Hydraulisch angetriebene Bohrhämmer können als Hydraulikbohreinheiten zum Anbau an einen →Bagger ausgeführt sein. Leichtbohrwagen haben als Träger einen einachsigen Unterwagen, auf dem die Schlagbohrmaschine montiert ist. Sie sind meist ohne eigenen Fahrantrieb. Die erzielbaren Bohrtiefen liegen bei 15 m. Die Bohrsäule kann vertikal und horizontal geschwenkt werden. Größere S. sind ebenfalls auf einem Bohrwagen mit einem geländegängigen Reifen- oder Raupenfahrwerk und eigenem Fahrantrieb installiert. Sie können sowohl mit einem vollhydraulischen als auch mit einem kombinierten hydraulisch-pneumatischen Antriebssystem ausgerüstet sein. Bei den Maschinen dieser Bauart wird der Bohrer pneumatisch, der Vorschub und die Drehbewegung hydraulisch angetrieben. Die Bohrlafette ist auch hier nach allen Seiten schwenkbar. *Kühn*

2. Tiefbau. Ein an einem Drahtseil hängender schwerer Meißel fällt ständig aus einer bestimmten Höhe auf die Bohrlochsohle und zertrümmert den Untergrund. Anschließend räumt man mit einem Bohrgreifer o. ä. die Bohrlochsohle vom Bohrgut: Ablassen des Greifers – beim Aufprall füllt er sich –, Hochziehen, Ausleeren. Diese S. sind langsam arbeitende, robuste Geräte. Im Lockergestein werden Schlaggreifer verwendet, die meißeln, sich füllen und entleeren können. In wasserführenden Kiesböden läßt sich eine Kiespumpe zur Förderung des Bohrguts verwenden. Typischer Vertreter für trocken arbeitende S. mit Verrohrung ist das Benotogerät mit hydraulischem Schreitwerk. Auch Bohren am Dreibock mit →Winde und separater →Verrohrungsmaschine wird noch durchgeführt (geringe Gerätekosten). *Kühn*

Schlagkopf-Vortriebsmaschine.

Schlagkopfmaschinen (S.V.) werden zu den Teilschnittmaschinen gerechnet. Das anstehende Gestein wird mit einem schweren, hydraulisch arbeitenden Schlagkopf hereingewonnen und mit Hilfe einer Lademaschine einem nachgeschalteten →Förderwagen oder einem Streckenförderer aufgegeben.

Die S.V. wird je nach Bauart durch Raupenfahrwerke oder durch Schreitwerke bewegt. Es gibt auch Bauarten, die auf dem Strecken-Kettenkratzerförderer geführt und bewegt werden. Der →Förderer wird parallel zum Verhieb vorgeschoben. Das Schlaggerät befindet sich am Ende eines langen Auslegers auf einer Lafette. Es kann in verschiedenste Richtungen gedreht werden. Der Ausleger ist meist teleskopierbar. Der Anwendungsbereich der

i. a. sehr schmal bauenden S.-V. liegt in der Hauptsache im Einsatz bei nach- oder mitgefahrenen Abbaustrecken. Bei nachgefahrenen Strecken sollte die Flözöffnung mindestens 2 m betragen und bei mitgefahrenen Strecken nicht unter 1,5 m liegen, um einen ungehinderten Zugang zum Streb zu ermöglichen, die Lieferung von Material nicht zu behindern und die Versorgung des Strebs mit Frischwettern zu gewährleisten. Die Kohle im Ortsvortrieb wird bei mit- und nachgefahrenen Strecken i. a. durch die Gewinnungsmaschine des Strebs hereingewonnen oder durch Sprengarbeit gelöst. Die S.-V. können dann sehr günstig für die Nachrißarbeiten, d. h. zum Hereingewinnen der stehengebliebenen Gesteinsschichten im Hangenden des Flözes, eingesetzt werden. Begrenzt wird der Einsatz dieser S.-V. durch hohe Festigkeiten bei kompaktem Gestein.

Bis auf wenige Ausnahmen hat sich der Einsatz von S.-V. in denjenigen Ortsvortrieben nicht bewährt, wo der gesamte Ortsquerschnitt hereingewonnen werden mußte, da der Energieaufwand zum Lösen des Gesteins aus dem festen Gebirgsverband zu hoch wurde.

Im Jahre 1984 waren im deutschen Steinkohlenbergbau 43 S.-V. verschiedenster Hersteller eingesetzt. Sie erreichen Vortriebsgeschwindigkeiten von bis zu 8 m/d. *Seeliger*

Literatur: Das kleine Bergbaulexikon. Essen 1981. – *Herrmann, A.:* Schlagkopf-Maschinen. Bergbau 4 (1981), S. 169 ff. – *Mende:* Einführung zum maschinellen Streckenvortrieb. Glückauf 118 (1982), S. 445/47. – *Mertens, V.:* Stand und Entwicklung des maschinellen Streckenvortriebs im Steinkohlenbergbau. Glückauf 121 (1985), S. 1199/1212.

Schlammpumpe. Mit den S. fördert man im Gegensatz zu den Schmutzwasserpumpen sehr stark verunreinigtes Wasser. Dies bedeutet, daß die hohe Feststoffkonzentration im Flüssigkeitsstrom und in den darin enthaltenen abrasiven Schmutzpartikeln einen hohen Verschleiß für Kolben, Ventile u. ä. zur Folge hat, so daß diese aus entsprechend festeren und unempfindlicheren Materialien als bei reiner Wasserförderung gefertigt sein müssen. Entsprechend sind die Durchgangsquerschnitte der unter →Pumpen (Baugerät) beschriebenen Typen den größeren Feststoffpartikeln angepaßt. *Kühn*

Schlangenfeder-Kupplung. Die S.-K. (auch Bibby-Kupplung) ist eine quer-, längs-, winkel- und drehnachgiebige →Ausgleichskupplung (Bild 1 und 2). Als elastische Elemente dienen schlangenförmig gewundene Stahlfedern mit rechteckigem Querschnitt. Diese liegen in axial verlaufenden gegenüberliegenden Nuten der Kupplungsnaben. Die Federn sind zur Erleichterung der Montage als Segmente ausgeführt. Es werden bis zu drei Federlagen übereinander ausgeführt. Die Nuten zur Aufnahme der Federn erweitern sich zur Mitte der

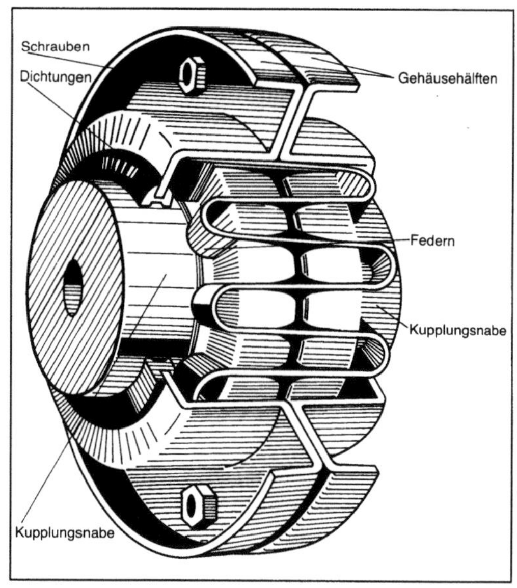

Schlangenfeder-Kupplung 1. (Quelle: Malmedie)

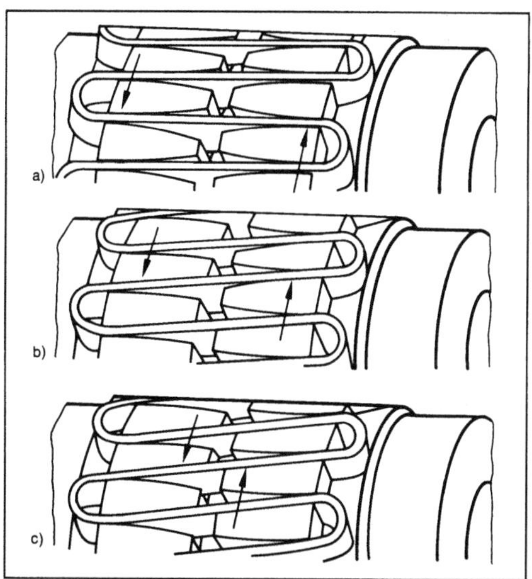

Schlangenfeder-Kupplung 2: Verformung der Federn bei Belastung.
a) Normalbelastung
b) größere Belastung
c) Höchstbelastung.

Kupplung hin, so daß die Federn infolge der gekrümmten Flanken zunächst nur außen anliegen. Mit steigendem Drehmoment verkürzt sich die Federlänge, weil sich die Federn an die Flanken immer mehr anlegen. Dadurch ergibt sich eine progressive Kennlinie. Liegen die Federn ganz an, wirkt die S.-K. wie eine starre Kupplung und kann noch höhere Drehmomente übertragen. *Ehrlenspiel*

Schlauchfilteranlage. Eine S. ist ein technisches System, mit dem staubbelastete Gase gereinigt werden. Beim Strömen der Gase durch die senkrecht angeordneten Filterschläuche setzt sich der Staub ab. In gewissen Zeitabständen wird der Staub durch Gegendruck oder durch Rütteln von den Filterschläuchen entfernt. Bei S. wird zwischen Druck-S. und Saug-S. unterschieden. S. werden beispielsweise nach Zementmühlen, Klinkermühlen, Hochöfen, Kalkschachtöfen, Drehrohröfen, in Kokereien, Kohlekraftwerken, Elektrostahlwerken und Blasstahlwerken eingesetzt.   *Baumann*

Schleifkerbe. Die Flanken gehärteter Zahnräder werden vielfach geschliffen, um Härteverzug zu beseitigen und eine feine →Verzahnungsqualität zu erreichen. Der Schleifabtrag an der Zahnflanke kann dabei eine S. im Zahnfußbereich verursachen.

Eine S. ist ein scharfkantiger Absatz (Bild), der die →Zahnfußtragfähigkeit erheblich mindern kann. Nach Möglichkeit sollten daher die Räder mit Protuberanzwerkzeugen vorverzahnt werden (→Zahnradherstellung). Andernfalls (insbes. bei großem Härteverzug) ist die S. möglichst hoch zu legen, so daß die 30°-Tangente (→Zahnfußspannung) die ungeschliffene Fußausrundung berührt. Dabei ist sicherzustellen, daß der Schleifabsatz nicht mit der Kopfkante des Gegenrads in Berührung kommt (links im Bild).

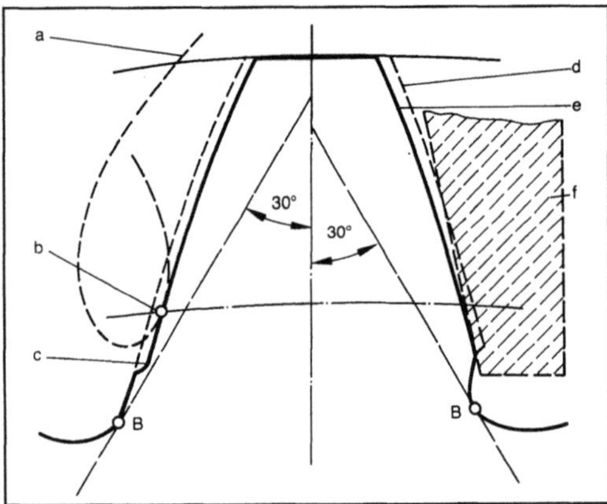

Schleifkerbe: Flankenform geschliffener Zahnräder (links: ohne, rechts: mit Protuberanzwerkzeug vorverzahnt).

a Kopfbahn der Gegenflanke, b unterster Berührpunkt der Gegenflanke, c Schleifkerbe, d Zahnform nach der Vorverzahnung, e geschliffenes Profil, f Schleifscheibe in unterster Stellung

Bei Einzelrädern mit großem Modul kann die S. nachträglich ausgeschliffen werden. Ferner ist Kugelstrahlen eine Methode, die Kerbwirkung von S. durch Oberflächenverfestigung zu kompensieren.   *Winter*

Literatur: *Winter, H.:* Tragfähigkeitssteigerung durch Kugelstrahlen. Werkstattechn. u. Maschinenbau 46 (1956), S. 342. – *Wirth, X.:* Über den Einfluß von Schleifkerben auf die Zahnfußtragfähigkeit und das Schädigungsverhalten oberflächengehärteter Zahnräder. Diss. TU München 1977.

Schleifmaschine (Holzverarbeitung). Zur Endbearbeitung einer Holzoberfläche gehört das Schleifen. Der spanabhebende Arbeitsgang der für Vollholz und für Holzwerkstoffe gleichermaßen wichtig ist, ist mit vielen Vor- und Nachteilen behaftet. Zum Schleifen ebener Werkstückflächen werden umlaufende Schleifbänder mit verschiedenen Kornfeinheiten eingesetzt. Wird das Schleifband zwischen zwei Umlenkrollen durch einen Gleitschuh auf das Werkstück gepreßt, entsteht eine größere Kontaktfläche. Die Werkstückoberfläche wird flächig bearbeitet. Ist aber das Schleifband um eine zylindrische Walze gewickelt, wird die Eingriffsfläche nur noch sehr schmal. Der punktförmige Anpreßdruck kann somit bedeutend höher ausgelegt werden. Beim Schleifen ist die Gefahr von Vorspaltrissen im Holz durch den schabenden Spanabhub (negativer Spanwinkel) gering. Entscheidend für die Oberflächenqualität ist die Schleifbandunterlage, die bei dünnen Schichten wie Furnierflächen elastisch und bei Egalisier- bzw. Kalibrierschleifgängen hart ausgebildet sein muß. Bedingt durch die Anzahl der gleichzeitig eingreifenden Schleifkörner ist der Energieaufwand, der sich aus der Schnittkraft ergibt, vergleichsweise zu anderen spanabhebenden Bearbeitungsarten relativ hoch. Die Schleifwerkzeuge (Schleifbänder) sind nicht nachschärfbar, d. h. die Werkzeugbeschaffungskosten sind verhältnismäßig hoch. Beim Schleifen von Oberflächen wird unterschieden in Egalisieren, ähnlich dem Abrichtvorgang; Kalibrieren, ähnlich dem Dickenhobeln; Kontaktschleifen, bei konstantem Schleifdruck kann der elastische Schleifschuh der Oberflächenkontur folgen; Glättschleifen, sehr geringe Mengen werden abgetragen, meist beim Lackzwischenschliff.

Langband-S., Schmalband-S.. Als Standardmaschinen sind sie hauptsächlich im Handwerk anzutreffen. Sie sind nur für Kontaktschliff geeignet. Nachteilig sind die Schleifspuren, die sich beim Einsatz kleiner Schleifschuhe nicht vermeiden lassen. Größere Schleifbalken sind in Segmente unterteilt und pneumatisch steuerbar.

Zylinder-S.. Das Schleifband wird auf einen zylindrischen Körper durch Klemmkeile oder schräges Aufwickeln befestigt. Die Maschine ist im Prinzip nur für Kalibrierschliff geeignet. Nachteilig ist die kurze Standzeit durch die geringe Bandlänge und die hohe Werkzeugwechselzeit. Das Auftreten von Rattermarken, auch bei mehrfach hintereinander geschalteten Zylindern, ist kaum zu vermeiden. Daher ist die Maschine in der Holzverarbeitung nicht mehr anzutreffen.

Breitband-S.. Sie hat ein breites umlaufendes Schleifband und dazu parallel zur Bandlaufrichtung die Werkstück-Vorschubbewegung. Diese Maschine ist im Holzbetrieb die gebräuchlichste S., da die verschiedensten Schleifarbeiten an der rohen Spanplatte bis hin zur lackierten Oberfläche, besonders aber bei furnierten Holzwerkstoffplatten, durchgeführt werden können. Die beiden Grundbestandteile, Kontaktwalze und Schleifschuh (auch Kontaktbalken), können nach dem Baukastenprinzip beliebig aneinandergereiht werden. Mit mehr oder weniger nachgiebigen Schleifbandunterlagen und mit dem elektronisch steuerbaren Kissendruckbalken sind sämtliche Schleifgänge vom Vorschliff bis zum Feinstschliff möglich.

Breitband-S. sind für durchlaufende Werkstücke konzipiert und somit ideal für den Einsatz in Maschinenstraßen geeignet. Arbeitsbreiten von 600–1300 mm sind üblich sowie stufenlose Vorschubeinstellungen von 5–40 m/min.

Kreuzschliffmaschinen. Sie werden eingesetzt für das Schleifen von furnierten Oberflächen, da eine sehr gute Schleifqualität erreichbar ist. Die Maschine ist eine Kombination von Breitband- und Langband-S., wobei die Langbänder quer zur Faserrichtung schleifen.

S. für Profilschleifarbeiten. Man benötigt sie für Endlosprofilleisten aus Massivholz oder für profilierte Schmalflächen an Plattenmaterialien.

Die Profile lassen sich folgendermaßen schleifen:

□ mit Bandschleifaggregaten: Man drückt die Bänder mit profilierten Filz-Preßholz oder Metallschuhen an das Profil an. Durch das Hintereinanderschalten mehrerer Aggregate, die man heute auch elektronisch ansteuert, kann jedes beliebige Profil überlappend geschliffen werden;

□ mit rotierenden Schleifkörpern: nach dem Combifinish-System (Arminius), Fliehkraftschleifkörper,

Schleifkörper mit Kork als Profilträger oder mit eingebundenem Schleifmaterial, Lamellenschleifkörper, Bürstenschleifkörper, Lufttrommeln u. ä.;

□ mit S. nach dem Rutscher-Prinzip: Bei diesem Schwingschleif-Prinzip wird das profilierte Werkzeug mit Schleifleinen beklebt und in lineare Schwingung versetzt.

Sonstige S. sind:

□ Schleiftrommeln für Kleinteile und Spielzeug,

□ Rundstab-S. für runde, ovale oder gebogene Holzstäbe,

□ Kurven-S. für geformte Holzteile,

□ Rahmen-S., oft in stehender Bauart, mit 2 leicht gekreuzten Langbändern,

□ Kurzband-S. für geschweifte Teile,

□ Hochkant-S. mit schwenkbarem Tisch und oszillierendem Band für Schmalflächenbearbeitung,

□ Teller-S., ein- oder doppelseitig (Bild). *Dusil*

Schleifringläufermotor. Ausführungsform der Drehstrom-Asynchronmaschine, bei der das Drehmoment und die Stromaufnahme beim Anlauf feinstufig und in weiten Grenzen verändert werden können. Wegen ihrer Verbreitung und Bedeutung für die Antriebstechnik sind Drehstrom-Asynchronmotoren mit Schleifringläufer international (IEC-Publikation 72) und auf Grund harmonisierter europäischer (CENELEC) Normen national (DIN 42678) in ihren Anbaumaßen und mit Leistungen bis 200 kW genormt (Bild 1 und 2).

Die Läuferwicklung ist eine Dreiphasenwicklung in Stern- oder Dreieckschaltung. Sie hat fast stets die gleiche Strangzahl wie die Ständerwicklung. Die freien Wicklungsenden sind an Schleifringen geführt. Bei Maschinen kleinerer Leistung wird die Wicklung als Ein- oder Zweischichtspulenwicklung aus Runddraht oder als Profildrahtträufelwicklung, bei größeren Leistungen als Zweischicht-Stabwicklung ausgeführt. Die Läuferwickelköpfe und die Ableitungen zu den Schleifringen werden durch vorgespannte, glasfaserarmierte Kunstharzbandagen gegen Fliehkräfte gehalten.

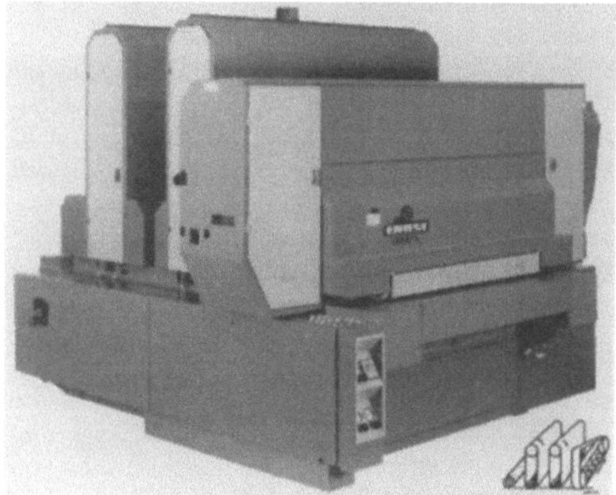

Schleifmaschine (Holzverarbeitung): Dreiband-Kreuzschliffautomat mit einem Querschleif- und zwei Längsschleifaggregaten. (Quelle: Ernst)

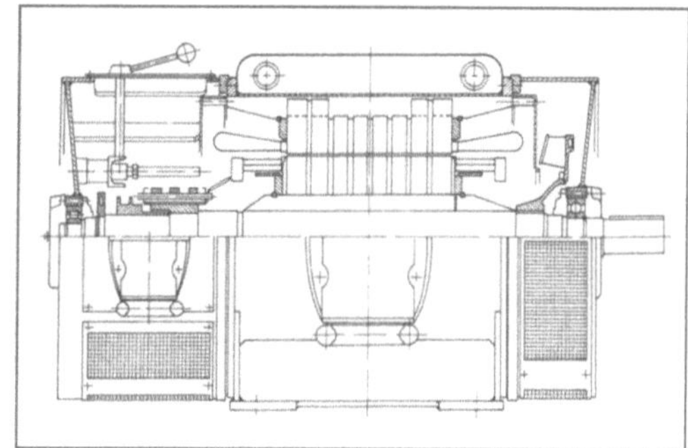

Schleifringläufermotor 1: Drehstrommotor mit Schleifringläufer. (Werkbild: ABB)

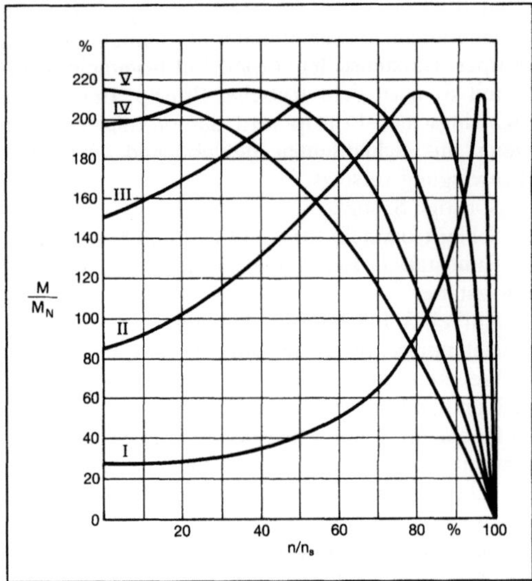

Schleifringläufermotor 2: Verlauf des Drehmoments bei einem SL-Motor mit 5-stufigem Anlasser (Stufe I-V).

Die Veränderung des Läuferwiderstands während des Anlaufs oder zur Drehzahlstellung geschieht durch dreiphasige Anlaß- oder Vorschaltwiderstände, die in den Läuferkreis geschaltet werden und mit den Bürsten der Schleifringe verbunden sind. Werden die Schleifringe kurzgeschlossen, so verhält sich der S. wie ein Motor mit Käfigwicklung. Wird der S. nicht für den Betrieb mit Drehzahlstellung benötigt, so werden vor allem Motoren mit größerer Leistung mit Bürstenkurzschließ- und -abhebevorrichtungen ausgerüstet. Diese schließen nach dem Anlauf die Schleifringe kurz und heben die Bürsten ab, wodurch die Läuferverluste herabgesetzt und der Bürstenverschleiß verringert werden. Die Bürstenabhebevorrichtung wird von Hand oder automatisch durch einen Hilfsmotor betätigt. Ihre Steuerung geschieht meist durch Kurvenscheiben oder durch Kulissensteuerungen.

Durch das Einschalten von zusätzlichen ohmschen Widerständen in den Läuferkreis des S. mit dauernd aufliegenden Bürsten läßt sich bei einem bestimmten Drehmoment ein beliebig großer Schlupf, d. h. eine beliebige untersynchrone Drehzahl, einstellen. Das Verfahren ist sehr einfach, führt jedoch wegen der Stromwärmeverluste in den Vorschaltwiderständen zu einem schlechten Wirkungsgrad. Eine Drehzahlverstellung im Leerlauf ist nicht möglich, da der Läuferstrom praktisch null ist und der Schlupf auch bei großem Läuferwiderstand kaum geändert wird. Bei schwankendem Lastmoment ändert sich bei konstantem Widerstand die Drehzahl. *Rentzsch*

Schleppbetrieb. Betrieb eines Verbrennungsmotors, bei dem dieser nicht eine Arbeitsmaschine antreibt, sondern seinerseits angetrieben wird.

Normalerweise treibt ein →Verbrennungsmotor eine andere Maschine an. Dabei gibt er eine Leistung ab. Wenn dagegen der Motor ohne Kraftstoffzufuhr von außen weiter auf Drehzahl gehalten wird, spricht man vom S. Geschleppt wird z. B. ein Fahrzeugmotor bei Bergabfahrt oder bei plötzlicher Gaswegnahme (→Schiebebetrieb). Beim Schleppen müssen die Reibungsverluste des Motors von außen gedeckt werden. Dadurch zeigt der Motor eine Bremswirkung (→Motorbremse).

Auf einem →Motorprüfstand mit Pendelmaschine können Verbrennungsmotoren geschleppt werden, um die Höhe der Reibungsverluste festzustellen. *Kuhlmann*

Schlepper. S. sind Fahrgeräte zum Horizontaltransport von Lasten (→Traktor). Sie haben im Gegensatz zu den Elektrowagen keine eigene Plattform. Sie dienen ausschließlich zum Ziehen von Lasten (Bild). *Jünemann*

Schlepper.

flurgebunden, manuell bedient, frei verfahrbar, Einzelantrieb

Schlepphebel →Ventiltrieb

Schleppkettenförderer →Kreisförderer

Schleppkreisförderer →Kreisförderer

Schleppwalze. S. ist die Bezeichnung für die in einem Walzgerüst nicht angetriebene Walze, beispielsweise die Mittelwalze in einem →Dreiwalzen-Walzgerüst. *Baumann*

Schleudergießverfahren. Ein S. ist ein →Gießverfahren, bei dem ein flüssiger →Werkstoff, beispielsweise Stahl, Gußeisen, Nichteisenmetall oder Kunststoff, in einer rotierenden Form unter dem Einfluß der →Fliehkraft erstarrt. Dabei wird ein besonders dichtes Gefüge des mit diesem Verfahren hergestellten Schleudergußteils erzielt. Dieses Verfahren dient vornehmlich der Herstellung von Rohren, Buchsen oder ähnlichen rotationssymmetrischen Hohlkörpern. *Baumann*

Schleudern. Manche Rotoren nehmen ihre endgültige Unwuchtverteilung erst bei höheren Drehzahlen an. Dies ist immer dann der Fall, wenn infolge der Fliehkräfte mit bleibenden Massenverlagerungen gerechnet werden muß, wie z. B. bei den Wicklungen von elektrischen Maschinen oder den Schaufeln in Turbomaschinen. In derartigen Fällen wird dem endgültigen Auswuchten zweckmäßig ein Schleuderlauf vorgeschaltet, wobei man den Rotor etwas oberhalb seiner späteren Betriebsdrehzahl laufen läßt. Es darf dann vorausgesetzt werden, daß sich keine weiteren plastischen Verformungen mehr ergeben.

S. wird bei schnellaufenden Rotoren oft auch zum Nachweis der Betriebssicherheit verlangt. Dazu wird der Rotor mit 10–20 % Überdrehzahl in einer gesicherten Schleudergrube betrieben. Bei den Rotoren von Strömungsmaschinen mit großer Nennleistung ist ein evakuierbarer →Schleudertunnel erforderlich, um die Ventilationsverluste zu reduzieren und die benötigte Antriebsleistung in Grenzen zu halten. *Witfeld*

Schleudertunnel. Eine evakuierbare Kammer (Bild), die beim →Schleudern und Auswuchten schnellaufender Rotoren von Strömungsmaschinen großer Leistung benötigt wird und Sicherheit gegen Schaufelbruch oder Zerbersten des Rotors bietet. *Witfeld*

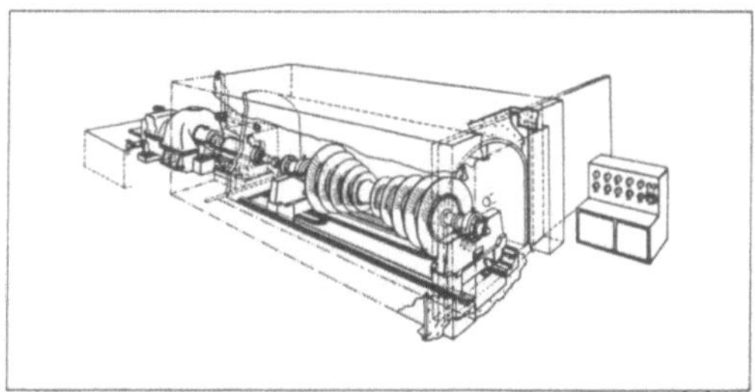

Schleudertunnel: Evakuierbarer Schleudertunnel. (Quelle: Federn *a. a. O.)*

Literatur: *Federn, K.:* Auswuchttechnik. Bd. 1: Allgemeine Grundlagen, Meßverfahren und Richtlinien. Berlin, Heidelberg, New York 1977.

Schließdruck →Druckventil

Schlitzfräse. S. zeichnen sich ähnlich wie →Schlitzgreifer durch ein schweres, am Baggerseil hängendes →Gestell mit langen seitlichen Führungen aus. Als Abbauwerkzeuge der S. dienen zwei von der Baggerhydraulik angetriebene, gegenläufig um eine horizontale Achse drehende und mit Zähnen bestückte Walzen, die den Boden im Schlitz abfräsen und zur Saugöffnung befördern. Es gibt Fräsbohrverfahren, bei denen man mit gegenläufigen Bohrwerkzeugen und zusätzlichen Seitenschneiden, sowie Verfahren, bei denen man mit am Gestänge starr geführtem, rotierendem Fräskopf arbeitet. *Kühn*

Schlitzgerät. S. dienen dem Aushub von Erdschlitzen, die nach dem Ausbetonieren die Baugrube als Konstruktionsschlitzwand oder als Dichtungsschlitzwand umschließen. S. lassen sich einteilen in:
□ speziell konstruierte schwere →Schlitzgreifer, am Seil geführt und mit mechanischer oder hydraulischer Schließvorrichtung,
□ Schlitzgreifer mit hydraulischer Schließvorrichtung, an starrem oder teleskopierbarem Gestänge (Kellystange) geführt, und
□ Schneidwerkzeuge, Hohlmeißel (Schlagbohrverfahren) oder Schlitzfräsen mit kontinuierlicher hydraulischer Förderung (Bentonitdickspülung) des Aushubgutes durch Bohrgestänge oder Saugleitung, was gegenüber dem universelleren Greifverfahren relativ geringe Verschmutzungen und Verluste verursacht. *Kühn*

Schlitzgreifer. Seilgeführte S. als Hilfsmittel zur Durchörterung von harten Bodenschichten sind die gebräuchlichsten Schlitzgeräte. Der S. zeichnet sich gegenüber herkömmlichen Greifern durch seine langen seitlichen Führungen und durch sein Zusatzgewicht aus, das zur Überwindung von Auftrieb und Zähigkeit der Stützflüssigkeit dient. Die Greiferschaufeln, teilweise auch die Führungsrohre, sind austauschbar und lassen sich Schlitzbreiten von rd. 500–1200 mm anpassen. Wegen des Gewichts- und Andruckverlusts beim Anheben wurden hydraulische S. mit Kellystange entwickelt, die sich durch höhere Schließkraft und kürzere Arbeitsspiele, aber auch durch höhere Investitions- und Reparaturkosten sowie längere Rüstzeiten/Umrüstzeiten auszeichnen. Die vom Baggerseil gehaltene Kellystange kann dabei zusätzlich in einem rechteckigen, am Baggerausleger kardanisch aufgehängten Kastenmäkler geführt werden. *Kühn*

Schlitzmaschine →Zapfenschneidmaschine

Schlitzsteuerung. Steuerung des Gaswechsels von Zweitaktmotoren über Schlitze in der Zylinderwand.

Beim →Zweitaktmotor sind am unteren Umfang des Zylinders etwa rechteckige Öffnungen (Schlitze) angebracht, durch die Luft oder Gemisch in den Zylinder strömen bzw. Abgas aus dem Zylinder herausströmen kann. Wenn sich der →Kolben nach oben bewegt, deckt er die Schlitze ab. Damit ist der →Gaswechsel beendet und die Kompression beginnt.

Die Hauptvorteile der S. im Vergleich zur Ventilsteuerung (Ventilbetrieb) sind, daß keine zusätzlichen Bauteile benötigt werden und daß die Schlitze während der →Verbrennung vom Kolben abgedeckt und damit vor den hohen Temperaturen geschützt sind.

Der Hauptnachteil ist, daß die Steuerung im Rhythmus der Kolbenbewegung erfolgt und daher nur für einen Arbeitsprozeß geeignet ist, der sich bei jeder Kurbelwellenumdrehung (Zweitakt) wiederholt (→Zweitakt-Gaswechsel, Spülverfahren). *Kuhlmann*

Schloß →Strickmaschine

Schlüsselweite →Schraubenform

Schlupf.

1. Allgemeines. Bei reibschlüssigen mechanischen Getrieben und bei hydraulischen Getrieben eine durch die übertragenen Kräfte oder Drehmomente hervorgerufene Relativbewegung zwischen zwei Getriebegliedern während der Bewegungsübertragung: Dehn-S. zwischen Zugmittel und Scheibe bei reibschlüssigen Zugmittelgetrieben, Wälz-S. bei Wälzgetrieben und Kupplungs-S. bei hydrodynamischen Kupplungen sind durch den physikalischen Mechanismus der Kraftübertragung bedingt. Leck-S. wird bei hydrostatischen Getrieben von durch bewegte Dichtspalte entweichendem Lecköl verursacht. Im Unterschied zu diesen als Zwangs-S. bezeichneten S.-Arten tritt bei reibschlüssigen Getrieben unkontrollierter, großer Gleit-S. (völliges Durchrutschen) ein, wenn der Reibschluß (→Schlußart) durch Überlastung versagt. Zwangs-S. führt bei konstanter Antriebsdrehzahl n_{an} im Vergleich zum gedachten Betrieb ohne S. (Index Null) stets zu einer Verminderung der Abtriebsgeschwindigkeit bzw. -drehzahl n_{ab}. Mit Übersetzung $i = n_{ab}/n_{an}$ wird der Schlupf $s = (n_{oab}-n_{ab})/n_{oab} = (i_o-i)/i_o$ (Bild). Er wächst mit steigendem Drehmoment und beträgt beim Nenndrehmoment T_N je nach Getriebetyp etwa $s_{Nenn} = 0{,}005$–$0{,}02 \triangleq 0{,}5$ bis $2\,\%$. *H. W. Müller*

2. Landmaschinen. Geschwindigkeitsdifferenz zwischen Rad und Fahrbahn bezogen auf die Radumfanggeschwindigkeit. Treib-S. beim ziehenden, Brems-S. (Rutsch) beim bremsenden Rad, auch beim Bodenantrieb, z. B. bei der →Drillmaschine. Nullschlupfzustand im Detail unterschiedlich definiert, da eine einfach zu handhabende, physikalisch exakte Definition nicht existiert. Eine übliche, vereinfachte Annahme: Schlupf ist null, wenn das Rad ohne Zug- oder Bremskraft abrollt. Sie versagt bei sehr nachgiebigen Böden. Daher legt eine verfeinerte Definition den Nullschlupfzustand zwischen die Betriebszustände „Antriebsmoment null" (Rad gezogen) und „Zug- bzw. Bremskraft null" (kleines Antriebsmoment für Rollwiderstand).

Größte praktische Bedeutung hat der S. bei treibenden Traktorreifen (→Traktion). *Renius*

3. Tribologie. Differenz der Geschwindigkeiten im Kontaktbereich von Wälzkörpern. *Habig*

Schlupfregelung. Eine S. von Drehstrom-Asynchronmotoren wird für Schleifringläufermotoren bei Betrieb mit untersynchroner Stromrichterkaskade sowie bei Kurzschlußläufermotoren bei Speisung durch Stromzwischenkreis-Umrichter (Zwischenkreis-Umrichter) ausgeführt. Im letzteren Fall kann über eine Korrekturregelung der Schlupffrequenz eine Drehzahlkorrektur erfolgen. Es gelten hierzu für die Asynchronmaschine folgende Zusammenhänge:

□ das Drehmoment M ist proportional dem Läuferstrom I_2 und dem Hauptfluß ψ_h: $M \approx I_2 \cdot \psi_h$ (bei Vernachlässigung der Läuferstreuinduktivität);

□ der Läuferstrom I_2 ist proportional dem Fluß ψ_h, der Schlupffrequenz f_s und umgekehrt proportional dem Läuferwiderstand R_2:

$$I_2 = \frac{\psi_h \cdot f_s}{R_2}.$$

Da der Läuferwiderstand R_2 stark temperaturabhängig ist, wird die Korrektur der Schlupffrequenz

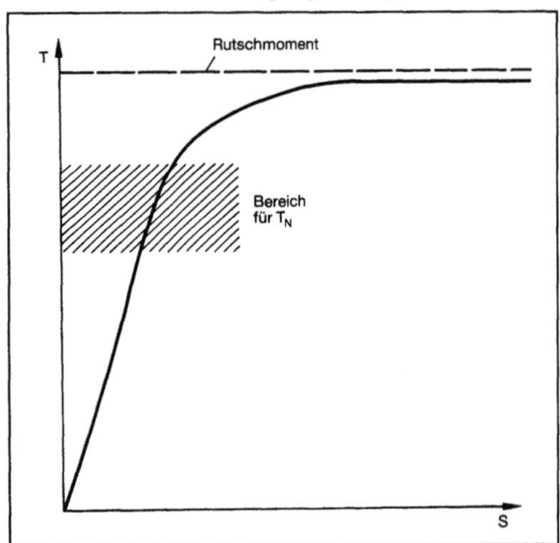

Schlupf: Bei reibschlüssigen Getrieben in Abhängigkeit vom Antriebsdrehmoment.

s Schlupf, T Antriebsdrehmoment

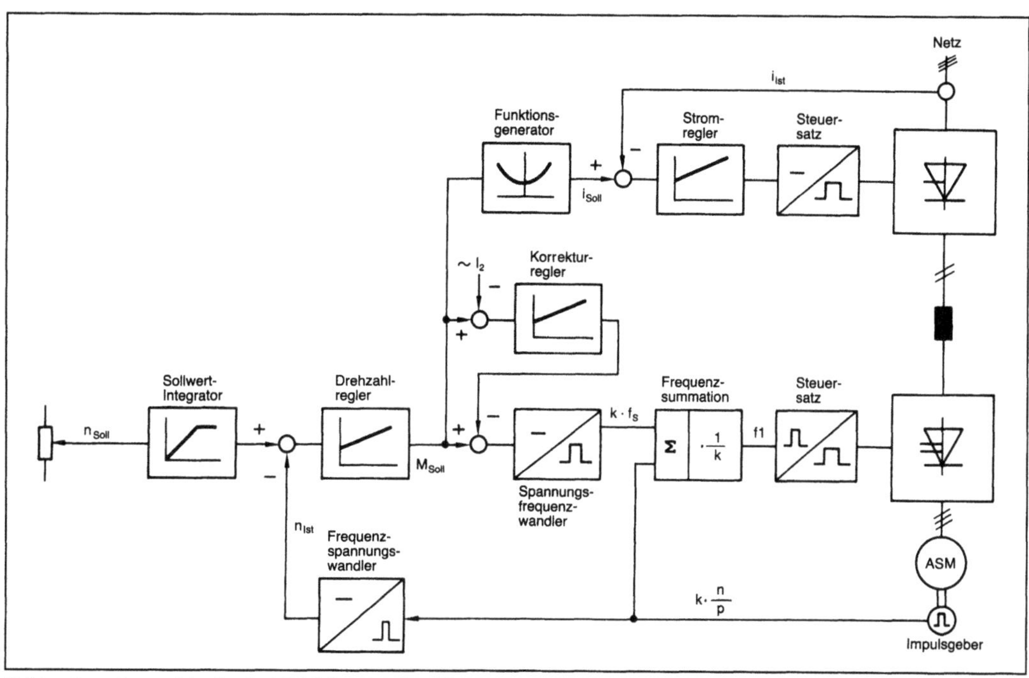

Schlupfregelung: Blockschaltbild für Drehzahlregelung eines Asynchronmotors mit Schlupfregelung.

notwendig, um den das Drehmoment bestimmenden Läuferstrom unabhängig vom Läuferwiderstand zu halten. Eine entsprechende Schaltung ist im Bild dargestellt. Der Korrekturregler erhält den dem Drehmoment proportionalen Soll-Wert, der mit dem Ist-Wert des Stromes I_2 verglichen wird. Am Ausgang erscheint die Korrekturgröße für die Schlupffrequenz f_s. Der Spannungs-Frequenz-Wandler erzeugt damit die dem Drehmoment proportionale Frequenz $k \cdot f_s$. Diese wird als Schlupffrequenz zur drehzahlproportionalen Frequenz $(f_n = k \frac{n}{p})$ addiert. Nach Division durch k ergibt sich für den Wechselrichter-Steuersatz die Ständerfrequenz f_1, mit der der Ständer des Motors beaufschlagt wird. *Stüben*

Schlußart. S. bezeichnet bei Mechanismen oder Getrieben das jeweils kennzeichnende Mittel, durch das die gegenseitige Berührung zweier gelenkig miteinander verbundener Glieder zum Zweck der Bewegungs- und Kraftübertragung gesichert ist (Bild). Hierbei wird unterschieden zwischen:

□ *Form-S.*, wenn die gegenseitige Berührung der Glieder allein durch ihre Form an der Berührstelle gesichert ist. Bewegungen und Kräfte werden normal (senkrecht) zur Berührebene übertragen;

□ *Kraft-S.*, wenn die Berührung durch die Form der Glieder und durch eine äußere Kraft (z. B. Federkraft, Gewichtskraft) gesichert ist. Bewegung und

Kräfte werden normal zur Berührebene in einer Richtung durch Form-S., in der anderen mit Hilfe der äußeren Kraft übertragen;

□ *Reib-S.*, wenn die Berührung durch die Form der Glieder sowie durch eine Normalkraft F_n und durch Haftkraft (Haftreibung) zwischen den Berührflächen gesichert ist. Bewegung und Kraft werden in Richtung der Berührebene übertragen. Reib-S. versagt durch Gleiten, wenn die zu übertragende Umfangkraft F die Haftreibkraft (Ruhereibkraft, mit Haftreibungszahl μ_o) $F_R = \mu_o F_n$ erreicht (F kann nicht größer als F_R werden);

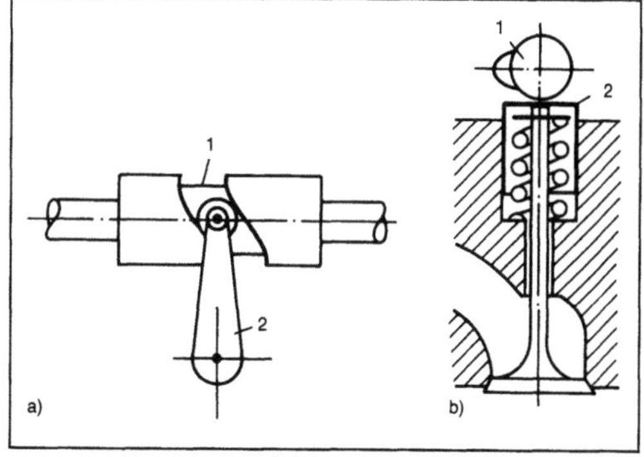

Schlußart: Unterschiedliche Arten.
a) Formschluß zwischen Nutkurve (1) und Schwinghebel (2)
b) Kraftschluß in Richtung „Ventil schließen" zwischen Nocken (1) und Ventilstößel (2)

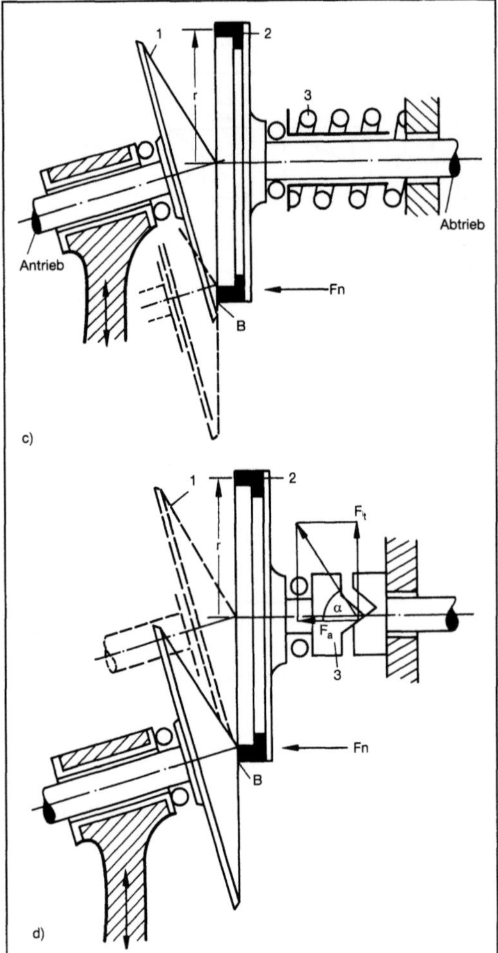

noch Schlußart: Unterschiedliche Arten.
c) Reibschlußgetriebe mit Reibschluß zum Übertragen der Umfangkraft $F = F_u$ im Berührpunkt (B) zwischen Antriebskegel (1) und Abtriebsreibring (2) unter durch Feder (3) erzeugter Normalkraft F_n
d) Reibschlußgetriebe wie c), jedoch mit Klemmschluß bei (B) infolge der drehmomentabhängigen Anpressung durch Axialnocken (3), so daß Normalkraft $F_n = F_a > F_u/\mu$. $F_a = F_t \tan\alpha$.

F_u tangentiale Umfangkraft bei B aus dem Drehmoment $T_{ab} = rF_u$

☐ *Klemm-S.*, wenn die Berührung durch Reib-S. unter →Selbsthemmung oder drehmomentabhängiger Anpressung gesichert ist (meistens nur in einer Kraftrichtung); kein Durchrutschen, weil die Haftreibkraft F_R stets größer als die durch Haftreibung zu übertragende Kraft F ist. *H. W. Müller*

Schmelzreduktionsverfahren. Die Verfahren der Schmelzreduktion erzeugen das flüssige Roheisen meist in 2 Schritten aus dem Erz. Im ersten Schritt werden die Erze ganz oder teilweise reduziert. Im zweiten Schritt erfolgen die Endreduktion und das Aufschmelzen zu Roheisen.

Bei dem bereits großtechnisch verwirklichten →Corex-Verfahren besteht die Gesamtanlage aus 2 übereinander angeordneten Reaktoren mit oben liegendem Reduktionsschacht und dem darunter befindlichen Einschmelzvergaser, der in Doppelfunktion die zugesetzte Kohle mit Hilfe von eingeblasenem Sauerstoff vergast und den im Reduktionsschacht erzeugten →Eisenschwamm einschmilzt. Das im Einschmelzvergaser erzeugte Reduktionsgas (Kohlenmonoxid) wird nach Reinigung und Temperatureinstellung in den Reduktionsschacht geführt, wo es die Reduktion der Stückerze zu Eisenschwamm übernimmt. Einsatzstoffe für die Schmelzreduktion sind Feinerze, Stückerze und Pellets.

Das durch die Verfahren der Schmelzreduktion auf der Basis von Kohle hergestellte Roheisen bedarf einer Nachbehandlung zur Entfernung des unerwünschten Schwefels. *Baumann*

Schmelzschweißverfahren. Ein S. ist ein Schweißverfahren, das durch einen örtlich begrenzten Schmelzfluß gekennzeichnet ist. Schweißen ist das Vereinigen oder Beschichten eines Grundwerkstoffs unter Anwendung von Wärme, Druck oder von beiden entweder mit oder ohne Schweißzusatzwerkstoff. Dabei werden die Grundwerkstoffe vorzugsweise in plastischem oder flüssigem Zustand ihrer Schweißzonen miteinander vereinigt.

Beim S. unterscheidet man i. a. das Gas-S. und das elektrische S. Das elektrische S. kann in Unterpulver-Schweißverfahren und Schutzgas-Schweißverfahren eingeteilt werden. Das Unterpulver-Schweißverfahren (UP) ist ein elektrisches S. mit verdecktem Lichtbogen. Im Gegensatz zu Lichtbogenschweißungen mit Schweißelektroden brennt der Lichtbogen dem Auge unsichtbar unter einer Schlacken- und Pulverdecke. Charakteristisch für das UP-Schweißen ist die große Abschmelzleistung, die im wesentlichen auf der hohen Stromstärke und einer günstigen Wärmebilanz beruht.

Als Zusatzwerkstoff wird aufgehaspelter blanker Schweißdraht, Fülldraht, Band oder Füllband verwendet, der durch Transportrollen ständig im Verhältnis zur Abschmelzleistung der Schweißstelle zugeführt wird. Der Lichtbogen bringt den einlaufenden Zusatzwerkstoff und die zu verschweißenden Kanten zum Schmelzen. Ein Teil des aufgeschütteten Schweißpulvers wird ebenfalls durch die Lichtbogenwärme aufgeschmolzen und bildet eine flüssige Schlackendecke, die das Schmelzbad, den abschmelzenden Drahtwerkstoff und den Lichtbogen gegen atmosphärische Einflüsse abschirmt. Darüber hinaus gleicht das Schweißpulver durch Zufuhr von Legierungselementen Abbrandverluste aus, legiert in manchen Fällen das Schweißgut und formt die Schweißraupe. Nach Durchgang des Lichtbogens erstarrt die flüssige Schlacke.

Das UP-Schweißen kann sowohl mit Gleich- als auch mit Wechselstrom und bei der Mehrdrahtschweißung auch mit einer Kombination von Gleich- und Wechselstrom durchgeführt werden. Die Leistungsfähigkeit des Schweißverfahrens ist durch die je Zeiteinheit abgeschmolzene Menge Schweißgut (Abschmelzleistung) und die hierdurch mögliche Schweißgeschwindigkeit gekennzeichnet. Durch Erhöhung der Schweißstromstärke läßt sich die Abschmelzleistung steigern. Diese Leistungssteigerung ist jedoch bei rd. 1 200 A wegen der begrenzten Strombelastbarkeit des Schweißpulvers für die nutzbare Stromstärke bei der Eindrahtschweißung begrenzt. Eine Steigerung der Abschmelzleistung über diese Grenze hinaus wird durch Einsatz mehrerer Drahtelektroden möglich. Hierbei kann mit einer höheren Gesamtstromstärke geschweißt werden, ohne daß die Strombelastbarkeit des Pulvers an der einzelnen Drahtelektrode überschritten wird. In der Praxis wird zur Leistungssteigerung eine Mehrdrahtschweißung mit 2, 3 oder 4 Drähten durchgeführt.

Das Schutzgasschweißen ist ebenso wie das UP-Schweißen ein elektrisches S. Das Schweißbad entsteht durch Einwirken eines Lichtbogens. Der Lichtbogen brennt sichtbar zwischen Elektrode und Werkstück. Elektrode, Lichtbogen und Schweißbad werden gegen die Atmosphäre durch ein zugeführtes inertes oder aktives Schutzgas abgeschirmt.

Die Schutzgasschweißverfahren werden nach Art der Elektrode und des Schutzgases eingeteilt.

Gemäß DIN 1910, Tl. 4, werden hierbei 2 Hauptgruppen unterschieden:
□ Wolfram-Schutzgas-Schweißen, und zwar
– Wolfram-Inertgas-Schweißen (WIG),
– Wolfram-Plasmaschweißen (WP),
– Wolfram-Wasserstoff-Schweißen (WHG);
□ Metall-Schutzgas-Schweißen,
– Metall-Inertgas-Schweißen (MIG),
– Metall-Aktivgas-Schweißen (MAG). *Baumann*

Schmelztauch-Bandaluminierungslinie. Eine S.-B. (auch Feueraluminierungslinie genannt) ist grundsätzlich ähnlich einer →Schmelztauch-Bandverzinkungslinie aufgebaut. Voraussetzung für das Feueraluminieren ist eine einwandfrei metallisch blanke Oberfläche des Stahlbands vor dem Eintritt in das Aluminiumbad. Sie wird nach dem Sendzimir-Verfahren durch ein Oxidieren der Stahloberfläche mit anschließendem Reduzieren des Oxids in einer Schutzgasatmosphäre erreicht (Bild). Die Linien entsprechen also in ihrem Grundaufbau den Linien zum kontinuierlichen Schmelztauch-Verzinken von Stahlband. Das Stahlband wird in einem Durchlaufofen erwärmt, wobei Öl- und Fettrückstände verbrennen. In der anschließenden Reduktionszone wird die →Oxidschicht reduziert. Durch einen Schnorchel tritt das Band aus der Abkühlzone des Ofens unter Luftabschluß in das Schmelzbad des Aluminierungssystems ein. Die Eignung des aluminierten Bandes zum Tiefziehen wird vor allem durch den Aufbau des Aluminiumüberzugs beeinflußt. Der Aluminiumüberzug besteht i. a. aus 3 Schichten. Auf dem Grundwerkstoff Eisen liegt eine dünne Zone, in der Aluminium in fester Lösung vorliegt. Daran schließt sich eine Aluminium-Legierungs-

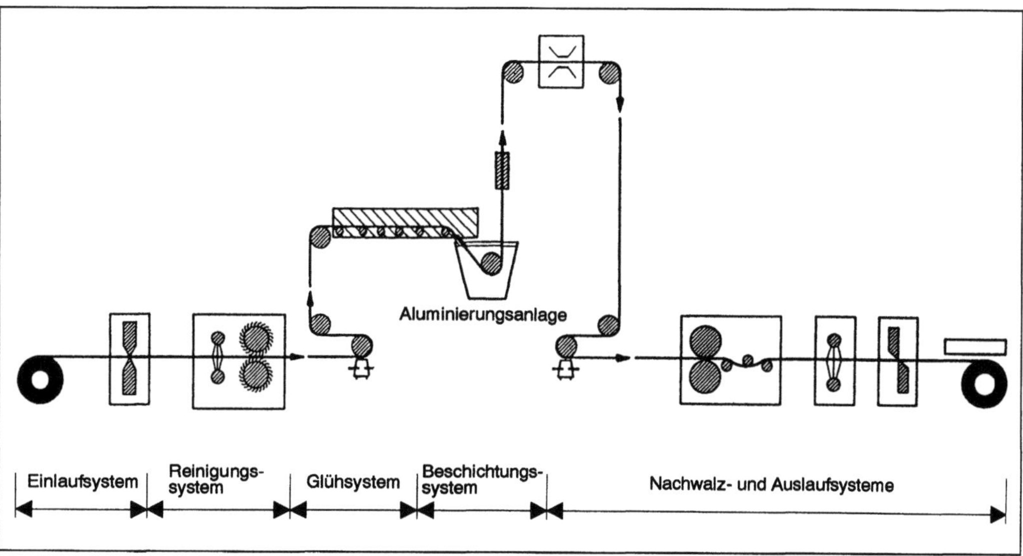

Schmelztauch-Bandaluminierungslinie: Arbeitsprinzip.

schicht an und darauf folgt die Außenschicht mit der Zusammensetzung des Aluminiumbads. Nach dem S.-Aluminierungssystem wird das beschichtete Stahlband gekühlt und dem Auslaufsystem zugeführt.

In der zweiten Hälfte der 80er Jahre wurden auch Produktionslinien für das wahlweise Feuerverzinken oder Feueraluminieren gebaut. Ein Beispiel dafür ist die Feuerverzinkungs- und Feueraluminierungslinie bei der Dongbu Steel Co. in Korea für Bandbreiten bis 1 380 mm sowie Ein- und Auslaufgeschwindigkeiten von 210 m/min. *Baumann*

Schmelztauch-Bandverzinkungslinie. Eine S.-B. ist ein sehr komplexes technisches System zum Beschichten von Stahlband mit Zink. Die mechanischen Ausrüstungen des Einlauf- und des Auslaufsystems einer solchen Beschichtungslinie sind ähnlich denjenigen von anderen kontinuierlich arbeitenden Band-Behandlungslinien. In der B. nach *Th. Sendzimir* wird das Band zunächst auf etwa 425 °C erhitzt, dann kurzzeitig mit Luft oxidiert und anschließend reduziert. Dabei findet neben der Reduktion der Oxide eine rekristallisierende oder normalisierende Glühung des Bands statt. Für die rekristallisierende Glühung wird eine Bandtemperatur von etwa 750 °C angestrebt und über den größten Teil der Reduktionszone aufrecht erhalten. Beim normalisierenden Glühen werden i. a. Bandtemperaturen von 970 °C angestrebt und das Band

in einer verhältnismäßig langen Kühlzone allmählich auf Zinktemperatur gebracht.

Hauptsystem jeder →Verzinkungslinie ist das Verzinkungssystem (Bild). Das Band taucht aus der Abkühlzone des vorgeordneten Glühofens, also aus reduzierender oder neutraler Atmosphäre kommend mit einer Temperatur, die etwas über der Zinkbadtemperatur liegt, durch einen Rüssel ohne Berührung mit der Außenatmosphäre in das Zinkbad, wird dort über eine →Rolle geführt und läuft senkrecht durch die Verzinkungswalzen. Nach einer Luftkühlstrecke wird das beschichtete Band dem Speichersystem und dann dem Auslaufsystem zugeführt.

Verzinkungslinien der 90er Jahre haben im Gegensatz zu älteren Verzinkungslinien umfangreichere Bandreinigungssysteme vor dem Ofen, ein Wechselsystem zum alternativen Beschichten des Stahlbands mit Zink-Aluminium-Legierungen, einen Ofen nach dem Verzinkungssystem zum Herstellen von Zink-Eisen-Legierungen und eine →Nachwalzanlage mit Walzen-Schnellwechselsystem. *Baumann*

Schmelztauch-Bandverzinnungslinie. Eine S.-B. (auch Band-Feuerverzinnungslinie genannt) ist ein komplexes technisches System zum Beschichten von Stahlband mit Zinn. Solche Linien bestehen im wesentlichen aus dem Bandeinlaufsystem, einem Bandbehandlungssystem, der S.-Verzinnungsanlage und einem Bandauslaufsystem. Diese Verzinnungslinien werden oft für Schmalband und kleine Produktionsmengen eingesetzt, weil bei Stahlbreitband und großen Bandgeschwindigkeiten die geforderten Gleichmäßigkeiten der Zinnschichten kaum erreicht werden können. Der größte Teil des Weißblechs wird aus Qualitätsgründen mit kontinuierlich arbeitenden elektrolytischen Verzinnungslinien hergestellt. Mit solchen Linien werden anforderungsgerechte dünne Zinnauflagen mit gleichmäßigen Schichtdicken bei großen Produktionsmengen erzielt. *Baumann*

Schmelztauch-Blechverzinnungslinie. Eine S.-B. (auch →Blech-Feuerverzinnungslinie genannt) ist ein komplexes technisches System zum Beschichten von Stahlblech mit Zinn. Solche Linien bestehen im wesentlichen aus dem Blechaufgebesystem, einem elektrolytischen Beizsystem, der S.-Verzinnungsanlage, den Putzaggregaten und den Stapelsystemen (Bild). Solche Beschichtungslinien haben verhältnismäßig kleine Produktionsleistungen, weil die Transportgeschwindigkeitsgrenze der Bleche bei 13 m/min liegt. Bei größeren Geschwindigkeiten können auch die geforderten Güten und Gleichmäßigkeiten der Zinnschichten meist nicht mehr erreicht werden. Deshalb ist die Produktionsmenge einer solchen Linie kaum größer als 1 000 t →Weißblech je Monat. *Baumann*

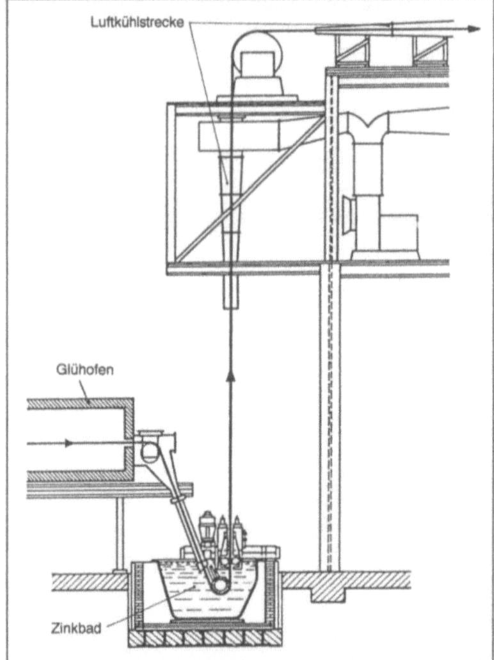

Schmelztauch-Bandverzinkungslinie: Verzinkungssystem.

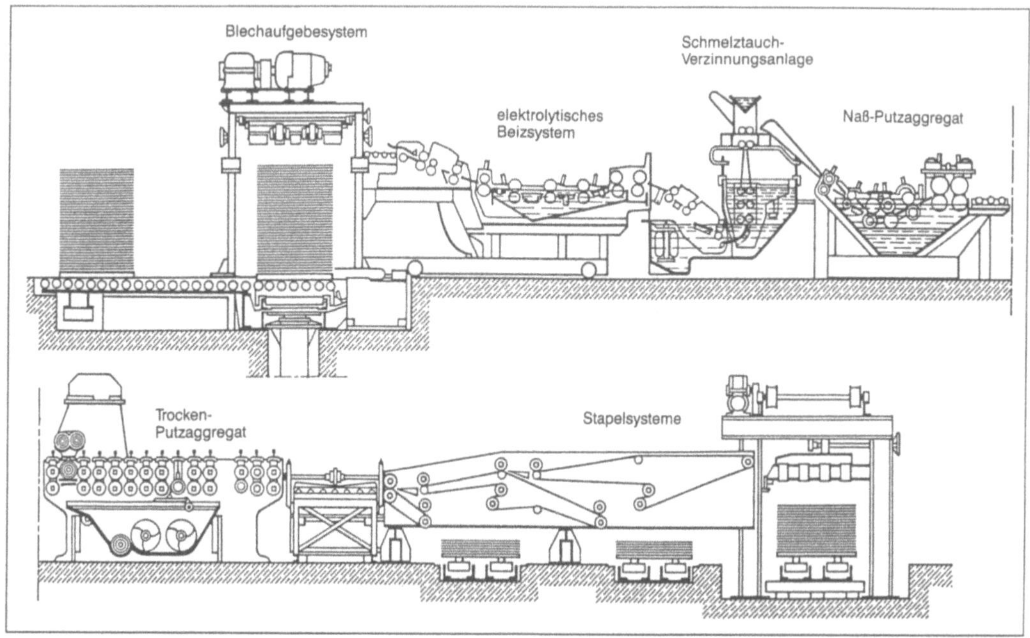

Schmelztauch-Blechverzinnungslinie.

Schmiedehammer. Ein S. ist ein technisches System zum Herstellen von Freiform- und Gesenkschmiedestücken mit großer Hammer-Schlagzahl bei stoßartiger Wirkungsweise. Wesentliche Ausführungsformen der Schmiedehämmer sind Einständer- und Zweiständer-Hämmer. Ein S. wird mit Dampf oder Druckluft betrieben. Der manchmal viele Tonnen schwere Hammer erschüttert mit seinen wuchtigen Schlägen weithin seine Umgebung. Deshalb werden S. meist nur für das Umformen von Schmiedestücken mit mittleren Gewichten und vor allem für das Bearbeiten kleinerer Schmiedestücke eingesetzt. Es sind aber auch S. mit einem Schlaggewicht bis zu 15 MN gebaut worden. *Baumann*

Schmiedemanipulator. Der S. ist ein technisches System mit Greifwerkzeugen zum Erfassen und Heranbringen des Roh- oder Vorblocks aus dem Wärmofen zum →Schmiedehammer oder zur →Schmiedepresse sowie zum Halten, Wenden und Drehen des Blocks während des Schmiedens oder Pressens. Bereits in den 70er Jahren wurden S. mit Manipulator-Zangenspannmomenten von 4 000 kNm für Schmiedeblöcke mit Gewichten von 210 t eingesetzt. Hydraulisch arbeitende S. für große und mittlere Schmiedepressen sind meist schienengebunden. S. für kleine Pressen und Schmiedehämmer sind meist frei fahrbar. Die Einführung der S. hat einen wesentlichen Einfluß auf die →Rationalisierung der Schmiedetechnik gehabt. Das Zusammenwirken von Schmiedepresse und S. ist derart

vervollkommnet, daß Presse und S. nur von einem Pressenführer in einem Leitstand überwacht werden. Dabei läuft der eigentliche Schmiedevorgang programmgesteuert ab. *Baumann*

Schmiedepresse. Eine S. ist ein technisches System, bei dem das Umformen des Werkstücks nicht stoßartig wie beim →Schmiedehammer, sondern durch stetigen Druck erfolgt. S. werden vorzugsweise für das Umformen größerer Werkstücke eingesetzt. Es gibt hydraulische S., mit denen ein Druck von 5 000 MN und mehr auf das Werkstück ausgeübt werden kann. Der verhältnismäßig ruhige, stetige Druck beim Pressen bewirkt eine tiefgreifende Umformung des Werkstücks bis in seinen Kern. Mit großen S. können Rohblöcke mit Gewichten mehr als 400 t geschmiedet werden. S. werden in Zwei- und Viersäulenbauweise mit Unterflur- oder Oberflurantrieben, entweder ölhydraulischen oder wasserhydraulischen Antrieben gebaut. Die für einen Bedarfsfall jeweilige Bauweise und Antriebsart ist u. a. von den Forderungen an die S. sowie den Eingangs- und Ausgangsdaten des Schmiedebetriebs abhängig. *Baumann*

Schmiedestück. Ein S. ist ein Werkstück, das mit einem →Schmiedehammer, einer →Schmiedepresse oder einer Schmiedemaschine hergestellt wird. Dabei werden Freiform-S., die durch das Freiformen, und Gesenk-S., die durch das Gesenkformen hergestellt werden, unterschieden.

Für Freiform-S. werden Rohblöcke von etwa 1 bis zu 500 t Gewicht und gewalztes Halbzeug eingesetzt. Für das Gesenkschmieden kommen gewalztes Halbzeug und gewalzter Stabstahl, im Bereich größerer Dicken auch geschmiedetes Vormaterial sowie in Sonderfällen stranggegossenes Halbzeug in Betracht. Die mechanischen Eigenschaften von Freiform-S. hängen nicht nur von der physikalischen Beschaffenheit und der chemischen Zusammensetzung des Rohblocks ab. Sie werden auch durch die Umformung und deren Bedingungen beeinflußt. Durch Verwendung äußerst reiner Stähle, beispielsweise solcher mit besonders niedrigen Schwefelgehalten, kann die Richtungsabhängigkeit der Eigenschaften der Freiform-S. vom →Werkstoff her günstig beeinflußt werden.

Gesenk-S. weisen in ihren mechanischen Eigenschaften, speziell in den Verformungseigenschaften, eine besondere Art der Richtungsabhängigkeit auf. Bedingt durch die Walzverformung des Vormaterials in Längsrichtung und das Fließen des Werkstoffs in die Gesenkgravur ergibt sich ein der Form des S. angepaßter, in vielen Fällen beanspruchungsgerechter Faserverlauf. Beim Gesenkschmieden wird i. a. senkrecht zu der vorliegenden Längsumformung eine Querumformung aufgebracht, die sich allerdings nur auf einen geringen Volumenanteil in der Gratnaht beschränkt. Die nichtmetallischen Einschlüsse, besonders die Mangansulfide, erfahren in diesem Volumen eine Breitung, wodurch die mechanischen Eigenschaften senkrecht zu der genannten Ebene je nach der Höhe des Einschlußgehalts beeinträchtigt werden können. *Baumann*

Schmiedeverfahren. Das S. ist ein Warmformgebungsverfahren, bei dem das →Schmiedestück die gewünschte Form erhält, der →Werkstoff verdichtet wird, indem die im Rohblock vorhandenen Hohlräume geschlossen werden und bei dem ein anforderungsgerechtes Gefüge als Grundlage für die nachfolgende Wärmebehandlung oder für die weitere Verarbeitung sowie den späteren Einsatz geschaffen wird.

Bei den S. werden das Freiformschmieden mit nach den Seiten offenen Werkzeugen sowie freiem Werkstofffluß und das Gesenkschmieden mit geschlossenen Werkzeugen sowie allseitig begrenztem Werkstofffluß voneinander unterschieden. Für bestimmte Schmiedestücke werden auch beim Freiformschmieden Werkzeuge benutzt, die mehr oder weniger geschlossen sind. Das Freiform- und Gesenkschmieden wird mit Schmiedehämmern, Schmiedemaschinen und Schmiedepressen durchgeführt. Die Entscheidung für den Einsatz des Freiformschmiedens oder des Gesenkschmiedens hängt von technischen und wirtschaftlichen Merkmalen ab. Freiformschmiedestücke werden als Einzelstücke oder auch in Serien mit Rohgewichten zwischen einigen Kilogramm und einigen 100 t gefertigt. Die Grenzen für Gesenkschmiedestücke liegen zwischen einigen Gramm und einigen Tonnen, wobei bestimmte Mindeststückzahlen die wirtschaftliche Voraussetzung sind. Freiformschmiedestücke finden in fast allen Bereichen der Technik Anwendung, in denen Teile mit großen Querschnitten, mit großen Gewichten und hohen Forderungen an die Eigenschaften benötigt werden. Gesenkschmiedestücke haben ihren typischen Anwendungsbereich im Kraftfahrzeugbau und im Maschinenbau.

Wichtigste Aufgabe des Schmiedens ist neben der Formgebung das Schließen der im Rohblock vorhandenen Hohlräume und Lockerstellen. Es gilt allgemein als gesichert, daß diese Inhomogenitäten im Kern der Blöcke liegen und in der Regel auf etwa 60 % der Blockhöhe und bis zu 13 % des Blockdurchmessers beschränkt sind.

Zum Schließen von Hohlstellen ist ein bestimmter Mindestverschmiedungsgrad notwendig, dessen Größe vom Werkstoff, von den Block- und Schmiedestückgegebenheiten und den Schmiedebedingungen abhängt, für die es keine allgemeingültige Maßzahl gibt. So kann ein zweifacher, in anderen Fällen aber erst ein vierfacher Verschmiedungsgrad für das Schließen der Hohlstellen ausreichend sein. Für Umschmelzblöcke und andere nach einem Sonderverfahren hergestellte Blöcke sind auch zweifache oder geringere Verschmiedungsgrade ausreichend.

Der größte Teil aller Schmiedestücke wird nur gereckt. Ein kleiner Teil wird aus Gründen der Formgebung oder auch aus gütemäßigen Gründen gestaucht oder mit beiden Verfahren kombiniert geschmiedet. Die Anwendung der verschiedenen Sattelformen (Flachsättel, Winkelsättel, Rundsättel) und Sattelbreiten hängt von Form und Abmessung des Schmiedestücks, vom Werkstoff und dessen Umformeigenschaften sowie von der Größe des zur Verfügung stehenden Umformaggregats ab. *Baumann*

Literatur: Verein Deutscher Eisenhüttenleute: Werkstoffkunde Stahl. Bd. 2. Berlin, Heidelberg, New York, Tokio 1985.

Schmierfilmdicke, minimale →Gleitlager, hydrostatisches; Gleitlager, schnellaufendes

Schmiernut →Gleitlager-Bauform

Schmieröl. Die wichtigsten Lager eines Verbrennungsmotors sind Gleitlager. Darum kommt dem S., das im Gleitlager als Konstruktionselement aufgefaßt werden kann, eine besondere Bedeutung zu. Zuverlässigkeit, →Verschleiß und Lebensdauer eines Hochleistungs-Verbrennungsmotors hängen weitgehend auch von den Eigenschaften des S. ab.

Die wichtigste Eigenschaft eines S. ist seine Viskosität (Zähigkeit). Der Aufbau eines hydrodynamischen Schmierfilms im Gleitlager ist daran geknüpft, daß das Schmiermittel die Oberflächen von Welle und Lager benetzt und daß es eine bestimmte Zähigkeit aufweist. Die gewünschte Zähigkeit ergibt sich für einen bestimmten Betriebszustand des Lagers nach folgenden Gesichtspunkten:

☐ Die Zähigkeit muß mindestens so groß sein, daß vollhydrodynamische Schmierung gewährleistet ist, d. h. daß sich Welle und Lagerschale nicht berühren.

☐ Die Zähigkeit soll aber so klein sein wie gerade noch zulässig, da dann die Reibungsverluste klein sind.

Die Schwierigkeit besteht nun darin, daß der Motor und damit die Lager unter sehr verschiedenen Betriebsbedingungen laufen. Aus Ähnlichkeitsbetrachtungen ist bekannt, daß die Tragkraft eines Gleitlagers dem Produkt aus Drehzahl und Schmiermittelzähigkeit proportional ist. Bei hoher Drehzahl dürfte also die Zähigkeit kleiner sein.

Auf der anderen Seite zeigen S. eine große Abhängigkeit der Viskosität von der Temperatur. Dieser Zusammenhang ist in Bild 1 a) wie üblich in einem Diagramm aufgetragen, bei dem die Ordinate eine zweifach logarithmierte Skalierung aufweist. Das gleiche Diagramm mit linear geteilten Achsen, Bild 1 b), zeigt erst ganz deutlich den außerordentlich starken Abfall der Viskosität mit steigender Öltemperatur.

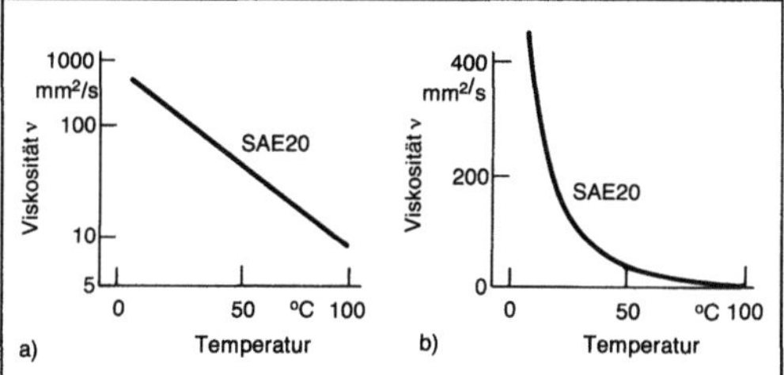

Schmieröl 1: Schmierölviskosität in Abhängigkeit von der Temperatur.
a) Auf der Ordinate zweifach logarithmiert aufgetragen
b) Bei linearer Auftragung.

Motoröle auf Mineralölbasis bestehen aus einem Grundöl und verschiedenen Zusätzen. Das Grundöl wird durch Destillation von Erdöl gewonnen. Dabei können Öle mit höherer oder niedrigerer Lage der Viskositäts-Temperatur-Kurve hergestellt werden (Bild 2). Für einen Motor muß man das S. so auswählen, daß bei dem Motor-Betriebszustand mit höchster Öltemperatur noch eine für die Lager ausreichende Zähigkeit vorhanden ist. Bei anderen Betriebszuständen mit niedrigerer Temperatur ist

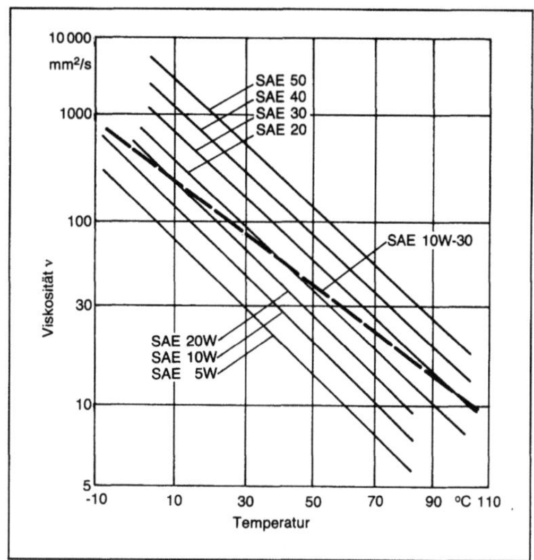

Schmieröl 2: Viskosität von Schmierölen verschiedener Viskositätsklassen.

also die Zähigkeit unnötig groß. Dadurch treten erhöhte Reibungsverluste auf. Extrem hoch ist die Zähigkeit beim Start eines kalten Motors bei niedrigen Außentemperaturen. Dann kann es vorkommen, daß der Anlasser den Motor nicht auf die für den Motorstart erforderliche Drehzahl bringen kann.

Um diese Verhältnisse zu verbessern, setzt man dem S. Viskositätsindex-Verbesserer zu, die eine flachere Viskositäts-Temperatur-Kurve hervorrufen. Da sich die Wahl des Öls nach der Zähigkeit bei höchster Temperatur richtet, ergeben sich für ein solches S. ein sicherer →Kaltstart und geringere Reibungsverluste bei niedrigeren Temperaturen. Daraus folgt eine →Kraftstoffeinsparung besonders dann, wenn der Motor oft im nicht betriebswarmen Zustand gefahren wird.

Neben den Viskositätsindex-Verbesserern enthalten insbes. HD-Motorenöle (HD Heavy Duty) eine Vielzahl weiterer Zusätze, z. B.

☐ Detergents zur inneren Reinigung des Motors von Schmutzpartikeln,

☐ Dispersants, die die Schmutzpartikel in der Schwebe halten, so daß sie mit dem Ölwechsel aus dem Motor entfernt werden,

☐ Oxidationsinhibitoren, die eine Veränderung des Öls durch Oxidation verhindern sollen,

☐ Schauminhibitoren (wenn das Öl weniger schäumt, oxidiert es auch weniger),

☐ Korrosionsinhibitoren zum Schutz der Motorteile vor Korrosion,

☐ Alkalizusätze, die die bei der →Verbrennung schwefelhaltiger Kraftstoffe sich bildenden Säuren neutralisieren (in geringem Umfang gelangen Verbrennungsgase aus dem →Brennraum am →Kolben vorbei in den Triebwerksraum des Motors),

☐ Antiwear-Zusätze zum Vermindern der Reibung und des Verschleißes bei Mischreibung,
☐ Stockpunkterniedriger, die das Öl auch bei niedrigen Temperaturen pumpfähig erhalten, indem sie die Neigung zur Ausscheidung großer Paraffinkristalle vermindern.

In neuester Zeit werden in geringem Umfang auch vollsynthetische Motorenöle eingesetzt. Sie weisen u. a. eine noch flachere Viskositäts-Temperatur-Kurve auf. Ihre Herstellkosten liegen aber im Vergleich zu S. auf Mineralölbasis sehr viel höher. *Kuhlmann*

Literatur: DIN 51501: Schmieröle, Mindestanforderungen. Hrsg. Dt. Inst. f. Normung. Ausg. 1979. – DIN 51511: SAE-Viskositätsklassen für Motorenschmieröle. Hrsg. Dt. Inst. f. Normung. Ausg. 1985. – *Dubbel*: Taschenb. Maschinenbau. 16. Aufl. Berlin, Heidelberg, New York 1987. – *Lang, O. R.,* u. *W. Steinhilper:* Gleitlager. Berlin 1978. – *Milowiz, K.:* Lager und Schmierung. R.: Die Verbrennungskraftmaschine. Hrsg. *H. List.* Wien 1962. – *Vögtle, G.:* Lexikon der Schmierungstechnik. Stuttgart 1964.

Schmierölsystem. In einem →Verbrennungsmotor sind sehr viele Lagerstellen mit →Schmieröl zu versorgen. Dies geschieht mit einer Druckumlaufschmierung (Bild). Aus der unter den Motor geschraubten Ölwanne saugt die Pumpe über ein Grobfilter das Schmieröl an. Es gelangt dann über einen Ölkühler (nicht unbedingt notwendig) und einen Hauptstromfilter in die Hauptverteilleitung, die den ganzen Motor in Längsrichtung durchzieht. Von dort gelangt das Schmieröl über Bohrungen in den Zwischenwänden zu den Kurbelwellen-Grundlagern und den Nockenwellenlagern. In der Kurbelwelle führen Bohrungen zu den Pleuellagern und von dort durch die Pleuelstangen zu den Kolbenbolzenlagern. Die →Kolben und Kolbenringe werden dadurch geschmiert, daß Öl hauptsächlich aus den Pleuellagern auf die Zylinderwände spritzt. Alle übrigen Lagerstellen des Motors werden ebenfalls auf geeignete Weise über Bohrungen oder Leitungen mit Drucköl versorgt. Das aus allen Lagerstellen fließende Öl sammelt sich schließlich wieder in der Ölwanne, wo es sich beruhigen und abkühlen kann.

Die Funktion der Gleitlager im Motor ist nur gewährleistet, wenn den Lagern Schmieröl zugeführt wird und wenn dieses Öl eine bestimmte Mindestviskosität aufweist. Die Viskosität des Schmieröls ist aber sehr von dessen Temperatur und damit auch von der Lagertemperatur abhängig. Um die Lager zu kühlen, sollte ein genügend großer Ölstrom die Gleitlager durchfließen. Andererseits muß die Ölmenge an der Gleitfläche zwischen Kolben und →Zylinder begrenzt werden, um zu verhindern, daß Schmieröl an den Kolbenringen vorbei in den →Brennraum gelangt. Aus demselben Grund muß man die Schmierung der Ventilschaftführungen vorsichtig dosieren.

Der von der Pumpe zu fördernde Ölstrom muß mindestens so groß sein wie die Summe aller die Lager durchfließenden Ölströme bei höchster Temperatur bzw. niedrigster Viskosität des Schmieröls. Da der Öldurchfluß bei Lagerverschleiß steigt, wird die Pumpe jedoch auf eine größere Fördermenge ausgelegt. Der überschüssige Ölstrom wird vom Druckregelventil abgesteuert und fließt direkt in die Ölwanne zurück.

Beim →Kaltstart des Motors kann das Schmieröl noch sehr dickflüssig sein. Dann würden sich an manchen Stellen des S. unzulässig hohe Drücke aufbauen. Aus diesem Grund ist hinter der Pumpe ein Überdruckventil angebracht und sind Umgehungsleitungen für Ölkühler und Hauptstromfilter vorgesehen. Die Umgehungsleitungen werden auch bei zu starker Verschmutzung z. B. des Filters wirksam.

Damit am Hauptstromfilter kein zu hoher Druckverlust auftritt, dürfen seine Poren nicht zu fein sein. Sehr kleine Partikel passieren dieses Filter also ungehindert. Um auch kleinste Partikel aus dem Öl herauszufiltern, läßt sich ein Nebenstrom-Feinstfilter vorsehen, an dem der volle Öldruck ansteht, das aber nur von einem Teil-Ölstrom durchflossen wird.

Der Ölvorrat eines Motors wird nach der Umlaufhäufigkeit des Schmieröls bemessen. Bei größerem Ölvorrat verbleibt das Öl länger in der Ölwanne, ehe es wieder von der Pumpe angesaugt wird. In dieser Zeit kann es sich abkühlen und entschäumen. Dadurch vermindert sich die Alterung des Öls. Wegen der Ölalterung und wegen der begrenzten Aufnahmefähigkeit des Schmieröls für feinste Schmutzpartikel muß man in vorgeschriebenen Abständen einen Ölwechsel vornehmen.

Außer der Umlaufschmierung wird für bestimmte Fälle eine Frischölschmierung angewendet. Das heißt, daß man das Schmieröl nur in der Menge zuführt, wie es verbraucht wird. Beispiele hierfür sind die →Gemischschmierung kleiner Zweitaktmotoren mit Kurbelkastenspülpumpe sowie die →Zylinderschmierung großer Schiffsdieselmotoren. *Kuhlmann*

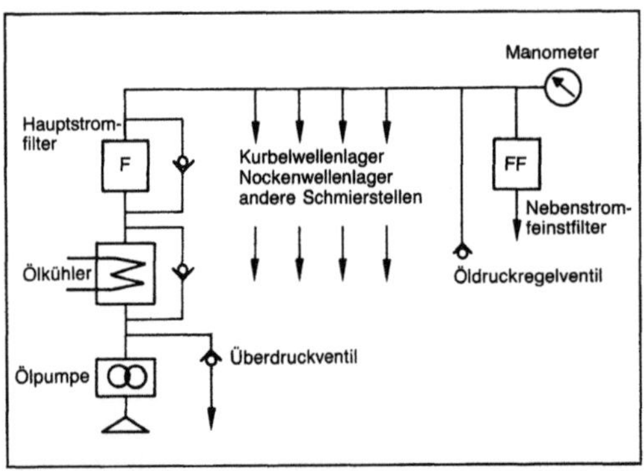

Schmierölsystem: Schema eines Schmierölkreislaufs für einen Verbrennungsmotor.

Literatur: Bosch: Kraftfahrtechnisches Taschenb. Düsseldorf 1987. – *Mettig, H.*: Die Konstruktion schnellaufender Verbrennungsmotoren. Berlin, New York 1973. – *Milowiz, K.*: Lager und Schmierung. R.: Die Verbrennungskraftmaschine. Hrsg. *H. List.* Wien 1962.

Schmierspalt →Schmierfilmdicke

Schmierspaltdicke →Elastohydrodynamik, →Langsamlaufverschleiß

Schmierstoff. Substanz, die zwischen den Oberflächen von tribologisch beanspruchten Körpern gebracht wird, um →Reibung und Verschleiß zu vermindern. Man unterscheidet zwischen Schmierölen, Schmierfetten und Fest-S. Es können aber auch andere Stoffe, wie z. B. Wasser oder Gase, als S. wirken, indem sie unter bestimmten Betriebsbedingungen einen lasttragenden Film oder auf den Oberflächen Adsorptions- oder Reaktionsschichten bilden.

Neben der Schmierung haben S. häufig weitere Aufgaben zu erfüllen: Wärmeableitung, Korrosionsschutz, Schutz gegen von außen eindringende Verunreinigungen, Schwingungsdämpfung u. a. *Habig*

Schmierstoffadditiv. Die Anforderungen, die heute im Maschinenbau an Schmierstoffe gestellt werden, können mit natürlichen Mineralölen allein nicht erfüllt werden. Daher setzt man den Schmierstoffen Wirkstoffe (Additive) zu, die die physikalischen Eigenschaften der Grundöle verbessern und/ oder chemische Wirkungen ausüben. Die Additive können sich in ihrer Wirkungsweise unterstützen und synergetisch wirken oder antagonistische (störende) Effekte hervorrufen. Zahlreiche Additive weisen mehrere Funktionen auf, wodurch die Gefahr der gegenseitigen Störung eingeschränkt wird. Hinsichtlich ihrer Wirkungsweise lassen sich folgende Gruppen von Additiven unterscheiden:
- Oxidationsinhibitoren,
- Korrosionsinhibitoren,
- Detergents und Dispersants,
- Hochdruckzusätze (EP-Additive),
- Viskositätsindex-Verbesserer,
- Stockpunkterniedriger,
- Schaumverhütungsmittel,
- Demulgatoren,
- Reibungsminderer. *Habig*

Schmierstoffzufuhr →Gleitlager, hydrodynamisches; →Gleitlager, hydrostatisches

Schmiertasche →Gleitlager, hydrodynamisches

Schmierung.
1. aerodynamische. Trennung von Kontaktpartnern durch einen Luft- bzw. Gasfilm, der durch ihre Relativbewegung erzeugt wird. Hierzu ist eine besondere konstruktive Gestaltung und Anordnung der Kontaktpartner notwendig. *Habig*

2. elastohydrodynamische. Werden kontraforme Kontakte, wie z. B. zwei Zylinder, mit einem Schmieröl geschmiert, so kann sich in der Hertzschen Kontaktfläche ein Schmierfilm aufbauen (Bild), dessen Dicke h_{min} sich mit der elastohydrodynamischen Theorie (EHD) abschätzen läßt:

$$\frac{h_{min}}{R} = 2{,}65 \, \frac{G^{0,54} \cdot U^{0,7}}{W^{0,13}},$$

mit dem Stoffparameter $G = \alpha \cdot E$, dem Geschwindigkeitsparameter

$$U = \frac{\eta_0 \, (u_1 + u_2)}{2ER}$$

und dem Belastungsparameter

$$W = \frac{F}{ERL}.$$

Es bedeuten:
h_{min} minimale Schmierfilmdicke,

$$R = \frac{R_1 \cdot R_2}{R_1 + R_2},$$

R_1, R_2 Zylinderradien,
α Viskositäts-Druck-Koeffizient;

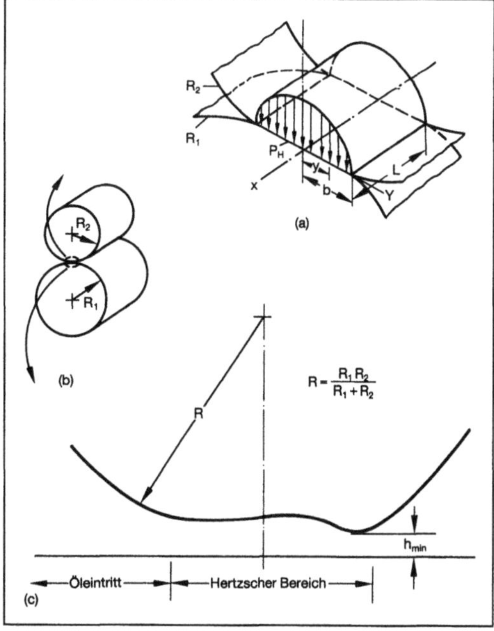

Schmierung, elastohydrodynamische: Druck- und EHD-Filmdickenverteilung im Kontaktbereich zweier Zylinder.

a Hertz-Druckverteilung, b kontaktierende Zylinder, c EHD-Filmdickenverteilung

$$\frac{1}{E} = \frac{1}{2}\left[\frac{1-v_2^2}{E_1} + \frac{1-v_2^2}{E_2}\right];$$

E_1, E_2 Elastizitätsmoduln der Zylinderwerkstoffe,
v_1, v_2 Poisson-Zahlen der Zylinderwerkstoffe,
η_0 dynamische →Viskosität bei der Temperatur des Öleinlasses,
u_1, u_2 Oberflächengeschwindigkeiten der Zylinder,
F auf die Zylinder wirkende Normalkraft,
L Zylinderlänge.

Habig

Literatur: *Winer, W. O.,* u. *H. S. Cheng:* Film Thickness, Contact Stress and Surfaces Temperatures. In: Wear Control Handb. Hrsg. *M.P. Peterson, W.O. Winer.* New York: The American Society of Mechanical Engineers 1980, S. 81/141.

3. hydrodynamische. Trennung von Kontaktpartnern durch einen flüssigen Schmierfilm, der durch die Relativbewegung erzeugt wird. Dazu ist es notwendig, daß die Anordnung der Kontaktpartner die Bildung eines sich in Bewegungsrichtung verengenden Spaltes ermöglicht und daß →Viskosität und Geschwindigkeit zur Erzeugung eines lasttragenden Schmierfilms ausreichen. Die h. S. ermöglicht vor allem bei ölgeschmierten Gleitlagern einen reibungsarmen und weitgehend verschleißfreien Betrieb. *Habig*

Schmierungstheorie.
1. elastohydrodynamische. Hydrodynamische Gleitlager übertragen Kräfte verschleißfrei, wenn die Gleitflächen durch einen Schmierfilm getrennt sind. Die Schmierfilmausbildung basiert auf einer hydrodynamischen Druckentwicklung, die den äußeren Lasten das Gleichgewicht hält. Der Druck im Schmierfilm wird durch Pumpwirkung der rotierenden Welle erzeugt, die den Schmierstoff zwischen die Gleitflächen fördert. Voraussetzung ist ein keilförmiger (konvergenter) →Schmierspalt sowie das Haften des Schmierstoffs (Benetzungsbedingung) auf den Gleitflächen. Bei Radialgleitlagern entsteht der konvergente Schmierspalt auf Grund der exzentrischen Wellenlage unter Last (Bild 1). Bei instationären Lagerbelastungen ergibt sich zusätzlich eine Druckentwicklung durch Verdrängungswirkung infolge der zeitlichen Spalthöhenänderung. Die Ausbildung eines tragfähigen Schmierfilms erfolgt bei gegebener Lagergeometrie (Lager- und Wellendurchmesser D, d, Breite B und relatives

→Lagerspiel $\psi = \dfrac{(D-d)}{D}$), →Lagerlast F und

Schmierstoffviskosität η erst ab einer Mindestgeschwindigkeit der Gleitflächen. Bis die Betriebsdrehzahl n_B im Bereich der hydrodynamischen Flüssigkeitsreibung erreicht ist, durchläuft ein Lager jeweils die verschleißbehafteten Gebiete der Fest-

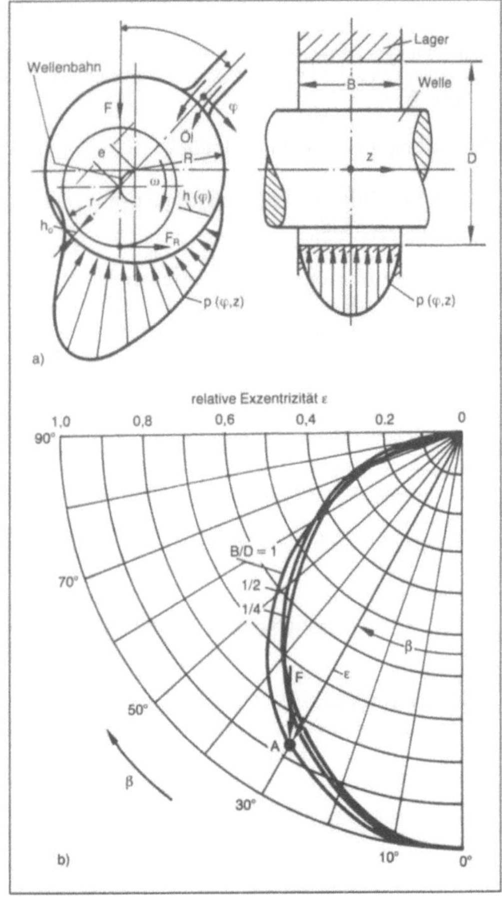

Schmierungstheorie, elastohydrodynamische 1: Hydrodynamisches Radialgleitlager.
a) Druckverteilung mit Lagergeometrie
b) Verlagerungsbahn.

körper- und →Mischreibung (Bild 2). Die Trennung der Gleitflächen durch einen tragfähigen Schmierfilm erfolgt erst ab der Übergangsdrehzahl $n_\ddot{u}$. Bei Drehzahlen $n < n_\ddot{u}$, im Bereich der Grenz- bzw. Mischreibung, wird die Lagerlast über Festkörperkontakt, teilweise über lokale hydrodynamische Druckanteile, übertragen. Unter diesen Bedingungen tritt →Verschleiß auf.

In Abhängigkeit von der Lagerlast F bzw. von der Gleitgeschwindigkeit beschreibt der Wellenmittelpunkt eine Verlagerungsbahn, die näherungsweise halbkreisförmig verläuft. Die Verlagerungsbahn wird durch den Mittelpunktabstand von Welle und Lagerbohrung (relative Exzentrizität $\varepsilon = e/(R-r)$) und den Verlagerungswinkel β (Lage der minimalen Spalthöhe h_0 zur Lastrichtung F) festgelegt (Bild 1).

Die hydrodynamische Druckverteilung $p(\varphi,z)$ im Schmierfilm eines Gleitlagers folgt in Abhängigkeit von der Schmierspaltgeometrie $h(\varphi,z)$, der →Visko-

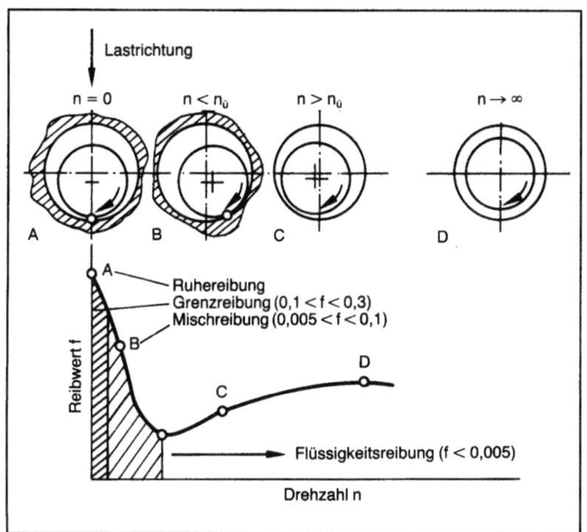

Schmierungstheorie, elastohydrodynamische 2: Stribeck-Kurve. Reibungszahl f als Funktion der Drehzahl n.

sität η sowie den maßgebenden hydrodynamischen Geschwindigkeiten ω, $\dot{\varepsilon}$ aus der Lösung der Reynolds-Differentialgleichung der hydrodynamischen S. Die Integration der Druckverteilung liefert dann die dimensionslose Tragkraftkennzahl

$$\text{So} = \frac{F}{BD}\frac{\psi^2}{\eta\omega}$$ ($\rightarrow$Sommerfeld-Zahl). Für übliche Lagerbreitenverhältnisse B/D ist der Verlauf von So in Abhängigkeit von der Exzentrizität ε bekannt und steht in Tragkraftkennfeldern zusammengefaßt für die Berechnung der Verschleißsicherheit zur Verfügung.

Dimensionslose Reynolds-Differentialgleichung für $\rightarrow$Radialgleitlager:

$$\frac{\partial}{\partial\varphi}\left(H^3\frac{\partial p^*}{\partial\varphi}\right)+\left(\frac{D}{B}\right)^2\frac{\partial}{\partial\bar{z}}\left(H^3\frac{\partial p^*}{\partial\bar{z}}\right)=6\frac{\partial H}{\partial\varphi}+12\frac{\dot{\varepsilon}}{\omega};$$

dimensionslose Spaltgeometrie:

$$H = \frac{h}{\Delta R} = 1 + \varepsilon\cos\varphi,$$

dimensionsloser Druck $p^* = \dfrac{p\psi^2}{\eta\omega}$,

hydrodynamische Geschwindigkeiten: Winkelgeschwindigkeit ω,

Verlagerungsgeschwindigkeit $\dot{\varepsilon} = \dfrac{\partial h}{\partial t}$,

Geometrieparameter D, B (Bild 1).

Nach der Reynolds-Differentialgleichung ist die Druckverteilung und damit die Tragkraft umgekehrt proportional zur 3. Potenz der Spaltweite $\left(p \sim \dfrac{1}{h^3}\right)$ und steigt linear mit den hydrodynamischen Geschwindigkeiten ω, ε sowie der Viskosität η an.

Bei einer Vielzahl technischer Lagerausführungen ist es zulässig, eine mittlere konstante Schmierstoffviskosität η im Schmierfilm anzunehmen (isotherme bzw. isoviskose Betrachtung). Auf dieser

Voraussetzung basieren die einfachen Berechnungsansätze nach DIN 31652. Die Viskosität η ist aber erst berechenbar, wenn aus der Bilanz der $\rightarrow$Reibleistung und der abgeführten Wärmemenge die mittlere Schmierfilmtemperatur bekannt ist ($\rightarrow$Lagertemperatur).

Für die Dimensionierung hydrodynamischer Gleitlager sind folgende Kriterien maßgebend:

□ die Betriebssicherheit: ausreichender Sicherheitsabstand der Betriebsdrehzahl n_B zur Übergangsdrehzahl $n_{\ddot{u}}$ und ausreichende Mindestspalthöhe h_0 sowie

□ die $\rightarrow$Betriebstemperatur ϑ: Einhaltung einer zulässigen maximalen Schmierfilmtemperatur.

Bei hochtourigen Lagern ist abweichend von den isoviskosen Verhältnissen die Temperatur- bzw. der Viskositätsverteilung im Schmierfilm auf der Grundlage der Energiegleichung des Schmierfilms zu ermitteln (thermohydrodynamische S.).

Eine Trennung der Gleitflächen durch einen Schmierfilm ist auch bei extrem hohen spezifischen Belastungen wie den geschmierten Hertz- Punkt-/Linien-Kontakten von Wälzlagern, Zahnflanken oder Nocken-Stößel-Trieben möglich (Bild 3). Die Schmierfilmentwicklung folgt hier den Gesetzmäßigkeiten der elastohydrodynamischen S. (EHD-Theorie). In diesen Kontakten treten Spitzendrücke bis zu 20000 bar auf, so daß auch die Druckabhängigkeit der Viskosität sowie die Deformation der Gleitflächen zu berücksichtigen sind. Die Einbeziehung der Temperaturabhängigkeit in die Viskositäts- und Deformationsberechnung führt auf die thermoelastohydrodynamische S. (TEHD-Theorie). *Knoll*

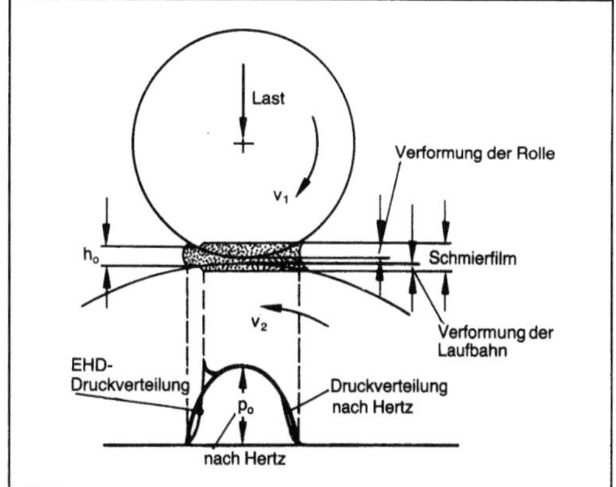

Schmierungstheorie, elastohydrodynamische 3: Elastohydrodynamische Druckverteilung (EHD).

2. hydrostatische $\rightarrow$Gleitlager, hydrostatisches

3. thermoelastohydrodynamische $\rightarrow$Schmierungstheorie, elastohydrodynamische

4. thermohydrodynamische $\rightarrow$Schmierungstheorie, elastohydrodynamische

Schmutzwasserpumpe. S. (Baupumpen) werden vor allem zur Förderung von leicht verunreinigtem Wasser, z. B. bei der →Wasserhaltung, aus Baugruben, verwandt. Sie unterscheiden sich durch leicht vergrößerte Durchgangsquerschnitte und etwas robustere Bauweise bei reduzierter Förderleistung von reinen Wasserpumpen. *Kühn*

Schnecke.

1. Kautschukverarbeitung. Die S. ist eine Welle mit einem oder mehreren wendelförmigen Stegen in bestimmten Bereichen. Sie hat einen Schaft zur Ankupplung an den Antrieb und eine besonders gestaltete Spitze. Die S. ist aus förderwirksamer Einzug-, Kompressions- und Austragzone aufgebaut. Sie dient zum Aufnehmen, Fördern, Aufschmelzen und Ausstoßen des Kautschuks.

Die S. ist verfahrenstechnisch das wichtigste Maschinenelement im →Extruder und in der Spritzgießmaschine. Sie dient häufig als Aufbereitungsmaschine für die Kautschukverarbeitung auf Kalandern.

Man verwendet zwei S.-Arten. Bei Zuführung (Fütterung) mit vorgewärmtem Kautschuk eine kurze S. mit einer Länge vom 4–6fachem des Durchmessers. Wird kalter Kautschuk verarbeitet, so liegen die Längen der S. bei 10–24 D. In Verarbeitungsextrudern werden S. im Durchmesser zwischen 60 und 300 mm eingesetzt. In Spritzgießmaschinen setzt man Durchmesser zwischen 35 und 120 mm ein.

Die Extrusions-S. ist für den kontinuierlichen Betrieb im Zylinder eines Extruders vorgesehen (Bild 1). In vielen Fällen bestückt man Extrusions-S. mit Misch- und Scherteilen. Mischteile zerteilen den Förderstrom, während Scherteile den Strömungsquerschnitt verengen und erhebliche Energie einleiten. Dies fördert den Aufschmelz- und Knetvorgang.

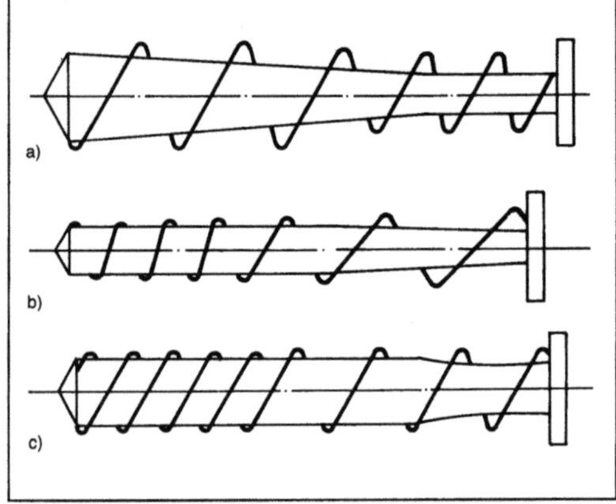

Schnecke (Kautschukverarbeitung) 1: Schnecken für die Kautschukextrusion (Prinzipskizze).
a) Eingängig, kernprogressiv
b) Eingängig, steigungsprogressiv im Einzug tiefer geschnitten
c) Eingängig, in der Ausstoßzone zweigängig im Einzug tiefer geschnitten.

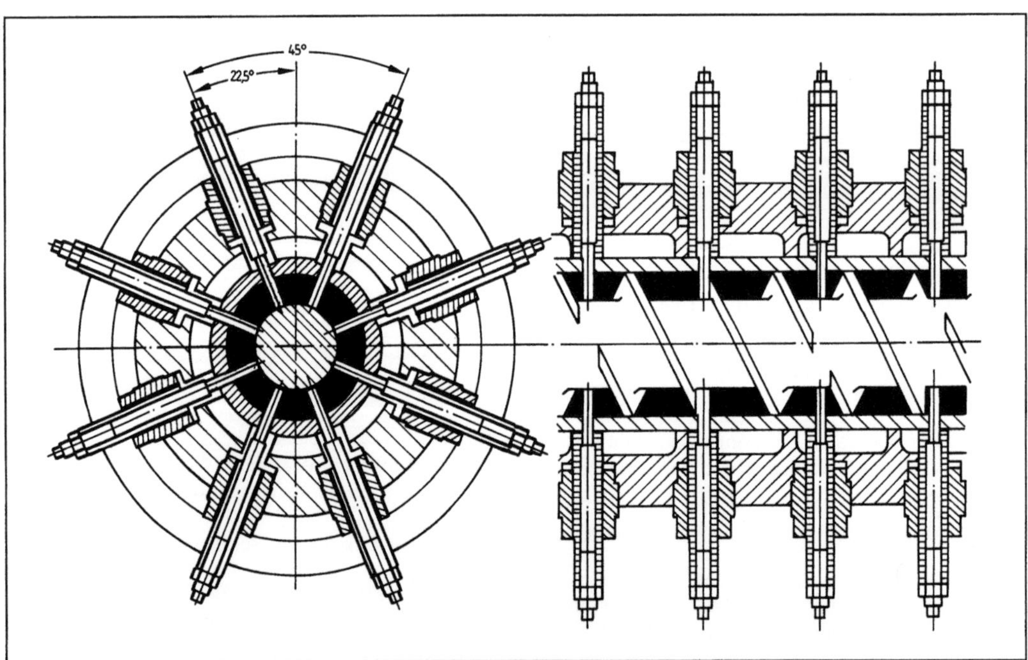

Schnecke (Kautschukverarbeitung) 2: Querschnitt und Seitenansicht.

Eine Besonderheit ist der Stiftextruder. Er weist durch den Zylinder in die Gänge der S. eintauschende Stifte auf. Sie arbeiten dort zur Stromteilung mit besonderer Mischwirkung. Die →Schnecke muß umlaufende Nuten aufweisen, in die die Stifte eintauchen (Bild 2).

Spritzgieß-S. sind für den diskontinuierlichen Betrieb vorgesehen. Nur während eines Teils der Zykluszeit rotieren sie. Dabei gibt es die S., die Material in einen Zylinder fördert, aus dem ein Kolben das aufbereitete Material in die Werkzeughöhlung einspritzt. Diese S. nennt man Vorplastifizier-S.

Wie auch bei der Kunststoffverarbeitung üblich, kann die S. auch zum Einspritzen eingesetzt werden. Sie arbeitet dann wie diese (→S., Kunststoffverarbeitung). Die Geometrie wird der Kautschukverarbeitung angepaßt. Eine Rückströmsperre wird nicht verwendet (→Gummiverarbeitungsmaschine). *Johannaber*

Literatur: *Lehnen, J. P.:* Kautschukverarbeitung. Würzburg 1983. – *Schnetger, J.:* Lexikon der Kautschuktechnik. Heidelberg 1981.

2. Kunststoffverarbeitung. Die S. ist eine Welle mit einem oder mehreren wendelförmigen Stegen in bestimmten Bereichen. Sie hat üblicherweise einen Schaft zur Ankupplung an den Antrieb und eine häufig besonders gestaltete Spitze. Die dient zum Aufnehmen, Fördern, Aufschmelzen und Ausstoßen des Kunststoffs. Sie kann Thermoplaste und Duromere verarbeiten. Die S. ist verfahrenstechnisch das wichtigste Maschinenelement im →Extruder, in der Spritzgießmaschine und in der →Blasformmaschine.

Man verwendet zwei S.-Arten in den genannten Maschinen, die Dreizonen-S., von denen die Kurzkompressions-S. eine Variante ist, und die Entgasungs-S. In Verarbeitungsextrudern werden sie im Durchmesser zwischen 20 und 300 mm eingesetzt. Bis zu 500 mm Dmr. und 16 m Länge finden sie in Aufbereitungsextrudern oder Austragsextrudern bei der Kunststoffherstellung Verwendung. In Spritzgießmaschinen setzt man Durchmesser zwischen 14 und 250 mm ein.

Die Extrusions-S. (Bild 1) ist für den kontinuierlichen Betrieb im Zylinder eines Extruders vorgesehen. Diese Aufgabe hat sie auch im Zylinder einer Blasformmaschine. S. im Extruder haben ein Verhältnis von aktiver Länge zum Durchmesser (L/D-Verhältnis von 20–33). Man bestückt Extrusions-S. mit Misch- und Scherteilen. Bei diesen unterscheidet man zwischen solchen, die durch die Förderwirkung der S. überströmt werden und solche, die aktive Förderwirkung haben.

In Doppelschneckenextrudern werden zwei, in der Regel kämmende S. eingesetzt. Diese können

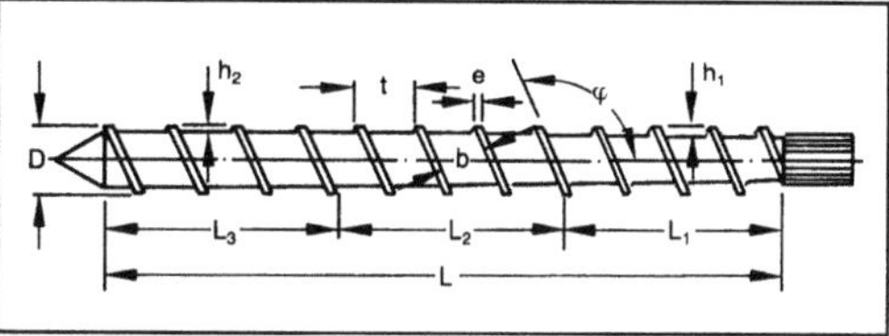

Schnecke (Kunststoffverarbeitung) 1: Nomenklatur der Schnecke.

D Nenndurchmesser, h Gangtiefe, h_1 Gangtiefe in der Einzugszone, h_2 Gangtiefe in der Austragszone, t Steigung, e Stegbreite, b Gangbreite, Steigungswinkel, L wirksame Länge, L_1 Länge der Einzugszone, L_2 Länge der Kompressionszone, L_3 Länge der Austragszone

gegenläufig oder gleichlaufend sein. Sie erzeugen eine Zwangförderung.

Die Spritzgieß-S. ist für den diskontinuierlichen Betrieb vorgesehen. Nur während eines Teils der Zykluszeit rotieren sie. Während der Füllphase der Kavität im Spritzgießwerkzeug arbeiten sie als Kolben. Sie werden meist mit hydraulisch erzeugter Kraft zur Düse hin bewegt. Zum Dichten der S. gegen rückströmende Kunststoffschmelze bestückt man sie mit einer Rückströmsperre. Die bekannteste ist die Ringrückströmsperre (Bild 2). *Johannaber*

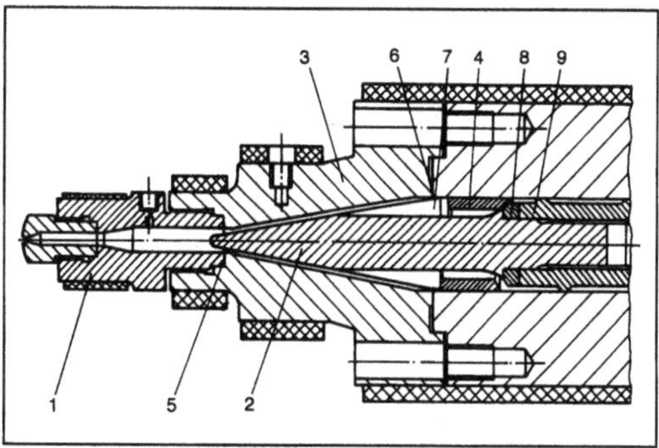

Schnecke (Kunststoffverarbeitung) 2: Rückströmsperre mit losem Sperring.

1 Düse, 2 Schneckenspritze, 3 Zylinderkopf, 4 Sperring, 5 Dichtfläche Düse, 6 Dichtfläche Zylinderkopf, 7 vier gepanzerte Flügel, 8 Druckring, 9 Schnecke

Literatur: *Johannaber, F.,* u. *K. Stoeckhert:* Kunststoffmaschinenführer. 2. Aufl. München 1984. – *Schwarz, O., F.-W. Ebeling, G. Lüpke* u. *W. Schelter:* Kunststoffverarbeitung. Würzburg 1985.

Schneckenförderer.

1. Baumaschine. S. sind Fördergeräte, die stetig mit einem rotierenden, schraubenförmigen, durchgehenden oder unterbrochenen Körper (Förderschnecke) staubfeines bis grobkörniges Schüttgut in einem feststehenden Trog oder Rohr über kurze Förderweiten verschieben. Folgende Bauarten werden unterschieden:

☐ S. mit Vollschnecke, bei denen die Förderschnecke den vollen Förderquerschnitt des Rohrs oder Trogs füllt (Bild);

☐ S. mit Bandschnecke, bei denen ein wendelförmig gebogenes Flachstahlband, das mit einzelnen Armen gegen die Schneckenwelle abgestützt ist, den Förderquerschnitt nur z. T. füllt;

☐ S. mit Rührschnecke, in denen auf der durchgehenden Welle schrägsitzende Schaufeln, Paddel oder Rührflügel angebracht sind, die wiederum nur einen Teil des Förderquerschnitts füllen.

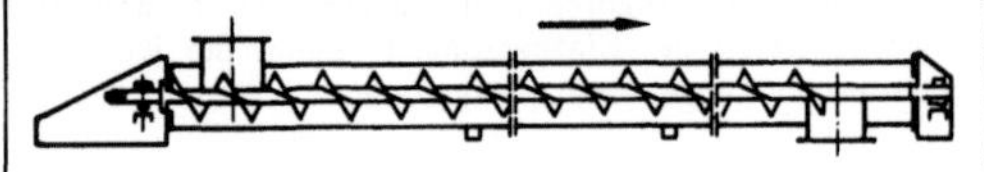

Schneckenförderer (Baumaschine): Rohrschneckenförderer.

Ein weiterer Anwendungsfall einer Förderschnecke ist die Sandschnecke, die z. B. in Kiesgewinnungsanlagen aus dem Waschwasser den abgespülten Sand zurückgewinnt und ihn gleichzeitig entwässert.   *Kühn*

2. Fördertechnik. S., ältester Stetigförderer (→Fördermittel) für körniges bis zähflüssiges Schüttgut. Eine Transportschnecke bewegt durch Reibung das Schüttgut in einem Rohr oder Trog in Axialrichtung (Bild 1 und 2).   *Jünemann*

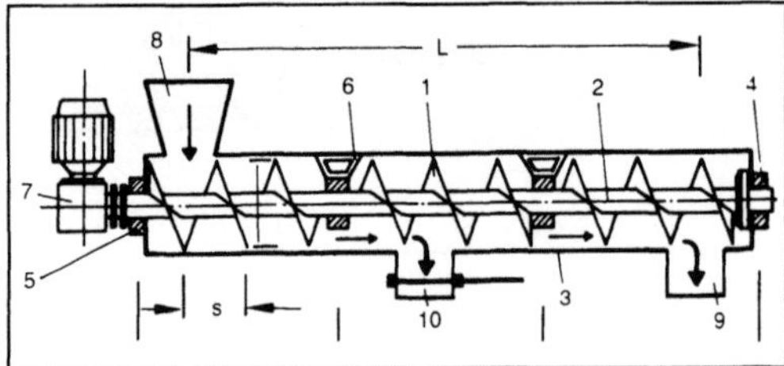

Schneckenförderer (Fördertechnik) 1: Aufbau.

1 Schnecke, 2 Schneckenwelle, 3 Trog, 4 Endlager (Radial- und Axiallager), 5 Antriebslager (Radiallager), 6 Mittellager, 7 Antrieb, 8 Aufgabestutzen, 9 Auslauf, 10 Zwischenauslauf mit Schieber

3. Verfahrenstechnik. →Fördern von Schüttgütern

Schneckengetriebe. Die Achsen von →Schnecke und Schneckenrad kreuzen sich bei großem →Achsabstand, meist unter 90°; Bauformen (Bild 1). Bei der meist verwendeten Ausführung treibt eine Zylinderschnecke, die einem Gewindebolzen ähnelt, ein Schneckenrad, dessen Verzahnung etwa einem aufgeschnittenen Mutterngewinde entspricht (Bild 2).

Der durch die Geometrie der Verzahnung bedingte hohe Gleitanteil äußert sich in einem gegenüber Stirnradgetrieben geringeren Wirkungs-

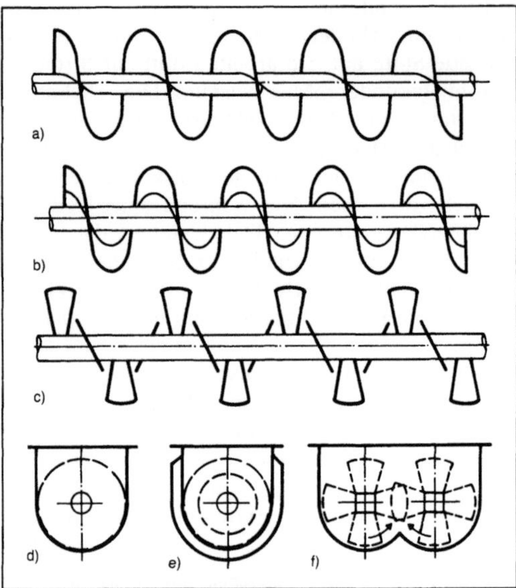

Schneckenförderer (Fördertechnik) 2: Bauformen von Schnecken und Trögen.
a) Eingängige Vollschnecke
b) Bandschnecke
c) Paddelschnecke
d) Normaltrog mit Vollschnecke
e) Manteltrog mit Bandschnecke
f) Doppeltrog mit Doppelmisch-Schnecke.

grad, je nach Steigungswinkel γ_m der Schnecke 60–95 %, manchmal, bei eingängigen Schnecken und großer Übersetzung, unter 50 % (bei Umkehr der Kraftflußrichtung tritt dann →Selbsthemmung ein). Übersetzungen betragen bis zu i = 70 ins Langsame, bis zu i = 15 ins Schnelle. Gegenüber adäquaten mehrstufigen Stirnradgetrieben benötigt man weniger Bauelemente; damit bei kleinen Baugrößen erhöhte Wirtschaftlichkeit.

Die →Zahnkraft verteilt sich auf mehrere gleichzeitig unter Linienberührung im Eingriff befindliche Zähne (meist 2–4). Die Flankenform der Zylinderschnecken ergibt sich aus der Herstellung (Bild 3).

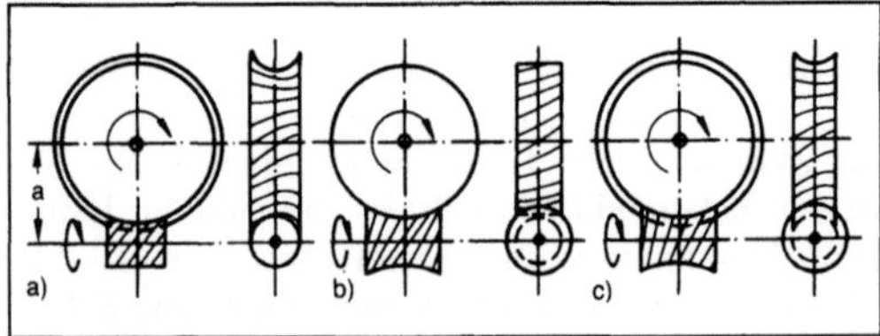

Schneckengetriebe 1: Bauformen.

a Achsabstand

a) Zylinderschnecken
b) Stirnradschnecken
c) Globoidschnecken-Radsatz.

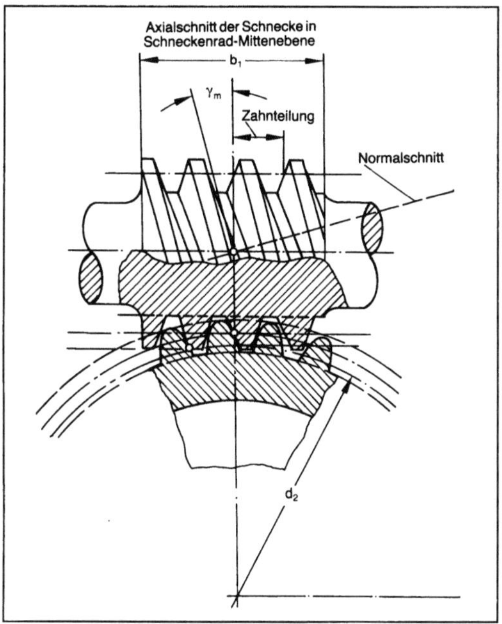

Schneckengetriebe 2: Zylinderschnecken-Radsatz.

Man unterscheidet zwischen Schnecken mit trapezförmigen bzw. konkaven Schneckengängen im Axialschnitt (ZA bzw. ZC) bzw. Stirnschnitt (ZN oder ZI) und mit Herstellung durch trapezförmiges Werkzeug (ZK). Die Tragfähigkeit der verschiedenen Flankenformen ist, ausgenommen die der ZC-Schnecke, nahezu gleich. Die ZI-Schnecke, hergeleitet vom Evolventenstirnrad, hat die größte Bedeutung erlangt (→Evolventenverzahnung).

Je nach Ausführung und Betriebsart ist die Tragfähigkeit durch unterschiedliche Schadenskriterien begrenzt. Bei schnellaufenden S. ist meist die Temperaturgrenze des Öls maßgebend. Erwärmung durch hohe Gleitgeschwindigkeiten muß durch ausreichende Kühlung abgebaut werden. Bei Kurzzeitbetrieb kann diese Grenze höher angesetzt werden als bei Dauerbetrieb.

Bei vielfach wechselnden Drehzahlen und Belastungen sowie häufigem Anfahren ist das weiche (da meist aus Gußbronze bestehende) Schneckenrad

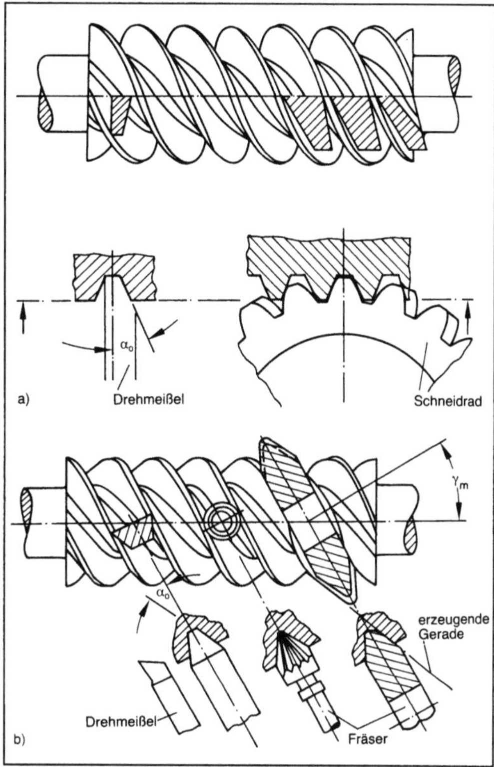

Schneckengetriebe 3: Flankenformen der Zylinderschnecken nach DIN.
a) ZA-Schnecke
b) ZN-Schnecke

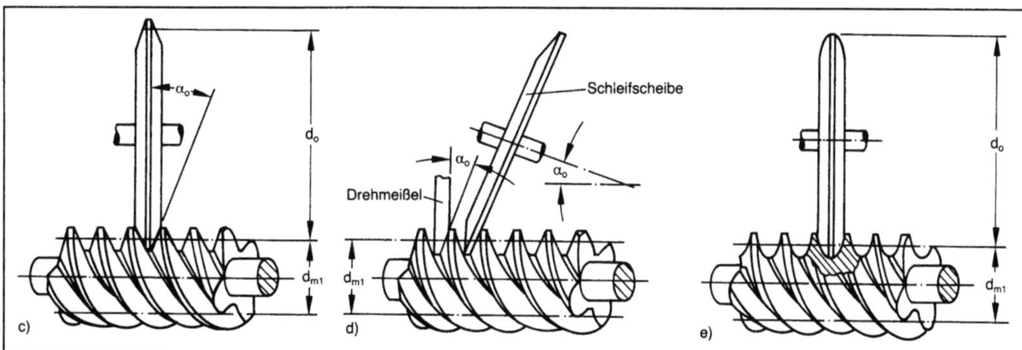

Schneckengetriebe 3: Noch Flankenformen der Zylinderschnecken nach DIN.
c) ZK-Schnecke
d) ZI-Schnecke
e) ZC-Schnecke.

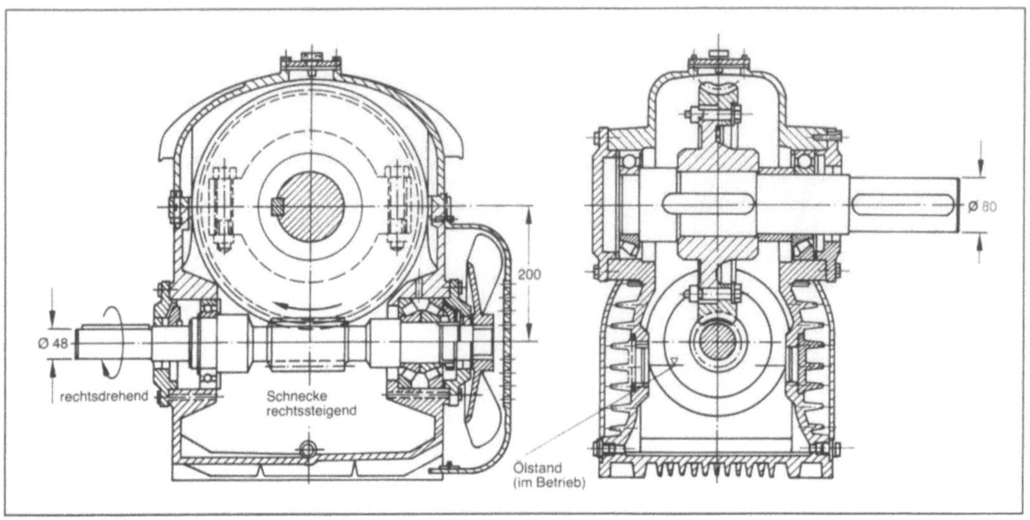

Schneckengetriebe 4: Beispiel eines Schneckengetriebes. (Quelle: Flender)

Schnecke aus 16MnCr5, einsatzgehärtet und geschliffen, Rad aus GZ-CuSn12, Gehäuse aus GG20

hohem Gleitverschleiß ausgesetzt. Die Grenze für die Tragfähigkeit bildet hierbei eine minimal zulässige →Zahnfußdicke. Bei geringem Gleitverschleiß kommt Grübchenbildung (bei Dauerbetrieb) hinzu. Bei Überhitzung der Zahnflanken kann ferner Fressen auftreten.

S. nach Bild 4 werden bei Antriebsdrehzahlen bis zu 3000 min⁻¹ verwendet. Achsabstände bis zu 1,5 m, Raddurchmesser bis über 2 m und Raddrehmomente sind ausgeführt und bis zu 2 MNm eingesetzt worden. Das Hauptanwendungsgebiet liegt jedoch bei Achsabständen unter 160 mm. *Winter*

Literatur: DIN 3975: Begriffe und Bestimmungsgrößen für Zylinderschneckengetriebe mit Achsenwinkel 90°. Hrsg. Dt. Inst. für Normung. Ausg. Okt. 1976. – *Huber, C.:* Untersuchungen über Flankentragfähigkeit und Wirkungsgrad von Zylinderschneckengetrieben (Evolventenschnecken). Diss. TU München 1978. – *Kovar, W.:* Verschleiß- und Wirkungsgraduntersuchungen an einem Schneckengetriebe. Diss. TH Wien 1969. – *Wilkesmann, H.:* Berechnung von Schneckengetrieben mit unterschiedlichen Zahnprofilen. Diss. TU München 1974.

Schneiden. Mechanisches Trennen am festen Körper mit Hilfe einer oder mehrerer Schneiden. Hauptziele: Ab-S. (z. B. Futter mit Mähmaschine, Getreidehalme mit Mähdrescher) und Zerkleinern (z. B. Futter im →Feldhäcksler oder im Schneidwerk des Ladewagens). Unterteilung des S. in Scherschnitt, Messerschnitt mit Abstützung und Messerschnitt frei (Bild).

Bei Gruppe II erweist sich der ziehende Schnitt als günstig: erheblich verminderte Normalkräfte, geringe Schneidenergien. Auch ein Wellenschliff der Messer verbessert das S. (→Balkenmähwerk und Schneidwerke von →Ladewagen). Der freie Mes-

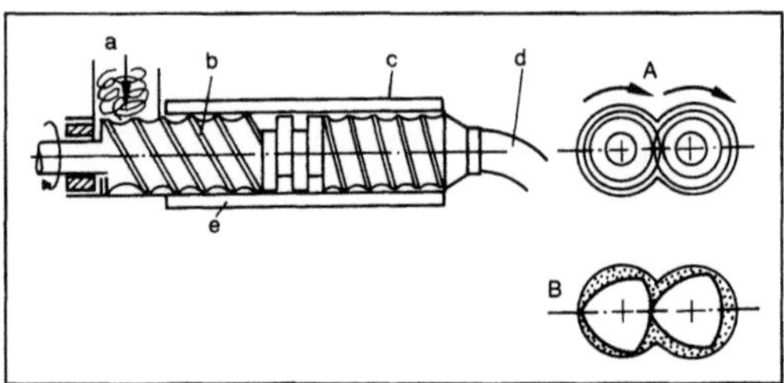

Schneiden: Bedeutende Grundverfahren.

serschnitt benutzt vor allem die Trägheitskräfte des Gutes als Abstützung. Dazu benötigt man sehr hohe Schnittgeschwindigkeiten um 40–90 m/s: hoher Energieaufwand, aber auch hohe Leistung bei sehr störungsfreiem Betrieb. *Renius*
→Schneidteil

Literatur: *Dobler, K.:* Grundlegende Untersuchungen über den freien Schnitt bei Halmgut. Grundl. Landtechn. 23 (1973) Nr. 2, S. 54/56. – *O'Dogherty, M. J.:* A review of research on forage chopping. J. agric. Engng. Res. 27 (1982) Nr. 4, S. 267/89. – *Scheufler, B.:* Ein Beitrag zur Auslegung von Mähwerken mit Sichelmessern. Diss. TU Braunschweig 1983. – *Stroppel, Th.:* Zur Systematik der Technologie des Schneidens. Grundl. Landtechn. 3 (1953) Nr. 5, S. 120/34.

Schneidkopfsaugbagger. Hinsichtlich des Aufbaus handelt es sich um modifizierte →Saugbagger, bei denen um die Saugrohröffnung ein Schneidkopf rotiert, der den Boden mechanisch löst und dem Saugmund zuführt. Dadurch erstreckt sich der Einsatzbereich der S. vom Feinsand über bindige Böden bis zum leichten Fels. Je nach Einsatzfall wird der Schneidkopf mit Zähnen bestückt. In seiner Arbeitsweise unterscheidet sich der S. durch eine kontinuierliche, alternierende Schwenkbewegung um einen am Heck angeordneten Schwenkpfahl vom Saugbagger. Die gesamt installierte Leistung kann bis 20 000 kW betragen. Dabei entfallen auf den Schneidkopf rd. 4500 kW und auf die Förderpumpen 12 000 kW. *Kühn*

Schneidrad →Zahnradherstellung

Schnellläuferstrategie →Lagerorganisation

Schnellaufbereich. Die Reibzahl f bei hydrodynamischer →Flüssigkeitsreibung ist eine Funktion der →Sommerfeld-Zahl So_D (Lagertemperaturberechnung von Radialgleitlagern →Lagertemperatur). Die bezogene Reibzahl f/ψ wird approximiert durch:

$$\frac{f}{\psi} = \frac{3}{So} \quad \text{für So} < 1 \text{ (Schnellaufbereich)}$$

und

$$\frac{f}{\psi} = \frac{\pi}{\sqrt{So}} \quad \text{für So} > 1 \text{ (→Schwerlastbereich)}$$

(ψ relatives →Lagerspiel).

Die Begriffe S. und Schwerlastbereich sind kennzeichnend für die unterschiedlichen Betriebsbedingungen eines Gleitlagers:

□ S. mit hohen Drehzahlen bei vergleichsweise geringen Belastungen und

□ Schwerlastbereich mit hohen Lasten und geringen Drehzahlen. *Knoll*

Schnellgang →Kraftübertragung

Schnellschlußventil. Zum Schutz vor Überlastung der Anlage und/oder deren einzelner Komponenten vorhandene Einrichtung, die den jeweiligen Zuströmquerschnitt bei Überschreiten von Grenzwerten im Sicherheitskreis innerhalb kürzester Zeit vollständig absperrt, die Anlage so außer Betrieb setzt und so zur Entlastung beiträgt. Auslösend wirken u. a. Drehzahl-, Druck-, Temperatur-, Niveau-, Schwingungs- und Wellenlagewächter.

Ist der Betriebszustand der Anlage mit den Stellgliedern des Regelkreises, den Regelventilen, nicht mehr in den zulässigen Grenzen zu halten, setzen die Absperrorgane mit Schutzfunktion, die S., die Anlage still. Sie besitzen eine Auf-/Zu-Schaltcharakteristik. Die Energie zum Schließen wird entweder durch das →Arbeitsfluid selbst, von einem beim Öffnen vorgespannten Federpaket oder von einem Gasdruckpolster als Energiespeicher aufgebracht. Zum Öffnen des S. ist eine Hilfsenergie nötig. Fällt sie aus, geht das S. in den sicheren Zustand über und schließt als passives Element selbsttätig. Die Funktion des S. muß bez. Ansprechen, Schließzeit, Dichtigkeit in regelmäßigen Zeit-

abständen möglichst ohne Beeinträchtigung des laufenden Betriebs überprüft werden.

Um zu verhindern, daß Fremdkörper die Funktion des Ventils und der nachgeschalteten Regeleinrichtungen behindern, ist am Eintritt in das S. ein Sieb als Teilefänger und zusätzlich als Strömungsgleichrichter angeordnet.

Durch Beschleunigungen, Verzögerungen und Umlenkungen beim Durchströmen des S. entstehen Druckverluste, die sich z. T. durch die Kombination von S. und →Regelventil in einem Gehäuse reduzieren lassen. Die voneinander unabhängige Funktion von Regel- und Schutzkreis ist dabei sicherzustellen. *Ziemann*

Schnellumbauzug. Schnellumbauzüge (SUZ) entfernen Altgleise und verlegen Gleise in kontinuierlicher Fließbandtechnik.

□ Methode 1: Die Altgleise werden in Einzelabschnitte aufgeschnitten. Der SUZ hebt die Gleisjoche mit den Schwellen an. Portalkräne laden die Gleisjoche zum Abtransport auf Materialwagen. Neue Gleisjoche werden anschließend zum Aufbau des neuen Gleises verlegt und miteinander verschweißt.

□ Methode 2: Die Altschienen werden ausgebaut und die Altschwellen anschließend aufgenommen. Schienen und Schwellen trennt man getrennt. Das neue Gleis wird aus Einzelschwellen und Langschienen aufgebaut.

Beim Aufbau der Maschinen dominieren zwei Varianten:

□ Variante 1 (Bild 1): Das Vorderteil des Umbauzuges fährt auf den Altgleisen, das Mittelteil baut die

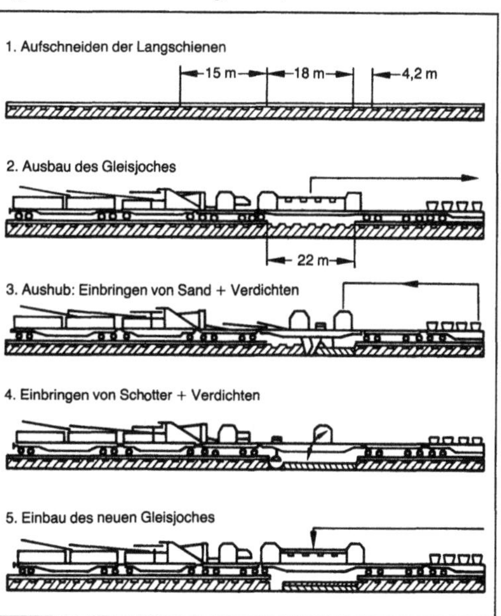

Schnellumbauzug 1: Arbeitsablauf Variante 1.

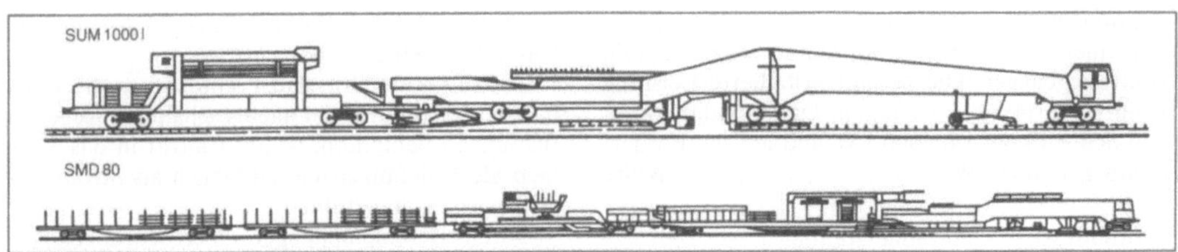

Schnellumbauzug 2: Arbeitsablauf Variante 2.

Altgleise aus und die neuen ein, während das hintere Teil der Maschine bereits auf den Neugleisen fährt.

□ Variante 2 (Bild 2): Nach dem Abtragen des Altgleises fährt das vordere Teil der Maschine auf Raupenketten in der Baulücke, während sich das hintere Teil auf den Neugleisen bewegt. *Kühn*

Schnittstelle. Es sind Stellen, an denen benachbarte Systemelemente eines Systems miteinander und das Gesamtsystem mit seiner Umwelt verbunden (integriert) sind. Der Übergang von einem →Fördermittel bzw. von einem →Fördersystem auf ein anderes wird als S. bezeichnet. Die S. ist gekennzeichnet durch folgende Grundfunktionen, die einzeln oder kombiniert auftreten können:

□ Übergeben, Übernehmen,
□ Vereinzeln, Verteilen, Zusammenführen,
□ Sortieren, Gruppieren, Klassifizieren,
□ Speichern,
□ Ändern von Lage, Form, Einheit oder Zustand des Förderguts. *Jünemann*

Schnittstellenforderung →Anforderungsliste

Schotterverteil- und Planiermaschine. S.- u. P. (Bild) sind Geräte zum Verteilen und Planieren von Schotter. Ein Mittelpflug bewegt den Schotter in der Bettungskrone, Flankenpflüge bringen den Schotter von den Flanken in den Bereich des Mittelpfluges. Überschüssiger Schotter läßt sich über Förderbandsysteme in ein Schottersilo am Kopf der Maschine vor den übrigen Arbeitseinrichtungen fördern. Bei Bedarf kann dieser Schotter über Entladeöffnungen in den Bereich der Stopfzone oder Bettungsflanke wieder abgegeben werden. Durch die besondere Lage der Entladeöffnungen (vor den Pflügen) reicht in der Regel ein Arbeitsgang aus, um ein vollständig bearbeitetes Schotterbett herzustellen. *Kühn*

Schotterverteil- und Planiermaschine.

Schrägkugellager →Wälzlager-Bauform

Schräglaufwinkel →Reifen

Schrägrollen-Richtmaschine. In der Praxis haben sich für den Richtgut-Durchmesserbereich zwischen etwa 4 und 600 mm S.-R. der Bauarten 3/3 und 2/5 durchgesetzt (Bild). Bei der Bauart 3/3 wirken auf das Richtgut von unten und von oben je 3 angetriebene →Rollen, während bei der Bauart 2/5 nur die beiden untenliegenden Rollen angetrieben, die 5 obenliegenden Rollen dagegen nicht angetrieben sind.

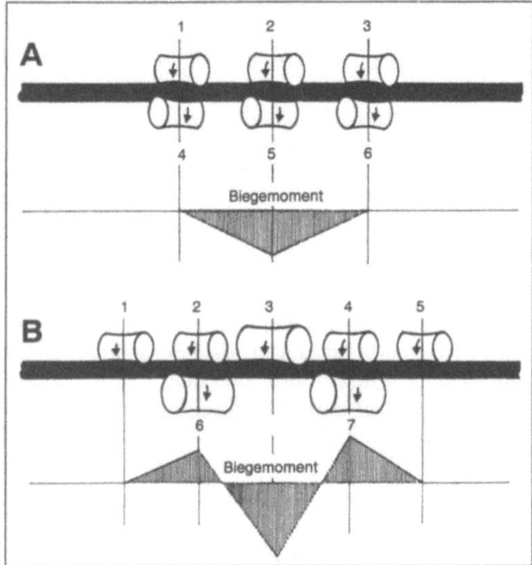

Schrägrollen-Richtmaschine: Rollenanordnung in den Richtmaschinen A 3/3 und B 2/5.

Während Maschinen der Bauart 3/3 hauptsächlich für Rohre mit Wanddicke/Durchmesser-Verhältnissen bis etwa 1:8 eingesetzt werden, verwendet man für dickwandige Rohre und Rundstäbe, insbes. aus Werkstoffen mit hoher Festigkeit, meistens die Bauart 2/5. Maschinen der Bauart 3/3 lassen, weil sämtliche Rollen angetrieben sind, hohe Richtgeschwindigkeiten zu. Wenn dagegen 2/5-Maschinen mit höheren Geschwindigkeiten betrieben werden, können anfangs Oberflächenmarkierungen beim Durchlaufen der R. entstehen, weil deren 5 Oberrollen vorher nicht rotieren und erst vom Richtgut mitgenommen werden. Die erreichbaren Richtgeschwindigkeiten liegen für die Bauart 3/3 bei 250 m/min und für die 2/5-Maschinen bei 100 m/min.

Ein grundsätzlicher Unterschied zwischen beiden Bauarten, der auch die Verschiedenartigkeit ihres Einsatzes erklärt, besteht in der Charakteristik der Biegemomente. Die 3/3-Maschinen bauen nur ein Biegedreieck, die 2/5-Maschinen mehrere Biegedreiecke auf. Bei Bauart 3/3 sind alle 6 Rollen austauschbar gleich, und sie erbringen eine größere Überdeckung des Richtguts, was die Möglichkeit bietet, einen sehr guten Richteffekt mit dem Ovalrichten zu erzielen, indem das Gut während des Richtvorgangs einen vorübergehend ovalen Querschnitt erhält, was sich vor allem bei normal- und dünnwandigem Richtgut bewährt hat.　*Baumann*

Schrägrollen-Richtverfahren. Stabförmige oder rohrförmige Körper, die einen Fertigungsprozeß verlassen, sind häufig nicht so gerade, wie es von den Verbrauchern verlangt wird oder für eine Weiterverarbeitung erforderlich ist. Ungleichmäßige Spannungsverteilungen führen manchmal zu Maximalabweichungen von der Geraden, die ein Vielfaches des Richtgutdurchmessers sind, besonders bei dünnwandigen Rohren, die einer Wärmebehandlung unterzogen wurden. Das →Richten von Stäben und Rohren ist also eine oft unerläßliche Fertigungsphase.

Das S.-R. ist ein Biege-R. für stab- und rohrförmiges Richtgut, das innerhalb eines größeren Querschnitts-Abmessungsbereichs mit nur einem Werkzeugsatz eingesetzt werden kann (Bild). Der Richteffekt beruht darauf, daß das Richtgut von mehreren Rollenpaaren gefaßt, in Längsrichtung transportiert, gleichzeitig in Rotation gebracht und dabei umgeformt wird. Die Rotation des Richtguts wird dadurch bewirkt, daß jeweils 2 parabolisch geformte angetriebene →Rollen verschränkt einander gegenüberliegen, indem ihre Achsen um einen gleichen Winkel, aber gegensinnig von der Richtgutlängsachse abweichen.　*Baumann*

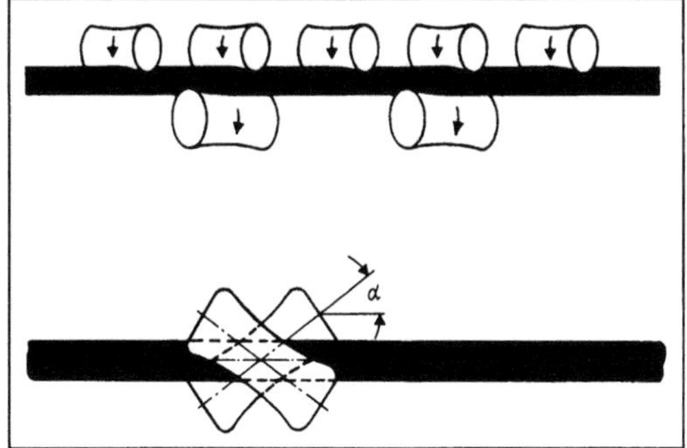

Schrägrollen-Richtverfahren: Arbeitsprinzip.

Schrägverzahnung. Bei Schrägstirnrädern sind die Zähne am Umfang schräg – genauer: schraubenförmig – angeordnet.

S. kann man sich aus →Geradverzahnung nach Bild 1 entstanden denken, nämlich aus unendlich dünnen Lamellen, die gegeneinander um den Winkel $\Delta\varphi$ versetzt sind. Daraus folgt, daß die Zahnflanken im Stirnschnitt (Ebene senkrecht zur Radachse) Evolventen sind, nicht jedoch im →Normalschnitt (Ebene, die die Flanke senkrecht schneidet). Die Zahnflanken gleiten und wälzen in Zahnhöhenrichtung im Stirnschnitt.

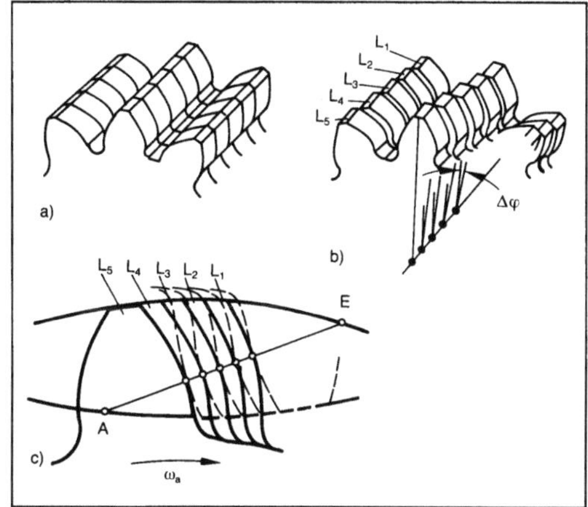

Schrägverzahnung 1: Entstehung.
a) Geradstirnrad aus Lamellen
b) Lamellen um $\Delta\varphi$ gegeneinander verdreht
c) Berührung mit den (gestrichelten) Gegenflanken.

Die Zähne kommen allmählich in Eingriff. Außer bei sehr schmalen Rädern sind stets mehrere Zahnpaare gleichzeitig im Eingriff (Überdeckung). So ist die Schwankung der →Zahnfedersteifigkeit geringer als bei Geradverzahnung. Dies hat gleichförmigere Drehbewegungsübertragung und günstigeres Geräuschverhalten zur Folge.

Die Berührlinien wandern während des Eingriffs schräg über die Zahnflanken hinweg. Die gesamte Berührlinienlänge ändert sich mit der Eingriffsstellung (außer bei ganzzahligen Sprungüberdeckungen; hierbei ist sie konstant).

Die →Grübchentragfähigkeit und die →Zahnfußtragfähigkeit sind meist höher als bei Geradverzahnung.

Der Schrägungswinkel β (Bild 2) von →Ritzel und Rad muß bei Außenverzahnung stets entgegengesetzt und gleich groß sein (Vorzeichen bei rechtssteigender Flankenlinie positiv, bei linkssteigender Flankenlinie negativ).

Demgegenüber sind bei →Innenverzahnung die Schrägungswinkel vom Ritzel und Hohlrad gleichgerichtet. Die durch die schrägen Flankenlinien

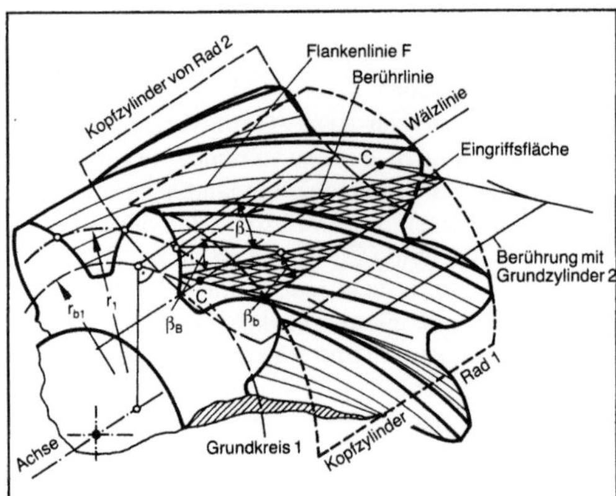

Schrägverzahnung 2: Schrägstirnrad mit Eingriffsfläche und Berührlinien.

verursachte Axialkraftkomponente der Zahnnormalkraft muß durch eine geeignete Wellenlagerung aufgenommen werden. Bei Doppel-S. hebt sich die Axialkraft auf (bei freier axialer Einstellbarkeit von Ritzel oder Rad).

Für die Tragfähigkeitsberechnung wird ein Geradstirnrad zugrunde gelegt, dessen Profil dem Normalschnitt der S. ähnelt. Hierbei wird der Schnitt am Grundzylinder unter dem Grundschrägungswinkel $\beta_b < \beta$ (Bild 2) geführt, da hierfür bei gleicher →Profilverschiebung (→Evolventenverzahnung) →Unterschnitt auftritt wie im Stirnschnitt der Schrägverzahnung. Aus der sich ergebenden Schnittellipse kann man eine „Ersatzzähnezahl" definieren, mit der alle Verzahnungsgrößen der →Ersatz-Geradverzahnung berechnet werden:

$$z_{nx} = z/(\cos^2\beta_b\cos\beta) \approx z/\cos^3\beta. \qquad \textit{Winter}$$

Literatur: DIN 3978: Schrägungswinkel für Stirnradverzahnungen. Hrsg. Dt. Inst. für Normung. Ausg. Aug. 1976. – *Erney, G.:* Grenzen des Betriebseingriffswinkels für schrägverzahnte Stirnradpaare. Konstr. 10 (1958), S. 55/61. – *Gary, M.:* Ermittlung des zu einer Evolventen-Schrägzahnflanke gehörenden Grundzylinderradius. Konstr. 9 (1957), S. 397/99. – *Niemann, G.,* u. *H. Winter:* Maschinenelemente. Bd. 2. 2. Aufl. Berlin, Heidelberg, New York, Tokio 1985.

Schrägwalzanlage. Die S. ist ein komplexes technisches System insbes. zum Herstellen von Hohlkörpern aus Stahlblöcken oder zum Aufweiten sowie Strecken dieser Hohlkörper und zum Glättwalzen der Rohre in Rohrwalzwerken. Eine S., beispielsweise zum Herstellen von Hohlkörpern, besteht i. a. aus dem Einlaufsystem mit Einlaufrinne und Einstößer, aus dem Walzgerüst mit Walzen, Walzeneinbauten, Walzenanstellsystem und Walzenständer, aus dem Walzenantriebsystem sowie aus dem Auslaufsystem mit Dornwiderlager, Dornstangen-Hubsystem und dem Transportsystem. S. werden u. a. in Rohrwalzwerken mit Asselwalzanlagen, Konti-Rohrwalzwerken, Rohrwalzwerken mit Stopfen-walzanlagen, Rohrwalzwerken mit Stoßbankanlagen und in Rohrwalzwerken mit Warmpilger-Walzanlagen eingesetzt. *Baumann*

Schrägwalzverfahren. Beim S. sind die Walzenachsen parallel zur Walzgutachse mit einer Neigung gegen die Walzgutebene angeordnet. Bei gleichsinniger Drehrichtung der Walzen erfolgt somit ein schraubenlinienförmiger Durchgang des Walzguts durch den Walzspalt. Dabei ist die Austrittsgeschwindigkeit des Walzguts aus dem Walzspalt etwas kleiner als die Umfanggeschwindigkeit der Walzen. Durch die Einführung eines im Walzspalt angeordneten Lochdorns kann mit diesem Verfahren massives Rundmaterial mit Walztemperatur zum Hohlkörper gelocht werden. Diese Verfahrensweise wird meist Mannesmann-S. oder Tonnen-Lochwalzverfahren genannt. Das S. wird nicht nur zum Lochen von Blöcken, sondern auch zum Glättwalzen von Rohren oder anderen rotationssymmetrischen Körpern, zum Aufweiten sowie Strecken von zylindrischen Hohlkörpern und zum Gewindewalzen eingesetzt. *Baumann*

Schrämmaschine. Die S. ist das Betriebsmittel für die schneidende Gewinnung beim Strebbau. Die S. wird heute i. a. als Walzenschrämlader ausgeführt und löst das zu gewinnende Mineral durch einen Vollschnitt oder Teilschnitt aus dem Gebirgsverband. Unter Schrämen im engeren Sinn versteht man die Herstellung eines Schrams, d. h. eines Schlitzes parallel zur Lagerstättenebene. Die heute im Steinkohlenbergbau der Bundesrepublik Deutschland eingesetzten Walzenschrämlader sind nach dem Baukastenprinzip aufgebaut. Grob kann man als Bauteile die Walze, den Walzentragarm und den Maschinenkörper unterscheiden. Letzterer ist wiederum aus verschiedenen Komponenten aufgebaut, die auf einem Grundrahmen montiert sind. Die Maschine wird auf Fahrbahnen, die am →Förderer montiert sind, bewegt. Der Maschinenkörper ist normalerweise über dem Förderer angeordnet, kann aber auch vor dem Förderer, d. h. in Richtung Kohlenstoß, angeordnet sein (→Niedrigwalzenlader). Die Zuführung der zur Kohlengewinnung nötigen Energie erfolgt durch eine am Walzenlader angeschlagene Schrämtrosse. Diese enthält im wesentlichen eine Stromleitung, Wasserschläuche und Steuerleitungen.

Die Bauart der Walze, deren Drehzahl und Drehrichtung sowie die Anzahl und Anordnung der Meißel wird im wesentlichen vom Lösewiderstand des Flözes bestimmt. Weitere Flöz- und Gebirgseigenschaften, wie z. B. die Flözmächtigkeit, bestimmen die Auswahl anderer Komponenten des Walzenschrämladers.

Den größten Einfluß auf die Walzengröße übt die Strebmächtigkeit aus. Je mächtiger das Flöz ist, desto größer wird der Walzendurchmesser sein. Zur Zeit stehen Walzen mit Durchmessern von 750 mm–2 300 mm zur Verfügung. Mit diesen Walzen ist es möglich, maximale Schnitthöhen von 1,80–5,0 m sowohl beim Teilschnitt als auch beim Vollschnitt zu erreichen. Die Länge der Walzentragarme muß auf die Walzendurchmesser und damit auch auf die Flözmächtigkeiten abgestimmt sein. Für die verschiedenen Mächtigkeitsbereiche können Walzentragarme mit einer Länge von 740 mm (geringmächtige Flöze) bis zu 2 680 mm (bis 5,0 m mächtige Flöze) eingesetzt werden.

Bei der Walzenbreite sind die Unterschiede nicht so groß. Vorherrschend ist eine Walzenbreite von 800 mm (entsprechend dem Rückmaß des Schreitausbaus).

Für eine schnelle und gute Ableitung des gewonnenen Minerals sind Schraubenwalzen mit zwei bis drei Schraubengängen auf dem Walzenkörper am besten geeignet. Die Ladearbeit der Walze wird häufig auf der den eingreifenden Meißeln entgegengesetzten Seite durch ein Räumschild unterstützt. Das Räumschild ist um den Walzenkörper schwenkbar und umfaßt die Walze nur in einem Sektor. Dieser Teil der Walze wirkt dann nach dem Prinzip des Schneckenförderers. Weiterhin dient das Räumschild der Staubbekämpfung beim Schrämen. In Schrämbetrieben ohne Räumschild wird die Schrämgasse durch Räumschuhe und Laderampen oder durch Räumhobel sauber geladen. Die Laderampen können auch als Fahrbahn für den Walzenschrämlader genutzt werden und wirken auf die Lage des Förderers und des Walzenladers stabilisierend, da sie fest mit dem Förderer verbunden und knickstabil sind.

Auf die Schraubengänge der Walze sind Meißelhalter aufgeschweißt. Der Schlußring ist dicht mit Meißeln besetzt, da im Gewinnungstiefsten die Lösearbeit am schwierigsten ist. Er ist normalerweise konisch ausgeführt, um das Einschneiden der Walze in das Flöz bei einem neuen Gewinnungsschnitt zu erleichtern.

Die Schraubenwalzen können auf Grund ihrer Schraubengänge nur für eine Drehrichtung eingesetzt werden. Es ist daher vor der Anschaffung festzustellen, ob die Walze rechts- oder linksgängig sein soll. Die heute gebräuchlichen Doppelwalzenschrämlader sind mit einer rechtsgängigen und einer linksgängigen Walze ausgerüstet. Die in Gewinnungsrichtung vorlaufende Walze arbeitet normalerweise am Hangenden unterschlächtig (die Walze schneidet im Abbaustoß von unten nach oben und trägt das gelöste Material oben aus) und die nacheilende Walze am Liegenden oberschlächtig (umgekehrte Schneid- und Austragsrichtung). Der Walzkörper kann zylindrisch, kegelförmig oder nach einer Exponentialkurve ausgeführt sein. Letztere Ausführung ist für die Ladearbeit der Walze besonders geeignet.

Die Walze wird mit Radial- oder Tangentialmeißeln bestückt. Beim Radialmeißel sitzt der Meißelschaft in einer radial angebrachten Halterung. Verwendet werden meist Flachmeißel. Beim Tangentialmeißel sitzt der Meißelschaft in einer tangential angebrachten Halterung. Als Tangentialmeißel kommt i. a. ein Spitzmeißel mit Drehschaft zum Einsatz. Die Schnittbahn des Meißels am Gewinnungsstoß ist Teil einer Zykloide. Der Meißeleingriff vom Gewinnungstiefsten zum freien Kohlenstoß hin ist gestaffelt. Die Walze dreht sich in einem Drehzahlbereich von 37–44 min^{-1}.

Eine geringe Walzendrehzahl begünstigt die Lebensdauer der Meißel, vermindert die Zündgefahr beim Schneiden von Gestein und verringert die Staubbelastung sowie den Feinkornanteil der Kohle.

Der Maschinenkörper des Walzenladers setzt sich je nach Bauart aus dem Walzenkopf, dem Motor, der Winde, der Zusatzwinde, dem Anschlußkasten, der Notfahreinrichtung und der Energieverteilung zusammen. An den Walzenkopf ist der Schrämarm angebaut.

Für den Antrieb aller Bewegungsvorgänge des Walzenschrämladers wird ein E-Motor verwendet. Dieser Motor ist normalerweise in den Maschinenkörper integriert. Bei größeren Leistungen werden auch zwei Motoren installiert. Bei einigen Walzenschrämladerarten sind die Motoren in den Schrämarm integriert. Diese Bauart ermöglicht eine kürzere Baulänge der Walzenlager. Den Vorschub der Walzenschrämlader erzeugen elektrische oder hydraulische Winden, wobei hydraulische Winden z. Z. noch bevorzugt verwendet werden. Die Winden werden entweder vom Schrämmotor mit Energie versorgt oder besitzen eigene E-Motoren.

Eine Zusatzwinde wird verwendet, wenn eine stärkere Zugkraft erforderlich ist. Dies kann bei stärkerem Einfallen des Flözes der Fall sein.

Am Anschlußkasten ist die Schrämtrosse (Schrämkabel) befestigt. Hier werden auch Funktionen und Zustände des Walzenladers durch Leuchtdioden angezeigt.

Die Winden dienen der Fortbewegung des Walzenladers im Streb. Griffen die Winden früher mit Zahnrädern in eine im Streb gespannte Kette, so wird heute ein Zahnrad-Zahnstangen-Antrieb (Eicotrack-Vorschub-System) verwendet. Das Zahnrad befindet sich an der Maschine, die Zahnstange ist auf der Versatzseite des Sterbförderers befestigt. Eine weitere Bauart verwendet an Stelle der Zahnstange eine besondere Kette. Durch diese beiden Bauarten ist es möglich, mehrere Walzenlader in einem Streb zu benutzen, z. B. zum Mitschneiden einer oder beider Abbaubegleitstrecken.

Zwangsführungen am Strebförderer verhindern ein Kippen oder Entgleisen des Walzenschrämladers. Beim Eicotrack-Vorschub-System wird diese

Aufgabe auch von den Triebstöcken übernommen, welche von am Schrämlader befestigten Klauen umgriffen werden.

Walzenschrämlader werden bevorzugt in Flözen mit mittlerer bis großer Mächtigkeit und flacher bis mäßig geneigter Lagerung eingesetzt. Sie eignen sich auch gut für zäh-harte Kohle mit Bergeeinlagerungen. Weiterhin ist das Durchörtern von Störungen mit Walzenladern einfacher möglich als mit Kohlenhobelanlagen.

Die Vorteile des Walzenschrämladers liegen in der guten Anpassung an die Flözmächtigkeit, in der definierten Gewinnungshöhe, der geringen Ausbauverspätung und der einfachen Betriebsorganisation.

Die installierten Leistungen bei Walzenschrämladern mit einem Motor betragen je nach Bauart zwischen 170 und 300 kW. Bei Walzenschrämladern mit zwei Motoren sind 340–600 kW installiert. Die E-Motoren sind für Spannungen von 500 oder 1 000 V ausgelegt.

Im Jahre 1985 waren von insgesamt 204 Streben in der Bundesrepublik Deutschland 96 mit Walzenschrämladern ausgerüstet. An der Gesamtfördermenge waren diese Strebe mit 57,3 % beteiligt. Die durchschnittliche Strebfördermenge betrug im gleichen Jahr 1928 t verwertbare Förderung pro Tag. Die durchschnittliche Strebleistung betrug 26,2 t verwertbare Förderung pro Mann und Schicht.

Im gleichen Jahr wurden 112 Walzenschrämlader eingesetzt. Davon waren 11 Walzenlader mit einer, 101 mit zwei Walzen ausgerüstet. In 80 Streben war jeweils eine Maschine, in 16 Streben waren jeweils zwei Maschinen eingesetzt. *Seeliger*

Literatur: Das kleine Bergbaulexikon. Essen 1981. – *Kundel, H.:* Die Strebtechnik im deutschen Steinkohlenbergbau im Jahre 1985. Glückauf 122 (1986), S. 707/27. – *Kunde, H.:* Kohlengewinnung. Glückauf-Betriebsb. Bd. 6. 6. Aufl. Essen 1983. – *Schüpphaus, H.:* Walzenlader für die Kohlengewinnung. Bergbau (1980) Nr. 11, S. 619/26.

Schrappanlage. S. sind Fördereinrichtungen in horizontalen Betonbereitungsanlagen. Man unterscheidet Hand- und Radialschrapper. Radialschrapper werden überwiegend zur Beschickung von Sternlagern und in Verbindung mit Linearfahrwerken, teilweise auch für Reihenlagerung eingesetzt. Beim Sternlager geschieht die Montage des Radialschrappers immer mit einem Drehwerk und einem Kopfring auf dem Dosierstern. Bei einer Reihenlagerung verwendet man Linearfahrwerke mit oder ohne Drehwerk oder auch mit einem Kopfring.

Radialschrapper (Bild) bestehen aus einem am Drehwerk angelenkten Gittermastausleger mit Längen zwischen 8,5 und 20 m, einem angehängten Schrappkübel mit Inhalt zwischen 150 und 900 l und einer auf dem Drehwerk montierten Antriebs- und

Steuereinrichtung. Über eine elektrisch angetriebene Zweiseilwinde und eine Seilkinematik wird der Schrappkübel leer mit dem Rückholseil ausgeworfen und gefüllt mit dem Zugseil nach oben gegen den Zuteiler gezogen, wo man ihn im Aktivteil der Zuschlagbox entleert. Hieraus wird das Material über Zuteilöffnungen durch Schwerkraftfluß in den →Beschicker dosiert, gewogen und zum →Mischer transportiert. Die Steuerung des Schrappwerks läßt sich wahlweise manuell aus einem auf dem Drehkranz befindlichen Bedienungsstand oder vollautomatisch vornehmen. Beim Automatikschrapper ist zusätzlich zur Programmautomatik für den Schrappbetrieb eine Schwenkwerksautomatik und eine Boxenvollmeldung eingebaut. Diese Technik erlaubt die Überwachung des Materialvorrates und steuert das Schrappwerk immer zu der Box, in der die Aktivlagermenge unterschritten ist.

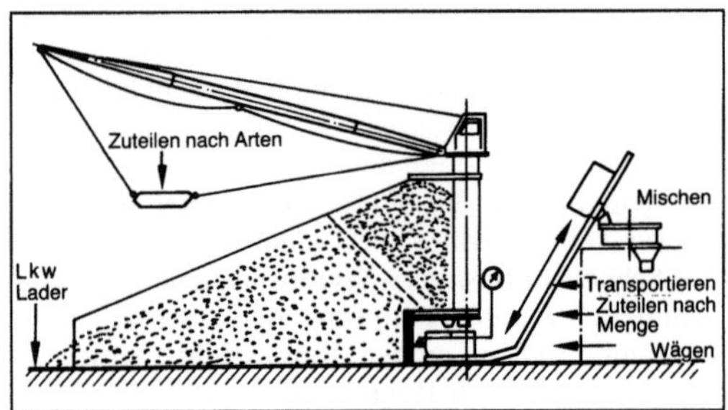

Schrappanlage: Radialschrapper.

Der Handschrapper, bei dem die Schrappschaufel manuell am Zugseil geführt wird, findet bei der Betonbereitung nur noch in sehr wenigen untergeordneten Einsatzfällen Verwendung. Er hat jedoch in einer Vielzahl anderer Förderaufgaben (Schiffsentladung, Waggonentladung, Getreideentladung, Kohlenbunkerung usw.) noch einen festen Platz. *Kühn*

Schraube.

1. Allgemeines. Vor Berechnung einer S.-Verbindung müssen die auf die einzelne S. wirkenden äußeren Kräfte und Momente mit Mitteln der Elastomechanik ermittelt werden (→Schraubenverbindung). Es muß dafür aus der Verbindungsgeometrie einer →Mehrfach-Schraubenverbindung heraus der Bereich der verspannten Teile abgegrenzt werden, der der einzelnen S. zuzuordnen ist. Ziel der Berechnung ist die Festlegung der erforderlichen S.-Abmessungen auf Grund

□ der gegebenen oder ermittelten äußeren statischen und/oder wechselnden Kräfte und Momente F_A, F_Q, M_B und M_T,

□ der geforderten Sicherheit (je nach Versagensfolgen),

□ der geforderten Dauerhaltbarkeit bei Wechselbelastung oder Schwellbelastung,

□ der zusätzlichen Funktionen wie Dichtfunktion, geforderte Mindestklemmkraft, zusätzliche formschlüssige Lagesicherung, Zugänglichkeit bei Montage u. a.

Einflüsse auf die Festlegung der S.-Abmessungen haben weiterhin:

□ Festigkeitsklasse der S. als Kennzeichen von S.-Werkstoff oder →Mutterwerkstoff (u. a. Kosten bestimmend),

□ Art des Gewindes und die S.-Form oder Mutterform,

□ Minderung der Montagevorspannkraft in der Trennfuge oder Teilen der Trennfuge durch die Betriebskraft F_A, je nach Plattensteifigkeit,

□ Streuung der Montagevorspannkraft F_M beim Anziehen, je nach S.-Anziehverfahren, nach S.-Kopf- oder →Gewinde-Reibungszahl und S.-Länge,

□ Minderung der Montagevorspannkraft durch den →Setzvorgang um den Kraftbetrag F_z,

□ zulässige Druckbeanspruchung der verspannten Teile durch S.-Kopf und/oder →Mutter (Schraubenverbindung),

□ Bauteiltemperatur oder Umgebungstemperatur, sobald sie extrem sind; Korrosionseinflüsse.

Bei einer Berechnung einer vereinzelten Schraubenverbindung wird vorzugsweise von einer linearen Abhängigkeit von Verformungen und Spannungen ausgegangen. VDI 2230, Bl. 1, gibt hierzu eine Hauptdimensionierungsformel

$$F_{M\,max} = \alpha_A \cdot F_{M\,min}$$
$$= \alpha_A \left[F_{K\,erf} + (1 - \Phi_K) F_A + F_z \right] \qquad (1)$$

an und faßt diese Größen in einem Verspannungsschaubild zusammen (Bild 1). Die Montagevorspannkraft F_{Mmax} dient als Bemessungskriterium für den S.-Durchmesser. Sie soll zusammen mit dem beim Anziehen entstehenden Gewindemoment als

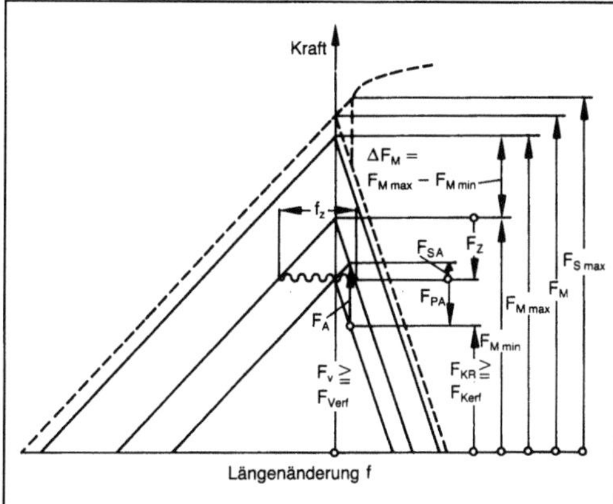

Schraube 1: Hauptdimensionierungsgrößen im Verspannungsschaubild. (Quelle: VDI 2230 a. a. O.)

Hauptdimensionierungsformel:
$F_{Mmax} = \alpha_A \cdot F_{Mmin} = \alpha_A \left[F_{Kerf} + (1 - \Phi_K) F_A + F_z \right]$

Vergleichsspannung die genormte Mindeststreckgrenze des S.-Werkstoffs zu 90 % ausnutzen. Die um den →Anziehfaktor α_A verminderte Montagevorspannkraft F_{Mmin} muß ausreichen, um nach Abzug des wirksamen Betriebskraftanteils $(1 - \Phi_K) F_A$, wie mit Hilfe des Verspannungsschaubilds ermittelt wurde, und des Setzkraftbetrags F_z die erforderliche Mindestklemmkraft F_{Kerf} sicherzustellen. Das für die S. erforderliche Anziehdrehmoment M_A läßt sich S.-Tabellen der Lieferfirmen entnehmen oder mit S.-Rechnern oder den Formeln berechnen, wie sie zur S.-Kopf- oder →Mutter-Reibungszahl angegeben wurden.

Die in Bild 1 noch eingezeichnete Kraftgröße F_M ist die der gewählten Schraube in bezug auf 90 % der Streckgrenze zuzuordnende Spannkraft. Die Kraftgröße F_{Smax} darf mit Berücksichtigung der Beanspruchung durch das Gewindemoment die Streckgrenze des Werkstoffs, $R_{p0,2}$ nicht übersteigen. Dies wird sichergestellt, wenn die folgende Bedingung erfüllt ist:

$$F_{SA} = \Phi_K \cdot F_A \leqq 0,1\, R_{p\,0,2}\, A_s \qquad (2),$$

mit A_s als →Spannungsquerschnitt des S.-Gewindes. Liegt die äußere Kraft F_A als schwingende Kraft vor, dann darf der Schwingkraftamplitudenanteil von F_{SA} die Dauerhaltbarkeit der S., die ihrem Mittelspannungsanteil zugeordnet ist, nicht übersteigen.

VDI 2230, Bl. 1, gibt 10 Rechenschritte eines linearen Rechenansatzes an:
R1: überschlägige Bestimmung des S.-Durchmessers d, des Klemmlängenverhältnisses l_k/d (mit l_k als Abstand zwischen S.-Kopf und Mutter) und der mittleren Flächenpressung p in der Auflagefläche A_p unter dem S.-Kopf gem. der Beziehung

$$p = \frac{1}{A_p} \cdot F_M / 0,9 \leqq p_G \text{ und den zulässigen Grenzflä-}$$

chenpressungen p_G (→Schraubenverbindung);
R2: Bestimmung des Anziehfaktors α_A;
R3: Vorgabe der erforderlichen Mindestklemmkraft F_{Kerf} unter Berücksichtigung von Reibschluß zur Aufnahme einer Querkraftkomponente F_Q (oder zur Aufnahme eines vorhandenen Moments M_T) oder zum Sicherstellen der Dichtfunktion. Verhinderung eines einseitigen Abhebens bei exzentrischer Belastung und/oder Vorspannung einer Schraubenverbindung;
R4: Ermittlung des Kraftverhältnisses Φ auf der Grundlage der im Verspannungsschaubild veranschaulichten Beziehungen ggf. unter Berücksichtigung des exzentrischen Kraftangriffs in der Schraubenverbindung;
R5: Bestimmung des Vorspannkraftverlustes F_z durch den Setzvorgang;
R6: Nachrechnung des zunächst überschlägig bestimmten S.-Durchmessers d nach der Formel, Gl. (1);

R7: Wiederholung der Rechenschritte R4–R6 bei notwendiger Änderung der S. oder des Klemmlängenverhältnisses l_k/d;

R8: Prüfen der Einhaltung der maximal zulässigen S.-Kraft gem. Gl. (2) oder der für Taillenschrauben geltenden Gleichung $\Phi F_A \leqq 0{,}1\,R_{p0,2}\,A_T$, sofern für streckgrenzgesteuertes oder streckgrenzüberschreitendes Schrauben-Anziehverfahren nicht die zulässige plastische Längung der S. oder ihre Wiederverwendbarkeit als Kriterium dienen muß;

R9: Ermitteln der Dauerschwingbeanspruchung der S. nach der Beziehung

$$\sigma_a = \Phi_K\,\frac{F_{Ao}-F_{Au}}{2\,A_{d_3}} \leqq \sigma_A,$$

mit A_{d_3} als Kernquerschnitt (Bild 2);

R10: Nachrechnung der Flächenpressung unter Kopf- und Mutterauflage nach der Beziehung

$$p = \frac{F_M + \Phi_K F_A}{A_p} \leqq P_G,$$

mit A_p als Auflagefläche unter Berücksichtigung der Lochanfasung   (3)

oder der für streckgrenz- und drehwinkelgesteuerte Schrauben-Anziehverfahren geltenden Beziehung

$$p = 1{,}2\,\frac{F_M + \Phi_K F_A}{A_p} \leqq p_G \quad (4).$$

Erweiterte Rechenschritte eines nichtlinearen Berechnungsansatzes gibt VDI 2230, Bl. 1, für die Fälle an, in denen die S.-Kräfte exakt rechnerisch

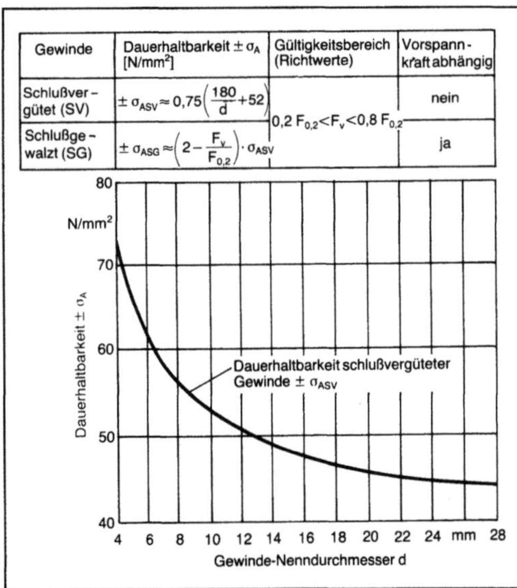

Gewinde	Dauerhaltbarkeit $\pm\,\sigma_A$ $[N/mm^2]$	Gültigkeitsbereich (Richtwerte)	Vorspann-kraft abhängig
Schlußver-gütet (SV)	$\pm\,\sigma_{ASV} \approx 0{,}75\left(\dfrac{180}{d}+52\right)$	$0{,}2\,F_{0,2}<F_v<0{,}8\,F_{0,2}$	nein
Schlußge-walzt (SG)	$\pm\,\sigma_{ASG} \approx \left(2-\dfrac{F_v}{F_{0,2}}\right)\cdot\sigma_{ASV}$		ja

Schraube 2: Dauerhaltbarkeit des Gewindes von Schrauben der Festigkeitsklassen 8.8, 10.9, 12.9 nach neuen Versuchsergebnissen. (Quelle: VDI 2230 a. a. O.)

ermittelt werden sollen, z. B. als Vergleichsgrundlage für meßtechnische Kontrollen.   *Federn*

Literatur: *Grotewohl, A.*: Auslegung der Schraubenverbindung im Automobilbau und deren Einfluß auf den Montagevorgang. Tl. 1: Zentrische Montage und zentrische Betriebskrafteinteilung in einer Schraubenverbindung. Automobil-Ind. (1985), S. 297/308. – *Kübler, K. H.*, u. *W. J. Mages*: Handb. hochfeste Schrauben. Essen 1986. – Schraubenverbindungen heute; Berechnung, Anwendung, Wirtschaftlichkeit. VDI-Ber. Nr. 478. Düsseldorf 1983 – VDI 2230. Bl. 1: Systematische Berechnung hochbeanspruchter Schraubenverbindungen; Zylindrische Einschraubenverbindungen. Hrsg. Verein Dt. Ing. Ausg. Juli 1986.

2. schlußgerollte →Schraubenfertigung

3. schlußvergütete →Schraubenfertigung

Schrauben-Anziehen.

    1. drehmomentgesteuertes →Anziehfaktor

    2. drehwinkelgesteuertes →Anziehfaktor

    3. streckgrenzgesteuertes →Anziehfaktor

Schrauben-Anziehverfahren. Die Funktionstüchtigkeit einer Schraubenverbindung hängt von der bei der Montage erreichten Vorspannkraft ab. Die Vorspannkraft läßt sich durch Messen der Schraubenverlängerung während des Anziehens oder des Verformens am Kopf ermitteln oder aus dem gemessenen Anziehdrehmoment M_A und den Reibungsverhältnissen unter Kopf oder →Mutter und im →Gewinde angenähert errechnen. Auch eine Rückrechnung aus dem Relativverdrehwinkel zwischen Innen- und Außengewinde ist möglich.

Beim Anziehen von Hand hängt die Schraubenvorspannkraft vom Gefühl und der Erfahrung des Monteurs und der Eignung des benutzten Schlüssels ab. Der →Anziehfaktor α_A ist deshalb sehr hoch.

Beim Anziehen mit Hilfe eines Drehmomentschlüssels muß das zulässige Anziehdrehmoment M_{sp} berechnet oder in Abhängigkeit der Schraubenkopf- oder Mutter-Reibungszahlen μ_K und μ_G und der zu erzielenden Vorspannkraft F_{sp} Richtlinientabellen (wie in der Richtlinie VDI 2230) entnommen oder mit den von Herstellerfirmen zu beziehenden Schraubenrechnern bestimmt werden.

Beim Anziehen mit Verlängerungsmessung hängt die Streuung der erreichten Vorspannkraft von der Meßunsicherheit des Längen-Meßverfahrens ab. Diese ist um so geringer, je größer die Klemmlänge der Schraube ist. Mit 5 % Streuung ist mindestens zu rechnen. Das Verfahren läßt sich nur bei Durchsteckschrauben anwenden.

Das Anziehen von Schraubenverbindungen mit hydraulischer Vorspannung erfordert einen Schraubenbolzen, der über die Mutter hinausragt und sich erfassen läßt. Die hydraulische Vorspannung muß dabei höher sein als die nach Rückfederung und

Setzen verbleibende Montagevorspannkraft in der Schraube.

Winkelanzugsverfahren messen den Winkel, um den beispielsweise die Mutter gegenüber dem Bolzen beim Anziehen verdreht werden muß, um eine vorausberechnete Schraubenlängung und damit eine bestimmte Vorspannkraft zu erreichen. Üblich und zweckmäßig ist dabei die Ausnutzung der Beanspruchbarkeit des Schraubenschafts bis zur Streckgrenze. Um einen eindeutigen Anfangspunkt für die Winkelmessung zu gewinnen, wird die Schraube zunächst mit einem Voranzugsmoment von etwa 35 % des an der Streckgrenze zu erreichenden Moments mit einem Drehmomentschlüssel angezogen. Erst dann wird die Mutter um einen vorausberechneten Winkel nachgedreht. Die Streuung der Vorspannkraft gegenüber der an der Streckgrenze zulässigen ist dann meist sehr gering.

Beim streckgrenzgesteuerten Anziehen müssen Drehmoment M_t und Verdrehwinkel φ laufend (vorzugsweise automatisch) gemessen werden. Sobald das Verhältnis von Anziehdrehmomentzunahme zu Winkelzunahme auf einen vorab eingestellten Wert absinkt, schaltet das dafür notwendige Anzugsgerät selbsttätig ab. Die Streckgrenze des Schraubenwerkstoffs bestimmt die richtige Vorspannkraft. Diese kann aus Sicherheitsgründen höher liegen als beim impulsgesteuerten Anziehen mittels Schlagschrauber und beim drehmomentkontrollierten Anziehen, selbst bei Verwendung eines Präzisionsdrehschraubers mit dynamischer Drehmomentmessung. *Federn*

Literatur: *Junker, G.*: Die Montagemethode – ein Konstruktionskriterium bei hochbeanspruchten Schraubenverbindungen. VDI-Z 121 (1979) Nr. 12. – VDI 2230. Bl. 1: Systematische Berechnung hochbeanspruchter Schraubenverbindungen. Zylindrische Einschraubverbindungen. Hrsg. Verein Dt. Ing. Ausg. Juli 1986.

Schraubendruckfeder.

Zylindrische S. (Zugfedern) bestehen aus wendelförmig gewundenem Draht mit rundem oder Rechteckquerschnitt. Der mittlere Windungsdurchmesser D_m beträgt das 3,15- bis 20fache des Drahtdurchmessers d. Durch Zug- oder Druckkräfte F in der Achse wird der Drahtquerschnitt im wesentlichen mit Verdreh-Schubspannungen τ beansprucht. Die ideelle, längs der Windungen konstante Schubspannung τ_i berechnet sich bei rundem Drahtquerschnitt für zylindrische Schraubenzugfedern und für zylindrische S. nach der Formel

$$\tau_i = \frac{8}{\pi} \cdot \frac{D_m}{d^3} \cdot F \quad \text{oder der Formel} \quad \tau_i = \frac{G}{\pi} \cdot \frac{d}{i_F \cdot D_m^2} \cdot s,$$

mit G als Schubmodul, i_F als Zahl der federnden Windungen und s als Federweg. Die durch Längskraft F im Drahtquerschnitt auftretenden Scherspannungen (oder Querschubspannungen) τ_s und

die durch Steigung der Schraubenlinie mit dem Durchmesser D_m zusätzlich auftretenden Biegespannung σ_b im Querschnitt werden meist gegenüber den Verdreh-Schubspannungen vernachlässigt.

Bei ruhender Belastung durch die Axialkraft F wird der Beanspruchbarkeit meist die ideelle Schubspannung τ_i zugrunde gelegt. Bei schwingender Belastung muß normgemäß mit der am Federquerschnitt-Innenrand infolge von Drahtkrümmung und Scherspannung τ_s vergrößerten Randspannung $\tau_K = K \cdot \tau_i$ gerechnet werden. Der Korrekturfaktor K liegt für die üblichen Wickelverhältnisse

$$w = \frac{D_m}{d} = 4\text{–}10 \text{ bei } K \approx 1{,}4\text{–}1{,}15.$$

Nach den beiden genannten Formeln für τ_i folgt für die →Federsteifigkeit bei weitgehend linearer →Federkennlinie

$$c = \frac{\Delta F}{\Delta s} = \frac{G \cdot d^4}{8\,D_m^3 \cdot i_F}.$$

Für die Entwurfsrechnung von zylindrischen Runddraht-Schraubenfedern werden in DIN 2089 Leitertabellen angegeben. Auch das nach Normzahlen gestaffelte Geradlinien-Diagramm (Bild, nächste Seite) erlaubt einen schnellen Überblick über die gegenseitigen Abhängigkeiten der verschiedenen Federdaten und erleichtert Varianten-Berechnungen. Beispiel: d = 1 mm, D_m = 20 mm (w = 20), zulässige Spannung τ_i = 500 N/mm²: F = 10 N, s/i_f = 8 mm (Federweg je Windung). Für dauerschwingbeanspruchte Federn ist zu berücksichtigen, daß τ_i um den Faktor K kleiner als die zulässige Spannung bleiben muß. Für Entwurfsrechnungen und Nachrechnungen werden heute meist verfügbare Rechenprogramme eingesetzt. Sollen S. oder Schraubenzugfedern wechselnde Kräfte $\pm \hat{F}$ aufnehmen, müssen je 2 Federn, um $0{,}6\,\hat{F}$ vorgespannt, gegeneinanderwirkend angebracht werden. *Federn*

Literatur: DIN-Taschenb. 29: Federn, Normen. 7. Aufl. Berlin, Köln 1990. – *Dubbel*: Taschenb. Maschinenbau. 16. Aufl. Berlin, Heidelberg, New York, Tokio 1987. – Krupp-Brüninghaus, Werdohl: Umformteile Federelemente. Druckschrift. 1986. – *Loeper*: Nicht-zylindrische Schraubenfedern im Automobilbau und deren Berechnung. Autom.-techn. Z. (1974), S. 385/90. – *Lutz, D.*: Auswahl, Konstruktion und Erprobung von Federungssystemen für Niveauhaltung von Kraftfahrzeugen. Diss. TU München 1971.

Schraubendruckfeder, zylindrische.

Z. S. (siehe Bild 1 Seite 1060) sind das Maschinenelement mit der weitesten Verbreitung. Im Kraftfahrzeugbau werden sie vornehmlich als Ventilfedern und als Tragfedern im Fahrgestell eingesetzt. Sie werden aus rundem Draht mit angelegten und plangeschliffenen oder mit eingerollten Enden und Druckkrafteinleitung über angepaßte Federteller hergestellt, für d<10 mm ausschließlich durch Kaltverformung, für d>17 mm ausschließlich durch Warmverfor-

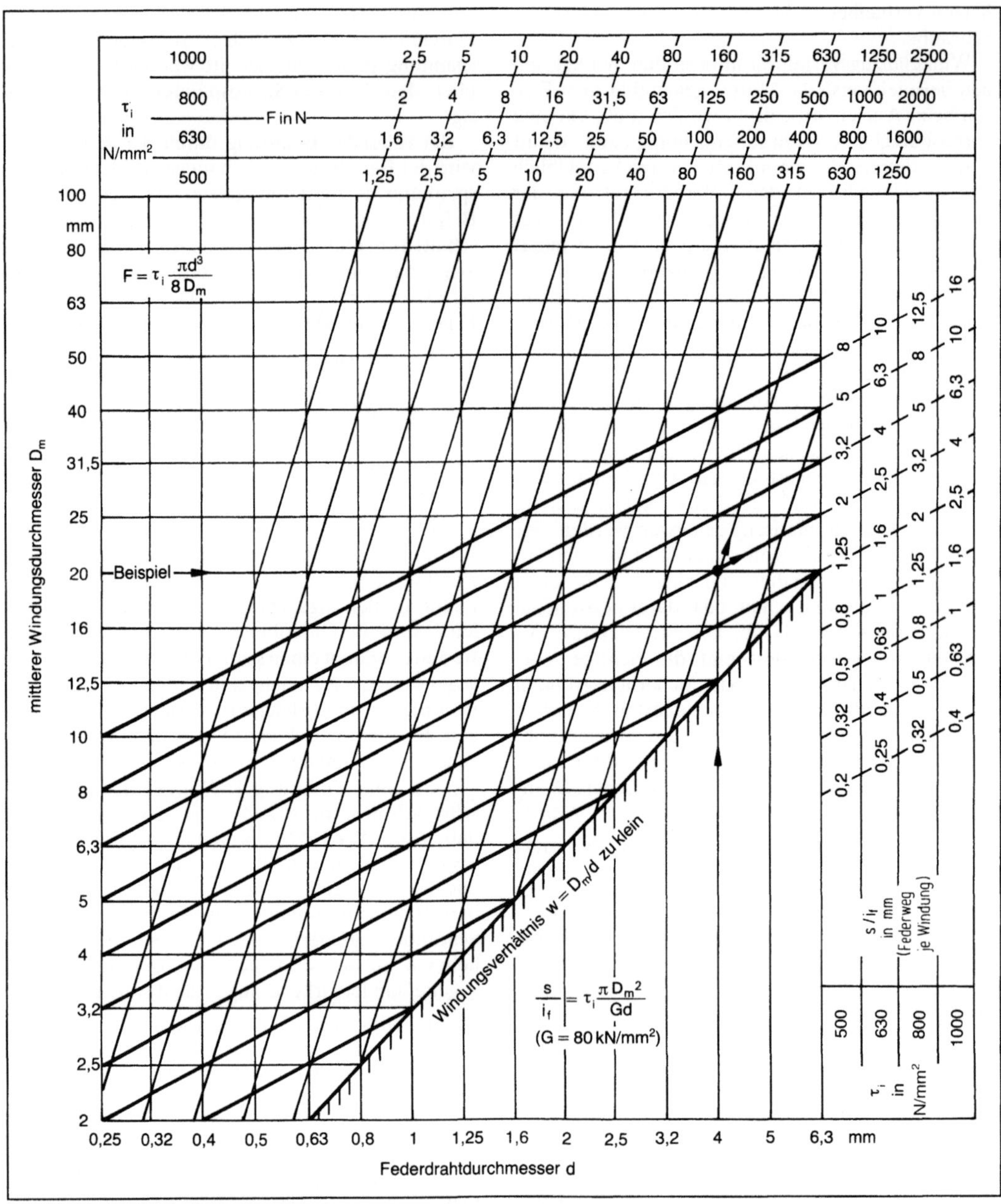

Schraubendruckfeder: Geradlinien-Diagramm der gegenseitigen Abhängigkeit der verschiedenen Schrauben-federdaten (nach H. R. Thomsen, jedoch nach Normzahlen gestuft).

Beispiel: $d = 4$ mm, $D_m = 20$ mm, $\tau_i = 500$ N/mm²: $F = 630$ N, $s/i_f = 2$ mm ($G = 80\,000$ N/mm²)

mung. Ausgangsmaterial ist gewalzter, gezogener, gerollter oder geschliffener Rundstahl mit Toleranzen und Gütevorschriften nach DIN 2076, DIN 2077 oder DIN 2096, Tl. 1, Tl. 2.

Das Material für hochwertige Fahrzeugfedern ist auf eine Bruchfestigkeit $R_m = (1600–1800)$ N/mm² vergütet, danach kugelgestrahlt und oft mit Korro-sionsschutz versehen. Meist wird ihre Belastbarkeit durch Vorsetzen erhöht. S. werden hinsichtlich ideeller Verdreh-Schubspannung τ_i im Drahtquer-schnitt und →Federsteifigkeit $c = F/s$ nach den für S.- und Schraubenzugfedern allgemein gültig ange-gebenen Formeln berechnet. Ihr Arbeitsaufnahme-vermögen W ist bei praktisch meist vollkommen

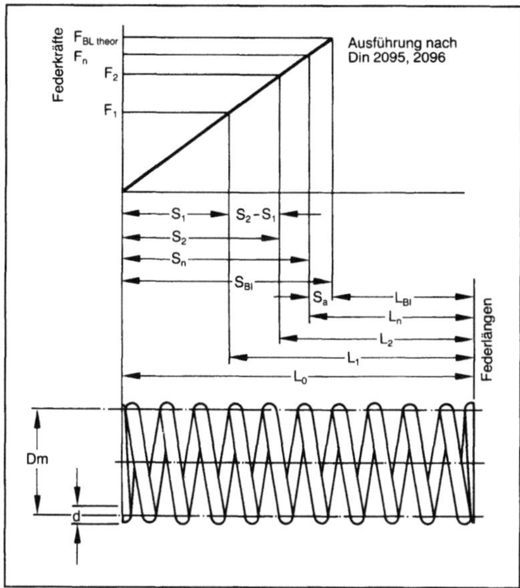

Schraubendruckfeder, zylindrische 1: Aus rundem Stahldraht.

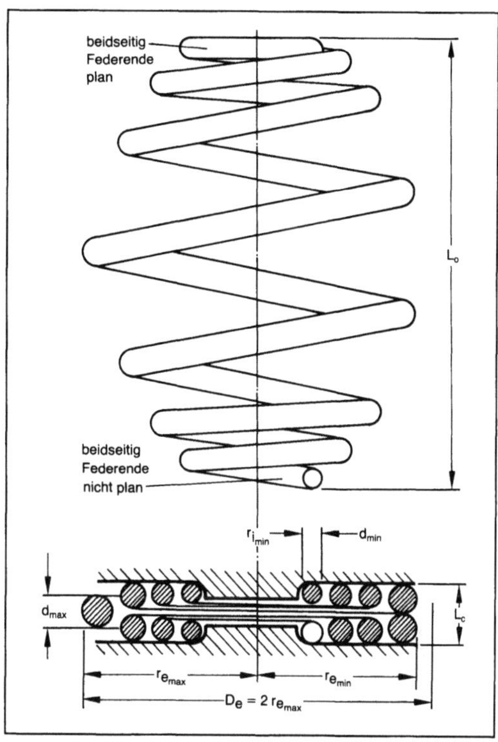

Schraubendruckfeder, zylindrische 2: Schraubendruckfeder kleinster Blocklänge mit veränderlichem Stahldrahtdurchmesser und Windungsdurchmesser (Ahle-Feder).

linearer →Federkennlinie und einem →Volumennutzungsgrad η_A von 0,5 gleich ½ F · s.

Progressive S., wie sie bisweilen gefordert werden, können aus beiderseitig konisch verjüngten Stäben mit veränderlichem Windungsabstand hergestellt werden (Bild 2). Um einen gegebenen Raum optimal auszunutzen, werden S. bisweilen in Form von Federnestern ausgeführt mit zwei konzentrischen, abwechselnd rechts und links gewickelten Federn mit gleichem Wickelverhältnis w = D_m/d. Die von den Einzelfedern ertragenen Kräfte und Arbeiten verhalten sich wie die Quadrate ihrer Durchmesser.

In die Berechnung der Quersteifigkeit von zS. gehen der auf die unbelastete Federlänge l_o bezogene Federweg s, der Schlankheitsfaktor l_o/D_m und die Art der Federendenaufnahme ein. Das gleiche gilt für die Knicksicherheit von S. DIN 2089. Tl. 1, zeigt ein Berechnungsdiagramm hierfür. *Federn*

Literatur: *Ahle:* Federn, Schraubenfedern angepaßt an besondere Raumverhältnisse. Druckschr. d. Gebr. Ahle, Lindlar. – *Busse, L.:* Schwingungen zylindrischer Schraubenfedern. Konstruktion 26 (1974), S. 171/76. – DIN 2089. Teil 1: Zylindrische Schraubendruckfedern aus runden Drähten und Stäben, Berechnung und Konstruktion, Hrsg. Dt. Inst. für Normung. Ausg. Dez. 1984. – *v. Estorff, H.-E.:* Technische Daten Fahrzeugfedern. Tl. 1: Drehfedern. Stahlwerke Brüninghaus. Werdohl 1973. – Merkbl. Stahl 349: Fahrgestellfedern – Tragfedern für Straßenfahrzeuge und ihre Berechnung. Hrsg. Beratungsstelle für Stahlverwendung. Düsseldorf 1974. – *Niepage, P.:* Beitrag zur Frage des Ausknickens axial belasteter Schraubendruckfedern. Konstruktion 23 (1971), S. 19/24.

Schraubenfeder-Kupplung. Die S.-K (Bild) ist eine längs-, quer- und winkelnachgiebige →Aus-

gleichskupplung. Als elastische Elemente dienen in Umfangsrichtung angeordnete, vorgespannte Schraubenfedern zwischen den Kupplungsscheiben. Die Zapfen zwischen den Federn verhindern das Herausschleudern der Federn durch die Fliehkraft und berühren sich bei Vollast, so daß die Federn gegen Überlastung geschützt sind. *Ehrlenspiel*

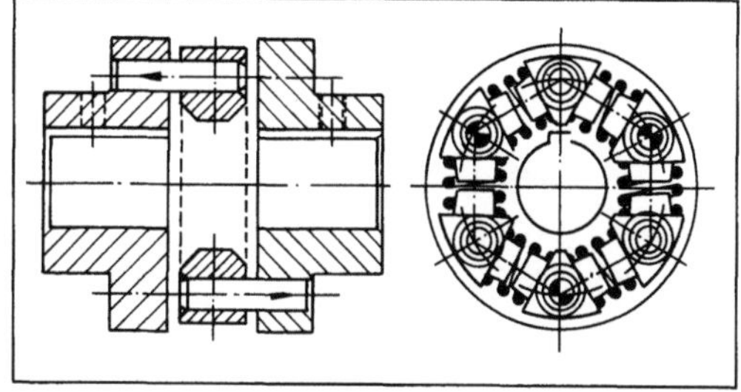

Schraubenfeder-Kupplung. (Quelle: Cardeflex)

Schraubenfertigung. Schrauben und Muttern können mittels spanloser Kaltformung oder Warmformung oder mittels spanender Formgebung gefertigt werden.

Warmformung wird bei kleineren Losgrößen und bei großem Stauchverhältnis und großen Abmessungen bevorzugt. Bei komplizierten Formen mit extrem hohem Stauchverhältnis erfordert sie zwei Arbeitsgänge und Zwischen-Weichglühen zum Erhöhen der Verformbarkeit. Bei Schrauben über 250 mm Länge ist nach der Warmformung oft ein Richten nötig.

Kaltformung in mehreren Stufen ist bis zu einem →Gewinde M 24 auch noch bei hochfesten Schrauben aus vergüteten Stählen mit vertretbarem Maschinenaufwand möglich. Durch die das Stauchen oder Fließpressen begleitende Kaltverfestigung werden Streckgrenze und Zugfestigkeit erhöht, Bruchdehnung und Brucheinschnürung verringert. Die spanlose Herstellung der Gewinde durch Rollen oder Walzen hat gegenüber dem durch Zerspanung erzeugten Gewinde den Vorteil der gesteigerten Zug- und Dauerfestigkeit, der verringerten Kerbempfindlichkeit und der guten Oberflächenqualität. Werkstoff geht nicht verloren, weil der Ausgangsdurchmesser beim Walzen oder Rollen etwa dem Flankendurchmesser des Gewindes entspricht. Bei besonders hochbeanspruchten Schrauben werden Übergangsradien zu Kopf oder Gewinde zum Aufbringen von Druckvorspannungen nachgewalzt.

Bei *spanender Formgebung* wird Automatenstahl wegen der besseren Bearbeitbarkeit bevorzugt. Er ist allerdings nur für die Festigkeitsklassen 5.8 und 6.8 des Schraubenwerkstoffs zugelassen. Zufolge des hohen Entwicklungsstands der spanlosen Formungsverfahren wird die spanende Formgebung bei Normschrauben nur noch zur Nachbearbeitung spanlos vorgeformter Schraubenrohlinge angewandt, insbes. bei hochfesten Schrauben und Muttern für den Fahrzeugbau.

Schrauben mit Nenn-Zugfestigkeiten über 800 N/mm² werden durch Härten und Anlassen in Schutzgasatmosphäre vergütet. Spanlos geformte Schrauben, deren Gewinde nach dem →Vergüten schlußgerollt werden, haben höhere Dauerfestigkeit als nach dem Rollen schlußvergütete Schrauben.

Die dem jeweiligen Verwendungszweck der Schrauben und Muttern angepaßten Prüfverfahren für Zwischen- und Schlußprüfungen (in der Großserienfertigung auf die Stichprobenprüfung beschränkt, sofern ein Schraubenversagen nicht Menschenleben gefährdet oder anderen großen Schaden verursacht) sind ein wichtiger Bestandteil des industriellen Fertigungsprogramms.   *Federn*

Literatur: *Fischer, Fr.* u. *H. Vondracek*: Warmgeformte Federn. 1987. – *Jllgner, K. H.*, u. *D. Blume*: Schrauben-Vademecum. 6. Aufl. Hrsg. Bauer & Schaurte Karcher 1986. – *Kübler, K.-H.*, u. *W. J. Mages*: Handb. hochfeste Schrauben. Essen 1986.

Schraubenfläche. Eine S. entsteht, wenn eine ebene Kurve oder eine Raumkurve um eine Achse verschraubt wird. Bei dieser Bewegung beschreibt jeder Punkt der erzeugenden Kurve eine Schraubenlinie gleicher Ganghöhe.

Auf jeder Schraubenfläche liegen die Schar der verschiedenen durch die Schraubung auseinander hervorgehenden Lagen der erzeugenden Kurve und die Schar der Bahnschraubenlinien der einzelnen Punkte der Erzeugenden.

S. werden meist durch zwei Schnitte festgelegt, durch den Meridian oder Profilschnitt in einer Ebene, die die Achse enthält, und durch einen Normalschnitt senkrecht zur Achse. Man unterscheidet:

☐ *Allgemeine S.:* Ihre Erzeugende sind beliebige Kurven.

Beispiele: Die Schrauben eines Kreises, dessen Ebene auf der von seinem Mittelpunkt beschriebe-

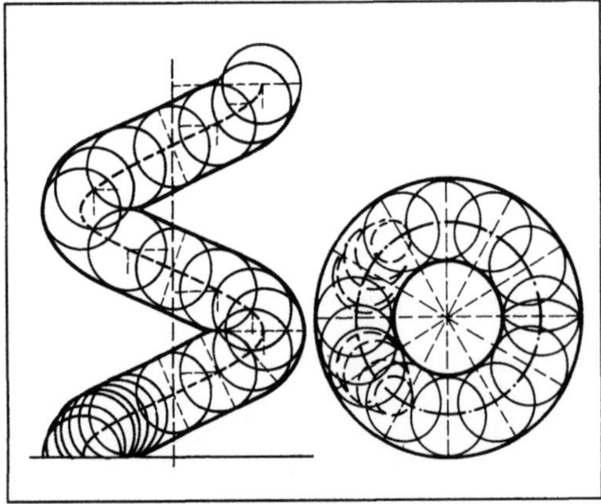

Schraubenfläche 1: Röhrenfläche.

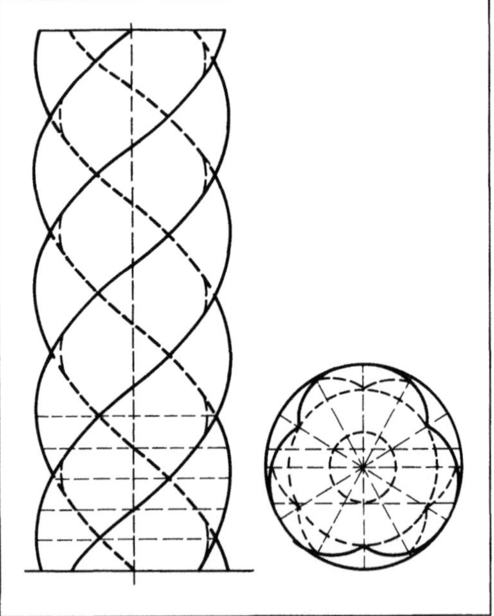

Schraubenfläche 2: Gedrehte Säule.

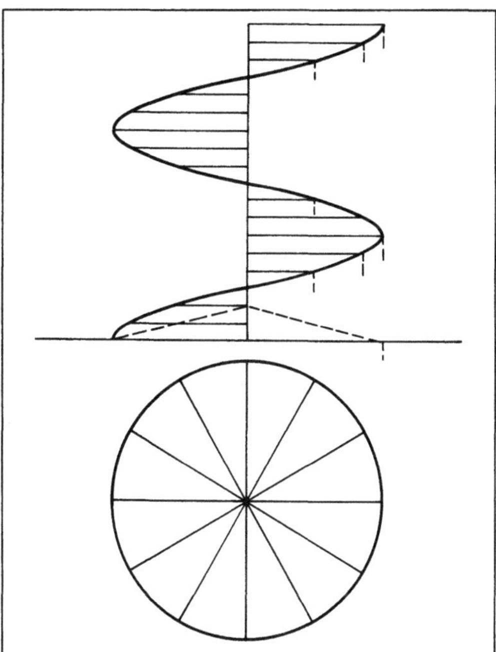

Schraubenfläche 3: Gerade geschlossene Schrauben-regelfläche (Wendelfläche).

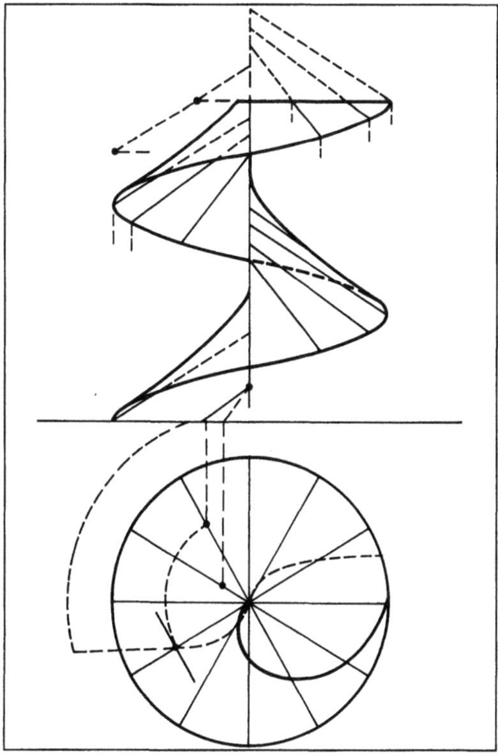

Schraubenfläche 4: Schiefe geschlossene Schrauben-regelfläche (Korkenzieherfläche).

nen Schraubenlinie senkrecht steht, führt zur Röhrenfläche, archimedisches Schlangenrohr (Bild 1).

Die Schraubung eines aus Kreisbogenstücken bestehenden Normalschnitts liefert die gedrehte Säule (Bild 2),

□ *Schraubenregelflächen:* Diese werden durch Verschrauben von Geraden erzeugt (Regelfläche), werden von einer Schar von Geraden überdeckt und heißen geschlossen bzw. offen, wenn die erzeugenden Geraden die Schraubenachse schneiden bzw. zu ihr windschief sind. Man nennt sie gerade (flachgängig) bzw. schief (scharfgängig), wenn die Erzeugende in einer Ebene senkrecht bzw. schief zur Achse liegt.

Speziell unterscheidet man: Gerade, geschlossene Schraubenregelfläche (Wendelfläche) bei Wendeltreppen und flachgängigen Schrauben (Bild 3); schiefe, geschlossene Schraubenregelfläche (Korkenzieherfläche) bei scharfgängigen Schrauben und beim Korkenzieher (Bild 4); schiefe offene Schraubenregelfläche beim Drillbohrer (Bild 5).   *W. L. Fischer*

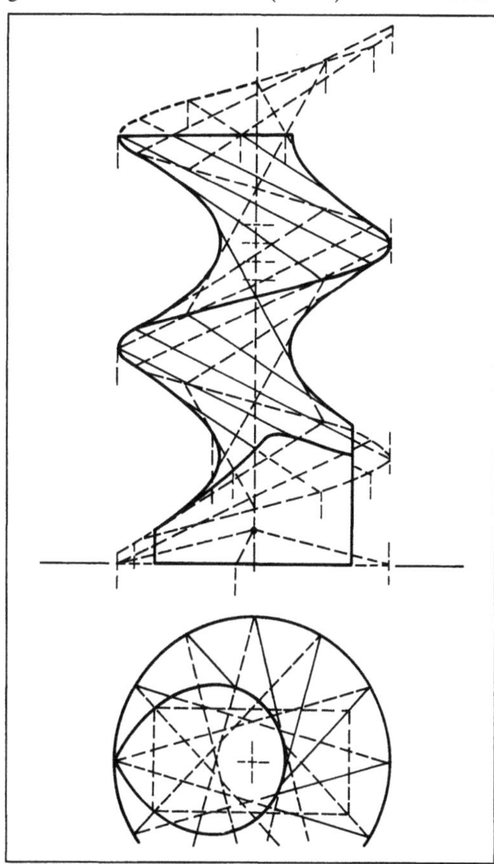

Schraubenfläche 5: Schiefe offene Schraubenregelfläche (Drillbohrer).

Literatur: *Reutter, F.:* Darstellende Geometrie. Bd. I. Karlsruhe 1952.

Schraubenform. Schraubengrundformen des Maschinenbaus sind die Durchsteckschraube, die Paßschraube, die Kopfschraube und die Stiftschraube. Durchsteckschrauben erfordern Muttern und Durchgangslöcher nach DIN 69 (fein, mittel, grob; z. B. D_B = 10,5 mm, 11 mm, 12 mm für M10). Paßschrauben z. B. nach DIN 609 (M8–M52, Paßbolzendurchmesser d_P = (d + 1 mm) k6), DIN 610, DIN 7968, DIN 7999 erfordern mit H7 geriebene Paßbohrungen in den zu verbindenden Teilen. Sie übertragen auch Querkräfte und dienen der Lagesicherung. Kopfschrauben erfordern ein →Innengewinde in einem der zu verspannenden Teile. Die erforderliche Tiefe von Gewindebohrungen nach DIN 76 hängt vom Werkstoff des Innengewindes ab. Empfohlene Einschraubtiefen für Sacklochgewinde gibt Tabelle 1.

Schraubenform. Tabelle 1: Empfohlene Mindest-Einschraubtiefen für Sacklochgewinde.
(Quelle: VDI 2230)

Schrauben-festigkeitsklasse Gewindefeinheit d/P	8.8 <9	8.8 ≧9	10.9 <9	10.9 ≧9
AlCuMg 1 F40	1,1 d	1,4 d		—
GG-22	1,0 d	1,2 d		1,4 d
St37	1,0 d	1,25 d		1,4 d
St50	0,9 d	1,0 d		1,2 d
C45V	0,8 d	0,9 d		1,0 d

In Grauguß oder Leichtmetall geringerer Festigkeit sind Stiftschrauben mit Muttern an Stelle von Kopfschrauben zu verwenden (Bild 1). Stiftschrau-

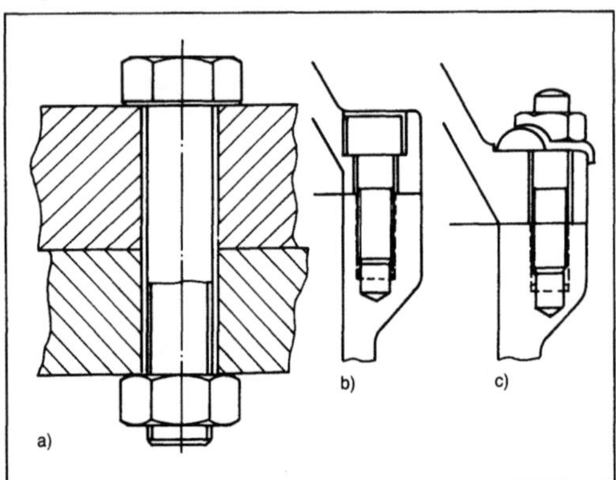

Schraubenform 1: Grundformen der Schraubenverbindungen.
a) Sechskantschraube mit Mutter als Durchsteckschraube
b) Zylinderschraube mit Innensechskant als Kopfschraube
c) Stiftschraube mit Sackloch.

ben haben ein 2,5d oder 2d langes Einschraubende nach DIN 940 bzw. DIN 835 zum Einschrauben in Leichtmetall, ein 1,25d langes Einschraubende nach DIN 939 zum Einschrauben in Grauguß oder ein 1d langes Einschraubende nach DIN 938 zum Einschrauben in Stahl.

Gewindestifte haben ein durchgehendes →Gewinde, i. a. einen Schlitz oder Innensechskant (nach DIN 913) an einem Ende und eine Kegelkuppe (DIN 551 bzw. DIN 913), einen Zapfen (DIN 417 bzw. DIN 915), eine Ringschneide (DIN 438 bzw. DIN 916) oder Spitze (DIN 533 bzw. DIN 914) am anderen Ende. Schraubenbolzen mit Gewinde an beiden Enden sind in DIN 2509 genormt. Einen Überblick über mehr als 100 genormte Kopfschraubenarten, darunter auch Holzschrauben und Blechschrauben mit selbstschneidendem Gewinde, gibt DIN 918, Beibl. 1.

Für die automatisierte Fertigung in Fertigungsstraßen sind Kombischrauben nach DIN 6900 und Schrauben mit Suchspitzenansatz mit 90° Kegelwinkel zur Montageerleichterung interessant.

Kurze Kopfschrauben und Durchsteckschrauben besitzen ein Gewinde bis zum Kopf (DIN 558, M5...M36, Produktklasse C; DIN 933, M1,6 bis M52, Produktklasse A und B; DIN 960, →Feingewinde) oder bei größerer Länge einen Schaftteil zwischen Kopf und Gewinde. Dessen Durchmesser ist gleich dem Gewindedurchmesser d bei Vollschaftschrauben (DIN 601, M5–M52 und DIN 931, M1,6–M160), etwa gleich dem Gewinde-Flankendurchmesser d_2 bei Dünnschaftschrauben und etwa gleich dem Gewinde-Kerndurchmesser d_3 bei Dehnschaftschrauben. Taillenschrauben können einen Schaftdurchmesser von 0,9d_3 haben. Die Bezeichnungsangaben für Schrauben und Muttern sind in DIN 962 festgelegt.

Nach der Kopfform unterscheidet man Sechskantschrauben (DIN 931, DIN 933, DIN 960, DIN 961 u. a (Bild 1a)), Zylinderschrauben, mit Innensechskant nach DIN 912, DIN 6912, DIN 7984 (Bild 1b)); mit Schlitz (nach DIN 84), Linsensenkschrauben (DIN 964, DIN 966) und Senkschrauben (mit Innensechskant nach DIN 7991, mit Schlitz nach DIN 87 und DIN 963 oder mit Kreuzschlitz nach DIN 965 oder DIN 7987). Sechskantschrauben können einen normalen Kopf mit den bisherigen Schlüsselweiten 17 mm, 19 mm, 22 mm und 32 mm für M10, M12, M14 bzw. M22 haben oder mit den entsprechenden neuen Schlüsselweiten nach DIN ISO 272 von 16 mm, 18 mm, 21 mm bzw. 34 mm. Für HV-Verbindungen in Stahlkonstruktionen wurden Sechskantschrauben mit größeren Schlüsselweiten in DIN 6914 und DIN 6922 genormt. Eine internationale Norm für Sechskantköpfe mit Flansch nach DIN 6921 ist in Vorbereitung.

Senkungen für Senkschrauben mit 90° Senkkegelwinkel sind in DIN 74, Tl. 1, festgelegt; Senkungen für Zylinderschrauben in DIN 74, Tl. 2, und Senkungen für Sechskantschrauben und -muttern in DIN 74, Tl. 3. Hauptmaße für eine Auswahl von Schrauben und Muttern für den Maschinenbau zeigt Tabelle 2.

Im Maschinenbau werden am häufigsten 0,8d-hohe Sechskantmuttern (Bild 2a) verwendet, soweit nicht aus Festigkeitsgründen eine Mutterhöhe m = d nötig ist. Die Mutter-Abmessungen sind in Anlehnung an ISO 4032 in DIN 970 für ISO-Regelgewinde M1,6...M39 und in DIN 971, Tl. 1, Tl. 2 für Feingewinde M8 x 1...M39x3 festgelegt. Das Eckenmaß e beträgt im Mittel 1,75d.

Hutmuttern nach DIN 1587, hohe Form (Bild 2b), und nach DIN 917 niedrige Form, werden eingesetzt, wenn Verletzung durch scharfe Kanten vermieden oder in Verbindung mit dichtenden Unterlegscheiben eine Dichtwirkung erzielt werden soll. Mit Rändelmuttern nach DIN 6303, Schlitzmuttern nach DIN 546 oder Flügelmuttern nach DIN 315 können nur geringere Vorspannkräfte erzielt werden als mit 0,8d hohen Sechskantmuttern. Sechs-

kantschweißmuttern nach DIN 929 (Bild 2c) oder Vierkantschweißmuttern werden für den Karosseriebau an Blech angepunktet.

Zur axialen Lagesicherung von Naben oder Ringen auf Wellen werden im Maschinenbau Nutmuttern nach DIN 1804 (Bild 2e) eingesetzt. Sie lassen sich mit einem Hakenschlüssel anziehen. Auch Kreuzlochmuttern nach DIN 548 und DIN 1816 (Bild 2f) erfordern Spezialschlüssel.

Bei hochbeanspruchten Schraubengewinden mit größeren Abmessungen werden mitunter Zugmuttern (Bild 2h) angewendet. Sie haben den Vorteil eines gleichmäßigeren Kraftflußübergangs vom Bolzen zur Mutter und ergeben damit u. U. eine um mehr als 10% höhere Dauerfestigkeit der Verbindung.

Schraubenköpfe und Muttern erfordern bisweilen runde Unterlegscheiben oder Vierkant-Unterlegscheiben. Vierkant-Unterlegscheiben haben eine ausgleichende Neigung von 8% für Schraubenverbindungen am Flansch von U-Trägern und eine Neigung von 14% für Schraubenverbindungen am

Schraubenform. Tabelle 2: Hauptmaße in mm für häufig angewandte Schrauben und Muttern.

Gewinde-Nenndurchmesser	Sechskant-kopfhöhe*)	Sechskantmutter DIN ISO 4032**)			Kronenmutter DIN 935**)			Innensechskant-schrauben DIN 912			Durchgangsloch DIN 69***) Bohrung			Scheibe DIN 125■)	
		Höhe	Schlüsselweite	Eckenmaß	Kronen-durchmesser	Höhe	Höhe bis zur Krone	Kopfhöhe	Kopf-durchmesser	Schlüsselweite	mittel	grob	fein	Außen-durchmesser	Dicke
d_1	k	m	s	e	d_e	h	m								
4	2,8	3,2	7	7,66	—	5	3,2	4	7	3	4,5	4,8	4,3	9	0,8
5	3,5	4,7	8	8,78	—	6	4	5	8,5	4	5,5	5,8	5,3	10	1
6	4	5,2	10	11,05	—	7,5	5	6	10	5	6,6	7	6,4	12,5	1,6
(7)	4,8	—	—	—	—	8	5,5	—	—	—	7,6	8	7,4	14	1,6
8	5,3	6,8	13	14,38	—	9,5	6,5	8	13	6	10	10	8,4	17	1,6
10	6,4	8,4	16	18,90	—	12	8	10	16	8	11	12	10,5	21	2
12	7,5	10,8	18	21,10	17	15	10	12	18	10	14	15	13	24	2,5
(14)	8,8	—	—	—	19	16	11	14	21	12	16	17	15	28	2,5
16	10	14,8	24	26,75	22	19	13	16	24	14	18	19	17	30	3
(18)	11,5	—	—	—	25	21	15	18	27	14	20	21	19	34	3
20	12,5	18	30	32,95	28	22	16	20	30	17	22	24	21	37	3
(22)	14	—	—	—	30	26	18	22	33	17	24	26	23	39	3
24	15	21,5	36	39,55	34	27	19	24	36	19	26	28	25	44	4
(27)	17	—	—	—	38	30	22	27	40	19	30	32	28	50	4
30	18,7	25,6	46	50,85	42	33	24	30	45	22	33	35	31	56	4
(33)	21	—	—	—	46	35	26	33	50	24	36	38	34	60	5
36	22,5	31	55	60,79	50	38	29	36	54	27	39	42	37	66	5

*) Sechskantschrauben DIN 931, DIN 933
**) außerdem flache Sechskantmutter DIN 936, flache Kronenmutter DIN 937 (Schlüsselweite wie DIN 943)
***) genormte Durchgangslöcher: fein, mittel (allgemeiner Maschinenbau), grob (Rohrleitungsbau)
■) Bohrung wie Durchgangsloch DIN 69 fein

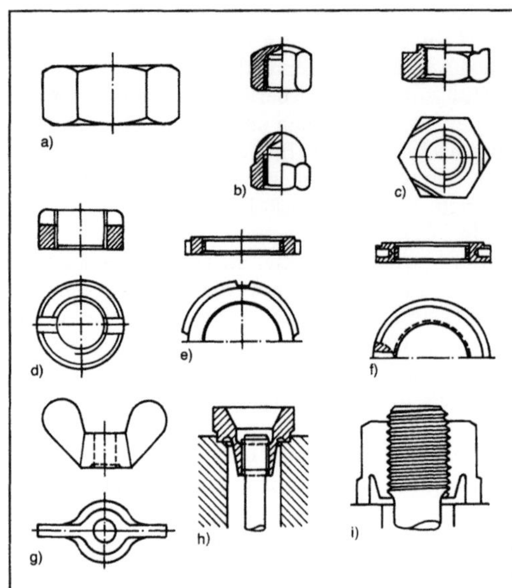

Schraubenform 2: Genormte Mutterformen.
a) 0,8d-hohe Sechskantmutter
b) Hutmuttern; niedrige und hohe Form
c) Sechskant-Schweißmutter
d) Schlitzmutter
e) Nutmutter
f) Kreuzlochmutter
g) Flügelmutter
h) Zugmutterform
i) Zugmutterform, Detail.

Flansch von T-Trägern. Runde Unterlegscheiben nach DIN 125 werden bei hochfesten Schrauben und Muttern im Bereich M1,6–M150 verwendet, wenn der Werkstoff unter Kopf oder Mutter weicher ist als St50. Sie haben einen Außendurchmesser von $(1,8–2)D_B$. Vierkantscheiben sind oft bei Durchsteckschraubenverbindungen in Holz im Bereich M10–M52 erforderlich.

Toleranzen für Schrauben und Muttern sind in DIN 4759, Tl. 1, festgelegt. Sie betreffen die Gewinde, die Nennlängen, die Nennmaße von Außen- oder Innensechskant, die Kopf- und Mutterhöhen (einschl. der effektiven Mutterhöhe), die Schaftdurchmesser und die Toleranzen für Form und Lage. *Federn*

Literatur: DIN Taschenb. 10: Mechanische Verbindungselemente 1, Schrauben. Berlin, Köln 1990. – DIN Taschenb. 140: Mechanische Verbindungselemente 4, Muttern, Zubehörteile für Schraubenverbindungen. 4. Aufl. Berlin, Köln 1991. – DIN ISO 272: Mechanische Verbindungselemente. Schlüsselweiten für Sechskant-Schrauben und -Muttern. Hrsg. Dt. Inst. f. Normung. Ausg. Okt. 1979. – *Ehrenstein, G. W.*, u. *J. Onasch:* Verbindung von Kunststoffteilen mit gewindeformenden Metallschrauben. VDI-Ber. Nr. 478. Düsseldorf 1983; S. 97/ 103. – *Esser, J.:* Auswirkungen der neuen ISO-Schlüsselweiten auf das Montageverhalten. VDI-Z (1986) Nr. 12. – *Jllgner,* K. H., u. *D. Blume:* Schrauben-Vademecum. 6. Aufl. Hrsg. Bauer & Schaurte Karcher 1986. – *Kayser, K.:* Blechschraubenverbindungen. VDI-Ber. Nr. 478. Düsseldorf 1983; S. 113/ 21. – *Pfaff, H.:* Hinweise zum Einsatz gewindefurchender Schrauben. VDI-Ber. Nr. 478. Düsseldorf 1983; S. 105/12. – *Turlach, G.:* Schraubenverbindungen für den Leichtbau. VDI-Ber. Nr. 478. Düsseldorf 1983; S. 85/95.

Schraubengetriebe →Systematik (→Getriebe)

Schraubenkopf-Reibungszahl. Beim Anziehen der →Mutter einer Durchsteckschraube treten Reibungskräfte in Umfangsrichtung an den Gewindeflanken und an der Mutterauflagefläche auf (Bild). Es muß deshalb ein mit der Vorspannkraft F_V steigendes Gewindereibungsmoment M_G und ein Kopfreibungsmoment M_K (bei der Durchsteckschraube an der Mutterauflagefläche) überwunden werden. Dies führt zu einem Anzieh-Drehmoment $M_A = M_G + M_K$. Bei einem Spitzgewinde (→Gewinde) mit dem Flankenwinkel α ist die Normalkraft zufolge F_V in einem Punkt der Flankenlinie im Verhältnis $1:\cos \alpha/2$ größer als bei einem Flachgewinde. Dies wird durch die Einführung einer erhöhten Gewindereibungszahl $\mu_G' = \tan \rho'$ berücksichtigt. (Für $\alpha/2 = 30°$ ist $\mu_G' = 1,155 \, \mu_G$.) Das Gewindereibungsmoment kann demzufolge sehr gut angenähert nach der Formel

$$M_G = F_M \, \frac{d_2}{2} \tan (\beta_m + \varrho')$$

berechnet werden, mit $\beta_m = P_h/(\pi \, d_2)$, F_M als Montagevorspannkraft und P_h als Steigung. Das Kopfreibungsmoment ergibt sich zu

$$M_K = F_M \, \frac{D_{Km}}{2} \cdot \mu_K,$$

mit D_{Km} als mittlerer Kopfauflagedurchmesser.

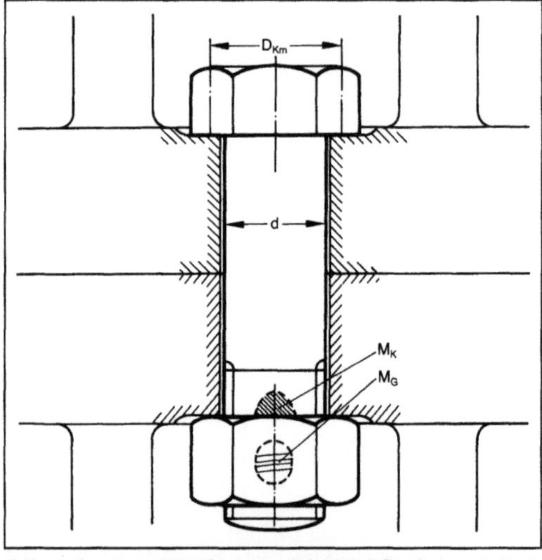

Schraubenkopf-Reibungszahl: Wirkflächen mit Reibungskräften bei einer Durchsteckschraube.

Zusammengefaßt wird das Anzieh-Drehmoment gem. Richtlinie VDI 2230 mit der folgenden Formel berechnet:

$$M_A \approx F_M \,[0{,}16\ P + 0{,}58\ d\cdot\mu_G + 0{,}5\ D_{Km}\cdot\mu_K];$$

μ_K und μ_G können je nach Werkstoff, Oberflächenbehandlung und Fertigungsverfahren für Schraube oder Mutter und zu verspannende Teile zwischen 0,08 und 0,25 schwanken. Über die Abhängigkeiten im einzelnen gibt VDI 2230, Bl. 1, Anhaltswerte. Oft wird in erster Annäherung für μ_K und μ_G mit 0,125 gerechnet. *Federn*

Literatur: *Pfaff, H.,* u. *W. Thomala:* Streuung der Vorspannkraft beim Anziehen von Schraubenverbindungen. VDI-Z. 124 (1982), S. 76/84. – VDI 2230. Bl. 1: Systematische Berechnung hochbeanspruchter Schraubenverbindungen. Hrsg. Verein Dt. Ing. Ausg. Juli 1986.

Schraubenlinie. Eine Schraubung entsteht, wenn zu einer Drehung um eine feste Achse zugleich eine Verschiebung in Richtung dieser Achse tritt und Drehgeschwindigkeit und Verschiebungsgeschwindigkeit c in konstantem Verhältnis stehen. Die Bahnkurve eines beliebigen, nicht auf der Achse liegenden Punkts heißt S. Der Abstand des Punkts von der Schraubenachse ist der Radius r. Da r konstant bleibt, liegt die S. auf einem geraden Kreiszylinder vom Radius r (dem Schraubenzylinder), dessen Achse die Achse der Schraubung ist. Die Verschiebung, die zu einer vollen Umdrehung von 2π gehört, heißt Ganghöhe h der Schraubung. Die Parameterdarstellung:

$$x = r\cos t,\quad y = r\sin t,\quad z = c\cdot t,$$

mit $c > 0$ bei Rechtsschraubung, $c < 0$ bei Linksschraubung. Ganghöhe $h = 2\pi c$.
Für S. (Bild) gilt:

$$\text{Bogenlänge } s_b = \int_{t=0}^{t} \sqrt{\dot{x}^2 + \dot{y}^2 + \dot{z}^2}\ dt$$
$$= \sqrt{r^2 + c^2 + t^2}\,,$$

$$\text{Krümmung } \kappa = \frac{r}{r^2 + c^2},$$

$$\text{Windung } w = \frac{c}{r^2 + c^2}.$$

Als Torsion wird bezeichnet: $\tau = \dfrac{w}{k} = \dfrac{c}{r}$.

Greift man einen Punkt der S. heraus, der um t gegen die Ausgangslage $t = 0$ verschraubt ist, so ist die Grundrißprojektion des zurückgelegten Wegs $s = r\cdot t$, die Aufrißprojektion $z = \dfrac{h}{2\pi}\cdot t$. Der Anstieg der S. ist definiert durch $\dfrac{z}{s} = \dfrac{h\cdot t}{2\pi r t} = \dfrac{h}{2\pi r}$. Er ist für alle Punkte der S. gleich ($\rightarrow$ Gewinde). *W. L. Fischer*

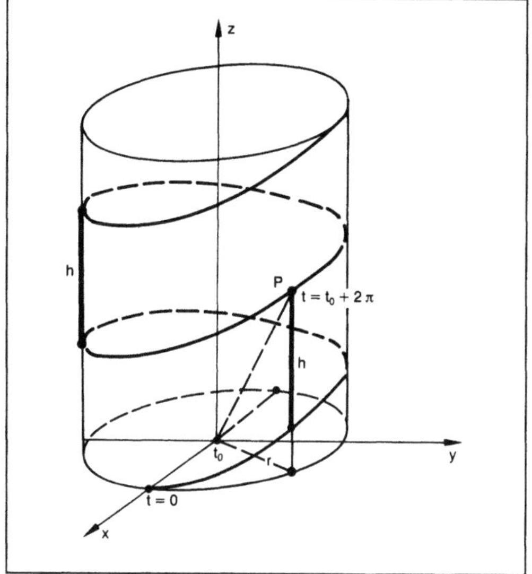

Schraubenlinie.

Schraubenschaft, dauerfester. An sich ist der S. in einer Schraubenverbindung der Abschnitt mit der höchsten Dauerhaltbarkeit (Bild 1). Er beeinflußt in seiner Steifigkeit nachhaltig die Dauerfestigkeit einer Schraubenverbindung, weil von ihr der Anteil F_{SA} der äußeren Schraubenkraft F_A abhängt, der die Schraube zusätzlich zur Montagevorspannkraft F_V belastet. Bild 2 zeigt dies deutlich mit den Verspannungsschaubildern, denen verschiedene Ausführungsformen des S. zugeordnet sind.

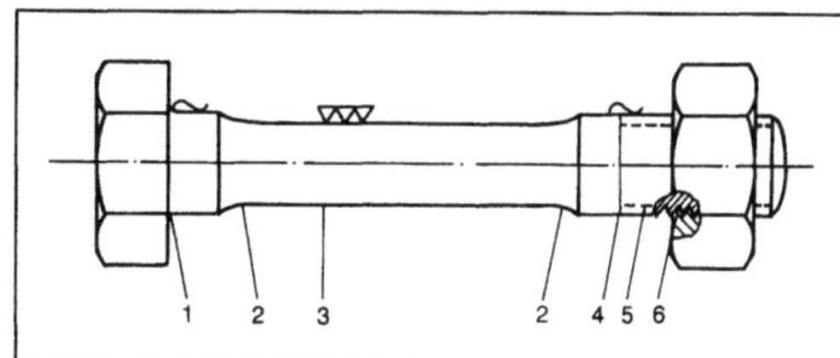

Schraubenschaft, dauerfester 1: Kerbstellen-Formzahlen und Kerbwirkungszahlen an einer Durchsteckschraube. (Quelle: Sigwart *in* Findeisen *a. a. O.)*

Zahlenwerte sind nur Beispiele

Aus der Zusammenstellung (Bild 1) ist ersichtlich, daß am ersten in die $\rightarrow$Mutter eingeschraubten Bolzengewindegang die Kerbwirkung am höchsten ist. Sie kann in Sonderfällen höchster Beanspruchung durch eine Steigungsdifferenz zwischen Mutter- und Bolzengewinde ($\rightarrow$Gewinde) gemildert werden (Bolzengewindesteigung etwa um 5‰ enger); auch durch konische Aussenkung der Mutter. Besonders entlastend wirkt die bei zentralen Zugankern in rotierend zu verspannenden Bautei-

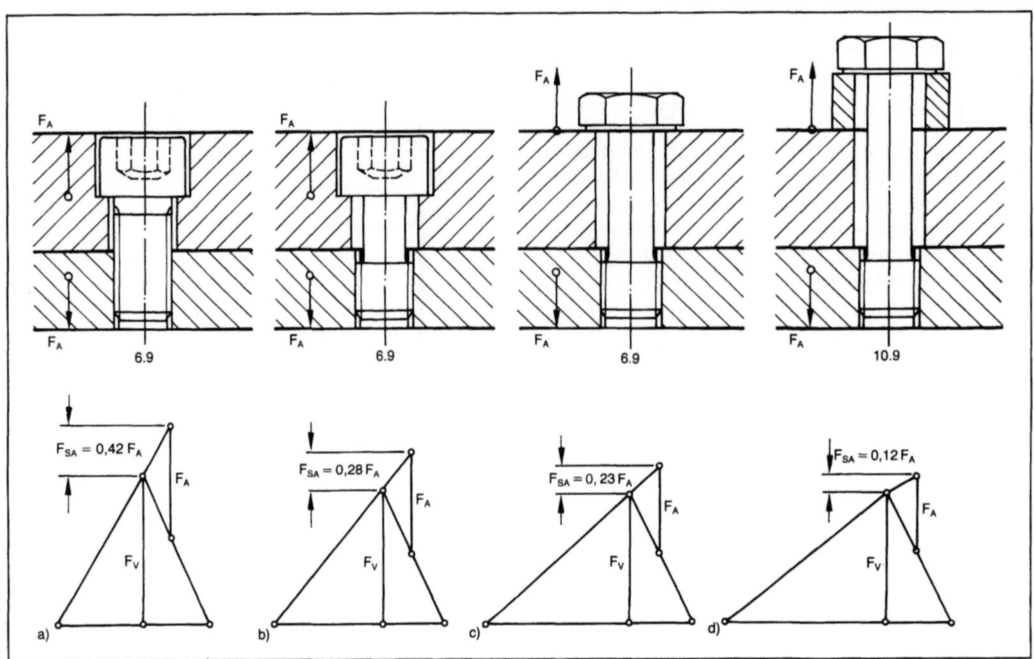

Schraubenschaft, dauerfester 2: Einfluß konstruktiver Maßnahmen auf die Dauerhaltbarkeit von Schraubenverbindungen. (Quelle: Jllgner, Blume *a. a. O.)*

len angewandte Mutterform der Zugmutter, insbes. dann, wenn auch der Bolzen innen konisch ausgedreht ist. Falls zu einer schwingenden Axialzugkraftbelastung der Schraubenverbindung eine Biegebelastung hinzukommt, ist auch die kerbwirkungsmilde Gestaltung des Gewindeauslaufs und des Übergangs zum Kopf zu beachten. Als weiteres Beispiel für dauerhaltbarkeitssteigernde Maßnahmen gilt die Pleuelschraubenverbindung. Die Schraubenfertigung ist von Bedeutung, da schlußgerollte Schrauben eine höhere Dauerfestigkeit aufweisen als schlußvergütete. *Federn*

Kerb-stelle	1	2	3	4	5	6
Formzahl α_k	$\approx$3–5	$\approx$1,1	1	$\approx$3–4	$\approx$2–3	bis etwa 10
Kerbwirkungszahl β_x	$\approx$2–4	$\approx$1–1,1	1	$\approx$2	$\approx$1,5–2	$\approx$5–8

Literatur: *Findeisen, F.:* Neuzeitliche Maschinenelemente. Bd. 2. Zürich 1950. – *Jllgner, K. H.,* u. *D. Blume:* Schrauben-Vademecum. 6. Aufl. Hrsg. Bauer & Schaurte Karcher 1986. – *Kübler, K.-H.,* u. *W. J. Mages:* Handb. hochfeste Schrauben. Essen 1986. – Die hochbeanspruchte Schraubenverbindung – eine Herausforderung für den Ingenieur. VDI-Ber. Nr. 220. Düsseldorf 1974.

Schraubensicherung. S. sollen als Losdrehsicherung das Verschieben des Innengewindes gegen das Außengewinde gänzlich unterbinden, damit der Vorspannkraftverlust auf die Wirkung des Setzvorgangs beschränkt bleibt. In einer Durchsteckschraubenverbindung ist eine gegen die verspannten Teile gesicherte →Mutter allein noch keine wirksame Sicherung gegen Losdrehen. Es muß auch der Bolzen am Drehen gegenüber der Mutter verhindert werden. S. können formschlüssig, reibschlüssig oder stoffschlüssig wirken.

Eine hochfeste Schraubenverbindung des Maschinenbaus hält bei genügender Klemmlänge $l_k \geq$ 6d, einem Minimum von Trennfugen und einem →Schrauben-Anziehverfahren mit einem →Anziehfaktor $\alpha_A \leq 1.6$ auch ohne zusätzliche Sicherungselemente, sofern nicht wechselnde Querkräfte auf die Trennfugen wirken und zu wechselnden Mikrogleitbewegungen im →Gewinde führen. Werden durch erzwungene Relativbewegungen in der Schraubenverbindung die Reibungskräfte am Gewinde und/oder unter Kopf und Mutter überwunden, so ist die →Selbsthemmung in der Schraubenverbindung aufgehoben.

Kopf- und Durchsteckschrauben der Schraubenwerkstoff-Festigkeitsklassen 3.6, 4.6, 4.8, 5.6, 5.8 und 6.8 werden oft durch mitverspannte federnde Elemente unter Kopf und/oder Mutter gegen Losdrehen gesichert (Bild 1). In gewissem Umfang können diese einen →Setzvorgang in der Schraubenverbin-

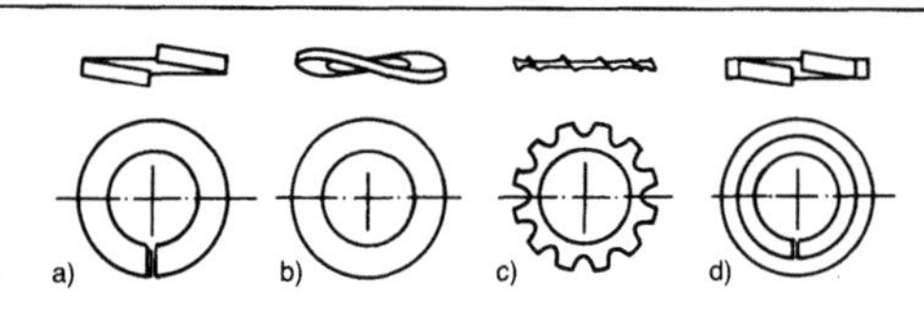

Schraubensicherung 1: Durch mitverspannte Feder-elemente unter Kopf und/oder Mutter. (Quelle: Dubbel *a. a. O.)*
a) Federring nach DIN 127
b) Federscheibe nach DIN 137
c) Federnde Zahnscheibe nach DIN 6797
d) Federriung mit Schutzmantel nach DIN 6913.

dung ausgleichen. Gegen Losdrehen unter wechselnden Querkräften in den Trennfugen schützen sie allerdings nicht.

Bei Kfz- und Luftfahrt-Triebwerken und -Bauteilen werden oft formschlüssige Elemente zur S. verwendet (Bild 2). Aber auch sie erweisen sich unwirksam ab Festigkeitsklasse 8.8, sobald wechselnde Gleitungen durch Querkräfte auftreten. Dies gilt auch für die Kronenmuttern mit Splint und für Drahtsicherung (Bild 2). Bei in der Anzahl überdimensionierten Schraubenverbindungen können die

zuletzt genannten Sicherungen immerhin als Verliersicherung dienen. Die Kronenmuttern haben dabei den Vorteil, daß die Sicherung unmittelbar zwischen Mutter und Bolzen wirkt.

Für Nutmuttern nach DIN 1804 (→Schrauben-form), wie sie im Maschinenbau, insbes. im Werkzeugmaschinenbau, zum Aufbringen von axialen Kräften an Wellen dienen, sind Sicherungsbleche mit Innennase vorgeschrieben. Auch diese wirken unmittelbar zwischen den Teilen mit Innen- und mit Außengewinde.

Selbstsichernde Muttern nach DIN 980, DIN 982 und DIN 985 (Bild 3a) bilden durch den erhöhten Reibschluß im Gewinde zumindest eine wirkungsvolle Verliersicherung. Kontermuttern mit einer niedrigeren Mutter nach DIN 439, Tl. 2, als unterer Mutter (Bild 3b) werden bei der einfachen Schraubenform der Durchsteckschraubenverbindung verwendet, falls diese nicht bis zur optimalen Ausnutzung ihrer Festigkeit angezogen werden kann oder bleibt, z. B. weil sie federnd bzw. kriechend nachgiebige Teile zusammenpreßt. Sicherungsmuttern nach DIN 7967 (Bild 3e) schützen bei hochfesten Schrauben nicht gegen Losdrehen, wirken aber als Verliersicherung.

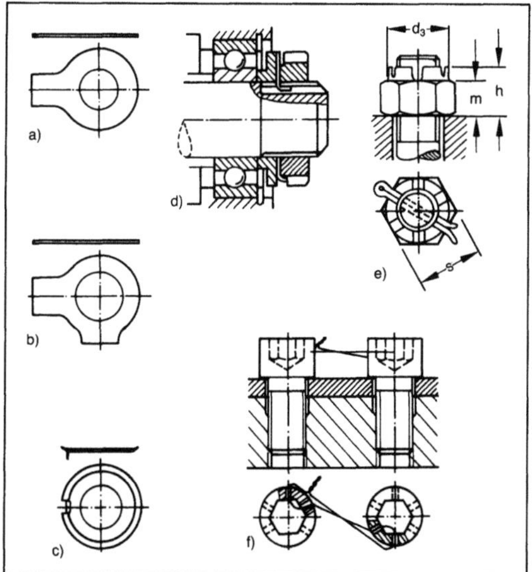

Schraubensicherung 2: Formschlüssige Schraubensicherungselemente für Kopf und/oder Mutter. (Quelle: Dubbel *a. a. O.)*
a) Sicherungsblech mit Lappen nach DIN 93
b) Sicherungsblech mit 2 Lappen nach DIN 463
c) Sicherungsblech mit Außennase DIN 432
d) Sicherungsblech mit Innennase nach DIN 462 für Nutmutter nach DIN 1804
e) Kronenmutter nach DIN 935 mit Splint nach DIN 94
f) Drahtsicherung.

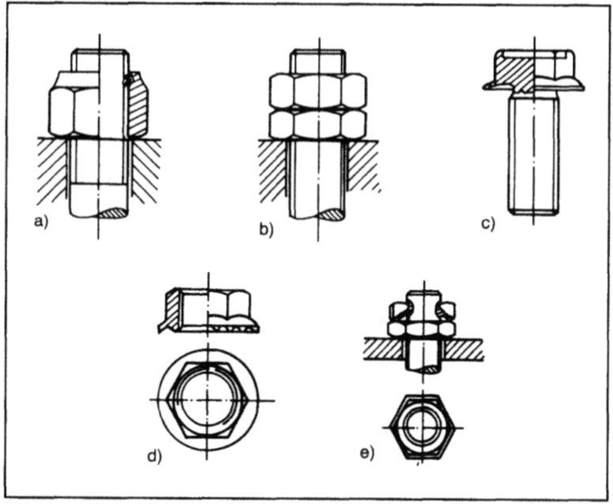

Schraubensicherung 3: Reibschlüssige Schraubensicherungen und Sperrzahn-Schraubensicherungen. (Quelle: Dubbel *a. a. O.)*
a) Selbstsichernde Mutter nach DIN 982
b) Kontermutter
c) Federkopfschraube (Bundschraube)
d) Federkopfmutter mit Zahnkranz
e) Sicherungsmutter nach DIN 7967.

Hochfeste Schraubenköpfe und Muttern mit radialen Verriegelungszähnen haben gute Sicherungseigenschaften auch bei wechselnden Querkräften, weil sich die Zähne beim Anziehen mit ihrer flachen Flanke im notwendigen Maß in den Gegenwerkstoff eingraben und sich dann mit ihrer steilen Flanke gegen selbsttätiges Losdrehen sperren. Mit hochfesten Schrauben und Muttern mit wellenförmig radialen Riefen in der Auflagefläche werden Oberflächenverletzungen beim Anziehen auch bei weicheren Werkstoffen vermieden. Die Sicherung gegen Losdrehen beruht bei diesen Rippschrauben und -muttern auf der Verfestigung der Auflagefläche am Gegenwerkstoff und auf der gegenüber normalen Schrauben und Muttern vergrößerten bundförmigen Auflagefläche.

Im Grenzgebiet zwischen reib- und stoffschlüssig wirken Kunstharz-Klebstoffe im Gewinde. Sie haben sich als Sicherung gegen Losdrehen bei Temperaturen $\leq 100\,^\circ\mathrm{C}$ sehr gut bewährt. Die Klebstoffe (z. B. Epoxidharze) werden entweder im Augenblick der Montage flüssig aufgetragen, härten dann unter Luftabschluß aus, oder sie werden, in Mikrokapseln eingeschlossen, bereits vom Hersteller auf dem Außengewinde der Schraube aufgebracht.

Im Großmaschinenbau werden Schraubenköpfe und/oder Muttern bisweilen durch Kehl-Schweißnähte an zwei Sechskantflächen gegen Losdrehen gesichert, sofern mangelnde Schweißbarkeit der Werkstoffe nicht einer ausreichenden Festigkeit dieser Sicherungsverbindung im Wege steht. *Federn*

Literatur: DIN 127: Federringe, aufgebogen oder glatt mit rechteckigem Querschnitt. Hrsg. Dt. Inst. für Normung. Ausg. Okt. 1987. – DIN 137: Federscheiben, gewölbt oder gewellt. Hrsg. Dt. Inst. für Normung. Ausg. Okt. 1987. – DIN 6797: Zahnscheiben. Hrsg. Dt. Inst. für Normung. Ausg. Juli 1988. – DIN 6913: Federringe mit Schutzmantel. Hrsg. Dt. Inst. für Normung. Ausg. Okt. 1987. – DIN 93: Scheiben mit Lappen (Sicherungsbleche mit Lappen). Hrsg. Dt. Inst. für Normung. Ausg. Juli 1974. – DIN 463: Scheiben mit 2 Lappen (Sicherungsbleche mit 2 Lappen). Hrsg. Dt. Inst. für Normung. Ausg. Juli 1974. – DIN 432: Scheiben mit Außennase (Sicherungsbleche mit Nase). Hrsg. Dt. Inst. für Normung. Ausg. Nov. 1983. – DIN 462: Sicherungsbleche mit Innennase für Nutmuttern nach DIN 1804. Hrsg. Dt. Inst. für Normung. Ausg. Sept. 1973. – DIN 1804: Nutmuttern, Metrisches ISO-Feingewinde. Hrsg. Dt. Inst. für Normung. Ausg. März 1971. – DIN 94: Splinte. Hrsg. Dt. Inst. für Normung. Ausg. Sept. 1983. – DIN 982: Sechskantmuttern mit Klemmteil mit nichtmetallischem Einsatz. Hrsg. Dt. Inst. für Normung. Ausg. Mai 1987. – DIN 7967: Sicherungsmuttern. Hrsg. Dt. Inst. für Normung. Ausg. Nov. 1970. – *Dubbel:* Taschenb. Maschinenbau. 17. Aufl. Berlin, Heidelberg, New York, Tokio 1990. – *Jllgner, K. H.,* u. *D. Blume:* Sichern von Schraubenverbindungen. Schrauben-Vademecum. 6. Aufl. Hrsg. Bauer & Schaurte Karcher 1986. – *Strelow, D.:* Sicherungen für Schraubenverbindungen. Merkbl. 302. 6. Aufl. Hrsg. Beratungsstelle für Stahlverwendung. Düsseldorf 1983.

Schraubenverbindung. Eine S. ist eine lösbare form- und reibschlüssige Verbindung von zwei oder mehreren Teilen durch eine oder mehrere Schrauben, die die verspannten Teile zusammenpressen. Die Schrauben sind dabei so zu bemessen, daß das entstandene Verbundteil die ihm zugedachte Funktion sicher erfüllt und den auftretenden ruhenden und/oder wechselnden Betriebskräften ausreichend lange standhält.

Eine Ein-S. kann als Zylinderverbindung nach VDI 2230 zentrisch verspannt und zentrisch durch Betriebskräfte belastet sein. In der Praxis überwiegt die exzentrisch verspannte und/oder exzentrisch belastete Verbindung. Die in der Schraubenachsenrichtung wirkende Komponente F_A der äußeren Betriebskräfte wird dabei i. a. über die verspannten Teile in die Verbindung eingeleitet. Sie wirkt häufig exzentrisch zur Schraubenlängsachse, was zu einem zusätzlichen Moment führt.

Bild 1 gibt die mögliche Geometrie, die Belastungen in den Achsenrichtungen x, y, z und die möglichen wirkenden Betriebskräfte und -momente auf die Ein-S. wieder. Mehrfach-S. zeigen eine Vielfalt an geometrischen Formen. Sie müssen vom Konstrukteur in Geometrien zerlegt werden wie Zylinderverbindungen und Balkenverbindungen (Bild 1), die der Schraubenberechnung zugänglich sind. Im allgemeinen wird bei Mehrfach-S. Parallelität der Schraubenachsen zueinander im unbelasteten Zustand sowie Parallelität der Schraubenachsen zu den Trennfugennormalen der zu verspannenden Teile vorausgesetzt; weiterhin, daß die Platten, Hülsen oder sonstigen zu verspannenden Teile einer S. in den ebenen Trennfugen – spätestens nach Aufbringen der Vorspannkraft in allen an der Verbindung beteiligten Schrauben – satt aufeinan-

Schraubenverbindung 1: Übersicht über Ein-Schraubenverbindungen. (Quelle: VDI 2230 a. a. O.)

der liegen und metallischen Kontakt haben. Wesentliche Gestaltungsrichtlinien für Zylinderverbindungen zeigt Tabelle 1, für Balkenverbindungen Tabelle 2.

Den Unterschied in der Verformung der in der Schraubenachse zentrisch gedrückten Platten und den exzentrisch gedrückten Platten zeigt Bild 2 auf Seite 1072 unter der idealisierenden Annahme ebenbleibender Querschnitte.

Die dazu angegebenen Formeln für die Plattennachgiebigkeit δ_p bzw. δ_p^*, den Kehrwert der Plattensteifigkeit, zeigen den Einfluß des Exzentrizitätsmaßes s im Verhältnis zum Plattenkennwert $\sqrt{I_B/A}$.

Ist diese Exzentrizität s, z. B. bei einem prismatischen Körper mit Rechteckquerschnitt, gleich 1/6 seiner Erstreckung in s-Richtung (der Größe $h = 2\sqrt{3}\,\sqrt{I_B/A}$), dann gilt $\delta_p^* = 1{,}33 \times \delta_p$ (Grenzfall, bei dem die Platten noch nicht einseitig abheben).

Bei der im Stahlbau gebräuchlichsten Schraubenform, der Durchsteckschraube, ist die geeignete Festigkeitszuordnung von Schraubenwerkstoff und →Mutterwerkstoff dann gegeben, wenn die Ziffer für die Festigkeitsklasse der →Mutter der ersten Ziffer der Festigkeitsklasse der Schraube entspricht Beispiel: Mutter der Klasse 10 für Schraube der Klasse 10.9. Bei der im Maschinenbau häufigen

Schraubenverbindung. Tabelle 1: Gestaltungsrichtlinien für Zylinderverbindungen. (Quelle: VDI 2230)

Zylinderverbindungen			
Pkt.	Gestaltungsrichtlinien	ungünstig	günstig
1	Vorspannkräfte: Möglichst hoch vorspannen – höhere Festigkeitsklasse – genaues Anziehverfahren – kleine Reibfaktoren	niedrige Vorspannkräfte	hohe Vorspannkräfte (Anziehverfahren mit kleinem Anziehfaktor α_a wählen)
2	Exzentrizität der Schraube: Eine möglichst geringe Exzentrizität der Schraubenlage vorsehen	große Exzentrizität s	minimale Exzentrizität s
3	Exzentrizität des Kraftangriffs: Minimale Exzentrizität bewirkt kleinere Schraubenzusatzkräfte	große Exzentrizität a	minimale Exzentrizität a
4	Höhe der Krafteinleitung: Den Kraftangriff möglichst weit nach unten zur Trennfuge legen	Kraftangriff im oberen Bereich	Kraftangriff in der Nähe der Trennfuge
5	Steifigkeiten Schraube—Zylinder: Die Nachgiebigkeit der Schraube soll möglichst viel größer sein als die der verspannten Teile (evtl. Taillenschrauben), d. h. $\delta_s > \delta_p$	dünner, schmaler Zylinder (bei gegebenem Nenndurchmesser)	Zylinderdmr. $D = d_w + h_{min}$

Schraubenverbindung. Tabelle 2: Spezielle Gestaltungsrichtlinien für Balkenverbindungen. (Quelle: VDI 2230)

	Balkenverbindungen		
Pkt.	Gestaltungsrichtlinien	ungünstig	günstig
1	Vorspannkräfte: Möglichst hoch vorspannen – höhere Festigkeitsklasse – genaues Anziehverfahren – kleine Reibfaktoren	niedrige Vorspannkräfte	hohe Vorspannkräfte (Anziehverfahren mit kleinem Anziehfaktor α_A wählen)
2	Balkenbreite: Möglichst die empfohlene Balkenbreite von $b = d_w + h$ ausnutzen	sehr schmale Verbindungen	Balkenbreite $b = d_w + h_{min}$
3	Balkenhöhe: Größere Balkenhöhen bewirken geringere Schraubenzusatzkräfte	kleine Balkenhöhe h	große Balkenhöhe h
4	Überstand: Überstand unbedingt vorsehen, damit sich die Stützwirkung voll ausbilden kann. Durch Einstich-Pkt. U definieren (Begrenzung der Auflagefläche)	minimaler Überstand	Überstand ü $\approx$ h
5	anschließende Teile: Die Schraubenzusatzkraft (Differenzkraft) wird kleiner, wenn die anschließenden Teile dem Balken eine parallele Verschiebung aufzwingen	lose Kopplung	feste Kopplung

Schraubenform, der Kopfschraube, gilt für Sacklochgewinde die unter Schraubenform oder Mutterform angegebene Mindesteinschraubtiefe für einige Maschinenbauwerkstoffe.

Die bei den Gewinden genormter Schrauben möglichen →Feingewinde erfordern größere Einschraubtiefen als die Regelgewinde und/oder größere Festigkeit des Muttergewindeteils. Sie sind empfindlich gegen Beschädigung und Verschmutzung. Sie neigen bei mehrmaligem Anziehen eher zum Fressen, haben jedoch hinsichtlich ihres Schraubensicherungsverhaltens Vorteile und können bei ausreichender Einschraubtiefe etwas größere Kräfte übertragen als Schrauben mit Regelgewinde.

Die in der Auflagefläche zwischen Schraubenkopf oder Mutter einerseits und verspannten Teilen andererseits durch die Maximalkraft in einer Schraube wirkenden Flächenpressungen müssen derart begrenzt sein, daß plastisches Fließen und

Kriechvorgänge (z. B. zeitabhängiges plastisches Fließen) verbunden mit einem Verlust an Vorspannkraft vermieden werden. Tabelle 3 gibt Richtwerte für die Grenzflächenpressungen für gedrückte Teile verschiedener Werkstoffe.

Einer Schraubenberechnung, z. B. der systematischen Berechnung hochbeanspruchter S. (zylindri-

Schraubenverbindung. Tabelle 3: Grenzflächenpressungen für gedrückte Teile verschiedener Werkstoffe (Richtwerte). (Quelle: VDI 2230)

Werkstoff	Zug-festigkeit R_m N/mm^2	Grenz-flächen-pressung*) p_G N/mm^2
St 37	370	260
St 50	500	420
C 45	800	700
42CrMo4	1 000	850
30CrNiMo8	1 200	750
X 5 CrNiMo 18 10 **)	500 — 700	210
X 10 CrNiMo 18 9 **)	500 — 750	220
rostfreie, ausschei-dungshärtende Werkstoffe	1 200 — 1 500	1 000 — 1 250
Titan, unlegiert	390 — 540	300
Ti-6 Al-4 V	1 100	1 000
GG 15	150	600
GG 25	250	800
GG 35	350	900
GG 40	400	1 100
GGG 35.3	350	480
GD MgAl9	300 (200)	220 (140)
GK MgAl9	200 (300)	140 (220)
GK AlSi6Cu4	—	200
AlZnMgCu0,5	450	370
Al 99	160	140
GFK-Verbund-werkstoff	—	120
CFK-Verbund-werkstoff	—	140

*) Beim motorischen Anziehen können die Werte der Grenzflächenpressung bis zu 25 % kleiner sein.
**) Bei kaltverfestigten Werkstoffen liegen die Grenzflächenpressungen wesentlich höher.

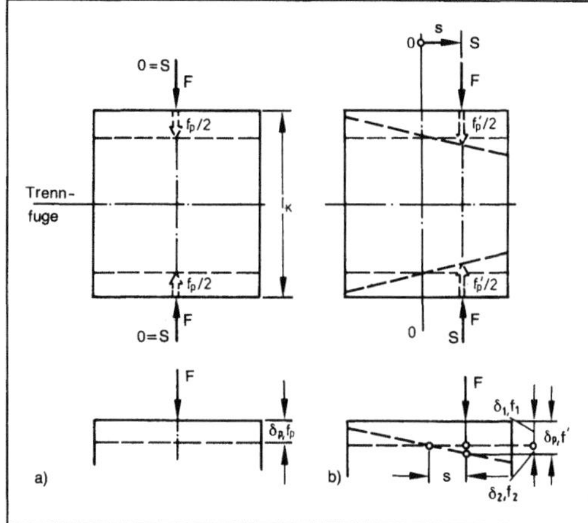

Schraubenverbindung 2: Einfluß der Lage der Kraftwirkungslinien auf die elastische Verformung eines Plattenkörpers. (Quelle: VDI 2230 a. a. O.)
a) Zentrisch gedrückt
b) Exzentrisch gedrückt.

sche S.) geht zweckmäßig ein Abschätzen des Durchmessers der zu verwendenden Schraube voraus. Hierzu gibt es eine für den Konstrukteur wertvolle „Erste-Hilfe"-Tabelle (Tabelle 4). *Federn*

Literatur: *Beitz, W.*: Generelle Gestaltungsempfehlungen für Schraubenverbindungen. VDI-Ber. Nr. 478. Düsseldorf 1983; S. 15/25. – *Beitz, W.*, u. *K. H. Grote*: Calculation of bolted connections. Jap. Res. Inst. Screw Threads and Fastenings 13 (1982) Nr. 8. – *Dreger, H.*: Berechnung der Kräfte, Biegemomente und Beanspruchungen einer exzentrisch verspannten und exzentrisch belasteten Schraube. Draht-Welt (1979) Nr. 9, S. 403/07, u., Nr. 11, S. 497/501. – *Neuendorf, K.*: Ein Balkenmodell für die Berechnung des elastischen Verhaltens hochbeanspruchter Schraubenverbindungen. TU Berlin 1975. – VDI 2230. Bl. 1: Systematische Berechnung hochbeanspruchter Schraubenverbindungen – zylindrische Einschraubenverbindungen. Hrsg. Verein Dt. Ing. Ausg. Juli 1986.

Schraubenwerkstoff. S. werden nach DIN ISO 898, Tl. 1, nach Festigkeitsklassen eingestuft, die durch zwei durch einen Punkt getrennte Zahlen gekennzeichnet werden, z. B. 5.6, 8.8 oder 12.9. Die erste Zahl gibt dabei den hundertsten Teil des Zahlenwerts der Werkstoff-Nennfestigkeit R_m in N/mm^2 wieder, die zweite Zahl das Zehnfache des Streckgrenzenverhältnisses $R_{p0,2}/R_m$. Das Produkt beider Zahlen entspricht demnach einem Zehntel des Zahlenwerts der Werkstoff-Nennstreckgrenze in N/mm^2.

Soweit nicht besondere Anwendungen andere Werkstoffe vorschreiben, werden Schrauben aus unlegiertem Stahl mit niedrigem oder mittlerem Kohlenstoffgehalt oder aus mit Chrom, Nickel, Molybdän oder Vanadium legiertem Stahl gefertigt. Die in DIN ISO 898, Tl. 1, festgelegten Zusammensetzungen der Werkstoffe für die einzelnen Festig-

Schraubenverbindung. Tabelle 4: Überschlägiges Abschätzen des für eine Schraubenverbindung notwendigen Schraubendurchmessers. (Quelle: VDI 2230)

1	2	3	4
Kraft in N	Nenndurchmesser in mm		
	Festigkeitsklasse		
	12.9	10.9	8.8
250			
400			
630			
1 000			
1 600	3	3	3
2 500	3	3	4
4 000	4	4	5
6 300	4	4	5
10 000	5	6	8
16 000	6	8	8
25 000	8	10	10
40 000	10	12	14
63 000	12	14	16
100 000	16	16	20
160 000	20	20	24
250 000	24	27	30
400 000	30	36	
630 000	36		

A Wähle in Spalte 1 die nächst größere Kraft zu der an den Verschraubungen angreifenden Betriebskraft $F_{A,\,Q}$

B Die erforderliche Mindestvorspannkraft $F_{M\,min}$ ergibt sich, indem man von dieser Zahl weitergeht um:

4 Schritte für statische oder dynamische Querkraft

oder

2 Schritte für dynamische und exzentrisch angreifende Axialkraft

oder

1 Schritt für dynamisch und zentrisch oder statisch und exzentrisch angreifende Betriebskraft

oder

0 Schritte für statisch und zentrisch angreifende Axialkraft.

C Die erforderliche maximale Vorspannkraft $F_{M\,max}$ ergibt sich, indem man von dieser Kraft $F_{M\,min}$ weitergeht um:

2 Schritte für Anziehen der Schraube mit einfachem Drehschrauber, der über Nachziehmoment eingestellt wird

oder

1 Schritt für Anziehen mit Drehmomentschlüssel oder Präzisionsschrauber, der mittels dynamischer Drehmomentmessung oder Längungsmessung der Schraube eingestellt und kontrolliert wird

oder

0 Schritte für Anziehen über Winkelkontrolle in den überelastischen Bereich oder mittels Streckgrenzkontrolle durch Computersteuerung.

D Neben der gefundenen Zahl steht in Spalte 2 bis 4 die erforderliche Schraubenabmessung in mm für die gewählte Festigkeitsklasse der Schraube.

Beispiel:

Eine Verbindung wird dynamisch und exzentrisch durch die Axialkraft F_A = 8 500 N belastet. Die Schraube mit der Festigkeitsklasse 12.9 soll mit Drehmomentschlüssel montiert werden.

A 10 000 N ist die zunächst größere Kraft zu F_A in Spalte 1

B 2 Schritte für „exzentrische und dynamische Axialkraft" führen zu $F_{M\,min}$ = 25 000 N

C 1 Schritt für „Anziehen mit Drehmomentschlüssel" führt zu $F_{M\,max}$ = 40 000 N

D Für $F_{M\,max}$ = 40 000 N findet man in Spalte 2 (Festigkeitsklasse 12.9): M 10

keitsklassen sind nur für solche Schrauben verbindlich, die nicht im Zugversuch nach den festgelegten Vorschriften geprüft werden können.

Mutternwerkstoffe für Schraubenverbindungen mit voller Belastbarkeit werden nach DIN ISO 898, Tl. 2, bzw. DIN 267, Tl. 4, mit einer ein- oder zweistelligen Kennzahl bezeichnet. Diese ist gleich einem Hundertstel der Nennzugfestigkeit einer Schraube, die bei der Paarung mit der zu prüfenden →Mutter und Belastung bis zu ihrer Nennstreckgrenze noch nicht zum Abstreifen der Mutter führt. Muttern mit einer höheren Festigkeitsklasse dürfen i. a. an Stelle von Muttern der zur Schraube passenden Festigkeitsklasse verwendet werden.

Für Schrauben und Muttern mit speziellen Anforderungen gelten in Normen festgelegte Vorschriften, wie z. B. DIN 267, Tl. 1, für Korrosionsbeständigkeit und DIN 267, Tl. 13, für Warmfestigkeit über 300 °C und Kaltzähigkeit unter −50 °C.   *Federn*

Literatur: *Jllgner, K. H.*, u. *D. Blume*: Schrauben-Vademecum. 6. Aufl. Hrsg. Bauer & Schaurte Karcher 1986. – *Kübler, K.-H.*, u. *W. J. Mages*: Handb. hochfeste Schrauben. Essen 1986.

Schraubenzugfeder, zylindrische. Z. S. (Bild) können mit Spiel zwischen den Windungen im unbelasteten Zustand und ohne Spiel mit anliegenden Windungen gewickelt werden, meist zwecks Platzersparnis mit innerer Eigenspannkraft F_o, aus federhartem Draht (nach DIN 2076). Bei überwiegend schwingender Belastung sind Zugfedern zu vermeiden, weil die Spannungsspitzen in den Ösen nur schwer (nach DIN 2097) rechnerisch erfaßbar sind, da sie nur schwer durch Kugelstrahlen an ihrer Oberfläche verfestigt werden können und insbes., weil ein Dauerbruch unmittelbar zu Folgeschäden führen kann.

S. werden hinsichtlich idealer Verdreh-Schubspannung τ_i im Drahtquerschnitt mit →Federsteifigkeit c nach den für S. und Schraubendruckfedern

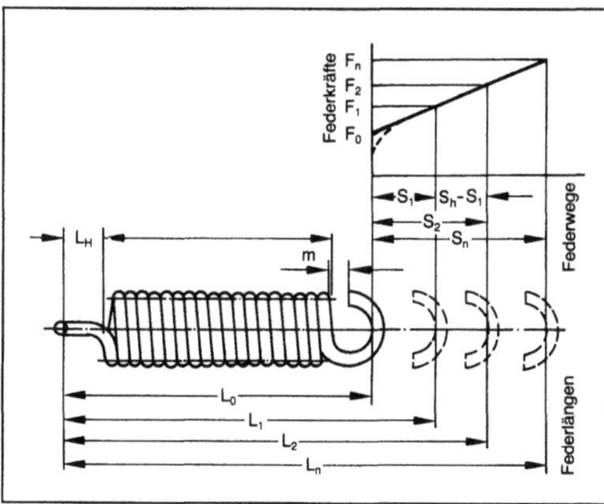

Schraubenzugfeder, zylindrische. (Quelle: DIN 2089 a. a. O.)

allgemeingültig angegebenen Formeln berechnet; dabei gilt $c = \dfrac{F - F_o}{s}$ (Bild). Ihre Energieaufnahmefähigkeit ist gegeben durch $W = \dfrac{1}{2}(F_o + F) \cdot s$. Die Schubspannung τ_{oi} aus der inneren Vorspannkraft F_o soll $0{,}1\,R_m$ nicht übersteigen (DIN 2089. Tl. 2). Die theoretische →Federkennlinie ist wiedergegeben (Bild). Die bei überwiegend ruhender Belastung zulässigen Verdreh-Schub-Spannungen $\tau_{i\,zul}$ nach DIN 2089, Tl. 2, betragen ziemlich genau 63 % der für Federwerkstoffe angegebenen zulässigen Randbiegespannungen $\sigma_{b\,zul}$.   *Federn*

Literatur: DIN 2089, Tl. 2: Zylindrische Schraubenzugfedern aus runden Drähten und Stäben, Berechnung und Konstruktion von Zugfedern. Hrsg. Dt. Inst. für Normung. Entw. Dez. 1988. – *Huhnen, J.*: Unmögliche „Schraubenzugfedern" jetzt verwirklicht. Draht 26 (1975), S. 595/99. – *Niepage, P.*: Zur rechnerischen Abschätzung der Lastspannungen in angebogenen Schraubenzugfeder-Ösen. Draht 28 (1977), S. 9/14.

Schraubradgetriebe. Ein Stirn-Schraubradpaar besteht aus zwei miteinander kämmenden Stirnrädern, deren Achsen sich kreuzen. Ihre Zahnflanken berühren sich wie zwei gekreuzte Zylinder in einem Punkt.

Beide Schraubräder einer Paarung sind mit unterschiedlichen Schrägungswinkeln der Zahnflanken versehen. Diese ergeben in der Summe den Achsenwinkel Σ; Σ meist $> 25°$ (Bild). Es gelten die gleichen Maße und Bestimmungsgrößen wie für Stirnräder (Stirnradgetriebe) sowie die gleichen Herstell- und Prüfverfahren (→Zahnradherstellung, Zweiflanken-Wälzprüfung, diametrales Zweikugelmaß).

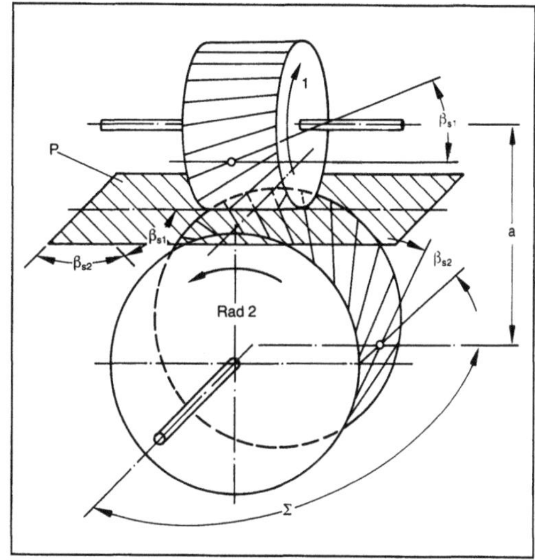

Schraubradgetriebe: Paarung der Schraubräder 1 und 2 mit Planverzahnung P.

a Achsabstand, Σ Achsenwinkel, β_{s1} und β_{s2} Schrägungswinkel

Infolge der Punktberührung zwischen den Zahnflanken verbunden mit starkem Gleiten in Zahnlängsrichtung ist die Tragfähigkeit von Schraubrädern durch Gleitverschleiß oder Fressen begrenzt. Bei Achsenwinkeln $\Sigma < 25°$ erstreckt sich die Berührellipse über einen größeren Bereich der Zahnflanke. Hierbei können Grübchen- und →Freßtragfähigkeit sowie →Zahnfußtragfähigkeit wie bei Stirnrädern (→Evolventenverzahnung) berechnet werden.

Als besonders verschleißfest haben sich borierte oder nitrierte Stahlschraubräder erwiesen. Bei einer Paarung hart/weich (z. B. Stahl gegen Bronze) sollte die Oberfläche des härteren Rades möglichst glatt sein.

Schraubräder verwendet man meist zur Bewegungsübertragung oder für Nebenantriebe, z. B. in Textilmaschinen, Tachometer- oder Pumpenantrieben. Sie lassen sich ohne Beeinträchtigung des Zahneingriffs in Achsrichtung verschieben. Die dadurch erreichte Drehverstellung nützt man z. B. zum Einstellen von Nockenwellen. *Winter*

Literatur: *Naruse, Ch.:* Verschleiß, Tragfähigkeit und Verlustleistung bei Schraubenradgetrieben. Diss. TU München 1964. – *Richter, M.:* Der Verzahnungswirkungsgrad und die Freßtragfähigkeit von Hypoid- und Schraubenradgetrieben. Diss. TU München 1976. – *Rohonyi, C.:* Berechnung profilverschobener, zylindrischer Schraubenräder. Konstr. 15 (1963), S. 453/55. – *Seifried, A., u. R. Bürkle:* Die Berührung der Zahnflanken von Evolventenschraubenrädern. Anwendung beim Zahnradschaben von Innen- und Außenstirnrädern und beim Zweiflankenwälzprüfen. Werkstatt Betr. 101 (1968), S. 183/87.

Schreibsatz. Eine mit einer Schreibsetzmaschine auf direktem Wege erstellte druckreife Vorlage. Durch die Entwicklung des Photosatzes hat der Schreibsatz seine Bedeutung verloren.

Der S. ist das Ergebnis von Überlegungen, die Satzkosten für Drucksachen mit geringer Auflage so niedrig wie möglich zu halten. Gleichzeitig sollte der Schrift- und Druckcharakter des S. im Vergleich zur Schreibmaschinentype sowie die fehlenden typographischen Möglichkeiten der Schreibmaschine herausgestellt werden. Statt den Text für die Druckvorlage zunächst auf einer Schreibmaschine zu entwerfen und anschließend den Satz erstellen zu lassen, wird dieser direkt mit der Schreibsetzmaschine bearbeitet.

Schreibsetzmaschinen verfügen über unterschiedliche Schriftarten und einen Schriftgrößenbereich von 2,25–4,50 mm, haben einen 4000-Zeichen-Speicherbereich (ausbaubar bis 12000 Zeichen), können senkrechte und waagerechte Linienelemente setzen. Damit ist Formularsatz möglich. Weiterhin: automatisches Sperren, Halbfettdruck, Mehrspaltensatz, Blocksatz, links-, rechts- und mittelachsiger Satz, automatisches Einrücken; automatische Tabulatoransteuerung; eingebaute 40-Zeichen-Anzeige zur Korrektur. *W. Schmid*

Literatur: Lehrb. Druckindustrie. Hrsg. Bundesverband Druck e. V. Wiesbaden 1979.

Schreitbagger. Der S. ist ein Schleppschaufel- oder Schürfkübelbagger, der statt eines Kettenfahrwerks ein Schreitwerk hat. Schreitwerke werden vornehmlich bei sehr großen Schürfkübelbaggern (ab etwa 1000 t) verwendet, wenn man mit der Bodenpressung unter 2,5 N/cm² heruntergehen muß. Voraussetzung für die Wahl eines S. ist der Einsatz in stationärem Betrieb. Das Schreitwerk dient dabei nur zum Umsetzen des Gerätes. Während des Betriebes ist der →Bagger auf einer großen Grundplatte abgestützt, auf der der Oberwagen über einen Rollen- oder Kugelkranz um 360° schwenkbar gelagert ist. Die seitlich in Exzenterscheiben oder Kurbelgetrieben aufgehängten Schreitkufen befinden sich dabei in angehobener Stellung. Zur Ortsveränderung (Bild) muß man den Oberwagen mit den Schreitkufen gegen die Fahrtrichtung schwenken. Dann wird durch das Schwenkwerkgetriebe der Bagger (Oberwagen nach rückwärts) umgesetzt. *Kühn*

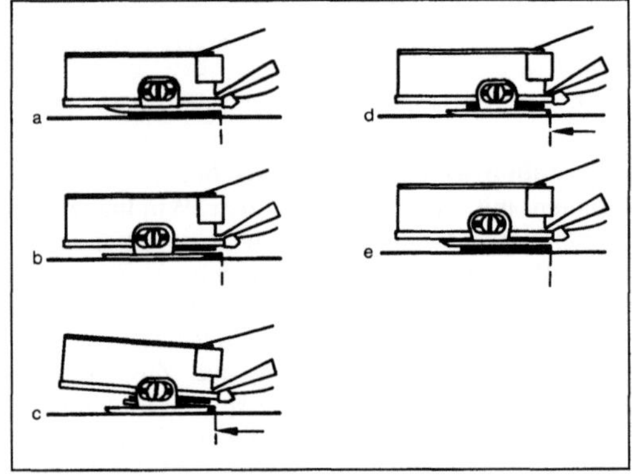

Schreitbagger: Schreitwerk.

a Arbeitsstellung, Schreitwerke angehoben, b Beginn der Schreitbewegung, Schreitkufen auf Boden angepreßt, c Schreitbewegung, Gerät angekippt, Auflast wird von den Schreitkufen übernommen, d Ende der Schreitbewegung, e Schreitkufen angehoben, Arbeitsstellung

Schreitinsel. Die S. (Bild) sind eine spezielle Ausführung der Hubinseln. Sie haben die doppelte Anzahl von Stützbeinen und können sich somit „schreitend" vorwärts bewegen. Der Schreitvorgang geht wie folgt vor sich: Während die S. auf vier Beinen steht, schiebt man die anderen vier Beine hydraulisch in einem Pfahlwagen vor. Danach werden die vorgeschobenen Beine auf den Meeresboden abgesenkt und tragen nun ihrerseits die S., so daß man die bisherigen Standbeine anheben kann. Diese werden dann ebenfalls vorwärts bewegt und wieder abgelassen, so daß der Schreitvorgang von neuem beginnen kann. *Kühn*

Schrift. S. spiegeln durch ihren Charakter und Aussehen die jeweilige Zeit, in der sie geschaffen wurden. Bei der Einteilung des S.-Bestands in elf

Schreitinsel: Systemskizze einer Schreitinsel.

Gruppen (I bis XI) wollte man eine Ordnung erreichen, die auch eine internationale Verständigung ermöglicht. Aufgestellt wurde die Norm von der Association Typographique Internationale (ATYPI):

□ Gruppe I: Venezianische Renaissance-Antiqua – Frühform der Mediäval. Beispiel: Trajanus.

□ Gruppe II: Französische Renaissance-Antiqua – Alle Mediäval-S. Beispiel: Garamond, Palatino, Trump-Mediäval.

□ Gruppe III: Barock-Antiqua (vorklassizistische Antiqua). Beispiel: Janson, Baskerville.

□ Gruppe IV: Klassizistische Antiqua. Beispiel: Bodoni, Walbaum.

□ Gruppe V: Serifenbetonte Linear-Antiqua – Egyptienne. Beispiel: Beton, Candida.

□ Gruppe VI: Serifenlose Linear-Antiqua (Grotesk). Beispiel: Akzidenz-Grotesk, Helvetica, Futura.

□ Gruppe VII: Antiqua-Varianten. Beispiel: Stahl, Colonia.

□ Gruppe VIII: Schreibschriften (mit Feder und Pinsel entstandene Künstlerschriften). Beispiel: englische Schreib-S., Signal.

□ Gruppe IX: Handschriftliche Antiqua (aus der Breitfeder entstandene S., keine Schreib-S.). Beispiel: Post-Antiqua.

□ Gruppe X: Gebrochene Schriften (Fraktur). Beispiel: Gotisch, Rundgotisch, Schwabacher, Fraktur: Heute selten anzutreffen.

□ Gruppe XI: Fremde Schriften, die nicht römischen Ursprungs sind. Beispiele: griechische, kyrillische oder arabische S.

Der Ausdruck Antiqua (lat. alte S.) ist ein Sammelbegriff aller aus den lateinischen S.-Formen hervorgegangenen S.-Arten. Die Unterschiede der Antiqua-S. erstrecken sich vor allem auf die Strich-

stärken der Buchstaben sowie auf die Serifen (An- und Abstriche). Die verschiedenen S.-Schnitte einer S.-Schöpfung bilden eine S.-Familie. Beispiel Futura: Licht, mager, halbfett, fett, schmalmager, schmalhalbfett, schmalfett usw.

Auf Grund der Modifizierungsmöglichkeiten der modernen Photosatzsysteme können die Schriften in ihrem Aussehen sehr verändert werden. Als S.-Garnitur bezeichnet man alle S.-Größen eines S.-Schnittes. Photosatzsysteme können die S.-Größen in 1/100-mm-Schritten verändern. Die in CRT-, besonders aber in Laserstrahl-Photosatzbelichtern erzielbare S.-Qualität ist vom verwendeten S.-Digitalisierungsverfahren abhängig. Neben dem herkömmlichen Vektor-Code-System gibt es auch Verfahren, die Rundungen durch Kurven auf Grund mathematischer Funktionen beschreiben. Hierbei werden Buchstabenformen generiert, die exakt den Originalzeichnungen des S.-Künstlers entsprechen. *W. Schmid*

Schrittmotor. Umlaufende elektrische Maschine, deren Läufer keine vollständige Drehbewegung ausführt, sondern sich jeweils um einen bestimmten Schrittwinkel dreht. Die Schritte werden durch Steuerimpulse einer elektronischen Steuereinheit ausgelöst. Die Schrittwinkel (Nennwinkel je Steuerimpuls) sind untereinander gleich und ohne besondere Maßnahmen nicht veränderbar. Hauptausführungen sind S. mit

□ dauermagnetischem Wechselpolläufer (Permanentmagnet-Schrittmotor),

□ axial magnetisiertem Dauermagneten im Läufer oder Ständer und mit genuteten Weicheisenpolen (Hybrid-Schrittmotor),

□ genutetem Weicheisenläufer (Reluktanz-Schrittmotor).

S. werden als Antriebsmotoren für Bahnsteuerungen von Werkzeugmaschinen, als inkrementale Stellglieder, Digital/Analog-Umsetzer u. ä. Aufgaben verwendet. *Rentzsch*

Schrott. Als S. bezeichnet man die metallischen Abfälle, die bei der Erzeugung und Verarbeitung von Metallen und am Ende des Gebrauchs der aus Metallen hergestellten Anlagen, Maschinen, Gebrauchsgegenstände, Verpackungen usw. anfallen. Im Jahre 1983 waren das in der Welt rd. 350 Mill. t Stahl- und Gußschrott. Für die Stahlindustrie ist S. ein wichtiger Rohstoff. Etwa 40 % des Stahls und 50 % des Gußeisens werden durch Wiedereinschmelzen von S. hergestellt.

Umlaufschrott oder Eigenschrott ist der bei der Erzeugung von Walzprodukten in den verschiedenen Stufen anfallende S. Sein Anteil am Gesamtschrottentfall betrug 1983 noch etwa 45 %. Durch das Anwachsen des Anteils an Strangguß und Ausbringensverbesserungen in den nachfolgenden

Stufen geht diese Menge aber ständig zurück. Sie dürfte sich auf längere Sicht fast halbieren.

Verarbeitungschrott fällt bei der Fertigung in allen stahlverarbeitenden Betrieben an. Er kann i. a. direkt in Stahlwerke und Gießereien zurückgeführt werden. Der Anteil am Gesamtschrottentfall betrug 1983 etwa 27 %.

Altschrott fällt an beim Abbruch von Anlagen und Maschinen und am Ende des Gebrauchs von Automobilen, gewerblichen und Haushaltsgeräten, Verpackungen usw. Dieser S. kann nicht direkt wieder eingesetzt werden. Er durchläuft unterschiedliche Verfahren der S.-Aufbereitung. Altschrott hatte 1983 einen Anteil von ungefähr 28 % am Gesamtschrottaufkommen. *Rellermeyer*

Schrumpfpackung. Bei der S. werden als Verpackungsmittel für die Umhüllung des Produkts spezielle Kunststoffolien eingesetzt. Diese Kunststoffolien haben die Eigenschaft, bei Erwärmen in sich eingefrorene Spannungen freizusetzen. Diese Spannungen werden durch besondere Arbeitsprozesse während der Folienherstellung in die dann noch warme Kunststoffolie eingebracht. Wird eine so vorbehandelte Folie um ein Produkt herumgelegt und einer oberflächlichen Erwärmung unterzogen, sorgen diese freiwerdenden Spannungen dafür, daß sich diese Folie wieder verkürzt. Sie kann dadurch das Produkt gut umhüllen.

S. werden in zwei Arbeitsrichtungen eingesetzt. Einmal dient die Schrumpffolie dazu, auf Paletten oder anderen Ladungsträgern aufgestapelte Ware mit diesem Ladungsträger sicher zu verbinden. Gleichzeitig wird der auf der Palette befindliche Stapel gesichert. Bei genügend großen Packungen kann die Schrumpffolie allein auch dazu benutzt werden, eine bestimmte Anzahl von Packungen zusammenzuhalten. Außerdem nutzt man die Schrumpffolie dazu, nicht erwünschtes Volumen, das u. U. mit einem schädliche Einflüsse ausübenden Gas gefüllt ist, zwischen Gut und →Verpackung zu entfernen. Diese Möglichkeit wird besonders im Bereich der Tiefkühlware eingesetzt.

Die notwendige, von außen wirkende Erwärmung wird auf verschiedene Weise an der Kunststoffolie zur Wirkung gebracht. Wird nur eine kleinere Anzahl von S. hergestellt, bringen offene Gasflammen die Wärme in die Kunststoffolie. Die Flammen können die Oberfläche der Folie nach und nach überstreichen. Werden größere Mengen von Ladungseinheiten geschrumpft, wird die Wärme durch einen Heißluftofen, in den die gesamte Ladungseinheit u. U. automatisch ein- und ausgebracht wird, zur Verfügung gestellt. Die Beheizung dieser Öfen erfolgt ebenfalls meist durch Gas. *Paris*

Schrumpfsitz →Schrumpfverbindung

Schrumpfverbindung. Eine kraftschlüssige Verbindung im Maschinenbau, häufig zwischen Welle und Nabe (Bild). Dabei wird die Welle mit Übermaß bzw. die Bohrung mit Untermaß gefertigt. Durch Erwärmen der Nabe oder Abkühlen der Welle können beide Teile gefügt werden.

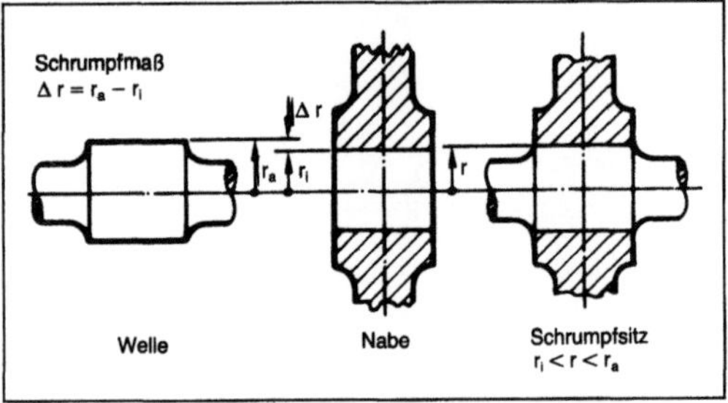

Schrumpfverbindung.

Da sich bei der gemeinsamen Betriebstemperatur in der Teilfuge Normalspannungen $\sigma < 0$ (Druckspannungen, Flächenpressung $p = -\sigma$) einstellen, können auf Grund der Oberflächenrauhigkeiten zwischen Welle und Nabe auch Schubspannungen τ und damit Drehmomente bzw. Axialkräfte übertragen werden. Ihre Größe ist jedoch begrenzt. Mit dem Haftbeiwert μ_0 gilt $|\tau| \leq \mu_0 |\sigma|$. Die Gefahr des Durchrutschens der S. ist insbes. bei höheren Drehzahlen gegeben, da durch die Fliehkräfte die Flächenpressung im Schrumpfsitz vermindert wird (rotierende Scheibe).

→Reibung in S. kann bei rotierenden elastischen Wellen die Ursache für selbsterregte Schwingungen im überkritischen Drehzahlbereich sein. *Witfeld*

Schubabschaltung →Benzineinspritzung

Schubgelenk →Gelenkgetriebe

Schubgliedergetriebe. Es ist ähnlich wie ein stufenlos verstellbares →Reibkettengetriebe aufge-

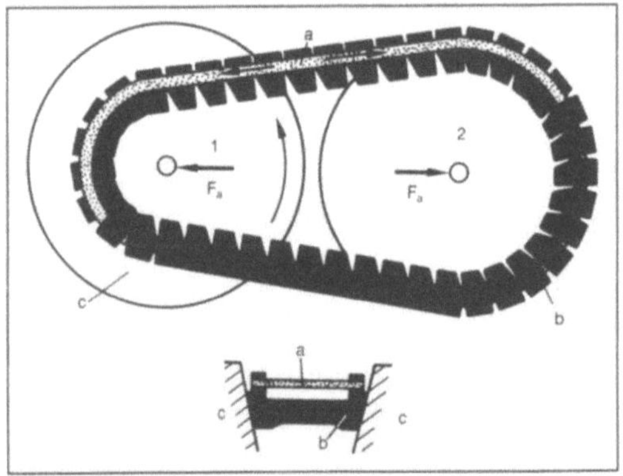

Schubgliedergetriebe: Schubgliederband, Ansicht, teils aufgeschnitten, und Querschnitt.

c Kegelscheiben, F_a Vorspannkraft

baut, besitzt jedoch an Stelle einer Zugkette ein Schubgliederband (Bild), das zwischen zwei Kegelscheibenpaaren 1 und 2 auf Zug vorgespannt, deren Umfangkraft schiebend vom treibenden auf das getriebene Kegelscheibenpaar 2 überträgt. Dieses Gliederband besteht aus einem aus mehreren Schichten von endlosen Stahlbändern zusammengesetzten Führungsband a, auf das an den Keilscheibenwinkel v-förmig angepaßte Schubglieder b aus Metall längsverschieblich aufgereiht sind. *H. W. Müller*

Schubkurbel →Gelenkgetriebe

Schubstange →Pleuelstange

Schubstapler →Gabelstapler

Schubwagenspeiser. Diese diskontinuierlich arbeitenden Vorrichtungen (auch Schub(wagen)aufgeber genannt) dienen gleichzeitig als Abzugsgerät unter Bunker und Silo und als →Beschicker von Aufbereitungsmaschinen. In schwerer Konstruktion und in großen Abmessungen sind sie besonders für Grobmaterial und große Fördermengen geeignet. Der auf Rollen hinundherlaufende, über Exzenter und Kurbelstange bewegte Schubwagen entnimmt das aufrutschende Gut und gibt es bei Hubumkehr portionsweise ab. Die Fördermenge kann durch Änderung der Hubweite sowie der Hubzahl am Kurbeltrieb eingestellt werden. Es gibt auch eine Kombination dieser Beschickerart mit einem angesetzten →Rost oder Lochsieb, die mit Schwingungserregung wirkungsvoll ist und Schubscheider/Vibroschubscheider genannt wird. *Kühn*

Schürfraupe. S. (Schürfkübelraupen) sind Raupenschlepper, die zwischen dem Raupenfahrwerk einen eingebauten Schürfkübel haben (Bild 1). Mit der zusätzlichen Ausrüstung einer Planier- und Reißeinrichtung werden sie zu einem ausgesprochenen Vielzweckgerät. S. können, auf sich allein gestellt, alle Erdbewegungsarbeiten, wie Lösen, Laden, Transportieren, Vorkopfschütten, Verteilen, Verdichten, Reißen und Planieren, ausführen und sind universal einsetzbare Einmanngeräte. Bild 2 zeigt die Arbeitsweise einer S. Sie senkt bei der Fahrt den Kübel ab und schürft mit den Kübel- und Seitenschneiden den Boden nach innen. Danach wird die Klappe hydraulisch geschlossen und der Kübel zum Transport 30–40 cm angehoben. Beim Entleeren wird der Boden durch einen Schieber ausgestoßen. Der Einsatzbereich der Schürfkübelraupe liegt bei Kurz- und Mittelstrecken (20–500 m), dort wo die Förderweite für Planierraupen zu lang und für Bagger-Lkw-Betrieb bzw. Scraper zu kurz ist.

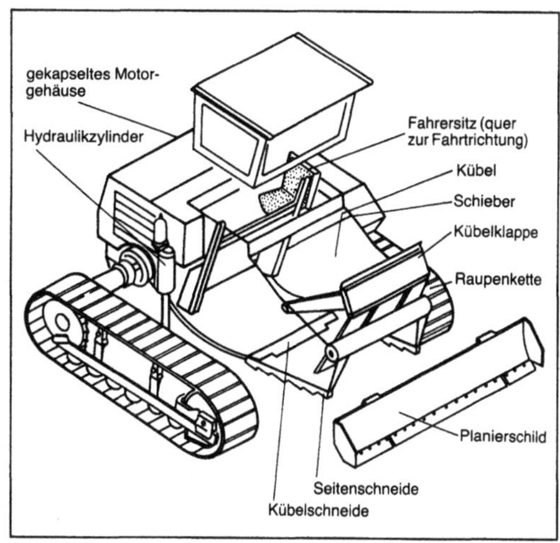

Schürfraupe 1: Konstruktionsteile einer Schürfkübelraupe.

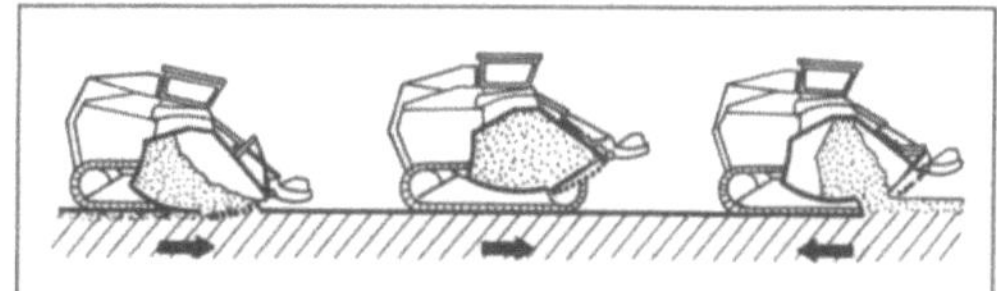

Schürfraupe 2: Arbeitsweise einer Schürfraupe.

Die S. ist auf mitteleuropäische Boden- und Wetterverhältnisse zugeschnitten und im Gegensatz zu anderen Flachbaggern nahezu wetterunabhängig. Mit einem Raupenfahrwerk ausgerüstet ist die Maschine zwar langsam (15 km/h), weist aber einen Bodendruck von nur 0,08–0,02 N/mm² auf und ist deshalb auch in aufgeweichtem Gelände manövrierfähig. Bei solchen Bodenverhältnissen kann sie wirtschaftliche Förderweiten bis 1000 m erreichen. Die S. kann auch im Wasser bis 1 m Tiefe arbeiten, mit einer Wateinrichtung sogar bis 1,80 m. Sie verrichtet ihre Arbeit im Pendelverkehr, d. h. sie fährt bis ans Ende der Auftragsstrecke und schüttet den Boden rückwärts fahrend in der gewünschten Einbaudicke ohne Zeitverlust aus, wie er durch Wenden beim Kreisverkehr entsteht. Darin und in ihrer „Selbständigkeit" – kein gegenseitiges Abstimmen mehrerer Geräte ist notwendig – liegt ein bedeutender Vorzug der Schürfkübelraupe. Als einziges Schürfgerät erreicht sie beladen eine Steigfähigkeit von 36 %. *Kühn*

Schüttelrutsche →Schwingförderer

Schüttgut. Zum S. gehören die verschiedenartigen stückigen, körnigen und staubförmigen Güter, wie z. B. Erze, Kohle, Torf, Sand, Sägespäne, Zement. Nach VDI 2411 ist Schüttgut ein „loses →Fördergut, in schüttbarer Form".

S. werden durch ihre Eigenschaften gekennzeichnet. Hierzu gehören:

- Korngröße,
- Kornform,
- Schüttdichte,
- Schüttwinkel und Fließverhalten,
- Reibung,
- Verschleißwirkung,
- sonstige vorwiegend physikalische und chemische Eigenschaften.

Nach der Gleichmäßigkeit der Zusammensetzung innerhalb einer Kornklasse unterscheidet man zwischen sortiertem und unsortiertem S.

Die Stückigkeit der S. beeinflußt die Abmessungen verschiedener Bauteile der →Fördermittel und die Auslauföffnungen von Bunkern, Trichtern und Rinnen. *Jünemann*

Schulterkugellager →Wälzlager-Bauform

Schulterwalzanlage. Eine S. ist eine →Schrägwalzanlage zum Herstellen nahtloser Rohre mit 2 oder 3 schräg zur Walzgutachse angeordneten Walzen, deren Funktionsflächen einen Absatz oder eine Schulter haben. Infolge dieser Schulter wird beim Umformen eine größere Genauigkeit der Rohrwanddicke erzielt. *Baumann*

Schußanschlag. Der S. ist ein Teilvorgang bei der Gewebeherstellung, bei dem der eingetragene Schußfaden durch das Webblatt (auch Riet genannt) an das Gewebe angeschlagen wird (→Webvorgang). Bei diesem Vorgang entsteht angenähert eine Gewebelänge, die der Dicke des eingetragenen Schußfadens entspricht. Nach dem S. wird das Webblatt aus der vorderen Anschlagposition wieder in eine hintere Stellung gebracht. Das Webblatt ist auf einer Lade angeordnet, die durch das Ladengetriebe (auch S.-Getriebe) in die Hin- und Herbewegung versetzt wird. Die S.-Getriebe sind entweder als Kurbelgetriebe (Gelenkgetriebe) oder als kurvengesteuerte Getriebe ausgelegt. Die einfachsten Getriebe, auch heute noch eingesetzt und angewandt, sind Viergelenkgetriebe, bei denen die umlaufende Kurbelwelle über ein Pleuel der Weblade eine hinundhergehende Bewegung aufzwingt. Die Bewegung der Lade und des Webblatts ist dabei permanent. Es gibt einen vorderen Umkehrpunkt – das ist der Zeitpunkt des S. – und einen hinteren Umkehrpunkt, um den herum (zeitlich) der Schußeintrag stattfindet. Weiterhin werden auch Sechsgelenkgetriebe eingesetzt, die speziellen Anforderungen genügen können, so z. B. zur Verlängerung des Zeitanteils für den Bereich um den hinteren Umkehrpunkt – eine Forderung für Maschinen mit großer Webbreite – oder zum Erreichen eines doppelten S., eine Notwendigkeit für Teppichmaschinen mit Ruteneintrag. Um lediglich

die S.-Bewegung auszuführen, ansonsten aber einen Bewegungsstillstand der Lade zu erreichen, finden kurvengesteuerte Getriebe für die Ladenbewegung Anwendung, meist ausgeführt als Doppelkurvengetriebe (Komplementärkurven). Durch die Anwendung dieser Getriebe wird es möglich, andere, mit der Anschlagbewegung im Zusammenspiel auszuführende Bewegungen, z. B. der des Schußeintrags und der Fachbildung, zu optimieren und damit die Fadenbelastungen von Kette und Schuß zu reduzieren (Bild).

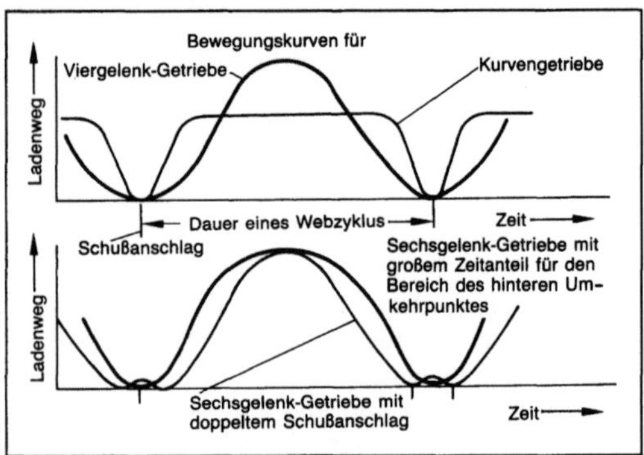

Schußanschlag: Bewegungskurven.

In neueren Konstruktionen von S.-Getrieben wird versucht, die Vorteile der beiden genannten Getriebetypen zu vereinen. Hierzu wird der optimale Bewegungsablauf eines Kurvengetriebes näherungsweise durch ein Vielgelenkgetriebe, z. B. durch die Hintereinanderschaltung von zwei Viergelenkgetrieben, erreicht, das in seiner baulichen Ausführung einfacher zu realisieren ist als ein Kurvengetriebe. *Kohlhaas*

Schußeintragsverfahren. Bis in die 50er Jahre unseres Jahrhunderts gab es für den industriellen Einsatz nur den Schußeintrag mit Schützen. Mit dem Aufkommen auch industriell zu nutzender alternativer Eintragsverfahren, heute noch als nichtkonventionelle Schußeintragsverfahren benannt, erfolgte die systematische Einteilung und Unterscheidung der Webmaschinen nach diesem Kriterium.

Schützen-Webmaschinen. Das älteste S. arbeitet mit einem Schützen. Unberücksichtigt bleibt hierbei die Handweberei, bei der neben dem Schützen andere Eintragskörper (z. B. Spulen, Brettchen, Stangen usw.) eingesetzt werden können. Mit dem Schützen wird ein endlicher Schußgarnvorrat, aufgewickelt auf einer Schußspule (Kanette), durch das Fach getrieben (→Webereivorbereitung). Das Schußgarn wickelt sich dabei von der bewegten Spule ab (Ablageschuß) und liegt dann nach erfolgtem Schußanschlag mäanderförmig im fertigen Gewebe (Bild 1). Der Schußeintrag mit Schützen ist das einzige Eintragsverfahren, das die sog. echte

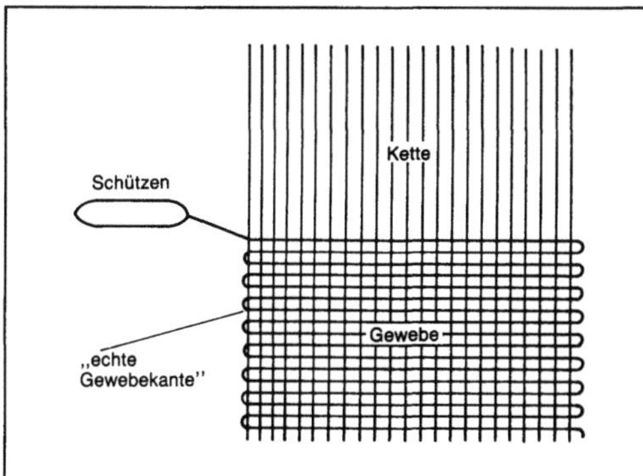

Schußeintragsverfahren 1: Prinzip des Schützeneintrags.

Gewebekante bildet. Nach Ablauf der Schußspule wird eine neue volle Spule eingesetzt, oder der gesamte Schützen wird ausgewechselt. Die Schußeintragsleistungen der Schützen-Webmaschinen liegen bei maximal 500–600 m/min. Daraus ergibt sich in Abhängigkeit von der gewebten Breite eine Eintragsfrequenz zwischen 150 und 250 min^{-1}. Der Schützen wird durch eine Schlageinrichtung (Impuls) beschleunigt und damit von der einen zur anderen Seite der Webmaschine befördert. Die Schützen-Webmaschinen gehören wegen der großen zu beschleunigenden und zu verzögernden Massen zu den lautesten Webmaschinen. Das Massenverhältnis Schützen zu Schußfaden liegt bei ca. 2000 zu 1 und ist sehr abhängig von der verarbeiteten Schußfadenfeinheit. Im Hinblick auf die relativ niedrigen Schußeintragsleistungen, die laufenden Ersatzteilkosten der beanspruchten Verschleißteile und wegen der hohen Geräuschentwicklung (Einzelmaschine bis 105 dB(A)) werden Schützen-Webmaschinen heute vermehrt durch nichtkonventionelle Eintragsverfahren ersetzt.

Greiferschützen-Webmaschinen. Bei diesem Eintragsverfahren (und allen weiter beschriebenen) ist der Schußgarnvorrat seitlich der Webmaschine stationär angeordnet. Damit unterliegt die Schußgarnspule nicht mehr der Größenbeschränkung durch den Schützen. Das Schußeintragselement ist der Greiferschützen (auch Projektil genannt) ein kleiner länglicher Stahlkörper, auch mit Kunststoffummantelung für bestimmte Einsatzbereiche ausgeführt und mit einer Fadenklemme versehen. Dem Greiferschützen wird jeweils der Schußfadenanfang übergeben. Durch eine Schlageinrichtung wird der Eintragskörper wie bei der Schützen-Webmaschine beschleunigt und zieht damit den Schußfaden von der (stationären) Spule ab (Einschleppschuß). Wegen der kleineren Abmessungen und damit geringeren Masse (ca. 40 g) ist eine separate Führung des Eintragskörpers beim Schußeintrag im Fach erforderlich. Diese als Führungszähne ausge-

bildete Führung wird vor jedem Schußeintrag durch die Kettfadenschar des Unterfachs in das Fach eingeschwenkt. Wegen der kleineren zu beschleunigenden bzw. zu verzögernden Massen sind mit diesem Eintragssystem wesentlich höhere Schußeintragsleistungen bis ca. 1200 m/min und damit Eintragsfrequenzen zwischen 300 und 425 min^{-1} möglich.

Greifer-Webmaschinen. Das S. mit Greiferelementen ermöglicht die größte Vielfalt der Webmaschinenausführungen bzw. Baumformen. Man unterscheidet zwischen starren und flexiblen Eintragselementen, die ein- oder beidseitig an der Webmaschine außerhalb der Gewebebahn angeordnet sind. Allen Bauvarianten ist gemeinsam, daß der Schußfaden von dem oder den Greiferelement(en) formschlüssig in das Fach eingetragen wird. Bei den beidseitig angeordneten starren (Greiferstangen) oder flexiblen (Greiferbänder) Eintragselementen wird der Schußfaden von einer Seite von der ortsfesten Schußspule ablaufend durch den „Zubringer"-Greifer in das Fach eingetragen und in der Gewebemitte dem zweiten, von der Gegenseite kommenden „Abnehmer"-Greifer übergeben. Beide Greifer fahren anschließend aus dem Fach, wodurch der Schußeintrag abgeschlossen wird. Bei den Bandgreifer-Webmaschinen werden im Gegensatz zu den starren Greiferstangen die flexiblen Eintragselemente außerhalb des Faches nach unten umgelenkt. Damit vermindert man den Platzbedarf dieser Ausführungen besonders für große Gewebebreiten erheblich. Eine weitere Variante bildet die Teleskopgreifer-Webmaschine. Ebenfalls zum Vermindern des Platzbedarfs sind die beidseitig angeordneten Greiferstangen außerhalb des Faches teleskopartig zusammengeschoben, während sie beim Schußeintrag innerhalb des Faches ausgezogen sind. Überwiegend angewandt werden die beidseitig angeordneten Greifer. Dagegen wird bei den einseitigen Systemen der Schußfaden nur von einem Greifer über die gesamte Gewebebreite eingetragen. Dabei entfällt die potentielle Störquelle der Schußfadenübergabe von einem Greifer zum anderen. Aber dieser Vorteil wird durch den erhöhten Zeitaufwand vermindert, der für das Herausziehen des (dann leeren) Greifers aus dem Fach erforderlich ist. Greifer-Webmaschinen ermöglichen Eintragsleistungen bis ca. 1200 m/min bei Eintragsfrequenzen von maximal 600 min^{-1}.

Luftdüsen-Webmaschinen. Der Schußeintrag der bisher beschriebenen Verfahren geschieht durch feste Körper (Schützen, Greiferschützen, Stangen-, Band- oder Teleskopgreifer). Bei der Luftdüsen-Webmaschine erfolgt der Schußeintrag mit Hilfe der Luft. Es werden zwei Verfahren unterschieden, das (ältere) Monodüsen- und das Stafettendüsenprinzip. Für beide Verfahren gilt, daß der Schußfaden von einer ortsfesten Spule seitlich der Webmaschine durch ein Vorabzugsgerät abgezogen und eine Schußlänge, die der Breite des Gewebes entspricht, zwischengespeichert wird. Der so vorbereitete Schußfaden wird beim älteren Verfahren durch den Luftstrom einer Monodüse beschleunigt und durch das Webfach geblasen. Um die Wirkung des Freistrahls über eine größere Strecke zu erhalten, wird ein Führungskanal vor dem Schußeintrag in das Webfach geschwenkt. Der Führungskanal wird durch eine Vielzahl von einzelnen, dicht nebeneinander angeordneten, annähernd kreisförmigen Lamellen gebildet (Bild 2). Die Webbreite dieses Verfahrens ist auf 2 m beschränkt. Das wesentlich leistungsfähigere und flexiblere Stafettendüsenprinzip arbeitet ebenfalls mit einem Luftstrom. Der Schußfaden wird durch die Hauptdüse beschleunigt und durch weitere, in Eintragsrichtung des Schußfadens angeordnete Stafettendüsen weiterbefördert. Die Stafettendüsen werden dabei so gesteuert, daß der Luftstrahlimpuls jeweils auf den ersten Fadenabschnitt (Spitze) des Schusses gerichtet ist, um immer einen möglichst gestreckten Schußfaden zu erreichen und einen sicheren Eintrag zu gewährleisten (Bild 3). Die Hauptdüse und die Stafettendüsen (je nach Breite des Gewebes bis zu 40) blasen nicht über den gesamten Zeitraum des Schußeintrags, sondern werden zum Reduzieren des Luftverbrauches nur für einen mehr oder weniger großen Bruchteil der Bewegungsphase des Schußfadens aktiviert. Die Ansteuerung der Düsen erfolgt mit elektronisch gesteuerten Magnetventilen. Der Luftstrahlerhaltung dient ein Webblatt aus profilierten Rietzähnen, die einen nach vorn zum Gewebe hin offenen Führungskanal bilden.

Dieses Prinzip gestattet im Gegensatz zur Monodüsen-Webmaschine größere Eintragslängen, ausgeführt z. Z. bis 4,0 m. Die Eintragsleistungen für Luftdüsen-Webmaschinen mit dem Stafettenprinzip

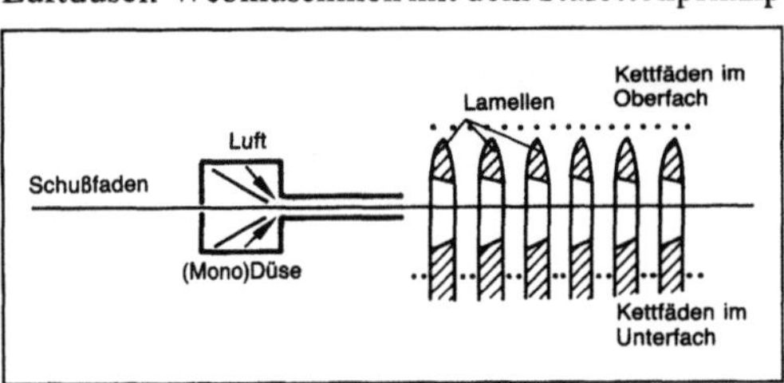

Schußeintragsverfahren 2: Prinzip des Monodüseneintrags.

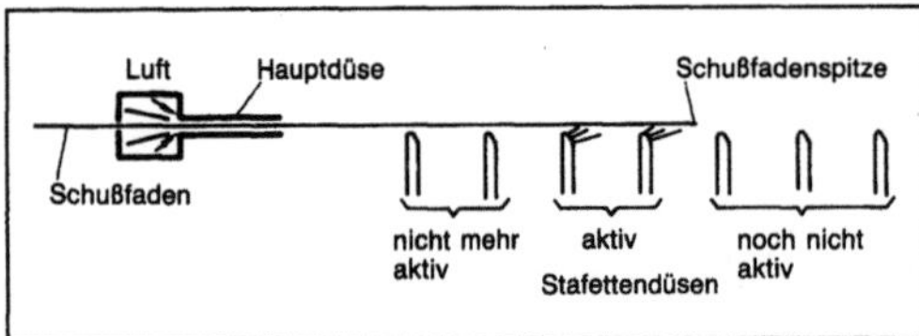

Schußeintragsverfahren 3: Prinzip des Stafettendüseneintrags.

liegen bei maximal 2000 m/min, bei Eintragsfrequenzen bis 1200 min⁻¹. Vorführdrehzahlen gehen bis 1500 min⁻¹.

Wasserdüsen-Webmaschinen. Mit Wasser als Eintragsmedium arbeitet die Wasserdüsen-Webmaschine. Der Schußfaden wird von einer ortsfesten Vorlagespule kontinuierlich abgezogen und außerhalb der eigentlichen Schußeintragsphase in einem Fadenspeicher zwischengespeichert. Durch eine Dosierpumpe wird das Wasser im Rhythmus der Eintragsfrequenz auf den erforderlichen Druck gebracht und in der Wasserdüse auf die Strahlgeschwindigkeit beschleunigt. Beim Öffnen des Fadenstoppers, der im gleichen Rhythmus den Schußfaden für den Eintrag freigibt, wird der in der Düsenöffnung liegende Schußfaden vom gebündelten Wasserstrahl mitgenommen, wobei sich die zuvor abgezogene und zwischengespeicherte Schußgarnschlaufe auszieht. Nach dem Schußeintrag schließt der Fadenstopper, und der eingetragene Schußfaden wird durch das Webblatt an den Warenrand (Geweberand) angeschlagen und durch eine Schere abgeschnitten. Auf Wasserdüsen-Webmaschinen werden vorzugsweise Chemiefasern verarbeitet. Die in der Praxis erreichbaren Schußeintragsleistungen liegen bei ca. 1800 m/min bei Eintragsfrequenzen bis zu 1300 min⁻¹.   *Kohlhaas*

Literatur: *Lubina, G.,* u. *M. Böhm:* Webereitechnik. Leipzig 1977. – *Mito, A.-B.:* Entwicklung eines Meßkonzeptes zur Analyse des Schußeintrages beim Wasserstrahlweben. Diss. RWTH Aachen 1986. – *Wahhoud, A.:* Ein Beitrag zum Schußeintragsverhalten von Garnen im Luftstrom. Diss. RWTH Aachen 1986. – Autorenkollektiv: Webmaschinen.Leipzig 1966.

Schute. S. sind für den Transport des gebaggerten Bodens (→Eimerkettenschwimmbagger, →Schwimmgreifer) eingesetzte Schiffskörper. Sie können selbst angetrieben sein oder werden von Schleppern gezogen. Ihr Laderaum hat wasserdichte Wände, damit das mit dem Boden geförderte Wasser nicht in den Schiffsrumpf eindringen kann, sondern über Überläufe abfließt. Je nach der Entleerungsart unterscheidet man Spül-, Klapp- oder Spaltklapp-S. Die S. lassen sich zwar auch mit einem Greifer entleeren. Doch wird man aus Zeitgründen versuchen, eines der anderen Verfahren anzuwenden. Zum Entleeren der Spül-S. wird dem gebaggerten Boden soviel Wasser zugesetzt, daß er aus dem Laderaum abgepumpt werden kann. Die Klapp-S. haben im Schiffsboden Klappen, die zum Entleeren des gebaggerten Bodens geöffnet werden, sobald sich die S. über der Ablagerungsstelle befindet. Bei den Spaltklapp-S. ist der Schiffsrumpf wie bei den Split-Hoppersaugbaggern (→Laderaumsaugbagger) längsgeteilt. Beim Entleeren werden die beiden Schiffshälften, die über Deck mit Drehgelenken verbunden sind, durch Hydraulikzylinder auseinandergeklappt. *Kühn*

Schuttergerät. S. dienen zum Verladen und Abtransportieren von Ausbruchmaterial. Zum Erzielen hoher Tunnelvortriebsgeschwindigkeiten muß die Vortriebseinheit den Lade- und Transportgeräten angepaßt sein. Prinzipiell bieten sich der gleisgebundene und der gleislose Betrieb an. Die Geräte für das Schuttern, den Lade- und Übergabevorgang des Ausbruchmaterials, können fahrwerksmäßig mit den Geräten für den Transport übereinstimmen. Die Auswahl des optimalen Verfahrens und der jeweiligen Geräte ist von Querschnitt, Tunnellänge, Neigung der Sohle und den geforderten Transportleistungen abhängig. In Tunneln mit Querschnitten bis rd. 10 m^2 wird wegen der beengten Platzverhältnisse überwiegend der Gleisbetrieb (bis maximal 3 % Steigung) eingesetzt. Zwischen 10 und 20 m^2 Fläche konkurrieren beide Verfahren. Bei Tunnelquerschnitten >20 m^2 sind gleislose S. und Transportgeräte meist wirtschaftlicher. Kennzeichnend für S. sind:

☐ Fahrwerk: Rad, Ketten, Gleis,

☐ Antrieb: Diesel, Elektro, Druckluft, Hydraulik,

☐ Ladeeinrichtung: Schaufel, Löffel, Kratzer, Schrapper,

☐ Entladeeinrichtung: Front-, Seiten-, Überkopfkipper, →Förderband.

Zum Schuttern beim gleislosen Betrieb verwendet man heute je nach Randbedingungen →Radlader, →Raupenlader, Hoch- und Tieflöffel in Standard- oder Spezialausführung sowie auf Ketten fahrende Seiten- und Überkopflader, die es auch als schienengebundene Geräte gibt. Besteht die Gefahr der Auflockerung der Tunnelsohle, ist Raupenfahrwerken der Vorzug zu geben, oder die Sohle muß befestigt werden. Zughackenlader, Hummerscherenlader, Frässcheiben- und Stoßschaufellader werden kaum als Einzelgeräte eingesetzt und kommen im Tunnelbau fast nur im Zusammenhang mit Teilschnittmaschinen oder kleinen Schilden zur Anwendung. Wurfschaufellader (Bild) gehören zu den Überkopfkippern und sind auf Grund ihrer geringen Abmessungen für kleine Tunnelquer-

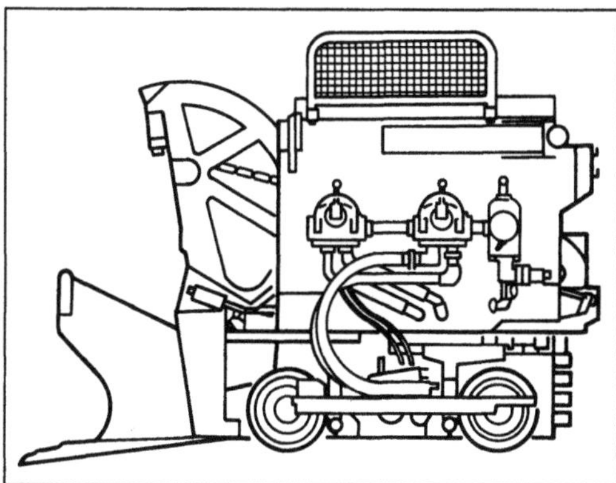

Schuttergerät: Wurfschaufellader.

schnitte prädestiniert. Das an der Ortsbrust in die Schaufel aufgenommene Ausbruchmaterial wird dabei über Kopf in die dahinter befindlichen Transportgeräte geladen. Für größere Querschnitte können Seitenkipplader zum Schuttern verwendet werden, die mit schwenkbaren und teleskopierbaren Schaufelauslegern ausgestattet sind und damit das Be- und Entladen in die daneben stehenden Transportgeräte ohne Rangieraufwand ermöglichen. Des weiteren gibt es Spezialladegeräte, die mittels Kratzarmen, Schaufeln oder Tieflöffelauslegern das Haufwerk Plattenband- oder Kettenförderern zuführen, die es nach hinten zu den Transporteinrichtungen befördern. Diese S. gibt es z. T. wahlweise in Ausführungen mit Gleis-, Raupen- oder Reifenfahrwerk. *Kühn*

Schwachstellenanalyse. Unter S. versteht man die methodische Suche nach Fehlern und Schwachstellen bei einem technischen Produkt.

Hilfsmittel dafür sind die Nutzwert-, die Fehlerbaum- und die Störgrößenanalyse. Bei der Fehlerbaumanalyse werden an Hand einer Funktionsstruktur (Funktion technischer Systeme) die gegenseitige Abhängigkeit der Systemelemente und die Auswirkungen von Fehlern auf das Gesamtsystem untersucht.

Bei der Störgrößenanalyse untersucht man den Einfluß von Störgrößen auf die gewünschte Funktion eines technischen Systems (z. B. den Einfluß der Oberflächenrauhigkeit auf die Funktion eines Gleitlagers). *Ehrlenspiel*

Schwarzdeckengerät. Die bituminöse Decke ist mehrschichtig aus Deckschicht und Binderschicht(en) auf der Tragschicht aufgebaut. Der Fertigungsgang ist damit vorgegeben. Besondere Anforderungen bestehen in der Ebenheit und der Verdichtung der Schichten. Hier ist der Einsatzbereich des Straßenfertigers mit Raupen- oder Reifenfahrwerk. Die ursprünglich nur als Verteilgeräte geeigneten Fertiger sind zur teilweisen, in neuerer Auslegung – bei hinreichender Unterlage – zur vollständigen Verdichtung der Schichten entwickelt. Das Gerätesystem umfaßt den Aufnahmebehälter, ein Förder- und Verteilaggregat mit Abzugsband und querliegender Schnecke und die Einbau- und Verdichtungselemente, bestehend aus Stampf- und Vibrationseinrichtung. Für den vorherrschenden Heißeinbau von bituminösem Mischgut sind die Arbeitswerkzeuge elektrisch oder mit Gasfeuerung beheizt. Besondere Ausrüstungen des automatischen Nivellierens über Drahtführung oder auf der Unterlage und die Anlenkung des Einbauverdichtungsaggregats sowie der Verstellung der Arbeitsbreite vervollkommnen die Geräte. Ansonsten werden Binderschichten durch 8 t-Walzen mit Glattmantel und die Deckschicht mit 6 t-Glattmantelwalzen, beides auch mit Vibration, verdichtet. Gußasphalt verarbeitet man mit besonderen Geräten, die für größere Bauleistungen auf Schienen geführt, in moderner Ausführung auf Raupen- oder Reifenfahrwerk zu einem Zug zusammengestellt sind. Das vom Ausfahrkocher bzw. -mischer entleerte Material wird von einer angebauten Verteilerschaufel ausgebreitet, von der Einbaubohle abgezogen, mit Splitt bestreut und sofort abgewalzt. Das Beheizen der Bohle sowie ihre Arbeitsbewegung bewirkt das ständige Plastifizieren des Asphaltgemenges. Im bituminösen Straßenbau benutzt man außerdem eine Vielzahl an Hilfsgeräten, u. a. Spritzgeräte für das Bindemittel im kalten und erwärmten Zustand. *Kühn*

Schwebung (Schwingungstechnik). Eine S. (Bild) entsteht durch Überlagerung zweier harmonischer Schwingungen mit dicht benachbarten Frequenzen $f_1 \approx f_2$. Es ergibt sich eine modulierte Schwingung mit der S.-Frequenz $f_S = (f_1 - f_2)$. *Witfeld*

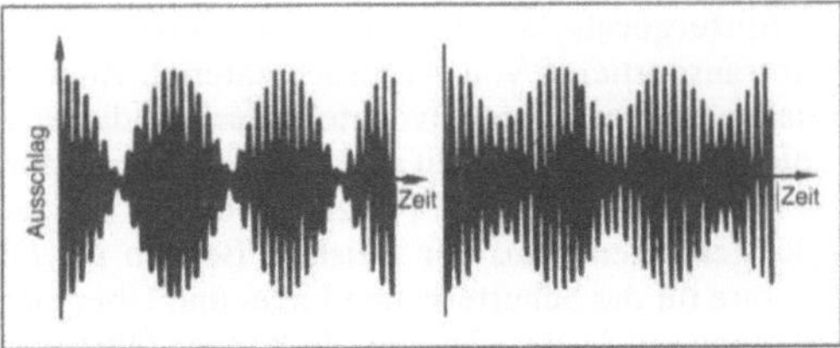

Schwebung: Einfache und allgemeine Schwebung.

Schweißverbindung. Die einzelnen Komponenten einer →Rohrleitung werden durch Schweißen miteinander verbunden. Abhängig vom →Werkstoff, der Wanddicke und den Anforderungen kommen verschiedene Schweißverfahren zur Anwendung. Vor der Durchführung ist die Schweißbarkeit bez. Schweißeignung des Werkstoffs, Schweißmöglichkeit und Schweißsicherheit nach DIN 8528 zu prüfen.

Die Gütesicherung der Schweißarbeiten bestimmt durch einen Faktor $\leq 1{,}0$ die rechnerische

Schweißverbindung. Tabelle: Fugenformen an Schweißenden (Quelle: DIN 2559).

Wanddicke s	Benennung	Sinnbild	Fugenformen Schnitt	α	β	Stegabstand b	Steghöhe c	Flankenhöhe h
				ungefähre Werte in Grad				
bis 3	I-Naht	‖		—	—	0 bis 3	—	—
bis 16	V-Naht	V		40 bis 60 für SG 60 für E und G	—	0 bis 3	—	—
bis 16	V-Naht	V		40 bis 60 für SG 60 für E und G	—	0 bis 4	bis 2	—
über 12	U-Naht	U		—	8	0 bis 3	bis 2	—
über 12	U-Naht auf V-Wurzel	U		60	8	0 bis 3	—	≈ 4

Belastbarkeit der S. Zulässige Fehler sind in den Richtlinien für S. definiert. Schweißzusatzwerkstoffe in Form von blanken oder umhüllten Drähten und Stäben werden nach dem Grundwerkstoff ausgewählt. Die zweckmäßige Wahl der Fugenform (Tabelle) ist abhängig vom Grundwerkstoff, der Wanddicke, dem Zusatzwerkstoff und dem Schweißverfahren (→Schweißen). *Diegelmann*

Literatur: DIN 1913: Stabelektroden für das Verbindungsschweißen von Stahl. Hrsg. Dt. Institut f. Normung. Berlin. – DIN 2559: Schweißnahtvorbereitungen; Richtlinien für Fugenformen. Hrsg. Dt. Institut f. Normung. Berlin. – DIN 8524: Fehler an Schmelzschweißverbindungen aus metallischen Werkstoffen. Hrsg. Dt. Institut f. Normung. Berlin. – DIN 8528: Schweißbarkeit, metallische Werkstoffe, Begriffe. Hrsg. Dt. Institut f. Normung. Berlin. – DIN 8554: Gasschweißstäbe für Verbindungsschweißen von Stählen. Hrsg. Dt. Institut f. Normung. Berlin. – DIN 8556: Schweißzusatzwerkstoffe für das Schweißen nichtrostender und hitzbeständiger Stähle. Hrsg. Dt. Institut f. Normung. Berlin. – DIN 8557: Schweißzusätze für das Unterpulverschweißen. Hrsg. Dt. Institut f. Normung. Berlin. – DIN 8558: Richtlinien für Schweißverbindungen an Dampfkesseln, Behältern und Rohrleitungen. Hrsg. Dt. Institut f. Normung. Berlin. – DIN 8559: Schweißzusatz für das Schutzgasschweißen. Hrsg. Dt. Institut f. Normung. Berlin. – DIN 8563: Sicherung der Güte von Schweißnähten. Hrsg. Dt. Institut f. Normung. Berlin. – DIN 8564: Schweißen im Rohrleitungsbau. Hrsg. Dt. Institut f. Normung. Berlin.

Schwenkgabel. Dieses →Lastaufnahmemittel (auch Schwenkschubgabel genannt) dient zum Ein- und Ausstapeln der Last in engen Arbeitsgängen. Sie kann als →Anbaugerät an herkömmliche Gegengewichtsgabelstapler angebaut werden, aber auch als integriertes Bauteil bei Dreiseiten- und Kommissionierstaplern dienen.

Bei diesen Konstruktionen läßt sich die Gabel nach beiden Seiten schwenken, verschieben oder auch geradeausstellen. Obwohl theoretisch die Last auch im Arbeitsgang aufgenommen und abgesetzt werden kann, versucht man diese Arbeitsspiele außerhalb der Arbeitsgänge zu verlegen, um die Gänge so schmal wie nur möglich zu halten. Der Vorteil der S. besteht darin, daß die Last in der Höhe im Vergleich zur Drehgabel nicht eingegrenzt wird. Die Arbeitsspiele erfordern allerdings etwas mehr Zeit. Bei Verwendung eines S.-Anbaugeräts ist auf die Stapler-Resttragkraft zu achten. *Jünemann*

Schwenklager. Bei reversierenden Gleitbewegungen mit geringem Schwenkwinkel $\alpha_s \leq (10° – 30°)$ ist die Gleitgeschwindigkeit i. a. für eine hydrodynamische Tragdruckentwicklung nicht ausreichend. S. müssen daher für Mischreibungsbedingungen ausgelegt werden.

Im Gegensatz zu hydrodynamischen Lagern sind in der belasteten Zone der Schmierspaltgeometrie des S. Schmiernuten so anzuordnen, daß während eines Schwenkvorgangs jede Oberfläche der bewegten Gleitflächen einmal vom Schmierstoff (Öl oder Fett) in der →Schmiernut benetzt wird (Bild). *Knoll*

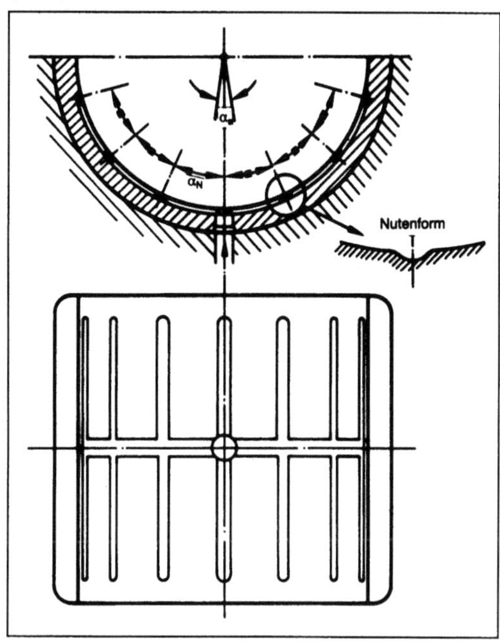

Schwenklager: Schmierstoffversorgung von Schwenklagern.

α_s Schwenkwinkel
α_N Abstandswinkel der Nuten

Schwerkraftbohrer. Im Prinzip wird ein ballastiertes Rohr mit einem Bordkran lotrecht auf den Meeresboden herabgelassen und soll auf Grund seines Eigengewichts in den Boden eindringen. Da dies nicht in allen Fällen auf Anhieb gelingt (schräges Auftreffen infolge Strömungen usw.), hat eine Weiterentwicklung eine Vibratoreinrichtung, die das Eindringen erleichtern soll. *Kühn*

Schwerkraftförderer. S. fördern leichte oder schwere Stückgüter mit ebener Aufstandsfläche durch Ausnutzung der Schwerkraft. Sie sind deshalb geneigt angeordnet. Das →Fördergut
□ rollt (Röllchenbahn, →Rollenbahn),
□ gleitet (→Rutsche, →Wendelrutsche) oder
□ fällt (Fallrohre, Falltreppen)
durch sein Eigengewicht zum Zielort. *Jünemann*

Schwerpunktfehler →Unwucht

Schwerpunktwaage →Auswuchtmaschine

Schwertwaschmaschine. Ein Trog mit geneigter Sohle oder ein ebener Trog, auch schräg mit Deckel aufgestellt, ist mit einer Welle oder zwei Wellen parallel zur Unterkante ausgestattet: Einwellen-

und Zweiwellenschwertwäscher (Bild). An den Wellen sind Rührwerkzeuge, die Schwerter, kreuzweise angesetzt. Von einer Stirnseite des Troges, bei dem schiefen Trog die tiefere Stirnseite, bei dem schrägstehenden die untere, wird das zu reinigende Gemenge zugegeben und durchgerührt, so daß sich die Körnung und die Beimengungen scheiden. Die gereinigte Körnung wird weiter, auch nach oben, befördert und ausgetragen. Die Bauarten sind für unterschiedliche Bedingungen ausgelegt, z. B. die eine Bauart für eine Körnung 0/70 mit geringem Feinkornanteil, eine andere nur für die Körnung 3/30–3/60. Dabei ist das Unter- und Überkorn vorher abzutrennen.

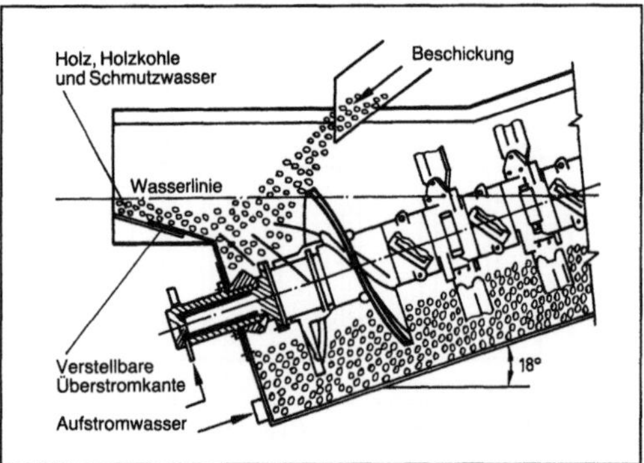

Schwertwaschmaschine: Kieswäscher mit Schwert und Schnecke.

Eine großflächig bauende Einheit als kombinierte Kies- und Sandwäsche ist zusätzlich mit Lösewerkzeugen und Wascheinrichtungen der Kammerwäsche ausgerüstet. Ein kompaktes Gerät gibt die Kombination einer Förderentwässerungsschnecke mit Schwertern besonderer Form, die nicht nur Umrühren, sondern eine Pulsation ergeben. Hiermit wird auf einfachem Wege eine Beimengung an Holz, Lehm und Humus aus Kies restlos entfernt. Kammerwäscher, die lediglich eine Spülwirkung haben, können nur ungebundene Verunreinigungen auswaschen. Sie werden intensiv wirkenden Waschmaschinen nachgeschaltet. Gleichwohl läßt sich die Waschwirkung (besser Spülwirkung) der mechanischen Einrichtungen zur Sandrückgewinnung, wie Kratzbänder, Schöpfräder, Entwässerungsschnecken und Sandfänge, benutzen. Ebenso findet in den hydraulischen Klassierern, in denen Strömungskräfte angewendet werden, eine Abtrennung von bindigen Anteilen als Schwebstoffe und Feinst- bzw. Feinkörnung statt. In der hydraulischen Setzmaschine wird die unterschiedliche Sinkgeschwindigkeit von Körpern gleicher Form und Größe, jedoch unterschiedlicher Dichte ausgenutzt. Dabei verstärken pulsierende Wasserbewegungen oder auch Stahlkugeln den Trennvorgang über einen Siebboden. Aufschwimmende Bestandteile werden von der

Oberfläche abgezogen. Der Hydrobandscheider (Aquamator) besteht aus einem Kastenförderband mit durchhängendem Obertrum, das mit Wasser gefüllt ist. Gegen die Bandlaufrichtung bildet sich eine Wasserströmung heraus, mit der sich gleich dem Wellenauslauf am Strand Schmutzstoffe und leichte Schadstoffe aus dem Rohgut aussondern, während der schwerere Sand und Kies am anderen Ende ausgetragen werden.

Der Vibrationswäscher ist ein mit Wasser gefüllter Kasten mit wellenförmigem, schräg angesetztem Boden. Mit Vibration auch im Resonanzbereich durch Kurbeltrieb tritt eine Abscheidung von Schadstoffen bei gleichzeitiger Förderung des gereinigten Gutes die Steigung hinauf zur Austragsstelle ein. Die Schadstoffe führt man seitlich ab. Die genannten Einrichtungen werden oftmals eigentlichen Waschmaschinen zwecks Ausscheidung von leichten Beimengungen wie Kohle Torf und Holz, nachgeschaltet. *Kühn*

Schwimmbuchsenlager. Bei S. wird zwischen Welle und gehäuseseitiger →Lagerschale zusätzlich eine weitere zylindrische Lagerbuchse angeordnet, die i. a. axial geführt, aber sonst frei zwischen der Welle und der äußeren Lagerschale schwimmt (Bild). Der Anwendungsbereich sind leichte Rotoren (z. B. Abgasturbolader), bei denen das Stabilitäts- und Dämpfungsverhalten verbessert und die Reibungsverluste reduziert werden sollen. Das Verhältnis

$$\omega_0 = \frac{\omega_B}{\omega_W} = \frac{1}{1 + \left(\dfrac{D_a}{D_i}\right)^2 \dfrac{\psi_i}{\psi_a} \dfrac{\eta_a}{\eta_i}}$$

der Winkelgeschwindigkeiten der Buchsen ω_B und der Welle ω_W ist bei gleichem relativen Innen- und

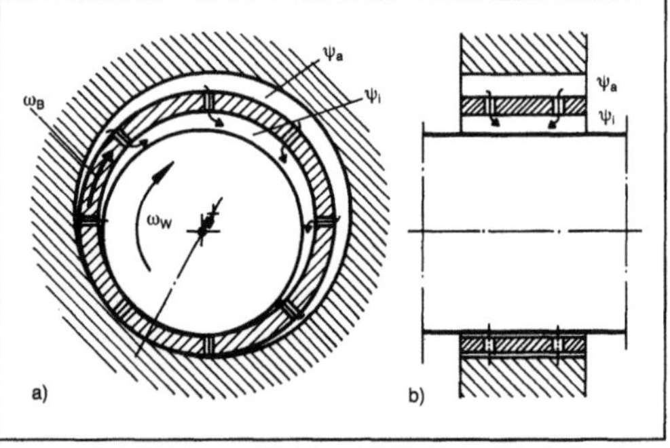

Schwimmbuchsenlager.
a) Querschnitt; relatives Lagerspiel zwischen Welle und Buchse $\psi_i = \dfrac{d_a - d_i}{d}$.

b) Längsschnitt; relatives Lagerspiel zwischen Buchse und Lagerbohrung $\psi_a \dfrac{D_a - D_i}{D_a}$.

Außenspiel $\psi_{i,a}$ und gleichen mittleren Vikositäten $\eta_{i,a}$ im inneren und äußeren Gleitraum näherungsweise $\omega_0 = 0{,}5$.

Bei Ölzuführung über das Gehäuse erfolgt die Ölversorgung des inneren Schmierspaltes über Bohrungen in der Schwimmbuchse. *Knoll*

Schwimmgreifer. Der S. wird von einem Portal, das auf Pontons montiert ist, auf den Gewässerboden abgelassen. Er eignet sich besonders zur Rohstoffgewinnung (Sand, Kies) aus großen Tiefen (bis 200 m Wassertiefe) und bei ungleichmäßigen Böden, wo man die anderen →Naßbagger nicht einsetzen kann. Da ein Arbeitsspiel (Hochziehen – Entleeren – Ablassen) bei diesen Tiefen sehr viel Zeit kostet, setzt man sehr große →Greifer mit bis zu 50 m³ Fassungsvermögen ein. Das von den S. geförderte Material wird in Silos zwischengelagert, bevor es entweder auf Pontons schwimmenden Förderbändern oder Schuten übergeben wird. *Kühn*

Schwimmkran. S. sind auf Pontons fest installierte Krane, die sich vor allem durch ihre Tragkraft (bis zu 1000 t) von Landgeräten unterscheiden. Die notwendige hohe Tragkraft ergibt sich einerseits aus dem Gewicht der zu hebenden Lasten (Bauteile von Schiffen, Fertigteile beim Brückenbau, Bergungsarbeiten), andererseits aus den gegenüber Landgeräten größeren Hebelarmen. Deshalb müssen häufig mehrere S. zusammen eingesetzt werden, um eine Last zu heben. *Kühn*

Schwinger. Ein schwingungsfähiges System (Bild 1). Jedes Schwingungssystem besteht aus mindestens zwei Energiespeichern, die im Takt der →Schwingung ihre Energie austauschen. Vervollständigt wird die Energiebilanz eines S. noch durch Energiequellen und Energiesenken, die dem System Energie zuführen (Erregung) bzw. entziehen (Dämpfung).

Die große Vielfalt schwingungsfähiger Systeme kann nach verschiedenen Gesichtspunkten gedanklich geordnet werden, z. B. nach
☐ den physikalischen Größen, welche die Eigenschaften des S. und seinen Zustand kennzeichnen,
☐ der Anzahl der Freiheitsgrade des S.,
☐ dem Charakter der beschreibenden Differentialgleichung,
☐ dem Entstehungsmechanismus der Schwingung.

Oft sind diese Merkmale jedoch weniger dem S. selbst eigentümlich. Vielmehr werden sie den Eigenschaften seines Ersatzmodells zugewiesen. Wo ein S. eingeordnet wird, ist eine Frage der Modellbildung.

Bei physikalisch-technischen Systemen unterscheidet man im wesentlichen mechanische (Bild 2) und elektrische S. (Bild 3). Kennzeichnend für mechanische S. sind Speicher für kinetische und potentielle Energie (Massen, Steifigkeiten, Kraftfelder). Ihr Zustand wird durch kinematische Größen beschrieben (Verschiebungen, Geschwindigkeiten, Winkel, Winkelgeschwindigkeiten). Dämpfung oder Reibung verursachen Verluste an mechanischer Energie. Äußere Kräfte können Schwingungen anregen. Elektrische S. sind durch Speicher für elektrische und magnetische Energie gekennzeichnet (elektrisches Feld eines Kondensators, magnetisches Feld einer Spule); Spannungen und Ströme sind die Zustandsgrößen. Energieverluste treten beispielsweise durch ohmsche Widerstände auf; Strom- bzw. Spannungsquellen dienen der Energiezufuhr. Wenn sich mechanische und elektrische Systeme gegenseitig beeinflussen (z. B. Schwingungen in elektrischen Maschinen, Schwingungen in Regelkreisen), muß das Ersatzmodell diese Rückwirkungen in geeigneter Weise berücksichtigen.

Bei mechanischen Systemen unterscheidet man Schwingungen elastischer Systeme von Pendel-

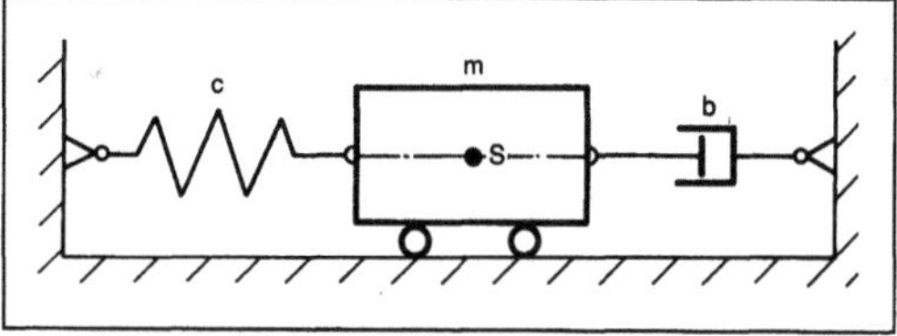

Schwinger 2: Einfacher mechanischer Schwinger: gedämpfter Feder-Masse-Schwinger.

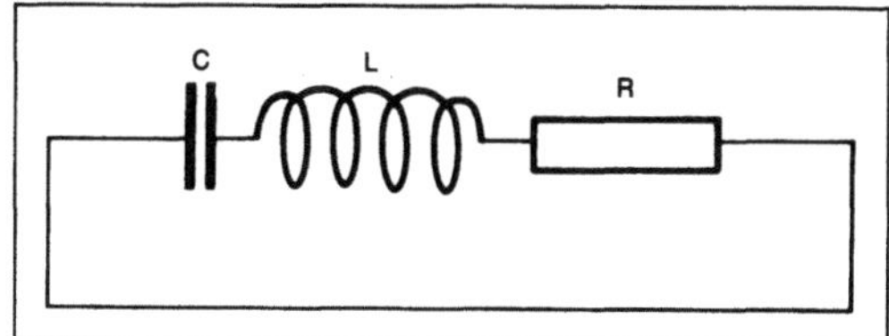

Schwinger 3: Einfacher elektrischer Schwinger: gedämpfter Reihenschwingkreis.

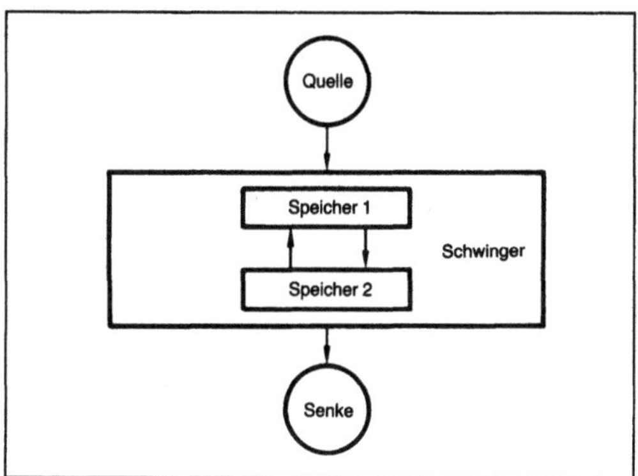

Schwinger 1: Schema eines schwingungsfähigen Systems.

schwingungen. Im ersten Fall wird die potentielle Energie in Form von Verzerrungsenergie in einem elastischen Körper gespeichert, im zweiten Fall als Lageenergie in einem Kraftfeld. Je nach Art des Ersatzmodells spricht man beispielsweise von einem Feder-Masse-S. oder Dreh-S., einem Schwerependel oder →Fliehkraftpendel.

Ein S. mit einem Freiheitsgrad heißt einfacher S. Sein Zustand läßt sich durch eine physikalische Größe (Koordinate) und deren Zeitableitung beschreiben. Ein mehrfacher S. wird durch ein diskretes Modell mit endlich vielen Freiheitsgraden und zugehörigen Koordinaten beschrieben. Schließlich führt das schwingungsfähige Kontinuum mit verteilten Systemparametern auf ein kontinuierliches Modell, dessen Schwingungszustand durch zeit- und ortsabhängige Zustandsgrößen beschrieben wird (Bild 4 bis 6). Bei mechanischen S. deuten

Begriffe wie Längs-S., Torsions-S., Biege-S. auf eine bevorzugte Schwingungsform hin.

Die übliche Unterscheidung zwischen linearen und nichtlinearen S. weist formal darauf hin, daß die zugehörigen Differentialgleichungen des Ersatzmodells linear bzw. nichtlinear sind. Lineare Ersatzmodelle sind solange zulässig, wie die Zusammenhänge zwischen Eingang und Ausgang des Systems dem Überlagerungs- und dem Verstärkungsprinzip genügen. In allen anderen Fällen führt die Modellbildung auf nichtlineare Differentialgleichungen. Diese lassen sich jedoch häufig linearisieren, solange das Schwingungsverhalten nur in der Nähe eines Gleichgewichtszustands interessiert (Methode der kleinen Schwingungen).

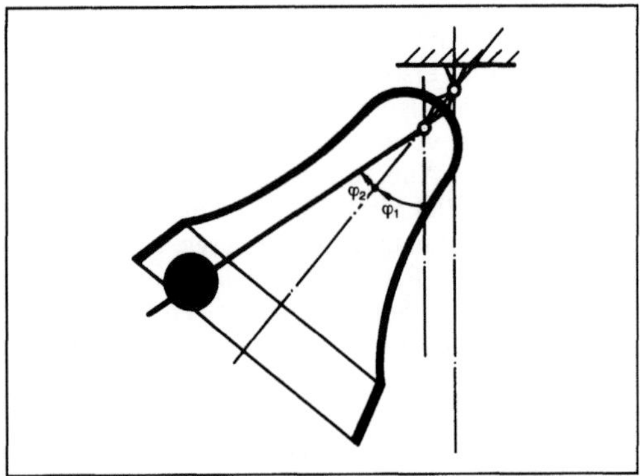

Schwinger 4: Schwerependel mit zwei Freiheitsgraden: Glocke als Doppelpendel.

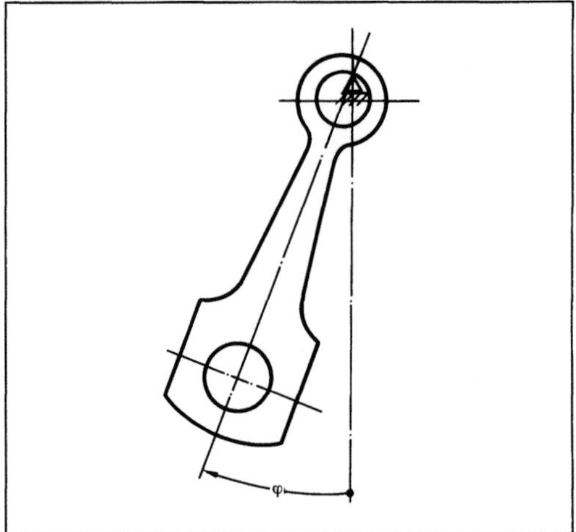

Schwinger 7: Freier Schwinger: Pendelversuch am Pleuel zum Ermitteln der Trägheitsmomente.

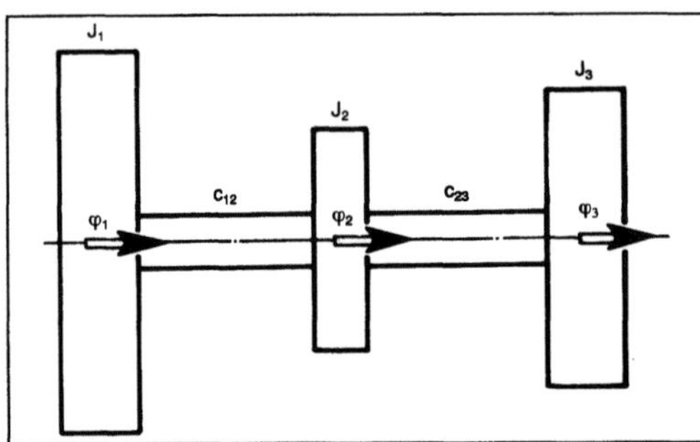

Schwinger 5: Drehschwinger mit drei Freiheitsgraden, z. B. Kraft- und Arbeitsmaschine mit Getriebe.

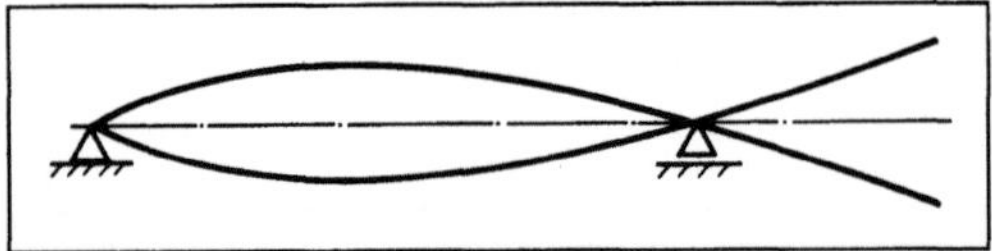

Schwinger 6: Schwingendes Kontinuum: Balken als Biegeschwinger.

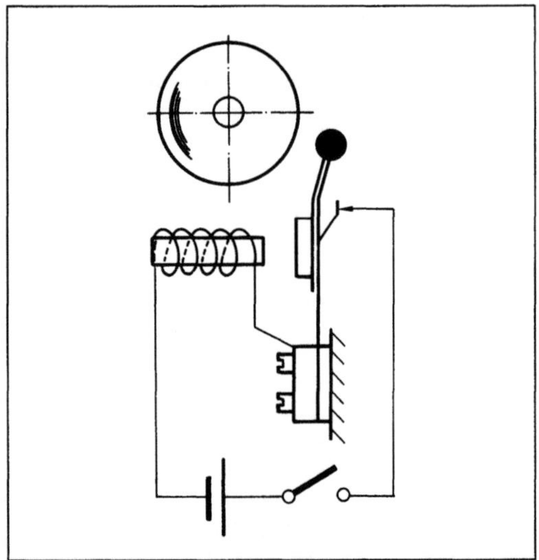

Schwinger 8: Selbsterregter Schwinger: Elektrische Klingel. (Quelle: Magnus: a. a. O.)

Ein besonders tiefgreifendes Ordnungsprinzip teilt die S. in autonome und heteronome Systeme ein. Autonome S. bestimmen die Frequenz ihrer Schwingungen selbst. Sie führen Eigenschwingungen aus, wobei man zwischen freien und selbsterregten Schwingungen unterscheidet. Heteronomen S. dagegen wird die Schwingungsfrequenz durch eine →Fremderregung aufgeprägt. Dies führt zu parametererregten oder zu quellenerregten (erzwungenen) Schwingungen (Bild 7 bis 10).

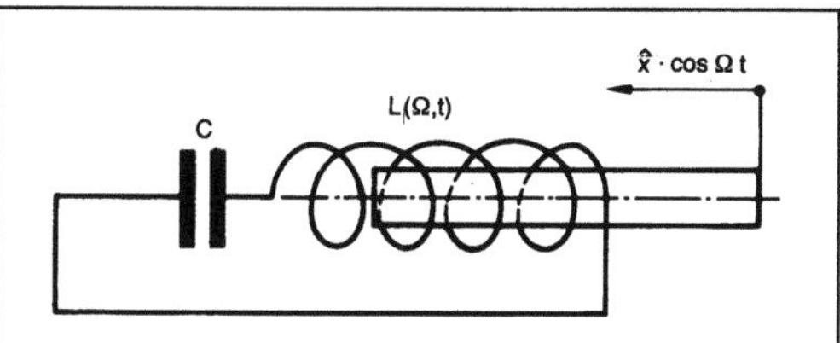

Schwinger 9: Parametererregter Schwinger: Schwingkreis mit veränderlicher Induktivität.

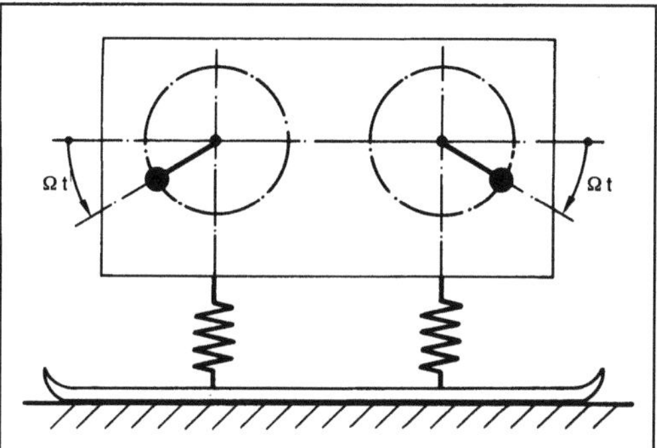

Schwinger 10: Quellenerregter Schwinger: Rüttler mit Unwuchterregung.

Es ist üblich, S. nach mehreren Ordnungsprinzipien gleichzeitig zu klassifizieren in der Absicht, eine einheitliche mathematische Behandlung zu erreichen und die Schwingungserscheinungen unter einheitlichen physikalischen Gesichtspunkten beurteilen zu können. *Witfeld*

Literatur: *Bishop, R. E. D.:* Schwingungen in Natur und Technik. Stuttgart 1985. – *Clough, R. W.,* u. *J. Penzien:* Dynamics of Structures. New York 1975. – *Fischer, U.,* u. *W. Stephan:* Schwingungen. Basel, Boston, Stuttgart 1981. – *Hagedorn, P.:* Nichtlineare Schwingungen. Wiesbaden 1978. – *Klotter, K.:* Technische Schwingungslehre. Bd. 1: Einfache Schwinger. Tl. A: Lineare Schwingungen. 3. Aufl. 1978. Tl. B: Nichtlineare Schwingungen. 3. Aufl. 1980. Bd. 2: Schwinger von mehreren Freiheitsgraden. 2. Aufl. 1981. Berlin, Heidelberg, New York. – *Magnus, K.:* Schwingungen. 4. Aufl. Stuttgart 1986. – *Müller, P. C.,* u. *W. O. Schiehlen:* Lineare Schwingungen. Wiesbaden 1976. – *Timoshenko, S.:* Vibration Problems in Engineering. 4. Aufl. New York, London 1974. – *Waller, H.,* u. *R. Schmidt:* Schwingungslehre für Ingenieure. Mannheim, Wien, Zürich 1989.

Schwingförderer.

Bergbaumaschine. S. sind Fördereinrichtungen für Schüttgüter, selten für Stückgüter, bei denen ein rinnenförmiges Tragorgan durch einen mechanischen oder elektromagnetischen Antrieb in eine stationäre, schwingende Bewegung versetzt wird. In Abhängigkeit vom Verhältnis J der maximalen Vertikalbeschleunigung des Tragorgans zur Erdbeschleunigung werden zwei Betriebsarten unterschieden. Bei J<1 tritt kein Abheben des Förderguts vom Tragorgan ein, so daß im Gleitverfahren (Schüttelrutsche) gefördert wird. Dagegen erfolgt beim Wurfverfahren (J>1) ein periodisches Abheben des Fördergutes (Schwingrinne). Die im Gegensatz zur Schüttelrutsche häufiger eingesetzte Schwingrinne besitzt Vorteile bez. des Verschleißes, des Wartungsaufwandes, der Regelbarkeit und der Antriebsleistung. Die Anwendungsgebiete liegen im Transport von heißem oder aggressivem Fördergut, wobei der Fördervorgang mit technologischen Prozessen wie Kühlen, Trocknen, Klassieren verbunden werden kann. *Seeliger*

Fördertechnik. Nach DIN 15201 sind S. Schüttgutförderer für waagerechte oder geneigte Förderung. Dabei wird das Gut durch Massenkräfte gefördert. Die DIN 15201 unterscheidet zwischen Schüttelrutschen und Schwingrinnen (Bild 1 und 2).

Gemeinsames Merkmal für beide Gruppen ist eine periodische Hin- und Herbewegung des Fördermittels in Förderrichtung. Der Unterschied zwi-

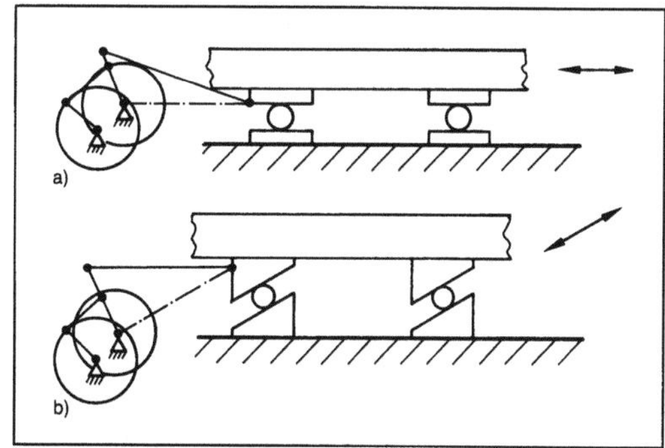

Schwingförderer (Fördertechnik) 1: Schüttelrutsche.
a) Mit normaler Auflagekraft
b) Mit erhöhter Auflagekraft.

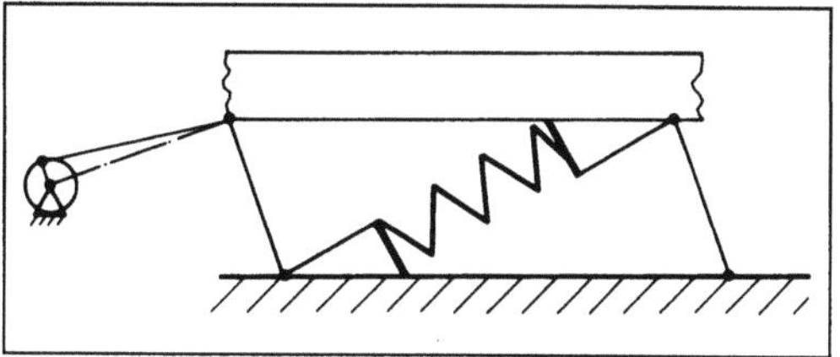

Schwingförderer (Fördertechnik) 2: Schwingrinne.

schen den beiden Fördermitteln liegt darin, daß bei den Schwingrinnen die vertikale Rinnenbeschleunigung den Wert der negativen Fallbeschleunigung überschreitet, während sie bei Schüttelrutschen stets kleiner bleibt.

Vorteile:

□ einfache und billige Konstruktion (mit Ausnahme des Antriebs),

□ geringe Wartungskosten,

□ hohe Betriebssicherheit,

□ sehr geringe Bauhöhe bei Lagerung auf Rollen oder Kugeln,

□ geeignet auch für heiße Güter (bis 100 °C),

□ keine unmittelbare Berührung des Förderguts mit Maschinenteilen (z. B. Antriebsräder, Lagerschmierstellen),

□ keine verschleißanfälligen Bauteile;

Nachteile:

□ kleine Förderlängen,

□ geräuschvoller Gang,

□ Belastung der Bauteile (Rinne, Antrieb) durch hohe dynamische Kräfte.   *Jünemann*

Schwingförderrinne. Mit Vibration wirken verschiedene Vorrichtungen, die zugleich als kontinuierlich arbeitende Abzugsgeräte und als →Förderer sowie als Aufgeber, dabei mit einer bestimmten Dosierung, funktionieren. Durch konstruktive Ausführung und Schwingungsauslegung wird eine breite Anwendungsspanne für eine gleichmäßige Förderung und dosierte Beschickung von sehr feinkörnigem bis sehr grobkörnigem Gut bei hoher Förderleistung erreicht. Es bestehen bei den S. ähnliche Antriebstechniken wie bei den Vibrationssieben. Außer dem Ablauf Transportieren und Dosieren läßt sich in Kombination mit Rosten und Lochblechen eine Kornabtrennung oder mit feinen Schlitzen bzw. Sieböffnungen eine Entwässerung vornehmen. Je nach bevorzugter Verwendung und maschineller Gestaltung sind Bezeichnungen wie Bunkerabzugsförderer, Bunkerabzugsrinne, Unwuchtförderer, Dosierförderrinne, Vibrationsaufgeber üblich.   *Kühn*

Schwingmetall. Geläufige Bezeichnung für Gummi-Metall-Federn (Bild), die bei der elastischen Lagerung von Maschinen und Maschinenteilen zwecks →Schwingungsisolierung verwendet werden.   *Witfeld*

Literatur: VDI 2062: Schwingungsisolierung. Bl. 1: Begriffe und Methoden. Bl. 2: Isolierelemente. Hrsg. Verein Dt. Ing. Ausg. Jan. 1976.

Schwingrinne (Fördertechnik) →Schwingförderer (Fördertechnil)

Schwingschmiedeanlage. In einer S. wird das Walzgut in der Regel mit 4 Schwingsystemen bear-

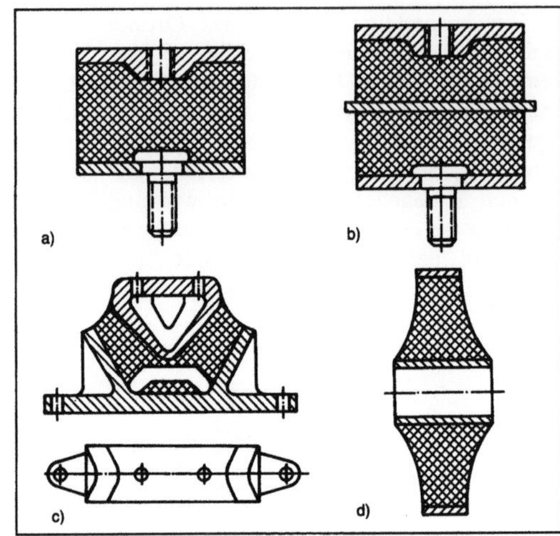

Schwingmetall: Gummi-Metall-Federn. (Quelle: VDI 2062 a. a. O.)

a) Blockfeder,
b) Geschichtete Feder,
c) Dach-Teil-Feder,
d) Hülsendrehfeder

beitet, die von einem Motor angetrieben werden (Bild). Die →Antriebsleistung einer Anlage, beispielsweise für das Umformen von Walzgut mit Querschnittsabmessungen 250 mm×250 mm, beträgt 1 500 kW. Solche S. können für das Umformen von Walzgut mit quadratischen Querschnitten bis zu 400 mm Kantenlänge, rechteckigen Querschnitten bis zu 450 mm Breite, achteckigen Querschnitten bis zu 440 mm Schlüsselweite oder Rundquerschnitten bis zu 450 mm Dmr. eingesetzt werden. Für die Herstellung anderer Querschnittsabmessungen werden die Umformwerkzeuge gewechselt. Infolge der Gestalt und Bewegung der Werkzeuge während des Umformvorgangs ist eine Zuführung des Walzguts mit Vorschubwalzen nicht erforderlich. S. können beispielsweise in →Stahlstrang-Gießwalzanla-

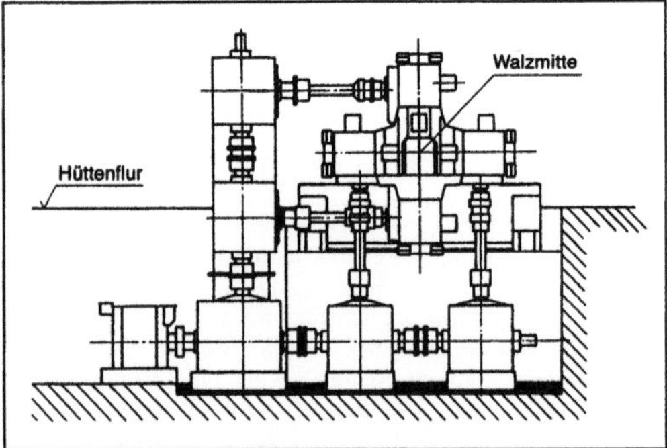

Schwingschmiedeanlage: Aufbau.

Literatur: *Rotert, K.:* Berg- und Hüttenmännische Monatsh. 116 (1971) Nr. 2, S. 174/81.

gen nach Stranggießanlagen oder vor →Stabstahl-Walzstraßen und →Drahtwalzstraßen eingesetzt werden. *Baumann*

Schwingschmiedeverfahren. Beim S. wird das Umformgut durch Schmieden und Walzen gleichzeitig bearbeitet. Das S. ist also ein Hochumform-Schmiedewalzverfahren. Dabei werden backenartige Umformwerkzeuge von Lenkern, die von jeweils 3 Exzentern angetrieben werden, bewegt. Damit entsteht eine schwingende Abwälzbewegung, die das Walzgut schrittweise, ähnlich dem →Pilgerwalzverfahren, umformt. Die Form der Werkzeuge besteht aus einem Umformteil, dem Einlaufteil, dessen idealisierte Grundform dem Segment einer Walze mit großem Durchmesser entspricht, und aus einem Glättteil, dem Auslaufteil. Der Umformablauf kann mit 4 grundsätzlichen Bewegungs-Zeitpunkten verdeutlicht werden (Bild). Beim Beginn einer Umformperiode a) berühren jeweils 2 backenförmige Werkzeuge das Walzgut. Im zweiten und dritten Zeitpunkt b) und c) verdrängen diese Werkzeuge eine mehr oder weniger große Menge →Werkstoff in Form einer →Welle, die im weiteren Verlauf der Schwingbewegung ausgewalzt und geglättet wird. Dabei kann das Umformgut frei breiten. Nach Beendigung des Umformvorgangs heben die Werkzeuge vom Walzgut ab und werden in die Ausgangsstellung zurückgebracht, Bewegungs-Zeitpunkt d). Danach beginnt eine neue Umformperiode. Die aus der Schwingbewegung herrührende waagerechte Abwälzbewegung bewirkt auch einen mehr oder weniger großen Vorschub des Walzguts. Mit 4 zur Walzachse symmetrisch angeordneten Schwingsystemen kann eine allseitige Umformung des Walzguts erzielt werden. Dabei arbeiten jeweils 2 in einer Ebene angeordnete Schwingsysteme synchron miteinander. So kann das Walzgut wechselseitig waagerecht und senkrecht bearbeitet werden. *Baumann*

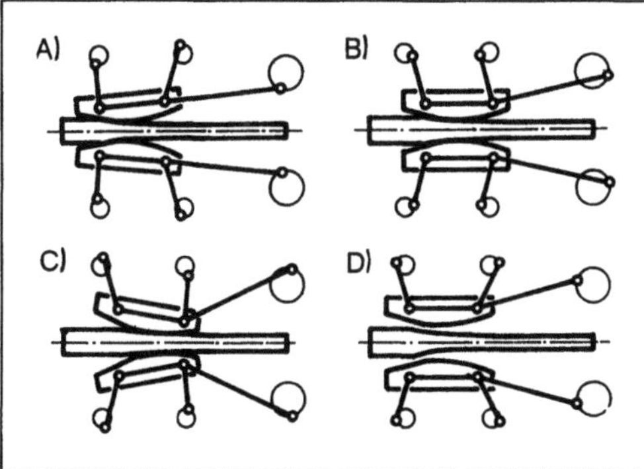

Schwingschmiedeverfahren: Umformablauf in 4 Bewegungszeitpunkten A) bis D) beim Schwingschmieden.

Literatur: *Baumann, H. G.:* Neue Entwicklungen beim Stahlstrang-Gießwalzen. Draht-Welt 55 (1969) Nr. 10, S. 607/13; Bänder Bleche Rohre 10 (1969) Nr. 12, S. 702/8. – *Kocks, F.* (Hrsg.): Schwingmaschine. Düsseldorf. – Kocks-Walzwerk für die Türkei. Kalibreur 14 (1971), S. 51. – *Rischen, K.-A.:* Draht-Welt 54 (1968) Nr. 1, S. 6/12.

Schwingstärke. Ein objektives Maß zur Beurteilung der →Laufruhe einer Maschine. Der VDI hat den Beurteilungsmaßstäben für die S. die Schwinggeschwindigkeit v(t) zugrunde gelegt und als repräsentatives Maß deren quadratischen Mittelwert v_{eff} festgesetzt:

$$v_{eff} = \sqrt{\frac{1}{T} \int_0^T v(t)^2 \, dt}.$$

Bei einem periodischen Schwingungssignal entspricht dies dem Effektivwert

$$v_{eff} = \sqrt{\frac{1}{2} (v_1^2 + v_2^2 + \ldots + v_n^2)},$$

mit den gemessenen Geschwindigkeitsamplituden v_i im diskreten Frequenzspektrum. *Witfeld*

Literatur: VDI 2056: Beurteilungsmaßstäbe für mechanische Schwingungen von Maschinen. Hrsg. Verein Dt. Ing. Ausg. Okt. 1964.

Schwingung.
   1. Allgemeines. Ein zeitlicher Vorgang, bei dem die Zustandsgrößen eines schwingungsfähigen Systems (→Schwinger) mehr oder weniger regelmäßig um gewisse Mittelwerte schwanken (vgl. den Begriff →Welle, der auch räumliche Zustandsänderungen voraussetzt). S. können überall in der belebten wie unbelebten Natur beobachtet werden (Herzschlag, Sprache; Gezeiten, Erdbeben). Sie können in allen Bereichen der Technik auftreten (Elektrotechnik, Maschinenbau, Verfahrenstechnik, Bauwesen), und zwar gewollt oder ungewollt (Nachrichtenübertragung, →Schwingförderer; Geräuschentwicklung, Erschütterungen). Sogar in soziologischen oder ökonomischen Systemen können zyklische Vorgänge als S. gedeutet werden.
Einteilung der S. nach dem Zeitverlauf.
   □ *1. Harmonische S.:* Der einfachste S.-Vorgang (Bild 1), bei dem sich die Zustandsgrößen eines Schwingers gemäß

$$q(t) = \hat{q} \cos(\omega t + \varphi) \tag{1}$$

harmonisch mit der Zeit ändern (Sinus-S.).
   □ *2. Periodische S.:* Ein zeitlicher Vorgang, bei dem die Zustandsgrößen eines Schwingers gemäß

$$q(t) = q(t+T) \tag{2}$$

nach jeweils gleichen Zeitintervallen T wieder die gleichen Werte annehmen (Bild 2).

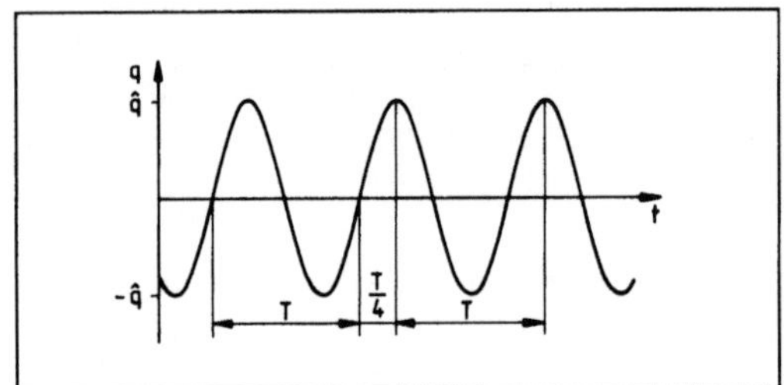

Schwingung 1: Harmonische Schwingung.

q(t)   Augenblickswert der Zustandsgröße
q̂   Amplitude, Scheitelwert
(ωt+φ)   Phasenwinkel, Phase
φ   Nullphasenwinkel
ω   Kreisfrequenz
T   Periodendauer ($\omega T = 2\pi$)
f   Frequenz ($f = 1/T$)

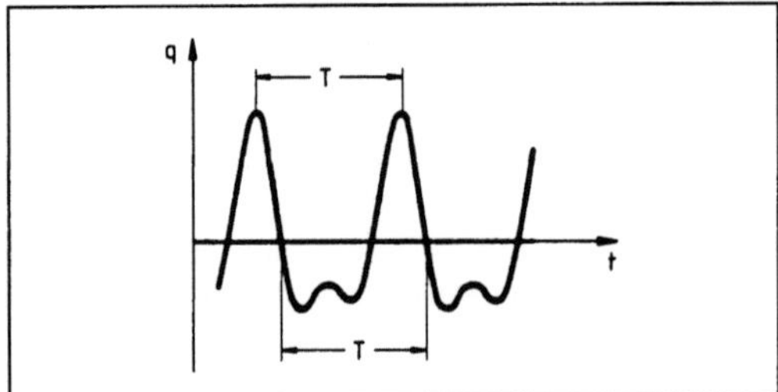

Schwingung 2: Periodische Schwingung.

q(t)   Augenblickswert der Zustandsgröße
T   Periodendauer
f   Frequenz ($f = 1/T$)

Jede periodische S. läßt sich mit Hilfe der Fourier-Analyse in harmonische Teil-S. zerlegen, deren einzelne Frequenzen

$$f_n = n\,f, \qquad n = 1, 2, 3, \ldots \tag{3}$$

ganzzahlige Vielfache der Grundfrequenz $f_1 = f = 1/T$ sind. Trägt man das Ergebnis dieser Zerlegung im Frequenzbereich auf, erhält man das Spektrum der periodischen S. (Amplituden-Spektrum, Phasen-Spektrum).

□ *Sinusverwandte S.:* S.-Vorgänge ähnlich Gl. (1), bei denen sich aber Amplitude, Kreisfrequenz oder Nullphasenwinkel langsam mit der Zeit ändern

können (amplitudenveränderliche, frequenzveränderliche oder phasenveränderliche S.). Als augenblickliche Frequenz ist der Differentialquotient der Phase nach der Zeit definiert:

$$\frac{d}{dt}\,[\omega(t)\,t + \varphi(t)] = \omega(t) + \dot{\omega}\,t + \dot{\varphi} \tag{4}.$$

Eine phasenveränderliche S. ist somit zugleich frequenzveränderlich, so daß kein Wesensunterschied zwischen beiden besteht. Eine frequenzveränderliche S. läßt sich zudem immer durch Überlagerung von amplitudenveränderlichen S. darstellen.

Man unterscheidet monoton (amplituden- oder frequenz-)veränderliche S. (Bild 3) und (amplituden- oder frequenz-)modulierte S. Bei einer abklingenden S. wird die Amplitude mit der Zeit kleiner (z. B. durch Dämpfung), bei einer anschwellenden S. nimmt sie ständig zu (z. B. bei →Resonanz). Beispielsweise sind die freien S. eines Pendels gleichzeitig monoton amplitudenveränderlich (abklingend) und monoton frequenzveränderlich (ansteigend bis zur Frequenz für kleine S.).

Modulierte S. (Bild 4) spielen eine wesentliche Rolle in der Nachrichtentechnik und in der Meßtechnik (Trägerfrequenztechnik).

□ *Deterministische S.:* S.-Vorgänge, bei denen sich die Zustandsänderungen durch eine analytische Zeitfunktion q(t) beschreiben und für eine gewisse Zukunft auch vorhersagen lassen. Beispiele: Periodische S., sinusverwandte S., transiente S.

□ *Stochastische S.:* Nicht deterministische S.-Vorgänge. Beispiele: Erdbeben, Geräusch, Fahrzeug auf Kopfsteinpflaster. Diese Zufalls-S. zeichnen sich dadurch aus, daß der S.-Vorgang nicht im einzelnen vorausgesagt, sondern nur durch statistische Größen beschrieben werden kann. Bei Wiederholung eines S.-Versuchs ist das Versuchsergebnis auch bei sonst gleichen Versuchsbedingungen im statistischen Sinne ungewiß.

Einteilung der S. nach dem Entstehungsmechanismus.

□ *Freie S.:* S.-Vorgänge ohne weitere Energiezufuhr, die i. a. durch Dämpfung allmählich wieder zur Ruhe kommen.

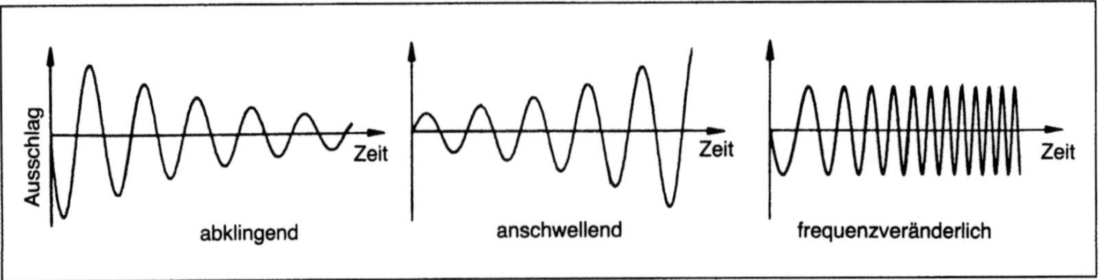

Schwingung 3: Monoton veränderliche Schwingungen.

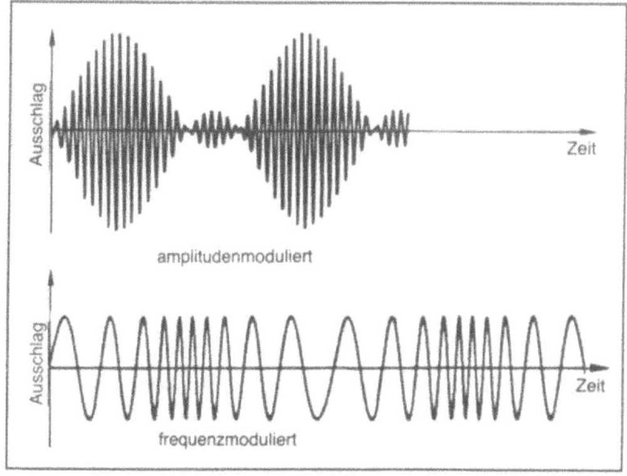

Schwingung 4: Modulierte Schwingungen.

☐ *Selbsterregte S.:* Vom System selbst gesteuerte S.-Vorgänge, bei denen der Schwinger seine unvermeidlichen Energieverluste aus einer nicht periodischen Energiequelle deckt. (→Selbsterregung).

Freie und selbsterregte S. bilden die Klasse der Eigenschwingungen.

☐ *Fremderregte S.:* Dem Schwinger durch äußere Einwirkungen aufgeprägte S.-Vorgänge. Je nach Art der Fremdeinwirkung unterscheidet man parametererregte und quellenerregte S. (→Fremderregung).

☐ *Parametererregte S.:* Fremderregte S., bei denen sich der Fremdeinfluß in meist periodischen Schwankungen der Systemparameter des Schwingers bemerkbar macht. (→Parametererregung).

☐ *Quellenerregte S.:* Fremderregte S., bei denen der Fremdeinfluß über zusätzliche, zeitveränderliche Störglieder auf den Schwinger einwirkt. (→Quellenerregung).

☐ *Erzwungene S.:* Im engeren Sinne die periodische Antwort eines Schwingers auf eine von außen einwirkende periodische Quellenerregung. *Witfeld*

Literatur: *Fabian, L.:* Zufallsschwingungen und ihre Behandlung. Berlin, Heidelberg, New York 1973. – *Pfeiffer, F.:* Einführung in die Dynamik. Stuttgart 1989. – DIN 1311: Schwingungslehre. Bl. 1: Kinematische Begriffe. Ausg. Feb. 1974. Bl. 2: Einfache Schwinger. Ausg. Dez. 1974. Bl. 3: Schwingungssysteme mit endlich vielen Freiheitsgraden. Ausg. Dez. 1974. Bl. 4: Schwingende Kontinua, Wellen. Ausg. Febr. 1974. – ISO 2041: Vibration and Shock – Vocabulary. 1. Aufl. 1975.

2. Kolbenmaschine. Wegen der diskontinuierlichen Arbeitsweise der Kolbenmaschinen treten bei ihnen eine Vielzahl unterschiedlicher S. auf. Am unangenehmsten sind die Dreh-S., die schon häufiger zu Maschinenschäden geführt haben. Bedeutsam sind auch die durch Massenkräfte hervorgerufenen S. der ganzen Maschine. Durch zyklisch schwankende Kräfte bzw. Momente können weiterhin die Gehäuse der →Kolbenmaschine in sich S. ausführen. Auch sind S. von Baugruppen oder Bauteilen zu nennen, z. B. S. im →Ventiltrieb.

Schließlich spielen die Gas-S. in Rohrleitungen von Kolbenmaschinen eine wichtige Rolle.

☐ *Dreh-S.:* Dreh-S. (auch: Kurbelwellen-Dreh-S., Torsions-S.) werden unter einem eigenen Stichwort behandelt. Sie sind gefürchtet, da sie zu Schäden an elastischen Kupplungen oder – im schlimmsten Fall – zu Kurbelwellenbrüchen führen können und weil sie durch Augenschein nicht erkennbar sind.

☐ *Massenkräfte:* Die oszillierende Bewegung der →Kolben führt zu Massenkräften, deren Größe dem Quadrat der Maschinendrehzahl proportional ist. Im oberen Totpunkt reißt die träge Masse des Kolbens die Maschine nach oben, im unteren Totpunkt nach unten. Eine harmonische Analyse des Massenkraftverlaufs zeigt als Grundfrequenz die Maschinendrehzahl und als weitere Frequenz die doppelte Maschinendrehzahl (Massenkraft I. Ordnung und II. Ordnung). Bei Mehrzylindermaschinen können sich die gleichzeitig an allen Kurbelkröpfungen wirkenden Massenkräfte teilweise oder ganz aufheben. Je nach Anordnung der Kurbelkröpfungen bleiben aber, besonders bei kleiner →Zylinderzahl, Wechselkräfte (Massenkräfte I. oder II. Ordnung) oder Wechselmomente (Massenmomente I. und II. Ordnung) wirksam. Bei einer elastisch aufgehängten Kolbenmaschine mit senkrecht stehenden Zylindern in Reihenanordnung führen die Massenkräfte zu vertikalen S. der Maschine, während die Massenmomente zu Nick-S. der Maschine um ihre horizontale Querachse führen. Ist die Maschine fest mit einem Fundament verschraubt, können S. des Fundaments, des Gebäudes oder des Baugrunds auftreten.

☐ *Gehäuse-S.:* Das Gehäuse einer Kolbenmaschine wird durch beträchtliche Wechselkräfte beansprucht. Sie sind durch die Massenkräfte und durch die zyklisch schwankenden Zylinderdrücke bedingt. Die Wechselkräfte werden an den Grundlagern, an den Verschraubungen der Zylinderköpfe und an den Zylinderlaufflächen (Kolben-Normalkräfte) in das Gehäuse eingeleitet. Unter diesen Wechselkräften kann das Gehäuse in sich S. ausführen. Dabei verbiegt oder verwindet es sich. Um die Wirkung dieser S. zu vermindern, werden die Gehäuse möglichst biegesteif und verwindungssteif ausgeführt.

☐ *Bauteil-S.:* Im Grunde können alle Bauteile einer Kolbenmaschine S. ausführen. Bei Verbrennungsmotoren wird u. a. besonders auf die Ventil-S. geachtet. Wegen der Elastizität der Übertragungsteile zwischen →Nockenwelle und →Ventil (z. B. Stoßstange und Kipphebel) treten bei höheren Drehzahlen Ventil-S. auf. Die Ventilbewegung entspricht dann nicht mehr der durch die Nockenform vorgegebenen Ventilerhebungskurve. Das kann beim Schließen des Ventils zu einem heftigen Aufschlagen auf den Ventilsitz führen. Im schlimmsten Fall können sogar die Teile der Ventilbetätigung voneinander abheben, d. h. das Ventil führt eine unkontrollierte Bewegung aus. Bei obenliegender Nockenwelle ist die Gefahr von Ventil-S. wegen der kurzen und steifen Verbindung zwischen Nockenwelle und Ventil deutlich geringer.

□ *Gas-S.:* Bei Kolbenverdichtern führt das stoßweise Ansaugen und Ausschieben zu Gas-S. in den angeschlossenen Rohrleitungen. Diese Pulsationen sind wegen möglicher Schäden an der Anlage ziemlich gefürchtet.

Bei Verbrennungsmotoren spielen Gas-S. in der Ansaugleitung und in der Abgasleitung eine bedeutende Rolle. Bei Viertaktmotoren mit Ventilüberschneidung und bei Zweitaktmotoren beeinflussen sie die Spülung der Zylinder. Bei Motoren mit →Aufladung sind die Druckwellen in den Abgasleitungen von Bedeutung. Bei Stoßaufladung legen sie fest, welche Zylinder in einer Abgasleitung zusammengefaßt werden dürfen. Die Gas-S. im Saugleitungssystem eines Verbrennungsmotors haben Auswirkungen auf den →Liefergrad und damit auf die Leistung des Motors. Mit sog. Schwingrohren kann man daher die Motorleistung, zumindest in einem Drehzahlbereich, steigern. Die S. im Ansaugsystem beeinflussen aber auch die →Gemischbildung, besonders bei Motoren mit →Vergaser. *Kuhlmann*

Literatur: *Bensinger, W.-D.:* Die Steuerung des Gaswechsels in schnellaufenden Verbrennungsmotoren. Berlin, Heidelberg, New York 1968. – *Hafner, K. E.,* u. *H. Maass:* Theorie der Triebwerksschwingungen der Verbrennungskraftmaschine. R.: Die Verbrennungskraftmaschine. Neue Folge Bd. 3. Wien, New York 1984. – *Hafner, K. E.,* u. *H. Maass:* Torsionsschwingungen in der Verbrennungskraftmaschine. R.: Die Verbrennungskraftmaschine. Neue Folge Bd. 4. Wien, New York 1985.

3. erzwungene. Erzwungene S. treten auf, wenn lineare oder nichtlineare →Schwinger einer äußeren Einwirkung in Form einer →Quellenerregung ausgesetzt sind. Als Erregung kommen alle zeitlich veränderlichen Einwirkungen deterministischer oder stochastischer Natur in Betracht, die den Zustand des Systems, nicht aber dessen Eigenschaften ändern. Man spricht besonders dann von einer erzwungenen S., wenn die Erregung periodisch erfolgt und der Schwinger mit der gleichen Frequenz antwortet. Die Zusammenhänge sollen an dem einfachen linearen Ersatzmodell eines krafterregten mechanischen Schwingers dargestellt werden (Bild 1).

Die Bewegungsgleichung des Schwingers lautet:

$$m \ddot{q} + b \dot{q} + c q = F(t) \qquad (1).$$

Bei harmonischer Erregung $\underline{F}(t) = \hat{F}\, e^{i\Omega t}$ stellt sich als Dauer-S. die e. S. $\underline{q}(t) = \hat{\underline{q}}\, e^{i\Omega t}$ ein (der Querstrich kennzeichnet komplexe Größen, die zwecks einfacher mathematischer Behandlung eingeführt werden). Der komplexe Zeiger $\hat{\underline{q}}$ enthält die Amplituden- und Phaseninformation der S.-Antwort. Mit der Kennkreisfrequenz $\omega_0 = \sqrt{c/m}$, dem Dämpfungs-

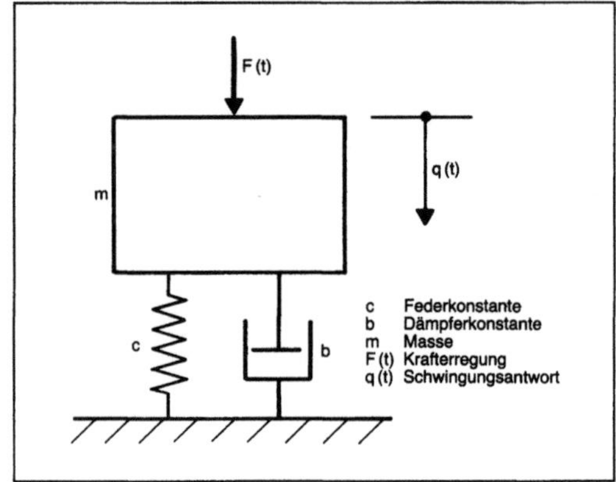

Schwingung, erzwungene 1: Ersatzmodell des einfachen Schwingers.

maß $D = b/(2\sqrt{cm})$ und dem Frequenzverhältnis $\eta = \Omega/\omega_0$ ergibt sich der komplexe Frequenzgang

$$\underline{H}(\eta,D) = \frac{\hat{\underline{q}}}{\hat{F}/c} = \frac{1}{(1 - \eta^2) + i(2D\eta)} \qquad (2),$$

der das Verhältnis von Ausgangs- zu Eingangsgröße in Abhängigkeit von η und D kennzeichnet. Gebräuchlich sind folgende Darstellungen des Frequenzgangs:

□ Betrag und Phase: Mit $\underline{H}(\eta,D) = V(\eta,D)\, e^{-i\psi(\eta,D)}$ erhält man den reellen Amplituden-Frequenzgang $V(\eta,D)$, die →Vergrößerungsfunktion und den Phasen-Frequenzgang $\psi(\eta,D)$ (Bild 2).

Die S.-Amplituden sind ganz wesentlich vom Frequenzverhältnis abhängig. Bei $\Omega \approx \omega_0$ stellt sich →Resonanz ein. Die Dämpfung ist nur im Resonanzbereich bedeutsam. Sie begrenzt die Amplituden auf einen Wert $V_{max} \approx V(\eta{=}1) = 1/2D$. Aus der Halbwertsbreite läßt sich D ermitteln.

□ Real- und Imaginärteil: Mit $\underline{H}(\eta,D) = \mathrm{Re}[\underline{H}(\eta,D)] + i\, \mathrm{Im}[\underline{H}(\eta,D)]$ ergeben sich Real- und Imaginärteil des Frequenzgangs. Bild 3 zeigt auch, wie die Dämpfung aus dem Kurvenverlauf bestimmt werden kann.

□ Ortskurve: In der Gauß-Zahlenebene erhält man die Ortskurve des Frequenzgangs. Es ist üblich, die Ortskurve für festes D mit η als Kurvenparameter zu zeichnen (Bild 4). Eingezeichnet ist der komplexe Zeiger $\underline{H} = V\, e^{-i\psi}$.

Alle gezeigten Kurven stellen den Frequenzgang des Schwingwegs bei Krafterregung dar. Für andere Zustandsgrößen, z. B. die Geschwindigkeit oder die Fundamentkraft, ergeben sich andere Frequenzgänge; ebenso für andere Erregerarten oder Erregerkonfigurationen (Unwuchterregung, Dämpferkrafterregung).

Zwischen dem Systemverhalten bei harmonischer Erregung und dem bei Einwirkungen kurzer Dauer bestehen enge Zusammenhänge. Für einen Dirac-

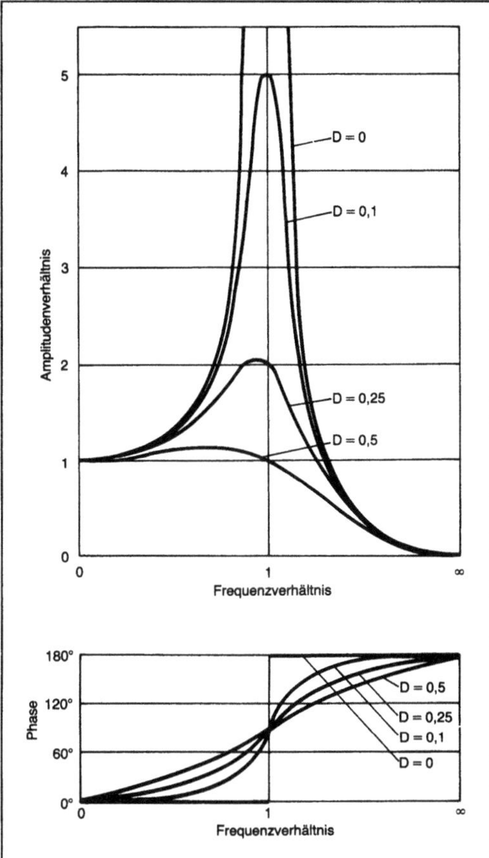

Schwingung, erzwungene 2: Amplituden- und Phasen-Frequenzgang.

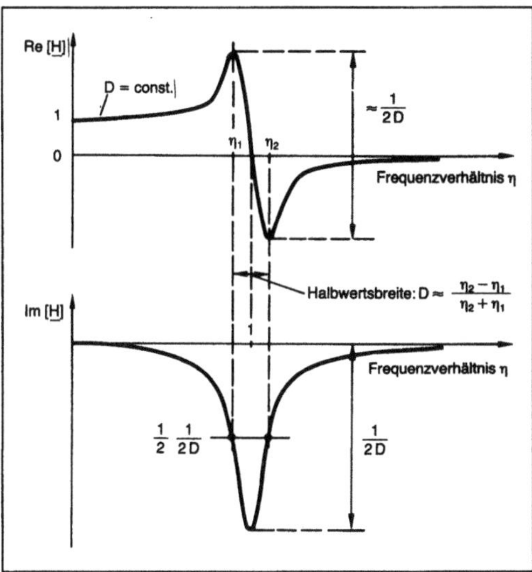

Schwingung, erzwungene 3: Realteil und Imaginärteil des Frequenzgangs.

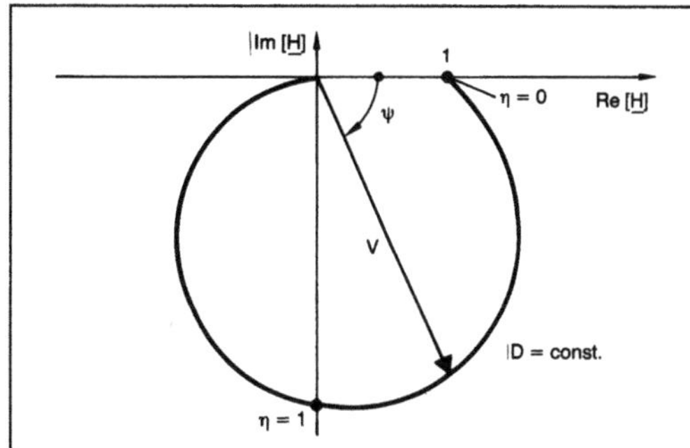

Schwingung, erzwungene 4: Ortskurve des Frequenzgangs.

Impuls $F(t) = F_o\,\delta(t)$ erhält man mittels der Fourier-Transformation $F[q(t)] = Q(i\Omega)$, $F[\delta(t)] = 1$ die Impulsantwort des einfachen Schwingers im Frequenzbereich

$$[(i\Omega)^2\,m + (i\Omega)\,b + c]\,Q(i\Omega) = F_o \qquad (3).$$

Führt man wieder bezogene Größen ein, so ergibt sich der komplexe Frequenzgang

$$H(i\Omega) = \frac{Q(i\Omega)}{F_o/c} = \frac{1}{(1-\eta^2) + i(2D\eta)} \qquad (4)$$

wie in Gl. (2). Dieser Frequenzgang gibt unabhängig vom zeitlichen Verlauf des Eingangssignals das Übertragungsverhalten des Schwingers im Frequenzbereich an. Er wird deshalb in der Schwingungstechnik oft als Übertragungsfunktion selbst bezeichnet (DIN 1311).

Bei mehrfachen und kontinuierlichen linearen Schwingern weist die Übertragungsfunktion mehrere Resonanzstellen entsprechend der Anzahl der Freiheitsgrade auf. An neuartigen Phänomenen gegenüber dem einfachen Schwinger treten →Scheinresonanz und Tilgung auf. Die Übertragungsfunktion wird bei der →Modalanalyse aus gemessenen S.-Antworten experimentell ermittelt.

Auch bei nichtlinearen Schwingern werden erzwungene S. beobachtet. Die Übertragungsfunk-

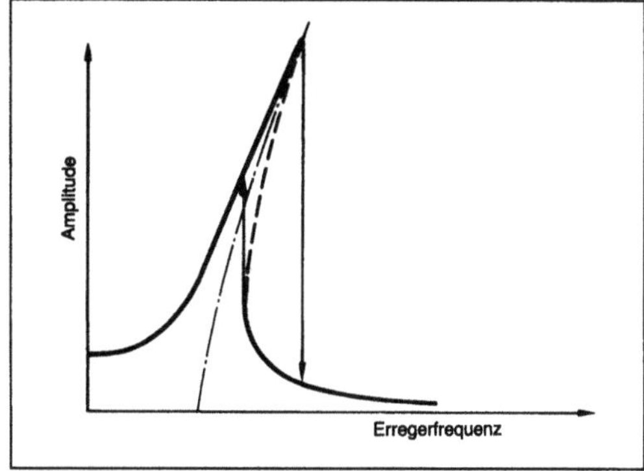

Schwingung, erzwungene 5: Resonanzkurve und Sprungeffekte bei progressiver Kennlinie.

tionen verlieren jedoch ihre Bedeutung, weil Schwingungsantwort und Einwirkung nicht länger proportional zueinander sind. Bei den Resonanzkurven macht sich die Nichtlinearität in amplitudenabhängigen Verschiebungen der Resonanzstelle bemerkbar (Bild 5). Auch können bei stetiger Änderung der Erregerfrequenz Sprungeffekte, d. h. plötzliche Amplitudenänderungen, auftreten. Die vielfältigen Strukturen nichtlinearer Schwinger führen dazu, daß eine Vielzahl weiterer nichtlinearer Phänomene auftreten kann. *Witfeld*

Literatur: *Hagedorn, P.:* Nichtlineare Schwingungen. Wiesbaden 1978.– *Klotter, K.:* Technische Schwingungslehre. Bd. 1: Einfache Schwinger. Tl. A: Lineare Schwingungen. 3. Aufl. 1978. Tl. B: Nichtlineare Schwingungen. 3. Aufl. 1980. Bd. 2: Schwinger von mehreren Freiheitsgraden. 2. Aufl. 1981. Berlin, Heidelberg, New York.

Schwingungsabwehr. Sammelbegriff für Maßnahmen, die unerwünschte, zeitlich veränderliche Kräfte oder Bewegungen vermindern oder vermeiden helfen (→Schwingungsminderung). *Witfeld*

Schwingungsdämpfer.
1. Maschinendynamik. Bauelemente, die an ein schwingungsfähiges System angekoppelt, durch Umwandlung von mechanischer Energie der Schwingung in Wärmeenergie eine Reduktion der Schwingungsamplituden des Ausgangssystems erreichen sollen. Sie werden eingesetzt, wenn die Eigendämpfung der Systemlagerung nicht ausreicht,

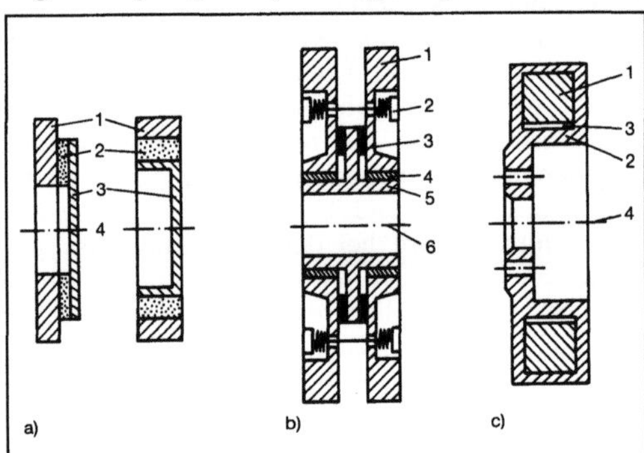

Schwingungsdämpfer (Maschinendynamik). (Quelle: Holzweißig *a. a. O.)*
a) Ausführungsformen federgefesselter Dämpfer.

1 Dämpfermasse, 2 Gummifeder, 3 Mitnehmerscheibe, 4 Drehachse

b) Reibungsdämpfer.

1 Dämpfermasse, 2 Anpreßfelder, 3 Bremsbelag, 4 Laufbuchse, 5 Mitnehmerscheibe, 6 Drehachse

c) Flüssigkeitsdämpfer (Viskositätsdrehschwingungsdämpfer).

1 Dämpfermasse, 2 Gehäuse, 3 Dämpferflüssigkeit, 4 Drehachse

um Resonanzschwingungen auf ein zuverlässiges Maß zu begrenzen. Bei erzwungenen Schwingungen außerhalb der Resonanz ist die Dämpfung wenig wirksam und in bezug auf die →Schwingungsisolierung oft sogar nachteilig.

Man unterscheidet Dämpfer mit Energieumwandlung in flüssigen (Flüssigkeitsdämpfer) oder gasförmigen (Dämpfungskammern) Medien und Dämpfer mit Reibung zwischen festen Körpern (kurz Reibdämpfer genannt).

Ausführungsformen federgefesselter und federlos angekoppelter Dreh-S. zeigt das Bild.

Federlos angekoppelte Dämpfer vermeiden hohe Beanspruchungen der Koppelfelder und finden als Viskositätsdrehschwingungsdämpfer hauptsächlich bei großen Dieselmotoren Anwendung. *Gaul*

Literatur: *Holzweißig, F.,* u. *H. Dresig:* Lehrb. Maschinendynamik. Berlin, Heidelberg, New York 1979. – VDI 2062. Bl. 2: Schwingungsisolierung, Isolierelemente. Hrsg. Verein Dt. Ingenieure. Ausg. Jan. 1976.

2. Rohrleitungen. S. sind Rohrhalterungen, deren mechanische oder hydraulische Elemente ein langsames Verschieben der →Rohrleitung (z. B. durch Wärmedehnung) in der Wirkungsrichtung des S. gestatten. Bei Überschreiten einer zu definierenden Geschwindigkeit der beweglichen Teile des S. blockieren seine mechanischen oder hydraulischen Elemente diese Bewegung und wandeln somit die bewegliche →Rohrhalterung in eine starre um.

S. werden verwendet, um plötzlich (z. B. durch Schnellschluß einer Absperrvorrichtung) auftretende oder durch Schwingungen hervorgerufene Bewegungen der Rohrleitung einzuengen, ohne dabei ihre Verschiebung durch Wärmedehnung zu behindern. *Diegelmann*

Literatur: *Burducea, G.,* u. *G. Habedank:* Ausschlagsicherungen für Rohrleitungen in Kernkraftwerken. 3R international (1978) N. 12. – *Kluge, M.:* Mechanische und hydraulische Stoßbremsen. VBG Kraftwerkstechnik 60 (1980) Nr. 8.

Schwingungseinwirkung. Die Beurteilungsmaßstäbe sind insbes. vom Verein Deutscher Ingenieure (VDI) für drei wichtige Gebiete aufgestellt worden:

□ Einwirkung mechanischer Schwingungen auf den Menschen (VDI 2057, ISO 2631),

□ Erschütterungen im Bauwesen (DIN 4150, VDI 2057),

□ Beurteilungsmaßstäbe für mechanische Schwingungen von Maschinen (VDI 2056), die nach Maschinengruppen klassiert sind.

Die Beurteilung ist für periodische, stochastische und stoßhaltige Schwingungen möglich. *Gaul*

Literatur: DIN 4150. Tl. 1–3: Erschütterungen im Bauwesen. Hrsg. Dt. Inst. f. Normung. Ausg. Sept. 1975. – ISO 2631: Guide for the Evaluation of Human Exposure to Whole-Body

Vibrations. Hrsg. Int. Org. Standardization. Ausg. 1974. – VDI 2056: Beurteilungsmaßstäbe für mechanische Schwingungen von Maschinen. Hrsg. Verein Dt. Ingenieure. Ausg. 1964. – VDI 2057. Bl. 1–3 (Entw.): Einwirkung mechanischer Schwingungen auf den Menschen. Hrsg. Verein Dt. Ingenieure. Ausg. 1986.

Schwingungsisolierfeder. Zur Schwingungsisolierung wird eine Masse m über eine S., charakterisiert durch ihre →Federsteifigkeit c und ihren parallel wirkenden Dämpfungswiderstand b, gegen ein Fundament abgestützt (Bild 1). Es gilt dann für das Verhältnis einer auf die Masse sinusförmig wirkenden Erregerkraftamplitude $\hat{F}_E$ zu der auf das Fundament übertragenen Kraftamplitude $\hat{F}_A$ die Übertragungsfunktion (Bild 1).

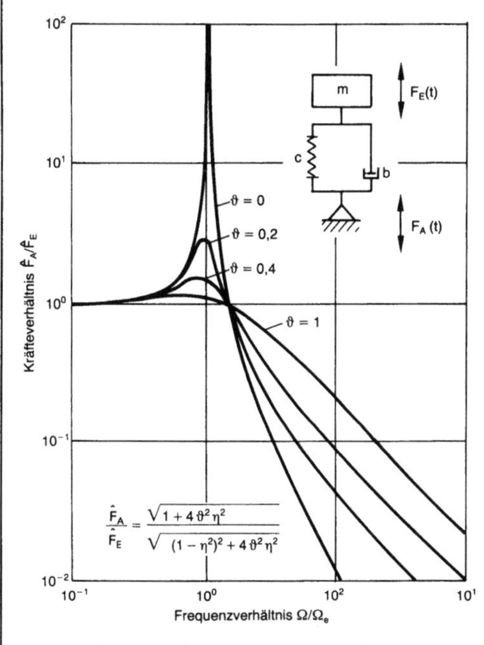

Schwingungsisolierfeder 1: Übertragungsverhältnis in Abhängigkeit von Frequenzverhältnis $\eta = \Omega/\Omega_e$ und Dämpfungsgrad ϑ.

Von Schwingungsisolierung kann man nur sprechen, wenn das Frequenzverhältnis $\eta = \Omega/\Omega_e$ (mit Ω als Frequenz der sinusförmigen Erregerkraft $F_E(t)$ und Ω_e als Eigenschwingungs-Kreisfrequenz der Masse m in der angedeuteten Kraftwirkungsrichtung) über dem Wert $\sqrt{2}$ liegt, weil nur über diesem Frequenzverhältnis das Kraftübertragungsverhältnis $\hat{F}_A/\hat{F}_E$ Werte unter 1 annimmt.

Das Kraftübertragungsverhältnis hängt in diesem einfachsten Fall einer gerichteten Schwingung eines Einmassenschwingers mit frequenzunabhängigen Federparametern c und b nicht nur vom Frequenz-

verhältnis η ab, sondern auch vom Dämpfungsgrad, dem Lehrschen Dämpfungsmaß ϑ, mit $\vartheta = \dfrac{b}{2\sqrt{cm}}$.

Die auf das Fundament übertragene Kraftamplitude $\hat{F}_A$ ist im Fall der Resonanz bei etwa $\eta = 1$ um so kleiner im Verhältnis der Kraftamplitude $\hat{F}_E$, je größer der Dämpfungsgrad ϑ ist. Aber die Schwingungsisolierung für Frequenzverhältnisse $\eta > \sqrt{2}$ ist um so wirkungsvoller, je kleiner ϑ ist.

Zur Berechnung von S., die eine Masse m in der Vertikalen abstützen (Bild 1), wird der Anschaulichkeit halber die statische Zusammendrückung der Federn f_{stat} unter der Gewichtskraft $m \cdot g$ herangezogen:

$$f_{stat} = m \cdot g/c \qquad (1).$$

Andererseits gilt als Beziehung für die Berechnung der →Eigenkreisfrequenz Ω_e:

$$\Omega_e = \sqrt{c/m} \qquad (2).$$

Aus beiden Beziehungen erhält man die Beziehung

$$\Omega_e = \sqrt{g/f_{stat}} \qquad (3)$$

und die Zahlenwertgleichung für n_e in Schwingung/min und f in mm

$$n_e = 950 \cdot \sqrt{\dfrac{1}{f_{stat}}} \qquad (4).$$

Beispiel: Für $f_{stat} = 1$ mm ist die Eigenschwingungszahl n_e gleich 950/min, und die statische Zusammendrückung einer Schwingungsisolierung unter $n_e = 300$/min beträgt $f_{stat} > 10$ mm.

Wird eine S. unter der Gewichtskraft $m \cdot g$ um das Maß f_{stat} zusammengedrückt, um eine bestimmte niedrige Eigenschwingungszahl n_e zu gewährleisten, dann muß sie die Energie

$$W = \frac{1}{2} m \cdot g \cdot f_{stat} = \frac{1}{2} m \cdot \frac{g^2}{\Omega_e^2}$$

aufnehmen.

Letzten Endes ist also nicht nur die Steifigkeit c, sondern auch die →Arbeitsaufnahmefähigkeit einer S. für ihre Bemessung maßgebend.

Massen sind oft auch in horizontaler Richtung gegen die Übertragung störender horizontaler Schwingungen abzustützen, die von außen in ein Fundament immitiert werden. Dazu dient z. B. die Abstützung durch senkrecht stehende Blattfedern (Bild 2). Für das Übertragungsverhältnis der in der Masse m ankommenden horizontalen Schwingungsamplitude $\hat{S}$ zu der im Fundament störend wirkenden Schwingwegamplitude $\hat{S}F$ gilt dann ebenfalls das in Bild 1 wiedergegebene Übertragungsverhältnis

$$\hat{S}/\hat{S}F = \frac{\sqrt{1 + 4\vartheta^2\,\eta^2}}{\sqrt{(1-\eta^2)^2 + 4\vartheta^2\,\eta^2}} \qquad (5).$$

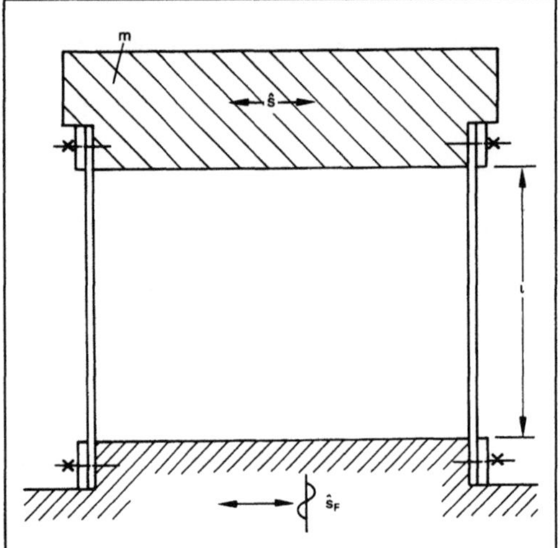

Schwingungsisolierfeder 2: Eine in horizontaler Richtung durch Blattfedern schwingungsisoliert gegenüber einem störschwingenden Fundament abgestützte Masse.

Die Eigenschwingungszahl Ω_e muß allerdings für die Horizontalschwingungen auf senkrechten, druckbelasteten Federstützen unter Berücksichtigung der astatischen Pendelwirkung berechnet werden:

$$\Omega_e = \sqrt{\frac{c}{m} - \frac{g}{l_{eff}}};$$

l_{eff} ist dabei die wirksame Pendellänge, d. h. der Radius des Kreisbogens, auf dem sich der Schwerpunkt der parallel geführten Masse m bewegt. Mit Hilfe der Euler-Knickformeln läßt sich die Beziehung $l_{eff} \approx \frac{5}{6} l$ berechnen, wenn die stützenden Blattfedern über ihre Länge gleichbleibenden Querschnitt aufweisen. Für $c/m = g/l_{eff}$ wird $\Omega_e = 0$: indifferenter Grenzfall der Abstützung mit $\Omega_e = 0$.

Bei elastischen Dieselmotoren-Lagerungen muß beachtet werden, daß ein federnd abgestützter starrer Körper im Raum 6 Freiheitsgrade und damit 6 Eigenschwingungszahlen aufweist (Bild 3). Die Schwingungsbewegungen in den unterschiedlichen Richtungen können miteinander gekoppelt sein. Die Berechnung der Eigenschwingungszahlen und die darauf beruhende Bemessung der Gummifederelemente kann recht aufwendig werden.

Werden Gummielemente zur Schwingungsisolierung herangezogen, so muß ferner berücksichtigt werden, daß ihr Dämpfungswiderstand b nicht unabhängig von der Schwingfrequenz Ω ist. Eher gilt dies für ihren Verlustwinkel δ. Deshalb wird die Übertragungsfunktion im Resonanzbereich auch als

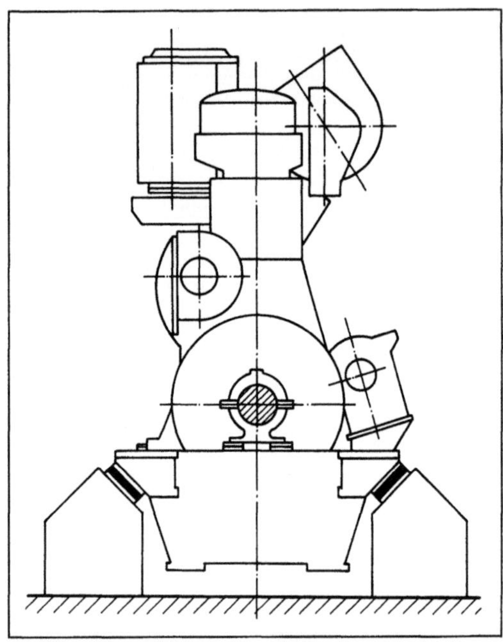

Schwingungsisolierfeder 3: Schwingungsisolierende elastische Lagerung eines Dieselmotors mittels Gummi-Metall-Federn. (Quelle: Conti-Technik a. a. O.)

„Aufschaukelung" bezeichnet, für Gummielemente besser durch die Formel

$$\hat{F}_A/\hat{F}_E = \hat{S}/\hat{S}_F = \frac{\sqrt{1 + \tan^2 \delta}}{\sqrt{(1 - \eta^2)^2 + \tan^2 \delta}}$$

wiedergegeben. *Federn*

Literatur: Firmenschrift: Handbuch Schwingmetall. Conti-Technik (1987). – VDI 2060: Schwingungsisolierung. Hrsg. Verein Dt. Ing. Aug. Jan. 1976.

Schwingungsisolierung. Abschirmen des zu schützenden Objekts mittels nachgiebiger Isolierelemente gegen eine Schwingungseinwirkung. Passivisolierung: Abschirmen einer Struktur gegen die Schwingungseinwirkung aus der Umgebung (Bild 1). Aktivisolierung: Isolierung des Erregers, um die Schwingungsübertragung in die Umgebung zu vermindern (Bild 2).

Bei bekannten erregenden Schwingungen oder Kräften und bekannten Eigenschaften der zu isolierenden Objekte und ihrer Umgebung ist das dynamische Verhalten an Ersatzsystemen zu untersuchen. Einläufige Schwinger als Ersatzsystem für Vertikalschwingung von Anlagen bei Passiv- und Aktivisolierung sind in Bild 3 und Bild 4 dargestellt. Durch den Einbau federnder und dämpfender Isolierelemente wird die Übertragung schwingender Kräfte oder Schwingungsenergie vermindert ($\rightarrow$ Dämmung).

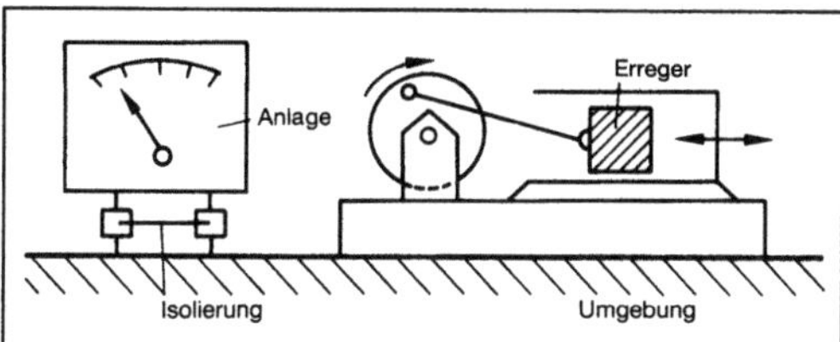

Schwingungsisolierung 1: Passiv-Isolierung einer Anlage durch Abschirmen gegen Umgebung und Erreger. (Quelle: VDI 2062 a. a. O.)

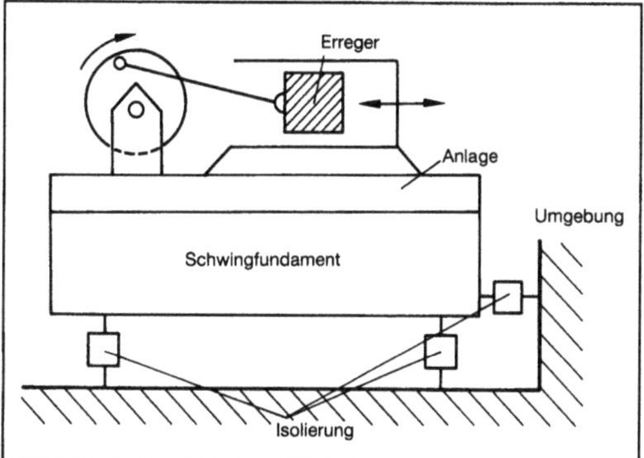

Schwingungsisolierung 2: Aktiv-Isolierung einer Anlage durch Abschirmen gegen die Umgebung; Erhöhung der Standsicherheit durch zusätzliches (Schwing-)Fundament. (Quelle: VDI 2062 a. a. O.)

Lineare Isolierelemente sind lineare Federn und linear-viskose Dämpfer. Nichtlineare Isolierelemente sind z. B. Anschlagpuffer, Fahrzeugstoßdämpfer, Reibungsdämpfer, progressive oder degressive Federn. Die Isolierwirkung wird bei linearen Systemen durch die Übertragungsfunktion des gewählten Ersatzsystems beschrieben. Nach der Linearisierung nichtlinearer Systeme hängt die Übertragungsfunktion auch von der Größe der Einwirkung ab.

Die Amplitudengänge der Übertragungsfunktionen kennzeichnen die Durchlässigkeit V_D als geeignetes Maß der Isolierung; in der Akustik vorzugsweise auch Dämmung genannt. Der Anteil $(1-V_D)$, der durch die Isolierung abgeschirmt wird, heißt Isolierfaktor.

Die Durchlässigkeit bei aktiver Isolierung (Bild 3) $V_D = \hat{F}/\hat{P}$ bezieht die Amplitude $\hat{F}$ der in die Umgebung eingeleiteten Feder- und Dämpferkraft $F = cx + b\dot{x}$ auf die Amplitude $\hat{P} = m_u\omega^2 e$ der harmonischen Erregerkraft infolge einer mit der Kreisfrequenz ω rotierenden Unwuchtmasse m_u an der →Exzentrizität e.

Die Durchlässigkeit bei passiver Isolierung (Bild 4) $V_D = \hat{x}/\hat{u}$ bezieht die Amplitude der Anlage $\hat{x}$ auf die Amplitude $\hat{u}$ der harmonischen Fußpunkterregung der Umgebung.

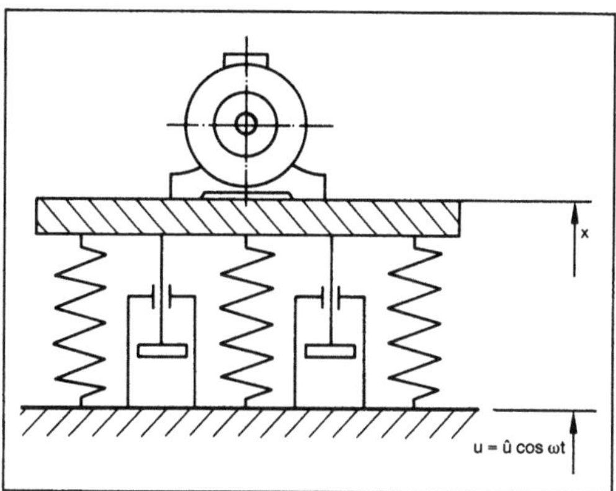

Schwingungsisolierung 3: Einläufiges Ersatzsystem zur Aktiv-Isolierung; unwuchtige Maschine auf viskoelastischer Lagerung.

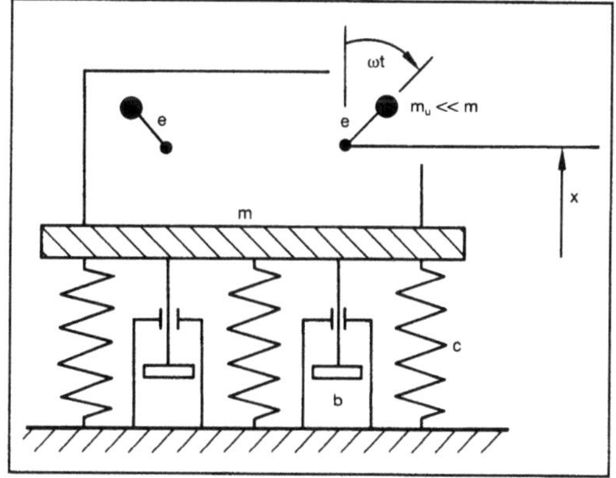

Schwingungsisolierung 4: Einläufiges Ersatzsystem zur Passiv-Isolierung; Maschine auf viskoelastischer fußpunkterregter Lagerung.

Die Isolierung ist wirksam im Bereich tiefer, weicher Abstimmung $\zeta < 0{,}7$ ($\zeta = \omega_0/\omega$ Verhältnis der →Kennkreisfrequenz ω_0 zur Erregerkreisfrequenz ω), denn hier ist die Durchlässigkeit $V_D < 1$. Hohe, steife Abstimmung $\zeta > 1{,}4$ ist nur dann sinnvoll, wenn infolge geringer Standsicherheit eine tiefe Abstimmung nicht realisierbar ist, z. B. bei langsam laufenden Maschinen mit Erregerfrequenzen unter 4–6 Hz. Bei hoher Abstimmung werden die Erregerkräfte ungeschwächt an die Umgebung weitergeleitet. Bei mehreren Erregerfrequenzen kann die Isolierung gegenüber den tiefen Frequenzanteilen eine hohe, gegenüber den hohen Frequenzanteilen eine tiefe Abstimmung sein. Resonanznähe ist zu vermeiden. Notfalls lassen sich Resonanzamplituden durch ausreichende Dämpfung herabsetzen. *Gaul*

Literatur: *Holzweißig, F.,* u. *H. Dresig:* Lehrb. Maschinendynamik. Berlin, Heidelberg, New York 1979. – VDI 2062. Bl. 2: Schwingungsisolierung, Isolierelemente. Hrsg. Verein Dt. Ingenieure. Ausg. Jan. 1976.

Schwingungsminderung. Eine wichtige Aufgabe der →Maschinendynamik besteht darin, unerwünschte Schwingungen zu vermeiden oder zu mindern. Derartige Schwingungen sind selbsterregt oder fremderregt; auch Stoßeinwirkungen sind hier einzubeziehen. Wirksame Abhilfe setzt die Kenntnis der Erregerquelle und des Erregermechanismus voraus.

Zur S. bieten sich grundsätzlich folgende Möglichkeiten an:
- □ Schwingungsursache beseitigen,
- □ Ursache und Wirkung trennen,
- □ Eigenschwingungsverhalten ändern,
- □ Resonanzverhalten ändern.

Am wirksamsten ist das Beseitigen oder Vermindern der Schwingungsursache selbst. Ist eine bestimmte Maschine die Erregerquelle, kann ein günstigerer Maschinentyp verwendet werden (6-Zylinder- statt 4-Zylinder-Motor im Kfz, Kreisel- statt Kolbenpumpe). Bei →Unwuchterregung durch Trägheitskräfte schafft ein besserer →Massenausgleich Abhilfe. Auch fertigungstechnische Maßnahmen (Vermeiden unnötiger Spiele, Bau glatterer Fahrbahnen) sind wirksam. In manchen Fällen gelingt es, den Erregermechanismus zu durchbrechen (Verwendung von Mehrgleitflächenlagern statt zylindrischen Gleitlagern bei selbsterregten Wellenschwingungen, geeignete Profilierung von fluidumströmten Schwingern wie Masten oder Brücken, um periodische Wirbelablösung oder selbsterregte Koppelschwingungen zu vermeiden).

In den zweiten Bereich fallen Maßnahmen zum Dämmen oder Isolieren von Schwingungen. Dämmung geschieht durch Zwischenfügen von Sperrschichten, die Energie dissipieren oder reflektieren. Häufig werden als Dämmstoffe Kork, Fasermatten oder Gummi-Gewebeplatten verwendet, die eine Abschirmung gegen hohe Frequenzen bewirken (→Dämmung von Körperschall). Bei der →Schwingungsisolierung wird angestrebt, die von der Erregerquelle auf den Schwinger übertragenen Erregerkräfte durch Zwischenschalten elastischer Bauelemente zu vermindern. Beispiele sind die weiche Bettung für ein empfindliches Gerät (Isolierung eines Plattenspielers gegen Trittschall), die elastische Lagerung einer unruhig laufenden Maschine (Kolbenmotor im Kraftfahrzeug) oder die Drehmomentübertragung durch elastische Kupplungen oder Keilriemen (Isolierung gegen Drehschwingungen).

Das Eigenschwingungsverhalten kann durch Verschieben der Eigenfrequenzen oder durch zusätzliche Dämpfung verändert werden. Eine erhöhte Dämpfung bewirkt ein rascheres Abklingen der Eigenschwingungen, die durch kurzzeitige Einwirkungen angestoßen werden (der Stoßdämpfer im Kfz dämpft nicht die Stöße, sondern die anschließenden freien Schwingungen). Eine Änderung der Eigenfrequenzen ist angezeigt, wenn durch diese →Verstimmung →Resonanz vermieden wird. Besonders wirksam ist diese Maßnahme, wenn die Erregung mit fester Frequenz in Resonanznähe erfolgt. Änderungen der Steifigkeit oder der Massenverteilung sollen die Eigenfrequenz so verringern oder erhöhen, daß keine Resonanzgefahr besteht. Allerdings erfordert eine Frequenzverlagerung um den Faktor α bereits eine Änderung der modalen Masse oder Steifigkeit um den Faktor α^2. Oft kann auch das Herbeiführen nichtlinearen Systemverhaltens, z. B. durch Verwenden progressiver Federn, das Eigenschwingungsverhalten günstig beeinflussen.

Um schließlich die Resonanzamplituden selbst zu verringern, müssen Zusatzeinrichtungen wie Dämpfer oder Tilger verwendet werden. →Schwingungsdämpfer entziehen dem System Energie. Die von ihnen ausgeübten Kräfte wirken stets der Relativgeschwindigkeit entgegen und mindern so die Bewegung. Ihre Wirkungsweise beruht auf der Reibung in Flüssigkeiten (Strömungsverluste), der Reibung zwischen Festkörpern (trockene Reibung), den Wirbelstromverlusten im Magnetfeld (Wirbelstromdämpfer) oder der Energiedissipation in Werkstoffen. Sie werden zweckmäßig am Ort der größten Relativgeschwindigkeit in das System eingefügt. Zur Dämpfung von Torsionsschwingungen wird häufig auch eine reibungsgekoppelte Zusatzmasse verwendet, die außerhalb der Resonanz gleichzeitig als Schwungrad wirkt. Nachteilig an der Verwendung von Dämpfern ist ihre Erwärmung, die einen Dauerbetrieb in der Resonanz prinzipiell verbietet.

→Schwingungstilger sind Zusatzmassen, die elastisch mit dem schwingenden System verbunden werden und auf Resonanz abgestimmt sind. Ihre Wirkungsweise beruht darauf, daß die elastischen Rückstellkräfte den Erregerkräften entgegenwirken und somit die Resonanzamplituden ohne Energiedissipation mindern. Nachteilig ist, daß sie nur bei einer festen Erregerfrequenz wirksam sind. Eine Ausnahme bildet das →Fliehkraftpendel, das zur Tilgung von Drehschwingungen in Kolbenmaschinen dienen kann. *Witfeld*

Literatur: VDI-Handb. Schwingungstechnik. Enthält die Richtlinien VDI 1000, VDI 2056, VDI 2057, VDI 2059, VDI 2060, VDI 2062, VDI 2063, VDI 3871. Hrsg. Verein Dt. Ing. (Stand Febr. 1986). – VDI 2062: Schwingungsisolierung. Bl. 1: Begriffe und Methoden. Bl. 2: Isolierelemente. Hrsg. Verein Dt. Ing. Ausg. Jan. 1976. – ISO 2017: Vibration and Shock Isolators – Specifying Characteristics for Mechanical Isolation.

Schwingungstilger. Ein mechanischer →Schwinger, der an einem schwingenden Grundsystem mit dem Ziel der →Schwingungsminderung montiert wird. Er besteht im einfachsten Fall aus einer Zusatzmasse, die über eine elastische Feder am Ort der unerwünschten Schwingung angekoppelt wird:

Bei Abstimmung der Kennfrequenz des Tilgers auf die Erregerfrequenz wird der Schwingungsausschlag an der Koppelstelle minimiert.

Die Maßnahme ist besonders wirksam, wenn das Grundsystem ursprünglich in →Resonanz erregt war. Der Tilgereffekt beruht nämlich darauf, daß das Grundsystem mit dem Tilger einen zusätzlichen Freiheitsgrad erhält und sich dadurch die Resonanzfrequenzen verschieben. Der Erfolgsbereich ist vom Massenverhältnis abhängig. Bei zu geringer Tilgermasse schrumpft er zu einem schmalen Frequenzband zusammen, so daß eine geringe Änderung der Erregerfrequenz erneut Resonanz hervorruft (Bild). Will man Schwingungen in einem breiten Erregerfrequenzbereich mindern, setzt man einen gedämpften Tilger ein. *Witfeld*

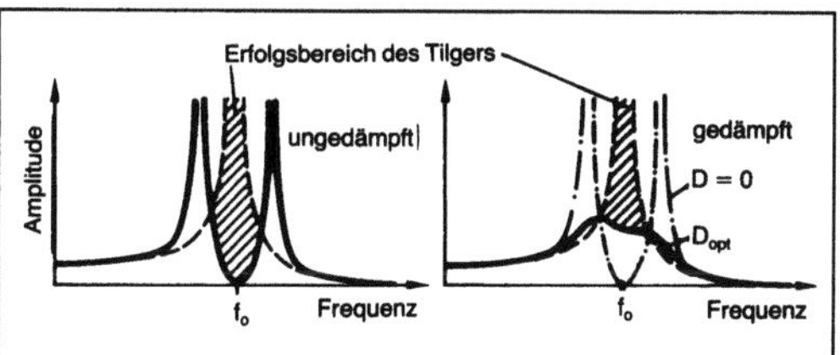

Schwingungstilger: Resonanzkurven zum Erklären des Tilgereffekts.

Schwingwalzanlage. Eine S. ist ein technisches System für das Hochumformen metallischer Werkstoffe nach dem →Schwingwalzverfahren. Dabei arbeiten 2 Schwingsysteme synchron in einer Ebene (Bild 1). Der S. ist 1 Walzenpaar, das einerseits das Walzgut in die Anlage einbringt und andererseits die aus dem Umformvorgang herrührenden Kräfte aufnimmt, vorgeordnet. Die beiden Schwingsysteme können stufenweise angestellt werden. So ist

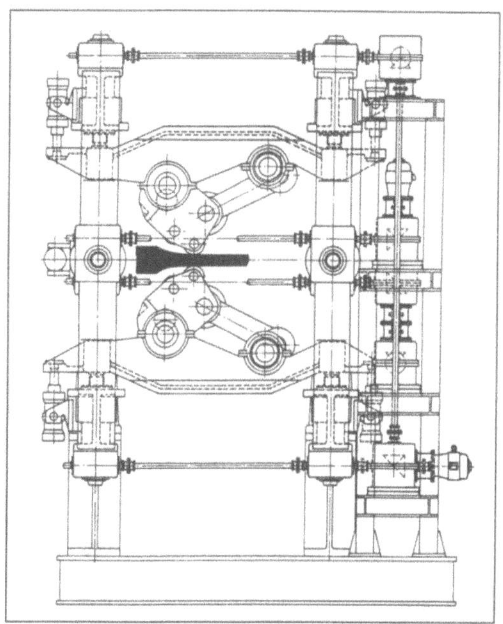

Schwingwalzanlage 1: Zur zweiseitigen Umformung des Walzguts (Seitenansicht).

es möglich, ohne Unterbrechung der Werkstoffzuführung das Walzgut wahlweise auf unterschiedliche Endquerschnitte zu bringen. Ein Wechsel der Umformwerkzeuge ist dabei nicht notwendig.

Zur allseitigen Umformung des Walzguts sind 4 Schwingsysteme in 2 zueinander senkrechten Ebenen angeordnet. Beim Umformen erfolgen die Eingriffe der Arbeitswalzen abwechselnd in beiden Ebenen (Bild 2). Bild 2 zeigt auch die Anordnung der →Getriebe. Ein Motor treibt die S. an.

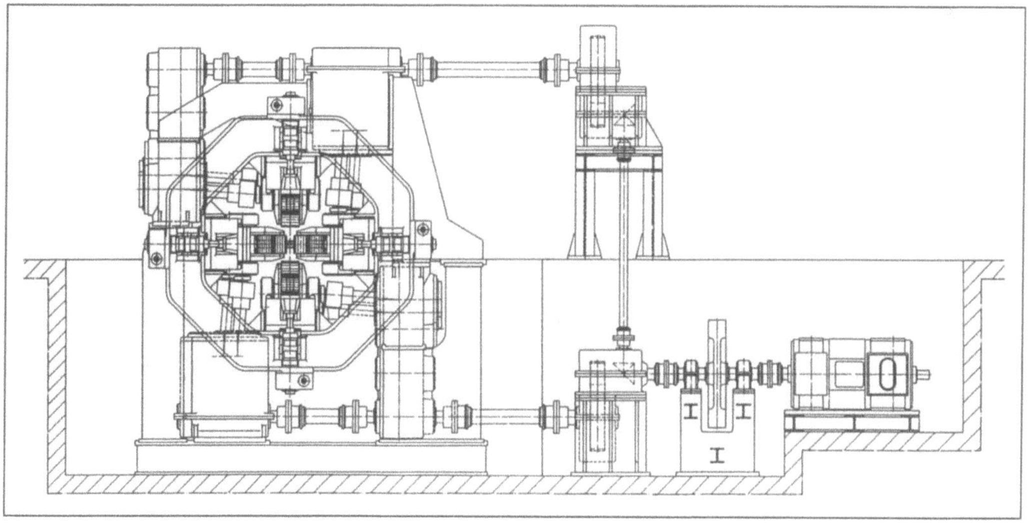

Schwingwalzanlage 2: Mit 4 Schwingsystemen zur allseitigen Umformung des Walzguts.

Die in der horizontalen Ebene liegenden Schwingsysteme und die in der vertikalen Ebene liegenden Systeme können unterschiedlich weit angestellt werden. So kann beispielsweise aus einem →Knüppel mit quadratischem Querschnitt ein solcher mit rechteckigem Querschnitt oder umgekehrt hergestellt werden. S. lassen sich beispielsweise in →Stahlstrang-Gießwalzanlagen, nach Stranggießanlagen oder vor →Stabstahl-Walzstraßen und →Drahtwalzstraßen einsetzen. *Baumann*

Literatur: *Baumann, H. G.:* Beitrag zur kontinuierlichen Verarbeitung gegossener Stahlstränge. Bänder Bleche Rohre 13 (1972) Nr. 8, S. 409/17.

Schwingwalzverfahren. Beim S. dienen schwingende Walzen als Umformwerkzeuge. Bei jedem Eingriff der schwingenden Walze in das Walzgut wird eine kleine Menge →Werkstoff in Form einer →Welle verdrängt (Bild). Dabei sind die →Arbeitswalze und ihre Stützwalzen in einer Schwinge gelagert, die einerseits mit einem Exzenter unmittelbar und andererseits über eine →Schubstange mit einem zweiten Exzenter mittelbar verbunden ist. Infolge des Umlaufs der beiden Exzenter beschreibt die Arbeitswalze dieses Schwingsystems eine Kurvenbahn. Diese Kurvenbahn ist im Bild (unten) dargestellt. Sie zeigt die Vor- und Rückbewegung der Arbeitswalze.

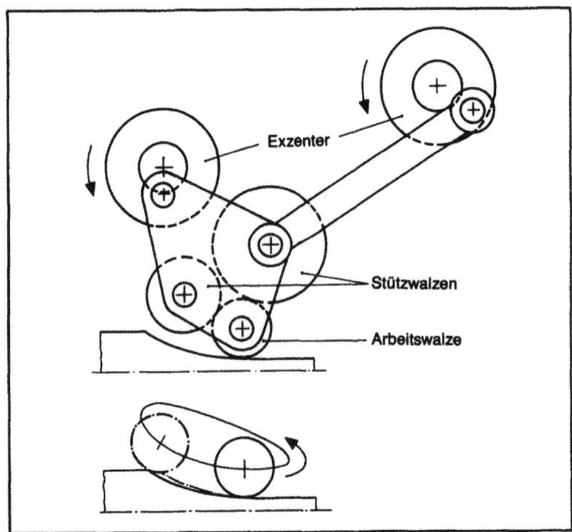

Schwingwalzverfahren: Arbeitsprinzip.

Während des Vorlaufs wird die Umformarbeit geleistet. Die Exzenter bewegen die Schwinge in der Weise, daß die Arbeitswalze am Ausgang des Walzspalts nahezu parallel zur Walzgutachse geführt wird. So kann die Oberfläche des Walzguts geglättet werden. Arbeitswalze und Stützwalzen sind nicht angetrieben. *Baumann*

Literatur: *Baumann, H. G.:* Beitrag zur kontinuierlichen Verarbeitung gegossener Stahlstränge. Bänder Bleche Rohre 13 (1972) Nr. 8, S. 409/17.

Schwungrad. Ein →Rotor zum Speichern und Abgeben von kinetischer Energie. S. werden häufig bei Maschinen mit periodisch veränderlichem Drehmoment verwendet, um einen →Leistungsausgleich herbeizuführen und damit den →Ungleichförmigkeitsgrad zu mindern. *Witfeld*

Schwungrad-Reibschweißmaschine. Bei Bohrgestängerohren und Ölfeldrohren sind zum Übertragen der Bohrkräfte je nach Anforderung sowie Beanspruchung unterschiedliche Verbindungen an den Rohrenden erforderlich, beispielsweise Rohr an Rohr, Rohr an Flansch, Rohr an Gewindestück, Rohr an Platte, Rohr an Stange und Stange an Stange. Für solche Verbindungen wird das Fügeverfahren S.-Reibschweißen eingesetzt. In einer R. zur Durchführung dieses Fügeverfahrens wird das eine Werkstück der beiden zu verbindenen Werkstücke in einem waagerecht bewegbaren Haltesystem festgeklemmt und das andere Werkstück im Zentrum eines S. angeordnet und damit fest verbunden (Bild A). Wenn das durch einen Motor angetriebene S. die voreingestellte Drehzahl erreicht hat, werden die Querschnittsflächen der zu verbindenden Werkstücke axial gegeneinander gepreßt (Bild B). Schwungmasse, Drehzahl und Anpreßdruck der Werkstücke sind bei dieser Verfahrensweise so bemessen, daß die entstehende Reibungswärme zum Verschweißen der Kontaktflächenwerkstoffe ausreicht und daß mit dem S.-Stillstand der Reibschweißvorgang beendet ist (Bild C). *Baumann*

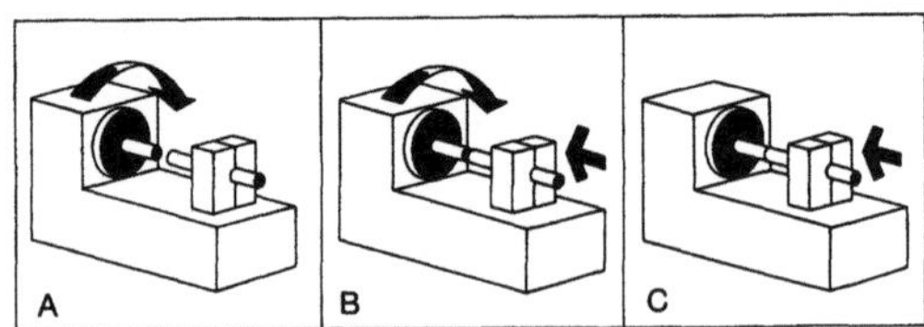

Schwungrad-Reibschweißmaschine: Arbeitsprinzip.

Sechskantschraube →Schraubenform

Sechswalzen-Walzgerüst. Ein S.-W. ist ein W., dessen 2 waagerecht angeordnete Arbeitswalzen durch je 2 Stützwalzen mit größeren Walzendurchmessern, um ein Arbeitswalzen-Durchbiegen zu vermeiden, gestützt werden (Bild). Solche W. werden beispielsweise zum Herstellen von Kaltband eingesetzt. Die Zwischenwalzen eines S.-W. sind axial verschiebbar und mit hydraulisch arbeitenden Walzenbiegesystemen ausgerüstet. Darüber hinaus sind die Arbeitswalzen mit Walzenbiegesystemen ausgerüstet. Die Kombination der Zwischenwalzenverschiebung mit der Zwischenwalzenbiegung erhöht die Wirksamkeit der Arbeitswalzenbiegung und somit der Bandprofilbeeinflussung erheblich. Mit solchen Systemen wird die Walzkraftvertei-

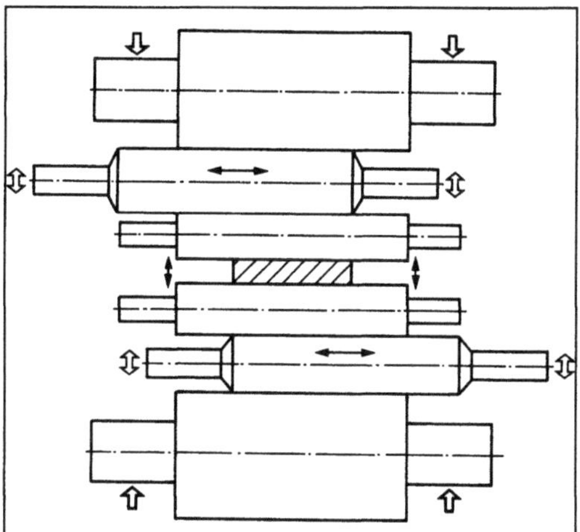

Sechswalzen-Walzgerüst: Walzenanordnung mit axial verschiebbaren Zwischenwalzen.

lung über die Bandbreite verbessert und eine gezielte Einstellung der Bandquerschnittsform ermöglicht. *Baumann*

Segelflug. Flug mit Flugzeugen ohne eigenen Antrieb, die dank günstiger aerodynamischer Gestaltung die Ausnützung auch schwächerer Aufwinde und damit den Flug ohne Motor über beträchtliche Strecken und Dauer ermöglichen. Der S. wurde 1919/1920 in Deutschland ins Leben gerufen in dem Bestreben, fliegen zu können trotz des Verbots von Motorflugzeugen durch den interalliierten Kontrollrat.

Segelfliegen ist heute ein in der Welt weitverbreiteter Sport. An die Stelle des anfänglichen Katapultierens von Berghängen mit Hilfe eines von 10 Mann und mehr gezogenen Gummiseils ist der Abflug vom ebenen Gelände mit der Seilwinde oder im Flugzeugschlepp getreten. Beim Windenstart wird das Segelflugzeug wie ein Drachen mit einem langen Stahlseil hochgezogen, wobei das Seil auf eine meist auf der Hinterachse eines aufgebockten Kraftwagens befestigte Seiltrommel aufgewickelt wird. Je nach Länge des Seils werden beträchtliche Höhen (300 m und mehr) erreicht. Beim Schleppstart wird das Segelflugzeug von einem vorausfliegenden Motorflugzeug an einem 30–50 m langen Seil geschleppt, das am Heck des Schleppflugzeugs und am Bug des Segelflugzeugs in je einer von den Flugzeugführern auslösbaren Kupplung befestigt ist. Nachdem das Segelflugzeug sich vom Schleppseil gelöst hat, wirft das Motorflugzeug dieses am Startplatz aus geringer Höhe ab.

Das Segelflugzeug ist ein Gleitflugzeug von hohem Wirkungsgrad, bei dem Widerstand erzeugende Teile so weit nur irgend möglich vermieden sind.

Durch Anwendung von Laminarprofilen (→Flügelprofil, →Aerodynamik), hohe Flügelstreckung (Flugzeug) und äußerst glatte, wellenfreie Oberfläche werden heute bei Leistungssegelflugzeugen Gleitzahlen von 1:40–1:50 und minimale Sinkgeschwindigkeiten von 0,6 m/s erzielt.

Grundlage für die hohe aerodynamische Güte ist die heute weitverbreitete Sandwichbauweise aus Glasfaserlaminat mit Schaumstoffstützung und hochfesten Fasern für tragende Teile.

Die von den Anfängen der Segelfliegerei bis in die 60er Jahre allgemein angewandte Holz-Stoff-Bauweise ist völlig verlassen. Im Ausland werden mit Rücksicht auf Robustheit und Wetterbeständigkeit Segelflugzeuge auch in Leichtmetall ausgeführt. Jedoch ist bei diesen die notwendige Wellenfreiheit der Oberflächen schwer zu erzielen. Eine besondere Klasse unter den Segelflugzeugen sind die Motorsegler, die mit stillsetzbaren, fest eingebauten oder ein- und ausschwenkbaren Kolbenmotoren und Propellern ausgestattet sind. Damit wird die Gefahr einer Außenlandung vermieden und bei genügend starkem Triebwerk auch der Selbststart ermöglicht (Bild).

Segelflug: Motorsegler.

Die offiziellen Weltrekorde im S. sind Entfernung in gerader Linie: 1 460,80 km und Höhe: 14 102 m. *Kosin*

Seilbagger. S. sind →Bagger, die fast alle Bewegungen ihrer Baggerwerkzeuge mit Hilfe von Windwerken und Drahtseilen ausführen. Im Erdbau werden S. meist mit Raupenfahrwerk verwendet, das zur Verbesserung der Standfestigkeit bei einigen Konstruktionen ausgefahren werden kann (Spurverbreiterung). Aus konventionell mechanisch angetriebenen S. haben sich z. T. vollhydraulische Seilmaschinen entwickelt, die von Dieselmotoren mit gekoppelter Hydraulikpumpe angetrieben werden. Die Arbeitsbewegungen werden ganz oder teilweise durch hydrostatische Antriebe ausgeführt. Der S. zeichnet sich durch eine robuste und damit betriebssichere Bauweise aus. Die Größenordnung von handelsüblichen S. liegt zwischen 12 und 74 t Betriebsgewicht. Bei Motorleistungen von 51,5–226 kW verfügen sie über eine maximale Tragfähigkeit von 10–70 t. Reine Schürfkübelbagger, die auch mit einem Schreitwerk ausgerüstet sein können, übersteigen diese Werte. Der Ausleger ist ein Gitterwerkträger, mit dem Auslegerlängen in Normalausführung bis 30 m erreicht werden können. Außer Hoch- und Tieflöffel, die sichelförmig graben, sind →Greifer und Eimerseileinrichtungen die wichtigsten Arbeitswerkzeuge. Daneben sind S. als Trägergeräte für Ramm- und Bohreinrichtungen geeignet und können für Kranarbeiten eingesetzt werden (kraftschlüssiges Senken). Die Winden haben eine Freifalleinrichtung, die den Einsatz von Stampfplatten zur Zertrümmerung oder Verdichtung von grobstückigem, sperrigem Felsmaterial ermöglicht. *Kühn*

Seilbahn. S. ist eine Bahn, deren Wagen oder Gehänge an einem Seil fortbewegt werden; ausgeführt als Stand- oder Seilschwebebahn (Bergbahnen). Während S. zur Personenbeförderung fast ausschließlich zum Überwinden größerer Steigungen gebaut werden, kommen S. als →Fördermittel für Güter auch bei geringen Steigungen oder in der Ebene vor. So sind Gütertransporte über Förderstrecken bis zu 50 km und Förderleistungen bis 500 t/h möglich. *Jünemann*

Seilförderung. Die S. ist das einzige Transportsystem, das sich den jeweiligen Geländeverhältnissen, auch den schwierigsten, gut anpassen läßt. Es überspannt Täler und Flüsse und kann Steigungen bis zu 45° überwinden. Es kommen zwei Systeme zum Einsatz:
□ die Einseilbahn, deren Förderseil gleichzeitig Trag- und Zugfunktion hat,
□ die Zweiseilbahn (Bild), bei der die Trag- und Zugfunktion auf jeweils ein Drahtseil verteilt ist. Beide Systeme können sowohl im Umlauf als auch

als Pendelbahn (→Kabelkrane) ausgeführt sein, wobei die Pendelbahn nur bei außergewöhnlichen Verhältnissen Verwendung findet und die Förderleistung je nach Förderweite beträchtlich geringer sein kann. Für den Betrieb sind normalerweise eine Be- und Entladestation erforderlich, die gleichzeitig Antriebs- bzw. Seilspannstation sein kann. Zu den einfachsten und bekanntesten Streckenbauwerken zählen die Stützen (Pylone), dazu die Doppelstützen und die Kuppengerüste, die der seilschonenden und für die Wagen sanften Überfahrt großer Seilablenkungen dienen, sowie die Schutznetz- und Schutzbrückenkonstruktionen als Sicherungseinrichtungen gegen herabfallende Stücke. Ein weiteres Betriebselement ist das Drahtseil, das je nach Funktion und Belastung als Spiralseil (Tragseil bei geringerer Belastung), Litzenseil (Zugseil) oder verschlossenes Seil (Tragseil für schwere Beanspruchung) ausgeführt ist. Zum →Materialtransport werden Gondeln oder Transportgefäße der verschiedensten Formen (Wannen, Betonkübel usw.) eingesetzt, die entweder fest oder über eine mitgeführte →Winde mit dem Tragseil verbunden sind. Die maximalen Einzellasten betragen 30 t. *Kühn*

Seiligerprozeß →Vergleichsprozeß

Seilschlagbohrmaschine. Eine im Steinbruchbetrieb für die Herstellung von Großbohrlöchern verwandte Variante der Schlagbohrmaschinen ist die S., die nach dem Prinzip des freien Falls arbeitet. Einen bis zu mehrere Tonnen schweren Schlagmeißel läßt man aus bestimmter Höhe fallen, so daß das Gestein durch die Auftreffwucht der Bohrerspitze zertrümmert wird. S. eignen sich für die Herstellung von Sprenglöchern mit großen Durchmessern und großen Tiefen und lassen sich in praktisch jedem Gestein einsetzen. Nachteilig ist, daß nur lotrecht gebohrt werden kann und daß man von Zeit zu Zeit den Bohrfortschritt unterbrechen muß, um das Bohrklein aus dem Loch zu entfernen. Hierzu muß man den Meißel ganz aus dem Bohrloch herauszie-

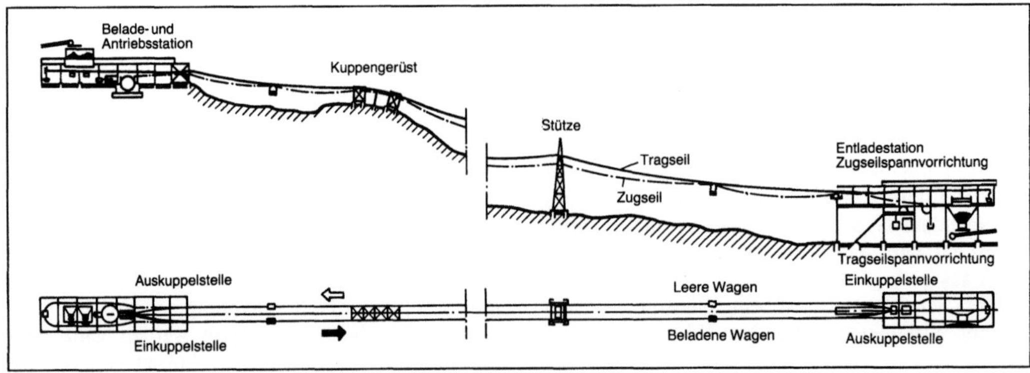

Seilförderung: Zweiseilumlaufbahn.

hen. Wegen dieser zeitraubenden Nebenarbeiten wird mit diesem Verfahren nur dann gearbeitet, wenn wirtschaftlichere Methoden versagen (Großbohrlochmaschinen). Da leistungsstarke hydraulisch und pneumatisch angetriebene Bohrmaschinen zur Verfügung stehen, kann man auf die Anwendung des Seilschlagbohrverfahrens weitgehend verzichten. *Kühn*

Seiltrommel →Laufkatze

Seitengabelstapler →Gabelstapler

Seitenkipplader. Seitenkipplader sind zumeist auf Raupen fahrende Lademaschinen mit entsprechend großer Beweglichkeit. Kennzeichnendes Hauptmerkmal ist der teleskopierbare Schaufelauslegerarm, der nach jeder Seite geschwenkt werden kann. Die bis zu 2 m³ große Ladeschaufel ist einseitig geöffnet. Sie gibt das gelöste Gestein seitlich auf ein Fördermittel (→Förderband oder -wagen) auf. Die S. werden in druckluft- und elektrohydraulischer Ausführung gebaut. Die Raupenfahrwerke können einzeln angetrieben werden. Bei installierten Antriebsleistungen bis zu 75 kW werden Fahrgeschwindigkeiten bis zu 1,4 m/s erreicht. Durch die große Steigfähigkeit der →Lader ist das Laden im Ansteigen und Einfallen bis 25 gon möglich. Die Abmessungen der S. sind auf den untertägigen Einsatz zugeschnitten (Höhe bei ausgefahrenem Auslegerarm 4 m, Breite 2 m). Der S. wird auch als Hochkipplader gebaut. Diese Version ermöglicht die Aufgabe von gelöstem Gestein in →Förderwagen. Sie ist auch als Hilfsgerät für die Ausbauarbeit besonders geeignet. *Seeliger*

Sekundärströmung. So nennt man üblicherweise alle Nebenbewegungen des Fluids, die der Hauptströmung überlagert sind. Sie können zu beachtlichen Geschwindigkeitskomponenten senkrecht zur Hauptströmungsrichtung und zu einer meistens unerwünschten Ungleichmäßigkeit in der →Geschwindigkeitsverteilung führen. Sie werden prinzipiell durch Druckunterschiede hervorgerufen. Beispielsweise herrscht bei einer Umlenkung in axialen Schaufelgittern außen ein höherer Druck als innen, so daß eine Verlagerung zu dieser Seite mit kleinerem Druck und größerer Geschwindigkeit auftreten muß. Die vorher gleiche Axialgeschwindigkeitsverteilung geht über in eine ungleiche. Dies gilt auch für eine als reibungsfrei gedachte inkompressible Flüssigkeit. Die in Wirklichkeit immer auftretende →Reibung hat einen zusätzlichen Einfluß. Wegen der in der Nähe der Seitenwände durch Reibung reduzierten Geschwindigkeiten ist auf der Druckseite der Schaufeln der Druckanstieg geringer als in der Mitte. Es kommt eine Strömung aus der Mitte zu den Seiten hin in Gang und dann entlang der

Seitenwand zur Saugseite der nächsten Schaufel (Bild). Dort ist der Druck an der Seitenwand höher als in der Mitte, so daß sich die Wirbelströmung zur Mitte hin und dann im Zentrum wieder zurück zur Druckseite der erstgenannten Schaufel schließt: Kanalwirbel (KW).

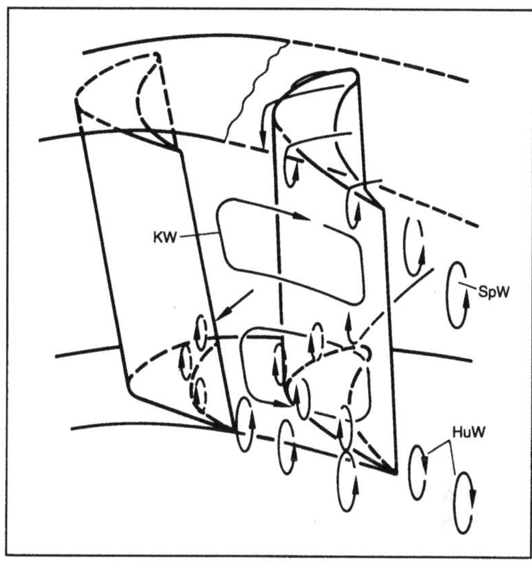

Sekundärströmung: Sekundärströmungen im Gitter mit Hufeisenwirbel (HuW), Kanalwirbel (KW) und Spaltwirbel (SpW).

Durch die Kompressibilität von Gasen wird i. a. die S. noch verstärkt, weil in Gebieten größeren Drucks und kleinerer Geschwindigkeit durch die Abnahme des spezifischen Volumens die Geschwindigkeit noch kleiner wird. Das Umgekehrte gilt für Gebiete kleineren Drucks. In Laufgittern kommt gegenüber Leitgittern noch der Einfluß der Coriolisbeschleunigung auf die Strömung hinzu. Durch die sich in den aufeinanderfolgenden Gittern in entgegengesetzter Richtung abwechselnden Umlenkungen kommt die sog. Schlängelbewegung (→Axialturbine) zustande.

Andere Sekundärbewegungen sind Hufeisenwirbel (HuW): In der Ecke zwischen Schaufel und Seitenwand ist der Staudruck außerhalb der Wandgrenzschicht höher als in der durch die Wandreibung beeinflußten →Grenzschicht. Entlang der Schaufelvorderkante entsteht eine Strömung zur Wand hin, die sich aufrollt und um die Schaufel legt.

An den freien Enden der Schaufeln entsteht eine Strömung durch den Spalt von der Druck- zur Saugseite (→Spaltströmung). Bei ihrem Austritt in die freie Strömung entsteht der Spaltwirbel, (SpW), den man ebenfalls zu den S. zählt.

Prinzipiell sind S. möglichst klein zu halten, denn sie haben eine höhere Gesamtgeschwindigkeit und damit höhere Verluste zur Folge. *Dibelius*

Selbsterregung. Das Phänomen der S. von Schwingungen tritt in vielen Bereichen von Natur und Technik auf. Ein selbsterregtes (selbststeuerndes) schwingungsfähiges System (→Schwinger) deckt seine unvermeidlichen Energieverluste, indem es einer an sich unperiodischen Energiequelle im Takt seiner Eigenschwingungen Energie entnimmt und so einen stationären Bewegungszustand erreicht und aufrechterhält.

Magnus unterscheidet selbsterregungsfähige Systeme vom Schwinger- und Speichertyp. Zu ersterem Typ gehören z. B. die Pendeluhr und die elektrische Klingel. Viele durch Reibung verursachte Schwingungen sind hier einzuordnen, z. B. Tonerzeugung bei Streichinstrumenten oder Kreischen von Bremsen. Wichtig ist auch das Gebiet der Aeroelastizität, bei dem der Schwinger durch das strömende Fluid zu Eigenschwingungen angeregt werden kann.

Schwingungen in Systemen vom Speichertyp werden oft als Relaxationsschwingungen oder Kippschwingungen bezeichnet: Der Speicher füllt sich stetig aus einer Energiequelle, bis er sich nach Erreichen eines Grenzzustands plötzlich wieder leert, so daß das System zwischen zwei extremen Zuständen hin und her kippt. Beispiele findet man in hydraulischen Systemen (Geysir), elektrischen Systemen (Glimmentladungslampe) oder Regelkreisen (Zweipunktregler). *Witfeld*

Selbsthemmung.

1. Schneckengetriebe. S. bedeutet, daß der →Wirkungsgrad η'_z bei Umkehr der Kraftflußrichtung < 0 wird (S. allgemein →Keil, Schraubenverbindung). Bei Schneckengetrieben bedeutet dies, daß die →Schnecke nicht vom Rad angetrieben werden kann. Das entspricht der Bedingung: Tangens des Steigungswinkels der Schnecke $\tan\gamma_m$ kleiner als Reibungszahl μ_z. Der Wirkungsgrad bei treibender Schnecke ist dann $< 50\,\%$ (→Schneckengetriebe).

Bei Rückwirkungen vom Abtrieb her (Schwingungen, Überholen) blockiert das →Getriebe. Bei drehender Schnecke, d. h. im normalen Betriebszustand, ist die Reibungszahl μ_z kleiner als in Ruhe. Dann ist das Getriebe selbst bei einem Steigungswinkel γ_m nicht mehr sicher selbsthemmend. Man bevorzugt daher i. a. Getriebe mit hohem Wirkungsgrad, d. h. ohne S. und Bremse (wenn nötig). *Winter*

2. Schraubentrieb. Um eine →Mutter auf einem →Gewinde gegen eine Axialkraft F_V relativ drehend zu bewegen, ist ein Drehmoment M_A nötig, das von der Gewindesteigung P_h, der Gewindereibungszahl μ_G und u. U. weiteren die Drehung behindernden Reibungen abhängt, wie z. B. beim Anziehen einer Schraubenverbindung von der Schraubenkopfreibungszahl μ_k. Ändert die Mutter auf dem Gewindebolzen oder der Gewindespindel bei bestehender Axialkraft F_V ihre Lage nicht, wenn das Drehmoment M_A auf null zurückfällt, spricht man von S. Diese ist dann vorhanden, wenn ein Drehmoment M_L zum Bewegen der Mutter in Richtung der auf sie wirkenden axialen Kraft F_V, also z. B. zum Lösen einer Schraubenverbindung notwendig ist. Bei der Schraubenverbindung ist M_L gegeben durch

$$M_L = F_V \left[\frac{d_2}{2} \tan\,(\rho' - \beta_m) + \frac{D_{Km}}{2}\cdot\mu_k \right],$$

mit d_2 als Gewindeflankendurchmesser, $\beta_m = P_h/(\pi\,d_2)$, D_{Km} als mittlerer Mutter- und Kopfauflagedurchmesser (bei einem Axialwälzlager zwischen der Mutter und ihrer Auflagefläche ist μ_k zu vernachlässigen.)

Die Grenze zur S. ist für $M_L = 0$ erreicht. Bei Befestigungsschrauben setzt man ein hohes Maß an S. voraus, d. h. $\rho' \gg \beta_m$: Das gesamte Drehmoment, M_L, zum Lösen, ist bei metrischen ISO-Spitzgewinden gleich dem 0,7- bis 0,9-fachen des gesamten Anziehdrehmoments M_A. Wälzschraubtriebe mit sehr geringen Werten $\mu_G = \tan\rho'$ sind nicht selbsthemmend. *Federn*

Selbstzentrierung. Die Erscheinung in der →Rotordynamik, bei der der Schwerpunkt einer →Lavalwelle sich bei überkritischem Lauf asymptotisch der Drehachse nähert und die Durchbiegungen der Welle mit wachsender Drehzahl wieder kleiner werden. *Witfeld*

Selbstzündung. Laut Definition ist ein →Dieselmotor ein →Verbrennungsmotor, der mit S. arbeitet. Das Kennzeichen für einen →Ottomotor ist dagegen die Fremdzündung (meist durch eine Zündkerze).

Historisch gesehen ist der Ottomotor (1876) älter als der Dieselmotor (1897). Das ursprüngliche Ziel von *Rudolf Diesel* war es, einen Verbrennungsmotor mit sehr hohem Wirkungsgrad zu bauen. Aus thermodynamischen Überlegungen heraus mußte er sehr hohe Zylinderdrücke verwenden. Dazu wählte er ein hohes →Verdichtungsverhältnis. Daraus ergab sich zwangsläufig die S. des Kraftstoffs, die heute das charakteristische Merkmal des Dieselmotors ist. *Kuhlmann*

Sendzimir-Bandverzinkungslinie. Die erste Produktionslinie zum Verzinken von Stahlband wurde 1931 von *Th. Sendzimir* in Polen erstellt. Auch in den 90er Jahren arbeiten etwa 5 % der bestehenden B. nach dem S.-Verzinkungsverfahren. Dieses Verfahren ist ein Schmelztauch-Beschichtungsverfahren mit vorheriger Reinigung des Stahlbands durch Oxidation und anschließendem reduzierendem Glühen. Deshalb wird die S.-B. heute meist Schmelztauch-B. genannt. *Baumann*

Sendzimir-Planetenwalzanlage. In einer S.-P. zum Herstellen von Band aus metallischen Werkstoffen wird das Walzgut innerhalb des Walzspalts von mehreren Arbeitswalzen gleichzeitig bearbeitet. Jede →Arbeitswalze formt das Walzgut nur einen verhältnismäßig kleinen Betrag um. Das Walzgut wird dem Planetenwalzgerüst mit Vorschubwalzen zugeführt. Die beiden waagerecht angeordneten Stützwalzen des Walzgerüsts sind angetrieben. Jede Stützwalze ist von einer Vielzahl Arbeitswalzen umgeben (Bild). Diese Arbeitswalzen sind in Käfigen gelagert und kreisförmig geführt. Infolge Reibungsschluß mit den angetriebenen Stützwalzen werden die Arbeitswalzen bewegt. Beim Anfahren der P. werden die Arbeitswalzen-Käfige zusätzlich angetrieben. Nach dem Planetenwalzvorgang wird die Oberfläche des Bands in einem nachgeordneten Walzgerüst geglättet. S.-P. können in Gießwalzanlagen, nach Stranggießanlagen oder in Walzwerken für das Hochumformen metallischer Werkstoffe zu Band eingesetzt werden. *Baumann*

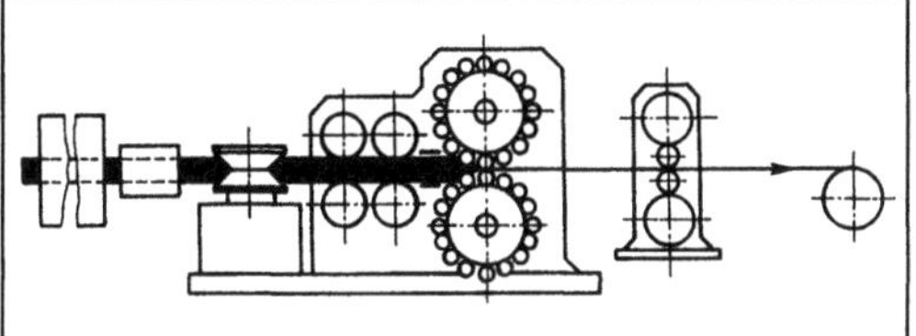

Sendzimir-Planetenwalzanlage: Arbeitsprinzip.

Literatur: *Baumann, H. G.:* Beitrag zur kontinuierlichen Verarbeitung gegossener Stahlstränge. Bänder Bleche Rohre 13 (1972) Nr. 8, S. 409/17. – *Müller, H. G.,* u. *W. Aggermann v. Bellenberg:* Berechnung der Kräfte und Momente im Walzspalt des Planetenwalzwerkes. Arch. Eisenhüttenw. 38 (1967) Nr. 4, S. 267/74. – *Müller, H. G.,* u. *W. Aggermann v. Bellenberg:* Beurteilung von Planetenwalzwerken. Stahl u. Eisen 86 (1966) Nr. 21, S. 1366/75. – *Müller, H. G.,* u. *W. Aggermann v. Bellenberg:* Die Dynamik des Planetenwalzwerkes. Arch. Eisenhüttenw. 38 (1967) Nr. 7, S. 519/25. – *Müller, H. G.,* u. *W. Aggermann v. Bellenberg:* Gegenüberstellung der Planeten-Walzverfahren nach Sendzimir und Platzer. Stahl u. Eisen 85 (1965) Nr. 22, S. 1423/31. – *Tovini, R.:* The Sendzimir Planetary Rolling Mill. Sheet Metal Ind. 37 (1960) Nr. 6, S. 488/511.

Senke. Die S. ist der Ort in einem Materialflußsystem, an dem Objekte ein logistisches Subsystem verlassen und in einen Fertigungsprozeß eingehen. *Jünemann*

Senklader. Unter S. werden mit Raupenfahrwerken ausgestattete Lademaschinen verstanden, die die aufgequollene Sohle einer Strecke zur Aufrechterhaltung der notwendigen Streckenhöhe aufnehmen, d. h. senken (→Grubenausbau, Konvergenz). Das gelöste Gestein wird einem Fördermittel (→Förderband oder -wagen) übergeben. Die S.

ermöglichen auch das Nachreißen von Firste und Stößen im Bereich des vorgeschriebenen Streckenprofils sowie das Erweitern von Strecken im Übergangsbereich Streb–Strecke. Durch die S. sind die Teilarbeitsgänge Lösen und Wegfüllen voll mechanisiert worden.

Das Gestein wird durch die mit Druckluft- bzw. Hydrohämmern oder Vibratoren versehene Schaufel gelöst. Sie ist drehbar an einem schwenkbaren, teleskopierbaren Auslegearm befestigt. Die bis zu 0,4 m³ große Schaufel kann um etwa 1 m hydraulisch vorgeschoben werden.

Die S. werden in pneumatischer oder elektrohydraulischer Ausführung gebaut. Die Fahrwerksketten können einzeln angetrieben werden. Bei installierten Antriebsleistungen bis zu 40 kW werden Fahrgeschwindigkeiten bis 0,3 m/s erzielt. Die Steigfähigkeit der S. beim Fahren und Senken erreicht nahezu 20 gon. Durch die gute Manövrierbarkeit der Maschinen läßt sich das gelöste Gestein auf das Fördermittel bis zu einer Entleerungshöhe von 2,50 m übergeben. Darüber hinaus sind Nachreißarbeiten in der Firste bis zu einer Höhe von 3 m möglich. *Seeliger*

Senkrecht-Stranggießanlage. Die ursprüngliche Bauform der Stahlstrang-Gießanlagen ist die S.-S. Wesentliche Teilsysteme solcher Anlagen sind
□ Verteilergefäße,
□ Kokillen,
□ Kokillenhubsysteme,
□ Stütz- und Führungsrollensysteme,
□ Transportrollensysteme,
□ Strangtrennsysteme,
□ Strangumlegesysteme und
□ Transportvorrichtungen.

Der Stahl wird aus einer →Pfanne dem Verteilergefäß zugeführt. Dieses Gefäß dient der Leitung des Stahls in die Kokille und bei mehradrigen Gießanlagen gleichzeitig der Verteilung des Stahls auf die einzelnen Kokillen. Das feuerfest ausgekleidete Verteilergefäß wird vor Gießbeginn beheizt. Die Kokillen sind vorzugsweise aus Kupfer oder einer Kupfer-Legierung gefertigt und werden gekühlt. Während des Gießvorgangs beschreiben sie eine oszillierende Bewegung. Zur Minderung der →Reibung zwischen Strang und Kokille, gegen Benetzen der Kokillenwände durch flüssigen Stahl und zum Aufbau einer reduzierenden Atmosphäre oberhalb des Gießspiegels wird den Innenflächen der Kokillen ein Schmiermittel zugeführt. Die oszillierende Bewegung der Kokille wird durch eine Hubvorrichtung bewirkt. →Hubhöhe und Hubfrequenz können den Erfordernissen der Stahlsorte, des Gießquerschnitts und der Gießgeschwindigkeit angepaßt werden.

Der Strang, in seinem Inneren noch flüssig, verläßt die Kokille mit einer Schale und wird dann weitergekühlt. Die Intensität der Kühlung kann den Erfordernissen der Stahlsorte, des Strangquerschnitts und der Gießgeschwindigkeit angepaßt werden. Der bei Kühlung des Strangs durch Besprühen mit Wasser entstehende Dampf wird von einem Exhaustor abgeführt. Die Rollensysteme dienen zur Stützung der Strangschale und führen den Strang nach Verlassen der Kokille dem Transportrollensystem zu. Die Transportgeschwindigkeit kann stufenlos geändert werden. Dem Transportrollensystem nachgeordnet ist das Strangtrennsystem. Das zerteilte Gießgut wird in die waagerechte Ebene umgelegt und dann über Transportvorrichtungen abgeführt. Die beschriebenen Teilsysteme der Gießanlage sind in einem Stahlträgergerüst eingebaut. Vor Gießbeginn wird die Kokille durch einen Boden, Anfahrbolzenkopf, der mit einem Anfahrbolzen verbunden ist, verschlossen. Der Anfahrbolzen wird nach Beendigung des Angießvorgangs mit vorgewählter Gießgeschwindigkeit abgefördert. Nachdem der Strangfuß das Transportrollensystem passiert hat, wird der Anfahrbolzen mit seinem Kopf vom Strang getrennt und aus dem Bereich des Strangwegs gebracht.

Die S.-S. ist besonders durch senkrecht nacheinander angeordnete Kokillen, Stütz- und Führungsrollensysteme, Transportrollensysteme und Strangtrennsysteme gekennzeichnet. Die Bauhöhe einer solchen Anlage ist in erster Linie von der Erstarrungsstrecke des gegossenen Strangs und den geforderten Längen der Strangteilstücke abhängig. Die Größe der Erstarrungsstrecke, d. h. der Wegstrecke zwischen dem Gießspiegel in der Kokille und dem Erstarrungspunkt des Strangs, wird im wesentlichen durch die

□ Geschwindigkeit des Transports der Wärme aus dem flüssigen Stahl in das Kühlmittel und
□ Gießgeschwindigkeit des Strangs
bestimmt. Im Erstarrungspunkt ist der Strang über seinen Querschnitt fest.

Bereits Anfang 1957 wurde nach einer Serie von wirtschaftlichen und qualitativen Betrachtungen bei der Società per l'Industria e L'Elettricità Sezione Siderurgica in Terni (Italien) beschlossen, die erste vieladrige Stahlstrang-Produktionsanlage der Welt zu bauen und Ende 1958 in Betrieb zu nehmen.

Im Hinblick auf die damals sehr großen Wagnisse der Entwicklung, Konstruktion und Fertigung dieser ersten Großproduktionsanlage mit 8 Gießadern, die aus einem Verteilergefäß gleichzeitig zu speisen waren, wurde diese Anlage im Werk Duisburg der Demag AG komplett vormontiert. Nach Prüfung aller Betriebsfunktionen der Anlage ohne flüssigen Stahl und Beseitigung aller Funktionsfehler wurde die Anlage demontiert und im Stahlwerk Terni aufgebaut sowie in Betrieb genommen.

Im Jahr 1960 wurde die erste Produktionsgießanlage der Welt für Automobilbaustähle bei der Société des Aciers Fins de l'Est (SAFE) Hagondange/Moselle (Frankreich), einem metallurgischen Zweigwerk der staatlichen Renault-Werke, in Betrieb genommen. Die auf dieser Produktionsanlage für Automobilbaustähle gegossenen Erzeugnisse entsprachen den höchsten Qualitätserfordernissen. Mit dieser Gießanlage konnte bereits damals der Nachweis erbracht werden, daß hinsichtlich Qualität und Homogenität des Werkstoffs durch das Stranggießen ein beträchtlicher Fortschritt zu erzielen ist.

Im Jahr 1962 wurde die größte achtadrige Vielzweck-Produktionsgießanlage der Welt bei der Mannesmann AG, Düsseldorf, Stahl- und Walzwerk Grillo Funke, Gelsenkirchen, in Betrieb genommen (Bild). Diese Anlage war als Zwillingsanlage gebaut und hatte 2 Gruppen mit jeweils 4 einzeln arbeitenden Gießadern.

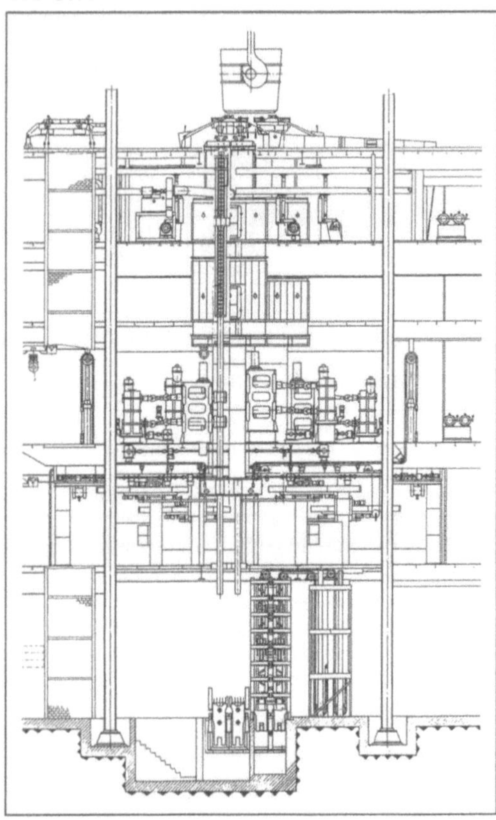

Senkrecht-Stranggießanlage.

Diese Anlage übernahm den Stahl von 4 Siemens-Martin-Öfen des Stahlwerks mit Abstichgewichten von 75 und 85 t. Die dort eingesetzten Brammenkokillen waren bereits mit Verstellvorrichtungen für die Strangbreite und Strangdicke ausgerüstet. Damit konnte die Anzahl der Wechsel- und Reserve-Kokillen minimiert werden. Alle Transportrollen waren fliegend angeordnet, so daß beim Gießen breiter Brammen je 2 Rollenpaare einen Brammenstrang transportieren konnten. Die Gießbühne lag 28 m über Hüttenflur, und die Gebäudehöhe war 47 m.

Die Siemens-Martin-Stahl-Erzeugung des Werks Grillo Funke der Mannesmann AG in Gelsenkirchen von durchschnittlich 30 000 t/Monat wurde nahezu vollständig von der S.-S. übernommen. Der Anteil breiter Brammen lag nach kurzer Zeit bereits bei mehr als 50 % der gesamten Erzeugung. Die Breitbrammen wurden im damals neuen Grobblechwalzwerk des Hüttenwerks Huckingen der Mannesmann AG weiter verarbeitet. Das Ausbringen von flüssigem Stahl bis zum ungeputzten Strang lag für Strangteillängen zwischen 4,5 und 7,0 m je nach Strangquerschnitt zwischen 96 und 98,5 %, gerechnet ohne Putzverluste. Besonders bedeutsam war die damalige Herstellung der nur mit Aluminium beruhigten Tiefziehstähle. Dabei ergab sich, auf den flüssigen →Rohstahl bezogen, ein Ausbringen von 86,8 % kalt gewalzter Feinbleche. Nachdem die Herstellung von Hohlsträngen der Abmessung 300/100 mm Dmr. auf der Huckinger Versuchs-Gießanlage 1959 nach einer ersten Versuchsreihe erfolgreich abgeschlossen werden konnte, wurde das Gießen von Hohlsträngen mit größeren Querschnittsabmessungen, 450 mm Außendmr. und 100 mm Innendmr., im Werk Grillo Funke, Gelsenkirchen, unter günstigeren Verhältnissen wieder aufgenommen. Das Hohlstranggießen hatte den Vorteil, daß Kernporositäten und Seigerungen infolge der von außen und innen fortschreitenden Erstarrung ringförmig im Inneren der Wand lagen. Das sollte bei der Rohrherstellung, besonders beim Streckreduzieren und bei der Kaltweiterverarbeitung vorteilhaft sein. Die ersten Verarbeitungsversuche mit Hohlsträngen haben das bestätigt. S.-S. für Nichteisenmetalle sind ähnlich aufgebaut wie diejenigen für Stahl. Jedoch sind ihre Bauhöhen und Produktionsmengen deutlich kleiner. *Baumann*

Literatur: *Baumann, H. G.:* Stahlstrang-Gießanlagen. Düsseldorf 1976.

Senkschraube →Schraubenform

Servicegrad →Lagerorganisation

Servoantriebssystem. Unter Servoantriebssystemen werden Antriebssysteme mit besonders guten dynamischen Eigenschaften verstanden. Dies sind Regelverhalten, Beschleunigungsvermögen und ggf. auch Gleichlaufverhalten.

Hochwertige dynamische Eigenschaften werden z. B. bei Vorschubantrieben numerisch gesteuerter Werkzeugmaschinen, bei Antrieben für Industrieroboter und Handhabungsmaschinen, bei Zustell-

antrieben für Walzwerke, Papierschneidmaschinen usw. gefordert.

Zu den besonderen Regeleigenschaften gehören:
□ extrem große Drehzahlbereiche (1:1 000 bis 1:10 000 und mehr);
□ Rundlauf bei sehr kleinen Drehzahlen (<1 min^{-1});
□ überschwingungsfreies und schnelles Einlaufen auf Drehzahlvorgaben auch bei Drehzahlnachführung, z. B. bei bahngesteuerten (→Lageregelung) Werkzeugmaschinen;
□ Drehmomentabgabe auch im Stillstand.

Das hohe Beschleunigungsvermögen setzt kleine Trägheitsmomente im gesamten System (Motor und angetriebene Maschinenteile) bei hohen Impulsdrehmomenten des Motors (kurzzeitig z. B. 5- bis 10faches Nennmoment) voraus. Die Hochlaufzeit von Servomotoren liegt unter 100 ms.

Ein Servosystem besteht aus Servomotor mit elektronischem Leistungsstellglied und Regelelektronik. Hierzu stehen schon seit Beginn der 60er Jahre Gleichstrom-Systeme und seit Mitte der 80er Jahre Drehstromsysteme zur Verfügung.

Gleichstrom-Servosysteme
□ Gleichstrom-Servomotoren: Um kleine Trägheitsmomente zu realisieren, werden zwei Konzepte angeboten:
– Scheibenläufermotoren mit sehr kurzem Läufer in Scheibenform, gedruckte Läuferschaltung, permanenterregt, 5- bis 8faches Impulsdrehmoment, thermisch wenig überlastbar;
– Langläufermotoren; langer Läufer mit kleinem Durchmesser, permanenterregt, z. B. mit Samarium-Cobaltmagnet, 10faches Impulsdrehmoment.

Die Motoren werden immer mit Tachodynamos zur →Drehzahlregelung, oft zusätzlich mit digital oder analog arbeitenden Winkelstellungsgebern zum Aufbau von Lageregelkreisen ausgestattet.
□ Drehzahlregelgeräte: Als Stellglieder werden im unteren Leistungsbereich bevorzugt Transistor-Stellglieder verwendet, die für Ein- oder Dreiphasenanschluß ausgelegt sind. Diese Stellglieder dringen mit der Leistungsfähigkeit der Leistungs-Transistoren (höhere Spannungen, höhere Ströme) weiter in höhere Leistungsbereiche vor. Zur Erzielung einer in großem Bereich schnell steuerbaren Gleichspannung wird der Leistungsstufe eine gut geglättete Gleichspannung zugeführt. Die Leistungstransistoren werden mit Pulsbreitenmodulation (Gleichstromsteller) oder Frequenzmodulation bei Taktfrequenzen bis 20 kHz gesteuert. Sie müssen für hohe Stoßströme entsprechend den hohen Impulsdrehmomenten der Motoren ausgelegt werden.

Die Stellglieder sind meist für Vierquadrantenbetrieb (→Betriebsdiagramm) ausgelegt.

Im oberen Leistungsbereich (ab ca. 5 kW) werden gegenparallele Stromrichterschaltungen mit Thyristoren eingesetzt. Lange Zeit wurden kreisstrombehaftete (Kreisstrom) Schaltungen bevorzugt, da sie bei der Momentenumkehr unterbrechungslos Strom führen. Diese Schaltungen benötigen aufwendige Kreisstromdrosseln. Man entwickelte daher kreisstromfreie Schaltungen (→Umkehrstromrichter), bei denen die stromlose Pause im Millisekundenbereich oder darunter liegt. Die Stromrichter werden zudem meist mit Lückadaption ausgestattet, um Verstärkungsprobleme bei lückendem Strom (bei kleinen Drehzahlen und im Leerlaufbereich) zu umgehen. Der für das Stillstandsdrehmoment erforderliche Stillstandsstrom wird zur Vermeidung des Kollektoreinbrandes durch Überlagerung mit Wechselstrom realisiert.

Drehstrom-Servosysteme. Drehstrom-Servoantriebssysteme bestehen aus Drehstrom-Asynchronmotoren oder bürstenlosen Servomotoren mit Umrichtern als Stellgliedern. Es wurden von den Herstellern in jüngster Zeit (ab ca. 1982) zwei Hauptkonzepte entwickelt und in den Markt eingeführt. Beide Konzepte erfüllen die erwähnten Forderungen an Regeleigenschaften und Beschleunigungsvermögen. Beiden Konzepten ist die Benutzung kollektorloser und damit fast wartungsfreier Motoren gemeinsam. Diese Eigenschaft ist der Hauptgrund für das Vordringen der Drehstrom-Servotechnik.

□ Drehstrom-Asynchronmotor im Servoantriebssystem: Das Konzept mit dem Asynchronmotor zeichnet sich durch folgende Eigenschaften aus:
– einfacher Motoraufbau, einfache Fertigung, preisgünstig;
– hohe Überlastbarkeit;
– Leistungsbereich unbegrenzt;
– kein Rotorstellungsgeber für die Kommutierungssteuerung notwendig.

Gewisse Nachteile gegenüber dem bürstenlosen Servomotor sind:
– schlechterer Wirkungsgrad;
– höherer Regelungsaufwand;
– Verhältnis Durchmesser/Länge wegen Verlusten im Läufer ungünstiger.

□ →Umrichter für den Servoasynchronmotor: Da Servoantriebssysteme sehr häufig an Maschinen mit Bewegungen in mehreren Koordinaten eingesetzt werden, wird von den Herstellern eine modulare Gerätetechnik bevorzugt. Es werden →Zwischenkreisumrichter eingesetzt. Jedoch werden Gleichspannungsversorgung und Servowechselrichter getrennt (Bild 1). Eine Versorgungseinheit bedient mehrere Servowechselrichter.

Um beim Drehstrom-Asynchronmotor das Verhalten eines Gleichstrommotors für Drehzahlstellbereich und Drehmomentabgabe zu erzielen, ist eine Entkopplung zwischen Drehmoment- und flußbildendem Strom notwendig. Hierzu werden aus Gründen der Rechengeschwindigkeit Mikroprozes-

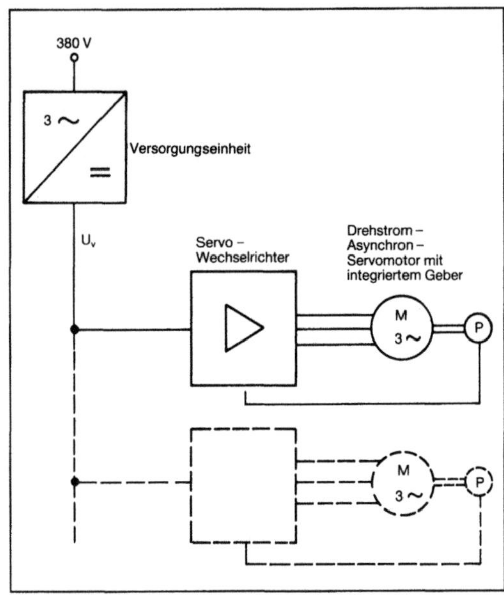

Servoantriebssystem 1: Aufbauprinzip für Drehstrom-Servosysteme.

soren eingesetzt, in denen die Entkopplung der Motorgrößen durch ein Rechenmodell simuliert wird. Es entstehen hieraus die Führungswerte zur Speisung des Motors: Amplitude und Phasenlage sowie Frequenz des dem Ständer eingeprägten Stromes. Der Einsatz des Mikroprozessors hat dazu weitere Vorteile. Da Servoantriebe häufig numerischen Steuerungen nachgeschaltet sind, können alle Schnittstellen digital ausgeführt werden, so daß Digital-Analog-Umsetzungen entfallen. Auch Drehzahl-, Stromregelung und Zündimpulsbildung für Thyristoren werden sinnvoll in digitaler Technik realisiert. Für Lage- und Drehzahlregelung muß am Motor nur ein Winkelstellungsgeber vorgesehen werden, der z. B. als Inkrementalgeber Ist-Werte für Läuferstellung, Drehzahl und Lage liefert. Er erlaubt allerdings nur die indirekte Lagemessung am Motor (Bild 2).

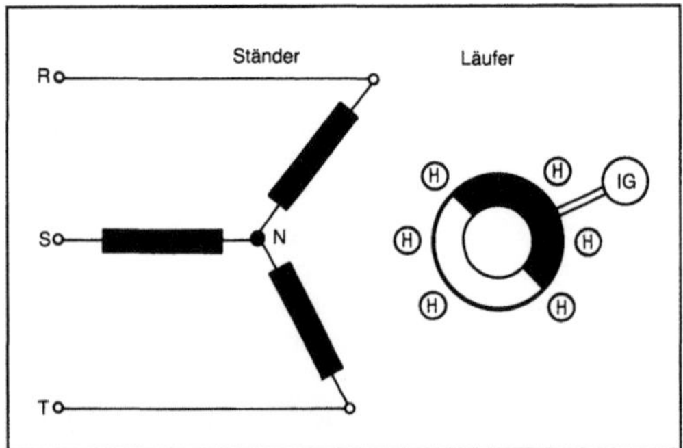

Servoantriebssystem 2: Prinzipdarstellung des bürstenlosen Servomotors.

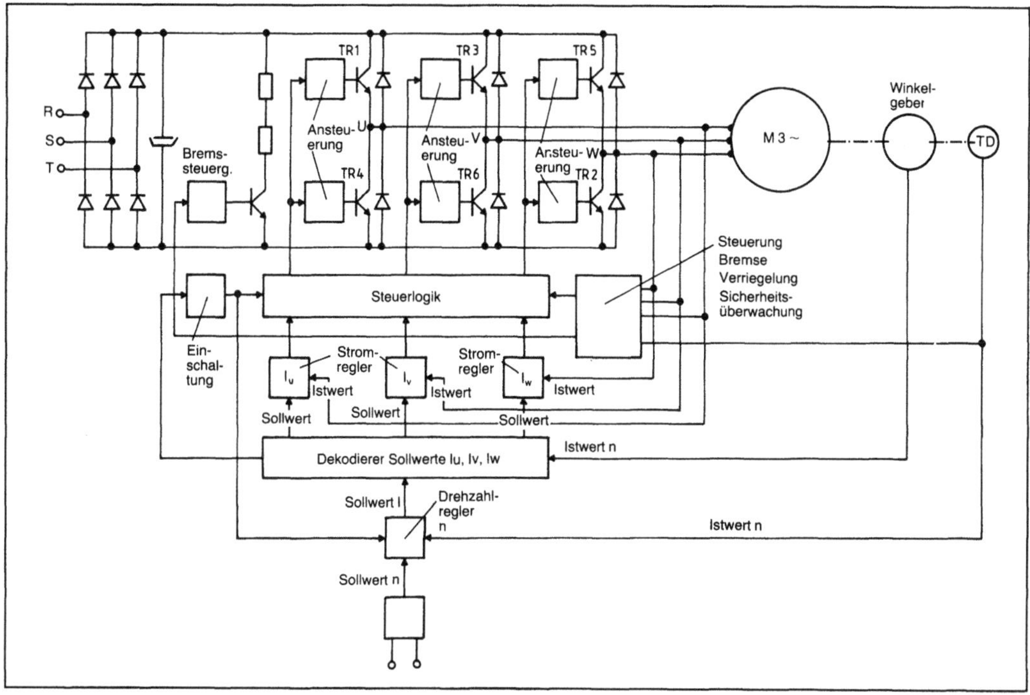

Servoantriebssystem 3: Schaltungsprinzip für Drehstrom-Servosystem mit bürstenlosem Permanentmagnet-Motor. (Quelle: Stüben, H.: Elektrische Antriebstechnik. Hrsg. BBC AG., Mannheim 1987)

Das Leistungsteil des Wechselrichters wird meist mit Leistungstransistoren ausgeführt, die mit einer Taktfrequenz von einigen kHz gesteuert werden. Die Steuerung erfolgt mit eingeprägtem, sinusförmigem Strom nach dem Steuerverfahren der Pulsbreitenmodulation (→Wechselrichter).

□ Servoantriebssystem mit bürstenlosem Servomotor: Der bürstenlose Servomotor besitzt eine Drehstrom-Wicklung im Ständer und einen mit Permanentmagneten ausgerüsteten Läufer (Bild 3). Der Aufbau ähnelt dem Synchronmotor. Er wird auch „elektronisch kommutierter Servomotor" (EC-Motor) genannt.

Das Prinzip hat folgende Vorteile:
– besserer Wirkungsgrad als Asynchronmotor;
– günstiges Trägheitsmoment;
– niedriger Umrichter-Aufwand;
– freie Wählbarkeit der EMK (gegenüber Gleichstrom-Motoren).

Nachteilig sind:
– hochgenaue Montage der Permanentmagnete;
– präziser Läuferstellungsgeber erforderlich, der nicht für die Ist-Wert-Bildung von Lage- und Drehzahl mitbenutzt werden kann;
– mangelnde Entmagnetisierungsfestigkeit der Magnete bei hohen Überströmen;
– leistungsmäßige Begrenzung.

Der Motor wird günstigerweise mit einer trapezförmigen Spannung gespeist. Die Schaltung des Stellgliedes arbeitet z. B. wie folgt: Ein Wechselrichter wird mit konstanter Gleichspannung versorgt. Er arbeitet mit eingeprägtem Strom (Zwischenkreisumrichter) und Pulsbreitenmodulation (Wechselrichter). Der Läufer-Stellungsgeber des Motors steuert die elektronische →Kommutierung, d. h. die Stromübergabe alle 60° in den Phasen. Es sind jeweils zwei Phasen stromdurchflossen. Zur Drehzahl-Ist-Wert-Bildung wird ein ebenfalls bürstenloser Tachodynamo benutzt, der in seiner Ausführung dem Servomotor ähnelt. Er kann mit sehr kleinem Temperaturkoeffizient ausgeführt werden. Die Drehzahlregelung ist der Stromregelung wie bei der Regelung des Gleichstrommotors überlagert. *Stüben*

Servobremse →Bremse

Servolenkung →Lenkung

Setzvorgang. Bei der Montage einer Schraubenverbindung treten außer den elastischen Verformungen in der Schraube und den zu verspannenden Platten auch Setzerscheinungen auf, die sich auf das plastische Einebnen von Oberflächenrauhigkeit zurückführen lassen und durch den Setzbetrag f_z erfaßt werden. Dieser hängt von der Anzahl der Trennfugen, von ihrer Rauhigkeit, aber auch vom Klemmlängenverhältnis l_k/d einer Schraubenverbindung ab. Er liegt in der Größenordnung 3–7 µm. Bei verspannten Blechpaketen kann er wesentlich größer sein als bei massiven Verbindungen gleicher Klemmlänge. Wie sich der Setzbetrag f_z auswirkt, läßt sich einem Verspannungsschaubild entnehmen (Bild). Die Montagevorspannkraft F_M vermindert sich um den Betrag F_z auf die Größe F_V. Die Vorspannkraftminderung F_z ist gleich $f_z\,\Phi_k/\delta_p$, mit Φ_k als Kraftverhältnis gem. Verspannungsschaubild nach *Rötscher* und δ_p als Kehrwert der Plattensteifigkeit.

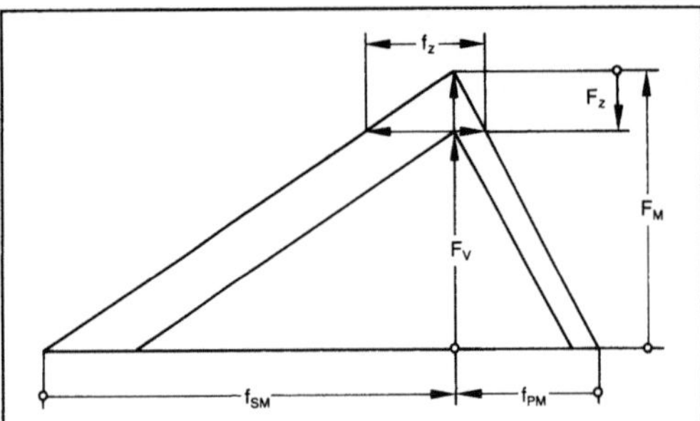

Setzvorgang: Erfassen eines Setzbetrags f_z in einer Schraubenverbindung und der Vorspannkraftminderung F_z im Verspannungsschaubild. (Quelle: VDI 2230 a. a. O.)

Wenn die Grenzflächenpressungen unter Kopf und → Mutter durch Montagevorspannkraft und äußere Belastung überschritten werden, kommt zur beschriebenen Setzerscheinung ein plastisches Verformen und u. U. ein Kriechen des verspannten Werkstoffs in der Kopf- und/oder Mutterauflagefläche hinzu. Der Setzbetrag f_z kann dann unkontrolliert anwachsen. *Federn*

Literatur: VDI 2230: Systematische Berechnung hochbeanspruchter Schraubenverbindungen – Zylindrische Einschraubenverbindungen. Hrsg. Verein Dt. Ing. Ausg. Juli 1986.

Shorehärte → Gummifederwerkstoff, Gummifederberechnung

Sicherheit. Nach DIN 31004, Tl. 1, ist S. definiert als eine Sachlage, bei der das Risiko kleiner als das größte noch vertretbare anlagenspezifische Risiko eines bestimmten technischen Vorgangs oder Zustands (Grenzrisiko) ist. Was als noch vertretbar zu gelten habe, wird durch Gesetz oder generelle gesellschaftliche Akzeptanz festgelegt. Grenzrisiken ändern sich im Lauf der Zeit oft erheblich. Die Aufgabe der S.-Technik ist es, die Häufigkeit und/oder die Tragweite von Schadensereignissen zu vermindern. Man unterscheidet gefahrenbeseitigende, -begrenzende oder von Gefahr trennende Maßnahmen.

Umgangssprachlich ist S. die Abwesenheit einer Gefährdung für Leib und Leben. Die Bedeutung des Begriffs als Ausdruck einer über jeden Zweifel erhabenen Wahrscheinlichkeit bleibt hier außer Betracht.

Tatsächlich gibt es keine absolute S. im Sinn völliger Gefahrenfreiheit. Das Leben jedes einzelnen Menschen ist mit einem gewissen Maß an Risiko verbunden. Unter Risiko wird die Häufigkeit (Wahrscheinlichkeit) der Gefährdung kombiniert mit dem zu erwartenden Schadensumfang (Tragweite) verstanden (→ Unfallmechanik). *Masing*

Literatur: Handb. Sicherheitstechnik. Hrsg.: *Peters, O., u. A. Meyna.* Bd. 1: Sicherheit technischer Anlagen, Komponenten und Systeme. Bd. 2: Qualität, Recht, Ökonomie, Management usw. München, Wien 1985.

Sicherheitsgurt → Unfallmechanik

Sicherheitskupplung. S. sind momentbetätigte Kupplungen. Der Schaltvorgang wird durch das zu übertragende Moment ausgelöst, wenn es einen bestimmten Wert überschreitet. Auf diese Weise werden Maschinen, Maschinenteile und auch Menschen vor zu hohen Belastungen geschützt. S. können als Brechkupplungen, Drehmomentbegrenzer oder als Abschalter ausgeführt sein. Bei der Brechkupplung erfolgt bei Überlastung der Bruch von dafür vorgesehenen Elementen. Die zum Stillstand gekommene Maschine kann nach Auswechseln der gebrochenen Elemente weiterbetrieben werden. Als Drehmomentbegrenzer begrenzt die S. durch Rutschen solange das Drehmoment, bis keine Überlast mehr vorhanden ist. Wird die Überlastung nicht bemerkt, so kann die S. durch Überhitzung zerstört werden. Deshalb wird zusätzlich meist eine akustische, elektrische oder optische Alarmeinrichtung angeordnet. Als Abschalter schaltet die S. bei Überschreiten des Drehmoments über eine geeignete Vorrichtung den Antriebsmotor ab. S. werden als form-, kraft- oder reibschlüssige Kupplungen ausgeführt. Formschlüssige S. sind z. B. die erwähnten Brechbolzenkupplungen (Bild 1). Kraftschlüs-

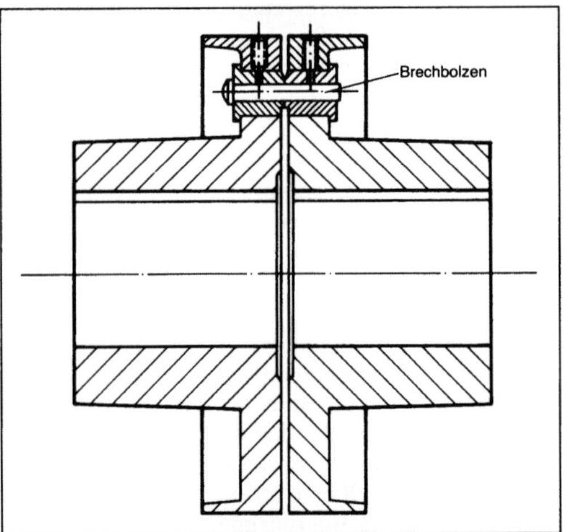

Sicherheitskupplung 1: Formschlüssige Brechbolzen-Sicherheitskupplung.

sige S. haben als Sperrkörper Kugeln oder mit Anschrägungen versehene Bolzen (Bild 2), die in einer Kupplungshälfte formschlüssig angeordnet sind und mit Federn in Ausnehmungen der anderen Kupplungshälfte gepreßt werden. Beim Überschreiten des Drehmoments werden die Sperrkörper aus den Ausnehmungen herausgedrückt, und die S. ratscht durch. Sinkt das Drehmoment wieder auf den zulässigen Wert, wird es wieder ohne Schlupf übertragen. Um ein zu langes Durchrutschen zu vermeiden, kann die Relativbewegung zwischen den Kupplungshälften zur Betätigung eines Abschalters

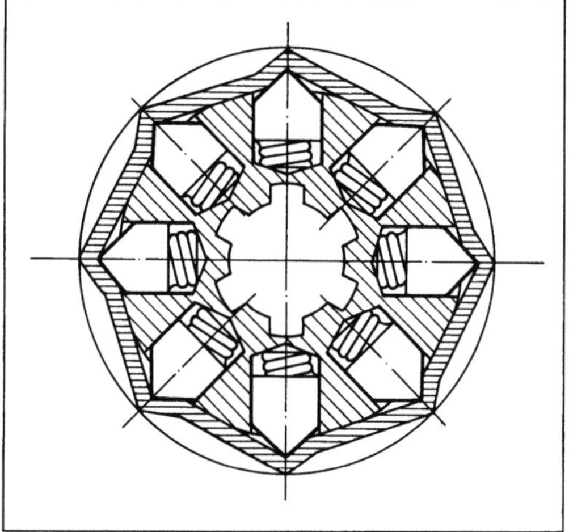

Sicherheitskupplung 2: Kraftschlüssig (Sternratsche).

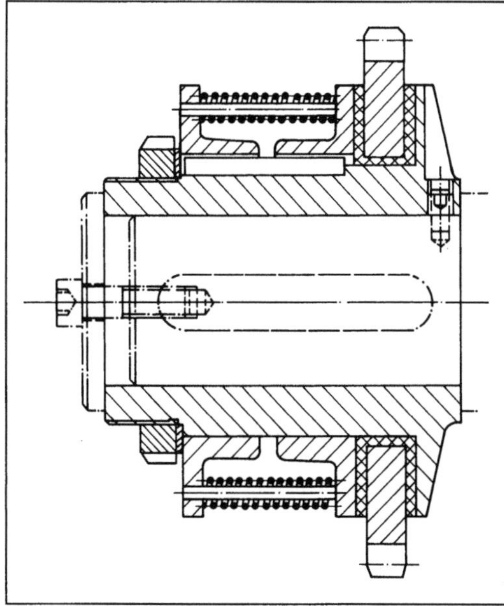

Sicherheitskupplung 3: Reibschlüssig (Rutschnabe mit Kettenrad; Ringspann).

verwendet werden. Weitere Bauformen der kraftschlüssigen S. sind Kupplungen, die das Drehmoment elektromagnetisch (z. B. Induktionskupplungen) oder hydrodynamisch (Föttinger-Kupplung) übertragen. Durch die Regelung des Erregerstroms bzw. der Ölfüllung wird ein definiertes Drehmoment übertragen. Wird es überschritten, „schlupft" die Kupplung (Schlupfkupplung). Reibschlüssige S. sind Rutschkupplungen (Bild 3). Die Reibflächen werden z. B. durch einstellbare Federkräfte zusammengedrückt. Übersteigt das Drehmoment einen bestimmten Wert, rutscht die Kupplung durch. *Ehrlenspiel*

Sicherheitsventil →Druckventil

Sicherungsring. S. dienen der axialen Festlegung von Bauteilen auf Wellen und in Bohrungen. Es gibt verschiedene Ausführungen (→Wellensicherung, axiale). Die übliche Ausführung der S. gem. DIN 471, 472, 983, 9847 (häufig auch unter dem Firmennamen Seeger-Ring bekannt) zeigt das Bild. Der S. wird in eine Nut in der →Welle bzw. der Bohrung gelegt und legt die zu sichernden Bauteile formschlüssig auf der Welle bzw. in der Bohrung fest. Zur Montage muß der →Ring elastisch verformt werden. Durch seine besondere Form verformt sich der S. im Gegensatz zum Sprengring am Innen- bzw. Außendurchmesser genau kreisförmig, so daß er mit geringstem Kraftaufwand montiert werden kann und später gleichmäßig am Nutgrund aufliegt. Die Ösen an den Enden des S. dienen als Ansatzpunkte für spezielle Montagewerkzeuge. Die axiale Sicherung mit S. ist einfach, sicher und kostengünstig. Sie hat aber den Nachteil, daß die Nut durch die Kerbwirkung die Welle schwächt. Eine Sonderform der S. ist gewölbt, so daß auch axiales Spiel der Bauteile auf der Welle in geringem Umfang federnd ausgeglichen werden kann. *Ehrlenspiel*

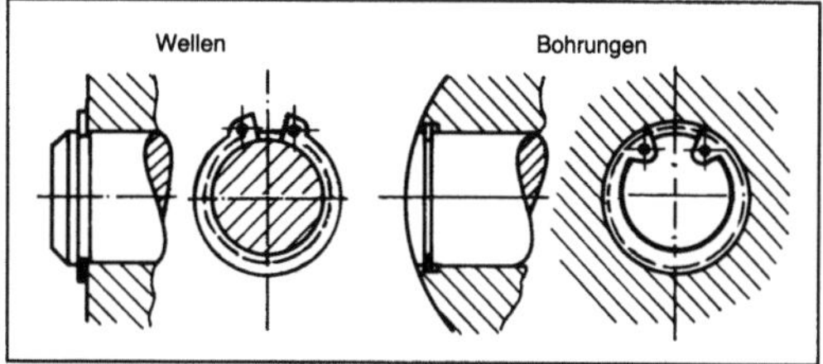

Sicherungsring für Wellen und Bohrungen.

Sicherungsring, selbstsperrender. S. S. begrenzen längsachsige Bewegungen von Wellen und sichern die Lage von Teilen auf Wellen oder Bolzen. Im Gegensatz zu den S. wirken sie reibschlüssig. Sie benötigen keine Nut in der →Welle. Zur Montage werden sie einfach axial auf die Welle geschoben. Es existieren verschiedene Ausführungen (Bild 1 und 2). *Ehrlenspiel*

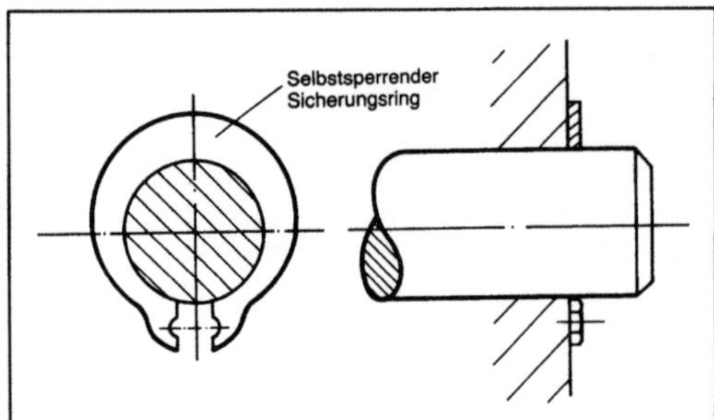

Sicherungsring, selbstsperrender 1.

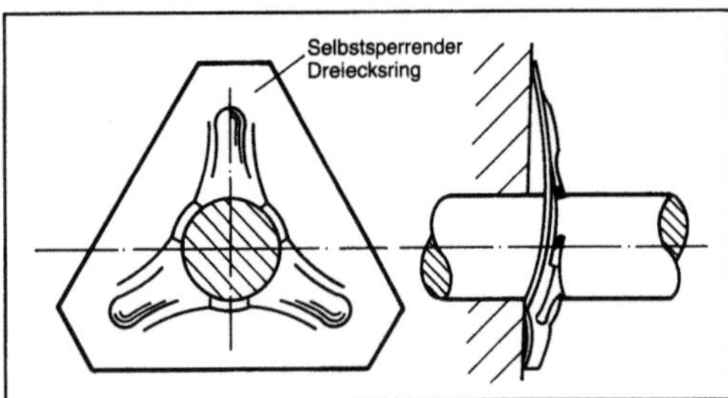

Sicherungsring, selbstsperrender 2: Selbstsperrender Dreiecksring.

Sicherungsscheibe. S. (DIN 6799) sind formschlüssige Sicherungen zur axialen Festlegung von Bauteilen auf Wellen (Bild). Während Sicherungsringe zur Montage axial auf die →Welle geschoben werden müssen, können S. radial montiert werden. *Ehrlenspiel*

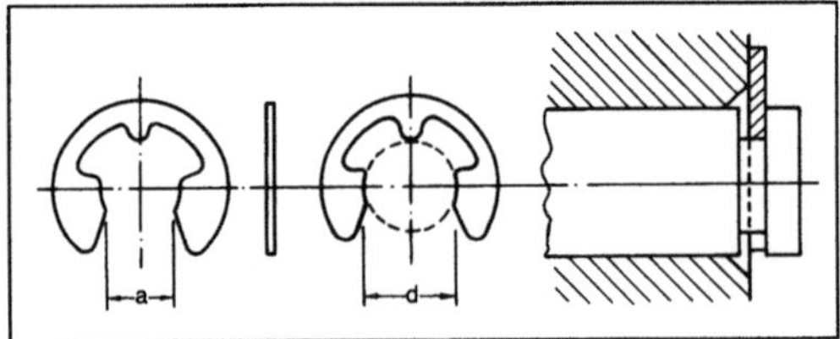

Sicherungsscheibe: Radial montierbar.

Sicherungsschraube →Schraubensicherung

Siebdruck. Das S.-Verfahren wird auch als Durchdruck bezeichnet. Als Druckform dient ein feinmaschiges Gazegewebe. Je nach Feinheit des späteren Druckprodukts wird die Feinheit des Gewebes ausgewählt. Das Gewebe wird durch eine Beschichtung mit einem lichtempfindlichen Material verschlossen. Das Druckmotiv wird einbelichtet. Durch die Belichtung wird die Siebbeschichtung wasserunlöslich.

Nach der Belichtung wird das unbelichtete Material herausgewaschen. An diesen Stellen wird das Sieb wieder durchlässig. In das Sieb wird die Druckfarbe eingefüllt. Sie ist so eingestellt in ihrer Zähig-keit, daß sie gerade beginnt selbst zu fließen. Eine scharfkantige Gummirakel schiebt die Farbe über die gesamte Siebfläche. An den durchlässigen Stellen des Siebes kann die Druckfarbe auf die darunter befindliche, zu bedruckende Oberfläche durchtreten. Durch die Dicke des Siebgewebes wird eine hohe Farbschichtdicke auf das zu bedruckende Material übertragen. Dieses S.-Verfahren wird hauptsächlich dort angewandt, wo diese etwas erhaben auf der Oberfläche stehenden Farbschichten gewünscht werden.

Das S.-Verfahren kann auch rotativ angewandt werden. Das Sieb wird dann auf entsprechende Stützzylinder aufgespannt. Eine innenliegende Rakel drückt die Farbe endlos auf die darunter geführte, zu bedruckende Bahn. Durch entsprechende Maschinenkonstruktionen können auch Hohlkörper im S. bedruckt werden. Für besondere Effekte setzt man spezielle Farben ein. Diese Farben werden durch einen Stromstoß durch das dann metallische Gewebe in ihrer Zähigkeit durch Wärme vermindert. Die Übertragung auf die zu bedruckende Oberfläche ist dann leichter möglich. *Paris*

Siebmaschine. Das zerkleinerte Gestein und das gebaggerte Gut ist in die gewünschten Körnungen, in Korngruppen (Lieferkörnungen) nach dem Größt- bzw. Kleinstkorn aufzuteilen. Man bezeichnet Körnungen von 0–4 mm als Sand, Natursand oder Brechsand, von 4–32 mm als Kies oder Splitt und über 32 mm als Grobkies oder Schotter. Dieses Klassieren nach der Korngröße geschieht hauptsächlich durch S., die mit Siebböden in der genormten Trennweite ausgerüstet sind. Eine Sonderstellung nehmen die sog. Sizer ein, bei denen die Trennöffnung größer als die abgetrennte Korngröße ist. Die angewandte Siebtechnik wird nach dem Bewegungsablauf des Siebguts in die Wälzsiebung mit Trommelsieben und in die Wurfsiebung mittels Vibrationssieben unterschieden. Siebsysteme mit anderen Kornbewegungen, so bei Plansieben in der Ebene oder bei Taumelsieben in der Querebene zum Siebboden, fanden in der Aufbereitungstechnik des Baubetriebs keine Anwendung.

S. sind als Eindecker mit lediglich einem Siebboden oder als Mehrdecker (Bild) für verschiedene Trenngrößen aufgebaut. Eindecker können in „fallender" oder in „steigender" →Masche angeordnet sein. Im ersten Fall sind die Siebe kleinerer Trennweite weniger beansprucht, im zweiten Fall wird die schwierige Absiebung von Feinkorn erleichtert. Die eine Weise baut hoch, die andere ausgestreckt. Zwischen der Siebgüte, dem Grad der Abtrennung und der Siebleistung besteht ein strenger Zusammenhang. Dabei kann nur ein enger Sektor zwischen Maschenweite und aufgegebener Menge praktisch

Siebmaschine: Mehrdeckersieb.

genutzt werden. Mit kleinerer Körnung und größerer Aufgabemenge nehmen Leistung und Güte einer Absiebung ab. Die Schwierigkeit in der Absiebung bilden die „Grenzkörner", die gleich und auch etwas kleiner als die vorhandene Öffnung des Siebbodens sind. Weiter treten durch die „Klemmkörner" in unregelmäßiger Form Verstopfungen der Sieböffnungen ein, die während des Betriebes zu beseitigen sind.

Die Klassierung von zerkleinertem Gestein mit wenig Feuchtigkeit, die im Aufbereitungsprozeß noch verschwindet, zu Schotter, Splitt und Brechsand geschieht in der Trockensiebung unter reichlicher Staubbildung. Kies und Sand haben von Natur aus eine höhere Eigenfeuchte bis hin zur Nässe. In der Feuchtsiebung fallen besonders beim Sand oberhalb eines bestimmten Wassergehalts die Siebleistung und die Siebgüte stark ab. Es wird besser die Naßsiebung mit zusätzlicher Wasserzugabe durch Bebrausen auf dem Sieb vorgenommen. Eine Absiebung völlig unter Wasser, bei der außer dem Auftrieb partielle Strömungskräfte an der Korntrennung mitwirken, ist mit Siebgut kleiner Kornrohdichte (z. B. Bims) erfolgreich.

Die technisch-wirtschaftliche Grenze der mechanischen Siebtrennung liegt i. a. bei rd. 2–1 mm Korngröße. In einem derartigen Fall der Klassierung großer Mengen kleiner Körnungen kommen besondere Siebe zur Anwendung. Eine Erhöhung der Durchsatzleistung bringen die Dünnschichtsiebung und die Beladungsdicke bis zum Doppelten des Trennkorns bei einer im Gegensatz zum üblichen vergrößerten, auch gegengerichteten Wurfweite, einer stärkeren Neigung des Siebbodens und bei einer gesteigerten Transportgeschwindigkeit des Siebguts. Im übrigen setzen hier nichtmechanische Verfahrensweisen ein wie das hydraulische Klassieren und Sortieren (nach Dichte) sowie das Sichten unter Luftbewegung.   *Kühn*

Siemens-Martin-Ofen. Der S.-M.-O. wurde zum Umwandeln von Schrott in Stahl entwickelt. Dafür wurde im vorigen Jahrhundert ein wannenartiger Herdofen gewählt. Im Oberofen befindet sich der flache Herd, im Unterofen sind die Schlackenkammern und die Wärmespeicher für die Verbrennungsluft angeordnet. Die S.-M.-Ö. sind entweder so gebaut, daß der Herd zum Abstich gekippt werden kann oder der Boden zur Abstichöffnung hin geneigt ist. Das Fassungsvermögen der S.-M.-Ö. liegt zwischen 50 und etwa 1000 t. Besonderes Kennzeichen des S.-M.-O. ist die regenerative Beheizung. Dabei wird die Verbrennungsluft wie bei den Winderhitzern des Hochofens durch einen aus feuerfesten Steinen gitterartig gemauerten und vorher aufgeheizten Wärmespeicher geleitet. Die Abgase heizen nach dem Verlassen des Oberofens den anderen Wärmespeicher.

Gewisse Verbesserungen des S.-M.-Verfahrens wurden durch das Einblasen von reinem Sauerstoff in das Bad erzielt. Die Verbrennungsgase werden zum Vorwärmen von Schrott, der in einem über dem O. angeordneten Behälter untergebracht ist, benutzt.

Das S.-M.-Verfahren wird weiter an Bedeutung verlieren, weil es weder die Leistungsfähigkeit noch die Flexibilität der Blasverfahren erreichen kann.   *Baumann*

Siemens-Martin-Verfahren. Das S.-M.-V. ist auf Grund der Konkurrenz durch die Frisch-V. mit reinem Sauerstoff und durch die Weiterentwicklung des Lichtbogen-Schmelzofens rückläufig. Neue S.-M.-Stahlwerke werden nicht mehr gebaut.

In Deutschland und in der Europäischen Gemeinschaft bestehen keine S.-M.-Stahlwerke mehr. Der weltweite Anteil des S.-M.-Stahls von etwa 15 % beruht meist auf den in östlichen Ländern noch in Betrieb befindlichen S.-M.-Stahlwerken. *Baumann*

Signalgerät, akustisches. Zwei Geräte werden unterschieden: das Horn und die Fanfare.

Horn (Bild 1). Die Masse des Ankers und die federnde Membran bilden ein schwingungsfähiges System. Der Anker des Elektromagneten schlägt mit der Grundfrequenz hart gegen den Magnetkern. Dadurch werden starke Obertöne angeregt, die zwischen 1800 und 3550 Hz liegen sollen. Die Erregung erfolgt nach dem Prinzip des Wagnerschen Hammers, bei dem durch das Anziehen des Ankers gegen eine Federkraft (Membrane) gleichzeitig der Strom unterbrochen wird, so daß der Anker wieder freigegeben wird.

Fanfare (Bild 2). Der Anker schlägt nicht auf, sondern erregt Schwingungen der Luftsäule in einem abgestimmten, meist gewundenen Rohr. Die Fanfare hat einen vollen melodischen Klang. Meh-

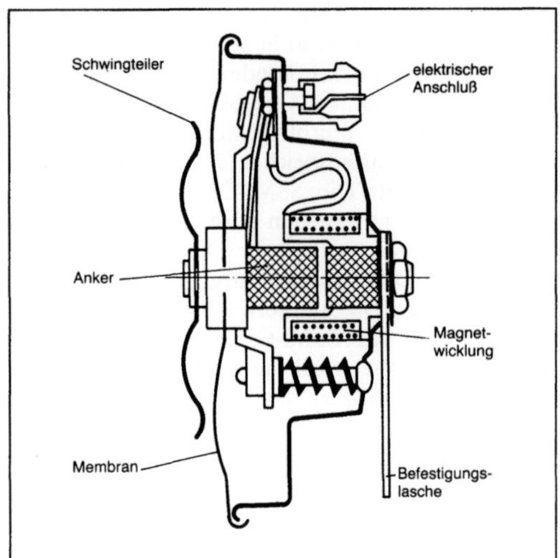

Signalgerät, akustisches 1: Horn. (Quelle: Bosch a.a.O.)

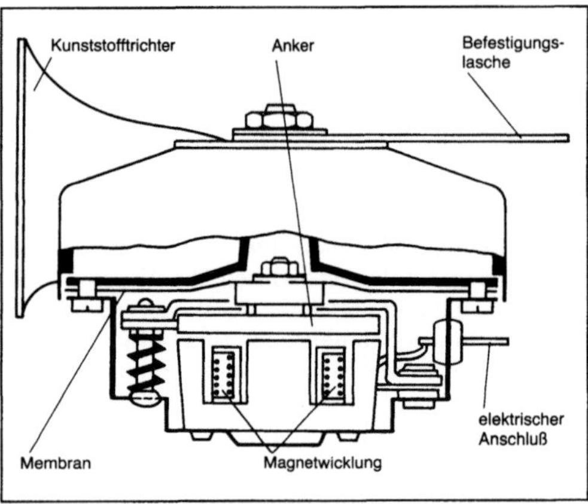

Signalgerät, akustisches 2: Fanfare. (Quelle: Bosch a.a.O.)

rere Fanfaren können zu Akkorden zusammengefaßt werden. ECE-Richtlinie 28 verlangt für Schallzeichen an Kfz einen gleichförmigen und gleichbleibenden Klang; Melodien sind unzulässig. Warnvorrichtungen mit einer Folge verschieden hoher Töne dürfen nach StVZO § 55 nur an Behördenfahrzeugen mit Kennleuchten und an Omnibussen der Deutschen Bundespost geführt werden. *Fiala*

Literatur: Bosch: Kraftfahrttechnisches Taschenb. 19. Aufl. Düsseldorf 1984.

Signalumsatz →Umsatzart

Silent-Bloc →Gummifederform

Siliconkupplung →Antriebskonzept

Siloblockschneider. Hofmaschine zum maschinellen Herausschneiden von Futterblöcken aus Silagestöcken, meist aus Fahrsilos. Gestaltung als →Anbaugerät für den Traktor (Bild). Antrieb hydrostatisch über die hydraulische Steckdose. Der Ölstrom gelangt über Hochdruckschläuche zum sägeartigen Schneidwerkzeug, dessen Führungsvorrichtung (hier U-förmig) die Kontur des Blocks bestimmt. Blockmasse etwa 1–1,5 t. Weiterverarbeitung meist von Hand (maschinelle Lösungen sind in der Entwicklung). *Renius*

Siloblockschneider. (Quelle: Case/Strautmann)

Silofräsen. In Hochsilos eingebaute Geräte zum Abfräsen und Austragen von siliertem Futter. Unterscheidung in Untenentnahmefräsen (am Boden des Futterstocks) und Obenentnahmefräsen (auf dem Futterstock). Den meisten Bauarten gemeinsam ist eine um die Siloachse umlaufende Einrichtung (z. B. mit Fräsketten oder Schnecken mit Reißmessern), die das Gut losfräst und zur Mitte befördert. Von hier erfolgt dann die Austragung mit →Wurfgebläse, Schneckenförderer, →Förderband, Kratzband oder einfach durch Schwerkraft. Um bei Störungen eingreifen zu können, werden Untenentnahmefräsen z. T. auf einen Hubwagen gesetzt und durch eine auf die Gerätekontur abgestimmte Öffnung des Silobodens ein- und ausgefahren. Leistungsbedarf der Anlagen ca. 5–10 kW, bei Gebläseeinsatz eher 15–25 kW. *Renius*

Literatur: *Pirkelmann, H.,* u. *L. Maier:* Verfahrensleistungen und Leistungsbedarf von Entnahmetechniken für Hoch- und Flachsilos. Landtechn. 34 (1979) Nr. 12, S. 564/67.

Singularitätenmethode. Dient zum Berechnen der reibungsfreien, inkompressiblen Strömung durch ein gerades, ebenes Schaufelgitter. Grundlage ist eine Potentialfunktion, die die durch das System von Wirbeln, Quellen und Senken erzeugte Strömung kennzeichnet und die, überlagert mit der Potentialfunktion des ungestörten Geschwindigkeitsfelds der Anströmung, die resultierende Umströmung der Gitterschaufeln darstellt.

Die Strömung um ein Schaufelprofil (im Gitterverband) von endlicher Dicke mit gewölbter Skelettlinie, deren Sehne einen Anstellwinkel mit der Richtung der ungestörten Anströmgeschwindigkeit bildet, wird durch Überlagerung der folgenden 2 Strömungen modelliert, a) im Bild:

□ der Strömung um das ungewölbte Profil mit dem Dickenverlauf des vorgegebenen Profils, b) im Bild,

$$Q = \int\limits_{x=0}^{1} q\,(x)\,dx,$$

die durch das System von Quellen und Senken dargestellt wird, und

□ der Strömung um die unendlich dünn gedachte Skelettlinie des vorgegebenen Profils unter dem vorgegebenen Anstellwinkel, die durch die Wirbelverteilung

$$\Gamma = \int\limits_{x=0}^{1} \gamma\,(x)\,dx$$

dargestellt werden kann, c) im Bild.

Die in jedem Punkt des ganzen Strömungsfelds induzierten Geschwindigkeiten werden berechnet.

Man erhält insbes. die potentialtheoretische Abströmgeschwindigkeit des Gitters zur gegebenen Anströmgeschwindigkeit.

Eine Weiterentwicklung des Verfahrens belegt die Profilkonturen mit Singularitäten (Wirbeln). Diese Methode wird vor allem bei stark umlenkenden Gittern mit dicken Profilen angewendet.

Die infolge von →Reibung auftretenden Veränderungen des Strömungsfelds gegenüber der potentialtheoretischen Strömung kann man – dem Grundgedanken der Grenzschichttheorie folgend – durch iterative Berechnung der Strömung durch das Gitter mit den um die Verdrängungsdicke gegenüber dem Ausgangsprofil verdickten Profilkonturen berücksichtigen. *Pitt*

Literatur: *Scholz, N.:* Aerodynamik der Schaufelgitter. Bd. 1: Grundlagen, Zweidimensionale Theorie, Anwendungen. Karlsruhe 1965.

Sinter. S. ist die Bezeichnung für die beim →Sintern aus Feinerzen in einer Sinteranlage zusammengebackenen, schwammartigen, stückigen Stoffe. Diese Stoffe haben im Gegensatz zu den Feinerzen eine große Gasdurchlässigkeit, sind gut reduzierbar und werden unmittelbar in den →Hochofen eingesetzt. *Baumann*

Sinteranlage. Eine S. ist ein sehr komplexes technisches System zum Stückigmachen von Feinerzen, die Korngrößen gleich oder größer etwa 2 mm haben.

S. sind i. a. unmittelbar den Hochofenwerken zugeordnet, während sich Pelletieranlagen in der Regel bei den Eisenerzgruben und an den Erz-Umschlagplätzen befinden. Der Anteil von →Sinter und Pellets am Hochofeneinsatz zeigt weltweit steigende Tendenz. Der Anteil stückig gemachter Stoffe am Hochofeneinsatz liegt bei neuzeitlichen Hochofenwerken zwischen 80 % und 100 %.

Das →Sintern, das Zusammenbacken feinkörniger Erze, wird i. a. mit Band-S. durchgeführt (Bild). Solche S. können Bandbreiten von mehr als 4 m und Bandlängen von 100 m haben.

Für den Sintervorgang wird eine Mischung aus angefeuchtetem Feinerz zusammen mit Koksgrus und den Zuschlägen, beispielsweise Kalkstein, Branntkalk, Olivin oder Dolomit, auf einen umlaufenden →Rost, das Sinterband, gegeben und von oben gezündet. Der in der Mischung enthaltene Kohlenstoff verbrennt mit Hilfe der durch den Rost und die Mischung gesaugten Luft und bewirkt ein Zusammenbacken der Erzkörner. Während des Transports auf dem Sinterband wird die gesamte Schicht von oben nach unten gesintert.

Das so entstandene Konglomerat wird beim Umlenken des Rosts abgeworfen, durch einen Stachelbrecher grob gebrochen und von einer →Aufgabevorrichtung nach dem Absieben feinster

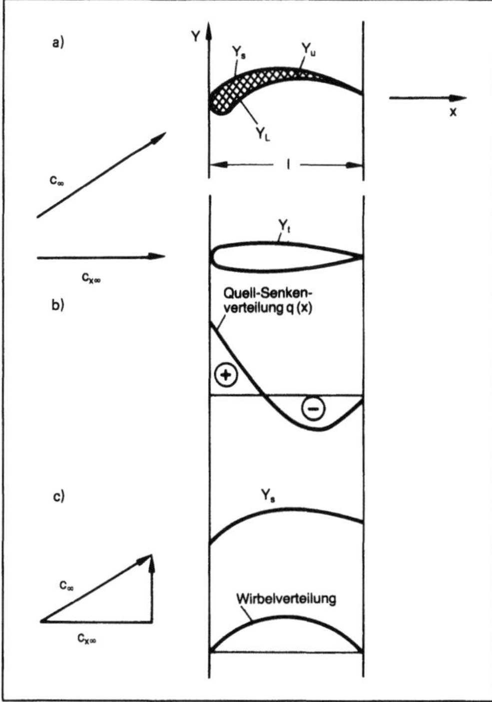

Singularitätenmethode.
a) Strömung um ein Schaufelprofil
b) Strömung um das ungewölbte Profil
c) Strömung um die unendlich dünn gedachte Skelettlinie.

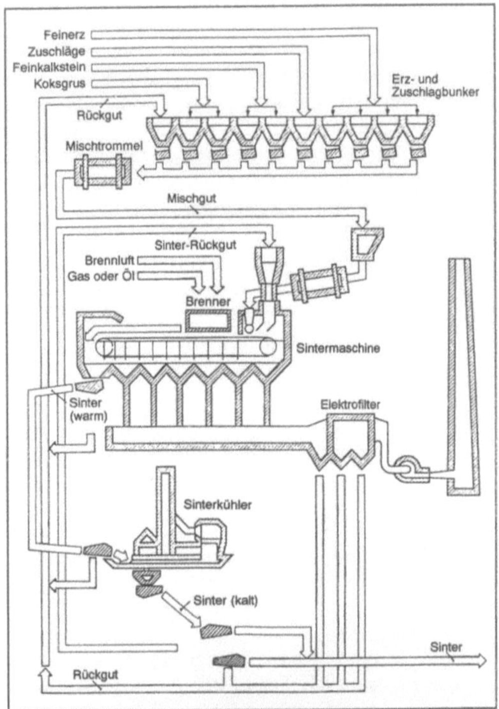

Sinteranlage zum Stückigmachen von Feinerzen. Arbeitsprinzip.

Bestandteile dem Sinterkühler zugeführt. Der glühende Sinter wird schonend gekühlt, so daß seine Festigkeit nicht beeinträchtigt wird. Nach dem Absieben der Feinanteile, die der Sintermischung wieder zugeführt werden, wird der Sinter in den →Hochofen eingesetzt.

Ein „selbstgehender" Sinter entsteht, wenn die Zuschläge und die im Erz noch enthaltene saure Gangart in einem solchen Verhältnis stehen, daß dem Hochofen kein Kalkstein zur Schlackenführung mehr zugesetzt werden muß.

Sinterschüttungen mit eng begrenzten Korngrößen ermöglichen in Verbindung mit guten metallurgischen Eigenschaften besonders niedrige Brennstoffverbräuche und einen optimalen Ablauf der Reduktion beim Hochofenprozeß. *Baumann*

Literatur: *Bolbrinker, A.-K.:* Stahlfibel. Düsseldorf 1989.

Sintereisen. Unter S. ist ein →Sintermetall aus unlegiertem Eisen zu verstehen, bei dessen Herstellung dem Eisenpulver weder Kohlenstoff noch andere Legierungselemente zugesetzt werden. *Baumann*

Sinterhartmetall. S. ist ein →Sinterwerkstoff mit hoher Festigkeit und großem Verschleißwiderstand, der aus einem oder mehreren Hartstoffen, beispiels-

weise Carbiden, Nitriden und/oder Boriden von hochschmelzenden Metallen, als Hauptbestandteilen und einem Bindemetall besteht. Carbidhartmetall ist ein S. mit Carbiden hochschmelzender Metalle als Hartstoffe. *Baumann*

Sintermagnet. Ein S. ist ein Dauermagnetwerkstoff, der durch →Sintern eines aus den erforderlichen Legierungskomponenten bestehenden Pulvergemisches hergestellt ist. *Baumann*

Sintermetall. S. ist ein metallischer →Werkstoff, der nach einem zur Pulvermetallurgie zählenden Verfahren hergestellt wurde. *Baumann*

Sintern. Als S. wird das Verfahren bezeichnet, feinkörnige Eisenerze durch oberflächliches Aufschmelzen und dadurch bedingtes Zusammenbakken stückig zu machen.

Durch den mechanisierten Abbau und das anschließende Brechen auf die für den Hochofen erwünschte Korngröße unter 50 mm fällt ein erheblicher Teil des Eisenerzes mit einer Korngröße unter 8 mm an. Auf der Grube oder im Hüttenwerk wird dieser Feinanteil, der überwiegend zwischen 0,5 und 5 mm liegt, als Sintererz ausgesiebt.

Auf einem Mischbett oder in einer Mischtrommel der →Sinteranlage (Bild 1) werden Sintererze und Zuschläge, wie Kalkstein oder Olivin, unter Zusatz

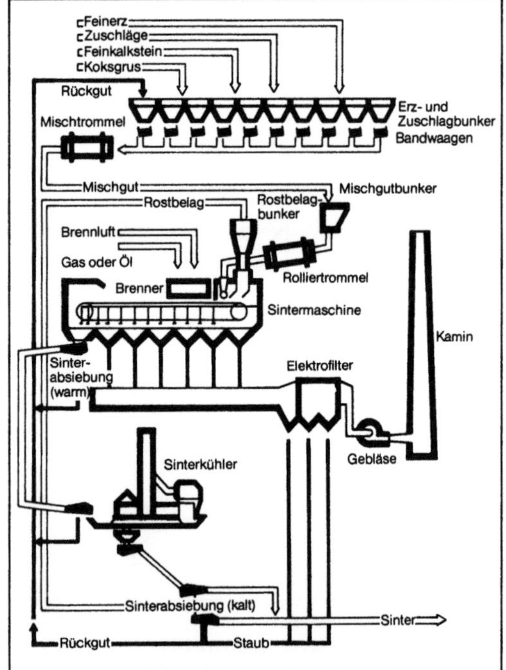

Sintern 1: Sinteranlage zum Stückigmachen feinkörniger Erze. (Quelle: Stahlwerke Peine-Salzgitter)

von Koksgrus gemischt. Das Mischgut wird auf ein endlos umlaufendes Band aus Rostwagen aufgebracht und der Koksgrus in einem Zündofen gezündet. Durch die 30–60 cm dicke Schicht wird Luft gesaugt, um den Koks zu verbrennen und in der jeweiligen Brennzone eine Temperatur von 1 000 bis 1 200 °C zu erzeugen.

Das Band wird so voranbewegt, daß am Ende des Bandes die gesamte Schicht durchgebrannt und gesintert ist (Bild 2). Der heiße →Sinter wird abgeworfen und auf dem Rost eines Kühlers abgelegt. Durchgesaugte kalte Luft kühlt den Sinter, der anschließend gebrochen und gesiebt wird. Rückgut unter 5 mm wird der Mischung wieder zugegeben. Der Sinter mit einer Korngröße zwischen 5 und 50 mm wird in den Hochofen eingesetzt.

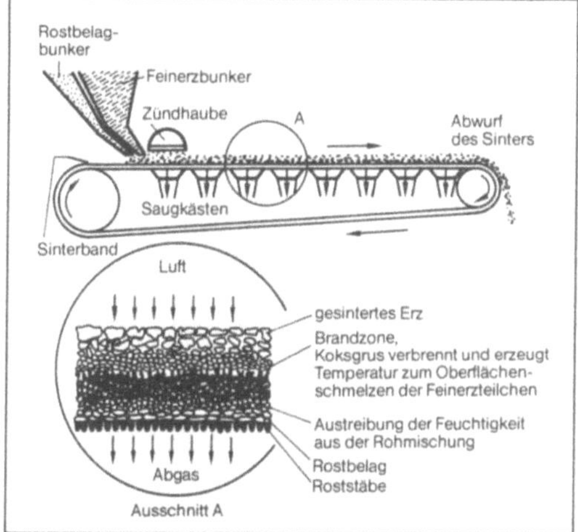

Sintern 2: Vorgänge beim Sintern von Eisenerzen.

Sinteranlagen haben bei einer Bandbreite bis 5 m eine Saugfläche bis zu 450 m². Eine solche Anlage erzeugt bis zu 18 000 t Sinter je Tag.

Das Rauchgas der Sinteranlage wird in einer elektrischen Gasreinigung von Stäuben gereinigt. Gegebenenfalls wird anschließend SO_2 in einer Gasentschwefelungsanlage entfernt.   *Rellermeyer*

Literatur: *Cappel, F., u. H. Wendeborn:* Sintern von Eisenerzen. Düsseldorf 1973.

Sinterstahl. S. ist ein →Sintermetall auf Eisengrundlage, dem als Legierungselement mindestens Kohlenstoff, manchmal auch andere Elemente, z. B. Kupfer, Nickel, Chrom und/oder Molybdän, zugesetzt werden.   *Baumann*

Sintertechnik. Die S. ist eine Verfahrenstechnik, die alle Verfahrensschritte zur Herstellung eines Sinterformteils umfaßt. Dabei ist das Sinterformteil ein aus →Metallpulver geformtes und durch →Sinterverfahren verfestigtes Teil, das oft maßlich eng toleriert und einbaufertig ist.   *Baumann*

Sinterverfahren. Bei der Herstellung von Sinterformteilen durch die →Sintertechnik werden gem. DIN 30900 verhältnismäßig viele Verfahrensarten unterschieden. Hierzu zählen beispielsweise

□ *Einfachsintern:* die Sintertechnik mit einem Sintervorgang;

□ *Zweifachsintern:* die Sintertechnik mit 2 Sintervorgängen, zwischen denen ein Umformen, meist Nachpressen, stattfindet;

□ *→Sintern von Pulver im Füllzustand:* eine Wärmebehandlung des lose in eine Form gefüllten Pulvers;

□ *aktiviertes Sintern:* dabei erhöht sich die Sintergeschwindigkeit, z. B. durch Zusätze zum Pulver, durch die Sinteratmosphäre;

□ *kontinuierliches Sintern:* dabei wird das Sintergut durch die heiße Zone des Ofens bewegt;

□ *diskontinuierliches Sintern:* das Sintern des ruhenden Sinterguts in einem Ofen; dabei kann der Ofen mit dem eingesetzten Sintergut aufgeheizt und abgekühlt werden oder das in einem Einsatzkasten unter Schutzgas befindliche Sintergut in die heiße Zone des Ofens eingebracht und nach der Sinterung entnommen werden;

□ *Direktsintern:* dabei wird die Wärme im Sinterkörper erzeugt, z. B. im direkten Stromdurchgang durch induktive Erwärmung;

□ *Indirektsintern:* dabei wird die Erwärmung des Sinterkörpers durch Strahlung, Leitung oder Konvektion erzeugt;

□ *Vorsintern:* eine Wärmebehandlung eines Preßkörpers bei einer Temperatur unterhalb der eigentlichen Sintertemperatur, i. a. zum Erhöhen der Formbeständigkeit des Preßkörpers;

□ *Nachsintern:* eine weitere Wärmebehandlung des Vorsinterkörpers nach der Bearbeitung oder des nachgepreßten Sinterkörpers bei Sintertemperatur.   *Baumann*

Sinterwerkstoff. Ein metallischer S. ist ein →Werkstoff ganz oder überwiegend auf metallischer Grundlage, dessen Gefügeaufbau nicht durch schmelzmetallurgische Verfahren, sondern durch die im festen Zustand ablaufenden Reaktionen zwischen Pulverteilchen, also durch pulvermetallurgische Verfahren, bedingt ist.

Ein Metall-Keramik-S. ist ein →Verbundwerkstoff aus mindestens einem Metall und mindestens einem keramischen Stoff.

Ein Metall-Metalloid-S. ist ein Verbundwerkstoff aus mindestens einem Metall und mindestens einem nichtmetallischen Bestandteil.   *Baumann*

Sinuslamelle. S. sind eine besondere Bauform von Lamellen in Lamellenkupplungen und Bremsen (Bild). Ebene Lamellen haben den Nachteil, daß sie nach Lösen der Kupplung bzw. Bremse nicht vollständig trennen, sondern noch aneinander „kleben"

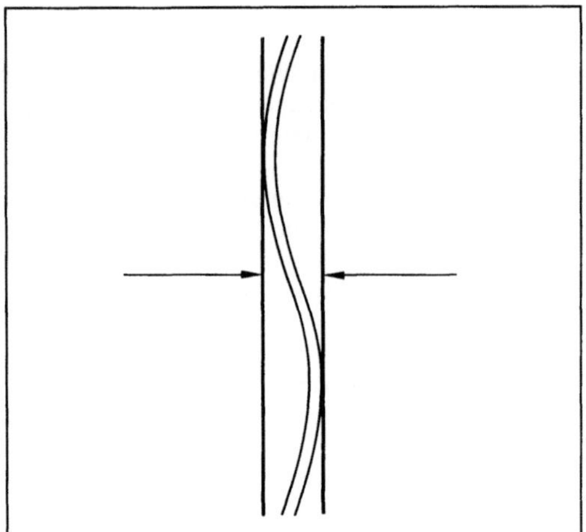

Sinuslamelle. (Quelle: Ortlinghaus)

und noch ein Restdrehmoment übertragen. Deshalb werden Lamellen in Umfangrichtung wellig, sinusförmig geformt. Sind ebene und sinusförmige Lamellen abwechselnd angeordnet, drücken die sinusförmigen Lamellen beim Auskuppeln die Lamellen auseinander, wodurch das Restdrehmoment verringert wird. *Ehrlenspiel*

Skinpackung. Bei der S. wird neben Gut und einer Kunststoffolie noch ein weiteres Trägermaterial verwendet. Dieses Trägermaterial ist meist Karton. Er muß so vorbehandelt sein, daß er eine Verbindung mit Kunststoffolien eingehen kann. Zum weiteren muß dieser Karton gut luftdurchlässig vorbereitet sein. Er kann diese Eigenschaft in sich tragen oder durch kleine Löcher, die in den Kartonträger eingestanzt werden, mitbringen.

Zum Herstellen einer S. wird das zu verpackende Gut auf den Kartonträger gebracht. Die zu verwendende Kunststoffolie wird ohne Kontakt mit Gut und Träger durch Strahlungswärme erhitzt. Dabei wird der stabilitätsgebende Kunststoff noch nicht erweicht. Eine geringgewichtige Beschichtung aus einem leicht schmelzenden Kleber wird dabei aktiviert. Die aktivierte Schicht wird mit Gut und Träger zusammengebracht. Gleichzeitig wird von der Rückseite des Trägerkartons her ein starkes Vakuum angelegt. Durch dieses Vakuum wird die leicht erweichte Folie eng an das Gut angesaugt. Der aktivierte Kleber sorgt für eine dauerhafte Verbindung zwischen Folie und Kartonträger. Nach der Abkühlung ist das Gut sicher auf dem Karton fixiert. Die S. wird im Handelsbereich für die Selbstbedienung vorgesehen. Es können kleine Mengen mit Sicherheit auf diesen Kartonträgern zur Präsentation hergerichtet werden. Das Gut ist verlustsicher verpackt. Durch Größenwahl des Kartonträgers kann ohne Kostensteigerung erreicht werden, daß

eine unberechtigte Entnahme der verpackten Güter aus dem Handelsbereich verhindert wird. Es muß bei Anwendung der S. allerdings dafür Sorge getragen werden, daß die erweichte Kleberschicht keine wesentlich festigkeitsgebende Verbindung mit dem Gut eingeht. Kunststoffprodukte lassen sich in S. nicht einhüllen. *Paris*

SL-RN-Verfahren. Das Stelco-Lurgi-V. (SL) ist ein Direktreduktions-V. und war in seiner ursprünglichen Konzeption auf die Herstellung von →Eisenschwamm für Stahlöfen unter Verwendung eisenreicher Erze ausgerichtet. Sofern eisenarme Erze vorhanden waren, sollte eine Trennung der Eisenträger von der Gangart vor der Reduktion erfolgen.

Das Republic Steel-National Lead-V. (RN), auch ein Direktreduktions-V., beruhte auf der thermischen Behandlung eisenarmer Erze, die nach der Reduktion in ihre Komponenten metallisches Eisen und Gangart zerlegt werden sollten.

Zur möglichst wirkungsvollen Nutzung der Erfahrungen beider Gruppen sowie im Interesse des technischen Fortschritts wurde eine Fusion beschlossen, die 1964 das SL-RN-V. erschaffte (Bild). Dieses V. beruht im wesentlichen auf der Reduktion von Eisenoxiden im Drehrohrofen mit festen Reduktionsstoffen. In den Ofen werden Erz oder Grünpellets zusammen mit Kohle oder Braunkohle im Überschuß als Reduktionsmittel und Dolomit zur Entschwefelung zugegeben. Der Ofenaustrag wird in einem Rohrkühler indirekt gekühlt und danach durch Sieben, Magnetscheiden und Berge-Kohle-Trennung in Eisenschwamm, Überschußkohle und Asche getrennt. In Hamilton (Kanada) konnten in einem mit Manteldüsen ausgerüsteten Drehrohrofen von 35 m Länge und 2,2 m Dmr. sowie einer Leistung von etwa 100t Eisenschwamm/24 h eisenreiche Grünpellets gebrannt und zu Eisenschwamm reduziert werden. Auch Stückerze können eingesetzt werden. Der erzeugte Eisenschwamm hat einen Metallisierungsgrad von etwa 95% und einen Gesamteisengehalt bis mehr als

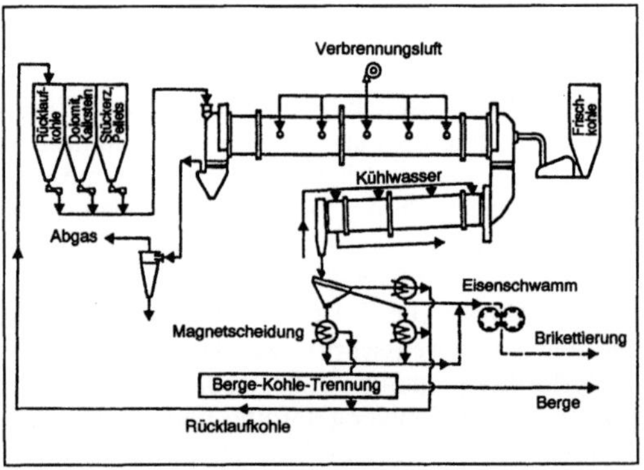

SL-RN-Verfahren: Arbeitsprinzip.

90%. Eine Weiterverwendung des erzeugten Eisenschwamms ist in verschiedenen Stahlwerksöfen erprobt worden. Aber auch in Hochöfen und in Kupolöfen wurden die nach diesem V. hergestellten Eisenschwammpellets erfolgreich eingesetzt. *Baumann*

SLH-Stranggießanlage. Bereits 1964 hat die Demag AG im damaligen Siemens-Martin-Stahlwerk II des Hüttenwerks Huckingen der Mannesmann AG die erste einadrige Super-Low-Head-Stranggießanlage (SLH), manchmal auch Ovalbogen-S. genannt, mit 3 Bogenradien, 3,9 m, 5,8 m und 11,4 m, für Brammen bis 2100 mm Breite gebaut (Bild). Im Jahr 1967 wurden im dortigen neuen →Blasstahlwerk 2 weitere zweiadrige Brammen-S. gleicher Art in Betrieb genommen. Auch die 1987 in Tianjin und Handan, (Volksrepublik China) in Betrieb genommenen S. sind SLH-Anlagen. *Baumann*

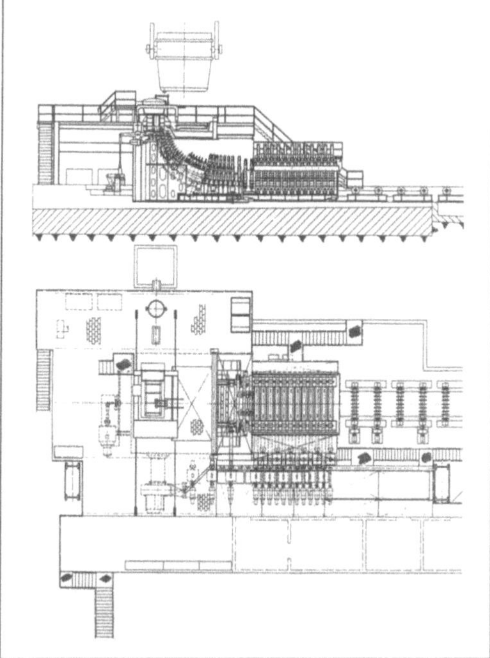

SLH-Stranggießanlage: Einadrige SLH-Stranggießanlage der Mannesmann AG, Hüttenwerk Huckingen, Duisburg.

Literatur: *Baumann, H.-G.:* Stahlstrang-Gießanlagen. Düsseldorf 1976.

Sönnichsen-Rohrschweißverfahren. Bei dem von *F. Sönnichsen* in Norwegen vorgeschlagenen R. werden die Rohrkanten durch elektrischen Strom erwärmt. Dabei wird mit 3 nacheinander angeordneten Elektrodenscheiben gearbeitet (Bild). Diese

Sönnichsen-Rohrschweißverfahren: Arbeitsprinzip.

Elektrodenscheiben sind unterschiedlich dick und so angeordnet sowie gestaltet, daß die Kanten des durchlaufenden Schlitzrohrs beim Passieren der dritten Elektrode Schweißwärme erreicht haben und unter dem Druck der kalibrierten Walzen miteinander verschweißt werden. Die Stromstärken an den Elektrodenscheiben sind entsprechend dem Elektrodenabstand und dem Schlitzrohrwiderstand so gewählt, daß eine gleichmäßige Erwärmung erreicht wird. *Baumann*

Sommerfeld-Zahl.
1. Gleitlagerung. *Sommerfeld* hat 1904 als Ähnlichkeitsbeziehung für →Radialgleitlager die nach ihm benannte Kennzahl

$$\mathrm{So_D} = \frac{F}{BD}\,\frac{\psi^2}{\eta\omega}$$

aufgestellt (Index: D Drehung). Die Kennzahl besagt, daß Lager mit gleicher S.-Z. $\mathrm{So_D}$ hydrodynamisch ähnlich sind, sofern das Lagerbreitenverhältnis B/D, die Ölzuführelemente (Bohrung, Tasche, Nut) und der Öffnungswinkel (z. B. 180°-Lager) gleich sind. Für die Tragdruckentwicklung durch Verdrängung wird die S.-Z. mit der Verdrängungsgeschwindigkeit $\dot\varepsilon$ gebildet

$$\mathrm{So_V} = \frac{F}{BD}\,\frac{\psi^2}{\eta\dot\varepsilon}\,.$$

$\mathrm{So_D}$ und $\mathrm{So_V}$ liegen für die gängigen Lagerbreitenverhältnisse B/D in Abhängigkeit von der relativen →Exzentrizität ε tabelliert vor (→Gleitlagerberechnung).

Für relative Exzentrizitäten ε, die gegen den Wert $\varepsilon \to 1$ streben, geht So $\to \infty$. Vielfach wird daher die erweiterte S.-Z. So$(1-\varepsilon)$ verwendet, die maximal den Wert 1224 annehmen kann. *Knoll*

2. Tribologie. Kennzahl zur Bestimmung des Betriebszustands von ölgeschmierten Gleitlagern:

$$So = \frac{\Psi^2 \cdot F}{\eta \cdot \omega \cdot B \cdot D},$$

mit dem relativen Lagerspiel Ψ, der Kraft F, der Ölviskosität η, der Winkelgeschwindigkeit ω, der Lagerbreite B und dem Lagerdurchmesser D. *Habig*

Sonderbauweise (Bautechnik). Dazu gehört der →Haubenschild, bei dem im Firstbereich die Schneide um Arbeitsraumtiefe zum Schutz des Personals vorgezogen ist. Ist die Haube in einzelne Messer unterteilt, so spricht man vom Poling-Plate-Schild. Der schwanzlose Schild endet hinter den Pressen. Der Einbau der →Auskleidung erfordert hier einen vorübergehend standfesten Boden und erfolgt außerhalb des Schildmantels. Geschlossene Systeme haben meist vollflächig abbauende Schneideinrichtungen. In Einzelfällen werden auch Cutterbagger (Thixschild) oder Spüldüsen (Hydrojet) zum Bodenabbau eingesetzt. Im druckdicht abgeschlossenen Abbauraum wird dabei mit Luft, Wasser, Suspension, abgebautem Boden und/oder den Abbaueinrichtungen selbst die Ortsbrust gestützt oder wie beim →Membranschild mit Bentonit besprüht. Der Abtransport des Bodens geschieht (Bild 1) in druckdichten Systemen hydraulisch (Suspensionsschild) oder (Bild 2) mit Förderschnecken (Mixschild, Earth-Pressure-Schild). Die

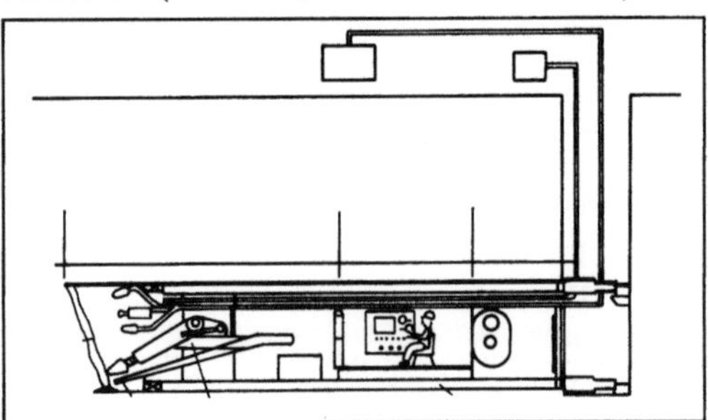

Sonderbauweise (Bautechnik) 1: Membranschild. (Quelle: Züblin)

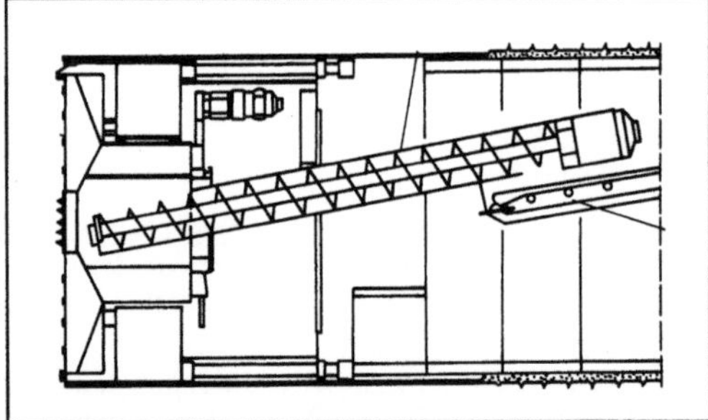

Sonderbauweise (Bautechnik) 2: Earth Pressure Balanced Shield.

Vorzugsmannschaft hält sich während des Vortriebs im atmosphärischen Vortriebsbereich auf.

Die vollmechanisierten geschlossenen Schilde gliedern sich in die Verdrängungsschilde, Druckluftschilde, Hydroschilde und die Earth-Pressure-Schilde. Fließende Böden lassen sich mit dem Verdrängungsschild (Blind-Shield) abbauen, der bis auf wenige Durchlaßschlitze völlig geschlossen ist.

Beim Druckluftschild wird die Ortsbrust mit Druckluft gestützt. Der Abbau des Materials, das möglichst wenig luftdurchlässig sein darf, geschieht mit Teil- oder Vollschnittmaschinen. Bei den Suspensionsschilden wird Wasser oder wie beim →Hydroschild (Bild 3) eine Bentonitsuspension verwendet. Gelöst wird das Abbaumaterial überwiegend mit Vollschnittmaschinen.

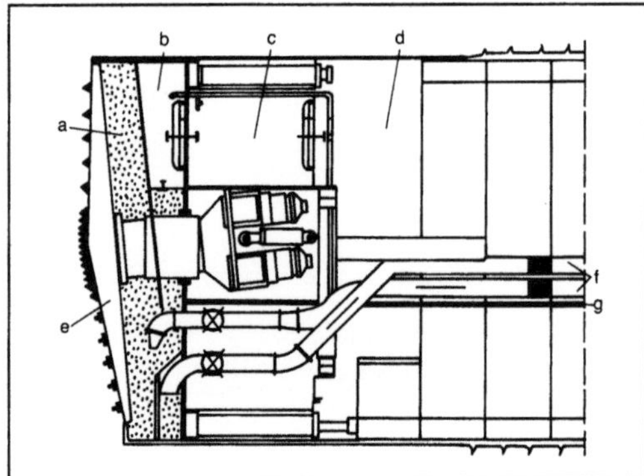

Sonderbauweise (Bautechnik) 3: Hydroschild. (Quelle: Wayss & Freitag)

a Suspension als Stützflüssigkeit, b Druckluftpolster, c Personenschleuse, d atmosphärischer Luftdruck, e Vollschnittmaschine, f Naßförder-, Rückwasserleitung, g Druckluft

Erfolgt die Stabilisierung der Ortsbrust durch den abgebauten Boden und den Bohrkopf selbst, so nennt man solche Schilde Erddruck- und Wasserdruck-ausgleichende Schilde, deren neueste Ausführungen eine über den Querschnitt differenzierte Druckbeaufschlagung aufweisen. *Kühn*

Sonderdruckverfahren. In diesen Bereich fallen eine Reihe an anderer Stelle beschriebene Druckverfahren wie z. B. der →Heißprägedruck und der Hohlkörperdruck.

Ein weiteres S. ist der Tampondruck. Als Druckform dient eine tiefgearbeitete, einer Tiefdruckform ähnliche Druckplatte. Die druckenden Elemente sind vertieft in einer planen, ebenen Oberfläche eingearbeitet. Die Druckfarbe ist von mittlerer Zähigkeit. Sie wird durch eine Vorrakel in die Druckform eingedrückt. Eine Schlußrakel säubert die nichtdruckende Oberfläche von Druckfarbe, ohne aus den vertieft liegenden Elementen Druckfarbe zu entfernen.

Als Übertragungselement dient ein Weichgummi aus Siliconmaterial. Eine genügende Affinität zur Druckfarbe entnimmt diese beim Aufdrücken des Gummielements auf die Druckplatte. Die Druckfarbe wird durch dieses Gummielement auf die zu bedruckende Oberfläche übertragen. Sie muß also auf der anderen Seite genügend abstoßende Wirkung gegenüber der Druckfarbe haben, um sie auf die neue Oberfläche zu geben. Weil das Gummielement sehr weich ist, ist für die zu bedruckende Oberfläche keine bestimmte Formgebung vorgegeben. Es lassen sich auch unregelmäßige Oberflächen bedrucken. Bei unregelmäßig geformten Oberflächen läßt sich ein Verziehen des Druckbildes beim Übergang von der ebenen Druckplatte auf die zu bedruckende Oberfläche nicht vermeiden.

Bei den elektrostatischen Druckverfahren wird ein schwarzes Pulver durch elektrostatische Kräfte übertragen. Eine Halbleitertrommel wird durch Belichtung an bestimmten Stellen aufgeladen. Diese Ladungsflächen übernehmen den Toner, ein schwarzes oder farbiges Pulver. Durch Ladungsunterstützung wird dieses Pulver auf die zu bedruckende Oberfläche übertragen. Das Pulver wird kalt durch hohe Preßkräfte auf der zu bedruckenden Oberfläche fixiert. Wird das Pulver durch höhere Temperaturen auf der Oberfläche eingeschmolzen, lassen sich auch andere Materialien, wie z. B. Kunststoffolien, bedrucken. Durch die Verwendung farbiger Toner kann man auch mehrfarbige Produkte herstellen. *Paris*

Sondergerät (Bautechnik). Der Einsatz von Schüttelrutschen und Förderbändern als Transportmittel im Tunnelbau bleibt auf Grund der hohen Investitionskosten und Staubbelastung die Ausnahme. *Kühn*

Sondiergerät. S. dienen zur In-Situ-Bodenerkundung bzw. zum Nachprüfen der Verdichtung von Schüttungen mit relativ geringem Aufwand. Dabei sind qualitative, in Verbindung mit Aufschlußbohrungen auch quantitative Aussagen über Bodeneigenschaften und -aufbau wie Stabilität und Schichtenverlauf möglich. Man unterscheidet Ramm-S., Druck-S., Seitendrucksonden (Pressiometer) sowie Isotopensonden, die die Absorption der von einem radioaktiven Präparat ausgehenden Strahlung im Boden messen, und Flügelsonden, an deren Spitze vier um 90° versetzte Bleche („Flügel") angebracht sind. Nach dem Eindrücken in den Boden wird die Flügelsonde langsam gedreht und dabei das zum Abscheren des Bodenzylinders erforderliche Drehmoment gemessen. Im Wasser werden alle auf dem Festland gebräuchlichen S. eingesetzt. Die Sondierungen nimmt man auf einem schwimmenden Geräteträger (→Ponton, →Hubinsel) von einer seitlichen Kragarmplattform oder – falls vorhanden –

vom Rand einer Öffnung im Schiffsrumpf aus vor. Negativ beeinflußt werden die Sondierergebnisse durch das ungeführte Zwischengestänge zwischen S. und Gewässerboden und durch Roll- bzw. Stampfbewegungen des Schiffskörpers. *Kühn*

Sortiment. S. ist ein Warenangebot. Es umfaßt alle Erzeugnisse, die ein Unternehmen zum Kauf anbietet. S.-Breite bezieht sich auf Erzeugnisarten, Anzahl der verschiedenen Typen und Sorten. *Jünemann*

Spätzündung →Zündzeitpunkt

Spaltband. Unter S. ist ein in Längsrichtung geteiltes Erzeugnis zu verstehen, das aus warm- oder kaltgewalztem Band oder Breitband mit einer →Band-Längsteilanlage hergestellt wurde. S. kann letztlich in Form von →Rollen oder Stäben vorliegen. *Baumann*

Spaltdichtung →Dichtung

Spaltströmung. Tritt auf, wenn ein Spalt Räume unterschiedlichen Drucks verbindet, z. B. Wellendurchführung durch Gehäuse (→Dichtung) oder Spalt zwischen freiem Schaufelende und Rotor bei Leiträdern und gegenüber dem Gehäuse bei Laufrädern. In den meisten Fällen ist die S. ungewollt, da sie einen →Verlust darstellt, der Spalt aber notwendig ist, um ein Anstreifen relativ zueinander bewegter Teile zu vermeiden. Deswegen ist der Durchfluß durch Labyrinthe bei vorgegebener Spaltweite zu minimieren. *Dibelius*

Spannfeder →Federeigenschaft

Spannhülse. S. werden zur Befestigung von Wälzlagern mit kegeliger Bohrung des Innenrings auf zylindrischem Wellensitz verwendet. Der feste Sitz des Lagers auf der →Welle wird durch Aufpressen mittels einer →Wellenmutter erreicht. S. sind geschlitzt und passen sich damit leicht dem Wellendurchmesser an. *Knoll*

Spannrolle →Spannverfahren

Spannungsquerschnitt. Der S. A_s wird vereinbarungsgemäß aus dem Mittelwert d_s des Kerndurchmessers d_3 und des Flankendurchmessers d_2 eines Außengewindes berechnet: $A_s = \dfrac{\pi}{4}\left(\dfrac{d_2+d_3}{2}\right)^2 = \dfrac{(d_2+d_3)^2}{16}\pi = 0,7854\,(d-0,9381\,P)^2$, mit d als Nenndurchmesser des Gewindes und P dessen Steigung.

A_s ist der Querschnitt eines glatten Zugstabs mit gleicher statischer Bruchlast wie der eines Gewindebolzens. Der S. A_s ist deshalb eine für die Berechnung der Mindestwerte von Bruchfestigkeiten und von Prüfkräften von Schrauben genormte Größe. Neuere Untersuchungen haben gezeigt, daß dieser Querschnitt nicht nur für die Berechnung statischer Schraubenfestigkeiten zutrifft, sondern auch in den meisten Fällen für wechselnde Zug-Druck-Beanspruchung und Biegebeanspruchung verwendet werden kann. Die unter einer Zugkraft im Gewindeteil einer Schraube entstehende Längung f_G ist dem Spannungsquerschnitt umgekehrt verhältnisgleich. *Federn*

→Schnittwerte

Literatur: *Kübler, K. H., u. W. J. Mages:* Handb. hochfeste Schrauben. Essen 1986. – *Römling, G.:* Experimentelle Untersuchungen zur Ermittlung des Nennspannungsquerschnitts an Gewinden bei dynamischer und statischer Beanspruchung durch Zug, Biegung und Verdrehung. Diss. TU Berlin 1978. – *Schneider, W., u. W. Thomalla:* Hinweise zur Anwendung des Spannungsquerschnitts von Schraubengewinden. VDI-Z. 126 (1984) Nr. 20, S. 84/91. – *Thomalla, W.:* Beitrag zur Dauerhaltbarkeit von Schraubenverbindungen. Diss. TH Darmstadt 1978.

Spannverfahren. Zum Erzeugen der bei Flachriemengetrieben für die reibschlüssige Kraftübertragung erforderlichen Vorspannung des Riemens. Unterschiedliche S. bewirken unterschiedliche radiale Belastungen $F_W = F'_1 + F'_2$ der Riemenscheiben (Wellenspannkraft) und ihrer Lager sowie unterschiedliche maximale Riemenzugkräfte F_1 bei jeweils gleicher Nutzkraft $F_n = F'_1 - F'_2$. Das Bild zeigt für

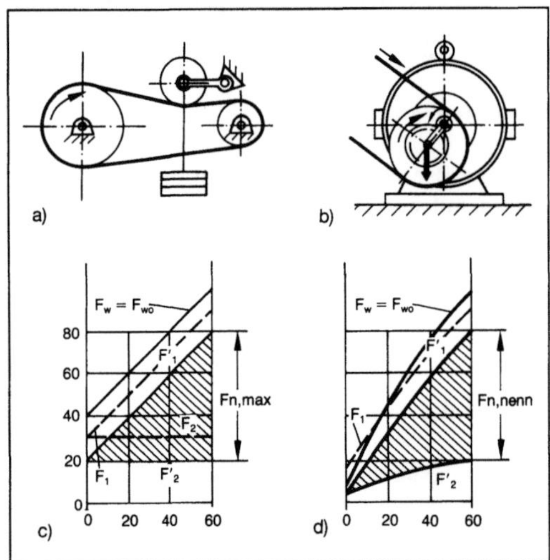

Spannverfahren: Für Flachriemengetriebe.
a) Vorspannung durch Auflegedehnung bei festem Wellenabstand, $F_1 + F_2 = $ konst.
b) Spannwelle, $F'_1 + F'_2 = $ konst. $\approx F_W$
c) Spannrolle am Leertrum, $F'_2 = $ konst.
d) Selbstspannender Riementrieb $F'_1/F'_2 = $ konst $< e^{\mu\alpha}$.

4 S. die Trumkräfte F'_1 und F'_2 und die Wellenspannkraft F_W unter Berücksichtigung der Fliehkraft F_f bei konstanter Riemengeschwindigkeit in Abhängigkeit von der übertragenen Nutzkraft F_n. In den Beispielen a) bis c) rutscht der →Riemen bei Erreichen von $F_{n\,max}$ durch und ist dadurch insbes. bei überhöhter Stoßbeanspruchung gegen Überlastung gesichert, während sich beim selbstspannenden →Riementrieb, Beispiel d), die Nutzkraft ohne Durchrutschen theoretisch beliebig weitersteigern ließe:

Fester Achsabstand und so bemessene Länge des Riemens, daß er beim Auflegen um die „Auflegedehnung" elastisch gedehnt werden muß und dadurch die erforderliche Ruhevorspannkraft F_{W0} erzeugt, ist ein weitaus am häufigsten angewendetes, einfachstes S. Die Länge des vorgespannten Riemens bleibt dann konstant. Im Betrieb gehen die Trumkräfte infolge der Fliehkraft um F_f und die Wellenvorspannkraft F_W um $\Delta F_W = 2\,F_f$ zurück. Die Ruhevorspannkraft F_{W0} muß deshalb um diesen Betrag höher sein als F_W bei maximaler Riemengeschwindigkeit. Wenn bei gleichbleibender Riemengeschwindigkeit mit steigender Nutzkraft ($\triangleq$ Drehmoment) die Zugkraft F'_1 des Lasttrums und dessen elastische Dehnung ansteigen, gehen wegen konstanter Gesamtlänge des Riemens die Dehnung und somit die Zugkraft F'_2 im Leertrum um etwa den gleichen Betrag zurück. Dabei steigt das Verhältnis der Trumkräfte an, bis bei $F'_1/F'_2 = e^{\mu\alpha}$ der Riemen durchrutscht.

Spannwelle mit durch Feder oder Gewicht konstant gehaltener Wellenspannkraft $F_W = F'_1 + F'_2$. Wirkungsweise wie beim festen Achsabstand, jedoch muß die Fliehkraft F_f beim Erzeugen von F_{W0} nicht berücksichtigt werden. Die Fliehkraft macht sich nur durch zusätzliche Belastung des Riemens im Betrieb bemerkbar. Dabei entsteht eine zusätzliche Dehnung beider Trume und eine entsprechende Vergrößerung des Achsabstands, die von der axial beweglichen Welle ebenso ausgeglichen wird wie eine bleibende Dehnung eines Riemens.

Spannrolle im Leertrum gleicht bleibende Dehnung des Riemens aus und hält die Trumkraft F'_2 konstant. Dadurch werden bei Teillast die maximale Riemenspannkraft $F_1 = F'_2 + F_n + F_f$ sowie die Wellenspannkraft F_W niedrig und die →Lebensdauer der Lager und des Riemens erhöht.

Selbstspannender Riementrieb erzeugt eine der Nutzkraft F_n, somit den Drehmomenten proportionale Wellenspannkraft $F_W/F_n > (e^{\mu\alpha}+1)/(e^{\mu\alpha}-1)$, ähnlich wie bei drehmomentabhängiger Anpressung bei Reibradgetrieben. Dadurch treten bei niedrigen Drehmomenten nur geringe Zugkräfte im Riemen auf. Durchrutschen ist selbst bei Überlastung nicht möglich. Bei stoßartigen Belastungen des Getriebes besteht jedoch die Gefahr von Schwingungen mit riemenschädigenden Lastspitzen. *H. W. Müller*

1123

Sparkonzept →Motor-Getriebe-Management

Speicher (Fördertechnik). S. wird teilweise als Synonym für →Puffer verwandt. Während der Puffer eine kurzzeitige Ausgleichsfunktion wahrnimmt, ist das Speichern ein längeres Lagern von Objekten. *Jünemann*

Speichermodul. Der Realteil $E'(\omega)$ des komplexen Moduls eines viskoelastischen Materials. Er ist ein Maß für die wiedergewinnbare Energie, die beim Verformungswechsel während einer Schwingung gespeichert wird. *Gaul*

Literatur: *Oberst, H.:* Elastische und viskose Eigenschaften von Werkstoffen. Hrsg. Dt. Verband f. Materialprüfung (DVM). Berlin 1963.

Speisepumpe (Kraftanlage). →Pumpe, die im geschlossenen Dampf-Kraft-Prozeß dem flüssigen →Arbeitsfluid die Kompressionsarbeit zuführt.

Arbeiten mehrere Pumpen in Reihe, so unterscheidet man oft Kondensatpumpen von Speisepumpen. S. sind dann die, die das Fluid auf den höchsten Prozeßdruck fördern und somit dieses in den Dampferzeuger einspeisen.

Wegen der großen Druckverhältnisse bei relativ geringen Volumenströmen sind S. mehrstufige Radialpumpen (Bild). *Rauhut*

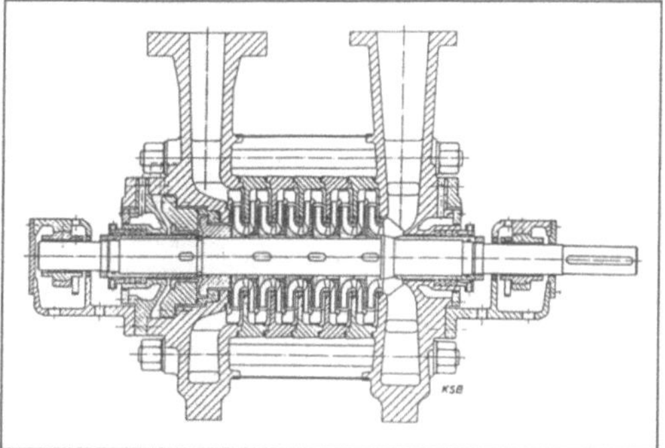

Speisepumpe (Kraftanlage): 6-stufige radiale Speisepumpe.

Spektralmatrix. Eine Diagonalmatrix, in der die Eigenwerte eines linearen Systems bei der →Modalanalyse zusammengefaßt werden. *Witfeld*

Sperrung. Begriff mit 2 unterschiedlichen Bedeutungen:
□ S. von Leckströmen in Dichtungen,
□ S. eines Strömungsquerschnitts, wenn aus gasdynamischen Gründen der maximale Durchfluß erreicht ist.

Sperrung von Leckströmen in Dichtungen. Mit S. bezeichnet man das Verhindern von bestimmten Leckströmen in Wellenabdichtungen (Stopfbuch-

sen und Labyrinthen), indem bestimmte Stellen der →Dichtung mit einem Sperrdruck beaufschlagt werden, so daß der unerwünschte Leckstrom vermieden wird. Beispiele: →Pumpen mit saugseitiger Stopfbuchse haben den unter Unterdruck stehenden Saugraum der Pumpe gegen die Außenluft abzudichten, damit keine Luft eindringt und die saugseitige Strömung nicht abreißt. Dazu führt man dem Stopfbuchsring Sperrwasser zu, das einer unter Überdruck stehenden Stelle der Pumpe entnommen wird. Durch die Stopfbuchse muß dann stets eine geringe Menge Sperrwasser austreten (Bild 1).

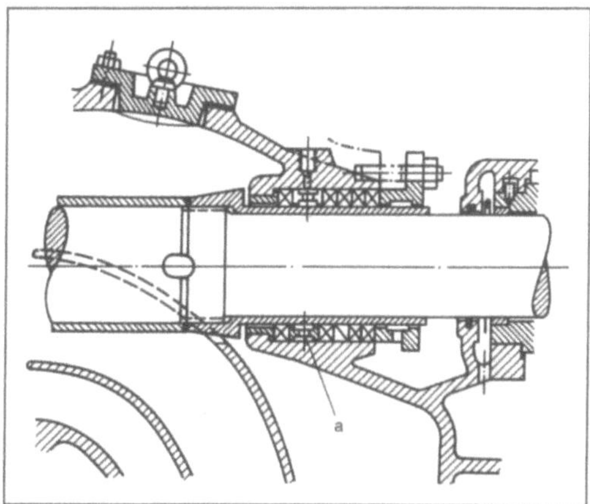

Sperrung 1: Saugseitige Stopfbuchse einer Pumpe mit Sperrwasserzufuhr bei a. (Quelle: Traupel *a. a. O.)*

Die Wellendurchführungen bei Dampfturbinen sind mit berührungslosen Labyrinthen versehen, die der anliegenden Druckdifferenz entsprechend von Leckmengen durchströmt werden. Bild 2 zeigt ein Sperrmittelsystem, das HD-seitig die Leckmengen vermindert und saugseitig bei Unterdruck am Turbinenaustritt verhindert, daß Luft eindringt. Durch das Drosselventil wird die erforderliche Leckdampf-

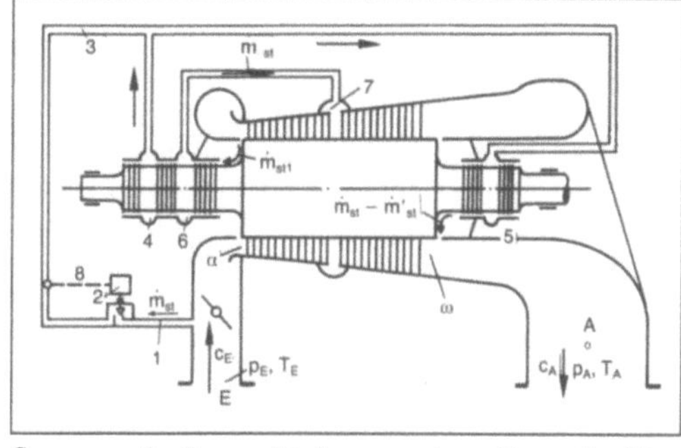

Sperrung 2: Sperrmittelsystem einer Dampfturbine. (Quelle: Traupel *a. a. O.)*

1 Leckdampfmengenleitung, 2 Drosselventil, 3 Leitungssystem, 4, 5, 6, 7 Ringkanäle, 8 Impulssignalleitung, α Stufengruppeneintritt, ω Stufengruppenaustritt, E Dampfturbineneintritt, A Dampfturbinenaustritt

menge zugeführt und der Druck im Sperrsystem etwas über Umgebungsdruck gehalten. Damit wird der größte Teil der Leckmenge des HD-Labyrinthes entweder der →Turbine oder dem Sperrsystem zugeführt. Am Unterdrucklabyrinth strömt Sperrdampf nach außen (und nach innen) und vermeidet so, daß Luft eindringt.

Sperrung eines Strömungsquerschnitts. Ein Strömungsquerschnitt sperrt, wenn aus gasdynamischen Gründen eine Steigerung des Massenstromes nicht mehr möglich ist. Wird in einem Strömungsquerschnitt Schallgeschwindigkeit erreicht, so bleibt der Durchfluß unverändert, wenn der Gegendruck weiter fällt. Beispielsweise ist bei Verdichtern, die für hohe Druckverhältnisse ausgelegt sind, der Arbeitsbereich bei steigenden Volumenströmen durch die Sperrgrenze beschränkt. Dann wird an der engsten Stelle des Strömungsweges, z. B. zwischen den Schaufeln der letzten Stufe, die Schallgeschwindigkeit erreicht. Bei supersonischer Verdichterströmung tritt die Sperrgrenze nicht durch Erreichen der Schallgeschwindigkeit auf, sondern aus anderen gasdynamischen Gründen. Der Verdichter sperrt, seine →Kennlinie verläuft an der Sperrgrenze im Druck-Volumenstrom-Diagramm senkrecht. Auch Ventile und Düsen sperren. Wichtig ist die Kenntnis der Sperr-Mach-Zahl Ma_S der Zuströmung mit $Ma < 1$ im Querschnitt A_E, bei der im folgenden engsten Querschnitt $A_{min} < A_E$ eines Bauteils die Mach-Zahl $Ma = 1$ auftritt. Bei isentroper Strömung zwischen A_E und A_{min} gilt

$$Ma_S = \frac{A_{min}}{A_E} \left[\frac{2}{k+1} \left(1 + \frac{k-1}{2} Ma_S^2 \right) \right]^{\frac{k+1}{2(k-1)}}.$$

Die Sperr-Mach-Zahl kann nicht überschritten werden. *Rauhut*

Literatur: *Schulz, H.:* Die Pumpen. 13. Aufl. Berlin, Heidelberg 1977. – *Traupel, W.:* Thermische Turbomaschinen. Bd. 2. 3. Aufl. Berlin, Heidelberg 1982.

Sperrung, mechanische. S. sind Anordnungen von Bauteilen in Führungen oder Getrieben und dienen dazu, die Bewegungen der Führungsteile bzw. Getriebeglieder zu verhindern oder zu begrenzen. Dabei kann deren Beweglichkeit in einer oder in beiden Richtungen abhängig oder auch unabhängig von der Bewegungskraft ganz oder teilweise eingeschränkt werden.

Man unterscheidet drei Arten von S.: Gesperre, Setzanschläge und Festanschläge (Tabelle).

Gesperre verhindern zeitweise die gegenseitige Bewegbarkeit der Teile durch Sperrer:

□ Riegelgesperre: Ein Riegel greift in entsprechende Ausnehmungen des Sperrstücks.

□ Klemmgesperre: Eine Klemme hält durch Keilwirkung das Sperrstück in jeder Stellung fest.

□ Zahnrichtgesperre: Eine Zahnklinke greift in entsprechende Ausnehmungen des Sperrstücks.

Sperrung, mechanische. Tabelle: Art und Wirkung von Sperrungen.

Gruppe	Bauart	Sperrwirkung		
Gesperre	Riegelgesperre	in beiden Richtungen	unabhängig von der Bewegungskraft	
	Klemmgesperre	in beiden Richtungen	unabhängig von der Bewegungskraft	
	Zahnrichtgesperre	in einer Richtung	unabhängig von der Bewegungskraft	
	Klemmrichtgesperre	in einer Richtung	unabhängig von der Bewegungskraft	
	Rastgesperre	in beiden Richtungen	abhängig von der Anschlagskraft	
	Haftgesperre	in beiden Richtungen	abhängig von der Anschlagskraft	
Setzanschläge	Riegelanschlag	in beiden Richtungen	unabhängig von der Bewegungskraft	Wegbegrenzung einstellbar
	Klemmanschlag	in beiden Richtungen	unabhängig von der Bewegungskraft	
	Zahnrichtanschlag	in einer Richtung	unabhängig von der Bewegungskraft	
	Klemmrichtanschlag	in einer Richtung	unabhängig von der Bewegungskraft	
	Rastanschlag	in beiden Richtungen	unabhängig von der Anschlagskraft	
	Haftanschlag	in beiden Richtungen	unabhängig von der Anschlagskraft	
Festanschläge	unmittelbarer Festanschlag	in beiden Richtungen direkt	unabhängig von der Anschlagskraft	Wegbegrenzung nicht einstellbar
	mittelbarer Festanschlag	in beiden Richtungen über Zwischenglieder	unabhängig von der Anschlagskraft	

□ Klemmrichtgesperre: Eine Klemmklinke hält durch Keilwirkung das Sperrstück in jeder Stellung fest.

☐ Rastgesperre: Eine Raste greift in entsprechende Ausnehmungen des Sperrstücks.

☐ Haftgesperre: Ein Sperrer hält durch Reibung das Sperrstück in jeder Stellung fest.

Setzanschläge begrenzen die gegenseitige Bewegbarkeit der Teile innerhalb eines wählbaren Wegs.

Festanschläge begrenzen die gegenseitige Bewegbarkeit der Teile innerhalb eines festgelegten Wegs. *Lauruschkat*

Literatur: *Hildebrand, S.*: Feinmechanische Bauelemente. München 1968. – *Richter, v. Voß, Kozer*: Bauelemente der Feinmechanik. 8. Aufl. Ost-Berlin 1959. – VDI/VDE 2253. Bl. 1–3: Feinwerkelemente, Sperrungen. VDI/VDE-Handb. Feinwerktechn. Berlin.

Spezialgerät (Bautechnik). Zu den S. gehören der →Pflugbagger und der Trommelbagger. Beide Geräte haben keinen eigenen Antrieb, sondern werden von einer oder mehreren Raupen gezogen. *Kühn*

Spiel. Kennzeichnet den Spalt zwischen rotierenden und stehenden Teilen in Strömungsmaschinen. In diesen Fällen sind S.-Verluste identisch mit Spaltverlusten. *Dibelius*

Spinnereiverfahren, konventionelles. Dies sind Spinnverfahren, die als Makrosysteme zum Verspinnen von natürlichen Stapelfasern, von der Flocke bis zum fertigen Garn, konzipiert wurden.

Es gilt insbes. für Baumwolle, Wolle, Flachs, Hanf und Jute. Mitte der 30er Jahre kamen regenerierte Cellulosefasern (Zellwollen) und nach dem Zweiten Weltkrieg eine ganze Palette von synthetischen Fasern hinzu.

Die wichtigsten konventionellen Spinnverfahren sind:

☐ *Dreizylinderspinnerei* zum Verspinnen von Baumwolle und Chemiefasern (B-Typen), nur Originalfasern, zu Garnen mit paralleler Faserlage; Endstufe: Baumwoll-Ringspinnmaschine;

☐ *Kammgarnspinnerei* zum Verspinnen von Wolle und Chemiefasern (W-Typen), nur Originalfasern, zu Garnen mit paralleler Faserlage; Endstufe: Kammgarn-Ringspinnmaschine;

☐ *Streichgarnspinnerei* zum Verspinnen von Originalfasern (Wolle, Baumwolle, Chemiefasern), aber auch von Recyclingfasern und Reißspinnstoffen aller Art zu Garnen mit Wirrfaserlage; Endstufe: Streichgarn-Ringspinnmaschine; seltener Selfaktor oder Dosenspinnmaschine;

☐ *Hartfaserspinnerei* zum Verspinnen von Flachs, Hanf und Sisal; Endstufe: Flügelspinnmaschine oder Ringspinnmaschine;

☐ *Jutespinnerei* zum Verspinnen von Jutefasern; Endstufe: Flügelspinnmaschine.

Alle konventionellen Verfahren sind in Form einer Reihenfertigung nach dem Flußprinzip organisiert. Für die einzelnen Ablaufabschnitte mit zwischengeschalteten Materialpuffern sind in Abhängigkeit vom Fasermaterial und Spinnverfahren unterschiedliche Maschinentypen eingesetzt. *Löcker*

Spinnereiverfahren, nichtkonventionelles. Sammelbegriff für Spinntechniken, die insbes. eine Substitution der Ringspinnmaschine ermöglichen sollen, die in den wichtigsten konventionellen S. die Endstufe der Garnbildung ist. Somit beziehen sich die n. S. nicht auf Makro-Spinnereisysteme (von der Flocke bis zum Fertiggarn), sondern nur auf die Endstufe der Garnbildung.

Der wichtigste Grund für eine Substitution der Ringspinnmaschine ist in der Verbesserung der Wirtschaftlichkeit des Spinnverfahrens, insbes. der Endstufe der Garnbildung, zu sehen, wobei sich unterschiedliche Kriterien anbieten:

☐ höhere Produktivität gegenüber der Ringspinnmaschine (ca. 10–20 m/min);

☐ Ausschalten einer Vorgarnbildung und damit direktes Verspinnen von Stapelfaserbändern;

☐ Ausgabe des Garns in Form von Kreuzspulen mit großer Fadenlauflänge (Umspulen der Spinnkopse entfällt);

☐ bessere Möglichkeiten zum Automatisieren des Spinnprozesses.

Die Ablösung der Ringspinnmaschine wird jedoch nicht nur durch die Wirtschaftlichkeit bestimmt, sondern auch durch die Garnqualität und den Garncharakter, die bei alternativen Verfahren teilweise sehr unterschiedlich zum Ringgarn sind, und schließlich durch die Flexibilität im Sinne des Fasereinsatzes (nicht alle unkonventionellen Verfahren eignen sich für alle bekannten Stapelfasern, bzw. sie setzen bestimmte Fasereigenschaften voraus).

Die heutige Bedeutung dieser Verfahren ist deshalb für den industriellen Großeinsatz sehr unterschiedlich. Die bis heute in der Industrie realisierten Verfahren zeigt die Tabelle auf Seite 1127. *Löcker*

Spinnzwirnverfahren. Damit schaltet man den Zwirnprozeß bei der Kammgarnherstellung aus. Die Ringspinngarne des Kammgarnsektors werden im Regelfall gezwirnt. Der Kostenfaktor für das Zwirnen ist etwa gleich groß wie der für das Spinnen auf der Ringspinnmaschine. Grundlage aller bis heute bekannten Verfahren ist, daß jeweils in einem Streckfeld 2 Vorgarne nebeneinander verzogen und beim Austritt aus dem Streckwerk durch eine Führungseinrichtung zusammengeführt werden.

Es entsteht ein zwirnähnliches Garn aus zwei verzogenen und dann gemeinsam zusammengedrehten Vorgarnfäden. Da es kein echter Zwirn ist (zwei oder mehrere zusammengedrehte Fertigfä-

Spinnereiverfahren, nichtkonventionelles. Tabelle: Unterschiedliche Verfahren.

Verfahrensgruppe	konkretes Verfahren	Garnart	Feinheitsbereich tex
Offenend	Rotorspinnen		1 000— 17
	Friktionsspinnen (Dref II)	Einfachgarn mit echter Drehung	4 000—100
	Friktionsspinnen (Masterspinner)		60— 14
Zwirnspinnen	Sirospun Duospun	Spinnzwirn	(55— 8)×2
Nitschelverfahren	Selftwist-Repco	Doppelfaden mit alternierender Drehung	(65—13)×2
Umwinde-verfahren	Coverspun Parafil usw.	filamentumwundene Stapelfasern (Kern ohne Drehung)	100— 6 500— 25
Falschdraht-verfahren	Dref III	Fadenkern mit Falschdraht (fixiert und ummantelt von Stapelfasern)	125— 33
	Murata-Jetspinnen usw.	Fadenkern aus Stapelfasern ohne Drehung; hoch-gedrehter Garnmantel aus Stapelfasern	40— 10
Klebeverfahren	Twilo	Einfachgarn aus verklebten Stapelfasern (ohne Drehung)	60— 20
Filzverfahren	Periloc	verfilzter Faden aus Wollfasern (mit eventuellen Beimischungen)	6 000—500

den), bezeichnet man das Produkt auch als Scheinzwirn oder Spinnzwirn.

Die bekannten Verfahren wie Sirospun und Duospun unterscheiden sich besonders durch die Führungs- und Kontrolleinrichtungen, insbes. um Einfachfäden zu vermeiden. Die S. stellen bereits erhebliche Kapazitäten, vor allem zum Herstellen feinerer Woll-Kammgarne dar. Die Spinnzwirntechnologie ist nicht nur bei neuen Kammgarn-Ringspinnmaschinen anwendbar, sondern auch durch eine Umrüstung vorhandener Maschinen realisierbar. *Löcker*

Spirale (Strömungsmaschine). Bei radial und diagonal durchströmten Turbomaschinen an Stelle eines Leitrads eingesetztes, spiralförmig um das →Laufrad gelegtes Gehäuse mit stetiger Änderung des meist kreisförmigen Strömungsquerschnitts. Ein- und Austrittsstutzen sind in das Spiralgehäuse integriert.

Um einen guten Teillastwirkungsgrad zu erhalten, werden in die Ringkanäle zwischen S. und Laufrad häufig zusätzliche, verstellbare Leitschaufeln eingebaut. Während bei Radialverdichtern und Kreiselpumpen der gesamte vom Laufrad geförderte Massenstrom in einer einzigen S. gesammelt und zum Austrittsstutzen geführt wird, trifft man bei zentripetal durchströmten Turbinenstufen häufig 2 gleichgroße, auf dem Umfang verteilte S. an (Bild).

In kleinen Abgas-Turboladern für Pkw- und Lkw-Motoren werden in der →Turbine zur Reduktion der Strömungsverluste bei Teillast aus Kostengründen 360°-Zwillings-S. mit speziell ausgelegten Strömungs- und Überströmquerschnitten eingesetzt. *Ziemann*

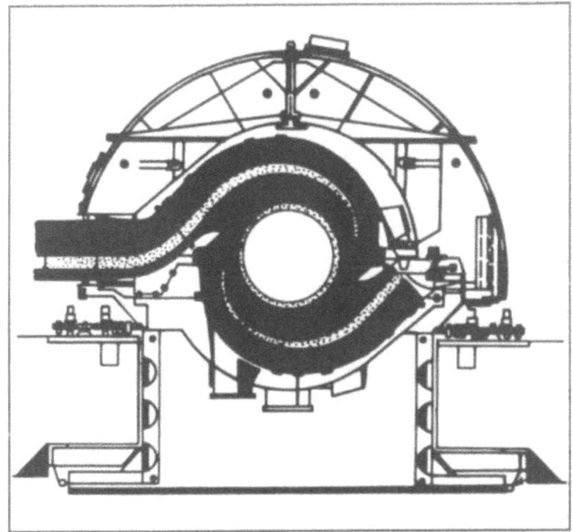

Spirale (Strömungsmaschine): Einströmspiralen für eine Niederdruckdampfturbine. (Quelle: BBC)

Spiralfeder. S., wie sie in Meßgeräten verwendet werden (DIN 43801), haben i. a. einen rechteckigen, über ihre Länge gleichbleibenden Bandquerschnitt und sind meist an beiden Enden fest eingespannt. Sie werden dann über ihre gesamte freie Länge mit dem äußeren Moment M_t als Biegemoment belastet. Sie sollen schwellend in dem Sinne beansprucht werden (Bild), daß die Biegerandspannungen außen als Zug übertragen werden. Dann braucht die Spannungserhöhung infolge der Bandkrümmung nicht berücksichtigt werden, und es gelten die einfachen Gleichungen der Mechanik des geraden Balkens:

$$M_{t\,zul} = \frac{b\,t^2}{6}\,\sigma_{b\,zul}, \quad \alpha = \frac{12\,M_t \cdot l}{b\,t^3\,E};$$

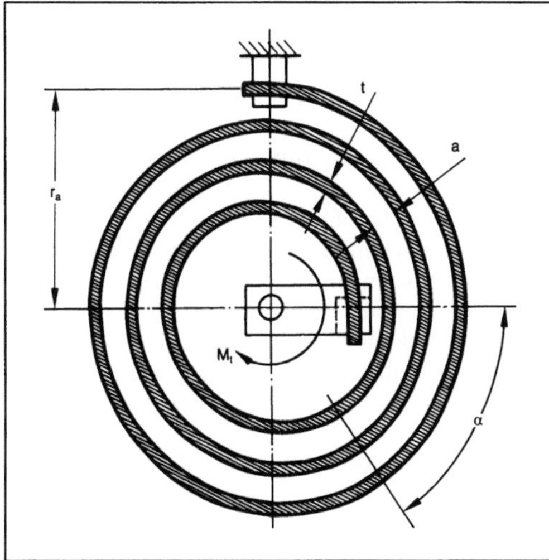

Spiralfeder: Mit rechteckigem Querschnitt (beiderseits eingespannt). (Quelle: DIN 43801 a. a. O.)

dabei ist

$$l = 2\pi\,i_f\left[r_a - \frac{i_f}{2}\,(t+a)\right],$$

i_f die Anzahl der federnden Windungen, t die Federbanddicke, a der Windungsabstand und b die Federbandbreite. Die Drehsteifigkeit c_t wird $c_t = \dfrac{b\,t^3\,E}{12\,l}$ und der →Nutzungsgrad η_A etwa gleich 1/3 (→Feder). *Federn*

Literatur: DIN 43801. Tl. 1: Elektrische Meßgeräte, Spiralfedern, Maße. Hrsg. Dt. Inst. für Normung. Ausg. Aug. 1976.

Spiralnuten-Lager. S.-L. oder Spiralrillen-L. sind eine konstruktive Variante des Stufenspalt-L. Entsprechend dem konvergenten →Schmierspalt angestellter oder gekrümmter Gleitflächen ergibt sich die zur hydrodynamischen Druckentwicklung notwendige Drosselwirkung beim Stufenspalt durch zwei abgesetzte parallele Flächen. Stufenspalte entwickeln höhere Tragkräfte als kontinuierlich veränderliche Schmierspalte (Bild 1). S.-L. werden als Radial- und Axial-L. ausgeführt (Bild 2). Zu beachten ist der Einfluß der Nutanordnung auf die

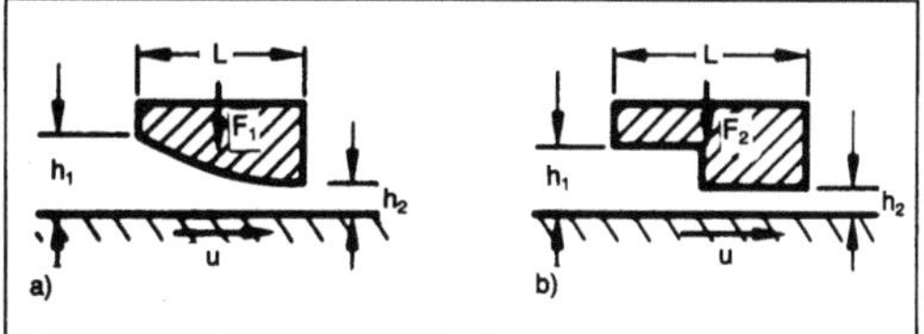

Spiralnuten-Lager 1: Maximale Tragfähigkeit $F_2/F_1 = 0{,}205/0{,}163$
a) Parabelspalt $h_1/h_2 = 2{,}30$
b) Stufenspalt $h_1/h_2 = 1{,}87$.

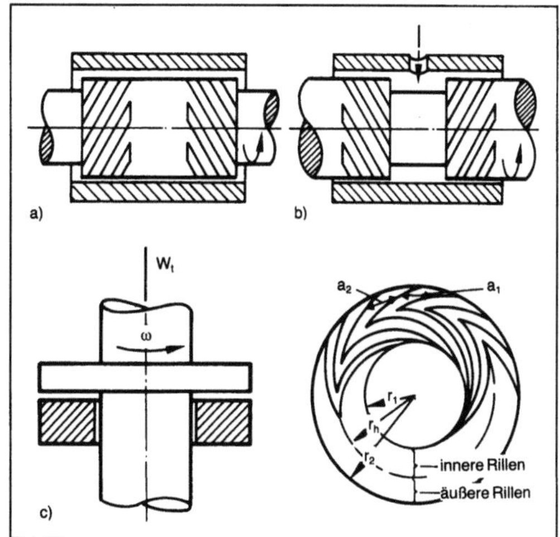

Spiralnuten-Lager 2:
a) Einwärtsförderndes Radiallager
b) Auswärtsförderndes Radiallager
c) Axiallager.

Förderwirkung und die hydrodynamischen Eigenschaften:

☐ einwärts fördernde Nuten senken den Schmierstoffbedarf, führen aber weniger Wärme ab, Bild 2a),

☐ auswärts fördernde Nuten erhöhen den Schmierstoffdurchsatz und sorgen für eine gute Wärmeabfuhr durch den Schmierstoff, Bild 2b). *Knoll*

Spiralrohrherstellung. Im Gegensatz zur Längsnaht-Rohrherstellung, bei der für jeden Rohrdurchmesser eine bestimmte Blechbreite benötigt wird, zeichnet sich die S. (besser →Wendelnaht-Rohrherstellung genannt) dadurch aus, daß aus Band oder Blech mit nur einer Breite Rohre mit unterschiedlichen Durchmessern gefertigt werden können. Bei der Herstellung der Wendelnahtrohre wird das Stahlband oder Stahlblech in einem Formsystem schraubenlinienförmig mit gleichbleibendem Krümmungsradius kontinuierlich zu einem Rohr umgeformt. Gleichzeitig werden die dabei zusammenstoßenden Bandkanten mit dem →Wendelnaht-Rohrschweißverfahren geschweißt oder geheftet und später geschweißt. *Baumann*

Spitzendruck. Höchster Druck im Zylinder eines Verbrennungsmotors.

Gesteuert über den Zeitpunkt des Zündfunkens (beim →Ottomotor) oder der →Einspritzung (beim →Dieselmotor) beginnt die →Verbrennung im Zylinder eines Verbrennungsmotors kurz vor Ende des Verdichtungshubs, also kurz vor dem oberen Totpunkt. Mit der Verbrennung steigt der Druck im Zylinder stark an und erreicht seinen Höchstwert, den Spitzendruck oder Zünddruck, erst nach dem oberen Totpunkt, also während der beginnenden Expansion.

Eine späte Verbrennung bewirkt einen später auftretenden und infolge der Expansion niedrigeren S. Dadurch wird die Triebwerkbelastung bei z. B. hochaufgeladenen Dieselmotoren vermindert. Die gleichzeitig auftretende geringfügige Wirkungsgrad-Verschlechterung nimmt man bei höchster Leistung in Kauf (MCR Maximum →Continuous Rating). Bei geringerer Leistung (ECR Economy Continuous Rating) kann man die Verbrennung zugunsten eines höheren Wirkungsgrads früher legen, ohne daß man den von der Triebwerkbelastung zulässigen Zünddruck überschreitet. *Kuhlmann*

Spitzgewinde →Gewinde

Splint →Schraubensicherung

Spreizung →Radführung

Sprenggeschoß. S. (Bild) werden auch HE-Geschosse (high explosive) genannt. Sie gehören zu

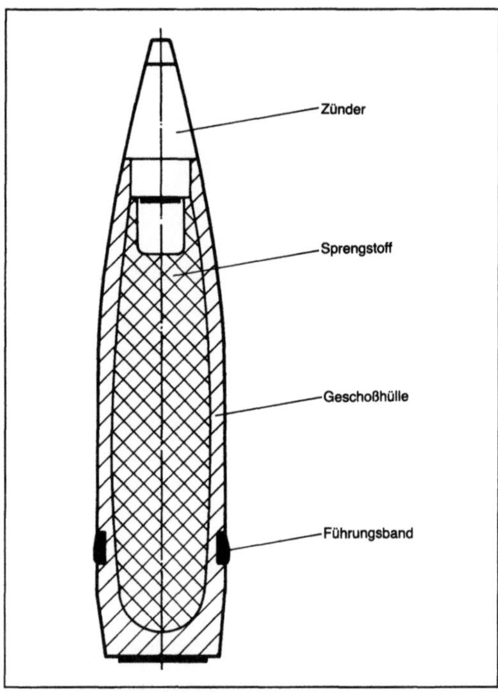

Sprenggeschoß: Sprenggranate 105 mm.

den CE-Geschossen (chemische Energie), deren Wirkung durch die Detonation des enthaltenen Sprengstoffs im Ziel entsteht. Die Wirksamkeit ist durch hochbeschleunigte Splitter und Gasschlag bedingt. Die Splitter ergeben sich aus der zerlegten Geschoßhülle, der Gasschlag aus der Druckwelle.

Die stählerne Geschoßhülle wird je nach Kaliber kalt gezogen, warm gepreßt oder gegossen. Um zu erreichen, daß vorwiegend Splitter einer günstigen Größe entstehen, kann man die Hülle mechanisch vorkerben, wärmetechnisch örtlich verspröden oder Kugeln in einer doppelwandigen Hülle vorsehen.

Der Sprengstoff wird eingegossen oder eingepreßt. An Stelle des früher üblichen reinen TNT (Trinitrotoluol) werden heute Gemische aus TNT und den energiereicheren Hexogen oder Oktogen eingesetzt. Bei den Minengeschossen werden dünne Hüllen zugunsten einer größeren Sprengstoffmenge verwandt, um für bestimmte Einsätze eine hohe Gasschlagwirkung zu erzielen.

Durch Zusätze von Aluminium u. a. kann eine zusätzliche Brandwirkung erzielt werden (Sprengbrandgeschosse).

Wegen der Gefährlichkeit des Sprengstoffs sind zahlreiche Sicherheitsmaßnahmen nötig: Dichtigkeit des Geschoßbodens, Lunkerfreiheit des vergossenen Sprengstoffs, feste Haftung u. a.

Der Zünder wird bei großkalibriger →Munition gewöhnlich erst in der Feuerstellung auf das →Geschoß geschraubt. Zünderart und -einstellung sind sehr entscheidend für die Wirkung des S.

Ein oder mehrere Führungsbänder sorgen für die Abdichtung im Rohr. Vor allem aber erteilen sie dem S. den notwendigen Drall für einen stabilen Flug, indem sie sich in die schraubenförmigen Züge des Rohrs eindrücken.

S. gibt es für Maschinenkanonen (ab Kaliber 20 mm) bis zu den großen Artilleriekalibern. *Meyer-Bäse*

Sprengring. S. (DIN 9045) dienen der formschlüssigen axialen Sicherung von Bauteilen auf Wellen und in Bohrungen (Bild 1). Sie bestehen aus einem an einer Stelle geschlitzten →Ring, der in eine Nut in der →Welle bzw. der Bohrung gelegt wird. Im Gegensatz zum →Sicherungsring verformt sich der Sprengring ungleichmäßig und liegt nur an drei Stellen in der Nut an. Er wird eingesetzt, wenn Sicherungsringe zu hoch bauen, also vor allem für die axiale Festlegung von Nadelkränzen und Nadellagern. S. haben den Nachteil, daß die Nut durch Kerbwirkung die Welle schwächt.

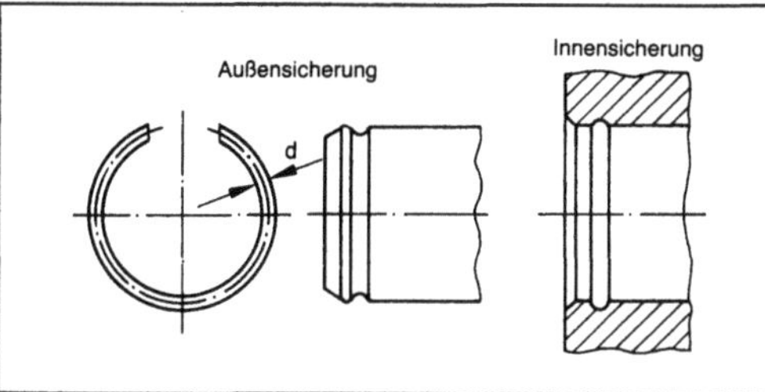

Sprengring 1: Nach DIN 9045.

S. (DIN 70951) aus Federstahldraht (Bild 2) und mit einem Haken dienen als Losdrehsicherung von Nutmuttern. *Ehrlenspiel*

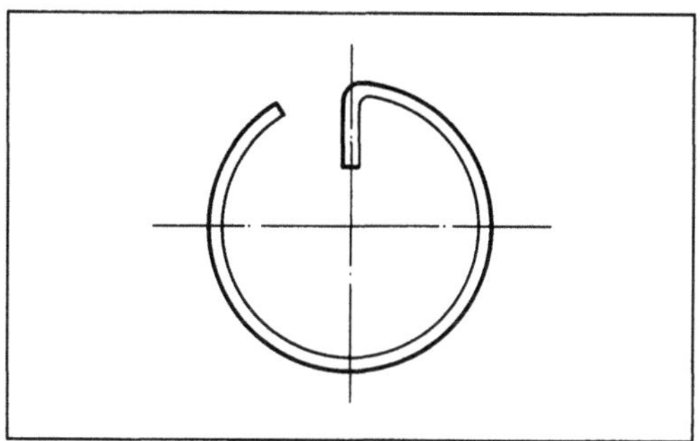

Sprengring 2: Nach DIN 70951.

Sprengstoff. S. zählen zu den Explosivstoffen. Sie unterscheiden sich prinzipiell nicht von den Treibstoffen, da bei beiden in Abhängigkeit von der Art der Zündung ein Abbrand oder eine Detonation entstehen kann. Letztere ist charakteristisch für S.: Sie ist die Kopplung einer Stoßwelle mit einer chemischen Reaktion, wobei die Stoßwelle die Reaktion auslöst und die Reaktion die Stoßwelle aufrechterhält. Dieser Vorgang läuft mit konstanter Geschwindigkeit, der Detonationsgeschwindigkeit, je nach S. und Dichte mit Werten zwischen 2000 m/s und 10000 m/s sowie Drücken zwischen 10 GPa und 40 GPa ab.

Die S. unterscheidet man in:
□ Primär- oder Initial-S.,
□ Sekundär-S.,
– militärische S.,
– gewerbliche S.

Die Primär- oder Initial-S. reagieren sehr empfindlich auf geringe mechanische Beanspruchung oder Zuführung thermischer Energie. Sie werden ausschließlich in Zündkapseln zur Einleitung einer Detonation verwendet.

Sprengstoff. Tabelle: Eigenschaften einiger wichtiger Sekundärsprengstoffe.

Name	Abkürzung	max. Ladedichte g/cm^3	Detonations-geschwindigkeit m/s	Detonationswärme MJ/kg
Trinitrotoluol	TNT	1,65	6 930	4,56
Nitropenta	PETN	1,78	8 260	6,32
Hexogen	RDX	1,806	8 750	6,32
Oktogen	HMX	1,905	9 120	6,20
Tetryl	—	1,73	7 850	4,77
Compound B: 60% RDX/40% TNT		1,75	7 890	5,02
Nitromethan	NM	1,138	6 290	4,76
Ammongelit 3	—	1,56	2 080	—
Wetter-Nobelit C	—	1,70	5 650	0,57

Die Sekundär-S. unterteilen sich in militärische und gewerbliche S. An die militärischen S. werden insbes. folgende Anforderungen gestellt:
□ hohe Ladedichte,
□ Laborierfähigkeit (gießfähig bzw. verpreßbar),
□ chemische Beständigkeit bei langen Lagerzeiten,
□ Abschußfestigkeit bei extremen Beschleunigungen (einige zehntausend g).

Die bekanntesten militärischen S. sind (Tabelle):
□ TNT (Trinitrotoluol), das auf Grund seines günstigen Schmelzpunkts auch heute noch ein weites Einsatzspektrum besitzt,
□ RDX (Hexogen), wichtige Komponente bei modernen Gefechtsköpfen wie Hohlladungen,
□ PETN (Nitropenta) als S. für gepreßte Ladungen, Übertragungsladungen sowie als Beiladung bei Sprengkapseln,
□ Tetryl als S. für Übertragungsladungen.

RDX und HMX (Oktogen) werden zur Phlegmatisierung und zur besseren Verarbeitung häufig mit TNT gemischt (Compound B: RDX/TNT 60/40; Oktol: HMX/TNT) bzw. bei modernen kunststoffgebundenen S. (PBX) in eine Kunststoffmatrix eingebettet.

Bei dem zivilen S. unterscheidet man die für unter Tage zugelassenen Wettersprengstoffe und die Gesteinssprengstoffe. Sie unterscheiden sich von den militärischen Sprengstoffen z. B. durch geringere Detonationsgeschwindigkeiten und eine geringere Lagerfähigkeit. *Scholles*

Spritzblasmaschine. Maschine, die aus makromolekularen thermoplastischen Formmassen diskontinuierlich Hohlkörper herstellt.

Es ist eine Sonderbauart, die Ähnlichkeiten mit der Spritzgießmaschine und der →Blasformmaschine hat. Diese Maschine wird in unterschiedlichen Varianten gebaut. Gemeinsames Merkmal ist, daß sie eine Plastifizier- und Einspritzeinheit haben, wie es bei der Spritzgießmaschine üblich ist. Auch die erste Formgebungsstation ähnelt der Schließeinheit der Spritzgießmaschine oder ist eine solche (Bild 1).

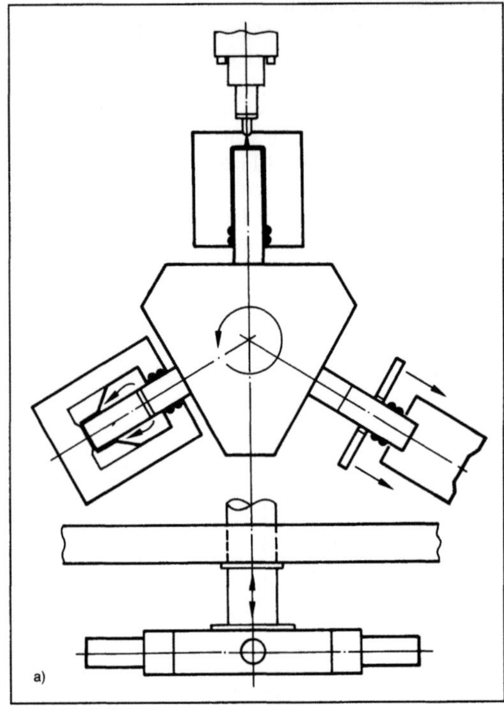

Spritzblasmaschine 2: Anordnung der Vorformlinge mit Schwenkbewegung um eine vertikale bzw. horizontale Achse.

a) Ablauf des Formvorgangs mit Hilfe eines Drehtellers in Vorderansicht und Draufsicht

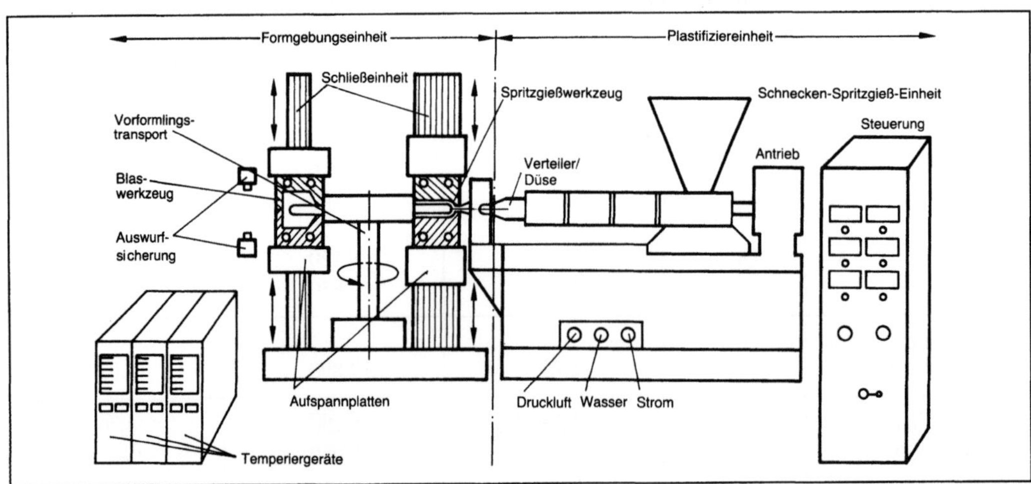

Spritzblasmaschine 1: Spritzblasautomat (Schemaskizze).

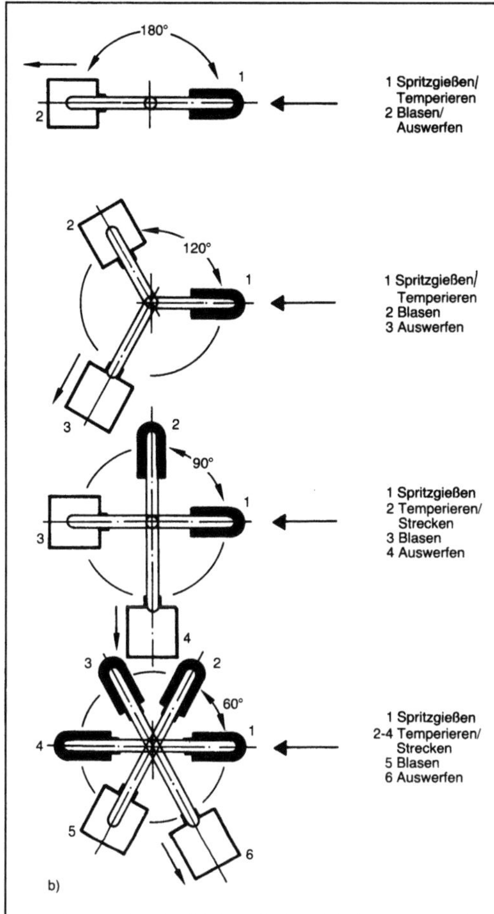

Spritzblasmaschine 2: Noch Anordnung der Vorformlinge mit Schwenkbewegung um eine vertikale bzw. horizontale Achse.
b) Blas-Stammwerkzeug mit verschiedenartigen Einsätzen.

Die Plastifizier- und Einspritzeinheit besteht wie bei Spritzgießmaschinen aus einem Plastifizierzylinder, in dem eine drehbare →Schnecke Kunststoff fördert und zur Schmelze aufbereitet. Sie wirkt aber auch als Kolben zum Einspritzen. Die konstruktive Ausführung der Schnecke entspricht ebenfalls denen in Spritzgießmaschinen in Form einer Dreizonenschnecke. Beim Einspritzen in ein Spritzgießwerkzeug entsteht ein Vorformling. Der Vorformling wird mit dem Kern vom Spritzgießwerkzeug in ein Blaswerkzeug transportiert. Dort wird der Vorformling zu einem Hohlkörper aufgeblasen (Bild 2). Die bereits abgekühlte Halspartie wird dabei nicht mehr verändert. Nach der Abkühlung im Blaswerkzeug kann der Hohlkörper entformt werden.

Diese Maschine eignet sich dazu, rotationssymmetrische Hohlkörper herzustellen. Dabei erhält die Halspartie ihre endgültige und sehr präzise Form bereits durch den ersten Prozeßschritt, den Spritzgießvorgang. Der Körper hat nach dem Aufblasen zur endgültigen Form im Gegensatz zum normalen Hohlkörperblasen keine Quetschnähte. Im Boden befindet sich nur die Markierung der Anspritzstelle. Das Verfahren arbeitet meist ohne Materialabfälle. *Johannaber*

Literatur: *Johannaber, F., u. K. Stoeckkert:* Kunststoffmaschinenführer. 2. Aufl. München 1984. – *Schwarz, O., F.-W. Ebeling, G. Lüpke u. W. Schelter:* Kunststoffverarbeitung. Würzburg 1985.

Spritzblaswerkzeug. S. dient zum Herstellen von Hohlkörpern aus Kunststoff im Spritzblasverfahren. Das S. besteht aus zwei unabhängigen Einheiten, die jedoch im Folgeschrittsystem untereinander arbeiten. Die Kernseite taucht zunächst in die Matrize eines Spritzgießwerkzeugs. Der Kern transportiert den spritzgegossenen Vorformling in eine zweite Station, das Blaswerkzeug. Die Matrize zum Aufblasen hat einen Hohlraum, in den der Vorformling durch Aufblasen mit Luft gepreßt wird. Das Werkzeug überträgt seine im Spritzgießwerkzeugteil endgültig gestaltete Halspartie auf das Fertigteil, das Blaswerkzeug seinen Hohlraum.

Den kerntragenden Mittelteil schwenkt man entweder um eine vertikale oder horizontale Achse in die erforderliche Arbeitsposition. Solch ein Werkzeug ist in eine Schließeinheit einer Spritzgießmaschine integrierbar (Bild 1) oder Bestandteil einer speziell für diesen Zweck gebauten Spritzblasmaschine. Letztere Verfahren mit entsprechendem

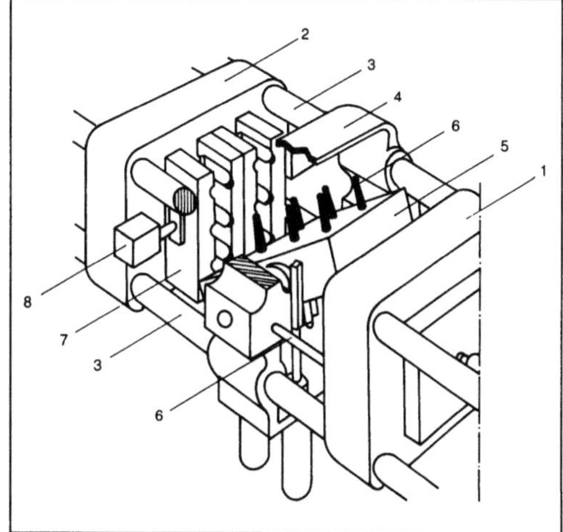

Spritzblaswerkzeug 1: Spritzblasmaschine. (Quelle: Netstal)

1 düsenseitige Werkzeugaufspannplatte, 2 schließseitige Werkzeugaufspannplatte, 3 Säulen, 4 Rahmen, 5 Wendeplatte, 6 Spritzkerne, 7 Blaswerkzeug, 8 Hydraulikzylinder

Werkzeug wendet man insbes. dann an, wenn zum Erzielen einer gewünschten Wanddickenverteilung eine Zwischentemperierung (Konditionierung) oder ein Vorblas- oder Vorstreckvorgang erforderlich sein sollte (Bild 2). Man kann den Aufblasvorgang auch mit einem mechanischen Vorrecken kombinieren. Dabei fährt aus dem Kern ein Stift vor, der den Vorformling mechanisch längsverstreckt. Man kennt heute S. für Hohlkörper zwischen wenigen ml und etwa 10 l Inhalt. *Johannaber*

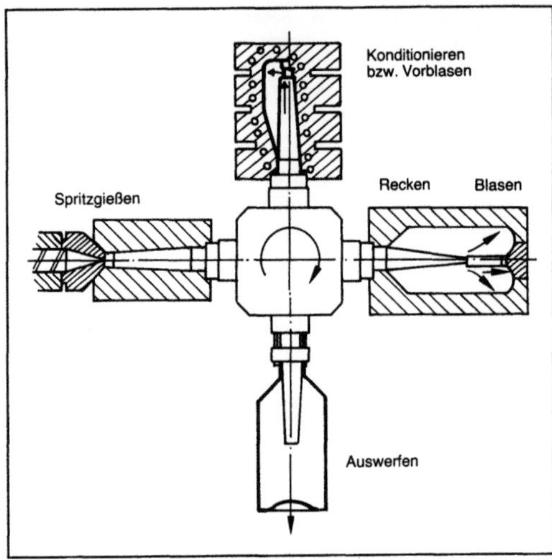

Spritzblaswerkzeug 2: Anlagenkonzept von Streckblasaggregaten mit 4 Operationsstationen (Draufsicht).

Literatur: *Johannaber, F., u. K. Stoeckhert:* Kunststoffmaschinenführer. 2. Aufl. München 1984. – *Schwarz, O., F.-W. Ebeling, G. Lüpke* u. *W. Schelter:* Kunststoffverarbeitung. Würzburg 1985.

Spritzen, thermisches. Beschichtungsverfahren, bei denen ein Spritzwerkstoff in Form von Draht oder Pulver innerhalb oder außerhalb eines Spritzgeräts aufgeschmolzen und mit hoher Geschwindigkeit auf die Oberfläche des zu beschichtenden Werkstücks gespritzt wird. Die Werkstückoberfläche wird dabei nicht an- oder aufgeschmolzen; das Werkstück erwärmt sich während des Spritzens nur wenig. Die wichtigsten thermischen Spritzverfahren sind:

□ Flamm-S.

□ Lichtbogen-S.

□ Plasma-S.

□ Detonations-S.

Um eine möglichst hohe Haftfestigkeit der Spritzschicht auf dem Werkstück zu erreichen, muß dem S. eine besondere Vorbehandlung der Oberflächen vorausgehen. Für Schichten bis ca. 1 mm Dicke wird als Vorbehandlung das Strahlen mit Korund oder Siliciumcarbid angewendet, wodurch die Oberfläche gereinigt, aufgerauht und aktiviert wird. Um eine erneute Verschmutzung oder Oxidation zu vermeiden, sollte das thermische Spritzen unmittelbar nach dem Strahlen vorgenommen werden. Für das Aufbringen dickerer Schichten kann die Vorbereitung der Oberfläche durch Rauhgewindedrehen, bei planen Flächen gegebenenfalls durch Einfräsen von Schwalbenschwanznuten erfolgen, wobei unter Umständen ein zusätzliches Aufrauhen durch Strahlen möglich ist. Oxide und Gemische aus Oxiden und Metallen werden häufig nicht direkt auf die Werkstückoberfläche, sondern auf eine ebenfalls thermisch gespritzte Haftgrundschicht aufgebracht, die z. B. aus Nickel-Aluminium, Nickel-Chrom oder Nickel-Chrom-Aluminium besteht. *Habig*

Literatur: *Simon, H., u. M. Thoma:* Angewandte Oberflächentechnik für metallische Werkstoffe. München 1985.

Spritzen, thermisches. Tabelle: Thermische Spritzschichten.

Schicht		Anwendungsziele							max. Anwendungstemperatur der Schicht °C
		Korrosionsschutz	Oxidationsschutz	Verschleißschutz	Gleitschicht	Haftgrund	Reparaturschicht	andere	
Metalle und Legierungen	Aluminium	●							400
	Zink	●							250
	Nickel					●			500
	Molybdän			●	●	●			320
	Blei	●						Strahlenschutz	200
	Al–Mg	●							200

Spritzen, thermisches. Noch Tabelle: Thermische Spritzschichten.

	Schicht	Anwendungsziele							max. Anwendungstemperatur der Schicht °C
		Korrosionsschutz	Oxidationsschutz	Verschleißschutz	Gleitschicht	Haftgrund	Reparaturschicht	andere	
Metalle und Legierungen	Aluminium Legierter Stahl	●		●			●		~ 500
	Co-Werkstoff mit Al_2O_3 bzw. Cr_2O_3		●	●					~1 000
	CoMoSi (Tribaloy)			●	●				~1 000
	NiAl, NiCr					●	●		950
	Nickel-Graphit				●			Einlaufbelag	500
	MCrAlY M = Fe, Co, Ni	●	●						~1 000
	Messing Bronze				●				< 200
	Hartlegierungen mit Matrix Fe, Co, Ni, und Boriden, Carbiden, Siliciden der Elemente V, Cr, Mo, W			●					800
Boride	TiB_2, ZrB_2			●					*
Carbide	TiC, Cr_3C_2, NbC, TaC, WC			●					400 TiC 500 WC
	WC–TiC, TaC–NbC			●					
	Cr_3C_2–NiCr, WC–Co			●					800 500
Oxide	Al_2O_3, TiO_2, Cr_2O_3, ZrO_2			●				Wärmedämmung	*
	Al_2O_3–TiO_2, Al_2O_3–MgO, Cr_2O_3–TiO_2			●				Wärmedämmung	*
	ZrO_2–MgO, ZrO_2–CaO, ZrO_2–SiO_2			●				Wärmedämmung	*

Die Temperaturbegrenzung ist durch den Grundwerkstoff, nicht durch die Schicht bedingt.

Spritzgerät →Pflanzenschutzgerät

Spritzgießmaschine. Maschine, die aus vorzugsweise makromolekularen Formmassen diskontinuierlich Formteile herstellt. Das Formen geschieht durch Urformen unter Druck. Die wesentlichen Bestandteile der S. sind Spritzeinheit und Schließeinheit (DIN 24450, Euromap 1–7). Die S. ist die am häufigsten verwendete Maschine zum Herstellen von Formteilen aus thermoplastischen und duroplastischen Kunststoffen wie auch aus Kautschuk. Vereinzelt finden diese Maschinen Verwendung zur Verarbeitung von Ton, Porzellan, Keramik, Wachs usw.

Seit 1956 die erste Schneckenkolbenmaschine gebaut wurde, ist die reine Kolbenmaschine nahezu vom Markt verdrängt worden. Sie findet nur noch bei Kleinstmaschinen Verwendung, da Schnecken unter 16 mm Dmr. für sehr kleine Schußgewichte nicht mehr eingesetzt werden können.

Eine moderne Maschine wird als Standardmaschine gebaut (Bild 1). Rechts meist neben der Maschine steht der Steuerschrank. Die Maschine produziert automatisch. Es gibt unterschiedliche Bauweisen.

Der Verfahrensablauf ist prinzipiell wie folgt: Eine in einem Zylinder drehbar und axial verschiebbar angeordnete →Schnecke nimmt aus dem Maschinentrichter Formmasse auf und fördert sie zur Düse hin. Dabei verdichtet sie die Formmasse, erwärmt sie und lagert sie rückwirkend vor der Düse ab. Die Wärme wird durch die Zylinderheizung und durch Schererwärmung zugeführt. Danach setzt die Düse auf das in der Schließeinheit befindliche Werkzeug auf und pumpt die Schmelze unter Druck zwischen 500 und 2 000 bar in die formgebende

Werkzeughöhlung ein (Bild 2a)). Dort erkaltet (Thermoplast), härtet (Duromer) oder vulkanisiert (Kautschuk) die Masse zum endgültigen Spritzling (Bild 2b)). Danach öffnet die Schließeinheit und stößt den Spritzling aus der Kavität aus (Bild 2c)). Ein Spritzling kann aus dem Anguß und einem oder mehreren Teilen bestehen. Man kann jedoch auch angußlos spritzgießen und direkt verwendbare Teile herstellen. Dieses Arbeitsprinzip weisen alle S. in wesentlichen Teilen auf. Man realisiert Schußgewichte von unter 1 g bis zu 50 kg. In Ausnahmefällen spricht man von Möglichkeiten, bis 150 kg je Schuß zu verarbeiten. Die Schließkräfte der marktüblichen Maschinen liegen zwischen 50 kN und 100 000 kN. Man stellt im Spritzgießverfahren dünnwandige Verpackungen wie auch technisch oder optisch hochwertige Teile her wie Zahnräder oder optische Linsen.

Die Spritzeinheit und/oder die Schließeinheit gibt es in Abwandlungen der Konstruktion für besondere Anwendungen.

Die Thermoplastschaum-S. (TSG-Maschine) ist eine S., die zum Herstellen von Spritzgußformteilen mit zumindest poriger Kernzone verwendet wird. Sie weist gegenüber der Standard-S. einige Besonderheiten auf.

Die Plastifiziereinheit verfügt über meist extrem große Schußgewichte, die es ermöglichen, Teile bis zu 50 kg Gewicht herzustellen. Dieses ist u. a. möglich, weil die Einspritzvorrichtung nur relativ niedrige Drücke erzeugen muß (80 bis 100 MPa). Die Materialmenge für die großen Teilegewichte fördert eine relativ klein bemessene Schnecke zunächst meist in einen Akkumulator.

Ein zylindrischer Kolben (Transferzylinder) verdrängt die Schmelze in das Spritzgießwerkzeug. Die

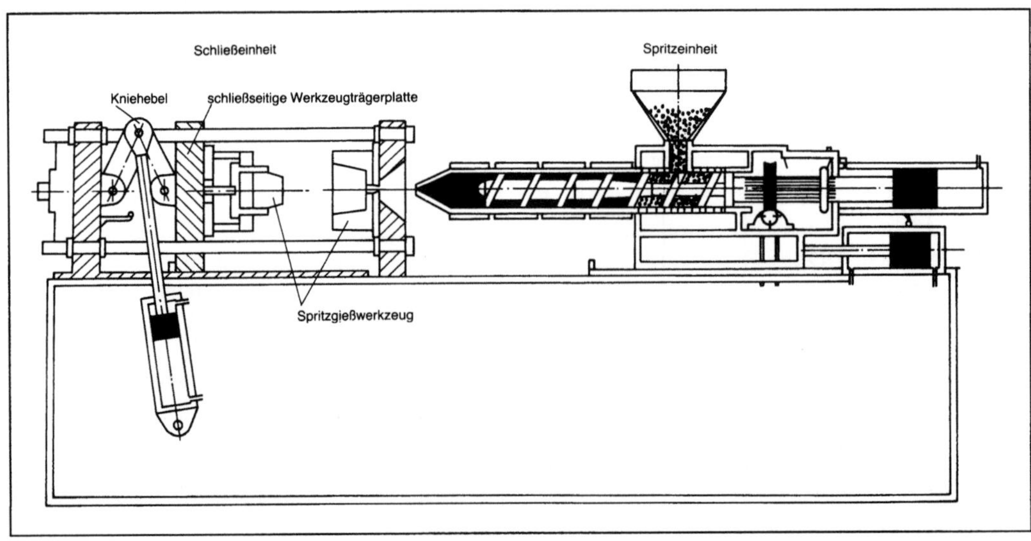

Spritzgießmaschine 1: Spritzgießmaschine in Standardbauweise (Schemaskizze).

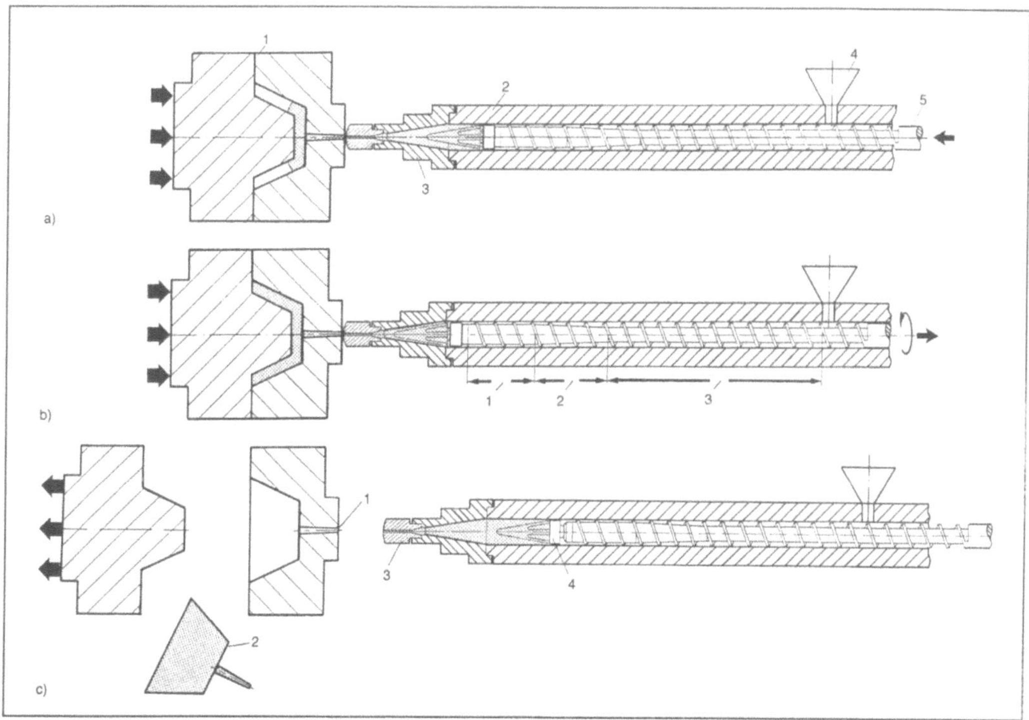

Spritzgießmaschine 2: Spritzgießmaschine in charakteristischer Arbeitsposition (Schemaskizze).
a) Einspritzen

1 Werkzeug, 2 Zylinder, 3 Zylinderkopf, 4 Trichter, 5 Schnecke

b) Abkühlen und Dosieren

1 Meteringzone, 2 Kompressionszone, 3 Einzugszone

c) Entformen.

1 Anguß, 2 Formteil, 3 Düse, 4 Rückstromsperre

erzielbaren Einspritzleistungen sind sehr hoch (bis zu 10 kg/s). Die Schließeinheit dieser Maschine ist wegen der vom Schaumdruck erzeugten niedrigen Auftreibkräfte mit einem größeren Verhältnis von Aufspannfläche für das Werkzeug zu Schließkraft/ Zuhaltekraft ausgestattet. Die Steuerung dieser Maschine unterscheidet sich nicht wesentlich von der der normalen S.

Man ist heute in der Lage, die Treibmittelzufuhr nicht nur gemeinsam mit dem Granulat über den Trichter vorzunehmen, sondern auch durch Injektion von Flüssigtreibmitteln in den Plastifizierzylinder.

Da die Oberfläche der mit diesen Maschinen hergestellten Teile stark strukturiert ist, gibt es eine Reihe von Entwicklungen, die zu glatter Oberfläche der Spritzgußteile führen. Zwei dieser Entwicklungen betreffen eine direkte Modifizierung der TSG-Maschine.

Eine dieser Modifikationen ist als ICI-Verfahren bekannt. Die entsprechende Maschine hat zwei Plastifizier-(Einspritz-)einheiten. Diese befüllen ein Werkzeug nacheinander. Dabei dringt das von der zweiten Einheit eingespritzte aufschäumende Material in das zunächst von der ersten Einheit eingespritzte ungeschäumte Material ein. Zum Schluß kann eine Versiegelung der Angußstelle mit der ersten Einheit vorgenommen werden. Der porige Kern (Schaum, hart) ist allseitig von massivem, ungeschäumtem Kunststoff umgeben.

Eine andere Maschine spritzt die Materialien nicht nur nacheinander ein, sondern im Übergang von einem auf das folgende Material beide Komponenten über eine einstellbare Zeit gleichzeitig. Die entsprechende Maschine ist als Zweikomponenten-S. (2 K-Maschine) bekannt. Sie ermöglicht durch geschickte Materialkombinationen günstige Eigenschaften von Spritzgußteilen.

Von Bedeutung ist noch die Zwei- oder Mehrfarben-S., die es in horizontaler oder vertikaler Bauart (Bild 3) der Schließeinheit gibt. Im dargestellten Fall wird das Werkzeug bei jedem Einspritzvorgang um

1136

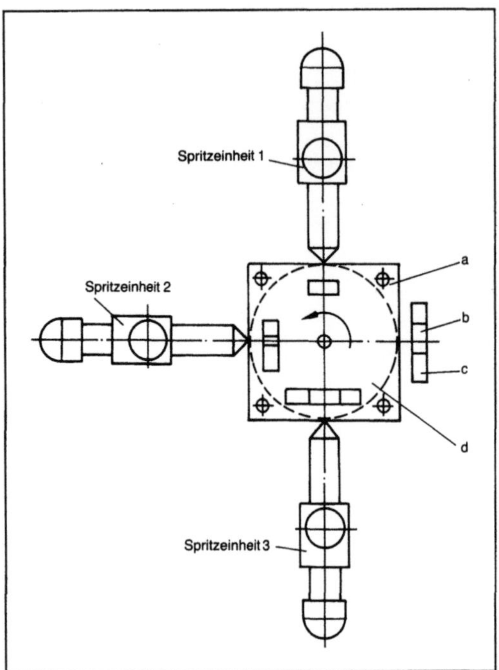

Spritzgießmaschine 3: Mehrfarbenspritzgießmaschine mit vertikaler Schließeinheit sowie drehbarer Werkzeughälfte und 3 Spritzeinheiten.

a Schließeinheit, b Nutformung, c Formteil, d Werkzeug mit drehbarem Unter- oder Oberteil

90° gedreht, und die Kunststoffkomponenten werden nacheinander neben- oder übereinander eingespritzt. Die vierte Position entformt.

Für aushärtende Polyesterformmassen wird das Prinzip der zwangsweisen Zuführung der langfaserhaltigen Formmasse auf die Schnecke durch Stopfvorrichtung gewählt. Die Umkehrung des Prinzips, die Aufbereitung und Zuführung der Formmasse durch eine axial feststehende Schnecke in einem Einspritzkolben, findet häufig bei der Spritzgußverarbeitung von Kautschuk Anwendung. Da die Kautschukverarbeitung meist lange Vulkanisationszeiten erfordert, setzt man hier Rundläufermaschinen ein, also S. mit mehreren Schließstationen, die von einer Einspritzeinheit bedient werden (Bild 4).

Dieses Drehprinzip ist auch auf horizontal bewegliche Schließeinheiten übertragbar oder in eine lineare Bewegung zu übernehmen. Die erste Art von Maschine nennt man Revolver-Schließsystem, die letzte Schiebetischmaschine.   *Johannaber*

Literatur: DIN 24450: Maschinen zum Verarbeiten von Kunststoffen und Kautschuk. Hrsg. Dt. Inst. f. Normung. Ausg. 1987. –*Johannaber, F., u. K. Stoeckhert*: Kunststoffmaschinenführer. 2. Aufl. München 1984. – *Saechtling, H.*: Kunststoff-Taschenb. 23. Aufl. München 1986. – *Schwarz, O., F.-W. Ebeling, G. Lüpke u. W. Schelter*: Kunststoffverarbeitung. Würzburg 1985.

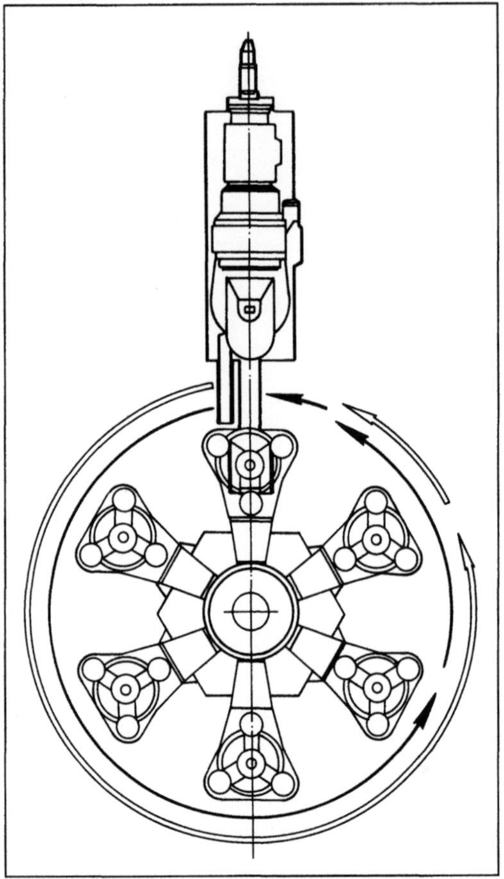

Spritzgießmaschine 4: Spritzgießmaschine mit mehreren Werkzeugschließeinheiten in Drei-Säulen-Ausführung. (Quelle: Klöckner-Ferromatik Desma)

Schließeinheiten, auf Drehtisch drehbar, werden nacheinander (ggf. in beliebiger Reihenfolge) an die feststehende Spritzeinheit herangeführt; Entformen an einer Stelle; für lange Standzeit geeignet, vorzugsweise für Gummiartikel, ggf. auch für TSG-Teile

Spritzgießwerkzeug. Das S. ist wesentlicher Bestandteil des Arbeitsplatzes, der zum Erzeugen von Spritzgußformteilen im Spritzgießverfahren dient. Es umfaßt den formgebenden Hohlraum (Werkzeughöhlung) und alle zum Temperieren und Ausstoßen des Spritzgußformteils notwendigen Einrichtungen.

Im einfachsten und auch bei weitem häufigsten Fall besteht das Werkzeug aus zwei Hälften (Bild). Diese werden auf den Werkzeugaufspannplatten der Spritzgießmaschinen befestigt. Eine Werkzeughälfte ist also mit der beweglichen Werkzeugaufspannplatte bewegbar. Auf diese Weise ist das Werkzeug zu öffnen und zu schließen. Zum Entformen des Spritzgußteils dient ein häufig aufwendiger →Mechanismus. Dieser Mechanismus wird von der

1137

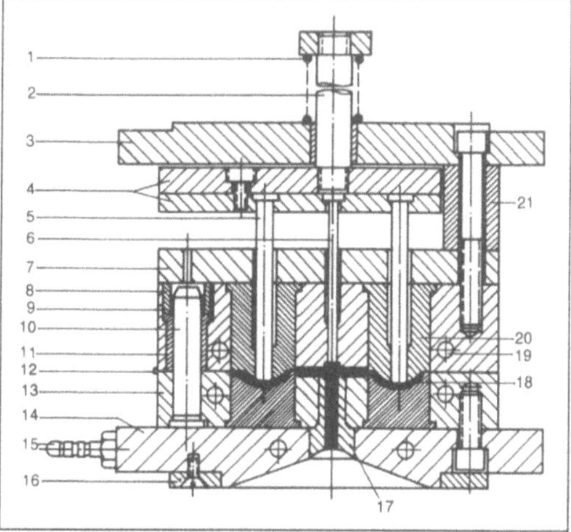

Spritzgießwerkzeug: Bezeichnungen am Spritzgieß-werkzeug.

1 Druckfeder, 2 Auswerferstößel, 3 schließseitige Aufspann-platte, 4 Auswerferplatte, 5 Auswerfer, 6 Mittenauswerfer, 7 Zwischenplatte, 8 Zwischenbuchse, 9 Formplatte, 10 Füh-rungssäule, 11 Führungsbuchse, 12 Formtrennebene, 13 Form-platte, 14 spritzseitige Aufspannplatte, 15 Schlauchnippel für Anschluß der Kühlung, 16 Zentrierring, 17 Angußbuchse, 18 Formeinsatz, 19 Kühlbohrung, 20 Formeinsatz, 21 Stütz-buchse

Spritzgießmaschine aus betätigt. Die aufgebrachte Kraft wird über einen zentralen Stößel und eine angeflanschte bewegliche und geführte Auswer-ferplatte auf mehrere Auswerfer, die stirnseitig unmittelbar auf das Spritzgußformteil aufgesetzt werden, übertragen. Die Auswerfer müssen also der Formteilkontur angepaßt werden. Ein S. muß so aufgebaut werden, daß das Spritzguß-formteil auf der auswerferseitigen Hälfte haften bleibt.

Bekannt sind heute Werkzeuge mit bis zu 128 Kavitäten für die gleiche Anzahl gleicher Spritzguß-formteile. Abhängig vom Entformungsmechanis-mus unterscheidet man Normalwerkzeuge, Schie-berwerkzeuge, Backenwerkzeuge, Abstreifwerk-zeuge, Ausschraubwerkzeuge, Abreißwerkzeuge, Mehretagenwerkzeuge, Sonderwerkzeuge. Diese Bauarten ermöglichen z. B. durch seitliche Schieber, die über schiefe Ebenen geführt oder durch Hydrau-likzylinder bewegt werden, Hinterschnitte zu ent-formen. Es ist möglich, in entsprechenden Werk-zeugen Gewindeteile an Spritzgußformteilen zu erzeugen.

Zur besseren Nutzung der Zuhaltekraft von Spritzgießmaschinen setzt man häufig Mehretagen-werkzeuge ein. Sie nehmen in 2 Öffnungsebenen die gleiche Anzahl an Kavitäten auf. Meist sind dieses mehr als drei.

Das Entformen und Auswerfen sollte in jedem Fall automatisch erfolgen. Wenn ein Herabfallen des Spritzgußformteils nicht sein darf, verwendet man heute meist Entnahmeeinrichtungen oder auch →Roboter. Diese Geräte müssen in der Lage sein, das oder die Spritzgußformteile aus dem geöffneten Werkzeug zu übernehmen.

Der Anguß stellt die Öffnung des Werkzeughohl-raums dar. Er dient zum Füllen der Kavität mit der durch die Spritzgießmaschine aufbereiteten Schmelze. Die Düse der Spritzgießmaschine wird zum Einspritzen mit ausreichender Kraft gegen die Angußbuchse des Werkzeugs gedrückt. Die Schmelze füllt unter Druck den Anguß und danach das Formteil. Der Anguß hat auf die Qualität des Spritzgußformteils einen großen Einfluß. Er beein-flußt die Schmelzeverteilung und die Druckfort-pflanzung. Dabei spielt die Form in Gestalt der Angußlänge, des Angußquerschnitts und des Über-gangs in das Formteil, der Anschnitt, eine gewichtige Rolle. Man unterscheidet: Stangenanguß (Kegelan-guß), Punktanguß, Filmanguß, Tunnelanguß, Heiß-kanalanguß, Kaltkanalanguß.

Für die Herstellung insbes. größerer oder mehre-rer Teile in einem Werkzeug ist es meist notwendig, die Schmelze von der Düse über temperierte Kanäle an die Formteile heranzuführen, um den Druckver-lust durch im Anguß erstarrende Formmasse zu vermeiden. Dazu verwendet man Heiß- oder auch Kaltkanäle (Isolierkanäle). Im ersten Fall tempe-riert man elektrisch die bei Großwerkzeugen bis zu mehr als einen Meter langen Kanäle. Dazu müssen sorgfältig ausgelegte Regelkreise für die Temperie-rung installiert werden. Die Formmasse in diesen Kanälen bleibt bei der Entformung des Spritzguß-formteils im Heißkanal fließfähig und steht für den nächsten Einspritzvorgang bereit.

Beim Kaltkanalwerkzeug verwendet man große Querschnitte des meist langen Angußsystems. Diese Kanäle füllen sich mit Kunststoffschmelze. Diese erstarrt an den kalten Stahlwänden. Da aber Kunst-stoff ein schlechter Wärmeleiter ist, bleibt die Mittelpartie, die „Seele", noch einige Zeit fließfähig. Bei richtiger Dimensionierung des Querschnitts geschieht dieses genauso lange, bis der nächste Einspritzvorgang folgt und erneut Wärme durch Materialaustausch zuführt.

S. für die Duromer- oder Elastomerverarbeitung unterscheiden sich gegenüber denen für Thermopla-stenverarbeitung durch die Art der Temperierung. Während letztere i. a. gekühlt werden, z. B. durch Wasser oder Öl, werden Duromer- oder Elastomer-werkzeuge bei Wärmezufuhr temperiert. Dieses bewerkstelligt man i. a. durch elektrische Beheizung.

Neuere Entwicklungen der S.-Technik benutzen nicht nur Normalien für den Aufbau, aus denen mit CAD konstruiert werden kann. Diese Werkzeuge werden auch für den schnellen und sicheren Ein- und Ausbau in die Spritzgießmaschine standardi-siert. *Johannaber*

Literatur: *Johannaber, F., u. K. Stoeckhert:* Kunststoffmaschinenführer. 2. Aufl. München 1984. – *Menges, Mohren:* Anleitung für den Bau von Spritzgießwerkzeugen. München 1983. – *Schwarz, O., F.-W. Ebeling, G. Lüpke u. W. Schelter:* Kunststoffverarbeitung. Würzburg 1985. – *Gastrow, H.:* Der Spritzgießwerkzeugbau. 4. Aufl. München 1990.

Spritzverfahren, thermisches. Ein t. S. ist ein Verfahren, bei dem auf einem Grundwerkstoff eine Schicht aufgebracht wird, die z. B. aus Metallen, Oxiden, Carbiden, Boriden oder Silicaten besteht. Dabei wird der Schichtwerkstoff in fein verteiltem, geschmolzenem Zustand mit hoher Geschwindigkeit auf die Grundwerkstoff-Oberfläche aufgetragen. *Baumann*

Spritzversteller. Einrichtung im Antriebsstrang der →Einspritzpumpe eines Dieselmotors, die bei höherer Motordrehzahl eine frühere Einspritzung bewirkt.

Zwischen dem Förderbeginn der Einspritzpumpe und dem Verbrennungsbeginn im →Brennraum eines Dieselmotors liegt eine Zeitspanne, die sich aus dem Einspritzverzug und dem Zündverzug zusammensetzt. Wegen der Wellenlaufzeit in der Einspritzleitung ist die Einspritzverzugszeit nur wenig abhängig von der Motordrehzahl. Das bedeutet aber, daß sich die Kurbelwelle bzw. die Antriebswelle der Einspritzpumpe während dieser Zeit bei hoher Motordrehzahl um einen größeren Winkel verdreht. Damit die →Verbrennung dennoch rechtzeitig beginnt, muß der Förderbeginn der Einspritzpumpe bei hoher Drehzahl früher erfolgen. Hierzu wird zwischen Antriebswelle und Einspritzpumpe ein S. eingesetzt, der meist mit Fliehgewichten die Welle der Einspritzpumpe in Richtung auf frühere Einspritzung verdreht. *Kuhlmann*

Sprühkompaktierverfahren. Sprühkompaktieren ist ein Urformverfahren zum Herstellen endabmessungsnaher Produkte unterschiedlicher Geometrie aus allen metallischen Werkstoffen einschl. neuer Verbundwerkstoffe und Schichtverbundwerkstoffe (Bild). Dieses Verfahren ist insbes. durch die schnelle Erstarrung der kleinen Metallpartikel und die unmittelbare Produktkompaktierung gekennzeichnet. Sprühkompaktierte Produkte zeichnen sich durch hervorragende technologische Eigenschaften aus. Die schnelle feindisperse Erstarrung ermöglicht die Herstellung seigerungsfreier Produkte, und die feine, homogene Struktur führt zu isotropen physikalischen Eigenschaften. Damit können beispielsweise auch beschichtete Produkte aus Metallen und Metallegierungen, Mehrlagenmaterialien und Verbundwerkstoffe hergestellt werden.

Die wesentlichen Verfahrensschritte sind:
□ Zerstäuben eines Flüssigmetallstrahls mit Hilfe eines inerten Gases,

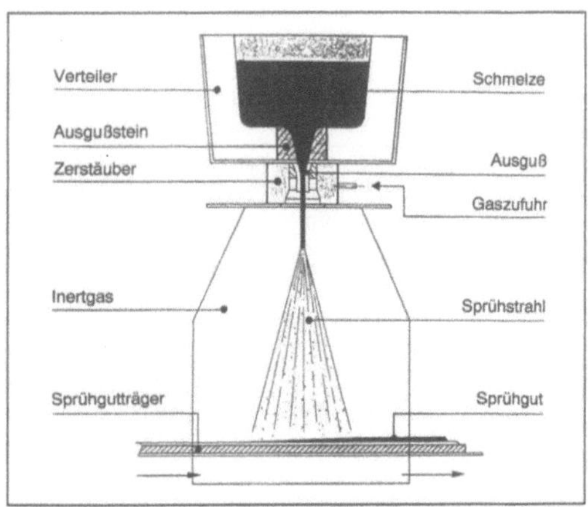

Sprühkompaktierverfahren: Arbeitsprinzip.

□ schnelle Abkühlung der erzeugten Tropfen durch das Sprühgas auf eine mittlere Temperatur zwischen $T_{Liquidus}$ und $T_{Solidus}$,
□ Kompaktieren der Partikel unter Ausnutzung ihrer hohen Temperaturen und ihrer kinetischen Energie zu einem dichten Vorprodukt auf einer Auffangfläche. *Baumann*

Sprungerregung. Ein zeitlicher Vorgang, bei dem am Eingang eines beliebigen Systems eine konstante Störgröße aufgeschaltet wird. Die Sprungantwort am Ausgang des Systems läßt Rückschlüsse auf die Systemeigenschaften zu. Sprungerregung in linearen Systemen (Bild) führt stets dazu, daß das System in einen neuen Gleichgewichtszustand übergeht (Übergangsfunktion, →Einschwingvorgang). *Witfeld*

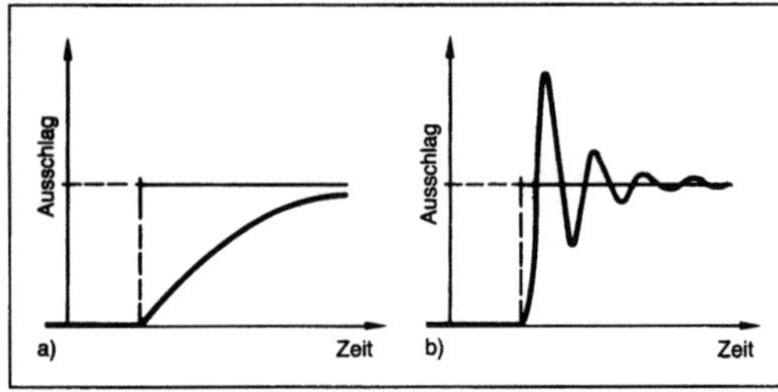

Sprungerregung: Sprungantwort eines linearen Systems a) 1. Ordnung, b) 2. Ordnung.

Sprungwerk. S. ist ein →Mechanismus oder →Getriebe mit einem Element, das potentielle Energie aufnehmen und speichern kann, um mit deren Hilfe das Abtriebsglied bei einer vorgebbaren Lage des Antriebsglieds sprunghaft von einer Grenzlage in eine andere zu bewegen. Beispiele sind Kippschalter, Schlagwerkauslösung mechanischer Uhren, Abzugsmechanismus von Handfeuerwaffen u. dgl. *Gierse*

Literatur: VDI 2127: Getriebetechnische Grundlagen, Begriffsbestimmungen der Getriebe. Hrsg. Verein Dt. Ing. Ausg. Juli 1962.

Spülgebläse. Gebläse, mit dem bei Zweitaktmotoren Frischladung in den →Zylinder gedrückt und damit das Abgas herausgespült wird.

Beim →Zweitakt-Gaswechsel wird die Frischladung (Luft beim →Dieselmotor oder Luft-Kraftstoff-Gemisch beim →Ottomotor) nicht angesaugt, sondern ein S. drückt sie durch die Einlaßschlitze in den Zylinder.

Bei den kleinen Zweitakt-Ottomotoren übernimmt die Kolbenunterseite zusammen mit dem entsprechend ausgebildeten Kurbelgehäuse die Aufgabe des S. (Kurbelkasten-Spülpumpe).

Bei den (z. Z. nicht aktuellen) Zweitakt-Dieselmotoren mittlerer Größe wurden Rootsgebläse als S. eingesetzt.

Die großen aufgeladenen Zweitakt-Schiffsdieselmotoren mit Kreuzkopftriebwerk können bei höherer Last dank der heutigen hohen Turbolader-Wirkungsgrade mit dem →Abgasturbolader allein betrieben werden. Beim Start und bei niedrigerer Teillast ist jedoch ein z. B. elektrisch angetriebenes Spülgebläse notwendig. Als Spülgebläse lassen sich bei den Kreuzkopfmaschinen auch die Kolbenunterseiten verwenden. *Kuhlmann*

Spülverfahren. Unter S. versteht man die Art der Spülluftführung beim Gaswechselvorgang eines Zweitaktmotors.

Beim →Zweitakt-Gaswechsel wird von einem Gebläse Luft (oder Benzin-Luft-Gemisch) durch Einlaßschlitze in den →Zylinder gedrückt. Die Spülluft (bzw. das Gemisch) verdrängt das Abgas im Zylinder, das diesen durch Auslaßschlitze oder auch Auslaßventile verläßt. Ideal wäre es, wenn mit geringem Spülluftaufwand möglichst alles Abgas aus dem Zylinder herausgespült werden könnte. Wie gut die Annäherung an dieses Ziel ist, hängt von der Spülluftführung im Zylinder ab, die durch die Anordnung der Schlitze beeinflußt wird.

Die wichtigsten S. sind:

□ *Querspülung:* Die Querspülung, a) im Bild, ist konstruktiv einfach. Die Ausspülung der Abgase ist jedoch schlecht. Es besteht die Gefahr, daß ein Teil der einströmenden Spülluft den Zylinder gleich wieder durch die Auslaßschlitze verläßt (Kurzschluß).

□ *Umkehrspülung:* Die Umkehrspülung, b) im Bild, ist bei allen Motorengrößen sehr verbreitet. Bei ihr ist die Ausspülung der Abgase deutlich besser als bei der Querspülung.

□ *Gleichstromspülung:* Den besten Spülerfolg weist die Gleichstromspülung auf, c) im Bild. Hierbei ist es möglich und zweckmäßig, einen großen Hub im Verhältnis zur Bohrung (Zylinderdurchmesser) zu verwirklichen. Der Auslaß erfolgt über ein oder mehrere Auslaßventile, was gleichzeitig größere Freiheit in der Wahl der Steuerzeiten gewährt. Die Gleichstromspülung mit Auslaßventil ist bei Zwei-

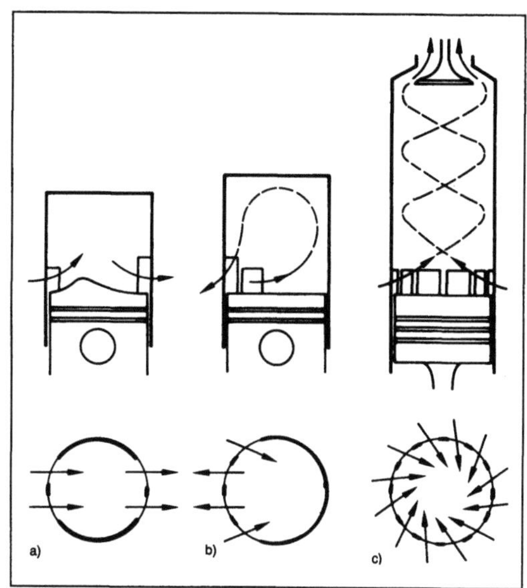

Spülverfahren: Bei Zweitaktmotoren.
a) Querspülung
b) Umkehrspülung
c) Gleichstromspülung mit Auslaßventil.

takt-Schiffsdieselmotoren sehr verbreitet. Bei Gegenkolbenmotoren wird die Gleichstromspülung mit Auslaßschlitzen ausgeführt. *Kuhlmann*

Spurführung. Das Zusammenwirken von Rad und →Schiene heißt S. Im Rad-Schiene-System übernehmen die beiden Spurführungselemente Schiene und das rollende Rad die Aufgabe des Tragens und des Führens. Radsatz und Gleis sind so aufeinander abgestimmt, daß die Führungskräfte in erster Linie durch Kraftschluß übertragen werden. Auf Grund der Maße von Radsatz und Gleis, die in der Eisenbahn-Bau- und Betriebsordnung (EBO) festgelegt sind, stellt sich ein Kräftegleichgewicht ein, ohne daß der Spurkranz des Rads am Schienenkopf anläuft. Nur in Ausnahmefällen werden die Führungskräfte durch Formschluß übertragen.

Das Profil des Radreifens mit der kegeligen Lauffläche und dem Spurkranz ist für die S. entscheidend (Bild). Zusammen mit der Querneigung der Schienen bewirken sie, daß die Fahrzeuge eine mittige Stellung im Gleis anstreben. Durch gleisgeometrische Unregelmäßigkeiten oder sonstige von außen einwirkende Kräfte laufen die Fahrzeuge jedoch nicht mittig im Gleis, sondern beschreiben eine Wellenbahn um die Gleislängsachse (Sinuslauf).

Um Zwängungen zwischen den Spurkränzen und den Schienenkopfflächen zu vermeiden, ist die zwischen den Schienen gemessene Spurweite grundsätzlich größer als das Spurmaß des Radsatzes. Die Differenz zwischen Spurweite und Spurmaß wird

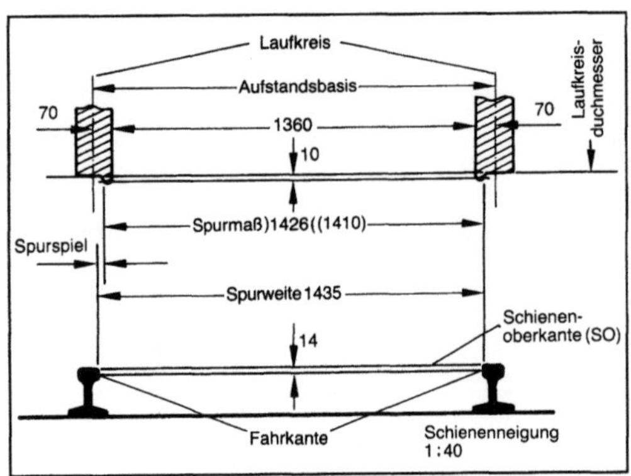

Spurführung: Maße an Radsatz und Gleis. (Quelle: Lehmann a. a. O.)

Spurspiel genannt. Es beträgt bei der Deutschen Bundesbahn in geraden Streckenabschnitten 10–11 mm, bei Schnellfahrstrecken 7 mm. Straßenbahnen weisen teilweise ein Spurspiel von nur 3 mm auf. Eine Verringerung des Spurspiels durch eine reduzierte Spurweite bewirkt bei der Mehrzahl der Wagen einen ruhigeren Lauf, eine geringere Beanspruchung des Oberbaus und geringere Abnutzung von Schiene und Radreifen.

Beim Bogenlauf stellt sich der Radsatz durch die kegeligen Laufflächen auf dem Gleis so ein, daß die Abrollwege auf den bogeninneren und bogenäußeren Rädern gleich sind. Bei engeren Radien versucht das Fahrzeug, sich in Richtung seiner Längsachse zu bewegen. Es wird in die wechselnde Fahrtrichtung durch die seitlichen Richtkräfte abgedrängt, die von der Schiene über den Spurkranz auf den führenden Radsatz ausgeübt werden. Die normalerweise kraftschlüssige Berührung zwischen Rad und Schiene geht somit in Formschluß über. Auf Grund des vorhandenen Spurspiels sind rein geometrisch verschiedene Fahrzeugstellungen in Abhängigkeit vom Achsabstand möglich. Beim Freilauf läuft die Vorderachse gegen die Außenschiene an und erhält von dort die Richtkraft zur Führung des Fahrzeugs. Die Hinterachse stellt sich annähernd radial ein. Reicht das Spiel im Gleis nicht aus (oder ist der Bogenhalbmesser sehr klein), tritt Spießgang ein, bei dem auch die Hinterachsen an der Innenschiene anlaufen.

Von wesentlicher Bedeutung für die Laufsicherheit und Laufgüte ist die konstruktive Gestaltung der Federungs- und Dämpfungssysteme zwischen Radsatz, Drehgestell und Wagenkasten. Jedes Schienenfahrzeug ist in bezug auf das Gleis als ein schwingendes System aus gekoppelten Massen aufzufassen, das durch äußere oder innere Kräfte bzw. Erregerschwingungen (z. B. durch Sinuslauf und Unebenheiten der Fahrbahn) zu Störbewegungen angeregt wird. Insbesondere muß eine Resonanz zwischen Erreger- und Eigenschwingungen vermieden werden. Die Erregerfrequenz liegt in der häu-

figsten Betriebsgeschwindigkeit entweder unter der Eigenfrequenz des Fahrzeugs (unterkritisches Fahren), oder die Erregerfrequenz liegt über der Eigenfrequenz (überkritisches Fahren). Mit Ansteigen der Fahrgeschwindigkeit wächst die Intensität der Störbewegungen, und die Stabilität des dynamischen Verhaltens (stabiler Radsatzlauf) im geraden Gleis ist von wesentlicher Bedeutung. Im Rahmen des laufenden, vom Bundesminister für Forschung und Technologie (BMFT) geförderten Rad-Schiene-Forschungsprogramms werden u. a. das Laufverhalten der Fahrzeuge und das Zusammenwirken von Fahrzeug und Fahrbahn für hohe Geschwindigkeiten intensiv untersucht. *Kracke*

Literatur: *Lehmann, H.:* Bahnsysteme und ihr wirtschaftlicher Betrieb. Darmstadt 1978.

Stab. S. ist die allgemeine Bezeichnung für ein in geraden Längen vorliegendes Erzeugnis aus Stahl oder anderen Metallen, beispielsweise Stabstahl oder Formstahl mit weniger als 80 mm Höhe und abgelängtem, also quergeteiltem Band mit weniger als 600 mm Breite. *Baumann*

Stab, beschleunigter. In der →Maschinendynamik wird für bewegte Maschinenteile wie Koppelstangen, Luftschrauben, Pleuel, Turbinenschaufeln häufig der schlanke S. als mechanisches Ersatzmodell herangezogen, um die Spannungen und Verformungen auf Grund der beschleunigten Bewegung zu berechnen. Die S.-Achse wird mit Trägheits- und Steifigkeitseigenschaften belegt. Aus der geführten Bewegung ergeben sich die kinetischen Volumenkräfte (d'Alembertsche Trägheitskräfte), die als eingeprägte Streckenlasten auf den S. einwirken und ihn auf Zug und Biegung beanspruchen (Bild).

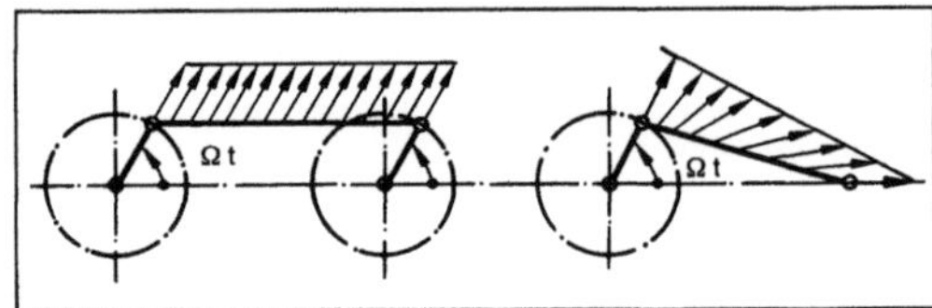

Stab, beschleunigter: Trägheitskräfte an Koppelstange bzw. Pleuel.

Die Grundgleichungen der elementaren Festigkeitslehre lassen in manchen Fällen (einfache Kinematik, einfache Geometrie) noch analytische Lösungen zu. Ansonsten müssen sie numerisch integriert werden.

Ein besonders einprägsames Beispiel ist der nach einer Sprengung umfallende Schornstein. Die Trägheitskräfte führen zu einem Biegemomentenverlauf $M(x)$, der bei ca. ⅓ der Höhe einen Extremwert aufweist. An dieser Stelle wird das Mauerwerk, das keine nennenswerten Zugspannungen ertragen kann, auseinanderbrechen. *Witfeld*

Stabilisator (Kraftfahrzeug) →Radführung

Stabilisier- und Verdichtungsmaschine. Nach Oberbauarbeiten (Bettungsreinigung, Gleisneubau bzw. Gleisumbau) ist die Lage der Schottersteine des Gleisoberbaus zueinander verändert. Die anschließende Belastung des Gleises durch Züge bewirkt eine Verdichtung des Schottergefüges, das zu ungleichmäßigen Setzungen des Oberbaus führen kann. S. u. V. nehmen diese Setzung durch eine horizontale Vibration im Zusammenhang mit einer vertikalen Belastung kontrolliert vorweg. Dadurch wird erreicht, daß sich die Schotterkörner dichter lagern und großflächiger berühren, was eine geringere Druckbeanspruchung bei Lastübertragung und einen erhöhten Querverschiebewiderstand bewirkt. *Kühn*

Stabilitätsverhalten →Gleitlager, schnellaufendes

Stabstahl. S. ist ein warmgewalztes Erzeugnis, das üblicherweise in geraden oder gebogenen Stäben geliefert wird. Der Querschnitt ist rund, quadratisch, rechteckig, sechseckig, achteckig, halbrund oder kann an die Form der Buchstaben L, T oder Z erinnern und an einer Seite eine Verdickung (Wulst) aufweisen (Wulstflach- und Wulstwinkelstahl). Auch I-, H- und U-Profile unter 80 mm Höhe gehören zum S. Auch gerichteter und abgelängter Walzdraht ist als S. gleicher Form und Abmessung zu betrachten, vorausgesetzt, daß die gültigen Meßabweichungen beachtet werden. *Baumann*

Stabstahl- und Drahtadjustage. Eine S.- u. D. (auch S.- u. Drahtzurichterei genannt) ist derjenige Betriebsbereich eines S.- u. Drahtwalzwerks, in dem aus den gewalzten Produkten verkaufsfähiger, versandfertiger S. und Stahldraht anforderungsgerecht hergestellt wird. In einer solchen →Adjustage wird nach der kontrollierten Abkühlung das Walzgut meist gerichtet, konserviert, geputzt, gebunden, gestapelt, signiert und für den →Versand bereitgestellt. Zum Entgraten kommen spezielle Schleifmaschinen, für das Beseitigen von Oberflächenfehlern Rundputz-Schleifmaschinen und bei höheren Anforderungen kommen Schälmaschinen oder auch Schleifmaschinen zum Einsatz.

Das →Richten der Stäbe wird meist in Rollenrichtmaschinen durchgeführt. Damit werden Richtgeschwindigkeiten von etwa 6 m/s bei Richttoleranzen zwischen 0,5 und 1,0 mm/m erzielt. Für das Richten von S. mit runden Querschnitten werden auch Schrägrollen-Richtmaschinen eingesetzt. Zum Binden von Stabbunden werden Bindemaschinen entweder mit Schweißverschluß, Klemmelementen oder Drallköpfen benutzt. Bei größeren Winkelprofilen sowie bei U-Stahl- und Trägerprofilen werden

Stapelsysteme eingesetzt. Dabei hat sich das lagenweise Stapeln bewährt.

Infolge der zunehmenden Qualitätsforderungen wächst die Bedeutung der Qualitätskontrolle in dem Adjustagebereich.

Das beginnt bereits bei der Schmelzenauswahl für hohe Forderungen an die Fertigerzeugnisse. So müssen die schädlichen Spurenelemente und nichtmetallischen Einschlüsse bereits im flüssigen Stahl begrenzt werden.

Die fertigen Stäbe und Drähte werden u. a. hinsichtlich folgender Eigenschaften geprüft:
- Toleranz und Rundheit,
- Geradheit,
- Oberflächenbeschaffenheit,
- mechanische Eigenschaften,
- Randentkohlungstiefe,
- Mikrostruktur (z. B. der Carbidzeiligkeit des Zementitnetzwerks), Phasenanteile, Korngröße,
- Einschlüsse und Einschlußformen.

Manchmal wird mit Hilfe des Punktesystems die Gesamtheit der Eigenschaften bewertet. *Baumann*

Stabstahl-Walzstraße. Eine S.-W. ist ein sehr komplexes technisches System zum Herstellen von S. durch Warmwalzen. Neuzeitliche S.-W. sind meist Konti-W., die abhängig von den Querschnittsformen und -abmessungen des S. entweder für einadrigen oder mehradrigen Betrieb konzipiert sind.

Neuzeitliche Hochleistungs-S.-W. werden für Knüppelgewichte von 2 000 kg und mehr sowie Endwalzgeschwindigkeiten bis 20 m/s ausgelegt.

S.-W. mit einer Kapazität bis zu etwa 650 000 t/a werden vorzugsweise in einadriger Ausführung gebaut. Bei dieser Anordnung erlauben Produktion und Kühlleistung den Einsatz eines einseitigen mechanischen Kühlbetts. Die Verkaufslängen bestimmen die Anordnung der Kaltscheren und Verladeanlagen hinter dem Kühlbett.

Bei S.-W. mit einer Kapazität über 650 000 t/a ist in der Regel eine zweiadrige Anordnung zu wählen. Bei dieser Anordnung ist für jede Ader ein Kühlbett erforderlich. Besondere Beachtung muß hierbei der Zusammenführung der einzelnen S.-Produkte geschenkt werden.

Folgende Forderungen sind bei der Auslegung neuzeitlicher S.-W. zu berücksichtigen:
- hohe Stundenleistung,
- große Flexibilität,
- enge Toleranzen und gute Oberflächenqualität,
- hohe Geradheit der vom Kühlbett kommenden Walzstäbe,
- kontrollierte Kühlung der Walzprodukte und
- ergonomisch günstige Arbeitsbedingungen.

Diese Forderungen können durch folgende Auslegungsmerkmale erfüllt werden:
- Erzielen einer mittleren Produktion von 150 t/h bei maximaler Leistung von 200 t/h,

□ zweiadrige Walzung für den Großteil der Produkte,
□ Ausnutzung der maximalen Walzgeschwindigkeit von 20 m/s,
□ automatischer Walzen- oder Gerüstwechsel,
□ Schnellwechsel der Messer an den Kaltscheren,
□ automatische Paketbildung auf den Kühlbetten,
□ gezielter Abtransport der Stabpakete über den Abfuhrrollgang zur →Adjustage,
□ automatisches Zählen, Bündeln und Binden des S.,
□ automatisches →Richten, Stapeln und Binden des Profilstahls. *Baumann*

Stadtfahrzyklus →Abgasvorschrift

Stärke-Diagramm →Bewertungsverfahren

Staffelwalze. Eine S. für das Druckumformen metallischer Werkstoffe ist ein drehbar gelagertes rotationssymmetrisches Werkzeug mit stufenförmigem Walzenballen (Bild). S. werden z. B. zum Herstellen von Platinen mit Dicken zwischen 6 mm und 50 mm sowie Breiten zwischen 150 mm und 500 mm durch Umformen eingesetzt. *Baumann*

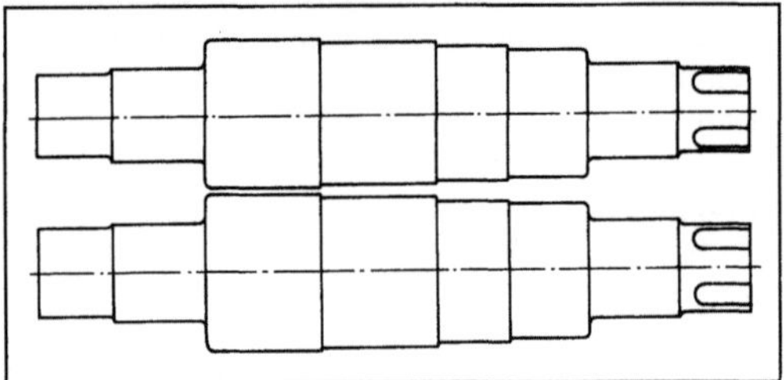

Staffelwalze.

Stahl-Gießanlage. S.-G. werden i. a. eingeteilt in Kokillen-Gießanlagen und Stahlstrang-Gießanlagen. In solchen Anlagen erhält der Stahl seine Urform durch Gießen. *Baumann*

Stahl-Gießverfahren. S.-G. sind Verfahren, die dazu dienen, dem S. seine Urform durch Gießen zu geben. Unter →Urformen ist in der Hüttentechnik ein Verfahren zu verstehen, bei dem der S. seine erste feste Form erhält. Urformen erfolgt in S.-Werken meist in Kokillen-Gießanlagen (auch Standgießanlagen genannt), in S.-Strang-Gießanlagen oder in Gießereien. Infolge der Entwicklung der S.-Strang-Gießtechnik wurde das Kokillen-G. weitgehend ersetzt. Gießerei ist die Bezeichnung für einen Betrieb, in dem die Formgebung durch Gießen, also Einbringen des flüssigen Werkstoffs in Gießformen, erfolgt. In Gießereien wird bei der Formgebung zwischen Sandguß, Hand- oder Maschinenguß, Formmaskenguß, Feinguß, Genauguß und Schleuderguß unterschieden.

Das Gießen des S. zu geometrisch einfachen Körpern in sich nach oben verjüngende Dauerformen (Kokillen genannt) von quadratischem, rechteckigem, rundem, ovalem oder vieleckigem Querschnitt wird als Kokillen-G., Block.-G. oder Stand-G. bezeichnet. Der erstarrte S. wird nach Blöcken und Brammen unterschieden, wobei als Brammen Gießprodukte mit rechteckigen Querschnitten bezeichnet werden, deren Breite mindestens doppelt so groß wie die Dicke ist.

Als Oberguß (auch als fallender Guß bezeichnet) werden Blöcke oder Brammen mit großem Gewicht (bis zu 300 t) gegossen. Dabei fließt der S. direkt von oben aus der Gießpfanne in die darunter befindliche Kokille. Durch Spritzer, die beim Aufprall an der Kokillenwand schnell erkalten, kann die Oberfläche des Gußstücks rauh und unregelmäßig werden. Beim Gespannguß werden gleichzeitig mehrere Kokillen von unten mit flüssigem S. gefüllt. Der S. fließt zunächst in einen zentralen Gießtrichter, der mit den Kokillen durch feuerfest ausgemauerte Kanäle in der Standplatte verbunden ist. In der Kokille steigt der S. langsam und ruhig, so daß sich eine bessere Oberfläche bei diesem steigenden Guß ergibt. Meist werden 4–10 Kokillen in einem Gespann angeordnet.

Beim Erstarren schwindet der S. unter Bildung von Lunkern im oberen Teil des Blocks oder der →Bramme. Dieser Teil ist für spätere Umformvorgänge unbrauchbar. Durch besondere Maßnahmen, die in dem Einsatz von Blockhauben, dem Zusatz von Gießpulvern oder in besonderem Beheizen bestehen können, wird der Blockkopf warmgehalten. Dann kann bis zur vollständigen Erstarrung flüssiger S. nachfließen, so daß sich nur im Kopf ein Lunker bildet. Nach dem Erstarren werden die Kokillen von den Blöcken oder Brammen mit Hilfe eines zangenartigen Krans abgezogen, gestrippt, und zur Weiterverarbeitung oder Zwischenlagerung transportiert. Das S.-Strang-G. ist im Gegensatz zum Kokillen-G. oder Stand-G. ein Urform-Verfahren, bei dem ein Gießprodukt hergestellt wird, das länger als die Gießform ist.

In den S.-Werken fallen in kurzen Zeitabständen große Mengen S. an, die schnell vergossen werden müssen. Stranggießanlagen können diese Mengen eher bewältigen als konventionelle Gießbetriebe. Mit dem Stranggießen wurde u. a. angestrebt, die möglichen Fehlerquellen des Blockgusses, Lunker und Gasblasen auszuschließen, den Abfall an jedem einzelnen Block oder jeder Bramme abzuschaffen und das Ausbringen sowie die Wirtschaftlichkeit der S.-Herstellung deutlich zu erhöhen. Das Stranggießen wurde ursprünglich bei NE-Metallen angewendet. Seit den 60er Jahren hat das Stranggießen das bis dahin vorherrschende Blockgießen schrittweise ersetzt. *Baumann*

1143

Stahl-Kaltband. S.-K. ist die allgemein übliche Bezeichnung für kaltgewalztes Stahlband. Es gehört zur Gruppe der Flacherzeugnisse. Als kaltgewalzt wird ein Stahlband immer dann bezeichnet, wenn dessen Dickenabnahme vor dem Schlußglühen durch Walzen ohne vorhergehendes Erwärmen erfolgt. *Baumann*

Stahl-Umschmelzverfahren. Ein S.-U. ist ein Verfahren, bei dem ein aus seiner wesentlichen chemischen Zusammensetzung bestehender, in einem S.-Werk hergestellter S.-Block durch kontinuierliches Abschmelzen unter Ausschluß der Luft und Wiedererstarren in einer wassergekühlten Kokille zu einem Rohblock gewünschter Form und Abmessungen umgeschmolzen wird. Bei richtig gewählter Abschmelzgeschwindigkeit entsteht ein nach dem Wärmefluß in der Kokille gerichtetes Primärgefüge ohne Blockseigerungen und ohne örtliche Anreicherung nichtmetallischer Verunreinigungen. Auch die unvermeidliche Kristallseigerung ist durch das Fehlen einer Zone globularer Erstarrung in der Blockmitte geringer als im herkömmlichen Gußblock. Für die großtechnische Herstellung von S. haben sich das Elektroschlacke-U. (ESU-Verfahren), das Vakuum-Lichtbogen-U. (VLU-Verfahren), sowie das Elektronenstrahl-U. (ES-Verfahren) mit einem →Elektronenstrahl-Umschmelzofen durchgesetzt.

Die chemische Zusammensetzung der S. wird je nach Art des U. unterschiedlich beeinflußt. Während im ESU-Verfahren infolge von Schlackenreaktionen oder durch Flotation hochsauerstoffaffiner Elemente, beispielsweise Aluminium und Titan, bevorzugt Sauerstoff und Schwefel aus der Schmelze ausgeschieden werden, führen die Vakuumschmelzverfahren zur Minderung von Metallen und Eisenbegleitern mit hohem Dampfdruck sowie von Gasen. Der größere Unterdruck des Elektronenstrahl-Umschmelzofens begünstigt zwar den Abbau unerwünschter Begleitelemente, beispielsweise Kupfer, Antimon und Zinn, aber auch Mangan, so daß das Einstellen definierter Mangangehalte schwierig ist. Während das Umschmelzen unter Vakuum zu so niedrigen Wasserstoffgehalten führt, daß die Entstehung von Flocken vermieden wird, kann beim ESU-Verfahren der Wasserstoffgehalt gegenüber dem Elektrodenwerkstoff ansteigen. Die richtige Wahl der Arbeitsschlacke sowie ihre sorgfältige Vorbehandlung vermeiden die Flockenbildung ebenfalls beim ESU-Verfahren.

Der Reinheitsgrad von S. hinsichtlich oxidischer und sulfidischer Einschlüsse wird durch das Umschmelzen erheblich verbessert. Das ESU-Verfahren führt über die Reaktion mit der Arbeitsschlacke zu einer weitgehenden Abscheidung der Oxide und Sulfide. Die im S. verbleibenden oxidischen und sulfidischen Einschlüsse liegen wegen der allen U. eigenen Erstarrungsbedingungen in sehr fein verteilter Form vor. Bei allen Verfahren wird jeglicher Kontakt der flüssigen Schmelze mit dem Sauerstoff der Luft sowie mit Feuerfeststoffen ausgeschlossen, so daß sich im Vergleich zur herkömmlichen S.-Erzeugung keine makroskopischen Einschlüsse bilden können.

Das kontinuierliche langsame Aufwachsen des Blocks und die sich daraus ergebende Gußstruktur führen bei allen U. zu erheblich verminderter Blockseigerung, die sich wie die Makrostruktur über die Blocklänge praktisch nicht ändert. Bei sachgerechter Führung des Umschmelzprozesses wird wegen der im Vergleich zum Blockguß geringeren dendritischen Zone auch die Bildung von Kristallseigerungen sehr gemindert.

Infolge der größeren Gefügehomogenität und der Verringerung nichtmetallischer Einflüsse haben die nach dem U. hergestellten S. verbesserte Eigenschaften. Die Vorteile des umgeschmolzenen S., beispielsweise bessere Warmumformbarkeit, kleinerer notwendiger Mindestumformungsgrad, geringere Empfindlichkeit bei der Wärmebehandlung, geringere Verzugsneigung, bessere Polierbarkeit und verbesserte mechanische Eigenschaften, können für die verschiedenen Stahlgruppen und Anwendungsfälle unterschiedlich genutzt werden.

Nach dem ESU-Verfahren hergestellte chemisch beständige S. weisen infolge der weitgehenden Freiheit von sulfidischen Einschlüssen zusätzlich eine wesentlich bessere Beständigkeit gegen Lochfraß und gegen allgemeine Korrosion auf. *Baumann*

Stahl-Warmband. S.-W. ist ein warmgewalztes →Flacherzeugnis, das unmittelbar nach dem Fertigwalzen mit regelmäßig aufeinanderliegenden Kanten warm zu einer →Rolle aufgewickelt wird, so daß die Seitenflächen der Rolle ungefähr in einer Ebene liegen. S.-W. kann auch durch Längsteilen eines breiten W. entstehen. W. hat im Walzzustand leicht gewölbte Kanten. Es kann aber auch mit besäumten Kanten geliefert werden. Zum S.-W. zählen auch Stäbe mit Breiten kleiner als 600 mm, die durch Ablängen von W. entstanden sind. *Baumann*

Stahlband. S. ist ein zur Gruppe der Flacherzeugnisse gehörendes Walzstahl-Fertigerzeugnis aus Stählen aller Art. Es wird unmittelbar von der →Fertigwalzanlage aus mit regelmäßig aufeinanderliegenden Kanten zu einer →Rolle aufgewickelt, so daß die Seitenflächen der Rolle ungefähr in einer Ebene liegen. S. hat im Walzzustand leicht gewölbte Kanten. Es kann aber auch mit beschnittenen Kanten geliefert werden oder durch Spalten, Längsteilen eines breiteren Bands entstehen. Auf Grund des Formgebungsverfahrens wird zwischen Stahl-Warmband und Stahl-Kaltband unterschieden. *Baumann*

Stahlband-Aluminierungsverfahren. Feueraluminiertes, in Schmelztauch-Bandaluminierungslinien hergestelltes S. ist ein Schichtverbundwerkstoff mit besonderen Eigenschaften, beispielweise guter Korrosionsbeständigkeit, die vor allem durch die große Affinität des Aluminiums zu Sauerstoff bewirkt wird. Aus feueraluminiertem S. können auch umformtechnisch schwierige Teile hergestellt werden.

Der Aluminiumüberzug besitzt eine gute Haftung. Mit steigender Umformbeanspruchung sollte aber das Schichtgewicht reduziert werden. Ein geeigneter Kompromiß zwischen →Korrosionsschutz und Umformbarkeit ist eine Auflage von 120 g/m^2 (zweiseitig). Das entspricht einer etwa 20 µm dicken Aluminiumauflage. Hochdruckfeste Schmiermittel, die speziell auf die glatte feueraluminierte Oberfläche abgestimmt sind, können bei schwierigen Umformvorgängen dienlich sein.

Für die Fügetechnik von feueraluminiertem →Feinblech hat vor allem das Schweißen große Bedeutung erlangt. Die →Schmelzschweißverfahren, beispielsweise MAG-, WIG- oder Plasmaschweißen, werden hauptsächlich für das Einschweißen von Deckeln und Rohren in Schalldämpferanlagen eingesetzt. Von den Widerstandsschweißverfahren wird das Punktschweißen bei der Herstellung von Hausgeräten angewendet.

Längsnahtgeschweißte Rohre aus feueraluminiertem S. werden überwiegend mit dem Hochfrequenz-Schweißverfahren gefertigt. Das eingesetzte →Spaltband wird hier bei Schweißgeschwindigkeiten zwischen 40 und 60 m/min zu einem endlosen Rohr zusammengeschweißt. Ein neues Anwendungsgebiet für feueraluminiertes Feinblech ist der Kraftstoffbehälter im Automobil. Die gute Beständigkeit gegenüber Benzin und Dieselkraftstoff hat sich seit Jahren beim Einsatz von feueraluminiertem Feinblech für Benzinkanister gezeigt. Im Jahr 1989 wurde erstmals auch der Kraftstoffbehälter eines Serienfahrzeugs aus besonders tiefziehfähigem feueraluminiertem Feinblech gefertigt. Neben einer guten Korrosionsbeständigkeit war auch eine gute Kaltumformbarkeit erforderlich. *Baumann*

Literatur: *Etzold, U., U. Heidtmann, G. Neba* u. *W. Warnecke:* Stahl u. Eisen 111 (1991) Nr. 12, S. 111/16.

Stahlband-Beizverfahren. S., insbes. Stahl-Warmband, muß man vor dem Kaltwalzen stets beizen. Dabei ist das Beizen ein Verfahren, bei dem der auf der Stahlbandoberfläche haftende Oxidbelag in Beizlinien entfernt wird. Dieser Oxidbelag kann als Zunder beim Warmwalzen oder Glühen des Bands entstanden sein. Der Oxidbelag kann sich aber auch als →Rost nach einem korrodierend wirkenden Angriff von Wasser gebildet haben.

Schwefelsäure und Salzsäure werden meist zum Beizen verwendet. Sie lösen den Zunder besonders gut, wenn sie durch Poren oder Risse in die Zunderschicht eindringen. Dabei wird die ablösende Wirkung durch Wasserstoffentwicklung noch unterstützt. Die Schwefelsäure wird aus 78 oder 96%iger Lösung auf Konzentrationen verdünnt, die in kontinuierlich arbeitenden Beizlinien zwischen 15 und 25 % liegen. Im Gegensatz zur Schwefelsäure wirkt die Salzsäure als Beize hauptsächlich durch chemische Auflösung des Zunders von der Oberfläche her. Dabei nimmt der Beizangriff mit steigender Temperatur und Konzentration deutlich zu und führt somit zu größeren Beizgeschwindigkeiten.

Für das Beizen niedrig legierter Stähle werden oft Mischungen aus Schwefel- und Salzsäure benutzt. Durch diese Mischungen werden die Vorteile der Salzsäure, kürzere Beizzeiten und niedrigere Beiztemperaturen sowie blanke Oberflächen, zusammen mit den Vorteilen der Schwefelsäure, niedriger Kaufpreis, einfache Transport- und Lagermöglichkeiten sowie kaum Säureverdampfung bei höheren Temperaturen, benutzt. Neben der Schwefel- und Salzsäure werden auch andere Säuren in begrenztem Umfang zum Beizen eingesetzt, z. B. Salpeter-, Fluß- und Phosphorsäure.

Zusätze zu Beizlösungen sollen schädliche Folgen des Beizens, beispielsweise Beizfehler durch Wasserstoffaufnahme und Metallverluste durch Angriff auf den Grundwerkstoff, vermeiden. Solche Zusätze werden Inhibitoren genannt. Das sind z. B. ungesättigte Alkohole, Aldehyde, Nitride und Thioamide. Die chemische Wirkung einer Beizlösung wird beim elektrolytischen Beizen durch elektrischen Strom unterstützt und beschleunigt. Dabei werden als Beizflüssigkeiten verdünnte Säuren, Laugen oder neutrale Salzlösungen verwendet. Das elektrolytische →Beizverfahren wird vorzugsweise in kontinuierlich arbeitenden Breitband-Beizanlagen zum Entzundern von Edelstahlband eingesetzt. Dabei sind die Anlagen- und Betriebskosten besonders infolge der elektrischen Einrichtungen und des Stromverbrauches verhältnismäßig hoch. *Baumann*

Stahlband-Verchromungsverfahren. Beim S.-V. ist das Chrombad das einzige Bad, bei dem das Metall nicht aus einer Metallsalzlösung, sondern aus einer Säurelösung abgeschieden wird, in der das Chrom als Anion vorliegt. Es ist außerdem das einzige betrieblich eingesetzte Bad mit unlöslichen Anoden. Die Chromabscheidung erfolgt in dünnen Schichten hochglänzend, und zwar so hochglänzend, wie die darunter liegende Veredelungsschicht ist. Die Chromsäure bildet im Bad, in dem das Chrom sechswertig gelöst ist, einen anionischen Komplex. Weil das Chrom aus der sechswertigen Form abgeschieden wird, ergibt sich ein sehr kleines elektrochemisches Äquivalent.

Kennzeichnend für die Chrombäder gegenüber allen anderen Bädern ist ihre äußerst geringe Stromausbeute von nur etwa 10 bis 15%. Die Ursache besteht darin, daß das Chrom in einem Potentialbereich abgeschieden wird, in dem auch viel →Wasserstoff entsteht. Schwefelsäure oder auch Kieselfluorwasserstoffsäure begünstigen als →Katalysator die Chromabscheidung. Die Schwefelsäurekonzentration muß immer ein bestimmtes Verhältnis zur Konzentration der Chromsäure haben. Es ist bekannt, daß die Chromsäure durch Diffusion an die Kathode gelangt. An der Kathode bildet sich ein Kathodenfilm, der unter Mitwirkung der Schwefelsäure durch Reduktion des sechswertigen Chroms zur Chromabscheidung führt. Für ein gutes Arbeiten eines Chrombads ist auch ein geringer Gehalt an dreiwertigem Chrom erforderlich, das die Tiefenstreuung verbessert, aber die Leitfähigkeit des Elektrolyten verschlechtert. Eine befriedigende Glanzchromabscheidung ist außerdem nur in einem engen Stromdichte- und Temperaturbereich möglich. *Baumann*

Stahlbehandlungsanlage, pfannenmetallurgische. Eine p. S. ist ein technisches System, in dem Stahlschmelzen unter Einsatz eines pfannenmetallurgischen Stahlbehandlungsverfahrens durch Gasspülen, Einbringen von Legierungsstoffen, Injektion von Feststoffen, Vakuum und/oder Heizen behandelt werden. Solche S. sind beispielsweise Pfannenöfen, TN-Anlagen und Vakuum-S. *Baumann*

Stahlbehandlungsverfahren, pfannenmetallurgisches. Die pfannenmetallurgische Behandlung (kurz →Pfannenmetallurgie genannt) beginnt bereits vor der →Rohstahlproduktion mit Konvertern, also vor dem Schmelzbetrieb, durch Einblasen, Einrühren oder Tauchen von Feststoffen in die Roheisenschmelzen. Diese →Behandlungsverfahren dienen im wesentlichen der Entschwefelung und in einzelnen Fällen der Entphosphorung des Roheisens und damit der Entlastung des Stahlerzeugungsprozesses. Auf Grund dieser Entschwefelungsverfahren ist beim →Hochofenverfahren die Möglichkeit des Einsatzes von Brennstoffen mit höheren Schwefelgehalten gegeben. Für die Herstellung von Stählen mit besonderen Forderungen an die Werkstoffeigenschaften können heute durch neuzeitliche Verfahren Schwefelgehalte kleiner als 0,01% im Roheisen erreicht werden. Zur Versorgung eines Blasstahlwerks mit schwefelarmem Roheisen werden im wesentlichen Einblasanlagen eingesetzt.

Stahlschmelzen können durch
- Spülen mit Gas,
- Injektion von Gasen oder Feststoffen,
- Vakuum und
- Heizen

behandelt werden. Ziele solcher Behandlungen sind die
- Homogenisierung,
- Legierungsfeineinstellung,
- Desoxidation,
- Reinheitsgradverbesserung,
- Einschlußbeeinflussung,
- Senkung der C-, S-, P-, H- sowie N-Gehalte und/oder
- Temperatureinstellung

der Stahlschmelzen mit unterschiedlichen Verfahren und Anlagen (Bild). Darüber hinaus soll mit diesen Verfahren auch eine Leistungssteigerung der Schmelzanlagen und eine zeitgerechte Versorgung der nachgeordneten Gießanlagen erzielt werden.

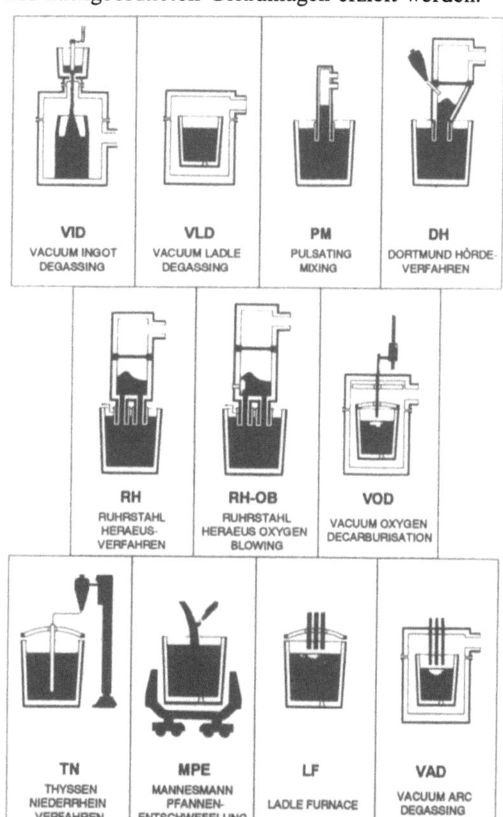

Stahlbehandlungsverfahren, pfannenmetallurgisches: Arbeitsprinzip unterschiedlicher Verfahren.

Das Spülen ist die einfachste Art der Stahlbehandlung. Diese Behandlung ist ein üblicher Verfahrensschritt der Stahlherstellung. Hierbei werden Inertgase, Argon oder Stickstoff durch einen oder mehrere poröse Bodensteine oder über eine Tauchlanze in das Stahlbad geblasen. Dabei werden die Gleichmäßigkeit der Zusammensetzung und der Temperatur sowie der Reinheitsgrad des Stahls verbessert. Die Feineinstellung der Zusammensetzung der Schmelze erfolgt mit hoher Treffsicherheit, wenn die Legierungsmittel in den Spülfleck zugegeben werden. Mit dem induktiven Rühren der Stahlschmelzen in der →Pfanne werden gleiche Ziele angestrebt.

Durch Zusatz von Kalk-Flußspat-Gemischen in desoxidierten Schmelzen ist eine Senkung des Schwefelgehalts, durch Zusatz eisenoxidhaltiger Kalk-Flußspat-Gemische in nicht desoxidierten Schmelzen eine Senkung des Phosphorgehalts in begrenztem Umfange möglich.

Ein weitgehender Abbau von Sauerstoff und Schwefel sowie die Beseitigung qualitätsmindernder Einschlüsse werden in desoxidierten Schmelzen durch Zugabe von Feststoffen auf der Basis von Calcium, Magnesium oder durch basische Schlackengemische erzielt. Der Zusatz erfolgt durch Einblasen, Einschießen oder Einspulen ummantelter Calcium-Verbunddrähte. In der Praxis hat sich besonders das Einblasen pulverisierter Feststoffe mit Argon durch eine Tauchlanze in die Gießpfanne, beispielsweise Thyssen-Niederrhein-Verfahren, bewährt. Die Sauerstoff- und Schwefelgehalte können hierbei bis zur Nachweisgrenze im Bereich 0,001 % gesenkt werden. Durch die Verlegung metallurgischer Arbeit aus dem Schmelz- und Frischgefäß in die Gießpfanne kann die Nachbehandlung des Stahls zur Verbesserung der Wirtschaftlichkeit der Stahlherstellung beitragen.

Die Behandlung des schmelzflüssigen Stahls unter Vakuum wird im wesentlichen zur Senkung des Wasserstoffgehalts, zur Feinentkohlung, Desoxidation und Feinlegierung durchgeführt. Hierbei ergibt sich auch eine Homogenisierung und Reinigung der Schmelze. Für den Zusatz größerer Legierungsmengen oder zur Durchführung von Metall-Schlacken-Reaktionen, z. B. mit dem →VAD-Verfahren, sind Vakuumanlagen mit zusätzlicher elektrischer Beheizung in Betrieb. In der Praxis haben die Gießstrahl-, die Pfannen- und in besonderem Maße die Teilmengen-Stahlbehandlungsverfahren, das →Vakuum-Umlaufverfahren und das →Vakuum-Heberverfahren größere Bedeutung erlangt. Bei der Vakuumbehandlung werden löslicher Sauerstoff unter Bildung von Kohlenmonoxid rückstandslos aus der Schmelze entfernt, oxidische Einschlüsse teilweise reduziert und günstigere Abscheidungsbedingungen für nichtmetallische Phasen geschaffen. Hierdurch lassen sich sehr niedrige Sauerstoffgehalte und ein hoher Reinheitsgrad des Stahls erzielen. Bei der Herstellung schwerer Schmiedestücke trägt die Vakuum-Kohlenstoff-Desoxidation zur seigerungsärmeren Erstarrung bei. Die Druckabhängigkeit der Entkohlungsreaktion ermöglicht eine Entkohlung von Stahlschmelzen bis auf 0,001 % C ggf. unter Zusatz von Sauerstoff. Diese Möglichkeit wird u. a. zur weitergehenden Entkohlung von Konverterschmelzen durch die Teilmengenverfahren und zur Erzeugung kohlenstoffarmer oder hochchromhaltiger rost-, säure- und hitzebeständiger Stähle genutzt. Für das Frischen im

Vakuum gibt es mehrere Verfahren, beispielsweise →VOD-Verfahren, →VODC-Verfahren und →Vakuum-Umlauffrischverfahren. Mit diesen Verfahren können die geforderten Kohlenstoffgehalte von ≤ 0,03 % bei üblichen Schmelzentemperaturen unter weitgehender Vermeidung einer Verschlakkung von Chrom erreicht werden.

Gleiche Ergebnisse lassen sich auch durch Partialdruckerniedrigung mit den sekundärmetallurgischen Konverterverfahren unter Verwendung von Sauerstoff-Argon- oder Sauerstoff-Wasserdampf-Gemischen als Frischgase erzielen.

Bei der Behandlung von Stahl in der Pfanne entstehen, abhängig von der Behandlungsart und -zeit, unterschiedlich hohe Temperaturverluste, die entweder durch Überhitzung der Schmelze im Schmelzaggregat oder durch Beheizung der Schmelze in der Behandlungspfanne auszugleichen sind. Durch Pfannenbeheizung, beispielsweise über Lichtbogen in einem →Pfannenofen, lassen sich die wirtschaftlichen und metallurgischen Nachteile einer Schmelzenüberhitzung vermeiden und qualitative Verbesserungen beim erzeugten Stahl durch Schmelzen unter aktiven Raffinationsschlacken und unter Inertgasatmosphäre erzielen. Die Einstellung sehr niedriger Sauerstoff- und Schwefelgehalte im Stahl ist möglich. Wasserstoff- und Stickstoffgehalte steigen nicht an und können bei Behandlung unter Vakuum abgesenkt werden. Bei der Erzeugung hochlegierter Schmelzen können hohe Legierungsmittelmengen ohne Temperaturverlust der Schmelze zugegeben werden. *Baumann*

Stahlblech. S. ist ein zur Gruppe der Flacherzeugnisse gehörendes Walzstahl-Fertigerzeugnis aus Stählen aller Art mit nicht festgelegter Ausführung der Kanten, das in ebenen Tafeln meist rechteckiger Form, aber auch in jeder anderen, beispielsweise runder oder sonstiger Form geliefert wird. Die Kanten des gelieferten S. sind roh oder beschnitten. S. kann auch durch Zerteilen von Stahl-Warmband mit einer Breite ≥ 600 mm oder aus einer →Platine gewalzt entstehen. Nach jeweils letztem Formgebungsverfahren unterscheidet man zwischen warmgewalztem und kaltgewalztem S.

Nach der Dicke wird S. eingeteilt in →Feinstblech (nur kaltgewalzt), mit Dicken < 0,5 mm, →Feinblech mit Dicken < 3,0 mm, →Mittelblech mit Dicken ≥ 3,0 mm und < 4,76 mm sowie Grobblech mit Dicken ≥ 4,76 mm.

Nach der Art der Weiterbehandlung ist S. lieferbar als Produkt ohne Überzug oder als Produkt mit Überzug aus Metall, beispielsweise Zinn, Zink, Blei, Aluminium und Cadmium. S. kann aber auch einen Überzug aus nichtmetallischen Stoffen, beispielsweise Kunststoff, haben. Sonderformen der S. sind je nach Oberflächengestaltung beispielsweise Lochbleche, Wellbleche oder Belagbleche.

→Weißblech ist ein →Flachstahl in Tafeln oder →Rollen mit einem elektrolytisch oder schmelzflüssig aufgebrachten Überzug aus Zinn. Die Dicke des Bleches ist <0,5 mm. Das für den Überzug verwendete Zinn hat einen Reinheitsgrad von mindestens 99,75 %. Feinblech ist ein warm- oder kaltgewalzter Flachstahl mit einer Dicke <3,0 mm und rechteckigem Querschnitt, aber beliebigen Flächenbegrenzungen bei unbeschnittenen oder beschnittenen Kanten.

Feinstblech ist ein kaltgewalztes Blech aus weichem unlegiertem Stahl mit einer Dicke <0,5 mm, das in ebenen Tafeln geliefert wird und dessen Oberfläche entfettet und zum Verzinnen, Lackieren und Bedrucken geeignet sein muß.   *Baumann*

Stahldraht. S. ist die übliche Bezeichnung für kaltgezogenen Draht aus unlegiertem und legiertem Stahl. Im Sprachgebrauch wird zwischen weichem S. (früher Eisendraht genannt) und S. (harter S.) unterschieden.   *Baumann*

Stahldraht-Beizverfahren. S. mit oxidierter Oberfläche, sog. Walzdraht, muß vor der Weiterbearbeitung durch Ziehen oft gebeizt werden. Dazu dienen B. mit mineralischen Säuren, Laugen oder Salzschmelzen. Bei kleineren Produktionsmengen werden die S.-Bunde in Standbeizen behandelt. Beim Vibrationsbeizen von S.-Bunden wurde gegenüber dem Standbeizen eine Verkürzung der Behandlungszeit auf etwa 50 % erzielt. Gleichzeitig konnte durch diese mechanische Maßnahme der Beizmittelverbrauch gesenkt und der Beizschädigungsgrad, beispielsweise Überbeizen des Grundwerkstoffs, deutlich gemindert werden. Wesentlich schneller laufen die chemischen Reaktionen beim elektrolytischen Beizen ab. Dabei wird der Draht infolge der kontinuierlichen Durchzieh-Verfahrensweise gebeizt. Diese Verfahrensweise wird meist nur für das Beizen von Edelstahldraht eingesetzt.   *Baumann*

Stahleinbau (Tunnelbau). Seit Beginn des 20. Jahrhunderts verdrängte der Stahl zunehmend die Sicherungselemente aus Holz. Die typische Getriebezimmerung, deren Elemente alle aus Holz bestanden, entwickelte sich weiter zum Verbau mit Stahlblechen und -bögen (Kölner Tunnelbleche), Bild 1. Die Tunnelbleche können dabei als geschlossener Verzug ausgeführt werden, indem man die Überschneidungsbereiche der Bleche bei rolligen Böden mit Mörtel verfüllt, um ein Ausfließen des Erdstoffs zu verhindern. Eine andere Möglichkeit ist der auf Lücke geschlagene Verzug, der zusammen mit den Ausbaubögen mit Spritzbeton verkleidet werden kann. Eine ähnliche Wirkung haben auch Spieße, die ebenso wie die Bleche mittels Hydraulik- oder Drucklufthämmer oder spezieller Rammgeräte in den Boden vorgetrieben werden. Die Länge der

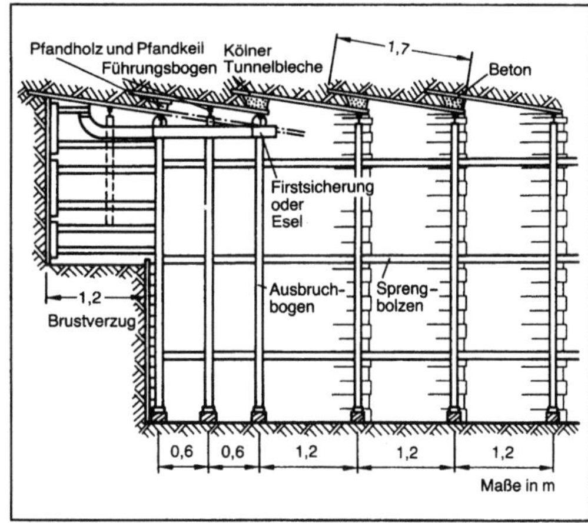

Stahleinbau (Tunnelbau) 1: Verbau mit Kölner Tunnelblechen.

Spieße sollte mindestens gleich dem 3fachen Bogenabstand sein (Bild 2). Als Verzug zwischen den Einbaubögen verwendet man Drahtnetze, Baustahlgittermatten und Verbaumatten mit speziellen Anschlüssen. Sie werden mit Anker oder Bolzen eingebaut und dienen als Schutz gegen herabfallende Steine oder als Bewehrung für den Spritzbeton. Andere Formen des Verzuges sind die Verzugsbleche sowie Schalungs- und Armierungsbleche. Während erstere eine geschlossene Oberfläche haben, ist die Oberfläche bei den Schalungs- und Bewehrungsblechen, wie z. B. den Bernold-Blechen, durch Löcher, Maschen und Sicken aufgelöst, die das Auslaufen des Hinterfüllbetons gerade noch verhindern. Sie können im Zusammenhang mit Ausbaubögen, aber auch bei standfesten Böden allein zur Anwendung kommen.

Ausbaubögen aus Stahl ermöglichen eine Vorfertigung und Standardisierung und verringern somit die Zeiten für den Einbau. Die Forderung nach hoher Festigkeit und geringem Gewicht führte zur

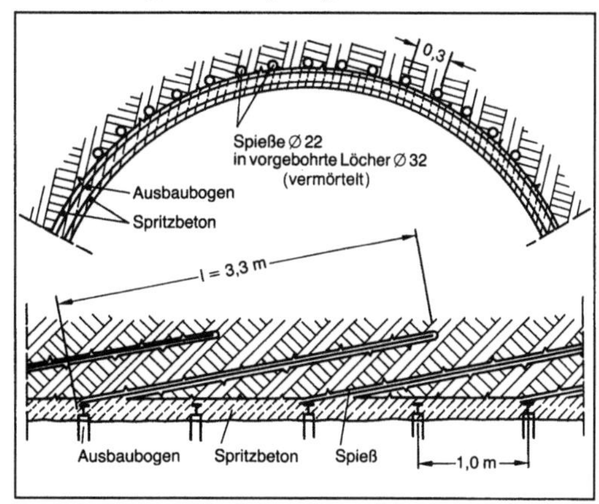

Stahleinbau (Tunnelbau) 2: Spieße.

Entwicklung von speziellen Profilen mit verschiedenen Bogenformen und offener (Gitterträger) bzw. geschlossener Ausführung. Zur besseren Handhabung bestehen die Stahlbögen aus mehreren Teilen, die durch starre oder nachgiebige Stoßverbindungen miteinander gekoppelt werden. Einbauhilfen erleichtern das Aufstellen der Bögen und verringern somit auch die Anzahl der Stöße. Die Längsaussteifung der Konstruktion wird durch Abstandhalter aus Holz oder Stahl erreicht, die je nach Verfahren wieder rückgebaut werden können. Durch sofortiges Einspritzen der Ausbaubögen mit Spritzbeton stellt man den →Verbund von Ausbau und Gebirge her. *Kühn*

Stahlerzeugungsarten. Unter S. sind beispielsweise →Blasstahlverfahren, →Sauerstoffblasverfahren, Elektrostahl-Verfahren und →Siemens-Martin-Verfahren zu verstehen. *Baumann*

Stahlfederband-Kupplung. Die S.-K. (auch Federband- oder Schraubenband-Kupplung) ist eine schaltbare Reibungskupplung (Bild). Sie besteht aus einem mit der Antriebswelle verbundenen Federband, das sich um eine mit der Abtriebswelle verbundene Muffe windet, sie aber nicht berührt. Zum Einkuppeln wird das Federband über die Einrückscheibe und den Winkelhebel angezogen, so daß es sich fest um die Muffe preßt und dadurch eine reibschlüssige Verbindung erzeugt. Die S.-K. ist eine zuverlässige und robuste Kupplung. Sie ist aber nur für geringe Drehzahlen und eine Drehrichtung geeignet. *Ehrlenspiel*

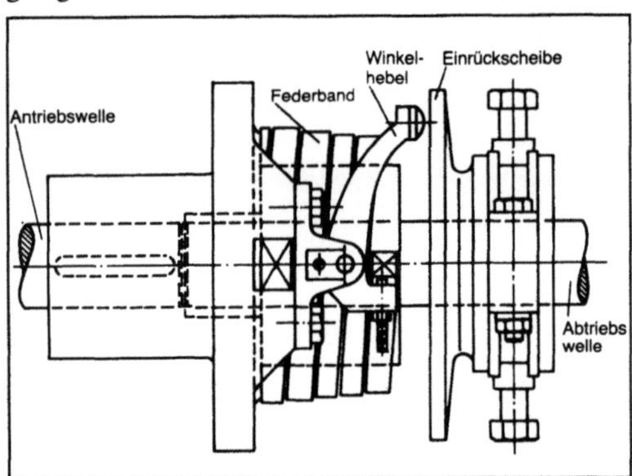

Stahlfederband-Kupplung. (Quelle: Bolenz & Schäfer)

Stahlfederform. Die Anpassung einer Stahlfeder an gegebene Anforderungen bez. Funktion, Steifigkeits- und Festigkeitseigenschaften und Raumausnutzung hat zu einer Fülle unterschiedlicher S. geführt. Diese lassen sich hinsichtlich der in ihnen bei Belastung vorherrschenden Spannungen wie folgt ordnen:

□ *Durch Zug- oder Druckspannungen beanspruchte Stahlfedern:*
– Zug- und/oder Druckstabfeder, axial durch Zug- und/oder Druckkräfte belastet. Wegen der hohen Steifigkeit in der Lastrichtung nur selten eingesetzt, z. B. in hochfrequenten Werkstoffprüfmaschinen für steife Probestabformen. Ein Beispiel für eine Stahlzugfeder ist die Klavierseite;
– →Ringfeder, vorwiegend als Puffer eingesetzt, zufolge maximaler Dämpfung bei minimalem Gewicht und Volumen.

□ *Durch Biegespannungen beanspruchte Stahlfedern:*
– einseitig eingespannte →Blattfeder, zur Aufnahme einer Querkraft am freien Ende, Rechteck-, Dreieck- oder Trapezform (Bild 1);

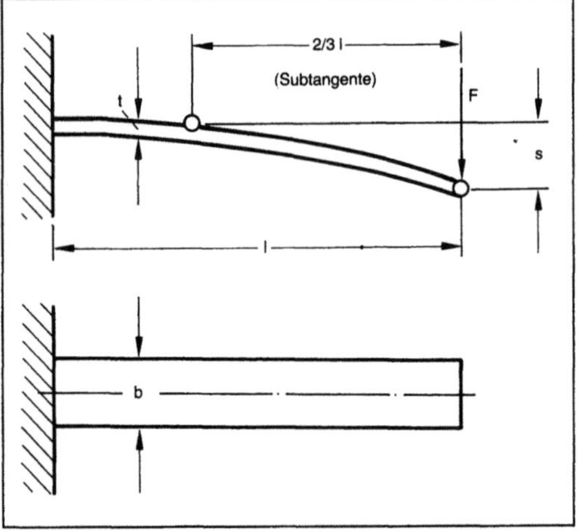

Stahlfederform 1: Einseitig eingespannte Blattfeder mit konstantem Querschnitt b t über die Länge l.

– beidseitig aufliegende Blattfeder, zur Aufnahme einer Querkraft in Blattfedermitte (Bild 2);

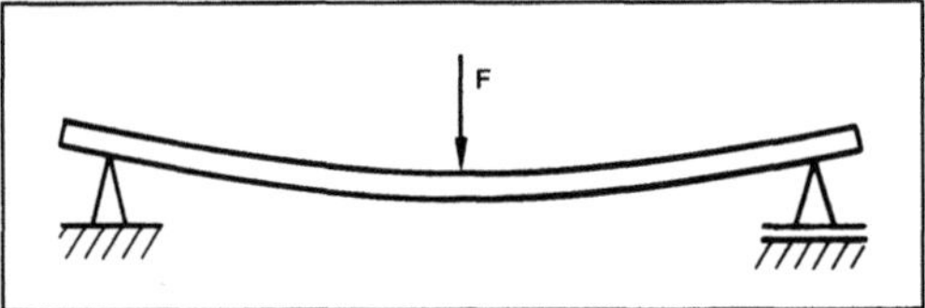

Stahlfederform 2: Balken als beidseitig aufliegende, mittig belastete Blattfeder.

– beidseitig eingespannte Blattfedern werden z. B. zur Aufnahme der Beugewinkelverformungen und zur Übertragung der Umfangkräfte zwischen den Bolzen in drehsteifen, beugeelastischen Kupplungen eingesetzt;
– Blattfeder, geschichtet (warmgewalzt aus Federstahl DIN 4620, mit Enden nach DIN 5542, Aufhängung nach DIN 5543, Klammern nach DIN 4621), aus der Armbrustfeder entwickelt und zur Achsfe-

derung in schweren Lkw eingesetzt, querkraftbelastet;
- →Schenkelfeder (zylindrische Schraubendrehfeder mit rundem oder rechteckigem Drahtquerschnitt und Einspannbedingungen nach DIN 2088), zur Aufnahme von Drehmomenten; früher bekannt als Mausefallenfeder oder Fahrradgepäckträger-Klappenfeder;
- →Spiralfeder zur Aufnahme von Drehmomenten (Bild 3), mit freien Windungen, früher als Unruhfeder in der Taschenuhr oder Armbanduhr eingesetzt; mit anliegenden Windungen in einem Gehäuse als Energiespeicher (Triebspeicher) nach DIN 8287 (Maße für Meßgeräte DIN 43801);

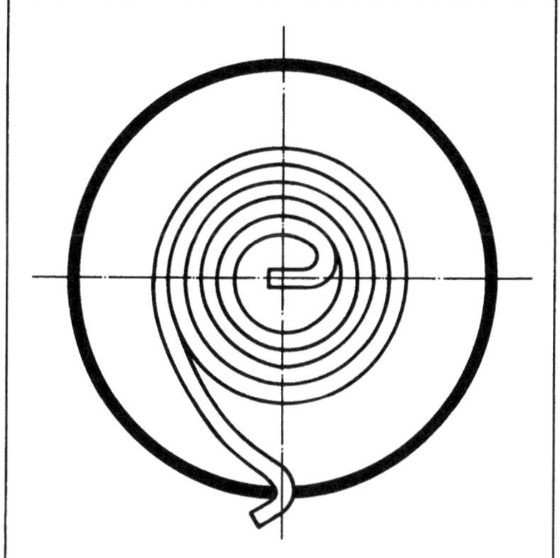

Stahlfederform 3: Spiralfeder (durch Drehen des Gehäuses aufgewickelt).

- Tellerfeder, nach DIN 2092 und DIN 2093, heute überwiegend mit bleibend vorgestülpten gleichdicken Ringscheiben zur Aufnahme von Druckkräften in ihrer Achsrichtung. Einzel-, parallelgeschichtet oder gegensinnig hintereinandergeschichtet; für statische oder mit geringer Spielzahl wiederholte Belastung eingesetzt.
□ Hülsenfeder in dämpfenden Kupplungen.
□ Überwiegend durch Torsions-Schubspannungen im Federstab oder -blatt beanspruchte Stahlfedern:
- →Drehstabfeder mit Kreisquerschnitt, zur Aufnahme von Drehmomenten mit großen Winkelwegen insbes. in der Kfz-Achsenfederung eingesetzt, mit Rundkopf-, Vierkantkopf- und Sechskantkopf-Einspannung nach DIN 2091, kerbverzahntem Kopf nach DIN 5481, Tl. 1 (Bild 4);
- Drehstabfeder mit Rechteckquerschnitt;
- gebündelte Drehstabfeder mit Querschnitt (Bild 5), zur Aufnahme von Drehmomenten mit großen Winkelwegen eingesetzt, kürzer bauend als die Drehstabfeder mit Kreisquerschnitt;

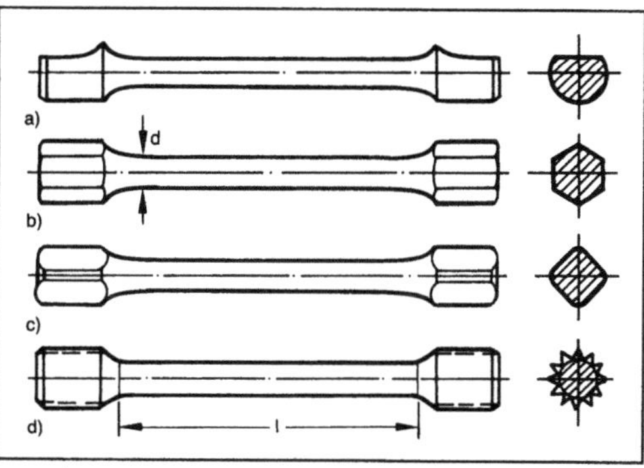

Stahlfederform 4: Drehstabfedern mit Kreisquerschnitt und unterschiedlichen Einspannköpfen.
a) Angeflachter Kopf
b) Sechskantkopf
c) Vierkantkopf
d) Kerbverzahnung.

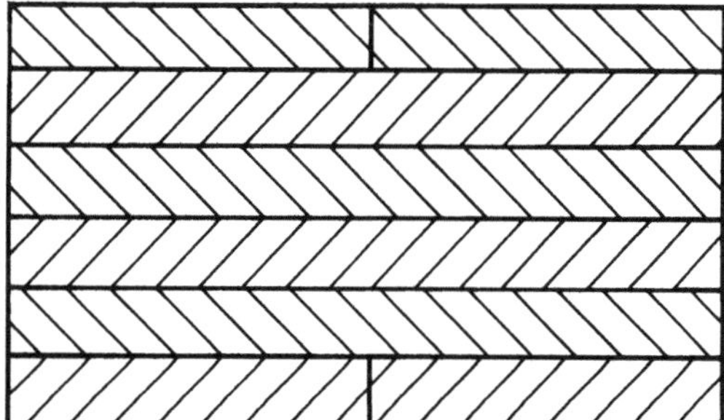

Stahlfederform 5: Querschnitt einer Pkw-Drehstabfeder, als beiderseits eingespanntes Flachstabbündel ausgebildet.

- Schraubenzugfeder, zylindrisch, zur Aufnahme von Zugkräften nach DIN 2099, Tl. 2, mit Ösen nach DIN 2097;
- Schraubendruckfeder, zylindrisch mit rundem Drahtquerschnitt, zur Aufnahme von Druckkräften, überwiegend im Kfz als Achsenfedern eingesetzt; mit Endengestaltung und Güteanforderungen nach DIN 2095, DIN 2096. Ausführungsangaben nach DIN 2099, Tl. 1, Baugrößen nach DIN 2098. Auch zur Aufnahme von Zugkräften F (Bild 6) eingesetzt, wo Sicherheitsvorschriften der Berufsgenossen-

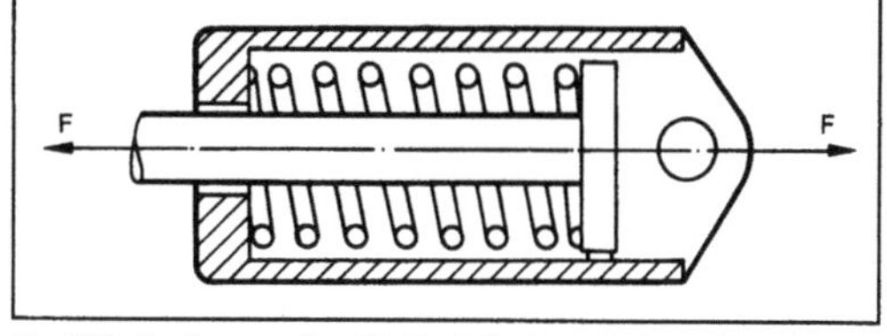

Stahlfederform 6: Zylindrische Schraubendruckfeder, zur Aufnahme von Zugkräften eingesetzt.

schaften den Einsatz von Schraubenzugfedern im Maschinenbau verbieten;
- zylindrische Schraubendruckfeder mit rechteckigem Querschnitt;
- Schraubendruckfeder, kegelig, aus Draht mit rundem Querschnitt (Bild 7).

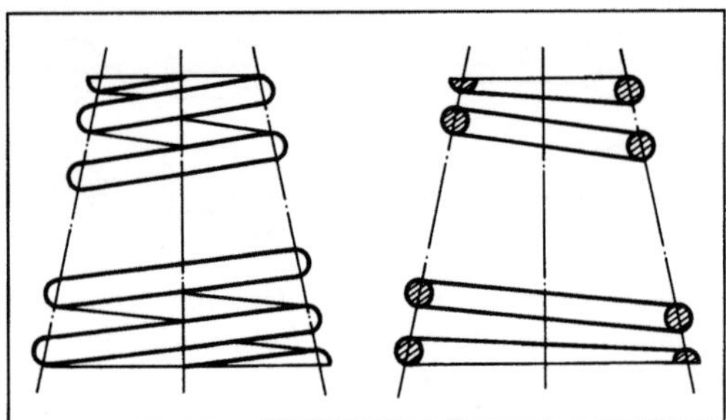

Stahlfederform 7: Kegelige Schraubendruckfeder mit Draht aus rundem Querschnitt.

☐ *Durch überlagerte Biege- und Verdrehschubspannungen beanspruchte Stahlfedern:*
- Stabilisatorfeder im Kfz;
- Kegelstumpf-Feder (kegelige Schraubendruckfeder) aus Band mit rechteckigem Querschnitt (Bild 8).　　　　　*Federn*

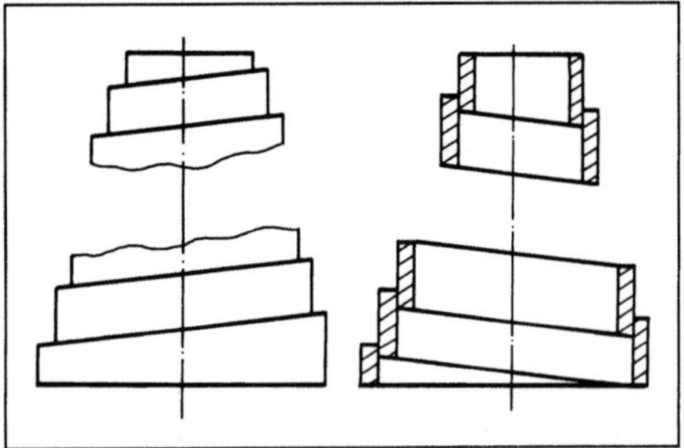

Stahlfederform 8: Kegelige Schraubendruckfeder aus Band mit rechteckigem Querschnitt (Kegelstumpf-Feder).

Literatur: DIN 4620: Federstahl, warm gewalzt für geschichtete Blattfedern. Hrsg. Dt. Inst. für Normung. Ausg. April 1954, Entw. Juni 1991. – DIN 5542: Blattfederenden für Schienenfahrzeuge. Hrsg. Dt. Inst. für Normung. Ausg. Juni 1975. – DIN 5543: Federsattelplatten, Federzwischenplatten für Federaufhängung. Hrsg. Dt. Inst. für Normung. Ausg. Mai 1980. – DIN 4621: Geschichtete Blattfedern, Federklammern. Hrsg. Dt. Inst. für Normung. Ausg. Nov. 1982, Entw. Aug. 1991. – DIN 2088: Zylindrische Schraubenfedern aus runden Drähten und Stäben, Berechnung und Konstruktion von Drehfedern (Schenkelfedern). Hrsg. Dt. Inst. für Normung. Ausg. Juli 1969, Entw. Dez. 1988. – DIN 8287: Triebfedern, Begriffe, Anforderungen, Prüfung. Hrsg. Dt. Inst. für Normung. Ausg. April 1983. – DIN 43801: Spiralfedern (Elektrische Meßgeräte), Maße. Hrsg. Dt. Inst. für Normung. Ausg. Aug. 1976. – DIN 2091: Drehstabfedern mit rundem Querschnitt, Berechnung und Konstruktion. Hrsg. Dt. Inst. für Normung. Ausg.

Juni 1981. – DIN 2093: Tellerfedern, Maße, Qualitätsanforderungen. Hrsg. Dt. Inst. für Normung. Ausg. Jan. 1992. – DIN 5481. Tl. 1: Kerbzahnnaben und Kerbzahnwellenprofile (Kerbverzahnungen). Hrsg. Dt. Inst. für Normung. Ausg. Jan. 1952. – DIN 2099. Bl. 2: Zylindrische Schraubenfedern aus runden Drähten, Angaben für Zugfedern. Hrsg. Dt. Inst. für Normung. Ausg. Nov. 1973. – DIN 2095: Zylindrische Schraubenfedern aus runden Drähten. Gütevorschriften für kaltgeformte Druckfedern. Hrsg. Dt. Inst. für Normung. Ausg. Mai 1973. – DIN 2096. Tl. 1: Zylindrische Schraubendruckfedern aus runden Drähten und Stäben. Güteanforderungen bei warmgeformten Druckfedern. Hrsg. Dt. Inst. für Normung. Ausg. Nov. 1981. – DIN 2097: Zylindrische Schraubenfedern aus runden Drähten. Gütevorschriften für kaltgeformte Zugfedern. Hrsg. Dt. Inst. für Normung. Ausg. Mai 1973. – DIN 2098. Bl. 1: Zylindrische Schraubenfedern aus runden Drähten. Baugrößen für kaltgeformte Druckfedern ab 0,5 mm Drahtdurchmesser. Hrsg. Dt. Inst. für Normung. Ausg. Okt. 1968.

Stahlguß. S. ist jeder in Formen gegossene Stahl, der keiner Umformung mehr unterworfen wird. Im Gegensatz zu dem in Blöcken gegossenen Stahl, der erst durch Walzen, Pressen oder Schmieden seine endgültige Form erhält, unterliegt der S. keinem nachträglichen Formgebungsverfahren, außer der spanenden Bearbeitung. S. wird als →Werkstoff für Gußteile stets dann verwendet, wenn die Festigkeits- und Zähigkeitseigenschaften des Gußeisens nicht mehr ausreichen. S. wird auch für Teile, die sich durch Schmieden nur schwer oder gar nicht herstellen lassen, eingesetzt.

Das Gießen des beruhigten Stahls ist erheblich schwieriger als dasjenige des Gußeisens. Die Erschmelzung der S.-Sorten erfolgt in der Regel unter den gleichen metallurgischen Bedingungen und in den gleichen Gefäßen und Öfen, wie sie für die unlegierten und legierten Walz- und Schmiedestähle üblich sind. Der gegenüber anderen Eisen-Gußwerkstoffen vergleichsweise niedrige Kohlenstoffgehalt von S. erfordert hohe Schmelztemperaturen. Gegenüber den hochkohlenstoffhaltigen Fe-C-Gußwerkstoffen hat S. durchweg eine größere Volumenverminderung während der Abkühlung von Gießtemperatur. Das Maß der Volumenverminderung ist abhängig von der Legierungszusammensetzung der S.-Sorten. Die Güteeigenschaften von S. sind maßgeblich von der chemischen Zusammensetzung und der Wärmebehandlung abhängig. Die Wärmebehandlung von S. ermöglicht eine gezielte Einstellung der Gebrauchseigenschaften und deren optimale Anpassung an den jeweiligen Verwendungszweck.　　　　*Baumann*

Stahlherstellung. Bei der S. wird die Roheisenschmelze durch Raffination und Legieren auf die vorgegebene Zusammensetzung und die notwendige Temperatur zum Gießen gebracht. Dabei werden je nach der zu erzeugenden Stahlsorte die Verfahrensschritte Schmelzen und Frischen sowie Desoxidieren und Legieren und die pfannenmetalurgischen Stahlbehandlungsverfahren durchgeführt.

Hinsichtlich des Verhaltens der Begleitelemente bei der Raffination können unterschieden werden:
□ Elemente, die gasförmig entweichen: Kohlenstoff, Zink, Blei, →Wasserstoff, Stickstoff, teilweise Schwefel;
□ Elemente, die vollständig als Oxide in die Schlacke übergehen: Silicium, Aluminium, Titan, Bor, Magnesium, Wolfram, Tantal, Niob;
□ Elemente, die sich auf Metall- und Schlackenbad verteilen: Mangan, Phosphor, teilweise Schwefel, Chrom, Vanadium;
□ Elemente, die im Metallbad verbleiben: Kupfer, Nickel, Zinn, Arsen, Wismuth, Antimon, Selen, Tellur, Kobalt, Molybdän.

Zur Entfernung sauerstoffaffiner Begleitemente werden dem schmelzflüssigen Eisenbad Schlackenbildner sowie gasförmige und feste Sauerstoffträger zum Frischen zugegeben. Die entstehenden gasförmigen Oxidationsprodukte entweichen als Abgas; die flüssigen werden in die aus den Reaktionsprodukten und den Zuschlagstoffen gebildete Schlacke übergeführt. Mit dem Frischen wird besonders die notwendige Entkohlung und die Entfernung unerwünschter Begleitelemente der Eisenschmelze – üblicherweise von Phosphor und Schwefel, aber auch von Silicium und Mangan sowie von Wasserstoff und Stickstoff – verfolgt.

Die Entkohlung des Schmelzbads läuft über eine Eisenoxid- und Kohlenmonoxidbildung ab. Dabei bestimmen verfahrensbedingte Einflußgrößen deren Geschwindigkeit und die erreichbaren Endgehalte.

Am Ende der Frischperiode ist i. a. der Gehalt des im Stahlbad gelösten Sauerstoffs zu hoch. Zum Vermeiden von Stahlschäden muß man die Sauerstoffkonzentration im Metallbad durch Desoxidation senken.

Entstehende Desoxidationsprodukte müssen vor dem Erstarren der Stahlschmelze weitgehend abgeschieden werden. Verbleibende Oxide verschlechtern den Reinheitsgrad und beeinträchtigen die Güte des Stahls. Zur Desoxidation nicht benötigte Metallanteile sind als Legierungskomponenten bei der Einstellung der geforderten Stahlzusammensetzung durch Zugabe von Legierungsmetallen zu berücksichtigen.

Bei der Erzeugung hochlegierter Stahlgüten im →Lichtbogen-Schmelzofen ist nach beendetem Frischen die Desoxidation des Stahlbads durch Abziehen der sauerstoffreichen Frischschlacke und Aufbau einer eisenoxidarmen Feinungsschlacke üblich. Die desoxidierende Wirkung der Schlacke wird durch Aufgabe von Kalk mit Zusätzen von Aluminium, Ferrosilicium, Calciumsilicium und/oder Kohlenstoffträgern erreicht. Im allgemeinen wird die Des-

oxidation durch eine Fällungsdesoxidation in der →Pfanne oder durch eine Vakuumbehandlung (Vakuumdesoxidation) abgeschlossen. Der Gehalt der Schmelze an Oxiden und Sulfiden wird in der Feinungszeit erheblich gesenkt, weil die kalkaktive Feinungsschlacke ein hohes Aufnahmevermögen für Suspensionen hat. Intensive Badbewegung oder Durchmischung des Bads mit dünnflüssiger Feinungsschlacke beim Abstich in die Pfanne fördert die Abscheidung störender Suspensionen. *Baumann*

Stahlpulver. S. ist ein durch Zerstäuben von Stahlschmelzen oder durch Mahlen grobförmigen Stahls hergestelltes Pulver, das zur →Metallpulver-Bauteilherstellung verwendet wird. *Baumann*

Stahlrohr.
1. Allgemeines. Ein S. ist ein Hohlprofil mit meist kreisförmigem, aber auch jedem anderen Querschnitt, beispielsweise ein →Profilrohr, aus verschiedenen Stahlsorten. Nach der Herstellungsart wird unterschieden in warmgewalzte, warmgepreßte, stranggepreßte, warmgezogene und kaltnachgezogene sowie kaltnachgewalzte S., nach der Ausführungsform in nahtlose S. und geschweißte S., in Rohre mit glatten Enden oder Gewinderohre. Der Begriff Rohr ist häufig mit dem Verwendungszweck gekoppelt, beispielsweise Leitungsrohr, Bohrrohr, Kesselrohr.

Warmgepreßte Hohlkörper, beispielsweise Stahlflaschen, Behälter, runde, halbrunde oder vierkantige Rohre, werden nur dann zu den S. gezählt, wenn ihr Fertiggewicht 4 t oder weniger beträgt. *Baumann*

2. geschweißtes. Ein g. S. ist ein aus Röhrenstreifen, →Breitflachstahl oder Stahlblech durch die →Schweißverbindung der Blechkanten hergestelltes Rohr und Rohrerzeugnis mit bis 406,4 mm Außendmr. G. S. mit einem äußeren Durchmesser von mehr als 406,4 mm werden geschweißte Großrohre genannt. G. S. werden mit Längsnaht-Rohrschweißanlagen und Wendelnaht-Rohrschweißanlagen hergestellt. *Baumann*

3. nahtloses. Ein n. S. ist ein S., das nach verschiedenen Verfahren der S.-Herstellung, meist durch die wesentlichen Umformstufen Lochen eines Stahlblocks, Strecken des zylindrischen Hohlkörpers und Fertigwalzen des Rohrs in Rohrwalzwerken mit →Asselwalzanlage, →Konti-Rohrwalzanlage, Stopfenwalzanlage, →Stoßbankanlage oder →Warmpilgerwalzanlage hergestellt wird. *Baumann*

Stahlrohr-Beizverfahren. Warmgewalzte nahtlose S. sind mit einer Zunderschicht behaftet, die vor der Weiterbearbeitung durch Kaltumformen, beispielsweise Kaltpilgern oder Ziehen, entfernt werden muß. Dazu dienen meist B. mit Beizmedien aus Schwefelsäuren, deren Konzentrationen zwischen 10 und 30 % bei Temperaturen zwischen 50 °C und

80 °C liegen, sowie Verfahren mit Salzsäuren, deren Konzentrationen zwischen 10 und 20 % bei Temperaturen zwischen 30 °C und 60 °C liegen, oder Verfahren mit Salzschmelzbädern, deren Temperaturen zwischen 400 °C und 550 °C liegen. *Baumann*

Stahlrohr-Herstellung. Die industrielle Fertigung von S. begann vor 1850. Dabei wurden gewalzte Blechstreifen durch Trichter oder Walzen zu einem Rohr geformt und stumpf oder überlappt in der Wärme geschweißt. Gegen Ende des vorigen Jahrhunderts entstanden verschiedene Verfahren zur H. nahtloser S., deren Erzeugungsmengen rasch anstiegen. Trotz Anwendung anderer Schweißverfahren wurden durch die Entwicklung und Verbesserung der Verfahren zur H. nahtloser Rohre die geschweißten S. fast vollkommen verdrängt. Bis etwa 1940 dominierte das nahtlose S. In der Folgezeit führten die inzwischen gewonnenen Erkenntnisse auf dem Gebiete der Schweißtechnik zu einer stürmischen Entwicklung und Ausbreitung der →Rohrschweißverfahren. In der zweiten Hälfte der 80er Jahre werden fast zwei Drittel der Rohre der S.-H. in der Welt als geschweißte S. hergestellt. Davon sind etwa ein Drittel Großrohre für Transportleitungen in Abmessungsbereichen oberhalb der wirtschaftlichen Herstellbarkeit nahtloser S.

Die Normal-Abmessungsbereiche für nahtlose und geschweißte S. sind der Tabelle zu entnehmen.

Demnach sind geschweißte S. vorwiegend im Bereich kleiner Wanddicken und großer Außendurchmesser, nahtlose S. von Normalwanddicken bis zu sehr großen Wanddicken im Durchmesserbereich bis etwa 660 mm herstellbar. Das Herstellverfahren wird aber vorzugsweise im Überdeckungsbereich, wo die Auswahl zwischen nahtlosen und geschweißten S. möglich ist, insbes. durch den Verwendungszweck der S. unter Berücksichtigung der Werkstoffe und der Einsatzbedingungen bestimmt.

Die Wiege des geschweißten S. stand in England, die des elektrisch-widerstandsgeschweißten Rohrs in den USA. Von dort kamen die Anregungen, auch in Europa eigene Entwicklungen zu betreiben. Seitdem Bandstreifen hergestellt werden konnten, wurde versucht, durch Biegen der Bänder und Verbinden ihrer Kanten Rohre zu erhalten. Bei der H. geschweißter S. wird Stahlband oder Stahlblech zunächst kontinuierlich oder mit Pressen (U-O-Verfahren, C-Verfahren) oder auch mit einer 3-Walzen-Biegemaschine kalt umgeformt und anschließend durch Preß- oder Schmelzschweißen zum fertigen S. geschweißt. Je nach Formungsprozeß werden längsnahtgeschweißte und schraubenliniennahtgeschweißte Rohre unterschieden. Letztere werden im allgemeinen Sprachgebrauch Wendelnahtrohre oder Spiralrohre genannt.

Mit den ständig steigenden Forderungen an Rohre und Rohrerzeugnisse wurden nicht nur die

Stahlrohr-Herstellung. Tabelle: Normalabmessungen nahtloser und geschweißter Stahlrohre.

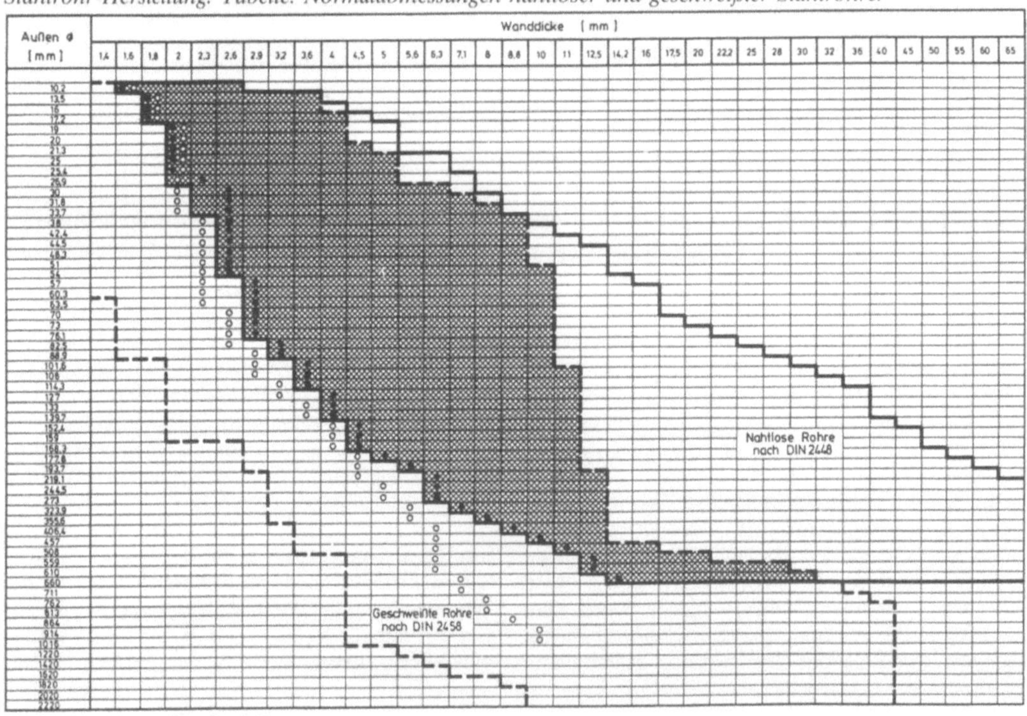

Herstellverfahren laufend verbessert, sondern auch Systeme der Fertigungskontrolle und →Qualitätssicherung geschaffen. Es ist heute bei namhaften Rohrherstellern selbstverständlich, daß die H. vom Stahlwerk bis zum Fertigrohr nicht nur lückenlos überwacht und belegt, sondern auch nach Qualitätsmerkmalen gesteuert wird. Die gemäß den technischen Lieferbedingungen durchzuführenden zerstörenden oder zerstörungsfreien Prüfungen werden unabhängig von der betrieblichen Überwachung durchgeführt, so daß ein gleichmäßiges und einwandfreies Produkt gewährleistet werden kann. *Baumann*

Stahlrohr-Produktionsmengen. Im Jahre 1950 wurden weltweit etwa 15 Mill. t Stahlrohr hergestellt. Die Produktion stieg 1960 auf mehr als 24 Mill. t. Nachdem 1970 etwa 49 Mill. t Stahlrohr hergestellt wurden, stieg die Produktion 1980 auf mehr als 71 Mill. t. In den folgenden Jahren blieb die Erzeugung etwa gleich hoch. Ende der 80er Jahre lag die Welt-S.-Produktion bei etwa 73 Mill. t/a. *Baumann*

Stahlrohr-Schweißanlage. Eine S.-S. ist ein komplexes technisches System zum Herstellen geschweißter S. mit einer Längsnaht-Rohr-Schweißanlage oder einer Wendelnaht-Rohr-Schweißanlage. *Baumann*

Stahlrohr-Schweißverfahren. Geschweißte Stahlrohre werden in Längsnahtausführung oder mit schraubenlinienförmigem Nahtverlauf hergestellt. Der Durchmesser dieser Rohre reicht von etwa 6–2 500 mm bei Wanddicken von 0,5 mm bis etwa 40 mm. Als Rohmaterial dienen stets gewalzte Flacherzeugnisse, die je nach Herstellungsverfahren, Rohrabmessung und Verwendungszweck warm oder kalt gewalzter Bandstahl, warmgewalztes Breitband oder Grobblech sein können.

Die vom Stahlrohr geforderten physikalischen Eigenschaften und Oberflächenbeschaffenheiten liegen in vielen Fällen bereits beim gewalzten →Flacherzeugnis vor. Im anderen Fall kann durch eine nachgeordnete Wärmebehandlung oder Kaltverfestigung der gewünschte Endzustand der Rohre erreicht werden.

Bei der kontinuierlichen Rohrformung wird gehaspeltes Bandmaterial von einem →Speicher abgezogen, während ein neues Band am Ende des abgehaspelten Bands angeschweißt wird. Bei der Einzelrohrfertigung erfolgen Rohrformungs- und Schweißprozeß nicht in Mehrfachlängen, sondern in Einzelrohrlängen.

Die zur Anwendung kommenden S.-S. können in 2 Gruppen

- □ →Preßschweißverfahren und
- □ →Schmelzschweißverfahren

eingeteilt werden.

Zu den Preßschweißverfahren gehören das →Fretz-Moon-Rohrschweißverfahren, →Sönnichsen-Rohrschweißverfahren, →Niederfrequenz-Rohrschweißverfahren, Mittelfrequenz-Induktions-Rohrschweißverfahren und die →Hochfrequenz-Rohrschweißverfahren. Die Schmelzschweißverfahren können in

- □ Unterpulver-Schweißverfahren und
- □ Schutzgas-Schweißverfahren

eingeteilt werden.

Das Unterpulver-Schweißverfahren ist ein elektrisches Schmelzschweißverfahren mit verdecktem Lichtbogen. Im Gegensatz zum Lichtbogenschweißen mit Schweißelektroden brennt der Lichtbogen, dem Auge unsichtbar, unter einer Schlacken- und Pulverdecke. Charakteristisch für das Unterpulver-Schweißen ist die große Abschmelzleistung, die im wesentlichen auf der hohen Stromstärke und einer günstigen Wärmebilanz beruht. Als Zusatzwerkstoff wird ein aufgehaspelter Schweißzusatzwerkstoff verwendet, der durch Transportrollen ständig im Verhältnis zur Abschmelzleistung der Schweißstelle zugeführt wird. Unmittelbar über dem Stahlrohr wird der Schweißstrom mit Schleifkontakten in den Schweißdraht geleitet und über die am Stahlrohr liegende Masse zurückgeführt. Der Lichtbogen bringt den zulaufenden Draht und die zu verschweißenden Kanten zum Schmelzen.

Ein Teil des aufgeschütteten Schweißpulvers wird ebenfalls durch die Lichtbogenwärme aufgeschmolzen und bildet eine flüssige Schlackendecke, die das Schmelzbad, den abschmelzenden Drahtwerkstoff und den Lichtbogen gegen atmosphärische Einflüsse abschirmt. Darüber hinaus gleicht das Schweißpulver durch Zufuhr von Legierungselementen Abbrandverluste aus, legiert in manchen Fällen das Schweißgut und formt die Schweißraupe.

Das Schutzgasschweißen ist ebenso wie das Unterpulverschweißen ein elektrisches Schmelzschweißverfahren. Das Schweißbad entsteht durch Einwirken eines Lichtbogens. Der Lichtbogen brennt sichtbar zwischen Elektrode und Werkstück. Elektrode, Lichtbogen und Schweißbad werden gegen die Atmosphäre durch ein zugeführtes inertes oder aktives Schutzgas abgeschirmt. Die Schutzgasschweißverfahren werden nach Art von Elektrode und Schutzgas eingeteilt in

- □ Wolfram-Schutzgasschweißen:
- – Wolfram-Inertgas (WIG) – Schweißen,
- – Wolfram-Plasmaschweißen (WP),
- – Wolfram-Wasserstoffschweißen (WHG) und
- □ Metall-Schutzgasschweißen:
- – Metall-Inertgas (MIG) – Schweißen,
- – Metall-Aktivgas (MAG) – Schweißen.

Für die Rohrherstellung finden vornehmlich nur die WIG-, MIG- und MAG-Schweißverfahren

Anwendung. Das WIG- und MIG-Schweißverfahren wird vorrangig bei der Herstellung von Edelstahlrohren eingesetzt. Beim WIG-Schweißen brennt der Lichtbogen zwischen einer nichtabschmelzenden Wolfram-Elektrode (Dauerelektrode) und dem Werkstück. Etwaiger Schweißzusatz wird vorwiegend stromlos zugeführt. Das Schutzgas strömt aus einer Gasdüse und schützt Elektrode, Schweißzusatz und Schmelzbad vor Luftzutritt. Beim MIG- und MAG-Schweißverfahren brennt im Gegensatz zum WIG-Verfahren der Lichtbogen zwischen einer abschmelzenden Elektrode, die gleichzeitig Schweißzusatz ist, und dem Werkstück. Das Schutzgas ist beim MIG-Schweißen inert, beispielsweise Argon, Helium oder deren Gemische. Beim MAG-Schweißen ist das Schutzgas aktiv. Es besteht aus reinem CO_2 oder auch aus einem Gasgemisch (i. a. die Komponenten CO_2, O_2 und Argon). Das MAG-Verfahren wird in zunehmendem Maße zum Heften bei der Herstellung von längsnaht- und schraubenliniennahtgeschweißten Großrohren verwendet. Die Heftnaht ist dabei gleichzeitig die Schweißbadsicherung für das nachfolgende UP-Schweißen. Für eine optimale Schweißnaht ist hierbei eine präzise Kantenvorbereitung (Doppel-Y-Stoß) und eine gute, durchlaufende Heftnaht Voraussetzung. Bei der Großrohrherstellung liegen die Schweißgeschwindigkeiten für die Heftnaht zwischen 5 m/min und 12 m/min. *Baumann*

Stahlstrang-Adjustage. Die S.-A. ist derjenige Betriebsbereich eines Stranggießbetriebs, in dem die Gießprodukte für die Weiterverarbeitung fertig gemacht werden. In solchen A. werden die S. beispielsweise gekennzeichnet, geprüft, quergeteilt und/oder längsgeteilt sowie weitertransportiert. *Baumann*

Stahlstrang-Gießanlage. Eine S.-G. ist ein technisches System, in dem der Stahl seine Urform erhält. In einer solchen Anlage ist das Gießprodukt stets länger als die Gießform. Ein technisches System dieser Art besteht aus Maschinen, Geräten sowie Apparaten, deren Teilegruppen und Teile.

Rückblickend läßt sich feststellen, daß die Entwicklung der S.-Gießtechnik nach 1958 besonders durch sich ändernde Stranggießanlagen-Bauformen und Stranggießanlagen-Bauweisen sowie durch eine immer stärker wachsende Zahl der G. und eine ständige Zunahme der Stahlproduktion gekennzeichnet war.

Weil das Stranggießen endabmessungsnaher Flachprodukte, beispielsweise →Vorband, zu einer erheblichen
▫ Minderung der Umformarbeit in den Walzwerken sowie
▫ Senkung der Betriebskosten bestehender Grobblechstraßen und Warmbreitbandstraßen
führt, ist es zweckmäßig, derartige Stranggießanlagen-Bauweisen von Biegericht-Strang-G. und Bo-

Stahlstrang-Gießanlage. Tabelle: Anzahl der in jedem Jahr zwischen 1952 und 1970 für Produktionszwecke eingesetzten Stranggießanlagen.

Jahre	Senkrecht-Anlagen			Biegericht-Anlagen			Bogen-Anlagen			Anlagen-Gesamtzahl
	□	▭	Summe	□	▭	Summe	□	▭	Summe	
1952	3		3							3
1953	6		6							6
1954	9		9							9
1955	12		12							12
1956	12		12							12
1957	13		13							13
1958	15		15	1		1				16
1959	19	1	20	2		2				22
1960	26	4	30	4		4				34
1961	29	4	33	7	1	8				41
1962	38	9	47	12	1	13				60
1963	42	10	52	15	1	16				68
1964	43	10	53	25	2	27	6	1	7	87
1965	48	11	59	28	2	30	24	3	27	116
1966	50	20	70	35	3	38	34	4	38	146
1967	53	24	77	46	3	49	44	12	56	182
1968	61	27	88	57	4	61	65	15	80	229
1969	67	29	96	66	6	72	88	22	110	278
1970	71	31	102	72	7	79	110	34	144	325

□ : Stränge mit quadratischen Querschnitten, flachen Querschnitten (Breitseiten kleiner 700 mm), runden, achteckigen und profilierten Querschnitten.
▭ : Stränge mit brammenförmigen Querschnitten (Breitseiten gleich oder größer 700 mm).

gen-Strang-G. gesondert als Strang-G. für endabmessungsnahe Flachprodukte zu beschreiben. Auch infolge des S.-Gießwalzens, also durch Umformen eines Strangs innerhalb der G. zum Herstellen endabmessungsnaher Walzstahlprodukte, wird die Umformarbeit in den Walzwerken erheblich gemindert. Dazu muß eine G. mit mehr oder weniger aufwendigen Umformaggregaten ausgerüstet sein. Deshalb ist es zweckmäßig, auch das S.-Gießwalzverfahren und dafür geeignete S.-Gießwalzanlagen gesondert zu beschreiben. In diesem Zusammenhang ist auch auf den →Verbund Stahl- und Walzwerktechnik hinzuweisen.

Der Tabelle ist die Anzahl der in jedem Jahr zwischen 1952 und 1970 für Produktionszwecke eingesetzten Senkrecht-, Biegericht- und Bogen-G. zu entnehmen. Es waren 32% der 1970 in Betrieb gewesenen Produktionsanlagen Senkrecht-Strang-G., 24% Biegericht-Strang-G., und 44% waren Bogen-Strang-G. Nach 1970 wurden meist nur noch Bogen-Strang-G. gebaut. Im Jahr 1990 waren weltweit insgesamt 1 436 S.-G. mit 4 196 Gießadern in Betrieb.

Im Jahr 1970 wurden etwa 10% der Welt-Rohstahlproduktion zu S. gegossen. Nach 1970 hat die Strangstahlproduktion in wachsendem Maße weiter zugenommen. Anfang der 90er Jahre lag die Welt-S.-Produktion bei 61% der Welt-Rohstahlproduktion. *Baumann*

Literatur: *Baumann, H. G.:* Stahlstrang-Gießanlagen. Düsseldorf 1976.

Stahlstrang-Gießtechnik. Unter S.-G. ist die Verfahrens- und Anlagentechnik zum Herstellen von S. zu verstehen. Demnach gehören auch die Entwicklungen der S.-Gießverfahren sowie der S.-Gießanlagen einschl. Erstellung und Betrieb der Anlagen, dazu.

Im Jahr 1958 zeichneten sich auf dem Gebiet der S.-G. 2 Entwicklungsrichtungen ab, einerseits die Entwicklung mehradriger Anlagen für das gleichzeitige Gießen mehrerer Stränge aus einer →Pfanne und andererseits die Entwicklung von Anlagen mit möglichst wenigen Gießadern für das Gießen mit hohen Geschwindigkeiten.

Mit dem Fortschritt der Entwicklung der Strang-G. haben sich schließlich beide Richtungen angeglichen. Einerseits wurden die Gießgeschwindigkeiten gesteigert, und andererseits stieg die Anzahl mehradriger Gießanlagen. Ob eine einadrige oder mehradrige Anlage erforderlich ist, ist von der Gießleistung einer Gießader und von der zulässigen oder vorgegebenen Pfannenentleerungszeit abhängig. Die danach wichtige Größe für die Anlagenbemessung ist der Erstarrungsweg des Strangs, d. h. die Strecke, die der Strang bis zu seiner vollständigen Erstarrung zurücklegen muß. Diese Strecke kann bei Strängen mit brammenförmigen Querschnitten

mehr als 25 m sein. Infolge der verhältnismäßig schlechten Wärmeleitfähigkeit des Eisens kann der Erstarrungsweg auch durch verschärfte Sekundärkühlung nicht wesentlich verkürzt werden. Deshalb wurden insbes. nach 1960 die Gießanlagen nicht mehr als Senkrechtanlagen mit großer Bauhöhe, sondern als Biegericht-, Kreis- oder Ovalbogen-Anlagen mit niedriger Bauhöhe ausgeführt.

Die Einführung der S.-G. in den 60er Jahren war eine der bedeutendsten Innovationen der Hüttentechnik. Infolge des Einsatzes von S.-Gießanlagen wurde die Anzahl Verarbeitungsschritte auf den Wegen der Herstellung von Walzstahl-Fertigerzeugnissen gesenkt und das Ausbringen im Stahlwerk sowie bei der Walzstahlherstellung erhöht. Das hat dem Einsatz des S.-Gießverfahrens weltweit die Wege geebnet und zum Erkennen weiterer Vorzüge geführt, die seine Einführung in den 70er Jahren beschleunigten. Der S.-Anteil von der weltweiten →Rohstahlproduktion lag 1991 bei 61%. Bei einer Betrachtung der S.-Produktionen verschiedener Länder wird deutlich, wie unterschiedlich die S.-Anteile in einzelnen Ländern von deren Rohstahlproduktionen 1991 noch waren. Deshalb kann davon ausgegangen werden, daß in manchen Ländern auch in den 90er Jahren noch ein erheblicher Nachholbedarf an S.-Kapazität besteht. *Baumann*

Stahlstrang-Gießverfahren. Das S.-G. ist ein Urform-Verfahren, bei dem ein Gießprodukt hergestellt wird, das länger als die Gießform ist. Die Entwicklung und Einführung des S.-G. zählt zu den bedeutsamsten Innovationen der Stahlindustrien.

Beim S.-Gießen wird der Stahl aus einer Gießpfanne einem Verteilergefäß zugeführt. Dieses feuerfest ausgekleidete Gefäß dient der Leitung des Stahls in die Kokille und bei mehradrigen Gießanlagen gleichzeitig der Verteilung des Stahls auf die einzelnen Kokillen. Die Kokillen sind meist aus Kupfer oder Kupferlegierungen gefertigt und werden mit Wasser gekühlt. Zur Minderung der →Reibung zwischen Strangschale und Kokille, gegen Benetzen der Kokillenwände durch flüssigen Stahl sowie zum Aufbau einer reduzierenden Atmosphäre oberhalb des Gießspiegels wird den Kokillen ein flüssiges und/oder festes Schmiermittel zugeführt. Während des Gießvorgangs werden die Kokillen oszillierend bewegt. Dazu dienen Hubsysteme. Die S. werden nach den Kokillen i. a. mit Wasser oder Luft-Wasser-Gemischen gekühlt, zwischen →Rollen geführt und mit Transportrollensystemen gefördert. Den Transportrollensystemen sind Trennsysteme für das Zerteilen der Stränge nachgeordnet. Das zerteilte Gießgut wird über Rollgänge abgeführt. Vor Gießbeginn wird jede Kokille durch einen Boden (Fahrbolzenkopf), der mit einem Fahrbolzen oder einer Anfahrkette verbunden ist, verschlossen. Bei Beendigung des Angießvorgangs wird der Fahrbolzen oder die Anfahrkette abgesenkt. Nachdem der Strangfuß das Transportrollensystem passiert hat, werden Fahrbolzen oder Anfahrkette und/oder Fahrbolzenkopf vom Strang getrennt und aus dem Bereich des Strangwegs gebracht.

Dank des Einsatzes der S.-Gießtechnik wird die Anzahl der Verarbeitungsschritte auf den Wegen der Herstellung von Walzstahl-Fertigerzeugnissen gesenkt und das Ausbringen erhöht (Bild 1 und 2). So können beispielsweise beim Herstellen von Grob-, Mittel- oder →Feinblech die Verarbeitungsschritte

☐ Kokillengießen,

☐ Strippen,

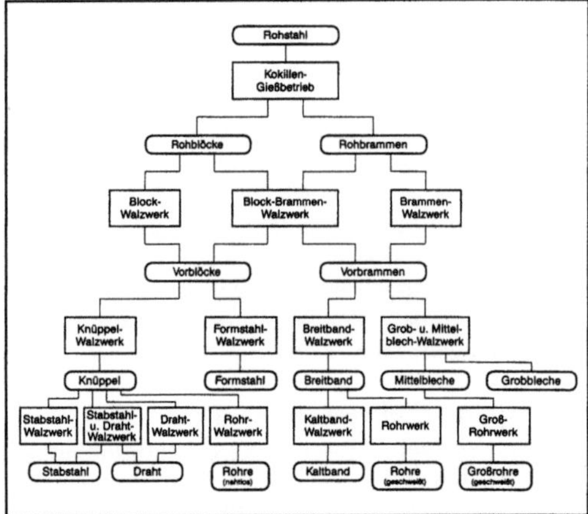

Stahlstrang-Gießverfahren 1: Verarbeitungsschritte auf den Wegen der Herstellung von Walzstahlerzeugnissen unter Voraussetzung des klassischen Kokillenblockgießens oder Kokillenbrammengießens.

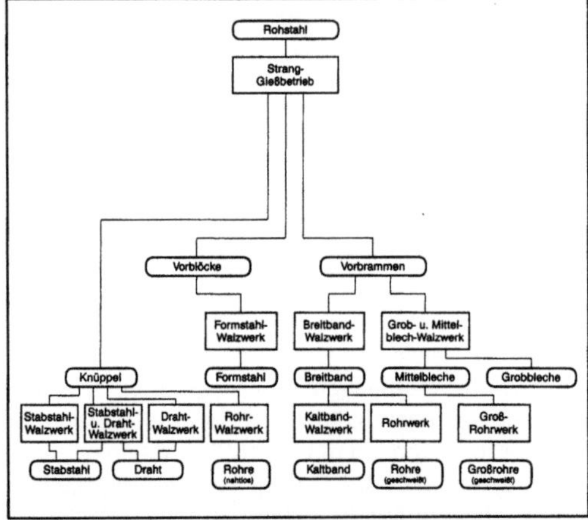

Stahlstrang-Gießverfahren 2: Verarbeitungsschritte auf den Wegen der Herstellung von Walzstahlerzeugnissen unter Voraussetzung des Stranggießens.

☐ Wärmen der Rohbrammen und

☐ Brammenwalzen

durch das Stranggießen ersetzt werden. *Baumann*

Literatur: *Baumann, H. G.*: Stahlstrang-Gießanlagen. Düsseldorf 1976. – *Baumann, H. G.,* u. *E. A. Elsner:* Klepzig Fachber. 78 (1970) Nr. 10, S. 537/45. – *Baumann, H. G.,* u. *H. D. Faber:* Draht-Welt 57 (1971¹) Nr. 6, S. 270/79. – *Baumann, H. G.,* u. *H. D. Faber:* Draht-Welt 57 (1971) Nr. 9, S. 424/29. – *Baumann, H. G.:* Klepzig Fachber. 78 (1970) Nr. 7, S. 377/85. – *Baumann, H. B.,* u. *G. Ratschat:* Klepzig Fachber. 77 (1969) Nr. 4, S. 246/48.

Stahlstrang-Gießwalzanlage. Die 1960 bei der Benteler AG, Paderborn, in Betrieb genommene erste G. wurde einerseits aus Gründen der besseren Wärmenutzung erstellt und andererseits wegen der beim ununterbrochenen unmittelbaren Umformen des Strangs zu erhaltenden größeren Bundgewichte für die Herstellung geschweißter Rohre gebaut. Für das Umformen des Strangs wurde eine →Sendzimir-Planetenwalzanlage gewählt. Solche Walzanlagen wurden mit Einzuggeschwindigkeiten betrieben, die ähnlich den damaligen Gießgeschwindigkeiten waren. Sendzimir-Planetenwalzanlagen waren damals mehrfach für Produktionszwecke in Walzwerken eingesetzt. In dieser G. wurden Stränge mit flachen Querschnitten 300 mm × 45 mm sowie 450 mm × 65 mm gegossen. Der gegossene Flachstrang wurde nach dem Biegen gerichet und entweder unzerteilt umgeformt oder vor Eintritt in den Durchlauf-Ausgleichsofen mit einem Schneidbrenner zerteilt und dann umgeformt. Der Durchlauf-Ausgleichsofen war ölbeheizt und bestand aus 27 einzelnen Ofenkammern mit einer Gesamtlänge von 40 m. Zwischen Ofen und Planetenwalzanlage war das Entzunderungssystem angeordnet. Die Walzanlage bestand nach dem Entzunderungssystem aus

☐ einem Doppelwalzaggregat, mit dem eine Querschnittsabnahme von 15 % erreicht wurde,

☐ dem Sendzimir-Planetenwalzaggregat, bei dem die beiden Stützwalzen mit je 30 Arbeitswalzen ausgerüstet waren, und

☐ einem Zweiwalzen-Glättwalzaggregat.

Die Bundgewichte waren 9 t. Das ergab bei einer Bandbreite von 450 mm ein Gewicht von 20 kg/mm Bandbreite.

Bereits 1965 wurde von der United States Steel Corporation, Pittsburgh (Pennsylvania), ein S.-Gießwalzverfahren zum Gießwalzen breiter Brammen mit unterschiedlichen Dicken und Breiten zum Patent angemeldet (Deutsche Auslegeschrift 1 452 117). Gegenstand dieser Patentanmeldung war u. a. das Umformen gegossener Strangbrammen mit 2 Horizontal- und 3 Vertikal-Walzgerüsten. Im Jahr 1967 wurde bei den Gary Works der United States Steel Corporation, Gary (Indiana), die erste Produktions-G. mit 5 Walzgerüsten für Flachprodukte in Betrieb genommen. In dieser Anlage waren nach dem Transport-Richtrollensystem, einem Entzunderungssystem und einem Durchlaufofen die Horizontal- und Vertikalgerüste angeordnet. Damit konnte man beispielsweise Brammen der Querschnittsabmessungen 1 397 mm × 236 mm gießen und zu Brammen mit Querschnitten 914 mm × 177 mm umformen. Die größten auf dieser Anlage gegossenen Brammen hatten Gießquerschnittsabmessungen 1 930 mm × 236 mm. Dabei waren die Schmelzengewichte 200 t, und es wurden infolge des Einsatzes von Gießpfannenwagen sowie Verteilergefäßwagen 12 Schmelzen gleicher Stahlsorte nacheinander gegossen. Diese G. war bis 1973 in Betrieb.

Im Jahr 1968 wurde die erste vieradrige Produktions-G. bei der Badische Stahlwerke AG, Kehl, in Betrieb genommen. In dieser Anlage wurden S. mit Querschnitten 130 mm × 95 mm sowie 145 mm × 93 mm und zeitweise 160 mm × 92 mm gegossen und mit einem horizontal angeordneten kalibrierten

Walzenpaar je Gießader auf den Querschnitt 100 mm × 100 mm gebracht. Wenn ein Strang mit quadratischem Querschnitt durch Gießwalzen eines Strangs mit rechteckig-flachem Querschnitt hergestellt wird, dann ist die Leistung der Gießader deutlich größer als beim Gießen dieses Quadratstrangs. Das Stahlwerk war mit 2 Lichtbogen-Schmelzöfen ausgerüstet. Die Abstichgewichte jedes Ofens waren 60 t. Die G. war mit 700 mm langen, geraden Kokillen ausgerüstet; 475 mm unterhalb des Kokillenausgangs wurden die gegossenen Stränge tangential in einen Kreisbogen geführt. Der senkrechte Abstand zwischen der Gießbühne und der Unterkante des in der Waagerechten gerichteten Strangs war 6,1 m.

Im Jahr 1971 wurde eine vieradrige G. in dem damaligen Stahl- und Walzwerk Henningsdorf und 1973 wurde eine vieradrige G. mit 2 Walzgerüsten je Gießader bei den Aceros Nationales S.A., Mexiko, in Betrieb genommen.

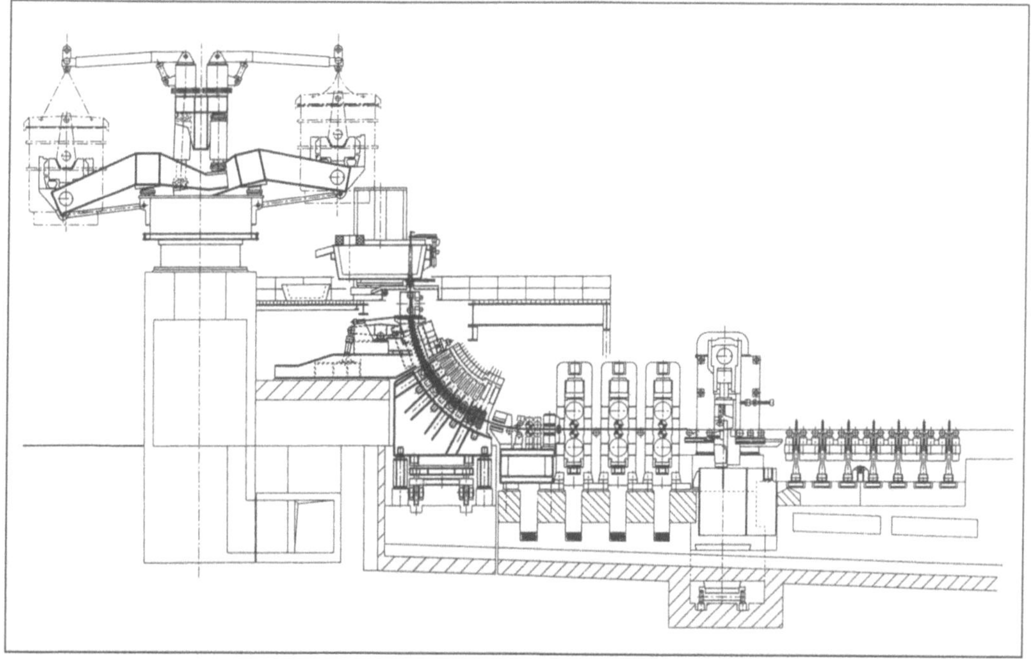

Stahlstrang-Gießwalzanlage: Zum Herstellen von Stahlband mit Breiten zwischen 650 mm und 1 330 mm sowie Dicken zwischen 15 mm und 25 mm.

Technische Kenndaten:
Schmelzeinheiten: Lichtbogen-Schmelzöfen
Schmelzengewichte: 100 t
Stahlsorten: Kohlenstoffstähle, rostfreie Stähle
Gießanlagen-Bauformen: Bogen-Gießwalzanlage
Bogenradius: 5,2 m
Anzahl Gießadern: 1
Verteilergefäß-Fassungsvermögen: 20 t
Gießquerschnitte: 650–1 330 mm Breite, 60–80 mm Dicke
Anzahl Walzgerüste der Gießwalzanlage: 3
Arbeitswalzen-Durchmesser: 410 mm

Arbeitswalzen-Ballenlänge: 1 500 mm
Stützwalzen-Durchmesser: 800 mm
Stützwalzen-Ballenlänge: 1 400 mm
Walzkraft: 13 000 kN
Bandbreiten nach dem Gießwalzen: 650 mm bis 1 330 mm
Banddicken nach dem Gießwalzen: 15 mm bis 25 mm
Trennaggregat: Pendelschere
Schneidkraft der Pendelschere: 10 000 kN
Coil-Gewicht: 26,6 t
Produktionsmengen der Gießwalzanlage: 500 000 t/a

Im Jahr 1988 wurde zur Herstellung von →Vorband durch Gießwalzen eine Gießader der Ovalbogen-Gießanlagen des Hüttenwerks Huckingen der Mannesmannröhren-Werke AG, Duisburg, mit einem neuen hydraulisch anstellbaren, zum Umformen des Strangs geeigneten, der Kokille nachgeordneten Strangführungssegment ausgerüstet. Darüber hinaus wurden

□ die Oberrollen des zweiten Strangführungssegments federnd gelagert,

□ das dritte Strangführungssegment mit neuen Rollenpaaren ausgerüstet und

□ das Strangtransportsystem für Gießgeschwindigkeiten bis 6 m/min umgerüstet.

Nachdem diese Änderungen durchgeführt waren, konnte das mit einem inneren Kokillenmaß 1 200 mm × 60 mm unter Produktionsbedingungen gegossene Vorband schrittweise auf 25 mm Enddicke umgeformt werden. Diese Dickenabmessung liegt im coilbaren Bereich.

Im Jahr 1991 wurde bei der Finarvedi SpA, Cremona, Italien, eine von der Mannesmann Demag AG gebaute erste Produktionslinie mit einadriger G. zum Herstellen von Warmband in Betrieb genommen (Bild).

Ziele der Entwicklung des Stranggießens endabmessungsnaher Flachprodukte und des gleichzeitigen Umformens dieser Produkte innerhalb der Gießanlage war insbes. die Minderung der Walzarbeit auf ein mögliches Mindestmaß. Damit bestehen u. a. folgende Möglichkeiten:

□ die Senkung der Betriebskosten bestehender Warmbandstraßen und Blechstraßen sowie

□ der Bau neuer, wirtschaftlich arbeitender Regional-Hüttenwerke für →Flachstahl.   *Baumann*

Literatur: *Baumann, H. G., K. Feldermann, C. Körling* u. *H. Lüdorff:* Steel and Metals Magazine 27 (1989) Nr. 6/7, S. 465/78. – *Benteler, H.:* Berg- und Hüttenmännische Monatsh. 107 (1962) Nr. 4, S. 144/51. – *Brückner, K.:* Stahl und Eisen 108 (1988) Nr. 22, S. 1029/34. – *Brückner, K:* Steel and Metals Magazine 27 (1989) Nr. 1/2, S. 65/72. – *Ehrenberg, H. J., K. Diederich, L. Parschat* u. a.: World Steel and Metalworking 9 (1988), S. 168/70. – *Ehrenberg, H.-J., L. Parschat, F.-P. Pleschiutschnigg* u. a.: Stahl und Eisen 109 (1989) Nr. 9/10, S. 453/62. – *Wiebel, A. V.:* Iron and Steel Engineer 46 (1969) Nr. 7, S. 103/12. – *Schrewe, H., H.-E. Wiemer, H.-J. Ehrenberg* u. a.: Stahl und Eisen 108 (1988) Nr. 9, S. 427/36.

Stahlstrang-Gießwalzverfahren. Das S.-G. ist ein Verfahren, bei dem ein Strang innerhalb der Gießanlage unter Nutzung seiner Wärme querschnittsvermindernd umgeformt wird. Bereits 1846 hatte *Henry Bessemer* ein kontinuierlich arbeitendes G. zur Herstellung von Metallbändern vorgeschlagen (USP 49053). Jedoch erst 1960 konnte eine erste, für Produktionszwecke konzipierte S.-Gießwalzanlage bei der Benteler AG, Paderborn, in Betrieb genommen werden. Mit G. können insbes.

□ die Wärme der gegossenen Stränge für das Umformen weitgehend genutzt,

□ das Umformen in den Walzwerken auf ein notwendiges Mindestmaß begrenzt,

□ die innere Beschaffenheit der gegossenen Stränge verbessert und

□ der Verarbeitungsprozeß rationalisiert

werden.

Im Jahr 1966 war es der Gebr. Böhler und Co. AG, Kapfenberg, Österreich, gelungen, durch unmittelbares Walzen des Strangs ein Verfahren zu entwikkeln, das bei beträchtlicher Qualitätsverbesserung der S. auch die betriebssichere Herstellung endabmessungsnaher Produkte für die Weiterverarbeitung ermöglichte. Dieses Verfahren wurde Böhler-Strang-Reduzier-Verfahren (BSR) genannt. Die nach dem BSR-Verfahren hergestellten Stränge waren seigerungsarm, ohne Kernporositäten, hatten hervorragende Oberflächen und Gefüge, die denjenigen gewalzter Produkte ähnlich waren. Damit war der Nachweis erbracht, daß durch Gießwalzen endabmessungsnahe Produkte mit unterschiedlichen Querschnittsformen und -abmessungen betriebssicher hergestellt werden konnten, die zur Weiterverarbeitung in Fertigstraßen geeignet waren. Beim BSR-Verfahren wurden die Erstarrungsfronten des innen noch flüssigen Strangs, also die Strangschalen des nicht erstarrten Strangs, durch Walzen miteinander vereinigt (Bild 1). Infolge dieses Vorgangs wird der Kokille, besonders während des Anstellens der Walzen, nicht nur eingangsseitig aus dem Verteilergefäß, sondern auch ausgangsseitig aus dem Inneren des Strangs flüssiger Stahl zugeführt.

Das Umformen der S. einer Gießanlage mit Walzen, die in Höhe des noch flüssigen Strangkerns angeordnet sind, ist auch einer Patentanmeldung der Mannesmann AG, Düsseldorf, aus dem Jahre 1965 zu entnehmen (Deutsche Offenlegungsschrift

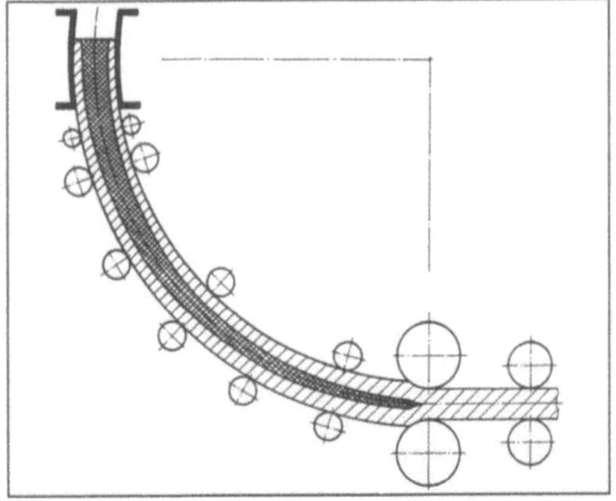

Stahlstrang-Gießwalzverfahren 1: Schematische Darstellung des Gießens und Walzens eines nicht erstarrten Stranges nach dem BSR-Verfahren.

1 483 602). Im Jahr 1967 wurde das schrittweise Umformen nicht erstarrter Stränge innerhalb einer →Biegericht-Stranggießanlage oder innerhalb einer Bogen-Stranggießanlage mit vielen →Rollen oder Walzen, die auch in Gruppen zusammengefaßt sein können, von der DEMAG AG zum Patent angemeldet, Deutsche Offenlegungsschrift 1 583 620 (Bild 2).

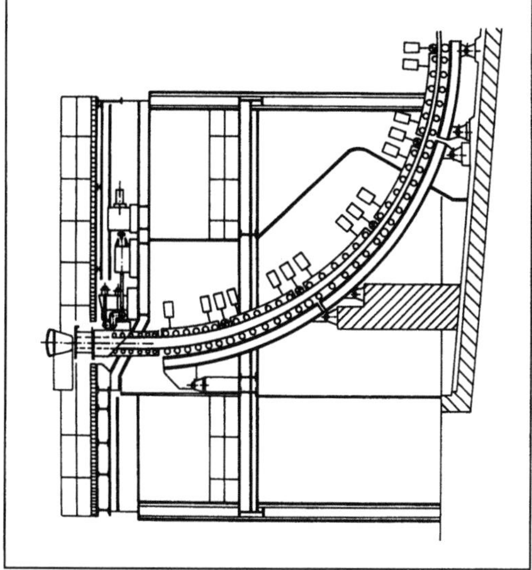

Stahlstrang-Gießwalzverfahren 2: Bogen-Gießwalzanlage für das schrittweise Umformen nicht erstarrter Stränge, nach Demag AG 1967, Deutsche Offenlegungsschrift 1 583 620.

Für das Gießwalzen mit nur einer Umformeinheit war es bereits in den Jahren zwischen 1968 und 1972 besonders vorteilhaft, Stränge mit flachen Querschnittsformen zu gießen und innerhalb der Gießanlage zu Strängen mit quadratischen Querschnitten umzuformen. Bereits 1970 konnten beim Gießen von Strängen mit flachen Querschnittsformen bei einer Dicke von weniger als 100 mm Tauchausgüsse besonderer Form eingesetzt werden. Auch Vorprofile lassen sich durch Gießwalzen aus Strängen mit beispielsweise rechteckig-flachen Querschnitten herstellen. Es wurde auch geprüft, ob Stränge mit profilierten Querschnittsformen gegossen und mit dem G. umgeformt werden können. Damit ließen sich Vorprofile für die Weiterverarbeitung in Fertigstraßen herstellen.

In der zweiten Hälfte der 60er Jahre wurde also bereits nachgewiesen, daß mit dem G. eine
□ bessere innere Beschaffenheit der Stränge,
□ deutliche Verbesserung der Strangstahl-Qualität,
□ beachtliche Steigerung der Gießleistungen bei der Herstellung von Strängen mit quadratischen, achtkantigen und runden Querschnitten,

□ unmittelbare Nutzung der Gießwärme für das Umformen sowie
□ erhebliche Minderung der Umformarbeit und des Energiebedarfs in den Walzwerken
erreicht wird. Gleichzeitig wurde damals herausgestellt, daß bei der Verarbeitung von Strangbrammen zu Band oder Blech eine Umformarbeit geleistet wird, die meist viel größer als zum Erzielen der geforderten technologischen Eigenschaften erforderlich ist, und daß man deshalb eine Zuführung des Stahls in die Kokille entwickeln mußte, mit der Brammenstränge bei Seitenverhältnissen weit größer als 10:1 gegossen und unter Nutzung der Gießwärme zu Band umgeformt werden. *Baumann*

Literatur: *Baumann, H. G.:* Draht-Welt 55 (1969) Nr. 10, S. 607/13; Revista de Metalurgia 6 (1970) Nr. 6, S. 614/21. – *Baumann, H. G., u. E. A. Elsner:* Klepzig Fachber. 78 (1970) Nr. 10, S. 537/45. – *Baumann, H. G., E. A. Elsner u. J. Pirdzun:* Stahl und Eisen 91 (1971) Nr. 3, S. 139/47. – *Tarmann, B. u. H. Vonbank:* Radex-Rdsch. (1967), S. 429/38.

Stahlwerk. Ein S. ist ein Fertigungs-Komplex, in dem flüssiger Stahl hergestellt und zu Brammen, Blöcken, Knüppeln oder Stahlsträngen gegossen wird. Somit bestehen S. im wesentlichen aus einem Schmelzbetrieb und einem Gießbetrieb (Bild, nächste Seite). S. werden nach ihren Schmelzverfahren sowie Schmelzanlagen eingeteilt in Blas-S., Lichtbogenofen-S. und Siemens-Martin-S. mit Siemens-Martin-Öfen. *Baumann*

Stallhobel. Der S. ist ein zusätzlicher Kohlenhobel in Hobelbetrieben. Er ist über Zwischenglieder an die Hobelanlage angekuppelt und wird von dieser bewegt. Der S. hat die Aufgabe, die Maschinenställe auszukohlen.

Die Maschinenställe liegen an den Strebenden und nehmen die für die Gewinnungseinrichtungen und den →Förderer notwendigen Maschinen und Anlagen auf. Diese Maschinenställe können von dem Hauptgewinnungsgerät nicht ausgekohlt werden, da das Gewinnungsgerät auf Grund der Konstruktion der Fördererenden und der Antriebe nicht bis zum Maschinenstall gefahren werden kann.

Heutzutage sind allerdings fast 80 % der Fördererantriebsstationen in die Strecke verlagert, so daß die Strebgewinnungsmaschine bis zu den Strebenden die Kohle hereingewinnen kann. Ein S. ist daher in den meisten Fällen vermeidbar. *Seeliger*

Stallmiststreuer →Düngerstreuer

Stampfbohle. S. sind Bauteile eines Fertigers, die entsprechend der Tragschichtdicke in verschiedene Hubhöhen eingestellt werden können und die Aufgabe haben, das eingebaute Material zu verdichten (→Verdichtungsgerät). *Kühn*

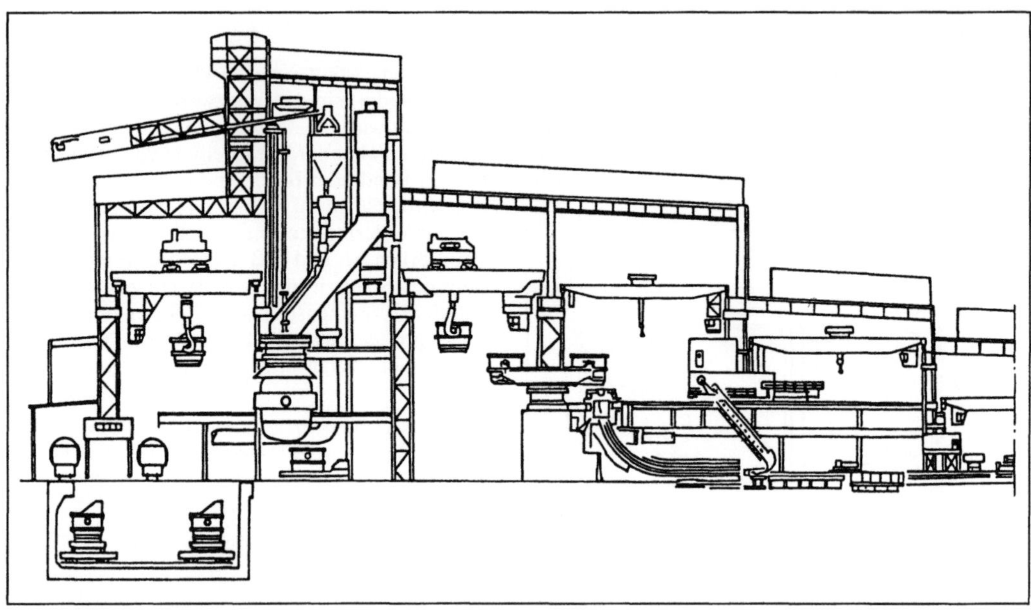

Stahlwerk: Längsschnitt durch ein Blasstahlwerk mit Stranggießbetrieb.

Stampfer. S. sind handgeführte Geräte, die zur stampfenden Verdichtung bindiger, aber auch rolliger Böden und erdfeuchten Betons dienen. Nach ihrer Bau- und Arbeitsweise unterscheidet man Explosionsstampfer und Vibrationsstampfer. Explosionsstampfer werden durch die Explosion eines Kraftstoff-Luft-Gemisches hochgeschleudert und fallen dann auf den Boden zurück. Hinsichtlich ihrer Funktion sind sie mit Explosionsdieselbären zu vergleichen. Der freie Fall und ein Teil des Explosionsdruckes wird für das Verdichten des Bodens wirksam. Senkrecht hochspringende Geräte bezeichnet man als Stampframmen; schräg hoch- und vorwärtsspringende Geräte als Frösche. Die Sprunghöhe beträgt meist rd. 40 cm, die Schlagzahl 70 min^{-1}. Der Delmag-Frosch (Bild, nächste Seite) springt bei jeder Explosion 15–20 cm parabelförmig nach vorne. Er eignet sich auch zur Verdichtung von grobscholligem Material und hat eine Tiefenwirkung bis 1 m. Die Geräte erreichen Sprunghöhen von 30–40 cm bei Schlagfrequenzen von 50–60 min^{-1} und Gewichten von über 1 t. Vibrationsstampfer sind Geräte, deren Mehrfederschwingsystem meist von Verbrennungsmotoren, seltener auch von Elektromotoren angetrieben wird. Ihre Wirkung beruht auf der Verbindung von Vibration und Stampfschlag. Vibrations-S. haben eine klcine Stampfplatte und durch deren Schrägstellung einen Eigenvorlauf. In der Regel werden Vibrations-S. bis rd. 150 kg Betriebsgewicht und bis 5 kW Leistung gebaut. Sie erreichen Schlagzahlen bis rd. 650 min^{-1}. Vibrations-S. können noch in schmalen Gräben und auf sehr beengtem Raum arbeiten, z. B. Unterstopfen von Rohren, Hinterfüllungen. Sie werden deshalb oft für Ausbesserungsarbeiten und zum Verdichten von Randstreifen eingesetzt. Durch ihre hohe Schlagfrequenz und die relativ kleine Stampffläche bringen sie im Vergleich zu Vibrationsplatten (→Plattenrüttler) die höchste Verdichtungswirkung. *Kühn*

Stampfplatte. S. sind meist Stahlmassen, die durch →Seilbagger angehoben werden und die dann auf den Boden fallen (Bild). Diese Freifallkranstampfer

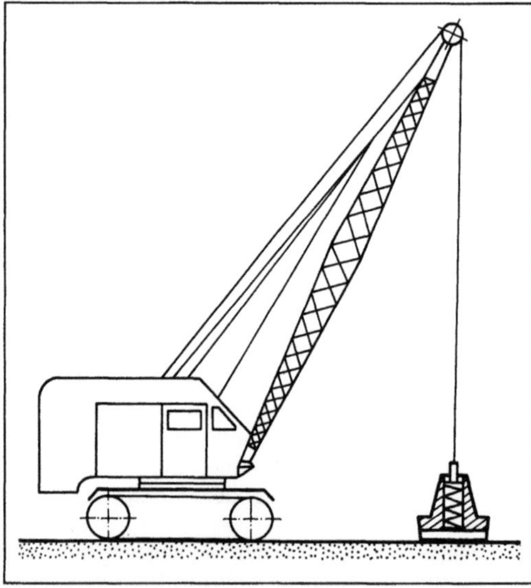

Stampfplatte: Seilbagger mit Stampfplatte.

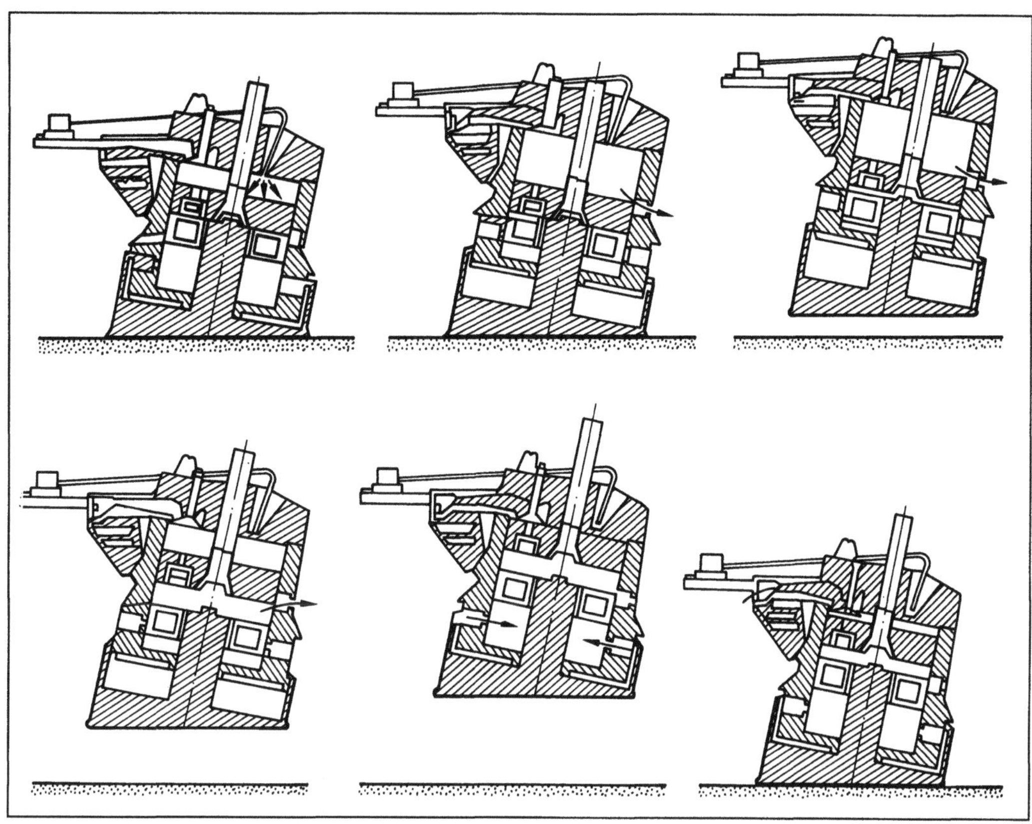

Stampfer: Arbeitsweise des Delmag-Frosches.

werden vorwiegend zur Zertrümmerung von Felsbrocken und Verdichtung von steinigen, bindigen Böden benutzt. Die S. haben ein Gewicht von 2–3 t. Die Platten eignen sich nicht zum Verdichten von Dammrändern und müssen in ausreichendem Abstand von Gebäuden benutzt werden. Deshalb übernehmen immer mehr Vibrationswalzen die Verdichtungsaufgaben. *Kühn*

Stand-Gießverfahren. Flüssiger Stahl oder flüssige Nichteisenmetalle können nach einem S.-G. (auch Kokillen-G. genannt) oder nach einem Strang-G. ihre Urform erhalten. Beim S.-G. wird beispielsweise der Stahl in Kokillen zu Blöcken mit Gewichten zwischen 100 kg und 500 t im Ober- oder Unterguß, d. h. fallend oder steigend, gegossen. Fallender Guß wird überwiegend bei Blöcken mit größerem Gewicht, größer als 20 t, angewandt und in Fällen, in denen ein hoher Reinheitsgrad erforderlich ist, vorgezogen. Steigender Guß weist eine bessere Oberfläche als Oberguß auf, weil der Stahl von unten ruhig hochsteigt, während beim fallenden Guß der flüssige Stahl auf die Kokillenwände spritzen kann. In der Kokille erstarrt der flüssige Stahl je nach dem im Stahl gelösten

Sauerstoff unberuhigt, halbberuhigt oder beruhigt. Je niedriger der Sauerstoffgehalt ist, um so weniger Sauerstoff setzt sich mit dem Kohlenstoff des Stahls um, und um so ruhiger, d. h. ohne Blasenbildung und damit ohne „Kochbewegung", erstarrt der Stahl. Der Sauerstoffgehalt des flüssigen Stahls ist durch den Gehalt an Kohlenstoff, Mangan, Silicium und Aluminium vorgegeben. Je nach Gasentwicklung erstarrt der Stahl unter Blasen- oder Lunkerbildung. Der beruhigte S.-Guß ist gegenüber dem unberuhigten S.-Guß praktisch blasenfrei, kann jedoch Schwindungshohlräume (Lunker), aufweisen, die durch den aus aufgesetzten Hauben nachfließenden Stahl so weit aufgefüllt werden, daß beim umgekehrt konischen Block kein Lunker, beim normal konischen Block nur noch ein Sekundärlunker auftreten kann, der allerdings bei ausreichender Umformung verschweißt.

Das kontinuierliche Strang-G. hat gegenüber dem S.-G. folgende Vorteile: Die Erstarrung verläuft schneller, die nachfolgende Umformarbeit ist deutlich geringer, eine oder mehrere Umformstufen können entfallen, und das Ausbringen ist wesentlich höher. *Baumann*

Standardantrieb. Er hat sich bei der Entwicklung des Autos bald herausgebildet: Motorgetriebeblock früher hinter, heute auf der Vorderachse, Kardanwelle zur Hinterachse. Vorteilhaft sind die gute Zugänglichkeit und Kühlung des Motors, der einfache Antrieb der ungelenkten Hinterachse und die ungestörte Nutzbarkeit des hinteren Fahrzeugteils. Die Anordnung „Motor vorne, Welle, schnelle Getriebe-Achsantriebskombination hinten (*transaxle*)" blieb auf wenige Pkw beschränkt. Sie vermeidet durch das hinten liegende Getriebe in einem gewissen Umfang das Problem der geringen Belastung der Antriebsachse beim Standardantrieb. Bei Lkw ist auch liegende Motoranordnung zwischen den Achsen möglich.

Heckmotoranordnung. Sie bringt zwar hohe Belastung der angetriebenen Hinterräder, beansprucht aber den Raum, in dem vorteilhaft Kraftstoffbehälter und Kofferraum untergebracht werden. Dafür steht dann nur der Raum vor und auf der Vorderachse zur Verfügung, der zerklüftet ist und oft zusätzlich von Wasserkühler und dessen Luftführung in Anspruch genommen wird. Für Omnibusse hat sich das Heckmotorkonzept durchgesetzt.

Mittelmotoranordnung. Hierfür treffen die gleichen Argumente wie für den Heckantrieb zu. Die Motorlage nahe am Schwerpunkt ermöglicht kleines Trägheitsmoment um die Hochachse. Deshalb bevorzugtes Konzept für Renn- und Sportfahrzeuge.

Frontantrieb. Er setzt sich für Pkw immer mehr durch: Das Antriebsaggregat liegt gut zugänglich und gekühlt längs oder quer auf bzw. vor der Vorderachse, die angetriebene Vorderachse ist gut belastet, der restliche Fahrzeugteil ist gut nutzbar, Allradantrieb ist gut ergänzbar.

Allradantrieb. Er gestattet die volle Nutzung des Adhäsionsgewichtes zum Antrieb, insbesondere, wenn die Zugkraft (→Kraftübertragung Allradantrieb) der augenblicklichen Achslast entsprechend verteilt wird.

Beim Beschleunigen mit a (m/s^2) wird beim Frontantrieb die Antriebsachse um $G \cdot a \cdot h/l$ entlastet, beim Hinterradantrieb belastet (G = Masse des Fahrzeugs, h/l = Verhältnis von Schwerpunkthöhe zu Radstand). Beim Frontantrieb sind daher langer Radstand und geringe Schwerpunkthöhe, zum Vermeiden von Schwierigkeiten beim Anfahren auf glatter Fahrbahn, von Bedeutung. Die Inanspruchnahme des verfügbaren Kraftschlusses durch die Vortriebskraft führt beim Standardantrieb zum Ausbrechen des Hecks.

Die elektronische *Antriebsschlupfregelung (ASR)* vermeidet den Kraftschlußverlust der angetriebenen Räder und regelt den Schlupf in dem günstigsten Bereich von 0,2–0,4 ein (Bremsen). Die Regelung bremst einerseits über Pumpe, Druckspeicher und Magnetventil oder über Bremssteller das zum Durchdrehen neigende Rad und nimmt andererseits das Motordrehmoment zurück. Bei Geschwindigkeiten unter 40 km/h erfolgt die Regelung nach dem Prinzip „select high", d. h. die Adhäsion des Rades mit der besseren Haftung wird ausgenutzt, das andere Rad gebremst. Bei Geschwindigkeiten über 40 km/h wird nach dem Prinzip „select low" geregelt, d. h. das Antriebsmoment für beide Räder wird soweit zurückgenommen, daß es auch ohne Bremsen nicht zum Durchdrehen kommt. Dadurch werden eventuell schwierig auszumanövrierende Giermomente vermieden. Die direkte Verbindung von Gaspedal zum Motor ist auf eine Notbetätigung bei Ausfall der Anlage beschränkt. Die Drosselklappe wird über einen Stellmotor – von einem Sollwertgeber am Gaspedal moduliert – durch die ASR-Elektronik betätigt. *Fiala*

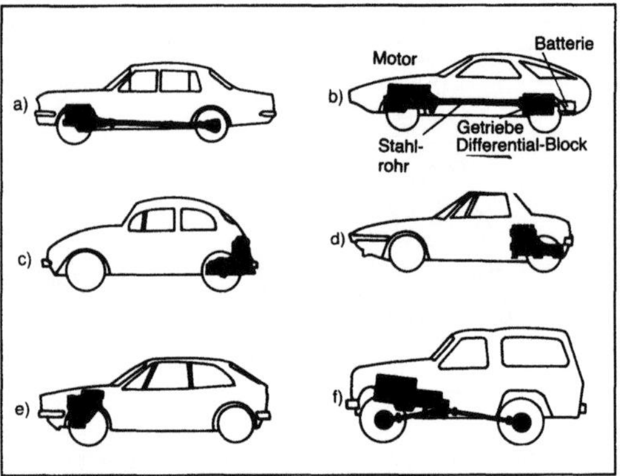

Antriebskonzept: Antriebsarten:
a) Standardantrieb
b) Transaxle
c) Heckmotor
d) Mittelmotor
e) Frontmotor
f) Allradantrieb (Fachkunde Kraftfahrzeugtechnik, Wuppertal).

Standardantrieb →Antriebskonzept

Standard-Referenz-Prüfrad. Tragfähigkeitskennwerte von Zahnradgetrieben werden experimentell an Prüfrädern ermittelt. Hierzu werden Laufversuche mit S.-R.-P. bei vereinheitlichten Abmessungen unter konstanten Betriebsbedingungen durchgeführt.

Die Grenzwerte der Festigkeit und sonstige Einflußfaktoren für die zulässige Spannung sollten möglichst an Zahnrädern und unter Prüfbedingungen ermittelt werden, die den Betriebsbedingungen nahekommen. Die Festigkeitswerte sind dann am zuverlässigsten auf den Anwendungsfall übertragbar, und Mängel des Berechnungsverfahrens, d. h. des Übertragungsmodells, wirken sich am geringsten aus.

Der Einfluß einer einzigen Größe kann nur ermittelt werden, wenn alle übrigen Größen konstant gehalten werden. Ferner müssen grundsätzliche Kennwerte wie Achsabstand, Zähnezahlverhältnis, Zahnbreite usw. unverändert bleiben, um die Versuchsergebnisse untereinander vergleichen zu können. Daher werden die →Grübchentragfähigkeit, die →Zahnfußtragfähigkeit, die →Graufleckigkeit, der Langsamlaufverschleiß sowie die →Freßtragfähigkeit auf Verspannungsprüfständen (wie beim →FZG-Test) mit Standardprüfrädern untersucht. Die so gewonnenen Festigkeitswerte können auf die in der Praxis vorliegende Getriebestufe übertragen werden, indem man von den Testbedingungen abweichende Verhältnisse mit Faktoren berücksichtigt. *Winter*

Literatur: DIN 3990. Tl. 5: Grundlagen für die Tragfähigkeitsberechnung von Zahnrädern. Hrsg. Dt. Institut für Normung. Ausg. Dez. 1987. – *Niemann, G.,* u. *W. Richter:* Versuchsergebnisse zur Zahnflanken-Tragfähigkeit. Konstr. 12 (1960) Tl. II/VIII.

Standardsondiergerät. Ein Sonderfall der Rammsondiergeräte ist das S. (SPT). Es besteht aus einem aufklappbaren, mit Schneidringen versehenen Entnahmestutzen, den man mit der Masse des Rammbärs von 63,5 kg und der Fallhöhe von 76,2 cm im verrohrten Bohrloch 45 cm tief in den Erdboden rammt. Dabei wird die Anzahl der für die letzten 30 cm erforderlichen Schläge gezählt. Die hohle Sonde hat einen Innendurchmesser von 3,49 cm. Sie gestattet die gleichzeitige Entnahme von Bodenproben. *Kühn*

Standardzylinder →Hydrozylinder

Standgetriebe →Systematik (→Getriebe)

Standsicherheit. Die Einrichtungen müssen so beschaffen sein, daß sie bei bestimmungsgemäßer Verwendung die Last des Lagerguts sicher aufnehmen können. Ihre Standsicherheit um eine Kippkante muß den betrieblichen Beanspruchungen genügen, nachgewiesen sein und eine ausreichende Steifigkeit in Längs- und Tiefenrichtung einschließen. *Jünemann*

Stapelkran. Krane sind universell einsetzbar. Die Vielfältigkeit der Bauformen wurde in DIN 15001 festgehalten. Auch zum Beschicken und zur Aufnahme von Behältern und Paletten in Lagern werden Krane eingesetzt. Da das Pcsitionieren einer Anfahrt bei den üblichen Kranbauformen zu viel Zeit erfordert, wurde eine Sonderbauart, der S. (Bild) entwickelt, der eine schnelle Aufnahme und Abgabe des Lagerguts ermöglicht. Die Stapeleinrichtung ist in starrer Führung an der Katze befestigt. Die Last liegt meistens auf Gabeln, die am

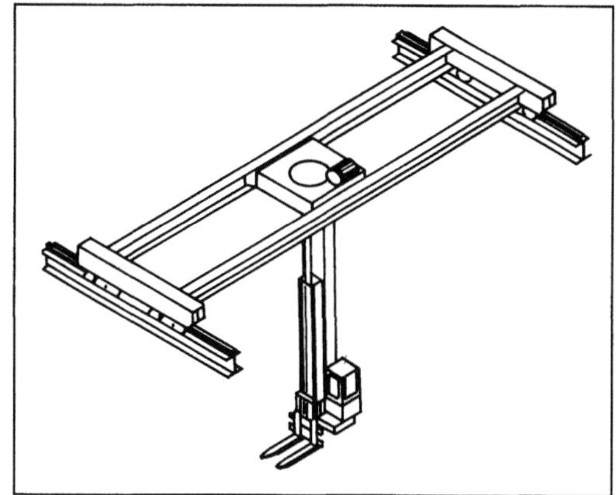

Stapelkran.

flurfrei, manuell bedient, geführt verfahrbar, Einzelantrieb

Hubwagen starr oder beweglich befestigt sind. Der →Kran hat die Möglichkeit der Längsbewegung. Die Schienenlaufkatze kann auf dem Kran verfahren, und der Hubwagen, der oft an einer drehbaren Säule geführt wird, kann auf und ab bewegt werden. Die drehbare Säule ist zweckmäßigerweise über einen Kugellagerdrehkranz mit dem fahrbaren Teil des Katzrahmens verbunden. Das Huborgan ist bei Katzen mit drehbarer Säule auf dem drehbaren Teil der Katze angeordnet. In VDI 2370 (März 1966) wird der S. in seinen technischen Daten dargestellt. S. werden bei der Bodenlagerung ohne Lagergestell und bei der Regalzeilenlagerung eingesetzt. Der S. (und Krane allgemein) bietet durch seine Bauart die Möglichkeit, den Raum unterhalb des Krans für die Stapelung bzw. Lagerung voll ausnutzen zu können, womit er auf geringster Bodenfläche den größten Effekt erreicht. Auf Grund der Bauhöhe des Krans selbst ist natürlich nicht die volle Höhe des Lagerraums nutzbar. *Jünemann*

Starrkörper. Ein fester Körper, dessen Formänderungen vernachlässigbar klein sind, so daß der Abstand zweier beliebiger Punkte im Körper als konstant vorausgesetzt werden darf. Der S. spielt als einfaches Ersatzmodell eine zentrale Rolle in der Mechanik, präziser in der Dynamik starrer Körper (Stereostatik, Stereokinetik). Seine metrischen Eigenschaften lassen sich mit den Begriffen der Massengeometrie beschreiben. *Witfeld*

Starten. Beim S. eines Verbrennungsmotors treten Betriebsbedingungen auf, deren Schwierigkeiten nicht zu unterschätzen sind.

Da ein →Verbrennungsmotor nicht von selbst anlaufen kann, benötigt er einen Anlasser, der ihn auf eine für das S. notwendige Mindestdrehzahl bringt. Der Anlasser muß so ausgelegt sein, daß die Anlaßdrehzahl auch bei niedrigen Umgebungstemperaturen und entsprechend zähem →Schmieröl erreicht wird. Bei kleinen Verbrennungsmotoren ist der Anlasser ein Elektromotor, der während des Startvorgangs mit einem Ritzel in einen auf dem Schwungrad befestigten Zahnkranz einspurt. Bei größeren Motoren werden auch Druckluft-Anlasser verwendet. Große Motoren, insbes. alle Schiffsmotoren, werden dadurch angelassen, daß Druckluft über Anlaßventile im Zweitakt gesteuert in die Arbeitszylinder geleitet wird und so das Triebwerk in Drehung versetzt. Da Schiffsmotoren meistens umsteuerbar sind, d. h. in beiden Drehrichtungen laufen können, muß auch das Druckluft-Anlaßsystem für beide Drehrichtungen ausgelegt sein.

Entscheidend für das S. ist, daß nun die ersten Zündungen erfolgen. Beim →Ottomotor liegt die Schwierigkeit darin, am Ort der Zündkerze ein zündfähiges Gemisch bereitzustellen. Da ein großer Teil des z. B. im →Vergaser zugeführten Kraftstoffs an den Saugrohr- und Zylinderwänden ausfällt und da von dem Rest wiederum nur ein bestimmter Teil verdampft, muß beim S. ein Vielfaches an →Kraftstoff zugeführt werden (Überfettung). Das erforderliche Maß der Überfettung ist von der Motortemperatur im Startaugenblick abhängig und wird von einer Startautomatik gesteuert.

Für die Zündung im →Dieselmotor sind Temperatur und Druck der Verbrennungsluft im Augenblick der Einspritzung entscheidend. Bei niedrigen Außen- und Motortemperaturen sind auch die Temperatur und der Druck bei Verdichtungsende niedriger. Außerdem gibt die Verbrennungsluft bei dem kalten Motor und der niedrigen Anlaßdrehzahl während der Verdichtung mehr Wärme an die Zylinderwände ab. Das →Verdichtungsverhältnis muß man deshalb so hoch wählen, daß auch unter Startbedingungen die ersten Zündungen auftreten. Bei unterteiltem →Brennraum ist wegen der großen Brennraumoberfläche der Einbau einer →Glühkerze erforderlich. Bei extrem niedrigen Außentemperaturen sind weitere Anlaßhilfen nötig, z. B. ein Vorheizen der Verbrennungsluft.

Kurz nach dem S., beim sog. Warmlauf, treten weitere Schwierigkeiten dadurch auf, daß sich der Motor zunächst ungleichmäßig erwärmt und dehnt. Hierauf ist bei der Konstruktion besonders Rücksicht zu nehmen. *Kuhlmann*

Starter →Motor-Getriebe-Management

Stationärmotor. Ortsfest aufgestellter →Verbrennungsmotor. Ortsfest werden Dieselmotoren z. B. in Pumpstationen, kleinen Kraftwerken oder Notstromaggregaten eingesetzt. Ortsbewegliche Dieselmotoren findet man z. B. als Schiffshauptmaschinen (Schiffsantrieb), Schiffshilfsmaschinen (Stromerzeugung an Bord) oder Lokomotivmotoren.

Der Begriff S. darf nicht mit stationärem oder instationärem Betrieb verwechselt werden. Bei stationärem Betrieb läuft ein Verbrennungsmotor über lange Zeit in demselben →Betriebspunkt (Drehzahl und Last konstant), während sich bei instationärem Betrieb der Betriebspunkt schnell ändert (z. B. beim Beschleunigen eines Kraftfahrzeugs). *Kuhlmann*

Stauaufladung →Abgasturboaufladung

Stauförderer. S. sind Stetigförderer ohne Zugmittel (→Fördermittel). Sie werden ausgeführt als Röllchen- oder Rollenbahnen, angetrieben. Sie fördern Stückgüter mit ebener Aufstandsfläche durch Reibschluß der angetriebenen Rollen mit dem →Fördergut. Kurvenförderung ist durch kegelige oder geteilte Rollen möglich. Der Antrieb der Rollen erfolgt

☐ durch formschlüssige Kraftübertragung (Ketten treiben über Zahnräder die Rollen an),

☐ durch reibschlüssige Kraftübertragung.

Unterhalb der Rollen oder Röllchen sind Bandantriebe angeordnet, die die Röllchen durch Reibkräfte in Drehung versetzen (Andruckrollen). Das staudrucklose Puffern innerhalb eines Antriebsabschnitts ist nur durch Schaltrollensysteme möglich. *Jünemann*

Steckdose, hydraulische. Am Traktor vorzugsweise heckseitig angebrachte Anschlußstelle(n) zum Versorgen von Geräten mit hydrostatischer Energie (Nenndruck oft 175 bar, Nennstrom z. B. 40 l/min). S. und Stecker sind in ISO 5675 genormt. Konstruktive Ausbildung üblich mit Abreißfunktion (Bild): Beim Auftreten größerer Zugkräfte am Geräteschlauch entkuppelt die Vorrichtung automatisch. Dafür muß die Muffe traktorfest sein.

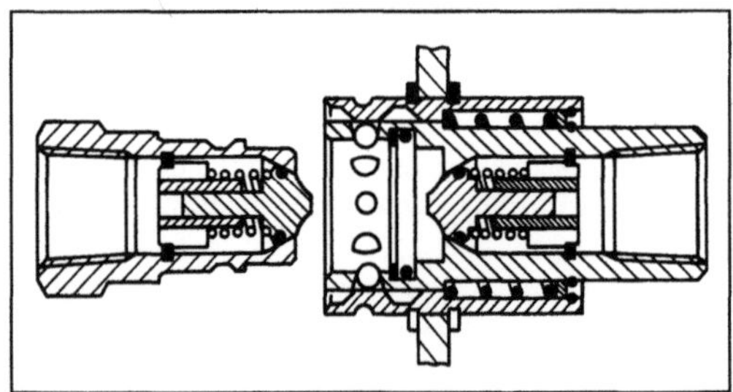

Steckdose, hydraulische: Grundaufbau einer hydraulischen Steckkupplung.

Die Rückschlagventile werden beim Kuppeln aufgestoßen.

Über die S. sind wegen der hohen Übertragungsverluste des Gesamtsystems nur begrenzte Dauerleistungen entnehmbar (in Sonderfällen Zusatzkühler). *Renius*

Steckel-Walzstraße. Eine S.-W. ist eine W. mit Umkehr-Walzgerüsten zum Herstellen von Warmband. Die jährlichen Produktionsmengen klassischer S.-W. liegen zwischen 80 000 und 500 000 t Warmband. Solche W. bestehen i. a. aus einer →Vorstraße, die als Brammen-W. mit einem →Horizontal-Walzgerüst sowie einem →Vertikal-Walzgerüst ausgerüstet ist, und einer →Fertigstraße mit einem S.-Walzgerüst. Das S.-Walzgerüst ist ein →Vierwalzen-Walzgerüst mit vor- und nachgeordneten Haspelöfen. Die Haspelöfen sind feuerfest ausgekleidet und schützen das Walzgut vor Temperaturverlusten. Neuzeitliche S.-W.-Konzepte bestehen aus einer Brammen-Walzanlage mit Staucher und einer Hochleistungs-S.-Walzanlage (Bild). Mit einer solchen S.-W. können Produktionsmengen erreicht werden, die deutlich über 600 000 t/a liegen. *Baumann*

Steckel-Walzverfahren. Das S.-W. wird meist zum Umformen von Trafo- und Dynamostählen, rostfreien sowie hitze- und säurebeständigen Stählen in S.-Walzstraßen eingesetzt, weil nach jedem Stich mit dem S.-Walzgerüst ein Wärmeausgleich des Bandes in einem der beiden vor- und nachgeordneten Haspelöfen erfolgt. Dadurch werden insbes. Kantenrisse bei rißempfindlichen Stählen vermieden. Dieses W. ist ein Umkehr-W. mit vor und nach dem S.-Walzgerüst angeordneten Haspelöfen zum Vermeiden von Temperaturverlusten sowie zum Temperaturausgleich des Umformguts. *Baumann*

Stehlagergehäuse →Gleitlager, hydrodynamisches

Steifigkeitsmatrix →Matrizenmethode, →Mehrkörpersystem

Steigungswiderstand →Fahrwiderstand

Steigungswinkel →Gewinde

Steinbruchgerät. S. sind die in einem Steinbruch zur Materialgewinnung, →Materialaufbereitung und zum →Materialtransport eingesetzten Geräte. Das in einem Steinbruch zu gewinnende Material kann sowohl hochwertiges Gestein (z. B. Marmor) als auch Schüttmaterial für den Straßen-, Hafen- oder Dammbau sein. Die Gewinnungsmethode ist von der gewünschten Größe und Bruchform des Materials abhängig. Man trägt das Material stufenweise ab, indem man dieses zu einer freien Fläche hin sprengt. Dazu müssen in das Gestein zunächst Sprenglöcher senkrecht, schräg oder horizontal gebohrt werden (→Bohrgerät). Anordnung, Durchmesser und Tiefe der Bohrlöcher und somit die Auswahl der Bohrgeräte hängen von dem gewählten Sprengverfahren ab. Die Gesteinsbohrmaschinen unterscheiden sich in ihrem Aufbau erheblich. Sämtliche Maschinentypen arbeiten nach dem Prinzip des Drehbohrens (→Drehbohrgerät), Schlagbohrens (→Schlagbohrgerät) oder Drehschlagbohrens (→Drehschlagbohrgerät). Weit verbreitet ist das Großbohrlochsprengverfahren, bei dem Wände in Höhen bis zu 30 m abgebaut werden. Die Großbohrlöcher mit Durchmessern von 60–250 mm und Längen bis zu 150 m werden mit Hilfe von Großbohrlochgeräten gebohrt. Nach dem Laden der Sprenglöcher und der Sprengung muß das gewonnene Haufwerk weiter zerkleinert und von störenden Verunreinigungen befreit werden (→Zerkleinerungsgerät). Dabei ist der Transport des von einem →Bagger oder →Lader aufgenommenen Materials innerhalb des Steinbruchs über eine →Bandstraße möglich. Bei wechselnden

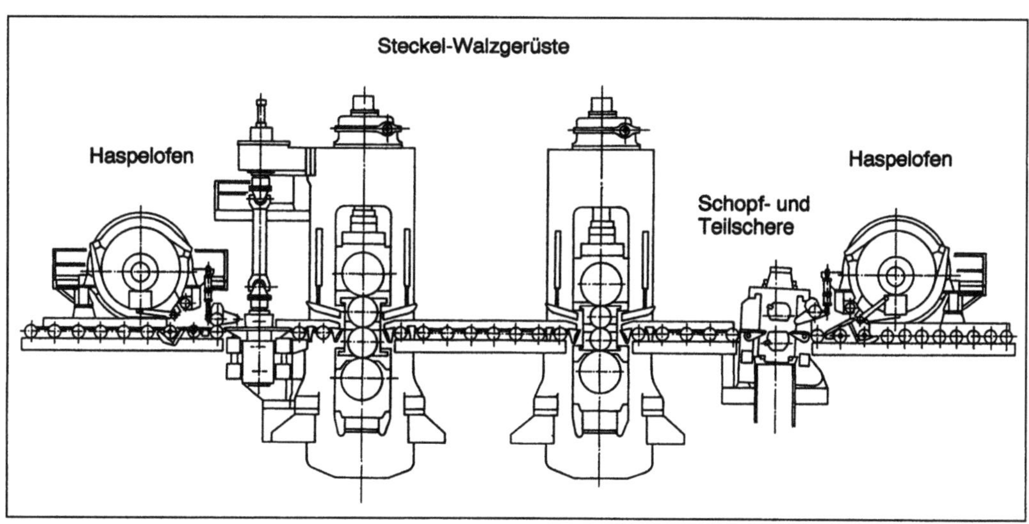

Steckel-Walzstraße: Arbeitsprinzip.

Abbaustellen übergibt das mobile Aufgabegerät (Lader) das Material den Transportfahrzeugen, die es der Aufbereitungsanlage zuführen. *Kühn*

Stellbereich. Dies ist bei einem →Verstellgetriebe der Bereich zwischen seiner maximalen und seiner minimalen einstellbaren Übersetzung (Stellverhältnis). *H. W. Müller*

Stellgetriebe. Kurzbezeichnung für ein →Verstellgetriebe mit stufenlos einstellbarer Übersetzung. *H. W. Müller*

Stellkoppelgetriebe. Es ist ein →Getriebe mit stufenlos einstellbarer Gesamtübersetzung, bei dem ein →Verstellgetriebe und ein Planetengetriebe über je zwei Wellen miteinander gekoppelt sind. Durch entsprechende Wahl der Standübersetzung des Planetengetriebes kann mit jedem beliebigen Stellverhältnis des enthaltenen Verstellgetriebes jedes gewünschte Stellverhältnis des S. erzeugt werden; auch ein negatives, bei dem beim Durchfahren des Stellbereiches die Abtriebswelle, durch Drehzahl null gehend, die Drehrichtung umkehrt. *H. W. Müller*

Literatur: *Müller, H. W.*: Die Umlaufgetriebe, Berechnung, Anwendung, Auslegung. Konstruktionsb. Bd. 28. Berlin, Heidelberg, New York 1971.

Stellkupplung. S. ermöglicht es, das übertragbare Moment willkürlich zu beeinflussen. Das ist besonders für Anlaufvorgänge wichtig, die damit je nach Bedarf länger oder kürzer dauern; ferner für die Einstellung des Moments in Sicherheits- bzw. Überlastkupplungen. Die Einstellung kann auf verschiedene Weise erfolgen. Bei der Föttinger- bzw. hydrodynamischen Kupplung erfolgt die Regelung durch die Veränderung der in der Kupplung befindlichen Flüssigkeitsmenge, bei elektrischen Kupplungen durch die Veränderung der Größe des Erregerstroms. *Ehrlenspiel*

Stellmotor. Elektrischer Motor mit elektrischer Ansteuereinheit, der analoge oder digitale Signale (Führungsgrößen) hinreichend schnell und genau in mechanische Bewegung umformt und einen Soll-Stellbereich (Winkel oder Wegstrecke) erreicht. S. können Kommutatormotoren, elektrisch kommutierte Motoren, Schrittmotoren, Synchron- und Asynchronmotoren sein. *Rentzsch*

Stellring. S. sind axiale Wellensicherungen (Bild). Ein →Ring wird auf die →Welle geschoben und mit einem Gewindestift befestigt (DIN 703, 705). S. sind sehr einfache Maschinenteile und erfordern keine weiteren Maßnahmen an der Welle. Sie sind nur für geringe Kräfte geeignet. Bei außenliegenden

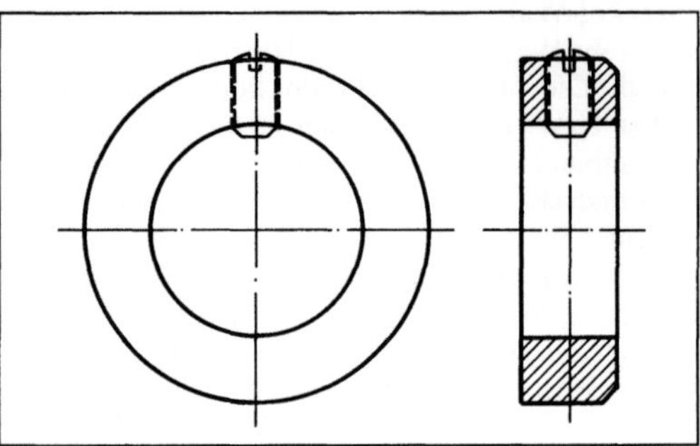

Stellring.

umlaufenden S. dürfen die Gewindestifte nicht über die Mantelfläche hinausragen. S. können auch durch Kegel- oder Kegelkerbstifte und durch Schrumpfen (Schrumpfring) auf der Welle befestigt werden. *Ehrlenspiel*

Stellverhältnis. Bei Verstellgetrieben oder Stellkoppelgetrieben das Verhältnis φ der Übersetzungen an den Grenzen des Stellbereiches, $\varphi = i_{max}/i_{min}$, oder Reziprokwert, mit $i = n_{ab}/n_{an}$, $\pm$ n = Drehzahl/Zeiteinheit mit gleichen Vorzeichen bei gleicher Drehrichtung. Es bedeuten für die Abtriebswelle im Stellbereich: $\varphi > 0$ gleiche Drehrichtungen, $\varphi < 0$ Drehrichtungsumkehr, $\varphi = 0$, $\varphi = \infty$ Verstellung bis Stillstand der Abtriebswelle, φ nahe 1 geringe Drehzahländerung für Feinverstellung. *H. W. Müller*

Stemmaschine. Die S. ist auch als Schwingmeißel-S., Kettenstemmer oder Schlitzstemmer bekannt. Zum Herstellen von rechteckigen Langlöchern mit eckigem Grund wird vorrangig die Schwingmeißel-S. eingesetzt. Ein Schwingmeißel mit Sägezahnung an zwei Flanken arbeitet mit elliptischen Bewegungen die Holzspäne aus dem Schlitz. Es können auch mehrere Meißel nebeneinander gleichzeitig (z. B. für Doppelschlitze) verwendet werden. Der Kettenstemmer, identisch mit einer stationären Kettenfräse, fräst einen runden Grund, d. h. der Zapfen muß dann aufwendig der Rundung angepaßt werden. Dieser Maschinentyp ist weitgehend von der S. verdrängt worden. *Dusil*

Sternmotor →Flugmotor

Sternradrechwender. Sehr erfolgreiche →Heuwerbungsmaschine mit mehreren drehbaren Zinkensternen (Bodenantrieb), besonders geeignet für das rasche Schwaden mit etwa 3–4,5 m/s Arbeitsgeschwindigkeit (Bild). Durch veränderte Einstellung der Zinkensternebenen zur Fahrtrichtung kann man den S. auch noch zufriedenstellend zum Wenden und Schradstreuen benutzen, wenn sich auch inzwischen diese Arbeiten durch moderne Kreiselgeräte deutlich besser erledigen lassen.

Sternradrechwender: Einsatz beim Schwaden, als Anbaugerät im Traktorheck.

Vereinzelt gab es auch den Frontanbau.

Der S. erreichte sehr große Produktionsstückzahlen in den 50er und 60er Jahren. Dabei kommt dem Holländer *C. van der Lely* das Verdienst zu, das entsprechende Grundkonzept aus früheren Ansätzen, z. B. Stoddard (USA) 1893, praxisbrauchbar für Europa entwickelt zu haben (DBP 815 123). Im Jahr 1950 begann die lizensierte Großserienproduktion bei Vicon (Niederlande), 1951 folgte Niemeyer Söhne (bis 1974 etwa 200 000), kurz danach Bautz (insgesamt etwa 100 000) und ebenso die Bayerische Pflugfabrik mit erheblichen Stückzahlen. Noch heute sind viele dieser Geräte in Gebrauch. Außerhalb Deutschlands gibt es auch noch Produktionsstätten (1990 z. B. in Italien und Japan). *Renius*

Stetigförderer. S. sind Arbeitsmittel, die Schüttgut und Stückgut ununterbrochen (stetig) auf vorher festgelegten Wegen fördern (Bild). Im Gegensatz zu Kranen und Flurförderzeugen haben S. keine Arbeitsspiele. Der Einsatz von S. ist dort gerechtfertigt, wo große Mengen etwa gleichartiger Fördergüter auf gleichbleibenden Wegen transportiert werden müssen. Der Durchsatz oder Förderstrom ist bei S. unabhängig von der Förderlänge, wenn man den Anlaufvorgang nicht berücksichtigt.

S. werden für verschiedene Transportaufgaben gebaut. Sie übernehmen in Bergwerken über und unter Tage den Abtransport des Abbauguts.

Für den Stückguttransport werden die S. in der Montage, in der Fließbandfertigung und in Warenverteilzentren von Unternehmen wie Post und Großhandel zur →Kommissionierung verwendet. In großen Büros und Verwaltungen übernehmen S. den Aktentransport (Aktenförderer) oder überbringen Nachrichten (Rohrpostanlagen). *Jünemann*

Stetigmischer. S. sind Mischmaschinen, die kontinuierlich Mischgut liefern und zur Herstellung von Beton und Mischgut für hydraulisch gebundene Tragschichten (HGT) im Straßenbau verwendet werden. In der Bauweise unterscheidet man →Mi-

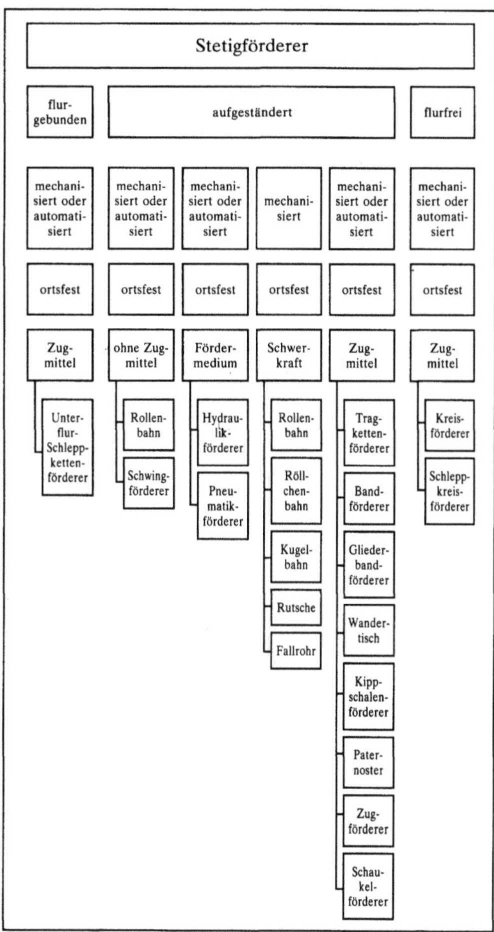

Stetigförderer: Systematik.

scher, bei denen das Mischgefäß als geneigter Zylinder mit innen befestigten Misch- und Förderschaufeln (Trommeldurchlaufmischer) oder als geneigter Trog mit ein oder zwei Mischwellen (Trogdurchlaufmischer, Bild) ausgebildet ist. Während des Durchlaufens zur Entleerseite hin wird das aufgeladene Material gemischt und laufend ausgetragen. Die Ausgangsstoffe werden über Förderbänder und

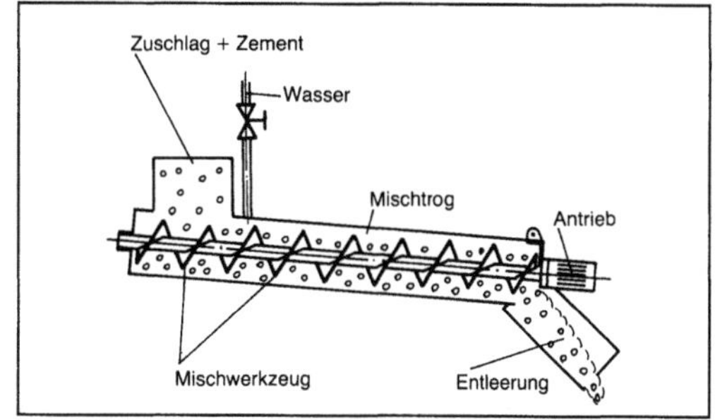

Stetigmischer: Trogdurchlaufmischer.

Förderschnecken dosiert und kontinuierlich zugegeben. Von Vorteil sind S. zur Herstellung von großen Mengen Materials, bei der man das Mischrezept selten wechselt. *Kühn*

Steuerung.

1. Fördertechnik. Die S. ist ein Vorgang in einem abgegrenzten System, bei dem eine oder mehrere Größen als Eingangsgrößen andere Größen als Ausgangsgrößen auf Grund der dem abgegrenzten System eigenen Gesetzmäßigkeiten beeinflussen.

Charakteristisch für das Steuern ist, daß der Wirkungsweg der S. nicht im Sinne einer →Regelung fortlaufend geschlossen ist (Bild). *Jünemann*

2. Raumfahrzeuge. Steuerung und →Lenkung eines Flugkörpers (→Rakete, Raumfahrzeug usw.) sind zwei Begriffe, die immer gemeinsam benutzt werden. Steuern ist dabei die Beeinflussung der Ausgangsgröße (Ausgangssignal) eines Glieds (oder Verbindung mehrerer Glieder im Regelkreis) durch die Eingangsgröße (Eingangssignal), und →Lenken ist die gewollte Beeinflussung der Bahn eines Körpers im Raum. Die Tabelle gibt einen Überblick über verschiedene Lenk- und Steuerverfahren, wie sie bei Flugkörpern verwendet werden.

Ein Flugkörper (Rakete, Raumfahrzeug usw.) soll entsprechend seiner Aufgabe eine vorgegebene Flugbahn einhalten und dabei gewisse Abweichungen davon nicht überschreiten. Um Abweichungen

Steuerung (Raumfahrzeuge). Tabelle: Lenk- und Steuerverfahren.

Fremdlenkung Fernlenkung	Selbstlenkung	
	Sonderfälle	reine Selbstlenkung
Ortung und Kommando außerhalb des Flugkörpers	Ortung außerhalb, selbsttätige Kommandobildung im Flugkörper	Ortung und selbsttätige Kommandogabe im Flugkörper
(von außen abhängig)	(teilweise von außen abhängig)	(von außen unabhängig)
Kommandolenkung	Leitstrahl-Lenkung	Zielsuchlenkung
Kommandoübertragung: Draht Funk Licht Wärme usw.	halbaktiv Ziel-Beleuchter außerhalb, Ortung und Kommandogabe im Flugkörper	aktiv passiv Trägheitslenkung zusätzlich: Programmlenkung Stern-, Hyperbel-, Schuler-, Bodennavigation
	kombinierte Lenksysteme	

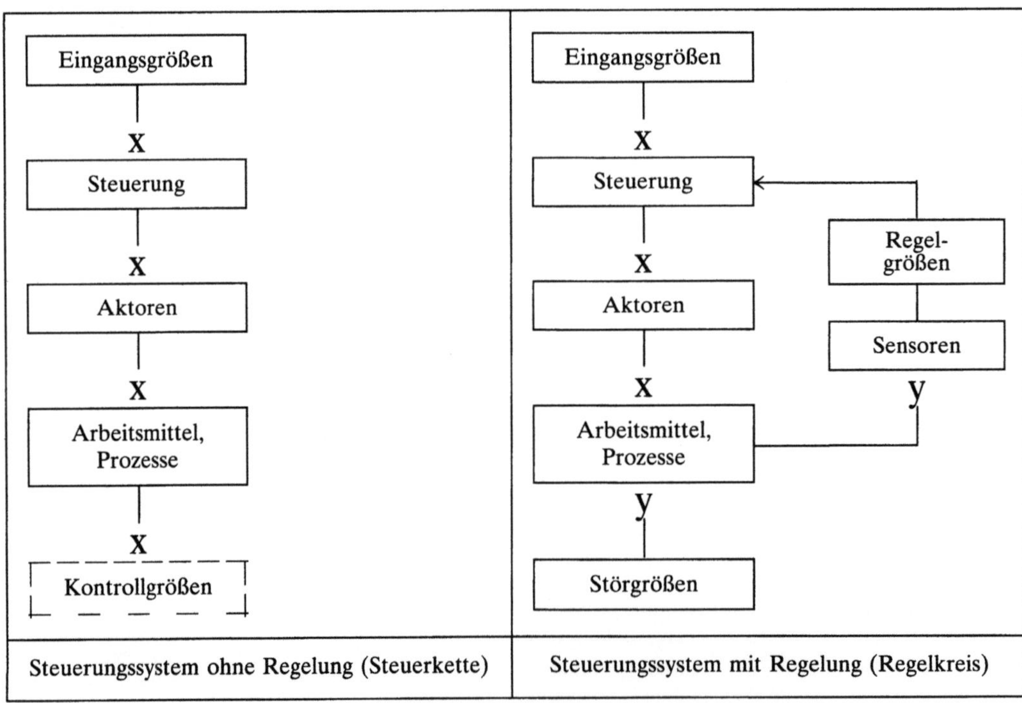

Steuerung (Fördertechnik): Aufbau von Steuerungssystemen mit und ohne Regelung.

von der Soll-Bahn feststellen zu können, muß man über Ortungsgeräte (z. B. Radar) die Ist-Bahn möglichst genau vermessen. Die Werte werden über einen Rechner verglichen und unter Berücksichtigung von vorgegebenen Lenkgesetzen in Korrekturkommandos umgewandelt. Durch störungssichere Funkkommandos erfährt der Flugkörper, wie er z. B. durch ein Steuermanöver (durch Steuertriebwerke, Schubvektorsteuerung oder aerodynamische Ruder) seine Ist-Bahn der Soll-Bahn anpassen kann. Die Ortungsgeräte erfassen die geänderte Bahn, und der Bahnrechner reduziert oder erhöht die neuen kommandierten Kurskorrekturwerte je nach dem Erfolg oder Mißerfolg der vorhergegangenen Korrektur.

Die Lenkregelung besteht i. a. in der →Regelung der Bahn des Schwerpunkts eines Flugkörpers. Da die Ortungsgeräte keine oder nur unzulängliche Informationen über die Lage der Flugkörperachsen im jeweiligen Bahnpunkt oder längs eines Bahnelements liefern, muß der Flugkörper orientiert fliegen, um die ankommenden Korrektursignale in richtiger Richtung und mit richtigem Vorzeichen ausführen zu können. Der Flugkörper besitzt deshalb eine eigene Flugregelung, die seine Achsen parallel zu einem vorgegebenen Bezugssystem hält und die inneren Regelkreise des Systems bildet. Entsprechend umfaßt die Lenkregelung die äußeren Regelkreise des gesamten S.-Systems und beinhaltet mindestens zwei Regel-

kreise für die Höhe und die Seite. Bei den inneren Regelkreisen hat man sowohl drei Lage- als auch Dämpfungsregelkreise für die Flugachsen (→Rollen, Nicken und Gieren). Das Bild zeigt das Blockschaltschema der Flugregelung einer dreistufigen Rakete, wobei die Schaltung beim Start der Rakete dargestellt ist, also nur mit den Rechnern der ersten Stufe in Betrieb.

Zum Messen der Bewegungsgrößen werden die Wendekreisel aller Stufen sowie die Lagereferenz in der dritten Stufe herangezogen. Die Kommandos für die Flugkörpermanöver kommen aus dem Programmwerk bzw. werden aus den Korrekturwerten des Kommandoempfängers ermittelt.

Die Regelstrecke eines inneren Regelkreises ist der Flugkörper selbst, dessen Bewegungsgrößen durch Meßglieder (Lagereferenz, Wendekreisel, Beschleunigungsmesser) erfaßt werden. Die Lagereferenz, z. B. eine Kreiselplattform (Trägheitsnavigation) oder eine Stellar-Navigationseinheit, muß vor dem Start genau ausgerichtet werden, da in dem durch sie festgelegten Bezugssystem die Messung der augenblicklichen Flugkörperlage erfolgt. Die Ist-Werte der Lage um die drei Flugkörperachsen werden mit den Soll-Werten verglichen, und die Rechner errechnen dann die notwendigen Korrektur-Signale für die Stellmotoren der S.-Organe (Motorschwenkung, Steuerdüsen usw.). Da der Lageregelkreis eine hohe Genauigkeit haben muß und damit eine große Kreisverstärkung notwendig

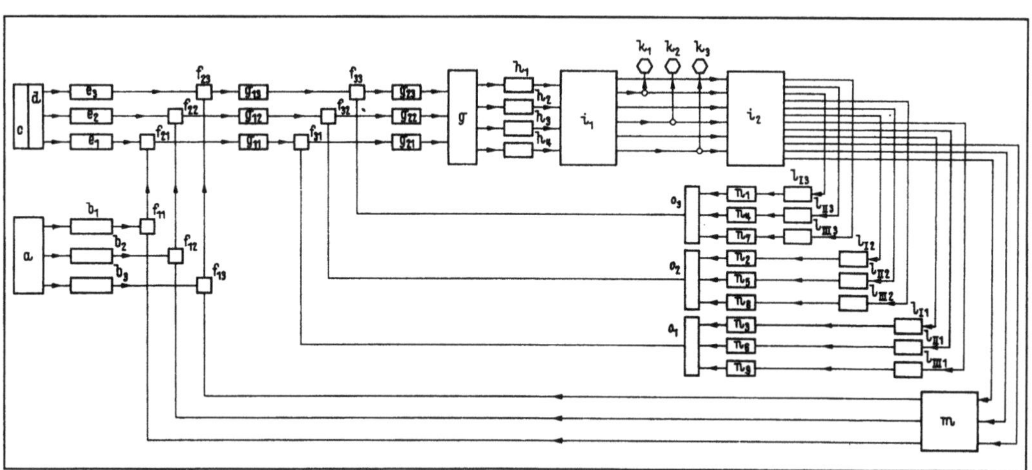

Steuerung (Raumfahrzeuge): Blockschaltschema der Flugregelung einer dreistufigen Trägerrakete in der Flugphase 1.

a Programmwerk, b_1 bis b_3 Soll-Wert der Schubvektororientierung für Rollen, Gieren bzw. Nicken, c Kommandoempfänger, d Empfangswandler, e_1 bis e_3 Korrekturwert der Schubvektororientierung für Rollen, Gieren bzw. Nicken, f_{11} bis f_{33} Summierstellen für Rollen, Gieren bzw. Nicken, g_{11} bis g_{13} erster Rechner für Rollen, Gieren bzw. Nicken der ersten Stufe, g_{21} bis g_{23} zweiter Rechner für Rollen, Gieren bzw. Nicken der ersten Stufe, g Verteiler h_1 bis h_4 Stellglieder, i_1 Dynamik des starren Flugkörpers (z. B. erste bis dritte Stufe, zweite und dritte Stufe, dritte Stufe und Nutzmasse), i_2 Strukturdynamik des Flugkörpers (z. B. erste bis dritte Stufe, zweite und dritte Stufe, dritte Stufe und Nutzmasse), k_1 bis k_3 Regelgrößen, l_1 bis l_{III} Wendekreisel für erste bis dritte Stufe mit Indizes 1 bis 3 für Rollen, Gieren bzw. Nicken, m Lagereferenz, n_1 bis n_9 Ausgangssignale der Wendekreisel, o_1 bis o_3 Summierstellen für Rollen, Gieren bzw. Nicken

wird, würde die Änderung eines Soll-Werts (Führungsgröße) zu einer schlagartigen Lageänderung des Flugkörpers führen, da dieser selbst praktisch nicht gedämpft ist. Deshalb rüstet man die Flugkörperregelung mit zusätzlichen Dämpfungsregelkreisen aus, die mit Wendekreiseln oder auch kombinierten Beschleunigungsmessern die Drehgeschwindigkeiten des Flugkörpers registrieren und über die zwischengeschalteten Rechner auf einen vorgegebenen Wert beschränken. Die Flugregelung muß so ausgelegt sein, daß sie Störungen kompensiert und den Regelfehler auf null ausregelt. Dabei beinhalten aufwendige Regelungssysteme von Großraketen Filter für die Kompensation von Strukturschwingungen, Luftkräften, Treibstoffschwappen, Resonanzerscheinungen und akustischen Belastungen. *Braitinger, Ruppe, Schmucker*

Literatur: Die Erforschung des Weltraums mit Satelliten und Raumsonden. Düsseldorf 1966.

3. Strömungsmaschine. Gewünschte Änderung des Betriebszustands von Strömungsmaschinen, wie z. B. das An- und Abfahren.

Der Betriebszustand ist gegeben durch Mengendurchsatz, Wellenleistung, Drehzahl und spezifische Energieänderung des Fluids zwischen Maschinen-Ein- und -Austritt. Da jede Strömungsmaschine innerhalb einer Anlage arbeitet, ist der S.-Vorgang nicht nur vom Verhalten der Maschine, sondern auch vom Anlagenverhalten abhängig.

Trägt man das Anlagenverhalten, d. h. die Anlagenkennlinie oder die Verbrauchercharakteristik im Maschinenkennfeld in geeigneter Weise ein, so sind mögliche Betriebspunkte jeweils Schnittpunkte von

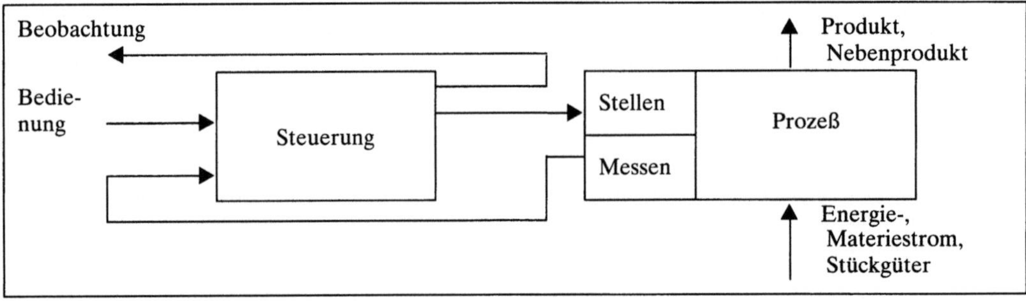

Steuerung (Strömungsmaschine) 1: Wirkungsschema eines gesteuerten Prozesses.

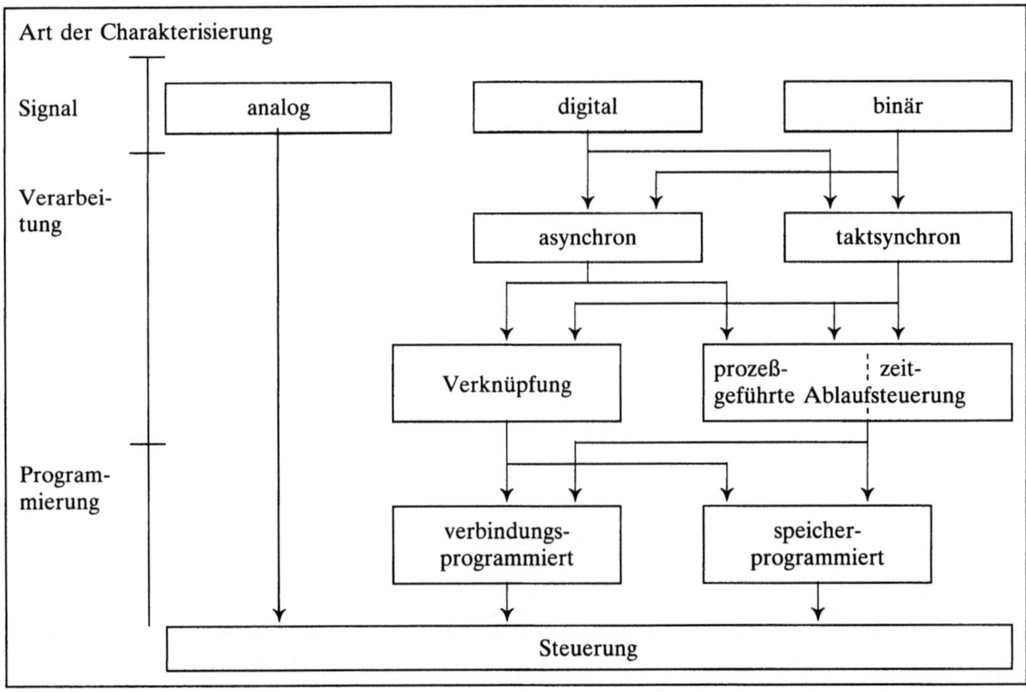

Steuerung (Strömungsmaschine) 2: Einteilung.

Anlagen- und Maschinenkennlinie. Die S. der Maschine bedeutet die Einstellung gewünschter Betriebspunkte im →Kennfeld. Dabei sind zu unterscheiden: S.-Vorgänge zum Verändern der Maschinenkennlinie (z. B. Drehzahländerung, Leit- und/oder Laufschaufelverstellung bei →Pumpen, Verdichtern und Wasserturbinen, Düsengruppenregelung und Drosselregelung bei Dampfturbinen) von S.-Vorgängen zum Verändern der Anlagenkennlinie (z. B. Verstellen von Drosselorganen außerhalb der Maschine, Abblasen und Umblasen von Verdichtern, Verstellen von anlagebedingten Wasserspiegelhöhen oder saug- oder druckseitigen Drücken in Speicheranlagen oder geschlossenen Kreisläufen).

Beim An- und Abfahren sind je nach Anlage und Maschine zu beachten: Sicherheitseinrichtungen, Ölversorgung, Sperreinrichtungen, Ab- und Umblaseeinrichtungen, Druckschieber, Entwässerungsventile u. a. sind entsprechend einzustellen. Bei heißen Arbeitsfluiden sind unzulässige thermische Belastungen durch ungleichmäßige Erwärmung und Abkühlung zu vermeiden. Bei Verdichtern sind Pumpverhütungsmaßnahmen zu beachten. *Rauhut*

Steuerverfahren für Stromrichter. Stromrichter benötigen zur Erfüllung ihrer Funktionen Steuereinrichtungen (auch Steuersatz genannt) zur Zündung oder Löschung der Leistungshalbleiter (Thyristoren oder Triacs). Hierzu werden verschiedene Verfahren benutzt:

Stromrichter als steuerbare Gleichrichter (→Stromrichter). Zur Steuerung wird die Phasenanschnitt-Steuerung verwendet (→Anschnittsteuerung). Die Steuerung hierzu soll folgende Bedingungen erfüllen:

□ Herstellung eines linearen Zusammenhangs zwischen dem Spannungs-Soll-Wert oder Drehzahl-Soll-Wert (U_{soll}, n_{soll}) bzw. dem Steuerwinkel α und der Ausgangsspannung U_{di};

□ Kompensation von Netzspannungsschwankungen;

□ Impulsverschiebebereich bis maximal 170° el;

□ Impulslagebegrenzung für Gleichrichterbetrieb und Wechselrichterbetrieb.

Hierzu werden zwei Verfahren angewendet;

□ Sinusvertikalsteuerung,

□ Sägezahnsteuerung.

Bei beiden Verfahren muß beachtet werden, daß die Ausgangsspannung U_{di} der Stromrichter (Mittelpunkt- oder Brückenschaltung, Stromrichterschaltung) einer Kosinusfunktion folgt:

$$U_{di\alpha} = U_{dio} \cdot \cos \alpha,$$

U_{dio} maximale Leerlaufgleichspannung des Stromrichters, α Steuer- oder Zündwinkel.

Beide Verfahren benutzen als Bezugsspannung eine Steuer-Sinusspannung. Diese muß dem gleichen Netz entnommen werden, mit dem der Stromrichter gespeist wird. Es muß absoluter Synchronismus zwischen Steuerspannung und der Stromrichtereingangsspannung vorliegen.

Sinusvertikalsteuerung. Bei dieser werden z. B. für eine Drehstrom-Brückenschaltung (→Stromrichterschaltung) sechs derartige 60° gegeneinander verschobene Spannungen in einem Sechsphasen-Sterntransformator gebildet. Jedem von ihnen wird ein Impulserzeuger für die Zündspannung eines Thyristors zugeordnet. Die Sinusspannungen werden gefiltert, um Netzverzerrungen auszusieben. Die Zündwinkelverschiebung wird durch Überlagerung einer Steuergleichspannung U_e mit einer der sechs Sinusspannungen U_s erreicht (Bild 1). Jeweils bei Nulldurchgang der Summenspannung wird über eine Kippstufe der Zündimpuls ausgelöst, der im Impulsverstärker auf die notwendige Höhe und Länge umgeformt wird (Bild 2).

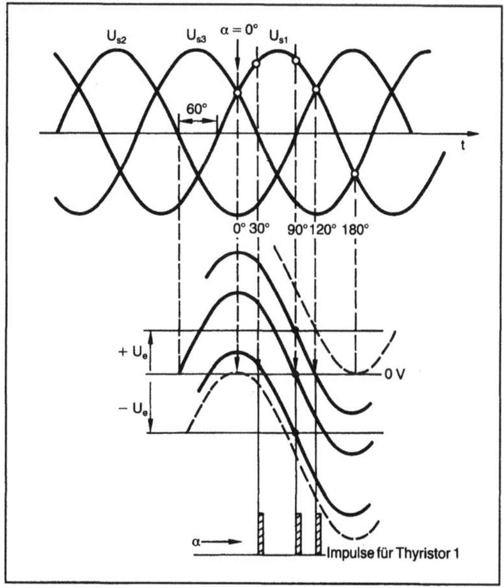

Steuerverfahren für Stromrichter 1: Sinusvertikalsteuerung. Impulsauslösung durch Heben und Senken von U_{st} durch U_e. (Quelle: Kolb a. a. O.)

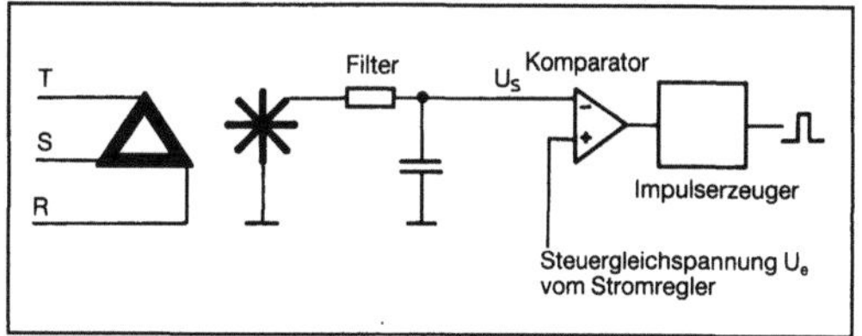

Steuerverfahren für Stromrichter 2: Prinzipschaltung eines Impulskanals. (Quelle: Stüben a. a. O.)

Die Steuerkennlinie folgt ebenfalls einer Kosinusfunktion:

$$U_{St} = U_{St\,max} \cdot \cos \alpha \;\; \text{bzw.} \;\; \cos \alpha = \frac{U_{St}}{U_{St\,max}}.$$

Da $U_{di\alpha} = U_{dio} \cdot \cos \alpha$, so ergibt sich

$$U_{di\alpha} = U_{dio} \cdot \frac{U_{St}}{U_{St\,max}}.$$

Da aber $\dfrac{U_{dio}}{U_{St\,max}} = K$ ist, folgt

$$U_{di\alpha} = K \cdot U_{St}.$$

Das bedeutet aber, daß der gewünschte lineare Zusammenhang zwischen Steuerspannung und Stromrichterausgangsspannung und die Unabhängigkeit von Spannungsschwankungen erzielt wird. Die Sinusvertikalsteuerung wird meist bei aufwendigeren Stromrichterschaltungen eingesetzt, bei denen die o. a. ersten beiden Bedingungen Bedeutung haben.

Sägezahnsteuerung. Bei dieser wird eine netzsynchrone Sägezahnspannung erzeugt und mit der Steuerspannung verglichen. Die Steuerkennlinie ist linear. Die Abhängigkeit der Stromrichterausgangsspannung $U_{di\alpha}$ vom Steuerwinkel α ist jedoch nicht linear. Auch die Unabhängigkeit von Netzspannungsschwankungen ist nicht so gut. Deshalb wird das Verfahren meist bei einfachen Stromrichtern eingesetzt.

Impulslagenbegrenzung. Eine Impulslagenbegrenzung wird praktisch in allen Steuereinrichtungen sowohl für den Gleichrichter- wie für den Wechselrichterbetrieb vorgesehen. Die Begrenzung im Gleichrichterbetrieb vermeidet eine zu frühe Impulsabgabe an die Thyristoren. Die Impulse dürfen erst abgegeben werden, wenn die Kommutierungsbedingungen erfüllt sind ($\rightarrow$Kommutierung von Stromrichtern). Die Begrenzung erfolgt im Bereich von 0° bis 30° el.

Die Wechselrichter-Grenzlage wird wegen der Gefahr des Wechselrichterkippens vorgesehen. Der vorzusehende sog. Respektabstand soll sichere Kommutierung auch unter ungünstigen Bedingungen garantieren. Der Wechselrichter-Grenzwinkel β (auch Voreilwinkel) hängt von der Kommutierungsdauer und der Freiwerdezeit der Thyristoren ab. Die Forderung lautet daher:

$$\beta = 180° - \alpha_{WR} = u + t_q,$$

u Kommutierungsdauer, t_q Freiwerdewinkel (R Freiwerdezeit), α_{WR} Steuerwinkel im Wechselrichterbetrieb. Der Winkel β wird meist zu ca. 10° el gewählt.

Wechsel- und $\rightarrow$Drehstromsteller. Es gibt zwei Möglichkeiten:

□ Wechsel- und Drehstromsteller mit Anschnittsteuerung (Drehstromsteller, Anschnittsteuerung).

Es kann die Sinusvertikal- oder Sägezahnsteuerung benutzt werden. Meist genügt für die Temperaturregelung die Sägezahnsteuerung. Da Kommutierungsvorgänge nicht vorkommen, entfallen bei diesen Steuerungssystemen die Begrenzungen im Gleich- und Wechselrichterbetrieb. Der Steuerwinkel kann von 0 bis 180° el voll ausgenutzt werden.

□ Wechsel- und Drehstromsteller mit Schwingungspaketsteuerung (auch Vielperiodensteuerung genannt); ($\rightarrow$Drehstromsteller).

$\rightarrow$*Umrichter.* $\rightarrow$Direktumrichter. Steuerverfahren für trapezkurvenförmige oder sinusförmige Spannung ($\rightarrow$Direktumrichter). $\rightarrow$Zwischenkreisumrichter. Es werden folgende Steuerverfahren benutzt:

□ Zur Erzeugung einer veränderbaren Gleichspannung im Zwischenkreis:

– steuerbare Gleichrichter (Stromrichter) mit Anschnittsteuerung und Sinusvertikalsteuerung;

– Gleichstromsteller nach einer ungesteuerten Gleichrichterbrücke ($\rightarrow$Stromrichterschaltungen);

□ zur Steuerung der $\rightarrow$Wechselrichter: Rechteckverfahren ($\rightarrow$Wechselrichter).　　*Stüben*

Literatur: *Kolb, O.:* Einführung in die Stromrichtertechnik. Hrsg. Brown, Boveri & Cie. AG, Baden/Schweiz. Aarau 1976. – *Stüben, H.:* Elektrische Antriebstechnik. Formeln, Schaltungen, Diagramme, Tabellen. Hrsg. Brown, Boveri & Cie. AG, Mannheim. Essen 1987.

Steuerzeit. Unter S. versteht man die Zeitpunkte, zu denen sich die Ventile (beim $\rightarrow$Viertaktmotor) oder die Schlitze (beim $\rightarrow$Zweitaktmotor) öffnen bzw. wieder schließen.

Der Öffnungs- bzw. Schließzeitpunkt wird in Grad KW angeben, d. h. als Drehwinkel der Kurbelwelle bezogen auf die Lage im OT oder UT ($\rightarrow$Viertakt-Gaswechsel).

Die S. eines schlitzgesteuerten Zweitaktmotors liegen aus geometrisch-konstruktiven Gründen symmetrisch zum UT. Damit sind bestimmte Nachteile verbunden ($\rightarrow$Zweitakt-Gaswechsel).　　*Kuhlmann*

Stich. S. ist die Bezeichnung für den Durchgang des Walzguts zwischen 2 sich gegeneinander drehenden Walzen beim Umformen des Walzgut-Querschnitts.　　*Baumann*

Stichabnahme. Unter S. ist die Minderung des Querschnitts des Walzguts beim Durchgang zwischen 2 sich drehenden Arbeitswalzen oder durch die Walzenkaliber zu verstehen.　　*Baumann*

Stichloch. S. ist die Bezeichnung für die Öffnung in der feuerfesten $\rightarrow$Auskleidung eines feststehenden Schmelzgefäßes oder eines Hochofens, durch die das flüssige Metall ausfließt.　　*Baumann*

Stichzahl. Unter S. ist die Anzahl der Durchgänge des Walzguts zwischen 2 sich drehenden Walzen oder durch die Walzenkaliber zu verstehen. In einer →Konti-Walzanlage entspricht die S. der Anzahl der nacheinander angeordneten und arbeitenden Walzgerüste. *Baumann*

Stick-slip. Periodischer Wechsel von Bewegungs- und Stillstandsphasen während der →Gleitreibung, durch die Schwingungen hervorgerufen werden. S.-s. tritt auf, wenn die →Reibungszahl der Ruhe deutlich höher als die Reibungszahl der Bewegung ist oder wenn die Reibungszahl der Bewegung mit steigender Gleitgeschwindigkeit abnimmt. *Habig*

Stiefelwalzverfahren →Stopfenwalzverfahren

Stiftschraube →Schraubenform

Stirlingmotor. Der S. ist eine Kolbenkraftmaschine mit äußerer Verbrennung. Unter der Bezeichnung Heißgasmotor wurden solche Motoren im 19. Jahrhundert produziert und eingesetzt. Heute wird an der Entwicklung von S. für verschiedene Anwendungen gearbeitet. S. werden – von Modellen und Versuchsmustern abgesehen – serienmäßig aber noch nicht hergestellt.

Die Funktionsweise eines S. sei an einer Maschine mit getrennten Zylindern für den Verdränger- und den Arbeitskolben erläutert (Bild 1). Es werden zunächst nur die Verhältnisse am Verdrängerzylinder betrachtet: Der kalte Raum (unterhalb des Verdrängerkolbens) und der warme Raum (oberhalb) sind über den Kühler, den Regenerator und den Erhitzer ständig miteinander verbunden. Von Strömungsverlusten abgesehen besteht kein Druck-

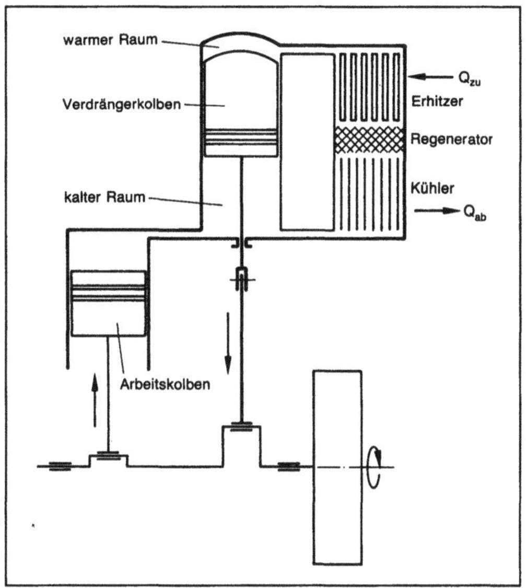

Stirlingmotor 1: Mit getrennten Zylindern für Verdränger und Arbeitskolben (Schemaskizze).

unterschied zwischen dem kalten und dem warmen Raum. Deshalb kann auch der Verdrängerkolben fast ohne Leistungsaufwand auf- und abbewegt werden. Bei dieser Bewegung schiebt er das Arbeitsgas entweder in den warmen oder in den kalten Raum. Dadurch nimmt das Arbeitsgas eine hohe oder eine niedrige Temperatur an. Zu der hohen Temperatur stellt sich ein hoher Druck des Arbeitsgases ein, zu der niedrigen Temperatur ein niedriger Druck. Mit dem hohen bzw. niedrigen Druck wird nun (über eine Verbindungsleitung) der Arbeitskolben beaufschlagt. Dadurch, daß der Verdrängerkolben dem Arbeitskolben in seiner Bewegung um etwa 90° voreilt, wirkt auf den Arbeitskolben beim Abwärtsgang ein hoher Druck, beim Aufwärtsgang dagegen nur ein niedrigerer Druck. Während einer Umdrehung des Motors wird auf diese Weise am Arbeitskolben eine nutzbare Arbeit gewonnen.

Das Gemeinsame zwischen einem S. und einem →Verbrennungsmotor (→Ottomotor, →Dieselmotor) besteht darin, daß die Kompression bei niedriger Temperatur und niedrigem Druck stattfindet, die Expansion dagegen bei hoher Temperatur und hohem Druck. Im Unterschied zum Verbrennungsmotor, bei dem die Wärme durch Verbrennung im Zylinder entsteht, wird die Wärme dem Arbeitsgas des S. über einen Wärmeübertrager (Erhitzer) von außen zugeführt. Hierin ähnelt er einer Dampfmaschine bzw. einer Gasturbine mit geschlossenem Kreislauf. Aus der sog. äußeren Verbrennung bzw. der Wärmezufuhr von außen ergeben sich zwei bedeutsame Sachverhalte:

□ Die Wärme, die der Erhitzer dem S. zuführt, muß nicht notwendigerweise durch Verbrennung von →Brennstoff mit Luft erzeugt werden. Sie kann auch aus anderen chemischen Reaktionen, aus Kernreaktionen oder aus der Sonnenstrahlung stammen.

□ Da das Arbeitsgas nicht an der Wärmeerzeugung beteiligt ist, kann es frei gewählt werden. Im wesentlichen kommen Luft, Helium oder Wasserstoff in Betracht. Luft läßt sich bei Leckagen aus dem Arbeitsraum jederzeit leicht ergänzen. Die leichten Gase Helium und Wasserstoff führen zu geringen Strömungsverlusten in den Wärmeübertragern und damit zu höherem Wirkungsgrad und höherer Leistung des S.

S. kann man in sehr verschiedener konstruktiver Gestaltung bauen. Allen gemeinsam ist, daß stets ein kalter Raum über Kühler, Regenerator und Erhitzer mit einem warmen Raum verbunden sein muß, wobei sich die Volumen des kalten und warmen Raumes phasenrichtig verändern müssen. Bekannt ist die Anordnung der beiden Räume in einem einzigen Zylinder mit zwei Kolben, die ein spezielles Triebwerk (Rhombentriebwerk) bewegt (Bild 2). Bei einigen anderen Konstruktionen arbeitet jeweils ein warmer Raum oberhalb eines Kolbens mit

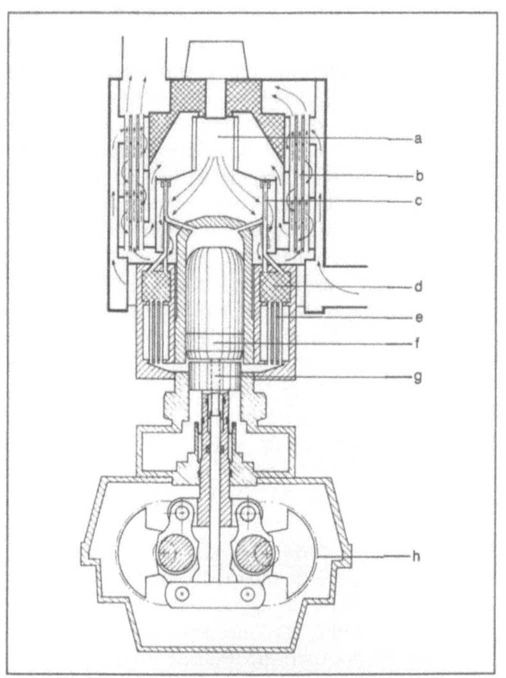

Stirlingmotor 2: Schematischer Querschnitt durch einen Einzylinder-Stirlingmotor mit Rhombentriebwerk. (Quelle: M.A.N.)

a Brennkammer, b Luftvorwärmer, c Erhitzer, d Regenerator, e Kühler, f Verdränger, g Arbeitskolben, h Rhombentriebwerk

einem kalten Raum unterhalb eines anderen Kolbens zusammen: doppeltwirkende Motoren (Bild 3). Einen doppeltwirkenden Vierzylindermotor zeigt Bild 4.

Die Wahrscheinlichkeit eines Einsatzes von S. in größerer Stückzahl hängt eng mit den Vor- und Nachteilen des S. zusammen, von denen einige genannt seien. Wesentliche Vorteile sind:

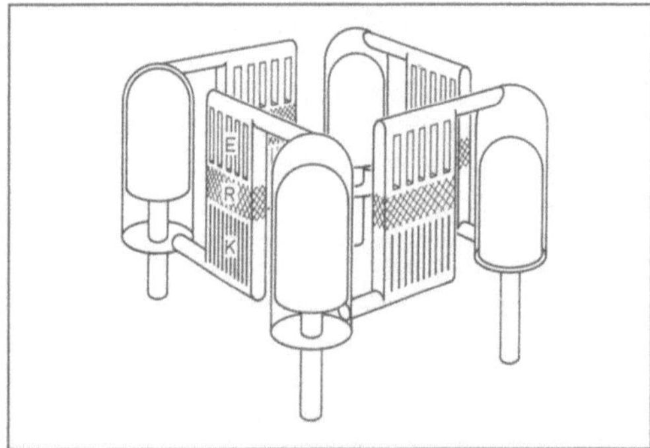

Stirlingmotor 3: Prinzipielle Darstellung der Arbeitsräume eines doppeltwirkenden Stirlingmotors mit vier Zylindern.

E Erhitzer, R Regenerator, K Kühler

Stirlingmotor 4: Prüfstandsaufbau eines doppeltwirkenden Vierzylinder-Stirlingmotors für Unterwasseranwendung. (Quelle: Kockums Marine AB)

□ Den S. kann man auch aus alternativen Wärmequellen betreiben (z. B. Sonnenenergie). Notwendig ist dabei allerdings, daß die Wärme dem Motor bei hoher Temperatur zugeführt wird, um einen hohen Motorwirkungsgrad zu erzielen.

□ Bei Betrieb mit herkömmlichen Brennstoffen (z. B. Dieselkraftstoff oder Erdgas) ist die Schadstoffemission des S. sehr gering.

□ Wegen der kontinuierlichen Verbrennung in der Brennkammer eines S. läuft er außerordentlich leise.

Nachteile des S. sind:

□ Preis und Gewicht des S. werden wahrscheinlich deutlich höher sein als bei Motoren mit innerer Verbrennung (Ottomotor, Dieselmotor).

□ Die Leistungsregelung ist beim S. komplizierter als bei Motoren mit innerer Verbrennung.

□ Beim S. muß das Kühlwasser eine etwa doppelt so große Wärmemenge abführen wie bei Motoren mit innerer Verbrennung. Dabei ist eine niedrige Kühlwassertemperatur nötig, um einen hohen Motorwirkungsgrad zu erreichen. *Kuhlmann*

Literatur: *Bussien*: Automobiltechnisches Handb. Ergänzungsbd. zur 18. Aufl. Berlin, New York 1979. – *Künzel, M.*: Stirlingmotor der Zukunft. VDI-Fortschr.-Ber. R. 6 Nr. 193. Düsseldorf 1986. – *Walker, G.*: Stirling Engines. Oxford 1980.

Stirnfaktor. Bei Doppel- oder Mehrfacheingriff teilt sich die Gesamt-Zahnnormalkraft mehr oder minder gleichmäßig auf die im Eingriff befindlichen Zahnpaare auf. Der Einfluß von Verzahnungsabweichungen auf die →Zahnkraftaufteilung in Umfangsrichtung wird bei der Tragfähigkeitsberechnung durch den Stirnfaktor $K_{H\alpha}$ (für die Flankenbeanspruchung) bzw. $K_{F\alpha}$ (für die Zahnfußbeanspruchung) erfaßt.

Als die für die Kraftaufteilung maßgebende →Verzahnungstoleranz ist die Eingriffsteilungsabweichung f_{pe} (Bild) in K_α enthalten. Durch den normalen Einlaufprozeß im Getriebe wird die Wirkung der Verzahnungsabweichungen gemindert. Dies wird bei der Berechnung von K_α mit einem werkstoffabhängigen Einlaufbetrag berücksichtigt. Als für die Kraftaufteilung maßgebende Größen, die die Zahnverformung beeinflussen, werden ferner die →Zahnfedersteifigkeit sowie die →Zahnkraft berücksichtigt. *Winter*

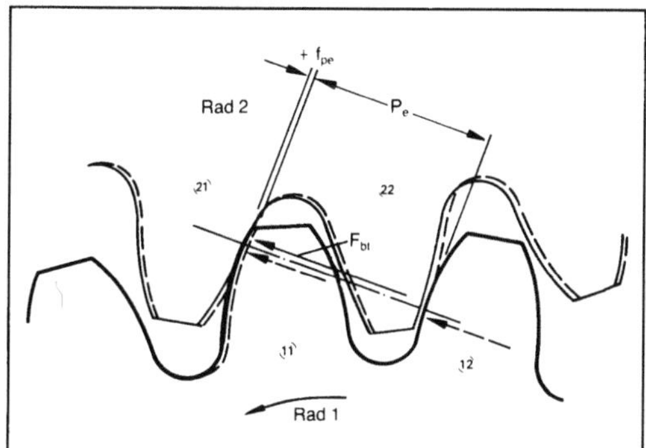

Stirnfaktor: Einfluß der Eingriffsteilungsabweichung f_{pe} auf die Kraftaufteilung.

‒‒‒fehlerfreie, ‒‒‒fehlerbehaftete Verzahnung (Abweichung übertrieben dargestellt)

Stirnrad, kegeliges (konische Schnecke). Bei Teleskopen, Radargeräten oder Drehtürmen muß man vorgegebene Positionen genau anfahren oder Bewegungen nachfahren können. Um das Verdrehflankenspiel der hierbei verwendeten Zahnradstufen zu minimieren, werden bei Getrieben zur Bewegungsübertragung mitunter k. S. eingesetzt.

Die Konzität (Bild 1) kann man durch Wälzfräsen, -stoßen oder -schleifen erzeugen (→Zahnradherstellung). Die Neigung $\tan\theta$ liegt zwischen 1:10 und 1:30. Konzität und Zahnbreite werden so gewählt, daß 50 % des möglichen axialen Verschiebewegs zum Ausgleich von Zahndicken- und Achsabstandsabmaßen (→Verzahnungstoleranz) ausreichen.

Bild 2 zeigt eine Lösung für spielfreie Drehübertragung mit einer konischen Schnecke, die axial zugestellt werden kann.

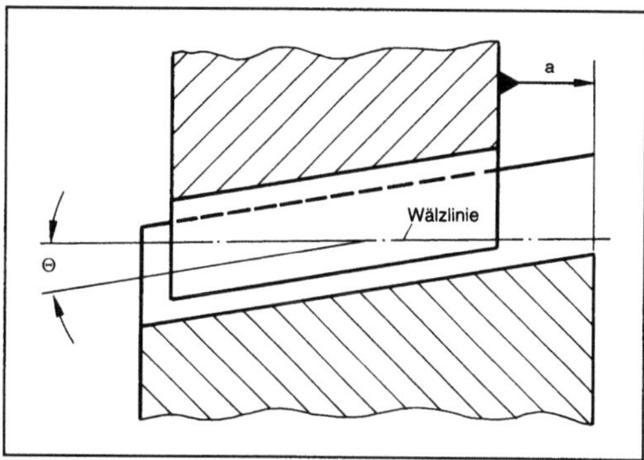

Stirnrad, kegeliges (konische Schnecke) 1: Axial zustellbare, kegelige Stirnräder.

a axialer Verschiebeweg

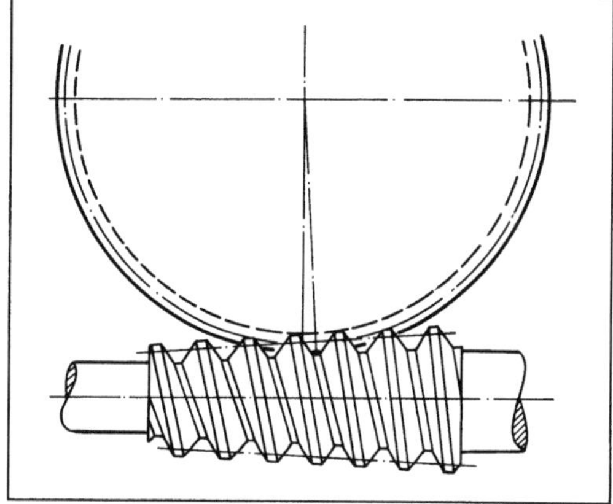

Stirnrad, kegeliges (konische Schnecke) 2: Kegelige Evolventenschnecke.

Bei allen Konstruktionen kann vor Inbetriebnahme ein konstantes Mindestflankenspiel eingestellt werden. Dies erfordert späteres Nachstellen. Wird dagegen ein →Zahnrad mit Federkraft axial verspannt, so kann damit das →Flankenspiel zu null gemacht werden. *Winter*

Literatur: *Haupt, U.*: Keilschrägverzahnung für Getriebe mit einstellbarem Verdrehflankenspiel. Diss. TU Braunschweig 1981. – *Heyer, E.*: Spielfreie Verzahnungen besonders bei Schneckengetrieben. Ind.-Bl. 54 (1954), S. 509/12. – *Hiersig, H. M.*: Zylinderräder mit Rechts- und Linksflanken ungleicher Steigung. Konstr. 31 (1979), S. 7/11. – *Roth, K.*, u. *U. Haupt*: Stirnräder mit keilförmigen Evolventenzähnen für spielfreie Getriebe. In: VDI-Ber. Nr. 374. Düsseldorf 1980; S. 55/61. – *Wolfstieg, W.*: Stirnräder mit keilförmig ausgebildeten Zähnen. VDI-Z. 95 (1953), S. 173/74.

Stirnschnitt →Schrägverzahnung

Stockpunkt. Temperatur, bei der ein Öl beim Abkühlen unter vorgeschriebenen Bedingungen gerade aufhört zu fließen. *Habig*

Stockpunkterniedriger. Schmierstoffadditive, die den Stockpunkt von Schmierölen. herabsetzen, indem sie die Ausscheidung von Paraffinkristallen behindern. Bevorzugte S. sind Polymethacrylate. *Habig*

Stößel →Ventiltrieb

Stößer →Platine

Stoffschluß →Verbindungsart

Stoffumsatz →Umsatzart

Stopfbuchse. Berührungsbehaftete Dichtung von Wellendurchführungen durch Gehäuse bei Strömungsmaschinen, insbes. bei →Pumpen.

Die Abdichtung erfolgt durch Geweberinge, die zwischen Welle und Gehäuse eingelegt und mit einem Deckel, der Stopfbuchsenbrille, zusammengepreßt werden. Bild 1 zeigt eine saugseitige S. mit Sperrwasserzufuhr, um das Eindringen von Luft zu verhindern. Bild 2 zeigt eine wassergekühlte druckseitige S. in Kombination mit einer Labyrinthdichtung.

Ringwerkstoffe: Imprägnierte Gewebe aus Baumwolle, die aus chemisch reinen Garnen geflochten und mit Fett oder Graphit imprägniert sind. Teflon (Polytetrafluorethylen), das gegen fast alle Flüssigkeiten und bis 250 °C beständig ist und gute Gleiteigenschaften besitzt.

Meist genügen 4 Ringe, um bis 5 bar Druckdifferenz abzudichten. Die Stärke s des quadratischen Ringquerschnitts ist vom Wellendurchmesser d abhängig, z. B. $s = 1,5 \sqrt{d}$ nach DIN 3780.

Anwendung: Bei mäßigen Drehzahlen kleinerer Pumpen mit ungefährlichen Förderfluiden. Schmiermittel und Fördermittel kommen miteinander in Berührung. Das muß zulässig sein. S. sind

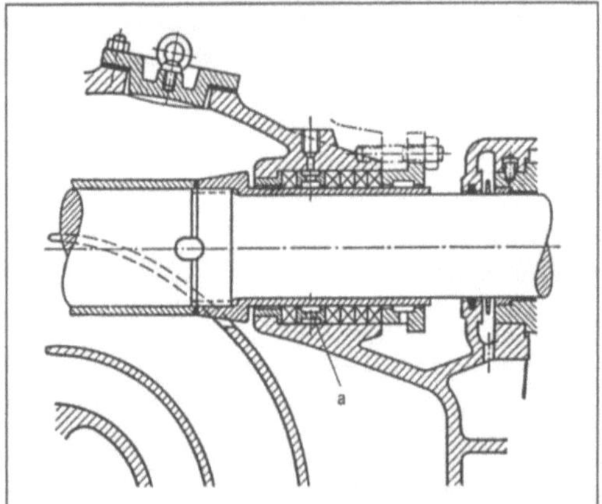

Stopfbuchse 1: Saugseitige Stopfbuchse. (Quelle: KSB)

a Sperrwasserzufuhr

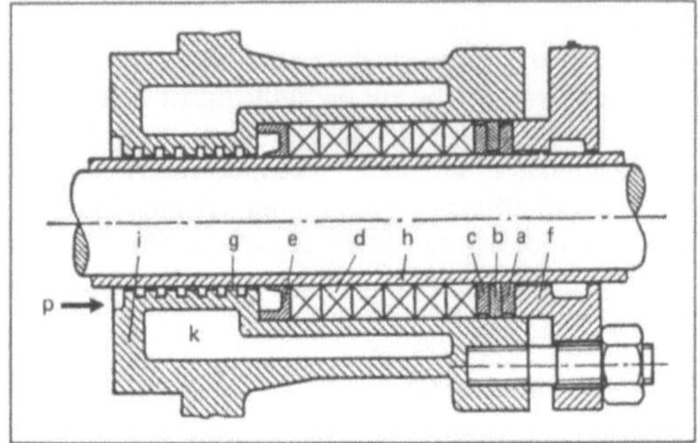

Stopfbuchse 2: Druckseitige Stopfbuchse. (Quelle: Hallberg)

a, b, c Lamellenringe, die das Herausdrücken der Geweberinge verhindern
d Geweberinge
e Druckring
f Stopfbuchsbrille
g Labyrinthdichtung
h Wellenschutzhülse
i Stopfbuchsgehäuse mit Kühlwasserraum k

undicht (eine druckseitige S. muß tropfen). Dann sind Reibungsverluste und Wärmeabfluß optimal. Wenn erforderlich, wird das Gehäuseteil, das die Stopfbuchse aufnimmt, wassergekühlt (z. B. bei Heißwasserpumpen).

Für große Umfanggeschwindigkeiten (hohe Drehzahl und großer Wellendurchmesser) sind S. ungeeignet. Dann muß man Gleitringdichtungen einsetzen. *Rauhut*

Stopfenwalzanlage. Eine S. ist ein sehr komplexes technisches System für das Umformen eines zylindrischen Hohlkörpers aus Stahl zu einem nahtlosen Rohr. Die S. besteht aus dem Walzgerüst mit den kalibrierten Arbeitswalzen sowie den beiden getrennt angetriebenen Rückholwalzen, den Walzeneinbauten, den Walzenanstellsystemen, den Walzenständern und dem Walzenantriebsystem, aus dem verstellbaren Einführsystem mit einer Vorrichtung zum Drehen des Rohrs um 90° nach jedem Stich sowie aus den Transportsystemen. Ein in der Mitte des Walzenkalibers befindlicher Walzstopfen wird über eine Stange gegen ein Widerlager hinter dem Walzgerüst abgestützt. Walzenkaliber und Walzstopfen bilden gemeinsam einen Ringspalt, der der Wanddicke des herzustellenden Rohrs entspricht. *Baumann*

Stopfenwalzverfahren. Unter S. ist ein Verfahren zum Herstellen nahtloser Stahlrohre zu verstehen, bei dem die heiße →Rohrluppe mehrmals in demselben Walzenkaliber über Stopfen mit verschiedenen Durchmessern zu einem Stahlrohr gewalzt wird. Dieses Walzverfahren wird nach dem Erfinder *R. C. Stiefel* auch Stiefelwalzverfahren genannt.

1177

Mit Hilfe einer pneumatisch arbeitenden Einstoßvorrichtung wird der Walzvorgang eingeleitet, der Hohlblock von den Walzen erfaßt und über den Walzstopfen ausgewalzt (Bild). Dabei werden Außendurchmesser und Wanddicke reduziert. Nach dem Durchwalzen liegt das Rohr auf der Stange; der Walzstopfen fällt aus dem Walzspalt in eine Kühl- und Wechselvorrichtung. Zum Rücktransport des Rohrs auf die Anstichseite werden die obere →Arbeitswalze angehoben und gleichzeitig die Rückholwalzen angestellt. Nach Drehen des Rohrs um 90° erfolgt ein zweiter Walzstich über einen etwa 1–3 mm Dmr. größeren Walzstopfen und erneutes Rückführen auf die vordere Gerüstseite. *Baumann*

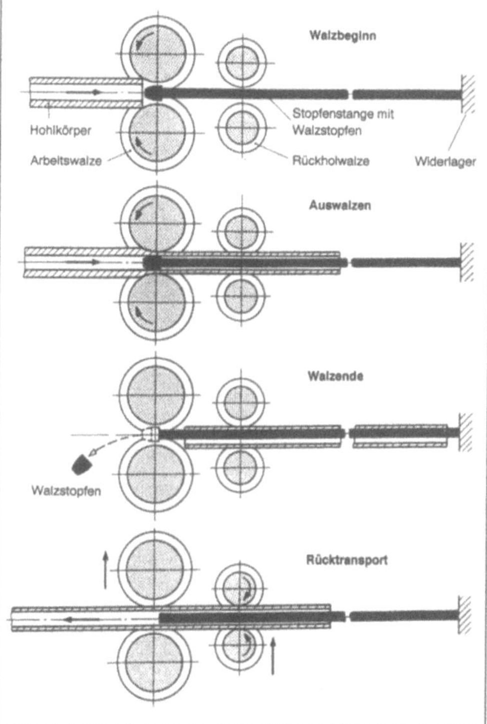

Stopfenwalzverfahren: Arbeitsprinzip.

Stoßaufladung →Abgasturboaufladung

Stoßbankanlage. Die S. ist ein komplexes technisches System zum Herstellen nahtloser Stahlrohre aus einem gestreckten zylindrischen Hohlkörper mit Boden. Diese Anlage besteht aus den Käfigen mit nicht angetriebenen kalibrierten →Rollen, die in einem Anlagenbett angeordnet sind, und dem Dornstangen-Einstoßsystem sowie den Transportsystemen. *Baumann*

Stoßbankverfahren. Das S. wird nach seinem Erfinder auch Ehrhardt-Verfahren genannt und dient der Herstellung nahtloser Stahlrohre aus einem verhältnismäßig dickwandigen Hohlkörper mit Boden, der mit Hilfe eines Dorns durch mehrere immer kleiner werdende Kaliber gestoßen und so, durch eine Verlängerung zwischen 10- und 15fach, zu einem Stahlrohr gestreckt wird (Bild).

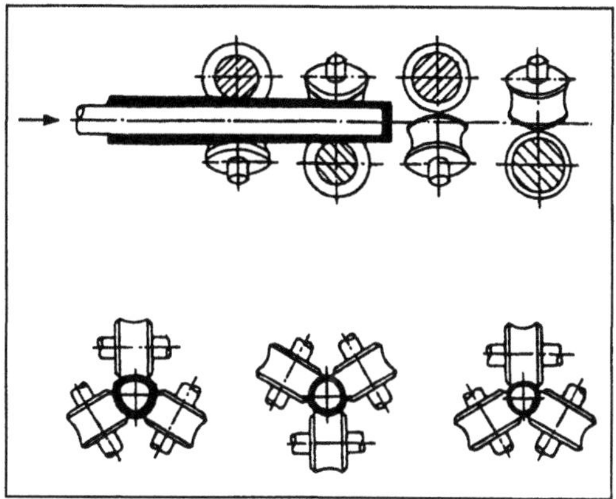

Stoßbankverfahren: Arbeitsprinzip.

Im Bett der Stoßbank sind bis zu 15 Rollenkäfige nacheinander angeordnet. Die Rollenkäfige bestehen meist aus 3 (manchmal auch aus 4) auf den Umfang verteilten, nicht angetriebenen kalibrierten →Rollen. Durch die stetig kleiner werdenden Querschnitte der Rollenkaliber wird eine jeweilige Stichabnahme, die in den Hauptarbeitskalibern bis zu 25 % betragen kann, erreicht. Die →Kraftübertragung auf die Dornstange erfolgt über eine →Zahnstange. Die Stoßgeschwindigkeit kann bis zu 6 m/s betragen. Nach diesem Streckvorgang durchläuft das auf die Dornstange aufgewalzte Rohr eine Lösewalzanlage, so daß die Dornstange danach ausgezogen werden kann. Anschließend werden durch eine Warmsäge das Bodenstück sowie das Rohrende abgetrennt. *Baumann*

Stoßdämpfer →Federung

Stoßfänger →Karosserie

Stoßofen. Ein S. für Eisen- oder Nichteisenwerkstoffe ist dadurch gekennzeichnet, daß das Wärm

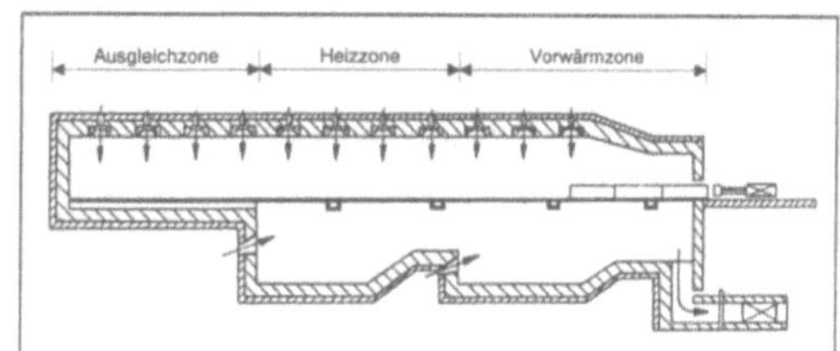

Stoßofen: Brammen-Stoßofen mit Ober- und Unterbrennerraum.

gut, auf Gleitschienen ruhend, mit einem mechanisch oder hydraulisch angetriebenen Stoßsystem durch den Ofen gedrückt wird (Bild). Auf Grund der Wärmgutart unterscheidet man Brammen-S., Platinen-S., Block-S. und Knüppel-S. *Baumann*

Stoßstange →Ventiltrieb

Strangbramme. S. ist die allgemeine Bezeichnung für ein Roherzeugnis, das durch Gießen des flüssigen Stahls oder eines anderen flüssigen Metalls mit rechteckigem, flachem Querschnitt nach dem Stranggießverfahren hergestellt wird. *Baumann*

Stranggießanlage für endabmessungsnahe Flachprodukte. Im Jahr 1985 wurde in der Stahlformgießerei Buschhütten der SMS Schloemann-Siemag AG, Düsseldorf und Hilchenbach, eine Versuchsgießanlage für das Stranggießen endabmessungsnaher Flachprodukte in Betrieb genommen (Bild).

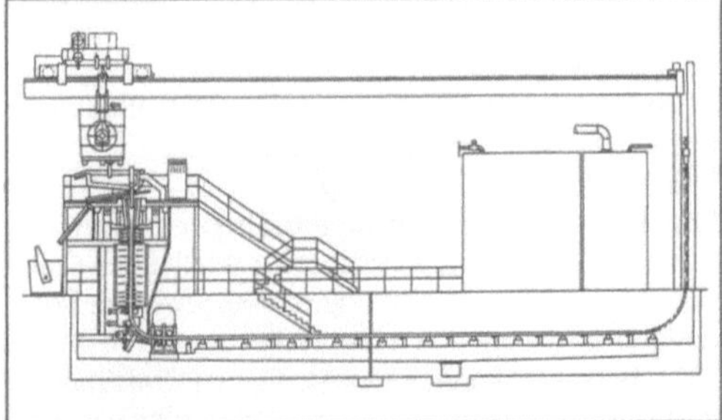

Stranggießanlage für endabmessungsnahe Flachprodukte: Vorband-Versuchsgießanlage der SMS Schloemann Siemag AG, Düsseldorf und Hilchenbach (Arbeitsprinzip).

Technische Kenndaten:

Schmelzeinheiten:	1 Lichtbogen-Schmelzofen
Schmelzengewichte:	16 t
Stahlsorten:	Warmbandgüten
Gießanlagen-Bauform:	Biegericht-Gießanlage
Anzahl Gießadern:	1
Strangbreiten:	1 200–1 600 mm
Strangdicken:	30–50 mm

Im Jahr 1987 wurde im Hüttenwerk Huckingen, Duisburg, der Mannesmannröhren-Werke AG, Düsseldorf, auf einer der beiden bereits 1967 in Betrieb genommenen, zweiadrigen Ovalbogen-Gießanlagen erstmals aus 220 t-Schmelzen Dünnbrammen mit Querschnittsabmessungen 1 200 mm × 70 mm unter Produktionsbedingungen gegossen. Das Konzept für diese Gießtechnik beruhte auf Erkenntnissen beim Bau und Betrieb von mehr als 120 Brammengießanlagen und ging, neben der Entwicklung eines neuartigen Tauchausgusses sowie einer Kokille mit neuer Form, von der weitgehenden Verwendung bewährter Baugruppen bishe-

riger Brammenanlagen aus. Der neuartige Tauchausguß ist am Verteilergefäß zentrierbar befestigt und hat eine Durchsatzleistung von 3 t/min. Der in die Kokille unterhalb des Gießspiegels reichende Teil dieses Tauchausgusses ist 300 mm breit und 30 mm dick für das Gießen von Dünnbrammen und →Vorband mit Dicken zwischen 70 mm und 50 mm. Die neu entwickelte Kokille besteht aus einem senkrechten Teil mit parallel zueinander verlaufenden Breit- und Schmalseiten, der nach 350 mm in einen kreisbogenförmigen Kokillenteil übergeht. Somit wird der zunächst senkrecht gegossene Strang in Kokillenmitte in einen Kreisbogen mit 5 m Radius gelenkt. Am Ausgang der Kokille sind 2 Fußrollenpaare mit Rollendurchmessern 110 mm zur weiteren kreisbogenförmigen Führung des Strangs befestigt.

Im Jahr 1988 wurden bei der Avesta Jernverks AB, Avesta (Schweden), erstmals auf der 1980 in Betrieb genommenen und Mitte 1988 umgebauten einadrigen Bogen-Gießanlage mit geraden Kokillen Dünnbrammen mit Querschnittsabmessungen 1 570 mm × 80 mm, 1 870 mm × 80 mm und 2 080 mm × 80 mm aus rostfreien Stählen produktionsmäßig gegossen. Diese Bogen-Gießanlage wird als Vielzweckanlage zum Herstellen von Brammen und Dünnbrammen mit Breiten zwischen 660 mm und 2 100 mm sowie Dicken zwischen 80 mm und 250 mm betrieben. Deshalb wurde diese Anlage auch mit allen erforderlichen technischen Systemen für einen schnellen Wechsel der Strang-Querschnittsabmessungen ausgerüstet. Der Bogenradius ist 8 m, und die Schmelzengewichte sind 65 t.

Im Jahr 1989 wurde bei der Nucor Corporation (USA) die erste Compact-Strip-Production-Anlagengruppe (CSP) für die Produktion von Vorband in Betrieb genommen. Diese Produktionslinie besteht aus

□ einer einadrigen Stranggießanlage für Vorband mit 50 mm Dicke sowie Breiten zwischen 1 100 mm und 1 350 mm,

□ einem Temperaturausgleichofen, der mit Erdgas beheizt wird und dessen Länge 158 m ist, sowie

□ einer viergerüstigen Walzstraße für Warmband mit Dicken zwischen 2,5 mm und 12,7 mm. *Baumann*

Literatur: *Baumann, H. G., K. Feldermann, C. Körling* u. *H. Lüdorff:* Steel and Metals Magazine 27 (1989) Nr. 6/7, S. 465/78. – *Brückner, K.:* Steel and Metals Magazine 27 (1989) Nr. 1/2, S. 65/72. – *Ehrenberg, H.-J., L. Parschat, F.-P. Pleschiutschnigg* u. a.: Stahl und Eisen 109 (1989) Nr. 9/10, S. 453/62. – *Flemming, G., P. Kappes, W. Rohde* u. *L. Vogtmann:* Stahl und Eisen 108 (1988) Nr. 3, S. 99/109. – *Graf, H., R. Heinke, K.-H. Schubert* u. *K. Takahama:* Stahl und Eisen 107 (1987) Nr. 22, S. 1021/28. – *Höffken, E., P. Kappes* u. *H. Lax:* Stahl und Eisen 106 (1986) Nr. 23, S. 1253/59. – *Schrewe, H., H.-E. Wiemer, H.-J. Ehrenberg* u. a.: Stahl und Eisen 108 (1988) Nr. 9, S. 427/36. – *Schulz, E., D. Ameling, B. Gerstenberg* u. a.: Stahl und Eisen 109 (1989) Nr. 22, S. 1047/56.

Stranggießanlagen-Bauform. Unter S.-B. sind die in ihrer grundsätzlichen Form unterschiedlichen Gießanlagen Senkrecht-S., Biegericht-S., Bogen-S. und Horizontal-S. zu verstehen (Bild).

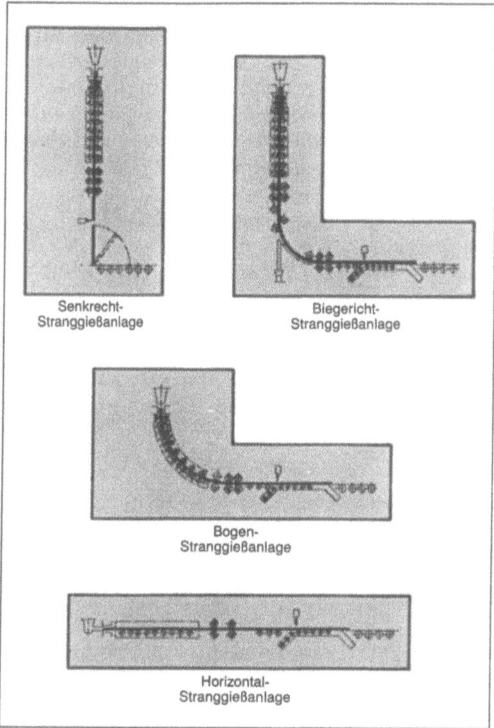

Stranggießanlagen-Bauform: Arbeitsprinzip.

Innerhalb einer jeden Gießanlagen-B. wird zwischen Anlagen für das Herstellen von Strängen mit quadratischen, rechteckig flachen, runden, achteckigen sowie profilierten Querschnitten einerseits und Anlagen für das Herstellen von brammenförmigen Strängen andererseits unterschieden. *Baumann*

Literatur: *Baumann, H.G.:* Systematisches Projektieren und Konstruieren. Berlin, Heidelberg, New York u. Düsseldorf 1982.

Stranggießanlagen-Bauweise. Die S.-B. sind durch Abwandlungen oder Varianten innerhalb einer bestimmten S.-Bauform gekennzeichnet.

Das Bild zeigt B. der in den 70er, 80er und 90er Jahren üblichen Bogen-S.

Weil das Stranggießen endabmessungsnaher Flachprodukte, beispielsweise →Vorband, zu einer erheblichen

☐ Minderung der Umformarbeit in den Walzwerken und

☐ Senkung der Betriebskosten bestehender Warmbreitband-Walzstraßen und Blechstraßen

führt und variante S.-B. bestimmter Bauformen voraussetzt, ist es zweckmäßig, derartige B. von

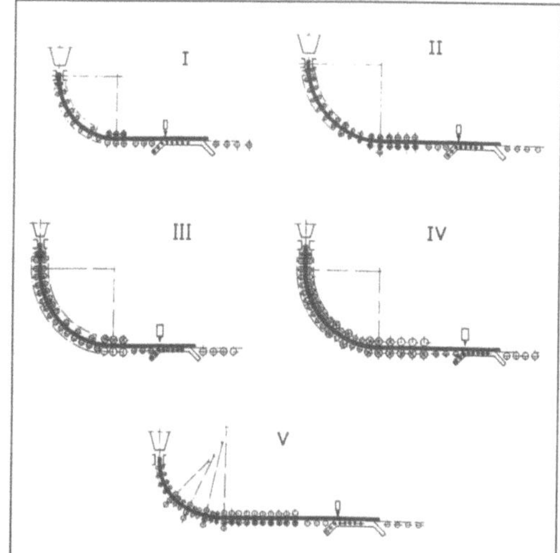

Stranggießanlagen-Bauweise: Bogen-Stranggießanlagen.

I Anlage mit einem Kreisbogen und gebogenen Kokillen, die den Strang in erstarrtem Zustand richtet, II Anlage mit einem Kreisbogen und gebogenen Kokillen, die den Strang in nicht kernerstarrtem Zustand richtet, III Anlage mit einem Kreisbogen und geraden Kokillen, die den Strang in nicht kernerstarrtem Zustand biegt und in erstarrtem Zustand richtet, IV Anlage mit einem Kreisbogen und geraden Kokillen, die den Strang in nicht kernerstarrtem Zustand biegt und richtet, V Anlage mit gebogenen Kokillen und steigenden Bogenradien, meist Ovalbogen-Stranggießanlagen oder SLH-Stranggießanlagen genannt, die den Strang in nicht kernerstarrtem Zustand schrittweise richtet

→Biegericht- und →Bogen-S., beispielsweise Bandgießanlagen, gesondert zu beschreiben.

Auch auf Grund des Stahlstrang-Gießwalzens mit Stahlstrang-Gießwalzanlagen, also durch Umformen eines Strangs innerhalb der Gießanlage zum Herstellen endabmessungsnaher Walzstahlprodukte, wird die Umformarbeit in den Walzwerken erheblich gemindert. Dazu muß eine Gießanlage mit mehr oder weniger aufwendigen Umformaggregaten ausgerüstet sein. Deshalb ist es zweckmäßig, solche B. von S. gesondert zu behandeln. Dazu zählen auch →Gieß-Preß-Walzanlagen. *Baumann*

Stranggießen endabmessungsnaher Flachprodukte. Nach 1984 war das Interesse bei der Weiterentwicklung des Stranggießverfahrens auf das Gießen e. F. mit einem Verhältnis Breite zu Dicke weit größer als 10 : 1 gerichtet. Das führte letztlich zur Entwicklung des Gießens von →Vorband mit etwa 50 mm Dicke. Unter Vorband sind hier F. mit Dicken zwischen 60 mm und 20 mm zu verstehen. F. mit Dicken zwischen 60 mm und 120 mm werden Dünnbrammen genannt. Stranggegossene F. mit größeren Dicken als 120 mm werden Vorbrammen, i. a. Brammen genannt.

Ziel der Entwicklung des S. e. F. war die Reduzierung der Walzarbeit durch eine Verringerung der Gießdicke. Damit bestehen folgende Möglichkeiten:

☐ die Modernisierung bestehender Brammengießanlagen zu flexiblen Produktionseinheiten für Flachprodukte, beispielsweise mit Dickenabmessungen zwischen 250 mm und 50 mm,

☐ die Senkung der Betriebskosten bestehender Warmbandstraßen und Blechstraßen sowie

☐ der Bau neuer, wirtschaftlich arbeitender Gießanlagen für F. *Baumann*

Literatur: *Baumann, H. G., K. Feldermann, C. Körling* u. *H. Lüdorff:* Steel and Metals Magazine 27 (1989) Nr. 6/7, S. 465/78. – *Ehrenberg, H.-J., K. Diederich, L. Parschat* u. a.: World Steel and Metalworking 9 (1988) S. 168/70. – *Graf, H., R. Heinke, K.-H. Schubert* u. *K. Takahama:* Stahl und Eisen 107 (1987) Nr. 22, S. 1021/28. – *Höffken, E., P. Kappes* u. *H. Lax:* Stahl und Eisen 106 (1986) Nr. 23, S. 1253/59. – *Schrewe, H., H.-E. Wiemer, H.-J. Ehrenberg* u. a.: Stahl und Eisen 108 (1988) Nr. 9, S. 427/36. – *Schulz, E., D. Ameling, B. Gerstenberg* u. a.: Stahl und Eisen 109 (1989) Nr. 22, S. 1047/56.

Stranggieß-Hochumformlinie. Eine S.-H. ist ein sehr komplexes technisches System zum Herstellen von Warmband oder sonstiger Hochumformprodukte durch Stranggießen und Hochumformen von Stahl oder Nichteisenmetallen.

Bei der Herstellung von Warmband durch Stranggießen und Hochumformen mit einer →Platzer-Planetenwalzanlage wird ein etwa 80 mm dicker, etwa 1 300 mm breiter Stahlstrang gegossen und mit einer Gießgeschwindigkeit zwischen 3 und 4 m/min der Planetenwalzanlage zugeführt (Bild).

In der Planetenwalzanlage wird der 80 mm dicke Dünnbrammenstrang auf eine Dicke von 4 mm umgeformt. Infolge dieser großen Umformung erwärmt sich das Umformgut um etwa 100 K. Die Geschwindigkeit des durch das Hochumformen hergestellten Warmbands ist etwa 1 m/s und somit für das weitere Umformen in einer nachgeordneten zweigerüstigen Fertigwalzstaffel sehr günstig. Nach der Fertigwalzstaffel ist die Warmbanddicke etwa 1,7 mm. *Baumann*

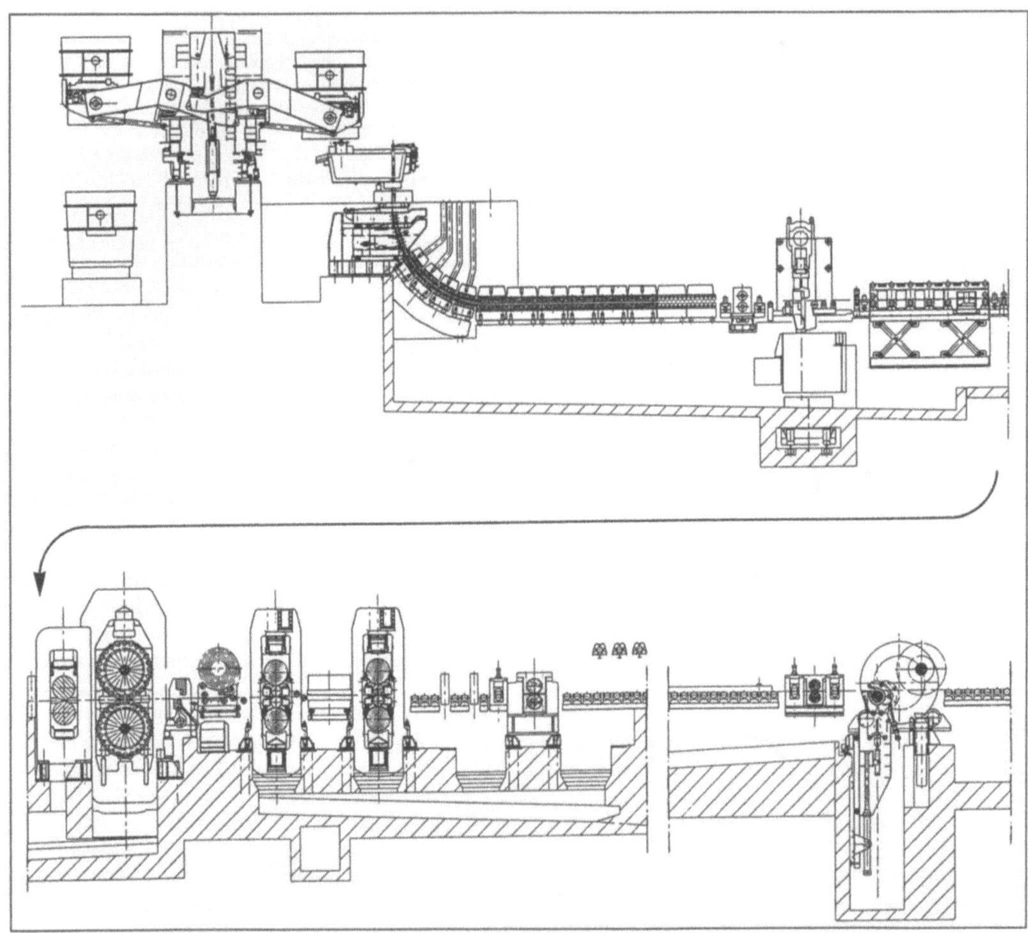

Stranggieß-Hochumformlinie: Zum Herstellen von Stahlwarmband (Arbeitsprinzip).

Stranggieß-Hochumformverfahren. Unter S.-H. ist das Gießen und Hochumformen von Stahl oder Nichteisenmetallen in einer S.-Hochumformlinie mit einer →Hochumformanlage, in der bei einem Durchgang des Umformguts Querschnittsabnahmen $\geqq$ 60 % erzielt werden, zu verstehen. Mit dem S.-H. können insbes.

☐ die innere Beschaffenheit der Stahlstränge und damit die Qualität des Produkts verbessert,

☐ die Wärme der gegossenen Stränge weitgehend genutzt,

☐ das Umformen in den Walzwerken auf ein notwendiges Mindestmaß begrenzt,

☐ der Verarbeitungsprozeß des Stahls rationalisiert und

☐ Energiekosten gesenkt

werden. *Baumann*

Stranggießverfahren. S. sind diejenigen Verfahren, bei denen der gegossene →Werkstoff bereits während des Gießens als erstarrter oder als teilweise mit einer Schale erstarrter Strang die Gießform verläßt. Dabei ist der Strang also länger als die Gießform und kann die Gestalt beispielsweise eines Walzbarrens, Knüppels, einer Strangbramme, eines Rohrs oder eines Bands haben. Es werden sowohl metallische Werkstoffe als auch nichtmetallische Werkstoffe, beispielsweise Kunststoffe und Glas, stranggegossen. Die S. können einerseits nach der jeweils verwendeten Gießform, z. B. senkrechte Kokille, waagerechte Kokille, Gleitkokille, Bänderkokille, Raupenkokille oder Walzenpaar, und andererseits nach dem jeweils zu gießenden Werkstoff, z. B. Stahl-S., Aluminium-S., Kupfer-S. oder Kunststoff-S., eingeteilt werden. Daneben wird das S. auch nach dem jeweiligen Strangverlauf beim Gießen, beispielsweise Senkrecht-S., Bogen-S. oder Horizontal-S., eingeteilt. *Baumann*

Strang-Gießwalzanlage. Eine S.-G. ist ein komplexes technisches System zum →Urformen und anschließenden Umformen metallischer Werkstoffe in einer Anlage. S.-G. sind beispielsweise Gieß-Preß-Walzanlagen, Stahl-S.-G. und Aluminium-G. Zu den S.-G. können auch die →Stranggieß-Hochumformlinien gezählt werden. *Baumann*

Strang-Gießwalzverfahren. Ein S.-G. ist ein Urform- und Umformverfahren, bei dem der flüssige metallische →Werkstoff einer gekühlten Gießform (z. B. einer Kokille) in der Weise zugeführt wird, daß ein Gießprodukt entsteht, das länger als die Gießform ist und das in mehr oder weniger großem Abstand von der Gießform mit rotationssymmetrischen Werkzeugen, Walzen, querschnittsvermindernd umgeformt wird. Infolge des Einsatzes der S.-G. wird u. a. die Anzahl der Verarbeitungs-

schritte auf den Wegen der Herstellung metallischer Fertigerzeugnisse gesenkt. *Baumann*

Strangpreßanlage. Eine S., die nach dem Strangpreßverfahren arbeitet, besteht aus dem Preßblock-Vorbereitungssystem, dem Erwärmungssystem, der Strangpresse und den Strangadjustageeinrichtungen. S. können entweder mit Druckwasser- oder Drucköl antrieben ausgerüstet sein. Strangpressen werden meist zum Herstellen komplizierter Profile, auch Hohlprofile und Rohre, eingesetzt (Bild). *Baumann*

Strangpreßanlage: 20 MN-Strangpresse.

Strangpreßverfahren. Unter einem S. ist das Durchdrücken eines von einem Aufnehmer umschlossenen warmen Blocks durch eine Matrizenöffnung, vornehmlich zum Herstellen von Strängen oder Stäben, zu verstehen. Bei diesem Verfahren wird beispielsweise der auf Preßtemperatur erhitzte Rohling in eine dickwandige Preßkammer eingelegt. Diese ist an einem Ende durch eine Matrize, in die das herzustellende Profil eingearbeitet ist, verschlossen. Von der anderen Seite drückt der Preßstempel das →Material unter Anwendung von Glaspulver als Schmiermittel durch die Matrize und erzeugt so das Profil. Mit Hilfe eines in die Matrize gelegten Dorns werden auch Hohlprofile stranggepreßt. *Baumann*

Straßenbaugerät. Neben dem maschinellen Erdbau hat der Straßenbau den höchsten Stand an Mechanisierung erreicht, was eine erhebliche Leistungssteigerung, die mit einer verbesserten Arbeitsausführung verbunden ist, und eine relative Minderung der Baukosten brachte. Namentlich im Deckenbau wurde eine stetige Rationalisierung mit ständiger Verringerung des Personalaufwands betrieben. Die Bauaufgaben reichen vom Fernstraßenbau mit Baulosen über 10–15 km Strecke bis hin zu kleineren Bauobjekten im Siedlungswesen, deren Summe die hauptsächliche Bauleistung ausmacht. Aus dem konstruktiven Straßenaufbau ergibt sich die Gliederung der Bauverfahren mit dem Einsatz der S. Die technische Entwicklung führte einerseits zu Spezialmaschinen hoher Leistungsfähigkeit, die allein für einen bestimmten Bauvorgang zu verwenden sind, andererseits werden vorhandene Geräte möglichst vielseitig eingesetzt. Zudem strebt man durch Standardisierung des Straßenoberbaus, der aus Trag- und Deckschichten oberhalb des Planums besteht, rationelle Bauweisen an. *Kühn*

Strebrandmaschine. Unter S. versteht man einerseits Maschinen und Maschinenkombinationen, die die Maschinenställe am Haupt- und Hilfsantrieb auskohlen (z. B. Stallhobel) sowie bei mitgefahrenen Strecken den Streckenquerschnitt herstellen, oder die andererseits bei mitgefahrenen Strecken nur den Streckenquerschnitt hereingewinnen (z. B. Schlagkopfmaschine).

Die S. (auch Strebendmaschine genannt) ist unabhängig von dem im Streb verwendeten Gewinnungsverfahren und dennoch voll in den Strebbetrieb integriert. Sie kann auch unabhängig von dem Zusammenwirken von Streb- und Streckenförderer arbeiten. Weiterhin ist sie der optimalen Querschnittsform und -größe der mitgefahrenen Strecke angepaßt.

In der betrieblichen Erprobung standen bisher Sonderbauarten der strebgängigen schneidenden Gewinnung (Schrämmaschine), schneidende Sondermaschinen der verschiedensten Hersteller sowie Kombinationen von Schlagkopfmaschinen mit anderen Gewinnungs- und Vortriebsmaschinen.

Bis auf die Kombination Schlagkopfmaschine/Gewinnungsmaschine zum Mitschneiden der Strecke haben sich die anderen eingesetzten Maschinen als S. bisher noch nicht durchsetzen können. *Seeliger*

Literatur: *Hegermann, G.,* u. *F. Schuermann:* Strebrandtechnik. Glückauf-Betriebsb. Bd. 30. Essen 1985.

Streckenförderer-Zuggerät. Diese maschinellen Einrichtungen werden im untertägigen Bergbau zum Rücken des Streckenladepanzers (→Kettenkratzerförderer) oder des durch eine Rollkurve umgelenkten Strebförderers benötigt. Der Streckenladepanzer übernimmt die im Streb gewonnene Kohle am Streb-Strecken-Übergang vom Strebförderer und transportiert dieses Haufwerk zum Gummigurtförderer.

Bei den S. werden Zugeinrichtungen und Schubeinrichtungen unterschieden. Erstere werden bei vorgesetzten Abbaustrecken eingesetzt, während Schubeinrichtungen bei mit- und nachgefahrenen Strecken üblich sind.

Zug- und Schubeinrichtungen benötigen Abspannstempel als Widerlager. Die Stempel werden zwischen zwei Ausbaueinheiten in der Strecke zwischen Hangendem und Liegendem fest verspannt. Nachteilig ist hierbei, daß beim Rücken des Strek-

kenladepanzers nicht fest genug verspannte Abspannstempel den Streckenausbau beschädigen können. Weiterhin engen die Abspannstempel den Streckenquerschnitt ein und zerstören das Gebirge an den Abspannstellen sehr stark.

Zugeinrichtungen benutzen Ketten als Zugmittel. Bei den Schubeinrichtungen werden Hydraulikzylinder eingesetzt, oder es wird mittels Zahnrad und Zahnstange der →Förderer vorgerückt.

Auf Grund der genannten Nachteile der Abspannstempel werden auf einigen Bergwerken Versuche mit im Liegenden verankerten Seilen oder Ketten, die als Widerlager dienen sollen, durchgeführt. *Seeliger*

Literatur: *Hegermann, G.,* u. *F. Schuermann:* Strebrandtechnik. Essen 1985.

Streckenführung. Die Verbindung zweier geographischer Punkte muß bestimmten Anforderungen bez. Steigung und Krümmungen in Grundriß und Längsschnitt genügen. *Fiala*

Streckenwetterkühlmaschine. Eine S. ist eine Kompressionskältemaschine in einer untertägigen Klimaanlage. Bei diesen Anlagen mit Direktverdampfern fließt das Kältemittel durch die Rohre des Wärmeübertragers (Verdampfer), während die zu kühlenden Wetter die Rohre von außen umströmen. Der Wetterstrom wird somit direkt gekühlt.

Die zu kühlenden Wetter werden über einen Lüfter durch den als Wetterkühler ausgelegten Verdampfer gedrückt. Als Wärmeübertrager werden weitgehend die gleichen Konstruktionen wie bei Klimaanlagen mit indirekter Wetterkühlung eingesetzt.

Die Maschinen erreichen Kälteleistungen bis 350 kW und werden zumeist bei der →Grubenbewetterung zur Klimatisierung von sonderbewetterten Streckenvortrieben genutzt.

Wegen der häufig notwendigen Ortsveränderungen geht man zunehmend dazu über, die S. nicht als Kompaktmaschinen auszuführen, sondern sie als Klimazüge oder Kühlraupen dreigeteilt (Verdichter, Kondensator, Wetterkühler) an die →Einschienenhängebahn zu hängen. *Seeliger*

Strecker. Ein S. ist ein hydraulisch arbeitendes technisches System zum →Richten und Kaltverfestigen gewalzter Bleche und Platten aus Aluminium, Aluminium-Legierungen und Stahl (Bild, nächste Seite). Solche Systeme sind in der Reckebene mit kraftschlüssigen Säulen ausgerüstet und haben ölhydraulische Antriebe sowie wirksame Schutzeinrichtungen für die Teilsysteme und Hydraulikaggregate bei einem Plattenriß. *Baumann*

Streckreduzier-Walzanlage. Mit einer S.-W. können aus einem Rohr mit gegebenem Durchmesser

Strecker: 70 MN-Plattenstrecker.

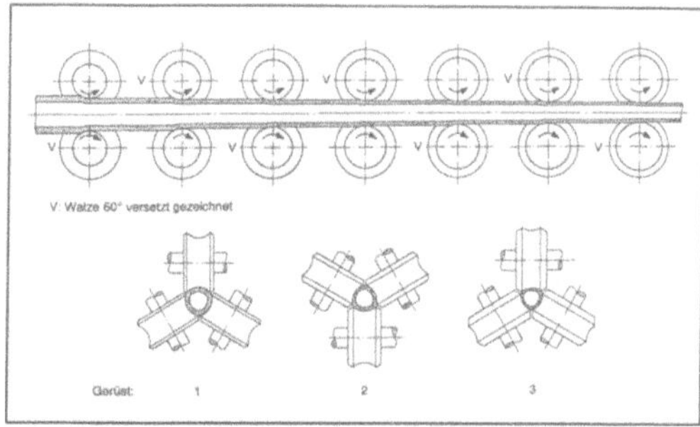

Streckreduzier-Walzverfahren: Arbeitsprinzip.

und gegebener Wanddicke Fertigrohre mit kleinerem Durchmesser und gleichbleibender Wanddicke oder geringerer Wanddicke nach dem S.-Walzverfahren hergestellt werden. Eine S.-W. besteht aus dem W.-Rahmen, den Walzgerüsten und dem Walzen-Antriebsystem. Der Rahmen der W. ist in schwerer Schweißkonstruktion ausgeführt und dient der Aufnahme der Walzgerüste, der →Getriebe und der Klemmsysteme für die Walzgerüste mit den Leitungen für das Kühlwasser und die Preßschmierung sowie für die Schnellkupplungen. Die aus Stahlguß bestehenden Gehäuse der Walzgerüste enthalten jeweils 3 Walzen mit starren Walzenachsen, die in Wälzlagern gelagert sind. Zu jeder S.-W. gehört ein Gerüst-Schnellwechselsystem. *Baumann*

Streckreduzier-Walzverfahren. Das S.-W. ist ein Reduzier-W. zum Herstellen verhältnismäßig dünner Stahlrohre, bei dem das Rohr in verschiedenen, nacheinander angeordneten Gerüsten durch Änderung der Geschwindigkeiten der Walzen in die Länge gezogen, d. h. gestreckt wird. In S.-Walzanlagen werden die Rohrluppen ohne Innenwerkzeug zu Fertigrohren gewalzt. Solche Walzanlagen können mehr als 28 Walzgerüste haben. Diese Gerüste sind nacheinander angeordnet. Jedes Gerüst hat heute meist einen eigenen, regelbaren Antrieb und ist mit 3 Walzen möglichst kleinen Durchmessers ausgerüstet. Die 3 Walzen bilden zusammen ein Kaliber, das von Gerüst zu Gerüst kleiner wird und jeweils versetzt angeordnet ist (Bild).

Entsprechend der größer werdenden Rohrlänge bei gleichzeitiger Abnahme von Außendurchmesser und Wanddicke des Rohrs nimmt die Umfanggeschwindigkeit der Walzen vom Einlauf zum Auslauf der Walzanlage hin ständig zu.

Je nach Anzahl der eingesetzten Gerüste können unterschiedliche Durchmesser von Fertigrohren hergestellt werden. Durch Änderung des Längszugs zwischen den einzelnen Gerüsten kann neben der

Durchmesserabnahme auch eine gezielte Wanddickenminderung erfolgen. Dieser Längszug wird dadurch erreicht, daß die Walzenumfanggeschwindigkeit über die normale, der jeweiligen Querschnittsabnahme entsprechenden Zunahme von einem Gerüst zum nächsten zusätzlich gesteigert wird. Mit Hilfe des Einzelantriebs der Gerüste und eines breiten Regelbereiches der Motoren besteht so die Möglichkeit, aus einer Luppenabmessung Fertigrohre mit verschiedenen Wanddicken herzustellen. Mit speziellen Vorrichtungen kann in neuzeitlichen S.-Walzanlagen ein Gerüstwechsel und damit die Umstellung auf einen anderen Rohrdurchmesser in wenigen Minuten durchgeführt werden. *Baumann*

Streckwalzanlage. In Rohrwalzwerken mit Stopfenwalzanlagen erfolgt die Herstellung des Hohlkörpers aus dem Rohblock manchmal in 2 Umformanlagen, der Tonnen-Lochwalzanlage und einer S. (auch Elongator genannt) in der der durch Lochen hergestellte Hohlkörper weiter gestreckt wird. Die Bauart dieser S. ist oft gleich derjenigen der Tonnen-Lochwalzanlage. *Baumann*

Streichgarnspinnereiverfahren. Komplettes Maschinensystem zum Herstellen gröberer Garne mit Wirrfaserlage im Feinheitsbereich von ca. 2 000 tex– 35 tex (Nm 5–Nm 28). Der Arbeitsablauf erfolgt nach dem Flußprinzip in Form einer Reihenfertigung (mit Pufferbildung zwischen den Hauptablaufabschnitten). Im Gegensatz zu anderen Grundsystemen (Dreizylinderspinnerei, Kammgarnspinnerei) lassen sich nicht nur Originalfasern, sondern auch spinnfähig aufbereitete Faserabgänge und Reißspinnstoffe allein oder in Mischungen untereinander verspinnen.

Einsatzbereiche dieser Streichgarne gehen von groben Garnen aus Faserabgängen (z. B. Putztücher, Aufnehmer) bis zu reinwollenen Garnen aus Schurwolle für den Oberbekleidungssektor (z. B. Strickwaren, Tuche). Da das Spinnverfahren ein Wirrfasergarn ergibt, ist die Anzahl der erforderlichen Fasern im Garnquerschnitt relativ hoch (mini-

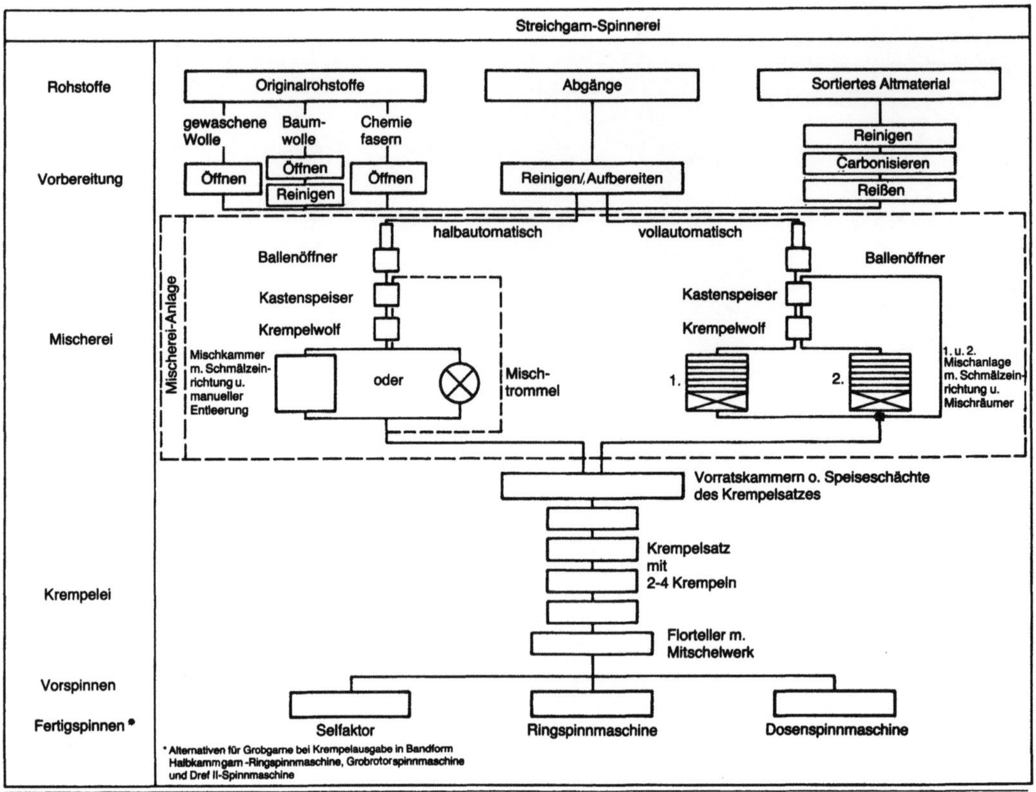

Streichgarnspinnereiverfahren 1: Ablaufbild.

mal ca. 120–130 Fasern), um eine ausreichende Fadenfestigkeit zu erhalten. Daraus resultiert besonders auch die relativ niedrige Ausspinngrenze von ca. 35 tex (Nm 28). Die Hauptablaufabschnitte dieses Verfahrens sind: Rohstoffvorbereitung, Mischerei, Krempelei mit Vorgarnbildung, Fertigspinnen (Bild 1).

Rohstoffvorbereitung. Bei Originalrohstoffen ist für den Einsatz von Wollen ein vorheriger Waschprozeß erforderlich (→Kammgarnspinnverfahren). Im Regelfall wird gewaschene Wolle eingekauft und auf eine Wollwäscherei in diesem System verzichtet. Bei der Verwendung von meist kurzstapligen Baumwollen ist eine mechanische Öffnung und Reinigung auf entsprechenden Maschinen notwendig (Dreizylinderspinnerei). Chemiefasern bedürfen keiner besonderen Vorbereitung, höchstens einer mechanischen Öffnung.

Für den Einsatz von Fasern aus aufbereiteten Faserabgängen (z. B. aus anderen Spinnereisystemen) werden Recyclinganlagen eingesetzt, mit denen man aus sehr verschmutzten Abgängen den hier einsetzbaren Faserrohstoff zurückgewinnen kann. Aus textilen Flächengebilden aller Art (Lumpen, Hadern o. ä.) lassen sich durch Reißereianlagen wertvolle Fasern zurückgewinnen. Solche Reiß

spinnstoffe sind eine wichtige Rohstoffquelle der S. (Bild 2). Zur Rohstoffvorbereitung gehört evtl. auch das Färben des Fasermaterials, wenn bunte Garne in Unifarben oder in Melangen (Farbmischungen) gesponnen werden sollen.

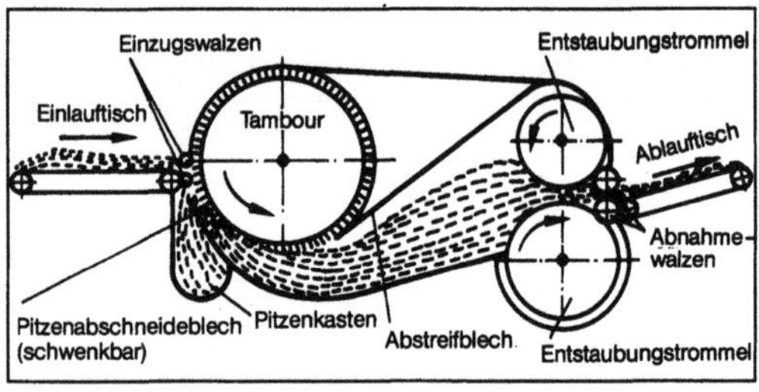

Streichgarnspinnereiverfahren 2: Lumpenreißer (Prinzipskizze).

Mischerei. Zentrale Misch- und Auflösungsmaschine ist in der Mischerei der Krempelwolf (Bild 3). Alle Arbeitselemente sind mit groben Zähnen aus Temperguß garniert und lösen die Mischungskomponenten nicht nur in kleinere Faserflocken auf, sondern mischen diese intensiv untereinander. Da mindestens zweimal eine Passage durch den Krempelwolf erforderlich ist, erfolgt die Zwischenlage-

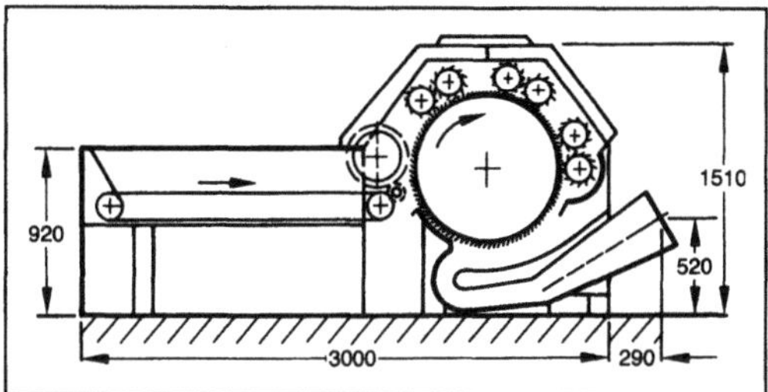

Streichgarnspinnereiverfahren 3: Kompakt-Krempelwolf. (Quelle: Temafa)

rung einer Mischpartie (ca. 1–3 t) in Mischkammern. Diese Mischkammern werden automatisch vom Krempelwolf aus pneumatisch beschickt (Mischbettaufbau) und entweder manuell oder automatisch (z. B. mit Mischräumer) entleert. Der Mischvorgang hat für die Streichgarnherstellung zum Erzielen einer homogenen Mischung eine besondere Bedeutung durch den möglichen Einsatz verschiedener Rohstofftypen bzw. für das Herstellen einer Farbmischung.

Krempelei mit Vorgarnbildung. In der Streichgarnspinnerei werden ausschließlich Walzenkrempelmaschinen eingesetzt, deren Hauptaufgabe die Auflösung des Fasermaterials bis zur Einzelfaser ist. Die Hauptelemente dieser Maschinen sind mit elastischen Stahlhäkchengarnituren bestückt, wobei nach entsprechender Vorauflösung die Auflösung bis zur Einzelfaser zwischen den Arbeiterwalzen und der Haupttrommel eintritt. Durch die Wenderwalzen wird das Fasergut von den Arbeiterwalzen wieder auf die Haupttrommel zurückgeführt, so daß eine weitere, intensive Mischung erfolgt. Nach entsprechender Verdichtung zwischen Haupttrommel und Abnehmer wird ein transportfähiges Faservlies abgeliefert. Da das Faservlies am Ende der Krempelei durch Teilung in schmale Faserbändchen zerlegt wird (Vorgarnbildung), ist eine Vergleichmäßigung des Krempelvlieses in Längs- und Querrichtung notwendig. Diese wird durch eine entsprechende Vliestäfelung zwischen den einzelnen Krempelmaschinen (2–4 verkettete Einzelmaschinen) erreicht. Eine Gesamtanlage nennt man Krempelsatz.

Nach der letzten Krempelmaschine eines solchen Krempelsatzes wird durch einen Florteiler mittels scherenförmig laufender Riemchen das Vlies in schmale Bändchen zerlegt, die durch einen Nitschelvorgang zusammengerollt und gefestigt werden. Dieses Vorgarn wird scheibenförmig zu Vorgarnrollen aufgewickelt. Durch die Flordicke und durch die gegebene Riemchenbreite ist die Vorgarnfeinheit definiert.

Fertigspinnen. Das Fertigspinnen erfolgt fast ausschließlich auf der Streichgarnringspinnmaschine, die sich von anderen Ringspinnmaschinen (→Drei-

zylinderspinnereiverfahren) insbes. durch das Streckwerk, durch die Vorlage (Vorgarnrollen) und durch die Dimensionen der Spinnringe, Spindeln und Hülsen unterscheidet, wobei letztere den gröberen Garnen angepaßt sind (Bild 4). Als Streckwerk wird vorwiegend ein Drehröhrchen-Streckwerk eingesetzt. Das Drehröhrchen gibt dem Garn zwischen Einzug- und Abzugzylinder im Streckfeld einen Falschdraht, so daß bei einem leichten Verzug (bis ca. 1,5fach) die dickeren Garnstellen etwas verzogen werden, da sich der Falschdraht immer um die dünneren Garnstellen legt. Das Streckwerk hat somit hier nicht die Aufgabe, die endgültige Garnfeinheit herzustellen (diese wird im Prinzip mit der Vorgarnfeinheit festgelegt), sondern die Garnqualität zu verbessern. Fertigspinnen auf Dosenspinnmaschinen gibt es in Einzelfällen nur im Grobgarnbereich für Abfallgarne. Das Fertigspinnen auf Selfaktoren (mit intermittiertem Ablauf) hat ebenfalls kapazitätsmäßig heute keine Bedeutung mehr. *Löcker*

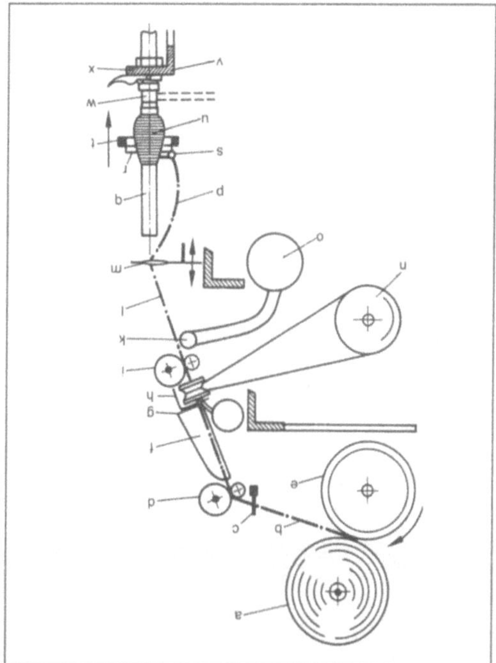

Streichgarnspinnereiverfahren 4: Streichgarn-Ringspinnmaschine (Schema). (Quelle: Zinser, Ebersbach)

a Vorgarnrolle, b Vorgarn, c Fadenführer, d Einführzylinder, e Abtreibtrommel, f Führungsblech, g Preßlufteinführung, h Drehröhrchen, i Abführzylinder, k Fadenabsorgung, l Feingarn, m Fadenführer, n Vordrahttrommel, o Absaugrohr, p Ballon, q Spindel, r Ring, s Läufer, t Ringbank, u Cors, v Spindelbank, w Wirtel, x Kniebremse

Literatur: *Baumann, L.,* u. *E. Sattler:* Die Manipulation in der Streichgarnspinnerei. Basel 1961.

Streifenstrategie →Lagerorganisation

Stretchpackung. Für die S. wird eine mit Elastizität versehene Kunststoffolie eingesetzt. Vor dem Kontakt der Stretchfolie mit dem zu umhüllenden Gut wird die Folie durch äußere Zugkräfte stark gedehnt. Nach der Umhüllung der Produkte mit der Stretchfolie versucht diese, wieder in den ungedehnten Zustand zurückzugehen. Dabei legt sie sich dicht um das zu umhüllende Gut. Um eine Sicherheit gegen Beschädigungen zu erreichen, sind mehrere Lagen der Stretchfolie nötig. Das Anbringen der Stretchfolie kann von Hand, halbautomatisch oder vollautomatisch geschehen, wobei bei letzterem auch die Folie vollautomatisch an dem zu umhüllenden Gut festgehalten wird, bis die nächste Lage der Stretchfolie diese Aufgabe übernehmen kann. Im Einsatzbereich ist die Ladungssicherung auf Paletten oder anderen Transporthilfsmitteln.   *Paris*

Stribeck-Kurve (Tribologie). Verlauf der →Reibungszahl ölgeschmierter Tribosysteme als Funktion einer Parameter-Kombination, die wesentlich durch die →Viskosität des Öles, die Geschwindigkeit und die Belastung (Normalkraft) gegeben ist (Bild). Ist die Summe der Rauhtiefen von Grund- und Gegenkörper kleiner als die Schmierfilmdicke, so herrscht Flüssigkeitsreibung vor. Dieser Reibungszustand kann nur erreicht werden, wenn die Parameterkombination aus Viskosität, Geschwindigkeit und Normalkraft hinreichend hohe Werte annimmt. Außerdem muß die konstruktive Gestaltung des Tribosystems die Bildung eines sich in Strömungsrichtung verengenden Spalts zulassen, damit sich im Schmierfilm ein Druck aufbauen kann, der der von außen aufgebrachten Kraft entgegenwirkt. Diese Bedingung wird vor allem von Gleitlagern erfüllt, bei denen Welle und Lagerschale einen konformen Kontakt bilden.

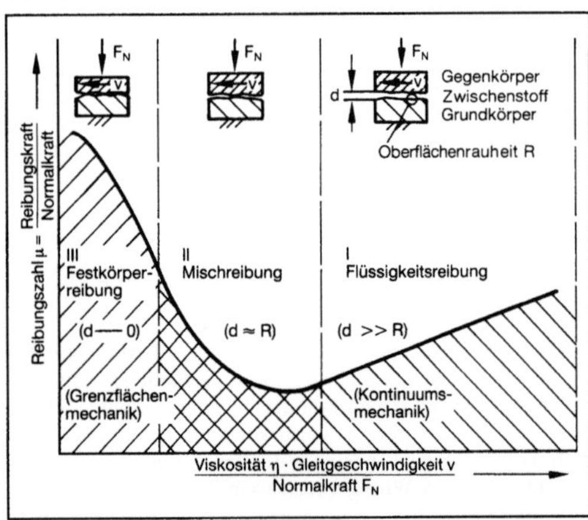

Stribeck-Kurve (Tribologie): Schematische Darstellung.

Verringert sich mit abnehmender Gleitgeschwindigkeit oder zunehmender Belastung die Dicke des Schmierfilms so weit, daß sie die Gesamtrauhtiefe von Grund- und Gegenkörper erreicht, so wird die Belastung nur noch teilweise vom Schmierfilm aufgenommen. Ein anderer Teil wird durch unmittelbaren Kontakt der Rauheitshügel übertragen. Neben der Flüssigkeitsreibung findet auch Festkörper- bzw. →Grenzreibung statt. Diesen Reibungszustand bezeichnet man auch als →Mischreibung. Verschwindet mit weiter abnehmender Geschwindigkeit oder zunehmender Belastung der Anteil der Flüssigkeitsreibung, so herrscht Festkörper- bzw. Grenzreibung vor.

Für einen verschleißfreien Betrieb ist es wesentlich, daß die Betriebsbedingungen Flüssigkeitsreibung ermöglichen. Beim Anfahren oder Auslaufen läßt sich aber i. a. Misch- und Grenzreibung nicht vermeiden, wobei ein gewisser Verschleiß auftritt.
→Schmierungstheorie, elastohydrodynamische
    Habig

Stribeck-Wälzpressung. Von *Stribeck* (1901) bei der Untersuchung der Tragfähigkeit von Wälzlagern als Vergleichskennzahl benutzte fiktive Flächenpressung K bei Pressung einer Kugel vom Durchmesser D oder einer Walze mit Durchmesser D und Länge l mit der Kraft Q gegen eine ebene Fläche: $K = Q/D^2$, fiktiver Druck (Kraft je Flächeneinheit) auf ein die Kugel umschreibendes Quadrat; $K = Q/(D\,l)$, fiktiver Druck auf das die Walze umschreibende Rechteck. Der wirkliche Druck in den viel kleineren Berührflächen bei Punktberührung (Kugel) oder Linienberührung (Zylinder) ist sehr viel höher und hängt zusätzlich von den Elastizitätsmoduln der beiden Werkstoffe ab. Er wird durch die Hertz-Gleichungen richtig wiedergegeben. Mit diesen Gleichungen läßt sich die wirkliche Druckbeanspruchung aus dem Stribeck-K-Wert berechnen, wenn die zugehörigen Werkstoffe bekannt sind.   *H. W. Müller*

Strichvorlage →Vorlage

Stricken →Strickmaschine

Strickmaschine. S. arbeiten mit einzeln bewegten Nadeln (vorwiegend Zungennadeln), denen ein Faden zur Maschenbildung (→Einfaden-Technik) vorgelegt wird. In den Maschenbildungsvorgängen einer S. werden die Maschen (→Bindungselement) nacheinander gebildet. Man unterscheidet je nach Nadelanordnung Flachstrick- und Rundstrickmaschinen und je nach Bindungsgruppe (→Maschenware) RL-, RR- und LL-S.

Flachstrickmaschinen (Bild 1) werden gegenwärtig nur noch mit elektronischer Steuerung und Musterverarbeitung (→Jacquardtechnik) ausge-

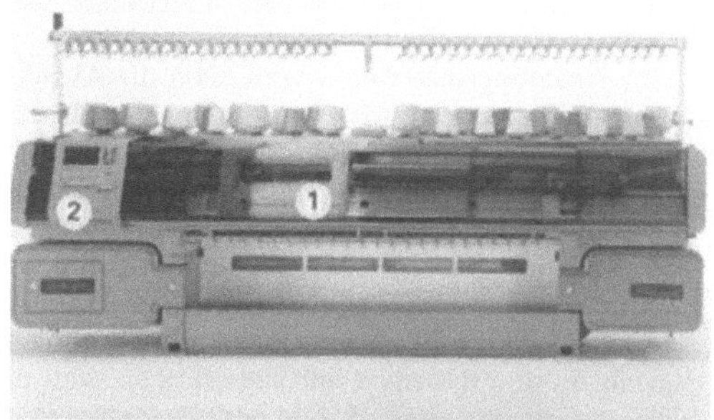

Strickmaschine 1: Elektronisch gesteuerte Flachstrickmaschine. (Quelle: H. Stoll Maschinenfabrik)

1 Schlitten mit Schloß, 2 Computer

stattet, während moderne Rundstrickmaschinen (Bild 2) sowohl mechanisch als auch elektronisch gesteuerte Mustereinrichtungen haben. Nach dem Durchmesser werden die Rundstrickmaschinen in Kleinrund-S. und Großrund-S. unterteilt je nachdem, ob der Zylinderdurchmesser kleiner oder größer als 165 mm ist.

Strickmaschine 2: Elektronisch gesteuerte Großrund-Strickmaschine.

1 Strickmaschine, 2 Strickrechner, 3 Lochbandleser, 4 Spulenkranz, 5 Gestrick

Kleinrund-S. (Bild 3) der RL- und LL-Bindungsgruppe (Maschenware) werden für Strümpfe, Socken, Damenfeinstrümpfe, Strumpfhosen usw. eingesetzt, die Großrund-S. der RL-, RR- und LL-Bindungsgruppe (Bild 4) für Unter- und Oberbekleidung sowie Heimtextilien. RR-Großrund-S. mit ihren Ripp- und Zylindernadeln auf Lücke heißen Ripp-Rund-S. und solche mit den Nadeln Kopf auf Kopf Interlock-Rund-S.

Flachstrickmaschinen arbeiten mit ruhenden Nadelbetten und bewegtem Schlitten mit Schloß (Bild 1), so daß durch Nadelaustrieb und Nadelabzug die Maschenbildung nacheinander und reihenweise hin und her verläuft. Die Musterprogramme

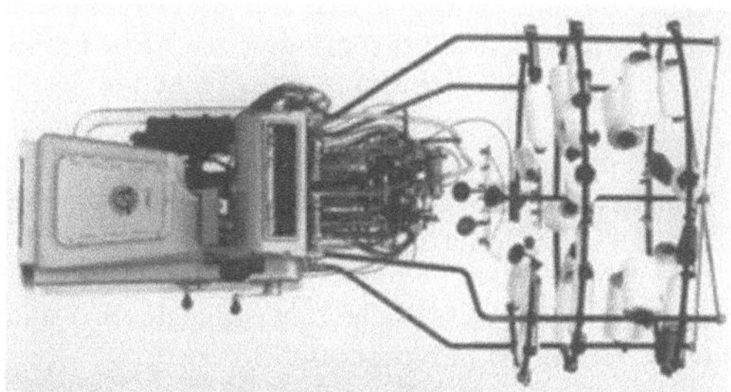

Strickmaschine 3: Mechanisch gesteuerte RL-Kleinrund-Strickmaschine (Strumpfmaschine).

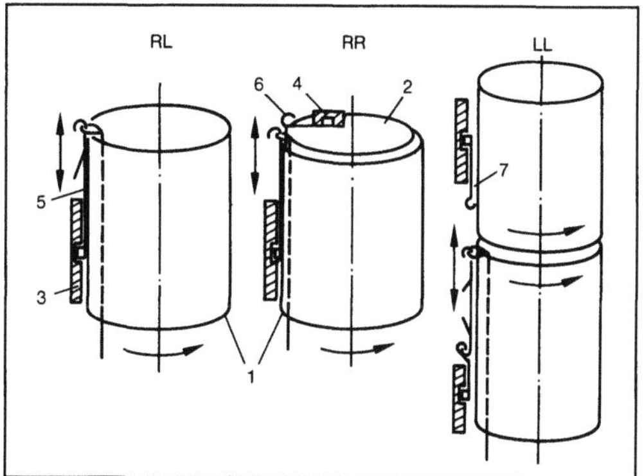

Strickmaschine 4: Rundstrickmaschine (Einteilung).

1 Zylinder, 2 Rippscheibe, 3 Zylinderschloß, 4 Rippschloß, 5 Zylindernadel, 6 Rippnadel, 7 Stößer

für einen Pullover beispielsweise werden auf einem Computer mit Monitor zusammengestellt, in den Bordcomputer der →Flachstrickmaschine eingespielt und dann abgestrickt (Jacquardtechnik).

Rundstrickmaschinen arbeiten überwiegend mit rotierenden Nadelbetten (Zylinder, Rippscheibe) und sich auf und ab bewegenden Nadeln (Bild 2 bis 4). Die Schlösser bleiben ortsfest, die Garnspulen stehen auf dem Spulenkranz über oder im Gatter neben der Maschine, und der Warenabzug rotiert und zieht das Gestrick von den umlaufenden Nadeln ab. Außer der elektronischen Musterverarbeitung mit Elektromagneten können die Zylindernadeln der →Rundstrickmaschine auch von mechanischen Musterträgern wie Musterrädern, Stifttrommeln usw. jacquardmäßig ausgewählt werden, um Maschen, Henkel oder Flottungen zu bilden. *K. P. Weber*

Strickware →Maschenware

Strömung.

1. dreidimensionale. D. S. ist der allgemeine Fall, in dem im betrachteten Raum die S. in den 3 räumlichen Richtungen unterschiedlich verläuft:

Die Fluidteile bewegen sich mit unterschiedlicher Geschwindigkeit auf Stromlinien, die nicht parallel sind. Die S. läßt sich durch entsprechende Verteilungen der Geschwindigkeiten nach Größe und Richtung beschreiben. Sie kann außerdem stationär (von der Zeit unabhängig) sein oder sich instationär mit der Zeit ändern. Solche S. werden durch entsprechende Randbedingungen durch Einbauten und/oder durch zusätzliche Bewegung des S.-Raums (z. B. Drehung) hervorgerufen.

In Strömungsmaschinen hat die S. grundsätzlich immer diesen Charakter. Die Größe der dreidimensionalen Einflüsse entscheidet darüber, inwieweit zwei oder gar eindimensionale Abstraktionen noch brauchbare Ergebnisse liefern. Die dreidimensionalen Einflüsse werden durch die äußere (Gehäuse) und innere (Nabe) Stromführung, die Umlenkung durch die Schaufeln in den Leit- und Laufkränzen, die Drehbewegung der letzteren, die alle zu Sekundärströmungen führen, eingeleitet.

Im Experiment lassen sich S.-Felder mit den verschiedenen Arten der S.-Sonden oder optisch nach dem Doppler- oder dem Zweischrankenverfahren ausmessen. In jedem Fall verlangen diese Methoden sorgsame Kalibrierungen und sind selbst sehr umfangreich.

Zum Berechnen der d. S. müssen die Navier-Stokes-Differentialgleichungen für 3 Komponenten zusätzlich zu den Erhaltungsgleichungen für Energie und Masse gelöst werden. Das läßt sich nur mit numerischen Methoden (→Strömungsberechnung, numerische) erreichen, wobei zum Simulieren der inneren →Reibung Turbulenzmodelle einzuführen sind. Solche Rechnungen erfordern auch auf modernen schnellen Rechnern großen Speicherplatz und lange Rechenzeit. Deswegen wird immer wieder versucht, auf Vereinfachungen zurückzugreifen und den räumlichen Charakter der S. in 2 zweidimensionale Stromflächen in Umfangs- (S1) und meridionaler Richtung (S2) darzustellen oder die S. erst reibungsfrei zu berechnen und anschließend die Reibungswirkung in den Grenzschichten konzentriert zu berücksichtigen. Schließlich können auch Erkenntnisse aus drei- oder zweidimensionalen Rechnungen in Form von Mittelwerten in eindimensionale Rechnungen eingeführt werden. *Dibelius*

2. eindimensionale. E. S. trifft zu, wenn alle Fluidteile dem betrachteten S.-Raum unter gleichen Bedingungen zuströmen und in ihm in gleicher Weise beeinflußt werden, also gleiche Stromlinien und Geschwindigkeiten haben. Die S. entlang einem Stromfaden oder einer Stromröhre mit kleinem Querschnitt ist eindimensional. Stromröhren mit größerem Querschnitt, aber nur geringen Unterschieden der S.-Verhältnisse lassen sich ebenfalls eindimensional betrachten, wenn an Stelle der für einen bestimmten Stromfaden gültigen Grö-

ßen entsprechende Mittelwerte eingesetzt werden.

Bei Strömungsmaschinen werden für die Auswertung von Versuchen und die Auslegung der Maschinen wegen ihrer Einfachheit oft noch eindimensionale Methoden evtl. mit bestimmten Abwandlungen angewendet. So besteht z. B. ein Verfahren darin, den S.-Raum quer zur Meridiankomponente der Geschwindigkeit in Teilquerschnitte aufzuteilen und innerhalb dieser als Größen zu mitteln. Solche Verfahren sind natürlich nur Näherungen, weil die unter dreidimensionaler S. und unter zweidimensionaler S. beschriebenen Zusammenhänge nicht berücksichtigt werden. *Dibelius*

3. zweidimensionale. Die z. S. erlaubt nur Änderungen der Geschwindigkeit nach Größe und Richtung in 2 Dimensionen, d. h. in einer Fläche. Änderungen in der dritten Dimension sind entweder nicht vorhanden, zu vernachlässigen oder als ausgeglichen anzunehmen.

Für Strömungsmaschinen sind 2 unterschiedliche zweidimensionale Betrachtungsweisen zu unterscheiden:

□ Die Umfangs- und Meridiankomponenten der Geschwindigkeiten werden in einer durch die Umfangs- und die meridionale Richtung aufgespannten Stromfläche verfolgt. Bei Axialmaschinen ist das näherungsweise eine Zylinder- oder flache Kegelfläche, bei Radialmaschinen näherungsweise eine Ebene senkrecht zur Achse. In diesen Flächen wird die Umlenkung der S. durch die Schaufeln erfaßt. Die Änderungen in der dritten Richtung (in radialer bei Axialmaschinen und in axialer bei Radialmaschinen) werden nicht erfaßt.

□ Die axialen und radialen Geschwindigkeitskomponenten werden in der Meridianebene (durch die Maschinenachse) betrachtet. Verlagerungen der Stromlinien (Schlängelbewegung bei vielstufigen Axialmaschinen) und ungleiche Geschwindigkeitsverteilungen werden durch die Umlenkungen in den Schaufelkränzen hervorgerufen. Für Rechnungen müssen sie bekannt sein oder angenommen werden. Dabei werden Unterschiede in Umfangsrichtung z. B. von Schaufel zu Schaufel vernachlässigt.

Die gegenseitige Abhängigkeit der beiden zweidimensionalen Betrachtungsweisen ist offensichtlich. Sie lassen relative Vergleiche zu, können die S. durch Turbomaschinen aber nur näherungsweise wiedergeben, es sei denn, daß beide Betrachtungen iterativ miteinander verknüpft werden. Dann werden sie als quasidreidimensionale Methode bezeichnet.

Messungen und Rechnungen sind für eine z. S. entsprechend einfacher als für eine dreidimensionale. *Dibelius*

Strömungsarbeit. Ist der umkehrbar (reversibel) unter Ausschluß eines Wärmeaustausches mit der Umgebung und der in Wärme übergehenden Verluste umgewandelte Anteil der dem →Arbeitsfluid zugeführten Energie:

$$y = \int v\,dp = \Delta h - j.$$

Bei Arbeitsmaschinen ist das der nutzbare Anteil y der zugeführten Arbeit $a = \Delta h$ bei gleichbleibender kinetischer Energie ($y < \Delta h$) und bei Kraftmaschinen die dem Arbeitsfluid entnommene Energie y, deren Anteil Δh in nutzbare mechanische Arbeit umgewandelt wird ($|y| > |\Delta h|$). Wie die →Dissipation j ist das Integral wegen des sich allgemein bei Zustandsänderungen ändernden spezifischen Volumens wegabhängig und ergänzt sich mit dieser zur wegunabhängigen →Enthalpiedifferenz. Nur im Fall einer sich angenähert ideal verhaltenden Flüssigkeit ist die S.

$$y = \Delta p/\varrho.$$

Für sich angenähert ideal verhaltende Gase läßt sie sich aus

$$y = \frac{n}{n-1}\,R\,T_1\,\left[\left(\frac{p_2}{p_1}\right)^{(n-1)/n} - 1\right]$$

berechnen. Dabei ist der Polytropenexponent n für eine Polytrope als

$$n = -\frac{dp/p}{dv/v}\ \text{definiert.} \qquad \textit{Dibelius}$$

Strömungsberechnung, numerische. Hat zum Ziel, entweder
□ die Geschwindigkeiten, Drücke und Verluste in der Strömung durch geometrisch vorgegebene Strömungsräume und um die darin befindlichen Schaufelgitter zu berechnen: Nachrechnungsaufgabe oder
□ zu einem vorgegebenen als verlustarm angenommenen Verlauf bestimmter Strömungsgrößen entlang den Schaufelkonturen und den Begrenzungen des Strömungsraums (z. B. Geschwindigkeit oder Druck) die entsprechenden geometrischen Formen zu bestimmen: Entwurfsaufgabe.

Die Strömung wird durch die Erhaltungsgleichungen für Masse, Impuls und Energie beschrieben, die ein System nichtlinearer, partieller Differentialgleichungen darstellen, das geschlossen nicht zu lösen ist. Bei der numerischen Berechnung wird an ihrer Stelle ersatzweise ein System algebraischer Gleichungen gelöst, das sich aus den Strömungsgleichungen herleiten läßt.

Allen numerischen Verfahren ist gemeinsam, daß das stetige Feld der zu bestimmenden Größe durch diskrete Werte an Stützstellen ersetzt wird: örtliche Diskretisierung. Bei zeitabhängigen Problemen wird die Lösung zusätzlich in diskreten Zeitschritten berechnet: zeitliche Diskretisierung. Zu einem finiten Approximationsverfahren gehören die
□ Festlegung der Stützstellen,
□ Herleitung des Ersatzgleichungssystems,
□ Rechenvorschriften (Algorithmus) zur Lösung des Gleichungssystems,
□ Abschätzung des Fehlers.

Bei der Diskretisierung ist bisher nur in Einzelfällen versucht worden, die Abstände der Stützstellen so klein zu machen und in so kleinen Zeitschritten zu rechnen, daß auch die turbulenten Schwankungen der Strömungsgrößen zu erfassen sind: direkte Turbulenzsimulation. In allen praktischen Fällen führt das zu einem viel zu großen Aufwand. Deswegen wird meistens mit zeitlich gemittelten Strömungsgrößen gerechnet. Dann muß aber die Auswirkung der turbulenten Schwankungen durch Turbulenzmodelle eingeführt werden, die empirische Zusatzinformationen benötigen. Unterschieden werden Null-, Ein- und Zweigleichungsmodelle: Im ersten Fall wird nach dem Mischungswegmodell von *Prandtl* die empirisch zu bestimmende Mischungsweglänge eingeführt. Eingleichungsmodelle erfordern die zusätzliche Lösung einer Gleichung für die kinetische Energie der turbulenten Schwankungsgeschwindigkeiten. Von den Zweigleichungsmodellen wird sehr häufig das k,ε-Turbulenzmodell oder dessen Weiterentwicklungen angewendet, das durch 2 Zusatzgleichungen für die kinetische Energie der turbulenten Schwankungsbewegung k und für den isotropen Anteil der turbulenten Dissipationsrate ε gebildet wird, die einen empirisch bestimmten Satz von mehreren Konstanten enthalten.

Wie das Differentialgleichungssystem durch ein System von algebraischen Gleichungen ersetzt werden kann, hängt von der Art des zu lösenden Problems, der Form der Ausgangsgleichungen und dem gewählten numerischen Verfahren ab. Grundsätzlich ist die Strömung durch eine →Turbomaschine dreidimensional, von Reibungsvorgängen beeinflußt und infolge der Wechselwirkungen zwischen stehenden und rotierenden Schaufelrädern periodisch instationär. Die auftretenden Geschwindigkeiten sind meistens kleiner als die Schallgeschwindigkeit, müssen aber dort, wo große Volumenströme zu verarbeiten sind, z. B. in den ersten Verdichterstufen und in den letzten Stufen von Gas- und Dampfturbinen, in den transsonischen Bereich gesteigert werden. So allgemein beschrieben gehört das Gleichungssystem zu den am schwierigsten zu lösenden Problemen, die
□ Anzahl der unabhängigen Unbekannten, die sog. Dimensionalität, ist mit den 3 Koordinaten und der Zeit gleich vier,
□ vollständigen Navier-Stokes-Gleichungen sind unter Verwendung eines entsprechenden Turbulenzmodells zu lösen.

Lösungsansätze zum vollständigen Problem sind erst vereinzelt und dann mit sehr hohem Aufwand gemacht worden. Es ist daher üblich, mit verschiedenen dem Zweck der Rechnung angepaßten Vereinfachungen wenigstens bestimmte Strömungseffekte angenähert richtig zu erfassen:

□ Das grundsätzlich instationäre Problem wird unter Vernachlässigung der Wechselwirkung zwischen stehenden und rotierenden Schaufelkränzen als stationär angesehen.

□ Bei inkompressiblen Fluiden oder auch bei nur kleinen Druckänderungen kompressibler Fluide kann man mit konstanter Dichte rechnen.

□ Die Reibungsterme in den Navier-Stokes-Gleichungen werden vernachlässigt. Dadurch ergeben sich die Euler-Gleichungen. In diesem Fall entfällt die Haftbedingung an den Wänden (Geschwindigkeit gleich null) als Randbedingung. Deshalb ist damit keine Reibungsverlustberechnung möglich. Oft wird deshalb nach Vorschlag von *Prandtl* für die verlustreiche wandnahe →Grenzschicht eine gesonderte und vereinfachte Rechnung mit Reibungstermen nachgeschaltet oder iterativ eingeflochten (Bild 1).

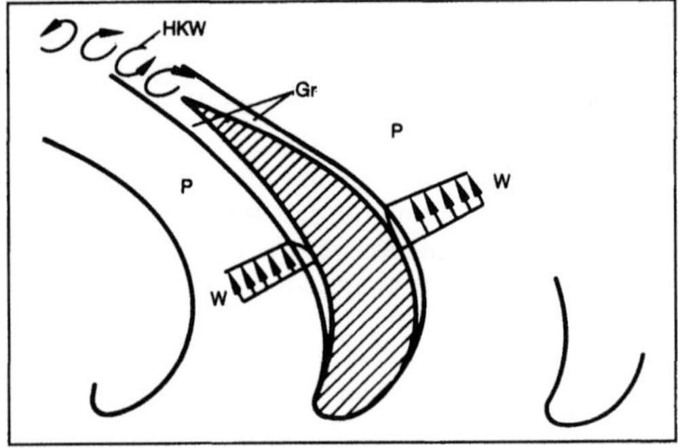

Strömungsberechnung, numerische 1: Aufteilung in reibungsfrei angenommene Potentialströmung P und reibungsbehaftete Grenzschicht GR; Hinterkantenwirbel HKW.

□ Das dreidimensionale Problem wird durch zweidimensionale Probleme in mehreren Stromflächen als Quasi-3D-Verfahren approximiert. Nach Vorschlag von *Wu* werden zwischen den Schaufeln eine oder mehrere Stromflächen S1 aufgespannt, die eine zwischen Nabe und Gehäusewand sich erstreckende Stromfläche S2 in einer gemeinsamen Stromlinie schneiden (Bild 2). Das Verfahren erfordert Iterationen (quasidreidimensionale Berechnung).

Das Gleichungssystem ist im Unterschallbereich das vom elliptischen Typus mit sich nach allen Seiten ausbreitenden Einflüssen, die eine umfangreiche iterative Berechnung erfordern. Im Überschallbereich hat der hyperbolische Typus des Gleichungssystems zur Folge, daß Einflüsse nur stromab in einem von Mach-Linien (Überschallströmung) be-

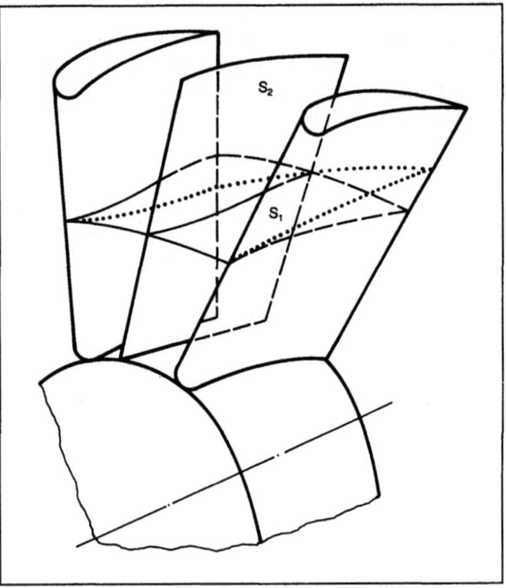

Strömungsberechnung, numerische 2: Beschreibung der Strömung in Flächen zwischen den Schaufen (S_1) und zwischen den Stromführungen (S_2).

gepunktet: S_1 mit Wölbung, ausgezogen: S_1 axialsymmetrisch

grenzten Kegel wirksam werden können. Es kann in Strömungsrichtung fortschreitend gerechnet werden. Bei einer vorherrschenden Strömungsrichtung lassen sich die Gleichungen parabolisieren, was bei vorgegebenem oder angenommenem Druckfeld eine in dieser Richtung fortschreitende Rechnung ermöglicht. Das Druckfeld muß dann iterativ korrigiert werden. Eine besondere Möglichkeit zur Parabolisierung wird bei den Zeitschrittverfahren gewählt: Es werden zum Bestimmen der stationären Strömungsfelder die zeitabhängigen Gleichungssysteme mit geschätzten Anfangswerten so lange durchgerechnet, bis sich eine zeitlich stabile Lösung ergibt.

Am häufigsten werden zur n. S. mit finiten Differenzen arbeitende Methoden verwendet. Zur Festlegung der Stützstellen wird das Berechnungsgebiet mit einem Maschengitter überzogen. Es ist möglichst so zu wählen, daß auf den Rändern Gitterpunkte liegen, damit sich die Randbedingungen in einfacher Weise vorschreiben lassen: konturangepaßte Gitter. Für Strömungsmaschinen ist das aufwendig, weil das Berechnungsgebiet durch eine Schaufelreihe in seiner Geometrie schwer zu beschreiben ist. Darum werden zum Bestimmen der Maschenpunkte eigene Programme eingesetzt, sog. Netzgeneratoren, die dafür sorgen, daß das Maschengitter die Geometrie gut wiedergibt und auf die zu erwartende Strömung abgestimmt ist. Dann werden die abhängigen Variablen an jedem

Gitterpunkt in eine Taylorreihe entwickelt, so daß sich die Differentiale durch Differenzen ersetzen lassen. Nach der Anzahl der berücksichtigten Reihenglieder richtet sich die Ordnung der Differenzenausdrücke. Ihre Herleitung hängt von den Eigenschaften der Strömung ab, die im Typus der Differentialgleichungen ihren Ausdruck findet.

Neben der Ordnung werden besonders bei Zeitschrittverfahren Lösungsmethoden nach impliziten und expliziten Verfahren klassifiziert. Bei der impliziten Methode erfolgt eine Verknüpfung des zu ermittelnden Stützstellenwertes mit Werten, die zum Zeitpunkt der Berechnung des Stützstellenwertes noch unbekannt sind, während bei expliziten Verfahren eine Verknüpfung ausschließlich mit Werten erfolgt, die zum Zeitpunkt der Berechnung des Stützstellenwertes bereits bekannt sind. Im expliziten Fall muß daher nur eine Gleichung, im impliziten Fall dagegen ein Gleichungssystem gelöst werden. Implizite sind stabiler als explizite Verfahren.

Sowohl bei der Methode der finiten Volumen wie auch der finiten Elemente dient die integrale Form der Gleichungen als Ausgang. Bei der erstgenannten Methode werden die Volumenintegrale in Oberflächenintegrale umgewandelt. In diesen Oberflächen werden die Flußvektoren für Masse, Impuls, Energie und die Turbulenzgrößen berechnet. Die Flüsse werden in jeder Zelle bilanziert. Von den Randbedingungen ausgehend werden die Strömungsgrößen in allen Zellen ermittelt. Bei der Methode der finiten Elemente werden für zweidimensionale Strömungen Dreiecke und für dreidimensionale entsprechende Tetraeder verwendet. Diese Elementtypen lassen sich leicht an komplexe Geometrien anpassen, erlauben in Bereichen von besonderem Interesse eine höhere Auflösung und eignen sich besonders für die automatische und lösungsabhängige Generierung unstrukturierter Netze. Der Verlauf einer noch unbekannten Funktion wird in jedem Element abhängig von den Werten dieser Funktion an den Knoten mit Hilfe eines meist als linear angenommenen Ansatzes approximiert. Die Koeffizienten dieser Funktion sind unbekannt und müssen von den Randbedingungen ausgehend bestimmt werden. Der Vorteil der Anpassungsfähigkeit muß allerdings mit einem erhöhten Speicherplatzbedarf und einer längeren Rechenzeit gegenüber den anderen angeführten Methoden erkauft werden.

Die Anzahl der durchzuführende Rechenoperationen hängt von dem gewählten Verfahren, der Dimensionalität und der Anzahl der Stützstellen ab. Für die meisten für Strömungsmaschinen typischen Probleme kommen zu deren Lösung nur relativ große Rechenanlagen in Betracht.   *Dibelius*

Literatur: *Glowinski, R.:* Numerical methods for nonlinear variational problems. New York 1980. – *Holmes, D. G., u. S. S. Tong:* A threedimensional Euler solver for turbomachinery blade rows. ASME 84-GT-79. – *Launder, B. E., u. D. B. Spalding:* Lectures in mathematical models of turbulence. London 1972. – *McNally, W. D., u. P. M. Sockol:* Review – Computational methods for internal flows with emphasis on turbomachinery. Trans. ASME J. of Fluids Engineering 107 (1985), S. 6/22. – *Noye, J.:* Numerical simulation of fluid motion. Amsterdam 1978. – *Schlichting, H.:* Grenzschicht-Theorie. Karlsruhe 1982. – *Thomasset, F.:* Implementation of finite element methods for Navier Stokes Equations. New York 1981. – *Wu, C. H.:* A general theory of three-dimensional flow in subsonic and supersonic turbomachines of axcial, radial, and mixed-flow types. Trans. ASME 74 (1952), S. 1363/80.

Strömungsbremse. Die S. (auch Retarder, Wasserwirbel-, Turbobremse) wandelt die abzubremsende Energie nicht über Festkörperreibung in Wärme um (wie bei den Reibbremsen), sondern zunächst in kinetische Energie einer Flüssigkeit und dann in Wärme (Bild). Sie besteht aus mit Schaufeln versehenem Rotor und Stator in einem Gehäuse. Das Gehäuse ist mit Flüssigkeit (Wasser oder Hydrauliköl) gefüllt. Der umlaufende Rotor setzt die Flüssigkeit in Bewegung, die an dem feststehenden Stator

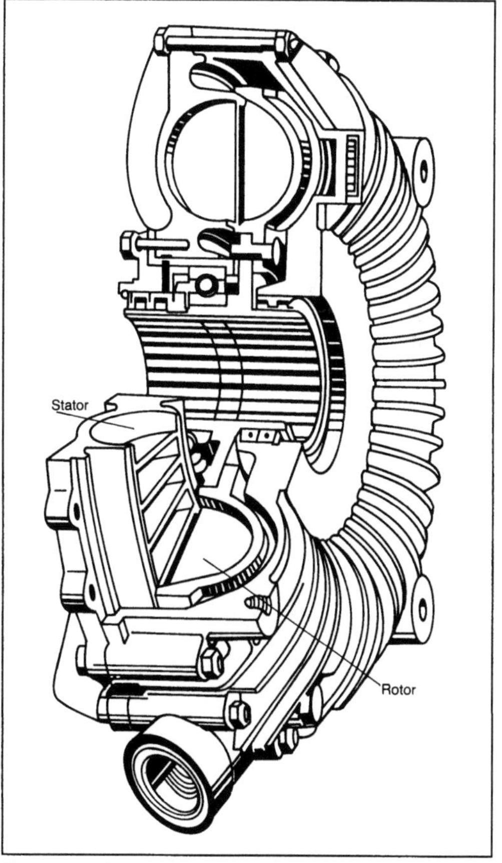

Strömungsbremse.

wieder abgebremst wird. Durch Regelung der Flüssigkeitsmenge kann die Bremskraft variiert werden. S. arbeiten im Gegensatz zu Reibungsbremsen verschleißfrei. Allerdings wird die Flüssigkeit erhitzt und muß u. U. besonders gekühlt werden. Verwendet werden S. häufig als Zusatzbremse in größeren Kraftfahrzeugen. In Anhängern wird sie dann als besonderes Bauteil, in Zugfahrzeugen meist in automatischen Getrieben integriert eingebaut werden. Die S. kann nicht als Stop- oder Haltebremse benutzt werden, weil sie nur bei Drehzahlunterschied zwischen Rotor und Stator ein Bremsmoment erzeugt. Als Wasserwirbelbremse wird die S. in Prüfständen als Meßbremse eingebaut. *Ehrlenspiel*

Strömungsförderer. S. transportieren Schüttgüter, in besonderen Fällen auch Stückgüter, mit Hilfe strömender Gase oder Flüssigkeiten in Rohrleitungen oder Rinnen. Das →Fördergut bildet mit der Luft bzw. der Flüssigkeit ein Gemisch, das in bezug auf seine Beweglichkeit andere Eigenschaften aufweist als die ursprünglichen Medien (Bild).

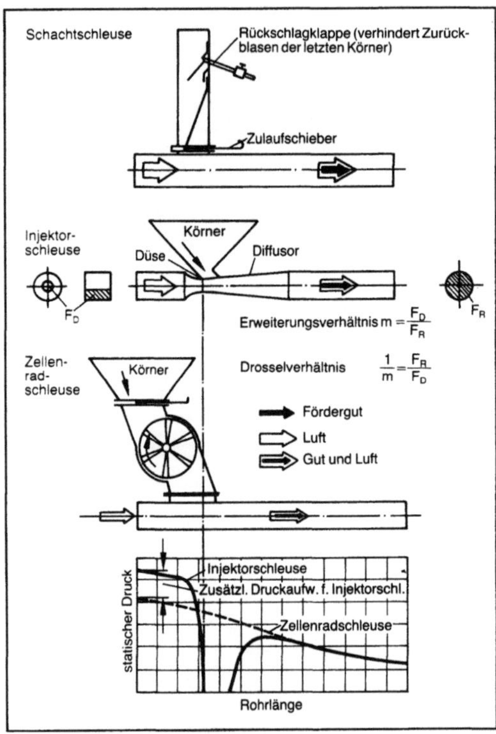

Strömungsförderer: Beispiele.

Gemeinsame Kennzeichen der S. sind:
□ die Hauptbauteile sind Aufgabeeinrichtung, Förderleitung, Abscheideeinrichtung und Gas- bzw. Flüssigkeitsstromerzeuger,
□ die Förderleitung kann beliebige Richtung haben,
□ die konstruktive Ausbildung muß stets dem Fördergut und der Förderaufgabe angepaßt werden; Universalgeräte sind nicht möglich.

Bei den S. wird untergliedert in
□ pneumatische S. (Luft, Gas als Energieträger),
□ hydraulische S. (Wasser als Träger des Förderguts). *Jünemann*

Strömungsmaschine. Von einem Fluid kontinuierlich durchströmter Wandler entweder von mechanischer Arbeit in einen Energiezuwachs des Fluids (höherer Druck, höhere Enthalpie) oder in umgekehrter Richtung aus dem Fluid entzogener Energie (niedrigerer Druck, niedrigere Enthalpie) in mechanische Arbeit. Die Richtung der →Energiewandlung bestimmt den näheren Namen: Bei Zufuhr von mechanischer Arbeit →Arbeitsmaschine oder angetriebene S., bei deren Entzug →Kraftmaschine oder treibende S. In beiden Fällen wird dem Arbeitsprinzip der S. entsprechend die Arbeit durch an einem Rotor befestigte Schaufeln auf das strömende Fluid übertragen oder ihm entzogen. Wegen der drehenden (lat. turbare) Bewegung wird der Name →Turbomaschine gleichsinnig verwendet aufgeteilt in Turboarbeitsmaschinen und -kraftmaschinen. Sie eignen sich vor allem, um durch drehende Maschinen angetrieben zu werden (z. B. Turbinen, Elektromotoren) oder sie zu treiben (z. B. elektrische Generatoren, →Pumpen, →Verdichter, Luft- und Schiffsschrauben). Nur bei sehr großen Leistungen liegen die für S. günstigen Drehzahlen im Bereich der netzsynchronen Drehzahl von elektrischen Motoren oder Generatoren. Im Bereich kleiner Leistungen sind zur Anpassung Getriebe oder über Frequenzumformer gespeiste Hochfrequenzmaschinen erforderlich.

Dem Fluid entsprechend werden bei Flüssigkeit hydraulische Maschinen, in denen sich die Temperatur und die Dichte nur wenig ändern, und bei Gasen und Dämpfen thermische Maschinen unterschieden, in denen sich bei der Kompression oder der Expansion des Gases oder Dampfes die Temperatur und die Dichte in hohem Maß ändern. Innerhalb der hydraulischen Maschinen werden die Arbeitsmaschinen als Pumpen und die Kraftmaschinen als Turbinen (z. B. Wasserturbinen) bezeichnet. Bei den thermischen Maschinen spricht man einerseits von Verdichtern im Bereich größerer Drucksteigerungen und andererseits von Turbinen (z. B. Dampfturbinen, Gasturbinen, Windturbinen). Die einstufigen Ventilatoren im Bereich kleiner Drucksteigerungen bis zu ungefähr 10 kPa sind im Prinzip auch thermische Maschinen, werden aber wegen der kleinen Druck- und Temperaturänderungen oft wie hydraulische Maschinen behandelt.

Je nach Bauart kann das Fluid die Beschaufelung in verschiedenen Richtungen durchströmen. Dafür wird die in einer Schnittebene durch die Maschinen-

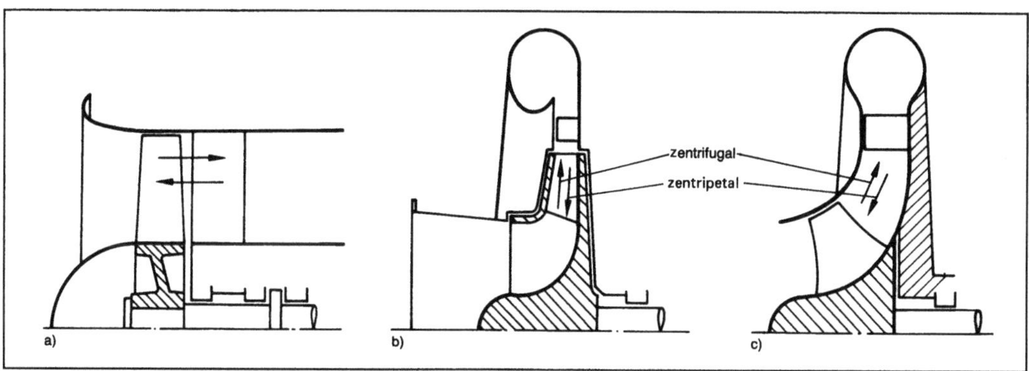

Strömungsmaschine 1: Unterscheidung nach der Durchflußrichtung.
a) Axial
b) Radial
c) Diagonal.

achse liegende meridionale Geschwindigkeitskomponente als maßgebend betrachtet: Axial-, Radial- und Diagonalmaschinen (Bild 1). In den letzten beiden Fällen kann die Beschaufelung entweder von innen nach außen (zentrifugal) oder von außen nach innen (zentripetal) durchströmt werden. Bei Wasserturbinen gibt es auch in einer Ebene senkrecht zur Maschinenachse tangential beaufschlagte Turbinen (→Peltonturbine). In diesem Fall wie auch generell bei kleinem →Volumenstrom wird der in der Beschaufelung zur Verfügung stehende Querschnitt nur z. T. beaufschlagt.

Je nach Maschinenbauart, -größe und Beaufschlagung können dem Fluid sehr unterschiedliche Strömungsquerschnitte zur Verfügung gestellt werden. Außerdem kann man der gewünschten Steigerung der Energie des Fluids oder dem gewünschten Entzug durch Einbau von mehr oder weniger Stufen

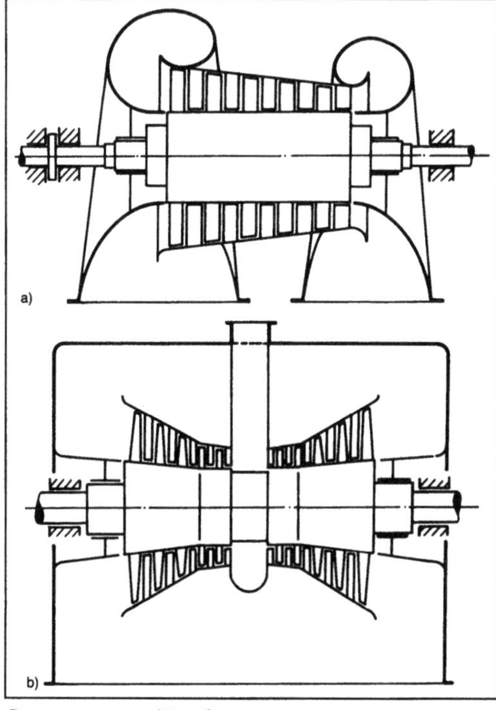

Strömungsmaschine 2.
a) Einflutige Ausführung
b) Zweiflutige Ausführung.

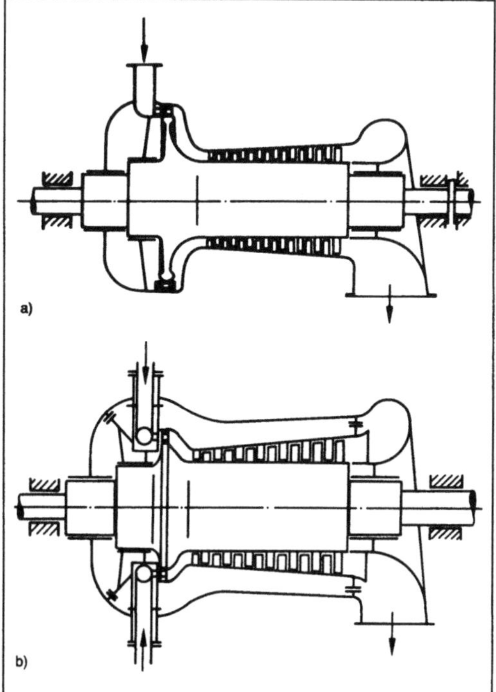

Strömungsmaschine 3.
a) Einschalige Bauweise
b) Zweischalige Bauweise.

entsprechen. Deshalb baut man S. in einem sehr großen Leistungsbereich (100 W – 1 GW).

Zur Bauweise zählen auch konstruktive Merkmale: Reicht der konstruktiv maximale Strömungsquerschnitt nicht aus, lassen sich mehrere parallele Strömungswege in mehreren Fluten anordnen (Bild 2). Bei Kombination von hohem Druck und hoher Temperatur des Arbeitsfluids kann man in mehrschaligen Gehäusen thermische und statische Beanspruchungen auf 2 Schalen verteilen (Bild 3). Je nach den Möglichkeiten des Einbaus werden S. mit horizontaler Welle (z. B. Gas- und Dampfturbinen) oder mit vertikaler Welle (z. B. Wasserturbinen) ausgeführt (Bild 4).

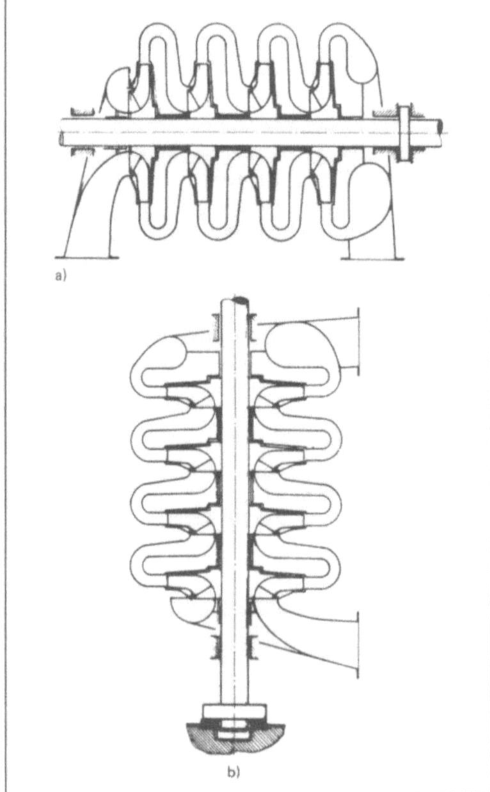

Strömungsmaschine 4.
a) Horizontale Welle
b) Vertikale Welle.

Viele Prozesse der Praxis verlangen sowohl Arbeits- als auch Kraftmaschinen: →Pumpe und hydraulische →Turbine, z. B. für Speicherkraftwerk oder für hydrodynamische Kupplungen oder Drehmomentwandler, →Speisepumpe und Dampfturbine für Dampfkraftwerk und Luftverdichter und →Gasturbine für Gasturbinenanlage.

Strömungskraftmaschinen sind als Wasser- und Windräder in der Geschichte schon sehr lange zur

Entlastung der menschlichen und tierischen Arbeitskräfte genutzt worden. Durch Wasser- oder Mühlräder wird bei der ober- und mittelschlächtigen Bauweise die potentielle (Lage), aber auch etwas die kinetische Energie ausgenutzt (Bild 5). Bei unterschlächtigen Wasserrädern kommt nur die kinetische Energie zur Wirkung.

Strömungsmaschine 5: Historisches mittelschlächtiges Wasserrad.

Windräder in der speziellen Form vertikaler, um eine senkrechte Achse drehender Flächen sind schon im 11. Jahrhundert erwähnt. Später wurden Windmühlen in der üblichen bis in die heutige Zeit erhaltenen Bauweise mit radialstehenden Blättern betrieben (Bild 6).

Strömungsmaschine 6: Historische Windmühle.

Als Strömungsarbeitsmaschinen sind die Antriebsräder von Raddampfern zusammen mit Dampf-Hubkolbenmaschinen eingeführt worden. Auch sind Frühformen von Ventilatoren zum Belüften von Räumen bekannt geworden. Moderne Schiffe werden mit Schiffsschrauben und langsamer fliegende Luftfahrzeuge mit Luftschrauben angetrieben. *Dibelius*

Literatur: *Dubbel:* Taschenb. für den Maschinenbau. 17. Aufl. Berlin, Heidelberg, New York 1990. – *Traupel, W.:* Thermische Turbomaschinen. Bd. 1 u. 2. 3. Aufl. Berlin, Heidelberg, New York 1977 u. 1982.

Strömungsmaschine, hydraulische. Energieumwandelnde S., die von einem flüssigen →Arbeitsfluid durchströmt wird. Die Energieumwandlung erfolgt nach dem Arbeitsprinzip S. Nach der Richtung der →Energiewandlung unterscheidet man →Pumpen von Turbinen.

In Pumpen wird mechanische Energie (Wellenenergie) in Strömungsenergie zum Erhöhen des Drucks der Flüssigkeit umgewandelt. In Turbinen wird Strömungsenergie in mechanische Energie (Wellenenergie) umgewandelt, beispielsweise in Wasserturbinen, die potentielle Energie von Wasser in Stauseen und Flüssen in mechanische Energie zum Antrieb elektrischer Generatoren umwandeln.

Bei Pumpen und Turbinen äußert sich in allen Fällen die Energieänderung der Strömung in einer Druckänderung der Flüssigkeit zwischen Ein- und Austritt der Maschine. Da Flüssigkeiten näherungsweise als inkompressible Fluide betrachtet werden können, tritt bei Druckänderungen keine Volumenänderung auf, so daß das Fluid in h. S. keine Volumenänderungsarbeit aufnehmen oder abgeben kann. Daher ändert sich die innere Energie und damit die Temperatur des Fluids nur wenig und nur durch die auf Grund der aus Reibungsvorgängen entstehenden Verluste, die in Wärme übergehen.

Bei gasförmigen Fluiden in Verdichtern und Gas- und Dampfturbinen ist dagegen der Temperaturanstieg infolge von Reibungswärme gering im Vergleich zu der Temperaturänderung, die infolge der Kompressibilität des Arbeitsfluids auftritt.

Bei der Konstruktion h. S. werden die Werkstoffe keinen thermischen Belastungen ausgesetzt. Jedoch treten im Vergleich zu gasdurchströmten Maschinen infolge der großen Fluiddichte auch bei niedrigen Drücken bereits große Strömungskräfte auf.

Die Energieübertragung zwischen Fluid und Rotor erfolgt in einem mit Schaufeln bestückten →Laufrad nach dem Arbeitsprinzip der S.

S. lassen sich i. a. als adiabate, offene Systeme betrachten (Bild 1). Die →Leistungsbilanz des Systems →Pumpe bzw. →Turbine lautet:

$$P_i = P_K - |P_m| = \dot{m}_A \left(h_A + \frac{c_A{}^2}{2} + g\, z_A \right)$$

$$- \dot{m}_E \left(h_E + \frac{c_E{}^2}{2} + g\, z_E \right) \quad (1);$$

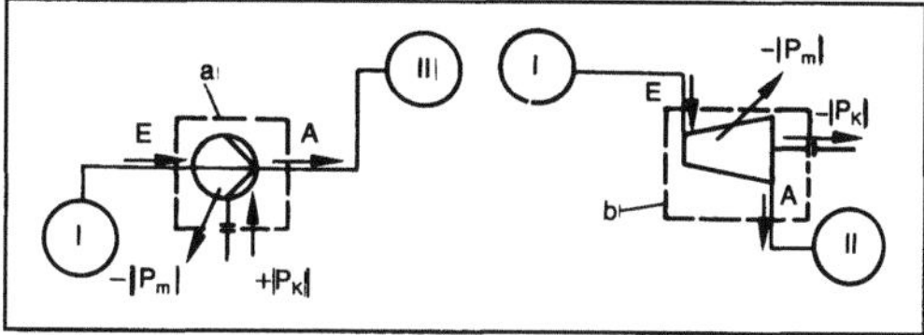

Strömungsmaschine, hydraulische 1: Das System Pumpe (a) bzw. System Turbine (b) zwischen den Energiezuständen I und II der Arbeitsflüssigkeit.

darin bedeuten P_i innere, zwischen Laufrad und Flüssigkeit übertragene Leistung, P_K Kupplungsleistung (zugeführte Pumpenleistung positiv, abgeführte Turbinenleistung negativ), $|P_m|$ Verlustleistungen aller Art, die nicht der Arbeitsflüssigkeit zugeführt werden.

Mit der Massenstrombilanz $\dot{m}_E = \dot{m}_A = \dot{m}$ kann die Leistungsbilanz, Gl. (1), dividiert durch $\dot{m}$ als spezifischer Energieerhaltungssatz formuliert werden:

$$\frac{P_i}{\dot{m}} = a_M = (h_A - h_E) + \frac{c_A{}^2 - c_E{}^2}{2} + g\,(z_A - z_E) \quad (2).$$

Die Gibbs-Gleichung für inkompressible Fluide bei adiabater Strömung führt zu:

$$h_A - h_E = \frac{p_A - p_E}{\varrho} + c_F\,(T_A - T_E) \quad (3);$$

darin ist $c_F\,(T_A - T_E) = T\, ds_{irr} = j_M \quad (4)$

die aus verlustbehafteten Reibungsvorgängen im Fluid in der Maschine dissipierte spezifische Wärme j_M. Sie allein führt zu einer geringen Temperaturerhöhung. Aus Gl. (2) und Gl. (3) folgt

$$a_M - j_M = y_{tM} = \frac{p_A - p_E}{\varrho} + \frac{c_A{}^2 - c_E{}^2}{2} + g\,(z_A - z_E) \quad (5).$$

Die totale spezifische Strömungsarbeit y_{tM} wird bei Pumpen totale spezifische Förderarbeit und bei Turbinen nutzbare totale spezifische Strömungsarbeit genannt.

Arbeitet die Maschine nach Bild 1 zwischen den Energiezuständen I und II (Oberwasser bzw. →Unterwasser), so ist bei stationärem Betriebszustand auch

$$y_{tM} = \frac{p_{II} - p_I}{\varrho} + \frac{c_{II}{}^2 - c_I{}^2}{2} + g(z_{II} - z_I) + j_A \quad (6);$$

darin ist j_A spezifischer Strömungsenergieverlust in der Anlage außerhalb der Maschine.

Noch ist es traditionsgemäß gebräuchlich, spezifische Energien, insbes. die von Gl. (5) und Gl. (6), nach Division durch die Fallbeschleunigung g als „Höhen" zu bezeichnen (Druckhöhe, Geschwindigkeitshöhe, geodätische Höhe, Verlusthöhe usw.). Damit ist $y_{tM}/g = H$ die Förderhöhe einer Pumpe bzw. die nutzbare Fallhöhe einer Turbine.

Wahl der Bauart. Die Bauart von Pumpen und Turbinen ist durch die dimensionslose Drehzahlkenngröße σ_{yM} ($\rightarrow$Cordier-Diagramm) bestimmt:

$$\sigma_{yM} = n \cdot \frac{\sqrt{\dot{V}}}{|y_{tSt}|^{0,75}} \cdot (2 \cdot \pi^2)^{0,25}.$$

Im Zusammenhang mit dem Gebrauch der „Höhen" ist auch noch eine Umformung der Drehzahlkenngröße gebräuchlich, die spezifische Drehzahl n_q. Sie ist nicht dimensionslos und daher nur als Zahlenwertgleichung mit vorgeschriebenen Einheiten zu verwenden, wie im folgenden angegeben:

$$n_q = n \frac{\sqrt{\dot{V}}}{|H_{St}|^{0,75}},$$

mit n in min⁻¹, $\dot{V}$ in m³/s, H in m; $n_q = \sigma_{yM} \cdot$ 157,77.

Darin ist y_{tSt} die totale spezifische Strömungsarbeit einer Stufe, bzw. H_{St} ist die Förderhöhe bzw. die nutzbare Fallhöhe einer Stufe. Bei mehrstufigen Maschinen gilt i. a. $y_{tM} = z_{St} \cdot y_{tSt}$ und $H = z_{St} \cdot H_{St}$, mit der Stufenzahl z_{St}.

So wie die Drehzahlkenngröße die Drehzahl und die Bauart bestimmt, wird die wirkungsgradgünstigste Maschinengröße bestimmter Bauart durch die dimensionslose Durchmesserkenngröße bestimmt:

$$\delta_{yM} = D \cdot \frac{|y_{tSt}|^{0,25}}{\sqrt{\dot{V}}} \cdot (\pi^2/8)^{0,25}.$$

Da sich streng genommen Kenngrößen nur auf geometrisch ähnliche Maschinen übertragen lassen, genügt es, die Maschinengröße durch eine einzige geometrische Größe zu beschreiben. Dazu wählt man den größten Laufraddurchmesser D, um die Durchmesserkenngröße zu bilden. Der Zusammenhang $\delta_{yM} = f(\sigma_{yM})$ ist für Pumpen und Turbinen unterschiedlich und kann dem Cordier-Diagramm entnommen werden.

Pumpenbauarten. Die Pumpenbauart wird bestimmt durch die Bauform des Laufrads. Bild 2 zeigt Laufradbauformen in Abhängigkeit von der Drehzahlkenngröße. Bei großer spezifischer Strömungsarbeit und kleinen Volumenströmen, also bei kleinen Drehzahlkenngrößen, ergeben sich Radialräder mit großer radialer Erstreckung und kleiner Kanalbreite, sog. Langsamläufer. Mit abnehmender spezifischer Strömungsarbeit wird die radiale Erstreckung geringer, mit zunehmendem $\rightarrow$Volumenstrom die Kanalbreite größer. Damit geht mit steigender Drehzahlkenngröße die Radform in Diagonal- und Axialräder über. Je größer die spezifische Drehzahl, um so schnelläufiger die Pumpe.

Die Drehzahlkenngröße hat im Bereich kleiner Werte großen Einfluß auf den $\rightarrow$Wirkungsgrad, der zu kleinen Drehzahlkenngrößen hin abnimmt. Im allgemeinen soll eine möglichst große Drehzahlkenngröße angestrebt werden durch hohe Betriebs-

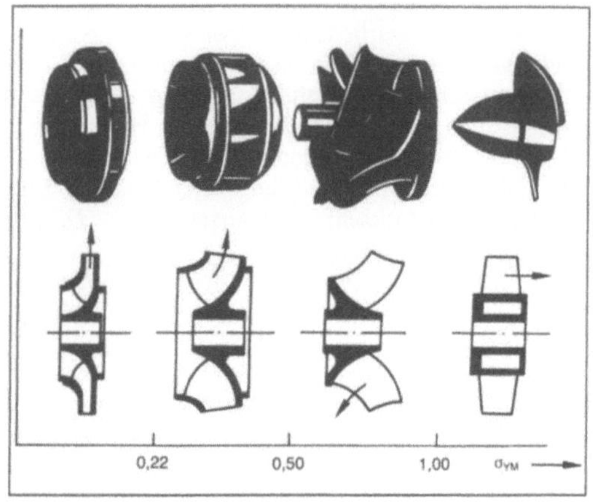

Strömungsmaschine, hydraulische 2: Laufradbauformen von Pumpen in Abhängigkeit von der Drehzahlkenngröße.

drehzahl und/oder durch geringe spezifische Stufenarbeit, also durch Erhöhung der Stufenzahl. Der Verbesserung des Wirkungsgrads mit zunehmender spezifischer Drehzahl steht eine Verschlechterung der Saugfähigkeit der Pumpe gegenüber, so daß u. U. Kavitationsgefährdung eine kleinere spezifische Drehzahl erforderlich macht. Im Einzelfall ist der Wirkungsgrad auch von der Größe der Pumpe, vom konstruktiven Aufwand und der fertigungstechnischen Qualität abhängig.

Turbinenbauarten. Wasserturbinen werden eingeteilt in Freistrahlturbinen, deren Laufräder von einzelnen Wasserstrahlen teilbeaufschlagt werden, Bild 3 a) und b), und in vollbeaufschlagte Turbinen, Bild 3 c) bis e), die vollständig unter Wasser arbeiten. Letztere werden auch Überdruckturbinen genannt, da der Druck am Eintritt ins Laufrad größer als am Austritt ist, während man Freistrahlturbinen auch Gleichdruckturbinen nennt.

Die Dériazturbine ist eine Sonderbauart der Kaplanturbine, die infolge der diagonalen Laufradströmung eine größere spezifische Strömungsarbeit erreicht als die Kaplanturbine mit axialer Laufradströmung. Wenn der Leitschaufelkranz der $\rightarrow$Kaplanturbine nicht radial wie in Bild 3 e), sondern wie das Laufrad axial durchströmt wird, nennt man die Kaplanturbine auch Rohrturbine.

Ossbergerturbinen sind Kleinturbinen (P < 1 MW) mit trommelförmigem Laufrad, die von flachen, breiten Wasserstrahlen, durch Leitschaufeln geführt, erst von außen nach innen, dann von innen nach außen durchströmt werden. Bei einfacher Bauart werden relativ schlechte Wirkungsgrade von etwa 80 % erreicht.

In Wasserkraftanlagen werden je nach Drehzahlkenngröße Peltonturbinen (Hochdruckanlage im Gebirge), Francisturbinen (Mitteldruckanlage an einer Talsperre) oder Kaplanturbinen (Niederdruck-

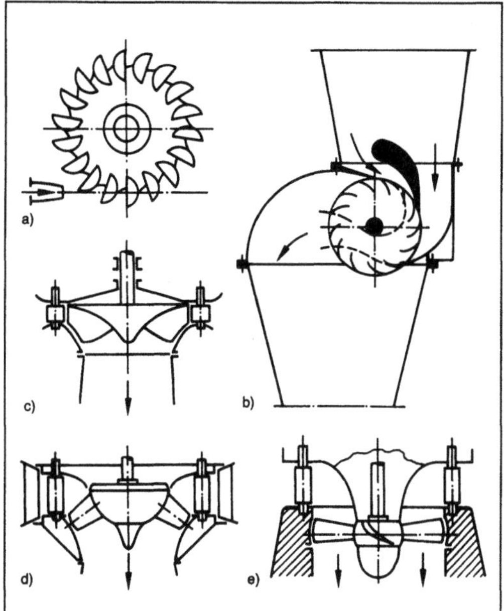

anlage am Flußstauwehr) eingesetzt (Bild 4). Die Einsatzbereiche der Wasserturbinen in bezug auf die nutzbare Fallhöhe H, den Wasservolumenstrom $\dot{V}$ und die Wellenleistung P zeigt Bild 5.   *Rauhut*

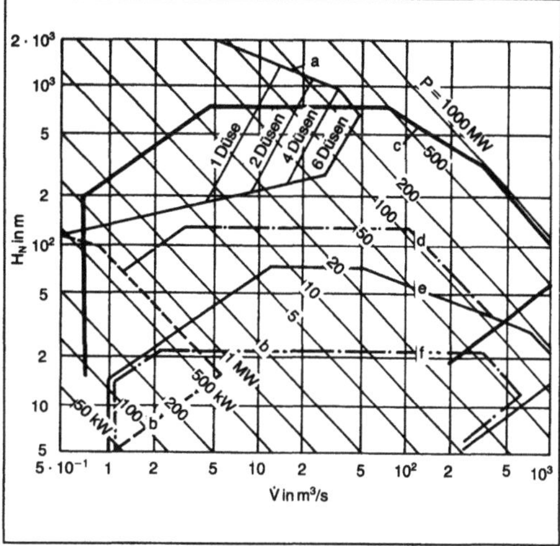

Strömungsmaschine, hydraulische 3: Wasserturbinen-Bauarten.
a) Peltonturbine
b) Ossbergerturbine
c) Francisturbine
d) Dériazturbine
e) Kaplanturbine.

Strömungsmaschine, hydraulische 5: Einsatzbereiche von Wasserturbinen.

a Peltonturbine, b Ossbergerturbine, c Francisturbine, d Dériazturbine, e Kaplanturbine, f Rohrturbine

Literatur: *Bohl, W.:* Strömungsmaschinen 1: Aufbau und Wirkungsweise. Würzburg 1977. – *Bohl, W.:* Strömungsmaschinen 2: Berechnung und Konstruktion. Würzburg 1980. –

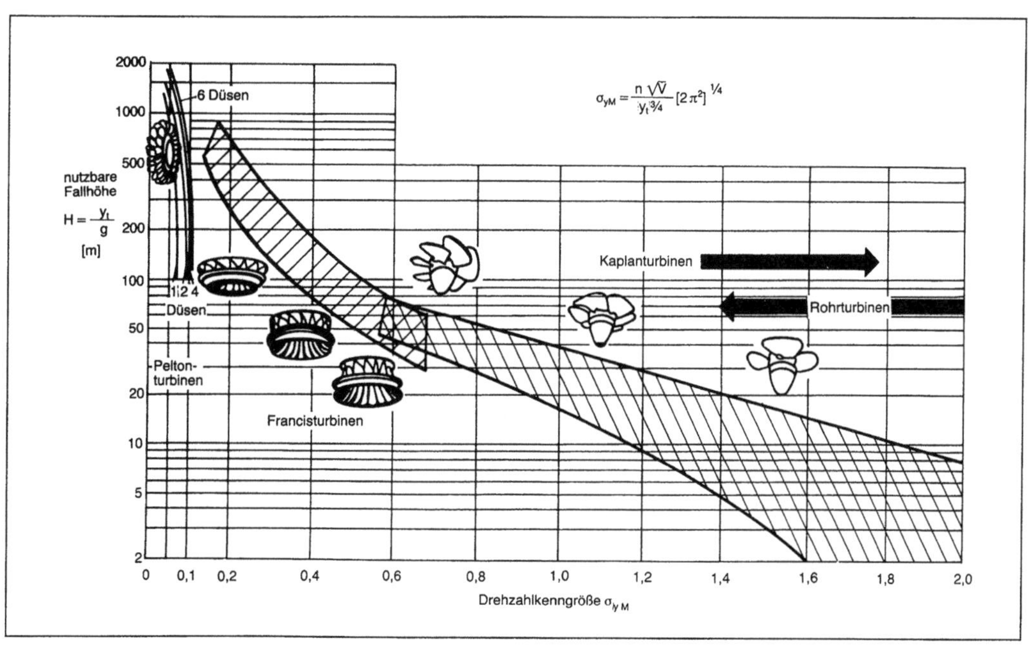

Strömungsmaschine, hydraulische 4: Die wichtigsten Wasserturbinen-Bauarten in Abhängigkeit von Fallhöhe und Drehzahlkenngröße.

DIN 4320: Wasserturbinen; Benennungen nach der Wirkungsweise und nach der Bauweise. Hrsg. Dt. Normenausschuß Ausg. 1971. – DIN 4323: Wasserturbinen; Begriffe, Zeichen, Einheiten. Hrsg. Dt. Normenausschuß. Ausg. 1957. – DIN 4324: Wasserturbinen; Rechnungsgrößen. Hrsg. Dt. Normenausschuß. Ausg. 1957. – *Pfleiderer/Petermann:* Strömungsmaschinen. 4. Aufl. Berlin, Heidelberg 1972. – *Quantz/Meerwarth:* Wasserkraftmaschinen. 11. Aufl. Berlin, Heidelberg 1963. – *Raabe, J.:* Hydraulische Maschinen und Anlagen. Tl. 3: Pumpen. Tl. 4: Wasserkraftanlagen. Düsseldorf 1970. – *Schulz, H.:* Die Pumpen. 13. Aufl. Berlin, Heidelberg 1977.

Strömungsmaschine, thermische. Arbeitet mit einem →Arbeitsfluid, dessen Temperatur sich dem Druckanstieg oder -abfall entsprechend ändert (thermischer Einfluß) zusätzlich zu der durch →Reibung verursachten Erwärmung. Dazu gehören die kompressiblen Gase und Dämpfe, denn bei einer mit dem Druckanstieg verbundenen Verkleinerung des Volumens muß von außen Arbeit geleistet werden. Dadurch steigen die innere Energie und die Temperatur an und müssen bei sinkendem Druck entsprechend fallen. Inwieweit sich die Temperatur ändert, hängt also mit der Kompressibilität des Arbeitsfluids zusammen und kommt im Isentropenexponenten zum Ausdruck:

$$k = -\frac{v}{p}\left(\frac{\partial p}{\partial v}\right)_s.$$

Er gibt das Verhältnis von relativer Volumenänderung zu relativer Druckänderung bei isentropem Zustandsverlauf an. Er ist deshalb eine Größe, die nur vom Arbeitsfluid und dessen Zustand abhängt. Die tatsächliche Zustandsänderung in der Maschine kann näherungsweise durch eine Polytrope beschrieben werden, die sich von der Isentrope durch die Erwärmung infolge der Verluste und ggf. durch einen Wärmeaustausch mit der Umgebung unterscheidet. Die Höhe der Verluste hängt von der strömungstechnischen Auslegung der Maschine und dem Betriebspunkt ab. Dieser Einfluß wird durch den →Wirkungsgrad charakterisiert, der in diesem Zusammenhang also eine zusätzliche Rolle spielt. Verhält sich das Arbeitsgas näherungsweise wie ein ideales Gas, dann kann der Isentropenexponent durch das Verhältnis der spezifischen Wärmen ersetzt werden.

Bei inkompressiblen Flüssigkeiten kann ohne Volumenänderung keine entsprechende Temperaturänderung auftreten. Dort erwärmt sich die Flüssigkeit beim realen Prozeß sowohl in einer →Pumpe wie auch in einer →Turbine nur wenig und nur auf Grund der mit Verlusten verbundenen Reibungsvorgänge (Bild 1). Bei Verdichtern, Gas- und Dampfturbinen überlagert sich der Temperaturanstieg infolge der Reibung der beschriebenen Temperaturänderung. Diese Unterschiede kommen am besten in der Darstellung der Zustandsänderung des Fluids in dem entsprechenden Enthalpie-Entropie-Diagramm zum Ausdruck (Bild 2).

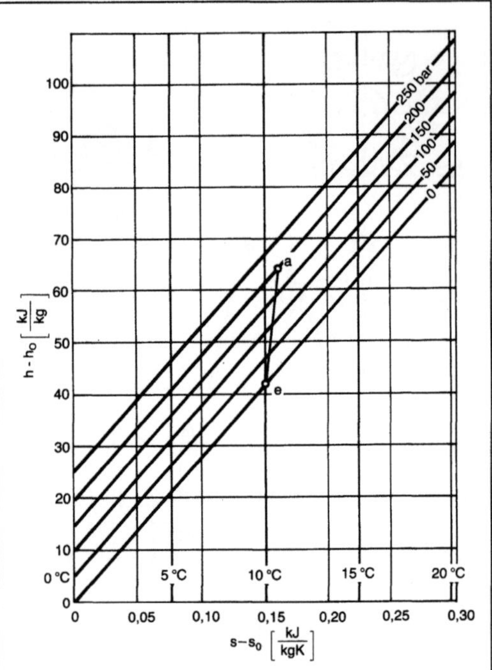

Strömungsmaschine, thermische 1: Enthalpie-Entropie(h,s)-Diagramm für ideale Flüssigkeit mit Zustandsänderung für Pumpe.

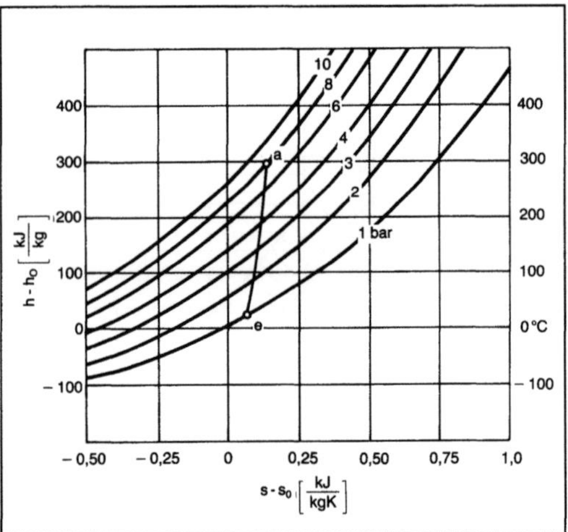

Strömungsmaschine, thermische 2: Enthalpie-Entropie(h,s)-Diagramm für ideales Gas mit Zustandsänderung für Verdichter.

Bei großen Druckverhältnissen, insbes. in vielstufigen Maschinen, treten entsprechend große Temperaturverhältnisse auf. Zusätzlich wird für thermische Kraftprozesse die Turbinen-Eintrittstemperatur möglichst hoch gewählt, um einen hohen Prozeßwirkungsgrad zu erreichen. Deshalb muß die Konstruktion solcher Maschinen ein hohes Temperaturniveau wie auch hohe Temperaturdifferenzen berücksichtigen, die nicht nur im stationären Betrieb, sondern insbes. beim An- und Abfahren und bei Belastungsänderungen auftreten. Die hohen Temperaturen haben einen Abfall der Festigkeitseigenschaften der verwendeten Werkstoffe zur Folge. Hohe Temperaturdifferenzen führen infolge der ungleichen Ausdehnung aller um- oder durchströmten Komponenten zu großen zusätzlichen thermischen Spannungen. Um das Temperaturniveau in den Bauteilen gegenüber dem Fluid abzusenken, können sie gekühlt werden. Belastungen und Temperaturdifferenzen im Gehäuse lassen sich durch eine mehrschalige Bauweise vermindern. *Dibelius*

Literatur: *Dubbel:* Taschenb. für den Maschinenbau. 17. Aufl. Berlin, Heidelberg, New York 1990. – *Traupel, W.:* Thermische Turbomaschinen. Bd. 1. 3. Aufl. Berlin, Heidelberg, New York 1977.

Stromlinienkrümmungsverfahren. Es wird insbes. bei mehrstufigen Turbomaschinen mit kleinem Nabenverhältnis, d. h. großer Kanalhöhe im Vergleich zum Nabendurchmesser, zum Berechnen des radialen Gleichgewichts der Fluidelemente auf Stromflächen 2. Art herangezogen. Auf diesen Stromflächen, die sich zwischen der inneren (Nabe) und der äußeren (Gehäuse) Begrenzung des Strömungsfelds in der →Turbomaschine erstrecken, sind die Stromlinien weder achsparallel noch konisch, noch folgen sie, außer in unmittelbarer Nähe der Begrenzung, dem Wandverlauf. Ihre Krümmung wird sowohl durch die Abströmung des vorhergehenden wie auch die Zuströmung zum folgenden Gitter beeinflußt. Sie hängt vom Verlauf der Umlenkung in Umfangsrichtung ab. Einfache Ansätze gehen von vorgegebenen Verläufen der Stromlinien nach mathematisch einfach zu formulierenden Funktionen (Kosinusfunktion, Exponentialfunktion, Potenzreihen) aus. In verfeinerten Verfahren wird die Strömung nicht allein in den Räumen zwischen den Schaufelreihen, sondern auch innerhalb der Beschaufelung betrachtet. Dann müssen die Schaufelkräfte auf die Strömung und die Schaufeldicken berücksichtigt werden. *Pitt*

Stromrichter. S. werden heute überwiegend mit Leistungshalbleitern, insbes. Dioden und Thyristoren, in Siliciumtechnik aufgebaut. Die Eigenschaften dieser Elemente bestimmen daher die Funktionsweise und Eigenschaften der S. Es wird die Ventilwirkung und bei Thyristoren die Schaltfähigkeit zu fest bestimmbaren Zeitpunkten ausgenutzt.

Bei Gleichrichterschaltungen wird durch die einzelnen Stromventile nur Strom durchgelassen, wenn eine positive Spannung anliegt, d. h. nur während der positiven Halbwelle des Wechselstroms (Bild 1). Bei ohmscher Belastung reißt der Strom während

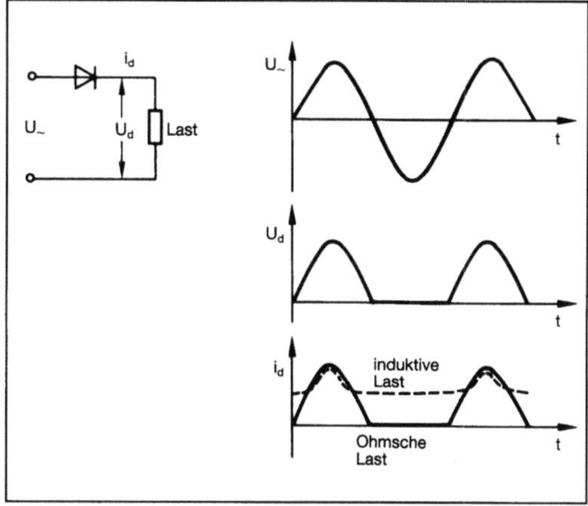

Stromrichter 1: Spannungs- und Stromverlauf einer Einweg-Stromrichterschaltung.

der negativen Halbwelle ab. Bei induktiver Belastung (z. B. Gleichstrommotor) wird der Strom durch die Wirkung der Gegeninduktivität weitergeführt. Der pulsierende Gleichstrom ist in einer solchen Schaltung relativ stark mit unerwünschten Oberwellen behaftet. Daher werden meist mehrpulsige Schaltungen eingesetzt, bei denen die Welligkeit des Stroms abnimmt.

Unter der Pulszahl versteht man die Zahl der nicht gleichzeitigen in gleichen Zeitabständen erfolgenden Stromübernahmen zwischen den Hauptzweigen einer Stromrichterschaltung während einer Wechselspannungsperiode (VDE 0558/DIN 41750).

In mehrpulsigen Schaltungen führt jeweils das Ventil Strom, an dem momentan die höchste positive Spannung anliegt. Da jedoch bei Wechselspannungs-Einspeisung die Spannung sinusförmig periodisch schwankt, und zwar zyklisch von Phase zu Phase, erfolgt eine Stromübergabe von Ventil zu Ventil. Der Vorgang der Stromübernahme heißt →Kommutierung.

Bei Gleichrichterschaltungen, die vom Wechsel- oder Drehstromnetz gespeist werden, erfolgt die Kommutierung durch das Netz: Sie ist netzgeführt. (Weitere Kommutierungsarten und -begriffe →Kommutierung.)

Durch Verschiebung der Zündzeitpunkte der Thyristoren, d. h. des Zündwinkels α bei gesteuerten Gleichrichtern ist eine stufenlose Änderung der Ausgangsgleichspannung der S. möglich. Die Wirkung der Aussteuerung bei der vollgesteuerten Drehstrombrücke (→Stromrichterschaltungen) ist für ohmsche und induktive Last gezeigt, dazu die Aussteuerungskennlinie (Bild 2).

Bei induktiver Last folgt die Ausgangsspannung $U_{di\alpha}$ einer cos-Funktion:

$$U_{di\alpha} = U_{dio} \cdot \cos \alpha.$$

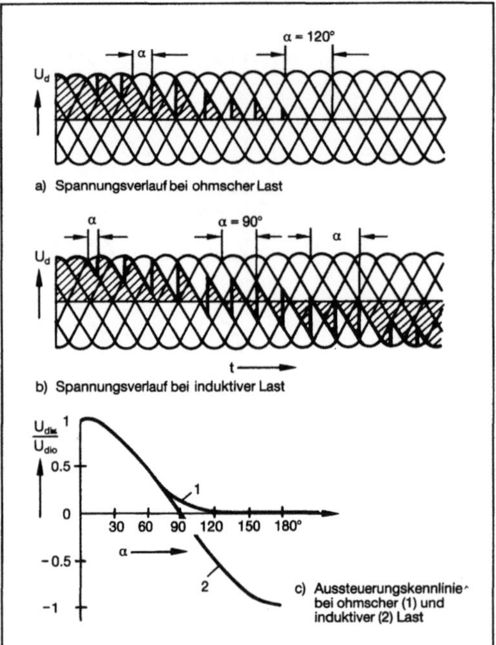

Stromrichter 2: Wirkung der Zündwinkelverschiebung (Aussteuerung) bei einer vollgesteuerten Drehstrombrücke. (Quelle: Buri a. a. O.)

Bei $\cos\alpha = 0°$ wird die maximale Ausgangsspannung abgegeben. Dies nennt man Vollaussteuerung. Der Bereich $\alpha > 90°$ ist der Bereich der Teilaussteuerung.

Aus dem Bild ist auch ersichtlich, daß bei induktiver Last bei $\alpha = 90°$ die Ausgangsspannung null wird. Bei $\alpha > 90°$ wird sie negativ. Der Gleichrichter geht in den Wechselrichterbetrieb. Dies wird bei elektrischen Antrieben zum Bremsen mit Energierückspeisung benutzt. Die Energierichtung kehrt sich um, wenn die Ankerspannung des Motors (z. B. durch Feldumkehr) umgepolt wird. Die Stromrichtung bleibt dabei erhalten. *Stüben*

Literatur: *Buri, H.:* Leistungshalbleiter. Eigenschaften und Anwendungen. Hrsg. Brown, Boveri & Cie. AG, Mannheim. Essen 1982.

Stromrichterkaskade, untersynchrone.

Untersynchrone Stromrichterkaskaden (Bild) dienen zur Drehzahlverstellung von Drehstrom-Schleifringläufermotoren mittlerer bis großer Leistung. Der Stellbereich ist in der Praxis begrenzt (maximal 1:2). Es ist nur Treiben in einer Drehrichtung ohne Bremsen möglich.

Die Ständerwicklung des Schleifringläufermotors wird an das Netz angeschlossen. Die der Schlupffrequenz proportionale Läuferspannung wird von einem ungesteuerten Gleichrichter in Drehstrom-Brückenschaltung (Stromrichterschaltungen) gleich-

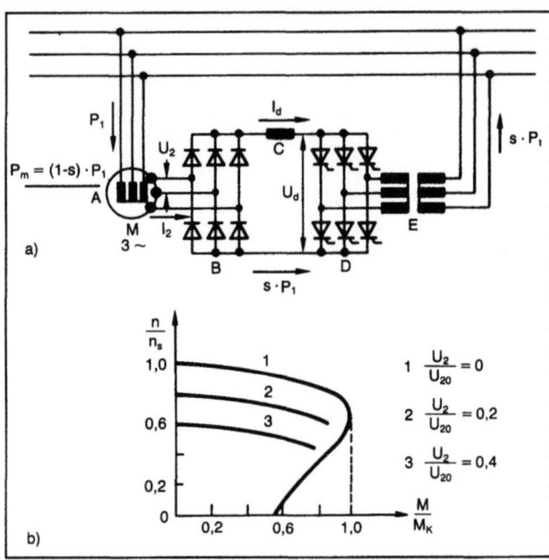

Stromrichterkaskade, untersynchrone. (Quelle: Korb, F.: Leistungshalbleiter und ihre wichtigsten Anwendungen. Würzburg 1978)
a) Schaltbild
b) Drehzahl-Drehmoment-Kennlinie.

A Schleifringläufer, B Gleichrichter, C Glättungsdrosselspule, D Wechselrichter, E Stromrichter-Transformator, U_2 Läuferspannung $U_2 = s \cdot U_{20}$, U_{20} Läufer-Stillstandsspannung, s Schlupf, U_d Zwischenkreisspannung, I_d Gleichstrom im Zwischenkreis, P_1 aus dem Netz aufgekommene Leistung, P_m mechanische Leistung, n Drehzahl, n_s Synchrondrehzahl, M Drehmoment, M_K Kippmoment

gerichtet und über einen netzgeführten →Wechselrichter und einen Transformator in eine dem Netz angepaßte Frequenz und Spannungshöhe umgeformt. Die Schlupfleistung des Läufers wird in das Netz zurückgespeist. Die Drehzahlverstellung erfolgt praktisch verlustfrei. Der Wechselrichter steuert elektronisch die Läuferspannung so, daß der Motor die vorgegebene Drehzahl erreicht (Schaltbild).

Gleichstromzwischenkreis und Stromrichtertransformator werden für die auftretende Schlupfleistung ausgelegt. Hierdurch ist der Einsatz wirtschaftlich nur für den angegebenen begrenzten Drehzahlstellbereich möglich. Der Leistungsfaktor wird um so schlechter, je größer der Stellbereich wird.

Zum Anfahren wird der Motor mit einem Anlaßwiderstand (→Anlaßschaltung) im Läuferkreis bis zur untersten Drehzahl des Stellbereichs hochgefahren. Danach wird unterbrechungsfrei auf Kaskadenbetrieb umgeschaltet.

Die untersynchrone Stromrichterkaskade findet Anwendung für Pumpen und Lüfter im Bereich von 100–25 000 kW. *Stüben*

Stromrichterschaltung.

Gleichrichterschaltungen. Geradeaus-Stromrichter: Nachstehend sind die üblichen Schaltungen zur

Stromrichterschaltung. Tabelle 1: Ungesteuerte Gleichrichter-Schaltungen.

| Stromrichterschaltung | | Prinzipschaltung |
Benennung	Kurzzeichen nach VDE 0558	
Einpuls-Mittelpunktschaltung, Einzweigschaltung	M 1 U	~1 ▷ +; N −
Zweipuls-Mittelpunktschaltung (Einphasige Mittelpunktschaltung)	M 2 K	~1, ~2 +; N −
Dreipuls-Mittelpunktschaltung (Sternschaltung)	M 3 K	~1, ~2, ~3 +; N −
Zweipuls-Brückenschaltung (Einphasige Brückenschaltung)	B 2 U	~1, ~2; +, −
Sechspuls-Brückenschaltung (Drehstrom-Brückenschaltung)	B 6 U	~1, ~2, ~3; +, −

Stromrichterschaltung. Tabelle 2: Halbgesteuerte Gleichrichter-Schaltungen.

| Stromrichterschaltung | | Prinzipschaltplan |
Bennennung und Beschreibung	Kurzzeichen nach VDE 0558	
Einpolig gesteuerte Zweipuls-Brückenschaltung. Die Kathoden der steuerbaren Ventile bilden einen Gleichstromanschluß	B 2 H	~1, ~2; +, −
Zweigpaar-halbgesteuerte Zweipuls-Brückenschaltung	B 2 H Z	~1, ~2; +, −
Halbgesteuerte Sechspuls-Brückenschaltung, Drehstrom-Brückenschaltung halbgesteuert	B 6 H A	~1, ~2, ~3; +, −
Halbgesteuerte Sechspuls-Brückenschaltung mit Freilaufzweig	B 6 H K F	~1, ~2, ~3; +, −

Stromrichterschaltung. Tabelle 3: Gesteuerte Gleichrichter-Schaltungen.

| Stromrichterschaltung | | Prinzipschaltplan |
Bennennung und Beschreibung	Kurzzeichen nach VDE 0558	
Einpuls-Mittelpunktschaltung (Einzweigschaltung)	M 1 C	~1 +; N −
Zweipuls-Mittelpunktschaltung (Einphasige Mittelpunktschaltung)	M 2 C K	~1, ~2 +; N −
Dreipuls-Mittelpunktschaltung (Sternschaltung)	M 3 C K	~1, ~2, ~3 +; N −
Doppel-Dreipuls-Mittelpunktschaltung (parallel) (Doppelsternschaltung mit Saugdrossel)	M 3.2 C K	~1, ~2, ~3, ~4, ~5, ~6 +; N_1, N_2 −
Zweipuls-Brückenschaltung (Einphasige Brückenschaltung)	B 2 C	~1, ~2; +, −
Sechspuls-Brückenschaltung (Drehstrom-Brückenschaltung)	B 6 C	~1, ~2, ~3; +, −

□ Einwegschaltungen: Mittelpunktschaltungen. Hierbei sind die gleichstromseitigen, gleichpoligen Anschlüsse miteinander verbunden und bilden einen Gleichstromanschluß.

□ Zweiwegschaltungen: Brückenschaltungen. Grundelement ist das Zweigpaar (Bild). Es besteht aus zwei mit gegensinniger Durchlaßrichtung an einem Mittelanschluß liegenden Stromrichterzweigen. Den Mittelanschluß bildet der Wechselstromanschluß.

Brückenschaltungen bestehen aus Zweigpaaren. Jeder wechselstromseitige Anschluß ist mit dem Mittelanschluß eines Zweigpaares verbunden. Gleichpolige Anschlüsse sind zusammengefaßt und bilden einen Gleichstromanschluß.

Nach Art der Steuerung unterscheidet man:
□ ungesteuerte Gleichrichter (nur Dioden als Ventile);
□ halbgesteuerte Gleichrichter (die Hälfte der Ventile ist ungesteuert, die andere Hälfte gesteuert);
□ vollgesteuerte Gleichrichter, nur Thyristoren (Tabelle 1 bis 3).

Gleichrichtung von Netzspannungen (50, 60 Hz) aufgeführt. Man unterscheidet nach Art des speisenden Netzes:
□ einphasige Schaltungen,
□ dreiphasige Schaltungen.

Man unterscheidet nach Art der Gleichrichterschaltung:

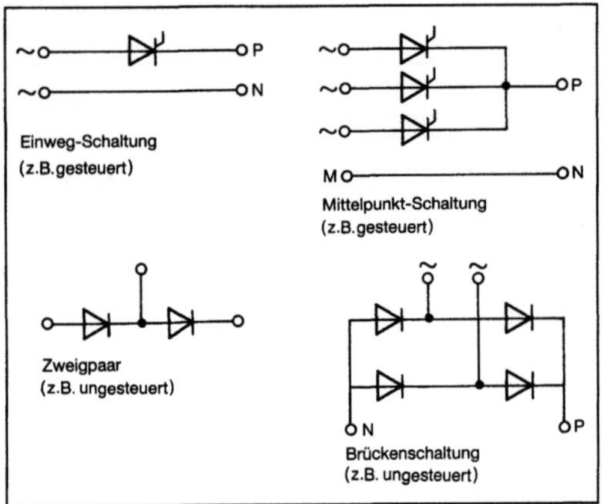

Stromrichterschaltungen.

Schaltungen von Umkehrstromrichtern →Umkehrstromrichter.

Wechselrichter-Schaltungen →Wechselrichter.

Umrichter-Schaltungen →Umrichter.

Steller-Schaltungen →Drehstromsteller, →Wechselstromsteller, Gleichstromsteller. *Stüben*

Strumpffärbemaschine →Warenführung

Stückgut. Als S. werden alle Gegenstände bezeichnet, die ohne Rücksicht auf Form und Gewicht während des Förderns als Einheit behandelt werden (Bild). S. sind passive, also nicht angetriebene Transporteinheiten. Typische Beispiele sind Sack, Kiste, Faß, aber auch Maschinen und sonstige Einzelteile. Zu den S. gehören ebenfalls aus einzelnen S. bestehende Ladeeinheiten, die zusammengestellt, verschnürt, umgurtet, umhüllt, in Folie verpackt, netzumhüllt und verpackt sein können. Somit fallen unter den Oberbegriff S.:

□ feste Körper variabler Abmessungen,

□ Schüttgüter, Flüssigkeiten und Gase, die sich in spezifischen Behältnissen befinden,

□ komplette Ladeeinheiten. *Jünemann*

Stückliste →Ausarbeiten, →Zeichnung, technische

Stützenschalung. Stützen unterscheiden sich als Vertikalbauten von Wänden durch geringe Querschnittsabmessungen im Vergleich zu ihrer Höhe. Die verschiedenen Möglichkeiten der Querschnittsform sowie deren Unregelmäßigkeit lassen ein rationelles, großflächiges Einschalen nicht zu, so daß die konventionelle S. noch immer ein breites Einsatzfeld einnimmt. Ähnlich wie bei Wandschalungen besteht hier die Schalhaut aus Schalbrettern oder in Sonderfällen auch aus Schaltafeln. Horizontal angeordnete, tragfähige Konstruktionsglieder über die Säulenhöhe übernehmen die Unterstützung der Schalhaut sowie die

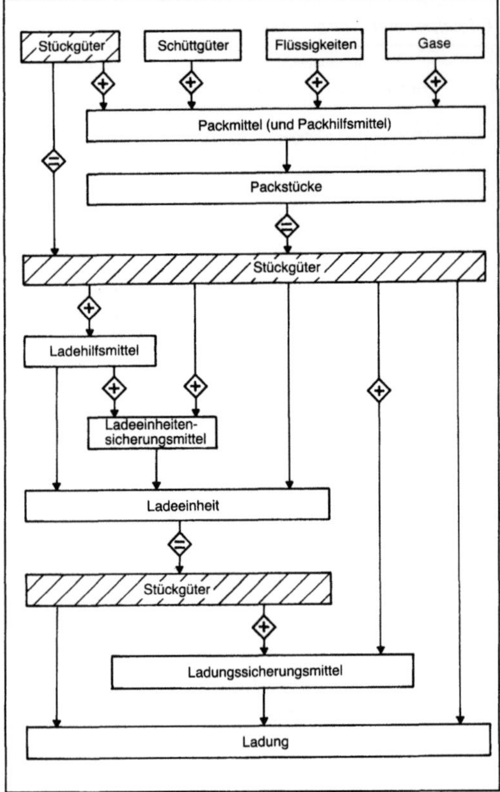

Stückgut: Bilden von Packstücken, Ladeeinheiten und Ladungen.

Teleskopgabel → ergibt —⟨+⟩→ und —⟨=⟩→ ist gleich Lastaufnahmemittel

Aufnahme des horizontalen Betondrucks. Moderne Schalmethoden für Stützen zeichnen sich durch hohe Anpassungsfähigkeit an häufig wechselnde Stützenabmessungen aus, ähnlich wie bei Großflächenwandschalungen. Dabei sind zwei Prinzipien, das Außeneckprinzip (Bild, nächste Seite) und das Windmühlenprinzip, zu unterscheiden. Beim Außeneckprinzip werden zwei sich diagonal gegenüberliegende rechtwinklige Schalungselemente, die wie eine GF-Wandschalung aufgebaut sind, mit Schrägankern verspannt. Nachteilig wirkt sich der Neuzuschnitt der Schalhaut für jede Stützengröße aus, wobei Träger und Gurte unterschiedliche Größenbereiche zulassen. Rahmenschaltafeln, bei denen die Schalhaut fest mit einem Stahlrahmen verbunden ist, sind die Hauptbestandteile der Schalung nach dem zweiten Prinzip. Die gegenseitige Verspannung der einzelnen Rahmen geschieht über Schraubanker, Bolzen und ähnliche Hilfsmittel. Die Rahmentafeln sind deswegen mit Lochreihen versehen. Die unbenutzten Löcher im Betonbereich sind mit Plastikkappen verstopft. *Kühn*

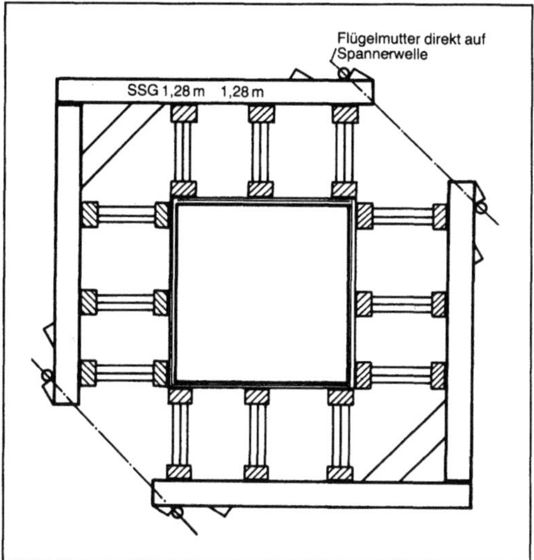

Stützenschalung: Außeneckprinzip.

Stützwalze. Die Walzen in einem Vier-, Sechs- oder →Vielwalzen-Walzgerüst, die das Biegen der Arbeitswalzen während des Walzvorgangs begrenzen oder verhindern, nennt man S. *Baumann*

Stufe. Die kleinste, selbständige, aktive Einheit der Beschaufelung einer Strömungsmaschine, i. a. bestehend aus einem sich mit dem Rotor drehenden Schaufelrad, -gitter oder -kranz (→Laufrad genannt) und einem stationären mit dem Gehäuse verbundenen Schaufelrad (→Leitrad genannt; Arbeitsprinzip, →Strömungsmaschine). Letzteres kann ganz oder teilweise durch eine Austrittsspirale bei →Pumpen und Verdichtern oder durch eine Eintrittsspirale bei Turbinen ersetzt werden. Bei einstufigen Strömungsmaschinen ist die S. unmittelbar mit dem Eintrittsteil und dem Austrittsteil des Gehäuses zu verbinden. Bei axialen, vielstufigen Maschinen werden die S. unmittelbar hintereinander im Gehäuse angeordnet. Bei radialen vielstufigen Maschinen müssen sie durch Rückführkanäle verbunden werden.

Druckaufbau oder -absenkung, →Wirkungsgrad bzw. die Enthalpiesteigerung oder -abnahme in der S. hängen bei einer bestimmten Drehzahl und vorgegebenen Eintrittsverhältnissen von den Eigenschaften der beiden verwendeten Schaufelräder ab. Aus den für sie geltenden Gittercharakteristiken lassen sich die entsprechenden S.-Charakteristiken ableiten, insbes. auch der →Reaktionsgrad der S.

Das Verhalten der ganzen Maschine ergibt sich aus dem der einzelnen S. und dem des Ein- und Austrittsgehäuses. Nur bei Repetier-S. (ähnliche Geometrie und Geschwindigkeitsdreiecke) kann unmittelbar vom Verhalten einer S. auf das der S.-Gruppe geschlossen werden. *Dibelius*

Stufenkolben. Abgestufter →Kolben mit verschiedenen Durchmessern für →Kolbenverdichter. Zusammen mit den Zylindergehäusen werden Arbeitsräume mit unterschiedlichem →Hubraum gebildet, die für mehrstufige Verdichtung von Gasen eingesetzt werden können (Bild). *Kuhlmann*

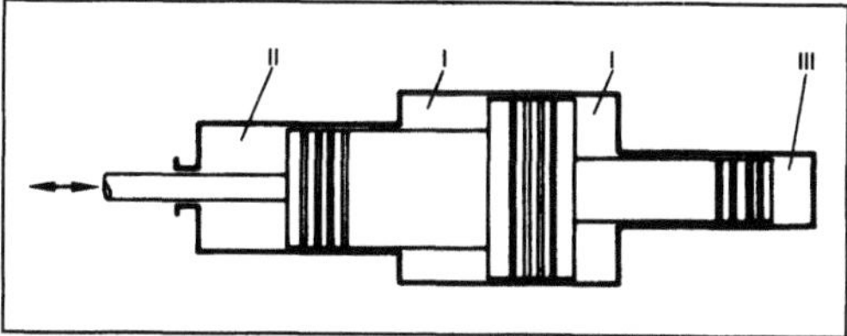

Stufenkolben eines dreistufigen Kolbenverdichters mit vier Arbeitsräumen.

Stufenzahl. Anzahl der Stufen, in denen ein Gas in einem →Kolbenverdichter verdichtet wird.

Druckverhältnisse bis maximal 10 können einstufig erreicht werden. Zweistufige Verdichtung kommt für Gesamtdruckverhältnisse von etwa 5–20 in Betracht. Unter der Annahme, daß in jeder Stufe der Druck um den Faktor 3 erhöht wird, kann man sich die erforderliche S. für ein bestimmtes hohes Gesamtdruckverhältnis ausrechnen. *Kuhlmann*

Substrukturtechnik. Zerlegung gekoppelter mechanischer Strukturen in Teilstrukturen (Substrukturen), aus deren einzeln berechnetem oder gemessenem, statischen oder dynamischen Verhalten durch Algorithmen mit verringertem Aufwand auf das Verhalten der Gesamtstruktur geschlossen wird (siehe Bild auf Seite 1205). Die Anwendung der S. reduziert den Rechenaufwand dann erheblich, wenn mehrere gleiche Substrukturen abgrenzbar sind und der Einfluß lokaler Strukturmodifikationen zu untersuchen ist.

Als Algorithmus zur Eigenschwingungsanalyse gekoppelter Strukturen hat das Verfahren der modalen Kopplung Bedeutung, bei dem zunächst berechnete Eigenschwingungsformen der Substrukturen im Sinne des Ritz-Verfahrens als Ansatzfunktionen zur Beschreibung der Dynamik der Gesamtstruktur verwendet werden. Hierbei wird die Ordnung des Ausgangsproblems durch die Lösung von Substrukturproblemen reduziert und der Aufwand verringert, indem nur Teilmengen der Substruktureigenformen berechnet werden. Eine weitere Aufwandsreduktion der S. besteht in der Elimination von Strukturfreiheitsgraden durch statische und dynamische →Kondensation. *Gaul*

Literatur: *Schmidt, K.-J.:* Eigenschwingungsanalyse gekoppelter elastischer Strukturen. Diss. Univ. Hannover 1980. – *Schwarz, H. R.:* Methode der finiten Elemente. Stuttgart 1984.

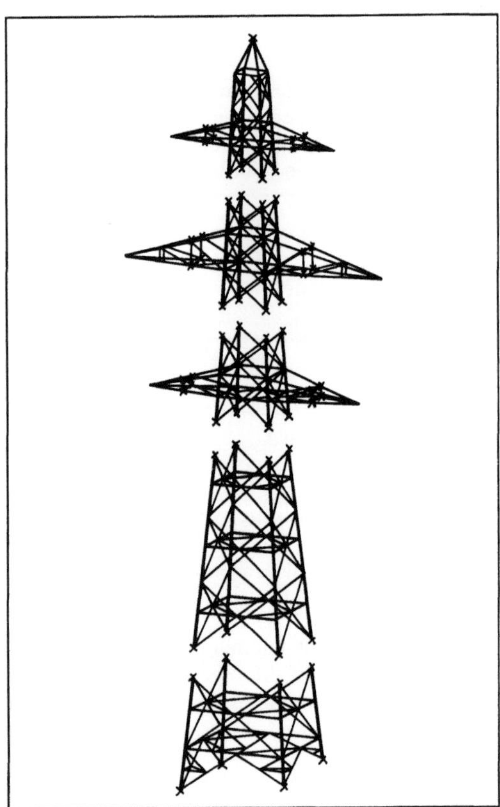

Substrukturtechnik: Hochspannungsmast. (Quelle: Schwarz a. a. O.)

Suchsystem. Ein S. ist ein Verfahren zur gezielten Suche von Informationen in einer bestehenden Sammlung.

Beim Konstruieren werden S. häufig für das Auffinden von Wiederhol- oder Ähnlichteilen verwendet. Einfache S. arbeiten dabei mit einem dezimalen Klassifizierungsschlüssel, bei dem jeder Merkmalsklasse (z. B. Verwendung, Form, Größe, Gewicht) eine Stelle zugeordnet ist (→Nummernsystem). EDV-S. mit Datenbanken arbeiten meist mit Sachmerkmalen als Suchbegriffe.

Mit Hilfe der Cluster-Analyse lassen sich auch S. schaffen, die nach ähnlichen Teilen suchen können. *Ehrlenspiel*

Sulfonitrieren. Anreichern der Randschicht eines Werkstücks – in der Regel aus Stahl oder Gußeisen – mit Stickstoff und Schwefel durch thermochemische Behandlung. Beim Sulfonitrocarburieren diffundiert zusätzlich Kohlenstoff in die Randschicht ein. Das S. erfolgt meistens im Gas, das Sulfonitrocarburieren im Salzbad. Es bildet sich eine Eisennitridschicht, die in der äußeren Randschicht Eisensulfid enthält. Diese Schicht bildet einen besonders hohen Widerstand gegen Adhäsion und Fressen. *Habig*

Literatur: *Amsallem, C.,* u. *J. M. Georges:* Härterei-Techn. Mitt. 26 (1971), S. 102 – *Rogalski, Z.,* u. *J. Senatorski:* IfL-Mitt. 6 (1967), S. 444.

Synchronisierung →Kraftübertragung

Synchronmotor. Elektrische Maschine zur Umwandlung elektrischer in mechanische Energie mit auch unter Last starrer durch Netzfrequenz und Polzahl festgelegter Drehzahl und breitem Verwendungsbereich. Die Leistungen gehen von wenigen Milliwatt bis zu etwa 500 MW. Die Hauptanwendungsgebiete sind:

□ Kleinstmotoren (Hysteresemotoren) im Leistungsbereich bis zu 1 W als Antriebe von Uhren, Meßgeräten und als Hilfsmotoren in Steuer-, Regel- und Datenverarbeitungssystemen;

□ Kleinmotoren (Hysteresemotoren, Reluktanzmotoren, Dauermagnetmotoren) im Leistungsbereich zwischen 1 W und etwa 20 kW als Stellmotoren und als Antriebe von kleinen Arbeitsmaschinen mit fester Drehzahl oder unter Gleichlaufbedingungen;

□ Drehstrom-S. im Leistungsbereich bis etwa 50 MW als Antriebe von schnellaufenden Umformern und Verdichtern sowie von langsamlaufenden Pumpen, Kolbenverdichtern, Schiffsschrauben und durchlaufenden Arbeitsmaschinen mit fester Drehzahl. Die größten Einheiten bis etwa 500 MW werden als Pumpenantriebe in Speicherkraftwerken verwendet.

Im mittleren und oberen Leistungsbereich haben Drehstrom-S. gegenüber Asynchronmotoren den Vorteil, daß sie das speisende Netz nicht mit Blindstrom belasten und – übererregt – Blindleistung zur Verbesserung des Leistungsfaktors eines Netzes liefern können. Außerdem besitzen sie eine größere Stabilität bei Spannungsabsenkungen, da sich das Drehmoment nur linear mit der Ständerspannung ändert. Schließlich kann ihr Gehäuse wegen des größeren Luftspalts, der zwischen Ständer und Polrad möglich ist, leichter gebaut werden, da das Ankerfeld von einer eigenen Stromquelle im Polrad direkt erzeugt wird. Nachteilig sind die erforderliche Gleichstromquelle für die Erregung und die notwendigen Vorkehrungen für den Anlauf, die einen wirtschaftlichen Einsatz erst bei Leistungen >750 kW gestatten.

In den Nuten des aus Einzelblechen aufgeschichteten Ständerblechpakets liegt eine Drehstromwicklung. Der umlaufende Teil (hier Polrad genannt) trägt ausgeprägte massive oder lamellierte Pole und die durch Gleichstrom erregte Polrad-(Anker-)wicklung. Als Stromquelle dient eine Gleichstrom- oder Drehstromerregermaschine, die auf der Motorwelle angeordnet oder getrennt aufgestellt ist, oder ein Stromrichter. Die Stromzuführung zu der Polradwicklung erfolgt von außen über Schleifringe oder über rotierende Dioden aus der mitrotierenden, auf der Welle sitzenden Erregermaschine.

Je nach Ausführungsart werden Schenkelpolmotoren (Bild 1) und Vollpol- oder Turbomotoren (Bild 2) unterschieden. Schenkelpolmotoren werden vier- und höherpolig, Turbomotoren zweipolig mit Drehzahlen von 3000 bzw. 3600 min⁻¹ und mit Stromrichterspeisung regelbar bis etwa 7000 min⁻¹ gebaut.

Synchronmotor 1: Läufer eines Schenkelpolmotors. (Quelle: ABB)

Synchronmotor 2: Läufer eines Vollpolläufermotors. (Quelle: ABB)

Die leerlaufende, am Drehstromnetz liegende Synchronmaschine wird zum Motor, wenn sie durch eine Arbeitsmaschine belastet wird. Das Polrad bleibt um den Lastwinkel ϑ hinter der Achse des Drehfelds zurück. Das Drehmoment errechnet sich zu:

$$M = -3\,\frac{p}{n}\,U\left[\frac{U_p}{X_d}\sin\vartheta - \frac{U}{2}\left(\frac{1}{X_q} - \frac{1}{X_d}\right)\sin 2\vartheta\right];$$

darin bedeuten p Polpaarzahl, n Drehzahl, U Klemmenspannung, U_p Polradspannung, X_d Synchron-Längsreaktanz, X_q Synchron-Querreaktanz.

Für Turbomotoren gilt das erste Glied der Gleichung, das den synchronen Anteil darstellt. Das Drehmoment ist proportional dem einfachen Lastwinkel und bei Nichterregung null. Bei der Schenkelpolmaschine kommt das zweite Glied, das als Reaktionsmoment bezeichnet wird, das unabhängig von der Erregung als Folge der magnetischen

Unsymmetrie des Motors entsteht und eine Funktion des doppelten Lastwinkels ist, hinzu. Jedoch überwiegt auch hier i. a. der von der Netzspannung abhängige synchrone Anteil.

Der Motor arbeitet statisch stabil, solange ein Gleichgewicht zwischen dem Lastmoment und dem elektrischen Moment besteht. Wird das maximale elektrische Moment, das Kippmoment, überschritten, fällt der Motor außer Tritt. Beim Turbo-(Vollpol-)motor tritt das Kippmoment bei $\vartheta = 90°$ auf, bei Schenkelpolmotoren bei kleineren Winkeln zwischen 45° und 90°. Jedoch ist hier das Kippmoment erheblich größer. Bei plötzlicher Entlastung und bei Lastschwankungen kann es zu Polradpendelungen kommen. Diesen wirkt die Anordnung einer Dämpferwicklung im Polrad entgegen.

Bei schwacher Erregung oder null entnimmt der Motor seinen Magnetisierungsstrom teilweise oder vollständig dem Netz als Blindleistung. Er arbeitet mit induktivem Leistungsfaktor cos $\varphi < 1$. Bei starker Erregung wird ein Überschuß an Erregerstrom im Ständer erzeugt, der in das Netz zurückfließt und zur Phasenverbesserung dient. Die Abhängigkeit des Netzstroms vom Erregerstrom bei unterschiedlicher Belastung wird in sog. V-Kurven (Bild 3) dargestellt.

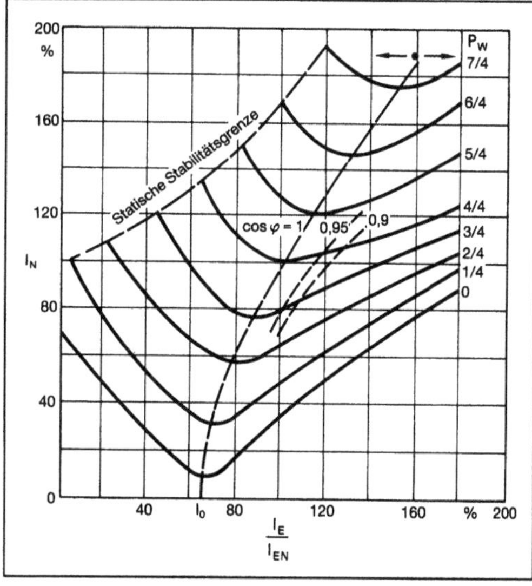

Synchronmotor 3: V-Kennlinien eines Synchronmotors.

I Ständerstrom, I_E Erregerstrom, I_O Leerlauferregung, P_W Wirkleistung

Turbomotoren und Schenkelpolmotoren mit geblechten Polen werden zum Anlauf und Hochlauf bis in die Nähe der synchronen Drehzahl elektrisch mittels Frequenzhochlaufs oder mechanisch mit Hilfe eines Anwurfmotors gebracht, damit sie nach Zuschaltung der Erregung vom Intrittziehmoment in den Synchronismus gezogen werden können. Schenkelpolmotoren mit massiven Polen oder mit Anlaufkäfigen können asynchron anlaufen und werden nach Zuschaltung der Erregung in den Synchronismus gezogen.

Die elektrische Bremsung von Synchronmotoren geschieht durch Kurzschließen der vom Netz getrennten Ständerwicklung bei voller oder verstärkter Erregung über einen Widerstand. Das Bremsdrehmoment ist erheblich höher als das Nenndrehmoment und ermöglicht eine Notbremsung im Gefahrenfalle (Bild 4).   *Rentzsch*

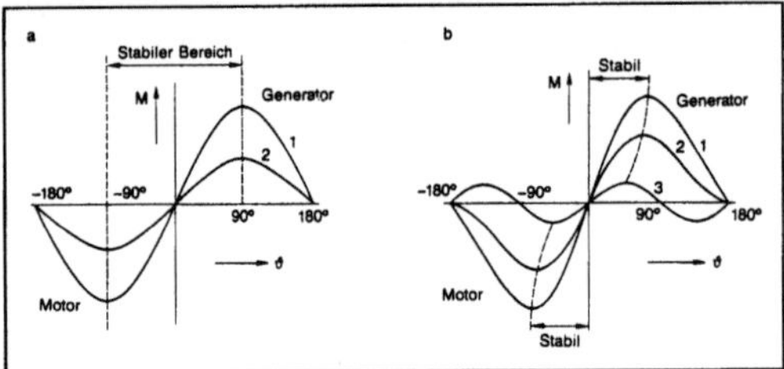

Synchronmotor 4: Drehmomentenverlauf einer Synchronmaschine, abhängig vom Polradwinkel ϑ.
a) Bei Ausführung als Vollpolmaschine.

1 bei Nennerregung, 2 bei Leerlauferregung

b) Bei Ausführung als Schenkelpolmaschine.

1 bei Nennerregung, 2 bei Leerlauferregung, 3 unerregt (Reaktionsmoment)

Literatur: *Bödefeld, Th.,* u. *H. Sequenz:* Elektrische Maschinen. Berlin, Wien 1971. – Hütte: Elektrische Energietechnik. Bd. 1: Maschinen. Berlin, Heidelberg 1978. – *Richter, R.:* Elektrische Maschinen. Bd. 2: Synchronmaschinen und Einankerumformer. Basel 1953.

Synchronriemen →Riemen

Synektik. S. ist eine Methode zur Problemlösung und Ideenfindung mit gezieltem Einsatz des kreativen Denkens im Rahmen einer Gruppe von 4–7 Personen (→Kreativitätstechnik).

Im Unterschied zu Brainstorming wird versucht, sich durch Analogien aus dem nichttechnischen Bereich (z. B. der Biologie) anregen zu lassen, um Lösungen für technische Probleme zu finden.

Eine S.-Sitzung läuft nach folgenden Schritten ab:
□ Darlegen des Problems,
□ Vertrautmachen mit dem Problem (Analyse),
□ das Problem wird verstanden, es ist damit jedem vertraut,
□ Verfremden des Vertrauten, d. h. Analogien und Vergleiche aus anderen Lebensbereichen anstellen,
□ Analysieren der geäußerten Analogie,
□ Vergleichen zwischen Analogie und bestehendem Problem,

□ Entwickeln einer neuen Idee aus diesem Vergleich,
□ Entwickeln einer möglichen Lösung.

Der Teilnehmerkreis sollte möglichst interdisziplinär zusammengesetzt sein. An den Vorschlägen sollte keine Kritik geübt werden.   *Ehrlenspiel*

Synthese →Problemlösungsmethode, allgemeine

Synthese.
1. kinematische. Die k. S. von Mechanismen und Getrieben (MG) ist derjenige Schritt der Methodik zur MG-Konstruktion, in dem die MG nur auf die kinematischen Anforderungen (Bewertungskriterien) der zu erfüllenden Bewegungsaufgaben hin ausgelegt werden. Gemäß Definition der Kinematik sind das die Verläufe der Zeitfunktionen Weg, Geschwindigkeit und Beschleunigung der Bewegung von Punkten oder von Körpern der künftigen MG, ohne deren Masse und die Bewegungsursachen zu berücksichtigen.

Nach vorausgegangener qualitativer S. werden ggf. im →Verbund mit der Maß-S. innerhalb der ausgewählten Getriebestruktur mittels zeichnerischer oder rechnerischer S.-Verfahren die kinematisch relevanten Abmessungen bestimmt.

Besonders bei höherer Gliederzahl werden die Verfahren der rechnerischen und mehr noch zeichnerischen Maß-S. zu aufwendig. Man geht dann auf S. durch iterative kinematische Analyse mit Optimierungsrechnung über, die nur auf Rechenanlagen ausreichender Größe möglich ist. Hiermit sind Übertragungs- und Führungs-MG gleichermaßen gut zu entwickeln. Gerade hier gilt jedoch verstärkt die Forderung nach gutem Dialog zwischen Fachmann und Rechnersystem, zumal der Übergang zur kinetischen S. unmittelbar, meist sogar iterativ, folgt.

Durch Ausführung auf CAD-Rechnern erleben die zeichnerischen S.-Verfahren eine Renaissance, weil ihre ausgezeichnete Anschaulichkeit nunmehr mit hoher Genauigkeit einhergeht bis hin zur Untersuchung von Toleranzeinflüssen im Mikrometer-Bereich.   *Gierse*

Literatur: *Dittrich, G.,* u. *R. Braune:* Getriebetechnik in Beispielen. München, Wien 1978. – *Gierse, F. J., U. Marx* u. *W. Zientz:* Bewegungsgüte von Mechanismen und Getrieben. In: VDI-Ber. Nr. 596. Düsseldorf 1986; S. 1/62. – *Hain, K.:* Getriebelehre-Grundlagen und Anwendungen. München 1963. – *Lichtenheldt, W.,* u. *K. Luck:* Konstruktionslehre der Getriebe. Ost-Berlin 1979. – *Lohse, P.:* Getriebesynthese. Berlin, Heidelberg, New York, Tokio 1983. – *Volmer, J.* (Hrsg.): Getriebetechnik Lehrb. Ost-Berlin 1980.

kinetische. Die k. S. ist die Erweiterung der kinematischen S. von Mechanismen und Getrieben (MG) auf die zusätzliche Berücksichtigung der Massen der als starr betrachteten MG-Glieder und der Kräfte, die deren Bewegungen verursachen. Die

Massen und deren Verteilung (Schwerpunkt, Massenträgheitsmoment) ergeben sich aus dem ersten Konstruktionsentwurf für die MG. Durch Anwendung des Prinzips von *d'Alembert* (Kraft = Masse x Beschleunigung) können nun die von den Gliedern auf Grund der Bewegungen erzeugten Kräfte wie äußere (eingeprägte) Kräfte behandelt und nach den Methoden der Statik untersucht werden. Durch zeichnerische (veraltet), vor allem aber rechnerische Verfahren lassen sich bestimmen:

□ die Gelenkkräfte als Lagerreaktionen auf die Resultierende aller im MG-Verbund wirkenden inneren und äußeren Kräfte und Momente, z. B. Massenkräfte und -momente (einschl. Gewichtseinflüssen), Reibkräfte und -momente, Nutzkräfte und -momente der durchfließenden Energie aus dem technischen Prozeß, der mittels des MG ausgeführt wird,

□ der →Bewegungsablauf des MG unter Einfluß aller Kräfte und Momente einschl. der Berücksichtigung der durch diese hervorgerufenen Änderungen im Bewegungsablauf und der neuerlichen Rückwirkungen auf Kräfte und Momente.

Für dieses Problem (Wittenbauer-Grundaufgaben) ist eine geschlossene Lösung nicht möglich, so daß numerische Verfahren auf Rechnersystemen eingesetzt werden. Das Bild zeigt ein Beispiel für die gute Übereinstimmung zwischen gemessenem und unter Berücksichtigung aller obengenannten Einflüsse berechnetem Verlauf der Lagerreaktionen im

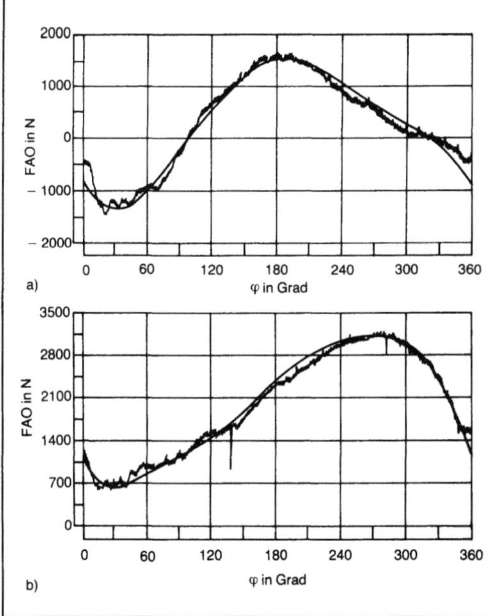

Synthese, kinetische: Auf Prozeßrechner erstellter gerechneter (glatte Kurve) und gemessener Verlauf der a) horizontalen b) vertikalen Kraftkomponente im Kurbelwellenlager einer Kurbelschwinge. (Quelle: Marx a. a. O.)

Drehgelenk zwischen Kurbel und Gestell einer Kurbelschwinge.

Die Optimierung der Lagerkräfte- und Bewegungsverläufe kann der Konstrukteur durch gezieltes Variieren der bestimmenden Parameter (z. B. Schwerpunktlage, Massenträgheitsmomente) von Hand oder durch Einsatz numerischer Optimierungsverfahren auf dem Rechner ausführen. In jedem Fall muß er die nicht algorithmierbaren Einflüsse berücksichtigen und ggf. zusätzlich eingreifen.

Läßt man die Einschränkung „starre Glieder" fallen, so müssen in die S. durch iterative Analyse die dynamischen Wirkungen einbezogen und die MG sowie deren Komponenten als schwingungsfähige Gebilde betrachtet und mit den Verfahren der Schwingungstechnik untersucht werden.   *Gierse*

Literatur: *Dizioğlu, B.*: Getriebelehre. Bd. 1: Grundlagen. Bd. 2: Maßbestimmung. Bd. 3: Dynamik. Braunschweig 1966. – *Lichtenheldt, W.*, u. *K. Luck*: Konstruktionslehre der Getriebe. Ost-Berlin 1979. – *Marx, U.*: Ein Beitrag zur kinetischen Analyse ebener viergliedriger Gelenkgetriebe unter dem Aspekt Bewegungsgüte. Fortschr.-Ber. VDI R. 1, Nr. 144. Düsseldorf 1986. – *Volmer, J.* (Hrsg.): Getriebetechnik Lehrb. Ost-Berlin 1980.

Synthese.

1. qualitative. Die q. S. ist derjenige Schritt der Methodik zur Mechanismen- und →Getriebe (MG)-Konstruktion, in dem auf Grund einer analysierten und typisierten →Bewegungsaufgabe die Typen und Strukturen (Systematik, →Zweischlag) von MG bestimmt werden, die prinzipiell zum Erfüllen dieser Aufgabe geeignet sind. Im Laufe der meist iterativ durchlaufenen, nachfolgenden quantitativen kinematischen und kinetischen S. wird durch Berücksichtigen der jeweiligen Bewertungskriterien die Anzahl geeigneter MG immer kleiner, bis zur technisch-wirtschaftlich optimierten Lösung, die schließlich ausgeführt wird.

Zur methodischen q. S. eignen sich die Anwendung getriebetechnischer Konstruktionskataloge, die Typen- und Maß-S. auf der Basis gleicher Fourier-Koeffizienten bei Bewegungsaufgabe (Übertragungsaufgabe) und MG-Typ sowie zum Erkennen von Varianten oder Vereinfachungen die systematische Strukturanalyse und -S. von MG. Bei Führungsaufgaben sind Getriebebeispielsammlungen, Koppelkurvenaltlässe u. dgl. sowie neuerdings Expertensysteme zur q. S. geeignet.

Besonders sei darauf hingewiesen, daß eine ausschließlich systematische, die Intuition, Erfahrung und Kenntnisse des Konstrukteurs ausschließende q. MG-S. nicht möglich ist. Wichtig bleibt, auch bei Rechnereinsatz, der Dialogbetrieb mit dem Fachmann.   *Gierse*

Literatur: *Günzel, D.*: Rechnerunterstützt Mechanismen und Getriebe auswählen. Der Konstrukteur 23 (1992). Sonderheft Antreiben–Steuern–Bewegen, S. 52/56. – *Hain, K.*: Getriebebeispiel-Atlas. Düsseldorf 1973. – *Hrones, J. A.*, u. *G. L. Nelson:* Analysis of the four bar linkages (Koppelkurvenatlas). New York 1951. – *Kiper, G.:* Katalog einfachster Getriebebauformen. Berlin, Heidelberg, New York 1982. – *Merhar, G.:* Ein Beitrag zur Gestaltung von Konstruktionskatalogen aus dem Bereich der Getriebetechnik. Fortschritt-Ber. VDI R. 1 Nr. 80. Düsseldorf 1981. – *Rankers, H.:* Ziel-Übertragungsfunktion und Getriebetyp, Rechnerunterstützte Typen- und Maßsynthese einfacher und zusammengesetzter Getriebe. In: VDI-Ber. Nr. 281. Düsseldorf 1977; S. 119/31. – VDI 2727, Bl. 1 u. 2: Konstruktionskataloge, Lösung von Bewegungsaufgaben mit Getrieben. Hrsg. Verein Dt. Ing. Ausg. 1986. – *Volmer, J.* (Hrsg.): Getriebetechnik Lehrb. Ost-Berlin 1980.

2. quantitative. Die q. S. bedeutet die genaue zahlenmäßige Auslegung von Mechanismen und Getrieben (MG) zum Erfüllen der geforderten Bewegungsaufgaben.

Im Bereich der kinematischen S. zählt hierzu die Maß-S., mit deren Hilfe z. B. in ebenen viergliedrigen Gelenkgetrieben die theoretisch exakte Führung der Koppel durch bis zu 3 verschiedene Genaulagen ohne Einschränkung möglich ist. Hier bieten sich zeichnerische Verfahren an, die schnell und besonders bei Ausführung mittels CAD exakt zu guten Lösungen führen.

Bei 4 geforderten Lagen müssen die Drehpunkte in der ruhenden Ebene auf der Burmester-Mittelpunktkurve, die Drehpunkte der Koppel auf zugeordneten Punkten der Burmester-Kreispunktkurve liegen (Bild). Bei 5 geforderten Genaulagen gibt es, wenn diese überhaupt eine Lösung zulassen, nur noch einzelne Burmester-Punkte (als Schnittpunkte je zweier Burmester-Kurven für jeweils 4 der geforderten 5 Lagen), die als Drehpunkte in Betracht kommen.

Eine zeichnerische Konstruktion der Burmester-Kurven und -Punkte ist zu aufwendig: Hier kommt nur die Ermittlung auf dem Rechner in Betracht, am besten mit Darstellung der Ergebnisse auf einem Graphik-Bildschirm. So kann der Konstrukteur schnell entscheiden, welche der möglichen Lösungen für die Weiterbearbeitung geeignet ist.

Mit Hilfe der Burmester-Kurven und -Punkte sind Führungs- sowie Übertragungs-MG zu entwickeln: 4 bzw. 5 Lagenzuordnungen zwischen Antriebs- und Abtriebsglied oder entsprechende Anzahl zu durchlaufener Punkte einer →Koppelpunktbahn lassen sich auf den geschilderten Lösungsweg zurückführen.

Verzichtet man auf die (praktisch ohnehin nicht möglichen) genauen Lagen und läßt Toleranzen zu, so ist vor allem im Dialogbetrieb Konstrukteur/Rechner eine wesentlich höhere Anzahl von Lagen, Punkten einer Koppelpunktbahn u. dgl. zu verwirklichen. Als Beispiel hierzu sei das Polortverfahren von *Lohse* genannt, das die Vorgabe einer 10- bis 20fachen Anzahl vorgegebener Punkte gegenüber den Burmester-Vorgaben benötigt bzw. verarbeitet.

Als wichtige Anwendung der Burmester-Theorie sei die Totlagenkonstruktion nach *Alt* zur Maß-S.

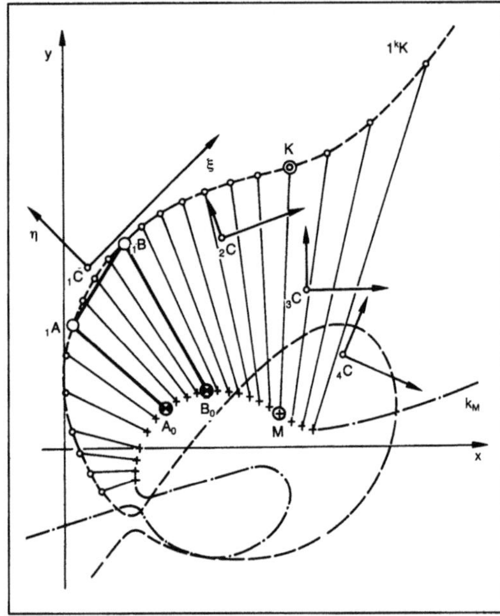

Synthese, quantitative: Quantitative 4-Lagen-Synthese eines Gelenk-MG mittels Burmester-Kurven k_M (Mittelpunktkurve) und k_K (Kreispunktkurve).

Koppelglied (ξ, η-System) soll durch die Lagen 1–4 (gekennzeichnet durch vorgestellte Indizes) geführt werden. Aus zugeordneten Punkten M (auf k_M) und K (auf k_K, hier in der Lage $_1k_K$) kann der Konstrukteur beliebige, in der x, y-Ebene passend gelegene gestellfeste Drehgelenke A_0, B_0 sowie Koppel-Gelenke A, B (hier in der Lage $_1A$, $_1B$) auswählen.

viergliedriger Gelenk-MG mit geforderten Winkeln (Schwinge als Abtrieb) bzw. Hüben (Schieber als Abtrieb) zwischen den Umkehrlagen erwähnt.

Weitere Maß-S.-Verfahren führen zu Lenkergeradführungen, Rast-MG, Vorschalt- und sonstigen zusammengesetzten MG sowie solchen mit vorgegebenem Verlauf von Geschwindigkeit und Beschleunigung. Im Bereich der kinetischen S. lassen sich quantitativ durch Rechnereinsatz z. B. die Einflüsse von Schwerpunktlagen, Massen- und Massenträgheitsmoment u. dgl. auf den Gesamtschwerpunkt, die Lagerkräfte, die Ungleichmäßigkeit der Antriebswinkelgeschwindigkeit bei Kurbel-MG und ähnlichen analysieren und mittels Variation relevanter Parameter nach einer Zielfunktion optimieren. Das ist nur mit entsprechend großen Rechnersystemen möglich. *Gierse*

Literatur: *Braune, R.:* Ein Beitrag zur Maßsynthese ebener viergliedriger Kurbelgetriebe. Diss. RWTH Aachen 1980. – *Burmester, L.:* Lehrb. Kinematik. Leipzig 1888. – *Hain, K.:* Getriebelehre-Grundlagen und Anwendungen. München 1963. – *Lohse, P.:* Getriebesynthese. Berlin, Heidelberg, New York, Tokio 1983. – VDI 2728. Bl. 2: Lösung von Bewegungsaufgaben mit symmetrischen Koppelkurven; Führungsaufgaben-Geradführungen. Hrsg. Verein Dt. Ing. In Vorbereitung. – *Volmer, J.* (Hrsg.): Getriebetechnik Lehrb. Ost-Berlin 1980.

System.

1. amphibisches. Das sind Landfahrzeuge und Flugzeuge, die nicht nur auf Land, sondern auch auf Wasser fahren bzw. landen können. Der Einsatz ist besonders angezeigt bei zerstörten oder gefährdeten Brücken und Flugplätzen sowie bei der Notwendigkeit, Gewässer ohne Brücken bzw. an taktisch bestimmten Stellen zu überqueren.

Echte a. S. sind ohne besondere Maßnahmen schwimmfähig, unechte a. S. bedürfen zur Herstellung der Schwimmfähigkeit besonderer Maßnahmen wie Anbringen oder Aufblasen von Schwimmkörpern, Aufrichten von Wänden zur Wannenbildung usw.

Amphibienfahrzeuge können Räder- oder Kettenfahrzeuge sein, die auf dem Wasser durch Schaufelketten-, Schrauben- (→Schiffspropeller) oder Wasserstrahlantrieb bewegt werden. Beim Schaufelkettenantrieb sind die Gleisketten mit kleinen Schaufeln versehen, die dem Fahrzeug den notwendigen Schub für die Vorwärts- bzw. Rückwärtsbewegung auf dem Wasser geben. Der Propellerantrieb (bzw. Schraubenantrieb) besteht aus 1 oder 2 Schiffspropellern mit 3–4 Flügeln, die am Heck des Fahrzeugs z. T. drehbar untergebracht sind. Der Wasserstrahlantrieb besteht aus 1 oder 2 Wasserstrahltriebwerken. Die Axialpumpe des Wasserstrahltriebwerks saugt durch ein →Saugrohr das Wasser an und drückt es durch das Druckrohr mit der Düse am Heck des Fahrzeugs wieder nach außen.

Man unterscheidet die Amphibienfahrzeuge in Schwimmwagen, selbstfahrende Fähren und schwimmfähige Kampffahrzeuge.

Schwimmwagen kommen als Spähfahrzeuge und als Pionierfahrzeuge zum Transportieren (Personen, leichte Lasten) und Bugsieren vor. Sie weisen als konstruktive Besonderheiten auf:

□ wasserdichte Körper spezieller Form (Wanne oder Schwimmkörper),

□ Wasserantrieb zur Bewegung auf dem Wasser,

□ Rudereinrichtung zum →Lenken auf dem Wasser,

□ Lenzanlage für das Entfernen eingedrungenen Wassers,

□ zusätzliche Kraftübertragungen für Wasserantrieb, Lenzpumpe, Seilwinde und andere Einrichtungen.

Selbstfahrende Fähren sind a. S., die zum Übersetzen schwerster Lasten bestimmt sind. Sie können aus einem oder mehreren Amphibienfahrzeugen (Halbfähren) bestehen, die vor dem Beladen auf dem Wasser zur Fähre entfaltet oder zusammengekoppelt werden müssen. Zur Erhöhung der Tragfähigkeit ist jedes Fahrzeug (Halbfähre) mit abklappbaren Seitenschwimmkörpern (pontonförmigen Schwimmkörpern) versehen.

Zu den schwimmfähigen Kampffahrzeugen zählen die leichten Schützen- und Spähpanzer. Schwere →Panzer können bei fehlenden Brücken und Fähren auf Grund ihres großen Gewichts Flüsse, Kanäle usw. nur tauchend durchfahren. Schwimmpanzer haben außerdem den Vorzug, daß sie nur unterhalb der Wasserlinie dicht sein müssen. Lufteinlaß und Abgasleitungen brauchen nur höher verlegt zu werden. Schwimmpanzer besonderer Art sind Landungsfahrzeuge, die das Anlanden der Truppen von seegängigen Schiffen ermöglichen.	*Brosowsky*

2. technisches. T. S. ist ein Oberbegriff für technische Gebilde wie Anlagen, Apparate, Maschinen, Geräte, Maschinenelemente, Baugruppen oder Bauteile.

Analog zur allgemeinen Systemtechnik lassen sich t. S. als Modelle darstellen, die durch eine Systemgrenze von ihrer Umgebung abgegrenzt sind, Elemente mit Relationen besitzen und durch Ein- und Ausgangsgrößen mit ihrer Umgebung in Verbindung stehen.

Die systemtechnische Betrachtungsweise erlaubt eine Gliederung komplexer Gebilde und die Beschränkung auf das im jeweiligen Zusammenhang Wesentliche. Sie ist z. B. die Grundlage für die Analyse komplizierter Maschinen oder die Aufteilung umfangreicher Konstruktionsaufgaben.

Durch die Aufgliederung von S. in Teil-S. oder die Zusammenfassung von Elementen zu Teil-S. kann das Modell der aktuellen Problemstellung angepaßt werden (im Bild: Zusammenfassung von Abtriebwelle und Rad zum Abtrieb).

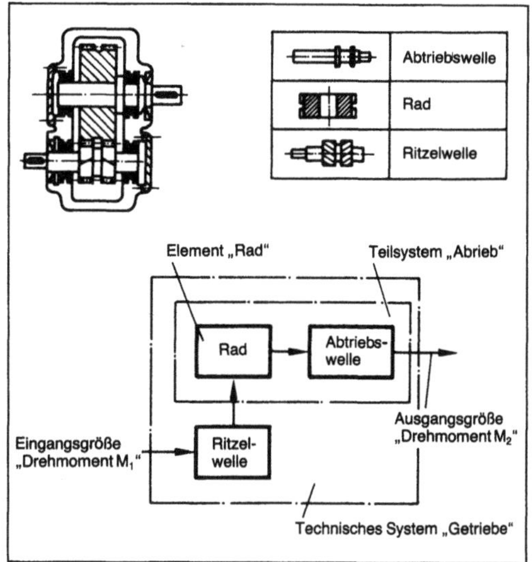

System, technisches: Getriebe.

Die Änderung der Eingangs- in die Ausgangsgröße beschreibt den Zweck oder die Funktion des t. S. (beim Beispiel Getriebe die Änderung von Drehzahl und Drehmoment).

Technische Systeme können nach ihrer →Umsatzart gegliedert werden. Gebräuchliche Darstellungsformen sind die Black Box oder Funktionsstrukturen. *Ehrlenspiel*

Literatur: *Hubka, V.:* Theorie technischer Systeme. Berlin 1984. – *Pahl, G., u. W. Beitz:* Konstruktionslehre. Berlin 1986.

Systematik. Die S. der Mechanismen und →Getriebe (MG) ist deren Ordnung nach Benennungen, Aufbau und Anwendungszweck. Die hierdurch gewonnene Übersicht stellt ein wichtiges Hilfsmittel für die Methodik zur MG-Entwicklung und -Konstruktion dar.

Die S. der Benennungen von MG greift als gemeinsames Dach über die beiden übrigen Bereiche hinweg und ist neben der Methodik-Unterstützung der eigentliche Sinn der S. Vor allem zur nationalen und internationalen Normung der Bezeichnungen und Definitionen stellt sie die fachliche Basis zur Verfügung.

Bei Ordnung nach dem Anwendungszweck (Funktion in Wertanalyse und Konstruktionsmethodik) ergeben sich aus dem Einsatz von MG in Maschinen, Geräten, Anlagen und deren Komponenten zum Umwandeln von Informationen über Bewegungen in Wirkungen (Bild 1) folgende Definitionen (Bild 2) gem. allgemein-technischem Sprachgebrauch:

Ein →Mechanismus oder ein Getriebe entsteht aus einer kinematischen Kette durch starre (Stand-MG) bzw. Drehgelenk-Verbindungen (Umlauf-MG) eines Glieds dieser Kette mit dem Gestell. Es gilt die Bezeichnung Mechanismus, wenn als Hauptfunktion die →Bewegungsaufgabe Informationen verarbeiten (z. B. Führen von Körperpunkten auf geforderten Bahnen, Führen von Körpern durch geforderte Lagen, Verändern von Bewegungsabläufen nach Übertragungsfunktionen), Getriebe, wenn als Hauptfunktion die Bewegungsaufgabe Energie durchsetzen (z. B. Durchsetzen von mechanischer Energie in Form von Bewegungen und Kräften/ Momenten) verwirklicht wird.

Weitere Ordnungsmerkmale nach der MG-Funktion sind der →Bewegungsablauf gleichmäßig bzw. ungleichmäßig übersetzende MG, bei letzteren umlaufende Dreh- sowie rückkehrende (schwingende) Dreh- und Schubbewegungen: Übertragungs-MG, das Erzeugen von Bahnen: Führungs-MG zum Führen von Körperpunkten auf geforderten Bahnen bzw. von Körpern durch geforderte Lagen.

Bei Ordnung nach der Struktur von MG gelten folgende Merkmale:
- □ Die Bewegungsebenen; danach bewegen sich die Glieder von
- – räumlichen MG in beliebigen, zueinander nicht parallelen Ebenen, d. h. die Drehachsen sind geschränkt (nicht parallel zueinander sowie einander nicht schneidend),
- – sphärischen MG auf konzentrischen Kugelschalen, d. h. alle Drehachsen gehen theoretisch durch den Kugelmittelpunkt,
- – ebenen MG in zueinander parallelen nichtgekrümmten Ebenen, d. h. alle Drehachsen liegen parallel zueinander;
- □ die Gliederzahl, die von mindestens 3 (Kurven-MG) bis zu Maximalzahlen reicht, die durch Funktion und Wirtschaftlichkeit begrenzt sind (zusammengesetzte MG, kinematische Kette), die Gliederverbindungen mittels Formschluß (Gelenke, Paarungen), Kraftschluß (Paarungen), Reibschluß und

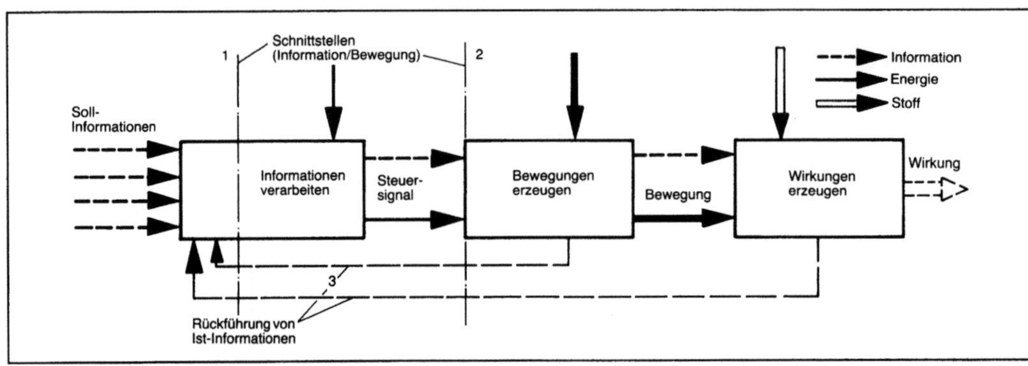

Systematik 1: Umwandeln von Informationen über Bewegungen in Wirkungen.

Bei MG ist die Rückführung der Informationen über den Ist-Zustand der Bewegung wegen des Zwanglaufs ständig vorhanden (integrierte Funktion im Sinne der Konstruktionsmethodik). Im Laufe der Technik-Entwicklung haben sich die Wirkprinzipien zur Informationenverarbeitung immer mehr vom trägheitsbehafteten mechanischen Bereich 1 auf den nahezu trägheitslosen elektronischen verlagert, so daß nun die Schnittstelle zur Bewegungserzeugung möglichst nahe beim Beginn hohen Energieflusses 2 liegt.
1 trägheitsbehaftete Informationsverarbeitung, 2 trägheitsarme Informationsverarbeitung, 3 integrierte Funktion bei Starrkörper-Mechanismen und -Getriebe

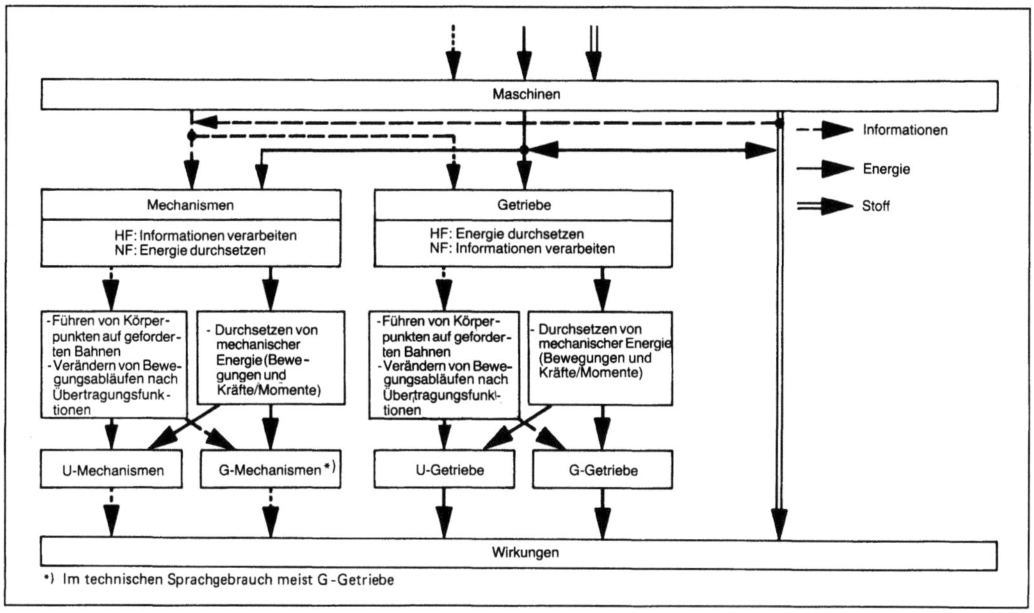

Systematik 2: Durchsatz von Stoff, Energie und Informationen in Maschinen, Geräten und Anlagen.

Informationen verarbeiten ist bei Mechanismen Hauptfunktion, bei Getrieben Nebenfunktion, Energie durchsetzen bei Getrieben Hauptfunktion und bei Mechanismen Nebenfunktion.
U ungleichmäßig übersetzend, G gleichmäßig übersetzend, HF Hauptfunktion, NF Nebenfunktion

Stoffschluß, die Laufeigenschaften (→Laufgrad), die Gestellverbindung (Stand-, Umlauf-MG).

Bei Ordnung nach charakteristischen Elementen, die sich an der Einteilung von *Reuleaux* orientiert, gibt es →Gelenkgetriebe und -mechanismen, Kurvengetriebe und -mechanismen, Rädergetriebe und -mechanismen, Schraubengetriebe und -mechanismen, Hüll- bzw. Zugmittelgetriebe und -mechanismen (Riemen-, Ketten-, Seil-, Bandgetriebe), Druckmittelgetriebe und -mechanismen (Fluidgetriebe mit flüssigen und gasförmigen Medien wie hydrostatische, hydrodynamische Getriebe, Pneumatikzylinder und -turbinen). *Gierse*

Literatur: IFToMM Commission A (Standards for Terminology): Terminology for the Theory of Machines and Mechanisms. Mechanism and Machine Theory 26 (1991) Nr. 5, S. 436/539. – DIN 69910: Wertanalyse. Hrsg. Dt. Inst. f. Normung. Ausg. 1987. – *Meyer zur Capellen, W.*, u. *G. Dittrich*: Systematik sphärischer Viergelenkgetriebe. Ind.-Anz. 87 (1965) 75, S. 1. – VDI 2127: Getriebetechnische Grundlagen, Begriffsbestimmungen der Getriebe. Hrsg. Verein Dt. Ing. Ausg. Febr. 1993. – VDI 2145: Ebene viergliedrige Getriebe mit Dreh- und Schubgelenken, Begriffserklärungen und Systematik. Hrsg. Verein Dt. Ing. Ausg. Dez. 1980. – VDI 2221: Methodik zum Entwickeln und Konstruieren technischer Systeme und Produkte. Hrsg. Verein Dt. Ing. Ausg. Nov. 1986. – *Volmer, J.* (Hrsg.): Getriebetechnik Lehrb. Ost-Berlin 1980.

Systembefehl (Photosatzsysteme). Neben den typographischen Befehlen verfügen Photosatzsysteme über eine Vielzahl von S. Oft wird dabei zwischen den Befehlen des Arbeitsprogramms und den seltener benötigten Befehlen des Hilfsprogramms unterschieden. S. sind Betriebs-S. Unterschieden wird zwischen Befehlen der Vordergrund- und solchen der Hintergrund-Ebene. Beide Ebenen arbeiten simultan. Vordergrundbefehle holen Verzeichnisse vom Rechner bzw. Texte von der Diskette oder der Festplatte in den Bildschirm. Bei Hintergrundbefehlen ist der Bildschirm nicht beteiligt. S. bestehen aus englischen Abkürzungen.

Viele Befehle wirken auf die in der Warteschlange zum Belichter stehenden Jobs. Es ist möglich, beispielsweise die Priorität zu verändern oder einzelne Jobs aus der Warteschlange zu löschen. Ein wichtiger S. sucht innerhalb einer angegebenen Textmenge auf der Diskette nach einem Suchwort bzw. Suchbefehl und tauscht ihn gegen das Ersatzwort bzw. den Ersatzbefehl aus (engl. search and replace). Wieder ein anderer Befehl sucht auf der Diskette nach einem bestimmten Suchwort (search) und zeigt die Textnummer an, in der sich das gesuchte Wort befindet. Bestehende Satzprogramme können mit Hilfe der S. kunden- bzw. auftragsbezogen innerhalb eines vorgegebenen Rahmens parametriert (verändert) werden (Dressing). Am wichtigsten ist die Durchführung folgender Veränderungen: Tastaturbelegung, frei programmierbare Zusatztasten, Silbentrennprogramme, Ausnahmelexikon, Makros.

Ist ein Programm parametriert, werden beim Programmstart die kunden- bzw. auftragsbezogenen Veränderungen in den Satzrechner geladen. Man kann dann sofort mit dem Setzen bzw. mit der Korrektur beginnen (→Redaktionssystem). Unter Dressing fällt in einem Photosatz-on-Line-Verbundsystem auch das Parametrieren von Bildschirmmasken. Die Arbeitsprogramme werden so verändert, daß am Redaktionsterminal die Redaktionsmaske, am Anzeigenterminal die Anzeigenerfassungsmaske und am Texterfassungsterminal die Erfassungsmaske erscheint. *W. Schmid*

Systemdämpfung. Dämpfungseinflüsse in einem abgegrenzten System. Die →Werkstoffdämpfung, zu der auch die Werkstoffdämpfung in stoffschlüssig verbundenen Werkstoffen unterschiedlichen Verhaltens und damit die Dämpfung in Überzügen, Bindungsschichten und Sandwich-Konstruktionen zu rechnen ist, ist ein Teil der S. Weitere Anteile können die →Wirkflächendämpfung und Sonderformen der Dämpfung wie Luftdämpfung, →Verdrängungsdämpfung (Air pumping), geometrische Dämpfung, Wirbelstromdämpfung und magnetoelastische Dämpfung sein. *Gaul*

Literatur: DIN 53440: Prüfung von Kunststoffen und von schwingungsgedämpften geschichteten Systemen – Biegeschwingungsversuch. Tl. 1: Allgemeine Grundlagen zur Bestimmung der dynamisch-elastischen Eigenschaften stab- und streifenförmiger Probekörper. Tl. 2: Bestimmung des komplexen Elastizitätsmoduls. Tl. 3: Bestimmung von Kenngrößen schwingungsgedämpfter Mehrschichtsysteme. Hrsg. Dt. Inst. f. Normung. Ausg. 1975. – *Federn, K.:* Dämpfung elastischer Kupplungen – Wesen, einwirkende Parameter, Ermittlung. In: VDI-Ber. Nr. 299. Düsseldorf 1977; S. 47/61. – ISO/TC 108 – DP 5405: Nomenclature for Specifying Damping Properties of Materials. ISO/TC 108/(Secr.-108) 185. Ausg. 1975. – *Lazan, B. J.:* Damping of Materials and Members in Structural Mechanics. New York, Oxford 1968.

Systemschalung. Im Gegensatz zur systemlosen Schalung werden bei S. Schalelemente verwendet, die ganz oder zumindest z. T. vormontiert auf die Baustelle gelangen. Der Entwurf und Zusammenbau der Elemente wird in der Arbeitsvorbereitung und auf dem Bauhof so vorgenommen, daß auf der Baustelle nur noch einfachste Handgriffe nötig sind. S. wendet man als ebene und als räumliche Schalungen an. Außer den objektbezogenen gefertigten Schalelementen kommen verstärkt objektunabhängige Schalsysteme zur Anwendung, die nicht nur für einen speziellen Einsatz montiert werden, sondern mit Ausnahme des Schalhautwechsels bis zu ihrer Ausmusterung unverändert vielfältig einsetzbar sind. So sind z. B. für Wandschalungen Holz- bzw. Stahlträger-Großflächenschalelemente als standar-

disierte Elementschalung vorhanden. Je nach Herstellerfirma werden werkseitig komplett montierte Normelemente unterschiedlicher Anzahl mit verschiedenen Breiten- und Höhenabstufungen angeboten, um eine möglichst optimale Anpassung des Schalsystems bez. wechselnder Grundrisse und vor allem wechselnder Wandhöhen zu erreichen.

Ebene Großflächenschalungen (Bild) werden vorwiegend für Wände und Decken eingesetzt. Sie haben meist eine Schalhaut aus Sperrholz (evtl. kunststoffbeschichtet). Die Aussteifung besteht aus Holz- oder Stahlträgern in Gitter- oder Vollwandbauweise. In Wandschalungen ist die Abstützung für das Aufstellen und Ausrichten bei großer Bauhöhe eingebaut. Bei kleiner Bauhöhe ist sie als Konsolgerüst mit spindelbarem Fuß angebaut. Der Betondruck auf die senkrechten Schalflächen beim Betonieren wird von hochbelastbaren Ankern aufgenommen. Schutz- und Betoniergerüste sind als Zubehör meist im Programm der Hersteller enthalten. Zur Vorfertigung von Eckelementen werden Winkel- und Eckschienen angeboten. Der Einsatz von Großflächenschalungen mit einer Größe bis zu 30 m^2 (40–80 kg/m^2 Schalfläche) ist durch Steifigkeit, Eigengewicht, Winddruck beim Krantransport in großen Höhen, Grundrißgestaltung und Arbeitstakte begrenzt. Um die gestellten Anforderungen seitens der unterschiedlichen Bauwerksgegebenheiten realisieren zu können, kommt der Anpassung durch ein- oder mehrfaches Aufstocken der Normelemente besondere Bedeutung zu. *Kühn*

Systemschalung: Großflächenschalung.

T

Tachogenerator. Gerät zum Messen von Drehzahlen. Es handelt sich um einen kleinen elektrischen Generator, der an einer Maschinenwelle angekoppelt wird und eine drehzahlproportionale Spannung abgibt. *Witfeld*

Tagebaugerät. T. sind die beim Abbau einer Lagerstätte im Tagebau eingesetzten maschinellen Einrichtungen, die fast immer in Kombination untereinander zum Einsatz kommen. Nutzmaterialien (Braunkohle, Steinkohle, Bauxit, Kreide, Kalkstein, Eisenerze, Ölsande und Phosphate) gewinnt man weltweit zunehmend im Tagebau. Zudem werden nach der Tagebaumethode (deutsche Abbaumethode) mit dem Arbeitstakt Gewinnen – Fördern – Verkippen riesige Erdmassen bewegt (Oroville-Erddamm, Landgewinnungsprojekte) und Wasserschiffahrtsstraßen (Suezkanal, Jonglei-Kanal) errichtet. Die Gewinnung von Erdmassen geschieht durch → Eimerkettenbagger, Walking Draglines (→ Schreitbagger) und Schaufelradbagger, die Förderung durch Transportbrücken, Großraumwagen auf Gleisen (Gleisförderung) oder/und durch Bänder (Bandstraßen), die Materialzwischenlagerung durch → Grabenaufnehmer und Haldengeräte und schließlich die Verkippung des Abraums durch Absetzer oder Transportbrücken. Der wirtschaftliche Einsatz von T. beginnt bei der Gewinnung und Förderung von rd. 1 Mill. m^3 fester Erdmasse. Die höchsten Förderleistungen werden mit den Großgeräten aus der Familie der Schaufelradbagger erreicht (Bild, Tabelle). Die Entwicklung

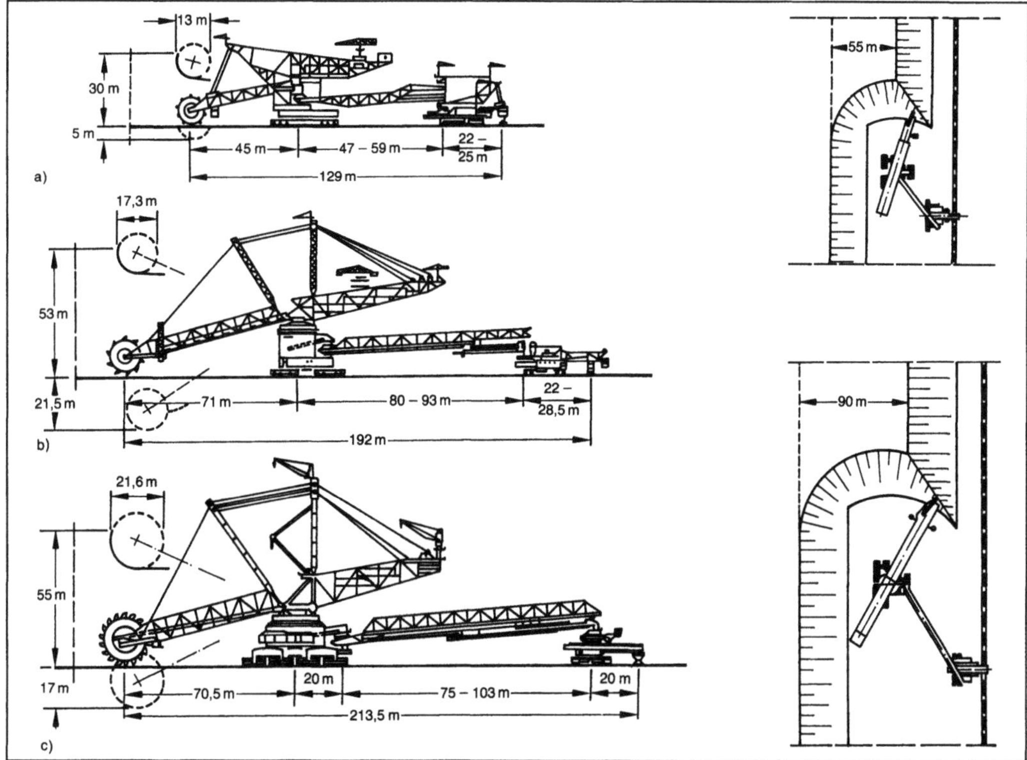

Tagebaugerät: Schaufelradbagger.
a) Tagesleistung 60 000 m^3
b) Tagesleistung 110 000 m^3
c) Tagesleistung 240 000 m^3.

Tagebaugerät. Tabelle: Technische Daten der im Bild dargestellten Schaufelradbagger.

Gegenstand	a	b	c	b:a	c:b
Schaufelrad					
Durchmesser	13,0 m	17,3 m	21,6 m	1,33	1,25
Anzahl der Eimer	10	10	18	1,00	1,8
Eimerinhalt	1,3 m³	2,6 m³	5,0 m³	2,00	1,92
Nennleistung der Motoren	2×420 = 840 kW	2×750 = 1 500 kW	4×840 = 3 360 kW	1,78	2,24
Umfangsgeschwindigkeit am Messerkreis	3,00 m/s	3,98 m/s	3,01 m/s	1,33	0,76
Masse Schaufelrad mit Welle und Antrieb	117 t	199 t	475 t	1,70	2,39
Schaufelradträger					
Gesamtmasse des Schaufelradträgers	404 t	945 t	1 763 t	2,34	1,87
Moment Schaufelradträger in Drehmitte	141 500 kNm	422 500 kNm	820 800 kNm	2,99	1,94
Schaufelradhubwinde					
Scherung der Seilflasche	2×10 = 20	2×12 = 24	2×16 = 32		
Durchmesser der Hubseile	54 mm	65 mm	75 mm	1,20	1,15
Hubgeschwindigkeit in Mitte Schaufelrad	5 m/min	5 m/min	5 m/min		
Nennleistung der Hubwindenmotoren	2×450 = 900 kW	2×450 = 900 kW	4×450 = 1 800 kW	1,00	2,00
Schwenkwerk					
Auflast auf die Kugeldrehverbindung	18 900 kN	30 200 kN	53 800 kN	1,60	1,78
max. Schwenkgeschwindigkeit	0,011 rad/s	0,0094 rad/s	0,0071 rad/s		
Durchmesser Kugellaufring	9,0 m	15,0 m	20,0 m		
Kugeldurchmesser	200 mm	250 mm	320 mm		
Anzahl der Kugeln	198	261	279		
Anzahl der Motoren	2×60 = 120 kW	2×80 = 160 kW	4×80 = 320 kW	1,33	2,00
Fahrwerk					
Auflast am Boden	30 000 kN	59 000 kN	113 000 kN	1,97	1,92
Anzahl der Raupenbänder	12	12	12		
Anzahl der Rollen je Raupenband	8	16	16	2,00	1,00
Länge einer Raupe	10,1 m	15,35 m	15,00 m		
Breite der Bodenplatte	2,5 m	2,0 m	3,7 m		
Aufstandsfläche	303 m²	368 m²	666 m²		
mittlerer Bodendruck	99 kPa	160 kPa	170 kPa		
kleinster Kurvenradius	60 m	50 m	100 m		
Anzahl der Antriebsmotoren	6	9	12		
Nennleistung der Motoren	6×46 = 276 kW	9×100 = 900 kW	12×180 = 2 160 kW		
Bänder					
Bandbreite	2 200 m	2 600 m	3 200 m		
Bandgeschwindigkeit	3,35 m/s	3,5 m/s	4,2 m/s		
Masse eines Muldenrollensatzes	156 kg	156 kg	322 kg	1,00	2,12
Masse einer Antriebstrommel	4,4 t	7,5 t	28,8 t	1,70	3,84
Masse einer Umlenktrommel	3,2 t	4,3 t	11,1 t	1,34	2,58

Tagebaugerät. Noch Tabelle: Technische Daten der im Bild dargestellten Schaufelradbagger.

Gegenstand	a	b	c	b:a	c:b
Ballastmasse	335 t	250 t	880 t	0,75	3,52
Hauptabmessungen Ausladung Schaufelrad	45 m	71 m	70,5 m	1,58	0,99
Abtragshöhe	30 m	53 m	55 m	1,77	1,04
Blockbreite	55 m	90 m	90 m	1,63	1,00
Blockinhalt je m	1 650 m³	4 770 m³	4 950 m³	2,89	1,04
Blocklänge je Tag	36,4 m	23,1 m	48,5 m	0,63	2,08

führt zu immer größeren Teufen mit steigenden Fördermengen. Abbau und Beseitigung des Abraums nimmt man auf 10–20 m breiten Sohlen vor, die in 20–50 m Höhe serpentinenartig bis zum tiefsten Punkt hinabführen. In hartem Gestein werden die Etagenabschnitte gebohrt (Bohrgeräte) und gesprengt, während man in weichem Material das Erdreich in dünnen Spänen abschält. Förderleistungen bis zu 300 000 m³ (Festkubikmeter) werden dabei im 24h-Einsatz erreicht. Dies entspricht einer Füllung von 18 Eisenbahnwaggons in der Minute. Der Aufbau und die Installierung eines Großgerätes mit allen Hilfseinrichtungen (Bänder, Absetzer) dauert bis zu 4 Jahre. Die Lebensdauer der Geräte beträgt 30 Jahre und mehr. Die Anschaffungskosten sind relativ hoch, werden jedoch durch kontinuierliche Arbeitsweise und hohe Verfügbarkeit ausgeglichen. *Kühn*
Literatur: *Durst, W.,* u. *W. Vogt:* Schaufelradbagger. Clausthal-Zellerfeld 1986.

Tagesanlage. Unter einer T. versteht man im Steinkohlenbergbau alle über Tage befindlichen baulichen und technischen Anlagen eines Bergwerks. Zweckmäßig läßt sie sich aufteilen in den direkt der Schachtanlage zugeordneten Tagesbetrieb (Grubenbetrieb über Tage), in die Anlagen des allgemeinen Dienstes, in die überörtlichen Hilfsbetriebe, in die Weiterverarbeitung sowie in die Außenschachtanlagen.

Im übertägigen Grubenbetrieb sind die Bereiche der Schachtförderung, Aufbereitung und Grubenversorgung zusammengefaßt. Zur Schachtförderung zählen alle beweglichen Teile im Schacht, also Seile, Körbe, Skipgefäße (die festen Einbauten werden dem Grubenbetrieb unter Tage zugeordnet); des weiteren die Fördereinrichtungen wie →Fördergerüst, Führungsgerüst, →Fördermaschine, Schachttor und die Entladeeinrichtungen. Bei Gestellförderung kommen noch der Hängebankbereich mit Wagenumlauf, Wippern und Aufgabeaggregaten hinzu.

Der Bereich der Aufbereitung umfaßt alle dazu nötigen verfahrenstechnischen Anlagen und Maschinen (über Tage). Hierzu werden auch Vergleichsmäßigungsanlagen für die Rohkohle und Fertigprodukte (z. B. Kokskohle) in Form von Bun-

kern und Vergleichsmäßigungslagern sowie die Verladeanlagen für die verwertbaren Produkte und Berge gezählt.

Mit der Aufbereitung ist auch der Bereich der Bergewirtschaft eng verbunden. Hierzu gehören alle Anlagen und Maschinen zum Transport und zur Verladung der in der Aufbereitung anfallenden Waschberge, die Anlagen zur Trennung der Waschberge in Ausrichtungsberge (für Weiterverarbeitung), Schlamm und Abfall, die Bergehalde sowie alle dahin führenden werkseigenen Straßen und Gleisanlagen.

Der Bereich der Grubenversorgung umfaßt die Einrichtungen der Wetterwirtschaft, die Anlage zur Wärme- und Drucklufterzeugung und zur Belieferung der Grube mit Material und Versatzbergen.

Die Anlagen des allgemeinen Dienstes gehören nicht zum Grubenbetrieb über Tage, können aber der Schachtanlage direkt zugeordnet werden. Hierunter fallen die sozialen Einrichtungen wie Kauen mit Lampenstube, Filterraum, Betriebsbüros, Verwaltungsgebäude und Parkplätze.

Zu den überörtlichen Hilfsbetrieben zählen die Ver- und Entsorgungsbetriebe. Hiermit werden die Werkstätten, Energieversorgungsanlagen, Verbindungswege von Schachtanlagen untereinander sowie Hafenanlagen zusammengefaßt. Diese Hilfsbetriebe können unabhängig von der einzelnen Schachtanlage organisiert werden. Bestimmender Einflußfaktor ist der Schachtanlagenverbund.

Die Weiterverarbeitung umfaßt die Kokereien und Kraftwerke. *Seeliger*
Literatur: *Bethe, W. P.:* Konzipierung des Zuschnitts der Untertageanlagen. Bergbauforschung Essen 1976. – *Reuther, E. U.,* u. *K. E. Müller:* Planung neuer Steinkohlenbergwerke. Essen 1980.

Taillenschraube →Schraubenform

Taktschiebebrücke (Bautechnik) →Geräte für Taktschiebebrücken (Bautechnik)

Tandemgitter. T. sind 2 gegeneinander versetzte, überlappend oder hintereinander angeordnete Schaufelgitter. Mit T. kann man insbes. in Verdichtern große Umlenkungen erzielen, die bei Einzelgittern zur Ablösung führen würden, denn am zweiten Gitter baut sich wegen seiner versetzten Stellung eine neue →Grenzschicht auf, die weniger zur Ablösung neigt. Wenn in einer Gitteranordnung eine Überschallströmung in eine Unterschallströmung überführt werden soll, so kann sich im T. dieser Übergang in mehreren Fächern aus schwachen Stößen vollziehen, deren Verlust insgesamt kleiner ist als der eines oder weniger Stöße großer Intensität. *Dibelius*

Tandemofen. Ein T. ist ein Schmelzaggregat, das aus 2 Schmelzeinheiten besteht, vergleichbar mit 2 Siemens-Martin-Öfen oder 2 Konvertern, die miteinander verbunden sind. Dabei werden die Abgase aus der einen Schmelzeinheit in der anderen Schmelzeinheit zur Schrottvorwärmung nachverbrannt. Nachdem der Frischprozeß in der einen Schmelzeinheit beendet ist, wird in der anderen Schmelzeinheit zu dem vorgewärmten Schrott Roheisen gegeben, während in der einen Schmelzeinheit kalter Schrott zum Aufwärmen eingesetzt wird. Der Frischprozeß läuft dann bei diesem Verbundsystem in entgegengesetzter Strömungsrichtung ab. *Baumann*

Tandem-Umkehr-Walzstraße. Eine T.-U.-W. ist eine W. mit T.-Walzanlagen, bei der mehrere nacheinander angeordnete Walzgerüste während des Umformens mit dem Walzgut gleichzeitig im Eingriff sind und das Walzgut in jedem Walzgerüst mehrere Stiche erhält. Dafür wird nach jedem Stich die Walzrichtung umgekehrt. *Baumann*

Tandem-Walzanlage. Eine T.-W. ist eine W. einer T.-Walzstraße, bei der 2 oder mehr als 2 W. im →Verbund miteinander arbeiten und meist alle Arbeitswalzen der T.-Walzstraße während des Umformvorgangs mit dem Walzgut im Eingriff sind. *Baumann*

Tandem-Walzstraße. Eine T.-W. ist eine W., die aus 2 oder mehr als 2 T.-Walzanlagen besteht, die im Verbund miteinander arbeiten. Dabei sind meist alle Arbeitswalzen der T.-W. während des Umformvorgangs mit dem Walzgut im Eingriff. Beispiele solcher W. sind Kaltband-T.-Straßen und Warmbreitband-Fertigstraßen mit Walzgerüsten in T.-Anordnung. *Baumann*

Tandem-Walzverfahren. Das T.-W. ist ein Verfahren zum Umformen von Walzgut mit mehreren, nacheinander angeordneten, oft gleichartigen Walzanlagen, die im Verbund miteinander arbeiten. Dabei sind während des Umformvorgangs meist alle Arbeitswalzen der T.-Walzstraße im Eingriff. *Baumann*

Tangentialkraftdiagramm →Drehkraftdiagramm

Tangentialspannung. Die Normalspannung in Umfangsrichtung, d. h. auf einer Schnittfläche φ = konst (Polarkoordinaten, Zylinderkoordinaten). T., →Radialspannung und →Axialspannung sind in rotationssymmetrischen mechanischen Systemen (Scheibe, rotierende; Kesselformel) häufig die Hauptnormalspannungen. *Witfeld*

Tank (Kraftfahrzeug) →Kraftstofftank

Taucherglocke. T. (Bild, nächste Seite) werden außer bei der Druckluftgründung bei speziellen Wasserbauaufgaben oder Unterwasserreparaturaufgaben eingesetzt. Am Gerüst hängend oder freischwimmend ähneln sie in Aufbau und Arbeitsweise einer im Wasser schwebenden Arbeitskammer. Das Tragschiff übernimmt auch die Aufgabe der Drucklufterzeugung, der Energieversorgung und der Werkstatt. Bei den festen Gerüsten sind auf der T. Schachtrohre mit Schleusen eingebaut. Bei den freischwimmenden T. müssen wegen der Schwimmstabilität und des Tauchvorgangs Flut- und Lenztanks eingebaut sein. Die Schachtrohre mit den Schleusen sowie Arbeitsbühnen für eine begrenzte Tiefe sind an der Glocke fest eingebaut. *Kühn*

Tauchkolbenmaschine →Kreuzkopfmaschine

Tauchschmierung. Durch Eintauchen in Öl oder Fett wird das Maschinenelement mit →Schmierstoff benetzt, der dann an die eigentliche Schmierstelle gefördert wird. Beispielsweise bei Zahnrädern erfolgt Zuführung des Schmierstoffs in den Zahneingriff durch ein →Zahnrad, das in den Ölsumpf eintaucht. T. wird i. a. durch die Umfanggeschwindigkeit (Zentrifugalbeschleunigung) beschränkt. Anwendung findet T. auch bei der →Gleitlagerschmierung (→Zahnradschmierung). *Knoll*

Taumelfehler →Unwucht

Technisches System. Ein t. S. ist ein gegenständlich bestehendes, von Menschen, auf Grund gesellschaftlicher Bedürfnisse, bewußt geschaffenes Gebilde, dessen Funktionen auf dem Zusammenwirken physikalischer Geschehnisse beruhen. Ein t. S. ist zerlegbar. Die Bestandteile eines solchen S. können selbst wieder S. sein. Solche untergeordneten S. werden im Hinblick auf das übergeordnete S. Teil-S. genannt. Demzufolge heißt das ursprüngliche S. Gesamt-S. Wenn ein Gesamt-S. in Teil-S. unterteilt und diese Teil-S. wieder in deren Teil-S. aufgeteilt werden usw., dann ist eine hierarchische Ordnung erkennbar, in der Ebenen deutlich werden. Zum Zwecke der Vergleichbarkeit t. S. hin-

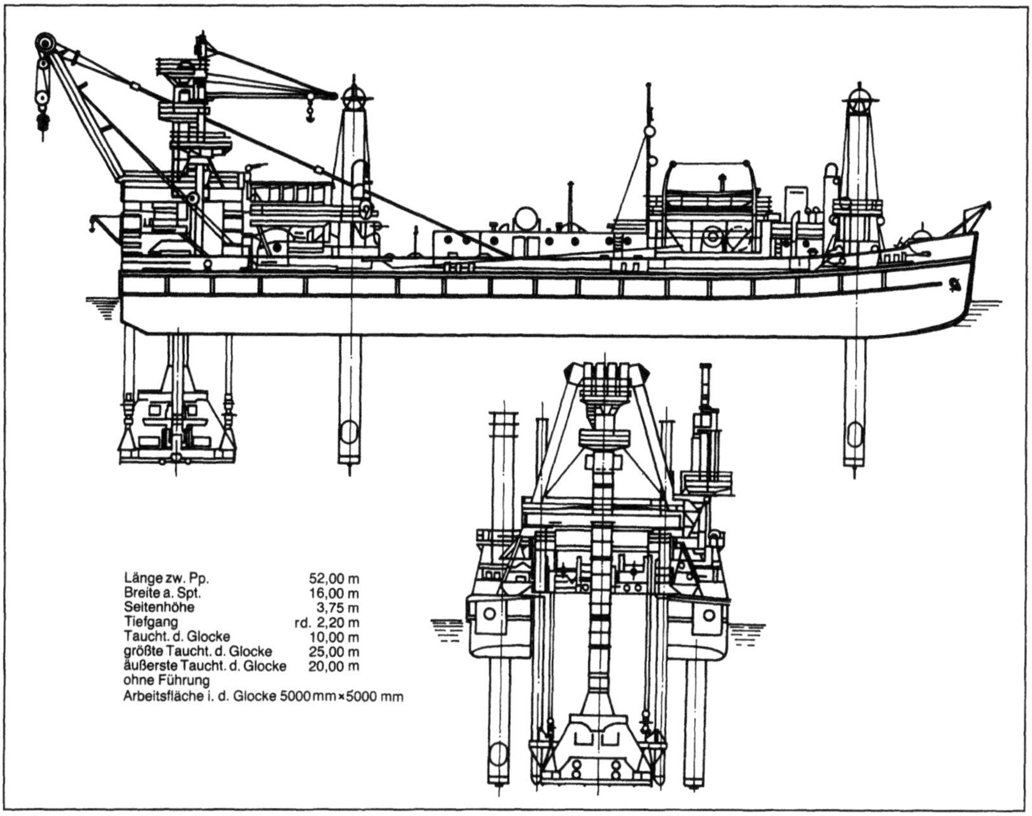

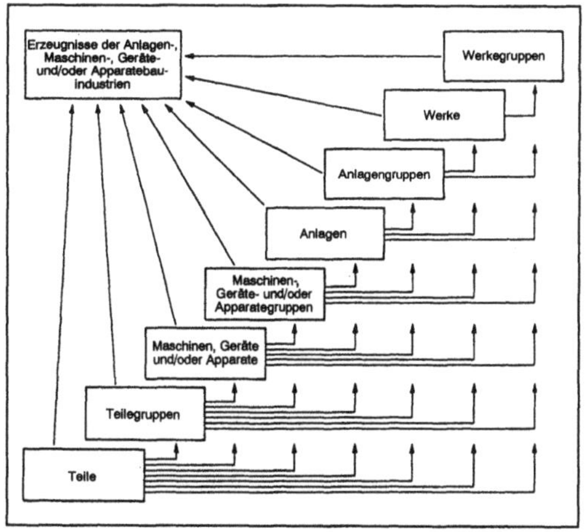

Länge zw. Pp.   52,00 m
Breite a. Spt.   16,00 m
Seitenhöhe   3,75 m
Tiefgang   rd. 2,20 m
Taucht. d. Glocke   10,00 m
größte Taucht. d. Glocke   25,00 m
äußerste Taucht. d. Glocke   20,00 m
ohne Führung
Arbeitsfläche i. d. Glocke 5000 mm × 5000 mm

Taucherglocke: Schiff mit einer Taucherglocke.

sichtlich ihrer Stellung in einer solchen hierarchischen Ordnung ist es erforderlich, eine Ebene als Bezugsebene festzulegen. Das ist die Ebene, deren S.-Bestandteile vereinbarungsgemäß nicht weiter unterteilt werden. Diese kleinsten Bestandteile eines t. S. werden Teile genannt.

T. S. können nach ihrer Komplexität in

☐ Werkegruppen,

☐ Werke,

☐ Anlagengruppen,

☐ Anlagen,

☐ Maschinen-, Geräte- und/oder Apparategruppen,

☐ Maschinen, Geräte und/oder Apparate sowie

☐ Teilegruppen

eingeteilt und in Komplexitätsebenen eingeordnet werden (Bild). Dabei ist jedes nachgeordnete t. S. ein Teil-S. des jeweils vorgeordneten. Teile sind nur durch einen zerstörenden Trennvorgang zu zerlegen. Mehrere Teile können, sofern sie zur Erfüllung einer Aufgabe sinnvoll zueinander angeordnet sind, eine Teilegruppe bilden. Teile einer solchen Gruppe sind lösbar miteinander verbunden. Die Teilegruppe ist eine meist nicht selbständig funktionierende Einheit. Teilegruppen können eine Maschine,

Technisches System: Einteilung der Erzeugnisse der Anlagen-, Maschinen-, Geräte- und Apparatebauindustrien nach Komplexitätsgraden.

ein Gerät oder einen Apparat bilden. Das sind Einheiten, die Funktionen selbständig ausüben können. Wenigstens 2 Maschinen, Geräte und/oder Apparate können in einer Gruppe zusammengefaßt sein. Mehrere Maschinen-, Geräte- und/oder Apparategruppen können eine Anlage bilden. Demnach können auch mehrere Anlagen eine Anlagengruppe bilden, und mindestens 2 Anlagengruppen können ein Werk sein. Mehrere Werke bilden eine Werkegruppe.

Wenn in dieser Weise alle Erzeugnisse in Ebenen eingeordnet werden, dann hat jedes Erzeugnis einen bestimmten Komplexitätsgrad. Dementsprechend heißen die Ebenen Komplexitätsebenen. Die Komplexität eines t. S. ist durch die Beziehungen von den Teilen zu den Teil-S. und von den Teil-S. zum Gesamt-S. geprägt. Komplexe t. S. sind z. B. Stahlwerke, Stranggießbetriebe, Walzwerke, Walzstraßen, Rohrstraßen, Band-Behandlungslinien sowie Adjustage- und Schmiedeanlagen.

Solche S. werden in der Praxis auch integrierte t. S. oder integrierte Anlagen genannt. Integrierte S. sind die zu einem übergeordneten t. Gesamt-S. gehörenden Teil-S. Demzufolge ist beispielsweise ein integriertes Stahl- oder Walzwerk Bestandteil einer Werkegruppe und ist ein Stahlstrang-Gießbetrieb integrierter Bestandteil eines Stahlwerks. Wenn viele unterschiedliche Beziehungen zwischen den Bestandteilen eines t. S. bestehen und die Anzahl unterschiedlicher Bestandteile groß ist, dann wird das S. kompliziert genannt. Sowohl die Kompliziertheit als auch die Komplexität eines S. sind bestimmend für seine Struktur.

In und mit t. S. der Anlagen-, Maschinen-, Geräte- und Apparatebauindustrien finden i. a. Flüsse sowie Umsätze von durchzusetzenden Stoffen, Energien und/oder Signalen statt. Deshalb sind Stoffe, Energien und Signale wesentliche Aus- sowie Eingangsdaten t. S. Unter den Flüssen sind hier Bewegungen durchzusetzender Stoffe, Energien sowie Signale und unter den Umsätzen sind Änderungen ihrer Eigenschaften oder Zustände, im weiteren Sinne Umwandlungen, zu verstehen. In t. S. sind gem. ihrer Aufgabe Flüsse sowie Umsätze entweder von Stoffen, Energien oder Signalen vorherrschend. Aus diesem Grunde wird der jeweils vorherrschende Fluß sowie Umsatz als Hauptfluß sowie -umsatz bezeichnet und das jeweilige S. danach benannt. Es gibt keine Flüsse und Umsätze von Stoffen oder Signalen ohne begleitende Energieflüsse und -umsätze. Meist sind in einem S. hoher Komplexität die genannten 3 Fluß- sowie Umsatzmöglichkeiten verwirklicht. Apparate sind t. S. mit vorherrschenden Umsätzen von durchzusetzenden Stoffen, Maschinen sind solche mit vorherrschenden Energieumsätzen und Geräte sind diejenigen mit vorherrschendem →Signalumsatz. Durchsätze sind Mengen von Stoffen, Energien oder Signalen, die je Zeiteinheit die t. S. während ihrer Nutzung durchlaufen. Mehr als 60 % aller Erzeugnisse der Maschinen-, Geräte- und Apparatebauindustrien sind stoffdurchsetzende S. Zu diesen stoffdurchsetzenden S.

zählen z. B. Hochofenwerke, Stahlwerke, Walzwerke, Schmelzbetriebe, Gießbetriebe, Walzstraßen, Band-Behandlungslinien, Rohrstraßen, Schmelzanlagen, Stranggießanlagen, Wärmanlagen, Hochumformanlagen, Rohrschweißanlagen, Adjustageanlagen, Schmiedeanlagen sowie Transport- und Förderanlagen. *Baumann*

Teilbeaufschlagung. T. kennzeichnet bei Turbinen einen gegenüber dem Strömungsquerschnitt des Laufrads reduzierten Querschnitt des Leitrads, so daß ein Teil des Laufrads undurchströmt bleibt. Dazu bieten sich folgende Möglichkeiten:
□ *Sektorielle T.:* Die Zuströmung findet nur durch bestimmte Sektoren des Leitrads statt, nicht aber auf dem ganzen Umfang.
□ *Radiale T.:* Die Zuströmung erfolgt nur auf einem Teil des Radius.

T. wird in folgenden Fällen angewendet:
□ Am häufigsten zur Leistungsregelung von Dampfturbinen, insbes. von kleineren Industrieturbinen: In der Regelstufe wird durch Zu-, Abschalten oder Drosseln des Zustroms zu den einzelnen Leitradsektoren (Düsenkästen) mit den Regelventilen der →Massenstrom des Dampfes und damit die Leistung geregelt.
□ Ebenfalls zur Leistungsregelung von Erdgasexpandern, die bei stark variablem Gasbedarf betrieben werden müssen.
□ Hilfsturbinen kleiner Leistung werden oft überhaupt nur auf einem Teil des Umfangs, also sektoriell, beaufschlagt, weil bei voller Beaufschlagung und vorgegebener Drehzahl der Strömungsquerschnitt in radialer Richtung zu klein würde.
□ Bei mit Abgas getriebenen Turboladern für druckaufgeladene Verbrennungsmotoren gelangen im Stoßbetrieb einzelne zeitlich versetzte Druckstöße aus den einzelnen Zylindern auf verschiedene Sektoren oder auch durch Mehrfachspiralen auf unterschiedliche radiale Teilquerschnitte. Zu jedem Zeitpunkt liegen dann beaufschlagte und unbeaufschlagte Teilquerschnitte örtlich nebeneinander.

Bei T. entstehen gegenüber der Vollbeaufschlagung zusätzliche Verluste, die folgende Ursachen haben (Bild, nächste Seite):
□ Die in der Beschaufelung umgesetzte Leistung nimmt dem Beschaufelungsgrad entsprechend ab. Die parasitären Verluste, wie die aerodynamische Reibung des Rotors und die Lagerverlustleistung, bleiben gleich, oder letztere kann infolge ungleichmäßiger Belastung sogar zunehmen. Der Wirkungsgrad fällt also ab.
□ In den nicht durchströmten Bereichen des Laufrads wird durch Wechselwirkung mit dem umgebenden →Arbeitsfluid der Drehbewegung ein Ventilationswiderstand entgegengesetzt, der von dem im beaufschlagten Gebiet entwickelten Drehmoment überwunden werden muß.

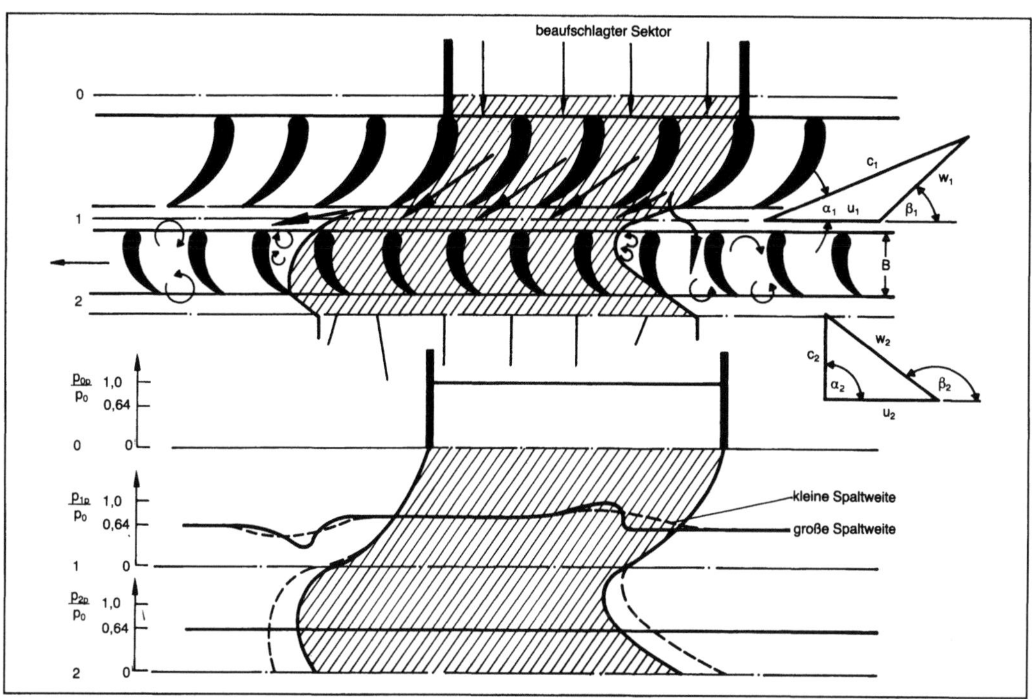

Teilbeaufschlagung: Schnitt durch sektoriell teilbeaufschlagte Turbinenstufe. Verlauf des statischen Drucks in den Ebenen vor Leitrad (0), im Spalt (1) und nach dem Laufrad (2).

□ Bei jeder Art der T. treten entweder an den Sektorenden oder an der radialen Trennstelle freie Grenzen gegenüber dem unbeaufschlagten Teil des Laufrads auf, wo Wirbel und dadurch zusätzliche Verluste entstehen.

□ Bei Beschaufelungen mit einem Druckreaktionsgrad >0 setzt im Spalt zwischen Leit- und Laufrad ein Leckstrom vom beaufschlagten Teil in Umfangs- oder radialer Richtung nach der oder den unbeaufschlagten Teilen ein, wo der Druck hinter dem Laufrad herrscht.

□ Dadurch steigt auch der Durchfluß durch die beaufschlagten Beschaufelungsteile über den Anteil an, der ihm bei Vollbeaufschlagung entspräche.

□ Bei sektorieller T. bewegt sich das Laufrad abwechselnd durch durchströmte und undurchströmte Sektoren. An jeder Grenze muß das Fluid im Laufrad entweder in Bewegung gesetzt oder verzögert werden, wodurch ein instationärer Verlust entsteht und der Leckstrom durch den Aufstau auf der einen Seite und den Sog auf der anderen Seite noch verstärkt wird.

Während sich die beiden ersten Verlustanteile ganz gut abschätzen lassen, müssen die anderen, vor allem wegen ihrer Abhängigkeit von der Geometrie, im Versuch bestimmt werden. *Dibelius*

Teilezahlreduzierung. Unter T. versteht man die Verminderung der Anzahl an Einzelteilen oder nur der Anzahl unterschiedlicher Teile eines Produkts durch geeignete Konstruktion.

Die Reduzierung der Anzahl unterschiedlicher Teile ist vor allem in der Einzel- und Kleinserienfertigung von Bedeutung, da hierdurch die Kosten für die Einführung neuer Teile (Kosten für Konstruktion, Arbeitsvorbereitung, Organisation) gesenkt werden können. In der Serienfertigung hingegen ist die absolute Anzahl der Teile von größerer Bedeutung. Hier werden die Einführungskosten bezogen auf eine große Stückzahl sehr klein. Die Kosten für Fügeflächen, Verbindungen und Montage fallen aber für jedes produzierte Teil in voller Höhe an.

Die T. kann z. B. mit Hilfe von Funktionsvereinigung (→Funktionstrennung/Funktionsvereinigung) oder →Integralbauweise erreicht werden.

Ehrlenspiel

Teilfunktion →Funktion technischer Systeme

Teilkreisdurchmesser →Evolventenverzahnung

Teillastverhalten. Hinsichtlich des T. eines Verbrennungsmotors ist der Kraftstoffverbrauch bei Teillast der wohl wichtigste Aspekt. Besonders Pkw-Motoren werden viel in Betriebspunkten mit niedriger Last gefahren. Der durchschnittliche Kraftstoffverbrauch wird deshalb mehr vom Teillastverbrauch als vom Verbrauch bei höchster Leistung bestimmt.

Grundsätzlich haben Verbrennungsmotoren im Vergleich zu anderen Kraftmaschinen auch bei Teillast recht gute Wirkungsgrade. Dennoch ist bei niedriger Last ein deutlicher Abfall des Nutzwirkungsgrads und damit ein höherer spezifischer Kraftstoffverbrauch zu beobachten (→Motorkennfeld). Dieser Abfall beruht darauf, daß Verluste (im wesentlichen Reibungsverluste) auftreten, deren Größe fast unabhängig von der Last sind. Je kleiner die Last ist, desto höher ist der relative Anteil dieser Verluste und führt zum Verringern des mechanischen Wirkungsgrads und des Nutzwirkungsgrads.

Beim Vergleich des Ottomotors mit dem →Dieselmotor zeigt der Ottomotor von vornherein einen geringeren Nutzwirkungsgrad, weil bei ihm mit Rücksicht auf das →Klopfen nur ein niedrigeres →Verdichtungsverhältnis zulässig ist. Bei Teillast vergrößert sich der Unterschied noch zugunsten des Dieselmotors aus folgenden Gründen:

☐ Beim Ottomotor wird bei Teillast die →Drosselklappe teilweise geschlossen (→Leistungsregelung). Dadurch muß der Motor aus einem Raum ansaugen, in dem Unterdruck herrscht. Dies führt zu einer negativen Gaswechselschleife im p,V-Diagramm, also zu einem zusätzlichen Verlust.

☐ Beim Dieselmotor vergrößert sich bei Teillast das →Verbrennungsluftverhältnis (Qualitätsregelung), beim Ottomotor nicht (→Quantitätsregelung). Das höhere Verbrennungsluftverhältnis beim Dieselmotor führt aus thermodynamischen Gründen zu einem höheren →Innenwirkungsgrad.

☐ Bei sehr niedriger Last kommt es beim Ottomotor infolge der niedrigen Drücke im Zylinder und des höheren Anteils an →Restgas in der Zylinderfüllung zu einer langsameren →Verbrennung, mit der eine Verschlechterung des Innenwirkungsgrads verbunden ist.

Einen Teil der genannten Nachteile versucht man, durch besondere Maßnahmen zu beseitigen, die jedoch noch nicht zu serienreifen Lösungen geführt haben (Magermotor, →Schichtladungsmotor, →Kraftstoffeinsparung).

Im weiteren Sinne muß man unter dem Stichwort T. alle besonderen (insbes. nachteiligen) Effekte betrachten, die bei Teillastbetrieb eines Motors auftreten können. Hiervon seien einige genannt, die vor allem Dieselmotoren betreffen:

☐ verschlechterte Verbrennung bei aufgeladenen Dieselmotoren, besonders bei Verwendung von Kraftstoffen minderer Qualität,

☐ erhöhter →Verschleiß infolge Unterschreitung der Taupunkttemperatur (Kondensatausfall),

☐ Verschmutzung des Brennraums infolge niedriger Betriebstemperaturen,

☐ Verschlechterung der Abgasqualität durch unvollständige Verbrennung (Blaurauch). *Kuhlmann*

Teilmengen-Stahlbehandlungsverfahren. Die T.-S. werden eingeteilt in Umlaufverfahren und →Vakuum-Heberverfahren. Diese Verfahren gehören zu den Vakuum-S. Das sind Stahlentgasungsverfahren, bei denen jeweils nur ein Teil der Schmelze dem Vakuum ausgesetzt ist.

Im Falle der Vakuum-Umlauf-Entgasung tauchen 2 Stutzen eines evakuierten, feuerfest ausgekleideten Gefäßes in die Gießpfanne. In einen der beiden Stutzen wird nach Ansaugen des Stahls ein Fördergas geleitet, so daß eine Umlaufbewegung des Stahls entsteht. Dabei steigt der Stahl durch diesen Stutzen in das Vakuumgefäß, wird dort entgast und fließt durch den anderen Stutzen wieder zurück in die →Pfanne. Der Stahl läuft also um. Zu diesem Umlaufverfahren zählen das Ruhrstahl-Heraeus-Verfahren (→RH-Verfahren) und das Ruhrstahl-Heraeus-Oxygen-Blowing-Verfahren (→RH-OB-Verfahren).

Beim Vakuum-Heberverfahren wird das feuerfest ausgekleidete Vakuumgefäß, das mit einem Stutzen in die Schmelze taucht, während des Behandlungsvorgangs gehoben und gesenkt. Beim Senken des Vakuumgefäßes steigt ein Teil der Schmelze in das Vakuumgefäß und wird dort entgast. Wenn danach das Gefäß ohne Unterbrechung des Vakuums angehoben wird, fließt der Stahl infolge seines Eigengewichts in die Pfanne zurück. Dieser Vorgang wird mehrfach wiederholt, so daß beispielsweise nach etwa 15 min ein Pfanneninhalt mehrmals durchgesetzt und entgast ist. Dieses Vakuum-Heberverfahren wird Dortmund-Hörde-Verfahren (DH-Verfahren) genannt. *Baumann*

Teilschild. Diese Schilde haben mobile oder integrierte Abbaugeräte, wie Teilschnittmaschinen (TSM), Bild, baggermontierte Tieflöffelausrüstungen oder Ausleger, an deren Ende Meißel- oder Bohrköpfe angebracht sind; bekannt sind auch Reißdornschilde. Die Abbaugeräte können gesteins-, querschnitts- und/oder leistungsbedingt auf einer Abbaubühne oder mehreren Abbaubühnen

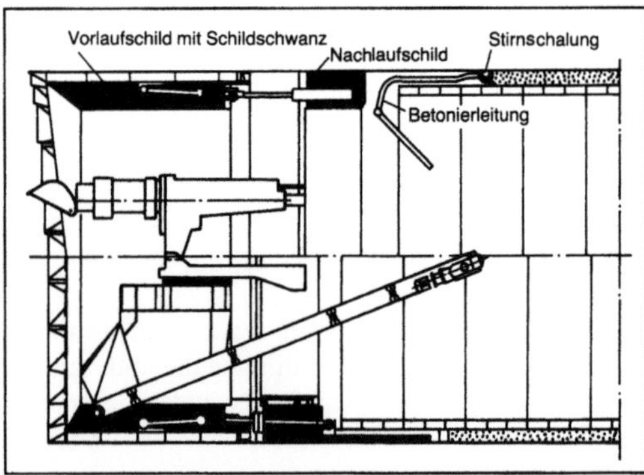

Teilschild: Baggerarmschild mit Teilschnittmaschine.

montiert sein. Bei gesteinsbedingten Änderungen der Abbaubedingungen, z. B. Hindernisse, feste Einlagerungen, können teilflächig abbauende Teilschnittmaschinen relativ leicht ausgetauscht werden, da Abförder- und Ausbaueinrichtungen als weitgehend unabhängig von der Abbaumethode anzusehen sind. Teilschnittmaschinen sind bis 120 N/mm² einachsialer Druckfestigkeit wirtschaftlich einsetzbar. Hoher Quarzgehalt und höhere Druckfestigkeiten über eine längere Vortriebsstrecke bedingen einen großen Verschleiß der auf Längs- oder Querschneidköpfen montierten Rundschaftmeißel. Probleme können bei der Staubbekämpfung auftreten. *Kühn*

Teilschnittmaschine.
1. Allgemeines. T. (TSM) mit Antriebsleistungen von 50–300 kW werden elektrisch oder elektrohydraulisch betrieben, haben Dienstgewichte von 20–100 t und fahren profilgenau mit Schneidköpfen (Längs- bzw. Querschneidkopf), Schlagköpfen (Hydraulikhämmern), Tieflöffelausrüstung oder auch Zughackenladern Querschnitte von 1 m² bis über 100 m² aus dem Stand auf. Die Reaktionskräfte infolge des Abbauvorganges werden über Raupenfahrwerke mit Pratzenverspannung abgetragen. Eine Bedüsung des Schneidkopfes reduziert die Staubentwicklung. Die Arbeitsweise von Längs- und Querschneidköpfen (Bild) bedingt unterschiedliche Schneidleistungen und Profilgenauigkeiten. Neuentwicklungen sind profil- und richtungsgesteuerte TSM. Das gelöste Ausbruchmaterial nehmen integrierte Kratz- oder Scherenlader auf, die an mittig oder an den Seiten angebrachte Fördereinrichtungen übergeben. Die am Schneidkopfausleger befestigten Absauglutten nehmen den Frässtaub des feinstückigen Materialabbaus direkt neben dem Schneidkopf auf. Schlagkopfmaschinen sind auf Trägergeräte integrierte und auslegermontierte schwere Hydraulikhämmer zum großstückigen Zer-

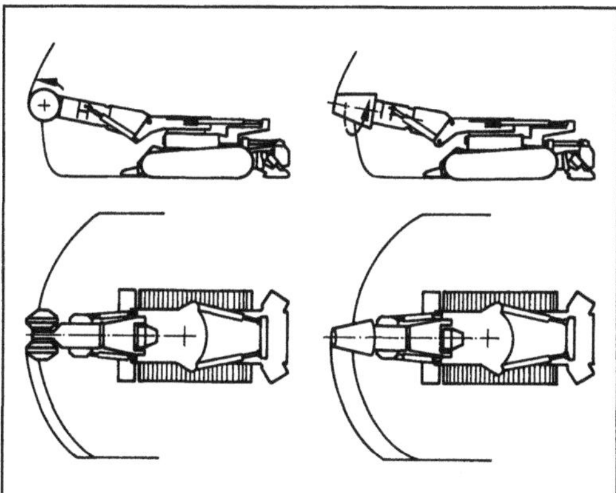

Teilschnittmaschine: Schneidvorgang bei Längs- bzw. Querschneidkopf.

legen des Gesteins. Das Wohlmeyer-Prinzip ist beim Minifullfacer verwirklicht. Bei dem mit mehreren Frässcheiben ausgestatteten Bohrkopf drehen sich die mit Meißeln bestückten Scheiben gegenläufig zur Drehrichtung des Bohrkopfes und fräsen dabei die Ortsbrust unter gleichzeitigem Hinterschneiden ab. *Kühn*

2. Bergbau. T. sind maschinelle Einrichtungen für den Streckenvortrieb. Man unterscheidet Schneidkopfmaschinen und Schlagkopfmaschinen.

Schneidkopfmaschinen werden zum Auffahren abbauunabhängiger Flözstrecken, d. h. zur Auffahrung von Strecken, die unabhängig von einem bestehenden Abbau sind (z. B. Auffahrung einer Strecke für einen späteren Strebrückbau), eingesetzt. Man unterteilt sie weiter nach Maschinen mit Querschneidkopf und mit Längsschneidkopf.

Die Schneidkopfmaschinen bewegen sich auf Raupenfahrwerken oder mit Schreitwerken vorwärts. Sie tragen an einem langen Ausleger Schneidwerkzeuge (Meißel) aus Hartmetall auf rotierenden Schneidköpfen. Der Ausleger ist in einer horizontalen und einer vertikalen Ebene beweglich. Die Bewegungen werden durch zwei Zylinderpaare gesteuert. Bei einigen T.-Bauarten sind die Ausleger teleskopartig ausgeführt. Der Schneidkopf kann dadurch in das Gestein eindringen, ohne daß die Maschine bewegt werden muß. Der Schneidkopf der Maschinen ist als Walze ausgeführt. Bei Längsschneidköpfen fällt die Drehachse der Walze mit der Auslegerachse zusammen. Das Gestein wird durch die an der Walzenoberfläche und -seitenfläche angebrachten Meißel gelöst. Durch diese Meißelanordnung kann der Schneidkopf gut in das Gebirge eindringen. Bei den Querschneidköpfen liegt die Drehachse der Walze senkrecht zur Auslegerachse und damit parallel zur Ortsbrust. Ein zentraler Bereich der Walze ist nicht mit Meißeln bestückt, so daß ein breiter Bereich der Ortsbrust von der Walze bestrichen werden muß, damit die Walze ins Gebirge eindringen kann.

Die beim Schneiden auftretenden Reaktionskräfte liegen im Fall des Querschneidkopfes in der Auslegerachse, d. h. parallel zur Vortriebsrichtung. Durch das Gewicht der Maschine werden diese Reaktionskräfte kompensiert. Im Fall des Längsschneidkopfes können die Reaktionskräfte zu einem seitlichen Abgleiten oder Kippen der Maschine führen, wenn diese nicht ausreichend verspannt ist.

Das Bild zeigt eine T. mit Längsschneidkopf, deren Richtung durch einen Laser gesteuert wird.

Auf den Nachläufern sind die Aggregate für die Entstaubung, Hydraulikversorgung usw. untergebracht (→Vollschnittmaschine [Bergbau]).

T. besitzen unterschiedlich ausgeführte Wegfülleinrichtungen für das gelöste Haufwerk. Eingesetzt

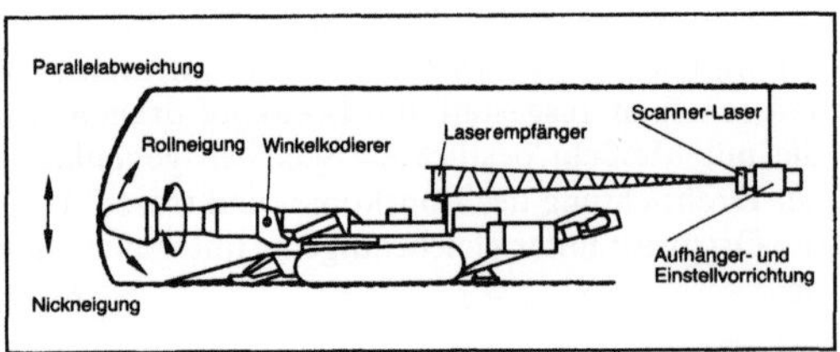

Teilschnittmaschine (Bergbau) ohne Nachläufer.

werden je nach Hersteller sternförmige Räder, Hummerscheren – hierunter versteht man sichelförmig gestaltete Platten, die sich pendelnd hin und her bewegen und dadurch das Haufwerk zum →Förderer schieben – und kurvengängige Kratzerförderer, um das Haufwerk von der Ortsbrust abzufördern. Diese auf Ladetischen angeordneten Einrichtungen übergeben das Haufwerk in aller Regel einem in der Mitte des Ladetisches angeordneten zentralen →Kettenkratzerförderer, der das Haufwerk durch einen Tunnel in der Maschinenachse weiter abfördert. Fast alle Maschinen besitzen an ihrem Ende einen schwenkbaren Austrag, der zumeist seitlich zur Maschinenachse um jeweils 2 m geschwenkt werden kann. Auch in der Höhe ist der Ausleger um bis zu 2 m verstellbar. Dadurch ist es möglich, einen Zwischenförderer mit begrenzter Länge zwischen Austrag und Hauptförderer zu installieren. Der Hauptförderer braucht daher nur einmal pro Arbeitstag verlängert zu werden.

Die Anzahl der Teilschnitt-Vortriebsmaschinen für den Flözstreckenvortrieb hat in den letzten Jahren sehr zugenommen. Im Jahr 1985 waren 110 T. im deutschen Steinkohlenbergbau eingesetzt. 17 verschiedene Bauarten mit Gewichten von 20 t bis 115 t werden von den verschiedensten Herstellern angeboten. Die →Antriebsleistung allein im Schneidkopf geht bis zu 350 kW.

T. erreichen i. a. höhere Auffahrgeschwindigkeiten und -leistungen als der konventionelle Streckenvortrieb mit Bohr- und Sprengarbeit. Statistische Untersuchungen haben ergeben, daß T. im Durchschnitt 7 m/d auffahren können. Es sind jedoch auch Vortriebe mit einer Vortriebsleistung von 28 m/d im Monatsmittel bekannt. Dagegen liegt die Vortriebsgeschwindigkeit beim konventionellen Streckenvortrieb im Durchschnitt bei ca. 3,5 m/d.

Die Entscheidung, ob eine Strecke konventionell oder maschinell aufgefahren werden soll, hängt von mehreren Faktoren ab. Unter anderem muß die aufzufahrende Streckenlänge berücksichtigt werden. Sie sollte für T. mittlerer Größe, d. h. mit etwa 70 t Gewicht und ca. 200 kW Schneidkopfantriebsleistung, nicht unter 800 m liegen, da die T. sonst unwirtschaftlicher als der konventionelle Streckenvortrieb wäre.

Der eindeutige Vorteil der T. liegt in der höheren Vortriebsgeschwindigkeit und in der Tatsache begründet, daß das Gebirge nicht durch Sprengarbeit aufgelockert und vorzerstört wird. Weiterhin ist u. a. die Unfallhäufigkeit geringer als bei konventionellen Vortrieben. Diesen Vorteilen stehen jedoch der höhere Investitionsaufwand und die hohen Kosten für Demontage, Transport und Montage der Ausrüstung gegenüber. *Seeliger*

Literatur: *Mertens:* Entwicklungsstand des maschinellen Streckenvortriebs. Glückauf 120 (1984), S. 385/95. – *Mertens:* Stand und Entwicklung des maschinellen Streckenvortriebs im Steinkohlenbergbau. Glückauf 121 (1985), S. 1199/1212.

Teilturbine. →Turbine, in der ein Teil des auf mehrere hintereinander geschaltete Maschinen verteilten gesamten Druckabbaues im →Arbeitsfluid erfolgt. Bei konventionellen Dampfkraftwerken ist die Dampfexpansion auf die Hochdruck-T., die Mitteldruck-T. und die Niederdruck-T. aufgeteilt. Insbesondere im Niederdruckbereich wird der →Volumenstrom aufgeteilt auf mehrere Niederdruck-T. mit jeweils 2 Fluten. *Ziemann*

Teilung (Maschinenelemente) →Gewinde, →Maschinenfeinheit, →Zahnrad

Teilungsfehler →Kupplungsfehler

Teilungsverhältnis. Verhältnis von Teilung t und Sehnenlänge s eines aus Profilen aufgebauten Schaufelgitters (Bild).

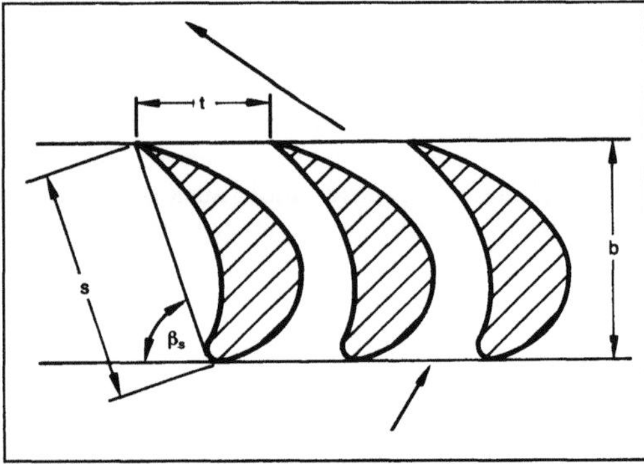

Teilungsverhältnis: Teilung, Sehnenlänge und Staffelungswinkel für ein Beschleunigungsgitter.

t Schaufelteilung, s Sehnenlänge, b Gitterbreite, β_s Staffelungswinkel

Für einen bestimmten Durchsatz und eine bestimmte Umlenkung der Strömung durch das Schaufelgitter läßt sich eine optimale, d. h. strömungsverlustarme Schaufelteilung t ermitteln: Je kleiner das T., um so größer die Anzahl der Schaufeln und damit die benetzte und Reibungsverluste bringende Schaufeloberfläche. Je größer das T., um so schlechter ist die Strömungsführung. Um trotzdem die notwendige Strömungsumlenkung zu erzielen, muß der Staffelungswinkel β_s kleiner gewählt werden. Daraus resultiert aber auch eine Zunahme der Ablösegebiete mit erhöhten Strömungsverlusten. *Ziemann*

Teleskopbagger. Der T. ist ein →Hydraulikbagger mit üblichem Raupen- oder Mobilunterwagen und Oberwagen mit einem starren Ausleger, der vollhydraulisch je nach Gerätegröße bis 5 m teleskopierbar ist. Dadurch erreichen T. Reichweiten zwischen 3,6 und 15,4 m. Die Betriebsgewichte ohne Werkzeuge betragen zwischen 4,1 und 33 t. Der in einem Block gelagerte Ausleger kann aus der Horizontalen um rd. 30° nach oben und bis zu 90° nach unten hydraulisch geschwenkt werden. Aus der großen Anzahl an Ausrüstungen kommen häufig Tieflöffel mit Planierschild und Abbruchwerkzeuge zum Einsatz. Durch das geradlinige Teleskopieren des Auslegers eignet sich der T. zum exakten Profilieren von Gräben und Böschungen im Tiefschnitt. Auf Grund niedriger Bauhöhe und verkürzter Schwenkradien ist der T. auch für den Tunnel- und Stollenbau sowie für den Bergbau ab 2 m Dmr. gut geeignet. In der Hüttenindustrie wird er zur Reinigung von Hoch- und Schmelzöfen verwendet. *Kühn*

Teleskopgabel →Lastaufnahmemittel

Tellerfeder. T sind flachkegelförmig ausgebildete Ringscheiben mit Außendurchmesser D_e, Innendurchmesser D_i, Scheibendicke t, mit Rechteckquerschnitt im Radialschnitt (Bild 1). Die kreisförmige Begrenzung ist am Innenrand gegenüber dem Außenrand um die Höhe h_0 axial versetzt.

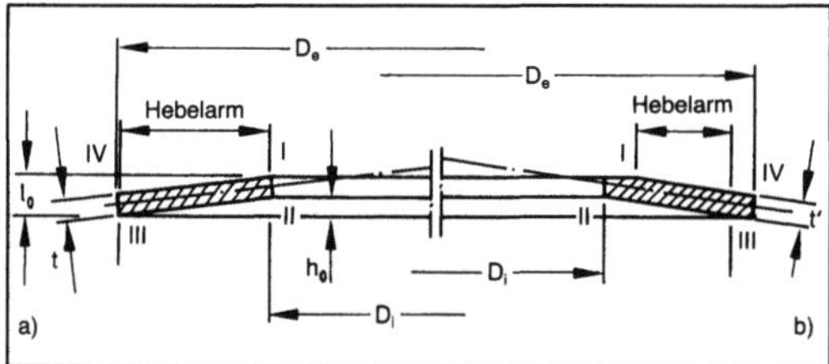

Tellerfeder 1. (Quelle: DIN 2092)
a) Ohne Auflagefläche
b) Mit Auflagefläche.

T.-Abmessungen sind in DIN 2092 und DIN 2093, festgelegt: Das Verhältnis D_e/D_i ist etwa 2,0. Für eine genormte Reihe A gilt $D_e/t \approx 18$, $h_0/t \approx 0,4$, und für eine genormte Reihe B ist $D_e/t \approx 28$, $h_0/t \approx 0,75$. D_e und D_i sind mit h12 bzw. H12 toleriert. Im Bereich $D_e = 8$ mm bis $D_e = 250$ mm können T. mit Axialkräften normgemäß bis zu F_{max} von 120 N–250 kN belastet werden.

Bei Krafteinleitung über die Kreislinien I am Innenrand und III am Außenrand (Bild 1) gilt für deren →Federsteifigkeit angenähert:

$$c = \frac{F}{s} = \frac{4 \cdot E}{1 - \mu^2} \frac{t^3}{K_l \cdot D_e^2} .$$

Für die an den Rändern auftretenden Normalspannungen in Umfangsrichtung gilt angenähert:

$$\sigma_{I,II} = \pm F \frac{K_3}{t^2} , \quad \sigma_{III,IV} \mp F \frac{K_3}{t^2} \cdot \frac{D_i}{D_e} ;$$

für $D_e/D_i = 2$ sind die dimensionslosen Beiwerte $K_1 = 0,69$, $K_3 = 1,38$.

Die Näherungsformeln gelten, solange $h_0/t \leqq 0,4$ (Reihe A). Für $h_0/t > 0,4$ zeigt Bild 2 den Verlauf der nach *Almen-Laszlo* errechneten Federkennlinien (Reihe B und C).

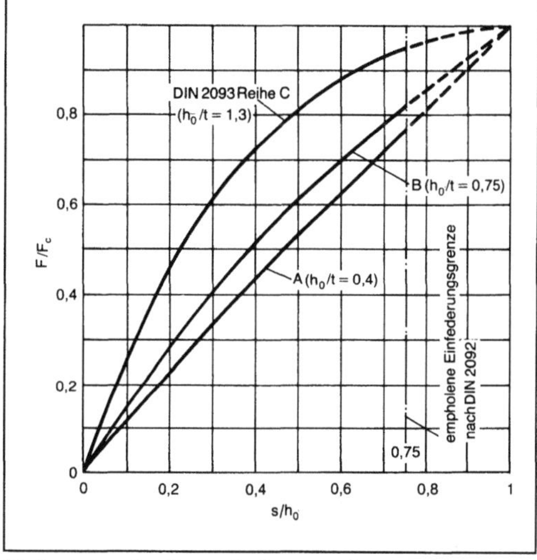

Tellerfeder 2: Verlauf der errechneten bezogenen Tellerfeder-Kennlinien.

F_c für $s = h_0$ nach der für c angegebenen Beziehung errechnet

Durch Parallel-, Hintereinander- (ggf. mit gehärteter Innen- oder Außenführung) und Gruppenschaltungen lassen sich die T.-Kennlinien variieren (Bild 3, nächste Seite). Auch progressive Federkennlinien sind möglich, z. B. u. a. durch Kombinationen aus Reihe A und B oder Gruppenschaltungen mit unterschiedlich vielen parallelen T. in den Einzelgruppen (durch Beilagen sollten dabei Verformungen über $s/h_0 = 0,75$ vermieden werden). Die von Oberflächenbeschaffenheit und Schmierung abhängige Reibung ist bei Parallelschaltung nicht zu vernachlässigen.

Nur statisch belastete T. ertragen rechnerische Normalspannungen σ_I von 2000–2400 N/mm² ohne Setzerscheinungen, schwellende zwischen den Nor-

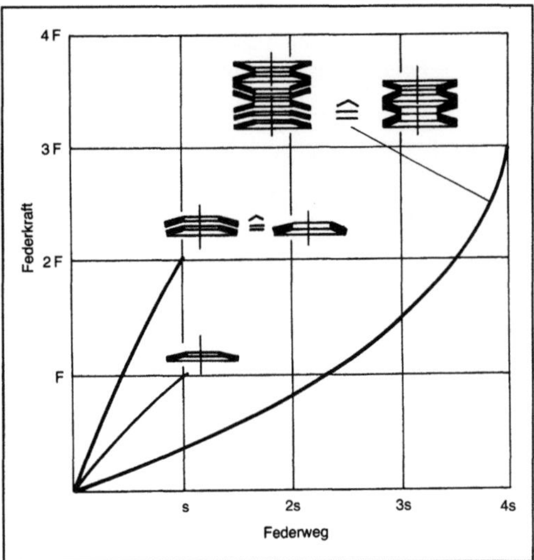

Tellerfeder 3: Federkombinationen zum Erzielen einer progressiven Kennlinie. (Quelle: Mubea a. a. O.)

malspannungsgrenzen σ_{oI} und σ_{uI} ertragene Oberspannungen σ_{oI} bis zu 700 und 1250 N/mm² je nach zu ertragender Lastspielzahl und Unterspannungshöhe σ_{uI} (DIN 2092 →Feder). *Federn*

Literatur: *Bühl, P.:* Zur Spannungsberechnung von Tellerfedern. Draht 22 (1971), S. 760/63. – *Hübner, W.:* Deformation und Spannungen bei Tellerfedern. Konstruktion 34 (1982), S. 387/92. – Mubea Tellerfedern-Handb. Hrsg. Muhr u. Bender, Attendorn 1987. – *Muhr, K.-H., P. Niephage* u. *H. Willwacher:* Warmvorsetzen vermindert Relaxation von Tellerfedern. Konstruktion 27 (1975), S. 468/71. – *Schremmer, G.:* Die geschlitzte Tellerfeder. Konstruktion 24 (1972), S. 226/29. – DIN 2092: Tellerfedern, Berechnung. Hrsg. Dt. Inst. für Normung. Ausg. Jan. 1992. – DIN 2093: Tellerfedern, Maße, Qualitätsanforderungen. Hrsg. Dt. Inst. für Normung. Ausg. Jan. 1992.

Tellermischer. T. arbeiten nach dem Verfahrensprinzip des Zwangsmischers. Sie haben ein feststehendes oder drehendes zylindrisches Mischgefäß, meist mit senkrechter Achse, in dem drehende oder feststehende Mischwerkzeuge zentrisch oder exzen-

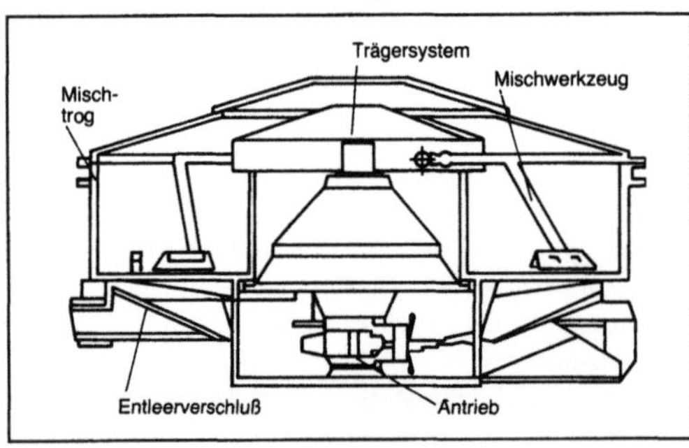

Tellermischer: Ringtellermischer.

trisch angeordnet sind. Daraus ergeben sich Mischgutbewegungen im Gegen- oder Gleichstromprinzip. Beim Ringtellermischer (Bild) hat das feststehende Mischgefäß einen ringförmigen Mischraum, d. h. die Mittelzone ist ausgespart. Die Mischwerkzeuge drehen meist in einer Richtung. Bei einer neueren Konstruktion sind gegenläufig drehende Mischwerkzeuge in mehreren Ebenen angeordnet. Das Mischgefäß wird von oben gefüllt. Das Entleeren geschieht über ein hydraulisch oder pneumatisch betätigtes, nach außen drehendes Bodensegment. Abriebfeste Schleißbleche schützen den Innenraum des Mischers. *Kühn*

Temperaturregelung. Zu unterscheiden ist hierbei zwischen der Zuluft- und Raum-T. Im ersten Fall wird durch Einwirken eines Stab- oder Kapillarrohrfühlers in der Zuluftleitung auf die Stellventile des Lufterwärmers bzw. -kühlers (→Folgeschaltung) die eingestellte Soll-Zulufttemperatur eingehalten. Diese Regelung kann in solchen Räumen eingesetzt werden, in denen der Wärmebedarf z. B. durch raumtemperaturgeregelte Heizkörper (Thermostatventile) gedeckt wird. Die Raum-T. ist dann nötig, wenn die Raumluftbehandlung ausschließlich durch die raumlufttechnische Anlage (RLT-Anlage) erfolgt. Die Anordnung des Raumthermostats sollte dann dort erfolgen, wo die eingeführte Zuluft die Raumtemperatur erreicht hat (Luftwalzen →Raumluftströmung) und keine äußeren Störgrößen (Sonneneinstrahlung, Zugluft) auf denselben einwirken können. Oft wird deshalb der →Lufterwärmer oder -kühler auch über einen Abluftthermostaten geregelt: geringe Verzugszeit T_u, große Ausgleichszeit T_g (Begriffe nach DIN 19226, Tl. 2, Regelungs- und Steuerungstechnik; Begriffe, Übertragungsverhalten dynamischer Systeme. Entw. Ausg. Apr. 1985).

Bei trägen Temperaturregelstrecken: T_u/T_g sehr groß (übliche Werte für den Schwierigkeitsgrad T_u/T_g der Regelstrecken: Raumtemperatur 0,05 bis 0,20, Zulufttemperatur 0,15–0,4, Ablufttemperatur 0,1–0,3) empfiehlt sich der Einsatz einer Kaskadenregelung mit 2 Reglern für die Raumtemperatur (Führungsregler) und Zulufttemperatur (Folgeregler). Bei dieser Kaskadenregelung bildet die Ausgangsgröße des Raumtemperaturreglers die Führungsgröße (Raumtemperatur) des unterlagerten Zulufttemperaturreglers (Folgeregler). Die Störungen, die auf die Zuluft wirken (Schwankungen der Außentemperatur des Zuluftstroms und des Heizmediums) werden hierbei von dem schnellen Zuluftregelkreis aufgenommen, so daß von der trägen Raum-T. nur noch die Änderungen der Heiz- und Kühllast abzufangen sind. Bei den RLT-Anlagen mit Zuluftnachbehandlung im Raum (Induktions-, →Zweikanal-Klimaanlage) sind die Voraussetzungen für eine individuelle, trägheitslose Raum-T. (je

Raum bzw. Raumabschnitt) durch Betätigung der Sequenzventile an den im Raum aufgestellten Induktionsgeräten (Drei- bzw. Vierleitersystem) oder der Klappenversteller (bei Induktions-Klappengeräten bzw. Volumenstromreglern bei Zweikanal-Klimaanlagen) gegeben. Vielfach wird bei der Raum-T. noch eine außentemperaturabhängige Anhebung des Raumtemperatur-Soll-Werts (bei Sommerbetrieb z. B. von 22 auf 26 °C) vorgenommen (außentemperaturabhängige Steuerung der Raumluft).

Zur Temperaturerfassung werden in einfachster Form Thermostate verwendet, in denen der Fühler, bestehend aus einem

□ Bimetallstreifen (Verbindung zweier Metallstreifen mit unterschiedlicher Temperaturausdehnung),

□ Stabfühler (Verbindung eines Ausdehnungs- mit einem Invarstab),

□ Membran- oder Kapillarrohrfühler (wärmedehnende Flüssigkeits- oder Gasfüllung),

mit dem Regler zu einer Einheit verbunden ist.

Vielfach werden heute als sog. Einheitsregler Meßelemente (Schichtwiderstände Platin-Nickel oder Halbleiterelemente) direkt in den Regler-Meßkreis geschaltet (passive Fühler) oder mit einem Meßwertsammler zusammengebaut (Umwandlung der Widerstandsänderung in elektrisches Einheitssignal 0–10 V, 0–20 mA). Die Erwärmung bzw. Kühlung des Zuluftstroms erfolgt überwiegend durch wasserdurchflossene Wärmeübertrager (Lufterwärmer, Luftkühler), so daß insbes. deren Stellverhalten für die T. bestimmend ist. Angewendet werden 2 grundsätzliche Regelungsarten (Tabelle 1), die

□ Wasserstromverteilung (Mengenregelung): Veränderung des durch den Lufterwärmer geleiteten Massenstroms $\dot{m}_W = f(y)$,

□ Mischungsregelung: Veränderung der Wassereintritts- oder Vorlauftemperatur $\vartheta_{We} = f(y)$ in den Lufterwärmer durch Rücklaufwasserbeimischung über das Regelventil oder Veränderung der Vorlaufwasserbeimischung (Einspritzschaltung). Der Umlaufstrom im Wärmeübertrager wird hierbei durch die zugeordneten Internpumpen konstant gehalten.

Bei konstanter Vorlauftemperatur ist die Anwendung der Mengenregelung unzweckmäßig (Regelung unstabil, Einfriergefahr).

Das Zeitverhalten der Temperaturänderung wird durch die Übergangsfunktion, am anschaulichsten durch eine Sprungfunktion (Sprungantwort Δx auf die abrupte Verstellung der Eingangsgröße Δy), erfaßt. Der Funktionsverlauf wird bei der Raum-T. von den Raumeigenschaften (Wärmespeicherkapazität der Luft-, Gebäude- und Materialmassen) stark mitbestimmt. Kennwerte der Sprungfunktion (Bild 1) sind die experimentell zu bestimmende

Verzugszeit T_u und die Ausgleichszeit T_g. Das mit Schwierigkeitsgrad bezeichnete Verhältnis T_u/T_g ist eine Hilfsgröße, um die Regelfähigkeit der Regelstrecke zu beurteilen. Anzustreben sind möglichst kleine Verhältniswerte.

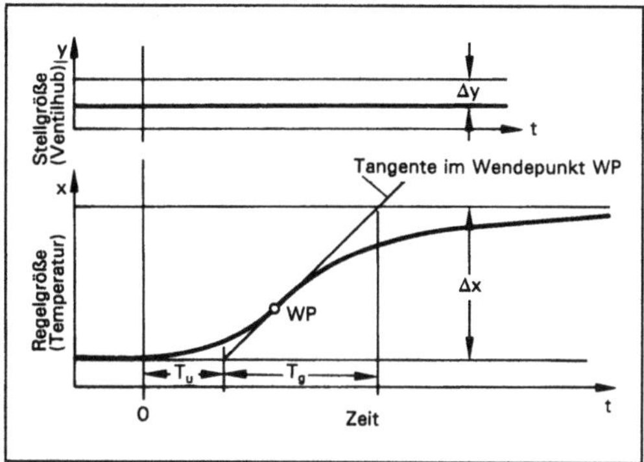

Temperaturregelung 1: Sprungantwort einer Regelstrecke.

T_u Verzugszeit, T_g Ausgleichszeit, WP Wendepunkt
Auswertung: $S = T_u/T_g$ (Schwierigkeitsgrad), $K_S = \Delta x/\Delta y$ (Übertragungsbeiwert) bei linearer Kennlinie

Die richtige Auswahl des Stellventils ist für die T. von großer Bedeutung. Mit dem auf den Vollastfall (Nennwärmeleistung $\dot{Q}_N$) auszulegenden Ventil soll ein möglichst lineares Übertragungsverhalten erreicht werden (→Regelklappe; Linearisierung der Durchflußcharakteristik). Für die Betriebskennlinien (Durchflußcharakteristika) des wasserbetriebenen Lufterwärmers bzw. -kühlers erhält man für normierte Betriebsbedingungen konkav gekrümmte Kurven (Bild 2a)). Die Betriebskennlinien gelten exakt für den Luftnacherwärmer bei Mischungsregelung. Für den Luftvorerwärmer bei Mischungsregelung sowie die Lufterwärmung bei Wasserstromverteilung gelten sie im üblichen Auslegungsbereich von Lufterwärmern und -kühlern für die regelungstechnischen Belange angenähert genau. Die Auslegungskennzahl a ist eine dimensionslose Zahl zwischen 0,1 und 1 (siehe Tabelle 1 auf Seite 1228). Zur Durchflußlinearisierung sind deshalb Stellventile mit entgegengesetzter konvexer Durchflußcharakteristik mit gleichprozentigem Kennlinienverlauf zu verwenden (Bild 2b)). Bei der gleichprozentigen Kennlinie sind gleiche Änderungen des Hubes y gleiche prozentuale Änderungen des Volumenstroms bei konstantem Druck zugeordnet. Diese Durchflußcharakteristik wird durch eine entsprechende Ausbildung des Ventilkegels, z. B. mit logarithmischer Profilierung oder mit eingelassenen logarithmischen Toren, erzielt. Durch eine entsprechende günstige Auswahl des Stellventils (k_V-Wert, Ventilautorität P_v) kann die angestrebte lineare Leistungskennlinie des Lufterwärmers (Luftkühlers) in Abhängigkeit vom Ventilhub y und

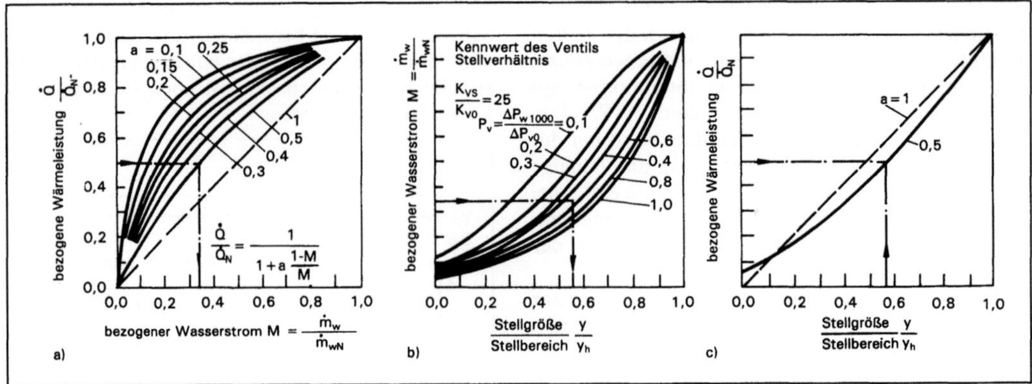

Temperaturregelung 2: Linearisierung von Kennlinien bei der Wärmeübertrager-Regelung bei konstantem Luftstrom.

a) Kennlinien von Wärmeübertragern.

$\dot{Q}_N$ Nennleistung, $\dot{m}_N$ Nennwasserstrom, a Auslegungskennzahl

b) Kennlinienfeld eines Regelventils mit gleichprozentiger Öffnungskennlinie.

P_v Ventilautorität, ΔP_{r0} Druck vor dem Stellventil, ΔP_{r100} Druckdifferenz am Stellventil bei Nennstrom

c) Gemeinsame Kennlinie von Wärmeübertragern und Regelventil bei Ventilautorität $P_v=0,5$ und $a=0,5$.

von der Ventilautorität P_v erreicht werden (Bild 2c)).

Zur Beurteilung des Regelverhaltens des Systems Lufterwärmer (Luftkühler), Rohrleitung und Stellventil werden Übertragungsbeiwerte K_S (Änderung der →Lufttemperatur zur Hubänderung) verwendet, die durch Differentiation der entsprechenden Betriebskennlinien berechnet werden (Tabelle 1).

Zur Abschätzung der Einstellwerte bei der proportional- sowie proportional-integral wirkenden Regelungseinrichtung existieren die in Tabelle 2 auf Seite 1229 zusammengestellten Anhaltswerte, sog. Faustformeln der Regelungstechnik. *K. G. Müller*

Literatur: *Bender, E.:* Das dynamische Verhalten von Kreuzstromwärmeaustauschern für Massenstromvariation. Regelungstechn. 20 (1972) Nr. 1, S. 13/18. – *Calame, H.,* u. *K. Hengst:* Die Bemessung von Stellventilen. Regelungstechn. 11 (1963) Nr. 2, S. 50/56. – *Hemmi, P.:* Das Temperaturübergangsverhalten durchströmter Räume. Neue Techn. 9 (1967) Nr. 6, S. 344/56. – *Junker, B.:* Klimaregelung. 2. Aufl. München 1984. – *Profos, P.:* Atlas des Feuchte- und Temperaturübertragungsverhaltens klimatisierter Räume. Essen 1972. – *Roos, H.:* Dimensionierung von Dreiwegarmaturen. Heiz.-Lüft.-Haustechn. 22 (1972) Nr. 1, S. 8/11; Nr. 2, S. 23/26. – *Scheurer, E.:* Übertragungsverhalten von Regelventilen in Heizungs-, Lüftungs- und Klimaanlagen. Heiz.-Lüft.-Haustechn. 21 (1971) Nr. 9, S. 279/84; Nr. 10, S. 347/54. – *Schmachtenberg, B.:* Zum dynamischen Verhalten großer Kreuzstromwärmeüberträger. Diss. RWTH Aachen 1981. – VDI/VDE 3525. Bl. 1: Regelung von Raumlufttechnischen Anlagen; Grundlagen. Hrsg. Verein Dt. Ing. Ausg. Dez. 1982. – VDI 2073: Hydraulische Schaltungen in Heiz- und Raumlufttechnischen Anlagen. In Vorber. Hrsg. Verein Dt. Ing. – VDI/VDE 2173: Strömungstechnische Kenngrößen von Stellventilen und deren Bestimmung. Hrsg. Verein Dt. Ing. Ausg. Sept. 1962. – *Winckler, R.:* Faustformeln des Regeltechnikers. Askania-Warte Nr. 56 (1959), S. 1/16. – *Würstlin, D.:* Verbesserung der Grundregelkreise in der Klimatechnik durch Änderung der Verfahren und Einsatz von geeigneten Regeleinrichtungen. Gesundh.-Ing. 89 (1968) Nr. 9, S. 267/76. – *Zwickler, R.:* Teillastverhalten eines Rippenrohr-Lufterhitzers bei Wasserstromregelung. Heiz.-Lüft.-Haustechn. 15 (1965) Nr. 2, S. 52/57. – DIN 19226. Tl. 1: Regelungs- und Steuerungstechnik; Begriffe; Allgemeine Grundlagen. Hrsg. Dt. Inst. für Normung. Ausg. März 1984.

Temperaturverhältnis. Das T. wird gebildet aus den Temperaturen an 2 näher zu bezeichnenden Stellen. Das können Ein- und Austritt einer Maschine, eines Apparats oder aber auch die höchste und niedrigste Temperatur eines Prozesses sein, z. B. bei Gasturbinen die Turbinen- und die Verdichter-Eintrittstemperatur.

Bei hydraulischen Strömungsmaschinen ist die Temperaturdifferenz klein und wird nur durch Verluste verursacht. Das T. ist deshalb immer, aber nur geringfügig größer als eins. Bei thermischen Strömungsmaschinen überlagert sich der relativ geringen Steigerung der Temperatur durch Verluste der thermische Einfluß der sich mit dem Druck stark ändernden Temperatur. Analog zum Druckverhältnis ist es üblich, sowohl für Arbeits- wie auch für Kraftmaschinen die höhere zur niedrigeren Temperatur ins Verhältnis zu setzen, obwohl aus der konsequenten Definition der Austritts- zur →Eintrittstemperatur auch sofort hervorginge, um welche Maschinenart es sich handelt. *Dibelius*

Temperguß. T. ist ein Eisen-Kohlenstoff-Gußwerkstoff, dessen Zusammensetzung besonders hinsichtlich des Kohlenstoff- und Siliciumgehalts so eingestellt ist, daß der Gußwerkstoff graphitfrei

Temperaturregelung. Tabelle 1: Regelverhalten beim Übertragen von Wärme (Lufterwärmer), Übersicht.

Wasserstromverstellung beim Wärmeübertrager	Mischungsregelung beim Wärmeübertrager
Grundschaltplan 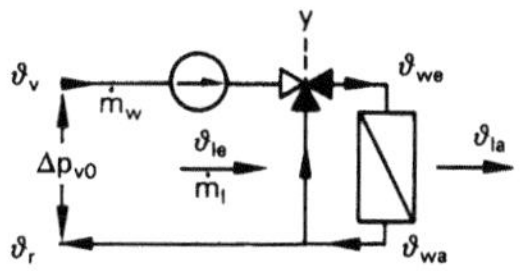 Verteilventil im Vorlauf $\dot{m}_l = \text{konst}$ $\vartheta_{we} = \vartheta_v = \text{konst}$ $\Delta p_{vo} = \text{konst}$ $\dot{m}_w = f(y)$	Lufterwärmer-Umwälzpumpe 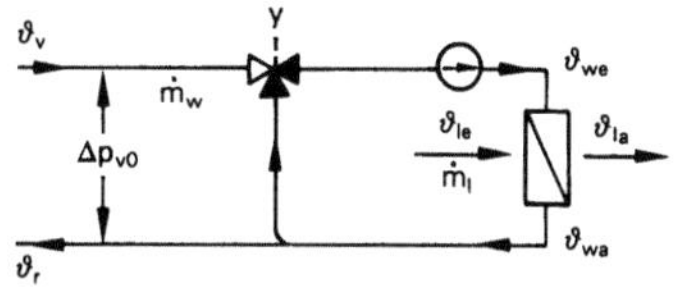 Mischventil im Vorlauf mit Lufterwärmer-Internpumpe (Einspritzschaltung) $\dot{m}_l = \text{konst}$ $\Delta p_{vo} = \text{konst}$ $\dot{m}_w = f(y)$ $\vartheta_{we} = f(y)$ 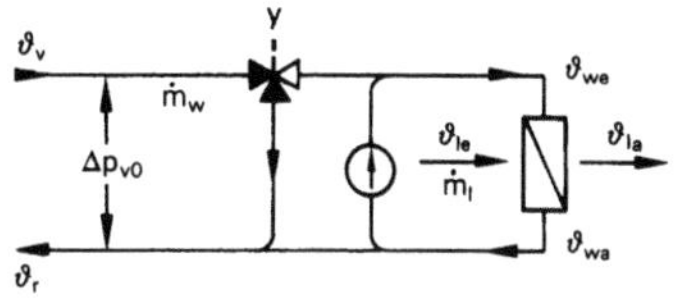
Signalflußplan (Wirkungsplan)*) 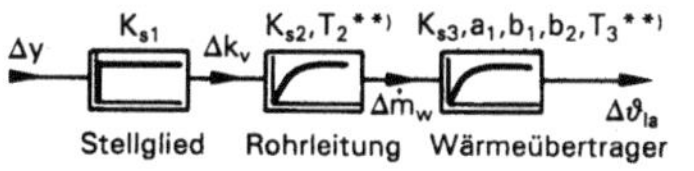	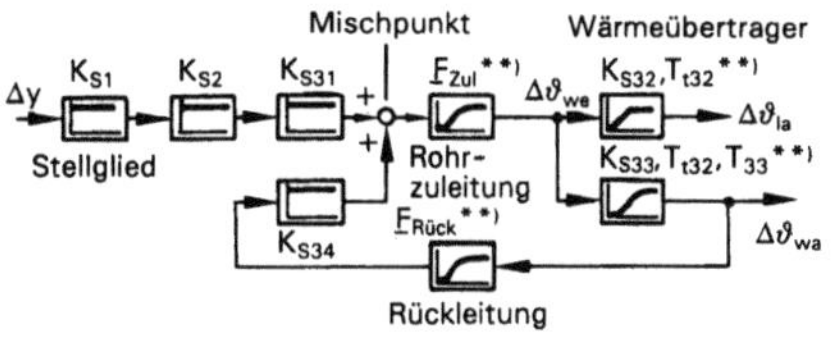
Auslegungskennwerte a Luftvorerwärmer: $a = f_a \cdot \left\lvert \frac{\vartheta_{we} - \vartheta_{wa}}{\vartheta_{we} - \vartheta_{la}} \right\rvert_N$ $\vartheta_{la} = \text{konst}$ Luftnacherwärmer: $a = f_a \cdot \left\lvert \frac{\vartheta_{we} - \vartheta_{wa}}{\vartheta_{we} - \vartheta_{le}} \right\rvert_N$ $\vartheta_{le} = \text{konst}$ Für $M > 0{,}1$ gilt $f_a \approx 0{,}7$***) Für $M < 0{,}1$ gilt $0{,}7 < f_a \leq 1{,}0$	Luftvorerwärmer: $a = \left\lvert \frac{\vartheta_{we} - \vartheta_{we}}{\vartheta_{we} - \vartheta_{la}} \right\rvert_N$ $\vartheta_{la} = \text{konst}$ Luftnacherwärmer: $a = \left\lvert \frac{\vartheta_{we} - \vartheta_{we}}{\vartheta_{we} - \vartheta_{la}} \right\rvert_N$ $\vartheta_{le} = \text{konst}$
Übertragungsbeiwerte $K_S = \frac{\Delta\vartheta_{la}}{\Delta y} = K_{S1} \cdot K_{S2} \cdot K_{S3} = K_S^* \cdot \frac{\dot{Q}_N}{\dot{m}_{lN} \cdot cpl} \cdot K_{SN}$ $= \frac{\dot{Q}_N}{\dot{m}_{lN} \cdot cpl}$ $K_S^* = \frac{K_S}{K_{SN}}$ bezogener Übertragungsbeiwert $K_S = K_S^* \cdot K_{SN}$	$K_S = \frac{\Delta\vartheta_{la}}{\Delta y} = K_{S1} \cdot K_{S2} \cdot K_{S3}$ $K_{S3} = \frac{\Delta\vartheta_{la}}{\Delta M} = \frac{K_{S31} \cdot K_{S32}}{1 - K_{S33} \cdot K_{S34}} = K_{S3}^* \cdot K_{S3N}$ $K_{S31} = \frac{\lvert \vartheta_{we} - \vartheta_{wa} \rvert_N}{M + a\,(1-M)}$ $K_{S33} = \left\lvert \frac{\vartheta_{wa} - \vartheta_{le}}{\vartheta_{we} - \vartheta_{le}} \right\rvert_N$ $K_{S32} = \left\lvert \frac{\vartheta_{la} - \vartheta_{le}}{\vartheta_{we} - \vartheta_{le}} \right\rvert_N$ $K_{S34} = 1 - M$

*) Der in VDI/VDE 3525, Bl. 1, angegebene Signalflußplan wird in DIN 19 226, Tl. 1, als Wirkungsplan bezeichnet.

**) Frequenzgang und Zeitkennwerte s. VDI/VDE 3525

***) Den bezogenen Wasserstrom M erhält man aus der Betriebskennlinie des Stellventils, Bild 2b):

$$M = \frac{\dot{m}_w}{\dot{m}_{w\,N}} = \frac{1}{\sqrt{1 + P_v \cdot \left[\left(\frac{k_{VS}}{k_v}\right)^2 - 1\right]}}$$

Temperaturregelung. Tabelle 2: Anhaltswerte zur Reglereinstellung).*

Regelstreckenart	Luftleitungs-Regelstrecke	Raum-Regelstrecke
Regelgröße	Zu-/Ablufttemperatur ϑ_Z	Raumtemperatur ϑ_R
Stellgröße	Ventilhub (Ventilwirkung x_h)	Zulufttemperatur ϑ_Z
proportional wirkende Regeleinrichtung (P-Regler)**)		
Proportionalbereich x_p	$x_h/V_{o\,zul} = x_h/5$ (°C) x_h = Regelbereich (Stellbereich)	$\Delta\vartheta_{Z\,max}/10$ (°C) oder $\Delta\vartheta_{Z\,max} \cdot K_{SR}/5$ K_{SR} = Übertragungsbeiwert der Regelstrecke
proportional-integral wirkende Regeleinrichtung (PI-Regler)***)		
Nachstellzeit T_n	0,2–2 (4) min	1–15 min

*) bei zulässiger Kreisverstärkung $V_{o\,zul}$ = 5 (Kennwert für die Stabilität (Schwingungsfreiheit) der Regelung; er setzt sich zusammen aus dem Produkt aus den Übertragungswerten für die gesamte Regelstrecke K_S und nur für den Regler K_R)

**) einfachster Regler, an dem der Soll-Wert und der Proportionalbereich einzustellen ist. Ungenaue Regelung (Soll-Wert-Einhaltung), da bleibende Regelabweichung

***) in der Raumlufttechnik werden hierbei Mehrpunktregler mit einer Rückführung angewendet. Daraus entsteht ein P-Regler mit Verzögerung (x_p,T_n)

erstarrt, d. h., daß der gesamte Kohlenstoffgehalt im Temperrohguß in gebundener Form als Eisencarbid vorliegt. T. hat Kohlenstoffgehalte zwischen 2,3 % und 3,4 % sowie Siliciumgehalte zwischen 0,4 % und 1,5 %. Der T. wird einer Glühbehandlung unterworfen. Die chemische Zusammensetzung des T. und die Art des angewendeten temperatur- sowie zeitabhängigen Glühverfahrens bestimmen den Gefügeaufbau des Werkstoffs und damit dessen Eigenschaften sowie Anwendungsmöglichkeiten. T. wird in entkohlend geglühtem, sog. weißen T., und in nicht entkohlend geglühtem, sog. schwarzen Temperguß, eingeteilt. *Baumann*

Terramechanik (Landmaschinen). Die T. (auch landtechnische Bodenmechanik) ist die Mechanik der Wechselwirkungen Rad–Boden (→Bereifung, Traktion), Fahrzeug–Boden (→Bodenschutz) und Werkzeug– Boden (→Bodenbearbeitungsgerät). Die landtechnische T. wurde in Deutschland vor allem durch die Schule *W. Söhne* erforscht bzw. um 1950 als eigenständiges Teilgebiet der Landtechnik begründet. *Renius*

Literatur: *Söhne, W.:* Landtechnik und Terramechanik. St. Christopher Lecture. 3. Intern. Tagung der ISTVS, Essen 1969.

Testunwucht. Definierte T. an einem speziellen Testrotor dienen dazu, die Auswuchtgenauigkeit einer →Auswuchtmaschine zu untersuchen. Ziel ist es, die kleinste noch meßbare →Unwucht zu ermitteln. T. werden auch benötigt, um beim Auswuchten

in Betriebslagern die unbekannten Lagerungsbedingungen durch entsprechende Testläufe zu eliminieren. *Witfeld*

Textilausrüstung. Wenn man vom Beschichten der Flächengebilde absieht, bleiben der T. die Veredelungsarbeiten vorbehalten, die nicht dem Färben oder Drucken zugeordnet werden können. Beim Färben, Bleichen und Drucken der Textilien wird deren Farbgebung erreicht. Die T. dient dazu, dem Textilgut über die Farbigkeit hinausgehende Charaktereigenschaften zu verleihen. Im Bereich der T. von Flächengebilden bedeutet dies Behandlungen vor der Farbgebung (Vorbehandlung) und ein Fertigstellen (Appretur zum Erzielen eines Finish) der mit Farbgebung versehenen Artikel.

Auch bestimmte Garne verlangen eine T. So werden z. B. Nähgarne mittels Imprägnierung durch Wachse, Paraffine oder siliconhaltige Hilfsmittel geschmeidig gemacht, damit sie beim Vernähen leicht gleiten. Synthesefasern erhalten nach dem Verspinnen zu Endlosfasern eine Avivage, damit sie sich bei späteren Prozessen nicht elektrostatisch aufladen. Kann man diese Art der →Garnveredelung noch als Grenzgebiet der Textilveredelung ansehen, weil die Veredelungsprozesse unmittelbar in die Fadenerzeugungsmethode eingebaut sind, so ist jedoch z. B. die Behandlung von Baumwollgarn mit flüssigem Ammoniak zum →Garnmercerisieren (Bild 1) ein gezielter T.-Prozeß, um dem Garn eine bestimmte Eigenschaft (Glanz, Volumen, Griff, höhere Anfärbbarkeit) zu geben. Auch das →Garn-

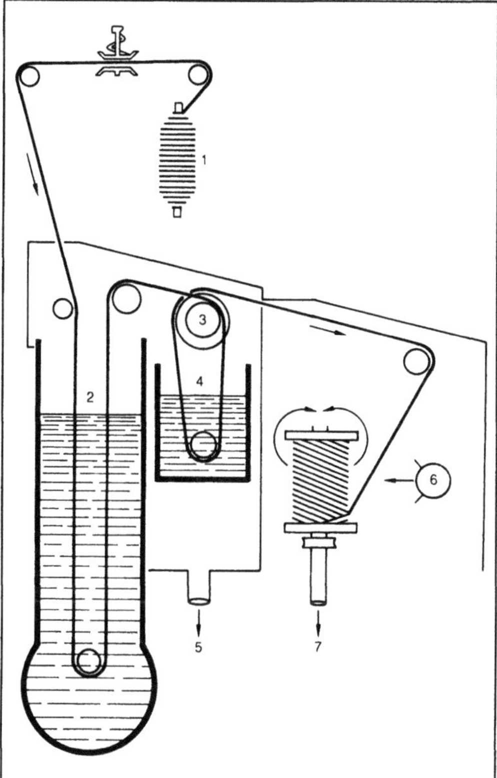

Textilausrüstung 1: Verfahrensprinzip der Behandlung von Baumwollgarn mit flüssigem Ammoniak zum Mercerisieren.

1 Garnkörper, 2 flüssiges Ammoniak (33 °C), 3 Streckwalze, 4 Heißwasser (95 °C), 5 Ammoniak-Rückgewinnung, 6 Heißluft, 7 Abluft

rauhen (Bild 2) zum Erzielen einer für bestimmte Handstrickgarne typischen Haarigkeit ist ein unabhängig von der Garnproduktion durchgeführter Veredelungsschritt, der der T. zugerechnet wird.

Ein Teil der T.-Prozesse wendet nur mechanische Mittel an, um bestimmte Effekte zu erreichen. Besonders kahl wirkende, sich glatt anfühlende Flächengebilde können durch Sengen oder Scheren erzielt werden, und man rechnet sie zu den mechanischen Ausrüst-Prozessen, obwohl auch dabei chemische Prozesse, wie z. B. Brennprozesse, Faserschneiden auf Schermaschinen (Bild 3) in Form von Depolymerisation getroffener Polymeren, ablaufen. Entgegengesetzte Wirkungen voluminöser, weicher, rauher oder unebener Oberflächen erzielt man mit Schmirgeln oder Rauhen. Prozesse auf Rauhmaschinen sind rein mechanischer Art und weisen relativ wenige Einflußparameter (Bild 4) auf. Dennoch sucht man für Rauhmaschinen nach geeigneten Sensoren, die an der laufenden Ware Messungen vornehmen, um die Rauhpassagenzahl zu regeln.

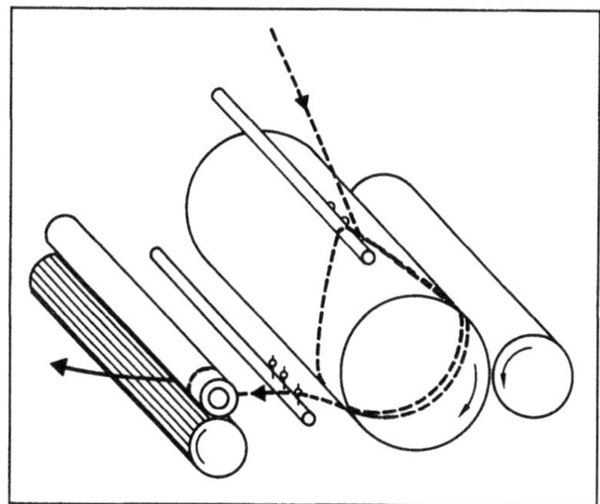

Textilausrüstung 2: Garnrauhmaschine (schematisch) mit Tambour und Rauhwalze (rechts) sowie Fadenabziehwalzen (links).

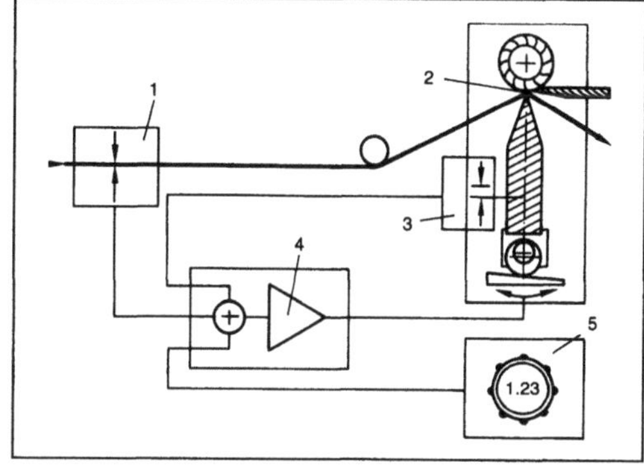

Textilausrüstung 3: Automatikschema für Schertischsteuerung.

Die Warendicke wird bei 1 abgetastet (Soll-Wert). Der Scherspalt 2 wird entsprechend der abgetasteten Warendicke über den Ist-Wert-Stellen 3 eingestellt. Die elektronische Regeleinheit 4 vergleicht beide Werte und sorgt für Übereinstimmung. Über den Wahlschalter 5 wird der gewünschte Schereffekt eingestellt. Der einmal eingestellte Schereffekt wird auch beim Scheren von Warenstücken mit unterschiedlicher Dicke eingehalten. Das lästige und zeitraubende Nachstellen der Schurhöhe entfällt bei Stücken der gleichen Warengruppe.

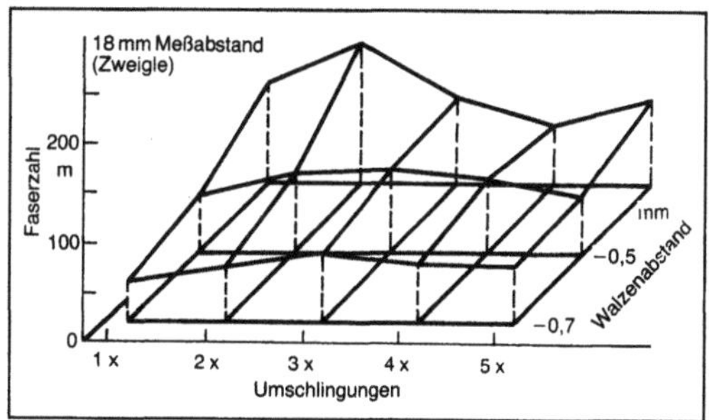

Textilausrüstung 4: Parameter, die das Rauhen von Handstrickgarn beeinflussen.

Das Hauptaugenmerk richtet sich beim Textilausrüsten auf die Behandlung von Flächengebilden (Gewebe, →Maschenware), und es kommen dabei vornehmlich Verfahren zur Anwendung, die die Fasern chemisch verändern. Dennoch ist die theoretische Basis des Ausrüsters nicht einseitig die Chemie. Vielmehr erfordert die Verbindung von Textil- und Bekleidungsindustrie, an deren Nahtstelle der Gewebe- und Maschenwaren-Ausrüster im Ablauf der Produktion angesiedelt ist, weitreichende Kenntnisse über die Zusammenhänge aller Verarbeitungsstufen. In der Textil- und in der Bekleidungsindustrie vollzieht sich ein schneller technologischer Wandel, der mit Differenzierung und Spezialisierung einhergeht. Die traditionelle Trennung der beiden Industriezweige läßt sich aber angesichts der notwendigen Verknüpfung nur noch formal aufrechterhalten. Vom Ausrüster erwartet man seine Leistung im Stadium des Textilprodukts, das der Weber oder Maschenwarenhersteller an den Konfektionär oder Weiterverarbeiter des Gewebes zu technischen Produkten ausliefert, zwei starke Partner, deren Technologie der Ausrüster kennen muß, um die Rohware zum fertigen Produkt (z. B. für die Konfektion nadelfertige Ware, die automatisch zugeschnitten und mit Hochleistungsmaschinen vernäht sowie mit Fixieraggregaten dressiert wird) auszurüsten. Auch im Gebiet der Flächengebilde-T. gibt es natürlich wieder Grenzgebiete der Textilveredelung. Wenn z. B. in der Stopferei einer Weberei das stuhlrohe Gewebe auf Webfehler durchgesehen wird, um Fehler auszustopfen, oder wenn in der Weberei Flottierungen auf Cordschneidemaschinen aufgeschnitten werden, so handelt es

sich um vorbereitende Arbeiten für die T. Das aufgeschnittene Cordgewebe wird dann erst in der T. durch zahlreiche Passagen auf Bürstmaschinen (Bild 5) zum eigentlichen Cord entwickelt. Ebenso ist das Filzfreiausrüsten von fertig gestrickten reinen Wollpullovern auf der Paddel (Textilkonfektion) ein T.-Prozeß, der aber vom Maschenwarenhersteller als Fully-Fashioned-Veredelung durchgeführt wird. Im weitesten Sinne ist schließlich jeder chemische Reinigungsprozeß eine T., denn es laufen dabei typische Reinigungsvorgänge ab, und wenn das Bekleidungsstück nach der Behandlung in der Chemisch-Reinigungs-Maschine (Bild 6) reimprägniert wird, so läuft diese wasserabweisende Imprägnierung nach denselben Prinzipien ab wie jede Hydrophobierung in der Gewebeausrüstung.

Man teilt die Gewebeveredelung ein in Prozesse der Naßausrüstung und in Vorgänge der Trockenausrüstung, wenn die Farbigkeit bei den textilen

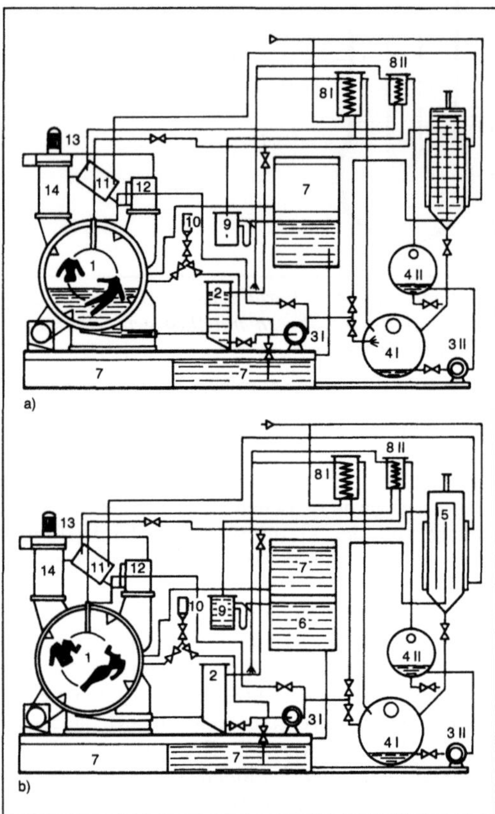

Textilausrüstung 6: Schematische Darstellung.
a) Reinigung und Ausrüstung
b) Trocknung und Lösemittelrückgewinnung.

1 Waschtrommel, 2 Nadelfänger, 3 Pumpe I. und II., 4 Destillation I. und II., 5 Böwe-Expanderfilter, 6 Reintank, 7 Arbeitstank, 8 Kondensator I. und II., 9 Wasserabscheider, 10 Zugabetrichter, 11 Luftkühler, 12 Lufterhitzer, 13 Ventilatormotor, 14 Flusenfilter

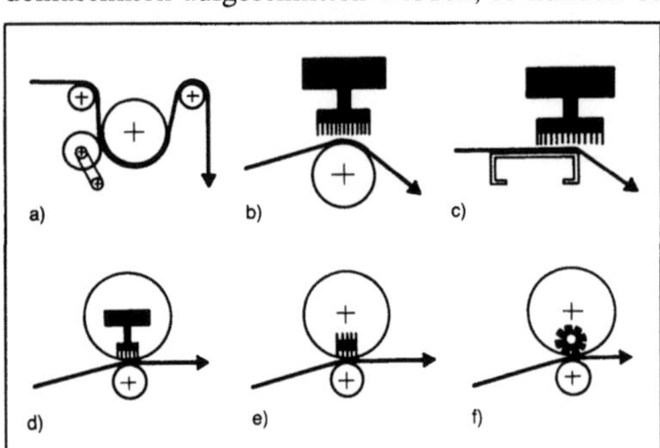

Textilausrüstung 5: Zusatzeinrichtungen für eine Polmustermaschine. (Quelle: Franz Müller)
a) Prägen
b) Wirbeln mit Rundbürsten auf Musterwalze
c) Wirbeln mit Rundbürsten auf Flachtisch
d) Wirbeln mit Rundbürsten in Schablonentrommel
e) Querbürsten mit Bürstbad in Schablonentrommel
f) Längsbürsten mit Bürstenwalze in Schablonentrommel.

Flächengebilden erreicht wurde (z. B. aus vorgefärbten Garnen oder farbigen Fasern). Dient die Naßausrüstung der Vorbereitung des Flächengebildes für die anschließende Farbgebung, so spricht man von Vorbehandlung. Erfährt das gebleichte, gefärbte oder bedruckte Flächengebilde nach der Farbgebung zusätzlich zu den üblichen Trockenausrüstungsprozessen eine →Hochveredelung, so spricht man von Appretieren.

Alle Prozesse der T. dienen dazu, den vom Textilgestalter dem Faden- und Flächengebilde einkonstruierten Warencharakter zu entwickeln. Zu dieser Charakterentwicklung werden die T.-Prozesse gegliedert in das Reinigen (einschl. Entspannen und Volumenentwicklung), das Fixieren zur Stabilisierung von gewünschten Dimensionen, das Oberflächenveredeln (Textilien) zum Erzielen bestimmter haptischer und optischer Merkmale wie Griff und Glanz sowie das Hochveredeln (Textilien) zum Erzielen einer den Fasergrundeigenschaften proportionalen Lebensdauer der veredelten Erzeugnisse in der praktischen Nutzung und bei der für Bekleidungsstücke und Heimtextilien typischen Pflege des Repräsentationswertes. Zur Hochveredelung zählen z. B. die Filzfreiausrüstung, die Flammfestausrüstung, die Knitterfreiausrüstung, die Bügelfreiausrüstung, die T. zur leichten Schmutzauswaschbarkeit oder zur verringerten Anschmutzbarkeit. Man erkennt aus dieser unvollständigen Aufzählung, daß sich eine eventuelle Hochveredelung heute auf alle Fasertypen bezieht. *Rouette*

Literatur: *Hasenclever, K. D.,* u. *I. Naumann:* Die Chemischreinigung. Stuttgart 1973. – *Rath, H.:* Lehrbuch der Textilchemie. Berlin, Heidelberg, New York 1972.

Textildruckerei. Unter Textildruck wird das örtlich begrenzte Anfärben von Textilien verstanden, das ein- und mehrfarbige Musterungen ermöglicht. Für den Druck kommen als Substrate Textilfasern in den verschiedenen Verarbeitungsstufen, wie Kammzüge (Kammzug- oder Vigoureux-Druck), Garne (Garn- und Kettdruck), vor allem aber Gewebe und Gewirke (Stoff- oder Zeugdruck) sowie Vliese in Betracht.

Der Mechanismus der Farbstoffaufnahme durch die Fasern im Textildruck entspricht weitgehend den Vorgängen beim Färben im Färbebad.

Die Verbindung des Farbstoffs mit der Faser wird hier wie dort bewirkt durch

□ Adsorption bzw. adhäsiv wirkende Van-der-Waals-Kräfte;

□ Ausbildung von Wasserstoffbrücken durch Dipolkräfte;

□ Salzbildung (ionogene Bindung durch elektrostatische Anziehungskräfte), z. B. zwischen anionischen Farbstoffen und Ammonium- bzw. positiv geladenen Aminogruppen der Faser oder kationischen Farbstoffen und Säuregruppen der Faser;

□ Metallkomplexbildung bzw. koordinative Bindung zwischen Farbstoff, Metall und Faser;

□ homöopolare oder kovalente Bindung unter Beteiligung reaktionsfähiger Wasserstoffatome des Substrats (von Hydroxylgruppen bei Cellulose bzw. von Amino- oder Iminogruppen bei Proteinfasern) und reaktionsfähiger Gruppen der (Reaktiv-)Farbstoffe.

Häufig wirken jedoch mehrere dieser Bindungsarten zusammen. Dabei besteht die Möglichkeit, daß durch Verstärken der die Adsorptionsbindung bewirkenden Nebenvalenzkräfte (Metallkomplexe) bzw. durch Molekülvergrößerung, z. B. bei Benzamin-Farbstoffen durch Diazotieren und Kuppeln, die Echtheitseigenschaften ebenso verbessert werden wie durch Überführen eines wasserlöslichen oder temporär löslichen Farbstoffs in eine schwer oder unlösliche Form, z. B. durch Abspalten oder Umwandeln löslichmaschender Gruppen (Leukoküpenesterfarbstoffe, Küpenfarbstoffe). Andererseits können Farbstoffe aus wasserlöslichen, mehr oder weniger substantiven Komponenten auf bzw. in der Faser z. B. durch Kupplung oder Kondensation zu unlöslichen Produkten synthetisiert werden (unlösliche Azo-, Oxidations-, Phthalogenfarbstoffe).

Eine Sonderstellung nimmt der Pigmentdruck ein, bei dem unlösliche Pigmentfarbstoffe durch Inklusion, d. h. Einschluß in einen Kunstharzfilm, mit diesem auf dem Substrat befestigt werden.

Der markanteste Unterschied zwischen den Verhältnissen beim Färben und beim Druck besteht darin, daß Farbstoffe und Chemikalien im Färbebad in relativ geringen Konzentrationen vorliegen, während sie beim Druck zumeist in wesentlich höheren Konzentrationen in einer Druckpaste (Bild 1) ver-

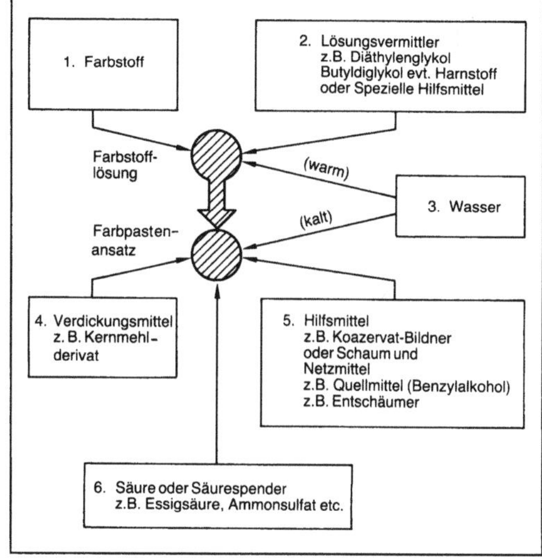

Textildruckerei 1: Schema der Zubereitung der Druckpaste für den Direktdruck.

einigt sind, die außerdem ein Verdickungskolloid enthält. Beim Trocknen der Druckpaste auf der Faser nach dem Bedrucken tritt eine weitere Erhöhung der Konzentrationen ein. Die nachfolgende Behandlung zum Übertragen des Farbstoffs aus der Druckpaste auf die Faser und zum Fixieren des Farbstoffs wird nur in wenigen Fällen in einem Bad vorgenommen, sondern meistens durch Dämpfen erreicht und läuft unter völlig anderen Konzentrationsverhältnissen ab als beim Färben.

Für die Aufnahme von Flüssigkeiten durch Textilien haben vor allem drei Faktoren Bedeutung: die Kapillarität des Substrats sowie das Wasseraufnahmevermögen und die Benetzungsfähigkeit der einzelnen Fasern. Um scharf begrenzte Druckeffekte zu erzielen, muß die Kapillarität des Substrats durch Verdicken der Farbstofflösung kompensiert werden. Als Verdickungsmittel werden Stärkeprodukte, Pflanzenschleime, Kernmehle usw. benutzt, die ein hohes Quellvermögen besitzen. Die aus ihnen mit Wasser hergestellten „Verdickungen" sind kolloidale Lösungen (Sole) oder Gele, deren wesentliche Merkmale eine relativ hohe Viskosität und ein beträchtliches, jedoch nicht unbeschränktes Wasseraufnahmevermögen sind. Es werden auch salbenartige Emulsionsverdickungen vom Öl-in-Wasser (O/W)-Typ und vom Wasser-in-Öl (W/O)-Typ mit Kohlenwasserstoffen (Schwerbenzin, Petroleum) als Ölphase verwendet. In die Verdickungen werden die Farbstoffe bzw. Chemikalien i. a. in Form wäßriger Lösungen oder Dispersionen eingerührt.

Die besondere Eigenart der mit Verdickungsmitteln angesetzten Druckpasten ist ihre Strukturviskosität (Bild 2). Gibt man die hochviskose Druckpaste auf die Druckschablone, so fließt die zähe Druckpaste so lange nicht durch die vorgesehenen Schablonendurchlässe, wie nicht gerakelt wird. In dem Augenblick aber, wenn die Rakel infolge ihrer Ziehbewegung eine Scherspannung auf die Druckpaste appliziert, fällt die Viskosität der Druckpaste schlagartig ab. Die dünne Lösung fließt spontan durch die vorgesehenen Schablonenteile (Bild 3) und kommt mit dem Gewebe in Kontakt. Jetzt treten die Saugkräfte des Textilguts in Kraft, und das Gewebe saugt die Lösung an. Große Teile der Verdickung bleiben aber an der Oberfläche der Faser, weil mittlerweile durch die Fortbewegung der Rakel die Viskosität der Druckpaste auf Grund der nachlassenden Schubspannung wieder spontan ansteigt. Auf diese Art wird nun ein Verlaufen des Drucks verhindert.

An das Aufbringen der Druckpasten auf das Gewebe schließt sich ein Trocknungsprozeß an. Dabei verdunstet das in den Druckpasten enthaltene Wasser. Die Paste trocknet zu einem Film auf, der nur oberflächlich an den Fasern haftet. Je nach Art und Zusammensetzung der Verdickung unterscheiden

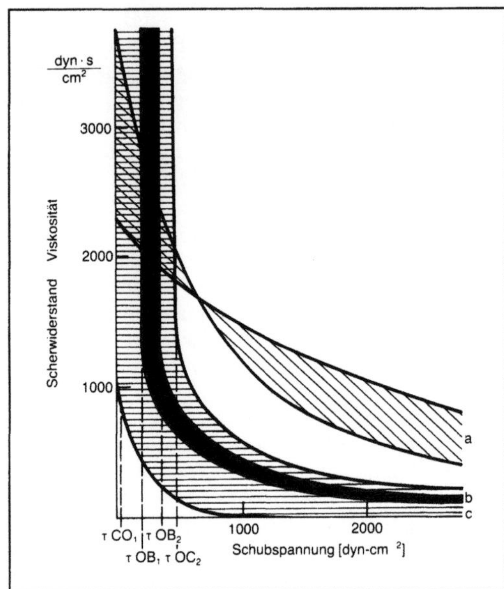

Textildruckerei 2: Viskositätskurven (schematisiert).

a Kolloid-Verdicker, b Emulsions-(Benzin-)Verdicker, c Synthetik-Quellkörper-Verdicker

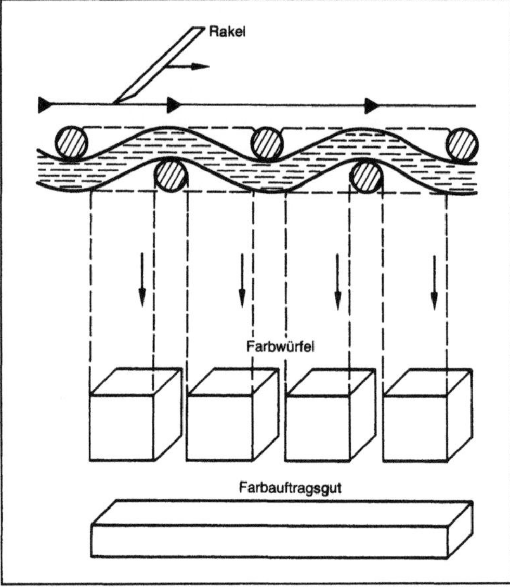

Textildruckerei 3: Schematische Darstellung des Druckvorgangs.

sich derartige Filme in ihrer Struktur bzw. ihrem Quell- und Wasseraufnahmevermögen. Abgesehen von diesen Faktoren hängt die Farbstoffabgabe an die Faser bei der späteren Einwirkung von Feuchtigkeit auch von der Bindungsart zwischen Farbstoff und Verdickungsmittel sowie von der Eindringtiefe der

Druckpaste in das Textilmaterial beim Druckvorgang ab. Hierauf beruhen die Unterschiede im Ausfall der Farbstärke bei Verwenden der verschiedenen Verdickungsmittel und in der Farbstoffausnutzung.

Der Übergang der Farbstoffe und anderer wirksamer Substanzen vom getrockneten Film auf und in die Faser wird durch Dämpfen, also einen kürzeren oder längeren Aufenthalt in einer Dampfatmosphäre, erzielt und kann darüber hinaus durch geeignete Maßnahmen, wie Zusatz von Netz-, Dispergier-, Quell- und Lösungsmitteln zur Druckpaste, gefördert werden. Beim Dämpfen nehmen die Faser und besonders die Verdickung Wasser aus dem Dampf auf und quellen. Die Farbstoffteilchen und sonstigen Chemikalien werden wieder gelöst und diffundieren über. Das Eindiffundieren der Farbstoffe und Chemikalien aus der Druckpaste in die Fasern verläuft jedoch langsamer als die kapillare Flüssigkeitsaufnahme. *Rouette*

Literatur: *Rasche, P.:* Benzinfreier Druck mit Pigmentfarbstoffen. Textilveredelung 10 (1975), S. 31/34. – *Schmidt, K.:* Textildruck. Stuttgart 1973.

Textildruckmaschine. Beim Filmdruck mit Flachdruckschablonen (auch als →Siebdruck bezeichnet) bestehen diese aus Holz-, Metall- oder Kunststoffrahmen und sind mit einem siebartigen Gewebe (Gaze) aus Seide, Phosphorbronze, Polyamid- bzw. anderen Synthesefasern bespannt. Alle Stellen der Bespannung, die beim Drucken keine Druckpaste durchlassen sollen, deckt man mit einer Lackschicht, dem Film, ab. Die Druckpaste wird mit einer Rakel durch die offenen Stellen der Schablone auf die Ware gestrichen. Die Rakel besteht meist aus Gummi oder Kunststoff von verschiedenen Härtegraden und mit unterschiedlichem Anschliff der Streichkante. Dadurch sind die Druckschärfe und der Durchdruck variierbar. Auch Rollrakeln mit eingelegten Rollstäben werden verwendet.

Beim Filmdruck auf Filmdrucktischen, die zweckmäßig etwa 40–60 m lang und mit Filz, mehreren Lagen Baumwollgewebe oder einem Wachs- bzw. Gummituch bespannt sind, wird die zu bedruckende Ware aufgenadelt oder aufgeklebt. Die Farbenanzahl kann beim Filmdruck auf Tischen beliebig groß sein. Sie wird aber vor allem durch die Länge der Drucktische und die Druckkosten begrenzt, die um so höher sind, je vielfarbiger ein Muster ist.

Die modernen, sehr leistungsfähigen vollautomatischen Filmdruckmaschinen zeichnen sich durch Rapportgenauigkeit und hohe Druckgeschwindigkeit aus. Bei Filmdruckautomaten, die mit stationär angebrachten Flachdruck-Schablonen arbeiten, wird die zu bedruckende Ware auf endlose Trans-

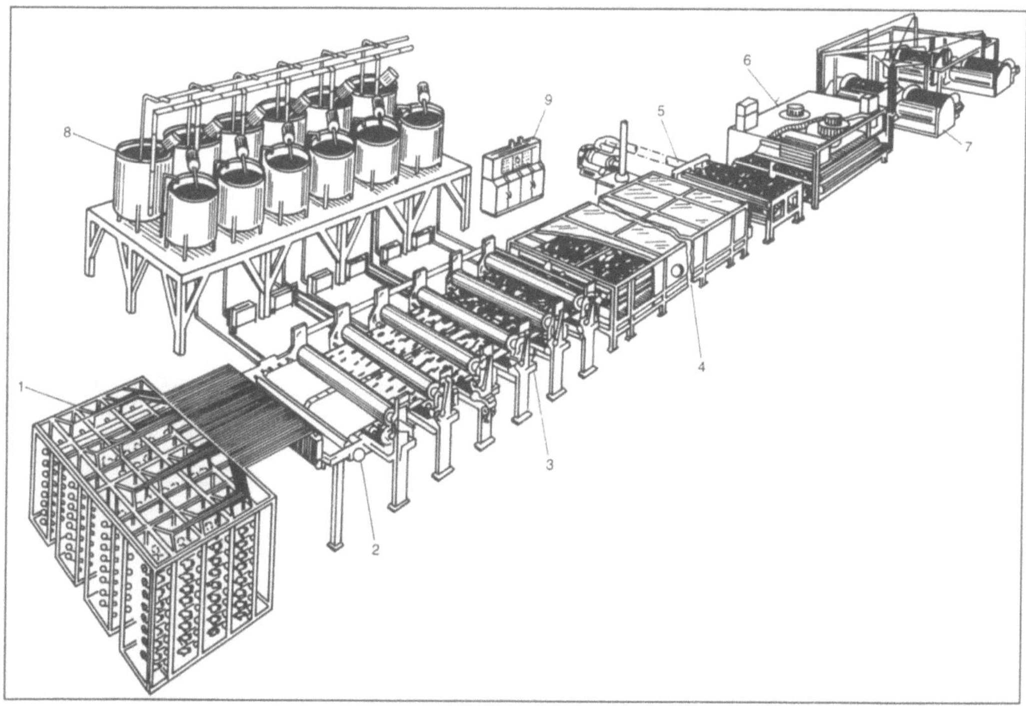

Textildruckmaschine 1: Schema einer Kettendruckanlage.

1 Gatter, 2 Fadenführungssystem, 3 Druckabteil (hier werden 6 Stationen gezeigt, und auf jeder wird eine andere Farbe aufgetragen), 4 Dampf- oder Fixierkammer, 5 Auswasch- und Absaugabteil, 6 Trockner, 7 Garnwickler, 8 Farbstoffbehälter, 9 Steueraggregat

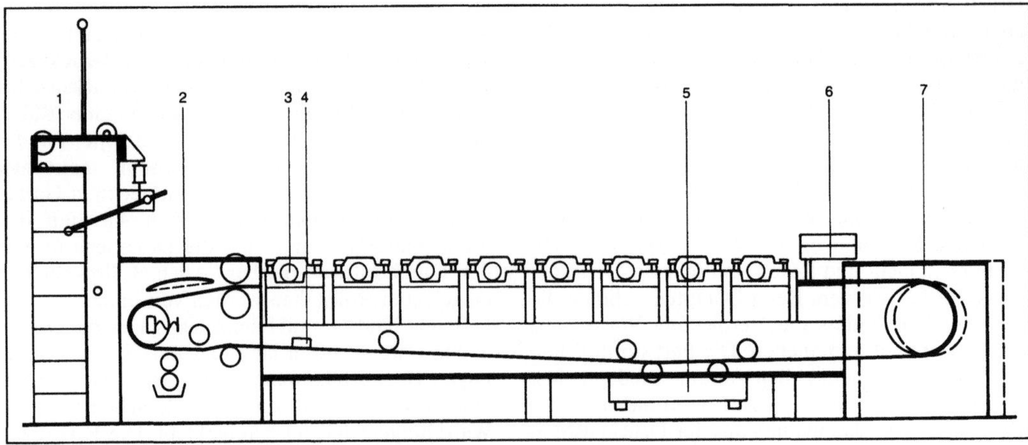

Textildruckmaschine 2: Schnittbild einer Rotationsfilmdruckmaschine für Gewebe.

1 Wareneinlaufständer, 2 Einlaufteil mit Klebeaggregaten, Druckdeckenführung und Antriebsmotor für Schablonenalleinlauf, 3 Druckwerke mit Farbzufuhr, Schablonenaufnahme, Rakelsystem und Einzelbedienungsstation, 4 Innenrakel, 5 Druckdecken-waschanlage, 6 zentrale Bedienungsstation für Druckmaschine und Trockner, 7 Auslaufteil mit Druckdeckenantrieb, Schablonensynchronisation, Druckdeckenspannvorrichtung und Hydraulik-Station

portbänder aus Gummi durch Aufkleben befestigt und rapportgemäß über den Drucktisch taktförmig geführt und stillgesetzt. Die Schablonen sind heb- und senkbar. Während des Stillstands erfolgt der Druck mit Spezialrakeln. Es handelt sich um eine semikontinuierliche Arbeitsweise.

Rotations-Filmdruckmaschinen (Bild 1 und 2) arbeiten kontinuierlich mit zylindrischen Schablonen und sind hinsichtlich der Produktivität noch leistungsfähiger als die vollautomatischen Flachdruckmaschinen. Die zylindrischen Schablonen bestehen aus nahtlosen, dünnwandigen Nickelfolien. Bei perforierten Folien wird das Druckmuster nach den gleichen Prinzipien wie bei der Herstellung ebener Schablonen erzeugt, bei nichtperforierten Folien nach dem Autotypie-Photogravurverfahren. Außerdem kann die Herstellung von dessinierten Rundschablonen auch auf photomechanisch-galvanoplastischem Wege oder mit Laserstrahlen erfolgen. Die Druckpasten kommen in das Innere des Druckzylinders, wo sich auch die Rakel befindet, die entweder eine Gummirakel mit Spezialprofil oder eine Magnetrollrakel ist. Auch diese Maschinen besitzen ein endloses Gummidrucktuch; außerdem eine Klebe- und Warenabzugsvorrichtung und eine angeschlossene Trockenvorrichtung.

Der Flachfilmdruck eignet sich besonders für den Druck von abgepaßten Mustern, da diese z. T. große Einzelrapporte haben, die durch die Fondfarbe mustergemäß getrennt werden. Streifen-, Karo- oder Graphikdessins und solche Muster, die über die gesamte Warenlänge ansatzlos durchgehend gemustert sind, können besser mit rotierenden Schablonen übergangslos gedruckt werden.   *Rouette*

Literatur: *Spitzner, K.:* Textildruck. Leipzig 1972.

Textildruckverfahren. Zum Bemustern von Textildrucken werden verschiedene T. angewandt. Bei weitem die meisten Muster werden mittels des Direktdrucks hergestellt. Zunehmende Bedeutung gewinnen auch der Ätzdruck und der Reservedruck. Der Direktdruck ist das einfachste T. Hierbei wird die Farbpaste durch die Schablone unmittelbar, d. h. mit Rakeln verschiedener Bauart (Bild 1 bis 5) auf das weiße Gewebe gedruckt. Ist der zu bedruckende Gewebefond vorher gefärbt, spricht man von Auf-

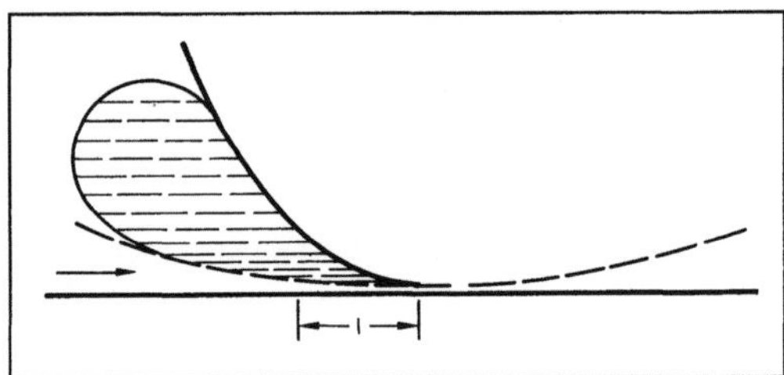

Textildruckverfahren 1: Flach eingestellte Streichrakel mit relativ langem Keilspalt l.

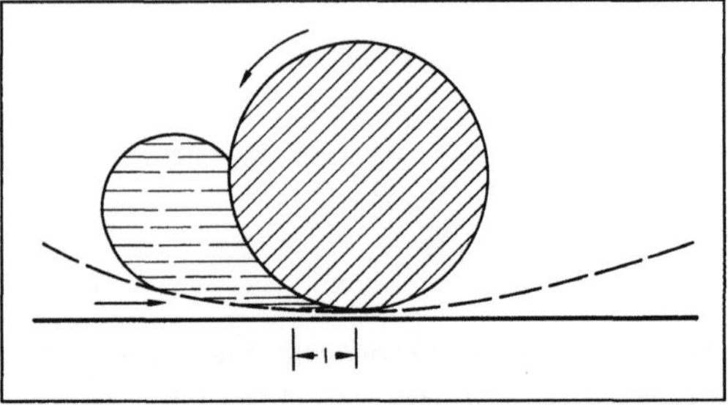

Textildruckverfahren 2: Größe des Keilspalts l bei großem Durchmesser der Rollrakel.

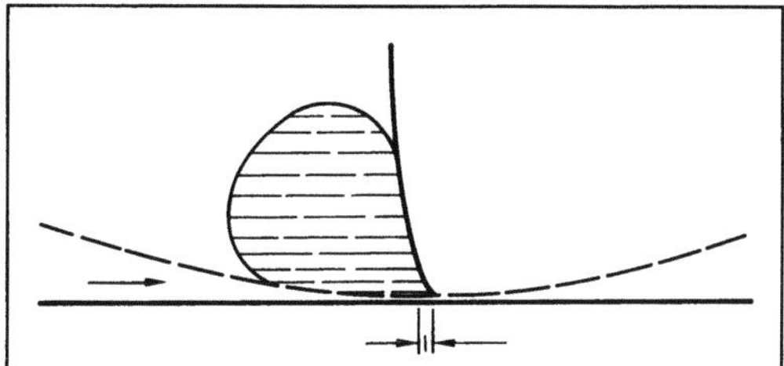

Textildruckverfahren 3: Steil eingestellte Streichrakel mit kurz wirksamem Keilspalt l.

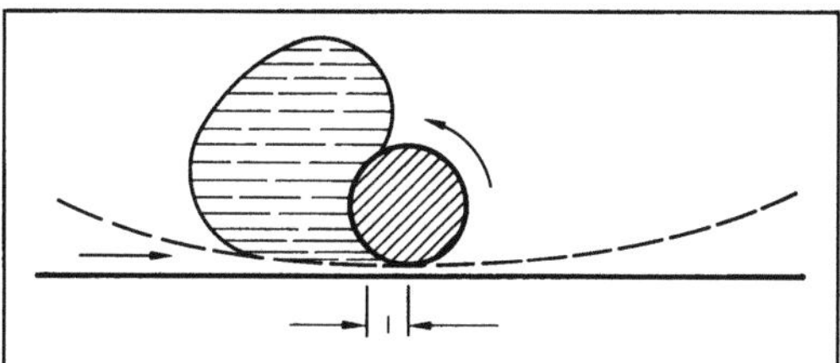

Textildruckverfahren 4: Größe des Keilspalts l bei einer Rollrakel mit 10 mm Dmr.

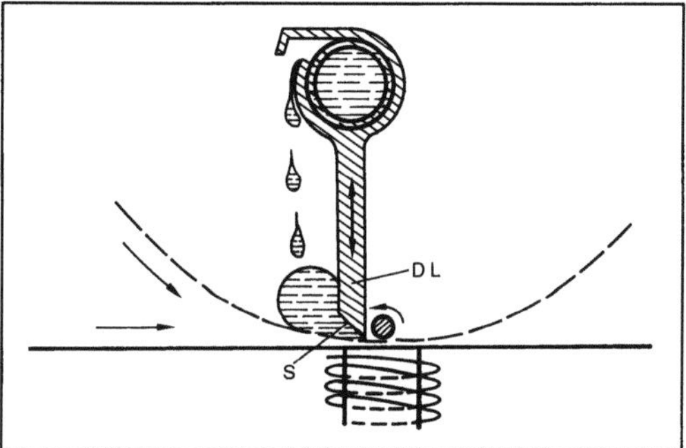

Textildruckverfahren 5: Kombirakel mit Streichblatt als Dichtleiste (DL), mit kleiner Rolle und Farbstauraum (S).

druck als einer Variante des Direktdrucks. Der Ätzdruck ist dadurch gekennzeichnet, daß wie beim Aufdruck auf gefärbte Ware gedruckt wird. Nur soll in diesem Fall der Grund der bedruckten Stelle mit Reduktionsmitteln so behandelt werden, daß der dort aus der Fondfärbung herrührende Azofarbstoff lokal zerstört wird. Es erscheint also an der bedruckten Stelle das weiße Gewebe (Weißätzdruck). Druckt man zusammen mit der Ätzpaste, die das Reduktionsmittel und die Verdickung enthält, einen gegenüber dem Reduktionsmittel unempfindlichen Anthrachinonfarbstoff gleichzeitig auf, so entsteht ein Buntätzdruck. Im Reservedruck wird zuerst auf den druckbereiten, weißen Gewebefond eine Reservierung mustermäßig aufgetragen. Hierbei unterscheidet man mechanische und chemische Reservierungsmittel. Eine Weißreserve entsteht nur, wenn man anschließend den teilweise reservierten Fond färbt. Hat man

zuvor zusammen mit dem Reservierungsmittel einen gegenüber dieser Reservierung unempfindlichen Farbstoff anderer Farbe aufgedruckt, so entsteht bei der anschließenden Färbung eine Buntreserve.

Mit Ätz- oder Reservedruck werden vorwiegend Dessins mit kleinen Farbflächen gedruckt, da es unsinnig wäre, große Mengen Farbstoff in Flächendeckern wegzuätzen oder zu reservieren. Für Flächendecker eignet sich der Direktdruck besser. *Rouette*

Literatur: *Bernhard, W.:* Druck von Textilien. Berlin, Heidelberg, New York 1969. – *Zimmer, J.:* Ein neuer Weg zur Optimierung der Farbauftragung im Rundschablonen-Druck. Melliand-Textilber. 57 (1976), S. 410/12.

Textilfärbemaschine. Die heutigen Färbeapparate bestehen aus folgenden Grundelementen:
□ dem Kessel (Kufe) als Ruhezone,
□ der Pumpe zur Flottenzirkulation,
□ den Maschinenelementen zur Flottenführung (Rohre, Ventile),
□ dem Wärmeübertrager (Heizaggregat) und
□ den Maschinenelementen zur Materialführung und zum Flottenaustausch, wie z. B. Leitrechen, Umlenkhaspeln, Transporthaspeln, Materialträger, Einschwemmvorrichtungen.

Der Farbstofftransport in der Lösung erfolgt durch Konvektion (Wasserbewegung durch Rühren oder Umpumpen der Flotte). Hohe Temperatur und Flottenumwälzung beschleunigen diesen Prozeß, so daß die Gesamt-Färbegeschwindigkeit nicht durch Diffusion beeinträchtigt wird.

Diffusion ist das Auseinanderfliehen der Farbstoffteilchen unabhängig von der Flottenbewegung auf Grund der Bestrebung zum Konzentrationsausgleich an allen Orten.

Optimale Anströmung der Grenzschicht und Durchströmung des Textilguts, um größtmögliche Egalität zu erzielen, werden bewirkt durch das jeweilige Flottenaustauschsystem einer T. (Bild 1).

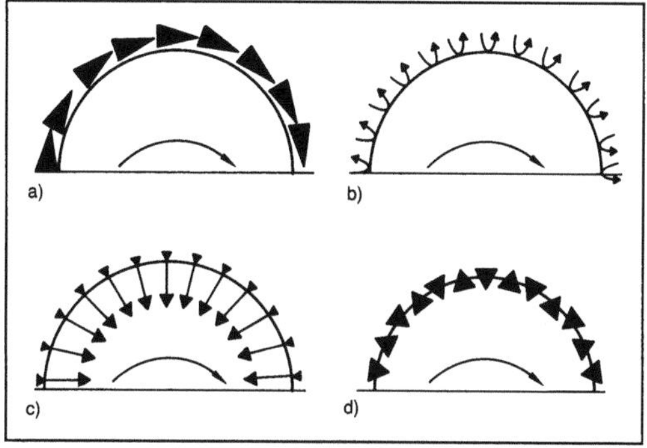

Textilfärbemaschine 1: Anströmform zwischen Ware und Flotte.
a) Wasserströmung parallel zur Ware
b) Drall- oder Wirbelströmung
c) Durchströmen der Ware
d) Wechselseitige pulsierende Strömung.

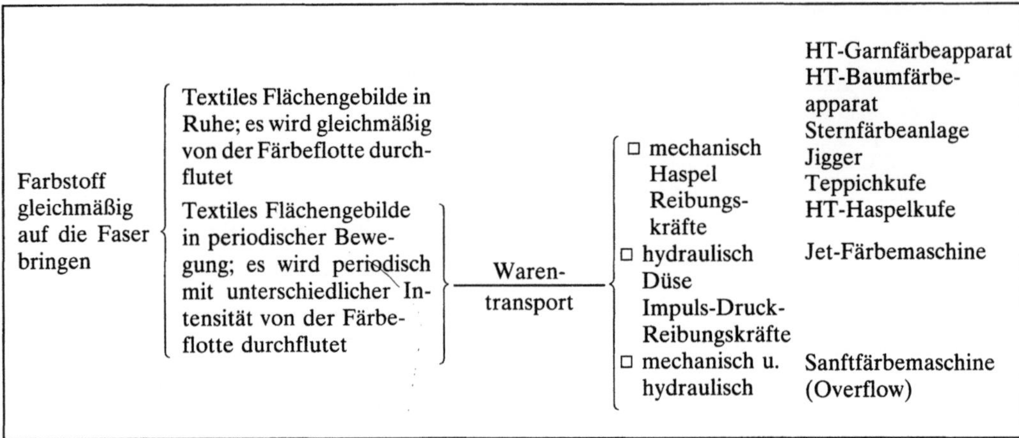

Textilfärbemaschine 2: Merkmale der Färbemaschinen bzw. Apparate bez. Warentransport.

Höhere Strömungsgeschwindigkeiten beschleunigen die Farbstoffaufnahme. Dabei bewirken die verschiedenen Konstruktionen der Maschinen unterschiedliche Anströmungsarten.

Je nach Färbegut setzt man unterschiedliche Maschinen bzw. Apparate ein. Man spricht von Färbemaschine bei ruhender Flotte und bewegtem Material und von Färbeapparat bei bewegter Flotte und ruhendem Material (Bild 2).

Man färbt je nach Färbegut in verschiedenen Aufmachungsformen.

Färben der Spinnmasse für Synthesefasern. Bei der Herstellung von Synthesefasern werden der Spinnmasse Farbpigmente (unlöslicher, aber feinstverteilter Farbstoff) zugesetzt, so daß nach dem Auspressen durch die Spinndüse der gefärbte Faden vorliegt.

Färben der Flocke (lose Fasern). Man kann die Flocke partieweise (diskontinuierlich) oder kontinuierlich färben.

Beim diskontinuierlichen Färben wird das Fasermaterial in einen Apparat gepackt. Es ist dies ein perforierter Behälter, durch den die Färbeflotte durchgepreßt wird. Die Anfärbung ist nicht immer gleichmäßig. Diese Unegalität stört aber nicht, da die Flocke in der Spinnerei anschließend wieder zerfasert und gleichmäßig gemischt wird, so daß sich die Anfärbung scheinbar egalisiert.

Beim kontinuierlichen Färben wird das lose Material auf einem Foulard mit der Farbstofflösung getränkt. Anschließend wird die Färbung in einem Dämpfer fixiert. Dann wird gewaschen und getrocknet. Verschiedenfarbige Flocke kann zu Melangen verarbeitet werden.

Färben des Kammzugs. Ein Kammzug besteht aus einem zusammenhängenden Faserband, aus dem auf einer Kämmaschine die kürzeren Fasern herausgekämmt wurden. Dieses Kammzugband (Kammzug genannt) kann z. B. in Wickelform gefärbt werden.

Für farbige Wollkammgarne gibt es mehrere Einsatzgebiete von gefärbtem Kammzug:

Unigarn: Der wesentliche Vorteil einer Kammzugfärbung ist ihre hohe Echtheit. Kammzugfarbi-

Textilfärbemaschine 3: Vigoureux-Druckanlage für Kammzüge aus Wolle.
a) Ansicht
b) Detail.

ges Garn kann aber nur wirtschaftlich hergestellt werden, wenn große Partien vorliegen.

□ Melangegarn: Bei einem Melangegarn werden bestimmte Mengen des Kammzugs in verschiedenen Farben gefärbt. Die verschiedenfarbigen Kammzüge werden in der Spinnerei miteinander vermischt und zu Garn versponnen.

□ Vigoureux-Garn: Eine andere Methode, den Kammzug zu färben, ist der Vigoureux-Druck (Bild 3). Hierbei wird mit Hilfe einer Druckwalze in verschiedenen Abständen farbige Druckpaste aufgetragen und fixiert. Beim Verstrecken des Kammzugs während des Spinnprozesses verschieben sich die gefärbten und ungefärbten Stellen derartig, daß der Eindruck eines Melangegarns entsteht. Bei dem Vigoureux-Druck wird die Einzelfaser zebraartig gestreift. Die daraus in der fertigen Ware resultie-

Textilfärbemaschine 4: Schematische Darstellung des Produktionsablaufs in der vollautomatischen Garnfärberei.
a) Perspektive.

rende Musterung ist so klein, daß das Auge nur eine Mischfarbe wahrnimmt; z. B. aus schwarzen und weißen Streifen ergibt sich Grau. Dagegen vermag das Auge in einem ebenfalls grauen Melange-Artikel noch die einzelnen weißen und schwarzen Fasern zu erkennen. Daraus ergibt sich, daß Vigoureux-Artikel ein ruhiges Warenbild und Melange-Artikel ein lebhaftes Warenbild zeigen.

Färben des Garns. Man unterscheidet folgende Maschinen zum Färben von Garnen:

□ Stranggarnfärbemaschinen: Das Garn wird gehaspelt, und die einzelnen Stränge werden auf Rollen gelegt. Auf diesen Rollen wird das Material durch das Färbebad gezogen.

□ Spritzfärbemaschinen: Bei der Spritzfärbemaschine werden die Stränge auf ein perforiertes Rohr gelegt, aus dem die Farbstoffflotte ausströmt und die Garne anfärbt. In regelmäßigen Abständen werden die Stränge umgelegt, um so ein gleichmäßiges Anfärben zu erreichen. Bei der Spritzfärbemaschine ist die Flottenmenge geringer als bei der Stranggarnfärbemaschine.

□ Packzylinder: Es ist auch möglich, die Stränge in einen Packapparat einzulegen und dann, wie bei der Flockefärberei angegeben, zu färben.

□ Kreuzspulfärbe-Apparat (Bild 4): Die Spulkörper befinden sich auf perforierten Plastikhülsen. Diese Kreuzspulen werden auf perforierte Rohre (Schwerter) aufgesteckt und dann in einen verschließbaren Behälter gebracht. In diesem Behälter kann die Farbstoffflotte unter Druck durch die Spulen (Bild 5) hindurchgepreßt werden. Auf diesem Apparat kann man auch mit hohen Temperaturen färben.

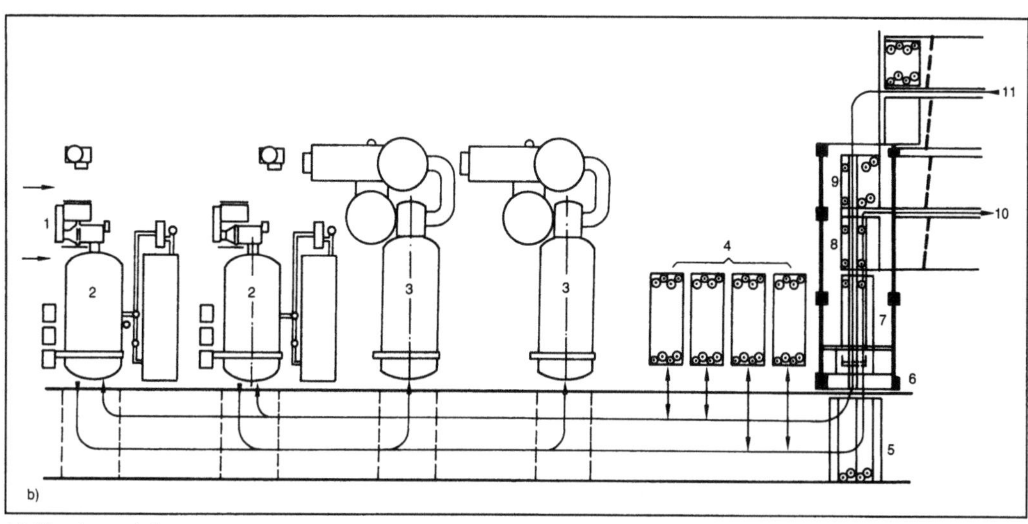

b) Vorderansicht.

1 Zulieferung von der Farbküche C.I.R., 2 HT-Färbeapparate Bellini, 3 Schnell-Drucktrockner Bellini, 4 Material-Parkplatz, 5 Schienenfahrzeug, 6 Verladeroboter Camel Robot, 7 Materialträger, 8 Materialträger mit gefärbten Garnspulen, 9 Materialträger mit Rohgarnspulen, 10 zum automatischen Lager für gefärbtes Garn, 11 zum automatischen Lager für Rohgarnspulen

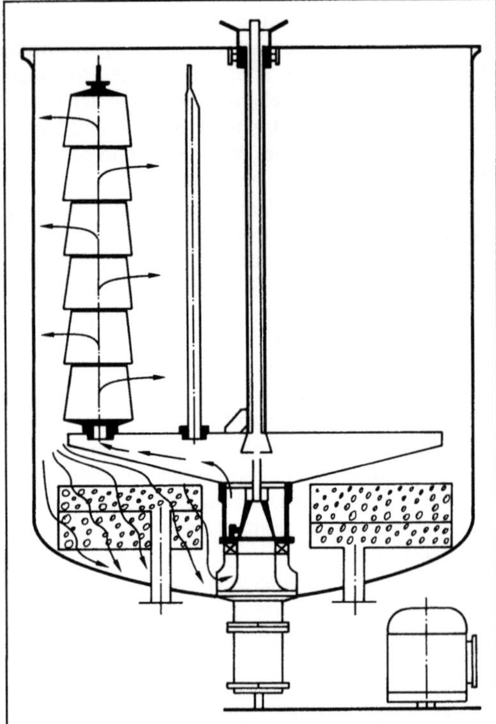

Textilfärbemaschine 5: Garnkreuzspulfärbe-Apparat.

Färben des Stückes. Es gibt eine ganze Reihe von Maschinen, mit denen man Flächengebilde färben kann.

Moderne T. arbeiten mit Programmsteuerung über mechanische Systeme oder Mikroprozessoren; dabei läuft der gesamte Färbevorgang programmiert ab:

☐ Haspelkufe (Bild 6): Diese Maschine eignet sich für Qualitäten, die unempfindlich sind gegen Lauffalten. Die Ware wird bei Kochtemperatur als ein endloser Strang (die beiden Enden eines Stückes sind aneinandergenäht, nachdem das Stück in die Maschine eingezogen ist) durch eine Färbeflotte geführt. Dabei sorgt eine rotierende Haspel für den Transport.

☐ HT-Baumfärbeapparat: Bei der Haspelkufe wird üblicherweise nur eine Temperatur von 100 °C erreicht. Dagegen färbt man in HT-Baumfärbeapparaten (Bild 7) bei Temperaturen über 100 °C. Die Ware wird dabei auf einen perforierten Zylinder (Baum) 1 gewickelt und in einen verschließbaren Apparat eingefahren. Die Färbeflotte kann man von innen nach außen oder von außen nach innen durch den Warenwickel hindurchpumpen.

☐ Jet-Färbemaschine oder Overflow-Maschine: Die Overflow-Maschine (Bild 8) wurde speziell für das Färben von Ware entwickelt, die gegen Zugbean-

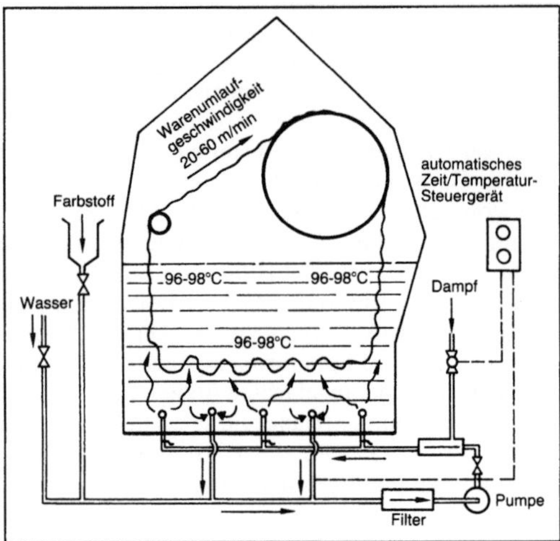

Textilfärbemaschine 6: Klassische Haspelkufe (IWS-Modell).

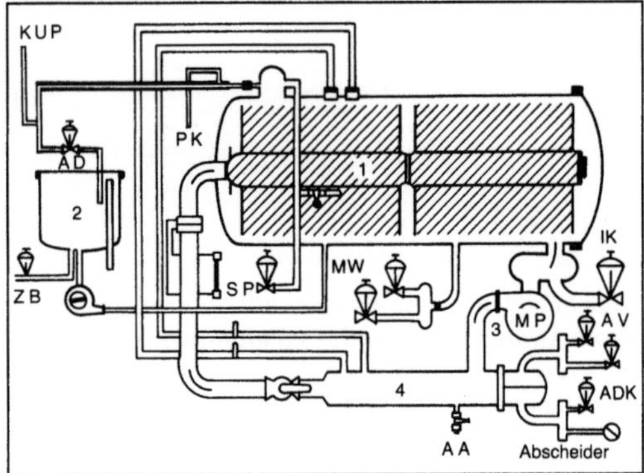

Textilfärbemaschine 7: Funktionsschnittbild bei einer Stückbreitfärbung.

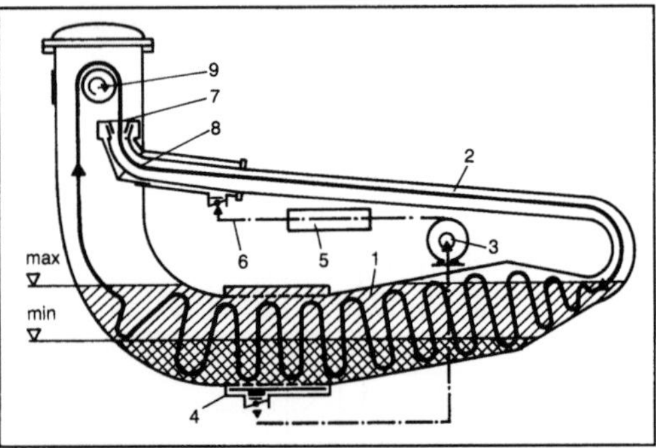

Textilfärbemaschine 8: Krantz-Overflow für Gewebe in Strangform.

1 Verweilkammer, 2 Flottenaustauschrohr, 3 Umwälzpumpe, 4 Flottenabsaugung, 5 Wärmeübertrager, 6 Flotteneinspritzung, 7 Einschwemmvorrichtung, 8 eingeschwemmte Ware, 9 Umlenkhaspel, T_{max} maximaler Flottenstand, T_{min} niedrigster Flottenstand

spruchung sehr empfindlich ist und auf diesen Apparaten möglichst spannungsfrei gefärbt werden kann. Bei diesen Maschinentypen werden sowohl Ware als auch Flotte bewegt. Die Konstruktion dieser Apparate ist entweder vertikal oder horizontal. Bei Jet-Färbemaschinen erfolgt die Flottenbewegung durch Düsen. Die Ware wird dabei von der Flotte mitgenommen. Bei den meisten Typen erfolgt zusätzlich auch noch ein Warenantrieb über eine Haspel. *Rouette*

Literatur: *Duckworth, C.:* Engineering in Textile Coloration. Bradford 1983.

Textilfärberei. Das Färben von Textilien ist ein Veredelungsprozeß, bei dem je nach Faserart geeignete Farbstoffe und je nach Verarbeitungsstufe entsprechende Apparate einzusetzen sind.

Der →Färbeprozeß (Bild) gliedert sich in folgende Stufen:
□ Vorbehandlung,
□ Vorbereitung des Färbeguts (Arbeitsvorbereitung) und der Farbstofflösungen (Farbküche),
□ Färben in der Färbemaschine,
□ Spülen mit eventueller. Nachbehandlung und
□ Trocknen.

Beim Färben nach dem Ausziehverfahren zieht ein Farbstoff aus einer verdünnten Lösung (Färbeflotte) konzentriert auf die Fasern auf. Ein solcher Vorgang kann nicht von selbst ablaufen. Es müssen Kräfte vorhanden sein, die das Aufziehen auf die Faser bewirken.

Man unterscheidet i. a. zwischen kontinuierlichen und diskontinuierlichen Färbeverfahren. Zu den ersteren gehört das Foulardverfahren, bei dem die Zugabe von Farbstoffen und Chemikalien in g/l oder ml/l, zu den letzteren die Ausziehverfahren, bei denen die Zugabe von Farbstoffen und Chemikalien in % vom Warengewicht geschieht.

Zum Färben benötigt man eine Färbeflotte, die aus Wasser und den zur Färbung notwendigen Farbstoffen, Chemikalien und Hilfsmitteln besteht. Die Menge einer Färbeflotte, die benötigt wird, richtet sich nach der Menge der zu färbenden Ware. Diese beiden zueinander im Verhältnis stehenden Werte bezeichnet man als Flottenverhältnis, z. B. 1:20, d. h. um 1 kg Ware zu färben, benötigt man 20 l Flotte.

Die Be- und Entladezeiten bedingen Stillstand einer diskontinuierlich arbeitenden Färbemaschine. Man nennt sie Rüstzeiten.

Farbstoffmoleküle bestehen aus dem farbgebenden Teil (Chromophor), Substituenten und evtl. reaktiven Gruppen. Folgende Eigenschaften charakterisieren Farbstoffe:
□ chemischer Aufbau,
□ färberisches Verhalten,
□ allgemeine Echtheitseigenschaften,
□ Handelsformen,
□ Lösungsvorschrift,
□ Färbeprinzip und
□ Eignung für bestimmte Fasern.

Farbstoffe sind meist synthetische, organische Verbindungen, die bei geeigneter Anwendung tex-

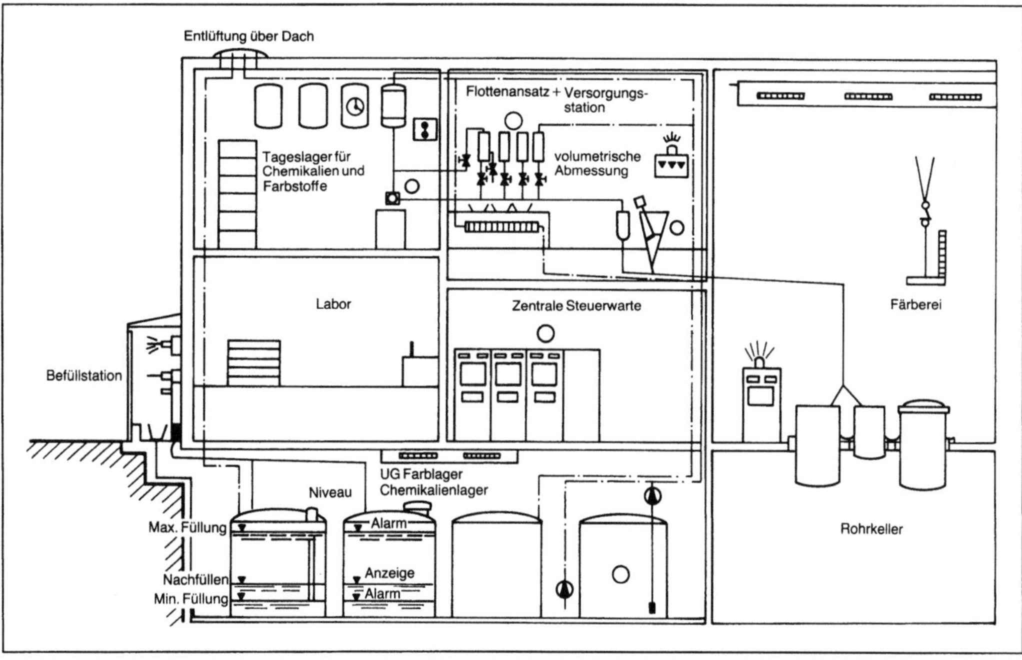

Textilfärberei: Peripherie eines Färbeprozesses.

Textilfärberei. Tabelle: Zusammenfassung von Eigenschaften.

Typ	Gruppe	Faser	Eigenschaften der Färbung	Einsatzgebiete
wasserunlöslich	Schwefel-farbstoffe	Baum-wolle	billig, gute Licht- u. Naßecht-heiten, nicht chlorecht, stumpf, keine Rottöne, schönes Schwarz Na_2S-Geruch! u. U. Farbtonumschlag	Cord, Samt, Jeans, Berufsklei-dung, Zelte
	Küpen-farbstoffe	Cellu-lose	sehr echt, Verküpung nicht ein-fach zu kontrollieren. Luftgang oder Oxidationsmittel. Farbton-umschlag beim Verküpen bzw. Oxidieren	Fahnen, Markisen, Verdecke, Garten-möbel, Zelte, Mili-tärbekleidung, Kleider, Tischwäsche, Kü-chentücher, Bade-wäsche, Bettwä-sche, Hemden, Regenbekleidung, Dekorationsstoffe; viel garnfarbig!
	Dispersions-farbstoffe	Poly-ester, Acetat, Poly-amide	Carrier nötig, Einfluß der Ther-mofixierung bei PES u. U. spinnfarbig von Endlosfa-sern	HAKA, DOB (garnfarbig), Transferdruck, Autogurte, Näh-seide, technische Gewebe, Differen-tial-Dyeing-Teppi-che
	Pigment-farbstoffe	alle	keine Affinität, Binder nötig. Griff schlecht, schlechte Reib-echtheit; oft im Druck!	Druck (nicht für Flächendecker)
wasserlöslich vor dem Fär-ben, wasserun-löslich nach dem Färben	Leukoküpen-esterfarbstoffe	Cellu-lose (Wolle, Poly-amide)	vor der Färbung wasserlöslich, nach der Färbung wasserunlös-lich, sehr echt, egalisieren gut und färben deshalb besser durch als Küpenfarbstoffe; teuer, daher nur für helle Töne, Farbtonumschlag beim Versei-fen und Oxidieren	stückfarbige Hem-den, Regenmantel, Deko, Bettwäsche, Lingerie in Pa-stelltönen
	Diazotierungs-farbstoffe	Baum-wolle	schlechte Lichtechtheit; für satte Töne; gut weiß ätzbar bei Druckfond; beständig bei Hoch-veredelung; komplizierte An-wendungstechnik, da Farbstoff auf der Faser erst erzeugt wird; Farbstoff ist nach der Färbung wasserunlöslich; gute Naßecht-heit; Farbstoffumschlag beim Diazotieren	Druckätzfonds
	Entwicklungs-farbstoffe	Baum-wolle, regene-rierte Cellu-lose	Farbstoff wird auf der Faser er-zeugt und ist nach der Färbung wasserunlöslich; gut nachseifen und spülen; Farbtonumschlag beim Kuppeln	Garne, Deko, Kleider, Schürzen

Textilfärberei. Tabelle: Noch Zusammenfassung von Eigenschaften.

Typ	Gruppe	Faser	Eigenschaften der Färbung	Einsatzgebiete
teilweise chemische Reaktionen mit der Faser, wasserunlöslich nach dem Färben	Nachkupferungsfarbstoffe	Cellulose	sehr lichtecht, gute Waschechtheit; Farbtonumschlag bei Nachbehandlung mit Kupfer; beständig gegen Hochveredelung	Deko, DOB, HAKA, Regenmantel, Samt, Wirkware, Trainingsanzüge, Handschuhe, Bucheinbindung
	Reaktivfarbstoffe	Cellulose, Wolle, Polyamide, Seide,	hydrolysenempfindlich, daher exakte Verfahrensführung wichtig; gute Reib- und Naßechtheiten; nachseifen und spülen; teuer; brillante Töne, kein Farbtonumschlag	Hemden, Blusen, Kleider, Deko, Badeartikel, Strickgarne, Wirkwaren
	Chromfarbstoffe (auf der Faserbildung des 1:2-Metallkomplexes)	Wolle	Chromierung als Nachbehandlung, Abwasserprobleme; billig, sehr gute Naßechtheit; gedeckte Töne; Wolle versprödet; Farbtonumschlag beim Chromieren; Nuancieren mit anderen Sortimenten	Garn, tiefe Töne bei stückfarbiger HAKA-Ware
ionische Bindung wasserlöslich	1:2-Metallkomplexfarbstoffe	Wolle	sehr naßecht, schonende Färbeweise, da pH 5–6, schlecht egalisierend; Egalisierungsmittel nötig; keine Sulfogruppe: oder 1 Sulfogruppe oder 2 Sulfogruppen	Garn, Flocke (Garn, Flocke)
	1:1-Metallkomplexfarbstoffe	Wolle	bei pH 2 keine faserschonende Färbeweise, aber gutes Egalisieren und Durchfärben, schlechte Naßechtheiten	HAKA Stückfärbungen, DOB Mantelware, hartgeschlagene Ware
	Säurefarbstoffe	Wolle, Polyamide	Egalisierfarbstoffe pH 3 sehr brillant, mäßig waschecht, mittlere Lichtechtheit waschecht mäßig sauer pH 3–4 walkecht pH 5–6	DOB-Kleider, Stück, Hüte, Teppichgarne, Deko, Wirkware, Wollstrümpfe, DOB garnfarbig, Flocke, DOB, HAKA
	basische Farbstoffe	Polyacrylnitril, (Wolle)	brillante Töne, mit Retarder zu färben, schlecht egalisierend; sehr naß- und lichtecht	Wirkware DOB, Strickgarn, Flocke
physikalische Adsorption, wasserlöslich	Phtalocyanin	Baumwolle	brillant, sehr licht- u. naßecht; Grün- u. Blautöne, sehr sorgfältige Verfahrensführung erforderlich	Zeugdruck
	Direktfarbstoffe	Cellulose	preiswert, gutes Egalisier- u. Durchfärbevermögen, schlechte Naßechtheit bei mittleren bis dunklen Tönen	Futterstoff, Damenunterwäsche, Wirkware, Deko, Teppiche

tile Fasern anfärben. Es gibt auch natürliche organische und anorganische Farbstoffe, die heute kaum noch Bedeutung haben. Die künstlichen organischen Farbstoffe werden nach ihrem chemischen Aufbau bzw. nach ihren färberischen Eigenschaften unterschieden. Man verwendet dafür lösliche oder unlösliche Farbstoffe. In Wasser lösliche Farbstoffe wären z. B. Direktfarbstoffe und Säurefarbstoffe. Die Dispersionsfarbstoffe sind in Wasser kaum löslich. Auf Grund ihrer besseren Löslichkeit in Polyesterfasern lösen sie sich beim Färbeprozeß bevorzugt in der Faser. Küpenfarbstoffe werden erst durch Verküpen (Reduktion) wasserlöslich gemacht. Der verküpte Farbstoff wird am Ende des Färbeprozesses in der Faser durch Reoxidation wieder wasserunlöslich gemacht.

Eine Zusammenfassung der Typen, Gruppen, Eigenschaften und Einsatzgebiete aller Farbstoffklassen ist in der Tabelle wiedergegeben.

Um die Qualität einer Färbung zu beurteilen, gibt man neben der Gleichmäßigkeit und der mustergetreuen Nachstellung auch ihre Echtheiten an. Man unterscheidet zwei Echtheiten:
□ die Fabrikationsechtheit,
□ die Gebrauchsechtheit.

Als Fabrikationsechtheiten bezeichnet man z. B. die Walk-, Naß-, Karbonisier-, Überfärbechtheit usw. An Gebrauchsechtheiten sind zu erwähnen: die Licht-, Wasch-, Schweiß-, Reib-, Wasserechtheit u. a.

Für die Klassifizierung der Echtheiten gibt es eine Echtheitsskala. Diese reicht bei der Lichtechtheit von 1 bis 8. Dabei ist die schlechteste Note 1, und 8 ist die beste Echtheit. Alle anderen Echtheiten reichen von 1 bis 5. Hierbei ist die Note 5 die beste Echtheit.

Die Kenntnis färberischer Begriffe und deren Inhalte ist für den Textilveredler von entscheidender Bedeutung. So sind aus den Musterkarten ersichtlich:
□ Aufziehvermögen,
□ Aufziehgeschwindigkeit,
□ Wanderungsvermögen (Migration),
□ Verhalten gegenüber verschiedenen Faserarten oder ungleichmäßig färbenden Materialien,
□ Kombinierbarkeit,
□ Eignung für Nachbehandlungen,
□ Reservierungseigenschaften.

Einige Erläuterungen zu färberischen Begriffen:
□ Substantivität (oder Aufziehvermögen) ist die Eigenschaft eines Farbstoffs, ohne Hilfsmittel auf die Fasern aufzuziehen.
□ Affinität bezeichnet die Anziehungskraft der Faser gegenüber dem Farbstoff. Es gibt z. B. Farbstoffe, die eine Faser anfärben, und Farbstoffe, die dieselbe Faser nicht anfärben, weil sie keine Affinität zu der Faser haben.
□ Migration bezeichnet eine Farbstoffwanderung in der Faser bzw. von Faser zu Faser, die für egale Färbungen Voraussetzung ist.

□ Konzentrationsangaben: Bei der Zugabe von Farbstoffen werden diese in % vom Warengewicht ausgedrückt. Die Menge an Chemikalien und Textilhilfsmitteln wird in g/l angegeben; sie geht von der Flottenmenge aus.
□ Farbtiefe: Sie hängt unmittelbar von der im Färbebad eingesetzten Farbstoffmenge ab. *Rouette*

Literatur: *Nunn, D. M.:* The Dyeing of synthetic-polymer and acetate fibers. Bradford 1979. – *Rouette, H. K.:* Textile Begriffsbestimmungen–Färben von Wolle. Aachen 1985. – *Schweitzer, H. R.:* Künstliche organische Farbstoffe und ihre Zwischenprodukte. Berlin, Heidelberg, New York 1964.

Textilveredelungsmaschine. T. werden zur Veredelung von Textilien eingesetzt. Die Textilveredelung verleiht textilen Erzeugnissen aller Verarbeitungsstufen notwendige Verarbeitungs- und Gebrauchseigenschaften. Das Anforderungsprofil zur Verbesserung der Eigenschaften der textilen Rohware richtet sich nach dem Einsatzgebiet der Fertigware. Die mit der Textilveredelung verbundenen Arbeitsprozesse erhöhen die Qualität insofern, als daraus verkaufsfähige und damit attraktive Produkte im Bereich technischer Textilien oder mit modischem Charakter als Bekleidungsartikel oder Heimtextilien entstehen. Textilveredelung macht also textiles Rohmaterial brauchbar, indem sie Eigenschaften mit Nutzeffekt erzeugt. Mit Hilfe der Textilveredelung kommen aber auch alle jene Seiten der Textilien zum Tragen, die durch Farben, Formen und Effekte den Sinn für immaterielle Bedürfnisse ausdrücken. Dauerhaftigkeit der erzielten Veredelungsergebnisse in nachfolgenden Verarbeitungsstufen oder während des Konsums des Produkts (Gebrauch und Pflege) drückt sich in den Echtheiten der Veredelungseffekte aus, wobei im Falle von Repräsentationseigenschaften optische und haptische Werte geprüft und in Korrelation zu subjektiven Beurteilungen gesetzt werden, während vor allem beim Einsatz der veredelten Produkte im technischen Bereich objektive Werte der Materialprüfung der Fasersubstanz als Werkstoff einen Maßstab der Qualität einer Veredelung darstellen. Da Gebrauchseigenschaften technischer Textilien einer permanenten Erhöhung ihrer Anforderung unterliegen und modische Anforderungen ständigen Änderungen der Marktfähigkeit ausgesetzt sind, muß die Textilveredelungsindustrie sehr anpassungsfähig und dynamisch auf neue textile Fertigerzeugnisse reagieren oder selber textilgestalterisch agieren.

Textilveredelung bedient sich der technologischen Grundlagen der Physik und der Chemie, insbes. der physikalischen Chemie. Die T. berücksichtigt die z. T. sehr komplexen Eigenschaften der eingesetzten Fasern. Als textiles Haufwerk in verschiedener Aufmachungsform unterliegt die Faser nur dann einer sinnvollen physikalischen und/oder chemischen Eigenschaftsänderung, wenn die notwendigen Energieformen und Veredelungsprodukte in einem geeigneten Medium in der T. an die Faser heran- und in die Faser hineintransportiert werden. Diffusions- und Konvektionsvorgänge im heterogenen System sind dabei typische Vorgänge im Medium (Bild 1). Ist durch geeignete Strömungsvorgänge in der Flottenaustauschzone der Veredelungsprozeß nicht mehr diffusionskontrolliert, so setzt sich die Verweilzeit in der Ruhezone zusammen aus den Prozessen, die den Vorgang reaktionskontrolliert machen. Typische Parameter, die dabei häufig empirisch gehandhabt werden, sind Zeit, Temperatur, Druck und Feuchtigkeit, die in teilweise komplexen Zusammenhängen wirken. In der Maschine sind Flottenaustauschzone und Ruhezone häufig nicht deutlich getrennt. Der T. sind Grenzen gesetzt, wo gegebene Eigenschaften von Naturfasern oder Synthesefasern und der daraus hergestellten Produkte überfordert werden. Textilveredelung versucht immer, typische negative Fasereigenschaften zu verbessern oder auszumerzen. Darüber hinaus steuert Textilveredelung völlig neue, positive Fasereigenschaften an (Hochveredelung). Veredelungseffekte sind aber meist nur zu erkaufen, indem unerwünschte Nebenerscheinungen toleriert werden. Überschreiten diese Nebeneffekte subjektiv festzulegende und objektiv meßbare Toleranzen, so spricht man von Schädigung (z. B. zu hohe Faserfestigkeitsverluste) oder betrachtet das Gesamtresultat als Reklamationsgrund (z. B. Farbabweichung). Der maschinelle Aufwand zum Erzielen gleichmäßiger Veredelungseffekte ist meistens erheblich (Bild 2).

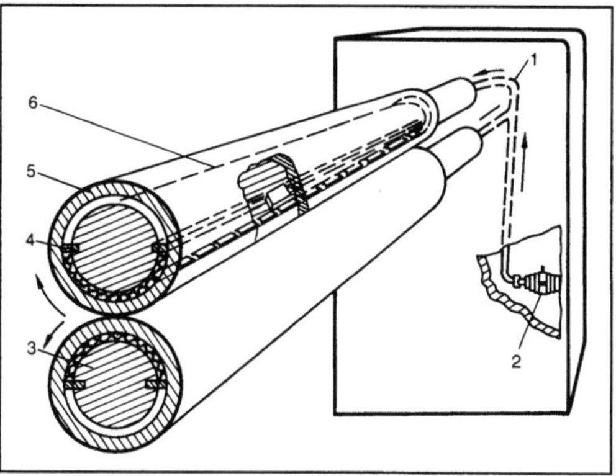

Textilveredelungsmaschine 2: Maschinelle Konzeption bei einem Zwei-Walzen-Foulard zum Erzielen eines egalen Flottenauftrags über die ganze Gewebebreite mit Hilfe des Prinzips der schwimmenden Walzen.

1 Ölzuleitung, 2 Öldruckpumpe, 3 Ölbad, 4 Dichtungsleiste, 5 angetriebene Quetschwalze, 6 feststehendes Querhaupt

Der Aufwand, um bestimmte Effekte zu erreichen oder unerwünschte Nebenerscheinungen in tolerierbaren Grenzen zu halten, drückt sich in den Kosten aus. Am endgültigen Fertigprodukt, das marktfähig gehandelt wird, machen die Veredelungskosten nur einen geringen Anteil von ca. 10 % aus. In der Kostenstruktur der Textilveredelung nehmen aber die Kosten für Energie und für Umweltschutz einen zunehmenden Anteil ein. Anforderungen der Luftreinhaltung und Abwasserreinigung wie auch der Arbeitsplatzbedingungen und der Abfallbeseitigung machen die Textilveredelung zu einer kapitalintensiven Industrie. Textilveredelung erfordert schließlich auch deshalb einen hohen Standard ökologischen Bewußtseins, weil sie in beträchtlichem Maße chemische Produkte einsetzt, die nicht nur von der Faser gebunden werden und so u. U. die Bekleidungsphysiologie oder die Umwelt im technischen Einsatzgebiet beeinflussen, sondern als Überschuß u. U. im Veredelungsmedium als Nebenprodukte abtransportiert und zum Wiedereinsatz aufgewertet (Recycling) oder zur Deponie vorbereitet werden müssen. *Rouette*

Literatur: *Fischer-Bobsien, C.-H.:* Lexikon Textilveredelung. Grundbd. u. Ergänzungsbde. Düsseldorf 1975/1985. – *Peter, M.:* Grundlagen der Textilveredelung. Frankfurt/Main 1986.

Thermobimetall. T. ist die Bezeichnung für 2 gleich dicke, fest miteinander verbundene, streifenförmig geschichtete Metalle aus Werkstoffen mit unterschiedlichen thermischen Ausdehnungs-Koeffizien-

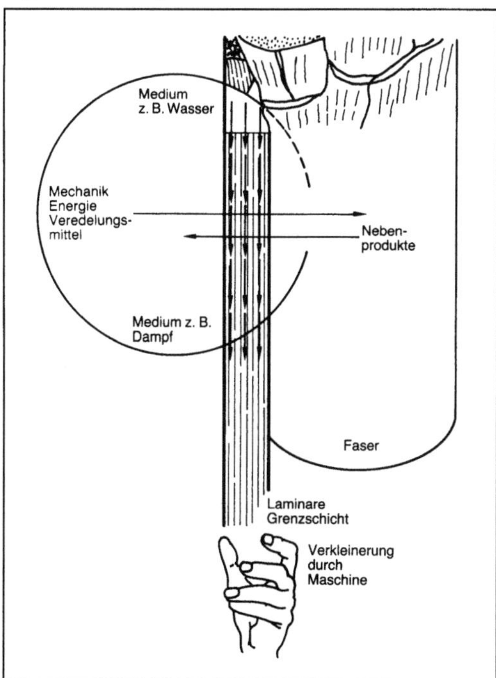

Textilveredelungsmaschine 1: Wechselwirkung Faser-Medium.

ten, wodurch sich ein vorher gerader Metallstreifen bei Temperaturänderung in Form eines Kreisbogens krümmt. Solche geschichteten Metalle werden in Meß- und Regelgeräten eingesetzt. *Baumann*

Thermofixiermaschine. Das Thermofixieren dient dazu, Flächengebilde aus Synthesefasern unter Berücksichtigung der Soll-Abmessungen der Fertigware durch Einwirken von trockener Hitze zu stabilisieren. Die Höhe der Fixiertemperatur, bei der die Faser 10–20 s verweilen soll, richtet sich nach dem Substanzschrumpf der eingesetzten Faser. Sie liegt zwischen 180 und 200 °C. Die einzelne Faser soll im lose gespannten Gewebe so spannungslos gehalten sein, daß sie frei schrumpfen kann.

Zum Fixieren eignen sich Spannrahmen, weil bei diesen Maschinen die Dimension der in Nadelketten an den Leisten geführten Gewebe einwandfrei einzustellen ist und damit definierte Flächengewichte resultieren. Natürlich läßt sich durch Thermofixieren jede Form stabilisieren. Deshalb zählen auch Prägekalander, die für Synthesefasergewebe angewandt werden, im eigentlichen Sinne zu den T., weil hier nicht die flache Form, sondern dreidimensionale Formeffekte als Muster stabilisiert werden.

Die am häufigsten zum Thermofixieren eingesetzte Faser ist die Polyesterfaser, die meist vor dem Färben der Gewebe thermofixiert wird, um Lauffalten beim Färben in Strangform zu verhindern. Beim Thermofixieren von garnfarbiger Stückware ist darauf zu achten, daß die Dispersionsfarbstoffe beim Thermofixieren nicht sublimieren können. *Rouette*

Thermomechanisches Behandlungsverfahren. Unter einem t. B. ist die Verbindung eines Umformvorgangs mit einer Wärmebehandlung zum Erzielen bestimmter Werkstoffeigenschaften zu verstehen. Zu solchen Verfahren zählen beispielsweise das Austenitformhärten, das temperaturgeregelte →Warmumformen und das Warm-Kalt-Verfestigen. *Baumann*

Thermoplastschaumgußmaschine. Unter einer T. (auch EPS-Schäummaschine genannt) versteht man maschinelle Einrichtungen, die diskontinuierlich oder kontinuierlich Polystyrol-Partikelschaum zu Fertigteilen verarbeiten. Das Bild zeigt, in welchen Schritten die Maschine Polystyrol-Granulat über eine Dampfvorbehandlung im Vorschäumaggregat durch ein Werkzeug in der Schließeinheit der Formmaschine zuführt. Die Maschine dosiert die vorgesehene Menge in den Werkzeughohlraum, wo das Granulat mit durchströmendem Dampf erhitzt wird. Das vorgeschäumte Polystyrol-Granulat treibt end-

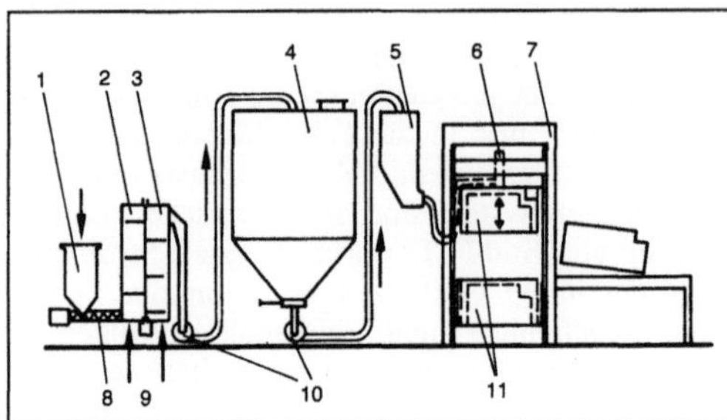

Thermoplastschaumgußmaschine: EPS-Schäummaschine für die Herstellung von Polystyrol-Schäumen.

1 Vorratsbehälter PS-Granulat, 2 Vorschäumer, 3 Rührer, 4 Lagerbehälter, 5 Maschinenbehälter, 6 Dampfeintritt, 7 Formmaschine, 8 Dosierschnecke, 9 Dampf, 10 Förderpumpe, 11 Werkzeug

gültig auf, füllt den Hohlraum und verklebt miteinander. Die erreichbare Dichte der Schaumteile kann bis 0,02 kg/m^3 heruntergehen.

Man stellt Teile für die stabile Verpackung hochwertiger Geräte her oder Teile für Dekorationszwecke. Im Bauwesen verwendet man Platten für Wärme- oder Trittschalldämmung, die aus formgeschäumten Blöcken in gewünschten Dichten geschnitten werden. Der Schnitt erfolgt mit einem heißen Draht. *Johannaber*

Literatur: *Johannaber, F., u. K. Stoeckhert*: Kunststoffmaschinenführer. 2. Aufl. München 1984. – *Schwarz, O., F.-W. Ebeling, G. Lüpke* u. *W. Schelter*: Kunststoffverarbeitung. Würzburg 1985.

Thermostat →Wasserkühlung

Thixoforming. Das T. nutzt die Vorteile des thixotropen Werkstoffverhaltens in einem halbflüssigen oder halbfesten Zustand zwischen der Solidus- und Liquidustemperatur. In diesem Zustand besitzt der →Werkstoff, ggf. bis zu einem Flüssiganteil von 60 %, noch genügend Formzusammenhalt, so daß er wie ein Festkörper gehandhabt und in ein Formwerkzeug eingelegt werden kann. Unter Scherbelastung, wie sie typischerweise beim Pressen in einem Formwerkzeug auftritt, verflüssigt sich dieser Schlicker und erlaubt infolge seiner hohen Fließfähigkeit auch die →Füllung komplexer, fein strukturierter, geometrisch komplizierter Räume bei sehr geringen Kräften. Dieses makroskopisch beobachtbare Verhalten ist eine Folge der als Thixotropie (gr. thixis Berührung) bezeichneten Eigenschaft eines Körpers, durch die das Verhältnis von Schubspannung zu Umformungsgeschwindigkeit infolge der vorangegangenen Umformung zeitweilig reduziert wird. Metalle weisen immer dann ein thixotropes →Fließverhalten im Temperaturintervall zwischen der Solidus- und Liquidustemperatur auf, wenn der

Gefügezustand im Moment der Formgebung dadurch gekennzeichnet ist, daß höherschmelzende Festpartikel in einer niedrigerschmelzenden, flüssigen Matrixphase eingebettet sind. Zum Erreichen dieses Zustands nach einer beispielsweise induktiven Erwärmung ist ein bestimmter Vormaterialzustand erforderlich, der durch gießtechnische oder thermomechanische Verfahren erreicht werden kann. Beim T. wird zwischen dem Thixogießen und Thixoschmieden unterschieden. *Baumann*

Literatur: *Tietmann, A., T. Brenner* u.a.: 7. Aachener Stahlkolloquium, 26. und 27. März 1992.

Thixogießen. Unter T. ist ein Formgebungsverfahren (→Thixoforming) zum Herstellen endabmessungsnaher Produkte zu verstehen, bei dem ein auf eine bestimmte Temperatur erwärmter Körper im thixotropen Zustand durch eine Druckkammer in eine Form gepreßt wird. *Baumann*

Thixoschmieden. Das T. ist ein Formgebungsverfahren (Thixoforming) zum Herstellen endabmessungsnaher Produkte, bei dem ein Körper im thixotropen Zustand mit Hilfe gegeneinander bewegter Werkzeuge durch Schmieden umgeformt wird. *Baumann*

Thomas-Konverter. Ein T.-K. ist ein K. zum Herstellen von →Rohstahl aus phosphorreichen Roheisensorten, z. B. Roheisen mit mehr als 1,6% Phosphor. Dabei wird das gasförmige Medium, Luft oder sauerstoffangereicherte Luft, zum Frischen durch den Düsenboden des K.-Gefäßes in das flüssige Roheisen geblasen. *Baumann*

Thomas-Verfahren. Das T.-V. ist ein Blasstahl-V. zum Herstellen von →Rohstahl in einem basisch feuerfest ausgekleideten →Konverter. Die basische →Auskleidung des Konverters ermöglicht, durch Zugabe von Kalk mit einer basischen Schlacke zu arbeiten, ohne daß die Auskleidung zu stark angegriffen wird. Das bei diesem V. eingesetzte Roheisen hat Phosphorgehalte, die größer als 1,6% sind, und verhältnismäßig niedrige Siliciumgehalte. Das nach seinem Erfinder *S.G. Thomas* benannte V. wurde schrittweise von den Sauerstoffblas-V. verdrängt. Gründe dafür waren u.a. die im Gegensatz zur →Sauerstoffmetallurgie mangelnde Leistungsfähigkeit und geringe Wirtschaftlichkeit. *Baumann*

Thyssen-Niederrhein-Verfahren. Beim T.-N.-V. (TN-V.) werden durch Einblasen von Erdalkalien in die Schmelze niedrigste Schwefel- und Sauerstoffgehalte eingestellt (Bild). Dabei können Schwefelgehalte <0,001% in wenigen Minuten erreicht werden. *Baumann*

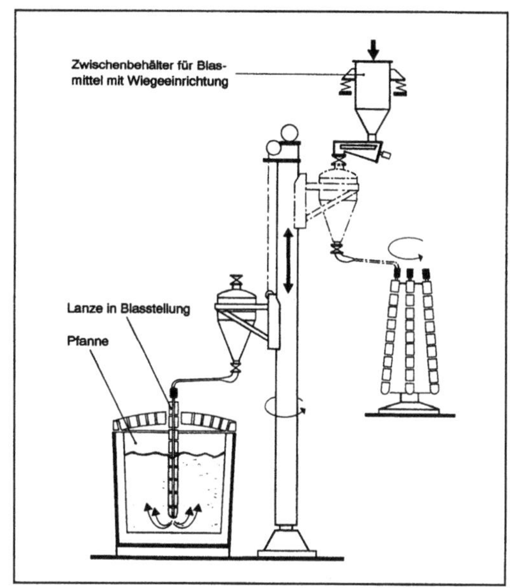

Thyssen-Niederrhein-Verfahren: Arbeitsprinzip.

Tiefbaugerät. Aufgabe der T. ist, die Gründungssohle eines Bauwerks (Hochbauten, Industriebauten, Verkehrswege, Brückenwiderlager, Wasserbauwerke) anzulegen und dieses an den tragfähigen Untergrund anzuschließen sowie unterirdische Leitungen zur Ver- und Entsorgung der Bauwerke herzustellen. Dies kann jeweils auf zwei grundsätzlich verschiedene Arten geschehen: bei Gründungsarbeiten: Flachgründung (mit Fundamentplatte) oder Tiefgründung (auf Pfählen, Pfahlrosten); bei Leitungsbauarbeiten: Verlegen in offener Baugrube oder unterirdischer Vortrieb. Herstellen von Gründungen, Umschließung von Baugruben und Gräben, →Wasserhaltung, Abdichtungen, Vortriebsarbeiten sind wesentliche Arbeitsabschnitte bei den meisten Tiefbauarbeiten, für die es Ausführungsalternativen mit grundverschiedenem Geräteeinsatz gibt:
□ geböschte Baugrube (Erdbaugeräte),
□ Baugrube mit gesicherten Wänden (Geräte entsprechend Pfahlgründung, Schlitzgeräte, Pfahlziehgeräte),
□ Pfahlgründung: Rammpfähle (Rammgeräte, Bohrpreß- und Einpreßgeräte), Bohrpfähle (Bohrgeräte), Ortpfähle (Bohrgeräte, Verrohrungsmaschinen), Rüttelpfähle (Vibrationsbäre),
□ Brunnengründung,
□ Senkkastengründung,
□ Caissongründung.

Als Hilfsbetriebe benötigt der Tiefbau fast immer Wasserhaltung, oft →Drucklufthaltung, Kältehaltung zur vorübergehenden Vereisung des Bodens und Injektionsmaßnahmen zur dauernden Verfestigung bzw. Abdichtung des Baugrunds; für Leitungsbau: Erdbaugeräte, Grabenbaugeräte, Rohrvortriebsanlagen; zur Sicherung von Baugrubenwänden und Böschungen: Ankerbohrgeräte; für Baugrunduntersuchungen zur Dimensionierung der erforderlichen Maßnahmen: Sondiergeräte. Der verwirrend vielfältige Geräteeinsatz hat in den vielen Rahmenbedingungen jeder Tiefbaustelle seine Ursache: Geologie des Untergrundes, Grundwasser und Wassergehalt des Bodens, Klima, Größe und Art der zu gründenden Last, vorhandener Platz und Transportmöglichkeiten für die Bauausführung, zulässige Emissionen von Geräusch und Erschütterungen, vorgesehene Bauzeit, Preisniveau für menschliche Arbeitskraft und für Geräteeinsatz, in der Bauregion vorhandene T. Unter Berücksichtigung all dieser Gesichtspunkte muß das wirtschaftlichste Verfahren mit dem zweckmäßigsten Geräteeinsatz gewählt werden.   *Kühn*

Literatur: DIN 4014. Tl. 1: Bohrpfähle herkömmlicher Bauart. – DIN 4094: Tiefbau. – DIN 20301: Gesteinsbohrtechnik-Begriffe, Einheiten, Formelzeichen. – DIN 20302: Gesteinsbohreinrichtungen–Begriffe. – Hauptverband der Deutschen Bauindustrie (Hrsg.): BGL-Baugeräteliste 1981. Wiesbaden 1981. – *Heuer, H., J. Gubany* u. *G. Hinrichsen*: Baumaschinen-Taschenb. 3. Aufl. Wiesbaden 1984. – *Maidl, B.:* Handbuch des Tunnel- und Stollenbaus. Bd. I: Konstruktionen u. Bauverfahren. Essen 1984. – *Smoltczyk, U.* (Hrsg.): Grundbau-Taschenb. Tl. 2. Berlin 1982.

Tieflochhammer. T. oder Versenkhämmer sind eine Variante der Schlagbohrmaschinen, bei denen die Schlagenergie im Gegensatz zu herkömmlichen Schlagbohrgeräten nicht auf das einsteckende Ende des Bohrschafts, sondern direkt hinter der Bohrschneide aufgebracht wird. Der Schlagkolben befindet sich hinter der Bohrkrone und wird durch das Bohrgestänge mit Druckluft versorgt. Somit fallen die bei größeren Bohrtiefen auftretenden Übertragungsverluste der Schlagenergie im Bohrgestänge weg. Das Umsetzen der Bohrkrone geschieht mit einem außerhalb des Bohrlochs stationierten Drehmotor. Weitere Vorteile der T. bestehen darin, daß die Antriebsluft des Schlagkolbens direkt zum Spülen des Bohrlochs verwendet werden kann und daß eine genauere Führung des Bohrlochverlaufs gewährleistet wird. Nachteilig ist bei Reparaturen am Schlagwerk der notwendige Ausbau des Bohrgestänges.   *Kühn*

Tiefofen. Ein T. ist ein technisches System zum Wärmen von Rohblöcken und Rohbrammen, seltener von Vorblöcken und Vorbrammen, wobei das Wärmgut von oben eingebracht und stehend erwärmt wird.   *Baumann*

Tilgerfrequenz. Diejenige Erregerfrequenz, auf die ein →Schwingungstilger abgestimmt ist, um eine →Schwingungsminderung zu erreichen.   *Witfeld*

Tilgung. T. von erzwungenen Schwingungen ist bei mehrfachen Schwingern möglich, wenn die Erregerfrequenz mit der Kennfrequenz eines Teilsystems übereinstimmt. Die Schwingungsausschläge an der Koppelstelle werden dann null oder ein Minimum, das Teilsystem schwingt mit endlicher Amplitude. Dieser Tilgereffekt kann ausgenutzt werden, um durch Montage eines Schwingungstilgers eine →Schwingungsminderung zu erreichen.   *Witfeld*

Tischbandsägemaschine. Die T. (Bandsäge) gehört zur Grundausstattung einer Tischlerei oder Schreinerei und ist vorwiegend im Möbel- und Modellbau verwendbar. Alle üblichen Längs- und Querschnitte, besonders aber das Ausschneiden gekrümmter Teile sowie Absetzarbeiten werden an dieser Maschine angefertigt. Der Sägeschnittverlust ist auf Grund der geringen Sägeblattdicke von ca. 1,5 mm gering.

Der Maschinenständer, meist in geschweißter Konstruktion ausgeführt, trägt die Tischplatte und die beiden vertikal übereinander angeordneten Umlenkrollen. Über diese Umlenkrollen, die mit einem Gummireibebelag oder mit einer Korkbeschichtung versehen sind, wird das endlos geschweißte Sägeblatt geführt. Eine spezielle Blattführung über dem Werkstück wird durch eine Dreirollenführung erreicht. Das Blatt wird möglichst nahe an der Werkstückoberfläche durch zwei Laufrollen seitlich und durch eine Laufrolle am Sägeblattrücken während des Werkstückvorschubs spielfrei geführt. Die vertikale Verstellung der Führungsvorrichtung läßt eine Schnitthöhe von 150 bis 500 mm bei einem Handvorschub von ca. 1 bis 3,5 m/min zu. An dieser Maschine können Werkstückbreiten, bedingt durch die Ausladung der Blatt- und Rollenführung, von ca. 300–1 250 mm bearbeitet werden.

Auf dem Maschinentisch werden Zusatzausstattungen wie Punktführungen für Kopierschablonen und kreisförmige Teile, Luftkissenflächen zum leichteren Bewegen schwerer Teile sowie Vorschubgeräte installiert.   *Dusil*

Tischfräsmaschine. Universal einsetzbare Fräsmaschine, die mit einem Fräsvorgang Profile an Werkstücken spanend herstellen kann. Der schwere kastenförmige Ständer in geschlossener Bauart trägt den Maschinentisch. Ein Merkmal ist die meist zentrisch angeordnete Frässpindel, die von einem Antriebsaggregat unterhalb des Maschinentisches mit hohen Umdrehungszahlen angetrieben wird.

Mit der T. lassen sich alle gängigen Holzverbindungsarten wie Schlitzen, Zapfen, Zinken, Nuten usw. anfertigen. Die geraden oder geschweiften Werkstückkonturen (Schmalflächen) können vielfältig profiliert, gefälzt, genutet oder abgeplattet werden.

Die Standard-T. haben einen leicht zugänglichen, quadratischen Tisch, der nach vorn mit ausziehbaren Auflagen erweitert werden kann. Ebenfalls sind seitliche Tischverbreiterungen üblich. Schiebeschlitten oder Rolltische ermöglichen Zapfenschneid- und Schlitzarbeiten. Die Werkstücke werden an dem Fräsanschlag (Anschlag- bzw. Führungslineal), der zweigeteilt und links und rechts von der Frässpindel postiert ist, sicher geführt. Über den Fräsanschlag, der grob und fein (Digitalanzeige) verstellt werden kann, wird der Abstand zwischen Fräswerkzeug und dem Werkstück variiert.

Das Fräsaggregat besteht im wesentlichen aus der Frässpindel mit dem Aufnahmekegel für den auswechselbaren Fräsdorn. Dieser Fräsdorn mit einem Mindestdurchmesser von 30 mm dient zur unmittelbaren Aufnahme des Werkzeugträgers (Scheibenfräser, Falzfräser usw.).

Schwenkbare und in axialer Richtung verstellbare Spindeln ermöglichen einen vielfältigen Einsatz von Fräswerkzeugen mit guter Qualität des Schnittergebnisses. Die Schnittgeschwindigkeit des rotierenden Werkzeugs kann über die stufenweise Drehzahlregelung (Riementrieb mit Stufenscheiben) dem jeweiligen Werkzeugdurchmesser angepaßt werden.

Die Bedienung einer T. erfordert sehr viel Fachkenntnisse, so daß wesentliche Funktionen wie motorische Spindelverstellung und Werkzeugwechsel (Fräsrotor mit mehreren Hubspindeln) computergesteuert die Einstellzeit unterstützen und somit die Rüstzeit senken. *Dusil*

Tischfundament. Maschinenträger (Tischplatte) auf meist paarweise angeordneten Stützen aus Stahlbeton oder Stahl, die auf einer Stahlbeton-Sohlplatte stehen. Vornehmlich zum Lagern (→Maschinenfundament) von Turbogeneratoren oder Turbokompressoren auf dem Fundamenttisch. Die Sohlplatte lagert unmittelbar auf dem Baugrund (Maschine-Fundament-Baugrund-Wechselwirkung) oder auf Pfählen, a) im Bild). →Kondensator sowie Rohr- und Stromleitungen liegen zwischen den Stielen. Ein mit finiten Elementen diskretisiertes Ersatzsystem, b) im Bild, für die schwingungstechnische Bemessung beschreibt den scheibenbesetzten Rotor auf räumlichem Rahmen, der mit der pfahl- und baugrundgebetteten Sohlplatte verbunden ist. Die überwiegende Tiefabstimmung hat den Vorteil der günstigen →Schwingungsisolierung. *Gaul*

Literatur: DIN 4024. Tl. 1 (Entw.): Maschinenfundamente. Hrsg. Dt. Inst. f. Normung. Ausg. Mai 1983. – *Gaul, L.:* Baugrund- und Fundamentdämpfung. VDI-Ber. Nr. 627: Dämpfung der Schwingungen von Maschinen- und Bauwerken. Düsseldorf 1987. – *Novak, M.,* u. *F. Aboul-Ella:* Dynamic Analysis of Turbine-Generator Foundations. Fall Convention, American Concrete Inst. Houston (Texas) 1978.

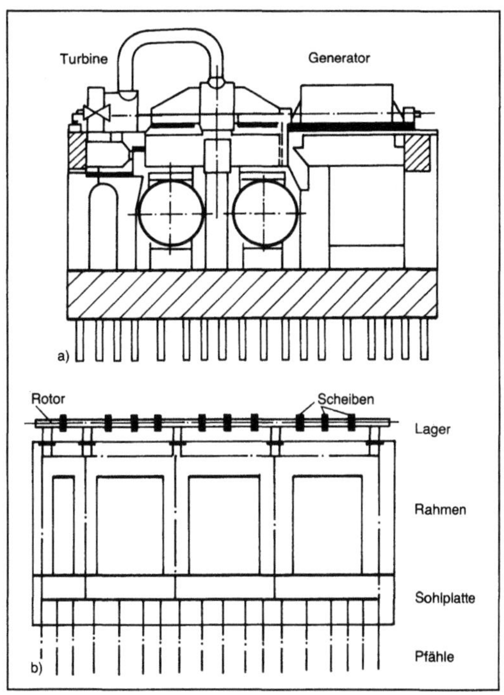

Tischfundament: Turbogenerator-Rahmenfundament auf einer Pfahlgründung. (Quelle: Novak, Gaul a. a. O.)
a) Struktur
b) Ersatzsystem.

Tischkreissägemaschine. T. gehören zur Standardausrüstung eines modernen Handwerks- und Industriebetriebs. An diesen Maschinen sind vielfältige Grundarbeitsgänge möglich wie Ablängen, Besäumen und Trennen sowie Formaten und Aufteilen von Plattenmaterialien aus Holzwerkstoffen oder Kunststoffen. Der Maschinenständer in geschweißter Stahlkonstruktion oder in Gußkonstruktion trägt den Maschinentisch. Aus dem Maschinentisch ragt das von unten arbeitende Sägeblatt maximal 170 mm heraus. Die horizontale Werkstückbewegung erfolgt an dem verstellbaren Anschlaglineal in einer Breite von 800 mm (Standard) bis maximal 1350 mm je nach Größe des Maschinentisches. Speziell geformte Führungsnuten parallel zum Sägeblatt ermöglichen den Einsatz von Winkel- oder Gehrungsanschlägen bzw. Schiebeschlitten zum Besäumen. Wird eine normale T. zusätzlich mit einem Schiebe- oder Rolltisch ausgerüstet, so endet dieser am vorderen Tischrand (Formatkreissäge). Das Sägeaggregat ist im Maschinenständer gelagert und wird von einem Elektro-Motor über Keil- oder Flachriemen angetrieben. Die Höhenstellung (Schnitthöhenstellung) und die Schrägstellung um 45° können über Handrad, Fußhebel oder Elektromotor erreicht werden. Spezielle

Sicherheitsvorrichtungen am Sägeblatt sind die Spanhaube über dem Blatt und der Spaltkeil hinter dem Blatt. Die T. sind mit der Verwendung von Sonderzubehör sehr variabel einsetzbar, z. B. Anschlag- und Sägeaggregatverstellung mit digital-elektronischer Anzeige, Maschinentischverbreiterung und -verlängerung, Spannvorrichtungen, Richtlicht zum Besäumen u. ä. *Dusil*

Titanschicht. Oberflächenschutzschicht, die durch chemische oder physikalische Abscheidung aus der Gasphase (CVD, PVD) gebildet wird. Sie dient vor allem als Korrosionsschutzschicht. Bildet sich auf der T. zusätzlich eine Titanoxidschicht, so steigt der Widerstand gegen Adhäsion. *Habig*

TN-Verfahren →Thyssen-Niederrhein-Verfahren

Toleranzring. T. sind reibschlüssige Welle-Nabe-Verbindungen (Bild). Sie bestehen aus gewelltem Federband und werden in die Fuge zwischen →Welle und Nabe gepreßt. Sie dienen vorwiegend zum Ausgleich von Wärmedehnungen, Bearbei-tungstoleranzen und Fluchtungsfehlern und über-tragen nur kleinere Drehmomente. *Ehrlenspiel*

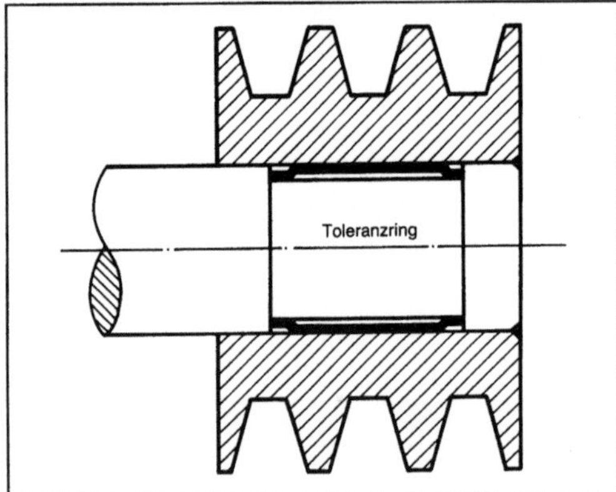

Toleranzring. (Quelle: Star-Kugelhalter GmbH)

Ton (Akustik). Druckschwankungen in der Luft werden vom Ohr aufgenommen und rufen dort eine Schallempfindung hervor. Eine sinusförmige Druckschwankung $p = p_0 \sin(\omega t + \varphi)$ ruft eine Schall-empfindung hervor, die man nach *G. S. Ohm* (1843) einen reinen T. nennt. Er ist damit das denkbar einfachste akustische Ereignis. Der T. unterscheidet sich vom Klang, der einer komplizierteren Schwin-gungsform entspricht. Die T.-Stärke ist eine Funk-tion der Amplitude der Druckschwingung, die T.-Höhe eine Funktion der Frequenz $\nu = \omega/2\pi$ der Schwingung. *Helbig*

Ton (Reproduktionstechnik) →Tonwert

Tonnenkupplung. Die T. ist eine längs- und win-kelnachgiebige →Ausgleichskupplung. Sie besteht aus einer Kupplungsnabe und einem Gehäuse, zwischen denen tonnenförmige Kupplungsbolzen die Verbindung herstellen. Die Kupplungsbolzen können aus Stahl (dann ist die T. drehstarr) oder Elastomer (dann ist die T. drehnachgiebig) sein. Durch die Verwendung von zwei T. hintereinander als Doppelkupplung (Bild) wird auch Quernachgie-bigkeit erreicht. Die Nachgiebigkeit beträgt für Winkelverlagerungen bis 1,5°, für Querverlagerun-gen 2–15 mm und für Axialverschiebungen 5 bis 40 mm. Die T. baut relativ klein und wird wegen des kleinen Schwungmoments in Hebezeugen und Walzwerken verwendet. *Ehrlenspiel*

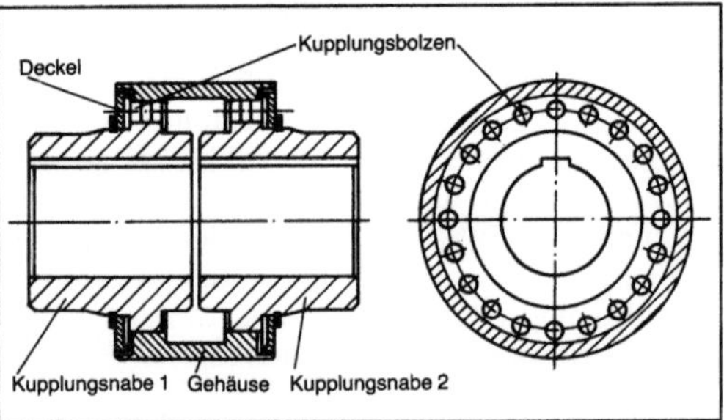

Tonnenkupplung: Als Doppelkupplung mit elasti-schen Kupplungsbolzen. (Quelle: Malmedie)

Tonnenlager →Wälzlager-Bauform

Tonnen-Lochwalzanlage. Eine T.-L. ist ein kom-plexes technisches System zum Herstellen von Hohl-körpern aus Blöcken durch Schrägwalzen. In T.-L. sind im Gegensatz zu Mannesmann-Schrägwalzanla-gen keine Führungswalzen im Bereich des Walz-spalts, sondern Führungslineale angeordnet. T.-L. bestehen aus den Einlaufsystemen mit Einlaufrinne sowie Einstößer, aus dem Walzgerüst mit Walzen, Walzeneinbauten, Walzenanstellsystem, Walzenstän-der sowie Walzenantriebsystem und dem Auslaufsy-stem mit dem Dornwiderlager, dem Dornstangen-hubsystem und den Transportsystemen. *Baumann*

Tonnen-Lochwalzverfahren. Das T.-L. unter-scheidet sich von anderen Schrägwalz-Lochverfah-ren insbes. dadurch, daß
□ die beiden angetriebenen Arbeitswalzen doppel-konisch kalibriert sind,
□ die Achsen der Arbeitswalzen gegen die Horizon-tale etwa zwischen 6° und 12° geneigt sind und
□ der Walzspalt mit den Arbeitswalzen durch je ein oberes und unteres Führungslineal verhältnismäßig eng geschlossen ist (Bild).
Die beiden von *R.C. Stiefel* eingeführten Füh-rungslineale wirken bei der streckenden Umfor-mung mit und ermöglichen die Herstellung eines

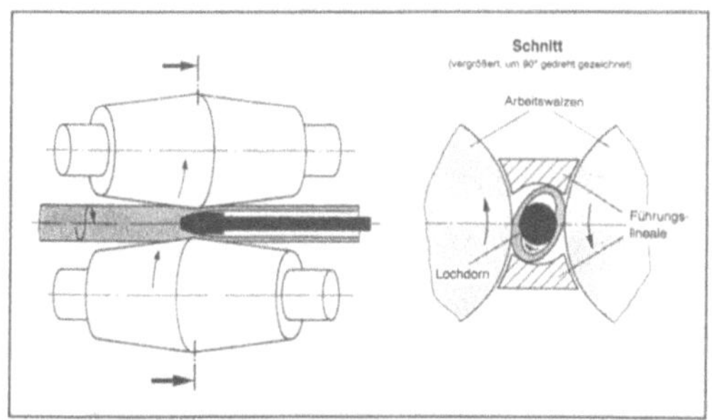

Tonnen-Lochwalzverfahren: Arbeitsprinzip.

verhältnismäßig dünnwandigen Hohlkörpers. Die Bewegung des Walzguts ist beim T.-L. auch schraubenlinienförmig über den als Innenwerkzeug wirkenden Lochdorn. Wegen der größeren Walzenneigung und der höheren Walzendrehzahlen ist die Walzgut-Austrittsgeschwindigkeit bei T.-Lochwalzanlagen wesentlich größer als bei Mannesmann-Schrägwalzanlagen. *Baumann*

Tonwert. In der →Reproduktionstechnik häufig nur qualitativ verwendeter Begriff zur Kennzeichnung der Helligkeit einer grauen Bildstelle in einer schwarzweißen →Vorlage. Die Begriffe T. und Ton werden weitgehend synonym verwendet. Eine Strichvorlage, z. B. eine Tuschezeichnung auf weißem Papier, hat nur zwei T., nämlich schwarz und weiß. In einer Halbtonvorlage, z. B. einer schwarzweißen Landschaftsphotographie, kommen dagegen sehr viele kontinuierlich abgestufte T. vor. Bei einer gleichmäßig grau erscheinenden Rasterfläche kommt der Helligkeitseindruck durch Täuschung des Auges, das die Rasterstruktur nicht aufzulösen vermag, zustande. Rastertöne werden im Gegensatz zu Halbtönen auch als unechte Grautöne bezeichnet. In qualitativer und grober Einteilung werden in einem schwarzweißen Halbtonbild i. a. folgende T. unterschieden: Licht, ¼-Ton, Mittelton, ¾-Ton und

Tiefe. Licht und Tiefe sind dadurch gekennzeichnet, daß sie noch eine geringe T.-Abstufung (auch Zeichnung genannt) haben, also noch nicht völlig hell bzw. schwarz sind. Der Helligkeitseindruck von einer Bildstelle hängt nicht nur von der Schwärzung selbst, sondern auch vom Umfeld der Stelle ab, ist also streng genommen eine psychophysikalische Größe. So wirkt ein mittleres Grau in einem dunklen Umfeld heller und in einem hellen Umfeld dunkler, was als Simultankontrast bezeichnet wird.

Meßtechnisch wird die Stärke eines Tons, also der T., unter Vernachlässigung des Umfeldeinflusses bei einem Halbtonbild durch die optische Dichte und bei einem Rasterbild durch den Raster-T. ausgedrückt. Bei einem Farbbild treten an die Stelle des T. die vier Farbwerte, d. h. die T. bzw. Raster-T. der vier Farbauszüge Cyan, Gelb, Magenta und Schwarz. *Kamm*

Topfglühofen. Ein T. ist ein senkrechter Ofen zum Glühen von Bandrollen oder Drahtringen in Töpfen zur Vermeidung der Zunderbildung. Der Ofen ist indirekt mit Gas oder Strom beheizt. Eine Topfglühanlage mit mehreren Töpfen kann auch gleichzeitig zum Anwärmen, Glühen und Abkühlen des Glühguts in einzelnen Töpfen eingesetzt werden. *Baumann*

Torpedo. Ein T. ist ein größeres, angetriebenes Unterwassergeschoß, das von Überwasserschiffen, U-Booten, Flugzeugen oder Hubschraubern zur Bekämpfung von Über- und Unterwasserzielen eingesetzt wird.

Gewöhnlich weisen T. innerhalb einer Hülle aus Metall oder Kunststoff folgende Sektionen auf:

Kopf-, Sprengstoff-, Elektronik-, Antriebs- und Heckteil (Bild). Im Kopfteil befindet sich das Ortungs-Sonar, das Schallimpulse (26–60 kHz) aussendet, die vom Ziel reflektierten Echos empfängt und auswertet. Bei Unterwasserschiffen kann auf

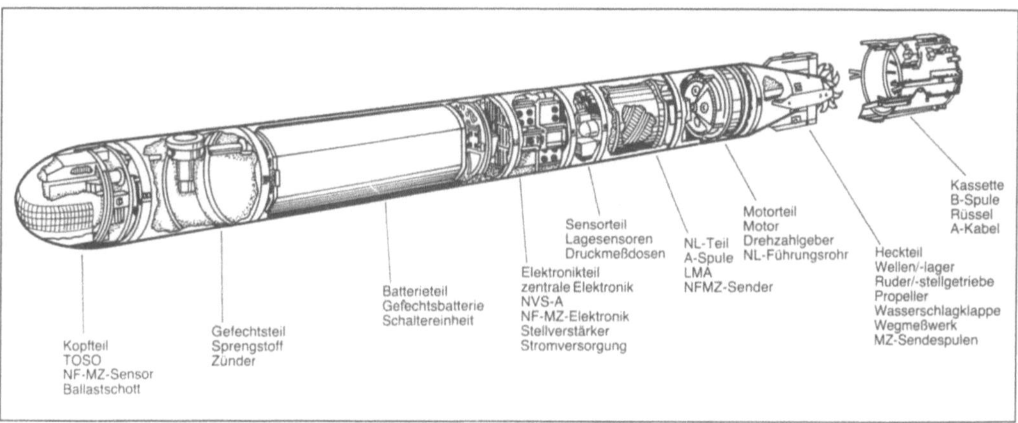

Torpedo: Torpedo DM2 A3 – Gefechtsgerät.

das Aussenden von Schallwellen verzichtet werden, da ihr Schallpegel genügend stark ist (Passiv-Ortung).

Im Sprengstoffteil befinden sich 30–300 kg Sprengstoff. Um neuere U-Boote mit 2 Hüllen auch bei kleineren Sprengstoffmengen durchschlagen zu können, werden Hohlladungen vorgesehen. Die Zündung erfolgt mit Aufschlag- oder Abstandszündung.

Im Elektronikteil werden alle torpedointernen Funktionen initiiert, gesteuert und überwacht.

Als Antrieb finden Verbrennungs- und Elektromotoren, Turbinen und selten Rückstoßantriebe Verwendung. Bevorzugt werden heute wegen ihrer Spurfreiheit aus Ag-Zn-Batterien gespeiste E-Motoren eingesetzt. Sie erreichen Geschwindigkeiten bis 60 kn und Langstrecken bis 35 sm. Das Heckteil besteht vor allem aus den Propellern und Rudern.

T. lassen sich klassifizieren

□ nach dem Gewicht in Schwer- und Leichtgewichts-T.,

□ nach dem Einsatzzweck in Seeziel-, U-Jagd- und Zweizweck-T.,

□ nach der Lenkungsart in Programm- und (Fern)-Lenk-T.

Schwergewichts-T. wiegen bis zu 2 t bei einer Länge von 7,50 m und einem Durchmesser von 21". Ziele sind vor allem größere Überwasserschiffe. Leichtgewichts-T. wiegen bis 0,35 t bei Längen um 3 m und Durchmessern um 13". Hauptziele: U-Boote in Wassertiefen bis 700 m.

Programm-T. werden zunächst nach einer festen Vorgabe ins Zielgebiet gesteuert. Im Zielgebiet erfolgt ein programmiertes Suchen, gefolgt von einem gesteuerten Angriff nach Entdeckung des Zieles. Geht das Ziel akustisch verloren, läuft ein sog. Zielverlustprogramm ab.

Lenk-T. sind bis zum Erreichen des Ziels über einen Lenkdraht mit dem schießenden Fahrzeug verbunden. Der Lenkdraht übermittelt einerseits die Suchinformationen des Sonargeräts und andererseits die Lenkbefehle. Umschaltung auf autonome →Lenkung nach Zielerfassung ist gewöhnlich möglich.

Das Abschießen der T. erfolgt

□ von Überwasserschiffen mit Pulver oder Preßluft aus T.-Rohren, bei Leichttorpedos auch mit einem Raketenantrieb aus Startbehältern. Dabei wird der T. ins Zielgebiet geschossen, mit einem Fallschirm abgebremst und durch Absprengen vom Raketentriebwerk befreit,

□ von U-Booten ebenfalls mit Preßluft, aus integrierten T.-Rohren oder mit eigener Kraft aus gefluteten Rohren,

□ von Flugzeugen durch Abwurf aus geringer Höhe (50–200 m) bei Abbremsung per Fallschirm,

□ von Hubschraubern im Schwebeflug durch einfachen Abwurf.   *Brosowsky*

Torpedopfanne. T. ist die nach der Form übliche Bezeichnung für einen Roheisenmischerwagen, der für den Transport von flüssigem Roheisen verwendet wird.   *Baumann*

Torsionswelle. Transversalwelle, die sich in schlanken Stäben ausbreitet, wenn diese durch zeitlich wechselnde Torsionsmomente, deren Drehachse die Stabachse ist, erregt werden. Eine reine Transversalwelle ist bei rotationssymmetrischen schlanken Stäben (Bild) möglich, deren Torsion nicht mit einer Querschnittverwölbung einhergeht. Die Wellengeschwindigkeit in einem elastischen Stab ist $c_T = \sqrt{G/\rho}$, mit dem Schubmodul G und der Dichte ρ.   *Gaul*

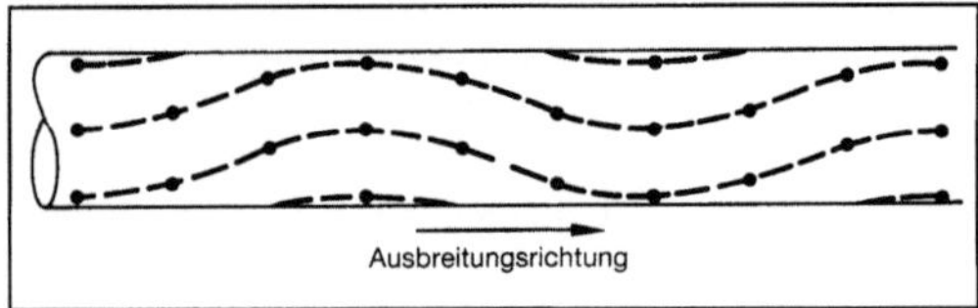

Torsionswelle. Verschiebungsfeld.

Literatur: *Cremer, L.,* u. *M. Heckl:* Körperschall. Berlin, Heidelberg, New York 1982.

Totalschwinge →Gelenkgetriebe

Totlast. Der Begriff T. wird nach VDI 2411 wie folgt definiert: Die T. ist gleich dem Gewicht der für einen Transportvorgang notwendigen →Lastaufnahmemittel.   *Jünemann*

Totpunkt →Hubraum

Tourenplanung. Es ist die manuelle oder rechnerunterstützte Ausarbeitung einer optimalen Fahrtroute für Verkehrsmittel unter Berücksichtigung aller relevanten Vorgaben, wie z. B. kürzeste Wegstrecke, geringste Fahrtzeit, oder Terminvorgaben von Verladern und Empfängern.   *Jünemann*

Trägerstraße. Eine T. ist eine Walzstraße, auf der vorzugsweise Träger, Parallelflansch- und Breitflanschträger, also meist schwerer Formstahl, in einer Hitze unmittelbar aus Blöcken hergestellt werden. Dabei werden die Blöcke zunächst in einem →Vorgerüst mit mehreren Walzenkalibern vorgewalzt. Nach dem Umformen des Blocks im Vorgerüst wird das Walzgut einem →Universal-Walzgerüst zugeführt, das mit 2 waagerecht und 2 senkrecht in einer Ebene angeordneten Walzen arbeitet. In diesem Gerüst erhält das Walzgut mehrere Stiche, bevor es im Fertiggerüst, das ebenfalls als Universal-Walzgerüst mit waagerechten und senkrechten Walzen ausgestattet ist, seine endgültige, maßgenaue Form bekommt. Danach befördert ein Rollgang die fertigen Träger zur Säge, die sie in anforderungsgerechte Längen schneidet, und anschließend auf ein Kühlbett. Nach dem Abkühlen werden die Träger der →Adjustage zugeführt. *Baumann*

Trägheitskraft. Eine Volumenkraft, in der die Trägheitswirkung einer Masse gegenüber einer Geschwindigkeitsänderung zum Ausdruck kommt.

Ein beschleunigter Beobachter kann T. in ihrer Wirkung nicht von anderen Volumenkräften unterscheiden. Deshalb müssen in beschleunigten Bezugssystemen (Relativbewegung) die T. aus der Führungsbeschleunigung und der Coriolisbeschleunigung wie eingeprägte Volumenkräfte berücksichtigt werden. →Fliehkraft und Corioliskraft sind die am häufigsten zitierten, aber nicht die einzigen T. Obwohl die T. für einen ruhenden Beobachter nicht existieren und er sie deshalb als Scheinkräfte bezeichnen würde, sind es aus der Sicht der →Maschinendynamik gerade diese Trägheitswirkungen, die zu Spannungen, Verzerrungen, Schwingungen und anderen dynamischen Effekten in bewegten Maschinenteilen führen. *Witfeld*

Trägheitsmoment. T. sind metrische Größen von Flächen oder Körpern, die die Lage einzelner Flächen- oder Volumenelemente gegenüber bestimmten körperfesten Achsen summarisch erfassen. Diese Größen werden in der Mechanik benötigt: die Flächenträgheitsmomente in der Statik elastischer Körper zum Berechnen von Spannungen und Formänderungen, die Massenträgheitsmomente in der Kinetik starrer Körper zum Berechnen von Bewegungsänderungen bei Rotationen. *Witfeld*

Tränenblech. Ein T. ist ein Stahlblech, dem spitz auslaufende ellipsenförmige Erhebungen, sog. Tränen, aufgewalzt sind. Dieses Blech, das auf der einen Seite glatt ist und auf der anderen Seite das regelmäßige Tränenmuster hat, wird beispielsweise für Abdeckungen von Vertiefungen oder für Bodenbeläge verwendet, weil es rutschsicher ist. *Baumann*

Tragbild. Die Flanken zweier Zahnräder berühren sich während des Eingriffs meist nicht über der gesamten Flankenfläche. Die Kraft wird in einem kleineren Bereich übertragen, den man als T. durch Messung ermitteln kann.

Bei der Bestimmung des Kontakt-T. werden beide in einer Vorrichtung gelagerten Zahnräder einer Stufe ohne Belastung aufeinander abgewälzt. Hierbei sind einige Flanken eines Rads mit T.-Paste oder Tuschierfarbe eingefärbt. Somit kann man die Auswirkung aller Verzahnungs- und Lageabweichungen auf den Zahnkontakt prüfen. Bei Hochleistungsgetrieben prüft man das T. direkt im Gehäuse, um möglichst viele im Betrieb wirksamen Abweichungen zu erfassen.

Bei der Bestimmung des Last-T. wird das T. im Betriebszustand (Belastung, Drehzahl, Temperatur) ermittelt, so daß auch die Verzahnungsabweichungen aus der Verformung aller Getriebeteile erfaßt sind. Vor Betriebsbeginn wird hierzu ein ölfester T.-Lack (Schichtdicke 1–2 μm) aufgetragen. *Winter*

Literatur: *Goebbelt, J.:* Tragbildprüfung von Zahnradgetrieben. Diss. TH Aachen. 1980.

Tragetasche. Die T. ist ein spezielles Verpackungshilfsmittel für den Handelsbereich, um dort verkaufte Ware, die meist in größeren Stückzahlen vorliegt, geschlossen in einer Einheit transportieren zu können. Die T. können aus →Papier oder Kunststoff gefertigt sein.

Für Papier-T. wird die rollenförmig vorliegende Papierbahn über Formatbleche zu einem Schlauch geformt. Um ein größeres Füllvolumen zu erhalten, werden in den Schlauch Seitenfalten eingearbeitet. Nach Aufteilen des Schlauches in einzelne Stücke wird ein Klotzboden (auch Blockboden genannt) an die T. angearbeitet. Durch diese Bodenkonstruktion wird erreicht, daß beim Aufrichten der T. sie geöffnet und füllbereit stehen bleibt. Tragegriffe an der Öffnung der T. vervollständigen sie.

T. aus Kunststoffolie werden bei kleineren Mengen aus Flachfolie und bei größeren Mengen aus einem Folienschlauch gefertigt. Die Flachfolie wird über entsprechende Leitelemente zu einem Halbschlauch geformt. Um genügendes Füllvolumen zu erhalten, wird an dem späteren Boden der T. eine Falte eingedrückt. Die nachfolgende Trennschweißung verschließt einmal die Höhenlinien der T. und teilt den Halbschlauch in einzelne Produkte auf. Es entsteht eine Zweinaht-T. Um die Tasche von Hand greifbar zu machen, gibt es eine Vielfalt von Hilfselementen. Es werden z. B. Handgrifflöcher in die Seitenflächen der T. eingestanzt. Weiterhin können vollständige Griffteile an die Oberkanten der T. angeschweißt werden. Diese Griffelemente erlauben eine teilweise Verschließbarkeit der T.

Wird ein Vollschlauch aus Kunststoff zu T. verarbeitet, muß noch eine Auftrennung des Schlauches in Längsrichtung erfolgen. Es entstehen dann bei jedem Arbeitstakt zwei gleiche T. Sie enthalten ebenfalls Bodenfalte und Zweinahtschweißung. Hilfselemente zum Tragen müssen in einem getrennten Arbeitsgang angeschweißt werden. *Paris*

Tragkettenförderer →Stetigförderer

Tragölmenge →Ölmenge

Tragzahl, dynamische →Linearführung, →Wälzlager-Dimensionierung

Tragzahl, statische →Linearführung, →Wälzlager-Dimensionierung

Traktion. Erzeugung von Vortriebskräften an Rad, Gleiskette oder Gesamtfahrwerk landwirtschaftlicher Fahrzeuge, insbes. im Gelände. Größte Bedeutung beim Traktor zum Ziehen von Geräten. Das Treibradmoment steht nach Bild 1 im Gleichgewicht mit dem Rollwiderstandsmoment (Radlast × Versatz) und dem Radzugkraftmoment (Radzugkraft × Radius). Dabei entsteht immer Schlupf. Die kleinsten Gesamtverluste stellen sich auf Ackerboden im Durchschnitt bei etwa 8–12 % Schlupf ein (Bild 2). Da die Zugkraft mit höherem Schlupf noch stark ansteigt, liegt das Zugleistungsmaximum des Reifens rechts vom besten Wirkungsgrad, s. $\varkappa$ (1–i) in Bild 2. Praxiswerte des Schlupfes für schweren Zug etwa 12–25 %. *Renius*

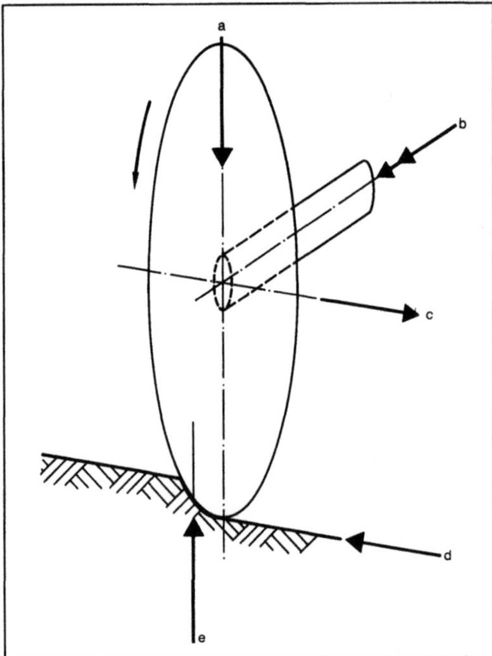

Traktion 1: Kräfte und Momente am ziehenden Rad (vereinfacht, ohne Lagerreibung).

a Radlast, b Treibradmoment, c Radzugkraft, d horizontale Bodenkraft, e vertikale Bodenkraft

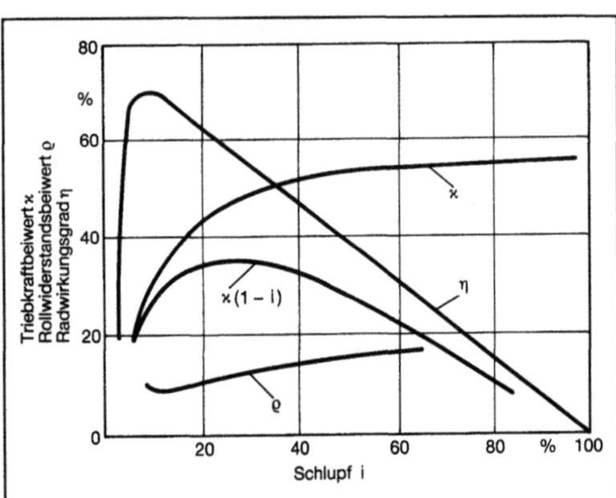

Traktion 2: Typische Kennlinien für die Leistungsübertragung von Treibradreifen für durchschnittliche Bodenbedingungen.

$\varkappa$ Radzugkraft/Radlast, ϑ Rollwiderstand/Radlast, η Radzugleistung/Nabenleistung, $\varkappa$ (1–i)/$\varkappa$+η, $\varkappa$ (1–i) Kennwert für die Zugleistung bei konstanter Raddrehzahl

Literatur: *Bekker, M. G.:* Introduction to Terrain-Vehicle Systems. University of Michigan Press. Ann Arbor 1969. – *Bekker, M. G.:* The Effect of Tire Tread in Parametric Analyses of Tire-Soil Systems. National Research Council Canada No. 24146 (1985). – *Bolling, I.:* Bodenverdichtung und Triebkraftverhalten bei Reifen–Neue Meß- und Rechenmethoden. Diss. TU München 1987. Forsch. Bericht Agrartechnik MEG 133 (1987). – *Dwyer, M. S.,* et al.: Handbook of Agricultural Tyre Performance. Silsoe: NIAE Report 14 (1974). – *Ellis, R. W.:* Agricultural Tire Design. ASAE Lecture Series 3. St. Joseph, MI/USA, ASAE 1977. – *Freitag, D. R.:* History of wheels for off-road transport. J. of Terramechanics 16 (1979) Nr. 2, S. 49/68. – *Heine, A.:* Reifen für den Einsatz auf Grünland. Landtechn. 40 (1985) Nr. 4, S. 164/68. – *McKibben, E. G.,* u. *J. B. Davidson:* Transport Wheels for Agricultural Machines. T. 4. Agric. Engng. 21 (1940) Nr. 2, S. 57/58. – *Plackett, C. W.:* A Review of Force Prediction Methods for Off-road Wheels J. agric. Engng. Res. 31 (1985) Nr. 1, S. 1/29. – *Renius, K. Th.:* Traktoren. 2. Aufl. Bern, Frankfurt a. M., München, Münster-Hiltrup, Wien 1987. – *Schwanghart, H.,* u. *K. Rott:* Untersuchungen über den Profileinfluß gelenkter, nicht angetriebener Implement-Reifen auf Widerstands- und Seitenkräfte. Grundl. Landtechn. 34 (1984) Nr. 4, S. 170/76. – *Söhne, W.:* Die Verformbarkeit des Ackerbodens. Grundl. Landtechn. 2 (1952) Nr. 3, S. 51/59. – *Söhne, W.:* Die Kraftübertragung zwischen Schlepperreifen und Ackerboden. Grundl. Landtechn. 2 (1952) Nr. 3, S. 75/87. – *Söhne, W.:* Wechselbeziehungen zwischen Fahrzeuglaufwerk und Boden beim Fahren auf unbefestigter Fahrbahn. Grundl. Landtechn. 11 (1961) Nr. 1, S. 20/27. – *Steiner, M.:* Analyse, Synthese und Berechnungsmethoden der Triebkraft-Schlupf-Kurve von Luftreifen auf nachgiebigem Boden. Diss. TU München 1979. Forsch. Ber. Agrartechn. MEG 33 (1979). – *Steiner, M.,* u. *W. Söhne:* Berechnung der Tragfähigkeit von Ackerschlepperreifen sowie des Kontaktflächendruckes und des Rollwiderstandes auf starrer Fahrbahn. Grundl. Landtechn. 29 (1979) Nr. 5, S. 29/36. – *Steinkampf, H.:* Ermittlung von Reifenkennlinien und Gerätezugleistungen für Ackerschlepper. Diss. TU Braunschweig 1974. – *Steinkampf, H.:* Schleppereinsatz und Reifenwahl. Agrar-Übersicht 35 (1984) Nr. 6, S. 24/31. – *Wuschek, A. A.:* Wie die Reifen, so die Tragkraft. dlz 37 (1986) Nr. 10, S. 1425/32.

Traktor. T. leitet sich vom Lateinischen trahere ziehen ab. Bedeutendste →Landmaschine (rd. 50 % aller Maschineninvestitionen), produktiv aber erst in Verbindung mit Geräten (→Anhängegerät, →Anbaugerät, →Aufsattelgerät) und →Ackerwagen. Vorzugsweiser Anbauraum ist das Heck (→Dreipunktanbau, →Kraftheber, →Regelhydraulik, →Zapfwelle, hydraulische Steckdose u. a.), neuerdings auch der Frontbereich. Demgegenüber baut man den →Frontlader zwischen den Achsen am Rumpf an. Die Produktivität aller gezogenen Geräte ist vor allem bei höheren Zugleistungen wesentlich von der →Bereifung abhängig (→Traktion, →Schlupf).

Die Vorläufer waren in Deutschland zunächst die Dampfpflüge, danach der →Motortragpflug. Demgegenüber baute man in den USA schon im vorigen Jahrhundert Traktoren, zunächst mit Dampfmaschinen. Um 1890 führte man parallel die ersten Ottomotoren ein: Bei der Charter Gas Engine Company 1888 und beim Traktor von *J. Froehlich* 1892. Weltweit gesehen kann der ab 1917 von *H. Ford* in Großserie gebaute „Fordson"-Traktor (ca. 16 kW) als bisher bedeutendster Meilenstein gelten (Bild 1). Die damit begründete und bis heute vorherrschende Blockbauweise ermöglichte einen leichten und zugleich zuverlässigen T. (geschlossenes Ölbadgetriebe). Das geringe Gewicht und die großen Stückzahlen (erste Fließbandproduktion des T.) erlaubten einen konkurrenzlos niedrigen Verkaufspreis. Mit der Vorstellung des ersten Lanz-Bulldog 1921 (Einzylinder-Zweitakt-Glühkopfmotor) begann in Deutschland eine ebenfalls berühmte Entwicklung, die auf höchste Einfachheit (Zuverlässigkeit) zielte und damit tatsächlich in den 30er Jahren Weltgeltung gewann, obwohl der Lanz-Bulldog in Preis und Laufruhe dem Fordson unterlegen war. Parallel bauten andere deutsche Firmen Mehrzylindertraktoren. Die ersten Fahrzeug-Dieselmotoren wurden 1922 in Traktoren eingebaut (Benz-Sendling) und begründeten hier eine weltweit führende Motorentechnik, die auch auf den gesamten Fahrzeugbau ausstrahlte. Die zunächst geringe Funktionenzahl des T. (schweres Ziehen und Dreschmaschinenantrieb) wurde durch die Einführung des Niederdruckluftreifens (USA 1933, Deutschland 1934) erweitert, dessen Vorteile sich als so durchschlagend erwiesen, daß er die Eisenreifen in nur wenigen Jahren verdrängte. Demgegenüber gelang der Durchbruch zur Vollmechanisierung der Landwirtschaft erst

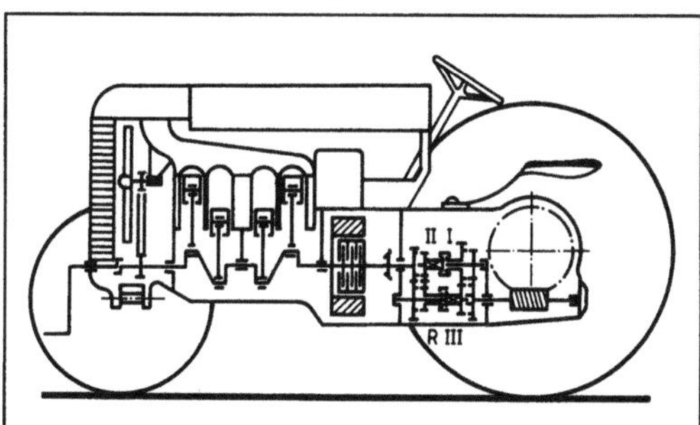

Traktor 1: Fordson-Traktor (ca. 16 kW Motor-Nennleistung).

ab 1917 in sehr großen Stückzahlen gebaut; bahnbrechendes Konzept, bis heute richtungsweisend

nach dem Zweiten Weltkrieg in den 50er und frühen 60er Jahren (→Landmaschine). Danach fand noch eine weitere, bewegte Entwicklung statt (Bild 2). Die seit 1950 auf über 400% gestiegene durchschnittliche Motorleistung bewirkte einen erheblichen Rückgang der Verkaufsstückzahlen von z.B. 93 007 (1956) auf 30 815 (1989), eine Folge der abnehmenden Anzahl von Betrieben bei steigender Durchschnittsgröße. Zum Ausgleich steigerte man die Exporte bis auf etwa ⅔ des Gesamtumsatzes. Der Traktorenbestand in der Bundesrepublik Deutschland liegt bei 1,5 Mill. (mit außerlandwirtschaftlichen Zugmaschinen um 1,6 Mill.).

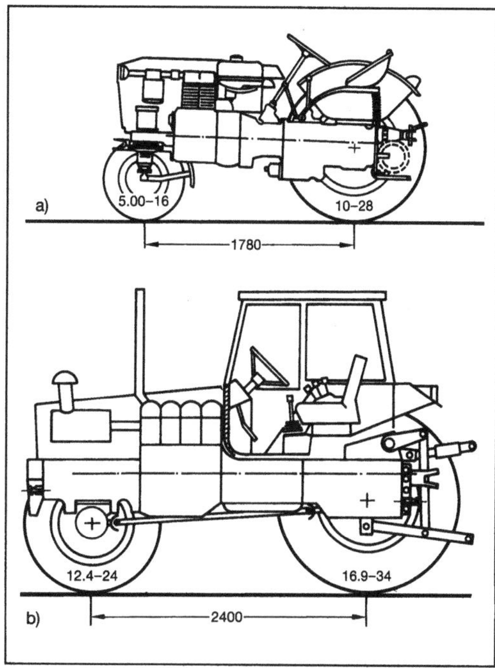

Traktor 2: Entwicklung des Standardtraktors nach dem Zweiten Weltkrieg.

a) Durchschnittstraktor von 1958 mit ca. 15 kW
b) Mittelklassetraktor von 1983 mit 55 kW.

Bezüglich der T.-Bauarten hat sich gerade in Mitteleuropa eine besonders große Vielfalt entwickelt (Bild 2 und 3). In Großflächenmärkten (Nordamerika, Australien) hat man darüber hinaus Groß-T. ab 200 kW eingeführt, die mit 4 gleichgroßen Rädern (oft auch 8 Räder durch Zwillingsbereifung) und meist mit Knicklenkung arbeiten.

In Volkswirtschaften mit kleinparzelliger Agrarstruktur (z. B. Japan, China) hat der Einachs-T. große Bedeutung erlangt. Demgegenüber fand der Gleisketten-T. in der Landwirtschaft nur eine begrenzte Bedeutung. T. werden aus wirtschaftlichen Gründen im Baukastensystem hergestellt. Die Entwicklungsplanung zielt auf ein möglichst vielge-

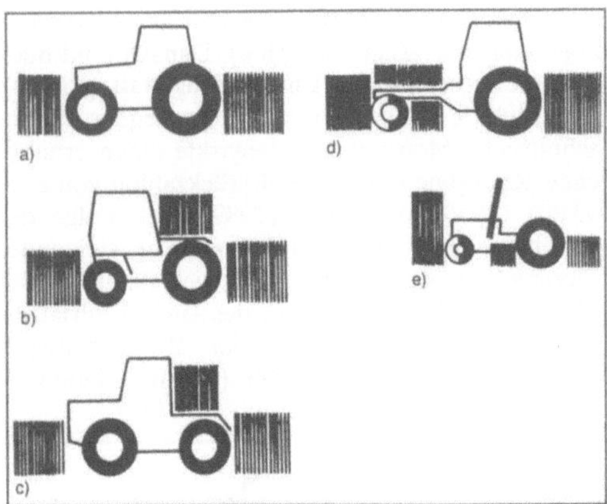

Traktor 3: Bedeutende Bauarten in Mitteleuropa.
a) Standardtraktor.

(Hauptbauart) ungleich große Reifen, Blockbauart, Kabine etwas hinter Schwerpunkt, meist Allradantrieb, Hauptanbauraum im Heck, Frontanbau meist auf Wunsch; niedrigste Herstellkosten (DM/kW) aller Bauarten (große Stückzahl)

b) Frontsitztraktor.

Kabine frontseitig, Frontgeräte mehr betont (sehr gute Sicht), Ladefläche; (Daimler-Benz Unimog und Deutz-Fahr Intrac) (kleine Stückzahl)

c) Mittelsitztraktor.

Kabine mittig, gleichgroße Reifen, Ladefläche; (Daimler-Benz MB-trac) (kleine Stückzahl)

d) Geräteträger.

Kabine mit Unterflurmotor und Getriebe weit hinten, dadurch viel Zwischenachsanbauraum; gute Sicht auf alle Geräte; (Fendt GT) (kleine Stückzahl)

e) Spezialtraktor für Gartenbau, Weinbau und Plantagen.

(kleine Stückzahl)

staltiges Funktionenangebot (Inland und Export) bei möglichst wenigen Einzelteilen. Tabelle 1 zeigt die typische Grobstrukturierung eines europäischen

Produktionsprogramms in drei Familien. Hauptumsatzträger ist bei den meisten Firmen die Familie II (Mittelklasse), weil T. dieser Größe sehr oft als Hauptmaschine des durchschnittlichen Vollerwerbsbetriebs gekauft werden.

Ein zweites wichtiges Prinzip der Strukturierung betrifft das Aufteilen des T. in Grundkomponenten. Tabelle 2 zeigt dazu einige charakteristische Komponentendaten, wie sie ein moderner T. der oberen Mittelklasse in Mitteleuropa aufweisen könnte (Modell). *Renius*

Literatur: *Blumenthal, R.:* Technisches Handb. Traktoren. 8. Aufl. Ost-Berlin 1985. – *Franke, R.:* Ackerschlepper. In: Bussien-Automobiltechn. Handb. Bd. 2. 18. Aufl. S. 1018/88. Berlin 1965. Ergänzungsbd. 1978. – *Franke, R.:* Motorisierung der Feldarbeit. Schlepper. In: *G. Franz:* Geschichte der Landtechnik im 20. Jahrhundert. Frankfurt a. M. 1969. – *Göhlich, H.:* The Development of Tractors and Other Agricultural Vehicles. J. agric. Engng. Res. 29 (1984) Nr. 1, S. 3/16. – *Göhlich, H.:* Mensch und Maschine. Lehrb. Agrartechn. Bd. 5. Berlin, Hamburg 1987. – *Herrman, K.:* Traktoren in Deutschland 1907 bis heute. Frankfurt a. M. 1987. – *Holtkamp, R.:* Kleine Vierradschlepper für die Tropen und Subtropen. Diss. Univ. Gießen 1988. Forsch.-Ber. Agrartechnik MEG Nr. 142. – *Hoepke, E.:* Schlepper und Geräteträger in der Landwirtschaft. In: *O. v. Fersen* (Hrsg.): Ein Jahrhundert Automobiltechnik. Nutzfahrzeuge. Düsseldorf 1987; S. 348/63. – *Kunze, R. R.,* u. *G. Kirnich:* Das neue Traktorlexikon. Würzburg 1984. – *Kühne, G.:* Handb. Landmaschinentechn. Bd. 1. Berlin 1930. – *Logos, I. N.:* Ackerschlepper. Grundl. Landtechn. 28 (1978) Nr. 4, S. 121/26. – *Meyer, H.:* Der Schlepper und sein Gerät im bäuerlichen Betrieb. Landtechn. 6 (1951) Nr. 23/24, S. 785/92. – *Renius, K. Th.:* Der Traktor: Schlüsselmaschine der Landwirtschaft. Vortrag VDI-Tagung „100 Jahre Automobil". In: VDI-Ber. Nr. 595, Düsseldorf 1986; S. 227/48. – *Renius, K. Th.:* Traktoren. 2. Aufl. Bern, Frankfurt a. M., München, Münster-Hiltrup, Wien 1987. – *Renius, K. Th., W. Söhne* u. *H. Reiter:* Traktoren 1987/88. ATZ 90 (1988) Nr. 5, S. 221/27 u. 230/32. – *Renius, K. Th.,* u. *H. Pfab:* Traktoren 1989/90. ATZ 92 (1990) Nr. 6, S. 334/35, 338/43 u. 346. – *Schilling, E.:* Landmaschinen. Bd. 1. Ackerschlepper. 2. Aufl. Köln 1960. – *Seifert, A.:* Ackerschlepper. In: Hütte II B. 28. Aufl. Berlin 1960; S. 76/156. – *Sievers, M.:* Zur Wirkung des Schleppereinsatzes in der Weltlandwirtschaft ... Diss. Univ. Kiel 1982. Bern, Frankfurt a. M., New-York 1983. – *Söhne, W.,* u. *K. Th. Renius:*

Traktor. Tabelle 1: Typische Grundstruktur europäischer Traktorbaureihen (Modell).

Familie	I	II	(IIa)	III
Nennleistung kW	25—50	45—75	(75—85)	80—135
Motor	3 Zylinder, teilweise ATL*)	4 Zylinder, oft ATL*) vereinzelt LLK**)	(6 Zylinder)	6 Zylinder, oft ATL*) teilweise LLK**)
Traktortechnik	einfach bis mittel	vielfältig		vielfältig
Komfort	mittel	groß		sehr groß
Stückzahl	mittel	groß		mittel

*) ATL Abgasturbolader **) LLK Ladeluftkühlung

Traktor. Tabelle 2: Charakteristische Grunddaten eines typischen Allradtraktors der oberen Mittelklasse, Baujahr 1989 (Modell).

Traktor-Nenngröße	65 kW (Motornennleistung)
Maße und Gewichte	Radstand 2400 mm, Bauhöhe 2550 mm, Spurweite 1550–2200 mm in kleinen Stufen einstellbar, Wendekreisradius ohne Lenkbremse 4,6 m (mehr bei Kleinstspur); Leergewicht 3800 kg, maximales zulässiges Gewicht 6500 kg
Fahrwerk	integrierter Allradantrieb, Zugbereifung 14.9R24 - 18.4R34 (alternativ Kombinationen schmalerer Reifen), nasse Einscheibenbremsen in der Hinterachse, trockene Zusatzbremse auf Frontantriebswelle
Motor	65 kW bei 2300 min^{-1}, Direkteinspritzung, Turbo-Aufladung, Hubvolumen 4 l, Drehmomentanstieg 20 %, 4 Zylinder mit Massenausgleichsgetriebe, Kleinstverbrauch 208 g/kWh, Nennverbrauch 220 g/kWh, geregelter Kühlluftstrom, feinstgefilterte Verbrennungsluft (Filterwächter mit Anzeige in der Kabine)
Getriebe mit Hinterachse	Gruppengetriebe aus 4–6 Grundgängen, 3 oder 4 Vorwärtsgruppen und einer Rückwärtsgruppe: 2,2–40 km/h vorwärts, 3,5–12 km/h rückwärts, auf Wunsch Kriechgänge 0,4–1,6 km/h, alle Standardschaltstellen sperrsynchronisiert und ölgekühlt, auf Wunsch alternativ einige Grundgänge lastschaltbar, 4 Zapfwellendrehzahlen umschaltbar, Lamellenkupplungen für Allradantrieb und Differentialsperre elektrohydraulisch geschaltet und teilautomatisiert (z. B. Abschaltung bei Straßenfahrt und in engen Kurven durch elektronisches Kontrollsystem), zentrale Druckschmierung mit Feinstfilterung
Kabine	geschlossene Leichtbaustruktur mit integriertem Umsturzschutz, körperschallisoliert auf Rumpf gelagert, Geräuschpegel am Fahrerohr im lautesten Betriebspunkt 76 dB(A), Staubabwehr durch Zufuhr gefilterter Luft bei 5 Pa Überdruck, 2 Schalthebel (rechts), 3 Hydraulikhebel (Ventile), Servolenkung, luftgefederter Sitz mit halbautomatischer Gewichtseinstellung, Fahrerinformationssystem (Bordelektronik)
Hydraulik und Gerätekopplung	2 Zahnradpumpen 30 und 40 l/min, 175 bar. Nennhubkraft Heckkraftheber (untere Koppelpunkte) 40 kN, Frontkraftheber 20 kN, halbautomatische Dreipunkt-Schnellkuppler, Heckkraftheber mit Regelkreisen für Lage (Gerät-Traktor), Kraft (Zug im Unterlenker) und Mischung beider; mehrere Hydraulik-Steckdosen, 12 V-Stromsteckdose, Elektronik-Schnittstelle, höhenverstellbares Zugmaul, auf Wunsch Zugpendel; zweite außenliegende Krafthebebetätigung

Ackerschlepper 1984. ATZ 86 (1984) Nr. 12, S. 563/75. – *Welschof, G.:* Entwicklungslinien im Schlepperbau. Grundl. Landtechn. 24 (1974) Nr. 1, S. 6/13. – *Welschof, G.:* Der Ackerschlepper–Mittelpunkt der Landtechnik. VDI-Ber. Nr. 407. Düsseldorf 1981; S. 11/17.

Transferimpedanz →Impedanz

Transistorzündung →Zündanlage

Transitionsmatrix. Die Transitions-, Übergangs- oder Fundamentalmatrix $\mathbf{\Phi}(t)$ überführt den Zustand eines linearen homogenen Systems, das im Zustandsraum durch die Vektordifferentialgleichung $\dot{\mathbf{x}} = \mathbf{A}\mathbf{x}$ beschrieben wird, vom Zeitpunkt $t = 0$ in den Zeitpunkt t:

$$\mathbf{x}(t) = \mathbf{\Phi}(t)\,\mathbf{x}_0.$$

Der Zustandsvektor $\mathbf{x}_0$ enthält die Anfangswerte. Die T. hängt mit der →Spektralmatrix $\mathbf{\Lambda}$ und der regulären →Modalmatrix $\mathbf{X}$ zusammen:

$$\mathbf{\Phi}(t) = \mathbf{X}\,e^{\mathbf{\Lambda}t}\,\mathbf{X}^{-1},$$

die sich aus der Lösung des Eigenwertproblems $\lambda\,\hat{\mathbf{x}} = \mathbf{A}\,\hat{\mathbf{x}}$ ergeben. *Witfeld*

Transmission von Wellen. Übertritt einer fortschreitenden Welle von einem ersten in einen zweiten Wellenleiter mit unstetiger Änderung des Mediums und/oder der Geometrie (Sprung der →Impedanz). Zum Beispiel führt die unstetige Änderung der Materialeigenschaften Elastizitätsmodul E_1, Dichte ρ und des Querschnitts A_1 eines eindimensionalen Wellenleiters im Bild auf E_2, ρ_2, A_2 infolge der einlaufenden →Longitudinalwelle mit der Schnelle v_1^+ und der Längskraft N_1^+ zu einer in den zweiten Stab transmittierten Welle. Schnelle v_2^+ und Längskraft N_2^+ der transmittierten Welle genügen dem Transmissionsfaktor t:

$$t = \frac{v_2^+}{v_1^+} = \frac{Z_1}{Z_2}\frac{N_2^+}{N_1^+} = \frac{2Z_1}{Z_1 + Z_2} \text{ mit den Impedanzen } Z_1 =$$

$A_1\sqrt{E_1\rho_1}$, $Z_2 = A_2 = \sqrt{E_2\rho_2}$ halbunendlicher Stäbe. *Gaul*

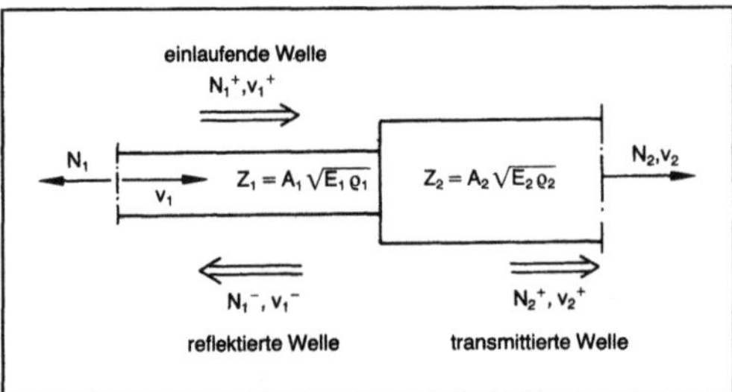

Transmission von Wellen: Reflexion und Transmission einer einlaufenden Welle infolge Impedanzsprung.

Literatur: *Cremer, L.,* u. *M. Heckl:* Körperschall. Berlin, Heidelberg, New York 1982.

Transport. T.-Prozesse bezeichnen Teilaspekte logistischer Systeme. Der T. erfüllt die Funktion, zwischen den Elementen oder Komponenten des logistischen Systems und zwischen System und Umwelt Kopplungen, insbes. stofflich-energetischer Art, zu ermöglichen. T.-Prozesse führen Ortsveränderungen durch. *Jünemann*

Transport, gleisloser. Zum Abtransport des gelösten Materials gibt es außer dem Gleisbetrieb den gleislosen Betrieb mit Radfahrzeugen und die hydraulische Förderung. Die Radfahrzeuge sind in der Lage, größere Steigungen zu überwinden. Der Tunnelquerschnitt muß für einen reibungslosen T.-Ablauf das gleichzeitige Passieren zweier Fahrzeuge zulassen. Als T.-Fahrzeuge gibt es Fahrlader und →Muldenkipper. Sie wurden speziell für den Tunnel- und Stollenbau entwickelt und zeichnen sich durch geringe Abmessungen, Knicklenkung und hohe Wendigkeit aus. Der Einsatz von Schüttelrutschen und Förderbändern als T.-Mittel im Tunnelbau bleibt wegen der hohen Investitionskosten und der Staubbelastung die Ausnahme. *Kühn*

Transportband. Bandförderer aus Gummigurten unterschiedlichen Querschnitts und unterschiedlicher Profilierung mit Gewebe oder Stahlseileinlagen sind das universelle Stetigfördermittel für Schüttgüter bis 300 mm Korn- bzw. Stückgröße. Als Einzelgerät wird das bewegliche →Förderband in Stahlprofil- oder Blechträgerkonstruktion in Längen bis 10 m versetzbar und bis 20 m fahrbar eingesetzt. In stationäre Anlagen fest installierte Förderbänder übernehmen die Transportabläufe zwischen den Anlageteilen und zugleich das Beschicken der zugehörigen Aufbereitungsmaschinen. Kurzgebaute Einheiten sind als Abzugsbänder mit feststehenden Seitenwangen oder mit kastenförmigem Bandquerschnitt (Kastenfördergurt) an Bunkern oder Silos in Verbindung mit Verschlußorganen wie Schieber und Klappen angeordnet. Sie erfüllen zugleich, steuer- bzw. regelbar über den Antrieb, die Funktionen des Zuteilens und Bemessens, volumetrisch als Dosierbänder, gewichtsmäßig als Wiegebänder. Gurtförderer größerer Dimension und Leistungsfähigkeit sind zu Bandstraßen angelegt. Für geringere Anforderungen lassen sich kürzere Einzelbänder aneinanderreihen. Dabei brauchen die einzelnen Übergabestellen zusätzliche Einrichtungen gegen Streuverluste. Die Förderleistung der →Bandförderung richtet sich nach der Geschwindigkeit, der Breite und Querschnittsform des Gurts. Ein muldenförmiger Gurt hat einen größeren Füllquerschnitt als ein Flachgurt. Die Leistung hängt bedeutend von der zu überwindenden Steigung ab. Die Grenzsteigung beträgt rd. 25° für glatte Förderbänder. Bei besonderen Fördergurten, die mit Stegen besetzt oder mit Quer- und Längswänden versehen sind, geht die überwindbare Steigung bis 50°. Einen starken Einfluß haben naturgemäß die Schütteigenschaften des geförderten Gutes. Bandförderer erfordern einen besonderen Aufwand an Wartung und Pflege. Außer Schutzvorrichtungen sind wirksame Reinigungseinrichtungen gem. Unfallverhütungsvorschrift (UVV Stetigförderer) anzubringen. *Kühn*

Transportbrücke. T., Bandbrücken oder Bandwagen werden als kontinuierliche Förderverbindung zwischen Gewinnungsgerät und →Bandstraße eingesetzt, um wechselnde Abstände und Höhenunterschiede auszugleichen. T. haben ein Raupenfahrwerk, damit eine schnelle Verfahrbarkeit des Gerätes gewährleistet ist. Man unterscheidet Standard-T. und – für größere Förderleistungen – T. mit zwei Bändern. Zur Fördergutaufnahme hat die T. eine Übergabeschurre (siehe Bild, nächste Seite) und zur Fördergutabgabe eine Abwurftrommel mit Übergabevorrichtung. *Kühn*

Transportbrücke: Übergabeschurre.

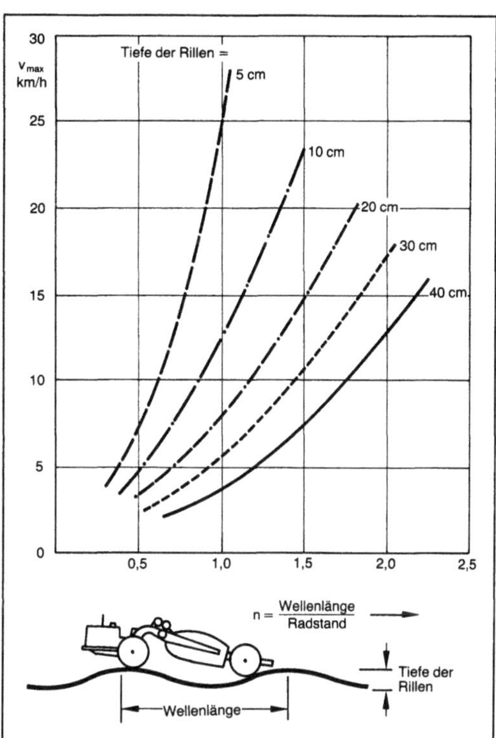

Transportfahrzeug: Maximale Fahrgeschwindigkeiten der Reifenfahrzeuge bei unterschiedlicher Fahrbahnwelligkeit (Querrillen).

Transportfahrzeug. Bei den T. gibt es außer den handelsüblichen Lastkraftwagen (Lkw) spezielle Erdbaufahrzeuge, die ausschließlich für das Transportieren und Entladen des Bodens eingesetzt werden. Der Einsatz der Fahrzeuge ist im Erdbau nur in Kombination und leistungsmäßiger Abstimmung mit entsprechendem Ladegerät sinnvoll. Je nach der Art des T. rechnet man für den erforderlichen Muldeninhalt mit drei bis zehn Schaufeln des Ladegeräts. Als Kenngröße gilt die Nutzlast. Die wirtschaftlichen Einsatzdistanzen liegen normalerweise zwischen 3 und 10 km. Die meisten T. haben Lastschaltgetriebe, Drehmomentwandler und Planetengetriebe in den Radnaben. Manche Fahrzeuge sind allradgetrieben. Differentialsperren erhöhen ihre Geländegängigkeit. Je nach Bauart verfügen sie üblicherweise über hydraulische Servolenkung oder hydrostatische Knicklenkung. Die Förderleistung der T. hängt im wesentlichen von der Fahrzeuggröße und den erzielten Fahrgeschwindigkeiten ab (Bild). Der Zustand der Baustraßen ist für die Fahrwiderstände und somit für die Transportgeschwindigkeit von großer Bedeutung. Deshalb sollte der Pflege der Fahrstraßen besonderes Augenmerk gelten. Damit die Fahrzeuge in jedem Gang mit der zugehörigen maximalen Geschwindigkeit gefahren werden können und der Verschleiß gering bleibt, ist der Einsatz

von Gradern oder Reifendozern für einen wirtschaftlichen gleislosen Erdbau unerläßlich. Weitere Faktoren, die die Leistungsfähigkeit eines Fahrzeugs bestimmen, sind die Wendigkeit, größtmögliche Sicherheit gegen Ausfälle und das Verhalten beim Entleeren. Die Höchstgeschwindigkeit von T. beträgt rd. 60 km/h auf gepflegten Baustraßen, die mittlere Steigfähigkeit rd. 10 %, auf kurzen Strecken auch mehr. Die Flexibilität der Fahrzeuge erlaubt den Einsatz sowohl auf Linien- als auch auf Flächenbaustellen. *Kühn*

Transportgerät im Tunnelbau. Die Transportgeräte können fahrwerksmäßig mit den Schuttergeräten übereinstimmen. Platzverhältnisse, Gradienten, Tunnellänge und Transportgut beeinflussen die Geräteauswahl (→Gleisgerät; →Transport, gleisloser). *Kühn*

Transporthilfsmittel. Überbegriff für alle Einrichtungen zum Zwecke der Zusammenfassung, des Schutzes, der einfachen Handhabung und der zusätzlichen Informationen über das Transportgut. T. dienen als Bindeglied zwischen Transportgut und Arbeitsmittel.

Da das Ziel einer einzigen zu bewegenden Einheit vom Produzenten zum Kunden objektiv nicht realisierbar ist (Vielfalt der Objekte), werden Ladeeinheiten gebildet. Gemäß DIN 30781 bezeichnet man Güter, die zum Zwecke des Transports, der Handhabung und der Lagerung auf einem Ladungsträger zusammengefaßt sind, als Ladeeinheiten. Der Ladungsträger wiederum ist das tragende Hilfsmittel für diese Güter. Die Hilfsmittel erfüllen folgende Funktionen:

□ Versorgung/Entsorgung,

□ Bevorratung (→Puffer),

□ Beschädigungsschutz,

□ Positionierung,

□ Handhabungseignung,

□ technologische Einsatzeignung,

□ betriebsanforderungsgerecht,

□ systemkonform,

□ Informationsträger.

Hilfsmittel sollten so gestaltet sein, daß sie mit unterschiedlichen Fördermitteln transportiert werden können. Deshalb sind sie meist auch gleichzeitig kranbar, unterfahrbar, stapelbar und anderweitig handhabbar (spezielle →Anschlagmittel).

Hilfsmittel können klassifiziert werden in tragend (z. B. →Palette, Werkstückträger), tragend umschließend (z. B. Palette mit Aufsteckrahmen, Werkstückträger), tragend, umschließend, abschließend (z. B. Behälter, Container, Tankpalette).

Hilfsmittel zum Bilden von Stückgut bzw. von Ladeeinheiten sind (Bild)

– *Paletten,* vorwiegend Flachpaletten, teilweise genormt in DIN 15141 (Aug. 1977):

□ EUROPOOL-Paletten,

□ Zweiwege- und Vierwegepaletten,

□ Einwegepaletten (50% aller Paletten),

□ Displaypaletten,

□ Chemiepaletten,

□ Faßpaletten,

in Holz (88%), Metall (11%), Kunststoff (1% aller Paletten);

– *Aufsätze und Rahmen* (besonders für Schwer- und Langgut und für schlecht palettierbare Objekte benutzt):

□ Rungenpaletten,

□ Rohrbügel;

– *Behälter.* Sie machen aus dem tragenden Hilfsmittel ein umschließendes Hilfsmittel, teilweise auch ein abschließendes Hilfsmittel:

□ Behälter mit EUROPOOL-Maß aus Holz, Metall, Kunststoff (z. B. →Gitterboxpalette, Stahlboxpalette),

□ Rollbehälter, vorwiegender Einsatz im Handel, durchgängig bis zum Einzelhandel,

□ Lagersichtkästen, meist aus Metall, mit Abschrägung an der Stirnseite zur Entnahme,

□ Drehstapelbehälter, auf- und ineinander stapelbar,

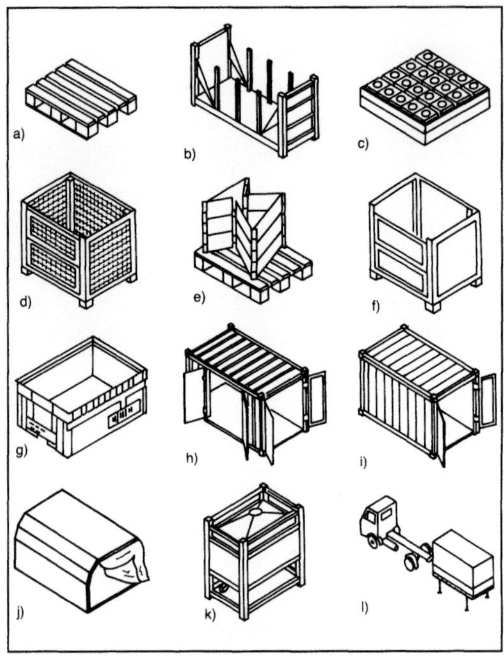

Transporthilfsmittel: Wichtige Ladehilfsmittel.

a) Palette.

800 mm × 1200 mm

b) Flat.

6058 mm (20 Fuß) × 2438 mm

c) Werkstückträger.

600 mm × 800 mm

d) Gitterboxpalette.

800 mm × 1200 mm

e) Palette mit faltbarem Aufsetzrahmen.

800 mm × 1200 mm

f) Vollwandboxpalette.

800 mm × 1200 mm

g) Behälter.

396 mm × 594 mm

h) Binnencontainer.

6058 mm (20 Fuß) × 2500 mm

i) ISO-Container.

6058 mm (20 Fuß) × 2438 mm

j) Luftfrachtcontainer.

2000 mm × 2940 mm

k) Tankpalette.

800 mm × 1200 mm

l) Wechselpritsche.

6250 mm × 2500 mm

□ Stapelbehälter, nur stapelbar,
□ Einsatzkästen, Unterteilung der größeren Einheiten in kleinere Abschnitte;
– *Werkzeug- und Werkstückträger:*
□ Trays, Einwegwerkstück- oder Werkzeugträger, meist aus Kunststoff, für den Versand verwandt,
□ Skids, einheitliches →Lastaufnahmemittel (auch zum Mitfahren für Arbeiter), das unterschiedliche Objekte (z. B. Automobiltypen) auf einer Förderanlage bewegt,
□ Tabletts oder Tablare, Aufnehmen von verschiedenen kleineren Behältern auf einheitlichen Trägern, Einsatz insbes. in automatischen Kleinteilelagern,
□ Schubladen, Aufnehmen von Werkzeugen in Werkzeuglagern (Übersichtlichkeit, keine Verschmutzung, Sicherheit),
□ Sonderpaletten (z. B. WLTS vom ITW/LISTA),
– *Container:*
□ Collico, verschließbare Alu-Behälter der DB mit den Abmaßen von $600 \times 400 \times 300$ bis $1\,600 \times 600 \times 600$,
□ Frachtgutcontainer, →Kleincontainer der DB der Größen A, B, C mit 1 m³, 2 m³, 3 m³ (Ladungsvolumen – p. a. – Behälter, Großbehälter (porteur amenage), die auf Behältertragwagen befördert werden; offen und kastenförmig, geschlossen als Kesselbehälter, Druckbehälter); im Inland verwandt für Stückgutverkehr, 3fach stapelbar, Schiene – Straße, Schiene – Wasser,

□ →Wechselbehälter sind →Binnencontainer mit Stützfüßen zum Unterfahren der Plattform eines Trägerfahrzeugs,
□ ISO-Container.

In der Vielzahl der Hilfsmittel zeigt sich ihre wachsende Bedeutung auch als Rationalisierungspotential. Als Bindeglied zwischen der Lagerung, der Handhabung, des Transports der Objekte, der Information haben sie eine zentrale Stellung. Deshalb ist ihre Auswahl sehr sorgfältig vorzunehmen. Dabei ist das richtige Hilfsmittel nach Gütereignung, Normung und Standardisierung, Füllgrad, Wirtschaftlichkeit, Austauschbarkeit, Stapelbarkeit auszuwählen. Einzubeziehen sind auch die Maßnahmen zur →Ladungssicherung. Es gilt, einen Kompromiß zu finden zwischen der Verwendung einfacher Hilfsmittel, die aber ggf. eine aufwendige Ladungssicherung erfordern, und dem Einsatz von tragenden, umschließenden und abschließenden Hilfsmitteln (Behälter), die eine Ladungssicherung ggf. überflüssig machen.

Eine ganzheitliche Betrachtung ist auch hier erforderlich, um eine wirtschaftliche Lösung zu erstellen.   *Jünemann*

Transportkette. Als T. bezeichnet man die technische und organisatorische Verknüpfung aufeinander abgestimmter Transport-, Lager- und Ladevorgänge von der Gütererzeugung (Gewinnung, Verarbeitung) bis zur Güterverwendung (Ge- und Verbrauch, Weiterverarbeitung).

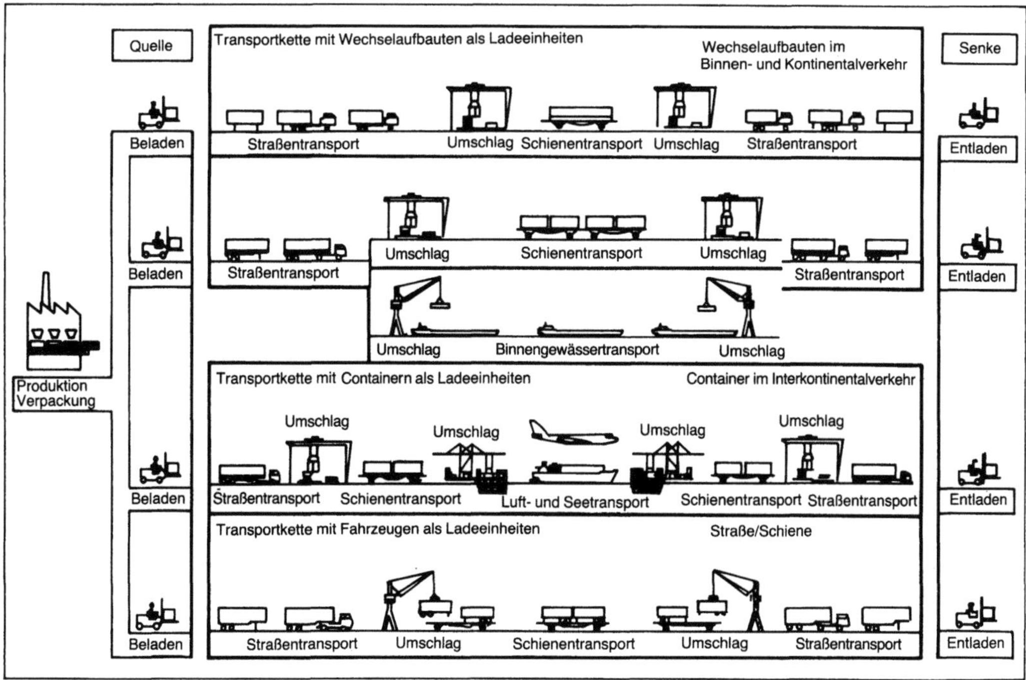

Transportkette: Ablauf. (Quelle: DIN 30781)

T. ist außerdem die zwangsläufige Folge fördertechnischer Vorgänge (Bild) innerhalb eines festgelegten Bereichs von der erstmaligen Aufnahme des Förderguts bis zur endgültigen Abgabe (z. B. der Transport einer Ware vom Hersteller über den Groß- und Einzelhandel bis zum Endverbraucher). *Jünemann*

Transportmatrix. In einer T. werden Transportintensitäten (z. B. Teile je Stunde) zwischen Quellen und Senken in Matrixform dargestellt. *Jünemann*

Transportmischer. T. sind Mischmaschinen, die auf einem Lkw-Fahrgestell aufgebaut sind und je nach Herstellungsverfahren werkgemischten oder fahrzeuggemischten Beton liefern. Bei werkgemischtem Beton sind sie das Bindeglied zwischen der →Betonbereitungsanlage und der Baustelle. Dabei wird während des ·Transports vorher fertig gemischtes Mischgut bzw. die abgemessene Zuschlag/Zement-Menge in der langsam drehenden Trommel (2–6 min⁻¹) bewegt (agitiert) und an der Baustelle noch einmal durchgemischt bzw. nach Wasserzugabe fertig gemischt (10–12 min⁻¹). Der Bauart nach sind Fahrmischer mit den Trommelumkehrmischern vergleichbar. Die schrägliegende Mischtrommel hat jedoch nur eine Öffnung, durch die die Trommel beschickt und entleert wird. Als Mischwerkzeuge dienen zwei um 180° am Umfang versetzte durchgehende, schneckenförmige Mischspiralen, die folgende Funktionen erfüllen:
□ Einziehen des werkgemischten Betons bzw. der ungemischten Betonkomponenten bei fahrzeuggemischtem Beton;
□ In-Bewegung-Halten (Agitieren) des werkgemischten Betons bzw. Mischen der eingefüllten Komponenten bei fahrzeuggemischtem Beton;
□ Entleeren des fertig gemischten Betons durch Umkehren der Trommeldrehrichtung.

Die Entleerung geschieht über einen besonders angeordneten Auslauftrichter und eine schwenkbare Rutsche. Von den Belademöglichkeiten Top- oder Hecklader wird nur noch der letztgenannte angeboten. Fahrmischertrommeln baut man mit Nenninhalten von 4–10 m³ auf 3- oder 4-Achs-Fahrgestellen oder Sattelaufliegern. Einige Hersteller bieten den Transportbetonmischer auch als Wechselaufbausystem an. Den hydrostatischen Antrieb der Mischtrommel kann bei allen Mischergrößen der Fahrzeugmotor oder ein separater Dieselmotor besorgen. Für die Weiterbeförderung des Betons im eingeschränkten Bereich gibt es Fahrmischer mit angebautem Bandförderer oder fest installierter Betonpumpe. Hierdurch muß allerdings in der Regel die Nutzladung der Trommel verringert werden. *Kühn*

Transportmittel. Es sind operativ flexibel bewegliche Handwagen, Stapler, Lkw usw., die auf einer nicht vorgegebenen Strecke Ladeeinheiten z. B. von einem Punkt A zu einem Punkt B transportieren. *Jünemann*

Transportplanung. Unter T. ist die allgemeine Aufgabe der Spediteure bzw. der Versandabteilung zu verstehen, ihren Fuhrpark kostenoptimal einzusetzen. Die dabei zu lösende Aufgabe besteht darin, Objekte (Artikel, Aufträge) so von Erzeugerorten zu Verbraucherorten zu transportieren, daß der Gesamttransportaufwand minimal wird. Mathematische Modelle basieren auf der Linearoptimierung und bestehen aus Aufwands- und Wegematrix. Effektive Lösungsalgorithmen sind für viele EDV-Anlagen programmiert. *Jünemann*

Transportroboter. Aus dem traditionellen Einsatz für Schweiß- und Beschichtungsarbeiten durch zumeist stationär installierte →Roboter hat sich eine weitere Gerätegeneration entwickelt, die mobilen Roboter oder T. (Bild 1). Die Entwicklung zu mobilen Robotern erfolgte aus dem Zwang heraus, den Arbeitsraum zu vergrößern. Ortsfeste Roboter haben einen relativ eng begrenzten Arbeitsraum. Innerhalb dieses Arbeitsraums müssen alle Handhabungsaufgaben wie Bereitstellung, Zuführung, Abgabe usw. liegen. Dies engt die Anzahl der möglichen Handhabungsaufgaben sehr ein. Auch wird die Tätigkeit des ortsfesten Roboters weitgehend vom Arbeitstakt der Maschinen der Fertigungszelle bestimmt.

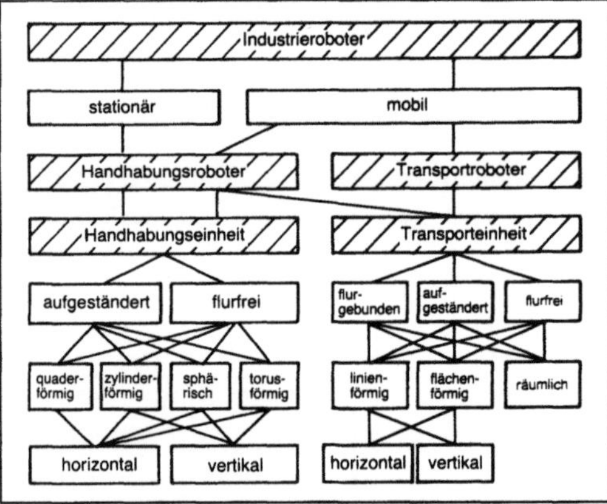

Transportroboter 1: Systematik des Industrieroboter.

Im Gegensatz zum Einsatz von stationären und beschränkt mobilen Portalrobotern, die heute im Bereich der Fertigungsautomatisierung Stand der Technik sind, erfordern Industrieroboter in Materialflußsystemen eine noch höhere Mobilität: Ziel ist hier der unbegrenzte Arbeitsraum. Diese Mobilität entkoppelt den Handhabungsautomaten vom starren Arbeitstakt einer Maschine und ermöglicht eine höhere und damit wirtschaftlichere Ausnutzung dieser Geräte.

Der entscheidende Schritt zum verstärkten Einsatz in Materialflußsystemen wird darin bestehen, den Industrieroboter von einem ortsfesten zu einem mobilen Gerät zu machen. Daraus ergeben sich u. a. die folgenden Vorteile:

□ ein größerer, an die wechselnden Bedürfnisse schnell anpaßbarer Arbeitsraum,

□ ein besserer Ausnutzungsgrad durch Mehrmaschinenbedienung sowie

□ die Möglichkeit, Teilepaletten bei längeren Transportwegen mitzuführen.

Außerdem würde die Flexibilität erheblich erhöht, die Möglichkeit geschaffen, auch andere neue Aufgaben mitzuübernehmen, aber auch gleichzeitig neue Forderungen hinsichtlich Greiferwechsel, Steuerungsaufwand, Energieversorgung usw. hervorzubringen.

Für die Verwirklichung der mobilen Industrieroboter sind verschiedene Ausführungen teilweise schon verwirklicht bzw. die unterschiedlichsten Konzeptionen denkbar. Man kann generell nach der Operationsmöglichkeit der T. unterscheiden in

□ 1-dimensionale Linienbeweglichkeit. Sie wird in den meisten Fällen mit Hilfe eines Schlittens oder eines Schienenstücks realisiert. Eine weitere Möglichkeit ist die aufgeständerte Schienenführung mit hängender Industrieroboteranordnung;

□ 2-dimensionale Flächenbeweglichkeit. Sie kann durch Flurförderzeuge oder Hängebahnsysteme erreicht werden;

□ 3-dimensionale Raumbeweglichkeit. Sie kann über ein Kranportal mit spezieller Hubeinrichtung bzw. Hängekran-Hängebahnsysteme erreicht werden.

Im folgenden seien einige Entwicklungsmöglichkeiten und technisch realisierte Projekte vorgestellt, die sich mit der Problematik des T. befassen sowie die wichtigsten spezifischen Vor- und Nachteile für ihren Einsatz in Materialflußsystemen aufzeigen.

T.-Bodenschiene. Ein sinnvoller Einsatz von T.-Schiene-Systemen ist dann gegeben, wenn hohe Fahrgeschwindigkeiten und Beschleunigungen sowie hohe Gewichte und Genauigkeitsanforderungen an das System gestellt werden, die die spezifischen Nachteile von Schienen wie hohe Kosten bei größeren Weglängen, Behinderung der Zugänglichkeit, reine Einzweckbelegung usw. überwiegen.

Ein charakteristisches Beispiel ist der → Kommissionierroboter Romeo (eine Gemeinschaftsentwicklung der Maschinenfabrik Möllers in Beckum und des ITW in Dortmund). Ein weiteres Beispiel für T.-Schiene-Systeme ist der Kommissionier-Peter (eine Schwarzwälder Uhrenfabrik stellte 1984 den Kommissionier-Peter für den Bereich der Kleinteilekommissionierung vor). Es handelt sich dabei um einen Roboter, der innerhalb einer Kommissionierzone für Kleinteile die Entnahme- (Sammeln) und Transportfunktion wahrnimmt.

T.-Portal. Wenn flurverlegte Schienen nicht geeignet sind, können alternativ Portale eingesetzt werden. Zwangsläufig wird eine solche Konstruktion aufwendiger und teurer. Der Arbeitsraumgröße sind technische Grenzen gesetzt. Bereits bestehende Maschinen, Pfeiler usw. verhindern oft den Einsatz an bestimmten Orten. Trotz dieser Nachteile darf nicht vergessen werden, daß dieses System auch einige wesentliche Vorteile bietet. Dies sind die freiere Zugänglichkeit der Arbeitsmittel, die Durchgängigkeit von Transportwesen sowie der geringere Platzbedarf. Obwohl Portale bereits zur industriellen Wirklichkeit gehören, kann mit ihnen das Problem von größeren Distanzen und die Möglichkeit des Mehrrobotereinsatzes in Spitzenzeiten nur schwer bewältigt werden.

Ein realisiertes System ist der Portalroboter P2053 von Jungheinrich. Er kommissioniert quaderförmige Packstücke und ist in drei Linearachsen frei verfahrbar. Wenn der Einsatzzweck es erfordert, kann das System um Linear- und Rotationsachsen erweitert werden.

T.-FTS. Diese Kombination ist z. Z. noch kein Bestandteil der industriellen Fertigung. Allerdings laufen Forschungs- und Entwicklungsprojekte, die bereits drei Prototypen hervorgebracht haben:

□ Mobirob der GHS Duisburg,

□ mobiler T. für Mehrstellenhandhabung der IPA Stuttgart,

□ mobiler T. der TU München.

Diese im Rahmen von Forschungsprojekten entwickelten mobilen Roboter sind in die Gruppe der flurgebundenen, flächenbeweglichen Materialflußautomaten einzuordnen. Ihre Mobilität erhalten diese Geräte durch induktiv geführte Flurförderzeuge, die den Transport des Roboters zu seinem jeweiligen Einsatzort vornehmen. Die wichtigsten Unterschiede dieser Systeme: Im Gegensatz zum mobilen Roboter der TU München, der sich auf einer Transporthilfsvorrichtung befindet und z. B. am Einsatzort abgesetzt werden kann, sind bei den beiden anderen Systemen die Roboter fest mit dem Transportfahrzeug gekoppelt (Bild 2).

Ein weiteres Unterscheidungsmerkmal besteht darin, daß einzig der mobile Roboter des IPA das Ladegut direkt auf dem Transportfahrzeug mitführt.

Obwohl die beschriebenen Prototypen noch nicht im industriellen Einsatz sind, ist der praktische Einsatz doch schon absehbar, da diese Kombination eine Reihe von Vorteilen, wie z. B. die einfache Gestaltung der Fahrkurse, den unabhängigen Einsatz mehrerer Roboter, die Integration in vorhandene Transportsysteme und keine gravierenden Behinderungen bei Störungen, aufweist.

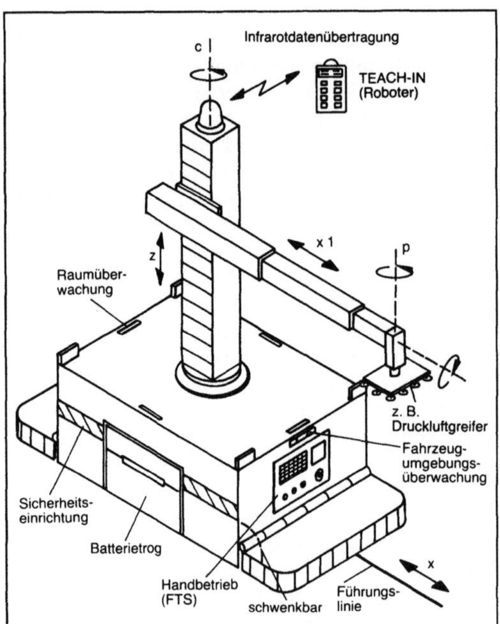

Transportroboter 2: Flurgebundener, mobiler Handhabungsroboter.

Anwendungsfälle für T. mit induktiver Wegführung sind besonders auf den Gebieten zu finden, die bisher durch ortsfeste Handhabungseinrichtungen nicht oder nicht in befriedigendem Maße einer Automatisierung zugänglich waren. Dies gilt vornehmlich für Anwendungen, bei denen ortsfeste Industrieroboter infolge geringer Kapazitätsauslastung zu wenig genutzt werden konnten oder bei denen mangelnde Arbeitsraumgröße des Roboters dessen Einsatz ausschloß. Das Verknüpfen der beiden wesentlichen Materialflußfunktionen Fördern und Handhaben durch eine für beide Aufgaben gleichermaßen geeignete, automatisierte Transport- und Handhabungseinrichtung läßt demgegenüber, insbes. während der personalarmen oder bedienungsfreien Schichten in flexibel automatisierten Fertigungssystemen, gute Einsatzmöglichkeiten des selbstfahrenden T. für die Werkstück- und für die Werkzeughandhabung erwarten, wie die Versorgung von Drehmaschinen von Fertigungszellen, von Bearbeitungszentren.

T.-Elektrohängebahnen. Als Alternative zu den aufgezeigten Systemen ist diese Entwicklung des ITW, Dortmund, ein flexibles flurfreies Materialhandlingsystem. Es zeichnet sich durch folgende Eigenschaften aus:

☐ flurfreie Transport- und Handhabungstechnologie in der zweiten Ebene der Fabrik,

☐ Realisierung flexibler Punkt-, Flächen- und Raumbedienung durch unterschiedliche Funktionsbereiche,

☐ keine notwendige Beschränkung auf automatisierte Insellösungen, aber die Möglichkeit der kostengünstigen →Verkettung von Insellösungen durch die Flexibilität in der Fahrkursgestaltung,

☐ stufenweise Realisierbarkeit und volle Integrierbarkeit in automatische Bereiche (übergeordnete Prozeßsteuerungen),

☐ Steigerung des Nutzungsgrads konventioneller Handhabungsgeräte durch variable Mehrstationenbedienung (Wirtschaftlichkeit auch an den Einsatzstellen, an denen ein stationäres Gerät nur unzureichend ausgelastet wäre),

☐ einfache Energieversorgungsmöglichkeit des Handhabungsgeräts über Schleifleitungen,

☐ höchstmögliche Sicherheit durch Anpassung und Einsatz erprobter Handhabungs- und weiterentwikkelter Transporttechnik.

Die Arbeitsgebiete dieses T. liegen in

☐ der Handhabung von Werkzeugen, Werkstücken, Vorrichtungen, Behältern usw.,

☐ der Ver- und Entsorgung von Maschinen, Speichern, Magazinen usw.,

☐ der Ausführung von Bearbeitungs- und Montagetätigkeiten (Bild 3).

T.-Kran. Die Kombination des Industrieroboters mit dem →Kran erlaubt die Flurfreiheit über ausgedehnte Bereiche. Wie auch bei dem System Transportroboter-Elektrohängebahn hängt der Roboter an einem Schienensystem.

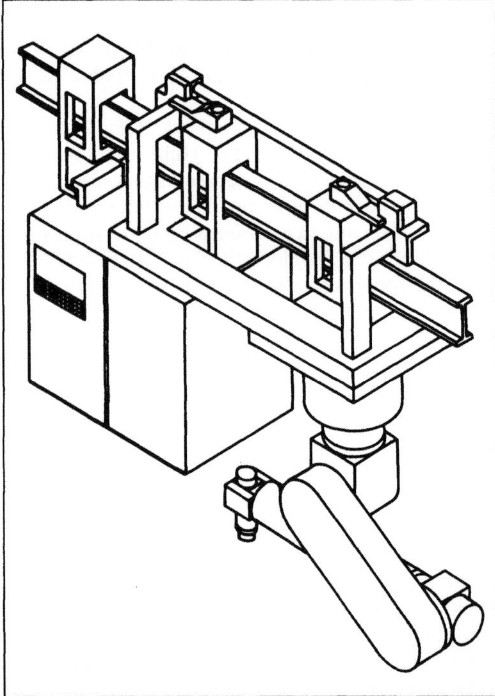

Transportroboter 3: Flurfreier, mobiler Handhabungsroboter.

T.-Luftkissenfahrzeug. Bei dieser Systemlösung handelt es sich um ein Prinzip, das in seiner Konzeption dem konventionellen FTS ähnlich ist. Wesentlich ist hier ein anderes →Antriebskonzept, das gleichzeitig weitere technische Vorteile bez. der problemlosen mechanischen Positionierung bietet. *Jünemann*

Transportsystem.

1. Baubetrieb. Es gibt sechs im Baubetrieb gebräuchliche T., die man entsprechend den an sie gestellten Anforderungen auswählt, wie Förderleistung, Förderweite und örtliche Baustellengegebenheiten, d. h. Bodenbeschaffenheit, Tragfähigkeit des Untergrunds, Geländeform, Förderweite, Beweglichkeit, Unabhängigkeit vom Wettereinfluß usw. Zu den T. gehören (Tabelle) die →Gleisförderung, der Bagger-Lkw-Betrieb, der Flachbaggerbetrieb, die →Bandförderung, die Rohrförderung sowie die →Seilförderung. *Kühn*

2. Fördertechnik. T. sind Fördersysteme (innerbetrieblich) oder Verkehrssysteme (außerbetrieblich), die die Raumkoordinaten von Gütern und/oder Personen verändern. Dieser Vorgang erfolgt mit Hilfe von Transportmitteln unter Nutzung von Transportwegen und unter Einbeziehung einer übergeordneten Organisation sowie von Informationsflußmitteln. *Jünemann*

Transversalwelle. Wellentyp, bei dem die Richtung des Verschiebungsvektors als Störung des Gleichgewichtszustands senkrecht auf der Ausbreitungsrichtung steht. Das Senkrechtverhalten am Beispiel einer harmonischen Scherwelle zeigt das Bild. T. breiten sich in kontinuierlichen Festkörpern aus. Volumenelemente der Festkörper erfahren dabei Gestaltänderung (Scherung, Schub) und Drehung (Rotation), jedoch keine Volumenänderung (Dilation, Kompression). Die Wellengeschwindig-

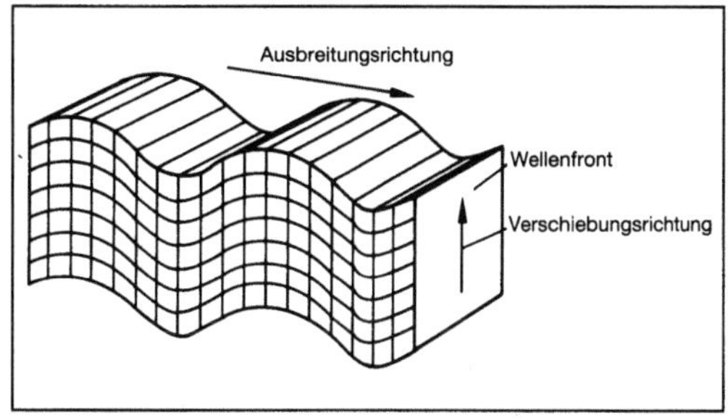

Transversalwelle: Verschiebungsfeld.

keit im elastischen, kontinuierlichen Festkörper $c_T = \sqrt{G/\rho}$ enthält außer der Dichte ρ den Werkstoffmodul bei Scherung G (Schubmodul).

Als Bezeichnungen in der Seismologie und der Ultraschalltechnik sind auch üblich: Sekundäre →Welle (S-Welle), Scherwelle. Reine T. breiten sich auch in rotationssymmetrischen schlanken Stäben aus, wenn diese durch zeitlich wechselnde Torsionsmomente, deren Drehachse die Stabachse ist, erregt werden (→Torsionswelle, Wellenausbreitung, mechanische). *Gaul*

Literatur: *Cremer, L.,* u. *M. Heckl:* Körperschall. Berlin, Heidelberg, New York 1982.

Trapezfeder →Stahlfederform

Trapezgewinde →Gewinde

Trayverpackung. T. sind Verpackungshilfsmittel, die dazu dienen, bereits verpackte Stücke zu einer transportfähigen Einheit zusammenzufassen. Das Tray besteht aus einem Boden und vier Seitenwänden mit einer Höhe, die wesentlich niedriger ist als die Höhe der später auf dem Tray aufgebrachten Packungen. Die Ecken des Trays an den Höhenwänden müssen nicht unbedingt verbunden sein. Eine solche Verbindung erleichtert aber die Handhabung

Transportsystem (Baubetrieb). Tabelle: Auswahlkriterien.

	1	2	3	4	5	6
Transportsystem	Gleisförderung	Bagger-Lkw-Betrieb	Flachbaggerbetrieb	Bandförderung	Seilförderung	Hydr. Förderung
Fahrbahn Steigung (max.)	Schienen 2,5 %	Baustraße 10 %	Gelände 50 %	Bandstraße 14-17°	Tragseil 45°	Spülrohr 3 %
Geländeoberfläche						
Förderleistung	- individuell sehr unterschiedlich			bis 10 000m³/h	100-1000t/h	bis 3000m³/h fest
Stückgröße	grob	grob	grob	feinkörnig	kleinstückig	Sand
Klebendes Material	gut geeignet	gut	gut	schlecht	schlecht	schlecht
Wirt. Förderweite	5-20 km	3-10 km	1-2000 m	1-5 km (100 km)	0,5-8 km (80 km)	1-3 km
Beweglichk. d. Fahrbahn	starr	umlegbar	flexibel	verschiebbar	starr	verschiebbar
Bodentragfähigk., kN/m²	>100	500-800	50-300	>50	-	>50
Struktur d. Baustelle	Linie	Netz	Fläche	Linie	Linie	Linie
Verlegen d. Fahrbahn	Rücken	-	-	Rücken	-	Rücken
Hilfsgeräte	Dozer	Grader	Grader, Dozer	Dozer	-	Dozer

des Trays wesentlich. Die meist einlagig auf das Tray gestellten Produkte müssen noch mit diesem verbunden werden. Hierzu wird meist Schrumpffolie verwendet. Sie wird als Schlauch um die Einheit herumgelegt, wenn es sich um größere Packungen, wie z. B. Konservendosen handelt. Bei kleineren Packungen auf dem Tray wird die Schrumpffolie allseitig angebracht. Es können allerdings kleine Löcher an den kleineren Seitenflächen in der Schrumpffolie verbleiben. Einsatzbereich der T. ist das Zusammenhalten von bereits fertig verpackten Einheiten zu Handelsgrößen. Eine spezielle Anwendung erfolgt in der Glasindustrie. Hier wird eine große Anzahl fertiger Glasverpackungen auf Trays gestellt, die wiederum auf einer Großpalette übereinander gestapelt werden. Die Sicherung der gesamten Einheit erfolgt durch eine übergezogene Schrumpffolie. *Paris*

Treibgurt-Traggurt-Antrieb. Unter einem TT-A. versteht man eine Kleinbandanlage mit Zwischenantrieben, welche in eine herkömmliche große Bandanlage eingebaut wird.

Die Leistungsübertragung erfolgt kraftschlüssig vom Treibgurt der Kleinbandanlage auf den darüberliegenden Traggurt der Großbandanlage. Die Verteilung der erforderlichen Gesamtantriebskräfte auf mehrere Antriebe führt zu einer Reduzierung der Gurtzugkräfte (Bild), da die erforderliche Antriebskraft nicht mehr von einem Antrieb (mit entsprechend hohen Gurtzugkräften) aufgebracht werden muß.

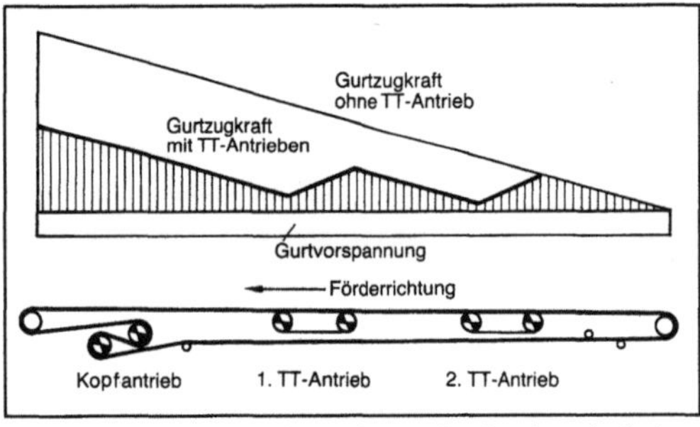

Treibgurt-Traggurt-Antrieb: Zugkraftverhältnisse im Traggurt einer Bandanlage.

Bei den herkömmlichen Bandanlagen mit mehreren Zwischenantrieben und Teilbändern erhöht sich zwangsweise die Zahl der Übergaben von einem Teilband auf das nächste. Im Gegensatz dazu können bei TT-A. die Übergaben vermieden werden. Dadurch reduziert sich die Staubentwicklung, und die Kornschonung verbessert sich. Darüber hinaus ist eine durchgehende Personenbeförderung über große Entfernungen möglich. Auf Grund der geringeren Gurtzugkräfte lassen sich preisgünstigere Gurtfestigkeiten und -qualitäten einsetzen.

Nachteilig für die TT-A. sind der hohe maschinelle Aufwand und die dazugehörenden Wartungs- und Überwachungseinrichtungen.

Die z. Z. größte durchgehende Bandanlage im untertägigen Steinkohlenbergbau hat eine Länge von 4,8 km bei einer installierten Gesamtantriebsleistung (mit 3 TT-A.) von 1,3 MW. *Seeliger*

Treibladungsanzünder. Sie bringen Treibladungen von Geschossen und Raketen zur Wirkung.

Man unterscheidet zwischen mechanischen und elektrischen T. Mechanische T. (Bild 1) sind mit einem Anzündhütchen ausgestattet, das durch Schlagenergie zur Zündung gebracht wird. Elektrische T. (Bild 2) besitzen Anzündelemente, die durch einen Stromimpuls zur Zündung gebracht werden.

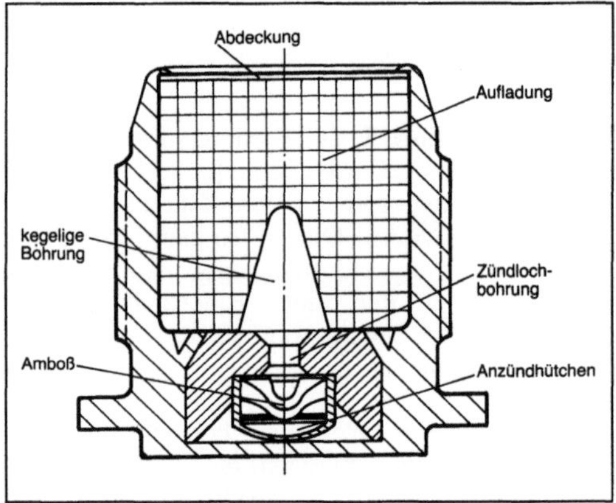

Treibladungsanzünder 1: Mechanische Treibladungsanzünder.

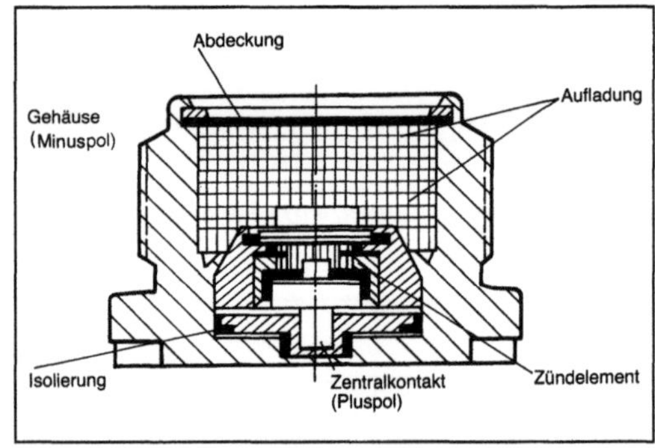

Treibladungsanzünder 2: Elektrischer Treibladungsanzünder.

Bei kleineren Kalibern reicht die Anzündenergie des T. oder des Anzündhütchens allein aus, um die Treibladung anzuzünden, während bei größeren Kalibern häufig zur Verstärkung der Anzündenergie eine Beiladung (Booster, Verstärkerladung) zwischengeschaltet werden muß. *Backstein*

Treibladungspulver. T. sind chemische Treibstoffe, die zum Antrieb von Projektilen dienen. Sie werden auch kurz nur Pulver genannt.

Die Projektile können vorliegen als Geschosse, die nach der Beschleunigung im Rohr ohne weiteren Antrieb fliegen, oder als Raketen, die auf einem Teil oder der gesamten Länge der Flugbahn einen Antrieb erfahren. Bei den nachbeschleunigten Geschossen liegt eine Kombination von Antrieb im Rohr und Raketenantrieb vor.

Ältestes T. ist das Schwarzpulver, das heute wegen seiner relativ geringen Umsetzungsgeschwindigkeit weitgehend ersetzt ist. Überwiegend werden Explosivstoffe verwandt, die im wesentlichen auf der Nitrierung von Kohlenwasserstoffen beruhen.

Wegen Unterschieden in der chemischen Zusammensetzung, den Aggregatzuständen und den Herstellverfahren unterscheidet man zwischen Geschütz- und Raketentreibstoffen.

Ein bekannter Geschütztreibstoff ist das Nitrocellulosepulver, das bei allen Rohrwaffen weitgehende Anwendung findet. Es ist einbasig, d. h. nur mit geringen Zusätzen wird es mit einem flüchtigen Lösungsmittel gelatiniert zu Strängen mit bestimmten Querschnittsgeometrien gepreßt und auf gewünschte Längen geschnitten. Mit Querschnittsform und Oberflächenbehandlung kann die Abbrand-Charakteristik beeinflußt werden.

Pulver ohne Lösungsmittel (POL-Pulver) entsteht, wenn die Gelatinierung durch die Beimengung eines weiteren Explosivstoffes geschieht (zweibasiges Pulver), z. B. Nitrocellulose und Nitroglyzerin (Nitroglyzerinpulver).

Um den Rohrverschleiß zu mindern, finden „kalte Pulver" Anwendung, die sich durch niedrige Explosivwärme auszeichnen, aber dafür ein spezifisch größeres Gasvolumen entwickeln.

Die Raketentreibstoffe unterscheiden sich in Flüssig- und Festtreibstoffe. Zusätzlich gibt es hybride Treibstoffe, deren Oxidator flüssig und deren →Brennstoff fest ist oder umgekehrt.

Bei den Flüssigkeitstreibstoffen spricht man von Monergolen, wenn Brennstoff und Oxidator als ein Gemisch in einem Tank gehalten werden können oder eine einheitliche chemische Verbindung vorliegt. Im Gegensatz dazu werden bei Diergolen Brennstoff und Oxidator der →Brennkammer getrennt zugeführt.

Ähnlich unterscheidet man bei den Festtreibstoffen in homogene und heterogene Treibstoffe. Bei homogenen Treibstoffen sind Brennstoff und Sauerstoff in einer Verbindung enthalten, bei heterogenen handelt es sich um Gemische von mindestens zwei Verbindungen, die als Brennstoff oder Sauerstoffträger fungieren.

Pulver und Anzünder bilden die Treibladung, welche ihrerseits neben dem →Geschoß wesentlicher Bestandteil der →Munition ist. *Rahnenführer*

Treibriemen. Ältere Bezeichnung für Flachriemen (→Flachriemengetriebe). *H. W. Müller*

Trennbandsägemaschine. Dieser Maschinentyp ist in der Konstruktion der Blockbandsäge sehr ähnlich, jedoch leichter gebaut. Sie ist eine vielseitig verwendbare und äußerst leistungsfähige Maschine, die in Säge- und Hobelwerken eingesetzt wird. Die sehr gute Holzausnutzung durch geringen Schnittverlust und sauberen Schnitt wird genutzt bei Trennschnitten, Schwartenauftrennungen oder bei vorgemodelten Stücken vom Gatter oder der Blockbandsäge. In der Vorschubeinrichtung unterscheidet sich diese Maschine von der Blockbandsäge durch zwei vertikal ausgerichtete Walzenpaare, die entweder das Werkstück einseitig oder auch symmetrisch zum Sägeblatt (Mittelschnitteinrichtung) ausrichten. Der gesamte Vorschubmechanismus kann schräg gestellt werden, so daß Schräg- bzw. Diagonalschnitte möglich sind. Schnitthöhen sind bis etwa 0,7 m möglich bei einer maximalen Vorschubgeschwindigkeit von 0–60 m/min. T. werden heute auch zum Nadelholzeinschnitt bei kleineren Durchmessern in großen Sägestraßen eingesetzt. Mehrere Bandsägen stehen linear angeordnet spiegelbildlich gegenüber oder versetzt nebeneinander, so daß der Vorschub des Schnittguts bis 100 m/min betragen kann (Bild). *Dusil*

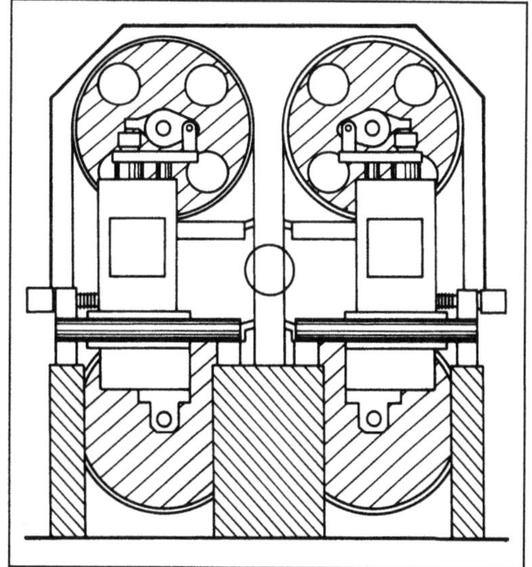

Trennbandsägemaschine: Mehrfach-Trennbandsägen, bestehend aus 2, 3 oder 4 Bandsägen. (Quelle: Esterer)

Trennen (Landmaschine). Aufbereitungsverfahren, selektiver Transport landwirtschaftlicher Stoffe, meist Gemische unterschiedlicher Einzelkörper. Drei Arten des T. sind zu unterscheiden: Teilen (Bildung von Teilmengen unveränderter Zusammensetzung), Abtrennen (Bildung einer Teilmenge unveränderter Zusammensetzung), Sortieren (T. nach physikalischen Eigenschaften); Sonderfall: Klassieren (T. nach Korngröße).

Besondere Bedeutung hat bei Landmaschinen das Sortieren, insbes. im Mähdrescher und bei Kartoffelerntemaschinen. Typisches Gutgemisch im Mähdrescher: Strohteile sehr verschiedener Länge, Grüngut, Ähren leer, Ähren mit Restkörnern, gebrochene Körner, heile Körner, Unkrautsamen, Spreu, Grannen, Staub.

In Landmaschinen nutzt man zum T. vor allem folgende physikalische Eigenschaften der Einzelkörper: Form, Größe, Dichte, Strömungswiderstand, Rollvermögen, Rückprallverhalten, Festigkeit. Im Labor sowie für Sondermaschinen wurden auch schon die folgenden weiteren Eigenschaften angewendet: Auftrieb, Härte, elektrische und magnetische Eigenschaften, Farbe, Reflexionsvermögen (optisch, akustisch), Benetzungsneigung, Verhalten gegenüber Strahlen. Moderne Tomatenerntemaschinen sind z. B. mit Systemen zum T. von roten und grünen Früchten ausgerüstet. *Renius*

Literatur: *Glaser, F.:* Korn-Stroh-Trennung … Diss. TU München 1976. – *Heijning, J. J., u. J. Meulemann:* Physical properties in relation with separation. Proc. 3rd intern. conf. on phys. properties of agric. materials. Prag 1985. – *Koch, M.:* Ein neues Verfahren zum Trennen von Steinen und Kartoffeln mit Hilfe akustischer Impulse. Grundl. Landtechn. 14 (1964) Nr. 21, S. 56/65. – *Kutzbach, H. D., u. H. Grobler:* Einrichtungen zur Kornabscheidung im Mähdrescher. Grundl. Landtechn. 31 (1981) Nr. 6, S. 223/29. – *Wacker, P.:* Untersuchungen zum Dresch- und Trennvorgang von Getreide in einem Axialdreschwerk. Diss. Univ. Hohenheim 1985. Forsch.-Ber. Agrartechn. MEG. 117. – *Wessel, J.:* Verfahren des Siebens und Windsichtens. Grundl. Landtechn. 18 (1968) Nr. 4, S. 151/57.

Tribologie. Oberbegriff für die Gebiete →Reibung, Verschleiß und Schmierung. Dieser Begriff wurde von *P. Jost* in England 1966 eingeführt: T. ist die Wissenschaft und Technik von gegeneinander bewegten, aufeinander wirkenden Oberflächen und zugehörigen Verfahren. Dieser Begriff hat sich weltweit durchgesetzt. Es gibt inzwischen in vielen Ländern Gesellschaften und Fachzeitschriften für T.

Die T. trägt bei zur Erhaltung von Werten durch Minderung von Verschleiß und zur Einsparung von Energie durch Minderung der Reibung. *Habig*

Triebstockverzahnung. Die T. ist eine nichtevolventische Verzahnung, bei der die Großradzähne aus einzelnen in einem Kranz befestigten Bolzen mit Kreisquerschnitt bestehen. Sie wird bei kleinen Umfanggeschwindigkeiten (bis ca. 1 m/s) z. B. in offenen Drehkranzantrieben verwendet.

Das Bild zeigt: Wälzkreis W_2 des Rads wälzt auf W_1 des Ritzels ab. Hierbei beschreibt der Mittel-

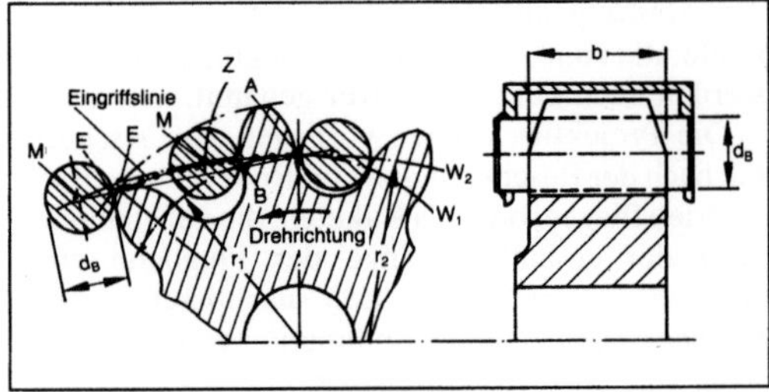

Triebstockverzahnung: Konstruktion von Zahnflanke und Eingriffslinie.

punkt M der Triebstockbolzen die Kurve Z. Die Äquidistante im Abstand des Bolzenradius ergibt den Verlauf der Zahnflanken des Ritzels.

Der Großradkranz ist bis zu den größten Abmessungen einfach, jedoch nur relativ ungenau herstellbar. Das →Ritzel wird meist formgefräst, jedoch auch wälzgefräst (→Zahnradherstellung), wobei die Zahnform durch eine Evolvente angenähert wird.

Die Lebensdauer der Verzahnung ist durch Verschleiß an den Zahnflanken begrenzt. Als Kriterium hierfür wird die →Hertz-Pressung zur Nachrechnung der Tragfähigkeit benutzt (→Flankenpressung).

Die Ritzelteilung ergibt sich aus der Forderung nach der Mindestzahnfußdicke. Ritzelzahnfuß und Triebstockbolzen sind biegebeansprucht und entsprechend auszulegen.

Für die zulässigen Werte der Flankenpressung sowie der →Zahnfußspannung kann man die Tragfähigkeitskennwerte von Evolventenverzahnungen benutzen. *Winter*

Literatur: *Ernst, H.:* Die Hebezeuge. Bd. 1. Braunschweig 1973. – *Niemann, G., u. H. Winter:* Maschinenelemente. Bd. 2. Berlin, Heidelberg, New York, Tokio 1985.

Tripode-Gelenk. Das T.-G. ist eine winkelnachgiebige, drehstarre, homokinetische →Ausgleichskupplung. Das auch längsnachgiebige Tripode-Verschiebegelenk hat ein →Wellenende mit drei radial abstehenden Zapfen. Auf diesen läuft je ein Laufring, der in die sog. Tripodetulpe des anderen Wellenendes eingreift (Bild, nächste Seite). Das T.-G. wird auch nicht längsnachgiebig als Festgelenk ausgeführt. Das T. ist geschmiert und abgedichtet. Es überträgt bei kleinem Außendurchmesser relativ hohe Drehmomente. Es wird vorwiegend in Frankreich bei Pkw-Frontantrieben verwendet. *Ehrlenspiel*

Trockenlauflager. T. laufen ohne Schmierung oder werden u. U. nur einmalig bei Montage geschmiert. Sie sind damit für wartungsfreie Lagerungen oder Anwendungen in reiner Umgebung geeignet (optische Industrie, Lebensmittel- und Textilindustrie, Vakuumtechnik). Geeignete Lagerwerkstoffe sind Sintermetalle mit Festschmierstoffanteilen, Kunst-

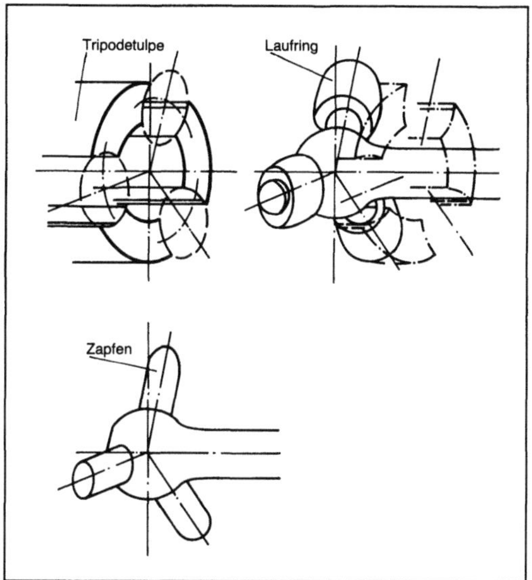

Tripode-Gelenk.

kohle oder thermoplastische Kunststoffe. Die erhöhten Reibungsverluste begrenzen die Anwendung von T. auf relativ geringe Gleitgeschwindigkeiten. Bei Kunststoffen ist zu beachten, daß auf Grund der geringen Wärmeleitfähigkeit die Reibungswärme schlecht abgeführt wird und durch Feuchteaufnahme eine Änderung der physikalischen Eigenschaften sowie des Volumens erfolgt. Das Einbauspiel der Lagerbuchse muß daher die Maßänderung durch Wärmedehnung und Feuchteaufnahme, ggf. auch das äußere Einpreßübermaß der Lagerbuchse, berücksichtigen. Die Belastungsgrenze wird durch den pv-Wert (spezifische →Lagerlast p, Gleitgeschwindigkeit v) angegeben, der ein Maß für die Druckfestigkeit sowie die →Reibleistung (Erwärmung) ist (Tabelle).

Gleitpartner für Kunststofflager ist häufig Stahl, wobei die Oberflächenhärte 50 HRC nicht unterschreiten sollte. Bei geringerer Oberflächenhärte besteht die Gefahr, daß abgetragene metallische Rauheitsspitzen in die weiche Oberfläche der Kunststoffgleitfläche eingebettet werden. In der Folge tritt dann auch →Verschleiß an der härteren,

i. a. metallischen Oberfläche auf. Eine Verbesserung der Werkstoffeigenschaften wird durch Zusatzstoffe erzielt. Beispielsweise verbessern Glasfaser-Zusätze die Maßhaltigkeit (Feuchteaufnahme, Ausdehnung) sowie die Verschleißfestigkeit. Graphit- und Kohlezusätze erhöhen den zulässigen Belastungskennwert bis auf pv = 0,6 $\frac{Nm}{mm^2s}$. *Knoll*

Trockenlaufverdichter. →Verdichter, bei denen die →Kolben und Kolbenringe ohne Schmierung auf den Zylinderwänden laufen.

Für bestimmte Anwendungen wird verlangt, daß das von einem →Kolbenverdichter komprimierte Gas absolut ölfrei bleibt. Solche Fälle treten z. B. in der Lebensmittelindustrie auf oder bei der Verdichtung von Sauerstoff, weil →Schmieröl im Kontakt mit reinem Sauerstoff sofort zu einem Brand führen würde.

T. müssen mit Kolbenringen und Führungsringen ausgestattet sein, die ohne Schmierung auskommen. Diese Ringe werden heute oft aus einem Material auf Polytetrafluorethylen-Basis hergestellt. *Kuhlmann*

Trockenmaschine. Das am häufigsten zur Anwendung kommende Medium der Textilveredelung ist flüssiges Wasser. Dabei tritt bei einer Veredelungsstufe oft die Applikation von Chemikalien in Wasser gelöst dergestalt auf, daß die Lösung kontrolliert im Foulard auf die Ware aufgetragen wird (Bild 1), ehe

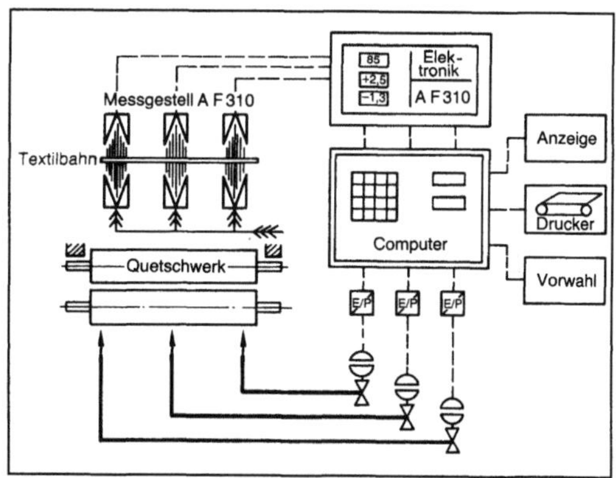

Trockenmaschine 1: Rechnergesteuerter Foulard.

Trockenlauflager. Tabelle: Physikalische Eigenschaften von Kunststoff-Gleitlagerwerkstoffen.
μ Reibungszahl, ϑ_{grenz} Dauergrenztemperatur, p_v Belastungskennwert bei 30° C

	μ	ϑ_{grenz} in °C	p_v in $\frac{Nm}{mm^2}$
Polyurethan (PUR)	0,6	90	$p_{max} = 10\,N/mm^2$
Polyamid (PA)	0,40	100	0,06
Polyoxymethylen (POM)	0,30	120	0,10
Polytetrafluorethylen (PTFE)	0,13	260	0,06

das Wasser unter Zurücklassung der Chemikalien von der Ware in einer T. verdampft wird. Dieses Schema eines kontinuierlich ablaufenden Auftragsverfahrens findet sich auch in Grenzgebieten der Textilveredelung, z. B. in der →Webereivorbereitung beim Garnbeschlichten, das aus folgenden Schritten besteht: Auftrag der Schlichtelösung auf die Garnschar im Quetschwerk (Foulard); Trocknen der Garnschar auf dem Zylindertrockner; Bäumen zum Kettbaum; Verweben. Auswaschen der Kettschlichte aus dem Rohgewebe in der →Naßveredelung und Trocknen des Gewebes (Entschlichten) werden dabei häufig nur als Textilveredelung angesehen. Dennoch ist auch das Beschlichten eine Textilveredelung.

Auch wenn nicht nach dem Auftragsverfahren ausgerüstet oder gefärbt (oder bei lokal begrenztem Farbstoffauftrag gedruckt) wird, sondern das Ausziehverfahren zur Anwendung gelangt, muß man das schließlich überflüssige Wasser in einer T. entfernen. Bei dem Ausziehverfahren macht man sich die Affinität (Anziehungsvermögen Faser-Veredelungsprodukt auf Grund physikalisch-chemischer Wechselwirkungen) zunutze, um die Veredelungsprodukte (Chemikalien, Farbstoffe) aus der Lösung in die Faser gelangen zu lassen. Zuvor muß aber das Fasergut mit dem Wasser stets quellen, ehe das veredelte Textilgut im Anschluß an den Ausziehprozeß wieder getrocknet wird und so fertig ist für Gebrauch oder weitere Veredelungsschritte, jeweils in Anwesenheit der natürlichen Faserfeuchte. Teilt man alle Prozesse, die in Anwesenheit von Quellungswasser ablaufen, in Naßveredlung und alle Prozesse, die in Anwesenheit von chemisch gebundenem Wasser (natürliche Faserfeuchte) oder im absolut trockenen Zustand ablaufen, in Trockenveredelung ein, so behandelt die T. das Textilgut stets am Übergang von der Naß- zur Trockenveredlung (Bild 2). Da beim Verdunsten des Oberflächenwassers und des Kapillarwassers (Quellungswasser)

physikalisch-chemische Bindungen im Fasergefüge in der augenblicklich existierenden Form der Faser einrasten, bedeutet jeder Trockenprozeß ein Fixieren der Textilien. Dieser Fixierprozeß bleibt so lange erhalten, bis wieder in folgenden Behandlungen genügend Quellwasser aufgenommen wird, um z. B. die beim Trocknen gebildeten Wasserstoffbrücken zu spalten und eine erneute Umformung zu erlauben.

Der Verdunstungsprozeß des Wassers beim Trocknen ist mit hohem Energieaufwand verbunden. Deshalb bemüht man sich um Energieeinsparung beim Trocknen. Das kann bewerkstelligt werden durch optimale Verfahrensführung beim Trokkenprozeß (Bild 3). T. für Textilien sind am weitesten fortgeschritten in der Anwendung geschlossener Regelkreise. Die Trocknungsleistung läßt sich erhöhen durch größere Umluftzirkulation, größeren Temperaturgradienten Kühlgrenztemperatur-Umlufttemperatur und geringere Umluftfeuchte. Schonende Trocknung der Textilien ist dann gewährleistet, wenn das Trocknungsgut als Effektivtemperatur der Fasern die Höhe der Umlufttemperatur erreicht und in diesem Moment die T. verläßt (Bild 4). Um die Eingangsfeuchte des Trockenguts so niedrig wie möglich zu halten und damit ökonomischer zu trocknen, sind Trockenmaschinen an ihrem Wareneinlauf mit effizienten Entwässerungssystemen versehen. Man unterscheidet dabei mechanische Systeme (Quetschwerke, Zentrifugen) von gaskinetischen (Saugbalken) und kapillaraktiven Systemen (schaumstoffbelegte Walzen). In dieser Systematik zählt die T. zu den thermischen Entwässerungssystemen. Als Trocknung mit elektrischer Energie gilt das HF-Trocknen (Bild 5). Ersparnisse beim Trocknen lassen sich auch durch Minimalauftragssysteme, wie z. B. das Pflatschen, erzielen. Sie werden bei Auftragsverfahren als

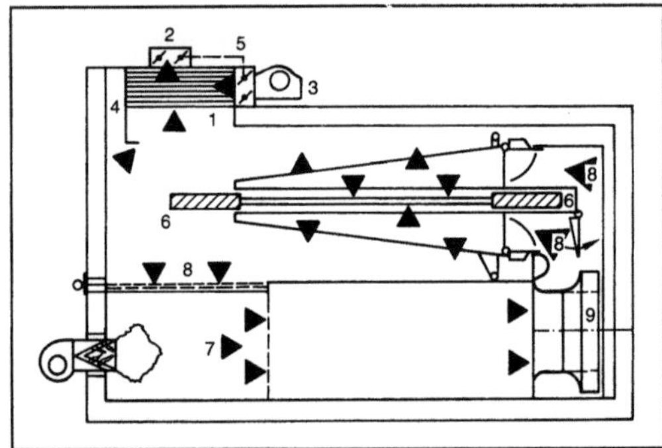

Trockenmaschine 3: Verfahrensführung beim Trockenprozeß im Gewebe-Spannrahmen.

1 Glattrohrwärmeübertrager Luft/Luft, 2 Absaugestutzen mit Regelklappen, 3 Ventilator für Zuluft, 4 Luftführungskanal für erwärmte Zuluft, 5 Abluft und Zuluft mechanisch gekoppelt, 6 Kantenführung des Gewebes, 7 vom Gasbrenner aufgeheizte Umluft, 8 Umluft, 9 Ventilator

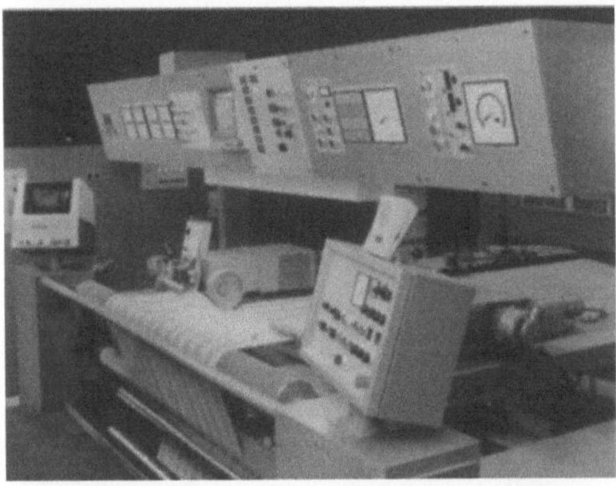

Trockenmaschine 2: Einlauffeld eines Spannrahmens für Gewebe am Übergang von Naß- zur Trockenausrüstung.

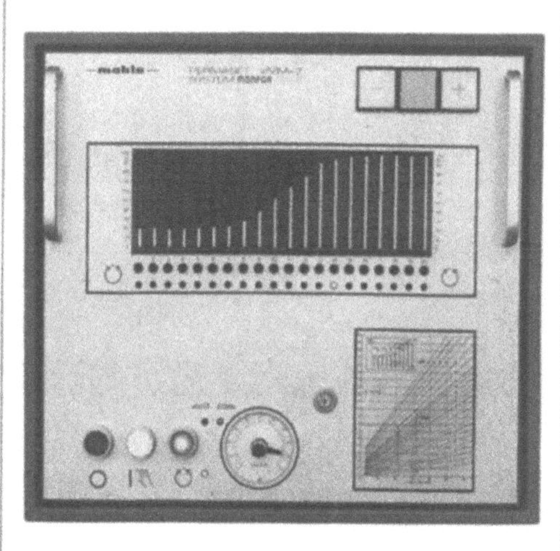

Trockenmaschine 4: Ein Thermoleitsystem ermöglicht einen Einblick in die thermischen Verhältnisse in Wärmebehandlungsmaschinen durch Messen der Lufttemperaturen vor und nach dem Kontakt der Luft mit der Ware. Einbau von zwei Meßfühlern (je 2 Thermoelemente) in jedem Feld oder einem entsprechenden Abschnitt der Maschine beiderseits der Warenbahn; indirekte Darstellung des Warentemperaturverlaufs durch Anzeige der Temperaturdifferenz an jeder Meßstelle mit Leuchtsäulen.

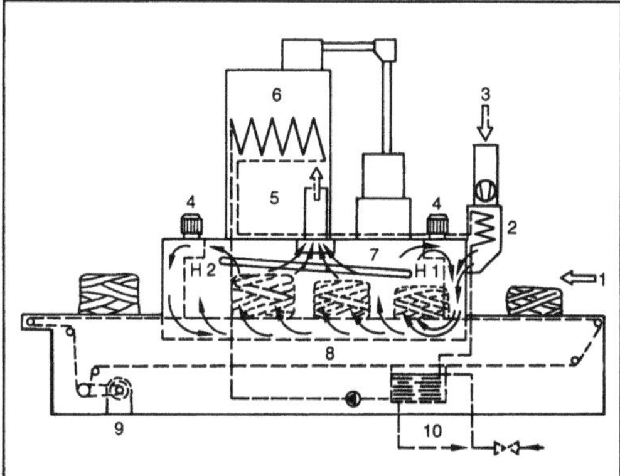

Trockenmaschine 5: Schema eines HF-Trockners für loses Material.

1 Einlauf, 2 Wärmerückgewinnung, 3 Zuluft, 4 Umluft, 5 Abluft, 6 Generatorkühlung, 7 Elektrode, 8 Belüftung von unten, 9 Bandantrieb, 10 Kühlwasser

Ersatz für den Foulard angewendet und bringen die Ware mit gerade so viel Wasser kontrolliert in Kontakt, daß kein überflüssiges Oberflächenwasser, sondern nur Kapillarwasser (zusätzlich zu der ohnehin vorhandenen natürlichen Feuchte) aufgetragen wird (zusammen mit den gewünschten Veredelungs-

produkten). Ein solches Verfahren ist der Schaumauftrag, bei dem das sonst im Foulard mitaufgetragene Oberflächenwasser durch Luft ersetzt wird, die mit dem Kapillarwasser über entsprechende Verschäumungsmittel dispergiert ist.

Schließlich kann man auf das teuer zu verdunstende Wasser auch ganz verzichten, indem man auf organische Lösemittel wie Perchlorethen ausweicht. Diese Technologie stammt aus dem Bereich der Textilpflege, wo seit langem in Chemisch-Reinigungs-Maschinen der Veredelungsvorgang der Schmutzentfernung mittels organischen Lösemittels als Veredelungsmedium betrieben wird. Diese Medien weisen den Vorteil auf, daß sie sich mit geringem Energieaufwand durch Verdunsten nach dem Reinigungsprozeß aus dem Textilgut entfernen und ebenso energiearm durch Destillation vom extrahierten Schmutz trennen lassen. Aus dieser Beschreibung der Chemisch-Reinigung geht hervor, daß auch eine Chemisch-Reinigungs-Maschine im entsprechenden Teil dieses diskontinuierlichen Veredelungsprozesses eine T. aufweist. Deutlicher wird das bei kontinuierlich arbeitenden Lösemittel-Reinigungsanlagen (Bild 6) in der Vorbehandlung von Synthesefaserartikeln (Gewebe, Maschenware), wo man durch Extraktion mit Perchlorethen Faserpräparationen von den Fasern im Flächengebilde herunterholt. Nach der Passage des Flächengebildes durch die Imprägniereinheit und nach Durchlaufen einer kurzen Verweilzone wird die Ware mit Perchlorethen gespült, ehe das Textilgut durch Hitzeanwendung getrocknet wird. Aus der Abluft der geschlossenen Anlage regeneriert man das dampfförmige Lösemittel, ohne daß es mit der Außenluft in Kontakt kommt. Wenn auch solche Anlagen wirklich gegenüber der Umwelt hermetisch abgeriegelt sind, haben sie gegenüber einer konventionellen T. zum Verdampfen von Wasser den Nachteil, die Umwelt mit Rückständen zu belasten. Die Anwendung von Lösemitteln bietet wegen der geringeren Energieaufwendungen beim Verdampfen (Trocknen) ökonomische Vorteile.

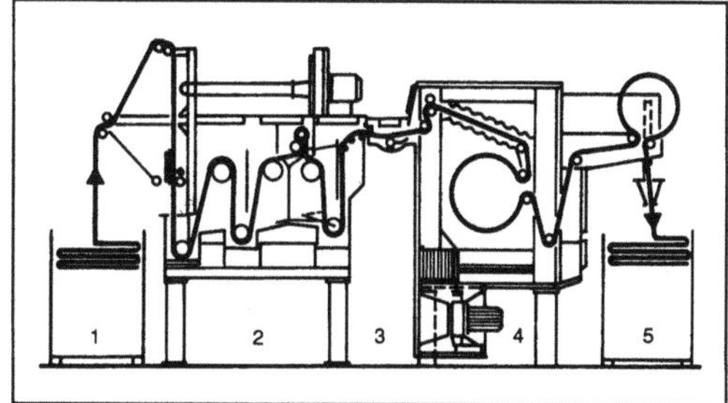

Trockenmaschine 6: Kontinuierliche Chemisch-Reinigungs-Anlage.

1 Gewebeeinführung, 2 Behandlung mit Perchlorethen, 3 Pflatschvorrichtung zum Aufbringen von Chemikalien, 4 Trockner mit Heißluft, 5 Abtaler

Weil T., die Wasser verdampfen, Veredelungsprodukte, die lose an das Textilgut gebunden sind, oder Nebenprodukte, die nicht gut ausgespült wurden, mit dem Wasserdampf in Spuren in die Abluft geben und deshalb umweltbelastend werden können, versieht man T. auf wäßriger Basis zunehmend mit aufwendigen Abluftreinigungsanlagen oder mit Nachverbrennungsanlagen für die Abluft. Textilveredlungsprozesse, die gänzlich auf flüssige Medien und damit auf teure Trockenprozesse verzichten, also in der Gasphase ablaufen, wären ökologisch gesehen sinnvoll, wenn sie ökonomisch durchführbar wären. Versuche in diese Richtung gibt es in Form des Gasphasenfärbens, das jedoch noch nicht praktisch angewandt wird.   *Rouette*

Literatur: *Krischer, O.:* Grundlagen der Trocknungstechnik. Berlin, Heidelberg, New York 1963.

Trocknungsanlage.

1. Bautechnik. Im Heißeinbau bituminöser Massen ist die Körnung zunächst zu trocknen und im selben Arbeitsgang auf die notwendige Mischtemperatur (mindestens 150–200 °C) zu erhitzen. Diese Trocknung und Erwärmung wird in Trommeltrocknern (Bild) vorgenommen, die vorzugsweise im Gegenstrom der Heizgase, bei einer Bauart, der Kombination von Trockentrommel und Trommel-

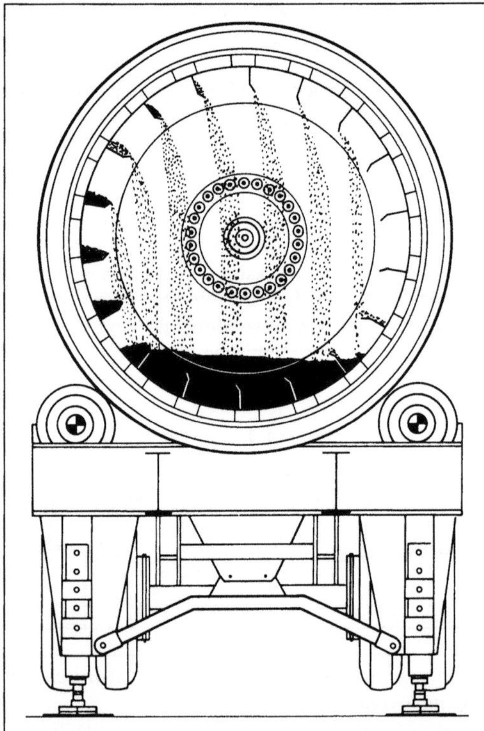

Trocknungsanlage (Bautechnik): Querschnitt eines Trommeltrockners.

mischer, im Gleichstrom, arbeiten. In einem zylindrischen, über einen Reibradantrieb mit rd. 10 min⁻¹ gedrehten Behälter wird das vordosierte Korngemenge am etwas höher liegenden Ende meist über ein Becherwerk stetig zugegeben, von den an der Innenwand angebrachten Schaufeln aufgenommen und durch den Heißgasstrahl und die Flammenfront fallen gelassen. Das trockene und erwärmte Gut verläßt am tieferliegenden Ende die Trockentrommel. Das Abgas mit Wasserdampf und Staub wird der Entstaubungseinrichtung von vor- bzw. nachgeschalteten Exhaustern zugeführt. Im Betonbau ist bei niedrigen Temperaturen eine Erwärmung des Zuschlags erforderlich, was außer mit einer Bedampfung, durch die sich Kondensat bildet, mit einer Heißlufteinleitung oder mit einer indirekten Erwärmung geschehen kann. In beiden Fällen ist eine Verminderung der Eigenfeuchte bis hin zum Trocknen verbunden. Eine Erwärmung und Trocknung in Öfen oder mit Wärmestrahlern, dabei mit →Bandförderung, ist im Baubetrieb selten. Für Trockenmörtel und -beton ist der Zuschlag zu trocknen. Ansonsten läßt sich die Verlustarbeit in Zerkleinerungsmaschinen insbes. von Feinbrechern und Mühlen gleichsam zum Trocknen ausnutzen, weitaus wirksamer noch mit der Einleitung von Heißgas.   *Kühn*

2. Landmaschine. Anlage zur stationären Trocknung landwirtschaftlicher Güter (besonders Getreide und Heu), bei der →Belüftungsanlage mit normaler Umgebungsluft (Kaltlufttrocknung) oder leicht angewärmter Luft, bei den Warmlufttrocknern mit stark vorgewärmter Luft (ca. 40–70 °C), um höhere Leistungen bei kurzen Trocknungszeiten zu erzielen. Einteilung der Warmlufttrockner in Satztrockner (absätzig) und Durchlauftrockner (kontinuierlich). Beurteilung bzw. Auswahl der T. nach folgenden Kriterien:

□ Trocknungsleistung,
□ Trocknungszeit,
□ spezifischer Energieverbrauch,
□ Gutbeeinflussung,
□ Umweltbelastung,
□ Steuer- und Regelbarkeit,
□ Art der Beschickung und Gutabgabe (Schnittstellen),
□ Kapitalaufwand.

Der Luft-Gut-Kontakt erfolgt bei Durchlauftrocknern häufig im Gegenstrom oder Kreuzstrom, seltener im Gleichstrom. Das Bewegen des Gutes beschleunigt die Trocknung besonders intensiv beim Wirbelschichttrockner: Luftzuführung über poröse, geneigte Böden bewirkt eine fluidisierte, brodelnde Körnerschicht. Dem Warmluftbereich wird meist ein Kühlbereich nachgeschaltet, um einerseits die eingebrachte Energie möglichst gut zu nutzen, andererseits das getrocknete Gut lagerfähig zu machen.

Den relativ hohen Betriebskosten einer T. steht als Nutzen nicht nur das trockene Gut gegenüber, sondern es ergeben sich weitere Vorteile durch die z. T. erheblich erweiterten zeitlichen Rahmenbedingungen der Ernteverfahren, insbes. des Mähdreschens. *Renius*

Literatur: *Batel, W.:* Übersicht über die Getreidetrockner. Grundl. Landtechn. 16 (1966) Nr. 5, S. 169/204. – *Brötz, W.:* Grundlagen der Wirbelschichtverfahren. Chemie-Ing.-Techn. 24 (1952) Nr. 2, S. 60/81. – *Fischer, R.:* Pulsierende Strömung durch Schüttungen. VDI-Forsch.-H. 524. Düsseldorf 1967. – *Litzenberger, F. W.:* Systematik der Trockner für rieselfähiges Gut. Grundl. Landtechn. 13 (1963) Nr. 16, S. 40/52. – *Matthies, H. J.:* Der Strömungswiderstand beim Belüften landwirtschaftlicher Erntegüter. VDI-Forsch.-H. 454. Düsseldorf 1956. – *Mühlbauer, W.,* et al.: Die Kaltlufttrocknung von Weizen ... Grundl. Landtechn. 31 (1981) Nr. 5, S. 145/54. – *Mühlbauer, W.,* u. *H. D. Kutzbach:* Konservierungstechnik für Körnerfrüchte. In: Festschr. „25 Jahre VDI-Fachgruppe Landtechnik", Düsseldorf 1983; S. 227/40. – *Mühlbauer, W.:* Die Trocknung von Getreide und Mais. Habilitationsschr. Univ. Hohenheim 1986. – *Scherer, R.,* u. *H. D. Kutzbach:* Die Wärme- und Temperaturleitfähigkeit von Körnerfrüchten. Grundl. Landtechn. 30 (1980) Nr. 1, S. 21/27. – *Strehler, A.:* Getreide- und Maistrocknung. Möglichkeiten der Energiekostensenkung. Agrartechn. intern. 60 (1981) Nr. 5, S. 14/15 u. 21/23. – *Wieneke, F.:* Verfahrenstechnik der Halmfutterproduktion. Göttingen 1972.

Trogbandförderer →Stetigförderer

Trogkettenförderer (Fördertechnik) →Stetigförderer

Trogkettenförderer (Verfahrenstechnik) →Fördern von Schüttgütern

Trogmischer. T. sind ähnlich wie Tellermischer Mischsysteme in Mischanlagen, bei denen die Mischwirkung durch eine zwangsweise Führung des Mischguts mittels rotierender Mischwerkzeuge erzielt wird. Trogmischer haben eine horizontal liegende Mischwelle und werden in Einwellen- und Doppelwellen-T. unterschieden. Beim Einwellen-T. sind an einer zentralen Welle zwei gegenläufige Mischwendel von 2/3 Troglänge befestigt. Diese Mischwendel tauchen bei jeder Umdrehung nacheinander in das Mischgut ein und erzeugen eine Förderwirkung in Umfangrichtung und in Richtung der Mischwelle von außen nach innen. Einwellen-T. werden als stationäre oder bewegliche und kippbare Klettermischer hergestellt. Beim Doppelwellenmischer (Bild) arbeiten zwei gegenläufige Mischwendel mit spiralenförmig angeordneten Einzelschaufeln rotierend in zwei parallel liegenden zylindrischen Mischtrögen. Das Mischgut wird innen über den Verschluß gefördert, wo sich die Laufbahnen der Mischwerkzeuge überschneiden und eine Mischzone mit großer Bewegungsintensität bilden. Bei beiden Bauarten schützen abriebfeste Schlußbleche den Innenraum des Mischers. T. sind in

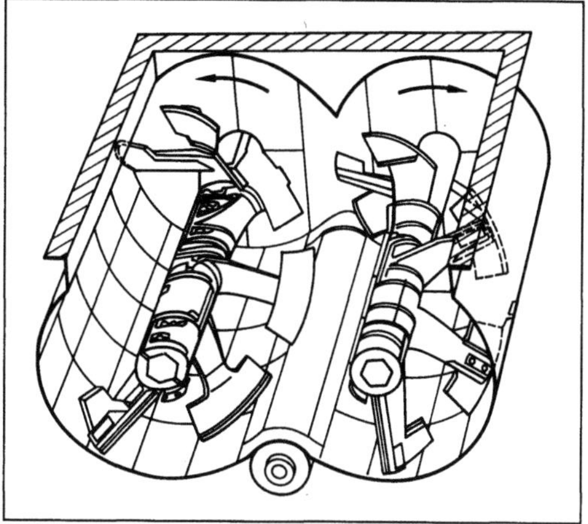

Trogmischer: Doppelwellentrogmischer.

Baugrößen bis 3 m³ verdichtetem Beton im Einsatz. *Kühn*

Troika-Ausbau. Der T.-A. ist ein speziell für die mäßig bis stark geneigte Lagerung von Steinkohlenflözen (entsprechend 18°–54° Flözeinfallen) entwickelter Strebausbau.

Drei Ausbaueinheiten sind mit Hilfe eines Rückbalkens zu einer Troika gekuppelt. Die mittlere Ausbaueinheit ist direkt an den Rückbalken angeschlagen. Die beiden anderen Einheiten sind über Schreiteinrichtungen mit dem Rückbalken verbunden.

Beim Schreiten sind jeweils zwei Einheiten verspannt, während die dritte vorrückt. Der T.-A. stellt somit ein fördererunabhängiges Ausbausystem dar, da sich die einzelnen Ausbaueinheiten beim Schreiten nicht am Strebförderer vorwärts zu ziehen brauchen.

Beim Schreiten der mittleren oder äußeren Ausbaueinheiten bleibt die Ausbaufunktion von mindestens einer Einheit bestehen. Dadurch kann die Hangabtriebskomponente der Schwerkraft beherrscht werden. Ein Abrutschen des Ausbaus im Strebraum wird daher verhindert.

Der Rückbalken kann bei stark geneigter Lagerung und überkipptem Abbaustoß – d. h. der Winkel zwischen Strebkohlenstoß und Streckenachse ist ungleich 90° – dem Überkippungswinkel angepaßt werden. Diese Anpassung kann mit Hilfe spezieller Rückbalken, d. h. entweder starr über einen Stufenbalken oder verstellbar mit Hilfe eines Lemniskatenbalkens erfolgen. *Seeliger*

Literatur: Das kleine Bergbaulexikon. Essen 1981.

Trommel, rotierende. Ein Begriff der →Maschinendynamik für einen zylindrischen →Rotor. An diesem idealen Ersatzmodell lassen sich grundlegende Erkenntnisse über die Spannungsverteilungen gewinnen, die durch Fliehkräfte, Schrumpfverbindungen und Temperaturfelder verursacht werden. Im Gegensatz zur rotierenden Scheibe liegt hier ein dreidimensionales Problem vor, da die →Axialspannung nicht mehr vernachlässigt werden darf. *Witfeld*

Trommelbagger. Der T. arbeitet mit einem Schaufelrad, das den Boden abschält. Im Gegensatz zum Schaufelradbagger sitzt das Abbauwerkzeug nicht an einem Ausleger, sondern ist seitlich neben dem Fahrwerk angebracht. Das kontinuierlich gelöste Material wird mit einem →Förderband auf Transportgeräte übergeben. *Kühn*

Trommelbauart. Axiale Dampfturbine mit zylinderförmigem (trommelartigem) Rotor. Zum Erzielen eines guten Wirkungsgrades wird die Auslegung der Beschaufelung entsprechend angepaßt. Der →Reaktionsgrad liegt bei ca. 50 %. Die →Turbine in T. wird deshalb auch als Überdruckturbine bezeichnet im Gegensatz zur Gleichdruckturbine mit ihren sehr kleinen Reaktionsgraden, die häufig bei Turbinen in Kammerbauart eingesetzt wird. *Ziemann*

Trommelbremse. Die T. (auch Innenbacken-Bremse) ist eine z. B. im Kfz-Bau weitverbreitete Bauart einer Reibbremse. Sie besteht aus einer Trommel, in der meist zwei Bremsbacken angeordnet sind. Die Backen werden zum Bremsen hydraulisch oder mechanisch gegen die Trommel gepreßt und durch Federn wieder zurückgezogen. Je nach Anordnung der Drehpunkte der Bremsbacken und

der Betätigung wird die Betätigungskraft nicht verstärkt (Simplexbremse), Bild, oder verstärkt (Duplexbremse). Wird die T. in sehr kurzen Zeitabständen betätigt, z. B. beim Bergabfahren, erwärmt sich die T., und die Bremskraft nimmt ab, weil sich der Reibwert verringert, die Trommel sich verformt und dann u. U. die Backen nicht mehr richtig anliegen. T. werden in Fahrzeugen und in Maschinen eingebaut, aber heute zunehmend durch Scheibenbremsen ersetzt. *Ehrlenspiel*

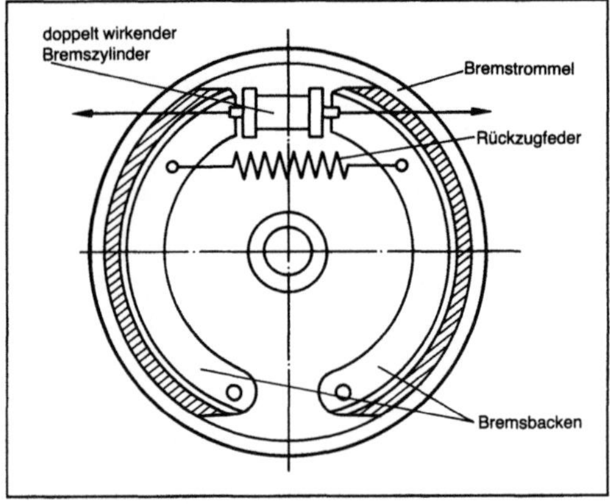

Trommelbremse: Schema einer Simplexbremse.

Trommelhäcksler →Feldhäcksler

Trommelläufer. Ein →Rotor, der im Gegensatz zum →Scheibenläufer eine zylindrische oder kegelstumpfähnliche Gestalt hat. Klassische Verwendung

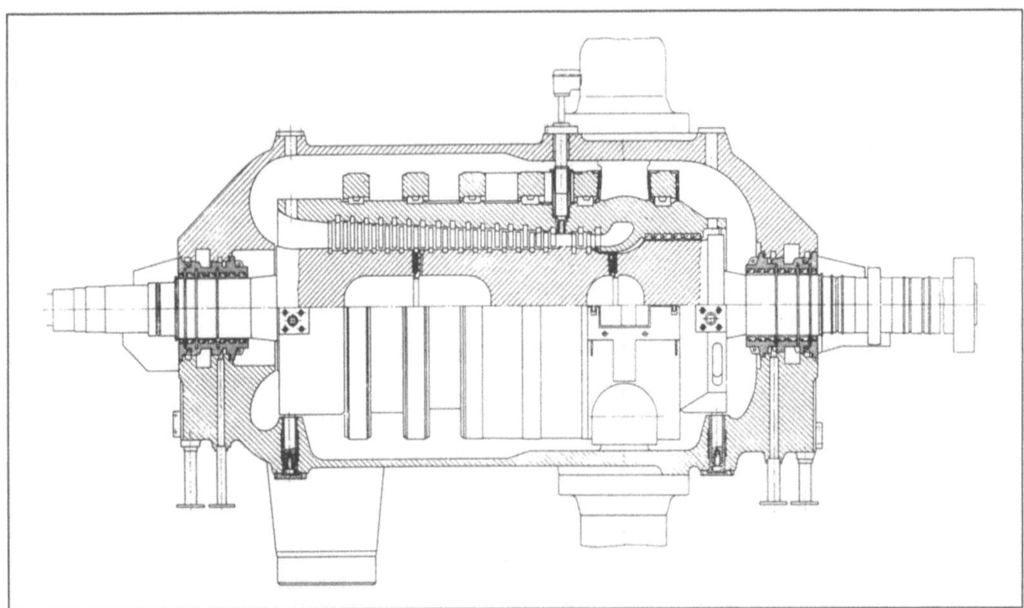

Trommelläufer. (Quelle: W. Traupel *a. a. O.)*

z. B. in Überdruckturbinen oder Axialverdichtern mit großer Stufenzahl. T. geringerer Baugröße werden einteilig geschmiedet und bearbeitet. Bei größeren Abmessungen werden aus werkstoff- und fertigungstechnischen Gründen Hohltrommeln oder Scheiben mit Kränzen zusammengefügt und am Umfang miteinander verschweißt (Bild). *Witfeld*

Literatur: *Traupel, W.:* Thermische Turbomaschinen. Berlin, Heidelberg, New York 1982.

Trommelmischer (Bautechnik). T. sind Mischmaschinen, bei denen sich die Mischtrommel um eine horizontale oder geneigte Achse dreht. Die Trommel ist meistens beidseitig konisch verjüngt. Auf der Innenwand der Mischtrommel sind als Mischwerkzeuge Schaufeln oder Schneckenwendeln angebracht. Die Mischwirkung entsteht durch Anheben des Mischgutes mittels der an der Trommelinnenseite angebrachten Mischwerkzeuge bis die Haftreibung zwischen Mischgut, Mischwerkzeug und Trommelwand aufgehoben wird; danach fällt das Mischgut zurück. Durch die Drehung der Mischtrommel und den Anstellwinkel der Mischwerkzeuge entsteht auch eine Axialbewegung, die den Mischeffekt verbessert. Die T. zeichnen sich durch unkomplizierte und robuste Konstruktion, einfache Verfahrensweise, im Vergleich geringe Verschleißempfindlichkeit, einfache Bedienung und Wartung, flexible Einsatzbereitschaft und niedrige Anschaffungskosten aus. Man unterscheidet hinsichtlich der Entleerung drei verschiedene Systeme: Kipp-T., Umkehrmischer und →Gleichlaufmischer. *Kühn*

Trommelsieb. Durch Umwälzen des Siebguts wirken T., die aus einem zylindrischen Behälter mit unterschiedlichen Sieböffnungen (mit steigender Masche) im Mantel oder aus mehreren ineinander gesetzten Siebtrommeln verschiedener Sieböffnungen (bei fallender Masche) aufgebaut sind. Gedreht wird das T. über einen in der Drehzahl vom Trommeldurchmesser abhängigen Trommelantrieb. T. zeichnen sich durch ihre einfache Konstruktion und Antriebsweise aus, die keine Erschütterung hervorruft. Von Nachteil ist der relativ geringe Durchsatz, der höhere Energiebedarf und die im besonderen nicht hinreichende Siebgüte sowie der fehlende Selbstreinigungseffekt der Sieböffnungen gegenüber den dynamisch wirkenden Siebmaschinen. Siebtrommeln sind noch gebräuchlich zur Vorabscheidung zusammen mit der Wäsche grober Körnungen, beispielsweise aus Moräne. *Kühn*

Trommelwaschmaschine. Ein geschlossener zylindrischer Behälter, der an der Innenwand mit schaufelartigen Mitnehmern versehen ist, wird durch einen Reibantrieb gedreht. Das zu reinigende, an einem Ende über eine Rutsche ständig zugegebene

Gut wird wiederholt aus dem Wasser gehoben und bis zur Abscheidung der bindigen Bestandteile, aber auch der Feinstanteile im Sand wieder eingeworfen. Währenddessen wird das Gut in der Trommel weiterbefördert und ausgetragen. Die Trübe mit dem Ausgewaschenen fließt getrennt ab. Es kann eine Siebtrommel zugeschaltet sein. Eine Bauweise hat eine schräg gestellte Trommel. Beim Trommelauflöser, der zugleich nach Größe klassiert und nach Dichte sortiert, dreht sich in einem kurzen feststehenden Trog eine Schlämmtrommel, die mit dem Rohgut befüllt wird. Durch Schlitze im Mantel tritt das Abgesonderte aus. Der darin enthaltene Feinsand separiert. Er und das Grobe werden getrennt ausgebracht. Unterwassersortiereinrichtungen bestehen aus einem länglichen Trog, in dem sich eine Rohrwelle mit angebauter Siebtrommel dreht. Das Rohgut, je nach Bautyp Kies oder Sand, wird zugleich gewaschen und klassiert bzw. sortiert. Fördereinrichtungen tragen das gewonnene Gut sowie das Abgeschiedene aus. Zum Vorwaschen werden Rührwerkzeuge, sog. Schwerter, angebracht. *Kühn*

Trum. Es ist der frei laufende Teil eines Riemens oder einer Kette bei Zugmittelgetrieben.

H. W. Müller

Tube. Die T. ist ein Verpackungsmittel für pastöse bis halbflüssige Produkte. Der Querschnitt ist kreisförmig, selten oval. Der Verschluß erfolgt durch ein Schraubteil. Es kann noch ein Garantieverschluß vorgesehen werden, der dann mit dem Verschlußteil durchstochen wird, wenn die Erstentnahme des Produkts erfolgt.

Aluminiumtuben werden durch das Fließpreßverfahren hergestellt. In einem Arbeitstakt erfolgt die Umformung einer Aluminiumscheibe in die füllbare T. Das Verschlußteil wird sofort mitgefertigt. Anschließend wird die T. außen dekoriert. Die Füllöffnung zeigt den Querschnitt der T. Nach dem Füllen wird an dieser Stelle die T. flachgedrückt und mehrfach umgelegt; es entsteht der Verschlußfalz.

Kunststoff-T. werden aus mehreren Teilen gefertigt. Der Rumpf mit zylindrischem oder ovalem Querschnitt wird endlos extrudiert. Das Teil mit den Verschlußelementen wird in einem getrennten Arbeitsgang gespritzt. Nach Aufteilen des Extrudionsschlauches wird dieses Schulterteil eingeschweißt. Anschließend wird die T. dekoriert. Nach der Befüllung wird die Füllöffnung ohne mehrfaches Umlegen verschweißt. Bei dieser Verschweißung können noch zusätzliche Informationen in die Schweißnaht eingebracht werden, z. B. das Haltbarkeitsdatum. T. gehören zur Gruppe der formfesten Verpackungsmittel. *Paris*

Türschloß →Karosserie

Tunnelbaugerät. Die Erstellung von Tunnelbauwerken bzw. (genereller) von unterirdischen Hohlraumbauten ist in offener oder geschlossener Bauweise über oder unter dem Grundwasserspiegel ausführbar. Die maschinentechnische Bewältigung der Bauaufgabe wird weitgehend durch die Beschaffenheit des Untergrunds sowie durch die Art und Funktion des Bauwerks bestimmt (Tabelle). Die Entwicklung auf dem Gebiet der unterirdischen Herstellung von Hohlraumbauten hat einen technischen Standard erreicht, der nahezu jede Art der Aufgabenstellung bewältigen läßt. Die Auswahl des Bauverfahrens richtet sich weitgehend nach technischen und wirtschaftlichen Kriterien (Bild).

Tunnelbaugerät. Tabelle: Art und Funktion von Untergrundbauwerken.

Bauwerk	Beispiele	Aufgaben
Tunnel	Eisenbahntunnel, U-Bahntunnel, Straßentunnel, Schiffahrtstunnel	Aufnahme von Verkehrswegen
Stollen	*Hauptbauwerke* Freispiegelstollen, Druckstollen, Düker	Transport von Abwasser, Trinkwasser und Triebwasser
	Zugangsstollen	Sicherung eines winter- und lawinensicheren Zuganges zu den Kavernen
	Belüftungsstollen	Versorgung von Hohlraumbauten mit Frischluft
	Hilfsbauwerke Injektionsstollen	Erschließung von Injektionszonen
	Sondierungsstollen	Erkundung geologischer Verhältnisse
	Visierstollen	Vermessung von Hohlraumbauten
	Fensterstollen	Vermehrung der Angriffsstellen
Schächte	*Hauptbauwerke* Schräg- und Vertikalschächte	Transport von Trinkwasser und Abwasser Druckausgleich (Wasserschloß) bei Wasserkraftanlagen Versorgung von Hohlraumbauten mit Frischluft Transport von Personen und Material
	Hilfsbauwerke Schutterschacht	Transport von Ausbruchmaterial
	Vermessungsschacht	Vermessung
Leitungen	Abwasserleitungen Wasserversorgungsleitungen Fernwärmeleitungen Ferngasleitungen Pipelines Kabelleitungen	Transport von Gütern, Energie oder Nachrichten
Kavernen	Industriekavernen	Aufnahme von Kraftwerkszentralen oder Fabrikationsräumen
	Lagerkavernen	Aufnahme von Gütern
	Schutzkavernen	Aufnahme unterirdischer Schutzräume für die Bevölkerung bei Luftangriffen oder militärischer Anlagen

Tunnelbaugerät. Noch Tabelle: Art und Funktion von Untergrundbauwerken.

Bauwerk	Beispiele	Aufgaben
Kammern	Lagerkammern Sprengstoffkammern	Aufnahme von Gütern Aufnahme von Sprengstoffen während der Bauzeit eines Tunnels

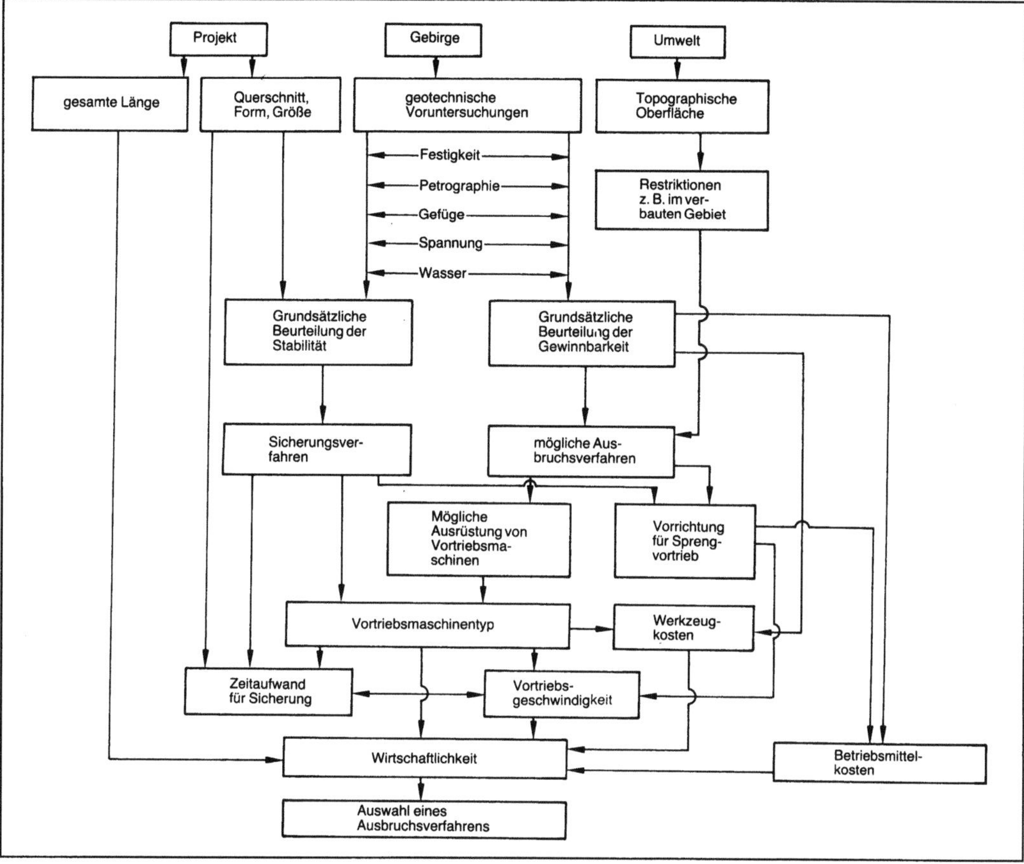

Tunnelbaugerät: Verfahrensauswahl.

Die Herstellung eines unterirdischen Hohlraumes umfaßt den Abbau des Gesteins, die Sicherung des geschaffenen Querschnittes, den Abtransport des Bohrguts, die Belüftung und ggf. den Ausbau des Hohlraums (→Schuttergerät). Je nach dem Vortriebsverfahren können diese Vorgänge kontinuierlich oder müssen in vom Vortrieb getrennten Schritten ausgeführt werden. Beim Bohr- und Sprengvortrieb (→Bohrgerät) geschieht die Sicherung nach den Vorgängen Bohren, Beladen, Sprengen und Lüften, während man bei einem Vortrieb mit einer im Schild installierten →Vollschnittmaschine (→Tunnelvortriebsmaschine) den Bodenabbau (Bohrkopf), die Sicherung (Bohrkopf, Tübbingaus-

bau), die Belüftung (Staubschild, mitgeführte Lutten) und den Abtransport des Bohrgutes (Förderbänder) gleichzeitig vornehmen kann.

Die verfahrenstechnische Entwicklung ist durch Bauweisen und Vortriebsverfahren gekennzeichnet. Ausgehend von kleinen, mit früheren Sicherungsmaßnahmen beherrschbaren Querschnitten sind bis heute noch die Belgische und Deutsche Bauweise bekannt, mit denen Querschnitte >100 m^2 unter Einsatz von Teilschnittmaschinen und Anwendung der Neuen Österreichischen Tunnelbaumethode (NÖT) aufgefahren werden. Maschinentechnisch setzt man bodenbedingt den Bohr- und Sprengvortrieb und den mechanisierten Vortrieb mit Tunnelvortriebsmaschinen (Teilschnitt-, Voll-schnitt- und Schildmaschinen) ein. Spritzbeton und auch Stahlfaserbeton haben die maschinelle Verfah-renstechnik flexibler und universeller gemacht. Unterstützt wird diese Entwicklung durch andere Sparten der Baumaschinenindustrie auf dem Gebiet der Aufbereitungs- und Transporttechnik. Zu nen-nen sind hier vor allem Aufbereitungs- und Sepa-rieranlagen für Vortriebe mit Suspensionsschilden und die Aufbereitungs-, Transport- und -Verteilungseinrichtungen für den Spritz- und Ortbeton. Der maschinelle Vortrieb kann durch eine Reihe von zusätzlichen Maßnahmen und Einrichtungen, wie →Drucklufthaltung, Vereisung und Bodeninjektionen, ergänzt werden. Die zukünftige Entwick-lung ist auf Erhöhung der maschinellen Leistungs-fähigkeit und die Humanisierung der Arbeit unter Tage ausgerichtet, die durch Verbesserungen im Detail (Fernbedienung) und Einsatz der →Elektro-nik (Automatisierung in Teilbereichen) erzielt wer-den.   *Kühn*

Literatur: *Maidl, B.*: Handb. des Tunnel- und Stollenbaus. Bd. I: Konstruktionen u. Bauverfahren. Essen 1984.

Tunnelofen. Der T. ist ein langgestreckter Durch-laufofen, bei dem das Brenngut am Gehänge oder auf Wagen transportiert wird (Bild 1).

Der Ofenraum wird durch seitlich an den Wagen angebrachte Schürzen (z. B. Bleche), die in einer Sandrinne laufen, gegen die Fahrgestelle abgedich-tet. Unterhalb der Fahrgestelle befindet sich ein Begehungskanal zur Inspektion der Wagen und zur Beseitigung von Störfällen. Die Gase strömen im Ofen entgegengesetzt zum Gut. Das kalte Brenngut wird zunächst in der Vorwärmzone von den heißen Verbrennungsgasen erwärmt. Die Brennzone wird

mit Seiten- und/oder Deckenbrennern oder auch elektrisch beheizt. Die in der Kühlzone vorge-wärmte Luft wird teilweise zum Trocknen des Rohmaterials abgesaugt und teilweise als Verbren-nungsluft oder Wärmeträgerluft im Ofen selbst genutzt. Die Kühlung mit Luft kann direkt oder für eine schonende Abkühlung zur Vermeidung von Kühlrissen auch indirekt erfolgen. Im letztgenann-ten Fall bestehen die Ofenwände aus Kühlkästen, in die über den Boden Luft einströmt und unterhalb der Decke wieder abgezogen wird.

Den prinzipiellen Verlauf der mittleren Guttempe-ratur und der mittleren Gastemperatur über der Ofenlänge zeigt Bild 2. Die Brenntemperaturen betra-gen je nach Material 600–2000 °C. Die Aufheiz- und Kühlgeschwindigkeit hängt von den Materialeigen-schaften des Gutes ab. Die Kühlzone dieser Öfen ist so ausgelegt, daß sowohl eine Sturzkühlung als auch eine langsame Abkühlung des Guts möglich ist.

Die Wagen werden außerhalb des Ofens besetzt. Die Art des Besatzes hängt von der geometrischen

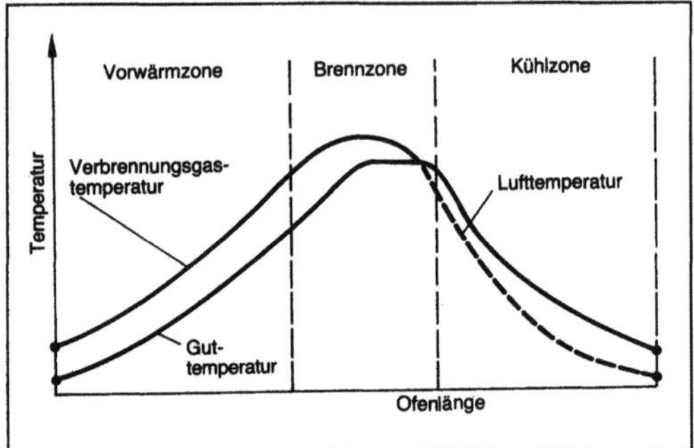

Tunnelofen 2: Temperaturverlauf in einem Tunnel-ofen.

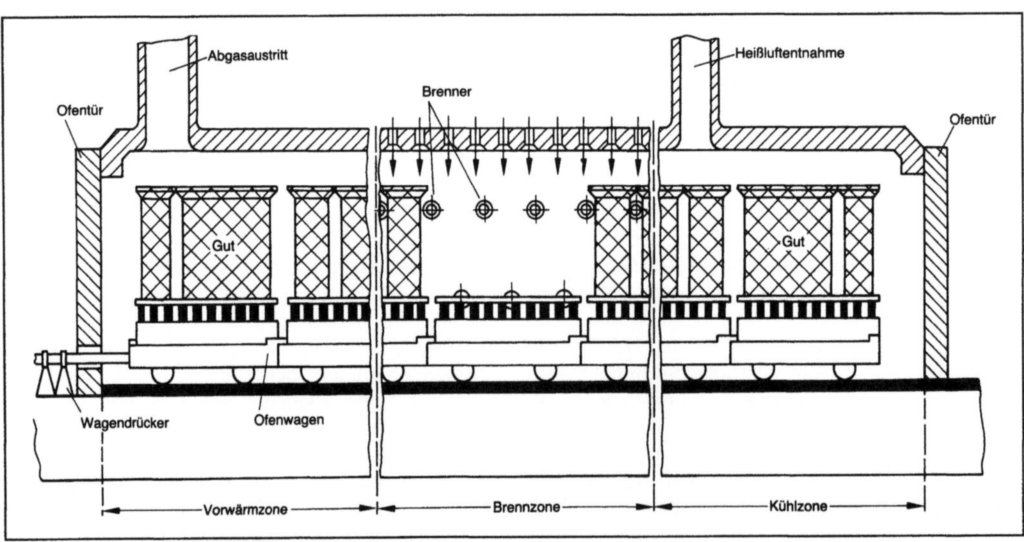

Tunnelofen 1: Prinzipielle Darstellung.

Form des Guts ab. Zwischen den einzelnen Brenngutstücken und evtl. benötigten Brennhilfsmitteln müssen Zwischenräume vorhanden sein, damit eine gute Durchströmung und damit gleichmäßige Temperaturverteilung im Besatz gewährleistet wird. Die Wagen werden hydraulisch durch den Ofen gedrückt. Der Eintritt wird durch eine Schleuse oder einen Sperrluftschleier abgedichtet.

Der T. ist der bedeutendste Ofen der keramischen Industrie. In ihm können nahezu alle keramischen Erzeugnisse hergestellt werden. Je nach Art des Brenngutes können T. eine Länge von etwa 10 bis 250 m und eine lichte Breite von einigen Zentimetern bis einigen Metern besitzen. Die Brennzeit kann von einigen Stunden bis zu Tagen dauern. *Jeschar/Specht/Bittner*

Tunnelschalung. Im Tunnelbau (Bild) und U-Bahnbau setzt man oft horizontale Wanderschalungen beim Betonieren der Auskleidung ein. Bei diesen Verfahren wird zuerst der Boden vorbetoniert, auf dem man dann die Schienen für den Schalwagen verlegt. Auf dem Wagen sind die Wandschalung und Deckenschalung montiert, die sich durch Spindeln ein- und ausfahren lassen. Für Kanalbauten verwendet man Metallschalungen aus gepreßten Aluprofilen, die rund oder im Eiprofil hergestellt werden können. Im Kanal- und Hafenbau stellt man Kaimauern und Stützmauern mit fahrbaren Großflächenschalungen her. Diese sind klapp- bzw. spindelbar auf Spezialwagen montiert, die auf Schienen verfahren werden. Im Tunnelbau kommen seit einiger Zeit Spezialelemente zum Einsatz, die zugleich Schalung und Bewehrung bilden. Bei diesem Verfahren, das man beim Auskleiden von zeitlich begrenzt standfestem Gebirge anwendet, werden V-förmig gerippte kaltgeformte Stahlbleche mit Beton hinter-

Tunnelschalung.

füllt bzw. verspritzt. Während der Erhärtung des Betons werden sie vorübergehend auf Montagestützen abgestützt und bleiben dann als Bewehrung im Beton. Eine ähnliche, unter dem Namen SZ-Schalung bekannte Schalung beruht auf dem gleichen Prinzip. Bei diesem Verfahren verwendet man Elemente, die aus Betonrippenstahl bestehen, auf denen man in gleichen Abständen profilierte Blechstreifen schweißt. Grundelemente mit den Abmessungen 1 m x 1 m werden mit verschiedenen Abständen der Blechstreifen und für ein- bzw. zweilagigen Einbau hergestellt. *Kühn*

Tunnelvortriebsmaschine. Beim maschinellen Tunnelvortrieb werden Teilschnittmaschinen, Vollschnittmaschinen (meist als Tunnelbohrmaschinen ausgebildet) und Erweiterungstunnelbohrmaschinen eingesetzt. Tunnelvortriebsmaschinen (TVM) unterscheiden sich hauptsächlich in konstruktiven Merkmalen und Arbeitsweise und können in Schildkonstruktionen integriert sein (Bild). *Kühn*

Gebirgsart	Lockergestein	Festgestein			
Gebirgs-beschaffenheit	weich	mild	mittelhart	hart	sehr hart
Druckfestigkeit	gering	bis 60 N/mm²	60-120 N/mm²	120-220 N/mm²	>220 N/mm²
Ausbruchsform	○ ◗	○ ⬡	⌂ ○		○
Ausbruchsart	Vollschn. · Teilschn. · Schild · Hydrojet	Vollschnitt	Teilschnitt		Vollschnitt
Schneidsystem	pendelnd · rotierend	rotierend	Wohlmeyer		rotierend · Hochdruckwasserstrahl · therm.
Schneidwerkzeuge	Schrämen	Schrämen Fräsen · Disken Meißeln	Fräsen · Schrämen m. Düse · Disken	Warzen Meißel · Rollen-meißel	Disken · Warzen- · Düsen- · Rollen-meißel
Vorwärts-bewegung	hydraulisch · Raupenfahrzg.	Schreitwerk · Raupenfahrwerk			Schreitwerk
Antrieb Bohrkopf	elt. · hydr.	elt.	hydr.	elt.-mech.	elt. · elt.-mech.

Tunnelvortriebsmaschine: Einsatzsystematik für Tunnelvortriebsmaschinen.

Turbine. T. ist eine gemeinsame Bezeichnung für alle treibenden Strömungsmaschinen oder Strömungs-Kraftmaschinen (→Strömungsmaschine, Arbeitsprinzip). Eine Unterscheidung wird durch Vorsetzen des Arbeitsfluids getroffen: Wasser-, →Dampf- oder →Gas-T. *Dibelius*

Turbineneintrittstemperatur. T. ist für Strömungsmaschinen, thermische bei gegebenem Druckverhältnis maßgebend für die verwertbare →Enthalpiedifferenz und damit das Arbeitsvermögen der →Turbine. Deshalb ist sie bei Abnahme-(Garantie-)Versuchen einzuhalten, oder die Versuchsergebnisse müssen nach einer anerkannten Methode auf sie umgerechnet werden. Bei Gasturbinen ist die T. so hoch, daß es schwer ist, sie zuverlässig direkt zu messen. Deshalb wird nach den Regeln der International Standard Organisation (ISO 2343) die wesentlich niedrigere Turbinenaustrittstemperatur gemessen und mit dem gemessenen Druckverhältnis und dem vorgegebenen Turbinenwirkungsgrad die ISO-T. bestimmt. Sie dient nur als hypothetische Vergleichstemperatur, weil die wirkliche →Eintrittstemperatur höher ist, da der Einfluß des Turbinen-Kühlsystems bei der Rechnung nicht berücksichtigt wird. *Dibelius*

Turbinengehäuse. Schließt das →Arbeitsfluid in der →Turbine zwischen Ein- und Austrittsstutzen druckdicht ein und nimmt die Reaktionskräfte aus der Leitbeschaufelung sowie die Druck- und Temperaturdifferenzen zwischen Arbeitsfluid und der Atmosphäre auf.

In die T. integiert sind vielfach

□ zusätzliche Ein- und Austrittsstutzen für Anzapfungen, Entnahmen, Entwässerungen oder Bypassleitungen.

□ Stopfbuchsen als Dichtungs- und Sperrsystem an der Wellendurchführung,

□ bei kleineren Turbinen die Regel- und Schnellschlußventile in Form eines Ventilkastens und z. T. auch die Lagerung des Rotors mit der Abstützung der Turbine auf dem Fundament.

Wegen des günstigeren Spannungsverlaufs und wegen der besseren Ausnutzung der Werkstoffestigkeit wird die Gesamtbelastung der T. bei höheren Drücken und/oder Temperaturen auf mehrere Schalen (Innen- und Außengehäuse genannt) verteilt (Bild 1). Zur Montage des Rotors bei axialen Turbomaschinen muß das zylindrisch geformte (Innen-)Gehäuse in der durch die Rotorachse verlaufenden, horizontalen Ebene zu teilen sein. Die Abdichtung in dieser Teilfuge und die Übertragung der in der Gehäusewand wirkenden Umfangkräfte übernehmen entweder Flansche mit entsprechenden Verschraubungen oder Schrumpfringe (Bild 2). Diese führen auf ein weitgehend rotationssymmetrisch ausgebildetes Innengehäuse ohne große

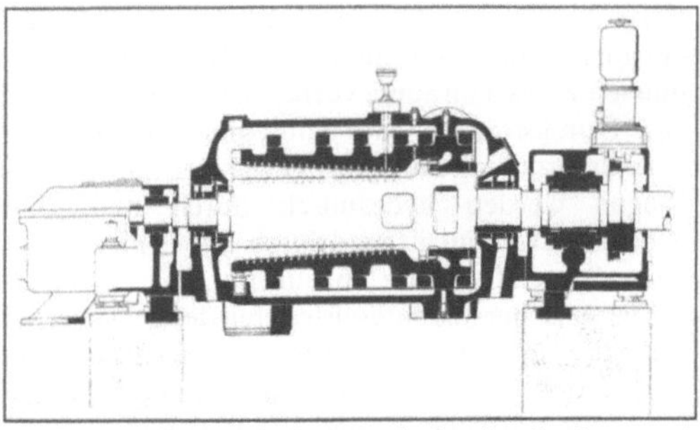

Turbinengehäuse 1: Längsschnitt durch eine zweischalige Hochdruck-Teilturbine mit Schrumpfringen auf dem Innengehäuse. (Quelle: ABB)

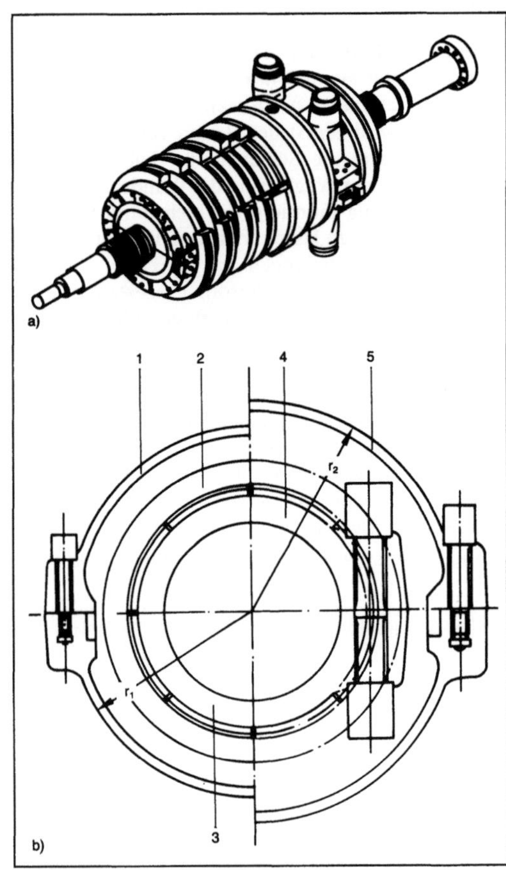

Turbinengehäuse 2.
a) Innengehäuse mit Schrumpfringen
b) Gegenüberstellung von Schrumpfringkonstruktion (links) und Flanschkonstruktion (rechts). (Quelle: ABB)

1 Außengehäuse mit horizontaler Flanschverschraubung, 2 Schrumpfring, 3 Innengehäuse ohne horizontale Flanschverschraubung, 4 Innengehäuse mit horizontaler Flanschverschraubung, 5 Außengehäuse mit horizontaler Flanschverschraubung

Materialanhäufungen und haben deshalb bei instationären Betriebszuständen geringere Wärmespannungen.

Grundsätzlich ist die Werkstoffbeanspruchung bei einem dünnwandigen zylindrischen Gehäuse mit innerem Überdruck in Umfangsrichtung doppelt so hoch wie in Achsrichtung. Deshalb ist die Flanschverbindung zwischen Deckel und Topf bei Topfgehäusen weniger beansprucht als die entsprechende Flanschpartie bei Turbinen mit horizontalem Trennflansch. Der rotationssymmetrische Aufbau des Topfgehäuses führt ebenfalls auf kleine Wärmespannungen.

Kugelförmige Gehäuse haben zwar grundsätzlich kleinere Materialbeanspruchungen als zylindrische T. Unter Berücksichtigung des Materialaufwands und des Bauvolumens werden Kugelgehäuse nur bei kurzen Rotoren eingesetzt.

Bei der mehrschaligen Bauweise stützen sich die einzelnen Schalen aufeinander ab und sind zueinander und zur Drehachse sowie Lage des Rotors auszurichten. Bei thermischen Maschinen werden die T. mit einer Wärmeisolierung abgedeckt und aus Schallschutzgründen z. T. zusätzlich gekapselt.

Um den →Radialspalt und damit die Verluste in axialen Turbomaschinen bei allen Betriebszuständen klein zu halten, wird bei Fluggasturbinen versucht, durch gesteuertes Beheizen bzw. Kühlen des Gehäuses dessen Durchmesser dem jeweiligen Rotordurchmesser anzupassen, der sich unter dem Einfluß der Fliehkräfte und der thermischen Dehnung während des Betriebs ständig ändert (active clearance control).

Für zentripetal durchströmte Turbinen bietet sich ein Gehäuse in Form einer Spirale an, das dann gleichzeitig die Aufgabe eines Leitrads übernimmt.

T. werden wegen der meist komplexen Form gegossen und z. T. auch aus gegossenen Teilen zusammengeschweißt. Aus einfachen Blechteilen zusammengesetzte Schweißkonstruktionen werden nur bei sehr dünnwandigen Gehäusen, wie z. B. bei den Niederdruckdampfturbinen, eingesetzt. *Ziemann*

Turbogasgenerator. Teil der mehrwelligen →Gasturbine, der aus →Verdichter, →Brennkammer und →Verdichterturbine besteht. Der T. erzeugt heiße Abgase, die unter Überdruck stehen. Dieser wird in der nachgeschalteten →Nutzleistungsturbine oder in der Schubdüse des Strahltriebwerks abgebaut. *Ziemann*

Turbogetriebe. →Zahnradgetriebe mit schnellaufenden Verzahnungsstufen bei Umfanggeschwindigkeiten über ca. 50 m/s bezeichnet man als T., da oft eine Turbine als Antriebmaschine dient.

Die Anforderungen an die Konstruktion von T. richten sich nach ihrem Einsatz. Für die Lagerung der Wellen werden überwiegend Gleitlager verwendet. Hohe Drehzahlen sorgen für günstige Schmierfilmbildung. Ferner sind die Drehmassen kleiner als die von Wälzlagern. Die Lager sind mitunter radial einstellbar ausgeführt (Exzenter), um für die Verzahnungen ein optimales Tragbild zu erreichen.

Man benutzt überwiegend Stirnräder mit Schräg- oder →Doppelschrägverzahnung. Die →Verzahnungsqualität entspricht der DIN-Qualitätsstufe fünf oder feiner, um dynamische Zusatzkräfte gering zu halten. Der →Freßtragfähigkeit kommt infolge der hohen Umfanggeschwindigkeiten besondere Bedeutung zu. Die Verzahnungen werden einspritzgeschmiert.

Durch in der Nähe der Lager angeordnete Schwingungswächter werden unzulässige Veränderungen der Betriebsbedingungen registriert.

T. werden mitunter auch als →Planetengetriebe ausgeführt, da hierbei große Übersetzungen bei einem Minimum an Drehmassen verwirklicht werden können. *Winter*

Turbolader. Der T. besteht aus einem →Verdichter, der die Luft dem aufgeladenen Verbrennungsmotor bei einem gegenüber der Atmosphäre angehobenen Druck zuführt, der entweder vom Motor oder von einer vom Abgas desselben Motors beaufschlagten →Turbine angetrieben wird. Im letzten Fall arbeiten beide Strömungsmaschinen auf derselben Welle, deren Drehzahl sich nach dem Leistungsgleichgewicht der beiden Maschinen einstellt (Bild). Aufgeladene Verbrennungsmotoren haben eine höhere Leistung und einen besseren Wirkungsgrad als unaufgeladene gleichen Hubraums. Wegen der zu erreichenden Druckverhältnisse und der unterschiedlich zu verarbeitenden Volumenströme sind die Verdichter meist radialer Bauart, die Turbinen für größere Motoren axialer, für kleinere auch radialer Bauart (→Motor). *Dibelius*

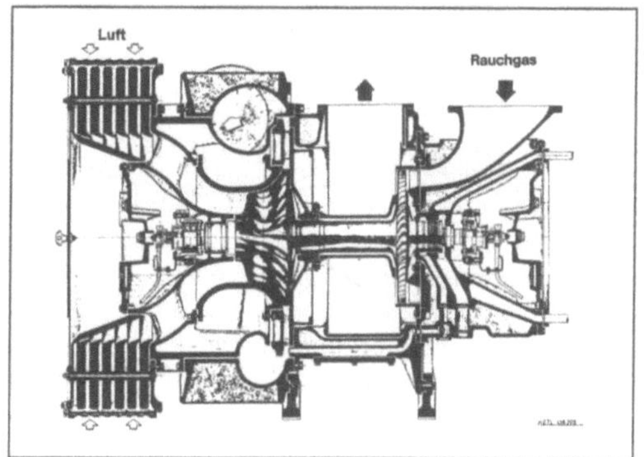

Turbolader: Schnitt durch einen BBC-VTR 564-Turbolader.

Turbomaschine. Synonym mit Strömungsmaschine. Durch die Vorsilbe Turbo (lat. turbare drehen) wird die drehende Bewegung des Strömungsmaschinenrotors im Gegensatz zur Kolbenmaschine mit einer hin- und hergehenden Bewegung als kennzeichnend angesehen. *Dibelius*

Turbostrahltriebwerk. Turbo-Luftstrahltriebwerk. Flugzeugantrieb, bei dem der zum Starten und Fliegen nötige Schub durch Drucksteigerung und Wärmezufuhr zu der das Triebwerk durchströmenden Luft erzeugt wird, die dann das Triebwerk mit gegenüber der Fluggeschwindigkeit erhöhter Geschwindigkeit verläßt.

Bei der ursprünglichen Form wurde der gesamte Luftstrom erhitzt und durch eine Turbine geleitet (Einkreistriebwerk). Neuerlich wird die große Mehrzahl der T. als Zweistrom-T. gebaut, bei dem nur ein Teil des Luftstroms zur Arbeitsleistung in der Turbine herangezogen wird.

Das Einkreistriebwerk, gemein T., ursprünglich TL (für Turbinenluftstrahltriebwerk), engl. jet bezeichnet, besteht aus einem Verdichter, an den sich die →Brennkammer anschließt. Auf die Brennkammer folgt die Turbine und danach die Schubdüse.

Die dem Fahrtwind durch den Lufteinlauf entnommene Luft wird dem Verdichter zugeführt, der heute bei Triebwerken für bemannten Flug durchweg ein mehrstufiges Axialgebläse ist. Bei kleinen Triebwerken (z. B. für Flugkörper) ist der Verdichter ein Radialgebläse oder eine Kombination von ein oder zwei Axialstufen, denen eine Radialstufe nachgeschaltet ist, da sich sonst zu kleine Schaufeldimensionen und wegen der geringen Reynolds-Zahlen zu niedrige Wirkungsgrade ergeben würden. Die ersten T. des Auslands hatten einstufige Radialverdichter, während bei den deutschen Triebwerken von Anfang an die endgültige Axialbauweise gewählt wurde (Bild 1).

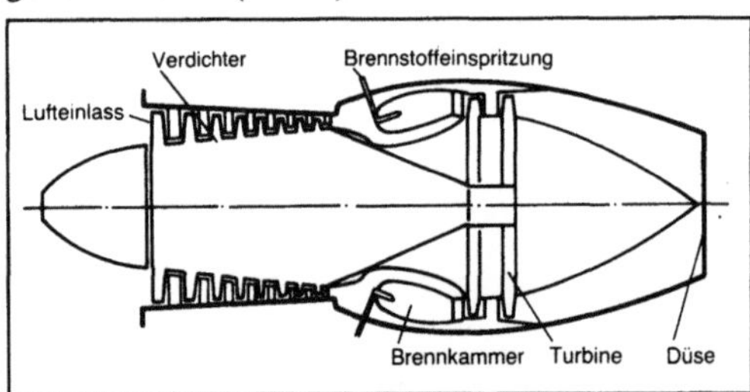

Turbostrahltriebwerk 1: Längsschnitt.

Die Brennkammer, die ursprünglich aus mehreren ringförmig angeordneten Einzelbrennkammern bestand, wird heute als in sich geschlossener Ringbehälter ausgebildet, in den am Eintrittsende der Brennstoff aus vielen über den Umfang verteilten Einspritzdüsen in Strömungsrichtung eingespritzt

wird. Beim Anlassen des Triebwerks wird der Brennstoff elektrisch gezündet. Danach wird die Verbrennung durch die einmal gebildete Flamme in Gang gehalten.

Rings um die Einspritzdüse wird von einem kleinen Teil der die Brennkammer durchströmenden Luft, der Primärluft, ein durch Leitbleche o. ä. verursachter stabiler Wirbel gebildet, in dem sich die einmal gebildete Flamme hält und die Verbrennung nachströmenden Brennstoffs mit nachströmender Luft einleitet.

Der größte Teil der Luft, die Sekundärluft, umströmt die Brennkammer und tritt durch aufeinanderfolgende Öffnungen stufenweise in diese, um einerseits die Brennkammerwände von außen und innen auf der gesamten Länge zu kühlen, andererseits um im vorderen Teil eine hohe Verbrennungstemperatur zu unterhalten und erst gegen Ende durch die Luftbeimischung die zulässige Turbineneintrittstemperatur zu erzielen.

Je nach Verdichterdruckverhältnis werden die aus der Brennkammer strömenden Gase in einer ein- oder zweistufigen Axialturbine entspannt, die den koaxialen Verdichter antreibt. Mit dem verbleibenden Restgefälle der Verbrennungsgase werden diese in der Schubdüse auf die Austrittsgeschwindigkeit beschleunigt.

Mit erhöhtem Verdichterdruckverhältnis und erhöhter Turbinentemperatur steigt die Austrittsgeschwindigkeit und damit der Schub bei gegebenem Luftdurchsatz, aber auch der Brennstoffdurchsatz. Die erhöhte Austrittsgeschwindigkeit (Strahlge-

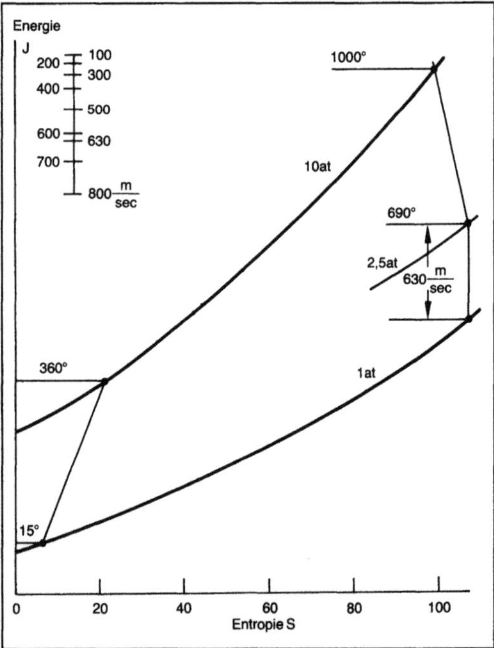

Turbostrahltriebwerk 2: Arbeitsdiagramm.

schwindigkeit) bedeutet eine Verringerung des Propulsionswirkungsgrades, so daß für das Einkreistriebwerk Erhöhung von Druckverhältnis und Turbinentemperatur im Gegensatz zum Zweikreistriebwerk keinen Gewinn bringt.

Der Arbeitsvorgang des T. läßt sich am besten im Energieinhalt-Entropie-(I-S)-Diagramm veranschaulichen (Bild 2).

Vom Einlaufzustand, hier 15 °C und 1 bar, wird die Luft auf 10 bar verdichtet und erwärmt sich auf 360 °C. In der Brennkammer wird sie bei gleichbleibendem Druck auf 1 000 °C erhitzt. In der Turbine erfährt sie das Arbeitsdruckgefälle gleich der Verdichterarbeit. Der Druck sinkt auf 2,5 bar und die Temperatur auf 690 °C. Damit ergibt sich eine Strahlgeschwindigkeit von 630 m/s bei Entspannung auf 1 bar. Der Druckverlust in der Brennkammer und der durch Wärmezufuhr sowie die Arbeitsleistung für Geräteabtriebe sind der Übersichtlichkeit halber nicht dargestellt.

In vielen Fällen, bei militärischen Triebwerken fast immer, ist der Turbine des T. ein Nachbrenner nachgeschaltet, in dem die aus der Turbine austretenden Gase durch Brennstoffeinspritzung aufgeheizt und damit der Schub um bis zu 50 % vergrößert, aber auch der spezifische Brennstoffverbrauch um rd. 100 % erhöht wird (Nachbrenner). *Kosin*

Turmdrehkran. T. sind turmartige Krane meist in Leichtbauweise mit hoch angelenktem Ausleger. Man unterscheidet sie nach folgenden konstruktiven Merkmalen:
□ Ausführung des Auslegers (Bild 1),
□ Anordnung des Schwenkwerkes (unten liegend, d. h. Turm und Ausleger drehen gemeinsam; oben liegend, d. h. Turm steht fest, nur der Ausleger dreht),
□ Ausführung des Fahrwerks (Gleisfahrwerk mit und ohne Portal, Raupen-, Reifenfahrwerk),
□ Turmbewegung (schwenkbar, stationär, selbstkletternd.

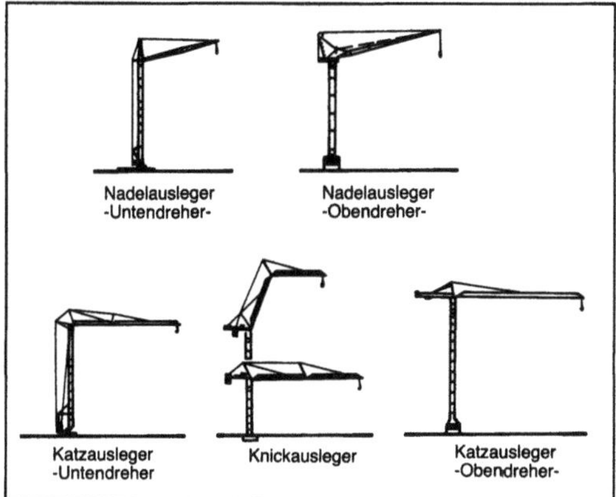

Turmdrehkran 1: Auslegerarten.

Der Arbeitsbereich, den die T. bestreichen, wird über die verschiedenen Möglichkeiten der Ausladungsveränderung bestimmt, und zwar durch:
□ Verfahren der Laufkatze,
□ Höhenverstellung des Auslegers,
□ Verschieben eines Teleskopauslegers,
□ Verfahren des gesamten Krans.

Bild 2 zeigt eine Sondervariante des T., einen Kletterkran mit Turm von begrenzter Länge, der in mehreren Geschossen verankert wird und entsprechend dem Baufortschritt von Geschoß zu Geschoß „klettert". *Kühn*

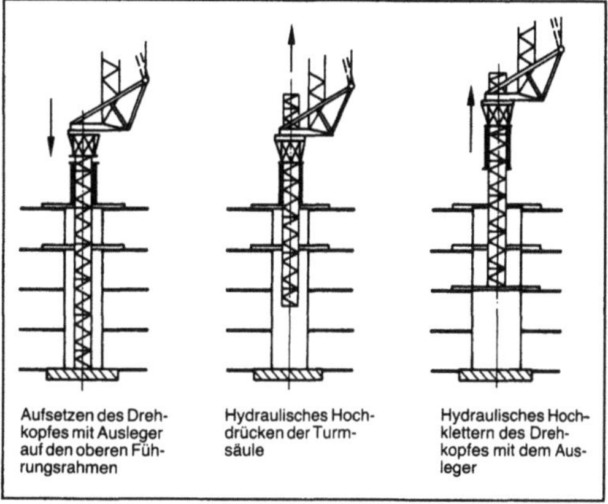

Turmdrehkran 2: Kletterkran.

Turmofen. Ein T. ist ein technisches System zur Wärmebehandlung von Stahlband, der meist dann eingesetzt wird, wenn die Durchziehgeschwindigkeit und damit die Bandlänge innerhalb der →Band-Behandlungslinie sehr groß ist. Die ersten, in den 40er Jahren in Kanada gebauten T. wurden elektrisch beheizt.

Im Einlaufsystem einer Band-Behandlungslinie mit einem T. werden die Bänder einzelner Coils durch Schweißen zu einem endlosen Band miteinander verbunden, entfettet und in einem Schlingenturm gespeichert (Bild). Der Einlauf-Schlingenturm gewährleistet einen kontinuierlichen Durchlauf des Bands im Ofen auch während der kurzen Stillstandszeiten des Einlaufsystems infolge Coilwechsels und Bandschweißens. Im anschließenden T. durchläuft das Band zunächst die Aufheizzone, dann die

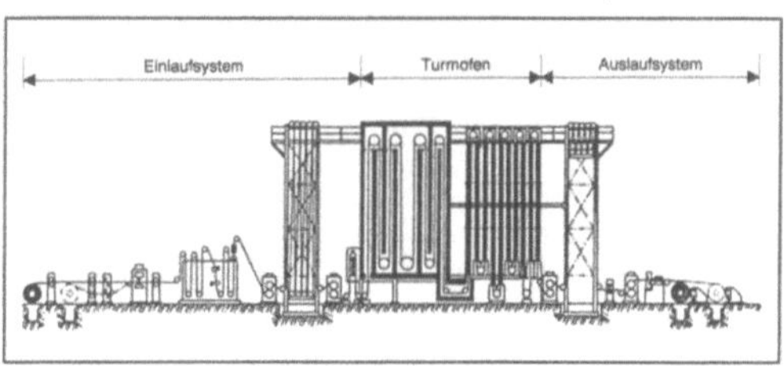

Turmofen: Band-Behandlungslinie (Arbeitsprinzip).

Haltezone und schließlich die Kühlzone. Ein nach dem Ofen angeordneter Schlingenturm des Auslaufsystems der Behandlungslinie gewährleistet einen gleichmäßigen Banddurchlauf im Ofen auch bei kurzzeitigen Stillständen der Aufwickelsysteme. *Baumann*

Typographie. Unter T. versteht man die künstlerische Gestaltung eines Druckwerks, wobei die Wahl der Schrift, des Schriftgrads, des Satzspiegels sowie die Zuordnung der Abbildungen zum Text, aber auch das Papier und der Einband eine Rolle spielen. Typographische Gestaltung bedeutet das Erkennen der Werte, die beim Setzen sichtbar und nach folgenden Überlegungen geordnet werden sollen:

□ In welchem Verhältnis steht der eine Wert zum anderen?
□ Wie verhält sich ein gegebener Schriftgrad zu einem zweiten oder dritten?
□ Welcher Art sind die Beziehungen zwischen Bedrucktem und Unbedrucktem?
□ Wie verhalten sich Farbwerte und Farbqualität zum Grau eines Satzes?
□ Wie stehen die verschiedenen Grautöne zueinander? Weiterhin: Kontrast; groß–klein; Gliederung; Papierformat; Grauwerte; Proportionen; Schriftwahl; Punkte, Linie und Fläche; Funktion und Form; Rhythmus, Kinetik. Die richtige Folgerung nach solchen Überlegungen ist entscheidend für die Schönheit eines Druckwerks. *W. Schmid*

U

Überdeckung (Zahnräder). Zwei Zahnräder befinden sich abwechselnd mit einem oder mehreren aufeinanderfolgenden Zahnpaaren gleichzeitig im Eingriff. Die Ü. gibt dabei an, wieviel Zahnpaare im Mittel gleichzeitig im Eingriff sind.

Bei →Evolventenverzahnung ist die Profil-Ü. als das Verhältnis von →Eingriffsstrecke g_α zu Eingriffsteilung p_e definiert (Bild 1):

$$\varepsilon_\alpha = g_\alpha/p_e \qquad (1);$$

g_α ist der geometrische Ort aller Berührpunkte zweier Zahnflanken (bei Evolventenverzahnungen eine Strecke), p_e der Normalabstand zweier aufeinanderfolgender Zahnflanken gleicher Krümmungsrichtung.

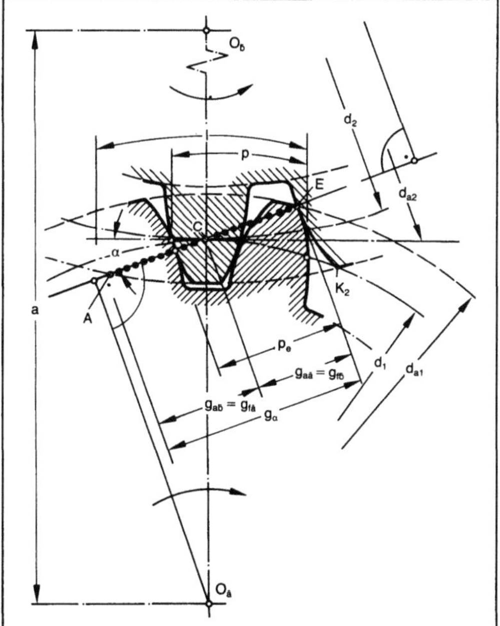

Überdeckung (Zahnräder) 1: Zur Profilüberdeckung von Stirnrädern.

Beispiel $\varepsilon_\alpha = 1{,}58$

Um kontinuierliche Drehbewegungsübertragung zu gewährleisten, muß g_α immer größer als p_e sein. Der theoretische Grenzfall liegt bei $\varepsilon_\alpha = 1$. Für die Praxis ist hinsichtlich möglicher Herstellabweichungen und Verformungen mindestens $\varepsilon_\alpha > 1{,}1$ zu fordern.

Bei →Schrägverzahnung kommt zur Stirn-Ü. infolge der Schräglage der Berührlinien (Berührlinienlänge) der Anteil aus der Sprung-Ü. ε_β über der Zahnbreite hinzu. Gesamt-Ü:

$$\varepsilon_\gamma = \varepsilon_\alpha + \varepsilon_\beta \qquad (2);$$

ε_β ist das Verhältnis von Zahnbreite b zu Axialteilung p_x (Bild 2):

$$\varepsilon_\beta = b/p_x \qquad (3).$$

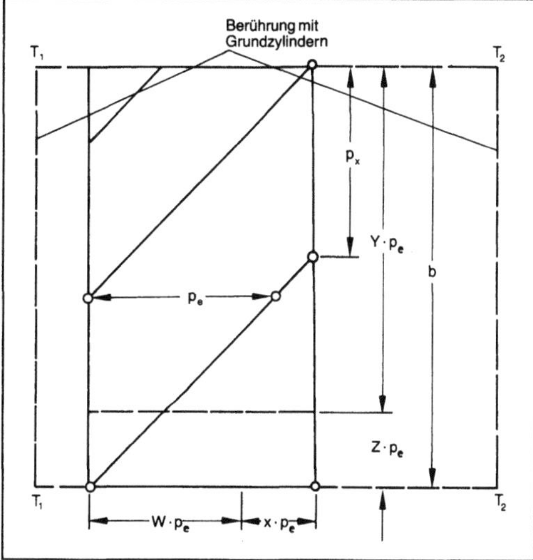

Überdeckung (Zahnräder) 2: Eingriffsfeld bei Schrägverzahnung zur Sprungüberdeckung.

Beispiel $\varepsilon_p = 2{,}15$

Beispielsweise bedeutet $\varepsilon_\gamma = 3{,}7$: Es sind dauernd drei Zahnpaare gleichzeitig im Eingriff. Während 70 % der Berührdauer des ersten voreilenden Zahnpaars bis zum Ende E des Eingriffs entfallen, ist zusätzlich ein viertes Zahnpaar im Eingriff. *Winter*

Überdrehzahl. Drehzahl einer Maschine, die oberhalb der regulären Betriebsdrehzahlen liegt.

Eine Maschine (z. B. ein →Verbrennungsmotor) wird für eine bestimmte Drehzahl oder für einen bestimmten Drehzahlbereich ausgelegt, in dem sie betrieben werden soll. Die Maschine muß man aber so konstruieren, daß sie auch höhere Drehzahlen erträgt, ohne daß ein Schaden auftritt. Hohe Beanspruchungen treten bei solchen Ü. durch Massenkräfte auf, die quadratisch mit der Drehzahl wachsen.

Bei Verbrennungsmotoren können aus folgenden Gründen Ü. auftreten:

□ Da die →Drehzahlregler von Dieselmotoren eine bleibende Regelabweichung benötigen, um die Einspritzmenge zurückzunehmen, tritt bei entlastetem Motor eine Drehzahlüberhöhung von 3–10% auf.

□ Bei plötzlicher Entlastung eines Verbrennungsmotors (→Lastabwurf) tritt wegen des verzögerten Ansprechens des Drehzahlreglers vorübergehend eine noch höhere Drehzahl auf.

□ Beim Bergabfahren mit einem Kraftfahrzeug auf steiler Strecke zieht das Fahrzeug den Motor auf u. U. sehr hohe Ü.

□ Bei Schiffsmotoren wird verlangt, daß der Motor über eine begrenzte Zeit von 1 h eine über die Dauerleistung hinausgehende Überleistung von 110% erbringen kann. Auch bei diesem Leistungsnachweis kann eine Ü. auftreten. *Kuhlmann*

Übergabevorrichtung. Ü. oder Übergabestellen (Bild) sind Unterbrechungen in einer →Bandstraße. Da Bandstraßen nicht endlos sein können und teilweise starke Richtungsänderungen notwendig sind, werden Ü. installiert. Da sie den Förderstrom unterbrechen, sind sie auf die unbedingt

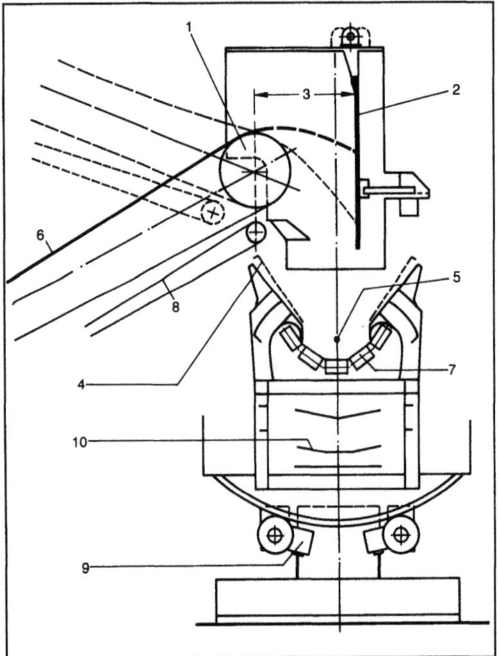

Übergabevorrichtung: Systemskizze einer Übergabevorrichtung.

1 Abwurftrommel, 2 Prallwand, 3 Abstand Prallwand – Trommelmitte, 4 Seitenschurre, verstellbar, 5 Mittelpunkt der Horizontierkreisbahn, 6 Auslegerband, 7 Aufgaberollen (Girlanden), 8 Schmutzband, 9 Führungsrollen der Horizontiereinrichtung des Brückenbandes, 10 Schmutzband des Brückenbandes

erforderliche Anzahl zu beschränken. Die wichtigsten Ü. sind die Übergabestelle im Schaufelrad, die Übergabestelle in Drehmitte, die Übergabestelle zum Absetzer und die Übergabestellen auf den Bandstraßen. Ü. bestehen zwischen zwei unabhängig voneinander laufenden Förderbändern. Ihre Aufgabe ist, das Fördergut von dem anfördernden auf das abfördernde Band überzuleiten. Bedingt durch die Arbeitsweise muß sich die Drehstellung und die Neigung zwischen den Bändern verändern lassen. Die Bedingung für eine einwandfreie Abförderung des Fördergutes ist eine möglichst mittige und lotrechte Aufgabe des Fördergutes auf das abfördernde Band, unabhängig davon, in welcher Stellung sich die Bänder befinden.

Der Fallstrahl des Förderguts muß in jeder Stellung des anfördernden Bands in die Lotrechte umgeleitet werden, was durch die konstruktive Anordnung einer Prallwand oder Prallklappe geschieht. Sie ist in der Waagrechten und aus der lotrechten Lage verstellbar, damit eine optimale Anpassung an die verschiedenen Betriebsstellungen gewährleistet ist. Zwischen Prallwand und Abwurftrommel des ankommenden Bandes muß ein genügender Freiraum für den Durchgang des Förderguts bleiben. Nach einer Faustformel soll der Abstand nicht kleiner als das 1,3fache der Förderbandbreite sein. Um den gesamten Förderstrom auf das abfördernde Band zu leiten, muß die Übergabeschurre die Abwurftrommel komplett umfassen. Die Schurre ist so weit nach unten zusammenzuziehen, daß der Förderstrom mittig in der Drehachse des Ober- und Unterbaus auf das abfördernde Band geleitet wird und daß die Austrittsöffnung enger als die Breite der Auffangschurre des abfördernden Bandes ist. Die Schurre des abfördernden Bandes muß in allen Höhenstellungen des Bandes die Austrittsöffnung der Übergabeschurre umgreifen. Die Seitenteile der Schurre, auf die ein Teil des Förderstroms auftreffen kann, müssen verstellbar sein. Im Interesse einer störungsfreien Förderung muß zwischen Abwurftrommel und Obertrum des abfördernden Bandes ein ausreichender Abstand vorhanden sein, der vom Fördergut und vom Förderstrom abhängig ist. *Kühn*

Übergangsdrehzahl →Schmierungstheorie, elastohydrodynamische

Übergangsfunktion. Die Ü. ist die Antwort eines linearen Systems auf einen Einheitssprung. Ihre Zeitableitung ist die →Gewichtsfunktion, d. h. die Antwort auf einen Einheitsimpuls. Jede dieser Funktionen kennzeichnet das Übertragungsverhalten des Systems (→Sprungerregung). *Witfeld*

Überholung. Demontage und Wiedermontage einer Maschine (z. B. eines Verbrennungsmotors), wobei verschlissene Teile ausgetauscht werden.

Bei der Ü. wird ein →Verbrennungsmotor (im Gegensatz zur →Wartung) teilweise oder gänzlich demontiert. Dann wird nach dem Begutachten oder Vermessen der Bauteile entschieden, ob diese gereinigt und wieder verwendet oder nachgearbeitet oder durch neue Teile ersetzt werden. Bei kleinen Motoren, deren Bauteile in Großserien gefertigt werden, ist die Verwendung neuer Teile meist preisgünstiger als Nacharbeit. Bei großen Motoren lohnt sich eher die Nacharbeit. Durch Auftragschweißen oder Verchromen und anschließende Bearbeitung kann man die ursprünglichen Abmessungen wieder erreichen. Nach Wiedermontage kann ein generalüberholter Motor einem neuen praktisch gleichwertig sein.

Die wichtigsten Bauteile mit größerem →Verschleiß, die nachgearbeitet oder ersetzt werden müssen, sind: →Kolben und Kolbenringe, →Zylinder bzw. Laufbuchsen, Gleitlager, Ventile, Dichtungen. Zu ausgeschliffenen Zylindern werden spezielle Kolben mit Übermaß benötigt. Bei kleineren Motoren werden auch Schrauben, die bis an die Streckgrenze beansprucht wurden, ersetzt.   *Kuhlmann*

Überlastschutz. Überlastung einer elektrischen Maschine bewirkt erhöhte Stromaufnahme und gefährdet die Wicklungen durch Übererwärmung. Schutzeinrichtungen gegen Überlast sind z. B. Sicherungen, Motorschutzschalter mit thermischem und elektromagnetischem Überstromauslöser, Thermistor-Maschinenschutz, Nutthermometer.   *Rentzsch*

Überlastungsschutz →Sicherheitskupplung

Überschallgeschwindigkeit. Strömungsgeschwindigkeit, die größer als die örtliche Schallgeschwindigkeit ist.

Die Strömungsgeschwindigkeit c ist die zeitliche Ortsänderung eines Fluidteilchens: c = dx/dt.

Die Schallgeschwindigkeit a ist die Ausbreitungsgeschwindigkeit kleiner Störungen in einem Fluid relativ zur Strömungsgeschwindigkeit. Kleine Störungen, die immer mit Druckänderungen verbunden sind, lassen sich als isentrope Zustandsänderungen beschreiben, so daß die Schallgeschwindigkeit gegeben ist durch

$$a = \sqrt{\left(\frac{dp}{d\varrho}\right)_s} = \sqrt{k\,p\,v}\;;$$

darin ist k Isentropenexponent, p Druck und v spezifisches Volumen. Bei idealem Gasverhalten gilt auch

$$a = \sqrt{\varkappa\,R\,T}\;;$$

darin ist R individuelle Gaskonstante des Fluids und k(T) = $\varkappa$(T) = c_p(T)/c_v(T) temperaturabhängiges Verhältnis der spezifischen Wärmen.

Eine Überschallströmung wird charakterisiert durch die Mach-Zahl M = c/a > 1. In Überschallströmungen kann eine kleine Störung, die sich in einem Punkt P des Strömungsfelds mit Schallgeschwindigkeit ausbreitet (Bild 1), nur das Gebiet erreichen, das durch 2 von P ausgehende Mach-Linien begrenzt ist, die mit der Strömungsrichtung den Mach-Winkel α bilden; dabei ist sin α = a/c = 1/M.

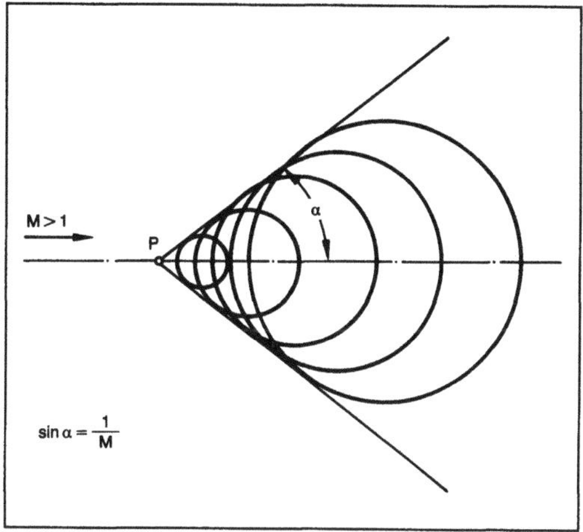

Überschallgeschwindigkeit 1: Ausbreitung einer kleinen Störung in einer Überschallströmung.

Störungen, die sich mit Ü. ausbreiten, bilden Verdichtungsstöße und sind große Störungen.

In Überschallströmungen führt eine Beschleunigung der Strömung zu einer Divergenz der Stromlinien, eine Verzögerung zu einer Konvergenz, im Gegensatz zur Unterschallströmung. Im Überschallgebiet wird die Strömung also beschleunigt, wenn der Querschnitt in Strömungsrichtung zunimmt, und verzögert, wenn der Querschnitt in Strömungsrichtung abnimmt. Für die isentrope Düsen- bzw. Diffusorströmung ergibt sich die Querschnittsänderung aus:

$$\frac{dA}{A} = \left(\frac{1}{c^2} - \frac{1}{a^2}\right) v\, dp.$$

Der Zusammenhang zwischen Geschwindigkeitsänderung dc und Druckänderung dp ist gegeben durch

$$dc = -\frac{v}{c}\, dp.$$

Die Beschleunigung von Unterschall- auf Überschallströmung erfolgt in Lavaldüsen (Bild 2) verbunden mit Druckabnahme der Strömung.

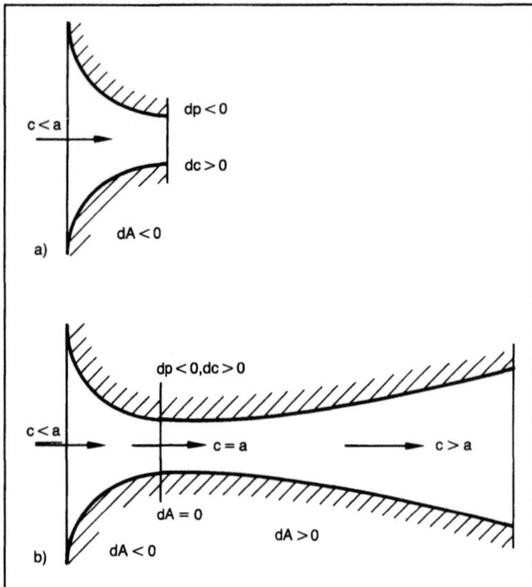

Überschallgeschwindigkeit 2.
a) Konvergente Düse für Unterschallgeschwindigkeit
b) Lavaldüse für Beschleunigung auf Überschall.

Die Verzögerung einer Überschallströmung auf Unterschall erfolgt in Diffusoren verbunden mit Druckanstieg (Bild 3). *Rauhut*

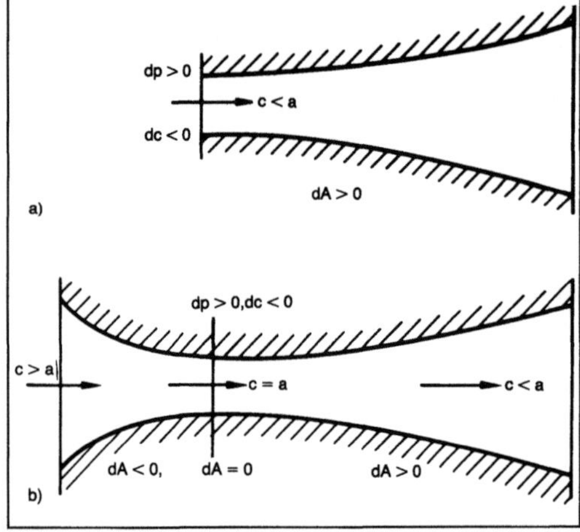

Überschallgeschwindigkeit 3.
a) Diffusor für Unterschalleintrittsgeschwindigkeit
b) Diffusor für Überschalleintrittsgeschwindigkeit.

Übersetzung. Das ist allgemein ein kennzeichnendes, durch die Konstruktion festgelegtes Merkmal einer Anordnung, die Energie oder Leistung, definiert durch das Produkt zweier Größen, überträgt und dabei die Aufteilung des Produkts auf seine zwei Faktoren (durch ihre Ü.) verändert (DIN 5479). Beispiele: Elektrischer Transformator: Strom × Spannung; mechanisches →Getriebe: Drehzahl × Drehmoment; hydraulische Presse: Kraft × Geschwindigkeit eines Kolbens. Die Ü. ist dabei das Verhältnis einer dieser Größen auf einer Seite dieser Anordnung zu dieser Größe auf der anderen Seite. Wird die Ü. auf die eindeutig bezeichneten Seiten 1 und 2 einer Anordnung bezogen (orientierte Ü.), so wird diese Orientierung durch Indizes bezeichnet:

□ Ü. der Spannung U oder des Stroms I eines Transformators: $ü_{U12} = U_1/U_2$; $ü_{I12} = I_1/I_2$;
□ Ü. der Drehzahlen n oder Winkelgeschwindigkeiten ω eines Getriebes: $i_{n12} = n_1/n_2$; $i_{\omega 12} = \omega_1/\omega_2$.

Die Indizes können entfallen, wenn keine Verwechslungsgefahr besteht. So wird für Getriebe unter Ü. i ausschließlich die Drehzahl-Ü. verstanden. Für zwangläufige →Zahnradgetriebe (→Zwanglauf) ist international genormt $i = n_1/n_2$ mit 1 Antriebs- und 2 Abtriebsdrehzahl. Für zwangläufige, ungleichmäßig übersetzende Getriebe, bei denen vielfach eine momentane Abtriebswinkelgeschwindigkeit $\omega_{ab} = 0$ vorkommen kann, ist üblich, $i = \omega_{ab}/\omega_{an}$ oder – wenn An- und Abtriebsglied z. B. mit 1 und 4 bezeichnet sind – $i_{41} = \omega_4/\omega_1$ zu setzen. Bei nicht zwangläufigen Getrieben mit Freiheitsgrad $F > 1$ (z. B. bei Umlaufgetrieben) werden die unabhängig von ihrer Bauart beliebig wählbaren Drehzahlverhältnisse als freie Drehzahlverhältnisse k (z. B. $k_{1s} = n_1/n_s$), aber nicht als Ü. i bezeichnet (Getriebe, zwangsläufiges; →Verzahnungsgeometrie (allgemein)). *H. W. Müller*

Übersetzung, stufenlos verstellbare →Verstellgetriebe, Stellverhältnis

Überspülung. Direkte Ü. von Luft (bzw. Luft-Kraftstoff-Gemisch) aus dem →Saugrohr eines Verbrennungsmotors durch den →Zylinder in die Abgasleitung.

Normalerweise soll die Frischladung, die aus dem Saugrohr in den Zylinder tritt, dort verbleiben und an der →Verbrennung teilnehmen (→Zylinderladung). Zu einer Ü. von Luft oder Gemisch direkt in die Abgasleitung kann es kommen, wenn

□ Einlaß- und Auslaßventil oder Einlaß- und →Auslaßschlitz gleichzeitig geöffnet sind und außerdem
□ vor dem Einlaßorgan (→Ventil, Schlitz) ein höherer Druck herrscht als hinter dem Auslaßorgan.

Bei Zweitaktmotoren sind diese Bedingungen stets erfüllt. Deshalb wird (je nach Luftaufwand) ein beträchtlicher Teil der Frischladung in die Abgasleitung überspült. Bei Viertaktmotoren tritt eine bemerkenswerte Ü. nur bei großer →Ventilüberschneidung auf, speziell bei aufgeladenen Motoren.

Bei Ottomotoren führt die Ü. von Gemisch zu Kraftstoffverlusten und zu Kohlenwasserstoffen im

Abgas, ist also unerwünscht. Bei Dieselmotoren ist die Ü. der Luft unschädlich. Sie wird bei aufgeladenen Viertakt-Dieselmotoren sogar gewünscht zur Herabsetzung der Kolbentemperaturen (Innenkühlung).   *Kuhlmann*

Überströmschlitz →Zweitakt-Gaswechsel

Übertragungsfunktion. Die Ü. (transfer function) kennzeichnet die dynamischen Eigenschaften eines linearen zeitinvarianten Systems. Sie verknüpft Ausgang und Eingang eines Übertragungsglieds. Sie ist definiert als Laplace-Transformierte der →Gewichtsfunktion. Man gewinnt sie aus dem Quotienten der Laplace-Transformierten von Ausgangs- und Eingangssignal. Für rein imaginäre Argumente $s = i\omega$ wird sie zum Frequenzgang (frequency response function) und beschreibt das Übertragungsverhalten des Systems im Frequenzbereich.

Die Ü. spielt in der allgemeinen Systemtheorie und in der Regelungstechnik eine zentrale Rolle. In der Schwingungstechnik wird häufig der Frequenzgang selbst als Ü. bezeichnet. Bei der experimentellen Bestimmung können deterministische, transiente oder stochastische Erregungen verwendet werden, da das Übertragungsverhalten linearer Systeme unabhängig von der Art der übertragenen Signale ist.   *Witfeld*

Übertragungsgetriebe. Ein →Mechanismus oder →Getriebe (MG), dessen Hauptfunktion das Verändern von Bewegungsabläufen nach einer vorgebbaren Übertragungsfunktion zwischen seiner Eingangs- und seiner Ausgangsbewegung ist, wird Ü. genannt.

Die Art der Bewegungsumwandlung (z. B. Drehin Geradschubbewegung oder umgekehrt) wird von der Bewegungsart des Antriebs (z. B. Elektromotor, Druckluftzylinder) sowie den Bewegungserfordernissen des technischem Prozesses bestimmt, der mit Hilfe des MG verwirklicht werden soll (z. B. Hubkolben- oder Kreiskolben-Verdichter, Werkstückspannvorrichtung). Den Verlauf der Bewegungsumwandlung bestimmen die Zeitfunktionen der Bewegungsverläufe, die vom Antrieb angeboten und vom technischen Prozeß verlangt werden. Wegen der gegenseitigen Beeinflussung und der Rückwirkungen aller Bewegungsabläufe von Antrieb, MG und technischem Prozeß muß die Übertragungsfunktion u. U. mehrfach iterativ durch Ändern der funktionsbestimmenden Abmessungen angepaßt werden, um die gewünschte Zeitfunktion der Abtriebsbewegung zu erreichen.   *Gierse*

Übertragungskennlinie (Drucktechnik). Ü. in der Druckereitechnik zeigen in graphischer Darstellung die Zusammenhänge zwischen dem Ausgang (z. B. Vorlage) und dem Endpunkt (z. B. Druckpro-

dukt) einer Produktionskette bzw. einer Produktionsstufe auf. So werden Ü. zum Aufzeigen der Ton- und Farbwertübertragung zwischen Vorlage und Endprodukt Druck benutzt. Der Informationstransfer kann dadurch insgesamt und in vielen einzelnen Phasen nachvollzogen, d. h. meßtechnisch erfaßt und dargestellt werden.

Als Eingang steht die Vorlage, als Ausgang das Druckprodukt. Alle Einflußgrößen wie die Druckverfahren und deren verfahrensspezifische Parameter, die Druckfarbenübertragung, der Bedruckstoff, die Druckgeschwindigkeit, das Druckfarbenannahmeverhalten, die →Druckformherstellung, die Kopiervorlagenherstellung u. a. können durch Datenerfassung und -darstellung transparent gemacht werden, was dem Techniker die Chance einräumt, durch gezieltes Anwenden der Möglichkeiten im technologischen Prozeß diesen so zu steuern, daß das Endprodukt der Vorlage entspricht. Verfahrensbedingte und materialabhängige Grenzen werden allerdings dabei deutlich und müssen akzeptiert werden. So kann z. B. ein Farbdiapositiv mit einem Umfang von 2,5–3,5 D lg nie farb- und tonwertgerecht auf Papier übertragen werden, weil dies durchschnittlich nur 1,5–2,0 D lg zuläßt. Auch auf einem minderwertigen Papier (z. B. Tageszeitung) kann nie die Leuchtkraft bzw. der Detailreichtum eines Farb- oder Schwarzweißphotos wiedergegeben werden.

Der Fachmann erfaßt die Informations-Übertragungszwischenschritte an dafür geeigneten Meßpunkten (z. B. hellste Stelle, dunkelste Stelle und eine oder mehrere Zwischenstufen) mittels eines Meßgeräts (Durchlicht- oder Auflicht-Densitometer) und trägt die erfaßten Daten in einem Koordinatensystem gegeneinander auf. Diese graphische Darstellung zeigt den Ist-Wert und kann nun auf-

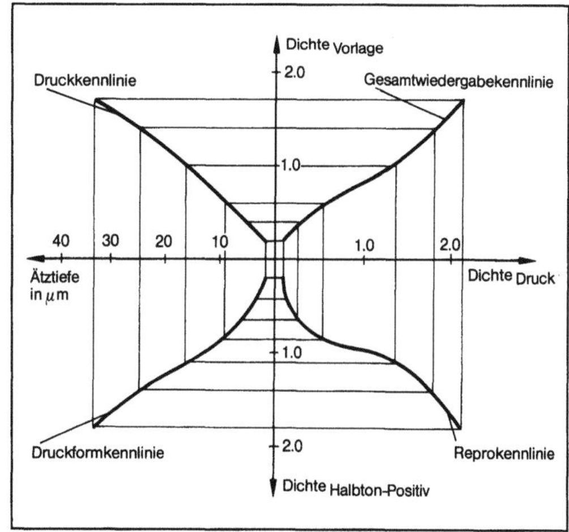

Übertragungskennlinie (Drucktechnik) 1: Goldberg- oder Umzeichnungsdiagramm am Beispiel Tiefdruck.

tragsspezifisch, verfahrensabhängig und materialbedingt mit einem Soll-Wert verglichen werden. Auch Folgeschritte kann man auf diese Art der Auflistung und einer danach erforderlichen Konstruktion ermitteln.

Nach den Erkenntnissen aus den Ü. kann in den einzelnen Verfahrensschritten und bei den vielschichtigen Parametern gezielt auf ein Optimum hingesteuert werden. In der Praxis werden dazu häufig das Goldbergdiagramm (auch Umzeichnungsdiagramm), die Kopierkennlinien und die Druckkennlinien praktiziert. Das Goldbergdiagramm (Bild 1) stellt ein Koordinatensystem mit

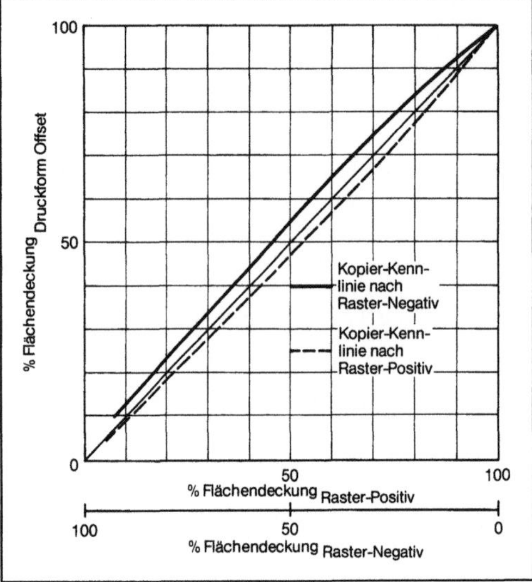

Übertragungskennlinie (Drucktechnik) 2: Kopierkennlinie.

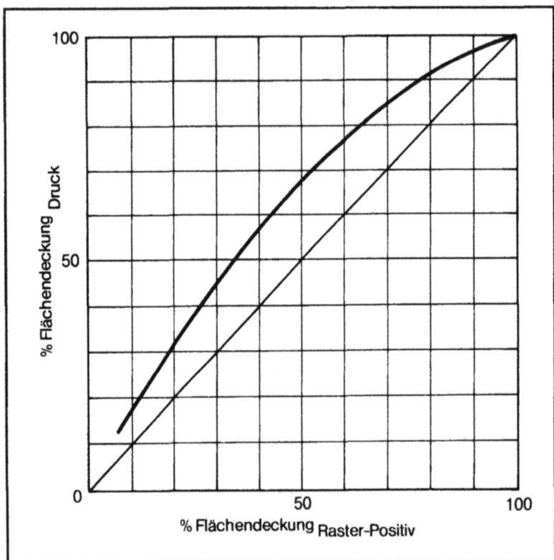

Übertragungskennlinie (Drucktechnik) 3: Druckkennlinie.

vier Quadranten dar. Über die Umzeichnung kann aus drei Kurven oder Funktionen eine vierte ermittelt werden. Die Kopierkennlinie (Bild 2) im Offsetdruck zeigt eine kopiertechnische Übertragung der →Kopiervorlage als Produktionsschritt zur →Druckform. Die Druckkennlinie (Bild 3) zeigt die Informationsübertragung von der Kopiervorlage zum Druck. Hier sind alle Zwischenschritte und sämtliche Parameter bei der Erstellung des Druckes dargestellt. *Burkhardt*

Übertragungsverhalten. Im Ü. eines mechanischen oder elektrischen Systems (z. B. →Schwinger, →Regler) werden die dynamischen Eigenschaften des Systems zusammengefaßt, die den Zusammenhang zwischen Einwirkung und Antwort bestimmen. Im Zeitbereich wird das Ü. durch die →Gewichtsfunktion oder die Übergangsfunktion beschrieben, im →Frequenzbereich durch die Übertragungsfunktion oder den Frequenzgang. *Witfeld*

UHP-Ofen. Ein Ultra-High-Power-O. (UHP-O.) ist ein Lichtbogen-Schmelz-O. mit besonders großer elektrischer Anschlußleistung und hoher Produktionsleistung. *Baumann*

Ultraschallschweißverfahren. Das U. ist ein →Preßschweißverfahren, bei dem die aufeinander gepreßten Teile ohne Schweißzusatzwerkstoff durch mechanische Schwingungen im Ultraschallbereich geschweißt werden. Der Schweißvorgang beim U. ähnelt demjenigen beim Reibschweißen, wenn berücksichtigt wird, daß im Gegensatz zum Reibschweißen niedrigere Temperaturen auftreten. Während des Schwingungsvorgangs werden die Oberflächen beider Werkstücke plastisch deformiert. Die auf den Oberflächen vorhandenen Fremdschichten werden aufgerissen, und es kommt örtlich zu unmittelbarem Kontakt zwischen den reinen Werkstoffbereichen beider Metalle. Eine Folge hiervon ist das Entstehen und wiederholte Trennen örtlicher Schweißverbindungen, bis im Augenblick des Abschaltens der Ultraschall-Schwingungsbewegung der eigentliche Schweißvorgang stattfindet. Wie beim Reibschweißverfahren ist auch beim U. eine Relativbewegung zwischen den zu verbindenden Werkstückteilen vorhanden. *Baumann*

Ultrazentrifuge. Eine Zentrifuge, die bei extrem hohen Drehzahlen arbeitet und beispielsweise in der Kolloidchemie oder bei der Isotopentrennung eingesetzt wird. Ihr überkritischer Lauf erfordert besondere Maßnahmen zum Durchfahren der kritischen Drehzahlen (→Auswuchten, →Lagerung, Magnetlager). *Witfeld*

Umfangslast →Punktlast

Umformen. Unter U. ist ein Fertigen durch bildsames Ändern der Form eines festen Körpers zu verstehen. Dabei werden sowohl die Masse als auch der Zusammenhalt beibehalten. Beim U. wird z. B. zwischen Druck-U., Zugdruck-U., Zug-U., Biege-U. und Schub-U. unterschieden. *Baumann*

Umformgut. Ein U. ist derjenige →Werkstoff, der durch bildsames Umformen, beispielsweise durch Druckumformen und/oder Zugumformen, bearbeitet wird. *Baumann*

Umkehrlage →Getriebe Sonderlage

Umkehrmischer. Diese Bauart mit waagerecht liegender Mischtrommel hat in der Regel zwei gegenüberliegende Öffnungen zum Beschicken und Entleeren (Bild). Die Umkehrung der Drehrichtung bewirkt über die besonders geformte Beschaufelung das Entleeren des Mischers. Mehrere Mischschaufeln sind so gestellt, daß sie in umgekehrter Drehrichtung die Mischung schnell nach der Entleerungsöffnung transportieren. Am Trommelkegel angebrachte schneckenartig geformte Bleche erfassen das Mischgut und befördern es nach außen. In dieser Ausführung reichen die Nenninhalte bis 1000 l. Eine besondere Bauform des U. ist der Transportbetonmischer, der eine schrägstehende Trommel mit nur einer Öffnung zum Einfüllen und Entleeren hat. Er wird mit Nenninhalten von 4000–10 000 l gebaut. *Kühn*

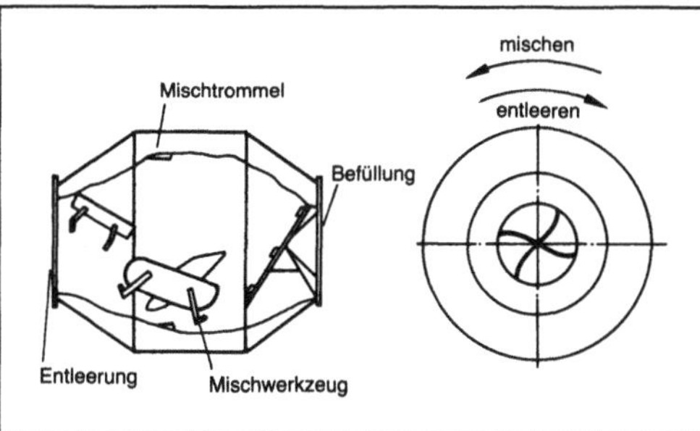

Umkehrmischer: Trommelumkehrmischer.

Umkehrspülung →Spülverfahren

Umkehrstromrichter. U. sind Stromrichter, die Gleichstrom in beiden Richtungen abgeben, z. B. für die Drehmomentumkehr von Gleichstrommotoren. Sie erlauben den Betrieb von Gleichstrommotoren in allen vier Betriebsquadranten (→Betriebsdiagramm).

Die U. für Gleichstromantriebe werden in zwei Schaltungsgruppen ausgeführt:
□ Geradeaus-Stromrichter (für eine Stromrichtung) mit Polaritätsumschaltung durch Schütze im Anker- oder Feldkreis.

□ Gegenparallele Stromrichter. Hier stehen ein- und dreiphasige Mittelpunktschaltungen sowie ein- und dreiphasige Brückenschaltungen zur Verfügung. Bei den gegenparallelen Stromrichterschaltungen wird weiter nach kreisstrombehafteten Schaltungen und kreisstromfreien Schaltungen unterschieden.

Geradeaus-Stromrichter mit Umschaltung durch Schütze. Diese Schaltung wurde von 1970 bis etwa 1980 bevorzugt verwendet, als gegenparallele Stromrichter noch relativ teuer waren. Bei kleinen Leistungen (bis ca. 20 kW) wurde die Umschaltung im Ankerkreis, bei größeren Leistungen im Feldkreis angewendet.

Zur Stromumkehr im Verbraucher muß eine Stromumkehrlogik vorgesehen werden. Diese stellt sicher, daß eine Umschaltung der Schützkontakte erst erfolgt, wenn der Strom auf Werte um null abgeklungen ist. Der Stromregler wird dazu gesperrt und der Steuerwinkel α in die Wechselrichtergrenzlage geschoben. Es ergibt sich eine stromlose Pause von einigen 100 ms. In dieser Zeit ist der Antrieb nicht geführt. Die Schaltung ist daher in der Anwendung auf Fälle beschränkt, für die die stromlose Pause bedeutungslos ist.

Gegenparallele Stromrichter. Bei gegenparallelen Schaltungen sind Stromventile (Thyristoren) für beide Stromrichtungen vorhanden. Es wird jeweils eine Ventilgruppe (z. B. eine Drehstrombrücke, Stromrichterschaltungen) im Gleichrichterbetrieb gesteuert, während die zweite Ventilgruppe (z. B. zweite Drehstrombrücke) im Wechselrichterbetrieb arbeitet. In der Antriebstechnik können sie im Anker- oder Feldkreis von Gleichstrommotoren eingesetzt werden. Stromumkehr im Ankerkreis geht meist schneller vonstatten als im Feldkreis. Sie erfordert jedoch Leistungshalbleiter mit weit höherer Strombelastbarkeit.

Kreisstrombehaftete Schaltungen (Bild 1). Die Schaltungen führen den Kreisstrom, der durch Kreisstromdrosseln begrenzt werden muß. Sie haben den Vorteil, daß schnelle Stromumkehrungen möglich sind, wie sie insbes. bei Servoantriebssystemen gefordert werden. Bei der Stromumkehr tritt keine stromlose Pause auf. Nachteilig ist aus Platz- und Kostengründen der Aufwand für die Kreisstromdrosseln.

Bei der Kreuzschaltung erhält der Speisetransformator getrennte Wicklungen für die beiden gegenparallelen Brücken. Durch die Streuinduktivität des Transformators wird der Kreisstrom zusätzlich begrenzt bzw. kann die Induktivität der Kreisstromdrosseln vermindert werden.

Eine nur noch selten verwendete Variante ist die H-Schaltung, die für hohe Leistungen eingesetzt wurde. Die beiden dreiphasigen Kommutierungsgruppen sind nicht – wie bei der Drehstrombrücke – gleichsinnig, sondern entgegengesetzt in Reihe

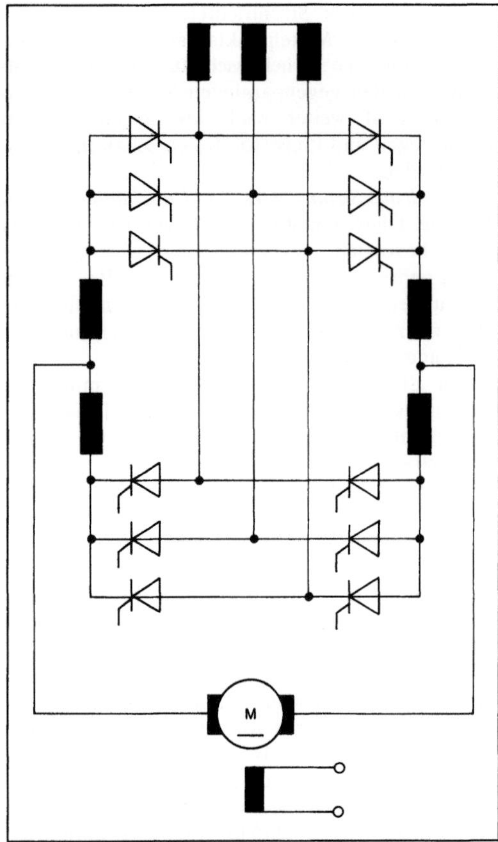

Umkehrstromrichter 1: Kreisstrombehafteter Strom-richter in gegenparalleler Drehstrom-Brückenschaltung.

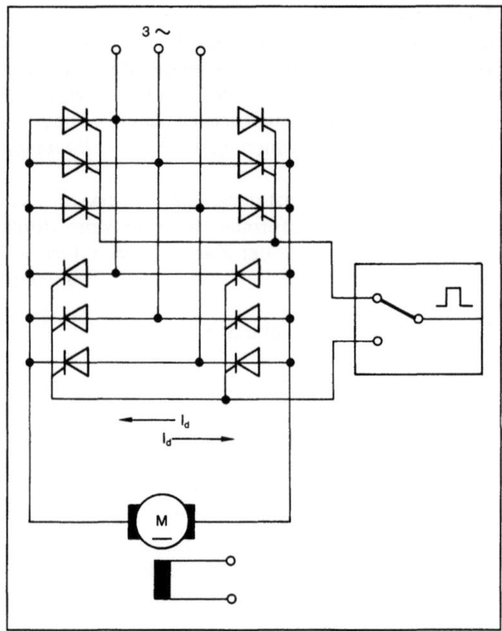

Umkehrstromrichter 2: Kreisstromfreier Stromrichter in gegenparalleler Drehstrom-Brückenschaltung.

geschaltet. Der Laststrom wie auch im Störungsfall der Kreisstrom fließen über die Strombegrenzungsdrossel und den Gleichstrom-Schnellschalter. Der Drosselaufwand ist relativ gering. Die H-Schaltung wurde durch die kreisstromfreien Schaltungen verdrängt.

Kreisstromfreie Schaltungen (Bild 2). Die kreisstromfreien Schaltungen bestehen aus zwei gegenparallelen Ventilgruppen, praktisch immer aus gegenparallelen Brückenschaltungen. Es ist jedoch immer nur eine Ventilgruppe im Eingriff und nur ein Impulssteuersatz (Steuerverfahren) vorhanden. Die Zündimpulse werden entweder auf die eine oder die andere Ventilgruppe geschaltet. Bei der Umschaltung muß gewartet werden, bis der Strom der bisher im Eingriff befindlichen Gruppe abgeklungen ist. Es ist eine Stromumkehrlogik vorhanden. Sie ist mit einer Einrichtung zur Nulldurchgangserfassung des Stroms ausgestattet, die bei Vorgabe einer Stromumkehr in Funktion tritt. Die stromlose Pause liegt hier im Bereich von einigen Millisekunden. Sie konnte im Laufe der Jahre durch spezielle

elektronische Schaltungen gesenkt werden. Hierdurch haben die kreisstromfreien Schaltungen weitgehend die kreisstrombehafteten Schaltungen verdrängt.   *Stüben*

Umkehrung, kinematische. K. U. ist die Vertauschung kinematisch relevanter Elemente und deren Benennung, Funktionen (im Sinne der Konstruktionsmethodik), Größen u. dgl., die sich durch einen →Gestellwechsel ergeben. So wird z. B. Koppel zu Gestell, Rastpolkurve zu Gangpolkurve, Orthozykloide zu Evolvente, Winkelgeschwindigkeit ω_{24} zu ω_{42}.   *Gierse*

Literatur: VDI 2127: Getriebetechnische Grundlagen, Begriffsbestimmungen der Getriebe. Hrsg. Verein Dt. Ing. Ausg. Febr. 1993. – *Volmer, J.* (Hrsg.): Getriebetechnik Lehrb. Ost-Berlin 1980.

Umkehr-Walzgerüst. Ein U.-W. ist ein W., bei dem das Walzgut nach dem ersten Durchgang wieder zurückkehrt und beim Rückgang weiter umgeformt wird.   *Baumann*

Umladen →Umschlag

Umlaufförderer. U. oder Paternoster sind Einbahnkreisförderer (→Kreisförderer).   *Jünemann*

Umlenkrolle. U. ist eine bei einem Riemengetriebe leer (ohne Verbindung mit einer An- oder Abtriebswelle) mitlaufende Riemenscheibe zum Umlenken der Laufrichtung des Riemens, z. B. →Flachriemengetriebe. *H. Müller*

Umrichter. U. sind Stromrichter, die elektrische Energie eines Wechselstromsystems bestimmter Spannung, Frequenz und Phasenzahl in Wechselstrom anderer Spannung, Frequenz und ggf. Phasenzahl umformen. Dabei können Ausgangsspannung und Ausgangsfrequenz konstant oder, insbes. bei Anwendung in der elektrischen Antriebstechnik, stufenlos in bestimmten Grenzen veränderbar sein.

Je nach Anwendungsbereich werden unterschiedliche Verfahren der Umformung eingesetzt. Man unterscheidet folgende U.-Arten (Bild 1 bis 5):

□ Zwischenkreis-U. Diese werden unterteilt in U. mit Spannungszwischenkreis, U. mit Stromzwischenkreis;

□ Direkt-U.;

□ untersynchrone Stromrichterkaskade.

Je nach Anwendung werden die Ausführungen variiert (Bild 1 bis 5). Hauptanwendungsgebiete sind:

□ Drehstromantriebe;

□ Elektrowärme (Mittelfrequenzumrichter);

□ Netzkupplungen, darunter z. B. Hochspannungs-Gleichstrom-Übertragung (HGÜ), Bahnstromversorgung (50 Hz/16 ⅔ Hz), Blindleistungserzeugung (Kompensation).

Die einzelnen U.-Gruppen unterscheiden sich weiter durch folgende Merkmale:

□ Kommutierungsverfahren (→Kommutierung von Stromrichtern): netzgeführte Kommutierung (Direkt-U.); selbstgeführte Kommutierung (→Zwischenkreis-U.); lastgeführte Kommutierung (Stromrichtermotor).

□ Steuerverfahren. Es werden angewendet: Rechteck-Steuerverfahren (auch Blocksteuerverfahren genannt); Pulsbreitenmodulation (auch Unterschwingungsverfahren genannt).

□ Löschverfahren der →Wechselrichter: Einzellöschung, Phasenfolgelöschung, Summenlöschung.

Die Vorteile des U.-Einsatzes sind:

□ statische Arbeitsweise (ohne bewegliche, z. B. rotierende Teile); dadurch praktisch verschleiß- und wartungsfreier Betrieb;

□ wirtschaftliche Drehzahlverstellung des Drehstrommotors möglich, d. h. daß die Wartung von Kollektoren in Gleichstrommotoren entfällt;

□ Verbesserung des Wirkungsgrads (z. B. bei Pumpen und Lüftern) durch Fortfall von Bypass- oder Drosselregelungen;

□ durch Drehzahlverstellung allgemein bessere Anpassung an Prozeßbedingungen;

□ Einsatz drehzahlverstellbarer Antriebe auch unter erschwerten Arbeitsbedingungen (z. B. staubige oder feuchte Luft) möglich;

□ hohe Motordrehzahlen ($f > f_{Netz}$);

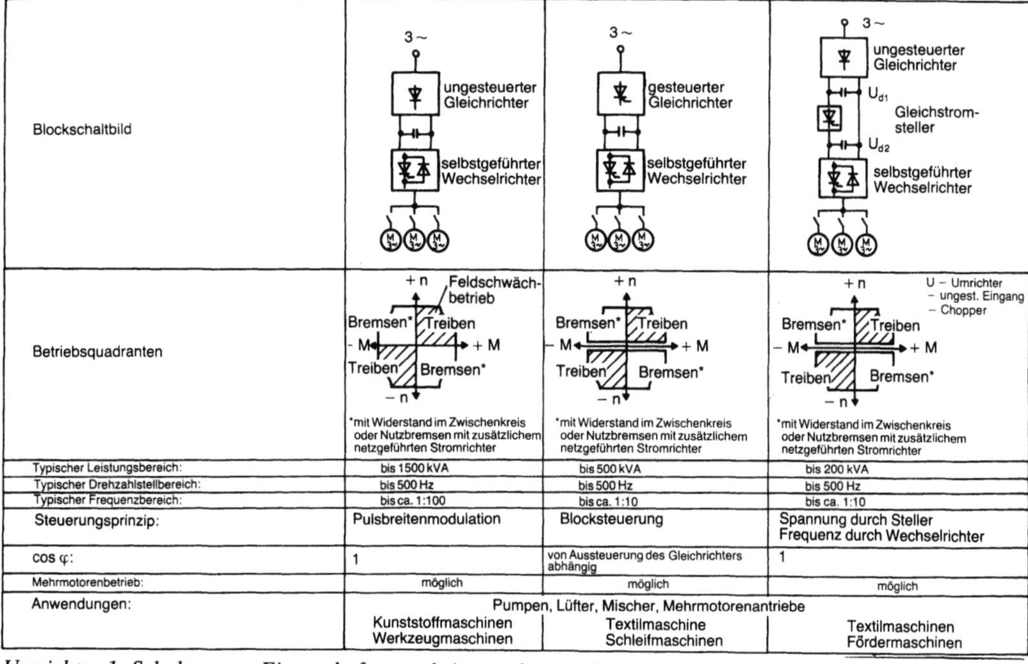

	Zwischenkreis-U. mit Spannungszwischenkreis (1)		
Typischer Leistungsbereich:	bis 1500 kVA	bis 500 kVA	bis 200 kVA
Typischer Drehzahlstellbereich:	bis 500 Hz	bis 500 Hz	bis 500 Hz
Typischer Frequenzbereich:	bis ca. 1:100	bis ca. 1:10	bis ca. 1:10
Steuerungsprinzip:	Pulsbreitenmodulation	Blocksteuerung	Spannung durch Steller Frequenz durch Wechselrichter
cos φ:	1	von Aussteuerung des Gleichrichters abhängig	1
Mehrmotorenbetrieb:	möglich	möglich	möglich
Anwendungen:	Pumpen, Lüfter, Mischer, Mehrmotorenantriebe Kunststoffmaschinen Werkzeugmaschinen	Textilmaschine Schleifmaschinen	Textilmaschinen Fördermaschinen

Umrichter 1: Schaltungen, Eigenschaften und Anwendungen bei Drehstromantrieben. Zwischenkreisumrichter mit Spannungszwischenkreis.

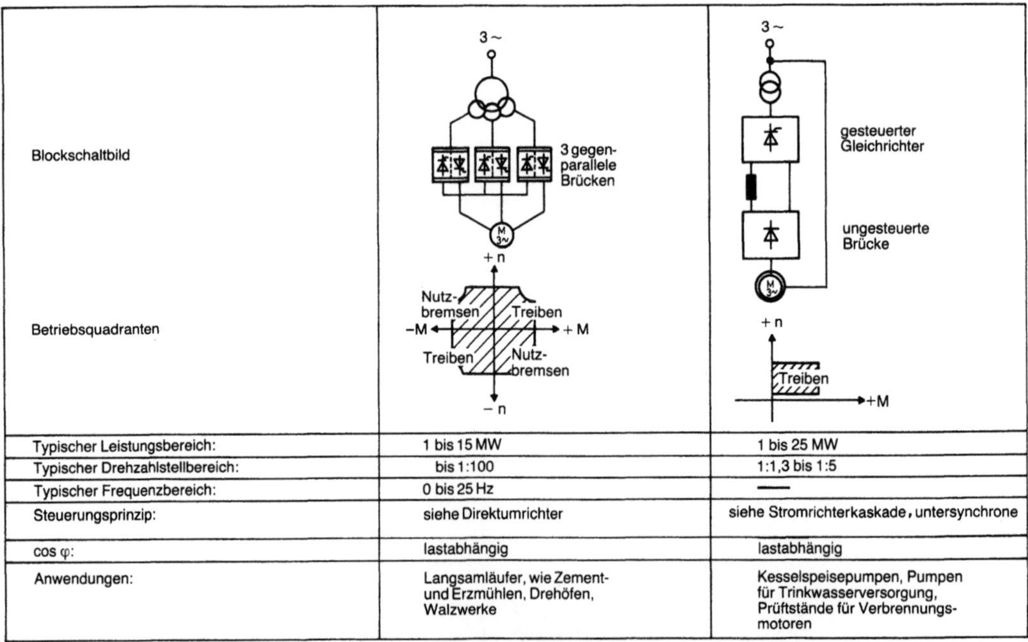

Blockschaltbild	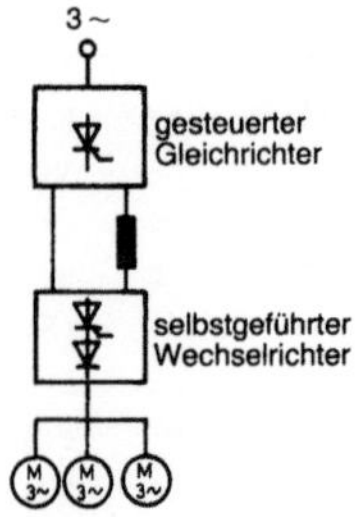 gesteuerter Gleichrichter / selbstgeführter Wechselrichter	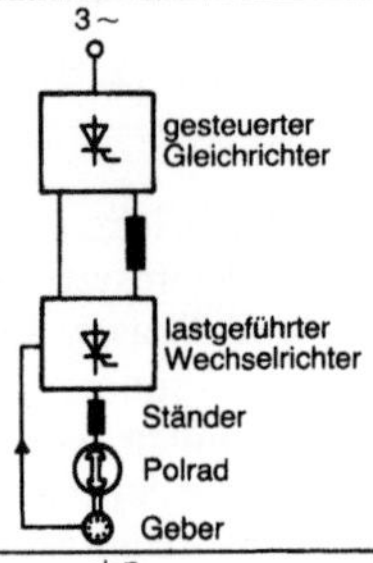 gesteuerter Gleichrichter / lastgeführter Wechselrichter / Ständer / Polrad / Geber
Betriebsquadranten	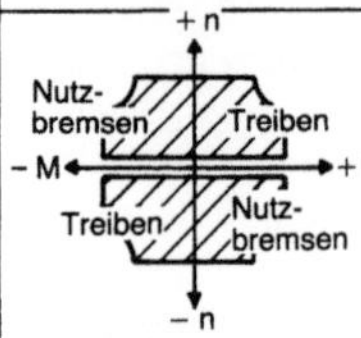 +n, Nutzbremsen, Treiben, −M, +M, Treiben, Nutzbremsen, −n	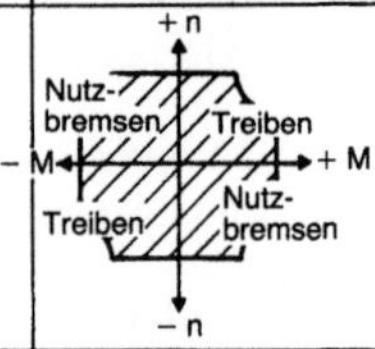 +n, Nutzbremsen, Treiben, −M, +M, Treiben, Nutzbremsen, −n
Typischer Leistungsbereich:	50 bis 2500 kVA	400 bis 2000 kVA
Typischer Drehzahlstellbereich:	bis 1:20	1:10
Typischer Frequenzbereich:	5 bis 100 Hz	0 bis 200 Hz
Steuerungsprinzip:	Blocksteuerung	Motor steuert Umrichter selbst: Spannungsänderung durch Eingangsgleichrichter; Wechselrichter-Taktung über Geber entsprechend Polrad-Stellung
cos φ:	je nach Aussteuerung des Eingangsgleichrichters	lastabhängig
Anwendungen:	Einzelantriebe; Mehrmotorenantriebe, wenn keine Einzel-Zu- oder Abschaltung erfolgt; Bergbaumaschinen; Schneckenantriebe	Kesselspeisepumpen; Verdichter; Prüfstände; Anfahren von Gasturbinen

Umrichter 2: Schaltungen, Eigenschaften und Anwendungen bei Drehstromantrieben. Zwischenkreisumrichter mit Stromzwischenkreis; links: I-Umrichter, rechts: Stromrichtermotor.

Blockschaltbild	3 gegenparallele Brücken	gesteuerter Gleichrichter / ungesteuerte Brücke
Betriebsquadranten	+n, Nutzbremsen, Treiben, −M, +M, Treiben, Nutzbremsen, −n	+n, Treiben, +M
Typischer Leistungsbereich:	1 bis 15 MW	1 bis 25 MW
Typischer Drehzahlstellbereich:	bis 1:100	1:1,3 bis 1:5
Typischer Frequenzbereich:	0 bis 25 Hz	—
Steuerungsprinzip:	siehe Direktumrichter	siehe Stromrichterkaskade, untersynchrone
cos φ:	lastabhängig	lastabhängig
Anwendungen:	Langsamläufer, wie Zement- und Erzmühlen, Drehöfen, Walzwerke	Kesselspeisepumpen, Pumpen für Trinkwasserversorgung, Prüfstände für Verbrennungsmotoren

Umrichter 3: Schaltungen, Eigenschaften und Anwendungen bei Drehstromantrieben. Links: Direktumrichter; rechts: untersynchrone Stromrichterkaskade.

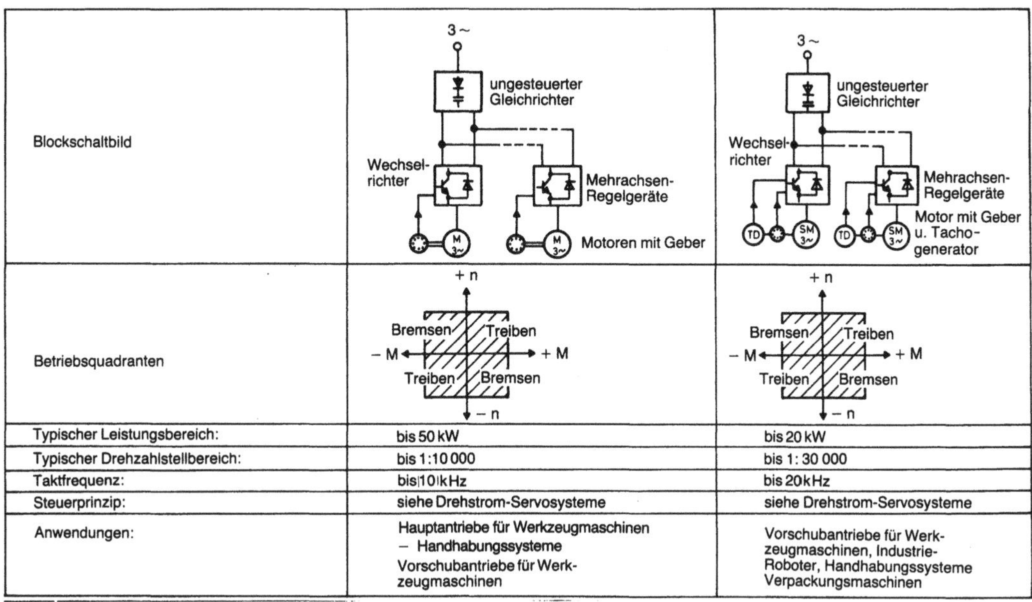

Blockschaltbild	*(Diagramm: 3~, ungesteuerter Gleichrichter, Wechselrichter, Mehrachsen-Regelgeräte, Motoren mit Geber)*	*(Diagramm: 3~, ungesteuerter Gleichrichter, Wechselrichter, Mehrachsen-Regelgeräte, Motor mit Geber u. Tachogenerator)*
Betriebsquadranten	*(Bremsen/Treiben, −M/+M, Treiben/Bremsen, +n/−n)*	*(Bremsen/Treiben, −M/+M, Treiben/Bremsen, +n/−n)*
Typischer Leistungsbereich:	bis 50 kW	bis 20 kW
Typischer Drehzahlstellbereich:	bis 1:10 000	bis 1:30 000
Taktfrequenz:	bis 10 kHz	bis 20 kHz
Steuerprinzip:	siehe Drehstrom-Servosysteme	siehe Drehstrom-Servosysteme
Anwendungen:	Hauptantriebe für Werkzeugmaschinen – Handhabungssysteme Vorschubantriebe für Werkzeugmaschinen	Vorschubantriebe für Werkzeugmaschinen, Industrie-Roboter, Handhabungssysteme Verpackungsmaschinen

Umrichter 4: Schaltungen für Servo-Antriebssysteme.
Links: mit Drehstrom-Asynchronmotor; rechts: mit Permanentmagnet-Motor (bürstenlos).

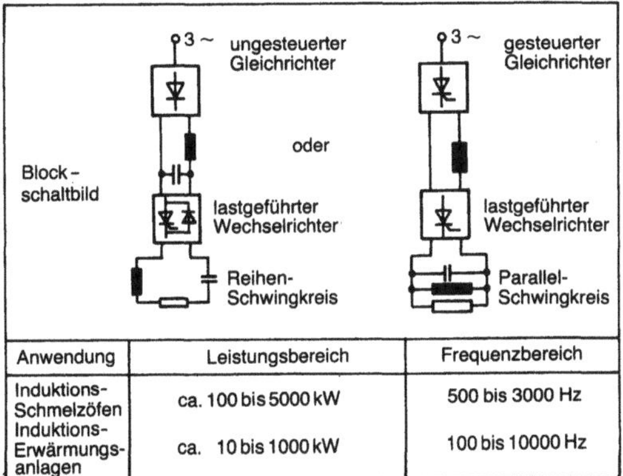

Anwendung	Leistungsbereich	Frequenzbereich
Induktions-Schmelzöfen	ca. 100 bis 5000 kW	500 bis 3000 Hz
Induktions-Erwärmungsanlagen	ca. 10 bis 1000 kW	100 bis 10000 Hz

Umrichter 5: Schaltungen und technische Daten.
Links beim Einsatz für Wechselrichter mit Reihenschwingkreis, rechts beim Einsatz für Wechselrichter mit Parallelschwingkreis.

□ Gleichlauf mehrerer Motoren mit hohen Genauigkeiten.

Der Einsatz von U. zur Drehzahlverstellung von Drehstromantrieben ist seit etwa 1980 sprungartig gestiegen. Die Entwicklung wird forciert. Dabei wird besonderer Wert auf Volumenreduzierung durch Modularisierung gelegt. Weiter wird durch Mikroprozessoreinsatz einerseits der signalelektronische Aufwand verringert, andererseits können Anwenderforderungen leichter erfüllt und die Servicefreundlichkeit erhöht werden. *Stüben*

Umsatzart (technische Systeme). U. ist die →Klassifizierung von Produkten (Umsatzprodukten), die in technischen Systemen einer Zustandsänderung unterzogen werden. Gebräuchlich ist eine Unterscheidung in Energie-, Stoff- und Signalumsatz:

□ Energieumsetzende Systeme (Maschinen) haben den Zweck, Energie zu transportieren, zu ändern, zu vereinigen, zu wandeln oder zu speichern (z. B. die Wandlung von chemischer in mechanische Energie durch einen Verbrennungsmotor).

□ Stoffumsetzende Systeme leiten, ändern, vereinigen, wandeln oder speichern Stoffe (z. B. ein →Förderband oder ein Zementmischer).

□ Signalumsetzende Systeme leiten, ändern, vereinigen, wandeln oder speichern Signale bzw. Informationen (z. B. ein Telephon oder ein Computer).

Man kann weiterhin zwischen Haupt- und Nebenumsatz unterscheiden. Der Hauptumsatz entspricht dem Zweck des technischen Systems, so z. B. der Hauptumsatz eines Pkw „Stoff", da sein Zweck der Transport von Personen und Gütern ist. Der Nebenumsatz charakterisiert dann jene Umsätze, die für den Hauptumsatz unterstützend wirken. Im Falle des Pkw sind der Motor, der Antrieb und die Bremsanlage Elemente des Nebenumsatzes „Energie". *Ehrlenspiel*

Umsatzprodukt →Umsatzart

Umschlag. Unter U. wird allgemein die Ver-, Ent- und Umladung von Gütern im außerbetrieblichen Transport (→Verkehr) verstanden. *Jünemann*

Umschlingungsgetriebe →Zugmittelgetriebe

Umschlingungswinkel. Es ist bei Zugmittelgetrieben der Umfangswinkel einer Riemenscheibe oder eines Kettenrades, in dem das Zugmittel (Riemen, Kette) aufliegt (→Reibung (Mechanik)). *H. W. Müller*

Umschlingungswinkel →Reibung

Umschmelzlegierung. Aus wirtschaftlichen Überlegungen ist man insbes. im Nichteisen-Metall-Bereich gezwungen, Reste, Übergüsse, Späne usw. aus Leicht- und Schwermetallen einer Wiederverwendung zuzuführen. Da das Altmaterial oftmals sehr verunreinigt ist, z. B. durch Sandanhang aus der Gußproduktion oder durch Schneidöle, und daraus beim Aufschmelzen eine starke Gasaufnahme an Wasserstoff, Kohlenmonoxid und Sauerstoff zu befürchten ist, wird das Umschmelzen meist nicht in den Gießereien vorgenommen, sondern man liefert das Altermaterial an die Umschmelzwerke ab. Hier wird in speziell auf diese Umschmelzaufgabe ausgerichteten Öfen und Behandlungseinrichtungen das eingeschmolzene Altmaterial gereinigt (z. B. von Oxiden oder anderen Verunreinigungen), entgast und durch Zulegieren auf die nächsterreichbare Normzusammensetzung gebracht. Die so hergestellten Schmelzen werden in Kokillen (Ingots) vergossen und kommen als Blockmetall in den Handel. *Doliwa*

Umschmelzverfahren. An Stähle für bestimmte Verwendungszwecke, beispielsweise an solche für die Luft- und Raumfahrt sowie für besondere Schmiedestücke zum Energiemaschinenbau müssen häufig so hohe Forderungen gestellt werden, die mit den üblicherweise ausreichenden und wirtschaftlich angemessenen Stahlherstellungsverfahren nicht zu erfüllen sind. Dabei kommt es darauf an, den Gehalt an Sauerstoff, Stickstoff, →Wasserstoff und an unerwünschten nichtmetallischen Einschlüssen so niedrig wie möglich zu halten. Solche hohen Forderungen können mit U. und/oder Vakuumschmelzverfahren erfüllt werden.

Unter U. sind alle Verfahren, bei denen ein in seiner wesentlichen chemischen Zusammensetzung vorliegender Stahlblock durch kontinuierliches Abschmelzen unter Ausschluß der Luft und Wiedererstarren in einer wassergekühlten Kokille zu einem Rohblock gewünschter Form und Größe umgeschmolzen wird, zu verstehen. Dabei werden besondere Stahleigenschaften, z. B. hoher Reinheitsgrad, gleichmäßiges Erstarrungsgefüge und feinste Verteilung der noch vorhandenen nichtmetallischen Einschlüsse, erzielt. Wesentliche U. sind z. B. das Elektroschlacke-U., Elektronenstrahl-U. mit dem →Elektronenstrahl-Umschmelzofen und das Vakuum-Lichtbogen-U. *Baumann*

Unbuntaufbau →Farbauszug

Unfallmechanik. Die Ursache von Verletzungen und Beschädigungen ist eine stoßartige Geschwindigkeitsänderung, bei der die damit verbundenen Energiebeträge von den Stoßpartnern aufgenommen werden. Die Technik der Schadensminderung besteht darin, die Stoßenergie

□ elastisch zu absorbieren (z. B. Stoßfänger) oder sie

□ von einem Stoßpartner fern zu halten (z. B. dem Insassen oder Fußgänger).

Dazu müssen die Stoßkräfte unter dem Toleranzniveau des Menschen bleiben. Der andere Stoßpartner muß dazu die ausreichende Verformungsfähigkeit haben (Polsterung).

Treffen die Massen m_1 und m_2 aufeinander (Geschwindigkeit $v_1 > v_2$), so ändern beide ihre Geschwindigkeit. Am Ende der Kompressionsphase, die für diese Beschädigung maßgebend ist, haben beide die gleiche Geschwindigkeit $v = (m_1 v_1 + m_2 v_2)/(m_1 + m_2)$; Unfallstöße sind überwiegend plastisch. Dabei wird die Deformationsenergie $e_D = (m_1 m_2 (v_1 - v_2)^2/[2(m_1 + m_2)]$ von den Stoßpartnern aufgenommen. Die Aufteilung richtet sich nach der Festigkeit. Weil die Stoßkraft für beide Stoßpartner gleich groß ist, deformiert sich der mit der kleineren Festigkeit.

Beispiele:

a) Aufprall eines Pkw ($m_1 = 1000$ kg) gegen ein starres Hindernis (z. B. Brückenpfeiler) mit $v_1 = 20$ m/s $= 72$ km/h ($v_2 = 0$, $m_2 \to \infty$).

Die Energie von $m_1 v_1^2/2 = 2 \cdot 10^5$ Nm $= 200$ kJ muß zur Gänze vom Pkw aufgenommen werden, weil das Hindernis nicht verformbar ist. Verformt sich dabei das Fahrzeug z. B. um 0,8 m, so beträgt die mittlere Deformationskraft $2{,}5 \cdot 10^5$ N, die mittlere Verzögerung 250 m/s^2.

b) Auffahren eines Pkw ($m_1 = 1000$ kg, $v_1 = 20$ m/s) auf einen stehenden ($m_2 = 1000$ kg, $v_2 = 0$).

Geschwindigkeit nach dem Stoß $v = 10$ m/s:

$$e_D = 10^6 \cdot 400/(2 \cdot 2 \cdot 10^3) = 10^5 \text{ Nm} = 1000 \text{ kJ}.$$

Wenn die Festigkeit des Fahrzeugbugs des auffahrenden Fahrzeugs 3mal so groß wie die Heckfestigkeit des stehenden ist, teilt sich die Deformationsenergie wie folgt auf: auffahrendes Fahrzeug 25 kJ, stehendes Fahrzeug 75 kJ.

Im Vergleich zum Beispiel a) ist die Geschwindigkeitsänderung im Stoß halb so groß, die Deformationsarbeit des auffahrenden Fahrzeugs beträgt aber nur 12,5 %.

c) Zusammenstoß eines Pkw ($m_1 = 1000$ kg, $v_1 = 20$ m/s) mit einem entgegenkommenden Lkw ($m_2 = 10\,000$ kg, $v_2 = 20$ m/s).

Geschwindigkeit nach dem Stoß:

$$v = \frac{2 \cdot 10^4 - 2 \cdot 10^5}{11 \cdot 10^3} = -16{,}3 \text{ m/s, d. h. entgegen der}$$

ursprünglichen Fahrtrichtung des Pkw;

$$e_D = 10^3 \cdot 10^4 \cdot 16 \cdot 10^2/(2 \cdot 11 \cdot 10^3) = 7{,}27 \cdot 10^5 \text{ Nm} = 727 \text{ kJ}.$$

Ist die Festigkeit des Lkw 5mal so groß wie die des Pkw, so teilt sich die Deformationsenergie auf: $e_{D1} = 606$ kJ, $e_{D2} = 121$ kJ.
Die aufgenommene Energie ist für den Pkw 3mal so groß wie in Beispiel a). Sie entspricht der eines freien Falls aus 60,6 m Höhe.
d) Schiefwinkeliger Zusammenstoß zweier Pkw: ($m_1 = 1000$ kg, $v_1 = 20$ m/s, $w_1 = 0$, $m_2 = 1000$ kg, $v_2 = 10$ m/s, $w_2 = 20$ m/s).
Die Geschwindigkeitsänderungen und Stoßenergien werden nach den aufeinander senkrechten Richtungen v und w getrennt errechnet:

Geschwindigkeit nach dem Stoß:

$$v = \frac{2 \cdot 10^4 + 10^4}{2 \cdot 10^3} = 15 \text{ m/s}, \quad w = \frac{3 \cdot 10^4}{2 \cdot 10^3} = 15 \text{ m/s},$$

$$e_D = \frac{m_1\,m_2}{2\,(m_1 + m_2)} \left[(v_1 - v_2)^2 + (w_1 - w_2)^2 \right] =$$

$$= \frac{10^6}{2 \cdot 2 \cdot 10^3} \left[10^2 + 4 \cdot 10^2 \right] = 125 \cdot 10^3 \text{ Nm} =$$

$$= 125 \text{ kJ}.$$

Wenn beide Fahrzeuge die gleiche Festigkeit haben, teilt sich die Deformationsarbeit zu gleichen Teilen auf.

Eine besondere Form des Unfallstoßes stellt die streifende Berührung mit der Leitplanke dar. Dabei beträgt die Geschwindigkeit quer zur Leitplanke nur wenige m/s und ist damit wesentlich kleiner als die Geschwindigkeit in Richtung der Leitplanke. Wichtig für den Verlauf ist, daß die Festigkeit der Leitplanke größer als die des Fahrzeugs ist, damit eine Einbuchtung in die Leitplanke vermieden wird, die das Fahrzeug im weiteren Verlauf wieder auf die Fahrbahn zurückstoßen würde. Das Energieaufnahmevermögen des Fahrzeugkörpers ist für die Stoßenergie quer zur Leitplanke infolge der kleinen Quergeschwindigkeit ausreichend.

Für die Rekonstruktion von Unfallhergängen ist die aus der Deformation der Stoßpartner abschätzbare Stoßenergie wichtig. Die bei der Fahrzeugentwicklung durchgeführten Versuche geben einen Anhalt, wie groß die Verformung beim Stoß mit 50 km/h (entsprechend einer Fallhöhe von ca. 10 m) ist.

Auch die Relativbewegung Insasse-Fahrzeug endet nach dem Unfallstoß des Fahrzeugs in einem Unfallstoß (Aufschlag), bei dem die Stoßenergie ohne Schädigung des Insassen aufgenommen werden soll. Zu diesem Zweck soll
☐ die Aufschlaggeschwindigkeit möglichst klein und
☐ die Festigkeit der Aufschlagstelle kleiner als die des aufschlagenden Körperteils sein, damit die Deformationsarbeit von der Aufschlagstelle aufgenommen wird (Polsterung).

Der Bewegungsablauf ist am besten im Geschwindigkeitsdiagramm zu erkennen, a) im Bild. Das Fahrzeug verzögert von A nach B mit etwa 200 m/s^2. Die Fläche ABO stellt den Verzögerungsweg dar (z. B. 0,5 m bei einer Anfangsgeschwindigkeit von 50 km/h = 13,9 m/s nach 70 ms). Der Insasse bewegt sich bis A mit gleicher Geschwindigkeit wie das Fahrzeug. Der Insasse kann an der Fahrzeugverzögerung nicht teilnehmen, weil er nur über die Abstützkräfte (→Biomechanik) und die meist unerhebliche →Reibung auf den Sitzen mit dem Fahrzeug verbunden ist. Er verzögert sich dadurch z. B. mit 30 m/s^2 entlang AC. Dadurch findet eine Relativbewegung statt, bis der Insasse nach dem Relativweg ACC_1B mit der Geschwindigkeit CC_1 aufschlägt (z. B. auf das Lenkrad mit 11 m/s). Bei dem folgenden Unfallstoß wird der Körper rasch verzögert (z. B. mit 800 m/s^2 bei einem Deformationsweg von 0,075 m).

Ist der Abstand bis zum Kontakt mit einem Fahrzeugbestandteil kleiner (z. B. →Sicherheitsgurt), so ergeben sich günstigere Verhältnisse, b) im Bild. Die Gurtlose ACC_1 von z. B. 0,1 m ist dann nach 35 ms aufgefüllt. Die Geschwindigkeitsdifferenz beträgt z. B. knapp 6 m/s. Nun verzögert der

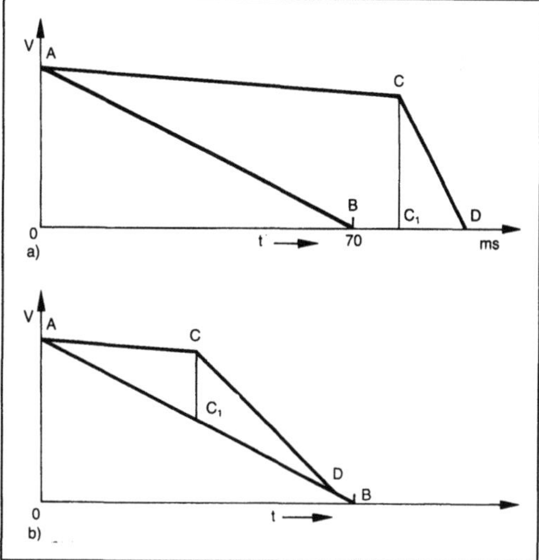

Unfallmechanik: Ablauf der Relativbewegung Insasse–Fahrzeug bei einem Zusammenstoß.
a) Ohne Sicherheitsgurt
b) Mit Sicherheitsgurt.

Gurt den Insassen mit z. B. 400 m/s^2, so daß er bei D wieder die gleiche Geschwindigkeit wie das Fahrzeug erreicht (kurz bevor es in diesem Beispiel zum Stillstand kommt). Real kann der Insasse nicht als eine Masse betrachtet werden: Hände und Füße liegen vielmehr auf Lenkrad und Pedalboden auf, die Knie berühren nach kurzem Relativweg die Schalttafel. Der Kopf bewegt sich zunächst weiter, wenn die Brust durch Lenkrad oder Gurt verzögert wird. *Fiala*

Literatur: *Appel, H.:* Sicherheitsmaßnahmen im Straßenverkehr. FAT-Schr. (1982) Nr. 19. – *Fiala, E.:* Zur Theorie der Leiteinrichtungen am Straßenrand. ATZ 65 (1963), S. 276/81. – *Fiala, E.:* Abstützkräfte von Fahrzeuginsassen bei Auffahrunfällen. ATZ 71 (1969), S. 353. – *Fiala, E.:* Die Erträglichkeit mechanischer Stöße für den menschlichen Kopf. ATZ 72 (1970), S. 167/68. – *Seiffert, U.:* Probleme der Automobilsicherheit. Diss. TU Berlin 1974. – *Weißner, R.:* Bewertung und Erprobung von Gurtsystemen beim Frontalstoß. Diss. TU Berlin 1976.

Ungleichförmigkeitsgrad. Bei Maschinen mit periodisch veränderlichem Drehmoment (z. B. Kolbenmaschinen) schwankt i. a. auch die Winkelgeschwindigkeit periodisch zwischen den Extremwerten ω_{min} und ω_{max} um dem Mittelwert $\omega_m = (\omega_{min} + \omega_{max})/2$. Der Ungleichförmigkeitsgrad $\delta = (\omega_{max} - \omega_{min})/\omega_m$ ist abhängig vom $\rightarrow$ Arbeitsüberschuß und von der Drehträgheit der Maschine. Er soll einen bestimmten, vom Einsatzzweck der Maschine abhängigen Wert nicht überschreiten. Er kann durch Einbau eines Schwungrads vermindert werden. *Witfeld*

Universal-Brammen-Walzstraße. Eine U.-B.-W. ist ein sehr komplexes technisches System mit einem U.-Walzgerüst zum Umformen von Rohbrammen zu Vorbrammen. Weil beim Walzen von Rohbrammen zu Vorbrammen zwischen Flach- und Stauchstichen häufig gewechselt werden mußte, wurde für das Kanten des Walzguts und das Anstellen der Walzen verhältnismäßig viel Zeit benötigt, die sich als Walzzeit nicht nutzen ließ. Deshalb wurden U.-B.-Walzgerüste entwickelt, die neben dem Horizontal- noch ein Vertikalgerüst haben. In solchen U.-Walzgerüsten kann man das Walzgut an 4 Seiten gleichzeitig umformen. U.-B.-W. können auf Grund unterschiedlicher Bauweise in Straßen mit

☐ ungeteilten Walzgerüsten, gemeinsame Walzenständer für die Horizontal- und Vertikalwalzen, sowie

☐ getrennten Walzgerüsten, je 2 Walzenständer für die Horizontal- und Vertikalwalzen,

eingeteilt werden.

U.-Walzgerüste mit gemeinsamen Walzenständern sind steifer und haben eine geringere Entfernung zwischen Vertikal- und Horizontalwalzen als solche mit getrennten Ständern. *Baumann*

Universal-Walzgerüst. U.-W. ist die allgemeine Bezeichnung für ein W. mit waagerecht und senkrecht angeordneten Arbeitswalzen, die das Walzgut gleichzeitig umformen. Dabei sind alle Walzen anstellbar. Solche W. werden z. B. für das Umformen von Rohbrammen zu Vorbrammen oder zum Herstellen von Profilstahl in Trägerstraßen eingesetzt. *Baumann*

Universalmotor. Elektrische Maschine zur Umwandlung elektrischer in mechanische Energie zum Anschluß an ein Wechsel- oder Gleichstromnetz, daher auch als Allstrommotor bezeichnet. Der Leistungsbereich liegt in den Grenzen von etwa 0,5–500 W bei Drehzahlen zwischen 18000 und 1500 min^{-1}. Hauptanwendungsgebiet sind schnelllaufende Antriebe in Haushaltmaschinen (Haartrockner, Staubsauger usw.) und Elektrowerkzeuge. Die Vorteile des U. gegenüber dem $\rightarrow$ Einphasenmotor sind ein einfacher Aufbau, geringer Platzbedarf, großes $\rightarrow$ Anzugsmoment und Überlastbarkeit. Nachteilig ist der notwendige Bürstenkontakt, der die Lebensdauer des Motors einschränkt. Es besteht bei Entlastung die Gefahr des Durchgehens. Jedoch werden die Motoren so ausgelegt, daß sie die durch den elektrischen Widerstand und die mechanische Reibung begrenzte höchste erreichbare Drehzahl ertragen können.

Der Aufbau des U. entspricht dem eines Gleichstrom-Reihenschlußmotors: geblechtes Joch und Hauptpole, konzentrisch mit den Hauptpolen angeordnete Erregerwicklungen, jedoch keine Wendepol- und Kompensationswicklung (Bild). Der Läufer (Anker) besitzt eine Zweischichtwicklung mit Stromwender (Kommutator). Vorwiegend werden 2polige Motoren mit 2 parallelen Ankerzweigen ausgeführt. Anker- und Erregerwicklun-

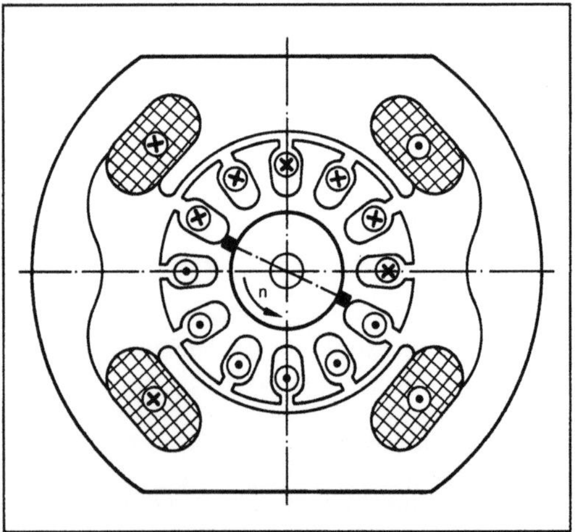

Universalmotor: Querschnitt eines zweipoligen Universalmotors.

gen sind in Reihe geschaltet. Die Bürsten sind aus Kommutierungsgründen aus der neutralen Zone gegen die Drehrichtung verschoben (Ankerrückwirkung).

Die Drehzahl des U. ist bei Übergang von Wechselstrom- auf Gleichstrombetrieb bei gleichem Drehmoment und gleicher Klemmenspannung um das 1/cos φ-fache höher. Der Unterschied ist um so größer, je niedriger die Drehzahl ist. Bei Drehzahlen über 6000 min^{-1} ist cos $\varphi \approx 1$, die Motoren haben bei Gleich- und Wechselstrombetrieb nahezu die gleichen Drehzahlen. Die Motoren zeigen →Reihenschlußverhalten, d. h. bei Belastung, vor allem im Wechselstrombetrieb, nimmt die Drehzahl ab. Da sich die Reaktanzspannung des Ankers nicht vollständig durch die Bürstenverschiebung kompensieren läßt und die Bürsten stets Funken geben, ist Funkenentstörung durch symmetrische Anordnung der Erregerwicklung zum Anker und/oder durch Kondensatoren erforderlich. *Rentzsch*

Literatur: Hütte: Elektrische Energietechnik. Bd. I. Berlin, Heidelberg, New York 1978. – *Bödefeld, Th.,* u. *H. Sequenz:* Elektrische Maschinen. Berlin 1950. – *Pustola,* u. *T. Sliwinski:* Kleine Einphasenmotoren. Ost-Berlin 1961. – *Richter, A.:* Einphasenmotoren. Berlin 1972.

Unstetigförderer. U. bei den flurfreien Fördersystemen sind Krane. Krane werden nach DIN 15001, Tl. 1 (Juli 1975), nach ihrer Bauart in
□ →Brückenkran,
□ Hänge- oder Deckenkran,
□ Stapelkran,
□ Schwenkkran,
□ Wandlaufkran,
□ →Portalkran und Verladebrücken,
□ Ausleger- und →Drehkran,
□ →Baukran (→Turmdrehkran)
und nach DIN 15001, Tl. 2, nach ihrer Verwendung, z. B. in
□ Baukrane,
□ Containerkrane,
□ Hafenkrane,
□ Hüttenwerkskrane,
□ Walzwerkskrane,
□ Werftkrane
unterschieden. Prinzipiell ist ein →Kran (am Beispiel eines Hängekrans) aufgebaut aus
□ Kranfahrwerk,
□ Katzfahrwerk,
□ Unterflansche,
die den dreidimensionalen Arbeitsraum überstreichen. Zwar kann bei Kraneinsatz die gesamte Fläche genutzt, insbes. die kürzeste Entfernung gewählt werden, aber es sind Verluste in der Raumhöhe hinzunehmen. *Jünemann*

Untenfräse →Silofräsen

Unterschnitt. Bei zu großer negativer →Profilverschiebung und/oder zu kleiner Zähnezahl von Zahnrädern mit →Evolventenverzahnung besteht die Gefahr des U. Hierbei werden die Zahnflanken durch den Kopfbereich der Werkzeugzähne unterschnitten. Der Zahnfußquerschnitt wird geschwächt, die →Zahnfußtragfähigkeit wird kleiner.

Die Grenzbedingung für U. ergibt sich aus der →Verzahnungsgeometrie von Evolventenverzahnungen (Bild). U. entsteht, wenn der Schnittpunkt H der Werkzeugkopflinie (Abstand h_{Na0} von der Profilbezugslinie P-P, →Zahnradherstellung) mit der Herstelleingriffslinie unterhalb des Tangentenpunkts T_1 liegt. Damit folgt für die Grenzprofilverschiebung bei $h_{Na0} = m$ (m Modul) für →Geradverzahnung sowie →Schrägverzahnung mit dem Schrägungswinkel β für die Grenz-Profilverschiebung:

$$x_G = 1 - [z \sin^2 \alpha_t / (2 \cos\beta)]$$

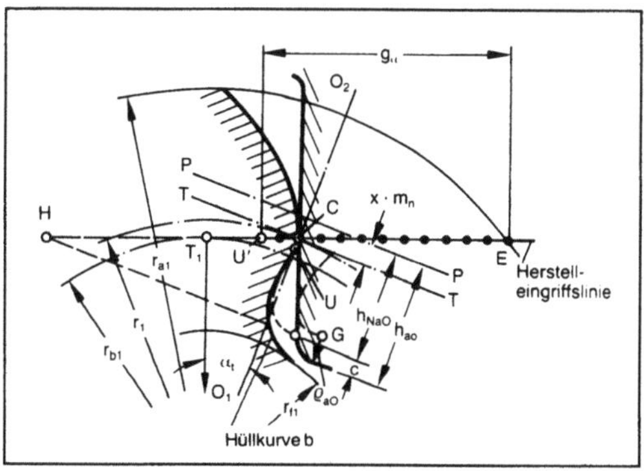

Unterschnitt: Evolventenverzahnung mit Unterschnitt.

durch Unterschnitt verkürzte Eingriffsstrecke $g_\alpha = \overline{U'E}$

In der Praxis läßt man etwas U. zu, solange die →Eingriffsstrecke nicht verkürzt (schädlicher U.) und die Zahnfußtragfähigkeit nicht wesentlich gemindert wird. *Winter*

Unterwasser. Wasserstand unterhalb eines Wasserkraftwerks mit niedrigerer potentieller Energie im Vergleich zum Oberwasser. Die Energiedifferenz zwischen Oberwasser und U. wird im Wasserkraftwerk in mechanische Energie, meist zum Antrieb elektrischer Generatoren umgewandelt (Bild).

Zur Energiespeicherung in Speicherkraftwerken wird mechanische Pumpenantriebsenergie aufgewendet, um U. auf die höhere Energie des Oberwassers zu fördern.

Die Energie des U. ergibt sich aus der geodätischen Energie der Wasseroberfläche und der kinetischen Energie des Wassers. *Rauhut*

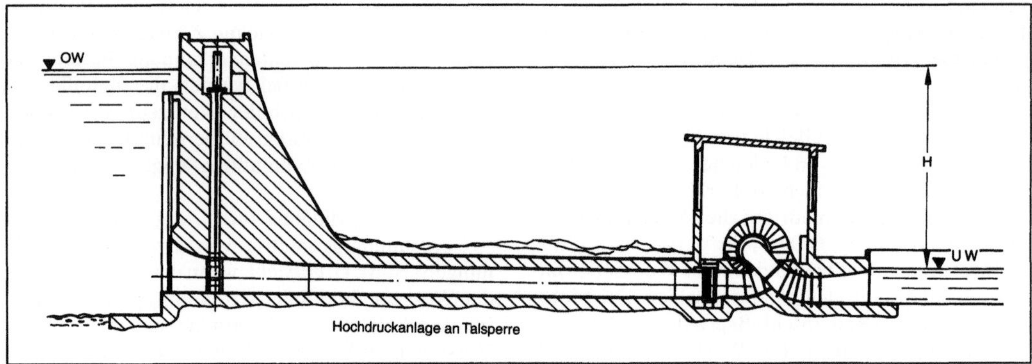

Unterwasser: Wasserkraftwerk mit Oberwasser (OW), Unterwasser (UW) und nutzbarer geodätischer Fallhöhe (H).

Unterwasserbodenuntersuchungsgerät. Das U. (UBUG) hat ein Raupenfahrwerk, mit dessen Hilfe es auf dem Gewässerboden zu den Untersuchungspunkten fahren kann. Es wird von einem Führungsstand, der an der Wasseroberfläche auf einem Schiff, →Ponton o. ä. steht, über ein Verbindungskabel gesteuert. Die Steuerung kann über eine Unterwasserfernsehkamera und Sensoren überwacht werden. Mit diesem Gerät (Bild) können fast alle über Wasser gebräuchlichen Bodenuntersuchungen (Druck- und Flügelsondierungen, Bodenprobenentnahme, bodenmechanische Werte) durchgeführt werden. Es hat den Vorteil, daß es unabhängig von der Wellenbewegung, der Wassertiefe und den Stampf- bzw. Rollbewegungen des Schiffes arbeiten kann und die Bodenkennwerte direkt vom Meeresboden aus ohne Zwischengestänge aufnimmt. *Kühn*

Unterwasserbodenuntersuchungsgerät.

Unterwasserschaufelradbagger. Der U. ist eine der neuesten Geräteentwicklungen im Naßbaggerbereich. Von dem →Schneidkopfsaugbagger unterscheidet er sich dadurch, daß anstatt des Schneid-

kopfes ein Schaufelrad am Ende des Saugrohres angebracht ist. Im Vergleich zu den Schneidkopfsaugbaggern fördern die U. in beiden Schwenkrichtungen gleichviel, so daß ihre Gesamtförderleistung höher liegt. *Kühn*

Unwucht. Ein sich drehender →Rotor, der auf seine Lager keine mit der Drehfrequenz umlaufenden Lagerkräfte ausübt, die die Lagerung zu drehfrequenten Schwingungen anregen könnten, gilt als völlig ausgewuchtet oder unwuchtfrei. Dies setzt voraus, daß sich die an den einzelnen Massenelementen des Rotors angreifenden Fliehkräfte im dynamischen Gleichgewicht befinden, also keine freien Fliehkräfte oder Fliehkraftmomente auftreten. Diese Bedingung ist beim starren Rotor (Starrkörper) genau dann erfüllt, wenn eine seiner drei zentralen Hauptträgheitsachsen mit der konstruktiv festgelegten Drehachse übereinstimmt. Ist dies nicht der Fall, spricht man von einem unwuchtigen Rotor bzw. einer U. des Rotors. U. beseitigt man beim Auswuchten durch geeigneten →Massenausgleich in den dafür vorgesehenen Ausgleichsebenen.

Einzelunwucht. Üblicherweise versteht man unter einer U. das Produkt einer Masse mit ihrem Abstand

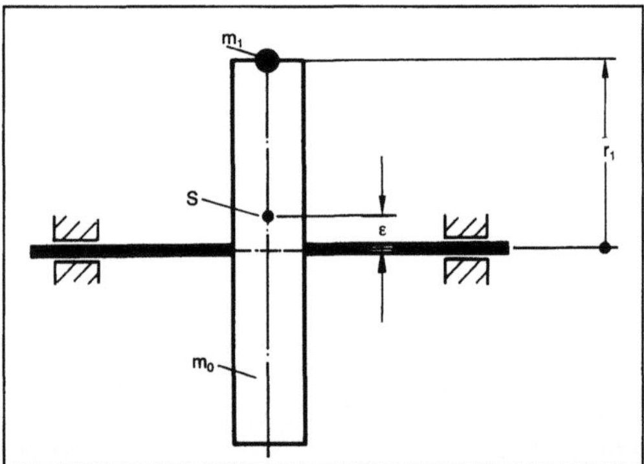

Unwucht 1: Einzelunwucht an einem scheibenförmigen Rotor.

von der Drehachse. Eine einzelne Unwucht U kann man sich dadurch entstanden denken, daß man an einer völlig ausgewuchteten Scheibe der Masse m_0 eine kleine Zusatzmasse m_1 im Abstand r_1 von der Drehachse anbringt (Bild 1).

Dann ist $U = m_1 r_1 = m\varepsilon$ mit der Gesamtmasse $m = m_0 + m_1$ und der Schwerpunktexzentrizität $\varepsilon = m_1 r_1 / (m_0 + m_1)$ der jetzt unwuchtbehafteten Scheibe. Mit dem Quadrat der Winkelgeschwindigkeit ω des Rotors berechnet man die freie Fliehkraft $F = m\varepsilon\omega^2$, die drehfrequente umlaufende Lagerbelastungen verursacht. Wie die Fliehkraft ist auch die U. ein mit dem Rotor umlaufender Vektor, der senkrecht auf der Drehachse steht.

→*Unwuchtkreuz.* Der U.-Zustand eines axial ausgedehnten Rotors läßt sich nicht durch eine einzelne U. beschreiben. Vielmehr besteht eine längs der Drehachse beliebige U.-Verteilung, die aus konstruktiv- oder fertigungsbedingten Unsymmetrien der Massengeometrie resultiert. Sämtliche örtlichen U. eines starren Rotors lassen sich jedoch stets zu zwei resultierenden Einzelunwuchten U_1 und U_2 in zwei beliebigen Radialebenen E_1 und E_2 zusammenfassen. Man spricht von dem resultierenden Unwuchtkreuz (Bild 2).

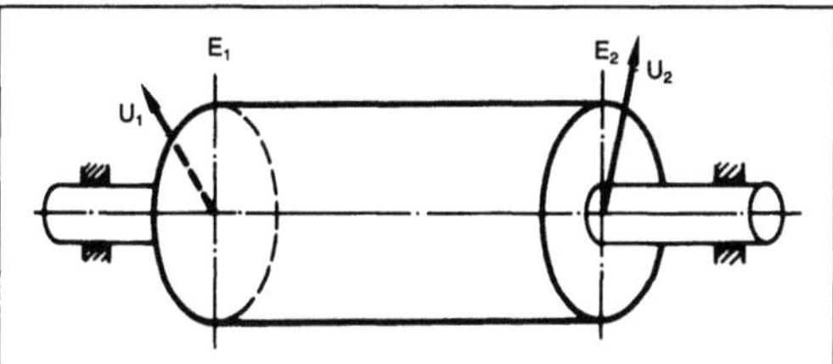

Unwucht 2: Unwuchtkreuz eines starren Rotors.

→*Unwuchtdyname.* Die beiden resultierenden Einzelunwuchten U_1 und U_2 eines starren Rotors kann man auch durch eine einzige Unwucht U, die U.-Resultierende, und ein U.-Moment D_0 ersetzen. Man spricht dann von einer Unwuchtdyname. Der Bezugspunkt 0 ist dabei der Schnittpunkt einer frei wählbaren Radialebene E_0 mit der Drehachse. Seine Wahl beeinflußt das U.-Moment, nicht jedoch die U.-Resultierende. Die Unwuchtdyname ist ebenso wie das Unwuchtkreuz mit dem rotierenden Rotor fest verbunden.

Während die U.-Resultierende auf statischem Wege, z. B. durch Ausbalancieren des auf Abroll-Linealen gelagerten Rotors, bestimmt werden kann, läßt sich das U.-Moment nur kinetisch ermitteln, d. h. aus der Momentenwirkung der Fliehkräfte des drehenden Rotors. Dementsprechend unterscheidet man statische und kinetische U. Beide sind Sonderfälle einer dynamischen U.

Statische U. Bei einem rein statisch unwuchtigen Rotor (Bild 3) verschwindet das U.-Moment D_S bez. des Rotorschwerpunkts. Es verbleibt lediglich die

U.-Resultierende vom Betrag $U = U_1 + U_2$. Die statische U. führt zu einer Parallelverschiebung der zentralen Hauptträgheitsachse. Der Rotor besitzt einen Schwerpunktsfehler.

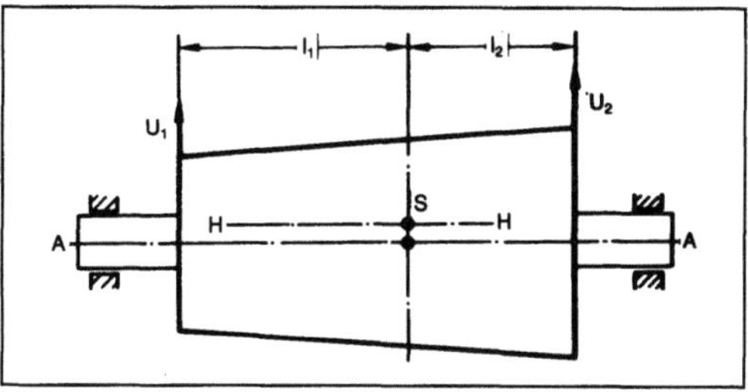

Unwucht 3: Statisch unwuchtiger Rotor.

AA   Schaftachse
HH   zentrale Hauptträgheitsachse
S   Schwerpunkt
$D_S = U_1 l_1 - U_2 l_2 = 0$

Kinetische U. Bei einem rein kinetisch unwuchtigen Rotor (Bild 4) wird das Unwuchtkreuz durch zwei gleich große, aber entgegengesetzte Unwuchten $U_1 = -U_2$ gebildet. Man spricht von einem U.-Paar. Somit wird die U.-Resultierende gleich null. Der U.-Zustand wird allein durch das U.-Moment beschrieben, dessen Betrag $D = U_1 l_1 - U_2 l_2 = U_1 (l_1 + l_2)$ in diesem Sonderfall unabhängig vom Bezugspunkt ist. Das U.-Paar verursacht keine Schwerpunktexzentrizität, bewirkt jedoch eine Schiefstellung der zentralen Hauptträgheitsachse. Eine kinetische U. führt zu einem Achsenfehler (Winkelfehler), bei dem sich Hauptträgheitsachse und Drehachse im Schwerpunkt schneiden. Im Schrifttum findet man hierfür noch die Begriffe rein dynamische U., →*Momentenunwucht*, Taumelunwucht oder Taumelfehler.

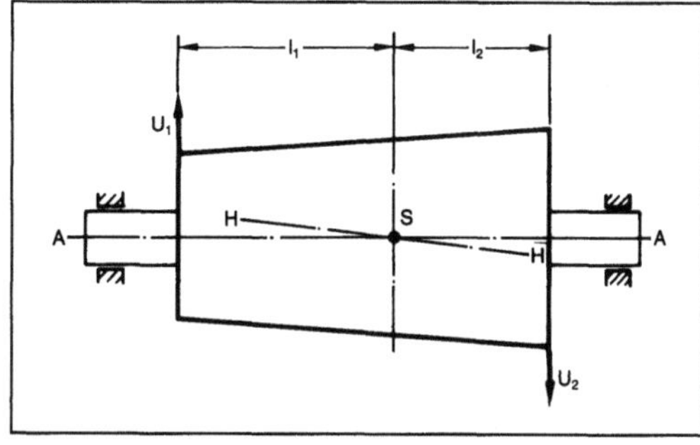

Unwucht 4: Kinetisch unwuchtiger Rotor.

AA   Schaftachse
HH   zentrale Hauptträgheitsachse
S   Schwerpunkt
$U = U_1 + U_2 = 0$

Dynamische U. Im allgemeinen treten Schwerpunktsfehler und Achsenfehler gleichzeitig auf, wobei die zentrale Hauptträgheitsachse windschief zur Drehachse verläuft. U.-Resultierende und U.-

Moment sind beide von null verschieden. Man spricht von einer dynamischen U. Dieser Fall ist hinsichtlich des zugehörigen Unwuchtkreuzes in Bild 2 dargestellt. Die beiden resultierenden Einzelunwuchten U_1 und U_2 sind dabei nicht parallel zueinander.

Quasistatische U. Dieser Sonderfall einer dynamischen U. liegt dann vor, wenn die zentrale Hauptträgheitsachse die Drehachse in einem Punkt schneidet, der nicht Schwerpunkt ist. Die beiden resultierenden Einzelunwuchten U_1 und U_2 liegen dabei wie bei einer statischen oder kinetischen U. parallel. Doch verschwindet weder die U.-Resultierende noch das U.-Moment bezüglich des Schwerpunkts.   *Witfeld*

Literatur: *Federn, K.:* Auswuchttechnik. Bd. 1: Allgemeine Grundlagen, Meßverfahren und Richtlinien. Berlin, Heidelberg, New York 1977. – *Schneider, H.:* Auswuchttechnik. 3. Aufl. Düsseldorf 1981. – VDI 2060: Beurteilungsmaßstäbe für den Auswuchtzustand rotierender starrer Körper. Berlin, Köln (Okt. 1966). – ISO 1925: Balancing – Vocabulary. 2. Aufl. 1981. – ISO 1940/1: Mechanical Vibration-Balance Quality Requirements of Rigid Rotors. Tl. 1: Determination of Permissible Residual Unbalance. 1. Aufl. 1986. – ISO 5406: The Mechanical Balancing of Flexible Rotors. 1. Aufl. 1980.

Unwuchtdyname. Kennzeichnet eindeutig den Unwuchtzustand eines starren Rotors. Sie besteht aus der Unwuchtresultierenden und dem Unwuchtmoment der im Rotor verteilten örtlichen Unwuchten.   *Witfeld*

Unwuchterregung. Jede →Unwucht an einem sich drehenden →Rotor ruft Fliehkräfte hervor, die als Schwingungsanregung auf die Maschine selbst oder auf deren Umgebung wirken können. Die Erregerfrequenz einer derartigen →Fremderregung ist stets gleich der Drehfrequenz des Rotors. Die Erregerintensität wächst grundsätzlich quadratisch mit der Drehzahl an.

Eine U. bewirkt drehfrequente umlaufende Lagerbelastungen bzw. Lagerschwingungen, die ihrerseits als Erregerquelle für benachbarte schwingungsfähige Systeme angesehen werden müssen (→Quellenerregung). Eine U. führt jedoch auch zu elastischen Verformungen des Rotors mit entsprechenden Rückwirkungen auf die erregenden Fliehkräfte. Hier liegt eine Ursache für die biegekritischen Drehzahlen, bei denen gefährliche resonanzartige Betriebszustände des Rotors auftreten. Durch Auswuchten des Rotors lassen sich diese negativen Wirkungen einer U. vermindern oder weitgehend vermeiden.

Andererseits wird die U. auch bewußt als Funktionsprinzip für bestimmte Maschinengattungen (Schwingförderer, Rüttler, Siebe usw.) eingesetzt.   *Witfeld*

Unwuchtkreuz. Kennzeichnet eindeutig den Unwuchtzustand eines starren Rotors. Es besteht aus zwei einzelnen rechnerischen Unwuchten in zwei verschiedenen Radialebenen des Rotors.   *Witfeld*

Urformen. Unter U. ist das Fertigen eines festen Körpers aus formlosem Stoff durch Schaffen des Zusammenhalts zu verstehen. U. kann z. B. aus gas- oder dampfförmigem Zustand, durch elektrolytische Abscheidung, aus körnigem oder pulverigem Stoffzustand und aus flüssigem Stoffzustand erfolgen. Beispiele der Metall-Urformverfahren sind u. a. das Stand-Gießverfahren, das →Stranggießverfahren und das →Sprühkompaktierverfahren.   *Baumann*

V

VAD-Anlage. Eine Vacuum-Arc-Degassing-A. (VAD-A.) ist ein technisches System, das nach dem →VAD-Verfahren arbeitet. Solche A. sind meist mit einem Vakuum-Behandlungsgefäß ausgerüstet, in dem die mit Schmelze gefüllten Pfannen vor der Behandlung eingesetzt werden (Bild). Der Deckel des Behandlungsgefäßes trägt den Aufbau für die 3 einzeln regulierbaren Graphitelektroden. Er ist außerdem mit Legierungsschleusen ausgerüstet und hat eine Einrichtung zur Entnahme von Analysenproben sowie zur Temperaturmessung. Das die Schleusen bedienende Legierungssystem muß leistungsfähig sein, weil es ein wesentliches Ziel des VAD-Verfahrens ist, größere Legierungsmengen unter Vakuum zugeben zu können. Ein Schauloch ermöglicht die Beobachtung der Schmelze während der Behandlung. Zwischen dem Deckel und der →Pfanne befindet sich ein an dem Deckel aufgehängter, feuerfest beispielsweise mit Tonerdesteinen ausgekleideter Hitzeschild. An einer Seite des Deckels ist die zu den Vakuumpumpen führende Absaugleitung angeschlossen. Die →Pumpen müssen so ausgelegt sein, daß der Druck im Bereich zwischen 250 mbar und 1 bar konstant gehalten werden kann.

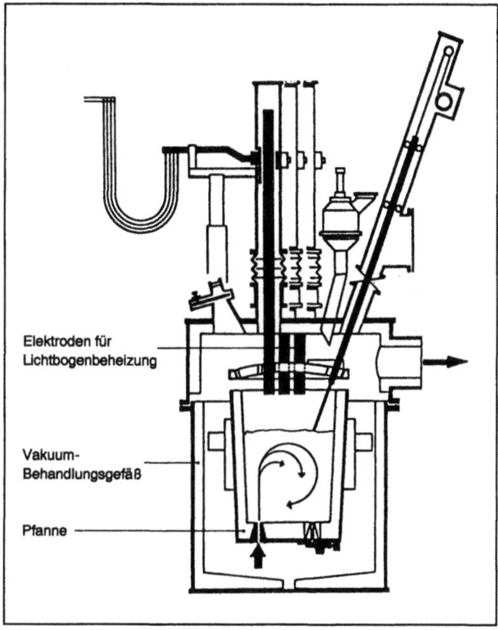

VAD-Anlage: Arbeitsprinzip.

Die Graphitelektroden des Heizsystems befinden sich in einem abgedichteten →Zylinder, der am oberen Ende mit einer schwenkbaren Abdeckplatte vakuumdicht geschlossen und im unteren Teil doppelwandig ausgeführt und wassergekühlt ist. Ein Tragarm verbindet diesen Zylinder mit der Höhenverstellvorrichtung. Durch eine Vakuumdichtung gleitet der Zylinder gemäß der Elektrodenregulierung in einer auf dem Abschlußdeckel fest montierten, wassergekühlten Elektrodendurchführung, die mit der Vakuumdichtung durch ein elastisches →Zwischenstück verbunden ist. Damit werden Deformationen des Systems ausgeglichen. Die Stromzuleitung zu den einzeln regulierbaren Graphitelektroden erfolgt vom Transformator über ein Schleppkabel und ein Hochstromrohr zu der Halterung. Das Nachsetzen der Graphitelektroden erfolgt wie bei einem Lichtbogenofen durch Annippeln von oben. Die Transformatorenleistung ergibt sich aus der Schmelzengröße und der gewünschten Heizleistung. *Baumann*

VAD-Verfahren. Wenn eine Vakuum-Pfannenentgasungsanlage mit einer Lichtbogenheizung für den Ausgleich der Wärmeverluste und einer Legierungsmittel-Schleuse ausgerüstet ist, dann wird das darin durchzuführende V. Vacuum-Arc-Degassing-V. (VAD-V.) genannt. Das VAD-V. ist also durch die Lichtbogenheizung unter vermindertem Druck in Verbindung mit einer Badumrührung durch Einleiten von Argon über einen porösen Stein im Pfannenboden gekennzeichnet. Durch die Gegebenheit, Temperaturverluste, die während der verschiedenen Prozeßschritte, beispielsweise Legieren, Entgasen und Entschwefeln, auftreten, mit Hilfe einer zwischenzeitlichen Beheizung der Schmelze ausgleichen zu können, bestehen für das VAD-V. viele Einsatzmöglichkeiten sowie Verfahrensvarianten (→Vakuum-Pfannenentgasungsverfahren). *Baumann*

Vakuumabsenkung. Die Entwässerung von Mittel- und Feinschluffen ist nur möglich, wenn die Molekularanziehung zwischen Wasser und Boden überwunden wird. Dies geschieht durch Vakuumanlagen. Eine solche Anlage besteht aus einem Vakuumkessel, an dem über eine Sammelleitung mehrere Punktbrunnen angeschlossen sind (Bild). Über diese Punktbrunnen wirkt der Unterdruck auf den Boden, dem auf diese Art und Weise Wasser

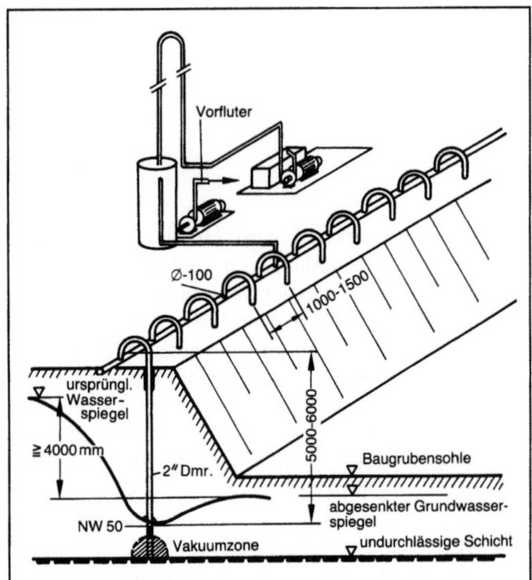

Vakuumabsenkung: Vakuumanlage mit Punktbrunnen.

entzogen wird. Das Wasser gelangt über die Sammelleitung in den Vakuumkessel und von dort mit Hilfe einer Tauchpumpe zum Vorfluter.   *Kühn*

Vakuumanlage. V. werden im Betonbau eingesetzt, um eine besonders schnelle Festigkeit von Betonoberflächen zu erreichen. Mit der Vakuumbehandlung wird dem Beton nach dem Einbringen und Abziehen mit Abziehbohlen das überschüssige, nicht für die Hydratation benötigte Wasser wieder entzogen. Die mobile Anlage besteht aus einer Vakuumpumpe mit Unterdruckkessel, einem mehrteiligen Vakuumteppich und den erforderlichen Schlauchverbindungen. Auf den abgezogenen Betonflächen werden zuerst Filtermatten ausgelegt, die auf ihrer unteren, dem Beton zugewandten Seite ein Filtergewebe haben, das das Abfließen des Feinmaterials, insbes. des Zementleims, mit dem Wasser verhindert. Auf der oberen Seite der Matten liegt ein dreidimensionales Plastikgitter, das „Dränagekanäle" zwischen der Betonoberfläche und dem Vakuumteppich freihält.

Auf die Filtermatten wird der Vakuumteppich aufgelegt, so daß die Betonfläche abgedeckt und luftdicht verschlossen ist. Die Vakuumteppiche werden mit Schlauchleitungen an die Vakuumpumpe angeschlossen. In diesem Aggregat wird der normale atmosphärische Druck bis zu 90 % reduziert und dieser Unterdruck in die Betonfläche eingeleitet. Dadurch lastet auf dem Vakuumteppich und dem Beton ein effektiver Druck von rd. 0,8 bar. Dieser Druck von umgerechnet rd. 80 kN/m^2 preßt den Beton zusammen und bewirkt, daß die Zuschlagstoffe dichter gelagert werden und gleich-

zeitig ein Teil des freien Wassers, das nicht im Hydratationsprozeß des Zements gebunden ist, herausgepreßt wird. Das Wasser tritt an die Oberfläche des Betons und läuft durch die Dränagekanäle der Filtermatten und durch die Schlauchleitungen zur Vakuumpumpe.

Die Vakuumbehandlung ist also – zusätzlich zur normalen dynamischen Verdichtung des Betons mit Rüttlern – eine statische Verdichtung bei gleichzeitiger Reduzierung des W/Z-Werts. Der ursprüngliche Wasserzementwert des Betons wird um 10–20 % vermindert. Dieser Vorgang ist für die erheblichen Verbesserungen der Betoneigenschaften ausschlaggebend. Die Dauer der Vakuumbehandlung beträgt etwa 1–2 min/cm Deckendicke in Abhängigkeit von dem Kornaufbau der Betonmischung. In einem Arbeitstakt unterzieht man eine Betonfläche von 50–60 m^2 gleichzeitig der Vakuumbehandlung mit zwei Vakuumteppichen und einer Vakuumpumpe. Direkt anschließend an die Vakuumbehandlung wird die bereits begehbare Oberfläche mit einem →Rotationsglätter abgescheibt. Dadurch entsteht eine griffige Struktur, wie sie beispielsweise für Parkdecks und Industriefußböden erwünscht ist. Im Erdbau dienen V. der Entwässerung von Mittel- und Feinschluffen (→Vakuumabsenkung).   *Kühn*
→Druckgießmaschine

Vakuum-Frischverfahren. Zum Herstellen von Stählen mit besonders niedrigen Kohlenstoffgehalten bietet sich auf Grund der Druckabhängigkeit der Kohlenmonoxidreaktion das Frischen der Schmelzen mit Sauerstoff unter vermindertem Druck an. Von besonderem Interesse ist dieser Lösungsweg bei hochchromhaltigen Schmelzen, um unter Vermeiden übermäßig hoher Temperaturen auf sehr niedrige Kohlenstoffgehalte herunterzufrischen und dabei die Chromverschlackung gering zu halten. Das V.-Pfannenentgasungsverfahren kann für die zusätzliche Aufgabe des V.-Frischens mit einer in der Mitte des Gefäßdeckels angeordneten, höhenverstellbaren Sauerstofflanze und vakuumdichter Durchführung ausgerüstet werden. Voraussetzung für das V.-Frischen ist eine künstliche Badumrührung, weil die Kohlenmonoxidentwicklung aus der Schmelze bei niedrigen Kohlenstoffgehalten nicht mehr stark genug ist, um als Rührmotor auszureichen, der alle Teile der Schmelze zur Reaktion an die Schmelzenoberfläche bringt und der eine gleichmäßige Zusammensetzung sowie Temperatur der Schmelze gewährleistet. Das Rühren erfolgt durch Einleiten von Argon mit Hilfe gasdurchlässiger Steine im Pfannenboden. Das für die Frischbehandlung mit Sauerstoff unter V. abgewandelte V.-Pfannenentgasungsverfahren ist im Schrifttum unter der Bezeichnung →VOD-Verfahren (Vacuum-Oxygen-Decarburisation-Verfahren) bekannt geworden. Beim VOD-Verfahren wird der Sauerstoff mit einer Lanze auf die Schmelze aufgeblasen. Demgegenüber wird der Sauerstoff bei dem Affinage-Sous-Vide-Verfahren (ASV-Verfahren) von Creusot-Loire mit Hilfe einer senkrecht von oben in die Schmelze eintauchenden, abschmelzenden Lanze eingeblasen. *Baumann*

Vakuum-Heberverfahren. Das Prinzip der V.-Behandlung von Teilmengen nach dem V.-H. wurde erstmals bei dem im Jahre 1956 vorgestellten DH-Verfahren (Dortmund-Hörder-Verfahren) der damaligen Dortmund-Hörder-Hüttenunion betrieblich angewendet. Dabei wird ein am Boden eines feuerfest ausgekleideten Entgasungsgefäßes angesetzter, feuerfest ausgekleideter und ummantelter Ansaugstutzen durch Senken des Gefäßes in die in der Gießpfanne befindliche Schmelze eingetaucht. Unmittelbar nach dem Eintauchen werden die V.-Pumpen eingeschaltet, die das Gefäß evakuieren. Infolge der hierdurch entstehenden Druckdifferenz von etwa 1 bar zwischen dem Inneren des Entgasungsgefäßes und dem auf der Schmelze in der →Pfanne lastenden atmosphärischen Druck wird Schmelze in dem Ansaugstutzen hochgedrückt, bis zwischen dem Stahlspiegel in dem Ansaugstutzen und dem Stahlspiegel in der Gießpfanne ein Höhenunterschied von etwa 1,4 m besteht. Beim weiteren Absenken des Entgasungsgefäßes reicht diese Schmelzsäule von etwa 1,4 m Höhe in das Entgasungsgefäß hinein. Der äußere Luftdruck drückt eine der Weite des Gefäßes entsprechende Schmelzenmenge aus der Pfanne in das Entgasungsgefäß. Die in das Entgasungsgefäß einströmende Schmelze beginnt unter der Einwirkung des verminderten Drucks unverzüglich zu reagieren. Je nach der dabei freigesetzten Gasmenge kann der Kochvorgang in dem Entgasungsgefäß so heftig sein, daß die Schmelze schäumt und spritzt. Sobald die Entgasungsreaktion abgeklungen ist, wird das Entgasungsgefäß wieder angehoben, so daß die behandelte Schmelze bis auf eine im Ansaugstutzen verbleibende Restmenge zurückströmt. Das Heben und Senken wird unter Aufrechterhaltung des verminderten Drucks im Entgasungsgefäß so oft wiederholt, bis in dem gesamten Pfanneninhalt der gewünschte Entgasungs- oder Reinheitsgrad erreicht ist.

Der Ablauf der Entgasungsreaktion bei den in das Entgasungsgefäß eingesaugten Teilmengen läßt sich an dem Druckverlauf im Gefäß verfolgen. Die beim Einströmen der Schmelze in das Entgasungsgefäß freigesetzten Gasmengen führen zu einem von der Größe dieser Gasmengen und von der Saugleistung der V.-Pumpe abhängigen Druckanstieg. Die Höhe der Druckspitzen nimmt mit jedem weiteren Hub in dem Maße ab, wie sich der Gasgehalt der in der Gießpfanne befindlichen Schmelze durch das Hinzutreten entgaster Teilmengen verringert. Die

Schmelze ist also zu diesem Zeitpunkt weitgehend entgast. Bei einer jeweils angesaugten Teilmenge von etwa 10 t werden nach 30 Hüben insgesamt 300 t Stahlschmelze, entsprechend 30 t/min, in dem Entgasungsgefäß durchgesetzt. Das entspricht einer dreimaligen Umwälzung eines 100 t betragenden Pfanneninhalts. *Baumann*

Vakuum-Lichtbogenofen. In einem V.-L. wird eine als Kathode geschaltete Elektrode aus der zu schmelzenden Legierung durch einen Gleichstromlichtbogen in eine wassergekühlte Kupfertiegel-Kokille bei Betriebsdrücken zwischen $1,3 \cdot 10^{-4}$ bar und $1,3 \cdot 10^{-6}$ bar abgeschmolzen. Somit sind Verunreinigungen der Schmelze durch Tiegelmaterialien und Reaktionen mit der Atmosphäre ausgeschlossen.

Ein V.-L. besteht im wesentlichen aus einem V.-Behälter, an dessen unterem Ende ein wassergekühlter Kupfertiegel angeflanscht ist (Bild). In den V.-Behälter wird eine Elektrodenstange vakuumdicht eingeführt, an der die Abschmelzelektrode befestigt ist. Der V.-Behälter ist an den V.-Pumpenstand mit Staubabscheider angeschlossen. Steuerstand mit Bedienungspult und Teleoptik sind auf der →Arbeitsbühne angeordnet.

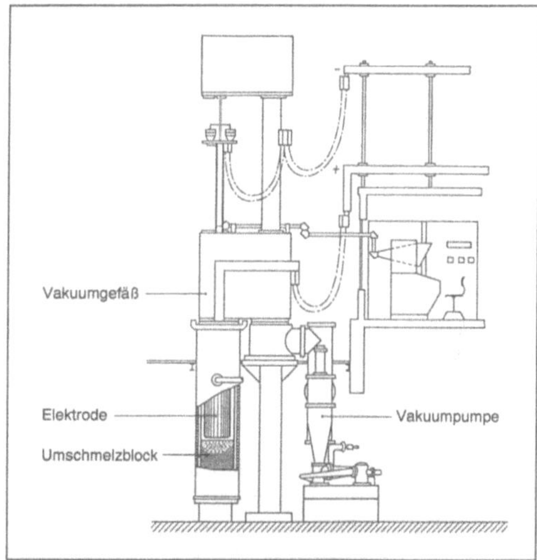

Vakuum-Lichtbogenofen: Arbeitsprinzip.

Die Kokillen bestehen aus nahtlosen oder geschweißten Kupferrohren mit Wanddicken zwischen 15 mm und 30 mm. Bei sorgfältiger Behandlung der Kokillen werden Durchsatzmengen von mehr als 1 000 Schmelzen ohne Reparatur erzielt.

Für die Kokillenkühlung ist ein geschlossener Kühlwasserkreislauf notwendig. Zum Evakuieren werden Ölbooster-Pumpen mit Diffusionsstufe sowie Rootspumpen eingesetzt. Oft sind beide Pumpenarten parallel geschaltet.

Die Beobachtung des Abschmelzvorgangs erfolgt über eine teleoptische Einrichtung, die das Lichtbogenbild auf eine Mattscheibe am Bedienungsstand überträgt. Dies erleichtert insbes. das Anfahren und die Beendigung des Schmelzvorgangs.

Die optimale Stromstärke für das Umschmelzen von Stahl ist von der Stahlsorte abhängig und muß meist empirisch ermittelt werden. Außerdem ist sie dem Elektrodenquerschnitt nicht proportional. Als Anhaltswerte können beispielsweise für das Umschmelzen von Kohlenstoffstählen folgende Werte angenommen werden: bei Blockdurchmessern von 400 mm etwa 7 000 A, bei 1 000 mm etwa 24 000 A und bei 1 500 mm etwa 32 000 A. Dabei ist ein normaler Abstand zwischen Abschmelzelektrode und Kokillenwand, 50 mm bei 400 mm und 75 mm bei 1 500 mm Blockdmr., vorausgesetzt.

Seit der großtechnischen Anwendung des V.-L. für die Produktion hochreiner Umschmelzblöcke aus Legierungen auf Eisen-, Nickel- oder Cobalt-Basis hat sich am äußeren Aufbau dieses Ofentyps und seiner Hilfseinrichtungen nur wenig geändert. Zur Erhöhung der Produktivität werden die Anlagen heute meist mit 2 Schmelzstellen ausgerüstet, so daß die Resterstarrung des zuerst erschmolzenen Blocks zeitlich unabhängig von dem Umschmelzen eines nachfolgenden Blocks erfolgen kann. *Baumann*

Literatur: *Plöckinger, E.,* u. *O. Etterich:* Elektrostahl-Erzeugung. Düsseldorf 1979.

Vakuum-Lichtbogen-Umschmelzverfahren.

Die beim L.-Umschmelzen im V. ablaufenden Reaktionen führen zu einer weitgehenden Reinigung des umgeschmolzenen Metalls. Zusammen mit der durch die kontrollierte Erstarrung bewirkten Verbesserung des Blockgefüges und der verminderten Kristallseigerung wird eine entscheidende Steigerung der Güteeigenschaften erreicht. Ein wesentlicher Vorgang ist die durch das V. bewirkte Entfernung des Wasserstoffs. Die Wasserstoffabscheidung erfolgt im wesentlichen aus dem sich an der Elektrode bildenden Schmelzfilm und den in die Kokille übergehenden Metalltropfen in dem zwischen Elektrode und Schmelze sich einstellenden V. Die Minderung des Sauerstoffgehalts erfolgt über eine Flotation der Oxide, bei Anwesenheit von Kohlenstoff auch über die Bildung von Kohlenmonoxid.

Die Entfernung von Stickstoff ist nur in begrenztem Maße möglich und stark von seiner Aktivität in der Schmelze abhängig. Andererseits ist es möglich, durch Schmelzen unter definierter Gasatmosphäre im V.-L.-Ofen beispielsweise unter Stickstoff stickstofflegierte Stähle herzustellen.

Eine Änderung der chemischen Zusammensetzung des umgeschmolzenen Metalls hinsichtlich der anderen Begleit- und Legierungselemente tritt nur bei solchen Metallen ein, deren Legierungselemente einen relativ hohen Dampfdruck besitzen. Von praktischer Bedeutung ist die Verdampfung des Mangans, deren Ausmaß von der Temperatur der Schmelze, dem Druck im Ofen und dem Aktivitätskoeffizienten des Mangans abhängt. Der Verlust an Chrom ist i. a. unbedeutend, ebenso die Änderung des Kohlenstoffgehalts.

Als Umschmelzelektroden dienen gegossene, gewalzte oder geschmiedete Stäbe mit rundem Querschnitt. Ihre chemische Zusammensetzung muß bereits der des herzustellenden Umschmelzblocks unter Berücksichtigung der genannten Vorgänge während des V.-Schmelzens entsprechen. Die Oberfläche der Elektroden wird durch geeignete Verfahren, beispielsweise durch Kugelstrahlen oder Beizen, von der Gußhaut oder dem Zunder befreit. Eine spanabhebende Bearbeitung ist in den meisten Fällen nicht erforderlich. Der Elektrodendurchmesser ist um eine Spaltbreite kleiner als der Innendurchmesser der Kupferkokille.

Vor Schmelzbeginn wird der Ofen evakuiert, wobei alle Feuchtigkeitsreste entfernt werden, die sich vor allem an den wassergekühlten Teilen angesammelt haben. Nach dem Erreichen eines Drucks von 0,013 Pa wird zwischen der Abschmelzelektrode und einer artgleichen Metallplatte am Kokillenboden der L. gezündet.

Die Wahl der Umschmelzbedingungen ist für die Qualität des Umschmelzblocks von entscheidender Bedeutung. Wie bei allen U. wird durch niedrige Umschmelzstromstärken ein möglichst flacher Schmelzen-Sumpf angestrebt, um einen gleichmäßig erstarrten, seigerungsarmen Block zu erhalten. Die untere Grenze der Umschmelzstromstärke wird durch die Güte der Blockoberfläche bestimmt. Voraussetzungen für niedrige Umschmelzstromstärken sind Elektroden mit sauberer Oberfläche und niedrigem Gasgehalt. Letzterer wird meist durch eine V.-Behandlung der Schmelze vor dem Abguß der Elektroden eingestellt. Die optimale Abschmelzgeschwindigkeit ist werkstoffabhängig und wird empirisch ermittelt.

Am Ende des Abschmelzvorgangs wird durch stetiges Absenken der Umschmelzstromstärke die Badtiefe verringert, wobei jedoch von der Elektrode noch genügend →Material abgeschmolzen wird, um die Volumenverminderung bei der Erstarrung auszugleichen und das Entstehen eines Kopflunkers zu vermeiden. Nach vollständiger Erstarrung des Blocks wird der Ofen geflutet, der Tiegel abgeflanscht und der Block ausgezogen.

Die durch das Umschmelzen unter V. erzielbare Verbesserung der technologischen Gütewerte hat dem V.-L.-Ofen ein großes Anwendungsgebiet erschlossen. Sein Einsatz wird beim Herstellen von Stählen und Legierungen auf Eisen-, Nickel- oder Cobalt-Basis immer dann erforderlich sein, wenn es auf niedrigste Gasgehalte ankommt und abdampfbare Spurenelemente entfernt werden können.

Die heute in der Produktion eingesetzten L.-Öfen mit weitgehend mechanisiertem Betrieb und automatisierten Regeleinrichtungen ermöglichen eine einfache Betriebsweise. Die Größe der Umschmelzblöcke liegt von Ausnahmen abgesehen kaum über 1 000 mm Blockdmr. und 15 t Gewicht. Die Vergrößerung der Blockdmr. über 1 500 mm und Gewichte über 50 t hat sich als nicht besonders zielführend erwiesen. *Baumann*

Vakuum-Metallurgie. Zusätzlich zur Entgasung flüssiger Metalle, insbes. flüssiger Stähle, werden meist weitere metallurgische Reaktionen, beispielsweise Feinentkohlen, Desoxidieren, Legieren und/oder Verbesserungen der Reinheitsgrade, unter V. durchgeführt. Deshalb sollte man an Stelle des Begriffs V.-Behandlungsverfahren zutreffender den Begriff V.-M. gebrauchen.

Unter V.-M. ist also die Gesamtheit der Kenntnisse und Verfahren zur Gewinnung, Behandlung sowie Weiterverarbeitung von Metallen in unterschiedlichen Aggregatzuständen zu verstehen. Dazu zählen beispielsweise V.-Destillationsverfahren, V.-Schmelzverfahren, V.-Gießverfahren und V.-Stahlbehandlungsverfahren. *Baumann*

Vakuumpackung. Für viele Produkte ist es notwendig, daß sich zwischen Gut und Verpackungsmittel kein schädliches Gasvolumen befindet. Viele Produkte sind z. B. sauerstoffanfällig. Um dies zu erreichen, muß die →Verpackung möglichst dicht an das Gut herangebracht werden. In vielen Fällen ist es wegen der Form des zu verpackenden Gutes nicht möglich, wirtschaftlich ein an die exakte Form des zu verpackenden Gutes angepaßte Verpackung herzustellen. Um das möglichst enge Zusammenkommen von Gut und Verpackung zu erreichen, gibt es neben der Möglichkeit des Schrumpfens und des Skinnens noch die V.

Um sich den äußeren Umrissen des Füllgutes anpassen zu können, muß das Verpackungsmittel aus einem flexiblen →Werkstoff gefertigt sein. Es werden hierzu meist Zweinahtbeutel aus Kunststoff verwendet. Das Füllgut als Festkörper oder Schüttgut wird in den Beutel eingebracht. Vor dem Verschließen des Beutels wird durch ein von außen angelegtes Vakuum die noch in dem Verpackungsmittel befindliche Luft weitgehend entfernt. Dabei legt sich das flexible Verpackungsmittel möglichst eng u. U. unter Faltenbildung an das Füllgut an. Bei Schüttgütern erfolgt hierbei gleichzeitig noch eine Volumenverdichtung. Der gasdichte Verschluß, meist durch Verschweißen, sorgt dafür, daß das Vakuum über längere Zeit erhalten bleibt. Hierzu trägt auch der entsprechend ausgewählte gasdichte Werkstoff bei. Die Gasdichtigkeit der Verpackungswerkstoffe kann in diesem Fall durch dem Werkstoff eigene Eigenschaften herbeigeführt werden oder durch Kombination von mehreren Werkstoffen, wobei einer die entsprechende Gasdichtigkeit mitbringt. *Paris*

Vakuum-Pfannenentgasungsverfahren. Beim V.-P., auch Vacuum-Ladle-Degassing-Verfahren (VLD-Verfahren) genannt, wird die →Pfanne mit schlackenfreier Schmelze in das Entgasungsgefäß eingesetzt. Während der V.-Behandlung sorgt die intensive Inertgasrührung für eine schnelle Homogenisierung der Schmelze und eine schnelle Reaktion durch die turbulente Bewegung der Badoberfläche. Den dabei auftretenden Wärmeverlusten muß durch erhöhte Abstichtemperaturen Rechnung getragen werden. Der Entgasungsbehälter hat beim V.-P. meist eine zylindrische Form (Bild).

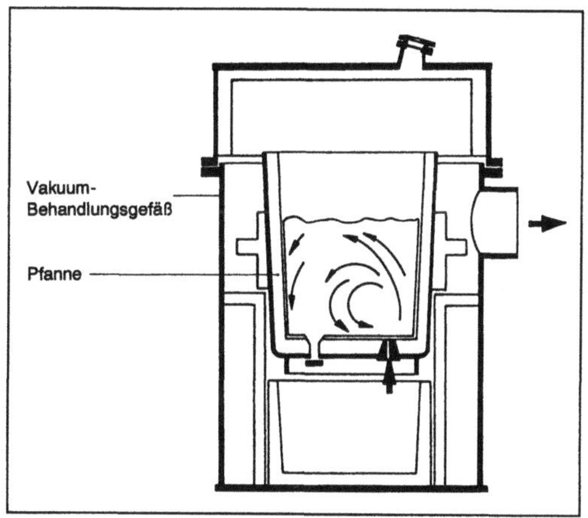

Vakuum-Pfannenentgasungsverfahren: Arbeitsprinzip.

In diesem Fall erfolgt das Absenken der Pfanne mit der zu entgasenden Schmelze und das Wiederherausnehmen nach der Entgasung von oben mit einem →Kran. Ein seitlich an dem Entgasungsbehälter angebrachter Absaugstutzen stellt die Verbindung zu der V.-Pumpenanlage her. Fallweise besteht die Entgasungsanlage auch aus zwei nebeneinander stehenden, durch ein Rohrstück miteinander verbundenen Behältern, die wechselweise arbeiten. Der zylindrische Entgasungsbehälter wird durch einen abnehmbaren Deckel geschlossen. Die →Dichtung zwischen dem Deckel und dem Entgasungsgefäß erfolgt durch einen Kunststoffring, wobei dieser selbst oder die Flansche wassergekühlt sein können. *Baumann*

Vakuumschalung. V. werden eingesetzt, um z. B. zum schnelleren Rückgewinnen der Schalung eine besonders schnelle Festigkeit des Betons zu erhalten. Frisch eingebauter Beton wird unter ein 70–80%iges Vakuum gesetzt, wodurch 20–30 % des Anmachwassers abgesaugt werden. Die Saugplatten bestehen aus glasfaserverstärktem Kunststoff, die auf der Unterseite mit Filtertüchern ausgestattet sind. Sie werden in Größen bis zu 9 m² hergestellt. Bei einseitiger Behandlung können bis zu 30 cm abgesaugt werden, bei beidseitiger Behandlung 40–50 cm. Außer der erhöhten Druckfestigkeit zeichnet sich dieses Verfahren durch hohe Abriebfestigkeit, Verminderung des Kriechens und Schwindens und schnelle Begehbarkeit bei Decken aus. Die V. wird vor allem bei der Serienfertigung von Tübbings für den Tunnelbau (hohe Stückzahlen) verwendet. *Kühn*

Vakuum-Stahlbehandlungsanlage. Eine V.-S. ist ein technisches System, in dem Stahl unter V. behandelt wird. In solchen Anlagen können beispielsweise je nach Stahlbehandlungsverfahren Stahlschmelzen entgast, unerwünschte Bestandteile der Schmelzen über die Gasphase abgetrennt oder Vakuumraffinationen durch chemische Reaktionen in Schmelzen durchgeführt werden. *Baumann*

Vakuum-Stahlbehandlungsverfahren. Bei der Einführung der ersten V.-Behandlungsverfahren zur Stahlerzeugung in der zweiten Hälfte der 50er Jahre stand die Aufgabe der Stahlentgasung im Vordergrund. Sehr bald konnte jedoch gezeigt werden, welche vielfältigen qualitativen und wirtschaftlichen Möglichkeiten eine Nachbehandlung von Stahlschmelzen in der Gießpfanne bietet. Aus der Pfannenentgasung entwickelte sich die →Pfannenmetallurgie, durch die den Schmelzaggregaten nur noch die Aufgabe verbleibt, den flüssigen Stahl mit der benötigten Temperatur und dem erforderlichen niedrigen Phosphorgehalt herzustellen, während die übrigen Aufgaben einer Nachbehandlung in der Gießpfanne oder einem nachgeordneten Konvertergefäß vorbehalten bleiben. Die Pfannenmetallurgie besteht aus mannigfaltigen unter V. oder atmosphärischem Druck arbeitenden Verfahren, die in Anpassung an die verschiedenen Aufgabenstellungen entwickelt wurden.

Zu den V.-S. zählen beispielsweise das →VAD-Verfahren, →V.-Frischverfahren, →V.-Heberverfahren, →V.-Umlauffrischverfahren und das →V.-Umlaufverfahren. *Baumann*

Vakuum-Umlauffrischverfahren. Die Weiterentwicklung des V.-Umlaufverfahrens führte zum V.-U., Ruhrstahl-Heraeus-Oxygen-Blowing-Verfahren (→RH-OB-Verfahren) genannt. Bei dem besonders für nichtrostende Stähle eingesetzten RH-OB-Verfahren wird die beispielsweise aus dem →Konverter oder aus dem →Lichtbogen-Schmelzofen mit 0,2–0,6 % Kohlenstoff und der ungefähren Legierungszusammensetzung des fertigen Stahls kommende Schmelze im V.-Gefäß mit Sauerstoff auf niedrige Kohlenstoffgehalte heruntergefrischt

und fertiggemacht. Der Sauerstoff wird durch eine wassergekühlte, von oben in das Gefäß reichende Lanze auf die umlaufende Schmelze geblasen. Das Frischen mit Sauerstoff beginnt nach einer Druckerniedrigung auf $2{,}66 \cdot 10^3 - 6{,}66 \cdot 10^3$ Pa. Kohlenstoffgehalte von weniger als 0,02 % werden ohne nennenswerte Chrom-Verluste erreicht. Nach Frischende erfolgt unter V. die Desoxidation der Schmelze und die Feineinstellung der Endanalyse. *Baumann*

Vakuum-Umlaufverfahren. Zur V.-Behandlung von Massenstählen wurde nach 1980 meist das Ruhrstahl-Heraeus-Verfahren (→RH-Verfahren) eingesetzt. Das ist ein Teilmengen-Entgasungsverfahren. Bei einer Anlage zur Durchführung dieses Verfahrens befinden sich am Boden des V.-Gefäßes 2 feuerfest ausgekleidete Rohrstutzen, von denen der eine als Einlaufstutzen und der andere als Auslaufstutzen dient (Bild). Die Stutzen tauchen in die Schmelze ein, und das V.-Gefäß wird evakuiert. Infolge des atmosphärischen Drucks steigt die Schmelze in das V.-Gefäß. Gleichzeitig wird in den Einlaufstutzen Argon als Fördergas eingeleitet, das eine Anhebung des Schmelzenspiegels im V.-Gefäß und die Entgasung der dortigen Schmelze beschleunigt. Die entgaste Schmelze fließt durch das Auslaufrohr in die →Pfanne zurück.

Die RH-Behandlungsgefäße können entweder fahrbar oder drehbar angeordnet sein. Dabei benötigt eine Anlage mit fahrbarer Anordnung für das Wechseln der Gefäße einen größeren Raum als eine Anlage mit drehbarer Anordnung. Die Stahlpfannen können entweder mit einem Wagen oder

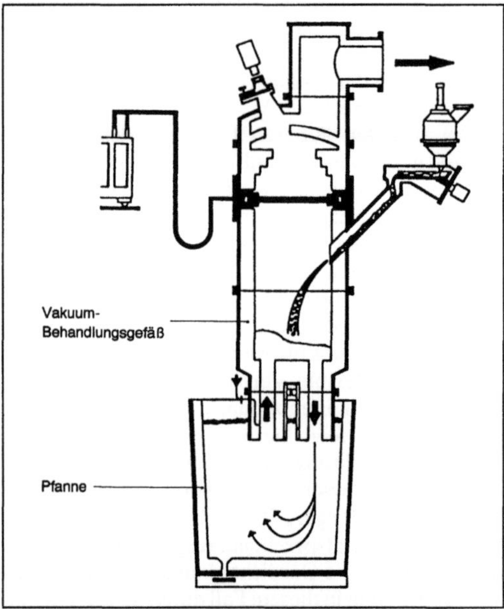

Vakuum-Umlaufverfahren: Arbeitsprinzip.

einem Pfannendrehturm zur Stahlbehandlung in die RH-Anlage eingebracht werden. Eine Planung mit schwenkbaren RH-Behandlungsgefäßen einerseits und einem Drehturm für den schnellen Pfannenwechsel andererseits führt zu größtmöglichen Nutzungshauptzeiten der RH-Anlagen. Dabei liegen ohne Berücksichtigung der Pfannen-Transportzeiten die Pfannen- und Gefäß-Wechselzeiten in der Größenordnung von 4 min.

Die →Verfügbarkeit einer RH-Anlage ist im wesentlichen von der Haltbarkeit der feuerfesten Zustellung der Behandlungsgefäß-Teile abhängig. In Anlagen mit einem Behandlungsgefäß erfordert jeder Stutzen- oder Gefäßteilwechsel einen Produktionsausfall von mehreren Stunden. Bei Anlagen mit 2 Behandlungsgefäßen kann das Gefäß in weniger als 10 min gewechselt werden. Die Investition für ein Doppel-Gefäßkonzept ist insbes. infolge eines zweiten Behandlungsgefäßes sowie eines Gefäßwechselsystems größer als für ein Ein-Gefäßkonzept. Die betrieblichen Verarbeitungskosten erhöhen sich bei dem Doppel-Gefäßkonzept im wesentlichen infolge des höheren Kapitaldiensts und der Vorheizung des Reservegefäßes für den unmittelbaren Einsatz nach dem Wechsel. *Baumann*

Variantenkonstruktion. Die V. ist eine Konstruktionsart, bei der ein vorgegebener Entwurf (Entwerfen) beibehalten wird. Beim Ausarbeiten werden vornehmlich durch die →Variation von Abmessungen besondere quantitative Anforderungen erfüllt.

Hierunter fällt auch die Konstruktion von Baureihen. Die Häufigkeit in der Industrie beträgt im Mittel ca. ein Fünftel der gesamten Konstruktionskapazität. *Ehrlenspiel*

Variante / Merkmal	1	2	3	4	5	6
Art	⊙	⊙				
Form	⊙	⊙	⊙	⊙	⊙	⊙
Lage	⊙	⊙	⊙			
Größe	⊙	⊙				
Zahl	⊙	⊙	⊙	⊙	⊙	

Variation (Konstruktionsverfahren) 1: Wirkgeometrie bei formschlüssigen Wellen-Naben-Verbindungen. (Quelle: Pahl, Beitz)

Variation (Konstruktionsverfahren). Unter V. beim Konstruieren versteht man vornehmlich die gezielte Veränderung der Gestalt vorhandener Bauteile oder Maschinen zum Erzeugen neuer Lösungen. Als Hilfsmittel bedient man sich dabei sog. Variationsmerkmale und danach gegliederter Beispielsammlungen. Während des Konzipierens wird man zunächst die für die Funktion wesentliche Gestalt (Wirkflächen) und die durch die Gestalt erzwungenen Bewegungen (Wirkbewegungen) variieren (Bild 1).

Beim Entwerfen und Ausarbeiten werden zur Bauteiloptimierung sowie für verschiedene Fertigungsverfahren und Verbindungsarten Varianten gebildet (Bild 2). *Ehrlenspiel*

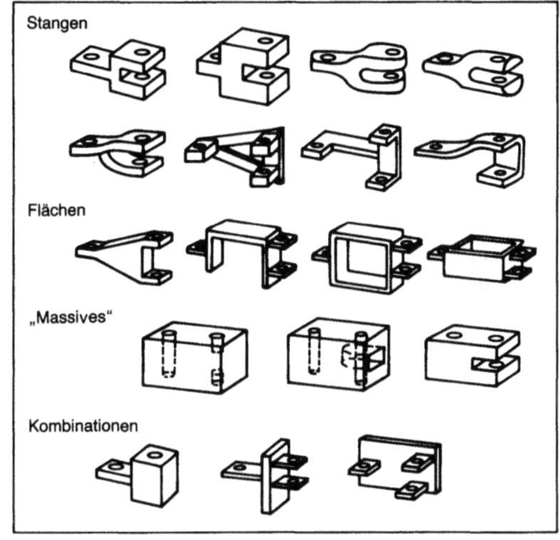

Variation (Konstruktionsverfahren) 2: Gabelglied. (Quelle: Tjalve)

Literatur: *Pahl, G., u. W. Beitz:* Konstruktionslehre. Berlin 1986. – *Tjalve, E.:* Systematische Formgebung für Industrieprodukte. Düsseldorf 1978.

Variationsmerkmal →Variation

Ventil.
1. Kolbenverdichter. Durch das Saug-V. gelangt das Gas in den →Zylinder eines Kolbenverdichters, durch das Druck-V. strömt das verdichtete Gas in die Druckleitung oder (bei mehrstufigen Verdichtern) in den →Zwischenkühler.

Sowohl die Saug-V. als auch die Druck-V. von Kolbenverdichtern sind selbsttätige V., die je nach der anliegenden Druckdifferenz öffnen oder schließen (Bild). Wichtig sind:
☐ große Strömungsquerschnitte, ergeben geringe Druckverluste, damit hohen →Liefergrad und geringe Leistungsverluste;
☐ weiche V.-Federn, ergeben leichtes Öffnen bei geringer Druckdifferenz;

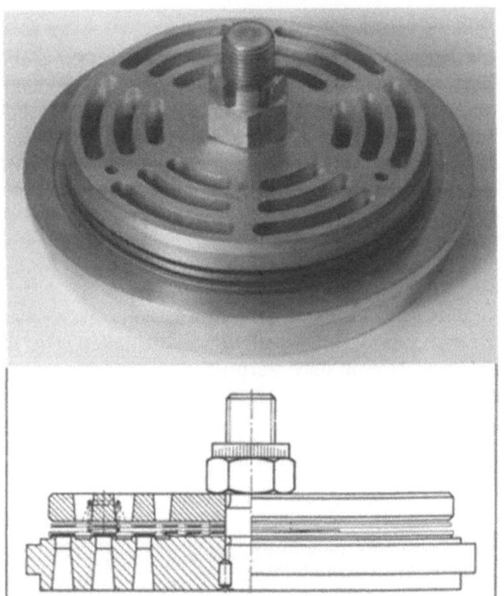

Ventil (Kolbenverdichter): Ansicht und Schnitt eines Druckventils für Kolbenverdichter. (Quelle: Dienes)

□ geringe bewegte Massen, bewirken schnelles Öffnen und schwächeren Schlag beim Schließen;

□ geringer Plattenhub, führt zu rascher Freigabe des vollen Strömungsquerschnitts und schwächerem Aufschlagen auf den V.-Sitz.

Statt einzelner Schraubenfedern wird oft eine Plattenfeder verwendet. Zwischen V.-Platte und V.-Feder werden vielfach Dämpferplatten angeordnet, die V.-Platten-Schwingungen verhindern sollen. *Kuhlmann*

2. Verbrennungsmotor. Einlaß- und Auslaß-V. steuern beim →Viertaktmotor den →Gaswechsel. Sie werden von einer →Nockenwelle im richtigen Rhythmus geöffnet (V.-Trieb).

Die Anforderungen an Ventile von Verbrennungsmotoren sind:

□ geringe Masse, damit die Massenkräfte beim Öffnen und Schließen nicht zu groß werden;

□ Verschleißfestigkeit an der Sitzfläche; kann durch aufgeschweißte Panzerung erhöht werden;

□ Temperatur- und Korrosionsbeständigkeit, da der V.-Teller vom →Brennraum her sehr aufgeheizt wird und besonders bei Verwendung minderwertiger Kraftstoffe (Schweröl) korrosivem Angriff ausgesetzt ist.

Da das geöffnete Auslaß-V. von heißem Abgas umströmt wird, nimmt es noch höhere Temperaturen an als das Einlaß-V. Je nach Höhe der thermischen Beanspruchung werden hochwarmfeste Stähle als V.-Werkstoff eingesetzt. Bei natriumge-

füllten Auslaß-V. ist die Wärmeabfuhr vom V.-Teller zum V.-Schaft verbessert. Bei Schiffsmotoren, die mit Schweröl betrieben werden, gehören die V. mit zu den Bauteilen, für die eine weitere Erhöhung der Standzeiten wünschenswert wäre. *Kuhlmann*

Ventilationsverlust. Er entsteht in Turbomaschinen auf Grund nicht ausreichend oder falsch durchströmter Laufräder. Das →Arbeitsfluid zwischen den Laufschaufeln wird verwirbelt und dadurch aufgeheizt. Die für diesen Betriebszustand einzubringende Energie ist der V.

Er ist ein Teil der Verluste bei Teilbeaufschlagung. Ventilation in der Beschaufelung kann auch bei extrem kleiner Teillast in Kraftwerksturbinen oder in Kondensationsturbinen mit einer auf festen Druck geregelten Entnahme auftreten. Um dabei eine unzulässige Aufheizung im Dauerbetrieb zu vermeiden, muß die Beschaufelung von einer der Kühlung dienenden Mindestmenge durchströmt werden.

Der V. hängt ab von der Umfanggeschwindigkeit und der betroffenen Ringfläche der Laufschaufeln, von der Fluiddichte, von der Schaufelgeometrie und Schaufelanordnung im Gitter und von der Drehrichtung (z. B. Rückwärtsturbine bei Vorwärtsfahrt eines Schiffes). *Ziemann*

Ventilator. Strömungsmaschine, die von Gas, meist Luft, durchströmt wird, wobei nur eine geringe Druckerhöhung (bis 10 kPa) erzielt wird. Der V. gehört zu den thermischen Strömungsmaschinen und ist eine →Arbeitsmaschine.

Zur Druckerhöhung wird nach dem Arbeitsprinzip Strömungsmaschinen mechanische Energie der Antriebswelle in Strömungsenergie umgewandelt, indem das Gas ein mit Schaufeln bestücktes →Laufrad durchströmt. Die spezifische Energieänderung ist so gering, daß die Kompressibilität des Gases ohne Bedeutung ist, so daß mit konstantem spezifischem Volumen $v_E = v_A = v = konst$ gerechnet werden kann. Damit ist die spezifische Strömungsarbeit $y = v (p_A - p_E)$.

Die Temperaturerhöhung ist vernachlässigbar gering.

Der →Volumenstrom kann sehr groß (bis $\dot{V} = 500\ m^3/s$) sein. V. sind zum Belüften von Räumen aller Größenordnungen, zum Bewettern von Bergwerken und Tunnelsystemen, zum Absaugen und Luftzufuhr in Kessel- und Trocknungsanlagen, in Haushaltsgeräten u. a. einsetzbar.

V. werden einstufig als Axial- und Radial-V. ausgeführt. Ihre Konstruktion ist sehr einfach, da keine großen Strömungskräfte auftreten. Auch sind Strömungs- und Umfanggeschwindigkeiten gering. Die Gehäuse sind geschweißte und geschraubte Blechkonstruktionen. Auch die Laufräder bestehen meist aus Blech mit genieteten Blechschaufeln. Bild 1 zeigt einen Axial-V. mit Drallregler und Diffusor. Meist werden die Laufräder ohne Reaktion ausgelegt, d. h. die übertragene Energie erhöht nur die Geschwindigkeit, die dann im folgenden →Leitrad und Diffusor mit Drucksteigerung verzögert wird. Bei Radial-V. (Bild 2) findet dagegen die Druckerhöhung im Laufrad statt. Die Laufradaustrittsgeschwindigkeit ist so gering, daß man meist auf eine Leitvorrichtung mit Diffusorwirkung verzichtet. Die Auswahl des geeigneten V. nach Typ und Größe erfolgt in Abhängigkeit von Volumenstrom, spezifischer Energieerhöhung und Drehzahl nach der Drehzahlkenngröße, die im →Cordier-Diagramm dargestellt ist. Aus dem Cordier-Diagramm folgt die zugehörige Durchmesserkenngröße, die die Größe des V. angibt. *Rauhut*

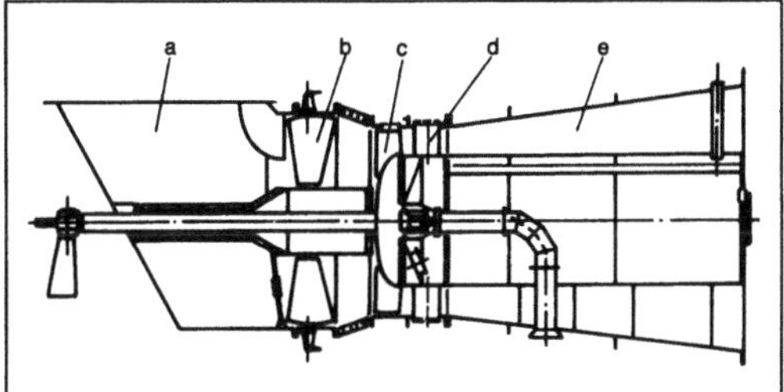

Ventilator 1: Axialventilator.

a Eintritt, b Drallregler, c Laufrad, d Leitrad, e Diffusor

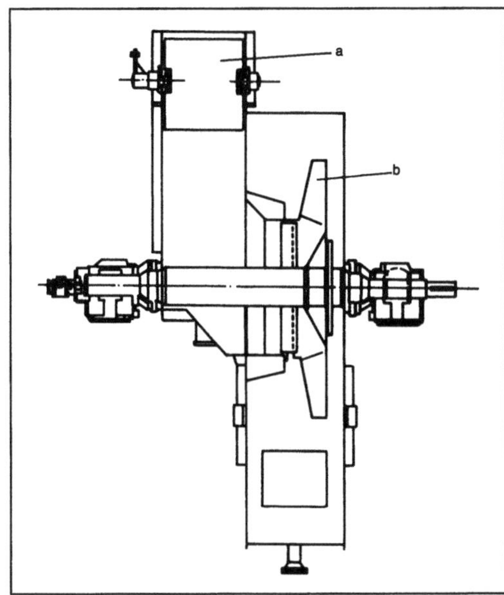

Ventilator 2: Radialventilator.

a Drallregler im Eintritt, b Laufrad

Literatur: *Eck, B.:* Ventilatoren. 5. Aufl. Berlin, Heidelberg 1977.

Ventilspiel. Spiel im →Ventiltrieb von Viertaktmotoren, das im Rahmen von Wartungsarbeiten genau eingestellt werden muß.

Während der Kompression, Verbrennung und Expansion müssen die Ventile eines Viertaktmotors absolut dicht schließen, da schon eine geringe Undichtigkeit zum Ventilschaden führen würde. Daher ist ein geringes Spiel im Ventiltrieb erforderlich. Dieses Spiel muß so groß bemessen sein, daß es unter allen Betriebsbedingungen erhalten bleibt, auch dann z. B., wenn sich die Bauteile des Motors beim Warmlauf infolge unterschiedlicher Temperaturen oder unterschiedlichen Materials verschieden stark ausdehnen. Auf der anderen Seite soll das V. nicht zu groß sein, weil sonst Stöße beim Auflaufen des Stößels auf den Nocken und beim Schließen des Ventils auftreten.

Da sich das V. durch →Verschleiß vergrößern oder durch Einschlagen des Ventils am Sitz verkleinern kann, muß es entsprechend den Wartungsvorschriften in bestimmten Intervallen überprüft und ggf. neu eingestellt werden. Während man ein zu großes V. evtl. am Geräusch erkennen kann, läßt sich der gefährlichere Fall eines zu kleinen V. nur durch Nachmessen feststellen. Das Einstellen des V. erübrigt sich, wenn der Motor mit Hydrostößeln (automatischer V.-Ausgleich) ausgestattet ist. *Kuhlmann*

Ventiltrieb. Zum V. eines Viertaktmotors gehören die Ventile, die Ventilfedern sowie die komplette Ventilbetätigung einschl. →Nockenwelle (→Viertakt-Gaswechsel).

Grundsätzlich ist zwischen einem V. mit untenliegender (Bild 1) und einem mit obenliegender Nokkenwelle zu unterscheiden. Gezeichnet wurde nur das Einlaßventil. Das Auslaßventil, das von einem versetzten Nocken auf gleiche Weise betätigt wird, hat man sich dahinterliegend vorzustellen. Vorteil der untenliegenden Nockenwelle ist der einfache stabile Antrieb über ein Stirnradpaar. Weil sich beim →Viertaktmotor ein →Arbeitsspiel über zwei Kurbelwellenumdrehungen erstreckt, muß die Nokkenwelle (auch Steuerwelle genannt) mit halber Kurbelwellendrehzahl angetrieben werden. Von der Form des Nockens hängt die Stößelbewegung und damit die Ventilbewegung ab. Die Lauffläche des Stößels ist oft flach, kann aber auch gewölbt oder als →Rolle ausgebildet sein. Natürlich erfordert ein Rollenstößel eine andere Nockenform als ein Flachstößel. Die Bewegung des Stößels wird über die Stoßstange auf den Kipphebel übertragen. Der Kipphebel betätigt schließlich das →Ventil. Dabei wird entsprechend den Hebelarmen des Kipphebels eine Übersetzung ins Schnelle vorgenommen. Solange das Ventil beim Öffnen beschleunigt wird, liegen alle genannten Teile des V. fest aneinander. Bei der anschließenden Verzögerung der Ven-

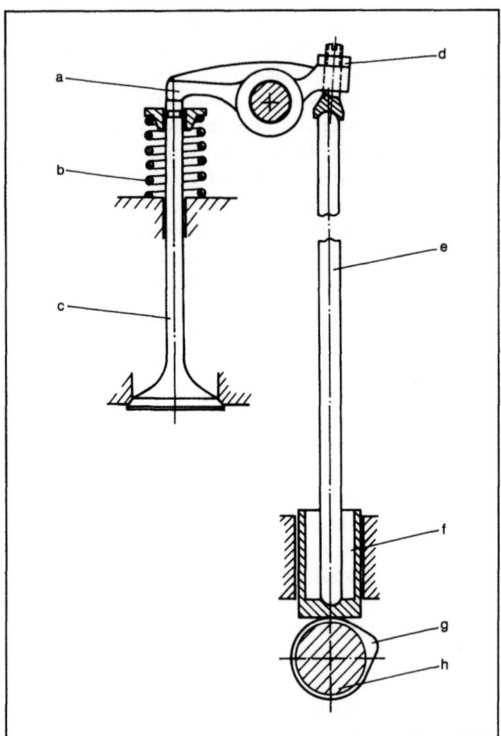

Ventiltrieb 1: Mit untenliegender Nockenwelle (Schemaskizze).

a Kipphebel, b Ventilfeder, c Ventil, d Ventilspieleinstellung, e Stoßstange, f Stößel, g Nocken, h Nockenwelle

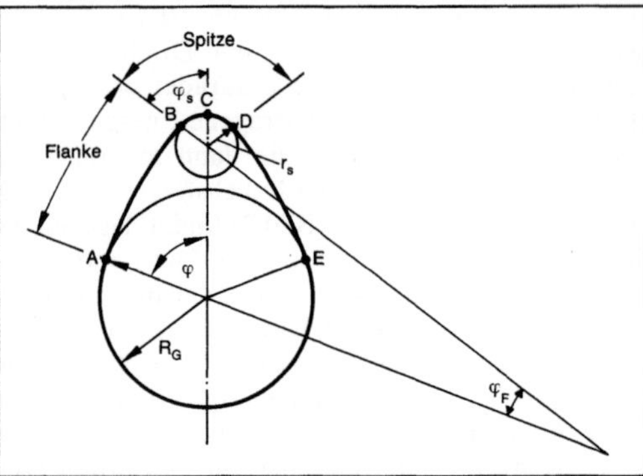

Ventiltrieb 2: Nocken für einen Flachstößel.

r_s Spitzenradius, ρ_F Flankenradius, R_G Grundkreisradius, φ Nockenwinkel, φ_F Flankenwinkel, φ_s Spitzenwinkel

tilbewegung muß die Ventilfeder ein Abheben der Bauteile voneinander verhindern. Die Ventilfeder muß nach den auftretenden Massenkräften ausgelegt werden. Dabei ist noch eine Reserve wegen möglicher Schwingungen im V. vorzusehen.

Bild 2 zeigt einen Nocken für einen Flachstößel. Die Ventilbewegung beginnt, wenn der Stößel bei Punkt A auf die Flanke aufläuft. Auf der Flanke wird das Ventil beschleunigt. Nach Drehung der Nockenwelle um den Winkel φ_F berührt der Stößel den Nocken im Punkt B. Nun beginnt die Verzögerung des Ventils, wobei die Ventilfeder für den Kraftschluß aller Teile des V. zu sorgen hat. Nach Drehung der Nockenwelle um den Winkel φ_s hat das Ventil im Punkt C seine größte Öffnung und die Geschwindigkeit null erreicht. Von C nach D bewirkt die Ventilfeder eine Beschleunigung in die entgegengesetzte Richtung (entspricht der Verzögerung von B nach C). Von D nach E bremst der Nocken die Ventilbewegung bis auf die Geschwindigkeit null ab (entspricht der Beschleunigung von A nach B). Im Bild nicht gezeichnet, befindet sich vor dem Punkt A und hinter dem Punkt E noch ein kleiner Vornocken, der zum Überbrücken des Ven-

tilspiels dient. Das →Ventilspiel, d. h. ein sehr geringes Spiel zwischen den Teilen Nocken, Stößel, Stoßstange, Kipphebel und Ventil, ist unbedingt erforderlich, damit die Dichtheit zwischen Ventil und Ventilsitz bei geschlossenem Ventil gewährleistet ist.

Bei kleinen, schnellaufenden Motoren (z. B. bei Pkw-Motoren) werden obenliegende Nockenwellen bevorzugt. Wegen der kompakten, steifen Bauweise werden dabei Schwingungen im V. weitgehend vermieden. Die dann im →Zylinderkopf gelagerte Nockenwelle wird meist über Zahnriemen oder Ketten angetrieben. Je nach Brennraumform und Lage der Ventile werden manchmal auch zwei Nockenwellen vorgesehen, je eine für die Einlaßventile und die Auslaßventile.

Die Ventile sind thermisch hochbelastete Bauteile eines Viertaktmotors. Um thermischen Verzug der Ventile zu vermeiden, werden manchmal Ventildrehvorrichtungen vorgesehen. Bei großen Motoren findet man auch gekühlte Ventile. Um größere Strömungsquerschnitte verwirklichen zu können, setzt man bei größeren Hochleistungsmotoren seit langer Zeit 4 Ventile je Zylinder ein (je 2 Einlaß- und Auslaßventile). Neuerdings werden auch Pkw-Motoren mit mehr als 2 Ventilen je Zylinder gebaut. Wegen des bedeutenden Einflusses auf den →Liefergrad und damit auf die Leistung des Motors werden immer wieder Sonderkonstruktionen im Bereich des Ventiltriebs vorgeschlagen und ausgeführt. *Kuhlmann*

Literatur: *Bensinger, W. D.*: Die Steuerung des Gaswechsels in schnellaufenden Verbrennungsmotoren. Berlin, Heidelberg, New York 1968. – *Mettig, H.*: Die Konstruktion schnellaufender Verbrennungsmotoren. Berlin, New York 1973. – *Urlaub, A.*: Verbrennungsmotoren. 3. Bd. Berlin 1989.

Ventilüberschneidung. Überschneidung der Öffnungszeiten von Einlaß- und Auslaßventil bei Viertaktmotoren.

Die Steuerzeiten eines Viertaktmotors werden oft so gewählt, daß das Einlaßventil schon öffnet, ehe das Auslaßventil ganz geschlossen ist. Zwischen den Zeitpunkten „Einlaß öffnet" und „Auslaß schließt" ergibt sich also eine V., die unterschiedliche Wirkungen haben kann:

☐ Bei hohen Drehzahlen kann eine V. im Zusammenwirken mit gasdynamischen Effekten in der Saug- und Abgasleitung zu einer Erhöhung des Liefergrads und damit einer Erhöhung der Leistung führen.

☐ Bei Ottomotoren führt eine V. bei niedrigen Drehzahlen und geringer Last zu einem erhöhten Restgasanteil (Abgas) in der Zylinderfüllung.

☐ Bei aufgeladenen Ottomotoren vermeidet man eine V., weil sonst eine Überspülung von →Kraftstoff in die Abgasleitung auftritt.

☐ Bei aufgeladenen Dieselmotoren bevorzugt man eine größere V., weil dadurch Luft überspült wird, die den →Brennraum von innen her kühlt (Innenkühlung). *Kuhlmann*

Verbaugerät. V. dienen im Tiefbau der vorübergehenden Grabenwandsicherung. Sie werden unterschieden in:

☐ Grabenverbauhilfsgeräte: Stellkästen oder Führungsschienen zum Einbringen von lotrechten oder waagerechten Verbauteilen aus Holz oder Stahl;

Verbaugerät: Einbau mittig gestützter Verbauplatten.

☐ Verbaufelder: aus Einzelteilen unter Verwendung von Holzbohlen zusammengesetzte Verbaueinheiten;

☐ Verbauplatten: großflächige, mittig gestützte (Bild) oder randgestützte Elemente, die mit den Streben eine Verbaueinheit bilden, bzw. in Gleitschienen oder Doppelgleitschienen geführte Stahlplatten;

☐ Dielenkammerelemente: aus seitlichen Plattenelementen niedriger Bauart und üblichen Stützen zusammengesetzte Elemente, die Kanaldielen beim Einrammen oder -drücken führen und gleichzeitig im oberen Grabenbereich aussteifen (Gurtung).

Beim Auffahren von Tunneln in Gebirgen ungenügender Standfestigkeit muß vor dem endgültigen Ausbau des Hohlraums eine vorübergehende Sicherung geschaffen werden, um Menschenleben und die Bauwerke nicht zu gefährden. Die Entwicklung der Geräte für den Verbau und damit zur Sicherung des Tunnels während des Vortriebs wurde durch die zur Verfügung stehenden Baumaterialien stark geprägt. Bestand früher eine klare Trennung zwischen vorübergehender und endgültiger Ausbruchsicherung, so sind heute die Übergänge fließend. *Kühn*

Verbindungsart. Die V. ist ein Unterscheidungsmerkmal von Verbindungen zwischen Bauteilen (Maschinenteilen). Gebräuchlich ist die Unterteilung in feste (starre) und bewegliche Verbindungen (Bild).

Feste Verbindungen lassen an der Verbindungsstelle unter der Einwirkung von Betriebskräften keine gegenseitige Bewegung der Teile zu. Feste Verbindungen lassen sich weiter unterteilen in:

☐ stoffschlüssige Verbindungen: Hierbei wird der Zusammenhalt durch innere Kräfte gewährleistet;

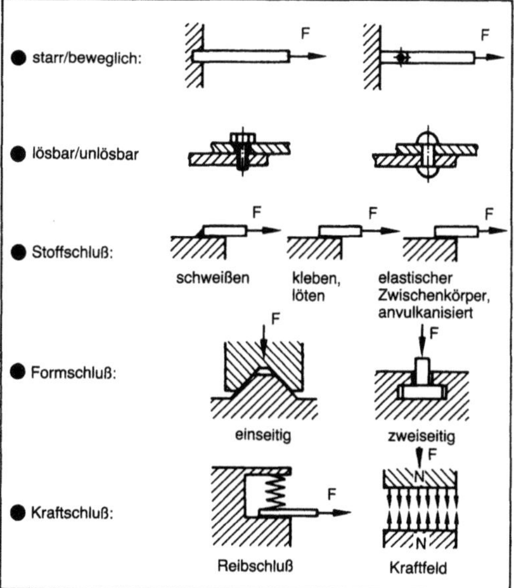

Verbindungsart.

□ formschlüssige Verbindungen: Hierbei wird der Zusammenhalt ohne ständig wirksame Kräfte (Vorspannung) allein durch die Gestalt der Teile gewährleistet;

□ kraftschlüssige Verbindungen: Hierbei wird der Zusammenhalt durch ständig wirkende äußere Kräfte gewährleistet.

Bewegliche Verbindungen lassen sich nach ihren Bewegungsmöglichkeiten (Gelenkfreiheitsgraden) unterteilen. Möglich ist außerdem eine Unterscheidung in lösbare (zerstörungsfrei demontierbare) und unlösbare Verbindungen. *Ehrlenspiel*

Literatur: *Roth, K.:* Analyse und systematische Einteilung fester Verbindungen. Konstruktion 36 (1984) Nr. 7, S. 241/52.

Verbindungselement →Schrauben/Nieten

Verbindungstechnik.
1. elektrische. Die Gliederung für Auswahl und Einsatz der elektrischen Verbindungen in Geräten und Systemen berücksichtigt die Art der Verbindung (fest, lösbar) und die Anschlußtechnik (Tabelle).

Verbindungstechnik, elektrische. Tabelle: Gliederung der Anschlußtechniken.

Elektrische Anschlüsse	
feste Verbindung	lösbare Verbindung
Handlöten	Schrauben
Maschinenlöten	Stecken
Quetschen/Crimpen (lötfreie Verbindungen nach DIN 41611)	Klammern, Termi-point (lötfreie Verbindungen nach DIN 41611)
Wickeln (Wire-Wrap) (lötfreie Verbindungen nach DIN 41611)	Federklemmen
Schneidklemmen (lötfreie Verbindungen nach DIN 41611)	Schalten
Einpressen (lötfreie Verbindungen nach DIN 41611)	
Schweißen, Bonden	
Kleben	

Die lösbaren Verbindungen ermöglichen bei Montage, Prüfung, Installation, Betrieb, →Wartung und für Nachrüstung oder Austausch von Baugruppen oder Bauelementen schnelle Herstellung und Trennung der Verbindung, ohne daß ein beteiligtes Verbindungselement beschädigt oder dejustiert wird. Lösbare Verbindungen können oft die Herstellkosten merklich erhöhen.

Die Funktion jeder Verbindung ist, zuverlässig Signale (analoge, digitale) oder Energie mit zulässigem Verlust weiterzuleiten. Neben dieser primären Funktion können sekundäre Funktionen wesentlich die Auswahl oder Neuentwicklung einer Verbindung (z. B. Leiterplatten-Steckverbinder) beeinflussen:

□ Zusätzliche elektrische Funktionen: voreilende Kontakte (Schutzkontakte), Stecker unter Spannung, Berührungsschutz, Schirmung.

□ Mechanische Funktionen: Austauschbarkeit, Schutz gegen falsches Stecken, Schnittstellenfunktion (Raster, Teilung, Befestigung), Stabilität, z. B. Steckkräfte, unzulässige Beanspruchung, Kontaktbezeichnung, Verriegelung, Herstellungs-, Prüfungs- und Wartungsfunktionen.

Bei der Spezifikation der Anforderungen und der dazu gehörigen Prüfungen leisten nationale und internationale Vereinbarungen in Form von Normen und Vorschriften, z. B. von Postverwaltungen, Hilfe für Hersteller und Anwender.

Elektrische Verbindungen werden selten redundant ausgeführt, was bedeutet, daß z. B. durch einen fehlerhaften Steckkontakt ganze Geräte oder Teilsysteme ausfallen können. Wichtige Anforderungen sind für lötfreie Verbindungen daher folgende:

□ Elektrische Anforderungen: Durchgangswiderstand, Strombelastbarkeit.

□ Mechanische Anforderungen: Maße und Toleranzen, statische und dynamische Festigkeit (besonders zu beachten bei Einsatz in erdbebengefährdeten Gebieten, Transportbeanspruchung), Bezeichnungen.

□ Klimatische und Umweltanforderungen: Wärme, Feuchtigkeit, Temperaturwechsel, Luftverunreinigung.

□ Anforderungen für Herstellung, Prüfung: Werkzeuge, Lehren, Prüfverfahren.

Neben den vielen Varianten der elektrischen Verbindungen werden zunehmend in neuen Systemen und Nachrichtennetzen optische Verbindungen eingesetzt. *Lauruschkat*

Literatur: VDI-Ber. Nr. 620, 673, 806: Verbindungstechnik für elektronische und elektro-optische Geräte und Systeme. Düsseldorf 1986, 1988, 1990. – VDI-Ber. Nr. 426: Lötfreie Einpreßverbindungen in Leiterplatten und Wire-Wrap, ein lötfreies Verdrahtungsverfahren. Düsseldorf 1981. – *Brummer, H.:* Elektronische Gerätetechnik. Würzburg. – DIN 41611. Tl. 1–9: Lötfreie elektrische Verbindungen. Berlin. – DIN IEC 68. Bl. 1: Grundlegende Umweltprüfverfahren. Berlin. – ANSI/IPC-S-815 B dt.: Allgemeine Anforderungen an das Löten von elektrisch leitenden Verbindungen. Hrsg. VDI/VDE-Ges. Feinwerktechn. Ausg. Dez. 1987.

2. elektronische. Die Aufgaben der e. V. sind die Montage, Kontaktierung und Verdrahtung von Bauelementen. Die Aufgabe des Datentransports innerhalb eines Geräts und außerhalb zwischen Geräten übernehmen Busse.

Technologische Fortschritte in der Halbleiter-technik und Bestrebungen zur Miniaturisierung, Zuverlässigkeitssteigerung, Werkstoff- und Energieeinsparung erfordern geeignete Materialien und Verfahren. Sie müssen die Funktionssicherung unter den erweiterten physikalisch-chemischen Bedingungen, die für viele neue Elektronikprodukte kennzeichnend sind, mit angemessenen Kosten gewährleisten.

In der →Gerätetechnik erbringt die Mikroelektronik höhere Schaltungskomplexität, Frequenzen, Verlustleistungen, Anschlußzahlen und Chipflächen. In der Leistungselektronik muß die V. höhere Sperrspannungsfestigkeit, Ströme, Frequenzen und Leistungsdichten berücksichtigen. Folgende Teilgebiete sind dabei zu betrachten:
□ Chipmontagetechnik,
□ Chipkontaktierungstechnik,
□ Chipgehäuse/-trägertechnik,
□ →Verbindungstechnik für diskrete Bauelemente,
□ großflächige Substrate.

Die Dickschicht-Hybridmikroelektronik und die Oberflächenmontagetechnik (SMD Surface Mounted Devices oder SMT Surface Mounted Technology) erfüllen die gestellten Anforderungen heute.

Mit den verkleinerten SMD-Bauelementen, die sich sehr gut für die Automatisierung eignen, und der durch die Aufsetztechnik reduzierten Durchkontaktierungszahl auf einer Leiterplatte erreicht man eine 40–60%ige Flächen- und Gewichtsreduzierung.

Schwerpunkt ist das Gebiet der Substratmaterialien mit seiner Materialisierungs- und Verbindungstechnik.

Entsprechend unterschiedlichen Elektronik-Anwendungen werden 3 Materialien als Substrate eingesetzt:
□ Organische Substratmaterialien, für den größten Teil elektrischer und mechanischer Eigenschaften mit dem Nachteil geringer Wärmeleitfähigkeit und Formstabilität.
□ Keramiken sind wegen ihrer besonderen Eigenschaften in der Halbleitergehäusetechnik und Hybridtechnik eingeführt.
□ Verbundwerkstoffe, Kombination aus Metallkern mit einer organischen oder anorganischen Isolationsschicht. Durch Legieren des Metalls kann ein der Keramik angepaßter Ausdehnungskoeffizient erreicht werden.

Im unmittelbaren Zusammenhang mit der Herstellung von Substraten stehen die Verfahren zur Herstellung strukturierter Leiterzüge, die eine haftfeste Verbindung mit dem Isolator eingehen müssen. Die einzelnen Beschichtungsverfahren hängen von Material, Substratgröße und Kosten ab. Kupfer als Leiterwerkstoff auf Trägermaterialien hat hier die führende Bedeutung. Chemische (z. B. Toxizi-tät, Korrosion, Temperaturstabilität) und physikalische (z. B. Oberflächenrauhigkeit, Elastizität, Ausdehnungsfaktor, Wärmeleitfähigkeit) Eigenschaften der Substrate und die zu verwendende V. begrenzen jedoch die Anwendungsmöglichkeiten der verschiedenen Beschichtungsverfahren.

Beim direkten Bonden werden ganzflächige Folien verwendet. Die Haftung erfolgt entweder mittels eines Klebers oder über eine direkte Reaktion der Werkstoffe bei erhöhter Temperatur.

Kondensierte Schichten werden durch Dünnfilm-Sputter-Bedampfungstechnik oder Plasmaabscheidung aus der Gasphase ganzflächig auf dem Trägermaterial abgeschieden. Mit diesen Techniken kann das gesamte Spektrum von Leit- und Widerstandsschichten abgedeckt werden. Die Strukturierung erfolgt entweder durch Naß- oder Trockenätze.

Siebdruckschichten können sich in der Chemie, in der Prozeßtechnik und auch im Anforderungsprofil wesentlich unterscheiden. In der stromlosen Abscheidung von Metallen auf Isolatoren werden chemische Schichten gesehen, da bei ihrer erfolgreichen Anwendbarkeit der bisher recht aufwendigen Dünnfilmtechnik ein kostengünstiges Verfahren gegenüberstünde.

Das Weichlöten ist die Standard-V. in der →Elektronik. Neben der Herstellung der elektrischen Verbindung wird gleichzeitig das Bauelement durch sie mechanisch fixiert und ein Teil der am Bauelement entstehenden Verlustleistung abgeleitet.

Für Verbindungen mit den üblichen Abmessungen (z. B. durchkontaktierte Leiterplatten) kommt man zu brauchbaren Ergebnissen. Die Übernahme des Weichlötens in die Mikro-V., wie sie in der SMD-Technik auftritt, nähert sich den Abmessungen von Phasenbestandteilen erstarrter eutektischer Weichlote. Unterhalb dieser Grenze müssen Wiederaufschmelzverfahren wie Reflow-, Dampfphasen-, Infrarot- und Heißluft-Löten eingesetzt werden.

Zusammengefaßt stellen sich folgende technische Anforderungen an die V. in der elektronischen Gerätetechnik:
□ Möglichkeit des Fügens in kleinster Dimension durch entsprechende Werkstoffzufuhr, Energieeinbringung und Wärmeableitung,
□ begrenzte Erwärmung der elektronischen Komponenten,
□ kurze Erwärmung bei synchronem Fügen zahlreicher Verbindungen auf einem Substrat bzw. an integrierten Bauelementen mit mehreren Anschlüssen,
□ Reproduzierbarkeit aller gütebestimmenden Einflußgrößen derart, daß die Eigenschaften der Mikroverbindung in engen Toleranzen liegen,
□ Beständigkeit gegen mechanische, thermische, elektrische und korrosive Beanspruchung. *Lauruschkat*

Literatur: Mikroperipherik-Verbundvorhaben. 1. Erfahrungsber. Förderungsschwerpunktes des BMFT. Hrsg. VDI/VDE-Technologiezentrum Informationstechnik. Düsseldorf 1986.

3. mechanische. Mechanische Verbindungen halten Teile (V.-Partner) in ihrer Funktionslage zueinander fest. Sie entstehen, wenn die vorbereitenden Teile gefügt und aneinander befestigt werden.

Die zahlreichen Arten von Verbindungen sind geordnet nach Verfahren in Anlehnung an DIN 8593 zu Verbindungsgruppen zusammengefaßt (Tabelle). Eine andere Einteilung etwa nach Eigenschaften (unmittelbare und mittelbare; lösbare, bedingt lösbare und unlösbare Verbindungen) oder nach ihrer Wirkungsweise (Stoff-, Kraft- oder Formschluß) ist nicht zweckmäßig, weil eine klare Abgrenzung nur selten möglich ist.

Unmittelbare Verbindungen sind ohne zusätzliche Verbindungsmittel hergestellt. Mittelbare Verbindungen enthalten zusätzliche Verbindungsmittel, und zwar Verbindungsteile (z. B. Normteile wie Schrauben, Niete u. a.) oder Zulegstoffe (z. B. Lote, Klebstoffe usw.).

Verbindungstechnik, mechanische. Tabelle: Verbindungsgruppen.

Verfahren nach DIN 8593	Verbindungsgruppe	Verbinden durch	Verbindungseigenschaft				
			unmittelbar	mittelbar	lösbar	bedingt lösbar	unlösbar
An- und Einpressen	Spannverbindungen	Schrauben Keilen Federwirkung	x	x	x	x	
		Preßpassen	x	x	x	x	x
Umformen	Stauch- und Biegeverbindungen	Nieten Kerben Bördeln	x	x			x
		Verlappen Aufweiten Einhalsen Einspreizen	x	x		x	x
		Sicken Falzen Einrollen	x	x			x
		Umwickeln Gemeins. Verdrehen Flechten Knoten	x	x		x	x

Verbindungstechnik, mechanische. Noch Tabelle: Verbindungsgruppen.

Verfahren nach DIN 8593	Verbindungsgruppe	Verbinden durch	Verbindungseigenschaft				
			unmittelbar	mittelbar	lösbar	bedingt lösbar	unlösbar
Stoffvereinigen	Lötverbindungen	Metallöten		x		x	x
		Glas- und Keramik-Löten		x			x
	Schweißverbindungen	Metallschweißen Thermoplast-Schweißen Glas-Schweißen	x	x			x
	Klebverbindungen	Kleben mit Klebstoff		x		x	x
		Kleben mit Lösungsmittel	x	x			x
Urformen	Hüllverbindungen	Einbetten (Umgießen, Umpressen, Eingalvanisieren) Einschmelzen Vergießen (Eingießen, Abdichten) Aufvulkanisieren	x	x			x

Lösbare Verbindungen können beliebig oft gelöst und wieder hergestellt werden. Bedingt lösbare Verbindungen können nur wenige Male gelöst und wieder hergestellt werden, weil Beschädigungen an den Verbindungspartnern oder den Verbindungsmitteln auftreten.

Unlösbare Verbindungen können ohne Zerstören von Verbindungspartnern oder Verbindungsmitteln nicht gelöst werden.

Spannverbindungen entstehen und werden aufrecht erhalten durch Spannkräfte, die in den Verbindungspartnern und Verbindungsteilen erzeugt werden.

Stauch- und Biegeverbindungen entstehen durch Umformen eines Verbindungspartners oder Verbindungsteils.

Lötverbindungen entstehen, wenn sich die Moleküle metallischer Zulegstoffe (Lote) an die Verbindungspartner binden. Dabei wird die hindernde Korrosionsschicht durch Flußmittel oder durch Druck beseitigt.

Schweißverbindungen entstehen, wenn sich die Moleküle der Verbindungspartner sowie der ggf. an der Verbindung beteiligten, auf die Verbindungspartner abgestimmten Zulegstoffe aneinander binden. Dabei wird die hindernde Korrosionsschicht durch Schmelzen der Verbindungspartner oder durch Druck beseitigt.

Klebeverbindungen entstehen, wenn sich die Moleküle nichtmetallischer Zulegstoffe (Klebstoffe) an die Verbindungspartner binden oder wenn die Moleküle der Verbindungspartner durch Lösungsmittel befähigt werden, sich aneinander zu binden. Die behindernde Korrosionsschicht wird dabei chemisch oder mechanisch beseitigt.

Hüllverbindungen entstehen durch Umformen, wenn ursprünglich ungeformte Stoffe erstarren und sich dabei mit einem oder mehreren festen Partnern verbinden. *Lauruschkat*

Literatur: VDI/VDE 2251. Bl. 1–6: Feinwerkelemente, Verbindungen. VDI/VDE-Handb. Feinwerktechn. Berlin.

4. optische. Der verstärkte Einsatz von LWL (Lichtwellenleitern) in der Kommunikationstechnik, Datenverarbeitung und Sensortechnik macht eine o. V. erforderlich. Die Tabelle zeigt eine Gliederung der o. V. Kennzeichen jeder V. ist, daß zwei oder mehr Partner definiert verbunden sind, z. B. Glasfaser mit dem Anschlußelement in einem optischen Steckverbinder (Bild 1).

Verbindungstechnik, optische. Tabelle: Optische Verbindungen.

optische Anschlüsse (optische Kopplung)	
feste Verbindung	lösbare Verbindung
Spleißen Koppeln Ankoppeln (Faser-Wandler)	Stecken Klemmen Schalten

Um die Dämpfung von Verbindungsstellen zu minimieren, sind der Achsversatz, der Radial- und der Winkelversatz zwischen Gradienten- oder Einmodenfasern zu optimieren. Es stehen heutzutage Stecker- und Faser-Spleißtechniken zur Verfügung. Die Verbindungen zwischen den einzelnen Fasern werden überwiegend als Spleiße (nicht lösbare Verbindungen) ausgeführt. Diese Spleiße sind in

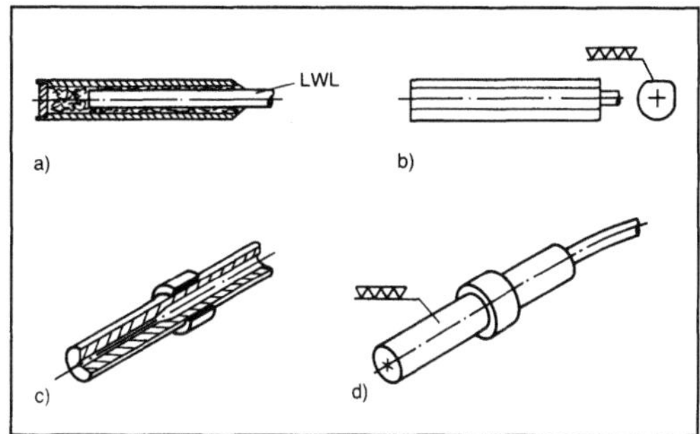

Verbindungstechnik, optische 1: Anschlußelemente für Glasfasern in optischen Steckverbindern.
a) Hülse mit eingesetztem Uhrenstein, Faser eingeklebt.
b) Hülse mit zum Faserkern angeschliffenen Referenzflächen.
c) Metall- oder Keramik-Präzisionshülse (Toleranz $\approx \pm 1\ \mu m$).
d) Außendurchmesser konzentrisch zum Kern des LWL geschliffen.

Verbindungsmuffen untergebracht. Lediglich an den Enden der Strecken wird ein Abschluß zu den Endgeräten als Steckverbindung (lösbare Verbindung) ausgelegt. Um neben Punkt-zu-Punkt-Verbindungen auch komplexere LWL-Netze aufbauen zu können, werden optische Koppler und Wellenlängen-Duplexer bzw. -multiplexer benötigt.

Beim Spleißen von Glasfasern findet die Lichtbogenspleißtechnik weltweit die größte Anwendung. Die beiden zu verbindenden Quarzfasern werden bei einer Temperatur von ca. 2000 °C miteinander verschmolzen. Bei dieser Technik sind keinerlei Zusatzstoffe notwendig (Bild 2).

Lösbare Verbindungen, normalerweise Steckverbindungen, ermöglichen die trennbare Ankopplung einer LWL-Kabel-Strecke an die Endgeräte

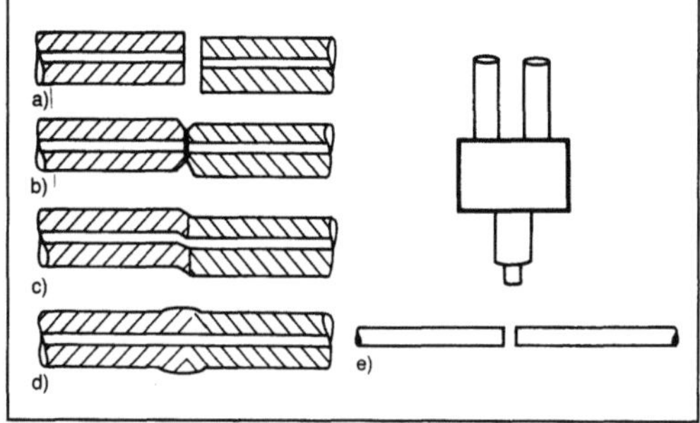

Verbindungstechnik, optische 2: Glasfaserspleißtechnik.
a) Faserjustage.
b) Vorschweißen.
c) Endflächenkontakt.
d) Nach dem Spleißen.
e) Mikroskop-Justage.

(Bild 3). Bei den Steckverbindern gibt es neben den stumpfen Steckverbindungen, die die Faserenden direkt verkoppeln, auch das zweite Prinzip einer Linsenkopplung, bei der der Strahlenweg aufgeweitet wird. Durch den aufgeweiteten Strahl am Verbindungspunkt sind diese Stecker wesentlich unempfindlicher gegenüber axialem und radialem Versatz. Eine kritische Größe ist ein Winkelversatz zwischen den beiden Steckerachsen.

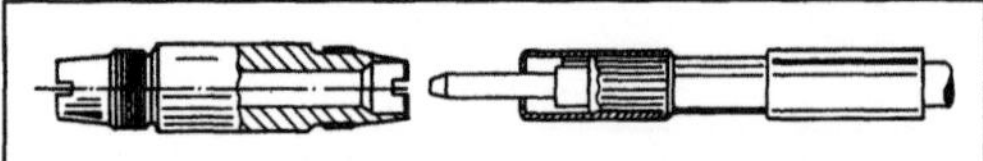

Verbindungstechnik, optische 3: DIN-Stecker für Mehrmodenfasern mit Schraubverbindung.

An Steckverbindungen werden i. a. die folgenden Anforderungen gestellt:
□ geringe Dämpfung,
□ einfache Montage,
□ mechanische Stabilität,
□ gute Reproduzierbarkeit beim Stecken,
□ genormte Ausführungen.
Beim Aufbau von LWL-Systemen stellt die Punkt-zu-Punkt-Verbindung lediglich einen Sonderfall dar. In der Regel treten Verzweigungen mit mehreren Empfängern bis hin zu komplizierten Busstrukturen in Erscheinung.

Ein zentrales Bauelement ist der passive Koppler. Die Leistung teilt sich gleichmäßig auf die Anzahl der Tore auf. Die Koppler werden als Stirnflächen- oder Oberflächenkoppler aufgebaut.

Wellenlängenmultiplexer schaffen die Möglichkeit, mehrere Signale über eine Glasfaser in verschiedenen spektralen Bereichen zu übertragen. Dabei werden über Interferenzfilter bzw. Beugungsgitter Signale von mehreren Fasern auf eine Übertragungsfaser eingekoppelt. Die Trennung der einzelnen Signale erfolgt in umgekehrter Richtung. *Lauruschkat*

Literatur: *Rhoese, H.,* u. *R. Feiertag*: Steckverbinder für Lichtwellenleiter. F & M, Nr. 7, S. 309/14. – Verbindungstechnik in elektronischen und elektro-optischen Geräten und Systemen. VDI-Ber. Nr. 620. Düsseldorf 1986.

Verbleiungsanlage. Eine V. ist ein komplexes technisches System zum Beschichten von Metallen, insbes. Stahl, mit Blei. Solche technischen Systeme arbeiten meist entweder nach dem Schmelztauchverfahren oder nach einem elektrolytischen Beschichtungsverfahren. Für die elektrolytische →Beschichtung wird beispielsweise das Fluoroboratbad mit Stromdichten von maximal 1,5–2 A/dm^2 benutzt. Bei sehr guter Rührung des Elektrolyten kann auch die doppelte Stromdichte angewendet werden. Die Überzüge aus diesem Fluoroboratbad sind feinkörniger und dichter als Überzüge aus anderen Badtypen. Trotzdem gelang es, dieses Bad durch →Variation

der Zusammensetzung noch weiter zu entwickeln und sehr feinkörnige Überzüge zu erhalten, die bereits bei einer Schichtdicke von nur 2,5 µm porenfrei sind.

Auch aus einem Bleibad mit einer komplexen Lösung von Bleisulfat in Ammoniumacetat und Bleiacetat können bereits bei geringer Schichtdicke porenfreie Bleiüberzüge erzielt werden.

Dieser Badtyp läßt sich auch zur Abscheidung von Blei-Kupfer, Blei-Antimon oder Blei-Kupfer-Antimon-Legierungen in Form von dichten, homogenen und porenfreien Metallüberzügen einsetzen. Die Überzüge aus den Bleilegierungen sollen ebenfalls glatt, homogen sowie feinkörnig sein und schon bei Schichtdicken von nur 5 µm im Korrosionstauchversuch gegen Salzsäure der Verdünnung 1:1 und Schwefelsäure mit einem Volumenanteil von 10 % verhältnismäßig lange beständig sein. *Baumann*

Verbleiungsverfahren. Ein V. ist ein Verfahren zum Aufbringen von Schutzüberzügen aus Blei auf Metalle, insbes. auf Stahl. Dabei werden das
□ Tauchen von Metallen in Bleischmelzen (auch Feuerverbleien genannt),
□ Abscheiden von Blei auf Metallen unter Stromdurchgang (elektrolytisches Verbleien) und das
□ stromlose Abscheiden von Blei in dünnen Schichten (Sud-Verfahren genannt),
unterschieden. Das Verbleien dient als Schutz gegen aggressive Gase und Flüssigkeiten, besonders gegen solche, die Schwefelsäure oder deren Salze enthalten.

Der gute →Korrosionsschutz einer Bleibeschichtung beruht auf der Bildung von unlöslichen Schutzschichten von Bleisulfat und Bleisulfit. Bleiüberzüge können also vorwiegend dort eingesetzt werden, wo eine große Beständigkeit gegen Chemikalien und aggressive Außenatmosphäre notwendig ist. *Baumann*

Verbrauch →Energie für Kraftfahrzeuge

Verbrennung.
1. Dieselmotor. Das wichtigste Kennzeichen der V. im →Dieselmotor ist die →Selbstzündung des in den →Brennraum eingespritzten Kraftstoffs.

Der Vorgang der V. im Dieselmotor läuft folgendermaßen ab: Zunächst wird die V.-Luft durch den aufwärtsgehenden →Kolben hoch verdichtet; dadurch steigt ihre Temperatur sehr an (z. B. auf 600 °C). In diese Luft spritzt die →Einspritzdüse den →Kraftstoff ein, wobei er in feinste Tröpfchen zerfällt. An der Oberfläche dieser Tröpfchen verdampft der Kraftstoff und vermischt sich mit der umgebenden Luft (innere →Gemischbildung). Durch die hohe Temperatur treten nun ein Zerfall der Kraftstoffmoleküle und chemische Verbindungen mit dem Sauerstoff der Luft auf. In dieser Zeit der Vorreaktionen, die Zündverzug genannt wird, entsteht noch relativ wenig Wärme. Danach steigt die Reaktionsgeschwindigkeit so rapide an, daß deutlich Wärme freigesetzt wird, die zur Temperatur- und Druckerhöhung führt. Dieser Augenblick nennt sich V.-Beginn. Nun läuft die V. nach einem zeitlichen Ablauf weiter, der von der Einspritzung, der Brennraumform, der Luftbewegung im Brennraum, den Kraftstoffeigenschaften und anderen Bedingungen abhängt. Der →Brennverlauf und die Dauer der V. beeinflussen die Steilheit (Geschwindigkeit) des Druckanstiegs, den →Spitzendruck im Zylinder und die Vollständigkeit der V.

Die →Leistungsregelung erfolgt beim Dieselmotor einfach dadurch, daß mehr oder weniger Kraftstoff eingespritzt wird. Das bedeutet, daß das →Verbrennungsluftverhältnis von der Last des Motors abhängt. Bei →Leerlauf ist es am größten, bei Vollast am kleinsten. Deshalb kann es bei Vollast oder Überlast zum Auftreten von →Ruß im Abgas kommen (unvollständige V.). *Kuhlmann*

2. Ottomotor. Das wichtigste Kennzeichen der V. im →Ottomotor ist, daß sie durch den Zündfunken der Zündkerze eingeleitet wird und durch das fertig aufbereitete Kraftstoff-Luft-Gemisch fortschreitet.

Der Vorgang der V. im Ottomotor läßt sich folgendermaßen beschreiben: Nach der Verdichtung befindet sich im →Brennraum ein weitgehend homogenes Kraftstoff-Luft-Gemisch mit einem →Verbrennungsluftverhältnis, das etwa zwischen 0,9 und 1,2 liegt. Der Zündfunken führt dem zwischen den Elektroden der Zündkerze befindlichen Gemisch eine hohe Energie zu. Diese Energiezufuhr führt zunächst zu Vorreaktionen und dann zum Entflammen dieser kleinen Gemischmenge. Die Zeit zwischen dem Zündzeitpunkt und dem V.-Beginn heißt Zündverzug. Von der bereits entflammten Gemischmenge gelangt durch Wärmeleitung, Diffusion und Strahlung Wärme in das angrenzende Gemisch und bringt auch dieses zum Entflammen. Auf diese Weise läuft eine Flammenfront mit endlicher Geschwindigkeit durch den gesamten Brennraum. Da die V. eine bestimmte, wenn auch kurze Zeit dauert, ist eine von der Flammenfront erfaßte Gemischschicht erst vollständig verbrannt, wenn die Flammenfront schon weit über diese Schicht hinausgelaufen ist.

Da sich der bereits von der V. erfaßte Gemischanteil im Brennraum durch die Erwärmung ausdehnt, wird die Flammenfortschrittsgeschwindigkeit noch von der Geschwindigkeit aus der Verschiebung der Gasteilchen überlagert. Außerdem führt die Ausdehnung des bereits verbrannten Gemischanteils zu einer Verdichtung des von der Flamme noch nicht erfaßten Gemischrestes. Das bewirkt eine zusätzliche Temperaturerhöhung im Gemischrest. Dadurch kann dieser unter ungünstigen Umständen schlagartig verbrennen. Diese Erscheinung wird →Klopfen genannt und sollte unbedingt vermieden werden. *Kuhlmann*

Verbrennungskraftmaschine. Maschine, die die durch →Verbrennung eines festen, flüssigen oder gasförmigen Kraftstoffs freiwerdende Wärme in mechanische Energie umsetzt.

Der Begriff V. wird meistens für Dieselmotoren und Ottomotoren verwendet. Für Dieselmotoren und Ottomotoren zutreffender ist jedoch die Bezeichnung →Verbrennungsmotor. Eine V. ist auch die Gasturbine. Im weiteren Sinne sind auch Dampfmaschinen und Dampfturbinen V. (mit äußerer Verbrennung), werden aber selten so bezeichnet (→Wärmekraftmaschine). *Kuhlmann*

Verbrennungsluftverhältnis. Verhältnis der vorhandenen Luftmenge zu der für die (stöchiometrische) →Verbrennung eines Brennstoffs oder Kraftstoffs notwendigen Luftmenge.

Bei Verbrennungsmotoren wird unterschieden zwischen dem Verbrennungsluftverhältnis λ_v (wirkliches Luftverhältnis vor der Verbrennung im →Brennraum) und dem Luftverhältnis λ (bestimmt aus dem Luftstrom und dem Kraftstoffstrom, die dem Motor zufließen). Bei vielen Motoren kann der Unterschied zwischen λ_v und λ vernachlässigt werden.

Beim Luftverhältnis $\lambda = 1$ enthält die Luft soviel Sauerstoff, daß dieser (theoretisch) gerade zur vollständigen Verbrennung des Kraftstoffs ausreicht. Bei üblichen Kraftstoffen ist dann das Massenverhältnis 14,6 kg Luft zu 1 kg Kraftstoff. Ein Luft-Kraftstoff-Gemisch mit einem Luftverhältnis $\lambda > 1$ (Luftüberschuß) bezeichnet man als mager. Dagegen wird ein Gemisch mit einem Luftverhältnis $\lambda < 1$ (Luftmangel) als fett bezeichnet, da es viel Kraftstoff enthält.

Das V. (bzw. Luftverhältnis) ist ein für Verbrennungsmotoren in mehrfacher Hinsicht wichtiger Wert.

Als erstes ist der Einfluß auf die Leistungsausbeute des Motors zu betrachten. Ausgangspunkt der Überlegungen ist, daß in den Zylinder eines unaufgeladenen Motors bei vorgegebenem →Hubvolumen nur eine bestimmte maximale Luftmenge hineingebracht werden kann (→Liefergrad). Je mehr Kraftstoff man mit dieser Luftmenge verbrennt, desto größer ist der →Nutzmitteldruck des Motors und desto kleiner ist gleichzeitig das Luftverhältnis. Die Grenze ist beim →Ottomotor etwa bei $\lambda_v = 1$ erreicht, da mit $\lambda_v = 1$ theoretisch gerade noch eine vollständige Verbrennung des Kraftstoffs möglich ist. Beim →Dieselmotor ist stets ein Luftüberschuß notwendig, da es nicht gelingt, jedes Luftteilchen im Brennraum an den eingespritzten Kraftstoff heranzubringen. Die untere Grenze für rußfreie Verbrennung (Rußgrenze) liegt je nach Brennraumgestalt etwa bei $\lambda_v = 1,3$.

Sehr unterschiedlich verhält sich das V. in Abhängigkeit von der Last beim Dieselmotor bzw. beim

Ottomotor (Bild). Beim Dieselmotor wird für Teillastbetrieb lediglich die eingespritzte Kraftstoffmenge zurückgenommen. Das mittlere V. steigt deshalb bei Teillast an. Dabei ist wegen der Inhomogenität des Gemisches eine →Selbstzündung an vielen Punkten im Brennraum dennoch sichergestellt (→Gemischbildung, →Leistungsregelung).

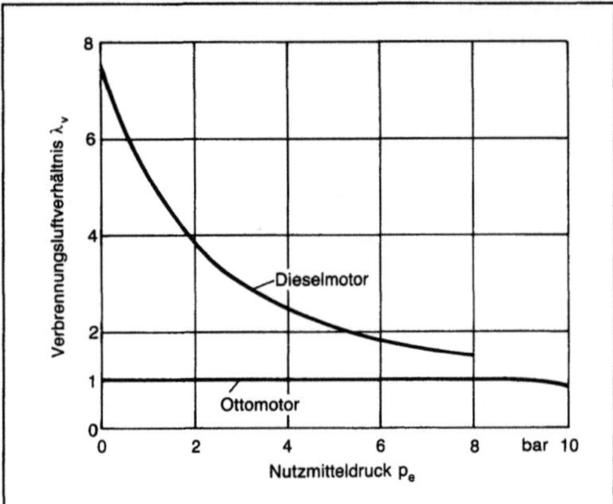

Verbrennungsluftverhältnis: In Abhängigkeit vom Nutzmitteldruck (Last) für Diesel- und Ottomotor.

Beim Ottomotor muß stets mit einem Luftverhältnis nahe dem Wert $\lambda = 1$ gefahren werden, damit das Kraftstoff-Luft-Gemisch von der Zündkerze sicher entflammt wird (→Gemischbildung). Die exakte Festlegung des Luftverhältnisses wird nach verschiedenen Gesichtspunkten vorgenommen:

□ $\lambda \approx 0{,}95$ für Vollast, da bei diesem Luftverhältnis der Nutzmitteldruck und damit die Motorleistung am größten sind;

□ $\lambda \approx 1{,}1$ für Teillast, da bei diesem Luftverhältnis der Wirkungsgrad am größten und damit der Kraftstoffverbrauch am niedrigsten ist;

□ genau $\lambda = 1$, wenn man zum Vermindern der Schadstoffemission einen geregelten →Katalysator (Dreiwegkatalysator) einsetzen will.

(Näheres zur Abgasemission, die sehr vom V. abhängig ist, →Abgaszusammensetzung, →Schadstoff, →Abgasentgiftung.)   *Kuhlmann*

Literatur: *Kraemer, O., u. G. Jungbluth:* Bau und Berechnung von Verbrennungsmotoren. Berlin, Heidelberg 1983.

Verbrennungsmotor. V. sind Kolbenkraftmaschinen, die die Energie eines meist flüssigen Kraftstoffs in mechanische Energie umwandeln. Praktisch gibt es nur zwei Arten von V.: die Ottomotoren (Benzinmotoren) und die Dieselmotoren. Von beiden Motorenarten gibt es aber eine außerordentlich große Anzahl von Ausführungsformen, die sich u. a. in folgenden Punkten unterscheiden:

□ →Viertaktmotor oder →Zweitaktmotor,

□ Anzahl und Anordnung der Zylinder,

□ Tauchkolben- oder →Kreuzkopfmaschine,

□ aufgeladene oder freisaugende Ausführung,

□ Kühlung durch Flüssigkeit (→Wasserkühlung) oder Luft,

□ Unterschiede nach dem Einsatzzweck.

Der Unterschied zwischen →Ottomotor und →Dieselmotor besteht definitionsgemäß darin, daß der Ottomotor mit Fremdzündung (Zündkerze) arbeitet, während der Dieselmotor durch →Selbstzündung des Kraftstoffs (nach Einspritzung in den Zylinder) charakterisiert ist. Die beiden für die Praxis wichtigsten Unterschiede sind, daß der Dieselmotor größer, schwerer und teurer ist, daß er aber einen höheren →Nutzwirkungsgrad aufweist. Motoren mit hohen Laufzeiten, insbes. große Motoren, werden deshalb wegen der Einsparung an Kraftstoffkosten als Dieselmotoren ausgeführt.

Geschichte. In der zweiten Hälfte des 19. Jahrhunderts begannen die V., den Dampfmaschinen Konkurrenz zu machen. Ein Vorteil des V. war, daß er keinen Dampfkessel benötigte, so daß sofortige Betriebsbereitschaft gegeben war, ein Nachteil dagegen, daß er nicht mit billiger Kohle betrieben werden konnte, sondern (zunächst) Leuchtgas verwendete. Aus der Geschichte der V. seien nur ganz wenige Stationen erwähnt:

Im Jahr 1860 hat *I. I. E. Lenoir* einen →Gasmotor zum Patent angemeldet, der als erster in geringen Stückzahlen zum praktischen Einsatz kam. Im Jahr 1863 hat *Nikolaus August Otto* seine atmosphärische Gasmaschine zum Patent angemeldet. Diese Maschine war der erste V., der erfolgreich in größeren Stückzahlen hergestellt und verkauft wurde. Wann *Otto* das Viertakt-Verfahren erfunden hat, ist ungewiß. Sein erster Viertaktmotor wurde 1876 gebaut, und dieses Jahr gilt auch als Geburtsjahr des Ottomotors.

Der erste Motor nach der Idee und Konstruktion von *Rudolf Diesel* wurde 1893 gebaut. Ein Jahr später gelang es, den inzwischen umgebauten Versuchsmotor im →Leerlauf zu betreiben. Im Jahr 1897 erreichte der dritte Versuchsmotor, der auch als „erster Dieselmotor" bezeichnet wird, den für damalige Verhältnisse unglaublich hohen →Wirkungsgrad von 26,2 %. Im Jahr 1925 gelang es *A. Büchi*, seine Idee der →Abgasturboaufladung, die er schon 20 Jahre vorher entwickelt hatte, erfolgreich zu verwirklichen.

Heute werden Dieselmotoren mit Leistungen bis über 30000 kW und Nutzwirkungsgraden bis zu 50 % gebaut.   *Kuhlmann*

Literatur: *Kraemer, O., u. G. Jungbluth:* Bau und Berechnung von Verbrennungsmotoren. 5. Aufl. Berlin, Heidelberg 1983. – *Sass, F.:* Geschichte des deutschen Verbrennungsmotorenbaues von 1860 bis 1918. Berlin, Göttingen, Heidelberg 1962.

Verbrennungsraum →Brennraum

Verbund Stahl- und Walzwerktechnik. Nach 1980 war die Weiterentwicklung der Stahlstrang-Gießtechnik insbes. auf den V. der S.- u. W. gerichtet.

Ein V. zwischen Stahlstrang-Gießanlagen und →Warmbreitband-Walzstraße wurde beispielsweise 1987 bei der Pohang Iron and Steel Corp. (Korea) in Betrieb genommen (Bild). Wesentliche Kenndaten des Gießbetriebs für diesen Warmverbund sind:

☐ Schmelzengewichte: 250 t,

☐ Produktionsmenge je Jahr: 5 400 000 t,

☐ Strangquerschnitte: 820–2 000 mm breit, 200–270 mm dick,

☐ Gießgeschwindigkeit: 1,8 m/min.,

☐ Anzahl Gießanlagen: 3,

☐ Anzahl Gießadern je Anlage: 2,

☐ Produktionsanteil fehlerfreier Stahlstränge für den Heißeinsatz: 95 %.

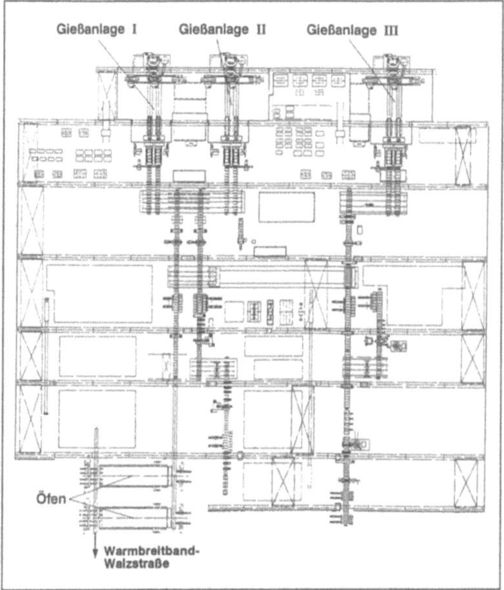

Verbund Stahl- und Walzwerktechnik: Verbund zwischen 3 Stahlstrang-Gießanlagen und einer Warmbreitband-Walzstraße der Pohang Iron and Steel Corp. (Korea).

Infolge eines solchen Warmverbunds wird die Wirtschaftlichkeit der Warmbandherstellung erhöht, weil dabei

☐ geringere Investitionen für die Stahlstrang-Adjustage und

☐ kleinere Energieverbräuche für die Brammenöfen

zu verzeichnen sind. *Baumann*

Verbundgießverfahren. Ein V. ist ein Verfahren zum Verbinden zweier oder mehrerer verschiedener Metalle oder unterschiedlicher Metallsorten gleicher Basis entweder durch Ein-, An- oder Umgießen. Durch V. können die mechanischen sowie physikalischen Eigenschaften der Verbundmetalle, beispielsweise die mechanische Warmfestigkeit sowie der Verschleißwiderstand von Eisenwerkstoffen und das geringe Gewicht, die hohe Wärmeleitfähigkeit sowie die Korrosionsbeständigkeit der Aluminium-Legierungen, gleichzeitig genutzt werden. *Baumann*

Verbundkeilriemen →Keilriemengetriebe

Verbundlagerwerkstoff →Gleitlagerwerkstoff

Verbundlenkerachse →Radführung

Verbundmetall. Ein V. ist entweder ein Metall-Metall-Verbundwerkstoff oder ein →Verbundwerkstoff aus mindestens einem Metall und mindestens einer intermetallischen Verbindung. *Baumann*

Verbundwerkstoff. V. entstehen durch Kombination von mindestens zwei Werkstoffen mit unterschiedlichen Eigenschaften. Im Gegensatz zu anderen Strukturwerkstoffen aus mehr als einem Werkstoff sind sie gezielt aufgebaut. In Kombination von Werkstoffen unterschiedlicher Eigenschaften können durch Variation der Form, Größe und räumlichen Verteilung einer der Werkstoffkomponenten oftmals Werkstoff- und Bauteileigenschaften erreicht werden, die den Eigenschaften der einzelnen Werkstoffe überlegen sind. V. können entsprechend der Form und räumlichen Anordnung der Komponenten (Bild 1) unterteilt werden in

☐ Faser-Verbundwerkstoffe,

☐ Schicht-Verbundwerkstoffe,

☐ Teilchen-Verbundwerkstoffe,

☐ Durchdringungs-Verbundwerkstoffe.

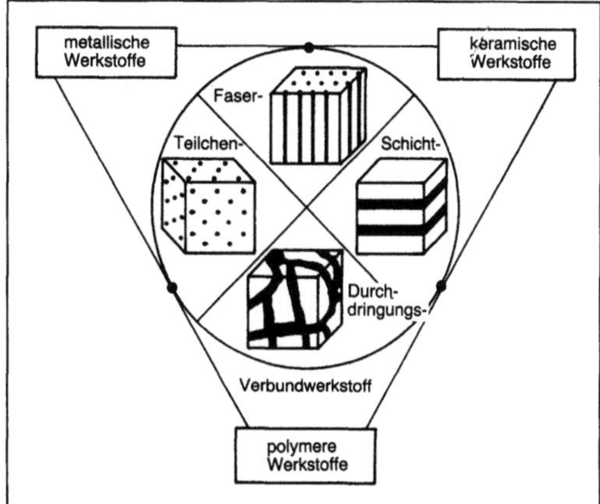

Verbundwerkstoff 1: Möglichkeiten der Kombination und räumlichen Anordnung von Werkstoffen (Quelle: Ondracek u. Schlichting a. a. O.)

V. sind in der Regel Kombinationen aus metallisch-keramischen, keramisch-polymeren, polymeren (nichtmetallischen) Werkstoffen, wobei diese Bestandteile meist unterschiedlichen Werkstoffhauptgruppen angehören. Kombinationen innerhalb ein und derselben Werkstoffgruppe sind jedoch ebenfalls möglich und werden dann zu den V. gezählt, wenn sich die Eigenschaften der einzelnen Bestandteile wesentlich voneinander unterscheiden, wie z. B. die Tränklegierung W/Cu, Durchdringungs-V., oder der eigenfaserverstärkte Werkstoff C/C, kohlenstoffaserverstärkter Kohlenstoff (Bild 2).

Verbundwerkstoff 2: Schrauben aus kohlefaserverstärktem Kohlenstoff. (Quelle: SIGRI)

V. werden oft auch als maßgeschneiderte oder aufgabenangepaßte Werkstoffe bezeichnet, da die Eigenschaften durch Variation der Bestandteile verändert werden können. Dadurch läßt sich eine bessere Funktionserfüllung der Bauteile erreichen. Die Eigenschaften von V. ergeben sich z. T. additiv aus denen der Komponenten. Doch gilt dies nicht immer, z. B. nicht für die mechanischen Eigenschaften (Mikrostruktologie).

Die Dichte eines V. ergibt sich additiv aus den Dichten der einzelnen Komponenten. Man spricht in diesem Fall auch von Summeneigenschaften. Aus der Kombination von Werkstoffen können jedoch auch Eigenschaften (Produkteigenschaften) resultieren, die keiner der einzelnen Werkstoffe besitzt. Ein Beispiel stellt der Bimetalleffekt bei Bimetallen dar (Schicht-V.).

Solche Eigenschaften, die nicht aus der Addition einzelner Komponenten resultieren, sondern von Form, Größe und Verteilung der Einzelkomponenten abhängen, werden als Struktureigenschaften bezeichnet.

Ausgeprägte Struktureigenschaften treten dann auf, wenn z. B. eine Komponente eines V. in einer bestimmten Richtung angeordnet ist. Die Orientierung einer Komponente in einer bestimmten Richtung ist oftmals erwünscht und wird dann gezielt erzeugt. Zum Beispiel werden bei Faser-Verbundwerkstoffen die Fasern in Richtung der maximal auftretenden Zugspannungen angeordnet, um die Festigkeit der Fasern voll auszuschöpfen. V. mit richtungsorientierten Komponenten sind anisotrop. Bei Festigkeitsberechnungen von V. (Kontinuumstheorie) schafft die Anisotropie eine Erschwernis, da sich anisotrope Werkstoffe nicht mehr eindeutig durch zwei Größen, z. B. den Elastizitätsmodul und die Querdehnungszahl oder den Elastizitätsmodul und den Schubmodul charakterisieren lassen, sondern Steifigkeiten bzw. Nachgiebigkeiten des Verbunds betrachtet werden müssen.

Die einzelnen Komponenten in einem →Verbund haben unterschiedliche Aufgaben und Funktionen zu erfüllen. So besteht die Aufgabe der Faser in einem Faserverbundwerkstoff darin, die mechanische Last aufzunehmen, während die Matrix die Faser zu fixieren und zur Steifigkeit des Verbunds beizutragen hat. Deutlich wird eine Trennung der Aufgaben z. B. auch bei oberflächenbeschichteten Materialien, die zu den Schichtverbundwerkstoffen gezählt werden. Hier dient die Schicht dem Korrosions- bzw. Verschleißschutz, während der Grundwerkstoff die tragende Bauteilfunktion übernimmt.

Eine Funktionserfüllung ist meist nur dann gewährleistet, wenn eine ausreichende Haftung (u. a. genügende Adhäsion und mechanische Verklammerung) zwischen den einzelnen Komponenten eines V. gegeben ist. Die Haftung wird quantitativ durch die Haftfestigkeit oder Scherfestigkeit in der Grenzfläche (interlaminare Scherfestigkeit) beschrieben.

Eine ausreichende Haftung hängt insbes. von der mechanischen und chemischen Verträglichkeit der einzelnen Komponenten ab und muß sowohl unter Herstellungs- als auch unter Anwendungsbedingungen gegeben sein. Eine gute Verträglichkeit der Komponenten liegt dann vor, wenn die mechanischen, chemischen sowie physikalischen Vorgänge an der Grenzfläche unter gegebenen Einsatzbedingungen zu keinen unzulässigen Spannungszuständen, Mikrorissen oder Delaminationen, d. h. Überschreitungen der interlaminaren Scherfestigkeit, führen (Bild 3).

Die mechanische Verträglichkeit hängt u. a. von den elastisch-plastischen Eigenschaften der den Verbund aufbauenden Werkstoffe sowie den äußeren Beanspruchungen ab. Für eine mathematische Abschätzung sowie Beschreibung der mechanischen Verträglichkeit sind die Temperaturverläufe der Elastizitätskennwerte (E-Modul, Schubmodul, Querdehnungszahl) sowie der thermischen Ausdehnungskoeffizienten der Komponenten wesentlich. Einen Einfluß auf die mechanische Verträglichkeit von V. besitzen ferner Geometrie, Anordnung und Volumenanteile der Komponenten, die Geometrie der Werkstoffgrenze sowie die Art des Werkstoffübergangs. Dieser kann einerseits stetig, also konti-

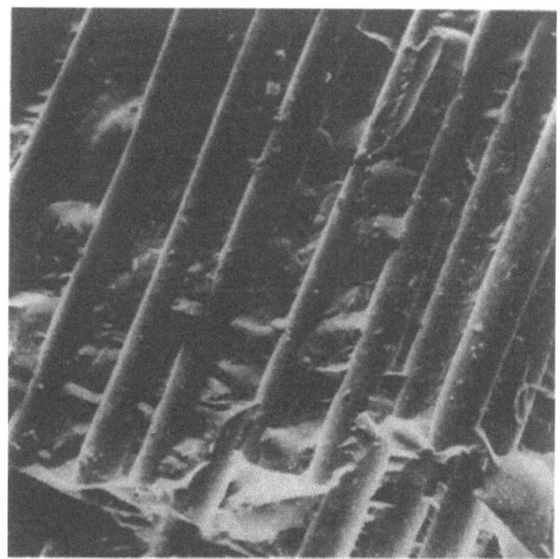

Verbundwerkstoff 3: Delamination entlang von Fasern bei faserverstärktem Kunststoff.

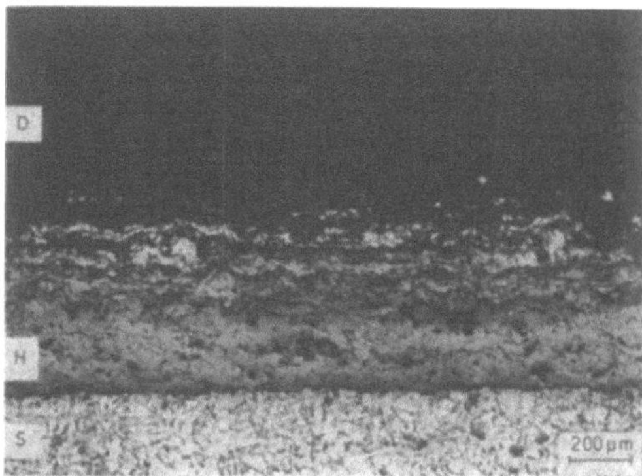

Verbundwerkstoff 4: Kontinuierlicher Übergang von der Haftschicht zur Keramik – unstetiger Übergang vom Grundwerkstoff zur Haftschicht.

S Substrat: AlSi 12, H Haftschicht: MCrAlY, D Deckschicht: $ZrO_2 - 8Y_2O_3$

nuierlicher Übergang (Bild 4), gradierte Schicht, andererseits auch unstetig sein. Letzteres bedeutet eine abrupte Änderung der Werkstoffeigenschaften an der Grenzfläche.

Das Problem der mechanischen Verträglichkeit sei beispielhaft für kurzfaserverstärkte Werkstoffe näher erläutert. Bei ihnen erfolgt die Krafteinleitung über die Matrix. Diese dehnt sich i. a. mehr als die Faser mit dem höheren Elastizitätsmodul. Infolge der Dehnungsunterschiede bildet sich ein Schubspannungszustand an der Grenzfläche Faser–Matrix mit den Höchstwerten an den Faserenden aus. Parallel dazu entstehen in den Fasern Normalspannungen, die von den Faserenden her anwachsen und in der Mitte am größten sind. Ihre Höhe hängt von der Länge und dem Radius der Fasern ab. Je länger die Fasern und je kleiner der Radius ist, um so höher ist die Spannung. Diejenige Länge, bei der die Spannung die Zugfestigkeit erreicht, wird als kritische Faserlänge bezeichnet.

Unter chemischer Verträglichkeit ist zu verstehen, daß keine durch Diffusion oder chemische Reaktion hervorgerufenen negativen Veränderungen der Eigenschaften auftreten, z. B. Bildung von Sprödphasen bei Metallen (Tabelle).

Um eine Verschlechterung der Eigenschaften durch Diffusion oder Reaktionen zu vermeiden, werden z. T. Zwischenschichten eingesetzt. Als Beispiel seien Nickelschichten als Diffusionsbarriere für Kohlenstoff angeführt.

Zwischenschichten werden auch zum Verbessern der Haftung eingesetzt sowie als Puffer, um unzulässige Spannungen bei mechanischer und thermischer Belastung durch zu große Differenzen in den physikalischen und mechanischen Werkstoffkennwerten zu vermeiden. Als Beispiel seien die

Verbundwerkstoff. Tabelle: Chemische Verträglichkeit einiger Metalle mit Keramik.

	Keramik		B	C	SiC	Al_2O_3	ZrO_2
Metall	T_s in °C		2 050	3 800	2 500	2 030	2 580
		$\rho(g/cm^3)$	2,3	1,7	3,2	4,0	5,4
Mg	650	1,7				R > 900	R
Al	660	2,7	R > 700	R > 500	R > 700		R
Ti	1670	4,5	R > 900		kR < 700	R > 1400	R > 1400
Co	1500	8,9	R	R > 1000		R	
Ni	1450	8,9	R > 600	R > 1000	R > 1100	kR	kR < 1800
W	3410	19,3	R	R			kR
NB	2420	8,4	R	R		kR > 1800	kR

R Reaktion, kR keine Reaktion

MCrAlY-Schichten (M steht für Co, Fe, Ni) erwähnt, die bei Wärmedämmschichten u. a. dazu dienen, die Haftung zwischen dem metallischen Grundwerkstoff und einer keramischen Oberflächenbeschichtung zu erhöhen (Bild 4). Außerdem verhindert die Schicht die Oxidation bzw. Heißgaskorrosion des Grundwerkstoffs, d. h. einen Angriff heißer Verbrennungsgase auf den empfindlicheren Grundwerkstoff.

Eine gute Haftung derartiger Haftschichten ist dann gegeben, wenn die Haftfestigkeit oder interlaminare Scherfestigkeit die Festigkeit einer der Werkstoffkomponenten überschreitet. Bei Überbeanspruchung tritt das Versagen nicht durch Bruch an der Grenzfläche (Adhäsionsbruch), die i. a. die Schwachstelle bei V. darstellt, ein, sondern in der Werkstoffkomponente mit der geringeren Festigkeit (Kohäsionsbruch). *Steffens*

Literatur: N. N.: Metallische Verbundwerkstoffe. Karlsruhe 1977. – *Ondracek, G.,* u. a.: Verbundwerkstoffe – Technologie und Prüfung. Oberursel 1985. – *Schlichting, J.,* u. a.: Verbundwerkstoffe. Grafenau 1978. – *Taprogge, R.,* u. a.: Faserverstärkte Hochleistungs-Verbundwerkstoffe – zukünftige Entwicklung und Anwendung. Würzburg 1975.

Verchromungslinie. Eine V. ist ein kontinuierlich arbeitendes technisches System zur elektrolytischen →Beschichtung von Metallband mit Chrom, in dem ein →Verchromungsverfahren durchgeführt wird. Das zur Verchromung der Metalle dienende Chrombad ist das einzige Bad, bei dem das Metall nicht aus einer Metallsalzlösung, sondern aus einer Säurelösung abgeschieden wird, in der das Chrom als Anion vorliegt. Es ist außerdem das einzige betrieblich angewendete Bad mit unlöslichen Anoden. Die Chromabscheidung erfolgt in dünnen Schichten hochglänzend, und zwar so hochglänzend, wie die darunter liegende Veredelungsschicht ist.

Die Chromsäure bildet im Bad, in dem das Chrom sechswertig gelöst ist, einen anionischen Komplex. Weil das Chrom aus der sechswertigen Form abgeschieden wird, ergibt sich ein sehr kleines elektrochemisches Äquivalent. *Baumann*

Verchromungsverfahren. Ein V. ist ein elektrolytisches Metallabscheideverfahren im Gegensatz zu den Diffusionsverfahren Chromieren und Inchromieren. Unter Chromieren ist das Anreichern der →Randschicht eines Werkstücks durch Halten in einem chromabgebenden Mittel bei der erforderlichen Temperatur zu verstehen. Inchromieren ist das Herstellen einer chromreichen Diffusionsschicht durch Glühen von Eisenwerkstoffen in chromabspaltenden Gasen. Bei den V. wird Chrom aus einem Galvanisierbad elektrolytisch auf die Oberfläche des zu verchromenden Werkstoffs niedergeschlagen. Als Unterlage wird oft Kupfer oder Nickel aufgetragen. Das Direktverchromen, also das elek-trolytische Abscheiden von Chrom auf Gegenstände aus Stahl oder anderen Metallen ohne Zwischenschicht in Verchromungselektrolyten, die auf höhere Temperaturen erwärmt sind und bei denen das Abscheiden bei höheren Stromdichten stattfindet, wird i. a. Hartverchromen genannt, weil damit besonders harte und dicke Chromschichten hergestellt werden. *Baumann*

Verdampfer (Kältetechnik/Wärmetechnik). Ein Wärmeübertrager, in dem das Arbeitsmittel unter Aufnahme der Verdampfungswärme vom flüssigen in den dampfförmigen Aggregatzustand überführt wird, ist ein Verdampfer.

Nach dem Prinzip des Verdampfungsvorgangs auf der Arbeitsmittelseite unterscheidet man Trocken-V. und überflutete V. Trocken-V. werden mit einem Expansionsventil geregelt (Bild 1), wobei dem V. nur soviel flüssiges Arbeitsmittel zugeführt wird, daß der Arbeitsmitteldampf den V. um 4–7 K überhitzt (trocken) verläßt. Um große Druckverluste zu vermeiden, wird das Arbeitsmittel meist auf mehrere Rohrstränge mit einer dem Expansionsventil nachgeschalteten Verteileinrichtung aufgeteilt.

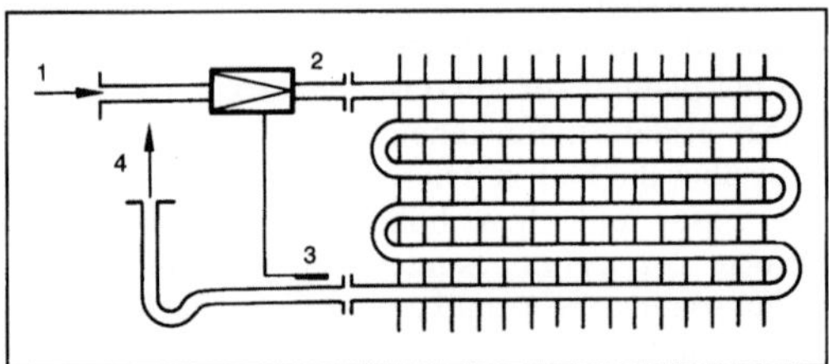

Verdampfer (Kältetechnik/Wärmetechnik) 1: Trokkenverdampfer mit thermostatischem Expansionsventil.

1 Eintritt flüssiges Arbeitsmittel, 2 thermostatisches Expansionsventil, 3 Temperaturfühler, 4 Austritt überhitzter Arbeitsmitteldampf

Der überflutete V. (Bild 2) wird mit einem Schwimmerventil geregelt, das die Füllhöhe des V. auf konstantem Niveau hält. Da hierbei die V.-Fläche im Gegensatz zum Trocken-V. vollständig benetzt wird, ergeben sich höhere Wärmeübergangskoeffizienten auf der Arbeitsmittelseite. Den wesentlichen Einfluß auf den Wärmedurchgang übt jedoch die Wärmeträgerseite aus.

Je nach Art der Wärmeübertragung unterscheidet man zwischen direkter Verdampfung, wenn Wärme im direkten Kontakt mit der Wärmequelle bzw. dem Kühlgut aufgenommen wird, und indirekter Verdampfung, wenn Wasser oder Sole als Wärmeträger zwischengeschaltet wird. (Kaltwassersatz)

Direkt-V. werden häufig als Luftkühler in der Kälte- und Klimatechnik eingesetzt. Auch bei Wärmepumpen kleiner Leistung mit Luft als

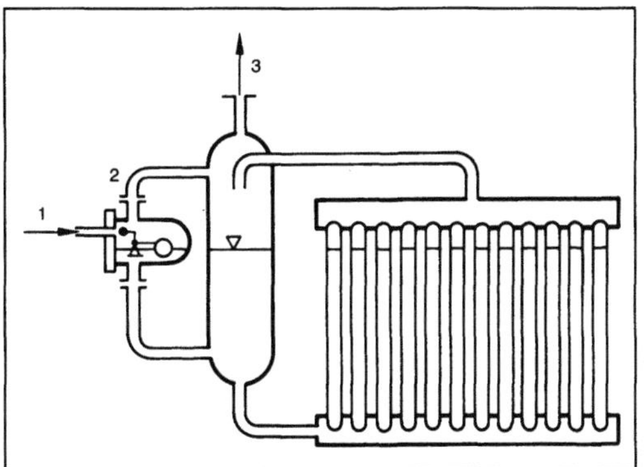

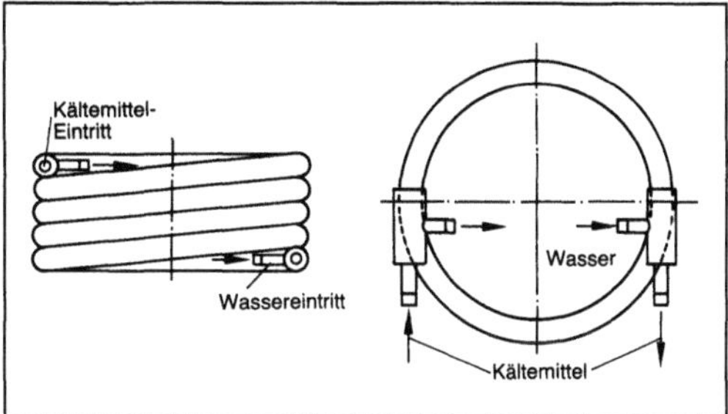

Verdampfer (Kältetechnik/Wärmetechnik) 3: Koaxialverdampfer.

Verdampfer (Kältetechnik/Wärmetechnik) 2: Überfluteter Verdampfer mit Niederdruckschwimmerventil.

1 Eintritt flüssiges Arbeitsmittel, 2 Niederdruckschwimmerventil mit Druckausgleichsleitungen, 3 Austritt gesättigter Arbeitsmitteldampf

Wärmequelle werden Direkt-V. zur Aufnahme von Wärme aus der Umgebung benutzt. Wird hierbei der V. getrennt von der übrigen Anlage außerhalb des Gebäudes aufgestellt, so spricht man von einer Splitbauweise.

Beim Direkt-V. wird das über Verteilrohre eingespritzte Arbeitsmittel im Innern der Lamellenrohre verdampft und nimmt dabei Wärme von der auf der Außenseite strömenden Luft auf. Niedrige Lufttemperaturen können zur Vereisung eines Luft-V. führen. Es sind daher besondere Abtauverfahren vorzusehen.

Der Vorteil des Direkt-V. gegenüber V. mit zwischengeschaltetem Solekreislauf liegt darin, daß keine zusätzliche Energie für die Umwälzung eines Kälteträgers benötigt wird und die treibende Temperaturdifferenz zwischen Lufttemperatur und Verdampfungstemperatur geringer wird, wodurch sich höhere Leistungszahlen ergeben.

Nachteile bestehen jedoch in der aufwendigen Verlegung der Arbeitsmittelleitungen, wobei besondere Probleme hinsichtlich des Druckverlusts bei langen Rohrleitungen und bei Undichtigkeiten auftreten können.

Während Luft-V. meist als Rippen- oder Lamellenrohrbündel ausgeführt werden, ergeben sich für Verdampfer, die mit flüssigen Medien (Wasser, Sole) in Kontakt stehen, andere Bauformen. Für kleinere Leistungen werden hier häufig Koaxialwärmeübertrager eingesetzt (Bild 3). Sie bestehen aus einem oder mehreren Innenrohren, in denen das Arbeitsmittel verdampft wird, und einem Mantelrohr, in dem der Wärmeträger im Gegenstrom fließt.

Für größere Leistungen werden Rohrbündel- oder Röhrenkessel-V. eingesetzt. Für die Eisspeicherung und bei Wärmepumpen mit offenen Gewäs-

sern als Wärmequelle werden hauptsächlich Platten-V. als Tauch-V. verwendet. *Knoche*

Literatur: *von Cube, H. L.:* Lehrb. Kältetechnik. Bd. 1. Karlsruhe 1981. – *Recknagel/Sprenger/Hönmann:* Taschenb. Heizung und Klimatechnik. München 1988/89.

Verdichten. Erhöhung der Dichte landwirtschaftlicher Güter (insbes. Halmgüter), um den Raumbedarf zu verkleinern bei verbesserter Handhabung. Einteilung nach der Höhe des Verdichtungsdrucks in Lagern (Druck bis ca. 10 N/cm^2), Pressen (oft 20–50 N/cm^2) und Brikettieren (etwa 3 000–6 000 N/cm^2). Größte praktische Bedeutung hat das Pressen (→Aufsammelpresse). Die Preßverfahren unterteilt man in Strangpressen und Rollpressen. Letzteres benötigt auf Grund geringerer Reibungsverluste wesentlich weniger Energie.

Bernstein veröffentlichte 1912 die erste Verdichtungsfunktion (Kolbendruck quadratisch abhängig von der Preßdichte). Im Jahr 1938 legte *Skalweit* seinen sehr bekannt gewordenen Potenzansatz vor. In den 50er Jahren setzte weltweit eine rege Forschungstätigkeit ein. In der Bundesrepublik Deutschland erschienen vor allem von *Matthies* und seinen Schülern bedeutende Arbeiten. *Renius*

Literatur: *Bernstein, R.:* Eine Charakteristik der Strohpresse. Mitt. Verband Landwirtsch. Maschinenprüfanstalt 6 (1912), S. 161/65. – *Busse, W.:* Das Verdichten von Halmgütern mit hohen Normaldrücken. Fortschr.-Ber. VDI-Z. R. 14 Nr. 1. Düsseldorf 1966. – *Franke, R.:* Untersuchung des Preßvorgangs bei Strohpressen der Landwirtsch. Diss. TH Berlin 1933. – *Kutzbach, H.-D.:* Die Grundlagen der Halmgutverdichtung. Fortschr.-Ber. VDI-Z. R. 14 Nr. 16. Düsseldorf 1972. – *Matthies, H. J.:* Entwicklung und Forschung auf dem Gebiet des Verdichtens von Halmgut. Landtechn. Forsch. 13 (1963) Nr. 6, S. 157/63. – *Mewes, E.:* Verdichtungsgesetzmäßigkeiten nach Preßtopfversuchen. Landtechn. Forsch. 9 (1959) Nr. 3, S. 68/75. – *Sacht, H. O.:* Das Verdichten von Halmgütern in Strangpressen. Fortschr.-Ber. VDI-Z. R. 14 Nr. 4. Düsseldorf 1966. – *Scheffler, E.:* Grundsätzliche Gesichtspunkte zur Gestaltung von Wickelbrikettiermaschinen. Tl. I–III. Grundl. Landtechn. 20 (1970) Nr. 1/3. – *Scheffter, H.:* Technologische und oszillographische Untersuchungen des Preßvorgangs bei verschiedenen Geschwindigkeiten. Diss. TH Berlin 1943. – *Skalweit, H.:* Kräfte und Beanspruchungen in Strohpressen. 4. Konstr.-Kursus, RKTL-Schr. H. 88 (1938), S. 30/35.

Verdichter. Thermische Strömungsmaschine, die von einem gasförmigen →Arbeitsfluid durchströmt wird mit dem Zweck, den Druck des Fluids zu erhöhen. V. gehören zu den Arbeitsmaschinen und sind angetriebene Maschinen.

Mechanische Energie der Antriebswelle wird nach dem Arbeitsprinzip Strömungsmaschinen in Strömungsenergie umgewandelt. Das Fluid strömt dazu kontinuierlich durch ein mit gekrümmten Schaufeln bestücktes →Laufrad, erfährt dabei eine Dralländerung, die dem Drehmoment des Rades entspricht, und nimmt so nach dem Arbeitsprinzip Strömungsmaschine Energie auf, die das angetriebene Laufrad an das Fluid überträgt. Dabei werden zunächst Druck und Geschwindigkeit erhöht. In einem folgenden feststehenden →Leitrad oder einer Leitvorrichtung wird die Dralländerung wieder zurückgeführt. Dabei verzögert sich die Strömung, und der Druck steigt weiter an. Lauf- und Leitrad bilden eine Stufe. V. werden mehrstufig gebaut.

Die Zustandsänderung des Fluids kann als adiabate Polytrope betrachtet werden. Die Änderung der kinetischen und potentiellen Energie kann meist gegenüber der Enthalpieänderung vernachlässigt werden. Bei adiabater Zustandsänderung nimmt infolge der Kompressibilität des Fluids bei Druckzunahme auch die Temperatur zu, während das spezifische Volumen abnimmt. Zusätzlich steigt die Temperatur durch Reibungsarbeit. Proportional zur Temperatur steigt auch die spezifische Strömungsarbeit $y = \int v \cdot dp$, so daß zur Verringerung der Antriebsleistung mehrstufige V. auch zwischengekühlt werden. Außerdem sind dadurch hohe Temperaturen vermeidbar, die aufwendigere Werkstoffe erfordern würden.

Strömungsarbeitsmaschinen werden eingeteilt nach dem Totaldruckverhältnis $\pi_t = p_{tA}/p_{tE}$ in Ventilatoren ($\pi_t < 1{,}1$), Gebläse ($\pi_t = 1{,}1 - 3{,}0$) und V. ($\pi_t > 3$). Ein anderes Unterscheidungsmerkmal ist die Durchströmungsrichtung des Laufrads, also für V. Radial-, Diagonal- und →Axialverdichter.

→Radialverdichter benötigen für die gleiche Druckerhöhung weniger Stufen als Axialverdichter. Dagegen können Axialverdichter größere Volumenströme durchsetzen. →Diagonalverdichter haben nur als einstufige Maschinen Bedeutung. Die Auswahl der V.-Bauart in Abhängigkeit von →Volumenstrom, Druckerhöhung, d. h. spezifischer Strömungsarbeit, und Drehzahl erfolgt nach der Drehzahlkenngröße (→Cordier-Diagramm). Auch die Baugröße läßt sich mit Hilfe der Durchmesserkenngröße dem Cordier-Diagramm entnehmen.

V. baut man auch mehrgehäusig und mehrflutig. Axial-Radial-V. haben nach den Axialstufen eine oder mehrere radiale Endstufen. Getriebeverdichter sind mehrstufige Radialverdichter meist mit →Zwischenkühlung nach jeder Stufe. Dabei läuft jedes Radialrad auf den Wellenenden eines Getriebes mit unterschiedlichen, für jede Stufe optimalen Drehzahlen.

V. haben bei kleinen, vom Nennpunkt abweichenden Volumenströmen einen instabilen Betriebsbereich, in dem Strömungsablösung und u. U. das Pumpen auftritt. Die Abreiß- bzw. →Pumpgrenze muß man durch geeignete Regelungsmaßnahmen sicher vermeiden. *Rauhut*

Literatur: *Eckert, B.,* u. *E. Schnell:* Axial- und Radialkompressoren. 2. Aufl. Berlin, Heidelberg 1961. – *Horlock, J. H.:* Axialkompressoren. Karlsruhe 1967. – *Traupel, W.:* Thermische Turbomaschinen. Bd. 1 u. 2. 3. Aufl. Berlin, Heidelberg 1982.

Verdichterturbine. →Turbine allein zum Antrieb eines Verdichters innerhalb einer mehrwelligen →Gasturbine, bei der nur die →Nutzleistungsturbine die nutzbare mechanische Leistung an einer getrennten Welle abgibt. *Ziemann*

Verdichtungsgerät. V. im Erdbau sind Geräte zum Erhöhen der Lagerungsdichte von Böden, zum Vermeiden von Setzungen und zum Erhöhen der Tragfähigkeit. V. im Erdbau arbeiten nach vier verschiedenen Wirkungsweisen:
□ Verdichtung durch Eigengewicht,
□ Verdichtung durch Stampfen,
□ Verdichtung durch Kneten,
□ Verdichtung durch Eigengewicht und Vibration.

Durch hohes Eigengewicht drücken statische Walzen (Glattwalze) den Boden zusammen. Durch Stampfen verdichten Stampfplatten und Explosionsstampfer. Gummiradwalzen, Schaffußwalzen und Kompaktoren kneten das Material durch Walkwirkung der aufgeschweißten Füße. Mit Vibrationsverdichtung arbeiten Vibrationswalzen und →Plattenrüttler. Die verschiedenen Wirkungen werden je nach Aufgabenstellung und Konsistenz des Materials vielfach kombiniert. Bei rolligen Böden und Schotter kommen in erster Linie Rüttelplatten und Vibrationswalzen in Betracht. Bei bindigen Böden finden hauptsächlich Schaffußwalzen, Gummiradwalzen und statische Walzen ihre Anwendung (Tabelle).

Für die Leistungsermittlung von V. sind Schütthöhe, Fahrgeschwindigkeit, Anzahl der Übergänge, Frequenz der Vibrationseinrichtung, Arbeitsbreite und Überlappung die maßgeblichen Parameter. Je nach Bodenart, Bodeneigenfeuchte, Kornzusammensetzung und Art des Geräts müssen diese Parameter angepaßt werden. Zu viele Übergänge wirken sich negativ auf das Gerät und die Verdichtungsleistung aus. Zur Verdichtungsarbeit gehört auch die Kontrolle des eingebauten Materials. Außer punktuellen Bodenuntersuchungen, wie Lastplattendruckversuch und Ermittlung der Proctordichte, entwickelt man für Walzen elektronische

Verdichtungsgerät. Tabelle: Verdichtungseignung der Böden und zweckmäßige Verdichtungsmethoden.

	Rütteln		Rütteln und Druck	Druck		Stampfen		Kneten
	Rüttler	Mammut-rüttler	Vibra-tions-walze	Glatt-walze	Gummi-rad-walze	Explo-sions-stamp-fer	Stampf-bagger	Schaf-fuß-walze
rollige Böden								
Steine		+					+	
Geröll		+					+	
Kies	+							
Sand	+				+			
bindige Böden								
weich (mit Steingerüst)	+			+				
plastisch					+			+
hart						+		
krümelige Böden								
krümelig				+	+			+
bröckelig			+	+				
schollig			+			+		
plattige Körnung								
schieferig						+		
plattig							+	
bankig							+	
Schotter, Blöcke								
Schotter < 100 mm Dmr.	+		+				+	
Schotter > 100 mm Dmr.		+						
gebrochenes Haufwerk		+						
grobe Blöcke		+						
gemischte Böden								
viel Korn, wenig Binder			+					
viel Binder, wenig Korn								+

Verdichtungsmesser, die eine kontinuierliche Bestimmung der erreichten Tragfähigkeit gestatten (Terrameter BTM, Omegameter). Inhomogenität und Veränderung der Konsistenz des Bodens werden erkennbar und können mit einem Registriergerät (z. B. Linienschreiber) dokumentiert werden. Die Aufnehmereinheit ist an der →Bandage montiert und mißt die Veränderung in der Bewegung der vibrierenden Bandage in Abhängigkeit von wechselnden Bedingungen im Material. Andere Systeme zeigen aktuelle Verdichtungszunahmen und Zeitpunkt der optimalen Verdichtung an (z. B. Case Vibromax, Compatronic).

V. für die Betonverdichtung lassen sich in statische und dynamische Geräte einteilen. Statische Geräte, wie z. B. Betonstampfer, kommen kaum noch zum Einsatz. Die dynamischen V. für flächenhafte Betonverdichtung sind den Geräten zur Schwarzdeckenverdichtung sehr ähnlich, z. T. kommen die gleichen Geräte zum Einsatz. Als Bauteil eines Fertigers besteht das V. i. a. aus einer Vibrationsbohle (→Abziehbohle), die durch einen Schwingungserreger (Außenrüttler) in kreisförmige oder lineare Schwingungen versetzt wird. Im Betonbau finden V. in Form von Außenrüttlern bei Schalungen (Schalungsrüttler), Rütteltischen oder Innenrüttlern (Tauchrüttler) Verwendung. *Kühn*

Verdichtungstakt. Auf den →Gaswechsel folgen sowohl beim Viertakt- wie auch beim →Zweitaktmotor der V. und danach die →Verbrennung und die Expansion. Während für den V. mechanische Arbeit aufgewendet werden muß, wird im →Expansionstakt eine größere Arbeit gewonnen.

Daß vor der Verbrennung eine Verdichtung der Verbrennungsluft stattfindet, ist thermodynamisch von großer Bedeutung. Bei der Verdichtung erhöht sich der Druck und auch die Temperatur. Somit wird die Wärme aus der Verbrennung bei einem höheren Temperaturniveau zugeführt. Damit ergibt sich ein höherer thermodynamischer →Wirkungsgrad.

Beim →Dieselmotor ist darüber hinaus eine hohe Verdichtung notwendig, damit die →Selbstzündung des in die verdichtete Luft eingespritzten Kraftstoffs erfolgt. *Kuhlmann*

Verdichtungsverhältnis. Verhältnis des größten Zylindervolumens zum kleinsten Zylindervolumen bei einem →Verbrennungsmotor.

Bei den Hubkolbenmotoren ist das Volumen des Arbeitsraums am kleinsten, wenn der →Kolben im oberen Totpunkt steht. Es wird Kompressionsvolumen V_c genannt. Im unteren Totpunkt tritt das größte Volumen auf. Es ist um den →Hubraum V_h größer als das Kompressionsvolumen. Damit ergibt sich das Verdichtungsverhältnis ε zu

$$\varepsilon = \frac{V_c + V_h}{V_c}.$$

Ein höheres V. führt zu einem höheren →Innenwirkungsgrad des Motors. Die Höhe des V. ist beim →Ottomotor aber durch das Auftreten klopfender →Verbrennung begrenzt (→Klopfen).

Beim →Dieselmotor wird ein sehr viel höheres V. als beim Ottomotor benötigt. Die Luft muß durch die Verdichtung auf so hohe Werte von Temperatur und Druck gebracht werden, daß sich der eingespritzte →Kraftstoff an der komprimierten Luft entzündet. *Kuhlmann*

Verdrängungsdämpfung. Viskositätsverluste durch das Ansaugen und Ausquetschen von Luft bei schwingenden Biegeverformungen von Platten mit aufgeschraubten oder vernieteten Versteifungen, deren Wirkflächen aufklaffen und sich wieder schließen (Bild). Wie Experimente zeigen, liefern das dadurch hervorgerufene Air pumping bei den Leichtbaukonstruktionen des Flugzeugbaus und Frequenzen weit über der niedrigsten Eigenfrequenz den wesentlichen Beitrag zur Gesamtdämpfung. Für die normalen dynamischen Belastungen im Betrieb wurden keine Nichtlinearitäten festgestellt. Ausschwingversuche erlauben die Abschätzung der Dämpfungsfaktoren für Schwingfrequenzen in einem Terzintervall mit vorgegebener Mittenfrequenz. Die Dämpfung hängt von der Länge λ_B der harmonischen Biegewellen auf der unversteiften Platte ab.

Es erwies sich als zweckmäßig, die Versuchsergebnisse mit Hilfe eines Absorptionskoeffizienten γ der Fügestelle in Abhängigkeit von der Länge L der

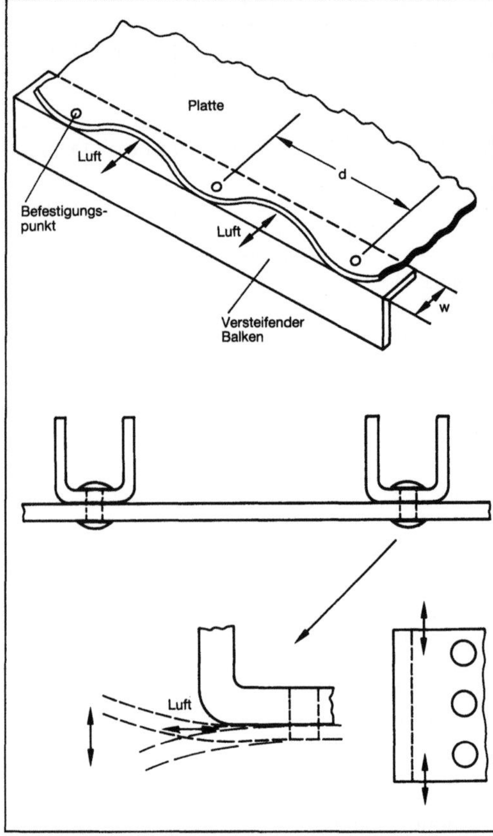

Verdrängungsdämpfung: Air pumping an Platten mit aufgeschraubten oder aufgenieteten Versteifungen.

Fügestelle, der Plattenfläche A und der Biegewellenlänge λ_B als →Verlustfaktor ψ darzustellen:

$$\Psi = \frac{\gamma L\, \lambda_B}{\pi^2\, A}.$$

Da der Absorptionskoeffizient γ etwa proportional mit der Überlappungsbreite w der Fügeverbindung anwächst, kann man γ mit dem reduzierten Absorptionskoeffizienten γ_r einer Fügestelle der Bezugsbreite w_o verknüpfen:

$$\gamma = \gamma_r\, \frac{w}{w_o}.$$

Die Größe γ_r hängt vom Verhältnis des Abstands d der Befestigungspunkte zur Biegewellenlänge γ_B und vom Umgebungsdruck p ab. *Gaul*

Literatur: *Heckl, M.:* Measurements of absorption coefficients on plates. J. of the Acoustical Society of America 34 (1962) Nr. 6, S. 803/06. – *Maidanik, G.:* Energy dissipation associated with gas-pumping in structural joints. J. of the Acoustical Society of America 40 (1966) Nr. 5, S. 1064/72. – *Nashif, A. D., D. I. G. Jones,* u. *J. P. Henderson:* Vibration Damping. New York 1985. – *Ungar, E. E.,* u. *J. R. Carbonell:* On panel vibration damping due to structural joints. AIAA J. 4 (1966) Nr. 8, S. 1385/90. – *Ungar, E. E.*: Damping of panels due to ambient air. In: *Torvik, P. J.* (Ed.): Damping applications for vibration control. ASME Applied Mechanics Div. Bd. 38 (1980).

Verdunstungsbefeuchter →Raumluftbefeuchter

Veredelung (Drucktechnik). Viele Produkte verlangen nach dem Drucken zur endgültigen Fertigstellung eine weitere Bearbeitung. Die Produkte werden nach verschiedenen Richtungen hin veredelt. Am weitesten verbreitet ist das Lackieren. Für niedrige Glanzwerte wird ein wasserlöslicher lösemittelhaltiger →Lack bereits innerhalb der Druckmaschine durch ein besonderes Lackierwerk aufgetragen. Die Trocknung dieses Lackes erfolgt ebenfalls noch in der Druckmaschine, so daß ein weiterverarbeitungsfähiger Bogen die Maschine verläßt.

Werden hohe Glanzwerte verlangt, wird meist ein lösemittelhaltiger Lack auf einer eigenen Lackiermaschine aufgetragen. Da hier mit dicken Lackschichten gearbeitet wird, ist eine langwierige Trocknungsanlage nötig. Ebenfalls müssen die entstehenden Lösungsmitteldämpfe umweltschonend beseitigt werden. Bei der Auswahl der Lacke für diesen Arbeitsprozeß muß darauf Rücksicht genommen werden, wie die weitere Verwendung des lackierten Bogens erfolgt.

Wird neben höchsten Glanzwerten noch ein intensiver Schutz der Oberfläche verlangt, werden den bedruckten Bogen Materialien aufkaschiert. Hierzu werden heute meist Kunststoffolien verwendet. Die Kaschierung erfolgt kalt, wobei ein Kaschierklebstoff aufgetragen und die →Folie darauf aufgebracht wird. Eine weitere Möglichkeit ist die Heißkaschierung. Es werden hierzu Folien verwendet, die einen schmelzfähigen Klebstoff tragen. Unter Hitze werden Druckbogen und beschichtete Folie zusammengepreßt. Der aufschmelzende Klebstoff sorgt für die gute Verbindung der beiden Materialien. Die Glanzwünsche lassen sich u. U. auch bereits durch die Auswahl entsprechender Rohstoffe erreichen. Es sind dann dies meist gestrichene oder beschichtete Bedruckstoffe. Weiterhin kommen zur V. →Sonderdruckverfahren, wie z. B. der →Heißprägedruck, in Betracht. Eine Beschichtung in Form von aufgeschmolzenen Kunststoffen kann man ebenfalls noch nach dem Drucken anwenden.

Eine weitere V. ist das Prägen. Hierzu werden unter Einwirkung von hohen Kräften bestimmte Partien der Oberfläche in ihrer Höhenlage zu den übrigen Oberflächenteilen verändert. Erfolgt dies ohne Hinzufügung eines neuen Werkstoffs, wird es Blindprägen bezeichnet.

Beim Bronzieren bringt man →Metallpulver auf bestimmte Teile der Oberfläche auf. Die Verbindung zwischen Metallpulver und Druckbogen erfolgt durch einen vorher aufgebrachten Lack. Durch Anwendung der Drucktechniken läßt sich dieser Verbindungslack an die gewünschten Stellen aufbringen. Die Bronzierpulver sind gemahlene Metalle. Sie können nach Wunsch eingefärbt werden.

Textilartige Strukturen lassen sich auf Druckbogen durch Beflocken aufbringen. Auch hierzu wird erst ein Verbindungsmittel, ein kalter Klebstoff, durch Drucktechniken aufgebracht. Über elektrostatische Unterstützung werden sehr kurz geschnittene Textilfasern, etwa in der Länge von 0,5 bis 1 mm, in diesen Klebstoff senkrecht stehend eingebracht. Nach der Trocknung des Klebstoffs entsteht ein samtartiger Oberflächeneindruck.

Um bestimmte Teile der Oberfläche erhöht und gleichzeitig farbig zu erhalten, kann auf eine Pulverbeschichtung mit nachfolgendem Einschmelzen zurückgegriffen werden. Durch Drucktechniken wird ein langsam trocknender Lack aufgebracht. Das Pulver bleibt an diesen lackierten Flächen hängen. In einer folgenden infrarotgeheizten Einschmelzstation wird dieses Pulver einer hochglänzenden, erhöht über dem übrigen Material liegenden Oberfläche eingeschmolzen. *Paris*

Verflüssiger. Wärmeübertrager zur Überführung des Arbeitsmittels vom dampfförmigen in den flüssigen Zustand durch Wärmeentzug.

Der Wärmeentzug untergliedert sich in drei Teilbereiche: Überhitzt eintretendem Dampf wird in der Enthitzungszone Wärme bis zum Erreichen der Taupunkttemperatur entzogen. In der Verflüssigungszone wird die Kondensationswärme bis zum Siedezustand abgeführt. Anschließend kann das Kondensat in der Unterkühlungszone weiter abgekühlt werden.

Die Anteile der in den drei Zonen abzuführenden Wärmemengen liegen je nach Arbeitsmittel und Betriebszustand bei 5–13 %, 83–90 % und 2–6 %.

In der Praxis werden die Ausführungen nach der Art des Kühlmediums unterschieden. Vorherrschend sind wassergekühlte Rohrbündelaggregate und luftgekühlte V. mit berippten Rohren (Oberflächenvergrößerung auf der Luftseite).

Wassergekühlte Rohrbündel-V. werden in Leistungsbereichen von 5 kW–30 MW eingesetzt und bestehen aus einem Mantelrohr mit beiderseitig angeschweißten Rohrplatten, in die die Innenrohre eingeschweißt sind (Bild). Wasser als Kühlmedium fließt in den Rohren, und Kältemittel kondensiert im Mantelraum.

Koaxial-V. werden oft für kleinere Leistungen (3–25 kW) verwendet und bestehen aus einem wendel- und spiralförmig gewickelten Doppelrohr mit wasserführendem Kernrohr, wobei das Arbeitsmittel im Ringraum zwischen Kern- und Mantelrohr strömt (→Verdampfer, Koaxialverdampfer).

Verdunstungs- und Berieselungs-V. werden eingesetzt, wenn die Kondensationswärme nicht als Nutzwärme entzogen wird. Dabei wird der Wärmeüber-

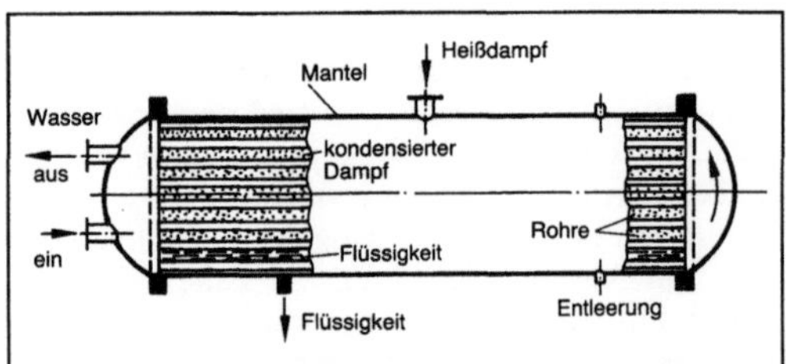

Verflüssiger: Rohrbündel-Verflüssiger. (Quelle: Recknagel et al. a. a. O.)

gang durch Verdunstung auf der Kühlwasserseite gesteigert und damit die Kühlwassermenge reduziert. Als Frischwassermenge wird nur zwischen $\frac{1}{10}$–$\frac{1}{3}$ der Wassermenge eines Durchlauf-V. benötigt. Diese Art von V. werden im Leistungsbereich von 30 kW–4 MW eingesetzt.

Luftgekühlte V. werden wegen luftseitig niedriger Wärmeübergangszahlen grundsätzlich in Rippenrohrform ausgeführt. Die Verflüssigerelemente bestehen vorwiegend aus Kupferrohren mit aufgeschobenen Aluminiumlamellen (Verdampfer), die sich über den ganzen Kühlerquerschnitt erstrecken. Typische Größenordnungen liegen zwischen 0,5 und 500 kW.

Mittels Eigenkonvektion gekühlte V. werden dabei nur bei kleinen Kühlmöbeln angewandt (0,1 bis 0,6 kW). Zwangsbelüftete V. sind heute in allen Leistungsbereichen zu finden. *Knoche*

Literatur: *Recknagel/Sprenger/Hönmann:* Taschenb. Heizungs- u. Klimatechnik. München 1988.

Verfügbarkeit.

1. Fördertechnik. Die Zuverlässigkeitskenngröße V. ist nach DIN 40042 folgendermaßen definiert: →Verfügbarkeit ist die Wahrscheinlichkeit, ein System zu einem vorgegebenen Zeitpunkt in einem funktionsfähigen Zustand anzutreffen. *Jünemann*

2. redundanter Systeme. Die Reparatur ist das wirksamste Mittel, um die V. eines Systems zu verbessern. Bei dem aktiv redundanten System mit zueinander parallelen Kanälen wird zunächst ein Kanal ausfallen. Das System ist über die parallelen Wege noch funktionsfähig. Der ausgefallene Kanal läßt sich reparieren. Das (m von n)-System versagt erst dann, wenn von den vorhandenen n Kanälen mehr als n−m ausgefallen sind (→Redundanz, →Ausfallwahrscheinlichkeit redundanter Systeme).

In den Fällen, in denen keine Einschränkung für die Reparatur wirksam ist, läßt sich dieser Sachverhalt mit der Markow-Kette (Bild 1) für ein (1 von 3)-System verdeutlichen. Die einzelnen Zustände sind wie folgt definiert:

□ Zustand 1: Drei Einheiten sind funktionsfähig und in Betrieb.

□ Zustand 2: Zwei Einheiten sind in Betrieb, eine Einheit ist ausgefallen.

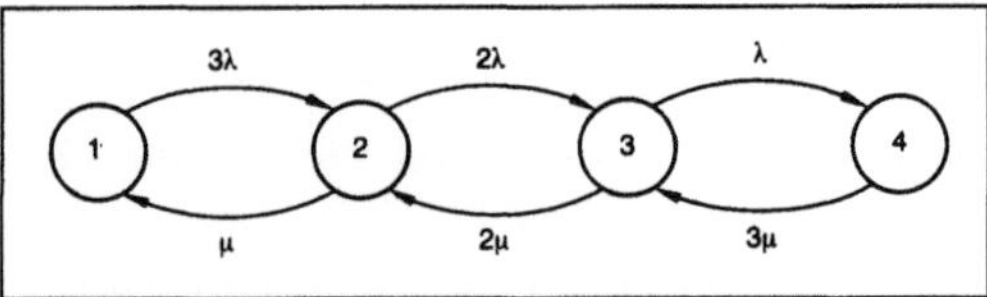

Verfügbarkeit redundanter Systeme 1: Markow-Kette eines reparierbaren (1 von 3)-Systems.

□ Zustand 3: Eine Einheit ist in Betrieb, zwei Einheiten sind ausgefallen.

□ Zustand 4: Alle Einheiten sind ausgefallen.

Mit der Ausfallrate λ oder der Reparaturrate μ wechselt das System seine Zustände. Es hat keinen absorbierenden Zustand. Nach einer gewissen Betriebszeit ist ein Gleichgewicht zwischen Ausfall und Reparatur erreicht. Der stationäre Wert für die Besetzungswahrscheinlichkeit des Zustands 4 ist deutlich kleiner als 1:

$$w_4(t \to \infty) < 1.$$

Die Nichtverfügbarkeit für den stationären Fall ergibt sich zu

$$p = U(t \to \infty) = \frac{\lambda}{\lambda + \mu}.$$

Die entsprechenden Werte enthält die Tabelle.

System	stationäre Nichtverfügbarkeit
Einzelkomponente	$\dfrac{\lambda}{\lambda + \mu}$
(1 von n)-System	$\left(\dfrac{\lambda}{\lambda + \mu}\right)^n$
(2 von 3)-System	$3\left(\dfrac{\lambda}{\lambda + \mu}\right)^2 - 2\left(\dfrac{\lambda}{\lambda + \mu}\right)^3$

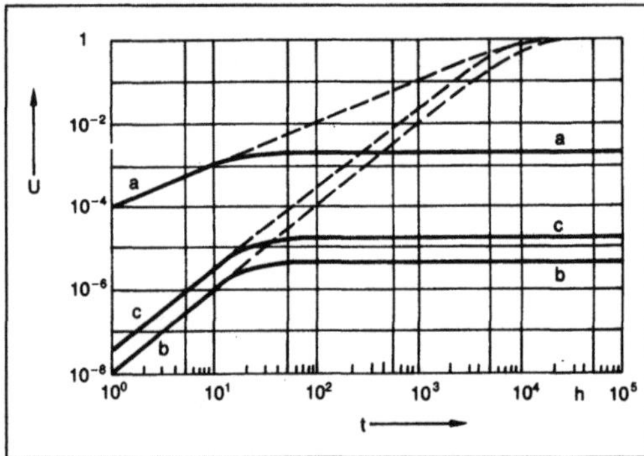

Verfügbarkeit redundanter Systeme 2: Unverfügbarkeit reparierbarer Systeme mit $\lambda = 10^{-4}\,h^{-1}$, $\mu = 5 \cdot 10^{-2}\,h^{-1}$.

a Einzelkomponente, b (1 von 2)-System mit aktiver Redundanz, c (2 von 3)-System mit aktiver Redundanz
Die gestrichelten Kurven zeigen die Ausfallwahrscheinlichkeiten der Systeme, wenn diese nicht repariert werden.

Der stationäre Wert (Bild 2) der Nichtverfügbarkeit ist nach etwa 5 mittleren Reparaturzeiten erreicht (MTTR).

Der Gewinn an V. durch die Reparatur tritt nur dann ein, wenn die Ausfälle erkannt sind und anschließend beseitigt werden. Liegen nicht entdeckte Ausfälle vor, so ist nicht mit der Unverfügbarkeit, sondern mit der Ausfallwahrscheinlichkeit zu rechnen. Letztere erreicht nach einer gewissen Zeit den Wert 1. Eine vollständige Ausfallerkennung ist also auch für Auswahlschaltungen wichtig. *Schrüfer*

3. sicherheitsbezogene. Für die Berechnung der s. V. und für die der sicherheitsbezogenen Nichtverfügbarkeit werden nur die die Sicherheit berührenden, die gefährlichen Ausfälle betrachtet (Ausfalleffektanalyse). Die Ausfallrate für die gefährlichen erkennbaren Ausfälle ist λ_{21}, die für die gefährlichen nicht erkennbaren Ausfälle ist λ_{22}. Unterstellt wird, daß auf ein Reservegerät umgeschaltet wird ($\mu \to \infty$), sobald die ersteren mit der Ausfallerkennungsrate ε_1 gefunden sind. Die nicht erkennbaren Ausfälle werden nicht entdeckt. Die Komponente ist gefährlich ausgefallen oder für die Sicherheit nicht verfügbar bei mindestens einem der beiden Ereignisse:

□ $\overline{E}_1$: Die Komponente ist wegen erkennbarer Ausfälle nicht verfügbar. Die Wahrscheinlichkeit hierfür wird konservativ mit dem maximal möglichen Wert abgeschätzt zu

$$w(\overline{E}_1) = w_{21} = \frac{\lambda_{21}}{\varepsilon_1};$$

□ $\overline{E}_2$: Die Komponente ist nicht erkennbar gefährlich ausgefallen:

$$w(\overline{E}_2) = w_{22} = 1 - e^{-\lambda_{22}t} \approx \lambda_{22}t \text{ für } \lambda_{22}t \ll 1.$$

Die gesamte sicherheitsbezogene Unverfügbarkeit U_s errechnet sich als die Summe der Einzelwahrscheinlichkeiten für $\lambda_{22}t \ll 1$ zu

$$U_s(t) \approx \frac{\lambda_{21}}{\varepsilon_1} + \lambda_{22}t.$$

Die s. V. $V_s(t)$ ergibt sich als das Einserkomplement zur Unverfügbarkeit $U_s(t)$ zu

$$V_s(t) = 1 - \frac{\lambda_{21}}{\varepsilon_1} - \lambda_{22}t.$$

Bei den in der Praxis vorkommenden Zahlenwerten des Bildes ist nach etwa 1000 h die → Ausfallwahrscheinlichkeit infolge nicht erkennbarer Ausfälle größer als die Unverfügbarkeit infolge erkennbarer Ausfälle und bestimmt damit die gesamte sicherheitsbezogene Unverfügbarkeit, obwohl die Ausfall-

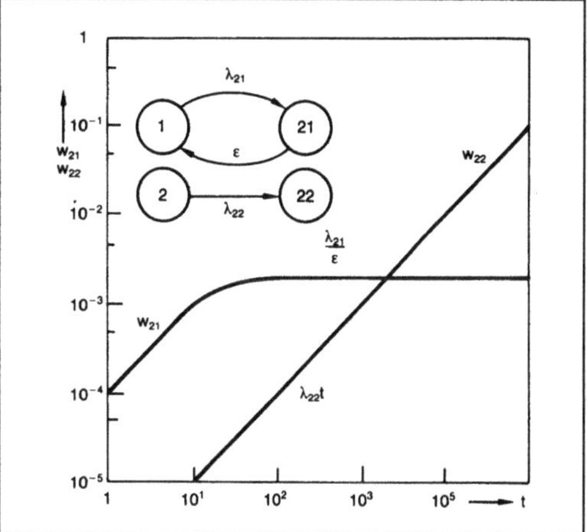

Verfügbarkeit, sicherheitsbezogene: Sicherheitsbezogene Unverfügbarkeit bei Ausfallerkennung mit sofortiger Reparatur.

Ausfallrate $\lambda_{21} = 1 \cdot 10^{-4}$ h⁻¹, Ausfallerkennungsrate $\varepsilon_1 = 5 \cdot 10^{-2}$ h⁻¹, Ausfallrate $\lambda_{22} = 1 \cdot 10^{-6}$ h⁻¹

rate für die nicht erkennbaren Ausfälle nur 1 % der Ausfallrate für die erkennbaren betrug. *Schrüfer*

Literatur: *Schrüfer, E.:* Zuverlässigkeit von Meß- und Automatisierungseinrichtungen. München 1984.

4. Zuverlässigkeit. Die → Verfügbarkeit $V(t)$ ist die Wahrscheinlichkeit, daß eine reparierbare Komponente im funktionsfähigen Zustand ist. Bei bekannter Ausfallrate λ und bekannter Reparaturrate μ berechnet sich die V. aus dem die Markow-Kette (Bild 1) beschreibenden System von Differentialgleichungen.

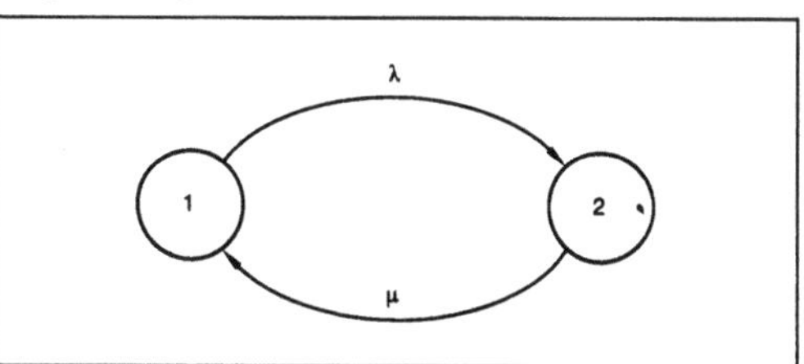

Verfügbarkeit (Zuverlässigkeit) 1: Markow-Kette für eine Komponente mit Erneuerung.

λ Ausfallrate, μ Reparaturrate; Zustand 1: Gerät ist funktionsfähig, Zustand 2: Gerät ist ausgefallen und in Reparatur

Im Zustand 1 ist die Komponente funktionsfähig, d. h. verfügbar. Im Zustand 2 ist die Komponente ausgefallen, d. h. nicht verfügbar. Mit der Ausfallrate λ geht die Komponente vom Zustand 1 in den Zustand 2 über. Mit der Reparaturrate μ wird die Komponente in den funktionsfähigen Zustand wieder zurückgeführt. Die Besetzungswahrscheinlichkeit des Zustands i wird mit w_i und ihre zeitliche Änderung wird mit $\dot{w}_i = dw_i/dt$ bezeichnet. Zu der

Markow-Kette gehören die folgenden Differential-gleichungen:

$$\dot{w}_1 = -\lambda w_1 + \mu w_2,$$

$$\dot{w}_2 = \lambda w_1 - \mu w_2.$$

Mit den Anfangswerten $w_1(t=0) = a$, $w_2(t=0) = 1-a$ und der Randbedingung $w_1 + w_2 = 1$ ergibt sich die Wahrscheinlichkeit w_1 für die Besetzung des Zustands 1 zu

$$w_1(t) = \frac{\mu}{\lambda+\mu} + (a - \frac{\mu}{\lambda+\mu})\, e^{-(\lambda+\mu)t}.$$

Aus der Randbedingung läßt sich dann auch

$$w_2(t) = 1 - w_1(t)$$

berechnen.

Die Verfügbarkeit V(t) ist die Besetzungswahrscheinlichkeit für den Zustand 1. Ihr Einserkomplement ist die Nichtverfügbarkeit oder Unverfügbarkeit U(t). Die Nichtverfügbarkeit als Besetzungswahrscheinlichkeit für den Zustand 2 ergibt sich für $a = 1$ zu

$$w_2(t) = U(t) = \frac{\lambda}{\lambda+\mu} - \frac{\lambda}{\lambda+\mu}\, e^{-(\lambda+\mu)t}.$$

Während bei nicht reparierbaren Einheiten die Überlebenswahrscheinlichkeit R(t) und die →Ausfallwahrscheinlichkeit F(t) die →Zuverlässigkeit charakterisieren (Lebensdauerverteilung), sind es bei reparierbaren Komponenten die Kenngrößen Verfügbarkeit V(t) und Nichtverfügbarkeit U(t). Bei kleinem Exponenten $(\lambda+\mu)t<1$ unterscheiden sich die Funktionen F und U nicht (Bild 2). Ist die Ausfallwahrscheinlichkeit sehr klein, so ist naturge-

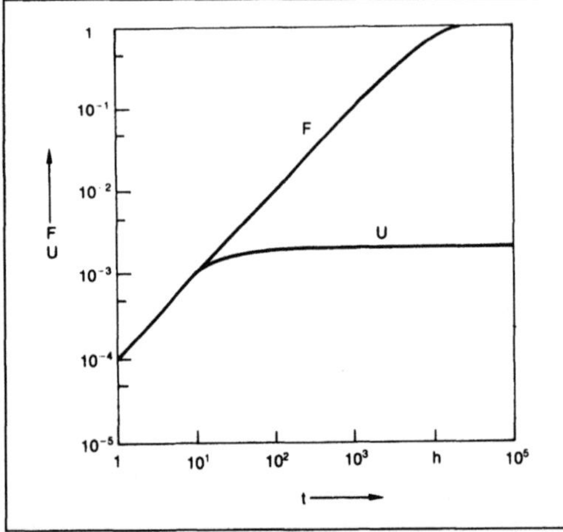

Verfügbarkeit (Zuverlässigkeit) 2: Infolge der Erneuerung ist die Unverfügbarkeit U im stationären Fall sehr viel kleiner als die Ausfallwahrscheinlichkeit F.

Ausfallrate $\lambda = 10^{-4}\ h^{-1}$, Reparaturrate $\mu = 5\cdot10^{-2}\ h^{-1}$

mäß keine Reparatur erforderlich, und die Kurve für die Unverfügbarkeit fällt mit der der Ausfallwahrscheinlichkeit zusammen. Aus den entsprechenden Gleichungen entstehen dieselben Näherungen:

$$F(t) = \lambda t \text{ für } \lambda t < 1,$$

$$U(t) = \lambda t \text{ für } (\lambda+\mu) < 1.$$

Bei größeren Zeiten und größeren Ausfallwahrscheinlichkeiten kommt dann aber der Vorteil der Reparatur zum Tragen. Nach einer genügend langen Zeit ist eine nicht reparierte Komponente mit →Sicherheit ausgefallen, $F(t\to\infty)=1$, während eine wiederherstellbare Einheit nur mit der Wahrscheinlichkeit $U(t\to\infty)$ nicht verfügbar ist. Dieser stationäre Wert der Unverfügbarkeit ist etwa nach $5/\mu = 5$ MTTR erreicht:

$$U(t\to\infty) = w_2(t\to\infty) = \frac{\lambda}{\lambda+\mu}.$$

Im allgemeinen ist die Ausfallrate sehr viel kleiner als die Reparaturrate und kann dementsprechend im Nenner der obigen Gleichung vernachlässigt werden:

$$U(t\to\infty) = \frac{\lambda}{\mu} \text{ für } \lambda < \mu.$$

Bei den Zahlenwerten in Bild 2 beträgt die stationäre Unverfügbarkeit $2\cdot10^{-3}$. In 99,8 % der Zeit ist das Gerät betriebsfähig und in 0,2 % der Zeit in Reparatur.

Indem in der Gleichung für U(t) Zähler und Nenner mit $1/\lambda\mu$ multipliziert werden, läßt sich die stationäre Nichtverfügbarkeit auch durch die Zeiten MTTR und MTBF ausdrücken:

$$U(t\to\infty) = w_2(t\to\infty) = \frac{\lambda}{\lambda+\mu} = \frac{1/\mu}{1/\mu + 1/\lambda}$$

$$= \frac{MTTR}{MTBF + MTTR}.$$

Entsprechend ergibt sich die stationäre V. zu

$$V(t\to\infty) = w_1(t\to\infty) = \frac{\mu}{\lambda+\mu} = \frac{1/\lambda}{1/\lambda + 1/\mu} =$$

$$= \frac{MTBF}{MTBF + MTTR}. \qquad \textit{Schrüfer}$$

Vergaser. V. waren bis vor kurzem die wichtigsten Gemischbildner für Ottomotoren. Sie haben die Aufgabe, dem Motor in jedem Betriebszustand das genau richtige Benzin-Luft-Gemisch zuzuführen. Die V. werden zunehmend durch die →Benzineinspritzung verdrängt.

Zum besseren Verständnis des V. sei der Weg verfolgt, auf dem die Verbrennungsluft in den Motor gesaugt wird (Bild 1). Die Luft tritt aus der Atmosphäre in das Luftfiltergehäuse ein, durch-

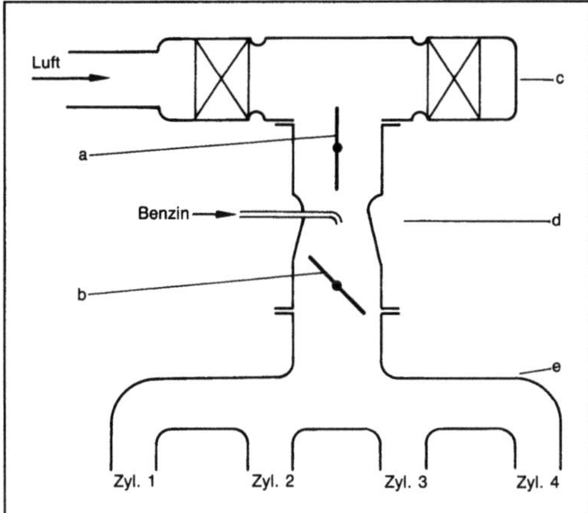

Vergaser 1: Ansaugsystem eines Ottomotors (Schemaskizze).

a Starterklappe, b Drosselklappe, c Luftfilter, d Vergaser, e Saugrohr

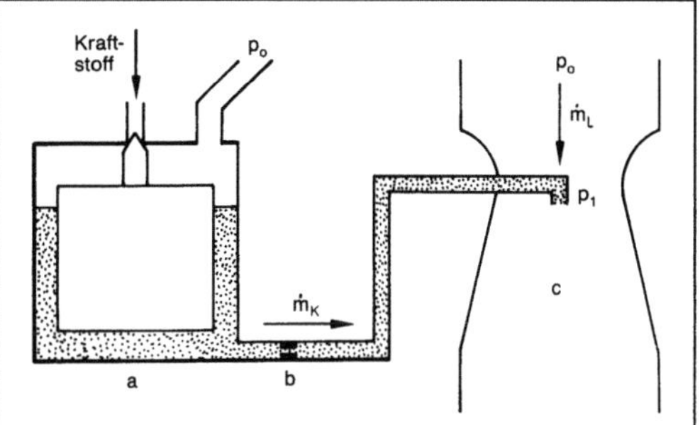

Vergaser 2: Hauptdüsensystem eines Fallstromvergasers (Schemaskizze).

$\dot{m}_L$ Luftmassenstrom, $\dot{m}_K$ Kraftstoffmassenstrom, p_o Atmosphärendruck, p_1 Druck im Lufttrichter, a Schwimmerkammer, b Hauptdüse, c Lufttrichter

strömt die Filterpatrone und gelangt dann in den V. Im Normalbetrieb ist die Starterklappe voll geöffnet, bleibt also ohne Einfluß. Nun strömt die Luft durch einen Lufttrichter, wo sich infolge der höheren Strömungsgeschwindigkeit ein Unterdruck einstellt. Dadurch wird Benzin aus dem Hauptdüsensystem gesaugt, tritt aus und vermischt sich, in feine Tröpfchen zerstäubt, mit der Luft. Der Weg des Benzin-Luft-Gemisches führt nun an der →Drosselklappe vorbei in das →Saugrohr, wo es auf die verschiedenen Zylinder eines Mehrzylindermotors verteilt wird.

Die Drosselklappe, die sich im unteren Bereich des V. befindet, wird teilweise geschlossen, wenn der Motor nur eine geringere Leistung abgeben soll. Durch das Ansaugen in die Zylinder (beim →Viertaktmotor) stellt sich dann ab der Drosselklappe im ganzen Saugrohr ein starker Unterdruck ein. Etwa entsprechend dem absoluten Druck im Saugrohr verringert sich die in die Zylinder des Motors gesaugte Gemischmenge und dementsprechend die Last bzw. das Drehmoment.

Grundsätzlich besteht bei einem →Ottomotor ohne →Katalysator die Forderung, daß ihm in allen Betriebszuständen ein Gemisch mit einem Luftverhältnis von etwa $\lambda = 1{,}1$ zugeführt wird (→Verbrennungsluftverhältnis). Dies entspricht einem Luft-Kraftstoff-Massenverhältnis von etwa 16:1. Dafür daß dieses Mischungsverhältnis stets eingehalten wird, sorgt das Hauptdüsensystem des V. (Bild 2). Die Wirkungsweise des Hauptdüsensystems beruht darauf, daß die gleiche Druckdifferenz bei der Strömung der Luft durch den Lufttrichter und bei der Strömung des Kraftstoffs durch die Hauptdüse wirksam ist. Dadurch ergibt sich bereits ein etwa proportionaler Zusammenhang zwischen den Massenströmen von Luft und →Kraftstoff. Ungewünschte Abweichungen von dem konstanten Mischungsverhältnis werden durch geschickte konstruktive Maßnahmen ausgeglichen (Korrekturluftsystem mit Korrekturluftdüse und Mischrohr).

Mit dem Hauptdüsensystem wird der Motorbetrieb in einem weiten Bereich des Motorkennfelds abgedeckt. Für eine Reihe von Betriebszuständen sind aber besondere Maßnahmen bzw. Einrichtungen am V. nötig:

☐ Bei Vollast wird eine Anfettung, d. h. ein kleineres Luftverhältnis gewünscht, um das Vollast-Drehmoment zu erhöhen. Hierzu öffnet man z. B. bei voller Drosselklappenöffnung ein kleines Ventil, das den Weg für zusätzlichen Kraftstoff in den Lufttrichter freigibt.

☐ Bei →Leerlauf des Motors, d. h. bei fast geschlossener Drosselklappe und Leerlaufdrehzahl ist die angesaugte Luftmenge so klein, daß der Unterdruck im Lufttrichter nicht ausreicht, um Kraftstoff anzusaugen und fein zu zerstäuben. Deshalb wird die hohe Luftgeschwindigkeit an der Drosselklappenkante in Verbindung mit einem Leerlaufsystem herangezogen, um das Kraftstoff-Luft-Gemisch zu bilden.

☐ Bei plötzlicher Öffnung der Drosselklappe, wie sie beim Beschleunigen eines Pkw auftritt, kommt es infolge von Saugrohreffekten zu einer vorübergehenden Abmagerung des Gemisches. Diese wird dadurch kompensiert, daß beim Öffnen der Drosselklappe vom Drossenklappengestänge eine Beschleunigungspumpe betätigt wird, die eine zusätzliche Kraftstoffmenge in den Lufttrichter spritzt.

☐ Beim →Kaltstart eines Motors schlägt sich ein großer Teil der zugeführten Kraftstoffmenge an den kalten Wänden der Ansaugwege nieder. Um trotzdem ein zündfähiges Gemisch aus Luft und Benzindampf an die Zündkerze zu bringen, muß man im V. ein Vielfaches der normalen Kraftstoffmenge zuführen. Dies ist durch Schließen der Starterklappe oberhalb des Lufttrichters bei gleichzeitigem leichten Öffnen der Drosselklappe zu erreichen. Hierdurch erweitert sich der Raum starken Unterdrucks vom Saugrohr bis in den Lufttrichter hinein, so daß eine sehr große Kraftstoffmenge aus dem Hauptdüsensystem gesaugt wird. Durch geeignete Maßnahmen ist auch nach dem Start und beim Warmlauf des Motors stets für das richtige Gemisch zu sorgen. Meistens werden alle Vorgänge von einer Bimetallfeder gesteuert, die u. a. auf die Kühlwassertemperatur anspricht (Startautomatik).

Eine Schwierigkeit besteht in der Wahl des geeigneten Lufttrichterquerschnitts. Bei hoher Motorleistung (großem Luftdurchsatz) müßte er groß sein, um eine Drosselung des Ansaugluftstroms und die damit verbundene Leistungseinbuße zu vermeiden (→Liefergrad). Bei geringer Motorleistung (kleinem Luftdurchsatz) müßte er klein sein, um den für eine gute Kraftstoffzerstäubung erforderlichen Unterdruck im Lufttrichter zu bewirken. Um beiden Gesichtspunkten gerecht zu werden, werden Register-V. (auch Stufen-V.) mit zwei V.-Systemen in einem Gehäuse gebaut. Dabei wird die zweite Stufe, vom Drosselklappengestänge gesteuert, erst bei hoher Last des Motors zugeschaltet (Bild 3).

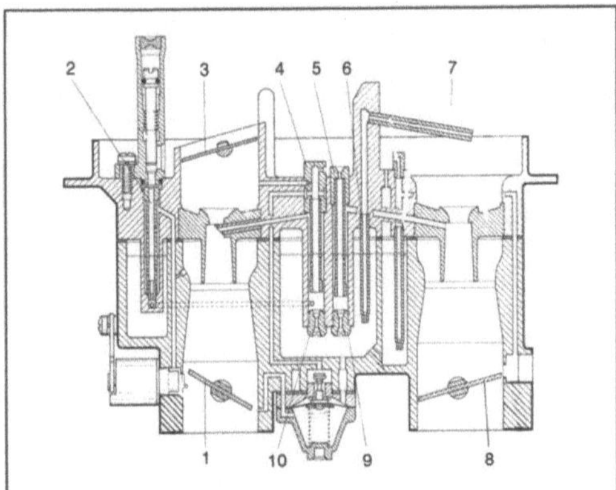

Vergaser 3: Fallstrom-Registervergaser (Schemaskizze). (Quelle: Pierburg)

1 Drosselklappe I. Stufe, 2 Leerlaufkraftstoffdüse mit Mischrohr, 3 Starterklappe, 4 Luftkorrekturdüse mit Mischrohr I. Stufe, 5 Luftkorrekturdüse mit Mischrohr II. Stufe, 6 kalibriertes Steigrohr für Vollastanreicherung II. Stufe, 7 Vollastanreicherungsrohr II. Stufe, 8 Drosselklappe II. Stufe, 9 Hauptdüse II. Stufe, 10 Hauptdüse I. Stufe

Die Anforderungen an die V. steigen ständig. Um die Abgasemission zu verringern, soll das Luftverhältnis in Abhängigkeit vom gefahrenen Betriebspunkt noch genauer eingehalten werden. Bei Einsatz eines geregelten Katalysators muß der V. in Abhängigkeit vom gemessenen Sauerstoffgehalt der Abgase geregelt werden. Überhaupt nimmt die Verbreitung elektronischer Steuer- und Regeleinrichtungen am Ottomotor bzw. im Automobilbau

zu. Deshalb wurde ein V. mit elektronischer Steuerung entwickelt, bei dem eine elektrisch betätigte Vordrosselklappe (an der Stelle der Starterklappe) eine Beeinflussung des Luftverhältnisses erlaubt. Auch die (Haupt-) Drosselklappe läßt sich bei diesem Vergaser elektrisch anstellen, so daß über eine elektronische Steuerung eine außerordentliche vielfältige Beeinflussung der →Gemischbildung möglich ist. *Kuhlmann*

Literatur: *Bussien*: Automobiltechn. Handb. Ergänzungsbd. zur 18. Aufl. Berlin, New York 1979. – *Lenz, H. P.:* Gemischbildung bei Ottomotoren. R. Die Verbrennungskraftmaschine N. F. Bd. 6. Wien, New York 1990. – *Pierburg, A., u. H. P. Lenz*: Vergaser für Kraftfahrzeugmotoren. Düsseldorf 1970.

Vergleichsölmenge →Ölmenge

Vergleichsprozeß. Ein V. ist ein idealisierter Prozeß, der aus mehreren thermodynamischen Zustandsänderungen zusammengesetzt ist. Er erlaubt eine vereinfachte Berechnung der in einem →Verbrennungsmotor ablaufenden Vorgänge. Durch Vergleich des wirklichen Prozesses im Motor mit dem V. kann man feststellen, wie weit der wirkliche Prozeß vom idealisierten Fall (noch) entfernt ist.

Seit langem sind die in p,V-Diagrammen dargestellten Prozesse bekannt (Bild 1):
□ Gleichraumprozeß (auch Otto-Prozeß genannt),
□ Gleichdruckprozeß (auch Diesel-Prozeß genannt),
□ gemischter Prozeß (auch Seiliger-Prozeß genannt).

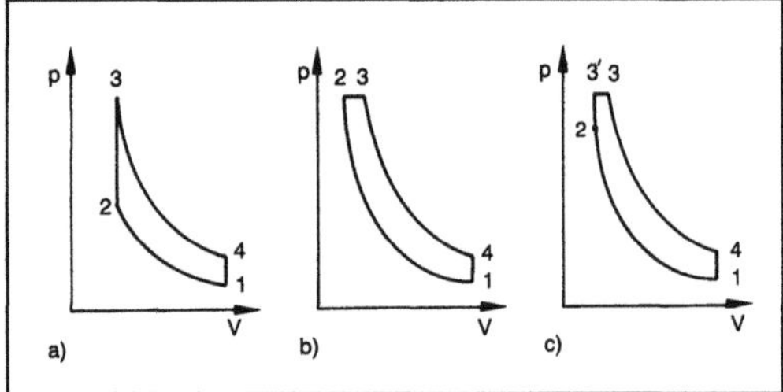

Vergleichsprozeß 1 Diagramme:
a) Gleichraumprozeß
b) Gleichdruckprozeß
c) Gemischter Prozeß.

Für alle diese Kreisprozesse gelten folgende Gemeinsamkeiten:
□ 1–2: isentrope Verdichtung durch den aufwärtsgehenden Kolben,
□ 2–3: Wärmezufuhr an Stelle der beim wirklichen Motor auftretenden →Verbrennung,
□ 3–4: isentrope Expansion bei abwärtsgehendem Kolben,
□ 4–1: isochore Wärmeabfuhr an Stelle des beim wirklichen Motor auftretenden Gaswechsels.

Der Unterschied zwischen den drei Prozessen liegt in der Art der Wärmezufuhr. Beim Gleichraumprozeß wird eine plötzliche Wärmezufuhr im oberen Totpunkt angenommen (isochore Wärmezufuhr). Beim Gleichdruckprozeß erfolgt eine isobare Wärmezufuhr, die eher dem Verbrennungsvorgang in einem →Dieselmotor entspricht. Der gemischte Prozeß erlaubt eine etwas genauere Annäherung an die wirklichen Verhältnisse im Motor. Bei ihm wird ein Teil der Wärme bei konstantem Volumen und der Rest bei konstantem Druck zugeführt. Dabei ergeben sich je nach Aufteilung der Wärme unterschiedliche Höchstdrücke. Im gemischten Prozeß sind als Sonderfälle der Gleichraumprozeß und der Gleichdruckprozeß enthalten.

Für alle drei Prozesse kann der thermische Wirkungsgrad in Form einer Gleichung angegeben werden, wenn man die Prozesse für ideales Gas durchrechnet. Für den Gleichraumprozeß ergibt sich:

$$\eta_{th} = 1 - \frac{1}{\varepsilon^{\kappa-1}};$$

dabei ist ε das →Verdichtungsverhältnis und κ der Isentropenexponent (für Luft $\kappa = 1{,}4$). Man erkennt, daß der Wirkungsgrad mit zunehmendem Verdichtungsverhältnis steigt.

Die Berechnung der V. für Verbrennungsmotoren mit idealem Gas ist sehr ungenau. Viel bessere Ergebnisse erhält man, wenn man bei den Berechnungen die sich verändernde spezifische Wärmekapazität der Gase im Zylinder berücksichtigt. Diese Veränderungen werden durch die hohen Temperaturen während und nach der Verbrennung und die veränderte chemische Zusammensetzung der Verbrennungsgase hervorgerufen (→Abgaszusammensetzung). Für aufgeladene Motoren muß außerdem der Einfluß der Drücke vor und nach dem Motor auf die Gaswechselschleife berücksichtigt werden (p,V-Diagramm). Damit ergibt sich ein V. mit realem Gas, der durch folgende Merkmale gekennzeichnet ist (Bild 2):

□ →Hubvolumen und Verdichtungsverhältnis wie beim wirklichen Motor,

□ Berechnung der Zustandsänderungen mit den wirklichen Eigenschaften der Gase (Berücksichtigung der veränderlichen spezifischen Wärmekapazität und der Dissoziation),

□ Ausschieben (5–6) und Ansaugen (7–1) auf Linien konstanten Drucks,

□ Druck und Temperatur im unteren Totpunkt (UT) nach dem Ansaugen wie vor dem wirklichen Motor,

□ isentrope Verdichtung (1–2),

□ gemischte Wärmezufuhr entsprechend der wirklich in den Zylinder eingebrachten Kraftstoffmenge, isochor bis zu einem gewählten Höchstdruck (2–3'), dann isobar (3'–3),

□ isentrope Entspannung (3–4).

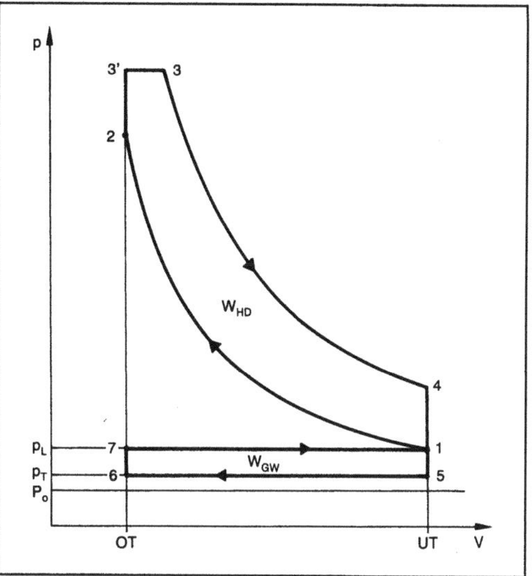

Vergleichsprozeß 2: Gemischter Vergleichsprozeß für einen aufgeladenen Verbrennungsmotor.

Wenn der →Ladedruck p_L größer ist als der Druck vor der Turbine p_T (→Aufladung), erhöht sich die Arbeit der Hochdruckschleife um die der Gaswechselschleife; bei $p_L < p_T$ erniedrigt sie sich. Beim nicht aufgeladenen Motor fallen Ausschublinie und Ansauglinie aufeinander. Damit ist die Arbeit der Gaswechselschleife null.

Aus der Arbeit des V. kann man mit der Drehzahl die „Leistung des vollkommenen Motors" errechnen. Das Verhältnis der (wirklichen) →Innenleistung zur Leistung des vollkommenen Motors ist der Gütegrad. Mit einem geschätzten Gütegrad läßt sich also aus der Leistung des vollkommenen Motors die zu erwartende Innenleistung eines Motors voraussagen. Eine genauere Voraussage ist jedoch mit einer realen →Kreisprozeßberechnung möglich. *Kuhlmann*

Literatur: DIN 1940: Hubkolbenmotoren, Begriffe Formelzeichen Einheiten. Hrsg. Dt. Inst. f. Normung. Ausg. 1976. – *Dubbel*: Taschenb. Maschinenbau. 16. Aufl. Berlin, Heidelberg, New York 1987. – *Pflaum, W.*, u. *F. Zacharias*: Mollier-Diagramm für Verbrennungsgase. Tl. II. 2. Aufl. Düsseldorf 1974. – *Urlaub, A.*: Verbrennungsmotoren. Bd. 1. Berlin 1987.

Vergolden →Oberflächenbehandlung

Vergolden und Versilbern. Elektrolytisch vergoldetes oder versilbertes Stahlband wird hauptsächlich in der Besteck- und Schmuckindustrie sowie in der Elektrotechnik für Kontakte und gedruckte Schaltungen eingesetzt.

Bei der kontinuierlichen →Veredelung von Bändern in Dicken zwischen 0,1 mm und 1,0 mm sowie Breiten zwischen 5 und 200 mm werden für die

Herstellung von Massenstanzteilen, beispielsweise Steckerstiften, Federn, Klemmen aller Art, für Sicherungsbänder, sowie für die Herstellung von flexiblen Koaxialkabeln bei Silber Schichtdicken zwischen 0,5 und 10 µm und bei Gold Schichtdicken zwischen 0,5 und 3 µm niedergeschlagen.

Weil Silber sehr leicht anläuft und damit zu erhöhten Übergangswiderständen führen könnte, ist es schon seit langem üblich, elektrolytisch abgeschiedene Silberschichten zu vergolden, wobei bereits sehr dünne Schichten genügen. In der überwiegenden Mehrzahl werden zyankalische Badtypen zum Versilbern und Vergolden eingesetzt.

Neben zyankalischen Badtypen sind auch Elektrolytzusammensetzungen bekannt, die Gold als Chlorid neben Salz- und Schwefelsäure enthalten.

Kupfer- und Kupferlegierungen können ohne Schwierigkeiten bei einer geeigneten Vorbehandlung versilbert werden. Alle anderen Metalle, beispielsweise Eisen, Nickel, müssen vor dem Versilbern zwecks besserer Haftung cyanidisch vorverkupfert werden. Als Anoden werden reinste Silberanoden eingesetzt. *Baumann*

Vergrößerungsfunktion. Bei den erzwungenen Schwingungen eines linearen einfachen Schwingers unter harmonischer →Quellenerregung bezeichnet man das Verhältnis der Schwingungsamplitude zu einer dimensionsgleichen Erregeramplitude als Vergrößerungsfaktor. Er ist vom →Frequenzverhältnis zwischen Erregerfrequenz und Kennfrequenz und vom Dämpfungsgrad abhängig. Sein Frequenzgang ist die V. Bei geringer Dämpfung spricht man auch von Resonanzkurve. Allgemein bekannt sind die V. bei Kraft- bzw. Federkrafterregung, Dämpferkrafterregung und Unwuchterregung eines mechanischen Schwingers. Ihre Darstellung im doppeltlogarithmischen Maßstab heißt Bode-Diagramm (Bild). *Witfeld*

Vergüten. Unter V. ist ein Härten und anschließendes Anlassen von Stahl in einem oberen möglichen Temperaturbereich zu verstehen, um dadurch eine günstige Kombination von hoher Festigkeit und guter Zähigkeit zu erzielen. *Baumann*

Vergütungsstahl. Ein V. ist ein Stahl, der sich auf Grund seiner chemischen Zusammensetzung, besonders seines Kohlenstoffgehalts, zum Härten mit anschließendem Anlassen eignet. Ein solcher Stahl hat nach dem →Vergüten eine hohe Festigkeit und gute Zähigkeit. *Baumann*

Verhalten, viskoelastisches. Eigenschaft eines Werkstoffs oder Bauteils bei zeitabhängigen Deformationen, einen Teil der mechanischen Energie wie ein elastischer Körper reversibel zu speichern und die verbliebene Energie irreversibel wie ein viskoses Fluid zu dissipieren.

Zur Veranschaulichung linear-viskoelastischen V. lassen sich rheologische Modelle, bestehend aus Parallel- und Hintereinanderschaltungen linearer Federn und linear-viskoser Dämpfer, heranziehen (Bild). Eine einachsige Zugspannung σ ist dem Modell zufolge mit der Gesamtdehnung ε und den

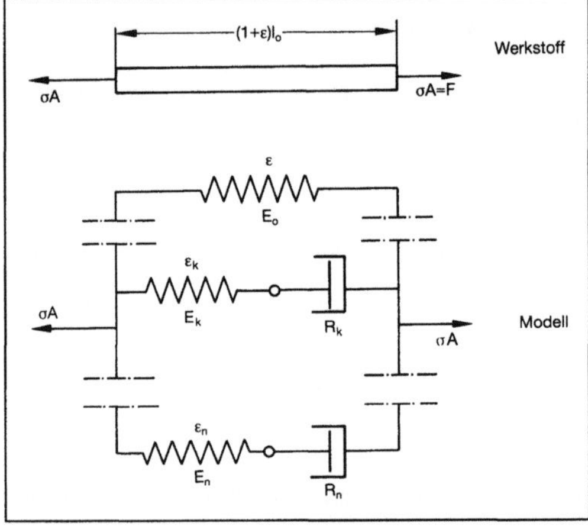

Verhalten, viskoelastisches: Rheologisches Modell für einen linear-viskoelastischen Werkstoff.

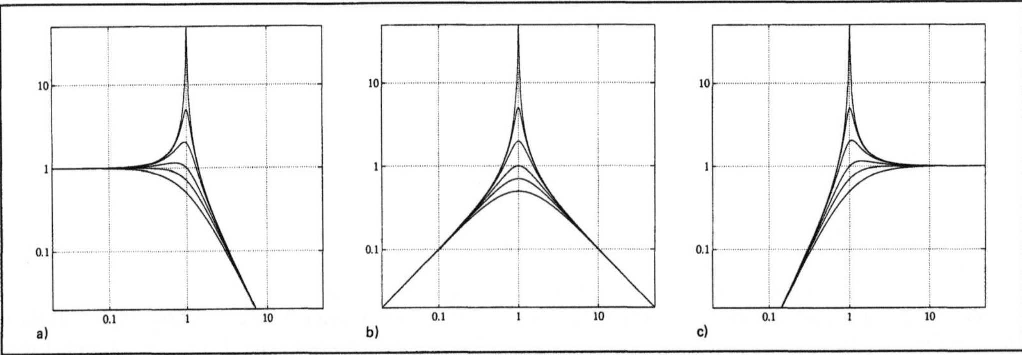

Vergrößerungsfunktion: Bode-Diagramme für a) Federkraft-, b) Dämpferkraft- und c) Unwuchterregung.

Dehnungen ε_k $(k = 1, \ldots, n)$ der n Federn verknüpft:

$$\sigma = E_0\varepsilon + \sum_{k=1}^{n} E_k\varepsilon_k,$$

wobei die inneren Variablen ε_k die Evolutionsgleichungen

$$\dot{\varepsilon}^k + \frac{1}{T_k}\varepsilon_k = \dot{\varepsilon}, \text{ mit } T_k, = R_k/E_k, \quad k = 1(1)n$$

zu erfüllen haben.

Elimination der inneren Variablen erlaubt die Formulierung der Materialgleichung als Gedächtnisintegral vom Kriechtyp oder vom Relaxationstyp mit der →Kriechfunktion und der →Relaxationsfunktion als Integralkern oder als Differentialoperatorform. Das Gedächtnisintegral vom Relaxationstyp beschreibt den Einfluß des nachlassenden Materialgedächtnisses für zurückliegende Dehnungsereignisse auf die aktuelle Spannung. Die Materialfunktionen sind experimentell zu ermitteln (→Relaxationsversuch).

Beschränkt man sich auf Spannungen und Dehnungen mit harmonischem Zeitverlauf

$$\sigma(t) = \mathrm{Re}[\,\underline{\sigma}\,\exp(i\omega t)], \varepsilon = \mathrm{Re}\,[\underline{\varepsilon}\,\exp(i\omega t)]$$

oder beschreibt das Materialgesetz im Bildbereich der Fourier-Transformation mit den Korrespondenzen $\sigma(t)$ ○–● $\underline{\sigma}(i\omega)$, $\varepsilon(t)$ ○–● $\underline{\varepsilon}(i\omega)$, so reduziert sich das viskoelastische Materialgesetz auf

$$\underline{\sigma} = \underline{E}\,(i\omega)\,\underline{\varepsilon},$$

mit dem komplexen Elastizitätsmodul, dessen Speicher- und →Verlustmodul über uneigentliche Integrale mit der Relaxations- und der Kriechfunktion verbunden sind. *Gaul*

Literatur: *Flügge, W.:* Viscoelasticity. Berlin, Heidelberg, New York 1975.

Verhütten. Unter V. ist die Verarbeitung von Erzen zu Metall zu verstehen. Das V. wird in einem Hüttenwerk durchgeführt. Ein Hüttenwerk ist die Bezeichnung für ein Werk, in dem durch physikalische und chemische Verfahren aus den in der Natur vorkommenden Erzen oder Mineralien gewünschte Metalle und Metallegierungen gewonnen werden. Beispielsweise in einem Eisenhüttenwerk wird im →Hochofen Eisenerz zu Roheisen verhüttet. *Baumann*

Verkaufsaufsteller. Displays im engeren Sinne sind frei bewegliche Werbeaufsteller. Sie bestehen meist aus einem stabilitätsgebenden Kern aus Pappe oder →Wellpappe. Die Oberflächen sind mit den werblich gestalteten bedruckten Teilen kaschiert. Sie können auch aus mehreren Teilen bestehen, die erst am eigentlichen werblichen Aufstellungsort kombiniert und zusammengebaut werden.

Die Weiterentwicklung stellt eine Kombination aus werblichem Aufsteller und Transportverpackung für zu verkaufende Ware dar. Der die Ware enthaltende Teil ist entsprechend den Beanspruchungen während der Transporte genügend stabil ausgeführt. Er ist aber gleichzeitig außen auch für den werblichen Zweck durch direktes Dekorieren oder Kaschieren von bedruckten Bogen ausgerüstet. Werblich ausgestattete Zusatzteile können an der Transportverpackung integriert anhängend ausgeführt sein und bei der Öffnung der Transportverpackung ausgeklappt werden. Es besteht auch die Möglichkeit, solche werblichen Teile bei der Herstellung des V. in der Transportverpackung integriert zu fertigen. Sie bilden oft das Verschlußteil der Transportverpackung. Beim Öffnen werden sie abgetrennt und als getrenntes Teil an den V. anmontiert. Der Unterbau des V. ist so ausgeführt, daß die verwendeten Transportmittel angreifen können. Die V. benötigen im Handelsbereich keine eigenen Regalflächen. Sie sind eigene und zusätzliche frei zu plazierende Verkaufseinheiten. *Paris*

Verkehr. Mit technischen Mitteln bewirkte Ortsveränderung von Personen und Gütern bzw. die Übertragung von Nachrichten, wenn diese als selbständige Aufgabe durchgeführt werden. Dabei ist ein gesondertes Planen, Investieren und Wirtschaften der Unternehmen Voraussetzung.

Systeme bestehen aus aktiven Elementen bzw. Komponenten, die dauernd oder gelegentlich stofflich-energetische und/oder informationelle Kopplungen aufweisen. Alle Prozesse, die bei zunächst räumlicher Trennung eine Kopplung dieser aktiven Elemente des Systems ermöglichen und so der Raumüberwindung dienen, sind Verkehrsprozesse. *Jünemann*

Verkehr, kombinierter. Unter k. V. versteht man den Transport von Material in genormten Ladeeinheiten im Zuge einer Transportkette, die sich aus unterschiedlichen Transportmitteln wie Seeschiff, Binnenschiff, Eisenbahn, Lkw und Flugzeug zusammensetzen kann (Bild).

Unter k. V. versteht man außerdem den Transport von Ladeeinheiten auf Straße und Schiene, wobei die Transporteinheit von einem Verkehrssystem auf das andere als eine Einheit umgeschlagen wird. Dieses kann mit Containern oder Wechselaufbauten durchgeführt werden.

K. V. ist auch ein Überbegriff für das Bestreben, die verschiedenen Verkehrsarten (Schiene, Straße, Wasser, Luft) so zu kombinieren, daß mehrere besonders günstige Transportarten für die Beförderung eingesetzt werden (Transportkette). Wesentliches Hilfsmittel für den möglichst umschlagar-

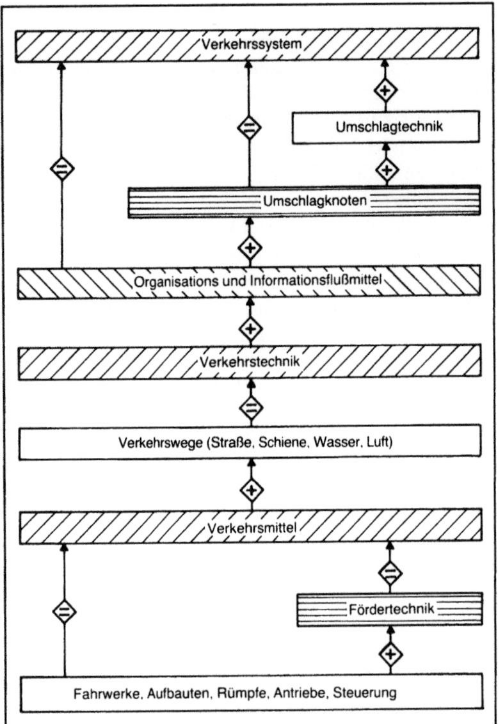

Verkehr, kombinierter: Aufbau von Verkehrssystemen.

—◇+◇→ und —◇=◇→ ist gleich

men Transport ist der Behälter, der sich in seinen Abmessungen, Ausführungen, Werkstoffen den Bedürfnissen anpaßt. Das Bestreben geht gleichzeitig dahin, den Linienverkehr, d. h. die Verbindung von zentralen Umschlagplätzen, mit den günstigsten Transportmitteln und Transporteinheiten herzustellen und den Flächenverkehr, d. h. die Güterverteilung, mit kleineren Transporteinheiten und Transportmitteln wahrzunehmen. Der Einsatz des Containers kommt diesem Bestreben sehr entgegen. *Jünemann*

Verkettung. Mechanische oder elektrische Verbindung mehrerer in der technologisch richtigen Reihenfolge hintereinanderstehender Einrichtungen zum Be- und Verarbeiten, Prüfen und Transportieren sowie Lagern durch zeitliches Abstimmen und räumliches Zusammenlegen bezeichnet man als V.

Lose V. Zwischen den Maschinen sind Werkstückspeicher (→Puffer) angeordnet, der Arbeitstakt muß nicht gleichzeitig beginnen, und es können sogar eine oder mehrere Maschinen der verketteten Anlage abgeschaltet werden, ohne daß die ganze Anlage stillgesetzt werden muß.

Feste V. Zwischen fest verketteten Maschinen befinden sich keine →Speicher. Beim Auftreten einer Störung an einem Aggregat der verketteten Straße müssen diese insgesamt stillgesetzt werden. *Jünemann*

Verkupfern. Metalle können einerseits in alkalischen Bädern und andererseits in sauren Bädern verkupfert werden. Alkalische Kupferbäder mit cyanidischen Elektrolyten werden, der besseren Übersicht halber, in 2 Gruppen eingeteilt:

□ Grundierbäder mit niedrigem Kupfergehalt, niedriger Stromdichte und Temperaturen zwischen 30 und 50 °C, geeignet für dünne Kupfer-Niederschläge sowie

□ Hochleistungsbäder mit hohem Kupfergehalt, höherer Stromdichte und Temperaturen zwischen 60 und 80 °C, geeignet für Grundierungen mit dünnen sowie für das V. mit dicken Schichten.

Alkalische Kupferbäder zeichnen sich dadurch aus, daß die Kupferionen einwertig vorliegen, so daß damit das Doppelte an Kupfer je Amperestunde niedergeschlagen wird als aus sauren Bädern, in denen das Kupfer zweiwertig ist.

Wegen der erheblich höheren anwendbaren Stromdichten haben sich für bestimmte Aufgaben auch saure Kupferelektrolyte durchgesetzt. Das nur halb so große Abscheidungsäquivalent kann durch die größere Abscheidungsgeschwindigkeit mehr als ausgeglichen werden. Allerdings ist eine alkalische Vorverkupferung erforderlich, weil Eisen unedler als Kupfer ist und deshalb nur mit dem cyanidischen Elektrolyten glatte und festhaftende Überzüge erzielt werden. Im sauren Bad scheidet sich das Kupfer durch Ionenaustausch bereits stromlos in lockerer Schicht ab, und es wird dadurch die Haftfestigkeit des elektrolytischen Niederschlags herabgesetzt.

Das saure Kupferbad ist hinsichtlich seiner Zusammensetzung, Kontrolle und Handhabung ein sehr einfaches Bad. Hauptbestandteil des Bads ist das Kupfersulfat. Die Schwefelsäure fördert bis zu einem bestimmten Gehalt von 25–40 g/l die Löslichkeit des Kupfersulfats, verbessert die Leitfähigkeit und gibt feinkörnige, dichte und weiche Niederschläge. Im allgemeinen sind Niederschläge aus sauren Kupferbädern grobkristallin und weich. Feinkristalline, polierfähige Niederschläge können jedoch mit zunehmender Stromdichte und Schwefelsäurekonzentration erreicht werden, wenn ein bestimmter Temperaturbereich eingehalten wird (→Oberflächenbehandlung). *Baumann*

Verladebrücke →Ladezone

Verlagerungsbahn →Schmierungstheorie, elastohydrodynamische

Verleimmaschine.

1. Breitseiten. Bei der Dickenverleimung (Lamellierung oder Schichtverleimung) von Holzfensterprofilen oder Holzleimbindern werden mehrere Lagen (Leisten oder Bretter) mit der Breitseite aufeinandergeleimt. Im Prinzip werden hier die gleichen Anlagen wie für die Schmalseitenverleimung eingesetzt →V. (Schmalseiten).

Da großer Wert auf die optimale Fugenverleimung im Kantel gelegt wird – bei Fensterkanteln darf die Fuge nicht schrägangeschnitten und nicht in der Bewitterungszone liegen –, werden die Qualitätskanteln nicht aus Endlosfugen-Verleimanlagen geschnitten. Lamellierte Kanteln werden vorwiegend in Verleimanlagen für ruhende Verleimung (stationäre Anlagen) gefertigt. Nach der Kehlmaschine bzw. Auftrennsäge durchläuft die Rohware eine manuell bedienbare Sortierstation, wobei hier die optimale Auswahl der Decklamellen erfolgt. Bereitgestellt wird die sortierte Ware zum Verleimen und Beschicken auf einem Magazinband. Nach dem Leimauftrag an der Leimangabemaschine, der einseitig oder beidseitig erfolgen kann, wird die Lamelle auf einem Stollenförderband mit Stopp-Positionieranschlag vor die Preßaggregate transportiert. An den Niederhalte-Einrichtungen sind schnellwechselbare Konterprofile installiert, so daß Kanteln in Block-, L- und Z-Form bis 3000 mm Länge gefertigt werden können. Der linke und rechte Bereich neben den Druckbalken dient als Parkzone für die Niederhalter. Die Pressenbeschickung kann somit störungsfrei erfolgen.

Zur Verringerung der Preßzeiten bei höheren Durchsatzmengen wird vor allem die Fugentemperatur für beschleunigten Abbindeprozeß erhöht. Die Leimflächen können auf einem Vorwärmtisch vorgewärmt werden, und der Klebstoff wird in der Auftragsmaschine auf ca. 30 °C erhitzt. Der Einsatz von Hochfrequenzverleimung ist möglich.

Die kontinuierlich arbeitenden Fugenverleim- und Lamellieranlagen werden bei V. (Schmalseiten)

Verleimmaschine (Breitseiten): Lamellieranlage, kombiniert mit Magazin-Rollenbahn und Leimauftragsmaschine. (Quelle: Hess)

näher beschrieben. Auf dieser Maschine werden Kantelmaterialien für die Fensterindustrie und Leimbinder bis 18 m Länge gefertigt. Zusatzeinrichtungen für Parallelbeschickungen sind üblich, d. h. mehrere beleimte Werkstücke werden gesammelt und gemeinsam eingeschoben. Zusätzliche Anschläge in der Pressenmitte lassen eine mehrbahnige Beschickung zur optimalen Ausnutzung der Gesamtarbeitsbreite zu (Bild). *Dusil*

2. Eckverbindungen. Eckverbindungen werden für Elemente aus Massivholz und Holzwerkstoffen unter Einsatz von Verbindungsmitteln wie Kleber, Dübel, Federn, Schrauben, Klammern u. ä. hergestellt. Die wichtigsten Anwendergruppen sind neben der Holzfensterfertigung der Innenausbau und die Möbelindustrie.

Rahmenpressen. Diese haben sich aus den Maschinen für Schmal- und Breitseitenpressung entwickelt. Die manuell einstellbaren Pressen mit Spindeln und zeitaufwendiger Druckbalkenverstellung sind heute durch Preßautomaten weitgehend verdrängt worden. Auf dem stabilen Rahmengrundgestell sind leicht verfahrbar der horizontale und vertikale Druckbalken mit den Preßecken befestigt. Diese werden mittels Präzisionsgewindespindeln mit einer Genauigkeit von 2/10 mm positioniert. Diese Positionierung ist manuell steuerbar oder über externe Leser- bzw. Drucktasten-Maßeingabe mit Speicherung möglich. Eingesetzt wird auch eine Lichtschrankenabtastung, die nach dem Vorlegen des Rahmenteils automatisch das Maß erfaßt und die Maschine auf das Arbeitsmaß einstellt. Die eigentlichen Preßelemente wie Druckluft- oder Hydraulik-Zylinder sind auf den Preßecken in vertikaler und horizontaler Stellung montiert. Positionshalter (mechanisch oder pneumatisch) fixieren die lose eingelegten Rahmenteile, so daß bei dem ca. 200 mm Hub der Preßaggregate die Rahmenecken präzise zusammengeführt werden. Nach dem Preßvorgang öffnen sie sich selbstätig.

Durchlaufrahmenpressen werden für die Verleimung von Möbelfronten eingesetzt. Die taktgesteuerte Durchlaufpresse ist mit einer Vorlege-Wartestation und mit einer Preßstation ausgestattet. Die Bedienungsperson steckt die beleimten Rahmenteile grob auf dem Vorlegeband zusammen und löst die automatische Pressenbeschickung und Entleerung aus. Die Breiten- und Längeneinstellung der doppeltwirkenden Langhubzylinder erfolgt automatisch über ein optoelektronisches Maßabfrage- und Steuersystem.

Korpuspressen. Diese werden vorwiegend in der Kastenmöbelfertigung für die Endmontage eingesetzt. Die zeitaufwendige Verleimung der Korpusse (z. B. Schubkasten, Schränke, Stuhl- und Tischgestelle usw.) mittels Zwingen wird heute in Pressen, die in der Rahmen-Kastenbauweise (Käfigkonstruktion) ausgeführt sind, erheblich schneller möglich. Auf den vertikal und horizontal verstellbaren Druckbalken sind verschiedene Druckaggregate befestigt. Die Druckbalken werden entweder manuell über Rasterbohrungen verstellt oder stufenlos über Gewindespindeln, Zahnstangengetriebe u. ä. den Werkstückabmessungen entsprechend positioniert. Pneumatisch oder hydraulisch wirkende Druckzylinder als Preßelemente haben Gewindespindeln und Feuerwehrschläuche abgelöst. Die Druckflächen sind nach den Erfordernissen der Korpusecken-Zusammenführungen ausgebildet, so daß stumpfe Verbindungen oder auch Gehrungsverbindungen möglich sind. Ein rationeller Arbeitsverlauf wird ermöglicht durch Tippsteuerung mit Digitalanzeige für gleichzeitige motorische Breiten- und Höhenverstellung.

Elektronische Positionier-Steuerung mit Maßvorwahl und Digitalanzeige für automatische, motorische Breiten- und Höhenverstellung mit Programmwahl-Möglichkeiten: Bei der fließenden Fertigung für die kommissionsweise Korpusmontage wird auf dem Vormontageplatz nach der Leimangabe der Korpus zusammengesteckt. Der transportfähige Korpus wird nach der optoelektronischen Maßabtastung mit Maßübertragung auf die Preßstation in die Presse geleitet. Nach dem automatisch gesteuerten Preßablauf wird der verleimte Korpus auf die Auslaufstation abtransportiert. Der Arbeitszyklus beginnt von vorn.

Sondermaschinen. Beim Moltinjekt-Verfahren wird der Korpus in der Presse fixiert und dann das Verbindungsmittel (z. B. flüssiges Polyamid) in die eingefrästen Fließkanäle unter hohem Druck eingespritzt. Nach dem Erkalten des Kunststoffs ist die Korpusecke äußerst stabil verbunden. Beim Falt-(Folding)- oder Kerbschnittverfahren werden Korpusabwicklungen über 90° Gehrungsnuten, die einseitig eingefräst werden, erstellt. Gehäuse mit

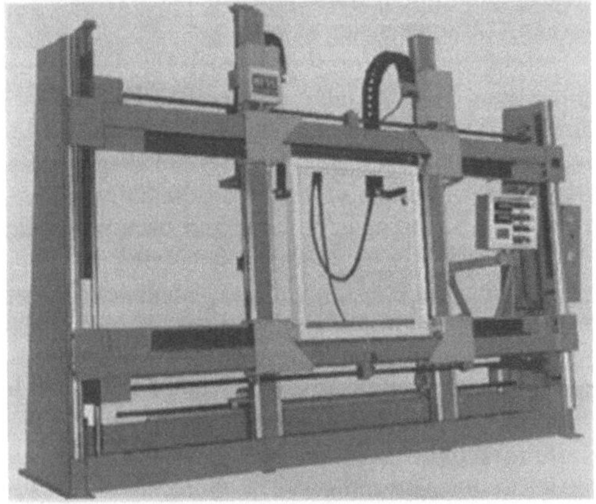

Verleimmaschine (Eckverbindungen): Rahmenpreß-Automat mit verstellbaren oberen und unteren Druckbalken. (Quelle: Hess)

Quernuten werden in Korpuspressen und Gehäuse mit Längsnuten nach der zerspanenden Bearbeitung im Durchlauf beleimt, gefaltet und verpreßt (Bild). *Dusil*

3. Schmalseiten. Da Vollholz mit den Schwankungen der Holzfeuchte starken Formveränderungen unterworfen ist, wird die zu verleimende Fläche möglichst aus vielen schmalen Streifen zusammengesetzt. Diese Fugenverleimung ist auch als Breitenverleimung bekannt. Die Schmalflächen werden rechtwinklig zur Breitfläche abgerichtet bzw. gefräst (stumpfe Fuge) und nach der Beleimung aneinandergepreßt.

Stationäre Anlagen. Zum Breitenverleimen haben sich aus den vertikal ausgerichteten Verleimständern zu Verleimdreiecken Verleimvierecken mit 4- bis 10etagigen Verleimsternen entwickelt. Die einseitig beschickbare Preßstation besteht aus mehreren Druckbalken, die je nach Arbeitsbreite über Laufwagen seitlich verstellbar sind. Auf diesen Balken sind elektrohydraulisch betätigte Druckzylinder und Widerlager im 50 mm-Raster verstellbar befestigt. Druckzylinderdaten: maximal 110 mm Hub, 60 000 N Druckkraft bei 120 bar. Für das Verpressen von konischen Werkstücken werden pendelnd gelagerte Druckplatten aufgesteckt. Die Anordnung mehrerer Preßstationen auf einem Drehkreuz erhöht die Kapazität dieser Anlagen. Dem Preßarbeitsgang sind verschiedene Arbeitsgänge vor- und nachgeschaltet. Die keilgezinkten und abgelängten Hölzer werden über einen Vorwärmtisch dem Magazinband zugeführt. Hier wird das Werkstück nach Qualität sortiert und über die Leimauftragswalze vor die Preßstation transportiert. Die Belegung der Presse kann automatisch oder manuell geschehen; ebenso der Abtransport der verleimten Platten an der Rückseite. Oft wird nach dem Druckstoßprinzip gearbeitet, wobei die fertige Platte auf der Bedienerseite seitlich herausgeschoben wird.

Kontinuierlich arbeitende Anlagen. Für die Breitenverleimung werden diese für Stabsperrholz-Mittellagen (Tischlerplatte) und für Massivholzplatten aus Leisten und Brettern eingesetzt. Der Endlos-Fugenverleimanlage werden parallel oder konisch besäumte Bretter über die Leimangabemaschine zugeführt. Eine hydraulische Einschubvorrichtung ist der Verleimanlage vorgeschaltet. Im kontinuierlich arbeitenden Preßbett wird auf die Leimfuge über ein hydraulisches Bremssystem der erforderliche Gegendruck ausgeübt. Der Leim härtet durch elektrische Heizaggregate aus, vorwiegend durch Hochfrequenzheizung. Die auslaufenden Endlosplatten werden durch Breitenbesäumsägen und mitlaufende Quersägen formatiert. Eine Sonderform ist die Hochfrequenz-Durchlaufpresse zur Massivholzverleimung im Kurztaktverfahren. Die beleimten

Werkstücke werden auf einem der Presse vorgelagerten Beladeband zusammengelegt. Nach dem automatischen Einlauf in die Presse wird über Druckzylinder seitlich und vertikal der spezifische Druck in der Leimfuge aufgebaut. Nach dem Einschalten des HF-Feldes und der Aushärtung der Fugen erfolgt der Abtransport des verleimten Werkstücks und zugleich die Neubeschickung der Presse. An Stelle des Fügens auf der Kehlmaschine wird sehr oft nur auf Breite gesägt. *Dusil*

Verlust (Strömungsmaschine). Der in der Maschine nicht in die gewünschte Energieform umgewandelte Anteil der zugeführten Energie: energetischer V. oder Strömungs-V. Bei einer als adiabates (nach außen wärmeisoliertes) System zu betrachtenden →Arbeitsmaschine ist das die Differenz zwischen an der Welle zugeführter Arbeit und der an das Fluid (umkehrbar) übertragenen Energie, nämlich Zuwachs an Druck- und kinetischer Energie:

$$j_v = a - y - \frac{1}{2}(c_a^2 - c_e^2).$$

Bei einer →Turbine ergibt sich der V. aus der Differenz zwischen dem Fluid entnommener Energie und an der Welle abgegebener Arbeit:

$$j_T = y - a + \frac{1}{2}(c_a^2 - c_e^2).$$

Das Verhältnis von der umgewandelten Energie zu der zugeführten Energie ist als →Wirkungsgrad definiert. Die Differenz geht in die grundsätzlich nicht gewünschte Energieform Wärme über (→Dissipation). Alle Zwischentemperaturen und insbes. die Austrittstemperatur aus der Maschine sind höher, als sie es ohne V. wären. Die Wärme entsteht durch →Reibung, die immer bei ungleicher Geschwindigkeit benachbarter Strömungselemente auftritt. Zwischen ihnen sind viskose und beim turbulenten →Impulsaustausch wirksame Kräfte zu überwinden. Die Geschwindigkeitsunterschiede und die daraus resultierenden Reibungskräfte sind besonders groß in der Nähe von Wänden, an deren Oberfläche keine Geschwindigkeit auftreten kann (Haftbedingung), und in Wirbeln, die infolge von Druckgradienten beim Durchströmen von Stromführungen und beim Umströmen von Einbauten entstehen.

In Strömungsmaschinen sind nach ihrer Entstehungsursache folgende V.-Anteile zu unterscheiden:

□ *Profil-V.:* Beim Umströmen der Schaufelprofile ohne Einfluß der seitlichen Begrenzungen (Gehäuse und Nabe) einschl. des beim Ausgleich der Geschwindigkeiten im Nachlauf entstehenden V. (Bild).

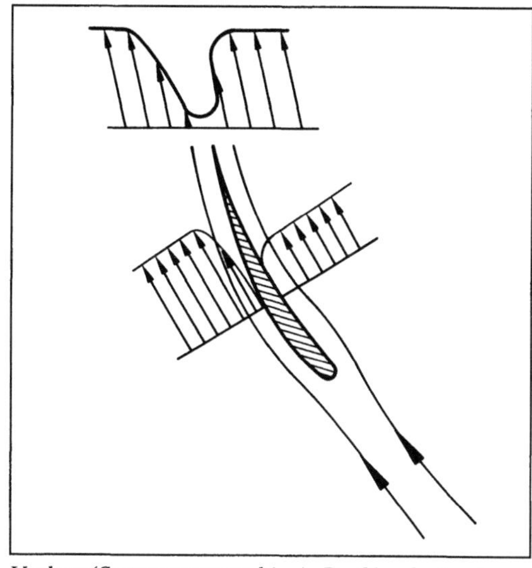

Verlust (Strömungsmaschine): Profilverlust, erkennbar an Geschwindigkeitsprofil und Nachlauf.

□ *Seitenwand-V.:* Einfluß der äußeren Begrenzung des Strömungsraums durch das Gehäuse und der inneren Begrenzung durch die Nabe.
□ *Sekundär-V.:* Die Energie der erzeugten Wirbel wird aufgezehrt: Kanalwirbel infolge der Umlenkung durch die Schaufeln, Hufeisenwirbel infolge des Totaldruckgradienten entlang der Schaufel, besonders in Wandnähe (→Sekundärströmung).
□ *Spalt-V.:* Die zwischen den unbewegten Leitschaufeln, der drehenden Nabe, den bewegten Laufschaufeln und dem Gehäuse notwendigen Spalte erlauben, die Schaufelenden von der Druckseite auf die Saugseite zu umströmen und führen zu einem Druck-V.
□ *Zusatz-V.:* Einbauten wie Rippen, Dämpfer- oder Bindedrähte zwischen den Schaufeln verursachen zusätzliche Strömungswiderstände.

Während energetisch alle in Wände überführte Energie als verloren betrachtet wird, könnte exergetisch betrachtet immerhin noch ein Teil der minderwertigen (weil nicht vollständig zurückzuverwandelnden) Wärme im Prinzip wieder in eine höhere Energieform überführt werden. Wie groß dieser Anteil ist, hängt nicht nur von der Temperatur ab, bei der sich der Vorgang abspielt, sondern auch von der Basistemperatur, bei der die restliche Wärme gerade noch abgeführt werden kann. Dies ist i. a. die Umgebungstemperatur. Sie bestimmt, wie weit sich die Wärme zur Umwandlung in andere Energieformen ausnützen läßt. Exergetische V. sind deshalb keine Eigenschaft einer Maschine allein, sondern lassen sich nur im Zusammenhang mit einem ganz bestimmten Prozeß bestimmen.

Die Forschung hat zum Ziel, den V. zu verringern: Einerseits ließe sich das prinzipiell durch die Vergleichmäßigung der Strömung erreichen. Andererseits läßt sich eine Energieumsetzung nicht ohne Geschwindigkeitsunterschiede erreichen. Hohe Energiedichten sind nur mit hohen Geschwindigkeiten zu erzielen. Doch lassen sich die V. durch folgende Einzelmaßnahmen verringern: Oberflächenreibung an den Schaufeln verkleinern durch Hinausschieben des Umschlagpunkts von laminarer in turbulente →Grenzschicht (Laminarisieren), Entlasten der freien Schaufelenden, um die →Spaltströmung zu reduzieren, möglichst wenig zusätzliche Einbauten. *Dibelius*

Verlustfaktor. Relativmaß für die Energieverluste bei einer Schwingung, beschrieben durch die Dämpfungsarbeit W_D, bezogen auf das Maximum der wiedergewinnbaren Energie U. Gegenüber der vorzuziehenden Definition

$$\eta = \frac{W_D}{2\pi U}$$

des V. ist auch noch die Dämpfungskapazität (verhältnismäßige Dämpfung)

$$\Psi = \frac{W_D}{U} = 2\pi\eta$$

als Dämpfungskenngröße im Gebrauch.

Bei der Systemdämpfung spricht man vom Systemdämpfungsfaktor (Bauteildämpfungsfaktor), der mit systembezogenen Arbeiten

$$W_D = \oint F ds$$

und U gebildet wird.

Bei der →Werkstoffdämpfung mit volumenbezogenen Arbeiten

$$W_{DV} = \oint \sigma d\varepsilon$$

und U_v spricht man vom Element-V. Die volumenbezogenen Kenngrößen bei der zyklischen Verformung eines linear-viskoelastischen Werkstoffs zeigt das Bild.

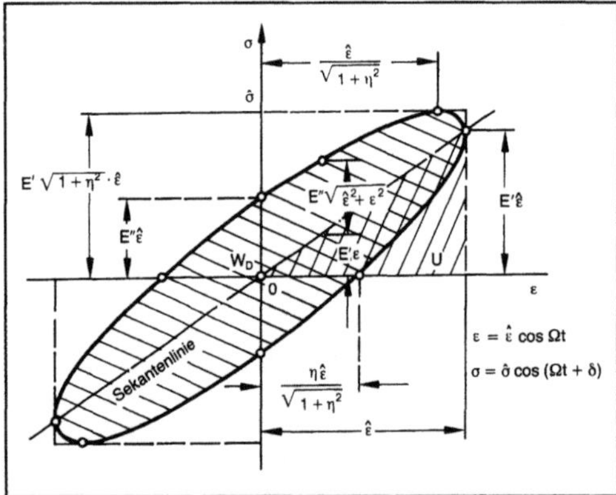

Verlustfaktor: Elliptische Hystereseschleife für linear-viskoelastische Werkstoffe.

Der V. folgt hierbei als Quotient aus dem →Verlustmodul $E''(\omega)$ und dem →Speichermodul $E'(\omega)$ sowie dem Tangens des Verlustwinkels des komplexen Moduls zu

$$\eta = E''/E' = \tan \delta. \qquad Gaul$$

Literatur: *Federn, K.:* Dämpfung elastischer Kupplungen-Wesen, einwirkende Parameter, Ermittlung. VDI-Ber. Nr. 299. Düsseldorf 1977; S. 47/61. – *Mahrenholtz, O., u. L. Gaul:* Dämpfungsfragen. BW 2950. Hrsg. VDI-Bildungswerk Düsseldorf 1977. ISO/TC 108 – DP 5405: Nomenclature for Specifying Damping Properties of Materials. ISO/TC 108/(Secr.-108)185, Aug. 1975. – *Oberst, H.:* Elastische und viskose Eigenschaften von Werkstoffen. Hrsg. Dt. Verband f. Materialprüfung (DVM). Berlin 1963.

Verlustgrad →Wirkungsgrad

Verlustmodul. Der Imaginärteil $E''(\omega)$ des komplexen Moduls eines viskoelastischen Materials. Er ist ein Maß für die beim Verformungswechsel während einer →Schwingung nicht wiedergewinnbar umgewandelte Schwingungsenergie. *Gaul*

Literatur: *Oberst, H.:* Elastische und viskose Eigenschaften von Werkstoffen. Hrsg. Dt. Verband f. Materialprüfung (DVM). Berlin 1963.

Verlustwinkel. →Phasenwinkel δ zwischen Spannung und Verzerrung bei viskoelastischem Materialverhalten. Der Zusammenhang mit dem →Verlustmodul $E''(\omega)$, dem →Speichermodul $E'(\omega)$ und dem →Verlustfaktor η des komplexen Moduls $\underline{E}(i\omega)$ ist durch $\tan\delta = E''/E' = \eta$ gegeben. *Gaul*

Literatur: *Oberst, H.:* Elastische und viskose Eigenschaften von Werkstoffen. Hrsg. Dt. Verband f. Materialprüfung (DVM). Berlin 1963.

Vernickeln. Unter V. ist ein Verfahren zum Erzielen eines Nickelüberzugs, beispielsweise auf Stahlerzeugnissen, als →Korrosionsschutz zu verstehen. Dabei wird der Nickelüberzug auf galvanischem Wege aufgebracht. Manchmal wird vor dem V. ein Kupferüberzug aufgebracht (→Oberflächenbehandlung). *Baumann*

Verpackung.
1. Allgemeines. Die V. bedeutet die Summe aller einzelnen V.-Elemente. Es sind dies die Hüllelemente. Sie sind die Umhüllungsflächen des Nutzvolumens, eben oder gekrümmt. Die Abdichtelemente sorgen dafür, daß kein Austausch zwischen Umgebung und Füllgut stattfinden kann. Befestigungselemente sind notwendig, um die Hüllflächen u. U. miteinander zu verbinden oder Hilfselemente an dem V.-Element anzubringen. Verschlußelemente sind notwendig, um nach dem Füllprozeß das Füllgut gegen die Umgebung abzuschotten. Öffnungselemente dienen dazu, die Entnahme des Füllgutes zu erleichtern. Polsterelemente sorgen dafür, daß Einwirkungen äußerer Kräfte auf das Füllgut auf ein

Minimum reduziert werden. Kennzeichnungselemente an den äußeren Oberflächen des V.-Mittels übermitteln Informationen über Anwendung, Behandlung und besondere Eigenschaften der Gesamtheitspackung.

Aus den Anwendungen von V. resultieren eine Reihe Funktionen des V.-Mittels. Die einzelnen Elemente können einzelne Funktionen allein oder in Kombination verschiedener Funktionen übernehmen. Die wichtigste Aufgabe eines V.-Mittels ist die Schutzfunktion. Das V.-Mittel hat dafür zu sorgen, daß das Gut vor Verlusten, Gebrauchswertminderung oder Schäden von der Umgebung her geschützt wird. Desweiteren muß u. U. das V.-Mittel dafür sorgen, daß auch die Umgebung nicht von dem Füllgut beeinflußt wird. Die Gebrauchswertminderung kann in quantitativen Verlusten, d. h. daß das Füllgut aus dem V.-Mittel austritt, wie auch aus qualitativen Verlusten bestehen. Es können z. B. Strahlungen wie Licht oder Wärme von der Umgebung her die Qualität des Füllguts deutlich mindern. Schäden können aus mechanischen Beanspruchungen wie Druck oder Stoß herrühren. Dazu muß ein Schutz gewährleistet sein vor klimatischen Beanspruchungen. Biotische Einwirkungen wie Befall durch Schädlinge oder auch menschliche Einwirkungen wie Beraubung oder Verfälschungen müssen ausgeschlossen werden.

Eine weitere wichtige Funktion des V.-Mittels ist die Rationalisierungsfunktion. Es gibt keinen Bereich der gesamten Wirtschaft und der Güterdurchläufe, der nicht durch eine V. beeinflußt wird. Das beginnt bereits beim → Abpacken, während des Füllens und Verschließens. Transportieren und lagern ist in vielen Fällen überhaupt erst durch V. möglich. Moderne Verkaufssysteme wie die Selbstbedienung sind ohne vorverpackte Güter nicht einsetzbar. Der Verbrauch des Füllguts kann in Annehmlichkeit und Geschwindigkeit wesentlich durch die entsprechende Ausführung des V.-Mittels beeinflußt werden. Es sind bereits vielfältige Convenience-Systeme in Anwendung. Auch die mögliche Mengenaufgliederung der Füllgüter bis zu kleinsten Portionen hat in vielen Bereichen, wie z. B. der Gastronomie, zu einer Rationalisierung und Bereicherung des Angebots geführt.

Eine weitere wichtige Funktion des V.-Mittels ist die Kommunikation. Hierzu werden Informationen auf dem V.-Mittel selbst angebracht. Es besteht auch die Möglichkeit, diesen Informationsfluß durch V.-Hilfsmittel wie Etiketts herzustellen. In vielen Fällen muß das V.-Mittel als „stummer Verkäufer" alle notwendigen Informationen über das Füllgut und seine Anwendung an den zukünftigen Verbraucher weitergeben. Daneben steht die werblich-optische Kommunikation zur Kennzeichnung des Produkts in seinem Zusammenspiel mit konkurrierenden Produkten. *Paris*

2. faltbare. Im Gegensatz zu formfesten V.-Mitteln weisen faltbare V. nach der Produktion kein erkennbares Füllvolumen auf. Sie werden flachliegend hergestellt und auch so zum Abfüllbereich transportiert. Vor der Abfüllung werden sie auf das Nutzvolumen aufgerichtet, befüllt und verschlossen. Die Form des Füllvolumens wird erst durch das Füllgut sichtbar gemacht.

Voraussetzung für die Herstellung von f. V. ist die Möglichkeit, in einige V.-Werkstoffe Bewegungslinien einzuarbeiten. An solchen Linien können die Ebenen der einzelnen V.-Mittelflächen zueinander in ihrer Lage verändert werden, ohne daß der Zusammenhalt der einzelnen Flächen verlorengeht. Bei Fasermaterialien wird durch das Rillen in vier parallelen Linien die Möglichkeit geschaffen, einen flachliegenden mehrkantigen Rumpf schlauchartig zu schließen. Durch weitere Rillinien können Teile für den Verschluß an dem Rumpf anhängend bleiben. Es entstehen so die Faltschachteln mit Einsteckklappen. Eine besondere Konstruktionsform von Bodenteilen, die ebenfalls über Rillinien an den Rumpfflächen anhängend bleiben, entsteht nach einem Klebevorgang der Automatikböden. Wird ein solches V.-Mittel vor dem Befüllen aufgerichtet und geöffnet, schließt sich der Boden ohne weiteres Zutun. Ein Automatikboden ist gut belastbar, aber nicht pulverdicht.

In steife Kunststoffolien lassen sich durch Hitzeeinwirkung ebenfalls Bewegungslinien einarbeiten. Es lassen sich dann die gleichen Konstruktionsprinzipien wie bei den Fasermaterialien anwenden.

Metallische Werkstoffe lassen sich nur unter hohem Fertigungsaufwand zu f. V. verarbeiten. Die einzelnen Flächen des V.-Mittels müssen mit Scharnieren gegeneinander beweglich gemacht werden. Die Belastbarkeit solcher faltbarer Metall-V. ist sehr hoch. Die Volumenreduzierung durch das Zusammenlegen kann nicht so weit getrieben werden wie bei den anderen Werkstoffen.

Zu den f. V. muß noch ein Bereich von Sonderkonstruktionen gerechnet werden. Bei diesen V.-Mitteln werden flachliegende Zuschnitte ohne jegliche Verklebungsvorgänge hergestellt. Vor dem Befüllen werden diese Schachtelzuschnitte aufgerichtet. Um das Füllvolumen zu stabilisieren, werden die Ecken zusammengesteckt. Ab diesem Moment zeigen sie ein Verhalten wie formfeste V.-Mittel. Die Deckelteile zum Verschließen solcher V. können ebenfalls aus faltbaren Zuschnitten mit Steckverbindungen an den Ecken hergestellt werden. *Paris*

3. formfeste. V.-Mittel müssen zur Aufnahme des Füllgutes ein Füllvolumen zur Verfügung stellen. Dieses Füllvolumen wird durch Rumpf, Boden und Verschlußbereich umschlossen. F. oder starre V.

weisen dieses Füllvolumen nach dem Produktionsprozeß unveränderbar vor. Die noch vorhandene Füllöffnung muß durch getrennte Elemente verschlossen werden. Da üblicherweise Verpackungsherstellung und Abpackstelle räumlich getrennt sind, muß bei f. V. im leeren Zustand mit großen Transportvolumen bei kleinen Gewichten gerechnet werden. Wesentliche Vorteile von f. V. sind ihre Unempfindlichkeit gegen Belastungen von außen, ihre geringe Verformung bei diesen Einflüssen und ihre gute Füllbarkeit.

Für die Herstellung von f. V. steht eine breite Palette von Werkstoffen zur Verfügung. Aus Fasermaterialien, wie Karton oder Pappe, entstehen Schachteln vielfältiger Konstruktion, ohne jegliche Dekoration durch Druck oder Beschichtung als Rohkartonagen bezeichnet. Höherwertige Produkte gehen als Feinkartonagen oder überzogene Schachteln in die Pharma-, Kosmetik-, Süßwaren- oder Spirituosenherstellung. V.-Mittel mit kreisförmigem Querschnitt werden aus mehreren Papierlagen zu formfesten Teilen gewickelt. Aus Kunststoffen werden formfeste Hohlkörper gespritzt oder geblasen, in seltenen Fällen zusammengeschweißt, wie z. B. die Tuben. In diesem Bereich ist es möglich, durch Anwenden von kleinen Kegelwinkeln der Konstruktion des Rumpfes das Transportvolumen zu verkleinern. Die Verpackungen können dann ineinandergesteckt werden. Beim Befüllen müssen durch besondere Vorrichtungen die V.-Mittel wieder vereinzelt werden. Im Bereich der Metalle kommt zur Fertigung von f. V. Aluminium und →Weißblech zum Einsatz. Das Aluminium wird durch Fließpressen zum Hohlkörper verarbeitet. Beim Weißblech kommt einerseits das Schweißen des Rumpfes und Anarbeiten von Boden und Deckel zum Einsatz wie auch das Abstreckziehverfahren, was gleichzeitig Rumpf und Boden des V.-Mittels herstellt. Bei Verwendung von Aluminium und bei der Herstellung von größeren Gebinden aus Weißblech wird der Rumpf in einem eigenen Arbeitsgang leicht konisch geformt. In diesem Fall können die V.-Mittel wieder raumsparend ineinandergesteckt werden. Aus Glas können nur formfeste V.-Mittel hergestellt werden. Es entstehen Flaschen mit engem Hals und Gläser und Dosen mit weiter Füllöffnung. Hier gibt es keine Möglichkeit, das Transportvolumen durch Ineinanderbringen von V.-Mitteln zu verkleinern. Glas-V. weisen ein sehr hohes Taragewicht auf.   *Paris*

4. gewickelte. V. mit kreisförmigem Querschnitt sind schwierig herzustellen. In den meisten Fällen wird das Wickelverfahren angewandt. Über einem Dorn, der den späteren Innendurchmesser des V.-Mittels darstellt, werden mehrere Materiallagen nacheinander aufgewickelt. Die Verbindung der einzelnen Lagen miteinander erfolgt durch eingebrachten Klebstoff. Da diese Klebstoffe meist stark wasserhaltig sind, ist nachträgliches intensives Trocknen notwendig. Dabei besteht die Gefahr, daß sich durch Schrumpfprozesse der Innendurchmesser verkleinert, was bei V., die einen gesicherten Innendurchmesser aufweisen müssen, zu beachten ist. Die Querschnitte des Rumpfes solcher V. sind kreisförmig. Nach dem Trocknen sind sie formfeste V.-Mittel, die noch besondere Verschlußteile für Boden und Deckel benötigen.

Für das Wickeln stehen zwei Möglichkeiten zur Verfügung. Bei der ersten wird von einer Materialrolle her eine bestimmte Materialfläche abgetrennt und fortlaufend auf den Dorn unter Klebstoffbeigabe aufgewickelt. Die Lagenzahl und damit die Wanddicke des späteren V.-Mittels läßt sich auf diesem Wege sehr leicht variieren. Die zweite Möglichkeit besteht in der Verwendung von gleichzeitig sehr vielen Materialbahnen. Die Anzahl der verwendeten Materialbahnen bestimmt die Wanddicke des späteren Produkts, ist aber bei diesem Verfahren schwierig zu variieren. Es werden schmale Bahnen verwendet, die spiralig um den Dorn herum aufgewickelt werden. Es entsteht ein endloses Rohr. Nach dem Aufteilen des Rohres wird getrocknet. Es besteht bei diesem Verfahren der Spiralwicklung die Möglichkeit, verschiedenartige Materialien über den Querschnitt zu verteilen. Ebenso können die Innen- oder die Außenbahn bereits dekoriert sein.

Ein Sonderverfahren des Wickelns sind die einlagig hergestellten Produkte. Die Becher werden in speziellen Bechermaschinen in einer Lage gewickelt und durch eine schmale Überlappung zum Zylinder oder kleinem Kegel geschlossen. Da dieses Produkt in sich nicht stabil ist, werden in der gleichen Maschine hergestellte Bodenteile sofort eingesetzt. Die Böden werden aus einer laufenden Materialbahn ausgestanzt und mit geringer Höhe gezogen. Die Böden werden mit dem Rumpfteil entweder versiegelt oder eingerollt. Zum weiteren Versteifen der Füllöffnung wird dort eine →Rolle im Fortlauf des Maschinendurchgangs angebracht. Die Dekoration solcher Becher muß vor der Verarbeitung in der Bechermaschine erfolgen. Alle gewickelten V.-Mittel gehören zur Gruppe der formfesten V.   *Paris*

Verpackungsinstitution. Im Bereich des Verpackungswesens sind neben der Verpackungswirtschaft und der Verpackungswissenschaft noch vielfältige V. tätig. Im internationalen Bereich gibt es sich mit der Verpackungsherstellung und der Verpackungsanwendung befassende Verbände. Diese Verbände haben nationale, in den gleichen Bereichen tätige Vereinigungen. Diese Vereinigungen grenzen sich gegeneinander entweder durch die Unterschiede der verwandten Rohstoffe oder der üblicherweise angewandten Konstruktionen der Verpackungsmittel ab. Mischungen und Überschneidungen liegen vor. Sie stellen meist Arbeitgebervereinigungen und technische Fachverbände dar. In Deutschland gibt es eine fachlich übergreifende Vereinigung. Es ist dies die Rationalisierungsgemeinschaft für Verpackung, eine Gliederung des Rationalisierungskuratoriums der Deutschen Wirtschaft. Sie betreibt Ausbildung und Weiterbildung im Bereich der Anwendung von Verpackungsmitteln. Daneben wird Literaturdienst und Beratung durchgeführt. Auf dieser Ebene wird auch der nationale Verpackungswettbewerb ausgerichtet. Außerdem existieren noch Wettbewerbe, die eng produktorientiert durchgeführt werden. Es bestehen weiterhin anwendungsorientierte Verpackungszentren und -institute. Sie befassen sich produktorientiert mit engen Anwendungsbereichen bestimmter Verpackungsmittel. Sie führen anwendungstechnische Vergleichs- und Gebrauchsuntersuchungen durch. Es gibt eine Institution, die sich dem Sektor der Werkstoffe aus Fasermaterialien und Kunststoffen in Untersuchung und Beratung gewidmet hat. Die Normung wird in Untergliederungen des Deutschen Normenausschusses betrieben. Neben eigenen Verpackungsnormen kommen normative Einflüsse aus vielen Produktbereichen zur Geltung. Im Zeitschriftenwesen existieren mehrere Zeitschriften, die sich mit dem Sektor Verpackung befassen. Sie reichen vom mehr konstruktiven und technischen Bereich über die werbliche Gestaltung und Anwendungstechnik von Verpackungsmitteln bis zu wirtschaftlichen Belangen bei der Verwendung von Verpackungen und Packungen. *Paris*

Verpackungsprüfung. Der Sektor der Prüfmethoden, die im Verpackungsmittelwesen angesetzt werden, gliedert sich in die Prüfung der Werkstoffe und in die Prüfung von fertigen Verpackungsmitteln sowie gefüllten Packungen. Die Werkstoffprüfung wird eingesetzt, um die zeitliche Gleichmäßigkeit der für die Verpackungsrohstoffe wichtigen Eigenschaften zu sichern. Für viele Eigenschaften sind inländische und ausländische Normen bekannt. Nach ihnen richtet sich dann das eingesetzte Prüfverfahren und das daraus entwickelte Prüfgerät. Die Prüfungen beziehen sich sowohl auf die Verarbeitbarkeit zu Verpackungsmitteln wie auch auf Eigenschaften, die später erst im Verpackungsmittel zur Anwendung kommen. Es sind im Moment noch wenige gesicherte Zusammenhänge bekannt zwischen Ergebnissen der Werkstoffprüfung und den Eigenschaften des späteren Verpackungsmittels oder gar der →Packung.

Aus diesen Gründen ist neben der Werkstoffprüfung noch die Prüfung des fertigen Verpackungsmittels anzusetzen. Es wird hier das Verhalten der Verpackungsmittel unter möglichst realitätsnahen Bedingungen untersucht. Neben die Untersuchungen des Verpackungsmittels treten dann noch die Prüfungen der fertigen Packung. Die angewandten Prüfmethoden, wie z. B. Fallprüfungen, sind in beiden Sektoren ähnlich.

Man unterscheidet Laborprüfungen und praktische Erprobungen der Verpackungsmittel. Die Laborprüfungen erfolgen unter genau definierten und reproduzierbaren Bedingungen. Die praktischen Erprobungen erfolgen in den Bereichen der späteren Anwendung des Verpackungsmittels z. B. durch Versandversuche. Bei solchen Erprobungen ist es schwierig, die entsprechenden Einwirkungen zu erfassen und statistisch auszuwerten, um später entsprechende verallgemeinerungsfähige Schlußfolgerung ziehen zu können. Je nach Aufgabenstellung unterscheidet man Vergleichsprüfungen und Gebrauchsprüfungen. Bei Vergleichen wird vor allem der Nachweis geführt, daß bestimmte Eigenschaften eines Verpackungsmittels in der zeitlichen Folge seiner Produktion und der Wiederholung von Produktionen eingehalten werden. Sie sind auch besonders geeignet für das Ableiten von rechtlichen Folgen. Bei solchen Prüfungen müssen die Bedingungen möglichst konstant gehalten werden in Hinsicht auf das Verpackungsmittel und seine Werkstoffe, das Füllgut, die Abpackprozesse, die einwirkenden Belastungen und die Umgebung mit ihrem Klima. Bei der Gebrauchsprüfung eines Verpackungsmittels hat man sich nach der größtmöglichen Annäherung an die praktische Anwendung und Verwendung des Verpackungsmittels bei seinem Lauf durch die verschiedenen Bereiche des Wirtschaftslebens zu orientieren. Es müssen sämtliche Einflüsse während der →Gebrauchsdauer des Verpackungsmittels berücksichtigt werden. Diese Gebrauchsdauer reicht von der Herstellung der Verpackungsrohstoffe bis zur Beseitigung oder Wiederverwendung im Recycling des entleerten Verpackungsmittels.

Bei den anzuwendenden Prüfmethoden hat man sich daran zu orientieren, daß die physikalischen Grundlagen der Prüfmethodik möglichst nah an die der praktischen Belastung bei Anwendung des Verpackungsmittels heranreichen. Nur dann ist eine sinnvolle Aussage über das Verhalten des Verpackungsmittels im Anwendungsfalle gegeben. Statische Belastungen lassen sich durch mechanische oder hydraulische Druckpressen in das Verpackungsmittel einführen. Unter Umständen muß bei einem unregelmäßig geformten Verpackungsmittel eine Überdruckkammer angesetzt werden.

Für dynamische Belastungen, die einzeln auftreten, wie stoßartige Belastungen, kommt der Falltisch mit einstellbarer Fallhöhe zur Anwendung. Daneben steht noch die schiefe Ebene, wo das Verpackungsmittel beschleunigt wird und mit einer definierten Endgeschwindigkeit an eine senkrechte Wand anschlägt. Stoßartige Dauerbelastungen können durch die Sturztrommel realisiert werden. In ihr fällt das Verpackungsmittel wählbar auf Flächen, Kanten oder Ecken. Bei diesen Verfahren lassen sich die einwirkenden Kräfte meßtechnisch im Bereich des Füllgutes erfassen. Die Beurteilung der Güte des Verpackungsmittels muß subjektiv mit einer attributiven Entscheidung nach gut oder schlecht erfolgen. Periodisch angreifende Kräfte lassen sich über einen Rütteltisch nachbilden. Auch hier ist die Größe der Kräfte am Füllgut zwar meßbar, die Aussage über die Güte des Verpackungsmittels muß ebenfalls subjektiv getroffen werden.

Sämtliche Prüfergebnisse, sowohl die der Werkstoffprüfung wie auch der Untersuchung des fertigen Verpackungsmittels und der gefüllten Packung, sind bei meßtechnischen Ergebnissen wie auch bei attributiver Prüfung den Gesetzen der Wahrscheinlichkeitsrechnung zu unterwerfen, sollen die Rechenvorschriften und normativen Angaben der statistischen Qualitätskontrolle berücksichtigt und angewandt werden. In vielen Fällen tritt eine Erschwernis dadurch ein, daß im Moment der Feststellung des Prüfergebnisses, meist einer Zerstörung des Werkstoffs oder des Verpackungsmittels, nicht nur eine einzige Einflußgröße wirksam ist, sondern mehrfache Wirkungsgrößen zur Geltung kommen. Eine Gewichtung der einzelnen Einflußgrößen kann hier weiterhelfen. *Paris*

Verpackungswerkstoff. Ein V. muß einer Vielfalt von Bedingungen allein oder im Zusammenspiel mehrerer genügen. Die Festigkeit des Verpackungsrohstoffs ist für die Einsetzbarkeit eines später daraus gefertigten Verpackungsmittels nicht allein maßgebend. Es spielt hier noch die Haltbarkeit des späteren Verpackungsmittels mit. Als Festigkeit kann man die absolute Eigenschaft des Verpackungsmittels ansehen. Die Haltbarkeit relativiert die Festigkeit in Abhängigkeit von den von außen und innen wirkenden Beanspruchungen auf den V. Die Haltbarkeit ist abhängig von den räumlich und zeitlich vorhandenen Festigkeiten u. U. mehrerer Werkstoffe. Daneben stehen die entsprechenden räumlich und zeitlich auftretenden Belastungen. Nach dem Wirkungsverlauf treten statische oder dynamische Belastungen auf. Letztere sind besonders schwer vorhersehbar und in Prüfmethoden nachvollziehbar. Der Wirkungsbereich von Belastungen kann partiell oder total auf einigen oder allen Flächen des Verpackungsmittels ansetzen. Die Wirkungsrichtung der Belastung kann sowohl von außen nach innen wie auch umgekehrt erfolgen. Die Gesamthaltbarkeit der →Verpackung resultiert also aus dem Widerstand gegen alle die erwähnten Belastungen. Hinzu kommt, daß die Festigkeit und andere Eigenschaften eines V. aus den technischen Prozessen seiner Herstellung heraus Toleranzen

und Schwankungen unterworfen ist. Dies tritt besonders bei den Werkstoffen auf, deren Basis Naturprodukte sind. Veränderungen der Werkstoffeigenschaften, besonders in Hinsicht auf seine Festigkeit, werden durch die notwendigen Verarbeitungsverfahren und dabei einzubringenden Zusatzelemente, wie Biegestellen und Verbindungsstellen, sehr verändert.

Eine wesentliche weitere Eigenschaft eines V. ist seine Dichtigkeit, als reziproker Wert auch Durchlässigkeit genannt. Die Dichtigkeit muß in beiden Richtungen vorhanden sein. Es darf weder Füllgut nach außen treten, noch die Umgebung Stoffe an das Füllgut abgeben. Die Dichtigkeit muß für eine Reihe von Stoffgruppen vorhanden sein. Es sind dies feste Stoffe, wie z. B. Schüttgutteilchen oder von der Umgebung her Schmutz. Es muß die Dichtigkeit vorhanden sein gegen flüssige Stoffe, wie z. B. Getränke. Auch gasförmige Stoffe dürfen u. U. keinem Austausch unterworfen sein. Bestimmte Produkte erleiden deutliche Qualitätsveränderung bei Wasserdampfverlust.

Die Stoffe werden durch das Verpackungsmittel hindurch auf Grund eines Druck- oder Konzentrationsgefälles transportiert. Daraus resultieren die Abhängigkeiten und auch die Höhe der Dichtigkeit, die ein Verpackungsmittel im Zusammenspiel mit dem Füllgut aufweisen muß. Als Meßgröße spricht man von der Durchgangszahl A, die sich auf die Menge des durchtretenden Stoffs bezieht. Daneben wird von der Durchdringungszeit T gesprochen, bei der ein Füllgut oder ein Umgebungseinfluß den Werkstoff vollständig durchdringt.

In bestimmten Fällen ist das Verhalten des Werkstoffs gegen Strahlung jeglicher Art von Wichtigkeit. Es handelt sich um Wärme- oder Lichtstrahlung. In seltenen Fällen kann auch die Einwirkung von Gammastrahlen (z. B. bei der Sterilisation) auftreten. In manchen Fällen muß ein Werkstoff eine Resistenz gegen den Angriff von Insekten oder Mikroorganismen mitbringen.

Für die Güte und Gleichmäßigkeit der Verarbeitungsmöglichkeiten wie auch der Ausführung der äußeren Gestaltung eines Verpackungsmittels sind Eigenschaften der Werkstoffoberfläche wichtig. Es handelt sich hier um Glätte und Reibung. Sie sind maßgebend für die Verarbeitung und die spätere Stapelbarkeit der fertigen Packungen. Für die optisch-werbliche Gestaltung bildet der farbliche Eindruck, z. B. als Meßgröße der Weißgrad und die Bedruckbarkeit sowie der Glanz der Oberflächen, eine wichtige Rolle. Sie bestimmen den werblichen Wirkungswert, insbes. die Aufmerksamkeit und die Assoziation mit bereits bekannten oder neuen Produkten. *Paris*

Verpackungswesen. Der industrielle Gesamtbereich des V. gliedert sich in drei Säulen. Es sind dies die Verpackungsinstitutionen, die Verpackungswirtschaft und die Verpackungswissenschaft.

Die Verpackungswirtschaft setzt sich zusammen aus der Erzeugung von Verpackungsmitteln und dem Handel damit und deren Verwendung in einer Vielzahl von unterschiedlichen Wirtschaftsbereichen, in denen der Werteumsatz an Verpackungsmitteln einen bedeutenden Anteil aufweist.

Die herstellende Industrie gliedert sich auch in ihren Organisationen nach den eingesetzten Verpackungswerkstoffen. Die Hauptmenge sind auch heute noch die Fasermaterialien (→Papier, Karton, Pappe) sowohl in originärem wie auch im Recyclingzustand. Sie besitzen einen Anteil an den Produktionswerten der Gesamtmenge von Verpackungsmitteln von ca. 45 % (1986). Kunststoffe und Metallwerkstoffe liegen in ihrer Anwendungshäufigkeit sehr ähnlich bei je ca. 22 % Anteil. Die Kunststoffe bieten dabei die größte Materialvielfalt in Hinsicht auf Eignung und Einsatzmöglichkeiten, wobei allerdings die Recyclingmöglichkeiten momentan noch sehr eingeschränkt sind und bedeutender Entwicklungsschübe bedürfen. Als Metalle kommen nur Aluminium mit seinen Legierungen und →Weißblech in Betracht. Trotz des sehr häufigen Auftretens hat Glas nur einen Anteil von ca. 8 %, was mit auf eine hohe Lebensdauer und die häufige Wiederverwendbarkeit der daraus gefertigten Verpackungsmittel zurückzuführen ist. Der restliche Produktionswert bis zur Gesamtsumme von ca. 28 Mrd. DM (1986) verteilt sich auf die Werkstoffe Holz oder Textil.

Der Handel arbeitet im Binnen- wie auch im Außenbereich auf den Sektoren Packstoffe zum Erzeugen von Verpackungsmitteln sowie Verpackungs- und Abpackmaschinen in größerem, bei den Maschinen in großem Umfang. Packhilfsmittel werden möglichst dort erzeugt, wo sie gebraucht werden, bis auf einige Ausnahmen bei Naturprodukten wie Kork. Hinzu tritt in steigendem Maße die zuliefernde Wirtschaft. Vieles wird heute im Gegensatz zu früher nicht im eigenen Unternehmen hergestellt, sondern durch spezialisierte Unternehmen beigesteuert. Stark beitragend zu diesem Trend ist das immer stärker werdende Eindringen elektronischer Arbeitstechniken auf allen Bereichen im Ablauf des Entstehens eines Verpackungsmittels.

Zwischen der verpackungsherstellenden und der anwendenden Industrie stehen Entwicklung und Gestaltung von Verpackungsmitteln. Die Entwicklung besonders im technischen Bereich wird im Zusammenspiel von Anwendern mit einem etwas höheren Anteil und den Herstellern betrieben. Es werden so weit vorhanden die einschlägigen Verpackungsinstitutionen eingeschaltet. Die optischwerbliche Gestaltung der äußeren Flächen führen entweder betriebsinterne Werbe- und Produktabteilungen oder externe Werbeagenturen durch. In

beiden Fällen können ohne Unterstützung durch verpackungstechnisch in Anwendung und Produktion geschulte Ingenieure wesentliche Reibungs- und wirtschaftliche Verluste eintreten. Besonders in diesem Bereich setzt sich die →Elektronik durch. Die bisher z. T. auch auf der Ebene Unternehmen getrennten Techniken der Bearbeitung von Satz und Bild werden immer stärker bereits bei den digitalen Daten in Form der elektronischen Bildverarbeitung vernetzt. Hinzu treten CAD-Systeme, die zwei- und bei wenigen Maschinen auch dreidimensional Verpackungsmittel in ihrer endgültigen Ausführung von Form, Konstruktion, Farbe und Text darstellen. Daneben stehen in allerdings geringer Anzahl freiberufliche Packungsgestalter.

Die Anwendung von Verpackungen erfolgt im Bereich der gesamten Industrie. Von der Investitionsgüterindustrie beim Versand und Transport ihrer Güter bis zur Herstellung und zum Absatz höchstwertiger Verbrauchs- und Luxusartikel ist der heutige als üblich oder wirtschaftlich notwendig erkannte Warenfluß ohne eine Vielzahl von Verpackungen nicht durchführbar. Viele moderne logistische Einrichtungen sind ohne entsprechende Verpackungsmittel nicht einsetzbar. Es gibt Produkte, die ohne Verpackungsmöglichkeit nicht auf dem Markt wären. Rationalisierung z. B. bei Handel und Gastronomie beruht auf dem Einsatz entsprechend portionierter Packungen. Auf dem landwirtschaftlichen Sektor kann die Verteilung der Produkte durch Verpackungen wesentlich intensiviert und qualitativ verbessert werden. In vielen Ländern gehen bis zu 50 % und mehr landwirtschaftliche Produkte auf Transporten und durch Einflüsse von außen mangels Verpackungen verloren.

Die dritte Säule des V. ist die Verpackungswissenschaft. Sie ist sehr jung und deutlich in energischem Maße vorwärtsschreitend. Einige Institutionen betreiben orientiert Verpackungsforschung an den Produkten und Technologien der Füllgüter und deren Anwendungsbereichen. Verbände unterhalten werkstoffausgerichtete Beratungs- und Prüfeinrichtungen. Die wissenschaftliche Lehre den Gesamtbereich →Verpackung übergreifend wird umfassend nur an sehr wenigen Stellen geboten, im wesentlichen auf der Ebene von Fachhochschulen. An mehreren Einrichtungen werden innerhalb einiger Studiengänge (diese ergänzend in zeitlich kleinem Umfang) Vorlesungen über das Gebiet der Verpackung gehalten. Der Trend in dieser Richtung ist deutlich steigend sowohl in Ausbau und Umfang der Lehre wie auch in der Anzahl der Zuhörenden.

In den Bereich der Verpackungswirtschaft bei der Herstellung wie der Anwendung von Verpackungsmitteln stark hineingreifend und auch den Bereich der Verpackungswissenschaft tangierend ist allem überlagert das weite Feld der Behörden und des

Gesetzgebers. Viele Verordnungen und Gesetze reichen von den teilweise stark und notwendigerweise hart reglementierten Gebieten der Füllgüter in die Entwicklung, Herstellung und Anwendung von Verpackungen, z. B. das Lebensmittelrecht. Daneben stehen die die Verpackungsmittel selbst betreffenden Regelungen, wie z. B. die Fertigpackungsverordnung, im wesentlichen Größen und Ausführung von Packungen betreffend. Sowohl die Herstellung bestimmter Verpackungsmittel und die dazu notwendigen Technologien als auch bestimmte Werkstoffe und ihr Recycling werden immer mehr gesetzlichen Regelungen unterworfen. *Paris*

Verputzmaschine. V. sind fahrbare oder stationäre Geräte zum Fördern und Aufspritzen von Mörtel und Feinbeton. Je nach Fördermenge, Förderweite und zu verarbeitendem Größtkorn kommen mechanische oder pneumatische Geräte zum Einsatz. Bei den mechanischen Geräten wird der Mörtel aus einem Mischtrog über eine horizontal laufende Schraube einem Schleuderrad zugeführt und über eine Wurfeinrichtung ausgebracht. Die pneumatisch arbeitenden Geräte fördern den Mörtel über eine Pumpenanlage, die meist aus einer Doppelkolbenpumpe besteht, zur Verwendungsstelle, wo er mittels Druckluft angeworfen wird (→Betonspritzmaschine). Die Leistung derartiger Verputzgeräte kann bis etwa 80 l/min bei Förderweiten bis rd. 140 m und Förderhöhen bis rd. 50 m betragen. Zum Antrieb der Pumpenhydraulik und des Verdichters können Elektro- oder Dieselmotoren eingesetzt werden. *Kühn*

Verrohrungsmaschine. V. dienen der Einbringung von Stahlrohren als Bohrlochwandsicherung bei der Erstellung von Bohrpfählen, Verbauträgern, Brunnen, Schächten usw. Hydraulische Verrohrungsanlagen bestehen aus einem meist gelenkig an das Bohrträgergerät angeschlossenen Grundrahmen mit zwei horizontal liegenden Hydraulikzylindern zur Steuerung der oszillierenden Rohrbewegung und zwei vertikalen Hydraulikzylindern zum Ziehen und Drücken der Bohrrohre sowie evtl. einer zusätzlichen oberen Rohrführung. Drehbewegung und Kräfte werden über eine hydraulisch spannbare Schelle auf die Verrohrung übertragen. Dabei werden Drehmomente und Zugkräfte vom Trägergerät bzw. vom Boden aufgenommen. Druckkräfte lassen sich nur in dem Maße aktivieren, wie man das Gewicht des Trägergeräts auf die Senkzylinder übertragen kann. Ausnahmen bilden Bohranlagen, bei denen die Hub- und Senkzylinder starr mit dem Grundgerät verbunden sind. Der Antrieb der Hydraulik geschieht durch die Baggerhydraulik des Trägergeräts (geringe Personal- und Investitionskosten) oder durch separate Hydraulikaggregate (gleichzeitiges Bohren und Verrohren möglich).

Die hydraulischen Verrohrungsanlagen werden für Verrohrungsdurchmesser zwischen 400 und 2500 mm ausgeführt und sind dabei für Drehmomente von 50–2000 kNm ausgelegt. Die üblichen Verrohrungstiefen liegen meist unter 50 m. Unter günstigen Voraussetzungen können Verrohrungstiefen bis rd. 100 m erreicht werden. Bei der druckluftbetriebenen Hochstrasser-Weise-Schwinge führen die Gewichte am Ende der beiden Schwingarme eine Drehung um die Rohrachse aus und übertragen ihre Bewegungsenergie über zwei Anschläge auf das Bohrrohr. Eine Anlenkung an ein Trägergerät ist nicht erforderlich. Nachteilig erweisen sich die hohe Geräuschentwicklung, das Setzen eines Führungsrohrs sowie die benötigte große Krankapazität zum Aufstellen der Rohre, die dann allerdings an einem Stück eingebracht werden können. Die Bohrlochverrohrung läßt sich zum Abteufen auch mittels spezieller Vibratoren in Schwingung versetzen. Diese Vibratoren, die ähnlich arbeiten wie beim Rammen, sind auf die Rohre aufgesetzt oder als Doppelvibratoren um das Rohr angeordnet. Dabei haben letztere den Vorteil, daß das Rohr oben offen bleibt. Dadurch kann man Bohr- und Verrohrungsarbeiten gleichzeitig oder in schnellem Wechsel nacheinander vornehmen. Die einzelnen Rohrsegmente müssen bei diesem Verfahren aus Verschleißgründen durch Schweißen verbunden werden. *Kühn*

Versand. Das Absetzen von Waren aller Art aus fremder oder eigener Erzeugung eines Unternehmens an Letztverbraucher. *Jünemann*

Versandbereich (Drucktechnik). Der V. bildet das Ende im Durchlauf der gesamten Materialien durch eine Druckerei. Die Produkte der Druckerei sind bereits benutzungsfertig. Im V. werden sie je nach Art des Produktes für ihren weiteren Weg bis zum Endverbraucher vorbereitet. Hochwertige Produkte, wie z. B. Kunstbücher, werden einzeln zum Schutz gegen Beschädigungen eingeschlagen. Die so geschützten Produkte werden in Verpackungen, z. B. Schachteln aus →Wellpappe oder Karton, transportfähig in größeren Einheiten zusammengefaßt. Einfachere Bücher, wie z. B. Taschenbücher, werden u. U. in größeren Mengen auf Paletten gestapelt und mit Folie umschrumpft. Diesen Weg geht man auch im Bereich von Zeitschriften und Zeitungen. Zeitschriften sind meist höherwertig, so daß diese in kleineren Mengen zu Einzelpaketen zusammengefaßt werden. Zum Schutz gegen Verschmutzungen wird eine Folie entweder umschlagen oder umschrumpft. Bei Zeitungen wird ebenfalls dieser Weg des Schrumpfens gegangen. Hierbei entstehen Probleme, da die entstehenden Packungen leicht ballig sind. Sie lassen sich dann nicht mehr gut stapeln. Der zweite Weg für Zeitungen ist das

Umschnüren. Hierbei werden die Pakete etwas gleichmäßiger, so daß ein größerer Stapel auf einer Palette gebildet werden kann. Die Stapel auf den Paletten werden durch Schrumpfhauben oder Umschnürungen mit Deckbrettern gesichert. Die gesamten in diesem Bereich notwendigen Arbeitsgänge sind bei Großmengenfertigungen heute durch entsprechende Transporteinheiten verkettet. Im Bereich dieser Transporteinheiten ist es möglich, durch Anbringen entsprechender Codes eine Sortierung vorzunehmen. Es können hier die üblichen Sortiermerkmale, wie Postleitgebiete oder Produkte, angebracht werden.

Zum V. gehört je nach Organisation des Gesamtunternehmens noch das Fertigwarenlager. Es puffert zum einen die ankommende Produktion des Druckbereichs, um nach Beendigung der Produktion zügig die entsprechenden Versandeinheiten zusammenzustellen. Zum anderen kann es die aus dem Verpackungsbereich herauskommenden Transporteinheiten aufnehmen, bis die endgültige Abtransportierung durch innerbetriebliche oder außerbetriebliche Fuhrparkeinheiten erfolgt.

Im → Versandbereich entstehen auch die für den Transport notwendigen Begleitpapiere der Transporteinheiten. Es erfolgt die Überwachung der Versandtermine. Bei Vertrieb von Lagerprodukten wird im Versandbereich auch dafür Sorge getragen, daß rechtzeitig die Nachproduktion von ausgehenden Lagerprodukten aufgenommen wird. Die Organisation des Fertigwarenlagers reicht vom Zurverfügungstellen von Standplätzen von Paletten bis zum vollcomputerisierten Hochregallager. Hierzu sind dann aufwendige Transportmittel zu installieren. *Paris*

Verschleiß.
1. Allgemeines. Unter V. versteht man fortschreitenden Materialverlust an den Oberflächen von Reibpartnern. An den Kontaktflächen von Lagern tritt V. unter Festkörper- und Mischreibungsbedingungen auf. V. ist abhängig von der Belastung, der Relativgeschwindigkeit der Oberflächen, der Bewegungsform (z. B. Gleiten, Wälzen, Rollen), dem Bewegungsablauf (kontinuierlich, intermittierend), der Temperatur sowie den Stoff- und Formeigenschaften. Entscheidenden Einfluß auf den V. hat der Zwischenstoff (Schmierstoff). In der → Tribologie treten die nachfolgend beschriebenen V.-Arten nur in Ausnahmefällen allein auf. In der Regel findet man eine Überlagerung der verschiedenen V.-Formen, die sich im zeitlichen Ablauf der Beanspruchung gegenseitig ablösen können:

□ *Adhäsiv-V:* Bildung (Verschweißen) und Trennung (Abscheren) von Haftbrücken. Als extreme Form tritt der Freß-V. auf.

□ *Abrasiv-V.:* Mikrozerspanung (Ritzen) durch den härteren Gegenkörper oder durch harte Partikel im Zwischenstoff.

□ *Schicht- oder Tribooxidations-V.:* Bilden und Abtragen von Reaktionsschichten an den Oberflächen. Die Reaktionsschichten werden durch reibungsbedingte Aktivierung der Oberflächen unter Beteiligung des Schmierstoffs, insbes. seiner Additive, gebildet.

□ *Ermüdungs- oder Oberflächenzerrüttungs-V.:* Rißbildung und Rißwachstum bis zum Ausbrechen von Partikeln (Pittingbildung) infolge Materialermüdung bei wechselnder mechanischer Beanspruchung, vorwiegend bei Abwälzvorgängen. Das Verbleiben der Partikel in der Zwischenschicht führt zu abrasivem V.

□ *Schwingungs-V. (auch Passungsrost):* Entsteht an Paßflächen (z. B. von kraftschlüssigen Welle-Nabe-Verbindungen), bei denen unter Normalkrafteinwirkung eine Mikrogleitbewegung zwischen den Oberflächen auftritt. Bei Überschreiten der Reibdauerfestigkeit treten Anrisse auf, die flach zur Oberfläche verlaufen. Die Spannungsüberhöhung durch Kerbwirkung ist dann auslösend für einen Dauerbruch (→ Abtragverhalten). *Knoll*

2. im Verbrennungsmotor. V. kann naturgemäß dort auftreten, wo Maschinenteile aufeinander gleiten. Im Sinne einer V.-Minderung muß Mischreibung vermieden werden. Die Gleitlager der Kurbelwelle (Grundlager, → Pleuellager) können z. B. heute so sicher ausgelegt sein, daß auch nach sehr langer Laufzeit ein V. kaum feststellbar ist. Voraussetzung dafür ist ein intaktes Schmiersystem und die Verwendung eines geeigneten Schmieröls.

Schwierigkeiten können dort auftreten, wo funktionsbedingt eine reichliche Schmierung nicht möglich ist. Ein typischer Fall hierfür ist die Ventilschaftführung. Hier ist die richtige Dosierung des Schmieröls sehr wichtig. Zu wenig Öl würde zu V. führen. Bei zu viel Schmierung würde Öl am Ventilschaft vorbei in den Ansaugkanal und dann in den → Zylinder gelangen.

Noch schwieriger sind die Verhältnisse am → Kolben bzw. an den Kolbenringen. Um zu verhindern, daß → Schmieröl in den Zylinder gelangt, befindet sich in der untersten Kolbenringnut ein Ölring, der das Schmieröl von der Zylinderlauffläche nach unten abstreift. Das bedeutet aber, daß die oberhalb des Ölrings sitzenden Kompressionsringe unter Schmierölmangel leiden und einem V. unterworfen sind. Besonders unangenehm sind die Bedingungen für den obersten → Kolbenring im oberen Totpunkt. Hier treffen hohe Anpressung durch den Verbrennungsdruck, geringste Schmierung und kleinste Gleitgeschwindigkeit zusammen. Aus diesem Grund kann auch am oberen Zylinder bzw. Laufbuchsenende ein verstärkter V. auftreten (Zwickel-V.). *Kuhlmann*

3. Meßmethode. Die Verschleißmessung ist ein wesentlicher Bestandteil der Verschleißprüfung.

Zur Messung der verschiedenen V.-Meßgrößen dienen unterschiedliche Methoden:

☐ Erfassung der verschleißbedingten Maßänderungen der tribologisch beanspruchten Bauteile,

☐ Sammlung und Analyse der V.-Partikel,

☐ indirekte Methoden.

In der 1. Gruppe werden Längenmeßgeräte wie Zollstock, Meßschieber, Feinmeßschrauben, Meßuhren, Meßmikroskope, Tastschnittgeräte oder Waagen verwendet. Mit diesen Meßzeugen können die V.-Meßgrößen aber nur diskontinuierlich erfaßt werden. Dazu müssen die Bauteile häufig ausgebaut und anschließend wieder eingebaut werden, was zu einem erneuten Einlaufverschleiß führen kann, wenn die Bauteile nicht exakt ihre ursprüngliche Position einnehmen. Diesen Nachteil kann man mit kapazitiven oder induktiven Wegaufnehmern vermeiden, mit denen sich verschleißbedingte Maßänderungen kontinuierlich messen lassen.

Für die kontinuierliche Verschleißmessung an Maschinen wird ferner das Dünnschichtdifferenzverfahren eingesetzt, bei dem die tribologisch beanspruchten Bauteile mit Protonen, Deuteronen oder α-Teilchen im Zyklotron radioaktiv markiert werden. Aus der Abnahme der Intensität der radioaktiven Strahlung kann bei Kenntnis der natürlichen Radioaktivitätsabnahme der V. ermittelt werden. Das Dünnschichtdifferenzverfahren bietet neben seiner großen Meßempfindlichkeit den Vorteil, daß wegen der geringen Radioaktivität der bestrahlten Bauteile keine aufwendigen Strahlenschutzmaßnahmen ergriffen werden müssen.

Die 2. Gruppe der V.-M. besteht in der Sammlung und Analyse von V.-Partikeln. Diese Methode kann vor allem dann benutzt werden, wenn die Maschine, in welcher der Verschleiß bestimmter Bauteile gemessen werden soll, einen Ölkreislauf besitzt. Dazu werden in bestimmten Intervallen Ölproben entnommen und auf ihren Gehalt an V.-Partikeln analysiert. Zur kontinuierlichen Messung des V. eignet sich das Durchflußverfahren, bei dem die Bauteile, deren V. gemessen werden soll, mit Neutronen oder wie beim Dünnschichtdifferenzverfahren mit α-Teilen, Deuteronen oder Protonen aktiviert werden. Es entstehen dann radioaktive V.-Partikel, deren Intensität an einer repräsentativen Stelle des Ölkreislaufs gemessen wird.

Zu den indirekten V.-M. (3. Gruppe) gehören Schallmessungen, die z. B. die →Grübchenbildung anzeigen, Messungen der Energieaufnahme oder Leistungsabgabe von Maschinen. *Habig*

Verschluß mit Sonderteilen. Hierunter werden Elemente verstanden, die das Verpackungsmittel entweder mit getrennt gefertigten Elementen besonderer Ausführung verschließen oder mit dem Verpackungsmittel verbundene Verschlußelemente für die Erleichterung der Öffnung enthalten. Bei den Garantieverschlüssen, besonders für Flaschen angewandt, sind die Teile so gefertigt, daß beim erstmaligen Öffnen des Verpackungsmittels Teile des Verschlusses abgerissen werden und an dem Verpackungsmittel verbleiben. Zur sicheren Kennzeichnung sind sie so ausgeführt, daß sie nach dem Abreißen ein wesentliches Stück vom verbleibenden Verschlußelement entfernen. Eine weitere Möglichkeit ist die Verformung von bestimmten Teilen des Verschlußelements bereits beim Beginn des Öffnungsvorgangs. Dabei sollten aber auch Teile zerstört werden, damit sicher erkannt werden kann, ob bereits eine Öffnung erfolgt ist. In diesen beiden Grundrichtungen gibt es eine Vielzahl von konstruktiven Ausführungen.

Weitere Sonderteile sind zusätzliche Elemente, die das Verschlußelement auf dem Verpackungsmittel sichern helfen. Es sind dies meist Drahtbügel, die über einen →Korken gelegt werden. Durch verspannte Drähte werden diese Bügel am Abrutschen gehindert.

Weitere Sonderteile im Verschlußbereich sind Hilfsteile, die das Öffnen der →Verpackung erleichtern. Hierzu werden Metallteile mit einer Lochöffnung an das Verschlußelement angenietet. Beim Aufrichten dieser Ringteile wird über die Hebelwirkung eine im Deckel angebrachte Ritzlinie eingerissen. Unter Ausnutzung des Unterschieds zwischen Einreiß- und Weiterreißfestigkeit kann man dann durch das Ringteil der Deckel abreißen.

In vielen Fällen wird eine fertige →Packung noch zusätzlich mit einer Kunststoffumhüllung versehen. Um diese Umhüllung leicht zu entfernen, wird ein Aufreißfaden eingearbeitet. Durch die geringe Größe dieses Aufreißfadens wird die Einreißfestigkeit an einer Kante überwunden und die Kunststoffhülle längs des Fadens aufgerissen.

In das Verschlußteil können Elemente integriert werden, die ein sicheres Dosieren von vorbestimmten Mengen bei der Entleerung ermöglichen. Dabei wird die Verschlußfunktion nicht berührt. Die bisherige Verschlußsicherheit bleibt gegeben. *Paris*

Verschluß, kindersicherer. Bei vielen Produkten ist es notwendig, daß der Zugriff zum Füllgut für Kinder erschwert, wenn nicht gar unmöglich gemacht wird. Andererseits muß die Füllöffnung so groß sein, daß die Entnahme des Füllguts durch eine eventuelle Enge nicht erschwert wird. Um die Kindersicherheit zu erreichen, müssen getrennte Verschlußelemente verwendet werden. Sie werden meist maschinell vor oder nach dem Befüllen des Verpackungsmittels angebracht.

Das Kennzeichen eines k. V. ist, daß die Öffnung durch einfaches Drehen oder Ziehen in einer Richtung nicht möglich ist. Voraussetzung für die Anerkennung als k. V. ist, daß mindestens 2 Bewegungen in möglichst 2 verschiedenen Ebenen gleichzeitig ausgeführt werden müssen, um das Verpackungsmittel zu öffnen. Meist ist dies ein Drehen des Verschlußelements bei gleichzeitigem Drücken in radialer Richtung. Meist sind die Halteelemente, die das Verschlußteil mit dem Verpackungsmittel sicher verbinden, nicht den gesamten Umfang umgreifend ausgeführt. Es ist dann noch ein Drücken an einer ganz bestimmten Stelle des Verschlußteils notwendig, um den Öffnungsmechanismus zum Greifen zu bringen. Eine andere Möglichkeit ist, die Drückrichtung des Verschlußelements so zu wählen, daß sie gegen die offensichtliche Öffnungsrichtung des Verschlußteils gerichtet ist. *Paris*

Verschubgerüst (Brückenbaugerät). V., im Bauwesen Rüstgeräte, sind Lehrgerüste, die abschnittweise als Ganzes verschoben werden. Sie finden vor allem im Brückenbau Verwendung (→Brückenbaugerät), wenn die zu erstellende Brücke aus einer größeren Anzahl gleichlanger Brückenfelder mit annähernd gleicher Höhe besteht (Bild). Das auf einer Verschubeinrichtung stehende →Lehrgerüst einschl. Schalung wird nach Fertigstellung eines Bauabschnitts in den nächsten Abschnitt längs oder quer mittels Winden oder Hydraulikpressen verschoben. *Kühn*

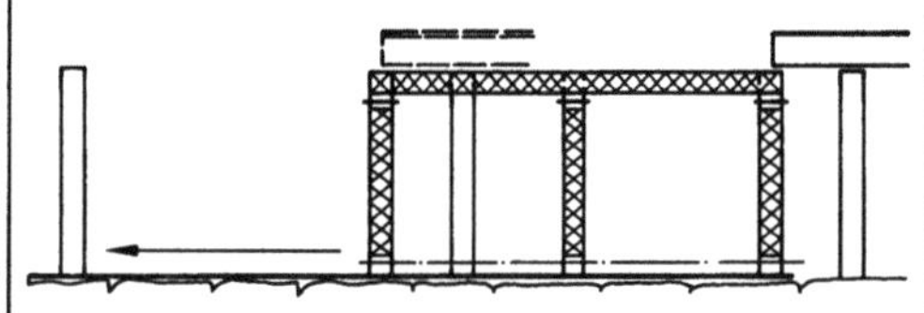

Verschubgerüst im Brückenbau.

Versilbern →Oberflächenbehandlung, →Vergolden und Versilbern

Verspannungsschaubild nach Rötscher. Die sich aus der entgegengesetzt gleichen →Vorspannungsverteilung im Schraubenbolzen und den zu verspannenden Platten ergebenden geradlinigen Kraft-Verformungs-Linien bis zur Montagevorspannkraft F_M können nach Spiegelung der Linie im Druckbereich und ihrer Verschiebung längs der Verformungsachse zu einem V. nach Bild 1 vereinigt werden, mit Schnittpunkt in Höhe von F_M. Da die Plattensteifigkeit $1/\delta_p$ i. a. wesentlich höher ist als die Schraubensteifigkeit $1/\delta_s$, steigt die Kraft-Verformungs-Gerade für die Schraube (links im Schaubild) nicht so steil an, wie die Kraft-Verformungs-Gerade für die Platten (rechts vom Schnittpunkt) abfällt. Die Grundlinie des gebildeten Dreiecks ist gleich der Summe der Verformungen in Schraube und Platten ($f_{SM} + f_{PM}$).

Kommt zur Montagevorspannkraft F_M noch eine äußere axiale Zugkraft F_A hinzu, bei der Durch-

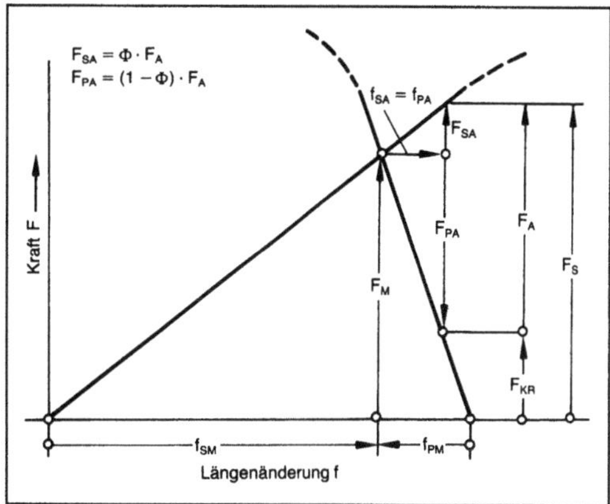

Verspannungsschaubild nach Rötscher 1: Für den Betriebszustand einer Schraubenverbindung unter der axial äußeren Zugkraft F_A unter Kopf und Mutter angreifend. (Quelle: VDI 2230 a. a. O.)

steckschraube in den Platten unter Kopf einerseits und unter →Mutter andererseits angreifend, dann wird die Schraube zusätzlich um das Maß f_{SA} gelängt, während die Plattenzusammendrückung um das gleiche Maß $f_{PA} = f_{SA}$ vermindert wird. Dieses Maß wird im V. gefunden, indem die Zugkraft F_A zwischen die verlängerte Kraft-Verformungs-Linie der Schraube und die Kraft-Verformungs-Linie der Platten eingepaßt wird. Das V. läßt dann auch die vergrößerte Kraft in der Schraube, $F_S = F_M + F_{SA}$, die →Restklemmkraft F_{KR} in den Platten und das Kraftverhältnis $\Phi_K = F_{SA}/F_A = \delta_p/(\delta_s + \delta_p)$ ablesen.

In der Praxis erfolgt die Einleitung der äußeren Kraft F_A nicht direkt unter Kopf und Mutter im Abstand l_k, sondern zwischen Kopf- bzw. Mutterauflage und der Trennfuge der verspannten Teile im Abstand $l_1 = n \cdot l_k$, mit $0,7 \geqslant n \geqslant 0,3$. Die äußere Kraft F_A entlastet dann die Platten nur auf der Länge l, während zur Verformung der Schraube noch die Belastungsverformung der Platten auf der Länge $(l_k - l_1)$ hinzukommt, d. h. die Plattennachgiebigkeit δ_p wird auf $n\,\delta_p$ herabgesetzt, während zur Schraubennachgiebigkeit δ_s der Anteil $(1 - n)\delta_p$ hinzukommt. Ehe die äußere Kraft F_A wie in Bild 1 in das V. eingepaßt werden kann, müssen in Bild 2, in das die Montagekraft-Verformungs-Linien von Bild 1 gestrichelt übernommen wurden, neue Linien mit den Steigungen

$$\frac{1}{\delta_s + (1-n)\,\delta_p} \quad \text{bzw.} \quad \frac{1}{n \cdot \delta_p}$$

gezeichnet werden. Es ergibt sich dann ein kleinerer Kraftanteil für die Schraube, $F_{SA} = n\,\Phi_k \cdot F_A = \Phi_n \cdot F_A$.

Bei streckgrenzkontrolliertem Anziehen zur Montage kann eine Schraube durch eine zentrische

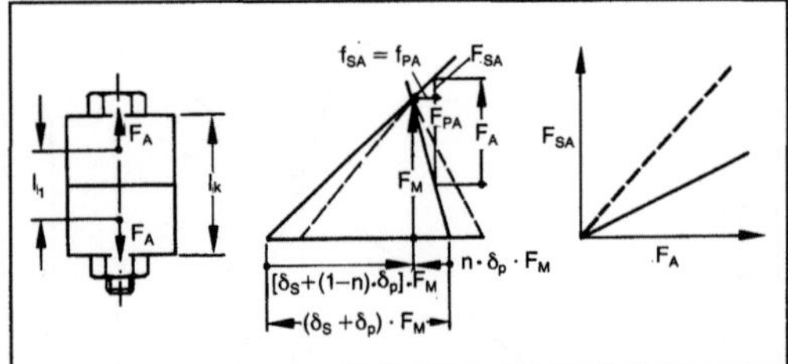

Verspannungsschaubild nach Rötscher 2: Einer Schraubenverbindung für Krafteinleitung in den Platten im Abstand $l_1 = n \cdot l_k$. (Quelle: VDI 2230 a. a. O.)

äußere Axialkraft F_A im plastischen Bereich beansprucht werden. Das V. nimmt dann die in Bild 3 wiedergegebene Form an. Es zeigt, daß nach Entlastung die Montagevorspannkraft F_M um den Anteil F_z abgefallen ist. *Federn*

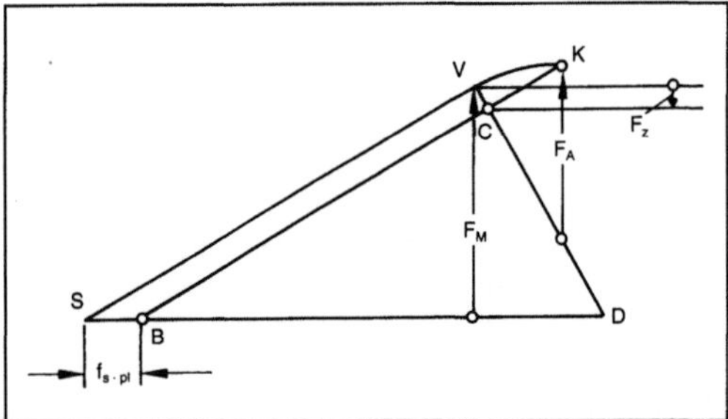

Verspannungsschaubild nach Rötscher 3: Bei Beanspruchung der Schraube durch eine Axialkraft bis in den plastischen Bereich. (Quelle: VDI 2230 a. a. O.)

Literatur: VDI 2230. Bl. 1: Systematische Berechnung hochbeanspruchter Schraubenverbindungen. Zylindrische Einschraubenverbindungen. Hrsg. Verein Dt. Ing. Ausg. Juli 1986.

Verstärkungsfunktion →System, schwingungsfähiges

Verstellgetriebe, mechanisches. Ein m. V. weist eine von seinen Drehmomenten nahezu unabhängige, stufenlos verstellbare Übersetzung auf. Dafür sind als mechanische →Getriebe nur reibschlüssige Wälz-, Keilriemen-, Reibketten- oder →Schubgliedergetriebe, aber keine formschlüssigen (Schlußarten) Getriebe geeignet. Als hydraulische Getriebe kommen hydrostatische Getriebe, bestehend aus Verdrängerpumpe und Verdrängermotor, in Betracht, nicht jedoch hydrodynamische Wandler, deren momentane Übersetzung maßgeblich von deren momentanen Drehmomenten abhängt und deshalb nicht auf einen konstanten Wert einstellbar ist. *H. W. Müller*

Verstellpropeller. Bei einem normalen Schraubenpropeller werden Propellerflügel und Propellernabe in einem Stück gegossen. Wegen der feststehenden Flügelblätter wird ein solcher Propeller auch Festpropeller genannt. Seine Hauptdaten (Durchmesser, Steigung, Flügelfläche, Flügelzahl) werden jeweils so gewählt, daß er bei einem bestimmten Betriebszustand des Schiffes optimal arbeitet, also relativ viel Drehleistung der Antriebsmaschine in Schubleistung umsetzt.

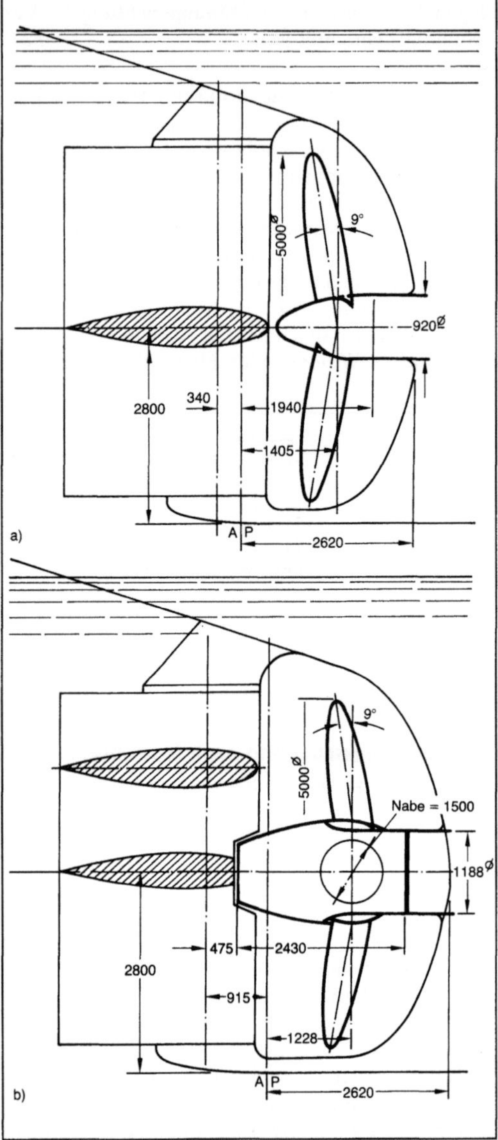

Verstellpropeller: Anordnung eines a) Festpropellers und eines b) Verstellpropellers bei einem Einschraubenschiff. (Quelle: Jahrb. Schiffbautechn. Ges. 1963)

Weniger geeignet ist ein Festpropeller, a) im Bild, dann, wenn ein Schiff, das sehr unterschiedlichen Betriebsbedingungen ausgesetzt ist, über eine Antriebsmaschine verfügt, die ihre volle Leistung nicht über einen größeren Betriebsbereich, sondern nur in einem ganz bestimmten Betriebspunkt abgeben kann, z. B. dieselangetriebene Schlepper oder Trawler, die einerseits eine hohe Freifahrtgeschwindigkeit, andererseits beim Schleppen aber auch einen möglichst hohen Trossenzug erreichen sollen. Hier läßt sich eine bessere Ausnutzung der installierten Motorleistung dadurch erreichen, daß man die einzelnen Flügel an der Nabe so anordnet, daß sie durch einen im Inneren der Nabe eingebauten Mechanismus verstellt werden können. Bei einer solchen Verstellung dreht sich der kreisförmig ausgebildete Fuß eines jeden Flügels, so daß man unterschiedlich große Propellersteigungen erhält. Muß nun ein mit einem solchen V., b) im Bild, versehenes Schiff einen besonders hohen bzw. niedrigen Widerstand überwinden, so kann man durch eine entsprechende Verringerung bzw. Vergrößerung der Propellersteigung bewirken, daß der jeweilige Betriebspunkt immer im Nennleistungspunkt des Motors liegt. *A. Abicht*

Verstimmung. Ein Maß für den relativen Unterschied zweier Frequenzen f_1 und f_2, der durch den Ausdruck

$$\varepsilon = \frac{1}{2} \left| \frac{f_1}{f_2} - \frac{f_2}{f_1} \right| \approx \frac{\Delta f}{f_m},$$

mit $\Delta f = |f_1 - f_2|$ und $f_m = (f_1 + f_2)/2$ gegeben ist. In Resonanznähe trägt bewußte V. zwischen Erreger- und Eigenfrequenz zur →Schwingungsminderung bei. *Witfeld*

Versuchsmodell. In den Ingenieurwissenschaften, insbes. in der Mechanik und →Maschinendynamik, ein technisches System, das für experimentelle Untersuchungen im Labormaßstab konzipiert worden ist. Es besteht aus dem Untersuchungsobjekt, einem geeigneten Meßsystem und den Auswerteverfahren. Das V. dient wie das →Rechenmodell der Systemanalyse. Der Vergleich beider Modelle ermöglicht häufig eine Korrektur bzw. Anpassung des Rechenmodells an die gemessenen Systemeigenschaften. *Witfeld*

Versuchstechnik →Motorprüfstand

Verteilermast. Die Funktion bzw. Hauptaufgabe der V. im Bauwesen ist das Tragen und gezielte Führen (→Fördergerät) der Pumpbetonleitung beim Betoneinbau. Unterschieden werden:
□ der V. auf der Autobetonpumpe, d. h. ein Lkw

dient als Trägergerät für sowohl eine →Betonpumpe als auch den V.,
□ der V. auf einem Kranturm (Bild) und
□ der V. als Auf- bzw. →Anbaugerät für verschiedenste Trägergeräte (z. B. an →Turmdrehkranen). Der Arbeitsbereich der im Transportzustand gefalteten V. auf Autobetonpumpen beträgt sowohl in der Weite als auch in der Höhe bis zu 50 m. *Kühn*

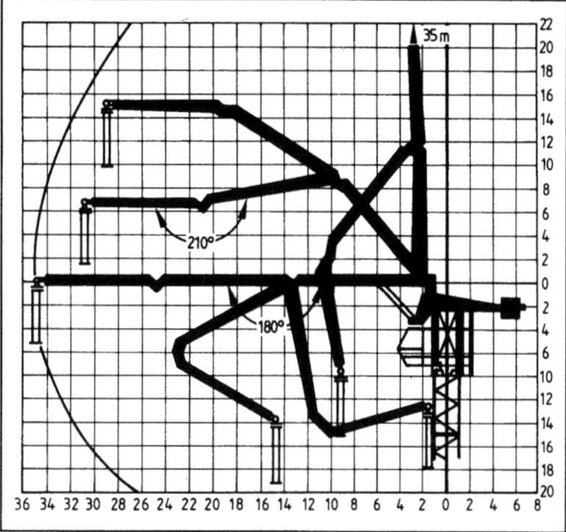

Verteilermast auf Kranturm.

Verteilerpumpe →Einspritzpumpe

Verteilfahrzeug, automatisches. Das a. V. gehört zu den auf Schienen fahrenden Fahrzeugen. Diese

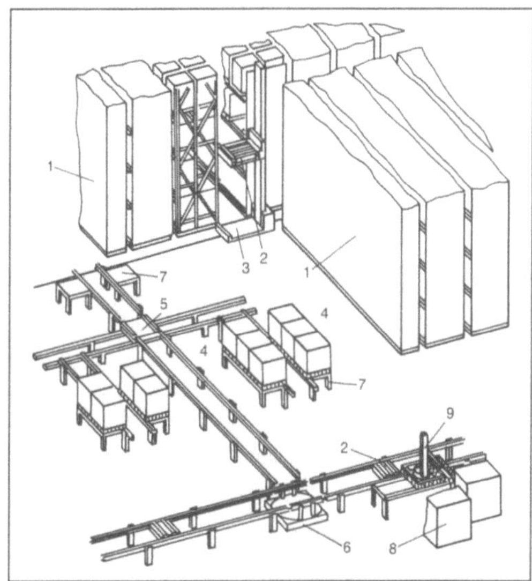

Verteilfahrzeug, automatisches 1: Zum integrierten Bedienen von Lager und Produktion.

1 Verschieberegallager, 2 Verteilfahrzeug, 3 Regelbediengerät, 4 Kommissionierzone, 5 Verschiebewagen, 6 Drehtisch, 7 Absetzgestelle, 8 Fertigungsmittel, 9 mobiler Roboter

dienen der Automatisierung des gesamten Transports einschl. der Einbindung in das →Lagersystem. Sie machen zeit- und platzraubende Umschlagvorgänge unnötig und können auch als Mehrzweckgeräte bezeichnet werden.

Insbesondere in Dortmund wurden diese Entwicklungen zur Automatisierung vorangetrieben:
□ Tunnellagersysteme und ihre Bedienung mit Satellitenfahrzeugen,
□ Hochregalblocklagersysteme mit den HBS-Fahrzeugen,
□ Compact-Lager-System mit den a. V. (Bild 1), wobei die Fahrzeuge innerhalb der Regalgassen die Ein-/Auslagervorgänge vornehmen, durch Trägerfahrzeuge in die richtige Höhe gehoben werden und im Produktionsprozeß die →Verkettung der einzelnen Arbeitsplätze/Betriebsbereiche vornehmen.

Verschiedene Fördermittelhersteller bieten Teillösungen solcher Fahrzeuge als Gassenhunde, Kanalfahrzeuge, Kulis, Gabeltrolleys, AUTOVER (Bild 2) an. *Jünemann*

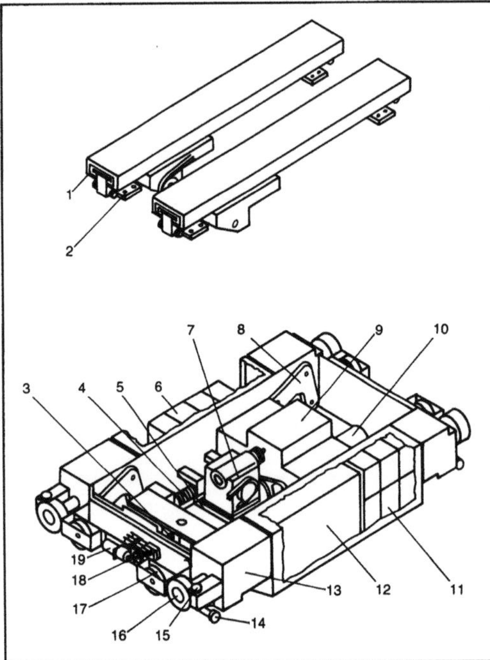

Verteilfahrzeug, automatisches 2: Aufbau.

1 Teleskopgabel, 2 Anschraubplatte, 3 Hubspindel, 4 Druckfeder, Hubwerte, 5 Antriebswelle, Hubwerte, 6 Batteriepaket, 7 Zwischengetriebe, Teleskopantrieb, 8 Hubhebel, 9 Verstellgetriebe, 10 Antriebsmotor, 11 Batteriepaket, 12 Raum für Steuerungs- und Regelungselektronik, 13 Lagerblock für Hub- und Fahrwerk, 14 Stoßdämpfer, 15 Führungsrolle, 16 Antriebsrad, 17 Stützrad, 18 Stromabnehmer, 19 Fachzähler

Vertikal-Walzgerüst. Ein V.-W. ist ein W. mit senkrechten Walzenachsen und senkrecht gelagerten Walzen. Solche Walzenanordnungen sind bei-

spielsweise in Stauchgerüsten, Universal-W. und Stabstahl-Walzstraßen oder Drahtwalzstraßen zu finden. *Baumann*

Vertikalgatter. Diese Maschine wird vorwiegend in Sägewerken eingesetzt zum Einschnitt von Rundholz zu Schnittholz. In einem Sägerahmen werden eingespannte Langschnitt-Sägeblätter über einen Schubkurbelbetrieb auf- und abbewegt. Nur den Abwärtsgang des Rahmens nennt man Schnitthub. Hydraulische Spannmittel befestigen die Sägeblätter im Gatterrahmen. Damit die Sägezähne beim Rückhub nicht in der Schnittfuge streifen (die Sägen würden schneller stumpf), werden die Sägen im Rahmen mit einer Neigung (Überhang) eingespannt. Das hat zur Folge, daß der Rundholzvorschub schon vor Erreichen der maximalen Hubhöhe des Rahmens einsetzen muß (Voreilung). Wesentliches Merkmal an der V.-Maschine ist die Vorschubsteuerung, die den Vorschub während des Abwärtshubs regelt. Um den Hubverlust so gering wie möglich zu halten, ist das Zusammenspiel von Überhang, Voreilung und Vorschub zu beachten. Die vollmechanisierten Sägewerke werden von einem Gatterführer über eine Steuerzentrale dirigiert. Die Stämme werden vom Rundholzplatzpolter über Kettentransport-Anlagen herangebracht. Eine Vereinzelungseinrichtung führt den Stamm dem Schnellspannwagen vor der Gattereingangsseite zu. Mindestens 4 Walzen (2 unten und 2 verstellbare oben), die alle angetrieben sind, transportieren den Stamm durch das Gatter. An der Ausgangsseite des V. trennen Rollenbahnen und Gewindewalzen mittels Spaltkeilen den Model und die Seitenware. Die gesamte Anlage muß man sehr stabil konstruieren, da durch den diskontinuierlich arbeitenden Vorschub die hohen Massenkräfte aufzufangen sind. Die Stämme werden mit einer Vorschubgeschwindigkeit von 3–10 m/min bearbeitet. *Dusil*

V-Verzahnung →Evolventenverzahnung

Verzahnungsabweichung →Verzahnungsqualität, →Verzahnungstoleranz

Verzahnungsgeometrie (allgemein). Ein Zahnradpaar muß die Drehbewegung zwischen beiden Rädern normalerweise gleichförmig durch Formschluß übertragen. Die Zahnformen müssen so beschaffen sein, daß sich in beide zusammenlaufende Zahnräder Wälzzylinder einbeschreiben lassen, die ohne Schlupf aufeinander abwälzen. Hieraus folgt eine Reihe von Bedingungen, denen die Verzahnung genügen muß.

An Hand von Bild 1 a) sei das Verzahnungsgesetz erläutert. Die Umfanggeschwindigkeiten v_t beider Wälzkreise im Berührpunkt (Wälzpunkt C) muß gleich groß sein. Die Drehung um O_a und O_b der Räder kann durch die kinematisch gleichwertige

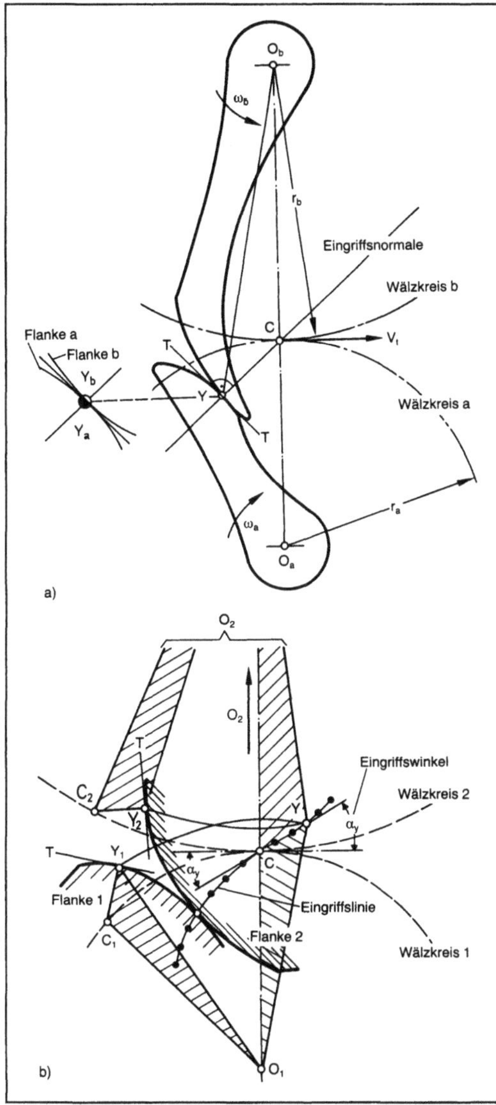

Aus der Zuordnung von Punkten Y_2 zu Punkten Y_1 einer gegebenen Flanke 1 Bild 1 b) läßt sich das Gegenprofil 2 konstruieren: Flankennormale in Y_1 schneidet Wälzkreis 1 in C_1. Nach Drehung von Rad 1 mit Dreieck $O_1C_1Y_1$ um O_1, bis C_1 in Wälzpunkt C fällt, liegt Y_1 in Y und bildet einen Punkt der →Eingriffslinie (Flankennormale geht durch den Wälzpunkt). Sodann wird Dreieck $O_2 Y C$ um das Bogenstück $CC_2 = CC_1$ um O_2 zurückgedreht. Y_2 als Punkt der Gegenflanke liegt hiermit fest. So kann zu jedem Punkt der Flanke 1 der zugehörige Punkt der Gegenflanke 2 der Eingriffslinie ermittelt werden.

Wichtige, für Verzahnungen allgemeingültige Bestimmungsgrößen und Maße sind (Bild 2):

□ Übersetzung $i = \omega_a^-/\omega_b^- = r_b^-/r_a^- =$ konst (Index a für treibende, b für getriebene Flanke),

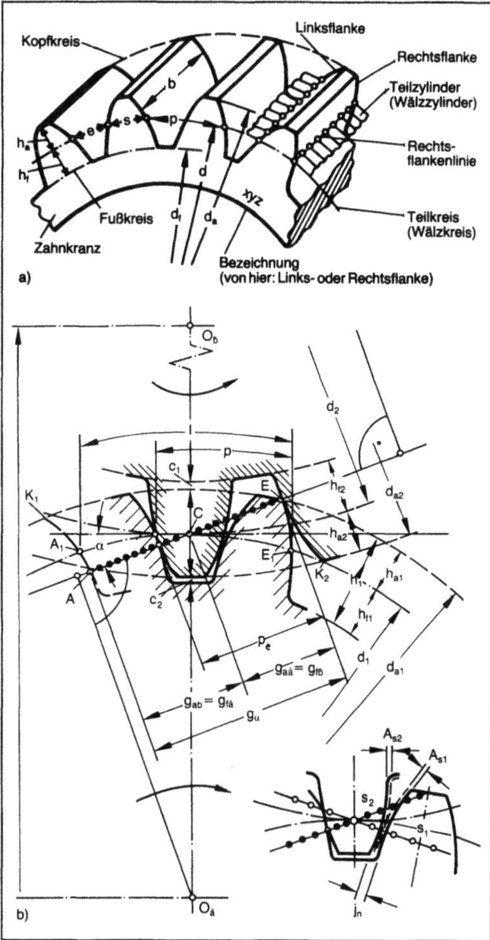

Verzahnungsgeometrie (allgemein) 1:
a) Zum Verzahnungsgesetz
b) Konstruktion von Eingriffslinie und Gegen-flanke.

Bewegung ersetzt werden, nach der der Wälzkreis von Rad b auf dem von Rad a abrollt. Dann ist C der Momentanpol, um den der jeden Punkt von b einen Kreis beschreibt – auch der Flankenpunkt Y_b.

Damit Y_b bei der Wälzbewegung weder in die Flanke a eindringt noch von ihr abhebt, muß die Berührtangente TT senkrecht auf der Eingriffsnormalen CY stehen. Das daraus abgeleitete Verzahnungsgesetz, gültig für jede Wälzstellung, lautet also: Die Berührnormale muß stets durch den Wälzpunkt C gehen.

Verzahnungsgeometrie (allgemein) 2:
a) Bezeichnungen und Maße der Stirnradverzahnung
b) Verzahnungsmaße der Stirnradpaarung (Beispiel: Evolventenverzahnung).

☐ Zähnezahlverhältnis ist das Verhältnis der Zähnezahl z_2 des größeren Rads zu der des kleineren (Ritzels) z_1: $u = z_2/z_1 = r_2/r_1$. Bei Übersetzung ins Langsame, d. h. wenn das →Ritzel treibt, ist $u = i$, andernfalls $u = 1/i$,

☐ Teilung p ist der Abstand zweier aufeinanderfolgender Rechts- oder Linksflanken auf Teilkreis d: $p = \pi d/z = m\pi$. Die Teilungen von Ritzel und Rad müssen gleich sein,

☐ Achsabstand für →Nullverzahnung $a = r_1 + r_2 = m$ $(z_1 + z_2)/2$,

☐ Modul $m = p/\pi$,

☐ Zahnhöhen: Kopfhöhe h_a, Fußhöhe h_f, gesamte Zahnhöhe $h = h_a + h_f$,

☐ →Kopfkreisdurchmesser $d_a = d + 2\,h_a$,

☐ Fußkreisdurchmesser $d_f = d - 2\,h_f$,

☐ Kopfspiel c als Abstand des Kopfkreises vom Fußkreis des Gegenrads (normal 0,1 bis 0,3 m),

☐ →Zahndicke am Teilkreis $s = p - e$ mit Lückenweite e. Die Größe s wird um das Zahndickenabmaß A_s kleiner als das Nennmaß ausgeführt, dadurch entsteht ein →Flankenspiel j_n,

☐ →Eingriffsstrecke g_α als der für die Bewegungsübertragung ausgenutzte Teil der Eingriffslinie, begrenzt durch die beiden Kopfkreise, außer bei (schädlichem) →Unterschnitt,

☐ →Eingriffswinkel α als Winkel zwischen der Wälzkreistangente und der Eingriffslinie (Eingriffsnormale),

☐ (Profil-)Überdeckung $\varepsilon_\alpha = 1/p = g_\alpha/p_e > 1$ als notwendige Ergänzung des Verzahnungsgesetzes.

Überwiegend verwendet man →Evolventenverzahnung. Von untergeordneter Bedeutung sind Zykloiden-, Kreisbogen-, Triebstock- und →Wildhaber-Novikov-Verzahnung. *Winter*

Verzahnungskorrektur. Durch V., d. h. gezielte Abweichungen in der Herstellung von der Evolvente (Zahnhöhenrichtung) und von der theoretischen Flankenlinie (Breitenrichtung), kann man die Auswirkungen von Herstellabweichungen und belastungsbedingten Verformungen auf die Tragfähigkeit sowie das Schwingungs- und Geräuschverhalten von Zahnradgetrieben teilweise kompensieren.

Die Voraussetzung für die Anwendung von V. ist mindestens eine →Verzahnungsqualität der DIN-Stufe 7 oder feiner. Folgende Korrekturen sind üblich:

☐ →*Profilkorrektur (Kopf- und Fußrücknahme).* Hierbei werden die Kopfflanken teilweise hinter die Evolvente zurückgenommen (Bild 1). Je nach Beginn der Rücknahme (i. a. 20–50 μm) unterscheidet man zwischen kurzer und langer Profilkorrektur.

☐ *Flankenlinienkorrektur.* Zum Ausgleich von lastbedingten Biege- und Torsionsverformungen des Ritzels kann die Flanke in Richtung der Zahnbreite durch Schleifen korrigiert werden. Die Form der

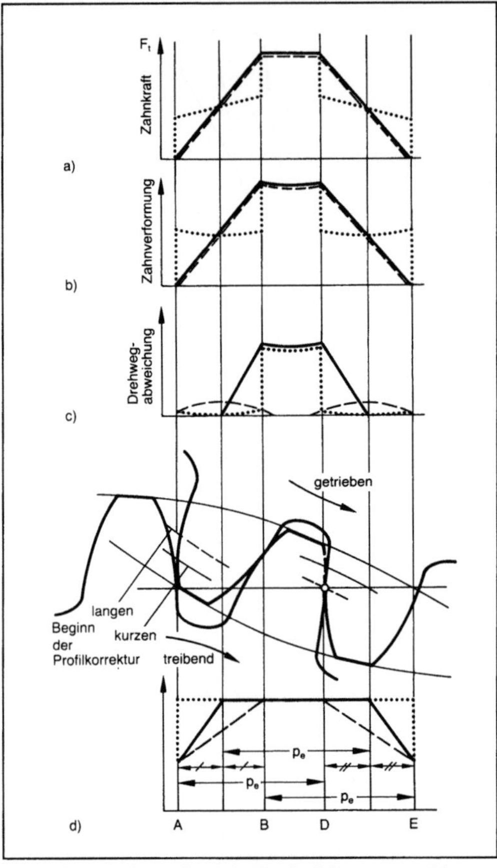

Verzahnungskorrektur 1: Einfluß kurzer und langer Profilkorrektur auf den Verlauf von Zahnkraft.
a) Zahnverformung
b) Drehwegabweichung
c) und d) Darstellung im Evolventenschrieb.

----- ohne, ——— kurze, – – – lange Korrektur.

korrigierten Zahnflanke in Breitenrichtung kann dabei einer linearen Winkelkorrektur entsprechen oder der rechnerischen Verformung angepaßt werden (Bild 2a). Hiermit ist ein optimales Tragbild unter Last erreichbar.

☐ *Breitenballigkeit.* Einer mittleren linearen Winkelkorrektur wird ggf. eine symmetrische →Balligkeit C_c überlagert (Bild 2b); oft zweckmäßig, um Kantentragen bei unterschiedlichen Betriebsbelastungen zu vermeiden.

☐ →*Endrücknahme.* Einseitige oder beidseitige, lineare Winkelkorrektur über einen Teil der Zahnbreite; oft ausreichend, um den →Breitenfaktor drastisch zu reduzieren (Bild 2c).

Bei der Tragfähigkeitsberechnung von Zahnrädern werden V. berücksichtigt. Profilkorrekturen beeinflussen den →Dynamikfaktor, Flankenlinienkorrekturen den Breitenfaktor. *Winter*

1355

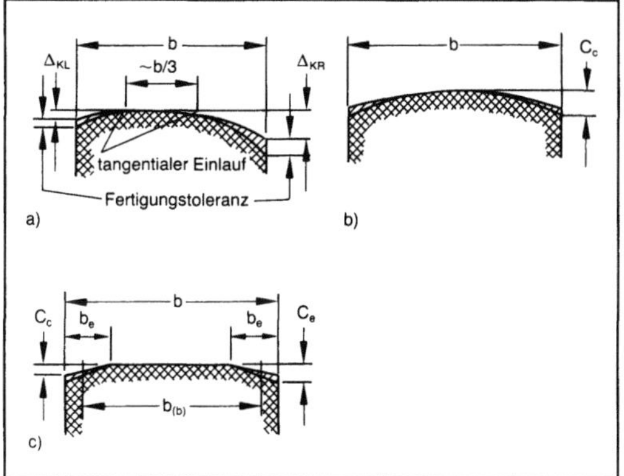

Verzahnungskorrektur 2: Flankenlinienkorrekturen (übertrieben dargestellt).
a) Schrägungswinkelkorrektur
b) Breitenballigkeit
c) Endrücknahme.

Literatur: *Mente, H. P.:* Zahnflanken-Längsballigkeit zum Ausgleich von Zahnflanken und Einbaufehlern von Stirnrädern. VDI-Z. 104 (1962), S. 269/70. – *Schlag, G.:* Verbesserung der Tragfähigkeit und Laufruhe geradverzahnter Stirnräder durch Profilrücknahme. Maschinenbautechn. 11 (1962), S. 83/93. – *Sigg, H.:* Profile and longitudinal corrections on involute gears. Semi-Annual Meeting of the AGMA 1965. Paper 109.16.

Verzahnungsqualität. An jedem →Zahnrad treten, bedingt durch Ungenauigkeiten der Maschinen und Werkzeuge, bestimmte Kombinationen von Einzel- und Sammelabweichungen (→Verzahnungstoleranz) auf. Auf der Basis entsprechender Untersuchungen sind Zahnräder unterschiedlicher Abmessungen und Fertigungsgüte in 12 Genauigkeitsklassen (Qualitäten) eingeteilt.

Dabei kennzeichnet Qualität 1 die feinste (kaum verwirklichbare), Qualität 12 die gröbste Genauigkeit. Die Kombination der in Abhängigkeit der Qualitätsstufe zulässigen Einzel- und Sammelabweichungen (→Verzahnungstoleranzen) ist nach DIN genormt.

Die erreichbare V. wird durch das Herstellverfahren (→Zahnradherstellung) und die Zahnradgröße maßgebend bestimmt. Es sollen jedoch keine feineren Toleranzen als nötig vorgeschrieben werden. Im Bereich der DIN-Qualitäten 5–8 verteuert sich z. B. ein Zahnrad beim Übergang auf die nächst feinere Qualität um ca. 60–80 %. So richtet sich die V. auch nach den funktionellen Anforderungen an das Getriebe. Höhere Umfanggeschwindigkeiten erfordern eine feinere V. als geringere Umfanggeschwindigkeiten.

Das Bild zeigt für einen bestimmten Größenbereich das Verhältnis zwischen Herstellverfahren und V. Es besteht hierbei eine näherungsweise Zuordnung zwischen den Qualitätsstufen nach DIN,

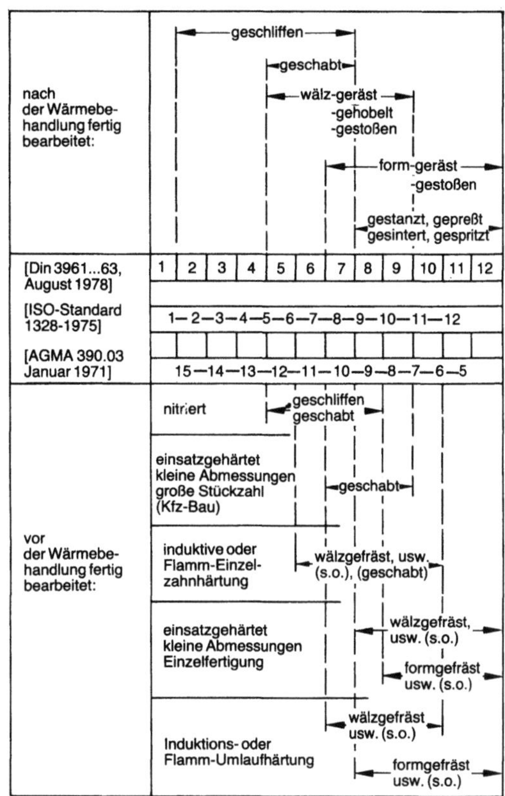

[Din 3961...63, August 1978]	1	2	3	4	5	6	7	8	9	10	11	12
[ISO-Standard 1328-1975]	1—	2—	3—	4—	5—	6—	7—	8—	9—	10—	11—	12
[AGMA 390.03 Januar 1971]	15—	14—	13—	12—	11—	10—	9—	8—	7—	6—	5	

Verzahnungsqualität und Herstellverfahren.

Zuordnung für Modul m = 6 mm und Teilkreisdurchmesser d = 75–150 mm.

ISO (internationale Norm) und AGMA (USA-Norm).   *Winter*

Literatur: DIN 3962: Toleranzen für Stirnradverzahnungen. Tl. 1: Toleranzen für Abweichungen einzelner Bestimmungsgrößen; Tl. 2: – für Flankenlinienabweichungen; Tl. 3: – für Teilungs-Spannenabweichungen. Hrsg. Dt. Inst. für Normung. Ausg. Aug. 1978. – ISO 1328: Parallel involute gears – ISO system of accuracy. Febr. 1975. – AGMA 390.03 – 1973. AGMA gear handbook. Vol. 1: Gear classification, materials and measuring methods for unassembled gears.

Verzahnungstoleranz. Die Bestimmungsgrößen einer Zahnradstufe (Zahnprofil, Teilung, Achsabstand usw.) können nicht mathematisch genau hergestellt werden. Mit Hilfe von V. kann man die zulässigen Verzahnungsabweichungen vorschreiben. Man wählt sie entsprechend dem Anwendungsbereich und den Funktionen eines Zahnradgetriebes.

Man unterscheidet zwischen Einzelabweichungen, d. h. zulässige Abweichung einer einzelnen Verzahnungsgröße (z. B. Teilung), und Sammelabweichungen, in die infolge des Meßverfahrens mehrere Einzelabweichungen eingehen (z. B. Wälzabweichung bei der Zweiflankenwälzprüfung), sowie Gehäuse und Lageabweichungen. Die Abweichungen sowie ihre Zuordnung zum dimensionslosen Begriff der →Verzahnungsqualität sind nach DIN definiert.

Die Teilungsabweichung (Bild 1) umfaßt folgende Einzelabweichungen:
□ Einzelabweichung f_p,
□ Spannenabweichung F_{pk} als Teilungsabweichung über eine Spanne von k Zähnen,
□ Gesamtabweichung F_p als größte am Radumfang vorkommende Spannenabweichung,
□ Teilungssprung f_u als Differenz zweier benachbarter Teilungen.

Man ermittelt sie durch Messung des Flankenabstands auf dem Teilkreisdurchmesser (→Evolventenverzahnung) oder der Eingriffslinien. Sie beeinflußt wesentlich die Kraftaufteilung (Stirnfaktor), dynamische Zahnkräfte (→Dynamikfaktor) und Geräusch der Verzahnung.

Als Profilabweichungen (Bild 2) bezeichnet man die Winkelabweichung $f_{H\alpha}$, mittlere Formabweichung f_f und Gesamtabweichung F_f. Man ermittelt sie aus der Abbildung des Zahnprofils im Prüfdiagramm.

Zum Bestimmen der Winkelabweichung $f_{H\beta}$, der Formabweichung $f_{\beta f}$ sowie der Gesamtabweichung F_β wird ein Prüfdiagramm über die Zahnbreite erstellt (Bild 3). Die Kraftverteilung über die Zahnbreite (→Breitenfaktor) wird entscheidend durch Flankenlinienabweichungen beeinflußt.

Die Funktion der Zahnräder im Getriebe wird dadurch beeinflußt, wie sich verschiedene Einzelabweichungen gemeinsam auf die Bewegungs- und Kraftübertragung auswirken. Hierbei kennzeichnen Rundlaufabweichungen F_r als Sammeltoleranz die Außermittigkeit der Verzahnung (Bild 4). Ferner bezeichnet die Einflanken-Wälzabweichung F'_i die größte Drehwinkelabweichung über dem Umfang

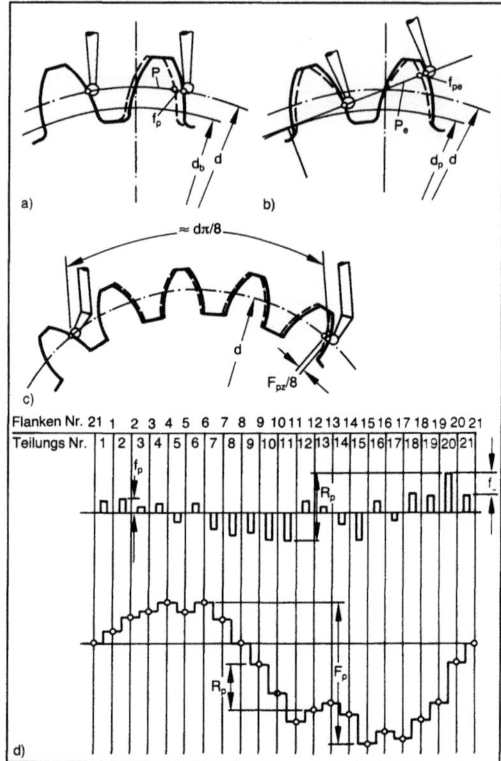

Verzahnungstoleranz 1:
a) Teilungsabweichung
b) Eingriffsteilungsabweichung
c) Teilungsspannenabweichung.

hier über ca. ⅛ des Umfangs, d. h. $F_{pk} = F_{pz}/8$
-- Soll-Zahnform, —— Ist-Zahnform

d) Beispiel der Ergebnisse von Teilungsmessungen an einem Rad mit 21 Zähnen.

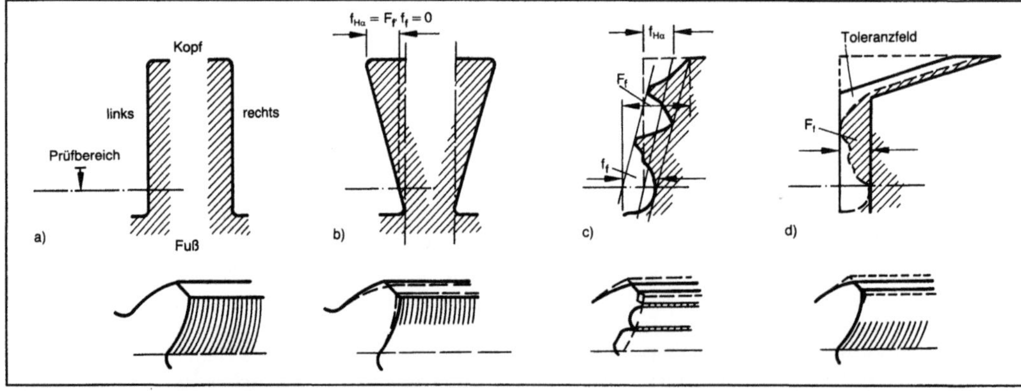

Verzahnungstoleranz 2: Profilabweichungen und ihre Auswirkungen auf das Tragbild.
a) Theoretisches Zahnprofil
b) Zahnkopf vorstehend (Kopfträger)
c) Einfluß des Rundlauf- oder Taumelfehlers eines Wälzfräsers (Zweistrich-Verzahnung)
d) Toleranzfeld für Profil mit Kopfrücknahme (Verzahnungskorrektur).

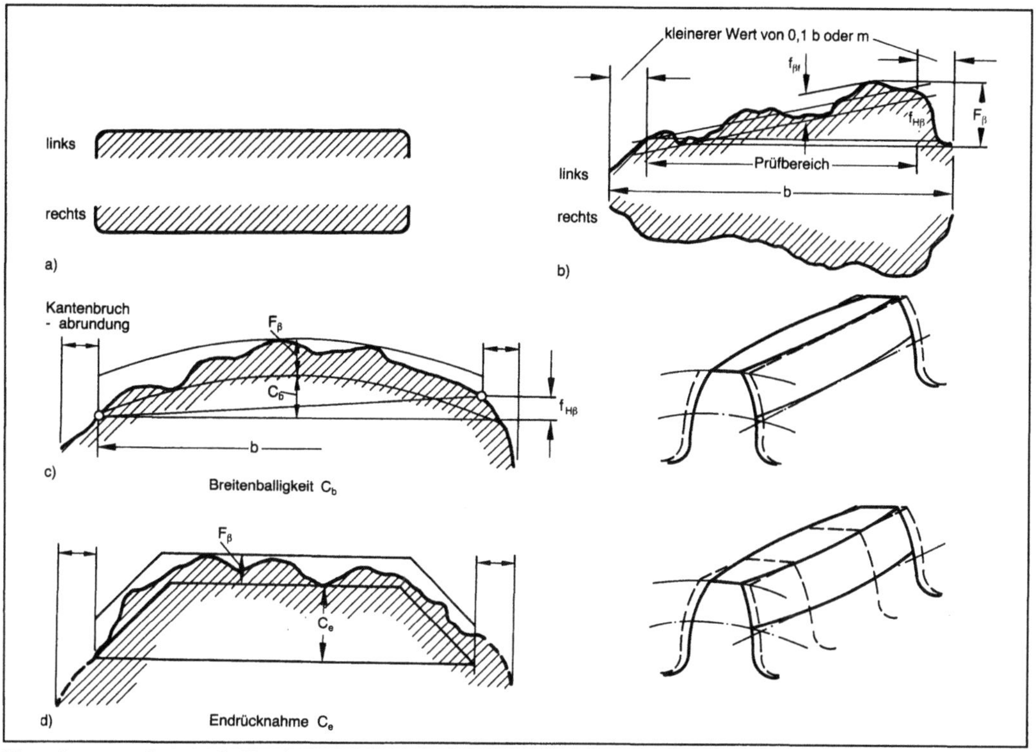

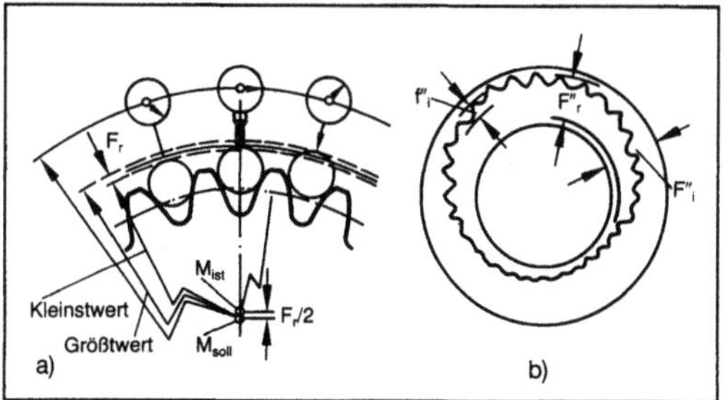

Verzahnungstoleranz 3: Flankenlinienabweichungen.
a) Theoretische Flankenlinie
b) Definition der Abweichungen
c) Balligkeit
d) Endrücknahme.

gegenüber dem Soll-Winkel sowie der Einflanken-Wälzsprung f'_i die entsprechende Größe während eines Zahneingriffs. Beide Abweichungen werden durch Abwälzen zwischen Prüf- und Lehrrad bei der →Einflanken-Wälzprüfung ermittelt.

Bei der Zweiflanken-Wälzprüfung erhält man die Wälzabweichung F_i'' und den Wälzsprung f_i'' als größte Abweichung des Achsabstands zweier Zahn-

räder über dem Umfang bzw. während eines Zahneingriffs.

Die Achsschränkung $f_{\Sigma\beta}$, die Achsneigung $f_{\Sigma\delta}$ sowie das Achsabstandsabmaß A_a kennzeichnen Toleranzen, die sich aus der Fertigung von Gehäusebohrungen und Lager ergeben (Bild 5). Sie beeinflussen mittelbar →Flankenspiel sowie Kraftverteilung über der Zahnbreite. *Winter*

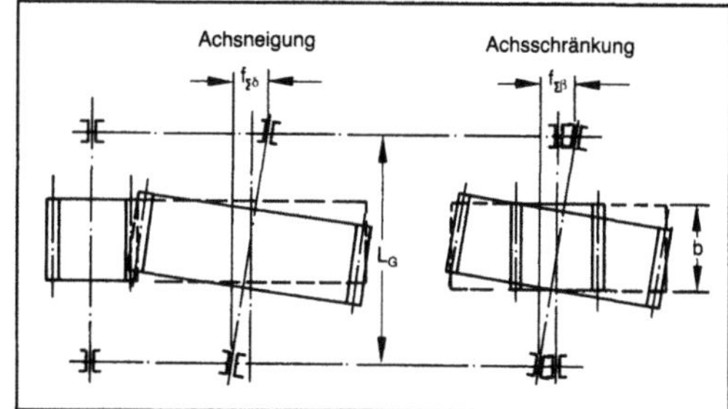

Verzahnungstoleranz 4.
a) Messung der Rundlaufabweichung einer Verzahnung
b) Wälz-Rundlaufabweichung F_r'' nach der Zweiflanken-Wälzprüfung.

Verzahnungstoleranz 5: Abweichungen der Achslagen im Gehäuse.

Literatur: DIN 3961: Toleranzen für Stirnradverzahnungen, Grundlagen. Hrsg. Dt. Inst. für Normung. Ausg. Aug. 1978. –

Murphey, N.: Entwicklungen in der Zahnradprüfung. Werkstatt Betr. 111 (1978), S. 725/27. – *Seifried, A.:* Zahnrad-Teilungsfehler. Statistische Ermittlung der Zusammenhänge mit anderen Verzahnungsfeldern. In: VDI-Ber. Nr. 105. Düsseldorf 1967; S. 141/43. – *Sulzer, G.,* u. *R. Holler:* Zahnradmessung mit numerisch geführter 3-Koordinaten-Meßmaschine. VDI-Z. 116 (1974), S. 1161/66. – *Winter, H.,* u. *A. Seifried:* Verzahnungsfehler. Statistische Ermittlung natürlicher Zusammenhänge und Normung von Toleranzen. Werkstatt Betr. 98 (1965), S. 765/71.

Verzerrungsfunktion →Vergrößerungsfunktion

Verzinkungslinie. Eine V. ist ein komplexes technisches System, in dem nach einem →Verzinkungsverfahren entweder reines Zink oder eine Zinklegierung auf metallische Werkstoffe gebracht werden. Solche technischen Systeme sind beispielsweise Feuer-V. und Schmelztauch-Band-V. *Baumann*

Verzinkungsverfahren. Ein V. ist ein Verfahren zum Aufbringen eines Überzugs aus reinem Zink oder aus einer Zinklegierung auf metallischen Werkstoffen entweder durch Schmelztauchen, Feuerverzinken, durch Aufspritzen, Spritzverzinken oder durch elektrolytisches Abscheiden, galvanisches Verzinken. Mit einem solchen Verfahren wird der verzinkte →Werkstoff gegen Korrosion durch Luft und Wasser geschützt. *Baumann*

Verzinnungslinie. Eine V. ist ein komplexes technisches System, in dem nach einem →Verzinnungsverfahren Zinnüberzüge als →Korrosionsschutz auf Metalle gebracht werden. Dazu zählen beispielsweise Feuer-V., →Schmelztauch-Blechverzinnungslinie und elektrolytische V. *Baumann*

Verzinnungslinie, elektrolytische. Eine e. V. ist ein kontinuierlich arbeitendes, sehr komplexes technisches System zum Beschichten von Stahlband mit Zinn. Solche Linien bestehen i. a. aus
□ einem Bandeinlaufsystem mit Abwickelhaspeln, Schopfscheren, Schweißaggregat und Bandspeicher,
□ einem Vorbehandlungssystem zum Entfetten, Beizen und mechanischen →Reinigen des Stahlbands,
□ einer elektrolytisch arbeitenden Verzinnungsanlage,
□ einem Nachbehandlungssystem mit Einrichtungen für kurzfristiges Aufschmelzen der →Zinnschicht zum Bilden der Verbindung $FeSn_2$ zwischen Stahl und Zinn sowie
□ dem Bandauslaufsystem mit Bandspeicher, Trennscheren und Aufwickelhaspeln (Bild).

Kontinuierlich arbeitende V. können mehr als 30 000 t →Weißband je Monat herstellen. *Baumann*

Verzinnungsverfahren. Unter einem V. ist ein Verfahren zum Erzielen eines Zinnüberzugs auf Metallen als →Korrosionsschutz, insbes. gegen organische Säuren zu verstehen. Dabei werden Schmelztauchen, Eintauchen des Werkstoffs in flüssiges reines Zinn oder elektrolytisches Abscheiden aus zinnhaltigen Bädern unterschieden.

Wesentliche Erzeugnisse, die durch V. hergestellt werden, sind →Weißblech und →Weißband für die Nahrungs- und Genußmittelindustrien. *Baumann*

Vibrationssieb. Es gibt eine Vielfalt von Arbeits- und Wirkschemen der Wurfsiebe. Der allgemeine Aufbau besteht in dem bewegten Siebkasten mit fest gespannten Siebböden und Drahtgewebe, neuerdings auch aus Kunststofformteilen. Merkmale der ersten Unterscheidung sind der Steilwurf und der Flachwurf des Siebguts sowie die Art und Weise der Vibrationserregung: durch rotierende Unwuchtmassen bzw. geradlinig bewegte Schwingmassen, d. h. massenerregt, oder durch ein Kurbelgetriebe, d. h. wegerregt. Der Betrieb ist bei den Schüttelsieben unterhalb, bei den Resonanzsieben im Bereich und bei den Schwingsieben oberhalb der Eigenfrequenz, an der sich die Schwingbreite erheblich vergrößert. Kenngrößen der Wurfsiebung sind Schwingweite, Frequenz und Schwingungsform, die Wurfrichtung, die Siebbodenneigung und die Siebgutbeladung. Die Wurfkennziffer (Wurfzahl) ist der Quotient der Komponente normal zur Siebfläche aus Schwingungsbeschleunigung und Fallbeschleunigung. Die Maschinenkennziffer ist das einfache Verhältnis von maximaler Erregerbeschleunigung zur Fallbeschleunigung.

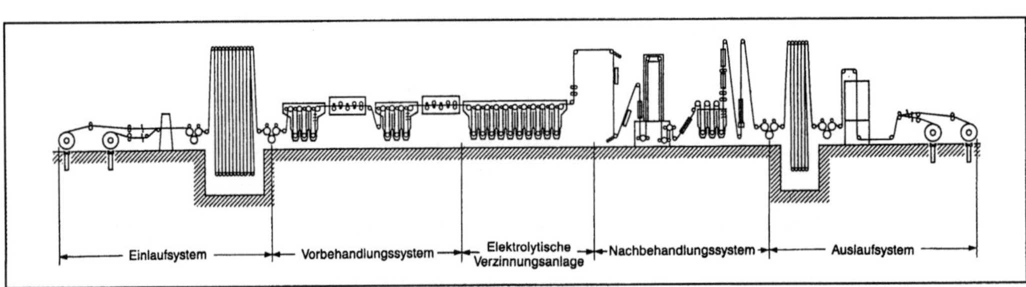

Verzinnungslinie, elektrolytische: Grundsätzlicher Aufbau.

Das Exzenterschwingsieb (Bild) hat einen zentral angeordneten Exzenterantrieb. Die Enden des Siebkastens sind federnd abgestützt. Dieses Sieb eignet sich für die Trocken- und Naßabsiebung besonders von Mittel und Grobkörnung. In robuster Ausführung dient es als Großkornscheider. Die Frequenz geht bis 25 Hz, die Schwingweite steigt bis 20 mm, z. T. bis 40 mm; die Maschinenkennzahl beträgt 4–6. Das Kreisschwingsieb mit einem Unwuchterreger, meist an einer Welle im Schwerpunkt, wird stets im überkritischen Bereich, d. h. über der Eigenfrequenz betrieben. Es ist einfach gebaut; die Unwucht läßt sich verstellen. Eingesetzt ist es für die Naß- und Trockenabsiebung von Körnungen unter 50 mm. Die Frequenz geht bis 50 Hz, die Schwingweite reicht bis 10 mm, die Maschinenkennziffer ist 4–6. Moderne Schwingsiebe mit ummontierbaren Unwuchterregerpaaren (Doppelunwuchtsiebe), bei denen sich die Schwingbewegung, Frequenz bis 50 Hz, mehr längs oder normal zur Siebebene ausrichten läßt, umfassen einen weiten Einsatzbereich. Das niedrige Eigengewicht und die mögliche Beladung stehen in einem schwingungsgünstigen Massenverhältnis. Mit wählbarer Drehzahl und einstellbarer Unwucht ist die Schwingweite leichter anzupassen. Es wird eine Absiebung von fein bis grob, intensiv bis schonend, dabei für trocken bis naß ermöglicht. Beim Schwingsieb mit hervorgehobener Schwingungsrichtung, wegerregt über Kurbeltrieb oder massenerregt durch nichtpaarige Unwuchterreger, so beim Ellipsenschwingsieb, werden die Vorteile sowohl der Kreisschwingung als auch der Linearschwingung genutzt und deren Nachteile vermieden. Frequenz, Schwingweite und Wurfkennzahl lassen sich vor Ort nach den Gegebenheiten ausrichten. Sein Einsatzfeld umfaßt das des Exzenterschwingsiebs und das des Kreisschwingsiebs, jedoch ist es weitaus unempfindlicher gegen Schwankungen der Beladung und hinsichtlich des Antriebs. Es bietet hohe Betriebssicherheit. Der Selbstreinigungseffekt ist ausgeprägt. *Kühn*

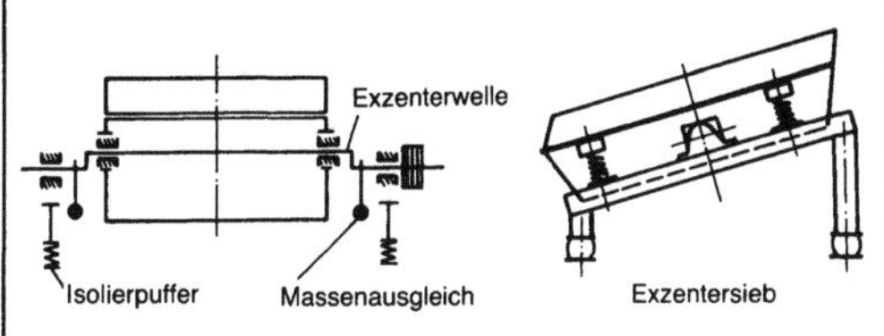

Vibrationssieb: Exzenterschwingsieb.

Vibrationswalze. V. (Rüttelwalzen) sind Glattwalzen oder Schaffußwalzen, die über eine Vibrationseinrichtung verfügen. Sie verdichten sowohl durch das Aufbringen ihres Gewichtes als auch mit Hilfe der von Unwuchterregern erzeugten gerichteten oder ungerichteten Schwingungen. Die Vibration vermindert die innere Reibung des Materials, begünstigt die Überwindung der Wasserbindekräfte und bringt so das Material zum „Fließen". Dadurch erreichen Rüttelwalzen unter sonst gleichen Voraussetzungen höhere Arbeitsleistungen als vergleichbare statische Walzen. V. haben mit Ausnahme der Linienlast bei ausgeschalteter Vibration keine ausgesprochene Kennziffer. Sie werden vorwiegend als Tandemwalzen, aber auch als Anhängewalzen gebaut und verdrängen die rein statischen Geräte dieser Art immer mehr. Je nach der Größe der Walzen eignen sie sich für die unterschiedlichsten Bodenarten, die größten Typen sogar für Fels.

Einrad- und Zweiradrüttelwalzen sind in der kleinsten Form handgeführt und vielseitig verwendbar. Einradwalzen kommen als Anhängewalzen in sehr schweren Ausführungen z. B. bei Dammbauten auch für schwerste Böden zum Einsatz (bis 25 t Betriebsgewicht; 100 kW Dieselmotorleistung für Rüttlerunwucht; 2–2,5 m Bandagenbreite). Zweiradwalzen (Tandemwalzen) werden entweder mit zwei gleichgroßen Walzen und symmetrischer Gewichtsverteilung oder mit Walzen unterschiedlicher Durchmesser und asymmetrischer Gewichtsverteilung mit und ohne Lenkung gebaut. Bei kleineren Maschinen sind die Walzen in einem starren Rahmen gelagert. Größere Tandem-V. (bis 13 t Gewicht und 105 kW Leistung) haben eine in einem Drehrahmen gelagerte Vorderwalze, die zum Lenken des Fahrzeugs dient. Andere Ausführungen verfügen über eine Knicklenkung, die ebenso wie der Fahr- und Erregerantrieb hydrostatisch arbeitet. Der Fahrantrieb wirkt auf einen oder beide Walzenkörper. Der Allbandagenantrieb hat den Vorteil, daß sich vor der Bandage kein Materialstau bildet (Glattwalze). Bei Geräten mit Lenkwalze vibriert nur die nichtgelenkte Walze. Bei knickgelenkten Fahrzeugen ist Vibrationsantrieb an beiden Bandagen möglich.

Größere Geräte lassen sich mit einer Frequenz- bzw. Amplitudenverstellung und Sperrvorrichtung der Unwuchten gegen Fliehkraftaddition ausrüsten. Vibrationswalzen baut man so, daß Schwingungen nur im Walzenkörper entstehen und nicht auf den Rahmen übertragen werden. Vibrationsschaffußwalzen eignen sich vorwiegend für bindige bis stark bindige Böden. Der Einsatz des Vibrators bedingt einen wesentlichen Unterschied des Arbeitsvorganges gegenüber statischen Schaffußwalzen. Bei eingeschalteter Vibration muß die Schütthöhe mindestens 40 cm betragen. Durch Umkleiden der Bandagen mit schalenförmigen Teilen kann man manche Vibrationsschaffußwalze in Vibrationsglattwalzen umbauen, um dann einen Oberflächenschluß zu erreichen. V. haben eine große Tiefenwirkung, so daß je nach Material z. T. Lagen bis 1,5 m Dicke eingebaut werden können. Da jeder Verdichtungsschlag eine Mulde erzeugt, ist die Fahrgeschwindigkeit bei Anforderungen an die Oberflächenebenheit gering (meist nur bis 5 km/h). *Kühn*

Vielblattkreissägemaschine. Die V. (Mehrblatt-kreissäge) wird in allen Bereichen der Holzverarbeitung zum Längsaufteilen von Brettern und Bohlen und auch plattenförmigen Werkstücken eingesetzt, bevorzugt in der Fenster- und Gestellmöbelfertigung.

Die V. unterscheidet sich von der Besäumkreissäge durch folgende Merkmale:

☐ In den Maschinentisch ist eine umlaufende, stufenlos regelbare Plattenband-Kette eingebaut, die als mechanische Vorschubeinrichtung dient.

☐ Die Werkstücke werden durch nicht angetriebene, von oben wirkende Druckwalzen auf das Transportband gedrückt, das mit einer maximalen Vorgeschwindigkeit von 50 m/min stufenlos regelbar ist. Die Plattenkettenführung ermöglicht einen verleimfähigen Sägeschnitt, der bei Vollholzverleimungen vorteilhaft ist.

☐ Die Sägewelle ist stets oberhalb des Werkstücks angeordnet, im Gegenlauf arbeitend, bis zu einer Arbeitsbreite von 400 mm einseitig und darüber hinaus beidseitig gelagert. Oft werden die Sägeblätter mit unterschiedlichen Abständen eingespannt, so daß eine optimale Breitennutzung bei variabler Positionierung des Bretts möglich ist. Bevor das Werkstück von der Kette oder den oberen Druckelementen erfaßt wird, richtet der manuell, pneumatisch oder elektronisch/elektrisch verstellbare Seitenanschlag auf dem Einlauftisch das Werkstück aus. Hierbei werden zunehmend elektronische Verschnittoptimierungs-Anlagen eingesetzt.

Die V. kann von einer Person bedient werden, wenn der Einsatz von Quer- und Längsförderer die Rückführung von Reststücken zuläßt. *Dusil*

Viel-Ebenen-Auswuchten. Ein Verfahren, das beim Auswuchten biegeelastischer Rotoren angewendet werden muß, um die örtlich verteilten Unwuchten in mehr als zwei Ausgleichsebenen zu kompensieren und damit resonanzartige Zustände in der Nähe einer biegekritischen Drehzahl zu vermeiden. *Witfeld*

Vielwalzen-Walzgerüst. Ein V.-W. ist ein W. mit horizontal angeordneten Walzen, in dem die Arbeitswalzen verhältnismäßig kleine Durchmesser haben. Jede dieser Arbeitswalzen wird von 2 Zwischenwalzen und diese wiederum werden von 3 weiteren Walzen, die eine Walzenbiegung vermeiden sollen, gestützt. Beispiele von V.-W. sind das Zwanzigwalzen-W., Zwölfwalzen-W. und das Sechswalzen-W. *Baumann*

Vierkantrohr. Ein V. ist ein →Profilrohr mit quadratischer Querschnittsform. Dabei kann das Profilrohr ein Rohr in nahtloser oder geschweißter Ausführung sein, das manchmal auch Hohlprofil genannt wird. *Baumann*

Vierpunktlager →Wälzlager-Bauform

Viertakt-Gaswechsel. Beim →Viertaktmotor sind zwei Takte, d. h. eine ganze Kurbelwellenumdrehung, für den →Gaswechsel vorgesehen. Beim Aufwärtsgang schiebt der →Kolben die Verbrennungsgase aus dem →Zylinder in die Abgasleitung. Beim anschließenden Abwärtsgang saugt er selbst Frischladung durch das Einlaßventil in den Zylinder (→Zylinderladung). Ein zusätzliches Gebläse wird für das Ansaugen (im Gegensatz zum →Zweitaktmotor) nicht benötigt.

Der Ablauf des V.-G. sei erklärt (Bild): Bereits bevor der Kolben im →Expansionstakt den unteren Totpunkt erreicht hat, beginnt sich das Auslaßventil zu öffnen. Unter dem Überdruck im Zylinder strömen nun die Verbrennungsgase durch das Auslaßventil in die Abgasleitung. Zweckmäßigerweise legt man den Zeitpunkt „Auslaß öffnet" so fest, daß kurz nach dem unteren Totpunkt ein Druckausgleich zwischen dem Zylinder und der Abgasleitung stattgefunden hat. Danach schiebt der Kolben beim Aufwärtsgang die restlichen Verbrennungsgase aus dem Zylinder in die Abgasleitung. Etwa im oberen Totpunkt schließt das Auslaßventil und öffnet sich das Einlaßventil. Wegen der Massenkräfte ist kein plötzliches Öffnen und Schließen der Ventile möglich. Deshalb beginnt das Öffnen des Einlaßventils schon kurz vor dem oberen Totpunkt, und das Auslaßventil schließt erst kurz nach dem oberen Totpunkt (→Ventilüberschneidung). Dann saugt der abwärtsgehende Kolben Frischladung (Luft bzw. Luft-Kraftstoff-Gemisch) in den Zylinder. Den Zeitpunkt „Einlaß schließt" legt man deutlich hinter den unteren Totpunkt, denn auch wenn sich der Kolben schon wieder langsam aufwärts bewegt, strömt die einmal in Bewegung versetzte Frischladung immer noch (sozusagen mit Schwung) in den Zylinder. Die in den Zylinder gelangende Frischladungsmenge ist aber maßgebend für die Leistung des Motors (→Liefergrad).

Der günstigste Augenblick für das Schließen des Einlaßventils ist drehzahlabhängig. Für hohe Drehzahlen müßte „Einlaß schließt" später liegen als für

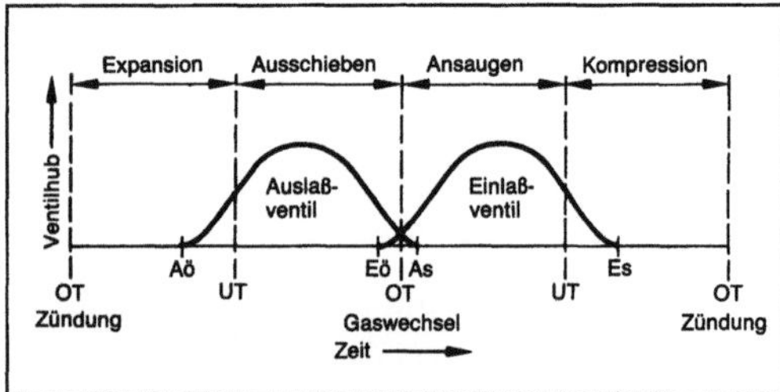

Viertakt-Gaswechsel: Zum Ablauf des Gaswechsels beim Viertaktmotor.

OT oberer Totpunkt, UT unterer Totpunkt, Aö Auslaßventil öffnet, Es Einlaßventil schließt

niedrige Drehzahl. Bei der Festlegung der Steuerzeiten kann also gewählt werden, ob ein größerer Liefergrad bei hohen Drehzahlen erreicht wird (sportlicher Drehmomentverlauf) oder bei mittlerer Drehzahl (für Gebrauchsmotoren üblich). (Konstruktive Gestaltung der Ventile und der Ventilbetätigung →Ventiltrieb.) *Kuhlmann*

Literatur: *Bensinger, W.-D.*: Die Steuerung des Gaswechsels in schnellaufenden Verbrennungsmotoren. Berlin, Heidelberg, New York 1968. – *List, H.*: Der Ladungswechsel der Verbrennungskraftmaschine. R.: Die Verbrennungskraftmaschine. Bd. IV. Tl. 3: Der Viertakt. Wien 1952.

Viertaktmotor. →Verbrennungsmotor, bei dem sich ein →Arbeitsspiel über vier Takte, also über zwei Kurbelwellenumdrehungen erstreckt.

Den ersten V. hat *Nikolaus August Otto* im Jahr 1876 gebaut. V. sind heute die am meisten verbreiteten Verbrennungsmotoren.

Die vier Takte des V. sind:

☐ *Ansaugen:* Beim Abwärtsgang des Kolbens wird durch das Einlaßventil Luft oder ein Luft-Kraftstoff-Gemisch in den Zylinder gesaugt.

☐ *Verdichten:* Unter Arbeitsaufwand verdichtet der →Kolben beim Aufwärtsgang die im Zylinder befindlichen Gase (→Verdichtungstakt).

☐ *Verbrennen und Entspannen:* Im oberen Totpunkt verbrennt der →Kraftstoff mit dem Sauerstoff der Luft. Durch die entstehende Wärme steigen die Temperatur und der Druck. Beim Abwärtsgang des Kolbens werden die Verbrennungsgase entspannt. Dabei geben sie eine Arbeit an den Kolben ab, die die Verdichtungsarbeit übersteigt (→Verbrennung, →Expansionstakt).

Auspuff und Ausschieben: Unter dem Überdruck im Zylinder strömt nach Öffnen des Auslaßventils zunächst ein Teil der Verbrennungsgase in die Abgasleitung. Dann werden durch den aufwärtsgehenden Kolben die restlichen Verbrennungsgase aus dem Zylinder geschoben.

Der wesentliche Unterschied zwischen dem V. und dem →Zweitaktmotor besteht im →Gaswechsel. Beim V. stehen für den Gaswechsel zwei volle Hübe des Kolbens zur Verfügung. Im Gegensatz zum Zweitaktmotor ist er in der Lage, die Verbrennungsluft bzw. das Luft-Kraftstoff-Gemisch selbst anzusaugen. *Kuhlmann*

Vierwalzen-Walzgerüst. Ein V.-W. ist ein W. mit 2 Arbeitswalzen und 2 Stützwalzen (Bild). In solchen W. sind alle Walzen horizontal angeordnet. Dabei sind die Walzendurchmesser der Stützwalzen deutlich größer als diejenigen der Arbeitswalzen. Wesentliche Bestandteile eines V.-W. sind Walzen, Walzenlager, Walzen-Einbaustücke, Walzenständer und Walzenanstellsysteme. *Baumann*

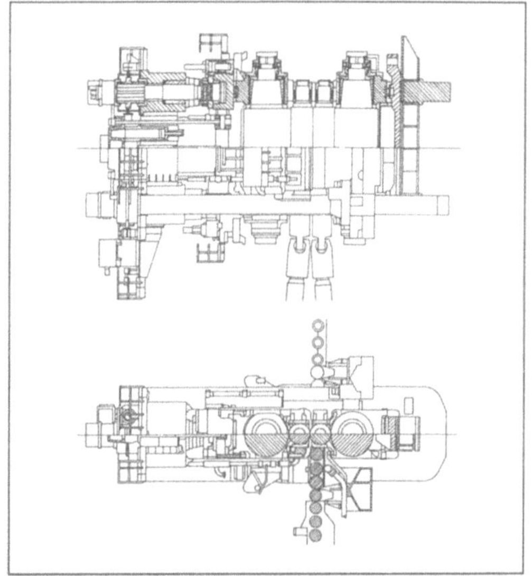

Vierwalzen-Walzgerüst.

Vigoureux-Printing →Textilfärbemaschine

Visko-Kupplung. Die V.-K. ist eine selbstschaltende Kupplung (Bild). Sie ist im Prinzip wie eine Lamellen- oder →Scheibenkupplung aufgebaut. In einem Gehäuse ist ein Paket geschlitzter und gelochter Lamellen angeordnet. Die Lamellen sind abwechselnd mit dem Gehäuse als Antrieb und der innenliegenden Abtriebswelle verbunden. Der wesentliche Unterschied zu einer →Lamellenkupplung besteht darin, daß sich die Lamellen nicht berühren, sondern bei jedem Betriebszustand in einem definierten Abstand zueinander stehen und damit verschleißfrei bleiben. Das Gehäuse ist mit einem

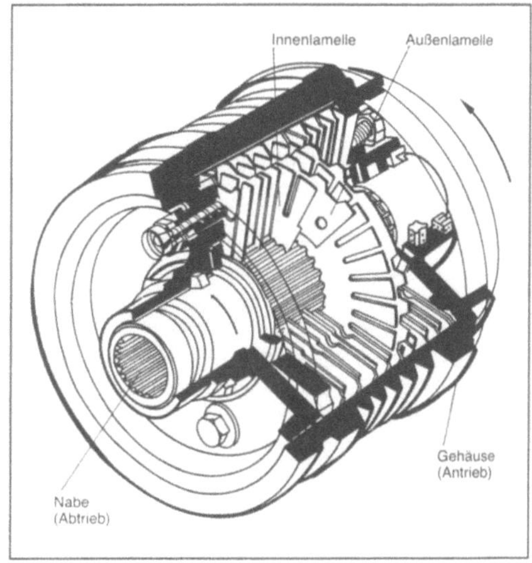

Visko-Kupplung. (Quelle: VW)

zähflüssigen Siliconöl gefüllt. Das Drehmoment wird nur auf Grund der inneren Reibung des Siliconöls geschwindigkeitsabhängig übertragen. Besteht nur ein geringer Drehzahlunterschied zwischen Gehäuse und →Welle, können sich die Lamellen weitgehend frei gegeneinander verdrehen. Nimmt der Drehzahlunterschied zu, wird ein höheres Moment übertragen. Die V.-K. wird als Anlauf- und →Sicherheitskupplung sowie als Sperrdifferential in Kfz-Antrieben verwendet. *Ehrlenspiel*

Viskosekupplung →Antriebskonzept

Viskosität.

1. Allgemeines. Die V. ist der stoffabhängige Anteil des Reibungswiderstands, der beim Verschieben benachbarter Flüssigkeitsschichten der Bewegung entgegenwirkt (innere →Flüssigkeitsreibung). Sie ist die entscheidende Schmierstoffkonstante für die Druck- und Temperaturentwicklung im Schmierfilm hydrodynamischer und hydrostatischer Lager. Nach der Anwendung wird zwischen dynamischer und kinematischer V. unterschieden.

Dynamische Viskosität η: Nach *Newton* ist der Scherwiderstand (Schubspannung $\tau = \eta \frac{\partial u}{\partial y}$) in einer Flüssigkeitsschicht zwischen zwei parallel angeordneten und relativ zueinander bewegten Gleitflächen proportional dem Geschwindigkeits- bzw. Schergefälle $G = \frac{\partial u}{\partial y} (\approx \frac{u}{h})$, mit der Gleitgeschwindigkeit u und dem Gleitflächenabstand h. Der Proportionalitätsfaktor η ist eine Stoffkonstante, die als dynamische V. bezeichnet wird. Nach Definitionsgleichung hat η die Dimension mPa · s. Bei newtonschen oder reinviskosen Flüssigkeiten ist η druck- und temperaturabhängig. Dabei wird der Abhängigkeitsgrad von der stofflichen Zusammensetzung bestimmt. Inhomogen zusammengesetzte Flüssigkeiten oder Substanzen haben nicht-newtonsche oder strukturviskose Eigenschaften. Die V. dieser Stoffe, zu denen Schmieröle mit VI-Verbesserern und Schmierfette gehören, ist zusätzlich vom Schergefälle G abhängig.

Kinematische Viskosität v: Das Viskosität-Dichte-Verhältnis aus dynamischer Viskosität η und Schmierstoffdichte ρ wird als kinematische Viskosität $v = \eta/\rho$ mit der Dimension mm²/s angegeben.

Dynamische V. η und Dichte ρ sind temperaturabhängig, so daß zur Berechnung der kinematischen V. das Temperaturverhalten beider Größen bekannt sein muß. Da die kinematische V. meßtechnisch einfach zu erfassen ist, wird sie zur Standardisierung und Klassifikation von Schmierölen herangezogen.

Mittlere Viskosität η_m: Bei der Vermischung von Ölen unterschiedlicher V.-Klassen stellt sich entsprechend den Volumenanteilen C_A, C_B und den V. der Einzelkomponenten η_A, η_B von zwei Ölen A und B eine mittlere Viskosität η_m ein, die mit der Arrhenius-Formel berechenbar ist:

$$\log \eta_m = \frac{1}{100} (C_A \cdot \log \eta_A + C_B \cdot \log \eta_B).$$

Die Gleichung ist nur auf Schmierstoffe mit vergleichsweise geringen V.-Unterschieden anwendbar. Auf Grund der großen V.-Unterschiede von Kraftstoff-Öl-Gemischen ist sie nicht für die Berechnung des V.-Abfalls infolge Kraftstoffanreicherung geeignet.

Strukturviskosität: Zur Beschreibung des Fließverhaltens strukturviskoser Substanzen (Fette, additivierte Öle) ist die V. allein nicht ausreichend. Vielmehr ist zusätzlich eine Fließkurve $\tau = f(G)$ mit den Parametern Druck und Temperatur zu ermitteln. Für die Ermittlung der Fließkurve, d. h. der wahren plastischen Viskosität η_p, sind nur Meßverfahren mit einstellbarem konstantem Schergefälle geeignet (z. B. Rotationsviskosimeter). Kapilarviskosimeter, bei denen sich über dem Querschnitt ein parabolisches Geschwindigkeitsprofil einstellt, zeigen nur eine scheinbare oder äquivalente Viskosität $\eta_ä$ an (Bild). Die Größe η_p entspricht der Grundöl-V. und ist für die hydrodynamische Tragdruckentwicklung maßgebend, $\eta_ä$ bestimmt die Reibungsverluste. *Knoll*

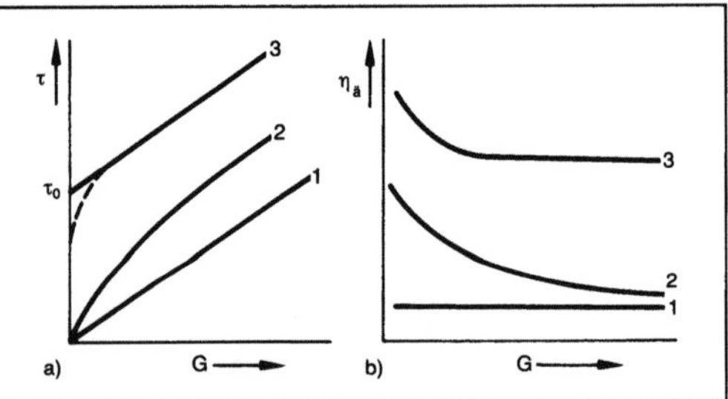

Viskosität.

a) Fließkurven nicht-newtonscher Substanzen
b) Scheinbare Viskosität

1 reines Mineralöl, 2 Mineralöl mit hochpolymeren Zusätzen, 3 Schmierfett

2. Druckverhalten. Die →Viskosität newtonscher und nicht-newtonscher Flüssigkeiten ist druck- und temperaturabhängig. Die Druckabhängigkeit wie auch die Temperaturabhängigkeit läßt sich durch Potenz- oder Exponentialfunktionen mathematisch beschreiben. Neben einfachen Ansätzen wie

$$\eta(p) = \eta_0 \cdot e^{(B'p)}$$

(nach *Fuller*) wird bei der Auslegung von Gleitlagern vielfach der Exponentialansatz von *Cameron*

$$\eta(\vartheta,p) = \eta(\vartheta,p_0) \cdot e^{\frac{d}{\vartheta + e'} \cdot \frac{p - p_0}{p_0}}$$

verwendet, der durch Einführung der Vogel-Gleichung auch die Temperaturabhängigkeit beschreibt:

$$\eta(\vartheta,p) = a \cdot e^{\frac{d}{\vartheta + c} + \frac{d}{\vartheta + e'} \cdot \frac{p - p_0}{p_0}}.$$

Für gebräuchliche Schmieröle sind die Stoffkonstanten B', a, b, c, d und e' bekannt.

Bei der Auslegung von Gleitlagern, bei denen die maximal auftretende spezifische →Lagerlast p = 20 N/mm² nicht überschreitet, kann die druckabhängige Viskositätsänderung vernachlässigt werden, zumal in vielen Fällen die druckbedingte Viskositätssteigerung durch die temperaturbedingte Viskositätsminderung im Schmierfilm kompensiert wird. Von großer Bedeutung ist der Einfluß der druckabhängigen Viskositätsänderung dagegen bei EHD-Kontakten (→Schmierungstheorie, elastohydrodynamische), wie z. B. den geschmierten Punkt- und Linienkontakten von Wälzlagern und Verzahnungen, bei denen Spitzendrücke über 20000 bar auftreten können (Bild). Erst die Berücksichtigung der Viskositäts-Druckabhängigkeit ermöglicht eine theoretische Behandlung dieser Problematik. Die hierfür nötigen mathematischen Ansätze zum Beschreiben der Viskositäts-Druckänderung sind allerdings wesentlich komplexer, da außer den reinen Stoffkonstanten zusätzlich druckabhängige Faktoren eingehen. *Knoll*

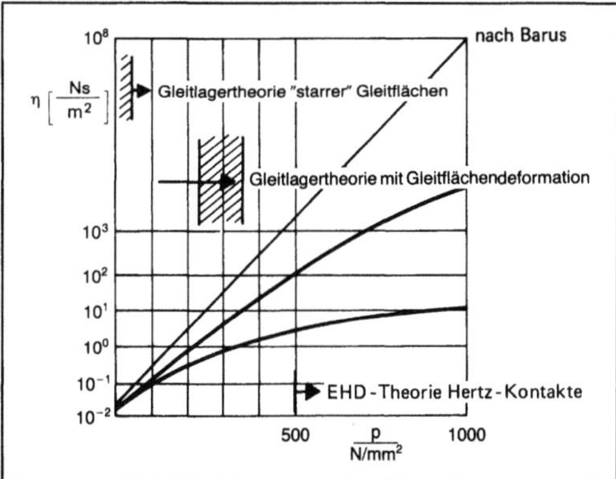

Viskosität-Druck-Verhalten: Druckabhängiger Viskositätsverlauf (VP-Verhalten).

3. Temperaturverhalten. Die →Viskosität von Schmierstoffen ist temperaturabhängig. Der Grad der Abhängigkeit wird durch den stoffspezifischen Aufbau sowie durch die Wirkstoffe (VI-Verbesserer) der verschiedenen Schmierstoffe bestimmt und ist in DIN 51564 durch den Viskositätsindex (VI) festgelegt, der zwischen Extremwerten von 0 und 100 interpoliert wird. Prinzipiell sinkt die Viskosität bei steigender Temperatur. Der Verlauf ist annähernd logarithmisch. Das V.-T.-V. (allgemein VT-Verhalten genannt) bestimmt maßgeblich die

Gebrauchseigenschaften eines Schmierstoffs. So erfordern beispielsweise Motorenöle eine geringe Temperaturabhängigkeit, damit die Reibwiderstände beim Kaltstart unter tiefen Temperaturen begrenzt und die Schmierwirkung (ausreichende Viskosität) bei hohen Betriebstemperaturen sichergestellt wird. Das VT-Verhalten wird meßtechnisch ermittelt und läßt sich mathematisch durch Potenz- oder Exponentialansätze beschreiben. Zur Darstellung der Temperaturabhängigkeit praxisrelevanter Schmieröle hat sich der Exponentialansatz von *Vogel*

$$\eta(\vartheta) = a \cdot e^{\frac{b}{\vartheta + c}}$$

bewährt, mit dem die dynamische Viskosität η bei einer bestimmten Temperatur ϑ in Abhängigkeit von schmierstoffspezifischen Konstanten a, b, c berechenbar ist. Die lineare Auftragung des VT-Verhaltens im Temperaturbereich $10\,°C < \vartheta < 100\,°C$ zeigt bei niedrigen Temperaturen eine starke Temperaturabhängigkeit. Bei logarithmischer Teilung der Ordinate (Viskositätsmaßstab) und einer Skalierung der Abszisse mit $\frac{1}{\vartheta+95}$ (Temperaturmaßstab) ist der Viskosität-Temperatur-Verlauf der verschiedenen Öle linear (Bild 1). Die Temperaturabhängigkeit ist innerhalb der Gruppe der Mineralöle unterschiedlich ausgeprägt. Sie ist bei gut ausraffinierten, paraffinbasischen Ölen z. B. relativ gering. Eine vergleichsweise geringe Viskositäts-Temperaturabhängigkeit haben auch synthetische Siliconöle.

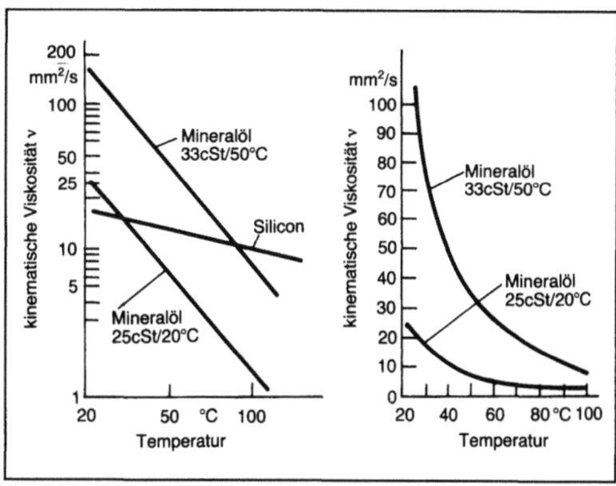

Viskosität-Temperatur-Verhalten 1: VT-Verhalten von Ölen.

Nach der ISO-Viskositätsklassifikation DIN 51519 für Industrieschmierstoffe werden 18 Viskositätsklassen für kinematische Viskositäten v im Bereich von 2–1500 mm²/s bei einer Bezugstemperatur von 40°C unterschieden. Die Bezeichnung ISOV G220 kennzeichnet z. B. ein Mineralöl, dessen Viskosität 220 mm²/s bei 40°C beträgt. Bei der

Bezugstemperatur sollen alle Öle der gleichen Viskositätsklasse unabhängig vom Viskositätsindex (Temperaturabhängigkeit) den gleichen Viskositätsbereich überdecken.

Motoren- und Getriebeöle werden nach der SAE-Klassifikation (Society of Automotive Engineers) eingestuft. Die Klassifikation zielt darauf ab, den Gebrauchswert von Ölen für den Einsatz in Verbrennungskraftmaschinen durch die Viskositäten bei niedrigen Temperaturen (Kaltstartverhalten bei −17,8 °C bzw. 0 °F) und bei hohen Temperaturen (ausreichende Viskosität zur Schmierfilmausbildung im Betriebspunkt von 98,9 °C bzw. 210 °F) zu kennzeichnen. Über den Viskositätsverlauf zwischen diesen beiden Grenzwerten ist in der Vorschrift nichts enthalten. Zur Beschreibung des VT-Verhaltens von SAE-Ölen durch die Vogel-Gleichung sind in der Tabelle die Konstanten a, b, c zusammengestellt.

Viskosität-Temperatur-Verhalten. Tabelle: Stoffkonstanten a, b, c für Vogel-Gleichung. (Quelle: O. Lang/ W. Steinhilper)

SAE-Klasse	$a \cdot 10^8$	b	c
10 W, 10 W/10	0,0850	820,723	93,625
10 W/40	0,1165	1 033,340	120,800
20 W, 20 W/20	0,1350	737,810	77,700
20 W/50	0,0948	1 146,250	124,700
30	0,1531	720,015	71,123

Innerhalb der SAE-Klassifikation wird unterschieden zwischen niedrigviskosen Winterölen

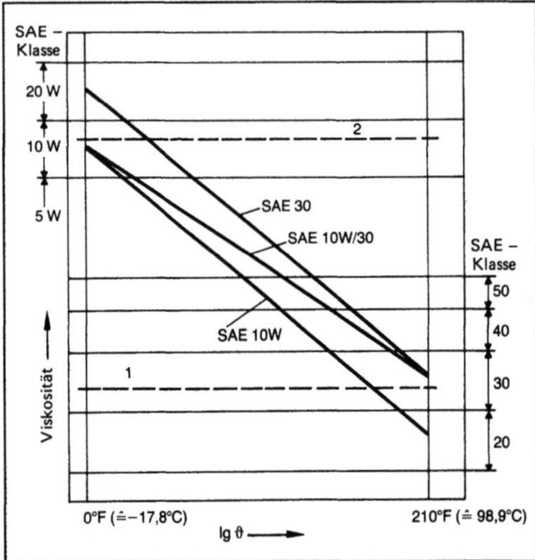

Viskosität-Temperatur-Verhalten 2: Prinzipielle Darstellung zum Überdeckungsbereich von Mehrbereichsölen.

(SAE 5 W, 10 W, 20 W), normalen Motorenölen (SAE 20, 30, 40, 50) und den Mehrbereichsölen. Mehrbereichsöle decken bei niedrigen Temperaturen den Bereich eines niedrigviskosen Öls der Klasse W und bei hohen Temperaturen den Bereich eines normalviskosen Öls ab. Die prinzipiellen Zusammenhänge zeigt die graphische Darstellung (Bild 2) für ein Mehrbereichsöl der Klasse SAE 10 W-30.

Bei der Umrechnung von kinematischen und dynamischen Viskositätswerten ist die Temperaturabhängigkeit der Dichte zu beachten. Nach DIN 51757 erhält man die Dichte ρ bei einer beliebigen Temperatur ϑ aus:

$$\rho(\vartheta) = \rho_{15} - a' \, (\vartheta - 15\,°C),$$

mit der Dichte ρ_{15} bei 15 °C und der Schmierstoffkonstanten a' (Stoffkonstante für Mineralöle a' = 0,00065 g/ml °C). *Knoll*

4. Tribologie. Maß für die innere →Reibung von Flüssigkeiten und Gasen. Nach *Newton* ist die in einer Flüssigkeitsschicht wirkende Schubspannung τ dem Schergefälle D proportional (Bild):

$$\tau = \eta \cdot D.$$

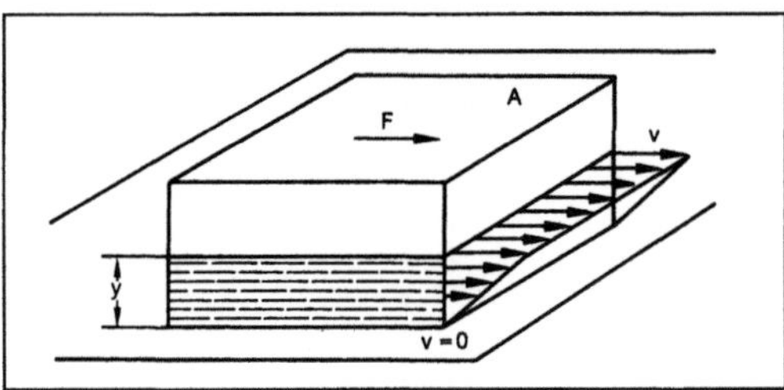

Viskosität-Tribologie: Größen zur Bestimmung der Viskosität.

Schubspannung $\tau = \dfrac{F}{A}$, Schergefälle $D = \dfrac{dv}{dy}$

Der Proportionalitätsfaktor wird als dynamische V. η bezeichnet; ihre Einheit ist Pa · s.

Bezieht man die dynamische V. η auf die Dichte ρ, so erhält man die kinematische V. ν

$$\nu = \frac{\eta}{\rho} \qquad \text{Einheit: } \frac{mm^2}{s}.$$

Flüssigkeiten, deren V. nicht vom Schergefälle D abhängt, bezeichnet man als newtonsche Flüssigkeiten. Hängt die V. vom Schergefälle D ab, so spricht man von nichtnewtonschen Flüssigkeiten. Strukturviskose Flüssigkeiten, wie z. B. Schmieröle mit langkettigen Molekülen als V.-Index-Verbesserern, weisen eine Abnahme der V. mit zunehmendem Schergefälle auf; bei dilatantem Verhalten nimmt die V. mit größer werdendem Schergefälle zu.

Die V. hängt sehr von der Temperatur und vom Druck ab. Die Temperaturabhängigkeit der V. wird häufig mit der Ubbelohde-Walther-Gleichung beschrieben

$$\lg\lg (v+C)=k-m\cdot\lg T$$

mit der kinematischen V. v, der absoluten Temperatur T und den Konstanten C, k und m.

Die Druckabhängigkeit der V. wird häufig durch folgende Beziehung ausgedrückt:

$$\eta=\eta_1\cdot\exp\alpha\,(p-p_1)$$

mit der dynamischen V. η_1 bei dem Druck $p=p_1=1$ bar und dem V.-Druckkoeffizienten α, der für die Abschätzung der Schmierfilmdicke bei →elastohydrodynamischer Schmierung von Bedeutung ist. *Habig*

Viskosität, dynamische →Viskosität

Viskosität, effektive →Viskosität

Viskosität, kinetische →Viskosität

Viskosität, scheinbare →Viskosität

Viskositätsindex. Maßzahl, welche die Viskositätsänderung eines Mineralöls mit der Temperatur charakterisiert. Ein hoher V. kennzeichnet eine relativ geringe Änderung der →Viskosität mit der Temperatur und umgekehrt. Die Berechnung des V. erfolgt nach der Norm DIN-ISO 2909. *Habig*

Literatur: DIN ISO 2909: Mineralölerzeugnisse – Berechnung des Viskositätsindex aus der kinematischen Viskosität. Hrsg. Dt. Inst. für Normung. Ausg. Juli 1979.

V-Motor. →Verbrennungsmotor mit zwei nebeneinander liegenden Reihen von Zylindern.

Bei kleinerer →Zylinderzahl (bis 6) werden die Zylinder eines Verbrennungsmotors wegen der einfacheren Fertigung fast immer in Reihe angeordnet (→Reihenmotor). Bei größerer Zylinderzahl (ab 8, 10 oder 12) empfiehlt sich dagegen die V-

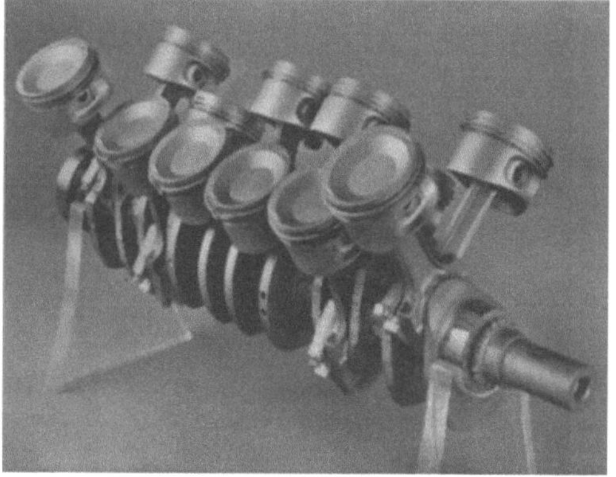

V-Motor: Triebwerk eines Viertakt-Ottomotors mit 12 Zylindern in V-Anordnung. (Quelle: BMW)

Anordnung (Bild). Die V-Anordnung führt dazu, daß der Motor deutlich kürzer, etwas breiter und insgesamt kompakter wird. Die Pleuelstangen von zwei gegenüberliegenden Zylindern laufen auf demselben Hubzapfen der Kurbelwelle. Dadurch hat die Wahl des V-Winkels Einfluß auf den Zündabstand der Zylinder. Weiterhin hängen die Massenkräfte und -momente vom V-Winkel ab. Ein vollständiger Massenausgleich ist z. B. beim 8-Zylinder-Viertaktmotor mit einem V-Winkel von 90° möglich. *Kuhlmann*

V-Nullverzahnung →Evolventenverzahnung

VOD-Anlage. Eine Vacuum-Oxygen-Decarburisation-A. (VOD-A.) dient im wesentlichen der Herstellung hochchromhaltiger Stähle mit niedrigen Kohlenstoffgehalten bei hohem Chromausbringen. Das Evakuierungsgefäß einer VOD-A. ist feuerfest ausgekleidet. Zum Schutze des Gefäßes vor Stahlspritzern und zur Abschirmung des Reaktionsraums hat die →Pfanne einen feuerfest zugestellten Zwischendeckel (Bild). Die Sauerstoffblaslanze wird in der Deckelmitte durch eine vakuumdichte Schieberdurchführung in das Evakuierungsgefäß eingeführt. Ihr Abstand zur Badoberfläche kann während der Behandlung durch eine auf dem Deckel angebrachte ferngesteuerte Verstellvorrichtung je nach den Betriebsbedingungen verändert werden. Die Lanze wird sowohl ohne als auch mit →Wasserkühlung, insbes. bei größeren Schmelzengewichten, verwendet. Im ersten Falle wird bei der keramisch geschützten Lanze der Lanzenkopf in der Regel für jede

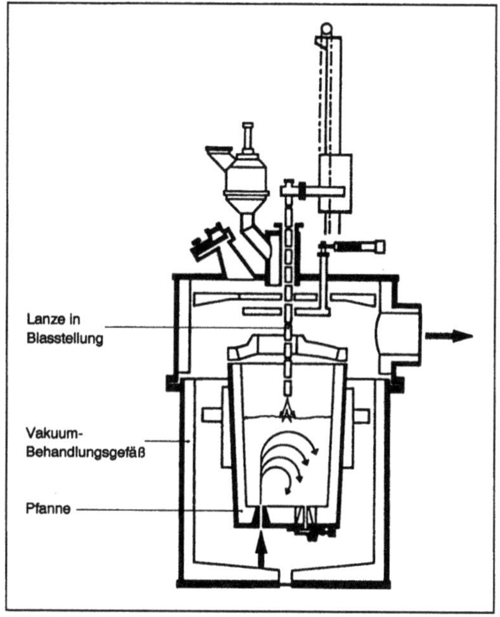

VOD-Anlage: Arbeitsprinzip.

Schmelze ausgewechselt. Auf dem Gefäßdeckel befinden sich auch die Vakuumschleuse für die Zugabe von Legierungs- und Desoxidationsmitteln sowie Vorrichtungen zur Probenahme und Temperaturmessung.

Die Pfannen haben zur Sicherung des für den Frischvorgang notwendigen freien Reaktionsraums ein etwa 20 bis 40% größeres Volumen, als es für eine normale Gießpfanne notwendig wäre, oder einen entsprechend hohen Freibord von etwa 1 m. Bei der Verwendung von nur einem Spülstein zum Einleiten des Inertgases wird dieser vorwiegend in der Mitte des Pfannenbodens angeordnet. Der Spülfleck tritt hierdurch in der Mitte der Pfannenoberfläche auf und fällt mit dem Brennfleck des Sauerstoffstrahls, d. h. der Zone höchster Temperatur, zusammen. Bei hier zugegebenen Schlackenbildnern sind die Voraussetzungen für eine schnelle und homogene Auflösung mit einem Mindestmaß an Flußmitteln und für eine gleichmäßige Verteilung über die Schmelzenoberfläche besonders günstig. Ein weiterer Vorzug besteht darin, daß die Pfannenauskleidung bei mechanischen und chemischen Angriffen gleichmäßig belastet wird.

Die Überwachung des Prozeßablaufes erfolgt von einem Bedienungsraum aus, wo alle wesentlichen Prozeßdaten registriert und von dem aus sämtliche Funktionen mit einem Prozeßrechner gesteuert werden. In den Rechner werden Anfangsdaten der Schmelze, beispielsweise chemische Zusammensetzung, Temperatur, Pfanneninhalt, Badhöhe und Soll-Kohlenstoffgehalt, eingegeben. Dazu übernimmt der Rechner die laufend eingehenden Daten über die →Abgaszusammensetzung und die Abgasmenge. Auf Grund der Meßdaten ermittelt er fortlaufend den Kohlenstoffgehalt und die Temperatur der Schmelze. Der Verlauf des Kohlenstoffgehalts, der Temperatur sowie des Verhältnisses von aufgeblasener Sauerstoffmenge zum Kohlenstoffabbau werden auf einem Linienschreiber festgehalten. An Hand derartiger Angaben wird der Frischverlauf durch die Höheneinstellung der Lanze und die eingeblasene Sauerstoffmenge geregelt.

Bei den Vakuumpumpen ist zu berücksichtigen, daß sie in dem Druckbereich, in welchem das Frischen mit Sauerstoff durchgeführt wird, beispielsweise zwischen 260 mbar und 40 mbar, und wenn die größten Gasmengen anfallen eine entsprechend hohe Saugleistung haben. *Baumann*

VOD-Verfahren. Beim Vacuum-Oxygen-Decarburisation-V. (VOD-V.) findet während der Entkohlung hochchromlegierter Schmelzen mit stetig sinkenden Drücken bis 0,1 bar eine annähernd chromverlustfreie Kohlenstoffoxidation statt, sofern durch eine lebhafte Badbewegung für eine gute Homogenisierung des Stahlbads gesorgt wird. Bei entsprechender V.-Führung in der →VOD-Anlage

reicht die freiwerdende Wärmemenge bei der Oxidation von Kohlenstoff und Silicium aus, um die Wärmeverluste auszugleichen sowie das Stahlbad mit sinkenden Kohlenstoffgehalten zwischen etwa 80 °C und 150 °C aufzuheizen und auf die notwendige Gießtemperatur zu bringen. Mit fallendem Badkohlenstoffgehalt sinkt der Druck in der VOD-Anlage. Weil mit sinkendem Druck auch die Förderleistungen der Vakuumpumpen fallen, müssen sie entsprechend leistungsfähig ausgelegt sein. Damit können bei hohen Kohlenstoffgehalten des Bads und kaum sinkenden Drücken bei hohem spezifischen Sauerstoffangebot sowie großen Frischgeschwindigkeiten große Abgasmengen bewältigt werden. Das hat zur Folge, daß bei hohen Saugleitungen der Vakuumpumpen in VOD-Anlagen von Eingangsgehalten bis zu 1,8 % Kohlenstoff in der Schmelze ausgegangen werden kann. Das VOD-V. wird vielseitig, beispielsweise für Stähle mit niedrigeren Chromgehalten bis zur Herstellung von Stählen für große Schmiedeblöcke, eingesetzt (→Vakuum-Frischverfahren). *Baumann*

VODC-Anlage. Eine Vacuum-Oxygen-Decarburisation-Converter-A. (VODC-A.) ist ein komplexes technisches System, das im wesentlichen der Herstellung von Stählen mit niedrigen Kohlenstoffgehalten, beispielsweise hochchromhaltigen Stählen, dient. Dabei ist im →Konverter die Badspiegelhöhe wesentlich geringer bei einem demgemäß größeren Verhältnis von Baddurchmesser zu Badhöhe als in einer →Pfanne der VOD-A. Auch der oberhalb der Badoberfläche für die Kochbewegung

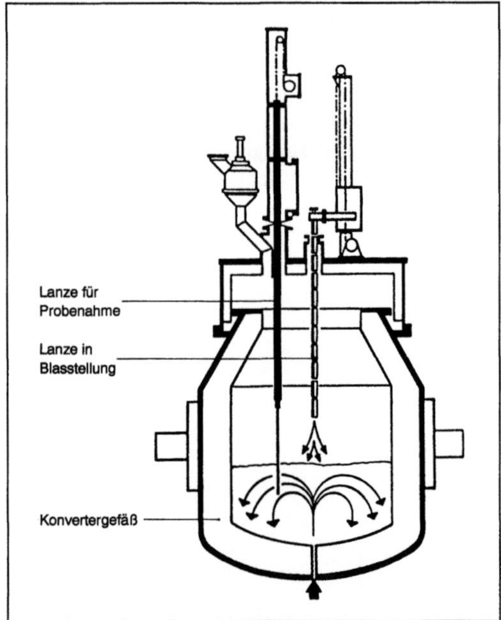

VODC-Anlage: Arbeitsprinzip.

der Schmelze verfügbare freie Raum ist bedeutend größer als derjenige einer Pfanne beim →VOD-Verfahren. Das große Oberflächen/Volumen-Verhältnis im Konverter bietet günstige Austauschbedingungen zwischen Schmelze und Gasphase, und der große Reaktionsraum über der Schmelze gestattet ein praktisch ungehemmtes Auskochen und damit einen schnellen Reaktionsablauf (Bild). Wenn in der Pfanne beim VOD-Verfahren ähnliche räumliche Bedingungen geschaffen würden, dann ergäben sich so große Gießpfannen mit geringen Badhöhen und hohem Freibord, die aus anderen Gründen nicht einsetzbar wären. Ein Konverter kann durch das Aufbringen eines vakuumdicht schließenden Deckels in verhältnismäßig einfacher Weise zur Durchführung des VODC-Verfahrens eingerichtet werden. Dabei tritt beim Aufblasen von Sauerstoff unter gleichzeitigem Spülen mit Argon keine Verunreinigung der Konvertermündung durch Auswurf ein. Der Konverter ist beim Vakuumfrisch-Prozeß allerdings ein zusätzliches Gefäß und bedingt ein zweimaliges Umfüllen der Schmelze, beispielsweise vom →Lichtbogen-Schmelzofen in den Konverter und vom Konverter in die Gießpfanne. *Baumann*

VODC-Verfahren. Das Vakuum-Oxygen-Decarburisation-Converter-V. (VODC-V.) kann analog dem VOD-V. in einem →Konverter durchgeführt werden. Sobald die Vakuumpumpen im Konverter einen Unterdruck von beispielsweise 520 mbar hergestellt haben, wird unter ständigem Einblasen von Argon über eine Bodendüse mit dem Aufblasen von Sauerstoff begonnen. Der Sauerstoffzusatz wird bei etwa 0,2 % Kohlenstoff beendet. In weiteren etwa 15 min wird bei vermindertem Druck von beispielsweise 6,5 mbar der Restkohlenstoffgehalt über den Eigensauerstoff des Systems Stahlbad/Schlacke abgebaut. Nach dieser Feinentkohlung werden Silicium und Kalk in einer solchen Menge zugegeben, daß bei der unter Vakuum durchgeführten Reduktion das Chrom und Mangan aus der Schlacke in die Schmelze zurückreduziert werden und im gleichen Arbeitsgang auch die Entschwefelung erfolgt. Anschließend wird ein Teil der Schlacke aus dem Konverter abgezogen, und ggf. werden Analysenkorrekturen vorgenommen und Kühlschrott zugegeben. Dann wird die Schmelze in die Gießpfanne abgestochen.

Eine geänderte V.-Weise besteht aus einem Frischen der Schmelze mit Sauerstoff bei Atmosphärendruck und einer danach durchgeführten Feinentkohlung, Reduktions- und Entschwefelungsbehandlung unter vermindertem Druck. *Baumann*

Voith-Schneider-Propeller. Der V.-S.-P. (Bild) ist ein im Schiffbau bisweilen verwendetes Propulsionsorgan, das aus einer im Schiffsboden umlaufen-

den Kreisscheibe und senkrecht dazu stehenden, spatenartig ins Wasser ragenden Tragflügeln besteht. Während eines Kreisumlaufs werden die Flügel ständig um ihre Hochachse geschwenkt, und zwar derart, daß sich eine in die gewünschte Fahrtrichtung weisende resultierende Vortriebskraft ergibt. Die Verstellung der Flügel erfolgt vom Ruderhaus des Schiffes aus. Sie ermöglicht, daß bei gleichbleibendem Drehsinn der rotierenden Kreisscheibe jederzeit sowohl Betrag als auch Richtung der resultierenden Schubkraft verändert werden können. Auf diese Weise lassen sich ausgezeichnete Manövriereigenschaften erzielen. Der V.-S.-P. findet daher vornehmlich auf Fahrzeugen Anwendung, die viel manövrieren müssen (Fährschiffe, Schlepper, Hafenfahrzeuge usw.). Leider ist er jedoch gegenüber dem Schraubenpropeller (→Schiffspropeller) störanfälliger, teurer und auch im Wirkungsgrad meist etwas schlechter, so daß sich seine Anwendung auf Sonderfälle beschränkt. *A. Abicht*

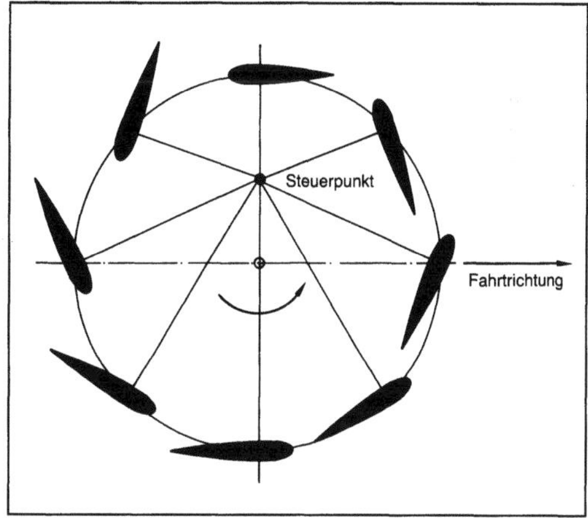

Voith-Schneider-Propeller: Flügelstellungen bei einem Voith-Schneider-Propeller. (Quelle: Schiffbau kurzgefaßt. Hamburg 1978)

Eine Verlagerung des Steuerpunkts bewirkt eine Änderung der Schubrichtung.

Vollastanreicherung →Vergaser

Vollastlinie. Das Kennfeld eines Verbrennungsmotors wird nach oben hin durch die V. begrenzt (→Motorkennfeld). Wenn ein Motor in einem →Betriebspunkt auf der V. fährt, gibt er also das bei der betreffenden Drehzahl maximal mögliche Drehmoment her.

Prinzipiell ist das Drehmoment eines Verbrennungsmotors etwa konstant über der Drehzahl. Praktisch sinkt das Drehmoment aber zu hohen Drehzahlen hin ab, weil der →Liefergrad bei hoher Drehzahl infolge der geringeren Zeit für den →Gaswechsel kleiner ist. Der Zusammenhang zwischen

→Nutzleistung P_e und Drehmoment M ergibt sich aus $P_e = M \cdot 2\pi \cdot n$ (Bild).

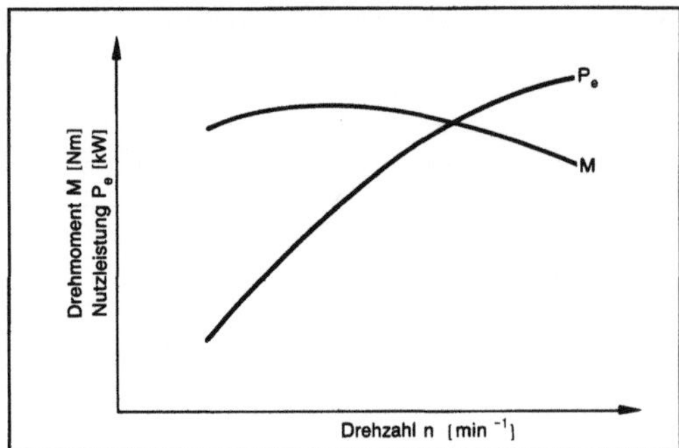

Vollastlinie eines unaufgeladenen Verbrennungsmotors.

Ein wenig läßt sich der Verlauf der V. durch die Auslegung der →Nockenwelle und des Saugrohrs beeinflussen. Für Gebrauchsmotoren bevorzugt man ein hohes Drehmoment bei mittleren Drehzahlen (Elastizität), für sportliche Motoren versucht man dagegen, das Drehmoment bei hoher Drehzahl anzuheben. *Kuhlmann*

Vollhubsicherheitsventil →Druckventil

Vollprofilmaschine. V. sind Sonderbaumaschinen für den Kanalbau. Sie dienen zur Herstellung eines Feinplanums zum Aufbringen und Verdichten von Filtermaterial und zum Einbringen und Verdichten des jeweiligen Einbaumaterials. V. arbeiten grundsätzlich sowohl bei den Planierarbeiten als auch beim Einbau in Kanalachse in einem kontinuierlichen Arbeitsgang. Als Planiergeräte können V. je nach Bodenverhältnissen eine Leistung bis zu 180 m³/h erzielen. Hauptarbeitswerkzeuge sind Eimerketten und Becherwerke. Das Baggergut wird über eine Rutsche bei der Berme ausgeworfen. Mit neueren Maschinen dieses Typs wird angestrebt, den Gesamtaushub des Kanalprofils durchzuführen. Für die Kanalauskleidung eingesetzt bearbeiten die Vollprofilmaschinen das gesamte Kanalprofil mit Sohle, Böschungen und Dammkronen. Die Arbeitswerkzeuge richten sich nach den Erfordernissen des Beton- und Asphalteinbaus. Beim Betoneinbau werden Einbauleistungen bis 90 m³/h erzielt. Beim Einbau in Kanallängsrichtung ergeben sich relativ wenig Arbeitsfugen, die eine zeit- und kostenaufwendige Nachbehandlung erfordern. Ein weiterer Vorteil liegt darin, daß sich die Mischanlagen durch den kontinuierlichen Einbau voll ausnutzen lassen. Verfahrenstechnisch kann die Längsmaschine als optimal angesehen werden. Da die Profilmaschinen eine aufwendige Konzeption haben, sind sie i. a. schwerer und teurer als andere Kanalbaumaschinen (→Böschungsmaschine). Ihr wirtschaftlicher Einsatz ist daher vom Kanalquerschnitt, vom Umfang des Kanalbauloses und von der Wiederverwendbarkeit abhängig. V. werden in der Regel bei kleineren und einfacheren Kanalquerschnitten mit Profillinien bis maximal 25 m eingesetzt. *Kühn*

Vollschaftschraube →Schraubenform

Vollschild. Die Ortsbrust wird bei ihm von einer zentrisch gelagerten Schneideinrichtung abgebaut, die aus einer Schürfscheibe, einem mit Picken, Rundschaft-, Disken-, Warzen- oder Rollenmeißeln bestückten Schneidrad oder einer Tunnelbohrmaschine bestehen kann. *Kühn*

Vollschnittmaschine.
1. Bergbau. Vollschnittmaschinen (VSM) werden für den maschinellen Streckenvortrieb im Bergbau sowie im Tunnel- und Stollenbau eingesetzt. Vollschnitt bedeutet, daß der gesamte Streckenquerschnitt auf einmal hereingewonnen wird, d. h. da der Bohrkopf rotiert, daß der Streckenquerschnitt kreisförmig erbohrt wird. Eine VSM besteht grundsätzlich aus dem Bohrkopf mit Lösewerkzeugen (Disken), dem Bohrkopfträger, dem Staubschild, den vorderen und hinteren Stützzylindern, der Führungskabine und den Nachläufern. Ein Brückenförderer dient der Übergabe des Haufwerks an weitere →Förderer. Gesteuert wird die gesamte Maschine mit Hilfe eines Laserstrahls.

VSM (Bild) werden nach der Art der Verspannung der Maschine in der Strecke unterschieden. Es gibt die einfachverspannte, die zweifachverspannte Maschine sowie die Kreuzverspannung und die Stoßverspannung. Eine weitere Unterscheidung kann nach der Lage des Förderers erfolgen (oben, unten oder mittig).

Bei der Einfachverspannung erfolgt die Verspannung der Maschine an einer Stelle, bei der Zweifachverspannung an zwei Punkten, die in einer Ebene senkrecht zur VSM liegen.

Vollschnittmaschine (Bergbau): Vollschnitt-Vortriebsmaschine.

Die Kreuzverspannung erfolgt an zwei Stellen in zwei verschiedenen Ebenen senkrecht zur VSM. Der Vorteil der Zweifachverspannung liegt in der leichteren Steuerbarkeit der VSM. Die einfachverspannte Maschine kann kürzer gebaut werden, da der Platz für die zweite Verspannung eingespart wird. Die Staubabtrennung wird dann als zweite Verspannung benutzt. Die einfachverspannte Maschine wird im Bergbau am häufigsten eingesetzt.

Beim Bohrbeginn ist die Maschine fest in der Strecke verspannt. Der rotierende Bohrkopf wird hydraulisch gegen die Ortsbrust gedrückt. Hat sich die Maschine bis zu ihrem Maximalvorschub (ca. 1,5 m) in das Gebirge gebohrt, werden die Abstützvorrichtungen eingefahren und nach vorn nachgezogen. Die Maschine wird nun mit Hilfe eines Laserstrahles ausgerichtet und danach wieder voll verspannt, so daß sie anschließend den nächsten Abschnitt erbohren kann.

Der heute allgemein verwendete Bohrkopf ist flach gestaltet. Dadurch wird eine gute Stabilität der Ortsbrust erreicht. Ein weiterer Vorteil des flachen Bohrkopfes liegt darin, daß nur wenig freie Fläche nicht ausgebaut ist. Der Bohrkopf ist mit Lösewerkzeugen (normalerweise Einzeldisken) bestückt. Disken sind flache, am Rand spitz zulaufende Scheiben, die mit kleinen Knöpfen aus Hartmetall bestückt sind, um eine hohe Flächenpressung zu erreichen. Die Lager dieser Disken sind die am stärksten beanspruchten Teile der gesamten Maschine. Es ist daher notwendig, sie regelmäßig zu kontrollieren und nötigenfalls auszutauschen. Die Begutachtung und der Austausch der Lager und Disken erfolgt durch Reparaturöffnungen hinter dem Bohrkopf.

Das gelöste Material wird durch Schaufeln von unten nach oben mitgenommen und sodann auf einen Förderer übergeben.

Durch die Bohrarbeit entstehen wie bei den Teilschnittmaschinen gesundheitsgefährliche Stäube. Die Bohrluft wird daher vollständig abgesaugt und in Entstaubern gereinigt.

Der Ausbau der Strecke erfolgt kurz hinter dem Bohrkopf. Eingebracht wird ein mehrteiliger, nachgiebiger Ringausbau. Die Ankerung des Gebirges hat sich bei VSM nicht durchgesetzt. Das Setzen des Ausbaus wird durch maschinelle Einrichtungen vereinfacht und beschleunigt. Dadurch wird auch die Ausbauarbeit sicherer gestaltet.

Durch verschiebbare Ausbauhilfen soll in der Zukunft eine weitgehende Entkopplung der Vortriebs- und Ausbauarbeit erreicht werden. Dadurch könnten höhere Vortriebsleistungen erreicht werden.

Im Jahre 1985 waren im deutschen Steinkohlenbergbau 6 VSM von drei Herstellern eingesetzt. Im Mittel wurden Vortriebsgeschwindigkeiten von 8,5 m/d bis 13,1 m/d erreicht. Der Bohrkopfdurchmesser schwankte zwischen 6,0 und 6,5 m.

Der Einsatz einer VSM wird erst ab einer Streckenlänge von 6–10 km wirtschaftlich gegenüber der konventionellen Auffahrung mit Bohr- und Sprengarbeit. Diese Strecke kann auch aus Teilstücken bestehen. Jedoch muß dann der Umzug der Maschine gut geplant und ausgeführtwerden. *Seeliger*

Literatur: Das kleine Bergbaulexikon. Essen 1981; S. 231/233. – *Mertens:* Stand und Entwicklung des maschinellen Streckenvortriebs im Steinkohlenbergbau. Glückauf 121 (1985), S. 1199 ff. – Maschineller Streckenvortrieb. Glückauf 118 (1982), S. 431 ff. – Zwei neue Maschinen für den Vollschnittvortrieb. Bergbau (1985), Nr. 5, S. 200/02.

2. Tunnelbau. Vollschnittmaschinen (VSM) bauen die gesamte Ortsbrust vollflächig in einem Arbeitsgang (Bohrkopfumdrehung) ab. Sie sind in der Regel Tunnelbohrmaschinen (TBM), deren Hauptkomponenten Bohrkopf, Bohrkopfträger, Bohrkopfantriebsmotoren, Maschinenrahmen, Verspann- und Vorschubeinrichtungen sind. Komplettiert wird die Vortriebseinrichtung mit Ausbauversetzeinrichtungen und mit auf Nachläufern montierten Steuer- und Transporteinrichtungen (Bild). Durch Rotation des Bohrkopfes werden die aufgebrachten Rollenbohrwerkzeuge (Disken-, Warzen- oder Zahnmeißel) auf der Ortsbrust unter Andruck abgerollt. Dabei scheren sie durch Überbeanspruchung das Gestein unter Chipbildung seitlich der Meißelwirkungslinien ab. Der Bohrkopf (bis rd. 12 m Dmr.) wird elektrisch oder hydraulisch mit stufenloser Regulierung der Drehzahl angetrieben. Als Vorschubkraft sind je Meißelhalterung rd. 100–250 kN installiert. Zusätzlich kann man den Abbauvorgang mit Hochdruckwasserstrahlen unterstützen. Dabei werden neben dem Rollenbohrwerkzeug mit dem Wasserstrahl Rillen geschnitten, die das Abscheren der Gesteinstücke erleichtern. Das Auswechseln der Meißel geschieht bei modernen Maschinen aus dem rückwärtigen Bohrkopfraum heraus. Der nahezu kontinuierliche Betriebsablauf

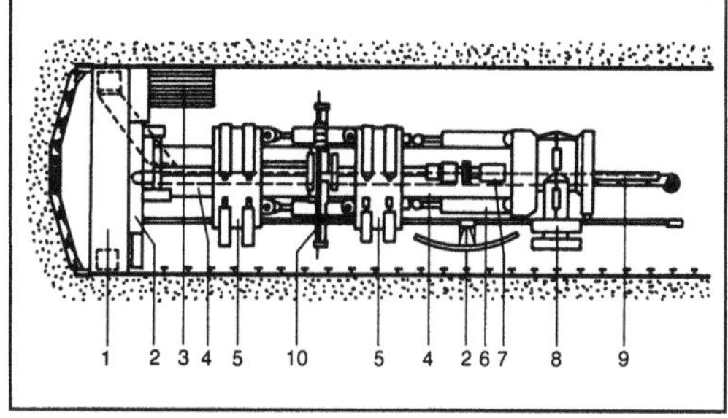

Vollschnittmaschine (Tunnelbau): TBM-System.

1 Bohrkopf mit hydraulisch verstellbarem Mantel, 2 Ausbausetzvorrichtung und Transportsystem, 3 Bohrkopfmantelverlängerung, 4 Innenkelly, 5 2teilige Außenkelly mit Spannschilden und Verstellzylinder, 6 Vorschubzylinder, 7 Bohrkopfantrieb, 8 hintere Abstützung, 9 Förderband, 10 Ankerbohrgerät

wird durch den Umsetzvorgang einer TBM nach Abbohren eines Hubs unterbrochen, der durch die Zweiteilung des Maschinenrahmens der dargestellten TBM in Innen- und Außenkelly und deren versetzte Verspannabläufe bewirkt wird. Die Innenkelly bzw. der innere Maschinenrahmen ist mit dem Bohrkopfträger fest verbunden und bewegt sich beim Bohren axial vorwärts. Die Außenkelly dient dabei als Führung des inneren Rahmens.

Die Einleitung der Reaktionskräfte in die Tunnellaibung erfolgt beim Bohrvorgang durch Abstützen auf dem letzten Tübbingring oder über seitlich angebrachte Verspannpratzen, die entweder horizontal oder diagonal sternförmig angeordnet sind. Nach Abbohren eines Hubs löst man die Verspannung, um einen weiteren Hub vorzupressen und erneut zu verspannen. Am Umfang des Bohrkopfes angebrachte Kratzer und Schaufeln nehmen das Bohrgut auf, geben es auf ein →Förderband, mit dem Übergabebunker beschickt werden, die an gleislose oder gleisgebundene Fördermittel mit Förderbändern oder mit hydraulischer Förderung gekoppelt sind. Die Steuerung der TBM mittels Laser führen hydraulische Pressen durch. Aus dem direkt hinter dem Bohrkopf angebrachten Staubschild wird der Bohrstaub direkt abgesaugt. Bei rückwärtig offenen TBM besprüht man die Ortsbrust zwecks Staubreduzierung mit Wasser. *Kühn*

Volumennutzungsgrad →Arbeitsaufnahmefähigkeit

Volumenstrom. Produkt aus dem →Massenstrom $\dot{m}$ und dem spezifischen Volumen v eines strömenden Fluids:

$$\dot{V} = \dot{m} \cdot v = A \cdot c.$$

Darin ist A Strömungsquerschnitt und c mittlere Geschwindigkeit, die sich aus obiger Gleichung ergibt zu:

$$c = \frac{\dot{V}}{A}.$$

Der V. bestimmt eindeutig die mittlere Strömungsgeschwindigkeit eines Fluids, mit der dieses durch einen Querschnitt A strömt.

Der V. erfaßt nicht die strömende Masse des Fluids. Diese ist zusätzlich vom spezifischen Volumen v bzw. von der Dichte $\varrho = 1/v$ abhängig. *Rauhut*

Vorband. V. ist die Bezeichnung für ein Halbzeug aus Metall, das i. a. durch Walzen zu Band weiterverarbeitet wird. *Baumann*

Vorbauwagen. Im Gegensatz zum →Vorschubgerüst, bei dem zwei oder mehr Vorbauträger auf einem Rüstträger oder über Konsolen bzw. Querträger an den Pfeilern verschoben werden, besteht der V. aus einer kompletten Arbeitsbühne, die mit zwei Fahrwerken ausgerüstet ist und auf einem Rüstträger verfahren wird (Bild). Das Gewicht des V. ist im Vergleich zum Vorschubgerüst wesentlich höher, und der Führungsträger ist bei entsprechend schwerer Konstruktion kürzer. Der Vorteil des V. liegt darin, daß die Arbeitsbühne mit sämtlichen Hilfseinrichtungen (Schalung, Kranbahn für Betontransport usw.) einen von Hilfsgeräten weitgehend unabhängigen Betriebsablauf gestattet. Der V. hat die Länge eines Brückenfelds und ist in gewissem Sinn eine wenn auch aufwendige Weiterentwicklung des Vorschubgerüsts. *Kühn*

Vorblock. Ein V. ist ein Halbzeug aus Metall mit meist quadratischer oder runder Querschnittsform, das i. a. durch Walzen oder Schmieden eines Roherzeugnisses entstanden und für die Weiterverarbeitung zu einem →Fertigerzeugnis bestimmt ist. *Baumann*

Vorbramme. Eine V. ist ein Halbzeug aus Metall mit rechteckiger, meist flacher Querschnittsform, das i. a. durch Walzen eines Roherzeugnisses oder durch Stranggießen entstanden und für die Weiterverarbeitung zu einem →Fertigerzeugnis bestimmt ist. *Baumann*

Vorderkipper (Gelände). V. (Dumper) sind Fahrzeuge, die eine an der Vorderseite aufgesetzte schüsselförmige Mulde haben, die durch einen Kippmechanismus nach vorn entleert werden kann. Man verwendet sie in Europa nur als Kleinfahrzeuge. Das durchschnittliche Betriebsgewicht von Dumpern liegt zwischen 1 und 5 t bei 6–53 kW

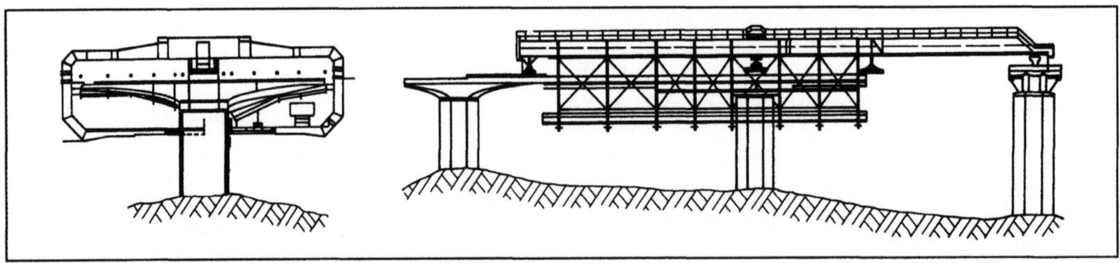

Vorbauwagen mit obenlaufendem Führungsträger.

Motorleistung, 0,33–1,7 m³ Muldeninhalt und 0,5 bis 3,3 t Zuladegewicht. Im Tunnel- und Stollenbau benutzt man größere Geräte mit einem Fassungsvermögen der Mulde von etwa 6–8 m³ Material. V. werden bis etwa 2 t Nutzlast mit Vorderachsantrieb, größere mit Allradantrieb und auch mit Knicklenkung ausgerüstet. Sie sind sehr wendig und können im Pendelbetrieb ohne Wenden verkehren. Vorwärts und rückwärts fahren sie gleich schnell mit Geschwindigkeiten um 20 km/h. Der Fahrersitz und die Lenksäule sind vielfach um 180° drehbar.

Kühn

Vorentwurf →Ablaufplan, konstruktionsmethodischer

Vorgang, instationärer. Die maßgebenden Größen, wie z. B. Verformungen, Spannungen in Festkörperstrukturen; Drücke, Temperaturen, Dichten und Geschwindigkeiten in Strömungen ohne chemische Reaktionen; Konzentrationen und chemische Zusammensetzungen der Stoffe in chemischen Reaktoren usw., hängen wesentlich von der Zeit ab. Die Abhängigkeit kann stochastisch (regellos), periodisch oder (bei Ausgleichs-V.) aperiodisch sein. Die Bewertung, ob ein V. stationär oder instationär ist, hängt vom Maßstab der Beobachtung ab. So sind der Durchfluß und die Energieumsetzung in einer Strömungsmaschine bei festgehaltenen Zuständen (Druck, Temperatur, Fluid) am Eintritt und am Austritt stationär, wenn die Gesamtmaschine zwischen Ein- und Austritt betrachtet wird und der Betriebspunkt in ihrem stabilen Arbeitsbereich liegt. Der Energieumsatz innerhalb der Stufen erfolgt dagegen auf Grund der endlichen Anzahl von Schaufeln im Gitter grundsätzlich instationär.

I. V. werden durch jede Abweichung vom Gleichgewicht ausgelöst. Von der Größe der Auslenkung aus dem Gleichgewicht, vom Vorhandensein oder dem Fehlen von Speichern für verschiedene Energieformen innerhalb des Systems und von der Stärke dämpfend wirkender Kräfte hängt es ab, ob das System in einen neuen Gleichgewichtszustand übergeht oder nicht und welchen zeitlichen Verlauf der Übergang hat. Bei großen Auslenkungen, kleiner Dämpfung und wenn Speicher für mindestens 2 Energieformen vorhanden sind, erfolgt der Übergang mit Schwingungen großer Amplituden. Ist die Dämpfung ausreichend stark, so klingt die Amplitude der Schwingungen schnell ab. Schwingfähige Systeme mit schwacher Dämpfung können auch durch kleine Auslenkungen aus dem Gleichgewichtszustand zu Schwingungen mit großen Amplituden angeregt werden. Dies tritt dann auf, wenn die Auslenkung mit einer Frequenz erfolgt, die mit der Eigenfrequenz des Systems übereinstimmt, oder wenn der zeitliche Verlauf der Auslenkung solche Frequenzen enthält (Resonanzerscheinungen). Un-

ter bestimmten Bedingungen können in solchen Systemen auch selbsterregende Schwingungen auftreten. Ist in einem System mit Dämpfung nur ein Speicher vorhanden, so ist keine Schwingung möglich. Der Übergang in den neuen Gleichgewichtszustand erfolgt dann aperiodisch. Dies gilt für schwingfähige Systeme dann, wenn die Dämpfung sehr stark ist.

Die mathematische Beschreibung des Ablaufs i. V. und der durch sie bewirkten zusätzlichen Beanspruchungen der Bauteile einer Maschine oder eines Apparats kann bei genügend kleinen Amplituden durch das Konzept der Linearisierung wesentlich vereinfacht werden. In vielen Fällen können mit Hilfe dieses Konzepts auch noch Stabilitätskriterien gefunden werden, an Hand derer man voraussagen kann, ob das System in einen Schwingungszustand mit sehr großen (und schließlich nicht mehr ertragbaren) Amplituden übergehen kann oder nicht.

I. V. können durch gezielte Eingriffe ausgelöst sein, z. B. bei Laständerungen von Maschinen und Anlagen. Sie können unvermeidlicher oder sogar zwingend notwendiger Bestandteil des in einer Maschine oder in einem Apparat ablaufenden Prozesses sein, z. B. die Strömung und →Energiewandlung in einer Kolbenmaschine oder jene in einem Druckwellenlader (Comprex). Beispiele für selbsterregte instationäre Vorgänge sind Schwingungen in Feuerungen und das Flattern der Tragflügel von Flugzeugen und der Schaufeln von Turbomaschinen. Ihre Auswirkungen auf die Maschine, den Apparat, die Anlage selbst und deren Umfeld reichen von schwachen Störungen (z. B. Schallwellen) bis zum Versagen von Bauteilen.

Die Auswirkung i. V. auf die Bauteile von Maschinen oder Apparaten ist wesentlich davon bestimmt, ob diese andauernd, wiederkehrend oder einmalig auftreten. Die Materialermüdung infolge andauernder Wechselbeanspruchung (high cycle fatigue) und von wiederkehrenden (low cycle fatigue) ist für die Auslegung und die Wahl der Werkstoffe, insbes. von thermisch beanspruchten Bauteilen entscheidend.

Pitt

Vorgehensplan →Ablaufplan, konstruktionsmethodischer

Vorgerüst. Ein V. ist ein Walzgerüst zum Vorwalzen, das den Zwischengerüsten oder Fertiggerüsten in einer Walzstraße vorgeordnet ist. *Baumann*

Vorkammer →Brennraum

Vorlage. Ein vielschichtiger Begriff in der Druck- und →Reproduktionstechnik.
□ V., die der Auftraggeber einer Reproduktionsanstalt vorlegt, d. h. ein i. a. zweidimensionaler Gegenstand, z. B. eine Pressephotographie, von dem in

hoher Auflage eine drucktechnische Wiedergabe oder →Reproduktion hergestellt werden soll. Diese Kunden-V. wird auch als Reproduktions-V. bezeichnet.

□ Druck-V. ist das von der Reproduktionsanstalt bearbeitete, endgültige, evtl. nur als Datenbestand im Speicher des Bildrechners befindliche digitale Bild als Vorlage für den Auflagendruck (→Reproduktionskontrolle). Kunden-V. können i. a. nicht unmittelbar reproduziert werden. Aus drucktechnischen und gestalterischen Gründen müssen sie i. a. mit hohem Arbeitsaufwand manuell oder elektronisch bearbeitet werden. Vielfach wird nicht der gesamte Bildinhalt, sondern nur ein vereinbarter Teil reproduziert. Beispielsweise wird bei wichtigen Objekten (z. B. Personen) in der Vorlage häufig der Bildhintergrund entfernt oder der Abbildungsmaßstab und bestimmte Farben werden geändert. Dies trifft insbes. bei Werbedrucksachen, wie z. B. Warenhauskatalogen oder großformatigen Inseraten zu, wo die endgültige Bild-V. aus mehreren Einzel-V. nach Maßgabe eines Layouts hergestellt wird.

□ V. ist auch ein technisches Zwischenprodukt, bei dem die ursprünglichen Bildinformationen für die nächste Reproduktionsstufe geeignet aufbereitet sind, z. B. gerasterte Farbauszugsfilme (Lithos), die als Kopier-V. dienen.

Entsprechend diesen Kategorien bestehen u. a. folgende Vorlagebegriffe:

□ Bild-V. im Unterschied zur Text-V.

□ Andruck-V. Zum Erstellen des Auflagedrucks dient ein verbindlicher Druckbogen, d. h. ein Kontrolldruck, der bereits in der Reproanstalt auf einer speziellen Andruckmaschine hergestellt wird. Durch Unterschrift des Auftraggebers auf dem Andruckbogen wird Imprimatur, d. h. Druckerlaubnis, gegeben.

□ Kopier-V. ist diejenige photographische Zwischen-V., die die Text- und Bildinformationen für die Druckformherstellung enthält.

Nach ihren Strukturmerkmalen kann man folgende Vorlagenarten unterscheiden:

□ Strich-V. bestehen nur aus ungedeckten, hellen und gedeckten, schwarzen Bildelementen (binäres Bild); Beispiel: technische Zeichnungen;

□ Halbton-V. bestehen aus kontinuierlich verlaufenden Bildtönen; Beispiele: Schwarzweiß- und Farbphotographien, Diapositive, künstlerische Originalzeichnungen und Gemälde.

In der Fachsprache wird oft die Bezeichnung Original an Stelle von V. verwendet. Dies ist deshalb nicht korrekt, weil es sich i. a. selbst um Reproduktionen einer originalen Szene handelt; Beispiel: Farbdiapositiv von einem Gemälde.   *Kamm*

Vorschubgerüst. V. sind Stahlkonstruktionen (Fachwerkträger, seltener Vollwandkonstruktionen) mit der Aufgabe, die für die Erstellung von Brückenbauwerken notwendigen Schalungen zu tragen. Sie bieten durch die freitragende Konstruktion weitgehende Unabhängigkeit vom Gelände sowie hohe Baugeschwindigkeiten. Ein V. besteht meist aus einem Rüstträger (rd. 2½fache Länge eines Brückenfeldes) und mehreren Vorbauträgern, die gleitend oder rollend auf dem Rüstträger fortbewegt werden und die Schalung tragen (Bild). Statt des Rüstträgers (System Gardinenstange), der auf Pfeilern aufliegt, können auch Konsolen verwendet werden, die seitlich an den Pfeilerwänden montiert sind. Auch beiderseits auskragende Querträger finden Verwendung, um die Vorbauträger aufzunehmen. Der Einsatz von V. lohnt sich nicht bei kurzen Loslängen oder Losen mit starken Krümmungen.   *Kühn*

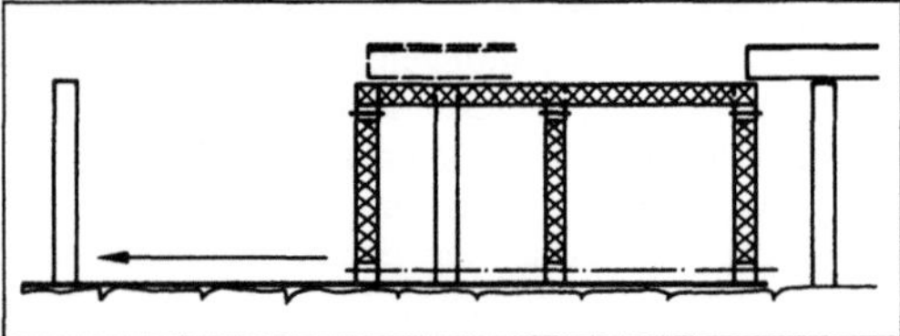

Vorschubgerüst mit untenlaufenden Rüstträgern.

Vorsetzen →Drehstabfeder

Vorspannungsverteilung. Bei einer Schraubenverbindung werden die zu verspannenden Teile (z. B. zwei Platten) durch die spannenden Teile, im einfachsten Fall eine Schraube, zusammengepreßt (Bild 1). Dabei ist die Schraubenvorspannkraft F_V der Vorspannkraft in den verspannten Teilen dem Betrag nach gleich, aber entgegengesetzt gerichtet. Beim Anziehen bis zur Montagevorspannkraft F_M wird die Schraube um

$$f_{SM} = \delta_S \cdot F_{SM}$$

elastisch gelängt, wenn δ_S die elastische Nachgiebigkeit der Schraube zwischen Kopf und Mutterauffla-

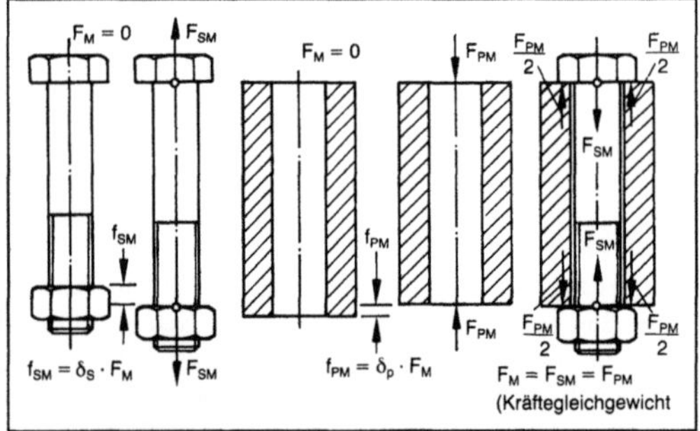

Vorspannungsverteilung 1: Durchsteckschraubenverbindung vor und nach der Montage. (Quelle: VDI 2230 a. a. O.)

Zugkraft in der Schranke F_{SM} (↔) = Druckkraft in den verspannten Teilen F_{PM} (→←)

gefläche (Bild 1), also der Kehrwert der Schraubensteifigkeit ist. Die verspannten Teile werden um

$$f_{PM} = \delta_P \cdot F_{PM}$$

zusammengedrückt, mit $F_{PM} = F_{SM}$,

wenn δ_P die elastische Nachgiebigkeit der Platten zwischen Kopf- und Mutterauflagefläche einer Durchsteckschraube ist. Der Kehrwert der Plattensteifigkeit Bild 2 zeigt das sich hieraus ergebende Kraft-Verformungs-Schaubild für den Montagezustand einer Schraubenverbindung.

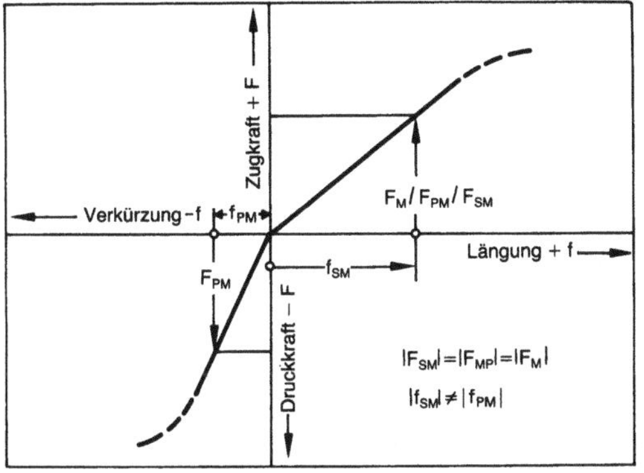

Vorspannungsverteilung 2: Kraft-Verformungs-Schaubild für die Montage einer Durchsteckschraubenverbindung. (Quelle: VDI 2230 a. a. O.)

Die Schraubennachgiebigkeit δ_S läßt sich aus den Teillängen der Schraube berechnen (Bild 3), die nach VDI 2230 auch die punktierten Bereiche von Kopf und →Muttergewinde umfassen. Deshalb gilt für die gesamte Nachgiebigkeit der Schraube zwischen Kopf und Mutterauflagefläche bzw. eingeschraubtem →Gewinde:

$$\delta_s = \delta_K + \delta_1 + \delta_2 + \delta_3 + \delta_{GM}$$

$$= \frac{0{,}4 \cdot d}{E_S \cdot A_N} + \frac{l_1}{E_S \cdot A_1} + \frac{l_2}{E_S \cdot A_2} + \frac{l_3}{E_S \cdot A_s} +$$
$$+ \left(\frac{0{,}5 \cdot d}{E_S \cdot A_s} + \frac{0{,}4 \cdot d}{E_S \cdot A_N} \right).$$

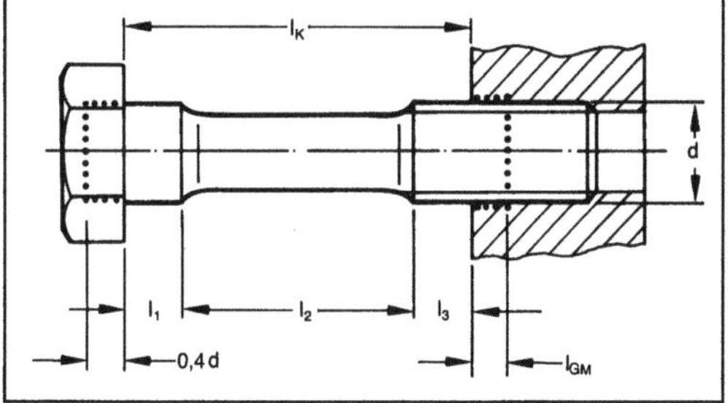

Vorspannungsverteilung 3: Aufteilung einer Schraube in einzelne zylindrische Körper zum Berechnen der elastischen Nachgiebigkeit.

Dabei wird nach VDI 2230 $A_N = \dfrac{\pi d^2}{4}$ gesetzt;

A_s ist der →Spannungsquerschnitt, E_S der Elastizitätsmodul des Schraubenwerkstoffs.　　*Federn*

Literatur: VDI 2230. Bl. 1: Systematische Berechnung hochbeanspruchter Schraubenverbindungen. Hrsg. Verein Dt. Ing. Ausg. Juli 1986.

Vorspannventil →Druckventil

Vorspur →Radführung

Vorstraße. Eine V. ist ein Teil einer Walzstraße, auf der Vorblöcke, Vorbrammen, →Knüppel oder Platinen vorgewalzt werden, bevor sie einem nachgeordneten Walzstraßenteil zugeführt werden.

Baumann

Vortriebsschild (Baugerät). Bei V., die mittels Pressen in das Erdreich gedrückt werden, unterscheidet man offene und geschlossene Systeme. Bei den offenen Systemen ist die Ortsbrust direkt zugänglich, während bei geschlossenen Systemen die Abbaukammer mit einem Medium zur Stützung der Ortsbrust gefüllt und vom rückwärtigen Schildteil durch ein Druckschott abgetrennt ist. Hinsichtlich des Abbaus unterscheidet man Handschilde und mechanisierte Schilde (Messerschild, Teilschild, →Vollschild), die mit teil- oder vollflächig arbeitenden Werkzeugen den Boden abbauen (Bild 1), und Sonderbauweisen. V. haben einen starren, in Messer (Messerschild) oder Teilmesser aufgegliederten Schildmantel, der oval, kreis- oder hufeisenförmig ausgebildet sein kann und dessen Durchmesser von <800 mm (nicht begehbar) bis zu 12 m reicht. Die

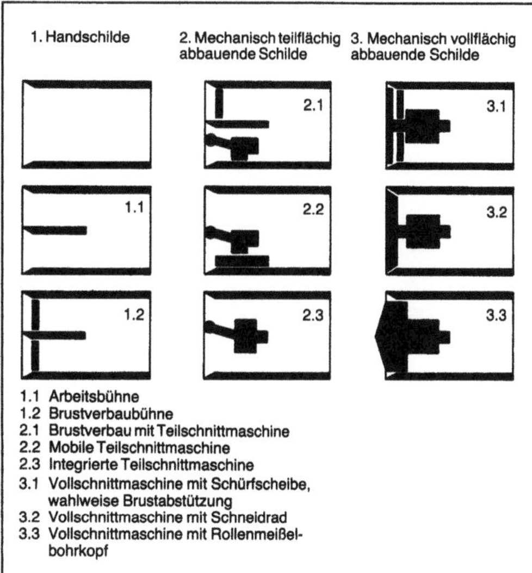

Vortriebsschild 1: Schildsysteme.

Vorschubkräfte werden direkt über Pressen, die sich meist am Ausbau abstützen, oder wie beim Rohrvortrieb über die Vortriebsrohre aufgebracht. Die Steuerpressen für die Schildsteuerung greifen meist am Schildgelenk an. Der Ausbruchquerschnitt läßt sich durch den Ausbau mit Tübbings in Stahl, Gußeisen oder Stahlbeton, Bild 2, durch eine extrudierte Schale, durch Spritz- oder Ortbeton sichern. Die Abförderung wird tunnelgeometrisch (Querschnitt, Länge, Gradiente usw.) bedingt hydraulisch, schienengebunden, gleislos oder mit Band ausgeführt. Der Einsatzbereich von Schildmaschinen erstreckt sich vorwiegend auf wenig standfeste, wasserführende Böden. Mannschaft und Gerät sind während jeder Vortriebsphase auf Grund der vollständigen Stützung der Ausbruchsflächen geschützt.

Zu den Sonderbauweisen gehören der →Haubenschild, bei dem im Firstbereich die Schneide zum Schutz des Personals um Arbeitsraumtiefe vorgezogen ist. Ist die Haube in einzelne Messer unterteilt, so spricht man vom Poling-Plate-Schild. Der schwanzlose Schild endet hinter den Pressen. Der Einbau der Auskleidung erfordert hier einen vorübergehend standfesten Boden und wird außerhalb des Schildmantels vorgenommen. Geschlossene Systeme haben meist vollflächig abbauende Schneideinrichtungen. In Einzelfällen setzt man auch Cutterbagger (Thixschild) oder Spüldüsen (Hydrojet) zum Bodenabbau ein. Im druckdicht abgeschlossenen Abbauraum wird dabei die Ortsbrust mit Luft, Wasser, Suspension, abgebautem Boden und/oder der Abbaueinrichtung selbst gestützt oder wie beim →Membranschild mit Bentonit besprüht. Der Abtransport des Bodens geschieht in druckdichten Systemen hydraulisch

(Suspensionsschild) oder mit Förderschnecken (Mixschild, Earth-Pressure-Schild). Die Vortriebsmannschaft hält sich während des Vortriebs im atmosphärischen Vortriebsbereich auf.

Die vollmechanisierten geschlossenen Schilde gliedern sich in die Verdrängungsschilde, Druckluftschilde, Hydroschilde (Bild 3) und die Earth-Pressure-Schilde. Fließende Böden können mit dem Verdrängungsschild (Blind Shield) abgebaut werden, der bis auf wenige Durchlaßschlitze vollkommen geschlossen ist. Beim Druckluftschild wird die Ortsbrust mit Druckluft gestützt. Das Material, das möglichst wenig luftdurchlässig sein darf, baut man mit Teil- oder →Vollschnittmaschinen ab. Bei den Suspensionsschilden verwendet man Wasser oder – wie beim →Hydroschild – eine Bentonitsuspension. Gelöst wird das Abbaumaterial überwiegend

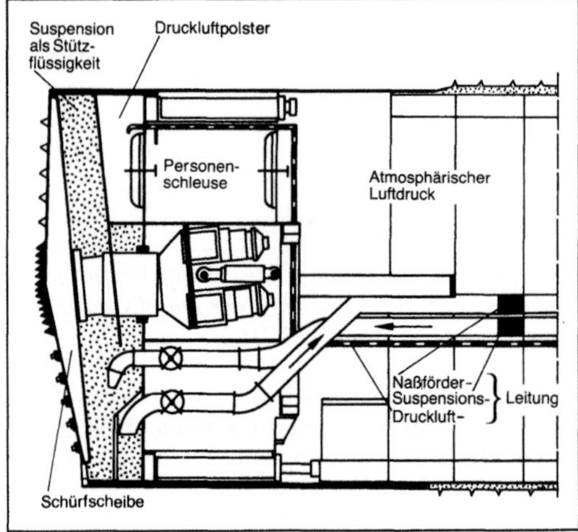

Vortriebsschild 3: Hydroschild.

Vortriebsschild 2: Schildvortrieb mit Tübbingausbau.

mit Vollschnittmaschinen. Bei einer Stabilisierung der Ortsbrust durch den abgebauten Boden und den Bohrkopf selbst spricht man von erddruck- und -wasserdruckausgleichenden Schilden. Ihre neuesten Ausführungen weisen eine über den Querschnitt differenzierte Druckbeaufschlagung auf. *Kühn*

Vorwärmen. Unter V. ist ein Wärmen auf eine Temperatur unterhalb der beabsichtigten Behandlungstemperatur zu verstehen. Dabei ist ein Wärmen das Erhöhen der Temperatur eines Werkstoffs oder Werkstücks. *Baumann*

Vorwalzen. V. ist die Bezeichnung für das Walzen von beispielsweise Rohblöcken, Rohbrammen oder auch von Halbzeug zu einem Walzgut, das für das Fertigwalzen ein günstiges Vorerzeugnis ist. *Baumann*

W

Wägeanlage. Wägeanlagen (Bild) werden zur Gewichtsbestimmung der dosierten Komponenten in Mischanlagen eingesetzt und können nach der Art des Meßgefäßes unterschieden werden in Behälterwaagen und Bandwaagen. Sie arbeiten in der Mehrzahl nach gewichtsmäßiger Dosierung, für die nach DIN 1045 eine Genauigkeit von ± 3 % der abgemessenen Menge gefordert wird. Die gewichtsmäßige Abmessung ist meist mit dem absatzweise vorzunehmenden Mischvorgang verbunden. Dabei geschieht die Zuteilung entweder getrennt in Einzelwaagen oder durch additives Wägen in einem einzigen Behälter (Mehrkomponenten- bzw. Gattierungswaagen). Die Dosierverschlüsse werden elektromagnetisch, hydraulisch oder pneumatisch betätigt. Die Dauer des Wägevorgangs beeinflußt die Mischerspiele, Bedienung und Genauigkeit. Als Wägeeinrichtung kommen überwiegend vierpunktgelagerte mechanische oder elektromechanische bzw. Hybridwaagen zum Einsatz. Diese können stationär oder ortsveränderlich innerhalb der →Betonbereitungsanlage eingebaut sein. Überwiegend liegen die Verschlüsse der Dosieranlagen über dem Wägebehälter der Waage oder dem in die Waage eingefahrenen Aufzugskübel, der in solchen Fällen gleichzeitig Wägebehälter ist. Das gewichtsmäßige Abmessen bei Förderbandwaagen geschieht durch elektromechanische Wägezellen oder ähnliche Systeme im Bereich eines Bandabschnittes. Dabei wird der Meßwert ständig mit dem vorgegebenen Wert verglichen und ggf. durch Änderung der Bandgeschwindigkeit eingestellt. Beim chargenweisen Mischablauf arbeiten die Wägeeinrichtungen für Bindemittel und Wasser nach dem gleichen Wägeprinzip wie für die Zuschlagstoffe. Bei kontinuierlichem Betrieb werden andere Abmeßeinrichtungen wie drehzahlgesteuerte Zuteilschnecken und Wasserdurchflußmesser eingesetzt. *Kühn*

Wälzen. Bewegung des Rollens, die durch Gleitschlupf (→Schlupf) und/oder Bohren überlagert sein kann, dann auch als Rollgleiten oder Rollbohren bezeichnet. *H. W. Müller*

Wälzfestigkeit →Wälzlager-Werkstoff

Wälzgelenk. Kurvengelenk, Ort der gegenseitigen Berührung zweier Getriebeglieder in einem Punkt oder einer Geraden, die dort bei der Bewegungsübertragung aufeinander rollen und/oder gleiten (→Schlupf) können, z. B. →Wiegegelenk, →Wälzgetriebe. *H. W. Müller*

Wälzgetriebe. Reibschlüssiges (→Schlußart) stufenlos verstellbares →Getriebe, bei dem Bewegungen und Kräfte zwischen wenigstens 2 rotationssymmetrischen Getriebegliedern (Wälzkörpern) unter Punktberührung durch Abwälzen (Wälzen) reibschlüssig übertragen werden. Die Bewegungsübertragung geschieht nach der Theorie von *Lutz* z. B. bei einem W. nach a) im Bild wie folgt:

Infolge der Elastizität der Werkstoffe wird der theoretische Berührpunkt A der Wälzkörper 1 und 2 durch die gegenseitige Anpressung zu einer Berührellipse (→Hertz-Pressung) erweitert, die in b) im Bild in ihrer Lage zur Drehachse 0 des Antriebskörpers 1 übertrieben groß dargestellt ist. Im Betrieb nimmt die tangentiale Geschwindigkeit v_1 der Berührfläche des Körpers 1 innerhalb der Berührellipse zum Drehpunkt 0 hin ab (Geschwindigkeitspfeile v_1). Die Geschwindigkeit v_2 des Körpers 2 ist jedoch wegen des konstanten Abstands von dessen Drehachse überall gleich (gestrichelte Pfeile). Sind die Umfanggeschwindigkeiten beider Körper im theoretischen Berührpunkt M gleich, so entstehen in der elliptischen Berührfläche mit der →Relativgeschwindigkeit

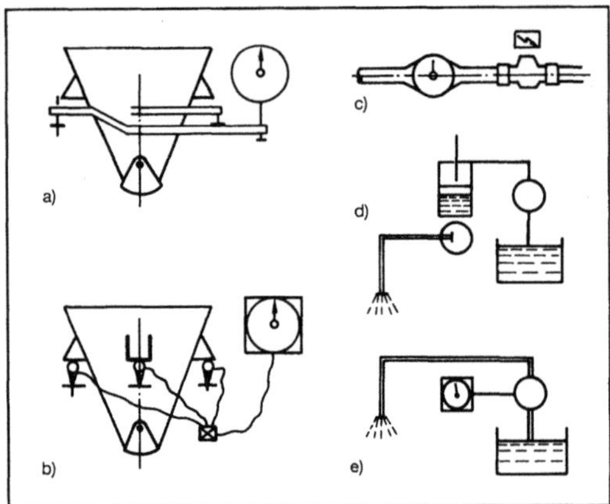

Wägeanlage: Abmeßgeräte nach Gewicht und Volumen.
a) Mechanische Waage
b) Elektromechanische Waage (nach Gewicht)
c) Wasseruhr
d) Meßzylinder
e) Meßpumpe (nach Volumen).

$v_r = v_1 - v_2$ eine relative Bohrbewegung mit der Winkelgeschwindigkeit $\omega_{Bohr} = \omega_1$ um den gemeinsamen Drehpol $P = M$ und →Bohrreibung, c) im Bild. Hierbei heben sich alle Reibungskräfte wegen ihrer Symmetrie gegenseitig auf, so daß keine Reibkraft in Umfangsrichtung, somit kein Drehmoment übertragen wird (Leerlaufzustand). Wird das Abtriebsglied 2 durch Belastung abgebremst (gestrichelte Pfeile kürzer), so verlagert sich der Drehpol P, in dem beide Umfanggeschwindigkeiten gleich sind ($v_1 = v_2$), um die Strecke a in Richtung zur Drehachse 0, d) im Bild. Nun überwiegen die Reibbewegungen v_r und damit die Reibkräfte in Umfangsrichtung, und es werden Umfangskraft und Leistung durch →Reibung übertragen. Im theoretischen Berührpunkt M herrscht nun eine Relativgeschwindigkeit $v_r = v_{1M} - v_{2M} = \omega_1 \cdot a$, die die Schlupfgeschwindigkeit bei dieser Belastung darstellt und den Wälzschlupf $s = (v_{1M} - v_{2M})/v_{1M}$ erzeugt. Je höher die Belastung, um so größer sind a und der Schlupf, e) im Bild, bis bei $a = \infty$ völliges Durchrutschen eintritt. *H. W. Müller*

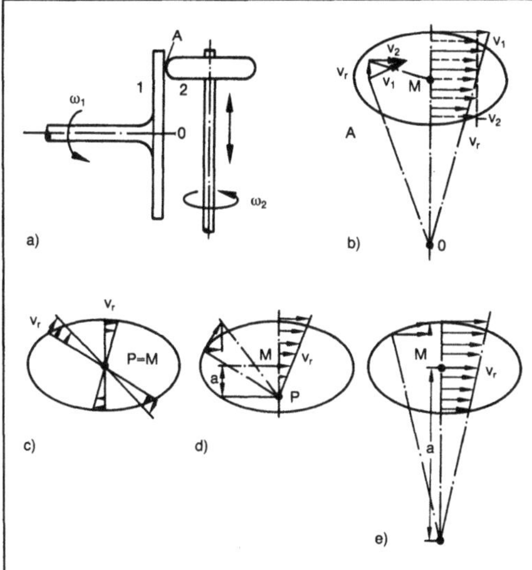

Wälzgetriebe: Prinzip der Kraftübertragung und des Entstehens von Wälzschlupf in Wälzgetrieben.

Literatur: *Lutz, O.:* Grundsätzliches über stufenlos verstellbare Wälzgetriebe. Konstruktion 7 (1955), S. 330/35, 9 (1957), S. 169/71, 10 (1958), S. 425/27.

Wälzkegel. Ein kegelförmiger Wälzkörper, der i. a. ohne Gleiten auf einer Ebene oder auf einem anderen (Hohl-)Kegel in der gemeinsamen Wälzlinie abrollt, wobei die Spitzen beider Kegel mit dem Schnittpunkt ihrer Drehachsen zusammenfallen. W. können auch fiktive Kegel sein, z. B. als Ersatz für verzahnte Kegelräder, deren Bewegungen mit der von W. identisch sind. *H. W. Müller*

Wälzkörper →Wälzgetriebe, →Wälzlager-Bauform

Wälzkreisdurchmesser →Evolventenverzahnung

Wälzlager.

1. Abmessung. Die Einbaumaße von Wälzlagern sind nach DIN 616 bzw. DIN/ISO 355 durch Maßpläne festgelegt, in denen für Radiallager jedem Innendurchmesser d (Wellendurchmesser) mehrere Außenringdurchmesser D (Gehäusebohrung) und jedem Durchmesserpaar d, D wiederum mehreren Breiten B zugeordnet werden. *Knoll*

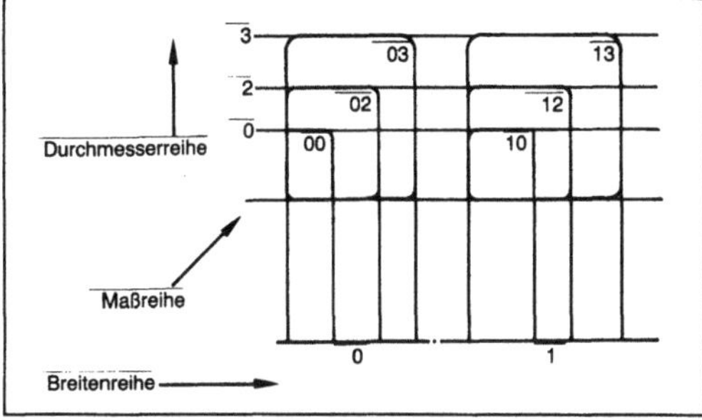

Wälzlager-Abmessung: Maßreihen für Radiallager. (Quelle: DIN 616).

Literatur: DIN 616. Wälzlager, Meßpläne für äußere Abmessungen. Hrsg. Dt. Normenausschuß. Ausg. Febr. 1973.

2. Bauform. Wälzlager sind einbaufertige Konstruktionselemente zum Übertragen radialer und/oder axialer Lasten an rotierende Teile. Die Bewegungsübertragung erfolgt durch Rollkörper (genannt Wälzkörper), die durch den Lagerkäfig zwischen dem Innen- und Außenring (→Radiallager) bzw. zwischen der Wellen- und Gehäusescheibe (→Axiallager) gleichmäßig positioniert werden (Bild 1). Konstruktive Unterscheidungsmerkmale sind

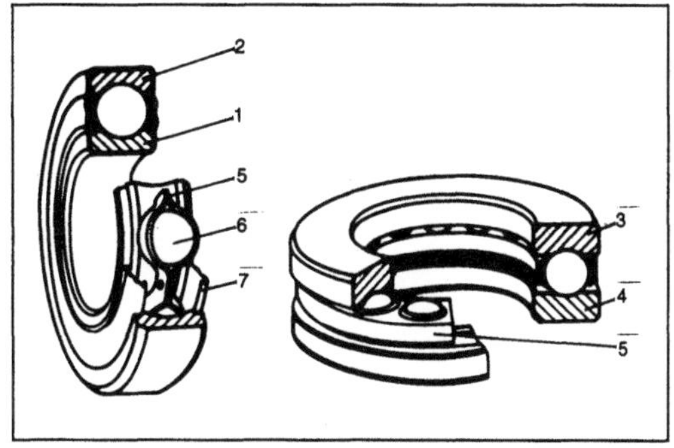

Wälzlager-Bauform 1: Prinzipieller Wälzlageraufbau (Rillenlager).

1 Innenring, 2 Außenring, 3 Wellenscheibe, 4 Gehäusescheibe, 5 Lagerkäfig, 6 Wälzkörper (Kugel), 7 Dichtscheibe bei fettgeschmierten Lagern

☐ Form der Wälzkörper (Kugel oder Rolle),
☐ Hauptbelastungsrichtung (axial, radial),
☐ axiale Verschieblichkeit bzw. Fixierung sowie
☐ Winkeleinstellbarkeit.

Eine Übersicht der verschiedenen Bauformen und spezifischen Merkmale gibt Bild 2. Die Abdichtung von Wälzlagern ist nötig, um das Austreten von Schmierstoff oder Eindringen von Fremdstoffen zu verhindern. Neben der äußeren Abdichtung durch schleifende oder berührungslose Wellendichtungen ist auch eine direkte Abdichtung der Lager mit Deck- oder Dichtscheiben möglich.   *Knoll*

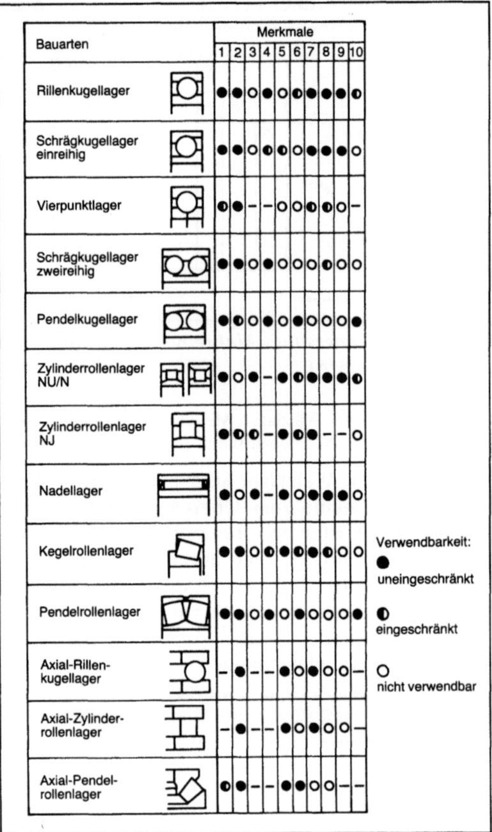

Bauarten	Merkmale									
	1	2	3	4	5	6	7	8	9	10
Rillenkugellager	●	●	○	●	○	◐	●	●	●	◐
Schrägkugellager einreihig	●	●	○	◐	◐	○	●	●	●	○
Vierpunktlager	◐	●	–	–	○	○	◐	◐	○	–
Schrägkugellager zweireihig	●	●	○	●	○	○	○	◐	○	○
Pendelkugellager	●	◐	○	●	○	●	○	○	○	●
Zylinderrollenlager NU/N	●	○	●	–	●	◐	●	●	●	◐
Zylinderrollenlager NJ	●	◐	◐	–	●	◐	●	–	–	○
Nadellager	●	○	●	–	●	○	●	●	●	○
Kegelrollenlager	●	●	○	◐	●	◐	●	◐	○	○
Pendelrollenlager	●	●	○	●	○	●	○	○	○	●
Axial-Rillenkugellager	–	●	–	–	●	○	●	○	○	–
Axial-Zylinderrollenlager	–	●	–	–	●	○	●	○	○	–
Axial-Pendelrollenlager	◐	●	–	–	●	●	○	○	–	–

Verwendbarkeit:
● uneingeschränkt
◐ eingeschränkt
○ nicht verwendbar

Wälzlager-Bauform 2: Lagerbauformen und Merkmale.

1 Radialbelastung, 2 Axialbelastung, 3 Längenausgleich innerhalb des Lagers bei Festsitz beider Ringe, 4 Längenausgleich durch Schiebesitz in der Bohrung oder am Mantel, 5 Einbaufälle, die zerlegbare Lager erfordern, 6 Ausgleich von Fluchtfehlern, 7 Ausführung in erhöhter Genauigkeit, 8 Drehzahlen über den normalen Grenzen, 9 besonders geräuscharmer Lauf, 10 Hülsenbefestigung bei kegeliger Bohrung.

3. Deck- und Dichtscheibe. →Wälzlager-Bauform

4. Dimensionierung. Die W.-D. basiert auf statischen und dynamischen Tragzahlen, die von Lager-

herstellern für die verschiedenen Lagertypen angegeben werden. Die statische Tragzahl C_0 eines Lagers ist die Lagerbelastung, bei der die maximale Wälzkörperbelastung Q_{max} (→Lastverteilung) einen zulässigen Grenzwert erreicht, bei dem eine plastische Deformation des Wälzkörpers von 0,01 % des Wälzkörperdurchmessers auftritt (Bild 1).

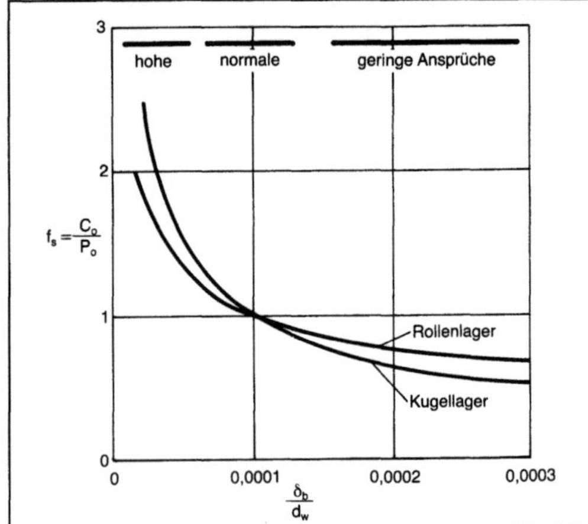

Wälzlager-Dimensionierung 1: Statische Kennzahl.

f_s statische Kennzahl, δ_b plastische Deformation, d_w Wälzkörperdurchmesser

Für den Nachweis der statischen Tragfähigkeit wird aus der statischen Tragzahl C_0 und der statisch äquivalenten →Lagerlast P_0 die statische Kennzahl $f_s = C_0/P_0$ ermittelt. P_0 ist ein fiktiver Belastungswert, in den bei kombinierten Radiallasten F_r/Axiallasten F_a die bauartspezifischen Radial- und Axialfaktoren X_0, Y_0 eingehen:

$$P_0 = X_0 \cdot F_r + Y_0 \cdot F_a.$$

Die Lebensdauerberechnung dynamisch belasteter, d. h. umlaufender Lager, basiert auf der Werkstoffermüdung (Pittingbildung) als Ausfallursache (DIN ISO 281). Mit der Lebensdauerformel

$$L = \left(\frac{C}{P}\right)^p$$

wird die nominelle Lebensdauer L (= L_{10}) in 10^6 Umdrehungen für ein Lager mit einer dynamischen Tragzahl C und einer dynamisch äquivalenten Belastung P (vgl. P_0) berechnet. Die nominelle Lebensdauer L wird mit einer Ausfallwahrscheinlichkeit $a_1 = 0,1$ von mindestens 90 % aller Lager erreicht oder überschritten. Der Lebensdauerexponent p berücksichtigt bauartspezifische Abweichungen in der Tragfähigkeit. Für Kugel- bzw. Rollenlager gilt p = 3,0 bzw. p = 10/3. Mit der Drehzahl n folgt die Lebensdauer in Betriebsstunden h:

$$L_h = \frac{L \cdot 10^6}{60 \cdot n}.$$

Durch Umstellung der Lebensdauergleichung erhält man die dynamische Kennzahl

$$f_l = \frac{C}{P} \cdot f_n \,,$$

mit dem fiktiven →Drehzahlkennwert

$$f_n = \sqrt[p]{\frac{33\frac{1}{3}}{n}} \,.$$

Die Dimensionierung dynamisch belasteter Wälzlager führt auf einen Vergleich der rechnerisch ermittelten Kennzahl f_l mit Erfahrungswerten vergleichbar ausgeführter und bewährter Lagerausführungen, in denen neben konstruktiven Besonderheiten auch anwendungsorientierte außergewöhnliche Belastungsspitzen berücksichtigt sind. Die Berechnung der nominellen Lebensdauer L basiert auf standardisierten Einsatzbedingungen und Wälzlagerwerkstoffen nach DIN 622. Alle Betriebseinflüsse, die von dieser Norm abweichen, führen zu einer Verkürzung oder Verlängerung der nominellen Lebendauer L_h. Nach ISO wird dann mit Lebensdaueranpassungsfaktoren für die Ausfallwahrscheinlichkeit a_1 (Tabelle) die Werkstoffeigenschaften a_2 und die Betriebsbedingungen a_3 (z. B. Schmierstoffzustand) aus der nominellen Lebensdauer L_h die →Ermüdungslaufzeit L_{na} berechnet:

$$L_{na} = a_1 \cdot a_2 \cdot a_3 = a_1 \cdot a_{23} \cdot L_h.$$

Auf Grund von Wechselwirkungen faßt man a_2 und a_3 durch einen gemeinsamen Faktor a_{23} zusammen, der für die kinematische →Viskosität v im Betriebspunkt (→Lagertemperatur) in Abhängigkeit von der Bezugsviskosität v_1 (abhängig vom Lagerdurchmesser) ermittelt wird (Bild 2). *Knoll*

5. Erwärmung. Die Temperaturerhöhung in Wälzlagern durch Eigenerwärmung resultiert aus den Reibungsverlusten zwischen den Wälzkörpern und den Laufbahnen, Führungsflächen bzw. Käfigen sowie aus dem Walkwiderstand des Schmierstoffs. Für die Temperaturentwicklung gelten die Richtwerte (Tabelle, nächste Seite). *Knoll*

6. Käfig →Wälzlager-Bauform

7. Reibung →Wälzlager-Erwärmung

8. Ring →Wälzlager-Bauform

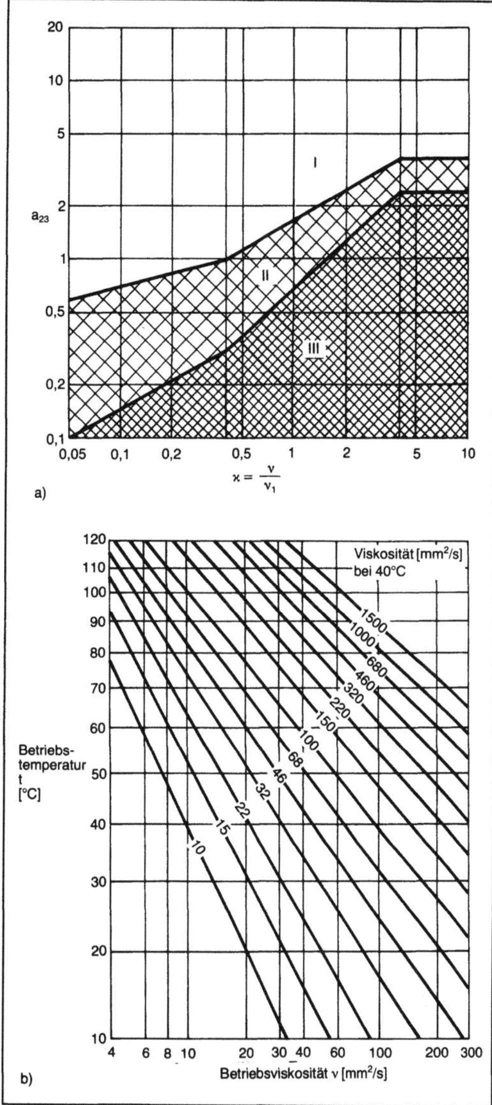

Wälzlager-Dimensionierung 2: Lebensdaueranpassungsfaktor a_{23} als Funktion der Betriebsviskosität v und der Bezugsviskosität v_1.

Betriebsbedingungen:
I Übergang zur Dauerfestigkeit, Oberflächentrennung durch EHD-Film, II hoher Schmierstoffreinheitsgrad, additivierter Schmierstoff, III ungünstige Betriebsbedingungen, Schmierstoffverunreinigung

Wälzlager-Dimensionierung. Tabelle: Ausfallwahrscheinlichkeit.

Ausfallwahrscheinlichkeit %	10	5	2	1
Anpassungsfaktor α_1	1,0	0,62	0,33	0,21

Wälzlager-Erwärmung. Tabelle: Richtwerte für Wälzlagertemperaturen.

Lagerung	Betriebstemperatur in °C
Eigenerwärmung	
Werkzeugmaschine	40 — 50
Eisenbahn-Achslagerung	60
Stützwalzen Warm-bandwalzstraße	55
Fremderwärmung	
Turbokompressor	120
Kurbelwellenlager im Verbrennungsmotor	120
elektrischer Fahrmotor	90

9. Schmierung. Wälzlager werden mit Fett oder Öl, unter besonderen Bedingungen auch mit →Festschmierstoffen geschmiert. →Fettschmierung wird bevorzugt, da keine besonderen Schmierstoffversorgungssysteme erforderlich sind und die Abdichtung konstruktiv einfach ist. Ölgeschmierte Lager bieten dagegen den Vorteil einer besseren Wärmeabfuhr. Aufgabe des Schmierstoffs ist, vergleichbar mit den Gleitlagern, die Reibungsverluste im Wälzlager durch eine vollständige bzw. teilweise Trennung der Gleitflächen zwischen Wälzkörpern, Borden und Laufringen herabzusetzen (→Schmierung, elastohydrodynamische). Die Drehzahlgrenzen in den Wälzlagerkatalogen unterscheiden nach Lagertyp und Fett- bzw. Ölschmierung n_{gf} bzw. $n_{gö}$ (Bild 1). Auswahlkriterien bei Fettschmierung sind (Bild 2):

☐ das Drehzahlverhältnis n/n_{gf} (n maximale Betriebsdrehzahl, n_{gf} Drehzahlgrenze bei Fettschmierung),

☐ das spezifische Belastungsverhältnis P/C (P äquivalente →Lagerlast, C dynamische →Tragzahl),

☐ der Gleitreibungsanteil im Wälzlager, der bei Radiallagern mit der axialen Belastung steigt. Er

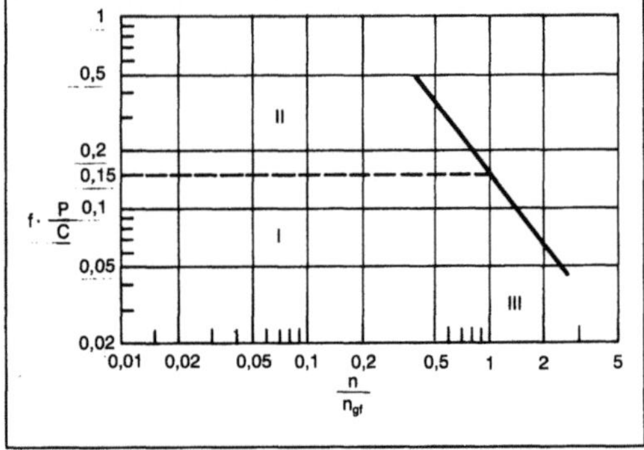

Wälzlager-Schmierung 2: Auswahl der Fettsorte.

Feld I Wälzlagerfette nach DIN 51825
Feld II Hochdruckfette
Feld III Fette für schnellaufende Lager

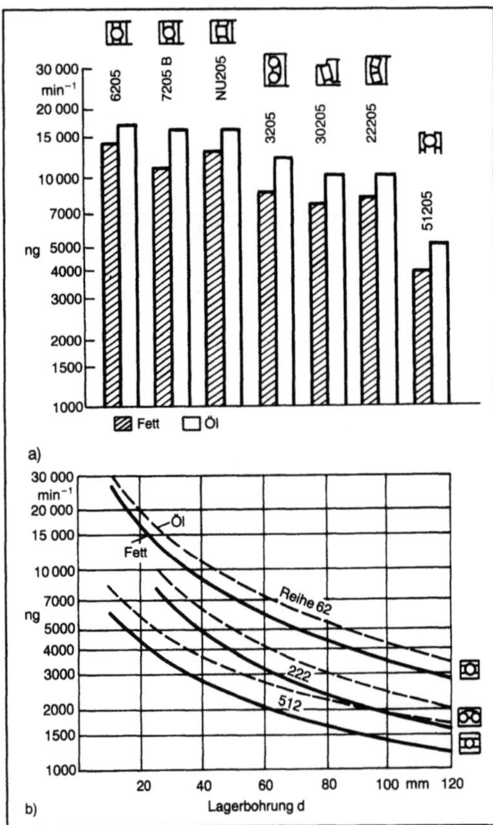

Wälzlager-Schmierung 1: Drehzahlgrenzen n_g von Lagern unterschiedlicher

a) Bauform und b) Lagergröße.

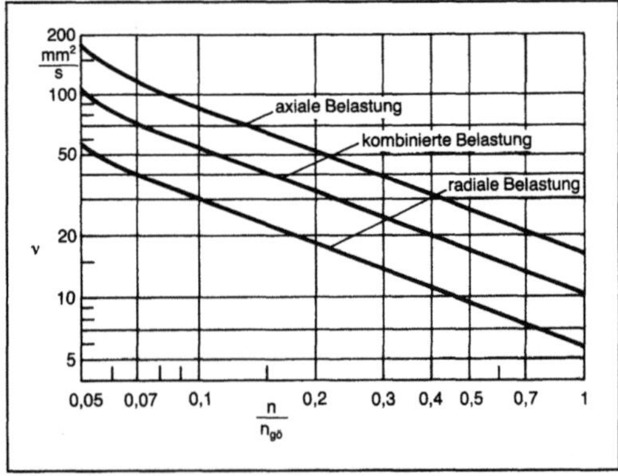

Wälzlager-Schmierung 3: Ermittlung der Betriebsviskosität v.

n Drehzahl des Lagers
$n_{gö}$ Drehzahlgrenze bei Ölschmierung

wird durch einen Korrekturfaktor f berücksichtigt.

Die obere Einsatztemperatur ölgeschmierter Lager liegt bei +150°C für Mineralöle und bei +200°C für synthetische Öle. Lager, die hohen Temperaturen durch Eigen- oder Fremderwärmung ausgesetzt sind, werden daher überwiegend ölgeschmiert. Die erforderliche →Viskosität ν im Betriebspunkt (Betriebsdrehzahl und Betriebstemperatur) wird aus dem Drehzahlverhältnis $n/n_{gö}$ und der Lastrichtung ermittelt (Bild 3). *Knoll*

10. Stahl. Ein W. hat meist einen Chromgehalt zwischen 0,4% und 2,0% bei einem Kohlenstoffgehalt von etwa 1,0% evtl. mit Zusätzen von Mangan und Molybdän für die Herstellung von Wälzlagern aller Art, beispielsweise Kugel-, Rollen- oder →Nadellager, die hohe örtliche Zug-, Druck-, Schub-, Dauerschwing-Beanspruchungen und in manchen Fällen auch Verschleißbeanspruchungen aufnehmen müssen. Bei Wälzlagerstahl werden auch hohe Forderungen an dessen Bearbeitbarkeit, Härtbarkeit und Maßbeständigkeit gestellt. Für Sonderzwecke werden Wälzlager auch aus bestimmten Einsatzstählen, nichtrostenden Stählen oder aus Stählen mit hoher Wärmhärte hergestellt. *Baumann*

11. Werkstoff. Die extremen Beanspruchungen in Wälzlagern erfordern Werkstoffe von hoher Härte (→Hertz-Pressung), Wälzfestigkeit (Überrollvorgänge), Verschleißfestigkeit (Gleitbewegung) und ausreichender Zähigkeit (stoßartige und dynamische Lasten). Für Wälzlagerringe und Wälzkörper verwendet man hochfeste Chromstähle hoher Reinheit, die einer optimalen Wärmebehandlung unterzogen werden.

Der Käfigwerkstoff beeinflußt das Laufgeräusch und die Drehzahlgrenze. Als Käfigwerkstoff werden verwendet: gepreßtes Stahl- oder Messingblech für Standardausführungen, Stahl- oder Kupferlegierung für Massivkäfige bei hoher mechanischer Käfigbeanspruchung, Kunststoff oder Aluminium bei hohen Umfanggeschwindigkeiten (niedrige Dichte) sowie zur Geräuschreduktion. *Knoll*

Wälzpressung →Flankenpressung

Wälzpunkt →Evolventenverzahnung

Wälzreibung. Diese setzt sich zusammen aus →Rollreibung, →Bohrreibung und/oder Gleitreibung. *H. W. Müller*

Wälzschlupf →Wälzgetriebe

Wälzschraubtrieb. W. sind Schraubtriebe, bei denen in den Kraftfluß zwischen Gewindespindel und →Mutter eine Wälzverbindung eingefügt ist, so

daß die Verluste bei einer Schraubbewegung auf die Größenordnung der Reibungsverluste von Wälzlagern reduziert werden. Der Kugelschraubtrieb ist der W., dessen Wälzkörper Kugeln sind. Sein Bewegungsgewinde-Prinzip erfordert zusätzlich zu den wendelförmigen Rillen in Spindel und Mutter ein System von Elementen für den Kugelumlauf in der Mutter. Die Gestaltung dieser Kugelrückführung, die Wahl der Gewindeprofile und der Verspannung (zwecks Spielfreiheit), die Lagerung der Spindelenden und die Befestigung der Mutter am zu bewegenden Maschinenteil bestimmten das Betriebsverhalten des W., insbes. Präzision und Steifigkeit der Bewegungszuordnung und die Reibungsverluste die durch wärmebedingte Dehnungen auf die Präzision zurückwirken können. Bild 1 zeigt Spindel, Kugeln und Mutter mit Rückführungskanal nach einem der Vielzahl von Patenten, Bild 2 die Verspannung über Doppelmutter mit 0-Vorspannung und Zweipunkt-Kugelkontakt in den Spitzbogenprofilen. Erreichbare Steigungsgenauigkeiten der Spindeln bis 0,03 mm/300 mm und besser; Spindellänge bis 7000 mm und mehr. *Federn*

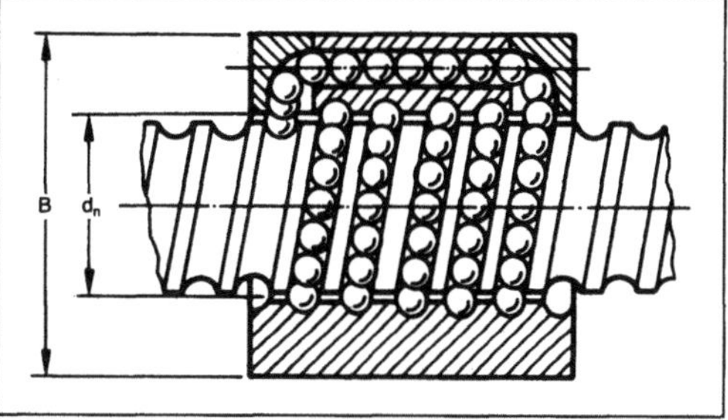

Wälzschraubtrieb 1: Mit Kugelrückführung in der Mutter. (Quelle: DP 1129792 a. a. O.)

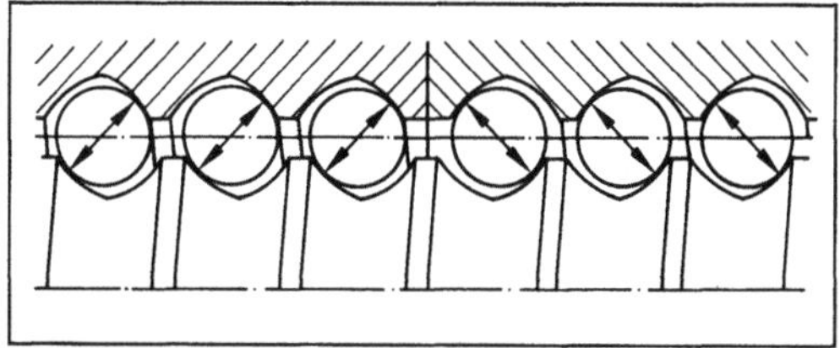

Wälzschraubtrieb 2: Verspannung zwecks Spielfreiheit mittels Doppelmutter mit 0-Vorspannung und Zweipunkt-Kugelkontakt.

Literatur: DP 1129792: Schraubentrieb. Anm. Precision Gear Machines & Tools Ltd. Wyken, Coventry, GB. (13.01.1960). – *Hildebrandt, H.-J.*: Vorspannarten an Kugelgewindemuttern. Antriebstechn. 26 (1987) Nr. 10, S. 36/37. – Holzer, Offenburg: Druckschriften. – Mannesmann Maschinenfabrik, Remscheid: Druckschriften. – *Spieß, D.*: Das Steifigkeits- und Reibungsverhalten unterschiedlich gestalteter Kugelschraubtriebe mit vorgespannten und nicht vorgespannten Muttersystemen. Diss. TU Berlin 1970. – Warner Electric GmbH, Wolfschlugen: Druckschriften.

Wälzverschleiß. Verschleißart, bei der während einer Wälzbewegung sich berührender Körper Verschleiß vor allem durch den Verschleißmechanismus der Oberflächenzerrüttung hervorgerufen wird. In der Einlaufphase, bei hohen Beanspruchungen bzw. großem Schlupf können auch weitere Verschleißmechanismen wirksam werden. *Habig*

Wärmebehandlung aus der Walzhitze. Bereits seit den 70er Jahren wird die Weiterverarbeitbarkeit des Walzguts durch eine Wärmebehandlung in Form einer gesteuerten Abkühlung aus der Walzhitze schrittweise so verbessert, daß eine spätere Wärmebehandlung nicht mehr erforderlich ist. Beispielsweise werden in neuzeitlichen Drahtwalzstraßen die Gefügeausbildung und mechanischen Eigenschaften des Walzdrahts sowie die minimale Zunderbildung im wesentlichen durch die gesteuerte Abkühlung nach dem Walzen wesentlich beeinflußt. *Baumann*

Wärmebehandlung bei der Gesenkschmiedestück-Herstellung. In der Gesenkschmiedeindustrie sind seit Jahren Verfahren gebräuchlich, die die nach der Warmumformung zur Verfügung stehende Energie für eine W. nutzen. Hierbei ergeben sich durch Wegfall einer erneuten Erwärmung auf Austenitisierungstemperatur in erster Linie Energiekostenersparnisse. Am weitesten verbreitet ist das isothermische Gefüge-Umwandeln zum Erzielen guter Bearbeitungseigenschaften. Darüber hinaus werden das geregelte Abkühlen und das →Vergüten aus der Schmiedewärme als Ersatz für das konventionelle Vergüten zur Einstellung des gewünschten Endwärmebehandlungszustands durchgeführt.

Zur betrieblichen Durchführung der geregelten Abkühlung sind Öfen entwickelt worden, die es ermöglichen, ein bestimmtes Zeit-Temperatur-Feld zu durchlaufen. Für das geregelte Abkühlen wird manchmal der eigens für diesen Zweck entwickelte mikrolegierte Stahl 49MnVS3 verwendet. Er enthält bei sonst gleicher Zusammensetzung wie der Ck 45 zusätzlich etwa 0,1 % Vanadium und zur besseren Zerspanbarkeit einen höheren Schwefelgehalt. *Baumann*

Wärmebilanz →Energiebilanz (Verbrennungsmotor)

Wärmekraftmaschine. Maschine, die Wärme in mechanische Arbeit umsetzt.

Die erste weit verbreitete W. war die Dampfmaschine. Die bekanntesten W. sind heute →Verbrennungsmotor (→Ottomotor, →Dieselmotor), →Dampfturbine und →Gasturbine. In den meisten Fällen wird die Wärme durch Verbrennung fossiler Brennstoffe mit Luft gewonnen. Bei Kernkraftwerken dagegen stammt die Wärme aus Kernreaktionen. Wärmekraftanlagen, die die Sonnenwärme ausnutzen, befinden sich noch im Experimentierstadium.

Für alle W. gilt, daß nur ein Teil der zugeführten Wärme in mechanische Arbeit umgesetzt werden kann, wogegen der Rest als Abwärme abgeführt werden muß (Carnot-Prozeß, Kreisprozeß). Den höchsten Wirkungsgrad (bezogen auf den Heizwert des Brennstoffs) erreichen heute große Dieselmotoren mit ca. 50 %. Mit einer weiteren Erhöhung dieses Wertes ist in naher Zukunft nicht zu rechnen. *Kuhlmann*

Wärmepumpe.

1. Betriebsweise. Bei der Betriebsweise von W. unterscheidet man im wesentlichen den monovalenten und bivalenten Betrieb.

Monovalenter Betrieb. Im monovalenten Betrieb deckt die W. den gesamten Jahreswärmebedarf des Gebäudes. Im Bild ist die benötigte Jahresheizarbeit graphisch dargestellt. Auf der Ordinate ist die Außenlufttemperatur und auf der Abszisse die Anzahl der Tage aufgetragen, an welchen diese Außenlufttemperatur unterschritten wird. Die Fläche unter dieser Kurve entspricht der Jahresheizarbeit. Bei monovalentem Betrieb muß die gesamte Energie gemäß den Flächen 1 + 2 + 3 von der W. erbracht werden. Die W. muß so ausgelegt werden, daß sie die Spitzenlast, die nur einige Tage im Jahr gebraucht wird, liefern kann.

Bivalenter Betrieb. Bei niedrigen Außentemperaturen wird der Spitzenwärmebedarf von einem zusätzlichen Wärmeerzeuger gedeckt, wohingegen

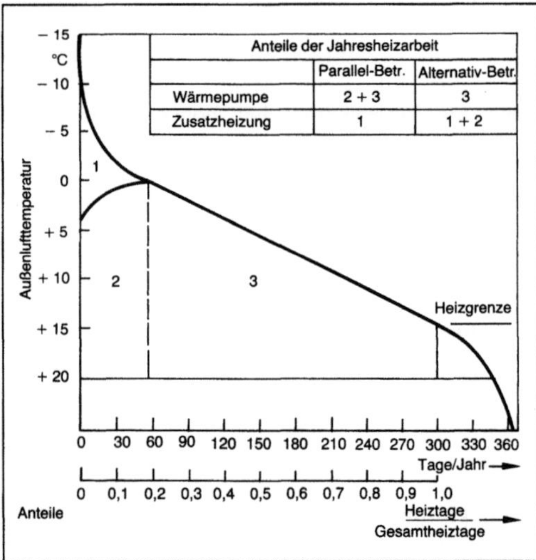

Wärmepumpe (Betriebsweise): Anteile der Jahresheizarbeit bei Heizsystemen mit bivalenter Wärmepumpe. (Quelle: Linde AG)

die W. den Wärmebedarf bei höheren Außentemperaturen (z. B. über 0 oder 3 °C) deckt.

Dies ist häufig energetisch und wirtschaftlich sinnvoll, da die W. eine geringere Temperaturdifferenz zwischen Wärmequellen- und Heizmitteltemperatur zu überwinden hat. Ihre Auslegungsleistung entspricht einem Teil des Gesamtwärmebedarfs. Hierdurch arbeitet sie weit häufiger in der Nähe des Auslegungspunktes mit gutem Wirkungsgrad als im ungünstigeren Teillastbereich. Man unterscheidet zwischen bivalent alternativer Betriebsweise, bei welcher der Wärmebedarf ab dem Dimensionierungspunkt durch die Zusatzheizung allein gedeckt wird (Bild, Fläche 1+2), und der bivalent parallelen Betriebsart, bei der die W. auch bei niedrigsten Außentemperaturen weiterarbeitet (Fläche 2+3) und von der Zusatzheizung (Fläche 1) unterstützt wird. *Knoche*

2. Kältemaschine. Gerät, das unter Aufwendung von Energie (z. B. Strom, Brennstoff, Solarwärme, Restwärme) Wärme von niedrigem Temperaturniveau auf ein höheres hebt.

Je nach Art der Prozeßführung unterscheidet man:
□ Kompressionskältemaschinen und Kompressions-W. (mechanischer Antrieb),
□ Sorptionsanlage (thermischer Antrieb),
□ Dampfstrahlanlage (thermischer Antrieb).

Das Funktionsprinzip von W. und Kältemaschinen ist identisch. Je nachdem, ob der Einsatz eine Kühl- oder Heizaufgabe ist, spricht man von Kältemaschinen oder von W.

Kältemaschinen werden zur Lebensmittelkühlung, zu Gefrierprozessen, zur Klimatisierung von Klimakammern und in der chemischen Industrie verwendet.

W. werden zur Wärmerückgewinnung, Klimatisierung, Brauchwasser- und Heizwasserbereitung eingesetzt.

Es ist möglich, Kälteleistung und Heizleistung gleichzeitig zu nutzen. Auch zeitlich verschobene Nutzung ist möglich, z. B. Kühlung im Sommer und Heizen im Winter. *Knoche*

Wärmerückgewinnung, industrielle. Mit i. W. wird die zusätzliche Nutzung von Fortwärmen, in den meisten Fällen die thermische Energie von Fortfluidströmen, die ohne W. nicht genutzt würden, bezeichnet. Die Ausnutzung kann entweder im Prozeß selbst erfolgen (z. B. Speisewasservorwärmung durch das Abgas) oder für einen fremden Prozeß (z. B. Bereitstellung von Prozeßwärme für einen Nachbarprozeß) oder aber durch Bereitstellung allgemein nutzbarer Energie (vor allem elektrische Energie durch zusätzliche Stromerzeugung in einem Abwärmekraftwerk). Obwohl die W. aus energetischen Gründen wünschenswert ist, sind der praktischen Anwendung aus technischen und meist wirtschaftlichen Gründen Grenzen gesetzt. Die technischen Gründe sind oft ein stoßweiser Arbeitsbetrieb einer Anlagenkomponente, die Nichtgleichzeitigkeit von Abwärmeangebot und Wärmenachfrage oder das zu niedrige Temperaturniveau der Abwärme für eine sinnvolle W. Die wirtschaftlichen Gründe verbieten die Verwirklichung der W. in den Fällen, bei denen die Investitions- und Betriebskosten der zusätzlichen Anlagenteile höher sind als die Ersparnis durch die niedrigeren Energiekosten. In letzter Zeit sprechen allerdings auch ökologische Gesichtspunkte für eine verstärkte Anwendung der i. W. *Bohn*

Wärmespannung. Auf Grund von ungleicher Temperaturverteilung in Verbindung mit behinderter thermischer Ausdehnung in den Bauteilen auftretende innere Materialbeanspruchung. Sie wird auch thermische Spannung genannt. Sie läßt sich den auf äußere Kräfte zurückzuführenden mechanischen Spannungen linear überlagern. Es wirken keine Kräfte nach außen. Deshalb ist in einem Bauteilquerschnitt das Integral dieser W. gleich null.

Eine inhomogene, nicht isotherme Temperaturverteilung entsteht aus dem Temperaturgefälle und dem damit verbundenen Wärmestrom in allen wärmeübertragenden Apparaten und thermischen Turbomaschinen bei stationärer (zeitunabhängiger) Betriebsweise. Instationäre Aufheiz- und Abkühlvorgänge beim An- und Abfahren oder bei Laständerungen beeinflussen das Temperaturfeld im Bauteil zusätzlich. Ist der Längenausdehnungskoeffizient des Werkstoffs von null verschieden, dehnen sich die Werkstoffasern temperaturabhängig. Erst wenn die Form des Bauteils erhalten bleibt, also eine freie thermische Ausdehnung der Werkstoffasern behindert ist, entstehen die W. Für linear-elastisches Werkstoffverhalten gilt unter Vernachlässigung des Einflusses der Querkontraktion:

$$\sigma_{\text{therm}} = \beta\, E\, \Delta\theta,$$

mit β Längenausdehnungskoeffizient, E Elastizitätsmodul, $\Delta\theta$ Differenz zwischen der mittleren und der örtlichen Temperatur.

Generell herrschen in den gegenüber der Mitteltemperatur kälteren Bereichen eines Querschnitts Zug- und in den wärmeren Druckspannungen. Zeit- und temperaturabhängiges Kriechen führt zur Reduktion der W. *Ziemann*

Wärmeverlust. Wärme, die auf Grund von Wärmeübergang, Wärmeleitung oder Wärmestrahlung verlorengeht und damit für den Arbeitsprozeß einer Wärmekraftmaschine nicht mehr zur Verfügung steht.

Bei Verbrennungsmotoren treten W. hauptsächlich dadurch auf, daß während und nach der →Verbrennung Wärme vom Verbrennungsgas an die Brennraumwände (→Zylinderkopf, →Kolben, →Zylinder) übergeht. Bis vor kurzem hat man gehofft, diese W. durch Brennraumisolierung (z. B. mit Keramikschichten oder -bauteilen) verringern und damit den Wirkungsgrad der Motoren noch erhöhen zu können. Nach neuesten Forschungen sind die Aussichten hierfür jedoch gering. (Zur Nutzung der Abwärme im Abgas von →Verbrennungsmotoren →Abgasverlust.) *Kuhlmann*

Waffe.

1. Allgemeines. W. im militärischen Sinne sind alle Mittel, die der Selbstverteidigung bzw. dem Angriff dienen. Sie sollen den Gegner kampfunfähig machen bzw. Kampfmittel, Nachschubeinrichtungen, Verkehrsknotenpunkte, Energiezentren u. a. zerstören.

Den größten Teil der W. rechnet man zu den konventionellen W. im Gegensatz zu den ABC-W. (Atom-W., biologische und chemische W.). Ähnlich unterschied man früher – seit der Entdeckung des Schießpulvers (um 1300) – in kalte W. und Feuer-W. Zu den kalten W. zählten Hieb-, Stich- und Wurf-W. (Säbel, Seitengewehr, Wurfspeer u. a.). Sie haben heute nur noch historische Bedeutung.

Hieb- und Stich-W. galten früher als Nahkampf-W. Heute versteht man darunter Faustfeuer-W., →Handfeuer-W. (Bild 1), Flammenwerfer u. a. Teilweise werden auch alle W. dazugerechnet, die im direkten Schuß, d. h. bei unmittelbarer Sicht des Zieles, zum Einsatz kommen. In diesem Sinne gehören auch Panzerabwehrkanonen und -raketensysteme, Schützen- und Kampfpanzer dazu.

Auch der Begriff Fernkampf-W. hat sich durch die Einführung der Schuß-W. und erst recht durch die Raketen-W. zu größeren Reichweiten verschoben. Heute zählen vor allem Artilleriegeschütze, Raketensysteme und Kampfflugzeuge dazu. Um die sehr aufwendigen Flugzeuge nicht zu gefährden, setzt man als Abstands-W. mitgeführte Raketen, Lenkbomben oder Dispenser ein. Dispenser sind einfachere Flugkörper, die z. B. eine Vielzahl von kleinen Bomben (Bomblettes) mit sich führen und über stark bewachten →Zielen abwerfen.

An die Stelle der Feuer-W. ist heute durchweg der Begriff Schuß-W. getreten. Sie ist vor allem dadurch bestimmt, daß Geschosse durch explosionsartig in einem Rohr erzeugte Gase in eine bestimmte Richtung gelenkt werden können.

Im weiteren Sinne sind aber auch die heutigen Wurf-W. wie Handgranaten, Minen usw. dazuzurechnen, deren Wirkung aus chemischer Energie unmittelbar durch Gasschlag oder mittelbar durch Splitter gegeben ist.

In der Erforschung befinden sich W., die an Stelle von chemischer Energie elektrische Energie (elektrische bzw. elektromagnetische W./Kanonen) oder die hohe Energiekonzentration von Lasern (Laser-W./-kanonen) nutzen.

Nach der Bedienung werden die W. eingeteilt in Faustfeuer-W., die man mit einer Hand hält, Handfeuer-W., die man beim Schuß mit beiden Händen halten muß und (Artillerie-) Geschütze, die wegen Größe und Gewicht nur noch maschinell gehandhabt werden können.

Je nach ihrer Zielfläche sind zu unterscheiden Punktfeuer-W. (z. B. Panzerkanone bei Einsatz von KE-Munition), Flächenfeuer-W. (z. B. Artillerie bei Einsatz von einfachen Sprenggeschossen) und Massenvernichtungs-W., die wie Kernwaffen in der Lage sind, ganze Landschaften zu zerstören.

Die einzelnen W.-Gattungen werden insgesamt oder teilweise als W. angesprochen (Luft-W., U-Boot-W.). Sie stellen entsprechend ihrer spezifischen Aufgabenstellung unterschiedliche Anforderungen. So wird beispielsweise von einer Flugzeugbewaffnung eine hohe Kadenz (Schuß/min) gefordert, während bei Heeres-W. die längere Nutzung bedeutsam ist und Schiffsbewaffnungen eine hohe Korrosionsbeständigkeit aufweisen müssen.

Je nach W.-Träger erleben die Geschütze eine spezifische Ausprägung als Panzerkanone (Bild 2), Schiffsgeschütz, Flugzeugbordkanone, Feldgeschütz oder Selbstfahrlafette.

Unterschiedliche technische Auslegungen werden als Rohr-W. im Gegensatz zu Raketen-W., als Mehrrohr-W. (Zwilling, Vierling) oder als Maschinen-W. bzw. automatische W. charakterisiert.

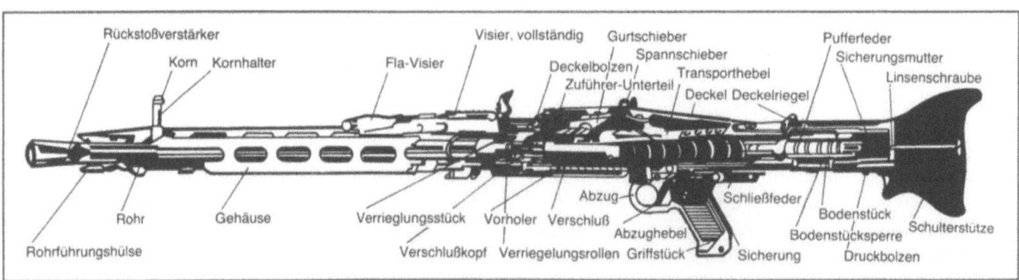

Waffe 1: Maschinengewehr MG 3.

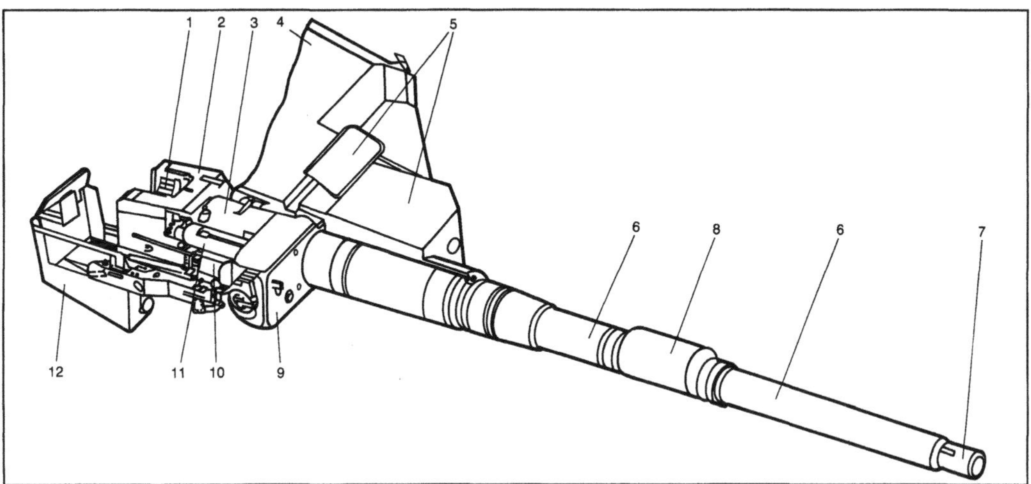

Waffe 2: Glattrohrkanone des Kampfpanzers Leopard 2.

1 Verschluß, 2 Bodenstück, 3 Wiegenrohr, 4 Turmwand, 5 Blende mit Abdeckung, 6 Rohrschutzhülle, 7 Rohr, 8 Rauchabsauger, 9 Wiegenwalze mit Schildzapfenlager, 10 Rohrvorholer, 11 Rohrbremse, 12 Hülsenkasten

Im Rahmen der Abrüstungsdiskussion wird zwischen Angriffs-W. (früher Trutz-W.) und Verteidigungs- oder Schutz-W. unterschieden. Zu den Schutz-W. zählten im Mittelalter Schild, Helm und →Panzer („Rüstung"). Davon sind heute noch Stahlhelm, Panzerungen und vereinzelt kugelsichere Westen übriggeblieben. Im übrigen gelten Minen, Panzerabwehr- und Flugabwehr-W. als Verteidigungs-W. Die Abgrenzung ist oft schwierig. So gilt beispielsweise der Panzer als beste Panzerabwehr-W. *Meyer-Bäse*

2. biologische. Unter b.W. versteht man alle Einrichtungen, die eigens dazu bestimmt sind, schädliche Insekten oder andere lebende oder tote Organismen oder deren toxische Produkte für militärische Zwecke zu nutzen. Es werden insbes. Kleinstlebewesen eingesetzt, um bei Menschen, Tieren oder Pflanzen Krankheiten mit oder ohne tödlichem Ausgang zu verursachen.

Die Mikroorganismen wie Viren, Bakterien, Pilze und Protozoen müssen jedoch bestimmten Anforderungen genügen, um als b.W. in Anwendung gebracht zu werden.

Die Mittel müssen in hinreichenden Mengen verfügbar oder herstellbar sein, d. h. es muß möglich sein, eine große Menge von ihnen zu züchten oder auf künstlichem Weg herzustellen. Die Mikroorganismen müssen transportierbar und gegen Umwelt- sowie Witterungseinflüsse resistent sein. Möglichst geringe Mengen sollen möglichst großen Schaden anrichten. Dazu müssen sie eine hohe Ansteckungsfähigkeit haben, sich von selbst weiter ausbreiten und ihre Schäden schlecht heilbar sein.

Mikroorganismen, die diese Anforderungen erfüllen und deswegen als Angriffsmittel Verwendung finden könnten, sind aus der folgenden Tabelle ersichtlich.

Der Einsatz von b.W. erfolgt aus der Luft und durch den Einsatz von Saboteuren. Die Verteilung geschieht durch Aussprühen, Vernebeln oder Verstäuben.

Die b.W. gelangen durch Einatmung oder durch eine Oberflächenberührung in den Organismus von Mensch, Tier und Pflanze. Sie können im Trinkwasser, Futtermittel oder in der Nahrung auftreten. Da die meisten lebenden Krankheitserreger durch Austrocknung und Sonnenlicht geschädigt werden, ist der Einsatz von biologischen Kampfmitteln vorzugsweise bei trübem, regnerischem oder nebligem Wetter zu erwarten. Windstille ist eine weitere wichtige Einsatzvoraussetzung. *Meyer-Bäse*

Literatur: *Kliewe, H., u. I. Albrecht:* Lehrb. Biologische Kampfmittel. Köln 1963.

3. chemische. Unter c.W. versteht man feste, flüssige oder gasförmige Substanzen und die für den Einsatz in bewaffneten Auseinandersetzungen benötigten technischen Vorrichtungen (→Munition, Kampfstoffbehälter, Transport- und Einsatzmittel). Man unterscheidet zwischen

□ Hautkampfstoffen,
□ Nervenkampfstoffen,
□ Psychokampfstoffen.

Hautkampfstoffe wirken hauptsächlich auf die Haut, aber letztlich auf den gesamten Organismus bis hin zur letalen Vergiftung. Militärisch ins Gewicht fallende Bedeutung hatten Hautkampfstoffe beim Einsatz von Lost oder Gelbkreuz bei

Waffe, biologische. Tabelle: Krankheiten, Krankheitserreger und Giftstoffe, die als Kampfmittel im biologischen Krieg dienen können. (Quelle: Kliewe u. Albrecht a. a. O.)

	zum Einsatz gegen		
	Mensch	Tier	Pflanze
Viren (einschl. Rickettsien)	Grippe und ähnliche Erkrankungen Papageienkrankheiten (Ornithosis) Gelbfieber Virus-Gehirnentzündung Denguefieber Pappatacifieber Fleckfieber, Fünftagefieber Felsengeb.-Fieber Qu-Fieber u. a. Rickettsiosen	Maul- und Klauenseuche Rinderpest Geflügelpest atyp. Geflügelpest (Newcastle-Krankheit) Schweinepest (-cholera) afrikan. Schweinefieber Bläschenexanthem der Schweine Lungen-(Brust-)Seuche seuchenhafte Gehirn-Rückenmarksentzündung (bei Schweinen: Teschen-Krankheit) Rift-Tal-Fieber	Kartoffel-Kräuselkrankheit
Bakterien	Milzbrand, Pest, Rotz Pseudo-Rotz (Melioidosis) Brucellosen (Bangkrankh., Maltafieber) Infekt, Darmerkrankungen, Tularämie Gift d. Botulinus-Baz.	Milzbrand Rotz Brucellosen (seuchenhaftes Verwerfen) Pasteurellosen (Rinder-, Schweineseuchen) Schafsseptikämie Geflügelcholera infekt. Darmerkrankungen	Ringfäule d. Kartoffeln, Apfel-, Birnen-, Bohnenmehltau
Pilze	Histoplasmose Blastomykose Coccidioidomykose		schwarzer Getreiderost Kornfäule Kartoffelkrautfäule
Protozoen (nur in Überträgern)	Malaria Trypanosomen-Erkrankung (z. B. Schlafkrankheit)	Piroplasmosen (z. B. Texasfieber) Trypanosomen-Erkrankung (z. B. Nagana)	
sonstige	Gliederfüßler als Überträger von Infektions-Tier-Erregern, z. B. Stechmücken (Gelbfieber, Dengue-, Pappatacifieber, Rift-Tal-Fieber, Oroya-Fieber, Tularämie, Leishmaniosen), Zecken (Taiga-Encephalitis, Geflügelpest, Qu-Fieber), Zeckenfleckfieber, Zeckenrückfallfieber, Tularämie (Piroplasmosen), Läuse (Fleckfieber, Wolhyn. Fieber, Qu-Fieber, Rückfallfieber), Bremsen (Tularämie), Milben (Milbenfleckfieber, Geflügelcholera), Fliegen (pass. Übertragung von Ruhr u. a. infekt. Darmkeimen, Milzbrand) Synthet. Stoffe: Insektenvernicht.-Mittel (gegen Bienen), Gifte (gegen Süßwasserbewohner)		Schädlinge wie Drahtwürmer, Kartoffelkäfer, Unkrautsamen, Synthet. Stoffe: Vernichtungsmittel, Wuchsstoffe

Ypern in Belgien im Juli 1917 während des Ersten Weltkriegs. Lost ist eine Flüssigkeit mit geringem Dampfdruck. Seine Wirkung tritt langsam ein: Rötung, Jucken und Brennen der Haut, Bläschenbildung und Gewebezerstörungen, Geschwüre, Tbc usw. durch Sekundärinfektion. Letale Vergiftungen bei oraler Aufnahme. Unmittelbare Wirkung demgegenüber bei Lewisit.

Nervenkampfstoffe werden wegen ihrer Wirkungsweise als Nervengifte bezeichnet. Die Aufnahme erfolgt durch Inhalation, perkutane Resorption und orale Aufnahme. Sie wirken durch Blokkierung eines Enzyms der Acetylcholinesterase. Dieses Enzym ist im menschlichen Körper nur in geringen Mengen vorhanden und wird zur Dekontraktion von Muskeln benötigt. Die Blockierung führt zu einer Muskellähmung beim Menschen, der nach kurzer Zeit an Atmungs-, Herz- oder Kreislaufversagen stirbt. Die Nervenkampfstoffe Tabun, Sarin und Soman wurden während des Zweiten Weltkriegs entwickelt, sind aber nicht eingesetzt worden.

Psychokampfstoffe sollen nicht töten, sondern durch Verwirren der Sinne den Gegner kampfunfähig machen. Die beiden wichtigsten Kampfstoffe sind Lysergsäurediethylamid (LSD) und Benzilsäurechinuclidinylester (BZ). Letzteres wirkt nach Inhalation der Dämpfe oder durch Flüssigkeitsaufnahme der Haut. Nach einer von der Dosis abhängigen Einwirkungszeit von 30 min – 4 h treten als Vergiftungssymptome Erhöhung der Pulsfrequenz, Sehstörung, Schwindelgefühl, optische und akustische Haluzinationen, Hitzestau, Aussetzen der Transpiration und Angstgefühl auf. Der Betroffene wird völlig apathisch. Die halluzinogene Wirkung von LSD wurde 1943 in Basel entdeckt. LSD löst ähnliche Wirkungen wie BZ aus. Hierzu kommen vor allem Halluzinationen, Rausch- und Dämmerzustände, Depressionen und Verfolgungswahn sowie der völlige →Verlust des Raum- und Zeitgefühls. Diese Wirkungen beginnen etwa eine halbe Stunde nach der Einnahme, erreichen nach 3–5 h ihren Höhepunkt und enden nach etwa 12 h.

Die Tatsache, daß sich chemische Kampfstoffe nur begrenzt lagern lassen sowie sehr gefährlich zu handhaben sind, führte zur Entwicklung von Binärsystemen. Als binäre c.W. bezeichnet man solche, bei denen der Kampfstoff durch Zusammenführen zweier Substanzen nach Abschuß bzw. beim Aufprall entsteht. Zunehmende Bedeutung gewinnen Mykotoxine (Pilzgifte).

Der Einsatz von Entlaubungsmitteln (Agent Orange) hat die Verwendung von Herbiziden zu militärischen Zwecken bekannt gemacht.

Alle c.W. sind mehr oder weniger flüchtig. Die leichter flüchtigen werden oft als Luftkampfstoffe, die schwerer flüchtigen als Geländekampfstoffe bezeichnet. *Meyer-Bäse*

Waffenstabilisierung. Einrichtung, die eine →Waffe in bezug auf eine Lage und Richtung konstant hält und damit den Schuß aus der Bewegung (mit hinreichender Treffwahrscheinlichkeit) ermöglicht. Stabilisierungseinrichtungen kommen vor allem auf Schiffen und in Fahrzeugen vor, weil die Waffenlagerungen dauernden Schwankungen unterworfen sind. Ausgeglichen werden gewöhnlich die Rotationsbewegungen, während die translatorischen Bewegungen nachgerichtet werden. Meist handelt es sich um elektrische oder elektrohydraulische Regeleinrichtungen. Als Referenzsystem werden Kreisel verwandt, die entkoppelt gelagert bei hohen Drehzahlen in einer stabilen Lage verharren. Die Abweichungen von der vorgegebenen Richtung oder Lage werden registriert und in elektrische Signale umgesetzt, die dann über Verstärker und Stelleinrichtungen entgegengesetzte Bewegungen einleiten.

Eine Stabilisierung in allen 3 Achsen (Hoch-, Quer- und Längs- bzw. Gier-, Nick-, Rollachse) setzt eine kardanische Lagerung der Waffe voraus. Wenn die Richtantriebe einer Waffe nur Bewegungen um zwei Achsen (Azimut-, Elevationsachse) zulassen, wird mit einem ballistischen Rechner die dritte Achse kompensiert (Verkantung bei höherer Elevation).

Es sind folgende technische Lösungen zu unterscheiden:
□ Gemeinsame Stabilisierung von Waffe und Zieloptik.
□ Stabilisierung der Zieloptik und Nachführung der Waffe durch einen Regelantrieb.
□ Zielbezogene Stabilisierung (Tracking), d. h. automatische Fixierung der Optik auf das Ziel.

Gute Stabilisierungsergebnisse werden erreicht, wenn man durch Entkopplung die selbststabilisierende Wirkung der Massenträgheit des Geschützes nutzt, die Waffe selbst (primär) grob vorstabilisiert und sekundär durch die feinstabilisierte Zieloptik über den Regelantrieb nachstabilisiert. Vorteilhaft wirkt es sich aus, wenn Stabilisierung, Entfernungsmesser und Feuerleitrechner integriert arbeiten. *Meyer-Bäse*

Waffensystem. W. sind wehrtechnische Systeme (Bild), die neben einer oder mehreren Waffen als wesentliche Bestandteile alle Komponenten enthalten, die notwendig sind, um voll und nachhaltig die Wirkung im Ziel zu gewährleisten.

Charakteristisch für ein W. sind Art und Umfang der Elemente, ihre strukturelle Anordnung und ihre funktionellen Beziehungen zueinander. Ein W. erfüllt eine spezielle Aufgabe im Rahmen der Ausrüstung einer Streitmacht.

Typische Beispiele für W. sind →Panzer, Jagdflugzeuge, U-Boote u. a. Zum W. in engerem Sinn gehören die Waffe, der Waffenträger, die Feuerleit-

Waffensystem: Flugabwehrkanone – Flak 20 mm.

mittel, die Munitionsarten, die Schutzeinrichtungen und die Bedienungsmannschaft. Im weiteren Sinn gehören aber auch Einrichtungen, →Material und Personal für →Wartung, Instandsetzung und Versorgung dazu.

Die Notwendigkeit, Waffen im System zu sehen, hat umgekehrt unter werblichen Aspekten zu einer inflationären Benutzung des Wortes System geführt.

Bei der Gestaltung von W. kommt es insbes. auf die Leistungsfähigkeit, Sensitivität, →Zuverlässigkeit, →Lebensdauer, Wartungs- und Instandsetzungsfähigkeit sowie Kostenwirksamkeit des Gesamtsystems an. Unter dem Gesichtspunkt beschränkter Mittel stellt die Auswahl der Komponenten ein Optimierungsproblem dar.

Bestimmende Kriterien für die Leistungsfähigkeit von W. sind gewöhnlich die Komplexe Feuerkraft, Schutz, Beweglichkeit und Führbarkeit. Die Komplexe werden im einzelnen durch eine Reihe von technischen Parametern bestimmt, die jeweils quantifiziert werden können. Für die Bewertung des Gesamtsystems sind die Prioritäten bzw. Wichtungen der Parameter innerhalb der Komplexe und der Komplexe zueinander maßgeblich.   *Meyer-Bäse*

Wagen →Ackerwagen

Walkmaschine   →Wollgewebeausrüstungsmaschine

Walkpenetration. Konventionelles Maß für die Verformbarkeit von Schmierfetten. Gemessen wird die Einsinktiefe (Penetration) eines genormten Konus in eine Schmierfettprobe, die temperiert und mit 60 Doppeltakten in einem Standardkneter gewalkt wurde.   *Habig*

Literatur: DIN/ISO 2137: Mineralölerzeugnisse. Schmierfett. Bestimmung der Konuspenetration. Hrsg. Dt. Inst. für Normung. Ausg. Dez. 1981.

Walzdraht. W. ist ein warmgewalztes →Fertigerzeugnis aus Metallen aller Art, insbes. Stahl, das im warmen Zustand in Ringen, d. h. regellos in ungeordneten Lagen, oder in →Rollen, d. h. in geordneten Lagen, aufgehaspelt wird. Die Querschnittsform des W. kann rund, oval, quadratisch, recht-, sechs- und achteckig sowie halbrund oder anders sein. Die Oberfläche ist üblicherweise glatt.   *Baumann*

Walze. Eine W. ist ein Werkzeug für das Umformen, insbes. von Metallen, in Walzanlagen. Die W. besteht grundsätzlich aus dem Walzenballen sowie aus den beiden Walzen-Lagerzapfen und bei angetriebenen W. aus dem Walzen-Antriebzapfen, auch Kuppelzapfen genannt. Als Walzenwerkstoff wird meist Stahl, Gußeisen oder Sphäroguß verwendet.   *Baumann*

Walzen, kontrolliertes. K. W. ist die allgemeine Bezeichnung für ein thermomechanisches →Behandlungsverfahren. Die thermomechanische Behandlung von Stahl ist der Oberbegriff für alle Warmumformverfahren, bei denen die Temperatur und die Umformung des Umformguts in ihren zeitlichen Abläufen mit dem Ziel gesteuert werden, einen bestimmten Werkstoffzustand und somit bestimmte Werkstoffeigenschaften einzustellen. Thermomechanische Behandlungsverfahren werden zum Herstellen von Grobblech, Warmband und Profilstahl eingesetzt.   *Baumann*

Walzenanstellsystem. Ein W. ist ein Teilsystem eines Walzgerüsts zum Aufrechterhalten oder Ändern des Walzspalts, d. h. des Abstands der Arbeitswalzen voneinander, und damit des Durchgangsquerschnitts zwischen den Arbeitswalzen.   *Baumann*

Walzenballen. Ein W. ist ein Teil einer Walze, der zwischen den Walzen-Lagerzapfen liegt und das Walzgut unmittelbar umformt. Der W. kann glatt oder kalibriert sein.   *Baumann*

Walzenbrecher (Baugerät). Das Brechgut wird zwischen zwei gegenläufigen Walzen (Bild) oder zwischen einer Walze und einer Brechbacke drückend zerkleinert. Die Walzenmäntel sind je nach Anforderung gezahnt, geriffelt oder glatt ausgebildet. Zum Überlastungsschutz ist eine Walze oder die Brechbacke federnd gelagert. Mit einem Zerkleinerungsgrad 3 bis 4:1, Drehzahl über 30 min⁻¹ beim Brecher, bis 250 min⁻¹ bei der Mühle, dienen sie der Feinzerkleinerung von weichem und mittelhartem Gestein.   *Kühn*

Walzenbrecher (Verfahrenstechnik) →Brecher

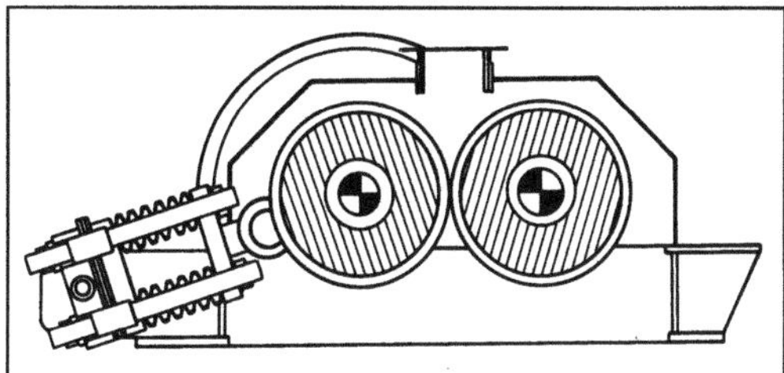

Walzenbrecher (Baugerät): Arbeitsschema eines Zweiwalzenbrechers.

Walzenkaliber. W. ist die Bezeichnung für den freien Querschnitt in der Walzebene einer Walze, wenn in den Arbeitswalzen ein Profil eingeschnitten ist, in dem das Walzgut beim Durchgang umgeformt wird. *Baumann*

Walzenöffnung. Die W. ist der kleinste Abstand der Oberflächen zweier Arbeitswalzen in der Walzebene. *Baumann*

Walzensprung. W. ist die Bezeichnung für die Vergrößerung der Walzenöffnung beim Anstich des Walzguts durch eine Dehnung der Teile des Walzgerüsts. *Baumann*

Walzenständer. Ein W. ist ein Teil eines Walzgerüsts, in dem die Walzen gelagert sind. Ein Walzgerüst hat meist zwei W. *Baumann*

Walzgerüst. Ein W. ist ein technisches System zum Warm- oder Kaltwalzen von Metallen. Wesentliche Bestandteile eines W. sind Walzen, Walzenlager, Walzen-Einbaustücke, Walzenständer und →Walzenanstellsystem. *Baumann*

Walzgut. W. ist der Sammelbegriff für das zu walzende oder das gewalzte →Material. *Baumann*

Walzkaliber. W. ist die Bezeichnung für den freien Querschnitt in der Walzebene einer Walze, wenn in den Arbeitswalzen ein Profil eingeschnitten ist, in dem das Walzgut beim Durchgang umgeformt wird. *Baumann*

Walzplattieren. W. ist ein Plattierverfahren, bei dem das Zusammenfügen durch gemeinsames Walzen der zu vereinigenden Metalle bei einer für den Walzvorgang geeigneten Temperatur bewirkt wird. Beim W. unterscheidet man zwischen Warmplattieren und Kaltplattieren. *Baumann*

Walzrichten. Unter W. ist ein Walzbiegen zum →Richten von Blech, Draht, Stäben und Rohren zu verstehen, bei dem die Walzenachsen entweder senkrecht oder geneigt zur Biegeebene stehen. *Baumann*

Walzspalt. W. ist die Bezeichnung für die Walzenöffnung einschl. des Walzensprungs an den Berührungsflächen des Walzguts mit den Walzen über die Walzballenlänge. *Baumann*

Walzstahlerzeugnis. Ein W. kann beispielsweise ein durch Walzen hergestelltes Halbzeug, ein warmgewalztes →Fertigerzeugnis, ein kaltgewalztes Fertigerzeugnis, ein durch Walzplattieren zusammengesetztes Fertigerzeugnis, ein W. mit Überzug oder ein W. ohne Überzug sein. *Baumann*

Walzstahl-Fertigerzeugnis. Ein W.-F. ist ein Produkt, dessen Formgebung im Hüttenwerk beendet ist. Sein Querschnitt ist über die Länge gleichbleibend. Es ist meist durch eine Norm beschrieben, in der die Abmessungen sowie die zulässigen Maß- und Formabweichungen festgelegt sind. Querschnitt und Oberfläche des W.-F. sind i. a. so beschaffen, daß zum Erhalt der Gebrauchsabmessung meist nur ein Abtrennen erforderlich ist. *Baumann*

Walzstahlprodukt. Ein W. ist ein Walzstahlerzeugnis, das als Fertigprodukt einer weiteren, beispielsweise umformenden oder spanabhebenden Bearbeitung unterzogen wurde. *Baumann*

Walzstahl-Produktionsmenge. Die W.-P. Baustahl war 1991 in der Bundesrepublik Deutschland etwa 29,3 Mill. t. Dazu zählten →Flachstahl, Profil- und Formstahl sowie Stabstahl und Draht. Daneben wurden im gleichen Jahr etwa 4,4 Mill. t Edelstahl und 4,1 Mill. t Stahlrohre hergestellt. Die P. Flachstahl, Bandstahl und Blech stiegen zwischen 1960 und 1991 um etwa 150 %. Die steigende Bedeutung von warmgewalztem und kaltgewalztem Band drückt sich auch in ihren zunehmenden Anteilen innerhalb aller W.-Fertigerzeugnisse aus. Im Jahr 1991 wurden bereits mehr als 60 % des gesamten Walzstahls auf Warmbandstraßen gewalzt. Dabei hat der Anteil Kaltband 30 % überschritten.

In der Europäischen Gemeinschaft und in anderen Industrieländern außerhalb der Gemeinschaft ist die Entwicklung der Warmband- und Kaltband-Erzeugung ähnlich verlaufen. *Baumann*

Walzstraße. Eine W. ist ein komplexes technisches System zum Umformen des Walzguts einschl. der damit in unmittelbarem Zusammenhang stehenden Arbeitsvorgänge, beispielsweise Fördern, Heben, Wenden, Drehen und Warmschneiden. Die W. werden im allgemeinen Sprachgebrauch nach den Merkmalen
□ Produkte,
□ Anordnung der Walzgerüste,
□ Einsatzwärme des Walzguts und
□ Straßenteil
benannt.

Benennung nach Produkten: Block-, Brammen-, Block-Brammen-, Grobblech-, Knüppel-, Platinen-, Knüppel-Platinen-, Formstahl-, Stabstahl-, Draht-, Warmband-, Kaltband-, Breitband-Straßen.

Benennung nach der Anordnung der Walzgerüste:

□ Umkehrstraße: Ein- oder zweigerüstige W., bei der das Walzgut in mindestens einem Walzgerüst mehrere Stiche erhält. Nach jedem dieser Stiche wird die Walzrichtung geändert;

□ offene Straße: W., bei der mehrere Walzgerüste nebeneinander versetzt angeordnet sind;

□ halbkontinuierliche Straße: W., bei der einige Walzgerüste in Linie nacheinander für kontinuierlichen Betrieb und andere Walzgerüste offen, gestaffelt oder als Umkehr-Walzgerüste angeordnet sind;

□ kontinuierliche Straße: W., bei der Vor-, Zwischen- und Fertiggerüste in Linie nacheinander oder versetzt angeordnet sind und vom Walzgut in einer oder mehreren Adern kontinuierlich durchlaufen werden, wobei das Walzgut in mehreren Walzgerüsten gleichzeitig umgeformt wird;

□ Tandemstraße: W., bei der 2 oder mehr Walzgerüste im Verbund miteinander arbeiten, beispielsweise Tandem-Kaltband-W.

Benennung nach der Einsatzwärme des Walzguts:

□ Warm-W.,

□ Kalt-W.

Benennung nach dem Straßenteil:

□ →Vorstraße: Teil einer W., auf der Vorblöcke, →Knüppel, Vorbrammen oder Platinen Vorstiche erhalten, bevor sie einem nachfolgenden Straßenteil zugeführt werden;

□ →Zwischenstraße: Teil einer W. zwischen einer Vor- und einer →Fertigstraße;

□ Fertigstraße: Teil einer W., auf dem das Walzgut fertiggewalzt wird. *Baumann*

Walzverfahren. Unter einem W. ist ein stetiges oder schrittweises Druckumformen mit einem oder mehreren sich drehenden Werkzeugen, den Walzen, ohne oder mit Zusatzwerkzeugen, beispielsweise Stopfen, Dorne, Stangen oder Führungswerkzeuge, zu verstehen. In Sonderfällen können an Stelle der Walzen auch anders geformte Werkzeuge, beispielsweise Backen beim Gewindewalzen, verwendet werden. *Baumann*

Walzwerk. Unter W. ist die Gesamtheit aller technischen Systeme und Einrichtungen, die mit einem bestimmten Walzprogramm zur Herstellung von Walzerzeugnissen erforderlich sind, zu verstehen. *Baumann*

Walzwerktechnik. Unter W. sind einerseits die Entwicklungen der Walzverfahren zur Herstellung von Eisen-, Stahl- sowie NE-Metall-Walzerzeugnissen und andererseits die Entwicklungen, der Bau sowie der Betrieb technischer Systeme zur Durchführung der Walzverfahren zu verstehen. *Baumann*

Wanderschalung →Tunnelschalung

Wandertisch →Kettenförderer

Wandler. →Getriebe als Drehmoment-W., im engeren Sinn hydrodynamisches Strömungsgetriebe. *Fiala*

Wandler, hydrodynamischer. Der h. W. (auch Strömungs-W. oder nach dem Erfinder Föttinger-W. genannt) überträgt Wellenleistung mit Drehmomentwandlung und stufenloser Drehzahlanpassung zwischen einer →Kraftmaschine auf der Antriebsseite und einer →Arbeitsmaschine auf der Abtriebsseite.

Bild 1 zeigt das Prinzip. Der W. besteht aus einem feststehenden Gehäuse, dem Pumpenrad P auf der Antriebswelle, dem Turbinenrad T auf der Abtriebswelle und einem →Leitrad R, das mit dem Gehäuse fest verbunden ist. Eine leistungsübertragende Flüssigkeit (meist Öl) strömt im geschlossenen Kreislauf durch P, T und R infolge ungleicher Drehzahlen von P und T. Die Leistungsübertragung zwischen Rad und Fluid geschieht nach dem Arbeitsprinzip Strömungsmaschinen. Für alle stationären Betriebszustände gilt die Leistungsbilanzgleichung: $M_P \cdot \omega_P + M_T \cdot \omega_T + \dot{Q} = 0$ und die Drehmomentenbilanz: $M_P + M_T + M_R = 0$. Darin sind zugeführte Größen (Leistung und Drehmoment der Pumpenwelle) positiv und abgeführte Größen (Leistung und Drehmoment der Turbinenwelle und der aus der inneren Verlustleistung über Gehäuse oder Kühler abzuführende Wärmestrom $\dot{Q}$) negativ ein-

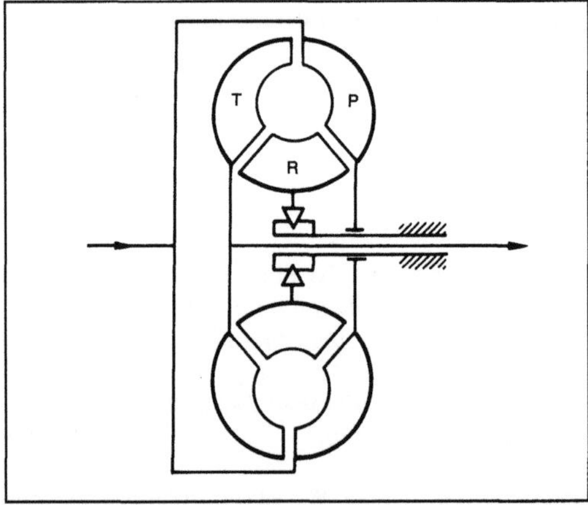

Wandler, hydrodynamischer 1: Prinzip eines Strömungswandlers. (Quelle: Dubbel *a. a. O.)*

P Pumpe, R Leitrad, T Turbine

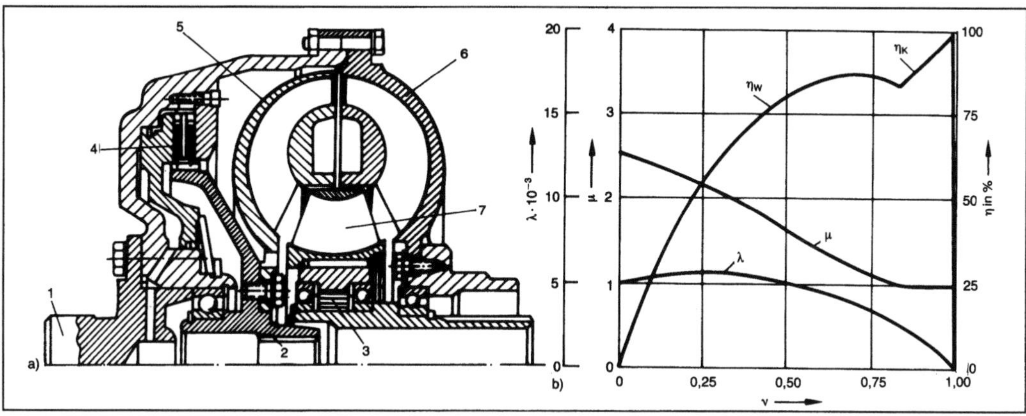

Wandler, hydrodynamischer 2: Zweiphasiger Wandler mit Freilauf und mechanischer Kupplung. (Quelle: Dubbel a. a. O.)
a) Schnittbild.

1 Antrieb, 2 Abtrieb, 3 Freilauf, 4 Kupplung, 5 Turbine, 6 Pumpe, 7 Leitrad

b) Kennfeld.

zusetzen. Die Drehungen beider Wellen sind i. a. gleichsinnig gerichtet. In der Regel ist $|M_T| > |M_P|$, d. h. das Leitradmoment M_R ist dem Pumpenradmoment gleichgerichtet, und damit $n_T < n_P$. Folgende Kenngrößen beschreiben das Betriebsverhalten:

- Drehzahlverhältnis $\nu = n_T/n_P = \omega_T/\omega_P$,
- Drehmomentenverhältnis $\mu = |M_T|/M_P$,
- Leistungsaufnahmezahl $\lambda = P_P/(\varrho \cdot D^5 \cdot \omega_P^3)$,
- →Wirkungsgrad $\eta = -P_T/P_P = \nu \cdot \mu$.

Wird das Leitrad über einen Freilauf gelöst, so wirkt der W. wie eine hydrodynamische Kupplung. Bild 2 zeigt einen solchen zweiphasigen W. und dessen →Kennfeld. Rechts vom Kupplungspunkt $\mu = 1$ arbeitet der W. bei gelöstem Freilauf des Leitrads als Kupplung. Bei Betrieb als W. ($\mu > 1$) ist abtriebsseitig eine Drehmomenterhöhung immer mit einer Drehzahlminderung verbunden, so daß Leistungsänderungen auf der Antriebsseite nur abgeschwächt oder gar nicht auftreten. Dies ist die wichtigste Eigenschaft des W. außer einer wirkungsgradgünstigen Übertragung von Wellenleistungen auf niedrigere Drehzahlen und höhere Drehmomente. Je nach Anwendung und Auslegung sind im Anfahrpunkt ($\nu = 0$) Drehmomentverhältnisse von $\mu = 2$–5 üblich. Optimale Betriebswerte liegen bei $\nu = 0{,}4$–$0{,}8$.

Stell-W. haben verstellbare Leitradschaufeln, so daß unterschiedliche Kennlinien von Kraft- und Arbeitsmaschine besser angeglichen werden können.

Anwendungen bei mittleren Leistungen mit wechselnden Lastbedingungen auf der Abtriebsseite, z. B. Automatgetriebe in Nutzkraftwagen (Bus, Lkw), Baggern, Erdbewegungsmaschinen, Rührwerken, Diesellokomotiven. *Rauhut*

Literatur: *Dubbel:* Taschenb. für den Maschinenbau. 17. Aufl. Berlin, Heidelberg, New York 1990. – *Wolf, M.:* Strömungskupplungen und Strömungswandler. Berlin, Heidelberg 1962.

Wandschalung. Generelle Faktoren, die Einfluß auf die Ausbildung von W. nehmen, sind Wandhöhe, Wandlänge und -dicke, Form des Wandquerschnitts, Wandneigung sowie die Ausbildung von Ecken, Wandeinbindungen und Aussparungen. Zur Einschalung von Wänden lassen sich unterscheiden:

- konventionelle W.,
- Steckschalung,
- Rahmenschalung,
- W. mit Großflächenelementen und
- Sonderschalung.

Die konventionelle W. zeichnet sich durch eine gute Anpassungsfähigkeit an die unterschiedlichen Schalungsaufgaben aus, insbes. im Hinblick auf unregelmäßige oder komplizierte Bauteilformen oder -abmessungen. Dem Vorteil geringer Materialkosten stehen hohe Lohnkosten entgegen. Das Bild zeigt die Grundkonstruktion einer konventionellen W. Steckschalungen (Reißverschluß- oder Schnellschalungen) sind eine weitere Form der W. Dabei liegt der wesentliche Unterschied gegenüber anderen W. in der Unterstützungskonstruktion. Diese besteht aus speziellen Flacheisenankern – sie dienen gleichzeitig als Abstandhalter – und steckerartigen, stählernen Tragstäben, die gleichzeitig die Unterstützung für die Schaltafeln sind. Die Rahmenschalung ist in ihrer technischen Ausbildung das objektunabhängige, standardisierte Schalungssystem in seiner konsequentesten Form. Die Schalelemente der Rahmenschalung bestehen aus einem umlaufenden Stahl- bzw. Aluminiumrahmen, der mit einer Anzahl ebensolcher Querrippen die Schalunterstützung bildet. Die Schalhaut aus hochwertigem Sperrholz ist so in das Nasenprofil des Rahmens eingelassen, daß ein allseitiger Kantenschutz gegen mechanische Beanspruchungen gewährleistet ist. Wesentlich ausgeprägter als bei den Großflächenträgerschalungen ist das Ein- und Ausschalen der Rahmtafelsysteme ein systemgebundener Montagevorgang, den auch ungelernte Arbeitskräfte rasch durchführen können. Außer niedrigen Kosten durch Wegfallen von Grund- und Demontagekosten sowie niedrigen Transport- und Lagerhaltungskosten wirkt sich der erheblich geringere Arbeitsraumbedarf wirtschaftlich vorteilhaft aus. Anwendungseinschränkungen ergeben sich für Einsätze außerhalb der üblichen Wohn- und Industriebauten, wenn extreme Schalungshöhen und Belastungen auftreten. Unter dem Gesichtspunkt der Rationalisierung der Schalarbeiten entstanden Großflächenschalsysteme (GF-Schalsysteme), die als erster Schritt in Richtung einer „Schalungsmaschine" anzusehen sind. Durch möglichst viele Einsätze mit einem GF-Element lassen sich hohe Lohneinsparungen erreichen, denen hohe Investitionskosten gegenüberstehen. Die Einzelteile, aus denen sie sich zusammensetzen, gleichen denen einer konventionellen W. *Kühn*

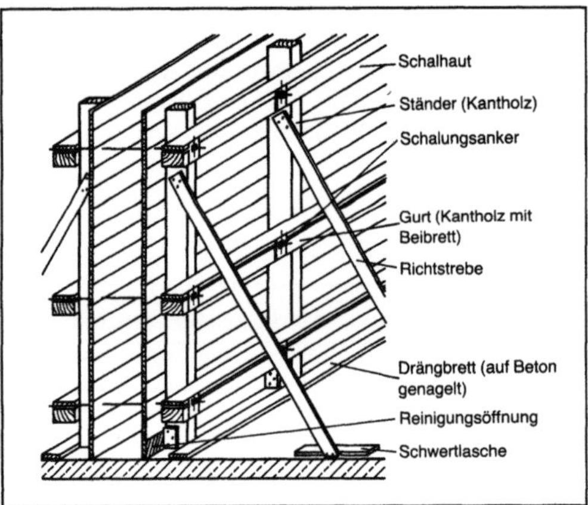

Wandschalung: Konventionelle Wandschalung.

Wankelmotor. Der W. ist eine Kreiskolbenmaschine und gehört damit zur größeren Gruppe der Rotationskolbenmaschinen. Die Grundlagen zur Entwicklung des W. hat *Felix Wankel* mit seinen systematischen Untersuchungen zur Abdichtung des Kolbens und zur Einteilung der Rotationskolbenmaschinen geschaffen. Gemeinsam mit der Firma NSU wurde dann der W. zur Serienreife gebracht. Allerdings hatte der W. nicht den prophezeiten Erfolg.

An Bild 1 seien die Bewegungsverhältnisse beim W. erläutert. In der Mitte läuft die Exzenterwelle, die auch das Schwungrad trägt. Auf dem Exzenter dreht sich gleichsinnig, aber mit 1/3 der Exzenterwellendrehzahl der etwa dreieckige Kolben. Also bewegt sich der Kolbenmittelpunkt auf dem Kreis um die Exzenterwellenmitte. Dabei ist der Abstand der Mittelpunkte durch die Exzentrizität e gegeben. Der Abstand vom Kolbenmittelpunkt zu den Kolbenecken wird Radius R genannt. Aus der Überlagerung der beiden Drehbewegungen ergibt sich die Bahnkurve der Kolbenecken, die eine Trochoide ist. Der Mantel, das mittlere Teil des Motorgehäuses, muß also innen in Form der Trochoide geschliffen werden. Die Form des Kolbens wird so gestaltet, daß er bei seiner Bewegung den Mantel gerade nicht berührt (außer in den drei Eckpunkten).

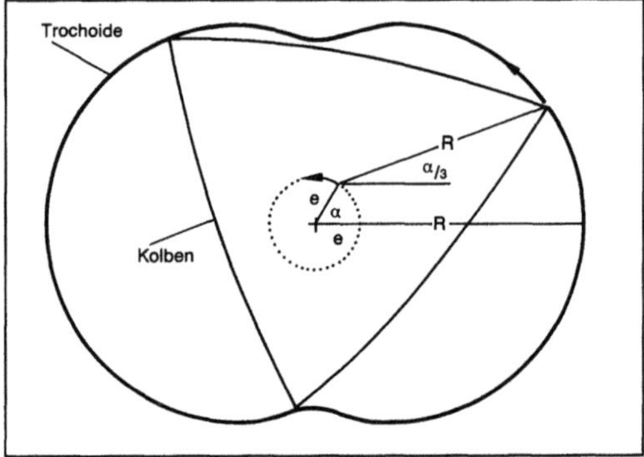

Wankelmotor 1: Bewegung des Kolbens beim Wankelmotor und Entstehung der Trochoide.

Zwischen Kolben und Mantel ergeben sich infolge der beschriebenen Geometrie drei Arbeitskammern. Beim ausgeführten Motor sind in die Kolbenecken Dichtleisten eingesetzt, die diese Arbeitskammern voneinander abtrennen. In den Kolben sind Mulden eingelassen, um günstigere Brennräume zu erhalten. Der Mantel weist einen Einlaß- und einen Auslaßkanal auf. Die Verbindung dieser Kanäle zu den Arbeitsräumen wird dadurch gesteuert, daß die Kolbenecken mit den Dichtleisten über die Öffnungen der Kanäle hinweglaufen.

Bei drei Umdrehungen der Exzenterwelle führt der Kolben eine Bewegung aus, bei der er sich um insgesamt 360° dreht und wieder seine Ausgangslage erreicht. Dabei vergrößert und verkleinert sich das Volumen einer Arbeitskammer zweimal. Das bedeutet, daß in der Kammer ein Viertakt-Arbeitsspiel ablaufen kann (Bild 2). Beim W. ist das Arbeitsverfahren des Viertaktmotors mit der →Schlitzsteuerung des Zweitaktmotors kombiniert.

Damit der Kolben die richtige Drehbewegung ausführt, trägt er ein innenverzahntes Hohlrad, das auf einem feststehenden, am Gehäuse befestigten

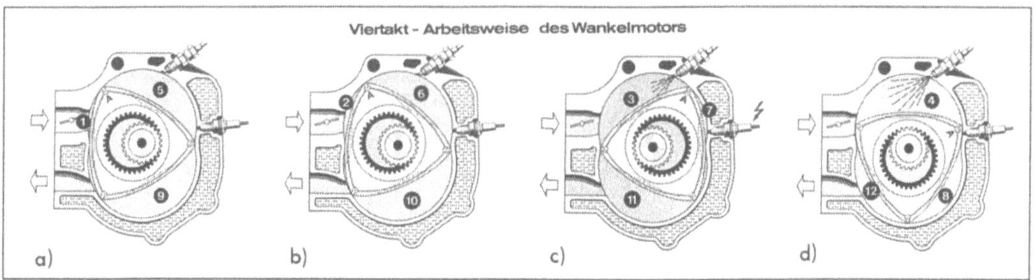

Wankelmotor 2: Vorgänge in einer Arbeitskammer eines Wankelmotors. Im Gegensatz zu Bild 1 läuft hier der Kolben rechts herum. (Quelle: Daimler Benz)

1–4 Ansaugen, 5–7 Verdichten, 8–10 Verbrennen und Entspannen, 11, 12 Ausschieben

Ritzel abrollt. Das Zähnezahlverhältnis dieser Zahnräder beträgt 2 : 3 und ist charakteristisch für den W. Daraus ergeben sich folgende Merkmale:
- Trochoide mit 2 Bögen,
- zweimaliges Vergrößern und Verkleinern des Kammervolumens bei einer Kolbenumdrehung (Viertakt),
- Kolben mit 3 Ecken,
- 3 Arbeitskammern rund um einen Kolben,
- dreifache Exzenterwellendrehzahl im Verhältnis zur Drehzahl des Kolbens bzw. zur Anzahl der Arbeitsspiele.

Der letzte Punkt ist mit ein Grund für die hohen Drehzahlen des W. Bei vorgegebener Frequenz der Arbeitsspiele ist nämlich die Exzenterwellendrehzahl dreimal so groß, während die Kurbelwellendrehzahl eines Viertakt-Hubkolbenmotors nur zweimal so groß ist wie die Frequenz der Arbeitsspiele.

Sehr wichtig für die Konstruktion eines W. ist das Verhältnis R/e (Kolbenradius zu Exzentrizität). Bei gleichem gewünschten →Hubraum führt ein kleines Verhältnis R/e zu einem kleineren Motor, aber auch zu einem kleineren Wert des theoretisch höchstmöglichen Verdichtungsverhältnisses. Da das wirkliche →Verdichtungsverhältnis wegen der Kolbenmulde noch kleiner ist als das theoretische, können Dieselmotoren nach dem Wankelprinzip ohne äußere Vorverdichtung nicht gebaut werden.

Weitere Eigenschaften des W., meistens abhängig von seinen geometrischen Bedingungen, sind:
- keine Massenkräfte und keine Massenmomente, da die Unwucht aus der Kreisbewegung des Kolbenmittelpunkts sowie die Unwucht des Exzenters durch Gegengewichte vollständig ausgeglichen werden können,
- Dehmomentverlauf des Einscheibenmotors wie bei einem Dreizylinder-Hubkolbenmotor bzw. des Zweischeibenmotors (2 Kolben, 6 Arbeitskammern) so gut wie bei einem Sechszylinder-Hubkolbenmotor,
- große Überschneidung von Einlaß und Auslaß (d. h. →Einlaßschlitz und Auslaßschlitz sind gleichzeitig zur Arbeitskammer geöffnet); dadurch hoher Restgasanteil in der Kammerladung bei niedriger

Last (→Viertakt-Gaswechsel, →Zylinderladung),
- zerklüfteter →Brennraum mit großer Brennraumoberfläche; hierdurch (und durch die Ladungsbewegung des sich stets bewegenden Kolbens) niedrigere Temperaturen und geringere Verbrennungsgeschwindigkeit als beim Hubkolbenmotor; dadurch geringerer thermischer Wirkungsgrad, geringere NO_x-Emission, aber höhere CO- und HC-Emission (→Schadstoff).

Der W. ist ein Viertakt-Ottomotor. Die in ihm ablaufenden Vorgänge sind denen eines Hubkolbenmotors sehr ähnlich. Er benötigt auch die entsprechenden Hilfseinrichtungen (Bild 3): →Vergaser, Schalldämpfer, →Katalysator (wenn saubere Abgase gewünscht), Zündanlage, Kühlwasserkreislauf, Schmierölkreislauf (auch zur Kolbenkühlung), Anlasser, Lichtmaschine usw. Die geringe Verbreitung und die weniger guten Zukunftsaussichten beruhen auf dem höheren Kraftstoffverbrauch, dessen Nachteil durch die Hauptvorteile – geringere Abmessungen, vollkommener Massenausgleich – nicht aufgewogen wird. *Kuhlmann*

Wankelmotor 3: Querschnitt durch einen Vierkammer-Wankelmotor mit Benzineinspritzung in die Kammern. (Quelle: Daimler-Benz)

Literatur: *Bensinger, W.-D.*: Rotationskolben-Verbrennungs-motoren. Berlin, Heidelberg, New York 1973. – *Bussien*: Automobiltechn. Handb. Ergänzungsbd. zur 18. Aufl. Berlin, New York 1979. – *Kraemer, O.,* u. *G. Jungbluth*: Bau und Berechnung von Verbrennungsmotoren. Berlin, Heidelberg 1983.

Warenausgang. Kopplungsstelle zwischen den Transportsystemen des Versands und der Verteilung.

Der W. umfaßt folgende Funktionen: Warenabgabe, z. B. aus dem Lager, Versandeinheit (VE) bilden, Verpacken, Kennzeichnen der Versandeinheit, Bereitstellen der Versandeinheit. *Jünemann*

Wareneingang. Der W. umfaßt folgende Funktionen: Warenannahme, Wareneingangsprüfung, Qualitätsprüfung, Bildung der Ladeeinheiten (LE), Kennzeichnung der →Ladeeinheit, i-Punkt-Zuführung. *Jünemann*

Warenführung (Textilveredelung). Aus der Art der Textilveredelung ergibt sich das zu verwendende Medium. Man unterscheidet Maschinen, in denen Luft, Dampf, flüssiges Wasser, anorganische oder organische Lösemittel zum Einsatz kommen. Ist der Prozeß nicht physikalisch-chemischer Natur, sondern verändert die Eigenschaften der Textilien mechanisch, so appliziert die Maschine mechanische Energie (Bild 1). Um die Energie über entsprechende Wärmeübertrager als thermische Energieform oder über Achsen als Mechanik an die zu veredelnde Ware heranzuführen, bedarf es entsprechender Antriebsaggregate für die Behandlungsorgane (Pumpen für die Flottenführung, Ventilatoren für die Luft- oder Dampfzirkulation, Elektromotoren für Walzenantrieb). Die richtige Warenführung gewährleistet die geeignete Präsentation des textilen Haufwerks (lose Fasern = Flocke-Veredelung, →Garnveredelung, Gewebe und →Maschenware = Flächengebildeveredelung, Fertigartikel = Fully-Fashioned-Veredelung) für die mechanische und/oder physikalisch-chemische Beeinflussung der Ware durch das Behandlungsmedium bzw. durch die Textilveredelungsmaschine. Die Maschine steht mit der Umwelt und mit der Ware über Meß- und Automatisierungseinheiten und über Energiezu- und -abführungsorgane wie auch über Medium- und Chemikalien-Dosierungssysteme in Kontakt. Geeignete Sensoren in der Umgebung der W. zum Entwickeln echter, geschlossener Regelkreise sind nur teilweise vorhanden.

Die W. kann diskontinuierlich (mit Maschinenrüstzeiten) in Chargen oder kontinuierlich (für große Partien) erfolgen.

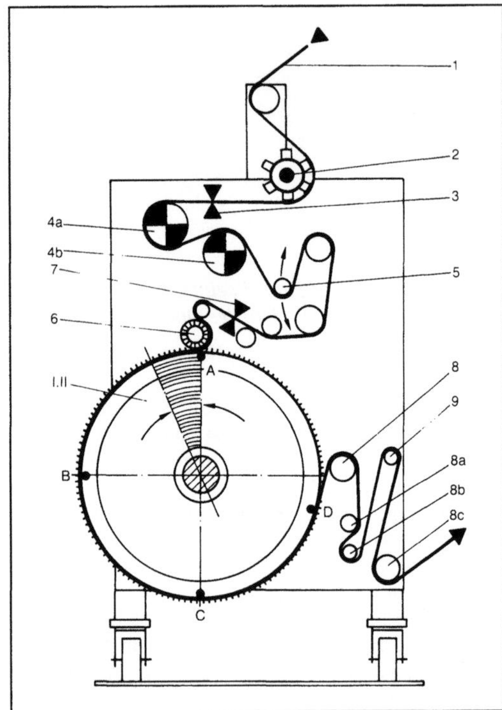

Warenführung (Textilveredelung) 1: Schußfaden-Richtgerät für Gewebe.

1 breit geführtes Gewebe, 2 Zentrierwalze, 3,7 optische Kantenabtastvorrichtung, 4 a, b Antriebswalzen, 5 Tänzerwalze, 6 Bürstwalze, 8 a, b, c Walzenpaare, um den Rücksprung des gerichteten Schußfadens zu vermeiden, 9 Korrekturwalze, I, II Nadelradscheiben zwischen A und C Breitstreckung

Ist im Behandlungssystem das Medium und die Ware bewegt, so richtet sich die W. nach der Aufmachungsform des Textilguts. Lose Fasern können im Behandlungsmedium schwimmen oder schweben. Kammzug oder Garnscharen können gewickelt oder endlos durch das Medium geführt behandelt werden. Wickelkörper (Bild 2) wie Garn oder Gewebe ruhen während der Behandlung. Dabei strömt das Behandlungsmedium zwangsweise durch den Wickelkörper. Gewebe (oder Maschenware) können in Schußrichtung gerafft als Strang geführt werden. In breiter W. (Bild. 3) unterscheidet man gebundene (Strecksysteme wie Walzen oder Breithalter) und freie W., wobei man in letzterer Form das Flächengebilde meist in Kettrichtung gerafft auf Transportsystemen (Förderbänder, Rollenbetten, Unterflottenzonen) behandelt. Wird fertig konfektionierte Ware veredelt, so bewegt sich das Textilgut (z. B. Bekleidungsteile) entweder auf Träger aufgezogen (Strumpffärbemaschinen) oder in loser, ungeordneter Form (Paddel-Textilkonfektion) durch das Behandlungsmedium. *Rouette*

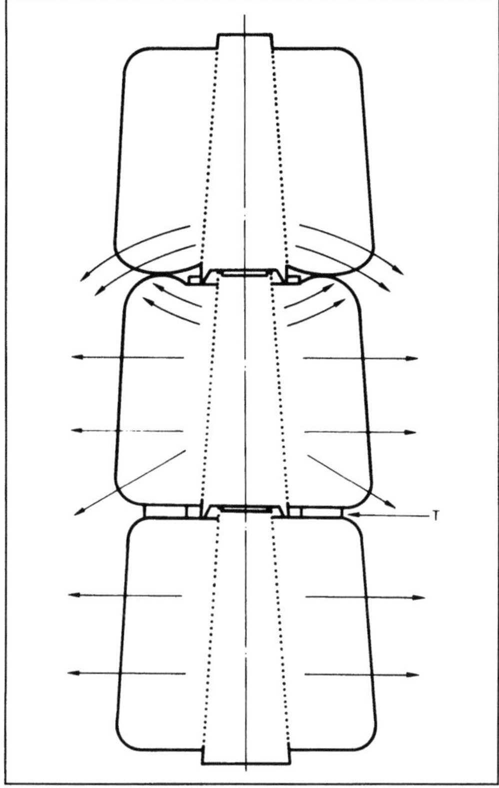

Warenführung (Textilveredelung) 2: Flottenströmung in einer Spulensäule konischer Spulen mit und ohne Stern-Zwischenteller.

S ungleiche Strömung, T Stern-Zwischenteller

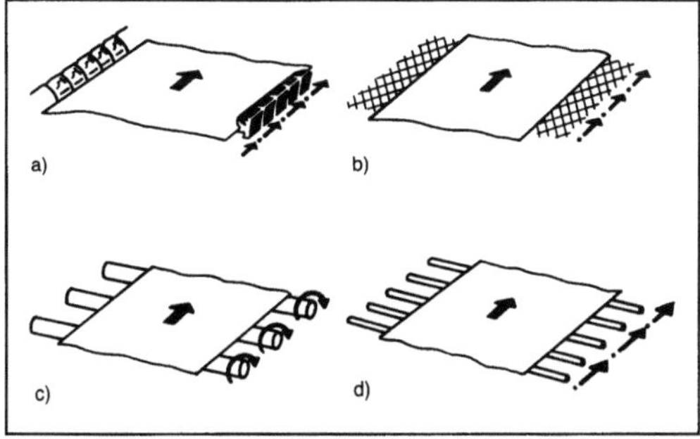

Warenführung (Textilveredelung) 3: Flächengebilde in Trockenmaschinen mit gebundener oder freier Warenführung.
a) Nadel- oder Kluppen-Spannkette
b) Umlaufendes Siebband aus Edelstahl
c) Angetriebene Tragwalzen
d) Umlaufende Tragstabketten.

Literatur: *Pleva, R., R. Gruse* u. *G. Egbers:* Automatisierung in der Textilveredelung. Textilveredelung 22 (1987), S. 285/89. – *Senner, P.:* Verfahrenstechnik der Textilveredlung. Stuttgart 1971.

Warmband. W. ist ein warmgewalztes →Flacherzeugnis, das unmittelbar nach dem Fertigwalzen mit regelmäßig aufeinander liegenden Kanten zu einer →Rolle aufgewickelt wird, so daß die Seitenflächen der Rolle ungefähr in einer Ebene liegen. W. kann auch durch Längsteilen eines breiten Bands entstehen. Das W. hat im Walzzustand leicht gewölbte Kanten. Es kann aber auch mit besäumten Kanten geliefert werden. *Baumann*

Warmband-Steckelwalzstraße. Eine W.-S. arbeitet nach dem Steckel-Walzverfahren und besteht meist im wesentlichen aus einem Umkehr-Vorwalzgerüst und dem Umkehr-Steckelwalzgerüst. Die jährlichen Produktionsmengen solcher Walzstraßen liegen zwischen 80 000 t und 500 000 t Warmband W.-S. werden besonders zum Herstellen von W. aus korrosionsbeständigem Stahl, Trafo- und Dynamostahl sowie aus Stahl, der mit Titan legiert ist, eingesetzt. *Baumann*

Warmband-TM-Behandlung. Unter W.-TM-B. ist die thermomechanische B. (TM-B.) des Walzguts bei der Herstellung von W. zu verstehen.

Vor dem Auswalzen einer →Bramme zu W. wird diese auf eine im oberen Temperaturbereich des Austenits liegende Temperatur von etwa 1200°C erwärmt. Zweck der Einstellung dieser hohen Temperatur ist in erster Linie die Verringerung der Fließspannung und damit des Umformwiderstands des Stahls. Außerdem wird mit der Erwärmung der Bramme ein definierter Gefügezustand eingestellt. Seine Merkmale sind eine möglichst weitgehende Homogenisierung der chemischen Zusammensetzung durch Diffusionsausgleich im Mikrobereich sowie – beim Vorhandensein von ausscheidungsfähigen Legierungsmetallen – die Auflösung von Ausscheidungen, die sich im Verlaufe der weiteren Prozeßführung wieder ausscheiden sollen. Der nach Temperaturhöhe sowie -verteilung, Korngröße, Gleichmäßigkeit sowie Ausscheidungszustand des Austenits definierte Einsatzzustand der Bramme wird in Stoß- oder Hubbalkenöfen eingestellt.

Das Umformen der Bramme erfolgt beim Vorwalzen in zwei oder mehreren Vor- und Zwischengerüsten sowie beim Fertigwalzen in einer als →Fertigstraße bezeichneten Walzstraße mit etwa 5, 6 oder 7 Walzgerüsten. Während das Vorwalzen im Umkehr- oder Konti-Walzbetrieb durchgeführt werden kann, erfolgt das Fertigwalzen in einem kontinuierlichen Vorgang. Die Bramme wird von einer Eingangsdicke zwischen 150 und 300 mm auf eine Enddicke des W. zwischen etwa 1,5 und 20 mm ausgewalzt, wobei die Vorbanddicke vor Eintritt in die Fertigstraße je nach Schopfscherenleistung und Forderungen an die Werkstoffeigenschaften i. a. zwischen 30 und 60 mm liegen kann. Die Temperatur des Walzguts fällt von etwa 1250°C auf eine

Endwalztemperatur von etwa 900 °C. Bei Eintritt in die Fertigstaffel liegt die Walzguttemperatur nicht wesentlich über der Endwalztemperatur.

Die Höhe der Gesamtumformung in der Fertigstraße spielt besonders für mikrolegierte Stähle eine wichtige Rolle, weil mit zunehmender Umformung die Gefügeausbildung, der Ausscheidungszustand und damit die mechanischen Eigenschaften nachhaltig beeinflußt werden.

Beim Umformen stellt sich im Walzspalt ein inhomogener Werkstofffluß ein. In Oberflächennähe bewirken die Walzen zunächst ein starkes Voreilen, verbunden mit einer entsprechend hohen örtlichen Formänderungsgeschwindigkeit. Erst nahe dem Austritt aus dem Walzspalt erreicht auch die Bandmitte die hohe Bahngeschwindigkeit.

Beim W. führt das dazu, daß die Umformung nahe der Oberfläche im wesentlichen durch Scherung erfolgt, während der übrige Querschnitt einer Stauchung unterliegt.

Die Einlauftemperatur des Vorbands sinkt wegen der Wärmeabstrahlung kontinuierlich von Bandanfang bis Bandende ab. Durch eine kontinuierliche Steigerung der Walzgeschwindigkeit kann dieser Temperaturabfall kompensiert werden, so daß sich eine weitgehend gleichbleibende Auslauftemperatur des Bands ergibt. Heute werden aber →Warmbreitband-Walzstraßen mit einem sog. Speed-up gefahren, bei dem nach Beginn des Aufwickelns die Walzgeschwindigkeit stark erhöht wird. Als Folge der Umformwärme ergibt sich eine deutlich höhere Auslauftemperatur. Der Temperaturabfall infolge fallender Einlauftemperatur sowie die umformungsbedingte Temperaturerhöhung können theoretisch durch eine entsprechend dosierte Kühlwassermenge so kompensiert werden, daß eine konstante Auslauftemperatur erzielt wird.

Der Abfall der Einlauftemperatur wirkt sich beim thermomechanischen Walzen besonders von mikrolegierten Stählen auch dann auf die resultierenden mechanischen Eigenschaften aus, wenn eine konstante Endwalztemperatur erreicht wird. Ursache hierfür ist der von Anfang bis Ende des Bands zunehmende „TM-Effekt", weil die Umformung in den ersten Walzgerüsten bei über die Bandlänge abnehmenden Temperaturen erfolgt. Mit dem Ziel einer Vergleichmäßigung von Struktur und Eigenschaften über die Bandlänge wird deshalb die Forderung nach möglichst gleichbleibender Einlauftemperatur des Vorbands gestellt. Eine technische Möglichkeit hierfür bietet die Anwendung einer Rollgang-Abdeckung vor der Fertigstaffel, die zu einer weitgehenden Vermeidung des Temperaturgradienten über die Vorbandlänge führt. Auch die seit Jahren in verschiedenen W.-Walzwerken eingeführten Coilboxen, mit denen das →Vorband vor dem Fertigwalzen in einem Käfig aufgewickelt wird, können zur Vergleichmäßigung der Einlauftemperatur des Vorbands wesentlich beitragen.

Für die Optimierung des TM-Walzens kann eine Senkung der Vorwalz-Endtemperatur mit dem Ziel einer intensiveren Ausscheidung von Mikrolegierungselementen und einer stärkeren Kornfeinung wünschenswert sein.

Auch bei relativ niedrigen Einlauftemperaturen in die Fertigstaffel von etwa 900 °C lassen sich übliche Endwalztemperaturen etwa in der gleichen Höhe einhalten, wenn durch Ausnutzung der Umformwärme bei hohen Bandgeschwindigkeiten „isotherm" gewalzt wird.

Für die Warmumformverfahren, bei denen die thermische und mechanische Behandlung miteinander verknüpft werden, waren im deutschen und internationalen Sprachgebrauch unterschiedliche Bezeichnungen benutzt worden, denen keine eindeutigen Definitionen zugrunde lagen und die häufig zu Mißverständnissen führten. Deshalb wurden vom Verein Deutscher Eisenhüttenleute „Begriffsbestimmungen zur thermomechanischen Behandlung von Stahl" erarbeitet.

Demzufolge wurde die TM-B. als Oberbegriff für alle Warmumformverfahren festgelegt, bei denen Temperatur und Umformung in ihrem zeitlichen Ablauf gesteuert werden, um einen bestimmten Werkstoffzustand und somit bestimmte Werkstoffeigenschaften einzustellen. Für Baustähle ist zwischen einem

□ normalisierenden Umformen und
□ TM-Umformen

zu unterscheiden. Während das normalisierende Umformen, das bisher häufig als temperaturgeregeltes Walzen bezeichnet wurde, durch eine Endumformung im Bereich der Normalisierungstemperatur mit vollständiger Rekristallisation des Austenits gekennzeichnet ist und zu einem Zustand wie nach einer Normalglühung führt, läuft bei einer TM-Umformung in der Endphase des Umformens die Rekristallisation nicht oder nur in geringfügigem Umfange ab. Für das TM-Umformen ist entscheidend, daß der erzielte Werkstoffzustand durch eine Wärmebehandlung allein nicht erreichbar und deshalb auch nicht reproduzierbar ist. In W.-Walzstraßen wird das TM-Verfahren als TM-Walzen zur Herstellung hochfester Stähle unter Ausnutzung der Wirkung von Mikrolegierungselementen angewendet. Das TM-Walzen hat vor vielen Jahren auch schon Eingang in die Grobblech-Walzwerke gefunden.

Obwohl beim Herstellen von TM-W. und TM-Grobblech die gleichen werkstofftechnischen Prinzipien und metallkundlichen Mechanismen zur Anwendung kommen und ähnliche Stähle eingesetzt werden, bestehen in der Technologie des Flachwalzens gravierende Unterschiede. Das W.-Walzen ist gekennzeichnet durch eine in der Endwalzphase sehr schnelle und kontinuierliche Umformung und durch eine beschleunigte Abkühlung bis auf Haspeltemperatur, von der eine stark verzögerte Abkühlung erfolgt. Demgegenüber läuft der Walzvorgang beim Grobblechwalzen im Umkehr-Betrieb mit den erforderlichen Pausen zwischen den Walzstichen ab. Ein wesentlicher Vorteil gegenüber dem W.-Walzen liegt aber in der größeren Flexibilität hinsichtlich der Einstellung der Wärmtemperaturen und der Endwalztemperaturen. Durch relativ niedrige Stoßofentemperaturen bis zu etwa 1 000 °C und durch Endwalzen bei Temperaturen bis unter 700 °C läßt sich der TM-Effekt zur Erfüllung hoher Forderungen an die Festigkeit und Zähigkeit des Bleches erheblich verstärken. In jüngster Zeit werden Grobblech-Walzstraßen auch mit einer Vorrichtung zum beschleunigten Kühlen ausgestattet, um die vom Warmband her bekannten Vorteile einer → Wasserkühlung zu nutzen.

Auch beim Walzen von Profilen kann das TM-Umformen angewendet werden. Obwohl hier ähnliche Möglichkeiten wie in den Flachwalzwerken bestehen, müssen doch die Besonderheiten der örtlichen Umformung im Profilquerschnitt und der ungleichmäßigen Wärmeabführung berücksichtigt werden. So ist beispielsweise bei I-Profilen auf Grund der unterschiedlichen Walzgutdicke in Flansch und Steg die Bildung unterschiedlicher Werkstoffzustände über den Querschnitt kaum zu vermeiden.

Mit der Einführung und Verfeinerung des TM-Walzens im W.-Walzwerk ist es gelungen, Werkstoffeigenschaften in einer Kombination zu erreichen, die mit anderen Umform- oder Wärmebehandlungsverfahren nicht erzielbar sind. Das TM-Walzen hochfester Stähle hat besonders in der Energie- und Fahrzeugtechnik entscheidende Entwicklungsfortschritte ermöglicht.

Das TM-Walzen von W. vollzieht sich in 5 Teilschritten, die in den verschiedenen Abschnitten des W.-Walzwerks durchgeführt werden:

□ Auflösung von Carbonitriden der Mikrolegierungselemente im Austenit beim Wärmen des Walzguts vor dem Walzen,

□ Aufbringen eines hohen Umformgrads bei einer Temperatur unterhalb der Rekristallisationsschwelle zur Erzeugung von nicht rekristallisiertem Austenit,

□ Rekristallisationsverzögerung durch umformungsinduzierte Ausscheidung sehr feiner Carbonitride der Mikrolegierungselemente aus übersättigter Lösung,

□ Umwandlung des nicht rekristallisierten, stark umgeformten Austenits in Ferrit oder andere Umwandlungsprodukte sowie

□ Abkühlung durch dosierte Kühlung und Einstellung der erforderlichen Haspeltemperatur.

Während der gesamten TM-B. laufen verschiedene Vorgänge im Gefüge ab. Diejenigen, die die endgültige Struktur des Warmbands bestimmen, wurden bereits genannt. Das sind die Auflösung von Ausscheidungen, die Umformung, die Erholung und Rekristallisation, die Wiederausscheidung von Teilchen und die Austenitumwandlung. Die TM-B. ist durch eine komplexe Wechselwirkung zwischen diesen Vorgängen gekennzeichnet. So beeinflußt die Auflösung der Mikrolegierungselemente die Rekristallisation sowie die Umwandlung und ermöglicht vor allem die gezielte Wiederausscheidung. Die nach dem Umformen ablaufende Erholung und Rekristallisation wird durch umformungsinduzierte Ausscheidung stark behindert. Umgekehrt führt die Umformung zu einer starken Beschleunigung der Ausscheidung, wenn eine ausreichende Übersättigung des Austenits an Mikrolegierungselementen und Kohlenstoff oder Stickstoff gegeben ist.

Aus der Komplexität des gesamten Geschehens in der W.-Walzstraße wird deutlich, welche Möglichkeiten zur Optimierung der Struktur und der mechanischen Eigenschaften des W. beim TM-Walzen gegeben sind, aber auch, wie sensibel das Endergebnis von allen Prozeßparametern abhängt.

Für die Eigenschaften des W. ist der Kühlvorgang auf dem Auslaufrollgang sehr bedeutsam. Zum Kühlen von oben sind verschiedene Kühlsysteme verfügbar, bei denen das Wasser entweder unter hohem Druck aufgebracht wird (Spritzkühlung) oder im freien Fall bei laminarer Strömung die Bandoberfläche erreicht (Bild). Die Kühlung der Bandunterseite erfolgt meist durch Anspritzen, obwohl auch hier eine Schwallkühlung realisierbar ist. Bei der Laminarkühlung kann das Wasser in Stabform oder als Wasservorhang aufgebracht werden. Die heute in den meisten W.-Walzstraßen angewendete Laminarkühlung zeichnet sich gegenüber der Spritzkühlung durch eine stärkere spezifische Kühlwirkung und eine bessere Regelbarkeit aus. Die in den letzten Jahren erprobte und in einigen Warmbreitband-Walzstraßen bereits installierte Wasservorhang- oder Wasserblatt-Kühlung ist

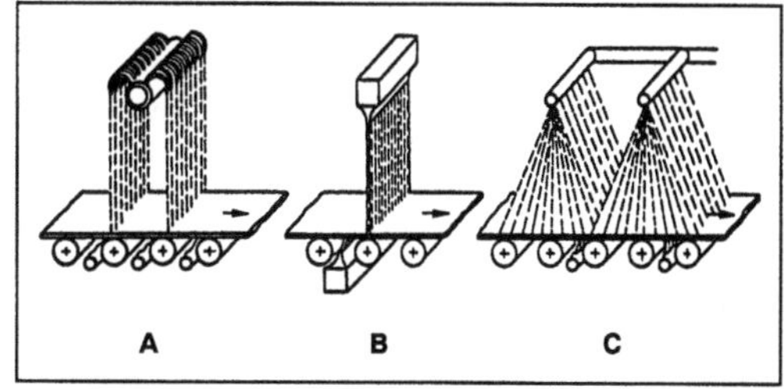

Warmband-TM-Behandlung: Kühlsysteme zur Behandlung von Warmband nach der Fertigstraße.

A Laminar-Kühlsystem, B Wasserblatt-Kühlsystem und C Spritz-Kühlsystem durch eine höhere spezifische Wärmeübertragung gekennzeichnet, so daß u. a. größere Kühlgeschwindigkeiten verwirklicht werden können. *Baumann*

Literatur: *Meyer, L.:* Optimierung der Werkstoffeigenschaften bei der Herstellung von Warmband und Kaltband aus Stahl. Düsseldorf 1988.

Warmband-Walzanlage. Eine W.-W. ist ein technisches System zum Herstellen von Warmband. W.-W. werden nach der Bandbreite eingeteilt in Bandstraßen für Bandbreiten <600 mm und Warmbreitband-Walzstraßen für Bandbreiten ≧ 600 mm. Eine W.-W. besteht im wesentlichen aus den Walzen mit Lagern und Einbaustücken, den Walzenständern, Walzenanstellsystemen, Einrichtungen und Rollgängen zum Führen des Walzguts sowie den Antriebsystemen. Solche W.-W. sind in unterschiedlichen Warmband-Walzstraßen eingesetzt. *Baumann*

Warmbandwalzen. Für das Walzen von →Warmbreitband haben sich halbkontinuierliche sowie kontinuierliche Warmbreitbandstraßen hoher Leistung durchgesetzt. Sie erzeugen Stahlband von großer Gleichmäßigkeit und Oberflächengüte sowie hoher Maßgenauigkeit bis zu einer Breite von mehr als 2 m.

Beim Walzen von Warmbreitband ist der Temperaturabfall des Bandes auf dem Rollgang zwischen der Vor- und →Fertigstraße problematisch. Mit Hilfe einer →Coilbox, die das →Vorband aufwickelt und den Temperaturabfall weitgehend verhindert, konnte dieses Problem gelöst werden. Weiterhin können damit bessere Oberflächengüten, geringere Maßabweichungen und höhere Ringgewichte erreicht werden.

Zur Beeinflussung der Dicke werden die Walzen ballig, zigarrenförmig oder S-förmig geschliffen und die Arbeitswalzen auf Grund von Dickenmessungen abgestimmt gebogen und/oder in gewissen Grenzen horizontal verschoben. *Baumann*

Warmband-Walzstraße. Eine W.-W. kann zum Herstellen von Warmband aus Stahl, Leichtmetallen oder Nichteisen-Schwermetallen dienen. Während eine Warmband-Steckelwalzstraße meist für Produktionsmengen bis etwa 500 000 t Warmband je Jahr eingesetzt wird, werden beispielsweise für Produktionsmengen zwischen 5 Mill. und 6 Mill. t/a vollkontinuierliche →Warmbreitband-Walzstraßen betrieben. Dementsprechend unterschiedlich sind auch die technischen Systeme und deren Umfänge bei den verschiedenen W.-W. *Baumann*

Warmband-Walzverfahren. Ein W.-W. ist ein Walzverfahren zum Herstellen von Warmband aus Vorbrammen oder Dünnbrammen. W.-W. werden z. B. mit Warmband-Steckelwalzstraßen, Warm-breitband-Walzstraßen und Platzer-Planetenwalzanlagen durchgeführt. *Baumann*

Warmband-Walzwerk. Klassische W.-W. sind komplexe technische Systeme, die neben Hallen, Kranen, Transportvorrichtungen und Gebäuden im wesentlichen aus dem Vorbrammen- oder Dünnbrammenlager, Wärmöfen, Warmband-Walzstraße mit Kühlstrecke, →Adjustage, Ver- und Entsorgungsbetrieben sowie einem Erhaltungsbetrieb bestehen. Für das Walzen von →Warmbreitband haben sich halbkontinuierliche sowie kontinuierliche Warmbreitband-Walzstraßen hoher Leistung durchgesetzt. Sie erzeugen Warmband mit großer Oberflächengüte sowie hoher Maßgenauigkeit bis zu Breiten von mehr als 2 m. *Baumann*

Warmblech-Richtaggregat. Das W.-R. dient besonders dem Warmrichten von Grobblechen. Das sind Rollenrichtaggregate, die in einem Abstand von etwa dem 2,5fachen der größten Blechlänge nach Grobblech-Walzgerüsten angeordnet sind. Die Richttemperaturen liegen bei Grobblechdicken von etwa 40 mm oft zwischen 650 und 700 °C. Ein W.-R. hat 7–13 Richtrollen, die von zusätzlichen →Rollen gestützt werden. Die Anzahl Richtrollen steigt mit abnehmender Blechdicke. Die größten Richtkräfte eines R. für 4100 mm breite und etwa 40 mm dicke Bleche liegen bei mehr als 16 MN. Dabei beträgt die Richtgenauigkeit etwa 1 mm je Meter. Die Richtrollen haben Durchmesser zwischen 200 und 380 mm. Deren Stützrollen sind über ihre Länge mehrfach unterteilt und gelagert. *Baumann*

Warmblech-Richtverfahren. Für das →Richten warmer Grobbleche werden in →Grobblech-Walzstraßen vorwiegend Rollenrichtaggregate, vereinzelt auch Streckaggregate und Richtpressen eingesetzt. Bleche mit Dicken bis 100 mm können in Rollenrichtaggregaten gerichtet werden. Grobbleche, an die besonders hohe Forderungen hinsichtlich ihrer Oberflächenbeschaffenheiten gestellt sind, oder Grobbleche, die dicker als 100 mm sind, können mit Streckaggregaten, sog. Streckern, gerichtet werden. Wegen der Klemmenden und der Einschnürungen können bei diesem R. die Bleche erst nach dem Strecken geschnitten werden. Dickere Grobbleche können auch mit hydraulisch arbeitenden Richtpressen, meist jedoch im kalten Zustande, gerichtet werden. *Baumann*

Warmbreitband. W. ist Warmband mit Breiten ≧ 600 mm. W. ist ein besonders wichtiges →Flacherzeugnis, denn es ist einerseits ein Vorprodukt für kaltgewalztes Band sowie Vorprodukt für die Herstellung geschweißter Rohre und andererseits ein Fertigprodukt, das vielfältig verwendet wird. *Baumann*

Warmbreitbandstraße. Das Stahl-Warmband wird meist in halb- oder vollkontinuierlichen W. hergestellt. Beide Straßen haben eine kontinuierlich arbeitende Endstrecke. In dieser sogenannten →Fertigstraße sind meist sechs oder sieben Gerüste dicht nacheinander angeordnet. Bei der halbkontinuierlichen Straße fehlt die →Zwischenstraße. Deshalb wird sie manchmal auch „nicht voll ausgebaute W." genannt.

Die halbkontinuierliche W. hat in der →Vorstraße bis zu vier Gerüste. Das erste Gerüst ist ein Stauchgerüst und das zweite ein horizontal angeordnetes Zweiwalzengerüst (früher als vertikaler und horizontaler Zunderbrecher bezeichnet). Mit diesen Gerüsten können Stichabnahmen bis zu 65 mm erreicht werden. Danach ist ein Vierwalzen-Universal-Umkehrgerüst mit angeflanschtem Staucher und entsprechend langen Rollgängen angeordnet. Alle Gerüste haben Arbeitswalzen mit etwa gleichen Ballenlängen. Manchmal besteht die Vorstraße auch nur aus einem Vierwalzen-Universal-Umkehrgerüst.

Solche Straßen sind vielfach gebaut worden, weil damit bei hochlegierten Stählen Vorbrammen beliebiger Dicke in fünf, sieben oder neun Stichen zu der geforderten Dicke des Vorbandes von 25 mm gewalzt werden können. Die Walzleistung einer solchen halbkontinuierlichen W. kann mit etwa 2–2,5 Mio. t je Jahr angegeben werden und liegt damit deutlich niedriger als diejenige einer vollkontinuierlichen W. mit 5–6 Mio. t je Jahr.

Bei der vollkontinuierlichen W. ist die Stichzahl des Vorbrammenwalzens zu →Vorband an die Anzahl der Gerüste gebunden. Das Walzgut läuft durch die nacheinander angeordneten Gerüste der Vor- und Zwischenstraße. Die Vorstraße besteht meist aus einem Zweiwalzengerüst, das als Zunderbrecher wirkt, und einem Vierwalzengerüst mit Stauchwalzen. Die Zwischenstraße hat drei oder vier Vierwalzen-Gerüste mit Stauchwalzen. Der Abstand vom letzten Vorwalz-Gerüst bis zur Fertigstraße muß so groß sein, daß auch das längste Vorband frei auf dem Rollgang liegen und, wenn nötig, pendeln kann. Dadurch besteht die Möglichkeit, vor Eintritt in die Konti-Fertigstraße die eventuell zu hohe Temperatur des Vorbandes zu senken. *Baumann*

Warmbreitband-Walzstraße. Das W. wird meist in einer halb- oder vollkontinuierlichen W.-W. hergestellt. Beide Straßen haben eine kontinuierlich arbeitende Endstrecke. In dieser →Fertigstraße sind meist 6 oder 7 Walzgerüste nacheinander angeordnet. Bei der halbkontinuierlichen Straße fehlt die →Zwischenstraße. Deshalb wird sie manchmal auch nicht voll ausgebaute W.-W. genannt.

Die halbkontinuierliche W.-W. hat in der →Vorstraße bis zu 4 Walzgerüste. Das erste Walzgerüst ist ein Stauchgerüst und das zweite meist ein horizontal angeordnetes →Zweiwalzen-Walzgerüst, früher als vertikaler oder horizontaler Zunderbrecher bezeichnet. Mit diesen Walzgerüsten können Stichabnahmen bis zu 65 mm erreicht werden. Danach ist oft ein Vierwalzen-Universal-Umkehr-Walzgerüst mit angeflanschtem Staucher und entsprechend langen Rollgängen angeordnet. Alle Walzgerüste haben Arbeitswalzen mit etwa gleichen Ballenlängen. Manchmal besteht die Vorstraße auch nur aus einem Vierwalzen-Universal-Umkehr-Walzgerüst. Solche halbkontinuierlichen Walzstraßen sind vielfach gebaut worden, weil damit auch bei hochlegierten Stählen Vorbrammen beliebiger Dicke in 5, 7 oder 9 Stichen zu der geforderten Dicke des Vorbands von etwa 25 mm gewalzt werden können. Die Walzleistung einer solchen halbkontinuierlichen W.-W. kann mit etwa 2,5 Mill. t →Warmbreitband je Jahr angegeben werden und liegt damit deutlich niedriger als diejenige einer vollkontinuierlichen W.-W. mit Produktionsmengen zwischen 5 und 6 Mill. t/a.

Bei einer vollkontinuierlichen W.-W. ist die Stichzahl des Vorbrammenwalzens zu →Vorband an die Anzahl der Walzgerüste der Vorstraße und der Zwischenstraße gebunden. Das Walzgut läuft durch die nacheinander angeordneten Gerüste der Vor- und Zwischenstraße. Die Vorstraße besteht meist aus einem Zweiwalzen-Walzgerüst, das als Zunderbrecher wirkt, und einem →Vierwalzen-Walzgerüst mit Stauchwalzen. Die Zwischenstraße hat 3 oder 4 Vierwalzen-Walzgerüste, manchmal auch mit Stauchwalzen. Der Abstand vom letzten Vorwalz-Walzgerüst bis zur Fertigstraße, sofern keine →Coilbox eingesetzt ist, muß stets so groß sein, daß auch das längste Vorband frei auf dem Rollgang liegen und wenn nötig pendeln kann. Dadurch besteht die Möglichkeit, vor Eintritt in die Tandem-Fertigstraße die evtl. zu hohe Temperatur des Vorbands zu senken. *Baumann*

Warmformmaschine. Maschinen, die thermoplastische Kunststoffe im thermoelastischen Zustand umformen. Es handelt sich um Umformmaschinen (Tabelle, Bild 1 bis 3).

Alle Maschinen verfügen über eine Aufnahmevorrichtung für meist tafelförmiges Halbzeug aus Kunststoff (Bild 3). In dieser Haltevorrichtung wird dieses Halbzeug einseitig oder zweiseitig durch Infrarotlampen, Infrarotkeramikstrahler oder Quarzstrahler erwärmt. Eine Erwärmung außerhalb der Maschine ist auch möglich. Die beidseitige Erwärmung ist ab 4 mm Wanddicke des Tafelmaterials nötig. Die zu erzielenden Temperaturen liegen zwischen 90 °C und 250 °C. Maßgebend ist die Kunststoffart. Als bekannte Kunststoffe werden

Warmformmaschine. Tabelle: Umformmaschinen.

Maschinenart	Maschinenfunktion	besondere Merkmale
Biegemaschinen	Abkanten Biegen Bördeln	Maschine biegt ungerade oder gekrümmte Achsen, ohne die Wanddicke des Halbzeugs wesentlich zu verändern
Druckumform- maschinen	Prägen Rändeln Stauchen	
Zugumformmaschinen	Streckziehen (Bild 1)	Maschine verformt unter Stempeldruck oder Luftdruck bei veränderter Wanddicke
Zugdruckumform- maschinen	Tiefziehen (Bild 2)	Maschine verformt das Halbzeug meist mit Stempel und verändert die Wanddicke wenig

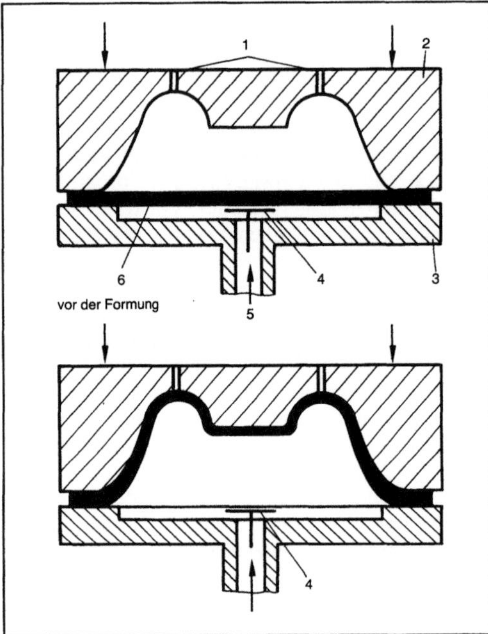

Warmformmaschine 1: Streckziehen mit Druckluft und Negativwerkzeug.

1 Entlüftungskanäle, 2 Negativwerkzeug (fester Niederhalter), 3 Grundplatte, 4 Prallblech, 5 Druckluft, 6 Kunststofftafel

PVC, PS, PMMA, ABS, PC, PE, PP und POM warmgeformt.

Sobald die optimale Umformtemperatur erreicht ist (thermoelastischer Zustand), erfolgt die Formgebung durch mechanische Verformung oder durch Aufblasen oder Anlegen von Vakuum und Ansaugen an eine gewünschte Kontur. Dazu bestehen die Maschinen neben dem Spannrahmen und der Erwärmungseinrichtung und dem meist tischartigen Gestell aus Kompressor- und Vakuumanlage.

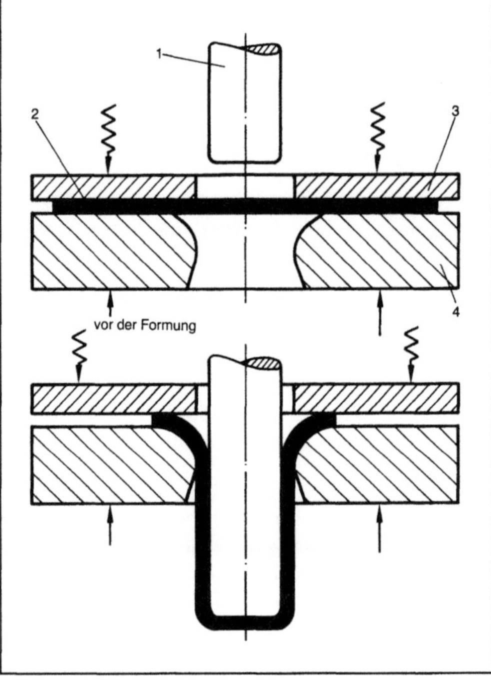

Warmformmaschine 2: Tiefziehen mit Stempel.

1 Stempel, 2 Kunststofftafel, 3 federnder Niederhalter, 4 Ziehring

W. werden für die Fertigung von Massenartikeln (z. B. Joghurtbechern) und zum Herstellen von Behältern oder Konstruktionsteilen in mittlerer bis kleiner Serie verwendet.

Eine Variante des Warmformens ist das Kaltumformen. Es verlangt höhere Kräfte der Maschinen und macht es meist erforderlich, daß die Formgebung des Halbzeugs in einem Werkzeug zwischen Matrize und Patrize erfolgt. *Johannaber*

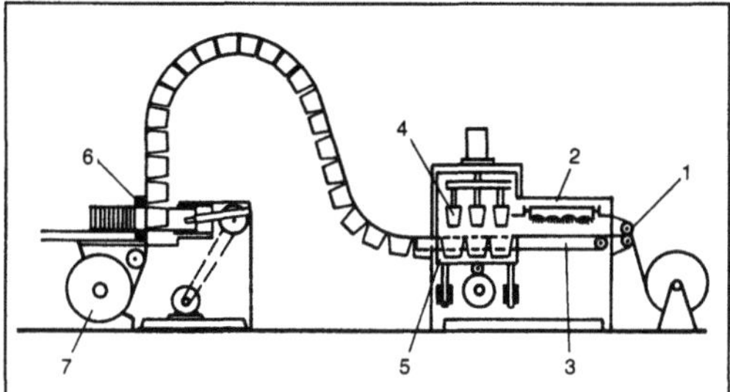

Warmformmaschine 3: Schema eines Formautomaten mit separater Stanzstation.

1 Folieneinzug, 2 Heizung, 3 Transportkette, 4 Streckhelfer, 5 Werkzeug, 6 Stanze, 7 Aufwicklung für das Stanzgitter

Literatur: *Johannaber, F.,* u. *K. Stoeckhert:* Kunststoffmaschinenführer. 2. Aufl. München 1984. – *Saechtling, H.:* Kunststoff-Taschenb. 23. Aufl. München 1986. – *Schwarz, O., F.-W. Ebeling, G. Lüpke,* u. *W. Schelter:* Kunststoffverarbeitung. Würzburg 1985.

Warm-Kalt-Verfestigen. Unter W.-K.-V. ist ein Umformen von Metallen, insbes. Stahl, dicht unterhalb des Rekristallisationsbereichs zu verstehen. Damit wird eine Zunahme der Festigkeit des Werkstoffs bei ausreichender Zähigkeit erreicht. *Baumann*

Warmpilger-Walzanlage. Die W.-W. ist ein komplexes technisches System, das aus dem Pilger- und Drallsystem mit Pilgerdorn sowie dem Pilger-Walzgerüst mit vorgeordnetem Hohlblock-Tisch und nachgeordnetem Auslaufsystem besteht (Bild). Dabei hat das Pilger- und Drallsystem die Aufgabe, den Pilgerdorn mit dem darauf sich befindenden Hohlblock aufzunehmen und zur Durchführung des Walzprozesses zwischen die Pilgerwalzen zu bringen. *Baumann*

Warmpilgerwalze. Eine W. ist ein Werkzeug zur Durchführung des Warmpilger-Walzverfahrens in Warmpilger-Walzanlagen. Die Pilgerwalzen in Warmpilger-Walzanlagen sind auf ihren Umfängen konisch kalibriert und werden entgegen der Walzrichtung angetrieben. Etwa 200–220° des Umfanges einer W. ist als Arbeitskaliber und der restliche Umfang mit einer größeren Öffnung ist als Leerlaufkaliber ausgebildet. *Baumann*

Warmpilger-Walzverfahren. Beim W.-W. wird der Hohlblock auf einen mit Schmiermitteln beschichteten zylindrischen Pilgerdorn geschoben, dessen Durchmesser etwa der lichten Weite des zu fertigenden Rohrs entspricht, und durch ein Vorschubsystem den Pilgerwalzen zugeführt. Das Pilgermaul der →Pilgerwalze erfaßt den Hohlblock, drückt von außen eine kleine Werkstoffwelle ab, die anschließend vom Glättkaliber auf dem Pilgerdorn zu der vorgegebenen Wanddicke ausgestreckt wird (Bild). Hierbei wird entsprechend dem Drehsinn der Walzen der Pilgerdorn mit dem Hohlblock nach rückwärts, also gegen die Walzrichtung, bewegt, bis das Leerlaufkaliber das Walzgut freigibt. Bei dieser Rückwärtsbewegung, diesem Walzzyklus, wird in einem pneumatischen →Zylinder der Speisevorrichtung (auch Vorholer genannt) durch Luftkompression Energie gespeichert. Während sich die Walzen weiter drehen und im Leerlaufkaliber kein →Kraftschluß zwischen Walzen und Walzgut besteht, wird die Kompressionsenergie zum Vorschieben des Pilgerdorns und Hohlblocks in die Ausgangsposition genutzt. Gleichzeitig erfolgt dabei über eine Drallspindel eine Drehung des Walzguts um 90° sowie über ein hydraulisches System ein Vorschub des Vorholers in dem Maße des vorher ausgewalzten Hohlblockvolumens. Unterdessen haben sich die Walzen so weit gedreht, daß mit dem Auftreffen des Walzguts auf das Pilgermaul und

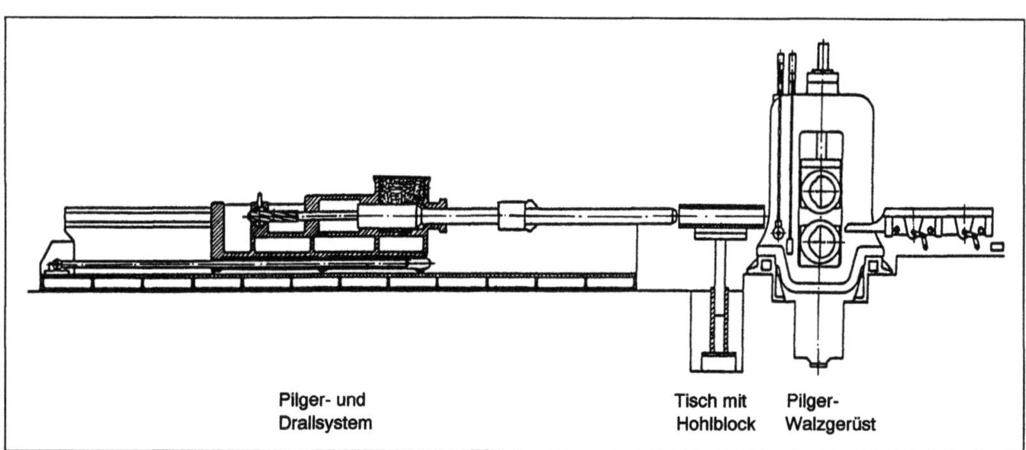

Warmpilger-Walzanlage: Arbeitsprinzip.

Abdrücken einer neuen Werkstoffwelle ein neuer Arbeitstakt beginnt. Infolge der Drehung des Walzguts um 90° wird der vorher im Kalibersprung befindliche →Werkstoff beim nächsten Pilgerschlag im Kalibergrund umgeformt. Damit und durch eine mindestens zweifache Überwalzung jedes Werkstoffteilchens wird eine gleichmäßige Wanddicke und Rundheit des austretenden Stahlrohrs erzielt. *Baumann*

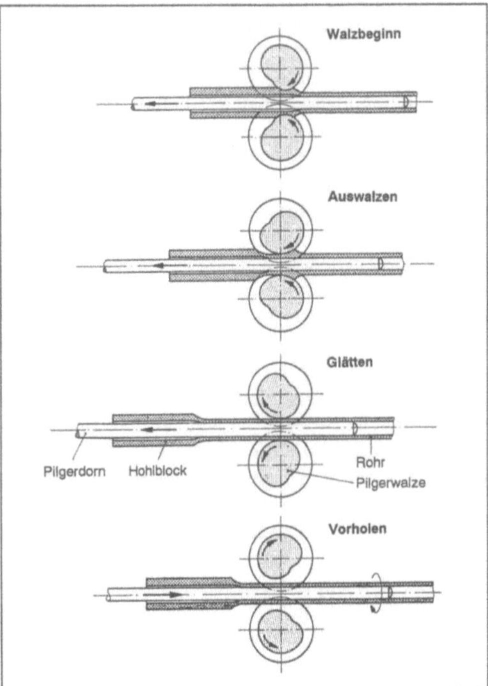

Warmpilger-Walzverfahren: Arbeitsprinzip.

Warmschere. Eine W. ist ein technisches System zum →Schneiden von warmem Walzgut. Die W. kann entweder mit einem elektrischen oder einem hydraulischen Antrieb ausgerüstet sein. Beim Schneiden von bewegtem Walzgut werden meist Schlitten- oder Pendelscheren eingesetzt. *Baumann*

Warmscherverfahren. Unter einem W. ist ein Trennverfahren zu verstehen, bei dem warmes Walzgut im ruhenden oder im bewegten Zustand mit Schermessern geschnitten wird. *Baumann*

Warmumformen, temperaturgeregeltes. Unter einem t. W. ist i. a. eine geregelte Temperaturführung in den letzten, mit ausreichendem Umformgrad vorgenommenen Schritten einer Warmumformung und beim anschließenden Abkühlen des Walzguts zu verstehen. Dabei wird in den betreffenden Stählen ein Gefüge erzielt, wie es beim Normalglühen angestrebt wird. Die bei hohen Temperaturen im →Werkstoff ablaufenden metallkundlichen Vorgänge können zu einer Verbesserung der Eigenschaften genutzt und zusätzliche Wärmebehandlungen eingespart werden. Seit vielen Jahren hat sich beispielsweise das Walzen von Flachprodukten aus allgemeinen Baustählen mit einer geregelten Temperaturführung, also mit einer gezielten Verbindung thermischer und mechanischer Behandlungen bewährt. Infolgedessen konnte ein nachträgliches Normalglühen entfallen, ohne Abstriche an den mechanischen Eigenschaften machen zu müssen. Wenn die mit dem W. verbundenen Vorgänge im Werkstoff so gelenkt werden, daß eine besonders günstige Struktur entsteht, lassen sich optimale Verarbeitungs- und Gebrauchseigenschaften der Stähle bei begrenztem Aufwand an Legierungsmitteln und Energie erzielen. Dazu ist allerdings die Kenntnis und wirksame Verknüpfung einer Reihe von Vorgängen vor, während und nach dem W. erforderlich. Hierzu zählen die Bildung und Homogenisierung des Austenits, das Auflösen von Teilchen in der Matrix, die mit dem Verformen einhergehende Verfestigung und die ihr folgende Erholung sowie Rekristallisation und bei Anwesenheit caronitridbildender Mikrolegierungselemente die Ausscheidung sehr feiner Teilchen. Die starke Verzögerung der Rekristallisation durch umformungsinduzierte Caronitridausscheidung hat sich als entscheidende Voraussetzung für die sehr wirkungsvolle thermomechanische Behandlung erwiesen.

Mit einer gelenkten Abkühlung nach dem Umformen lassen sich in Abstimmung mit der chemischen Zusammensetzung des Stahls sehr unterschiedliche Gefüge- und Ausscheidungszustände erreichen. Günstige Eigenschaftskombinationen ergeben sich nicht nur aus extrem feinkörnigem Umwandlungsgefüge, hoher Versetzungsdichte und dosierter Ausscheidungshärtung, sondern auch durch die Einstellung von Duplexgefügen im Makro- oder Mikrobereich. Das t. W. oder thermomechanische Walzen hat zum Ziel, Eigenschaften zu erzeugen, die mit normalgeglühten Stählen nicht mehr erreichbar sind, nämlich noch höhere Streckgrenzenwerte bei gleichzeitig höherer Kerbschlagarbeit, bei noch tieferen Temperaturen und weiter verbesserter Schweißbarkeit sowie Kaltumformbarkeit. Das wird im wesentlichen durch die Erzeugung eines extrem feinkörnigen Gefüges durch eine ausreichende Umformung unterhalb der Rekristallisationstemperatur des Austenits und durch hinreichend schnelle Abkühlung aus der Walzhitze erreicht, wobei die Rekristallisation des Austenits durch Zusätze von Niob und/oder Vanadium oder Titan verlangsamt oder unterdrückt wird. *Baumann*

Warmwalzstraße. Eine W. ist ein komplexes technisches System, in dem ein →Warmwalzverfahren durchgeführt wird. Solche Walzstraßen bestehen oft aus mehreren Walzanlagen. Eine W. kann aber auch aus einer →Vorstraße, →Zwischenstraße und →Fertigstraße oder aus einer Vorstraße und Fertigstraße bestehen. Dabei sind Vor-, Zwischen- und Fertigstraßen Teilsysteme der Walzstraße. *Baumann*

Warmwalzverfahren. Ein W. ist ein stetiges oder schrittweises Druckumformen von Metallen bei höheren Temperaturen mit einem oder mehreren sich drehenden Werkzeugen, sog. Walzen, ohne oder mit Zusatzwerkzeugen. Zweck eines W. ist es,

□ den Metallen eine bestimmte Form unter Beachtung der in den technischen Regelwerken festgelegten zulässigen Maßabweichungen zu geben,

□ das Gußgefüge zu beseitigen und somit die innere sowie äußere Beschaffenheit der Metalle zu verbessern sowie

□ das Gefüge und die mechanischen sowie technologischen Eigenschaften der Metalle durch Steuerung der Umformungs- und Abkühlungsbedingungen zu beeinflussen.

Das Umformen findet im Walzspalt zwischen den sich drehenden Walzen statt. *Baumann*

Warmwasserbereitung. Mit W. wird die Bereitstellung von Wasser bei Temperaturen oberhalb der Umgebungstemperatur durch verschiedene Verfahren der Wärmezufuhr bezeichnet. Die Temperatur des Warmwassers liegt zwischen 40 und 60 °C. Die Wärmezufuhr kann entweder elektrisch oder mit Hilfe der Verbrennung chemischer Brennstoffe oder durch Umwandlung solarer Strahlungsenergie erfolgen.

Bei der elektrischen W. gibt es die Hauptverfahren der elektrischen Durchlauferhitzer mit großer elektrischer Anschlußleistung und die elektrischen Boiler, die relativ kleine Heizleistungen aufweisen, mit Hilfe eines Warmwasserspeichers allerdings einen größeren Warmwasservorrat bereitstellen können. *Bohn*

Wartung. Durchführung von W.-Arbeiten, durch die eine Maschine in einem einwandfreien betriebsfähigen Zustand gehalten wird.

W.-Arbeiten sind oft im Zusammenhang mit der Schmierung einer Maschine notwendig. Außerdem kann man bei einer W. Verschleißteile ersetzen und Einstellarbeiten vornehmen.

Zu den wichtigsten W.-Arbeiten an kleineren Verbrennungsmotoren gehören:

□ Wechsel des Schmieröls,

□ Reinigung oder Wechsel von Ölfilter und evtl. Kraftstoffilter,

□ Wechsel der Zündkerzen (→Ottomotor),

□ Einstellen der Zündung (Ottomotor),

□ Einstellen von Leerlaufdrehzahl und -CO-Gehalt (Ottomotor),

□ Überprüfen der Einspritzdüsen (→Dieselmotor),

□ Überprüfen bzw. Einstellen des Ventilspiels.

Durch Weiterentwicklung konnten die W.-Intervalle für Pkw-Motoren immer mehr verlängert werden. Da die Notwendigkeit einer W. von den gefahrenen Betriebszuständen abhängt, ist die Festlegung der W.-Intervalle schwierig. Sie erfolgte bisher nach gefahrenen Kilometern oder Betriebsstunden. Durch Rechnererfassung von Betriebswerten versucht man, zu besseren Kriterien für die Notwendigkeit einer W. zu kommen.

Zur Instandhaltung von größeren Motoren gehören neben den üblichen W.-Arbeiten weitere Inspektionen und Arbeiten, die nach den Vorschriften des Motorherstellers oder der Klassifikationsgesellschaften (bei Schiffsmotor) durchgeführt werden müssen. Hierzu gehören mit unterschiedlichen Intervallen z. B. die Inspektion der Ventile, der →Kolben und der Kolbenringe, der Treibstangenlager, der Kurbelwellengrundlager. *Kuhlmann*

Waschanlage. Mit bindigem Boden behaftete und vermengte Körnungen an Sand und Kies sind zu reinigen. Des weiteren müssen Bestandteile an Holz, Torf und Kohle ausgesondert werden. Ist die Beimengung noch gering, reicht oftmals eine scharfe Bebrausung während des Klassierens auf Vibrationssieben aus. Bei einem größeren Gehalt an Ton und Lehm wird ein besonderer Aufbereitungsgang erforderlich. Gröberes Korn wird in Maschinen in der Art von Trog- und Trommelmischern aufbereitet, bei denen im autogenen Mahlprinzip das Kieskorn sich selber aneinander oder an der geriffelten Behälterauskleidung von dem Anhaftendem abreibt, wobei sich sogar eckiges Korn abrundet. Eine derartige Tongrinder genannte Einrichtung bearbeitet Kieskörnung im Gemenge 4–120 mm mit bis zu 20 % Beimengung an toniger Substanz. Seit alters her sind besondere Waschmaschinen in der Durchgangs- bzw. Gegenstrom- und Tauchverfahrensweise im Gebrauch. *Kühn*

Wascher →Karosserie

Wasserbaugerät. Die konventionellen Hauptaufgabengebiete des Wasserbaus umfassen Baumaßnahmen,

□ die die Nutzung des Wassers durch den Menschen ermöglichen,

□ die den Menschen bzw. das Land vor den Angriffen des Wassers schützen,

□ die der Landgewinnung dienen.

Die dabei eingesetzten Baugeräte lassen sich in zwei Gruppen einteilen:

□ Baugeräte, die von Land aus bzw. von einem schwimmenden Geräteträger aus eingesetzt werden,
□ reine W., die für den speziellen Einsatz auf oder im Wasser konzipiert sind.

In die erste Gerätegruppe fallen alle konventionellen Baugeräte und Maschinen, die an Land eingesetzt werden. Als schwimmende Geräteträger stehen Pontons, Hub- und Schreitinseln zur Auswahl. Für Montagearbeiten in offenem Gewässer setzt man Schwimmkrane ein.

Die Baugeräte der zweiten Gruppe unterscheiden sich grundsätzlich von denen auf dem Festland. Sie müssen nicht nur für die eigentliche Bauaufgabe konzipiert sein, sondern zusätzlich noch für die umfeldspezifischen Anforderungen, die sich aus der Arbeit in offenem Gewässer ergeben. Sie sind oft Schiff und Baugerät in einem. Dabei muß das Baugerät den widrigen Umgebungsbedingungen angepaßt werden. So entzieht sich der Bauprozeß unter Wasser der visuellen Beobachtungsmöglichkeit, die Entfernungen zwischen Baumaschine und Bauobjekt sind größer, die Baumaschinen haben keinen festen Untergrund, sondern sind den Wind- und Wellenbewegungen ausgesetzt.

Eine der Hauptaufgaben des Wasserbaus besteht darin, unter Wasser liegenden Boden von einem Ort zu einem anderen zu transportieren. Einsatzbeispiele sind das Vertiefen von Schiffahrtsrinnen, die Landgewinnung und das Fördern von Rohstoffen (Sand, Kies). Die zur Bodenansprache notwendigen Bodenuntersuchungsgeräte unterscheiden sich stark von denen an Land. Als Lösegeräte für unter Wasser liegende Böden kommen entweder →Schwimmgreifer, →Eimerkettenbagger oder Unterwasserschaufelradbagger zum Einsatz, die in ihrer Arbeitsweise den an Land arbeitenden Geräten ähneln, oder reine →Naßbagger wie die →Saugbagger, →Schneidkopfsaugbagger und →Laderaumsaugbagger. Der Transport der Böden geschieht entweder hydraulisch oder mit Spül-, Klapp- oder Spaltklappschuten. *Kühn*

Wasserfalldiagramm. Ein Darstellungsmittel bei der Signaturanalyse von Maschinen. Mehrere gemessene Spektren werden in einem Diagramm so dargestellt, daß eine vergleichende Beurteilung erleichtert wird. Die Spektren können bei verschiedenen Drehzahlen gemessen werden, z. B. beim Anlaufen oder Auslaufen des Rotors oder auch im stationären Betrieb über einen längeren Zeitraum hinweg zur Betriebsüberwachung und Trendanalyse.

Das Bild zeigt Amplitudenspektren, die beim Hochfahren einer Maschine gemessen wurden. Man erkennt eine unveränderliche Resonanzstelle (selbsterregte Eigenschwingungen) und erzwungene Schwingungen, deren Frequenzen mit der

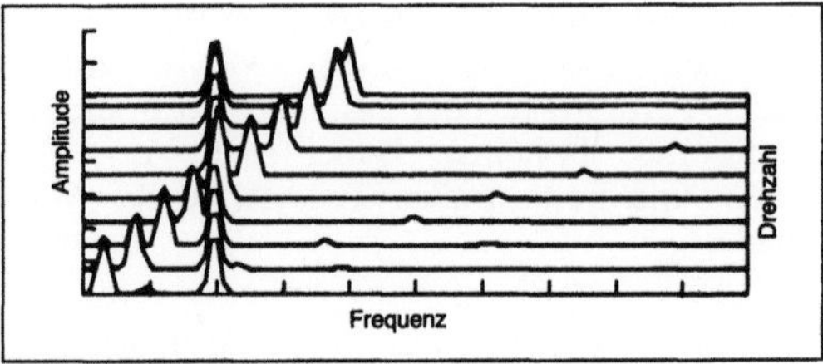

Wasserfalldiagramm.

Drehzahl proportional anwachsen →(Unwuchterregung). *Witfeld*

Wasserhaltung. Reicht die Baugrube für die Sohle eines Bauwerks in den Grundwasserspiegel hinein, so muß sie trocken gehalten werden. Die hierfür notwendigen Maßnahmen bezeichnet man als W. Abhängig von der Bodenart, dem Wasserandrang und der erforderlichen Absenktiefe kommen verschiedene Verfahren der W. zum Einsatz (Bild). *Kühn*

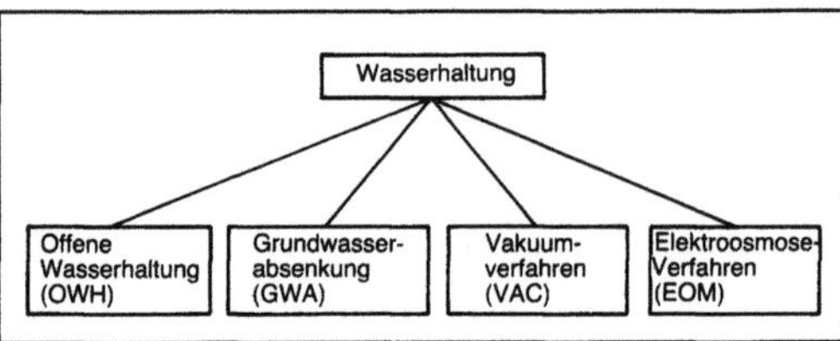

Wasserhaltung: Arten der Wasserhaltung.

Wasserhaltung, offene. Bei der o. W. wird das der Baugrube in kleinen Mengen zufließende Wasser zu einer tieferliegenden Stelle geleitet, wo ein Pumpensumpf ausgehoben und eine Pumpe installiert ist (Bild). Die eingesetzte Pumpe ist meist eine Tauchpumpe, die direkt im Pumpensumpf steht. Daneben ist es aber auch möglich, Membran- oder Kanalradpumpen zu verwenden, die außerhalb der Baugrube stehen können. Die wichtigste Eigenschaft der Pumpen, die bei der o. W. eingesetzt werden, ist die Fähigkeit, auch verschmutztes Wasser zu fördern. *Kühn*

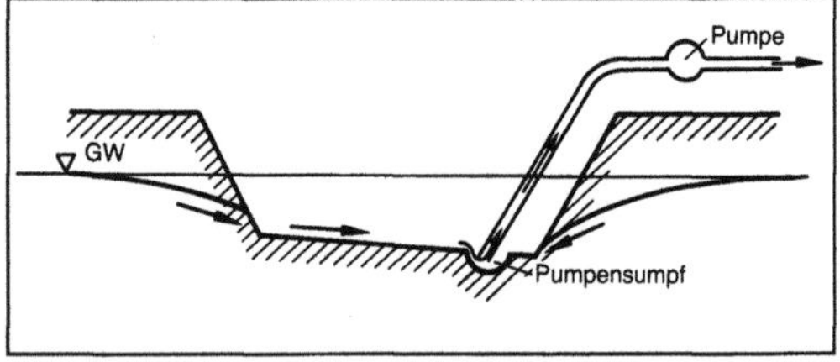

Wasserhaltung, offene: Schema.

Wasserkühlmaschine. Unter einer W. wird eine Kompressionskältemaschine in über- und untertägigen zentralen und dezentralen Klimaanlagen verstanden. Der Wetterstrom wird hier über einen zwischengeschalteten Kälteträgerkreislauf indirekt gekühlt. Im allgemeinen werden mehrere Betriebspunkte gleichzeitig von einer Maschine versorgt. Zur Zeit können Kälteleistungen von mehr als 5 MW erreicht werden. Als Verdichter kommen bei den Großanlagen zumeist Turboverdichter zur Anwendung.

Das in der Kältemaschine gekühlte Wasser kann einerseits zur Versorgung der Wetterkühler genutzt werden, wird aber auch andererseits zur Abführung der Kondensatorwärme von kleineren dezentralen Kältemaschinen (sog. Satellitenkältemaschinen) verwandt. *Seeliger*

Wasserkühlung. An einem →Verbrennungsmotor muß man aus verschiedenen Gründen eine Kühlung vorsehen (hauptsächlich, um zu hohe Bauteiltemperaturen zu vermeiden). Grundsätzlich kann ein Motor mit →Luftkühlung oder mit W. (Flüssigkeitskühlung) ausgeführt sein.

Die W. hat gegenüber der Luftkühlung den Vorteil, daß sich wegen der hohen Wärmeübergangszahlen an der wasserseitigen Oberfläche des gekühlten Bauteils eine Temperatur einstellt, die nur wenig über der Kühlwassertemperatur liegt. Damit ist einerseits eine sehr wirksame Kühlung der Bauteile gegeben. Andererseits treten nur geringe Temperaturunterschiede zwischen den verschiedenen gekühlten Bauteilen auf und damit geringe Unterschiede in den Wärmedehnungen.

Das Bild zeigt das Schema des Kühlwasserkreislaufs eines wassergekühlten Verbrennungsmotors. Das Kühlwasser wird von der Kühlwasserpumpe in den →Motorblock gefördert, wo es zunächst die →Zylinder (bzw. Laufbuchsen) umstreicht und kühlt. Durch Übertrittsbohrungen gelangt es vom Motorblock durch die →Zylinderkopfdichtung in die Zylinderköpfe, die es an der höchsten Stelle verläßt. Nun wird das Kühlwasser vom Thermostaten in zwei Teilströme aufgeteilt, von denen nur einer durch den Kühler geleitet wird. Danach werden die beiden Teilströme wieder zusammengeführt und von der →Wasserpumpe angesaugt.

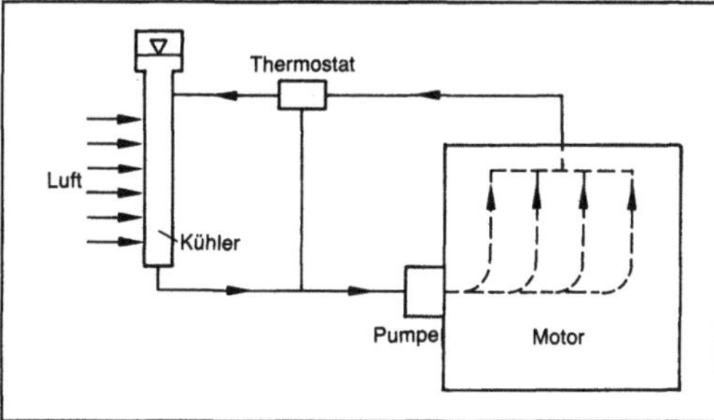

Wasserkühlung: Kühlwasserkreislauf (Schemaskizze).

Der Thermostat besitzt ein temperaturempfindliches Bimetallelement und leitet einen um so größeren Anteil des Kühlwassers durch den Kühler, je höher dessen Temperatur ist. Dadurch wird die Kühlwassertemperatur auf einem etwa konstanten Wert gehalten. Dies gilt genaugenommen nur für die Kühlwasseraustrittstemperatur, die vom Thermostaten erfaßt wird. Bei der Auslegung des Kühlsystems wird der Kühlwasserstrom jedoch so groß gewählt, daß die Temperaturdifferenz von Motoreintritt zu Motoraustritt nur wenige Grade beträgt. Somit wird das Temperaturniveau des Kühlwassers im ganzen Motor auf dem gewünschten Wert gehalten.

Die Wahl der Kühlwassertemperatur erfolgt nach folgenden Gesichtspunkten:

□ Bei zu niedriger Kühlwassertemperatur wird auf der Zylinderinnenseite die Taupunkttemperatur unterschritten. Damit kondensiert Wasser aus den Verbrennungsgasen. Dies führt besonders in Verbindung mit Schwefeldioxid aus schwefelhaltigem →Kraftstoff zu Korrosionsschäden.

□ Eine hohe Kühlwassertemperatur führt zu größerer Temperaturdifferenz zwischen Kühlwasser und Umgebungsluft. Damit kann der von der Umgebungsluft durchströmte Kühler kleiner sein.

□ Bei Kühlwassertemperaturen deutlich über 100 °C steigt der Druck im Kühlsystem entsprechend dem Dampfdruck an.

□ Eine hohe Kühlwassertemperatur führt zu geringeren Wärmeverlusten vom Verbrennungsgas an die Brennraumwände. Damit ist ein geringfügiger Anstieg des Motorwirkungsgrads verbunden.

□ Eine hohe Kühlwassertemperatur führt andererseits zu einem niedrigen →Liefergrad und damit zu einer niedrigen Vollastleistung des Motors.

□ Bei zu hoher Kühlwassertemperatur können die Spitzentemperaturen an den zu kühlenden Bauteilen zu hoch werden.

Aus den genannten Punkten ergibt sich, daß es günstig wäre, bei Teillast des Motors auf eine höhere Kühlwassertemperatur zu regeln als bei Vollast, was aber in der Praxis selten getan wird.

Interessant ist es, das Verhalten des Kühlsystems bei verschiedenen Motordrehzahlen zu betrachten. Da die Kühlwasserpumpe direkt von der Kurbelwelle des Motors angetrieben wird, ist ihre Drehzahl der Motordrehzahl proportional. Wenn wie üblich als Kühlwasserpumpe eine Kreiselpumpe verwendet wird, ist die Fördermenge linear und die Förderhöhe quadratisch von der Drehzahl abhängig. Da die Druckverluste im Motorblock ebenfalls etwa quadratisch mit der Strömungsgeschwindigkeit, d. h. mit dem Kühlwasserstrom ansteigen, ergibt sich ein zur Drehzahl etwa proportionaler Kühlwassermengenstrom. Dies paßt sehr gut zu der Tatsache, daß der mit dem Kühlwasser abzuführende Wärmestrom etwa der →Innenleistung des Motors und damit ebenfalls der Drehzahl proportional ist.

Damit das Kühlwasser von Fahrzeugmotoren bei niedrigen Außentemperaturen nicht einfriert, wird ihm ein Frostschutzmittel zugesetzt. Dieser Zusatz enthält gleichzeitig Mittel zum Korrosionsschutz und zur Verringerung des Dampfdrucks bei Temperaturen über 100°C. Die mit dem Zusatz des Frostschutzmittels verbundene Verschlechterung des Wärmeübergangs wird dabei hingenommen. *Kuhlmann*

Literatur: *Bussien*: Automobiltechn. Handb. 18. Aufl. Bd. 1. Berlin 1965. – *Bussien*: Automobiltechn. Handb. Ergänzungsbd. zur 18. Aufl. Berlin, New York 1979.

Wasserpumpe. Sämtliche unter Pumpen (→Baugerät) erläuterten Pumpentypen können zum Pumpen von unverschmutzten Wasser eingesetzt werden. Sie werden im Baubetrieb vor allem in Materialherstellungsanlagen und Materialaufbereitungsanlagen benötigt. *Kühn*

Wasserstoff als Kraftstoff. W. als Energieträger für den Fahrzeugantrieb wird immer wieder vorgeschlagen, weil Wasser als Basismaterial an vielen Stellen unbegrenzt zur Verfügung steht und weil das Verbrennungsprodukt wieder harmloses Wasser ist.

Diesen Vorzügen stehen allerdings erhebliche Nachteile entgegen. Die Herstellung aus Wasser (elektrolytisch oder thermisch) sowie die Speicherung und Verteilung sind mit schlechten Wirkungsgraden behaftet. Die Energiedichte (Wh/kg) ist sowohl für gasförmigen als auch für flüssigen Wasserstoff relativ gering. Bei der Verflüssigung treten zusätzliche Energieverluste auf.

Im Fahrzeug muß der W. entweder flüssig oder als Metallhydrid gespeichert werden. In beiden Fällen ist die Betankung problematisch (tiefe Temperatur bzw. Betankungszeit). Bei Flüssigwasserstoff muß der Tank entsprechend isoliert werden. Die unvermeidbaren Verdampfungsverluste müssen abgefakkelt oder in Metallhydriden gespeichert werden. Mögliche Undichtheiten stellen eine Gefahr in geschlossenen Räumen dar (Parkverbot in Garagen).

Verbrennungstechnisch ist W. gut geeignet (weite Zündgrenzen, kleine Zündenergie). Wird W. gasförmig zugeführt, so tritt ein Leistungsverlust ein, weil er mehr als 28% des Ladevolumens ausmacht. Im Abgas finden sich neben Wasser, Schmierstoffreste sowie Stickoxid. Zu dessen Reduktion stehen aber weder Kohlenmonoxid noch Kohlenwasserstoffe zur Verfügung.

Bei dieser Sachlage stellt sich die Frage, ob nicht flüssige W.-Verbindungen an Stelle von W. vorteilhaft sind. Dazu kommen z. B. Ammoniak, Hydrazin, vor allem aber →Kohlenwasserstoff in Betracht.

Der Kohlenstoff dazu kann dem natürlichen Kohlenstoffkreislauf entnommen werden, der jährlich die antropogene CO_2-Emission um das 10fache übertrifft. Die vorwiegend aus Kohlehydraten bestehende Biomasse ist dazu mit technischem W. zu hydrieren. *Fiala*

Literatur: VDI-Ber. Nr. 602: Wasserstoff-Energietechnik. – Bilanz – Konzepte – Perspektiven. Düsseldorf 1987.

Wasserstoff-Motor. Verbrennungsmotoren sind ohne wesentliche Änderungen für den Betrieb mit →Wasserstoff geeignet. *Fiala*

Webereimaschinen-Überwachung. Die Überwachungen an Webmaschinen umfassen neben dem textilen Fadenmaterial auch wichtige Funktionen bzw. Funktionselemente, deren Ausfall durch Folgewirkungen teilweise größere Schäden verursachen kann, als der Primärschaden darstellt. Die Überwachung verfolgt den Zweck, die Gewebequalität zu sichern und die Nutzungsdauer der Webmaschine zu optimieren. Um die Gewebequalität zu sichern, werden u. a. die Fadensysteme Kette und Schuß überwacht. Für die Schußfadenüberwachung werden Schußwächtereinrichtungen eingesetzt, die nach dem mechanischen, optischen, piezoelektrischen oder triboelektrischen Prinzip arbeiten. Dabei wird der Schußfaden mechanisch abgetastet, optisch erfaßt, oder die Reibkraft des bewegten und damit unversehrten Fadens erzeugt ein elektrisches Signal. Alle Schußwächtereinrichtungen stellen bei Schußbruch die Webmaschine ab. Bei diesem Abstellvorgang läuft die Maschine, abhängig von der Drehzahl und der Wirksamkeit der Bremsung, ca. eine halbe bis eine volle Umdrehung bis zum Stillstand nach. Bis zum Wiederanlauf sind an der Webmaschine folgende Tätigkeiten auszuführen:

☐ Zurückweben bis zum Auffinden des gebrochenen Schusses,

☐ bei Webmaschinen mit Fachbildung durch eine →Jacquardmaschine muß die Musterkarte zurückgedreht werden,

☐ Regulierung des Gewebes, indem das zuviel abgezogene Gewebestück wieder zurückgedreht wird,

☐ Entfernung des gebrochenen Schusses,

☐ evtl. Positionierung der Webmaschine in die beste Anfahrposition,

☐ Startsignal für den Wiederanlauf.

Bis auf die Entfernung des gebrochenen Schusses und die Auslösung des Startsignals können alle diese Arbeiten automatisiert sein, so daß das Personal entlastet wird, Fehlbedienungen bei der Regulierung und Positionierung der Webmaschine ausgeschlossen sind und damit vor allem die Sicherung der Gewebequalität gewährleistet ist. Darüber hinaus wird mit der weitgehend automatisierten Schußbruchbehebung die Nutzungsdauer der Webmaschine optimiert.

Die Kettfadenüberwachung geschieht mit Kettfadenwächterlamellen. Jeder Kettfaden ist einzeln überwacht und trägt eine dieser Lamellen (schmale Blechstreifen). Bei Kettfadenbruch fällt die Lamelle herab und löst dadurch mechanisch, elektrisch oder photoelektrisch ein Stoppsignal für die Webmaschine aus. Die Behebung des Kettfadenbruchs, d. h. die Knotung des Fadens und der Wiederanlauf der Maschine, erfolgt durch die Bedienungsperson. Durch einen programmierten Webmaschinenauslauf infolge Kettfadenbruchs wird eine weitgehende Bedienungserleichterung erreicht. Dabei positioniert eine Logikschaltung der Webmaschine den Schaft bzw. die Platine mit der Litze des gebrochenen Kettfadens in die Oberfachstellung. Hierdurch wird eine leichte und schnellere Handhabung bei der Bruchbehebung ermöglicht.

Erwähnt werden sollen weitere Überwachungseinrichtungen, die dem Unfallschutz bzw. der Unfallverhütung dienen. So sind u. a. an allen neueren Webmaschinen der während der Anlaufphase für den Bediener besonders gefährliche Bereich der Weblade bzw. des Webblattes (Quetschstellen!) durch mechanische und/oder photoelektrische Einrichtungen gesichert. *Kohlhaas*

Webereivorbereitung. Unter die W. fallen alle Arbeiten, die erforderlich sind, um eine Webmaschine webbereit zu machen. Neben der Bereitstellung eines Produktionsraums mit geeignetem Raumklima, Energie, Betriebsmitteln, Transporteinrichtungen und Bedienungspersonal gehören hierzu in erster Linie die Vorbereitungen für das Schuß- und das Kettmaterial.

Das Schußmaterial muß den Forderungen der Weiterverarbeitung angepaßt werden. Hierbei handelt es sich um einen Umspulprozeß, bei dem das Schußmaterial in eine für die Weiterverarbeitung geeignete Aufmachung (Spulenform, Spulengröße, Wickelhärte) überführt wird. Gleichzeitig wird damit ein Reinigungsprozeß des Fadenmaterials verbunden, indem die aus den vorangegangenen Be- und Verarbeitungsstufen herrührenden Fehler, also Dickstellen, Dünnstellen, Noppen, Flusen, schlechte Knoten u. ä., entfernt werden. Für Schützen-Webmaschinen wird das Schußgarn auf Kanetten gespult, das sind kleine Spulkörper, die dem Schützen angepaßt sind. Bei den anderen Schußeintragssystemen, bei denen der Schußgarnvorrat stationär an einer oder an beiden Seiten der Webmaschine vorgelegt wird, beschränkt sich die Schußgarnvorbereitung auf die Herstellung von geeigneten Spulen, die eine problemlose Weiterverarbeitung garantieren. Hierzu gehören lange Ablaufzeiten, also große und wirtschaftlich handhabbare Spulenformate und ein störungsarmer Garnablauf von der Spule.

Für das Kettmaterial gelten die gleichen Forderungen: eine störungsarme und wirtschaftliche Weiterverarbeitung. Während das Schußgarn bei der Verarbeitung auf der Webmaschine nur einige Male beansprucht wird, erfolgt die Belastung eines Kettfadenabschnitts während des (langsamen) Längentransports durch die Webmaschine vom Kettbaum bis zur Schußanschlaglinie (Warenrand) bis zu einige tausendmal, abhängig von den geometrischen Abmessungen der Webmaschine und der Schußdichte. Deshalb werden für Kettgarne qualitativ bessere Garne, oft Zwirne eingesetzt mit höheren Bruch- und Dehnungswerten. Der für die Kettgarne erforderliche Umspulprozeß soll ähnliche, wie bei den Schußgarnen nötige Forderungen erfüllen (Reinigung, Änderung der Aufmachung), die hier der Vorbereitung des Schärprozesses dienen. Beim Schären wird der Fadenspeicher für die Kette, nämlich der Kettbaum hergestellt. Auf dem Kettbaum sind die Kettfäden als parallele Fadenwickel aufgewickelt. Seitliche Begrenzungsscheiben halten die Randfäden. Beim Schärprozeß werden von einem Spulengestell die vorbereiteten Spulen entweder direkt auf den Kettbaum gewickelt (Direkt- oder Breitschären genannt) oder auf einen Zwischenspeicher gebracht. Man unterscheidet hierbei das Band- oder Konusschären, bei dem bandweise die Kettfäden auf eine Schärtrommel gewickelt werden und nach der erforderlichen Anzahl Bänder die gesamte Kette auf den Kettbaum umgewickelt wird. Dieser Vorgang heißt Bäumen, auch Aufbäumen. Das weitere Verfahren heißt Zetteln. Zunächst werden die Zettelbäume als Zwischenspeicher bewickelt, die sich von den Kettbäumen nur durch die n-fach geringere Fadenzahl unterscheiden. Sodann werden n Zettelbäume zu einem Kettbaum zusammengefaßt. Dieser Vorgang heißt Assemblieren.

Ein weiterer Vorbereitungsprozeß der Kette ist das Schlichten. Der Schlichtprozeß hat die Aufgabe, dem während des Webprozesses besonders beanspruchten Kettfaden eine Erhöhung der Widerstandsfähigkeit gegen äußere Einflüsse wie Reiben, Scheuern und sich zyklisch wiederholende Zugbeanspruchungen zu vermitteln. Hierzu wird den Kettfäden eine organische oder anorganische Substanz (Schlichtemittel) aufgebracht, die ein Verkleben der Einzelfasern des Garns oder Zwirns und damit einen besseren Fadenschluß bewirkt. Hierdurch wird u. a. die →Reibungszahl verringert sowie eine Erhöhung der Fadenfestigkeit und eine Verbesserung des Dehnverhaltens erreicht. Schlichten mit Hilfe von gelösten, emulgierten oder dispergierten Substanzen wird als Naßschlichten bezeichnet. Beim Trockenschlichten erfolgt die Applikation mit wachsartigen festen oder geschmolzenen Substanzen.

Nach dem Webprozeß sind die Schlichtemittel durch eine anschließende Ausrüstung in einem Naßprozeß wieder zu entfernen. Wegen der dabei auftretenden Schadstoffbelastung des Wassers finden zukünftig immer mehr die Möglichkeiten der Schlichtemittelrückgewinnung Anwendung und/ oder werden die biologische Unbedenklichkeit der Schlichtemittel Entwicklungsziele sein.

Das Einziehen der Kette in die Webmaschine (auch Passieren genannt) bildet den Abschluß der W. Hierbei werden die Kettfäden in die Arbeits- und Kontrollelemente der Webmaschine eingefädelt. Das sind, in Kettlaufrichtung gesehen, die Kettfadenwächterlamellen, die den Kettfadenbruch überwachen und signalisieren (→Webereimaschinen-Überwachung), die Litzen der Schäfte, die die Fachbildung ermöglichen (→Fachbildeeinrichtung) und das Webblatt, das den Schuß anschlägt (→Schußanschlag). Der zeitaufwendige Vorgang des Einfädelns geschieht manuell, halb- oder vollautomatisch, abhängig vom gewebten Artikel und der Ausstattung des betreffenden Fertigungsbetriebs.   *Kohlhaas*

Literatur: *Schneider, J.:* Vorbereitungsmaschinen für die Weberei. Berlin, Göttingen, Heidelberg 1955. – *Simon, L.,* u. *M. Hübner:* Vorbereitungstechnik für die Weberei. Berlin, Heidelberg, New York, Tokio 1983.

Webvorgang. Weben gehört zu den ältesten Techniken der Menschheit. Wann es die ersten Webgeräte gab, ist heute nicht mehr festzustellen. Wahrscheinlich wurde das Weben vor ca. 7000 Jahren erfunden. Die früheste bekannte Darstellung eines Webgeräts, auf einer Schale abgebildet, stammt aus Ägypten aus der Zeit um 4400 v. Chr. Technologisch werden durch den W. Flächengebilde erzeugt, „die aus sich rechtwinklig verkreuzenden Fäden zweier Fadensysteme, Kette und Schuß, bestehen" (DIN 61100).

Die Kette ist die Gesamtheit der Fäden, die bei der Herstellung eines Gewebes in Längsrichtung (Warenlaufrichtung) verlaufen. Die Schüsse sind die Fäden, die in Querrichtung des Gewebes verlaufen; sie bilden die Breite des Gewebes. Die Art der Verkreuzung von Kett- und Schußfäden wird als →Bindung bezeichnet. Der W. oder Webprozeß läßt sich in einzelne Stationen unterteilen (Bild):
□ die Fachbildung a (→Fachbildeeinrichtung),
□ der Schußeintrag b (→Schußeintragsverfahren),
□ der Schußanschlag c (Schußanschlag),
□ die Regulierung der Kette und des Gewebes d (Kette/Gewebe-Regulierung).

Die Abbildung deutet die Stationen der Gewebebildung an und bezeichnet die hierfür notwendigen hauptsächlichen Bauelemente der Webmaschine.

Bei der Fachbildung a werden die Kettfäden angehoben bzw. abgesenkt und bilden so das Fach, in das der Schuß durch ein Schußeintragselement quer eingetragen wird. Nach dem Schußeintrag b erfolgt der Schußanschlag c durch das Webblatt und

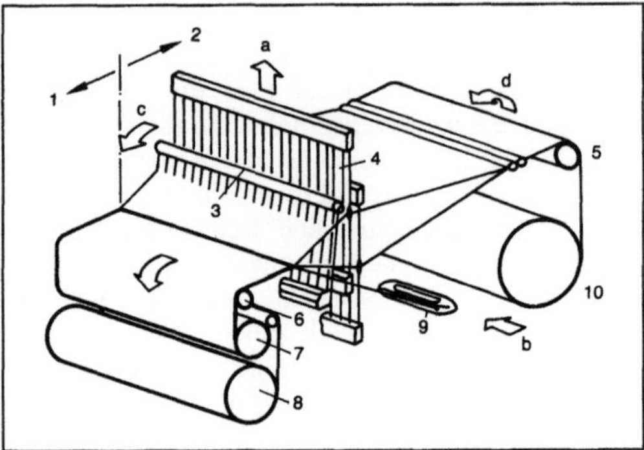

Webvorgang: Prinzip der Webmaschine und des Webvorgangs.

1 Gewebe, 2 Kette, 3 Webblatt, 4 Schaft mit Litzen, 5 Streichbaum, 6 Brustbaum, 7 Gewebeabzugsvorrichtung, 8 Warenbaum, 9 Schützen, 10 Kettbaum mit Kettablaßvorrichtung

damit die Bildung eines neuen Gewebeabschnitts. Die erneute Fachbildung für den nächsten Webzyklus kann unmittelbar anschließen. Zeitlich parallel zu den beschriebenen Vorgängen erfolgt die Regulierung d der Kette und des Gewebes. Dies ist die (langsame) Längsbewegung von Kette und Gewebe durch die Webmaschine.   *Kohlhaas*

Literatur: DIN 61100. Tl. 1: Gewebe-kennzeichnende Merkmale. Hrsg. Dt. Inst. f. Normung. Ausg. Jan. 1976.

Wechselbehälter →Container

Wechselkonverter. In mehreren Blasstahlwerken sind die Konvertergefäße wechselbar angeordnet (Bild). Dort werden die Gefäße durch schienengebundene, mit Hub- und Drehvorrichtungen ausgerüstete Fahrzeuge während einer Reparaturschicht in 8–10 h gewechselt. Ein W.-Betrieb mit 2 Blasständen und 3 Wechselgefäßen für beispielsweise 250 t-Schmelzen erreicht eine Stahlerzeugungsmenge, die einem klassischen Konverterbetrieb mit 3 Blasständen sowie 3 250 t-Konvertern entspricht. Die Investitionen für den Neubau eines W.-Schmelzbetriebs sind etwa 20 % niedriger als diejenigen für einen klassischen Konverter-Schmelzbetrieb.   *Baumann*

Wechselrichter. W. formen Gleichstrom in Wechsel- oder Drehstrom um. Die Ausgangsfrequenz kann konstant oder variabel sein. Je nach →Kommutierung werden unterschieden:
□ netzgeführte W.,
□ selbstgeführte W.,
□ lastgeführte W.
Netzgeführte W. Es sind praktisch vollgesteuerte Gleichrichterschaltungen (→Stromrichterschaltungen), die an die Netzwechselspannung angeschlossen sind und einen Gleichstromverbraucher (z. B. einen Gleichstrommotor) speisen. Sie arbeiten sowohl im Gleichrichter- als auch im W.-Betrieb.

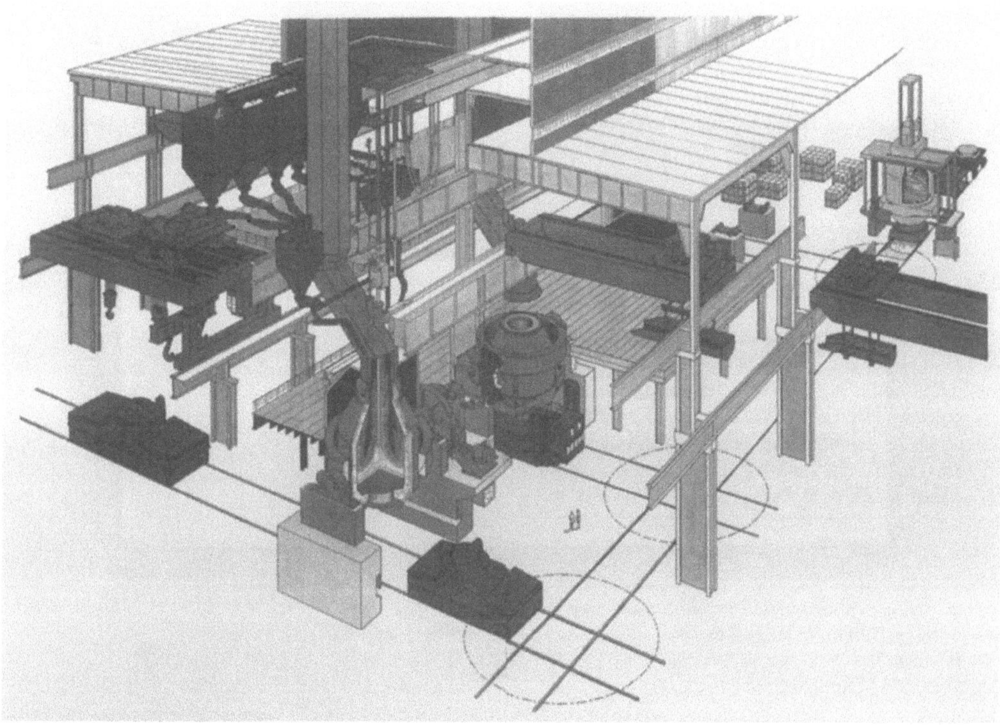

Wechselkonverter: Arbeitsprinzip eines Wechselkonverter-Stahlwerks.

Beim Bremsen des Motors kann Energie zurückgewonnen werden (Energierückspeisung), wenn die Energie vom Motor ins Netz zurückgespeist werden kann. Dazu wird die Gegenspannung (EMK des Motors) durch Feldumkehr umgepolt. Die Gegenspannung muß größer als die W.-Spannung sein. Bei gleichbleibender Stromrichtung – die Stromrichterventile lassen Strom nur in einer Richtung durch – wird die Stromrichterausgangsspannung umgepolt, indem der Steuerwinkel α größer 90° eingestellt wird. In diesem Bereich werden negative Sinushalbschwingungen angeschnitten ($\rightarrow$Anschnittsteuerung). Bei gleicher Stromrichtung und umgekehrter Spannung wird die Energierichtung umgekehrt. Im W.-Betrieb erfolgt ebenfalls natürliche Kommutierung. Allerdings besteht die Gefahr des W.-Kippens. Dagegen wird der Stromrichter durch die W.-Begrenzung geschützt. ($\rightarrow$Steuerverfahren für Stromrichter)

Selbstgeführte W. Diese gleichen im Grundaufbau den Gleichrichterschaltungen. Meist werden Brückenschaltungen eingesetzt. Die selbstgeführten W. benötigen wie die Gleichstromsteller zusätzlich jedoch Lösch- und Kommutierungseinrichtungen zum Ein- und Ausschalten der Thyristoren in der notwendigen Reihenfolge. Sie sind ähnlich aufgebaut wie bei den Gleichstromstellern.

Die selbstgeführten W. unterscheiden sich weiter durch die Steuerverfahren. Ausgeführt werden:

☐ Rechteckverfahren (auch Blocksteuerung genannt),

☐ Pulsbreitensteuerung (Pulsbreitenmodulation, PWM, auch Unterschwingungsverfahren genannt).

Rechteckverfahren. Die Wirkungsweise des Steuerverfahrens sei am Beispiel eines W. für die Notstromversorgung (Bild 1) erklärt. Die Schaltung ist als Brückenschaltung aus vier Gleichstromstellern aufgebaut. Jeder Brückenzweig besteht aus zwei Gleichstromstellern, die in bezug auf die Gleichspannung in Serie geschaltet sind. Als Löscheinrichtung ist jeweils ein gemeinsamer Kondensator und eine Induktivität vorgesehen. Der Kondensator wird bei jedem Löschvorgang umgeladen, damit er für den folgenden Löschvorgang richtig gepolt ist. Auf der Wechselstromseite stellt die Primärwicklung des Transformators die Last dar. Der W. wird durch abwechselndes Zünden der Thyristoren T_1 und T_4 für die eine Stromrichtung bzw. T_2 und T_3 für die andere Stromrichtung so gesteuert, daß durch Zusammenwirken von Induktivität und einer nachgeschalteten Siebkette ein sinusförmiger Wechselstrom entsteht. Die Spannung u_A verläuft dagegen rechteckförmig.

Im Rechteckverfahren werden auch dreiphasige W. betrieben, die im wesentlichen aus einer Dreh-

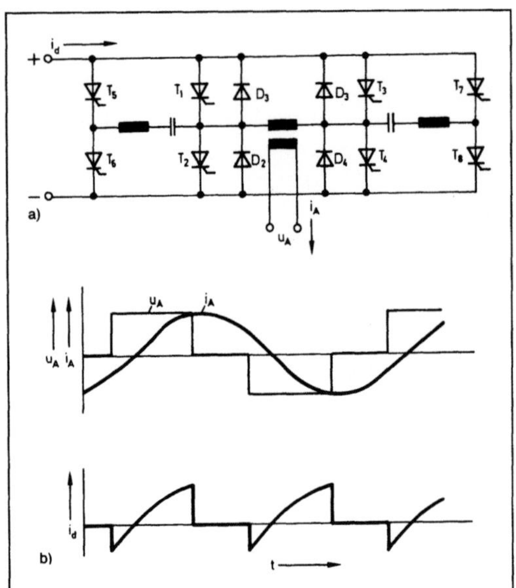

Wechselrichter 1: Wechselrichter für Notstromversorgung, selbstgeführt. (Quelle: Buri a. a. O.)
a) Schaltbild
b) Spannungs- und Stromverlauf.

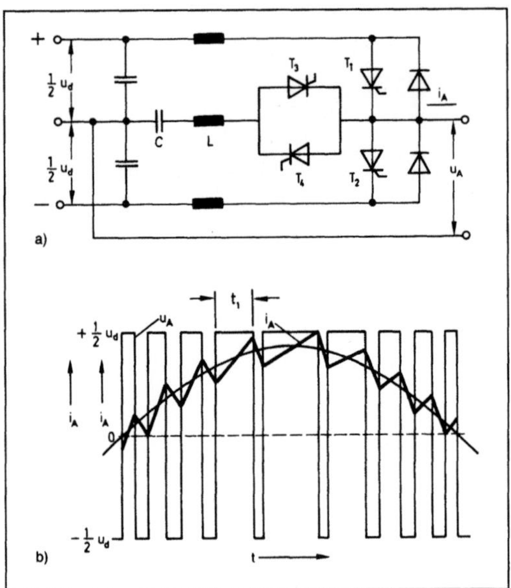

Wechselrichter 2: Wechselrichter mit Pulsbreitenmodulation. (Quelle: Buri a. a. O.)
a) Schaltung
b) Spannungs- und Stromverlauf.

strom-Brücke mit Thyristoren bestehen. Diesen sind zum Ausgleich von Blindströmen Dioden gegenparallel geschaltet. Eine Steuereinrichtung sorgt für das phasenrichtige Zünden der Thyristoren. Jeweils nach einem Phasenwinkel von 60° el erfolgt eine Schaltung von drei Thyristoren. Dies gilt für das Verfahren der Summenlöschung. Es entsteht ein treppenförmiger Verlauf der Spannungen der einzelnen Phasen sowie der verketteten Spannung, der stark von der Sinusform abweicht. Durch Filter kann er der Sinusform angenähert werden.

Bei dem beschriebenen W. steuert die Steuereinrichtung über die Steller sowohl die Amplitude als auch die Frequenz der Spannung bzw. des Stroms.

Bei Einsatz im →Umrichter mit Zwischenkreis kann die Steuerung der Amplitude der Spannung bzw. des Stroms (bei Umrichtern mit Stromzwischenkreis) über einen steuerbaren Stromrichter im Eingang erfolgen.

Pulsbreitenmodulation. Der W. für Pulsbreitenmodulation (Bild 2) stellt eine Kombination von zwei Gleichstromsteller-Schaltungen nach Art einer Mittelpunktschaltung dar. Die beiden Steller sind, bezogen auf die Eingangsgleichspannung, in Reihe geschaltet. T_1 und T_2 sind die Schaltthyristoren, T_3 und T_4 sind Löschthyristoren. Als gemeinsame Löscheinrichtung dienen die Kapazität C und die Induktivität L. Durch abwechselndes Zünden und Löschen der Thyristoren T_1 und T_2 werden Stromimpulse entgegengesetzter Polarität erzeugt. Die

Pulsbreite t_1 wird periodisch so verändert, daß der in einer induktiven Last fließende Strom in seiner Grundschwingung annähernd Sinusform annimmt (sinusbewertete Pulsbreitenmodulation). Durch Zusammenschaltung von drei derartigen W. zu einer Drehstrombrücke kann ein Drehstromnetz gebildet werden, das z. B. zur Speisung und Drehzahlverstellung von Drehstrommotoren geeignet ist. Eine Drehrichtungsumkehr des Motors wird durch Änderung der Steuerfolge für die drei Phasen bewirkt, so daß das Drehfeld gegensinnig umläuft. Da man mit einem derartigen W. Spannung und Frequenz verstellen kann, kann auch die Forderung nach konstantem Verhältnis von Spannung und Frequenz erfüllt werden. Der Motor kann daher im gesamten Frequenzbereich mit konstantem Drehmoment gefahren werden.

Lastgeführte W. Bei lastgeführten W. wird die Kommutierungsspannung (→Kommutierung von Stromrichtern) für die Kommutierung der Stromventile (Thyristoren) vom Verbraucher, z. B. einem Schwingkreis oder einem Synchronmotor, geliefert. In Bild 3 ist ein Schwingkreis-Wechselrichter dargestellt. Seine Ausgangsfrequenz wird von der Eigenfrequenz des gedämpften Schwingkreises und der Aussteuerung des W. bestimmt. Sie liegt i. a. in der Nähe der Eigenfrequenz des Schwingkreises. Der Schwingkreis wirkt auf den W. etwa wie ein Wechselstromnetz. Die Kommutierungsblindleistung liefert der Kondensator als Last. Durch abwechselndes phasenrichtiges Zünden der Thyristoren T_1 und T_2

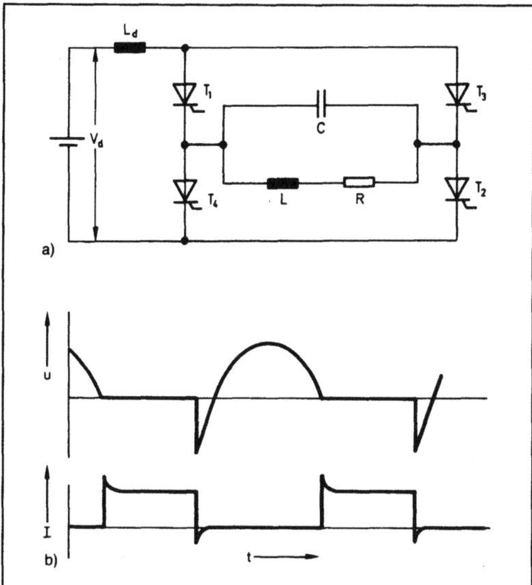

Wechselrichter 3: Lastgeführter Wechselrichter mit Parallelschwingkreis. (Quelle: Buri a. a. O.)
a) Schaltung
b) Spannungs- und Stromverlauf an den Thyristoren.

bzw. T_3 und T_4 wird dem Schwingkreis die durch die Dämpfung verlorene Energie zugeführt. Der Stromfluß durch die Thyristoren ist rechteckförmig, der Spannungsverlauf sinusförmig.

Schwingkreis-W. werden für Schmelz-, Erwärmungs- und Härteprozesse eingesetzt. Zur Versorgung aus dem Drehstromnetz werden sie als Umrichter mit Zwischenkreis ausgeführt. Lastgeführte W. für Synchronmotoren werden beim Stromrichtermotor eingesetzt. *Stüben*

Literatur: *Buri:* Leistungshalbleiter, Eigenschaften und Anwendungen. Hrsg. Brown, Boveri & Cie. AG, Mannheim 1982. – *Kolb, O.:* Einführung in die Stromrichtertechnik. Hrsg. Brown, Boveri & Cie. AG, Baden (Schweiz). Aarau 1976. – Silizium-Stromrichter-Handb. Hrsg. Brown, Boveri & Cie. AG, Baden (Schweiz). 1971.

Wechselstrom-Kommutator-Motor. Drehzahlstellbarer →Wechselstrommotor mit Nebenschluß- oder →Reihenschlußverhalten. Bei ständergespeistem Drehstrom-Kommutator-Motor mit →Nebenschlußverhalten ist der Ständer wie bei einem Induktionsmotor ausgeführt, der Läufer trägt eine mit einem Kommutator verbundene Wicklung. Die Drehzahlstellung geschieht mittels eines Doppeldrehreglers.

Beim läufergespeisten →Drehstrommotor mit Nebenschlußverhalten (Schrage-Motor) liegt die Ständerwicklung an den Bürsten des Kommutators. Der Läufer besitzt zwei Wicklungen: Eine liegt über Schleifringen und Bürsten am Netz, die andere ist an einen Kommutator angeschlossen. Die stetige Drehzahlstellung geschieht durch Bürstenverstellung.

Nebenschluß-Kommutator-Motoren haben durch die Verwendung von stromrichtergespeisten, drehzahlveränderlichen Motoren an Bedeutung verloren. Reihenschluß-Kommutator-Motoren werden am 16 ⅔-Hz-Netz allgemein im Bahnbetrieb verwendet (Bahnmotoren). Zu der Gruppe der W.-K.-M. gehört auch der →Universalmotor.

Rentzsch

Wechselstrommotor →Motor, elektrischer

Wechselstromsteller. W. dienen zur kontaktlosen Verstellung oder →Regelung von Spannungen oder Strömen in Wechselstromnetzen. Sie sind als kontaktloser Ersatz von Schützen oder Stelltransformatoren anzusehen. Anwendungsgebiete sind sowohl Temperatur- und Heizungssteuerung als auch die Helligkeitssteuerung von Beleuchtungen (Dimmer). Der Leistungsbereich liegt zwischen 50 W und 500 kW. Entsprechende Geräte werden meist anschlußfertig, bestehend aus Leistungsteil und elektronischer Steuerung, geliefert. Der Leistungsteil besteht aus gegenparallelgeschalteten Thyristoren bzw. bei kleinen Strömen (<15 A) aus Triacs (Bild). Zur Steuerung werden zwei wesentliche Verfahren angewendet:

□ →Anschnittsteuerung. Sie wird bei hohen Anforderungen an die Genauigkeit (z. B. einer Temperaturregelung) eingesetzt. Dies ist meist nur sinnvoll, wenn die Wärmekapazität des Objektes gering und die Wärmezeitkonstante klein ist.

□ Schwingungspaketsteuerung. (Beschreibung: →Drehstromsteller.) Der Einsatz erfolgt bei geringeren Forderungen an die Genauigkeit (z. B. bei einer Temperaturregelung), wie sie in den meisten Anwendungen vorliegen. *Stüben*

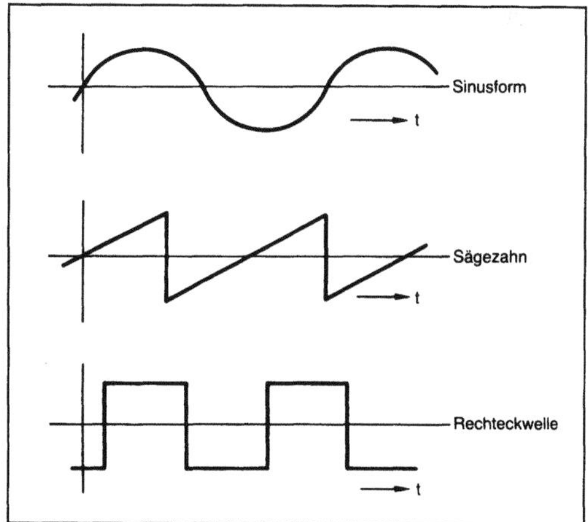

Wechselstromsteller: Blockschaltbild eines Wechselstromstellers mit Steuer- und Regelelektronik. (Quelle: BBC)

Wegerregung. Eine Form der →Fremderregung eines mechanischen Schwingers, bei der zeitlich vorgegebene Zwangsbewegungen einzelner Punkte Schwingungen des Systems anregen (Bild 1 und 2).

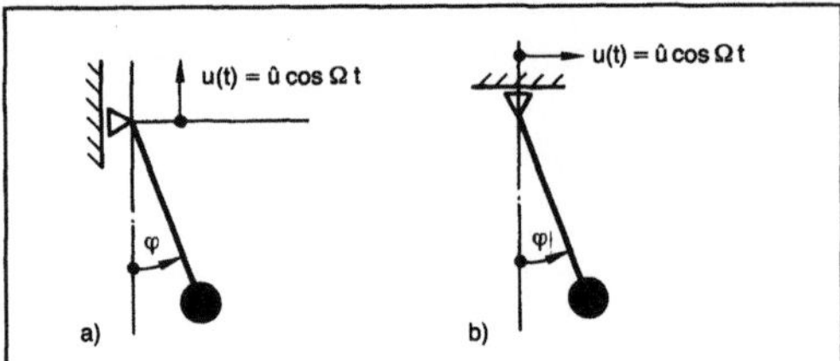

Wegerregung 1: Harmonische Wegerregung als Ursache für a) parametererregte bzw. b) quellenerregte Schwingungen eines Schwerependels.

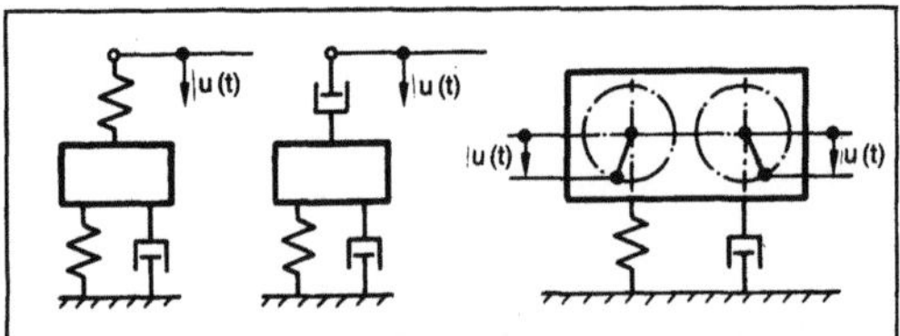

Wegerregung 2: Federfußpunkterregung, Dämpferfußpunkterregung und Unwuchterregung als Beispiele für Wegerregung.

Da jede W. auch Zwangskräfte voraussetzt bzw. Erregerkräfte hervorruft, besteht kein Wesensunterschied zur →Krafterregung.   *Witfeld*

Wehrtechnik. W. ist der Bereich der Technik, der sich mit der Ausrüstung der Streitkräfte befaßt. Sie ist mit der Forschung, Entwicklung, Produktion, Nutzung, Erhaltung und Beseitigung von Wehrmaterial befaßt.

Die verwandten Begriffe Militärtechnik, Rüstungstechnik, Waffentechnik und Truppentechnik werden teilweise synonym mit W. verwandt, z. T. decken sie jedoch kleinere bzw. größere Felder ab.

Die W. nutzt einerseits die Ergebnisse der zivilen Technik und erweitert andererseits auch die zivile Technik durch originäre Leistungen. Spektakuläre Beispiele für diesen Spin-off-Effekt sind die Radartechnik, die atomare Energietechnik und die Miniaturisierung elektronischer Bauelemente. Stärker als auf der Ebene der Endprodukte vollzieht sich jedoch der Austausch auf den Vorfeldern Grundlagenforschung, Meßtechniken, Fertigungstechnologien usw. Die Aufgabenstellungen der W. sind oft so außerordentlich, daß vielfach technisches Neuland beschritten werden muß.

Das Verhältnis der W. zur militärischen Taktik und Strategie ist wechselseitig bedingt. Einerseits ist die Aufgabenstellung der W. durch die militärische Forderung gegeben, andererseits führen Weiterentwicklungen der W. zu Veränderungen in der Kampfführung. Bedingt durch die existentielle Konkurrenz zum potenten Gegner steht die W. mehr als andere technische Disziplinen unter dem Zwang zum Neuen. Ob allerdings immer die neuesten Systeme entwickelt und produziert werden, ist – bedingt durch die volkswirtschaftliche Leistungsfähigkeit und durch den politischen Willen des Staates – oft nicht eine Frage der technischen Effizienz, sondern der Kostenwirksamkeit, d. h. des Kampfwertes im Verhältnis zum finanziellen Aufwand.

Die W. umfaßt nicht nur die Waffensysteme von Heer, Luftwaffe und Marine mit den zugehörigen Geräten und Munitionsarten, sondern auch die Mittel und Einrichtungen für Führung, Aufklärung, Schutz, Versorgung, Ausbildung, Sanitätswesen usw. Vielfach bestehen die Systeme aus einer Vielzahl von qualifizierten Komponenten, deren Integration nicht immer einfach ist. Teilweise muß die Auslegung der Systeme auch auf das Zusammenwirken mit anderen Systemen Rücksicht nehmen, z. B. in einem Waffenmix zur Abwendung einer bestimmten Bedrohung.

Unter dem Aspekt, daß die W. vor allem der Erfüllung des staatlichen Verteidigungsauftrages dient, ist es nicht verwunderlich, daß entscheidende Funktionen der W. im amtlichen Bereich angesiedelt sind. Dazu gehören in der Bundesrepublik Deutschland:

□ Beratung der politischen und militärischen Leitung;

□ Einleitung, →Lenkung und Auswertung von Zweckforschung;

□ Planung, Lenkung und technische Erprobung neuer Entwicklungen;

□ Unterstützung der militärischen Erprobung (Truppenversuch);

□ Beauftragung, Überwachung und Güteprüfung der Serienproduktion;

□ Beseitigung gefährlicher Wehrmaterialien;

□ technische Zentralaufgaben wie Änderungsdienst, Normung, technische Vorschriften und Wehrmittel.

Während die Dienststellen des Verteidigungsressorts die planerischen, dispositiven und kontrollierenden Tätigkeiten wahrnehmen, liegt die Ausführung weitgehend bei unabhängigen Institutionen und Firmen der privaten Wirtschaft. Zu den ausführenden Leistungen gehören vor allem Studien, Entwicklungen, Produktionen und Instandsetzungen.

Volumen und Zunahme der Kosten im Entstehungsgang von Wehrmaterial legen eine Unterteilung in Phasen und Stufen nahe, um nach jeder Phase die Möglichkeit für neue Entscheidungen bis hin zum Abbruch zu haben.

Die deutsche Bundeswehr sieht folgende Phasen vor:

□ Phasenvorlauf,
□ Konzeptphase,
□ Definitionsphase,
□ Entwicklungsphase,
□ Beschaffungsphase,
□ Nutzung,
□ Aussonderung, Verkauf.

Der Lebensweg von Wehrmaterial beginnt mit der Taktischen Forderung (TAF), die im Phasenvorlauf erstellt wird. Sie resultiert aus einer veränderten Bedrohungslage und beschreibt die militärische Anforderung an das Wehrmaterial, mit dessen Hilfe die erwartete Bedrohung abgewendet werden soll.

Ziel der Konzeptphase ist es, Lösungsvorschläge zu erarbeiten und diejenigen auszusuchen, die technisch-wissenschaftlich, personell, logistisch, infrastrukturell, finanziell und zeitlich die besten Erfolgsaussichten bieten. Am Ende der Konzeptphase steht die Militärisch-Technische Zielsetzung (MTZ). Zeit und Kostenrahmen der MTZ gehen in die Bundeswehrpläne ein und bilden die verbindliche Arbeitsunterlage für die nachfolgende Definitionsphase, in der das Konzept weiter präzisiert wird. In ihr werden militärische und technische Detailuntersuchungen durchgeführt und das Waffensystem in allen Einzelheiten beschrieben.

Die Entwicklung umfaßt alle Aktivitäten von der Vorbereitung des Entwicklungsvertrages über dessen Durchführung bis zur Genehmigung der Einführung des Wehrmaterials in der Bundeswehr.

Die technischen Elemente und die Verknüpfungen des Waffensystems werden von der Industrie entwickelt und erprobt. Nach der Überprüfung der tatsächlich erbrachten mit der vertraglich vereinbarten Leistung durch das Bundesamt für Wehrtechnik und Beschaffung (BWB) beginnt unter dessen Leitung die technische Erprobung bei den Erprobungsstellen der Bundeswehr. Ist auch die anschließende Truppenerprobung erfolgreich, wird die Einführungsgenehmigung erteilt.

Dieses Dokument ist die verbindliche Arbeitsgrundlage für die Beschaffungsphase. In ihr werden alle Elemente eines Waffensystems einschl. →Munition, Ersatzteile, Sonderwerkzeuge und Ausbildungsgeräte gefertigt. Nach Auslieferung der Serie beginnt sukzessive die Nutzungsphase des Wehrmaterials.

Die Konzipierung, Definition und Entwicklung von Waffensystemen dauert in der Regel etwa 7–15 Jahre. Die Beschaffungsdauer liegt bei 5–10 Jahren. Für die Nutzungsphase sind 25 Jahre zu veranschlagen (ohne Kampfwertsteigerung). Am Ende umfaßt der Lebensweg von Wehrmaterial vom Phasenvorlauf bis zur Aussonderung oder dem Verkauf 35–45 Jahre.

Die Durchführung der einzelnen Rüstungsvorhaben obliegt einem Rüstungsmanagement (Bild). Daran sind vor allem die Stabsabteilungen und Ämter der Teilstreitkräfte (TSK), das Bundesministerium der Verteidigung (BMVg) und das BWB beteiligt.

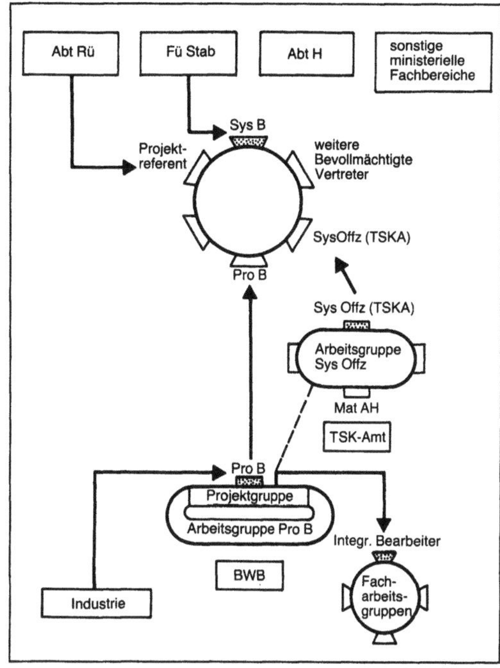

Wehrtechnik: Projektmanagement im BMVg und im nachgeordneten Bereich am Beispiel der TSK-Heer. (Quelle: Handbuch für die Bearbeitung von Rüstungsvorhaben im Bereich des BMVg. Bonn 1986)

Das wichtigste Steuerungsorgan ist die Arbeitsgruppe des Systembeauftragten, die neben ihm vor allem aus dem Projektreferenten, dem Projektbeauftragten und dem Systemoffizier besteht.

Die Systembeauftragten sind Angehörige der Stabsabteilung Rüstung in den Führungsstäben von Heer, Luftwaffe und Marine. Der Systembeauftragte ist für die Planung sowie alle notwendigen Arbeiten und Maßnahmen zur Realisierung eines Rüstungsvorhabens verantwortlich.

Der Projektreferent kommt aus der Rüstungsabteilung des Verteidigungsministeriums. Seine Aufgaben sind im wesentlichen technisch-wirtschaftlicher Art. Ihm obliegt die Lenkung und Kontrolle des Projektbeauftragten im BWB.

Der Projektbeauftragte des BWB hat die Aufgabe, die erforderlichen technisch-wirtschaftlichen Untersuchungen einzuleiten, durchzuführen und zu koordinieren, die bei der Durchführung von Entwicklung und Beschaffung nötigen Entscheidungen zu treffen und zu kontrollieren, ob die industriellen Leistungen des Generalunternehmers vertragsgemäß abgewickelt werden. Er wird unterstützt von Fachleuten des Amtes und der Industrie.

Der Systemoffizier vertritt die militärischen Belange der jeweiligen Teilstreitkräfte, insbes. die Gesichtspunkte der Nutzung, der Logistik und der Ausbildung.

Hinzugezogen werden ggf. bevollmächtigte Vertreter der Haushaltsabteilung und der Fachbereiche Personal, Ausbildung, Organisation, Infrastruktur, Technik und Logistik.

Für die Ausführung im industriellen Bereich wird üblicherweise ein Generalunternehmer (GU) bestimmt. Der GU ist ein Betrieb, der vom BWB nach Billigung des BMVg ausgewählt wird, die industrielle Verantwortung für Entwicklung und Fertigung von Waffen und Geräten zu übernehmen. Bei der Vergabe von größeren Unteraufträgen hat er gewisse Auflagen zu berücksichtigen.

Weitere besondere Aspekte der Wehrtechnik sind:

□ Rüstungskooperation,

□ Güteprüfung,

□ Geheimhaltung.

Unter Rüstungskooperation versteht man die Zusammenarbeit von mehreren Staaten bei der Entwicklung und Produktion von Wehrmaterial. Sie verhindert kostspielige Parallelentwicklungen gleicher oder ähnlicher Waffensysteme in mehreren Ländern, die verteidigungspolitisch zusammenarbeiten, senkt die Stückkosten durch Erhöhung der Stückzahlen in der Produktion und führt zur Standardisierung von Waffen und Waffensystemen. Voraussetzung für erfolgreiche Rüstungskooperation sind eine Harmonisierung der Beschaffungsvorhaben in zeitlicher und operativer Hinsicht und eine Einigung bei Fragen der Kapazitätsauslastung der Rüstungsbetriebe.

Die Güteprüfung hat die Aufgabe festzustellen, ob die Leistungen des zivilen Auftragnehmers dem Vertrag mit dem öffentlichen Auftraggeber entsprechen. Die Güteprüfung dient somit der Qualität der Bundeswehrausrüstung. Sie wird von Beamten, die in den Industriebetrieben ihren Sitz haben, ausgeübt.

Die notwendige Voraussetzung für die amtliche Güteprüfung ist die von der Industrie als Auftragnehmer auszuführende Gütesicherung. Es ist die Aufgabe von innerbetrieblichen Kontrollsystemen, Fehler zu verhüten und aufzudecken sowie Fehlerursachen zu beseitigen. Das Kontrollsystem muß so beschaffen sein, daß ein einwandfreier Zustand der gefertigten Gegenstände nach dem anerkannten Stand der Technik gewährleistet ist.

Die Bemühungen der NATO-Mitgliedstaaten, die genutzten Wehrmaterialien der Mitgliedsländer zu vereinheitlichen und einander anzugleichen, haben zu verschiedenen Standardisierungsübereinkommen geführt (STANAG Standardisation Agreement). Solche Übereinkommen sind auch die Grundlage für die alliierten Richtlinien und Weisungen zur industriellen Gütesicherung (AQAP Allied Quality Assurance Publication). Die AQAPs werden von der Military Agency for Standardisation in Brüssel erarbeitet und gelten in allen NATO-Staaten gleichermaßen.

Eine weitere wesentliche Voraussetzung zur →Qualitätssicherung ist die Kalibrierung der Meßmittel. Unter Kalibrieren ist das Überprüfen von Meß- und Prüfgeräten durch Vergleich mit einem Normal zu verstehen. Durch die Einführung von vereinheitlichten, mobilen Rechnergesteuerten Einheitlichen Meß- und Prüfsystemen (Remus) haben sich die Intervalle für die Kalibrierung erheblich verlängert.

Sensitive Neuerungen, Leistungsdaten, Steuerungsdaten usw. unterliegen der Geheimhaltung, deren Verletzung strafrechtliche Konsequenzen hat. Je nach Bedeutung werden Zeichnungen, Berechnungen, Berichte u. a. von Amts wegen mit einer bestimmten Geheimhaltungsstufe belegt, die gekoppelt ist mit entsprechenden Sicherheiten gegen unbefugten Zugriff. Die Bearbeitung geheimer Vorgänge setzt personelle und materielle →Sicherheit voraus.

Wirtschaftsministerium und Verfassungsschutz überprüfen einerseits, ob Personen den Umgang mit Verschlußsachen zugetraut werden kann und ob andererseits geeignete Tresore und geschützte Bereiche in den Betrieben vorhanden sind. *Meyer-Bäse*

Literatur: *Benecke, T.,* u. *G. Schöner* (Hrsg.): Wehrtechnik für die Verteidigung. Bundeswehr und Industrie – 25 Jahre Partner für den Frieden (1956–1981). Koblenz 1984. – *Bringemeier, A.:* WZB – Kalibrierung im Rüstungsbereich. Hrsg. Techn. Arbeitskreis Meßtechn. des BWB, Dez. 1981. – Handbuch für die Bearbeitung von Rüstungsvorhaben im Bereich des Bundesministeriums der Verteidigung. Hrsg. Bundesministerium der Verteidigung. Bonn 1986. – *Heidemanns, H.,* u. *H. Riemann* (Hrsg.): Handbuch des Sanitätsmaterials der Bundeswehr. Koblenz 1986. – *Hill, H.:* Qualitätssicherung von Wehrmaterial. In: Qualität und Zuverlässigkeit 25 (1980) Nr. 5, S. 144/48. – *Hoenek, R.:* Qualitätssicherungssystem der NATO. In: Siemens Z. 56 (1982) Nr. 2, S. 7/10. – Neuordnung des Rüstungsbereiches. Rahmenerlaß und Bericht der Organisationskommission des Rüstungsbereiches. Hrsg. Bundesministerium der Verteidigung. Bonn 1971. – Remus Test Stations delivered to German maintenance units. In: Military Techn. 4 (1982); S. 47/50. – Weißbuch 1985 zur Lage und Entwicklung der Bundeswehr. Hrsg. Bundesministerium für Verteidigung. Bonn 1985.

Weichenumbauzug. Für den Umbau von Weichen werden spezielle Weichenumbauzüge (WUZ) eingesetzt, deren Funktionsweise weitestgehend der von Schnellumbauzügen entspricht. Zunächst werden die Weichen ausgebaut, das Schottermaterial gereinigt und neu geschüttet und einplaniert, die neue Weiche aufgebaut und anschließend der Schotter gestopft und verdichtet. Zum Schluß bearbeitet man die Weichen mit Schleifmaschinen, um die Nahtstellen zu glätten. *Kühn*

Weichglühen. W. ist ein Glühen bei Temperaturen im Bereich des Umwandlungspunktes A_1, ggf. mit Pendeln um A_1, und anschließendem langsamen Abkühlen, um einen für den jeweiligen Verwendungszweck hinreichend weichen sowie möglichst spannungsarmen Zustand zu erzielen. *Baumann*

Weichpackung. W. (auch flexible Verpackungen genannt) sind besonders dadurch gekennzeichnet, daß sie nach ihrer Produktion noch kein erkennbares Füllvolumen zeigen. Bei bestimmungsgemäßem Gebrauch können sie ihre Form verändern und sich dem Füllgut weitgehend anpassen. Sie werden flachliegend oder in Rollenform geliefert.

Die Flexibilität wird durch die eingesetzten Rohstoffe erreicht. Es sind dies meist leichtgewichtige Papiere, einlagig oder in mehreren Lagen verwendet. Es kommen auch Metallfolien und Kunststoffe zum Einsatz. Für besondere Eigenschaften können alle Werkstoffe noch miteinander kombiniert werden. Es lassen sich so alle notwendigen, dem Füllgut angepaßten Eigenschaften erreichen.

Die Fertigung von flexiblen Verpackungen erfolgt von der →Rolle her. Diese Rollen werden vorher bereits bedruckt. Aus der flachliegenden Bahn werden Schläuche gefertigt. Diese werden durch Querschneiden in einzelne Produkte aufgeteilt. Anschließend wird eine Öffnung des Schlauches durch den Boden in verschiedenen Konstruktionen verschlossen. Besondere Teile an der Verschlußöffnung werden nicht angebracht.

Bei den Flachbeuteln mit oder ohne Seitenfalten wird der Boden durch einfaches Umlegen einer Bodenklappe und Verklebung verschlossen. Der so gefertigte Beutel kann nicht stehen und zeigt gegen den Boden hin ein abnehmendes Füllvolumen. Aus dem Schlauch heraus können auch kompliziertere Bodenkonstruktionen gefertigt werden. Besitzt der Schlauch keine Seitenfalten, entsteht der Kreuzboden. Bei dieser Konstruktion kann die Breite des Bodens nahezu frei gewählt werden. Der so entstehende Beutel ist vor der Füllung nicht selbst stehend, muß also während des Füllvorgangs gehalten werden. Besitzt der Schlauch Seitenfalten, wird der Klotzboden oder Blockboden gefertigt. Hierbei ist die Bodenbreite von der Seitenfaltentiefe abhängig. Der fertige Beutel ist nach dem Aufrichten selbststehend. Für den Kreuzboden- und Klotzboden-Beutel kann man die gleichen Falztechniken, die für die Bodenbildung angewandt werden, auch für den Verschluß durchführen. Daneben bestehen noch andere Verschlußmöglichkeiten, wie z. B. das Zufalzen oder Zukleben mit einem Etikett. Über spezielle Fertigungstechniken werden die vielen Arten der Briefumschläge und Briefhüllen gefertigt. Eine besondere Ausführungsart sind auch die Tragetaschen.

Im Bereich der flexiblen Verpackungen wird unterschieden nach Tüten und Beuteln, Säcken, Briefumschlägen und Briefhüllen sowie Sonderprodukten. Hierunter fallen die in Rollenform gelieferten Halbfabrikate, die erst in der Abpackmaschine zum flexiblen Verpackungsmittel geformt werden, sowie die in Rollen gelieferten zum Einwickeln bestimmten Produkte. Die Grenze zwischen Beuteln und Säcken liegt etwa bei einer Frontflächengröße, gebildet aus Breite und Höhe des Verpackungsmittels, von ca. 2700 cm². *Paris*

Weitwinkelgelenk →Doppelkreuzgelenk

Weißband. W. ist ein →Flacherzeugnis in →Rollen mit einem elektrolytisch oder schmelzflüssig aufgebrachten Überzug aus Zinn. Die Dicke des W. ist <0,5 mm. Das für den Überzug verwendete Zinn hat einen Reinheitsgrad von mindestens 99,75 %. *Baumann*

Weißblech. W. ist ein →Flacherzeugnis in Tafeln mit einem elektrolytisch oder schmelzflüssig aufgebrachten Überzug aus Zinn. Die Dicke des W. ist <0,5 mm. Das für den Überzug verwendete Zinn hat einen Reinheitsgrad von mindestens 99,75 %. *Baumann*

Weißmetall →Gleitlager-Werkstoff

Wellblech. W. ist ein verzinktes, gewelltes, warm- oder kaltgewalztes →Flacherzeugnis mit Dicken <3 mm und rechteckiger Querschnittsform, das mit Rolladen-, Dach- oder Trägerprofilen hergestellt wird. *Baumann*

Welle. W. als Maschinenelemente dienen zur Übertragung von Drehmomenten und werden daher auf Torsion bzw. auf Torsion und Biegung belastet. Neben den üblichen in der Längsachse geraden W. existieren gekröpfte W. (Kurbel-W.). Die geraden W. können als Voll- oder Hohl-W. glatt durchgehend oder abgesetzt ausgebildet sein. Der Querschnitt der W. ist rund. Er kann aber auch als Profil-W. (z. B. Vielnut- und K-Profil) ausgeführt sein. Weitere W.-Ausführungen: →Gelenkwelle, Teleskopwellen, biegsame W. Glatte W. werden als Transmissions- oder Triebwerkswellen verwendet.

Wellen werden z. B. bis 150 mm Dmr. aus Rundstahl (St 42, St 50, St 70 und legierter Stahl) gedreht, geschält oder gezogen und nach Bedarf gehärtet, geschliffen, gedrückt, geläppt oder prägepoliert. Dickere und stark abgesetzte W. werden vorher oft geschmiedet oder gegossen.

Die Verbindung von W. und Nabe (→W.-Nabe-Verbindung) und Lagerstellen erfordern besondere Anforderungen an die Gestaltung und Herstellung der W. Die Werkstoffwahl richtet sich neben den auftretenden Belastungen und der erforderlichen Formsteifigkeit auch nach den Einbaubedingungen, z. B. bei Ritzel-W. nach dem für das Ritzel benötigten Werkstoff.

Die Gestaltung der W. richtet sich nach den mit ihr in Verbindung stehenden Teilen (Lager, Zahnräder, Abdichtungen) und den Fertigungsverfahren. Im Vordergrund steht dabei die richtige Ausbildung der Verbindungsstellen, die Ausrundung der Absätze wie überhaupt die Herabsetzung der verschiedenen Kerbwirkungen.

Bei der Berechnung wird der W.-Durchmesser zuerst überschlägig auf Torsion ausgelegt. Ist die Konstruktion fertiggestellt, wird eine Vergleichsspannung aus Torsions- und Biegebeanspruchung berechnet. Dabei sind die vorhandenen Kerben zu berücksichtigen. Ferner wird die Durchbiegung und der Verdrehwinkel ermittelt. Bei rotierenden Maschinen muß auch die biegekritische Drehzahl berechnet werden. *Ehrlenspiel*

Welle, biegsame. B. W. dienen der Übertragung geringer mechanischer Leistungen zwischen zwei Aggregaten, die räumlich ungünstig zueinander liegen oder von denen eines ortsbeweglich sein muß, z. B. bei beweglichen Handwerkzeugen, Drehzahlmessern. Sie bestehen aus umlaufenden, hochfesten Drahtseilen und darübergezogen stillstehenden Metallschläuchen als Schutz (Bild). *Ehrlenspiel*

Welle in Festkörpern. Gekoppelte räumliche und zeitliche Änderung von Zustandsgrößen in festen Körpern als Folge einer Störung des Gleichgewichtszustands. Die Störungsausbreitung ist durch die Wechselwirkung der Trägheits- und der Rückstellkräfte des festen Körpers bestimmt.

Im Vergleich zum Luftschall ist eine größere Vielfalt der Ausbreitungsphänomene dadurch bedingt, daß in F. Longitudinal- und Transversalwellen sowie Kombinationen davon, etwa als Rayleigh-W., auftreten, während in Gasen und Flüssigkeiten nur Kompressionswellen (Akustik) möglich sind. Die Wellenausbreitung i. F. wird von der Art der Anregung, vom Materialverhalten und von der Geometrie der Wellenleiter bestimmt:

□ Stoßanregungen führen zu allgemeinen W. (d'Alembert-Lösung der Wellengleichung), sinusförmige Anregungen zu harmonischen W. (Bernoulli-Lösung der Wellengleichung),

□ W. in elastisch oder plastisch deformierten F. differieren im Verhalten,

□ stetige oder sprunghafte Änderungen der Materialeigenschaften und/oder der Geometrie der Wellenleiter führen zu Reflexionen, Brechung und Transmission von W.,

□ Geometrie und Randbedingungen der Wellenleiter (z. B. Vollraum, Halbraum, Stab, Balken, Platte) bestimmen, ob laufende oder stehende W. auftreten oder ob sich W.-Felder dispersiv (→Dispersion) verhalten. *Gaul*

Literatur: *Achenbach, J. D.:* Wave Propagation in Elastic Solids. Amsterdam 1973. – *Cremer, L.,* u. *M. Heckl:* Körperschall. Berlin, Heidelberg, New York 1982. – *Kolsky, H.:* Stress Waves in Solids. New York 1952.

Welle, krumme. Eine Maschinenwelle, deren Achse eine vorübergehende oder bleibende, stets aber rotorfeste Verkrümmung aufweist. Derartige Verkrümmungen können z. B. beim Anfahren von Dampfturbinen durch ungleichmäßige Wärmedehnung auftreten oder als plastische Formänderung der Welle durch stoßartige Belastungen verursacht werden. Ähnlich wie die →Unwucht führt auch die Verkrümmung zu umlaufenden drehfrequenten Lagerbelastungen und zu resonanzartigen Durchbiegungen der Welle in der biegekritischen Drehzahl. Es ist jedoch nicht möglich, diese Auswirkungen durch Auswuchten für alle Drehzahlen zu beseitigen (→Kupplungsfehler). *Witfeld*

Welle mit Riß. Ein besonderes Problem der →Rotordynamik ist die Untersuchung des dynamischen Verhaltens eines Rotors mit angerissenem Wellenquerschnitt. Im Vordergrund steht dabei die Frage, ob und wie aus gemessenen Wellenschwingungen Rückschlüsse auf das Vorhandensein eines Anrisses, den Rißfortschritt und ggf. den Ort des Risses gezogen werden können. Das Problem hat entfernte

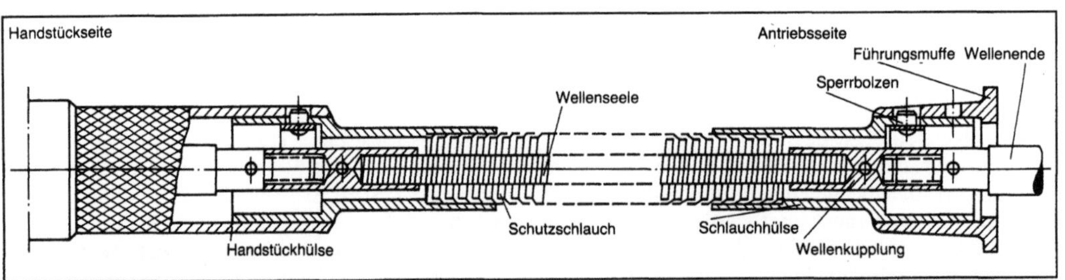

Welle, biegsame.

Ähnlichkeit mit dem der unrunden →Welle. Doch liegen die besonderen Schwierigkeiten in der Aufstellung eines geeigneten Rißmodells, das die Anisotropie der Welle korrekt wiedergibt. *Witfeld*

Welle, schnelle →Antriebskonzept

Welle, unrunde. In der →Rotordynamik heißt eine Maschinenwelle unrund, wenn sie in zwei beliebigen zueinander senkrechten Richtungen verschiedene Biegesteifigkeiten besitzt (Bild 1). Die Anisotropie in den Steifigkeiten ist i. a. konstruktiv bedingt. Ein typisches Beispiel ist der zweipolige Läufer einer elektrischen Synchronmaschine.

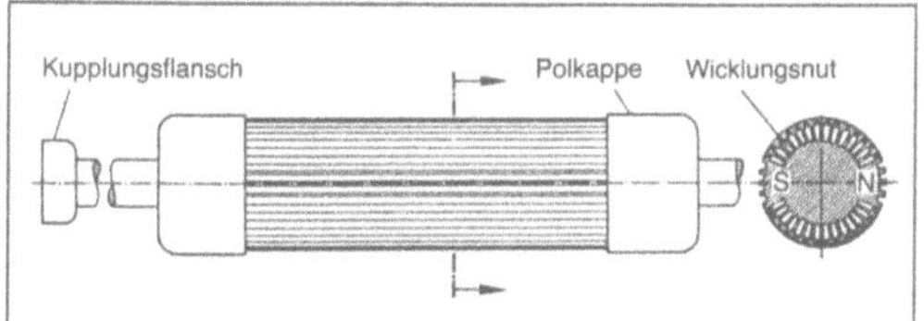

Welle, unrunde 1: Zweipoliger Läufer eines Turbogenerators. (Quelle: Gasch, Pfützner: a. a. O.)

Die Auswirkungen dieser Unsymmetrie auf die biegekritischen Drehzahlen lassen sich am Ersatzmodell der anisotropen →Lavalwelle besonders übersichtlich darstellen (Bild 2). Entsprechend den beiden Biegesteifigkeiten gibt es zwei kritische Drehzahlen, bei denen die →Unwucht des Rotors resonanzartige Durchbiegungen der Welle verursacht. Von besonderer Bedeutung ist, daß zwischen

diesen kritischen Drehzahlen ein instabiler Drehzahlbereich liegt, in dem parametererregte Schwingungen angefacht werden. Diese →Instabilität kann nicht durch Auswuchten, sondern nur durch Dämpfung vermindert werden. Bei horizontal liegendem Rotor tritt zusätzlich noch eine gewichtskritische Drehzahl auf, die unabhängig von der Unwucht durch das Gewicht des Rotors bedingt ist. *Witfeld*

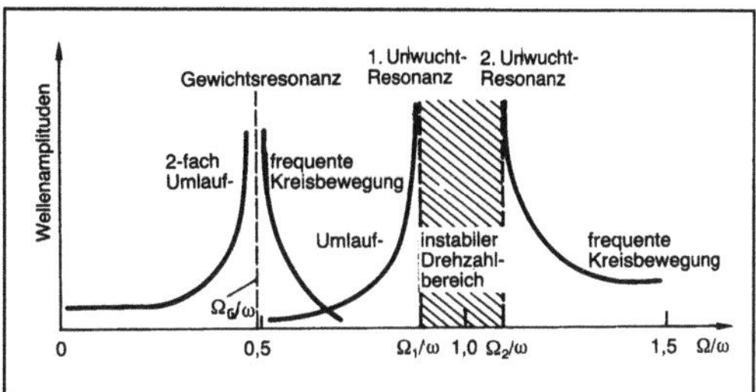

Welle, unrunde 2: Biegekritische Drehzahlen einer unrunden Welle. (Quelle: Gasch, Pfützner a. a. O.)

Literatur: *Gasch, Pfützner:* Rotordynamik. Berlin, Heidelberg, New York 1975.

Welle-Nabe-Verbindung. Welle-Nabe-Verbindungen (kurz WNV) dienen zur Kraft- und Momentenübertragung zwischen →Welle und Nabe. Es gibt eine Vielfalt von Verbindungen, die auch durch folgende unterschiedliche Anforderungen bedingt sind: lösbare oder unlösbare Verbindungen; Verbindungen, die verdrehbar, verschiebbar oder verstellbar sein sollen; Verbindungen für kleine bzw. große Drehmomente oder Kräfte; für ein- oder wechselseitige Drehmo-

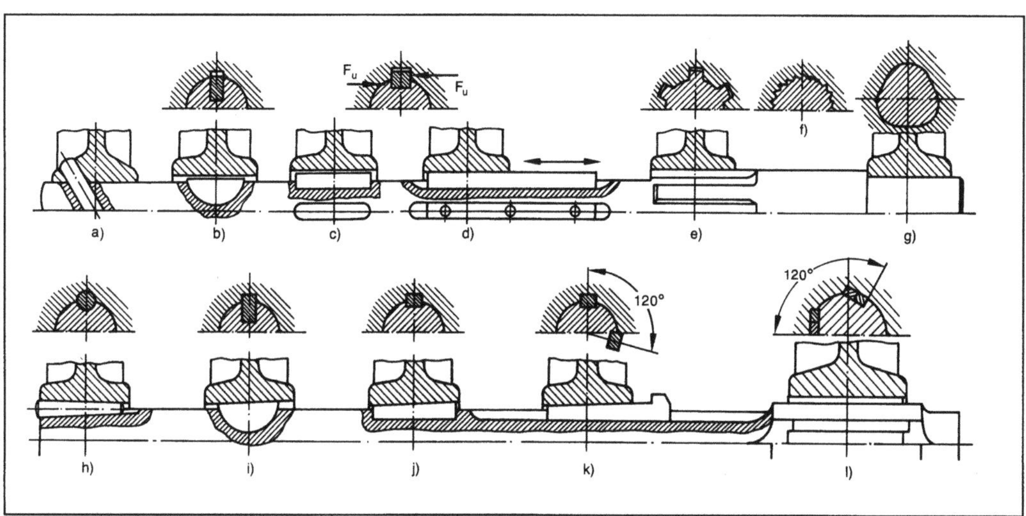

Welle-Nabe-Verbindung 1: Formschlüssig. (Quelle: Niemann)

a) Querstift; b) Scheibenfeder; c) Einlege-Paßfeder; d) Gleitfeder; e) Vielnutprofil; f) Kerbzahnprofil; g) Polygonprofil; h) Rundkeil; i) Scheibenkeil; j) Flachkeil; k) Treibkeil; l) Tangentkeil (h–l vorgespannter Formschluß).

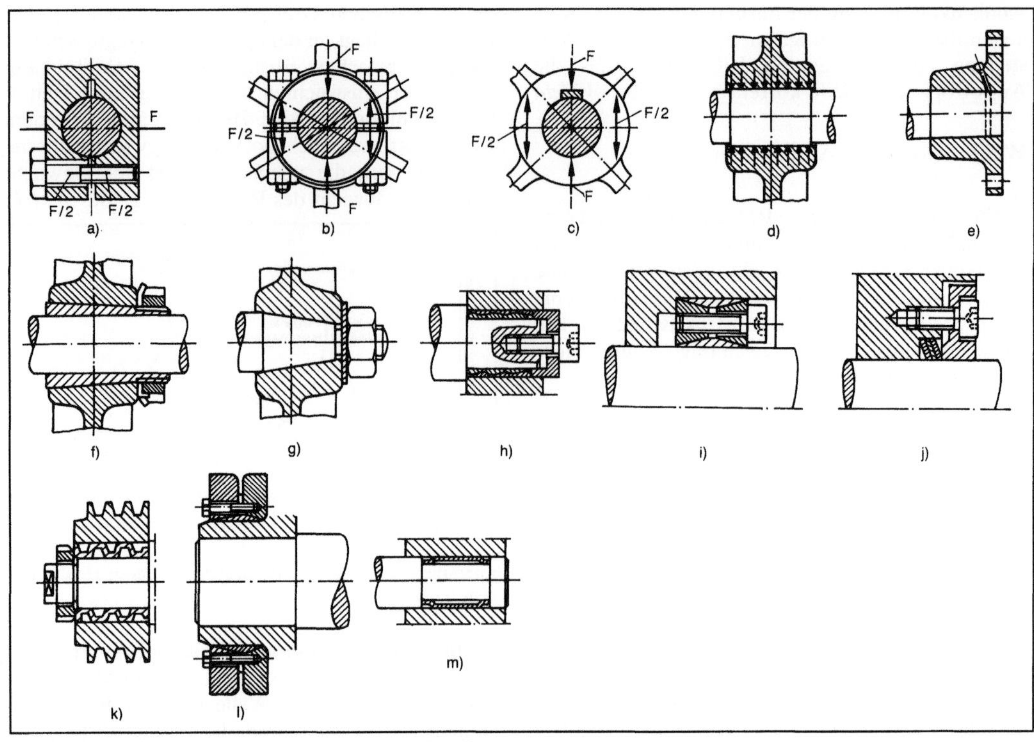

Welle-Nabe-Verbindung 2: Reibschlüssig. (Quelle: Niemann*)*

a) Klemmsitz mit geschlitzter Nabe; b) Klemmsitz mit geteilter Nabe; c) Klemmsitz mit Hohlkeil; d) Preßsitz; e) Ölpreßverband; f) Kegelsitz mit Kegelbüchse; g) Kegelsitz; h) Ringfederspannelemente; i) Ringfederspannsatz; j) Sternscheiben; k) Spannhülse; l) Schrumpfscheiben; m) Star-Toleranzring.

mente oder Kräfte; für mehr oder weniger große Zentriergenauigkeit zwischen Welle und Nabe.

Die WNV lassen sich nach dem Prinzip der Kraftübertragung wie folgt gliedern:

□ Stoffschlüssige Verbindungen: Kleb-, Schweiß-, Lötverbindungen.

□ Formschlüssige Verbindungen (Bild 1): Querstift, Längsstift, Paßfeder, Keilwellen-, Vielnut-, Evolventenzahnwellen, Kerbzahn-, Polygon-Profilverbindung.

□ Vorgespannt formschlüssige Verbindungen: Flach-, Rund-, Tangent-Keilverbindung, →Polygonprofil mit Preßsitz, Kegelsitz mit Polygonprofil oder mit Paßfeder.

□ Reibschlüssige Verbindungen (Bild 2): Klemm-, Preß-, Ölpreß-, Schrumpf- und Kegelsitz, Hohlkeil-, Spannelementverbindung.

□ Für die Übertragung axialer Kräfte zwischen Welle und Nabe dienen zusätzliche Elemente wie der →Sicherungsring oder die Scheibe mit →Wellenmutter. *Ehrlenspiel*

Wellenende. An W. werden häufig die Drehmomente von Riemenscheiben, Kupplungen, Zahnrädern usw. mit Welle-Nabe-Verbindungen übertra-

gen. Die häufigsten Ausführungen sind genormt; als zylindrische (Bild 1) mit oder ohne Wellenbund in DIN 748 und als kegelige (Bild 2) in DIN 1448 und 1449. Weitere Normen für elektrische Maschinen sind DIN 42946 und Druckluftmotoren DIN 20092. Zur axialen Festlegung der Bauteile werden auf das W. geschnittene Außen- bzw. Innengewinde oder axiale Wellensicherungen verwendet. *Ehrlenspiel*

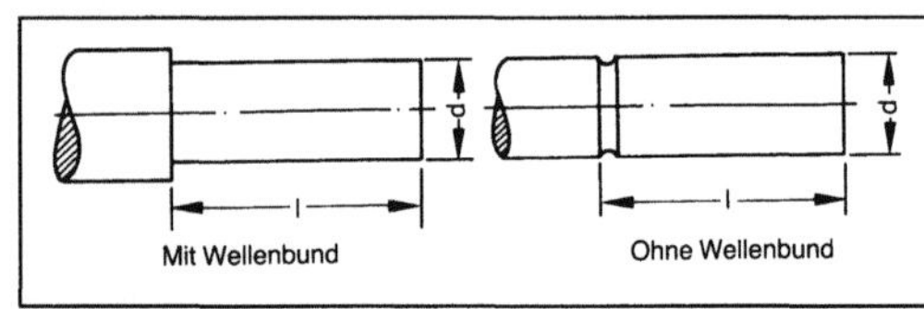

Wellenende 1: Zylindrisch (DIN 748).

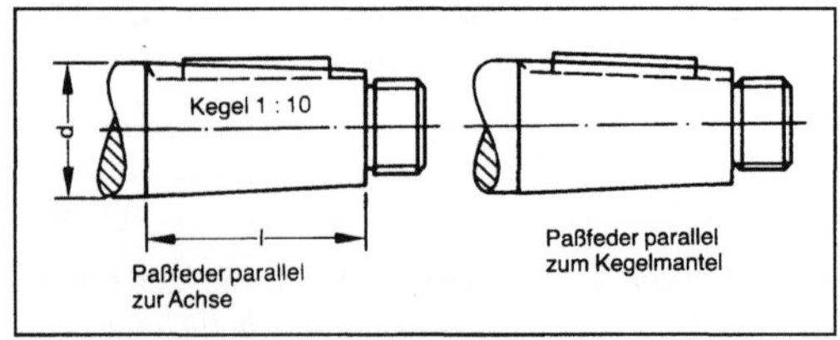

Wellenende 2: Kegelig (DIN 1448).

Wellenmutter. W. dienen der formschlüssigen axialen Lagesicherung von Bauteilen, wie z. B. Wälzlagern (Bild), auf Wellen und Achsen. W. werden ferner für die Spiel- oder Vorspannungseinstellung, z. B. von angestellten Lagern, verwendet. W. werden als Nutmuttern (DIN 1804) oder Kreuzlochmuttern (DIN 1816) ausgeführt. W. werden durch Hakensprengringe oder Sicherungsbleche gegen Lösen gesichert. *Ehrlenspiel*

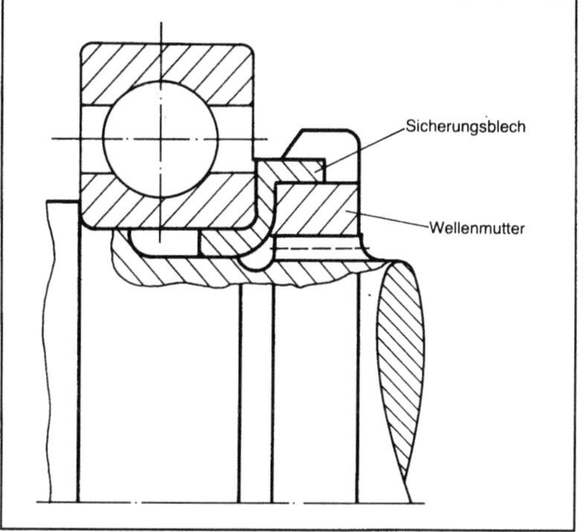

Wellenmutter: Zur axialen Befestigung eines Wälzlagers.

Wellenscheibe. W. werden wellenseitig fixiert und bilden die Lauffläche der Wälzkörper von Axial-Wälzlagern (Innenring von Radial-Wälzlagern, Gehäusescheibe). *Knoll*

Wellenschwingung. Maschinenwellen sind massebehaftete, elastische Körper und als solche zu mannigfachen Schwingungen fähig. Dies gilt für alle Sparten des Maschinenbaus:
□ Turbomaschinen,
□ Kolbenmaschinen,
□ Schiffsantriebe,
□ Textilmaschinen,
□ Druckereimaschinen,
□ Werkzeugmaschinen,
□ Fördermaschinen,
□ Fahrzeuge usw.

Man unterscheidet nach der Schwingungsform der Maschinenwelle Längsschwingungen, Drehschwingungen und Biegeschwingungen, nach der Art der Erregung selbsterregte und fremderregte Schwingungen. Welche dieser Schwingungsarten beim Betrieb einer Maschine auftreten können, ist von vielen Einflußgrößen abhängig: Bauart und Betriebsart der Maschine, Fundament, Lagerung und Drehzahlbereich der Welle, Eigenfrequenzen, Erregerfrequenzen, Anregungsmechanismen usw. Während z. B. bei Kolbenmaschinen wegen der

diskontinuierlichen Arbeitsweise und der vergleichsweise niedrigen Torsionssteifigkeit der Kurbelwelle die Drehschwingungen im Vordergrund des Interesses stehen, müssen bei den Turbomaschinen besonders die unwuchterregten Biegeschwingungen beachtet werden, da mit größer werdendem Lagerabstand die Biegesteifigkeit abnimmt.

Die Betriebssicherheit jeder Maschine ist besonders in der Nähe ihrer kritischen Drehzahlen gefährdet. Vielfach handelt es sich dabei um Resonanzerscheinungen, bei denen eine drehzahlproportionale Erregerfrequenz mit einer Eigenfrequenz der Welle zusammenfällt und große Schwingungsamplituden die Folge sind. Manchmal werden die erzwungenen Schwingungen auch durch drehzahlfremde Erregungen verursacht, z. B. durch Anregungen über das Fundament. Schließlich sind ganze kritische Drehzahlbereiche beobachtet worden, bei denen infolge →Selbsterregung oder →Parametererregung ein stabiler Lauf des Rotors nicht mehr möglich ist.

Der Begriff W. suggeriert, daß die Welle selbst schwingend beansprucht wird. Dies ist bei Torsionsschwingungen stets, bei Biegeschwingungen aber nicht immer der Fall. So führt der häufige Fall der →Unwuchterregung zu einer mit der Drehfrequenz umlaufenden quasistatischen Durchbiegung der Welle. Schwingend ist dabei die Belastung der Lagerung, der Maschine oder ihrer Umgebung.

W., deren Wirkungsmechanismen durch intensive Forschung geklärt worden sind, können heute mit verfeinerten Ersatzmodellen vorherberechnet und weitgehend vermieden werden. In der Betriebspraxis auftretende Schwingungen müssen zunächst gemessen werden. Ihre Untersuchung im →Frequenzbereich mit modernen Methoden der Signalanalyse und Signaturanalyse gibt Aufschluß über die störenden Frequenzen und Hinweise auf die Schwingungsursache. *Witfeld*

Wellenschwingungsmessung. Ergänzend zur →Lagerschwingungsmessung ein Mittel zur Schwingungsüberwachung von Maschinen. Ihre Ziele sind in der Richtlinie VDI 2059 in 3 Meßaufgaben zusammengefaßt: Die Wellenschwingungen sind im Hinblick auf
□ Veränderungen des Schwingungsverhaltens,
□ Überwachung radialer Spiele,
□ kinetische Überbeanspruchung
festzustellen.

Es werden nur die radialen Wellenschwingungen gemessen, und zwar vorzugsweise relativ zum Lager- oder Maschinengehäuse. Als maßgebliche Meßgröße dient der Schwingweg. Will man die Bewegung der Welle in einer Meßebene vollständig erfassen, benötigt man zwei um 90° versetzte Aufnehmer. Auf diese Weise läßt sich die kinetische Wellenbahn (Bild) ermitteln, deren Analyse Aufschluß über Schwingungsamplituden und Schwin-

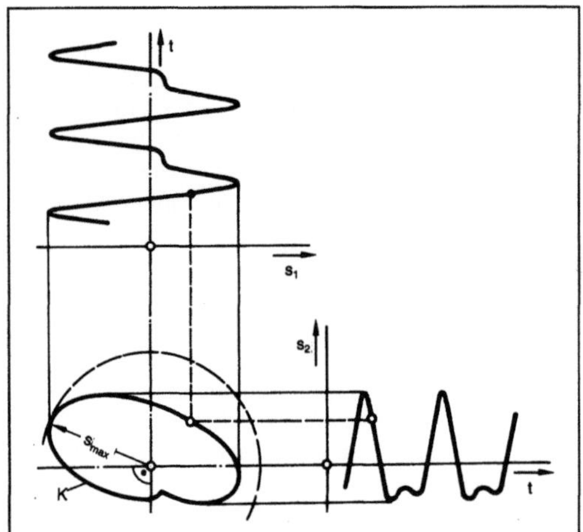

Wellenschwingungsmessung: Kinetische Wellenbahn mit horizontaler und vertikaler Wellenschwingung. (Quelle: VDI 2059, Bl. 2, a.a.O.)

gungsfrequenzen gibt. Zweckmäßig ist die synchrone Aufzeichnung der Drehzahl und der Leistung der Maschine, um durch Zuordnung zu diesen Betriebsdaten die Ursachen von Störschwingungen auffinden zu können. *Witfeld*

Literatur: VDI 2059. Bl. 2: Wellenschwingungen von Dampfturbosätzen für Kraftwerke. Hrsg. Verein Dt. Ing. Ausg. Juni 1990.

Wellensicherung, axiale. W. auf Wellen oder Achsen dienen zur axialen Lagesicherung oder Führung von Bauteilen mit z. T. erheblichen Kräften. Die gleiche Aufgabe übernehmen auch Wellenabsätze und Deckel. Zu unterscheiden sind form- und reibschlüssige Verbindungen. Häufig werden

Sicherungsringe verwendet. Die wichtigsten Sicherungselemente zeigt das Bild. *Ehrlenspiel*

Wellenstrang. Verbindet man mehrere Maschinenwellen durch Kupplungen oder →Getriebe miteinander (z. B. Turbogeneratorsatz, Schiffsantriebsanlage), so entsteht ein W. Bei der Berechnung der kritischen Drehzahlen muß ein W. als Ganzes auf ein Ersatzmodell abgebildet werden, falls man nicht Methoden der Substrukturtechnik anwendet. *Witfeld*

Welligkeit. Unebenheit der Fahrbahn, die in den Wellenlängen 0,1–50 m beim Überfahren für Vertikalbeschleunigung und →Radlastschwankung verantwortlich sind. *Fiala*

Wellpappe. W. ist ein weitverbreiteter Verpackungsrohstoff. Er besteht aus einer Reihe von verschiedenen Werkstoffen, die unter besonderer Konstruktion zusammengefaßt sind. Seine besonderen Eigenschaften werden also nicht aus Materialeigenschaften gebildet, sondern durch konstruktive Eingriffe herbeigeführt.

Das charakteristische Kennzeichen der W. ist mindestens eine wellenförmig ausgebildete Materiallage. Diese Wellen sind nicht fortlaufend gleichmäßig gekrümmt. Sie bestehen aus einem Kopf- und einem Fußkreis. Dazwischen befinden sich ebene Materialstücke. Dadurch gibt sich eine gute Kraftübertragungsmöglichkeit. Diese Wellenform wird durch Hitze in die Materiallage, meist ein →Papier oder leichter Karton, eingebracht. Zwei Metallwalzen, die an ihren Oberflächen die Abbildung der Wellenstruktur enthalten, greifen ähnlich Zahnrädern ineinander. Sie sind von innen her stark

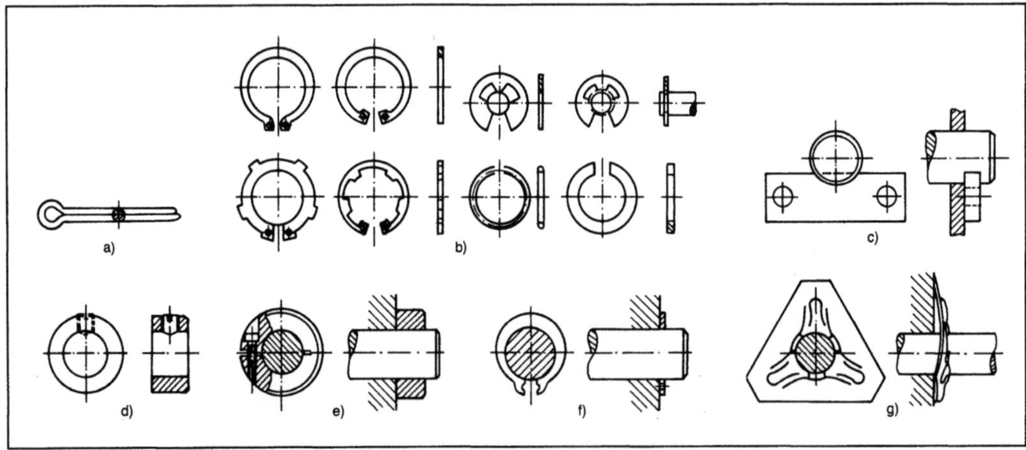

Wellensicherungen, axiale: Elemente. (Quelle: Niemann)

a) Splint, b) Sicherungsringe, c) Achshalter, d) Stellring, e) Klemmring, f) selbstsperrender Sicherungsring, g) selbstsperrender Dreiecksring.

geheizt. Das einlaufende Papier wird durch die Preßkraft der beiden Walzen unter gleichzeitiger Hitzeeinwirkung in die Wellenform geprägt. Trotz Druck und Hitze würde diese Bahnlage nach der Entnahme aus diesen Riffelwalzen nicht dauerstabil sein. Die Bahn wird im weiteren Verlauf in einer der beiden Walzen gehalten. Die Spitzen der Wellenlage werden mit Klebstoff versehen. Sofort anschließend wird eine flache Bahn zugeführt. Sie verklebt mit der Wellenbahn und fixiert diese in ihrer Ausführung und Struktur.

Diese einseitige W. wäre für die Verwendung als →Verpackungswerkstoff noch zu empfindlich. Sie ist allerdings aufrollbar. Sie wird in einigen Fällen als →Polstermaterial so verwendet. Um die Wellenstruktur zu stabilisieren, wird eine weitere flache Bahn aufgeklebt. Dazu werden die anderen Wellenspitzen ebenfalls auf kleiner Fläche mit Klebstoff versehen und die flache Bahn damit verklebt. Danach ist das Material steif und nicht mehr rollbar. Es muß noch in der Produktionsmaschine in Formate aufgeteilt werden.

Durch die Verbindung von zwei flachen Bahnen durch eine Wellenbahn erhält das Material hohe Biegesteifigkeit in Längs- wie auch Querrichtung zum Wellenlauf. Durch diese konstruktive Form kann der Werkstoff auch relativ große Kräfte auf den Kanten aufnehmen. Ein Ausbeulen ist durch die Steifigkeit sehr erschwert. Die flächenbezogene Masse (früher als Quadratmetergewicht bezeichnet) ist im Verhältnis zu den Festigkeiten und Steifigkeiten durch die konstruktive Form des Werkstoffs sehr gering. Die aus solcher W. gefertigten Verpackungen sind im Verhältnis zu ihrer Stabilität sehr leicht.

Will man besonders feste Werkstoffe erhalten, deren Eigenschaften bis in die Größenordnung von Holzwerkstoffen reichen, können mehrere Wellenlagen verarbeitet werden. Die einseitigen W. werden gleichzeitig hergestellt. An einer Stelle werden zum gleichen Zeitpunkt alle freien Wellenspitzen mit Klebstoff versehen und anschließend zum steifen Werkstoff zusammengeführt. Üblicherweise werden so W. mit bis zu 3 Wellenlagen hergestellt. Dabei ist der Wellenlauf in allen Lagen in der gleichen Richtung. Will man besonders hohe Festigkeiten erreichen, werden solche mehrlagigen Tafeln nachträglich miteinander verklebt.

Eine Spezialität ist die Kreuzwell-W. Sie hat mindestens zwei Wellenlagen. Die Laufrichtung der beiden Wellenlagen ist nicht gleich gerichtet, sondern steht aufeinander senkrecht. Die Herstellung solcher Kreuzwell-W. erfolgt entweder durch Kaschieren von fertigen Tafeln, so daß die Wellenlaufrichtung senkrecht zueinander liegt, oder in fortlaufend in einer Richtung arbeitenden Maschinen. Durch die Kreuzlage der Wellenlaufrichtung wird erreicht, daß eventuelle Unterschiede in Festig-

keitseigenschaften bez. der Wellenlaufrichtung ausgeglichen werden.

Durch Auswahl entsprechender Werkstoffe für die beiden außenliegenden flachen Bahnen kann erreicht werden, daß dort eine Unempfindlichkeit gegen Spritzwasser entsteht. Es müssen dann sog. Kraftliner eingesetzt werden. Zusätzlich wird in solchen Fällen eine wasserfeste Verklebung vorgesehen. Will man eine vollständige Wasserunempfindlichkeit der W. erreichen, wird sie vollständig mit Wachs imprägniert. Hierzu wird das Wachs seitlich bei der Produktion der W. in die Wellenlagen eingesprüht. Die einzelnen Papierlagen saugen sich mit dem Wachs voll. Die gleiche Eigenschaft kann auch dadurch erreicht werden, daß alle Lagen aus wasserunempfindlichen Kraftlinern gefertigt werden und die Verklebung wasserfest ausgeführt wird.

Die Größe der Wellen wird nach den Buchstaben A bis E deklariert. Die A-Welle hat die größte Höhe, die E-Welle die kleinste. Gleichzeitig steigt die Anzahl der Wellen pro laufendem Meter. Bei der E-Welle ist der Abstand der einzelnen Wellenspitzen bereits so klein, daß die daraus gefertigte W. (auch Mikro-W. genannt) in den bekannten Druckverfahren auf Bogendruckmaschinen bedruckt werden kann. Dies räumt die Möglichkeit ein, hochwertig dekorierte Verpackungen mit besten Festigkeitseigenschaften bei geringem Gewicht zu produzieren. *Paris*

Wellrohr. Ein W. ist ein Stahlrohr, dessen Wand durch eingewalzte Rillen wellenförmig geformt ist. Bei solchen im Dampfkesselbau verwendeten W. hatte diese Form den Zweck, eine möglichst große wärmeübertragende Oberfläche zu haben. *Baumann*

Wendelnaht-Rohrherstellung. Beim Herstellen von Wendelnahtrohren (auch Spiralrohre genannt) wird Warmband oder Stahlblech in einem Formsystem schraubenlinienförmig mit gleichbleibendem Krümmungsradius kontinuierlich zum Stahlrohr geformt, wobei die zusammenstoßenden Bandkanten verschweißt werden (Bild). Im Gegensatz zur Längsnaht-Großrohrherstellung, bei der für jeden Rohrdurchmesser ein Blech mit einer bestimmten Breite eingesetzt werden muß, zeichnet sich die

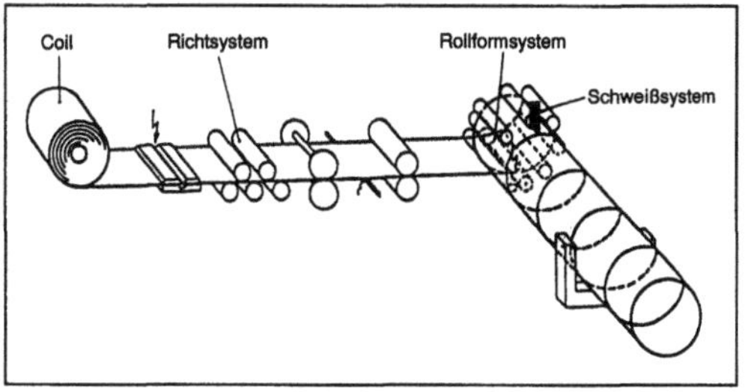

Wendelnaht-Rohrherstellung: Arbeitsprinzip.

W.-R. dadurch aus, daß aus einem Band oder Blech mit einer Breite Rohre mit unterschiedlichen Durchmessern hergestellt werden können, weil der Einlaufwinkel des Bands in die Formungseinheit geändert werden kann. Je kleiner der Einlaufwinkel bei gleichbleibender Bandbreite ist, desto größer wird der Rohrdurchmesser.

Im Jahr 1992 lag der Rohrdurchmesserbereich für Wendelnahtrohre zwischen 500 und 2500 mm. Als Vormaterial für Wendelnahtrohre mit Wanddicken bis etwa 20 mm wird →Warmbreitband verwendet. Zum Herstellen der Wendelnahtrohre mit Wanddicken >20 mm werden meist Grobbleche mit Einzellängen bis 30 m eingesetzt. *Baumann*

Wendelnaht-Rohrschweißanlage. Eine W.-R. ist ein technisches System zum Herstellen geschweißter Wendelnahtrohre. In einer solchen Anlage zur Herstellung von Wendelnahtrohren aus →Warmbreitband wird das abgehaspelte Band gerichtet, besäumt und einem Bandkanten-Bearbeitungssystem zugeführt. Vor dem Einlauf des Bands in das Gleitform- oder Rollformsystem werden die Bandkanten vorgebogen. Danach wird das Band von einem Treiber dem Formsystem der Anlage zugeführt (Bild). Dort wird das Band unter einem bestimmten Einformwinkel zu einem rohrförmigen →Zylinder mit bestimmtem Durchmesser umgeformt. Gleichzeitig wird das so geformte Rohr innen und außen geschweißt oder geheftet. Wenn das Rohr hier nur geheftet ist, wird es in einem getrennten System geschweißt. *Baumann*

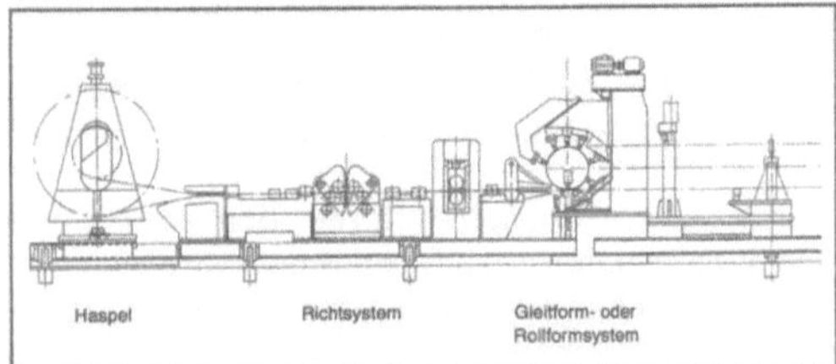

Wendelnaht-Rohrschweißanlage: Arbeitsprinzip.

Wendelnaht-Rohrschweißverfahren. Bei der W.-Rohrherstellung wird zwischen den Verfahren mit

□ gemeinsamen Form- und Schweißsystemen sowie

□ getrennten Form- und Schweißsystemen

unterschieden. Dabei werden verschiedene Umformmethoden angewendet. Außer der Methode, das Band in einem Gleitformsystem umzuformen – diese Methode hat begrenzte Anwendungsmöglichkeiten –, werden 2 Methoden mit einem Rollformsystem:

□ Rollen-Biegesystem mit Innenrollenkäfig und

□ Rollen-Biegesystem mit Außenrollenkäfig

eingesetzt.

Die Funktion des Rollenkäfigs besteht darin, die Rundheit des Rohrs zu gewährleisten und das versatzfreie Zusammenlaufen der Bandkanten im Schweißpunkt zu sichern. Gleichzeitig werden hierdurch enge Rohrtoleranzen erreicht, die innerhalb der genormten Durchmesser-, Rundheits- und Geradheitstoleranzen liegen. In der W.-Rohrschweißanlage werden die zusammengeführten Bandkanten zuerst innen in der ungefähren 6-Uhr-Position und eine halbe Rohrwindung weiter, in der 12-Uhr-Position, auf der Rohraußenseite durch UP-Schweißung verbunden. Die Schweißkopfführungen zur Nahtmitte und Schweißspaltsteuerungen erfolgen automatisch. Der hergestellte Rohrstrang wird anschließend durch ein mitlaufendes Rohrtrennsystem in Einzellängen unterteilt. Danach werden die Einzelrohre einer →Adjustage zugeführt.

Zur besseren Nutzung der Leistungsfähigkeit der W.-Rohrschweißanlagen wurde dazu übergegangen, die Wendelnahtrohre mit getrennten Form- und Schweißsystemen herzustellen. Hierbei sind

□ Rohrformen mit Heftschweißen und

□ Innen- sowie Außen-UP-Schweißen in separaten Schweißständen

die beiden Verfahrensschritte.

In der W.-Rohrschweißanlage werden beim Zusammentreffen der einen Kante des einlaufenden Bands mit der anderen Kante der bereits geformten Rohrwindung die zusammenlaufenden Bandkanten durch kontinuierliche Innenheftung verschweißt. Die Heftschweißung wird nach dem MAG-Schutzgasverfahren mit einer Heftgeschwindigkeit bis zu 12 m/min in der Nähe der 6-Uhr-Position vorgenommen. Als Schutzgas wird Kohlendioxid benutzt. Von dem gehefteten Rohrstrang trennt eine mitlaufende Trennanlage das gewünschte Einzelrohr ab. Der Rohrtrennvorgang ist der letzte Arbeitsgang in der W.-Rohrschweißanlage. Auf Grund der hohen Heftschweißgeschwindigkeit ist es erforderlich, das klassische Sauerstoff-Acetylen-Schneidbrennen durch Hochgeschwindigkeits-Plasma-Trennen mit Wasserinjektion zu ersetzen. Die abgetrennten Einzelrohre werden dann nachgeordneten kombinierten UP-Innen- und Außenschweißständen zur endgültigen Schweißung zugeführt.

Ein spezieller Rollgang setzt die Rohre in eine präzise Schraubenlinienbewegung, so daß die UP-Schweißköpfe erst innen, dann außen die Schweißung durchführen können. Eine exakte Nahtmittensteuerung der Innen- und Außenschweißköpfe ist auch hier Voraussetzung für die Minimierung des Nahtversatzes. *Baumann*

Wendelrutsche →Rutsche

Werksatzumbruchsystem. Ein System für den Umbruch von Büchern jeglicher Art, das von vielen komplizierten und umfangreichen satztechnischen

Regeln geprägt ist. Die Berücksichtigung derartiger Regeln erfordert umfangreiche Werksatzprogramme, die bei Photosatz-on-Line-Verbundsystemen eingesetzt werden.

Wesentliches Merkmal eines Werksatzprogramms ist die Trennung zwischen Texterfassung und Layout-Definition. Die Texterfassung wird vereinfacht, der Spezialist übernimmt die Herstellung der Layout-Jobs, in dem alle für den Umbruch spezifischen Daten und Angaben enthalten sind. Erst während des Umbruchlaufs werden die Layout-Definitionen mit dem laufenden Text und dem Text für Fußnoten, Marginalien und Bildunterschriften zur fertigen Seite kombiniert. Einzufügende Tabellen und Freiräume für Abbildungen werden ebenfalls berücksichtigt. Sofern eine Tabelle aus Platzgründen geteilt werden muß, führt das Programm an den zugelassenen Stellen eine Teilung der Tabelle durch, wobei auf der Folgeseite eine automatische Wiederholung des Tabellenkopfes möglich ist.

Weitere Umbruchfunktionen sind: Referenzierungen, z. B. für Fußnoten oder Tabellen, umfangreiche Gestaltungsmöglichkeiten für Fußnoten und lebende Kolumnentitel, automatische Paginierung, Rückumbruch über mehrere Seiten bei Umbruchkonflikten, Registerauszüge, Statistikfunktionen. *W. Schmid*

Werkstoff.

1. Kraftfahrzeug. Bild 1 zeigt die Aufteilung am Beispiel eines Mittelklasseautos, Bild 2 verschiedene Möglichkeiten der Weiterentwicklung. Stahlblech ist wegen seiner Vorzüge bez. Steifigkeit, Festigkeit, Arbeitsaufnahme im Unfall, billige Verformbarkeit (Tiefziehen) und Fügetechnik (Punktschweißen) bei günstigen Kosten auch in Zukunft bevorzugter W. Die Schwäche bez. Korrosionsverhalten kann durch entsprechende Oberflächenbehandlung (Verzinken, Lackieren, Wachsen) aufgehoben werden. Leichtmetallbleche sind besonders durch die geringere Steifigkeit (E-Modul beträgt ⅓ von dem des Stahls) und die höheren Kosten

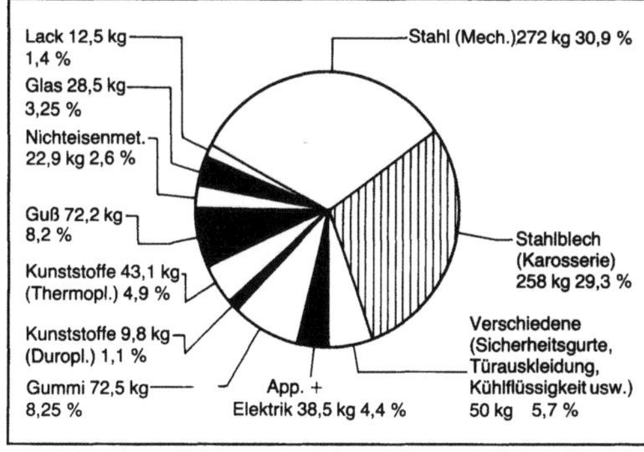

Werkstoff (Kraftfahrzeug) 1: Werkstoff-Anteile am Personenkraftwagen, Gesamtgewicht 880 kg.

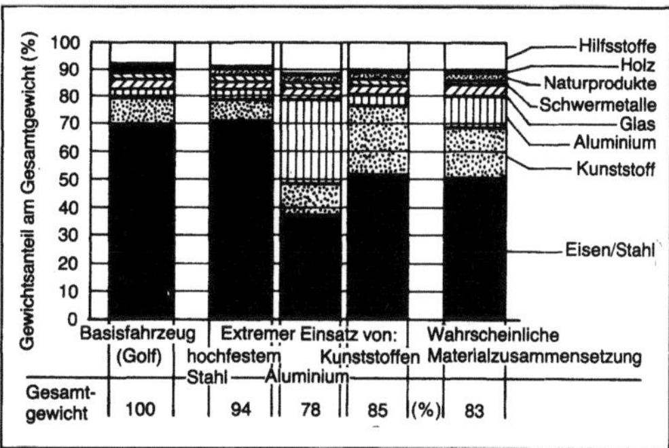

Werkstoff (Kraftfahrzeug) 2: Gewichtsanteile von Werkstoffen bei alternativen Konzepten.

benachteiligt. Leichtmetall hat aber einen festen Platz für Zylinderkopf und →Getriebegehäuse erobert (Gewicht, leichte Zerspanbarkeit, gute Wärmeleitung). Für den →Motorblock herrscht Grauguß vor, der auch immer mehr Schmiedeteile zurückdrängt (Kurbelwelle, Pleuel).

Für Karosserieteile dringen Chemiewerkstoffe (Kunststoffe) vor: überall, wo es auf die größere elastische Verformbarkeit ankommt (z. B. Stoßfänger), die grifffreundliche Oberfläche (weich, geringe Wärmeleitung), die gute Gestaltbarkeit der Oberfläche (Strukturierung) und die komplexe Formgestaltungsmöglichkeit, die das Einbeziehen von Beschlägen (Scharniere, Schloß, Leuchten) erleichtert. Miteingespritzte Fasern (Glas, Kohlenstoff, Aramid) erhöhen Festigkeit und Steifigkeit, verschlechtern oft das Aussehen (Lackieren erforderlich). Bei Außenteilen sind thermische Stabilität (Splittern bei tiefen sowie plastische Deformation bei hohen Temperaturen) und chemische und UV-Beständigkeit problematisch. Bei Innenteilen sind Oberfläche, Geräuschfreiheit und Vermeiden von Ausdünstung (Geruch, Beschlag an Scheiben) Ziel der Weiterentwicklung. Die W. sind aus der Tabelle zu entnehmen.

Als Ersatz für Glas kommt Acrylglas (PMMA) und Polycarbonat (PC) in Betracht. Es ist aber schwierig, gegen die hervorragenden Eigenschaften von Glas bez. optischer Qualität und Kratzfestigkeit anzukommen. *Fiala*

→Konstruieren, werkstoffgerechtes

Literatur: *Walter, G.:* Kunststoffe und Elastomere in Kraftfahrzeugen. Stuttgart 1985.

2. verschleißfester. W., der sich unter bestimmten tribologischen Beanspruchungen durch einen hohen Verschleißwiderstand auszeichnet. Eine Verschleißfestigkeit schlechthin gibt es nicht, da der Verschleiß vom jeweiligen Tribosystem abhängt. So bewirkt auch eine hohe Härte durchaus nicht immer einen hohen Verschleißwiderstand. *Habig*

Literatur: *Habig, K.-H.:* Verschleiß und Härte von Werkstoffen. München, Wien 1980.

Werkstoff (Kraftfahrzeug). Tabelle: Chemiewerkstoffe in einem Mittelklassewagen.

Werkstoff	Abkürzung	Verfahren	Fahrzeugteile
Polyvinylchlorid	PVC	extrudierte Folie, tiefgezogen, Spritzgießen	Zierleiste, Abdeckung, Regenrinne, Folien für Sitzverkleidungen, Einstiegleiste
Acrylnitril-Butadien-Styrol-Copolymer	ABS	Spritzgießen	Türablagekästen, Säulenverkleidung, Kühlergitter
Polypropylen	PP	Spritzgießen	Luftkanäle, Radhausschale
Blend aus PP/EPDM	EPDM/PP	Spritzgießen	Abdeckung Stoßfänger
Ethylen/Propylen-Kautschuk	EPDM		
Polyphenylenoxid	PPO	Spritzgießen	Instrumententafel, gespritzt
Polyethylen	PE	Spritzgießen/Blasformen	Kraftstoffbehälter
Polyamid	PA	Spritzgießen	Türgriffe, Griffleiste, Wasserkästen
Polyoxymethylen = Polyacetal	POM	Spritzgießen	Gaspedal
Polymethylmethacrylat	PMMA	Spritzgießen	SBBR-Leuchte
Polystyrol	PS	Spritzgießen, Schäumverfahren	Dachhimmel
Polyurethan	PUR	Schäumverfahren	Sitzpolster

Werkstoffdämpfung. Energiestreuung (→Dissipation) in festen makrohomogenen Werkstoffen mit mikroskopischer oder submikroskopischer Reibungsdämpfung (→Dämpfung) in Gleitflächen, Fehlstellen, Korngrenzen, Makromolekülgrenzen und zufolge anderer Dämpfungsmechanismen. Bei Metallen ist die innere Ursache für die Dämpfung das energiestreuende Wandern von Versetzungen (das nach außen als irreversibler plastischer Verformungsanteil in Erscheinung tritt). Bei viskoelastischen Stoffen (Thermoplasten, Elastomeren) ist die Dämpfungsursache das Fließen von einzelnen Kettenmolekülen geringerer Länge (zwischen den längeren, noch elastisch verformten Kettenmolekülen) und bei Flüssigkeiten die Zähigkeit. Rein viskoelastische Stoffe unterscheiden sich von Festkörpern mit plastischem Fließen dadurch, daß sie nach Belasten und anschließendem Entlasten verzögert, aber vollständig wieder in den ursprünglichen Gleichgewichtszustand zurückkehren. *Gaul*

Literatur: ISO 2041-1975 (E/F): Vibration and Shock-Vocabulary. Intern. Org. for Standardization. Genf 1975. – ISO/TC 108 – DP 5405: Nomenclature for Specifying Damping Properties of Materials. ISO/TC 108/(Secr.-108) 185, Aug. 1975. – *Lazan, B. J.:* Damping of Materials and Members in Structural Mechanics. New York, Oxford 1968.

Werkstückträgersystem, selbstfahrendes →Verkettung

Werkzeugverschleiß. Die Standzeit von Werkzeugen wird durch Verschleiß begrenzt. Bei Zerspanungswerkzeugen hängt der Verschleiß entscheidend von der Schnittgeschwindigkeit bzw. von der Schnittemperatur ab (Bild). Durch chemische oder physikalische Abscheidung von Hartstoffschichten aus der Gasphase kann der W. in vielen Fällen sehr vermindert werden. *Habig*

Wertanalyse.
1. Konstruktionstechnik. Unter W. versteht man eine funktionsgerichtete, systematische Untersu-

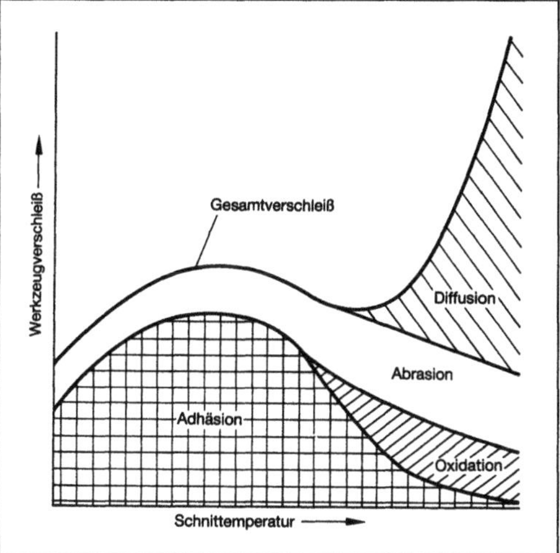

Werkzeugverschleiß: Verschleiß von Zerspanungs-Werkzeugen in Abhängigkeit von der Schnittemperatur (Schemaskizze).

chungsmethode, mit deren Hilfe Möglichkeiten entwickelt werden, um den vom Kunden erwarteten Wert eines Erzeugnisses mit den geringsten Kosten herzustellen.

Allgemeiner kann man die W. als ein System zum Lösen komplexer Probleme sehen. Die W. läuft in 6 Grundschritten ab:

- Projekt vorbereiten,
- Objektsituation analysieren,
- Soll-Zustand festlegen,
- Lösungsideen entwickeln,
- Lösungen festlegen,
- Lösungen verwirklichen.

Wesentlich für das Verfahren ist die Abstraktion des WA-Gegenstands auf seine Funktion (Funktion technischer Systeme). Hierbei werden auch nichttechnische Aspekte, wie z. B. die Geltungsfunktion (Prestige oder Ästhetik), mit einbezogen.   *Ehrlenspiel*

Literatur: DIN 69910 (Entwurf): Wertanalyse. Berlin.

2. Produktionstechnik. W. ist ein methodisches Instrumentarium zum Lösen komplexer Aufgaben (DIN 69910), meist angewandt, um den Wert von Produkten, Dienstleistungen und Tätigkeiten systematisch zu steigern. Sie ist demnach keineswegs auf den Herstellprozeß tangibler Erzeugnisse beschränkt, sondern erstreckt sich auf alle Vorgänge im Unternehmen. Das generelle Ziel der W. ist die Erfüllung vorgegebener Anforderungen mit minimalen Kosten.

Die Aufgabe als solche hat Ingenieure, Organisatoren und Vorgesetzte seit jeher beschäftigt, doch ist W. als eigenständige Funktion (engl. value analysis) erstmals 1943 bei General Electric definiert und installiert worden. Inzwischen ist sie fester Bestandteil der Geschäftspolitik deutscher Unternehmen.

Das zentrale Element der W. ist die ganzheitliche, funktionsgerichtete Betrachtungsweise. Teiloptimierungen und Detaillösungen mit dem Ziel der punktuellen Verbilligung eines Produkts oder einer Tätigkeit sind der W. fremd. W. zielt auf ein optimales Gesamtnutzen/Gesamtkosten-Verhältnis. Diese Begriffe sind gewählt, um auszudrücken, daß innerhalb der Organisation des Herstellers einzelne Funktionen durchaus niedrigeren Nutzen und höhere Kosten akzeptieren müssen, wenn es die Gesamtoptimierung verlangt. Das muß die Unternehmensleitung bei der Bewertung der Leistung dieser Funktionen berücksichtigen; sonst entstehen schwer zu überwindende Widerstände. Die Betrachtung geht jedoch darüber hinaus und bezieht den Kunden/Benutzer ein. Dessen Nutzen-Kosten-Relation ist nicht durch das Verhältnis Auspackqualität zum Preis des Produkts, sondern weitergefaßt durch den kumulierten Gebrauchsnutzen im Verhältnis zu den insgesamt während der nützlichen Lebensdauer anfallenden Kosten gegeben. Das Werkzeug für diese Art der Problembetrachtung ist die Funktionsmethodik, die systematische Verkettung von Arbeitsschritten in einem Arbeitsplan:

- Aufgabenstellung erarbeiten,
- im Sinn der Aufgabenstellung unnötige Funktionen erkennen,
- alternative Lösungen suchen,
- optimale Lösung auswählen,
- optimale Lösung verwirklichen,
- Ergebnis im Sinn der Aufgabenstellung prüfen.

Im Zuge dieses Ablaufs müssen zunächst Ist-Werte festgestellt und bewertet werden. Dazu bedarf es oft umfangreicher Vorarbeiten durch qualifizierte Fachleute, die sich mit Vorteil auch der in der Qualitätstechnik nützlichen Methoden bedienen. Bei der Suche nach Lösungsmöglichkeiten können die bekannten Methoden der Ideenfindung, z. B. das Brainstorming, gute Dienste leisten. Jede denkbare Alternative muß erwähnt werden, auch solche, die zunächst ausgefallen erscheinen. Immer ist der Gedanke der Beziehung des Gesamtnutzens zu den Gesamtkosten maßgebend.

Die Auswahl der optimalen Lösung ist ein Entscheidungsprozeß, bei dem Vertreter mehrerer Disziplinen mitwirken müssen. W. ist nur als Teamarbeit denkbar. Die Ausführung der ausgewählten Lösung wird meist in Form eines Projekts erledigt. Auch hierbei sind mehrere Funktionen unter einem hierfür eingesetzten Projektmanagement tätig. Die Arbeit ist beendet, wenn sich das W.-Team in Abstimmung mit den direkt betroffenen betrieblichen Stellen überzeugt hat, daß die Gesamtaufgabe im Sinn der Aufgabenstellung erfolgreich gelöst ist.   *Masing*

Literatur: DIN 69910: Wertanalyse: Begriffe, Methode. Hrsg. Dt. Inst. für Normung. Ausg. Dez. 1980. – VDI-Gemeinschaftsausschuß „Wertanalyse". Wertanalyse. Idee, Methode, System. Düsseldorf 1972. – *N. N.:* Handb. Wertanalyse nach DIN 69910. Mindelheim 1976. – *Wellenreuther, H.:* Aktionsprogramm integrierter Leistungsverbesserung durch Wertanalyse. 2. Aufl. Landsberg am Lech 1984.

Wertigkeit.

1. technische →Bewertungsverfahren

2. wirtschaftliche →Bewertungsverfahren

Whisker. W. sind sehr dünne Kristallfäden, die durch ihren fehlerlosen, einheitlichen Aufbau außerordentlich hohe Festigkeiten aufweisen. Silicium-Carbid-W. haben beispielsweise Festigkeiten von mehr als 10000 N/mm^2. W. lassen sich aus Metallen, Metallegierungen, Kunststoffen, Kohlenstoff und anderen Werkstoffen herstellen. Die technische Nutzung der W. ist nur im →Verbund mit anderen Werkstoffen möglich, in die sie eingebettet werden. *Baumann*

Wickelmaschine. Maschine zum Fertigen von rotationssymmetrischen oder auch beliebig geformten Körpern. Wesentliches Prinzip der Maschine ist, daß sie die hohe Festigkeit von Gelegen aus Endlosfasern nutzt und diese ohne Zerstörung und in festigkeitssteigernden Kreuzwickeln auflegt und mit Harz untereinander verbindet.

Die einfachste Maschine arbeitet nach dem Drehmaschinenprinzip (Bild 1). Die in einer Tränkwanne getränkten Fasern werden gebündelt und auf einer Trommel abgelegt. Es ist wichtig, daß die Maschine stets für gleiche Fadenspannung sorgt und die getränkte Verstärkung nach vorgesehenem Plan ablegt. Das Zuführen von Bändern und das Einlegen von Zwischenlagen ist möglich.

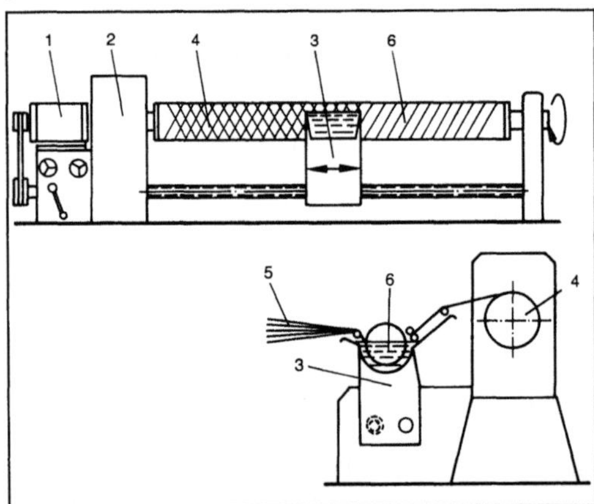

Wickelmaschine 1: Wickelverfahren nach dem Drehmaschinenprinzip (Schemaskizze).

1 Antrieb, 2 Getriebe, 3 Support, 4 Wickeldorn, 5 Glasfaserstränge, 6 Tränkwanne mit Harz

Die Wickelkerne werden ab ca. 500 mm Dmr. als Klappkerne ausgebildet. Für nicht zusammenlegbare Kerne müssen zwecks Entformung Abzugsvorrichtungen eingesetzt werden.

Für die Herstellung geschlossener Körper lassen sich verlorene Kerne (z. B. aus Kunststoffschaum) oder auch ausschmelzende oder auswaschbare Kerne verwenden.

Hochbeanspruchte Maschinenelemente wickelt man mit rechnergesteuerten Wicklern, die beliebige Formen nach rechnerermitteltem Programm festigkeitsoptimiert herstellen (Bild 2). Das Harz härtet i. a. ohne Wärmezufuhr am rotierenden Körper aus. Varianten wickeln vorimprägnierte Rovings (Stränge). Diese werden durch ein Temperiersystem verarbeitungsfähig gemacht und aufgelegt.

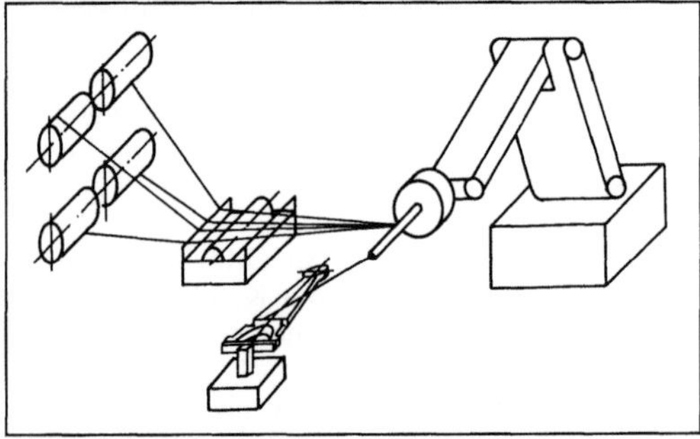

Wickelmaschine 2: Wickelroboter für nicht symmetrische Teile.

Vereinzelt geht man heute dazu über, aus nicht imprägnierten Fasern gewickelte Gebilde nachträglich im Harzbad unter Vakuum zu tränken. *Johannaber*

Literatur: *Johannaber, F., u. K. Stoeckhert:* Kunststoffmaschinenführer. 2. Aufl. München 1984. – *Saechtling, H.:* Kunststoff-Taschenb. 23. Aufl. München 1986. – *Schwarz, O., F.-W. Ebeling, G. Lüpke,* u. *W. Schelter:* Kunststoffverarbeitung. Würzburg 1985.

Wiederholteil →Suchsystem

Wiegegelenk. Gelenk zwischen benachbarten Getriebegliedern, z. B. Kettengliedern bei Zahn- (→Kettengetriebe) und Reibkettengetrieben, in dem die Zugkräfte über zylindrische Druckflächen übertragen werden, die beim Beugen des Gelenks reibungs- und verschleißarm aufeinander abwälzen (Bild nächste Seite). *H. W. Müller*

Wildhaber-Novikov-Verzahnung. Die W.-N.-V. wird vorwiegend in der ehemaligen UdSSR und in China verwendet (für Zahnräder aus →Vergütungsstahl). Die Zahnflanken sind Kreisbogensegmente, die sich konkav-konvex berühren. Die Räder sind schrägverzahnt. Die Bewegung wird durch axiales Wandern des Berührpunkts über die Breite übertragen.

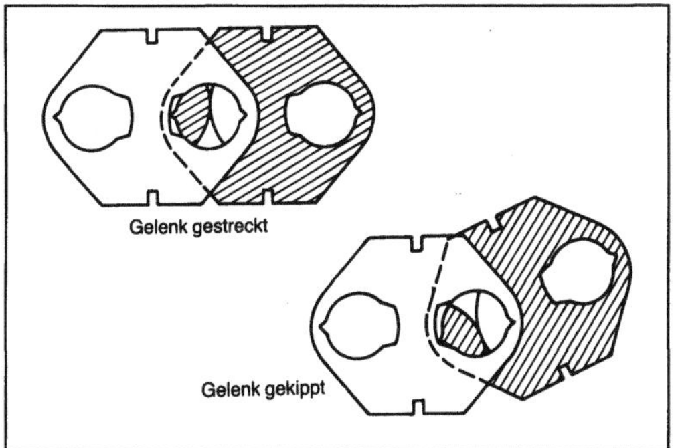

Wiegegelenk: Reibkette. (Quelle: PIV)

Bild 1 zeigt die Geometrie der W.-N.-V. im Schnitt. Die →Eingriffslinie (→Verzahnungsgeometrie) im Stirnschnitt besteht nur aus einem momentanen Kontakt. Die zur Bewegungsübertragung erforderliche Überdeckung entspricht der Sprungüberdeckung. Um Eingriffsstörungen durch Abweichungen des Soll-Achsabstandes zu verhindern, sind die Flankenradien r_1 und r_2 unterschiedlich groß.

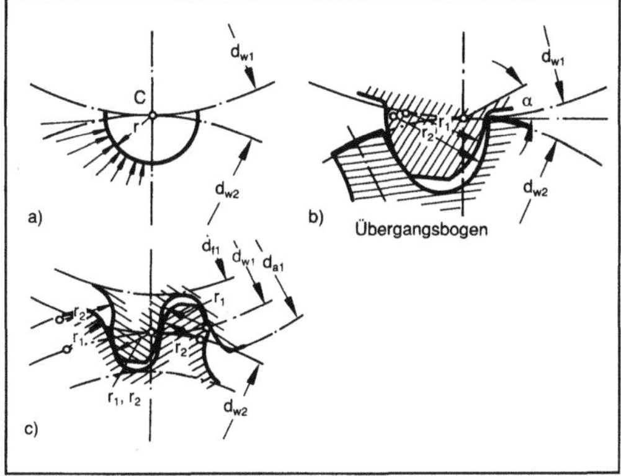

Wildhaber-Novikov-Verzahnung 1: Geometrie.
a) Theoretische Pressungsverteilung
b) Grundprofil der Zahnflanken.

α Eingriffswinkel

c) Symmetrisches Profil aus je 2 Kreisbögen zusammengesetzt.

W.-N.-V. werden auch mit asymmetrischen Profilen nach Bild 1 b) für →Ritzel und Rad unterschiedlichen Profilwerkzeugen hergestellt. Bei symmetrischen Profilen, Bild 1 c), kann man gleiche Wälzfräser verwenden. Die hiermit erzeugten Räder haben bei gleichem Schrägungswinkel β Satzrädereigenschaften (→Satzrad).

Infolge der günstigen konkav-konvexen Schmiegung der Zahnflanken ist die →Grübchentragfähigkeit etwa 1,5mal größer als die von Evolventenverzahnungen. Die →Zahnfußtragfähigkeit hingegen

liegt um bis zu 30 % niedriger, da die Zahnnormalkraft örtlich konzentriert übertragen wird (Ausbildung örtlicher Spannungsspitzen), Bild 2.

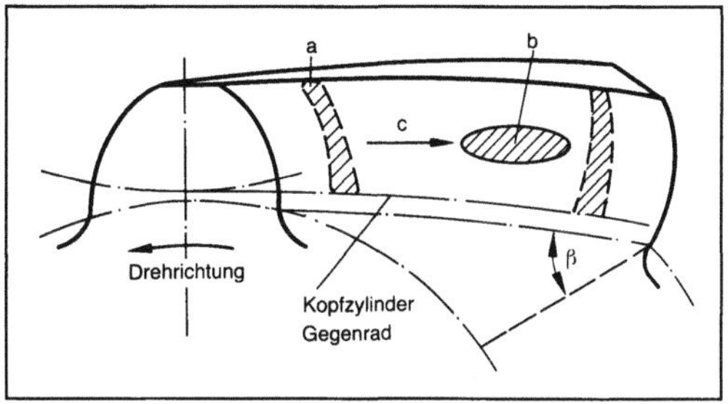

Wildhaber-Novikov-Verzahnung 2: Lage und Form der Hertz-Abplattungsfläche.

a für $r_1 = r_2$, b für $r_1 < r_2$, c Verschieberichtung der Berührfläche, β Schrägungswinkel

Zwecks befriedigender Laufeigenschaften sind Flankenlinienabweichungen sowie Achsabstands- und Parallelitätsabweichungen eng zu tolerieren, da sonst stoßhafter Eingriffswechsel zwischen den Zahnpaaren mit Geräuschentwicklung entsteht. In Hubschraubergetrieben wurden auch W.-N.-Zahnräder aus Einsatzstahl (geschliffen) verwendet. *Winter*

Literatur: *Fedjakin, R. V.,* u. *V. A. Cesnokov:* Die Berechnung des Zahnradgetriebes nach *M. L. Novikov.* Vestnik Masinostroenija 38 (1958) Nr. 5, S. 11/19. – *Niemann, G.:* Novikov-Verzahnung und andere Sonderverzahnungen für hohe Tragfähigkeit. VDI-Ber. Nr. 47. Düsseldorf 1961; S. 5/12. – *Shotter, B. A.:* Experiences with conformal W/N-gearing. World Congr. on Gearing 1. Paris 1977; S. 527/39.

Willenmittelpunktbahn →Verlagerungsbahn

Winde (Baugerät). W. zählen zu den Hebezeugen und dienen zum einen dem relativ geringen Anheben zu Montagezwecken bzw. dem Transport über kleine Hubhöhen, zum andern für z. T. sehr große Förderweiten. Zu ihnen gehören:
□ die Flaschenzüge, deren Huborgan entweder aus einem Seil oder einer Kette besteht, die sowohl von Hand als auch mit E-Motor angetrieben wird. Angehängt an ein einfaches Bockgerüst oder an einem auskragenden Träger wird der Flaschenzug zum wesentlichen Bestandteil dieser Konstruktionen mit Kranfunktion;
□ die Zahnstangen- und Schrauben-W. Hier ist das Tragorgan entweder eine Zahnstange, die über Stirn- oder Schraubenradvorgelege meist mittels Handkurbel angetrieben wird, oder eine Schraubenspindel mit kleiner Gewindesteigung, die sich auch mit E-Motor betreiben läßt;
□ die Hebeböcke, bei denen das Tragmedium Wasser oder Hydrauliköl mittels Hand oder angetriebener Pumpe in einen Kolben o. ä. gepreßt wird;

☐ die Trommel- oder Kabel-W., die im wesentlichen aus einer Seiltrommel evtl. für mehrere Seillagen, Getriebe und einem Antrieb mit Bremse bestehen. Sie ermöglichen je nach Seillänge, -querschnitt, entsprechendem Trommeldurchmesser und Getriebeüber- bzw. -untersetzung beliebig große Förderweiten und befördern Trag- bzw. Zuglasten in alle Richtungen. *Kühn*

Winderhitzer. Ein W. ist ein wesentliches Teilsystem eines Hochofenwerks.

Eine →Verbrennung kann man nur mit Hilfe von Sauerstoff durchführen. Aus diesem Grunde werden große Mengen Luft mit einem Überdruck von etwa 3,5 bar in den →Hochofen geblasen. Das erforderliche Gewicht der Luft entspricht ungefähr dem Gewicht der festen Einsatzstoffe. Diese Luftmenge wird mit Hilfe von Turbogebläsen durch die ringförmige, feuerfest ausgekleidete Heißwind-Ringleitung und die Windformen in den Hochofen gedrückt. Die Luft wird in W. vorgewärmt. Mit Temperaturen von etwa 1300°C wird der Wind durch die Windformen in den Hochofen zur Vergasung der Reduktionsmittel Koks, Kohle und Öl eingeblasen (Bild).

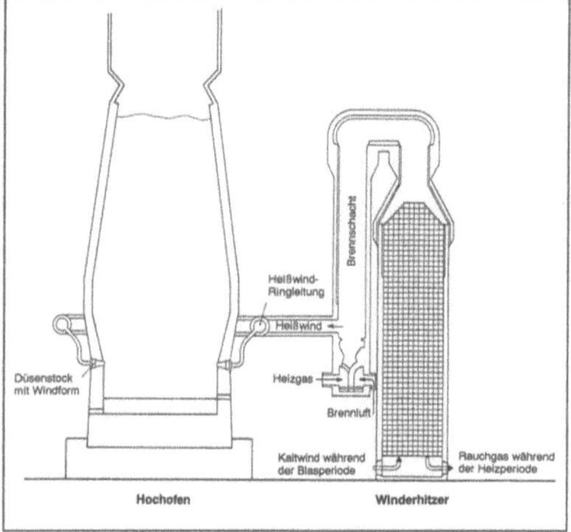

Winderhitzer mit einem Hochofen: Arbeitsprinzip.

W. sind hohe, stahlummantelte →Zylinder von etwa 40 m Höhe mit bis 10 m Dmr. Innen sind sie mit einem Gitterwerk aus feuerfesten Formsteinen ausgekleidet. Der Brennschacht ist seitlich innen oder außerhalb angeordnet. W. werden meist nach dem Regenerativ-Prinzip betrieben. Zu einem Hochofen gehören mindestens 3 W., einer als Reserve. In der Aufheizperiode des W. wird im Brennschacht Gichtgas verbrannt. Der heiße Gasstrom wird durch das Gitterwerk geleitet und heizt dieses auf. Danach wird kalte Luft hindurchgeführt. Dabei gibt das Gitterwerk seine Wärme an die Luft ab, die als Heißwind den W. verläßt und dem Hochofen zuge-

führt wird. Während also ein W. aufgeheizt wird, gibt der andere seine gespeicherte Wärme an die durchgeleitete Luft ab. Aufheiz- und Windperiode dauern je etwa 1 h.

Das Einblasen von Heißwind steigert die Leistungsfähigkeit des Hochofens und senkt den Koksverbrauch. Zur Erhöhung der Hochofenleistung wird dem Hochofenwind auch Sauerstoff zugesetzt. *Baumann*

Windfege. Maschine zum Trennen der Getreidekörner von den Beimengungen (Spreu, Strohteilchen, Ährenstücke, Staub, Unkrautsamen usw.). In der Windfege (→Putzmühle) wendet man das kombinierte Sieben und Sichten (Trennen im Luftstrom) an. Frühe Maschinen wurden von Hand angetrieben (Bild). Später übernahm man das Prinzip wenig verändert in die →Dreschmaschine, danach in den Mähdrescher. *Renius*

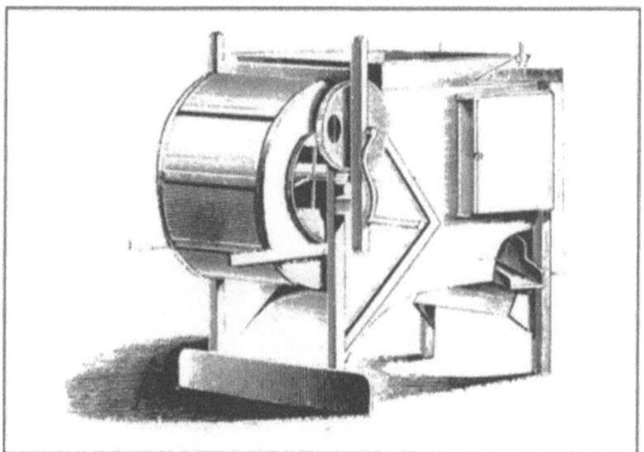

Windfege: Englische Bauart von Garret um 1850. (Quelle: W. Hamm 1858).

Ähnliche alte Ausführung steht im Deutschen Museum München.

Windfrisch-Verfahren. Ein W.-V. ist ein →Blasstahlverfahren, bei dem durch den Boden eines Konverters Luft oder mit Sauerstoff angereicherte Luft geblasen wird. Gefrischt werden kann sowohl phosphorreiches Roheisen in einem basisch ausgekleideten →Konverter, als auch phosphorarmes, hoch siliciumhaltiges Roheisen in einem sauer ausgekleideten Konverter. *Baumann*

Windsichter.
1. Baugerät. Im Sichten wirkt sich ein hier eigens erzeugter Luftstrom zur Trennung eines Gemisches trockener, auch heißer Feinstkörnung aus. Der Streutellersichter mit innen erzeugtem Luftstrom hat einen (rotierenden) Aufgabeteller zwecks Einstreuung des aufgegebenen Guts in die spiralförmige Luftbewegung, die die feineren Anteile von den gröberen abtrennt. Je nach Ausführung ist die Untergrenze der Abtrennung zwischen 0,03–0,6 mm Korngröße. Bei der anderen Bauart mit extern

erzeugtem Luftstrom (Feinseparator) liegt die Trenngrenze zwischen 0,003 und 0,15 mm. Den Sichtern sind Gesteinsmühlen wegen der günstigeren Ausbeute an verlangter Körnung im Kreislauf zugeschaltet. Auch Zyklone, in denen sich Teilchen aus dem eingeblasenen Feinstgemenge unter der Wirkung von Fliehkraft und Schwerkraft abscheiden, können zum Sichten verwendet werden (Bild). *Kühn*

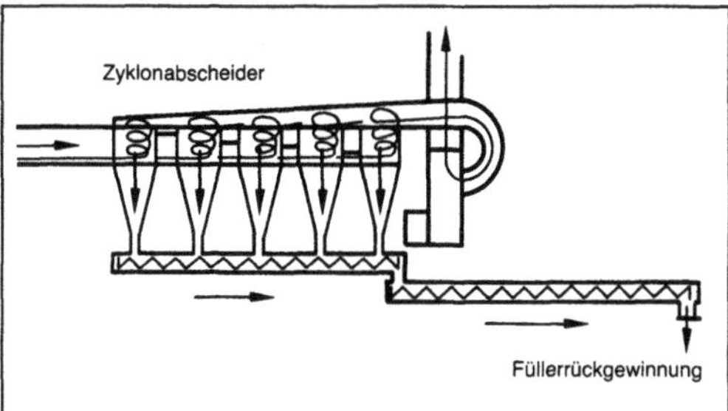

Windsichter (Baugerät): Zyklon zur Füllerrückgewinnung.

2. Verfahrenstechnik. W. gehören zur Klasse der Stromklassierer (Klassieren). Das Trägermedium ist dabei immer gasförmig. Man unterscheidet nach der Art der Kraftwirkung in Schwerkraftsichter und Zentrifugalsichter. Die Arbeitsschritte des Sichtens gelten allgemein für beide:

□ Auflösen von Agglomeraten,
□ Trennen des Korngemisches in der Sichtzone,
□ Abzug des Groben,
□ Abtransport des Feinen mit dem Trägermedium zum Feingutabscheider.

W. werden zur Klassierung trockener Feststoffe bei einer Grenzkorngröße von 1–100 µm eingesetzt. Der W. trennt in zwei Fraktionen. Ist eine feinere Aufspaltung notwendig, müssen mehrere Sichter hintereinander geschaltet werden.

Die Trennschärfe und der Trennkorndurchmesser hängen von der Feststoffbeladung in der Sichtzone ab. Es ist deshalb ein Kompromiß zwischen hohem Durchsatz und hoher Trennschärfe zu suchen (je höher der Durchsatz, desto geringer die Trennschärfe und desto größer das Trennkorn).

Der Grenzkorndurchmesser hängt von den Arbeitsraumabmessungen, d. h. von der Baugröße ab. Mit größer werdenden Abmessungen steigt er häufig an.

Aus diesen Gründen geht man ab bestimmten Durchsätzen auf parallelgeschaltete Sichter über. Die Feststoffbeladungen µ betragen dabei 0,5–5 kg Staub/m³ Gas.

Bei Umluftsichtern wird das Trägermedium, das auch der Kühlung und Trocknung dienen kann, im Kreislauf geführt. Bei Durchflußsichtern tritt es mit dem Feingut aus dem Prozeß aus. *Greif*

Windwerk →Laufkatze

Winkelfehler →Unwucht

Wirbelkammer →Brennraum

Wirbelstrombremse. Berührungslos wirkende elektrische Bremse, die mechanische Energie durch Wirbelströme in einer metallischen Masse in Wärme umsetzt. Ihrem Aufbau nach ist die W. eine Gleichstrommaschine vom Innenpoltyp (Bild). Der feststehende Innenring 1 trägt eine von Gleichstrom durchflossene Spule 2, die ein homopolares Magnetfeld erzeugt. Den aktiven Teil des Läufers bildet der Ankerring 3 aus elektrisch leitendem →Werkstoff (z. B. Eisen). Bei Drehung des Läufers relativ zum Ständer werden im Ankerring Wirbelströme induziert, die zusammen mit dem Ständerfeld ein Bremsmoment hervorrufen, dessen Größe vom Erregerstrom und der Schlupfdrehzahl abhängt. W. werden u. a. bei Lastkraftwagen als Zusatzbremse an der Gelenkwelle verwendet. *Rentzsch*

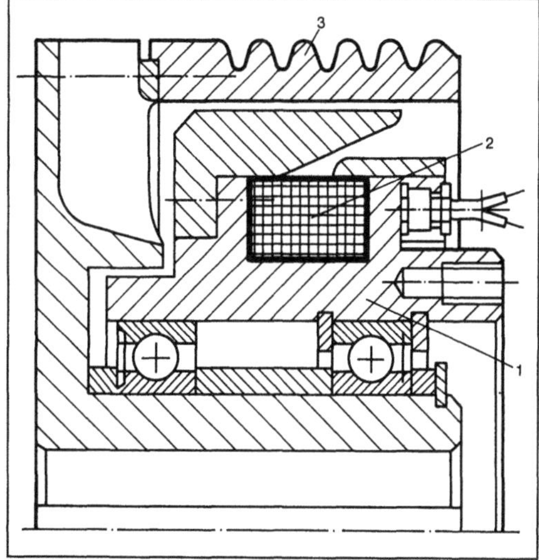

Wirbelstrombremse: Schnittbild. (Quelle: Meyl u. Ziesel)

Wirkbewegung. Die W. ist die Bewegung, mit der ein physikalisches Geschehen in einer Maschine erzwungen oder ermöglicht wird.

Es lassen sich translatorische W., rotatorische W. und Kombinationen (Schraubungen) unterscheiden, die alle in verschiedenen zeitlichen Verläufen auftreten können. *Ehrlenspiel*

Wirkbreite. Breite eines Keilriemens in seiner biegeneutralen Ebene (→Keilriemengetriebe).
H. W. Müller

Wirken →Wirkmaschine

Wirkerei und Strickerei. Industrielle Produktionsbereiche der Strickerei, Kulier-W. (→Einfaden-Technik) und Ketten-W. (→Kettfaden-Technik) zur Herstellung von Maschenwaren. Die dabei zum Einsatz kommenden Wirk- und Strickmaschinen erzeugen auf Grund ihrer Maschenbildungsvorgänge textile Flächengebilde (→Maschenware). *K. P. Weber*

Wirkfläche. W. sind die Flächen, an denen oder über die ein physikalisches Geschehen in einer Maschine erzwungen oder ermöglicht wird. Im Gegensatz dazu gibt es Flächen, die mit der unmittelbaren Funktion einer Maschine nichts zu tun haben, sondern nach Gesichtspunkten wie Fertigungsmöglichkeit, Herstellkosten oder Ästhetik gestaltet werden.

Bei einer Oldham-Kupplung (Bild) beispielsweise sind die W. jene Flächen, an denen die Kräfte zwischen Antrieb und Gleitstein bzw. zwischen Gleitstein und Abtrieb übertragen werden und die einen radialen Versatz zwischen An- und Abtrieb zulassen.

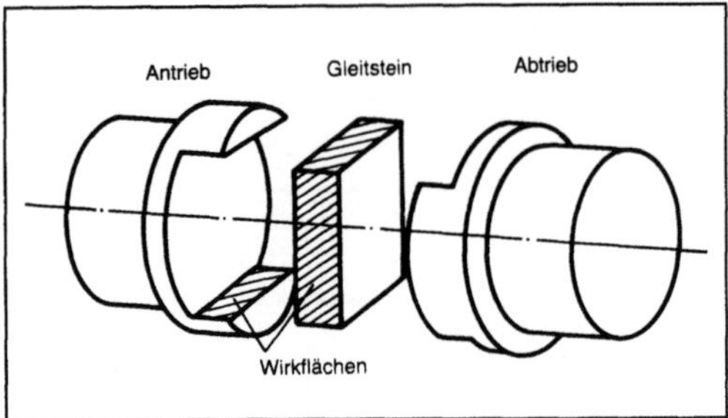

Wirkfläche: Bei einer Oldham-Kupplung.

Sind für eine gewünschte Wirkung nicht nur Oberflächen, sondern Körper notwendig, so spricht man von Wirkkörpern (z. B. Kugel bei Kugellagern), bei Räumen von Wirkräumen (z. B. Brennraum beim Motor).

W., Wirkkörper und Wirkräume bestimmen die Wirkgeometrie eines Bauteils oder einer Maschine. Wirkgeometrie und Wirkbewegungen werden zur Wirkstruktur zusammengefaßt. *Ehrlenspiel*

Literatur: VDI 2221: Methodik zum Entwickeln und Konstruieren technischer Systeme und Produkte. Hrsg. Verein Dt. Ingenieure. Ausg. Nov. 1986.

Wirkflächendämpfung. Reibungserscheinung infolge der Relativbewegungen in den Kontaktflächen (Wirkflächen) unvollständig kraft- und formschlüssig gefügter Bauteile.

Hystereseverluste in Fügestellen wie Schraub-, Niet-, Klemmverbindungen oder in Schrumpfsitzen und Führungen überwiegen gegenüber der →Werkstoffdämpfung, wenn keine besonderen dämpfungs-

erhöhenden Maßnahmen im →Werkstoff Anwendung finden.

Die Dissipationsmechanismen sind sehr von der Flächenpressung, der Oberflächenbeschaffenheit der Wirkflächen und der Werkstoffpaarung abhängig. Der Makroschlupf, bei niedrigen Flächenpressungen häufig mit dem Coulomb-Reibgesetz angenähert, wird bei mittleren Flächenpressungen reduziert und durch den Mikroschlupf abgelöst, einhergehend mit teilweisen Einbettungen der auch in Normalenrichtung relativbewegten Oberflächen. Wachsende Flächenpressungen bedingen stärkeres Eindringen. Das Material der weicheren Wirkfläche wird zu fließen beginnen, und Relativbewegungen gehen mit plastischen Deformationen, insbes. bei rauhen Oberflächen, einher.

An Fügestellen wirken die genannten drei Mechanismen zusammen und generieren nichtlineare Effekte im Übertragungsverhalten. Für bestimmte Fügeverbindungen spielen sie jedoch nur eine untergeordnete Rolle.

Bei schwingender Biegeverformung, etwa von Platten mit aufgeschraubten oder aufgenieteten Versteifungen, wie man sie im Flugzeugbau antrifft, klaffen die Wirkflächen auf und schließen sich wieder. Dadurch wird Luft angesaugt und wieder ausgequetscht. Vor allem bei hohen Erregungsfrequenzen liefert dieses *air pumping* den wesentlichen Dämpfungsanteil. Experimentelle Untersuchungen zeigen den starken Einfluß dieser Viskositätsverluste, die zu überwiegend linearem Übertragungsverhalten führen. *Gaul*

Literatur: *Beards, C. F.:* The damping of structural vibration by controlled interfacial slip in joints. ASME Paper No. 81-DET-86 (1981) S. 1/5. – *Gaul, L.,* u. *S. Bohlen:* Zum nichtlinearen Übertragungsverhalten von Fügestellen. ZAMM 64 (1984), S. T 45/48. – *Maidanik, G.:* Energy dissipation associated with gas-pumping in structural joints. J. of the Acoustical Society of America 40 (1966) Nr. 5, S. 1064/72. – *Ungar, E. E.:* The status of engineering knowledge concerning the damping of built-up structures. J. of Sound and Vibration 26 (1973) Nr. 1, S. 141/54.

Wirkgeometrie →Wirkfläche

Wirkkörper →Wirkfläche

Wirkmaschine →Kettenwirkmaschine, →Kulierwirkmaschine

Wirkprinzip, physikalisches →Effekt (physikalischer, chemischer,biologischer)

Wirkradius. Für die Übersetzung eines Riemengetriebes maßgebender Krümmungsradius des auf einer Riemenscheibe aufliegenden Riemens. Der W. fällt mit der biegeneutralen Fläche des aufliegenden Riemens zusammen (→Keilriemengetriebe, →Flachriemengetriebe). *H. W. Müller*

Wirkraum →Wirkfläche

Wirkstruktur →Wirkfläche

Wirkungsforschung →Abgas

Wirkungsgrad.
1. effektiver →Nutzwirkungsgrad

2. Getriebe. Es ist bei Getrieben derjenige Anteil der Antriebsleistung, der am Abtrieb wiedergewonnen wird, ausgedrückt durch das Verhältnis der an der Abtriebswelle verfügbaren Abtriebsleistung P_{ab} zur an der Antriebswelle aufgewendeten Leistung P_{an}:

$$\eta = P_{ab}/P_{an} = T_{ab}\,\omega_{ab}/T_{an}\omega_{an},$$

mit Drehmoment T und Winkelgeschwindigkeit ω. Bei Getrieben mit mehr als zwei Anschlußwellen wird $\eta = \Sigma P_{ab}/\Sigma P_{an}$. Mit der in Wärme umgesetzten Verlustleistung $P_v = P_{an} - P_{ab}$ wird

$$\eta = (P_{an} - P_v)/P_{an} = 1 - P_v/P_{an} = 1 - \zeta,$$

mit Verlustgrad $\zeta = P_v/P_{an}$, dem in Reibungswärme umgesetzten Anteil der Antriebsleistung. Der W. kann (theoretisch) höchstens den Wert 1 erreichen. Er wird $\eta = 0$, wenn die gesamte Antriebsleistung in Reibungswärme umgesetzt wird (Selbsthemmungsgrenze) und negativ bei Getrieben mit Selbsthemmung. Bei solchen muß auch die Abtriebswelle angetrieben werden, um das →Getriebe überhaupt zu bewegen. Beide Antriebsleistungen werden dann im Getriebe in Reibungswärme umgesetzt.
H. W. Müller

3. indizierter →Innenwirkungsgrad

4. Kraftfahrzeug →Energie für Kraftfahrzeuge

5. mechanischer. Verhältnis der →Nutzleistung zur →Innenleistung eines Verbrennungsmotors.
Die Innenleistung P_i eines Motors ist die Leistung, die vom Arbeitsgas in den Zylindern an die →Kolben abgegeben wird. Nach Abzug der Reibungsleistung P_r (einschl. Antriebsleistung für die Hilfsgeräte) bleibt die Nutzleistung P_e übrig.
Bei konstanter Drehzahl ist die Reibungsleistung fast unabhängig von der Innenleistung des Motors. Bei hoher Innenleistung macht sie nur einen geringen Anteil aus (ca. 20 %). Damit ergibt sich ein m. W. von ca. 80 %. Bei niedriger Innenleistung ist der prozentuale Anteil der Reibungsverluste naturgemäß größer und damit der m. W. kleiner. Im gleichen Maß geht auch der →Nutzwirkungsgrad des Motors zurück (→Sankey-Diagramm).
Im Streben nach einer Senkung des Kraftstoffverbrauchs müssen der →Innenwirkungsgrad und auch besonders der m. W. verbessert werden. Der Verringerung der Reibungsverluste kommt deshalb eine besondere Bedeutung zu. *Kuhlmann*

6. Strömungsmaschine. Wird allgemein als Verhältnis vom Nutzen zum Aufwand verstanden, beide ausgedrückt als Leistungen oder jeweils als auf den →Massenstrom bezogene spezifische Arbeiten oder Differenzen spezifischer Energien.
Bei Strömungs-Arbeitsmaschinen kann als Nutzen die vom →Arbeitsfluid reversibel aufgenommene Strömungsarbeit y

$$y = \int \frac{dp}{\varrho}$$

und die Änderung der kinetischen Energie

$$1/2\,(c_2^2 - c_1^2)$$

des Arbeitsfluids angesehen werden. Aufwand ist die an der Welle der Maschine aufgebrachte spezifische Arbeit a

$$a = P/\dot{m} = \Delta h + 1/2\,(c_2^2 - c_1^2),$$

die ohne Wärmeaustausch (adiabatisch) gleich der Änderung der Totalenthalpie Δh_t ist. Der totale Verdichter- oder Pumpen-W. ergibt sich dann als

$$\eta_{Vt} = \frac{y + \tfrac{1}{2}\,(c_2^2 - c_1^2)}{a}.$$

Als verloren wird damit der durch →Reibung irreversibel in Wärme übergegangene Anteil der zugeführten Arbeit oder der →Enthalpiedifferenz bewertet:

$$j = \int_{irr} T\,ds = \Delta h - y.$$

Es kann aber auch nur die Änderung des statischen Zustands als Nutzen angesehen werden, da ja die Umsetzung der kinetischen Energie in Druck mit zusätzlichen Verlusten behaftet ist. Dann läßt sich der statische W. definieren als

$$\eta_v = \frac{y}{\Delta h} = \frac{y}{a - 1/2\,(c_2^2 - c_1^2)}.$$

Die analogen Überlegungen führen für Strömungs-Kraftmaschinen zum totalen Turbinen-W.

$$\eta_{Tt} = \frac{a}{y + 1/2\,(c_2^2 - c_1^2)},$$

mit negativen Vorzeichen für abgeführte spezifische und Strömungsarbeit, und zum statischen W.

$$\eta_T = \frac{\Delta h}{y} = \frac{a - \tfrac{1}{2}\,(c_2^2 - c_1^2)}{y}.$$

Für polytrope W. ist die Strömungsarbeit y entlang einer Polytrope durch Ein- und Austrittszustand zu bestimmen. In diesem Fall ist der W. unabhängig von dem Ausmaß der Zustandsänderung und ist deshalb ein übertragbares Maß für die Güte der Energieumwandlung in der Maschine. Wird dagegen die Strömungsarbeit $y_s = \Delta h_s$ auf einer Isentropen durch den Eintrittszustand gebildet, dann sind die entsprechenden isentropen W. wegen der mit der Zustandsänderung in zunehmendem Maß von der wirklichen Zustandsänderung abweichenden Vergleichs-Zustandsänderungen von diesem Unterschied abhängig und lassen sich nicht ohne weiteres als Gütemaßstab ansehen.

Im Zusammenhang mit thermischen Prozessen wird auch ein Teil der durch Reibung irreversibel entstandenen Wärme noch als verwertbar betrachtet: Exergetischer W. Da dieser Anteil aber zusätzlich vom Umgebungszustand abhängt, ist diese Art der Bewertung nur für den ganzen Prozeß, nicht aber für einzelne Komponenten geeignet. *Dibelius*

Wirkware →Maschenware

Wirkwinkel. Der Teil des Umschlingungswinkels bei einem reibschlüssigen Zugmittelgetriebe, in dem die Übertragung der Umfangkraft zwischen Zugmittel und Riemenscheibe unter Zwangsschlupf (→Schlupf) erfolgt (→Flachriemengetriebe).
H. W. Müller

Wirtschaftlichkeitsforderung →Anforderungsliste

Wischer →Karosserie

Wolframcarbid-Cobalt-Schicht. Oberflächenschutzschicht mit 85–91 % Wolframcarbid (WC) und 15–9 % Cobalt, die meistens durch thermisches Spritzen aufgebracht wird. Die Härte der Schicht liegt zwischen 1050 und 1300 HV. Sie besitzt einen hohen Widerstand gegen →Abrasion und Adhäsion bei Paarung mit Stahl und Aluminiumoxid. Bis zu einer Temperatur von 540 °C hat sie eine hohe Oxidationsbeständigkeit. *Habig*

Wolframcarbidschicht. Oberflächenschutzschicht, die durch chemische Abscheidung aus der Gasphase (CVD) bei relativ niedrigen Temperaturen (ca. 400 °C) gebildet wird. Zur Verbesserung der Haftung der Schicht wird vor dem CVD-Prozeß häufig eine Nickel-Phosphor-Schicht durch fremdstromloses Abscheiden auf den Grundwerkstoff aufgebracht. Bei dem abgeschiedenen Wolframcarbid handelt es sich um W_2C. Die Schichtdicke liegt meistens unter 10 μm. Die Härte der Schicht beträgt ca. 2 100 HV 0,05. W. haben einen hohen Widerstand gegen →Abrasion.

Weitaus häufiger als durch CVD erzeugte W. werden thermisch gespritzte Wolframcarbid-Cobalt-Schichten angewendet. *Habig*

Wollgewebeausrüstungsmaschine. *Walken der Stückware.* Zweck: Verdichten des Gewebes in Kette und Schuß und Bilden einer Verfilzung der Gewebeflächen auf Walkmaschinen.

Die eigenartige Schuppenstruktur des Wollhaares ermöglicht eine Wanderung und Verschlingung der freien Wollfasern untereinander. Dies wird u. a. bewirkt durch die Art der verwendeten Walkmittel, durch den Walkfeuchtigkeitsgrad und durch die mechanische Bearbeitung der Stückware in Strangform zwischen rotierenden Walkzylindern. Als Walkmittel kommen synthetische Walkmittel zur Anwendung. Der Walkfeuchtigkeitsgrad schwankt zwischen 90–120 % vom Stückgewicht. Man kann aber auch „aus langer Flotte" walken.

Der Eingang der Ware in der Breite erfolgt durch die Stellung des Eintrittkanals und durch Zylinderdruck, der Eingang der Ware in der Länge durch Einwirken der Stauchklappe im Stauchkanal. Maschinen: Zylinderwalken oder Walk-Waschmaschinen (Bild 1).

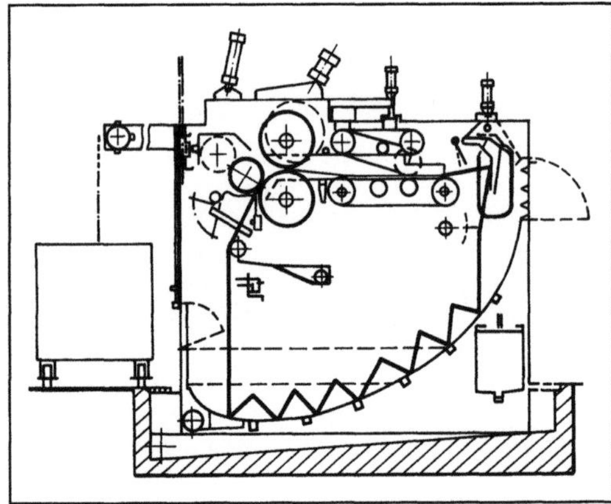

Wollgewebeausrüstungsmaschine 1: Schnellauf-Wasch- und Walkmaschine. (Quelle: Hemmer, Aachen)

Waschen der Stückware. Zweck: Vor allem Reinigung und Qualitätsgestaltung der Ware. Nach dem Walken entfernt man die Walkmittel.
Reinigung:
□ Entfernen der Spinnöle (Olein verseifbar, Neutralöle oder mineralölhaltige Spinnschmälzen emulgierbar), bei Kammgarnen 1–2 %, bei Streichgarnen 6–10 %;
□ Entfernen der Kettschlichten (Stärke, Cellulosederivate);
□ Entfernen von Farbschmutz (unfixierter Farbstoff aus vorgefärbten Garnen oder lose gefärbter Wolle oder vigoureuxbedruckter Wolle);
□ Entfernen von Mineralölflecken aus der Weberei;
□ Entfernen von Kettglätte und anhaftendem Staub und Schmutz.

Entspannung und dadurch Griffgestaltung der harten Rohware durch die Stückwäsche allein oder auch in Verbindung mit der Walke.

Maschinen: Breit- und Strangwaschmaschinen (Kontinuebetrieb bei Breitwaschmaschinen möglich). Bei den Breitwaschmaschinen unterscheidet man solche mit Tauchsugger, mit Hammerstauche, mit einer Knetvorrichtung oder mit einer Siebtrommel. Bei den Strangwaschmaschinen unterscheidet man einfache Strangwaschmaschinen, Schnellauf-Strangwaschmaschinen, Schnellwäscher und Walk-Waschmaschinen.

Karbonisieren der Stückware. Zweck: Entfernen der vegetabilischen Fremdstoffe (Kletten, Baumwoll-, Zellwoll- oder Jutefasern).

Der Karbonisierprozeß (Bild 2) beruht auf chemischem Abbau der Cellulose durch Einwirken von fein verteilter konzentrierter Schwefelsäure bei einer bestimmten Temperatur. Die Stücke werden mit einer 5–6%igen Schwefelsäurelösung gesäuert. Der Überschuß der Lösung wird anschließend abgequetscht. Die säurehaltige Stückware wird dann in den Karbonisierofen eingeführt, wo unter der Einwirkung von heißer Luft (140 °C) das Wasser verdampft. Die zurückbleibende konzentrierte Schwefelsäure überführt unter Wärmeeinwirkung die Cellulose in die brüchige Hydrocellulose, die im Anschluß mechanisch entfernt wird. Nun wird die Stückware auf Waschmaschinen durch Frischwasser entsäuert oder durch Alkalien und Frischwasser neutralisiert.

Wollgewebeausrüstungsmaschine 2: Karbonisieranlage für Wollgewebe.

Maschinen: Spezielle Säuerungs- und Entsäuerungsanlagen mit Spannmaschinen, Hotflues oder Siebtrommeltrocknern als Trocken- und Brenneinheit.

Pressen der Stückware. Zweck: Den Warenflächen ein besseres Aussehen (z. B. Glanz) zu geben; durch Pressen = Verdichtung der Ware im Querschnitt, dadurch weicher und geschmeidiger im Griff.

Die mitwirkenden Faktoren sind Druck und Wärme. Vorbedingung ist aber, daß die Ware selbst den normalen Feuchtigkeitsgrad aufweist und verkühlt ist. Wärme und Feuchtigkeit machen das Wollhaar formbar. Es nimmt daher leichter die Form und Lage an, die ihm durch den Druck aufgezwungen wird.

Die Stückware wird bei der Muldenpresse (Bild 3) von einem Preßzylinder durch eine glatte Mulde (Neusilberspan) transportiert. Beide Preßflächen (Mulde und Zylinder) sind mit 2–3 bar Dampfdruck geheizt, was einer Dampftemperatur von 120 bis 134 °C entspricht. Die Mulde wird mit elastischem Druck (hydraulisch oder pneumatisch) gegen den Zylinder angedrückt. Die Höhe des Drucks ist einstellbar.

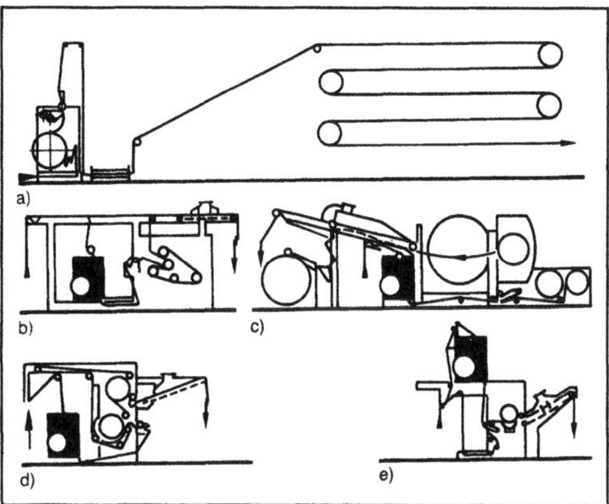

Wollgewebeausrüstungsmaschine 3: Beispiele verschiedener Einsatzmöglichkeiten eines Schußfadenrichtgeräts in der Trockenausrüstung.

a) Spannrahmen und Trocknungsmaschine, b) Preß- und Fixiermaschine, c) Kessel-Dekatiermaschine, d) Kontinue-Dekatiermaschine, e) Muldenpresse.

Maschinen: Muldenpressen (Walzenpressen) mit Kontinuebetrieb und Spann- sowie Bandpressen.

Dekatieren der Stückware. Zweck:
□ →Fixieren des Preßeffektes (Glanz, Griff);
□ Fixieren des Warenausrüstungs-Charakters und des erzielten Ausrüstungszustandes;
□ durch das Fixieren wird die Krumpfechtheit der Fertigware günstig beeinflußt.

Die Dekatur beruht auf der Einwirkung von Wärme auf die festgelegte Ware. Die Aufwicklung der Stückware erfolgt unter mehr oder weniger großer Spannung auf eine perforierte Dekatierwalze von 15–40 cm Dmr, für sich oder in Baumwollmitläuferstoffe.

Bei allen Dekatiermaschinen wird der Fixierungsgrad mit beeinflußt durch die Zeitdauer der Wärmeeinwirkung, durch das Abziehen der Stückware im Dampf oder durch Verkühlen auf der Dekatierwalze in der Wicklung. Man unterscheidet:

□ Naßdekatiermaschinen (Kochmaschine): Einwirken von Warmwasser oder Warmwasser und Dampf,
□ Kesseldekatur: Dampfwirkung von außen nach innen im Wickelkörper, Dampfdruck 2–3 bar,
□ Finishdekatiermaschinen: Nach dem Dekatieren der Fertigware wird ein Krumpfen und Finishdekatieren oder nur ein Finishdekatieren durchgeführt.
Maschinen: Finishdekatur, Preßglanzdekatur, Kesseldekatur; Krumpfmaschine. Kontinuebetrieb möglich. *Rouette*

Literatur: *Rouette, H. K.,* u. *G. Kittan:* Leitfaden der textilen Fertigung von Wollgeweben in der Ausrüstung. Textilpraxis International. Stuttgart 1980/1986.

Wuchten → Auswuchten

Wuchtgeschoß. Beim W. erhält der → Wirkkörper seine Bewegungsenergie durch die anfängliche Beschleunigung im Rohr. Es hat primär die Aufgabe, gepanzerte Ziele zu durchdringen und hinter der Panzerung noch eine ausreichende Restwirkung aufzuweisen.

Die Entwicklung der W. ging vom kalibergleichen Panzervollgeschoß über das Hartkerngeschoß (Wolframcarbidkern gestützt in einer Stahlhülle) und das unterkalibrige Treibkäfiggeschoß (APDS Armour Piercing Discarding Sabot) zum unterkalibrigen, flügelstabilisierten KE-Geschoß (kinetische Energie), anfangs auch Pfeilgeschoß genannt.

Obwohl alle W. auf Grund ihrer KE wirken, hat es sich eingebürgert, vorwiegend den unterkalibrigen, flügelstabilisierten Typ mit KE-Geschoß zu bezeichnen.

Der Treibkäfig TK (Bild 1) hat die Aufgabe, das → Geschoß im Rohr zu führen und die Gaskräfte auf das Geschoß zu übertragen. Beim Verlassen des Waffenrohrs bricht der TK auf, und die TK-Segmente lösen sich, so daß nur der unterkalibrige Wirkteil des Geschosses (Fluggeschoß) bei geringem → Luftwiderstand auf der Soll-Flugbahn weiterfliegt.

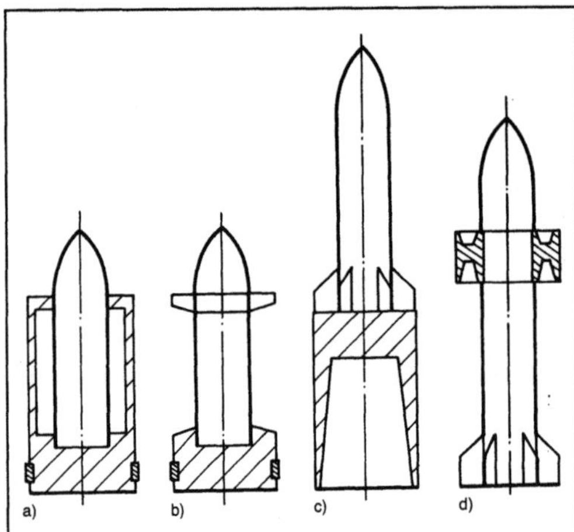

Wuchtgeschoß 1: Unterkalibrige Panzergeschosse (TK-Geschosse).
a) Mit Treibkäfig
b) Mit Treibscheibe und Stützring
c) Mit Treibkolben
d) Mit Treibring.

Drallstabilisierte Geschosse können mit Rücksicht auf die Außenballistik nicht beliebig schlank gemacht werden. Die Grenze des maßgeblichen Verhältnisses von Länge L zu Durchmesser D liegt bei L/D = 4 bis 5. Demgegenüber ist dieses Verhältnis bei Flügelstabilisierung nur durch die Festigkeit des Geschosses begrenzt; heute realisiert L/D = 15 bis 20.

Die maßgebliche Panzer-Durchschlagsleistung (Bild 2) wird im wesentlichen von der spezifischen Flächenbelastung durch die kinetische Energie des auftreffenden Geschosses kontrolliert, d. h.

$$s \sim \frac{m_F \cdot v_z^2}{D_F^2};$$

darin bedeuten m_F Masse, v_z Endgeschwindigkeit, D_F Durchmesser.

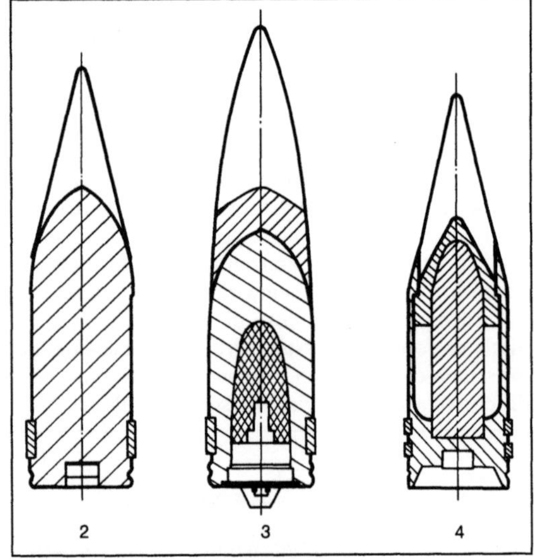

Wuchtgeschoß 2: Panzervollgeschoß.
Wuchtgeschoß 3: Panzersprenggranate.
Wuchtgeschoß 4: Hartkerngeschoß.

Ein schlankes Geschoß hat einen relativ geringen Luftwiderstand und damit eine hohe Endgeschwindigkeit. Außerdem ist der Durchmesser bei konstanter Masse klein. Beides wirkt sich positiv auf die Durchschlagsleistung aus (Bild 3). Mit Rücksicht auf die Abmessungen empfiehlt sich zudem ein → Material hoher Dichte für das Fluggeschoß. Verbreitet werden als Wirkkörper (Penetratoren) pulvermetallurgisch hergestellte Wolframstäbe (ca. 18 g/cm³) eingesetzt (Bild 4). In den USA werden auch Penetratoren aus abgereichertem Uran hergestellt.

Die KE-Geschosse wurden zunächst für Glattrohrkanonen entwickelt, können mit durchrutschendem Führungsband aber auch aus gezogenen Rohren verschossen werden. Glattrohre erlauben allerdings höhere Drücke und führen damit zu einer höheren Anfangsgeschwindigkeit der KE-Geschosse. *Becker*

Wuchtkörper. Jeder → Rotor, der ausgewuchtet werden soll (→ Auswuchten). *Witfeld*

1435

Wuchtzentrieren. Beim W. geht man umgekehrt wie beim Auswuchten vor. Anstatt die Unwuchten in bezug auf die fertig bearbeiteten Lagerzapfen zu ermitteln und zu beseitigen, wird die spätere Schaftachse mit Hilfe einer Wuchtzentrier-Maschine so festgelegt (Bild), daß sie mit einer zentralen Hauptträgheitsachse des unbearbeiteten Wuchtkörpers möglichst genau übereinstimmt. Erst nach dieser Zentrierung werden die Lagerzapfen endgültig bearbeitet.

Wuchtzentrieren: Wuchtzentriermaschine für Kurbelwellen (Quelle: Schenk).

Dieses Verfahren wird häufig bei gegossenen oder geschmiedeten Rotoren angewandt, um so von vornherein ein Minimum an unausgeglichenen Unwuchten zu erreichen. Besonders bei der Serienfertigung von Kurbelwellen hat es sich durchgesetzt. *Witfeld*

Wulstflachstahl. W. ist ein zur Gruppe der Schiffbauprofile gehörender, warmgewalzter Stabstahl, der eine Verdickung an einer oder an beiden Flächen derselben Kante hat. Seine Breite ist üblicherweise <450 mm. *Baumann*

Wulstkupplung. Die W. ist eine längs-, quer-, winkel- und drehnachgiebige gummielastische →Ausgleichskupplung. Das elastische Element ist als Wulst oder Reifen ausgeführt. Der Wulst wird einteilig (Bild 1), radial geteilt oder in Segmente (Bild 2) aufgelöst und in verschiedenen Formen aus gewebeverstärktem Gummi oder Kunststoff ausgeführt. *Ehrlenspiel*

Wulststahl. W. ist der Sammelbegriff für eine Reihe zum Stabstahl gehörender Walzstahlprofile, z. B. →Wulstflachstahl, Wulstwinkelstahl mit L-förmigem Querschnitt, Hespenstahl mit einseitigen Seitenwulsten und Nasenprofile zum Herstellen geschweißter Träger. *Baumann*

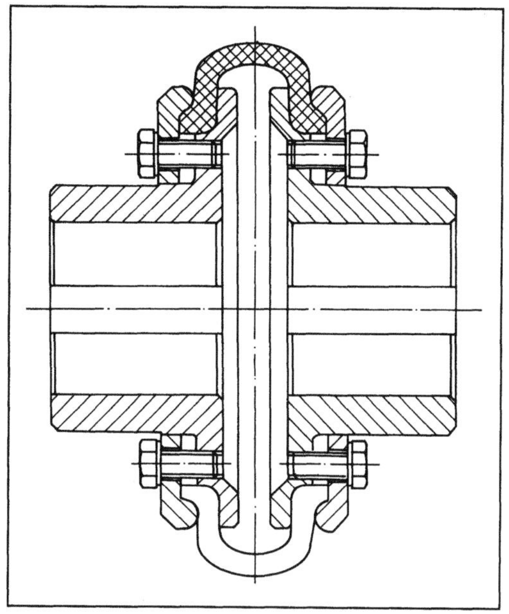

Wulstkupplung 1: Mit einteiligem Wulst. (Quelle: Stromag)

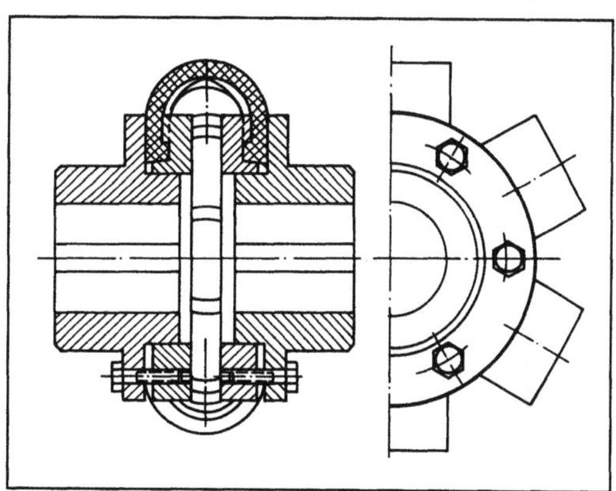

Wulstkupplung 2: Mit Segmenten. (Quelle: Multi Cross)

Wurfgebläse. Sonderbauart des Gebläses, bei dem das Fördergut durch direkten Kontakt mit den Gebläseschaufeln (Impuls) beschleunigt wird. Im Gegensatz zum Luftgebläse kein Spiralgehäuse; Schaufelenden direkt an der Außenwand. Ein zusätzlicher Luftstrom schadet nicht, ist z. T. erwünscht, um ausreichende Förderhöhen (bis ca. 15 m) zu erreichen.

Anwendung meist für senkrechte Förderung, z. B. zum Beschicken von Hochsilos oder als Förderorgan im →Feldhäcksler. *Renius*

Z

Zähnezahlverhältnis →Verzahnungsgeometrie (allgemein)

Zahnbruch. Der Z. eines oder mehrerer Zähne eines Zahnrads kann durch einmalige statische Überlastung oder durch dynamische Dauerbeanspruchung entstehen. Die Bruchfläche verläuft meist im Zahnfußbereich (→Zahnfußtragfähigkeit) quer durch den Zahn.

Gewaltbruch wird durch extreme Überlast, wie z. B. Blockierungen oder Kurzschluß, verursacht. Die Bruchfläche ist meist über den ganzen Fußquerschnitt rauh und zerklüftet.

Beim Dauerbruch ist die Bruchfläche im Bereich des Anrisses sehr feinkörnig (allmählicher Rißfortschritt); der Restbruch entspricht einem Gewaltbruch (Bild). Der Anriß beginnt meist an einer Riefe (→Schleifkerbe, Schabekerbe), beim Auslauf der Härtezone am Zahnfuß, z. B. bei Randschichthär-

tung (→Zahnradwerkstoff), oder bei einem Schlakkeneinschluß nach wiederholter Belastung über der Dauerfestigkeit. Die Anrißzone befindet sich oft auf einer Zahnseite dort, wo durch ungleichmäßige Belastung über der Zahnbreite Überlastungen auftreten.

Z. führt meist zum Totalausfall des Getriebes. In einzelnen Fällen, wenn nur ein Teil eines oder mehrerer Zähne ausbricht, kann ggf. der Betrieb mit verringerter Belastung fortgesetzt werden, bis Ersatz beschafft ist. *Winter*

Zahndicke →Verzahnungsgeometrie (allgemein)

Zahnfedersteifigkeit. Bei Übertragung der Umfangkraft zwischen zwei Zahnrädern verformen sich die an der Kraftübertragung beteiligten Zähne. Unter Einzel-Z. versteht man dabei diejenige Zahnnormalkraft F_{bt} im Stirnschnitt (→Schrägverzahnung) der Verzahnung, die erforderlich ist, um ein Zahnpaar von 1 mm Zahnbreite um 1 μm zu verformen.

Bild 1 zeigt, daß die Gesamtverformung u_S von der Eingriffstellung abhängt. Bei Kraftangriff am Zahnkopf ist der entsprechende Biegeverformungs-

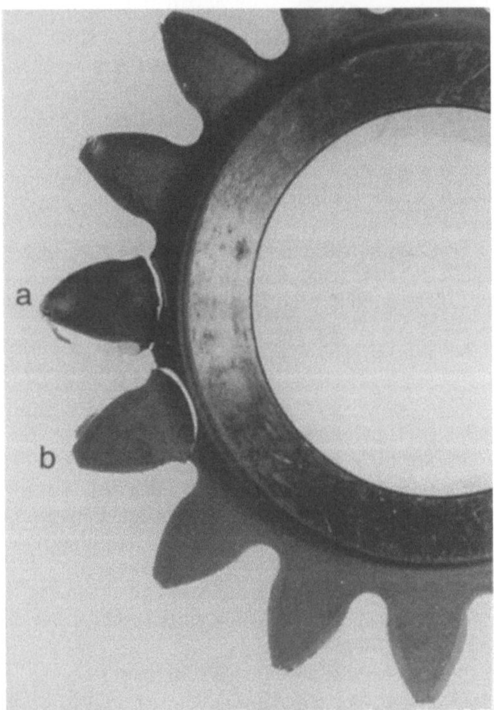

Zahnbruch.

a Gewaltbruch an den Zähnen eines Prüfrads, b Dauerbruch

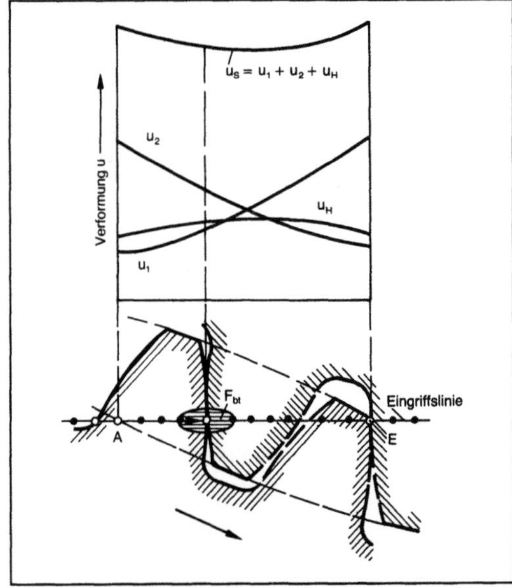

Zahnfedersteifigkeit 1: Verformung eines belasteten Zahnpaars in Richtung der Eingriffslinie in Abhängigkeit von der Eingriffstellung.

anteil des Einzelzahns größer als bei Kraftangriff im Zahnfußbereich (u_1 und u_2 in A bzw. E der →Eingriffslinie, Bild 1). Ferner geht ein Anteil u_H aus der Hertz-Abplattung (→Flankenpressung) in die Gesamtverformung ein.

Da die Eingriffslinie bei Schrägverzahnung während des Eingriffs auch schräg über die Verzahnungsbreite wandert, ändert sich hier die Einzelfedersteifigkeit stärker als bei Geradverzahnung.

Das Maximum der Einfedersteifigkeit läßt sich nach Gl. (1) ermitteln:

$$c' = 0.8\ C_R\ c'_{th}\ \cos\beta \qquad (1).$$

Hierbei wird sich die nach Verformungsberechnungen ergebende theoretische Einzelfedersteifigkeit c'_{th} mit den nach Messung ermittelten Korrekturfaktoren verknüpft, Faktor 0,8 berücksichtigt die Abweichung der praktisch auftretenden Abplattung der Berührflächen,
C_R Einfluß der Radkörperform bei Stegrädern ($C_R<1$), $\cos\beta$ Einfluß des Schrägungswinkels (→Schrägverzahnung).

Wegen des gleichzeitigen Eingriffs mehrerer Zahnpaare (je nach Überdeckung zwei oder mehr) ist die resultierende Zahnfedersteifigkeit c_S größer als die Einzelfedersteifigkeit (Bild 2) und schwankt bei Schrägverzahnung weniger als bei Geradverzahnung, da meist mehr als zwei Zahnpaare im Eingriff stehen.

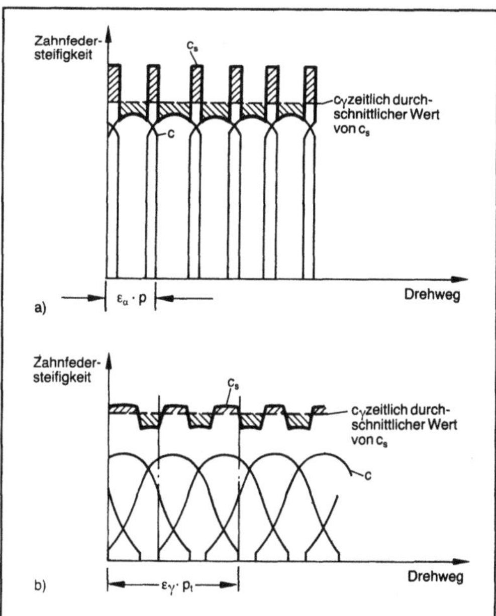

Zahnfedersteifigkeit 2: Zeitlicher Verlauf der Gesamtzahnfedersteifigkeit c_S.
a) Geradverzahnung
b) Schrägverzahnung.

Für die praktische Berechnung wird der zeitlich durchschnittliche Wert von c_S verwendet:

$$c_\gamma = c'\ (0{,}75\ \varepsilon_\alpha + 0{,}25) \qquad (2).$$

Er hängt von der Stirnüberdeckung ε_α ab.

Als mittlere Werte von c' und c_γ für Geradverzahnung und Schrägverzahnung bis 30° Schrägungswinkel können etwa

$$c' = 14\ \mathrm{N/(mm\mu m)},\ c_\gamma = 20\ \mathrm{N/(mm\mu m)} \qquad (3)$$

angesetzt werden. *Winter*

Literatur: *Niemann, G.,* u. *J. Baethge:* Drehwegfehler, Zahnderstärke und Geräusch bei Stirnrädern. VDI-Z. 112 (1970), S. 205/14, S. 495/99. – *Weber, C., K. Banaschek* u. *G. Niemann:* Formänderung und Profilrücknahme bei gerad- und schrägverzahnten Rädern. Schriftenreihe Antriebstechnik (1953) Nr. 11. – *Winter, H.,* u. *B. Podlesnik:* Zahnfedersteifigkeit von Stirnradpaaren. – Einfluß von Verzahnungsdaten, Radkörperform, Linienlast, Wellen-Naben-Verbindung. – Antriebstechn. 22 (1983), S. 39/42. – *Ziegler, H.:* Verzahnungssteifigkeit und Lastverteilung schrägverzahnter Stirnräder. Diss. TH Aachen 1971.

Zahnfußausrundung →Evolventenverzahnung, →Zahnfußspannung, →Zahnfußtragfähigkeit

Zahnfußdicke →Evolventenverzahnung, →Zahnfußspannung

Zahnfußspannung. Bei der Kraftübertragung zwischen zwei Zahnrädern werden die Zähne auf Biegung, Druck- und Schub beansprucht. Die Bestimmung der →Zahnfußtragfähigkeit nach DIN/ISO basiert auf der Berechnung der Zahnfußbiege-Nennspannung. Die Auswirkung der übrigen Spannungsanteile und der Kerbwirkung wird durch einen Spannungskorrekturfaktor Y_S berücksichtigt.

Der Zahnbruch geht von der Zugseite etwa an der Stelle der Berührung mit einer Geraden aus, die mit der Zahnsymmetralen einen Winkel von 30° einschließt (30°-Tangente).

Bei fehlerfreier →Geradverzahnung ist die Zahnfußspannung bei Kraftangriff im äußeren Einzeleingriffspunkt am größten (äußerste Stellung im Einzeleingriffsgebiet; →Evolventenverzahnung). Man bestimmt die örtliche maximale Z. für Kraftangriff am Zahnkopf und rechnet diese mit einem Faktor Y_ε, der die Überdeckung berücksichtigt, näherungsweise auf Kraftangriff im äußeren Einzeleingriffspunkt um. Somit gilt für Geradverzahnung:

$$\sigma_{F0} = F_t/(b\ m_n)\ Y_{Fa}\ Y_{Sa}\ Y_\varepsilon \qquad (1);$$

hierin bedeuten:
F_t/b Umfangkraft in N/mm Zahnbreite,
m_n Modul,
Y_{Fa} Formfaktor (Bild 1) mit Biegehebelarm h_{Fa} und Kraftangriffswinkel α_a für Kraftangriff am Zahnkopf ($Y_{Fa} = 2{,}0$–$3{,}3$),

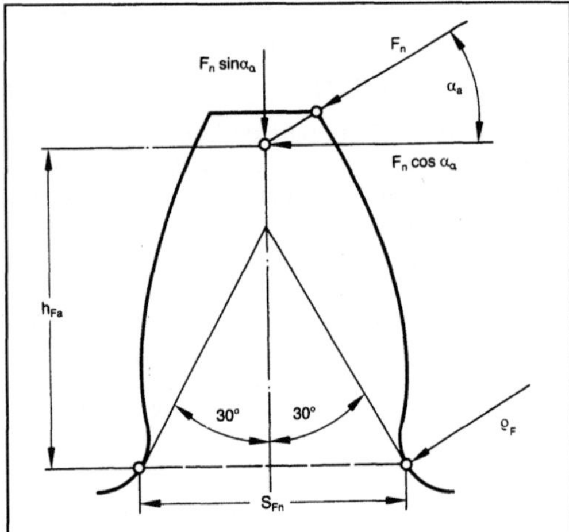

Zahnfußspannung 1: Zur Berechnung der Zahnfuß-spannung.

Y_{Sa} Spannungskorrekturfaktor mit Biegehebelarm h_F für Kraftangriff am Zahnkopf (Y_{Sa} = 1,4–2,8), Y_ε Überdeckungsfaktor <1.

Bei →Schrägverzahnung beeinflußt die Lage der Berührlinien Verlauf und Maximum der Z. (Bild 2). Man muß zwischen den Fällen mit oder ohne Einzeleingriffsgebiet unterscheiden sowie die Berührlinienlänge über der Zahnbreite ermitteln. Diese Verhältnisse werden mit dem Schrägenfaktor Y_β <1 erfaßt, der als Funktion des Schrägungswinkels in Gl. (1) multiplikativ hinzukommt.

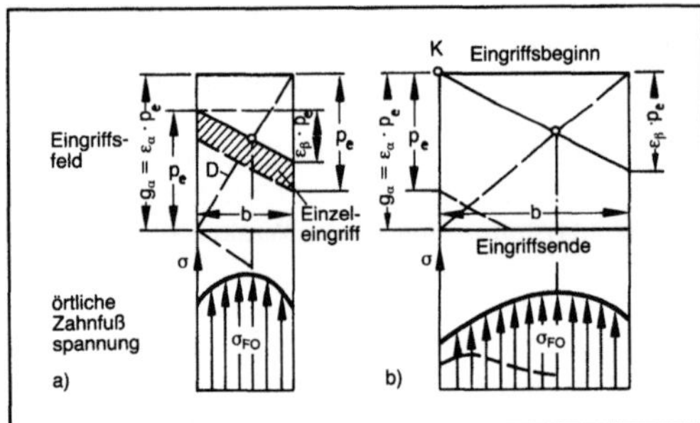

Zahnfußspannung 2: Maßgebende Berührlinien im Eingriffsfeld und Zahnfußspannung bei Schrägverzahnung.
a) Gesamtüberdeckung (Überdeckung) < 2
b) Gesamtüberdeckung > 2.

Bei →Innenverzahnung benutzt man näherungsweise für Y_{Fa} und Y_{Sa} die Form der →Zahnstange nach dem Bezugsprofil (→Zahnradherstellung). Da sich jedoch eine schärfere →Zahnfußausrundung ergibt, setzt man für den maßgebenden Fußausrundungsradius ρ_F = ρ_{a0}/2 (ρ_{a0} Kopfabrundungsradius des Bezugsprofils).

Beim Ansatz der auftretenden Zahnfußspannung σ_F sind neben dem Grundwert σ_{F0} zusätzliche Belastungsanteile mit Faktoren wie folgt zu berücksichtigen:

$$\sigma_F = \sigma_{F0}\, K_A\, K_V\, K_{F\beta}\, K_{F\alpha} \leqslant \sigma_{FP} \qquad (3);$$

hierin bedeuten:
K_A Anwendungsfaktor für äußere Zusatzkräfte,
K_V →Dynamikfaktor für innere dynamische Zusatzkräfte,
$K_{F\beta}$ →Breitenfaktor für ungleichmäßige Kraftverteilung über der Zahnbreite,
$K_{F\alpha}$ Stirnfaktor für Kraftaufteilung in Umfangsrichtung,
σ_{FP} zulässige Z. (→Zahnfußtragfähigkeit). *Winter*

Literatur: *Broßmann, U.:* Über den Einfluß der Fußausrundung und des Schrägungswinkels auf Beanspruchung und Festigkeit schrägverzahnter Stirnräder. Diss. TU München 1979. – DIN 3990: Grundlagen für die Tragfähigkeitsberechnung von Gerad- und Schrägstirnrädern. Hrsg. Dt. Inst. für Normung. Ausg. Dez. 1987. – *Hirt, M.:* Einfluß der Zahnausrundung auf Spannung und Festigkeit von Geradstirnrädern. Diss. TU München 1974. – *Lang, O.:* Tatsächliche Zahnfußspannungen und zulässige Beanspruchungen. In: VDI-Ber. Nr. 332. Düsseldorf 1979; S. 25/32.

Zahnfußtragfähigkeit. Zur Beurteilung der Z. wird die rechnerische →Zahnfußspannung σ_F mit der zulässigen Zahnfußspannung σ_{FP} ins Verhältnis gesetzt:

$$\sigma_F < \sigma_{FP},\ \sigma_{FP} = \sigma_{FG}/S_{Hmin} \qquad (1).$$

Die rechnerische Zahnfußsicherheit ist wie folgt definiert:

$$S_F = \sigma_{FG}/\sigma_F \qquad (2).$$

Sie wird für beide Räder einer Paarung getrennt bestimmt. Die geforderte Mindestsicherheit S_{Fmin} richtet sich nach dem Einsatzfall des Getriebes (Tabelle). Sie ist höher anzusetzen als die Mindest-Grübchensicherheit (→Grübchentragfähigkeit), da Zahnbruch meist einen Totalausfall des Getriebes bedingt.

Normalerweise ist ein →Zahnrad unterhalb der Dauerfestigkeit für 1 % Schadenswahrscheinlichkeit zu betreiben. Hierfür ergibt die Dauerfestigkeit

Zahnfußtragfähigkeit. Tabelle: Anhaltswerte für die Zahnfuß-Mindestsicherheit S_{Fmin}. (Quelle: Niemann, Winter a. a. O.)

	Berechnung mit Maximal-moment gegen Dauer-festigkeit	Industrie-getriebe Normalfall mit Dauermoment gegen Dauerfestigkeit	Forderung nach großer Zuverlässigkeit in kritischen Einsatzfällen
S_{Fmin}	0,7–1,0	1,2–1,5	1,6–3,0

für die Zahnfußbeanspruchung sich nach folgender Formel:

$$\sigma_{FG} = \sigma_{Flim}\, Y_{ST}\, Y_{\delta relT}\, Y_{R\,relT}\, Y_X\, Y_A^{\,2} \qquad (3).$$

Der an Standard-Referenz-Prüfrädern unter normierten Prüfbedingungen ermittelte Zahnfußfestigkeitswert σ_{Flim} wird mit Einflußfaktoren in die zu erwartende Zahnfußfestigkeit des vorliegenden Zahnrads umgerechnet. Der Spannungskorrekturfaktor $Y_{ST} = 2,0$ beinhaltet die durch die Ausrundung verursachte Kerbwirkung des Zahnfußes der Standard-Referenz-Prüfräder. Für viele Werkstoffe und Chargen verschiedener Qualität des gleichen Werkstoffs liegen σ_{Flim}-Werte vor (beispielsweise bringt nitrierter gegenüber vergütetem Stahl ca. 20 %, einsatzgehärteter gegenüber vergütetem Stahl ca. 40 % größere Tragfähigkeit).

Von den Standardbedingungen abweichende Kerbeinflüsse werden mit Relativfaktoren erfaßt. Die relative Stützziffer $Y_{\delta rel\,T}$ berücksichtigt hierbei die Kerbempfindlichkeit bei unterschiedlichen Fußausrundungsradien. Für übliche Zahnformen gilt $Y_{\delta relT} \approx 1,0$. Der festigkeitsmindernde Einfluß der Rauheit wird mit dem auf die Bedingungen an den Prüfrädern bezogenen relativen Oberflächenfaktor $Y_{RrelT} = 0,9–1,1$ erfaßt. Bei Schleifkerben wird Y_{RrelT} durch $Y_{Krel} = 0,4–1,0$ ersetzt.

Der Größenfaktor $Y_X = 0,7–1,0$ beinhaltet die mit zunehmender Baugröße abnehmende Bauteilfestigkeit bei Dauerbeanspruchung.

Normalerweise werden Zahnräder im Dauerbetrieb schwellend beansprucht. Bei Zwischenrädern jedoch tritt Wechselbeanspruchung auf. Der hierfür maßgebende niedrigere Dauerfestigkeitswert kann mit dem Wechsellastfaktor $Y_A = 0,5–1,0$ bestimmt werden (Mittelwert 0,7).

Mitunter ist es erforderlich, eine Zahnradstufe auf statische Festigkeit hin zu prüfen. Die unterschiedliche Kerbwirkung gegenüber der bei Dauerbeanspruchung muß mit einem anderen $Y_{\delta relT}$ berücksichtigt werden. Ferner ist Y_A voll wirksam. Y_{RrelT} und Y_X können gleich eins gesetzt werden.

Winter

Literatur: *Aida, T.,* u. *S. Oda:* Zahnfußfestigkeit bei Wechsellast. In: VDI-Ber. Nr. 105. Düsseldorf 1967; S. 19/29. – DIN 3990: Grundlagen für die Tragfähigkeitsberechnung von Gerad- und Schrägstirnrädern. Hrsg. Dt. Inst. für Normung. Ausg. Entw. April 1980. – *Winter, H.:* Zahnfußtragfähigkeit von Geradstirnrädern. Tech. Wiss. Veröff. d. ZF Friedrichshafen (1963). – *Niemann, G.,* u. *H. Winter:* Maschinenelemente. Bd. 2. Berlin, Heidelberg, New York, Tokio 1985.

Zahnkraft. Bei der Übertragung des Drehmoments zwischen zwei Zahnrädern wälzen die im Eingriff befindlichen Zahnpaare aufeinander ab. Die Z. wirkt hierbei (abgesehen von der Reibkraft) stets senkrecht auf die Zahnflanken, ihre Wirkungslinie fällt mit der →Eingriffslinie zusammen.

In Abhängigkeit von der Überdeckung wird die Z. durch ein oder mehrere Zahnpaare gleichzeitig übertragen. Die Z. muß bei →Geradverzahnung stoßartig von einem Zahnpaar übernommen werden. Dieser Eingriffsstoß kann durch Übergang auf →Schrägverzahnung und/oder Verwendung von Profilkorrekturen gemindert werden.

Die Z. verursacht Spannungen im Bereich der Oberfläche der Zahnflanken, die zu Grübchen führen können, sowie Spannungen im Bereich der →Zahnfußausrundung, die Zahnbruch auslösen können. Bei hohen Gleitgeschwindigkeiten zwischen den Zahnflanken verbunden mit unzureichender Schmierfilmbildung können hohe Z. Fressen, bei niedrigen Geschwindigkeiten Langsamlaufverschleiß hervorrufen.

Beim Tragfähigkeitsnachweis geht man von der Z. bei Nennbedingungen aus. Davon abweichende Verhältnisse (z. B. stoßhafter Betrieb, dynamische Z. oder ungleichmäßige Verteilung der Z. über der Zahnbreite) berücksichtigt man mit Faktoren, die der Nennzahnkraft multiplikativ zugeschlagen werden.

Winter

Zahnkraftaufteilung →Stirnfaktor, →Flankenpressung, →Zahnfußspannung

Zahnkraftverteilung →Breitenfaktor, →Flankenpressung, →Zahnfußspannung

Zahnkupplung. Z. werden schaltbar und nicht schaltbar ausgeführt. Sie bauen relativ klein, weil das Drehmoment von vielen Zähnen gleichzeitig übertragen wird. Nicht schaltbare Z. sind die Plankerb- oder Stirnverzahnungen als starre Kupplungen (diese werden auch zu den Welle-Nabe-Verbindungen gerechnet) und die Bogen-Z. als winkelnachgiebige Kupplungen. Die Bogen-Z. können auch als elastische Kupplungen ausgeführt werden. Bei ihnen wird dann als Werkstoff für die Kupplungsflansche und die Innenzahnkränze nicht Stahl, sondern Kunststoff verwendet. Sie werden dadurch drehnachgiebig und müssen nicht geschmiert werden. Schaltbare Z. werden mit axial (Bild 1) oder

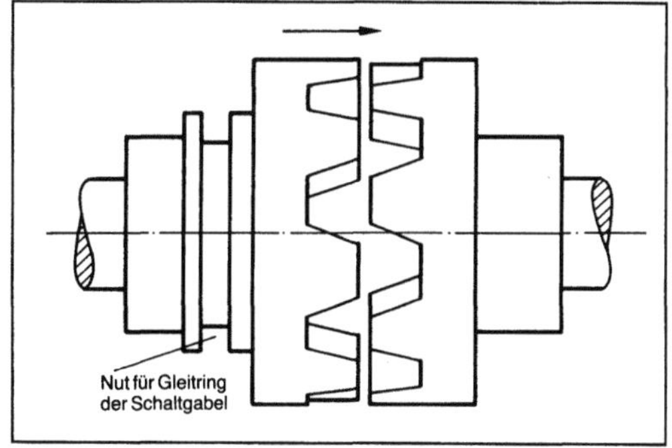

Zahnkupplung 1: Mit axial angeordneten Zähnen.

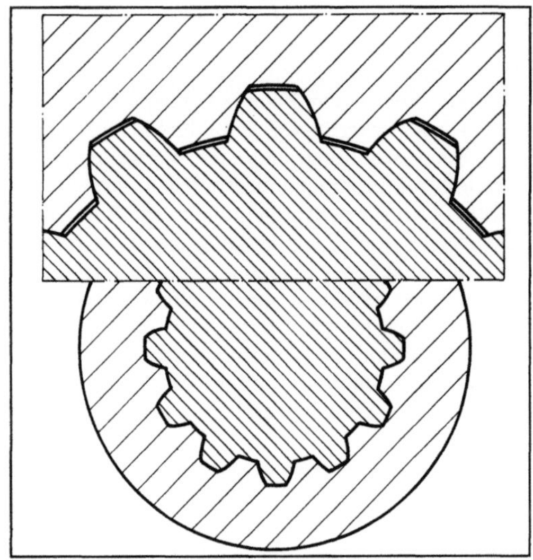

Zahnkupplung 2: Mit radial angeordneten Zähnen.

auch radial (Bild 2) angeordneten Zähnen ausgeführt. Sie können nur im Stillstand oder beim Synchronlauf von An- und Abtriebswelle geschaltet werden. Die radial verzahnten Z. werden meist mit Evolventenverzahnung ausgeführt. Die axial verzahnten Z. können mit einer Stirnverzahnung mit so großem Flankenwinkel ausgeführt werden, daß keine Selbsthemmung vorliegt (Bild 1). Sie können dann nur Drehmoment übertragen, solange eine Axialkraft ausgeübt wird. Wird diese Axialkraft begrenzt, können axial verzahnte Z. als Sicherheitskupplungen ausgeführt werden.   *Ehrlenspiel*

Zahnrad. Ein Z. kann über an seinem Umfang gleichmäßig verteilt angeordnete Zähne Drehmoment übertragen.

Hierbei dreht es sich um seine Drehachse. Das Drehmoment wird durch den Zahneingriff auf eines oder mehrere andere Z. weitergeleitet.

Die Zähne sind im Abstand des Teilungswinkels $\tau = 2\pi/z$ angeordnet. Ihre Form ergibt sich

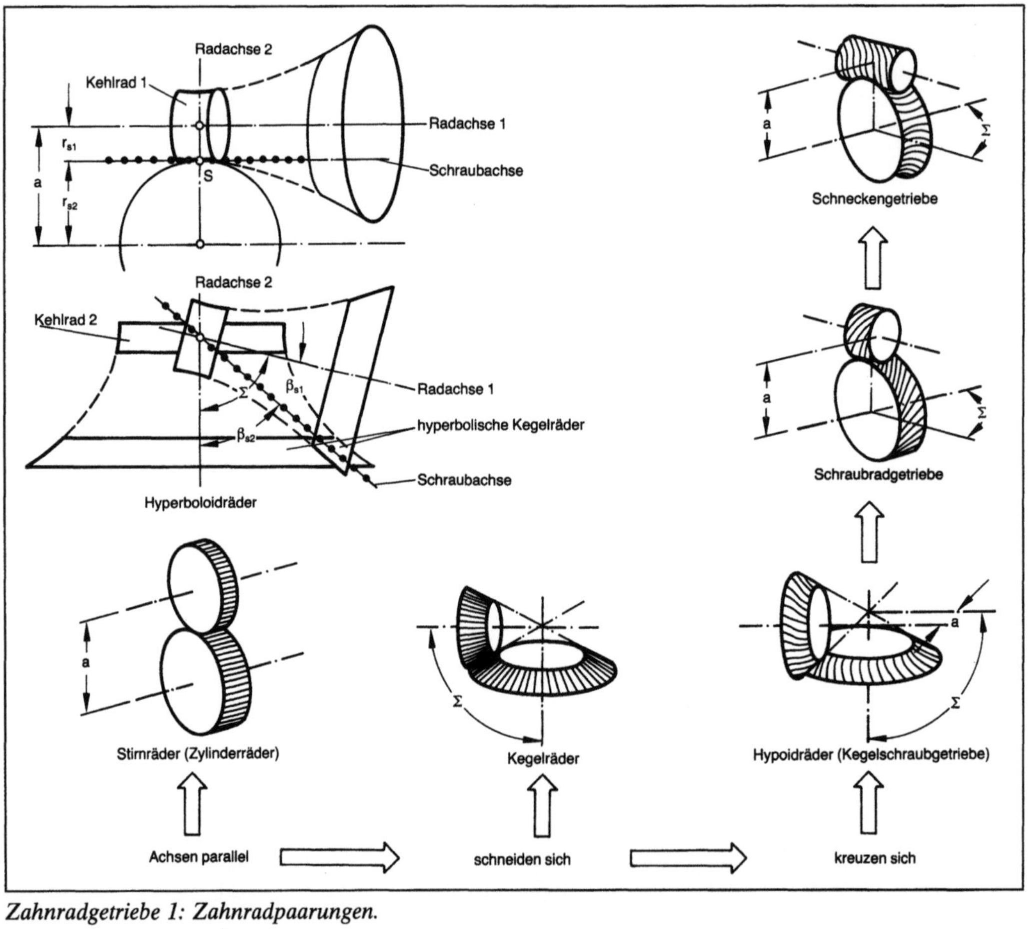

Zahnradgetriebe 1: Zahnradpaarungen.

a Achsabstand, $r_{S1,2}$ Kehlradien, S Schraubpunkt, Σ Achsenwinkel, $\beta_{S1,2}$ Schrägungswinkel am Schraubpunkt

meist nach den Gesetzen der →Evolventenverzahnung.

Z. werden für Stirnradpaare mit parallelen Achsen in Gerad- oder →Schrägverzahnung ausgeführt (→Zahnradgetriebe). (Weitere Bauformen Kegelrad-, Schnecken-, →Schraubradgetriebe.) *Winter*

Zahnradbezugsprofil →Evolventenverzahnung, →Zahnradherstellung

Zahnradgetriebe. Zur Drehmoment- und Drehzahlwandlung zwischen Antriebsmaschine und Arbeitsmaschine werden Z. häufig angewendet. Sie enthalten in ein- oder mehrstufiger Bauweise Zahnradstufen mit Stirnrädern. Ferner werden Kegelrad-, Hypoid-, Schraubrad- sowie →Schneckengetriebe eingesetzt. Bild 1 zeigt die Entwicklung der verschiedenen Z.-Bauarten aus einem Hyperboloidradpaar.

Eine einfache Lösung mit wenig Bauelementen und guter Zugänglichkeit bilden Stirnradgetriebe mit seitlich versetztem An- und Abtrieb, Bild 2a) und 2b). Einstufig mit Übersetzungen bis zu i = 8 sind sie in den verschiedenen Bauformen mit Gerad-, Schräg- und Doppelschrägverzahnungen ausgeführt. Enge Lagerabstände zur Verzahnung, d. h. geringe Ritzelverformungen, sind bei dieser Bauweise möglich.

In zwei und mehrstufiger Ausführung, Bild 2b), sind Übersetzungen bis zu i = 35 bis zu i = 160 zu verwirklichen. Durch die unsymmetrische Anordnung der Räder auf den Wellen ergeben sich einseitige Verformungen in den Verzahnungen, die ggf. durch Verzahnungskorrekturen ausgeglichen werden können.

Größere zweistufige Getriebe können nach Bild 2c) oder d) ausgebildet sein. Bei →Schrägverzahnung ist die Schrägungsrichtung der Räder jeweils so zu wählen, daß sich die Axialkräfte aufheben. Bei der Bauform nach Bild 2c) ist die →Ritzelwelle (links) steif, d. h. dick mit ggf. aufgeschnittener Verzahnung auszuführen, um die Durchbiegung aus der Zahnbelastung gering zu halten.

Sammelgetriebe, bei denen der Antrieb getrennt durch 2 baugleiche Motoren erfolgt, ermöglichen eine symmetrische Anordnung der Räder, Bild 2e). Diese Bauweise wird z. B. bei Schiff- oder Rohrmühlengetrieben bevorzugt verwendet. Bei Kammwalzengetrieben nach Bild 2f) wird die Antriebsleistung über zwei Kammwalzen (Zahnräder mit i = 1) auf die Abtriebswellen verteilt (übereinander oder nebeneinander liegend angeordnet).

Gleichachsiger An- und Abtrieb wird mitunter bei eingeschränktem Bauraum gefordert. Es ergeben sich hierbei zweistufige Getriebe in C-Bauform nach Bild 3a). Mit →Leistungsverzweigung nach Bild 3b) und 3c) lassen sich größere Leistungen bei kleineren und leichteren Getrieben übertragen. Die Nebenwellen in Bild 3b) (links und rechts) müssen

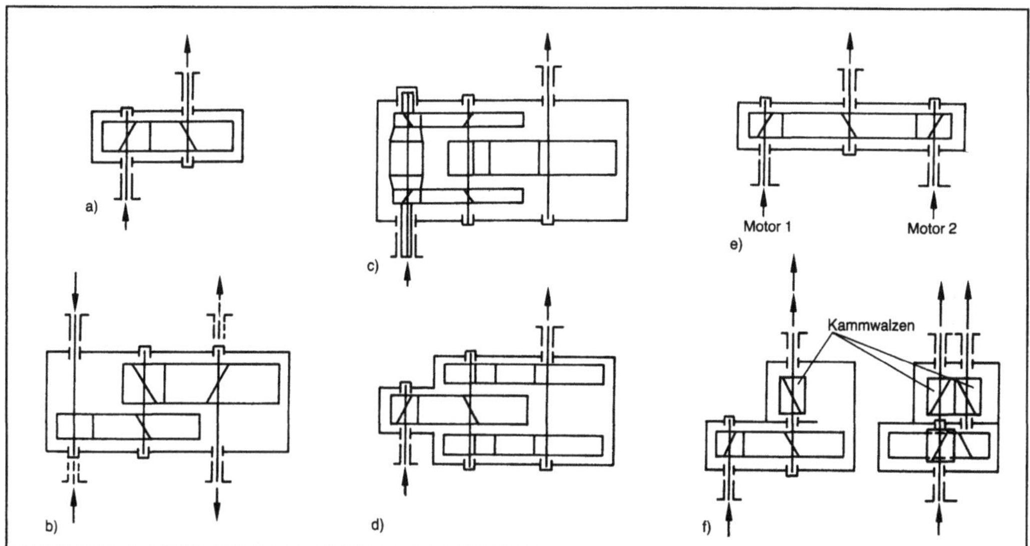

Zahnradgetriebe 2: Prinzipdarstellung von Stirnradgetrieben mit seitlich versetztem An- und Abtrieb.
a) Einstufig
b) Zweistufig, unsymmetrische Anordnung der Räder
c) und d) Zweistufig, symmetrische Anordnung der Räder
e) Sammelgetriebe
f) Kammwalzen-(Verteiler)getriebe.

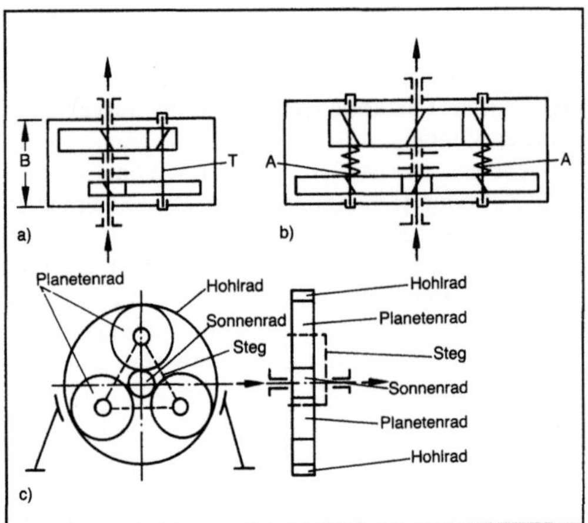

Zahnradgetriebe 3: Stirnradgetriebe mit gleichachsigem An- und Abtrieb.
a) C-Getriebe
b) Doppelte Leistungsverzweigung
c) Planetengetriebe mit dreifacher Leistungsverzweigung.

drehelastisch (Drehfeder A) ausgeführt sein, um einen Ausgleich der Zahnkräfte zwischen den beiden Leistungszweigen zu sichern. Bei einem Planetengetriebe nach Bild 3c) verteilt sich die Leistung vom Sonnenrad über mehrere (hier drei) Planetenräder auf das innenverzahnte Hohlrad (hier feststehend). Der Abtrieb erfolgt dann über den Steg.

Werkstoff und Herstellung (→Zahnradwerkstoff, →Zahnradherstellung) der Zahnräder richten sich nach den Betriebs- und Einsatzbedingungen der Getriebe. Die →Verzahnungsqualität muß um so feiner sein, je größer die Umfanggeschwindigkeiten, die Anforderungen an das Geräuschverhalten und/ oder übertragene Zahnkräfte sind.

Ein Beispiel für die konstruktive Ausführung eines zweistufigen Industriegetriebes mit versetztem An- und Abtrieb zeigt Bild 4. Das Gehäuse ist in Gußkonstruktion mit Gehäuseteilung in der Wellenebene ausgeführt (auch als Schweißkonstruktion möglich). Die Standausführung ist mit einer Fußleiste zur Bodenbefestigung versehen. Die Wellen sind in diesem Fall mit Kegelrollenlagern gelagert. Die Lager werden über Lagerdeckel und Paßscheiben angestellt. Die Ritzelverzahnungen sind auf die Wellen geschnitten, die Räder durch Paßfedern mit den Wellen verbunden. Das Getriebe ist öltauchgeschmiert (→Zahnradschmierung), Entlüftung oben. Ölstandskontrolle mit Peilstab seitlich angeordnet. Die An- und Abtriebswelle sind mit Radialdichtringen gegen Schmutzeintritt und Ölaustritt abgedichtet.

Als Aufsteckgetriebe (rechte Halbschnittdarstellung der Abtriebswelle) ist die Abtriebswelle als

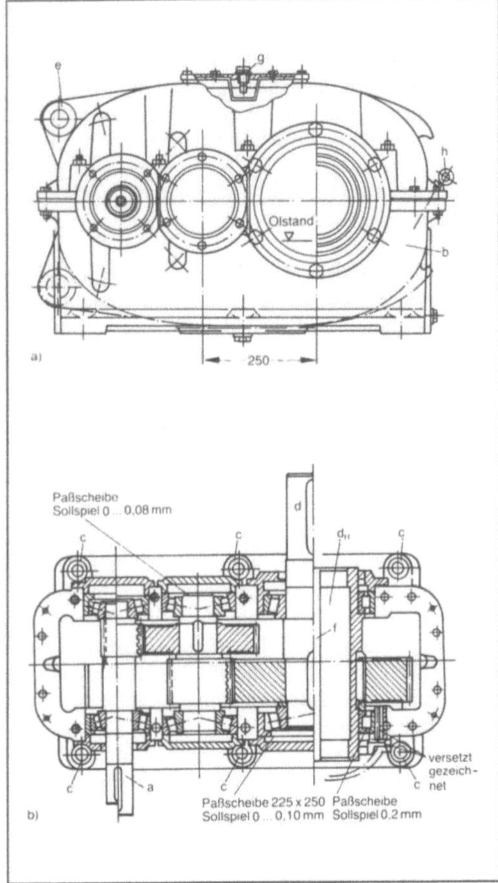

Zahnradgetriebe 4: Industriegetriebe für i = 7,1 (rechter Halbschnitt der Antriebswelle a) bzw. für i = 20 (linke Hälfte von a), Leistung 140 bis 400 kW. (Quelle: Flender, Bocholt)

Als Standgetriebe mit Abtriebswelle d, als Aufsteckgetriebe mit Hohlwelle d_H

a Antriebswelle, b Gehäuse, c Fußleiste, d Abtriebswelle, e Augen, f Paßfedernut, g Entlüftung, h Ölstandskontrolle

Hohlwelle mit Paßfedernut ausgebildet. Das →Getriebegehäuse muß hierbei über Augen abgestützt werden.　　　　　　　　　　　　　　　　*Winter*

Literatur: *Benthake, H.:* Leistungsverzweigte Industriegetriebe. Antriebstechn. 16 (1977), S. 629/32. – *Holler, R.:* Konstruktion und Einsatz von Stirnrad-Getriebemotoren. Antriebstechn. 9 (1970), S. 15/19, S. 63/69. – *Stölzle, K.:* Getriebe hoher Tragfähigkeit. In: VDI-Ber. Nr. 105. Düsseldorf 1967; S. 45/56. – *Wahl, C. G.:* Konstruktion von Großgetrieben. VDI-Z. 105 (1963), S. 1027/28.

Zahnradherstellung. Die Fertigung von Zahnrädern wird durch Werkstoff, Baugröße, Stückzahl, Radart (Außen- oder →Innenverzahnung) und erforderliche Genauigkeit bestimmt.

Im Maschinen- und Fahrzeugbau kommen vorwiegend spanende Fertigungsverfahren in Betracht, im Feingerätebau und in der Massenfertigung kleiner Zahnräder (z. B. Kunststoffzahnrad) überwiegend auch spanlose Formgebung.

Alle Verfahren für Stirnräder lassen sich auf die in der Tabelle dargestellten Herstellprinzipien zurückführen.

Wälzverfahren (→Hüllschnittverfahren). Das Werkzeug führt außer der Schneidbewegung und der Vorschubbewegung zusätzlich eine Wälzbewegung relativ zum herzustellenden →Zahnrad z_1 aus, ebenso wie es ein mit z_1 kämmendes Rad z_2 (z. B. eine →Zahnstange) tun würde. Das Werkzeug muß das Profil von z_2 besitzen.

Beim kontinuierlichen Wälzverfahren erfolgt die Wälzbewegung stetig. Beim Teilwälzverfahren ist die Wälzbewegung des Werkzeugs hin- und hergehend. Das Werkzeug wird nach dem Wälzvorgang außer Eingriff gebracht und nach Weiterschalten des Rads um einen oder mehrere Zähne (Teilvorgang) erneut zugeführt. Beim Wälzen mit langer Zahnstange entfällt der Teilvorgang.

Für Evolventenverzahnungen sind auf der Basis von DIN 867 verschiedene Bezugsprofile für Wälzwerkzeuge genormt (Bild 1, nächste Seite).

Profilverfahren (Formgebung ohne Wälzbewegung). Beim Teilprofilverfahren schneidet oder wälzt das profilierte Werkzeug eine gesamte Zahnlücke und nach dem Teilvorgang die nächste. Beim

Zahnradherstellung. Tabelle: Übersicht der Fertigungsverfahren von Zahnrädern.

	Arbeitsprinzip	Bild	Herstellverfahren

Wälzverfahren (Hüllschnittverfahren)	kontinuierliche Wälzverfahren
	
	Teil-Wälzverfahren
			1 Wälzfräsen
			   Wälzschleifen (Reishauer)
			
			2 Wälzschälen
			   Schaben, Feinwalzen
			
			3 Wälzstoßen
			
			4 Wälzhobeln, -walzen
			
			5 Teil-Wälzschleifen
			   (Maag)
			
			6 Teil-Wälzschleifen
			   (BHS/Höfler, Niles)

Profilverfahren (Formgebung ohne Wälzbewegung)	1 } Teil-
	2 } Profilverfahren
	
	3 } Komplett-
	4 } Profilverfahren
			1 Scheibenfräsen, -walzen
			   Formschleifen
			2 Fingerfräsen
			3 Räumen,
			   Stanzen, Kaltziehen
			4 Räumen,
			   Stanzen, Kaltziehen

räumliches Formverfahren (spanlose Fertigung)			Gießen Spritzgießen Fließpressen Gesenkschmieden (Kegelräder)

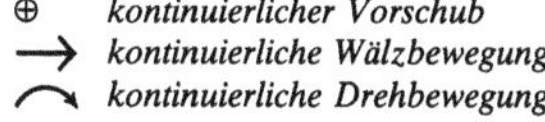

⊙ *hin- und hergehende Stoßbewegung*   ⊕ *kontinuierlicher Vorschub*
↔ *hin- und hergehende Wälzbewegung*   → *kontinuierliche Wälzbewegung*
⌢ *hin- und hergehende Drehbewegung*   ⌢ *kontinuierliche Drehbewegung*
▭ *Werkzeug*

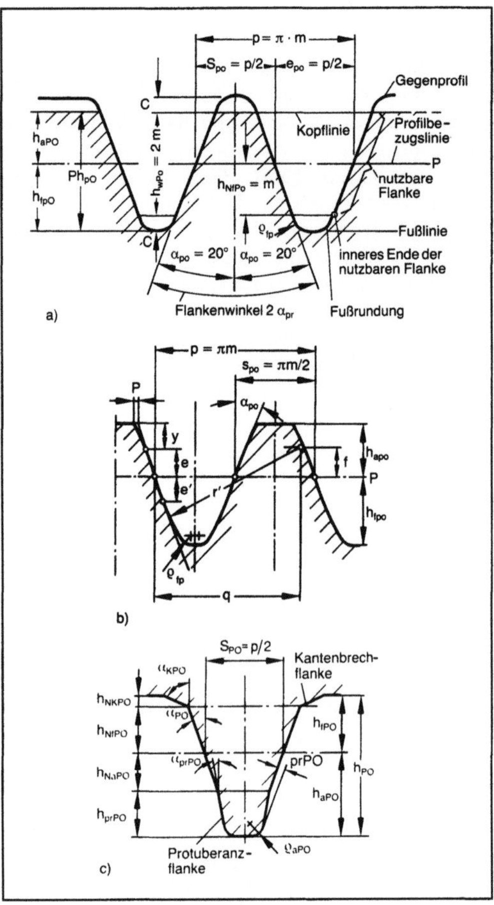

Zahnradherstellung 1: Bezugsprofile.
a) Für die Verzahnung nach DIN 867
*b) Für Verzahnwerkzeuge nach ISO 53 mit Kopf-
und Fußkorrektur (Verzahnungskorrekturen)*
*c) Mit Protuberanz (Hinterschneidung der Zahn-
flanke für Schleifwerkzeug).*

Komplett-Profilverfahren wird das ganze Zahnrad
in einem einzigen Schnitt- oder Ziehvorgang verzahnt.

Räumliches Formverfahren (spanlose Fertigung).
Zur Herstellung dient eine vollständige räumliche
Matrize des Zahnrads. Hierin wird das Rad als
Ganzes gegossen, gesintert, gepreßt oder gespritzt.

Die verbreitetsten spanenden Fertigungsverfahren für Stirnräder:

□ *Wälzfräsen:* Am häufigsten angewendetes Ver-
zahnverfahren für Außenstirnräder. Der Wälzfräser
ist eine Schnecke mit Spannuten. Im Normalschnitt
erscheint das Bezugsprofil, das eine mit dem herzustellenden Rad kämmende Zahnstange haben
würde.

Spanabnahme um 0,2 mm pro Flanke je Schnitt,
Radgröße bis 6 m Dmr. und Modul 40 möglich

(Gerad- oder →Schrägverzahnung), →Balligkeit
herstellbar, bei großen Stückzahlen oft gleichzeitiges Fertigen mehrerer im Block gespannter Räder.
Erreichbare →Verzahnungsqualität je nach Spanabnahme und Größe: DIN-Qualität 5 und gröber.

□ *Wälzstoßen* (Bild 2a)): Besonders bei kleinen
Zahnbreiten wirtschaftlich (geringer Anschnitt- und
Überlaufweg). Radgröße bis 3,5 m Dmr. und Modul
20 bei Gerad-, Schräg- sowie Innenverzahnung.
Auslauf des Werkzeugs geringer als beim Wälzfrä-
sen; wegen stoßartiger Beanspruchung sehr starre
Aufspannung des Radkörpers erforderlich.

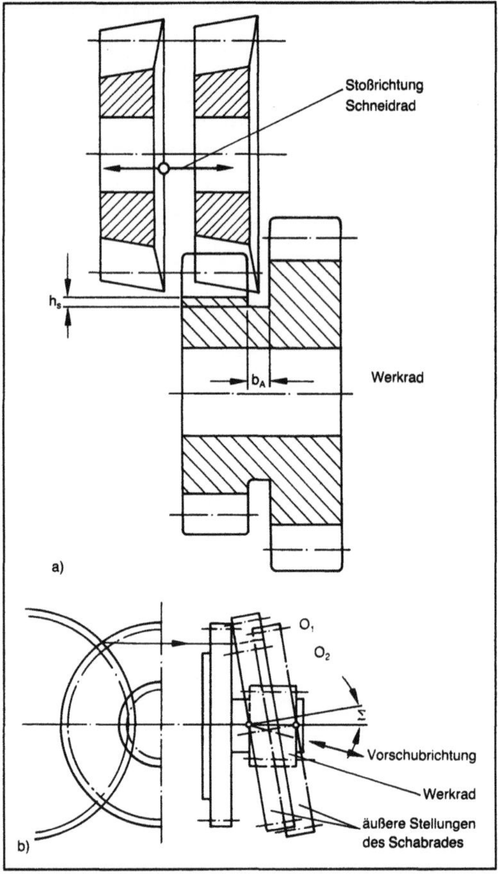

Zahnradherstellung 2: Fertigung von Zahnrädern.
a) Wälzstoßen eines Stufenrads
b) Wälzschaben.

Σ Achsenwinkel

□ *Wälzhobeln:* Kostengünstig bei kleinen Stückzahlen (mit Einzahnwerkzeug im Einzelteilverfahren).
Erreichbare Radgröße wie bei Wälzfräsen.
□ *Formfräsen:* Mit Finger- oder Scheibenformfräser
für kleine Stückzahlen und insbes. für große Moduln
wirtschaftlicher als Wälzfräsen. Radgröße bis 12 m

Dmr. und Modul 80. DIN-Qualität 9 und gröber.

□ *Formstoßen:* Wie Formfräsen ein Einzelteilverfahren, geeignet insbes. für große Innenverzahnungen.

□ *Räumen:* Die Räumnadel wird durch den gedrehten →Ring axial hindurchgezogen und erzeugt in einem Durchgang die fertige Innenverzahnung mit Modul 1,25–5.

□ *Wälzschälen, Wälzschaben* (Bild 2b)): Schäl-(Schabe-)rad und Werkrad wälzen mit gekreuzten Achsen. Wälzschälen als Gesamtfertigung, wo Wälzfräsen nicht möglich (→Innenverzahnung). Wälzschaben als Fertigbearbeitung von ungehärteten Zahnflanken mit geringer Spanabnahme (einige Mikrometer pro Zustellung). Möglichst für jede Werkradgeometrie eigenes Werkzeug; daher insbes. für große Stückzahlen geeignet.

□ *Verzahnungsschleifen:* Für feine Verzahnungsqualitäten vor allem von gehärteten Rädern (Beseitigung des Härteverzugs, feine Flankenoberfläche). Bearbeitung nach Vorverzahnen durch Fräsen oder Stoßen, möglichst mit Protuberanzwerkzeugen (Bild 1c)), mindert Gefahr von Schleifkerben. Werkzeug als geradflankige Schleifscheibe (Teilwälzschleifen) oder als Formschleifwerkzeug (Formschleifscheibe für Einzelteilverfahren oder Schleifschnecke ähnlich dem Wälzfräser für Wälzschleifen).

□ *Läppen:* Fertig verzahntes Rad und Gegenrad kämmen in der Läppmaschine bzw. im Getriebekasten, wobei ein in Öl aufgeschwemmtes Läppmittel (feinkörniger Läppsand) in die Verzahnung gespritzt wird. Belastung, Läppkorn, Drehrichtung und Geschwindigkeit sowie Läppdauer hängen ab von der Radgröße sowie von beabsichtigter Flankenformabnahme. Am besten geeignet für Schrägverzahnung bzw. Kegelrad-Bogenverzahnung. Verfahren zum feinsten Oberflächenabtrag zur Verbesserung der Verzahnungsqualität, genaues Vorverzahnen erforderlich. *Winter*

Literatur: DIN 1825–1829: Schneidräder für Stirnräder. Hrsg. Dt. Inst. für Normung. Ausg. Nov. 1977. DIN 1825: Geradverzahnte Scheibenschneidräder. DIN 1826: Geradverzahnte Glockenschneidräder. DIN 1828: Geradverzahnte Schaftschneidräder. DIN 1829. Tl. 2: Toleranzen, zulässige Abweichungen. – DIN 3972: Bezugsprofile von Verzahnwerkzeugen für Evolventenverzahnungen nach DIN 867. Hrsg. Dt. Normenausschuß. Ausg. Febr. 1952. – VDI 3336: Verzahnung von Stirnrädern (Zylinderrädern) mit Evolventenprofil, spanende Verfahren. Hrsg. Verein Dt. Ing. Ausg. Juli 1972. – *Hensen, F.:* Erhöhung der Fertigungsgenauigkeit von Stirnradgetrieben durch Einlaufläppen. Diss. TH Aachen 1962. – *Winter, H.,* u. *R. Bürkle:* Herstellung von Kegelrädern. Techn.-Wiss. Veröffentl. d. Zahnradfabrik Friedrichshafen AG (1966) H. 7.

Zahnradschmierung. Man unterscheidet zwischen Öltauch-, Öleinspritz- und Ölnebelschmierung.

Als einfaches, sicheres und kostengünstiges Schmiersystem wird die Tauchschmierung (Öl-sumpf) am meisten verwendet (i. a. bis zu 10 m/s Umfanggeschwindigkeit), in einzelnen Fällen bei Getrieben mit bis zu 100 m/s. Ölplanschverluste können dann jedoch beträchtliche Werte annehmen. Die Zahnräder tauchen entweder selbst oder auf den Wellen sitzende Tauch- oder Schöpfräder ein, wobei das Öl unmittelbar an die Zahnflanken gerät oder von den Gehäusewänden, Fangblechen und Leitkanälen in die Verzahnung tropft (Bild). Die Eintauchtiefe beträgt je nach Umfanggeschwindigkeit zwischen 3- bis 6mal Modul.

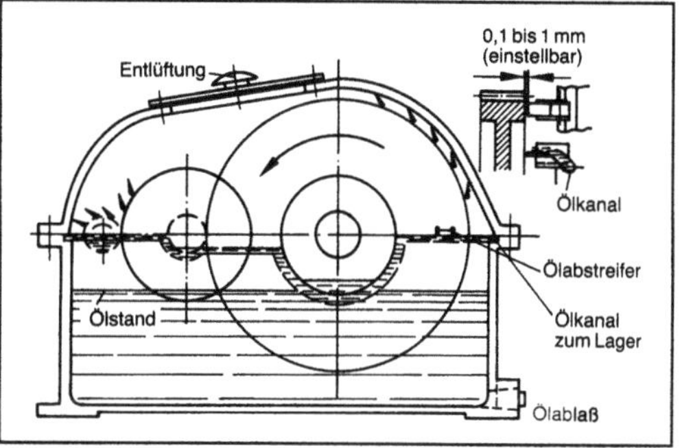

Zahnradschmierung: Zahnradtauch- und Lagerschmierung mit einstellbarem Ölabstreifer für die Lager.

Bei →Einspritzschmierung vermeidet man Planschverluste, da das Öl durch Leitungen und Düsen direkt in die Verzahnung gelangt.

Das Öl kann hierbei in seinem Kreislauf gefiltert, gekühlt und überwacht werden. Die Ölmenge wird nach der in der Verzahnung entstehenden Reibungswärme, die abgeführt werden muß, dosiert. Als Ölbehälter dient das →Getriebegehäuse oder ein außerhalb angeordneter Tank. Der Öldruck beträgt 1–3 bar über Umgebungsdruck. Gleitlager werden direkt an die Druckleitung angeschlossen. Wälzlager werden meist mit reduziertem Druck angespritzt.

Bei der Ölnebelschmierung gelangt das Öl zerstäubt unter geringem Druck in das Getriebegehäuse. Bei kleinen Umfanggeschwindigkeiten (bis ca. 5 m/s) genügt indirekte Schmierung. Andernfalls wird das zerstäubte Öl direkt in die Verzahnung gesprüht. Dieses Schmierverfahren verursacht keine Planschverluste. Ferner entstehen praktisch keine Ölverluste durch Undichtigkeiten. Jedoch ist Wärmeabführung durch Öl nicht möglich, so daß das Verfahren für höhere Belastungen und Drehzahlen ungeeignet ist. *Winter*

Literatur: DIN 51509: Auswahl von Schmierstoffen für Zahnradgetriebe. Tl. 1: Schmieröle, Tl. 2: Plastische Schmierstoffe. Hrsg. Dt. Inst. für Normung. Ausg. Entw. März 1978. – *Franke, W.-D.:* Schmierstoffe und ihre Anwendung. München 1971. – *Gülker, E.:* Auswahlkriterien für die Ölnebelschmierung.

Schmiertechn. Tribol. 23 (1976), S. 131/35. – *Kroeg, F. J.:* Getriebeschmierung. Klepzig Fachber. 74 (1966), S. 263/68. – *Stölzle, K.,* u. *G. Schmidt:* Anwendungsgrenzen der Tauchschmierung bei Zahnradgetrieben im Hinblick auf das Abschleudern des Öls von den Zahnflanken. Konstr. 17 (1965), S. 153/55. – *Winter, H.,* u. *H. Vojacek:* Einfluß der Molekularstruktur auf das Reibungsverhalten von Schmierfluiden. In: Tribologie (Dokumentation zum Forschungs- und Entwicklungsprogramm des BMFT). Bd. 2. Berlin, Heidelberg, New York 1982, S. 279/313. – *Wirtz, H.:* Die Schmierung von Hochleistungsgetrieben. Antriebstechn. 8 (1969), S. 366/69.

Zahnrad, unrundes. In einigen seltenen Anwendungsfällen, z. B. in Pumpen, Webstuhlantrieben oder in Prüfmaschinen, verwendet man u. Z. Ihre äußere Form entspricht oft der einer Ellipse oder eines Kreises mit exzentrischem Drehpunkt.

Die Übersetzung ist während einer Umdrehung veränderlich. Entsprechend ändert der Wälzpunkt C seine Lage auf der Mittellinie (Bild). Man unterscheidet daher zwischen der momentanen und der mittleren Übersetzung i_m, bezogen auf die ganze Umdrehung des Großrads. Die mittlere Übersetzung i_m muß ganzzahlig sein. Meist wird i = 1 angewendet. Für die Verzahnung sind besondere Regeln zu beachten, damit in jeder Stellung ausreichende Überdeckung, Kopf- und →Flankenspiel vorhanden sind (→Verzahnungsgeometrie, allgemein).   *Winter*

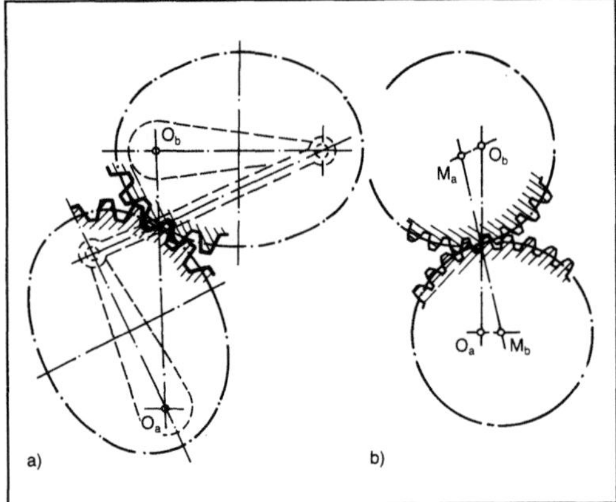

Zahnrad, unrundes.
a) Elliptische Zahnräder mit Drehpunkt O_a bzw. O_b, Ersatzkurbeltrieb gestrichelt
b) Exzentrisch gelagerte Kreiszahnräder.

Exzenter übertrieben dargestellt; mit Drehpunkt O_a bzw. O_b und Kreismitte M_a bzw. M_b

Literatur: *Federn, K., K.-H. Müller* u. *R. Pourabdolrahim:* Drehschwingprüfmaschine für umlaufende Maschinenelemente, Konstr. 26 (1974), S. 340/49. – *Mitome, K.,* u. *K. Ishida:* Eccentric gearing. J. Eng. Ind. Trans. ASME (Febr. 1974), S. 94/100. – *Teubner, R.:* Untersuchungen an einer Zahnradpumpenbauart mit exzentrisch gelagerten Zahnrädern. Diss. TU Hannover 1979.

Zahnradwerkstoff. Für →Zahnradgetriebe überwiegen Stahlwerkstoffe. Werkstoffe und Wärmebehandlungsverfahren werden weitgehend durch Tragfähigkeit, Baugröße, Stückzahl und die dadurch bedingten Herstellverfahren bestimmt.

Für →Ritzel und Rad lassen sich gleiche Werkstoffe verwenden. Wegen der größeren Überrollungszahl des Ritzels wählt man hierfür i. a. eine höhere Oberflächenhärte (höhere →Grübchentragfähigkeit). Ferner werden Formabweichungen des weicheren Gegenrads abgebaut (Einlauf, besseres Tragbild). Dies gilt nicht für niedrige Umfanggeschwindigkeiten (→Langsamlaufverschleiß).

Die Erschmelzungsart, d. h. Reinheitsgrad, Einschlüsse, Seigerungen sind wesentlich für die Dauerfestigkeit. Zeiliges Gefüge ist hierbei besonders nachteilig.

Bei großen Querschnitten sind hohe Festigkeiten auch im Kern durch Legierungszusätze bei Vergütungswerkstoffen (mindestens 0,25 % C) möglich. Bei kleinen Abmessungen genügen oft reine Kohlenstoffstähle.

Durch Schmieden der Radkörper (bei fast allen Stahlwerkstoffen möglich) entsteht ein günstiger Faserverlauf; damit Erhöhung der Dauerfestigkeiten von Zahnflanke und -fuß um bis zu 20 %. Bei großen Abmessungen ist Stahlguß meist kostengünstiger, jedoch schwer vergießbar. Ferner führen Fehlstellen und Poren durch den Gußvorgang zu geringeren Festigkeiten.

Zahnkränze aus →Vergütungsstahl können mit Radscheiben und Naben aus St 37 oder hochfestem schweißbarem Stahl St 52-3 verschweißt werden; dies wird insbes. im Großgetriebebau praktiziert. Mit entsprechendem Aufwand können auch Einsatzstähle vor dem Aufkohlen geschweißt werden.

Die Tabelle gibt einen Überblick von üblichen Zahnradstählen. Ihre Anwendung steht in unmittelbarem Zusammenhang mit entsprechend geeigneten Wärmebehandlungsverfahren.

Bewegungsübertragung (bei geringen Leistungen) wird vielfach mit Kunststoffzahnrädern verwirklicht.   *Winter*

Literatur: *Börnecke, K.:* Beanspruchungsgerechte Wärmebehandlung von einsatzgehärteten Zylinderrädern. Diss. TH Aachen 1976. – *Brugger, H.:* Einsatzhärtung von Zahnrädern (Voraussetzung zur Erzielung reproduzierbar hoher Zahnfußtragfähigkeit). Antriebstechn. 18 (1979), S. 431/37. – *Käser, W.:* Beitrag zur Grübchenbildung an gehärteten Zahnrädern, Einfluß von Härtetiefe und Schmierstoff auf die Flankentragfähigkeit. Diss. TU München 1977. – *Roempler, D.,* u. *F. W. Eysell:* Neuzeitliche Wärmebehandlungsverfahren in der Antriebstechnik. In: VDI-Ber. Nr. 332. Düsseldorf 1979; S. 135/42. – *Rettig, H.:* Einsatzgehärtete Zahnräder. VDI-Z. 111 (1969), S. 274/84. – *Weiß, T.:* Zum Festigkeits- und Verzugsverhalten von randschichtgehärteten Zahnrädern. Diss. TU München 1983.

Zahnradwerkstoff. Tabelle: Bevorzugt verwendete Zahnradstähle und entsprechender Anwendungsbereich.

Art, Behandlung						DIN-Bezeichnung	Anwendung, Eigenschaften
Vergütungsstähle, DIN 17200						(auch als Stahlguß)	
σ_B in N/mm^2 für Vergütungsquerschnitt						C 45 N	preisgünstig; nur normalisiert verwendet, hierbei noch gut zerspanbar, möglichst Schwarz-Weiß-Gefüge (glättet sich im Betrieb; vergütetes, perlitisches Gefüge rauht auf)
20∅	50∅	100∅	250∅	500∅	1 000∅		
720	670	640	–	–	–		
960	860	800	720	–	–	34 CrMo 4 V	gut zerspanbar, gut schweißbar
1 060	960	860	770	–	–	42 CrMo 4 V 42 CrMoS 4 V	Standardstahl für mittlere und große Räder erhöhter Schwefelgehalt, besser zerspanbar
1 170	1 060	960	820	–	–	34 CrNiMo 6 V	

Art, Behandlung	DIN-Bezeichnung	Anwendung, Eigenschaften
Einsatzstähle DIN 17 210 (einsatzgehärtet)	16 MnCr 5[c]	Standardstahl für ∅ < 250[c] 1,5 < m < 20; bei m < 2 ohne besondere Reinheitsvorschriften bei starkem Ausschmieden problematisch (stark zeilig); bei 2 < m < 5 mit 15 CrNi 6 gleichwertig
	20 MnCr 5[c]	Abmessungen zwischen 16 MnCr 5 und 15 CrNi 6, Kernfestigkeit ca. 1 000 N/mm^2
	15 CrNi 6 17 CrNiMo 6	normal für 16 < m < 30; bei stoßhaftem Betrieb für m > 5; bei m < 2 evtl. statt 16 MnCr 5; 15 CrNi 6 für ∅ 250...800 im oberen Modulbereich überwiegend 15 CrNiMo 6 (höhere Kernfestigkeit, größere Zähigkeit, höhere Zeitfestigkeit; jedoch empfindlicher gegen Überkohlung – Carbidbildung; nicht für m < 3)
	10 NiCrMo 14 20 MoCr 4, 25 MoCr 4	für Großräder geringer Kernfestigkeit (σ_B < 1 000 N/mm^2), günstiges Verzugsverhalten „klassische" Direkthärtestähle für Kfz-Getriebe
Vergütungsstähle DIN 17 200 (induktions- oder flammgehärtet)	Ck 45 V	Umlaufhärtung bis ca. 100 ∅, b < 20
	41 Cr 4 V, 46 Cr	Umlaufhärtung bis ca. b = 100, mittlere Härte, preisgünstig
	30 CrNiMo 8 V, 34 CrMo 4 V	für größere Räder, Umlauf- und Einzelzahnhärtung, unproblematisch
	42 CrMo 4 V	Umlauf- und Einzelzahnhärtung, hohe Härte, aber rißempfindlicher
	36 CrNiMo 4 V 34 CrNiMo 6 V	Umlauf- und Einzelzahnhärtung, für große Räder, hohe Kernfestigkeit, rißunempfindlich
Vergütungs- und Einsatzstähle DIN 17 200, 17 210 (gasnitriert)	42 CrMo 4 V	trotz geringerer Oberflächenhärte als bei 31 CrMoV 9 bei Großrädern bewährt; „gutmütiger" Nitrierstahl, gewisse plastische Verformbarkeit (Ausgleich von Tragbildfehlern); σ_B > 800 N/mm^2, Nht < 0,6 mm, m < 16
	16 MnCr 5 V	niedrige Kernfestigkeit (σ_B > 700 N/mm^2), geringe Stützwirkung bei kleiner Nht; Vergüten erforderlich, bei normalisiertem Gefüge Gefahr von Korngrenzen-Nitriden, Nitrierschicht haftet schlecht; Nht < 0,6 mm, m < 10

Zahnradwerkstoff. Noch Tabelle: Bevorzugt verwendete Zahnradstähle und entsprechender Anwendungsbereich.

Art, Behandlung	DIN-Bezeichnung	Anwendung, Eigenschaften
Nitrierstähle (gasnitriert)	31 CrMoV 9 V	Standardstahl, $\sigma_B > 900$ N/mm^2 (z. T. mit eingeengten Analysewerten)
	14 CrMoV 6.9 V	Tiefnitrieren Nht > 1 mm möglich, $\sigma_B > 900$ N/mm^2, teuer
	25 CrMo 4 V	gut schweißbar
Vergütungs- und Einsatzstähle (gas- oder -badnitrocarburiert)	C 45 N	geringer Verzug, günstiger Preis, d < 300 mm, $m < 6$
	16 MnCr 5 V	höhere Kernfestigkeit und Oberflächenhärte als
	42 CrMo 4 V	C 45 N, $d < 600$ mm, $m < 10$

Zahnreibung. Beim Abwälzen zweier Zahnflanken wird eine über der →Eingriffsstrecke veränderliche Zahnreibungskraft erzeugt. Nach dem Coulombschen Reibungsgesetz entspricht sie dem Produkt aus örtlicher Zahnnormalkraft und Reibungszahl.

Die aus der Zahnreibung sich ergebende Zahnverlustleistung (→Getriebewirkungsgrad) kann man wie folgt über der Eingriffsstrecke g, bezogen auf die Eingriffteilung p_e (→Evolventenverzahnung) integrieren:

$$P_{VZ} = F_R \, v_g = (1/p_e) \int_g F_n \, \mu \, v_g \, dg \qquad (1);$$

hierbei sind die von der Eingriffstellung abhängigen Größen der Normalkraft F_n, der Reibungszahl μ sowie der Gleitgeschwindigkeit v_g enthalten.

Für die praktische Berechnung kann ein mittlerer Wert μ_m für die Reibungszahl angesetzt werden. Im Wälzpunkt C der Eingriffsstrecke (reines Rollen) ist sie nahezu null und im weiteren Verlauf weitgehend konstant (Bild). Die Größe μ_m wird von der Normalkraft und der Gleitgeschwindigkeit, ferner jedoch auch von der Rauheit der beteiligten Oberflächen sowie der Molekularstruktur und der Viskosität des Schmierstoffs beeinflußt. In den meisten Fällen liegt μ_m zwischen 0,02 und 0,1. *Winter*

Literatur: *Ohlendorf, H.:* Verlustleistung und Erwärmung von Stirnrädern. Diss. TH München 1958. – *Stößel, K.:* Reibungszahlen unter elasto-hydrodynamischen Bedingungen. Diss. TH München 1971.

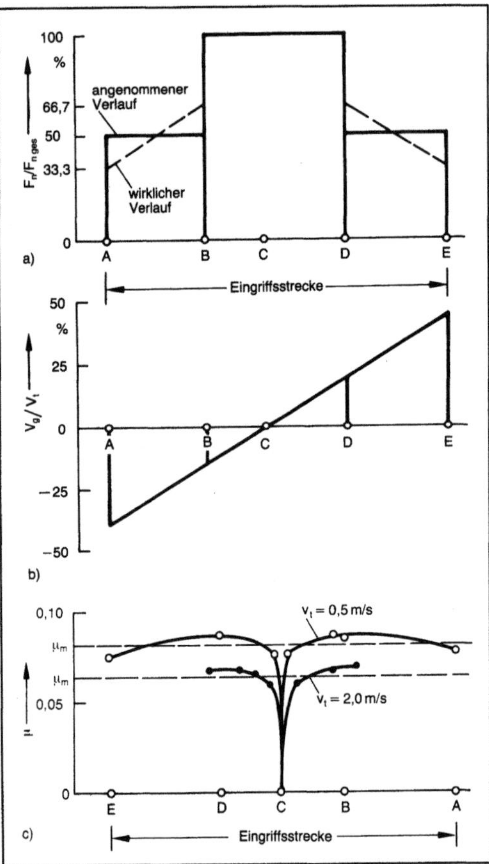

Zahnreibung.
a) Verlauf der Zahnnormalkraft F_n von geschmierten Stahlzahnrädern über dem Zahneingriff
b) Verlauf der Gleitgeschwindigkeit v_g
c) Verlauf der Reibungszahl μ (Beispiele).

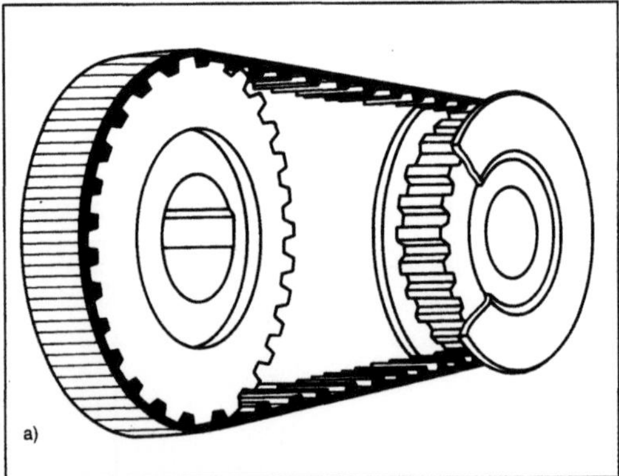

Zahnriemengetriebe 1: Anordnung.
a) Offenes Zahnriemengetriebe

Zahnriemengetriebe. Formschlüssiges Zugmittelgetriebe zum Antrieb paralleler, auch sich schneidender oder gekreuzter (windschiefer) Wellen mittels einseitig oder – für Mehrwellengetriebe mit gegenläufigen Wellen – beidseitig verzahnter Kunststoffriemen, Bild 1 (→Riemenwerkstoff). Die Trumkräfte werden durch einvulkanisierte, fortlaufend schraubenförmig gewickelte Stahl- oder Glasfaserlitze übertragen, die als biegeneutrale Faser des Zahnriemens zugleich im Umschlingungsbogen den →Wirkradius r_W (Teilkreisradius) bestimmt, Bild 2. Diese Zugstränge vermögen die Umfangkraft von etwa 6 voll belasteten Zähnen zu übernehmen. Bild 3 zeigt die genormten Profilformen.

H. W. Müller

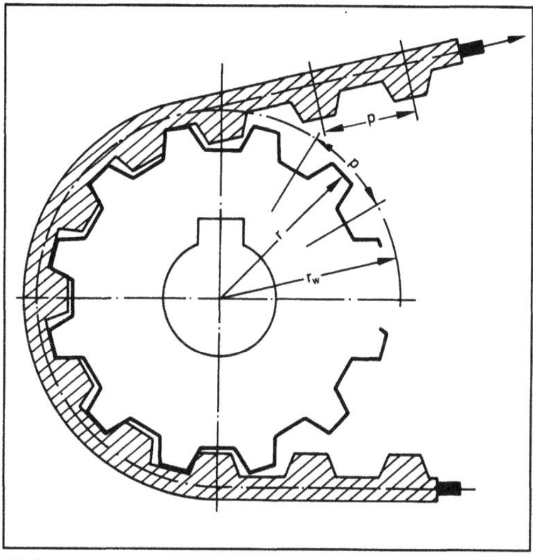

Zahnriemengetriebe 2: Wirkradius r_W bei Zahnriemengetrieben.

p Zahn- und Teilkreisteilung

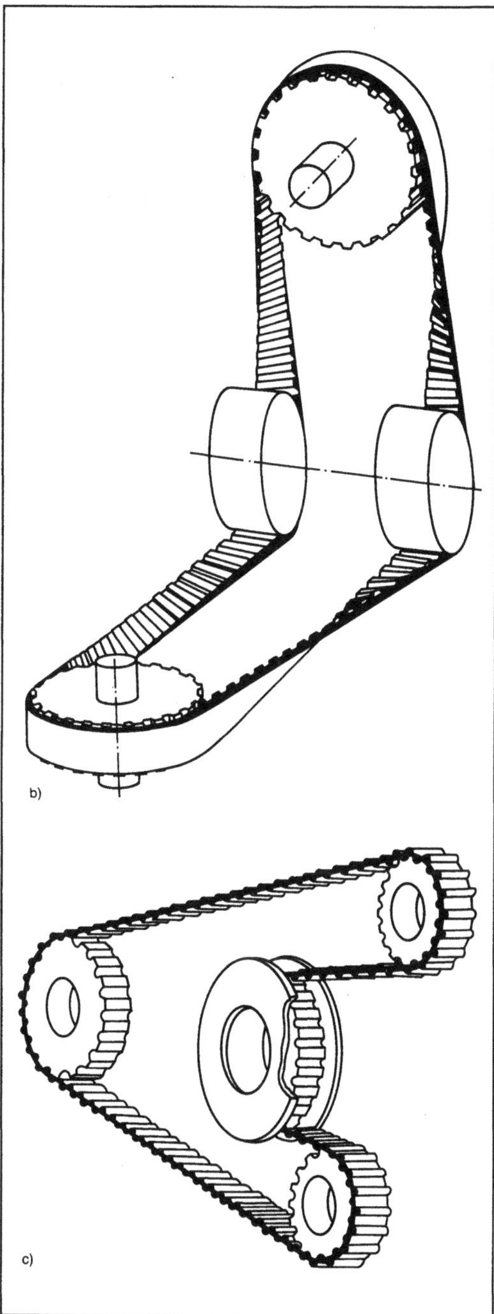

Zahnriemengetriebe (Fortsetzung) 1: Anordnung.
b) Zahnriemengetriebe mit sich schneidenden Wellen
c) Zahnriemengetriebe mit gegenläufigen Wellen.

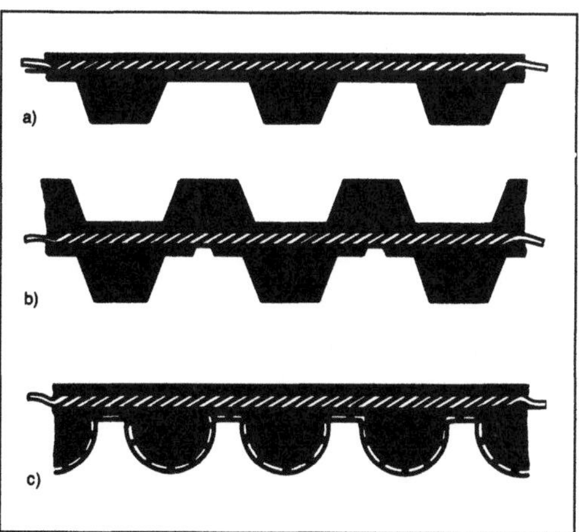

Zahnriemengetriebe 3: Genormte Zahnriemenprofile.
a) Einseitig angeordnete Zähne
b) Doppelseitig angeordnete Zähne mit geraden Flanken
c) Runde Zähne mit Nylonschutzgewebe.

Zahnstange. Die Z. ist der Grenzfall eines Zahnrads mit unendlich großer Zähnezahl. Der Teilkreis geht dabei in eine Gerade über. Damit sind die Zahnflanken (→Evolventenverzahnung) ebenso Geraden.

Z. mit Normalverzahnung können mit allen Evolventenzahnrädern des gleichen Moduls mit Normalverzahnung kämmen. Z.-Getriebe werden überall dort eingesetzt, wo Drehbewegungen in geradlinige Bewegungen übertragen werden sollen (z. B. Werkzeugzustellbewegung, Linsenfokussierung, Hubbewegungen). Z. sind nach dem kontinuierlichen Wälzverfahren oder im Formverfahren herzustellen (→Zahnradherstellung).   *Winter*

Zahnstangenlenkung →Lenkung

Zahnteilung →Verzahnungsgeometrie (allgemein)

Zahnweite. Zur Kontrolle des Flankenspiels bei Zahnradstufen muß man die ausgeführte →Zahndicke bestimmen. Man ermittelt sie entweder über die Zahndickensumme am Teilkreisdurchmesser (→Evolventenverzahnung) oder mit Hilfe der Z., die dem Abstand von Zahnflanken über mehrere Zähne hinweg entspricht.

Das Bild zeigt, daß sich die Z. aus einer Zahndicke am Grundkreis und mehreren Eingriffsteilungen p_e (Evolventenverzahnung) zusammensetzt. Die entsprechende Teilungsabweichung geht also in das Meßergebnis mit ein, kann jedoch meist vernachlässigt werden, da sie klein gegenüber der Toleranz der Zahndicke ist.   *Winter*

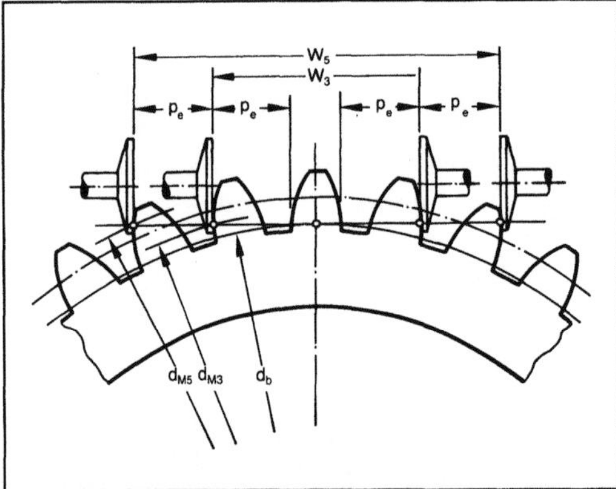

Zahnweite: Messung der Zahnweite W über 3 und 5 Zähne. (Quelle: DIN 3960)

d_M Meßkreisdurchmesser, d_b Grundkreisdurchmesser

Literatur: DIN 3960: Begriffe und Bestimmungsgrößen für Stirnräder (Zylinderräder) und Stirnradpaare (Zylinderradpaare) mit Evolventenverzahnung. Bbl. 1. – Zusammenstellung der Gleichungen. Hrsg. Dt. Inst. für Normung. Ausg. Juli 1980.

Zapfenschneidmaschine. Die Z. werden in unterschiedlicher Bauweise in der Gestellmöbel-, Fenster- und Türenfertigung zum Erstellen von Eckverbindungen eingesetzt; vorrangig zum Ausschneiden von Zapfen und Schlitzen, aber auch Fingerzinken, Nuten und Fälze.

Zapfenschneid- und Schlitzarbeiten können mit der Tischfräse durchgeführt werden. Das Werkstück wird auf einem Schiebeschlitten oder Rolltisch, die an der Frontseite montiert sind, an dem Fräswerkzeug vorbeigeführt. Man unterscheidet einseitig oder zweiseitig taktweise arbeitende Maschinen, die mit verschiedenen Werkzeugen bestückt sind. Die Anordnung der Werkzeuge erlaubt die gewünschte Bearbeitung:

□ Ablängen mit einem Kreissägeblatt,
□ Zapfenschneiden mit schwenkbar konstruierten Werkzeugwellen,
□ Schlitzen mit einer Schlitzscheibe.

Die Fräsaggregate sind in der Höhe und Tiefe einzeln verstellbar und auf einem Support montiert. Die Aggregatverstellung kann manuell über ein Handrad oder auch motorisch mit elektronischer Positionierung erfolgen. Zum Fräsen verschiedener Verbindungsprofile werden Hubspindeln eingesetzt, die aus mehreren (bis zu 6) übereinander angeordneten Werkzeugsätzen bestehen. Das Umrüsten auf ein neues Werkzeug erfolgt durch eine vertikale und horizontale Verstellung der frei positionierbaren Spindel.

Die Werkstücke werden auf einem Schiebetisch mit Spannvorrichtung von Hand oder elektronisch an den Säge- bzw. Fräsaggregaten vorbeigeführt. Für hohe Leistungen, wie sie die industrielle Massenherstellung verlangt, sind doppelseitig arbeitende Maschinen im Einsatz, die mit Kettenvorschub arbeiten (→Doppelendprofiler). Die Z. und Schlitzmaschinen für den Gestellmöbelbau sind mit weiteren Funktionen ausgestattet wie Rundzapfenfräsen und Bohren.   *Dusil*

Zapfwelle. Einrichtung am Traktor zum Übertragen mechanischer Leistung über Gelenkwellen an Geräte, vorzugsweise am Traktorheck, zunehmend auch frontseitig. Heute herrscht die Motor-Z. vor, die getriebeunabhängig mit eigener Reibungskupplung geschaltet wird (Vorläufer: Getriebe-Z., von Fahrkupplung abhängig). Vereinzelt kommt zusätzlich auch noch die Weg-Z. vor, die mit einer zur Fahrgeschwindigkeit proportionalen Drehzahl arbeitet.

Die Maße der Z.-Stummel, ihre Drehrichtungen und Drehzahlen sind für das Heck in DIN 9611 und ISO 500, für die Front in ISO 8759/1 genormt. Im Heck arbeitet die Form 1 (Keilwelle) mit 540min[-1] Normdrehzahl, Form 2 und 3 (Evolventenprofile) mit 1 000min[-1]. Die aus Sicherheitsgründen zunächst streng betonte Zuordnung von Drehzahl und Stummelform hat sich nicht durchgesetzt. Von Mitteleuropa und Japan ausgehend bevorzugt man 2 bis 4 Drehzahlen umschaltbar von einem Stummel.

Z.-getriebene Geräte haben laufend an Bedeutung gewonnen. Der Wirkungsgrad dieser Leistungsübertragung ist wesentlich besser als über die Traktion. *Renius*

Zeichnung, technische. Eine t. Z. ist eine aus Linien bestehende bildliche Darstellung in der für technische Zwecke erforderlichen Art und Vollständigkeit.

Zur erforderlichen Art gehört i. a. das Einhalten von Darstellungsregeln. Zur erforderlichen Vollständigkeit gehören z. B. Maßeintragungen, technische Hinweise, Tabellen u. ä.

T. Z. sind Träger von Informationen für die Konstruktion, Fertigung, Prüfung, Montage, Nutzung, Wartung und Instandsetzung von technischen Produkten. Hinsichtlich der Darstellungsart lassen sich t. Z. unterteilen in

□ Skizzen, die nicht unbedingt an Form und Regeln gebunden sind, meist freihändig und/oder grobmaßstäblich;

□ Z. in möglichst maßstäblicher Darstellung;

□ Maßbilder, in denen nur die für den jeweiligen Einzelfall wesentlichen Maße und Informationen enthalten sind;

□ Pläne (z. B. Lagepläne) und

□ Diagramme, Schemazeichnungen u. a. zur Veranschaulichung z. B. von Funktionsstrukturen.

Hinsichtlich der Anfertigungsart kann man unterteilen in

□ Original- oder Stamm-Z. (Bleistift- oder Tusche-Z., Plotter-Z. oder rechnerinterne Objektdarstellungen) als Grundlage für Vervielfältigungen sowie

□ Vordruck-Z., die durch Hinzufügen oder Verändern bestimmter, vorgesehener Daten dem jeweiligen Anwendungsfall angepaßt werden müssen.

Hinsichtlich des Inhalts kann unterschieden werden in

□ Gesamt-Z., die eine Anlage, ein Bauwerk, eine Maschine, ein Gerät, eine Gruppe in zusammengebautem Zustand oder auch als Explosionsdarstellung zeigen;

□ Gruppen-Z., die die räumliche Lage und die Form der zu einer Gruppe zusammengefaßten Teile darstellen;

□ Einzelteil-Z.;

□ Rohteil-Z.;

□ Anordnungspläne;

□ Schema-Z.

Der Zeichnungsinhalt kann (nach der Richtlinie VDI 2211) zunächst in den technologischen und den organisatorischen Inhalt gegliedert werden. Zum technologischen Inhalt gehören die bildliche Darstellung des Gegenstands, die Bemaßung und sonstige Darstellungangaben (z. B. Schnittlinien), Werkstoff- und Qualitätsangaben sowie Behandlungsangaben (z. B. Prüfvorschriften). Durch den organisatorischen Inhalt werden sachbezogene Angaben (z. B. Benennungen und Sachnummerung zur Identifizierung und →Klassifizierung) sowie zeichnungsbezogene Angaben (z. B. Maßstäbe, Zeichnungsformat, Erstellungsdatum) erfaßt. Diese Gliederung hat eine besondere Bedeutung für das maschinelle, rechnerunterstützte Herstellen von Zeichnungen.

Hinsichtlich des Zwecks kann man unterteilen in

□ Entwurfs-Z., bei denen noch nicht alle Details endgültig festgelegt sind (→Entwerfen),

□ Fertigungs-Z. (Werkstatt-Z.), die alle Informationen für die Fertigung des Produkts enthalten.

Die Struktur eines technischen Produkts und die Organisation seiner t. Z. wird in Stücklisten festgelegt. *Ehrlenspiel*

Literatur: *Pahl, G.,* u. *W. Beitz:* Konstruktionslehre. Berlin 1986. – DIN 199. Tl. 1–5: Begriffe im Zeichnungs- und Stücklistenwesen. Berlin. – DIN 6774. Tl. 1: Technische Zeichnungen. Berlin. – VDI 2211. Bl. 3: Datenverarbeitung in der Konstruktion. Methoden und Hilfsmittel. Maschinelle Herstellung von Zeichnungen. Hrsg. Verein Dt. Ingenieure. Ausg. Juni 1980.

Zeichnungsart →Zeichnung, technische

Zellenradschleuse →Förderanlage, pneumatische

Zentrierfehler →Kupplungsfehler

Zentrifugalkraft. Die Z. oder →Fliehkraft wird häufig im Zusammenhang mit der Drehbewegung eines Körpers oder der Kurvenfahrt eines Fahrzeugs zitiert, um die Kraftwirkungen senkrecht zur Drehachse bzw. in Richtung der Bahnnormalen zu erklären. Sie wird als eine Volumenkraft verstanden, die bei einer Richtungsänderung des Geschwindigkeitsvektors auf Grund der Massenträgheit an jedem Volumenelement angreift und innere wie äußere Reaktionskräfte hervorruft, mit denen sie im Sinne des d'Alembertschen Prinzips im Gleichgewicht steht. Durchfährt z. B. ein Fahrzeug der Masse m eine Kurve vom Radius r mit der Bahngeschwindigkeit v, so summieren sich die Volumenkräfte zu der Zentrifugalkraft $Z = m \, v^2/r$. Sie ist gleich dem Produkt aus Masse und Zentripetalbeschleunigung des Schwerpunkts und letzterer stets entgegengesetzt. Die Seitenführungskräfte an den Rädern halten ihr das Gleichgewicht.

Wie bei allen Trägheitskräften hängen nun aber Existenz, Betrag und Richtung der Z. vom Bezugssystem des Beobachters ab, der die Bewegung beschreibt. In einem Inertialsystem existiert die

Fliehkraft nicht. Im angeführten Beispiel wird ein ruhender Beobachter eine beschleunigte Bewegung registrieren und die Seitenführungskräfte als die einzigen Kräfte erkennen, die nach dem dynamischen Grundgesetz die Beschleunigung senkrecht zur Bahn, also gerade die Zentripetalbeschleunigung, bewirken.

Das Bild zeigt diese unterschiedliche Betrachtungsweise am Beispiel eines Satelliten auf einer erdnahen Kreisbahn.

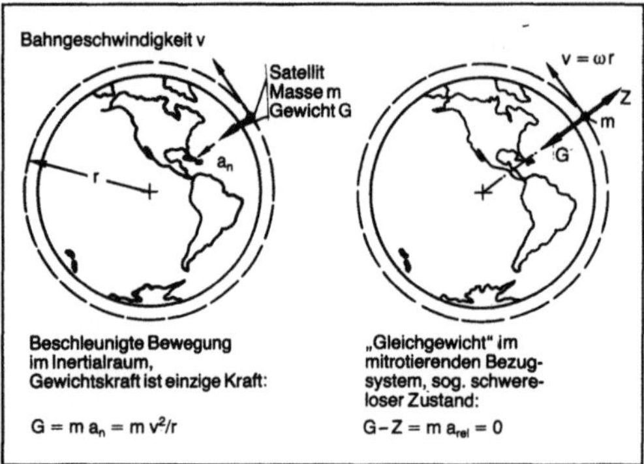

Zentrifugalkraft: Zur Problematik der Zentrifugalkraft.

Allgemeingültige Aussagen gewinnt man in einem beliebig beschleunigten Bezugssystem, das sich mit der Winkelgeschwindigkeit ω im Inertialraum dreht: Bei der Beschreibung der Relativbewegung eines kleinen Körpers der Masse m, dessen momentane Lage im Bezugssystem durch den Ortsvektor ϱ gegeben ist, muß die Kräftebilanz um eine Volumenkraft $\mathbf{Z} = -\,m\,\omega \times (\omega \times \varrho)$ sowie weitere Trägheitskräfte aus der Führungsbzw. Coriolisbeschleunigung ergänzt werden. Die Kraft $\mathbf{Z}$ ist die Zentrifugalkraft. Sie liegt in der durch die Vektoren ω und ϱ aufgespannten Ebene, steht senkrecht auf dem Vektor ω und hat den Wert $\mathbf{Z} = m\,\omega^2\,r$, wobei r die senkrecht auf ω stehende Komponente von ϱ darstellt. Bemerkenswert ist, daß bei dieser allgemeinen Definition die Fliehkraft nicht mehr vom Geschwindigkeitszustand des bewegten Körpers, sondern von der Winkelgeschwindigkeit des beschleunigten Bezugssystems abhängt. Beobachter in verschiedenen Bezugssystemen registrieren unterschiedliche Fliehkräfte.

Der Zusammenhang zwischen diesen scheinbar widersprüchlichen Ergebnissen läßt sich für ein Bezugssystem herstellen, dessen Ursprung im Krümmungsmittelpunkt der Bahnkurve liegt und das die Drehung des Ortsvektors r mitmacht. Dann ist die Bahngeschwindigkeit v des Körpers mit der Winkelgeschwindigkeit ω des Bezugssystems gem. $v = \omega \times r$ verknüpft, und beide Definitionen gehen ineinander über. *Witfeld*

Zerkleinerungsgerät. Das Zerkleinern von Gestein für die Verwendung im Bauwesen umfaßt das Grobzerkleinern durch Brechen sowie das Fein- und Feinstzerkleinern durch Mahlen zu den verlangten Körnungen. Es reicht über einen Größenbereich von oftmals mehr als 1 m Kantenlänge im gesprengten Material bis zum Gesteinsmehl noch unter 0,1 mm Korngröße. Das Brechen wird meist zweistufig vorgenommen: im Grobbrechen auf rd. 50 bis 100 mm Korngröße, im Feinbrechen auf rd. 5–10 mm Korngröße. Beide Stufen bezeichnet man auch als Vor- und Nachbrechen. Durch Grobmahlen werden Körnungen unter 4 bis rd. 0,1 mm, darunter durch Feinmahlen gezielt gewonnen. Abgesehen davon entsteht bei jedem Brechvorgang mehr oder minder Fein- und Feinstgut.

Die Auswahl der Z. richtet sich naturgemäß nach der Art des Gesteins, der Zusammensetzung und Stückgröße des Aufgabegutes sowie nach den gewünschten Körnungen, außer nach der geforderten Durchsatzleistung und nicht zuletzt nach den Betriebsbedingungen. Hochwertige Mineralstoffe für den Straßendeckenbau werden aus Hartgestein (Druckfestigkeit über 180 N/mm² bei Ergußgestein) gewonnen. Demnach handelt es sich hierbei um eine ausgesprochene Hartzerkleinerung, bei der sonstige Eigenschaften des Gesteins, wie Zähigkeit oder Sprödigkeit, von Belang sind. Als sehr ungünstig gilt die Abrasivität eines Gesteins, die erhöhten Verschleiß der Zerkleinerungswerkzeuge mit sich bringt. Ein weiterer Arbeitsbereich besteht in der Zerkleinerung von mittelhartem Gestein (über 120 N/mm² Druckfestigkeit bei Schichtgestein) beispielsweise zu Baustoffen für den Straßenunterbau. Die Wiederaufbereitung von Abbruchmaterial, auch Beton, gehört der Weichzerkleinerung an.

Bei den unterschiedlichen Gesteinseigenschaften gibt es bevorzugte Zerkleinerungsbeanspruchungen, die es mit den unterschiedlich wirkenden Maschinen auszunutzen gilt. Hartes Gestein wird durch Druck und Schlag wirksam zerkleinert. Die Prallzerkleinerung ist bei mittelhartem und weicherem Gestein sehr von Vorteil. Mit den vorrangig ausgerichteten Zerkleinerungswirkungen sind eigentümliche Arbeitsweisen des Zerkleinerungswerkzeuges verbunden. Dabei wird nach der Bewegungsfrequenz in langsam bis schnell unterschieden. Eine Kenngröße bildet der (geometrische) Zerkleinerungsgrad, das Verhältnis der Ausmaße von Maulweite zu Austrittsspalt. *Kühn*

Zerstäuber. In einer Reihe von Anwendungsbereichen wird verlangt, daß das Füllgut bei der Entnahme aus dem Verpackungsmittel so fein zerteilt wird, daß es wie ein Nebel in eine vorbestimmte Richtung sich kegelförmig ausbreitet. Die Zerteilung in feinste Tröpfchen, wenn gewünscht bis unter µm-Größe, wird dadurch erreicht, daß die Flüssigkeit mit hoher Kraft durch eine sehr kleine Düse gepreßt wird. Unterstützt wird die Zerteilung in kleinste Tröpfchen noch dadurch, daß die Flüssigkeit, die durch die Düse austritt, nicht nur den gewünschten Wirkstoff enthält. Sie besteht u. U. aus einem großen Teil einer leicht flüchtigen Flüssigkeit. Diese Flüssigkeit verdampft beim Austritt aus der Düse in der Raumtemperatur. Die Tröpfchengröße wird dadurch nochmals verkleinert, ohne die Flüssigkeit des Wirkstoffs aufzuheben. Die notwendige Kraft zum Durchpressen durch die Düse kann auf verschiedene Weise eingebracht werden. Die bekannteste ist die Verwendung von leicht flüchtigen Flüssigkeiten in Mischung mit dem Wirkstoff. Diese leicht verdampfende Flüssigkeit sorgt bereits im Inneren des Verpackungsmittels für den notwendigen Überdruck, der sich hydraulisch in dem Flüssigkeitsstrom fortsetzt. Die Einbringung des notwendigen hydraulischen Drucks kann auch durch eine doppelwandige → Verpackung erfolgen. Der Wirkstoff befindet sich innerhalb des Verpakkungsmittels nochmals abgetrennt in einem flexiblen Beutel. Zwischen Beutel und dem äußeren starren Verpackungsmittel befindet sich Gas unter hohem Druck. Diese Kraft reicht aus, die Flüssigkeit durch die Zerstäuberdüse zu drücken. Die Tröpfchengröße bleibt wesentlich größer, da der verdampfende Anteil entfällt. Auf diesen beiden Wegen kann man einen fortlaufenden Strom zerstäubten Wirkstoffs erhalten. Will man nur kleine Mengen zerstäuben, genügt eine handbetätigte kleine Pumpe im Verschlußelement. Diese Pumpe baut den nötigen hydraulischen Druck innerhalb der Flüssigkeit auf, der dann die Zerstäubung beim Durchtritt durch die Düse hervorruft. Diese Pumpenzerstäuber benötigen keine zusätzlichen Materialien in Form von vergasenden Flüssigkeiten oder Druckgas. Sie können auch bei wiederbefüllbaren Verpackungen immer weiter benutzt werden oder von Verpackungsmittel zu Verpackungsmittel erneut in Einsatz gebracht werden. *Paris*

Zettmaschine. Spezialmaschine der Heuwerbungsmaschinen, dient zum Aufschließen des frisch gemähten Grüngutes (Conditioner). Durch Auflokkern des Haufwerks und gezieltes Verletzen der Stengelhaut (Epidermis) bzw. Blatthaut (Kutikula) erreicht man eine wesentliche Beschleunigung der ersten Trocknungsphase bei der Feldtrocknung. Grundeffekte: Lockern, Knicken, Quetschen, Anreiben, Anschaben oder Schlagen. Besonders schonend hinsichtlich der Saft- und Gutverluste erweist sich das Anreiben und Anschaben.

Die Z. wird heute meist mit der Mähmaschine kombiniert, wobei vor allem folgende Arbeitsorgane vorkommen: Knick- oder Quetschwalzen und (zeitgemäße) Rotoren mit radialen schmalen Schlegeln oder Kunststoffingern. *Renius*

Ziehkeil. Der Z. ist eine formschlüssige →Welle-Nabe-Verbindung. Er entsteht aus der Umkehrung der Gleitfeder. Die Verbindung zwischen →Welle und Nabe erfolgt durch ein Formstück (Z.), das in der Welle verschoben und in die Nut der jeweils mitzunehmenden Nabe hineingedrückt wird. Der Z. ist eine einfache Möglichkeit, Schaltgetriebe zu verwirklichen. Die Welle wird allerdings durch die lange Nut und die Bohrung erheblich geschwächt. Er wird in Schaltgetrieben von Kleinkrafträdern und Werkzeugmaschinen verwendet (Bild). Als Ziehkeilkupplung wird er auch den →Kupplungen zugerechnet. *Ehrlenspiel*

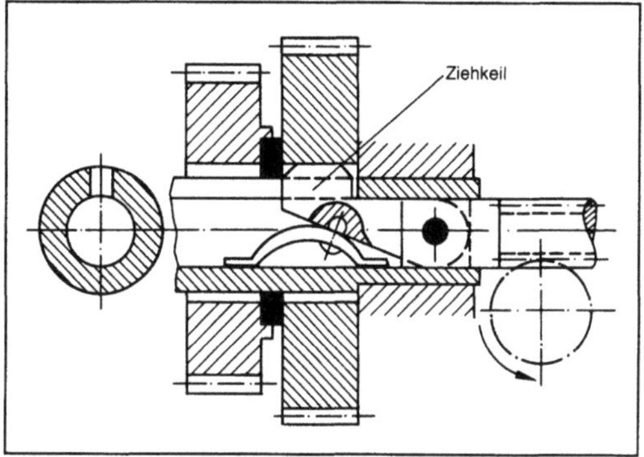

Ziehkeil.

Ziehkeilgetriebe →Kraftübertragung

Zielen. Z. bedeutet, von der Waffe aus eine optische Achse zum Ziel oder – bei verdeckten Zielobjekten – zu einem Hilfspunkt herzustellen, um eine Ausgangsbasis für das Ausrichten der Waffe auf das Ziel zu bekommen (→Richten).

Die Zielachse und die Waffenachse weichen voneinander ab. Diese Abweichung wird in der Höhe (Erhöhung) durch die →Ballistik der Waffe sowie die Zielentfernung und in der Seite (Seitenvorhalt) bei bewegten Zielen durch die Zielgeschwindigkeit und die Geschoßflugzeit bis zum Ziel kontrolliert. Außerdem müssen besondere Einflüsse wie Wind, Corioliskraft u. a. berücksichtigt werden.

Das Z. läßt sich in folgende Vorgänge unterteilen:

□ Zielerkennung und Zielauffassung, d. h. →Identifikation des Ziels und Vermessung der Ziel-Koordinaten relativ zum Standort der Waffe (Akquisition des Ziels);

□ Zielverfolgung zur Ermittlung von direkten und indirekten Werten für die Zielgeschwindigkeit (bei bewegten Zielen);

□ Ermittlung und Berechnung der notwendigen Vorhaltewerte für die Seiten- und Höhenrichtung;

□ Übermittlung dieser Werte an die Zieleinrichtung und Richten, ggf. kontinuierlich bei bewegten Zielen.

Bei einfachen Schußwaffen besteht die Zieleinrichtung aus Kimme und Korn. Die Entfernung wird geschätzt, der Höhenvorhalt teilweise durch eine Höhenverstellung der Kimme berücksichtigt. Für den Seitenvorhalt sind z. T. Marken im Visier (Fla-MG) vorgesehen. Eine Verbesserung stellen Zielfernrohre mit Markierungen für Höhen- und Seitenvorhalt neben dem Fadenkreuz dar.

Bei Panzer- und Flugzeugbordkanonen (Bild 1), Artillerie-, Fla- und Schiffsgeschützen sowie bei Raketen kommen heute aufwendige Feuerleiteinrichtungen zum Einsatz. Sie erlauben eine Zielerkennung und -ortung bei weiten Entfernungen und schwacher Sicht. Teilweise sind sie mit einer automatischen Zielverfolgungseinrichtung (Tracker) ausgestattet. Aufsatz und Vorhalt werden mit schnellen Rechnern ermittelt. Dabei werden Munitionsarten und Sensor-Informationen (Temperatur, Wind usw.) automatisch berücksichtigt. Stabilisierungseinrichtungen erlauben ein Z. und Schießen während der Fahrt. Bei einer Koppelung von automatischen Ziel- und Richteinrichtungen können nicht nur schnell fliegende Flugzeuge, sondern auch Raketen mit Erfolg bekämpft werden.

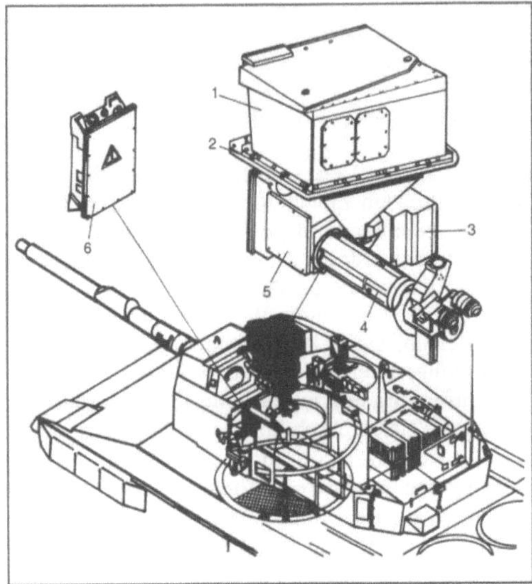

Zielen 1: Hauptzielfernrohr (Emes 15) des KPz „Leopard 2".

1 Ausblick Baugruppe, 2 Aufnahme, 3 Wärmebild-Grundgerät, 4 Einblick Baugruppe, 5 Verbindungsbaugruppe, 6 Laserelektronik

Charakteristische Komponenten heutiger Feuerleitanlagen (Bild 2) sind neben hochwertigen optischen Systemen Rundsuch- und Zielverfolgungs-Radargeräte, Laser-Entfernungsmesser, kreiselgesteuerte Stabilisierungsanlagen, digital arbeitende Feuerleitrechner, aktive und passive Nachtsichtge-

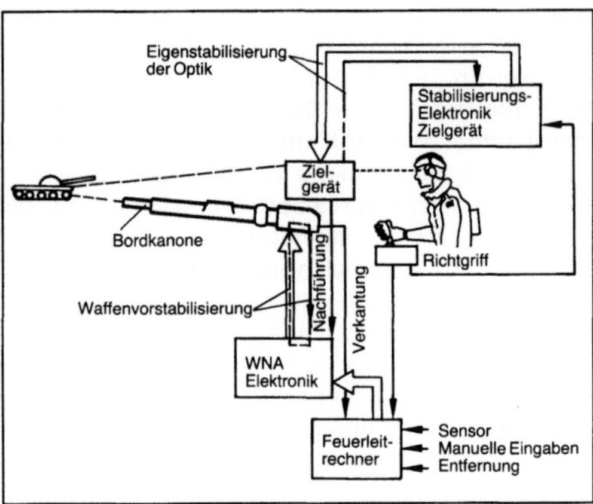

Zielen 2: Übersicht und Wirkungsweise der Feuerleitanlage.

räte wie IR, Restlichtverstärker-, LLLTV- und Wärmebildgeräte. *Meyer-Bäse*

Zinkschicht. →Korrosionsschutzschicht, die durch elektrolytisches Abscheiden, Schmelztauchen, thermisches Spritzen und physikalische Abscheidung aus der Gasphase (PVD) gebildet wird. Ferner können Z. durch mechanisches →Plattieren aufgebracht werden. Die entfetteten Werkstücke werden dazu in eine mit verschieden großen Glaskugeln gefüllte, gummierte Trommel gefüllt. Nach dem chemischen Entrosten werden eine etwa 1 μm dicke Kupferschicht und eine ebenso dicke Z. abgeschieden. Mit der Zugabe von Zinkpulver wird Zink durch die Glaskugeln bei der Rotation auf die Werkstoffoberfläche aufgebracht und verdichtet.

Z. werden vor allem als kathodische Korrosionsschutzschichten eingesetzt. *Habig*

Zinnschicht. Oberflächenschutzschicht, die durch elektrolytisches Abscheiden, Schmelztauchen oder physikalische Abscheidung aus der Gasphase (PVD) gebildet wird. Sie dient als Korrosionsschutzschicht, Einlaufschicht und zur Verbesserung der Lötbarkeit. *Habig*

Zitronenspiellager →Gleitlager, hydrodynamisches, Gleitlager-Bauform

Zonung →Lagerorganisation

Zündanlage. Die Z. eines Ottomotors hat die Aufgabe, das komprimierte Luft-Benzin-Gemisch zu entflammen und damit die →Verbrennung einzuleiten.

Die Wirkungsweise einer Z. läßt sich am einfachsten an einer herkömmlichen Spulen-Z. erläutern (Bild). Wenn der Unterbrecherkontakt geschlossen ist, beginnt durch die Niederspannungswicklung der

Zündspule ein Strom zu fließen, der sich nach sehr kurzer Zeit auf einen Endwert einstellt. Entsprechend dem Strom hat sich dann in der Spule ein Magnetfeld aufgebaut. Wenn nun der Unterbrecherkontakt geöffnet wird, geht der Strom schlagartig auf null zurück, und das Magnetfeld bricht zusammen. Durch die außerordentlich schnelle Änderung des magnetischen Flusses (von einem zunächst endlichen Wert auf den Wert null) wird in der Hochspannungswicklung der Zündspule kurzzeitig eine sehr hohe Spannung induziert. Diese Spannung wird an die Zündkerze gelegt, wo es zwischen den beiden Elektroden zu einem Funkenüberschlag kommt, der das Gemisch entflammt. Bei einem Mehrzylindermotor sind Zündspule und Unterbrecher nur einmal vorhanden. Mit ihnen wird eine der →Zylinderzahl entsprechend hohe Anzahl von Spannungsimpulsen erzeugt, die durch den Zündverteiler reihum an die Zündkerzen der verschiedenen Zylinder geleitet werden (→Zündfolge).

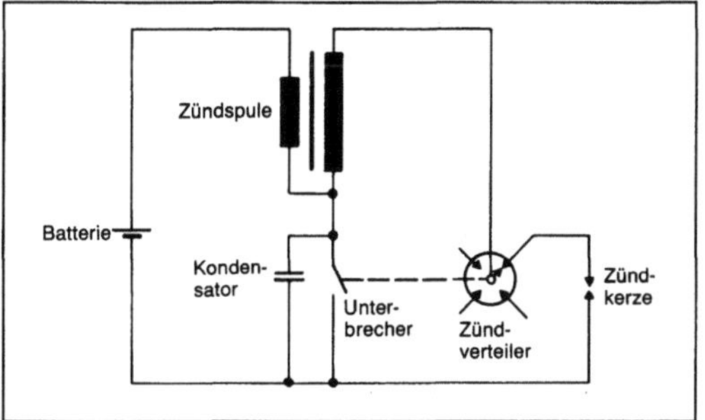

Zündanlage: Spulenzündung (Prinzip-Schaltbild).

Die wichtigsten Anforderungen an das Zündsystem beziehen sich einerseits auf den →Zündzeitpunkt und andererseits auf die Stärke des Zündfunkens.

Bei der Wahl des Zündzeitpunkts muß man berücksichtigen, daß zwischen dem Auftreten des Zündfunkens und dem Beginn der Verbrennung eine kleine Zeit verstreicht, die sich Zündverzug nennt. Bei hoher Motordrehzahl ist die Zündverzugszeit zwar kürzer; der dazugehörige Drehwinkel der Kurbelwelle ist aber doch größer als bei niedriger Drehzahl. Daher muß der Unterbrecherkontakt bei einer früheren Kurbelwellenstellung geöffnet werden, was durch einen Fliehkraft-Verstellmechanismus bewirkt wird. Die Fliehkraftverstellung, der Unterbrecherkontakt mit Betätigungsnocken und der Zündverteiler sind in einem gemeinsamen Gehäuse untergebracht und werden beim →Viertaktmotor mit halber Kurbelwellendrehzahl angetrieben.

Eine Verstellung des Zündzeitpunkts ist nicht nur in Abhängigkeit von der Drehzahl, sondern auch von der Last notwendig. Dies geschieht über eine

Unterdruckdose, deren Membran mit dem Saugrohrunterdruck beaufschlagt wird, der ein Maß für die Last ist. Ingesamt muß der Zündzeitpunkt in Abhängigkeit von Drehzahl und Last nach verschiedenen Gesichtspunkten gewählt werden. Dabei ist wegen gegenläufiger Tendenzen ein Optimum nicht in jeder Beziehung erzielbar (Zündzeitpunkt, →Klopfen, Schadstoffemission).

Die Stärke des Zündfunkens ist wichtig für eine zuverlässige und von →Arbeitsspiel zu Arbeitsspiel möglichst gleichmäßige Entflammung des Gemisches im →Brennraum. Dabei spielen die durch den Zündfunken bewirkte Temperaturerhöhung und Ionisation eine Rolle. Die vom Zündfunken freigesetzte Energie entspricht, von Verlusten abgesehen, der Energie des Magnetfelds der Zündspule vor dem Öffnen des Unterbrecherkontakts. Die Zündspule muß daher so ausgelegt sein, daß auch bei höchster Motordrehzahl die Schließzeit des Unterbrecherkontakts zwischen zwei Zündfunken zum Aufbau des Magnetfelds ausreicht.

Im Zuge der Weiterentwicklung wurden immer mehr Bauteile der Zündanlage durch elektronische Komponenten ersetzt:

□ *Transistorzündung:* Bei ihr ist der mechanische Unterbrecher für den Niederspannungskreis durch einen kontaktlosen Impulsgeber und ein Transistor-Schaltgerät ersetzt. Dadurch entfällt der Abbrand und Verschleiß der mechanischen Kontakte und damit die Notwendigkeit der häufigen Wartung der Z.

□ *Elektronische Zündung:* Bei ihr wird der Zündzeitpunkt in Abhängigkeit von Drehzahl, Last und anderen Betriebsbedingungen durch ein elektronisches Steuergerät mit Mikrocomputer vorgegeben. Dadurch wird eine gegenüber der konventionellen Zündanlage sehr vergrößerte Flexibilität erreicht. Auch ist es möglich, Regelungen vorzunehmen, z. B. eine Anti-Klopf-Regelung oder eine Leerlaufdrehzahl-Regelung. Bei der vollelektronischen Zündung wird außerdem der Zündverteiler durch elektronische Schaltungen in Verbindung mit besonderen Zündspulen ersetzt. Sehr vorteilhaft ist eine Verbindung der elektronischen Zündung mit der elektronischen →Benzineinspritzung. Dabei kann eine Vielzahl weiterer Funktionen vom elektronischen Steuergerät wahrgenommen werden. *Kuhlmann*

Literatur: Bosch: Kraftfahrtechnisches Taschenb. 20. Aufl. Düsseldorf 1987. – *Urlaub, A.:* Verbrennungsmotoren. Bd. 1: Grundlagen. Berlin, Heidelberg 1987.

Zünddruck →Spitzendruck

Zünder. Z. haben die Aufgabe, einen Gefechtskopf oder eine Sprengladung im Ziel bzw. zu einem gewünschten Zeitpunkt zu zünden. Z. regen im Sprengstoff Stoßwellen an, die sich mit Geschwindigkeiten von etwa 2000–8000 m/s ausbreiten. Nicht verwechselt werden dürfen die Z. mit den Anzündern.

Anzünder dienen im Gegensatz zu den Z. der Anzündung von Treibladungen für Geschosse, Raketen u. ä.

Anzünder lösen eine →Verbrennung (auch Deflagration genannt) aus, die dadurch gekennzeichnet ist, daß sie sich durch Wärmeausbreitung fortpflanzt und zwar mit Geschwindigkeiten bis zu etwa 2000 m/s.

Anzünder, die Treibladungen anzünden, werden Treibladungsanzünder genannt (ältere Bezeichnung auch Zündschraube).

Die Unterschiedsmerkmale der Z.: Die Unterschiedsmerkmale (Bild 1) der vielfältigen Z.-Arten bestehen im wesentlichen nur in der Art der Einleitung der Zündung.

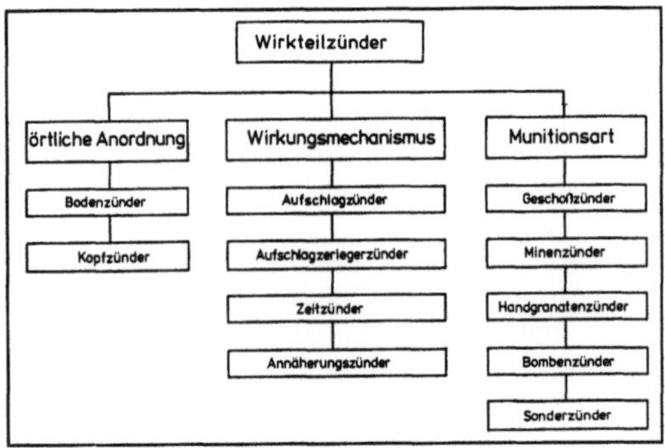

Zünder 1: Wirkteilzünder.

Das Grundkonzept einzelner Z.-Baugruppen, wie z. B. die Entsicherungssysteme, sind bei allen Z.-Arten annähernd gleich.

Nach der Art der Einleitung der Zündung unterscheidet man elektrische und mechanische Z. je nachdem, ob die Zündung von einem elektrisch zündbaren Detonator oder von einem mechanisch, z. B. durch eine Zündnadel auslösbaren Detonator eingeleitet wird.

Nach der örtlichen Anordnung im →Geschoß bzw. in der →Rakete unterscheidet man Boden-Z. und Kopf-Z. (Bild 2). Hinsichtlich des Wirkungsmechanismus gibt es Aufschlag-Z. und Aufschlagzerleger-Z., Zeit-Z., Annäherungs-Z. und Abstands-Z. Auf die Munitionsart bezogen unterscheidet man z. B. Geschoß-Z., Minen-Z., Handgranaten-Z. und Bomben-Z. Neben diesen genannten typischen Z.-Arten gibt es noch Kombinationen, die sich zwangsläufig aus den an die einzelnen Funktionen zu stellenden Forderungen ergeben.

Der Boden-Z. hatte z. Z. der schweren Schiffs- und Belagerungsartillerie seine besondere Bedeutung insofern, als er das Geschoß erst nach dem Durchdringen starker Panzerungen zur Detonation bringen sollte. Der Boden-Z. reagiert erst dann, wenn ihn die nach der Zielberührung durch die

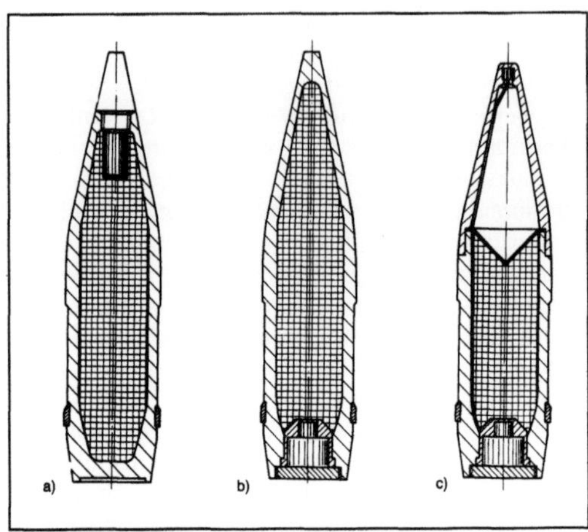

Zünder 2: Zünderanordnungen.
a) Sprenggeschoß mit Kopf-Zünder
b) Sprenggeschoß mit Boden-Zünder
c) Hohlladungsgeschoß mit elektronischem HL-Zünder.

Geschoßhülle laufende Stoßwelle erreicht. Während dieser Zeit, die durch die Länge des Geschosses und die Schallgeschwindigkeit im →Material der Geschoßhülle gegeben ist, bewegt sich das Geschoß entsprechend der Fluggeschwindigkeit weiter.

Eine Sonderform des Boden-Z. ist der Hohlladungs-Z. Bei diesem wird eine Initiierung der Sprengladung vom Boden her und gleichzeitig eine sehr kurze Ansprechzeit (wenige Mikrosekunden) verlangt. Gelöst wird diese Aufgabe dadurch, daß man einen elektrisch zündbaren Boden-Z. verwendet und diesen über einen elektrischen Leiter mit einer in der Geschoßspitze angeordneten Energiequelle oder einem Schalter verbindet, so daß im Moment der Zielberührung bereits die Zündung eintreten kann.

Wenn man dagegen auf eine Initiierung vom Boden her verzichten kann, werden Kopf-Z. verwandt. Kopf-Z. haben gegenüber den Boden-Z. folgende Vorteile: Zum einen kann der Einbau der Z. erst kurz vor dem Schuß erfolgen. Das ermöglicht eine getrennte Lagerung von Z. und Geschoß, was aus Gründen der →Sicherheit von Bedeutung sein kann. Zum anderen haben Kopf-Z. den Vorteil, daß kurz vor dem Schuß noch Einstellungen, wie z. B. die Einschaltung einer Zündverzögerung bei Aufschlag-Z. oder die Einstellung der Laufzeit von Zeit-Z., möglich sind.

Aufschlag-Z. zünden beim Aufschlagen des Geschosses auf das Ziel. Eine Variante des Aufschlag-Z. ist der Aufschlagzerleger-Z. (Bild 3). Er hat die Eigenschaft, die Zündung mittels eines besonderen Schaltglieds nach einer bestimmten Flugzeit einzuleiten, sofern bis zu diesem Zeitpunkt keine Aufschlagzündung erfolgt ist.

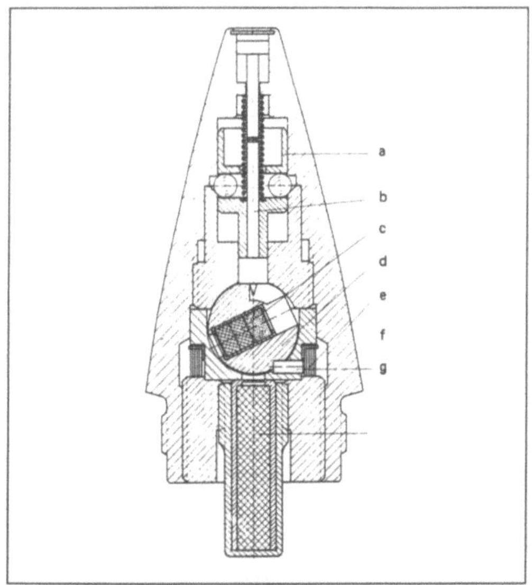

Zünder 3: Aufschlagzerleger-Zünder (AZZ).

a Zerlegersystem, b Zündnadel, c Detonator, d Rotor, e Sicherungsband, f Sicherungsstift, g Verstärkungsladung

Eine praktische Anwendung findet dieser Wirkungsmechanismus beispielsweise beim Beschuß fliegender Ziele (Luftabwehr). Verfehlt das Geschoß sein Ziel, so tritt nach Ablauf der Zerlegerzeit die Zerlegereinrichtung in Funktion und leitet in der Luft die Zündung des Geschosses ein. Ohne diese Selbstzerlegung würde das Geschoß erst beim Auftreffen auf dem Boden detonieren und dabei u. U. auf eigenem Gebiet unbeabsichtigt Schaden anrichten.

Der Zeit-Z. leitet nach einer bestimmten Flugzeit, die meistens vor dem Laden eingestellt werden kann, die Zündung ein. Zeit-Z. arbeiten sowohl auf mechanischer als auch auf elektronischer Basis. Die ausschließlich elektronischen Annäherungs-Z. arbeiten aktiv oder passiv. Aktive Z. werden durch einen Effekt ausgelöst, den der Z. selbst verursacht, z. B. elektromagnetische Wellen, die vom Z. erzeugt und abgestrahlt und vom Ziel reflektiert werden. Passive elektronische Annäherungs-Z. reagieren auf einen Effekt, der vom Zielobjekt erzeugt wird, wie z. B. die Infrarotabstrahlung von Wärmequellen oder auch die von Geräuschquellen ausgehenden Schallwellen.

Sowohl bei Zeit- als auch bei Annäherungs- und Abstands-Z. werden oftmals zusätzlich Aufschlag-Zündsysteme eingebaut, damit der Z. bei etwaiger Zielverfehlung durch den folgenden Aufschlag auf den Boden anspricht und das Geschoß zerlegt.

Annäherungs-Z. setzt man vornehmlich gegen Flugziele ein. Dabei spielt eine Variante des Annäherungs-Z., der Vorbeiflug-Z., eine besondere Rolle in der Tieffliegerabwehr. Dieser Z. wird auf Grund der besonderen Richtcharakteristik seiner →Antenne im optimalen Vorbeiflugpunkt gezündet, wobei einer zusätzlichen Aufschlagzündeinrichtung für den Fall des direkten Treffens in jedem Fall der Vorrang der Zündeinleitung eingeräumt ist.

Eine weitere Sonderform des Annäherung-Z. ist der elektronische Abstands-Z. gegen Bodenziele (Bodenabstands-Z.). Er arbeitet vorzugsweise nach dem Prinzip der Signallaufzeit-Auswertung und ist dadurch weitgehend unabhängig vom Fallwinkel des Geschosses und vom Reflexionsverhalten des Zielgebiets. Der (Boden-)Abstands-Z. zündet, wenn ein bestimmter, für die Wirkung optimaler Abstand zwischen Ziel und Geschoß erreicht ist.

Mechanische Abstand-Z., wie sie früher vorzugsweise bei Bomben in Form eines teleskopartig ausfahrbaren, den Zündabstand darstellenden Stabs angewendet wurden, sind heute nicht mehr im Einsatz.

Die ebenfalls zu den Wirkteil-Z. zu rechnenden Minen-Z. werden allgemein in Land- und Seeminen-Z. unterteilt. Landminen sind zum überwiegenden Teil Panzerminen, zum geringeren Teil Schützenminen. Sie werden wenige Zentimeter unter der Erdoberfläche verlegt. Ihre Z. sollen z. B. durch den Druck des über sie hinwegrollenden Fahrzeugs ausgelöst werden.

Für die Minen-Z. (wie auch für die Minen selbst) wird gefordert, daß sie möglichst keine Metalle enthalten, da Minensuchgeräte auf Metalle reagieren. Ferner wird in den meisten Fällen gewünscht, daß die Minen-Z. eine Wiederaufhebsicherung besitzen, damit eine aufgespürte →Mine nicht durch einfaches Aufheben entschärft oder entfernt werden kann. Im Augenblick des versuchten Aufhebens muß vielmehr ein Schaltglied in Funktion treten, das die Mine zur Detonation bringt.

Die Seeminen-Z. dienen dazu, Seeminen im Augenblick der größten Wirkungsmöglichkeit zu zünden, nämlich wenn Schiffe die Minen berühren oder sich ihnen so weit genähert haben, daß das Zünden als wünschenswert erscheint. Den Seeminen-Z. liegen verschiedene Konstruktionsprinzipien zugrunde. Als Beispiele seien hier nur mechanische, akustische und magnetische Z. genannt.

Bei Handgranaten-Z. wird der gewünschte Zeitpunkt der Zündung vom Werfer bestimmt. Im allgemeinen wird vor dem Wurf eine Transportsicherung gelöst. Danach spricht der Z. je nach Konstruktionsprinzip nach einer bestimmten Zeit (evtl. noch auf der Flugbahn) oder beim Aufschlag der Handgranate an.

Bomben-Z. können ebenso wie Artillerie-Z. in Aufschlag-, Zeit- und Abstands-Z. aufgegliedert werden. Es besteht kein Unterschied zwischen Artillerie- und Bomben-Z. Lediglich die Konstruktionsmerkmale der Z.-Baugruppen können unterschiedlich sein, da auch der Bomben-Z. den speziellen

Forderungen des Wirkteils angepaßt werden muß. Vielfach werden Bomben wegen des ausreichend zur Verfügung stehenden Raums mit mehreren Z. gleicher oder verschiedener Wirkungsmechanismen ausgerüstet.

Eine an dieser Stelle erwähnenswerte Variante des Annäherung-Z. bei Bomben ist der barometrische Z. Dies ist ein luftdruckabhängiger Z., der in einer bestimmten Höhe über dem Zielgebiet, d. h. bei Erreichen des dort herrschenden Luftdrucks anspricht. Die Einstellung auf diesen Luftdruck erfolgt vor dem Abwurf der Bombe von außen am Z. Barometrische Z. werden u. a. bei Leuchtbomben und Luftminen angewandt. *Backstein*

Zündfolge. Reihenfolge, in der die verschiedenen Zylinder eines Mehrzylindermotors zünden.

Beim →Viertaktmotor erstreckt sich ein →Arbeitsspiel über 2 Kurbelwellenumdrehungen, also über 720°KW (Grad Kurbelwinkel). Beim Einzylindermotor beträgt damit auch der Zündabstand 720°KW. Bei Mehrzylindermotoren bevorzugt man eine gleichmäßige Z., d. h. gleichen Zündabstand von Zylinder zu Zylinder. Damit errechnet sich der Zündabstand für einen Viertaktmotor mit z Zylindern zu $\frac{720°KW}{z}$. Da die Zündung bei einer definierten Stellung des Kolbens nahe dem oberen Totpunkt erfolgen soll, muß die Kurbelwelle entsprechend dem Zündabstand gekröpft sein. Die Reihenfolge, in der die Zylinder zünden, ist aber hiernach noch frei. Sie wird nach folgenden Gesichtspunkten festgelegt (in der Rangfolge):

□ geringste Massenmomente (die Massenkräfte sind von der Z. unabhängig),
□ geringste Lagerbelastung (benachbarte Zylinder sollten wegen des gemeinsamen Grundlagers möglichst nicht hintereinander zünden),
□ geringste Anregung für Drehschwingungen.

Bei Zweitaktmotoren ist der Zündabstand bei gleichmäßiger Z. $\frac{360°KW}{z}$. Damit ergeben sich andere Kurbelwellen und andere Z. *Kuhlmann*

Zündgrenze. Grenze für das →Verbrennungsluftverhältnis λ_v, außerhalb derer sich ein Kraftstoff-Luft-Gemisch nicht mehr entflammen kann.

Die Z. (untere und obere) sind besonders wichtig für die Entflammung des Kraftstoff-Luft-Gemisches im →Brennraum eines Ottomotors. Das an der Zündkerze befindliche Gemisch muß innerhalb der Z. liegen, damit überhaupt eine →Verbrennung eintritt. Die Z. können für ein Benzin-Luft-Gemisch z. B. mit $0,6 < \lambda_v < 1,3$ angegeben werden. Sie sind aber abhängig u. a. vom →Verdichtungsverhältnis und von der Stärke des Zündfunkens. Die untere Z. ist nur für den Start des Motors wichtig, bei dem eine

hohe Überfettung auftreten kann. Die obere Grenze ist für Motoren wichtig, die zur →Kraftstoffeinsparung und Verringerung der Schadstoffe im Abgas mager oder sogar sehr mager fahren sollen (→Magermotor). *Kuhlmann*

Zündkerze. Bauteil, das das Kraftstoff-Luft-Gemisch im →Brennraum eines Ottomotors entzündet (→Motor).

Die Z. werden so in den →Zylinderkopf eines Ottomotors geschraubt, daß sie bündig mit der Brennraumwand abschließen. Die Zündanlage bewirkt, daß bei der genau richtigen Kolbenstellung ein Funke zwischen den beiden Elektroden der Z. überspringt (→Zündzeitpunkt). Die Stärke des Zündfunkens ist für eine zuverlässige Entflammung des Gemisches wichtig, besonders wenn man mit magerem Gemisch fährt (→Zündgrenze). Wird die Z. zu heiß, brennen die Elektroden ab, bleibt sie dagegen zu kalt, dann verrußt sie. Um Z. an thermisch unterschiedlich beanspruchte Motoren und unterschiedlichen Motorbetrieb anzupassen, werden sie mit verschieden starker Wärmeableitung konstruiert (Wärmewert). *Kuhlmann*

Zündverzug. Zeit, die zwischen dem Auftreten des Zündfunkens (beim →Ottomotor) bzw. der Einspritzung des Kraftstoffs (beim →Dieselmotor) und dem Beginn der →Verbrennung vergeht.

Zwischen dem Herstellen der Bedingungen für eine Verbrennung (Zündfunke bzw. Kraftstoffeinspritzung in hochverdichtete Luft) und dem Verbrennungsbeginn vergeht eine bestimmte Zeit. Während dieses Z. laufen im Kraftstoff-Luft-Gemisch Vorreaktionen ab, ohne daß es zu einer merklichen Erhöhung des Zylinderdrucks kommt. Auf den Z. muß bei der Wahl des Zündzeitpunkts bzw. des Einspritzbeginns (→Spritzversteller) Rücksicht genommen werden. *Kuhlmann*

Zündzeitpunkt. Zeitpunkt, zu dem der Zündfunke im →Brennraum eines Ottomotors überspringt, angegeben als Drehwinkel der Kurbelwelle vor dem oberen Totpunkt (v. OT) in Grad.

Wegen des Zündverzugs muß der Zündfunke an der Zündkerze deutlich vor dem oberen Totpunkt überspringen (bei hoher Motordrehzahl z. B. 40°KW v. OT). Die Wahl des Z. muß nach verschiedenen Gesichtspunkten erfolgen:

□ Für größten Wirkungsgrad muß man den Z. so legen, daß der Druckanstieg durch die →Verbrennung etwa im oberen Totpunkt erfolgt (Z. früh).
□ Um den Motor thermisch zu entlasten, wird der Z. bei Vollast etwas später gelegt.
□ Um den Ausstoß an Stickoxid (NO_x) zu vermindern, legt man den Z. später.
□ Bei weniger klopffestem →Kraftstoff führt →Frühzündung zu klopfender Verbrennung. Des-

halb darf der Z. nicht zu früh liegen. Es muß ein entsprechender Abstand zur Klopfgrenze eingehalten werden. Nur bei vorhandener Klopfregelung (selten) wird an der Klopfgrenze gefahren.

Nach dem Gesagten muß der Z. in Abhängigkeit von der Drehzahl und von der Last verstellt werden. Dies geschieht durch Fliehkraftverstellung und Unterdruckdose am Zündverteiler. Bei modernen Zündanlagen wird der gewünschte Z. mit einer Digitalelektronik kennfeldabhängig errechnet und gesteuert. *Kuhlmann*

Zug, magnetischer. In elektrischen Maschinen wirken zwischen Stator und Rotor magnetische Kräfte, die sich in radiale und tangentiale Komponenten zerlegen lassen. Während die Tangentialkräfte das Drehmoment bewirken, stehen die Radialkräfte bei zentrisch gelagertem Rotor miteinander im Gleichgewicht.

Ein m. Z. entsteht, wenn sich der Rotor exzentrisch verlagert. Da die Kräfte mit kleiner werdendem →Luftspalt zunehmen, haben sie die Tendenz, den Rotor noch weiter durchzubiegen. Dies führt zu einer Erniedrigung der biegekritischen Drehzahl, da sich der Wellensteifigkeit eine negative Magnetfederkonstante überlagert. *Witfeld*

Zugdruckumformen. Z. eines festen Körpers ist ein Umformen, bei dem der plastische Zustand des Körpers im wesentlichen durch eine zusammengesetzte Zug- und Druckbeanspruchung herbeigeführt wird. Zum Z. gehören z. B. das Durchziehen, Tiefziehen, Drücken, Kragenziehen und das Knickbauchen. *Baumann*

Zugmittel →Zugmittelgetriebe

Zugmittelgetriebe. Diese übertragen und wandeln Drehzahlen und Drehmomente mit Hilfe von biegeschlaffen Maschinenelementen wie Seile, →Riemen oder Ketten, die nur Zugkräfte fortleiten können und deshalb als Zugmittel bezeichnet werden. Die Zugmittel werden im →Umschlingungswinkel α über den äußeren Umfang von Scheiben oder Rädern geführt, die auf An- und Abtriebswellen eines Z. befestigt sind, und übertragen deren Umfanggeschwindigkeit und Umfangkraft (Bild 1). Sie umschlingen und umhüllen letztere. Deshalb werden Z. auch Umschlingungsgetriebe oder Hülltriebe genannt. Die Betriebseigenschaften eines Z. werden durch die Art seines Zugmittels bestimmt. Daher werden u. a. die Z.-Arten in Flachriemen-, Keilriemen-, Zahnriemen-, Ketten- und →Reibkettengetrieben unterschieden (Bild 2); (→Schubgliedergetriebe).

Formschlüssige Z. (→Schlußart) mit formschlüssiger Übertragung von Umfanggeschwindigkeit und

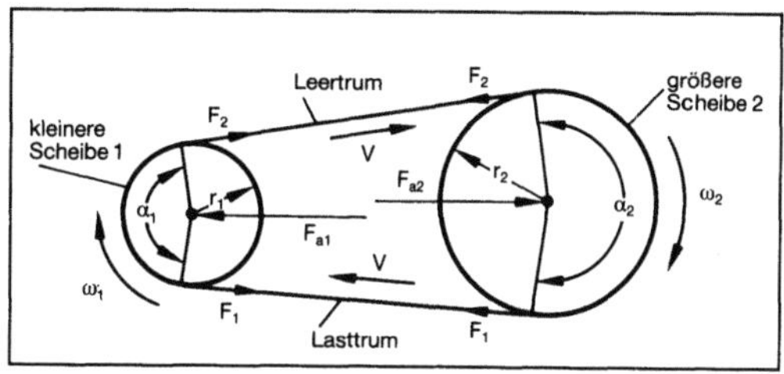

Zugmittelgetriebe 1: Einfaches (offenes) Zugmittelgetriebe mit Bezeichnungen (schematisch).

1 treibende Scheibe
F_1, F_2 Zugkraft im Lasttrum, Leertrum des Zugmittels
F_{a1}, F_{a2} gleichgroße axiale Wellenspannkräfte

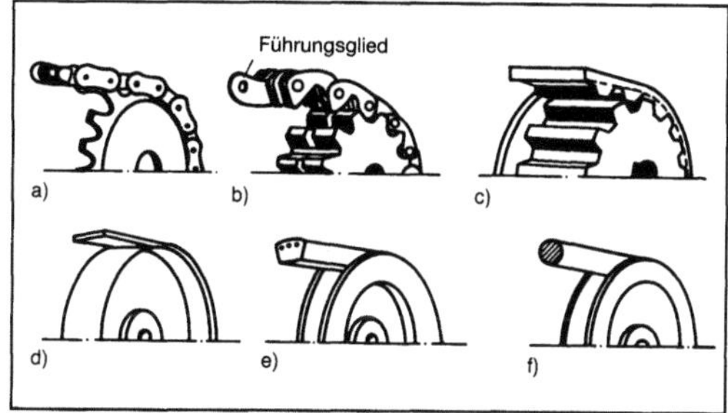

Zugmittelgetriebe 2: Bauarten von Zugmitteln.
Formschlüssige Zugmittelgetriebe:
a) Rollenkette mit Kettenrad
b) Zahnkette mit Zahnkettenrad
c) Zahnriemen mit Zahnscheibe.
Reibschlüssige Zugmittelgetriebe:
d) Band, Flachriemen mit Riemenscheibe
e) Keilriemen mit Keilrillenscheibe
f) Seil, Rundschnur mit Rundrillenscheibe.

Umfangkraft zwischen Scheibe und Zugmittel (Bild 2a)–2c)) haben stets eine konstante oder nur in Stufen veränderliche Übersetzung und eine eindeutige gegenseitige Zuordnung der momentanen Winkellagen von An- und Abtriebswelle.

Reibschlüssige Z. (Bild 2d)–2f)) weisen dagegen mit steigendem Drehmoment (Umfangkraft) einen zunehmenden, geringen →Dehnschlupf auf. Deshalb sind sie für synchrone Drehzahlübertragung ungeeignet. Dagegen kann ihre Übersetzung stufenlos veränderlich gemacht werden (z. B. zu Regelzwecken).

Die Übersetzung i ergibt sich bei einfachen (offenen) Z. mit nur 2 Wellen (Bild 1) mit Antrieb bei Scheibe 1, Abtrieb bei 2:
□ Für reibschlüssige Z. Schlupf vernachlässigt:

$$i = n_{an}/n_{ab} = \omega_{an}/\omega_{ab} = \frac{v/r_{w\ an}}{v/r_{w\ ab}} = \frac{r_{w\ ab}}{r_{w\ an}},$$

mit n Drehzahl, ω Winkelgeschwindigkeit, v Geschwindigkeit des Zugmittels gleich Umfanggeschwindigkeit einer Scheibe im Radius r_w.

Dabei ist r_w der →Wirkradius einer Scheibe, bei dem ihre Umfanggeschwindigkeit gleich der linearen Geschwindigkeit des einlaufenden Trums ist.

□ Für formschlüssige Z.:

$$i = n_{an}/n_{ab} = z_{ab}/z_{an};$$

dabei ist z Zähnezahl der An-, Abtriebszahnscheibe.

Für alle Arten von Z. gilt:

□ Vorspannung des Zugmittels im Stillstand ist erforderlich, um sichere Führung des Zugmittels und bei reibschlüssigen Z. genügend Anpreßkraft zwischen Zugmittel und Scheibe, somit genügend Reibkraft, zu gewährleisten (→Spannverfahren).

□ Die mit Trumkräften F_1 und F_2 übertragene Leistung (Bild 1) mit Nutzkraft (Umfangkraft) $F_n = F_1 - F_2$ wird bei Vernachlässigung von Reibungsverlustleistungen und Schlupf:

$$P = vF_n = \omega_1 r_1 T_1/r_1 = T_1\omega_1 = T_2\omega_2.$$

□ Fliehkraft $F_f = qv^2$ belastet das Zugmittel gleichmäßig in seiner ganzen Länge; dabei bedeutet q dessen Masse je Längeneinheit (kg/m).

□ Die maximale Geschwindigkeit v_{max} eines Zugmittels wird theoretisch erreicht, wenn die zulässige, ertragbare Trumspannung F_1 allein durch die Fliehkraft F_f ausgeschöpft wird. Dann werden $F_1 = F_2$, $F_n = 0$ und damit die übertragbare Leistung $P = 0$.

□ Die maximale Leistung eines Zugmittels wird theoretisch bei seiner optimalen Geschwindigkeit $v_{opt} = v_{max}/\sqrt{3}$ übertragen, während die Leistung bei $v = 0$ (Stillstand) und bei v_{max} ($F_n = 0$) $P = 0$ ist. Infolge unterschiedlicher Masse je Längeneinheit und unterschiedlicher zulässiger Trumkräfte ergibt sich für jede Z.-Art ein typischer optimaler Geschwindigkeits- und damit auch Hauptanwendungsbereich.

□ Die zulässige Belastung des Lasttrums wird von der Längung des Zugmittels durch Verschleiß (Ketten) oder von dessen Zermürbung (Riemen) bestimmt, die während einer vorgesehenen →Lebensdauer durch periodische Biegungen beim Lauf über die Scheiben, Räder entstehen. Sie sinkt mit stärkerer Biegung, d. h. kleinerem Durchmesser der kleinsten Scheibe, und beträgt nur einen Bruchteil (6–15%) der Zugfestigkeit im Neuzustand. *H. W. Müller*

Zugumformen. Z. eines festen Körpers ist ein Umformen, bei dem der plastische Zustand des Körpers im wesentlichen durch ein- oder mehrachsige Zugbeanspruchung herbeigeführt wird. Zum Z. gehören beispielsweise das Längen, Breiten und Tiefen. *Baumann*

Zunder. Als Z. werden i. a. die bei hohen Temperaturen auf Metalloberflächen entstehenden, vorwiegend oxidischen Korrosionsprodukte bezeichnet. *Baumann*

Zunderbrecher. Z. ist die Bezeichnung für ein Walzgerüst mit Horizontal- oder Vertikalwalzen, die bei geringer Stichabnahme den Zunder aufbrechen. *Baumann*

Zurichterei. Eine Z. (oft auch →Adjustage genannt) ist derjenige Betriebsbereich, in dem die Gießprodukte, Walz- oder Schmiedeerzeugnisse entweder zur Weiterverarbeitung vorbereitet oder versandfertig gemacht werden. Dabei werden die Erzeugnisse geprüft, geputzt, gerichtet, gestrahlt, sortiert, beschnitten, zerteilt und/oder verpackt. *Baumann*

Zuschaltventil →Druckventil

Zuschlagstoff. Ein Z. ist ein nichtmetallischer Stoff, der bei der metallurgischen Gewinnung oder Raffination der Metalle den Einsatzstoffen vor dem Schmelzen, beispielsweise beim Brikettieren, Pelletieren und →Sintern, oder beim Schmelzprozeß, beispielsweise Kalk, Flußspat, Soda und Kohlungsmittel, zugegeben wird. Damit erzielt man beispielsweise eine mechanische oder eine chemische Wirkung. *Baumann*

Zustandsänderung. Die Z. ist die Folge der Zustände, die innerhalb einer Maschine oder eines Apparats durchlaufen werden.

Für eine Strömungsmaschine ist die wirkliche Z. wegen der vielfältigen Einflüsse sowohl meßtechnisch wie auch rechnerisch nur schwer nachzuvollziehen und müßte genau genommen für jeden Stromfaden innerhalb der Strömung gesondert bestimmt werden (→Strömung, dreidimensionale; →Sekundärströmung). Deshalb wird meistens näherungsweise eine polytrope Z. durch entweder über den ganzen Querschnitt oder aber über Teilquerschnitte gemittelte Ein- und Austrittszustände gelegt. Zumindest in diesen Punkten stimmen die polytropen mit den wirklichen Zuständen überein. Bei sonst zum Vergleich herangezogenen Z. (z. B. der isentropen Z.) ist nur der Eintrittszustand gemeinsam. Die Austrittszustände weichen um so weiter voneinander ab, je größer die Zustandsänderung ist (→Wirkungsgrad). *Dibelius*

Zustandsgröße. Die Z. ist eine physikalische Größe, die dazu beiträgt, den Zustand eines bestimmten Fluids zu beschreiben. Dazu gehören die thermischen Z. Druck p, spezifisches Volumen v oder Dichte $\varrho = 1/v$ und Temperatur T und die kalorischen Z., unter anderem spezifische Enthalpie h, spezifische innere Energie u und spezifische Entropie s. Im allgemeinen reichen 2 Z. aus, um den Zustand eindeutig festzulegen. Alle anderen zum gleichen Zustand gehörenden Größen lassen sich mit den für das Fluid spezifischen Zustandsgleichungen berechnen. Es gibt jedoch Ausnahmen, wo bestimmte Paare von Z. zur Beschreibung des Zustands nicht ausreichen:

☐ Im Zweiphasengebiet liefert die sonst am häufigsten verwendete Paarung von Druck und Temperatur keine Aussage über die Anteile von Flüssigkeit und Dampf, denn beide Größen sind durch das Sättigungsgesetz in diesem Bereich miteinander verknüpft und bleiben bei Verdampfung oder →Kondensation gleich.

☐ Für viele Flüssigkeiten ändert sich die Dichte nur wenig und bleibt im Grenzfall der hypothetischen idealen Flüssigkeit im betrachteten Zustandsraum konstant. Weder sie noch das spezifische Volumen eignen sich deshalb in diesem Fall zur Beschreibung des Zustands. *Dibelius*

Zuteilgerät. Z. in Mischanlagen sind Fördereinrichtungen für Zuschlagstoffe, Bindemittel und Zusatzstoffe. Die Auswahl der zur Anwendung kommenden Geräte wird durch die jeweils verwendete Lagerung, Anlagenform und -leistung und die Materialeigenschaften bestimmt. Für die Zuschlagstofförderung in Materialvorratsbehälter von Horizontalanlagen setzt man Förderbänder (→Bandförderer) und Schrappanlagen ein. Bei der Befüllung von Silos in Vertikalanlagen (Mischtürme) finden außer Förderbändern auch Becherwerke Verwendung. Die Förderung von Bindemitteln und pulverförmigen Zusatzstoffen geschieht über Förderschnecken, die bei längeren Förderwegen hintereinander geschaltet werden können. *Kühn*

Zuverlässigkeit. Z. ist die Wahrscheinlichkeit, daß eine betrachtete Funktion störungsfrei und korrekt ausgeführt wird. Experimentell wird sie dargestellt als Quotient aus der Anzahl der richtig erfüllten Funktionen zur Gesamtzahl aller Versuche (→Verfügbarkeit). *Jünemann*

Zwanglauf →Laufgrad

Zwangsmischer. Z. sind kontinuierlich oder diskontinuierlich arbeitende →Mischer in Anlagen zur →Materialherstellung. Bei Mischern nach diesem Verfahrensprinzip wird die Mischwirkung im Gegensatz zu den Freifallmischern durch eine zwangsweise Führung des Mischguts mittels Mischwerkzeugen erzielt. Bauformen dieser Mischer sind →Trogmischer und →Tellermischer. *Kühn*

Zwanzigwalzen-Walzgerüst. Zum Herstellen von verhältnismäßig dünnem Band aus schwer umformbaren Werkstoffen (z. B. Edelstahl) werden als Kaltwalzgerüste Z.-W. oder →Zwölfwalzen-W. eingesetzt. Z.-W. haben Arbeitswalzen mit Durchmessern zwischen etwa 10 mm und etwa 80 mm. Die

klassischen W. dieser Art haben Monoblock-Walzengehäuse (Bild). Neuzeitliche Z.-W. haben waagerecht geteilte Walzengehäuse, die für Einfädelvorgänge geöffnet werden können. Diese Walzengehäuse haben in geschlossenem Zustand beim Walzen den gleichen Gerüstmodul wie die Monoblock-Walzengehäuse. *Baumann*

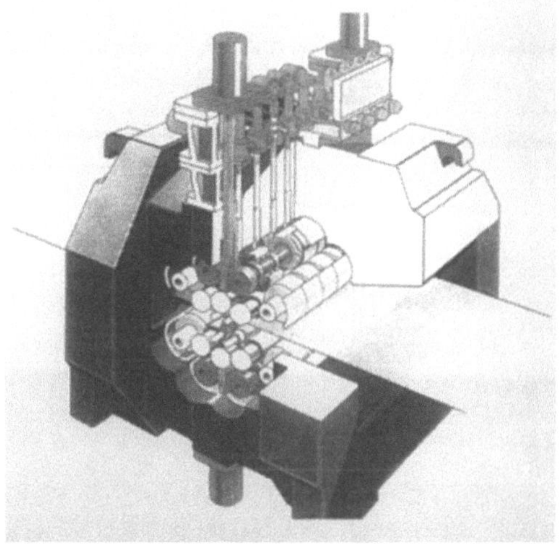

Zwanzigwalzen-Walzgerüst: Arbeitsprinzip.

Zwei-Ebenen-Auswuchten. Ein Verfahren, bei dem die dynamische →Unwucht eines starren Rotors ausgeglichen werden kann. *Witfeld*

Zweiflächenlager →Gleitlager, hydrodynamisches; →Gleitlager-Bauform

Zweiflanken-Wälzprüfung. Bei der Z.-W. kämmt ein Lehrzahnrad (→Zahnrad hoher Genauigkeit) mit dem zu prüfenden Rad in dauernd spielfreiem Eingriff. Die sich daraus ergebende Achsabstandsänderung während der Drehbewegung ist ein Maß für die Herstellabweichungen des Prüfrads.

Bei dem Meßverfahren können die Zweiflanken-Wälzabweichung $F_i^{\|}$, die größte Differenz des gemessenen Achsabstands während einer Radumdrehung, sowie der Zweiflanken-Wälzsprung $f_i^{\|}$, die größte Achsabstandsdifferenz während eines Zahneingriffs, ermittelt werden. Beide Größen werden u. a. zur Beurteilung der →Verzahnungsqualität herangezogen. Rückschlüsse auf das Laufverhalten sind jedoch nur eingeschränkt möglich, da Einflüsse der Herstellabweichungen der Vor- und Rückflanke in das Meßergebnis eingehen. Dennoch findet diese Sammelfehlerprüfung eine breite Anwendung. Das benötigte Meßgerät ist einfach im Aufbau und relativ unempfindlich in der Handhabung (Bild). *Winter*

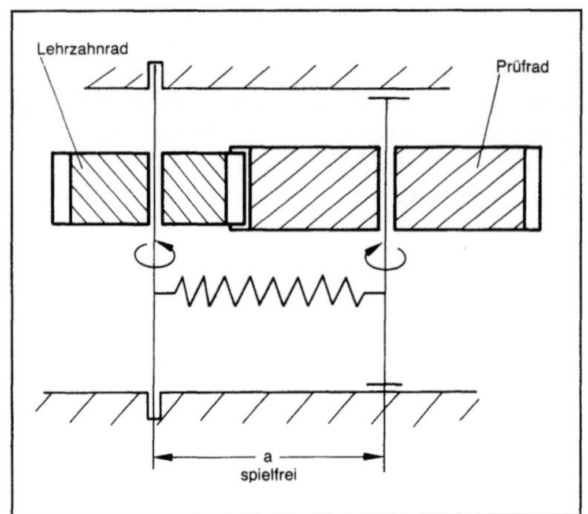

Zweiflanken-Wälzprüfung: Messung der Achsabstandsdifferenz.

Literatur: VDI/VDE 2608: Einflanken- und Zweiflankenwälzprüfung von gerad- und schrägverzahnten Stirnrädern mit Evolventenprofil. Hrsg. Verein Dt. Ingenieure. Ausg. Febr. 1975.

Zweikanal-Klimaanlage. Der Außen- oder Mischluftstrom (Außen-Umluft-Gemisch) wird nach einer Grundaufbereitung (Filterung, Erwärmung, Befeuchtung) in 2 getrennte Leitungsnetze, das Warmluft- und Kaltluftleitungssystem, gefördert. Beide Zuluftströme (Auslegung der Warmluftleitung für ca. 50 %, der Kaltluftleitung für 80–100 % des Gesamtzuluftstroms) werden nacherwärmt auf ca. 30–50 °C bzw. gekühlt auf ca. 8–15 °C. Die Luftauslässe in den Räumen sind durch vorgeschaltete Mischkästen an beide Leitungen angeschlossen, so daß durch Mischung der entnommenen Teilströme eine zwischen beiden Lufttemperaturen liegende Zulufttemperatur, abgestimmt auf die jeweils vorliegende Wärme- bzw. Kühllast des Raums, eingeregelt werden kann (Bild 1). Räume mit maximaler Kühllast erhalten nur Kaltluft, Räume mit maximaler Heizlast nur Warmluft.

Diese Anlagenform wird fast nur als Hochdruck- oder Hochgeschwindigkeitsanlage (→Luftgeschwindigkeit 10–20 m/s) ausgeführt, um die Luftleitungsquerschnitte gering zu halten. Die mit schalldämmendem Material ausgekleideten Mischkästen enthalten neben der raumthermostatisch geregelten Luftmischungseinrichtung (Mischklappen bzw. -ventile mit Stellmotor) einen Regler zur Konstanthaltung des Zuluftstroms. Hierzu wird ein mechanisch wirkender federbetätigter Durchflußregler, oder ein Druckregler der über ein gekoppeltes Gestänge auf beide Mischventile bzw. -klappen gleichzeitig einwirkt (Verstellung), angewendet.

Zur Energieersparnis kann die Z.-K. für variable Volumenstromförderung bei Kühlbetrieb aus-

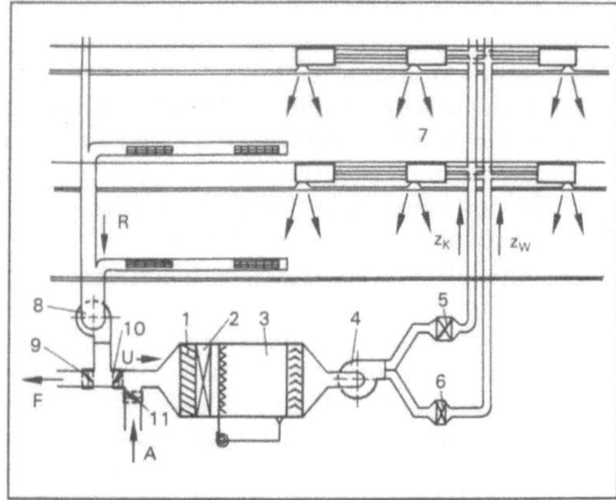

Zweikanal-Klimaanlage 1: Schematischer Aufbau der Zwei-Kanal-Hochdruck-Klimaanlage.

1 Luftfilter, 2 Vorerwärmer, 3 Luftbefeuchter, 4 Zuluftventilator, 5 Nachkühler, 6 Nacherwärmer, 7 Hochdruck-Luftauslaß, 8 Rückluftventilator, 9 Fortluftregelklappe, 10 Umluftregelklappe, 11 Außenluftregelklappe, A Außenluft, U Umluft, Z_K gekühlte Zuluft, Z_W erwärmte Zuluft, R Rückluft, F Fortluft

gebildet werden (VVS-System). Der nur aus Außenluft bestehende Kaltluftstrom wird hierbei ganzjährig mit konstanter Temperatur (ca. 15 °C) den Räumen zugeführt und in Abhängigkeit vom Kühllastanfall reduziert durch stufenlose Regelung des Zuluftventilators. Erst wenn bei einem Mindestkaltluftstrom (Mindestaußenluftstrom) die Raumtemperatur abfällt (unter Soll-Temperatur), wird der Warmluftregler geöffnet und Warmluft dem Zuluftstrom beigemischt. Wegen der hohen Luftstromreduzierung (auf ca. 30 %) ist hierbei wie bei der Einkanal-K. die Zulufteinführung hauptsächlich auf den Deckenbereich unter Verwenden von Luftauslässen mit hoher Induktionswirkung (diffuse Deckenauslässe) beschränkt (Bild 2, nächste Seite).

Vorteilhaft sind beim Einsatz dieser Anlagenform die rasch wirksam werdende individuelle Temperaturregelung in allen Räumen (keine Zonierung erforderlich) und die einfache Einregulierung sowie der Entfall eines aufwendigen Wassernetzes wie bei der Induktions-K. zu bewerten. Dafür ist ein umfangreiches Luftleitungsnetz (Kalt- und Warmluftleitungen) mit großen Querschnitten nötig, wodurch höhere Betriebskosten für die Heiz- und Kühlenergie sowie die Luftförderung (30–65 % höher als bei Induktions-K.) entstehen.

Weiterhin sind hierbei der große Platzbedarf für die Klimazentrale, das zusätzliche Leitungsnetz für die Umluftrückführung (nur bei Anlagen für Konstantvolumenstrom) und die Geräuschprobleme in den Räumen durch die Mischkästen nachteilig. Z.-K. wendet man deshalb nur noch wenig an. *K. G. Müller*

1463

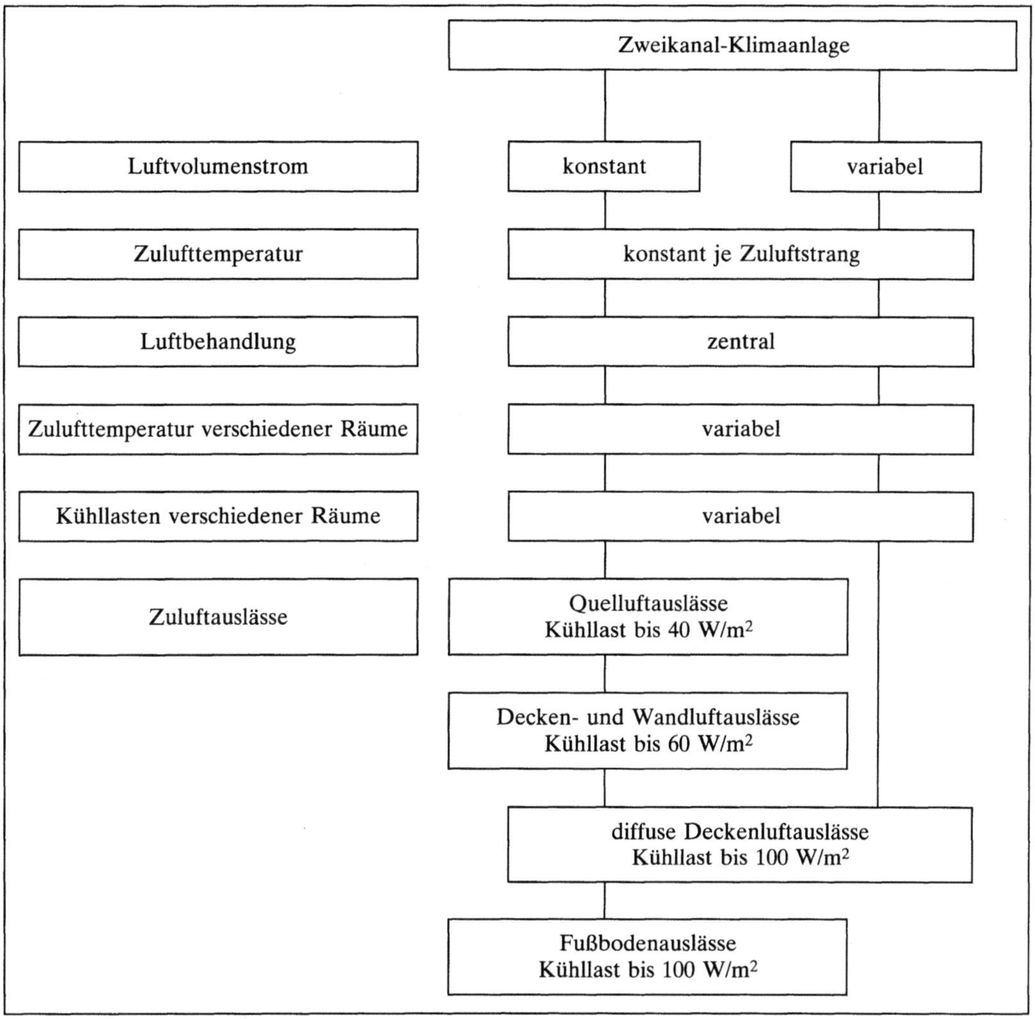

<table>
<tr><td colspan="2"></td><td colspan="2">Zweikanal-Klimaanlage</td></tr>
<tr><td>Luftvolumenstrom</td><td></td><td>konstant</td><td>variabel</td></tr>
<tr><td>Zulufttemperatur</td><td></td><td colspan="2">konstant je Zuluftstrang</td></tr>
<tr><td>Luftbehandlung</td><td></td><td colspan="2">zentral</td></tr>
<tr><td>Zulufttemperatur verschiedener Räume</td><td></td><td colspan="2">variabel</td></tr>
<tr><td>Kühllasten verschiedener Räume</td><td></td><td colspan="2">variabel</td></tr>
<tr><td rowspan="4">Zuluftauslässe</td><td></td><td colspan="2">Quelluftauslässe
Kühllast bis 40 W/m²</td></tr>
<tr><td></td><td colspan="2">Decken- und Wandluftauslässe
Kühllast bis 60 W/m²</td></tr>
<tr><td></td><td colspan="2">diffuse Deckenluftauslässe
Kühllast bis 100 W/m²</td></tr>
<tr><td></td><td colspan="2">Fußbodenauslässe
Kühllast bis 100 W/m²</td></tr>
</table>

Zweikanal-Klimaanlage 2: Systemübersicht.

Zweikugelmaß, diametrales. Die →Zahndicke kann nicht unmittelbar gemessen werden, da sie ein Bogenmaß ist. Es gibt verschiedene indirekte Meßmethoden. Das d. Z. (Bild) ist der äußere Abstand zweier Kugeln oder Rollen, die in diametral entgegengesetzte Zahnlücken eingelegt werden (bei →Innenverzahnung der innere Abstand).

Bei bekanntem Meßkugeldurchmesser D_M sowie den Verzahnungsdaten Zähnezahl z, Modul m_n, →Eingriffswinkel α_t kann die Zahndickensehne aus dem Zweikugelmaß M_d berechnet werden.

Der Durchmesser der Kugeln oder Rollen ist so zu wählen, daß diese sich etwa auf Mitte Zahnhöhe an den Zahnflanken abstützen und ferner über den Zahnkopf vorstehen. Das Z. schließt Abweichungen der Evolvente sowie der Flankenlinie mit ein. Mehrere Messungen am Umfang eines Rads erge-

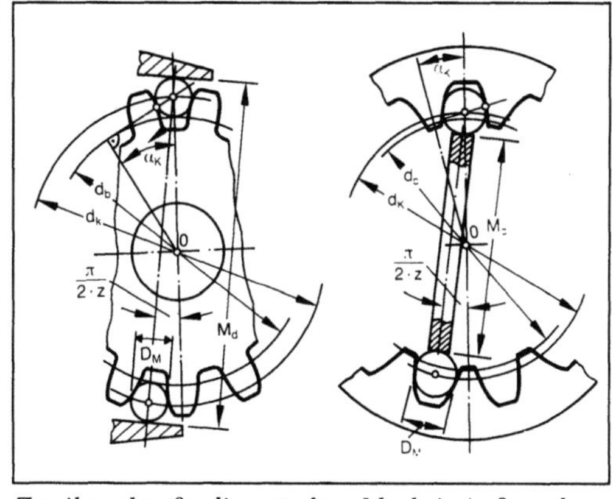

Zweikugelmaß, diametrales: M_d bei Außen- bzw. Innenverzahnung mit ungerader Zähnezahl.

ben das obere und das untere Abmaß (→Verzahnungstoleranz) der Zahndicke. *Winter*

Literatur: DIN 3960: Begriffe und Bestimmungsgrößen für Stirnräder (Zylinderräder) und Stirnradpaare (Zylinderradpaare) mit Evolventenverzahnung. Hrsg. Dt. Inst. für Normung. Ausg. Juli 1980.

Zweischlag. Ein Z. ist eine Assurguppe der Klasse II. Solche zweigliedrigen kinematischen Ketten (Gliedergruppen) dienen dazu, von einer Bahn (→Koppelpunktbahn, Trochoide) eine Bewegung abzuleiten oder den diese Bahn erzeugenden Punkt anzutreiben, z. B. als Vor- oder Nachschaltgruppe (→Getriebe zusammengesetzte). Als Beispiel für einen koppelkurvengesteuerten Z. diene ein sechsgliedriges Getriebe (Bild 1), dessen Grundgetriebe (Kurbelschwinge A_0ABB_0) den Z. $\overline{C_0C}$, $\overline{CK}$ durch den Koppelpunkt K antreibt. Ist die Gliedlänge $\overline{CK} = \varrho$, dem Radius eines die Koppelpunktbahn gut annähernden Krümmungskreises, so bleibt die Abtriebsschwinge während des Durchlaufs von K durch den Anschmiegungsbereich in Ruhe, solange C im Krümmungsmittelpunkt C_R liegt (Rastlage). Verläßt K den Anschmiegungsbereich, so durchläuft C seine Bahn k_c bis zur Rückkehr in die Rastlage: Der Abtriebswinkel ψ hat einen →Bewegungsablauf mit Rast.

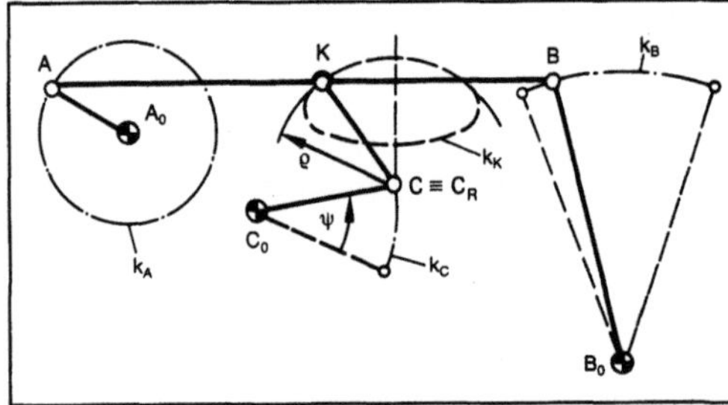

Zweischlag 1: Koppelkurvengesteuertes Rastgetriebe.

Schwinge $\overline{C_0C}$ von Zweischlag $\overline{C_0C}$, $\overline{CK}$ bleibt in Ruhe, solange Punkt C im Mittelpunkt des Krümmungskreises (Radius ϱ) liegt, an den sich Koppelpunktbahn k_K anschmiegt.

Einen trochoidengesteuerten Z. mit Schubgelenken zum Erzeugen einer Doppelrast (jeweils während des Durchlaufs durch die senkrechten Bereiche der Hypotrochoide k_B) zeigt Bild 2a), die zugehörige Übertragungsfunktion $s(\varphi)$ Bild 2b). Je nach kinematischen Abmessungen der antreibenden Bahn und des Z. können auch andere Bewegungsabläufe erzeugt werden.

Den Z. als Antrieb einer Totalschwinge (→Gelenkgetriebe) über einen Koppelpunkt zeigt Bild 3. Dieser Fall ist für den Konstrukteur interessant, weil Totalschwingen große Schwingwinkel (ψ^*, ψ^{**}) gegenüber dem Gestell beschreiben, mit nur vier Gliedern aber nicht umlaufend anzutreiben sind. *Gierse*

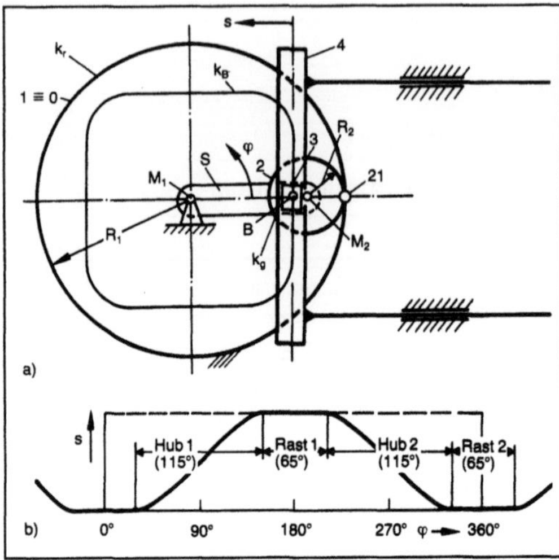

Zweischlag 2: Trochoidengesteuertes Zweirastgetriebe.

a) Umlaufrädergetriebe.

Planetenrad 2 wird von dem um M_1 drehend angetriebenen Steg S über Drehgelenk M_2 geführt und kämmt mit Momentanpol 21 seines Wälzkreises (Gangpolkurve k_g) mit dem Wälzkreis (Rastpolkurve k_r) des gestellfesten Hohlrads 1 T 0. Radienverhältnis $R_1/R_2 = 4$, d. h. k_B ist 4fach geschweifte Hypotrochoide. Im Gestell 0 gelagerter Schieber 4 durchläuft Abtriebsteg s mit 2 Rasten, wenn B auf dem Wendekreis liegt, k_B also eine Bahn mit genähert geradegeführten Bereichen ist.

b) Übertragungsfunktion $s(\varphi)$ des Abtriebsschiebers nach a) mit 2 Rasten.

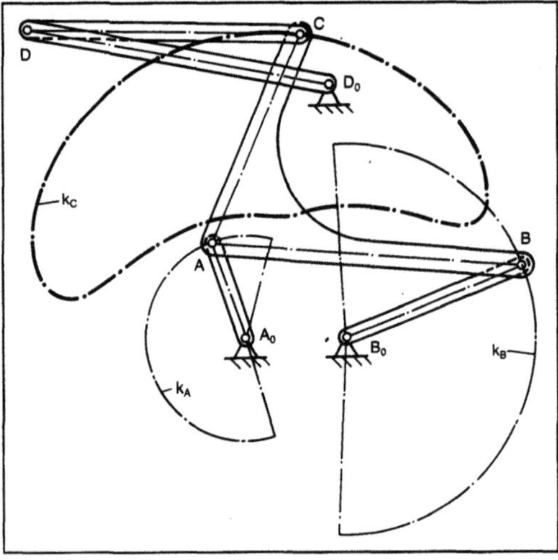

Zweischlag 3: Totalschwinge AoABBo als Doppelaußenschwinge mit umlaufendem Antrieb an Koppelpunkt C mittels Zweischlag $\overline{D_0D}$ (Antriebskurbel) – $\overline{DC}$.

Literatur: *Volmer, J.* (Hrsg.): Getriebetechnik Koppelgetriebe. Ost-Berlin 1979.

Zweistrom-Turbostrahltriebwerk. Ursprünglich ZTL, Beipasstriebwerk, Nebenstromtriebwerk T., bei dem nur ein Teil des Gesamtluftdurchsatzes durch die →Brennkammer und durch die Turbine strömt. Der andere Teil, die Beipassluft, strömt im Fall hohen Beipassverhältnisses durch einen meist nur einstufigen Verdichter niederen Druckverhältnisses außen um das Kerntriebwerk herum. Es sind dies Triebwerke für Langstrecken- und Verkehrsflugzeuge. Bei niederen Beipassverhältnissen wird die Beipassluft hinter einem mehrstufigen Mitteldruckverdichter abgezweigt, umströmt innerhalb des Triebwerksmantels das Kerntriebwerk mit Brennkammer und Turbine, um gemeinsam mit dem Turbinenabgasstrom durch die Schubdüse zu entweichen.

Infolge der niedrigen Abgastemperatur und des geringen Auspuffdruckes, wegen der weitgehenden Entspannung der Verbrennungsgase, ist die Strahlgeschwindigkeit gegenüber dem Einkreistriebwerk niedriger, somit der Propulsionswirkungsgrad höher und der Brennstoffverbrauch geringer. Dies gilt besonders für die Triebwerke mit hohem Beipassverhältnis der Langstreckenverkehrsflugzeuge. Zudem ist der Schub der Zweistromtriebwerke beim Start und bei niederen Geschwindigkeiten im Verhältnis zum Reiseschub höher als bei den einfachen Turbostrahltriebwerken.

Z.-T. sind als Zwei- oder Dreiwellentriebwerke ausgeführt, wobei der vorn liegende Niederdruckverdichter von der hinten liegenden Niederdruckturbine und der hinten liegende Hochdruckverdichter von der vorn liegenden Hochdruckturbine durch koaxiale Wellen angetrieben werden. Für Langstreckenflugzeuge möchte man Beipassverhältnis, Verdichtungsdruckverhältnis und Turbineneintrittstemperatur so hoch wie möglich treiben. Der Turbineneintrittstemperatur, die heute bei gekühlten Lauf- und Leitschaufeln Werte von 1 350–1 400 °C erreicht, sind materialseitig Grenzen gesetzt. Eine Steigerung des Beipassverhältnisses über das gegenwärtig erreichte Maß von 6:1 würde statt des direkten Antriebes mit Niederdruck-Turbinendrehzahl Getriebe mit hohen Gewichten und Störanfälligkeit erfordern. Das Verdichterdruckverhältnis hat heute Werte von rd. 30 erreicht, das wohl eine Grenze bei der zulässigen Turbinentemperatur darstellt.

Ebenso wie das einfache T. kann das Z.-T. mit einem Nachbrenner ausgerüstet werden, zumindest die Triebwerke mit niederem Beipassverhältnis und gemeinsamer Düse für militärische Flugzeuge. Da sowohl die Turbinenabgase als auch die Beipassluft zur Nachverbrennung herangezogen werden, ist die Schubsteigerung höher, bis zu 75 % und mehr. *Kosin·*

Zweitakt-Gaswechsel. Der G. des →Zweitaktmotors ist dadurch gekennzeichnet, daß er durch Schlitze in der Zylinderwand vorgenommen wird. Diese Schlitze werden vom →Kolben nur freigegeben, wenn sich dieser in der Nähe des unteren Totpunkts befindet. Das bedeutet, daß die Zeit für den Z.-G. relativ kurz ist. Es bedeutet weiterhin, daß der Kolben des Zweitaktmotors die Verbrennungsluft nicht selbst ansaugen kann, sondern daß diese von einem Gebläse durch die Schlitze gedrückt werden muß.

Das Bild zeigt schematisch den →Zylinder eines Zweitaktmotors. Das von der Kurbelwelle angetriebene Spülgebläse erzeugt einen Überdruck (Spüldruck) im Spülluftaufnehmer vor den Einlaßschlitzen. Der Verlauf des Gaswechsels ist folgender:

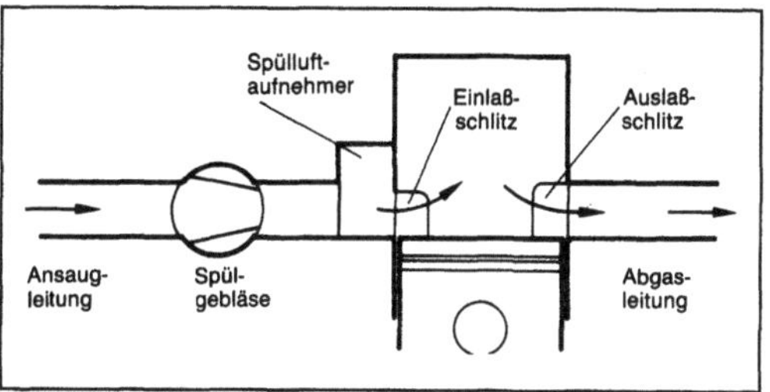

Zweitakt-Gaswechsel: Schema des Zylinders eines gebläsegespülten Zweitaktmotors.

Wenn im →Expansionstakt der abwärtsgehende Kolben den oberen Teil der Auslaßschlitze freigibt, strömen die Verbrennungsgase unter ihrem Überdruck mit hoher Geschwindigkeit in die Abgasleitung (Vorauslaß). Wenn dann später die niedrigeren Einlaßschlitze freigegeben werden, ist der Zylinderdruck bereits gesunken. Trotzdem kann es noch zu einem Zurückschlagen von Abgas in den Spülluftaufnehmer kommen. Kurz darauf ist der Zylinderdruck aber so weit gesunken, daß die eigentliche Spülung beginnt: Unter dem Überdruck im Spülluftaufnehmer strömt Frischladung (→Zylinderladung) durch die Einlaßschlitze in den Zylinder und verdrängt die dort noch befindlichen Verbrennungsgase durch die Auslaßschlitze in die Abgasleitung. Die Spülperiode wird dadurch beendet, daß der wieder aufwärtsgehende Kolben zuerst die Einlaßschlitze und dann die Auslaßschlitze abdeckt.

Typisch für den Z.-G. ist folgendes:
□ Beim Einströmen der Frischladung tritt eine teilweise Vermischung mit dem im Zylinder befindlichen Abgas auf. Das führt dazu, daß im weiteren Verlauf der Spülung mit dem Abgas auch Frischladung durch die Auslaßschlitze den Zylinder verläßt. Im Fall des Ottomotors, bei dem die Frischladung aus Luft mit Benzin besteht, geht auf dieser Weise →Kraftstoff verloren. Außerdem wird das Abgas durch unverbrannte Kohlenwasserstoffe verunreinigt. Durch →Benzineinspritzung in den Zylinder ließen sich diese Kurzschlußverluste an Kraftstoff vermeiden.

□ Auch bei geschickter Führung des Spülluftstroms gelingt es nicht, den Zylinder vollständig auszuspülen. Es verbleibt vielmehr ein gewisser Anteil von Abgas im Zylinder (→Restgas). Dies führt zu einer etwas kleineren Leistung des Motors, weil nicht die ganze Zylinderladung aus Frischladung besteht (→Liefergrad). Die Qualität der Ausspülung des Zylinders hängt vom Spülverfahren ab, d. h. von der Anordnung der Schlitze und von der Spülluftführung.

□ Im Fall des Z.-Ottomotors muß man bei Teillast die Frischladungsmenge drosseln. Die Gesamtladung im Zylinder geht aber nicht zurück, da der Druck im Zylinder bei geöffnetem Auslaßschlitz etwa gleich dem Druck in der Abgasleitung und damit gleich dem Atmosphärendruck ist. Somit ist der Restgasanteil bei Teillast besonders hoch. Dies führt im Extremfall (bei →Leerlauf) zu Zündaussetzern.

Zur Spülluftförderung haben sich verschiedene Möglichkeiten eingeführt:

□ Bei kleinen Z.-Ottomotoren wird die Unterseite des Kolbens in Verbindung mit dem Kurbelgehäuse als Kurbelkasten-Spülpumpe verwendet. Beim Aufwärtsgang des Kolbens wird Benzin-Luft-Gemisch aus dem →Vergaser in das Kurbelgehäuse gesaugt. Beim Abwärtsgang drückt der Kolben das Gemisch über Überströmkanäle durch die hier Überströmschlitze genannten Einlaßöffnungen in den Zylinder. Das geförderte Gemischvolumen ist im Verhältnis zum →Hubvolumen begrenzt, was aber zum Verringern der Kurzschlußverluste nicht unerwünscht ist.

□ Bei kleineren Z.-Dieselmotoren (die aber selten sind) setzt man von der Kurbelwelle angetriebene Spülgebläse ein. Dabei werden Verdrängergebläse bevorzugt. Eine größere Fördermenge des Spülgebläses führt einerseits zu einer besseren Ausspülung der Zylinder, erfordert aber andererseits eine höhere Antriebsleistung für das Spülgebläse.

□ Bei großen Z.-Schiffsdieselmotoren gelingt es in vielen Betriebspunkten, mit dem →Abgasturbolader ein positives Spülgefälle aufzubauen, d. h. daß der vom →Verdichter des Turboladers erzeugte →Ladedruck höher ist als der Abgasdruck vor der Turbine des Turboladers (→Abgasturboaufladung). Nur beim Start des Motors und bei niedriger Teillast muß ein zusätzliches Spülgebläse eingesetzt werden, das z. B. elektrisch angetrieben sein kann. *Kuhlmann*

Literatur: *List, H.*: Der Ladungswechsel der Verbrennungskraftmaschine. R. Die Verbrennungskraftmaschine. Bd. IV. Tl. 2: Der Zweitakt. Wien 1949.

Zweitaktmotor. →Verbrennungsmotor, bei dem sich ein →Arbeitsspiel über zwei Takte, also über eine Kurbelwellenumdrehung erstreckt.

Die zwei Takte des Z. bestehen aus:
□ Spülen, Verdichten,
□ Verbrennen, Entspannen, Auspuff.

Hinsichtlich des Verdichtens, Verbrennens und Entspannens besteht kaum ein Unterschied zum →Viertaktmotor. Ganz anders läuft dagegen der →Gaswechsel des Z. ab: In der Nähe des unteren Totpunkts gibt der →Kolben Schlitze in der Zylinderwand frei, durch die innerhalb kurzer Zeit von einem Gebläse frische Verbrennungsluft (bzw. Luft-Kraftstoff-Gemisch) in den →Zylinder gedrückt und gleichzeitig das Abgas aus dem Zylinder herausgespült wird (→Zweitakt-Gaswechsel).

Das Zweitaktverfahren wird hauptsächlich bei sehr kleinen und bei sehr großen Motoren angewandt. Bei den kleinen Motoren mit geringer →Zylinderzahl ist vorteilhaft, daß bei jeder Umdrehung ein Arbeitstakt auftritt und daß kein →Ventiltrieb benötigt wird (Anwendungen: Zweiräder, Motorsägen, Rasenmäher usw.). Auf der anderen Seite stehen die sehr großen Zweitakt-Kreuzkopfmaschinen, die vorwiegend als Schiffsmotoren eingesetzt werden. Ihre Vorteile sind u. a. niedrige Drehzahl (hoher Propellerwirkungsgrad) und vollständige Trennung von Zylinderraum und Triebwerksraum. *Kuhlmann*

Zweiwalzen-Schrägwalzverfahren. Das Z.-S. ist ein S., bei dem die Achsen der beiden Walzen mit einer Neigung zur Walzgutebene angeordnet sind und eine gleichsinnige Drehrichtung haben. Somit wird das Walzgut schraubenlinienförmig durch den Walzspalt bewegt. Beim Z.-S. wird zwischen dem Schrägwalzen von Vollkörpern, beispielsweise zum Lochen, und Hohlkörpern, z. B. zum Strecken, unterschieden. Das Z.-S. kann mit tonnenförmigen oder kegelförmigen Walzen durchgeführt werden. *Baumann*

Zweiwalzen-Walzgerüst. Das Z.-W. ist die einfachste Bauart eines W. In solchen W. können die beiden Walzen entweder waagerecht übereinander, in Horizontal-W., oder senkrecht nebeneinander, in Vertikal-W., angeordnet sein. Die beiden Walzen des Z.-W. sind in Einbaustücken, die in den Walzenständern anstellbar angeordnet sind, gelagert. Das Umformen des Walzguts erfolgt zwischen den beiden Walzen. Wenn ein Z.-W. in 2 Richtungen walzen kann, d. h. wenn die Drehrichtung der Walzen umkehrbar ist, dann wird dieses W. Z.-Umkehr-W. genannt. *Baumann*

Zwischenglühen. Unter Z. ist das Glühen von Metall zwischen 2 Verarbeitungsstufen, beispielsweise zwischen dem spanlosen Kaltumformen, oder zwischen 2 Wärmebehandlungsvorgängen, z. B. Glühen zwischen dem →Aufkohlen und dem Härten bei Einsatzstählen, zu verstehen. *Baumann*

Zwischenkreisumrichter. Z. bedienen sich zur Umformung der elektrischen Energie eines doppelten Umformungsverfahrens. Der Eingangswechselstrom wird zunächst gleichgerichtet. Die Gleichspannung wird im Zwischenkreis geglättet und im →Wechselrichter in Wechselstrom anderer Spannung und Frequenz umgeformt. Ausgangsspannung und -frequenz können konstant oder variabel sein.

Je nach Ausführung des Zwischenkreises arbeitet der folgende Wechselrichter mit eingeprägter Spannung (U-Umrichter) oder mit eingeprägtem Strom (I-Umrichter), Bild 1 und 2.

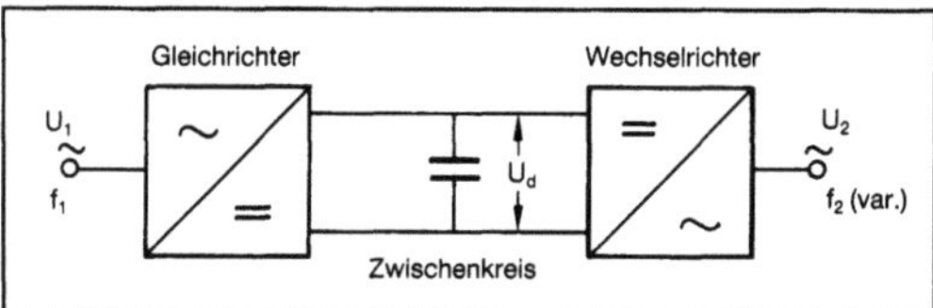

Zwischenkreisumrichter 1: Umrichter mit Spannungszwischenkreis (U-Umrichter).

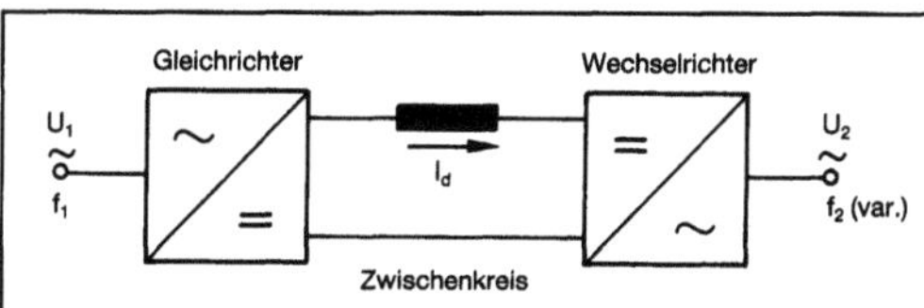

Zwischenkreisumrichter 2: Umrichter mit Stromzwischenkreis (I-Umrichter).

Das Haupteinsatzgebiet der Z. ist die Drehzahlverstellung von Drehstrommotoren, insbes. Kurzschlußläufermotoren, über die Veränderung der Frequenz. Die Steuerung wird so ausgelegt, daß das Verhältnis von Spannung zu Frequenz konstant bleibt: U/f = konst. Damit bleibt der magnetische Fluß konstant. Infolgedessen ist das abgebbare Drehmoment des Motors als Funktion der Drehzahl konstant. Folgende Steuerverfahren werden angewendet:

☐ Veränderung der Ausgangsspannung
- durch gesteuerte Ausführung des Eingangsgleichrichters, d. h. es wird eine veränderbare Zwischenkreisspannung zur Verfügung gestellt, oder
- durch Zwischenschaltung eines Gleichstromstellers in den Zwischenkreis, der durch Taktung der konstanten Eingangsgleichspannung eine veränderliche Gleichspannung an den Wechselrichtereingang gibt, oder
- durch die Pulsbreitenmodulation (→Wechselrichter) im Wechselrichter, bei der gleichzeitig Amplitude der Spannung und Frequenz gesteuert werden.

☐ Veränderung der Frequenz im Wechselrichter durch Rechtecksteuerverfahren (Wechselrichter).

Rechteckblöcke der Spannung (beim U-Umrichter) oder des Stromes (beim I-Umrichter) werden durch Taktgeber im Rhythmus der erforderlichen Frequenz geschaltet. Die Kombination der Verfahren zur Veränderung von Spannung und Frequenz ergibt die Grundschaltungen (→Umrichter).

Bei elektrischen Triebfahrzeugen mit Speisung aus dem Bahn-Gleichstromnetz wird oft die Kombination eines Gleichstromstellers mit einem Wechselrichter für Rechtecksteuerung ausgeführt. Der Eingangsgleichrichter entfällt.

Weitere Anwendungsgebiete für Drehstrom-Antriebe mit Zwischenkreisumrichtern sind: Pumpen, Lüfter, Gebläse, Extruder, Textilmaschinen (Mehrmotorenantriebe), Transport- und Fördereinrichtungen, Werkzeugmaschinen, Bergbaumaschinen. *Stüben*

Zwischenkühler. Kühler bei mehrstufigen Kolbenverdichtern, in denen das Gas rückgekühlt wird.

Wird ein Gas in einem →Kolbenverdichter verdichtet, erhöht sich seine Temperatur. Die Endtemperatur läßt sich unter der Annahme isentroper Verdichtung aus dem Druckverhältnis berechnen. Soll das Gas in einer weiteren Stufe noch höher verdichtet werden, muß es sich vorher in einem Z. rückkühlen, da sonst die Endtemperatur von Stufe zu Stufe steigen und unzulässig hohe Werte annehmen würde. Durch den Z. wird außerdem der Arbeitsaufwand für die gesamte Verdichtung vermindert.

Z. werden meistens als Rohrbündel-Wärmeübertrager ausgeführt, bei denen das Gas in den Rohren strömt, während das Kühlwasser die Rohre außen umströmt. *Kuhlmann*

Zwischenkühlung. Die Z. ist eine zwischen Teilverdichtungsprozessen eingeschobene Kühlung des Arbeitsfluids. Dadurch wird die zur nachfolgenden Verdichtung notwendige Leistung bei gleichem Druckverhältnis im Verhältnis der absoluten Temperaturen mit und ohne Z. reduziert. Außerdem ist auch die Verdichter-Endtemperatur geringer, die sonst bei hohen Druckverhältnissen die Festigkeit der Verdichterräder beeinträchtigen kann.

Zur Z. muß das →Arbeitsfluid meistens aus dem →Verdichter heraus und einem externen Kühler zugeführt werden, weil sich mit einer direkten Kühlung im Gehäuse keine ausreichende Kühlwirkung erzielen läßt. *Dibelius*

Zwischenrad. Mit Hilfe von Z. kann man größere Achsabstände überbrücken und gleichsinnige Drehbewegungsübertragung zwischen An- und Abtrieb erreichen. Z. stehen immer mit mindestens zwei Gegenrädern so im Eingriff, daß ihre Zähne wechselseitig beansprucht werden (Bild).

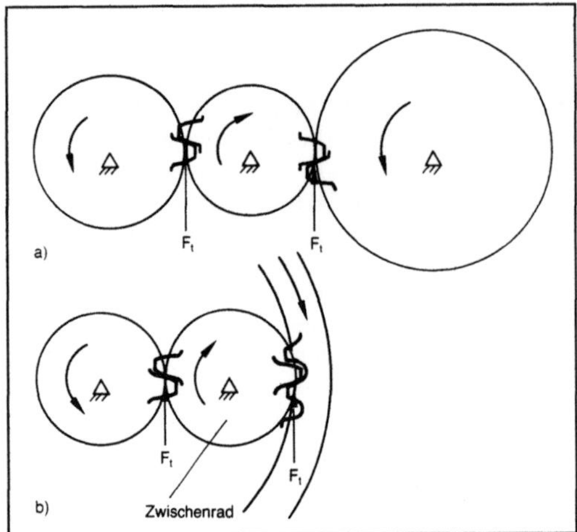

Zwischenrad.
a) Bei Stirnrädern mit Außenverzahnung
b) Planetengetriebe mit stillstehendem Planetenträger.

F_t Umfangkraft

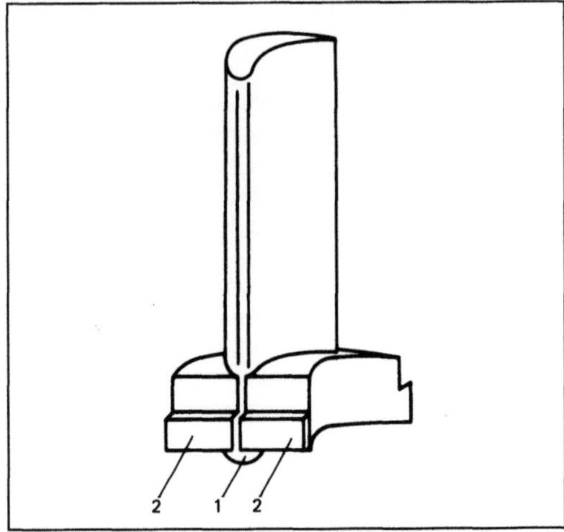

Zwischenstück: Schaufelblatt von Zwischenstücken gehalten und fixiert.

1 Schaufelblatt aus Stangenprofil mit angestauchtem Fuß, 2 Zwischenstück mit Aufnahme für das Schaufelblatt und Fußteil zur Halterung im Rotor oder Schaufelträger

Gegenüber dem Normalfall (schwellende Zahnfußbeanspruchung) werden die Zähne von Z. wechselnd beansprucht (→Zahnfußtragfähigkeit). Die Zahnfußdauerfestigkeit ist deshalb niedriger. Sie liegt je nach Kerbtiefe im Zahnfußbereich (Schleifkerben) bei ca. 70 % der Zahnfußdauerfestigkeit für Schwellbeanspruchung. *Winter*

Zwischenstraße. Eine Z. ist der Teil einer Walzstraße zwischen den Teilen →Vorstraße und →Fertigstraße der Walzstraße. *Baumann*

Zwischenstück. Dient als Halterung und Fixierung des Schaufelblatts im Rotor oder im Schaufelträger einer →Turbomaschine.

Aus Kostengründen werden für im Schaufelfuß mechanisch geringe Beanspruchungen auch Schaufeln aus gezogenen Profilstangen verwendet. Die Z. (Bild) umfassen das Profil, geben ihm eine eindeutige Stellung und übertragen als Schaufelfuß die Schaufelkräfte auf die Schaufelhalterung. *Ziemann*

Zwischenwärmofen. Ein Z. ist ein Wärmofen, in dem das Walzgut zwischen 2 Umformvorgängen, die in unterschiedlichen Umformsystemen stattfinden, wieder auf die für den folgenden Umformvorgang erforderliche Temperatur gebracht wird. *Baumann*

Zwölfwalzen-Walzgerüst. Ein Z.-W. hat Arbeitswalzen mit verhältnismäßig kleinen Durchmessern und wird besonders für das Kaltumformen von Band aus Edelstahl eingesetzt. Die Walzen dieses Z.-W. sind in einem Walzengehäuse, das oft als Monoblock ausgeführt ist, gelagert. In einem solchen W. sind

nicht die Arbeitswalzen, sondern die mit den Arbeitswalzen in unmittelbarem Kontakt befindlichen Stützwalzen angetrieben. *Baumann*

Zykloidenverzahnung. Beim Abwälzen eines Kreises (Rollkreis) auf einen anderen ortsfesten Kreis beschreibt jeder Punkt des wälzenden Kreises eine Zyloide. Auf diese Weise erzeugte Zahnflanken sind das Merkmal der Z.

Das Bild zeigt ein derartiges →Ritzel, das mit einer →Zahnstange kämmt. Beim Abwälzen des Rollkrei-

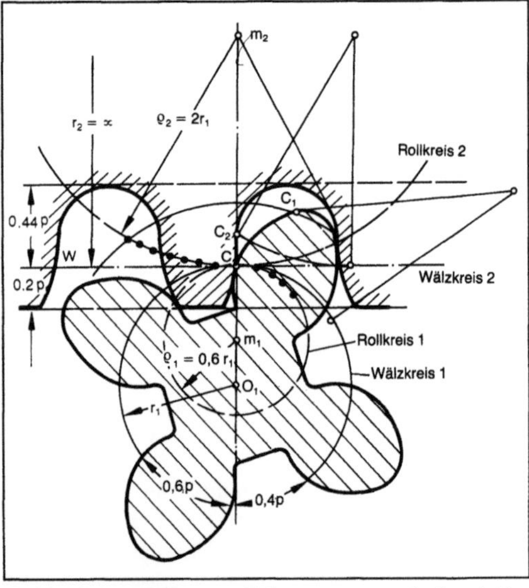

Zykloidenverzahnung: Zahnstangengewinde mit Zykloidenverzahnung.

ses 2 auf Wälzkreis 1 nach rechts wird der Flankenbereich C-C$_1$ erzeugt, beim Abwälzen auf Wälzkreis 2 (hier Gerade, da Zahnstange) nach links C-C$_2$. Durch Abwälzen des Rollkreises 1 entstehen analog die unterhalb C liegenden Flankenbereiche von Ritzel und Zahnstange. Die →Eingriffslinie liegt auf den Rollkreisen (punktierte Kurve im Bild).

Mit der Z. sind kleinere Mindestzähnezahlen, günstigere Schmiegung der Zahnflanken (konkav/konvex) und damit geringere Flankenpressungen als bei Evolventenverzahnungen erreichbar. Andererseits sind die Wälzwerkzeuge teuer, da sie z. T. Hohlflanken aufweisen. Ferner ergibt jede Abweichung vom theoretischen →Achsabstand periodische Drehwegabweichungen.

Für →Zahnradgetriebe war Z. nur bis Anfang dieses Jahrhunderts von Bedeutung. Die Anwendung beschränkt sich heute im wesentlichen auf Flügel von Kapselpumpen und -gebläsen sowie Sonderbauarten. *Winter*

Literatur: *Lehmann, M.:* Berechnung und Messung der Kräfte in einem Zykloiden-Kurvenscheibengetriebe. Diss. TU München 1976. – *Lehmann, M.:* Sonderformen der Zykloidenverzahnung. Konstr. 31 (1979), S. 429/33. – *Schiebel, A.,* u. W. *Lindner:* Zahnräder. Bd. I: Stirn- und Kegelräder mit geraden Zähnen. Bd. II: Stirn- und Kegelräder mit schrägen Zähnen. Schraubgetriebe. Berlin, Göttingen, Heidelberg 1954 und 1957.

Zyklonentstauber. Ein Z. ist ein Apparat zur Trennung von Staub-Luft-Gemischen. Die Trennung erfolgt durch die Fliehkraftwirkung. Das zu reinigende Gemisch wird durch tangentiales Einströmen in den sich konisch verjüngenden Abscheideraum des Zyklons in eine rotatorische Bewegung versetzt.

Durch die Fliehkraft gelangen die Staubteilchen an die Konuswand. In einem Außenwirbel werden sie durch die unten befindliche Düse (Apexdüse) ausgetragen und gelangen in einen Staubsammelbehälter. Durch die Drosselwirkung der Unterlaufdüse wird ein enger aufsteigender Innenwirbel erzeugt, der mit der gereinigten Luft nach oben steigt und den Abscheideraum über eine Überlaufdüse (Vortexdüse) in einem zentralen Tauchrohr verläßt.

Z. sind Trennapparate einfachster Bauart. Sie enthalten keine rotierenden Teile. Als weitere Bauart lassen sich noch die Hydrozyklone für Feststoff-Flüssigkeits-Gemische nennen.

Für kleinere Entstaubungsanlagen werden bis zu 10 Großzyklone mit bis zu 1,5 m Dmr. eingesetzt. Sie können bei gröberem Staub Abscheidegrade bis 95 % erreichen. Bei kleineren Anlagen kommen Multizyklone zur Anwendung, die aus mehreren hundert Zyklonen von 100–500 mm Dmr. bestehen.

Der erreichbare Abscheidegrad dieser mechanischen Entstauber genügt den Anforderungen zur Reinhaltung der Luft nicht. Hierzu werden Elektrofilter eingesetzt, in denen die Entstaubung in einem elektrischen Gleichspannungsfeld erfolgt. *Seeliger*

Zylinder (Hydromaschinen) →Hydrozylinder

Zylinder (Verbrennungsmotor). Lauffläche für die →Kolben einer →Kolbenmaschine, gleichzeitig Arbeitsraum der Kolbenmaschine.

Bei wassergekühlten Pkw-Motoren laufen die Kolben meistens direkt im →Motorblock, wobei davon ausgegangen wird, daß während der Lebensdauer des Motors keine Demontage des Triebwerks erforderlich wird. Andernfalls lassen sich bei hohem →Verschleiß die Z. ausschleifen. Dann müssen jedoch die neuen Kolben ein entsprechendes Übermaß aufweisen.

Luftgekühlte Z. müssen außen verrippt sein und werden deshalb als gegossene Teile auf das Kurbelgehäuse aufgesetzt. Bei großem Verschleiß ist ein Ausschleifen oder Ersetzen der Z. möglich.

Bei großen Motoren mit →Wasserkühlung werden Laufbuchsen in den Motorblock eingesetzt. Vorteile dieser Konstruktion sind: Die Laufbuchsen kann man bei einer Generalüberholung oder einem Kolbenschaden ersetzen. Sie können unabhängig vom Motorblock aus dem hinsichtlich der Laufeigenschaften günstigsten Gußeisen gefertigt werden. Da sie auch außen bearbeitbar sind, haben sie eine gleichmäßige Wanddicke, werden gleichmäßig gekühlt und verziehen sich wenig. Wichtig ist eine zuverlässige Abdichtung am unteren Laufbuchsenende, damit kein Kühlwasser in das Kurbelgehäuse und somit ins →Schmieröl gelangen kann. *Kuhlmann*

Zylinderabschaltung. Abschaltung einiger Zylinder eines Mehrzylindermotors.

Bei Ottomotoren ist der Teillastwirkungsgrad u. a. deshalb schlecht, weil sich infolge des niedrigen Saugrohrdrucks (des hohen Saugrohrunterdrucks) eine große Gaswechselschleife ergibt. Versuchsweise wurden deshalb Motoren gebaut und erprobt, bei denen die Hälfte von z. B. 8 Zylindern bei niedriger Teillast abgeschaltet wird. Dazu muß man bei den abgeschalteten Zylindern die →Benzineinspritzung unterbrechen und, um die Gaswechselarbeit zu sparen, die →Drosselklappe voll öffnen.

Bei Dieselmotoren wurde die Z. schon angewendet, um bei sehr kleiner Last des ganzen Motors die Last der noch arbeitenden Zylinder zu erhöhen, wodurch sich eine bessere →Verbrennung ergibt. *Kuhlmann*

Zylinderdeckel →Zylinderkopf

Zylinderkopf. Der Z. (bei großen Motoren: Zylinderdeckel) wird auf das Kurbelgehäuse eines Verbrennungsmotors aufgeschraubt. Er ist die obere

Begrenzung des Brennraums, wird also thermisch hoch beansprucht und ist deshalb sorgfältig zu kühlen.

Der Z. eines Viertaktmotors enthält die Gaskanäle für Einlaß und Auslaß, die Ventile, Teile des Ventiltriebs oder (bei kleinen Motoren) den gesamten →Ventiltrieb einschl. →Nockenwelle (Bild). Weiterhin sind in den Z. die Zündkerzen (beim →Ottomotor) oder Einspritzdüsen (beim →Dieselmotor) eingesetzt. Bei Dieselmotoren mit indirekter Einspritzung befinden sich im Z. außerdem die Nebenbrennräume und die Glühkerzen (→Brennraum).

Zylinderkopf eines Vierzylinder-Viertakt-Ottomotors. (Quelle: BMW)
a) Draufsicht mit Nockenwelle, Schlepphebeln, Ventilfedern und hydraulischem Ventilspiel-Ausgleich
b) Blick von unten, je Brennraum ein Einlaßventil (größer), Auslaßventil und Zündkerze.

Bei kleinen Motoren wird ein einziger Z. für alle →Zylinder des Motors verwendet. Bei größeren Motoren erhält jeder Zylinder einen einzelnen Z. Zwischen Z. und Zylinder wird eine →Zylinderkopfdichtung gelegt, die den Verbrennungsdrücken standhalten muß. Daher müssen die Zylinderkopfschrauben sorgfältig ausgebildet und entsprechend hoch vorgespannt werden.

Der Z. ist ein kompliziertes Gußteil aus Grauguß oder Leichtmetall, das hohe Anforderungen an Konstruktion und Fertigung stellt. *Kuhlmann*

Literatur: *Urlaub, A.:* Verbrennungsmotoren. 3. Bd. Berlin 1989. – *Scheiterlein, A.:* Der Aufbau der raschlaufenden Verbrennungskraftmaschine. Bd. 11. Wien 1964.

Zylinderkopfdichtung. Dichtung zwischen →Zylinderkopf und →Motorblock eines Verbrennungsmotors.

Die Hauptaufgabe der Z. ist, gegen die hohen Drücke im →Zylinder abzudichten. Um die entsprechend hohe Anpressung der Dichtung zu erreichen, müssen die Zylinderkopfschrauben mit hoher Vorspannung angezogen werden. Da sich die Z. während des Betriebs (besonders zu Anfang) setzt, ist ein Nachziehen der Zylinderkopfschrauben nach einer bestimmten Betriebszeit nötig. Es gelang die Entwicklung von Z., bei denen dieses Nachziehen entfallen kann.

An den Stellen, an denen die Z. Übertrittsöffnungen zwischen Motorblock und Zylinderkopf für Kühlwasser und →Schmieröl aufweist, muß sie auch gegen diese Medien abdichten. Bei undichter Z. können Verbrennungsgase ins Kühlsystem drücken oder Kühlwasser ins Schmieröl gelangen. *Kuhlmann*

Zylinderladung. Der gasförmige Inhalt im Zylinder eines Verbrennungsmotors.

Der Begriff Ladung wird bei Verbrennungsmotoren vielfach verwendet, z. B. bei folgendem:
□ Frischladung ist die frisch in den Zylinder gebrachte Verbrennungsluft (beim →Dieselmotor) bzw. das Luft-Kraftstoff-Gemisch (beim →Ottomotor);
□ Ladungswechsel (oder auch →Gaswechsel) nennt man das Ersetzen der Verbrennungsgase nach der →Verbrennung durch Frischladung;
□ →Aufladung ist die Erhöhung der Frischladungsmenge dadurch, daß sie von einem Ladegebläse (z. B. Turbolader) unter Überdruck in den Zylinder gebracht wird.

Die Frischladungsmenge ist von besonderer Bedeutung, da sie ein Maß für die bei der Verbrennung freiwerdende Wärmemenge und damit für die Leistung des Motors ist (→Liefergrad). *Kuhlmann*

Zylinderrohr. Ein Z. ist ein nahtloses Rohr, das bewegten Maschinenbauteilen zur Führung dient, oder ein Rohr, das sich selbst in Führungen bewegt. Solche Rohre haben besonders glatte und maßgenaue Oberflächen. *Baumann*

Zylinderrollenlager →Wälzlager-Bauform

Zylinderschmierung. Frischölschmierung der →Zylinder bei großen Dieselmotoren.

Unter Z. versteht man eine Zufuhr von →Schmieröl über Bohrungen in der Laufbuchse zur Zylinderinnenwand, wo zur besseren Verteilung Ölnuten oder -taschen eingearbeitet werden. Das Schmieröl wird sparsam und genau dosiert zugeführt und fließt nicht in den Ölkreislauf zurück. Die

Zufuhr erfolgt über spezielle Dosierpumpen, die Anschlüsse für eine Vielzahl von Schmierstellen aufweisen. Die Z. muß bei Kreuzkopfmaschinen vorgesehen werden, da bei diesen Maschinen eine vollständige Trennung von Zylinderraum und Triebwerkraum besteht. Man wendet sie aber auch bei sehr großen Viertakt-Tauchkolbenmaschinen (Mittelschnelläufern) an. *Kuhlmann*

Zylinderschraube →Schraubenform

Zylinderzahl. Verbrennungsmotoren werden mit bis zu 12 Zylindern in Reihenanordnung oder bis zu 20 Zylindern in V-Anordnung gebaut.

Die Wahl der Z. wird durch verschiedene Gesichtspunkte beeinflußt:

□ Bei großer Z. ergibt sich ein gleichmäßiger Drehmomentverlauf.

□ Vollständiger Massenausgleich ist nur bei bestimmten Z. möglich, z. B. im Fall von Viertaktreihenmotoren nur bei 6, 8, 10 und 12 Zylindern.

□ Bei gleicher Leistung kann ein Motor mit großer Z. schneller laufen und wird deshalb kleiner als ein Motor mit kleiner Z.

□ Der Wartungsaufwand steigt mit der Z.

□ Bei Motoren sehr kleiner Leistung ist die Aufteilung auf viele Zylinder ungünstig, weil sie zu sehr kleinen Abmessungen der Einzelzylinder, zu sehr kleinen Brennräumen, zu niedrigerem Wirkungsgrad und zu höheren Herstellkosten führen würde. *Kuhlmann*

MIX
Papier aus verantwortungsvollen Quellen
Paper from responsible sources
FSC® C105338

If you have any concerns about our products,
you can contact us on
ProductSafety@springernature.com

In case Publisher is established outside the EU,
the EU authorized representative is:
Springer Nature Customer Service Center GmbH
Europaplatz 3, 69115 Heidelberg, Germany

Printed by Libri Plureos GmbH
in Hamburg, Germany